XINAN QIULING HANDI LIANG YOU ZUOWU
TIANJIAN JIESHUI JIEFEI JIEYAO JISHU YANJIU

西南丘陵旱地粮油作物田间节水 节肥 节药技术研究

主编 张 鸿

四川科学技术出版社

图书在版编目（CIP）数据

西南丘陵旱地粮油作物田间节水节肥节药技术研究/张鸿主编．—成都：四川科学技术出版社，2024.5

ISBN 978－7－5727－1310－1

Ⅰ．①西…　Ⅱ．①张…　Ⅲ．①丘陵地－干旱区－粮食作物－田间管理－西南地区　②丘陵地－干旱区－油料作物－田间管理－西南地区　Ⅳ．①S51②S565

中国国家版本馆 CIP 数据核字（2024）第 065837 号

西南丘陵旱地粮油作物田间节水节肥节药技术研究

XINAN QIULING HANDI LIANG YOU ZUOWU TIANJIAN JIESHUI JIEFEI JIEYAO JISHU YANJIU

张　鸿　主编

出 品 人　程佳月
责任编辑　王　娇　李　珉
助理编辑　张雨欣
封面设计　张维颖
责任出版　欧晓春
出版发行　四川科学技术出版社
成都市锦江区三色路 238 号　邮政编码　610023
官方微博：http://weibo.com/sckjcbs
官方微信公众号：sckjcbs
传真：028－86361756
成品尺寸　285mm×210mm
印　　张　55　　字　数　1550 千字
印　　刷　成都远恒彩色印务有限公司
版　　次　2024 年 5 月第 1 版
印　　次　2024 年 5 月第 1 次印刷
定　　价　300.00 元

978－7－5727－1310－1

邮　购：成都市锦江区三色路 238 号新华之星 A 座 25 层　邮政编码：610023
电　话：028－86361770

《西南丘陵旱地粮油作物田间节水节肥节药技术研究》

编 委 会

主　编

张　鸿

副主编（排名不分先后）

王龙昌　尹　梅　何佳芳　易　军　袁继超　樊高琼

编　委（排名不分先后）

万柯均　王友富　孔凡磊　田效琴　向运佳　闫飞燕　汤永禄

苟久兰　李其勇　李　卓　李星月　李洪浩　李　晓　李朝苏

杨洪坤　杨晓蓉　杨　勤　邹成佳　沈学善　宋　碧　陈　华

陈尚洪　陈德西　罗　曦　周小波　周茂林　郑　亭　郑　虚

郑　燕　屈会娟　铁万祝　徐　志　黄吉美　黄　钢　崔丽娜

符慧娟　蒋志成　程　乙　曾文明　温　静　谢小玉　魏会廷

主编简介

张鸿，男，1970年8月出生，中共党员，博士，研究员。国务院特殊津贴获得者，四川省有突出贡献的优秀专家。四川省植物保护专家委员会副主任委员，第八届四川省农作物品种审定委员会委员，《农业科技管理》第六、七届编委会委员。

张鸿长期从事作物栽培耕作和绿色生产的研究与示范。主持了农业部公益性行业（农业）科研专项“西南丘陵旱地粮油作物节水节肥节药综合技术集成与示范”、四川省科技支撑计划“农作物抗病虫性鉴定技术创新与应用”、四川省科技支撑计划“酿酒葡萄现代产业链关键技术研究与集成示范”等国家及部省重大科研项目6项；参与项目19项，其中国家级项目12项、省市项目13项；获得四川省科技进步奖8项，其中省科技进步一等奖4项、二等奖1项、三等奖3项；公开发表论文181篇，其中核心期刊论文89篇，参与编写专著6部。参与研制的水稻旱育秧、抛秧、高产栽培模式和小麦化控技术、马铃薯免耕稻草覆盖、节水节肥节药技术等已经成为四川省大面积推广的主体或重要技术，仅参与的获奖成果项目产生的经济社会效益就超过150亿元。其研究成果不仅丰富了作物栽培学科的理论，又为四川乃至西南地区农业科技进步、粮食安全，以及农民增收做出了较大贡献。

前　言

西南地区是我国主要的粮油产区之一，该区域四大旱地粮油作物小麦、玉米、油菜和马铃薯种植面积分别占全国总种植面积的8%～11%，产量占全国总产量的11%～14%；其中，油菜和马铃薯的种植面积和总产量占全国比例为35%～45%。因此，发展该区域粮油作物绿色生产，对于确保粮油安全和社会稳定具有举足轻重的地位与作用。然而，该生态区丘陵旱地粮油作物存在产量低而不稳、品质和效益不高、生产效率和水肥药利用效率低下等诸多问题。在农业部（现为农业农村部）公益性行业（农业）科研专项“西南丘陵旱地粮油作物节水节肥节药综合技术集成与示范”（201503127）支持下，编者在四川盆地、云贵高原浅山区、广西盆地三大区域，以小麦、玉米、油菜和马铃薯四大作物为研究对象，开展了一系列的旱地主栽粮油作物节水节肥节药和增产增收增效的技术研究。本书汇编了西南地区相关高校、科研院所、专业工作者近年来在粮油作物抗逆节水、轻简高效施肥、农药减量绿色防控等可持续发展技术方面的主要研究成果，为西南地区乃至相同生态区的主栽粮油作物节水节肥节药综合技术研究与示范推广提供借鉴。

为方便阅读，本书单位名称采用约定俗成的简称，如四川省农业科学院简称四川省农科院，四川农业大学简称四川农大，等等。

目 录

西南麦区小麦品种苗期抗旱性鉴定及其指标筛选…………………… 胡雯媚 王思宇 樊高琼,等(1)
增强小麦种子萌发期抗旱性的植物生长物质鉴选与评价…………… 胡雯媚 李国瑞 樊高琼,等(10)
播期对四川小麦分蘖发生、消亡及成穗特性的影响 ………………… 王思宇 荣晓椒 樊高琼,等(18)
不同有机肥种类配施化学氮肥对丘陵旱地小麦产量和籽粒蛋白质品质的影响………………………………………………………………………………… 伍晓轩 杨洪坤 朱 杰,等(28)
环境与施磷量对四川小麦淀粉特性的影响…………………………… 马宏亮 郑 亭 胡雯媚,等(34)
基于“三合结构”分析氮肥运筹对四川丘陵旱地小麦物质生产及产量形成的影响………………………………………………………………………………… 王强生 徐 娟 樊高琼,等(42)
生态条件和施磷量对四川不同筋力型小麦籽粒产量与蛋白质品质的影响………………………………………………………………………………… 柳伟伟 马宏亮 樊高琼,等(50)
生态条件与氮肥运筹对四川小麦淀粉 RVA 谱特征参数的影响 …… 王强生 郑 文 樊高琼,等(58)
四川盆地典型小麦品种穗发芽抗性及与气候因子的关系…………… 魏会廷 李朝苏 吴晓丽,等(65)
不同种子包衣剂对小麦产量及根际土壤的影响……………………… 符慧娟 李星月 杨武云,等(75)
吡虫啉拌种对不同小麦品种萌发的影响……………………………… 魏会廷 李 俊 向运佳,等(81)
防蚜拌种剂对小麦种子萌发的影响…………………………………… 魏会廷 李 俊 汤永禄,等(85)
戊唑醇拌种对不同小麦品种种子萌发的影响………………………… 魏会廷 李 俊 汤永禄,等(89)
四川小麦分蘖冗余及理想群体构成研究……………………………… 王思宇 吴 舸 樊高琼,等(94)
四川盆地夏玉米适宜播期研究 ……………………………………… 陈尚洪 陈红琳 郑盛华,等(100)
西南地区玉米养分管理现状分析与评价 …………………………… 陈尚洪 陈红琳 郑盛华,等(109)
缓释尿素与普通尿素不同配比对玉米氮代谢酶和氮素利用的影响………………………………………………………………………………… 郭 萍 朱从桦 查 丽,等(116)
普通、控释尿素配比对玉米物质积累及产量的影响 ………………… 郭 萍 黄科程 李孝东,等(124)
控释氮肥比例对土壤氮含量和玉米氮素吸收利用的影响…………… 金 容 李 兰 郭 萍,等(132)
控释氮肥比例对玉米氮代谢关键酶活性及干物质积累的影响……… 金 容 郭 萍 周 芳,等(142)
氮肥对不同耐低氮性玉米品种氮素吸收利用及氮素平衡的影响…… 李 强 马晓君 程秋博,等(151)
氮肥对不同耐低氮性玉米品种干物质及氮素积累与分配的影响…… 李 强 马晓君 程秋博,等(160)
氮肥对不同耐低氮性玉米品种花后物质生产及叶片功能特性的影响………………………………………………………………………………… 李 强 马晓君 程秋博,等(170)
氮肥运筹对不同氮效率玉米品种干物质生产及产量的影响………… 李 强 刘奕清 陈 伟,等(180)
供氮水平对不同氮效率玉米物质积累及产量的影响………………… 马晓君 李 强 王兴龙,等(191)
配施有机肥减氮对川中丘区土壤微生物量与酶活性的影响………… 王兴龙 朱 敏 杨 帆,等(198)

氮肥对不同耐低氮性玉米品种生育后期叶绿素含量和氮代谢酶活性的影响……………………………………………………………………………… 吴雅薇 李 强 豆 攀,等(206)
低氮胁迫对不同耐低氮玉米品种苗期伤流液性状及根系活力的影响……………………………………………………………………………… 吴雅薇 李 强 豆 攀,等(216)
低氮胁迫对不同耐低氮性玉米品种幼苗根系形态和生理特征的影响……………………………………………………………………………… 谢孟林 李 强 查 丽,等(227)
硅、磷互作对玉米苗期生长及氮磷钾积累的影响 …………………… 张嘉莉 朱从桦 豆 攀,等(235)
硅肥与磷肥配施对春玉米氮、磷、钾吸收及产量的影响………………… 朱从桦 张嘉莉 郭 翔,等(244)
低磷胁迫下加硅对玉米苗期硅、磷营养及叶绿素荧光参数的影响 … 朱从桦 张 鸿 张嘉莉,等(253)
玉米苗期耐低铁能力的综合评价及其预测………………………………… 龙文靖 万年鑫 辜 涛,等(262)
密度与行距配置对川中丘区玉米物质积累及产量的影响………………… 陈 伟 李 强 刘晓林,等(272)
密度和株行距配置对川中丘区夏玉米群体光分布及雌雄穗分化的影响……………………………………………………………………………… 金 容 李 钟 杨 云,等(281)
种植密度对川中丘陵夏玉米茎秆性状及产量的影响……………………… 刘晓林 马晓君 豆 攀,等(296)
群体密度对夏玉米穗下茎秆性状及抗倒伏力学特性的影响……………… 马晓君 莫太相 路明远,等(306)
耕作方式与秸秆还田对川中紫土土壤碳库与玉米产量的影响……… 朱 敏 王兴龙 张 岨,等(314)
秸秆还田与旋耕对川中土壤物理性状及玉米机播质量的影响……… 朱 敏 石云翔 孙志友,等(321)
基于投影寻踪模型的甘蓝型油菜产量因素评价…………………………… 田效琴 李 卓 李浩杰,等(329)
覆膜时期对油菜生长与产量的影响……………………………………… 王 丹 田效琴 李 卓,等(343)
施氮量和播种密度对不同熟期油菜干物质量和产量的影响……………… 田效琴 李 卓 刘永红 (352)
光合细菌与硅肥对油菜及土壤环境的影响………………………………… 符慧娟 李星月 李其勇,等(362)
光合细菌和生物包衣对土壤酶活与油菜产量的影响……………………… 李星月 易 军 符慧娟,等(369)
西南五省马铃薯产业发展现状与对策……………………………………… 屈会娟 沈学善 王 平,等(375)
川东北丘陵区马铃薯产业存在的问题与建议……………………………… 周全卢 沈学善 丁 凡,等(381)
灌水时期对川中丘陵区旱地紫色马铃薯产量和花青素含量的影响……………………………………………………………………………… 王 平 沈学善 屈会娟,等(384)
川西南山地区马铃薯晚疫病防治中存在的问题及对策…………………… 李洪浩 张 鸿 徐成勇,等(392)
不同杀菌剂对马铃薯晚疫病的防治效果比较……………………………… 李洪浩 屈会娟 王克秀,等(395)
四川省马铃薯主要病虫草害发生现状与防控对策………………………… 李洪浩 屈会娟 刘波微,等(400)
四川丘陵农区地表水水质时空变化与污染现状评价……………………… 陈尚洪 张晴雯 陈红琳,等(405)
四川丘区旱作主要生物灾害防治策略与技术……………………………… 符慧娟 李星月 李其勇,等(414)
四川丘区旱作农田鼠害与外来入侵生物灾害发生特点与规律……… 向运佳 倪建英 符慧娟,等(424)
四川丘陵区旱作病虫草害发生特点和规律………………………………… 向运佳 符慧娟 李其勇,等(433)
四川丘区旱作生物灾害发生种类及其危害………………………………… 李星月 向运佳 李其勇,等(443)
基于 flowmaster 的提灌站稳态和过渡过程运行仿真软件开发 …… 卢 珍 周小波 李光辉,等(452)
基于 OneNET 和 Arduino 小型泵站远程监控系统设计 …………… 赵九洲 李玉玲 周小波,等(462)
少耕覆盖与套种对小麦、蚕豆产量效益和肥料偏生产力的影响 …… 付云章 黄荣松 陆文全,等(467)
免耕覆盖下不同氮、磷、钾配比对旱地小麦产量效益和养分利用的影响……………………………………………………………………………… 陈检锋 陈 华 付利波,等(471)

云南旱地小麦养分丰缺指标建立及施肥推荐…………………………… 陈　华　张勤斌　桂玉莲，等(478)
文山州小麦减施化肥综合技术试验……………………………………… 张　涛　付云章　郜胜涛，等(486)
植物活性蛋白在云南旱地小麦上的应用………………………………… 刘　俊　孟国忠　万丽花，等(490)
攀西地区夏玉米品种主要农艺性状主成分分析及聚类分析………… 郑崇兰　王友富　铁万祝，等(495)
调亏灌溉对玉米农艺性状及干物质积累的影响……………………… 刘君鹏　蒙熠练　宋　碧，等(502)
苗期调亏灌溉对玉米生理生化特性及养分积累的影响……………… 罗英舰　刘君鹏　蒙懿练，等(508)
播期及主要气象因子对黔西北春玉米产量及产量构成的影响……… 黄　勇　宋　碧　张荣达，等(515)
不同密度下平展型春玉米叶片生长冗余研究 ………………………… 宋　碧　杜飞鸽　张　军，等(524)
云南山原红壤土不同地力条件下玉米平衡施肥技术应用研究……… 王志远　尹　梅　陈　华，等(532)
黏性土壤不同覆盖方式和不同施氮量对玉米产量及氮肥利用的影响……………………………………
……………………………………………………………………………… 冯定明　蒋志成　李　鸿，等(538)
覆膜方式与施氮量对春玉米产量、干物质和氮素积累与转运的影响 ………………………………
……………………………………………………………………………… 罗上轲　刘　婕　叶开梅，等(544)
苗期水肥耦合对玉米农艺性状、产量及产量性状的影响 …………… 罗英舰　宋　碧　刘君鹏，等(554)
穗期水肥耦合对玉米生长及产量的影响………………………………… 刘　婕　宋　碧　张　军，等(560)
免耕覆盖下不同氮磷钾配比对玉米产量及养分利用的影响………… 陈　华　尹　梅　刘自成，等(568)
重庆地区多抗玉米品种筛选试验………………………………………… 石大章　周茂林　张孝群，等(573)
西南旱地不同种植模式下土壤呼吸及水热因子对极端低温的响应……………………………………
……………………………………………………………………………… 周　泉　邢　毅　马淑敏，等(579)
甘蓝型油菜苗期抗旱性鉴定及综合抗旱指标筛选…………………… 陈　娇　谢小玉　张小短，等(587)
干旱诱导的甘蓝型油菜 SSH 文库及抗旱相关基因表达的分析 …… 谢小玉　侯　爽　冉春燕　(598)
甘蓝型油菜 *cyMDH* 基因的克隆及干旱胁迫下的表达与光合特性的关系分析……………………
……………………………………………………………………………… 侯　爽　何巧丽　马仲炼，等(607)
油菜 *FBA* 基因的克隆、表达分析及其与抗旱性的关系……………… 谢小玉　何巧丽　侯　爽，等(616)
西南旱地油菜田土壤水分和作物光合特征对覆盖材料和垄沟比的响应………………………………
……………………………………………………………………………… 邢　毅　张抗萍　王志远，等(626)
西南旱地油菜间作紫云英和秸秆覆盖的生产效应…………………… 周　泉　王龙昌　马淑敏，等(639)
绿肥间作和秸秆覆盖对冬季油菜根际土壤有机碳及土壤呼吸的影响…………………………………
……………………………………………………………………………… 周　泉　王龙昌　熊　瑛，等(650)
间作绿肥对油菜根际土壤碳氮及根际微生物的影响………………… 周　泉　张小短　马淑敏，等(659)
间作紫云英下油菜根际土壤微生物群落功能特征…………………… 周　泉　王龙昌　邢　毅，等(667)
秸秆覆盖条件下紫云英间作油菜的土壤团聚体及有机碳特征……… 周　泉　王龙昌　邢　毅，等(674)
秸秆覆盖下油菜间作紫云英的土壤微环境效应……………………… 周　泉　陈　娇　石　超，等(683)
不同降水年型下覆盖与缓释肥技术对油菜生长及水肥利用效率的调控效应…………………………
……………………………………………………………… 冯　军　石　超　Linna Cholidah，等(691)
减氮增密对西南丘陵区旱地直播油菜根系发育及水分利用的影响……………………………………
……………………………………………………………………………… 石　超　邢　毅　冯　军，等(702)
生物炭与化肥配施对紫色土肥力与微生物特征及油菜产量品质的影响………………………………
……………………………………………………………………………… 徐绮雯　马淑敏　朱　波，等(713)

不同降雨下旱地油菜节水节肥技术对土壤养分及酶活性的调控效应……………………………………………………………………………………………… 冯 军 石 超 门胜男，等(724)
干旱胁迫和钾肥对油菜苗期生物量和水分利用特征的影响………… 朱 波 徐绮雯 马淑敏，等(735)
水氮耦合对油菜生长及氮肥利用效率的影响………………………… 张 赛 王龙昌 陈 娇，等(745)
攀西地区冬马铃薯栽培干旱和低温冻害防控技术措施……………… 王友富 铁万祝 晋一棠，等(755)
四川攀西干旱区冬马铃薯抗旱品种筛选试验研究…………………… 王友富 郑崇兰 铁万祝，等(758)
攀西地区冬马铃薯高垄双行膜下滴灌水肥一体化栽培技术………… 王友富 万 幸 铁万祝，等(762)
四川攀西地区不同水肥梯度膜下滴灌冬作青薯 9 号试验研究……… 王友富 铁万祝 郑崇兰，等(767)
减量分施钾肥对旱地马铃薯产量和钾肥利用率的影响……………… 尹 梅 曾庆凤 张 琼，等(773)
少耕覆盖与不同氮、磷、钾配比对马铃薯产量效益和养分利用的影响……………………………………………………………………………………………… 尹 梅 刘自成 任齐燕，等(781)
施肥枪分次追施对贵州春马铃薯产量、结薯性状及土壤肥力的影响……………………………………………………………………………………………… 张 萌 徐永康 马智黠，等(786)
贵州高海拔地区不同春马铃薯品种差异性比较……………………… 张 萌 马智黠 徐永康，等(793)
保水剂用量对贵州旱作覆膜马铃薯生长及土壤肥力的影响………… 张 萌 魏全全 徐永康，等(800)
贵州春马铃薯生物效应及土壤肥力对不同类型缓释肥的响应……… 张 萌 马智黠 徐永康，等(805)
不同生物有机肥对贵州高海拔春马铃薯生长及土壤肥力的影响…… 张 萌 芶久兰 魏全全，等(812)
生物有机肥对连作马铃薯及土壤生化性状的影响…………………… 柳玲玲 芶久兰 何佳芳，等(818)
贵州冬作马铃薯专用肥高效施肥技术………………………………… 张 萌 赵 欢 陈 龙，等(825)
不同钾肥及其施用对贵州一熟区马铃薯生产性状与肥料利用率的影响……………………………………………………………………………………………… 赵 欢 芶久兰 肖厚军，等(832)
不同农药施用量对贵州春马铃薯病情指数和生物效应的影响……… 芶久兰 张 萌 何佳芳，等(838)
云贵高原山地春马铃薯多灾种应急联合调控技术模式……………… 芶久兰 何佳芳 马智黠，等(843)
不同播种方式对玉米播种质量及产量的影响………………………… 吕巨智 钟昌松 石达金，等(847)
玉米品种桂单 162 简易高产栽培技术………………………………… 石达金 吕巨智 张 玉，等(852)
10 个玉米品种耐密性分析及其对主要性状的影响…………………… 范继征 程伟东 闫飞燕，等(856)
不同种薯规格及施肥量对马铃薯新品种“桂农薯 1 号”农艺性状及产品质量的影响……………………………………………………………………………………………… 刘国敏 覃维治 闫飞燕，等(861)
喀斯特地貌区冬种马铃薯高产增收关键技术………………………… 石达金 闫飞燕 郑 虚，等(868)

西南麦区小麦品种苗期抗旱性鉴定及其指标筛选*

胡雯媚　王思宇　樊高琼　刘运军　郑　文　王强生　马宏亮

四川农业大学农学院/农业部西南作物生理生态与耕作重点实验室，成都　611130

摘要：为了解西南麦区小麦品种苗期抗旱性和筛选适宜的鉴定指标，利用盆栽和大田干旱棚2种栽培方式，对西南地区42个小麦品种进行自然干旱胁迫。盆栽试验测定苗期叶面积（X_1）、苗高（X_2）、根长（X_3）、地上部分干重（X_4）、地下部分干重（X_5）、全株干重（X_6）、根冠比（X_7）、植株含水率（X_8）、离体叶片失水速率（X_9）、叶绿素含量（X_{10}）等10个指标，大田控水试验于收获期测定株高（X_{11}）、小穗数（X_{12}）、穗长（X_{13}）、单株成穗数（X_{14}）、单穗重（X_{15}）、单株产量（X_{16}）等6个指标。以各指标的抗旱系数作为衡量抗旱性的依据，运用加权隶属函数、聚类分析、逐步回归等方法对小麦抗旱性进行综合评价及分类。结果表明，42个小麦品种可划分为水分敏感、弱抗旱、中度抗旱和强抗旱4种抗旱类型，分别包括3、23和13 3个品种。以苗期和收获期16个指标的抗旱系数为基础，利用逐步回归方法建立了小麦苗期抗旱性评价回归模型：$D_1=-1.593+0.152X_1+0.293X_2+0.256X_3+0.151X_5+0.426X_6+0.107X_7+0.958X_{12}+0.085X_{14}+0.056X_{15}+0.205X_{16}$，$R^2=0.9988$，平均拟合精度99.23%；利用苗期10个指标的抗旱系数进行逐步回归分析建立小麦苗期抗旱性评价回归模型：$D_2=-0.677+0.218X_1+0.481X_3-0.803X_4+0.230X_5+1.232X_6$，$R^2=0.6740$，平均拟合精度88.50%；表明苗期性状结合产量性状评判小麦抗旱性更为可靠准确。

关键词：小麦；苗期；抗旱性；隶属函数；聚类分析；逐步回归

干旱严重影响作物的产量，已经成为全球性的问题。在我国，小麦是仅次于玉米、水稻的第三大粮食作物[1]。西南麦区是我国第三大麦区，小麦主要分布于丘陵旱地，干旱是其面临的主要生产问题。丘陵区基础设施差、灌溉条件缺乏，选育抗旱品种是应对干旱的最便利途径。但关于西南麦区小麦抗旱种质资源的研究鲜见报道，不仅影响小麦良种科学布局，也影响该麦区抗旱性的深入研究。

前人从形态、发育、生理与生化等方面对小麦抗旱性进行了研究，认为相对含水率[2]、离体叶片失水速率、根系性状、光合参数[3]、生育期、渗透调节物质、抗氧化酶活性[4,5]、脱落酸含量[6,7]等性状是作物苗期抗旱性鉴定及品种筛选的重要指标。但前人对小麦苗期抗旱性的研究多局限于苗期相关生理生化指标测定，忽略了苗期干旱对后期产量的影响，难以全面客观地反映其抗旱性。本研究拟采用苗期盆栽和大田干旱棚试验相结合，综合苗期及收获期各形态、发育、生理生化指标，用多元统计分析方法，对西南地区育成的42个小麦品种苗期抗旱性进行综合评价，以期筛选苗期抗旱性较强的小麦品种，为抗旱栽培和育种提供种质资源；同时利用逐步回归方法，建立小麦苗期抗旱性评价回归模型，以期筛选出小麦苗期抗旱性的主要鉴定指标，为快速鉴定和预测小麦品种抗旱性强弱提供科学依据。

* **基金项目**：四川省育种攻关项目（2011NZ0098－15－3）；国家公益性行业（农业）科研专项（201503127）

1 材料和方法

1.1 供试材料

试验选用 42 个小麦品种，分别来自四川省、重庆市、云南省、贵州省相关育种单位。品种信息见表 1。

表 1 供试小麦品种编号及来源

编号	品种	来源	编号	品种	来源
V1	蜀万 8 号	重庆三峡农科院	V22	川育 23	中国科学院成都生物研究所
V2	内麦 9 号	内江市农科院	V23	西科麦 5 号	西南科技大学
V3	川麦 39	四川省农科院	V24	绵麦 367	绵阳市农科院
V4	川麦 44	四川省农科院	V25	川麦 104	四川省农科院
V5	川麦 43	四川省农科院	V26	绵杂麦 168	绵阳市农科院
V6	绵阳 26	绵阳市农科院	V27	川育 12	中国科学院成都生物研究所
V7	川麦 41	四川省农科院	V28	蜀麦 969	四川农业大学
V8	蜀麦 482	四川农业大学	V29	昌麦 30	西昌市农科院
V9	绵麦 1403	绵阳市农科院	V30	川农 27	四川农业大学
V10	川农 16	四川农业大学	V31	内麦 316	内江市农科院
V11	川麦 30	四川省农科院	V32	川重组 125	四川省农科院
V12	贵农 19	贵州大学	V33	川麦 60	四川省农科院
V13	渝麦 10 号	重庆市农科院	V34	川麦 62	四川省农科院
V14	绵农 4 号	西南科技大学	V35	川麦 65	四川省农科院
V15	云麦 53	云南省农科院、玉溪市农科所	V36	国豪 15	绵阳市农科院
V16	川麦 42	四川省农科院	V37	西科麦 7 号	西南科技大学
V17	川麦 51	四川省农科院	V38	绵麦 228	绵阳市农科院
V18	川麦 55	四川省农科院	V39	川麦 63	四川省农科院
V19	川麦 56	四川省农科院	V40	蜀麦 51	四川农业大学
V20	内麦 836	内江市农科院	V41	川麦 107	四川省农科院
V21	绵麦 37	绵阳市农科院	V42	南麦 302	南充市农业科学院

1.2 试验设计

1.2.1 盆栽试验

该试验于 2014 年 11—12 月在遮雨棚内进行，采用二因素随机区组设计，A 因素为 42 个品种，B 因素为 2 个水分胁迫水平，即自然干旱（植株在正常浇水条件下生长至 1 叶 1 心期，停止浇水至表型明显，即进行自然干旱处理）和水分充足（生长期间正常浇水，相对含水量控制在田间持水量的 60%～70%），试验中挑选大小均匀、饱满整齐的小麦籽粒 16 粒，均匀摆放在花盆中上，花盆直径为 15 cm，高 25 cm，重复 3 次，共计 252 盆。在塑料盆内装混合均匀的营养土和沙石（1∶3）共 6 kg，不额外施肥，播种后置于遮雨棚内，顶部用白色塑料做成的拱棚，高 2 m，四面无遮挡，于干旱胁迫表型明显时期，约干旱后 20 d 取样进行测定，经称重法测定此时干旱胁迫处理土壤相对含水量为 35%～40%，对照土壤含水量 60%～70%。

1.2.2　大田干旱棚试验

大田干旱棚试验于2014年10月至2015年5月在四川农业大学温江试验基地进行，采用二因素随机区组设计，A因素为42个品种，B因素为水分胁迫水平，即自然干旱，播种后至开花前进行遮雨处理；水分充足，同田露天栽培，播种至开花前累计降雨36.5 mm（资料来源于四川省气象局），属于平水年份。并于拔节期浇水一次，浇水量按每平方米10 L计算，保证生长所需水分。采用单粒播种，株距3 cm，行距20 cm，每品种播种2行，行长1 m，重复3次。试验地施N120 kg/hm^2、P_2O_5 60 kg/hm^2、K_2O 60 kg/hm^2，磷肥和钾肥连同60%氮肥作为底肥施用，剩余40%氮肥作为拔节肥施用。

大田干旱棚试验于收获期，每小区连续取15株小麦进行室内考种，测定株高、穗长、小穗数、单株成穗数、单穗重和单株产量。

1.3　数据统计与分析

数据整理与分析采用Microsoft Excel 2010软件；采用DPS软件进行相关分析、聚类分析及逐步回归等多元分析。

1.3.1　各测试指标抗旱系数

$$抗旱系数=干旱胁迫测定值/对照测定值 \tag{1}$$

1.3.2　各小麦品种抗旱系数的隶属函数值

$$U(X_j) = (X_j - X_{j\min}) / (X_{j\max} - X_{j\min}),\ j=1,\ 2,\ \cdots,\ n \tag{2}$$

式中，$U(X_j)$ 为第 j 个指标的隶属函数值，X_j 表示第 j 个抗旱系数；$X_{j\min}$ 表示第 j 个抗旱系数的最小值；$X_{j\max}$ 表示第 j 个抗旱系数的最大值。

1.3.3　各小麦品种的综合抗旱性大小

$$D = \sum_{j=1}^{n}\left[U(X_j)(|r_j| / \sum_{j=1}^{n}|r_j|)\right], j = 1,2,\cdots,n \tag{3}$$

式中，D 为综合抗旱性值，r_j 为第 j 个指标与各指标抗旱系数的平均值，即综合抗旱系数间的相关系数，为指标权数，$|r_j|/\sum_{j=1}^{n}|r_j|$ 表示第 j 个指标在所有指标中的重要程度。

2　结果与分析

2.1　供试小麦品种各单项指标抗旱系数

由表2可以看出，在干旱胁迫下，除离体叶片失水速率（X_9）和根长（X_3）外，其余指标即叶面积（X_1）、苗高（X_2）、地上部分干重（X_4）、地下部分干重（X_5）、全株干重（X_6）、植株含水率（X_8）、叶绿素含量（X_{10}）、株高（X_{11}）、小穗数（X_{12}）、穗长（X_{13}）、单株成穗数（X_{14}）、单穗重（X_{15}）、单株产量（X_{16}）等较对照有不同程度的下降，抗旱系数均值小于1，但不同品种小麦各单项指标的变化幅度不尽相同。说明单一指标的抗旱系数不能全面、有效、科学地评价不同小麦品种的抗旱性。小麦的抗旱性是一个复杂的数量性状，因此引入综合指标、多元统计方法来评价小麦抗旱性十分必要。

2.2　供试小麦品种抗旱性综合评价

以各品种各抗旱系数为依据，得出其隶属函数值，并利用加权隶属函数法计算出不同小麦品种的 D 值，见表3所示。可见供试42份小麦品种的 D 值变化范围为0.254～0.813。根据 D 值的大小得出品种抗旱能力的排序为V1>V10>V8>V38>V23>V40>V11>V16>V15>V19>V18>V27>V5>V4>V26>V14>V41>V13>V20>V9>V34>V12>V30>V21>V3>V17>V2>V35>V17>V32>V35>V42>V25>V29>V33>V7>V6>V39>V31>V28>V24>V22。

表 2　干旱胁迫条件下小麦不同指标的抗旱系数

品种	抗旱系数															
	X_1	X_2	X_3	X_4	X_5	X_6	X_7	X_8	X_9	X_{10}	X_{11}	X_{12}	X_{13}	X_{14}	X_{15}	X_{16}
V1	0.938	0.924	0.967	0.942	1.130	0.968	1.237	0.993	0.967	0.995	0.987	0.977	0.960	1.190	0.961	1.145
V2	0.944	0.969	1.001	0.812	0.798	0.809	0.992	0.995	0.979	0.981	0.994	0.976	0.983	0.886	0.425	0.376
V3	0.675	0.926	0.946	0.957	0.631	0.906	0.661	0.995	0.932	0.991	0.989	0.965	0.980	0.978	0.734	0.718
V4	0.959	0.993	1.066	0.980	0.856	0.965	0.873	1.000	0.930	0.989	1.005	0.894	0.931	0.743	0.803	0.597
V5	0.897	0.974	1.003	0.972	0.774	0.940	0.802	0.992	1.038	0.926	1.002	0.935	0.976	0.963	0.781	0.751
V6	0.844	0.911	0.904	0.814	0.703	0.797	0.866	0.985	1.095	0.964	0.999	0.967	0.940	0.719	0.660	0.474
V7	0.602	0.967	0.985	1.038	0.786	0.994	0.763	0.990	1.043	1.016	0.921	0.806	0.805	0.814	0.756	0.615
V8	0.874	0.997	0.976	0.976	0.932	0.966	0.952	0.993	0.871	1.027	0.996	1.042	1.076	0.951	1.046	0.994
V9	0.858	0.917	0.994	0.881	0.744	0.859	0.839	0.993	1.011	0.940	0.998	0.943	0.986	0.815	0.885	0.709
V10	0.888	1.051	1.051	0.945	0.945	0.944	0.997	0.993	0.979	0.965	1.042	1.020	1.056	0.974	1.061	1.033
V11	0.904	1.000	1.153	0.997	0.786	0.956	0.795	0.986	0.991	1.159	1.005	0.953	0.986	1.000	0.736	0.736
V12	0.765	0.978	1.028	0.974	0.708	0.929	0.743	0.990	0.971	0.988	0.995	0.920	0.955	0.904	0.645	0.582
V13	0.904	0.977	0.975	0.979	0.835	0.956	0.858	0.983	1.049	0.950	0.972	0.942	0.926	0.631	0.815	0.515
V14	0.864	0.973	1.043	0.844	0.835	0.852	1.205	0.983	1.080	0.966	0.996	0.961	0.956	0.772	0.723	0.559
V15	0.834	0.988	1.053	0.857	0.762	0.840	0.874	0.995	1.027	0.932	0.939	0.983	0.969	1.131	0.761	0.861
V16	0.666	0.936	0.988	0.876	0.938	0.887	1.075	0.998	0.908	0.913	0.988	0.992	0.984	0.840	0.965	0.810
V17	0.859	0.932	0.909	0.808	0.808	0.812	1.035	0.992	0.992	0.928	0.914	0.944	0.966	0.942	0.661	0.622
V18	1.028	0.987	1.090	0.909	0.807	0.894	0.906	0.991	0.945	0.995	0.992	0.967	0.955	0.833	0.733	0.611
V19	0.853	0.952	0.990	0.878	0.991	0.890	1.133	0.991	0.945	0.992	0.983	0.947	0.969	0.874	0.791	0.691
V20	0.986	0.960	0.959	0.967	1.013	0.972	1.050	1.006	0.992	0.986	0.952	0.908	0.921	0.737	0.473	0.348
V21	0.687	0.965	0.979	0.869	0.659	0.836	0.756	0.987	1.025	0.906	0.981	0.924	0.917	1.000	0.822	0.822
V22	0.684	0.923	0.935	0.682	0.560	0.658	0.799	0.991	1.027	0.969	0.986	0.912	0.887	0.743	0.557	0.414
V23	0.865	0.981	1.128	0.876	0.862	0.868	0.953	0.992	1.044	0.951	0.973	0.994	0.988	0.986	0.840	0.828
V24	0.738	0.908	0.881	0.685	0.645	0.675	0.950	0.996	1.040	0.975	0.987	0.910	0.876	0.526	0.665	0.350
V25	0.724	0.994	1.081	0.985	0.891	0.974	0.898	0.993	1.011	0.972	1.007	0.881	0.961	0.645	0.511	0.329
V26	1.013	0.991	1.106	0.990	0.738	0.942	0.742	0.983	0.708	0.901	0.998	0.907	0.884	0.794	0.789	0.626
V27	0.984	1.045	1.122	0.907	0.735	0.883	0.813	0.993	1.239	0.991	0.983	0.935	0.912	0.732	0.909	0.665
V28	0.877	0.998	0.988	0.756	0.535	0.716	0.718	0.992	1.010	1.012	0.996	0.861	0.947	0.654	0.640	0.419
V29	0.880	0.926	0.948	0.932	0.596	0.859	0.650	0.991	1.016	0.989	0.982	0.972	0.939	0.811	0.609	0.494
V30	0.664	0.969	0.970	0.781	0.624	0.759	0.799	0.993	1.016	0.862	0.986	0.996	0.987	0.800	1.015	0.812
V31	0.803	0.879	0.897	0.564	0.521	0.559	0.942	0.995	1.037	0.996	1.013	0.966	0.989	0.955	0.866	0.828
V32	0.749	1.018	1.081	0.873	0.631	0.827	0.720	0.992	1.026	0.992	0.993	0.987	0.987	1.004	0.398	0.400
V33	0.789	0.939	0.953	0.822	0.672	0.798	0.795	0.994	1.037	0.948	1.004	0.910	0.929	0.978	0.670	0.655
V34	0.797	0.989	1.032	0.849	0.573	0.801	0.669	0.996	0.957	0.951	0.979	0.929	0.952	1.129	0.754	0.852
V35	0.754	0.971	1.022	0.886	0.646	0.847	0.726	1.000	0.944	0.956	0.997	0.925	0.960	0.849	0.764	0.649
V36	0.812	0.913	0.966	0.764	0.774	0.756	0.982	0.994	1.381	0.907	1.000	0.968	0.983	0.643	0.981	0.629
V37	0.752	0.968	0.990	0.792	0.764	0.789	0.967	0.997	0.965	0.988	0.988	0.966	0.997	0.638	0.817	0.521
V38	0.976	0.961	0.951	0.924	1.122	0.951	1.214	0.992	1.028	0.954	0.925	0.952	0.990	0.943	0.820	0.771
V39	0.508	0.906	0.907	0.802	1.034	0.826	1.308	0.998	1.081	0.957	0.968	0.898	0.939	0.710	0.570	0.405
V40	0.913	0.978	1.016	0.878	1.045	0.887	1.200	0.996	0.904	0.984	0.996	0.958	0.996	0.924	0.761	0.704
V41	0.913	1.026	1.093	0.830	0.875	0.837	1.061	0.992	1.085	0.992	1.000	0.929	0.947	0.797	0.613	0.489
V42	0.768	0.923	0.955	0.766	0.597	0.742	0.790	0.976	1.132	0.794	0.994	0.990	0.986	0.696	1.126	0.781
均值	0.828	0.964	1.002	0.872	0.783	0.855	0.907	0.992	1.011	0.966	0.986	0.945	0.958	0.849	0.760	0.647

注：X_1为叶面积；X_2为苗高；X_3为根长；X_4为地上部分干重；X_5为地下部分干重；X_6为全株干重；X_7为根冠比；X_8为植株含水率；X_9为离体叶片失水速率；X_{10}为叶绿素含量；X_{11}为株高；X_{12}为小穗数；X_{13}为穗长；X_{14}为单株成穗数；X_{15}为单穗重；X_{16}为单株产量。下同。

表 3　干旱胁迫条件供试小麦品种各指标抗旱系数的隶属函数值

品种	综合抗旱系数	隶属函数																D值
		X_1	X_2	X_3	X_4	X_5	X_6	X_7	X_8	X_9	X_{10}	X_{11}	X_{12}	X_{13}	X_{14}	X_{15}	X_{16}	
V1	1.017	0.826	0.264	0.315	0.797	1.000	0.940	0.893	0.583	0.384	0.550	0.566	0.725	0.755	1.000	0.774	1.000	0.813
V2	0.870	0.839	0.521	0.440	0.522	0.455	0.576	0.520	0.637	0.401	0.512	0.625	0.720	0.733	0.541	0.036	0.057	0.478
V3	0.874	0.320	0.272	0.240	0.828	0.181	0.798	0.018	0.650	0.332	0.539	0.582	0.674	0.688	0.680	0.462	0.477	0.484
V4	0.912	0.868	0.665	0.679	0.878	0.551	0.933	0.339	0.799	0.330	0.535	0.710	0.374	0.401	0.326	0.557	0.328	0.570
V5	0.920	0.748	0.555	0.447	0.860	0.416	0.877	0.232	0.531	0.490	0.361	0.684	0.550	0.564	0.657	0.527	0.517	0.578
V6	0.853	0.646	0.185	0.085	0.527	0.299	0.547	0.330	0.322	0.575	0.466	0.659	0.685	0.729	0.291	0.361	0.178	0.402
V7	0.869	0.181	0.510	0.381	1.000	0.436	1.000	0.173	0.466	0.497	0.608	0.053	0.000	0.000	0.433	0.491	0.350	0.422
V8	0.979	0.703	0.687	0.350	0.869	0.676	0.936	0.459	0.588	0.241	0.637	0.639	1.000	0.929	0.639	0.891	0.815	0.767
V9	0.898	0.673	0.220	0.415	0.668	0.366	0.690	0.288	0.561	0.449	0.400	0.651	0.584	0.592	0.436	0.669	0.466	0.511
V10	0.996	0.731	1.000	0.623	0.804	0.697	0.886	0.528	0.567	0.402	0.468	1.000	0.908	0.860	0.675	0.911	0.863	0.794
V11	0.947	0.762	0.705	1.000	0.913	0.436	0.914	0.220	0.346	0.420	1.000	0.707	0.625	0.634	0.714	0.465	0.499	0.655
V12	0.880	0.494	0.577	0.540	0.864	0.308	0.852	0.141	0.462	0.390	0.531	0.629	0.485	0.508	0.570	0.339	0.310	0.494
V13	0.892	0.761	0.571	0.344	0.874	0.515	0.913	0.316	0.232	0.505	0.426	0.454	0.577	0.623	0.159	0.574	0.228	0.529
V14	0.913	0.684	0.545	0.596	0.591	0.516	0.674	0.843	0.235	0.553	0.470	0.642	0.657	0.688	0.370	0.447	0.282	0.557
V15	0.925	0.627	0.633	0.633	0.618	0.396	0.646	0.341	0.633	0.473	0.378	0.194	0.753	0.777	0.910	0.499	0.652	0.617
V16	0.923	0.304	0.334	0.395	0.658	0.685	0.754	0.647	0.738	0.296	0.324	0.579	0.788	0.801	0.472	0.779	0.590	0.617
V17	0.883	0.675	0.309	0.105	0.515	0.472	0.582	0.586	0.539	0.422	0.366	0.000	0.585	0.605	0.626	0.362	0.359	0.483
V18	0.915	1.000	0.627	0.769	0.728	0.470	0.771	0.389	0.522	0.352	0.550	0.606	0.682	0.714	0.462	0.460	0.346	0.605
V19	0.929	0.663	0.427	0.402	0.662	0.772	0.762	0.734	0.498	0.352	0.541	0.535	0.600	0.619	0.524	0.540	0.444	0.606
V20	0.889	0.919	0.470	0.288	0.851	0.809	0.950	0.608	1.000	0.421	0.526	0.296	0.435	0.473	0.318	0.102	0.023	0.517
V21	0.883	0.345	0.501	0.361	0.643	0.227	0.638	0.162	0.376	0.471	0.305	0.518	0.501	0.546	0.714	0.583	0.604	0.487
V22	0.796	0.338	0.258	0.197	0.249	0.064	0.228	0.228	0.525	0.474	0.480	0.562	0.451	0.508	0.326	0.218	0.104	0.254
V23	0.945	0.685	0.594	0.906	0.658	0.560	0.711	0.462	0.533	0.498	0.430	0.461	0.799	0.809	0.692	0.607	0.612	0.666
V24	0.800	0.443	0.169	0.000	0.254	0.204	0.267	0.456	0.692	0.492	0.496	0.572	0.440	0.502	0.000	0.366	0.025	0.255
V25	0.866	0.416	0.670	0.736	0.889	0.607	0.955	0.378	0.562	0.450	0.488	0.723	0.319	0.332	0.179	0.156	0.000	0.454
V26	0.882	0.972	0.650	0.828	0.899	0.356	0.882	0.140	0.249	0.000	0.293	0.654	0.428	0.485	0.403	0.537	0.364	0.568
V27	0.928	0.915	0.970	0.885	0.723	0.352	0.746	0.248	0.587	0.788	0.540	0.535	0.548	0.601	0.310	0.702	0.412	0.586
V28	0.820	0.710	0.691	0.393	0.405	0.023	0.361	0.103	0.555	0.448	0.598	0.635	0.233	0.246	0.193	0.333	0.110	0.295
V29	0.850	0.716	0.276	0.246	0.775	0.123	0.689	0.000	0.492	0.457	0.535	0.527	0.705	0.751	0.430	0.290	0.202	0.428
V30	0.877	0.300	0.526	0.327	0.457	0.170	0.461	0.228	0.581	0.458	0.187	0.557	0.808	0.819	0.412	0.848	0.592	0.490
V31	0.863	0.568	0.000	0.059	0.000	0.000	0.000	0.445	0.647	0.488	0.554	0.769	0.678	0.685	0.646	0.644	0.611	0.373
V32	0.855	0.464	0.809	0.734	0.651	0.180	0.616	0.107	0.528	0.471	0.543	0.617	0.767	0.777	0.720	0.000	0.086	0.461
V33	0.868	0.540	0.351	0.265	0.544	0.248	0.549	0.220	0.599	0.488	0.423	0.705	0.441	0.475	0.680	0.373	0.399	0.426
V34	0.888	0.555	0.639	0.556	0.600	0.085	0.557	0.029	0.670	0.370	0.431	0.506	0.524	0.550	0.908	0.489	0.641	0.507
V35	0.868	0.472	0.535	0.516	0.679	0.206	0.662	0.117	0.814	0.350	0.444	0.649	0.506	0.528	0.486	0.503	0.392	0.463
V36	0.903	0.585	0.196	0.314	0.422	0.416	0.453	0.505	0.594	1.000	0.309	0.672	0.686	0.698	0.175	0.801	0.367	0.458
V37	0.869	0.468	0.518	0.401	0.480	0.400	0.528	0.482	0.724	0.381	0.530	0.576	0.679	0.681	0.169	0.575	0.236	0.461
V38	0.967	0.899	0.477	0.257	0.758	0.987	0.903	0.857	0.555	0.474	0.438	0.088	0.620	0.627	0.627	0.580	0.541	0.690
V39	0.864	0.000	0.156	0.096	0.502	0.843	0.614	1.000	0.761	0.553	0.447	0.418	0.393	0.419	0.277	0.236	0.092	0.396
V40	0.946	0.778	0.575	0.496	0.662	0.861	0.754	0.835	0.691	0.291	0.520	0.638	0.646	0.649	0.600	0.498	0.459	0.657
V41	0.905	0.779	0.854	0.778	0.561	0.581	0.640	0.625	0.529	0.560	0.543	0.671	0.521	0.550	0.408	0.296	0.196	0.539
V42	0.876	0.500	0.256	0.274	0.425	0.125	0.421	0.214	0.000	0.629	0.000	0.627	0.781	0.792	0.256	1.000	0.554	0.458
均值	0.895	0.616	0.494	0.445	0.649	0.430	0.682	0.392	0.552	0.449	0.470	0.559	0.593	0.612	0.486	0.497	0.390	0.521
权重		0.074	0.057	0.063	0.077	0.111	0.095	0.071	0.002	−0.021	0.021	0.005	0.076	0.082	0.084	0.085	0.118	

采用最长距离法对 D 值进行聚类分析。如图 1 所示，聚类结果表明可将不同的小麦品种聚为 4 类，蜀万 8 号、川农 16、蜀麦 482 等 3 个小麦品种为强抗旱品种，占供试材料的 7.14%；川麦 44、绵杂麦 168、绵农 4 号等 13 个小麦品种为中等抗旱品种，占供试材料的 30.95%；内麦 9 号、川麦 39、川麦 51 等 23 个小麦品种为弱抗旱型品种，占供试材料的 54.56%；川育 23、绵麦 367、蜀麦 969 等 3 个小麦品种为水分敏感型品种，占供试材料的 7.14%。

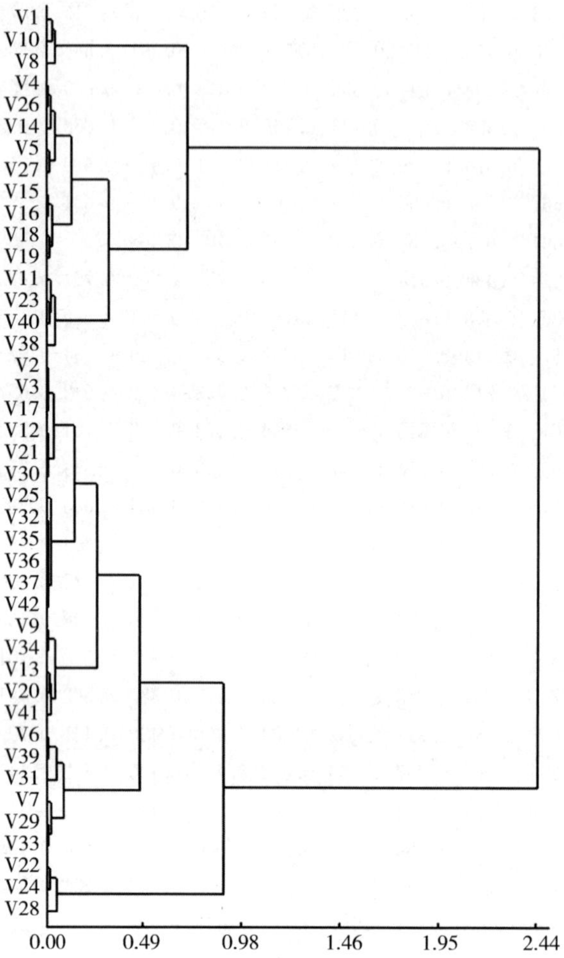

图 1　供试小麦品种抗旱性聚类分析

2.3　供试小麦品种抗旱性回归模型建立及鉴定指标筛选

把抗旱性综合评价值（D 值）作因变量，苗期和收获期共 16 项指标的抗旱系数作自变量，进行逐步回归分析，建立最优回归方程 $D_1=-1.593+0.152X_1+0.293X_2+0.256X_3+0.151X_5+0.426X_6+0.107X_7+0.958X_{12}+0.085X_{14}+0.056X_{15}+0.205X_{16}$，方程相关系数 $r=0.9994$，$P=0.0001$；把抗旱性综合评价值（D 值）作因变量，苗期 10 个指标的抗旱系数进行逐步回归分析建立小麦苗期抗旱性评价回归模型 $D_2=-0.677+0.218X_1+0.481X_3-0.803X_4+0.230X_5+1.232X_6$，方程相关系数 $r=0.821$，$P=0.0001$。由方程 D_1 可知，苗期和收获期 16 个单项指标中，叶面积、苗期株高、根长、地下部分干重、全株干重、根冠比、小穗数、单株成穗数、单穗重、单株产量 10 个指标对小麦抗旱性有显著影响；由方程 D_2 可知，苗期 10 个单项指标中叶面积、根长、地上部分干重、地下部分干重、全株干物质积累等 5 个指标对小麦抗旱性有显著影响。对回归方程的估计精度进行评价，见表 4 所示，结果表明回归方程 D_1 平均拟合精度达 99.23%，回归方程 D_2 平均拟合精度为 88.50%，证明方程中的指标对小麦抗旱性影响显著，两方程均可用于小麦抗旱性评价。

表 4　供试小麦品种抗旱性回归方程精度分析

品种	D_1				D_2			
	原始值	拟合值	拟合误差	拟合精度（%）	原始值	拟合值	拟合误差	拟合精度（%）
V1	0.810	0.817	−0.007	99.10	0.810	0.695	0.115	85.80
V2	0.480	0.483	−0.003	99.30	0.480	0.542	−0.062	87.10
V3	0.480	0.482	−0.002	99.60	0.480	0.423	0.057	88.20
V4	0.570	0.564	0.006	98.90	0.570	0.640	−0.070	87.60
V5	0.580	0.583	−0.003	99.40	0.580	0.558	0.022	96.20
V6	0.400	0.404	−0.004	98.90	0.400	0.438	−0.038	90.60
V7	0.420	0.424	−0.004	99.00	0.420	0.492	−0.072	82.90
V8	0.770	0.765	0.005	99.40	0.770	0.608	0.162	79.00
V9	0.510	0.511	−0.001	99.70	0.510	0.511	−0.001	99.80
V10	0.790	0.792	−0.002	99.70	0.790	0.635	0.155	80.40
V11	0.650	0.647	0.003	99.50	0.650	0.635	0.015	97.60
V12	0.490	0.492	−0.002	99.50	0.490	0.516	−0.026	94.80
V13	0.530	0.529	0.001	99.70	0.530	0.575	−0.045	91.40
V14	0.560	0.557	0.003	99.40	0.560	0.577	−0.017	96.90
V15	0.620	0.618	0.002	99.70	0.620	0.530	0.090	85.50
V16	0.620	0.615	0.005	99.20	0.620	0.551	0.069	88.90
V17	0.480	0.483	−0.003	99.30	0.480	0.482	−0.002	99.50
V18	0.600	0.605	−0.005	99.20	0.600	0.624	−0.024	96.10
V19	0.610	0.602	0.008	98.70	0.610	0.604	0.006	99.00
V20	0.520	0.521	−0.001	99.80	0.520	0.650	−0.130	75.00
V21	0.490	0.489	0.001	99.80	0.490	0.433	0.057	88.30
V22	0.250	0.246	0.004	98.60	0.250	0.316	−0.066	73.60
V23	0.670	0.669	0.001	99.90	0.670	0.620	0.051	92.50
V24	0.260	0.252	0.008	96.80	0.260	0.348	−0.088	66.20
V25	0.450	0.456	−0.006	98.60	0.450	0.606	−0.156	65.30
V26	0.570	0.565	0.005	99.10	0.570	0.612	−0.042	92.70
V27	0.590	0.592	−0.002	99.70	0.590	0.600	−0.010	98.40
V28	0.290	0.294	−0.004	98.70	0.290	0.391	−0.101	65.20
V29	0.430	0.424	0.007	98.50	0.430	0.422	0.008	98.20
V30	0.490	0.493	−0.003	99.50	0.490	0.389	0.101	79.30
V31	0.370	0.374	−0.004	99.10	0.370	0.292	0.078	78.90
V32	0.460	0.462	−0.002	99.50	0.460	0.476	−0.016	96.60
V33	0.430	0.425	0.005	98.80	0.430	0.435	−0.005	99.00
V34	0.510	0.505	0.005	99.00	0.510	0.428	0.082	83.90
V35	0.460	0.464	−0.004	99.10	0.460	0.460	0.000	100.00
V36	0.460	0.467	−0.007	98.50	0.460	0.472	−0.012	97.50
V37	0.460	0.459	0.001	99.80	0.460	0.479	−0.019	96.00
V38	0.690	0.691	−0.001	99.80	0.690	0.684	0.007	99.10
V39	0.400	0.399	0.001	99.80	0.400	0.490	−0.090	77.40
V40	0.660	0.655	0.006	99.20	0.660	0.644	0.016	97.60
V41	0.540	0.544	−0.004	99.30	0.540	0.617	−0.077	85.80
V42	0.460	0.462	−0.002	99.50	0.460	0.384	0.076	83.40
均值				99.23				88.50

2.4 供试小麦品种各指标抗旱系数与 *D* 值相关性分析及抗旱性不同类别品种间特征比较

将苗期及收获期 16 项指标的抗旱系数与 *D* 值进行相关性分析，见表 5 所示，除离体叶片失水速率、植株含水率、叶绿素含量、株高外，其他鉴定指标值均与 *D* 值呈极显著正相关关系。结合聚类分析结果，比较与 *D* 值显著相关的各鉴定指标在小麦不同抗旱型类别间的表现特征，如表 6 所示，随着小麦抗旱性的增强，各鉴定指标的抗旱系数呈增加趋势。其中，单株产量随小麦抗旱性增强其抗旱系数增幅最大，水分敏感型品种至强抗旱型品种增幅为 171.8%；在苗期各鉴定指标中，地下部分干重随小麦抗旱性增强其抗旱系数增幅最大达 72.8%。水分敏感型和弱抗旱型小麦品种各鉴定指标抗旱系数均小于 1；强抗旱型小麦品种苗期各鉴定指标抗旱系数略小于 1，而收获期各指标抗旱系数均大于 1，说明强抗旱型小麦品种苗期受干旱胁迫影响较小，后期产量几乎不受苗期干旱的影响。

表 5 供试小麦品种各指标抗旱系数与 *D* 值相关性分析

指标	*D* 值	X_1	X_2	X_3	X_4	X_5	X_6	X_7	X_8	X_9	X_{10}	X_{11}	X_{12}	X_{13}	X_{14}	X_{15}	X_{16}
D 值	1																
X_1	0.50**	1															
X_2	0.45**	0.38*	1														
X_3	0.47**	0.40**	0.80**	1													
X_4	0.58**	0.28	0.50**	0.49**	1												
X_5	0.68**	0.28	0.15	0.11	0.45**	1											
X_6	0.68**	0.32*	0.48**	0.45**	0.97**	0.64**	1										
X_7	0.38*	0.13	−0.16	−0.17	−0.11	0.82**	0.11	1									
X_8	−0.01	−0.08	−0.03	−0.12	−0.05	0.22	0.01	0.21	1								
X_9	−0.28	−0.15	−0.17	−0.15	−0.35*	−0.14	−0.33*	0.06	−0.11	1							
X_{10}	0.13	0.21	0.26	0.28	0.27	0.16	0.26	0.04	0.22	−0.17	1						
X_{11}	0.05	0.1	0.16	0.25	−0.11	−0.21	−0.14	−0.16	−0.08	−0.06	0.09	1					
X_{12}	0.52**	0.2	0.02	0.04	−0.11	0.12	−0.06	0.19	−0.1	−0.02	−0.16	0.26	1				
X_{13}	0.53**	0.17	0.15	0.1	−0.03	0.23	0.03	0.24	0.09	−0.08	−0.01	0.36*	0.80**	1			
X_{14}	0.55**	0.12	0.15	0.2	0.22	0.13	0.22	−0.02	0.07	−0.30*	0.14	−0.1	0.35*	0.34*	1		
X_{15}	0.48**	0.05	−0.02	−0.01	0.02	0.1	0.05	0.07	−0.23	0.08	−0.36*	0.17	0.45**	0.38*	0.11	1	
X_{16}	0.70**	0.11	0.08	0.1	0.16	0.2	0.19	0.08	−0.09	−0.16	−0.14	0.07	0.51**	0.47**	0.69**	0.79**	1

注：* 和 ** 分别表示 $P<0.05$ 和 $P<0.01$ 的显著水平。

表 6 供试小麦品种聚类结果中各抗旱类别各显著指标抗旱系数均值

类别	各鉴定指标抗旱系数的平均值											
	X_1	X_2	X_3	X_4	X_5	X_6	X_7	X_{12}	X_{13}	X_{14}	X_{15}	X_{16}
水分敏感型	0.770	0.940	0.930	0.710	0.580	0.680	0.820	0.890	0.900	0.640	0.620	0.390
弱抗旱型	0.780	0.950	0.980	0.860	0.730	0.840	0.860	0.940	0.950	0.830	0.720	0.590
中等抗旱型	0.900	0.980	1.050	0.910	0.870	0.900	0.970	0.950	0.960	0.890	0.800	0.710
强抗旱型	0.900	0.990	1.000	0.950	1.000	0.960	1.060	1.010	1.030	1.040	1.020	1.060

3 讨论

西南麦区冬、春季节性干旱严重，造成小麦幼苗生长迟缓，分蘖减少，小麦苗期素质降低，直接影响后期小麦生长及产量的形成。筛选抗旱性强的品种，是应对干旱胁迫最便利有效的途径，而筛选标准则直接关系到筛选结果的可靠性。有关小麦品种抗旱性筛选，前人主要在苗期进行，采用的鉴定指标有反复干旱存活率、叶片数、叶面积、地上部分干物质量、根干物质量、植株干物质量、根冠比、株高、单株分蘖数等[8-10]。作者认为，除苗期指标外，加上后期产量指标更为可靠。本试验以西南麦区有代表性的 42 个小麦品种为材料，综合利用苗期和收获期 16 个指标的抗旱系数建立了小麦苗期抗旱性评价回归模型 $D_1=-1.593+0.152X_1+0.293X_2+0.256X_3+0.151X_5+0.426X_6+0.107X_7+0.958X_{12}+0.085X_{14}+0.056X_{15}+0.205X_{16}$，方程相关系数 $r=0.9994$，平均拟合精度高达 99.23%，而利用苗期 10 个指标的抗旱系数进行逐步回归分析建立小麦苗期抗旱性评价回归模型 $D_2=-0.677+0.218X_1+0.481X_3-0.803X_4+0.230X_5+1.232X_6$，方程相关系数 $r=0.821$，其平均拟合精度为 88.50%。回归方程 D_2 相关系数和精度均较 D_1 低，表明将产量性状纳入评判小麦品种苗期抗旱性更为可靠。

同时，本文通过抗旱性不同类别品种间特征比较（见表 5、表 6 所示），发现单株产量随小麦抗旱性增强其抗旱系数增幅最大；同时，在苗期各鉴定指标中，根干重随小麦抗旱性增强其抗旱系数增幅最大达 72.8%。因而认为，强抗旱性品种产量受干旱影响小可能与其根系对干旱有较强的适应性相关，在干旱条件下，强抗旱型品种根系受干旱的影响较小，出现补偿效应有利于在干旱条件下吸收土壤中的水分，从而抵御干旱的影响。

4 结论

综上，小麦苗期抗旱性与收获期产量性状紧密相关，苗期叶面积、根长、苗干重、根干重、全株干重等，结合产量性状评价评价小麦抗旱性更为可靠。供试 42 个品种中，水分敏感型 3 个、弱抗旱型 23 个、中等抗旱型 13 个、强抗旱型 3 个，强抗旱性品种蜀万 8 号、川农 16、蜀麦 482 可进一步用于抗旱性机理研究，并可用作抗旱育种种质资源。

参考文献

[1] 赵广才，常旭虹，王德梅，等. 中国小麦生产发展潜力研究报告 [J]. 作物杂志，2012（3）：1-5.

[2] 单长卷，汤菊香，郝文芳. 水分胁迫对洛麦 9133 幼苗叶片生理特性的影响 [J]. 江苏农业学报，2006（3）：229-232.

[3] 田山君，杨世民，孔凡磊，等. 西南地区玉米苗期抗旱品种筛选 [J]. 草业学报，2014（1）：50-57.

[4] 张智猛，戴良香，宋文武，等. 干旱处理对花生品种叶片保护酶活性和渗透物质含量的影响 [J]. 作物学报，2013（1）：133-141.

[5] Hassan N M，El-Bastawisy Z M，El-Basawisy Z M，et al. Roles of dehydrin genes in wheat tolerance to drought stress [J]. Journal of Advanced Research. 2015，6（2）：179-188.

[6] 郭贵华，刘海艳，李刚华，等. ABA 缓解水稻孕穗期干旱胁迫生理特性的分析 [J]. 中国农业科学，2014（22）：4380-4391.

[7] 张炜，高巍，曹振，等. 干旱胁迫下小麦（*Triticumaestivum* L.）幼苗中 ABA 和 IAA 的免疫定位及定量分析 [J]. 中国农业科学，2014（15）：2940-2948.

[8] 赖运平，李俊，张泽全，等. 小麦苗期抗旱相关形态指标的灰色关联度分析 [J]. 麦类作物学报，2009（6）：1055-1059.

[9] 卫云宗，刘新月，张久刚. 小麦苗期抗旱类型研究 [J]. 中国生态农业学报，2008（6）：1409-1412.

[10] 田梦雨，李丹丹，戴廷波，等. 水分胁迫下不同基因型小麦苗期的形态生理差异 [J]. 应用生态学报，2010（1）：41-47.

增强小麦种子萌发期抗旱性的植物生长物质鉴选与评价*

胡雯媚　李国瑞[2]　樊高琼[1]　李金刚[2]　荣晓椒[1]

1. 四川农业大学农学院/农业部西南作物生理生态与耕作重点实验室，四川成都　611130
2. 彭州市农村发展局，四川成都　611930

摘要：为筛选能增强小麦萌发期抗旱性的植物生长物质，以绵麦228为材料，选用21种植物生长物质浸种24 h，以清水浸种为对照，在20%PEG－6000模拟干旱胁迫条件下，测定各处理的发芽势、发芽率、发芽指数、苗高、胚芽鞘长度、根长、根数、根冠比和贮藏物质转运速率等性状，并通过加权隶属函数法评价21种生长调节物质增强小麦萌发期抗旱性的综合效果。结果表明，PEG胁迫下，供试的大部分植物生长物质均能在一定程度上增强小麦种子萌发期的抗旱能力，表现为发芽率、发芽势、发芽指数提高，苗高、胚芽鞘长度、根长伸长，根数增多，根冠比、贮藏物质转运速率增大；不同植物生长物质对小麦萌发期抗旱能力的调控程度存在一定差异，通过加权隶属函数法分析，综合评价值（D值）排在前5位的植物生长物质分别为乙烯利、黄腐酸、氯化胆碱、赤霉素、吲哚丁酸·萘乙酸。相关分析结果表明，除根长、根冠比外，其他鉴定指标与D值均显著或极显著正相关，其中，萌发期苗高的相关系数最大（0.80），因此，在评价植物生长物质调控小麦萌发期的抗旱效果时，发芽势、发芽指数、苗高、胚芽鞘长度、根数、贮藏物质转运速率、发芽率等指标较根长、根冠比更为可靠，可作为植物生长物质浸种后鉴定其调控小麦萌发期抗旱性的指标加以利用。

关键词：PEG胁迫；植物生长物质；小麦；萌发期；隶属函数法

小麦是世界性重要粮食作物，种植面积占全球种植面积的八分之一[1]。西南麦区是我国第三大麦区，又以四川为主[2]。四川小麦种植面积稳定在130万hm^2左右，占西南麦区小麦种植面积的65%[3]。四川小麦产量位居全国第六、西南第一[4]。因而，四川小麦的高产稳产对于确保区域口粮安全具有重要意义。

四川小麦主要分布在土层瘠薄、保水力差、蓄引水困难的丘陵区坡台旱地[5]，抗旱设施差、抗旱成本高，当旱情发生时，可供选择的抗旱措施少，因而干旱对小麦生产的影响大[6]。在规模化生产、机械化播种的新形势下，播种时间高度集中，播后无适宜降水，常导致大面积缺苗断垄，极大地影响小麦生产。除选择耐旱、抗旱性强品种外，施用外源植物生长物质是一种有效的技术措施。前人研究表明，植物生长物质能增强花生、巴西陆稻、玉米、大豆、马铃薯、羽扇豆、高羊茅草坪草、苗木等的抗旱能力[7－11]，涉及的生长物质有多效唑、矮壮素、茉莉酸甲酯、黄腐酸、脱落酸、冠菌素等，施用方法上有喷施、浸种、拌种等。不同作物适用的调节剂不同，使用时期和施用方法也不一样。小麦多见苗期和花后抗旱性的报道，施用方法多为喷施，有关种子处理的报道较少，且选用的药剂单

* 基金项目：公益性行业科研专项（20150312705），四川省育种攻关项目（2011NZ0098－15－3）

一[12-15]。系统评判植物生长物质浸种对小麦种子萌发期抗旱性的影响，可为小麦专用抗旱剂的研制与开发、促进其规模化应用提供依据，确保小麦抗旱增产。鉴于此，本试验选用21种植物生长物质浸种小麦，研究其在PEG胁迫下对小麦种子萌发及幼苗素质的影响，以期筛选出效果较优的植物生长物质，为小麦的抗旱栽培提供新的技术途径。

1 试验材料与方法

1.1 供试材料

以小麦品种绵麦228为材料，PEG（聚乙二醇）的分子量为6 000，其溶液浓度按照质量体积比配制（w/v）。不同植物生长物质的信息见表1。

表1 供试植物生长物质编号、名称及浓度

编号	名称	浓度（mg/L）	编号	名称	浓度（mg/L）
Y1	多效唑	100	Y12	萘乙酸	160
Y2	矮壮素·乙烯利	380	Y13	S−诱抗素	3
Y3	甲哌鎓	100	Y14	氯化胆碱	200
Y4	苄氨基嘌呤	30	Y15	胺鲜脂	12
Y5	吡唑醚菌酯	25	Y16	黄腐酸	3 000
Y6	糠氨基嘌呤	0.4	Y17	乙烯利	200
Y7	超敏蛋白	30	Y18	吲哚丁酸	6
Y8	氯吡脲	1	Y19	调环酸钙	20
Y9	芸苔素内酯	0.01	Y20	芸苔素内酯·烯效唑	15
Y10	吲哚丁酸·萘乙酸	20	Y21	赤霉素	10
Y11	烯效唑	30	Y22	蒸馏水	0

1.2 试验设计

按李国瑞等[16]的方法培养处理材料，挑选大小均匀、籽粒饱满、无病虫害的种子，用5%的NaClO水溶液浸泡15 min进行消毒处理，然后用蒸馏水反复冲洗，分别用相应浓度的植物生长物质浸泡24 h，用蒸馏水冲洗3次，置于滤纸上摊开自然晾干备用。用镊子（70%酒精消毒）将晾干的50粒种子均匀摆放在培养皿（ϕ 9 cm）中，铺2层滤纸，用移液枪加入10 mL 20% PEG−6000水溶液，培养皿加盖，最后将培养皿一起放入人工气候培养箱，培养条件为20 ℃恒温，相对湿度（60±5）%、每天12 h光照，光照强度1 000 lx。保持滤纸水分饱和状态，用蒸馏水补充损失的水分。

1.3 测定项目与方法

种子置培养皿后，每天定时调查种子的发芽情况（以胚根长等于种子长，胚芽长等于1/2种子长作为发芽为准），第3 d调查种子发芽势（GP）；第7 d调查种子发芽率（GR）；每天调查发芽数，计算发芽指数（GI）。发芽结束后，每处理随机挑选10株幼苗，测量苗高（SH）、胚芽鞘长度（CL）、最长根长（RL）、根数（RN）。将根、籽粒、芽分离，在105 ℃下杀青10 min再置于70 ℃烘箱中烘干至恒重后，用万分之一天平称干重，计算根冠比（R/S）和贮藏物质转运速率（STR）。

发芽势（%）=3 d后正常发芽的种子数/供试种子数×100%；

发芽率（%）=7 d后正常发芽的种子数/供试种子数×100%；

发芽指数$=1.0n_1+6/7n_2+5/7n_3+4/7n_4+3/7n_5+2/7n_6+1/7n_7$。

其中，n_1、n_2、n_3、n_4、n_5、n_6、n_7分别为第1 d、2 d、3 d、4 d、5 d、6 d、7 d的发芽率；

贮藏物质转运速率（%）=（芽+根）干重/（芽+根+籽粒）干重×100%。

根冠比=根干重/芽干重；

增幅（IA,%）=（处理−对照）/对照×100%。

1.4 抗旱性综合评价

以供试材料的测定指标为依据，利用加权隶属函数法对22个调节剂的抗旱性进行综合评价，加权隶属函数法计算供试如下：

$$U(X_j) = [X_{ij} - X_{j\min}]/[X_{j\max} - X_{j\min}]$$

$$D = \sum_{j=1}^{n}\left[U(X_j)(|r_j|/\sum_{j=1}^{n}|r_j|)\right] \quad i,j = 1,2,3,\cdots,n$$

其中，$U(X_j)$ 为第 j 个指标的隶属函数值，X_{ij} 为第 i 个材料第 j 个指标的抗旱系数；$X_{j\max}$ 和 $X_{j\min}$ 分别为各参试材料中第 j 个指标抗旱系数的最大值和最小值；r_j 为第 j 个指标与综合抗旱系数间的相关系数，$|r_j|/\sum_{j=1}^{n}|r_j|$ 为指标权数，表示第 j 个指标在所有指标中的重要程度。

1.5 数据处理与分析

收集到的数据经Excel 2007整理后，带入DPS v7.05软件进行统计分析。

2 结果与分析

2.1 PEG胁迫下植物生长物质浸种对小麦种子萌发特性的影响

从表2可见，处理间发芽势、发芽率、发芽指数差异显著，大部分植物生长物质浸种均能显著提高PEG胁迫下小麦的发芽势、发芽率和发芽指数。发芽势最高的为Y18、Y21，增幅达21.0%；发芽率最高的为Y12，其次是Y18和Y21，增幅分别为12.4%、11.2%和11.2%；发芽指数最大的为Y21，增幅达20.4%。Y9处理的效果最差，PEG胁迫下的发芽势、发芽率、发芽指数分别降低了13.6%、12.4%和17.2%。

表2 PEG胁迫下植物生长物质浸种对小麦种子萌发特性的影响

编号	发芽势GP（%）	增幅IA（%）	发芽率GR（%）	增幅IA（%）	发芽指数GI	增幅IA（%）
Y1	76.5 abcdef	11.1	83.7 bcdef	4.5	0.757 defg	5.6
Y2	76.5 abcdef	11.1	81.9 defg.	2.2	0.751 defg	4.8
Y3	70.6 efg	2.5	79.2 fg	−1.1	0.716 gh	−0.1
Y4	73.1 defg	6.2	78.3 g	−2.2	0.727 fgh	1.4
Y5	69.7 fg	1.2	81.9 defg	2.2	0.699 h	−2.6
Y6	74.0 defg	7.4	81.9 defg	2.2	0.759 defg	5.8
Y7	74.0 defg	7.4	82.8 cdefg	3.4	0.746 efgh	4.0
Y8	81.6 abc	18.5	87.3 abc	9.0	0.819 abc	14.2
Y9	59.5 h	−13.6	70.2 h	−12.4	0.594 i	−17.2
Y10	78.2 abcd	13.6	85.5 abcde	6.7	0.776 cdef	8.2
Y11	77.4 abcde	12.3	86.4 abcd	7.9	0.743 efgh	3.6
Y12	78.2 abcd	13.6	90.0 a	12.4	0.783 cde	9.2
Y13	78.2 abcd	13.6	83.7 bcdef	4.5	0.783 cde	9.2
Y14	75.7 bcdefg	9.9	83.7 bcdef	4.5	0.761 defg	6.2
Y15	74.8 cdefg	8.6	80.1 fg	0.0	0.750 defg	4.6

续表

编号	发芽势 GP（%）	增幅 IA（%）	发芽率 GR（%）	增幅 IA（%）	发芽指数 GI	增幅 IA（%）
Y16	82.5 ab	19.8	88.2 ab	10.1	0.823 abc	14.8
Y17	79.1 abcd	14.8	86.4 abcd	7.9	0.800 bcd	11.6
Y18	83.3 a	21.0	89.1 a	11.2	0.836 ab	16.6
Y19	73.1 defg	6.2	81.0 efg	1.1	0.714 gh	−0.4
Y20	74.8 cdefg	8.6	88.2 ab	10.1	0.786 cde	9.6
Y21	83.3 a	21.0	89.1 a	11.2	0.863 a	20.4
CK	68.9 g	—	80.1 fg	—	0.717 gh	—

注：表中同列数据后小写字母表示差异达显著水平（$P<0.05$）。

2.2 PEG 胁迫下植物生长物质浸种对麦苗形态指标的影响

PEG 胁迫下植物生长物质浸种处理后对小麦幼苗形态有显著影响，详见表 3，但不同植物生长物质对不同指标的调节效果不一。例如，21 个药剂中，Y17、Y14、Y16 等 17 个药剂提高了小麦的苗高，Y17 的增幅最大，达 121.7%，Y20、Y13、Y12、Y11 降低了小麦苗高，Y20 的降幅最大，达 38.0%；Y7、Y14、Y15 等 16 个药剂提高了小麦的胚芽鞘长度，Y7 的增幅最大，达 25.3%，Y20、Y11、Y1 等 5 个药剂降低了小麦的胚芽鞘长度，Y20 的降幅最大，达 51.6%；Y11、Y20、Y1 等 16 个药剂增加了小麦的根长，Y11 的增幅最大，达 83.9%，Y12、Y4、Y8 等 5 个药剂降低了小麦的根长，Y12 的降幅最大，达 38.0%；21 个药剂均增加了小麦的根数，Y17 的增幅最大，达 5.6%；除 Y17 外，其他药剂均提高了小麦的根冠比，Y20 的增幅最大，达 143.6%；Y17、Y14、Y3 等 14 个药剂提高了小麦的贮藏物质转运速率，Y17 的增幅最大，达 46.0%，Y20、Y13、Y18 等 7 个药剂降低了小麦贮藏物质转运速率，Y20 的降幅最大，达 30.9%。

表 3　PEG 胁迫下植物生长物质浸种对小麦幼苗形态指标的影响

编号	苗高 SH（cm）	增幅 IA（%）	胚芽鞘长度 CL（cm）	增幅 IA（%）	根长 RL（cm）	增幅 IA（%）	根数 RN（条/株）	增幅 IA（%）	根冠比（R/S）	增幅 IA（%）	贮藏物质转运率 STR（%）	增幅 IA（%）
Y1	3.5 defg	11.7	1.50 f	−20.9	9.3 bc	53.3	4.5 bcdef	22.7	1.477 bc	82.3	26.2 cdef	8.1
Y2	4.3 bcdef	38.8	2.17 abcd	14.2	6.8 defghi	11.8	4.8 abcde	30.9	1.025 defghi	26.5	30.4 abc	25.5
Y3	5.0 bcd	62.8	2.20 abcd	15.8	8.2 bcde	34.6	4.4 bcdef	20.0	0.845 ghi	4.3	33.3 ab	37.9
Y4	5.3 abc	71.8	2.20 abcd	15.6	3.8 jk	−37.8	4.5 bcdef	22.7	0.962 efghi	18.8	29.2 abcd	20.8
Y5	4.8 bcde	53.6	2.29 abc	20.5	8.4 bcd	38.0	4.4 bcdef	20.0	0.838 hi	3.5	27.7 bcde	14.7
Y6	3.7 cdef	21.0	2.03 bcd	6.7	6.5 defghi	7.1	4.5 bcdef	21.8	1.312 cdef	62.0	23.6 cdef	−2.6
Y7	5.1 abcd	66.0	2.38 a	25.3	6.9 defghi	13.6	4.7 bcde	27.3	0.908 fghi	12.1	30.2 abc	25.0
Y8	4.2 cdef	34.7	2.07 abcd	8.8	5.1 ij	−16.4	4.4 cdef	19.1	1.037 defghi	28.1	27.7 bcde	14.5
Y9	3.2 efg	3.0	1.87 de	−1.6	5.6 hi	−8.0	4.8 abcde	30.0	1.158 cdef-ghi	43.0	22.9 defg	−5.5
Y10	3.6 cdefg	17.2	2.18 abcd	14.9	7.0 defghi	15.2	5.0 abcd	35.5	1.472 bc	81.7	29.8 abcd	23.2
Y11	3.0 efg	−2.5	1.08 g	−43.2	11.2 a	83.9	4.7 bcde	27.3	1.334 cde	64.7	24.2 cdef	−0.1
Y12	2.7 fg	−13.2	1.68 ef	−11.8	3.1 k	−48.8	5.3 ab	43.6	1.825 ab	125.3	22.2 efg	−8.4
Y13	2.5 fg	−19.9	1.98 cde	4.2	5.8 ghi	−4.8	4.0 ef	8.2	1.241 cdefgh	53.2	20.5 fg	−15.4
Y14	6.0 ab	94.9	2.37 ab	24.6	7.9 cdef	29.6	5.1 abc	39.1	0.916 efghi	13.1	33.8 ab	39.9
Y15	5.3 abcd	70.4	2.29 abc	20.7	7.6 cdefg	25.2	5.1 abc	39.1	1.433 cd	77.0	24.9 cdef	3.0

续表

编号	苗高 SH (cm)	增幅 IA (%)	胚芽鞘长度 CL (cm)	增幅 IA (%)	根长 RL (cm)	增幅 IA (%)	根数 RN (条/株)	增幅 IA (%)	根冠比 (R/S)	增幅 IA (%)	贮藏物质转运率 STR (%)	增幅 IA (%)
Y16	6.0 ab	94.3	2.20 abcd	16.0	6.4 defghi	5.3	5.1 abc	39.1	0.886 ghi	9.3	29.4 abcd	21.5
Y17	6.9 a	121.7	2.29 abc	20.4	8.1 cdef	32.8	5.6 a	52.7	0.741 i	−8.5	35.3 a	46.0
Y18	3.6 cdefg	16.3	2.10 abcd	10.7	6.3 efghi	3.3	4.7 bcde	28.2	1.267 cdefg	56.5	22.0 efg	−9.1
Y19	5.1 bcd	63.3	2.07 abcd	9.1	7.8 cdef	28.1	4.8 abcde	30.0	0.992 efghi	22.5	29.3 abcd	21.1
Y20	1.9 g	−38.0	0.92 g	−51.6	10.0 ab	64.3	4.2 def	13.6	1.973 a	143.6	16.7 g	−30.9
Y21	4.8 bcde	54.6	2.20 abcd	15.6	7.3 defgh	20.2	4.8 abcde	30.0	0.986 efghi	21.7	25.4 cdef	5.2
CK	3.1 efg	—	1.90 de	—	6.1 fghi	—	3.7 f	—	0.810 i	—	24.2 cdef	—

2.3 植物生长物质浸种后对小麦种子萌发期抗旱性的综合评价

抗旱性是一个由多因素影响的复合性状，单个因素对抗旱性的影响是微弱的，大量因素的综合作用才促成了抗旱性的形成。各药剂处理后，对不同指标影响效果不一，单一指标很难评价某一植调剂增强小麦萌发期抗旱性的效果。因此，本文采用加权隶属函数法对多个性状指标进行综合评价，既消除了单一指标带来的片面性，又考虑了不同鉴定指标对抗旱性的贡献（即权重），使抗旱性的综合评价更加可行、可靠。根据抗旱能力综合评价值（D 值）大小进行不同植物生长物质增强小麦萌发期抗旱能力的排序为 Y17>Y16>Y14>Y21>Y10>Y15>Y7>Y2>Y18>Y8>Y19>Y3>Y12>Y5>Y4>Y1>Y11>Y6>Y13>Y20>CK>Y9。

表 4 PEG 胁迫下植物生长物质浸种对小麦萌发期各指标的隶属函数值

编号	GP	GR	GI	SH	CL	RL	RN	R/S	STR	D 值
Y1	0.714	0.682	0.606	0.312	0.399	0.771	0.436	0.597	0.507	0.529
Y2	0.714	0.591	0.585	0.480	0.851	0.457	0.590	0.231	0.733	0.605
Y3	0.464	0.455	0.452	0.631	0.882	0.628	0.385	0.084	0.894	0.575
Y4	0.571	0.409	0.495	0.688	0.878	0.081	0.436	0.180	0.672	0.530
Y5	0.429	0.591	0.388	0.573	0.941	0.653	0.385	0.079	0.592	0.530
Y6	0.607	0.591	0.612	0.369	0.771	0.422	0.410	0.464	0.367	0.491
Y7	0.607	0.636	0.564	0.651	1.000	0.471	0.513	0.136	0.727	0.619
Y8	0.929	0.864	0.835	0.455	0.778	0.243	0.359	0.241	0.590	0.592
Y9	0.000	0.000	0.000	0.257	0.642	0.307	0.564	0.339	0.331	0.280
Y10	0.786	0.773	0.676	0.346	0.865	0.483	0.667	0.593	0.703	0.641
Y11	0.750	0.818	0.553	0.222	0.097	1.000	0.513	0.481	0.400	0.514
Y12	0.786	1.000	0.702	0.155	0.510	0.000	0.821	0.880	0.292	0.537
Y13	0.786	0.682	0.702	0.113	0.722	0.330	0.154	0.406	0.201	0.404
Y14	0.679	0.682	0.622	0.832	0.986	0.590	0.744	0.142	0.921	0.746
Y15	0.643	0.500	0.580	0.678	0.944	0.559	0.744	0.562	0.441	0.633
Y16	0.964	0.909	0.851	0.828	0.885	0.408	0.744	0.118	0.681	0.763
Y17	0.821	0.818	0.766	1.000	0.938	0.614	1.000	0.000	1.000	0.867
Y18	1.000	0.955	0.899	0.340	0.816	0.392	0.538	0.427	0.283	0.605
Y19	0.571	0.545	0.447	0.634	0.785	0.579	0.564	0.204	0.676	0.587
Y20	0.643	0.909	0.714	0.000	0.000	0.853	0.256	1.000	0.000	0.383
Y21	1.000	0.955	1.000	0.579	0.878	0.520	0.564	0.199	0.469	0.696
CK	0.393	0.500	0.457	0.238	0.674	0.366	0.000	0.056	0.401	0.327
权重	0.117	0.091	0.105	0.168	0.084	0.086	0.172	0.033	0.145	

2.4 相关性分析

将各指标抗旱系数与D值进行相关性分析见表5。结果表明，除根冠比、根长与D值的相关性不显著，发芽率与D值显著正相关，相关系数为0.47；发芽势、发芽指数、苗高、胚芽鞘长度、根数、贮藏物质转运速率与D值极显著正相关，相关系数分别为0.63、0.57、0.80、0.53、0.74、0.71。可见，在评价植物生长物质调控小麦萌发期的抗旱效果时，发芽势、发芽指数、苗高、胚芽鞘长度、根数、贮藏物质转运速率、发芽率等指标较根长、根冠比更为可靠，可将其作为植物生长物质浸种后快速鉴定其调控抗旱性的鉴定指标加以利用。

表5 相关性分析

相关系数	x1	x2	x3	x4	x5	x6	x7	x8	x9	x10
x1	1	0.89**	0.96**	0.14	0.05	0.03	0.29	0.12	0.04	0.63**
x2		1	0.90**	−0.07	−0.21	0.11	0.22	0.31	−0.13	0.47*
x3			1	0.11	0.05	−0.02	0.2	0.14	−0.03	0.57**
x4				1	0.74**	0.01	0.57**	−0.71**	0.85**	0.80**
x5					1	−0.4	0.31	−0.69**	0.66**	0.53**
x6						1	−0.03	0.08	0.05	0.1
x7							1	−0.01	0.47*	0.74**
x8								1	−0.71**	−0.35
x9									1	0.71**
x10										1

注：x1为发芽势，x2为发芽率，x3为发芽指数，x4为苗高，x5为胚芽鞘长度，x6为根长，x7为根数，x8为根冠比，x9为贮藏物质转运速率，x10为D值。*和**分别表示0.05和0.01显著水平。

3 讨论

作物对逆境的适应是受遗传特性和作物体内生理状况两种因素的制约，后者又与作物体内激素的调控有密切关系。利用植物生长物质来增强作物对逆境的抵抗能力，已成为目前作物抗逆栽培的途径之一，而抗旱又是抗逆研究的主要内容。纵观前人研究，应对干旱胁迫不同作物采用的植物生长物质不同，如闫秋洁等[17]用乙烯利浸种提高了PEG−6000胁迫下玉米种子的发芽率和苗高；回振龙等[18]用黄腐酸浸种提高了干旱胁迫下紫花苜蓿的发芽率、发芽势、发芽指数、苗高和生物量；代勋等[19]用赤霉素浸种提高了小桐种子在干旱胁迫下的发芽率；闫艳红等[20]用烯效唑浸种增强大豆苗期抗旱能力。就小麦抗旱性方面，采用氯化胆碱[21]、氯化钙[22]浸种，ABA喷施[23]等均有报道；同时，唐晓川等[24]用SA和NAA复配，其增强幼苗抗旱性上的效果优于单独施用。由上述可见，能用于增强作物抗旱性的植调剂很多，既有植物生长促进剂也有植物生长延缓剂，既有单剂也有复配制剂，对于哪些植物生长物质用于小麦萌发期抗旱性较好，前人缺乏系统研究与评价。同时，一般认为，出苗率高、幼苗和根系生长好、植株根冠比大等是植调剂促进作物抗旱性的形态学表现。对于哪些指标更重要，或在出苗率相近的情况下，如何综合评价，前人尚无系统研究。

在查阅相关文献的基础上，本试验选用了21种植物生长物质进行研究，结果表明：在PEG−600胁迫下，大部分植物生长物质浸种后，均能使小麦萌发特性和形态指标转好，发芽势、发芽率、发芽指数增加，苗高、胚芽鞘长度、根长、根数、根冠比及贮藏物质转运率增加，即大部分植物生长物质在一定程度上能增强小麦抗旱能力。在单个性状基础上，进一步采用加权隶属函数法对多个性状指标进行综合评价，结果表明，供试21种植物生长物质中，D值前5位的分别为乙烯利（Y17）、黄腐酸

(Y16)、氯化胆碱(Y14)、赤霉素(Y21)、吲哚丁酸·萘乙酸(Y10)。除根长、根冠比外，其他指标与D值均呈现显著或极显著正相关，其相关系数大小依次为苗高(0.80**)>根数(0.74**)>贮藏物质转运速率(0.71**)>发芽势(0.63**)>发芽指数(0.57**)>胚芽鞘长度(0.53**)>发芽率(0.47*)。发芽率的相关系数相对较小，估计与其极差小有较大关系，本试验中发芽势的变幅为59.5%~83.3%，发芽率的变幅为70.2%~90.0%。同时苗高变幅为1.9~6.9 cm，根长变幅为3.1~11.2 cm，可见根长变幅大，苗高变幅小。大部分植物生长物质既促进根系生长，又促进苗高增加，部分植物生长物质对苗高抑制过于强烈，导致畸形，这可能是根冠比与D值呈负相关的原因。因而在增强小麦抗旱性方面，根冠比只是一个相对指标，还应结合根系和地上部的生长量综合考虑。

4 结论

综上，研究认为，乙烯利、黄腐酸、氯化胆碱、赤霉素、吲哚丁酸·萘乙酸浸种小麦后，可增强小麦在PEG胁迫下的萌发特性，幼苗形态良好，可用于小麦萌发期的抗旱调节。评价植物生长物质的抗旱效果时，采用苗高、根数、贮藏物质转运速率、发芽势、发芽指数、胚芽鞘长度、发芽率较根长、根冠比等指标更为可靠。

参考文献

[1] Taregh G, Mostafa V, Reza S, et al. Effect of PEG stress on germination indices and seedling growth of 12 bread wheat gentypes [J]. Advances in Environmental Biology, 2011 (6): 1034-1039.

[2] 刘学文，钟秋波. 四川省粮食生产现状和增产潜力分析 [J]. 农村经济. 2010 (12): 63-66.

[3] 汤永禄，李朝苏，余秀芳，等. 西南旱地套作小麦带式机播技术组装与示范效果 [J]. 耕作与栽培. 2010 (4): 60-61.

[4] 赵广才，常旭虹，王德梅，等. 中国小麦生产发展潜力研究报告 [J]. 作物杂志. 2012 (3): 1-5.

[5] 王相权，黄辉跃，王仕林，等. 四川冬小麦新品种（系）抗旱性鉴定及分析 [J]. 中国农学通报. 2014 (15): 39-45.

[6] Changnon S A, Pielke Jr R A, Changnon D, et al. Human factors explain the increased losses from weather and climate extremes [J]. Bulletin of the American Meteorological Society, 2000 (3): 437-442.

[7] 李玲，潘瑞炽. 植物生长调节剂提高花生产量和增强抗旱性研究 [J]. 花生科技. 1996 (1): 1-6.

[8] 潘晓云，程建峰，曾晓春，等. 不同药剂浸种对巴西陆稻种子萌发及幼苗抗旱性的效应 [J]. 江西农业大学学报. 1997 (1): 7-12.

[9] 王海博，常社霞，杜丽美，等. 植物生长调节剂对玉米耐旱性的调控概述 [J]. 广东农业科学. 2010, 37 (7): 20-21.

[10] 王敏，姚维传，张从宇. 植物生长调节剂对干旱胁迫下大豆幼苗生长的影响 [J]. 水土保持学报. 2005, 19 (4): 190-192.

[11] 孙业民. 多效唑和氯化钾影响干旱胁迫下马铃薯幼苗抗性生理的机制 [D]. 甘肃农业大学, 2013.

[12] 康文娟，马晓蒙，涂淑萍，等. 喷施多效唑对圆齿野鸦椿苗木抗旱性的影响 [J]. 江西农业大学学报. 2014 (6): 1310-1315.

[13] 董桃杏，蔡昆争，曾任森. 茉莉酸甲酯（MeJA）对干旱胁迫下水稻幼苗光合作用特性的影响 [J]. 生态环境学报. 2009 (5): 1872-1876.

[14] 陈志峰，王海永，董学会. DPC拌种对玉米幼苗形态和抗旱性的影响 [J]. 玉米科学. 2011 (5): 78-82.

[15] 王言景，臧贺藏，张倩，等. 冠菌素提高冬小麦抗旱性的生理机制 [J]. 华北农学报. 2013 (2): 96-102.

[16] 李国瑞，马宏亮，胡雯媚，等. 西南麦区小麦品种萌发期抗旱性的综合鉴定及评价 [J]. 麦类作物学报. 2015, 35 (4): 479-487.

[17] 闫秋洁，刘再婕，杨欣. 乙烯利浸种对聚乙二醇胁迫下玉米种子萌发的影响 [J]. 中国农学通报. 2013, 29 (3):

53－58.

[18] 回振龙，李自龙，刘文瑜，等．黄腐酸浸种对PEG模拟干旱胁迫下紫花苜蓿种子萌发及幼苗生长的影响［J］．西北植物学报．2013，33（8）：1621－1629.

[19] 田会玉，陈靠山，刘世名，等．渗透胁迫下氯化胆碱对小麦种子萌发的影响［J］．干旱地区农业研究．2001，19（4）：52－57.

[20] 代勋，李忠光，龚明．赤霉素、钙和甜菜碱对小桐子种子萌发及幼苗抗低温和干旱的影响［J］．植物科学学报．2012，30（2）：204－212.

[21] Kaur M，Gupta A K，Zhawar V K. Antioxidant response and Lea genes expression under exogenous ABA and water deficit stress in wheat cultivars contrasting in drought tolerance［J］．Journal of Plant Biochemistry and Biotechnology，2014（1）：18－30.

[22] 宋新妍，张崔灿，韩晓弟．$CaCl_2$对冬小麦抗旱性影响的研究［J］．安徽农业科学．2009，37（30）：14637－14638.

[23] 商振清，史吉平，韩建民．植物生长调节剂“891”提高小麦抗旱性机理研究［J］．河北农业大学学报．1994（2）：10－14.

[24] 唐晓川，张元成，钟秀丽，等．水杨酸和α－萘乙酸浸种对冬小麦幼苗抗旱性的影响［J］．中国农业气象．2014，35（2）：162－167.

播期对四川小麦分蘖发生、消亡及成穗特性的影响*

王思宇[1]　荣晓椒[1]　樊高琼[1]　吴　舸[1]　胡雯媚[1]

1. 四川农业大学/农业部西南作物生理生态与耕作重点实验室，四川成都　611130
2. 达州市达川区农业技术推广站，四川达州　635000

摘要：为探讨四川小麦分蘖发生、消亡与成穗规律，了解穗数形成的制约因子，在四川两个典型小麦生态区（川西平原区和川中丘陵区），以主推品种川麦104（春性）和半冬性品种川农30为材料，通过定点调查茎蘖动态，以及定株调查分蘖发生、消亡时间和叶位，研究过早播（10月16日）、早播（10月23日）、适播（10月30日）、晚播（11月6日）下小麦的分蘖成穗特性。结果表明，四川小麦分蘖发生一般持续50 d左右，分蘖发生数量少且低位分蘖缺位多。平原区（温江点）小麦第1叶位分蘖发生率为61%～80%，丘陵区（仁寿点）为13%～60%；第2叶位两生态点分别为63%～98%和45%～83%；第3、4叶位及二级分蘖很少发生。川麦104单株分蘖数（1.4～2.4个）显著低于川农30（1.6～2.9个）。四川小麦分蘖消亡持续时间长，从拔节一直持续到开花，分蘖消亡率超过50%，花后也还有8.0%～19.4%的分蘖消亡，其中川麦104分蘖消亡各期（拔节－孕穗、孕穗－抽穗、抽穗－开花）比较均衡，川农30分蘖消亡集中在孕穗－抽穗阶段，占总消亡率的43.9%。四川小麦分蘖成穗率低，平原区和丘陵区分别为27.7%～48.8%和9.0%～19.4%，其中平原区第1、2叶位分蘖成穗率分别为65.0%和50.2%，丘陵区分别为34.8%和24.4%。10月23日左右是利于丘陵区小麦分蘖成穗、高产的适宜播期，平原区还可提前到10月16日左右。

关键词：小麦；播期；分蘖发生；分蘖消亡；分蘖成穗

西南冬麦区是我国第三大麦区，小麦作为重要口粮作物，其高产稳产对于确保区域口粮安全具有重要意义。随着大面积品种的更新换代，小麦单产正逐年提高，但产量总体水平仍较低（四川3 614.9 kg/hm^2），相比河南6 157.2 kg/hm^2、山东6 052.6 kg/hm^2、安徽5 724.4 kg/hm^2、江苏5 372.5 kg/hm^{2}及全国平均水平5 243.6 kg/hm^2[1]尚有很大差距，但也说明产量提升空间大。在我国小麦生产连续十二年增产的大背景下，要继续保持增长态势，四川区域将是新的增长点之一[2]。限制四川小麦产量提升的关键因素是有效穗低[3]，平原区不足450万hm^2。有效穗与分蘖成穗关系密切，因而探明四川小麦分蘖发生、消亡与成穗规律，研究制约穗数形成的过程及关键因子，对于制定合理栽培措施、调控分蘖成穗、提高穗容量进而提升产量具有重要意义。前人研究表明，播期影响着冬小麦生育阶段的光温水资源，可调控小麦的起始生长势[4]，影响小麦分蘖和营养生长[5,6]，也对穗粒数、千粒重形成[7]有重要影响。晚播易使小麦前期生长速度减慢，单株分蘖力下降，后期生长速度快，穗小粒少，产量低；而早播易使小麦越冬前幼穗分化进程加快，在寒冬气候条件下小麦易遭受冻害[8]。适宜播期的确定受生态环境[9]、

* **基金项目**：国家重点研发计划（2016YFD0300400）、国家公益性行业（农业）科研专项（201503127）和四川省农作物育种攻关项目（2016NYZ0051）

光温资源[10-13]、品种特性[14,15]等诸多因素的综合影响。小麦分蘖的重要意义之一在于其对小麦产量有贡献[16-18]。四川小麦有效穗低，仅为北方小麦的1/2～2/3，是制约其产量提升的关键因子[19,20]，播期不同，光、温、水资源不同，进而影响分蘖发生及成穗，是研究分蘖成穗的重要手段。四川是西南麦区的代表，穗容量不足已得到共识，但有关穗数形成的关键过程及制约因子研究较少，分蘖发生叶位、消亡特性、成穗特性鲜见报道，理论基础薄弱，指导生产盲目。本试验基于前期研究，以四川突破性新品种川麦104（春性）和川农30（半冬性）为材料，在过早播、早播、适播、晚播情况下，构建不同光温水环境，系统分析四川小麦分蘖发生叶位、消亡与成穗过程，探明穗数形成的制约过程及关键因子，以期丰富四川小麦高产栽培理论，并为以提高穗容量为目标的高产栽培措施的制定提供参考。

1 试验材料与方法

1.1 供试材料及试验地点

试验于2013年10月至2014年5月在四川仁寿进行，2014年10月至2015年5月在四川温江（平原麦区）和四川仁寿（丘陵麦区）两个生态点进行。供试材料为四川主推品种川麦104（春性，四川省农业科学院提供）和川农30（半冬性，四川农业大学农学院提供）。试验点土壤肥力见表1，分蘖期间气候条件见表2，仁寿平均温度高于温江。

表1 试验点概况及土壤理化性质

年份	生态点	前作	全氮（g/kg）	速效氮（mg/kg）	速效磷（mg/kg）	速效钾（mg/kg）	地理分区
2013—2014年	仁寿	玉米	1.26	52.94	11.39	57.34	丘陵区
2014—2015年	温江	甘薯	2.43	95.0	57.47	38.99	平原区
	仁寿	棉花	1.08	36.0	9.34	77.95	丘陵区

表2 小麦播种至分蘖期的旬降水量、旬日照时数及旬平均气温（2014—2015年）

地点	气象条件	10月中旬	10月下旬	11月上旬	11月中旬	11月下旬	12月上旬	12月中旬	12月下旬	1月上旬	1月中旬	1月下旬
温江	旬降水量（mm）	20.1	14.9	12.0	3.0	1.5	5.4	0.0	0.3	2.1	0.0	0.9
	旬日照（h）	7.9	15.5	16.7	17.0	5.5	15.6	24.8	23.7	1.8	12.1	1.2
	旬平均气温（℃）	15.7	17.1	12.6	11.3	11.5	8.2	4.7	4.7	6.2	7.0	7.3
仁寿	旬降水量（mm）	19.0	58.5	1.9	17.5	0.0	7.4	0.0	0.5	1.1	0.6	6.5
	旬日照（h）	4.0	24.3	15.7	8.6	16.4	10.3	22.8	24.5	3.8	8.2	5.5
	旬平均气温（℃）	16.7	19.0	14.4	12.9	13.3	10.2	7.2	7.8	8.0	9.4	9.6

1.2 试验设计

2013—2014年试验为单因素试验设计，品种为川麦104，设置4个播期，分别为10月14日（D1过早播），10月21日（D2早播），10月28日（D3适播），11月4日（D4晚播）。2014—2015年试验采用二因素裂区设计，主因素为品种，共2个水平，分别为川麦104（CM104）和川农30（CN30）；副因素为播期（S），共4个水平，分别为10月16日（S1过早播），10月23日（S2早播），10月30日（S3适播），11月6日（S4晚播）。共8个处理组合，重复3次。

小麦采用免耕开沟点播，行窝距20 cm×10 cm，基本苗为$240\times10^4/hm^2$，小区面积4 m×3 m=12 m^2。每公顷施纯氮120 kg，过磷酸钙（12% P_2O_5）500 kg，氯化钾（52% K_2Cl）115 kg，氮肥按底

肥：拔节肥=6：4 施用，磷钾肥全作底肥一次施入。其他栽培措施按一般大田生产进行。

1.3 测定项目与方法

三叶期定点调查基本苗，在小麦关键生育时期（拔节、孕穗、抽穗、开花、成熟）调查田间总茎蘖数。分蘖出现后，于每小区选取长势均匀的 20 株小麦挂牌标记，每隔 7 d 调查一次，记录分蘖数及分蘖发生的叶位，直到分蘖停止发生。分蘖开始消亡后调查挂牌植株的分蘖消亡情况，发现分蘖死亡后取回相应标牌，记录时间及消亡叶位。判断分蘖是否死亡主要依据外部形态观察，心叶枯黄或空心蘖都认为该分蘖已经死亡。在成熟期，将标记的 20 株小麦整株取回，并根据标牌将主茎穗和不同叶位的分蘖穗分装，75 ℃烘干至恒重，脱粒，用千分之一天平称重。统计主茎穗和分蘖穗的比例及主茎穗和分蘖穗对产量的贡献。

单株分蘖力=（最高茎蘖数-基本苗数）/基本苗数；

单株成穗数=有效茎蘖数/基本苗数；

茎蘖成穗率=有效茎蘖数/最高茎蘖数×100%；

Ⅰ表示主茎第一片叶腋内长出的分蘖，Ⅱ表示第二片叶腋内长出的分蘖[21]，依次类推。

主茎穗对产量的贡献率=主茎穗产量/（主茎穗产量+分蘖穗产量）×100%；

分蘖穗对产量的贡献率=分蘖穗产量/（主茎穗产量+分蘖穗产量）×100%。

1.4 数据处理与统计分析

运用 Microsoft Excel 2010 处理数据。用 DPS 7.05 系统软件进行方差分析，采用 Duncan 新复极差法进行样本平均数的差异显著性比较。

2 结果与分析

2.1 不同播期下分蘖发生及叶位分布特征

田间调查结果见表 3，表明在本试验两年度的气候条件和密度条件下，供试材料播种后 20～25 d 开始分蘖，且与品种冬春性相关不大。但不同生态类型小麦品种分蘖发生持续时间相关极大，其中春性品种川麦 104 分蘖持续时间为 34～57 d，随播期推迟，分蘖发生持续时间延长；而半冬性品种川农 30 为 62～65 d，且随播期变化相关不大。进一步分析表明，分蘖构成以第 1、2 叶位为主，第 3、4 叶位以及二级分蘖发生较少，且单株分蘖数以第 2 叶位>第 1 叶位>第 3 叶位>二级分蘖数>第 4 叶位分蘖数，第 1 叶位分蘖缺位现象严重，以丘陵更甚。平原区小麦的单株分蘖力平均为 2.3 个/株，丘陵区小麦单株分蘖力平均为 1.7 个/株，其中平原区小麦第 1 叶位分蘖发生数为 0.61～0.80 个/株，第 2 叶位为 0.63～0.98 个/株，第 3 叶位多在 0.5 个/株以下，第 4 叶位分蘖及二级分蘖发生则更少，丘陵区小麦各叶位分蘖发生数均低于平原区小麦。

表 3 不同播期下小麦分蘖始期、拔节期及不同叶位分蘖发生情况

处理		播种（月．日）	分蘖始期（月．日）	播后天数（d）	拔节期（月．日）	播后天数（d）	单株分蘖力		
							Ⅰ	Ⅱ	总
2013—2014 年（仁寿）									
川麦104	D1	10.14	11.03	20	12.07	54	0.13 d	0.59 b	1.61 c
	D2	10.21	11.13	23	12.16	56	0.40 b	0.60 b	1.75 b
	D3	10.28	11.20	23	12.28	61	0.27 c	0.67 a	1.54 d
	D4	11.04	11.28	24	01.18	75	0.43 a	0.60 b	2.04 a

续表

处理		播种（月．日）	分蘖始期（月．日）	播后天数（d）	拔节期（月．日）	播后天数（d）	单株分蘖力					
							Ⅰ	Ⅱ				总
2014—2015 年（仁寿）												
川麦104	S1	10.16	11.05	20	12.20	67	0.19 d	0.60 a				1.58 c
	S2	10.23	11.15	23	01.01	70	0.67 b	0.60 a				1.72 b
	S3	10.30	11.22	23	01.13	75	0.34 c	0.61 a				1.42 d
	S4	11.06	11.29	23	01.23	78	0.69 a	0.49 b				2.29 a
川农30	S1	10.16	11.07	22	01.08	84	0.26 b	0.65 c				1.65 c
	S2	10.23	11.14	22	01.15	84	0.59 a	0.68 c				1.84 b
	S3	10.30	11.24	25	01.26	88	0.31 b	0.83 a				1.61 d
	S4	11.06	11.29	23	02.02	88	0.57 a	0.76 b				2.44 a
2014—2015 年（温江）							Ⅰ	Ⅱ	Ⅲ	Ⅳ	二次	总
川麦104	S1	10.16	11.07	22	12.21	66	0.73 b	0.98 a	0.51 a	0.06 a	0.11 ab	2.38 a
	S2	10.23	11.15	23	12.31	69	0.80 a	0.78 b	0.24 b	0.06 a	0.09 b	1.96 c
	S3	10.30	11.22	23	01.15	77	0.61 c	0.63 c	0.24 b	0.07 a	0.11 ab	1.67 d
	S4	11.06	11.29	23	01.25	80	0.73 ab	0.71 bc	0.53 a	0.06 a	0.14 a	2.18 b
川农30	S1	10.16	11.07	22	01.09	85	0.64 b	0.97 a	0.46 a	0.04 b	0.27 c	2.37 b
	S2	10.23	11.14	22	01.19	88	0.79 a	0.80 b	0.18 b	0.04 b	0.25 c	2.05 c
	S3	10.30	11.24	25	01.26	88	0.76 a	0.78 b	0.44 a	0.26 a	0.56 b	2.80 a
	S4	11.06	11.29	23	02.05	91	0.75 a	0.72 b	0.51 a	0.30 a	0.64 a	2.93 a

注：标以不同小写字母的值表示在 0.05 水平差异显著。下同。

川麦 104 单株分蘖数低于川农 30，其差异主要表现在川农 30 第 2、4 叶位及二级分蘖高于川麦 104。播期处理间分蘖发生数差异显著。温江点过早播（S1）可显著提高第 2 叶位分蘖（0.97 个/株），仁寿点适播（S3）可显著提高第 2 叶位分蘖（0.72 个/株），相应地，第 1 叶位分蘖较低。温江点两品种均在 S1 播期下第 2 叶位分蘖最多。

2.2 不同播期下分蘖消亡规律

对不同播期下小麦分蘖消亡情况进行了分析，结果见表 4。四川小麦分蘖消亡率在 50%以上，且分蘖消亡持续时间长，从拔节一直持续到开花，开花后也还有 8%～19.4%的分蘖消亡。川麦 104 分蘖消亡较为平缓，拔节－孕穗、孕穗－抽穗、抽穗－开花、开花－成熟分别占总消亡的 26.6%、30.7%、24.3%、18.3%，川农 30 分蘖消亡存在明显的高峰，以孕穗－抽穗阶段最高，占 43.9%，其次是抽穗－开花（占 29.5%），拔节－孕穗、开花－成熟分别占 16.1%和 10.4%。最终两品种消亡率分别为 56.6%和 63.6%。随着播期推迟，总消亡率显著增高，晚播条件下总消亡率高达 67.9%。

不同播期下小麦各叶位分蘖消亡情况见表 5。分析表明，分蘖的消亡与分蘖发生顺序或发生叶位密切相关，晚发生的分蘖消亡时间早且消亡率高，播期越晚，无效分蘖消亡越早，无效的高位分蘖在花前全部消亡。如川麦 104 第 4 叶位分蘖和二级分蘖在 S1、S2 播期下集中消亡于孕穗－抽穗阶段，占总消亡率的 66.7%～100%；S3、S4 下集中消亡于拔节－孕穗阶段占总消亡率的 72.2%～100%；川农 30 的第 4 叶位分蘖在 S1、S2 下集中消亡于孕穗－抽穗阶段，接近 100%；在 S3、S4 下拔节－孕穗、抽穗－开花期间消亡率各占 20%左右，在孕穗－抽穗阶段达 50%。第 1、2 叶位分蘖的消亡从拔节持续到成熟，平均消亡率分别达 35.0%和 49.8%，孕穗－开花期间消亡率占主体，开花－成熟第 1、2 叶位也还有 10%左右的分蘖消亡，1、2 叶位以第 2 叶位分蘖的消亡率高，成穗率则与之相反。

表 4　不同播期下小麦各时期分蘖消亡率及占总消亡率的比例（温江 2014—2015 年）　单位：%

处理		拔节—孕穗	占总消亡率比例	孕穗—抽穗	占总消亡率比例	抽穗—开花	占总消亡率比例	开花—成熟	占总消亡率比例	总消亡率
川麦104	S1	10.7 b	20.9	17.5 a	34.2	13.0 a	25.4	9.9 b	19.4	51.2 c
	S2	11.2 b	21.2	17.6 a	33.4	14.7 a	27.9	9.2 b	17.5	52.8 c
	S3	18.8 a	31.9	16.7 a	28.3	13.4 a	22.8	10.1 b	17.1	58.9 b
	S4	19.6 a	30.9	17.8 a	28.0	14.0 a	22.0	12.1 a	19.1	63.5 a
川农30	S1	7.7 b	14.5	23.0 b	43.4	15.4 b	29.0	6.9 ab	13.1	53.0 c
	S2	7.8 b	13.4	23.4 b	40.2	19.2 a	32.9	7.8 a	13.4	58.3 b
	S3	13.2 a	18.6	31.2 a	44.0	20.5 a	29.0	6.0 b	8.4	70.9 a
	S4	12.3 a	17.0	34.1 a	47.2	20.0 a	27.7	5.8 b	8.0	72.3 a

表 5　不同播期下各叶位分蘖消亡率（温江 2014—2015 年）　单位：%

处理		拔节—孕穗					孕穗—抽穗					抽穗—开花					开花—成熟				
		Ⅰ	Ⅱ	Ⅲ	Ⅳ	Secondary	Ⅰ	Ⅱ	Ⅲ	Ⅳ	Secondary	Ⅰ	Ⅱ	Ⅲ	Ⅳ	Secondary	Ⅰ	Ⅱ	Ⅲ	Ⅳ	Secondary
川麦104	S1	7.5	9.3	21.5	0	0	7.5	11.1	24.8	100	66.7	7.5	11.1	21.5	0	33.3	7.5	7.4	21.5	0	0
	S2	6.9	14.0	23.3	0	0	6.9	14.0	30.0	100	66.7	11.2	14.0	23.3	0	33.3	6.9	9.2	23.3	0	0
	S3	9.1	8.8	23.3	100	72.2	9.1	17.7	30.0	0	27.8	9.1	17.7	23.3	0	0	9.1	8.8	23.3	0	0
	S4	8.4	11.2	23.1	100	72.2	10.8	17.2	26.9	0	27.8	10.8	14.2	23.1	0	0	8.4	11.2	23.1	0	0
川农30	S1	2.8	5.7	12.0	0	20.6	8.6	13.2	39.8	100	53.3	8.6	11.3	27.8	0	26.1	8.6	5.7	12.0	0	0
	S2	6.9	6.7	0	0	21.7	13.7	20.1	30.6	100	50.0	11.2	20.1	38.9	0	28.3	6.9	6.7	30.6	0	0
	S3	7.3	9.4	12.6	21.7	23.2	14.7	21.5	37.9	50	53.4	9.7	19.1	33.1	28.3	23.5	7.3	7.2	12.6	0	0
	S4	7.5	7.9	11.2	18.9	20.7	12.3	20.9	40.6	50	61.6	9.9	18.4	33.6	31.1	17.7	7.5	7.9	11.2	0	0

2.3　不同播期下成穗率及分蘖穗对单株成穗数的贡献

与分蘖消亡相对应的即是分蘖成穗。对不同播期下小麦各叶位分蘖成穗情况进行了分析，结果见表 6。温江点分蘖成穗率在 40%左右，仁寿点低 7 个百分点左右，均以春性品种川麦 104 高于半冬性品种川农 30；随播期延后，分蘖成穗率下降，温江点川麦 104 晚播（S4）处理下的分蘖成穗率仅为 36.5%，川农 30 仅为 27.7%，仁寿点则分别为 9.0%和 12.4%，可见丘陵低于平原。成穗分蘖以第 1、2 叶位分蘖为主，平原区第 1、2 叶位分蘖成穗率分别为 65.0%和 50.2%，丘陵区仅为 34.8%和 24.4%，整体上第 1 叶位分蘖成穗率高于第 2 叶位。主茎也并非 100%成穗，与品种生态类型相关不大，一般在 90%左右，但生态点间也以平原（温江）高于丘陵（仁寿）。最终，主茎+分蘖的成穗率温江点川麦 104 和川农 30 分别为 59.6%、51.5%，主茎穗∶分蘖穗为 1∶0.7～1∶1.1，仁寿点分别为 61.6%、56.3%，主茎穗∶分蘖穗为 1∶0.1～1∶0.5；随播期延后，分蘖成穗所占比例减小，如仁寿点 S4 播期主茎穗∶分蘖穗为 1∶0.1，分蘖穗几乎为 0。

表 6　不同播期下小麦各叶位分蘖成穗率及主茎穗与分蘖穗的比（2014—2015 年）　单位：%

处理		温江							仁寿					
		主茎	Ⅰ	Ⅱ	Ⅲ	分蘖	总	主茎与分蘖比	主茎	Ⅰ	Ⅱ	Ⅰ+Ⅱ	总	主茎与分蘖比
川麦104	S1	89.2	70.0	61.1	10.7	48.8	60.8	1∶1.1	92.8	39.4	31.7	37.2	63.3	1∶0.3
	S2	96.3	68.2	48.7	0	47.2	63.8	1∶0.9	89.4	43.3	29.5	37.3	59.3	1∶0.5
	S3	90.2	63.4	47.0	0	41.1	59.5	1∶0.7	86.8	55.7	18.8	32.0	60.2	1∶0.3
	S4	93.8	61.5	46.2	3.7	36.5	54.5	1∶0.8	84.4	7.7	10.7	9.0	43.6	1∶0.1

续表

处理		温江							仁寿					
		主茎	Ⅰ	Ⅱ	Ⅲ	分蘖	总	主茎与分蘖比	主茎	Ⅰ	Ⅱ	Ⅰ+Ⅱ	总	主茎与分蘖比
川农30	S1	91.0	71.5	64.2	8.3	47.0	60.1	1∶1.1	89.5	46.7	40.6	42.3	67.0	1∶0.4
	S2	91.5	61.3	46.5	0	41.7	58.0	1∶0.9	85.5	51.5	26.3	38.0	59.0	1∶0.5
	S3	85.3	61.0	42.8	3.7	29.1	44.9	1∶0.8	88.6	24.4	23.3	23.7	54.1	1∶0.3
	S4	94.4	62.7	44.9	3.3	27.7	43.3	1∶0.8	89.0	9.7	14.3	12.4	45.3	1∶0.2

2.4 不同播期群体产量及分蘖穗对产量的贡献

对不同播期小麦的产量及产量构成因素进行了分析，结果见表7。丘陵区（仁寿）早播的产量表现最高，平原区（温江）过早播产量更高，川麦104在S1、S2播期产量差异不显著，而川农30对播期更加敏感，随播期延后产量显著下降。对产量构成因素分析发现，仁寿点早播有效穗和穗粒数更高，且有效穗的增幅更大，如2014—2015年早播（S2）较适播（S3）有效穗增加26.0%，穗粒数增加15.2%；温江点过早播有效穗优势突出，川农30穗粒数也显著增加，故而过早播较适播增产。

分析分蘖穗对产量的贡献，结果见表8，表明温江点在32.8%～52.4%，仁寿点在10.1%～34.3%；温江点第1叶位分蘖对产量的贡献比第2叶位高5个百分点左右，仁寿点S1播期下以第2叶位的贡献高于第1叶位。在两品种上主茎穗和分蘖穗对最终产量的贡献比温江点为1∶0.7～1∶0.8，仁寿点则为1∶0.2～1∶0.3；播期间主茎穗和分蘖穗对最终产量的贡献比温江点为1∶0.5～1∶1.1，仁寿点为1∶0.1～1∶0.4，均以早播下分蘖穗对产量的贡献大，尤其是S1播期下，两品种主茎：分蘖达到1∶1～1∶1.1。

表7 不同播期的产量及产量构成因素

处理		有效穗（$\times10^4/hm^2$）	穗粒数	千粒重（g）	产量（kg/hm^2）
2013—2014年（仁寿）					
川麦104	D1	327.0 b	50.4 b	56.1 b	7 269.8 ab
	D2	363.6 a	51.5 a	56.1 b	8 063.0 a
	D3	325.0 b	51.6 a	57.2 a	6 861.2 bc
	D4	331.0 b	47.9 c	52.5 c	6 314.2 c
2014—2015年（仁寿）					
川麦104	S1	333.4 a	47.9 b	51.3 b	7 760.9 b
	S2	331.7 a	49.9 a	51.6 a	8 377.5 a
	S3	263.3 b	43.3 c	51.7 a	6 297.7 c
	S4	269.2 b	42.2 d	50.8 c	6 130.5 c
川农30	S1	324.2 b	41.4 a	51.6 b	6 644.4 b
	S2	359.2 a	41.7 a	52.4 a	7 578.5 a
	S3	272.5 c	38.4 b	52.3 a	5 923.9 c
	S4	299.2 b	41.4 a	51.1 c	6 043.9 c
2014—2015年（温江）					
川麦104	S1	409.9 a	40.6 b	53.8 c	7 750.5a
	S2	376.1 b	40.8 b	55.2 a	7 716.0 a
	S3	314.8 d	41.4 a	54.5 b	6 430.5 b
	S4	343.7 c	39.8 c	53.4 d	6 517.5 b

续表

处理		有效穗（×10⁴/hm²）	穗粒数	千粒重（g）	产量（kg/hm²）
川农 30	S1	404.1 a	47.3 a	54.7 b	7708.5 a
	S2	351.1 b	44.6 b	55.4 a	6880.5 b
	S3	337.9 b	44.3 b	54.7 b	6133.5 bc
	S4	336.8 b	42.6 c	51.8 c	5596.5 c

表 8　不同播期下小麦各叶位茎蘖穗对产量的贡献（2014—2015 年）　单位：%

处理		温江						仁寿				
		主茎	Ⅰ	Ⅱ	Ⅲ	分蘖	主茎与分蘖比	主茎	Ⅰ	Ⅱ	Ⅰ+Ⅱ	主茎与分蘖比
川麦 104	S1	47.6	25.2	25.7	1.5	52.4	1∶1.1	65.7	7.2	27.1	34.3	1∶0.5
	S2	52.9	27.4	19.7	0.0	47.1	1∶0.9	71.3	19.0	9.8	28.7	1∶0.4
	S3	67.2	18.1	14.7	0.0	32.8	1∶0.5	80.7	13.5	5.9	19.3	1∶0.2
	S4	58.7	25.6	15.1	0.6	41.3	1∶0.7	89.9	5.1	5.0	10.1	1∶0.1
川农 30	S1	49.8	24.7	24.7	0.8	50.2	1∶1.0	78.1	6.0	15.9	21.9	1∶0.3
	S2	62.3	21.5	16.2	0.0	37.7	1∶0.6	80.8	12.0	7.1	19.2	1∶0.2
	S3	64.0	22.1	13.9	0.0	36.0	1∶0.6	86.5	4.9	8.6	13.5	1∶0.2
	S4	62.9	23.1	14.0	0.0	37.1	1∶0.6	89.3	3.9	6.8	10.7	1∶0.1

3　讨论

3.1　四川小麦分蘖发生及消亡特性

构建合理的群体结构是小麦获得高产的基础，其中，茎蘖动态是重要一环。前人研究表明，高产麦田一般要求分蘖早生快发，以利于成穗，分蘖过多容易导致群体通风透光不良，分蘖过少则群体数量不够，一般最高苗是预期穗数的 2.5～3.0 倍[22]；分蘖消亡也要求快而集中，这样可增强群体通风透光性能。一般高产麦田要求最终成穗率在 60%～70%，甚至更高，主茎穗∶分蘖穗=1∶0.5～1.5[21]，因而分蘖的数量和质量对于小麦高产具有重要意义。

四川气候生态特点为高温、高湿、寡日照，小麦全生育期短、苗期短、灌浆期长[23]，这就决定了四川小麦穗容量不高[24—27]，生育特性与黄淮麦区完全不同[28—31]。我们前期的研究结果表明，四川小麦分蘖期短，播种 30～44 d 内是分蘖快发期[30]，播种后 67 d 左右达到最高茎蘖群体[31]，高峰苗不足，最高苗数一般是基本苗的 3.0 倍，有效穗的 1.7 倍，成穗率一般在 60%左右[34]。试验研究结果与前人较为一致，拔节期田间苗数达到最大值，最高苗数为基本苗的 2.54～3.93 倍，总成穗率为 43.3%～67.0%，分蘖成穗率仅为 9%～48.8%。深入研究发现，供试材料分蘖少且成穗率不高，主要在于第 1 叶位一级分蘖缺位严重，平原区（温江点）小麦第 1 叶位分蘖发生率为 61%～80%，丘陵区（仁寿点）仅为 13%～69%；第 2 叶位两生态点分别为 63%～98%和 45%～83%。其次，在分蘖基数少的情况下，分蘖消亡也高，且持续时间长，低位分蘖成穗率也不高。供试小麦分蘖消亡从拔节、孕穗、抽穗持续到开花，开花后还有 8%～19.4%的低位分蘖（第 1 叶位+第 2 叶位的一级分蘖）消亡，最终分蘖消亡率在 50%以上。一级分蘖第 3、4 叶位及二级分蘖全部消亡，一级分蘖第 1 叶位和第 2 叶位消亡率也在 28.6%～39%和 35.9%～57.2%（温江点），第 1、2 叶位分蘖的消亡主要集中在孕穗－开花阶段，开花后也还有消亡现象。最终平原区主茎穗∶分蘖穗为 1∶0.8，丘陵区仅为 1∶0.3。可见，供试小麦分蘖不仅少，而且分蘖质量差，丘陵较平原甚。如何提高一级分蘖第 1、2 叶位的发生率，并减少其消亡率，是着力提高四川小麦单株成穗数进而提高有效穗的关键。

3.2 播期对四川小麦分蘖发生及消亡的调控效应

前人研究表明，分蘖发生的数量与分蘖期长短及品种春化特性有关[35]。北方冬小麦有2次分蘖盛期，其春性品种的单株分蘖数为3～5个/株，半冬性品种为4～9个/株[21]。川农30也是育种者针对四川小麦分蘖期短的缺陷，通过播期不断提前而选育成的耐早播的品种，且早播不早花，延长营养生长期，促进分蘖和增加花前物质积累来获得高产[36,37]。本试验结果表明，在相同播期下，川农30播种－拔节时间较主推品种川麦104晚15 d左右（表3），其单株分蘖力1.6～2.9个/株略高于川麦104的1.4～2.4个/株，第1、2叶位的分蘖数仅仅0.72个/株、0.78个/株（川麦104）和0.74个/株、0.82个/株（川农30），可见，改变品种生态类型并没有实质增加低位分蘖，川农30分蘖多但质量差，成穗率51.5%～56.3%低于川麦104的59.6%～61.6%，最终两者的穗数差异不显著。这也再次说明在高温、高湿、寡日照气候生态条件下，四川小麦有效穗少的区域特点，在育种上通过增强品种冬性程度也难以有效提升穗数。

除品种因素而外，环境条件如温度是影响分蘖发生的重要因子，播期通过影响早期的光热资源进而影响分蘖发生[38]，早发的低位分蘖一般容易成穗[39,40]。本试验结果表明，晚播下分蘖持续时间延长，但无效分蘖多，消亡率增加，且播期越晚，无效分蘖越早消亡，最终成穗率随播期推迟而下降；成穗的分蘖以第1、2叶位分蘖为主，早播或适播下第1、2叶位分蘖数最多，早播下主茎穗：分蘖穗可达到1：1.1，分蘖穗对产量的贡献可达到50%左右（平原），因而适度早播有助于提高分蘖数和成穗率，进而提高有效穗获得高产。

4 结论

川麦104和川农30小麦品种的分蘖时间短，分蘖少且质量不高，第1叶位和第2叶位分蘖缺位多，以丘陵更甚，且分蘖消亡持续时间长，从拔节一直持续到开花、成熟，第1叶位和第2叶位分蘖消亡率高，花后还有消亡现象，第1、2叶位分蘖发生不足和消亡多是其有效穗低的根本原因。适期早播有利于第2叶位分蘖发生，降低分蘖消亡率，最终提高成穗率，增加有效穗而增产。总体来看，对这2个品种而言，川中丘陵麦区在10月23日左右播种，有利于其一级分蘖中第1、2叶位分蘖成穗，易获得高产，川西平原麦区则可提前到10月16日左右。

参考文献

[1] 中华人民共和国国家统计局．中国统计年鉴2015［M］．北京：中国统计出版社，2016：403－410.

[2] 中国农业新闻网．于振文委员：向北纬33度地区要粮［R/OL］．2016，04-01. http：//www. farmer. com. cn/zt/2008lh/hsn/200803/t20080316 _ 384644. htm.

[3] 汤永禄，李朝苏，吴春，等．四川盆地单产9 000 kg/hm² 以上超高产小麦品种产量结构与干物质积累特点［J］．作物学报，2014，40（1）：134－142.

[4] 裴雪霞，王姣爱，党建友，等．播期对优质小麦籽粒灌浆特性及旗叶光合特性的影响［J］．中国生态农业学报，2008，16（1）：121－128.

[5] Dorppdian M，Sharghi Y，Alipour A，et al. Yield and yield components of wheat as influenced by sowing date and humic acid［J］. International Journal of Natural Sciences，2015，5（1）：08－14.

[6] 姜丽娜，赵艳玲，邵云，等．播期播量对豫中小麦生长发育及产量的影响［J］．河南农业科学，2011，40（5）：42－46.

[7] 郭天财，彭羽，朱云集，等．播期对不同穗型、筋型优质冬小麦影响效应研究 [J]．耕作与栽培，2001 (2)：19-20.

[8] 金善宝．中国小麦生态 [M]．北京：中国科学出版社，1991：468-478.

[9] 兰涛，潘洁，姜东，等．生态环境和播期对小麦籽粒产量及品质性状间相关性的影响 [J]．麦类作物学报，2005，25 (4)：72-78.

[10] 王永华，王玉杰，冯伟，等．两种气候年型下不同栽培模式对冬小麦根系时空分布及产量的影响 [J]．中国农业科学，2012，45 (14)：2826-2837.

[11] 杜世州，乔玉强，李玮，等．低温冷害下不同播期和播量对冬小麦籽粒灌浆特征的影响 [J]．中国生态农业学报，2014，22 (5)：551-559.

[12] Dinwsh M，Santosh M，Surya M D，et al. Effect of date of sowing on yield and yield attributes of different wheat varieties under conventional tillage in sub-humid condition of chitwan district of Nepal [J]. International Journal of Applied Sciences and Biotechnology，2016，4 (1)：24-31.

[13] Davide C，Payero J，Bruno B，et al. Adapting wheat sowing dates to projected climate change in the Australian subtropics：analysis of crop water use and yield [J]. Crop and Pasture Science，2012 (63)：974-986.

[14] 蒋会利．播期密度对不同小麦品种群体茎数及产量的影响 [J]．西北农业学报，2012，21 (6)：67-73.

[15] Radhika，Thinds K，Bains N S，et al. Physiological growth-yield relationships in wheat genotypes under sowing date mediated heat stress [J]. Journal of Plant Science Research，2014，30 (1)：73.

[16] 李娜娜，田奇卓，裴艳婷，等．播种方式对两类小麦品种分蘖成穗及其产量构成的影响 [J]．麦类作物学报，2007，27 (3)：508-513.

[17] 宋欣欣，贺德先．小麦生育后期主茎和分蘖次生根对籽粒产量和品质的影响 [J]．麦类作物学报，2011，31 (2)：93-97.

[18] 徐大胜，彭素琼．小麦分蘖成穗对产量的影响研究 [J]．西南农业学报，2010，23 (4)：1055-1059.

[19] 郝艳玲，张紫晋，粟永英，等．西南麦区高产多穗型小麦单株分蘖特征研究 [J]．核农学报，2016，30 (11)：2248-2257.

[20] 任正隆．雨养农业区的小麦育种 [M]．北京：科学技术出版社，2011：534-546.

[21] 王绍中，田云峰，郭天财，等．河南小麦栽培学 [M]．北京：中国农业科学技术出版社，2010：96-101.

[22] 杨文钰，屠乃美．作物栽培学各论南方本（第二版）[M]．北京：中国农业出版社，2011：93.

[23] 谭飞泉，任正隆．盆西平原麦区小麦早播早熟与超高产的气候生态条件分析 [J]．麦类作物学报，2009，29 (4)：696-700.

[24] 汤永禄，朱华忠，李朝苏，等．利用人工合成六倍体小麦育成的新品种“川麦 42”的生态适应性及产量潜力研究 [J]. 西南农业学报，2007，20 (2)：275-280.

[25] 汤永禄，杨武云，黄钢，等．四川盆地两个不同穗型小麦品种的产量潜力研究 [J]．西南农业学报，2006，16 (2)：339-341.

[26] 汤永禄，李朝苏，吴晓丽，等．人工合成小麦衍生品种的物质积累、冠层结构及群体光合特性 [J]．中国农业科学，2014，47 (5)：844-855.

[27] 马宏亮，王秀芳，樊高琼，等．密度对四川丘陵旱地带状种植小麦群体质量、产量及边际效应的影响 [J]．麦类作物学报，2015，35 (11)：1551-1557.

[28] 姜丽娜，刘佩，齐冰玉，等．不同施氮量及种植密度对小麦开花期氮素积累转运的影响 [J]．中国生态农业学报，2016，24 (2)：131-141.

[29] Zhang Y，Dai X L，Jia D Y，et al. Effects of plant density on grain yield，protein size distribution，and breadmaking quality of winter wheat grown under two nitrogen fertilisation rates [J]. European Journal of Agronomy，2016，73：1-10.

[30] 屈会娟，李金才，沈学善，等．种植密度和播期对冬小麦品种兰考矮早八干物质和氮素积累与转运的影响 [J]. 作物学报，2009，35（1）：124－131.

[31] Dai X L，Xiao L L，Jia D Y，et al. Increased plant density of winter wheat can enhance nitrogen-uptake from deep soil [J]. Plant Soil，2014（384）：141－152.

[32] 李金刚，樊高琼，汤永禄，等．耕作措施对四川丘陵旱地小麦前期群体质量和土壤水分的影响 [J]. 西南农业学报，2014，27（5）：1852－1857.

[33] 吴中伟，樊高琼，王秀芳，等．氮肥运筹对四川丘陵区机播套作小麦群体质量及产量的影响 [J]. 植物营养与肥料学报，2012，18（1）：18－26.

[34] 樊高琼，郑亭，陈溢，等．耕作方式、播深及覆土对机播套作小麦群体质量和产量的影响 [J]. 农业工程学报，2011，27（2）：20－25.

[35] 张定一，张永清，闫翠萍，等．基因型、播期和密度对不同成穗型小麦籽粒产量和灌浆特性的影响 [J]. 应用与环境生物学报，2009，15（1）：28－34.

[36] 谭飞泉，蒋华仁，任正隆．早播对四川盆地小麦新品系 J210 生育进程、籽粒灌浆特性和产量的影响 [J]. 麦类作物学报，2009，29（1）：122－127.

[37] 谭飞泉，任正隆．播期提前对四川盆地弱春性小麦新品种的产量效应 [J]. 四川农业大学学报，2009，27（2）：141－147.

[38] D. R. Coventry，R. K. GuptaA. Yadav，R. S，et al. Wheat quality and productivity as affected by varieties and sowing time in Haryana，India [J]. Field Crops Research，2011，123（3）：214－225.

[39] 张永平，张铁山，刘克礼，等．春小麦分蘖发生及成穗规律 [J]. 麦类作物学报，2003，23（3）：64－69.

[40] 李存东，曹卫星，戴廷波，等．小麦不同品种和播期对发育阶段的效应 [J]. 应用生态学报，2001，12（2）：218－222.

不同有机肥种类配施化学氮肥对丘陵旱地小麦产量和籽粒蛋白质品质的影响*

伍晓轩　杨洪坤　朱　杰　柳伟伟　樊高琼

四川农业大学农学院/农业部西南作物生理生态与耕作重点实验室，四川成都　611130

摘要：有机肥和无机氮肥配施是实现小麦产量品质提升、环境友好的重要技术途径，然而其最优配施比例及其对产量、蛋白质品质和氮素利用效率的影响仍需要进一步研究。2017—2018年以中筋冬小麦品种川农30为试验材料，在西南丘陵区仁寿县研究不同施氮量（120 kg/hm^2、180 kg/hm^2）和不同种类有机肥（T_1生物有机肥，T_2普通有机肥）条件下设置有机无机氮不同配比（R_0为100%尿素、R_{25}为25%有机肥+75%尿素，R_{50}为50%有机肥+50%尿素，R_{75}为75%有机肥+25%尿素，R_{100}为100%有机肥）对小麦籽粒产量、蛋白质品质及氮肥偏生产力的影响。两个施氮量（120 kg/hm^2和180 kg/hm^2）下的籽粒产量、蛋白质含量和湿面筋含量差异不显著，增施氮肥（180 kg/hm^2）导致氮肥偏生产力显著降低；有机肥种类对产量、氮肥偏生产力和湿面筋含量无显著影响，但生物有机肥相较于普通有机肥显著提高蛋白质含量；单施有机肥或单施化肥均不利于产量提升，有机氮与无机氮1∶1比例可显著提高穗数、穗粒数从而提高产量，但对蛋白质含量、湿面筋含量和沉降值无显著影响。有机无机配施有利于丘陵旱地中强筋小麦产量品质协同提升，提高氮肥偏生产力，推荐施肥量及配比为120 kg/hm^2水平下有机氮：无机氮=1∶1，有机氮源推荐使用生物有机肥。

关键词：丘陵旱地；冬小麦；有机无机配施；生物有机肥；产量与蛋白质品质

西南麦区是我国第三大小麦产区，又以四川为主。四川小麦主要分布于丘陵旱地，占比80%以上。土壤贫瘠、有机质含量低和缺氮[1]是限制丘陵旱地小麦产量提升的关键因素之一。生产上农民为提高产量盲目增加施氮量，导致氮肥利用效率和氮素转运效率显著降低[2-4]，土壤板结和养分淋溶效应严重[5]，限制了丘陵旱地的可持续发展。减少无机氮配施有机肥是实现四川丘陵旱地小麦生产可持续发展的一项重要技术途径。

长期施氮研究表明，无机肥配施有机肥可增加表层土壤含氮量，减少养分流失[6]，提高土壤细菌多样性、土壤微生物量碳氮和土壤酶活性[7,8]，增强土壤对氮肥的缓冲能力，协调土壤氮素固定、释放与作物吸收的关系，提高氮肥利用率[9]。可延缓小麦生育后期根系衰老以及叶片光合速率的下降[10]，提高小麦营养与生殖器官的氮素积累[11]，促进旱地小麦籽粒高产稳产和品质的提高[12,13]。但传统的农家粪肥等有机物料，长期施用会带来重金属与抗生素复合污染的生态风险[14]。商品有机肥作为新型肥料发展潜力大，相关研究却较缺乏，关于丘陵旱地有机无机配施的合理比例也尚待明确。

鉴于此，本研究以成都盖尔盖司生物科技有限公司生产的普通有机肥和生物有机肥作为有机肥源，

* **基金项目**：国家重点研发计划项目（2016YFD0300406）；国家公益性行业（农业）科研专项（20150312705）

在两个不同施氮量下，设置不同的有机无机配比，研究其对四川丘陵旱地小麦籽粒产量和蛋白质品质的影响，为四川丘陵旱地有机无机肥的合理配施提供理论依据。

1 试验材料与方法

1.1 供试材料与试验设计

田间试验于 2017 年 11 月至 2018 年 5 月在仁寿县珠嘉乡踏水村进行。参试品种为中筋小麦川农 30。有机肥由成都盖尔盖司生物科技有限公司提供，普通有机肥（N 1.09%、P_2O_5 1.11%、K 0.24%），有机质≥45%；生物有机肥（N 1.22%、P_2O_5 2.24%、K 1.47%），有机质≥45%，有效活菌数≥2×10^7/g。

试验采取裂裂区设计，主区为施氮量（N_{120}为 120 kg/hm^2、N_{180}为 180 kg/hm^2）；裂区为有机肥种类（T_1为生物有机肥，T_2为普通有机肥）；裂裂区为施肥配比（R_0为 100%尿素、R_{25}为 25%有机肥+75%尿素，R_{50}为 50%有机肥+50%尿素，R_{75}为 75%有机肥+25%尿素，R_{100}为 100%有机肥），共计 20 个处理，设 3 次重复。

小麦采用人工开沟条播，行距 20 cm，小区面积 2 m×4 m，基本苗 225×10^4/hm^2。有机肥作基肥一次性施入；无机氮肥分两次施入，基肥：拔节肥=6：4；磷肥、钾肥各 75 kg/hm^2，作为底肥施入。水分管理及病虫草害防治等按照一般大田生产进行。

1.2 调查测定项目与方法

1.2.1 产量及产量构成

收获前调查穗数，同时取连续的 30 个穗考察穗粒数。每小区取中间 6 行挖方测产，挖方面积 4.8 m^2，晒干后脱粒称重并计算单位面积籽粒产量（kg/hm^2）。混合均匀后随机数出两个 500 粒称重计算千粒重，两份样品质量差数与平均数之比保持在 5%以内。用 1VFD#DD 型谷物水分测定仪测定籽粒含水率，根据实际含水率计算标准水分（13%）下的单位面积籽粒产量（kg/hm^2）和千粒重，计算氮肥偏生产力。

氮肥偏生产力（PFPN）=施氮处理小麦产量/施氮量。

1.2.2 籽粒蛋白质品质测定

磨粉：收获后脱粒晾晒，常温储存 2 个月磨粉。按 14%水分含量润麦后，用 Brabender Quadrumat Junior 实验磨磨粉，面粉后熟一个月后用于测定品质性状。

蛋白质含量：采用 Foss kjeltec 8400 定氮仪测定蛋白质含量，籽粒蛋白质换算系数为 5.7。

Zeleny—沉降值：按 GB/T 21119—2007，采用中国农业大学研制的 CAU—B 型沉淀值测定仪测定。

湿面筋含量：按照国标 GB/T 14608—1993，采用瑞典 Perten 仪器公司生产的 Glutomatic 2100/2102 型面筋仪测定。

1.3 数据处理及分析

数据经 Microsoft Excel 2010 整理汇总，运用 DPS 7.05 进行统计分析，用 LSD 法进行多重比较及差异显著性分析（α=0.05）。

2 结果与分析

2.1 施氮量、有机肥种类、施肥配比对小麦产量、蛋白质品质及氮肥偏生产力影响的方差分析

由表 1 可得，施氮量显著影响氮肥偏生产力，有机肥种类显著影响蛋白质含量和沉降值，施肥配

比显著影响产量、穗数、穗粒数、蛋白质含量、湿面筋含量和氮肥偏生产力。其中穗粒数与氮肥偏生产力受施氮量影响最大，分别为34.7%与98.3%，沉降值和蛋白质含量受有机肥种类影响最大，分别占52.8%和31%，产量与穗数的施肥配比效应最大，分别为65.5%、70.8%，而千粒重和湿面筋含量则施氮量×施肥配比（N×R）的互作效应影响最大，分别为54.1%和27.9%。此外，各因素互作效应显著作用于蛋白质品质性状，施氮量×有机肥种类（N×T）互作效应显著影响了蛋白质含量和湿面筋含量，施氮量×施肥配比（N×R）、有机肥种类×施肥配比（T×R）、施氮量×有机肥种类×施肥配比（N×T×R）的互作则显著影响了蛋白质含量、湿面筋含量和沉降值。

表1　施氮量、有机肥种类与施肥配比对小麦产量、蛋白质品质及氮肥偏生产力影响的方差分析

性状		产量	穗数	穗粒数	千粒重	蛋白质含量	湿面筋含量	沉降值	氮肥偏生产力
施氮量	方差	128158.82	13.35	14.4	0.28	1.23	0.68	0.11	2593.84**
	占比%	10.4	0.2	34.7	1.9	23.7	1.5	0.1	98.3
有机肥种类	方差	126.15	28.43	0.99	1.19	1.61*	2.1	46.51**	0.14
	占比%	0	0.5	2.4	8	31	4.6	52.8	0
施肥配比	方差	805529.44**	4337.80**	7.69*	1.61	0.63**	10.63**	2.02	34.98**
	占比%	65.5	70.8	18.5	10.8	12.1	23.2	2.3	1.3
施氮量×有机肥种类	方差	50286.15	38.88	0.08	8.07	0.23	12.74*	5.51	2.44
	占比%	4.1	0.6	0.2	54.1	4.4	27.9	6.3	0.1
施氮量×施肥配比	方差	90685.86**	218.01	7.15*	0.6	0.46**	9.36**	4.21	2.07
	占比%	7.4	3.6	17.2	4	8.8	20.5	4.8	0.1
有机肥种类×施肥配比	方差	129323.69**	763.99**	5.81	1	0.38*	7.62**	7.98**	5.60**
	占比%	10.5	12.5	14	6.7	7.3	16.7	9.1	0.2
施氮量×有机肥种类×施肥配比	方差	26250.61	730.25**	5.37	2.17	0.66**	2.58*	21.67**	0.78
	占比%	2.1	11.9	12.9	14.5	12.7	5.7	24.6	0

注：*：$P<0.05$，**：$P<0.01$. 方差占比为某性状对应因素的方差与总方差的比值。

2.2　施氮量与施肥配比对小麦籽粒产量、产量构成及氮肥偏生产力的影响

进一步分析表2，表明与施氮120 kg/hm²相比，施氮180 kg/hm²并未显著增加产量，反而显著降低了氮肥偏生产力；不同施肥配比间，随着有机肥占比的增加，产量与氮肥偏生产力均先增加后减少，两个施氮量在有机氮比无机氮为1∶1（R_{50}处理）时，产量均最高，原因是此时的穗数与穗粒数较高，氮肥偏生产力也在该处理下显著高于各处理。

表2　施氮量与施肥配比对小麦籽粒产量和氮肥偏生产力的影响

性状		产量（kg/hm²）	穗数（10^4株/hm²）	穗粒数	千粒重（g）	氮肥偏生产力（kg/kg）
N_{120}	R_0	4997b	302.3b	37.13ab	51.99a	41.63b
	R_{25}	4961b	325.4a	36.30abc	52.37a	41.33b
	R_{50}	5199a	320.6a	37.42a	53.09a	43.32a
	R_{75}	4720c	277.6c	35.55bc	52.44a	39.33c
	R_{100}	4713c	277.5c	35.25c	52.28a	39.30c
	平均	4918a	300.7a	36.33a	52.43a	40.98a
N_{180}	R_0	4879c	305.2a	34.96ab	51.92a	27.12c
	R_{25}	5136b	314.6a	33.62b	52.50a	28.52b
	R_{50}	5519a	311.9a	36.66a	52.45a	30.65a
	R_{75}	4682d	280.0b	35.02ab	52.86a	26.02c
	R_{100}	4836cd	286.9b	36.50a	51.76a	26.87c
	平均	5010a	299.7a	35.35a	52.30a	27.84b

注：R_0为100%尿素、R_{25}为25%有机肥+75%尿素，R_{50}为50%有机肥+50%尿素，R_{75}为75%有机肥+25%尿素，R_{100}为100%有机肥。同一性状不同处理的数据后不同字母表示处理间差异达5%显著水平，下同。

2.3 有机肥种类与施肥配比对小麦籽粒蛋白质品质的影响

有机肥种类与施肥配比显著影响籽粒蛋白质品质（表 1）。具体而言（表 3），生物有机肥相较于普通有机肥提高蛋白质含量 0.41％，差异显著，但普通有机肥处理下沉降值和湿面筋含量更高，且沉降值差异显著。不同施肥配比间表现为配施一定量的有机肥可提高蛋白质含量和品质，具体为蛋白质含量分别在 R_{50}（生物有机肥）和 R_{75}（普通有机肥）处理下最高，湿面筋含量分别在 R_{25}（生物有机肥）和 R_{50}（普通有机肥）处理下最高，沉降值分别在 R_{25}（生物有机肥）和 R_{100}（普通有机肥）处理下最高。配施生物有机肥在有机肥占比 0％～75％范围内，小麦籽粒蛋白质品质均达中强筋小麦标准（GB 1351－2008），而配施普通有机肥时仅在有机肥占比为 75％时，小麦籽粒蛋白质品质达到中强筋小麦标准。

表 3　有机肥种类与施肥配比对小麦籽粒蛋白质品质的影响

性状		蛋白质含量（％）	湿面筋含量（％）	沉降值（mL）
生物有机肥 T_1	R_0	13.72a	37.70b	48.00b
	R_{25}	13.40a	39.40a	50.00a
	R_{50}	13.74a	37.65b	47.50b
	R_{75}	13.48a	37.59b	48.50b
	R_{100}	12.74b	36.35c	48.63b
	平均	13.42a	37.74a	48.53b
普通有机肥 T_2	R_0	12.95b	38.66ab	49.75ab
	R_{25}	12.77b	38.11bc	49.13b
	R_{50}	12.98b	39.33a	50.38ab
	R_{75}	13.52a	36.56d	50.38ab
	R_{100}	12.84b	37.64c	50.63a
	平均	13.01b	38.06a	50.05a

3 讨论

前人研究表明，增施氮肥可维持土壤氮素水平，是促进中强筋小麦高产优质的关键栽培措施[2-4]，但高施氮量会增加氮素在土壤中的固定量，增加小麦的土壤氮素表观盈亏和氮素淋溶[5]，影响土壤供氮和植株吸收，氮素利用效率显著下降，进而影响植株产量和品质的形成。本试验中，增施氮肥（180 kg/hm^2）未显著提高籽粒产量、蛋白质含量与湿面筋含量，氮肥偏生产力却显著降低。同时，单施尿素增产效果有限，搭配施用 50％的有机氮肥可显著增产，且随施氮量增加有机肥的增产作用增强，如本试验中有机无机氮 1∶1 在施氮 120 kg/hm^{2}时增产 4％，施氮 180 kg/hm^{2}时增产 13％。

曹承富等[15]提出淮北中强筋品种高产优质的最佳施氮量为 225 kg/hm^2。本试验中，施氮 120 kg/hm^{2}与 180 kg/hm^{2}产量差异不显著，且产量水平较低（5 000 kg/hm^{2}左右），远远落后于全国平均水平，反映了丘陵旱地土壤贫瘠的现状。也说明当基础地力较差时，增加施氮量难以提升籽粒产量，改良土壤培肥地力尤为重要。大量研究表明，有机无机配施可增加土壤氮素残留[16]，稳定土壤矿质态氮释放[17]，保障土壤养分持续供应，并改善土壤团聚体结构[18]，促进根系发育，促进小麦灌浆期茎、叶、鞘、穗吸收，累积氮素[11]，减缓生育后期的根系衰老和光合速率下降[10,19]，维持灌浆期物质的积累转运，通过提高穗粒数而提高产量[19]，并改善蛋白质品质[12,13]，增加土壤－作物系统氮素回收，提高氮素利用效率[20]。本试验中，施氮 120 kg/hm^{2}采用有机氮与无机氮比例为 1∶1 时，穗数和穗粒数显著提高而增产，可较好地同步实现高产优质，同时氮肥偏生产力大幅提升。这不同于前人的 3.3∶6.7[21]

或(5～10)∶16[22]或1∶3[23]的有机氮与无机氮的比例，反映了有机无机肥配施比例尚需进一步研究，与生态条件、施氮量、有机肥种类都密切相关。

关于有机无机肥配比对籽粒蛋白质品质的影响，前人研究认为，无机肥占比相对较高时，更有利于品质的提升[11,24]，本试验中有机肥占比50%为临界值，该配比下显著提高了产量与氮肥偏生产力，同时提高了蛋白质含量、湿面筋含量和沉降值，其中有机肥占比≤50%的处理比占比>50%的处理更能促进产量提高和品质改善，这应与各配比在小麦生育时期提供的速效氮水平有关，与前人研究较一致[25,26]。同时，本研究中，生物有机肥下的蛋白质含量显著高于普通有机肥，原因可能在于两种有机肥成分的不同和供氮能力的差异。生物有机肥中具有丰富的微生物，相当于直接向土壤中接种微生物，章家恩等指出[27]提高土壤微生物数可改善土壤结构，协调土壤－微生物－植物根系的关系，促进养分的积累与转运。长期使用生物有机肥可提高土壤中各形态氮素含量和酶活性[28]，促进作物根系生长，增强水肥吸收能力，提高光合速率[29]，提高小麦花前花后干物质积累量与灌浆速率，提高小麦籽粒产量、蛋白质含量及氮素利用效率[30]。本试验中尽管产量上两种有机肥差异不显著，但在品质上却差异显著，所以生物有机肥也是值得推荐的。

4 结论

有机无机配施有利于丘陵旱地中强筋小麦产量和品质提升，在施氮120 kg/hm^{2}时，无机氮∶有机氮=1∶1处理，有机氮源为生物有机肥，可显著增加穗数和穗粒数而增产，同时对蛋白质含量和质量无不良影响，氮肥偏生产力高，是适宜于四川丘陵旱地的有机无机配比模式。

参考文献

[1] 罗由林，李启权，王昌全，等．川中丘陵县域土壤氮素空间分布特征及其影响因素 [J]. 环境科学，2015，36 (2)：652－660.

[2] Deressa H，Dechassa N，Ayana A. Nitrogen use efficiency of bread wheat：Effects of nitrogen rate and time of application [J]. Journal of soil science and plant nutrition，2012，12 (3)：389－409.

[3] 段文学．施氮量对旱地小麦氮素吸收转运和土壤硝态氮含量的影响 [J]. 中国农业科学，2012，45 (15)：3040－3048.

[4] 同延安，赵营，赵护兵，等．施氮量对冬小麦氮素吸收、转运及产量的影响 [J]. 植物营养与肥料学报，2007，13 (1)：64－69.

[5] 周顺利，张福锁，王兴仁．土壤硝态氮时空变异与土壤氮素表观盈亏研究Ⅰ．冬小麦 [J]. 生态学报，2001，21 (11)：1782－1789.

[6] 张丽．稻麦轮作系统中有机无机肥料配施对作物生长及土壤肥力的影响 [D]. 南京农业大学，2015.

[7] 李娟，赵秉强，李秀英，等．长期有机无机肥料配施对土壤微生物学特性及土壤肥力的影响 [J]. 中国农业科学，2008，41 (1)：144－152.

[8] 王兴龙，朱敏，杨帆，等．配施有机肥减氮对川中丘区土壤微生物量与酶活性的影响 [J]. 水土保持学报，2017，31 (3)：271－276.

[9] 梁斌，赵伟，杨学云，等．长期不同施肥对旱地小麦土壤氮素供应及吸收的影响 [J]. 中国农业科学，2012，45 (5)：885－892.

[10] 姜东．有机无机肥料配合施用对冬小麦根系和旗时衰老的影响 [J]. 土壤学报，1999，36 (4)：440－447.

[11] 聂胜委，黄绍敏，张水清，等．不同施肥措施对冬小麦灌浆期氮素吸收分配的影响 [J]. 土壤，2013，45 (4)：591－597.

[12] 樊虎玲，郝明德，李志西．黄土高原旱地化肥和有机肥配施对小麦品质的影响［J］．干旱地区农业研究，2005，23（5）：72－76．
[13] 蔡艳，郝明德．黄土高原长期施肥对小麦籽粒蛋白质营养品质的影响［J］．核农学报，2013，27（9）：1378－1384．
[14] 潘霞，陈励科，卜元卿，等．畜禽有机肥对典型蔬果地土壤剖面重金属与抗生素分布的影响［J］．生态与农村环境学报，2012，28（5）：518－525．
[15] 曹承富，孔令聪，汪建来，等．施氮量对强筋和中筋小麦产量和品质及养分吸收的影响［J］．植物营养与肥料学报，2005，11（1）：50－54．
[16] 王奎波，余美炎，申秀珍，等．有机无机肥配施对小麦氮素吸收及土壤肥力的影响［J］．土壤通报，1994，26（3）：109－111．
[17] 孟琳，张小莉，蒋小芳，等．有机肥料氮替代部分无机氮对水稻产量的影响及替代率研究［J］．植物营养与肥料学报，2009，15（2）：290－296．
[18] 孙文涛，宫亮，包红静，等．不同有机无机配比对玉米产量及土壤物理性质的影响［J］．中国农学通报，2011，27（3）：80－84．
[19] 谢迎新，王小明，冯伟，等．无机肥与有机肥配施对冬小麦旗叶光合性状和产量的影响［J］．河南农业大学学报，2010，44（2）：117－120，125．
[20] 吴成龙，沈其荣，夏昭远，等．麦—稻轮作系统有机无机肥料配施协同氮素转化的机制研究Ⅰ．小麦季15N去向分析［J］．土壤学报，2010，47（5）：905－912．
[21] 张丽．稻麦轮作系统中有机无机肥料配施对作物生长及土壤肥力的影响［D］．南京农业大学，2015．
[22] 于昕阳，翟丙年，金忠宇，等．有机无机肥配施对旱地冬小麦产量、水肥利用效率及土壤肥力的影响［J］．水土保持学报，2015，29（5）：320－324．
[23] 陈志龙，陈杰，许建平，等．有机肥氮替代部分化肥氮对小麦产量及氮肥利用率的影响［J］．江苏农业科学，2013，41（7）：55－57．
[24] Lin Z，Chang X，Wang D，et al. Long-term fertilization effects on processing quality of wheat grain in the North China Plain［J］．Field Crops Research，2015（174）：55－60．
[25] 周卫军，王凯荣，张光远．有机无机结合施肥对红壤稻田土壤氮素供应和水稻生产的影响［J］．生态学报，2003，23（5）：914－921．
[26] 高菊生，黄晶，董春华，等．长期有机无机肥配施对水稻产量及土壤有效养分影响［J］．土壤学报，2014，51（2）：314－324．
[27] 章家恩，刘文高，胡刚．不同土地利用方式下土壤微生物数量与土壤肥力的关系［J］．生态环境学报，2002，11（2）：140－143．
[28] 程万莉，樊廷录，张建军，等．等氮条件下长期施用有机物料氮替代部分无机氮对黑垆土氮素及相关酶活性的影响［J］．中国土壤与肥料，2018（3）：42－47．
[29] 李梦梅，龙明华，黄文浩，等．生物有机肥对提高番茄产量和品质的机理初探［J］．中国蔬菜，2005，1（4）：18－19．
[30] 周莉华，李维炯，倪永珍．长期施用EM生物有机肥对冬小麦生产的影响［J］．农业工程学报，2005，21（s1）：221－224．

环境与施磷量对四川小麦淀粉特性的影响*

马宏亮[1]　郑　亭[2]　胡雯媚[1]　樊高琼[1]

1. 四川农业大学/农业部西南作物生理生态与耕作重点实验室，四川温江　611130
2. 四川农业大学小麦研究所，四川温江　611130

摘要：为了解环境与施磷量对四川小麦淀粉品质的影响，以四川省育成的 7 个代表性小麦品种为材料，于 2013—2014 年在四川仁寿（盆中丘陵麦区）、温江（川西平原麦区）及雅安（川西南山地麦区）3 个生态点，研究不同施磷（P_2O_5）量（0 kg/hm^2、75 kg/hm^2 和 150 kg/hm^2）对四川小麦淀粉特性的影响。结果表明，环境、基因型、施磷量及其互作对小麦淀粉特性影响显著，生态点间比较，淀粉特性整体表现为仁寿＞温江＞雅安，淀粉的峰值黏度、低谷黏度、终值黏度及回复值均表现为仁寿点显著高于雅安点，膨胀势则表现为温江点显著低于雅安和仁寿。基因型间比较，淀粉品质以蜀麦 482（强筋）最优，绵麦 37（中筋）次之，良麦 4 号（弱筋）最劣。增施磷肥可显著提高淀粉峰值黏度和膨胀势，均以施磷 150 kg/hm^2 最大，磷肥通过与环境、基因型的互作效应影响淀粉其他参数（低谷黏度、最终黏度、稀懈值及崩解值），仁寿点小麦淀粉 RVA 特征谱参数随施磷量增加而增加，而温江点则呈相反趋势。温江点川麦 55（中筋）、蜀麦 482（强筋）在不同施磷量下其峰值黏度均≥2 900 cp，仁寿点则在施磷 75 kg/hm^2 下，绵麦 37（中筋）和蜀麦 482（强筋）的峰值黏度≥2 900 cp，达到优质面条小麦标准。川西平原麦区选用川麦 55、蜀麦 482 可实现优质面条小麦生产；盆中丘陵麦区作为四川小麦的主产区域，选用绵麦 37、蜀麦 482，结合施磷 75 kg/hm^2 可实现优质面条小麦生产。

关键词：小麦；环境；施磷量；基因型；淀粉特性

小麦是四川第二大口粮作物，面条是四川省内大众消费的主要面制食品[1]。四川小麦商品率在 20% 左右，每年需从省外调进 100 万 t 左右的小麦或面粉，其总量与省内原料接近，主要用于调整小麦的品质结构、提高面粉品质以满足食品加工和人民生活需要[2]。四川小麦品质供需矛盾最突出的是面条类（中强筋）和馒头类（中筋）小麦[2,3]。有关四川面条专用小麦品质的研究较少，生产上混种混收，栽培管理措施一刀切，不利于优质面条小麦的生产和产业化加工。因此，在农业经营主体发生重大变化的新形势下，提升种麦效益，促进产业化发展，开展四川小麦面条加工品质研究显得尤为必要。

前人研究认为，淀粉膨胀势与糊化特性是反映淀粉特性的重要指标，峰值黏度与淀粉膨胀势和面条品质高度相关[4]，可以作为衡量淀粉和面条品质的有效指标[5]。刘建军等[6,7]研究认为面条专用小麦峰值黏度≥2 900 cp。峰值黏度、稀懈值、低谷黏度、最终黏度及淀粉膨胀势大的小麦淀粉特性好，适宜做优质面条[4,6-9]。遗传改良、优质栽培和合理的区划被认为是改良小麦品质的三大主要途径。1949 年以来，四川省小麦经过 8 次品种大更换，品质已有很大提高，但因受环境和栽培措施的影响，其品

* **基金项目**：国家公益性行业（农业）科研专项（201503127）；四川省育种攻关项目（2011NZ0098－15－3）

质不稳定[2,10]，面条适宜性未知。在四川小麦生产中，对磷肥施用重视度不够[11]，而磷肥与淀粉 RVA 特征参数关系密切[12,13]，有关四川麦区磷肥对淀粉品质的影响鲜见报道。本试验在四川选择了 3 个代表性生态点，以省内育成的 3 类小麦品种为材料，研究不同施磷量对小麦淀粉特性的影响，以及环境、基因型、施磷量间的互作关系，以期为四川优质面条小麦的区域化布局、品种筛选和栽培措施制定提供理论依据，促进四川面条小麦产业化发展。

1 试验材料与方法

1.1 试验材料与设计

2013—2014 年小麦生长季，选择四川省育成的 7 个代表性小麦品种良麦 4 号（弱筋）、内麦 9 号（中筋）、川麦 55（中筋）、绵麦 37（中筋，作为对照）、蜀麦 482（强筋）、蜀麦 969（强筋）和玉脉 1 号（强筋）为供试材料，在仁寿（L1，代表盆中丘陵麦区）、温江（L2，代表川西平原麦区）和雅安（L3，代表川西南山地麦区）进行田间试验。仁寿、雅安前作分别为大豆、玉米，温江前作休闲。试验地土壤速效养分见表 1。

试验采用二因素裂区设计，主因素为施磷（P_2O_5）量，设不施磷肥（P0）、低磷（P1，75 kg/hm^2）、高磷（P2，150 kg/hm^2）3 个水平；副因素为基因型（G），即良麦 4 号（G1）、内麦 9 号（G2）、川麦 55（G3）、绵麦 37（G4）、蜀麦 482（G5）、蜀麦 969（G6）及玉脉 1 号（G7）。小区面积为 9.1 m^2（3.5 m×2.6 m），随机区组，3 次重复。旋耕后开沟窝播，行距 20 cm，窝距 10 cm，基本苗为 215.5 万株/hm^2。于 10 月 26 日至 30 日播种，每公顷施用纯氮 120 kg、K_2O 75 kg，其中 70%的纯氮及全部的磷、钾肥全部基施，其他栽培措施同当地大田生产。

表 1 试验点土壤基础理化特性

生态点	成土母质	pH 值	有机质（g/kg）	速效氮（mg/kg）	速效磷（mg/kg）	速效钾（mg/kg）
仁寿	紫色土	7.59	46.32	36.45	9.34	77.95
温江	冲积土	6.52	37.29	95.21	31.47	38.99
雅安	紫色土	7.16	48.26	110.72	84.38	94.32

1.2 测定项目与方法

1.2.1 面粉制备

小麦蜡熟期分小区收获，各小区单独脱粒计产。收获 1 个月后，每处理取籽粒 1 kg 加水至含水量 14%并浸润 10 h，用德国产 Brabender Quadrumat Junior 实验磨磨制面粉，过 0.180 mm 筛后待用。

1.2.2 膨胀势

参照 McCormick 等[16]方法测定。

1.2.3 淀粉糊化特性

采用澳大利亚 Newport Scientific 仪器公司生产的 3－D 型黏度速测仪测定面粉淀粉 RVA 谱，用 TCW（Thermal Cycle for Windows）配套软件进行分析。采用标准方法 1，2 次重复。

1.3 统计分析与方法

用 Excel 2007 将数据初步处理，并使用 Origin Pro 9.0 作图和 DPS 7.05 来完成统计分析。

2 结果与分析

2.1 小麦淀粉特性的方差分析

方差分析结果见表 2，表明环境和基因型对淀粉膨胀势、糊化特性参数有极显著的主效应，而施磷量仅对膨胀势和峰值黏度有显著性影响。环境×施磷量、环境×基因型、施磷量×基因型及环境×施磷量×基因型互作效应对小麦淀粉特性参数的影响均达显著或极显著水平。从各指标的 F 值可以看出，淀粉膨胀势受环境影响最大，而糊化特性参数受基因型影响最大，环境和基因型对淀粉特性的主效应明显，且大于两者间的互作效应，施磷量对小麦淀粉特性主效作用不明显，但其与环境、基因型的互作更易影响小麦淀粉特性。说明小麦淀粉特性主要受到基因型和环境的调控，磷肥主要通过与环境或基因型互作对淀粉特性进行调控。

表 2　小麦淀粉特性方差分析（F 值）

来源	膨胀势 (g/g)	峰值黏度 (cp)	低谷黏度 (cp)	最终黏度 (cp)	崩解值 (cp)	回复值 (cp)
环境	79.93**	131.25**	192.64**	145.07**	124.66**	101.14**
施磷量	4.67*	4.16*	0.63	1.01	1.61	1.13
基因型	59.56**	441.54**	346.33**	396.05**	925.30**	435.31**
环境×施磷量	13.33**	14.23**	5.14*	7.11**	19.64**	6.12**
环境×基因型	7.01**	54.55**	59.65**	56.41**	62.27**	47.12**
施磷量×基因型	3.58**	3.72**	3.04**	3.00**	3.42**	2.84**
环境×施磷量×基因型	2.79**	3.50**	3.43**	3.27**	4.05**	2.90**

注：* 表示 $P<0.05$，** 表示 $P<0.01$。

2.2　生态点、施磷量及基因型对小麦淀粉特性的影响

从表 3 可见，L1（仁寿）小麦淀粉特性参数（除崩解值）均为最高；L3（雅安）淀粉 RVA 特征谱参数（除膨胀势）均为最低值；而 L2（温江）淀粉膨胀势显著低于 L1（仁寿）和 L3（雅安）；低谷黏度、最终黏度及回复值表现为 L1>L2>L3，且差异显著，崩解值则表现相反。说明环境对淀粉特性有极显著的影响，雅安较仁寿和温江的生态条件更适宜优质淀粉品质的形成。

就施磷量而言，增施磷肥可增加小麦淀粉的峰值黏度、低谷黏度、最终黏度及回复值，但只有 P2（150 kg/hm^2）处理的峰值黏度显著高于 P0；膨胀势在 P2 处理下显著高于 P0 和 P1 处理。说明适当增施磷肥有利于小麦淀粉特性的改善，提高小麦面条加工品质的适用性。

基因型对小麦淀粉特性的影响。可以看出膨胀势 G7 最大，显著高于 G1、G2、G3 及 G5；峰值黏度、低谷黏度、最终黏度及回复值 G5 最大，其中峰值黏度、低谷黏度、最终黏度显著高于 G1 等 6 个品种，回复值仅与 G6 差异不显著；崩解值则以 G3 最大；而弱筋品种 G1 在小麦淀粉特性参数均表现出最低值，即在淀粉特性上表现最优的为蜀麦 482（G5），绵麦 37（G4）次之，良麦 4 号（G1）最劣。可见蜀麦 482 具有优质面条小麦品种潜力，可作为优良品种推广或遗传改良材料。

表 3　生态点、施磷量及基因型对小麦淀粉特性的影响

处理	膨胀势 (g/g)	峰值黏度 (cp)	低谷黏度 (cp)	最终黏度 (cp)	崩解值 (cp)	回复值 (cp)
生态点						
L1	7.3a	2554.5a	1378.7a	2475.2a	1165.6b	1095.2a
L2	6.5b	2535.6a	1239.1b	2246.9b	1296.6a	1008.1b
L3	7.2a	1924.1b	818.9c	1663.7c	1105.6c	842.3c
施磷量						
P0（P_2O_5 0 kg/hm^2）	6.9b	2324.8b	1139.9a	2119.7a	1184.9a	977.4a
P1（P_2O_5 75 kg/hm^2）	6.9b	2336.4ab	1144.7a	2125.7a	1191.6a	981.0a
P2（P_2O_5 150 kg/hm^2）	7.1a	2353.0a	1152.0a	2140.3a	1191.2a	987.2a

续表

处理	膨胀势 (g/g)	峰值黏度 (cp)	低谷黏度 (cp)	最终黏度 (cp)	崩解值 (cp)	回复值 (cp)
基因型						
G1	5.7e	1392.8f	513.8f	1123.1e	859.0f	609.2f
G2	7.0cd	2337.3e	1104.6e	2076.6d	1232.7d	972.1d
G3	6.9d	2648.9b	1242.7c	2169.9c	1406.2a	921.7e
G4	7.3ab	2554.9c	1230.4c	2327.2b	1321.8b	1094.3b
G5	7.2bc	2711.7a	1434.9a	2560.1a	1276.4c	1124.9a
G6	7.4ab	2407.9d	1185.3d	2291.9b	1222.7d	1107.2ab
G7	7.5a	2313.0e	1307.2b	2350.9b	1005.8e	1043.7c

注：同一列中不同字母表示差异达5%显著水平。

2.3 环境与施磷量互作对小麦淀粉特性的影响

由图1可见，不同生态点间施磷量对小麦淀粉膨胀势和糊化特性的影响表现不一致。仁寿点（L1）随施磷量增加，淀粉膨胀势显著下降，RVA特征谱参数峰值黏度和稀懈值显著提高，在P2处理下峰值黏度和崩解值达到最大，而P1处理的低谷黏度、最终黏度及回复值最大。雅安点（L3）膨胀势随施磷量增加显著增加，而低谷黏度、最终黏度及回复值在P2处理下显著增加，表现为P2>P1≈P0。温江点（L2）糊化特性参数峰值黏度、低谷黏度、最终黏度及回复值随施磷量的增加而降低，呈现出P0>P1>P2，在膨胀势方面在P2时出现反弹，明显高于P0与P1。可见仁寿点增施磷肥有利于淀粉糊化特性的提高，而温江随着磷肥施用量的增加淀粉糊化特性有变劣的趋势，淀粉膨胀势方面，则表现相反。

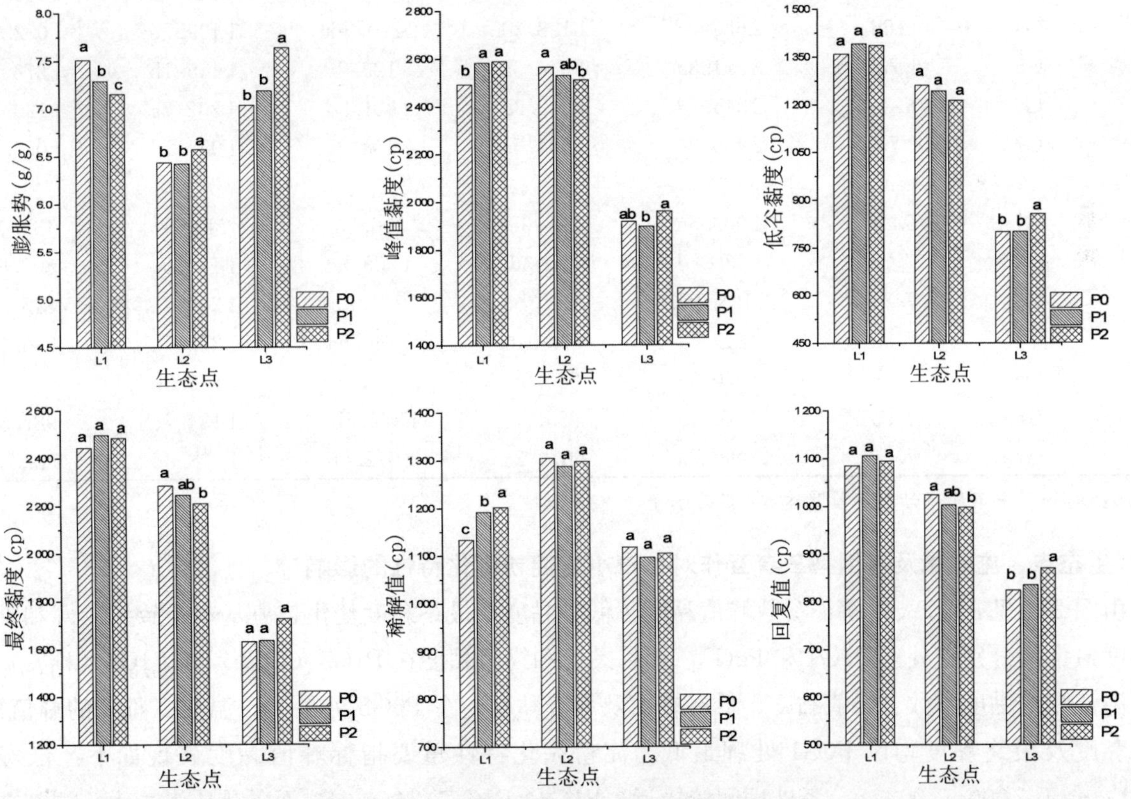

图1 施磷量对不同生态点小麦淀粉特性的影响

2.4 基因型与环境互作对小麦淀粉特性的影响

由表 4 可见，仁寿淀粉糊化特性 G4 与 G5 表现最优，G6 次之，且峰值黏度、低谷黏度、最终黏度及回复值显著高于 G1、G2 和 G3；温江呈现出 G5 最优，G3 次之，且峰值黏度、低谷黏度、终值黏度及崩解值显著高于其余 5 个参试品种；雅安以 G4 最优，G3 次之，再次之为 G5 和 G7，由此可见蜀麦 482（G5）适应性相对更广。温江生态点川麦 55（G3）和蜀麦 482（G5）峰值黏度大于 2 900 cp，而绵麦 37（G4）和蜀麦 482（G5）在仁寿峰值黏度接近 2 900 cp，说明川麦 55 与蜀麦 482 在温江生态区达到优质面条小麦标准，面条品质好。

表 4 环境和基因型互作对小麦淀粉特性的影响

生态点	基因型	膨胀势（g/g）	峰值黏度（cp）	低谷黏度（cp）	最终黏度（cp）	崩解值（cp）	回复值（cp）
仁寿							
	G1	6.6d	2 051.5e	997.5d	1 933.8e	994.0e	936.3d
	G2	7.2c	2 584.2c	1 444.9b	2 499.8c	1 139.2d	1 054.8c
	G3	7.1c	2 626.0c	1 192.3c	2 133.2d	1 433.7a	940.8d
	G4	7.6b	2 777.2a	1 513ab	2 725.5a	1 253.1b	1 204.2a
	G5	7.2c	2 773.2ab	1 578.5a	2 760.7a	1 193.8c	1 181.3a
	G6	7.6b	2 658.2bc	1 457.5b	2 671.7ab	1 200.7c	1 214.2a
	G7	8.0a	2 411.3d	1 466.8b	2 601.5bc	944.5f	1 134.7b
温江							
	G1	5.4e	1 117.5f	276.7e	729.0f	840.8e	452.3e
	G2	6.6cd	2 590.8cd	1 168.3d	2 221.2e	1 422.5b	1 052.8c
	G3	6.6cd	3 127.0b	1 586.3b	2 594.8b	1 540.7a	1 008.5d
	G4	6.5d	2 638.0c	1 198.3d	2 290.5de	1 439.7b	1 092.2b
	G5	6.7ab	3 291.3a	1 846.3a	3 123.2a	1 445.1b	1 276.8a
	G6	6.8a	2 545.7d	1 212.9d	2 331.5d	1 332.7c	1 120.2b
	G7	6.7ab	2 439.2e	1 384.5c	2 438.3c	1 054.7d	1 053.8c
雅安							
	G1	5.2d	1 009.5e	267.3e	706.3d	742.2e	439.0d
	G2	7.2c	1 836.8d	700.3d	1 508.8c	1 136.5c	808.5c
	G3	7.2c	2 193.7ab	949.3bc	1 781.8bc	1 244.3a	815.8c
	G4	7.9a	2 249.5a	980.0ab	2 466.5a	1 272.7a	986.5a
	G5	7.8b	2 070.5c	880.0c	1 796.5bc	1 190.5b	916.5b
	G6	7.9a	2 020.1c	885.3c	1 872.7bc	1 134.7c	987.3a
	G7	7.9a	2 088.5bc	1 070.2a	2 012.8b	1 018.3d	942.7ab

注：同一列中不同字母表示差异达 5%显著水平。

2.5 生态点、施磷量及基因型三者互作对参试小麦淀粉糊化特性的影响

由图 2 可见，RVA 谱特征参数峰值黏度、低谷黏度及最终黏度变化趋势基本一致。仁寿和雅安峰值黏度最大值分别在处理 P1G4 和 P2G3，低谷黏度和终值黏度在 P1G5（仁寿）和 P1G7（雅安）处最大；温江淀粉黏度参数（峰值黏度、低谷黏度及最终黏度）在 P0G5 处最大；温江、雅安的峰值黏度、低谷黏度及最终黏度均以 P0G1 处理最低。淀粉糊化特性重要指标峰值黏度表现如下：仁寿（除 P0G1）介于 2 000～3 000 cp，各处理间较接近，P1G4＞P1G5≥2 900 cp，面条品质潜力大；温江在 G3、G5 与 P0、P1 及 P2 互作明显高于其他处理，P0G5、P2G5、P0G3、P1G5、P1G3 及 P2G3 处理峰值黏度大于 3 000 cp；雅安各处理峰值黏度均小于 2 500 cp。

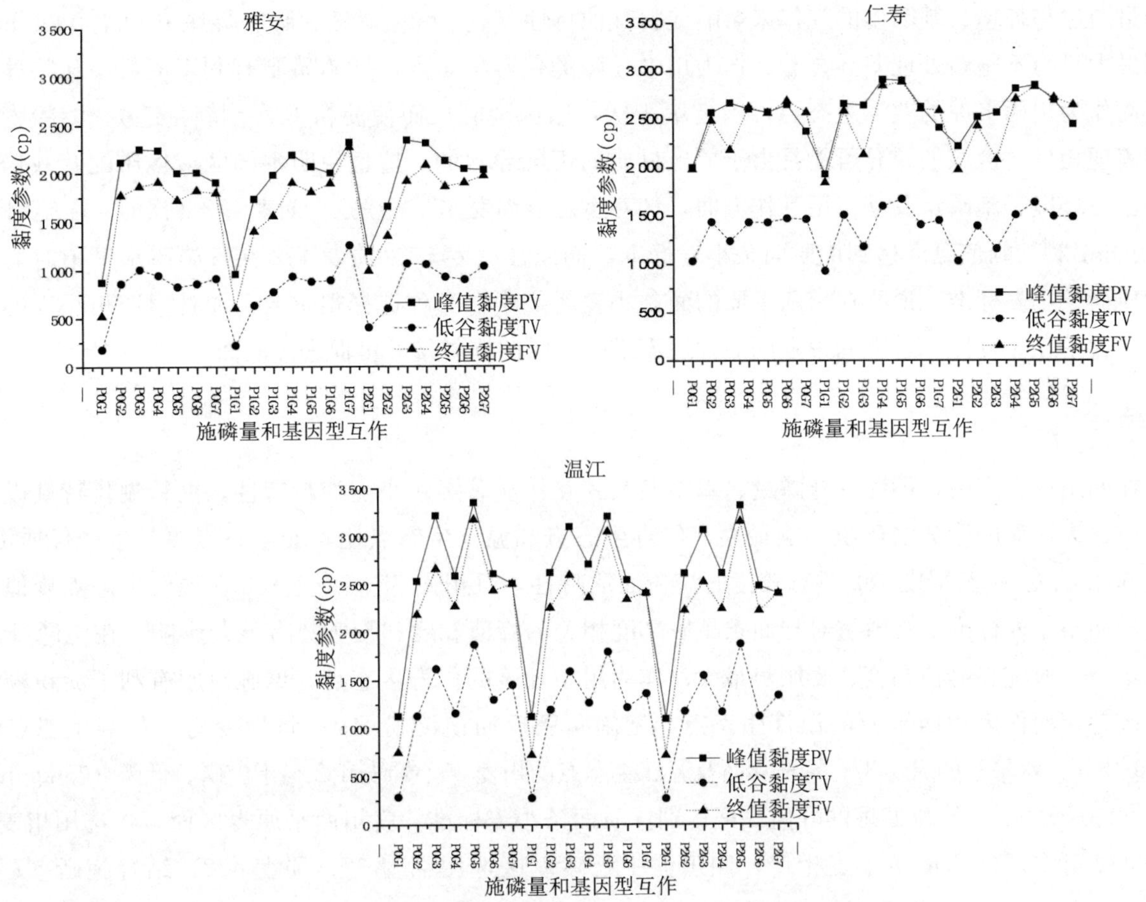

图 2　环境、施磷量及基因型互作对小麦淀粉糊化特性的影响

3　讨论

淀粉是小麦籽粒胚乳的重要组成成分，淀粉糊化特性及膨胀势是反映淀粉品质的重要指标，尤其对面条加工品质有重要影响。前人研究表明，环境和基因型及其互作显著影响小麦淀粉 RVA 特征谱参数及膨胀势[17-19]，生态环境对淀粉糊化特性的影响较基因型大[20]，膨胀势主要受遗传因素的控制[17]，也有研究认为对小麦淀粉特性的影响中，环境与基因型互作效应大于主效应[21]。本试验结果表明，小麦淀粉特性受环境、基因型、施磷量及其互作的影响，但不同性状其主效影响因子不一致，淀粉糊化特性基因型效应最大，而膨胀势以环境效应最大，与前人研究结果不一致，这也印证了胡学旭等[14]提出的小麦品质在不同麦区变异程度不一致的观点。在 3 个试验点中，仁寿生态点和温江生态点比雅安生态点更易生产优质淀粉，这可能与雅安点小麦灌浆期间“低温、多阴雨”的气候条件有关。供试的 3 类 7 个品种间，川麦 55（中筋）、绵麦 37（中筋）及蜀麦 482（强筋）具有较优的淀粉品质特性，且川麦 55、蜀麦 482 峰值黏度达优质面条小麦标准，可见审定时同属强筋或中筋的小麦品种，在生产中表现出不同的淀粉特性，因而并不能把中筋或强筋小麦等同于优质面条小麦，优质面条小麦的评定还需结合淀粉品质进行鉴选。

有关施磷量对 RVA 特征谱的影响，前人研究结果不一。张美薇等[12]认为施磷量与环境的互作对 RVA 特征谱参数影响不显著，郑志松等[13]认为施磷量对小麦淀粉糊化特性参数峰值黏度、低谷黏度（2010 年）和稀懈值（2011 年）有显著性影响，且峰值黏度参数在 P_2O_5 168 kg/hm^{2}时达到最大值。本试验结果表明，在四川麦区，施磷量对与面条品质高度相关的峰值黏度和膨胀势有显著影响，同时，施磷量通过与环境、基因型的互作来影响淀粉其他特性参数，峰值黏度、膨胀势在 P_2O_5 150 kg/hm² 时达到最大且与不施磷处理差异显著。作为川中丘陵的仁寿生态点，增施磷肥有利于淀粉糊化特性的改善；而作为川西平原的温江生态点，因土壤肥沃，增施磷肥反而使淀粉 RVA 特性变劣，淀粉膨胀势方面表现相反，区域的差异可能是由于成土母质的不同导致的，这也说明不同区域优质配套栽培措施不同。在环境、施磷量及基因型互作方面，仁寿生态点绵麦 37（中筋）、蜀麦 482（强筋）在施用 P_2O_5 75 kg/hm² 时，峰值黏度达到优质面条小麦标准，而温江川麦 55、蜀麦 482 在各施磷水平下时均可达到优质面条小麦标准。说明在川西平原的面条小麦生产中，品种选择很重要，而针对四川小麦的主产区——盆中丘陵麦区，适宜的中强筋品种还需搭配一定的施磷量方可促进优质面条小麦的生产。

4 结论

在四川小麦产区，环境、施磷量、基因型及其互作显著影响小麦淀粉特性，淀粉糊化特性以基因型效应最大，而膨胀势以环境影响最大，仁寿生态点和温江生态点比雅安生态点更易生产优质淀粉，川麦 55、绵麦 37 及蜀麦 482 具有较优的淀粉品质特性，且川麦 55、蜀麦 483 在温江生态点峰值黏度达优质面条小麦标准。施磷量对与面条品质高度相关的峰值黏度和膨胀势有显著影响，在施磷（P_2O_5）150 kg/hm² 时淀粉峰值黏度、膨胀势最大；作为川中丘陵的仁寿生态点，增施磷肥有利于淀粉糊化特性的改善，而作为川西平原的温江生态点，增施磷肥反而使淀粉 RVA 特性变劣。仁寿生态点低磷（75 kg/hm²）水平下的绵麦 37、蜀麦 482 及温江生态点的川麦 55、蜀麦 482 与不施磷、低磷（75 kg/hm²）、高磷（150 kg/hm²）互作处理的峰值黏度达到优质面条小麦标准。就川西平原麦区而言，选用川麦 55、蜀麦 482 可实现优质面条小麦生产，四川盆中丘陵麦区选用绵麦 37、蜀麦 482，结合施磷（P_2O_5）75 kg/hm² 水平可实现优质面条小麦生产。

参考文献

[1] 任正隆．适应四川农业产业化的小麦生产：现状、问题和应对策略 [J]. 四川农业大学学报，2000（1）：89－93.

[2] 农业部小麦专家指导组．中国小麦品质区划与高产优质栽培 [M]. 北京：中国农业出版社，2012：273－284.

[3] 庞启华，余敖，魏灵．关于发展四川弱筋小麦的思考 [J]. 小麦研究，2006（2）：9－13.

[4] 宋健民，刘爱峰，李豪圣，等．小麦籽粒淀粉理化特性与面条品质关系研究 [J]. 中国农业科学，2008（1）：272－279.

[5] 刘锐，魏益民，邢亚楠，等．小麦淀粉与面条质量关系的研究进展 [J]. 麦类作物学报，2013（5）：1058－1063.

[6] 刘建军，何中虎，赵振东，等．小麦品质性状与干白面条品质参数关系的研究 [J]. 作物学报，2002，28（6）：738－742.

[7] 刘建军，何中虎，杨金，等．小麦品种淀粉特性变异及其与面条品质关系的研究 [J]. 中国农业科学，2003（1）：7－12.

[8] 戴双，李豪圣，刘爱峰，等．小麦籽粒淀粉理化特性与面条加工品质关系的研究进展 [J]. 山东农业科学，2006（5）：105－109.

[9] 马冬云，郭天财，王晨阳，等．鲜湿面条的煮面时间及其与面粉糊化特性的关系 [J]. 中国粮油学报，2007（5）：27－31.

[10] 汤永禄，吴元奇，朱华忠，等．四川小麦主栽品种的品质性状表现及其稳定性 [J]. 作物学报，2010，36（11）：1910－1920.

[11] 张文婧，王昌全，袁大刚，等．四川省主要作物施肥现状、问题与对策 [J]. 土壤通报，2014（3）：697－703.

[12] 张美微，王晨阳，贺德先，等．环境和氮磷肥对强筋小麦品种郑麦 9023 淀粉糊化特性的影响 [J]. 麦类作物学报，2010（5）：905－909.

[13] 郑志松，王晨阳，张美微，等．水、氮磷肥及其互作对小麦淀粉糊化特性的影响 [J]. 中国生态农业学报，2012，

20 (3)：310-314.

[14] 胡学旭，周桂英，吴丽娜，等．中国主产区小麦在品质区域间的差异 [J]. 作物学报，2009，35 (6)：1167-1172.

[15] 王海萍，师凤华，唐朝晖，等．一些小麦品种的淀粉特性分析 [J]. 麦类作物学报，2007 (3)：479-482.

[16] Mccormick K M，Panozzo J F，Hong S F. A swelling power test selecting potential noodle quality wheats [J]. Australia Journal of Agricultural Reasearch，1991 (42)：317-323.

[17] 宋建民，刘爱峰，刘建军，等．环境与品种对小麦淀粉理化特性和面条品质的影响 [J]. 作物学报，2005，31 (6)：796-799.

[18] 姚大年，李保云，梁荣奇，等．基因型和环境对小麦品种淀粉性状及面条品质的影响 [J]. 中国农业大学学报，2000 (1)：63-68.

[19] 阎俊，何中虎．基因型、环境及其互作对黄淮麦区小麦淀粉品质性状的影响 [J]. 麦类作物学报，2001 (2)：14-19.

[20] 张学林，郭天财，朱云集，等．河南省不同纬度生态环境对三种筋型小麦淀粉糊化特性的影响 [J]. 生态学报，2004 (9)：2050-2055.

[21] 赵春，宁堂原，焦念元，等．基因型与环境对小麦籽粒蛋白质和淀粉品质的影响 [J]. 应用生态学报，2005 (7)：1257-1260.

基于“三合结构”分析氮肥运筹对四川丘陵旱地小麦物质生产及产量形成的影响*

王强生[1]　徐　娟[1,2]　樊高琼[1]　郑　文[1]　胡雯媚[1]　王思宇[1]

1. 四川农业大学/农业部西南作物生理生态与耕作重点实验室，四川成都　611130
2. 农业部沼气科学研究所，四川成都　610041

摘要：为探究氮肥后移对四川丘陵旱地小麦物质生产与产量形成的影响，2013—2015 年连续两年度以四川小麦主推品种川麦 104 为材料，采用二因素随机区组设计，研究了 3 个施氮量（0 kg/hm^2、120 kg/hm^2、180 kg/hm^2）、3 种施肥方式（底肥一道清、重底早追型即底肥和苗肥比例为 7∶3、氮肥后移型即底肥和拔节肥比例为 6∶4）对四川小麦干物质积累及光合性能参数平均叶面积指数（MLAI）、生育天数（D）、收获指数（HI）、平均净同化率（MNAR）的影响。结果表明，从三叶期至开花期，增施氮肥后干物质积累量增加，而成熟期则以 120 kg/hm^2 处理干物质积累量最大。不同施肥方式间比较，重底早追型显著增加了三叶期至孕穗期干物质积累量和群体叶面积指数（LAI），氮肥后移型则显著增加了开花期与成熟期干物质积累量及开花期群体 LAI，底肥一道清处理孕穗期、开花期、成熟期的干物质积累量均最小。从光合性能参数看，增施氮肥和氮肥后移均对 MLAI、HI 有促进作用，与 120 kg/hm^2 处理相比，增施氮肥后 MLAI 增加 9.5%（2014—2015 年），HI 增加 4.7%（2013—2014 年）；氮肥后移处理的 MLAI 较底肥一道清处理增加 38.2%（2013—2014 年），HI 较重底早追型增加 10.6%（2014—2015 年），差异显著；而 MNAR、平均作物生长率（MCGR）受施氮量的影响较小。氮肥后移的单位面积粒数（TGN）和粒叶比显著增加，180 kg/hm^2 处理产量及产量构成因素略高于120 kg/hm^2 处理，但差异均不显著。从综合生产成本与效益来看，四川丘陵旱地小麦推荐的氮肥用量为 120 kg/hm^2，施肥方式为底肥和拔节肥比例 6∶4。

关键词：产量；氮肥运筹；三合结构；产量性能

施用氮肥是作物增产的主要措施之一。据统计，施用氮肥使 20 世纪作物增产 40%～60%[1]。然而，大水大肥在促进增产的同时也带来了对环境的破坏，如土壤板结、地下水污染严重、食物中亚硝酸盐含量超标等。如何协调好作物持续高产、氮肥高效利用、生产成本与效益和环境保护之间的矛盾一直是研究的热点[2-6]。资源节约型、环境友好型农业是新时期农业发展的必然要求，减肥减药也是全世界农业生产发展的新方向[7]。氮肥的高效利用，不仅与施氮量有关，也与追肥方式有关。丘陵旱地是四川乃至西南小麦的主要分布区域[8]，也是典型的粮仓。但由于地势偏僻，农业基础条件较差，科学研究投入不足，农民凭经验施肥，且习惯于在播种时一次性施入或重底早追（底肥与苗肥比例为 7∶3）。氮肥后移具有与小麦生长需求相匹配、肥料利用率高等诸多优点[9]，在北方被广泛推广应用。

* **基金项目**：国家公益性行业（农业）科研专项（201503127）；四川省育种攻关项目（2011NZ0098－15－3）

四川盆地是一个特殊生态区域，具有高温、高湿、寡日照的气候生态特点，四川麦区小麦生长特点为全生育期短，苗期短，灌浆期长，与北方麦区明显不同[8]；同时，丘陵旱地属于雨养农业区域，季节性干旱冬干春旱突出，氮肥后移在该区域的可行性尚不明确，适宜的施氮量也未知。因此，研究四川丘陵旱地小麦氮肥高效施用技术，对于促进四川乃至西南小麦生产可持续发展、确保区域粮食安全具有重要意义。

“三合理论”是由张宾等[10]提出的关于作物生产的一个新理论，旨在将产量性能定量化，构建产量性能方程 MLAI×D×HI×MNAR=EN×GN×GW，系统阐述物质生产与产量形成的关系，揭示作物源与库中各因素间的内在联系，较原来用以阐述产量形成机制的产量构成三因素[11]、光合性能[12]、源库关系[13]等理论有较大优势。本研究基于三合理论，以四川小麦主推品种川麦 104 为材料，追踪不同氮肥运筹下小麦整个生育期内干物质积累动态、叶面积指数动态等，进而得出平均叶面积指数、平均净同化率等光合性能参数，从全生育期内物质生产与产量的变化关系及特点上探索施氮量及追肥方式对四川旱地小麦产量形成的影响，以期为四川乃至西南麦区小麦氮肥合理施用提供理论基础和技术指导。

1　试验材料与方法

1.1　试验材料及试验地基本情况

供试材料为四川省主推品种川麦 104，由四川省农业科学院提供。试验于 2013 年 10 月至 2015 年 5 月连续 2 年在四川省仁寿县珠嘉乡踏水村进行。试验地土壤为紫色土，2013—2014 年 0～20 cm 土层土壤基础肥力为有机质含量 57.3 g/kg，全氮含量 0.9 g/kg，速效氮含量 57.0 mg/kg，速效磷含量 17.9 mg/kg，速效钾含量 57.3 mg/kg，pH 值为 7.81；2014—2015 年有机质含量 49.6 g/kg，全氮含量1.0 g/kg，速效氮含量 56.0 mg/kg，速效磷含量 19.7 mg/kg，速效钾含量 100.3 mg/kg，pH 值为 7.77。两个年度间（表 1、表 2），2013—2014 年属于正常年份，2014—2015 年花后温度高，高温逼熟，较2013—2014 年度提前一周收获，全生育期短 13 d。

表 1　试验点小麦生育进程

年份	生育期/（年．月．日）						生育期天数（天）
	播期	三叶期	拔节期	孕穗期	开花期	成熟期	
2013—2014 年	2013.10.26	2013.11.26	2014.01.10	2014.02.25	2014.03.19	2014.05.07	193
2014—2015 年	2014.11.2	2014.11.26	2015.01.20	2015.02.25	2015.03.18	2015.05.01	180

表 2　试验点气象条件

年份	播种－拔节期		拔节期－孕穗期		孕穗期－开花期		开花期－成熟期	
	平均温度（℃）	降水总量（mm）	平均温度（℃）	降水总量（mm）	平均温度（℃）	降水总量（mm）	平均温度（℃）	降水总量（mm）
2013—2014 年	11.18	39.8	12.5	13.6	16.28	22.2	18.75	88.8
2014—2015 年	14.98	29.2	10.58	13.9	13.21	8.9	20.15	72.1

1.2　试验设计

两年试验均采用二因素随机区组设计，施氮量为因素 A，设置 120 kg/hm^{2}N（A1）和 180 kg/hm^{2}N（A2）2 个水平；施肥方式为因素 B，设置底肥一道清型（B1）即仅施底肥、重底早追型（B2）即底肥和苗肥比例为 7∶3、氮肥后移型（B3）即底肥和拔节肥比例为 6∶4 三种方式。以不施肥 CK 为对照。重复3次，共21个小区。小区面积2.4 m×5.4 m（12.96 m^2）。采用条沟点播，行距24 cm，穴距12 cm。每穴播8粒种子，基本苗225万株/hm^2左右。除CK外，各处理施90 kg/hm^2 P_2O_5和90 kg/hm^2 K_2O作为基肥。播种后浇出苗水。追施肥料时，将尿素溶解在水中浇施，未追肥处理的也浇灌等量清水。其他栽培管理措施同一般大田生产。

1.3 测定内容及方法

1.3.1 干物质积累测定

在三叶期、拔节期、孕穗期、开花期、成熟期取样测定干物质积累量。每次在取样区域取代表性2点，每点在1行内连续取4穴植株，每小区共计8穴植株。取样植株首先剪掉地下部分，然后分器官杀青烘干称重。

1.3.2 各时期LAI测定

在干物质积累量测定时，每小区取5株植株，每株取3片叶片。在叶片中部裁下长度为5 cm的叶片，测量宽度，再将叶片杀青、烘干、称重，折算比叶重。结合测定干物质积累量，测定8穴植株绿叶干重，计算叶面积指数。计算公式为：LAI=植株绿叶干重/（比叶重×取样面积）。

1.3.3 产量及产量构成因素

收获后测量籽粒水分含量、产量及千粒重。产量和千粒重按标准含水量的13%折算。成熟期调查有效穗，并随机取30个穗子测定穗粒数。

1.3.4 粒叶比计算

粒叶比为群体总结实粒数或粒重与孕穗期最大叶面积的比值[14]。本试验采用成熟期籽粒重与孕穗期叶面积的比值来表示。

1.3.5 光合性能参数及二级参数的计算

根据张宾等[10]提出的“三合结构”表达式，对产量性能进行分析，即

$$\mathrm{MLAI}\times \mathrm{D}\times \mathrm{HI}\times \mathrm{MNAR}=\mathrm{EN}\times \mathrm{GN}\times \mathrm{GW} \qquad (1)$$

上述表达式中，各项均为一级参数，MLAI表示平均叶面积指数，D表示生育天数（d），HI表示收获指数，MNAR为平均净同化率（$g\cdot m^{-2}\cdot d^{-1}$），这4个参数为光合性能参数。EN为有效穗（$10^4/hm^2$），GN为穗粒数，GW为千粒重（g），这3个参数为产量构成因素。根据各参数之间的关系，由表达式（1）推导出二级参数，以下二级参数均由一级参数组合而成，均具有实际的生物学意义：

$$\begin{aligned}&\mathrm{LAD}=\mathrm{MLAI}\times \mathrm{D};\\&\mathrm{MCGR}=\mathrm{MLAI}\times \mathrm{MNAR};\\&\mathrm{TGN}=\mathrm{EN}\times \mathrm{GN};\\&\mathrm{EW}=\mathrm{GN}\times \mathrm{GW};\end{aligned} \qquad (2)$$

上式中，LAD表示光合势；MCGR代表平均作物生长率；TGN代表单位面积籽粒数量；EW代表单穗重。

“三合结构”定量表达式中，MLAI、MNAR的参数计算方式是，通过对作物群体LAI和生育天数进行归一化处理后的数据进行模型模拟，建立LAI动态模拟模型。表达式为

$$Y=(a+bx)/(1+cx+dx^2) \text{（小麦中}a=0.0131，b=0.0035，c=-2.4515，d=1.5273\text{）}^{[15]} \qquad (3)$$

Y为相对LAI值，即各生育时期LAI测量值与最大LAI的比值；x为相对时间，即各测定时期距出苗时的天数与生育天数的比值。然后对LAI动态模型曲线从0到1积分，获得整个生育期总的相对LAD（光合势）。由于整个生育期的相对时间为1，总的相对LAD值即为全生育期的平均相对LAI值。

本试验通过开花期 LAI 来模拟，最大 LAI=开花期 LAI/开花期相对 LAI，开花期相对 LAI 根据公式（2）计算，MLAI 值等于平均相对 LAI 与作物最大 LAI 的乘积。本试验通过开花期 LAI 来模拟 MLAI。MLAI 计算出后，带入公式（1）中即可计算出一级参数 MNAR 与二级参数 MCGR。

1.3.6 氮肥农学利用率及氮肥偏生产力的计算[16]

氮肥农学利用率（NAE）（kg/kg）=（施氮处理产量−空白对照产量）/施氮量； (4)

氮肥偏生产力（PFP）（kg/kg）=施氮处理产量/施氮量。 (5)

2 结果与分析

2.1 氮肥运筹对四川丘陵旱地小麦不同生育时期干物质积累的影响

从表 3 可见，小麦干物质积累量随生育进程推进而增加，拔节后干物质积累量迅速增加。2013—2014 年，增施氮肥显著增加了各时期干物质积累量，成熟期例外。2014—2015 年 A1 和 A2 的干物质积累量差异不显著。A1 的花后干物质积累量在 2013—2014 年显著高于 A2，而在 2014—2015 年 A1 高于 A2，但差异不显著。从不同施肥方式来看，两年试验中，花前干物质积累量均以 B2 最大，与 B1、B3 差异显著；开花期干物质积累量以 B3 最高，显著高于其余方式；而成熟期，2013—2014 年以 B3 最高，2014—2015 年则以 B2 最高。花后干物质积累量两年均表现为 B1>B2>B3，这可能与 B1 开花期干物质积累量较小有关。从整个氮肥运筹来看，虽然 A2B3 处理干物质积累量从拔节到成熟最多，但花后干物质积累量却以 A1B1 最多，其次是 A1B3，二者差异不显著。

表 3 不同氮肥运筹下小麦干物质积累量 单位：kg/hm²

年份	处理	生育时期					花后积累量
		三叶期	拔节期	孕穗期	开花期	成熟期	
2013—2014 年	A1B1	904.1c	2576.6b	6477.6cd	9013.1d	16845.1cd	7832.0a
	A1B2	993.7a	2599.7b	7978.6a	10913.4b	17540.8ab	6627.4bc
	A1B3	882.4c	2328.8c	6140.7b	9847.3c	17016.2bc	7168.9ab
	A2B1	955.6b	2485.8bc	6792.9c	9658.6c	16194.2de	6535.6bc
	A2B2	910.4c	2533.4bc	7363.0d	9607.8c	15747.0e	6139.2cd
	A2B3	969.4ab	2930.8a	8074.1a	12168.9a	17849.4a	5680.5d
	A1	926.7a	2501.7b	6865.6b	9924.6b	17134.0a	7209.4a
	A2	945.2a	2650.0a	7410.0a	10478.4a	16596.9b	6118.5b
	B1	929.9ab	2531.2a	6635.3c	9335.9c	16519.7b	7183.8a
	B2	952.1a	2566.6a	7670.8a	10260.6b	16643.9b	6383.3b
	B3	925.9b	2629.8a	7107.4b	11008.1a	17432.8a	6424.7b
2014—2015 年	A1B1	235.4b	1630.0bc	6595.7a	11897.3a	13715.1a	1817.8ab
	A1B2	298.5a	1896.3a	6489.9a	12380.9a	14233.5a	1852.6ab
	A1B3	254.3ab	1339.0d	5500.7b	11580.3a	12219.7b	639.4b
	A2B1	232.4b	1460.1cd	6227.9ab	10233.3b	13409.7a	3176.4a
	A2B2	250.0ab	1683.2abc	6385.4a	12316.6a	14359.5a	2042.9ab
	A2B3	263.9ab	1735.6ab	6730.3a	12285.5a	13886.7a	1601.2ab
	A1	262.7a	1621.8a	6295.4a	11952.9a	13389.5a	1436.6a
	A2	248.8a	1626.3a	6447.9a	11611.8a	13885.3a	2273.5a
	B1	233.9b	1545.1b	6411.8a	11065.3b	13562.4ab	2497.1a
	B2	274.3a	1789.8a	6437.7a	12348.8a	14296.5a	1947.7ab
	B3	259.1ab	1537.3b	6115.5a	11932.9a	13053.2b	1120.3b

注：同列中不同字母代表在 0.05 水平下差异显著，显著性差异来源为施氮量或施肥方式间的比较。下表同。

2.2　氮肥运筹对四川丘陵旱地小麦不同生育时期叶面积指数的影响

从表4可以看出，与A1的3个处理相比，增施氮肥（A2）的3个处理在2013—2014年三叶期的LAI显著降低，2014—2015年孕穗期的LAI显著增加。不同施肥方式间，两年三叶期至孕穗期的LAI均以B2最大，且与其他处理差异显著。开花期，以B3的LAI最大，其中2013—2014年B3显著高于B1，但与B2差异不显著。

表4　不同氮肥运筹的小麦叶面积指数

处理	三叶期		拔节期		孕穗期		开花期	
	2013—2014年	2014—2015年	2013—2014年	2014—2015年	2013—2014年	2014—2015年	2013—2014年	2014—2015年
A1B1	1.96b	0.57bc	4.05c	2.61b	5.16c	4.65cd	4.07c	4.19c
A1B2	2.26a	0.71a	5.49a	3.39a	7.36a	4.88bc	5.18b	4.64ab
A1B3	1.86bc	0.65ab	3.51d	2.05c	5.09c	4.06d	5.39ab	4.24c
A2B1	1.84bc	0.50c	4.10c	2.17c	6.79ab	4.46cd	4.16c	4.31bc
A2B2	1.89bc	0.65ab	4.22c	3.20a	5.48bc	5.45ab	5.49ab	4.15c
A2B3	1.80c	0.67a	5.07b	3.27a	5.83bc	5.81a	5.96a	4.69a
A1	2.02a	0.64a	4.35a	2.68a	5.87a	4.53b	4.88a	4.36a
A2	1.84b	0.61a	4.46a	2.88a	6.03a	5.24a	5.20a	4.38a
B1	1.90b	0.54b	4.07b	2.39b	5.97ab	4.56b	4.11b	4.25a
B2	2.07a	0.68a	4.86a	3.29a	6.42a	5.17a	5.33a	4.39a
B3	1.83b	0.66a	4.29b	2.67b	5.46b	4.94ab	5.68a	4.46a

2.3　氮肥运筹对四川丘陵旱地小麦粒叶比的影响

粒叶比是衡量群体源库关系协调水平的重要指标。从表5可知，增施氮肥后小麦粒叶比增加，但A1和A2之间差异不显著。不同施肥方式中B3的粒叶比最大，平均分别比B2、B1增加23.3%、19.2%，且差异显著，说明拔节期追肥有助于构建高粒叶比群体。

表5　不同氮肥运筹下的粒叶比（2013—2014年）　　单位：mg/cm^2

施氮量	施肥方式			
	B1	B2	B3	平均
A1	13.70a	10.07b	15.30a	13.02a
A2	10.80b	13.62a	13.96a	12.79a
平均	12.25b	11.84b	14.60a	——

2.4　氮肥运筹对四川丘陵旱地小麦产量性能参数的影响

从表6可以看出，施氮量间，A2较A1产量高，但差异不显著，年度间规律一致。不同施肥方式间以B3处理产量最高，2013—2014年差异显著，较B2、B1分别增产5.0%和8.9%，主要在于B3的有效穗（EN）显著增加，详见表7所示。从氮肥利用率来看，年度间规律一致，增施氮肥，氮肥农学利用率及氮素偏生产力均显著降低，而不同施肥方式间，B3下氮肥农学利用率及氮素偏生产力均最大，且显著高于B1（2013—2014年）。

就光合性能参数而言，增施氮肥后平均叶面积指数（MLAI）增加，2014—2015年度，A2较A1的MLAI增长9.5%，且差异显著；施肥方式以B3的MLAI大，2013—2014年度显著高于B1，较B1增加38.2%。收获指数（HI）也以A2大，较A1增加4.7%（2013—2014年），差异显著；B3较B2增加10.6%（2014—2015年），差异显著。MNAR（平均净同化率）在施氮量间差异均不显著，但B3

处理下 MNAR 均显著降低。这可能与 B3 下 MLAI 较大，下部叶片相互遮蔽，通风透光条件差，叶片光合作用受到抑制有关。

就二级参数而言，MCGR（平均作物生长率）受施氮量的影响较小，2013—2014 年不同施肥方式间以 B3 最大，2014—2015 年则以 B2 最大。A2 下 TGN（单位面积籽粒数）显著增加，较 A1 增加 4.5%（2013—2014 年）；不同施肥方式间，B3、B2 显著高于 B1（2013—2014 年），增幅分别为 8.7%和 6.1%。而单穗重（EW）的变化趋势与 TGN 的趋势基本相反，以 B1 最大，B3 次之，B2 最小；2014—2015 年则以 B3 最大，显著高于 B1。说明在后期高温逆境下，氮肥后移（B3）的效果更易显现。

表 6　不同氮肥运筹下小麦产量及氮素利用率

处理	产量（kg/hm^2）		氮肥农学利用率 NAE（kg/kg）		氮肥偏生产力 PFP（kg/kg）	
	2013—2014 年	2014—2015 年	2013—2014 年	2014—2015 年	2013—2014 年	2014—2015 年
A1B1	7026.9b	6490.9ab	13.6bcd	25.0ab	58.6b	54.1a
A1B2	7399.0b	6674.9ab	16.7ab	26.5a	61.7ab	55.6a
A1B3	7524.2b	6301.1b	17.7a	23.4abc	62.7a	52.5a
A2B1	7294.8b	6500.2ab	10.6d	16.7c	40.5d	36.1b
A2B2	7451.4b	6733.7ab	11.4cd	18.0bc	41.4cd	37.4b
A2B3	8068.9a	7263.2a	14.9abc	21.0abc	44.8c	40.4b
A1	7316.7a	6488.9a	16.0a	25.0a	61.0a	54.1a
A2	7605.0a	6832.4a	12.3b	18.6b	42.2b	38.0b
B1	7160.9b	6495.6a	12.1b	20.9a	49.5b	45.1a
B2	7425.2b	6704.3a	14.1ab	22.2a	51.5ab	46.5a
B3	7796.5a	6782.2a	16.3a	22.3a	53.8a	46.4a

表 7　不同氮肥运筹的小麦产量性能参数

处理	产量构成因素			光合性能参数				二级参数		
	EN（$10^4/hm^2$）	GN	GW（g）	MLAI	HI	D（d）	MNAR/（$g\cdot m^{-2}\cdot d^{-1}$）	MCGR/（$g\cdot m^{-2}\cdot d^{-1}$）	TGN（$10^4/hm^2$）	EW（g）
2013—2014 年										
A1	347.3a	48.1a	51.5a	2.48a	0.43b	193	4.25a	10.33a	16705.1b	2.48a
A2	354.9a	49.2a	51.8a	2.64a	0.46a	193	3.90a	10.08a	17461.1a	2.55a
B1	331.3b	49.1a	52.4a	2.09b	0.43a	193	4.84a	10.07a	16266.8b	2.58a
B2	357.4ab	48.3a	51.1b	2.71a	0.45a	193	3.75b	10.13a	17262.4a	2.47b
B3	364.5a	48.5a	51.5b	2.89a	0.45a	193	3.63b	10.42a	17678.3a	2.50ab
2014—2015 年										
A1	329.9a	40.3a	50.2a	1.05b	0.49a	180	7.33a	7.67a	13295.0a	2.02a
A2	344.8a	42.3a	50.6a	1.15a	0.49a	180	7.39a	8.46a	1458.0a	2.14a
B1	342.9a	40.5a	50.5a	1.07a	0.48ab	180	7.36ab	7.83ab	13887.4a	2.05b
B2	336.6a	41.3a	50.3a	1.09a	0.47b	180	8.04a	8.77a	13901.5a	2.08a
B3	332.5a	42.3a	50.4a	1.14a	0.52a	180	6.67b	7.61b	14064.8a	2.13a

注：EN 为有效穗数；GN 为穗粒数；GW 为千粒重；MLAI 为平均叶面积指数；HI 为收获指数；D 为生育天数；MNAR 为平均净同化率；MCGR 为平均作物生长率；TGN 为单位面积籽粒数；EW 为单穗重。

3　讨论

3.1　四川丘陵旱地小麦适宜的施氮量和施氮方式

关于氮肥运筹对小麦产量的影响，前人已做了大量研究，均认为增施氮肥能增加有效穗数和穗粒数；拔节期追施氮肥能提高收获指数，提高产量[17-21]。就不同区域适宜施氮量、施肥方式和底追比而言则各不相同。石玉等[22]在山东的试验表明，施氮量为 168 kg/hm²、拔节期追肥且底追比为 1∶2 是最佳氮肥运筹方式。王小燕等[18]认为江汉平原氮肥运筹的最优处理为施氮量 180 kg/hm²、底追比3∶7且为拔节期追肥；周海燕等[19]认为在玉米秸秆还田条件下，推荐的氮肥运筹为施氮量为210 kg/hm²，底肥与拔节肥比例为 3∶7。也有研究表明，孕穗期追肥且底追比为 4∶6 籽粒产量最高[23]。可见，不同区域适宜的施氮量及施肥方式不同，不能一概而论。本研究表明，2013—2014 年 120 kg/hm² N（A1）和 180 kg/hm² N（A2）间产量及产量构成因素差异不显著，但 A1 处理下的氮肥利用率显著高于 A2，氮肥后移（B3）显著增加有效穗、产量及氮肥利用率。另外，从表 6 可知，不同处理间 A2B3 产量最高，但其氮肥利用率远低于 A1B3。从综合生产成本与效益来看，本试验条件下四川丘陵旱地小麦推荐的氮肥用量为 120 kg/hm²，施肥方式为底肥与拔节肥比例 6∶4。

3.2 氮肥后移对四川丘陵旱地小麦物质积累和光合性能参数的影响

关于氮肥后移增产，前人研究认为主要是增加了穗粒数与千粒重[24]。千粒重增加，与氮肥后移后延缓了植株和旗叶衰老、延长旗叶功能期有关[9]。本研究着眼于全生育期干物质积累动态与叶面积指数动态，表明氮肥后移促进开花期与成熟期的干物质积累（2013—2014 年），增加花后干物质积累量，开花期 LAI 显著提高。基于“三合结构”一级参数和二级参数的测定，表明氮肥后移增加了平均叶面积指数（MLAI）与平均作物生长率（MCGR）（2013—2014 年），小麦整个生育期的光合性能及物质积累能力增强，单位面积粒数（TGN）显著增加而增产。进一步研究发现，氮肥后移后粒叶比达到 14.6 mg/cm²（卢百关等[25]研究表明超高产小麦群体的粒叶比应大于 14 mg/cm²），HI 也较重底早追（底肥与苗肥比例为 7∶3）型显著增加，表明氮肥后移后源大库足，流通畅，干物质更多地向籽粒转运。

参考文献

[1] 林继雄，林葆，李家康．长期施肥的作物产量和土壤肥力变化 [J]．植物营养与肥料学报，1994，1（1）：6-8.

[2] 赵俊晔，于振文．小麦——土壤系统氮肥转化利用的研究进展 [J]．土壤通报，2006，37（3）：595-600.

[3] 张俊华，张佳宝，李立平．基于冬小麦植被指数的氮肥调控技术研究 [J]．土壤学报，2007，44（3）：550-555.

[4] 马惠兰，周传豹．塔里木河流域农业化肥投入的环境影响分析 [J]．中国农学通报，2012，28（35）：244-250.

[5] 闫湘，金继运，何萍，等．提高肥料利用率技术研究进展 [J]．中国农业科学，2008，41（2）：450-459.

[6] 李升东，王法宏，司纪升，等．氮肥管理对小麦产量和氮肥利用效率的影响 [J]．核农学报，2012，26（2）：403-407.

[7] 王俊杰，王娟娥，方金．构建资源节约型农业综合评价指标体系研究——以山东省为例 [J]．中国农业资源与区划，2014，35（4）：41-48.

[8] 汤永禄，李朝苏，吴春，等．四川盆地弱光照生态区小麦超高产技术途径分析 [J]．麦类作物学报，2013，33（1）：51-59.

[9] 刘新月，乔蕊清，卫云宗，等．冬小麦超高产栽培氮肥后移技术的研究 [J]．山西农业科学，2001，29（2）：26-28.

[10] 张宾，赵明，董志强，等．作物产量“三合结构”定量表达及高产分析 [J]．作物学报，2007，33（10）：1674-1681.

[11] Black A L. Long-term N-P fertilizer and climate influences on morphology and yield components of spring wheat [J]. Agronomy Journal，1982，74（4）：651-657.

[12] 金善宝．中国小麦学 [M]．北京：中国农业出版社，1996.

[13] Mason T G，Maskell E J. Studies on the transport of carbohydrates in the cotton plant：I. A study of diurnal variation in the carbohydrates of leaf，bark，and wood，and of the effects of ringing [J]. Annals of Botany，1928，

42 (165): 189 - 253.

[14] 郭文善，封超年，严六零，等．小麦开花后源库关系分析 [J]. 作物学报，1995，21 (3)：334 - 340.

[15] 张宾，赵明，董志强，等．作物高产群体 LAI 动态模拟模型的建立与检验 [J]. 作物学报，2007，33 (4)：612 - 619.

[16] 陈星，李亚娟，刘丽，等．灌溉模式和供氮水平对水稻氮素利用效率的影响 [J]. 植物营养与肥料学报，2012，18 (2)：283 - 290.

[17] 吴永成，杨世民，汤永禄，等．氮肥施用量对攀西地区不同品质类型小麦的产量形成影响研究 [J]. 四川农业大学学报，2007，25 (1)：19 - 23.

[18] 王小燕，沈永龙，高春宝，等．氮肥后移对江汉平原小麦籽粒产量及氮肥偏生产力的影响 [J]. 麦类作物学报，2010，30 (5)：896 - 899.

[19] 周海燕，吴德敏，李彦，等．秸秆还田条件下不同氮肥运筹对冬小麦产量、农艺性状及氮素利用效率的影响 [J]. 山东农业科学，2011 (5)：55 - 59.

[20] Fois S，Motzo R，Giunta F. The effect of nitrogenous fertiliser application on leaf traits in durum wheat in relation to grain yield and development [J]. Field Crops Research，2009，110 (1)：69 - 75.

[21] Li L，Liu Y，Luo S. Effects of Nitrogen Management on the Yield of Winter Wheat in Cold Area of Northeastern China [J]. Journal of Integrative Agriculture，2012，11 (6)：1020 - 1025.

[22] 石玉，于振文，王东，等．施氮量和底追比例对小麦氮素吸收转运及产量的影响 [J]. 作物学报，2006，32 (12)：1860 - 1866.

[23] 乔玉强，曹承富，杜世州，等．氮肥运筹和播种密度对晚播小麦群体总茎数及产量的影响 [J]. 华北农学报，2014，29 (2)：204 - 207.

[24] 孙和平，魏广彬，段云辉，等．苏南地区迟播小麦丰产高效氮肥定量与运筹技术 [J]. 江苏农业科学，2014 (11)：106 - 107.

[25] 卢百关，杜永，李筠，等．黄淮地区稻茬小麦超高产群体特征研究 [J]. 中国生态农业学报，2015，23 (1)：43 -51.

生态条件和施磷量对四川不同筋力型小麦籽粒产量与蛋白质品质的影响*

柳伟伟[1] 马宏亮[1] 樊高琼[1] 李 勇[1] 莫 飘[1] 郭 翔[2]

1. 四川农业大学农学院/农业部西南作物生理生态与耕作重点实验室，四川成都 611130
2. 四川省农业气象中心，四川成都 610072

摘要：为探索四川小麦主产区中强筋小麦产量与品质协同提升的技术途径，以四川省育成的6个代表性小麦品种（中强筋：蜀麦482、玉脉1号、蜀麦969；中筋：内麦9号，川麦55、绵麦37）为材料，于2013—2014年度在眉山市仁寿县（川中丘陵麦区）和成都市温江区（川西平原麦区）2个生态点，研究了不同施磷量（0 kg/hm²、75 kg/hm²、150 kg/hm² P_2O_5）对小麦籽粒产量及蛋白质品质的影响。试验结果表明，生态点、施磷量、基因型显著影响籽粒产量、蛋白质含量和湿面筋含量，其中小麦籽粒产量、有效穗数、蛋白质含量、沉淀值和湿面筋含量受生态条件的影响最大，面筋指数受基因型的影响最大。生态点间，仁寿点的有效穗数及产量均显著低于温江点，但蛋白质含量、沉淀值及湿面筋含量显著高于温江点，仁寿点整体适合中强筋小麦生产，其中，蜀麦482蛋白质含量、湿面筋含量、沉淀值达到强筋小麦标准，玉脉1号达到中筋小麦标准；温江点除玉脉1号沉淀值、湿面筋含量偏高外，其余品种均属于弱筋小麦范畴；增磷主要促进丘陵旱地小麦产量的提高，同时显著地提高了蛋白质含量，弥补了小麦品种蛋白质含量达不到中强筋标准的缺陷，促进川中丘陵旱地小麦优质高产协同。研究认为，川西平原地区适宜于发展弱筋小麦生产，川中丘陵适宜发展中强筋小麦生产，适宜的品种为蜀麦482、玉脉1号，配合施用75 kg/hm² P_2O_5可促进丘陵旱地小麦产量与品质的协同提升。

关键词：施磷量；基因型；生态条件；小麦籽粒；产量；蛋白质品质

以四川省为主的西南冬麦区是我国继黄淮地区和长江中下游之后的第三大小麦优势产区[1]，小麦主要分布在川中丘陵和川西平原，川中丘陵种植形式为旱地小麦，川西平原为稻茬小麦，两大区域气候条件不同，土壤类型不同，产量和品质潜力不同。一直以来，人们过多关注产量而忽略品质，有关品质研究较少，生产上也缺乏优质专用品种推荐，在当今提质增效的大背景下，筛选优质专用品种，并进行合理区域布局，配合适宜栽培措施则显得尤为必要和重要。

施肥是影响产量和品质的重要栽培措施之一。适当增施磷肥能够促进强筋小麦和弱筋小麦的生长发育，并提高其产量，对强筋小麦及其面包制品的加工有益[2,4]。但磷肥施用效果受诸多因素影响[5]，如磷肥种类、施用方式及施用量等显著影响小麦产量[6,7]，小麦籽粒品质的影响则受基因型的影响[8]，且在不同地力水平下的结果也不一致[9]。四川小麦两大主产区域——川中丘陵和川西平原，川中丘陵

* **基金项目**：国家重点研发计划项目（2016YFD0300406）；国家公益性行业（农业）科研专项（20150312705）

以钙质紫色土为主，缺氮缺磷，土壤干旱贫瘠，川西平原冲积土以水稻土为主，土壤整体肥力较高，氮足磷丰，两大区域土壤基础肥力不同，优质丰产对磷肥的需求也不同，而有关施磷对四川小麦产量及品质的研究较少。四川现有育成小麦品种中，强、中、弱筋类型均有，但因受环境和栽培措施的影响，品质表现不稳定[10]，加工适应性较差，每年需调入 100 万 t 小麦（与省内生产总量接近）用于配粉，以满足食品加工和消费者的各种需求[11,12]，尤其是面条制品原料需求最大。鉴于此，本试验拟在四川小麦主要分布区域川西平原和川中丘陵，以育成的代表性中筋、中强筋小麦品种为材料，研究不同施磷量对小麦产量及蛋白质品质的影响，分析生态条件、施磷量、基因型间的互作关系，以期为四川优质高产品种筛选和省内品质区划，以及调优栽培措施的制定提供理论依据和技术支持。

1 试验材料与方法

1.1 试验材料、地点及气象条件

2013 年 10 月—2014 年 5 月，以四川省近 10 年育成的两种筋型共 6 个品种，中强筋（蜀麦 482、蜀麦 969 和玉脉 1 号），中筋（川麦 55、绵麦 37 和内麦 9 号），在四川省眉山市仁寿县（川中丘陵麦区代表）和成都市温江区（川西平原麦区代表）进行田间试验。仁寿点成土母质为紫色土，pH 值为 7.59，有机质 46.32 g/kg，碱解氮 36.45 mg/kg，速效磷 9.34 mg/kg，速效钾 77.95 mg/kg，前作为大豆；温江点成土母质为冲积土，pH 值为 6.52，有机质 37.29 g/kg，碱解氮 95.21 mg/kg，速效磷 31.47 mg/kg，速效钾 38.99 mg/kg，前作为水稻，两生态点小麦播种至成熟阶段的主要气候参数见图 1。

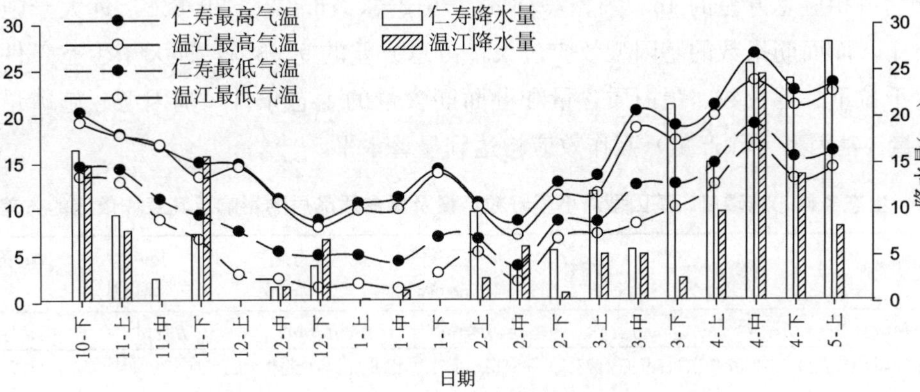

图 1 2013—2014 年度小麦生育期气温及降水量

1.2 试验设计

试验采用二因素裂区设计，主因素为施磷（P_2O_5）量，设不施磷 P0、中磷 P1（75 kg/hm^2）及高磷 P2（150 kg/hm^2）3 个水平；副因素为基因型，即川麦 55（中强筋）、绵麦 37（中强筋）、内麦 9 号（中强筋）、蜀麦 482（强筋）、蜀麦 969（强筋）及玉脉 1 号（强筋）；小区面积为 9.1 m^2（3.5 m×2.6 m），3 次重复。旋耕后开沟点播，行距 20 cm，穴距 10 cm，基本苗为 215.5 万株/hm^2。仁寿点于 10 月 26 日，温江点于 10 月 30 日播种，每公顷施用纯 N 120 kg、K_2O 75 kg，其中 70％氮肥及全部磷、钾肥基施，30％氮肥苗期追施，其他栽培措施同当地大田生产。

1.3 测定项目与方法

1.3.1 产量及产量构成

收获前调查有效穗，并分 4 行连续采取 30 个麦穗，调查每穗粒数和千粒重，每小区单打实收计产。

1.3.2 籽粒蛋白质品质测定

磨粉：收获后脱粒晾晒，常温储存2个月磨粉。按照14%水分含量润麦后，用Brabender Quadrumat Junior实验磨粉机磨制面粉，面粉后熟一个月后用于测定品质性状。

蛋白质含量：采用Foss kjeltec 8400定氮仪测定籽粒含氮量，折算为蛋白质含量，籽粒蛋白质换算系数为5.7。

Zeleny-沉降值：按GB/T 21119-2007，采用中国农业大学研制的CAU-B型沉淀值测定仪测定。

湿面筋含量：按照国标GB/T 14608-1993，采用瑞典Perten仪器公司生产的Glutomatic 2100/2102型面筋仪测定。

面筋指数：按照国标SB/T 10248-1995，采用瑞典波通公司生产的2200型面筋指数测定仪。

1.4 数据处理

采用Microsoft Excel 2007进行数据的初步整理，DPS7.05软件对试验数据进行统计分析，用LSD法进行多重比较及差异显著性分析（α=0.05），并用SigmaPlot 10.0进行作图。

2 结果与分析

2.1 小麦籽粒产量及蛋白质品质方差分析

由表1可见，生态条件、施磷量、基因型显著影响籽粒产量、有效穗数、蛋白质含量、沉淀值和湿面筋含量，其中，小麦籽粒产量、有效穗数、蛋白质含量、沉淀值和湿面筋含量的生态条件效应最大，其方差分别占相应总方差的46.7%、79.8%、76.2%、76.0%、79.6%，远大于施磷量和基因型方差所占百分比，而面筋指数的基因型效应最大，占总方差的97.8%，远大于生态条件和施磷量方差所占百分比。千粒重、穗粒数、蛋白质含量和湿面筋含量的生态条件×基因型、施磷量×基因型和生态条件×施磷量×基因型（除产量）互作效应均达到显著水平。

表1 生态条件、施磷量、基因型对小麦籽粒产量及蛋白质品质的影响及其互作效应的方差分析

性状	生态条件		施磷量		基因型		生态条件×施磷量		生态条件×基因型		施磷量×基因型		生态条件×施磷量×基因型		误差
	方差MS	%	方差MS	%	方差MS	%	方差MS	%	方差MS	%	方差MS	%	方差MS	%	
籽粒产量	21 794 137.40*	46.7	12 959 372.07**	27.8	4 607 953.072**	9.9	5 857 519.88**	12.6	964 494.52**	2.1	309 870.11**	0.7	134 755.35	0.3	46.15
有效穗数	220 878.256**	79.8	22 564.41*	8.1	23 156.05**	8.4	529.46	0.2	5 898.08**	2.1	2 685.44**	1.0	1 232.84**	0.4	21.06
穗粒数	83.45	5.5	192.48**	12.8	605.97**	40.1	533.34**	35.3	49.41**	3.3	28.43**	1.9	16.45**	1.1	3.95
千粒重	1.73	1.0	32.88**	19.7	34.85**	20.9	20.49**	12.3	50.68**	30.4	14.89**	8.9	11.32**	6.8	1.04
蛋白质含量	78.38**	76.2	1.92**	1.9	13.04**	12.7	3.48**	3.4	5.09**	4.9	0.35**	0.3	0.58**	0.6	0.01
沉淀值	6 503.81**	76.0	59.71**	0.7	1 567.78**	18.3	10.95	0.1	386.43**	4.5	15.08**	0.2	11.54**	0.1	6.47
湿面筋含量	1 434.85**	79.6	49.49**	2.7	260.02**	14.4	29.24**	1.6	21.85**	1.2	1.93**	0.1	5.12**	0.3	3.98
面筋指数	7.91	0.2	5.32	0.1	4 260.43**	97.8	5.57	0.1	29.17**	0.7	17.83**	0.4	28.14**	0.6	4.13

注：*表示 $P<0.05$；**表示 $P<0.01$。

2.2 生态条件、基因型、施磷量对小麦籽粒产量及蛋白质品质的影响

由表2可见，仁寿点产量及有效穗数显著低于温江点；就品质而言，仁寿点的蛋白质含量、沉淀值及湿面筋含量显著高于温江点，仁寿点蛋白质含量基本达到中筋小麦标准（蛋白质含量≥12.5%，GB/T 17320—2013），湿面筋含量和沉淀值达到中强筋小麦标准（湿面筋含量≥28%、沉淀值≥35 mL），接近强筋小麦标准（湿面筋含量≥30%、沉淀值≥40 mL），温江点则属于弱筋类（蛋白质含量<12.5%、湿面筋含量<26%、沉淀值<30 mL），面筋指数温江点较高，但二者差异不显著。

施用磷肥显著提高了小麦籽粒产量，以 P2 最高，但与 P1 差异不显著，增产的原因在于施磷后有效穗提高。同时，施磷显著提高了小麦籽粒蛋白质含量，以 P1 处理下最高，在 P2 处理下则显著降低了沉淀值，且两个施磷量下均表现为湿面筋含量显著下降，面筋指数在各处理间差异不显著。

基因型间比较发现，川麦 55、绵麦 37 和蜀麦 969 产量达到或接近 6 000 kg/hm^2，显著高于其余 3 个品种，而三者蛋白质含量及面筋质量总体上最低。玉脉 1 号产量最低，蛋白质含量和质量最高。品种间产量构成因素差异大，穗数以蜀麦 482 最高；穗粒数以川麦 55 最大，蜀麦 482 和玉脉 1 号最低，仅在 35 粒左右；千粒重以玉脉 1 号最大，川麦 55 最低。蛋白质含量以蜀麦 482 和玉脉 1 号最高，达到 12％以上，二者沉淀值、湿面筋含量均高于其余品种，而绵麦 37 和蜀麦 969 蛋白质含量最低，沉淀值、湿面筋含量总体上处于最低。蜀麦 482 蛋白质含量达到中筋小麦标准，沉淀值和湿面筋含量达到中强筋小麦标准。

表 2　生态条件、施磷量及基因型对小麦籽粒产量及蛋白质品质的影响

处理		产量 (kg/hm^2)	穗数 ($\times10^4/hm^2$)	穗粒数	千粒重 (g)	蛋白质含量 (％)	沉淀值 (mL)	湿面筋含量 (％)	面筋指数 (％)
生态点	仁寿	5 075b	277.8b	42.15a	49.05a	12.38a	39.85a	31.75a	83.95a
	温江	5 973a	368.2a	40.39a	49.31a	10.67b	24.33b	24.46b	84.49a
施磷量	P0(0 kg/hm^2)	4 832b	294.2b	38.60b	49.22b	11.33c	33.03a	29.44a	84.42a
	P1(75 kg/hm^2)	5 853a	335.3a	42.75a	48.21c	11.78a	32.63a	27.59b	84.47a
	P2(150 kg/hm^2)	5 888a	339.6a	42.45a	50.12a	11.47b	30.63b	27.27b	83.78a
基因型	川麦 55	6 038a	312.0c	50.44a	46.54d	11.03d	21.82e	28.30c	54.32e
	绵麦 37	5 836a	314.6c	42.66c	49.50bc	10.69f	24.00d	22.35f	92.16b
	内麦 9 号	5 116b	268.1d	44.01b	49.26bc	11.51c	38.53b	27.63d	94.63a
	蜀麦 482	5 265b	372.8a	35.76e	49.23c	12.78a	38.69b	31.07b	85.60c
	蜀麦 969	6 025a	350.2b	40.01d	49.99ab	10.83e	25.67c	26.08e	83.66d
	玉脉 1 号	4 865c	320.4c	34.71e	50.57a	12.32b	43.85a	33.20a	94.98a

注：同一列中不同字母表示差异达 5％显著水平。

2.3　生态条件与施磷量互作对小麦籽粒产量及蛋白质品质的影响

生态条件×施磷量显著影响籽粒产量、蛋白质含量和湿面筋含量，具体表现见表 3 所示。两个生态点施磷均提高了小麦产量，仁寿点蛋白质含量随施磷量增加而增加，但 P1 和 P2 差异不显著，温江点仅在 P1 处理下表现增效；沉淀值随施磷量增加而降低，仁寿点 P0、P1、P2 差异显著，温江点仅在 P2 下差异显著；湿面筋含量上，温江点增施磷肥差异不显著，仁寿点 P1、P2 显著低于 P0。对于面筋指数，两个生态点均表现为施磷后差异不显著。

表 3　生态条件和施磷量互作对小麦籽粒产量及蛋白质品质的影响

生态点	处理	产量 (kg/hm^2)	穗数 ($\times10^4/hm^2$)	穗粒数	千粒重 (g)	蛋白质含量 (％)	沉淀值 (mL)	湿面筋含量 (％)	面筋指数 (％)
仁寿	P0（0 kg/hm^2）	3 926b	249.9b	35.04b	48.48a	11.93b	40.61a	34.10a	83.86a
	P1（75 kg/hm^2）	5 711a	293.3a	45.79a	48.92a	12.54a	39.95b	30.52b	84.05a
	P2（150 kg/hm^2）	5 588a	290.1a	45.61a	49.76a	12.66a	39.01c	30.62b	83.96a
温江	P0（0 kg/hm^2）	5 738a	338.2b	42.17a	49.96b	10.74b	25.46a	24.79a	84.99a
	P1（75 kg/hm^2）	5 994a	377.1a	39.71b	47.49c	11.02a	25.30a	24.66a	84.89a
	P2（150 kg/hm^2）	6 188a	388.8a	39.28b	50.47a	10.27c	22.24b	23.92a	83.60a

2.4 生态条件和基因型互作对小麦籽粒产量及蛋白质品质的影响

生态条件×基因型显著影响籽粒产量、蛋白质含量和湿面筋含量，具体表现见表4。仁寿点蜀麦969、绵麦37、川麦55产量显著高于其余三个品种，温江点产量层次差异大，以川麦55最高。就蛋白质品质而言，仁寿点蛋白质含量、沉淀值、湿面筋含量以蜀麦482最高，达到强筋小麦标准，其次是玉脉1号，其蛋白质含量达到中筋小麦标准，沉淀值和湿面筋含量达到强筋小麦标准，内麦9号除蛋白质外（12.12%）沉淀值和湿面筋含量也达到中强筋小麦标准；温江整体适合弱筋小麦生产，除玉脉1号外，其余5个品种均达到弱筋小麦标准。

表4 生态条件和基因型互作对小麦籽粒产量及蛋白质品质的影响

生态点	处理	产量 (kg/hm²)	穗数 (×10⁴/hm²)	穗粒数	千粒重 (g)	蛋白质含量 (%)	沉淀值 (mL)	湿面筋含量 (%)	面筋指数 (%)
仁寿	川麦55	5 367a	268.1c	51.86a	43.35c	11.66d	23.39d	31.51c	55.38d
	绵麦37	5 408a	288.8ab	42.21c	49.58b	11.60de	31.52c	25.78e	90.20b
	内麦9号	4 683b	241.1d	44.64b	48.97b	12.12c	49.92b	30.45d	94.79a
	蜀麦482	4 540b	297.9a	35.99e	49.31b	14.66a	53.32a	36.77a	85.00c
	蜀麦969	5 671a	299.4a	39.52d	51.84a	11.53e	31.73c	30.04d	84.76c
	玉脉1号	4 781b	271.4bc	38.64d	51.27a	12.71b	49.23b	35.93b	93.58a
温江	川麦55	6 709a	356.0cd	49.01a	49.72a	10.41c	20.26d	25.09b	53.26e
	绵麦37	6 264bc	340.4d	43.10b	49.42a	9.79e	16.48e	18.92d	94.12b
	内麦9号	5 549d	295.0e	43.38b	49.56a	10.90b	27.14b	24.80b	94.46ab
	蜀麦482	5 989c	447.7a	35.53d	49.15ab	10.89b	24.06c	25.37b	86.19c
	蜀麦969	6 378b	401.0b	40.51c	48.14b	10.13d	19.60d	22.12c	82.55d
	玉脉1号	4 950e	369.3c	30.78e	49.86a	11.94a	38.47a	30.46a	96.38a

2.5 生态条件、施磷量及基因型互作对小麦籽粒产量及蛋白质品质的影响

温江点产量高于仁寿点（图2），不施磷（P0）条件下，其产量差最大，因而施磷对仁寿点的增产促进作用更大。生态点×基因型×施磷量互作下蛋白质含量最高的为仁寿点P2G4，温江点为P0G6，且仅该组合高于仁寿点同类组合；沉淀值仁寿点在P0、P1、P2下均以G3、G4、G6较高，温江点则以P0G6、P1G6、P2G6相对较好，且整体沉淀值含量偏低，可见仁寿点更适合强筋品种生产，且可供选择的品种范围更广。湿面筋含量在仁寿点以P0G4相对最高，温江点以P0G6相对最高。

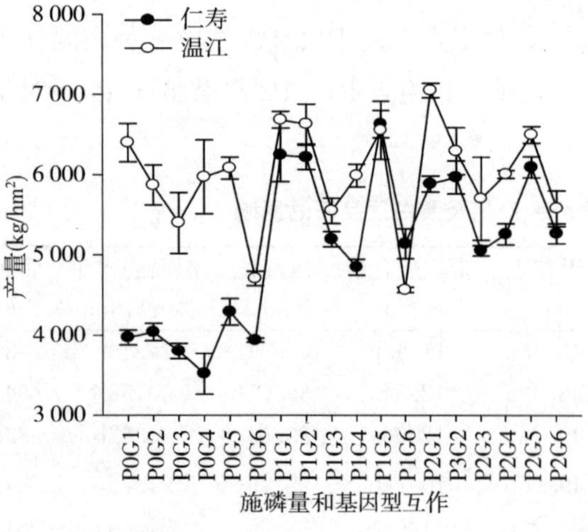

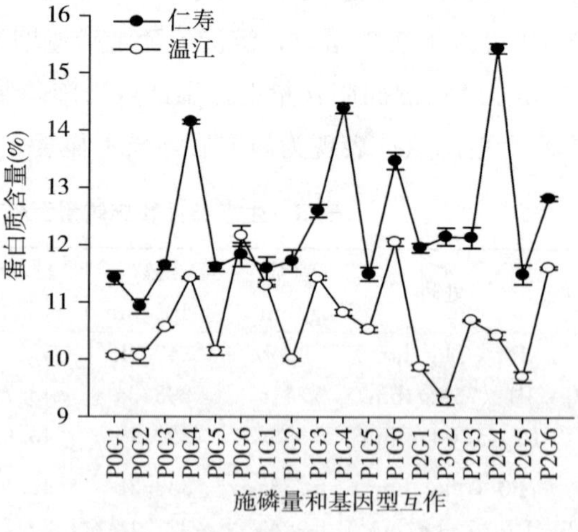

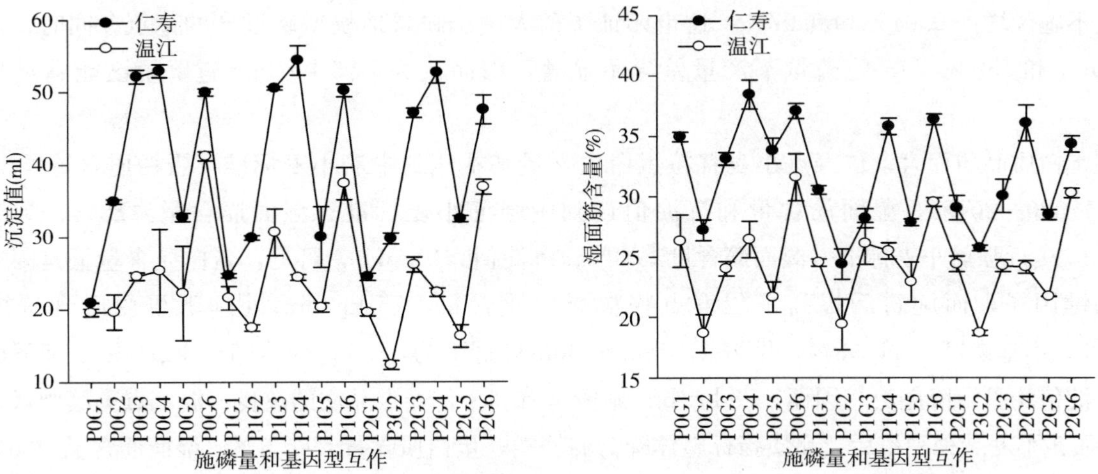

图 2　生态条件、施磷量及基因型互作对小麦籽粒产量及蛋白质品质的影响

注：G1 为川麦 55；G2 为绵麦 37；G3 为内麦 9 号；G4 为蜀麦 482；G5 为蜀麦 969；G6 为玉脉 1 号。

3　讨论

3.1　四川小麦品质区域差异及不同筋力型小麦品质适应性

四川小麦主要分布在川中丘陵和川西平原，川中丘陵主要为旱地小麦，川西平原主要为稻茬小麦，川中丘陵以紫色土为主，川西平原以灰色、灰棕色冲积土为主，丘陵旱地土壤贫瘠，平原相对肥沃，速效氮和速效磷以平原高于丘陵，速效钾则相反，丘陵的温光条件优于平原[13]。光、温、水等气候资源、地形及土壤类型与成土母质、种植制度等的不同，必然导致小麦产量与品质潜力不同。

生态条件和基因型显著影响小麦产量和品质，前人已有共识[14,15]。赵春等[16]认为蛋白质含量、湿面筋含量受环境的影响最大；李朝苏等[17]也认为蛋白质数量和质量的多数性状主要受环境的影响。本试验结果表明，生态条件对小麦蛋白质含量和湿面筋含量有极显著的主效应，蛋白质含量和湿面筋含量的生态条件方差分别占总方差的 76.2％和 79.6％，小麦产量及蛋白质品质的生态点、基因型效应达到显著水平，与前人研究结果类似[18,19]。

2 个试验点中，仁寿点籽粒的蛋白质品质较温江点高 1 个百分点以上，沉淀值和湿面筋含量大幅度高于温江点，非常适合中筋甚至中强筋小麦生产，但仁寿点小麦产量较低，施磷对小麦的增产作用较大，可以达到优质高产的目的。仁寿点蜀麦 482 整体达到强筋小麦标准，玉脉 1 号除蛋白质外，沉淀值和湿面筋含量也达到强筋小麦标准。优质面条小麦品种要求蛋白质含量≥12％，湿面筋含量≥28％，沉降值≥40 mL[20,21]，从这 3 个指标看，蜀麦 482、玉脉 1 号达到了优质面条小麦标准。温江点整体适合弱筋小麦生产，除玉脉 1 号外，其余 5 个品种均达到弱筋小麦标准。

3.2　施磷量对小麦产量及蛋白质品质的影响

有关施磷量对小麦产量及品质的影响，易杰忠等[22]认为在适量施用氮肥和钾肥的基础上施用磷肥，可提高小麦有效穗数、穗粒数、千粒重、生物产量及产量；Zhu 等[23]认为适当地增施磷肥可以提高小麦产量及蛋白质含量；孙慧敏等[24]研究认为在一定范围内施用磷肥（0～75 kg/hm^2）显著提高了籽粒蛋白质含量，而超过 150 kg/hm^{2}时，籽粒加工品质下降；张铭等[25]研究认为施磷对籽粒品质有显著的正效应（低肥力），而在中、高地力情况下磷肥对蛋白质品质呈负效应。

本研究中，磷肥的增产作用显著，但不同生态点增幅差异大。仁寿点土壤缺氮缺磷，75 kg/hm^{2}和 150 kg/hm^{2}施磷量分别较不施磷增产 45％和 42％，温江点氮足磷丰，75 kg/hm^{2}和 150 kg/hm^{2}施磷量分别较不施磷增产0.04%和0.07%，这也印证了前人关于缺磷地块增磷增产的论点。同时，仁寿点75 kg/hm^{2}和150 kg/hm^{2}施磷量下产量差异不显著，因而认为，75 kg/hm^{2}施磷量已能满足其丰产要求。

就蛋白质品质而言，仁寿点小麦籽粒蛋白质含量基本达到中筋小麦标准（蛋白质含量≥12.5%，GB/T 17320—2013），湿面筋含量和沉淀值达到中强筋小麦标准（湿面筋含量≥28%、沉淀值≥35 mL），接近强筋小麦标准（湿面筋含量≥30%、沉淀值≥40 mL），可见，蛋白质含量低是限制其晋级的关键因子，而施磷后提高了仁寿点籽粒蛋白质含量，75 kg/hm^{2}处理下蛋白质含量提高至12.54%，不施磷肥为11.93%，见表4，150 kg/hm^{2}处理下为12.66%，但150 kg/hm^{2}处理下面筋含量和沉淀值均呈下降趋势，因而，75 kg/hm^{2}施磷量有利于仁寿点品质的改良。温江点土壤肥沃，供试6个中强筋小麦品种种植后，品质指标整体降为弱筋类，蛋白质含量<12.5%、湿面筋含量<26%、沉淀值<30 mL，施磷虽可部分提高其蛋白质含量，但对其定级没有影响，因而磷肥对温江点品质改善意义不大。可见，不同生态条件下，土壤基础肥力不同，磷肥对品质的改良效应不同。

4 结论

生态条件、基因型、施磷量显著影响小麦产量和品质，作为四川小麦而言，川中丘陵地区适宜发展优质中筋、中强筋小麦生产，川西平原地区更适宜发展优质弱筋小麦生产，6个参试小麦品种，蜀麦482和玉脉1号可作为川中丘陵地区优质中强筋小麦品种资源，增施磷肥不仅可改善籽粒蛋白质含量，增强小麦专用性，还可促进川中丘陵产量提升，促进丘陵旱地小麦中强筋小麦产量与品质的协同提升。

参考文献

[1] 赵广才．中国小麦种植区划研究［J］．麦类作物学报，2010，30（5）：886－895.

[2] 赵广才，常旭虹，杨玉双，等．氮磷钾运筹对不同小麦品种产量和品质的调节效应［J］．麦类作物学报，2011，31（1）：106－112.

[3] 赵海波，林琪，刘义国，等．氮磷配施对“济麦22”小麦产量及品质的影响［J］．植物营养与肥料学报，2010，16（6）：1325－1332.

[4] 张焕军，郁红艳，项剑，等．氮磷用量对豫北地区小麦产量的交互效应研究［J］．中国生态农业学报，2010，18（6）：1163－1169.

[5] 张福锁，江荣风，陈新平，等．测土配方施肥［M］．北京：中国农业大学出版社，2011：105－123.

[6] 江尚涛，王火焰，周健民，等．磷肥施用方式及类型对冬小麦产量和磷素吸收的影响［J］．应用生态学报，2016，27（5）：1503－1510.

[7] 邢丹，李淑文，夏博，等．磷肥施用对冬小麦产量及土壤氮素利用的影响［J］．应用生态学报，2015，26（2）：437－442.

[8] 姜宗庆，封超年，黄联联，等．施磷量对不同类型专用小麦产量和品质的调控效应［J］．麦类作物学报，2006，26（5）：113－116.

[9] 孙慧敏，于振文，颜红，等．不同土壤肥力条件下施磷量对小麦产量、品质和磷肥利用率的影响［J］．山东农业科学，2006（3）：45－47.

[10] 汤永禄，吴元奇，朱华忠，等．四川小麦主栽品种的品质性状表现及其稳定性［J］．作物学报，2010，36（11）：1910－1920.

[11] 农业部小麦专家指导组．中国小麦品质区划与高产优质栽培［M］．北京：中国农业出版社，2012：273－284.

[12] Hu X，Wei Y，Wang C，et al. Quantitative assessment of protein fractions of Chinese wheat flours and their contribu-

tion to white salted noodle quality [J]. Food Research International，2007，40 (1)：1 - 6.

[13] 晏本菊，任正隆．中国西南麦区小麦品质改良限制因素探讨 [J]. 中国农业科学，2004，37 (10)：1414 - 1421.

[14] 赵广才，万富世，常旭红，等．强筋小麦产量和蛋白质含量的稳定性及其调控研究 [J]. 中国农业科学，2007，40 (5)：895 - 901.

[15] 孙彩玲，田纪春，彭波．不同基因型和环境影响小麦主要品质的研究 [J]. 中国粮油学报，2010，25 (3)：6 -10.

[16] 赵春，宁堂原，焦念元，等．基因型与环境对小麦籽粒蛋白质和淀粉品质的影响 [J]. 应用生态学报，2005，16 (7)：1257 - 1260.

[17] 李朝苏，吴晓丽，汤永禄，等．四川近十年小麦主栽品种的品质状况 [J]. 作物学报，2016，42 (6)：803 - 812.

[18] 荆奇，姜东，戴延波，等．基因型与生态环境对小麦籽粒品质与蛋白质组分的影响 [J]. 应用生态学报，2003，114 (10)：1649 - 1653.

[19] 代晓华，王世敬，曹宏鑫．生态条件和栽培技术措施对春小麦产量和蛋白质含量的影响 [J]. 农业科学研究，2005，26 (4)：7 - 10.

[20] 刘锐，魏益民，张波．小麦蛋白质与面条品质关系的研究进展 [J]. 麦类作物学报，2011，31 (6)：1183 - 1187.

[21] Liu J J，He Z H，Zhao Z D，et al. Wheat quality traits and quality parameters of cooked dry white Chinese noodles [J]. Euphytica，2003，131 (2)：147 - 154.

[22] 易杰忠，董全才，吴杰，等．磷钾肥对强筋小麦产量和品质的影响 [J]. 中国农学通报，2005，21 (11)：232 -234.

[23] Zhu X，Li C，Jiang Z，et al. Responses of phosphorus use efficiency，grain yield and quality to phosphorus application amount of weak-gluten wheat [J]. Journal of Integrative Agriculture. 2012，11 (7)：1103 - 1110.

[24] 孙慧敏，于振文，颜红，等．施磷量对小麦品质和产量及氮素利用的影响 [J]. 麦类作物学报，2006，26 (2)：135 - 138.

[25] 张铭，许轲，张洪程，等．不同地力水平施磷量对中筋小麦产量与品质的影响 [J]. 耕作与栽培，2007 (5)：3 -5.

生态条件与氮肥运筹对四川小麦淀粉 RVA 谱特征参数的影响*

王强生[1]　郑　文[1]　樊高琼[1]　汤永禄[2]　黄冠男[1]

1. 四川农业大学/农业部西南作物生理生态与耕作重点实验室，四川成都　611130
2. 四川省农业科学院作物研究所，四川成都　610066

摘要：为明确小麦淀粉品质与生态条件、氮肥运筹及其互作的关系，在四川生态条件差异较大的仁寿（丘陵麦区）、广汉（平原麦区）、西昌（山地麦区）3 个生态点，通过二因素随机区组试验，研究了两个施氮量（120 kg/hm^2、180 kg/hm^2）、3 种施肥方式（底肥一道清；底肥：苗肥=7：3；底肥：拔节肥=6：4）对四川主推小麦品种川麦 104 淀粉 RVA 谱特征参数的影响。结果表明：生态条件对小麦淀粉 RVA 特征值均存在极显著的主效应，120 kg/hm^{2}施氮量下小麦淀粉崩解值显著高于对照（不施肥）和 180 kg/hm^{2}施氮处理；底肥：拔节肥=6：4，处理显著提高了淀粉最终黏度。生态点×施氮量的互作对高峰黏度、低谷黏度和最终黏度影响极显著，生态点×施氮量×施肥方式的互作对淀粉的最终黏度影响极显著。小麦淀粉 RVA 谱特征参数基本与海拔和生育期总降水量负相关，与生育期积温正相关，但孕穗－开花期较低的日平均温度和适度的降水对形成优质淀粉有利。不同生态点比较，小麦淀粉 RVA 谱特征参数均以广汉点最大，仁寿次之，西昌最小。广汉点小麦的淀粉品质较好，更适合于面条加工；仁寿点在 120 kg/hm^{2}施氮量下淀粉品质较优。

关键词：生态条件；施氮量；施氮方式；小麦；淀粉品质；RVA 谱特征参数

小麦是四川第二大粮食作物，面条是四川省内大众消费的主要面制食品，而有关四川小麦面条专用品质的研究较少，专业化水平低，极大地限制了种麦效益的提升，成为四川乃至西南小麦行业科技发展的一大障碍。在新的形势下，确保口粮安全，提升产品质量，增加种麦效益，加强四川小麦面条专用品质的研究尤为必要。

小麦中淀粉含量约占 75%，与食品加工特别是与面条品质关系极为密切[1]。小麦淀粉 RVA 谱特征值是指一定量的面粉和水在加热－高温－冷却过程即糊化过程中发生的黏度变化，反映了淀粉化学、热变性作用，是评价小麦品质的重要指标[2]。前人研究表明，小麦淀粉糊化特性因区域、纬度、海拔、气象因子等及栽培措施不同而异。如阎俊等[1]认为我国南方麦区和黄淮麦区的小麦峰值黏度显著高于北方麦区，也有研究认为小麦淀粉糊化特性随着纬度高低从北向南有逐渐降低的趋势，高峰黏度与崩解值均随纬度的增加而增加，其他指标变化不一[3,4]；高峰黏度与崩解值对环境较敏感，成熟期高温高湿导致高峰黏度的降低[5]。同时淀粉糊化特性也受氮肥运筹的调控[6,7]，王晨阳等[6]、蒋达等[7]的研究表明，小麦淀粉糊化特性随施氮量的增加而显著或极显著下降，而林琪等[8]认为，增施氮肥有利于小

* **基金项目**：四川省育种攻关项目（2011NZ0098－15－3）、公益性行业（农业）科研专项（201503127）

麦淀粉 RVA 谱特征值的提高。可见，区域间淀粉糊化特性规律不同，且与施氮量间关系也不一致。四川作为西南麦区的主要代表，其地理生态条件复杂，小麦产区又可划分成盆中丘陵、川西平原、川西南山地和川西北高原四个不同的生态区，区域间小麦淀粉糊化特性未知，面条加工品质不明。鉴于此，本试验以四川主推品种川麦 104 为材料，在代表性强的仁寿（丘陵麦区）、广汉（平原麦区）、西昌（山地麦区）3 个试验点，研究氮肥运筹对四川小麦淀粉 RVA 谱特性的影响，以及环境、施氮量、追氮时期间的互作关系，以期为四川优质面条小麦的区域化布局、氮肥施用技术的制定提供理论和技术依据，促进四川小麦产业化发展。

1 材料与方法

1.1 试验材料及试验地基本情况

供试材料川麦 104 为四川省近年来主推品种，由四川省农业科学院提供。试验于 2013 年 10 月至 2014 年 5 月在四川仁寿（L1）、广汉（L2）和西昌（L3）进行，各试验点小麦主要生育进程及地理分区见表 1，主要气象条件见表 2，土壤肥力资料见表 3。

表 1 试验点概况

生态点	播种期（月．日）	拔节期（月．日）	开花期（月．日）	成熟期（月．日）	全生育期（d）	经度（E）	纬度（N）	海拔（m）	地理分区
仁寿	10.26	1.10	3.19	5.7	193	104°1	29°5	445	丘陵区
广汉	10.28	1.20	4.2	5.13	197	102°0	27°5	478	平原区
西昌	10.28	1.10	3.8	4.26	180	104°1	31°0	1546	山地区

表 2 试验点气象条件

生态点	播种－拔节		拔节－孕穗		孕穗－开花		开花－成熟	
	日均温度（℃）	降水量（mm）	日均温度（℃）	降水量（mm）	日均温度（℃）	降水量（mm）	日均温度（℃）	降水量（mm）
仁寿	11.29	39.52	8.84	30.68	16.74	0.00	18.89	88.32
广汉	11.00	50.40	9.31	11.04	14.27	13.57	19.53	33.20
西昌	11.17	15.00	11.92	2.00	19.73	0.00	19.94	29.50

注：温度是指两个相邻生育期的平均温度；降水是指两个相邻生育期的总降水量。

表 3 试验点土壤理化性状

生态点	pH 值	有机质（g/kg）	全氮（g/kg）	全磷（g/kg）	全钾（g/kg）	速效氮（mg/kg）	速效磷（mg/kg）	速效钾（mg/kg）
仁寿	7.81	57.34	0.90	1.20	20.7	57.00	17.92	57.34
广汉	7.82	14.80	1.42	0.99	18.64	74.08	15.76	91.38
西昌	7.49	1.62	1.16	0.84	18.6	82.00	26.00	115.00

1.2 试验设计

各试验点均采用二因素随机区组设计，施氮量为因素 A，设置 120 kg/hm^2（A1）和 180 kg/hm^2（A2）2 个水平；施肥方式为因素 B，设置底肥一道清（B1）型，即底肥：苗肥：拔节肥＝10：0：0，重底早追（B2）型，即底肥：苗肥：拔节肥＝7：3：0，氮肥后移（B3）型，即底肥：苗肥：拔节肥＝6：0：4 三种施肥方式，再设置一个不施肥的 CK，重复 3 次，共 21 个小区，小区面积为 2.4 m×5.4 m＝12.96 m^2，采用条沟点播，行距 24 cm，窝距 12 cm，每窝播 8 粒种子，基本苗在 225 万/hm^{2}左右，除

CK 外，其余处理施 90 kg/hm² P_2O_5 和 90 kg/hm² K_2O。各试验点播种后浇出苗水，结合不同生态点常规栽培措施，仁寿点在分蘖期浇 1 次水，广汉点在拔节期浇 1 次水，西昌点在拔节期、抽穗期和灌浆期浇水。追施肥料时，将尿素溶解在水中浇施，未作追肥处理的也浇灌等量清水。

1.3 淀粉糊化特性测定

小麦收获后，成熟 3 个月，待理化性质趋于稳定后，每处理取籽粒 1 kg 加水至含水量达 14% 并浸润 10 h，用德国产 Brabender Quadrumat Junior 试验磨粉机磨制面粉，过 0.180 mm 孔径筛后待用。

采用澳大利亚 Newport Scientific 仪器公司生产的 3－D 型黏度速测仪测定小麦淀粉 RVA 谱，用 TCW（Thermal Cycle for Windows）配套软件进行数据分析。

1.4 数据处理与分析

采用 DPS v7.05 计算各参数平均值和变异系数，并进行差异显著性比较。

2 结果与分析

2.1 生态条件与氮肥运筹对小麦淀粉 RVA 谱特征值的主效与互作

从表 4 可看出，生态条件对小麦淀粉 RVA 的高峰黏度等 7 个特征值均存在极显著的主效应，施氮量对崩解值与糊化温度的影响达极显著或显著水平，施肥方式对最终黏度影响显著。从互作效应来看，生态点×施氮量的互作效应对高峰黏度、低谷黏度和最终黏度影响极显著，生态点×施氮量×施肥方式的互作效应对最终黏度影响极显著，而生态点×施肥方式、施氮量×施肥方式的互作效应对所有指标影响不显著。从方差值及方差占总方差的比例来看（表 5），生态点是影响 RVA 谱特征值的最重要的因素，其次是施氮量，施肥方式影响最小。施氮量在回复值和糊化温度上占总方差的比例较大。在互作效应中，生态点×施氮量的互作效应在低谷黏度和最终黏度上占总方差的比例较大。说明淀粉 RVA 特征值主要受环境的影响，同时施氮量和施肥方式也对其产生互作效应。

表 4 小麦淀粉 RVA 谱特征值联合方差分析（*F* 值）

变异来源		高峰黏度 PKV	低谷黏度 HTV	最终黏度 CPV	崩解值 BDV	回复值 CSV	糊化温度 Pat（℃）	峰值时间 Pet（min）
生态点（L）	*F* 值	1524.32**	80.71**	154.93**	2123.62**	25.91**	20.19**	32.16**
	CV（%）	2.42	3.68	2.57	4.79	3.82	1.08	0.97
施氮量（A）	*F* 值	1.99	1.31	2.1	79.76**	3.13	4.2* 0.07	
	CV（%）	15.88	6.35	5.14	39.06	4.27	1.09	1.05
施肥方式（B）	*F* 值	2.18	0.46	3.36* 0.93	1.91	0.96	1.61	
	CV（%）	15.54	7.2	5.27	37.77	5.27	1.49	1.44
L×A	*F* 值	13.24**	9.33**	20.66**	0.18	2.28	0.01	2.57
L×B	*F* 值	2.08	0.38	2.24	1.52	2.35	0.78	0.73
A×B	*F* 值	2.68	0.76	3.06	2.04	1.41	0.67	0.78
L×A×B	*F* 值	1.94	2.61	5.31**	0.63	0.49	0.89	2.78

注：** 表示 1% 显著水平；* 表示 5% 显著水平，下同。

表 5 小麦淀粉 RVA 谱特征值联合方差分析（方差值及其所占比例）

变异来源		高峰黏度 PKV	低谷黏度 HTV	最终黏度 CPV	崩解值 BDV	回复值 CSV	糊化温度 Pat（℃）	峰值时间 Pet（min）
生态点（L）	方差 MS	4466772	277231	519352	3682082	66674	20.19	0.105
	（%）	98	84.22	80.7	99.18	62.14	67.37	77.1

续表

变异来源		高峰黏度 PKV	低谷黏度 HTV	最终黏度 CPV	崩解值 BDV	回复值 CSV	糊化温度 Pat（℃）	峰值时间 Pet（min）
施氮量（A）	方差 MS	17876	14.52	1825	16871	12330	4.12	0
	（%）	0.39	0.004	0.28	0.45	11.49	13.76	0
施肥方式（B）	方差 MS	6403	1594	11264	1618	4930	0.96	0.0053
	（%）	0.14	0.48	1.75	0.044	4.6	3.21	3.9
L×A	方差 MS	38821	32069	69286	326	5877	0.019	0.0084
	（%）	0.85	9.74	10.77	0.009	5.48	0.06	6.2
L×B	方差 MS	6119	1322	7515	2651	6052	0.78	0.0024
	（%）	0.13	0.4	1.17	0.071	5.64	2.63	1.8
A×B	方差 MS	7859	2635	10257	3537	3616	0.67	0.0025
	（%）	0.17	0.8	1.59	0.095	3.37	2.24	1.8
L×A×B	方差 MS	5696	8950	17818	1088	12773	0.89	0.0091
	（%）	0.12	2.71	2.77	0.029	1.19	2.97	6.7

注：%表示方差占总方差的百分数。

2.2 生态条件对小麦淀粉RVA谱特征值的影响

从表6可见，生态点间高峰黏度、低谷黏度、最终黏度、崩解值和回复值变化幅度较大，而糊化温度与峰值时间的变化幅度较小。除糊化温度与崩解值外，广汉点的其余RVA谱特征值在3个生态点中最大，且差异显著。仁寿点的崩解值、糊化温度在3个生态点中最大，且与西昌点差异显著，同时，其高峰黏度也显著高于西昌点。西昌点仅峰值时间显著高于仁寿点。由此可见，生态条件对淀粉RVA谱特征值影响不同。

表6　小麦淀粉RVA特性在不同环境下的差异

变异来源	高峰黏度 PKV（RVU）	低谷黏度 HTV（RVU）	最终黏度 CPV（RVU）	崩解值 BDV（RVU）	回复值 CSV（RVU）	糊化温度 Pat（℃）	峰值时间 Pet（min）
仁寿	2907.5b	1621.4b	3013.8b	1286.1a	1366.1b	68.9a	5.95b
广汉	3121.8a	1859.9a	3339.9a	1261.9a	1486.8a	67.6b	6.09a
西昌	2172.1c	1681.2b	3094.2b	490.9b	1412.6b	67.4b	6.08a

注：表中数据为6种氮肥运筹下的平均值。同列中小写字母代表在0.05水平下差异显著，下同。

2.3 施氮量、施肥方式对小麦淀粉RVA谱特征值的影响

从表7可见，与CK相比，除糊化温度和崩解值外，施肥增加了淀粉RVA谱特征值，且除糊化温度外，A1施氮量下各项RVA谱特征值均最大，在崩解值上差异显著，以A1施氮量最高，显著高于A2和CK，而糊化温度以CK最高，显著高于A2施氮量。施肥方式对最终黏度的影响差异显著，B3处理显著高于B1处理，而与B2处理差异不显著。

表7　施氮量、施肥方式对小麦淀粉RVA谱特征值的影响

处理	高峰黏度 PKV（RVU）	低谷黏度 HTV（RVU）	最终黏度 CPV（RVU）	崩解值 BDV（RVU）	回复值 CSV（RVU）	糊化温度 Pat（℃）	峰值时间 Pet（min）
CK	2604.9a	1615.7a	2964.9a	989.2b	1349.2a	68.6a	6.0a
A1	2752.0a	1721.4a	3155.1a	1030.6a	1437.0a	68.1ab	6.0a
A2	2715.6a	1720.3a	3143.5a	995.3b	1406.7a	67.7b	6.0a
B1	2712.0a	1710.0a	3127.6b	1002.0a	1420.0a	68.0a	6.1a
B2	2744.8a	1725.8a	3143.7ab	1019.1a	1406.3a	68.0a	6.1a
B3	2744.6a	1726.8a	3176.6a	1017.8a	1439.3a	67.7a	6.0a

注：CK代表对照，A1、A2分别表示施氮量为120 kg/hm^2、180 kg/hm^2；B1、B2、B3表示不同施肥方式，分别为底肥一道清型、重底早追型、氮肥后移型；表中数据为各生态点不同施氮量、不同施肥方式的平均值。

2.4 生态条件与施氮量互作对小麦淀粉 RVA 谱特征值的影响

从表 8 可看出，生态条件与施氮量的互作效应显著。在仁寿点（L1），增施氮肥（A2）显著降低高峰黏度、低谷黏度、最终黏度和回复值；在西昌点（L3），A2 处理下的最终黏度较 A1 施氮量显著增加；而广汉点（L2），A2 与 A1 对淀粉 RVA 谱特征值差异不显著。可见，不同生态点的小麦淀粉糊化特性对施氮量的耐受性不同。

表 8 生态条件与施氮量互作对小麦淀粉 RVA 谱特征值的影响

处理	高峰黏度 PKV（RVU）	低谷黏度 HTV（RVU）	最终黏度 CPV（RVU）	崩解值 BDV（RVU）	回复值 CSV（RVU）	糊化温度 Pat（℃）	峰值时间 Pet（min）
L1A1	2 979.0b	1 670.4b	3 089.7bc	1 308.6a	1 398.4c	69.0a	6.0b
L1A2	2 836.1c	1 572.4c	2 937.9d	1 263.6ab	1 333.8d	68.7a	5.9b
L2A1	3 118.7a	1 840.6a	3 323.7a	1 278.1ab	1 503.6a	67.8b	6.1a
L2A2	3 125.0a	1 879.3a	3 356.1a	1 245.7b	1 470.1ab	67.3b	6.1a
L3A1	2 158.3d	1 653.1b	3 052.0c	505.2c	1 408.9c	67.6b	6.1a
L3A2	2 185.8d	1 709.2b	3 136.4b	476.6c	1 416.3bc	67.1b	6.1a

注：L1、L2、L3 代表 3 个生态点，分别为仁寿、广汉、西昌。

2.5 生态条件、施氮量、施肥方式互作对小麦淀粉最终黏度的影响

从表 9 可见，最终黏度不仅在不同生态点有差异，在同一生态点不同处理下也有显著差异。从施氮量来看，仁寿的最终黏度值随施氮量的增加而减小，广汉差异不显著，而西昌与仁寿的变化趋势相反。对施肥方式而言，只有西昌达到显著水平，B2 显著高于 B1 处理。从不同氮肥运筹来看，仁寿以 A1B3 最大，广汉以 A2B1 最大，西昌以 A2B2 最大。

表 9 生态点、施氮量、施氮方式对最终黏度值的影响（RVU）

处理	仁寿				广汉				西昌			
	B1	B2	B3	均值	B1	B2	B3	均值	B1	B2	B3	均值
A1	3 138.0ab	2 967.0cd	3 164.0a	3 089.7a	3 287.0b	3 319.5ab	3 364.5a	3 323.7a	3 016.0d	3 079.3bc	3 060.7cd	3 252.0b
A2	2 826.5d	2 983.3bc	3 004.0bc	2 937.9b	3 373.5a	3 357.0a	3 337.7ab	3 356.1a	3 124.3ab	3 156.0a	3 129.0ab	3 136.4a
均值	2 982.3a	2 875.2a	3 084.0a	3 013.8	3 330.3a	3 338.3a	3 351.1a	3 339.9	3 070.2b	3 117.7a	3 094.8ab	3 094.2

3 讨论

3.1 生态条件对小麦淀粉 RVA 谱特性的影响

关于环境因素对小麦淀粉 RVA 特征谱的影响，张鑫梅等[9]认为，小麦淀粉 RVA 谱特征值有随纬度升高而递增的趋势，生育期内过多降水对提高糊化特性不利，较高的平均温度则有利；张学林等[10]也认为，播种至成熟总积温与淀粉糊化特性指标呈正相关，总降水量与其均呈负相关；而李花帅等[11]发现，灌浆后期高温可显著提高淀粉黏度值，是淀粉糊化特性形成的关键时期。本试验将生育期内的降水和温度分解到播种－拔节（S1）、拔节－孕穗（S2）、孕穗－开花（S3）、开花－成熟（S4），结果发现（表 10），淀粉 RVA 谱特征值中，高峰黏度、低谷黏度、最终黏度、崩解值均与海拔高度呈极显著正相关，而与糊化温度和峰值时间呈极显著负相关；高峰黏度与生育各期平均温度呈极显著正相关（S1 例外），而开花－成熟（S4）期间平均温度对低谷黏度、最终黏度、回复值影响较小，却显著影响崩解值、糊化温度和峰值时间，此期（S4）平均温度与崩解值呈显著正相关，而与糊化温度、峰值时间呈显著负相关，而播种－拔节（S1）期间平均温度与崩解值呈显著负相关；就降水而言，高峰黏度

与生育各期降水量均呈极显著负相关，崩解值也与 S4 的降水量呈极显著负相关，但与孕穗－开花（S3）期的降水量呈显著正相关。可见，在海拔、温度、降水对 RVA 谱主要特征值的影响整体规律与前人一致的情况下，本文也得出不同结论，如就高峰黏度和崩解值而言，崩解值对温度和降水的要求因生育时期不同而异，灌浆期（开花－成熟，S4）较高的温度和较少的降水对于提高高峰黏度和崩解值有利，同时，崩解值的提高又需要在孕穗－开花（S3）期有充裕的降水。这一结果再次说明小麦淀粉 RVA 特征谱形成的复杂性，气象因子交互作用，不能一概而论。四川生态条件复杂，盆中丘陵、川西平原和西南山地作为四川冬小麦主要产区，生产的小麦适合于面条加工的特性有较大差异。分析三个地区的 RVA 谱特征值发现，广汉点各项均为最大，仁寿点居中，而西昌点最小，尤其是西昌点的崩解值与广汉点、仁寿点差异巨大。前人研究认为，小麦淀粉的蒸煮品质及食味品质主要与峰值黏度与崩解值有关[12]，峰值黏度与面条弹性韧性和食用品质呈极显著正相关，崩解值则与面条的滑爽性呈极显著正相关，与面条的弹性韧性和爽口性呈显著负相关[13]，根据面条品质与淀粉 RVA 谱特征值的关系可知，广汉点小麦品质较好，其次为仁寿与西昌。

表 10　小麦淀粉 RVA 谱特性与生态因子的相关系数

生态因子		高峰黏度 PKV	低谷黏度 HTV	最终黏度 CPV	崩解值 BDV	回复值 CSV	糊化温度 Pat	峰值时间 Pet
海拔（m）		1.00**	0.51*	0.58**	0.47*	0.36	−0.59**	−0.88**
平均温度（℃）	S1	0.11	0.89**	0.85**	−0.85**	0.96**	0.76**	0.41
	S2	0.99**	0.41	0.48*	0.56*	0.25	−0.68**	−0.93**
	S3	0.90**	0.86**	0.90**	−0.01	0.76**	−0.13	−0.55*
	S4	0.79**	−0.08	0	0.89**	−0.25	−0.95**	−0.99**
总降水量（mm）	S1	−0.96**	−0.76**	−0.81**	−0.15	−0.64**	0.29	0.68**
	S2	−0.74**	0.17	0.09	−0.93**	0.33	0.97**	0.98**
	S3	−0.51*	−1.00**	−0.99**	0.56*	−0.99**	−0.43	0
	S4	−0.54*	0.41	0.34	−0.99**	0.56*	1.00**	0.89**

注：$F(1, 17)_{0.05}=0.456$，$F(1, 17)_{0.01}=0.575$；表中 S1、S2、S3、S4 表示的是两个相邻的生育期，S1 表示播种－拔节，S2 表示拔节－孕穗，S3 表示孕穗－开花，S4 表示开花－成熟。

3.2　施氮量、施肥方式及于生态点的互作效应对淀粉 RVA 谱特征值的影响

淀粉 RVA 谱特征值不仅受环境的影响，也受栽培方式的影响。张军等[14]研究表明，追氮时期适度后移有利于品质的提高，拔节期追肥能改善淀粉糊化特性，孕穗和开花期追施氮肥不利于面粉糊化特性，拔节期是实现产量和品质协同提高的最佳氮肥追施时期。就施氮量而言，崔昊等[15]的研究认为，高峰黏度、最终黏度、回复值等黏度特征参数在高氮水平下显著增加；郑志松等[16]则认为淀粉各黏度参数与施氮量间呈现单峰曲线，施氮量为 105 kg/hm^{2}时达到最大，之后增加施氮量各参数又有所下降。本试验结果表明，除糊化温度和崩解值外，施肥增加了淀粉 RVA 谱特征值，但增施氮肥后 RVA 特征谱值减小，在崩解值上差异显著，A1（120 kg/hm^2）施氮量显著高于 A2（180 kg/hm^2）和 CK，而糊化温度以 CK 最高，显著高于 A2（180 kg/hm^2）施氮量。施肥方式仅对最终黏度差异显著，氮肥后移能显著增加高峰黏度。可见，适当施用氮肥对于优化淀粉 RVA 特征谱值有益。

同时，不同生态点对施氮量的耐受性不同，在仁寿点（L1），120 kg/hm^{2}施氮量下的高峰黏度显著高于 180 kg/hm^{2}施氮量，而在广汉点和西昌点两个施氮量间的差异则不显著。可见，优化面条加工品质在丘陵区域更应注意施氮量的控制。

4 结论

生态条件对小麦淀粉 RVA 谱特征值均存在极显著的主效应，施氮量对崩解值与糊化温度的影响达显著或极显著水平，施肥方式对最终黏度影响显著。同时，生态点×施氮量的互作效应对高峰黏度、低谷黏度和最终黏度影响极显著，生态点×施氮量×施肥方式的互作效应对最终黏度影响极显著。就四川区域，广汉点所代表的川西平原小麦淀粉品质较好，更适合于面条加工，仁寿点在 120 kg/hm^2 施氮量下淀粉品质更优。

参考文献

[1] 阎俊，何中虎．基因型、环境及其互作对黄淮麦区小麦淀粉品质性状的影响 [J]. 麦类作物学报，2001，21 (2)：14-19.

[2] 高松洁，郭天财，吴雪峰，等．小麦淀粉合成关键酶与淀粉主要理化特性研究进展 [J]. 河南农业大学学报，2002，36 (4)：313-316.

[3] 刘艳阳，张洪程，蒋达，等．不同纬度和播期对苏麦 6 号淀粉糊化特性的影响 [J]. 华北农学报，2009 (24)：141-144.

[4] 马冬云，郭天财，王晨阳，等．不同筋力小麦品种在不同生态环境下籽粒淀粉糊化特性分析 [J]. 西北植物学报，2004，24 (5)：798-802.

[5] Ames N P，Clirke J M，Mirchylo B I，et al. Effect of environment and genotype on durum wheat strength and pasta viscoelasticity [J]. *Gereal Chem*，1999，76 (4)：582-586.

[6] 王晨阳，马冬云，郭天财，等．不同水、氮处理对小麦淀粉组成及特性的影响 [J]. 作物学报，2004，30 (8)：843-846.

[7] 蒋达，张洪程，刘艳阳，等．地力水平与施氮量对小麦淀粉 RVA 谱特征的影响 [J]. 麦类作物学报，2009，29 (1)：134-140.

[8] 林琪，侯立白，韩伟，等．不同肥力土壤下施氮量对小麦籽粒产量和品质的影响 [J]. 植物营养学报，2004，10 (6)：561-567.

[9] 张鑫梅，芦静，周安定，等．不同纬度生态环境对新疆不同类型冬小麦品种淀粉糊化特性的影响 [J]. 新疆农业科学，2012，49 (2)：197-203.

[10] 张学林，郭天财，朱云集，等．河南省不同纬度生态环境对三种筋型小麦淀粉糊化特性的影响 [J]. 生态学报，2004，24 (9)：2050-5055.

[11] 李花帅，孙辉，张立平，等．温度和光照时间对小麦品种淀粉糊化特性的影响 [J]. 中国粮油学报，2012，27 (7)：1-5.

[12] 叶一力，张艳，何中虎．小麦面粉特性与饺子品质关系研究 [J]. 麦类作物学报，2010，30 (2)：280-285.

[13] 王晨阳，苗建利，张美微，等．高温、干旱及其互作对两个筋力小麦品种淀粉糊化特性的影响 [J]. 生态学报，2014，34 (17)：4882-4890.

[14] 张军，张洪程，戴其根，等．追施氮肥时期对淮南中筋小麦品质的影响 [J]. 扬州大学学报（农业与生命科学版），2003，24 (2)：44-48.

[15] 崔昊，石祖梁，蔡剑，等．大气 CO_2 浓度和氮肥水平对小麦籽粒产量和品质的影响 [J]. 应用生态学报，2011，22 (4)：979-984.

[16] 郑志松，王晨阳，张美微，等．水、氮磷肥及其互作对小麦淀粉糊化特性的影响 [J]. 中国生态农业学报，2012，20 (3)：310-314.

四川盆地典型小麦品种穗发芽抗性及与气候因子的关系*

魏会廷[1]　李朝苏[2]　吴晓丽[2]　李　俊[2]　汤永禄[2*]

1. 四川省农业科学院植物保护研究所，四川成都　610066

2. 四川省农业科学院作物研究所/农业部西南地区

小麦生物学与遗传育种重点实验室，四川成都　610066

摘要：本文研究了四川盆地典型小麦品种穗发芽抗性及与气候因子的关系。两年两环境（稻茬田与丘陵旱地）下，分别测定了10个品种的生理成熟期和成熟期籽粒发芽指数（GI_P、GI_M）、成熟期降落值（FN），并研究以上参数与气候因子的关系。结果表明，GI_M较GI_P有大幅升高，3个穗发芽参数均存在显著的基因型、环境和互作效应。对于总变异的贡献，GI_P为地点×品种＞地点＞品种；GI_M为品种＞年份＞年份×品种；而FN主要受基因型影响。参试品种环境均值，GI_P变幅为22.3%～60.0%，稻茬田低于旱地。GI_M变幅为61.4%～94.8%，环境间差异较小。穗发芽抗性高的品种GI_P和GI_M较低抗性品种变异更大。开花—生理成熟期（APM）是影响籽粒休眠的关键时期，此阶段的平均温度、最高温度与最低温度均显著提高GI_P与GI_M，而日温差降低GI_P，降雨日数促进GI_M，较低的温度和较大温差利于籽粒休眠的延续；APM的降水量、日照时数对GI_P影响较小。和旱地相比，气候因子对稻茬田的GI_M的影响更为明显。基于环境、气候条件，选择适宜的品种可缓解穗发芽对小麦生产的不利影响。

关键词：四川盆地；小麦；穗发芽抗性；温度；降雨；日照时数

小麦是主要的口粮作物，高品质小麦为生产生活所必需。穗发芽不但造成小麦产量损失，而且严重破坏营养、加工品质和种用价值[1,2]，小麦穗发芽现已成为世界性的自然灾害[3]。我国小麦穗发芽危害严重的区域主要集中在西南冬麦区、长江中下游冬麦区和东北春麦区[4]。20世纪我国利用红粒小麦的休眠特性控制穗发芽取得了良好的效果，近年来随着农业结构的调整和市场需求导向，穗发芽抗性较低的白粒小麦种植面积加大，穗发芽危害日益严重[5]。

小麦穗发芽是遗传、生理和环境共同作用的结果[2,6-10]，目前穗发芽防控研究的重点主要放在遗传改良上[6,10-13]。普遍认为，成熟期的降雨与小麦穗发芽有着必然的联系，其他阶段的气候条件对穗发芽影响较小。穗发芽的内在因素是种子休眠特性的解除，而越来越多的证据表明，开花灌浆阶段的特殊气候会引起种子休眠特性的明显变异，进而影响穗发芽的危害程度[14-18]。Strand E研究表明，生理成熟前14 d的气候条件对种子休眠非遗传变异的贡献率为10%～65%[19]。国外的相关研究表明，小麦种子休眠主要受制于灌浆期间的温度和降雨，尤其是温度，花后高温会显著缩短籽粒休眠时间和程度[15-18,20]。灌浆期低温会增强小麦穗发芽抗性，最低温度与发芽指数呈明显的正相关关系[14]。小麦灌浆时间一般会持续30 d以上，这期间只有某一敏感时期的温度与休眠时间、深度有关，其他阶段的温

* **基金项目**：国家小麦产业技术体系（CARS-3）；公益性行业（农业）科研专项（201303129，201503127）

度影响相对较小[15]。除温度外，灌浆期间的降雨、土壤水分也会对小麦种子休眠及穗发芽产生一定影响[16]。区域气候条件、品种类型及耕作制度有较大差异，对小麦穗发芽变异起主导作用的气候因子及所处时间不尽一致。明确区域气候条件与和穗发芽的关系可以更准确地预测和评估穗发芽危害。

西南麦区是我国第三大小麦优势产区，常年种植面积约 210×10^4 hm^2，主要分布在四川盆地。西南地区育种家在设计育种目标时重点考虑高产与抗病因素，对穗发芽抗性的重视程度不够，20 世纪 80 年代以来推广品种的穗发芽抗性呈降低趋势[5,21]。据农业部 2010—2013 年发布的“中国小麦质量报告”，西南区样品和穗发芽相关的品质参数普遍偏差，如 2013 年抽样的降落值平均仅有 203 s，远低于长江下游（295 s）和黄淮麦区（364 s），于本区小麦产业发展极为不利。本研究基于遗传背景差异明显的 10 个代表性品种，连续 2 年种植在四川盆地两类麦田中，研究了小麦穗发芽现状及其受环境条件的影响，对于优化品种布局、完善穗发芽防控技术、评估气候气候条件对小麦品质的影响有重要意义。

1　材料与方法

1.1　参试品种

参试品种为 2004 年以后审定的 10 个主栽品种，其中红粒品种有川麦 42（CM42）、川麦 56（CM56）、绵麦 37（MM37）、西科麦 5 号（XKM5）、绵麦 367（MM367）和川麦 104（CM104），白粒品种有川麦 51（CM51）、川麦 55（CM55）、内麦 836（NM836）和川育 23（CY23）。其中川麦 42、绵麦 37 为四川省区试的对照品种。

1.2　试验区概况

试验于 2011—2012 年、2012—2013 年两个生长季在四川省广汉市连山镇锦花村（N31°0′22.09″，E104°23′54.61″）和简阳市芦葭镇英明村（N30°16′57.51″，E104°30′18.34″）进行。广汉试验点处于成都平原稻茬麦区，土壤为黏壤，0～15 cm 土壤养分 2 年均值：有机质 50.0 g/kg，全氮 2.6 g/kg，有效氮 220.3 mg/kg，有效磷 13.8 mg/kg，有效钾 133.2 mg/kg。种植制度为小麦－水稻轮作，水稻 9 月上旬收获，小麦 2011 年 10 月 28 日免耕撬窝播种。小区面积 4.8 m×5.0 m，行窝距 20 cm×10 cm，每窝播 7 粒种子，出苗后匀苗每窝 5 苗，随机区组排列，2 次重复。简阳试验点处于川中丘陵区，土壤为紫色土，0～15 cm 土壤养分 2 年均值：有机质 15.9 g/kg，全氮 1.3 g/kg，有效氮 95.6 mg/kg，有效磷 20.3 mg/kg，有效钾 214.0 mg/kg。种植制度为小麦、玉米套作，小麦、玉米播种幅宽均为 1 m，玉米 2011 年 8 月中旬收获，小麦 2011 年 11 月 1 日播种，下茬套作玉米 2012 年 4 月上旬移栽。小麦播前旋耕播种带，之后挖窝点播，小区面积 6.0 m×4.0 m（含玉米预留行），行窝距 25 cm×15 cm，每窝播 13 颗种子，出苗后匀苗每窝留 10 苗，随机区组排列，2 次重复。

2 个试验点施肥量一致，N、P_2O_5、K_2O 用量分别为 165 kg/hm^2、75 kg/hm^2、75 kg/hm^2，其中，60％的氮肥和全部磷钾肥基施，剩余的 40％氮肥广汉点在拔节期配合灌水追施，简阳点在分蘖期借雨追施。按高产要求及时防治病虫草害。

2011—2012 年度冬春季温度与常年接近，广汉点品种开花期变幅 2012 年 3 月 30 日至 4 月 7 日、简阳点 2012 年 3 月 30 日至 4 月 4 日；灌浆期平均温度广汉 20.2℃，简阳 20.8℃。2012—2013 年度冬春季温度较高，开花期较常年提前，广汉点开花期 2013 年 3 月 18 日至 3 月 27 日、简阳点 2013 年 3 月 17 日至 3 月 21 日；灌浆期平均温度广汉 19.4℃，简阳 19.8℃。

1.3 试验方法

1.3.1 籽粒发芽试验

生理成熟至成熟阶段的发芽指数可以评判种子的休眠特性的变化[15,20]。每个小区标记穗子大小、长势一致、同天开花的穗子 30 穗，在生理成熟期和成熟期各取 10 穗，晾晒干燥后进行籽粒发芽试验。生理成熟期的判断标准参考相关研究为穗颈和颖壳由绿转黄时[6]，为保持品种间一致，根据田间表现定为花后 35 d，成熟期判断标准为全株黄色、茎秆仍有弹性、籽粒硬不易被指甲掐断。试验方法参考原亚萍的方法[1]。

试验前将样品混合手工脱粒，从中随机选择 100 颗，蒸馏水清洗 2 次后，用 1%的次氯酸钠溶液浸泡 3 min，之后用流水将籽粒表面的消毒液冲洗干净。将籽粒摆放在铺有两层滤纸的且经过高温消毒的培养皿中，种子腹沟朝下，将滤纸用蒸馏水打湿。培养皿放置在 20 ℃的恒温培养箱中黑暗发芽，每 24 h 统计 1 次发芽数。每天采用喷雾方式补充适量蒸馏水。根据前 7 d 的发芽数计算发芽指数，具体计算方法如下[22]。

$$GI = (7\times n_1+6\times n_2+5\times n_3+4\times n_4+3\times n_5+2\times n_6+1\times n_7) / (7\times N) \times 100\%$$

其中，GI 表示发芽指数，n_1，n_2，…，n_7表示种子在第 1 d，2 d，…，7 d 的发芽粒数，N 表示用于发芽的种子总粒数。2013 年简阳点生理成熟期样品发芽期间出现部分霉变，影响试验结果的准确性，不纳入结果统计中。

1.3.2 成熟期降落值

为更加全面地评价参试品种的穗发芽抗性，成熟期收获的籽粒样品储存 2 个月后在农业农村部谷物品质监督检验测试中心（北京）测定降落值（FN）。

1.3.3 气象数据

逐日记载试验区平均温度（T_{mean}）、最低温度（T_{min}）、最高温度（T_{max}）、日温差（$T_{max}-T_{min}$）、降水量（RF）、日照时数（SH）和降雨日数（RD）。因不同生育阶段的气候条件对品种穗发芽抗性变异贡献不一致[14]，在准确记载各个品种生育期的基础上，将气象参数按照各品种播种－成熟（SM）、播种－生理成熟（SPM）、开花前 20 d（－20DA）、开花－生理成熟（APM）、开花－成熟（AM）、生理成熟前 10 d（－10DPM）、成熟前 10 d（－10DM）、成熟前 20 d（－20DM）、生理成熟－成熟（PMM）分别进行整理。

1.4 数据分析

采用 Excel 2007 和 DPS v12.50 软件对数据进行整理和统计分析。

2 结果与分析

2.1 穗发芽参数的联合方差分析

本研究中，参数品种的生理成熟期的发芽指数（GI_P）均显著低于成熟期的发芽指数（GI_M），从生理成熟期到成熟期籽粒休眠呈逐渐解除的过程。从表 1 可见，品种、地点及年份对 3 个穗发芽参数的影响程度不一致。对于 GI_P，地点、品种以及两者互作的影响均达极显著水平，对总变异的贡献地点×品种>地点>品种。对于 GI_M变异的贡献，品种>年份>年份×品种，三者的贡献率合计 77.6%，除三者外，年份×地点、年份×地点×品种的影响也达显著水平，而地点、地点×品种对 GI_M的影响相对较小。由此可见，GI_P环境条件影响较大，品种的休眠特性逐渐解除后，GI_M区域间差异缩小。

降落值（FN）反映了因淀粉水解导致的籽粒内在品质的变化。从表 2 可见，年份、地点、品种以及两者或三者互作对FN均有显著影响，其中品种对总变异的贡献率达59.2%，其他因素均在10%以下，基因型是导致FN变异的主要因素。

表1 穗发芽参数的联合方差分析

参数	变异来源	DF	SS（%）	MS	*F* 值
$GI_{P/2012}$	地点（R）	1	30.6	5 808.1	102.0**
	品种（C）	9	23.5	496.5	8.7**
	R×C	9	39.3	829.3	14.6**
	误差	19	5.7	56.9	—
GI_M	年份（Y）	1	21.5	4 493.1	84.6**
	地点（R）	1	0.1	12.9	0.24
	品种（C）	9	42.4	985.4	18.7**
	Y×R	1	4.4	921.7	17.4**
	Y×C	9	13.7	318.8	6.0**
	R×C	9	2.9	68.6	1.3
	Y×R×C	9	5.1	119.7	2.3*
	误差	39	9.9	53.1	—
FN	年份（Y）	1	2.1	8 487.2	15.6**
	地点（R）	1	3.8	15 624.1	28.8**
	品种（C）	9	59.2	26 734.5	49.3**
	Y×R	1	7.3	29 799.2	54.9**
	Y×C	9	9.5	4 287.5	7.9**
	R×C	9	8.2	3 724.2	6.9**
	Y×R×C	9	4.6	2 089.6	3.8**
	误差	39	5.2	542.4	—

注：*表示在（$P<0.05$）水平上显著；**表示在（$P<0.01$）水平上极显著。下同。

参试的两类麦田，种植制度和环境条件明显不同，不同变异来源对穗发芽参数的贡献也有差异，详见表2和表3。对于GI_P，在广汉稻茬麦区，品种对总变异的贡献率达80.6%，且与年份有显著的互作效应；在简阳旱地麦区，品种对GI_P也有显著影响，但程度不及广汉。对于GI_M，在广汉点，年份对总变异的贡献最大，品种以及两者互作贡献率相当，均有显著影响；而在简阳点，品种对GI_M的贡献率远大于年份与两者互作。对于FN，两地的品种、年份以及两者互作均有显著或极显著影响，其中品种的贡献率均为最大，在60%以上。

表2 广汉点穗发芽参数的联合方差分析

参数	变异来源	DF	SS（%）	MS	*F* 值
GI_P	年份（Y）	1	0.3	41.7	0.73
	品种（C）	9	80.6	1 365.2	23.8**
	Y×C	9	11.9	201.1	3.5*
	误差	19	7.2	57.4	—
GI_M	年份（Y）	1	37.0	4 742.3	72.7**
	品种（C）	9	28.5	405.0	6.2**
	Y×C	9	24.5	348.6	5.3**
	误差	19	9.7	65.2	—
FN	年份（Y）	1	1.7	3 240.0	8.2**
	品种（C）	9	75.4	16 229.7	41.1**
	Y×C	9	18.9	4 064.6	10.3**
	误差	19	3.9	395.3	—

表 3　简阳点穗发芽参数的联合方差分析

参数	变异来源	DF	SS（%）	MS	F 值
$GI_{P/2012}$	品种（C）	9	74.2	316.8	3.2*
	误差	9	23.3	99.4	—
GI_M	年份（Y）	1	8.3	672.4	16.2**
	品种（C）	9	71.9	649.0	15.7**
	Y×C	9	10.0	89.9	2.2
	误差	19	9.7	41.4	—
FN	年份（Y）	1	17.8	35046.4	51.2**
	品种（C）	9	64.9	14229.0	20.8**
	Y×C	9	10.5	2312.5	3.4*
	误差	19	6.6	684.4	—

2.2　参试品种穗发芽抗性变异

品种的遗传背景不同，其休眠特性对环境反应有较大差异，详见表 4。对于 GI_P，广汉点均值远低于简阳点，广汉点变幅为 7.6%～61.0%，简阳点变幅为 41.9%～76.1%。在生理成熟期，多数品种存在不同程度的休眠。从两地平均结果来看，川麦 104、川育 23 的 GI_P 较低，而川麦 55、内麦 836 的 GI_P 较高。从对环境的反应来看，川麦 55、川麦 56、内麦 836 的 GI_P 变异系数相对较低，在 22%以下，其他参试品种的变异系数均超过 50%。川麦 55、内麦 836 属于 GI_P 高，但对环境的反应不敏感的类型，而川麦 104 属于 GI_P 低，但对环境反应较为敏感的类型。

成熟期多数品种的休眠已明显减弱，GI_M 数值较 GI_P 大幅升高，其中广汉点变幅为 63.4%～94.8%，简阳点变幅为 57.5%～94.9%，两地均值差异缩小。从平均结果来看，川麦 104 和川麦 56 的 GI_M 较低，而川麦 51、内麦 836、绵麦 37、西科麦 5 号的 GI_M 较高，均接近或超过 85%。从对环境的反应来看，川麦 51、内麦 836、绵麦 37 和西科麦 5 号的变异系数较小，低于 5%，对环境变化不敏感；而川麦 42、川麦 104、川麦 56、绵麦 367 的变异系数相对较高，在 25%上下。由此可见，GI_M 低的品种较 GI_M 高的品种对环境的反应更为敏感。

以 GI_P/GI_M 值来反映生理成熟以后籽粒休眠特性的变化，参试品种的变幅在 0.34～0.70，高于 0.50 的有川麦 42、川麦 55、川麦 56、内麦 836 和绵麦 367，除川麦 56 外，其他品种普遍具有较高的 GI_P，休眠期相对较短。其他品种的 GI_P/GI_M 值介于 0.34～0.41，GI_P 普遍较低，生理成熟后休眠特性逐渐解除，发芽指数有明显升高。

对于 FN，除少数品种外（川麦 56、绵麦 367），其他品种各环境的 FN 值均接近或超过 250 s，广汉点变幅为 195～369 s，简阳点变幅为 179～376 s。从两地均值来看，西科麦 5 号、川麦 104、川麦 55 的 FN 值较高，而绵麦 367、川麦 56 的 FN 值较低，特别是绵麦 367 已不足 200s。川麦 56 和绵麦 367 不但 FN 值低，其变异系数也较高，在 20%以上；FN 较高的几个品种变异系数相对较低，在 10%以下。

表 4　参试品种穗发芽抗性变异

	川麦 42	川麦 51	川麦 55	川麦 56	内麦 836	绵麦 37	川育 23	西科麦 5 号	绵麦 367	川麦 104
GI_P										
广汉（%）	30.0	19.1	63.7	37.2	61.0	19.3	19.4	21.5	27.3	7.6
简阳（%）	76.1	73.1	52.6	41.9	45.8	55.9	43.4	47.6	68.9	51.8
均值（%）	45.4	37.1	60.0	38.8	55.9	31.5	27.4	30.2	41.1	22.3
c.v.（%）	59.5	85.1	21.9	12.0	16.3	73.1	66.2	50.5	60.1	115.4
GI_M										

续表

	川麦 42	川麦 51	川麦 55	川麦 56	内麦 836	绵麦 37	川育 23	西科麦 5 号	绵麦 367	川麦 104
广汉（%）	73.9	90.6	81.1	63.4	94.8	84.5	78.7	84.0	75.4	65.4
简阳（%）	70.4	89.5	87.1	61.5	94.9	87.1	78.6	84.1	89.2	57.5
均值（%）	72.1	90.1	84.1	62.4	94.8	85.8	78.7	84.1	82.3	61.4
c.v.（%）	25.8	3.4	13.1	32.7	4.0	4.1	11.2	3.6	24.5	25.8
FN										
广汉（%）	302	334	375	214	293	369	369	344	195	339
简阳（%）	311	247	338	234	265	252	376	332	179	321
均值（%）	306	290	356	224	279	310	373	338	187	330
c.v.（%）	3.9	23.1	9.0	22.4	18.5	28.9	5.7	5.0	32.1	9.0
GI_P/GI_M	0.64	0.41	0.70	0.61	0.59	0.36	0.34	0.37	0.53	0.36

2.3 不同发育阶段的气象因子与穗发芽参数的相关性

2.3.1 发芽指数 GI_P

表 5 反映了 GI_P与 SPM、－20DA、APM、－10DPM 主要气象因子的相关性。温度对 GI_P的影响最为明显，GI_P与 4 个阶段的日温差均有显著或极显著的负相关关系，日温差越大，小麦籽粒休眠性越强，GI_P越低。除日温差外，SPM、APM、－10DPM 的最低温度（T_{min}）与 GI_P呈显著正相关关系，这与 Barnard A 的研究一致[14]。此外，APM 和－10DPM 期间的平均温度（T_{mean}）、APM 的最高温度（T_{max}）也与 GI_P呈显著正相关关系。总体来看，种子发育过程中温度升高于休眠不利。与－10DPM相比，APM 期间的温度与 GI_P的相关系数值更大。

GI_P与 SPM、－20DA 内的降水量（RF）、降雨日数（RD）均呈显著或极显著正相关关系，这可能由于花前降雨影响植株个体长势差异所致。GI_P与 APM、－10DPM 内的降雨参数的相关性未达到显著水平，种子发育过程中的降雨并不是影响小麦生理成熟期休眠的主要因素。除－20DA 外，其他时间内的日照时数（SH）与 GI_P的相关性均未达到显著水平。

表 5 气候因子与小麦生理成熟期发芽指数（GI_P）的相关系数（N=30）

因子	SPM	－20DA	APM	－10DPM
T_{mean}	0.25	0.04	0.50**	0.47**
T_{max}	−0.30	−0.12	0.46**	0.04
T_{min}	0.60**	0.26	0.52**	0.48**
$T_{max}-T_{min}$	−0.50**	−0.56**	−0.50**	−0.38*
RF	0.49**	0.52**	0.24	0.27
RD	0.47**	0.43*	0.29	−0.15
SH	0.03	0.40*	0.31	−0.10

2.3.2 发芽指数 GI_M

表 6 反映了不同生育时段气候参数与 GI_M的相关性。温度参数中，多数时期内的 T_{mean}与 GI_M关系密切，其中 SM、－20DA 与 GI_M呈负相关关系，且 SM 内的 T_{mean}与 GI_M相关性达到显著水平。开花－成熟期间，各时段的 T_{mean}与 GI_M呈显著或极显著正相关关系，温度越高，休眠时间越短，GI_M越高，此时期内的 T_{max}、T_{min}也有类似的趋势。而各生育时段的 $T_{max}-T_{min}$与 GI_M普遍具有负相关关系，尤其是 APM、－10DPM、AM，相关性均达显著以上；而灌浆后期（－10DM、PMM）的 $T_{max}-T_{min}$与 GI_M的相关性减弱甚至有正相关关系，这表明生理成熟前的日温差对生理成熟后休眠持续有正向效应，过了生理成熟，日温差对籽粒休眠特性的影响减弱。

降雨参数中，除 PMM 外，多数生育期内的 RF 与 GI_M呈显著正相关关系，降水量增加会缩短休眠时间。从生理成熟到成熟的间隔一般 7～10 d，降水量对 GI_M的影响更多在生理成熟以前，生理成熟后温度的影响更大。SM 和 APM 的 RD 与 GI_M有显著正相关关系，PMM 的 RD 与 GI_M有显著负相关关系，这可能由于生理成熟后雨日多，温度相对较低，延长了休眠时间，消减了 RF 的影响所致。多数生育期内 SH 与 GI_M有负相关关系，但除 SM、AM 和 PMM，其他时间内未达到显著水平。鉴于气候因子间具有关联性，推测 SH 并不能对 GI_M产生直接影响，日照较少时，温度也相对较低，从而延长了籽粒休眠时间。

和 AM、−20DM、−10DM、PMM 相比，APM 的多数气候参数与 GI_M的相关系数值更高，尤其是温度参数，这表明 GI_M更多是由生理成熟前的气候参数所决定。

表 6　气候因子与小麦成熟期发芽指数（GI_M）的相关系数（N=40）

因子	SM	−20DA	APM	−10DPM	AM	−20DM	−10DM	PMM
T_{mean}	−0.41**	−0.15	0.55**	0.46**	0.46**	0.36*	0.41**	0.39*
T_{max}	−0.48**	−0.16	0.62**	0.16	0.42**	0.32*	0.34*	0.38*
T_{min}	0.08	−0.18	0.51**	0.57**	0.41**	0.38*	0.38*	0.36*
$T_{max}-T_{min}$	−0.40**	0.02	−0.38*	−0.43**	−0.34*	−0.22	0.00	0.19
RF	0.45**	0.32*	0.46**	0.43**	0.37*	0.49**	0.37*	0.19
RD	0.41**	0.23	0.45**	0.30	0.21	0.16	0.20	−0.37*
SH	−0.35*	0.08	−0.29	−0.29	−0.41**	−0.15	−0.13	−0.44**

2.3.3　降落值 FN

发芽指数反映了种子的休眠特性，而 FN 更直观地反映了因穗发芽导致加工品质的变化。表 7 表明，多数温度参数与 FN 相关性较弱，仅有−20DM 的日温差与 FN 相关性达到显著水平。降雨参数中，除 PMM 的 RF 与 FN 呈显著正相关关系，其他时间段内关系不密切；多数时间内的 RD 与 FN 呈正相关关系。普遍认为生理成熟后的降雨于 FN 不利，四川盆地小麦灌浆期间连续阴雨的频率较低，穗子一般不会连续浸泡在水中，降雨带来的降温更利于籽粒休眠，减少雨水的不利影响。SH 与 FN 有负相关关系，AM、−20DM 内的相关性达到显著水平。

除个别品种外，多数品种在各环境下 FN 值均超过 250 s，成熟后收获及时，FN 并不受到明显影响。

表 7　气候因子与小麦成熟期降落值（FN）的相关系数（N=40）

因子	SM	−20DA	APM	−10DPM	AM	−20DM	−10DM	PMM
T_{mean}	−0.13	0.11	0.25	0.27	0.15	0.09	−0.09	−0.01
T_{max}	−0.11	0.11	0.20	0.01	−0.04	−0.18	−0.22	−0.09
T_{min}	−0.10	0.05	0.15	0.30	0.07	0.16	−0.03	−0.02
$T_{max}-T_{min}$	−0.03	0.10	−0.10	−0.28	−0.14	−0.41**	−0.24	−0.13
RF	0.18	0.31	0.05	0.22	0.17	0.25	0.32	0.35*
RD	−0.23	0.39*	0.32*	0.36*	0.34*	0.38*	0.37*	0.12
SH	−0.26	−0.12	−0.27	−0.30	−0.32*	−0.34*	−0.31	−0.27

2.4　不同区域气候因子与穗发芽参数的相关性

将 2 个参试点分开来看，如表 8 所示，广汉稻茬田的 GI_M与气候因子的相关性更强，种子发育各阶段的温度、降雨和日照时数参数多与 GI_M有显著或极显著相关关系。在简阳旱地麦田，气候因子与

GI_M的相关性减弱。

表 8　气候因子与广汉、简阳 GI_M 的相关系数（N=20）

	广汉				简阳			
	APM	−10DPM	AM	PMM	APM	−10DPM	AM	PMM
T_{mean}	0.71**	0.36	0.69**	0.50*	0.47*	0.62**	0.36	0.38
T_{max}	0.66**	0.34	0.67**	0.50*	0.59**	0.50*	0.20	0.32
T_{min}	0.72**	0.72**	0.69**	0.50*	0.42	0.53*	0.32	0.37
$T_{max}-T_{min}$	−0.66**	−0.72**	−0.67**	0.41	−0.25	−0.20	−0.32	−0.14
RF	0.58**	0.64**	0.60**	0.32*	0.22	0.15	0.11	0.17
RD	0.67**	0.73**	0.54*	−0.66*	0.36	0.22	0.26	−0.22
SH	−0.66**	−0.69**	−0.73**	−0.66**	−0.21	−0.17	−0.50*	−0.52*

3　讨论

小麦穗发芽是世界性的自然灾害，在成熟期降雨丰富及空气湿度较高的加拿大、美国、澳大利亚、日本，以及中国的部分区域危害尤为严重[3,6]。目前穗发芽的防控主要放在品种的遗传改良上，通过引进抗穗发芽的外源基因来提高本地小麦抗性水平[6,10−13]。在抗性品种选育中往往忽视环境效应，缺乏多环境的鉴定，导致部分品种年际间抗性表现不稳定[15]。穗发芽是种子休眠消失的后续结果，休眠时间长短虽由遗传决定，但环境因素也发挥了重要的作用[14−17]。高温、干旱及过量施氮会缩短种子休眠时间[17]，尤其是高温，在麦类品种休眠变异中发挥了主导作用[14,15,23]。本研究中，四川盆地环境条件对 3 个穗发芽参数也有明显影响，且与品种有互作效应，其中开花至生理成熟期的气候条件与穗发芽参数关系尤为密切。特别是稻茬田，水肥供应充足，品种生育进程有较大差异，其面临的气候条件也明显不同，环境条件对其穗发芽抗性的影响更为明显。

诸多研究证实，种子发育各阶段的气候条件对休眠变异贡献不一致，只有敏感时期的某些关键因子才起主导作用[15]。Strand E 认为生理成熟前 14 d 是休眠变异的敏感时期[18]，而 Mares D J 认为收获前 20 d 的温度和降雨对穗发芽抗性变异贡献最大，此阶段的低温能够延长种子的休眠期[19]。Barnard A 研究表明，发芽指数与种子发育期间的最低温度关系最为密切[14]。也有些研究认为，灌浆后期以及成熟阶段的降雨对穗发芽和 FN 影响最大[24,25]。本研究结果表明，和其他发育阶段相比，开花—生理成熟的多数气候参数与 GI_P、GI_M均有较高的相关性，尤其是温度参数，这表明四川盆地种子休眠更多是由生理成熟前的气候所决定。这不难理解，开花—生理成熟阶段是籽粒发育的主要阶段，生理成熟后主要是脱水干燥，其形态生理构造在此阶段已形成，生理成熟后的气候变化并不能从本质上改变其休眠特性。GI_P、GI_M与 APM 内的平均温度、最高温度、最低温度呈显著正相关关系，高温于种子休眠不利，这与多数研究一致[14−17]。除绝对温度外，四川盆地小麦灌浆期间的日温差与 GI_P、GI_M有显著负相关关系，日温差增大对籽粒休眠有正向的作用。降雨是发生穗发芽的必要条件，但本研究表明，温度对籽粒休眠的影响大于降雨，这从 GI_P与 APM 阶段各气候参数的相关系数大小就可看出。和 GI_P不同，GI_M与种子不同的发育阶段的降水量均有显著正相关关系，这表明灌浆期间的降雨对小麦休眠的影响主要集中在生理成熟后休眠解除速率上。

小麦穗发芽抗性虽受穗部形态、颖壳抑制物等多种因素影响，但籽粒休眠是主因[26]。品种的遗传背景不同，穗发芽抗性对气候变化的敏感程度不同。Rodriuez M V 指出，生理成熟后籽粒休眠解除速率的差异导致麦类品种穗发芽表现不同[27]。某些品种休眠消失很快，部分品种休眠性能够能够保持数月之久[15]。本研究参试的10个品种中，川麦55、内麦836、绵麦367等品种休眠期短，部分环境的GI_P超过60%，而川麦104、川育23等品种在生理成熟期的休眠性较强，随着籽粒脱水休眠逐渐减弱。种子发芽与籽粒含水量以及内部生长激素特别是脱落酸（ABA）浓度变化密切相关，并且受遗传和环境的调控[6,28,29]。本研究中，穗发芽抗性不同的品种对环境变化的敏感程度存在差异，休眠期短、抗性差的品种，如内麦836、川麦51、川麦55对环境反应不敏感，GI_P和GI_M变异系数较小；而穗发芽抗性较强的品种如川麦104对环境变化反应较为敏感，不同环境下GI_P和GI_M均有较高的变异系数，在平均温度低、日温差大的环境下更利于其休眠的延续。

对于种子从生理成熟期到成熟期休眠特性的变化存在争议[30−32]，部分研究者认为小麦生理成熟前后萌发率达到最高值，生理成熟期的发芽指数即可判断其穗发芽抗性。而部分研究表明麦类作物的休眠是在生理成熟以后逐渐消失，随着种子水分含量降低发芽率呈上升趋势[6,15]。Lin R和Gualano N A等均采用生理成熟后分次取样测试发芽指数，以研究品种的休眠特性的变化[15,20]。除发芽指数外，FN也在小麦穗发芽研究中广泛采用。本研究中，除GI_P和GI_M有一定的正相关关系外，GI_P、GI_M与FN的相关性很弱，单一参数中难以反映品种穗发芽抗性的整体情况。PMM期间的T_{mean}、T_{max}、T_{min}与GI_M均有显著或极显著正相关关系，高温会加速休眠的解除。部分GI_P较低的品种，GI_M也会达到一个较高的水平，如MM37和XKM5的GI_P环境均值在30%左右，处于较低水平，但GI_M环境均值在85%左右，部分环境下超过90%，在评价品种的穗发芽抗性时，要综合考虑GI_P和GI_M。本研究中，多数品种的FN环境变异较小，且FN值与多数生育期内气候参数无显著的相关关系，四川盆地灌浆期间虽有较多的降雨，但只要能适期收获，籽粒品质受影响较小。西南麦区降落值常年较低的原因，可能是收获晾晒不及时、养分管理不善、严重倒伏、部分品种具迟熟α淀粉酶等原因所导致。通过选用穗发芽抗性较强的品种，优化田间管理、适期收获降低西南麦区穗发芽风险是可行的。

参考文献

[1] 原亚萍，陈孝，肖世和．小麦穗发芽的研究进展［J］．麦类作物学报，2003，23（3）：136－139.

[2] 杨燕，张春利，何中虎，等．小麦抗穗发芽研究进展［J］．植物遗传资源学报，2007，8（4）：503－509.

[3] Malakshah A A，Dhumal K，Pirdashti H，et al. Screening of different wheat（*Triticum aestivium* L.）genotypes for pre-harvest sprouting resistance［J］．International Journal of Biosciences，2014（5）：189－198.

[4] 孙果忠，游光霞，孙京燕，等．我国小麦主推品种穗发芽抗性鉴定及相关分子标记的评价［J］．华北农学报，2010，25（4）：6－11.

[5] 闫长生，张海萍，海林，等．中国小麦品种穗发芽抗性差异的研究［J］．作物学报，2006，32（4）：580－587.

[6] 肖世和．小麦穗发芽研究［M］．北京：中国农业出版社，2004：219－221.

[7] 何震天，陈秀兰，韩月澎．白皮小麦抗穗发芽研究概况［J］．种子，2000（2）：36－38.

[8] Johansson E. Effect of two wheat genotypes and Swedish environment on falling number，amylase activities，and protein concentration and composition［J］．Euphytica，2002（126）：143－149.

[9] Yanagisawa A，Nishimura T，Amano Y，et al. Development of winter wheat with excellent resistance to pre-harvest sprouting and rain damage［J］．Euphytica，2005（143）：313－318.

[10] Singh H，Singh N，Kaur L，et al. Effect of sprouting conditions on functional and dynamic rheological properties of wheat［J］．Journal of Food Engineering，2001（47）：23－29.

[11] Osanai Shun-Ichi，Amano Y，Mares D. Development of highly sprouting tolerant wheat germplasm with reduced germination at low temperature［J］．Euphytica，2005（143）：301－307.

[12] Singh R，Matus-Cadiz M，Baga M，et al. Identification of genomic regions associated with seed dormancy in white-

grained wheat [J]. Euphytica, 2010 (174): 391 - 408.

[13] 何中虎，夏先春，罗晶，等．国际小麦育种研究趋势分析 [J]. 麦类作物学报，2006 (26)：154 - 156.

[14] Barnard A, Smith M F. The effect of rainfall and temperature on the preharvest sprouting tolerance of winter wheat in the dryland production areas of the Free State Province [J]. Field Crops Research, 2009 (112): 158 - 164.

[15] Gualano A, Benech-Arnold R. Predicting pre-harvest sprouting susceptibility in barley: Looking for 'sensitivity windows' to temperature throughout grain filling in various commercial cultivars [J]. Field Crops Research, 2009 (114): 35 - 44.

[16] Biddulph T B, Plummer J A, Setter T L, et al. Influence of high temperature and terminal moisture stress on dormancy in wheat (*Triticum aestivum* L.) [J]. Field Crops Research, 2007 (103): 139 - 153.

[17] Fenner M. The effects of the parent environment on seed germinability. Seed Science Research, 1991 (1): 75 - 84.

[18] Strand E. Studies on seed dormancy in small grain species. II. Wheat [J]. Norwegian Journal of Agricultural Sciences, 1989 (3): 101 - 115.

[19] Mares D J. Preharvest sprouting in wheat. I. Influence of cultivar, rainfall and temperature during grain ripening [J]. Australian Journal of Agricultural Research, 1993 (44): 1259 - 1272.

[20] Lin R, Horsley R D, Schwarz P B. Associations between caryopsis dormancy, a-amylase activity, and pre-harvest sprouting in barley [J]. Journal of Cereal Science, 2008 (48): 446 - 456.

[21] 刘爽，李俊，王琴，等．西南麦区小麦抗穗发芽品种资源筛选 [J]. 西南农业学报，2014，27 (3)：931 - 937.

[22] Biddulph T B, Plummer J A, Setter T L, et al. Seasonal conditions influence dormancy and pre-harvest sprouting tolerance of wheat (*Triticum aestivum* L.) in the field [J]. Field Crop Research, 2008 (107): 116 - 128.

[23] Cochrane M P. Effects of temperature during grain development on the germinability of barley grains [J]. Aspects of Applied Biology, 1993 (36): 103 - 113.

[24] Barnard A, Smith M F. Determination of the influence of climate on falling number of winter wheat in the dryland production areas of the Free State Province of South Africa [J]. Euphytica, 2012 (188): 15 - 24.

[25] Mustăţea P, Săulescu N N, Ittu G, et al. Pre-harvest amylase activity and sprouting in Romanian wheat cultivars [J]. Romanian Agricultural Research, 2006 (23): 1 - 6.

[26] 蒋国梁，陈兆夏，刘世家．白皮小麦收获前穗发芽及品种抗性机制探讨 [J]. 作物学报，1998，24 (6)：793 -798.

[27] Rodriguez M V, Margineda M, Gonzalez-Martin J F, et al. Predicting preharvest sprouting susceptibility in barley: a model based on temperature during grain filling [J]. Agronomy Journal, 2001 (93): 1071 - 1079.

[28] Gubler F, Millar A A, Jacobsen J V. Dormancy release, ABA and pre-harvest sprouting [J]. Current Opinion in Plant Biology, 2005 (8): 183 - 187.

[29] 孙果忠，闫长生，肖世和．小麦穗发芽机制研究进展 [J]. 中国农业科技导报，2003，5 (6)：13 - 18.

[30] 赵笃乐．冬小麦籽粒发育过程中休眠性的变化 [J]. 种子，1999 (3)：17 - 20.

[31] 兰秀锦，郑有良，刘登才．小麦抗穗发芽研究方法的初步评价 [J]. 四川农业大学学报，2004，22 (2)：121 -125.

[32] Gao X, Hu C H, Li H Z, et al. Factors affecting pre-harvest sprouting resistance in wheat (*Triticum aestivum* L.): a review [J]. The Journal of Animal & Plant Sciences, 2013 (23): 556 - 565.

不同种子包衣剂对小麦产量及根际土壤的影响*

符慧娟[1] 李星月[1] 杨武云[2] 李其勇[1] 魏会廷[1] 易 军[1] 张 鸿[3]

1. 四川省农业科学院植物保护研究所/农业部西南作物有害生物综合治理重点实验室，四川成都 610066
2. 四川省农业科学院作物研究所/农业部西南地区小麦生物学与遗传育种重点实验室，四川成都 610066
3. 四川省农业科学院，四川成都 610066

摘要：为了减少化学农药在小麦种子包衣中的施用，本研究利用生物包衣剂和化学包衣剂对小麦生长发育、产量性状、产量及小麦根际土壤环境等进行分析。包衣剂选用吡虫啉作为化学包衣剂（T1）、内生芽孢杆菌作为生物包衣剂（T2），分别测定小麦生长发育初期的土壤理化性质和土壤酶活，并调查两种处理下小麦开花期的叶绿素和叶片氮含量、小麦灌浆期叶片光合参数、小麦成熟期的主要性状指标及产量情况。结果表明，与CK处理对比，T2处理的小麦土壤硝态氮含量显著升高，土壤pH值和土壤有机质含量也明显升高，土壤过氧化氢酶（*S－CAT*）、土壤蔗糖酶（*S－SC*）、土壤脲酶（*S－UE*）、土壤酸性磷酸酶（*S－ACP*）的酶活性得到显著提高，小麦旗叶的光合速率（*Pn*）、蒸腾速率（*Tr*）分别提高了21.90%、52.04%，胞间CO_2浓度（*Ci*）降低了5.15%，与T1处理对比，T2处理后能够显著增强*S－CAT*（23.30%）、*S－UE*（31.99%）、*S－ACP*（38.54%）的酶活；此外，T2处理的小麦主要性状及产量得到了显著提高，其小麦产量达到6.25 t/hm^2，比CK增加了36.00%，比T1处理增加了21.12%。内生芽孢杆菌作为生物包衣剂主要成分，能够在一定程度上改良小麦土壤环境，更能促进小麦的生长发育，提高小麦灌浆率和产量，该研究为小麦的绿色增产提供理论基础。

关键词：吡虫啉；内生芽孢杆菌；土壤酶活；土壤环境；产量；绿色生产

小麦是中国主要粮食作物之一，近年来由于土壤中病菌的积累及气候的变化，小麦的病虫害发生更加普遍和严重，施用化学农药就成了病虫害防治的主要措施[1]。同时，通过投入大量化肥来提高小麦产量，导致未被利用分解的化肥、农药等在土壤中的长期累积，造成土壤板结、根际土壤微生物群落变化、土壤退化、土壤环境污染加剧的严重现象[2-4]。随着种植水平的发展和防治意识的提高，采用新型内吸性杀虫、杀菌成分的种衣剂能够有效预防小麦常见病虫害的发生，提高小麦的产量[5]。吡虫啉种子包衣处理对蚜虫表现出良好的防效，施药方式简单，对天敌昆虫影响较小[6,7]，而一定比例的吡虫啉/烯唑醇悬浮种衣剂对小麦纹枯病、蚜虫具有极佳的防治效果[8]。芽孢杆菌是一类分布广泛的重要植物根际促生细菌，通过固氮、解磷和产生激素类物质等促进植物生长，通过诱导植物系统抗性和

* **基金项目**：农业部公益性行业（农业）科研专项（201503127）；四川省农业科学院前沿学科研究基金（2019QYXK027）

抑制病原物防治植物病害[9,10]，从植物病害的竞争、拮抗、促生和诱抗性四方面控制作物病害的发生，是一种新型的生防资源，是生物防治的一种重要因子[11,12]。小麦经过生物制剂包衣后，不会影响种子的发芽和出苗，并可以促进植株生育，增强植株的抗倒伏性，对小麦的产量和质量都有明显提高[13,14]。小麦是对氮肥反应强烈的谷物之一，土壤供氮能力具体表现在土壤硝态氮比例大小[15]，同时，土壤酶活性及其类型能够与土壤养分一起作为评价土壤肥力的指标之一[16,17]。通过植物促生芽孢杆菌改良后，砒砂岩土壤的有机质、速效磷等土壤理化性质含量得到显著提高，以此为基础促进植株根和茎叶的生长，增加小麦植株的鲜重和干重[18—20]。此外，叶片叶绿素含量直接影响小麦光合作用速率和光合产物的形成，进而影响小麦的生长及籽粒发育，最终影响小麦的产量[21—23]。针对小麦种子包衣的研究多在于小麦的病虫害防控和产量方面，一方面，笔者从小麦旗叶叶绿素含量和叶片光合作用入手，通过分析不同包衣剂处理下小麦的叶绿素含量、叶片氮含量、叶片光合参数等与小麦产量的关系；另一方面，土壤作为植物生长发育的重要基质，改善土壤环境对土壤中的有机质及分解土壤中各种物质的土壤酶活等具有重要意义，文章分析了不同包衣处理对小麦土壤理化性质和土壤酶活的影响，探讨了不同包衣剂种子包衣对小麦产量和土壤环境的影响，旨在为保护麦田及小麦安全生产提供理论依据。

1 材料与方法

1.1 试验地点

试验于 2018 年 10 月至 2019 年 5 月在广汉市西高镇白里村水稻专家大院试验田进行，试验田土壤（0～25 cm）有机质 27.30 g/kg、速效氮 60.49 mg/kg、速效磷 15.16 mg/kg、速效钾 70.12 mg/kg、全氮 1.61 g/kg、全磷 0.96 g/kg、全钾 12.85 g/kg。

1.2 试验处理

供试小麦品种为抗性品种川麦 104。试验设 2 个处理和 1 个 CK 空白对照进行对比试验，处理 1 化学包衣（T1）采用常规化学种衣剂（有效成分 60%吡虫啉，悬浮种衣剂），药种比 1∶25，拌种剂兑入适量清水混匀后进行种子包衣，阴干后播种；处理 2 生物包衣（T2）采用生防菌种衣剂（内生芽孢杆菌，活菌数≥200 亿个/g），药种比 1∶20，喷洒适量清水使种子表面湿润，加入拌种剂使之均匀黏附在种子表面，稍晾干后播种。生防菌种衣剂为中农绿康广谱型生物菌剂，该菌剂是一种植物微生态制剂，选用对双子叶植物生长、抗病性有益的内生芽孢杆菌，利用现代生物工程技术加工制备而成，能够在植物体表、体内定植转移，与寄主植物的亲和性高，受环境影响较小，对植物、动物、环境等无毒无污染，安全性高，具有促长增产、早熟抗病、提高品质等功能。

试验底肥采用 15∶15∶15 的氮磷钾复合肥（525 kg/hm^2）（折合纯 N 75 kg/hm^2），硅肥施用量(22.5 kg/小区，合 600 kg/hm^2)，选用绿地康 2 号—稻麦型微生物土壤调理菌剂（有效活菌数≥5 亿个/g），用量 60 kg/hm^2。

1.3 测定内容与方法

1.3.1 土壤酶活及养分含量测定

于小麦分蘖期，采用五点取样法对试验田块耕作层土壤进行取样，取样深度为 15 cm，分别测定土壤过氧化氢酶（S—CAT）、土壤蔗糖酶（S—SC）、土壤脲酶（S—UE）、土壤酸性磷酸酶（S—ACP）、土壤有机质（SOM）和土壤硝态氮、土壤 pH 值等数据。

1.3.2 小麦旗叶叶绿素含量测定

在小麦开花期，每小区选取5点，每点选取5叶片，采用TYS－4N型手持叶绿素测定仪测定小麦旗叶叶绿素含量、叶片氮含量、叶面湿度、叶面温度。

1.3.3 小麦叶片光合性状测定

在小麦灌浆期，每小区选取5点、每点选取1叶片，采用Lcpro－SD光合仪测定小麦旗叶的光合速率（*Pn*）、蒸腾速率（*Tr*）、胞间CO_2浓度（*Ci*）、CO_2气孔导度（*Gs*）、叶片温度（*Tleaf*）。光合速率测定时选择LED红蓝冷光控制光强为1 500 μmol/（m^2·s）、测定气体流速为200 μmol/s，测定温度与当时叶温一致，湿度为当时空气湿度。

1.3.4 小麦产量及其主要性状的测定

在小麦灌浆后期，每小区随机选取有代表性植株15株分别测定植株地上部分茎鞘、穗各部分干物质量（105℃杀青30 min后，70℃烘干至恒质量）计算小麦生物产量；在小麦成熟期，每处理选取5点进行采样，调查小麦的株高、穗长、小穗数、退化小穗数及平均穗粒数；分小区收割晒干后进行产量实测。

1.4 数据分析

利用Microsoft Excel 2010和SPSS 22软件进行数据处理和统计分析。

2 结果与分析

2.1 不同包衣处理对土壤理化性质、土壤酶活性的影响

不同包衣处理的小麦土壤养分及土壤酶活情况如表1所示，CK、T1、T2的土壤pH值均为酸性，趋势呈现CK<T1<T2，土壤有机质含量显示T1、T2处理均比CK高，但处理与CK之间的土壤pH值和有机质含量差异不显著；而T2处理的土壤硝态氮含量高于T1和CK，T2与T1、CK处理之间的土壤硝态氮含量差异显著。植物本身和土壤微生物均能够分泌不同酶来促进土壤中各类养分分解和有效利用[24]。与CK相比，T2处理的S－CAT、S－SC、S－UE、S－ACP酶活性明显更高，T2处理的S－CAT、S－SC、S－ACP酶活分别比CK高1.06 μmol/（d·g）、3.27 mg/（d·g）、2.97 μmol/（d·g），而S－UE酶活比CK高107.78 μg/（d·g）。

表1 小麦在不同包衣处理下的土壤养分及土壤酶活

处理	土层深度(cm)	pH值	硝态氮(mg/kg)	有机质SOM(g/kg)	过氧化氢酶S－CAT[μmol/（d·g）]	蔗糖酶S－SC[mg/（d·g）]	脲酶S－UE[μg/（d·g）]	酸性磷酸酶S－ACP[μmol/（d·g）]
空白对照CK	15 cm	5.95±0.12b	8.25±0.30b	27.54±0.58b	6.03±0.12ab	16.11±0.80b	342.94±9.54a	9.97±0.46b
化学包衣T1	15 cm	6.04±0.11ab	6.86±0.18c	28.07±0.83ab	5.75±0.26c	16.56±0.77b	341.47±3.51a	9.34±0.40b
生物包衣T2	15 cm	6.31±0.24a	10.09±0.17a	29.29±0.93a	7.09±0.33a	19.38±0.53a	450.72±1.77a	12.94±0.74a

2.2 不同包衣处理对小麦叶绿素含量、叶片氮含量等的影响

叶绿素是绿色植物重要的光合色素，是植物进行光合作用的基础[25]。不同包衣处理对开花期小麦叶绿素含量、叶片氮含量等的影响如图1所示，T2处理的小麦旗叶叶绿素含量、叶片氮含量显著高于T1处理和CK，其中，T2处理比CK的小麦旗叶叶绿素含量高8.40%，比CK的叶片氮含量高4.79%。

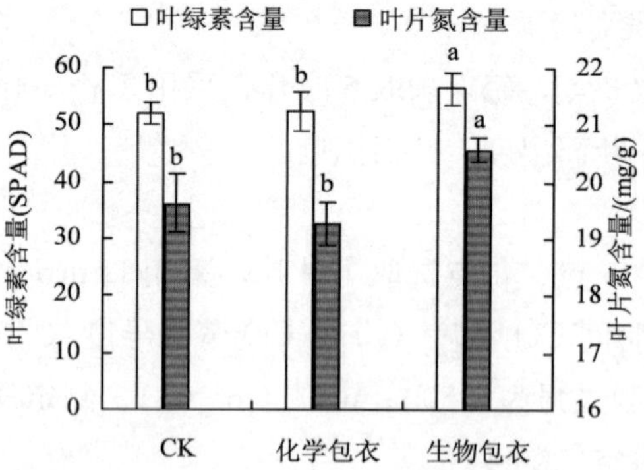

图1　小麦在不同包衣处理下的叶绿素及叶片氮含量情况

2.3　不同包衣处理对小麦气体交换参数的影响

作物的光合作用特性通常以光合速率、蒸腾速率、胞间CO_2浓度、气孔导度等指标反映[26]。如表2所示，T1、T2处理的小麦旗叶*Pn*的平均值分别为14.10 μmol/（m^2·s）、16.92 μmol/（m^2·s），分别比CK的小麦光合速率高1.59%、21.90%；T2处理的小麦旗叶*Tr*和*Gs*平均值分别为8.56 mmol/（m^2·s）、2.93 mol/（m^2·s），比CK的平均值分别高出52.04%、5.78%，其中T2处理的旗叶*Tr*显著高于T1和CK；由于小麦光合作用的增强降低了CO_2浓度，*Ci*平均值变化趋势为T2<T1<CK，T2处理的平均值为346.80 μmol/mol，比CK胞间CO_2浓度低18.00 μmol/mol。

表2　小麦在不同包衣处理下的气体交换参数

处理	光合速率 *Pn* [μmol/（m^2·s）]	蒸腾速率 *Tr* [mmol/（m^2·s）]	胞间CO_2浓度 *Ci* (μmol/mol)	CO_2气孔导度 *Gs* [mol/（m^2·s）]	叶片温度 *Tleaf* (℃)
空白对照CK	13.88±2.45a	5.63±1.27b	349.40±7.02a	2.77±1.36a	33.65±2.05a
化学包衣T1	14.10±2.53a	5.92±1.04b	346.80±8.64a	2.81±1.39a	33.98±2.14a
生物包衣T2	16.92±1.87a	8.56±1.45a	331.40±7.17a	2.93±1.44a	29.30±1.97b

2.4　不同包衣处理对小麦产量、生物产量及其主要性状的影响

不同包衣处理对小麦产量及其主要性状的影响见表3，T2处理的小麦的平均株高和穗长分别达到了93.26 cm和13.13 cm，比CK处理显著提高了6.64%、27.23%；T2处理的小麦平均小穗数和20穗平均穗粒数分别为22.25个和71.00粒，退化小穗数仅有1.75个，其中20穗平均穗粒数比CK处理提高了76.70%，退化小穗数比CK减少了43.18%；通过实收实测获取的小麦的产量数据显示，T2处理的小麦产量达到6.25 t/hm^2，比CK的小麦产量增加了36.00%；取15株小麦样品分别测取穗、茎秆的物质积累量，如图2所示，T2处理的小麦穗及茎秆的物质积累量均显著高于CK和T1处理。

表3　小麦在不同包衣处理下主要性状及其产量

处理	株高 (cm)	穗长 (cm)	小穗数 (个/株)	退化小穗数 (个/株)	穗粒数 (粒/穗)	实测产量 (t/hm^2)
空白对照CK	87.45±1.68b	10.32±0.27b	14.32±0.30c	3.08±0.22a	40.18±1.68c	4.59
化学包衣T1	88.60±1.76b	11.00±0.30ab	16.55±0.87b	2.72±0.27a	48.04±4.07b	5.16
生物包衣T2	93.26±2.47a	13.13±2.28a	22.25±0.65a	1.75±0.58b	71.00±6.11a	6.25

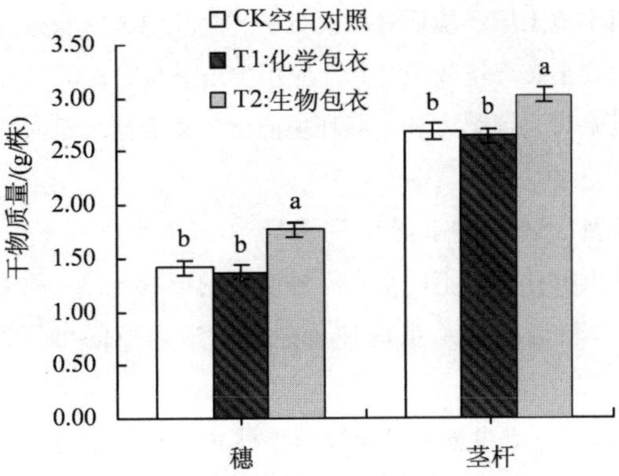

图2　小麦在不同包衣处理下干物质积累情况

3　讨论

土壤有机质、硝态氮等是小麦生长发育及作物碳氮积累过程所需营养的重要来源，其中氮素积累主要来源于土壤硝态氮及土壤矿化的有机氮[15]，土壤有机质主要来源于土壤中动植物残体物。土壤有机质、土壤硝态氮含量除与土壤湿度、温度、酸碱度相关外，还受到土壤微生物及土壤酶的影响。本研究结果显示，内生芽孢杆菌能够促进土壤中有机质等分解为可被吸收利用的硝态氮，因此生物包衣处理后的土壤硝态氮含量显著高于CK；此外，生物包衣制剂（内生芽孢杆菌）通过促进土壤微生物繁殖并提高土壤酶活性，对土壤有机质含量有提高作用。

土壤酶是土壤生态系统的组分之一，与土壤理化性质、土壤类型等密切相关，既是土壤有机物转化的执行者，也是植物营养元素的活性库[16]。土壤酶活性、土壤养分含量等对土壤质量及肥力水平有影响[17]。本研究结果显示，内生芽孢杆菌对小麦S−CAT、S−SC、S−UE、S−ACP活性均有显著的促进作用，这与闫杨等在生防芽孢杆菌对黄瓜根际土壤酶活性的研究结果[27]一致，结合本研究综合分析原因可能由于内生芽孢杆菌能够刺激土壤有益微生物群落的繁殖，促进植物分解和利用土壤有机质、营养元素的酶和菌的产生，从而增强土壤酶活性。

叶绿素的高低直接影响植物光合作用[21]。同时，光合作用又是作物最重要的生理代谢过程，它提供了作物生长发育的物质基础，小麦产量的90％～95％来自光合产物[28]。植物光合作用除受环境因素的影响外，通过充分灌溉[29]、施氮量及施氮方式[30]等能够加强小麦光合作用，达到小麦提质增产的效果。本研究结果显示，内生芽孢杆菌处理的小麦旗叶SPAD值及叶片氮含量显著高于化学包衣剂（吡虫啉）处理；内生芽孢杆菌的小麦 *Pn*、*Tr*、*Gs* 等反映小麦光合作用的指标明显得到了提高，但 *Ci* 略低于吡虫啉包衣处理，可能由于光合作用加速消耗了 CO_2；小麦主要性状等指标均得到提高，干物质积累量提高，产量提高。小麦产量表现为内生芽孢杆菌>吡虫啉>CK，与小麦旗叶SPAD值、小麦光合作用成正比。

基于研究结果，利用内生芽孢杆菌进行包衣比CK处理分别提高了6.35％的土壤有机质含量和22.30％的硝态氮含量，增加小麦生长发育的重要营养来源，有利于小麦的生长及产量的提高；其次，内生芽孢杆菌可以显著提高土壤酶活性，促进土壤中各养分的分解，改善土壤环境，增强小麦对土壤中的氮、磷等元素利用；另外生物包衣能一定程度提高小麦叶片的叶绿素含量和叶片氮含量，有利于叶片光合作用的进行，对小麦生长发育和产量都有促进作用。

参考文献

[1] 曹卫东，任淑芳，鲁振．小麦主要病虫害发生的气象因素及药剂防治措施 [J]. 中国农技推广，2015，31 (5)：47-48.

[2] 陈印军，杨俊彦，方琳娜．中国耕地土壤环境质量状况分析［J］．中国农业科技导报，2014，16（2）：14－18．
[3] 李东坡，武志杰．化学肥料的土壤生态环境效应［J］．应用生态学报，2008（5）：1158－1165．
[4] 宁川川，王建武，蔡昆争．有机肥对土壤肥力和土壤环境质量的影响研究进展［J］．生态环境学报，2016，25（1）：175－181．
[5] 曹杰．种子包衣对小麦病虫防控及产量的影响［J］．种业导刊，2017（4）：29－30．
[6] 魏会廷，李俊，向运佳，等．吡虫啉拌种对不同小麦品种萌发的影响［J］．种子，2016，35（7）：67－68，72．
[7] 高志山，张学峰，刘海涛，等．新烟碱类杀虫剂种子包衣防治麦蚜的可行性评价［J］．植物保护学报，2016，43（5）：864－872．
[8] 王汉芳，季书琴，李向东，等．10.4%吡虫啉·烯唑醇悬浮种衣剂对小麦蚜虫和纹枯病的防治效果［J］．麦类作物学报，2012，32（4）：799－804．
[9] 罗欢．芽孢杆菌对植物的促生和耐盐作用及其相关机制的研究［D］．南京：南京农业大学，2013．
[10] 李琬，刘淼，张必弦，等．植物根际促生菌的研究进展及其应用现状［J］．中国农学通报，2014，30（24）：1－5．
[11] 杨瑞先，蔡学清，范晓静，等．内生芽孢杆菌防治植物病害的应用及作用机制研究进展［J］．武夷科学，2012（28）：106－113．
[12] 齐爱勇，赵绪生，刘大群．芽孢杆菌生物防治植物病害研究现状［J］．中国农学通报，2011，27（12）：277－280．
[13] 李宝华．小麦应用包衣型生物表面活化剂对其生育性状及产量和品质的影响［J］．黑龙江农业科学，2003（1）：8－9．
[14] 李艳杰．包衣型生物表面活化剂在小麦上的应用效果［J］．大麦与谷类科学，2007（1）：26－27．
[15] 苗艳芳，李生秀，扶艳艳，等．旱地土壤铵态氮和硝态氮累积特征及其与小麦产量的关系［J］．应用生态学报，2014，25（4）：1013－1021．
[16] 王理德，王方琳，郭春秀，等．土壤酶学研究进展［J］．土壤，2016，48（1）：12－21．
[17] 邱莉萍，刘军，王益权，等．土壤酶活性与土壤肥力的关系研究［J］．植物营养与肥料学报，2004（3）：277－280．
[18] 邓琳，王涛，殷涂童，等．砒砂岩中植物促生芽孢杆菌的筛选及其对土壤的改良作用［J］．水土保持通报，2019，39（5）：211－217．
[19] 邱思鑫．植物内生芽孢杆菌对作物生长的影响［G］．福建省农学会．2008年福建省科协第八届学术年会农业分会场论文集．2008：63－66．
[20] 胡亚杰，韦建玉，卢健，等．枯草芽孢杆菌在农作物生产上的应用研究进展［J］．作物研究，2019，33（2）：167－172．
[21] 张志鹏，傅兆麟．小麦叶片叶绿素含量与产量关系研究进展综述［J］．安徽农学通报，2015，21（10）：36－37＋81．
[22] 向永玲，方正武，赵记伍，等．灌浆期涝害对弱筋小麦相对叶绿素含量及产量的影响［J］．福建农业学报，2019，34（3）：264－270．
[23] 何丽香，傅兆麟，宫晶，等．小麦灌浆期上三叶叶绿素含量与产量和品质的关系［J］．中国农学通报，2014，30（15）：183－187．
[24] 马健，王周琼，李述刚．小麦根际土壤酶活性变化研究［J］．干旱区研究，1998（2）：60－65．
[25] 姜思彤，苏娜，傅兆麟．小麦旗叶叶绿素含量的时空差异性分析［J］．黑龙江农业科学，2018（10）：22－26．
[26] 于文颖，纪瑞鹏，冯锐，等．不同生育期玉米叶片光合特性及水分利用效率对水分胁迫的响应［J］．生态学报，2015，35（9）：2902－2909．
[27] 闫杨，刘月静，王帅珂，等．生防芽孢杆菌对黄瓜根际土壤酶活性的影响［J］．江苏农业科学，2019，47（7）：108－111．
[28] 杨淑巧，许琦，刘跃鹏，等．冬小麦光合作用和叶绿素荧光特性的研究［J］．农学学报，2015，5（3）：5－10．
[29] 徐凡，李茂松，王春艳，等．充分与非充分灌溉条件下冬小麦光合速率与产量的关系［J］．中国农业气象，2009，30（S1）：60－63，67．
[30] 姚战军，张永刚．水氮运筹对小麦光合作用及产量的影响［J］．江苏农业科学，2013，41（7）：58－59．

吡虫啉拌种对不同小麦品种萌发的影响*

魏会廷[1]　李　俊[2]　向运佳[1]　李朝苏[2]　张　鸿[1]　汤永禄[2]　杨武云[2]

1. 四川省农业科学院植物保护研究所/农业部西南作物有害生物综合治理重点实验室，四川成都　610066

2. 四川省农业科学院作物研究所/农业部西南地区小麦生物学与遗传育种重点实验室，四川成都　610066

摘要：为评价吡虫啉拌种剂对四川主栽小麦品种的安全性，选择了10个代表性品种，拌种后测试发芽率、发芽势、发芽指数、胚芽长、最长根长等参数。结果表明，各参数均存在显著的拌种、品种及互作效应。拌种后的发芽率、发芽势和发芽指数均呈下降趋势，平均降幅分别为1.7%、2.9%和8.2%，不同品种反应差异明显。川麦42、川麦38等品种发芽率、发芽势未受影响，发芽指数降幅也较小（3%左右），而川农16、蜀麦969拌种后发芽率、发芽势和发芽指数均有大幅降低。拌种对胚根和胚芽生长也有明显抑制作用，胚芽长平均降低50.1%，最长根长平均降低73.0%，其中川农16、绵麦37、川麦61等品种两个参数降幅较大，川麦38的降幅相对较小。以上结果说明，不同类型品种对吡虫啉拌种剂的敏感程度不同，川农16、蜀麦969较敏感，川麦38、川麦42不敏感，其他品种介于两类品种之间。

关键词：吡虫啉；拌种；小麦；萌发

拌种是防治小麦病虫害的有效手段[1-4]。西南麦区是我国第三大小麦优势产区，常年小麦种植面积约230×10^4 hm^2。西南麦区传统拌种的目的主要是防治苗期条锈病和白粉病。一方面，随着高产、抗病品种数量的增多和覆盖面积的扩大，杀菌剂拌种的作用已大为减弱。另一方面，随着气候条件变化，蚜虫在西南地区的危害呈加重趋势[5,6]。吡虫啉是防治作物害虫的常用药剂，其拌种技术在黄淮麦区的蚜虫和地下害虫防治中广泛应用[7,8]。已有研究表明，吡虫啉拌种可有效控制小麦整个生育期的蚜虫危害，且对小麦安全[7]。范文超等[8]的研究表明，吡虫啉拌种在小麦苗期对麦蚜表现为胃毒作用，孕穗期对麦蚜表现为胃毒与拒食共同作用[8]。西南麦区近年也陆续引进了部分吡虫啉拌种剂以验证其适应性。本研究选择了代表性的10个品种，研究了不同类型品种对吡虫啉拌种的敏感性。

1　材料与方法

参试的吡虫啉拌种剂为山东省联合农药工业有限公司生产的60%悬浮剂。参试的品种有10个，分别为川麦38、川麦42、川麦61、川麦104、川育23、川农16、绵麦367、绵麦37、蜀麦969、内麦836，来源于四川5家育种单位，在生产上均有广泛应用。

在四川盆地小麦适播期（2015年10月23日）按照推荐剂量进行拌种，药种比例为1∶250，每个

* **基金项目**：国家小麦产业建设体系建设专项资金（CARS-3）；公益性行业（农业）科研专项（201503127）

品种拌种量为 1kg。将拌种剂均匀喷洒在小麦籽粒表面，混匀后摊开晾干。对照用同等重量的清水拌种。

每个处理随机数出 3 个 50 粒，腹沟朝下均匀放置在铺有两层浸湿滤纸的培养皿中，每天用喷雾方式补充损失的水分。每天统计一次发芽数，连续统计 7 d，在第 7 d 试验结束时每个培养皿随机选择 10 粒测定最长根长和胚芽长度。第 3 d 的发芽率记为发芽势，根据每天的发芽数计算发芽指数（GI），GI=$\sum Gt/Dt$，其中 Dt 表示发芽日数，Gt 表示该天的发芽数。

2 结果与分析

2.1 吡虫啉拌种后发芽参数联合方差分析

表 1 结果表明，拌种、品种及两者互作对 4 个发芽参数均有明显影响。对于发芽率变异的贡献，拌种×品种>品种>拌种，三个变异来源对发芽率影响均达极显著水平。对于发芽指数变异，拌种>品种>拌种×品种，拌种处理对发芽指数变异的贡献达 50.2%，拌种后不同品种均表现出发芽延迟的现象。对于胚芽长和最长根长变异，拌种的贡献最大，超过 90%，品种和互作效应也达到显著水平。

表 1 吡虫啉拌种对不同品种种子发芽参数联合方差分析

参数	变异来源	DF	SS（%）	MS	F 值
发芽率	拌种	1	10.1	41.7	25.0**
	品种	9	35.8	16.4	9.8**
	拌种×品种	9	38.0	17.4	10.4**
	误差项	40	16.2	1.7	—
发芽指数	拌种	1	50.2	853.4	305.2**
	品种	9	23.7	44.8	16.0**
	拌种×品种	9	19.4	36.7	13.1**
	误差项	40	6.6	2.8	—
芽长	拌种	1	92.6	153.9	6413.3**
	品种	9	3.3	0.6	25.4**
	拌种×品种	9	3.5	0.6	27.1**
	误差项	40	0.6	0.02	—
最长根长	拌种	1	93.0	411.3	1215.8**
	品种	9	2.4	1.2	3.5**
	拌种×品种	9	1.6	0.8	2.3*
	误差项	40	3.0	0.3	—

注：* 表示 $P<0.05$，** 表示 $P<0.01$。

2.2 吡虫啉拌种对不同品种发芽率和发芽势的影响

表 2 结果表明，吡虫啉拌种对发芽率的影响相对较小，10 个品种拌种处理较清水发芽率均值降低 1.7%。不同品种反应差异还是很大，川麦 38、川麦 42、川麦 61 等 8 个品种未受影响或受影响较小，降幅在 2%以下，川农 16 和蜀麦 969 受影响较大，其中川农 16 拌种后发芽率降低 4%，蜀麦 969 降低 10.7%。

和发芽率相比，拌种对发芽势的影响更为明显。川麦 38、川麦 42、川麦 61 和内麦 836 等 4 个品种未受影响，其他品种的发芽势降低 0.7%～15.3%，川农 16 和蜀麦 969 仍是受影响最大的品种。

表 2　吡虫啉拌种对不同品种种子发芽率和发芽势的影响

品种	发芽率			发芽势		
	清水	吡虫啉	±%	清水	吡虫啉	±%
川麦 38	100	100	0	100	100	0
川麦 42	100	100	0	100	100	0
川麦 61	99.3	99.3	0	99.3	99.3	0
川麦 104	100	98.7	−1.3	100	98.7	−1.3
川育 23	100	100	0	100	96.7	−3.3
川农 16	100	96	−4.0	100	92.7	−7.3
绵麦 367	99.3	99.3	0	98.7	99.3	0.7
绵麦 37	100	99.3	−0.7	100	98	−2
蜀麦 969	100	89.3	−10.7	100	84.7	−15.3
内麦 836	100	100	0	100	100	0
均值	99.9	98.2	−1.7	99.8	96.9	−2.9

2.3　吡虫啉拌种对不同品种发芽指数的影响

和发芽率、发芽势相比，吡虫啉拌种对发芽指数的影响更大（表 3）。和清水相比，各品种在吡虫啉拌种后的发芽指数均有不同程度的降低，降幅为 1.8%～20.1%，平均为 8.2%。其中川麦 38、川麦 42、绵麦 367 降幅较小，在 5%以内；川麦 61、川麦 104、川育 23、绵麦 37 和内麦 836 降幅在 8%左右，而川农 16 和蜀麦 969 的降幅分别达 12.7%和 20.1%。

表 3　吡虫啉拌种对不同品种种子发芽指数影响

拌种剂	川麦 38	川麦 42	川麦 61	川麦 104	川育 23	川农 16	绵麦 367	绵麦 37	蜀麦 969	内麦 836	均值
清水	89.0	90.2	96.3	91.6	90.1	91.6	90.8	93.5	92.4	94.5	92.0
吡虫啉	86.1	87.5	88.4	84.0	82.0	80.0	89.1	86.8	73.8	86.8	84.4
±%	−3.2	−3.0	−8.2	−8.3	−9.0	−12.7	−1.8	−7.2	−20.1	−8.2	−8.2

2.4　吡虫啉拌种对不同品种芽长和最长根长的影响

表 4 结果表明，吡虫啉拌种不仅对种子的发芽指数有明显影响，对发芽后胚芽和胚根生长也有明显影响，不同品种的芽长和根长均有大幅降低，其中芽长降幅为 32.3%～57.3%，平均 50.1%，最长根长降幅为 61.3%～84.1%，平均为 73.0%。川麦 38 的两个参数的降幅相对较小，而川农 16、绵麦 37、川麦 61 等品种两个参数降幅均较大。

表 4　吡虫啉拌种对不同品种种子芽长和最长根长的影响

品种	平均芽长（cm）			最长根长（cm）		
	清水	吡虫啉	±%	清水	吡虫啉	±%
川麦 38	5.57	3.77	−32.3	6.63	2.57	−61.3
川麦 42	6.53	3.10	−52.6	6.33	2.00	−68.4
川麦 61	6.97	3.20	−54.1	6.67	1.47	−78.0
川麦 104	6.50	3.10	−52.3	7.03	2.30	−67.3
川育 23	6.37	3.20	−49.7	6.50	1.03	−84.1
川农 16	7.33	3.13	−57.3	8.33	2.03	−75.6
绵麦 367	5.80	3.03	−47.7	7.37	2.00	−72.9
绵麦 37	6.27	2.90	−53.7	7.53	1.43	−81.0
蜀麦 969	6.60	3.17	−52.0	7.40	2.27	−69.4
内麦 836	5.47	2.77	−49.4	7.90	2.23	−71.7
均值	6.34	3.14	−50.1	7.17	1.93	−73.0

3 讨论

蚜虫作为小麦生长期的主要害虫，对其防控主要依靠喷施化学农药，常因防控时期与药剂种类选择不当造成防控效果不佳。多数研究表明，吡虫啉拌种对麦蚜具有良好的控制效果和超长的持效期，在整个麦蚜发生期无须施药[7,8]。拌种技术会在小麦虫害防控方面发挥越来越重要的作用。拌种剂在使用时面临的最大问题是安全性和时效性。本研究中，吡虫啉拌种对种子发芽有不利影响，发芽率、发芽指数、胚芽长、最长根长等发芽参数呈降低趋势，尤其是发芽指数和胚芽、胚根长降幅较大。种子萌发和 α 淀粉酶活性密切相关，三唑类杀菌剂拌种后会抑制赤霉素合成，降低 α-淀粉酶活性，减缓胚乳储藏淀粉分解，影响小麦正常发芽和出苗[9-11]，推测吡虫啉拌种影响种子萌发也可能有这一原因。

虽然拌种剂拌种对种子萌发普遍有不利影响，但品种反应有差异明显。如在锈病防治中，不同类型小麦品种的三唑酮拌种适宜剂量差异较大[12]。郁忠英等[13]研究表明，不同晚粳稻品种对稻种清浸种剂敏感程度不同，对嘉绍 3 号的影响大于对秀水 09 的影响。本研究结果表明，参试品种对吡虫啉拌种的反应也有不同，川麦 38、川麦 42 等品种各发芽参数受影响较小，而川农 16、蜀麦 969 受影响较大，其中发芽指数降低 12%以上，胚根长降低 52%以上，最长根长降低 70%以上。川麦 104 亲本之一为川农 16，蜀麦 969 的亲本之一为川麦 42，亲本与子代的吡虫啉敏感程度不同，这一遗传机制还需要深入研究。

参考文献

[1] 杨文兰．三种药剂拌种对小麦根腐病的防病效果研究［J］. 河北农业技术师范学院学报，1997，11（2）：36－39.

[2] 张春初，罗家传，郭保民，等．小麦药剂拌种剂防治纹枯病效果初报［J］. 安徽农业科学，2001，29（4）：491－492，500.

[3] 赵桂东，李茹，周玉梅，等．一拌灵拌种防治小麦地下害虫的效果［J］. 安徽农业科学，2002，30（5）：763，766.

[4] 耿军，李婷，朱良备．用福碟拌种防治小麦害虫效果试验［J］. 安徽农学通报，2013，19（4）：82，136.

[5] 黄荣汉，谢新民，曾伟，等．四川小麦蚜虫优势种群演替的研究［J］. 西南农业大学学报，1996，18（6）：554-556.

[6] 魏会廷，李俊，汤永禄，等．不同种类药剂对小麦禾谷缢管蚜的防治效果研究［J］. 农学学报，2014，4（2）：43-46.

[7] 刘爱芝，韩松，梁九进．新烟碱类杀虫剂拌种防治麦蚜效果及安全性研究［J］. 河南农业科学，2012，41（12）：94－97，145.

[8] 范文超，程志，党志红，等．吡虫啉拌种对麦长管蚜控制机制的初步探讨［J］. 河北农业大学学报，2013，36（1）：91－94.

[9] 潘以楼，吴汉章．三唑类药剂拌种对小麦种子发芽、出苗的影响及其机制初探［J］. 农药，1992，31（4）：50-51.

[10] 高仁君，邓春艳，吴学宏，等．戊唑醇和三唑酮种衣剂对小麦幼苗生长发育的影响［J］. 植物保护学报，2010，27（4）：359－363.

[11] 田体伟，雷彩燕，王怡，等．种衣剂的副作用研究进展［J］. 种子，2014，33（11）：51－55.

[12] 杨发荣．三唑酮拌种剂量与小麦品种感（条锈）病性关系的初步研究［J］. 农药，1995，34（2）：42－45.

[13] 郁忠英，姚云峰．浸种药剂对不同晚粳稻品种发芽率的影响［J］. 浙江农业科学，2008，45（3）：332－334.

防蚜拌种剂对小麦种子萌发的影响*

魏会廷[1] 李 俊[2] 汤永禄[2] 杨武云[2] 李朝苏[2]

1. 四川省农业科学院植物保护研究所/农业部西南作物有害生物综合治理重点实验室，四川成都 610066

2. 四川省农业科学院作物研究所/农业部西南地区小麦生物学与遗传育种重点实验室，四川成都 610066

摘要：采用纸床法研究了防治麦蚜的拌种剂（噻虫嗪、氟虫腈、丁硫克百威、吡虫啉）拌种对小麦种子萌发的影响。结果表明，和清水相比，参试的4种拌种剂对小麦的发芽率和发芽势无明显影响，但利于发芽指数的提高，随着温度的降低增幅增大。吡虫啉处理的胚芽长度显著低于对照，其他处理与对照无明显差异；随着温度的降低，吡虫啉处理的胚芽长度与对照的差异还呈增大趋势。胚根对拌种剂的反应较胚芽敏感，拌种处理的最长根长均低于对照，其中氟虫腈和吡虫啉在不同温度条件下与对照差异均达显著水平，拌种前进行应进行安全性测试。

关键词：拌种剂；小麦；萌发

小麦在生长发育过程中会受到多种病虫害的威胁，防控病虫害的手段主要有选用抗性品种及化学防治。作为化学防控内容之一的药剂拌种技术以其成本低廉、使用方便等优势，在各主产麦区广泛应用，尤其在对纹枯病、黑穗病等土传、种传病害，以及地下害虫的防治中显现出良好效果[1-4]。

西南麦区是我国第三大小麦优势产区，常年小麦种植面积约 $230\times10^4\ hm^2$，对小麦影响较大的病虫害主要有条锈病、白粉病、赤霉病和蚜虫[5]。目前该区域抗病育种进步较快，抗性品种的推广在病害防控中发挥了重要的作用。蚜虫具有迁飞性、多胎快繁、环境适应性强的特点[6]，且抗蚜小麦资源极度缺乏，目前尚缺高抗蚜品种[7]，生产中蚜虫防治主要依靠喷施化学农药，由于防治时机和药剂种类选择不当常会造成较大的损失[8]。

为提高病虫害的防治效果，降低生产成本，各地大力提倡药剂拌种。药剂拌种存在安全性的问题，拌种不当可能会影响小麦正常出苗、生长发育，以及根际微生物群落的稳定性[9,10]。为了解常用防治蚜虫拌种剂对四川小麦品种的安全性，开展了本次研究，以期为小麦病虫害防控技术优化提供技术支撑。

1 材料与方法

参试的拌种剂有4种，分别为噻虫嗪（陕西韦尔奇作物保护有限公司生产，21%悬浮剂）、氟虫腈（江苏富田农化有限公司生产，8%悬浮剂）、丁硫克百威（浙江天一农化有限公司生产，35%干粉剂）

* **基金项目**：公益性行业（农业）科研专项（201503127）；现代农业产业技术体系建设专项资金（CARS－3）；四川省农业科学院青年基金（2014QNJJ－008）；四川省现代农业技术创新与示范专项（2014CXSF－019）

和吡虫啉（山东省联合农药工业有限公司，60%悬浮剂），均从市场上购置。参试品种为内麦 836。在四川盆地小麦适播期（2014 年 10 月 28 日）按照推荐剂量进行拌种，药种比分别为 1∶250、1∶150、1∶100、1∶125。将拌种剂均匀喷洒在小麦籽粒表面，混匀后摊开晾干。

考虑到部分农民在拌种后因多种因素推迟播种，在种子晾干后分三次采用纸床法在室内进行发芽试验，分别是拌种后 2 d（D1）、32 d（D2）和 62 d（D3），试验期间的平均温度分别为 16.9 ℃、13.8 ℃和 13.0 ℃。

每次试验每个处理随机数出 3 个 50 粒，腹沟朝下均匀放置在铺有两层浸湿滤纸的培养皿中，每天用喷雾方式补充损失的水分。每天统计一次发芽数，连续统计 7 d，在第 7 d 试验结束时每个培养皿随机选择 10 粒测定最长根长和胚芽长度。第 3 d 的发芽率记为发芽势，根据每天的发芽数计算发芽指数（GI），$GI=\sum Gt/Dt$，其中 Dt 表示发芽日数，Gt 表示该天的发芽数。

2 结果与分析

2.1 拌种剂对小麦发芽率和发芽势的影响

表 1 结果表明，不同类型的拌种剂对小麦发芽率和发芽势影响不明显，和 CK 无显著差异。温度降低后，拌种剂对小麦发芽率和发芽势也无明显影响，3 个温度下不同处理的发芽势均可超过 96%。

表 1 拌种剂拌种对小麦发芽率和发芽势的影响

	拌种剂	D1	D2	D3
发芽率（%）	清水（CK）	99.3 a	100.0 a	100.0 a
	噻虫嗪	99.3 a	100.0 a	99.3 a
	氰虫腈	96.0 a	99.3 a	100.0 a
	丁硫克百威	98.0 a	99.3 a	100.0 a
	吡虫啉	100.0 a	99.3 a	100.0 a
发芽势（%）	清水（CK）	98.7 a	100.0 a	100.0 a
	噻虫嗪	99.3 a	100.0 a	99.3 a
	氰虫腈	96.0 a	99.3 a	100.0 a
	丁硫克百威	98.0 a	99.3 a	100.0 a
	吡虫啉	100.0 a	99.3 a	100.0 a

注：同一时期同一指标数值后面的小写字母不同表示差异达显著水平，$P<0.05$，下同。

2.2 拌种剂对小麦发芽指数的影响

虽然不同拌种处理对小麦发芽率无明显影响，但处理间发芽指数有显著差异，药剂拌种利于发芽指数的提高，且随着试验温度的降低，差异更加明显（表 2）。和 CK 相比，在 D1，拌种剂的发芽指数提高 7.4%～16.3%，D2 提高 16.3%～23.7%，D3 提高 12.5%～32.7%。

表 2 拌种剂对小麦发芽指数的影响

拌种剂	D1	D2	D3
清水（CK）	41.4 c	27.7 c	31.4 d
噻虫嗪	46.8 ab	34.4 b	35.3 c
氰虫腈	44.5 bc	37.5 a	37.7 b
丁硫克百威	46.5 ab	35.2 b	41.7 a
吡虫啉	48.2 a	35.0 b	40.8 a

不同拌种剂对小麦发芽指数的作用受温度影响，噻虫嗪处理在温度较高的 D1 发芽指数较高，但

在温度较低的D2和D3期发芽指数相对较低；氟虫腈处理在温度较高时发芽指数相对较低，但在温度较低时又相对较高；丁硫克百威在D1和D3温度下发芽指数较高，在D2温度下发芽指数较低；吡虫啉处理在不同温度条件下均有较高的发芽指数。

2.3 拌种剂对小麦胚芽和胚根生长的影响

拌种剂拌种不但影响小麦的发芽指数，对发芽后的胚芽和胚根的生长也有明显影响（表3）。吡虫啉处理的胚芽长度显著低于CK，其他处理与对照无明显差异。随着温度的降低，吡虫啉与CK间差异增加，和CK相比，在D1、D2、D3，降幅分别为58.1%、64.0%和76.5%。

胚根对拌种剂的反应较胚芽敏感，不同温度下拌种剂间最长根长的差异均达显著水平。CK处理的最长根长在不同温度下均高于拌种剂处理，其中丁硫克百威与CK在三个时期的差异均不显著；噻虫嗪在D1、D2与CK差异不明显，但在D3显著低于CK。氟虫腈和吡虫啉在不同时期的最长根长均显著低于CK，其中氟虫腈降幅为19.4%～30.4%，吡虫啉降幅为68.6%～78.9%。

表3 拌种剂对小麦发芽7 d后胚芽长和最长根长的影响

	拌种剂	D1	D2	D3
胚芽长（cm）	清水（CK）	9.0 a	3.9 a	4.3 a
	噻虫嗪	9.1 a	3.8 a	3.9 a
	氟虫腈	9.5 a	3.8 a	3.9 a
	丁硫克百威	9.4 a	3.8 a	4.1 a
	吡虫啉	3.8 b	1.4 b	1.0 b
最长根长（cm）	清水（CK）	11.7 a	5.7 a	6.3 a
	噻虫嗪	10.9 a	5.3 a	5.4 b
	氟虫腈	8.3 b	4.0 b	5.1 b
	丁硫克百威	10.4 a	5.3 a	5.6 ab
	吡虫啉	3.5 c	1.8 c	1.3 c

3 讨论

蚜虫作为小麦生长期的主要害虫，对其防控主要依靠喷施化学农药，常因防控时期与药剂种类选择不当造成防控效果不佳。多数研究表明，拌种对麦蚜具有良好的控制效果和超长的持效期，在整个麦蚜发生期无须施药[11,12]。拌种技术在小麦虫害防控方面发挥了越来越重要的作用。

拌种剂在使用时面临的最大问题是安全性和时效性，如三唑类杀菌剂拌种后会抑制赤霉素合成，降低α-淀粉酶活性，减缓胚乳储藏淀粉分解，影响小麦正常发芽和出苗[13-15]。防治蚜虫的拌种剂，如吡虫啉拌种后对α-淀粉酶活性无明显影响[16]，因此在一定剂量下拌种对种子的出苗率和出苗势影响较小。本研究结果也表明，参试的四种拌种剂处理的发芽率和发芽势均和对照无明显区别，且有利于发芽指数的提高。

虽然拌种剂拌种对小麦发芽率、发芽势无明显影响，但对胚根和胚芽的生长影响不一致，本研究中噻虫嗪和丁硫克百威处理胚根和胚芽长度和对照无明显差异，但吡虫啉处理的胚根和胚芽明显降低，这与其他相关研究不一致[16,17]。和胚芽相比，胚根的生长对于拌种剂更加敏感。拌种剂除有效成分外，还含有安全剂、成膜剂等其他助剂，相关成分的配比及种类也会影响种子发芽和幼苗生长[13]，且不同作物种类或者同一作物的不同品种对拌种剂的反应也可能存在差异，因此在拌种前进行应进行安全性测试，以避免损失。本研究仅就不同拌种处理的种子萌发情况进行了研究，其对蚜虫的田间防控效果将继续研究。

参考文献

[1] 杨文兰．三种药剂拌种对小麦根腐病的防病效果研究 [J]. 河北农业技术师范学院学报，1997，11 (2)：36－39.

[2] 张春初，罗家传，郭保民，等．小麦药剂拌种剂防治纹枯病效果初报 [J]. 安徽农业科学，2001，29 (4)：491－492，500.

[3] 赵桂东，李茹，周玉梅，等．一拌灵拌种防治小麦地下害虫的效果 [J]. 安徽农业科学，2002，30 (5)：763，766.

[4] 耿军，李婷，朱良备．用福碟拌种防治小麦害虫效果试验 [J]. 安徽农学通报，2013，19 (4)：82，136.

[5] 李朝苏，汤永禄，吴春，等．药剂拌种对小麦出苗及病虫防控效果的影响 [J]. 西南农业学报，2011，21 (6)：2197－2201.

[6] 胡想顺，赵惠燕．我国小麦抗蚜机理研究进展 [J]. 应用昆虫学报，2014，51 (6)：1459－1469.

[7] 魏会廷，李俊，吴春，等．四川小麦主栽品种对禾谷缢管蚜的抗性 [J]. 应用昆虫学报，2014，51 (6)：1524－1531.

[8] 魏会廷，李俊，汤永禄，等．不同种类药剂对小麦禾谷缢管蚜的防治效果研究 [J]. 农学学报，2014，4 (2)：43－46.

[9] 俞扬凤，刘坚宏，陈国祥．立克秀拌种对小麦发芽的影响 [J]. 作物杂志，2003 (3)：19－20.

[10] 陈厚德，赵卫华，王彰明，等．药剂拌种对小麦苗期根际微生物的影响 [J]. 安徽农业科学，2005，33 (1)：42－43.

[11] 高占林，党志红，李耀发，等．吡虫啉拌种量对小麦蚜虫的防治效果及其在小麦籽粒中的残留研究 [J]. 河北农业科学，2011，15 (10)：57－59，66.

[12] 都振宝，苗进，武予清，等．新烟碱类杀虫剂拌种对麦蚜田间防效及药剂残留动态分析 [J]. 应用昆虫学报，2011，48 (6)：1682－1687.

[13] 潘以楼，吴汉章．三唑类药剂拌种对小麦种子发芽、出苗的影响及其机制初探 [J]. 农药，1992，31 (4)：50－51.

[14] 高仁君，邓春艳，吴学宏，等．戊唑醇和三唑酮种衣剂对小麦幼苗生长发育的影响 [J]. 植物保护学报，2010，27 (4)：359－363.

[15] 田体伟，雷彩燕，王怡，等．种衣剂的副作用研究进展 [J]. 种子，2014，33 (11)：51－55.

[16] 段强，赵国玲，姜兴印，等．吡虫啉拌种对玉米种子活力及其幼苗生长的影响 [J]. 玉米科学，2012，20 (6)：63－69.

[17] 朱金英，田文铎，张书良，等．"真巧＋好拌" 拌种防治麦蚜效果及对小麦生长发育的影响 [J]. 山东农业科学，2014，46 (7)：121－123.

戊唑醇拌种对不同小麦品种种子萌发的影响*

魏会廷[1] 李 俊[2] 汤永禄[2] 李星月[1] 张 鸿[1] 杨武云[2] 夏先全[1]

1. 四川省农业科学院植物保护研究所，四川成都 610066
2. 四川省农业科学院作物研究所/
农业部西南地区小麦生物学与遗传育种重点实验室，四川成都 610066

摘要：采用纸床法研究了 4 种戊唑醇拌种浓度（药种比分别为清水、1∶1 000、1∶500、1∶250）对 10 个四川小麦品种种子萌发的影响。和清水相比，戊唑醇拌种对参试品种的发芽率无明显影响，但促进了发芽指数的提高。随着拌种浓度的增加，胚芽长和最长根长普遍呈下降趋势，川麦 42、内麦 836 的降幅相对较小，但 1∶1 000 拌种浓度还促进了川育 23 胚芽长和最长根长的增加。以上结果表明，推荐的戊唑醇拌种剂量（药种比 1∶1 000）对四川小麦多数品种较为安全。

关键词：戊唑醇；拌种；小麦；萌发

一方面，药剂拌种技术具有成本低廉、使用方便、效果明显等优势，在小麦的地下害虫、纹枯病、黑穗病、白粉病等防控方面得到了广泛应用[1-4]。随着国家“农药使用量零增长行动”的不断推进，种子包衣、药剂拌种等技术在降低农药用量、提高病虫害防控质量方面将会发挥越来越重要的作用。西南麦区是我国第三大小麦优势产区，常年小麦种植面积约 230×10^4 hm^2，药剂拌种是本区防治小麦地下害虫和苗期病害的重要策略之一。本区小麦苗期病害主要有条锈病和白粉病，拌种剂成分以戊唑醇、三唑酮为主。

另一方面，药剂拌种的安全性也不容忽视，药拌种不当可能会影响小麦正常出苗、生长发育及根际微生物群落的稳定性[5,6]。潘以楼等[7]研究表明，三唑类杀菌剂拌种后会抑制赤霉素合成，降低 α-淀粉酶活性，减缓胚乳储藏淀粉分解，影响小麦正常发芽和出苗[8,9]。

拌种剂的安全性除受药剂成分、助剂成分等因素影响，还受作物基因型的影响。李健强等[10]研究发现，三唑酮拌种后 3 个小麦品种幼苗叶片还原糖含量、游离氨基酸种类与含量均有明显变异。正是由于以上因素存在，农民在选择拌种剂时仍有较多疑虑。为了解戊唑醇拌种剂对四川主要小麦品种的安全性的影响，开展了本次研究，以期为小麦病虫害防控技术优化提供技术支撑。

1 材料与方法

试验于 2018 年 1 月进行。参试的拌种剂为戊唑醇，有效成分含量 2%，生产厂家为江苏省盐城利民农化有限公司。根据近年农业部和四川省公布的主推品种目录，选择了代表性的 10 个品种进行测试，分别为川麦 38、川麦 42、川麦 61、川麦 104、川育 23、绵麦 37、绵麦 367、蜀麦 969、川农 16 和

* **基金项目**：现代农业产业技术体系建设专项资金（CARS-3）；公益性行业（农业）科研专项（201503127）

内麦 836。除采用生产厂家推荐的拌种浓度进行处理外（药种比 1∶700～1∶1 000），考虑到部分农民为提高药效，可能盲目增加药量的问题，药种比分别设置为 1∶1 000、1∶500、1∶250，将拌种剂均匀喷洒在小麦籽粒表面，以清水拌种为对照处理，混匀后摊开晾干。

每个处理随机数出 3 个 50 粒，腹沟朝下均匀放置在铺有两层浸湿滤纸的培养皿中，每天用喷雾方式补充损失的水分。试验期间温度保持在 25℃，每天统计一次发芽数，连续统计 5 d，在第 5 d 试验结束时每个培养皿随机选择 5 粒测定最长根长和胚芽长度。根据每天的发芽数计算发芽指数（GI），$GI=\sum Gt/Dt$，其中 Dt 表示发芽日数，Gt 表示该天的发芽数。

2 结果与分析

2.1 戊唑醇拌种对不同小麦品种萌发影响的联合方差分析

表 1 表明，拌种浓度、品种及两者互作对发芽率无明显影响，但对发芽指数影响达到极显著水平，对于发芽指数变异的贡献，品种>拌种浓度×品种>拌种浓度。三者对于芽长的影响也达到极显著水平，贡献大小分别为拌种浓度>品种>拌种浓度×品种。随着拌种浓度的提高，最长根长呈下降趋势，品种和拌种浓度对最长根长影响显著，两者互作作用不明显。

表 1 戊唑醇拌种对不同品种种子发芽参数联合方差分析

参数	变异来源	DF	SS	MS	F 值
发芽率	拌种浓度	3	0.36	0.12	0.06
	品种	9	22.00	2.56	1.21
	拌种浓度×品种	27	40.67	1.51	0.71
	误差项	80	169.21	2.12	
发芽指数	拌种浓度	3	339.16	113.05	59.79**
	品种	9	626.85	69.65	36.83**
	拌种浓度×品种	27	478.55	17.72	9.37**
	误差项	80	151.28	1.89	
芽长	拌种浓度	3	112.85	37.62	6 183.7**
	品种	9	37.28	4.14	680.9**
	拌种浓度×品种	27	26.94	1.00	164.0**
	误差项	80	0.487	0.006	
最长根长	拌种浓度	3	103.38	34.45	64.88**
	品种	9	56.90	6.32	11.90**
	拌种浓度×品种	27	19.48	0.72	1.36
	误差项	80	42.49	0.53	

注：** 表示 $P<0.01$。

2.2 戊唑醇拌种对不同品种发芽率的影响

从总体结果来看，戊唑醇浓度对参试品种的平均发芽率无明显影响，4 个供试浓度的发芽率均值都在 99%以上。所有品种在各浓度下的发芽率差异均未达到显著水平，详见表 2。

表 2 戊唑醇拌种对不同品种种子发芽率的影响　　单位：%

品种	清水	1∶1 000	1∶500	1∶250
川麦 38	100.0	99.3	100.0	100.0
川麦 42	98.6	100.0	100.0	98.7
川麦 61	98.7	100.0	98.0	98.0

续表

品种	清水	1∶1000	1∶500	1∶250
川麦 104	99.3	99.3	100.0	100.0
川育 23	99.3	98.6	98.7	98.7
川农 16	100.0	97.3	98.0	98.6
绵麦 37	99.3	98.0	99.3	99.3
绵麦 367	99.3	99.3	100.0	100.0
蜀麦 969	98.0	99.3	99.3	99.3
内麦 836	99.3	100.0	99.3	98.7
均值	99.2	99.1	99.3	99.1

2.3 戊唑醇拌种对不同小麦品种发芽指数的影响

和发芽率相比，戊唑醇拌种对小麦发芽指数的影响明显，详见表 3。和清水相比，绝大部分品种拌种后发芽指数有不同程度的升高，增幅为 8.6%～17.3%，尤其以 1∶1000 拌种浓度增幅最大。参试品种发芽指数反应不尽一致，和清水相比，川麦 42、川育 23、绵麦 37、蜀麦 969 等品种，戊唑醇各拌种浓度的发芽指数均有大幅增加，而川麦 38、川麦 61 在较高拌种浓度下发芽指数有下降趋势。川麦 104 对拌种浓度的反应不敏感。

表 3　戊唑醇拌种对不同小麦品种种子发芽指数影响 单位：%

品种	清水	1∶1000	1∶500	1∶250
川麦 38	25.3	42.0	32.6	26.8
川麦 42	21.9	29.6	27.1	26.1
川麦 61	24.7	28.4	27.4	23.5
川麦 104	24.4	24.9	25.9	24.5
川育 23	18.8	23.2	24.1	23.8
川农 16	25.0	24.7	23.8	23.2
绵麦 37	20.9	26.3	26.1	25.5
绵麦 367	23.8	25.4	26.0	25.3
蜀麦 969	23.1	26.9	25.4	25.2
内麦 836	23.2	24.8	24.4	24.8
均值	23.1 a	27.6 b	26.3 c	24.9 c

注：品种均值后的小写字母不同，表示不同拌种浓度间差异达显著水平（$P<0.05$）。

2.4 戊唑醇拌种对不同小麦品种芽长和最长根长的影响

表 4 结果表明，随着拌种浓度的增加，参试品种的平均芽长和最长根长普遍呈下降趋势。和清水相比，品种平均芽长降幅为 15.7%～53.1%，最长根长降幅为 5.1%～43.0%，1∶250 浓度拌种对所有品种胚芽和初生根生长都有严重的制约作用。

对于芽长，和对照相比，在推荐的拌种浓度下（药种比 1∶1000），川麦 38、川麦 61、川麦 104、蜀麦 969 等品种均有大幅下降，而川麦 42、绵麦 37、内麦 836 等品种的变化不明显，对于川育 23 甚至有促进作用。

对于最长根长，在推荐的拌种浓度下，川麦 61、绵麦 37 的初生根的生长较为敏感，和清水相比，降幅在 14%以上，川麦 42、川麦 104 等品种反应不敏感，而对于川育 23 的根长有促进作用。

表 4　戊唑醇拌种对不同品种种子芽长和最长根长的影响

单位：cm

品种	芽长				最长根长			
	清水	1∶1000	1∶500	1∶250	清水	1∶1000	1∶500	1∶250
川麦 38	4.67	3.13	2.53	1.87	5.71	5.96	4.81	4.11
川麦 42	4.33	4.17	2.60	2.07	5.75	5.88	5.15	3.82
川麦 61	5.73	4.10	2.00	1.53	6.13	5.27	5.17	2.70
川麦 104	4.73	3.40	2.60	1.77	5.25	5.25	3.39	2.47
川育 23	2.70	3.53	2.20	1.83	4.01	4.85	3.72	3.01
川农 16	6.30	5.03	4.07	3.07	6.81	5.93	5.33	3.87
绵麦 37	4.53	4.50	4.17	3.03	7.26	5.47	4.84	3.43
绵麦 367	5.23	4.17	2.27	1.67	6.01	5.59	4.57	2.69
蜀麦 969	5.33	4.20	2.97	2.50	4.71	4.33	3.41	2.76
内麦 836	3.33	3.30	2.73	2.63	3.65	3.96	3.30	2.60
均值	4.69 a	3.95 b	2.81c	2.20 d	5.53 a	5.25 a	4.37 b	3.15 c

注：品种均值后的小写字母不同，表示不同拌种浓度间差异达显著水平（$P<0.05$）。

3　讨论

拌种剂在使用时面临的最大问题是安全性和时效性，如果拌种不当或者作物对某类拌种剂较为敏感，作物正常发芽和出苗将会受到严重影响[7-9,11,12]。戊唑醇作为传统的拌种剂，其对作物萌发的影响结果也不一致。郭建国等[11]研究表明，在 0.06 g/kg 的拌种浓度时，虽不影响玉米种子的发芽率，但发芽势和发芽指数均有下降[11]。刘猛道等[12]研究表明，较低浓度的戊唑醇拌种对大麦的发芽、成苗和苗期生长无影响，但增大浓度会有一定的抑制作用[12]。戊唑醇对于小麦萌发有明显的剂量效应[13]。

本研究表明，3 种拌种浓度对小麦发芽率无明显影响，但可以提高发芽指数，尤其 1∶1000 拌种浓度，这与以往研究不尽一致。且随着拌种浓度的增加，参试品种的平均芽长和最长根长普遍呈下降趋势。田体伟等[13]研究表明，戊唑醇种衣剂对种子吸水性和萌发过程中的 α-淀粉酶和蛋白酶活性都有明显影响[13]。较低浓度的戊唑醇可以促进种子 α-淀粉酶的升高，这可能是本研究中拌种后种子发芽指数升高的主要原因。虽然发芽指数有所增加，但多数品种的胚芽长度和最长根长在戊唑醇处理后均有降低，推测这与戊唑醇降低了种子蛋白酶的活性有关[13]。

品种的遗传背景不同，其对戊唑醇拌种剂量的反应程度也不一致。本研究结果表明，虽然多数品种初生根和胚芽的生长在戊唑醇处理后有不同程度降低，但川麦 42、内麦 836 两个品种反应弱于其他品种，而对川育 23 初生根的生长还有促进作用。这可能与其籽粒酶活性、物质组成等因素有关，相关机制还需要深入研究。

参考文献

[1] 杨文兰．三种药剂拌种对小麦根腐病的防病效果研究 [J]．河北农业技术师范学院学报，1997，11（2）：36－39.

[2] 张春初，罗家传，郭保民，等．小麦药剂拌种剂防治纹枯病效果初报 [J]．安徽农业科学，2001，29（4）：491－492，500.

[3] 赵桂东，李茹，周玉梅，等．一拌灵拌种防治小麦地下害虫的效果 [J]．安徽农业科学，2002，30（5）：763，766.

[4] 耿军，李婷，朱良备．用福碟拌种防治小麦害虫效果试验 [J]．安徽农学通报，2013，19（4）：82，136.

[5] 俞扬凤，刘坚宏，陈国祥．立克秀拌种对小麦发芽的影响 [J]．作物杂志，2003（3）：19－20.

[6] 陈厚德，赵卫华，王彰明，等．药剂拌种对小麦苗期根际微生物的影响 [J]．安徽农业科学，2005，33（1）：42-43.

[7] 潘以楼，吴汉章．三唑类药剂拌种对小麦种子发芽、出苗的影响及其机制初探［J］．农药，1992，31（4）：50－51.
[8] 高仁君，邓春艳，吴学宏，等．戊唑醇和三唑酮种衣剂对小麦幼苗生长发育的影响［J］．植物保护学报，2010，27（4）：359－363.
[9] 田体伟，雷彩燕，王怡，等．种衣剂的副作用研究进展［J］．种子，2014，33（11）：51－55.
[10] 李健强，王恩东，王建辉，等．三唑酮拌种对小麦苗期叶片中还原糖和游离氨基酸含量的影响［J］．河北农业大学学报，1995，18（4）：89－92.
[11] 郭建国，刘永刚，吕和平，等．几种药剂拌种后对玉米种子萌发和生长效应的初步研究［J］．种子，2007，26（10）：24－26.
[12] 刘猛道，赵加涛，字尚永，等．戊唑醇和三唑酮拌种抑制大麦苗期生长试验研究［J］．作物杂志，2011（6）：117－119.
[13] 田体伟，张梦晗，赵丽鑫，等．戊唑醇种衣剂对小麦种子萌发及幼苗生长的影响［J］．种子，2014，33（12）：66－69.

四川小麦分蘖冗余及理想群体构成研究*

王思宇　吴　舸　樊高琼　胡雯媚　郑　文　王强生　朱　杰

四川农业大学/农业部西南作物生理生态与耕作重点实验室，四川成都　611130

摘要：为探究四川小麦分蘖冗余及理想群体构成，以5个典型冬小麦品种为材料，在分蘖始期至拔节期每2 d进行一次剪分蘖，设置3个处理：仅保留1个主茎，剪除所有分蘖（B0）；保留主茎和1个大分蘖（B1）；保留主茎和2个大分蘖（B2）；没有进行处理的为对照组（CK）。对成熟期各性状进行调查。结果表明，5个品种间趋势较为一致，仅保留主茎的B0处理单株穗数最低（1.00穗/株），B1、B2和CK单株穗数在同一水平（1.96～1.98穗/株）；B0处理下的穗粒数（49.5粒/穗）、千粒重（53.2 g）、穗长（11.3 cm）、有效小穗（17.7个/穗）较CK显著增加，但株高（86.5 cm）和单株产量（2.54 g/株）均最低；B2处理产量（4.27 g/株）低于B1（4.39 g/株）、高于CK（4.13 g/株），且差异不显著；B1处理下株高（88.1 cm）适中，主茎和分蘖的穗长（11.0 cm、10.6 cm）增加，有效小穗数（17.8个/穗、16.4个/穗）增多，最终主茎和分蘖的穗粒数（47.4粒/穗、39.5粒/穗）显著高于B2（44.2粒/穗、34.7粒/穗）和CK（43.8粒/穗、36.0粒/穗），主茎和分蘖的千粒重（50.7 g、52.5 g）也高于B2（50.3 g、50.9 g）和CK（49.6 g、51.3 g），穗、粒、重协调，单株产量（4.39克/株）最高。研究认为1主茎+1分蘖处理消除了冗余分蘖对资源的浪费，减少了内耗，是四川小麦优质低耗高产的最佳茎蘖组合。

关键词：冬小麦；剪分蘖；分蘖冗余；产量构成

分蘖是小麦的一个重要生物学特性，也是其长期适应外界环境调节的结果。有效分蘖是产量的重要来源之一，而无效分蘖对提升产量的作用不大，因为分蘖冗余会造成群体资源的消耗，限制产量的进一步提高。生产上力求减少冗余分蘖，多发壮蘖，以提高个体竞争力、壮大群体，进而增加有效分蘖数，提高产量[1]。在冗余理论中，冗余度是系统内冗余大小程度的量度，用备用原件与工作原件数之比来表示[2]。系统的冗余大小对其稳定性（可靠性）有着重要影响。冗余过小，将难以长期保持在稳定状态；冗余过大，对增加系统的稳定性固然有好处，但往往造成浪费，加重系统的负担[3]。将冗余理论引入作物栽培学科，可为构建合理茎蘖群体提供新思路。

麦类生产中存在优质低耗的最佳茎蘖组合，分蘖冗余度也是可调控的。侯慧芝等[4]研究初步肯定，干旱灌区冬小麦至少有1/3的分蘖是冗余的，合理降低冗余度可获得高产。潘晓云等[5]对覆膜栽培下两种春小麦的无效分蘖进行了研究，发现覆膜种植会促进分蘖过度发生和生长，造成春小麦种群的生长冗余。银敏华等[6]在冬小麦生长早期通过调亏灌水有效控制拔节前分蘖，联合抽穗期去除无效分蘖，达到不显著影响产量并提高水分利用效率的效果。在农业生产实践中，农民也普遍通过镇压、深耕断根等方法控制小麦分蘖旺长，优化群体结构而获得高产。四川是西南麦区的代表，气候生态特点为高

* **基金项目**：国家公益性行业（农业）科研专项（201503127）；四川省农作物育种攻关项目（2011NZ0098－15－3）

温高湿寡日照，小麦生育特性与黄淮海、长江中下游显著不同。四川小麦分蘖发生时间短、成穗率不高，穗容量不足是限制其产量提升的关键因子，穗容量不足的原因则是分蘖穗少。四川小麦分蘖冗余的定量分析及优质低耗的最佳茎蘖组合等问题亟待解决，探明这些问题对于挖掘四川小麦分蘖成穗潜力，制定合理栽培措施，减少分蘖冗余，进而构建最佳茎蘖群体获得高产具有重要意义。鉴于此，本试验选择区域内5个代表性品种，进行分蘖去除处理，研究四川小麦分蘖冗余，以期为四川小麦群体优化栽培提供理论依据。

1 材料与方法

1.1 试验材料与设计

试验于2014年10月—2015年6月在四川农业大学温江农场进行。试验地前作物为大豆，土壤肥力情况为全氮2.43 g/kg、速效氮95 mg/kg、速效磷27.47 mg/kg、速效钾38.99 mg/kg。小麦采用开沟点播，行距20 cm，播前精选完整饱满的种子，单粒播种，3叶期匀苗，保证基本苗为250×10^4 hm^2，小区面积6 m^2（3 m×2 m），每公顷施120 kg纯氮，过磷酸钙（P_2O_5 12%）500 kg，氯化钾（K_2O 52%）115 kg，氮肥按底肥∶拔节肥=6∶4施用，磷钾肥全作底肥一次施入。其他栽培措施按一般大田生产进行。

本试验采用二因素裂区设计，主因素为品种（A），设置5个品种：川麦104（四川主推品种）、蜀麦969（四川主推品种）、南麦302（川审麦2012005）、绵麦37（四川省区试对照种）和绵杂麦168（杂交小麦），分别用A1～A5代表。副因素为剪分蘖处理（B），设置三个处理：B0为保留主茎，剪除所有分蘖；B1为保留主茎和一个大的一级分蘖，剪除其余分蘖；B2为保留主茎和两个大的一级分蘖；不进行任何处理作对照（CK）。共20个处理组合，重复4次。剪分蘖从分蘖发生时即进行，并每2 d干扰一次，一直持续到拔节。

1.2 测定项目与方法

每小区于三叶期设置1 m×1 m的样方，调查基本苗情况，确保各处理群体起点一致。分蘖出现后，对样方内小麦进行去蘖处理，每2 d处理一次，直至拔节期。

成熟期时调查1 m^2样方内的单株穗数和单株产量，并对每株的主茎和分蘖分别进行考种，包括穗粒数、千粒重、穗长、有效小穗、无效小穗等重要指标。

1.3 数据处理与统计分析

运用Microsoft Excel处理数据。用DPS v7.05系统软件进行方差分析，采用LSD法进行样本平均数的差异显著比较。

2 结果与分析

2.1 剪分蘖对冬小麦株高和有效分蘖数的影响

由表1可见，5个小麦品种的株高有显著差异，总体表现为绵杂麦168和蜀麦969显著高于川麦104，显著高于绵麦37，南麦302植株最矮，不足80 cm。单位面积的有效分蘖数以绵杂麦168最高，川麦104和蜀麦969显著高于南麦302和绵麦37。

剪分蘖显著影响株高和有效分蘖数，株高上表现为B2和CK显著高于B1，显著高于B0。B0和B1的株高较CK分别降低3.4%和1.6%，品种间均以B0处理植株最矮。剪分蘖后，CK下的单位面积有效分蘖数略高于B2，略高于B1，但差异均不显著，B0处理下有效分蘖数为0，处于最低值。

表 1　不同处理冬小麦的株高和有效分蘖数

品种	处理	株高（cm）	有效分蘖数（个/m²）
川麦 104	B0	88.9c	0.0b
	B1	91.5ab	250.0a
	B2	92.7a	257.5a
	CK	90.7b	250.0a
蜀麦 969	B0	92.0b	0.0c
	B1	94.4a	242.5b
	B2	94.0a	255.0ab
	CK	95.0a	257.5a
南麦 302	B0	77.8b	0.0b
	B1	77.9ab	227.5a
	B2	80.2a	225.0a
	CK	79.4ab	239.5a
绵麦 37	B0	81.1b	0.0b
	B1	82.4b	225.0a
	B2	86.4a	225.0a
	CK	85.6a	222.5a
绵杂麦 168	B0	92.5b	0.0b
	B1	94.2b	250.0a
	B2	97.3a	262.5a
	CK	97.0a	265.0a
川麦 104*		90.9b	189.4a
蜀麦 969*		93.8a	188.8a
南麦 302*		78.8d	172.9b
绵麦 37*		83.9c	168.1b
绵杂麦 168*		95.3a	194.4a
	B0	86.5c	0.0b
	B1	88.1b	239.0a
	B2	90.1a	245.0a
	CK	89.5a	246.8a

注：B0——保留主茎；B1——保留主茎和一个大分蘖；B2——保留主茎和 2 个大分蘖；CK——不作任何干扰。标以不同小写字母的值在 0.05 水平差异显著。* 表示均值。表 2、表 3 同。

2.2　剪分蘖对冬小麦穗部性状的影响

由表 2 可见，5 个小麦品种主茎穗长有显著差异，川麦 104、南麦 302 显著高于绵麦 37 和蜀麦 969，各品种的分蘖穗长无显著差异。南麦 302 的主茎和分蘖有效小穗均显著高于其余 4 个品种，无效小穗方面则是蜀麦 969 显著高于川麦 104、南麦 302 和绵麦 37，绵杂麦 168 的无效小穗数最少。

剪分蘖后，小麦主茎穗长以 B0 和 B1 处理显著高于 B2 和 CK，分蘖穗长也以 B1 处理高；主茎有效小穗以 CK 最少，显著低于 B1 和 B0 处理，分蘖有效小穗在 B1 下最高，较 CK 高 5.1%；B0 和 B1 处理下的无效小穗数显著降低，较 CK 低 20% 和 12%。B2 处理下的穗长、有效小穗和无效小穗均与对照无显著差异。绵麦 37 各指标受剪分蘖影响较小，其余 4 个品种间规律较为一致。

表 2　不同处理冬小麦的穗长、有效小穗和无效小穗

品种	处理	穗长（cm）		有效小穗		无效小穗	
		主茎	分蘖	主茎	分蘖	主茎	分蘖
川麦 104	B0	11.6a	—	16.3ab	—	2.0b	—
	B1	11.5a	10.7a	17.1a	16.0a	2.3ab	3.3b
	B2	11.1ab	10.6a	16.7a	15.2a	2.5a	3.7a
	CK	10.6b	10.3a	16.2b	14.6b	2.5a	3.8a
蜀麦 969	B0	11.1a	—	17.9a	—	3.2b	—
	B1	10.7ab	10.2a	17.4ab	16.2a	3.3b	4.0b
	B2	9.7c	9.6a	16.6b	14.7b	3.3ab	4.5a
	CK	10.2b	9.9a	16.6b	15.2ab	3.7a	4.7a
南麦 302	B0	11.2a	—	19.6a	—	2.0a	—
	B1	11.3a	10.3ab	20.0a	17.5a	2.1a	2.7a
	B2	11.4a	9.7b	20.1a	16.4a	2.1a	2.9a
	CK	11.4a	11.1a	19.8a	17.1a	2.1a	3.1a
绵麦 37	B0	11.0a	—	16.7a	—	1.8b	—
	B1	10.6a	10.6a	16.7a	16.2a	1.9ab	2.3b
	B2	10.8a	10.4a	16.6a	16.1a	2.3a	3.0a
	CK	10.5a	10.2a	16.8a	15.4a	2.2ab	3.3a
绵杂麦 168	B0	11.8a	—	18.3a	—	1.0c	—
	B1	11.1ab	11.2a	17.7ab	16.1a	1.4b	2.3b
	B2	10.5b	9.9b	17.0bc	15.3a	1.8ab	2.9a
	CK	10.8b	9.8b	16.5c	15.9a	2.0a	3.0a
川麦 104*		11.2a	7.9a	16.6b	11.5b	2.3b	2.7b
蜀麦 969*		10.4c	7.4a	17.1b	11.5b	3.4a	3.3a
南麦 302*		11.3a	7.8a	19.9a	12.8a	2.1b	2.2c
绵麦 37*		10.7bc	7.8a	16.7b	11.9b	2.1b	2.1c
绵杂麦 168*		11.1ab	7.7a	17.4b	11.8b	1.6c	2.0c
	B0	11.3a	—	17.7a	—	2.0b	—
	B1	11.0a	10.6a	17.8a	16.4a	2.2b	2.9b
	B2	10.7b	10.0b	17.4ab	15.5b	2.4a	3.4a
	CK	10.7b	10.2ab	17.2b	15.6b	2.5a	3.6a

2.3　剪分蘖对冬小麦产量及产量构成的影响

由表 3 可见，5 个小麦品种产量及产量构成存在显著差异。绵杂麦 168 和川麦 104 的单株产量显著高于蜀麦 969、南麦 302 和绵麦 37。绵杂麦 168 单株穗数多，南麦 302 穗粒数多，川麦 104 和绵麦 37 千粒重高，川麦 104 和绵杂麦 168 穗重高，蜀麦 969 各指标均处于较低水平。

剪分蘖对产量影响效果显著。仅保留主茎的 B0 处理单株产量最低，较 CK 减产 39.5%，差异显著；保留主茎和 1 个分蘖的 B1 处理产量最高，显著高于 CK，增产 6.3%。保留主茎和 2 个大蘖的 B2 处理，产量则位于 B1 和 CK 之间，与两者差异均不显著。进一步分析表明，B0 处理下的单株穗数最小，而 B1、B2 和 CK 处理下的单株穗数无显著差异，导致 B1 产量优于 B2 和 CK 的原因在于 B1 处理下的主茎穗粒数、分蘖穗粒数和分蘖千粒重均显著高于 B2 和 CK，较 CK 的增幅分别为 8.2%、9.7% 和 2.3%。

绵麦 37 各指标受剪分蘖影响较小，主茎穗粒数和千粒重、分蘖穗粒数和千粒重处理间无显著差异。但最终产量均以 B1 处理最高，在蜀麦 969 和绵杂麦 168 上与 CK 差异显著。

表 3　不同处理冬小麦的单株产量、产量构成因素

品种	处理	单株产量 (g)	单株穗数 (个)	穗粒数（个）		千粒重（g）		穗重（g）		
				主茎	分蘖	主茎	分蘖	主茎	分蘖	平均
川麦 104	B0	2.70b	1.00b	51.3a	—	57.0a	—	2.70a	—	2.70a
	B1	4.79a	2.00a	47.8b	41.2a	54.6b	54.6a	2.39b	2.16a	2.27b
	B2	4.62a	2.03a	45.9c	35.8b	52.6c	53.4ab	2.54ab	1.91b	2.18b
	CK	4.71a	2.00a	46.1c	38.7a	53.3bc	52.5b	2.45b	2.15a	2.29b
蜀麦 969	B0	2.10c	1.00c	42.4a	—	53.7a	—	2.10a	—	2.10a
	B1	4.15a	1.97b	41.4a	33.9a	52.9a	53.6a	2.01a	1.82a	1.92b
	B2	3.99ab	2.02ab	35.5b	28.3b	51.7ab	54.5a	2.00a	1.55b	1.74c
	CK	3.84b	2.03a	35.7b	29.4b	50.4b	53.2a	2.01a	1.57b	1.78c
南麦 302	B0	2.67b	1.00b	54.7a	—	48.9a	—	2.67a	—	2.67a
	B1	4.17a	1.91a	53.5ab	39.2a	45.0b	49.1a	2.16c	1.98a	2.09b
	B2	3.98a	1.90a	51.9ab	36.9a	45.3b	45.7b	2.46ab	1.64b	2.07b
	CK	3.97a	1.96a	51.9b	39.5a	44.6b	48.7a	2.31bc	1.93a	2.10b
绵麦 37	B0	2.38b	1.00b	43.0a	—	55.3a	—	2.38a	—	2.38a
	B1	4.06a	1.90a	42.1a	34.3a	52.9a	55.3a	2.36a	1.90a	2.14b
	B2	4.04a	1.90a	39.9a	32.0a	53.7a	53.9a	2.19a	1.83a	2.01b
	CK	3.83a	1.89a	41.0a	32.2a	54.8a	52.8a	2.31a	1.87a	2.11b
绵杂麦 168	B0	2.86c	1.00b	56.0a	—	51.0a	—	2.86a	—	2.86a
	B1	4.79a	2.00a	52.2b	49.0a	47.9b	49.6a	2.78a	2.31a	2.54b
	B2	4.69a	2.05a	47.6c	40.6b	48.1ab	47b	2.29b	1.91b	2.07c
	CK	4.29b	2.06a	44.5c	40.2b	45.1b	49.1ab	2.00c	2.25a	2.13c
川麦 104*		4.20a	1.76a	47.8c	28.9b	54.4a	40.1a	2.52a	1.56a	2.36a
蜀麦 969*		3.52b	1.76a	38.8e	22.9c	52.2b	40.3a	2.03c	1.23c	1.89c
南麦 302*		3.70b	1.69b	53.0a	28.9b	46.0d	35.9b	2.4ab	1.39b	2.23b
绵麦 37*		3.58b	1.67b	41.5d	24.6c	54.2a	40.5a	2.31b	1.40b	2.16b
绵杂麦 168*		4.16a	1.78a	50.1b	32.4a	48.0c	36.4b	2.48ab	1.62a	2.40a
	B0	2.54c	1.00b	49.5a	—	53.2a	—	2.54a	—	2.54a
	B1	4.39a	1.96a	47.4b	39.5a	50.7b	52.5a	2.34b	2.03a	2.19b
	B2	4.27ab	1.98a	44.2c	34.7b	50.3b	50.9b	2.3b	1.77b	2.01c
	CK	4.13b	1.99a	43.8c	36.0b	49.6b	51.3b	2.22b	1.95a	2.08c

3　讨论

作物生长冗余特性是生物在长期进化过程中形成的适应环境波动、提高竞争能力、减少绝种风险等的生态对策，是作物长期进化和选择的结果[7]。但是在栽培条件下，由于人类的支持和保护，波动环境造成的作物绝种的风险很小，而大量的生长冗余会过度消耗能量、资源和营养物质，此时生长冗余特性变成了巨大浪费和负担，不利于经济产量的提高。韩明春等[8]认为，在一定的栽培管理条件下，存在着一个与最高产量相对应的最佳生长冗余度。在生产中，通过采取适宜的栽培管理措施使作物的生长冗余度达到最佳值，才能获得高产。

本试验结果表明，CK（保留所有分蘖）处理下的单株穗数与 B1、B2 在同一水平，表明分蘖冗余真实存在。同时，剪分蘖后，保留 1 个主茎和 1 个分蘖的 B1 处理，无论是主茎还是分蘖，其有效小穗数、穗粒数及千粒重均显著高于保留所有分蘖的对照，最终产量也显著高于对照，说明这种干扰方式对冬小麦的生长和高产有利。仅保留主茎的 B0 处理在没有分蘖竞争的条件下，主茎的优势地位进一步得到强化，光热及营养更充足，灌浆更充分，无效小穗较对照降低 20%，穗粒数和粒重显著增加，但这些均不能弥补单株穗数下降 50%所造成的亏缺，产量处于最低水平。即消除分蘖冗余过度也不利于

高产，也说明单位面积有效穗对产量起决定性作用[9]。保留 1 个主茎和 2 个分蘖的 B2 处理，其产量高于对照而低于 B1，且差异均不显著，说明这种处理的增产效果不明显。B2 处理较 B1 处理多保留了 1 个分蘖，但其单株穗数并没有因此而增加，反而加大了内耗，主茎和分蘖的穗粒数、千粒重均低于 B1，因而 B2 处理尚存在分蘖冗余。保留 1 主茎和 1 分蘖的 B1 处理，主茎穗粒数较 B2 和 CK 处理增加 7.2%和 7.6%，分蘖穗粒数分别增加 13.8%和 8.9%；主茎千粒重较 B2 和 CK 处理增加 0.8%和 2.2%，分蘖千粒重分别增加 3.1%和 2.3%；主茎单穗重较 B2 和 CK 处理增加 1.7%和 5.1%，分蘖单穗重分别增加 14.7%和 3.9%。可见 B1 处理消除了冗余分蘖对资源的浪费，减少了内耗，最终主茎穗和分蘖穗单穗重均维持在较高水平，在高产和冗余之间找到了平衡点[10]，因而作者认为 1 主茎+1 分蘖是四川小麦高产对应的最佳茎蘖组合。

本试验在分蘖始期进行分蘖去除，直至拔节期，即从分蘖发生到停止过程中连续进行干扰，有别于一些学者在拔节期或抽穗期进行处理[11]，因而更能有效降低由无效分蘖导致的群体内耗，且剪分蘖后植株的正常生长未受到影响，更能体现主茎与分蘖、1 个分蘖与 2 个分蘖之间的关系及干扰具体的形态表现。同时，本试验选用的川麦 104 和蜀麦 969 均为“十二五”期间四川主推品种，绵麦 37 是四川省区域试验对照种，绵杂麦 168 为杂交小麦中的主推品种，可见选用的材料均具有较强的代表性，研究结果说服力强，且品种间规律基本一致，因而认为本文所得的研究结果客观真实，可靠性强。

4 结论

四川小麦的最佳茎蘖组合为 1 主茎+1 分蘖，保留主茎和一个分蘖的处理可有效降低内耗，促进分蘖成穗，在保证足穗的同时，主茎和分蘖的穗粒数和千粒重高，穗粒重协调，达到增产的目的。本试验中所进行的去除分蘖为人工操作，在生产实践中可操作性不强，难以大面积推广，但试验结果明确了四川高温高湿寡日照生态条件下小麦优质群体茎蘖构成，这不仅为该区域小麦育种提供了新思路，栽培上也可考虑筛选一些植物生长调节剂，结合适宜的肥水管理，或耕作措施，抑制高位分蘖发生，减少分蘖冗余，优化群体质量，提高穗容量，进而切实提升高温、高湿、寡日照生态条件下小麦的产量。

参考文献

[1] 王绍中，田云峰，郭天财，等．河南小麦栽培学［M］．北京：中国农业科学技术出版社，2010：94.

[2] 格拉祖诺夫．自动控制系统可靠性理论基础［M］．北京：中国水利水电出版社，1989：1－60.

[3] 党成林，王崇云．生态系统的能量冗余与热力学第二定律［J］．生态学杂志，1998，18（1）：53－58.

[4] 侯慧芝，黄高宝．干旱灌区冬小麦分蘖冗余的研究［J］．中国生态农业学报，2009，17（3）：522－526.

[5] 潘晓云，王永芳，王根轩，等．覆膜栽培下春小麦种群的生长冗余与个体大小不整齐性的关系［J］．植物生态学报，2002，26（2）：177－184.

[6] 银敏华，李援农，周昌明，等．调亏灌水和分蘖干扰对冬小麦生长的补偿效应［J］．应用生态学报，2015，26（10）：3011－3019.

[7] 盛承发．生长的冗余—作物对于虫害超越补偿作用的一种解释［J］．应用生态学报，1990，1（1）：26－30.

[8] 韩明春，吴建军，王芬．冗余理论及其在农业生态系统管理中的应用［J］．应用生态学报，2005，(02)：375－378.

[9] 赵会杰，任琴，郭天财，等．大穗型小麦兰考 906 分蘖发育的生理特征及其调控［J］．麦类作物学报，2001，21（4）：67－71.

[10] 王建永，李朴芳，程正国，等．旱地小麦理想株型与生长冗余［J］．生态学报，2015，35（8）：2428－2437.

[11] 马守臣，徐炳成，李凤民，等．冬小麦（*Triticum aestivum*）分蘖冗余生态学意义以及减少冗余对水分利用效率的影响［J］．生态学报，2008，28（1）：321－326.

四川盆地夏玉米适宜播期研究*

陈尚洪[1,2] 陈红琳[1] 郑盛华[1] 吴 铭[1] 梁 圣[1] 沈学善[1] 梅旭荣[2] 刘定辉[1]

1. 四川省农业科学院土壤肥料研究所/农业部西南山地农业环境重点实验室，四川成都 610066

2. 中国农业科学院农业环境与可持续发展研究所，北京 100081

摘要：为了探讨四川盆地油菜—夏玉米两熟条件下夏玉米适宜播期，以仲玉 3 号、蠡玉 16 和成单 30 为供试材料，设置 4 个夏播播期，对玉米的倒伏状况、干物质积累、产量和籽粒品质变化进行了系统研究。结果表明，品种、播期、品种与播期交互作用显著影响玉米根倒率、总倒折率、收获指数、产量和有效穗数，且播期对实际倒伏、收获指数、产量和有效穗数影响大于品种。品种显著影响玉米籽粒的淀粉含量，品种和播期均显著影响籽粒的蛋白质含量，品种对淀粉和蛋白质的影响大于播期。四川盆地油菜—夏玉米模式中，油菜收获后夏玉米贴茬早播，有利于提高玉米抗倒伏能力、收获指数和籽粒产量；兼顾高产和优质目标，5 月 1 日至 5 日 15 日播种宜选用成单 30，5 月 30 日至 6 月 14 日播种宜选用仲玉 3 号或者蠡玉 16。

关键词：四川盆地；夏玉米；品种；播期；产量；品质

玉米是四川盆地旱地主栽粮食作物，以玉米为核心的多熟间套作模式“小麦/春玉米/红薯（大豆）”是该区域传统的主要种植方式[1,2]。间套作春玉米生产管理工序复杂，机械化作业难度大，劳动力成本高，不能适应玉米机械化、规模化和产业化发展需求[3,4]。近年来，净作两熟小麦（油菜）—夏玉米种植面积日益扩大[5]，成为该区域种植大户、农业专业合作社等新型经营主体发展旱作农业的首选农作模式。然而，生产中因四川夏播玉米品种选育工作起步晚，专用夏播品种较为缺乏[6,7]；在净作小麦（油菜）—夏玉米模式中，油菜或小麦 5 月上旬收获后，多数农户立刻直播夏玉米，但由于受土壤墒情或农事安排影响，夏玉米播期常常推迟至 5 月中下旬，甚至 6 月中旬，播期的延长，影响了直播夏玉米的稳产性。因此，为了适应生产方式转变和种植制度调整，筛选适宜夏播玉米品种，明确夏玉米最佳播期成为新形势下四川盆地旱地玉米生产发展的重要需求。

研究表明，适宜播期是玉米获得高产稳产的必要条件，其生产能力随播期调节而产生变化的主要原因在于各个生育时期对光、热、水、土、气等生态因子的差异性响应[8-10]，所以，使玉米生长发育关键时期处于最适的气象条件有利于发挥玉米高产潜力。熊志强[11]通过分析多年气象资料，从玉米关键生育期避旱的角度提出了四川盆地玉米熟制布局与适播期；李钟等[12]、王小春等[13]和王竹等[14]采用田间试验分析春播玉米生长发育、产量变化进而明确了四川盆地不同区域春玉米适宜播期；孔凡磊等[15]研究了不同玉米品种在春播和夏播的差异性，并对比分析了春播和夏播玉米高产的关键原因。但

* **基金项目**：公益性行业（农业）科研专项（20150312702）；国家重点研发计划（2017YFD0301708）；四川省财政创新能力提升工程项目（2016GYSH－026）；四川玉米创新团队项目（2014SCYMCXTD－7）

针对四川盆地夏播玉米适宜播期和品质变化方面的研究报道较少。为此，本研究以目前四川省大面积推广的玉米品种仲玉 3 号、蠡玉 16 和成单 30 为材料，设置 4 个夏播播期，系统研究玉米的倒伏情况、干物质积累、产量和籽粒品质变化特征，以期为夏玉米丰产稳产提供理论依据。

1 材料与方法

1.1 试验区概况

试验于 2016 年在四川省农业科学院仓山基地（德阳市中江县仓山镇响滩村，30°36′N，105°1′E）进行，该基地位于四川盆地中部丘陵地带，属亚热带湿润季风气候，近 10 年平均气温 16.7 ℃，年平均日照数 1013 h，年均降水量 958.2 mm。2016 年试验期间 5—9 月总降水量为 427.1 mm，仅为近 6 年 5—9 月平均总降水量的 55%，较往年干旱少雨。试验地前作为油菜，土壤为中性紫色土，试验田播种前 0～20 cm 土层土壤容重为 1.43 g/cm^3，含有机质 12.40 g/kg，全氮 0.99 g/kg，碱解氮 76.00 mg/kg，有效磷 9.10 mg/kg，速效钾 142.00 mg/kg。

1.2 试验设计

试验采用二因素裂区设计。主区为 3 个供试品种，分别为仲玉 3 号（A1）、蠡玉 16（A2）和成单 30（A3）；裂区为 4 个播期水平，分别为 5 月 1 日（B1），5 月 15 日（B2），5 月 30 日（B3），6 月 14 日（B4）。试验共 12 个处理，每处理 3 次重复，小区面积为 4.8 m×4.0 m。

试验地采用微耕机旋耕后，玉米人工穴播，播种前每穴浇水约 1 kg。等行距单株种植，行距 80 cm，株距 20 cm，三叶期定苗后控制密度为 6.25×10^4 株/hm^2。

每处理施纯 N 240 kg/hm^2，P_2O_5 90 kg/hm^2，K_2O 150 kg/hm^2；氮肥按照基肥：追肥：粒肥＝3：3：4 分别于播种前、三叶展期和十叶展期施用，磷、钾肥全部作基肥施用，施肥方法为穴施覆土。氮肥为尿素（含 N 46.4%），磷肥为过磷酸钙（含 P_2O_5 12%），钾肥为加拿大氯化钾（含 K_2O 60%）。病虫草害防治及其他田间管理参照大面积生产规范。

1.3 测试项目与方法

1.3.1 倒伏情况调查

玉米灌浆中期，每小区选 10 株长势一致植株，测定株高和穗位高，穗高系数＝穗位高/株高。玉米收获前，分别调查每小区总株数、根倒（与地面夹角＜30°）株数和茎折株数，根倒率＝根倒株数/总株数，茎折率＝茎折株数/总株数，倒折率＝根倒率＋茎折率[16]。

1.3.2 地上部干物质积累

成熟期，每小区采集长势一致植株 5 株，室内剪切烘干分别测定秸秆（含茎秆、叶片和苞叶）、穗轴和籽粒生物量。

1.3.3 产量性状

收获前调查每小区有效穗数，然后小区实收计产，并按平均穗重法选 10 穗，考察穗粒数，籽粒晒干后计产，并调查百粒重。

1.3.4 籽粒品质

淀粉含量测定采用蒽酮比色法，蛋白质含量＝全氮含量×6.25（6.25 为换算系数），脂肪含量测定采用索氏提取法-残余法[17]。

1.4 数据处理与统计分析

采用 Microsoft Excel 2007 和 DPS v7.65 软件进行图表制作和数据统计分析。

2 结果与分析

2.1 品种和播期对玉米倒伏情况的影响

株高、穗位和穗高系数是评价玉米抗倒伏性能的重要指标之一，田间倒伏情况能客观、真实地反映玉米植株抗倒伏能力的强弱。由表 1 分析可知，品种与播期均显著影响玉米株高、穗位、穗高系数、根倒率和总倒折率，且对株高、穗位、根倒率和总倒折率存在显著互作效应，变异系数变化表明播期对实际倒伏的影响大于品种。不同品种之间，株高和穗位表现为 A3>A1>A2，且 A3 株高和穗位显著高于 A2；根倒率和总倒折率以 A1 最高，且显著大于 A2 和 A3，而 A2 和 A3 之间无显著差异；A3 的穗高系数最低，但由于株高和穗位较高，导致其根倒率较 A1 和 A2 分别提高了 16.11%和 16.04%，总倒折率分别提高了 21.11%和 21.53%，说明选择株高和穗位较低的品种利于降低玉米倒伏风险。不同播期之间，株高和穗位均随着播期推迟而呈逐步增加的变化趋势，且 B1 显著小于 B2、B3 和 B4，而 B2、B3 和 B4 无显著差异；不同播期的根倒率和总倒折率变化趋势一致，B1 和 B2 两个播期显著高于 B3 和 B4，且 B1 与 B2、B3 与 B4 均无显著差异；与 B1 相比，B3 的根倒率和总倒折率分别增加 23.06%和 22.87%，B4 分别增加 17.96%和 23.15%，表明四川丘区夏玉米在 5 月 15 日完成播种利于降低倒伏风险。播期和品种交互作用下，根倒率和总倒折率对播期的反应存在明显的品种间差异，仲玉 3 号（A1）和蠡玉 16（A2）两个品种于 5 月 1 日（B1）、5 月 15（B2）和 5 月 30 日（B3）播种，成单 30（A3）于 5 月 1 日（B1）和 5 月 15 日（B2）播种，上述各个处理的根倒伏率为 0.00%～3.61%，总倒折率为 0.83%～6.39%，且各处理的根倒率、总倒折率均无显著差异；当播期推迟至 6 月 14 日，3 个供试品种的根倒率无显著差异，但 A3 的总倒折率达到 38.61%，且显著高于 A1，而 A1 和 A2 差异不显著。综上分析说明 3 个供试品种在 5 月 15 日以前播种能够降低玉米倒伏风险，5 月 30 日和 6 月 14 日播种应选择仲玉 3 号或蠡玉 16。

表 1 品种和播期对玉米穗高系数及其倒伏情况的影响

处理		株高（cm）	穗位（cm）	穗高系数（%）	根倒率（%）	茎折率（%）	总倒折率（%）
品种（A）	A1	281.67 b	116.01 ab	41.14 b	5.56 b	1.53	7.08 b
	A2	249.38 c	110.60 b	44.17 a	5.62 b	1.04	6.67 b
	A3	303.43 a	123.63 a	40.70 b	21.67 a	6.53	28.20 a
	CV/%	8.52	5.86	4.56	86.32	154.74	87.62
播期（B）	B1	267.30 b	104.57 b	39.08 b	0.09 b	1.48	1.57 b
	B2	279.00 a	119.33 a	42.95 a	2.50 b	2.69	5.19 b
	B3	280.17 a	119.82 a	42.77 a	23.15 a	1.30	24.44 a
	B4	286.17 a	123.26 a	43.20 a	18.05 a	6.67	24.72 a
	CV/%	3.33	7.96	5.12	109.59	174.39	98.94
品种×播期（A×B）A1	B1	282.11 cd	114.50 de	40.59	0.00 d	1.94	1.94 c
	B2	281.89 cd	119.56 bcde	42.37	3.61 cd	2.22	5.83 c
	B3	274.55 de	112.11 e	40.66	3.33 cd	1.94	5.28 c
	B4	288.11 cd	117.89 cde	40.92	15.28 bcd	0.00	15.28 c
品种×播期（A×B）A2	B1	228.33 g	87.78 f	38.44	0.28 d	0.56	0.83 c
	B2	245.61 f	112.28 e	45.71	0.83 d	2.50	3.33 c
	B3	260.72 e	119.45 bcde	45.79	1.11 d	1.11	2.22 c
	B4	262.83 e	122.89 abcd	46.74	20.28 b	0.00	20.28 bc

续表

处理		株高（cm）	穗位（cm）	穗高系数（%）	根倒率（%）	茎折率（%）	总倒折率（%）
品种×播期（A×B）A3	B1	291.45 bc	111.45 e	38.22	0.00 d	1.94	1.94 c
	B2	309.50 a	126.17 abc	40.77	3.06 cd	3.33	6.39 c
	B3	305.22 ab	127.89 ab	41.87	65.00 a	0.83	65.83 a
	B4	307.56 a	129.00 a	41.95	18.61 bc	20.00	38.61 b
品种（A）		377.96**	9.95*	13.62*	14.05*	1.28NS	16.66*
播期（B）		7.04**	9.47**	7.98**	12.70**	0.58NS	7.77**
品种×播期（A×B）		3.14*	2.81*	2.47NS	10.66**	1.00NS	4.74**

注：同一列内相同因素处理下不同字母表示差异达5%显著水平。NS、*和**分别表示无显著差异及在0.05和0.01水平上差异显著。CV表示变异系数。下同。

2.2 品种和播期对玉米成熟期生物量及收获指数的影响

由表2可知，品种和播期显著影响穗轴、籽粒、累计生物量和收获指数，并对穗轴、籽粒和收获指数存在显著互作效应，品种显著影响秸秆生物量，变异系数变化表明播期对籽粒、累计生物量和收获指数的影响大于品种。不同品种之间，A3的秸秆生物量和累计生物量显著高于A1和A2，但其单株籽粒生物量较A1和A2显著降低，导致其收获指数显著降低5.84%和7.11%。不同播期对秸秆生物量没有显著影响，穗轴、籽粒、累计生物量和收获指数均随着播期推迟呈逐步降低的变化趋势。与B1相比，B4处理的穗轴生物量显著降低23.32%；B2、B3和B4的籽粒生物量分别降低2.22%、17.22%和38.21%，且各处理间均存在显著差异；B2、B3和B4的累计生物量分别显著降低9.50%、38.51%和71.32%，B2与B3无显著差异；B3和B4的收获指数显著降低3.13%和10.78%，而B1与B2、B2与B3均无显著差异。播期和品种交互作用下，成单30（A3）于5月1日（B1）播种，即A3B1处理的籽粒生物量最高，籽粒生物量与A1B1无显著差异，且A3B1显著高于其他组合；各组合处理的收获指数以A1B1最高，且A1B1与A2B1、A2B2和A2B3无显著差异。

表2 品种和播期对夏玉米成熟期生物量和收获指数的影响

处理		秸秆（g/株）	穗轴（g/株）	籽粒（g/株）	累计生物量（g/株）	收获指数（%）
品种（A）	A1	106.11 b	14.52 c	147.60 a	268.22 b	54.76 a
	A2	96.68 b	18.15 a	146.94 a	261.77 b	56.04 a
	A3	128.35 a	15.88 b	140.19 b	284.42 a	48.92 b
	CV/%	13.91	10.15	5.54	6.08	6.27
播期（B）	B1	114.37	17.41 a	174.41 a	306.20 a	57.15 a
	B2	106.79	17.25 a	153.09 b	277.12 b	55.41 ab
	B3	106.58	16.74 a	144.37 c	267.69 b	54.02 b
	B4	113.77	13.35 b	107.77 d	234.88 c	46.37 c
	CV/%	7.39	11.22	18.07	11.12	8.18
品种×播期（A×B）A1	B1	97.68	15.65 cd	174.34 ab	287.67	60.69 a
	B2	109.17	16.59 c	158.16 cd	283.92	55.76 bc
	B3	106.99	15.02 de	143.94 e	265.94	54.22 bcd
	B4	110.60	10.82 f	113.94 g	235.36	48.39 e

续表

处理		秸秆 (g/株)	穗轴 (g/株)	籽粒 (g/株)	累计生物量 (g/株)	收获指数 (%)
品种×播期 (A×B) A2	B1	109.80	18.39 b	167.43 bc	295.62	56.61 abc
	B2	95.96	18.88 ab	151.43 de	266.27	57.07 abc
	B3	95.10	20.17 a	156.52 d	271.78	57.73 ab
	B4	85.87	15.17 cde	112.36 g	213.40	52.73 cde
品种×播期 (A×B) A3	B1	135.64	18.20 b	181.46 a	335.30	54.15 bcd
	B2	115.24	16.27 cd	149.66 de	281.17	53.41 bcd
	B3	117.66	15.02 de	132.65 f	265.34	50.10 de
	B4	144.84	14.04 e	97.00 h	255.88	38.01 f
品种(A)		67.56**	177.06**	6.22*	18.86**	68.97**
播期(B)		0.68NS	38.19**	199.89**	21.08**	25.10**
品种×播期(A×B)		1.74NS	5.60**	6.68**	1.79NS	3.52**

2.3 品种和播期对产量性状的影响

由表 3 可知，品种显著影响玉米籽粒产量和有效穗数，播期显著影响籽粒产量、有效穗、穗粒数和百粒重，且品种和播期对籽粒产量、有效穗、穗粒数和百粒重存在显著互作效应，同一品种不同播期间或者同一播期不同品种间的产量及产量构成因素存在显著差异，变异系数分析表明播期对产量及产量构成因素的影响大于品种，所以选择适宜的播期利于发挥玉米高产潜力。3 个品种的产量、有效穗数和百粒重均表现为 A2>A1>A3；与 A3 相比，A1 和 A2 的产量分别显著提高 7.97%和 9.97%，有效穗分别显著增加 5.36%和 7.86%，各品种之间穗粒数和百粒重无显著差异。四个播期的产量、有效穗数和百粒重均表现为 B1>B2>B3>B4，说明播期推迟导致产量降低的原因主要在于有效穗数和百粒重下降；与 B1 相比，B2、B3 和 B4 的产量分别降低 14.99%、22.22%和 47.93%，B2、B3 和 B4 的百粒重分别降低 6.24%、14.59%和 20.84%，且四个播期之间产量和百粒重均差异显著；B3 和 B4 的有效穗分别较 B1 显著降低 6.01%和 17.48%，B1 与 B2 无显著差异。播期和品种交互作用下，A3B1 产量最高达到 11 366.42 kg/hm^2，且与除 A1B1 外的其余组合处理均存在显著差异，A1 和 A3 两个品种的产量均随着播期推迟而降低，对产量和播期相互关系进行线性拟合，A1 为 $Y_1=-103.985\,7X_1+11\,117.70$（$R^2=0.986\,3^{**}$），A3 对应的回归方程为 $Y_3=-146.865\,7X_3+11\,434.335$（$R^2=0.993\,5^{**}$），播期每推迟 1 d，两个品种产量分别降低 103.98 kg/hm^2 和 146.86 kg/hm^2；品种 A2 在播期 B1 的产量最高，且较 B2 和 B4 显著增产 10.53%和 39.23%，A2B1 与 A2B3、A2B2 与 A2B3 均无显著差异，说明蠡玉 16 比仲玉 3 号和成单 30 具有更好的播期调整适应能力。上述分析表明，早播是获得夏玉米高产的关键，5 月 1 日早播品种宜选用成单 30 和仲玉 3 号，5 月 15 日播种各个品种产量无显著差异，5 月 30 日播种宜选用蠡玉 16，6 月 14 日播种宜选用仲玉 3 号或者蠡玉 16。

表 3 品种和播期对玉米产量与产量构成因素的影响

处理		产量 (kg/hm^2)	有效穗数 (×10^4 穗/hm^2)	穗粒数 (粒)	百粒重 (g)
品种 (A)	A1	8 778.02 a	5.90 a	604.82	25.43
	A2	8 940.21 a	6.04 a	572.27	27.39
	A3	8 129.86 b	5.60 b	598.53	24.80
	CV/%	7.99	3.88	4.58	6.16

续表

处理		产量（kg/hm²）	有效穗数（×10⁴穗/hm²）	穗粒数（粒）	百粒重（g）
播期（B）	B1	10 946.04 a	6.25 a	624.02 a	28.88 a
	B2	9 305.10 b	6.09 ab	604.09 a	27.08 b
	B3	8 513.85 c	5.87 b	630.18 a	24.67 c
	B4	5 699.13 d	5.16 c	509.19 b	22.86 d
	CV/%	24.19	7.86	9.73	10.12
品种×播期（A×B）A1	B1	11 037.04 ab	6.34 a	674.07 a	28.17 a
	B2	9 481.87 d	5.99 ab	642.47 ab	28.12 a
	B3	8 392.20 ef	5.83 abc	642.20 ab	23.67 bc
	B4	6 200.98 g	5.43 c	626.13 abc	21.76 c
品种×播期（A×B）A2	B1	10 434.64 bc	6.20 a	608.87 bc	29.90 a
	B2	9 336.06 d	6.18 a	605.87 bc	28.73 a
	B3	9 649.28 cd	6.15 ab	599.33 bcd	27.98 a
	B4	6 340.83 g	5.64 bc	598.67 bcd	22.96 bc
品种×播期（A×B）A3	B1	11 366.42 a	6.26 a	577.27 cd	28.58 a
	B2	9 097.38 de	6.09 ab	552.00 de	24.40 b
	B3	7 500.05 f	5.64 bc	506.60 ef	22.35 bc
	B4	4 555.58 h	4.40 d	468.97 f	23.87 bc
品种（A）		29.79^{**}	9.15^{*}	3.63^{NS}	5.63^{NS}
播期（B）		126.34^{**}	20.00^{**}	28.61^{**}	37.11^{**}
品种×播期（A×B）		4.90^{**}	3.02^{*}	3.49^{*}	5.17^{**}

2.4 品种和播期对玉米籽粒品质的影响

玉米籽粒中淀粉、蛋白质、脂肪含量是衡量玉米品质及营养价值的重要指标。由表 4 可知，品种显著影响籽粒淀粉和蛋白质含量，播期显著影响蛋白质含量，变异系数分析表明玉米品种对淀粉和蛋白质的影响大于播期，品种和播期对脂肪含量的影响差异不显著，品种和播期交互作用对淀粉、蛋白质、脂肪含量的影响差异不显著。不同品种之间，籽粒淀粉含量表现为 A3 处理显著高于 A2 处理，A3 与 A1、A1 与 A2 之间无显著差异；不同品种间蛋白质含量表现为 A1>A2>A3，且品种之间均达极显著差异。不同播期之间，随播期推迟，蛋白质含量先降低后升高，B1 与 B2 无显著差异，B2、B3 和 B4 处理随着生育期推迟逐步增加，且 B3 和 B4 较 B2 显著提高 5.65%和 7.18%。上述分析表明，选用成单 30 利于提高籽粒淀粉含量，仲玉 3 号晚播可以显著提高籽粒蛋白质含量。

表 4　品种和播期对玉米品质的影响　　单位：%

处理		淀粉	蛋白质	脂肪
品种（A）	A1	75.92 ab	9.57 a	4.01
	A2	73.99 b	9.36 b	3.98
	A3	77.38 a	8.66 c	4.13
	CV/%	2.20	4.63	3.39
播期（B）	B1	76.29	9.02 bc	3.94
	B2	76.18	8.88 c	3.95
	B3	76.10	9.38 ab	4.15
	B4	74.48	9.51 a	4.12
	CV/%	1.93	3.69	8.75

续表

处理		淀粉	蛋白质	脂肪
品种×播期（A×B）A1	B1	78.59	9.19	3.62
	B2	76.65	9.50	4.36
	B3	74.71	9.78	4.04
	B4	73.74	9.80	4.03
品种×播期（A×B）A2	B1	73.38	9.10	4.15
	B2	73.74	8.73	3.25
	B3	75.64	9.70	4.49
	B4	73.20	9.90	4.01
品种×播期（A×B）A3	B1	76.90	8.77	4.03
	B2	78.16	8.40	4.23
	B3	77.94	8.65	3.92
	B4	76.50	8.84	4.32
品种（A）		7.91^{*}	155.08^{**}	2.13^{NS}
播期（B）		0.51^{NS}	6.08^{**}	0.33^{NS}
品种×播期（A×B）		0.50^{NS}	1.66^{NS}	1.56^{NS}

3 讨论

玉米倒伏会降低单位面积有效穗数，造成穗粒数和百粒重减少，进而降低产量，并增加机械化收获作业难度[18]。前人研究表明，播期调整对玉米倒伏控制具有调控效应，推迟播种会导致株高、穗位和穗高系数增加，且造成茎秆变细和茎秆力学性能下降[19-21]；但播期调整对晚熟品种的抗倒伏能力无显著差异[22]。本研究表明，随着夏玉米播期推迟，株高、穗位、根倒率和总倒折率增加，但播期对倒伏能力的影响存在品种间差异，仲玉 3 号、蠡玉 16 和成单 30 于 5 月 1 日和 5 月 15 播种，仲玉 3 号和蠡玉 16 于 5 月 30 日播种，各个处理的根倒伏率为 0.00%～3.61%，总倒折率为 0.83%～6.39%；当播期推迟至 6 月 14 日，3 个供试品种的根倒率无显著差异，但成单 30 的总倒折率达到 38.61%，且显著高于仲玉 3 号。本试验条件下，仲玉 3 号、蠡玉 16 和成单 30 于 5 月 15 日以前播种能够降低玉米倒伏风险，5 月 30 日和 6 月 14 日播种应选择仲玉 3 号或蠡玉 16。

作物生产实质是光合产物的积累与分配，玉米籽粒灌浆物质主要来源于花后的光合作用和花后营养器官干物质转移[23,24]。播期对玉米成熟期各器官的干物质积累因生态区域、播期设置、品种变化存在较大差异[9,14,15,20]，孔繁磊等[15]在四川盆地通过研究不同品种春播和夏播的干物质积累变化特征指出，夏玉米高产的关键是促进光合产物向籽粒的分配，提高收获指数。本研究中，玉米穗轴、籽粒、累计生物量和收获指数均随着播期推迟逐步降低。成单 30 于 5 月 1 日播种，其籽粒生物量和累计生物量达到最高值；而仲玉 3 号于 5 月 1 日播种其收获指数最大。说明夏玉米早播利于提高籽粒生物量和收获指数，但籽粒生物量最大值和收获指数最大值的品种不一致，可能在于两个品种的花后干物质积累与营养器官转移比例差异所致。

玉米产量由有效穗数、穗粒数和百粒重构成，协调产量构成三因素间的矛盾是构建合理群体结构和获得高产的必要条件。已有研究报道中，与春播相比，四川盆地夏播玉米产量随着播期推迟而降低；而播期对玉米产量构成的影响报道结果不尽一致，夏播玉米因花后降雨增多存在较高倒伏风险从而降低有效穗数，且播期推迟后籽粒灌浆更多依赖于营养器官干物质转移，所以造成产量构成因素中有效穗和百粒重均随着播期推迟而降低，但播期对穗粒数的影响因品种变化存在差异[12,15,25]。本研究表明，玉米籽粒产量随着播期推迟而降低，减产的原因在于有效穗数和百粒重下降，且播期对产量及产量构成影响大于品种，但播期对产量的影响存在品种间差异。仲玉 3 号和成单 30 两个品种的产量均随着播期推迟显著降低，播期每推迟 1 d，两个品种产量分别降低 103.98 kg/hm^2 和 146.86 kg/hm^2；而蠡玉 16 随播期推迟，在 5 月 1 日和 5 月 30 日两个播期形成产量双高峰，从而表明蠡玉 16 有较好的晚播适应性。从获得较高产量角度来看，早播是获得夏玉米高产的关键，5 月 15 日以前播种宜选用成单 30 或仲玉 3 号，5 月 30 日播种宜选用蠡玉 16，6 月 14 日播种宜选用仲玉 3 号或者蠡玉 16。

玉米品质的形成是品种遗传特性和环境因素共同作用的结果，不同品种籽粒品质的差异更多表现为品种遗传特性的决定性[26]，播期对籽粒营养品质具有一定的调控效应，且播期对淀粉、蛋白质和脂肪的影响存在此消彼长的关系[27,28]。本研究表明，玉米品种显著影响籽粒淀粉和蛋白质含量，播期显著影响蛋白质含量，品种对淀粉和蛋白质的影响大于播期，且品种和播期对籽粒品质无较显著互作效应，选择适宜品种是改善籽粒品质的有效途径，成单 30 适宜作为高淀粉加工专用玉米品种，而仲玉 3 号适宜作为高蛋白优质饲用玉米品种。5 月 15 日以后播种，籽粒蛋白质含量随播期推迟显著升高，可能原因在于播期推迟，土壤温度增加后土壤硝化作用增强，提高了玉米植株对氮素的吸收所致[29]。

4 结论

在本试验条件下，品种、播期、品种与播期交互作用显著影响玉米实际倒伏、收获指数、产量和有效穗数，且播期对实际倒伏、收获指数、产量和有效穗数影响大于品种。品种显著影响籽粒淀粉和蛋白质含量，播期显著影响蛋白质含量，品种对淀粉和蛋白质的影响大于播期。四川盆地油菜-夏玉米模式中，油菜收获后夏玉米贴茬早播，有利于提高玉米抗倒伏能力、收获指数和籽粒产量；兼顾高产和优质目标，5 月 1 日至 5 月 15 日播种宜选用成单 30，晚播品种宜选用仲玉 3 号或者蠡玉 16。

参考文献

[1] 刘巽浩，陈阜．中国农作制 [M]．北京：中国农业出版社，2005：140－142.

[2] 杨文钰，张含彬，牟锦毅，等．南方丘陵地区旱地新三熟麦/玉/豆高效栽培技术 [J]．作物杂志，2006 (5)：43－44.

[3] 庹洪章，姚金霞，程方平，等．四川丘陵山区玉米机械化生产现状分析及对策研究 [J]．中国农机化学报，2016，37 (6)：264－267.

[4] 王亚萍，张社梅，葛翔，等．供给侧结构性改革推进四川省玉米产业转型发展策略 [J]．中国农业资源与区划，2017，38 (7)：172－177，182.

[5] 刘永红，岳丽杰，杨勤，等．西南地区玉米农作模式的演变与发展 [J]．玉米科学，2017，25 (3)：99－104.

[6] 潘光堂，杨克诚．我国西南地区玉米育种面临的挑战及相应对策探讨 [J]．作物学报，2012，38 (7)：1141－1147.

[7] 李祥艳，唐海涛，刘刚，等．西南山地玉米生产及育种技术探讨 [J]．农业技术与装备，2016 (5)：31－33.

[8] 李向岭，李从锋，侯玉虹，等．不同播期夏玉米产量性能动态指标及其生态效应 [J]．中国农业科学，2012，45 (6)：1074－1083.

[9] 罗新兰，崔佳龙，蔡福，等．播期对玉米生长发育和产量的影响 [J]．干旱地区农业研究，2017，35 (5)：14－20.

[10] Prabhakar，Chandranath H T. Effect of planting pattern and sowing dates of maize with field pea intercropping system [J]. Res. on crops，2017，18 (1)：10－14.

[11] 熊志强．四川丘陵区玉米熟制布局和气候适播期 [J]．四川气象，1995 (2)：44－51.

[12] 李钟，杜克柱，郑祖平，等．川中丘陵紫色土旱区耐旱型玉米高产栽培措施研究 [J]．玉米科学，1999，7 (4)：40－43.

[13] 王小春，杨文钰，任万军，等．川西丘陵山区川单 21 高产栽培模式及性状指标研究 [J]．玉米科学，2003，

11 (4): 53－55.
[14] 王竹，吴其林，杨文钰．不同播期对套作玉米苗期生长的影响 [J]. 玉米科学，2006，14 (3)：120－122.
[15] 孔凡磊，王兴龙，李强，等．川中丘陵雨养条件下春播和夏播玉米生长及产量差异研究 [J]. 华北农学报，2016，31 (S1)：176－182.
[16] 沈学善，李金才，屈会娟，等．砂姜黑土区小麦玉米秸秆全量还田对玉米抗倒性能的影响 [J]. 中国农业科学，2011，44 (10)：2005－2012.
[17] 臧逸飞，郝明德，王忠有，等．不同耕作覆盖措施下延收对春玉米产量及籽粒品质的影响 [J]. 干旱地区农业研究，2014，32 (6)：134－137，148.
[18] 孙世贤，戴俊英，顾慰连．氮磷钾肥对玉米倒伏及其产量的影响 [J]. 中国农业科学，1989，22 (3)：28－33.
[19] 董红芬，李洪，李爱军，等．玉米播期推迟与生长发育、有效积温关系研究 [J]. 玉米科学，2012，20 (5)：97－101.
[20] 豆攀，黄科程，王兴龙，等．川中丘区不同玉米品种春、夏播茎秆抗倒特性研究 [J]. 华北农学报，2017，32 (4)：162－168.
[21] 刘胜群，宋凤斌，朱先灿，等．晚播对春玉米倒伏及茎秆力学特性的影响 [J]. 土壤与作物，2013，2 (3)：117－122.
[22] 薛庆禹，王靖，曹秀萍，等．不同播期对华北平原夏玉米生长发育的影响 [J]. 中国农业大学学报，2012，17 (5)：30－38.
[23] Hashemi A M，Herbert S J，Putnam D H. Yield response of corn to crowding stress [J]. Agronomy Journal，2005，97 (3)：839－846.
[24] 王永宏，王克如，赵如浪，等．高产春玉米源库特征及其关系 [J]. 中国农业科学，2013，46 (2)：257－269.
[25] 豆攀，李孝东，孔凡磊，等．播期对川中丘区玉米干物质积累与产量的影响 [J]. 中国生态农业学报，2017，25 (2)：221－229.
[26] 李建奇．不同玉米品种的品质、产量差异及机理研究 [J]. 玉米科学，2007 (4)：13－17，33.
[27] 郝科星，李娜娜．播种期对玉米外观品质和营养品质的效应研究 [J]. 中国农学通报，2016，32 (30)：43－48.
[28] 库丽霞，吴连成，刘新香，等．环境对玉米杂交种品质性状的影响研究 [J]. 玉米科学，2006，14 (6)：23－27.
[29] 王春乙，郭建平，崔读昌，等．CO_2浓度增加对小麦和玉米品质影响的实验研究 [J]. 作物学报，2000，26 (6)：931－936.

西南地区玉米养分管理现状分析与评价

陈尚洪[1,2] 陈红琳[1] 郑盛华[1] 吴 铭[1] 梁 圣[1]
曲热朗磋[1] 沈学善[1] 张 鸿[3] 梅旭荣[2] 刘定辉[1]

1. 四川省农业科学院土壤肥料研究所/农业部西南山地农业环境重点实验室，四川成都 610066
2. 中国农业科学院农业环境与可持续发展研究所，北京 100081
3. 四川省农业科学院植物保护研究所，四川成都 610066

摘要：为了解西南地区玉米施肥现状与养分管理存在的问题，对西南地区 4 个省 10 个县的 202 份玉米养分调查数据进行了分析和评价。结果表明，(1) 西南地区玉米生产中基肥以复合（混）肥为主，追肥以尿素和复合（混）肥为主；有机肥、玉米专用肥、缓（控）释肥等新型肥料使用率低。(2) 化肥 N、P_2O_5和 K_2O 平均投入量为 323.52 kg/hm^2、80.93 kg/hm^{2}和 56.55 kg/hm^2，总体表现为氮肥过量和钾肥不足，氮肥超量施用占比为 62.38%，钾肥施用不足占比为 60.89%，且区域之间差异较大。(3) 玉米基肥以穴施覆土为主，但追肥养分管理粗放，第一次和第二次追肥中采用穴施不覆土的农户占比分别为 63.22%和 59.76%，表土撒施的占比分别为 10.34%和 25.61%。综上所述，建议分区域明确玉米氮肥投入限量标准，引导农户降低氮肥用量；增施有机肥，发挥养分替代效应，同时推行秸秆还田，补充土壤钾素，提高土壤持续生产能力；推进玉米机械化生产，实现种肥同播和化肥深施，降低农田养分流失。

关键词：西南地区；玉米；养分管理；现状；对策

我国是一个典型的农业和人口大国，人多地少矛盾突出，粮食安全事关国计民生、经济发展和社会稳定。长期以来，在有限耕地面积上通过增加化肥投入，成为提高作物单产和保障粮食安全的重要措施，化肥投入对全国粮食增产的贡献率约为 40.8%，对玉米增产的贡献率达到 46.2%。从 20 世纪 80 年代开始，全国化肥特别是氮磷肥投入量大幅持续增加，目前已占全球 9%的耕地，但氮肥的消费量约占全球的 33%。氮磷化肥大量持续投入在促进粮食增产的同时，也带来了一系列负面影响，突出表现在肥料利用率低和水环境污染问题。

西南山地丘陵玉米区是我国玉米的第三大产区，播种面积和总产量约占全国的 14.1%和 11.4%，玉米是该区域重要粮饲作物。玉米生物量高，需肥量大，加之西南地区季节性干旱和水土养分流失并存，分散经营体制下玉米养分管理标准化和规范化难度高，加剧了玉米养分管理不平衡问题。通过调查了解玉米养分管理现状，明确养分管理存在问题，对合理指导施肥具有重要意义。前人在我国东北、华北和西北等玉米主产区围绕玉米养分管理开展了大量调查研究，但针对西南山地丘陵玉米养分管理的调查研究报道相对较少。为此，本研究旨在通过对四川、重庆、贵州和云南玉米主产区农户开展玉米养分管理现状调查，以期明确该区域养分管理存在问题，为今后玉米产业持续发展和区域农业环境保护提供参考依据。

1　材料与方法

于2016—2017年，采用典型农户抽样调查的方法，对西南地区玉米种植农户进行实地调查。调查范围涉及5个区域10个县（市/区），分别是四川丘陵区的中江县、三台县和简阳市，成都平原区的眉山市，重庆山丘区的垫江县、江津区、万州区和武隆县，贵州山丘区的威宁县和云南山丘区的会泽县，每县随机抽取1～3个乡镇，每乡抽取1～3个村，每村抽取3～5户，累计收集有效调查表202份。调查内容主要包括玉米种植面积、产量、基肥和追肥的肥料种类、施肥量、施肥时期及施肥方法等。化肥养分按照调查表记录值计算，有机肥养分含量按照《中国有机肥料养分志》提供的标准值计算。

2　结果与分析

2.1　玉米肥料品种投入情况

西南地区玉米施肥的肥料品种包括化肥和有机肥两大类，其中化肥包括尿素、碳酸氢铵、磷酸氢二铵、过磷酸钙、氯化钾、复合（混）肥，有机肥主要包括粪肥和饼肥（油枯）。

由表1可知，玉米生育期内，西南地区不同种类肥料和不同养分含量的复合（混）肥种类的投入数量累计高达75个，粪肥和饼肥均不细分种类，其中不同养分含量的复合（混）肥种类达到68个，农户在复合肥种类选择过程中分散度较高。复合（混）肥种类投入情况在区域之间分布不均，四川丘区和成都平原区农户复合（混）肥品种的投入分散程度明显高于贵州山丘区、重庆山丘区和云南山丘区。

表1　西南地区玉米生育期农户肥料种类投入数量　　单位：个

调查区域	调查样本数	化肥+有机肥种类	化肥		有机肥		样本数/肥料品种数	
			化肥种类	复合（混）肥种类	饼肥	粪肥	化肥	复（混）合肥
四川丘陵	57	35	33	28	1	1	1.73	2.04
成都平原	33	25	23	20	1	1	1.43	1.65
贵州山丘	25	9	8	5	0	1	3.13	5.00
重庆山丘	69	17	16	12	0	1	4.31	5.75
云南山丘	18	6	5	3	0	1	3.60	6.00
西南地区	202	75	73	68	1	1	2.77	2.97

2.2　不同肥料品种的消费结构

由表2可知，西南地区玉米基肥农户施用复合（混）肥的占比最高，达到69.80%，其次为畜禽粪肥、尿素、过磷酸钙和碳酸氢铵，施用占比分别为41.58%、31.68%、26.24%和20.30%，氯化钾施用占比不足2%。基肥中不同肥料种类的施用占比在各个调查区域之间差异较大，其中，复合（混）肥施用比例以贵州和云南山丘区最高；尿素施用比例以四川丘陵区、成都平原区和贵州山丘区居高；碳酸氢铵主要是重庆山丘区施用比例较高；过磷酸钙则主要在贵州和重庆山丘区；有机肥中畜禽粪肥施用比例从高到低依次为重庆山丘区、贵州山丘区、云南山丘区、成都平原区和四川丘陵区。

西南地区玉米追肥中，施用比例最高的肥料品种是尿素，其次为复合（混）肥和碳酸氢铵。第一次追肥中，施用尿素、复合（混）肥和碳酸氢铵的农户分别占调查样本总数的59.41%、40.10%和19.31%；第二次追肥中施用尿素、复合（混）肥和碳酸氢铵的农户分别占调查样本总数的25.74%、20.79%和10.40%。不同区域之间，云南和贵州两个地区追肥以尿素为主，成都平原以复合（混）肥为主，四川丘陵区和重庆山丘区追肥的肥料品种多且比例复杂。

表 2　不同肥料品种的消费结构

单位：%

施肥	调查区域	尿素	碳酸氢铵	磷酸氢二铵	过磷酸钙	氯化钾	复合（混）肥	饼肥	粪肥
基肥	四川丘陵	54.39	14.04	0.00	14.04	5.26	66.67	8.77	15.79
	成都平原	54.55	15.15	0.00	3.03	0.00	63.64	0.00	27.27
	贵州山丘	36.00	4.00	0.00	44.00	0.00	92.00	0.00	52.00
	重庆山丘	5.80	39.13	0.00	46.38	1.45	60.87	0.00	63.77
	云南山丘	11.11	0.00	0.00	5.56	0.00	94.44	0.00	50.00
	西南地区	31.68	20.30	0.00	26.24	1.98	69.80	2.48	41.58
第一次追肥	四川丘陵	59.65	14.04	3.51	7.02	3.51	33.33	10.53	8.77
	成都平原	42.42	9.09	0.00	0.00	0.00	42.42	3.03	3.03
	贵州山丘	96.00	0.00	0.00	0.00	0.00	4.00	0.00	0.00
	重庆山丘	43.48	40.58	0.00	31.88	0.00	68.12	0.00	42.03
	云南山丘	100.00	0.00	0.00	0.00	0.00	0.00	0.00	0.00
	西南地区	59.41	19.31	0.99	12.87	0.99	40.10	3.47	17.33
第二次追肥	四川丘陵	15.79	3.51	0.00	1.75	0.00	7.02	12.28	1.75
	成都平原	6.06	0.00	0.00	0.00	0.00	33.33	0.00	0.00
	贵州山丘	8.00	0.00	0.00	0.00	0.00	0.00	0.00	0.00
	重庆山丘	34.78	27.54	0.00	0.00	0.00	39.13	0.00	18.84
	云南山丘	83.33	0.00	0.00	0.00	0.00	0.00	0.00	0.00
	西南地区	25.74	10.40	0.00	0.50	0.00	20.79	3.47	6.93
第三次追肥	四川丘陵	1.75	0.00	0.00	0.00	0.00	1.75	0.00	0.00
	成都平原	0.00	0.00	0.00	0.00	0.00	3.03	0.00	0.00
	贵州山丘	0.00	0.00	0.00	0.00	0.00	0.00	0.00	0.00
	重庆山丘	0.00	0.00	0.00	0.00	0.00	0.00	0.00	1.45
	云南山丘	0.00	0.00	0.00	0.00	0.00	0.00	0.00	0.00
	西南地区	0.50	0.00	0.00	0.00	0.00	0.99	0.00	0.50

2.3　西南地区农户玉米化肥施肥次数分布情况

由图 1 可知，从总体上看，西南地区玉米施用化肥两次和施用化肥三次的农户占调查区样本总数的比例较高，分别为 42.08%和 43.07%，且二则差异较小，一次性施肥技术占比为 12.38%，不施化肥或者施用化肥 4 次的农户占比均不足 2%。不同地区之间差异较大，四川丘陵区农户施用两次化肥的占比为 56.14%，施用一次化肥和 3 次化肥的占比均为 19.30%；成都平原区 92%的农户施用两次化肥；贵州山丘区农户施用两次化肥和 3 次化肥的占比分别为 45.45%和 39.39%；云南山丘区和重庆山丘区农户以施用化肥三次为主，分别占调查样本的 66.67%和 83.33%。

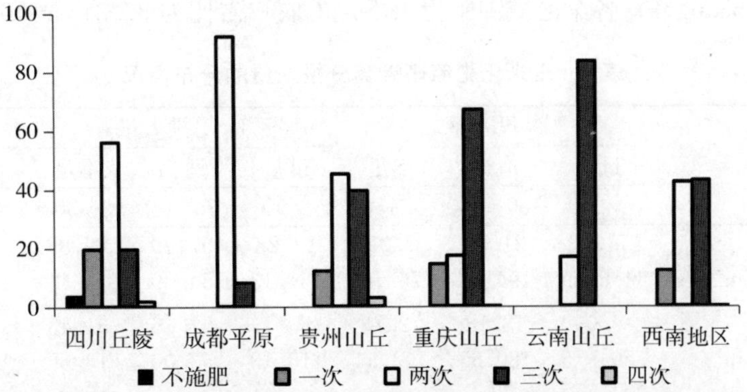

图 1　西南地区农户玉米化肥施肥次数分布情况（%）

2.4 玉米化肥氮磷钾养分投入量与投入比例

由表3可知，西南地区玉米生育期内，化肥N、P_2O_5和K_2O平均投入量分别为323.52 kg/hm^2、80.93 kg/hm^{2}和56.55 kg/hm^2，N∶P_2O_5∶K_2O=1∶0.25∶0.17，总体表现为氮肥过量和钾肥投入不足。不同区域之间，化肥中N平均投入量表现为贵州山丘区>云南山丘区>四川丘陵区>重庆山丘区>成都平原区；化肥P_2O_5和K_2O表现一致，投入量以重庆山丘区和贵州山丘区较高且大于四川丘陵区、成都平原区和云南山丘区，而四川丘陵区、成都平原区和云南山丘区差异较小。对农户养分投入量的变异系数分析可知，各个地区农户磷肥和钾肥施用量的变异系数高于氮肥。

表3　玉米化肥氮磷钾养分投入量与投入比例　　单位：kg/hm^2

养分投入		四川丘陵	成都平原	贵州山丘	重庆山丘	云南山丘	西南地区
N	平均值	360.36	134.21	498.55	288.67	444.50	323.52
	最大值	937.20	331.50	1 392.00	947.50	606.00	1 392.00
	最小值	0.00	0.00	138.15	67.50	267.00	0.00
	变异系数	0.48	0.52	0.67	0.49	0.26	0.63
P_2O_5	平均值	51.16	43.84	117.23	118.57	48.50	80.93
	最大值	231.00	135.00	441.00	490.08	90.00	490.08
	最小值	0.00	0.00	0.00	0.00	42.00	0.00
	变异系数	0.86	0.72	0.90	0.79	0.22	0.98
K_2O	平均值	45.41	46.51	74.27	69.40	36.33	56.55
	最大值	225.00	135.00	255.38	475.22	48.00	475.22
	最小值	0.00	0.00	0.00	0.00	0.00	0.00
	变异系数	1.17	0.78	0.82	0.88	0.38	0.95
投入比例（N∶P_2O_5∶K_2O）		1∶0.14∶0.13	1∶0.33∶0.35	1∶0.24∶0.15	1∶0.41∶0.24	1∶0.11∶0.08	1∶0.25∶0.17

2.5 玉米化肥氮磷钾养分投入量分布情况

根据玉米氮磷钾需肥规律，并通过综合分析前人在西南地区和其他地区开展玉米肥料试验的相关研究结果，将农户玉米氮肥（N）、磷肥（P_2O_5）和钾肥（K_2O）施用量分为“过量、适当和不足”3个等级，并按此标准对农户氮磷钾肥施用量进行分级评价。由表4可知，西南地区农户玉米化肥养分投入主要存在氮肥过量和钾肥施用不足的问题，氮肥超量施用的农户占比为62.38%，钾肥施用不足的农户占比为60.89%，氮肥、磷肥和钾肥超量施用农户的平均投入量为适宜投入量的2.29倍、3.15倍和2.84倍。不同区域之间，四川丘陵区、贵州山丘区、重庆山丘区和云南山丘区氮肥施用超量的农户占比均在60%以上，而成都平原区农户氮肥投入不足的占比为72.73%；贵州山丘区和重庆山丘区磷肥施用超量的农户占比分别为44.00%和63.64%；各个区域钾肥投入不足的农户占比为37.31%～100.00%。

表4　玉米化肥氮磷钾养分投入量的分布情况　　单位：kg/hm^2

调查区域		N投入量			P_2O_5投入量			K_2O投入量		
		过量	适当	不足	过量	适当	不足	过量	适当	不足
		>250	150～250	<150	>90	30～90	<30	>120	60～120	<60
四川丘陵	比例（%）	71.93	21.05	7.02	12.28	57.89	29.82	8.77	14.04	77.19
	平均（kg/hm^2）	436.59	194.63	76.16	136.13	54.89	8.94	190.20	83.20	22.08
成都平原	比例（%）	9.09	18.18	72.73	5.71	62.86	31.43	6.06	24.24	69.70
	平均（kg/hm^2）	294.75	180.63	102.54	118.13	53.06	13.56	135.00	79.31	27.40
贵州山丘	比例（%）	72.00	20.00	8.00	44.00	48.00	8.00	12.00	36.00	52.00
	平均（kg/hm^2）	618.97	209.19	138.15	201.58	58.19	7.50	205.13	86.04	35.91

续表

调查区域		N投入量			P_2O_5投入量			K_2O投入量		
		过量	适当	不足	过量	适当	不足	过量	适当	不足
		>250	150～250	<150	>90	30～90	<30	>120	60～120	<60
重庆山丘	比例（%）	65.15	34.85	0.00	63.64	34.85	1.52	13.43	49.25	37.31
	平均（kg/hm^2）	446.68	225.61	0.00	166.71	72.73	0.00	269.03	89.84	36.80
云南山丘	比例（%）	100.00	0.00	0.00	0.00	100.00	0.00	0.00	0.00	100.00
	平均（kg/hm^2）	444.50	0.00	0.00	0.00	48.50	0.00	0.00	0.00	36.22
西南地区	比例（%）	62.38	22.77	14.85	32.18	52.48	15.35	10.40	28.71	60.89
	平均（kg/hm^2）	480.53	209.88	101.40	181.51	57.71	10.20	246.85	86.88	29.62

2.6 玉米化肥施肥方法

由表5可知，西南地区玉米基肥施肥方法中，穴施覆土是主要施肥方式，占农户调查的71.29%，其次为水肥冲施，为18.81%，撒施、穴施不覆土、播种机种肥同播比例较小。不同区域之间，重庆山丘区、成都平原区和四川丘陵区水肥冲施比例相对较高，分别占各自区域调查农户的31.88%、27.27%和12.28%；采用播种机进行种肥同播主要集中在四川丘陵区，其占比为12.28%。

西南地区玉米追肥的施肥方法主要以穴施不覆土为主，其次为化肥撒施。第一次追肥过程中，西南地区穴施不覆土的农户数量占施肥农户数量的比例达到63.22%；其次为第二次追肥过程中，穴施不覆土的农户数量占施肥农户数量的比例达到59.76%。不同地区之间，重庆山丘区农户采用水肥冲施的比例最高，第一次追肥和第二次追肥中，采用该项技术的农户占比分别为38.33%和21.43%。

表5　西南地区农户玉米化肥不同施肥方法所占比例　　单位:%

施肥	调查区域	施肥方式				
		穴施覆土	水肥冲施	撒施	穴施不覆土	播种机种肥同播
基肥	四川丘陵	56.14	12.28	10.53	8.77	12.28
	成都平原	66.67	27.27	6.06	0.00	0.00
	贵州山丘	100.00	0.00	0.00	0.00	0.00
	重庆山丘	68.12	31.88	0.00	0.00	0.00
	云南山丘	100.00	0.00	0.00	0.00	0.00
	西南地区	71.29	18.81	3.96	2.48	3.47
第一次追肥	四川丘陵	8.89	15.56	11.11	64.44	0.00
	成都平原	0.00	3.85	3.85	92.31	0.00
	贵州山丘	44.00	0.00	0.00	56.00	0.00
	重庆山丘	0.00	38.33	20.00	41.67	0.00
	云南山丘	0.00	0.00	0.00	100.00	0.00
	西南地区	8.62	17.82	10.34	63.22	0.00
第二次追肥	四川丘陵	20.00	0.00	10.00	70.00	0.00
	成都平原	0.00	0.00	0.00	100.00	0.00
	贵州山丘	50.00	0.00	0.00	50.00	0.00
	重庆山丘	0.00	21.43	47.62	30.95	0.00
	云南山丘	0.00	0.00	0.00	100.00	0.00
	西南地区	3.66	10.98	25.61	59.76	0.00
第三次追肥	四川丘陵	0.00	0.00	0.00	100.00	0.00
	成都平原	0.00	0.00	0.00	0.00	0.00
	贵州山丘	0.00	0.00	0.00	0.00	0.00
	重庆山丘	0.00	50.00	0.00	50.00	0.00
	云南山丘	0.00	0.00	0.00	100.00	0.00
	西南地区	0.00	11.11	0.00	88.89	0.00

3 结论与讨论

刘永红[11]对 2008—2009 年西南地区玉米养分管理调查表明，玉米基肥和追肥中复合肥的施用面积比为 18.8%和 27.5%，本研究中复合（混）肥在基肥和追肥的投入占比分别为 69.80%和 61.88%，说明通过近 10 年发展，西南地区玉米养分管理上农户施用复合（混）肥的比例呈增加趋势，改变了施肥品种以单质肥为主的格局。然而，202 个调查对象中，施用不同养分含量的复合（混）肥种类达到了 68 个，也反映了分散经营体制下农户对复合（混）肥品种选择的被动性和化肥行业的高度分散性。

西南地区玉米养分管理中，“一底两追”即在施足基肥基础上，强调及时追施苗肥和重施拔节孕穗肥的方法较为普遍[11]，重庆江津地区农户施肥 1 次、2 次、3 次和 4 次的占比分别为 3.8%、52.3%、43.4%和 0.0%，本研究中分别为 12.38%、42.08%、43.07%和 1.09%，其变化趋势与前人报道一致。但不同区域有较大差异，四川丘陵区和成都平原区以 2 次施肥为主，贵州山丘区以 2 次和 3 次居多，重庆山丘区和云南山丘区则主要以 3 次施肥为主。

朱兆良等[4]通过总结大量田间试验结果提出，我国主要粮食作物最佳氮肥用量为 150～180 kg/hm^2[3]。但 20 世纪 80 年代以来，受“高投入高产出”政策引导和“要高产就必须多施肥”等传统观念影响，玉米不合理甚至盲目过量施肥现象相当普遍，尤其是氮肥过量问题突出。2000—2002 年进行的调查发现全国玉米的氮肥平均施用量为 209 kg/hm^2，2002 年云南玉米季化肥 N、P_2O_5和 K_2O 投入量分别为 264.00 kg/hm^2、75.00 kg/hm^{2}和 13.50 kg/hm^2；2008 年四川地区玉米季化肥 N、P_2O_5和 K_2O 投入量分别为 220.50 kg/hm^2、72.00 kg/hm^{2}和 21.00 kg/hm^2；2008 年云南滇西地区玉米季化肥 N、P_2O_5和 K_2O 投入量分别为 364.10 kg/hm^2、92.80 kg/hm^{2}和 72.50 kg/hm^2；2005—2011 年重庆江津地区玉米季化肥 N、P_2O_5和 K_2O 投入量分别为 276.00 kg/hm^2、99.00 kg/hm^{2}和 64.06 kg/hm^2。本研究，玉米化肥 N、P_2O_5和 K_2O 平均投入量为 323.52 kg/hm^2、80.93 kg/hm^{2}和 56.55 kg/hm^2，总体表现为氮肥过量和钾肥投入不足，与过去相比，化肥氮肥过量投入的趋势并没有得到缓解，可能原因在于近年来农户购买能力增强，有机肥投入降低、施肥方法粗放以及干旱制约增强所致。

关于施肥方法的问题，在科学上已经有较清楚认识，深施氮肥可显著降低氨挥发损失和径流损失，而人工表面撒施肥料是我国目前肥料施用过量、损失严重的直接原因，未来土地规模化经营有望解决上述问题。按照生产习惯，玉米基肥（苗肥）施肥时期为多播种或者出苗后，该时段受春旱或夏旱影响较大，基肥管理不当会造成玉米缺窝断垄，故农户在基肥管理环节多采用穴施覆土的良好习惯，本文中采用穴施覆土技术的农户占农户调查的 71.29%。玉米追肥施用时期处于拔节至孕穗营养生长阶段，该时段雨量资源相对丰富，加之玉米成苗后采用穴施覆土劳动力投入大，农户在施肥方法选择上多主要采用穴施不覆土或者直接撒施，第一次和第二次追肥中采用穴施不覆土的农户占比分别为 63.22%和 59.76%。

作物养分管理是一个复杂的系统工程，既直接影响农作物产量，还间接影响社会经济发展和生态环境效益等诸多方面。2009 年以来，国际植物营养研究所和国际肥料工业协会提出并逐步完善形成了作物“4R 养分管理”理论，成为当前被普遍采用的肥料最佳养分管理新方法。所谓“4R 养分管理”是指选择正确的肥料品种（right source）、采用正确的肥料用量（right rate）、在正确的时间（right time）将肥料施用在正确的位置上（right place）。根据上述分析，并结合“4R 养分管理”理论，笔者认为西南地区玉米养分管理重点在于通过实施氮肥限量投入、种养废弃物培肥还田和化肥深施等措施，实现化肥特别是氮肥减施，提高玉米种植效益和资源利用效率。

西南地区玉米生产中农户复合（混）肥投入品种呈“三户一品”的格局，基肥以复合（混）肥为主且占被调查农户的69.80%，追肥以尿素和复合（混）肥为主，第一次追肥中施用尿素和复合（混）肥的农户分别占调查样本的59.41%和40.10%，第二次追肥中分别占25.74%和20.79%；玉米专用复合肥和缓控释肥等新型肥料缺乏，部分地区有机肥投入比例低。化肥 N、P_2O_5和K_2O平均投入量为323.52 kg/hm^2、80.93 kg/hm^2和56.55 kg/hm^2，总体表现为氮肥过量和钾肥不足，氮肥超量施用占比为62.38%，钾肥施用不足占比为60.89%，且区域之间差异较大。玉米基肥以穴施覆土为主，但追肥养分管理粗放，第一次和第二次追肥中采用穴施不覆土的农户占比分别为63.22%和59.76%，表土撒施的占比分别为10.34%和25.61%。建议分区域明确玉米氮肥投入限量标准，降低化肥氮肥用量；增施有机肥，发挥养分资源替代效应，同时推行秸秆还田，补充土壤钾素，提高土壤综合持续生产能力；推进玉米机械化生产，实现种肥同播和化肥深施，降低农田养分流失。

参考文献

[1] 张卫峰，马林，黄高强，等．中国氮肥发展、贡献和挑战 [J]．中国农业科学，2013，46（15）：3161－3171.

[2] 金继运，李家康，李书田．化肥与粮食安全 [J]．植物营养与肥料学报，2006，12（5）：601－609.

[3] 张福锁，王激清，张卫峰，等．中国主要粮食作物肥料利用率现状与提高途径 [J]．土壤学报，2008，45（5）：915－924.

[4] 朱兆良．中国土壤氮素研究 [J]．土壤学报，2008，45（5）：778－783.

[5] 武良，张卫峰，陈新平，等．中国农田氮肥投入和生产效率 [J]．中国土壤与肥料，2016，48（4）：76－83.

[6] 李少昆，王崇桃．玉米高产潜力·途径 [M]．北京：科学出版社，2010：27－35.

[7] 邢月华，汪仁，包红静，等．辽宁省玉米主产区农田土壤施肥状况调查 [J]．中国农学通报，2010，26（19）：166－169.

[8] 牛新胜，张宏彦．华北平原冬小麦—夏玉米生产肥料管理现状分析 [J]．耕作与栽培，2010，30（5）：1－4，8.

[9] 常艳丽，刘俊梅，李玉会，等．陕西关中平原小麦/玉米轮作体系施肥现状调查与评价 [J]．西北农林科技大学学报，2014，42（8）：51－61.

[10] 范茂攀，郑毅，汤利，等．云南滇西玉米施肥现状分析 [J]．中国农学通报，2013，29（36）：109－113.

[11] 刘永红．四川玉米高产创建理论与技术 [M]．北京：中国农业科学技术出版社，2015：89－94.

[12] 谢贤敏，李志琦，彭清．重庆市江津区农户施肥情况调查与评价 [J]．南方农业，2017，11（28）：46－49.

[13] 熊艳，窦晓黎，刘友林，等．云南省主要农作物肥料施用现状与发展研究 [J]．土壤通报，2005，37（2）：194－197.

[14] 巨晓棠，谷保静．我国农田氮肥施用现状、问题及趋势 [J]．植物营养与肥料学报，2014，20（4）：783－795.

[15] Roberts T L. The Role of fertilizer in growing the world’ s food [J]. Better Crops with Plant Food，2009，93（2）：12－15.

[16] Guttierrez R A. Systems biology for enhanced plant nitrogen nutrition [J]. Science，2012（336）：1673－1675.

缓释尿素与普通尿素不同配比对玉米氮代谢酶和氮素利用的影响*

郭　萍[1,2]　朱从桦[1]　查　丽[1]　谢孟林[1]　王良俊[3]　袁继超[1,2]　孔凡磊[1,2*]

1. 四川农业大学农学院，四川温江　611130
2. 农业部西南作物生理生态与耕作重点实验室，四川温江　611130
3. 眉山市东坡区农业技术推广站，四川眉山　620000

摘要：为解决我国西南地区玉米氮肥一次性施用问题，以普通尿素和包膜控释尿素为供试材料，设置5种普通尿素与控释尿素配比试验处理，分别为100%控释尿素（CRU4），75%控释尿素+25%普通尿素（CRU3），50%控释尿素+50%普通尿素（CRU2），25%控释尿素+75%普通尿素（CRU1）和100%普通尿素（CRU0），以不施氮肥（CK1）和常规施肥（CK2，普通尿素60%基施+40%大喇叭口期追施）为对照，研究氮肥一次底施下不同控释尿素配比对玉米氮代谢关键酶及氮素利用的影响。结果表明：（1）施氮显著提高了玉米叶片氮代谢酶（GOGAT和GS）活性，与常规施肥相比，普通尿素与控释尿素配施可提高叶片氮代谢关键酶（GOGAT和GS）活性，其中以50%和75%的控释尿素比例处理最好。（2）50%和75%的控释尿素比例可改善吐丝前后物质积累和氮素积累，显著提高成熟期物质积累量和氮素积累量。（3）随控释尿素比例增加，玉米穗粒数、千粒重和产量及氮收获指数均呈先升后降的趋势；掺施控释尿素处理产量较常规施肥处理平均增产4.46%，其中CRU50和CRU75处理产量最高，收获指数和氮肥表观利用率显著高于其他处理。因此，普通尿素掺混50%~75%比例的控释尿素进行一次底施，既能增加玉米产量，又可实现氮素的高效利用。

关键词：普通尿素；包膜控释尿素；尿素配比；氮代谢酶；氮素利用

氮在玉米生长过程中占有重要地位，是构成蛋白质、核酸、辅酶等的基本元素之一，因而显著影响玉米的生长发育[1]。玉米对氮素的需求量多，且吸收量常受土壤肥力和肥料种类等因素的影响[2]。大多数农田中，土壤自身有效氮素储量不足以满足玉米高产优质的需求，生产中需要施用大量氮肥[3]。玉米生产中为追求高产，需要多次施肥，易引发劳动力短缺、氮肥施用过量等问题，且氮肥利用率仅为28%~41%[4,5]。目前我国农业生产中氮肥多以普通尿素速效肥为主，肥效快且氮肥损失严重，肥料利用率低，需要后期追肥才能满足玉米氮肥需求。控释尿素一次基施条件下养分释放速度与作物需求基本同步，能促进氮素吸收，降低氮肥损失[6,7]，氮肥利用率和产量更高[8-11]；但在生育前期容易存在供氮不足的问题，同时存在价格成本过高的问题[10]。前人研究发现[9,11-13]，控释尿素掺混普通尿素施用能保证作物高产，降低生产成本，更合理地协调养分供求关系。衣文平等[14]于山东泰安的研究表

* **基金项目**：公益性行业（农业）科研专项经费（201503127）；国家“十二五”科技支撑计划项目（2012BAD04B13）；四川省科技支撑计划项目（2014NZ0040）；四川省玉米产业技术体系岗位专家项目。

明，在0、20%、25%、30%和40%的控释尿素比例中，30%的控释尿素比例最能提高玉米产量、氮肥利用率和氮素积累量；而孙克刚等[15]于河南驻马店小麦/玉米轮作的研究表明，在0、30%、50%、70%和100%的控释尿素比例中，70%的控释尿素比例玉米产量和氮肥利用率最高；朱宝国等[16]于黑龙江的研究表明，在0、40%、60%和100%的控释尿素比例中，40%的控释尿素比例最能提高拔节期以后的玉米品质和叶绿素。上述研究表明控释尿素与普通尿素混施能提高玉米氮素吸收利用和产量。

前人主要研究了控释尿素和普通尿素配施对玉米的产量和氮素利用的影响[14,15]，而有关一次底施下控释尿素和普通尿素配施比例对作物氮代谢酶、氮素积累、氮肥效率和产量影响的研究鲜见报道。为此，本文采用田间小区试验方法研究控释尿素和普通尿素配施对玉米氮代谢酶、氮素吸收利用和产量的影响，以期为制定玉米高产高效的配方施肥技术提供理论依据。

1 材料与方法

1.1 试验设计

供试品种为正红505，系半紧凑型玉米，生育期118 d；供试肥料为树脂包膜控释尿素（CRU），氮含量≥43%，释放期为60～90 d；和普通尿素（U），氮含量≥46%。

试验地简阳芦葭镇英明村位于四川盆地西部，属于亚热带季风气候区，年均降水量874 mm。试验田耕层土壤质地为紫壤土，含碱解氮40.9 mg/kg、有效磷3.2 mg/kg、有效钾129.3 mg/kg、有机质13.91%、pH值7.59。3月28日播种，采用宽窄行种植，宽行1.6 m，窄行0.4 m，行株距为0.2 m，起垄后浇足底水，采用地膜覆盖撬窝穴播2粒，2叶1心时间苗（每穴保留一株壮苗），种植密度约50000株/hm^2，采用普通、控释尿素配比单因素试验。试验设置3次重复，共7×3=21个小区，小区面积18 m^2。

表1 试验设计方案

处理代号	处理内容	氮肥用量（kg/hm^2）
CK1	不施氮肥	0
CK2	常规施肥，60%普通尿素基施+40%普通尿素大喇叭口期追施	225
CRU0	0%控释尿素（CRU）+100%普通尿素，氮肥一次基施	225
CRU25	25%控释尿素（CRU）+75%普通尿素，氮肥一次基施	225
CRU50	50%控释尿素（CRU）+50%普通尿素，氮肥一次基施	225
CRU75	75%控释尿素（CRU）+25%普通尿素，氮肥一次基施	225
CRU100	100%控释尿素（CRU），氮肥一次基施	225

所有小区均施K_2O（氯化钾，含K_2O≥60%）90 kg/hm^2，P_2O_5（过磷酸钙，含P_2O_5≥12%）75 kg/hm^2，磷、钾肥作基肥施用，氮肥按照试验设计施用，其他田间管理同当地大面积高产田块。

1.2 测定项目与方法

1.2.1 氮代谢酶活性

分别于玉米大喇叭口期、吐丝期、吐丝后30 d，于晴天上午11:00～12:00选取3片具有代表性穗位叶（大喇叭口期取顶部第一全展开叶），用液氮速冻后带回实验室进行分析测定。利用GS测试盒（南京建成科技有限公司生产）测定谷氨酰胺合成酶（GS）活性；参照Singh等[17]的方法测定谷氨酸合酶（GOGAT）。

1.2.2 植株干重和氮含量

分别于玉米拔节期、大喇叭口期、吐丝期、成熟期，每个小区选取代表性植株 5 株，按照叶片（含苞叶）、茎鞘（含叶鞘和穗轴）、雄穗和籽粒分开，放入烘箱中，105 ℃杀青 30 min，80 ℃烘干至恒重并称重，将称完干重后的各器官粉碎过 80 目筛，采用浓 $H_2SO_4-H_2O_2$ 消煮，用 BUCHI Distillation Unit K－355＋Hanon T860 全自动电位滴定仪测定全氮含量，并计算氮积累量。

1.2.3 考种与计产

成熟期，每个小区选取 20 个代表性果穗，调查穗长、穗粗、穗粒数、千粒重等产量构成因素，并按田间实收株数收获计产。

1.2.4 相关参数计算

吐丝前干物质积累率（%）＝吐丝期干物质积累量/收获时干物质积累量×100；

吐丝后干物质积累量（kg）＝收获时干物质积累量－吐丝期干物质积累量；

吐丝后干物质积累率（%）＝吐丝后干物质积累量/收获时干物质积累量×100；

氮肥表观利用率（%）＝（施氮肥区植株氮积累量－无氮肥区植株氮积累量）/施氮肥量×100；

氮收获指数（%）＝籽粒中氮累积量/收获时植株氮素累积量×100。

1.3 数据分析

采用 Microsoft Excel 2007 软件对数据进行处理和作图，DPS v7.05 软件进行统计分析，用最小显著差法 LSD 检验平均数。

2 结果与分析

2.1 玉米功能叶氮代谢酶活性变化

玉米谷氨酰胺合成酶（GS）和谷氨酸合酶（GOGAT）是玉米氮素代谢氨同化中谷氨酸合成循环的限速酶，其活性高低能表征同化氮素能力的强弱。由图 1（A 和 B）可看出，从大喇叭口期至吐丝后 30 d，玉米叶片 GS 和 GOGAT 活性呈现先上升后降低的趋势，且施用氮肥能提高叶片中 GS 和 GOGAT 酶活性。大喇叭口期，各控氮比处理 GS 活性均显著高于常规施肥（CK2）和不施氮肥（CK1）处理，且随着控氮比的升高，GS 酶活性呈降低趋势，而各处理间 GOGAT 活性无显著差异。吐丝期，CRU75 处理的 GS 活性显著高于其他处理；随着控氮比的升高，GOGAT 酶活性呈先升高后降低的趋势。吐丝后 30 d，施氮处理的 GS 和 GOGAT 酶活性均显著高于不施氮肥处理，各施氮处理间 GS 酶活性无显著差异，随着控氮比增加，GOGAT 酶活性呈现略微升高的趋势。与常规施氮相比，施肥时掺混适量控释尿素能提高玉米各关键生育期叶片 GS 和 GOGAT 活性，有利于改善玉米对氮素的积累和利用。

2.2 不同控释尿素配比对玉米植株干物质积累的影响

从表 2 可见，施氮显著提高了玉米干物质积累量，且施氮处理间玉米吐丝后物质积累量和积累比率存在显著差异。与不施氮肥（CK1）处理相比，施氮提高了玉米吐丝前和吐丝后干物质积累量，最终提高了成熟期干物质积累量。与常规施肥（CK2）处理相比，各控氮比处理均提高了吐丝前干物质积累量。随控释尿素比例的增加，吐丝前干物质积累呈先增后减趋势，CRU50 处理吐丝前干物质积累量最高；而吐丝前物质积累比率随控释尿素的增加呈降低趋势，吐丝前物质积累比率以 CRU0 处理最高。吐丝后物质积累量和积累比率随控氮比均表现为增加的趋势，CRU75 和 CRU100 处理较常规施肥（CK2）处理吐丝后干物质积累量分别提高 16.29%和 15.15%。从成熟期干物质积累量看，各控氮比处理随控施氮的增加呈现增加的趋势，其中以CRU75处理干物质积累量最高。可见，适宜的控氮比可调控玉米吐丝前后干物质积累，最终提高干物质总量。

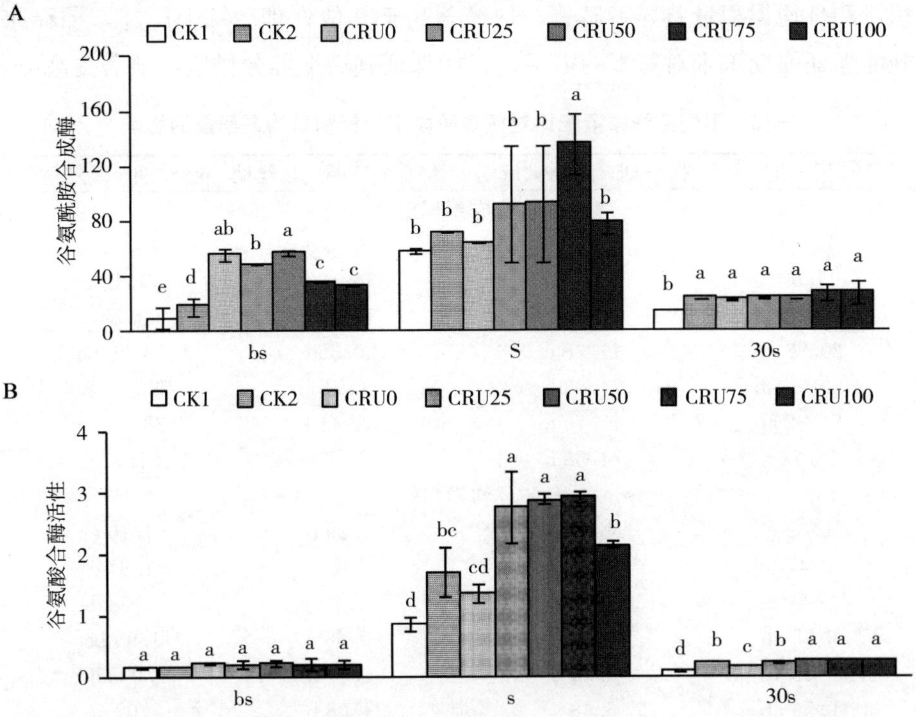

图1　不同控释尿素配比对各生育期功能叶GS（A）及GOGAT（B）的影响

注：GS—谷氨酰胺合成酶；GOGAT—谷氨酸合酶；bs—大喇叭口期；s—吐丝期；30 s—吐丝后30 d；不同字母表示处理间差异达5%显著水平。缩写见表1。

表2　不同控释尿素配比对玉米植株干物质积累的影响

控氮比	积累量（kg/hm²）		干物质总量（kg/hm²）	积累率（%）	
	吐丝前BES	吐丝后AFS		吐丝前BES	吐丝后AFS
CK1	3 828.20 b	5 310.80 c	9 139.00 d	41.89 b	58.11 a
CK2	7 137.03 a	8 018.30 ab	15 155.33 bc	47.09 ab	52.91 ab
CRU0	7 548.36 a	7 367.80 b	14 916.17 c	50.61 a	49.39 b
CRU25	7 651.45 a	7 532.47 b	15 183.92 bc	50.49 a	49.51 b
CRU50	8 068.53 a	8 102.39 ab	16 170.92 ab	49.89 ab	50.11 b
CRU75	8 050.03 a	9 324.39 a	17 374.42 a	46.69 ab	53.31 ab
CRU100	7 261.92 a	9 232.91 a	16 494.83 a	44.09 ab	55.91 ab

注：BES—吐丝前；AFS—吐丝后；同列数据后不同字母表示同一样期处理间差异达到5%显著水平。缩写见表1。

2.3　不同控释尿素配比对玉米植株氮吸收累积的影响

由表3可见，施氮显著提高了玉米全生育期氮积累量和氮素吸收速率，控氮比对玉米氮素阶段积累量和日均累积量存在显著影响。施氮处理各生育期阶段氮素累积量和氮素吸收速率均显著高于不施氮肥（CK1）处理。拔节期，与常规施肥（CK2）处理相比，CRU25、CRU50、CRU75处理均较高。拔节至大喇叭口期，玉米进入旺盛营养生长期，控氮比处理随控氮比增加氮素累积量和日均累积量均呈先增加后降低趋势，CRU50、CRU75和CRU100处理在此阶段氮素累积量和日均积累量均保持较高水平，较常规施肥（CK2）处理分别高出为24.60%、29.52%、24.68%和24.48%、29.39%、24.55%。吐丝至成熟期，控氮比处理随控氮比增加氮素累积量和日均累积量均呈增加趋势，CRU50、

CRU75 和 CRU100 处理在这个阶段氮素累积量和日均积累量均保持较高水平，较常规施肥（CK2）处理分别高出为 8.49%、10.81%、14.11%和 8.56%、10.87%、14.17%。成熟期 CRU75 与 CRU100 处理氮素总累积量和日均累积量差异不显著，均显著高于其他处理。综上所述，控释尿素和普通尿素适宜比例混施既能保证前期玉米对氮素的需求，又能保证其后期养分供应，显著提高玉米氮素积累量。

表 3　不同控释尿素配比对氮素阶段累积量和日均累积量的影响　　单位：kg/hm²

控氮比	拔节期	拔节期—大喇叭口期	大喇叭口期—吐丝期	吐丝期—成熟期	成熟期
			阶段累积量		
CK1	13.44 c	47.99 e	8.58 d	44.09 e	114.10 e
CK2	17.90 b	60.06 d	36.13 a	71.10 c	185.19 c
CRU0	22.29 a	72.38 c	17.91 c	63.77 d	176.35 d
CRU25	20.87 ab	71.38 c	20.36 c	74.29 bc	186.90 c
CRU50	20.97 ab	74.83 b	30.37 b	77.14 abc	203.32 b
CRU75	21.32 ab	77.79 a	32.44 b	78.79 ab	210.34 a
CRU100	18.72 b	74.88 b	35.67 a	81.13 a	210.40 a
			日均累积量		
CK1	0.35 c	4.00 e	0.29 d	1.16 e	0.97 e
CK2	0.47 b	5.01 d	1.2 a	1.87 c	1.54 c
CRU0	0.59 a	6.03 c	0.6 c	1.68 d	1.49 d
CRU25	0.55 ab	5.95 c	0.68 c	1.95 bc	1.58 c
CRU50	0.55 ab	6.24 b	1.01 b	2.03 abc	1.72 b
CRU75	0.56 ab	6.48 a	1.08 b	2.07 ab	1.78 a
CRU100	0.49 b	6.24 b	1.19 a	2.14 a	1.78 a

注：同列数据后不同字母表示同一样期处理间差异达到 5%显著水平，缩写见表 1。下同。

2.4 不同控释尿素配比对玉米产量和氮素利用效率的影响

由表 4 可知，施氮显著提高了玉米穗粒数、千粒重和产量，掺施控释尿素可不同程度地增加玉米产量，掺施控释尿素处理产量较常规施肥（CK2）处理平均增产 4.46%。控氮比处理穗粒数和千粒重随控释尿素增加呈先增后减的变化，且分别以 CRU50 和 CRU75 处理最高。从最终产量看，掺施控释尿素处理间玉米产量差异不显著，但以 CRU75 处理最高。

氮肥表观利用率随控释尿素比例增加呈升高趋势，以 CRU75 和 CRU100 处理最高。与常规施肥（CK2）处理相比，CRU25、CRU50、CRU75 和 CRU100 处理氮肥表观利用率分别增加 0.76%、8.06%、11.18%和 11.21%。控氮比处理氮收获指数随控释尿素比例增加呈先增加后降低的趋势，且掺施控释尿素处理均高于两对照处理。可见，合理地控释尿素和普通尿素配比可增加玉米穗粒数、千粒重和产量，同时提高氮肥表观利用率和氮收获指数。

表 4　不同控释尿素配比对玉米产量及产量构成因子和氮素利用效率的影响

控氮比	穗粒数（粒）	千粒重（g）	籽粒产量（kg/hm²）	增产幅度（%）	氮肥表观利用率（%）	氮收获指数（%）
CK1	595.70 b	246.24 b	7 334.23 c	—	—	44.55 d
CK2	739.80 a	262.74 a	9 717.77 ab	32.56 a	31.59 c	54.30 b
CRU0	716.93 a	261.79 a	9 386.66 b	28.30 a	27.67 d	49.28 c
CRU25	757.14 a	263.66 a	9 981.47 ab	36.37 a	32.36 c	55.49 b
CRU50	772.57 a	265.93 a	10 274.24 ab	40.45 a	39.65 b	56.64 b
CRU75	771.78 a	272.65 a	10 521.17 a	43.93 a	42.77 a	60.79 a
CRU100	742.24 a	264.13 a	9 829.37 ab	34.76 a	42.80 a	53.51 b

3 讨论

氮是植物生长发育需求量最大的营养元素，而硝态氮是旱地植物最主要的氮源。硝态氮进入植物体内必须转换为氨态氮才能参与氨基酸和蛋白质的合成，而 GS－GOGAT 循环是作物体内氨态氮同化的主要途径，是整个氮代谢的中心[18-21]。前人研究表明，玉米穗位叶氮代谢关键酶 GS、GOGAT 活性于吐丝后急剧下降[21]。本试验结果表明，吐丝前 GS 和 GOGAT 活性均为 50％～75％控释尿素较高，而吐丝后则均是 100％控释尿素较高，表明一定比例的普通尿素有利于玉米吐丝前叶片氮代谢关键酶活性的提高，而较高的控释尿素比例则有利于维持玉米叶片吐丝后氮代谢酶活性。这是由于普通尿素肥效快，一定比例的普通尿素可以满足玉米生育前期对氮素的需求；而控释尿素肥效缓慢，高控释尿素比例可以提高玉米生育后期的氮素供给。因此，50％～75％控释尿素与 50％～25％普通尿素掺混，既能弥补控释尿素前期释放速率过慢的不足，又能满足玉米生育后期对氮肥的需求，使玉米花前、花后叶片氮代谢酶活性均维持在较高水平，从而获得高产。

干物质积累是玉米产量形成的物质基础，适宜的肥料配比可提高玉米干物质积累[22,23]，不同控释尿素配比施用也能提高玉米干物质积累量[24]。本试验结果表明，施氮和掺施控释尿素可以显著提高玉米花前和花后的干物质积累量。50％和 75％的控释尿素比例能在吐丝前、后均获得较高干物质积累量，使其总干物质积累量显著高于低控氮比处理。玉米拔节期至授粉期是氮素吸收的关键期[2]，控释尿素与普通尿素配合基施符合玉米的吸氮规律，能增加玉米氮素积累量[14]。本试验条件下，50％和 75％的控释尿素比例能显著提高玉米各生育阶段氮素积累量，使其氮素积累量显著高于低控氮比处理和 CK。50％和 75％的控释尿素比例能提高玉米花前、花后叶片氮代谢酶活性，显著提高玉米氮素的吸收，从而促进了玉米干物质的积累。

氮肥表观利用率是表征氮肥利用效率的重要指标之一，反应作物对土壤中肥料氮的吸收与利用效果[11]。控释尿素与普通尿素掺混均能提高氮肥利用率[12]，50％、75％和 100％的控释尿素比例能显著提高氮肥表观利用率。这可能与较高控释尿素比例能提高各阶段叶片氮代谢关键酶（GOGAT 和 GS）活性，促进玉米氮素利用有关。氮收获指数反映了成熟期氮素在玉米籽粒和营养器官中的分配状况，施氮对玉米氮收获指数影响显著[25,26]。本试验结果表明，施氮显著提高了玉米氮收获指数，而全控释尿素处理氮收获指数低于 50％和 75％的控释尿素比例。不同控释尿素配比能有效提高玉米产量，但低配比处理下各时期玉米叶片氮代谢酶活性均低于高配比处理，使其干物质积累、氮素积累、产量及氮素利用效率均低于高配比处理，而 100％控释尿素花前叶片氮代谢酶活性过低，使其前期生长不足；花后叶片氮代谢酶活性过高，使其后期生长过盛；贪青晚熟，使其氮收获指数显著降低影响玉米产量。50％和 75％控氮比前期叶片氮代谢酶活性高，保证了氮素吸收和物质生产，后期氮代谢酶活性较高促进了氮素的利用，从而获得高产。

4 结论

控释尿素与普通尿素掺混一次基施，可以实现肥料间肥效的有效接力，达到缓急相济，优势互补，平衡供肥的目的。在川中丘陵区施氮量 225 kg/hm^2 下，控释尿素与普通尿素配施可提高玉米关键生育期功能叶氮代谢关键酶（GOGAT 和 GS）活性，延长玉米叶片功能时间。其中，50％和 75％的控释尿素比例可改善吐丝前物质积累，促进吐丝后干物质积累，提高物质积累量和氮素表观利用率，最终提高玉米产量和氮收获指数。

参考文献

[1] 李和生．现代植物生理学（第二版）[M]．北京：高等教育出版社，2006：76－99.

[2] 杨文钰，屠乃美．作物栽培学各论 [M]．北京：中国农业出版社，2003.

[3] 闫湘．我国化肥利用现状与养分资源高效利用研究 [D]．北京：中国农业科学院，2008.

[4] 朱兆良．农田中氮肥的损失与对策 [J]．土壤与环境，2000，9（1）：1－6.

[5] 周勇明，商照聪，宝德俊，等．海藻酸尿素对夏玉米产量和氮肥利用率的影响 [J]．中国土壤与肥料，2014，46（3）：23－26.

[6] Shoji S，Kanno H. Use of poly coated fertilizers for increasing fertilizer efficiency and reducing nitrate leaching and nitrous oxide emission [J]．Fertilizer. Research，1994，39（2）：147－152.

[7] 赵斌．不同控释复合肥对夏玉米产量和品质影响的生理机制 [D]．泰安：山东农业大学，2007.

[8] 吕娇，李淑敏，潘明阳，等．不同包膜控释氮肥对玉米氮素吸收和产量的影响 [J]．天津农业科学，2012，18（1）：46－50.

[9] 杨雯玉，贺明荣，王远军，等．控释尿素与普通尿素配施对冬小麦氮肥利用率的影响 [J]．植物营养与肥料学报，2005，11（5）：627－633.

[10] Gao X，Li C L，Zhang M，et al. Controlled release urea improved the nitrogen use efficiency，yield and quality of potato on silt loamy soil [J]．Field Crops Research，2015，181（1）：60－68.

[11] Yang Y C，Zhang M，Li Y C，et al. Controlled release urea improved nitrogen use efficiency，activities of leaf enzymes，and rice yield [J]．Soil Science Society of America Journal，2012，76（6）：2307－2317.

[12] 李伟，李絮花，李海燕，等．控释尿素与普通尿素混施对夏玉米产量和氮肥效率的影响 [J]．作物学报，2012，38（4）：699－706.

[13] 许秀成，李菂萍，王好斌．世界控制释放肥料发展现状 [J]．农资科技，2001，8（3）：24－25.

[14] 衣文平，朱国梁，武良，等．不同量的包膜控释尿素与普通尿素配施在夏玉米上的应用研究 [J]．植物营养与肥料学报，2010，16（6）：1497－1502.

[15] 孙克刚，李丙奇，李潮海，等．树脂包膜尿素与普通尿素配施及树脂包膜 BB 肥在玉米上增产效果研究 [J]．河南化工，2010，27（23）：26－29.

[16] 朱宝国，于忠和，贾会彬，等．控释尿素和普通尿素混施对玉米生理特性和品质的影响 [J]．黑龙江农业科学，2011，33（7）：42－44.

[17] Singh RD，Srivastava H S. Increase in glutamate synthase（NADH）activity in maize seedlings in response to nitrate and ammonium nitrogen [J]．Physiol. Plant，1986（66）：413－416.

[18] 孙永健，孙园园，李旭毅，等．水氮互作下水稻氮代谢关键酶活性与氮素利用的关系 [J]．作物学报，2009，35（11）：2055－2063.

[19] 丁坤，王秀峰，杨凤娟，等．硫包膜控释尿素和树脂包膜控释尿素混施对番茄生长及氮代谢酶活性的影响 [J]．山东农业科学，2012，44（10）：70－75.

[20] 罗兰芳，郑圣先，廖育林，等．控释氮肥对杂交水稻糙米蛋白质品质和氮代谢关键酶活性的影响 [J]．中国水稻科学，2007，22（4）：403－410.

[21] 刘淑云，董树亭，赵秉强，等．长期施肥对夏玉米叶片氮代谢关键酶活性的影响 [J]．作物学报，2007，33（2）：278－283.

[22] 何萍，金继运，林葆，等．不同氮磷钾用量下春玉米生物产量及其组分动态与养分吸收模式研究 [J]．植物营养与肥料学报，1998，4（2）：123－130.

[23] 刘淑霞，吴海燕，赵兰坡，等．不同施钾量对玉米钾素吸收利用的影响研究 [J]．玉米科学，2008，16（4）：172－175.

[24] 尹彩侠，孔丽丽，侯云鹏，等．控释氮肥在玉米上的施用效果 [J]．吉林农业科学，2011，36 (4)：24－27.

[25] 李伟，李絮花，唐慎欣，等．控释掺混肥对夏玉米产量及土壤硝态氮和铵态氮分布的影响 [J]．水土保持学报，2011，25 (6)：68－71.

[26] 高华鑫，张卫峰，夏海勇，等．黑土区春玉米高产高效施氮技术研究 [J]．吉林农业大学学报，2015，37 (1)：63－667.

普通、控释尿素配比对玉米物质积累及产量的影响*

郭　萍[1]　黄科程[2]　李孝东[2]　朱从桦[3]　龙文靖[4]　袁继超[1]　孔凡磊[1]

1. 四川农业大学农学院/农业部西南作物生理生态与耕作重点实验室，四川成都　611130
2. 中江县农技站，四川中江　618100
3. 中国水稻研究所，浙江杭州　310006
4. 四川省农业科学院水稻高粱研究所，四川德阳　618000

摘要：以普通尿素和包膜控释尿素为供试材料，设置5种普通尿素与控释尿素配比处理，分别为CRU0，100%普通尿素；CRU1，75%普通尿素+25%控释尿素；CRU2，50%普通尿素+50%控释尿素；CRU3，25%普通尿素+75%控释尿素；CRU4，100%控释尿素。以CK1，不施氮肥和CK2，常规施氮（普通尿素60%基施+40%大喇叭口期追施）为对照，研究控释尿素与普通尿素配施对玉米农艺性状、干物质积累分配及产量的影响。结果表明，(1)施氮显著提高了玉米株高、穗位高和叶面积，与常规施氮处理相比，普通、控释尿素配施可提高株高、穗位高、茎粗和叶面积，其中75%控释尿素处理提高显著。(2)与常规施氮处理相比，普通、控释尿素配施处理促进吐丝期干物质积累，最终增加成熟期总干物质量，其中以CRU2和CRU3处理最好。(3)与常规施氮处理相比，普通、控释尿素配施处理的干物质在叶片和茎秆中的分配比例均较低，而籽粒的分配比例较高，又以CRU3处理比例最高。(4)随控释尿素比例增加，玉米产量、千粒重、穗粒数、穗长和穗粗均呈先升后降的趋势；25%、50%、75%和100%的控释尿素比例处理产量较常规施氮处理分别增产3.70%、8.83%、11.23%和5.43%。因此，普通尿素掺混75%比例的控释尿素进行一次底施，既能满足玉米植株生长需求，提高干物质积累，优化干物质分配，又可促进增产。

关键词：控释尿素；玉米；产量；干物质积累与分配

玉米是我国三大粮食作物之一，其产量高低直接影响国家粮食安全和玉米产业的发展[1]。玉米对氮素的需求量较多[2]，一方面，土壤自身氮素供应不足以满足玉米高产和优质，因此玉米生产中需要连年投入大量氮肥，另一方面，施入土壤的氮肥大部分通过反硝化、径流、渗透等途径而损失，大大降低了氮肥的利用效率[3]。目前生产上常用的氮肥分为速效肥和缓效肥，速效肥多以普通尿素为主，且在生产应用上占主导地位，速效肥需多次大量施用才能满足高产，氮肥利用率仅为30%～35%[4]，且环境代价大[3,5]；而缓效肥多以包膜控释尿素为主，控释尿素作为一种新型氮肥，可根据作物对养分的需求控制其养分释放模式，使养分释放与作物养分吸收基本同步[6]，氮素利用率为60%～70%，而且不受土壤类型等复杂因素的影响，被称为是21世纪的肥料[7]。生育期内干物质积累与分配是决定玉米籽粒产量高低的重要因素之一[8-11]，吐丝后干物质的积累与分配对经济产量的影响最大[12]，而控释

* **基金项目**：公益性行业（农业）科研专项经费（201503127）；国家“十二五”科技支撑计划项目（2012BAD04B13）；四川省科技支撑计划项目（2014NZ0040）；四川省玉米产业技术体系岗位专家项目

尿素一次基施可促进植株生长[13,14]，能通过提高生育后期干物质积累量实现高产[15,16]。但是控释尿素一次基施容易导致生育前期植株生长缓慢、干物质积累较低、价格成本过高等问题[17,18]。而控释尿素掺混普通尿素施用能更合理地协调玉米全生育期的养分供求关系，保证其高产，降低生产成本[19,20]。50%的控释氮肥与普通尿素配合追施增产最高[21,22]。控释尿素掺混普通尿素一次基施能改善生理特性[17,23]，提高氮素积累[23]、氮肥利用率[20,24]和产量[25,26]，但有关普通、控释尿素配施条件下玉米干物质积累和分配，及产量形成规律的研究却鲜见报道。为此，本文通过分析比较不同控释尿素和普通尿素配施对玉米农艺性状、干物质积累分配和产量的影响，探索四川丘陵雨养旱地最合适的控释尿素和普通尿素施用比例，以期为本区制定玉米高产高效的配方施肥及新型配方肥的生产提供理论依据。

1 材料与方法

1.1 供试材料与试验地概况

试验于2014年3月28日至2015年8月1日分别在简阳市芦葭镇英明村（30°28′N，104°51′E）和德阳市中江县合兴乡新建村（30°95′N，104°63′E）进行，试验地玉米生育期间降水主要集中在6—7月份，而2015年6月上旬和7月中下旬降水量明显减少，出现阶段性干旱（图1）。简阳试验田耕层土壤质地为紫色壤土，中江试验田耕地为黄色壤土，具体肥力水平见表1。玉米品种为正红505半紧凑型玉米，生育期118 d；肥料种类为树脂包膜控释尿素（CRU，山东金正大生态工程股份有限公司生产，氮含量≥43%）和普通尿素（U，氮含量≥46%）。

表1 供试土壤基础地力

地点	pH值	有机质（mg/kg）	碱解氮（mg/kg）	速效磷（mg/kg）	速效钾（mg/kg）
简阳	7.59	13.91	40.9	3.2	129.3
中江	7.60	30.95	71.03	3.1	67.1

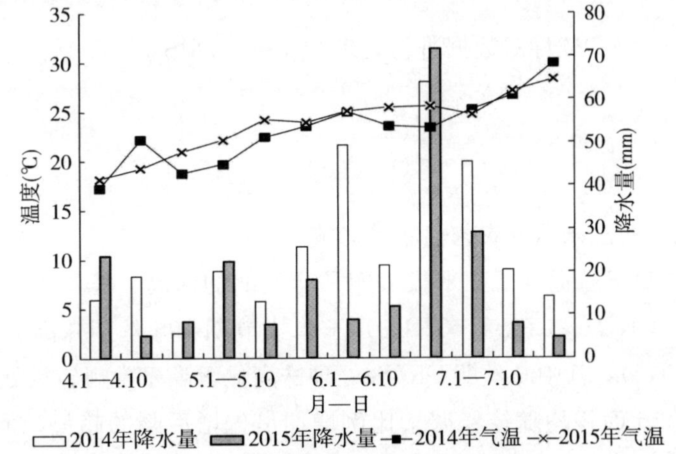

图1 玉米生育期间气温和降水量

注：2014年气温和降水量为简阳气象数据，2015年为德阳中江气象数据。

1.2 试验设计

试验于2014—2015年进行，3月28日播种，采用宽窄行种植，2014年宽行1.6 m，窄行0.4 m，行株距为0.2 m，种植密度约50 000株/hm²；2015年宽行1.4 m，窄行0.4 m，行株距为0.2 m，种植密度约55 555株/hm²。起垄后浇足底水，采用地膜覆盖撬窝穴播2粒，2叶一心时间苗，4叶一心时定苗，每穴保留一株壮苗，采用普通、控释尿素配比单因素试验。

设置5种普通、控释尿素配比，100%控释尿素（CRU），25%普通尿素+75%CRU，50%普通尿素+50%CRU，75%普通尿素+25%CRU和100%普通尿素；2个对照，不施氮肥和常规施氮（氮肥分二次施入，其中全氮的60%作底肥施入，全氮的40%作追肥于大喇叭口期追施），分别记为CRU4，CRU3，CRU2，CRU1，CRU0，CK1和CK2。

所有小区均施纯氮225 kg/hm²，K_2O（氯化钾，含$K_2O\geqslant60\%$）90 kg/hm²，P_2O_5（过磷酸钙，含$P_2O_5\geqslant12\%$）75 kg/hm²，磷、钾肥作基肥施用，氮肥按照试验设计进行。试验设置3次重复，共7×3=21个小区，小区面积18 m²，其他田间管理同当地高产田块。

1.3 测定项目与方法

1.3.1 叶面积

分别在玉米生长的不同生育阶段，5月7日拔节期、6月11日吐丝期选取有代表性植株4株，测定每株绿叶叶片的长与宽，按照公式计算叶面积，叶面积=长×宽×0.75。

1.3.2 株高、穗位高及茎粗

分别在玉米生长的不同生育阶段，5月7日拔节期、6月11日吐丝期选取有代表性植株10株，测定每株株高及茎粗（茎秆基部）。于吐丝期在每个小区选择有代表性植株10株，测定每株穗位高。

1.3.3 植株干重

分别在玉米生长的不同生育阶段，5月7日拔节期、6月11日吐丝期、8月1日成熟期选取代表性植株5株，按照叶片、茎鞘（含叶鞘和雄穗）、苞叶+穗轴和籽粒分开，放入烘箱中，105℃杀青30 min，80℃烘干至恒重并称重。

1.3.4 考种与计产

8月1日成熟期于每个小区选取20个代表性果穗，调查穗长、穗粗、穗粒数、千粒重等产量构成因素，并按田间实收株数收获计产。

1.4 数据分析

采用Microsoft Excel 2007软件对数据进行处理和作图，DPS v7.05软件进行统计分析，用最小显著差法LSD检验平均数。

2 结果与分析

2.1 普通和控释尿素配施对玉米植株农艺性状的影响

由表2可以看出，施氮显著提高了玉米拔节期和吐丝期的株高、穗位高、茎粗、叶面积。控释尿素与普通尿素配施处理（CRU1、CRU2、CRU3）玉米拔节期和吐丝期株高、茎粗、穗位高和叶面积均高于常规施氮处理（CK2），其中吐丝期CRU3处理株高显著高于常规施氮处理。普通尿素与控释尿素配施处理株高、茎粗和叶面积均随控释尿素比例增加呈先增后降的趋势，但处理之间差异不显著。普通尿素和控释尿素适宜的配施比例可促进植株的生长，而过高的控释尿素比例不利于植株个体生长。

表2 普通和控释尿素配比对玉米植株农艺性状的影响（2015年）

控氮比	株高（cm）		茎粗（cm）		穗位高（cm）	每株叶面积（cm²）	
	拔节期	吐丝期	拔节期	吐丝期		拔节期	吐丝期
CK1	67.55 b	198.81 c	1.536 b	2.074 b	76.57 c	1080.3 b	5958.8 b
CK2	74.20 a	209.33 b	1.692 a	2.188 ab	84.25 ab	1467.4 a	6760.3 a
CRU0	78.42 a	207.95 bc	1.726 a	2.151 ab	82.63 b	1497.4 a	6732.2 a
CRU1	76.45 a	213.37 ab	1.713 a	2.197 a	85.80 ab	1472.9 a	6791.4 a

续表

控氮比	株高（cm）		茎粗（cm）		穗位高（cm）	每株叶面积（cm^2）	
	拔节期	吐丝期	拔节期	吐丝期		拔节期	吐丝期
CRU2	77.25 a	216.30 ab	1.745 a	2.198 a	87.45 ab	1506.5 a	6995.0 a
CRU3	78.30 a	220.91 a	1.750 a	2.201 a	89.64 a	1586.7 a	7104.2 a
CRU4	73.45 a	215.64 ab	1.681 a	2.236 a	88.80 a	1316.2 ab	6896.4 a

注：CRU0 为 100%普通尿素；CRU1 为 25%控释尿素掺混 75%普通尿素；CRU2 为 50%控释尿素掺混 50%普通尿素；CRU3 为 75%控释尿素掺混 25%普通尿素；CRU4 为 100%控释尿素；CK2 为常规施氮；CK1 为不施氮肥；同列数据后不同字母表示同一样期处理间差异达到 5%显著水平，下同。

2.2 普通和控释尿素配施对玉米植株干物质积累的影响

由表 3 可以看出，施氮显著提高了玉米各阶段单株干物质积累，且施氮处理间单株干物质积累也存在差异显著。控释尿素与普通尿素配施处理（CRU1、CRU2、CRU3）拔节和吐丝期单株干物质积累量均高于常规施氮处理（CK2），其中 2015 年 CRU3 处理 2 个时期单株干物质积累显著高于常规施氮处理（CK2）。拔节期各控氮比处理单株干物质积累量随控释尿素比例增加呈降低趋势，2015 年 100%控释尿素处理（CRU4）显著低于其他施肥处理。吐丝期和成熟期普通尿素和控释尿素配施处理单株干物质积累均随控释氮肥比例的增加呈先增后降趋势，CRU3 处理最高，2014 年和 2015 年的结果趋势基本一致，但 2015 年处理之间差异更加明显。2015 年吐丝期 CRU2 和 CRU3 处理单株干物质积累均高于 CK2 处理，且差异达显著水平。2015 年成熟期 CRU2、CRU3 和 CRU4 处理单株干物质积累均显著高于 CK2 处理。可见，适宜的控氮比可促进玉米吐丝期及吐丝后干物质积累，最终提高干物质积累量。

表 3 普通和控释尿素配比对玉米植株干物质积累的影响 单位：$\times10^{-3}$ kg/株

控氮比	2014 年			2015 年		
	拔节期	吐丝期	成熟期	拔节期	吐丝期	成熟期
CK1	9.32 c	76.56 b	182.78 d	5.68 e	74.14 e	171.77 f
CK2	10.78 b	142.74 a	303.11 bc	9.13 c	91.47 c	235.15 d
CRU0	11.98 a	150.97 a	298.32 c	9.96 b	88.46 d	212.61 e
CRU1	10.83 b	153.03 a	303.68 bc	9.26 c	92.44 bc	253.63 cd
CRU2	10.90 b	161.37 a	323.42 b	9.38 c	94.90 b	275.60 ab
CRU3	12.69 a	161.00 a	347.49 a	10.45 a	100.51 a	285.33 a
CRU4	10.49 b	145.24 a	311.58 bc	7.83 d	93.45 bc	265.15 bc

2.3 普通和控释尿素配施对玉米植株干物质分配的影响

干物质积累在各器官中的分配随生长中心转移而变化。从表 4 可看出，拔节期到成熟期叶片的干物质积累量占全株干物质积累量的比例不断降低，拔节期最高为 65.66%～70.95%；茎秆的分配比例则呈先升后降趋势，吐丝期最高为 45.99%～49.30%；吐丝后，穗（包括苞叶、穗轴和籽粒）的分配比例不断升高，成熟期最高为 58.87%～63.35%。在拔节期和吐丝期，叶和茎依次成为玉米的生长中心；在成熟期，籽粒已成为光合产物的主要分配中心，分配比例最高，为 47.11%～49.31%。

拔节期普通尿素与控释尿素配施处理叶的分配比例随控氮比的增加而呈先降后升趋势，处理间差异不显著。吐丝期普通尿素与控释尿素配施处理叶和茎的分配比例均低于两对照和 CRU0 处理，且随控氮比的增加而呈先降后升趋势，而穗的分配比例随控氮比的增加而呈先增后降趋势。成熟期掺施控释尿素处理穗部，包括苞叶+穗轴、籽粒的分配比例均高于 CRU0 和两对照处理，且随控氮比的增加而呈先增后降趋势。除2015年CRU3处理籽粒分配比例显著高于CRU0和两对照处理外，其他处理间无显著差异。适宜的普通尿素与控释尿素配施比例可促进玉米吐丝后茎、叶干物质向籽粒转移，最终提高籽粒干物质积累。

表4 普通和控释尿素配比对玉米植株干物质分配的影响

单位：%

年份	控氮比	拔节期		吐丝期			成熟期			
		叶片	茎鞘	叶片	茎鞘	穗	叶片	茎鞘	苞叶+穗轴	籽粒
2014年	CK1	66.98 c	33.02 a	35.65 a	46.62 a	17.73 d	12.45 a	25.61 a	11.20 c	50.73 a
	CK2	68.86 ab	31.14 bc	29.52 b	45.96 a	24.52 bc	12.21 abc	23.72 ab	12.87 ab	51.21 a
	CRU0	69.08 a	30.92 c	29.65 b	46.25 a	24.09 c	12.32 ab	24.30 ab	12.36 bc	51.02 a
	CRU1	68.72 ab	31.28 bc	28.97 c	45.48 a	25.55 b	11.39 abc	22.99 ab	13.58 ab	52.04 a
	CRU2	68.59 ab	31.41 bc	28.84 c	43.01 b	28.16 a	11.25 bc	22.46 b	13.60 ab	52.70 a
	CRU3	67.44 bc	32.56 ab	28.68 c	42.01 b	29.32 a	11.10 c	21.92 b	13.92 a	53.07 a
	CRU4	68.76 ab	31.24 bc	28.97 c	45.54 a	25.49 b	11.43 abc	23.27 ab	13.52 ab	51.78 a
2015年	CK1	64.34 c	35.66 a	36.55 a	51.97 a	11.48 d	15.01 a	29.18 a	12.33 b	43.48 b
	CK2	71.26 ab	28.74 bc	34.33 b	50.82 a	14.85 bc	14.29 ab	28.96 a	13.00 ab	43.75 b
	CRU0	72.82 a	27.18 c	34.68 b	51.29 a	14.03 c	14.40 ab	29.03 a	12.97 ab	43.60 b
	CRU1	72.20 ab	27.80 bc	34.16 b	50.39 a	15.44 abc	13.32 b	28.60 a	13.21 ab	44.87 ab
	CRU2	71.39 ab	28.61 bc	34.15 b	50.20 a	15.66 ab	13.23 b	27.99 a	13.79 a	44.99 ab
	CRU3	71.14 ab	28.86 bc	33.37 c	49.97 a	16.65 a	13.02 b	27.27 a	14.17 a	45.54 a
	CRU4	69.44 b	30.56 b	34.18 b	50.24 a	15.57 ab	13.60 ab	28.76 a	13.45 ab	44.19 ab

2.4 普通和控释尿素配施对玉米产量及产量构成的影响

由表5可知，施氮显著提高了玉米产量、千粒重、穗粒数、穗长和穗粗，普通尿素和控释尿素配施可不同程度地增加玉米产量。与常规施氮（CK2）处理相比，CRU1、CRU2、CRU3和CRU4处理2014年产量分别增产了2.71%、5.73%、8.27%、1.15%；2015年产量分别增产了4.68%、11.93%、14.19%、9.72%，且CRU3处理增产显著。普通尿素与控释尿素配施处理千粒重、穗粒数、穗长和穗粗均随控氮比增加呈先增后减的变化，且以CRU3处理最高。与常规施氮（CK2）处理相比，普通尿素和控释尿素配施处理千粒重、穗粒数、穗长和穗粗均较高，2014年CRU3处理穗长和穗粗显著高于常规施氮处理，而2015年CRU3处理千粒重和穗粒数显著高于常规施氮处理。可见，适宜的普通尿素和控释尿素比例可增加玉米千粒重、穗粒数、穗长和穗粗，改善穗部性状，促进灌浆结实，最终提高玉米产量。

表5 普通和控释尿素配比对玉米产量及产量构成因子的影响

控氮比	2014年					2015年				
	产量 (kg/hm^2)	千粒重 (g)	穗粒数 (粒)	穗长 (cm)	穗粗 (cm)	产量 (kg/hm^2)	千粒重 (g)	穗粒数 (粒)	穗长 (cm)	穗粗 (cm)
CK1	7 334.23 c	246.24 b	595.70 b	16.69 c	5.08 d	5 407.93 d	237.59 d	413.52 d	15.73 c	4.57 e
CK2	9 717.77 ab	262.74 a	739.80 a	18.27 b	5.27 bc	7 085.88 bc	266.50 bc	462.84 bc	16.89 ab	4.85 cd
CRU0	9 386.66 b	261.79 a	716.93 a	17.84 b	5.23 c	6 302.57 c	263.45 c	439.81 c	16.33 bc	4.73 d
CRU1	9 981.47 ab	263.66 a	757.14 a	18.70 ab	5.31 abc	7 029.79 abc	273.89 abc	472.11 b	17.23 ab	4.93 bc
CRU2	10 274.24 ab	265.93 a	772.57 a	18.94 ab	5.33 ab	7 274.29 ab	276.03 ab	499.47 a	17.51 a	5.02 b
CRU3	10 521.17 a	272.65 a	771.78 a	19.50 a	5.38 a	7 675.91 a	278.36 a	506.41 a	17.53 a	5.18 a
CRU4	9 829.37 ab	264.13 a	742.24 a	18.38 ab	5.29 bc	7 714.65 ab	271.34 abc	497.46 a	17.50 a	5.01 b

3 讨论

玉米农艺性状易受氮素供应环境影响，氮肥供应充足时，植株枝叶繁茂、躯体高大[8,27]，通过合理地配施控释尿素与普通尿素有利于增加拔节期植株株高、茎粗和叶面积[28]。此外，玉米氮素养分吸收还受地力影响，不同地力水平条件下控释尿素和普通尿素配施对玉米产量的影响存在差异，施氮量相同时，低地力水平下施用释放期较短的控释尿素为宜，而高地力水平下应施用释放期较长的控释尿素[29]。本研究中，两个试验地土壤在有机质含量、速效钾含量、碱解氮等方面差异较大，2014 年简阳地块有机质和碱解氮均低于中江地块，属低地力水平，而 2015 年中江地块属高地力水平。2014 年产量平均比 2015 年高 36.96％，但是两年中，控释氮肥对玉米产量存在影响，相比普通尿素来说，施用 75％控释尿素，在 2014 年使产量增高 8.27％，在 2015 年使产量增高 14.19％，说明 75％的控释尿素比例在不同地力水平下均能实现不同程度的增产，且更有利于高地力水平下实现高产。本研究表明，拔节期茎粗和叶面积均以 75％的控释尿素比例（CRU3）最高，吐丝期株高和叶面积均以 50％～75％的控释尿素比例（CRU2、CRU3）较高，而穗位高和茎粗表现为 75％～100％的控释尿素比例（CRU3、CRU4）较高，表明基施较低量的普通尿素就能显著促进拔节期茎秆生长，而基施较高比例的控释尿素能促进吐丝期维持叶片繁茂，茎秆粗壮。这是由于普通尿素肥效较快，一定量的普通尿素可以满足植株生长需求，促进生育前期植株形态发展；而控释尿素肥效持续时间长，基施较高比例的控释尿素能够保证生育前期玉米植株的养分需求，更重要的是能够保证在生育后期为植株源源不断地提供足量的氮素养分，维持较高的叶面积，并且粗壮茎秆。因此，75％的控释尿素比例（CRU3）既能促进生育前期植株生长发育，又能维持生育后期繁盛的植株形态，使生育期内营养状态改善，光合物质生产能力增强，从而为高产打下坚实基础。

作物干物质的积累是产量形成的基础，玉米增产的途径是尽可能多地提高生物产量并使干物质尽可能多地分配到经济器官[15]。氮肥能显著提高植株干物质量[30]，普通尿素与控释尿素配施处理吐丝期单株干物质积累量迅速增长，50％～75％的控释尿素比例（CRU2、CRU3）单株干物质积累量较高；成熟期普通尿素与控释尿素配施处理单株干物质积累量随控氮比的增加而呈先增后减趋势，且均高于常规施氮（CK2）。自拔节期到吐丝期，玉米叶干重占植株总重的比例随生育期的推进而逐渐降低，而茎鞘的分配比例逐渐升高。从吐丝期到成熟期，茎鞘和叶的分配比例随生育期的推进而逐渐降低，生长中心开始向穗部转移，籽粒的分配比例逐渐升高[15]，成熟期籽粒的分配比例为 47.11％～49.31％，2014 年都超过 50％。与单一肥料处理相比，在生育期内，普通、控释尿素配施处理叶的分配比例较小；吐丝期普通、控释尿素配施处理茎的分配比例较小；对于籽粒的分配比例来说，普通尿素与控释尿素配施处理均较高，其中 75％控氮比处理（CRU3）最高，表明控释尿素能提高籽粒的分配比例，一定比例的普通、控释尿素配施有利于吐丝后茎鞘和叶的干物质向籽粒转移，全控释尿素茎鞘和叶的干物质未能及时向籽粒转移，导致吐丝期后茎鞘和叶片的分配比例相对较高。75％的控释尿素比例（CRU3）既能提高拔节期茎粗和株高，增加茎的分配比例，又能维持吐丝期较高的农艺性状指标，最终增加干物质积累，促进更多干物质向籽粒转移。

控释尿素能协调玉米产量构成因素的相互关系[13]，掺施控释尿素能不同程度地增加千粒重和穗粒数[23]，改善穗部性状（穗粗和穗长），最终增产 8.90％～16.84％。与常规施氮处理（CK2）相比，2014 年 75％控氮比处理（CRU3）穗长和穗粗显著较高，2015 年 75％控氮比处理（CRU3）穗粗、穗粒数、千粒重和产量显著较高。75％的控释尿素比例（CRU3）前期植株茎秆生长旺盛，提高了茎秆的分配比例，后期维持较高的植株形态，促进了干物质积累并提高了籽粒的分配比例，从而获得高产。

4 结论

普通、控释尿素配施处理有利于玉米植株生长发育，提高全生育期内整株干物质量。普通、控释尿素配施处理在玉米生育前期能促进茎、叶生长，并向茎鞘分配较多的干物质量为后期高产奠定基础；在生育后期能保持旺盛生长，并促进吐丝后茎、叶干物质向穗部转移，进而提高籽粒分配比例。普通、控释尿素配施处理均较常规施氮处理提高了穗粗、穗长、千粒重和穗粒数，优化了穗部性状，进而提高了玉米产量，普通尿素掺混不同比例的控释尿素的增产幅度存在一定差异，25%、50%、75%和100%的控释尿素比例处理产量较常规施氮处理分别增产 3.70%、8.83%、11.23%和 5.43%。在本试验区，以 75%控释尿素掺混 25%普通尿素处理为最佳的配施比例。

参考文献

[1] 董树亭，张吉旺．建立玉米现代产业技术体系，加快玉米生产发展［J］．玉米科学，2008，16（4）：18－20.
[2] 卢艳艳，宋付朋，赵杰，等．控释尿素对土壤氨挥发和无机氮含量及玉米氮素利用率的影响［J］．水土保持学报，2010，24（6）：79－82.
[3] 闫湘．我国化肥利用现状与养分资源高效利用研究［D］．北京：中国农业科学院，2008.
[4] 吕东波，吴景贵，任玲，等．几种缓控尿素的养分释放特性研究［J］．水土保持学报，2015，29（2）：283－287.
[5] 胡娟，吴景贵，孙继梅，等．氮肥减量与缓控肥配施对土壤供氮特征及玉米产量的影响［J］．水土保持学报，2015，29（4）：116－120.
[6] 王宜伦，苗玉红，韩燕来，等．缓/控释氮肥对夏玉米氮代谢、氮素积累及产量的影响［J］．土壤通报，2012，43（1）：147－150.
[7] 史和平．缓释肥料肥效研究［J］．现代农业科技，2014，21（4）：214－216.
[8] 王小春，杨文钰，邓小燕，等．玉米/大豆和玉米/甘薯模式下玉米干物质积累与分配差异及氮肥的调控效应［J］．植物营养与肥料学报，2015，21（1）：46－57.
[9] 李青军，张炎，胡伟，等．氮素运筹对玉米干物质积累、氮素吸收分配及产量的影响［J］．植物营养与肥料学报，2011，17（3）：755－760.
[10] 黄振喜，王永军，王空军，等．产量 15 000 kg・ha^{-1}以上夏玉米灌浆期间的光合特性［J］．中国农业科学，2007，40（9）：1898－1906.
[11] 陈国平，杨国航，赵明，等．玉米小面积超高产创建及配套栽培技术研究［J］．玉米科学，2008，16（4）：1－4.
[12] 刘伟，张吉旺，吕鹏，等．种植密度对高产夏玉米登海 661 产量及干物质积累与分配的影响［J］．作物学报，2011，37（7）：1301－1307.
[13] 李子双，谭德水，王薇，等．不同控释肥对夏玉米农艺性状及产量的影响［J］．山东农业科学，2014，46（9）：85－88.
[14] D H，Z Y，C J，et al. Effects of gel-based controlled release fertilizers on agronomic characteristics and physiological indices of corn［J］．Agricultural Science & Technology，2013，14（6）：820－824.
[15] 赵斌，董树亭，张吉旺，等．控释肥对夏玉米产量和氮素积累与分配的影响［J］．作物学报，2010，36（10）：1760－1768.
[16] 尹彩侠，刘宏伟，孔丽丽，等．控释氮肥对春玉米干物质积累、氮素吸收及产量的影响［J］．玉米科学，2014，22（6）：108－113.
[17] 朱宝国，于忠和，贾会彬，等．控释尿素和普通尿素混施对玉米生理特性和品质的影响［J］．黑龙江农业科学，2011，33（7）：42－44.
[18] Gao X，Li C，Zhang M，et al. Controlled release urea improved the nitrogen use efficiency，yield and quality of

potato (Solanum tuberosum L.) on silt loamy soil [J]. Field Crops Research, 2015, 181 (1): 60 - 68.
[19] Yang Y, Zhang M, Li Y C, et al. Controlled Release Urea Improved Nitrogen Use Efficiency, Activities of Leaf Enzymes, and Rice Yield [J]. Soil Science Society of America Journal, 2012, 76 (6): 2307 - 2317.
[20] 杨雯玉，贺明荣，王远军，等．控释尿素与普通尿素配施对冬小麦氮肥利用率的影响 [J]. 植物营养与肥料学报，2005，11 (5)：627 - 633.
[21] 李伟，李絮花，李海燕，等．控释尿素与普通尿素混施对夏玉米产量和氮肥效率的影响 [J]. 作物学报，2012，38 (4)：699 - 706.
[22] 李伟，李絮花，董静，等．冬小麦控释尿素与普通尿素的最佳配比研究 [J]. 植物营养与肥料学报，2014，20 (3)：629 - 635.
[23] 衣文平，朱国梁，武良，等．不同量的包膜控释尿素与普通尿素配施在夏玉米上的应用研究 [J]. 植物营养与肥料学报，2010，16 (6)：1497 - 1502.
[24] 衣文平，史桂芳，武良，等．不同释放期包膜控释尿素与普通尿素配施在夏玉米上的应用效果研究 [J]. 植物营养与肥料学报，2010，16 (4)：931 - 937.
[25] 钱银飞，邵彩虹，邱才飞，等．包膜缓释尿素与普通尿素配施对双季超级稻产量及氮肥利用的影响 [J]. 中国土壤与肥料，2015，47 (5)：27 - 32.
[26] 祝丽香，王建华，高先涛．控释尿素与普通尿素配施对菊花生理指标及产量和质量的影响 [J]. 植物营养与肥料学报，2012，18 (2)：483 - 490.
[27] 宋朝玉，张继余，刘洪明，等．氮磷钾、秸秆还田和密度对玉米产量及农艺性状的影响 [J]. 山东农业科学，2009，41 (2)：37 - 40.
[28] 王寅，冯国忠，张天山，等．基于产量、氮效率和经济效益的春玉米控释氮肥掺混比例 [J]. 土壤学报，2015，52 (5)：1153 - 1165.
[29] 王永军，孙其专，杨今胜，等．不同地力水平下控释尿素对玉米物质生产及光合特性的影响 [J]. 作物学报，2011，37 (12)：2233 - 2240.
[30] 徐祥玉，张敏敏，翟丙年，等．施氮对不同基因型夏玉米干物质累积转移的影响 [J]. 植物营养与肥料学报，2009，15 (4)：786 - 792.

控释氮肥比例对土壤氮含量和玉米氮素吸收利用的影响*

金　容[1]　李　兰[2]　郭　萍[1]　孔凡磊[1]　袁继超[1]

1. 四川农业大学农学院/农业部西南作物生理生态与耕作重点实验室，四川成都　611130
2. 成都市农林科学院，四川成都　611130

摘要：通过大田试验，研究相同氮肥施用量条件下，不同比例控释尿素与普通尿素混合施用对土壤氮含量、玉米植株氮素吸收利用及产量的影响。结果表明，施氮显著提高了0～20 cm和20～40 cm耕层土壤碱解氮和全氮含量。全施普通尿素时，一次施肥可提高前期土壤氮含量，而二次施肥则有利于提高后期土壤氮含量；与普通尿素施肥相比，掺混一定比例的控释尿素一次性底施可显著提高各生育时期耕层土壤含氮量。适宜比例的控释尿素与普通尿素掺混施用可在一定程度上增加玉米中后期的氮素积累量，提高氮肥表观利用率、氮肥农学效率和肥料贡献率以及玉米功能叶关键酶活性，在相同氮肥水平下，其一次性底施的效果甚至超过普通尿素二次施用。随控释尿素比例的增加，玉米产量呈先增后减趋势，以75%控释尿素+25%普通尿素处理产量最高，比普通尿素一次施增产12.09%（2014年）和21.58%（2015年），比普通尿素二次施肥增产8.27%（2014年）和14.19%（2015年）。因此，普通尿素掺混75%比例的控释尿素进行一次底施，不仅能够协调在整个玉米生育期土壤对氮素的供应，实现玉米的有效增产，而且还能够减少施肥次数和劳力投入。

关键词：普通尿素；控释肥；土壤氮；氮积累；氮素利用；关键酶活性

合理施用氮肥是提高玉米产量的重要技术措施[1]。目前在北方许多地区玉米施肥多采用底肥一次施用方式，而南方地区则多采用传统的氮肥施用方式，即在底肥基础上进行多次追肥（尤其是攻穗肥），但田间追肥操作不便，工作量大，成本增加。因此，前人开展了底肥一次施用的试验研究，发现不同肥料不仅肥效的大小有差异，其肥效的长短也有差异[2]。普通尿素的肥效快但持续时间相对较短，控释氮肥肥效较长，具有养分释放与作物需求同步，挥发、淋洗、固定少等优点，还能改善土壤性状，减轻环境污染，提高氮肥利用率，已成为新型肥料的研究热点[3]。但控释氮肥存在价格偏高，应用范围受限[4]，前期可能出现因肥效慢而影响壮苗[5]等问题，不一定能起到既增产又增收的效果[6]。为解决上述问题，出现了较多将控释氮肥与其他肥料混合施用的相关研究[7,8]。研究表明，控释氮肥与普通尿素掺混施用不仅能提高经济收益[5]，肥效还更加优于控释氮肥[9]。有关控释氮肥与普通尿素混施对植株干物质积累、氮素利用效率和产量的研究报道较多[3,5,7,10−13]，而对土壤氮含量及其与植株氮吸收、氮代谢和氮利用等方面的系统研究较为鲜见。本研究通过不同比例的控释氮肥和普通尿素混施，探讨了对土壤氮含量、玉米植株氮代谢关键酶及氮吸收利用和产量的影响，以期为控释氮肥的合理施用和推广应用提供理论依据。

* **基金项目**：公益性行业（农业）科研专项（20150312705）；国家重点研发计划－玉米密植机收项目（2016YFD0300307）；国家重点研发计划－资源高效模式项目（2016YFD0300209）

1 材料与方法

1.1 试验材料与地点

试验于2014年3月28日至2015年8月1日分别在四川省简阳市芦葭镇英明村（30°28′N，104°51′E）和德阳市中江县合兴乡新建村（30°95′N，104°63′E）进行，简阳试验田耕层土壤质地为紫色壤土，pH值7.59，有机质13.91 g/kg，碱解氮40.9 mg/kg，速效磷3.2 mg/kg，速效钾129.3 mg/kg。中江试验田耕地为黄色壤土，pH值7.60，有机质30.95 g/kg，碱解氮71.03 mg/kg，速效磷3.2 mg/kg，速效钾67.1 mg/kg。玉米生育期间气温和降水量见图1。由图1可知，在中江试验区2015年玉米生长中后期干旱比较严重。供试玉米品种为正红505半紧凑型玉米，生育期为118 d，控释尿素含氮量43%，包膜材料为树脂，控释期为90 d，由山东金正大生态工程集团股份有限公司生产；普通尿素含氮量46%，由山东农大肥业有限公司生产。氯化钾含K_2O量为60%；过磷酸钙含P_2O_5量为12%，均为市售。

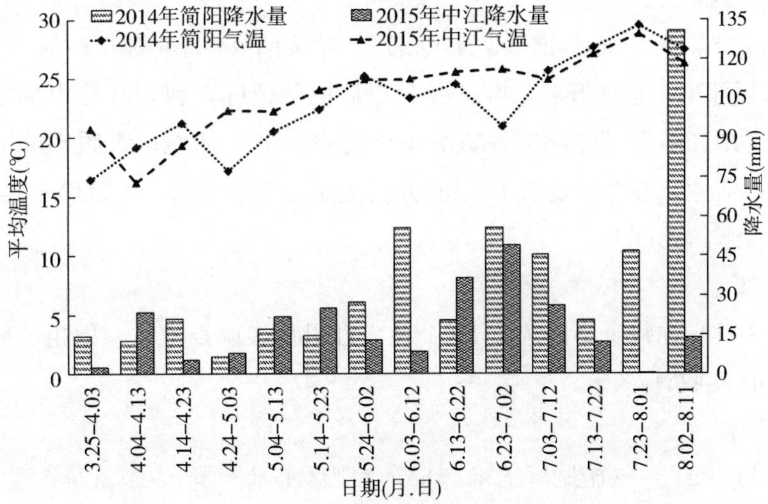

图1 玉米生育期间气温和降水量

1.2 试验设计

本试验采用随机区组试验设计，试验处理见表1，每组实验进行3次重复。宽窄行种植，宽行1.6 m（简阳，2014）和1.4 m（中江，2015），窄行0.4 m，在窄行起垄覆膜撬窝穴播，株距0.2 m，玉米种植密度分别为50 000株/hm^2（2014）和55 555株/hm^2（2015）。N、P_2O_5、K_2O用量分别是225 kg/hm^2、75 kg/hm^2、90 kg/hm^2，各处理磷钾肥全部作底肥一次施入，氮肥除常规施肥，大面积生产上应用的施肥方法，氮肥底肥与攻穗肥比例为6∶4外，均一次性底施（表1）。其他栽管措施按当地高产要求进行。

表1 试验处理、养分用量及氮肥施用方案

编号	处理	处理	N（kg/hm^2）		P_2O_5	K_2O
			底肥	攻穗肥	(kg/hm^2)	(kg/hm^2)
1	CK	不施氮肥	0	0	75	90
2	常规施肥	普通尿素	135	90	75	90
3	CU100%	普通尿素100%	225	0	75	90
4	CRU25%+CU75%	控释尿素25%，普通尿素75%	225	0	75	90
5	CRU50%+CU50%	控释尿素50%，普通尿素50%	225	0	75	90
6	CRU75%+CU25%	控释尿素75%，普通尿素25%	225	0	75	90
7	CRU100%	控释尿素100%	225	0	75	90

注：CRU为控释尿素，CU为普通尿素。

1.3 测定项目与方法

1.3.1 土壤全氮和碱解氮含量

分别于大口期追肥前（5 月 27 日）、成熟期（8 月 1 日）在每个小区 0～20 cm、20～40 cm 土深垂直取样，风干后磨碎，采用碱解扩散法测定土壤碱解氮[13]；采用 BUCHI Distillation Unit K－355＋Hanon T860 全自动电位滴定仪测定土壤全氮含量。

1.3.2 植株氮积累

分别于玉米拔节期（5 月 7 日）、吐丝期（6 月 11 日）、成熟期（8 月 1 日），每个小区选取代表性植株 5 株，按照叶片含苞叶、茎鞘含叶鞘和穗轴、雄穗和籽粒分开，放入烘箱中，105 ℃杀青 30 min，80 ℃烘干至恒重并称重，采用 BUCHI Distillation Unit K－355＋Hanon T860 全自动电位滴定仪测定全氮含量，并计算植株氮积累量。

1.3.3 氮代谢相关酶活性

分别于拔节期（5 月 7 日）、吐丝期（6 月 11 日）、灌浆期（7 月 6 日）在每个小区选取 5 片代表性功能叶，吐丝期前取顶部第一全展开叶，叶丝及其以后取穗位叶，剪切叶片中部用液氮速冻后带回实验室进行分析测定。利用 GS 测试盒测定谷氨酰胺合成酶（GS）活性；参照 Singh 等[14]的方法测定谷氨酸合酶（GOGAT）活性；参考吴良欢等[15]的方法测定谷草转氨酶（GOT）；参考 Loulakakis 等[16]的方法测定谷氨酸脱氢酶（GDH）。

1.3.4 考种与计产

于成熟期（8 月 1 日）在每个小区选取 20 个代表性果穗，调查穗长、穗粗、穗粒数、千粒重等产量构成因素，并按小区实收计产。

1.3.5 相关参数计算

氮肥农学效率（kg/kg）＝（施肥区玉米产量－无肥区玉米产量）/施氮量；

氮肥表观利用率（%）＝（施氮肥区植株吸氮量－无肥区植株吸氮量）/施氮量×100%；

氮收获指数（%）＝籽粒吸氮量/植株吸氮量×100%；

肥料贡献率（%）＝（施肥区产量－无肥区产量）/施肥区产量×100%。

1.4 数据处理

采用 Excel 2010 和 Graph Pad Prism 5.0 软件进行数据处理和作图，DPS 7.05 软件进行统计分析和相关分析，采用单因素方差分析（one－way ANOVA）和最小显著差异法（LSD），在 5%水平上对各处理的测定结果进行差异显著性检验，不同小写字母表示差异显著（$P<0.05$），图表中数据为平均值±标准误。其中土壤全氮含量为 2014 年数据，玉米叶片氮代谢关键酶活性为 2015 年数据，其余指标均为 2 年数据。

2 结果与分析

2.1 控释氮肥比例对耕层土壤碱解氮、全氮含量的影响

2.1.1 控释氮肥比例对耕层土壤碱解氮含量的影响

从图 2 可以看出，土壤碱解氮含量随土壤深度增加而降低，从大口期到成熟期耕层土壤碱解氮含量明显减少。施氮显著提高了耕层土壤碱解氮含量，2014 年和 2015 年全部施氮处理平均碱解氮含量较不施氮处理（CK）在大口期 0～20 cm 土壤分别增加 25.49%和 39.60%，20～40 cm 分别增加 35.95%和 12.02%；成熟期 0～20 cm 土壤分别增加 29.22%和 48.53%，20～40 cm 分别增加 47.18%

和 50.62%。一次性施肥时，与 100%普通尿素相比，掺混控释尿素后均不同程度地提高了各生育时期耕层土壤的碱解氮含量，除 2014 年成熟期 20～40 cm 与 2015 年大口期 0～20 cm 外，土壤碱解氮含量有随控释尿素比例提高呈先增后降低的趋势，以 CRU75%+CU25%处理最高，2014 年成熟期 20～40 cm 与 2015 年大口期 0～20 cm 土壤碱解氮含量以 CRU100%最高，其次为 CRU75%+CU25%，表明掺混适宜的控释尿素可以显著提高土壤碱解氮含量，以 CRU75%+CU25%较适宜。全施普通尿素时，总体而言，大口期一次底施（CU100%）的土壤解氮含量高于二次施肥（常规施肥），而成熟期则相反（2015 年成熟期 20～40 cm 土层例外），表明一次施肥可提高前期土壤碱解氮含量，而二次施则有利于提高后期土壤碱解氮含量。

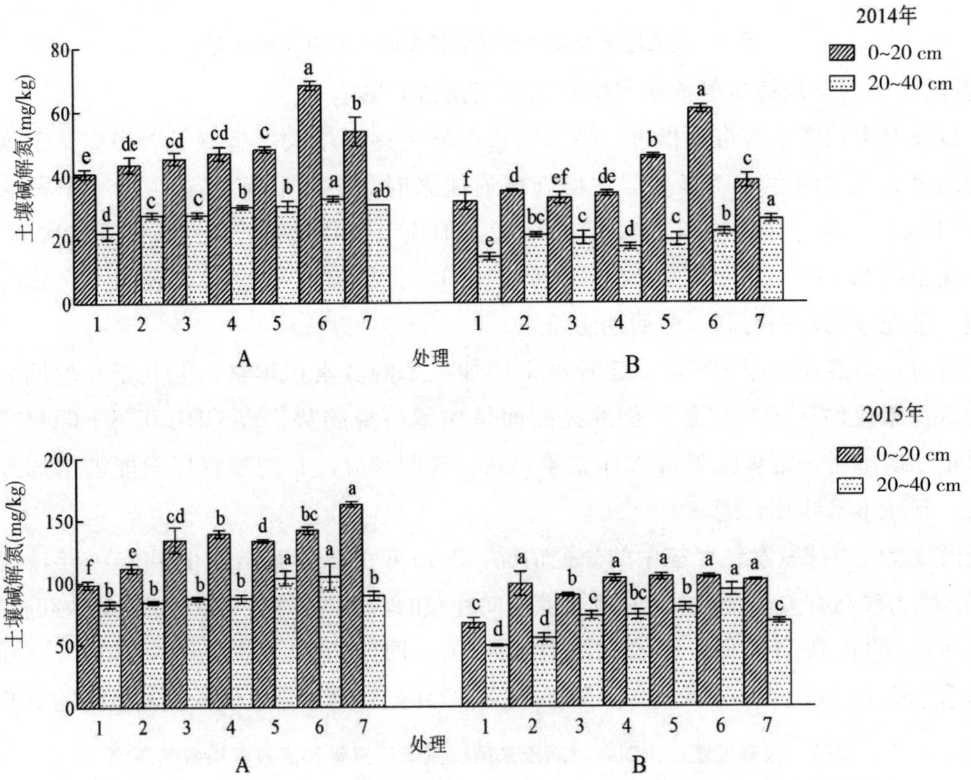

图 2　不同施肥处理对土壤碱解氮含量的影响

注：A、B 分别代表大口期（追肥前）和成熟期；1 为 CK，2 为常规施肥，3 为 CU100%，4 为 CRU25%+CU75%，5 为 CRU50%+CU50%，6 为 CRU75%+CU25%，7 为 CRU100%；柱上不同小写字母表示处理间差异显著（$P<0.05$）。下同。

2.1.2　控释氮肥比例对耕层土壤全氮含量的影响

与土壤碱解氮变化一样，土壤全氮含量随土壤深度增加而降低，从大口期到成熟期耕层土壤全氮含量明显减少（图 3）。施氮显著提高了耕层土壤全氮含量，2014 年全部施氮处理平均较不施氮处理（CK）大口期 0～20 cm 土壤全氮增加 15.47%，20～40 cm 增加 35.06%；成熟期 0～20 cm 土壤全氮增加 4.57%，20～40 cm 增加 51.73%。与碱解氮含量一样，掺混控释尿素能够提高耕层土壤的全氮含量，各生育时期耕层土壤的全氮含量随控释尿素比例的提高呈先升高后降低的趋势，均以 CRU75%+CU25%处理最高。

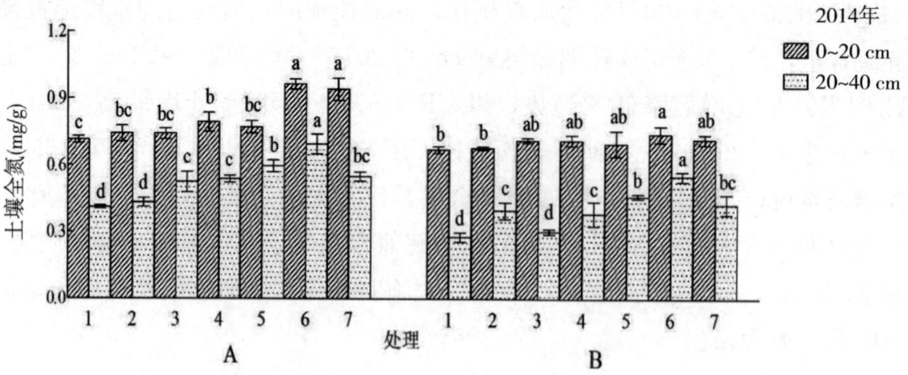

图 3　不同施肥处理对土壤全氮含量的影响（2014 年）

2.2　控释氮肥比例对玉米植株氮素积累量和氮收获指数的影响

由表 2 可以看出，随生育进程推进，植株氮素积累量逐渐增大，施氮显著提高了玉米各阶段氮素积累，不同施氮方式之间存在明显差异。均施普通尿素时，一次底施拔节期的氮积累量较二次施肥（常规施肥）高 24.53%（2014）和 9.52%（2015），但拔节—吐丝和吐丝—成熟期二次施（常规施肥）则分别比一次施高 6.53%、22.17%（2014）和 11.49%、4.50%（2015），表明一次施有利于苗期生长，二次施（常规施肥）则有利于中后期生长。

一次施肥时，掺混控释尿素可在一定程度上增加玉米的氮素积累量，尤其是吐丝期和成熟期，这两个时期的氮积累量均随控释尿素比例的提高而呈先增后降趋势，以 CRU75%+CU25%处理最高，高于普通尿素二次施用（常规施肥），2 年结果一致，表明掺混适宜的控释尿素能够增加玉米植株中后期氮素积累，延缓玉米叶片衰老。

氮收获指数反映植株氮素在籽粒中的分配情况，2015 年的氮收获指数小于 2014 年，这可能与 2015 年土壤黏重、肥力较高有关，表明干旱抑制了氮素向籽粒的转运。2014—2015 年的氮收获指数（y）随控释尿素比例（x）的提高而降低，二者间线性负相关，回归方程分别为 $y=63.12-0.0696x$（$R^2=0.7957^*$）和 $y=53.78-0.0900x$（$R^2=0.9665^{**}$），2015 年随控释尿素比例的提高下降的幅度更大。

表 2　控释氮肥比例对各时期玉米植株氮素积累量和氮收获指数的影响　　单位：kg/hm²

处理	2014 年				2015 年			
	拔节期	吐丝期	成熟期	氮收获指数（%）	拔节期	吐丝期	成熟期	氮收获指数（%）
CK	13.44±1.63 c	70.01±2.45 d	114.10±1.95 e	62.37±0.92 a	11.88±1.60 c	77.62±2.70 d	108.67±6.19 d	59.78±0.58 a
常规施肥	17.90±2.89 b	114.09±2.89 c	185.19±3.96 c	62.09±2.53 a	18.06±2.76 ab	108.39±4.17 ab	199.11±4.95 bc	49.96±2.70 b
CU100%	22.29±1.41 a	112.58±0.82 c	176.35±3.27 d	62.15±2.56 a	19.78±3.16 ab	93.72±3.16 bc	180.53±7.24 c	54.06±3.57 ab
CRU25%+CU75%	20.87±1.67 ab	112.62±1.67 c	186.90±4.84 c	63.61±1.16 a	18.06±4.06 ab	92.68±4.06 cd	192.52±4.06 bc	51.72±0.71 ab
CRU50%+CU50%	20.97±1.42 ab	126.17±2.64 b	203.32±3.45 b	58.57±3.27 b	19.29±2.22 ab	98.38±3.69 bc	205.71±3.57 bc	48.88±2.83 b
CRU75%+CU25%	21.32±2.88 ab	131.55±1.40 a	210.34±5.86 a	57.21±2.45 b	22.63±0.44 a	116.14±3.01 a	236.05±3.20 a	46.13±3.38 b
CRU100%	18.72±1.98 b	129.27±0.71 ab	210.40±0.71 a	56.65±2.45 b	15.93±1.29 bc	93.71±1.41 bc	220.63±2.56 ab	45.60±2.37 b

注：同列不同小写字母表示处理间差异显著（$P<0.05$）。下同。

2.3 控释氮肥比例对玉米产量和氮肥利用率的影响

由表3可以看出，2014年试验土壤的碱解氮含量较2015年低，但玉米产量则较2015年高，平均高36.96%，这与2015年中后期严重干旱有关（图1）。施氮能显著提高玉米产量，2014年和2015年全部施氮处理平均产量分别较不施氮处理（CK）增产35.69%和32.81%。均施普通尿素时，2次施（常规施肥）的产量较一次施高，表明合理追肥有利于玉米高产。在一次施肥时，控释尿素与普通尿素配施较全施普通尿素和控释尿素增产。与吐丝期和成熟期氮素积累量一样，玉米产量随控释尿素比例的提高而先增后降，以CRU75%+CU25%处理最高，比普通尿素一次施增产12.09%（2014年）和21.58%（2015年），比普通尿素2次施肥（常规施肥）增产8.27%（2014年）和14.19%（2015年）。不同氮肥类型及其施用方法对氮肥的吸收利用也有显著影响，各处理间的氮肥农学效率、氮肥表观利用率和肥料贡献率与其产量的变化趋势一致，即适宜比例的控释尿素与普通尿素配施可以提高氮肥农学效率、氮肥表观利用率和肥料贡献率，在相同氮肥水平下，一次底肥施用的效果甚至超过了普通尿素2次施用的效果。

表3 控释氮肥比例对氮肥利用率与产量的影响

处理	2014年				2015年			
	氮肥农学效率 (kg/kg)	氮肥表观利用率 (%)	肥料贡献率 (%)	产量 (kg/hm^2)	氮肥农学效率 (kg/kg)	氮肥表观利用率 (%)	肥料贡献率 (%)	产量 (kg/hm^2)
CK	—	—	—	7334.23±258.96 b	—	—	—	5458.17±71.03 c
常规施肥	10.59±0.34 ab	31.59±2.15 c	24.55±1.08 ab	9717.76±234.75 a	6.21±2.03 bc	40.20±2.64 d	20.08±2.31 bc	6855.70±182.91 ab
CU100%	9.12±2.74 b	27.67±0.87 d	21.64±2.91 b	9386.67±379.04 a	4.36±1.05 c	31.94±4.60 d	15.12±3.04 c	6438.90±217.80 bc
CRU25%+CU75%	11.77±2.09 ab	32.36±2.84 c	26.43±4.15 ab	9981.46±212.47 a	7.64±0.89 abc	37.27±5.51 cd	23.89±2.05 ab	7176.57±201.96 ab
CRU50%+CU50%	13.07±3.08 a	39.65±2.33 b	28.38±5.35 ab	10274.23±332.92 a	9.85±2.69 a	43.13±3.72 bc	28.40±2.02 a	7673.43±243.96 a
CRU75%+CU25%	14.16±3.98 a	42.77±3.47 a	29.89±3.34 a	10521.17±329.93 a	10.54±1.56 a	56.61±2.58 a	30.15±1.62 a	7828.70±135.97 a
CRU100%	11.09±2.16 ab	42.80±0.76 a	23.61±4.91 ab	9829.36±329.17 a	9.17±3.93 ab	49.76±2.35 ab	26.40±2.47 ab	7521.87±316.09 a

2.4 控释氮肥比例对玉米叶片氮代谢关键酶活性的影响

由图4可知，随生育进程的推进，玉米叶片谷氨酸合酶（GOGAT）活性总体呈先升后降趋势，而谷氨酰胺合成酶（GS）、谷草转氨酶（GOT）和谷氨酸脱氢酶（GDH）活性均呈上升趋势，且施氮能显著提高玉米功能叶氮代谢关键酶活性。均施普通尿素时，一次底施拔节期的GS、GOGAT、GOT和GDH活性较2次施肥（常规施肥）分别高12.49%、7.77%、7.25%、5.80%，但吐丝期和灌浆期2次施（常规施肥）则分别比一次施高4.66%、0.48%（GS）、2.80%、5.36%（GOGAT）及6.51%、1.39%（GOT），表明一次施肥有利于拔节期玉米氮代谢关键酶活性的提高，2次施（常规施肥）可保证中后期玉米叶片中氮代谢系统的畅通和高效运转。

一次施肥时，与100%普通尿素相比，掺混控释尿素后拔节—灌浆期玉米功能叶GS、GOGAT、GOT和GDH平均活性分别提高14.04%、57.77%、22.52%、4.22%。除灌浆期GS和吐丝期GOT外，玉米功能叶氮代谢关键酶活性有随控释尿素比例提高呈先增后降的趋势，以CRU75%+CU25%

处理最高，且高于普通尿素二次施用（常规施肥），灌浆期 GS 和吐丝期 GOT 以 CRU100%最高，其次为 CRU75%+CU25%，表明适宜的控释氮肥比例能显著提高玉米功能叶氮代谢关键酶活性，有利于改善玉米对氮素的吸收能力，进而延缓氮素吸收能力的衰弱，以 CRU75%+CU25%较适宜。

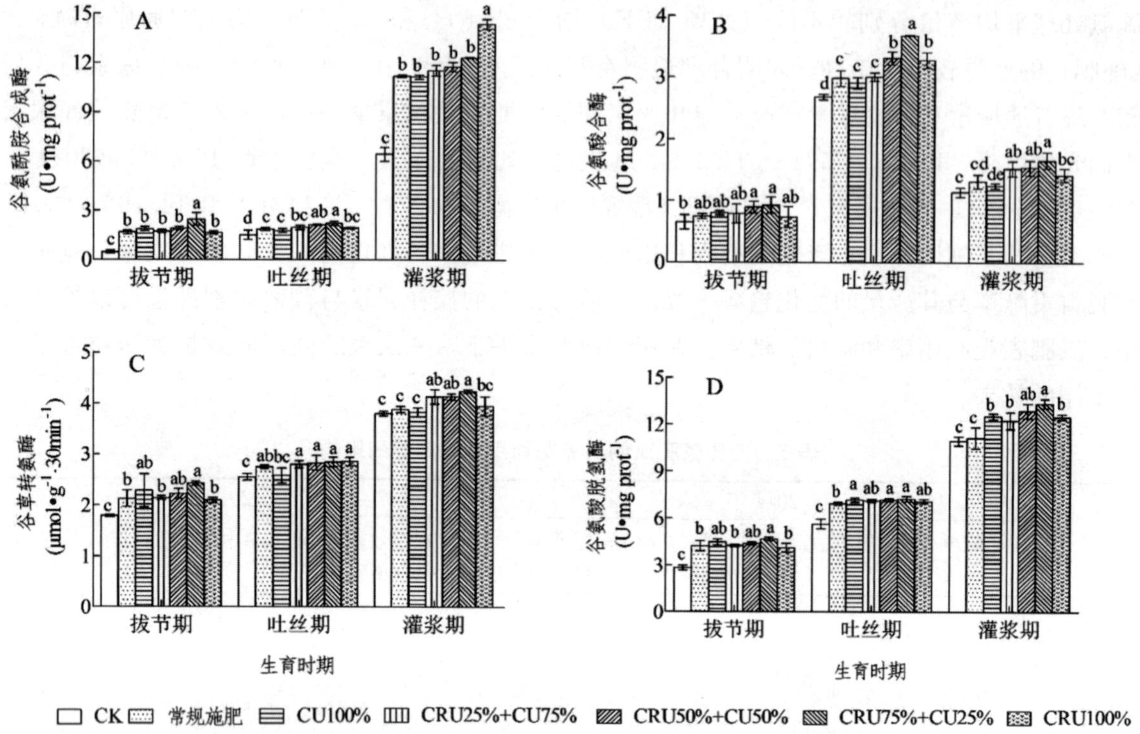

图 4　不同施肥处理对功能叶谷氨酰胺合成酶（A）、谷氨酸合酶（B）、谷草转氨酶（C）和谷氨酸脱氨酶（D）的影响（2015 年）

2.5　土壤氮含量和植株氮吸收利用与氮素积累、产量之间的相关性

由表 4 可知，土壤碱解氮和全氮量与植株氮积累量正相关，相关系数在吐丝期和成熟期达显著水平，2015 年吐丝期 0～20 cm 相关系数未达显著水平，表明释放到土壤中的氮素可及时被作物吸收利用，有利于提高植株最终氮素积累；氮收获指数与各生育时期的氮积累量负相关，尤其是吐丝期和成熟期，相关系数达到显著水平，表明过多的氮素积累不利于其向籽粒转运，残留于茎叶中的氮素较多，表现为氮素冗余；氮肥的表观利用率、农学效率和贡献率均与玉米中后期的氮积累量正相关，特别是成熟期，相关系数达极显著水平，2014 年的氮肥农学效率和贡献率与氮积累量的相关系数未达显著水平，氮肥表观利用率与吐丝期氮积累量的相关系数也达到显著水平，表明增加玉米中后期氮积累量可提高氮肥的利用效率。

玉米籽粒产量与土壤碱解氮和全氮含量正相关，相关系数达显著或极显著水平；玉米籽粒产量与各生育时期氮积累量显著相关，增加各生育时期的氮积累量有利于提高玉米产量；玉米籽粒产量与氮肥的农学效率、表观利用率和贡献率正相关，除 2014 年的表观利用率外相关系数均达极显著水平，增加氮素积累通过提高玉米籽粒产量而提高肥料利用率和贡献率。

玉米功能叶氮代谢关键酶活性与玉米产量和氮积累量正相关，相关系数均达显著或极显著水平，不同生育期的相关系数不同，功能叶关键酶活性与产量的最大相关系数均在吐丝期，适当提高各生育时期功能叶氮代谢关键酶活性可增加玉米的氮素积累，从而提高玉米产量。

表4 土壤氮含量和植株氮吸收利用与氮积累量、产量之间的相关性

指标			2014年产量	2014年氮积累量 拔节期	2014年氮积累量 吐丝期	2014年氮积累量 成熟期	2015年产量	2015年氮积累量 拔节期	2015年氮积累量 吐丝期	2015年氮积累量 成熟期
大口期	土壤碱解氮含量	0～20 cm	0.60**	0.39	0.65**	0.63**	0.70**	0.30	0.26	0.75**
		20～40 cm	0.63**	0.60**	0.90**	0.92**	0.65**	0.46**	0.54**	0.55**
	土壤全氮含量	0～20 cm	0.52**	0.29	0.65**	0.65**	—	—	—	—
		20～40 cm	0.70**	0.54**	0.73**	0.70**	—	—	—	—
成熟期	土壤碱解氮含量	0～20 cm	0.58**	0.31	0.59**	0.57**	0.89**	0.53*	0.65**	0.91**
		20～40 cm	0.62**	0.31	0.78**	0.75**	0.74**	0.69**	0.58**	0.72**
	土壤全氮含量	0～20 cm	0.46*	0.29	0.52*	0.49*	—	—	—	—
		20～40 cm	0.73**	0.54**	0.77**	0.78**	—	—	—	—
氮收获指数			−0.39	−0.12	−0.45**	−0.48*	−0.67**	−0.45*	−0.59**	−0.74**
氮肥农学效率			0.88**	0.03	0.33	0.25	0.92**	0.00	0.21	0.59**
氮肥表观利用率			0.42	0.04	0.91**	0.99**	0.62**	0.25	0.51*	0.92**
肥料贡献率			0.89**	−0.07	0.29	0.21	0.98**	0.08	0.31	0.74**
产量			1.00**	0.66**	0.91**	0.90**	1.00**	0.49*	0.65**	0.89**
			拔节期 GS	拔节期 GOGAT	拔节期 GOT	拔节期 GDH	吐丝期 GS	吐丝期 GOGAT	吐丝期 GOT	吐丝期 GDH
氮代谢关键酶活性—产量（2015）			0.77**	0.45*	0.61**	0.73**	0.81**	0.84**	0.80**	0.79**
氮代谢关键酶活性—氮积累量（2015）			0.73**	0.43**	0.48**	0.72**	0.67**	0.72**	0.43*	0.65**

注：产量—氮代谢关键酶活性（2015）、氮代谢关键酶活性—氮积累量（2015）表示2015年拔节期和吐丝期氮代谢关键酶活性分别与产量和氮积累量的相关性；* 和 ** 分别表示0.05和0.01水平上差异显著。

3 讨论

不同的氮肥类型及其施用方法对氮肥的吸收利用具有显著影响[17]。普通尿素前期释放较快，但易淋溶流失[18]，肥效期相对较短[19]，一般需要多次追肥。本试验中，在相同施肥量条件下，普通尿素底肥一次施用时前期生长较好，拔节期氮积累量较高，但中后期氮积累量不如二次施肥（常规施肥）处理，特别是在干旱的2015年，表明普通尿素不适宜一次底施，在足量底肥基础上适量追施氮肥有利于改善玉米各生育阶段的氮素营养，从而提高玉米产量。

本试验中底肥一次施用时，拔节期的氮积累量100％控释尿素处理均不如100％普通尿素，但中后期拔节—吐丝和吐丝—成熟则相反，表明控释肥的肥效较长，但前期释放较慢[20]，不利于培育壮苗。适宜比例的普通尿素与控释尿素掺混施用可以满足玉米各生育阶段对氮素的需求，增加氮素吸收积累，从而提高氮肥利用率[21,22]，但前人对控释尿素适宜的掺混比例的研究结果不尽一致，从50％到75％不等[5,20,23,24]。本试验中底肥一次施用时，控释尿素与普通尿素配施的处理玉米生育前期的氮积累量均高于100％控释尿素处理，中后期的氮积累量又均高于100％普通尿素处理，氮积累总量和氮肥农学效率及肥料贡献率均随控释尿素比例的增加而先增后减，以CRU75％＋CU25％配施处理最高。这可能与较高控释尿素比例能提高各阶段叶片氮代谢关键酶（GS、GOGAT、GOT和GDH）活性，增强玉米氮素同化能力有关，而全控释尿素比例（100％CRU）不利于植株氮素积累。同时试验表明，适宜的控释尿素掺混比例能够均衡玉米各生育阶段的营养，促进中前期生长、延缓后期衰老，从而增加氮素吸收积累，为玉米产量的提高奠定重要基础。试验结果与姬景红等[4]研究基本一致，但本试验还得出在相同施氮水平下，掺混控释尿素一次底施的效果好于普通尿素二次施用（常规施肥），进一步证实和完善了前人的研究结果。

此外，掺混控释尿素对玉米产量的影响也因地力水平而异[25]。本试验中 2015 年中江试验地属于高地力水平，2014 年简阳试验地属于低地力水平，但 2014 年平均产量比 2015 年高 36.96%，这可能与 2015 年玉米生长期间出现的阶段性干旱尤其是后期严重干旱有关，说明包膜控释肥料的养分释放速率会明显受到水分的影响[26]。但控释掺混肥处理对 2 年产量的影响基本一致，与氮素积累变化趋势相同，即 2014 年和 2015 年各控氮比处理玉米产量均随控释尿素比例的增加而先增后减，以 CRU75%+CU25%处理产量最高，且高于普通尿素二次施肥（常规施肥）处理。这与黄淮海平原地区李伟等[27]的研究结果相似，但得出的最佳配比不同，李伟等[20]得出控释尿素与普通尿素的掺混比例为 1∶1 时产量最佳，原因主要是试验地区与试验设计中控释尿素掺混比例不同，同时最佳控氮比也因控释尿素材料等而异。

施肥是通过改善土壤营养而影响作物生长发育的[27]，本试验中施肥处理均不同程度地提高了大喇叭口期和成熟期 0～20 cm 和 20～40 cm 土层的碱解氮和全氮量，各处理间 0～20 cm 和 20～40 cm 土层的碱解氮和全氮量的变化趋势与其氮积累量和玉米籽粒产量基本一致，成熟期氮积累量和籽粒产量与大喇叭口期和成熟期 0～20 cm 和 20～40 cm 土层的碱解氮和全氮量显著或极显著正相关，同时，玉米功能叶氮代谢关键酶活性与玉米产量和氮积累量正相关，相关系数均达显著或极显著水平，总的表明适宜比例的控释尿素与普通尿素掺混施用提高玉米产量的原理是提高了各生育时期土壤碱解氮和全氮量，增强了氮代谢关键酶活性以促进植株对氮素的同化能力，进而增加玉米氮素积累。

4 结论

两年 2 点的田间试验表明，在相同施氮量条件下，普通尿素二次分施的氮积累总量和籽粒产量均高于一次底施；适宜比例的控释尿素与普通尿素掺混施用可以提高 0～20 cm 和 20～40 cm 土层的碱解氮和全氮量，提高玉米功能叶氮代谢关键酶活性以及氮肥利用效率，增加中后期玉米氮素的吸收积累，最终提高玉米籽粒产量，其一次性底施的效果甚至超过普通尿素底肥+攻穗肥二次施用，即在本试验条件下适宜比例的控释掺混肥可以一次性底施，减少施肥次数和劳力投入，控释尿素与普通尿素的适宜比例为 75∶25。

参考文献

[1] 安江勇，肖厚军，秦松，等．不同施肥量对贵州高产玉米养分吸收、生物性状、产量及品质的影响 [J]. 中国土壤与肥料，2016，48 (3)：73－79.

[2] 彭玉，孙永健，蒋明金，等．不同水分条件下缓/控释氮肥对水稻干物质量和氮素吸收、运转及分配的影响 [J]. 作物学报，2014，40 (5)：859－870.

[3] 衣文平，朱国梁，武良，等．不同量的包膜控释尿素与普通尿素配施在夏玉米上的应用研究 [J]. 植物营养与肥料学报，2010，16 (6)：1497－1502.

[4] 姬景红，李玉影，刘双全，等．控释掺混肥对春玉米产量、光合特性及氮肥利用率的影响 [J]. 土壤通报，2015，46 (3)：669－675.

[5] 王寅，冯国忠，张天山，等．基于产量、氮效率和经济效益的春玉米控释氮肥掺混比例 [J]. 土壤学报，2015，52 (5)：1153－1165.

[6] 王素萍，李小坤，鲁剑巍，等．施用控释尿素对油菜籽产量、氮肥利用率及土壤无机氮含量的影响 [J]. 植物营养与肥料学报，2012，18 (6)：1449－1456.

[7] 衣文平，史桂芳，武良，等．不同释放期包膜控释尿素与普通尿素配施在夏玉米上的应用效果研究 [J]. 植物营养与肥料学报，2010，16 (4)：931－937.

[8] 李伟，李絮花，董静，等．冬小麦控释尿素与普通尿素的最佳配比研究［J］．植物营养与肥料学报，2014，20（3）：629－635.

[9] 李伟，李絮花，唐慎欣，等．控释掺混肥对夏玉米产量及土壤硝态氮和铵态氮分布的影响［J］．水土保持学报，2011，25（6）：68－71.

[10] 杨雯玉，贺明荣，王远军，等．控释尿素与普通尿素配施对冬小麦氮肥利用率的影响［J］．植物营养与肥料学报，2005，11（5）：627－633.

[11] 王寅，冯国忠，张天山，等．控释氮肥与尿素混施对连作春玉米产量、氮素吸收和氮素平衡的影响［J］．中国农业科学，2016，49（3）：518－528.

[12] Li M，Wang D Z，Guo X S，et al. Effect of controlled-release nitrogen on yield and nitrogen use efficiency of summer maize［J］．Agricultural Science & Technology，2017，18（4）：607－610.

[13] 鲍士旦．土壤农化分析（第三版）［M］．北京：中国农业出版社，2000：56－58.

[14] Singh R P，Srivastava H S. Increase in glutamate synthase（NADH）activity in maize seedlings in response to nitrate and ammonium nitrogen［J］．Physiologia Plantarum，1986，66（3）：413－416.

[15] 吴良欢，蒋式洪，陶勤南．植物转氨酶（GOT 和 GPT）活度比色测定方法及其应用［J］．土壤通报，1998，29（3）：41－43.

[16] Loulakakis C A，Roubelakis-Angelakis K A. Intracellular localization and properties of NADH-glutamate dehydrogenase from Vitis vinifera L.：Purification and characterization of the major leaf isoenzyme［J］．Journal of Experimental Botany，1990，41（231）：1223－1230.

[17] 苏琳，董志新，邵国庆，等．控释尿素施用方式及用量对夏玉米氮肥效率和产量的影响［J］．应用生态学报，2010，21（4）：915－920.

[18] 朱宝国，张春峰，于忠和，等．控释尿素和普通尿素配施对土壤氮含量及大豆产量和品质影响［J］．中国农学通报，2012，28（18）：140－143.

[19] 刘敏，宋付朋，卢艳艳．硫膜和树脂膜控释尿素对土壤硝态氮含量及氮素平衡和氮素利用率的影响［J］．植物营养与肥料学报，2015，21（2）：541－548.

[20] 李伟，李絮花，李海燕，等．控释尿素与普通尿素混施对夏玉米产量和氮肥效率的影响［J］．作物学报，2012，38（4）：699－706.

[21] 黄巧义，唐拴虎，张发宝，等．控释尿素与常规尿素配施比例对甜玉米产量和氮肥利用的影响［J］．植物营养与肥料学报，2017，23（3）：622－631.

[22] Zhao B，Dong S T，Wang K J，et al. Effects of controlled-release fertilizers on summer maize grain yield，field ammonia volatilization，and fertilizer nitrogen use efficiency［J］．Chinese Journal of Applied Ecology，2009，20（11）：2678.

[23] 闫童，丁文峰，曹永贞，等．控释氮肥对夏玉米氮素积累及产量的影响［J］．中国农学通报，2015，31（36）：60－64.

[24] 廖育林，鲁艳红，谢坚，等．紫云英配施控释氮肥对早稻产量及氮素吸收利用的影响［J］．水土保持学报，2015，29（3）：190－195.

[25] 王永军，孙其专，杨今胜，等．不同地力水平下控释尿素对玉米物质生产及光合特性的影响［J］．作物学报，2011，37（12）：2233－2240.

[26] Kobayashi A，Fujisawa E，Hanyuu T. A mechanism of nutrient release from resin-coated fertilizers and its estimation by kinetic methods：2. Release of nutrients affected by the permeability of water vapor through coating material［J］．Japanese Journal of Soil Science & Plant Nutrition，1997，68（1）：14－22.

[27] 林治安，赵秉强，袁亮，等．长期定位施肥对土壤养分与作物产量的影响［J］．中国农业科学，2009，42（8）：2809－2819.

控释氮肥比例对玉米氮代谢关键酶活性及干物质积累的影响*

金　容　郭　萍　周　芳　杜伦静　刘斌祥　孔凡磊　袁继超

四川农业大学农学院/农业部西南作物生理生态与耕作重点实验室，成都　611130

摘要：本文旨在筛选川中丘陵地区最佳控释氮肥掺混比例，为控释氮肥的合理施用和推广提供理论参考。通过大田试验，以普通尿素和控释尿素为供试材料，研究不同控释尿素与普通尿素掺混比例对玉米氮代谢关键酶活性及干物质积累与分配的影响。结果表明，与常规施肥（100%普通尿素，CK）相比，普通尿素和控释尿素配施可提高玉米吐丝期和灌浆期功能叶氮代谢关键酶活性，以25%普通尿素+75%控释尿素处理活性提高显著。适宜比例的控释氮肥处理可在一定程度上提高玉米拔节—吐丝期和吐丝—成熟期植株氮素积累量，促进玉米吐丝后营养器官干物质向籽粒转移，最终提高籽粒干物质分配比例。随控释尿素比例的增加，玉米产量、百粒重、穗粒数、穗长和穗粗均呈先升后降的趋势，产量构成因素中增加穗粒数和百粒重的优势较大；与常规施肥CK相比，25%、50%、75%和100%的控释尿素比例施肥处理分别增产0.59%、3.95%、10.51%和3.84%，其中以75%控释尿素比例处理增产效果最为明显。相关分析表明，玉米产量与灌浆期功能叶氮代谢关键酶活性（除谷氨酸合酶）、氮素积累总量，以及干物质积累总量均呈显著或极显著正相关关系。综合植株物质积累与产量表现，普通尿素掺混75%比例的控释尿素处理为本试验的最佳处理。

关键词：普通尿素；控释尿素；玉米；关键酶活性；氮素积累；干物质积累；产量

玉米是我国第一大粮食作物，提高单产是增加玉米总产量、保障粮食安全的重要途径[1]。氮素对玉米器官形成具有重要作用，合理施肥在玉米增产诸因素中起28%～30%的作用[2]。目前我国农业生产中氮肥多以普通尿素等速效肥为主，肥效快但氮肥损失严重[3]。控释肥料由于其本身养分控制释放的特点，可有效促进作物生育后期的氮素供应[4]，增强氮素转换与积累[5]，协调作物各器官养分吸收与分配[6]，从而大大提高作物物质积累[7]和产量[8,9]，是当今国际肥料研究的热点，也是肥料产业的发展方向与竞争热点[10]。但由于控释氮肥价格高，应用范围受限[11]，施用效果还可能出现前期缺氮后期贪青等现象[12]，故采用普通尿素和控释尿素配合施用的方法，以望实现作物全生育期氮素均衡，降低成本，达到既增产又增收的目的[13]。前人[14-17]对控释尿素和普通尿素混施的研究多集中北方平原地区，而且主要集中在玉米的产量和氮肥吸收利用方面，而关于玉米功能叶氮代谢关键酶活性以及各器官氮素积累和干物质积累分配的研究报道较少，西南地区更为鲜见。本研究在川中丘陵地区采用田间小区试验方法，探讨不同控释氮肥比例对玉米氮代谢关键酶活性及干物质积累与分配的影响，旨在筛

* **基金项目**：国家重点研发计划项目（2016YFD0300209）；公益性行业（农业）科研专项（20150312705）；国家“十二五”科技支撑计划项目（2012BAD04B00）

选综合效果最佳掺混比例，为控释氮肥的合理施用和推广提供理论参考。

1 材料和方法

1.1 试验地概况和供试材料

试验地位于四川省中江县合兴乡新建村（30°95′N，104°63′E），属于亚热带湿润季风气候，年平均气温 16.7℃，年降水量 883 mm，无霜期 286 d。2015 年试验期间的具体日均温和降水情况见图 1。试验地为黄色壤土。播前耕层土壤养分含量分别为 pH 值 7.60，有机质 30.95 g/kg，碱解氮 71.03 mg/kg，速效磷 3.2 mg/kg，速效钾 67.1 mg/kg。

供试肥料。控释氮肥为树脂包膜控释尿素（CRU），含氮量 43%，控释期为 90 d，由山东金正大生态工程集团股份有限公司提供；普通尿素（CU），含氮量 46%，由山东农大肥业有限公司提供；氯化钾含 K_2O 量 60%、过磷酸钙含 P_2O_5 量 12%，分别由中化化肥有限公司和成都市青白江区磷肥厂提供。供试玉米品种正红 505，由四川农业大学正红生物技术有限公司提供。

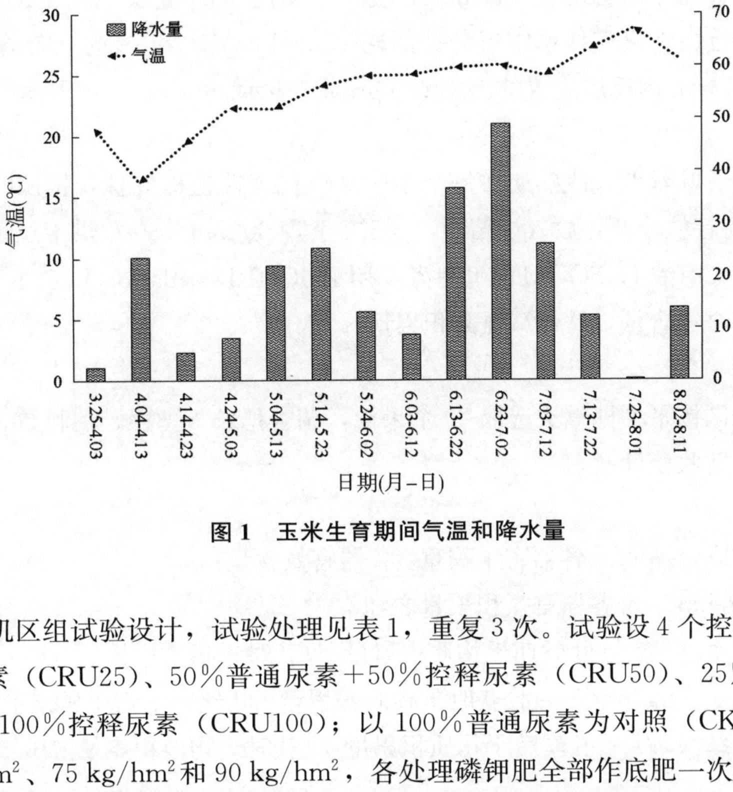

图 1 玉米生育期间气温和降水量

1.2 试验设计

采用单因素随机区组试验设计，试验处理见表 1，重复 3 次。试验设 4 个控释氮肥比例，75%普通尿素+25%控释尿素（CRU25）、50%普通尿素+50%控释尿素（CRU50）、25%普通尿素+75%控释尿素（CRU75）和 100%控释尿素（CRU100）；以 100%普通尿素为对照（CK）。N、P_2O_5、K_2O 用量分别是 225 kg/hm²、75 kg/hm² 和 90 kg/hm²，各处理磷钾肥全部作底肥一次施入，氮肥分二次施入（60%作底肥，40%作追肥），底肥（播种前）按照控释氮肥掺混比例施入，追肥（大喇叭口期）均另施普通尿素。3 月 30 日播种，7 月 28 日收获，宽窄行种植，宽行 1.4 m，窄行 0.4 m，起垄后浇足底水，采用地膜覆盖撬窝穴播，株距 0.2 m，种植密度为 55 555 株/hm²，小区面积为 18 m²（5 m×3.5 m），其他栽管措施按当地高产要求进行。

表 1 试验处理、养分用量及氮肥施用方案

处理	处理	N（kg/hm²）		P_2O (kg/hm²)	K_2O (kg/hm²)
		底肥（播种前）	攻穗肥（大口期）		
CK	常规施肥（100%普通尿素）	135	90	75	90
CRU25	75%普通尿素+25%控释尿素	135	90	75	90
CRU50	50%普通尿素+50%控释尿素	135	90	75	90

续表

处理	处理	N (kg/hm²)		P_2O (kg/hm²)	K_2O (kg/hm²)
		底肥（播种前）	攻穗肥（大口期）		
CRU75	25%普通尿素+75%控释尿素	135	90	75	90
CRU100	100%控释尿素	135	90	75	90

1.3 测定项目与方法

1.3.1 氮代谢关键酶活性

分别于拔节期、吐丝期和灌浆期（吐丝后 30 d）在每个小区选取 5 片代表性叶（吐丝前取顶部第一全展开叶，吐丝及其以后取穗位叶），剪切叶片中部去叶脉部分用液氮速冻后带回实验室，于－80 ℃超低温冰箱中保存。利用南京建成生物工程研究所提供的 GS 测定试剂盒测定谷氨酰胺合成酶（GS）活性；参照 R. P. Singh 等[18]的方法测定谷氨酸合酶（GOGAT）活性；参考吴良欢等[19]的方法测定谷草转氨酶（GOT）；参考 C. A. Loulakakis 等[20]的方法测定谷氨酸脱氢酶（GDH）；其中 GS 以每毫克组织蛋白在每毫升反应体系中每分钟使 540 nm 下吸光值变化 0.01 定义为一个酶活力单位；GOGAT 和 GDH 以每毫克组织蛋白在反应体系中每分钟消耗 1 μmol NADH 定义为一个酶活力单位；GOT 活度以每克植物鲜样在 30 min 内反应生成的丙酮酸（μmol）表示。

1.3.2 植株氮素积累

分别于玉米拔节期、吐丝期、成熟期在每个小区选取代表性植株 5 株，按照叶片、茎鞘（含叶鞘和雄穗）、苞叶＋穗轴和籽粒分开，放入烘箱中，105 ℃杀青 30 min，80 ℃烘干至恒重并称重，然后粉碎后过 0.2 mm 筛子，采用浓 $H_2SO_4-H_2O_2$ 消煮，用 BUCHI Distillation Unit K－355＋Hanon T860 全自动电位滴定仪测定全氮含量，并计算氮素积累量。

1.3.3 考种与计产

于收获期在每个小区按平均穗重法选取 20 个果穗，调查穗长、穗粗、穗粒数、千粒重等产量构成因素，并按小区实收株数收获计产。

1.3.4 相关参数计算

各器官氮积累量（kg/hm²）＝各器官干物重×各器官氮含量；

植株氮积累量（kg/hm²）＝各器官氮积累量之和；

吐丝前干物质积累率（%）＝吐丝期干物质积累量/收获时干物质积累量×100%；

吐丝后干物质积累量（kg/hm²）＝收获时干物质积累量－吐丝期干物质积累量；

吐丝后干物质积累率（%）＝吐丝后干物质积累量/收获时干物质积累量×100%。

1.4 数据分析

利用 Microsoft Excel 2010 进行数据处理，Graph Pad Prism 5.0 作图，DPS 7.05 软件进行统计分析和相关分析，采用单因素方差分析（one－way ANOVA）和最小显著差异法（LSD），在 5%水平上对各处理的测定结果进行差异显著性检验，图表中数据为平均值±标准误。

2 结果与分析

2.1 控释氮肥比例对玉米功能叶氮代谢关键酶活性的影响

由图 1 可知，随生育进程的推进，玉米功能叶谷氨酸合酶（GOGAT）活性呈先增后降趋势，而谷氨酰胺合成酶（GS）、谷草转氨酶（GOT）和谷氨酸脱氢酶（GDH）活性均呈增加趋势，活跃期相对较长。拔节期，随控释尿素比例的增加，各控氮比处理氮代谢关键酶活性总体呈降低趋势，以

CRU100 活性最低且低于常规施肥处理 CK，特别是 GS 和 GOT，差异达到显著水平；吐丝期和灌浆期，各控氮比处理氮代谢关键酶活性随控释尿素比例的增加呈先增后降趋势，以 CRU75 处理活性最高，与 CK 相比，吐丝期提高 26.93%（GS）、20.36%（GOGAT）、14.99%（GOT）、3.24%（GDH），灌浆期提高 9.21%（GS）、18.88%（GOGAT）、12.11%（GOT）、6.12%（GDH）。掺混控释尿素处理吐丝期和灌浆期平均氮代谢关键酶活性较 CK 分别提高 7.23%、4.42%。可见，适宜的控氮比有利于玉米中后期叶片氮代谢关键酶活性维持在较高水平，保证其氮代谢系统的畅通和高效运转，从而促进对氮素的同化能力，以 CRU75%+CU25%较适宜。

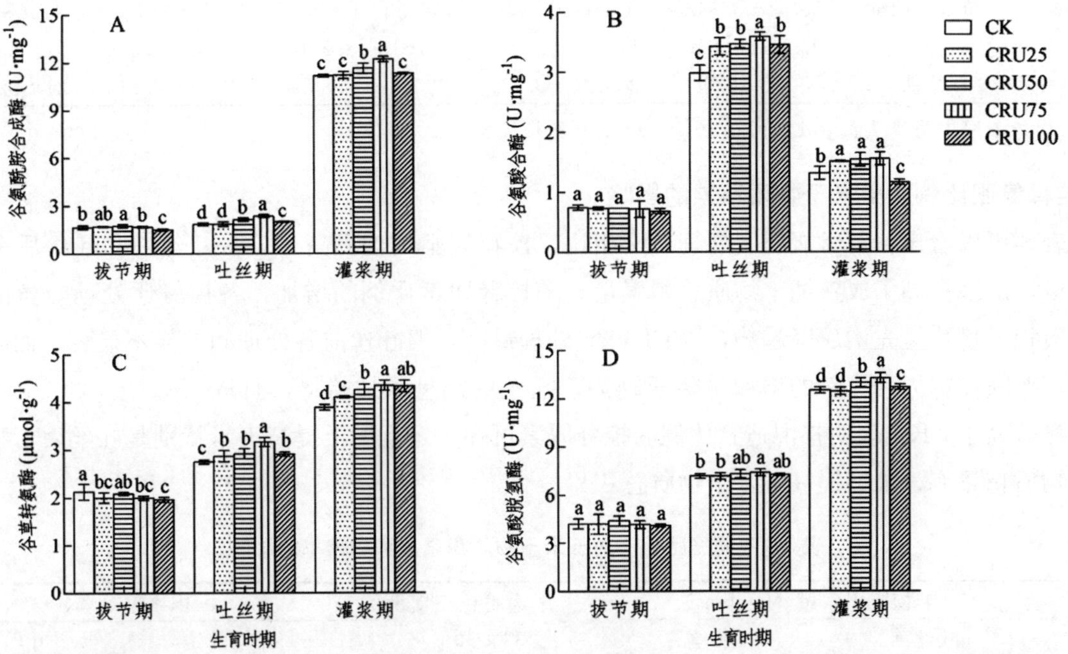

图 2　不同施肥处理对功能叶谷氨酰胺合成酶（A）、谷氨酸合酶（B）、谷草转氨酶（C）和谷氨酸脱氮酶（D）的影响

注：柱上不同小写字母表示处理间在 $P<0.05$ 水平差异显著。

2.2　控释氮肥比例对植株氮素积累的影响

养分在植株各器官的积累分配是植株生长发育的物质基础，由表 2 可知，随生育进程的推进，玉米叶片氮素积累量先升高后降低，吐丝期达到最大，茎鞘和植株氮素总积累量则逐渐增加。成熟期籽粒中的氮素积累量最大，占植株氮总积累量的 50.48%～55.73%。各控氮比处理拔节期玉米叶和茎鞘氮素积累量均低于常规施肥处理 CK；吐丝期和成熟期各器官氮素积累量均随控释尿素比例的增加呈先增后降趋势，以 CRU75 处理显著最高，与 CK 相比，叶、茎鞘、穗（包括苞叶、穗轴和籽粒）氮素积累量吐丝期分别增加 10.89%、7.67%和 26.85%，成熟期增加 10.30%、12.81%和 35.08%。掺混控释尿素后拔节－吐丝期和吐丝－成熟期平均植株氮素积累量较 CK 分别提高 4.36%和 31.16%，吐丝后期植株氮素积累量增幅更大。可见，适宜比例的控释尿素与普通尿素混合施用既能保证前期玉米对氮素的需求，又能使后期养分维持一个较高水平，最终显著提高玉米植株特别是籽粒的氮素积累量。

表 2　不同施肥处理对玉米植株氮素积累量的影响　　单位：kg/hm^2

时期	处理	CK	CRU25	CRU50	CRU75	CRU100
拔节期	叶片	12.36±1.80a	11.98±1.40ab	11.58±0.81ab	10.95±0.74ab	10.32±0.98b
	茎鞘	5.69±0.50a	4.54±0.73b	5.00±0.54ab	5.24±0.86ab	4.84±0.56b
	植株	18.06±1.94a	16.52±2.12ab	16.58±0.28ab	16.19±0.54ab	15.16±0.76b

续表

时期	处理	CK	CRU25	CRU50	CRU75	CRU100
吐丝期	叶片	49.57±2.50bc	48.37±2.03c	52.02±4.54ab	54.97±2.58a	50.90±4.34bc
	茎鞘	31.31±1.91bc	30.22±2.01c	32.32±2.46ab	33.71±1.66a	29.50±3.77c
	穗	18.51±1.17b	16.08±1.41cd	17.08±0.91c	23.48±1.54a	15.30±0.65d
	植株	99.39±2.61bc	94.67±4.55c	101.41±3.66b	112.17±5.65a	95.70±7.66c
成熟期	叶片	30.96±2.04c	32.32±1.71b	32.13±1.40b	34.15±1.44a	28.18±1.45d
	茎鞘	46.60±2.26b	46.09±4.36b	49.24±2.02b	52.57±1.41a	48.51±2.40b
	苞叶+穗轴	16.41±0.34b	17.05±0.46b	17.33±1.26b	18.77±1.11a	17.08±1.30b
	籽粒	95.81±5.83e	111.95±9.21d	122.15±8.27b	132.82±6.61a	117.82±8.99c
	植株	189.78±8.66d	207.40±6.71c	220.86±8.85b	238.31±7.21a	211.59±6.57c

注：同行不同小写字母表示处理间在 $P<0.05$ 水平差异显著。

2.3 控释氮肥比例对玉米干物质积累的影响

从表 3 可以看出，与常规施肥处理 CK 相比，控释氮肥处理提高了玉米吐丝前和吐丝后平均干物质积累量，最终提高了成熟期干物质总积累量。随控释尿素比例的增加，各控氮比处理吐丝前和吐丝后干物质积累量均呈先增后降趋势，以 CRU75 处理最高，但吐丝前各处理间差异不显著；而吐丝前干物质积累率随控释尿素比例的增加呈降低趋势，吐丝后则呈增加趋势，且以 CRU100 和 CRU75 处理较高并显著高于 CK。表明掺混适宜比例的控释尿素可在一定程度上提高玉米特别是吐丝后干物质积累量和干物质积累率，最终提高玉米干物质总积累量。

表 3 不同施肥处理对玉米干物质积累量和积累率的影响

处理	干物质积累量（kg/hm²）		干物质总积累量（kg/hm²）	积累率（%）	
	吐丝前	吐丝后		吐丝前	吐丝后
CK	5081.33±241.49a	7982.21±179.48e	13063.54±109.06e	38.89±1.64a	61.11±1.64c
CRU25	4982.57±177.19a	8976.11±69.04d	13958.67±111.55d	35.69±0.99b	64.31±0.99b
CRU50	5378.12±182.01a	9663.32±132.25c	15041.44±180.88b	35.75±0.93b	64.25±0.93b
CRU75	5471.72±275.79a	10176.91±95.11a	15648.63±157.27a	34.97±1.79bc	65.05±1.21ab
CRU100	5058.56±141.42a	9846.45±143.04b	14905.01±211.51c	33.96±1.44c	66.06±0.24a

注：同列不同小写字母表示处理间差异显著（$P<0.05$），下同。

2.4 控释氮肥比例对玉米干物质分配的影响

从表 4 可看出，干物质积累在各器官中的分配随生长中心转移而变化。从拔节期至吐丝期，叶和茎依次成为光合产物的分配中心；吐丝期以后，随着生殖器官的生长发育，在茎和叶片中的分配比例逐渐减少，开始向果穗转运；成熟期，穗（包括苞叶、穗轴和籽粒）的分配比例增加，籽粒成为光合产物的主要分配中心，分配比例为 39.26%～43.13%。

掺混控释尿素后拔节期叶分配比例显著低于常规施肥处理 CK，但各控氮比处理间差异不显著。吐丝期各控氮比处理叶和茎鞘的分配比例均高于 CK，而穗则低于 CK，且随控释尿素比例的增加呈先增后降趋势。成熟期各控氮比处理穗（包括苞叶、穗轴和籽粒）分配比例随控释尿素比例的增加而先增后降，以 CRU75 处理最高，其中籽粒分配比例较 CK 显著提高 9.86%。表明适宜的控氮比可促进玉米吐丝后营养器官干物质向籽粒转移，表现出明显的前控后保效果，进而提高籽粒干物质积累。

表 4　不同施肥处理对玉米干物质分配的影响

单位：%

处理	拔节期		吐丝期			成熟期			
	叶	茎鞘	叶	茎鞘	穗	叶	茎鞘	苞叶＋穗轴	籽粒
CK	72.49±0.40a	27.51±0.35d	34.24±1.89a	49.20±0.05b	16.55±1.85a	15.87±0.90a	31.84±2.20a	13.04±0.81a	39.26±0.95c
CRU25	69.35±0.56b	30.65±0.27bc	35.14±0.91a	50.90±0.08a	13.96±0.99b	15.34±2.03ab	31.54±1.87ab	13.47±0.91a	39.65±0.90c
CRU50	68.01±0.84b	31.99±0.84a	35.31±0.59a	50.37±0.67a	14.32±1.11b	14.51±1.29ab	29.67±0.56bc	13.81±1.23a	42.01±0.72ab
CRU75	68.21±2.67b	31.79±1.37ab	35.26±1.29a	49.53±0.43b	15.21±0.88ab	14.33±0.85b	28.71±2.44c	13.84±0.26a	43.13±1.90a
CRU100	69.94±1.46b	30.06±1.22c	35.17±0.48a	50.86±0.17a	13.97±0.40b	14.57±0.97ab	29.70±1.95bc	13.83±0.13a	41.90±1.45b

2.5　控释氮肥比例对玉米产量及其构成因素的影响

从表 5 可以看出，施用控释尿素可显著提高玉米籽粒产量。与常规施肥处理 CK 相比，CRU25、CRU50、CRU75 和 CRU100 处理产量分别提高 0.59%、3.95%、10.51%和 3.84%，其增产的原因是穗长、穗粗、行粒数、穗粒数和百粒重与其产量的变化趋势一致，这些穗部性状也都随控释尿素比例的增加呈先增后降趋势，均以 CRU75 处理最高，较 CK 分别增加 2.78%、2.04%、4.15%、6.93%和 3.49%，其中有效穗长、穗粒数和百粒重差异达到显著水平。

表 5　不同施肥处理对玉米产量及其构成因素的影响

处理	有效穗长（cm）	穗粗（mm）	行粒数	穗粒数	百粒重（g）	产量（kg/hm^2）
CK	16.89±0.38c	48.51±0.58a	26.97±0.30a	462.84±11.58c	26.65±0.35b	6 855.72±129.57c
CRU25	16.92±0.41c	48.63±1.63a	26.96±0.30a	465.05±10.80c	26.69±0.14b	6 895.87±35.57c
CRU50	17.02±0.16bc	49.04±1.50a	27.63±1.07a	479.14±16.33b	26.77±0.16b	7 126.57±141.42b
CRU75	17.36±0.14a	49.50±1.21a	28.09±2.12a	494.91±16.04a	27.58±0.51a	7 576.57±151.45a
CRU100	17.24±0.30ab	48.87±1.45a	27.22±2.02a	470.32±14.10bc	27.25±0.70ab	7 119.00±199.43b

2.6　氮代谢关键酶活性与植株干物质和氮素积累及产量之间的关系

从表 6 可以看出，玉米功能叶氮代谢关键酶活性与氮素积累总量、干物质积累总量和产量呈正相关，除谷氨酸合酶（GOGAT）与干物质积累总量和产量相关系数未达显著水平外，其余均达显著或极显著水平。氮素积累总量与干物质积累总量呈极显著正相关；产量与氮素积累总量和干物质积累总量正相关，相关系数均达极显著水平。表明氮肥不仅影响玉米对氮素的吸收，还影响其代谢，并进一步影响其干物质积累，最终影响玉米产量的形成；适当提高玉米功能叶氮代谢关键酶活性可促进玉米的氮素积累和干物质积累，从而提高玉米产量。

表 6　氮代谢关键酶活性（灌浆期）与氮素积累总量、干物质积累总量及产量之间的关系

指标	氮素积累总量	干物质积累总量	产量
谷氨酰胺合成酶（GS）	0.74^{**}	0.73^{**}	0.77^{**}
谷氨酸合酶（GOGAT）	0.50^{*}	0.30	0.35
谷草转氨酶（GOT）	0.70^{**}	0.82^{**}	0.62^{*}
谷氨酸脱氢酶（GDH）	0.64^{**}	0.70^{**}	0.76^{**}
干物质积累总量	0.85^{**}	1.00^{**}	0.78^{**}
产量	0.75^{**}	0.78^{**}	1.00^{**}

注：* 和 ** 分别表示 0.05 和 0.01 水平上差异显著。

3 讨论

作物吸收的氮素需要在一系列氮代谢酶（GS、GOGAT、GOT 及 GDH）催化下形成各种有益功能与贮藏物质，其中 GS 和 GOGAT 偶联形成的循环反应是作物氮代谢的主要途径，是整个氮代谢的中心，氨基交换作用例如 GOT，以及 GDH 途径是氮代谢的重要支路，在氨态氮的再利用过程中占有一定地位[21-23]。本试验中 100%普通尿素处理 CK 较控释尿素处理，拔节期氮代谢关键酶活性较高，氮素积累量较大，但中后期不如控释尿素处理，这主要是由于普通尿素前期释放较快，肥效期相对较短[24]，而控释尿素能有效降低或控制养分释放速率，减少肥料挥发和淋溶损失，肥效期相对较长[25,26]，因此有利于提高玉米叶片吐丝后氮代谢酶活性，增加玉米氮素积累量。这与杜君等[27]、罗胜芳等[28]在水稻上的研究结果基本一致，表明控释肥与普通尿素配施对玉米中后期氮代谢有一定的促进作用。本试验结果还得出 75%控释尿素配比处理在玉米生育中后期，氮代谢关键酶活性和氮素积累量均高于 100%普通尿素 CK 和 100%控释尿素处理，表明一定比例的普通尿素和控释尿素配合施用，既能弥补因控释尿素前期释放过慢的不足，又能满足玉米生育中后期对氮素的需求，从而实现肥料间养分供应持续接力[29]，达到缓急兼济，平衡供肥的目的。

已有研究[30,31]表明，控释尿素氮素缓慢释放能够显著促进植株干物质积累，提高玉米产量，但前人[32-35]对控释尿素适宜的掺混比例的研究结果不尽一致，从 50%~75%不等。本试验中控释尿素与普通尿素配施的处理吐丝前（除 CRU25 外）干物质积累量均高于 100%控释尿素处理，吐丝后干物质积累量又均高于 100%普通尿素处理 CK，干物质积累总量尤其是吐丝后干物质积累，和玉米产量均随控释尿素比例的增加呈先增后降趋势，以 CRU75%+CU25%配施处理最高，与北方双城地区姬景红等[34]的研究结果相似，但与黄淮海平原地区李伟等[12]研究结果不一致，这一结果对指导西南丘陵山地类似土壤生态玉米区控释肥的合理利用具有重要参考价值。不同控释氮与普通氮肥混合比对各器官的干物质分配也有一定的影响，总体而言，成熟期籽粒的分配比例随控释氮与普通氮肥混合比的提高而先增后降，适宜的控释氮与普通氮肥混合比有利于茎鞘和叶的干物质及时向籽粒转移。可见，一定比例的普通尿素和控释尿素掺混施用能够促进玉米中前期生长，延缓后期衰老，增加干物质积累并提高籽粒的分配比例，从而增加玉米产量。

相关分析表明，玉米的干物质和氮素吸收积累量与灌浆期功能叶 GS、GOGAT、GOT 和 GDH 等氮代谢关键酶活性显著正相关，产量与干物质和氮素吸收积累量极显著正相关，表明适宜控释氮肥比例提高玉米产量的生理基础是提高了功能叶的氮代谢关键酶活性，促进了植株对氮素的同化能力，增加了氮素吸收与干物质积累量。

4 结论

适宜控释氮与普通氮肥混合比处理能显著提高玉米中后期功能叶 GS、GOGAT、GOT 及 GDH 等氮代谢关键酶活性，增加植株的氮素积累和干物质积累，并促进吐丝后叶、茎鞘干物质向穗部转移，显著提高籽粒分配比例，改善穗部性状，增加穗粒数和百粒重，从而提高玉米产量。本试验条件下，普通尿素与控释尿素配合施用适宜的比例为 25∶75。

参考文献

[1] 武文明，陈洪俭，王世济，等．氮肥运筹对苗期受渍夏玉米干物质和氮素积累与转运的影响［J］．作物学报，2015，41（8）：1246－1256.

[2] 张起君，黄舜阶，刘绍棣，等．玉米高产开发原理与技术［M］．济南：山东科学技术出版社，1992：477－486.
[3] 赵允格，邵明安，张兴昌．成垄压实施肥对氮素运移及氮肥利用率的影响［J］．应用生态学报，2004，15（1）：68－72.
[4] 李伟，李絮花，唐慎欣，等．控释掺混肥对夏玉米产量及土壤硝态氮和铵态氮分布的影响［J］．水土保持学报，2011，25（6）：68－71.
[5] 衣文平，朱国梁，武良，等．不同量的包膜控释尿素与普通尿素配施在夏玉米上的应用研究［J］．植物营养与肥料学报，2010，16（6）：1497－1502.
[6] 赵斌，董树亭，张吉旺，等．控释肥对夏玉米产量和氮素积累与分配的影响［J］．作物学报，2010，36（10）：1760－1768.
[7] 李青军，张炎，胡伟，等．氮素运筹对玉米干物质积累、氮素吸收分配及产量的影响［J］．植物营养与肥料学报，2011，17（3）：755－760.
[8] 祝丽香，王建华，高先涛．控释尿素与普通尿素配施对菊花生理指标及产量和质量的影响［J］．植物营养与肥料学报，2012，18（2）：483－490.
[9] Gao X，Li C，Zhang M，et al. Controlled release urea improved the nitrogen use efficiency，yield and quality of potato（Solanum tuberosu m L.）on silt loamy soil［J］．Field Crops Research，2015，181（1）：60－68.
[10] 孙克刚，胡颖，和爱玲，等．控释尿素对小麦增产效果与提高氮肥利用率的研究［J］．磷肥与复肥，2009，24（5）：84－85.
[11] 李伟，李絮花，唐慎欣，等．控释掺混肥对夏玉米产量及土壤硝态氮和铵态氮分布的影响［J］．水土保持学报，2011，25（6）：68－71.
[12] 李伟，李絮花，李海燕，等．控释尿素与普通尿素混施对夏玉米产量和氮肥效率的影响［J］．作物学报，2012，38（4）：699－706.
[13] 王寅，冯国忠，张天山，等．基于产量、氮效率和经济效益的春玉米控释氮肥掺混比例［J］．土壤学报，2015，52（5）：1153－1165.
[14] 吕娇，李淑敏，潘明阳，等．不同包膜控释氮肥对玉米氮素吸收和产量的影响［J］．天津农业科学，2012，18（1）：46－50.
[15] 姜秀芳，黄玉波，庄秋丽，等．控释尿素与普通尿素配施比例对玉米产量及效益的影响［J］．磷肥与复肥，2015，30（5）：51－52.
[16] 孙克刚，杜君，孙克振，等．控释尿素与化肥配施对水稻产量及氮素利用率的影响［J］．磷肥与复肥，2015，30（10）：48－50.
[17] 栗丽，洪坚平，王宏庭，等．控释肥料配施对冬小麦产量和氮肥利用的影响［J］．山西农业大学学报（自然科学版），2012，32（6）：492－497.
[18] Singh R P，Srivastava H S. Increase in glutamate synthase（NADH）activity in maize seedlings in response to nitrate and ammonium nitrogen［J］．Physiologia Plantarum，1986，66（3）：413－416.
[19] 吴良欢，蒋式洪，陶勤南．植物转氨酶（GOT 和 GPT）活度比色测定方法及其应用［J］．土壤通报，1998，29（3）：41－43.
[20] Loulakakis C A，Roubelakis-Angelakis K A. Intracellular localization and properties of nadh-glutamate dehydrogenase from vitis vinifera l.：purification and characterization of the major leaf isoenzyme［J］．Journal of Experimental Botany，1990，41（231）：1223－1230.
[21] 孙永健，孙园园，李旭毅，等．水氮互作下水稻氮代谢关键酶活性与氮素利用的关系［J］．作物学报，2009，35（11）：2055－2063.
[22] 吕鹏，张吉旺，刘伟，等．施氮时期对高产夏玉米氮代谢关键酶活性及抗氧化特性的影响［J］．应用生态学报，2012，23（6）：1591－1598.
[23] 郭濛濛，邱宝平，符云鹏，等．氮磷钾配施比例对晒红烟碳氮代谢关键酶活性及化学成分的影响［J］．江苏农业科学，2015，43（5）：95－98.

[24] 刘敏，宋付朋，卢艳艳．硫膜和树脂膜控释尿素对土壤硝态氮含量及氮素平衡和氮素利用率的影响 [J]．植物营养与肥料学报，2015，21 (2)：541-548.

[25] 孙克刚，和爱玲，李丙奇．砂姜黑土区控释尿素与普通尿素掺混对小麦—玉米轮作定位产量及氮肥利用率的影响 [J]．磷肥与复肥，2010，25 (2)：63-64.

[26] 樊小林，刘芳，廖照源，等．我国控释肥料研究的现状和展望 [J]．植物营养与肥料学报，2009，15 (2)：463-473.

[27] 杜君，孙克刚，雷利君，等．控释尿素与普通尿素配施对水稻氮代谢关键酶活性及产品质量的影响 [J]．河南农业科学，2016，45 (3)：67-72.

[28] 罗兰芳，郑圣先，廖育林，等．控释氮肥对杂交水稻糙米蛋白质品质和氮代谢关键酶活性的影响 [J]．中国水稻科学，2007，21 (4)：403-410.

[29] 李敏，郭熙盛，叶舒娅，等．树脂膜控释尿素及普通尿素配施对强筋小麦产量、品质和氮肥利用率的影响 [J]．麦类作物学报，2013，33 (2)：339-343.

[30] 尹彩侠，刘宏伟，孔丽丽，等．控释氮肥对春玉米干物质积累、氮素吸收及产量的影响 [J]．玉米科学，2014，22 (6)：108-113.

[31] 满建国，周杰，王东，等．硫加树脂包膜尿素控释肥对小麦干物质积累分配及产量的影响 [J]．应用生态学报，2011，22 (5)：1175-1182.

[32] 闫童，丁文峰，曹永贞，等．控释氮肥对夏玉米氮素积累及产量的影响 [J]．中国农学通报，2015，31 (36)：60-64.

[33] 王宜伦，苗玉红，韩燕来，等．缓/控释氮肥对夏玉米氮代谢、氮素积累及产量的影响 [J]．土壤通报，2012，43 (1)：147-150.

[34] 姬景红，李玉影，刘双全，等．控释掺混肥对春玉米产量、光合特性及氮肥利用率的影响 [J]．土壤通报，2015，46 (3)：669-675.

[35] 姬景红，李玉影，刘双全，等．控释尿素对春玉米产量、氮效率及氮素平衡的影响 [J]．农业资源与环境学报，2017，34 (2)：153-160.

氮肥对不同耐低氮性玉米品种氮素吸收利用及氮素平衡的影响*

李　强[1]　马晓君[1]　程秋博[1]　豆　攀[1]
余东海[2]　罗延宏[3]　孔凡磊[1]　袁继超[1*]

1. 四川农业大学农学院/农业部西南作物生理生态与耕作重点实验室，四川成都　611130
2. 眉山市东坡区农业技术推广站，四川眉山　620032
3. 四川省烟草公司宜宾市公司烟叶生产技术推广应用中心，四川宜宾　644002

摘要：以前期筛选的不同耐低氮性玉米品种正红 311 和先玉 508 为试验材料，通过田间裂区试验研究了氮肥（N 0 kg/hm^2，90 kg/hm^2，180 kg/hm^2，270 kg/hm^2，360 kg/hm^2 和 450 kg/hm^2）对不同耐低氮性玉米品种氮素吸收利用及氮素平衡的影响。结果表明，施氮显著提高了玉米的氮素积累、氮素转运和氮素表观损失，而收获指数、氮收获指数、氮素干物质生产效率、氮素产谷效率、氮肥吸收效率、氮肥利用效率、氮肥生理效率、氮肥农学效率和氮肥偏生产力等随施氮量增加显著降低。与低氮敏感品种先玉 508 相比，耐低氮品种正红 311 氮素积累量、氮素转运量和产量更高，而氮素转运率、转运贡献率、收获指数及氮收获指数更低。正红 311 叶片较高的物质生产能力有利于其生育后期的氮素吸收和物质生产，使其氮肥吸收效率、氮肥利用效率、氮肥农学效率和氮肥偏生产力均显著高于先玉 508，而氮素表观损失显著低于先玉 508。川中丘陵山区土层瘠薄，土壤保肥保水能力差，随施氮量增加玉米氮素表观损失量和损失率均显著增加，耐低氮品种正红 311 具有较强的氮素吸收能力，能显著提高氮素的吸收利用效率从而有效减少氮素的表观损失。因此在川中丘陵山区中低氮水平下推广种植耐低氮品种正红 311 既能充分发挥其产量优势，又能有效地控制氮素的表观损失。

关键词：氮肥；玉米品种；氮素吸收；氮素利用；平衡

玉米是我国种植面积很大的粮食作物，其高产、稳产对于我国粮食安全至关重要[1]。氮是作物需求量最大的营养元素，施氮是提高粮食产量最直接、最简单的方法，因此生产者在粮食生产过程中常常过量施用氮肥[2,3]。21 世纪以来我国成为氮肥需求量最大的国家，在占世界 9%的耕地上消耗了超过 30%的氮肥[4]。过量施用氮肥，不仅导致作物易倒伏、贪青晚熟、产量品质显著下降[5,6]，还会降低氮肥利用效率、大量的氮肥流失、增加生产成本和造成环境污染[3,7]。不同玉米品种对氮肥的吸收利用特性差异显著[8,9]，因此，根据品种特性平衡好植株氮肥需求和氮肥供应之间的关系，是提高作物产量和氮肥利用效率最可行的方法。

* **基金项目**：公益性行业（农业）科研专项经费（201503127）；国家“十二五”科技支撑计划项目（2012BAD04B13）；四川省科技支撑计划项目（2014NZ0040）

农田生态系统中，氮素输入主要是化肥和土壤矿质氮，而输出主要为农作物收获携出、氨挥发、反硝化、淋溶、侵蚀、氮蒸散等[10]。施氮不仅影响土壤中硝态氮的分布，还影响土壤中的氮素平衡和作物对氮肥的利用[4,10-12]。前人关于不同耐低氮性玉米品种物质生产、产量形成及氮素积累差异的研究较多[8,9,13]，且大都集中在北方平原地区，而在川中丘陵区对不同耐低氮性玉米品种作物氮吸收利用特性，及土壤氮损失差异的综合研究还未见报道。因此，研究氮肥对不同耐低氮性玉米品种氮素吸收利用及氮素平衡影响的差异，不仅有利于了解氮素在生态系统中的循环，还可以针对不同耐低氮玉米品种氮素吸收利用及氮素平衡差异合理施肥，对于提高玉米产量和氮肥利用效率，保护生态环境具有重要意义。本试验在大田生产条件下，研究了氮肥对不同耐低氮性玉米品种氮素吸收利用特性及氮素平衡的影响，以期为川中丘陵山区玉米合理施用氮肥提供理论依据。

1　材料与方法

1.1　供试材料

试验材料为前期筛选的不同耐低氮性玉米品种[14,15]：耐低氮品种正红 311，低氮敏感品种先玉 508，两品种生育期基本一致，均为 120 d 左右。

1.2　试验地概况

大田试验于 2011 年 3 月开始到 2013 玉米收获结束，连续 3 年定位实验，本试验数据为 2013 年。试验地点设在四川省简阳市（30°04′～30°39′N，104°11′～104°53′E）试验基地进行。该地区属亚热带季风气候，多年平均降水量为 874 mm，年平均温度 17.0 ℃，年无霜期 311.0 d。供试土壤为紫色土，0～40 cm 土壤理化性质见表 1。

表 1　试验地 0～40 cm 土层基础理化性质

土层 (cm)	全氮 (g/kg)	全磷 (g/kg)	全钾 (g/kg)	碱解 N (mg/kg)	速效 P (mg/kg)	速效钾 (mg/kg)	有机质 (mg/kg)	容重 (g/cm^3)
0～20	1.24	0.73	12.54	25.22	13.54	138.75	16.60	1.30
20～40	0.91	0.57	9.03	16.47	6.87	108.23	11.29	1.42

1.3　试验设计

试验采用裂区设计，主区为不同耐低氮玉米品种（A）：耐低氮品种正红 311（A1）、低氮敏感品种先玉 508（A2）；副区为施氮量，设 6 个氮水平，分别为 0N kg/hm^2、90N kg/hm^2、180N kg/hm^2、270N kg/hm^2、360N kg/hm^2 和 450N kg/hm^2，共 12 个处理，随机排列，重复 3 次。小区面积 4 m×5 m，为消除小区间氮素移动，主区和副区之间均设 1 m 间隔。玉米直播，穴播 3 粒再定苗，单株栽培，行穴距为 1.5+0.5 m×0.2 m，种植密度为 50 000 株/hm^2。氮肥是尿素，46%用量按底肥：穗肥（攻苞肥）1∶1 施用，另施过磷酸钙 600 kg/hm^2、氯化钾 150 kg/hm^2 作底肥；其他栽管措施按当地高产要求进行，小区间保持一致。

1.4　取样及测定

1.4.1　氮含量测定

在大口期和成熟期每小区随机选取 4 株代表性植株，按器官将样品分为叶片、茎鞘和穗。于 105 ℃下杀青 30 min，然后于 80 ℃下烘干至恒重称重。称重后样品用高速粉碎机粉碎，过 60 目筛后用塑封袋保存用于测定全氮含量，采用凯氏定氮法测定样品全氮含量。

1.4.2 产量测定

统计收获前每小区有效穗数、空秆率和双苞率，各小区选取连续 20 株进行考种，考察穗长、穗粗、秃尖长、穗行数、行粒数、单穗重、穗粒数、千粒重等，然后分小区实收计产。

1.4.3 土壤样品的测定

于 2013 年玉米播种前、追肥前（大口期）和收获时取 0～80 cm 土层土壤样品，每 20 cm 为一层。将每一层新鲜土样混合均匀，用 2 mol/L 的 KCl 溶液浸提，土壤溶液比 1∶5，后在流动分析仪上测定 NO_3－N 和 NH_4－N 含量。土壤于 105 ℃烘干，重量法计算水分含量，土壤容重采用环刀法测定。

1.4.4 相关指标计算与统计方法[4,5,16]

叶片（茎鞘）氮表观转运率（%）＝叶片（茎鞘）氮转运量/吐丝期叶片（茎鞘）氮积累量×100%；

叶片（茎鞘）氮素转运贡献率（%）＝（氮素转运量/成熟期穗氮素积累量）×100%；

氮素干物质生产效率（NPE_d，kg/kg）＝成熟期干物质积累量/成熟期氮积累量；

氮素籽粒生产效率（NPE_g，kg/kg）＝产量/成熟期氮积累量；

土壤硝态氮/铵态氮积累量（kg/hm^2）＝土层厚度（cm）×土壤容重（g/cm^{-3}）×土壤硝态氮/铵态氮含量（mg/kg）/10（0～20 cm 土壤容重按 1.30 g/cm^3 计算，20 cm 以下土层按 1.42 g/cm^3 计算）；

氮表观矿化量（kg/hm^2）＝不施氮区地上部分吸氮量＋收获后土壤残留矿质氮量－播前土壤起始矿质氮量；

根据氮素平衡模型计算氮的表观损失：

氮表观损失量（kg/hm^2）＝氮输入量－氮输出量＝（施氮量＋播前土壤起始矿质氮量＋氮表观矿化量）－（施氮区地上部分吸氮量＋收获后土壤残留矿质氮量）；

氮收获指数（NHI,%）＝（籽粒氮积累量/植株氮积累量）×100%；

氮素吸收效率（NAE,%）＝植株总吸氮量/供氮量×100（供氮量为耕层土壤氮与施氮量之和）；

氮肥利用效率（NUE,%）＝（施氮区氮积累量－空白氮积累量）/总施氮量×100%；

氮肥农学效率（NGE,%）＝（施氮处理产量－空白产量）/总施氮量；

氮肥生理效率（NPE，kg/kg）＝（施氮区产量－空白区产量）/（施氮区植株总吸氮量－空白区植株总吸氮量）；

氮肥偏生产力（NPFP，kg/kg）＝施氮区产量/总施氮量；

试验数据采用 Excel 2007 和 SPSS 20.0 统计分析软件进行数据处理和统计分析，并用 LSD 法进行差异显著性检验，显著水平设为 $P<0.05$。

2 结果与分析

2.1 氮肥对不同耐低氮性玉米品种氮素积累与转运的影响

耐低氮品种正红 311 花前叶片和茎鞘氮积累量均显著高于低氮敏感品种先玉 508（表 2）。两品种花后叶片和茎鞘均没有氮素积累，且正红 311 和先玉 508 雌穗积累的氮素分别有 52.75%和 59.00%来自于营养器官的转运。两品种氮素积累量、氮素转运率及转运贡献率差异显著。正红 311 花前、花后氮积累量较先玉 508 分别高出 18.73%和 42.29%，表明两类品种氮素积累差异主要在花后。正红 311 营养器官氮素转移量高于先玉 508，但先玉 508 氮素转运率和转运贡献率均更高。与先玉 508 相比，正红 311 花前、花后营养器官氮素积累量分别高出 18.73%和 44.76%，表明耐低氮品种正红 311 有利于保持营养器官氮素的分配，尤其是在生育后期。

施氮显著影响两玉米品种的氮素积累、氮素转运率和转运贡献率。与0N相比，施氮显著增加了玉米花前各器官及花后穗部的氮素积累，且促进了花后营养器官氮素的转运；正红311花前叶片、茎鞘和花后穗部氮素积累量分别升高70.45%，78.30%和52.86%；先玉508分别升高70.42%，77.98%和31.57%，表明氮肥对两类品种花前氮素积累的促进作用差异不显著，而对正红311花后氮素积累的促进作用显著高于先玉508。

表2　不同氮处理下玉米各器官氮素积累与转运

处理	花前（kg/hm^2）		花后（kg/hm^2）			氮转运率（%）			转运贡献率（%）	
	叶片	茎鞘	穗	叶片	茎鞘	穗	叶片	茎鞘	叶片	茎鞘
正红311										
0 N	35.72 e	23.02 h	68.87 f	−21.24 h	−12.79 e	44.41 f	59.45 g	55.59cde	27.71 d	16.69 cd
90 N	47.64 d	33.50 e	85.26 c	−31.83 f	−20.36 b	53.88 de	66.82 ef	60.74 ab	32.86 c	21.02 a
180 N	59.49 bc	38.22 c	100.67 b	−41.30 d	−23.31 a	57.46bcd	69.43 d	60.94 ab	36.73 c	20.73 a
270 N	64.40 a	41.72 c	111.76 a	−43.92bcd	−24.36 a	55.36cde	68.21 de	58.34abc	35.61 c	19.74 ab
360 N	66.90 a	47.70 a	115.01 a	−43.32 cd	−23.30 a	51.40 e	64.65 f	48.85 f	33.41 c	17.98 bc
450 N	65.88 a	44.08 b	113.17 a	−44.46abc	−25.27 a	54.03 de	67.48 de	57.32bcd	34.45 c	19.58 ab
平均值	56.69	38.04	99.12	−37.68	−21.57	52.76	66.01	56.96	33.46	19.29
先玉508										
0 N	33.52 e	16.42 i	55.15 g	−24.51 g	−7.72 f	44.46 f	72.94 c	47.07 f	33.83 c	10.63 e
90 N	46.29 d	24.05 h	60.69 g	−35.53 e	−13.60 e	59.47bcd	76.68 ab	56.41cde	42.98 b	16.50 cd
180 N	56.84 c	26.81 g	71.46 ef	−44.72abc	−14.48de	61.45 b	78.63 a	53.96 de	46.48ab	14.97 d
270 N	60.03 b	30.63 f	76.65 de	−46.26 ab	−16.34cd	60.23 bc	77.03 ab	53.30 e	44.51ab	15.71 cd
360 N	61.18 b	32.69 ef	71.62 ef	−46.80 a	−20.24 b	68.64 a	76.47 ab	61.88 a	47.91 a	20.73 a
450 N	61.26 b	31.61 ef	82.37 cd	−46.55 ab	−17.58 c	59.76bcd	75.98 b	55.50cde	43.37 b	16.39 cd
平均值	53.19	27.04	69.66	−40.73	−14.99	59.00	76.29	54.69	43.18	15.82
*F*值										
品种	34.28**	630.96**	845.93**	21.17**	215.44**	23.09**	297.90**	8.25**	89.54**	53.47**
氮肥	259.89**	193.50**	128.50**	127.52**	61.75**	13.12**	13.54**	6.55**	9.70**	11.92**
品种×氮肥	1.34^{ns}	6.97**	16.07**	0.17^{ns}	3.85*	3.30*	1.82^{ns}	16.28**	1.18^{ns}	7.70**

注：同列中小写字母不同表示在0.05水平差异显著，具有相同字母的值表示差异不显著。*表示在0.05水平上差异显著，**表示在0.01水平上差异显著，^{ns}表示无显著差异。下同。

2.2　氮肥对不同耐低氮性玉米品种产量、收获指数及氮素生产效率的影响

两类品种产量、收获指数、氮收获指数和氮素籽粒生产效率差异显著（表3）。耐低氮品种正红311产量显著高于先玉508，而收获指数、氮收获指数和氮素籽粒生产效率则是先玉508更高；正红311产量较先玉508高出8.83%，先玉508收获指数、氮收获指数和氮素籽粒生产效率较正红311分别高出13.64%，5.00%和13.69%。施氮显著增加了玉米产量，而显著降低了玉米的收获指数、氮收获指数、氮素干物质生产效率和籽粒生产效率。与0 N相比，正红311和先玉508产量分别升高了12.02%和13.34%；收获指数、氮收获指数、氮素干物质生产效率和籽粒生产效率分别降低了10.00%、8.89%，15.65%、12.00%，12.43%、17.24%和23.98%、23.66%，表明氮肥对正红311产量的促进作用更小，且对收获指数、氮收获指数的影响更大。

表 3　不同氮水平下玉米产量、收获指数、氮收获指数及生产效率

处理	产量 (kg/hm²)	收获指数	氮收获指数	氮素干物质生产效率 (kg/kg)	氮素籽粒生产效率 (kg/kg)
正红 311					
0 N	6 475.59 e	0.48 bc	0.69 ab	116.73 a	63.46 b
90 N	7 235.49 abc	0.48 bc	0.65 bc	108.78 b	57.71 c
180 N	7 336.28 a	0.45 c	0.62 c	103.65 cd	50.37 def
270 N	7 093.53 abcd	0.46 c	0.62 c	101.61 de	48.08 f
360 N	7 367.65 a	0.40 d	0.51 e	96.38 ef	42.23 g
450 N	7 238.17 ab	0.39 d	0.53 e	100.70 de	42.82 g
平均值	7 124.45	0.44	0.60	104.64	50.78
先玉 508					
0 N	5 891.21 f	0.54 a	0.70 ab	120.08 a	71.91 a
90 N	6 644.21 de	0.56 a	0.74 a	105.61 bc	66.01 b
180 N	6 713.34 cde	0.49 b	0.62 c	100.02 de	55.37 cd
270 N	6 583.23 de	0.45 c	0.55 de	99.15 def	49.72 ef
360 N	6 744.98 bcde	0.50 b	0.61 cd	95.09 f	54.17 cde
450 N	6 699.55 de	0.45 c	0.56 de	96.88 ef	49.22 ef
平均值	6 546.19	0.50	0.63	102.80	57.73
F 值					
品种	16.20**	62.64**	5.29*	3.90ns	47.55**
氮肥	3.48*	18.88**	23.18**	50.92**	48.93**
品种×氮肥	0.02ns	4.42**	5.12**	1.41ns	2.01ns

2.3　氮肥对不同耐低氮性玉米品种氮素利用效率的影响

耐低氮品种正红 311 氮肥生理效率较低氮敏感品种先玉 508 低，但氮肥吸收效率、氮肥利用效率、氮肥农学效率及氮肥偏生产力均显著高于先玉 508，如表 4 所示。两类品种氮肥吸收效率差异最大，*F* 值达 188.80，表明不同耐低氮性玉米品种耐低氮能力差异主要由氮肥吸收效率差异引起。随施氮量增加，玉米氮肥吸收效率、氮肥利用效率、氮肥生理效率、氮肥农学效率及氮肥偏生产力均显著降低，且两品种间各指标差异均随施氮量增加而降低，氮肥吸收效率、氮肥利用效率和氮肥生理效率均在 270 N 时最低，分别仅相差 4.14%，1.62%和 0.36%，氮肥农学效率和氮肥偏生产力则均在 450 N 时最低，分别相差 1.68%和 1.20%，表明耐低氮品种正红 311 较低氮敏感品种先玉 508 在中低氮水平下优势更明显。

表 4　不同氮水平下玉米氮肥利用效率

处理	氮肥吸收效率 (%)	氮肥利用效率 (%)	氮肥生理效率 (kg/kg)	氮肥农学效率 (%)	氮肥偏生产力 (kg/kg)
正红 311					
0 N	—	—	—	—	—
90 N	65.35 a	26.12 a	31.58 b	14.84 a	80.39 a
180 N	51.60 b	24.19 ab	19.22 cd	7.98 c	40.76 c
270 N	39.74 d	16.98 cde	13.02 e	4.42 d	27.29 e
360 N	37.74 d	20.10 bc	12.26 e	4.08 de	20.47 g
450 N	30.67 f	14.96 def	11.27 e	2.97 ef	16.08 h
平均值	45.02	20.47	17.47	6.86	37.00

续表

处理	氮肥吸收效率(%)	氮肥利用效率(%)	氮肥生理效率(kg/kg)	氮肥农学效率(%)	氮肥偏生产力(kg/kg)
先玉 508					
0 N	—	—	—	—	—
90 N	52.42 b	20.51 abc	40.71 a	11.05 b	76.50 b
180 N	42.97 c	21.65 bc	20.86 c	4.57 d	37.30 d
270 N	35.60 e	18.60 cd	13.38 e	2.56 fg	24.38 f
360 N	26.95 g	11.75 f	20.14 c	1.60 gh	17.96 g
450 N	24.66 h	11.98 ef	14.95 de	1.29 h	14.39 h
平均值	36.52	16.90	22.01	4.22	34.11
F 值					
品种	188.80**	11.54**	6.75*	121.26**	11.09**
氮肥	325.42**	13.55**	24.13**	271.79**	696.98**
品种×氮肥	6.54**	2.50ns	0.96ns	3.02*	0.19ns

2.4 氮肥对不同耐低氮性玉米品种土壤氮素平衡的影响

灌溉和降雨是导致氮素流失的重要原因，西南丘陵区玉米生育后期降雨集中，氮肥淋失现象严重。表 5 结果表明，两玉米品种氮素总输入差异不大，主要是由于正红 311 在中低氮处理下较高，而先玉 508 在中高氮水平下较高。正红 311 作物吸收氮量显著高于先玉 508，而氮素总输出、表观损失量和表观损失率均显著低于先玉 508，表明耐低氮品种正红 311 较强的氮素吸收能力能够有效地减少氮素损失，提高氮肥利用率。施氮显著增加了玉米氮素总输入、总输出和表观损失，但随施氮量增加耐低氮品种正红 311 氮素总输出增幅较大，而低氮敏感品种先玉 508 则是氮素表观损失增幅较大，中低氮处理下两类品种增幅差异尤为明显。因此与先玉 508 相比，正红 311 在中低氮处理下增产作用最大。

表 5　不同氮水平下玉米生长及土壤氮平衡

处理	氮输入（kg/hm^2）				氮输出（kg/hm^2）			表观氮损失（kg/hm^2）	表观氮损失率（%）
	氮肥	起始 N_{min}	矿化氮	总输入	作物携出	剩余矿化氮	总输出		
正红 311									
0 N	0	109.67	56.94	166.62	102.01 f	64.61 f	166.62 e	0.00 k	0.00 i
90 N	90	120.48	56.94	267.41	125.51 de	66.65 e	192.16 d	75.25 j	28.14 h
180 N	180	130.31	56.94	367.25	145.54 b	67.72 de	213.26 b	153.99 h	41.93 f
270 N	270	129.30	56.94	456.24	147.84 b	70.91 c	218.75 b	237.49 f	52.05 de
360 N	360	130.24	56.94	547.19	174.37 a	75.17 b	249.55 a	297.64 d	54.39 cd
450 N	450	128.25	56.94	635.21	169.32 a	79.06 a	248.38 a	386.83 b	60.90 b
平均值	225	124.71	56.94	406.65	144.10	70.69	214.79	191.87	39.57
先玉 508									
0 N	0	81.39	67.82	149.20	90.54 g	58.66 g	149.20 f	0.00 k	0.00 i
90 N	90	102.00	67.82	259.82	100.66 f	64.62 f	165.28 e	94.54 i	36.39 g
180 N	180	123.82	67.82	371.62	121.18 e	68.63 d	189.80 d	181.82 g	48.92 e
270 N	270	138.46	67.82	476.29	132.41 cd	70.04 c	202.45 c	273.84 e	57.49 bc
360 N	360	147.16	67.82	570.54	124.52 e	75.53 b	200.05 c	370.84 c	64.94 a
450 N	450	136.06	67.82	653.88	136.11 c	80.18 a	216.29 b	437.59 a	66.92 a
平均值	225	121.48	67.82	413.56	117.57	69.61	187.18	226.38	45.78

3 讨论

施用氮肥已经成为增加粮食产量最普遍的方法，然而解决氮肥不合理施用引起的一系列问题也尤为重要[6]。本研究中比较了不同耐低氮性玉米品种氮素吸收利用及氮素平衡的差异，我们发现根据不同耐低氮性玉米品种需肥特性合理施肥，可以改善川中丘陵区玉米氮素的供需平衡和氮素利用效率。

3.1 氮肥和品种类型对氮素积累和转运的影响

玉米氮素积累与品种关系密切[8,17]，耐低氮品种正红 311 花前氮素积累量和全生育期总氮素积累量均显著高于低氮敏感品种先玉 508，表明正红 311 较先玉 508 具有更强的氮素吸收能力。前人研究表明作物氮素积累主要由施氮水平和品种特性决定[17,18]，本研究结果表明施用氮肥对玉米氮素积累和转运影响显著，氮素积累量随施氮量增加而增加。叶片和茎鞘氮素转运是籽粒氮素积累的重要来源，两品种各处理氮素转运贡献率分别为 44.41%～57.46%和 44.46%～68.64%。施氮和品种类型对玉米氮素转运率和转运贡献率影响显著，低氮敏感品种先玉 508 氮素转运率和转运贡献率均显著高于耐低氮品种正红 311。耐低氮品种正红 311 生育后期氮素积累量高，转运率和转运贡献率均较低，有利于其生育后期营养器官保持较高的氮素分配比例，延缓叶片衰老、延长高效光合时间，保证了生殖器官生育后期的物质积累。

3.2 氮肥和品种类型对氮素产量效率及利用效率的影响

常用的评价作物氮素利用效率的评价指标有氮收获指数、氮素干物质生产效率、氮素籽粒生产效率、氮素吸收效率、氮肥利用效率、氮肥生理效率、氮肥农学效率和氮肥偏生产力等[4,10,19]，这些指标从不同层面描述了作物的氮素利用效率。李文娟等[8]研究指出耐低氮品种在低氮或高氮条件下均能保持较高的产量水平，且具有较高的氮肥利用效率、氮肥农学效率和氮肥偏生产力。本实验结果表明，各氮水平下耐低氮品种正红 311 产量均显著高于低氮敏感品种先玉 508，与李文娟等[8]结果一致，但两品种产量差异随施氮量增加而先增后减，正红 311 较先玉 508 在中低氮水平下产量优势最大。施氮显著提高了玉米产量，而收获指数、氮收获指数、氮素干物质生产效率和氮素籽粒生产效率随施氮的增加降低，且低氮敏感品种先玉 508 产量增幅更大，收获指数、氮收获指数、氮素干物质生产效率和氮素籽粒生产效率降幅更低。

李淑文等[20]指出选择氮肥农学效率高的品种，不仅具有较强的适应低氮胁迫的能力，还具有充分吸收、利用氮素肥料的特性。本研究结果表明，耐低氮品种正红 311 不仅氮肥农学效率显著高于低氮敏感品种先玉 508，而且氮肥吸收效率、氮肥利用效率和氮肥偏生产力均大幅高于先玉 508，与李淑文等[20]结果一致。两玉米品种氮肥吸收效率、氮肥利用效率、氮肥生理效率、氮肥农学效率和氮肥偏生产效率均随施氮量增加而降低，且氮肥对耐低氮品种正红 311 各指标影响更大，两品种各氮素利用效率指标在中低氮处理下差异最大。

3.3 氮肥和品种类型对氮素平衡的影响

氮素平衡需要整个生长季内氮素输入（土壤矿质氮、矿化氮、氮肥和其他氮）和氮素输出（植株吸收氮、氮损失和氮素固定）的量化，被广泛用来评价农业生态系统中氮素管理的可持续性、效率以及保持土壤肥力的能力[21,22]。粟丽等[4]研究表明随施氮量增加，氮素表观损失量和损失率均显著增加。低量施氮主要引起土壤矿质残留量的显著增加，而高量施氮主要引起土壤氮素表观损失量的显著增加[2]。本试验结果表明，随施氮量增加玉米氮素输入、输出和表观损失均显著增加，但不同耐低氮性玉米品种增幅差异显著。耐低氮品种正红 311 氮素输出显著高于低氮敏感品种先玉 508，而氮素表观损失量和损失率则显著低于先玉 508。随施氮量增加两品种氮素平衡差异先增大后减小，因此正红 311 在中低氮水平下能够有效地控制氮素的流失。

4 结论

施氮可以显著提高玉米氮素积累量、氮素转运、产量及减少氮素表观损失，而使其收获指数、氮素产量效率和氮素利用效率显著降低。与低氮敏感品种先玉 508 相比，耐低氮品种正红 311 氮素积累量、氮素转运量和产量更高，而氮素转运率、转运贡献率、收获指数及氮收获指数更低。耐低氮品种正红 311 较低的氮素转运率有利于其生育后期营养器官保持较高的氮素分配比例，从而延缓叶片的衰老和延长其高效光合时间。生育后期叶片保持较高的物质生产能力进一步促进了正红 311 氮素吸收和物质生产，最终使正红 311 氮肥吸收效率、氮肥利用效率、氮肥农学效率和氮肥偏生产力均显著高于先玉 508，而氮素表观损失显著低于先玉 508。川中丘陵区土层瘠薄，土壤保肥保水能力差，随施氮量增加玉米氮素表观损失量和损失率均显著增加，耐低氮品种正红 311 具有较强的氮素吸收能力，能显著提高氮素的吸收利用效率从而有效减少氮素的表观损失。因此在川中丘陵山区中低氮水平下推广种植耐低氮品种正红 311 既能充分发挥其产量优势，又能有效地控制氮素的表观损失。

参考文献

[1] 王宜伦，刘天学，赵鹏，等．施氮量对超高产夏玉米产量与氮素吸收及土壤硝态氮的影响 [J]. 中国农业科学，2013，46 (12)：2483 - 2491.

[2] 隽英华，汪仁，孙文涛，等．春玉米产量、氮素利用及矿质氮平衡对施氮的响应 [J]. 土壤学报，2012，49 (3)：544 - 551.

[3] Deng F，Wang L，Ren W J，et al. Enhancing nitrogen utilization and soil nitrogen balance in paddy fields by optimizing nitrogen management and using polyaspartic acid urea [J]. Field Crops Research，2014 (169)：30 - 38.

[4] 粟丽，洪坚平，王宏庭，等．施氮与灌水对夏玉米土壤硝态氮积累、氮素平衡极其利用效率的影响 [J]. 植物营养与肥料学报，2010，16 (6)：1358 - 1365.

[5] 李强，马晓君，程秋博，等．氮肥对不同耐低氮性玉米品种干物质及氮素积累与分配的影响 [J]. 浙江大学学报 (农业与生命科学版)，2015，41 (5)：1 - 10.

[6] Chen Y，Xiao C，Wu D，et al. Effects of nitrogen application rate on grain yield and grain nitrogen concentration in two maize hybrids with contrasting nitrogen remobilization efficiency [J]. European Journal of Agronomy，2015，62：79 -89.

[7] Wei H，Lü X，Lü F，et al. Effects of nitrogen addition and fire on plant nitrogen use in a temperate steppe [J]. Plos One，2014，9：3.

[8] 李文娟，何萍，高强，等．不同氮效率玉米干物质形成及氮素营养特性差异研究 [J]. 植物营养与肥料学报，2010，16 (1)：51 - 57.

[9] 崔超，高聚林，于晓芳，等．不同氮效率基因型高产春玉米花粒期干物质与氮素运移特性的研究 [J]. 植物营养与肥料学报，2013，19 (6)：1337 - 1345.

[10] 刘建涛，张会永，王雪，等．氮肥调控剂施用对小麦生长、氮素利用及氮素表观平衡的影响 [J]. 水土保持学报，2014，28 (1)：209 - 214.

[11] 刘瑞，周建斌，崔亚胜，等．不同施氮量下夏玉米田土壤剖面硝态氮累积及其与土壤氮素平衡的关系 [J]. 西北农林科技大学学报 (自然科学版)，2014，42 (2)：193 - 198.

[12] 杨万忠，牟思维，韩清芳，等．不同水分条件下平衡施肥对旱地冬小麦土壤硝态氮运移的影响 [J]. 农业环境科学学报，2014，33 (10)：1956 - 1963.

[13] 春亮，陈范骏，张福锁，等．不同氮效率玉米杂交种的根系生长、氮素吸收与产量形成 [J]. 植物营养与肥料学报，2005，11 (5)：615 - 619.

[14] 李强，罗延宏，谭杰，等. 玉米杂交种苗期耐低氮指标的筛选与综合评价 [J]. 中国生态农业学报，2014 (10)：1190-1199.

[15] 李强，罗延宏，余东海，等. 低氮胁迫对耐低氮玉米品种苗期光合及叶绿素荧光特性的影响 [J]. 植物营养与肥料学报，2015，21 (5)：1132-1141.

[16] Jin L, Cui H, Li B, et al. Effects of integrated agronomic management practices on yield and nitrogen efficiency of summer maize in North China [J]. Field Crops Research, 2012 (134)：30-35.

[17] Chen Y, Xiao C, Wu D, et al. Effects of nitrogen application rate on grain yield and grain nitrogen concentration in two maize hybrids with contrasting nitrogen remobilization efficiency [J]. European Journal of Agronomy, 2015 (62)：79-89.

[18] Dordas C. Variation in dry matter and nitrogen accumulation and remobilization in barley as affected by fertilization, cultivar, and source-sink relations [J]. European Journal of Agronomy, 2012, 37 (1)：31-42.

[19] 黄丽芬，董芙蓉，霍中洋，等. 氮素水平对不同氮效率基因型水稻的物质生产与分配的影响 [J]. 核农学报，2012，26 (9)：1290-1297.

[20] 李淑文，文宏达，周彦珍，等. 不同氮效率小麦品种氮素吸收和物质生产特性 [J]. 中国农业科学，2006，39 (10)：1992-2000.

[21] Wang Z, Li J, Li Y. Effects of drip system uniformity and nitrogen application rate on yield and nitrogen balance of spring maize in the North China Plain [J]. Field Crops Research, 2014 (159)：10-20.

[22] Blicher-Mathiesen G, Andersen H E, Larsen S E. Nitrogen field balances and suction cup-measured N leaching in Danish catchments [J]. Agriculture, Ecosystems & Environment, 2014 (196)：69-75.

氮肥对不同耐低氮性玉米品种干物质及氮素积累与分配的影响*

李　强[1]　马晓君[1]　程秋博[1]　豆　攀[1]　余东海[2]　罗延宏[3]　袁继超[1]　孔凡磊[1]

1. 四川农业大学农学院/农业部西南作物生理生态与耕作重点实验室，四川成都　611130
2. 眉山市东坡区农业技术推广站，四川眉山　620032
3. 四川省烟草公司宜宾市公司烟叶生产技术推广应用中心，四川宜宾　644002

摘要：选用前期筛选出的耐低氮品种正红 311 和低氮敏感品种先玉 508 为试验材料，采用裂区试验在 6 个氮水平下研究不同耐低氮性玉米品种生长发育、干物质及氮素积累与分配差异。结果表明，正红 311 各阶段干物质及氮素积累量和积累速率、各时期茎鞘和叶片干物质及氮素分配比例均高于先玉 508，而先玉 508 雌穗干物质及氮素分配比例更高。与先玉 508 相比，正红 311 提高了各主要生育时期叶片干物质及氮素积累量和分配比例，降低了雌穗干物质及氮素积累量和分配比例。正红 311 营养器官较高的干物质及氮素积累和分配比例有利于其保持较高的养分吸收和干物质生产能力，延缓叶片的衰老和延长高光合时间，使其产量显著高于先玉 508。施氮可显著提高玉米株高、茎粗、叶面积、干物质积累、氮素吸收、产量及产量构成，而对干物质和氮素在各器官的分配比例影响较小。过量施氮不仅不利于玉米生长发育，还会使玉米收获指数显著降低，从而不利于产量的提高。正红 311 施氮量在 180 kg/hm^2 时产量最佳，而先玉 508 需要氮肥 360 kg/hm^2 才能充分发挥其产量潜力。因此对于耐低氮品种正红 311 可适当降低施氮量或在土壤贫瘠的丘陵山区种植以充分发挥其低氮条件下的产量优势，而低氮敏感品种先玉 508 则应适当增加施氮量或种植在肥沃土壤以保证其高产稳产。

关键词：氮肥；玉米；干物质；积累与分配

随着玉米生产的发展，玉米已逐渐成为我国种植面积第一的粮食作物[1]。西南地区作为我国玉米第二大主产区，其玉米的高产稳产对于我国粮食安全具有重要意义[2-4]。增施氮肥是提高玉米产量最直接也是最简单的方式，所以农民在玉米生产中常常过量施用氮肥，不仅增加了玉米生产成本、降低氮肥利用效率，还造成资源浪费和环境污染问题[5,6]。因此，优化施氮用量、提高氮素利用效率已成为我国玉米高产高效栽培的研究热点[7-9]。前人研究表明，不同玉米品种对氮素的吸收利用特性差异显著[8,10,11]；同一玉米品种在不同生态条件下对氮肥的响应也存在明显的差异[12-16]。

不同耐低氮性玉米品种的物质生产与氮肥利用特性差异显著，耐低氮玉米品种可以通过维持灌浆期绿叶面积来提高生育后期植株对氮素的吸收[10,11,17-19]。李文娟等[10,17,20]指出耐低氮玉米品种干物质积累量和氮素积累量均显著高于低氮敏感品种，且这种差异主要来自于吐丝后。前人对于不同耐低氮

* **基金项目**：公益性行业（农业）科研专项经费（201503127）、国家“十二五”科技支撑计划项目（2012BAD04B13）、四川省科技支撑计划项目（2014NZ0040）

性玉米品种干物质及氮素积累差异做了较多研究[10,12,17,21]，但主要集中于北方地区单一氮肥水平下干物质和氮素积累量上的比较，少有涉及器官分配问题[8,10,17]，鲜见西南丘陵山区不同耐低氮性玉米品种物质及氮素积累与分配利用差异的比较研究。本试验在 6 个氮水平下，研究了不同耐低氮性玉米品种干物质及氮素积累和分配特性，以期为西南丘陵山区根据玉米品种特性制定合理施氮技术提供理论依据。

1 材料与方法

1.1 试验材料

前期试验筛选出耐低氮品种正红 311 和低氮敏感品种先玉 508[22,23]。

1.2 试验时间和地点

2013 年 3—8 月，简阳市芦葭镇英明村，位于东经 104.53°、北纬 30.38°，海拔 429 m，试验期间气象数据见图 1 所示。

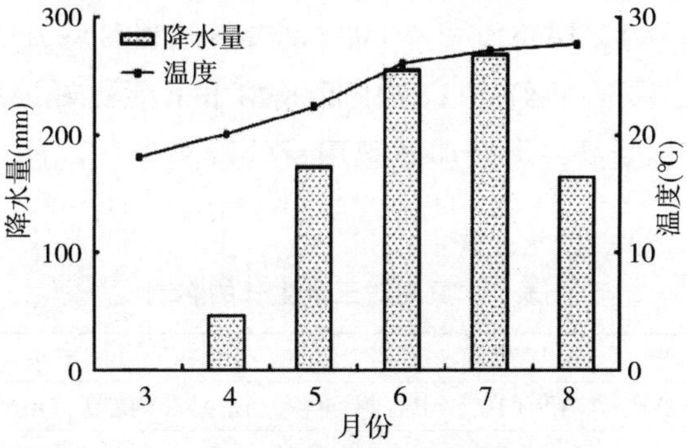

图 1 试验期间气象资料

1.3 试验设计

采用裂区试验设计，主区为品种，分别为耐低氮品种正红 311 和低氮敏感品种先玉 508；副区为施肥（纯氮）水平，设 0N－0 kg/hm^2、90N－90 kg/hm^2、180N－180 kg/hm^2、270N－270 kg/hm^2、360N－360 kg/hm^{2}和 450N－450 kg/hm^{2}共 6 个水平，3 次重复，共 36 个小区，小区面积 20 m^2（长 5 m，宽 4 m）。供试土壤基础肥力（0～20 cm）有机质 16.60 g/kg，全氮 1.24 g/kg，全磷 0.73 g/kg，全钾 12.54 g/kg，碱解氮 N 25.22 mg/kg，速效磷 13.54 mg/kg，速效钾 138.75 mg/kg，和 pH 值 8.63。玉米直播，穴播 3 粒再定苗，单株栽培，行穴距为（1.5＋0.5）m×0.2 m，种植密度为 50 000 株/hm^2。氮肥（尿素，46%）用量按底肥∶穗肥（攻苞肥）1∶1 施用，另施过磷酸钙 600 kg/hm^2、氯化钾 150 kg/hm^{2}作底肥；其他栽管措施按当地高产要求进行，小区间保持一致。

1.4 植株取样与测定

分别于玉米拔节期、吐丝期、灌浆期（吐丝后 20 d）、成熟期在每小区取代表性植株 4 株，先用长宽法测定叶面积，然后按器官（茎鞘、叶、雄穗和雌穗）分样，于 105 ℃下杀青 30 min，然后 80 ℃烘干至恒重称重。

将烘干称重后样品用高速粉碎机粉碎，过 80 目筛后用塑封袋保存用于测定全氮含量。采用凯氏定氮法测定样品全氮含量[24,25]。

统计收获前每小区有效穗数、空秆率和双苞率，各小区选取连续 20 株进行考种，考察穗长、穗粗、秃尖长、穗行数、行粒数、单穗重、穗粒数、千粒重等，然后分小区实收计产。

1.5 数据分析

采用 Excel 2007 和 SPSS 20.0 统计分析软件进行数据处理和统计分析，并用 LSD 法进行差异显著性检验，显著水平设为 $P<0.05$。

2 结果与分析

2.1 氮肥对不同耐低氮性玉米品种茎叶生长的影响

施用氮肥显著影响玉米主要生育时期形态指标，且不同耐低氮性玉米品种形态指标对氮肥的响应差异显著，详见表 1。耐低氮品种正红 311 各时期株高、叶面积均显著高于低氮敏感品种先玉 508，其中正红 311 各形态指标随施氮量增加而先增后减，且在中高氮（270N、360N）水平下优势明显；而先玉 508 各形态指标在试验设计内随施氮量增加而增加，高氮（450N）处理下生长旺盛。与 0N 相比，施氮处理下耐低氮品种正红 311 拔节期平均株高、茎粗、叶面积分别升高了 6.9%、6.7%和 6.0%，吐丝期分别升高了 4.6%、1.5%和 16.2%；低氮敏感品种先玉 508 拔节期分别升高了 8.4%、4.2%和 11.8%，吐丝期分别升高了 5.7%、13.3%和 43.0%。表明氮肥对低氮敏感品种先玉 508 形态指标的促进作用大于耐低氮品种正红 311，正红 311 在中低氮水平下能更好地维持各形态指标的正常生长。从表 1 可以看出，玉米形态指标受品种类型和氮肥用量的影响显著，且吐丝期株高受品种类型和施氮量互作影响显著。

表 1 氮肥对玉米生长的影响

项目	处理	拔节期			吐丝期		
		株高（m）	茎粗（10^{-3}m）	叶面积（m^2）	株高（m）	茎粗（10^{-3}m）	叶面积（m^2）
品种	正红 311	2.18 a	22.33 a	0.49 a	2.92 a	22.18 a	0.57 a
	先玉 508	1.90 b	22.63 a	0.37 b	2.84 b	21.07 b	0.41 b
氮水平	0N	1.92 b	21.53 b	0.39 b	2.76 c	20.38 c	0.39 b
	90N	2.06 a	22.28 ab	0.43 a	2.85 b	21.24 b	0.45 b
	180N	2.05 a	22.52 a	0.44 a	2.92 a	21.48 b	0.52 a
	270N	2.07 a	22.72 a	0.45 a	2.92 a	22.29 a	0.53 a
	360N	2.07 a	22.91 a	0.45 a	2.93 a	22.46 a	0.54 a
	450N	2.07 a	22.95 a	0.45 a	2.89 ab	21.92 ab	0.54 a
F 值	氮肥	6.42**	3.30*	6.33**	17.94**	8.00**	21.50**
	品种	211.55**	1.65ns	264.55**	37.37**	24.95**	208.00**
	氮肥×品种	0.56ns	0.57ns	0.26ns	4.89**	1.38ns	0.51ns

注：同列中小写字母不同表示在 0.05 水平差异显著，具有相同字母的值表示差异不显著。** 表示 $P<0.01$；* 表示 $P<0.05$；ns 表示 $P>0.05$。下同。

2.2 氮肥对不同耐低氮性玉米品种干物质积累与分配的影响

玉米生长过程主要包括营养生长期（播种－拔节）、营养生长与生殖生长并进期（拔节－吐丝）和生殖生长期（吐丝－成熟）三个阶段，两供试品种在不同氮水平下各生育阶段干物质积累量和生长率差异显著，如表 2 所示。正红 311 和先玉 508 干物质积累量和生长率均在吐丝－灌浆期最高，分别积累了全生育期干物质的 30.2%和 39.3%，耐低氮品种正红 311 各阶段干物质积累量和生长率均显著高于低氮敏感品种先玉 508，在生育后期（灌浆－成熟期）干物质积累和生长率正红 311 较先玉 508 分别高出 110.5%和 110.9%。

施氮显著提高了玉米各阶段的干物质积累量和生长率，播种－拔节、拔节－吐丝、吐丝－灌浆和灌浆–成熟期5个氮肥处理的平均干物质积累量分别较对照高17.6%、18.9%、51.7%和15.0%，以吐丝–灌浆的促进作用最大。进一步分析发现，氮肥对两个参试品种各生育时期干物质积累量和生长率的影响程度和规律不尽一致。总体而言，耐低氮正红311各生育阶段的干物质积累量随氮肥水平的增加先增后降，而耐肥品种先玉508则随氮肥水平的增加呈增加趋势，尤其是生育后期。耐低氮品种正红311吐丝–成熟期和全生育期（即成熟期）单株干物质积累量（y）与施氮量（x）之间呈二次凸函数关系，回归方程分别为 $y=122.26+0.3983x-0.000502x^2$（$R^2=0.9730^{**}$）和 $y=234.49+0.5231x-0.000675x^2$（$R^2=0.9733^{**}$），分别在396.7 Nkg/hm^{2}和387.4 Nkg/hm^{2}达到最高干物质积累量，而耐肥品种先玉508吐丝–成熟期和全生育期（即成熟期）单株干物质积累量（y）与施氮量（x）之间呈线性关系，回归方程分别为 $y=105.78+0.1046x$（$R^2=0.9478^{**}$）和 $y=202.76+0.1463x$（$R^2=0.9367^{**}$），在试验的处理范围内以最高氮肥水平（450 Nkg/hm^2）达到最高干物质积累量。

表2　不同处理玉米主要生育阶段干物质积累量和生长率

项目	处理	播种—拔节期		拔节—吐丝期		吐丝—灌浆期		灌浆—成熟期	
		积累量 DMA (g/株)	生长率 CGR (g·d^{-1}·株$^{-1}$)	积累量 DMA (g/株)	生长率 CGR (g·d^{-1}·株$^{-1}$)	积累量 DMA (g/株)	生长率 CGR (g·d^{-1}·株$^{-1}$)	积累量 DMA (g/株)	生长率 CGR (g·d^{-1}·株$^{-1}$)
品种	正红311	51.96 a	0.93 a	75.52 a	3.97 a	97.35 a	4.23 a	77.24 a	4.07 a
	先玉508	50.41 b	0.90 b	55.94 b	2.94 b	92.61 b	4.03 b	36.70 b	1.93 b
氮水平	0N	44.65 c	0.80 c	57.28 b	3.02 b	66.71 c	2.90 c	49.20 b	2.59 b
	90N	50.88 b	0.91 b	60.99 b	3.21 b	91.70 b	3.99 b	39.04 c	2.05 c
	180N	51.25 b	0.92 b	67.80 a	3.57 a	101.75 a	4.42 a	47.81 b	2.51 b
	270N	51.88 b	0.93 b	71.78 a	3.78 a	101.23 a	4.40 a	67.74 a	3.56 a
	360N	54.11 a	0.97 a	68.14 a	3.59 a	104.59 a	4.55 a	67.62 a	3.56 a
	450N	54.36 a	0.97 a	68.38 a	3.60 a	103.91 a	4.52 a	70.44 a	3.71 a
F值	氮肥	6.75^{*}	22.76^{**}	14.09^{**}	14.01^{**}	124.21^{**}	126.17^{**}	97.83^{**}	97.87^{**}
	品种	23.24^{**}	5.97^{*}	274.40^{**}	274.37^{**}	19.58^{**}	20.02^{**}	1375.32^{**}	1373.53^{**}
	氮肥×品种	1.27^{ns}	1.19^{ns}	1.97^{ns}	1.98^{ns}	22.18^{**}	22.72^{**}	48.66^{**}	48.73^{**}

注：DMA为干物质积累量；CGR为作物生长率。

品种类型和氮肥施用对玉米干物质积累和分配影响显著，且品种类型的影响显著高于氮肥施用，详见表3。耐低氮品种正红311吐丝期和成熟期干物质积累均显著高于低氮敏感品种先玉508，分别高出19.9%和28.2%，表明随生育进程，两品种干物质积累差异加大。施氮显著提高了两品种吐丝期和成熟期的干物质积累，与0N相比，正红311吐丝期和成熟期施氮处理下干物质积累平均分别升高了14.3%和32.2%，而先玉508升高了21.8%和23.2%，表明施氮有利于先玉508生育前期干物质积累，而对正红311生育后期干物质积累促进作用较大。

吐丝和成熟期正红311营养器官茎鞘和叶片的干物质分配比例均显著高于先玉508，表明正红311较先玉508具有更高的干物质生产能力。施氮显著影响玉米成熟期叶片及雌穗干物质分配，而对茎鞘干物质分配影响不显著。与0N相比，两供试品种各施氮处理成熟期叶片干物质分配比例平均下降了11.5%，雌穗分配比例升高了3.8%，表明施氮可降低成熟期叶片的干物质分配比例来提高向雌穗的分配从而提高产量。氮肥对玉米叶片干物质分配比例的影响表现出随施氮量增加而先增后减的趋势，在270N处理下叶片干物质分配比例降幅最大，雌穗干物质分配比例增幅最大。因此，合理施用氮肥可以降低成熟期叶片分配比例增加雌穗分配比例，但过量施用氮肥叶片分配比例有所上升反而不利于雌穗干物质分配的提高。

表 3　不同处理玉米各时期单株干物质及在叶片、茎鞘和穗分配情况

项目	处理	吐丝期				成熟期			
		叶(%)	茎鞘(%)	雌穗(%)	单株(g/株)	叶(%)	茎鞘(%)	雌穗(%)	单株(g/株)
品种	正红 311	34.79 a	58.09 a	7.09 b	127.48 a	11.72 a	26.64 a	61.62 b	302.07 a
	先玉 508	29.78 b	48.87 b	21.35 a	106.35 b	10.68 b	23.77 b	65.52 a	235.67 b
氮水平	0N	32.28 a	55.22 a	12.30 a	101.93 b	12.39 a	25.96 a	61.60 c	217.83 d
	90N	31.85 a	54.12 ab	14.21 a	111.87 b	11.30 b	26.40 a	62.25 bc	242.60 c
	180N	32.24 a	52.97 bc	14.83 a	119.05 a	10.97 bc	25.25 a	63.77 abc	268.61 b
	270N	32.03 a	53.40 abc	14.52 a	123.65 a	10.54 c	23.52 a	65.92 a	292.62 a
	360N	32.20 a	53.08 bc	14.66 a	122.24 a	10.75 bc	25.47 a	63.75 abc	294.45 a
	450N	33.11 a	52.09 c	14.82 a	122.75 a	11.25 bc	24.63 a	64.11 ab	297.09 a
F 值	氮肥	0.87^{ns}	2.56^{ns}	0.41^{ns}	22.17^{**}	7.09^{**}	1.78^{ns}	4.04^{**}	387.69^{**}
	品种	172.92^{**}	280.62^{**}	132.96^{**}	204.72^{**}	27.01^{**}	20.87^{**}	40.03^{**}	$2\,414.57^{**}$
	氮肥×品种	1.01^{ns}	0.63^{ns}	0.23^{ns}	1.34^{ns}	1.53^{ns}	0.93^{ns}	1.53^{ns}	28.21^{**}

2.3　氮肥对不同耐低氮性玉米品种氮素积累与分配的影响

品种类型和氮肥施用对玉米各阶段氮素积累量和积累速率影响显著，如表 4 所示。从全生育期来看，正红 311 的氮素积累总量高于先玉 508，平均高 23.3%，表明正红 311 有更强的氮素吸收能力，这可能是其耐低氮的主要机制。从各生育阶段来看，两供试品种氮素积累量均在播种－拔节期最高，拔节－吐丝期最低；正红 311 氮素积累速率在播种－拔节期最低，而先玉 508 在播种－拔节期最高；表明先玉 508 氮素积累高峰出现在营养生长期（播种－拔节期），而正红 311 氮素积累高峰在营养生长与生殖生长并进期（拔节－吐丝期），且在生殖生长期（吐丝－成熟期）也保持较高的氮素积累速率。生育中后期（拔节－成熟期）正红 311 氮素积累量和积累速率均显著高于先玉 508，而在生育早期两品种氮素积累量和积累速率差异不显著，表明两类品种氮素积累差异主要由生育中后期氮素积累差异引起。

氮肥水平显著影响两品种各生育阶段的氮素吸收积累量和积累速率，在吐丝前，两品种的氮素积累量均随施氮量的增加而呈先增后减趋势，二者之间呈极显著的二次凸函数关系，但吐丝后的氮素积累量则均随施氮量的增加而呈增加趋势，二者间呈显著正相关关系，其中正红 311 随施氮量的增加而增加的幅度大幅高于先玉 508。

养分在植株各器官的积累分配是植株生长发育的物质基础，表 5 结果表明玉米吐丝期叶片氮素积累量最高，占总氮素积累量的 50%左右，而成熟期 75%以上的氮素均集中在雌穗。不同耐低氮性玉米品种氮素积累量差异显著，耐低氮品种正红 311 吐丝期和成熟期单株氮积累量较低氮敏感品种先玉 508 分别高 22.1%和 22.6%；表明正红 311 较先玉 508 具有更强的氮素吸收能力，低氮条件下可保持较高的氮素吸收积累提高其对低氮环境的适应能力。

表 4　玉米不同氮水平下主要生育阶段氮素积累量和积累速率

项目	处理	播种－拔节期		拔节－吐丝期		吐丝－灌浆期		灌浆－成熟期	
		积累量 NA (g/株)	积累速率 NAR (mg·d^{-1}·株$^{-1}$)	积累量 NA (g/株)	积累速率 NAR (mg·d^{-1}·株$^{-1}$)	积累量 NA (g/株)	积累速率 NAR (mg·d^{-1}·株$^{-1}$)	积累量 NA (g/株)	积累速率 NAR (mg·d^{-1}·株$^{-1}$)
品种	正红 311	1.21 a	21.61 a	0.67 a	35.49 a	0.39 b	17.03 b	0.64 a	33.94 a
	先玉 508	1.21 a	21.57 a	0.33 b	17.36 b	0.44 a	19.30 a	0.38 b	20.05 b
氮水平	0N	0.86 e	15.41 e	0.19 d	9.45 d	0.36 bc	15.74 bc	0.46 c	23.82 c
	90N	1.17 d	20.89 d	0.31 c	16.11 c	0.32 c	13.88 c	0.47 bc	24.58 bc
	180N	1.24 c	22.05 c	0.55 b	29.01 b	0.38 b	16.31 b	0.51 abc	26.62 abc
	270N	1.30 b	23.23 b	0.63 a	33.27 a	0.47 a	20.22 a	0.52 abc	27.42 abc
	360N	1.36 a	24.27 a	0.69 a	36.51 a	0.47 a	20.38 a	0.57 a	29.87 a
	450N	1.33 ab	23.68 ab	0.65 a	34.22 a	0.52 a	22.45 a	0.56 ab	29.58 ab
F 值	氮肥	230.07**	230.90**	89.89**	86.26**	17.66**	17.85**	2.01^{ns}	2.08^{ns}
	品种	0.03^{ns}	0.05^{ns}	364.38**	348.40**	11.89**	12.48**	100.59**	98.40**
	氮肥×品种	4.7**	4.62**	2.57^{ns}	2.28^{ns}	7.45**	7.56**	5.07**	5.12**

注：NA——氮素积累量；NAR——氮素积累速率。

表 5 结果表明，品种类型和施用氮肥对氮素在玉米植株中的分配影响显著。耐低氮品种正红 311 两个时期叶片氮素分配比例均高于低氮敏感品种先玉 508，而雌穗氮素分配比例则低于先玉 508。施氮显著影响成熟期叶片和茎鞘的氮素分配比例，与 0N 相比，两品种各施氮处理成熟期叶片氮素分配比例平均下降了 4.7%，而茎鞘氮素分配比例升高了 10.8%。可见，品种类型引起的玉米植株氮素分配差异显著大于氮肥施用，而氮肥施用对玉米生育后期氮素分配比例的影响大于生育中前期，且氮肥施用主要影响叶片和茎鞘的氮素分配，而对雌穗氮素分配影响不大。

表 5　不同氮水平下玉米单株氮积累量及在叶片、茎鞘和穗分配情况

项目	处理	吐丝期				成熟期			
		叶(%)	茎鞘(%)	雌穗(%)	单株(g/株)	叶(%)	茎鞘(%)	雌穗(%)	单株(g/株)
品种	正红 311	52.39 a	35.06 a	13.02 b	1.88 a	13.29 a	11.26 a	75.37 b	2.88 a
	先玉 508	48.49 b	24.55 b	31.63 a	1.54 b	10.62 b	10.22 b	79.11 a	2.35 b
氮水平	0N	50.21 a	28.71 b	25.67 a	1.04 e	12.44 a	9.85 d	77.61 ab	1.93 d
	90N	49.08 a	30.08 ab	23.64 a	1.48 d	11.50 bc	10.41 cd	77.98 ab	2.26 c
	180N	51.30 a	28.74 b	21.59 a	1.79 c	11.24 c	10.21 cd	78.47 a	2.67 b
	270N	51.07 a	29.78 ab	21.00 a	1.93 b	12.26 ab	11.25 b	76.42 ab	2.80 b
	360N	49.92 a	31.20 a	20.72 a	2.05 a	12.56 a	11.99 a	75.43 b	2.99 a
	450N	51.08 a	30.34 ab	21.34 a	1.98 ab	11.73 abc	10.72 bc	77.54 ab	3.01 a
F 值	氮肥	0.81^{ns}	2.10^{ns}	0.98^{ns}	197.10**	3.58*	10.18**	1.44^{ns}	70.15**
	品种	24.64**	375.51**	135.71**	239.35**	132.13**	27.08**	24.20**	153.44**
	氮肥×品种	1.07^{ns}	0.46^{ns}	0.99^{ns}	2.10^{ns}	4.32**	9.45**	0.76^{ns}	6.93**

2.4　氮肥对不同耐低氮性玉米品种穗部性状及产量的影响

品种类型和施氮水平对玉米产量及其构成影响显著（表 6）。耐低氮品种正红 311 穗长、穗粗、穗粒数、千粒重和产量均高于低氮敏感品种先玉 508，而收获指数低于先玉 508。氮肥水平对两品种的产量及其构成因素均有显著影响，增施氮肥可以改善穗部性状，增加穗粒数和千粒重，从而提高玉米的

产量。玉米的产量（y）随施氮量（x）的增加先迅速度提高，之后逐渐趋于稳定甚至降低，二者之间符合肥力-产量模型，正红 311 和先玉 508 的回归方程分别为 $y=x/(0.013\,215+0.000\,685x)+6\,755.96$（$R^2=0.921\,3*$）和 $y=x/(0.019\,042+0.001\,213x)+6\,395.79$（$R^2=0.933\,3*$），在试验的处理范围内，正红 311 氮肥水平 180 Nkg/hm^{2}左右时产量最高，而先玉 508 在 360 Nkg/hm^{2}时产量最高，耐低氮品种正红 311 适宜的氮肥水平较低，而耐肥的品种先玉 508 适宜的氮肥水平较高。

表 6　施氮量对玉米产量、穗部性状及产量构成的影响

项目	处理	穗长（cm）	穗粗（cm）	穗粒数	千粒重（g）	产量（kg/hm^2）	收获指数
品种	正红 311	17.93 a	5.31 a	505.76 a	310.81 a	7 124.45 a	0.44 b
	先玉 508	17.09 b	4.88 b	499.29 b	282.13 b	6 546.18 b	0.50 a
氮水平	0N	16.12 b	4.98 c	456.53 b	288.20 d	6 183.38 b	0.52 a
	90N	17.58 a	5.09 abc	514.12 a	292.27 cd	6 940.17 a	0.53 a
	180N	17.91 a	5.18 a	514.94 a	296.68 bc	7 024.82 a	0.48 b
	270N	17.90 a	5.15 ab	519.45 a	295.84 bc	6 838.35 a	0.45 c
	360N	17.80 a	5.12 ab	502.97 a	306.15 a	7 056.32 s	0.44 c
	450N	17.75 a	5.05 bc	507.14 a	299.70 ab	6 968.85 a	0.42 c
F 值	氮肥	9.98^{**}	154.48^{**}	0.71^{ns}	208.71^{**}	16.20^{**}	55.99^{**}
	品种	4.46^{**}	2.94^{*}	6.13^{**}	6.45^{**}	3.48^{*}	18.28^{**}
	氮肥×品种	0.36^{ns}	0.98^{ns}	0.47^{ns}	7.54^{**}	0.02^{ns}	0.66^{ns}

3　讨论

干物质和养分的积累、分配是作物器官分化、产量形成的前提，养分吸收是干物质形成和积累的基础[26,27]。春亮等[8,10,17]研究表明不同耐低氮性玉米品种干物质和氮素积累差异主要来自于吐丝后，而在生育前期差异不显著。本试验结果表明，耐低氮品种正红 311 叶面积、茎粗和穗部性状均明显优于低氮敏感品种先玉 508，使其各阶段干物质积累量和积累速率均高于低氮敏感品种先玉 508，但两品种干物质积累差异主要来自于生育后期。施用氮肥显著增加了玉米各阶段的干物质积累，过量施氮可增加生育前期植株叶面积，延缓生育后期叶片的衰老。耐低氮品种正红 311 各主要生育时期叶片干物质积累量和分配比例均显著高于低氮敏感品种先玉 508，较高的营养器官分配比例有利于耐低氮品种正红 311 更好地进行光合作用，积累更多的干物质和养分供生殖器官生长发育。施氮显著增加了玉米各器官的干物质积累量和成熟期叶片、雌穗的干物质分配比例，而对茎鞘干物质分配比例的影响不显著。

花前积累氮素的再活化和花后氮素的积累是籽粒氮素的根本来源[28,29]。随生育进程推进，玉米氮素积累在不同器官中差异明显，开花前主要集中在营养器官，而花后不断向生殖器官转移[30,31]。崔超等[9,10]研究得出不同耐低氮性品种籽粒氮素积累差异主要来自于吐丝后氮素的合成量。本试验结果表明，耐低氮品种正红 311 各阶段氮素积累量和积累速率均高于低氮敏感品种先玉 508，但拔节前两品种氮素积累差异不显著，两品种氮素积累差异主要来自生育中后期，这与李文娟等[17,28]研究结果一致。施氮显著提高了玉米各主要生育阶段的氮素积累，但不同阶段对氮素的响应不同。吐丝前玉米氮素积累量随施氮量的增加而先增后减，吐丝后则表现为随施氮量增加而增加；表明玉米生育前期土壤养分充足对氮肥的需求相对较低，过量施氮不利于氮素的吸收，而生育后期土壤养分耗竭，过量施氮可以进一步提高氮素的积累。耐低氮品种正红 311 成熟期茎鞘和叶片较高的干物质积累使其成熟期各器官的氮素积累量和叶片、茎鞘氮素分配比例均显著高于低氮敏感品种先玉 508，而雌穗氮素分配比例低于先玉 508。施氮显著提高了玉米主要生育时期各器官的氮素积累量，但对各器官氮素分配比例影响不大。

玉米产量主要取决于吐丝后籽粒形成过程中植株光合产物的生产能力及向籽粒的分配。研究表明[8,10,17,28]在不同氮水平下耐低氮品种较低氮敏感品种均有较大的产量优势。本试验结果表明，耐低氮品种正红 311 吐丝后干物质积累和氮素吸收显著高于低氮敏感品种先玉 508，产量较先玉 508 提高 8.8%，且产量最高的适宜施氮水平正红 311 显著低于先玉 508，与前人[10,17]研究结果一致。施氮显著改善了玉米穗部性状和产量构成因素，进而提高了产量，但高氮水平下玉米产量差异不显著，同时玉米收获指数随施氮量增加而显著降低，因此过量施氮不仅不能提高玉米产量，还会降低玉米收获指数而导致产量降低，这与景立权等[13,30]研究结果一致。耐低氮品种正红 311 在穗部性状及产量构成上较低氮敏感品种先玉 508 均有一定优势，但先玉 508 的收获指数更高，可能是由于低氮敏感品种先玉 508 吐丝后光合生产能力和养分吸收低无法满足籽粒物质及养分需求，加大了其营养器官干物质和氮素的转运，从而降低了成熟期叶片和茎鞘的干物质和氮素分配比例，提高了收获指数。

4 结论

耐低氮品种正红 311 各阶段干物质及氮素积累量和积累速率、各时期茎鞘和叶片干物质及氮素分配比例均高于低氮敏感品种先玉 508，而先玉 508 雌穗干物质及氮素分配比例更高。耐低氮品种正红 311 营养器官较高的干物质及氮素分配比例有利于其保持较高的养分吸收和干物质生产能力，延缓叶片的衰老和延长高光合时间。较高的干物质积累和养分吸收使耐低氮品种正红 311 产量及产量构成均明显优于低氮敏感品种先玉 508，而先玉 508 较高的雌穗干物质及氮素分配比例使其收获指数显著高于正红 311。施氮可以显著提高玉米的株高、茎粗、叶面积、干物质积累、氮素吸收、玉米穗部性状、产量及产量构成，而对干物质和氮素在各器官的分配比例影响较小。过量施氮不仅不利于玉米生长发育，还会使玉米收获指数显著降低从而不利于产量的提高。正红 311 耐低氮，适宜中低氮水平或种植在土壤贫瘠的丘陵区以充分发挥其低氮条件下的产量优势，而先玉 508 耐肥水则应适当增加施氮量或种植在土壤肥沃的地区以保证其高产稳产。

参考文献

[1] 温丽洁，李争艳．我国玉米生产现状及发展趋势［J］．农业技术与装备，2013（24）：31－34.

[2] 张顺谦，邓彪，杨云洁．四川旱地作物水分盈亏变化及其与气候变化的关系［J］．农业工程学报，2012，28（10）：105－111.

[3] 李金建，张菡，王锐婷，等．基于湿润指数的四川盆地农业干旱时空变化特征［J］．西南大学学报（自然科学版），2014，36（1）：129－136.

[4] 王明田，张玉芳，马均，等．四川省盆地区玉米干旱灾害风险评估及区划［J］．应用生态学报，2012，23（10）：2803－2811.

[5] Deng F，Wang L，Ren W，et al. Enhancing nitrogen utilization and soil nitrogen balance in paddy fields by optimizing nitrogen management and using polyaspartic acid urea［J］．Field Crops Research，2014（169）：30－38.

[6] Deng F，Wang L，Ren W，et al. Optimized nitrogen managements and polyaspartic acid urea improved dry matter production and yield of indica hybrid rice［J］．Soil and Tillage Research，2014（145）：1－9.

[7] 王玲敏，叶优良，陈范骏，等．施氮对不同品种玉米产量、氮效率的影响［J］．中国生态农业学报，2012，20（5）：529－535.

[8] 春亮，陈范骏，张福锁，等．不同氮效率玉米杂交种的根系生长、氮素吸收与产量形成［J］．植物营养与肥料学报，2005，11（5）：615－619.
[9] 叶利庭，宋文静，吕华军，等．不同氮效率水稻生育后期氮素积累转运特征木［J］．土壤学报，2010，47（2）：303－310.
[10] 崔超，高聚林，于晓芳，等．不同氮效率基因型高产春玉米花粒期干物质与氮素运移特性的研究［J］．植物营养与肥料学报，2013，19（6）：1337－1345.
[11] 王敬锋，刘鹏，赵秉强，等．不同基因型玉米根系特性与氮素吸收利用的差异［J］．中国农业科学，2011，44（4）：699－707.
[12] 戴明宏，赵久然，杨国航，等．不同生态区和不同品种玉米的源库关系及碳氮代谢［J］．中国农业科学，2011，44（8）：1585－1595.
[13] Chen Y，Xiao C，Wu D，et al. Effects of nitrogen application rate on grain yield and grain nitrogen concentration in two maize hybrids with contrasting nitrogen remobilization efficiency［J］．European Journal of Agronomy，2015（62）：79－89.
[14] Ciampitti I A，Vyn T J. Physiological perspectives of changes over time in maize yield dependency on nitrogen uptake and associated nitrogen efficiencies：A review［J］．Field Crops Research，2012（133）：48－67.
[15] Li M，Zhang H，Yang X，et al. Accumulation and utilization of nitrogen，phosphorus and potassium of irrigated rice cultivars with high productivities and high N use efficiencies［J］．Field Crops Research，2014（161）：55－63.
[16] Jiang W，Wang K，Wu Q，et al. Effects of narrow plant spacing on root distribution and physiological nitrogen use efficiency in summer maize［J］．The Crop Journal，2013，1（1）：77－83.
[17] 李文娟，何萍，高强，等．不同氮效率玉米干物质形成及氮素营养特性差异研究［J］．植物营养与肥料学报，2010，16（1）：51－57.
[18] Kosgey J R，Moot D J，Fletcher A L，et al. Dry matter accumulation and post-silking N economy of ‘stay-green’ maize（Zea mays L.）hybrids［J］．European Journal of Agronomy，2013（51）：43－52.
[19] Dordas C. Variation in dry matter and nitrogen accumulation and remobilization in barley as affected by fertilization，cultivar，and source-sink relations［J］．European Journal of Agronomy，2012，37（1）：31－42.
[20] 陈范骏，春亮，鲍娟，等．不同氮效率玉米杂交种的营养生长及光合特征［J］．玉米科学，2006，14（6）：127－130.
[21] Abdel-Ghani A H，Kumar B，Reyes-Matamoros J，et al. Genotypic variation and relationships between seedling and adult plant traits in maize（Zea mays L.）inbred lines grown under contrasting nitrogen levels［J］．Euphytica，2013，189（1）：123－133.
[22] 李强，罗延宏，龙文靖，等．低氮胁迫对不同耐低氮性玉米品种苗期生长和生理特性的影响［J］．草业学报，2014，23（4）：204－212.
[23] 李强，罗延宏，谭杰，等．玉米杂交种苗期耐低氮指标的筛选与综合评价［J］．中国生态农业学报，2014，22（10）：1190－1199.
[24] Ning T，Zheng Y，Han H，et al. Nitrogen uptake，biomass yield and quality of intercropped spring-and summer-sown maize at different nitrogen levels in the North China Plain［J］．Biomass and Bioenergy，2012（47）：91－98.
[25] Jia X，Shao L，Liu P，et al. Effect of different nitrogen and irrigation treatments on yield and nitrate leaching of summer maize（Zea mays L.）under lysimeter conditions［J］．Agricultural Water Management，2014（137）：92－103.
[26] 张秀芝，蔡红光，闫孝贡，等．不同培肥方式下春玉米氮磷钾养分累积与分配特征［J］．水土保持学报，2014，28（5）：309－313.
[27] 陈远学，李汉邯，周涛，等．施磷对间套作玉米叶面积指数、干物质积累分配及磷肥利用效率的影响［J］．应用生态学报，2013，24（10）：2799－2806.
[28] 戢林，李廷轩，张锡洲，等．氮高效利用基因型水稻生育后期氮素分配与转运特性［J］．应用生态学报，2014，25（4）：1036－1042.

[29] 张经廷，刘云鹏，李旭辉，等．夏玉米各器官氮素积累与分配动态及其对氮肥的响应［J］．作物学报，2013，39（3）：506－514．

[30] 景立权，赵福成，王德成，等．不同施氮水平对超高产夏玉米氮磷钾积累与分配的影响［J］．作物学报，2013，39（8）：1478－1490．

[31] 赵斌，董树亭，张吉旺，等．控释肥对夏玉米产量和氮素积累与分配的影响［J］．作物学报，2010，36（10）：1760－1768．

[32] Zhao B，Dong S T，Zhang J W，et al. Effects of controlled-release fertilizer on yield and nitrogen accumulation and distribution in summer maize［J］．Acta Agronomica Sinica，2010，36（10）：1760－1768．

氮肥对不同耐低氮性玉米品种花后物质生产及叶片功能特性的影响*

李 强[1] 马晓君[1] 程秋博[1] 豆 攀[1] 余东海[2] 罗延宏[3] 袁继超[1] 孔凡磊[1]

1. 四川农业大学农学院/农业部西南作物生理生态与耕作重点实验室，四川成都 611130
2. 眉山市东坡区农业技术推广站，四川眉山 620032
3. 四川省烟草公司宜宾市公司烟叶生产技术推广应用中心，四川宜宾 644002

摘要：为明确不同耐低氮性玉米品种花后物质生产及叶片功能特性，采用大田试验，以玉米耐低氮品种正红 311 和低氮敏感品种先玉 508 为试验材料，在 6 个氮水平下研究花后物质生产及叶片功能特性。结果表明，施氮可显著提高玉米干物质积累、叶面积指数和叶片光合速率，延缓花后叶片叶绿素含量和全氮含量的下降，抑制生育后期叶片 C/N 值的增加，从而提高玉米的最终产量。耐低氮品种正红 311 花后干物质积累、叶片光合速率、叶面积指数和产量均显著高于低氮敏感品种先玉 508，正红 311 较先玉 508 平均提高 30.5%、9.2%、35.0%和 8.8%。两类品种吐丝后叶片叶绿素含量差异显著，耐低氮品种正红 311 平均较低氮敏感品种先玉 508 提高 4.85%。两类品种吐丝后叶片氮含量差异不大，但正红 311 和先玉 508 吐丝—成熟期叶片全氮含量分别下降 31.5%和 34.9%，正红 311 降幅低于先玉 508。两类品种花后叶片 C/N 值差异显著，先玉 508 较正红 311 平均提高 5.95%。与低氮敏感品种先玉 508 相比，耐低氮品种正红 311 花后叶片光合速率更高、叶面积指数更大，而叶片叶绿素含量和全氮含量降幅与 C/N 值增幅更低，延缓了生育后期叶片的衰老，延长了叶片的功能期，增加干物质积累和产量。施用氮肥可有效提高正红 311 干物质积累、叶面积指数和产量，延缓其生育后期叶片 C/N 值升高，而先玉 508 需要较高的施氮水平才能维持其花后叶片光合速率和全氮含量。

关键词：氮肥；玉米；耐低氮性；花后；干物质积累；碳氮比；光合速率

氮素是植物必需的主要营养元素之一，影响植物的生长发育[1]。玉米、小麦和水稻等高产作物需要大量的氮肥投入才能获得最高产量[2-4]。玉米是我国种植面积最大、“粮、经、饲”多用途的粮食作物[5]。四川作为我国玉米的主产区，玉米大都种植在土层瘠薄、保水保肥能力差的川中丘陵区，生产者为了获得高产在玉米生产过程中常常过量施用氮肥[6,7]。据统计，2005—2010 年川中丘陵区氮肥施用量达 225.0 kg/hm^2，较成都平原高 52.5 kg/hm^2，且川中丘陵区肥料效率在各生产区中最低，仅 17.9 kg/hm^2[8]。过量施用氮肥不仅浪费资源增加生产成本，还使氮肥利用效率显著下降造成环境污染[9-11]，因此合理施用氮肥对于川中丘陵区玉米生产显得尤为重要。不同玉米品种对氮肥的需求规律

* **基金项目**：公益性行业（农业）科研专项经费（201503127）、国家“十二五”科技支撑计划项目（2012BAD04B13）、四川省科技支撑计划项目（2014NZ0040）和四川省玉米产业技术体系岗位专家项目

差异显著[12-14]，且同一品种在不同生态条件下需肥规律也有明显差异[15-17]，因此要做到合理施肥必须充分了解品种在特定生态条件下的需肥特性。

玉米吐丝后叶片光合同化产物是玉米产量的主要来源，吐丝前同化物对籽粒产量的贡献率小于10%[18]。前人研究[19-21]表明不同耐低氮性玉米品种干物质和氮素积累差异主要来自于吐丝后。吐丝后叶片光合速率决定着玉米最终产量的高低，而花后功能叶中碳氮代谢的协调不仅是库源代谢协调的基础，还对最终产量也有重要的调节作用[22-24]。前人对不同耐低氮性玉米品种的研究集中在主要生育时期干物质和氮素积累及产量的差异上，对不同耐低氮性玉米品种生育后期物质生产特性及功能叶碳氮代谢差异研究较少，且多集中在北方玉米主产区[25-27]，而在川中丘陵区特殊的生态条件下研究氮肥对不同耐低氮性玉米品种生育后期物质生产特性及叶片功能特性影响的差异还鲜有报道。本文通过开展田间试验，研究不同耐低氮性玉米品种花前、花后物质生产及产量的差异，结合花后光合速率、叶绿素含量、C/N值等生理指标的分析，阐明6个施氮水平下不同耐低氮性玉米品种花后物质生产及叶片功能特性的差异，拟为川中丘陵区针对不同耐低氮性玉米品种花后衰老差异进行合理施氮提供理论指导。

1 材料与方法

1.1 试验地概况

试验于2013年在四川省简阳市芦葭镇进行（北纬30°38′，东经104°53′）。日温从玉米播种到收获≥10℃，年积温2913.6℃，生育期降水量743.0 mm左右。试验地土壤为紫色黏土，表层20 cm土壤有机质16.60 g/kg，全氮1.24 g/kg，全磷0.73 g/kg，全钾12.54 g/kg，碱解氮25.22 mg/kg，速效磷13.54 mg/kg，速效钾138.75 mg/kg，pH值8.63。

1.2 试验材料

前期筛选的耐低氮玉米品种正红311（A1）和低氮敏感品种先玉508（A2）[28,29]。正红311为耐低氮品种，该品种在低氮胁迫下通过保持较高的可溶性蛋白、可溶性糖和脯氨酸等有机渗透调节物质和较强的POD活性来降低膜脂过氧化伤害，进而能够保持较高的叶绿素含量和较大的叶面积来维持物质生产，提高对低氮胁迫的适应。先玉508为低氮敏感品种，该品种在低氮胁迫下物质生产和产量下降显著，在氮素供应充足的条件下产量优势才能得到发挥。

1.3 试验设计

采用裂区试验设计，主区为品种（A），耐低氮品种正红311（A1）和低氮敏感品种先玉508（A2）两个品种；副区为施肥（纯氮）水平，设0 kg/hm^2（B1）、90 kg/hm^2（B2）、180 kg/hm^2（B3）、270 kg/hm^2（B4）、360 kg/hm^2（B5）和450 kg/hm^2（B6）共6个水平，其中B1和B2处理为低氮胁迫，B5和B6处理为充分供氮，3次重复，共36个小区，小区面积20 m^2（长5 m，宽4 m）。玉米直播，穴播3粒再定苗，单株栽培，行穴距为（1.5+0.5）m×0.2 m，种植密度为50000株/hm^2。氮肥（尿素，46%）用量按底肥∶穗肥（攻苞肥）1∶1施用，另施过磷酸钙600 kg/hm^2、氯化钾150 kg/hm^{2}作底肥；其他栽管措施按当地高产要求进行，小区间保持一致。

1.4 取样、测定指标及方法

1.4.1 叶面积及叶面积指数

在玉米主要生育时期，大喇叭口期、吐丝期、灌浆期，每小区取长势一致的植株4株，用长宽系数法测定绿叶面积。单叶面积=长×宽×0.75（式中0.75为矫正系数）。叶面积指数（LAI）=单位土地面积上的叶面积。

1.4.2 干物质测定

测定叶面积后，按茎鞘、叶片、穗分样，于 105 ℃下杀青 30 min，80 ℃下烘干至恒重称重。

1.4.3 叶绿素含量和光合参数的测定

分别于吐丝期、吐丝后 10 d、吐丝后 20 d 和吐丝后 30 d 在每小区取 4 株长势一致的植株穗位叶，用于叶绿素含量的测定，并参照邹琦[30]的方法测定叶绿素含量（Chl）。于吐丝期使用 LI-6400 便携式光合仪测定穗位叶光合参数，每小区测定 5 株长势一致的植株。

1.4.4 全碳全氮含量的测定

参照鲍士旦[31]的方法测定吐丝期、吐丝后 10 d、吐丝后 20 d 和吐丝后 30 d 穗位叶全碳含量。用凯氏定氮仪测定吐丝期、吐丝后 10 d、吐丝后 20 d 和吐丝后 30 d 穗位叶全氮含量，碳氮比=全碳/全氮。

1.4.5 产量

统计收获前每小区有效穗数、空秆率和双苞率，各小区选取连续 20 株进行考种，考察穗长、穗粗、秃尖长、穗行数、行粒数、单穗重、穗粒数、千粒重等，然后分小区实收计产。

1.5 数据分析

采用 Microsoft Excel 2007 和 DPS 7.05 统计分析软件进行数据处理和统计分析，并用 LSD 法进行差异显著性检验，显著水平设为 $P<0.05$。

2 结果与分析

2.1 不同耐低氮性玉米品种干物质积累差异

物质生产是玉米产量形成的基础，从图 1 可见耐低氮品种正红 311 花前、花后和总干物质积累均明显高于低氮敏感品种先玉 508。6 个氮水平下正红 311 的平均花前、花后和总干物质积累量较先玉

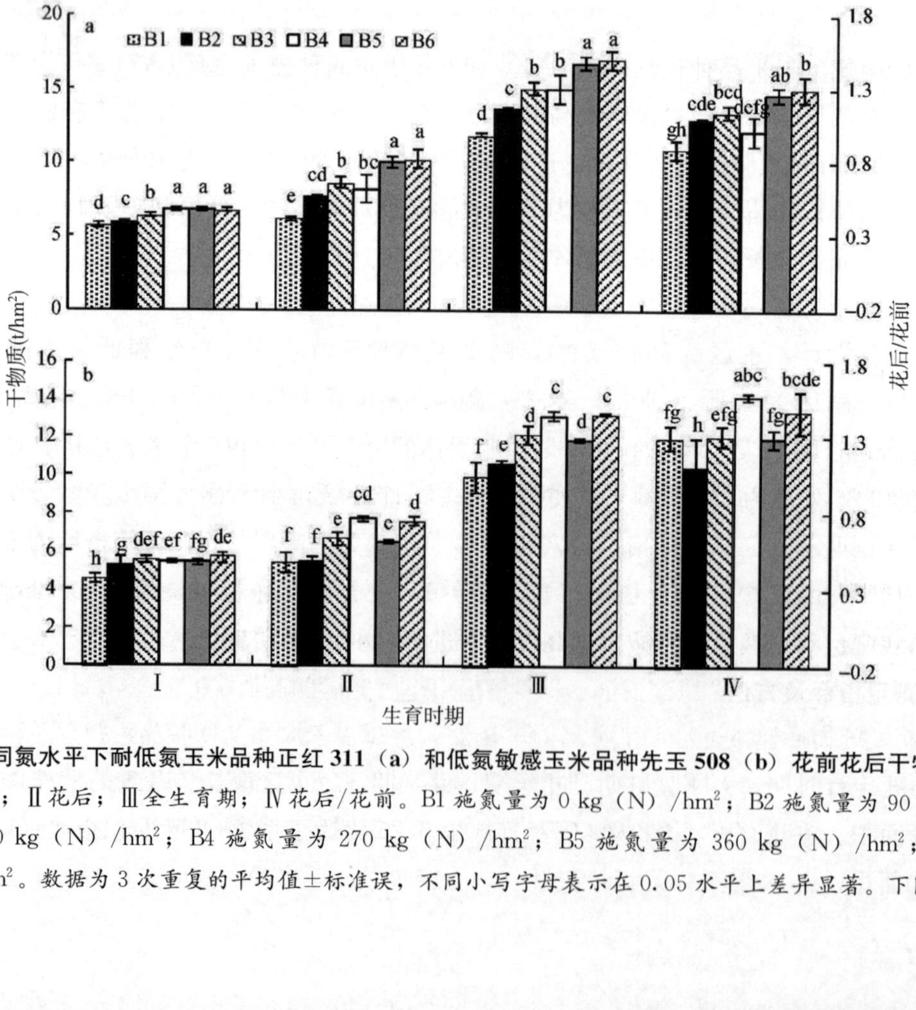

图 1 不同氮水平下耐低氮玉米品种正红 311（a）和低氮敏感玉米品种先玉 508（b）花前花后干物质积累

注：Ⅰ花前；Ⅱ花后；Ⅲ全生育期；Ⅳ花后/花前。B1 施氮量为 0 kg（N）/hm²；B2 施氮量为 90 kg（N）/hm²；B3 施氮量为 180 kg（N）/hm²；B4 施氮量为 270 kg（N）/hm²；B5 施氮量为 360 kg（N）/hm²；B6 施氮量为 450 kg（N）/hm²。数据为 3 次重复的平均值±标准误，不同小写字母表示在 0.05 水平上差异显著。下同。

508分别高21.3%、30.5%和26.4%，表明两品种干物质积累差异主要来自于吐丝后。施氮显著提高了玉米花前、花后和总干物质积累量。与B1相比，正红311施氮处理花前、花后和总干物质积累平均分别升高了15.1%、44.2%和30.3%，先玉508分别升高了20.9%、25.3%和23.3%，表明吐丝前氮肥对先玉508干物质积累的促进作用较大，而吐丝后正红311干物质积累的增幅更高，且氮肥对正红311干物质积累的促进作用更大。正红311和先玉508花后物质生产分别占全生育期的57.0%和55.2%，可见花后干物质生产比例对玉米产量有重要影响，而花后/花前干物质积累比例正红311较先玉508高7.1%。

2.2 氮肥对不同耐低氮性玉米品种花后光合生产能力的影响

施氮显著提高了玉米吐丝期叶片的净光合速率（P_n）、气孔导度（G_s）、胞间CO_2浓度（C_i）和蒸腾速率（T_r）。表1结果表明，不同耐低氮性玉米品种吐丝期叶片光合参数差异显著。B1处理下，耐低氮品种正红311较低氮敏感品种先玉508P_n、G_s和T_r分别高9.2%、12.5%和28.2%，而G_i低19.9%，表明正红311在低氮条件下仍能保持较高的光合速率，保证了其低氮条件下的物质生产。与B1相比，耐低氮品种正红311施氮处理P_n、G_s、G_i和T_r平均分别升高11.0%、42.2%、48.2%和29.7%，而低氮敏感品种先玉508分别升高17.5%、73.9%、67.6%和69.2%，表明氮肥对先玉508吐丝期叶片光合参数的促进作用大于正红311。

玉米生育期内叶面积指数（LAI）的大小和功能期的长短关系着叶片光合能力的强弱，影响其物质生产能力。由图2可见，耐低氮品种正红311花前、开花和花后LAI均显著高于低氮敏感品种先玉508，且随生育进程推进两品种LAI的差异程度加大。施氮显著提高了玉米花前、开花和花后的LAI，与B1相比，耐低氮品种正红311施氮处理平均分别提高16.9%、27.0%和30.8%，低氮敏感品种分别提高11.5%、39.9%和31.6%，表明氮肥对正红311花前LAI的促进作用大于先玉508，氮肥促使正红311在花前就达到较高的LAI，延长其高LAI持续时间。耐低氮品种正红311各氮水平下花后、花前LAI均显著高于低氮敏感品种，各处理平均正红311较先玉508高35.0%，表明与先玉508相比，正红311生育中后期仍能保持较高的LAI，保证了其花后较高的干物质生产能力。

表1　不同氮水平下不同耐低氮性玉米品种吐丝期光合参数

品种	氮水平	净光合速率 P_n [μmol/(m²·s)]	气孔导度 G_s [mol/(m²·s)]	胞间CO_2浓度 C_i (μmol/mol)	蒸腾速率 T_r [mmol/(m²·s)]
正红311（耐低氮品种）	B1	26.80±0.62d	0.18±0.01g	59.19±2.06h	5.23±0.16f
	B2	29.00±0.56c	0.25±0.00ef	82.26±3.13f	6.27±0.27de
	B3	28.93±0.49c	0.26±0.01d	82.27±3.15f	6.63±0.42cd
	B4	30.76±0.62a	0.28±0.01c	109.64±3.22d	7.88±0.26a
	B5	31.12±0.31a	0.25±0.01de	93.75±2.42e	6.63±0.46cd
	B6	28.91±0.70c	0.25±0.01de	70.69±1.65g	6.51±0.24cd
	平均值	29.25	0.25	82.97	6.53
先玉508（低氮敏感品种）	B1	24.54±0.59e	0.16±0.01h	73.88±3.98g	4.08±0.30g
	B2	27.19±0.92d	0.25±0.01def	123.55±7.46c	5.70±0.20ef
	B3	27.30±0.33d	0.31±0.01b	157.53±6.19a	6.49±0.36cd
	B4	29.91±0.02abc	0.32±0.01ab	136.80±5.83b	7.42±0.37ab
	B5	30.52±1.54ab	0.33±0.02a	107.64±5.44d	7.84±0.13a
	B6	29.21±1.67bc	0.23±0.00f	93.66±3.62e	7.04±0.68bc
	平均值	28.11	0.27	115.51	6.43

注：数据为3次重复的平均值±标准误，同列不同小写字母表示在0.05水平上差异显著。

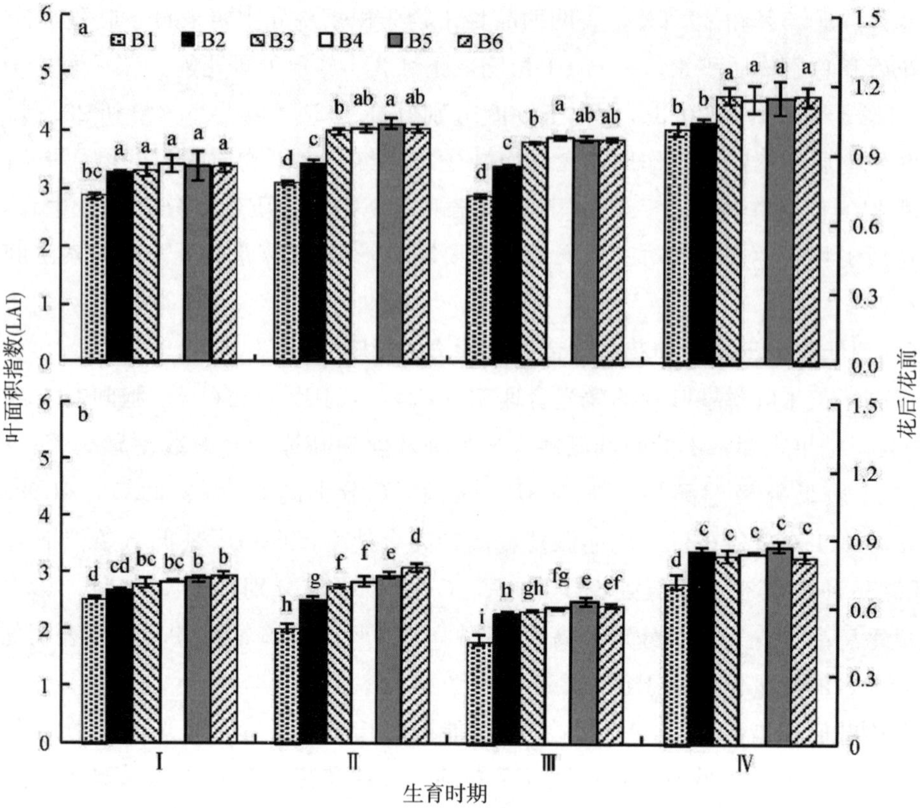

图 2 不同氮水平下耐低氮玉米品种正红 311（a）和低氮敏感玉米品种先玉 508（b）花前花后叶面积指数

植物叶片叶绿素含量变化可有效反映叶片生理状态和衰老进程。表 2 结果表明，随施氮量增加玉米叶片叶绿素含量总体上呈增加的趋势，在时间上玉米花后叶片叶绿素含量表现出先减后增再减的变化规律，且在吐丝后 20 d 达到最高。耐低氮品种正红 311 吐丝后叶片叶绿素含量在吐丝、吐丝后 10 d、20 d 和 30 d 较先玉 508 平均高 2.3%、7.1%、1.7%和 8.3%，平均提高 4.85%，表明在叶绿素含量下降的时期两品种差异加大，正红 311 在该时期能够更好地维持叶片叶绿素含量，保证较高的干物质生

表 2 不同氮水平下不同耐低氮性玉米品种花后叶绿素含量

单位：mg/g

品种	氮水平	生育时期				平均值
		吐丝	吐丝后 10 d	吐丝后 20 d	吐丝后 30 d	
正红 311（耐低氮品种）	B1	2.18±0.05h	2.02±0.02g	2.63±0.02g	2.02±0.04h	2.21
	B2	2.70±0.04f	2.40±0.07e	2.83±0.02f	2.33±0.03e	2.57
	B3	2.99±0.02e	2.52±0.04d	2.92±0.02e	2.66±0.04bc	2.77
	B4	3.23±0.05b	2.66±0.04c	3.04±0.04d	2.70±0.03b	2.90
	B5	3.34±0.01a	2.75±0.01b	3.30±0.01a	2.76±0.03a	3.04
	B6	3.34±0.01a	2.90±0.02a	3.24±0.06b	2.63±0.01c	3.03
	平均值	2.96	2.54	2.99	2.52	2.75
先玉 508（低氮敏感品种）	B1	2.25±0.05g	1.91±0.04h	2.41±0.03h	1.94±0.01i	2.13
	B2	2.66±0.02f	2.10±0.03f	2.91±0.03e	2.07±0.02g	2.44
	B3	3.02±0.01e	2.51±0.03d	3.09±0.06cd	2.20±0.04f	2.70
	B4	3.08±0.04d	2.54±0.05d	3.06±0.02cd	2.57±0.01d	2.81
	B5	3.17±0.02c	2.56±0.02d	3.09±0.01cd	2.57±0.05d	2.85
	B6	3.20±0.01bc	2.62±0.02c	3.10±0.02c	2.58±0.04d	2.87
	平均值	2.90	2.37	2.94	2.32	2.63

产。施氮显著提高吐丝后各时期玉米叶片的叶绿素含量，与B1相比，各时期正红311和先玉508叶绿素含量施氮处理平均分别提高24.5%和23.8%，表明氮肥对两类品种吐丝后叶片叶绿素含量的促进作用差异不明显。

2.3 不同耐低氮性玉米品种花后叶片生理特性变化

表3结果表明，两玉米品种花后功能叶全氮含量随着生育进程而不断下降，但两品种的降幅差异较大。正红311和先玉508花后叶片平均氮含量分别为2.53 g/kg和2.50 g/kg，差异不显著；但是吐丝—成熟期叶片全氮含量分别下降31.5%和34.9%，正红311降幅低于先玉508，可见正红311叶片在生育后期仍能保持较高的氮含量，氮代谢旺盛。施氮显著升高了玉米吐丝后叶片氮含量，与B1相比，正红311施氮处理花后叶片氮含量平均升高25.3%，先玉508升高27.8%，氮肥对先玉508花后叶片氮含量的促进作用大于正红311。这表明较高的施氮量有利于先玉508维持花后叶片的全氮含量，低氮条件下先玉508会由于叶片氮含量大幅下降，使其叶片光合能力下降而早衰，影响最终产量的形成。

表3 不同氮水平下不同耐低氮性玉米品种花后叶片氮含量变化 单位：g/kg

品种	氮水平	生育时期				平均值
		吐丝	吐丝后10 d	吐丝后20 d	吐丝后30 d	
正红311（耐低氮品种）	B1	22.5±1.1e	22.5±0.2d	21.5±0.5f	17.0±0.3g	20.9
	B2	27.5±0.4c	26.8±0.1c	24.8±0.2bcd	18.9±0.1f	24.5
	B3	30.6±0.2b	28.6±0.4b	26.3±0.8a	20.9±0.2ab	26.6
	B4	30.4±0.3b	28.6±0.6b	26.7±0.4a	20.8±0.4ab	26.6
	B5	32.2±0.7a	29.0±0.2b	25.4±0.9b	21.1±0.0a	26.9
	B6	30.2±0.7b	30.8±0.6a	23.3±0.2e	20.4±0.1bc	26.2
	平均值	28.9	27.7	24.7	19.8	25.3
先玉508（低氮敏感品种）	B1	22.3±0.1e	22.0±0.2d	20.7±0.4f	16.4±0.4h	20.3
	B2	26.6±0.5d	26.2±0.1c	24.1±0.1de	18.5±0.2f	23.8
	B3	31.0±0.2b	28.8±0.7b	24.4±0.2d	19.4±0.5e	25.9
	B4	32.5±0.6a	28.9±0.4b	25.4±0.5bc	19.6±0.2de	26.6
	B5	32.3±0.5a	30.0±0.4a	24.3±0.2d	20.1±0.3c	26.7
	B6	30.4±0.1b	30.8±0.3a	24.6±0.9cd	20.0±0.4cd	26.5
	平均值	29.2	27.8	23.9	19.0	25.0

表4 不同氮水平下不同耐低氮性玉米品种花后叶片C/N变化 单位：%

品种	氮水平	生育时期				平均值
		吐丝	吐丝后10 d	吐丝后20 d	吐丝后30 d	
正红311（耐低氮品种）	B1	17.06±0.54b	18.07±0.29a	17.55±0.12b	22.77±0.39b	18.86
	B2	14.32±0.18d	15.09±0.26b	16.25±0.40c	20.61±0.12d	16.57
	B3	11.45±0.18g	13.43±0.25d	15.28±0.15de	18.13±0.38g	14.57
	B4	11.39±0.30g	13.91±0.21c	14.43±0.11f	18.93±0.28f	14.66
	B5	10.77±0.23h	12.86±0.20e	14.78±0.20ef	17.79±0.45g	14.05
	B6	12.48±0.14f	12.71±0.07e	16.30±0.30c	18.01±0.37g	14.87
	平均值	12.91	14.35	15.76	19.37	15.60
先玉508（低氮敏感品种）	B1	17.53±0.13a	18.08±0.03a	19.16±0.19a	24.27±0.07a	19.76
	B2	15.13±0.14c	15.29±0.20b	16.63±0.63c	21.58±0.27c	17.16
	B3	12.53±0.19f	14.00±0.17c	16.52±0.07c	20.88±0.12d	15.98
	B4	12.38±0.02f	13.76±0.06c	15.66±0.05d	19.09±0.48ef	15.22
	B5	12.33±0.17f	13.41±0.28d	16.60±0.41c	19.26±0.17ef	15.40
	B6	13.29±0.10e	13.32±0.05d	16.70±0.46c	19.47±0.14e	15.69
	平均值	13.86	14.64	16.88	20.76	16.54

植物光合作用和植物生长的调控依赖于植物本身的C/N值，而不是单独的碳水化合物。表4结果表明，随生育进程推进，两供试玉米品种花后叶片C/N值升高，在成熟期达到最大值。两品种花后叶片C/N值差异显著，先玉508较正红311各时期分别高7.4%、2.1%、7.1%和7.2%，平均提高5.95%。施氮显著降低了玉米叶片花后C/N值，与B1相比，正红311和先玉508各时期施氮处理平均分别降低20.7%和19.6%，表明施氮更有利于正红311花后叶片C/N值维持在较低水平，延缓其花后叶片的衰老，保持较高的光合能力。

2.4 不同氮水平下玉米产量变化

图3结果表明，施氮显著提高了玉米的产量，不同耐低氮性玉米品种产量差异显著。耐低氮性品种正红311在各施氮水平下产量均高于低氮敏感品种先玉508，正红311产量较先玉508平均高8.8%。与B1相比，正红311和先玉508各施氮处理平均产量分别升高12.0%和13.3%。低氮敏感品种先玉508产量增幅高于耐低氮品种正红311，表明施用氮肥更有利于低氮敏感品种先玉508产量的提高。

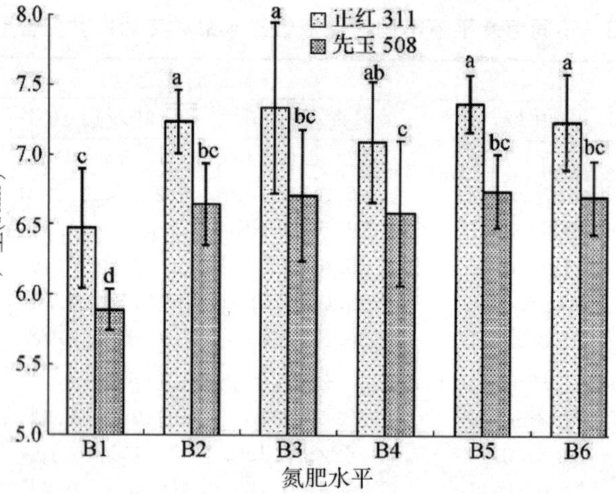

图3 不同氮水平下不同耐低氮性玉米品种玉米产量

3 讨论

干物质积累和分配是作物产量形成的基础，而花后群体物质生产能力直接决定着玉米最终产量的高低[32]。花前干物质积累主要用于茎叶等营养器官的建成，为产量形成奠定基础，而花后光合产物的积累才是产量形成的关键[18]。孙雪芳等[22]研究指出不同玉米品种花后与花前物质生产比例及最终产量水平高低不同。本试验结果表明耐低氮品种正红311花前、花后和总干物质积累量均显著高于低氮敏感品种先玉508，且两类品种花后干物质积累差异显著高于花前。先玉508花前干物质积累较多，花后与花前干物质积累比例较低，且产量较低；而正红311花后干物质积累较多，花后与花前干物质积累比例较高，且有较高产量，其花后与花前干物质积累比例和产量较先玉508分别高7.1%和7.7%。施用氮肥可显著提高玉米花前、花后和总干物质积累量，并且花后与花前干物质积累比例增加，最终提高籽粒产量。但施氮对耐低氮品种正红311的促进作用显著大于低氮敏感品种先玉508，本研究结果表明正红311能更有效地利用氮素来提高干物质生产能力增加花后干物质的积累，为更高的籽粒产量奠定物质基础。

玉米花后物质生产能力高低决定最终产量的高低，而花后物质生产能力则由花后叶片光合速率、有效绿叶面积共同决定[22,23]。花后物质生产较多及产量较高的玉米品种其后期叶片叶绿素含量和P_n下降较缓慢，高光合时间延长为籽粒灌浆保证了充足的碳水化合物供应[22,32,33]。耐低氮品种正红311吐

丝期 P_n 和蒸腾速率均高于低氮敏感品种先玉 508，而 G_i 则低于先玉 508。施氮显著提高了玉米吐丝期各项光合参数，但对先玉 508 的促进作用大于正红 311，这表明先玉 508 需要较高的施氮水平才能维持其高光合速率。正红 311 花前、开花和花后 LAI 均显著高于先玉 508，且在花后两品种差异达最大，施氮对正红 311 花前促进作用较大，对先玉 508 花后促进作用较大。表明正红 311 在生育前期就能利用氮素供应大幅提高叶面积并延长其高 LAI 时间，而先玉 508 生育后期需要充足的氮肥供应才能防止叶片早衰，维持一定的 LAI。综上所述，耐低氮品种正红 311 吐丝期更高的光合速率、更大的光合叶面积以及缓解后期叶片中叶绿素的降解、延缓叶片衰老等因素保证了正红 311 花后较高的物质生产和较高的产量；而低氮敏感品种先玉 508 需要较高的施氮量来维持花后光合速率和光合面积，花后叶片中叶绿素含量大幅下降，缩短了叶片维持高光合速率的功能期，导致先玉 508 花后干物质积累和产量均较低。

C/N 值作为营养诊断的指标，可以反映碳氮代谢的协调程度，确定玉米叶片不同时期的 C/N 值可以了解叶片的碳氮平衡，明确叶片的光合状态[23]。玉米生育后期籽粒灌浆速率逐渐下降，库容能力降低使叶片碳同化产物大量积累，且叶片衰老，氮代谢能力逐渐降低，使叶片 C/N 值升高[23]。本试验结果表明玉米花后叶片全氮含量随生育进程降低，而 C/N 值随生育进程升高，与前人[22,23]研究结果一致。两供试品种花后早期叶片全氮含量差异不大，但后期耐低氮品种正红 311 叶片全氮含量降幅比低氮敏感品种先玉 508 低，使正红 311 生育后期叶片氮含量较先玉 508 高。施氮显著提高了花后叶片氮含量，对先玉 508 的促进作用大于正红 311，表明先玉 508 在生育后期需要较高的施氮量来维持其叶片氮含量，以延缓叶片的衰老，延长功能期。C/N 值可以反映碳同化物的转运情况，C/N 值过高营养体过度积累、氮素流失将导致叶片早衰，光合能力下降[22]。花后各时期叶片 C/N 值正红 311 较先玉 508 均更低，且施氮更有利于正红 311 叶片 C/N 值维持在较低水平，较低的 C/N 值可以延缓正红 311 叶片的衰老，延长叶片光合时间。

4 结论

施氮可以显著提高玉米干物质积累、叶面积指数和吐丝期叶片光合速率，延缓花后叶片叶绿素含量和全氮含量的下降，抑制生育后期叶片 C/N 值的增加，从而提高玉米产量。不同耐低氮性玉米品种干物质积累和产量的差异主要来自于花后叶片功能特性差异。与低氮敏感品种先玉 508 相比，耐低氮品种正红 311 花后叶片光合速率较高、叶面积指数较大，同时叶片叶绿素含量和全氮含量降幅与 C/N 值增幅更低，延缓了正红 311 生育后期叶片的衰老，延长了叶片的功能期，最终增加干物质积累和产量。施用氮肥可以有效地提高正红 311 干物质积累、叶面积指数和产量，延缓其生育后期叶片 C/N 值升高，而低氮敏感品种先玉 508 需要较高的施氮水平才能维持其花后叶片光合速率和全氮含量。

参考文献

[1] Jia X C, Shao L J, Liu P, et al. Effect of different nitrogen and irrigation treatments on yield and nitrate leaching of summer maize (*Zea mays* L.) under lysimeter conditions [J]. Agricultural Water Management, 2014 (137): 92-103.

[2] Guo Z J, Zhang Y L, Zhao J Y, et al. Nitrogen use by winter wheat and changes in soil nitrate nitrogen levels with supplemental irrigation based on measurement of moisture content in various soil layers [J]. Field Crops Research, 2014 (164): 117-125.

[3] Caviglia O P, Melchiori R J M, Sadras V O. Nitrogen utilization efficiency in maize as affected by hybrid and N rate in

late-sown crops [J]. Field Crops Research, 2014 (168): 27 - 37.

[4] Tran T T, Kano-Nakata M, Takeda M, et al. Nitrogen application enhanced the expression of developmental plasticity of root systems triggered by mild drought stress in rice [J]. Plant and Soil, 2014, 378 (1/2): 139 - 152.

[5] Wang Z, Li J S, Li Y F. Effects of drip system uniformity and nitrogen application rate on yield and nitrogen balance of spring maize in the North China Plain [J]. Field Crops Research, 2014 (159): 10 - 20.

[6] 隽英华，汪仁，孙文涛，等．春玉米产量、氮素利用及矿质氮平衡对施氮的响应 [J]. 土壤学报，2012，49 (3)：544 - 551.

[7] 刘忠，黄峰，李保国．2003—2011 年中国粮食增产的贡献因素分析 [J]. 农业工程学报，2013，29 (23)：1 - 8.

[8] 张文婧，王昌全，袁大刚，等．四川省主要作物施肥现状、问题与对策 [J]. 土壤通报，2014，45 (3)：697 -703.

[9] Ciampitti I A, Vyn T J. Physiological perspectives of changes over time in maize yield dependency on nitrogen uptake and associated nitrogen efficiencies: A review [J]. Field Crops Research, 2012 (133): 48 - 67.

[10] Abdel-Ghani A H, Kumar B, Reyes-Matamoros J, et al. Genotypic variation and relationships between seedling and adult plant traits in maize (*Zea mays* L.) inbred lines grown under contrasting nitrogen levels [J]. Euphytica, 2013, 189 (1): 123 - 133.

[11] 巨晓棠．氮肥有效率的概念及意义——兼论对传统氮肥利用率的理解误区 [J]. 土壤学报，2014，51 (5)：921 -933.

[12] 甄新爱，黄亚群，陈景堂，等．不同氮效率玉米基因型苗期对光和氮响应的研究 [J]. 中国农学通报，2009，25 (10)：89 - 95.

[13] 王玲敏，叶优良，陈范骏，等．施氮对不同品种玉米产量、氮效率的影响 [J]. 中国生态农业学报，2012，20 (5)：529 - 535.

[14] 陈范骏，房增国，高强，等．中国东华北部分地区玉米主推品种高产氮高效潜力分析 [J]. 中国科学：生命科学，2013，43 (4)：342 - 350.

[15] 宋振伟，齐华，张振平，等．春玉米中单 909 农艺性状和产量对密植的响应及其在东北不同区域的差异 [J]. 作物学报，2012，38 (12)：2267 - 2277.

[16] 王永宏，王克如，赵如浪，等．高产春玉米源库特征及其关系 [J]. 中国农业科学，2013，46 (2)：257 - 269.

[17] 王存凯，陈鹏飞，陶洪斌，等．玉米产量潜力及超高产物质积累途径优化分析方法 [J]. 中国生态农业学报，2014，22 (12)：1414 - 1423.

[18] Hashemi A M, Herbert S J, Putnam D H. Yield response of corn to crowding stress [J]. Agronomy Journal, 2005, 97 (3): 839 - 846.

[19] 陈范骏，春亮，鲍娟，等．不同氮效率玉米杂交种的营养生长及光合特征 [J]. 玉米科学，2006，14 (6)：127 -130.

[20] 崔超，高聚林，于晓芳，等．不同氮效率基因型高产春玉米花粒期干物质与氮素运移特性的研究 [J]. 植物营养与肥料学报，2013，19 (6)：1337 - 1345.

[21] 李文娟，何萍，高强，等．不同氮效率玉米干物质形成及氮素营养特性差异研究 [J]. 植物营养与肥料学报，2010，16 (1)：51 - 57.

[22] 孙雪芳，丁在松，侯海鹏，等．不同春玉米品种花后光合物质生产特点及碳氮含量变化 [J]. 作物学报，2013，39 (7)：1284 - 1292.

[23] 陈传永，侯海鹏，李强，等．种植密度对不同玉米品种叶片光合特性与碳、氮变化的影响 [J]. 作物学报，2010，36 (5)：871 - 878.

[24] 戴明宏，赵久然，杨国航，等．不同生态区和不同品种玉米的源库关系及碳氮代谢 [J]. 中国农业科学，2011，44 (8)：1585 - 1595.

[25] 春亮，陈范骏，张福锁，等．不同氮效率玉米杂交种的根系生长、氮素吸收与产量形成 [J]. 植物营养与肥料学报，2005，11 (5)：615 - 619.

[26] 崔文芳，高聚林，孙继颖，等．不同氮效率的玉米自交系氮素生产效率分析 [J]. 中国土壤与肥料，2014 (4)：61 - 66.

[27] 马存金，刘鹏，赵秉强，等．施氮量对不同氮效率玉米品种根系时空分布及氮素吸收的调控 [J]. 植物营养与肥料

学报，2014，20（4）：845－859.

[28] 李强，罗延宏，龙文靖，等．低氮胁迫对不同耐低氮性玉米品种苗期生长和生理特性的影响［J］．草业学报，2014，23（4）：204－212.

[29] 李强，罗延宏，谭杰，等．玉米杂交种苗期耐低氮指标的筛选与综合评价［J］．中国生态农业学报，2014，22（10）：1190－1199.

[30] 邹琦．植物生理学实验指导［M］．北京：中国农业出版社，2003：72－75.

[31] 鲍士旦．土壤农化分析［M］．北京：中国农业出版社，2005：30－35.

[32] NingP，Li S，Yu P，et al. Post-silking accumulation and partitioning of dry matter，nitrogen，phosphorus and potassium in maize varieties differing in leaf longevity［J］．Field Crops Research，2013（144）：19－27.

[33] 张玉芹，杨恒山，毕文波，等．不同栽培模式下春玉米生育后期冠层生理特性研究［J］．华北农学报，2012，27（1）：145－150.

氮肥运筹对不同氮效率玉米品种干物质生产及产量的影响*

李　强[1,2]　刘奕清[1]　陈　伟[2]　刘晓林[2]　吴雅薇[2]　孔凡磊[2]　袁继超[2*]

1. 重庆经济植物生物技术重点实验室/重庆市特种植物协调创新中心/重庆文理学院特色植物研究院，重庆　402160
2. 四川农业大学农学院/农业部西南作物生理生态与耕作重点实验室，四川成都　611130

摘要：为研究氮肥运筹对不同氮效率玉米品种物质积累特征与产量的影响，并探讨不同氮效率玉米品种干物质积累、分配、转运与产量对氮肥运筹响应的差异。以氮高效品种正红311（ZH311）和氮低效品种先玉508（XY508）为材料，于2015—2016年采用大田试验，在225 kg/hm^{2}的施氮量下，设置5种氮肥运筹模式，即不施肥、100%基肥、75%基肥+25%穗肥、50%基肥+50%穗肥、25%基肥+75%穗肥。结果表明，品种和氮肥运筹对玉米的干物质积累、分配、转运与产量及其构成均有重要影响；氮高效品种ZH311较强的根系吸收能力和较高的光合器官分配比例，显著提高了其干物质生产能力，同时较低的花前干物质转运量和转运率有效地延缓其光合器官的衰老，保持较高的花后干物质生产能力，使得其产量显著高于氮低效品种XY508。提高追肥比例显著改善了玉米花后干物质生产能力和产量，但对XY508的促进作用明显高于ZH311。ZH311较XY508的产量优势随追肥比例升高而先增后减，在基肥61.35%+追肥38.65%时（最大达1.48 t/hm^2）。综上所述，均衡的基追比使氮高效品种ZH311保持较高的花前干物质转运和花后干物质积累，充分发挥产量优势；而较高的追肥比例能显著改善氮低效品种XY508的花后干物质生产，弥补产量的不足。

关键词：氮肥运筹；玉米；氮效率；干物质；产量

玉米在世界上的种植面积超过177 Mhm^2，其总产超过其他粮食作物总产之和，同时也是我国种植面积第一大的粮食作物[1,2]。近年来，我国玉米连年增产，对保障我国粮食安全起到重要作用，但增产的背后是氮肥的过量及不合理施用，造成水体富营养化和空气污染等一系列环境问题[1,3-5]。提高玉米氮素吸收利用效率是解决高产与环境保护之间矛盾的关键，而氮高效玉米品种的选育与推广是提高氮素吸收利用效率最简单有效的方式[6,7]。

早在20世纪初，已有研究发现玉米在氮素的吸收和同化方面存在显著的基因型差异[8,9]。Moll等[9-11]把玉米氮效率分为氮素吸收效率、氮素利用效率、氮素转运效率，不同玉米品种对氮素的吸收、利用和转运能力存在显著差异，并发现在低氮条件下，玉米氮效率差异主要是由积累氮的利用效率不同所致，而在高氮条件下，氮吸收效率则起主要作用。尹技瑞等[12,13]指出玉米品种氮效率差异主要表

* **基金项目**：国家公益性行业（农业）科研专项经费（20150312705）；国家“十二五”科技支撑计划项目（2012BAD04B13）；四川省科技支撑计划项目（2014NZ0040）

现在产量、绿叶面积和单株叶面积及生育期等方面，而株高、穗位高、叶片数等受氮效率的影响都较小。李文娟等[14,15]研究表明，氮高效品种 XY 335 干物质量、氮素积累量和产量均显著高于氮低效品种 JD 535，且氮高效品种籽粒的氮素来源多依赖于生育后期根系对氮素的吸收和转运，而氮低效品种籽粒氮素来源则以生育前期氮素转移为主。

前人对不同氮效率玉米品种物质积累、氮素吸收利用和产量形成规律的差异进行了大量的研究[14−17]，但关于不同氮效率玉米品种需肥规律的研究还十分鲜见，在川中丘陵地区更是未有报道。本研究利用前期试验筛选出的氮高效品种 ZH 311 和氮低效品种 XY 508[18−21]，在不同氮肥运筹模式下，综合分析不同氮效率玉米品种物质生产及产量形成的差异，探索不同氮效率玉米品种需肥规律，为川中丘陵地区不同氮效率玉米品种的合理施肥和高效栽培提供理论依据。

1　材料与方法

1.1　试验地点与材料

2015 年在简阳、2016 年在中江试验基地进行试验，玉米生育期内主要气象资料见图 1。试验地土壤均为紫色黏土，0～20 cm 土层基础养分含量为，2015 年有机质 13.83 g/kg，全氮 1.87 g/kg，全磷 0.42 g/kg，全钾 7.58 g/kg，碱解氮 55.65 mg/kg，速效磷 4.75 mg/kg，速效钾 160.33 mg/kg 和 pH 值 8.11；2016 年有机质 12.05 g/kg，全氮 1.21 g/kg，全磷 0.81 g/kg，全钾 16.70 g/kg，碱解氮 61.83 mg/kg，速效磷 4.35 mg/kg，速效钾 146.13 mg/kg 和 pH 值 7.81。试验材料为前期试验筛选出的氮高效玉米品种正红 311（ZH 311）和氮低效玉米品种先玉 508（XY 508）。

1.2　试验设计

采用两因素随机区组试验设计，因素 A 为不同氮效率玉米品种—ZH 311 和 XY 508；因素 B 为氮肥运筹：B1−0 kg/hm^2、B2−225 kg/hm^2（100%基肥）、B3−225 kg/hm^2（75%基肥＋25%追肥）、B4−225 kg/hm^2（50%基肥＋50%追肥）、B5−225 kg/hm^2（25%基肥＋75%追肥）。10 个处理，每处理 3 次重复，共 30 个小区，小区 6 m×7.5 m，共 45 m^2。宽窄行种植，宽行 1.4 m，窄行 0.6 m，密度 50 000 株/hm^2。磷钾肥采用大田生产常规施用量，过磷酸钙 600 kg/hm^2，氯化钾 150 kg/hm^2，磷钾肥一次性基施，氮肥追肥期为大喇叭口期，其他管理措施同当地生产实际。

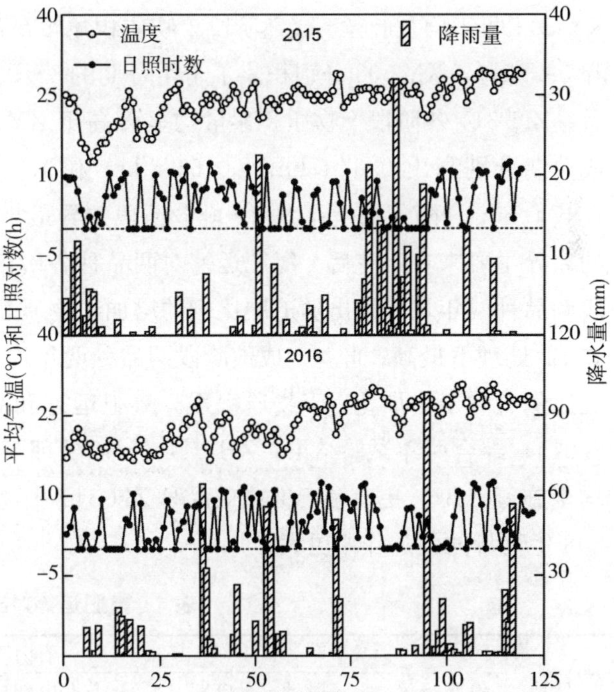

图 1　玉米生育期主要气象资料

1.3　调查测定项目

1.3.1　干物质积累、分配与转运特性

分别于玉米大喇叭口期、吐丝期和成熟期取样，取小区中行长势一致植株 4 株，按茎鞘、叶片和雌穗（吐丝后，成熟期分苞叶＋穗轴和籽粒）装袋，于 105 ℃下杀青 60 min，再经 80 ℃烘干到恒重后称重，计算干物质积累分配和转运情况。

1.3.2 产量及其构成

于玉米成熟期调查每小区玉米有效穗数，取连续 20 株，自然风干后烤种得到玉米穗粒数和千粒重，并根据小区实收计算玉米产量，水分折算率为 14%。

1.3.3 相关计算公式[22-24]

干物质积累（DMA，kg/hm²）= t_2干物质积累 − t_1干物质积累；

作物生长率（CGR，kg/hm²/d）=（t_2干物质积累 − t_1干物质积累）/（t_2-t_1）；

收获指数（HI）= 成熟期籽粒干重/成熟期干物质积累。

花前营养器官同化物转运量（RAP，t/hm²）= 花前营养器官干重 − 成熟期营养器官干重；

花前营养器官同化物转运率（PRAP,%）= 花前营养器官同化物转运量/花前营养器官干重×100%；

花前营养器官同化物转运贡献率（CRAP,%）= 花前营养器官同化物转运量/成熟期籽粒干重×100%；

花后籽粒干物质同化量（APA，t/hm²）= 成熟期籽粒干重 − 花前营养器官同化物转运量；

花后籽粒干物质同化贡献率（CAPA,%）= 花后籽粒干物质同化量/成熟期籽粒干重×100%。

1.4 数据分析

用 Excel 2010 和 SPSS 20.0 统计分析，并用 LSD 法进行差异显著性检验，显著水平设为 $P<0.05$，GraphPad Prism 5.0 软件绘图。

2 结果与分析

2.1 氮肥运筹对玉米干物质积累的影响

氮肥运筹和品种类型对玉米各阶段干物质积累量和生物量影响显著（$P<0.01$，表 1）。ZH 311 和 XY 508 两年均在吐丝－成熟阶段干物质积累量最高，ZH 311 在此阶段分别积累了全生育期的 56.03% 和 59.25%，XY 508 分别积累了全生育期的 55.99% 和 61.56%，表明玉米的干物质积累主要来自于花后。ZH 311 各阶段干物质积累量均显著高于 XY 508，2015 年播种－大口期、大口－吐丝期和吐丝－成熟期分别高出 0.67 t/hm²、0.51 t/hm² 和 1.53 t/hm²，2016 年分别高 0.83 t/hm²、0.79 t/hm² 和 1.47 t/hm²，两年均是在大口－吐丝阶段差异最小，吐丝－成熟阶段差异最大，表明两品种干物质积累的差异主要来自于花后。氮肥运筹对两品种各阶段干物质积累量影响显著（$P<0.01$），播种－大口阶段两品种两年均表现出随追肥比例的增加干物质积累量显著降低，两年两品种此阶段干物质积累量均在 B2 处理下最高；吐丝－成熟阶段两品种两年均表现为在 B5 处理下干物质积累量最高，表明提高追肥比例有利于增加花后干物质积累。氮肥运筹和品种类型间的互作效应对玉米生物量影响显著（$P<0.01$），综合两年试验结果，ZH 311 在 B4 处理下优势最大，而在 B5 处理下优势最小，表明生育期内均衡施氮（B4）更有利于氮高效品种 ZH 311 生物量的提高，而较高追肥比例（B5）对氮低效品种 XY 508 生物量的促进作用更大。

表 1 氮肥运筹对玉米干物质积累的影响

单位：t/hm²

品种	氮肥运筹	干物质积累						生物量	
		播种—大口期		大口期—吐丝期		吐丝期—成熟期			
		2015 年	2016 年	2015 年	2016 年	2015 年	2016 年	2015	2016
ZH311	B1	3.83 e	4.52 e	1.59 d	1.80 d	7.81 cd	9.54 e	13.23 de	15.86 c
	B2	4.72 a	5.86 a	3.05 a	2.73 a	8.95 a	11.01 c	16.73 a	19.60 a
	B3	4.55 b	5.45 b	2.28 c	2.57 ab	8.16 bc	11.43 b	15.00 c	19.45 a
	B4	4.25 c	5.38 bc	2.66 b	2.32 bc	8.81 ab	11.73 a	15.71 b	19.44 a

续表

品种	氮肥运筹	干物质积累						生物量	
		播种—大口期		大口期—吐丝期		吐丝期—成熟期			
		2015 年	2016 年	2015 年	2016 年	2015 年	2016 年	2015	2016
	B5	4.15 cd	4.98 cd	2.55 bc	2.58 ab	9.22 a	11.83 a	15.96 b	19.39 a
	均值	4.30 A	5.24 A	2.43 A	2.40 A	8.59 A	11.11 A	15.33 A	18.75 A
XY508	B1	2.80 h	3.53 f	1.75 d	0.80 f	6.06 f	7.19 f	10.60 g	11.51 d
	B2	4.49 b	4.97 d	1.88 d	2.17 c	6.91 e	10.25 d	13.28 de	17.38 b
	B3	4.08 d	4.51 e	1.84 d	2.05 cd	7.24 de	9.56 e	13.16 e	16.11 c
	B4	3.64 f	4.62 de	1.77 d	1.28 e	6.96 e	10.15 d	12.36 f	16.06 c
	B5	3.15 g	4.42 e	2.34 c	1.76 d	8.15 bc	11.05 c	13.64 d	17.23 b
	均值	3.63 B	4.41 B	1.92 B	1.61 B	7.06 B	9.64 B	12.61 B	15.66 B
F 值	品种（C）	378.89**	94.75**	60.42**	52.80**	98.95**	719.29**	788.71**	2757.51**
	氮（N）	179.95**	29.04**	19.66**	14.66**	13.27**	369.82**	127.57**	916.96**
	C×N	20.40**	0.86ns	12.83**	2.37ns	2.10ns	32.32**	10.03**	48.67**

注：同列数据后的不同小写字母表示处理在 5% 水平上差异显著，不同的大写字母表示品种间在 5% 水平上差异显著。** $P<0.01$；* $P<0.05$；ns，不显著。下同。

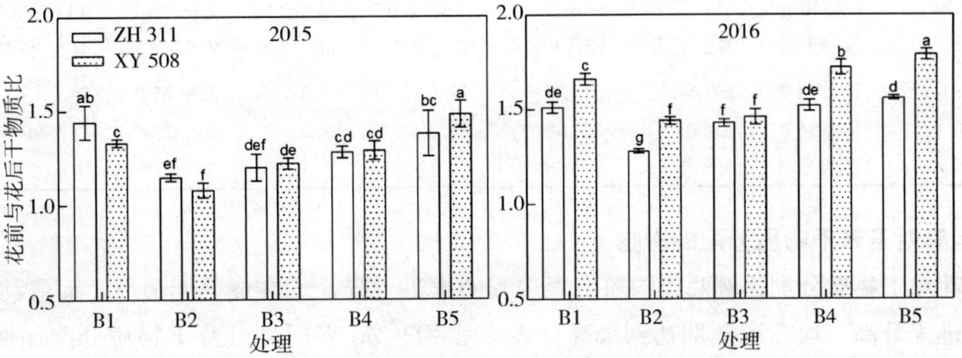

图 2　氮肥运筹对玉米花后/花前干物质的影响

注：柱状图上不同小写字母表示所有处理在 $P<0.05$ 水平，差异显著。

物质生产是作物产量形成的基础，花后物质积累对玉米产量的影响尤为重要。从图 2 可知，氮肥运筹对玉米花后/花前干物质影响显著，两品种两年均表现出随追肥比例的升高花后/花前干物质逐渐增加，均在 B2 处理下最低，B5 处理下最高，表明提高追肥比例可以明显改善玉米的花后物质生产。不同氮效率玉米品种花后/花前干物质对氮肥运筹的响应差异显著，随追肥比例的增加 XY 508 花后/花前干物质增幅两年均明显高于 ZH 311，表明提高追肥比例对氮低效品种 XY 508 花后物质生产的促进作用更大。

表 2 结果表明氮肥运筹和品种类型对玉米各阶段和全生育期生长速率影响显著（$P<0.05$）。两品种生长速率两年均表现出随生育进程推进显著升高的变化趋势，均在吐丝—成熟阶段生长速率达到最高。ZH 311 各阶段和全生育期生长速率均显著（$P<0.01$）高于 XY 508，2015 年播种—大口期、大口—吐丝期、吐丝—成熟期和全生育期分别高出 10.27%、34.23%、36.43%和 22.27%，2016 年分别高出 12.18%、65.70%、35.03%和 25.31%，表明氮高效品种较低效品种具有更高的干物质生产能力。氮肥运筹对玉米各阶段生长速率影响显著（$P<0.05$），ZH 311 在播种—大口期和大口—吐丝期两年均是 B2 处理生长速率最高；吐丝—成熟期两年均是 B5 最高。XY 508 在播种—大口期两年均是 B2 最高；大口—吐丝期 2015 年为 B5 最高，2016 年为 B2 最高；吐丝—成熟期两年均是 B5 最高。氮肥运

筹及其与品种类型的互作响应对玉米全生育期生长速率影响显著（$P<0.01$），两年平均两品种 B2 和 B5 全生育期生长速率均高于 B3 和 B4，且 ZH 311 在 B2 最高，XY 508 在 B5 最高。结果表明较高的基肥比例和追肥比例均能提高玉米的生长速率，而较高的追肥比例对 XY 508 生长速率的促进作用更大。

表 2　氮肥运筹对玉米生长速率的影响

单位：kg/（hm^2·d）

品种	氮肥运筹	播种—大口期		大口—吐丝期		吐丝—成熟期		全生育期	
		2015 年	2016 年	2015 年	2016 年	2015 年	2016 年	2015 年	2016 年
ZH311	B1	58.98 e	66.52 e	106.24 d	149.68 d	185.89 cd	227.26 e	108.48 de	130.04 c
	B2	72.62 a	86.17 a	203.45 a	227.46 a	213.18 a	262.15 c	137.09 a	160.65 a
	B3	69.98 b	80.09b	152.29 c	214.10 ab	194.35 bc	272.22 b	122.92 c	159.41 a
	B4	65.40 c	79.09 bc	177.11 b	193.63 bc	209.68 ab	279.39 a	128.81 b	159.31 a
	B5	63.79 cd	73.22 cd	170.29 bc	215.22 ab	219.61 a	281.61 a	130.80 b	158.93 a
	均值	66.16 A	77.02 A	161.88 A	200.02 A	204.54 A	264.53 A	125.62 A	153.67 A
XY508	B1	43.06 h	51.88 f	116.65 d	66.42 f	144.17 f	171.18 f	86.92 g	94.38 d
	B2	69.06 b	73.03 d	125.20 d	180.68 c	164.48 e	243.97 d	108.81 de	142.47 b
	B3	62.82 d	66.29 e	122.39 d	170.70 cd	172.32 de	227.58 e	107.84 e	132.08 c
	B4	56.01 f	67.93 de	117.74 d	107.00 e	165.62 e	241.73 d	101.33 f	131.60 c
	B5	48.49 g	65.05 e	156.28 c	146.78 d	193.99 bc	263.03 c	111.83 d	141.25 b
	均值	55.89 B	64.83 B	127.65 B	134.32 B	168.11 B	229.50 B	103.35 B	128.36 B
F value	品种（C）	384.02**	94.56**	61.39**	53.64**	99.14**	706.57**	790.78**	2 740.70**
	氮（N）	181.65**	29.01**	19.90**	14.84*	13.29**	363.13**	127.96**	911.58**
	C×N	20.52**	0.85^{ns}	13.08**	2.32^{ns}	2.10^{ns}	31.59**	10.07**	48.31**

2.2　氮肥运筹对玉米干物质分配的影响

茎鞘和叶片干物质分配比例两年均随生育进程的推进下降，均在成熟期最低，而雌穗分配比例两年均随生育进程升高，均在成熟期达到最高（表 3）。ZH 311 各时期叶片干物质分配比例均高于 XY 508，除 2015 年 SS 差异不显著外，两年其他时期均达显著水平（$P<0.01$），且差异两年均在成熟期最大分别高 13.43%和 8.43%。茎鞘干物质分配比例在 LBS XY 508 显著（$P<0.01$）高于 ZH 311，而在 SS 和 MS 则是 ZH 311 显著（$P<0.01$）高于 XY 508，且两年差异均在成熟期达最大分别高 13.53%和 9.40%。较高的营养器官干物质分配比例有利于 ZH 311 保持较高的干物质生产能力，尤其在生育后期为籽粒灌浆保证了充足的物质供给。氮肥运筹对玉米叶片各时期干物质分配比例的影响两年均不显著，而对成熟期茎鞘干物质分配比例的影响达显著（$P<0.05$）水平。

表 3　氮肥运筹对玉米各器官干物质分配比例的影响

单位：%

品种	氮肥运筹	茎鞘分配比例			叶片分配比例			雌穗分配比例	
		LBS	SS	MS	LBS	SS	MS	SS	MS
2015									
ZH311	B1	59.79 cd	58.09 a	26.05 b	40.21 ab	28.88 a	11.24 a	13.02 e	62.71 c
	B2	59.39 d	55.25 ab	29.16 a	40.61 a	26.12 ab	11.03 a	18.64 c	59.81 d
	B3	60.46 bcd	56.05 ab	26.76 b	39.54 abc	27.84 ab	11.12 a	16.11 cde	62.12 c
	B4	59.39 d	54.65 ab	27.12 b	40.61 a	26.73 ab	10.97 a	18.62 c	61.91 c
	B5	59.96 bcd	55.69 ab	27.27 b	40.04 abc	29.48 a	11.37 a	14.83 de	61.37 cd
	均值	59.80 B	55.95 A	27.27 A	40.20 A	27.81 A	11.15 A	16.25 B	61.58 B
	B1	61.67 abc	53.55 bc	25.73 b	38.33 bcd	28.34 ab	9.52 b	18.11 cd	64.75 b
	B2	61.98 ab	53.16 bc	23.78 c	38.02 cd	24.65 b	10.00 b	22.20 ab	66.22 ab

续表

品种	氮肥运筹	茎鞘分配比例			叶片分配比例			雌穗分配比例	
		LBS	SS	MS	LBS	SS	MS	SS	MS
XY508	B3	63.05 a	54.21 abc	23.50 c	36.95 d	26.57 ab	9.74 b	19.22 bc	66.76 a
	B4	61.34abcd	48.82 d	23.75 c	38.66abcd	26.97 ab	9.80 b	24.21 a	66.45 a
	B5	61.35abcd	50.22 cd	23.32 c	38.65abcd	26.74 ab	10.11 b	23.04 a	66.58 a
	均值	61.88 A	51.99 B	24.02 B	38.12 B	26.65 A	9.83 B	21.36 A	66.15 A
F值	品种（C）	20.84**	19.78**	89.73**	20.84**	1.92ns	63.00**	48.30**	164.32**
	氮（N）	1.09ns	2.75ns	1.98ns	1.09ns	1.79ns	0.63ns	7.86**	1.85ns
	C×N	0.26ns	0.90ns	5.79**	0.26ns	0.36ns	0.50ns	1.51ns	4.02*
2016									
	B1	64.08 b	61.59 a	27.79 a	35.92 a	29.33 a	10.68 a	9.08 f	61.54 e
	B2	63.48 b	60.21 ab	28.08 a	36.52 a	27.36 bc	10.55 ab	12.43 e	61.37 e
ZH311	B3	63.22 b	58.53 bc	26.12 b	36.78 a	28.39 ab	10.20 abc	13.08 de	63.67 d
	B4	63.80 b	57.25 cde	25.44 bc	36.20 a	28.63 ab	10.02 bcd	14.13 cde	64.55 cd
	B5	64.61 b	58.64 bc	28.17 a	35.39 a	28.90 a	9.40 ef	12.45 e	62.43 e
	均值	63.84 B	59.24 A	27.12 A	36.16 A	28.52 A	10.17 A	12.24 B	62.71 B
	B1	66.39 ab	57.65 bcd	23.49 d	33.61 ab	27.28 bc	9.39 ef	15.07bcde	67.12 a
	B2	66.40 ab	57.50 cd	25.45 bc	33.60 ab	26.66 c	9.25 ef	15.84abcd	65.30 bc
XY508	B3	64.67 b	57.31 cde	25.15 bc	35.33 a	26.56 c	8.96 f	16.13 abc	65.89 b
	B4	66.50 ab	54.74 de	25.47 bc	33.50 ab	26.84 c	9.52 def	18.42 a	65.01 bc
	B5	68.98 a	55.66 e	24.37 cd	31.02 b	27.31 bc	9.76 cde	17.03 ab	65.86 b
	均值	66.59 A	56.57 B	24.79 B	33.41 B	26.93 B	9.38 B	16.50 A	65.84 A
F值	品种（C）	14.84**	23.73**	97.46**	14.84**	24.82**	37.30**	50.24**	180.44**
	氮（N）	1.64ns	5.36**	4.34*	1.64ns	2.07ns	1.87ns	5.07**	5.20**
	C×N	0.45ns	0.64ns	12.06**	0.45ns	0.54ns	6.39**	0.73ns	13.56**

2.3 氮肥运筹对玉米花前干物质转运和花后干物质积累的影响

氮肥运筹和品种类型对玉米花前干物质转运和花后干物质转化影响显著（$P<0.01$）。表4结果表明，XY 508的RAP、PRAP和CRAP两年均显著（$P<0.05$）高于ZH 311，RAP高出52.38%和16.67%，PRAP高出81.55%和50.06%，CRAP高出67.91%和34.48%；而ZH 311的APA和CAPA两年均（$P<0.01$）高于XY 508，APA高出20.95%和15.37%，CAPA高出9.42%和2.66%。结果表明玉米籽粒干物质主要来自于花后干物质转化，较高的花后干物质转化是氮高效品种ZH 311获得高产的根本原因，而较高的花后干物质积累在一定程度上抑制了花前干物质的转运，使氮低效品种XY 508花前干物质转运显著高于ZH 311。氮肥运筹对玉米花前干物质转运和花后干物质转化影响显著（$P<0.01$），高基肥比例（B2和B3）显著提高了玉米的RAP、PRAP和CRAP，而高追肥比例（B4和B5）则显著提高了玉米的APA和CAPA。综合两年试验结果，两品种花前干物质转运量差异在B2处理下最大，B4处理下最小；而两品种花后干物质转化量差异在B4处理下最大，B5处理下最小。结果表明均衡的基追比（B4）有利于氮高效品种协调花前、花后物质生产而获得高产，而较高的基肥比例（B2）可以有效地促进氮低效品种花前物质转运和较高的追肥比例（B5），可以保证其生育后期的物质生产，使其在B2和B5处理下均能获得较高的生物量。

表 4　氮肥运筹对玉米花前干物质转运及花后干物质转化的影响

品种	氮肥运筹	花前转运量 RAP（t/hm²）		花前转运率 PRAP（%）		花前转运贡献率 CRAP（%）		花后积累量 APA（t/hm²）		花后积累贡献率 CAPA（%）	
		2015 年	2016 年	2015 年	2016 年	2015 年	2016 年	2015 年	2016 年	2015 年	2016 年
ZH 311	B1	0.50f	0.22d	9.16d	3.40d	7.53e	2.83e	6.18c	7.48cd	92.47a	97.17a
	B2	1.05cd	1.02ab	13.52cd	11.84ab	13.33d	10.97abc	6.84ab	8.26b	86.67ab	89.03cde
	B3	1.15cd	0.95ab	16.80c	11.82ab	15.86cd	10.12abc	6.12cd	8.46b	84.14bc	89.88cde
	B4	0.92cde	0.81abc	13.32cd	10.46bc	11.91de	8.03cd	6.81ab	9.20a	88.09ab	91.97bc
	B5	0.60ef	0.28d	9.02d	3.64d	7.64e	2.99e	7.23a	9.00a	92.36a	97.01a
	均值	0.84B	0.66B	12.36B	8.23B	11.25B	6.99B	6.64A	8.48A	88.75A	93.01A
XY 508	B1	0.81def	0.54cd	17.79c	12.46ab	14.86cd	8.63bc	4.70f	5.72e	85.14bc	91.37cd
	B2	1.88a	1.10a	29.55a	15.42a	26.56a	12.36ab	5.21e	7.81c	73.44e	87.64de
	B3	1.55ab	1.06ab	26.08ab	16.08a	21.58ab	12.70a	5.63de	7.27d	78.42de	87.30e
	B4	1.26bc	0.73bc	23.08b	11.56ab	18.81bc	8.98abc	5.40e	7.43d	81.19cd	91.02cde
	B5	0.94cde	0.39d	17.07c	6.24cd	12.63de	4.34de	6.50bc	8.51b	87.37ab	95.66ab
	均值	1.28A	0.77A	22.71A	12.35A	18.89A	9.40A	5.49B	7.35B	81.11B	90.60B
F 值	品种（C）	35.13**	6.21*	89.67**	18.26**	49.06**	8.89**	114.66**	241.84**	49.06**	8.89**
	氮（N）	17.82**	16.86**	11.44**	12.77**	12.88**	14.97**	18.61**	99.12**	12.88**	14.97**
	C×N	1.74ns	0.70ns	1.76ns	1.94ns	1.79ns	1.21ns	4.39*	15.84**	1.79ns	1.21ns

2.4　氮肥运筹对玉米产量及其构成的影响

品种类型、氮肥运筹及其互作对玉米穗粒数、千粒重和籽粒产量影响显著（$P<0.01$，表 26）。ZH 311 穗粒数和籽粒产量两年均显著高于 XY 308，2015 年高出 9.47%和 11.06%，2016 年高出 13.32%和 11.22%；而 XY 508 千粒重和收获指数两年均高于 ZH 311，2015 年高出 2.73%和 10.20%，2016 年高出 2.38%和 6.12%。氮肥运筹对玉米穗粒数、千粒重、籽粒产量和收获指数均有显著影响，增施氮肥可以改善玉米穗部形状、增加穗粒数和提高千粒重，从而提高玉米产量并伴随有收获指数的降低。两品种籽粒产量对氮肥运筹的响应差异显著（$P<0.01$），氮高效品种 ZH 311 籽粒产量两年均在 B4 处理下最高，而氮低效品种 XY 508 籽粒产量 2015 年在 B5 处理下最高，2016 年在 B2 处理下最高，但 B2 和 B5 处理籽粒产量两年均高于其他处理。两品种籽粒产量差异两年均表现出随追肥比例升高而先升高后降低的变化趋势。ZH 311 较 XY 508 的产量优势（即产量差，y）与追肥比例（x）在 2015 年和 2016 年的回归方程分别为 $y_{2015}=-0.000\,516x^2+0.041\,300x+0.482\,500$（$R^2=0.906\,4*$）和 $y_{2016}=-0.000\,916x^2+0.069\,380x+0.334\,50$（$R^2=0.981\,2*$），两年分别在追肥比例 40.02%和 37.87%时最大，分别达 1.31 t/hm² 和 1.65 t/hm²。

表 5　氮肥运筹对玉米收获指数、产量及其构成的影响

品种	氮肥水平	穗粒数		千粒重（g）		籽粒产量（t/hm²）		收获指数（%）	
		2015 年	2016 年	2015 年	2016 年	2015 年	2016 年	2015 年	2016 年
ZH 311	B1	491.26 de	521.31 fg	301.05 f	316.13 f	7.22 d	7.89 h	0.50 cd	0.49 c
	B2	520.56 bc	600.84 b	313.96 de	337.67 e	8.29 b	9.18 c	0.47 e	0.47 d
	B3	537.86 ab	585.64 c	317.30 cd	339.67 de	8.43 b	9.58 b	0.49 de	0.48 cd
	B4	542.17 a	627.33 a	323.23 bc	345.63 bcd	8.72 a	10.01 a	0.49 de	0.51 b
	B5	526.03 ab	581.41 c	319.22 cd	338.80 e	8.48 ab	8.94 d	0.49 de	0.48 cd
	均值	523.57 A	583.31 A	314.95 B	335.58 B	8.23 A	9.12 A	0.49 B	0.49 B

续表

品种	氮肥水平	穗粒数		千粒重（g）		籽粒产量（t/hm²）		收获指数（%）	
		2015 年	2016 年	2015 年	2016 年	2015 年	2016 年	2015 年	2016 年
XY 508	B1	456.66 f	437.58 h	307.29 ef	322.30 f	6.73 e	7.06 i	0.52 bc	0.54 a
	B2	504.53 cd	556.87 d	329.08 ab	353.17 a	7.76 c	8.80 de	0.54 ab	0.51 b
	B3	463.70 f	528.24 ef	322.61 bc	342.77 cde	7.38 d	8.19 g	0.55 a	0.52 b
	B4	473.70 ef	513.63 g	323.65 bc	348.70 abc	7.31 d	8.39 fg	0.54 ab	0.51 b
	B5	492.69 d	537.51 e	335.13 a	350.97 ab	7.85 c	8.58 ef	0.55 a	0.52 b
	均值	478.26 B	514.77 B	323.55 A	343.58 A	7.41 B	8.20 B	0.54 A	0.52 A
F 值	品种（C）	131.82**	781.32**	22.45**	32.67**	256.49**	345.84**	123.10**	175.98**
	氮（N）	12.62**	211.67**	19.04**	54.84**	69.95**	153.75**	1.19ns	12.63**
	C×N	7.97**	29.99**	2.72ns	3.20*	11.85**	27.80**	3.89*	19.24**

3 讨论

3.1 氮肥运筹对不同氮效率玉米品种物质生产的影响

生物量是作物产量形成的物质基础，合理的氮素供给是作物生物量的重要保障[25,26]。大量研究指出作物的生物量与试验条件，如土壤基础肥力、生育期积温和降水量密切相关[27,28]。本试验结果表明，2016 年生物量显著高于 2015 年，主要是因为 2016 年供试土壤基础肥力更高，且 2015 年花后降水量较少对其生物量也有一定影响。氮高效玉米品种 ZH 311 各处理生物量两年均显著高于氮低效品种 XY 508。这与崔超等[14,16]研究结果一致，氮高效品种生物量显著高于氮低效品种，且不同氮效率玉米品种生物量差异主要由吐丝后干物质积累差异引起。同时我们也发现氮肥运筹对不同氮效率玉米品种生物量差异也有重要影响，综合两年试验结果在 B4（50%基肥+50%追肥）处理下差异最大，B5（25%基肥+75%追肥）处理下差异最小。结果表明，与氮低效品种 XY 508 相比，氮高效品种 ZH 311 生物量具有明显的优势；适宜的基追肥比例能够充分发挥 ZH 311 生物量优势，而较高的追肥比例能够提高 XY 508 的生物量。

Worku 等[10]研究指出与氮低效玉米品种相比，氮高效玉米品种的氮高效主要反映在生育后期。本试验结果表明，氮高效品种 ZH 311 各阶段干物质积累量和生长速率均显著高于氮低效品种 XY 508，但两品种花后干物质积累差异显著高于花前。崔超等[16]用不同玉米杂交种也得到了类似的结果，表明氮高效玉米品种在生育后期能够推迟叶片的衰老以生产更多的光合产物。随追肥比例的升高，两品种花后/花前干物质均逐渐升高，但 XY 508 各处理增幅均高于 ZH 311，表明增加追肥比例能够有效地提高玉米花后干物质生产能力，但对氮低效品种 XY 508 的促进作用大于氮高效品种 ZH 311。因此，氮高效品种 ZH 311 各阶段干物质积累量和生长速率较氮低效品种 XY 508 均具有明显的优势，但其生物量优势主要来自花后较高的物质生产能力，而增加追肥比例能够显著提高氮低效品种 XY 508 花后干物质生产能力，减小两品种生物量差异。

籽粒灌浆过程中，花前营养器官积累干物质的再活化和花后叶片光合产物向籽粒的转运是玉米籽粒产量的最终来源[29]。氮肥运筹对玉米营养器官干物质转运和花后干物质生产影响显著。本试验结果表明，高基肥比例（B2 和 B3）可以显著提高玉米花前干物质转运量、转运率和转运贡献率，而高追肥比例（B4 和 B5）则能显著提高玉米的花后干物质积累量和贡献率。玉米籽粒产量在很大程度上取决于花后的光合生产能力，花后干物质积累对籽粒产量的贡献率在 70%以上，因此生育后期保持高光合效率及长的功能期是玉米获得高产的重要保障[30,31]。本试验结果表明，氮高效品种 ZH 311 花后尤其是成熟期仍保持较高的营养器官干物质分配比例有利于其保持较高的干物质生产能力，为生育后期籽粒灌浆保证充足的物质供给，使得其花后干物质积累量和积累贡献率均显著高于氮低效品种 XY 508，而较高的花后物质积累在一定程度上抑制了花前干物质转运，使其花前干物质转运量、转运率和转运贡献率均显著低于 XY 508，而转运率和转运贡献率两品种差异尤为明显，此结果与李文娟等[14]结论一致。因此，与氮低效品种 XY 508 相比，较高的根系吸收能力和光合器官分配比例显著地提高了氮高效品种 ZH 311 的干物质生产能力，同时较低的花前干物质转运量和转运率有效地延缓了其光合器官的衰老，使得其花后干物质生产能力显著高于 XY 508，最终提高其生物量。

3.2　氮肥运筹对不同氮效率玉米品种产量形成的影响

大量研究表明，施氮能够提高作物的叶面积指数，增加光合产物的积累和转运，推迟光合器官的衰老，并最终提高作物籽粒产量[32,33]。本研究中，施氮显著提高了玉米各阶段的干物质积累量和生长速率，改善了茎叶干物质分配比例，协调了根系与地上部干物质分配，促进了花前干物质转运和花后干物质积累，导致生物量显著提高，并最终显著提高了玉米的穗粒数、千粒重和籽粒产量。氮高效品种 ZH 311 各处理穗粒数和籽粒产量均显著高于氮低效品种 XY 508，而 XY 508 千粒重和收获指数则更高，此结果与 Chen 等[6,34]在其他玉米品种上的研究结果一致，氮高效品种较氮低效品种具有明显的产量优势，且其产量优势主要来自于较高的穗粒数。

同时我们也发现，氮肥运筹对两品种籽粒产量差异影响显著。两品种籽粒产量差异两年均随追肥比例的升高而先增后减，两年均在 B4（50%基肥+50%追肥）处理下产量差异最大。两年试验结果平均，ZH 311 和 XY 508 籽粒产量差异（y）与追肥比例（x）的回归方程是 $y=-0.000\,716x^2+0.055\,340x+0.408\,500$（$R^2=0.959\,2*$），表明在追肥比例 38.65%时两品种产量差异最大，即基肥 61.35%+追肥 38.65%时，氮高效品种 ZH 311 较氮低效品种 XY 508 产量优势最大达 1.48 t/hm^2。综上表明，合理的氮肥运筹能够有效地改善玉米的籽粒产量，但不同氮效率玉米品种需肥规律不尽一致。氮高效品种 ZH 311 在基肥 61.35%+追肥 38.65%时，既能获得较高的花前干物质转运，又能保持较高的花后干物质积累，能够充分地发挥其产量优势；较高的基肥比例能促进氮低效品种 XY 508 花前干物质的转运，而较高的追肥比例能提高其花后干物质积累，但花后干物质积累对玉米籽粒产量的贡献更大，因此较高的追肥比例更有利于其籽粒产量的提高，在一定程度上弥补产量的不足。

参考文献

[1] Chen X P，Cui Z L，Fan M S，et al. Producing more grain with lower environmental costs [J]. Nature，2014（514）：486－489.

[2] Ray D K，Mueller N D，West P C，et al. Yield trends are insufficient to double global crop production by 2050 [J]. Plos One，2013，8（6）：e66428.

[3] Zhang F S，Chen X P，Vitousek P. An experiment for the world [J]. Nature，2013（497）：33－35.

[4] Kong X. China must protect high-quality arable land [J]. Nature，2014（506）：7.

[5] Liu X J，Zhang Y，Han W X，et al. Enhanced nitrogen deposition over China [J]. Nature，2013（494）：459－462.

[6] Mu X H，Chen F J，Wu Q P，et al. Genetic improvement of root growth increases maize yield via enhanced post-silking nitrogen uptake [J]. Eur J Agron，2015（63）：55－61.

[7] Kosgey J R，Moot D J，Fletcher A L，et al. Dry matter accumulation and post-silking N economy of ‘stay-green’ maize（Zea mays L.）hybrids [J]. Eur J Agron，2013（51）：43－52.

[8] Moll R H，Kamprath E J，Jackson W A. Analysis and interpretation of factors which contribute to eficiency of N utilization [J]. Agron J，1982（74）：562－564.

[9] Hoener I R, Deturk E E. The absorption and utilization of nitrate nitrogen during vegetative growth by illinois high protein and illinois low protein corn [J]. J Am Soc Agron, 1938: 232-242.

[10] Worku M, Bänziger M, Erley G S A M, et al. Nitrogen uptake and utilization in contrasting nitrogen efficient tropical maize hybrids [J]. Crop Sci, 2007, 47 (2): 519-528.

[11] D'Andrea K E, Otegui M E, Cirilo A G, et al. Genotypic variability in morphological and physiological traits among maize inbred lines-nitrogen responses [J]. Crop Sci, 2006, 46 (3): 1266-1276.

[12] 尹枝瑞. 不同玉米品种类型的生物学特性与高产栽培技术研究 [J]. 吉林农业科学, 1989 (2): 6-13.

[13] 米国华, 陈范骏, 春亮, 等. 玉米氮高效品种的生物学特征 [J]. 植物营养与肥料学报, 2007, 13 (1): 155-159.

[14] 李文娟, 何萍, 高强, 等. 不同氮效率玉米干物质形成及氮素营养特性差异研究 [J]. 植物营养与肥料学报, 2010, 16 (1): 51-57.

[15] 春亮, 陈范骏, 张福锁, 等. 不同氮效率玉米杂交种的根系生长、氮素吸收与产量形成 [J]. 植物营养与肥料学报, 2005, 11 (5): 615-619.

[16] 崔超, 高聚林, 于晓芳, 等. 不同氮效率基因型高产春玉米花粒期干物质与氮素运移特性的研究 [J]. 植物营养与肥料学报, 2013, 19 (6): 1337-1345.

[17] 马存金, 刘鹏, 赵秉强, 等. 施氮量对不同氮效率玉米品种根系时空分布及氮素吸收的调控 [J]. 植物营养与肥料学报, 2014, 20 (4): 845-859.

[18] Li Q, Wu Y W, Chen W, et al. Cultivar differences in root nitrogen uptake ability of maize hybrids [J]. Front Plant Sci, 2017 (8): 1060.

[19] 李强, 罗延宏, 谭杰, 等. 玉米杂交种苗期耐低氮指标的筛选与综合评价 [J]. 中国生态农业学报, 2014, 22 (10): 1190-1199.

[20] 李强, 罗延宏, 余东海, 等. 低氮胁迫对耐低氮玉米品种苗期光合及叶绿素荧光特性的影响 [J]. 植物营养与肥料学报, 2015, 21 (5): 1132-1141.

[21] 吴雅薇, 李强, 豆攀, 等. 低氮胁迫对不同耐低氮玉米品种苗期伤流液性状及根系活力的影响 [J]. 植物营养与肥料学报, 2017, 23 (2): 278-288.

[22] Ma S C, Duan A W, Wang R, et al. Root-sourced signal and photosynthetic traits, dry matter accumulation and remobilization, and yield stability in winter wheat as affected by regulated deficit irrigation [J]. Agr Water Manage, 2015 (148): 123-129.

[23] Zhou B Y, Yue Y, Sun X F, et al. Maize grain yield and dry matter production responses to variations in weather conditions [J]. Agron J, 2016 (108): 196-204.

[24] 文熙宸, 王小春, 邓小燕, 等. 玉米—大豆套作模式下氮肥运筹对玉米产量及干物质积累与转运的影响 [J]. 作物学报, 2015, 41 (3): 448-457.

[25] Chen J W, Yang Z Q, Zhou P, et al. Biomass accumulation and partitioning, photosynthesis, and photosynthetic induction in field-grown maize (*Zea mays* L.) under low-and high-nitrogen conditions [J]. Acta Physiol Plant, 2013 (35): 95-105.

[26] Chen K, Kumudini S V, Tollenaar M, et al. Plant biomass and nitrogen partitioning changes between silking and maturity in newer versus older maize hybrids [J]. Field Crops Res, 2015 (183): 315-328.

[27] Ohsumi A, Furuhata M, Matsumura O. Climatic responses of biomass production and grain yield in Japanese high-yielding rice cultivars under different transplanting times [J]. Field Crops Res, 2014 (168): 38-47.

[28] Sim R E, Moot D J, Brown H E, et al. Sowing date affected shoot and root biomass accumulation of lucerne during establishment and subsequent regrowth season [J]. Eur J Agron, 2015 (68): 69-77.

[29] 孙雪芳, 丁在松, 侯海鹏, 等. 不同春玉米品种花后光合物质生产特点及碳氮含量变化 [J]. 作物学报, 2013, 39 (7): 1284-1292.

[30] Ning P, Li S, Yu P, et al. Post-silking accumulation and partitioning of dry matter, nitrogen, phosphorus and potassium in maize varieties differing in leaf longevity [J]. Field Crops Res, 2013 (144): 19 - 27..

[31] 武文明，陈洪俭，王世济，等．氮肥运筹对苗期受渍夏玉米干物质和氮素积累与转运的影响 [J]. 作物学报，2015，41 (8)：1246 - 1256.

[32] Gaju O, Desilva J, Carvalho P, et al. Leaf photosynthesis and associations with grain yield, biomass and nitrogen-use efficiency in landraces, synthetic-derived lines and cultivars in wheat [J]. Field Crops Res, 2016 (193): 1 - 15.

[33] 曹胜彪，张吉旺，董树亭，等．施氮量和种植密度对高产夏玉米产量和氮素利用效率的影响 [J]. 植物营养与肥料学报，2012，18 (6)：1343 - 1353.

[34] Chen Y L, Xiao C X, Wu D L, et al. Effects of nitrogen application rate on grain yield and grain nitrogen concentration in two maize hybrids with contrasting nitrogen remobilization efficiency [J]. Eur J Agron, 2015 (62): 79 - 89.

供氮水平对不同氮效率玉米物质积累及产量的影响*

马晓君　李　强　王兴龙　豆　攀　朱　敏　袁继超　孔凡磊*

农业部西南作物生理生态与耕作重点实验室/四川农业大学农学院，四川成都　611130

摘要：在3个氮水平（0 kg/hm²、150 kg/hm²、300 kg/hm²）下，采用大田盆栽试验研究氮肥对不同氮效率玉米品种干物质积累、分配及产量的影响。结果表明，氮高效品种正红311各阶段干物质积累量、积累速率均显著高于氮低效品种先玉508，尤其在三个氮水平下，成熟期氮高效品种正红311单株干物质较氮低效品种先玉508分别高37.63%、43.97%、35.28%。施氮使单株干物质积累量增加，在中低氮（B2）下正红311增加幅度大于先玉508，而在高氮（B3）处理下增幅低于先玉508；先玉508的花前干物质贡献率较正红311高9.80%，且施氮增加了氮高效品种正红311花后物质贡献率，以及氮低效品种先玉508的花前物质贡献率。氮高效品种正红311籽粒的分配比例较先玉508低了8.07%，施氮使籽粒的分配比例增加，且氮高效品种正红311增加了14.35%，氮低效品种先玉508增加了11.53%。各处理下正红311的产量显著高于先玉508的产量，且均随施氮量的增加而增加，正红311的增产幅度显著高于先玉508，尤其在中低氮水平（B2）下，达24.53%。氮高效品种较氮低效品种具有较高的物质生产能力，在低氮下具有较高的产量优势，而氮低效品种在高氮水平下有利于产量的发挥。

关键词：氮效率玉米；物质积累；氮水平；产量

玉米是我国主要粮食作物之一，年产量居世界第二[1]。化肥对作物的增产效应明显，有研究表明[2]，在我国化肥对作物的增产贡献作用达到了40%～60%，而其中氮肥的作用最大。氮肥是玉米氮素的主要来源，合理施用氮肥是玉米高产稳产的重要保证，氮肥施用量对不同玉米品种的干物质积累[3]和分配的影响不同，而在同一氮肥水平条件下，生物产量的高低是衡量不同品种或材料对氮素吸收效率高低的重要指标。大量研究结果表明，玉米对氮素吸收和利用的能力以及对氮肥的反应存在显著的基因型差异[4-7]，氮高效品种对氮的吸收效率高，对氮素的利用效率高，氮低效型品种反之。近年来，玉米品种的耐低氮能力和氮素利用效率越来越受研究者的关注[8,9]，而在玉米生产中，选育氮高效型玉米品种是在提高氮肥利用效率、确保玉米高产的同时，减少环境污染的有效途径[10]。但到目前为止，关于不同氮效率基因型玉米干物质积累和籽粒发育差异的研究尚未达成共识。本文以不同氮效率玉米品种为试验材料，通过大田盆栽试验开展氮肥对不同氮效率玉米品种物质积累和产量特性差异研究，以期为川中丘陵旱地玉米高产栽培提供理论依据。

1　材料与方法

1.1　试验材料

前期试验筛选出的氮高效品种正红311和氮低效品种先玉508[11-13]。

* **基金项目**：公益性行业（农业）科研专项经费（201503127）；国家科技支撑计划项目（2012BAD04B13）

1.2 试验时间地点

2014 年 3~8 月，简阳市芦葭镇英明村，位于东经 104.53°北纬 30.38°，海拔 429 m。

1.3 试验设计

采用大田盆栽试验，培养桶高 30 cm，直径 30 cm，培养土为丘陵耕层 0~20 cm 土层紫色黏土。试验前用土壤粉碎机将土块打细并混合均匀备用。两因素随机区组设计，A 因素品种：A1－正红 311；A2－先玉 508；B 因素－施氮量（纯氮）：B1－0 kg/hm^2，B2－150 kg/hm^2，B3－300 kg/hm^2。采用育苗移栽的方法，于两叶一心时进行移栽，每盆种两株玉米。每个桶底留 5 个小孔，以免桶底积水影响玉米生长，将桶埋入挖好的 35 cm 深的土壤里，宽窄行排列，宽行 140 cm，窄行 40 cm，密度为3 400×15 株/hm^2。每桶装入事先粉碎好风干的土 20 kg，在装入 18 kg 土时施入底肥，再在表层装入 2 kg 土，每桶定量浇水 4 L，盖上地膜。供试土壤基础肥力：有机质 16.60 g/kg，全氮 1.24 g/kg，全磷 0.73 g/kg，全钾 12.54 g/kg，碱解氮 25.22 mg/kg，速效磷 13.54 mg/kg，速效钾 138.75 mg/kg，pH 值为 8.63。磷钾肥采用大田生产常规施用量，过磷酸钙 600 kg/hm^2，氯化钾 150 kg/hm^2，磷钾肥一次性基施，氮肥 50%基施，50%穗肥于大喇叭口期施入，施肥时按土壤重量施用，其他管理措施同当地生产实际。每处理 3 次重复，每重复 20 盆，每处理共 60 盆，每品种 180 盆，共计 360 盆。

1.4 测定项目与方法

1.4.1 植株干物质积累

于拔节期、大喇叭口期、吐丝期、灌浆期（吐丝后 20 d）和成熟期取样共 5 次，每次每重复选取有代表性植株 4 株。按叶、茎鞘、雌穗和根分样，于 105 ℃下杀青 60 min，80 ℃下烘干至恒重，测定各器官干重，计算植株干物质积累量和干物质生长速率。

干物质生长速率＝干物质积累量/生长天数。

1.4.2 产量的测定

统计收获前每小区，有效穗数、空秆率和双苞度，采用平均穗重法选取 10 穗考种，并实收计产。考察穗长、穗粗、秃尖长、穗行数、行粒数、单穗重、穗粒数、百粒重等。

1.5 数据分析

用 Excel 2013 软件进行数据处理，用 DPS 7.05 作统计分析，LSD 法（$P<0.05$）进行显著性检验。

2 结果与分析

2.1 氮肥施用量对玉米干物质积累特征的影响

干物质积累是玉米产量形成的物质基础，表 1 结果表明，品种与施氮量对玉米各时期干物质积累量的影响均达极显著水平，且品种与施氮量对各时期的干物质积累量影响的互作效应均达显著（$P<0.05$）或极显著水平（$P<0.01$）。随生育进程两品种干物质积累差异加大，在成熟期达到最大。氮高效品种正红 311 拔节期、大喇叭口期、吐丝期、灌浆期、成熟期的单株干物质积累量较氮低效品种先玉 508 平均分别高 2.28 g、11.56 g、16.35 g、25.24 g 和 61.81 g。施氮显著提高了玉米各主要生育时期干物质积累量，但不同氮效率品种氮效应差异显著。各施氮水平下氮高效品种在各时期均具有较高的干物质生产量。成熟期氮高效品种正红 311 在三个氮水平下单株干物质较氮低效品种先玉 508 分别高 37.63%、43.97%、35.28%。与不施氮处理（B1）相比，氮高效品种正红 311 在施氮处理 B2 和 B3 下，成熟期单株干物质分别提高了 179.64%、211.31%；氮低效品种先玉 508 在 B2 和 B3 下分别提高了 167.33%、216.73%；与中低氮水平（B2）相比，氮高效品种正红 311 和氮低效品种先玉 508

在高氮（B3）水平下，单株干物质积累分别提高了11.33%、18.48%。这表明，氮高效品种在低氮水平下具有较高的物质生产能力，但氮低效品种在高氮水平下有较高的物质积累。

表1　不同时期各处理单株干物质积累　　单位：g/株

处理		拔节期	大喇叭口期	吐丝期	灌浆期	成熟期
A1	B1	11.29 e	27.33 d	40.93d	49.58e	95.60 e
	B2	19.44 b	71.27 b	106.40b	166.33b	267.34 b
	B3	21.56 a	82.22 a	122.98a	187.68a	297.62 a
	平均	17.43 A	60.27 A	90.11A	134.53A	220.19 A
A2	B1	10.21 f	21.97 e	27.96e	33.36f	69.46 f
	B2	16.68 d	61.11 c	94.67c	140.59d	185.69 d
	B3	18.22 c	63.06 c	98.64c	153.91c	220.00 c
	平均	15.04 B	48.71 B	73.76B	109.29B	158.38 B
F－值	A	90.32**	419.33**	193.85**	502.13**	208.09**
	B	492.12**	2 838.77**	1 660.71**	5 178.07**	639.82**
	A×B	7.21*	51.34**	11.67**	20.25**	17.39**

注：A—品种，A1—正红311、A2—先玉508；B—施氮量（纯氮），B1—0kg/hm²、B2—150 kg/hm²、B3—300 kg/hm²。不同小写字母表示同一时期各处理间数据在5%水平上差异显著，不同大写字母表示品种间在5%水平上差异显著。*、**分别表示在0.05和0.01水平上差异显著。下同。

从图1可以看出，玉米花前干物质积累对成熟期干物质积累的贡献受品种类型及氮素水平的影响而不同。氮高效品种正红311和氮低效品种先玉508吐丝前物质对成熟期物质积累贡献平均分别为41.35%、45.40%，而先玉508较正红311高4.05%。施氮使氮高效品种正红311的花前贡献率降低，使氮低效品种先玉508升高。与不施氮（B1）比较，正红311在施氮处理B2和B3分别降低了7.06%、3.50%，而先玉508在B2和B3分别提高了21.06%、10.24%。这表明，施氮能提高A1花后物质贡献率，而能提高A2花前物质贡献率。

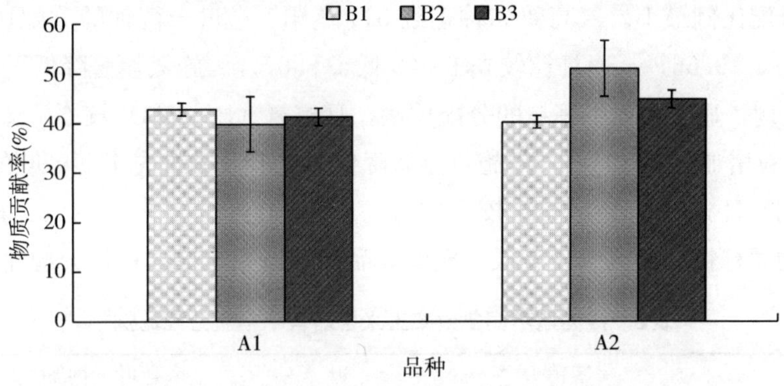

图1　各处理花前干物质积累对植株成熟期干物质贡献率

玉米生长过程主要包括营养生长期（播种－拔节）、营养生长与生殖生长并进期（拔节－吐丝）和生殖生长期（吐丝－成熟）三个阶段，表2结果表明，品种与施氮量对植株各阶段的干物质生长速率的影响均达极显著水平（$P<0.01$），但从品种与施氮量的交互作用看，品种与施氮量的互作效应对各阶段干物质生长速率的影响，只在拔节期到大喇叭口期和灌浆期到成熟期达极显著水平（$P<0.01$），其他阶段均未达显著水平。随生育进程玉米干物质积累速率逐渐加大，在灌浆－成熟期达到最大。不同氮效率玉米品种干物质积累速率差异显著，氮高效品种正红311播种－拔节、拔节－大口、大口－吐丝、吐丝－灌浆和灌浆－成熟各阶段干物质积累速率较先玉508分别高17.65%、26.71%、18.99%、24.16%和74.69%。不施氮处理（B1）下，两品种干物质积累速率均在吐丝－灌浆阶段最低，但正红

311 较先玉 508 下降时期更晚，表明在低氮条件下氮高效品种正红 311 能更好地保持干物质积累。施氮显著提高了玉米各阶段干物质积累速率，但对不同氮效率玉米品种的影响差异较大。与不施氮（B1）相比，正红 311 在施氮下（B2、B3）各阶段干物质积累速率平均分别提高了 0.21 g/d、1.92 g/d、1.74 g/d、2.69 g/d 和 2.98 g/d；先玉 508 则分别提高了 0.17 g/d、1.57 g/d、2.04 g/d、2.26 g/d 和 0.97 g/d，表明氮肥对氮高效品种正红 311 干物质积累速率的促进作用大于先玉 508。

表 2　各处理各阶段干物质生长速率　　单位：g/d

处理		播种期—拔节期	拔节期—大口期	大口期—吐丝期	吐丝期—灌浆期	灌浆期—成熟期
A1	B1	0.26 d	0.76 d	0.97 c	0.43 d	2.30 c
	B2	0.44 ab	2.47 b	2.51 b	3.00 ab	5.05 a
	B3	0.49 a	2.89 a	2.91 a	3.23 a	5.50 a
	平均	0.40 A	2.04 A	2.13 A	2.22 A	4.28 A
A2	B1	0.23 d	0.56 e	0.43 d	0.27 d	1.81 c
	B2	0.38 c	2.12 c	2.40 b	2.30 c	2.25 c
	B3	0.41 bc	2.14 c	2.54 b	2.76 b	3.30 b
	平均	0.34 B	1.61 B	1.79 B	1.78 B	2.45 B
F—值	A	21.78**	180.14**	13.79**	26.05**	79.51**
	B	106.81**	1 295.52**	188.86**	363.23**	45.61**
	A×B	1.98	25.10**	1.85	3.19	11.27**

2.2　氮肥施用量对玉米各器官干物质分配比例的影响

各时期玉米各器官干物质积累量不同，分配比例也不相同。表 3 结果表明，品种对成熟期玉米各器官在植株中分配比例的影响除叶未达显著水平外，其他器官达显著（$P<0.05$）或极显著水平（$P<0.01$）；而施氮量对器官的分配比例的影响均达显著（$P<0.05$）或极显著水平（$P<0.01$）；且品种与施氮量的互作效应对各器官的分配比例的影响均未达显著水平。从分配比例看，成熟期籽粒的干物质分配比例最大，叶分配比例最小。氮高效品种正红 311 茎鞘、苞叶+穗轴的分配比例分别较氮低效品种先玉 508 高 6.36%、19.56%，而籽粒较先玉 508 低了 8.07%。施氮显著降低了氮高效品种正红 311 苞叶+穗轴的分配比例，显著增加了籽粒的分配比例，且施氮（B2、B3）较不施氮（B1），苞叶+穗轴降低了 20.33%，籽粒增加了 14.35%。而施氮显著降低了氮低效品种先玉 508 叶的分配比例，显著增加了籽粒的分配比例，且施氮（B2、B3）较不施氮（B1），叶降低了 16.17%，籽粒增加了 11.53%。氮高效品种成熟期物质籽粒分配比例显著低于氮低效品种，施氮能提高籽粒分配比例。

表 3　成熟期不同氮效率玉米各器官干物质分配比例　　单位：%

处理		茎鞘	叶	苞叶+穗轴	籽粒
A1	B1	25.54 a	13.46 ab	18.81a	42.19 c
	B2	24.00 abc	12.61 bc	14.59b	48.80 ab
	B3	24.69 ab	12.23 bc	15.38b	47.69 b
	平均	24.75 A	12.77 A	16.26A	46.23 B
A2	B1	24.49 ab	14.38 a	14.44bc	46.70 b
	B2	22.16 c	12.70 bc	12.78c	52.35 a
	B3	23.18 bc	11.41 c	13.59bc	51.82 a
	平均	23.27 B	12.83 A	13.60B	50.29A
F—值	A	7.39*	0.03	32.62**	16.35**
	B	4.26*	9.51**	14.18**	14.60**
	A×B	0.18	1.61	3.40	0.08

2.3 氮素对不同氮效率玉米品种产量及产量构成的影响

表4结果表明，品种与施氮量对玉米穗部性状和产量及产量构成因素的影响均达极显著水平（$P<0.01$），而品种与施氮量的互作效应对穗粗和千粒重的影响未达显著水平，但对穗长、穗粒数、产量的影响达显著（$P<0.05$）或极显著水平（$P<0.01$）。氮高效品种正红311的穗长、穗粗、穗粒数、产量均显著高于氮低效品种先玉508，千粒重则是先玉508更高。正红311的穗长、穗粗、穗粒数、产量分别较先玉508高了10.69%、4.27%、33.28%、17.28%，千粒重较先玉508低了16.94%。施氮显著改善了玉米的穗长、穗粗、穗粒数、千粒重和产量，但两品种各指标对氮肥的响应差异较大。与不施氮（B1）相比，正红311在施氮处理（B2、B3）下的穗长、穗粗、穗粒数、千粒重、产量平均分别增加了41.09%、25.96%、152.79%、22.27%和217.06%；而先玉508则分别增加了65.53%、27.16%、206.68%、25.74%和185.60%，表明施氮更有利于氮低效品种先玉508穗部性状及产量构成因素的改善。各氮肥水平下正红311的产量均高于先玉508，平均高17.28%，其中以B2处理增幅最大，达24.53%。施氮均显著提高了两品种籽粒产量，但提高幅度存在差异。与不施氮（B1）相比，施氮处理B2和B3下正红311的产量分别提高了200.94%和233.17%，而先玉508则分别提高了159.14%和212.06%，在中低氮水平（B2）下正红311的增产幅度较先玉508高，而在中高氮水平（B3）下两品种增产幅度差异大幅度缩小，这表明正红311的增产作用在中低氮水平更显著。

表4 不同氮水平下不同氮效率玉米的产量及其构成因素

处理		穗长（cm）	穗粗（mm）	穗粒数	千粒重（g）	产量（kg/hm^2）
A1	B1	10.32 c	42.09 d	165.76 d	225.60 d	2364.03 d
	B2	14.56 a	52.46 ab	423.11 a	270.55 bc	7114.38 b
	B3	14.56 a	53.57 a	414.94 a	281.13 b	7876.34 a
	平均	13.15 A	49.37 A	334.60 A	259.09 B	5784.92 A
A2	B1	8.27 d	40.09 e	105.58 e	266.24 c	2204.65 d
	B2	13.57 b	50.24 c	302.66 c	330.74 a	5713.16 c
	B3	13.81 b	51.71 b	344.92 b	338.81 a	6879.76 b
	平均	11.88 B	47.35 B	251.05 B	311.93 A	4932.52 B
F-值	A	49.29**	44.15**	208.06**	303.39**	37.54**
	B	320.25**	575.38**	739.02**	173.47**	504.42**
	A×B	4.94*	0.12	10.39**	4.10	6.91*

3 讨论

作物生长发育的一生是干物质量持续增长的一生，也是养分吸收量持续增长的一生[1,14]。本研究结果表明，随玉米生育进程单株干物质积累量增加，积累速率逐渐增加，不同氮效率的玉米生长速度不同。拔节期两种玉米之间生物产量差异相对较小，而从拔节期之后差异相对拉大，达极显著水平，说明不同品种各个时期对养分的需求量是不同的，这与陈范骏等[2]研究结果一致。氮高效品种正红311花前干物质贡献率低于氮低效品种先玉508，而干物质积累速率均高于先玉508，但两品种干物质积累差异主要来自于花后干物质积累，这与马存金等[15]研究结果基本一致。氮高效品种正红311在成熟期的营养器官干物质分配比例高于氮低效品种先玉508。

同一取样期，各处理的干物质积累量随施氮量的增加而增加，其原因主要是增施氮肥可以促进叶片的生长，延缓叶片的衰老，并增大叶面积持续期[16]，但施氮对整个生育过程玉米植株干物质积累的总体变化趋势影响不大，这与李佳等[3]研究结果一致。氮肥用量对不同生育期玉米干物质积累和分配的影响不同，本实验结果表明，成熟期的各器官干物质分配比例最大的是籽粒，各器官干物质随施氮量的增加而增加，但施氮量的不同对各器官的分配比例影响不一。所以，施肥不仅要遵循玉米一般的需肥规律，还应考虑不同氮效率玉米的个性需求，以便科学地适期适量施肥，使干物质积累量最大化，为高产提供基础。

氮是玉米生长发育过程中的主要肥料因子，有研究表明[17,18,19]随着施氮量的增加，玉米花后的干物质积累显著提高，从而提高玉米产量，但本研究结果表明，氮肥对氮高效玉米品种正红 311 的花后的干物质积累有显著提高，而对氮低效品种先玉 508 的花后干物质积累有所降低。有研究表明[20−22]在不同氮水平下氮高效品种较氮低效品种均有较大的产量优势。本实验研究结果表明，千粒重及玉米产量随施氮量的增加而增加，这与李佳等[3]的研究结果一致。氮高效品种正红 311 的千粒重显著小于氮低效的品种先玉 508，而产量显著高于氮低效的先玉 508，且氮高效品种正红 311 随施氮量的增加增产幅度显著高于氮低效品种先玉 508，特别是在中低氮水平下，这说明氮高效玉米虽然产量构成因素千粒重低，但低氮或不施氮情况下，氮高效玉米能有效地增加干物质积累及干物质分配比例，以达到高产。

4 结论

氮高效玉米品种正红 311 干物质积累量及积累速率均高于氮低效品种先玉 508；氮低效品种先玉 508 花前干物质贡献率较氮高效品种正红 311 高；氮高效品种正红 311 的营养器官在成熟期的分配比例较氮低效品种先玉 508 高，籽粒的分配比例较先玉 508 低；先玉 508 的千粒重显著高于正红 311，而产量及产量构成低于正红 311。施氮可以显著提高玉米的干物质积累、积累速率、产量及产量构成，而增加氮低效品种花前干物质贡献率，氮高效品种花后干物质贡献率。氮高效品种正红 311 的产量显著高于氮低效品种先玉 508，尤其是中低氮的 B2 处理。氮高效品种正红 311 更适宜中低氮水平下充分发挥其低氮条件下的产量优势，而先玉 508 耐肥水则应适当增加施氮量以保证其高产稳产。

参考文献

[1] 张家铜，彭正萍，李婷，等．不同供氮水平对玉米体内干物质和氮动态积累与分配的影响 [J]. 河北农业大学学报，2009，32 (2)：1－5.

[2] 陈范骏，春亮，鲍娟，等．不同氮效率玉米杂交种的营养生长及光合特征 [J]. 玉米科学，2006，14 (6)：127－130.

[3] 李佳，曹国军，耿玉辉，等．不同供氮水平对春玉米干物质积累及氮素吸收利用的影响 [J]. 中国农学通报，2014，27 (30)：208－212.

[4] Gallais A，Coque M. Genetic variation and selection for nitrogen use efficiency in maize：a synthesis [J]. Maydica，2005 (50)：531－574.

[5] 卢艳丽，陆卫平，王继丰，等．不同基因型糯玉米氮素吸收利用效率的研究 I. 氮素吸收利用的基因型差异 [J]. 植物营养与肥料学报，2006，12 (3)：321－326.

[6] 徐祥玉，张敏敏，翟丙年，等．夏玉米氮效率基因型差异研究 [J]. 植物营养与肥料学报，2006，12 (4)：495－499.

[7] 刘建安，米国华，张福锁．不同基因型玉米氮效率差异的比较研究 [J]. 农业生物技术学报，1999，7 (3)：248－254.

[8] Christopher J F，Judith Y B，Matthijs T，et al. Maize morph physiological responses to intense crowding and low nitrogen availability：an analysis and review [J]. Agron，2009 (101)：1426－1451.

[9] Coque M，Gallais A. Genetic variation among European maize varieties for nitrogen use efficiency under low and high nitrogen fertilization [J]. Maydica，2007 (52)：383－397.

[10] 李婷，申丽霞，黄彦凯．施氮对不同氮效率玉米干物质形成及籽粒发育的影响 [J]. 中国农学通报．2015，31 (12)：

62－66.
[11] 罗延宏．玉米苗期耐低氮品种汇总的筛选及其生理机制的初步研究［D］．成都：四川农业大学，2012.
[12] 李强，罗延宏，龙文靖，等．低氮胁迫对不同耐低氮性玉米品种苗期生长和生理特性的影响［J］．草业学报，2014，23（4）：204－212.
[13] 李强，罗延宏，谭杰，等．玉米杂交种苗期耐低氮指标的筛选与综合评价［J］．中国生态农业学报，2014，22（10）：1190－1199.
[14] 宋海星，李生秀．玉米生长量、养分吸收量及氮肥利用率的动态变化［J］．中国农业科学，2003，36（1）：71－76.
[15] 马存金，刘鹏，赵秉强，等．施氮量对不同氮效率玉米品种根系时空分布及氮素吸收的调控［J］．植物营养与肥料学报，2014，20（4）：845－859.
[16] 王进军，柯福来，白鸥，等．不同施氮方式对玉米干物质积累及产量的影响［J］．沈阳农业大学学报，2008，4（39）：392－395.
[17] 温日宇，郭耀东，刘建霞，等．氮肥施用量和施肥方式对玉米产量的影响［J］．现代农业科技，2013（20）：25－29.
[18] 易镇邪，王璞，张红芳，等．氮肥类型与施用量对夏玉米产量与品质性状的影响［J］．玉米科学，2006，14（2）：130－133.
[19] 李建奇，黄高保，牛俊义．氮肥对不同玉米品种产量和品质的影响研究［J］．耕作与栽培，2004（2）：22－24.
[20] 春亮，陈范骏，张福锁，等．不同氮效率玉米杂交种的根系生长、氮素吸收与产量形成［J］．植物营养与肥料学报，2005，11（5）：615－619.
[21] 崔超，高聚林，于晓芳，等．不同氮效率基因型高产春玉米花粒期干物质与氮素运移特性的研究［J］．植物营养与肥料学报，2013，19（6）：1337－1345.
[22] 李文娟，何萍，高强，等．不同氮效率玉米干物质形成及氮素营养特性差异研究［J］．植物营养与肥料学报，2010，16（1）：51－57.

配施有机肥减氮对川中丘区土壤微生物量与酶活性的影响*

王兴龙　朱　敏　杨　帆　豆　攀　张嘉莉　马晓君　袁继超　孔凡磊

四川农业大学农学院/农业部西南作物生理生态与耕作重点实验室，成都　611130

摘要：通过田间减施氮肥试验，设置减氮 20%+不施有机肥（N_1O_0），减氮 20%+普通有机肥（N_1O_1），减氮 20%+生物有机肥（N_1O_2），减氮 40%+不施有机肥（N_2O_0），减氮 40%+普通有机肥（N_2O_1），减氮 40%+生物有机肥（N_2O_2）处理，以不施肥（CK_0）和全氮 100%（N_{100}）为对照，研究配施有机肥减氮对川中丘区玉米土壤微生物量碳、土壤酶活性及玉米产量的影响，为玉米生产减氮增效提高玉米氮素利用率提供理论依据。结果表明，随施氮量减少土壤脲酶、蔗糖酶、过氧化氢酶活性及微生物量碳含量逐渐降低，较 N_{100} 相比 N_1O_0、N_2O_0，吐丝期微生物量碳分别降低 25.6 mg/kg、35.08 mg/kg；大喇叭口期脲酶降低 11.1%和 14.1%；蔗糖酶降低 30.4%、97.1%；产量降低 921.98 kg/hm^2，1 719.62 kg/hm^2。配施有机肥提高了土壤脲酶、蔗糖酶、过氧化氢酶活性、微生物量碳含量和玉米产量。与 N_1O_0 相比，N_1O_1、N_1O_2 土壤微生物量碳增加 38.57%和 54.45%；脲酶活性提高 9.73%和 14.82%；蔗糖酶提高 42.75%和 64.26%；过氧化氢酶提高 11.05%和 11.93%；增产 2%和 6%，且 N_1O_2 较 N_1O_1 产量提高 4.0%。配施生物有机肥减氮 20%降低了玉米秃尖长，增加了穗长、穗粒数、百粒重，玉米产量为 8 710.83 kg/hm^2。土壤微生物量碳、酶活性与玉米产量呈显著或极显著相关。说明配施生物有机肥减氮 20%，可以提高玉米生育期土壤微生物量碳、土壤酶活性，改善植株根系生长环境，促进玉米产量增加。

关键词：减氮；有机肥；土壤微生物量碳；土壤酶；玉米产量

玉米是我国第一大粮食作物，用途广、需求量大，提高玉米产量对确保我国粮食安全具有重要意义[1]。21 世纪以来我国成为氮肥需求量最大的国家，在占世界 9%的耕地上消耗了超过 30%的氮肥[2]。过量施用氮肥，不仅导致作物易倒伏、贪青晚熟、产量品质显著下降，还会降低氮肥利用效率，造成大量的氮肥流失，增加生产成本和造成环境污染[3,4]。为发展生态农业达到增产增效的目的，部分学者提出以有机肥代替化肥的解决措施[5,6]。有机肥富含大量有益菌和供作物生长所需微量元素，可均衡土壤养分，释放土壤固定态元素，特别是在改善土壤结构和保护农业生态环境方面具有化肥不可替代的作用。有机肥不仅直接增加土壤有效养分和改善土壤理化性质，还对土壤的生物和生物化学特性有明显的影响[7]，施用有机肥料可以显著提高土壤酶活性[8-10]。Böhme 等[11]研究发现，施用有机肥后，土壤有机碳含量上升，微生物碳量显著增加。

* **基金项目**：重点研发计划粮食丰产增效科技创新项目（2016YFD0300307）；公益性行业（农业）科研专项（20150312705）

配施有机肥减氮是减少氮肥用量，提高作物氮素利用的有效措施。近年来，单施有机肥[7,12]或有机肥与化肥配施[13,14]试验研究报道很多，研究不同种类的有机肥及配施有机肥减氮对川中丘区土壤理化性质的影响鲜见报道，配施有机肥减氮增效的机理不明，缺乏有关土壤生物活性特性的研究。本文通过田间试验，研究配施有机肥减氮对土壤微生物量碳含量、酶活性及玉米产量的影响，以期明确配施有机肥减氮增效的土壤生物学机制，为玉米生产减施氮肥提供理论依据。

1 材料与方法

1.1 试验地概况

试验于2016年4月1日，在四川省德阳市中江县新建村（104°63′E，30°95′N）进行，平均海拔625.3 m，最高海拔982 m，该地属亚热带季风性气候，年降水量882.5 mm，年均气温16.7 ℃，无霜期286 d。土壤类型为紫色黏质土，耕层（0~20 cm）土壤pH值7.55，有机质6.63 g/kg，全氮1.07 g/kg，全磷0.15 g/kg，全钾5.00 g/kg，碱解氮32.89 mg/kg，速效磷3.86 mg/kg，速效钾131.03 mg/kg。

1.2 试验材料

供试品种正红505，由四川农大正红生物技术有限责任公司生产。供试肥料尿素（氮≥46%）、氯化钾（K_2O≥52%）、过磷酸钙（P_2O_5≥12%），生物有机肥、普通有机肥由成都盖尔盖斯生物科技有限公司生产，普通有机肥养分组成有机质44.98 g/kg，全氮1.09%，全磷1.11%，全钾0.24%，生物有机肥养分组成有机质63.25 g/kg，全氮1.22%，全磷2.24%，全钾1.47%，有效活菌数≥0.2亿/g。

1.3 试验设计

试验采用两因素随机区组试验设计，设减氮20%（N_1）和减氮40%（N_2）2个水平，设不配施有机肥（O_0）、普通有机肥（O_1）、生物有机肥（O_2）3个水平，不施肥（CK_0）、全氮N 100%（N_{100}）2个对照试验，每个处理重复3次，24个小区，小区面积21 m^2（长7 m，宽3 m）。覆膜直播（穴播3粒再定苗），单株栽培，种植密度为49 500株/hm^2。肥料全部一次基施；其他栽管措施按当地高产要求进行，小区间保持一致。具体试验处理见表1，施肥处理全氮100%（N 270 kg/hm^2）、减氮20%（N 210 kg/hm^2）、减氮40%（N 162 kg/hm^2），生物有机肥（1 500 kg/hm^2）、普通有机肥（1 500 kg/hm^2），各处理磷（P_2O_5 75 kg/hm^2）、钾（K_2O 90 kg/hm^2）用量相同，包括通过有机肥施入的磷、钾。

表1 试验设计 单位：kg/hm^2

处理	尿素	有机肥料	过磷酸钙	氯化钾
CK_0				
N_{100}	586.96		625.07	172.94
N_1O_0	469.76		625.07	172.94
N_1O_1	469.76	1 500	591.25	169.61
N_1O_2	469.76	1 500	591.25	169.61
N_2O_0	352.08		625.07	172.94
N_2O_1	352.08	1 500	591.25	169.61
N_2O_2	352.08	1 500	591.25	169.61

1.4 样品采集及测定指标

在玉米拔节期（2016年5月10日）、大喇叭口期（2016年6月2日）、吐丝期（2016年6月18日）、成熟期（2016年7月31日）采集0~20 cm土样，取样时将每个小区平均划分为3个区域采集5个样点。样品带回实验室后手工拣去植物残体、砾石等，过2 mm筛，将一部分土样保存在4 ℃的冰箱中用于测定土壤微生物量碳，剩余部分风干过 1 mm 筛测定土壤酶活性。土壤酶活性的测定根据关松荫的方法[15]，土壤脲酶活性、蔗糖酶活性、过氧化氢酶活性分别采用苯酚钠—次氯酸钠比色法、3，5—二硝基水杨酸比色法、高锰酸钾滴定法。土壤微生物量碳采用氯仿熏蒸浸提法[16,17]。收获前，调查小区内收获穗数，均重法选取 20 个果穗考察穗长，穗粗，秃尖长，穗行数，行粒数，百粒重等，按小区实收计产。

1.5 数据处理

采用 Microsoft Excel 2010 软件处理数据与作图，DPS v7.05 软件进行统计分析。

2 结果与分析

2.1 不同施肥处理对玉米生育时期土壤微生物量碳的影响

土壤微生物量碳是土壤碳的周转与贮备库，是土壤有效碳的重要来源，是评价土壤养分有效性和土壤微生物状况的敏感指标。由表 2 可知，施氮和施用有机肥均显著提高了土壤微生物量碳含量，氮肥与有机肥配施对吐丝期土壤微生物量碳的互作效应达显著水平（$P<0.01$）。减氮显著降低了土壤微生物量碳含量，配施有机肥减氮则显著增加了土壤微生物量碳含量。土壤微生物量碳随施氮量的减少而降低，吐丝期 N_1O_0 和 N_2O_0 较 N_{100} 分别降低了 25.6 mg/kg 和 35.08 mg/kg，N_1O_2 和 N_1O_1 处理土壤微生物量碳较 N_1O_0 分别增加了 54.45% 和 38.57%，N_2O_2 和 N_2O_1 处理土壤微生物量碳比 N_2O_0 分别增加了 45.95% 和 33.68%。配施生物有机肥土壤微生物量碳明显高于普通有机肥，减氮 20% 处理下，N_1O_2 土壤微生物量碳较 N_1O_1 平均提高了 11.75%；减氮 40% 处理下，N_2O_2 土壤微生物量碳较 N_2O_1 平均提高了 11.97%。减氮 20% 配施有机肥能够显著提高土壤微生物量碳，且配施生物有机肥效果最佳。

表 2 不同施肥处理土壤微生物量碳的影响 单位：mg/kg

处理		拔节期	吐丝期	成熟期
CK_0		49.73d	79.27d	70.70c
N_{100}		85.72ab	120.13bc	95.93b
N_1O_0		62.57d	94.53bcd	82.61c
N_2O_0		54.57d	85.05cd	74.15c
N_1O_1		83.27bc	142.21a	109.24a
N_1O_2		104.30a	148.71a	115.13a
N_2O_1		64.83cd	108.91b	104.41ab
N_2O_2		83.36bc	113.48b	107.32ab
F—值	N	6.62*	19.65**	4.69
	O	11.06**	23.18**	40.26**
	NxO	0.42	8.29*	0.12

注：CK_0 为不施肥料；N_{100} 为全氮 100%；N_1O_0 为减施 20% 不配施有机肥料；N_2O_0 为减氮 40% 不配施有机肥料；N_1O_1 为减氮 20% 配施普通有机肥；N_1O_2 为减氮 20% 配施生物有机肥；N_2O_1 为减氮 40% 配施普通有机肥；N_2O_2 为减氮 40% 配施生物有机肥不同大、小写字母分别表示同类处理间差异达到极显著（$P<0.01$）和显著水平（$P<0.05$）。* 表示显著相关（$P<0.05$）；** 表示极显著相关（$P<0.01$）。下同。

2.2 不同施肥处理对玉米生育时期土壤脲酶的影响

脲酶的酶促反应产物氨是植物氮源之一，其活性可以表示土壤氮素状况。由图 1 可知，不同施肥处理土壤脲酶活性在各生育期呈先升高后降低的动态变化，大喇叭口期达到相对峰值。不同施肥处理显著提高土壤脲酶活性，各生育期脲酶活性均表现为 N_1O_2 处理最高，不施肥处理 CK_0 最低。大喇叭口期N_{100}、N_1O_0、N_1O_2、N_1O_1、N_2O_0、N_2O_1、N_2O_2脲酶活性与CK_0相比，增幅为11.48%～31.37%。大喇叭口期随施氮量的减少，土壤脲酶活性降低，N_1O_0和N_2O_0处理较N_{100}分别降低了11.1%和14.1%。大喇叭口期N_1O_2和N_1O_1处理脲酶活性较N_1O_0分别提高了14.82%和9.73%；且O_2较O_1提高了4.63%。大喇叭口期N_2O_1和N_2O_2脲酶活性较N_2O_0增加了6.03%和2.07%；且O_2较O_1增加了3.48%。配施有机肥减氮20%能够显著提高土壤脲酶活性，且配施生物有机肥效果最佳。

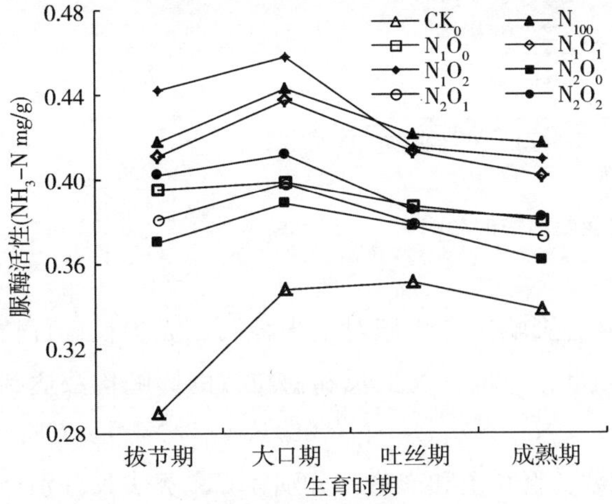

图1　不同施肥处理对脲酶活性的影响

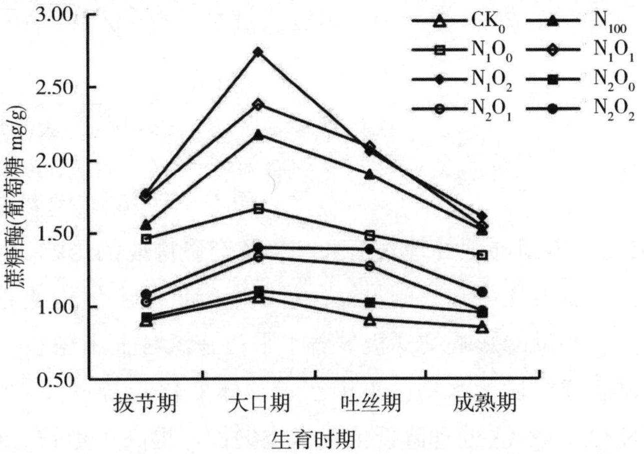

图2　不同施肥处理对蔗糖酶活性的影响

2.3　不同施肥处理对玉米生育时期土壤蔗糖酶的影响

蔗糖酶又名转化酶，参与土壤中碳水化合物的转化，对增加土壤中易溶性营养物质起着重要的作用。由图2可知，土壤蔗糖酶变化与土壤脲酶相同。不同施肥处理均提高了土壤蔗糖酶活性，其表现为$N_1O_2>N_1O_1>N_{100}>N_1O_0>N_2O_2>N_2O_1>N_2O_0>CK_0$。大喇叭口期$N_{100}$、$N_1O_0$、$N_1O_2$、$N_1O_1$、$N_2O_0$、$N_2O_1$、$N_2O_2$蔗糖酶活性与$CK_0$相比，增幅为3.6%～157.54%。大喇叭口期$N_1O_2$和$N_1O_1$较$N_1O_0$分别提高了64.26%和42.75%；$O_2$处理较$O_1$处理提高了15.06%。大喇叭口期$N_2O_2$和$N_2O_1$蔗糖酶活性较$N_2O_0$分别增加了26.88%和21.05%；且$O_2$处理较$O_1$处理增加了4.81%。施肥可以提高土壤蔗糖酶活性，减施氮肥与有机肥配施对蔗糖酶活性促进效果最明显，配施生物有机肥减氮20%对蔗糖酶活性的促进效果最优。

2.4　不同施肥处理对玉米生育时期土壤过氧化氢酶的影响

过氧化氢酶是表征土壤生物氧化过程强弱的氧化还原酶。由图3可知，不同施肥处理土壤过氧化氢活性在各生育期呈先升高后降低的动态变化趋势，吐丝期达到相对峰值。各生育时期N_1O_2、N_1O_1处理土壤过氧化氢酶都处于最高值，说明化肥适当减量并辅以有机肥仍可以使土壤过氧化氢酶活性维持在较高的水平，减少过氧化氢对植株毒害作用。吐丝期N_1O_1和N_1O_2较N_{100}分别提高了6.05%和6.89%，较N_1O_0分别提高了11.05%和11.93%；成熟期N_1O_1和N_1O_2较N_{100}分别提高了6.6%和8.7%，较N_1O_0分别提高了9.81%和12.09%。其他处理各生育期土壤过氧化氢酶活性变化差异不明显。配施生物有机肥土壤过氧化氢酶明显高于普通有机肥，减氮20%处理下，N_1O_2土壤过氧化氢酶较N_1O_1平均提高了0.87%；减氮40%处理下，N_2O_2土壤过氧化氢酶较N_2O_1平均提高了0.29%。适当氮肥减施配合有机肥可提高土壤过氧化氢酶活性，配施生物有机肥减氮20%处理，土壤过氧化氢酶活性最强。

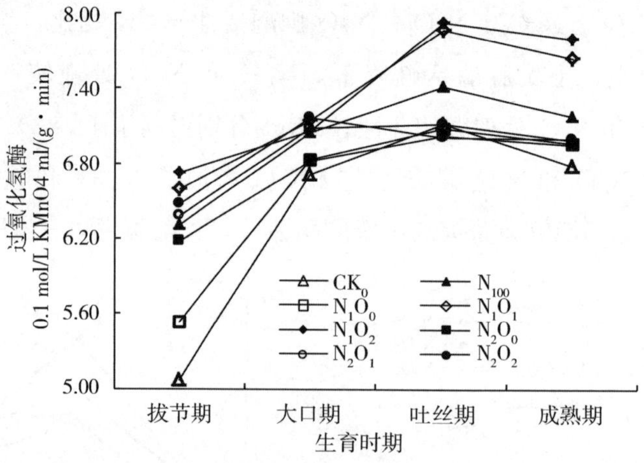

图 3　不同施肥处理对过氧化氢酶活性的影响

2.5　不同施肥处理对玉米产量及产量构成的影响

由表 3 可知，肥料组合对玉米产量及产量构成存在显著影响。有机肥对玉米穗长、秃尖长、百粒重、产量的影响均达极显著水平；施氮对玉米穗长、百粒重、产量、秃尖长和穗粒数的影响均数达到显著或极显著水平。玉米产量整体变化趋势 $N_1O_2>N_1O_1>N_{100}>N_1O_0>N_2O_2>N_2O_1>N_2O_0>CK_0$。$N_1O_2$、$N_1O_1$处理降低了玉米秃尖长，提高了穗长、穗粒数、百粒重和产量，分别较 CK_0秃尖长分别降低了 50.7%、52.9%；穗长分别提高了 46.8%和 44.8%；穗粒数分别提高了 123.1%和 119.8%；百粒重分别提高了 15.8%和 13.1%；产量分别增加了 294.7%和 279.7%。N_1O_2和 N_1O_1处理与 N_{100}相比产量分别增加了 6.0%，2.0%。N_1O_2和 N_1O_1较 N_1O_0玉米产量分别提高了 19.4%和 14.8%；N_2O_2和 N_2O_1较 N_2O_0分别提高了 7.9%和 7.0%。减氮 20%和 40%处理下，生物有机肥玉米穗部性状和产量都高于普通有机肥处理。氮肥适当减施并配施有机肥有助于降低玉米秃尖长、提高玉米的穗长、穗粒数、百粒重，从而提高了产量，其配施生物有机肥增产效果优于有机肥。

表 3　不同施肥处理对玉米产量及产量构成的影响

处理		穗长（cm）	秃尖（cm）	穗粒数	百粒重（g）	产量（kg/hm²）
CK_0		12.61d	1.34a	329.97d	20.82e	2 206.83e
N_{100}		18.17a	0.69bc	731.49ab	23.31ab	8 215.04b
N_1O_0		17.65ab	0.97abc	676.73abc	22.87abc	7 293.06c
N_2O_0		16.43c	1.00ab	627.57bc	21.18de	6 495.42d
N_1O_1		18.26a	0.63bc	725.43a	23.55ab	8 699.20ab
N_1O_2		18.52a	0.66c	736.28a	24.13a	8 710.83a
N_2O_1		16.70bc	0.82abc	645.17c	21.30cde	7 345.92c
N_2O_2		17.78ab	0.75abc	694.07abc	22.47bcd	8 006.90bc
	N	45.39**	6.34*	7.48*	85.48**	41.37**
F—值	O	13.75**	19.05**	2.75	13.93**	33.02**
	N_xO	1.9	0.95	0.70	0.88	1.08

2.6　土壤微生物量碳、酶活性与产量的相关性

由表 4 可知，玉米产量与土壤微生物量碳、土壤酶之间呈显著性相关。各生育期土壤脲酶与产量均呈极显著正相关，土壤微生物量碳与玉米产量呈显著正相关；拔节期与吐丝期土壤蔗糖酶与玉米产量呈显著正相关；拔节期与大口期过氧化氢酶与玉米产量呈极显著正相关或显著正相关。拔节期土壤微生物量碳、土壤酶与产量均呈极显著相关，且相关系数相对较高。可以看出不同施肥处理在拔节期

对玉米产量的影响较大，说明通过不同施肥措施改善玉米种植土壤质量，提高土壤肥力，对玉米产量的提高具有重要作用。

表 4　土壤微生物量碳、酶活性与产量之间的相关系数

土壤指标	相关系数		
	拔节期	大口期	吐丝期
土壤微生物量碳	0.73*	0.68*	0.69*
土壤脲酶	0.97**	0.87**	0.83**
土壤蔗糖酶	0.68*	0.66	0.73*
土壤过氧化氢酶	0.81**	0.75*	0.44

3　讨论

施肥能提高土壤微生物量和碳含量，且化肥配施有机肥效果更明显，其原因是改善了土壤理化环境，有利于土壤有机质的降解和微生物量碳的增加[18]。本试验中，各生育期施肥处理土壤微生物量碳呈先升高后降低的变化趋势，主要原因是玉米前期生长旺盛，根系分泌物多，导致进入土壤的新鲜有机物质显著增加，刺激土壤微生物的生长和繁殖，致使土壤微生物量碳增加，进而满足植物生长的需要；后期根系吸收速率下降，活化能力下降，土壤微生物活性下降，导致土壤微生物量碳含量下降，这与姜佰文等[19]、门倩等[20]研究结果一致。配施有机肥减氮 20%、40%显著提高了土壤微生物量碳含量且明显高于化肥处理，其变异范围与 Mandal 等[21]观测的结果相近，这可能是施肥直接增加根系分泌物和生物量，加快了土壤微生物生长，配施有机肥不仅增加了土壤养分，而且也为微生物提供了充足的碳源，使土壤微生物碳量明显高于单施氮肥处理。配施生物有机肥减氮 20%土壤微生物量碳达到最高值，主要是生物有机肥中有机质养分高改善了土壤性质、有效活菌数多增加了微生物的数量，刺激土壤微生物的生长和繁殖从而提高了土壤微生物的生物量。

土壤酶活性是表征土壤生物活性和土壤肥力的重要指标。不同施肥处理影响土壤微生物区系构成、生物量和代谢过程，改变土壤酶活性。酶活性会随着施肥种类、管理与耕作方式、作物种类、土壤水分和环境条件的变化而受到影响，施有机肥可增加土壤酶活性[22,23]。本研究显示，土壤酶随着玉米生长发育其活性自拔节期开始逐渐升高，脲酶、蔗糖酶在大喇叭口期达到活性高峰，而过氧化氢在吐丝期达到活性高峰。施肥处理均提高了土壤酶活性，配施有机肥，土壤脲酶、蔗糖酶、过氧化氢酶活性均显著提高这与门倩等[20]、宋震震等[8]、孙甜田等[24]研究结果一致；配施有机肥虽提高了过氧化氢酶活性但提高幅度较小，与张鹏等[7]研究结果一致，主要因为过氧化氢酶活性会随着施肥种类、管理与耕作方式、作物种类、土壤水分和环境条件的变化而受到影响。本试验表明，配施有机肥减氮 20%、40%土壤脲酶、蔗糖酶、过氧化氢酶活性明显高于不配施有机肥处理，主要是因为有机肥的施入提高了土壤有机质含量，增加了土壤微生物的碳源，促进微生物繁殖，从而增加了土壤酶的保护性位点，刺激了酶活性的提高[25]，有机肥施入改善了土壤物理和化学性质，为微生物提供了良好的环境，加速有机质分解，为土壤酶提供了足够的底物。配施生物有机肥减氮 20%土壤酶活性效果最佳，主要是因为生物有机肥中有机质丰富，为土壤酶提供更多的底物，其次生物有机肥中有效活菌较多增加了土壤微生物量，提高了微生物活性，参与土壤中物质转化，增加土壤中易溶性营养物质，从而促进土壤酶活性。

产量的提高在一定程度内与施肥种类、数量和配施方式等密切相关[26]。无机肥料肥效较快，易被作物吸收利用，有机肥分解缓慢，具有长效性，一定比例有机与无机肥料配施，可满足作物生长并获得较高产量[27]。本试验研究表明，玉米产量随施氮量减少而降低，N_1O_2、N_1O_1处理较N_1O_0玉米增产19.4%，14.8%。配施有机肥减氮20%降低了玉米秃尖长，提高了果穗长度、穗粒数及产量，N_1O_2、N_1O_1处理较N_{100}相比分别增产6.0%，2.0%，其配施生物有机肥增产较高。相关分析可知，产量与土壤微生物量碳以及土壤酶活性具有相关性，不同施肥处理在拔节期对玉米产量的影响较大，表明土壤微生物量和酶活性与玉米产量提高密切相关，有待进一步研究。

4 结论

玉米生育期间不同施肥模式土壤微生物量碳含量、土壤酶活性总体上均呈先增后降的趋势，且均在玉米长势旺盛时，土壤微生物量碳、土壤过氧化氢酶在吐丝期期，土壤脲酶。土壤蔗糖酶在大喇叭口期相对较高。减氮20%与生物有机肥配施，土壤微生物量碳及酶活性达到最高。

玉米产量随施氮量的减少而降低；其中配施有机肥减氮20%降低了玉米秃尖长，提高了果穗长度、穗粒数及产量，配施有机肥减氮20%较正常施氮相比分别增产6.0%，2.0%，其配施生物有机肥增产较高达到8 710.83 kg/hm^2。拔节期不同施肥处理土壤微生物量碳、土壤酶活性对玉米产量的影响较大，不同施肥措施改善玉米种植土壤质量，提高土壤肥力，对玉米产量的提高具有重要作用。

商品有机肥作为一种新型的肥料和土壤调理剂，有着非常重要的开发和推广利用潜力。不同有机肥在不同地区、不同作物和不同的栽培技术要求环境下，作用及施用技术还有待于进行广泛的试验研究。

参考文献

[1] 翁凌云．我国玉米生产现状及发展对策分析［J］．中国食物与营养，2010（1）：22－25.

[2] 栗丽，洪坚平，王宏庭，等．施氮与灌水对夏玉米土壤硝态氮积累、氮素平衡及其利用率的影响［J］．植物营养与肥料学报，2010，16（6）：1358－1365.

[3] Ciampitti I A，Vyn T J. Physiological perspectives of changes over time in maize yield dependency on nitrogen uptake and associated nitrogen efficiencies：A review［J］．Field Crops Research，2012，133（4）：48－67.

[4] Abdelghani A H，Kumar B，Reyesmatamoros J，et al. Genotypic variation and relationships between seedling and adult plant traits in maize（*Zea mays* L.）inbred lines grown under contrasting nitrogen levels［J］．Euphytica，2013，189（1）：123－133.

[5] 刘睿，王正银，朱洪霞．中国有机肥料研究进展［J］．中国农学通报，2007，23（1）：310－313.

[6] 杨帆，李荣，崔勇，等．我国有机肥料资源利用现状与发展建议［J］．中国土壤与肥料，2010（4）：77－82.

[7] 张鹏，贾志宽，路文涛，等．不同有机肥施用量对宁南旱区土壤养分、酶活性及作物生产力的影响［J］．植物营养与肥料学报，2011，17（5）：1122－1130.

[8] 宋震震，李絮花，李娟，等．有机肥和化肥长期施用对土壤活性有机氮组分及酶活性的影响［J］．植物营养与肥料学报，2014，20（3）：525－533.

[9] Nayak D R，Babu Y J，Adhya T K. Long-term application of compost influences microbial biomass and enzyme activities in a tropical Aeric Endoaquept planted to rice under flooded condition［J］．Soil Biology & Biochemistry，2007，39（8）：1897－1906.

[10] Liu Y R，Xiang L I，Shen Q R，et al. Enzyme Activity in Water-Stable Soil Aggregates as Affected by Long-Term Application of Organic Manure and Chemical Fertiliser［J］．Pedosphere，2013，23（1）：111－119.

[11] Böhme L，Böhme F. Soil microbiological and biochemical properties affected by plant growth and different long-term fertilisation［J］．European Journal of Soil Biology，2006，42（1）：1－12.

[12] 周桦，马强，姜子绍，等．有机肥用量对玉米体内养分浓度及分配的影响［J］．中国生态农业学报，2009，17（4）：647－650.

[13] 陆海飞，郑金伟，余喜初，等．长期无机有机肥配施对红壤性水稻土微生物群落多样性及酶活性的影响［J］．植物营养与肥料学报，2015，21（3）：632－643.

[14] 张靖，王平，刘淑英，等．有机无机肥配施对甘肃省秦王川灌区蚕豆产量、养分吸收量及肥料利用率的影响［J］．干旱地区农业研究，2017，31（1）：154－159.

[15] 关松荫．土壤酶及其研究法［M］．北京：农业出版社，1986.

[16] 林先贵．土壤微生物研究原理与方法［M］．北京：高等教育出版社，2010.

[17] 吴金水．土壤微生物生物量测定方法及其应用［M］．北京：气象出版社，2006.

[18] 刘恩科，赵秉强，李秀英，等．长期施肥对土壤微生物量及土壤酶活性的影响［J］．植物生态学报，2008，32（1）：176－182.

[19] 姜佰文，马晓东，周宝库，等．有机无机肥料配施对土壤酶活性、微生物量及玉米产量影响［J］．东北农业大学学报，2016，47（5）：23－28.

[20] 门倩，海江波，岳忠娜，等．化肥减量对玉米田土壤酶活性及微生物量的影响［J］．西北农林科技大学学报（自然科学版），2012，40（6）：133－139.

[21] Mandal A，Patra A K，Singh D，et al. Effect of long-term application of manure and fertilizer on biological and biochemical activities in soil during crop development stages［J］．Bioresource Technology，2007，98（18）：3585－3592.

[22] 王俊华，尹睿，张华勇，等．长期定位施肥对农田土壤酶活性及其相关因素的影响［J］．生态环境，2007，16（1）：191－196.

[23] 李娟，赵秉强，李秀英，等．长期不同施肥条件下土壤微生物量及土壤酶活性的季节变化特征［J］．植物营养与肥料学报，2009，15（5）：1093－1099.

[24] 孙甜田，范作伟，彭畅，等．长期定位施肥对玉米生育期内土壤酶活性的影响［J］．玉米科学，2015，23（3）：112－118.

[25] Gianfreda L，Ruggiero P. Enzyme Activities in Soil［M］．Springer Berlin Heidelberg，2006.

[26] 王曙光，许轲，戴其根，等．氮肥运筹对太湖麦区弱筋小麦宁麦9号产量与品质的影响［J］．麦类作物学报，2005，25（5）：65－68.

[27] 郝小雨，高伟，王玉军，等．有机无机肥料配合施用对设施番茄产量、品质及土壤硝态氮淋失的影响［J］．农业环境科学学报，2012，31（3）：538－547.

氮肥对不同耐低氮性玉米品种生育后期叶绿素含量和氮代谢酶活性的影响*

吴雅薇[1] 李 强[1] 豆 攀[1] 马晓君[1] 余东海[2] 罗延宏[3] 孔凡磊[1] 袁继超[1]

1. 四川农业大学农学院/农业部西南作物生理生态与耕作重点实验室，四川成都 611130
2. 眉山市东坡区农业技术推广站，四川眉山 620032
3. 四川省烟草公司宜宾市公司烟叶生产技术推广应用中心，四川宜宾 644002

摘要：主要探讨了氮肥对不同耐低氮性玉米品种生育后期叶片叶绿素含量和氮代谢关键酶活性及籽粒蛋白质含量和产量的影响，以期为西南地区不同耐低氮性玉米品种的高产高效施肥技术提供依据。采用裂区试验设计，主区为前期筛选的不同耐低氮性玉米品种，耐低氮品种正红 311（ZH311）和低氮敏感品种先玉 508（XY508）；副区为不同施氮量，包括 6 个氮水平（0 kg/hm^2、90 kg/hm^2、180 kg/hm^2、270 kg/hm^2、360 kg/hm^2 和 450 kg/hm^2）。结果表明，施氮可以显著提高玉米生育后期叶片叶绿素含量和氮代谢关键酶活性，并最终提高籽粒蛋白质含量和产量。增施氮肥对低氮敏感品种先玉 508 各生理指标的促进作用较耐低氮品种正红 311 更明显，但耐低氮品种正红 311 生育后期叶片叶绿素含量及氮代谢关键酶活性均显著高于低氮敏感品种先玉 508，尤其是灌浆中后期和低中氮水平下，使其最终籽粒产量及籽粒蛋白质含量均显著高于先玉 508，这可能是其较低氮敏感品种先玉 508 耐低氮能力强的重要生理机制。

关键词：氮肥；玉米；叶绿素；氮代谢；酶活

玉米是我国重要的粮、经、饲作物，用途广，需求量大，如何保证玉米的高产稳产显得至关重要[1]。氮肥是玉米生产上使用最多的营养元素肥料，玉米品种高产潜力的发挥极大地决定于氮肥投入[2]。中国是氮肥使用量最大的国家之一，但自 20 世纪 90 年代开始，我国作物生产出现了氮肥投入过量、利用效率低的问题[3]。西南山地玉米生态区是我国三大玉米主产区之一，约占全国玉米生产面积的1/5[4]，但因该地坡耕地比重大，土壤贫瘠[5]，生产上常靠大量施用氮肥来提高玉米产量，由此容易导致氮肥流失严重，同时也造成了环境的污染。由于西南山地存在玉米种植面积广、氮肥流失严重的情况，探明本区不同玉米品种的需氮特性，适量施用氮肥不仅有利于高产高效，也有利于生态安全和可持续发展。

前人研究表明[6,7]，不同玉米品种氮素吸收效率不同，耐低氮胁迫的能力差异显著，推广种植耐低氮能力强的品种是提高玉米产量、减少环境污染和提高氮素吸收效率的重要途径。玉米对氮素的同化吸收与其光合作用密切相关，施氮量影响着光合速率、叶绿素含量等光合作用的环节[8]，缺氮会使玉

* **基金项目**：公益性行业（农业）科研专项经费（201503127）、国家“十二五”科技支撑计划项目（2012BAD04B13）、四川省科技支撑计划项目（2014NZ0040）和四川省玉米产业技术体系岗位专家项目。

米叶片颜色变淡，从而影响其光合作用的效率[9,10]。植物叶绿素含量与氮素水平有较好的正相关性，它通常是氮素胁迫的指示器，通过观察叶片的颜色变化可以监测作物氮素营养状况[11]。目前在生产上，多数学者采用叶片的叶绿素相对含量（SPAD 值）来诊断植株氮素营养状况[12,13]。叶片氮代谢关键酶活性是衡量需氮特性的主要指标，硝酸还原酶（NR）、谷氨酰胺合成酶（GS）和谷氨酸脱氢酶（GDH）是高等植物氮素同化的主要酶[14]，这些酶连接着植株的碳氮代谢并影响整个氮代谢的运转[15]。前人研究表明[16,17]，增施氮肥有效地提高了玉米穗位叶叶片氮含量和氮代谢关键酶活性，从而保证了叶片氮代谢机制的畅通和高效运转，为玉米产量奠定了基础。有关不同施肥处理对不同氮效率玉米品种叶片氮代谢和产量的影响前人进行了大量的研究[2,18,19]，卫晓轶等[19]研究表明，氮肥对不同基因型玉米品种叶绿素含量、GS 活性及 NR 活性的影响存在显著差异，并认为这些生理指标是筛选氮高效品种的关键，但针对不同氮水平下耐低氮性不同的玉米品种生育后期叶绿素含量和氮代谢关键酶活性差异的原因研究较少。本研究以前期筛选出的耐低氮和低氮敏感品种为材料[20]，研究了氮肥对玉米生育后期叶片叶绿素含量、氮代谢关键酶活性的影响及其与产量的关系，找出不同耐低氮性玉米品种最适的施氮水平范围，以期为西南地区环境污染的改善和不同耐低氮性玉米品种的高产高效施肥技术提供依据。

1 材料与方法

1.1 研究区概况

试验于 2013 年 3～8 月在典型的川中丘陵区简阳市进行，地理位置为东经 104°53′，北纬 30°38′，海拔 490 m 左右。该地区属亚热带季风气候，年平均温度 17.0 ℃，年平均降雨 874 mm，年无霜期 311 d。供试材料为前期筛选的耐低氮品种正红 311（ZH311）和低氮敏感品种先玉 508（XY508）[20]，两品种在西南地区种植生育期基本一致，均在 120 d 左右。

1.2 试验设计

采用大田种植，试验地 0～20 cm 耕层土壤有机质 16.60 g/kg，全氮（N）1.24 g/kg，全磷（P）0.73 g/kg，全钾（K）12.54 g/kg，碱解氮（N）25.22 mg/kg，有效磷（P）13.54 mg/kg，速效钾（K）138.75 mg/kg，和 pH 值 8.63。

采用裂区试验设计，主区为不同耐低氮性玉米品种：正红 311 和先玉 508，副区为氮肥用量 N0（0 kg/hm^2）、N1（90 kg/hm^2）、N2（180 kg/hm^2）、N3（270 kg/hm^2）、N4（360 kg/hm^2）和 N5（450 kg/hm^2）6 个氮肥处理，共 12 个处理。其中 N0 和 N1 低氮处理，N4 和 N5 为充分供氮处理。主区与副区均随机排列，小区面积为 20 m^2（4 m×5 m），3 次重复，共 36 个小区。所用氮肥为尿素，其中 50%的氮肥做底肥，50%大口期追肥，采用窄厢中沟施肥。另施过磷酸钙 600 kg/hm^2、氯化钾 150 kg/hm^2作底肥。采用宽窄行种植，行距为 1.5 m+0.5 m，株距为 20 cm。玉米采用覆膜直播，单株栽培，种植密度为 5 万株/hm^2。玉米生长期给予良好的田间管理并保证水分供应充足，小区间保持一致。

1.3 测定指标

1.3.1 SPAD 值的测定

于玉米播种后 40 d、60 d、80 d、100 d、120 d 用 SPAD−502 型便携式叶绿素仪[21]测定 SPAD 值，抽雄前测定最上一片定型叶，抽雄后测定穗位叶，每小区 20 片。于吐丝后 30 d 用 SPAD−502 型便携式叶绿素仪测定植株不同部位叶片 SPAD 值，穗位叶上两叶开始往下测直至最下一片绿叶，每小区测定10株。

1.3.2 氮代谢关键酶活性的测定

于吐丝后10 d、20 d、30 d取玉米穗位叶，每小区4片去叶脉剪碎混匀，用液氮速冻后带回实验室，于−80℃超低温冰箱中保存，用于硝酸还原酶（NR）、谷氨酰胺合成酶（GS）和谷氨酸脱氢酶（GDH）活性的测定。NR活性采用磺胺比色法[22]测定；GS活性和GDH活性采用文献[23]的方法测定。

1.3.3 叶片含氮量、籽粒蛋白质含量和产量的测定

于吐丝后10 d每小区取4株穗位叶，于105℃下杀青30 min，然后80℃烘干至恒重，用高速粉碎机粉碎，过0.3 mm筛后用塑封袋保存用于测定全氮含量。测定时称样0.20 g，按凯氏定氮法[24]消煮，用FOSS8400凯氏定氮仪测定。

将成熟期籽粒烘干后用高速粉碎机粉碎，过0.3 mm筛后用塑封袋保存用于测定全氮含量。全氮测定方法同上，籽粒蛋白质含量以测定后的全氮含量除以系数0.16换算。

于成熟期统计每小区有效株数和有效穗，然后取连续20株带回实验室考种，最后将每小区剩余植株全部收获，并按水分含量14%折算每小区实际产量。

1.4 数据处理与分析

采用Excel 2007对所得数据进行初步处理，SPSS 20.0统计分析软件进行方差分析和相关分析，并用GraphPad Prism 5作图。采用LSD法进行差异显著性检验，显著水平设为0.05，数据均为平均值±标准误（means±SE）；相关分析中，* 和 ** 分别表示在5%和1%水平上差异显著。

2 结果与分析

2.1 氮肥对玉米叶片叶绿素相对含量的影响

各施氮量对不同耐低氮性玉米品种各生育时期叶绿素含量的影响如图1所示。氮肥显著提高了玉米各时期叶片的SPAD值。随着生育进程的推进两品种SPAD值均表现出先增加后降低的趋势，在播种后80 d达到最高。各施氮处理平均，正红311在播种后40 d、60 d、80 d、100 d和120 d时较N0分别提高5.18%、7.47%、22.33%、18.17%和12.60%，而同期先玉508的增幅分别为15.31%、9.40%、25.99%、19.52%和15.27%，表明氮肥对低氮敏感品种先玉508各时期SPAD值促进作用更大。在播种后40 d正红311 SPAD值随施氮量增加而增加，播种后60、80、100和120 d SPAD值则随施氮量的增加先增后减；先玉508在播种后40、60和80 d SPAD值均随施氮量增加而增加，到生育后期（100 d和120 d）才表现出随施氮量的增加先增后减。

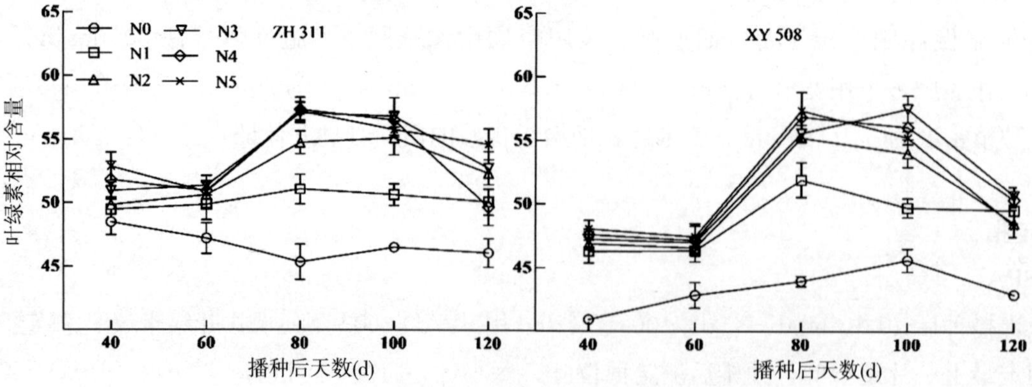

图1 氮肥用量对玉米各生育时期SPAD值的影响

耐低氮品种正红311生育前期利用充足的氮肥提高叶绿素含量，使叶绿素含量在生育期就保持在较高水平，有效地增强了叶片的光合能力并延长了光合时间。低氮敏感品种先玉508要通过较长的生育时期才能充分发挥氮肥潜力，且到达生育高峰后较正红311出现早衰，生育后期SPAD值下降幅度显著高于正红311。

各施氮量对不同耐低氮性玉米品种各部位叶片叶绿素含量的影响，如图2所示。从不同叶位来看，施氮肥可以显著提高玉米吐丝后30 d各部位叶片SPAD值，其中对下部叶片的促进作用较上部叶片更大。随叶位上升，两品种吐丝后30 d SPAD值均表现出先升高后降低的趋势，均以穗位叶（0位叶）最高。氮肥显著促进了各部位叶片叶绿素含量的提高，但对各部位叶片的促进作用差异明显，随叶位升高促进作用呈单峰变化，两品种均表现为穗位上一叶（1位叶）促进作用最小，正红311和先玉508仅分别提高6.66%和3.34%。耐低氮品种正红311吐丝后30 d各部位叶片SPAD值均高于低氮敏感品种先玉508，且随叶位向下两品种差异加大。正红311的−6～2叶位在6个氮肥水平下SPAD值变异系数分别为45.27%、22.90%、11.53%、5.92%、5.50%、6.01%、4.07%和4.67%；先玉508在吐丝后30 d，穗下第4叶部分处理下已枯死，第5叶已完全枯死，其−4～2叶位变异系数分别为38.25%、12.47%、9.39%、6.93%、6.75%和4.44%。可以看出，氮肥对玉米叶片的影响随着叶位的上升而减小，正红311的影响程度较先玉508小。相较于低氮敏感品种先玉508，耐低氮品种正红311在生育后期能够延缓叶片的衰老，更好地保持叶片叶绿素含量，从而保证了生育后期的物质生产，且这种优势在中下部叶片上表现得更为明显。

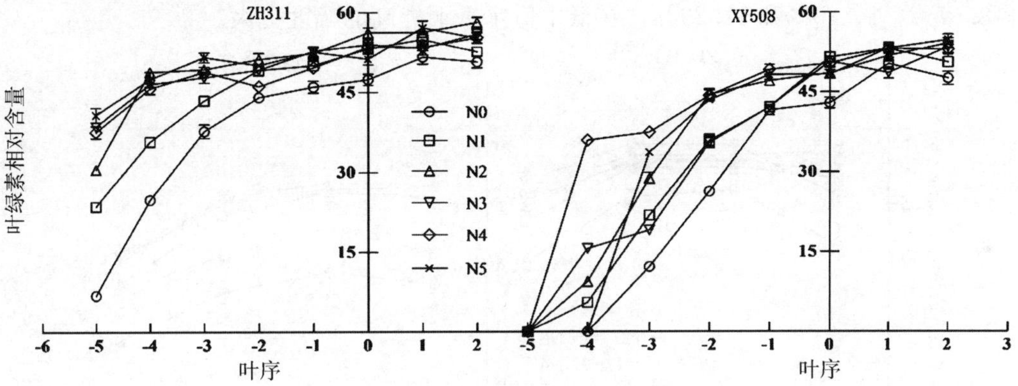

图2　吐丝后30 d各部位叶片SPAD值差异

注：0位叶，穗位叶；−1～−5位叶，穗位下1～5叶；1～2叶，穗位上1～2叶。

2.2　氮肥对玉米叶片氮代谢关键酶活性的影响

硝酸还原酶（NR）活性的高低能够反应植物体内氮代谢相关强度，并与玉米的产量呈正相关[11]。增施氮肥可显著提高玉米穗位叶的NR活性，施氮量与NR活性呈正比如图3所示。与N0相比，正红311 N1～N5处理NR活性分别提高了11.73%、19.06%、29.79%、52.24%和111.12%，先玉508分别提高了43.37%、82.54%、106.60%、118.93%和174.81%，低氮敏感品种穗位叶NR的活性上升的幅度大于耐低氮品种。正红311 N0～N5处理NR活性较先玉508分别提高439.43%、320.38%、252.00%、238.89%、275.10%和314.40%。表明耐低氮品种对氮素缺乏较不敏感，在不同的氮素水平下均能保持较高的NR活性，对氮素同化、吸收能力较低氮敏感品种强，在中低氮水平下其优势更突出。

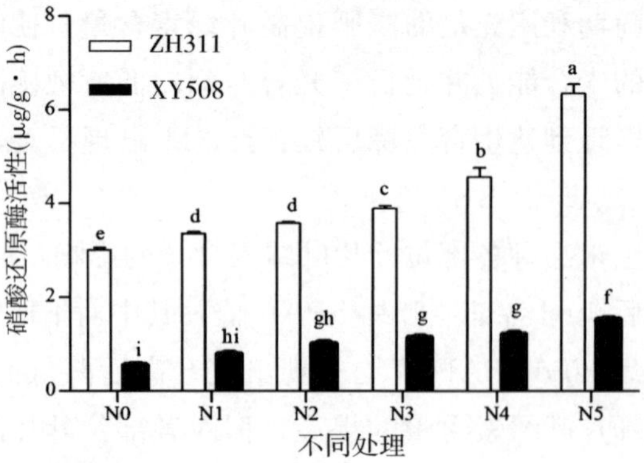

图 3　吐丝后 10 d 施氮量对硝酸还原酶（NR）活性的影响

注：不同小写字母表示差异达 5%显著水平。

各施氮量对不同耐低氮性玉米品种叶片谷氨酰胺合成酶（GS）活性的影响，如图 4 所示。不同施氮处理下两玉米品种穗位叶的 GS 活性，随生育进程的推进呈先增加后降低的趋势，以吐丝后 10 d 的 GS 活性最高。增施氮肥可以显著提高玉米生育后期穗位叶的 GS 活性，在一定范围内其活性随施氮量的增加而增加，但超过一定施氮量，GS 活性提高的幅度减缓甚至降低。正红 311 的 GS 活性在不同时期和氮肥水平下均较先玉 508 的高，各施氮处理平均，正红 311 在吐丝、吐丝后 10 d、20 d、30 d 穗位叶的 GS 活性分别较先玉 508 高 14.15%、15.00%、21.90%和 30.23%，随着灌浆进程推进提高幅度增大；各取样点平均，正红 311 在 N0～N5 处理下 GS 活性较先玉 508 分别高 34.14%、28.21%、16.43%、18.67%、14.10%和 12.29%，在低中氮水平下提高的幅度更大。

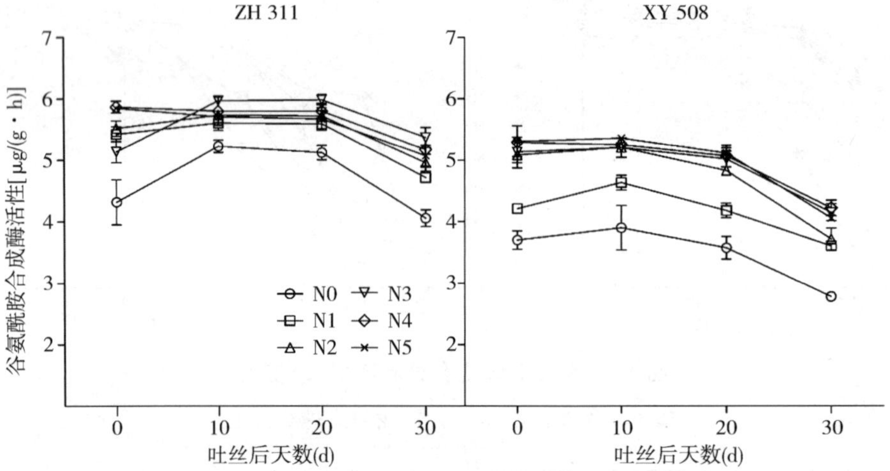

图 4　施氮量对谷氨酰胺合成酶（GS）活性的影响

不同施氮处理下随着生育进程的推进两玉米品种的谷氨酸脱氢酶（GDH）活性呈不同的变化趋势，如图 5 所示。除 N0、N5 处理，正红 311 的 GDH 活性先增加后降低，而后又增加，峰值在吐丝后 10 d 和 30 d；正红 311 N0、N5 处理和先玉 508 的各施氮处理 GDH 活性呈先增加后降低的趋势，正红 311 以吐丝后 10 d 活性最高，先玉 508 峰值在吐丝后 10 d 或 20 d。在同一取样时间，正红 311 穗位叶的 GDH 活性均高于先玉 508。各施氮处理平均，正红 311 在吐丝、吐丝后 10 d、20 d、30 d GDH 活性较先玉 508 分别高 36.56%、27.48%、11.85%和 55.57%。两品种叶片 GDH 活性在吐丝后 20 d 差异最小，而在吐丝后 30 d 差异最大，表明耐低氮品种能够在花后，特别是生育后期维持较高的 GDH 活性。施氮可以显著提高玉米生育后期叶片的 GDH 活性，但两品种不同处理的同一取样时间增幅差异明显。两品种均在吐丝后 10 d 增幅最小，而增幅最大正红 311 出现在吐丝后 30 d，先玉 508 则在吐丝。

各取样时间正红 311 较先玉 508 均具有更高的 GDH 活性，各取样时间平均，正红 311 N0～N5 处理较先玉 508 分别高 27.34%、36.09%、33.00%、33.93%、34.73%和 21.24%。在低中氮水平下两品种叶片 GDH 活性差异更大，表明耐低氮品种在低中氮条件下能够保持更强的氮素同化能力。

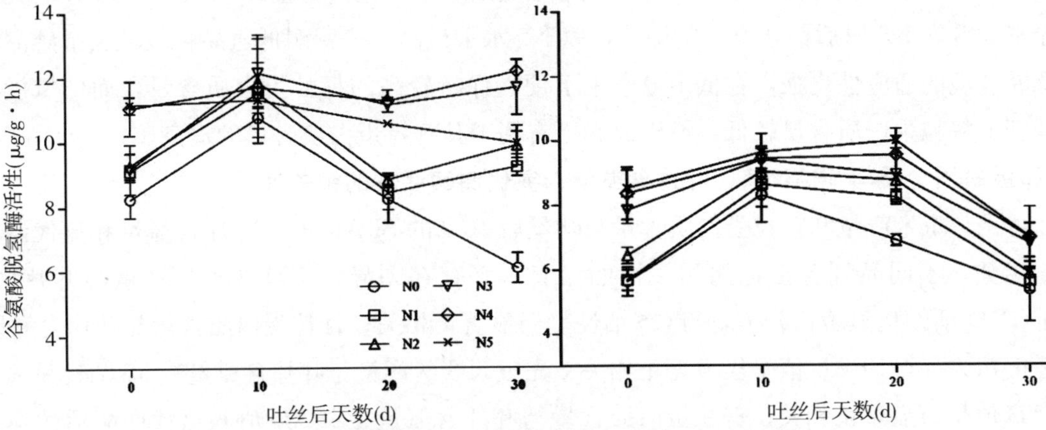

图 5　施氮量对谷氨酰胺脱氢酶（GDH）活性的影响

2.3　氮肥对玉米叶片含氮量、产量及籽粒蛋白质含量的影响

施肥能够显著提高玉米的叶片含氮量和产量，如表 1 所示。吐丝后 10 d 穗位叶的含氮量（Y）随着施氮量（X）的增加而增加，二者呈线性正相关，回归方程分别为 $Y_{ZH311}=2.43+0.001\,527X$（$R^2=0.8107^*$）和 $Y_{XY508}=2.38+0.001\,762X$（$R^2=0.8422^{**}$），随氮肥水平的提高，先玉 508 穗位叶含氮量提高的幅度大于正红 311，即正红 311 穗位叶含氮量受氮肥水平的影响较小，在中低氮水平下也能保持较高的含氮量。两供试品种的籽粒产量均随氮肥水平的增加呈先增加后降低的趋势，以中高施氮量最高。正红 311 产量的高低顺序为 N3>N4>N2>N5>N1>N0，先玉 508 的顺序为 N4>N2>N5>N3>N1>N0，由此表明，就高产而言，正红 311 适宜的氮肥水平较先玉 508 更低。与先玉 508 相比，正红 311 在各施氮处理下的产量均更高。N0～N5 处理下，正红 311 产量比先玉 508 分别高 9.92%、8.89%、9.27%、12.82%、9.23%和 8.08%，正红 311 在低中氮水平下的产量优势显著高于高氮处理。

表 1　施氮量对叶片含氮量、产量及蛋白质含量的影响

品种	氮肥处理	叶片含氮量（%）	产量（t/hm²）	蛋白质含量（%）
正红 311	N0	2.25±0.02 e	6.48±0.16 b	6.65±0.04 b
	N1	2.68±0.01 d	7.24±0.08 a	6.71±0.04 b
	N2	2.86±0.04 c	7.34±0.10 a	7.17±0.04 a
	N3	2.86±0.06 c	7.43±0.15 a	7.21±0.04 a
	N4	2.90±0.02 b	7.37±0.16 a	7.19±0.06 a
	N5	3.08±0.06 a	7.24±0.05 a	7.25±0.19 a
先玉 508	N0	2.20±0.02 e	5.89±0.14 b	6.38±0.06 e
	N1	2.62±0.01 d	6.64±0.14 a	6.67±0.07 d
	N2	2.88±0.07 c	6.71±0.09 a	6.81±0.00 c
	N3	2.89±0.04 c	6.58±0.14 a	6.85±0.04 bc
	N4	3.00±0.04 b	6.74±0.09 a	6.94±0.06 ab
	N5	3.08±0.03 a	6.70±0.17 a	7.00±0.06 a

注：同一列不同小写字母表示差异达 5%显著水平。

耐低氮品种正红 311 各氮水平籽粒蛋白质含量均显著高于低氮敏感品种先玉 508，各氮处理平均高出 3.75%；施氮两品种籽粒蛋白质含量均显著提高，与 N0 相比，各施氮处理平均，正红 311 提高了 6.90%，而先玉 508 提高了 7.52%，施氮对先玉 508 籽粒蛋白质含量的促进作用更大；两品种籽粒蛋白质含量均随氮肥水平提高而呈增长趋势，但增幅逐渐缩小，尤其是正红 311，在 N2 以后几乎不在增长，而先玉 508 在 N5 以后都还有一定增长，以 N5 水平最高。表明耐低氮品种较低氮敏感品种更加耐瘠，对低氮环境的适应性更强，在低中氮水平下便能保持较高的籽粒蛋白质含量，而低氮敏感品种在低中氮处理下籽粒蛋白质含量较低，增施氮肥更有利于其籽粒蛋白质含量的提高。

2.4 产量和蛋白质含量与 SPAD 值、叶片含氮量、氮代谢酶活性的相关性

由表 2 可见，玉米产量和籽粒蛋白质含量与吐丝后 10 d 的 SPAD 值、叶片含氮量和氮代谢关键酶活性均呈正相关，不同品种各指标间相关性的显著水平存在差异。正红 311 的产量与叶片含氮量、SPAD 值和 GDH 活性呈显著正相关，与 GS 活性呈极显著正相关；籽粒蛋白质含量与叶片含氮量、GS 活性呈显著正相关，与 SPAD 值呈极显著正相关。先玉 508 的产量与叶片含氮量、GS 活性呈显著正相关，与 SPAD 值呈极显著正相关；籽粒蛋白质含量与叶片含氮量、SPAD 值和氮代谢酶活性均呈极显著正相关。增施氮肥可以促进玉米叶片含氮量、叶绿素含量及氮代谢关键酶活性的增加，进而提高了玉米光合作用和氮代谢的能力，提高了籽粒蛋白质含量及产量。

表 2 产量和蛋白质含量与吐丝后 10 d SPAD 值、叶片含氮量、氮代谢酶活性的相关性

指标	正红 311		先玉 508	
	产量	蛋白质含量	产量	蛋白质含量
产量	1	0.745	1	0.889*
蛋白质含量	0.745	1	0.889*	1
叶片含氮量	0.872*	0.885*	0.903*	0.997**
叶绿素相对含量	0.900*	0.938**	0.941**	0.987**
硝酸还原酶活性	0.383	0.678	0.733	0.954**
谷氨酰胺合成酶活性	0.947**	0.831*	0.907*	0.980**
谷氨酸脱氢酶活性	0.905*	0.660	0.737	0.961**

注：* 和 ** 表示在 5% 和 1% 水平上差异显著。

3 讨论

3.1 氮肥对不同耐低氮性玉米叶片叶绿素含量的影响

叶片含氮量与叶绿素含量密切相关，科学施用氮肥可以提高叶片叶绿素含量进而影响植株光合作用[25,26]。李猛等[8]研究表明，比较低氮条件与正常施氮条件下同一基因型的玉米叶绿素含量差异，是反映该基因型是否对氮素反应敏感的重要依据，通常对氮素同化能力强的玉米品种叶绿素含量相对较高[1]。本试验结果表明，增施氮肥可以显著提高玉米各生育时期叶片的叶绿素含量，但提高的幅度在品种间存在一定差异，氮肥每增加 100 kg/hm^2，正红 311 和先玉 508 吐丝后 10 d 穗位叶的含氮量分别提高 0.15% 和 0.18%，正红 311 提高的幅度远小于先玉 508，即氮肥对先玉 508 穗位叶含氮量的促进作用更大，表明低氮敏感品种对氮素缺乏更敏感。找出不同品种适宜的施氮水平，可以有效地调节玉米体内叶绿素的含量，延缓叶片衰老和光合功能衰退[27]。在低中氮水平（90～270 kg/hm^2）下，耐低氮品种在生育前期叶绿素含量增幅大，后期降幅小，从而延缓叶片的衰老进而使植株整个生育时期保持较强的光合能力，促进有机物质的合成，这种防止叶片早衰的优势在耐低氮品种中下叶部体现得更

为明显，这可能是其耐低氮能力强的生理机制之一，此优势在高氮水平下表现不明显。而低氮敏感品种则需充分施氮（270～450 kg/hm^2）才能保持较强的光合能力。

3.2 氮肥对不同耐低氮性玉米叶片氮代谢关键酶活性的影响

氮代谢是影响植物代谢和发育的重要的生理过程，氮代谢关键酶更是影响着植物氨的同化和氨基酸的合成[28]。硝酸还原酶是植物氮代谢的关键酶和限速酶，其活性高低与植物体内氮同化能力密切相关[17]。谷氨酰胺合成酶是处于氮代谢中心的多功能酶，参与多种氮代谢调节[28,29]。Teng 等[30]研究表明，耐低氮品种的低氮耐受性的机制之一是由于其较高的 GS 活性而提高了氮同化效率。谷氨酸脱氢酶是高等植物体内促进 NH_4^+ 同化和氨基酸、蛋白质合成的关键酶之一[31]。叶利庭等[32]研究表明，当作物尤其在生育后期遇到环境胁迫时，GDH 对催化 NH_4^+ 合成谷氨酸具有重要作用。

本试验结果表明，对不同耐低氮性玉米品种施用其适宜的施氮量能够有效提高穗位叶 NR、GS 及 GDH 的活性。各氮水平下低氮敏感品种氮代谢关键酶活性的增幅高于耐低氮品种，但耐低氮品种的活性尤其在低中氮水平下显著高于低氮敏感品种。吐丝后 10 d 耐低氮品种正红 311 NR、GS 及 GDH 活性 6 个氮肥水平下的变异系数分别为 27.85%、4.51%及 8.45%，低氮敏感品种先玉 508 变异系数分别为 30.76%、11.13%及 7.93%，可见氮肥对低氮敏感品种先玉 508 的影响和促进作用，尤其在中高氮水平下更大，表明需对先玉 508 施足量氮肥来保证其较高的氮代谢关键酶活性，进而增强对氮素的吸收同化能力。耐低氮品种正红 311 受施氮量的影响较小，对环境中的氮素含量有较强的调节适应力，在低中氮水平（90～270 kg/hm^2）下能够维持较低氮敏感品种高的氮代谢酶活性，以保证其较强的氮代谢能力。与低氮敏感品种相比，耐低氮品种的穗位叶能够在整个灌浆结实期尤其是灌浆后期维持较高的 GS 和 GDH 活性，促进了植株的氮同化从而提高植株籽粒产量和蛋白质含量，这种优势在低中氮水平下表现得更为明显。

综上表明，耐低氮品种正红 311 相对耐瘠，而先玉 508 则相对耐肥，因此先玉 508 种植在土壤肥沃的地区或地块并适当增加施肥量，而正红 311 则可布局到土壤相对贫瘠的区域，适当降低施肥量。

4 结论

施氮可以显著提高玉米灌浆结实期叶片的叶绿素含量和氮代谢关键酶活性，并最终提高籽粒蛋白质含量和产量。施氮对低氮敏感品种先玉 508 各生理指标的促进作用更大，但耐低氮品种正红 311 各时期各氮肥水平，尤其是低中氮水平下的叶绿素含量和氮代谢关键酶活性均高于先玉 508。与低氮敏感品种相比，耐低氮品种能够在低氮环境下保持较强的光合能力防止叶片早衰，保证植株有机物的合成。较高的 NR、GS 和 GDH 活性使耐低氮品种具有较强的氮代谢能力，从而调节体内碳氮循环并保证籽粒的蛋白质含量和籽粒产量，这是其耐低氮能力强的重要生理机制。

参考文献

[1] Bocianowski J，Szulc P，Tratwal A，et al. The influence of potassium to mineral fertilizers on the maize health [J]. Journal of Integrative Agriculture，2016，15（6）：1286 - 1292.

[2] 刘春晓，赵海军，董树亭，等．玉米不同基因型双列杂交后代抽丝后氮素代谢特性 [J]. 中国农业科学，2014，47（1）：33 - 42.

[3] Mu X H，Chen F J，Wu Q P，et al. Genetic improvement of root growth increases maize yield via enhanced post-silking nitrogen uptake [J]. European Journal of Agronomy，2015（63）：55 - 61.

[4] 潘光堂，杨克诚．我国西南地区玉米育种面临的挑战及相应对策探讨 [J]. 作物学报，2012，38（7）：1141 -1147.

[5] 杨克诚，向葵，潘光堂，等．西南玉米新品种应具备的特征特性及区域主推品种的选择 [J]．玉米科学，2010 (1)：146 - 148.

[6] 王玲敏，叶优良，陈范骏，等．施氮对不同品种玉米产量、氮效率的影响 [J]．中国生态农业学报，2012，20 (5)：529 - 535.

[7] 刘建安，米国华，张福锁．不同基因型玉米氮效率差异的比较研究 [J]．农业生物技术学报，1999，7 (3)：246 -252.

[8] 李猛，马庆，王慧，等．基于相对叶绿素含量的玉米自交系氮敏感性鉴定与评价 [J]．植物遗传资源学报，2015，16 (6)：1264 - 1271.

[9] 汪和廷，董慧，齐龙昌，等．种植方式及施氮量对水稻灌浆初期氮代谢关键酶活性和产量性状的影响 [J]．中国生态农业学报，2015，23 (7)：1210 - 1214.

[10] 吴敏兰，李莋莋，贾洋洋，等．砷胁迫对不同烟草品种光合色素和叶绿素荧光特性的影响 [J]．生态毒理学报，2015，10 (3)：216 - 223.

[11] 梅芳，杨铁钊，刘剑君，等．嫁接对烤烟氮代谢关键酶活性及叶绿素含量的影响 [J]．西北农业学报，2012，21 (5)：132 - 135.

[12] Zheng H L，Liu Y C，Qin Y L，et al. Establishing dynamic thresholds for potato nitrogen status diagnosis with the SPAD chlorophyll meter [J]． Journal of Integrative Agriculture，2015，14 (1)：190 - 195.

[13] 张燕，王百群，何瑞清．不同施肥下冬小麦生长过程中土壤矿质氮变化及其与冬小麦叶片 SPAD 值的关系 [J]．水土保持研究，2016，23 (6)：78 - 82.

[14] 金磊，李霞，魏晓东，等．不同氮效率粳稻生育后期产量形成的生理基础 [J]．华北农学报，2013，28 (5)：175 -186.

[15] 董召娣，易媛，张明伟，等．春性和半冬性小麦花后旗叶和籽粒氮代谢关键酶活性的差异 [J]．麦类作物学报，2015，35 (8)：1098 - 1106.

[16] 刘淑云，董树亭，赵秉强，等．长期施肥对夏玉米叶片氮代谢关键酶活性的影响 [J]．作物学报，2007，33 (2)：278 - 283.

[17] 谷岩，胡文河，徐百军，等．氮素营养水平对膜下滴灌玉米穗位叶光合及氮代谢酶活性的影响 [J]．生态学报，2013，33 (23)：7399 - 7407.

[18] Prinsi B，Espen L. Mineral nitrogen sources differently affect root glutamine synthetase isoforms and amino acid balance among organs in maize [J]． Bmc Plant Biology，2015，1 (15)：1 - 13.

[19] 卫晓轶，李国清，王艳朋，等．不同基因型玉米某些氮代谢生理指标的差异研究 [J]．河南农业大学学报，2007，41 (3)：264 - 268.

[20] 李强，罗延宏，龙文婧，等．低氮胁迫对不同耐低氮性玉米品种苗期生长和生理特性的影响 [J]．草业学报，2014，23 (4)：204 - 212.

[21] 李刚华，丁艳锋，薛利红，等．利用叶绿素计 (SPAD - 502) 诊断水稻氮素营养和推荐追肥的研究进展 [J]．植物营养与肥料学报，2005，11 (3)：412 - 416.

[22] 熊庆娥．植物生理学实验教程 [M]．成都：四川科学技术出版社，2003.

[23] 中国科学院上海植物生理研究所．现代植物生理学实验指南 [M]．北京：科学出版社，1999.

[24] 朱哲燕，鲍一丹，黄敏，等．油菜叶绿素与氮含量关系的试验研究 [J]．浙江大学学报 (生命与科学版)，2006，32 (2)：152 - 154.

[25] Zhang X，Liu C，Nepal S，et al. A hybrid approach for scalable sub-tree anonymization over big data using Map Reduce on cloud [J]． Journal of Computer and System Sciences，2014，80 (5)：1008 - 1020.

[26] Ackermann K，Angus S D. A resource efficient big data analysis method for the social sciences：The case of global IP activity [J]． Procedia Computer Science，2014 (29)：2360 - 2369.

[27] 李强，马晓君，程秋博，等．氮肥对不同耐低氮性玉米品种花后物质生产及叶片功能特性的影响［J］．中国农业生态学报，2016，24（1）：17－26.

[28] Xu C M，Wang D Y，Chen S，et al. Effects of aeration on root physiology and nitrogen metabolism in rice［J］．Rice Science，2013，20（2）：148－153.

[29] 卢红芳，王晨阳，郭天财，等．灌浆前期高温和干旱胁迫对小麦籽粒蛋白质含量和氮代谢关键酶活性的影响［J］．生态学报，2014，34（13）：3612－3619.

[30] Teng Y B，Li Y J，Fang P，et al. Characterization of nitrogen metabolism in the low-nitrogen tolerant lnt1 mutant of arabidopsis thaliana under nitrogen stress［J］．Pedosphere，2010，20（5）：623－632.

[31] Wan Z G，Song W P，Yu M L，et al. Effects of neodymium on nitrogen metabolism of plantlet loquat in vitro［J］．Journal of Rare Earths，2004，22（3）：431－435.

[32] 叶利庭，吕华军，宋文静，等．不同氮效率水稻生育后期氮代谢酶活性的变化特征［J］．土壤学报，2011，48（1）：132－140.

低氮胁迫对不同耐低氮玉米品种苗期伤流液性状及根系活力的影响*

吴雅薇　李　强　豆　攀　孔凡磊　马晓君　程秋博　袁继超*

四川农业大学农学院/农业部西南作物生理生态与耕作重点实验室，四川成都　611130

摘要：本文研究了低氮胁迫对不同耐低氮性玉米品种苗期生长、伤流液性状及根系活力的影响，比较不同耐低氮性玉米品种对低氮胁迫响应的差异，以期为西南丘陵地区耐低氮玉米品种的选育提供理论依据。以两个耐低氮品种正红311、成单30和两个低氮敏感品种先玉508、三北2号为试验材料进行水培试验，营养液设置4个N浓度水平，分别是0、0.05、0.5、5 mmol/L。测定了苗期株高等形态指标、干物质积累量、根系活力，计算了根冠比、活跃吸收面积比、伤流液中可溶性蛋白等转运速度及氨基酸与硝态氮浓度的比值。低氮胁迫下玉米苗期苗高、茎粗、叶面积、SPAD、单株干重、地上部干重、伤流强度，伤流液中可溶性蛋白和可溶性糖转运速度、氨基酸和硝态氮转运速度及浓度、根系活力、根系总吸收面积和根系活跃吸收面积均显著下降，但耐低氮品种各指标的降幅均低于低氮敏感品种。根冠比、伤流液中氨基酸与硝态氮浓度比值均显著升高，可溶性蛋白和可溶性糖浓度随胁迫时间的延长表现出先下降后升高的趋势。耐低氮品种根冠比增幅低于低氮敏感品种，而可溶性蛋白浓度的增幅高于低氮敏感品种，且低氮胁迫下耐低氮品种根系活力、伤流液中可溶性蛋白和可溶性糖浓度显著高于低氮敏感品种。耐低氮品种在低氮胁迫下能够保持较高的根系活力，进而促进了根系对营养物质的吸收和转运，提高了伤流液中各组分的浓度和转运速度，较好地维持了碳氮循环，从而有效地协调了植株地上、地下部养分和物质的分配，控制了根冠比的增加，维持了地上部的生长。

关键词：玉米；低氮胁迫；生长；伤流性状；根系活力

氮是植物体内许多重要化合物的组成元素，包括氨基酸、蛋白质、核酸、叶绿素和一些植物激素，是作物生长发育需求量最大的营养元素[1]。为了提高产量，在过去60年里全世界用于农业生产的氮肥用量提高了几倍，而我国更是氮肥生产量和使用量最高的国家。然而据统计，超过一半的氮素通过农田生态系统流失，严重污染环境[2]。因此，急需提高作物的氮素吸收、利用效率以提高作物产量和减少环境污染。玉米是世界上种植最为广泛的谷类作物，也是需求量最大的粮食作物[3]。前人研究表明[4,5]，不同玉米品种氮素吸收效率不同，耐低氮胁迫的能力差异显著，推广种植耐低氮能力强的品种是提高玉米产量、减少环境污染和提高氮素吸收效率的重要途径。

植物根系不仅是水分和养分吸收的主要器官，而且可以通过调节根系构型、合成或分泌激素、有

* **基金项目**：公益性行业（农业）科研专项经费（201503127）、国家“十二五”科技支撑计划项目（2012BAD04B13）、四川省科技支撑计划项目（2014NZ0040）和四川省玉米产业技术体系岗位专家项目

机酸和酶等物质来适应多变的土壤环境，调节根系对水分和养分的吸收、根系和地上植株的生长[6]。根系伤流是研究根系物质合成和运输形式等生理指标的重要材料，能准确地反映根系的生理活性和地上部生长的盛衰[7,8]。将根系伤流与养分供应联系起来，通过分析伤流液的强度和成分，可以判断植物根系活性的强弱，研究元素在植物体内的转运积累以及植株其他部位的关系，对于揭示植物营养特性具有重要的理论意义[9,10]。殷春渊等[8]研究表明，水稻伤流液中物质含量的增加能够提高籽粒的充实度。氮素形态影响植株的伤流强度，且供氮水平还会影响伤流液中氨基酸的种类和浓度[11]。陈范骏等[12]指出不同玉米品种伤流液中氨基酸和铵态氮与硝态氮的比值差异明显。周秀杰等[13]研究表明，混合氮处理下的玉米植株伤流强度较单一硝态氮和单一铵态氮形态处理的高，混合氮提高了玉米地上部分的水分运输能力。可见前人关于氮肥水平对玉米伤流强度及其成分的影响已有研究报道，但主要集中在北方地区，在西南丘陵区还十分鲜见，而关于低氮胁迫下不同耐低氮性玉米品种苗期伤流性状的研究更是未见报道。本研究以前期筛选出的耐低氮和低氮敏感品种为材料，研究了低氮胁迫对不同耐低氮性玉米品种苗期生长、伤流性状及根系活力的影响，以期为西南丘陵地区耐低氮玉米品种的选育提供理论依据。

1 材料与方法

1.1 供试材料

试验材料为前期筛选的耐低氮玉米杂交种正红 311、成单 30 和低氮敏感品种先玉 508、三北 2 号[14]。

1.2 试验设计

水培试验于 2013 年在四川农业大学成都校区塑料大棚内进行。供试玉米品种包括正红 311、成单 30、先玉 508 和三北 2 号。培养液氮素水平设为 5 mmol/L、0.5 mmol/L、0.05 mmol/L 和 0 mmol/L，依次记为 CK、N1、N2 和 N3。选取大小均匀、籽粒饱满的玉米种子用体积比为 10%的 H_2O_2溶液消毒 40 min，用蒸馏水清洗 3 遍后浸泡在蒸馏水中 12 h。然后将种子放在垫有湿润滤纸的培养皿中在室温黑暗条件下催芽，待种子根长到大约 1 cm 时，将幼苗移到装有珍珠岩的育苗盘中继续培养。当玉米幼苗长到两片展开叶时，去除胚乳在蒸馏水中个培养 1 d，再移入装有 10 L 上述不同氮浓度的培养液的塑料盆中培养（每盆 20 株），每处理 8 盆，共 128 盆。人工气候室昼夜时长为 10～14 h，温度为22～28 ℃。光照时玉米冠层高度的光量子通量密度为 250～300 μmol/（m^2·s）。营养液每 3 d 换一次，每次营养液用 KOH 调节 pH 值 6.0±0.1，用充气泵每天通气 6 h。样品随机摆放，每次更换营养液相互交换位置。

1.3 测定指标

1.3.1 植株形态指标及干物质积累量的测定

分别于处理后 7 d 和 14 d，每次取 3 盆混匀后分 3 个重复，每重复 20 株，10 株用于形态指标测定，10 株用于根系活力测定。苗高为茎基部到叶片最高点的高度；叶面积采用长宽系数法测定，叶面积=长×宽×0.75；茎粗用游标卡尺测定，统一测定距茎基部 2 cm 处；叶绿素含量采用 SPAD－502 型便携式叶绿素仪于取样前测定，每处理测定 15 株。形态指标测定完后将样品分为地上部和地下部装入牛皮纸袋中，于 105 ℃下杀青 30 min，80 ℃烘干至恒重后称量，并计算根冠比。

1.3.2 根系活力的测定

取样方法同 1.3.1，采用 TTC 法[15]测定根系活力，根系吸收总面积和活跃吸收面积用亚甲基蓝吸附法[16]。

1.3.3 伤流液的收集及组分的测定

伤流强度采用称重法[15]测定，每处理测定15株。将脱脂棉塞入去盖离心管并称重，在处理后7 d和14 d玉米苗茎基部离地面约2 cm处用刀片切去地上部分，用离心管收集伤流并用封口膜封口，24 h后取下并称重，采用差减法计算伤流液流量。

可溶性蛋白含量采用考马斯亮蓝法[15]测定；可溶性糖含量采用蒽酮比色法[15]测定；游离氨基酸含量采用茚三酮比色法[15]测定；硝态氮含量采用紫外分光光度法[15]测定。

1.4 数据处理与分析

伤流强度（g/d）=（m_2-m_1）/t，m_2-m_1为伤流、脱脂棉在收集伤流液前后的重量之差，t为伤流液收集的时间。

伤流成分转运速度（ug/d）=伤流强度×成分浓度

采用Excel 2007和DPS 7.05分析软件进行统计分析。

2 结果与分析

2.1 低氮胁迫对不同耐低氮性玉米品种苗期生长的影响

2.1.1 对玉米植株形态和叶绿素含量的影响

低氮胁迫下，玉米苗期茎粗、苗高、叶面积和相对叶绿素含量均显著降低。且随着氮浓度的降低和胁迫时间的延长，各指标的降幅加大。低氮胁迫下不同耐低氮性玉米品种茎粗、苗高、叶面积和SPAD降幅差异明显，如表1所示。处理后7 d，N1处理与CK相比，两个耐低氮品种的平均茎粗、苗高、叶面积和SPAD分别下降了7.1%、7.5%、28.1%和23.7%，而低氮敏感品种分别下降了11.9%、18.4%、36.0%和41.1%；N2处理，耐低氮品种分别下降了10.4%、11.5%、37.1%和34.0%，低氮敏感品种分别下降了15.1%、24.0%、40.4%和48.1%；N3处理下耐低氮品种下降了13.3%、15.6%、44.4%和43.0%，低氮敏感品种下降了21.4%、28.0%、47.5%和52.8%。低氮敏感品种的下降幅度均高于耐低氮品种，且随胁迫时间和程度的加剧两类品种降幅差异加大。

表1 低氮胁迫对不同耐低氮性玉米品种苗期生长的影响

处理	品种	茎粗（mm）	苗高（cm）	叶面积（cm^2/株）	SPAD
		处理后7 d			
CK	耐低氮	3.28±0.25 b	39.51±0.90 a	80.74±3.16 a	31.13±3.77 b
	低氮敏感	3.57±0.08 a	40.55±1.86 a	85.65±9.15 a	34.34±0.72 a
N1	耐低氮	3.05±0.14 cd	36.57±1.38 b	58.05±1.43 b	23.76±1.33 c
	低氮敏感	3.15±0.17 bc	33.07±2.01 c	54.81±5.96 bc	20.23±1.02 d
N2	耐低氮	2.94±0.11 de	34.98±0.96 bc	50.83±1.79 cd	20.56±1.46 d
	低氮敏感	3.03±0.16 cd	30.82±2.45 d	51.07±6.71 cd	17.81±0.66 e
N3	耐低氮	2.85±0.12 e	33.36±0.62 c	44.90±1.09 d	17.76±0.64 e
	低氮敏感	2.81±0.07 e	29.18±1.39 d	44.99±4.09 d	16.21±0.52 e
		处理后14 d			
CK	耐低氮	6.35±0.06 b	56.75±1.20 a	161.50±4.14 b	40.51±2.32 a
	低氮敏感	6.61±0.09 a	57.55±2.29 a	177.84±25.83 a	41.11±1.22 a
N1	耐低氮	3.91±0.11 c	43.81±1.10 b	69.21±1.52 c	17.93±0.48 b
	低氮敏感	3.93±0.30 c	41.01±0.27 c	64.00±5.16 cd	15.67±0.50 cd

续表

处理	品种	茎粗（mm）	苗高（cm）	叶面积（cm^2/株）	SPAD
N2	耐低氮	3.56±0.09 d	41.37±0.87 c	62.11±1.08 cd	16.33±0.34e
	低氮敏感	3.73±0.29 cd	37.25±3.50 d	58.04±4.52 cd	13.97±0.58 h
N3	耐低氮	3.34±0.09 e	36.57±1.83 de	54.00±2.84 d	14.89±0.54 de
	低氮敏感	3.26±0.08 e	34.28±3.13 e	51.94±5.93 d	12.81±0.49 f

注：耐低氮品种正红311、成单30，低氮敏感品种为先玉508、三北2号。同一列不同小写字母表示差异达5%显著水平。

2.1.2　对生物量的影响

如表2所示低氮胁迫下玉米苗期地上部干重和单株干重显著降低，根系干重在轻度胁迫（N1）下与对照差异不显著，重度胁迫（N3）下有所降低，特别是处理后14 d表现明显，但降低的幅度远小于地上部干重，导致根冠比显著升高。低氮胁迫下不同耐低氮性玉米品种地上部、地下部和单株干物质及根冠比变幅差异显著。处理后7 d和14 d平均，N1、N2和N3处理与CK相比，耐低氮品种地上部干重分别下降了27.2%、34.5%和42.7%；低氮敏感品种下降了30.1%、41.1%和49.8%；耐低氮品种单株干重分别下降了23.1%、27.2%和34.1%，低氮敏感品种下降了23.2%、32.0%和39.1%；耐低氮品种根冠比分别升高了19.7%、44.2%和62.1%，低氮敏感品种升高了33.8%、57.4%和81.7%；耐低氮品种根系干重在N1处理降低了5.4%，N2和N3处理分别升高了4.0%和2.5%，低氮敏感品种N1、N2和N3分别升高了2.5%、2.1%和0.9%。低氮胁迫下低氮敏感品种地上部干重和单株干重的降幅及根冠比的增幅均高于耐低氮品种；且耐低氮品种根系干重在低氮胁迫下表现为先降低后增加，而低氮敏感品种表现为增加，随胁迫程度加剧增幅降低。

表2　低氮胁迫下不同氮敏感型玉米品种根系和地上部干重及根冠比　　单位：g/plant，DW

处理	品种	地上部干重	根系干重	单株干重	根冠比
		处理后7 d			
CK	耐低氮	0.38±0.04 b	0.12±0.01 b	0.50±0.05 bc	0.33±0.01 e
	低氮敏感	0.44±0.04 a	0.17±0.01 a	0.61±0.05 a	0.39±0.01 d
N1	耐低氮	0.35±0.03 bc	0.12±0.01 b	0.47±0.05 cd	0.34±0.02 e
	低氮敏感	0.38±0.03 b	0.16±0.01 a	0.54±0.04 b	0.43±0.02 c
N2	耐低氮	0.32±0.02 cd	0.13±0.01 b	0.45±0.03 cde	0.39±0.02 d
	低氮敏感	0.28±0.04 de	0.16±0.02 a	0.48±0.06 cd	0.48±0.02 b
N3	耐低氮	0.28±0.01e	0.12±0.01 b	0.41±0.01 e	0.43±0.05 c
	低氮敏感	0.29±0.04 g	0.15±0.02 a	0.43±0.01 de	0.55±0.03 a
		处理后14 d			
CK	耐低氮	0.83±0.08 a	0.16±0.02 bc	0.99±0.02 a	0.19±0.01f
	低氮敏感	0.87±0.08 a	0.18±0.02 ab	1.05±0.02 a	0.21±0.01 f
N1	耐低氮	0.53±0.08 b	0.15±0.02 c	0.67±0.02 bc	0.28±0.01 e
	低氮敏感	0.53±0.06 b	0.20±0.01 a	0.73±0.01 b	0.37±0.03 d
N2	耐低氮	0.47±0.03 bc	0.17±0.02 bc	0.63±0.01 cd	0.36±0.05 d
	低氮敏感	0.45±0.04 cd	0.20±0.02 a	0.64±0.02 bcd	0.45±0.05 b
N3	耐低氮	0.41±0.01 cd	0.17±0.01 bc	0.57±0.00 d	0.41±0.02 c
	低氮敏感	0.38±0.01d	0.20±0.01 a	0.58±0.02 d	0.53±0.02 a

注：耐低氮品种正红311、成单30；低氮敏感品种为先玉508、三北2号。同一列不同小写字母表示同一品种不同氮水平间差异达5%显著水平。

2.2 低氮胁迫对不同耐低氮性玉米品种幼苗根系活力的影响

根系吸收面积和根系 TTC 还原量，是根系生理特性的重要指标[17]。由表 3 可知，低氮胁迫主要影响根系的活力，对根系总吸收面积的影响较小。与 CK 相比，N1、N2 和 N3 处理后 7 d 和 14 d，玉米苗平均根系活力分别下降了 26.8%、41.5%、49.9%和 38.6%、49.6%、55.3%。低氮胁迫对不同类型品种根系活力的影响程度有较大差异，耐低氮品种根系活力高于低氮敏感品种。N1、N2 和 N3 处理后 7 d 根系活力分别高 39.9%、26.4%和 27.9%；处理后 14 d 根系活力高 62.8%、63.3%和 79.0%。耐低氮品种在低氮胁迫下仍能保持较高的根系活力和总吸收面积。

低氮胁迫下玉米根系的活跃吸收面积显著降低，活跃吸收面积比却有所增加。低氮胁迫下不同耐低氮性玉米品种根系活跃吸收面积比变幅差异不明显，但耐低氮品种根系活跃吸收面积降幅显著低于低氮敏感品种。N1、N2 和 N3 处理后 7 d 分别低 13.5%、11.2%和 13.4%，处理后 14 d 分别低 18.8%、16.5%和 19.7%。

表 3 低氮胁迫下不同玉米品种根系活力和吸收面积

处理	品种	根系活力（g/h，FW）	总吸收面积（cm²）	活跃吸收面积（cm²）	活跃吸收面积比（%）
处理后 7 d					
CK	耐低氮	816.06±56.31 a	4.59±0.01 a	2.21±0.01 a	48.11±0.24 d
	低氮敏感	827.51±26.72 a	4.54±0.01 b	2.22±0.01 a	48.80±0.26 b
N1	耐低氮	701.53±40.71 b	4.52±0.01 c	2.17±0.01b	48.98±0.29 d
	低氮敏感	501.40±23.84 cd	4.45±0.02 d	2.16±0.01 c	48.48±0.24 c
N2	耐低氮	536.65±49.26 c	4.44±0.02 d	2.16±0.01 c	48.66±0.17 bc
	低氮敏感	424.71±9.68 e	4.39±0.02 e	2.14±0.01 d	48.77±0.31 bc
N3	耐低氮	424.71±38.47 de	4.37±0.01 f	2.15±0.00 d	49.09±0.09 a
	低氮敏感	361.42±9.10 f	4.31±0.01 g	2.12±0.01 e	49.33±0.26 a
处理后 14 d					
CK	耐低氮	1 093.02±44.71 a	4.46±0.01 b	2.18±0.01 a	48.91±0.15 d
	低氮敏感	954.71±44.03 b	4.49±0.05 a	2.18±0.01 ab	48.50±0.27 e
N1	耐低氮	778.70±21.95 c	4.39±0.02 c	2.17±0.01 b	49.43±0.21 c
	低氮敏感	478.46±43.61 f	4.35±0.04 d	2.15±0.01 d	49.46±0.33 c
N2	耐低氮	640.41±12.08 d	4.33±0.02 d	2.16±0.01 d	49.88±0.23 ab
	低氮敏感	392.06±29.72 g	4.29±0.02 e	2.14±0.01 e	49.82±0.19 ab
N3	耐低氮	587.25±7.95 e	4.28±0.01e	2.15±0.01 d	50.03±0.13 a
	低氮敏感	328.04±20.58 h	4.24±0.02 f	2.10±0.01 f	49.65±0.27 bc

注：耐低氮品种正红 311、成单 30；低氮敏感品种为先玉 508、三北 2 号。同一列不同小写字母表示同一品种不同氮水平间差异达 5%显著水平。

2.3 低氮胁迫对不同耐低氮性玉米品种苗期伤流性状的影响

2.3.1 对根系伤流强度的影响

图 1 显示结果表明，低氮胁迫下玉米苗期根系伤流强度显著下降，4 品种平均处理后 7 d，N1、N2 和 N3 处理分别下降了 60.7%、66.3%和 72.5%；处理后 14 d，分别下降了 77.4%、83.4%和 86.4%，随胁迫时间和强度的加剧，伤流强度的降幅增大。正常氮处理下（CK），耐低氮品种伤流强度较低氮敏感品种并无明显优势，但低氮胁迫下耐低氮品种伤流强度降幅明显低于低氮敏感品种。处理后 7 d，N1、N2 和 N3 处理与 CK 相比，耐低氮品种的伤流强度的降幅较低氮敏感品种分别低 6.4%、3.9%和 6.7%；处理后 14 d 的降幅分别低 5.8%、3.6%和 3.4%。

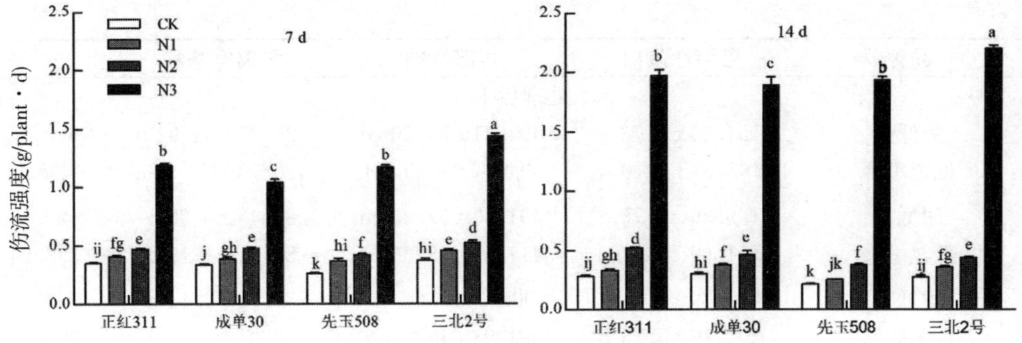

图 1　低氮胁迫对不同玉米品种根系伤流强度的影响

注：柱上不同小写字母表示同一品种不同氮水平间差异达 5%显著水平。

2.3.2　对伤流液组分的影响

伤流液组分浓度的差异是根系对养分吸收和转化的结果[18]，低氮胁迫对玉米苗期伤流液中可溶性蛋白、可溶性糖、游离氨基酸和硝态氮浓度有重要的影响。表 4 结果表明，低氮胁迫后 7 d 伤流液中可溶性蛋白、可溶性糖、游离氨基酸和硝态氮浓度均显著下降，4 品种 3 低氮处理平均分别下降了 16.5%、30.2%、56.2%和 98.3%；而处理后 14 d 则表现为可溶性蛋白和可溶性糖浓度分别升高 30.3%和 227.0%，游离氨基酸和硝态氮浓度分别下降 75.2%和 95.6%。表明低氮胁迫对玉米苗期伤流液中硝态氮浓度的影响最大，而氮代谢受损后会引起伤流液中可溶性糖的急剧增加。

低氮胁迫下，不同耐低氮性玉米品种苗期伤流液中可溶性蛋白和可溶性糖变幅差异明显。与 CK 相比，处理后 14 d 耐低氮品种 N1、N2 和 N3 处理可溶性蛋白浓度分别升高了 26.6%、42.5%和 45.5%，低氮敏感品种分别升高了 17.2%、24.3%和 27.0%；而处理后 7 d，耐低氮品种 N1、N2 和 N3 处理可溶性糖浓度较低氮敏感品种分别高 80.4%、85.2%和 118.2%，处理后 14 d 分别高 17.8%、54.4%和 10.6%。低氮胁迫下，耐低氮品种伤流液中可溶性蛋白浓度增幅和可溶性糖浓度均显著高于低氮敏感品种。

根系伤流液中氨基酸与硝态氮比值的大小，可以直接反映根部活性的高低和植株对硝态氮吸收、利用的能力[19]。低氮胁迫下伤流液中氨基酸与硝态氮比值显著升高。处理后 7 d 氨基酸/硝态氮增幅显著高于处理后 14 d。处理后 7 d，耐低氮品种氨基酸/硝态氮在 N1、N2 和 N3 处理下较低氮敏感品种分别高 36.5%、14.4%和 16.3%；而处理后 14 d，耐低氮品种较低氮敏感品种分别低 2.5%、11.9%和 10.3%。低氮胁迫下耐低氮品种氨基酸/硝态氮早期增幅高，后期降幅大，表明耐低氮品种较低氮敏感品种根系早期能更早对低氮胁迫做出反应，后期能维持更高的根系活力和硝态氮的吸收、利用能力。

表 4　低氮胁迫不同玉米品种伤流液各组分浓度　　单位：μg/mL

处理	品种	可溶性蛋白	可溶性糖	游离氨基酸	硝态氮
		处理后 7 d			
CK	耐低氮	277.39±69.23 a	303.19±24.49 a	200.40±18.13 a	14316.93±758.80b
	低氮敏感	274.28±3.14 a	189.35±22.27 c	193.51±15.31 a	16957.14±164.01 a
N1	耐低氮	262.24±57.03 ab	263.93±38.67 b	110.42±6.80 b	232.41±55.00 c
	低氮敏感	248.22±6.13 abc	146.27±6.37 d	99.25±5.58 c	338.10±40.75 c
N2	耐低氮	238.31±38.85 abc	237.37±31.12 b	78.28±2.75 d	261.38±66.75 c
	低氮敏感	228.39±3.05 bcd	128.19±22.41 d	82.87±3.20 d	301.06±40.71 fg
N3	耐低氮	192.99±9.32 d	175.23±9.99 d	72.82±4.18 d	187.30±60.93 c
	低氮敏感	211.11±3.47 cd	80.31±12.84 e	74.25±2.95 d	200.53±17.67 c

续表

处理	品种	可溶性蛋白	可溶性糖	游离氨基酸	硝态氮
		处理后 14 d			
CK	耐低氮	154.30±4.73 e	404.41±34.20 cd	226.27±64.92 b	6 690.74±532.15 b
	低氮敏感	163.53±7.70 d	254.41±38.83 d	420.73±70.81 a	8 438.62±95.09 a
N1	耐低氮	195.26±3.76 c	491.70±57.33 cd	89.48±5.20 c	422.75±81.23 c
	低氮敏感	191.67±2.01 c	417.41±43.56 cd	88.91±2.15 c	398.94±49.38 c
N2	耐低氮	219.89±3.64 a	1 068.53±534.45 b	81.72±3.14 c	332.80±17.55 c
	低氮敏感	203.19±5.76 b	691.98±108.38 c	82.01±5.65 c	304.50±56.05 c
N3	耐低氮	224.57±7.29 a	1 991.16±521.62a	66.78±4.45 c	267.86±27.50 c
	低氮敏感	207.72±3.87 b	1 801.19±448.78 a	73.39±2.82 c	269.31±40.68 c

注：耐低氮品种正红 311、成单 30；低氮敏感品种为先玉 508、三北 2 号。同一列不同小写字母表示同一品种不同氮水平间差异达 5%显著水平。

低氮胁迫下玉米苗期伤流液可溶性蛋白、可溶性糖、氨基酸和硝态氮的转运速度均显著下降，如表 5 所示。处理后 14 d，低氮胁迫下伤流液中可溶性蛋白和可溶性糖浓度均显著升高，但转运速度显著降低，表明伤流强度对伤流成分转运速度的影响较浓度的影响更大。与 CK 相比，处理后 7 d 各低氮处理平均，耐低氮品种可溶性蛋白、可溶性糖、氨基酸和硝态氮转运速度分别下降了 68.6%、72.4%、83.8%和 99.4%，低氮敏感品种分别下降了 73.9%、80.0%、86.0%和 99.5%；处理后 14 d，耐低氮品种下降了 72.9%、47.5%、92.9%和 99.0%，低氮敏感品种下降了 81.0%、48.3%、96.9%和 99.4%。耐低氮品种伤流液各组分转运速度下降幅度均低于低氮敏感品种。

表 5　低氮胁迫对不同玉米品种伤流液组分转运速度的影响　　单位：μg/d

处理	品种	可溶性蛋白	可溶性糖	游离氨基酸	硝态氮
		处理后 7 d			
CK	耐低氮	304.01±54.73 b	339.03±52.21 a	224.24±36.25 b	155 882.84±458.03 b
	低氮敏感	358.43±43.36 a	224.56±3.49 b	250.85±9.59 a	22 166.07±2 742.18 a
N1	耐低氮	124.96±28.04 c	125.50±17.56 c	52.53±2.81 c	134.55±27.16 c
	低氮敏感	118.03±16.46 c	69.14±5.48 e	46.87±3.25 cd	162.27±37.91 c
N2	耐低氮	94.63±13.07 cd	94.92±15.26 d	31.22±1.94 de	103.57±23.84 c
	低氮敏感	95.25±12.03 cd	52.54±3.81 e	34.67±5.40 de	127.17±31.97 c
N3	耐低氮	66.72±2.89 d	60.57±2.97 e	25.22±2.08 e	64.42±19.76 c
	低氮敏感	67.48±13.50 d	25.01±1.24 f	23.59±3.82 e	63.13±6.82 c
		处理后 14 d			
CK	耐低氮	297.66±8.63 b	779.26±53.42 a	439.03±135.46 b	12 893.67±828.33 b
	低氮敏感	337.13±10.16 a	521.10±43.04 bc	860.93±85.03 a	17 433.27±1 117.06 a
N1	耐低氮	96.58±8.22 c	241.61±17.08 e	44.35±5.35 c	206.96±29.15 c
	低氮敏感	78.52±6.72 d	169.79±6.09 e	36.41±2.85 c	164.78±33.66 c
N2	耐低氮	78.53±6.77 d	392.53±217.79 d	29.11±1.33 c	119.14±14.93 c
	低氮敏感	62.87±13.60 e	207.98±9.52 e	25.04±3.38 c	96.63±35.42 c
N3	耐低氮	66.54±4.86 e	593.83±175.88 b	19.80±2.00c	79.53±11.15 c
	低氮敏感	51.17±7.87 f	430.42±51.57 cd	18.00±2.06 c	67.44±19.51 c

注：耐低氮品种正红 311、成单 30；低氮敏感品种为先玉 508、三北 2 号。同一列不同小写字母表示同一品种不同氮水平间差异达 5%显著水平。

2.4 玉米苗单株干重与形态、生理指标的关系

单株干重是玉米苗期生长状况的具体表现，其与主要形态和生理指标存在不同程度相关性，如表6所示。在形态指标中，单株干重与茎粗、苗高、叶面积、根系总吸收面积和活跃吸收面积呈正相关，相关系数都达到了显著或极显著水平，与根系活跃吸收面积比呈负相关，处理后14 d相关系数达极显著水平，无论是处理后7 d还是14 d，对单株干重贡献最大的都是地上部的叶面积和根系的吸收面积；在生理指标中，除处理后14 d根系伤流的可溶性蛋白和可溶糖浓度与单株干重呈负相关外，其余各时期和各指标与单株干重均呈正相关，大多达到了显著或极显著水平，处理后7 d以伤流强度和伤流中游离氨基酸转运速度对单株干重的贡献最大，即单株干重主要受根系吸收、转运养分能力的影响，而处理后14 d则以伤流中可溶性蛋白转运速度对单株干重的贡献最大，其次为伤流中硝态氮浓度，即单株干重主要受根系吸收、同化氮素能力的影响。

表6 单株干重与形态、生理指标的相关和通径系数

	处理后7 d			处理后14 d		
	相关系数	通径系数	贡献率（%）	相关系数	通径系数	贡献率（%）
茎粗	0.656**	0.333	8.0	0.922**	0.698	22.0
苗高	0.545*	−0.543	10.9	0.928**	0.499	15.9
叶面积	0.720**	1.011	26.7	0.905**	−0.718	22.2
BI	0.695**	14.306	33.8	0.907**	−0.610	6.2
TAA	0.551*	1.320	26.7	0.916**	0.812	25.5
AAA	0.507*	−1.185	22.1	0.706**	−0.483	11.7
AAAR	−0.383	0.400	5.6	−0.926**	−0.088	2.8
SPC	0.202	0.681	0.5	−0.924**	−0.455	4.7
SSC	0.066	−0.703	0.2	−0.726**	0.394	3.2
FAAC	0.582*	3.352	6.6	0.801**	0.237	2.1
NNC	0.558*	4.411	8.4	0.859**	−1.894	18.1
RA	0.469	0.057	0.1	0.781**	−0.371	3.2
SPTS	0.620**	−6.772	14.3	0.901**	4.759	47.8
SSTS	0.472	0.337	0.5	0.274	−0.502	1.5
FAATS	0.630**	−14.691	31.5	0.831**	−0.483	4.5
NNTS	0.610*	−1.138	2.4	0.862**	−0.816	7.8
SPAD	0.629**	0.795	1.7	0.899**	0.088	0.9

注：BI—伤流强度；TAA—总吸收面积；AAA—活跃吸收面积；AAAR—活跃吸收面积比；SPC—可溶性蛋白浓度；SSC—可溶性糖浓度；FAAC—游离氨基酸浓度；NNC—硝态氮浓度；RA—根系活力；SPTS—可溶性蛋白转运速度；SSTS—可溶性糖转运速度；FAATS—游离氨基酸转运速度；NNTS—硝态氮转运速度。

3 讨论

3.1 低氮胁迫对不同耐低氮性玉米品种幼苗根系活力的影响

根系活力是反映根系发育状况的一个重要指标，根系活力越强，植株吸收养分的能力越强；而根系吸收面积是根系活性指标之一，根系吸收面积越大，说明活性越强、吸收能力越大[20,21]。王彦荣等[22]研究指出低氮胁迫下植物的根系活力和根系吸收面积均有不同程度的下降。本试验结果表明，低氮胁迫下玉米苗期根系活力降低，总吸收面积和活跃吸收面积也有所下降但降幅远小于根系活力，而活跃吸收面积比有所增加，表明低氮胁迫主要影响的是根系活力，对根系形态的影响相对较小。不同耐低氮性玉米品种根系活跃吸收面积比变幅差异不明显，但耐低氮品种总吸收面积和活跃吸收面积降

幅均低于低氮敏感品种，表明低氮胁迫下耐低氮品种在保持与低氮敏感品种相同的活跃吸收面积比的同时，有效地降低了活跃吸收面积的降幅，从而提高了其在低氮条件下的根系吸收能力。

3.2 低氮胁迫对不同耐低氮性玉米品种苗期伤流性状的影响

由于低氮胁迫降低了根系活力和吸收面积，相应地降低了玉米幼苗的伤流强度，根系活力和伤流强度呈极显著正相关，处理后 7 d 和 14 d 的相关系数分别为 0.7288** 和 0.8645** （n=16）。不过不同类型品种根系伤流强度受低氮胁迫影响的程度有较大差异，耐低氮品种在低氮胁迫下根系伤流量的降幅较低氮敏感品种更低，这与谢孟林等[23]的研究结果一致。

根系伤流液中可溶性蛋白和可溶性糖含量可分别反映植株氮和碳代谢情况，因此二者与植株的氮代谢和碳代谢密切相关[24,25]。伤流液中的养分是根系吸收转化的结果，营养元素的供给水平对植株伤流成分有很大的影响[26]。本试验结果表明，低氮胁迫下玉米苗期根系伤流液中可溶性蛋白、可溶性糖、游离氨基酸和硝态氮的运转速度及游离氨基酸和硝态氮浓度均显著下降，而可溶性蛋白和可溶性糖浓度随胁迫时间的延长表现出先下降后升高的趋势。耐低氮品种各指标降幅均低于低氮敏感品种，而处理 14 d 可溶性蛋白和可溶性糖浓度增幅较低氮敏感品种更高，且在低氮胁迫下耐低氮程度均高于低氮敏感品种。表明低氮胁迫下耐低氮品种根系不仅吸收养分能力较低氮敏感品种强，而且向地上部转运养分的能力也高于低氮敏感品种，表明其适应低氮环境的能力更高。

伤流液中氨基酸与硝态氮浓度的比值变化是根系中氮循环的结果，能够很好地反映植株氮素代谢的整体适应性[12]。李俊霞等[27]研究表明，随氮浓度的降低伤流液中氨基酸和硝态氮浓度均呈下降的趋势，而硝态氮的降幅远大于氨基酸，因此低氮胁迫下氨基酸与硝态氮浓度的比值显著升高。本试验不仅印证了这一结果，还进一步发现不同类型品种伤流液中氨基酸与硝态氮的比值受低氮胁迫影响的程度也有较大差异，耐低氮品种氨基酸与硝态氮比值较低氮敏感品种的低，低氮胁迫下该比值提高的幅度较低氮敏感品种大，进一步表明耐低氮品种在低氮胁迫条件下吸收、利用氮素的能力较低氮敏感品种更强，这是其耐低氮能力强的重要生理机制。

3.3 低氮胁迫对不同耐低氮性玉米品种苗期生长的影响

低氮胁迫影响了玉米幼苗根系的活力及其吸收、转运和同化、利用养分的能力，进而影响植株的生长，导致苗高、茎粗、叶面积和干物质积累量的降低，胁迫时间越长、胁迫程度越高，影响的程度越大，其中地上部受影响的程度大于地下部，导致根冠比上升[28,29]，这是玉米苗适应低氮胁迫的表现。在影响植株生长（单株干物质积累量）的因子中，在形态指标中最主要的是地下根系的吸收面积和地上部的叶面积；在生理指标中，低氮胁迫的早期（处理后 7 d）主要是影响伤流强度和游离氨基酸转运速度，即根系的吸收和转运营养物质能力，而后期（处理后 14 d）则主要是影响伤流中硝态氮含量和可溶蛋白转运速度，即根系的吸收和同化能力。不同类型品种幼苗生长受低氮胁迫影响的程度有较大差异，总体而言，耐低氮品种受影响的程度相对较小，在低氮胁迫下苗高、茎粗、叶面积和干物质积累量下降的幅度及根冠比上升的幅度较低氮敏感品种低，这是其适应低氮环境能力强的具体表现。

4 结论

低氮胁迫下玉米苗期苗高、茎粗、叶面积、SPAD、单株干重、地上部干重、伤流强度，伤流液中可溶性蛋白和可溶性糖转运速度、氨基酸和硝态氮转运速度及浓度、根系活力、根系总吸收面积和根系活跃吸收面积均显著下降，且耐低氮品种这些指标的降幅均低于低氮敏感品种。根冠比、伤流液中氨基酸与硝态氮浓度比值均显著升高，而伤流液中可溶性蛋白和可溶性糖浓度则随胁迫时间表现出先降低后升高的趋势。耐低氮品种的根冠比、可溶性蛋白浓度和氨基酸与硝态氮浓度比值的增幅和可溶性糖浓度均低于低氮敏感品种，且耐低氮品种低氮胁迫下根系活力、伤流液中可溶性蛋白和可溶性糖浓度均显著高于低氮敏感品种，氨基酸与硝态氮浓度比值均低于低氮敏感品种。表明玉米苗能够通过改善物质分配来适应低氮胁迫，与低氮敏感品种相比，耐低氮品种通过保持较强的根系活力和较大的吸收面积，从而提高根系吸收、合成和转动营养物质的能力来适应缺氮环境。

参考文献

[1] 刘春晓，赵海军，董树亭，等．玉米不同基因型双列杂交后代抽丝后氮素代谢特性［J］．中国农业科学，2014，47（1）：33－42.

[2] Wen Z H，Shen J B，Martin B，et al. Combined applications of nitrogen and phosphorus fertilizers with manure increase maize yield and nutrient uptake via stimulating root growth in a long-term experiment［J］．Pedosphere，2016（1）：1－17.

[3] Cui L M，Wang X X，Xuan H D，et al. Changes in several physiological and biochemical indices of maize seedling roots caused by drought stress［J］．Plant Diseases and Pests，2015，6（4）：35－37.

[4] 王玲敏，叶优良，陈范骏，等．施氮对不同品种玉米产量、氮效率的影响［J］．中国生态农业学报，2012，20（5）：529－535.

[5] 刘建安，米国华，张福锁．不同基因型玉米氮效率差的比较研究［J］．农业生物技术学报，1999，7（3）：246－252.

[6] 杨建昌．水稻根系形态生理与产量、品质形成及养分吸收利用的关系［J］．中国农业科学，2011，44（1）：36－46.

[7] Xu H Y，Zhou F J，Bai K D，et al. Effects of allantoin on the root growth and bleeding liquid of maize seedlings［J］．Journal of Agricultural and Biological Science，2003，22（1）：25－28.

[8] 殷春渊，杨海霞，杜彦修，等．水稻不同部位伤流强度的差异及其与籽粒充实的关系［J］．作物学报，2013，39（1）：153－163.

[9] 张玉姣，徐克章，陈展宇，等．不同年代大豆品种根系伤流液含氮化合物的变化［J］．中国油料作物学报，2014，36（4）：469－475.

[10] 徐钰，江丽华，郑福利，等．调控措施对日光温室黄瓜伤流液及其养分含量的影响［J］．中国蔬菜，2012（20）：62－67.

[11] 刘盼盼，伍大利，刘畅，等．淹涝和氮形态对苗期玉米伤流液流量及组分的影响［J］．华北农学报，2013（3）：133－138.

[12] 陈范俊，米国华，刘建安，等．玉米自交系木质部伤流液中氮素形态差异及其与氮效率的关系［J］．中国农业科学，1999，32（5）：43－48.

[13] 罗秀杰，王海红，束良佐，等．供氮形态与部位对局部根区水分胁迫下玉米水分吸收与利用的影响［J］．西北植物学报，2010，30（7）：1426－1434.

[14] 罗延宏．玉米苗期耐低氮品种的筛选及其生理机制的初步研究［D］．成都：四川农业大学，2012.

[15] 熊庆娥．植物生理学实验教程［M］．成都：四川科学技术出版社，2003.

[16] 邹琦．植物生理生化实验指导［M］．北京：中国农业出版社，1995.

[17] 宋海星，李生秀．玉米生长空间对根系吸收特性的影响［J］．中国农业科学，2003，36（8）：899－904.

[18] 宋海星，李生秀．水、氮供应对玉米伤流及其养分含量的影响［J］．植物营养与肥料学报，2004，10（6）：574－578.

[19] 禹婷，王永熙，刘航空．3 种果树伤流液中氮素形态分析［J］．西北林学院学报，2006，21（3）：34－36.

[20] 吕小红，陈温福，宋玉婷，等．施氮条件下不同株型水稻品种的根系活力研究［J］．北方水稻，2014，44（4）：7－11.

[21] Liu J J，Wei Z，Li J H. Effects of copper on leaf membrane structure and root activity of maize seedling［J］．Botani-

cal Studies，2014，55（1）：1-6.

[22] 王彦荣，华泽田，陈温福，等．粳型超级杂交稻辽优 3225 根系生理特性研究［J］．中国水稻科学，2003，17（1）：37-41.

[23] 谢孟林，李强，查丽，等．低氮胁迫对不同耐低氮性玉米品种幼苗根系形态和生理特征的影响［J］．中国农业生态学报，2015，23（8）：946-953.

[24] 周宇飞，史振声，吕德贵，等．种植密度对不同耐密性春玉米基部茎节维管束及根系伤流的影响［J］．西北植物学报，2013，33（3）：518-526.

[25] 王业建．大豆对低氮胁迫的形态和生理学响应及介导低氮胁迫 miRNA 的鉴定［D］．长沙：中南大学，2013.

[26] 任思荣，朱建国，李辉信，等．大气 CO_2 浓度升高对水稻伤流液中矿质元素的影响［J］．农业环境科学学报，2007，26（5）：1849-1853.

[27] 李俊霞．不同玉米自交系氮效率差异的研究［D］．北京：中国农业科学院，2015.

[28] 刘婷婷，樊明寿，李春俭．不同氮效率玉米自交系对氮素供应的反应［J］．华北农学报，2005，20（3）：83-86.

[29] 王敬锋，刘鹏，赵秉强，等．不同基因型玉米根系特性与氮素吸收利用的差异［J］．中国农业科学，2011，44（4）：699-707.

低氮胁迫对不同耐低氮性玉米品种幼苗根系形态和生理特征的影响*

谢孟林　李　强　查　丽　朱　敏　程秋博　袁继超　孔凡磊

四川农业大学农学院/农业部西南作物生理生态与耕作重点实验室，四川成都　611130

摘要：采用水培方法，以 2 个耐低氮品种和 2 个不耐低氮玉米品种为材料，以正常氮处理 B3［15 mmol（N）/L］为对照，研究 2 个低氮胁迫水平 B1［0.05 mmol（N）/L］、B2［0.5 mmol（N）/L］对不同耐低氮性玉米品种苗期根系形态和伤流量及氮代谢关键酶活性的影响。结果表明，与正常供氮处理相比，在 B1 和 B2 低氮胁迫处理下，玉米幼苗根系伤流量和硝酸还原酶（NR）、谷氨酰胺合成酶（GS）、谷氨酸脱氢酶（GDH）活性均下降，耐低氮品种上述各指标的降幅 29.8%和 8.7%、46.9%和 39.6%、7.3%和 4.4%、31.3%和 19.8%，均小于不耐低氮品种 37.0%和 27.5%、68.8%和 56.6%、24.5%和 18.7%、60.7%和 42.7%，且在 B1 处理下耐低氮品种根系 NR、GDH 活性分别是不耐低氮品种的 1.4 倍、1.35 倍。低氮胁迫对玉米苗期地上部生长的影响大于对地下部生长的影响，使地上部干重显著降低，根冠比显著增大，根数减少；在 B1 和 B2 处理下，不耐低氮品种根冠比增幅 81.6%和 25.4%、根数降幅 22.2%和 31.1%均大于耐低氮品种的 61.0%和 21.1%、19.8%和 19.4%。随着低氮胁迫程度的增大，耐低氮品种根长增长，根粗减小，对低氮胁迫的响应能力增大，表现为根系伸长变细以增加对氮的吸收面积。与不耐低氮品种相比，低氮胁迫下耐低氮品种根系形态较好，根系生理活性和对低氮胁迫的耐性较强，能维持较稳定的生长；随着低氮胁迫时间的延长，耐低氮品种对低氮胁迫的适应性增强，不耐低氮品种则降低。

关键词：玉米；低氮胁迫；耐低氮性；根系形态；硝酸还原酶；谷氨酰胺合成酶

玉米作为三大粮食作物之一，在世界粮食作物生产及国民经济中占有重要地位，伴随畜牧业的大发展和玉米工业的兴起，世界对玉米的需求量将大增，确保玉米高产稳产尤为重要。氮是影响作物生长发育和产量、品质形成的重要营养元素[1]。玉米根系是养分吸收的重要器官[2]，良好的根系形态有利于提高玉米对氮素的吸收与积累[3]。研究表明，玉米在吸收利用氮素方面存在基因型差异[4,5]；利用玉米这一特性筛选耐低氮品种以适应贫瘠的生长条件，对提高氮肥利用效率、减少氮素损失、改善生态环境具有重要意义[6,7]。低氮胁迫下苗期根系形态直接与氮效率相关[5,8]，良好的根系形态和生理活性是氮高效利用的重要特征[9,10]。研究表明，低氮胁迫下，玉米根长往往增长，相对根数减少和根体积减小，根冠比显著增加[5,11]，这可能与低氮胁迫下植株尽可能寻找氮源而产生的补偿效应有关[12]。低氮胁迫对地上部干物重的影响大于对地下部干物重的影响，造成根冠比显著增加[3,13]。低氮胁迫下，玉米根系生理活性减弱，氮代谢关键酶中的硝酸还原酶（NR）、谷氨酰胺合成酶（GS）、谷氨酸脱氢

* **基金项目**：公益性行业（农业）科研专项经费（201503127）和国家科技支撑计划项目（2012BAD04B13）

酶（GDH）活性均降低[14,15]。关于低氮胁迫对玉米地上部生长[13,16]、根系形态[11,12,17]、伤流量[18]及氮代谢相关酶活性[11,14,15]的影响已有较多报道，但鲜见低氮胁迫下不同耐低氮性玉米品种苗期根系形态和生理特性的比较研究。本文以不同耐低氮性玉米品种为材料，采用水培方法，研究低氮胁迫对不同耐低氮性玉米品种苗期根系形态、伤流量、氮代谢相关酶活性的影响，并分析比较品种间的差异，以丰富玉米苗期氮素营养理论，同时为玉米科学施肥提供理论依据。

1　材料与方法

1.1　试验材料

供试耐低氮玉米品种为正红 311（ZH311）、成单 30（CD30），不耐低氮玉米品种为先玉 508（XY508）、三北 2 号（SB2）[19]。

1.2　试验设计

试验于 2013 年 9～11 月在四川农业大学成都校区实验室内进行。采用水培试验，2 因素完全随机设计。因素 A 为不同玉米品种正红 311、成单 30、先玉 508、三北 2 号；因素 B 为不同氮素水平，极低氮胁迫 B1（低氮 Hoagland 营养液，N 浓度为 0.05 mmol/L）、低氮胁迫 B2（低氮 Hoagland 营养液，N 浓度为 0.5 mmol/L）、正常供氮 B3（Hoagland 完全营养液，N 浓度为 15 mmol/L）。共 12 个处理，3 次重复，共 36 盆。

选取均匀饱满的种子，用 75%酒精消毒，去离子水洗净后置于铺有湿润纱布的发芽盘中，28 ℃催芽。3 d 后移栽到珍珠岩中，每天浇适量蒸馏水。2 叶 1 心时，选取长势均匀的玉米苗去除胚乳，移栽到泡沫板上直径为 2 cm 的小孔中并用海绵固定，每板移栽 25 株，株行距 5 cm×5 cm，泡沫板悬浮于塑料盆（45 cm×35 cm×15 cm）上。移栽后在蒸馏水中适应 1 晚，第 2 d 开始使用各处理营养液（每盆 10 L），在培养室中培养，每天用气泵通气 2 h，每 4 d 更换 1 次营养液。

1.3　取样与测定

分别于处理第 7 d 和第 14 d 取样，每盆取 3 株，每个处理共取样 9 株，3 株测定根系性状，3 株测定根系伤流量，3 株测定根系氮代谢相关酶活性。

1.3.1　根系性状的测定

用根系扫描仪（Epson Expression 1000xl，WinRHIZO）测定根表面积、根体积、总根长、根粗、根数；采用烘干法测定根干重和地上部干重，计算根冠比。根冠比=根干重/地上部干重。

1.3.2　伤流量的测定

采用称重法[20]，将脱脂棉塞入去盖离心管并称重，在玉米苗茎基部离地面约2 cm 处用刀片切去地上部分，用离心管收集伤流，封口膜封口，24 h 后取下并称重，两次称重之差即为伤流量。

1.3.3　氮代谢相关酶活性测定

硝酸还原酶（NR）采用对氨基苯磺酸比色法之离体法[20]，谷氨酰胺合成酶（GS）参照张以顺等[21]的方法，谷氨酸脱氢酶（GDH）参照 Cren 等[22]的方法。

1.4　数据处理

采用 Excel 2007 软件进行数据处理与图表制作，DPS 7.05 数据处理系统进行统计分析（LSD 法）。

2　结果与分析

2.1　低氮胁迫对玉米苗期根系性状的影响

表 1 结果表明，低氮胁迫显著影响玉米苗期根表面积、根体积、根长、根粗和根数等根系性状

($P<0.05$)。与 B3 正常氮浓度相比，在 B1 极低氮胁迫浓度下各玉米品种根长增长，耐低氮品种(ZH311 和 CD30 平均)处理第 7 d 和第 14 d 两次测定的平均增幅(9.2%)大于不耐低氮品种(XY508 和 SB2 平均)的增幅(4.8%)；而在 B2 低氮胁迫浓度下，各玉米品种根长则均下降，不耐低氮品种降幅(22.6%)大于耐低氮品种(8.1%)。低氮胁迫下玉米品种平均根粗变化存在差异，与 B3 相比，在 B2 处理下除第 7 d 和 14 d 的 ZH311 外，其他各玉米品种根粗均增大；在 B1 处理下 ZH311 根粗显著减小，而其他各玉米品种根粗变化不明显。

表 1　低氮胁迫不同时间不同玉米品种苗期根系形态特征

处理时间(d)	处理	品种	根表面积(cm^2)	根体积(cm^3)	根长(cm)	根粗(mm)	根数
7	B1	ZH311	68.56±1.15d	0.83±0.02e	551.60±15.44b	0.49±0.01f	539.0±25.5f
		CD30	75.25±1.92c	1.02±0.11c	469.43±19.45c	0.54±0.01de	386.3±10.0i
		XY508	63.23±1.99e	1.22±0.05b	435.83±16.19d	0.52±0.01e	486.3±30.2g
		SB2	117.93±4.99a	1.43±0.06a	603.57±15.01a	0.48±0.01f	826.0±41.1b
	B2	ZH311	71.56±1.91cd	0.97±0.02cd	427.17±9.75d	0.53±0.01de	591.7±7.8de
		CD30	70.74±2.44cd	1.02±0.06c	393.27±15.62e	0.58±0.02a	434.7±15.0h
		XY508	59.12±3.90e	1.01±0.08c	324.47±17.41g	0.54±0.01cd	579.7±37.8ef
		SB2	61.45±3.42e	0.90±0.06de	352.33±12.89f	0.56±0.01ab	408.3±29.6hi
	B3	ZH311	86.06±2.45b	1.20±0.04b	492.47±14.72c	0.56±0.01bc	647.0±22.1c
		CD30	71.43±3.31cd	0.95±0.03cd	427.07±10.55d	0.53±0.01de	532.0±22.3fg
		XY508	68.56±4.99d	0.99±0.02c	420.47±7.70d	0.52±0.01e	632.3±10.8cd
		SB2	83.81±2.78b	1.04±0.06c	539.07±20.14b	0.50±0.01f	907.3±46.5a
14	B1	ZH311	125.31±6.74bcd	1.39±0.09cd	979.60±5.92a	0.44±0.02ef	1128.7±45.0ef
		CD30	118.82±9.06cde	1.44±0.11bc	780.63±27，45c	0.49±0.01cd	1060.7±43.8fg
		XY508	106.50±11.23ef	1.28±0.12cd	705.73±23.11de	0.48±0.01d	944.7±54.3h
		SB2	167.68±5.22a	2.08±0.16a	972.03±20.52a	0.50±0.01bc	1292.7±27.9d
	B2	ZH311	121.87±7.84bcd	1.26±0.11d	943.14±13.57a	0.41±0.01g	1755.7±84.8b
		CD30	112.53±2.77def	1.57±0.06b	627.27±15.80g	0.57±0.01a	620.7±15.1i
		XY508	92.45±5.30g	1.05±0.08e	648.50±13.23fg	0.45±0.01e	1000.0±67.8gh
		SB2	112.76±4.25def	1.42±0.04bcd	712.53±52.28de	0.51±0.01b	1151.0±20.1e
	B3	ZH311	130.34±7.14bc	1.40±0.15bcd	967.86±25.40a	0.43±0.01f	2075.0±38.2a
		CD30	105.30±5.06fg	1.29±0.05cd	686.17±34.81ef	0.49±0.01cd	959.3±9.5h
		XY508	112.37±9.89def	1.34±0.13cd	748.97±42.35cd	0.48±0.01d	1420.3±43.5c
		SB2	132.21±10.87b	1.58±0.09b	888.27±23.80b	0.48±0.01d	1684.7±35.7b

注：B1、B2 和 B3 分别代表培养液中 N 浓度为 0.05 mmol/L(低氮处理)、0.5 mmol/L(低氮处理)和 15 mmol/L(正常氮处理)；表中不同小写字母表示相同处理时间品种间和处理间差异达 5%显著水平。下同。

这说明随着低氮胁迫程度的增大，耐低氮品种对低氮胁迫的响应增大，表现为根系伸长变细以增加对氮素的吸收面积。低氮胁迫下玉米根数减少，与 B3 相比，在 B1 和 B2 处理下玉米幼苗根数平均降低 21.0%和 25.3%；不同玉米品种间差异显著，耐低氮品种降幅(19.8%和 19.4%)小于不耐低氮品种的降幅(22.2%和 31.1%)。与 B3 相比，在 B1 处理下耐低氮品种 ZH311 两次测定时根表面积和根体积均减小，随着胁迫时间延长，其降幅减小；CD30 与 ZH311 不同，第 7 d 时 B1 处理下根表面积减少、根体积均增大，随着胁迫时间延长，根表面积显著增加而根体积增幅增大；不耐低氮品种 SB2

根体积和根表面积均为增大，但随着胁迫时间延长，其增幅减小。说明随着低氮胁迫时间的延长，耐低氮品种对低氮胁迫的适应性增强，不耐低氮品种的适应性则减弱。

2.2 低氮胁迫对玉米苗期根系伤流量的影响

根系伤流量是表征根系活力的重要指标，其大小反映了根系主动吸收能力的强弱。低氮胁迫显著降低了玉米苗期根系伤流量。与B3正常氮浓度相比，在B1、B2低氮胁迫浓度下，玉米苗期根系伤流量第7 d和14 d分别降低29.5%、20.4%和33.4%、18.1%，且不同玉米品种间存在差异。图1结果表明，第7 d时B1、B2两个低氮胁迫浓度下耐低氮品种ZH311伤流量降幅最小，分别为7.1%、2.8%，CD30伤流量降幅居中，分别为31.6%、18.4%；不耐低氮品种中SB2伤流量降幅较大，分别为35.8%、24.5%，XY508伤流量降幅最大，分别为43.6%、35.7%。低氮胁迫第14 d根系伤流量与第7 d结果表现一致，在B1、B2两个低氮胁迫浓度下不耐低氮品种伤流量降幅（37.0%和27.5%）较耐低氮品种降幅（29.8%和8.7%）大。在正常氮浓度（B3）下不耐低氮品种SB2伤流量最大，但在B1和B2低氮胁迫浓度下耐低氮品种ZH311表现出较高伤流量（图1A、图1B），这表明低氮胁迫下耐低氮品种能保持较强根系活力，对低氮胁迫的耐性较强。

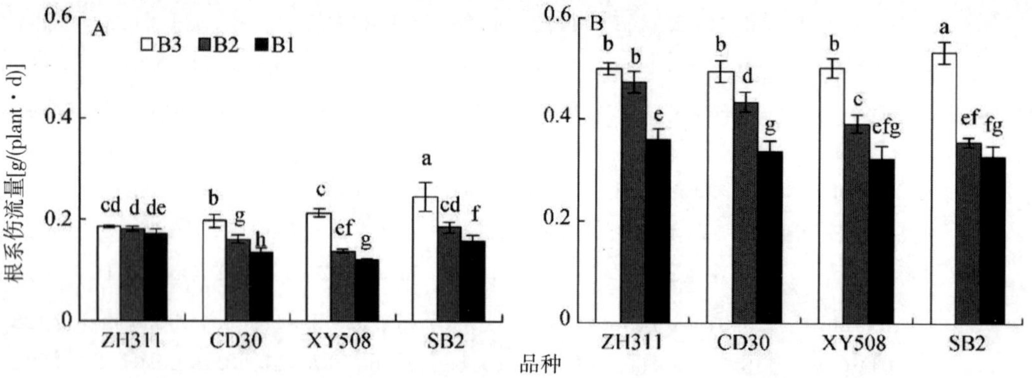

图1 低氮胁迫下不同玉米品种苗期第7 d（A）和第14 d（B）根系伤流量

2.3 低氮胁迫对玉米苗期干物质量和根冠比的影响

由表2可知，低氮胁迫下各玉米幼苗地上部生长受到明显抑制，干物质量下降，根冠比增加。与B3相比，在B1和B2处理下第7 d玉米地上部干重平均降低38.0%和30.0%，根冠比平均增加75.3%和26.1%；第14 d地上部干重平均降低31.0%和22.0%，根冠比平均增加67.3%和20.3%。在B1和B2处理下，第7 d耐低氮品种地上部干重分别降低42.6%和33.0%，不耐低氮品种则降低33.2%和27.1%，表现为不耐低氮品种降幅小于耐低氮品种。处理第14 d耐低氮品种降幅（29.5%和17.0%）减小，不耐低氮品种降幅（32.5%和27.0%）变化不大，表现为不耐低氮品种降幅大于耐低氮品种。低氮胁迫下各玉米品种根干重差异显著，在B1处理下，第7 d耐低氮品种根干重下降，不耐低氮品种根干重增加；第14 d各玉米幼苗根干重均增加，表现为不耐低氮品种增幅（15.9%）大于耐低氮品种增幅（13.7%）。低氮胁迫大幅度降低了地上部干重而对地下部干重有增加趋势，使各玉米幼苗根冠比显著提高，尤其是不耐低氮品种。将2次测定结果平均，与B3相比，在B1和B2处理下不耐低氮品种根冠比分别提高81.6%和25.4%，耐低氮品种分别提高61.0%和21.1%，表现为不耐低氮品种根冠比增幅大于耐低氮品种。说明玉米苗期地上部生长受低氮胁迫的影响较地下部大，造成根冠比显著增大，随着低氮胁迫时间的延长，耐低氮品种地上部生长受低氮胁迫影响减弱，根冠比增幅较小，对低氮胁迫的适应性较强。

表 2　低氮胁迫不同时间不同玉米品种苗期干物质量和根冠比

处理	品种	根干重（g/株）		地上部干重（g/株）		根冠比	
		7 d	14 d	7 d	14 d	7 d	14 d
B1	ZH311	0.065±0.001ef	0.114±0.005b	0.118±0.003fg	0.239±0.008d	0.551±0.023c	0.478±0.006c
	CD30	0.066±0.001e	0.106±0.006c	0.111±0.006g	0.222±0.004e	0.590±0.022b	0.477±0.019c
	XY508	0.086±0.001b	0.095±0.001ef	0.102±0.005h	0.174±0.008g	0.837±0.032a	0.544±0.017b
	SB2	0.095±0.002a	0.131±0.002a	0.118±0.003fg	0.223±0.008e	0.805±0.035a	0.591±0.033a
B2	ZH311	0.062±0.001fg	0.091±0.002fgh	0.145±0.006d	0.324±0.017b	0.429±0.022e	0.282±0.010g
	CD30	0.064±0.001efg	0.088±0.002ghi	0.124±0.005ef	0.233±0.005de	0.516±0.015cd	0.377±0.015e
	XY508	0.061±0.002g	0.086±0.002hi	0.113±0.004g	0.199±0.007f	0.540±0.001c	0.432±0.022d
	SB2	0.064±0.004efg	0.097±0.002de	0.128±0.006e	0.229±0.003de	0.500±0.032d	0.426±0.013d
B3	ZH311	0.074±0.003c	0.112±0.007b	0.221±0.003a	0.414±0.006a	0.334±0.011g	0.270±0.013g
	CD30	0.071±0.001d	0.085±0.001i	0.181±0.007b	0.267±0.006c	0.389±0.019f	0.317±0.004f
	XY508	0.071±0.001d	0.092±0.001efg	0.165±0.004c	0.271±0.012c	0.429±0.011e	0.339±0.014f
	SB2	0.070±0.001d	0.102±0.002cd	0.165±0.007c	0.314±0.007b	0.425±0.012ef	0.323±0.007f

2.4　低氮胁迫对玉米苗期根系氮代谢相关酶活性的影响

表 3 结果表明，低氮胁迫下玉米苗期根系硝酸还原酶（NR）、谷氨酰胺合成酶（GS）、谷氨酸脱氢酶（GDH）活性均显著下降，随着胁迫程度的增大，活性下降更明显。与 B3 相比，在 B1 和 B2 处理下各玉米品种 NR、GS、GDH 活性平均降低 49.6% 和 40.2%、22.7% 和 16.9%、45.5% 和 29.7%。

表 3　低氮胁迫不同时间不同玉米品种苗期根系氮代谢关键酶活性

处理	品种	硝酸还原酶活性 μg [NO_3 · g/（FW）· h]		谷氨酰胺合成酶活性 mol/mg（protein）· h		谷氨酸脱氢酶活性 ΔOD/g · min	
		7 d	14 d	7 d	14 d	7 d	14 d
B1	ZH311	14.64±0.20f	13.39±0.10g	33.51±1.32g	48.78±2.60bcd	23.45±0.10d	25.65±0.83f
	CD30	16.84±0.47de	14.97±0.77f	44.03±2.97de	51.09±8.66bc	29.04±2.20c	31.08±1.01de
	XY508	11.78±0.52g	6.30±0.23j	37.09±2.01fg	52.72±1.87bc	17.85±0.98e	20.29±0.93g
	SB2	14.19±1.02f	10.66±0.65h	36.65±0.29fg	40.10±4.17d	22.21±1.43d	19.77±2.78g
B2	ZH311	17.52±0.51cd	15.30±0.59f	39.76±3.05ef	49.46±8.42bc	24.56±0.47d	31.77±1.86de
	CD30	19.34±0.68c	16.99±0.37e	46.65±4.79cd	53.70±3.58b	33.83±1.32b	33.93±1.20cd
	XY508	13.94±0.86f	9.67±0.40i	43.13±1.91de	55.78±5.10b	29.30±1.46c	29.88±1.33e
	SB2	15.50±0.13ef	13.66±0.46g	37.46±0.04fg	44.05±5.89cd	34.94±0.50b	28.45±4.06ef
B3	ZH311	24.43±1.09ab	26.17±0.85c	46.98±4.02cd	51.57±0.95bc	33.61±1.01b	36.09±1.74c
	CD30	24.44±0.60ab	27.21±0.48b	49.73±3.37bc	56.26±2.89b	46.39±2.92a	46.78±1.87b
	XY508	23.12±1.54b	23.64±0.35d	69.34±2.31a	65.83±8.93a	44.84±2.19a	44.35±1.84b
	SB2	25.92±2.56a	29.74±0.44a	53.51±0.97b	56.46±3.48b	46.19±6.75a	60.17±2.42a

不同耐低氮性玉米品种受低氮胁迫的影响存在较大差异，耐低氮品种的 NR、GS、GDH 活性降幅小于不耐低氮品种。与 B3 相比，在 B1 和 B2 处理下 7 d 耐低氮品种 NR、GS、GDH 活性平均降低 35.6%和 24.6%、20.1%和 10.8%、33.8%和 27%，不耐低氮品种则平均降低 47.2%和 40.0%、39%和 33.9%、56.1%和 29.6%。随着低氮胁迫时间的延长，胁迫 14 d 时，各玉米品种 NR 活性降幅增大，GS 活性降幅减小，耐低氮玉米品种 GDH 活性降幅减小，不耐低氮品种 GDH 活性降幅增大；并且仍表现为耐低氮品种 NR、GS、GDH 活性降幅分别是 46.9%和 39.6%、7.3%和 4.4%、31.3%

和 19.8%小于不耐低氮品种降幅的 68.8%和 56.6%、24.5%和 18.7%、60.7%和 42.7%。说明随着幼苗根系的生长，耐低氮品种对低氮胁迫的适应性增强，不耐低氮品种的适应性降低。低氮胁迫下耐低氮品种 NR、GDH 活性高于不耐低氮品种；在 B1 处理下，2 次测定中耐低氮品种 NR、GDH 活性平均是不耐低氮品种的 1.40 倍、1.35 倍。这说明低氮胁迫下耐低氮品种对低氮胁迫的耐性较不耐低氮品种强。在 B1 处理下，不耐低氮品种 XY508 两次测定的 GS 活性都较高，但与耐低氮品种 ZH311、CD30 间的差异不显著，且与 B3 相比其降幅较大，分别为 46.5%和 19.9%，说明因品种本身的遗传特性，低氮胁迫下 XY508 的 GS 活性较高，但其对低氮胁迫的耐性不如 ZH311 和 CD30 强。

3 讨论

3.1 低氮胁迫对玉米幼苗根系性状的影响

根系性状是影响玉米氮素吸收的重要因素[23]。研究表明，低氮胁迫下作物根系的生长优于地上部，使根冠比显著增加[3,24]。张定一等[8]研究表明，低氮胁迫下小麦根重、根长、根数、根系活力均明显降低，不同基因型间差异明显，耐低氮品种降幅最低，对低氮胁迫环境的适应性最强。本研究表明，低氮胁迫显著降低了玉米地上部干重而对地下部干重有增加趋势，使根冠比显著增大，说明低氮胁迫对地上部生长的影响大于对地下部生长的影响。不耐低氮玉米品种的根冠比增幅较耐低氮品种大，是因为低氮胁迫显著降低了玉米幼苗地上部干重，而耐低氮品种根干重增幅较不耐低氮品种小，这与李强等[16]研究结果一致。低氮胁迫下，各玉米品种根数均减少，且耐低氮品种降幅小于不耐低氮品种。在极低氮胁迫浓度（B1）下，各玉米品种根长增长，耐低氮品种增幅大于不耐低氮品种；耐低氮品种 ZH311 根粗减小，其他玉米品种根粗变化不大。在低氮胁迫浓度（B2）下，各玉米品种根长均下降，除 ZH311 外其他各玉米品种根粗则均增大，不耐低氮品种根长降幅大于耐低氮品种。说明低氮胁迫下耐低氮品种根系比不耐低氮品种能维持较稳定的生长，对低氮胁迫的耐性较强。随着低氮胁迫程度的增大，耐低氮品种对低氮胁迫的响应能力增大，表现为根系伸长变细以增加对氮素的吸收面积。

3.2 低氮胁迫对玉米幼苗根系伤流量的影响

低氮条件下良好的根系形态和生理活性是氮高效利用的重要特征[9,10]。伤流量的多少可以反映根系生理活性的强弱[1]。伤流量越大，根系活力越强，根系主动吸收能力越强[25]。宋海星等[18]研究表明水分充足或水分胁迫较轻时，伤流量随施氮量增加而增加。本研究表明，低氮胁迫下各玉米品种苗期根系生理活动受到抑制，伤流量均下降，不同玉米品种间存在差异，耐低氮品种伤流量降幅较不耐低氮品种小，即其根系活力下降较不耐低氮品种小，且在低氮胁迫下耐低氮品种根系伤流量大于不耐低氮品种。表明低氮胁迫下耐低氮玉米品种较不耐低氮品种能维持较强的根系活力，更能适应低氮胁迫环境。

3.3 低氮胁迫对玉米幼苗根系氮代谢相关酶活性的影响

NR 是氮素代谢过程中的关键酶[26]，其活性在一定程度上反映了植株的营养状况和硝酸同化水平[1]。研究表明小麦根系 NR 活性与外源施氮水平呈显著正相关[27]。GS 与谷氨酸合酶（GOGAT）联合完成氨同化的第一步反应[1]，其活性的提高有利于植物氨同化和氮素转运[28]。研究表明，在一定范围内，作物 GS 的活性随施氮量的增加而增加，但高量施氮会使 GS 活性降低[29,30]。低氮水平下，GS 活性与收获时生物量和氮效率存在显著正相关[31]。高效表达的 GS 能促进释放的氨循环，增强植株对土壤氮素缺乏的耐性[32]。GDH 主要催化谷氨酸的氧化脱氨基及其逆反应，在作物遇到环境胁迫时它在氨的再同化过程中起重要作用[33]。GDH 活性的提高可促进谷氨酸氧化脱氨，有利于植物应对缺氮逆境[34]。在一定范围内，增加氮素供应水平能提高 GDH 的活性，但过高的氮素水平则会降低 GDH 活性[33]。本研究表明，低氮胁迫下玉米根系 NR、GDH、GS 活性均显著下降，但耐低氮品种的 NR、GDH 活性均高于不耐低氮品种，说明低氮胁迫下耐低氮品种植株体内氮素代谢较旺盛，根系吸收利用氮素的能力较强。低氮胁迫下植株的 NR 活性低于供氮正常的植株，随氮素营养水平的提高，NR 活性增强，这与前人[27,35]的研究结果一致。低氮胁迫下玉米根系 NR、GS、GDH 的活性均降低，耐低氮品种的降幅小于不耐低氮品种；随着氮胁迫时间的延长，NR 活性降幅增大，但仍表现为耐低氮品种的降幅小于不耐低氮品种，同时耐低氮品种 GS、GDH 降幅减小，而不耐低氮品种仍保持较高降幅。这说明耐低氮品种对低氮胁迫的耐性较不耐低氮品种强，在低氮胁迫下能保持较强的生理活性，随着低氮胁迫时间的延长，耐低氮品种对低氮胁迫的适应性增强，不耐低氮品种则降低。

4 结论

低氮胁迫降低了玉米幼苗根系伤流量及 NR、GS、GDH 活性，耐低氮品种的降幅小于不耐低氮品种，且低氮胁迫下耐低氮品种的伤流量和 NR、GDH 活性均较不耐低氮品种高。低氮胁迫对玉米苗期地上部生长的影响大于对地下部生长的影响，使地上部干重显著降低，根冠比显著增大，不耐低氮品种根冠比增幅大于耐低氮品种。低氮胁迫下各玉米品种根数减少，耐低氮品种降幅小于不耐低氮品种，随着低氮胁迫程度的增大，耐低氮品种根长增长，根粗减小，对低氮胁迫的响应能力增大，表现为根系伸长变细以增加对氮的吸收面积。与不耐低氮品种相比，低氮胁迫下耐低氮品种根系形态较好，根系生理活性和对低氮胁迫的耐性较强，能维持较稳定的生长；随着低氮胁迫时间的延长，耐低氮品种对低氮胁迫的适应性增强，不耐低氮品种则降低。

参考文献

[1] 李合生 . 现代植物生理学 [M]. 北京：高等教育出版社，2012：87 - 91.

[2] 春亮，陈范骏，张福锁，等 . 不同氮效率玉米杂交种的根系生长、氮素吸收与产量形成 [J]. 植物营养与肥料学报，2005，11 (5)：615 - 619.

[3] 姜琳琳，韩立思，韩晓日，等 . 氮素对玉米幼苗生长、根系形态及氮素吸收利用效率的影响 [J]. 植物营养与肥料学报，2011，17 (1)：247 - 253.

[4] Harvey P H. Hereditary variation in plant nutrition [J]. Genetics，1939，24 (4)：437 - 461.

[5] 王艳，米国华，陈范俊，等 . 玉米氮素吸收的基因型差异及其与根系形态的相关性 [J]. 生态学报，2003，23 (2)：297 - 302.

[6] Nielsen R L. N loss mechanisms and nitrogen use efficiency [G]. Purdue Nitrogen Management Workshops. Purdue：Purdue University，2006：1 - 5.

[7] 张维理，田哲旭，张宁，等 . 我国北方农用氮肥造成地下水硝酸盐污染的调查 [J]. 植物营养与肥料学报，1995，1 (2)：80 - 87.

[8] 张定一，张永清，杨武德，等 . 不同基因型小麦对低氮胁迫的生物学响应 [J]. 作物学报，2006，32 (9)：1349 -1354.

[9] 戢林，李廷轩，张锡洲，等 . 氮高效利用基因型水稻根系形态和活力特征 [J]. 中国农业科学，2012，45 (23)：4770 - 4781.

[10] 樊剑波，沈其荣，谭炯壮，等 . 不同氮效率水稻品种根系生理生态指标的差异 [J]. 生态学报，2009，29 (6)：3052 - 3058.

[11] 齐红志，刘天学，杜成凤，等 . 玉米苗期对氮、磷、钾亏缺的响应及基因型差异 [J]. 河南农业大学学报，2011，

45 (2): 142 - 148.

[12] 武永军，沈玉芳，颜秦峰，等．缺氮复氮处理对玉米根系生长、根系活力、硝态氮及氨基酸含量的影响 [J]. 西北农业学报，2012，21 (12)：61 - 64.

[13] 姚启伦，胡芳，许江．低氮胁迫下玉米地方品种形态特征和光合特性的变化 [J]. 河南农业科学，2011，40 (5)：37 - 41.

[14] 卫晓轶，李国清，王艳朋，等．不同基因型玉米某些氮代谢生理指标的差异研究 [J]. 河南农业大学学报，2007，41 (3)：264 - 268.

[15] 孙世友，张国印，王丽英，等．氮胁迫下不同效率玉米基因型的生理特性 [J]. 河北农业科学，2006，10 (1)：26 - 28.

[16] 李强，罗延宏，龙文靖，等．低氮胁迫对不同耐低氮性玉米品种苗期生长和生理特性的影响 [J]. 草业学报，2014，23 (4)：204 - 212.

[17] 刘宗华，卫晓轶，汤继华，等．低氮胁迫对不同基因型玉米根部性状的影响 [J]. 玉米科学，2008，16 (5)：50 -53.

[18] 宋海星，李生秀．水、氮供应对玉米伤流及其养分含量的影响 [J]. 植物营养与肥料学报，2004，10 (6)：574 -578.

[19] 罗延宏．玉米苗期耐低氮品种的筛选及其生理机制的初步研究 [D]. 成都：四川农业大学，2012.

[20] 熊庆娥．植物生理学实验报告 [M]. 成都：四川科学技术出版社，2003：38 - 49.

[21] 黄霞，张以顺，陈云凤．植物生理学实验教程 [M]. 北京：高等教育出版社，2009：85 - 86.

[22] Cren M，Hirel B. Glutamine synthetase in higher plants regulation of gene and protein expression from the organ to the cell [J]. Plant and Cell Physiology，1999，40 (12)：1187 - 1193.

[23] Brinkman M A，Rho Y D. Response of three oat cultivars to N fertilizer [J]. Crop Science，1984，24 (5)：973 -977.

[24] 孙虎威，王文亮，刘尚俊，等．低氮胁迫下水稻根系的发生及生长素的响应 [J]. 土壤学报，2014，51 (5)：1096 - 1102.

[25] 孙庆泉，胡昌浩，董树亭，等．我国不同年代玉米品种生育全程根系特性演化的研究 [J]. 作物学报，2003，29 (5)：641 - 645.

[26] Guerrero M G，Vega J M，Losada M. The assimilatory nitrate-reducing system and its regulation [J]. Annual Review of Plant Physiology，1981，32：169 - 204.

[27] 曹翠玲，李生秀．供氮水平对小麦生殖生长时期叶片光合速率、NR 活性和核酸含量及产量的影响 [J]. 植物学通报，2003，20 (3)：319 - 324.

[28] Becker T W，Carrayol E，Hirel B. Glutamine synthetase and glutamate dehydrogenase isoforms in maize leaves：Localization，relative proportion and their role in ammonium assimilation or nitrogen transport [J]. Planta，2000，211 (6)：800 - 806.

[29] 陈胜勇，李彩凤，马凤鸣，等．甜菜谷氨酰胺合成酶基因在不同氮素条件下的表达分析 [J]. 作物杂志，2008 (4)：64 - 67.

[30] 陈晓飞，宁书菊，魏道智，等．氮素营养水平对水稻幼苗氮代谢的影响 [J]. 中国生态农业学报，2008，16 (3)：571 - 575.

[31] 曾建敏，崔克辉，黄见良，等．水稻生理生化特性对氮肥的反应及与氮利用效率的关系 [J]. 作物学报，2007，33 (7)：1168 - 1176.

[32] Hirel B，Bertin P，Quilleré I，et al. Towards a better understanding of the genetic and physiological basis for nitrogen use efficiency in maize [J]. Plant Physiology，2001，125 (3)：1258 - 1270.

[33] 张智猛，万书波，戴良香，等．施氮水平对不同花生品种氮代谢及相关酶活性的影响 [J]. 中国农业科学，2011，44 (2)：280 - 290.

[34] 罗凤，卢永恩，杨猛，等．氮胁迫对水稻营养生长期氮代谢及相关基因表达量的影响 [J]. 华中农业大学学报，2012，31 (1)：16 - 22.

[35] 王月福，姜东，于振文，等．氮素水平对小麦籽粒产量和蛋白质含量的影响及其生理基础 [J]. 中国农业科学，2003，36 (5)：513 - 520.

硅、磷互作对玉米苗期生长及氮、磷、钾积累的影响*

张嘉莉[1,2] 朱从桦[1,2] 豆 攀[1] 马晓君[1] 王兴龙[1] 孔凡磊[1,2] 袁继超[1,2]

1. 四川农业大学农学院，四川成都 611130

2. 农业部西南作物生理生态与耕作重点实验室，四川成都 611130

摘要：以正红 2 号和正红 115 为材料，采用沙培方式，设置 3 个磷水平（培养液磷浓度为 1 mmol/L、0.1 mmol/L 和 0.01 mmol/L）和 3 个硅水平（培养液硅浓度为 1.5 mmol/L、0.75 mmol/L 和 0 mmol/L），研究硅、磷配施对玉米苗期根系生长、干物质及氮、磷和钾养分积累、利用的影响。结果表明，缺磷严重抑制玉米植株生长，降低其干物质积累量及氮、磷、钾积累量。玉米植株通过提高根冠比和氮、磷、钾在根系中的分配率来适应低磷胁迫环境。正常磷条件下，增施硅能显著增加植株根、茎叶的干物质积累量，提高根长、根体积，增加根、茎及地上部氮、磷、钾积累量；中度缺磷条件下，增施适量的硅也能明显提高根长、根表面积、根体积，增加植株地下根系、地上部磷积累量和地上部钾积累量；重度缺磷条件下，增施硅对玉米苗期植株根系生长和干物质积累无显著的改善作用，但会增加根系中磷、钾素积累量。由此表明，硅和磷之间存在明显的协同作用和配合效应，在非严重缺磷时，适量增施硅可促进玉米植株生长，增强植株对氮、磷及钾养分吸收与利用，增加干物质积累。

关键词：根系；硅；氮；磷；钾；干物质

玉米是重要的粮饲兼用及能源作物，其稳产高产受资源、环境及土壤养分特性的影响。近年来开展测土配方施肥，发现土壤磷含量有所增加，但生产中缺磷土壤依然普遍存在[1-3]，粮油作物生产需要大量施用磷肥。磷肥用量持续增长，一方面导致磷肥利用率降低，目前我国粮食作物的磷肥利用率仅为 11.6%[4]；另一方面造成磷矿资源的大量消耗，按当前年均磷肥用量估算磷矿资源将在未来 50 年内被耗竭[5]。玉米是需磷较多的作物，对缺磷环境也非常敏感。而土壤缺磷是当今农业生产中限制作物生长发育与产量提高的主要因素之一。有的土壤总磷含量不低，但其可利用磷含量低，不能满足作物生长发育的需求，从而对作物造成危害。缺磷会导致玉米器官物质积累减少[6]，根系生长受到抑制[7]，光合能力下降[8]，氮、磷和钾等[9-12]养分积累减少，磷代谢关键酶活性降低[13]，产量显著下降[6]。硅是玉米等作物的有益元素，在地壳中含量丰富，且在结构和化学性质上与磷非常相似，玉米各器官硅含量约为 4~75 g/kg，各器官氮、磷、钾含量与其硅含量呈一定正相关[14]，施硅能改善作物对硅[15]、氮、磷和钾等养分吸收利用[16]，增加作物产量[17-20]。硅和磷由于相似的化学性质可能存在肥效的互促关系，有研究认为硅能缓解玉米的低磷胁迫[21]，施硅能改善土壤养分供应能力[22,23]。硅、磷配施能否促进玉米生长，能否同时改善玉米对氮、磷及钾的吸收利用呢？本研究采用沙培试验，研究硅、磷配施对玉米苗期植株生长及氮、磷、钾养分吸收利用的影响，以期为制定氮、磷、钾和硅肥配套高效利用技术提供理论依据。

* **基金项目**：国家科技支撑计划项目（2012BAD04B13-2）和公益性行业（农业）科研专项（20150312705）

1　材料与方法

1.1　供试材料

正红 2 号和正红 115，四川农大正红生物技术有限责任公司提供。

1.2　试验设计

于 2014 年 5～6 月在四川农业大学成都校区温室大棚内采用沙培试验方式进行。

根据杨永等[27]的研究，采用裂区试验设计，以磷浓度为主区因素，包括 3 个主区，营养液磷浓度分别为 1.0 mmol/L（正常）、0.1 mmol/L（中度缺磷）和 0.01 mmol/L（重度缺磷），分别记为 A_1、$A_{0.1}$和 $A_{0.01}$。以硅浓度为副区因素，包括 3 个副区，营养液硅浓度分别为 1.5 mmol/L、0.75 mmol/L 和 0 mmol/L，分别记为 $Si_{1.5}$、$Si_{0.75}$和 Si_0。每个副区培养 6 盆，重复三次，两个品种合计 324 盆。

基本营养液的组成成分：2.5 mmol/L $Ca(NO_3)_2$、1.0 mmol/L K_2SO_4、0.65 mmol/L $MgSO_4$、5.0 mmol/L $CaCl_2$，1.0 μmol/L H_3BO_4，2.0 μmol/L $MnSO_4$，1.0 μmol/L $ZnSO_4$，0.3 μmol/L $CuSO_4$，0.5 μmol/L $(NH_4)_6Mo_7O_{24}$、200 μmol/L Fe－EDT，磷源为 KH_2PO_4，硅源为 Na_2SiO_3。缺磷营养液用 KCl 补充 K^+浓度，营养液 pH 值调为 5.8。

1.2.1　砂基准备

砂培基质为石英砂，砂粒直径大小为 0.5～2 mm，用 10%盐酸浸泡 3 h，用自来水冲洗 20 min，用蒸馏水洗净后装盆，盆内径为 20 cm，高度为 25 cm，每盆装 7.5 kg。

1.2.2　培育壮苗

玉米种子用 2%次氯酸钠浸泡消毒 20 min，用蒸馏水洗净并浸泡 4 h，每盆播种 15 粒，播种深度 5 cm，播种后每天上午 9:30 和下午 4:00 每盆浇 200 mL 蒸馏水以保证均匀出苗，待 2 叶 1 心后定苗，每盆保留 8 株长势一致的壮苗。

1.2.3　浇培养液

定苗后每间隔 2 d 于上午 9:30 浇 1 L 培养液，浇培养液前用 1.5 L 蒸馏水浸润盆中石英砂，培养 15 d 后，培养液浇用频率调整为间隔 1 d。

1.3　测定指标与方法

定苗后采用不同营养液培养 4 周，然后取样测定各项指标。

1.3.1　干物质及叶面积

选取 3 盆具代表性植株样，分为根、茎鞘、叶，于烘箱中 105 ℃杀青 30 min，80 ℃烘至恒重，并称重，重复 3 次。用长宽系数法（系数定为 0.75）测定叶面积。

1.3.2　根系形态

将 1.3.1 中的代表性植株，用根系扫描仪（Epson Expression 1000xl，WinRHIZO 软件）分析测定根系总长、根系总体积、根系总表面积、根系平均直径，重复 3 次。

1.3.3　植株氮、磷、钾含量

将 1.3.1 中称完干重后的样品粉碎，采用浓 H_2SO_4－H_2O_2消煮，用 BUCHI Distillation Unit K－355（凯氏蒸馏仪）＋HanonT860（全自动电位滴定仪）测定含氮量，用 FP6410 型火焰光度计测定含钾量，用磷钼黄分光光度法测定含磷量，并计算其氮、磷、钾积累量。

1.4　参数计算

N（P、K）干物质生产率（mg/mg）＝整株干物质量（mg）/整株 N（P、K）素积累总量（mg）。

1.5 数据分析

用 DPS 7.05 软件进行试验数据分析，用最小显著差法 LSD 检验平均数。

2 结果与分析

2.1 植株干物质、根冠比及叶面积

从表 1 可见，低磷胁迫下玉米苗干物质积累和叶面积显著降低，其中茎叶降幅显著高于根系降幅，从而增加了根冠比。与对照（A_1）相比，中度缺磷（$A_{0.1}$）茎叶和根系干重分别降低 36.6% 和 10.1%，根冠比提高 28.5%；而重度缺磷（$A_{0.01}$）茎叶和根系干重分别降低 39.3% 和 26.9%，根冠比提高 13.5%。适量加硅能够改善玉米所受低磷胁迫，施硅能提高植株的根系、茎、叶的干物质积累量，增大叶面积，降低植株根冠比，硅和磷之间表现出明显的协同作用；中度缺磷条件下，施硅也能在一定程度上提高两品种苗期根、茎、叶的干物质积累量和叶面积，表明硅具有缓解低磷胁迫的作用；重度缺磷下，硅浓度在 $Si_{1.5}$ 时正红 115 的全株干重和叶面积有一定提高，其余包括正红 2 号的各指标施硅处理与不施硅处理差异不显著。

表 1　硅、磷互作对玉米干物质积累、根茎及叶面积的影响

品种	磷处理	硅处理	干物质重（g/plant）				根冠比（%）
			根	茎鞘	叶	全株	
正红 2 号	A_1	$Si_{1.5}$	0.987b	1.080b	4.201a	6.268b	18.74b
		$Si_{0.75}$	1.287a	1.379a	4.284a	6.950a	22.72b
		Si_0	0.904b	0.873c	2.186b	3.963c	29.63a
	平均数		1.059A	1.111A	3.557A	5.727A	23.70B
	$A_{0.1}$	$Si_{1.5}$	0.886ab	0.801a	2.058a	3.745a	30.99a
		$Si_{0.75}$	0.955a	0.703a	2.118a	3.775a	33.83a
		Si_0	0.803b	0.696a	2.078a	3.577a	28.99a
	平均数		0.881 2B	0.733B	2.084B	3.699B	31.27A
	$A_{0.01}$	$Si_{1.5}$	0.838a	0.629a	1.998a	3.465a	31.96a
		$Si_{0.75}$	0.834a	0.636a	2.048a	3.517a	31.10a
		Si_0	0.735a	0.673a	2.192a	3.600a	25.97a
	平均数		0.802B	0.647C	2.079B	3.528B	29.68A
正红 115	A_1	$Si_{1.5}$	1.227a	1.730a	5.298a	8.255a	17.719b
		$Si_{0.75}$	1.170a	1.055b	3.621b	5.846b	25.206b
		Si_0	1.054b	0.845b	2.100c	4.000c	35.826a
	平均数		1.151A	1.210A	3.673A	6.033A	26.250B
	$A_{0.1}$	$Si_{1.5}$	1.167a	0.823a	2.652a	4.634a	33.721b
		$Si_{0.75}$	1.151a	0.661a	2.048b	3.861ab	42.315a
		Si_0	0.945b	0.592a	1.996b	3.534b	36.573ab
	平均数		1.088AB	0.692 2B	2.232B	4.012B	37.54A
	$A_{0.01}$	$Si_{1.5}$	0.845a	0.750a	2.514a	4.109a	26.588a
		$Si_{0.75}$	0.831a	0.558a	1.880b	3.270b	34.142a
		Si_0	0.823a	0.648a	1.976ab	3.448ab	31.255a
	平均数		0.833B	0.652B	2.123B	3.610B	30.66AB

注：A_1 为培养液 P 浓度为 1 mmol/L，$A_{0.1}$ 为培养液 P 浓度为 0.1 mmol/L，$A_{0.01}$ 为培养液 P 浓度为 0.01 mmol/L，$Si_{1.5}$ 为培养液硅浓度为 1.5 mmol/L，$Si_{0.75}$ 为培养液硅浓度为 0.75 mmol/L，Si_0 为培养液中无硅，不同字母表示同一样期处理间差异达到 5% 显著水平，下同。

2.2 植株根系形态特征

从表 2 可见，低磷胁迫会抑制植株根系生长发育，正红 2 号和正红 115 的单株根重、根长、根表面积、平均根粗、根体积等均有不同程度的降低，适量加硅能够部分改善这种状况。与对照（A_1）相比，中度缺磷（$A_{0.1}$）条件下两玉米品种单株总根长、根表面积、平均根粗、根体积分别平均降低 7.0%、11.1%、18.3%和 23.8%；而重度缺磷（$A_{0.01}$）条件下则分别降低 20.0%、32.9%、25.2%和 42.9%；就品种而言，低磷胁迫对正红 115 根系数量和形态的影响程度大于正红 2 号。正常磷水平下，施硅处理单株总根长、根表面积、根体积分别提高 39.8%、16.6%和 10.8%；中度缺磷环境下，施硅处理单株总根长、根表面积也显著高于不施硅处理；重度缺磷环境下，施硅处理与不施硅处理各项指标差异不显著。可见，施硅能促进正常磷水平下植株的根系生长，硅、磷表现出良好的互促效应和协同作用，在缺磷条件下增施硅主要是提高单株总根长和根表面积来增强植株对养分的吸收，缓解植株受到的低磷胁迫。

表 2 硅、磷配施对玉米根系特征的影响

品种	磷处理	硅处理	单株总根长 (cm/plant)	单株根表面积 (cm^2/plant)	平均根粗 (mm)	单株根体积 (cm^3)
正红 2 号	A_1	$Si_{1.5}$	1 085.78a	290.03a	1.10a	6.13a
		$Si_{0.75}$	711.96b	212.08b	0.96b	5.05b
		Si_0	537.17b	184.42b	1.09a	5.05b
	平均数		778.30A	228.84A	1.05A	5.41A
	$A_{0.1}$	$Si_{1.5}$	975.27a	251.25a	0.81a	5.20a
		$Si_{0.75}$	779.16b	209.91b	0.82a	4.57ab
		Si_0	669.56b	181.78b	0.87a	3.93b
	平均数		808.00A	214.31A	0.84B	4.57B
	$A_{0.01}$	$Si_{1.5}$	668.31a	172.81a	0.82a	3.87a
		$Si_{0.75}$	671.38a	168.63a	0.80a	3.38a
		Si_0	592.03a	151.87a	0.79a	3.11a
	平均数		643.91B	164.43B	0.81B	3.54C
正红 115	A_1	$Si_{1.5}$	1 113.97a	361.01a	1.17a	9.80a
		$Si_{0.75}$	1 015.05a	301.26b	0.95b	5.73b
		Si_0	834.66b	207.37c	1.00b	5.35b
	平均数		987.89A	289.88A	1.04A	6.96A
	$A_{0.1}$	$Si_{1.5}$	987.65a	269.56a	0.91a	4.40a
		$Si_{0.75}$	835.16b	228.51b	0.87ab	4.98a
		Si_0	613.17c	234.32b	0.82b	4.82a
	平均数		811.99B	244.13B	0.87B	4.73B
	$A_{0.01}$	$Si_{1.5}$	743.82a	177.66a	0.76a	3.38a
		$Si_{0.75}$	745.61a	180.55a	0.77a	3.48a
		Si_0	800.64a	183.66a	0.73a	3.35a
	平均数		763.36B	180.62C	0.75C	3.40C

2.3 植株氮、磷、钾积累量及其分配

从表 3 可知，低磷胁迫显著降低了玉米植株单株磷积累量，并影响磷在各器官中的分配。与对照（A_1）相比，中度缺磷（$A_{0.1}$）和重度缺磷（$A_{0.01}$）两个品种平均单株磷积累量分别降低了 73.8%和 61.0%。低磷胁迫显著提高了磷素在两品种根系中的分配率，降低了两品种地上部分的分配率。硅水

平也影响玉米植株对磷素的吸收积累，增硅可以促进玉米植株对磷素的吸收积累，这种效应随磷水平的增加而增强。在正常磷水平（A_1）下，两品种平均，$Si_{1.5}$和$Si_{0.75}$处理磷积累量分别较对照Si_0提高101.7%和54.9%，中度缺磷条件（$A_{0.1}$）下的提高幅度分别为80.1%和43.1%，而重度缺磷条件（$A_{0.01}$）下的增幅分别为22.1%和9.5%，表明硅和磷之间存在显著互作效应。硅对磷素的分配也有一定影响，特别是在磷水平较高时，在正常磷和中度缺磷条件下加硅均可以降低两品种磷素在根系中的分配比例，提高磷素在地上部的分配率。

表3　硅、磷互作对玉米单株磷积累量和根、地上部分配率的影响

磷处理	硅处理	正红2号			正红115		
		整株磷积累量 (mg/plant)	分配率（%）		整株磷积累量 (mg/plant)	分配率（%）	
			根	地上部		根	地上部
A_1	$Si_{1.5}$	26.76b	10.88c	89.12a	33.95a	9.34c	90.66a
	$Si_{0.75}$	29.56a	13.24b	86.76a	17.15b	19.91a	80.09c
	Si_0	14.94c	20.30a	79.70b	14.99c	13.61b	86.39b
平均数		23.75A	14.81B	85.19A	22.03A	14.29B	85.71A
$A_{0.1}$	Si1.5	6.79a	18.39b	81.61a	4.41a	33.79b	66.21a
	$Si_{0.75}$	5.89a	21.37a	78.63ab	3.02a	41.73a	58.27b
	Si_0	4.03b	22.78a	77.22b	2.19a	45.79a	54.21b
平均数		5.57B	20.85A	79.15B	3.21B	40.43A	59.57B
$A_{0.01}$	Si1.5	3.79a	21.39b	78.61b	2.92a	33.61a	66.39a
	$Si_{0.75}$	4.00a	25.52a	74.48c	2.01a	38.18a	61.82a
	Si_0	3.17a	14.35c	85.65a	2.32a	34.23a	65.78a
平均数		3.66B	20.42A	79.58B	2.42B	35.34A	64.66B

从表4可见，低磷胁迫也显著降低单株氮积累量。两品种平均，中度缺磷（$A_{0.1}$）和重度缺磷（$A_{0.01}$）条件下单株氮积累量分别较对照（A_1）降低了56.1%和52.9%。磷水平对氮素在地下根系和地上部分的分配影响较小。硅对玉米植株氮素的吸收积累及其分配的影响程度因磷水平而异。在正常磷水平下增硅可以显著增强玉米植株对氮素的吸收积累，降低地下根系氮的分配比例，促进其向地上部分分配，提高地上部的氮素分配率；正红115在中度缺磷（$A_{0.1}$）甚至重度缺磷（$A_{0.01}$）条件下也表现出这种效应，只是效果有所降低。

表4　硅、磷互作对玉米单株氮积累量和根、地上部分配率的影响

磷处理	硅处理	正红2号			正红115		
		整株氮积累量 (mg/plant)	分配率（%）		整株氮积累量 (mg/plant)	分配率（%）	
			根	地上部		根	地上部
A_1	$Si_{1.5}$	170.16a	9.19c	90.81a	246.71a	6.33c	93.67a
	$Si_{0.75}$	179.72a	12.60b	87.40b	111.20b	14.26a	85.74c
	Si_0	82.85b	19.85a	80.15c	102.48b	11.09b	88.91b
平均数		144.25A	13.88A	86.12A	153.47A	10.56A	89.44A
$A_{0.1}$	Si1.5	64.74a	18.31a	81.69b	86.84a	10.55b	89.45a
	$Si_{0.75}$	72.17a	16.57ab	83.43ab	65.34b	10.35b	89.65a
	Si_0	65.30a	15.81b	84.19a	65.97ab	15.08a	84.92b
平均数		67.40B	16.90A	83.10A	72.72B	12.00A	88.00A
$A_{0.01}$	Si1.5	65.37a	14.77a	85.23a	72.57a	11.85ab	88.15ab

续表

磷处理	硅处理	正红2号			正红115		
		整株氮积累量 (mg/plant)	分配率（%）		整株氮积累量 (mg/plant)	分配率（%）	
			根	地上部		根	地上部
	$Si_{0.75}$	67.45a	14.25a	85.75a	53.75a	13.36a	86.64b
	Si_0	66.43a	13.10a	86.90a	61.37a	9.73b	90.27a
平均数		66.42B	14.04A	85.96A	62.56B	11.65A	88.35A

从表5可以看出，磷水平对玉米植株钾的吸收积累及其分配也有显著影响，低磷胁迫显著降低了玉米植株对钾的吸收积累量，磷水平对钾素在地上部分和地下根系的分配影响不显著。硅同样也会影响玉米植株对钾素的吸收积累及其分配，其影响趋势与氮素大致相同。不同的是，正红2号中度缺磷（$A_{0.1}$）条件下增硅也表现出单株钾积累量显著增加，根系分配率下降，地上部的分配率提高的情况。可见，在正常磷（A_1）和中度缺磷（$A_{0.1}$）条件下增硅可以增强两玉米品种植株对钾素的吸收积累，并促进其向地上部分分配，提高地上部的分配率，降低根系的分配率。正红115在严重缺磷（$A_{0.01}$）条件下也表现出这种效应，只是效果有所降低。

表5　硅、磷互作对玉米单株钾积累量和根、地上部分配率的影响

磷处理	硅处理	正红2号			正红115		
		整株钾积累量 (mg/plant)	分配率（%）		整株钾积累量 (mg/plant)	分配率（%）	
			根	地上部		根	地上部
A_1	$Si_{1.5}$	179.47a	5.46c	94.54a	237.06a	4.53c	95.47a
	$Si_{0.75}$	188.78a	9.97b	90.03b	123.67b	11.73b	88.27b
	Si_0	102.26b	18.51a	81.49c	115.31b	13.72a	86.28c
平均数		156.84A	11.31A	88.69A	158.68A	9.99A	90.01A
$A_{0.1}$	Si1.5	141.85a	10.31b	89.69a	141.62a	8.70b	91.30a
	$Si_{0.75}$	112.31b	13.68a	86.32b	111.69b	8.68b	91.32a
	Si_0	109.35b	13.63a	86.37b	109.06b	11.84a	88.16b
平均数		121.17B	12.54A	87.46A	120.79B	9.74A	90.26A
$A_{0.01}$	Si1.5	103.00a	13.35a	86.65b	130.30a	9.54b	90.46a
	$Si_{0.75}$	100.98a	11.43a	88.57b	101.78a	12.11a	87.89b
	Si_0	103.47a	9.26b	90.74a	106.90a	13.44a	86.56b
平均数		102.48C	11.35A	88.65A	112.99B	11.70A	88.30A

2.4　植株氮、磷、钾干物质生产效率的影响

从表6得出，硅、磷水平显著影响着玉米苗期氮、磷、钾素干物质生产率。低磷胁迫不仅大幅度提高了磷素干物质生产率（PDMP），同时也提高了氮素干物质生产效率（NDMP），但会降低钾素干物质生产率（KDMP），两供试品种中，低磷胁迫对正红115 PDMP和KDMP的影响幅度较正红2号大。硅对NDMP、PDMP和KDMP也有一定影响，施硅显著降低两品种的PDMP，在正常磷条件下加硅会降低两品种NDMP和正红2号KDMP，对正红115，在低磷条件下适度施硅可部分改善NDMP和KDMP。

表6　硅、磷互作对玉米氮、磷、钾物质生产效率的影响　单位：mg/mg

磷处理	硅处理	正红2号			正红115		
		NDMP	PDMP	KDMP	NDMP	PDMP	KDMP
A_1	$Si_{1.5}$	36.88c	234.44b	34.93c	33.58c	243.90b	34.97b
	$Si_{0.75}$	38.83b	236.00b	36.96b	52.70a	341.66a	47.43a

续表

磷处理	硅处理	正红 2 号			正红 115		
		NDMP	PDMP	KDMP	NDMP	PDMP	KDMP
	Si_0	47.97a	266.20a	38.87a	39.11b	267.23b	34.75b
平均数		41.23B	245.55C	36.92A	41.79C	284.26C	39.05A
$A_{0.1}$	Si1.5	57.98a	553.60c	26.45c	53.57b	1056.05c	32.85b
	$Si_{0.75}$	52.41c	642.35b	33.68a	59.15a	1288.38b	34.61a
	Si_0	54.89b	889.14a	32.77b	53.77b	1621.22a	32.51b
平均数		55.09A	695.03B	30.97C	55.50B	1321.88B	33.32B
$A_{0.01}$	Si1.5	53.07b	915.04b	33.68b	57.00b	1410.71c	31.72a
	$Si_{0.75}$	52.30b	880.90c	34.92a	60.91a	1629.74a	32.16a
	Si_0	54.30a	1136.68a	34.86a	56.47b	1488.26b	32.37a
平均数		53.22A	977.54A	34.49B	58.12A	1509.57A	32.09B

注：NDMP—氮素干物质生产率，PDMP—磷素干物质生产率，KDMP—钾素干物质生产率。

3 讨论

根系是重要的吸收和合成器官，更是植物最先感受并传导养分胁迫信号的部位，其生长发育良好是玉米苗期乃至整个生育期吸收水分和养分的保障。外界养分充足与否会直接影响着玉米根系能否正常生长，然而植物经历缺素逆境时会有一套自己的适应机制，例如改变根系形态、提高根系活力、合成和分泌某些特殊物质、增加部分代谢酶活性，以提高植物在缺磷环境中对磷素的吸收和利用[13,25,26]。本研究结果表明，缺磷迫使玉米根系变长变细，根冠比增加。在正常磷和中度缺磷条件下加入适量的硅，正红 2 号和正红 115 单株总根长、根表面积和根体积均会显著增加。可见，在非严重缺磷胁迫时玉米植株同化物向根系转运量增加，通过促进根系生长来适应低磷环境。硅对玉米苗期生长也有一定促进作用，但其效果受磷水平影响，随磷浓度增加而增强，即硅和磷之间存在显著的协同作用和配合效应。

矿质营养对玉米生长发育至关重要，然而各元素间还存在着千丝万缕的复杂关系。缺磷胁迫不仅显著减少玉米对磷素的吸收积累量，同时也会降低氮、钾素的吸收积累量[6,10]，还会进一步影响这三大元素在各个器官的分配率。本研究结果表明，低磷胁迫显著降低玉米苗期各器官氮、磷、钾的吸收积累量，但会提高氮、磷、钾在根系中的分配率，即优先保证根系生长对氮、磷、钾的需求，这可能是玉米苗适应低磷胁迫的重要生理机制之一。

硅在植物生长发育过程中发挥重要作用，比如抗倒伏[27]、抗重金属镉[28]等、抗病虫[29]、提高光合能力[30]等。玉米是喜硅植物，会吸收并积累大量硅。有研究证明硅能增强植物通气组织，促进根氧输送以减少铁、锰吸收，提高磷/锰比而增强磷活性，施硅能改善玉米光合能力[30]，提高玉米水分利用效率[33]，增加耐低磷能力[21]，提高氮、磷、钾积累量[16]，提高叶片钾含量和玉米产量[17-20]。本研究结果表明，正常磷水平和中度缺磷条件下，增加硅能显著提高植株氮、磷和钾的吸收积累量，并促进其向叶片分配，但在严重缺磷时，加硅后对玉米氮、磷和钾的吸收积累无显著改善，表明在氮、磷、钾的吸收积累上，硅和磷之间也存在明显的协同作用和配合效应，生产上应考虑磷肥和硅肥配合施用。

4 结论

缺磷胁迫会抑制玉米苗期生长，减少对磷、氮、钾的吸收和物质积累，其中地上部受抑制的程度更高，玉米植株通过提高根冠比和氮、磷、钾在根系中的分配比例来适应低磷胁迫环境。在非严重缺磷条件下，玉米苗期增施适量硅能在一定程度上增强玉米植株对磷、氮、钾的吸收，从而促进玉米苗的生长，增加其干物质积累，这种作用随着磷水平的提高而增强，表明硅和磷之间存在明显协同作用和配合效应。

参考文献

[1] 陈庆瑞，冯文强，涂仕华，等．四川盆中丘陵区不同台位旱坡地土壤养分状况研究［J］．西南农业学报，2002，15（1）：77－81.

[2] 许宗林，苟曦，李昆，等．四川省耕地土壤养分分布特征与动态变化趋势探讨［J］．西南农业学报，2008，21（3）：181－186.

[3] 易玉林．河南省土壤养分状况研究［J］．河南科学，2012，30（7）：66－70.

[4] 张福锁，王激清，张卫峰，等．中国主要粮食作物肥料利用率现状与提高途径［J］．土壤学报，2008，45（5）：148－157.

[5] Vance C P，Claudia Uhde-Stone，Allan D L. Phosphorus acquisition and use：critical adaptations by plants for securing a nonrenewable resource［J］．New Phytologist，2003（157）：423－447.

[6] 彭正萍，张家铜，袁硕，等．不同供磷水平对玉米干物质和磷动态积累及分配的影响［J］．植物营养与肥料学报，2009，15（4）：61－66.

[7] 于兆国，张淑香．不同磷效率玉米自交系根系形态与根际特征的差异［J］．植物营养与肥料学报，2008，14（6）：205－209.

[8] 陈俊意，蔡一林，徐莉，等．低磷胁迫对玉米叶片色素和形态的影响［J］．中国生态农业学报，2009，17（1）：129－133.

[9] 李绍长，胡昌浩，龚江，等．供磷水平对不同磷效率玉米氮一钾素吸收和分配的影响［J］．植物营养与肥料学报，2004，10（3）：14－17.

[10] 章爱群，贺立源，门玉英，等．磷水平对不同耐低磷玉米基因型幼苗生长和养分吸收的影响［J］．应用与环境生物学报，2008，14（3）：53－56.

[11] 袁硕，李春俭，彭正萍，等．磷对不同玉米品种生长一体内磷循环和分配的影响［J］．植物营养与肥料学报，2011，17（2）：56－62.

[12] 张可炜，李坤朋，刘治刚，等．磷水平对不同基因型玉米苗期磷吸收利用的影响［J］．植物营养与肥料学报，2007，13（5）：43－49.

[13] 张丽梅，郭再华，张琳，等．缺磷对不同耐低磷玉米基因型酸性磷酸酶活性的影响［J］．植物营养与肥料学报，2015，21（4）：80－92.

[14] 李晓艳，孙立，吴良欢．不同吸硅型植物各器官硅素及氮、磷、钾素分布特征［J］．土壤通报，2014，45（1）：199－204.

[15] 肖千明，马兴全，娄春荣，等．玉米硅的阶段营养与土壤有效硅关系研究［J］．土壤通报，1999，30（4）：42－45.

[16] 刘慧霞，郭正刚．不同土壤水分条件下添加硅对紫花苜蓿茎叶和土壤氮磷钾含量的影响［J］．应用与环境生物学报，2011，17（6）：809－813.

[17] 龚金龙，胡雅杰，龙厚元，等．不同时期施硅对超级稻产量和硅素吸收、利用效率的影响［J］．中国农业科学，2012，45（8）：1475－1488.

[18] 陆福勇，江立庚，秦华东，等．不同氮、硅用量对水稻产量和品质的影响［J］．植物营养与肥料学报，2005，11（6）：846－850.

[19] 张月玲，王宜伦，谭金芳，等．氮硅配施对夏玉米抗倒性和产量的影响［J］．玉米科学，2012，20（4）：122－125.

[20] 周青，潘国庆，施作家，等．玉米施用硅肥的增产效果及其对群体质量的影响［J］．玉米科学，2002，10（1）：81－83.

[21] Yong Yang，Jingwei Li，Haichun Shi，et al. Alleviation of Silicon on Low-P Stressed Maize（Zea may L.）Seedlings

under Hydroponic Culture Conditions [J]. World Journal of Agricultural Sciences，2008，3（6）：1-5.
[22] 李仁英，邱译萱，刘春艳，等．硅对水稻土磷吸附、解吸行为的影响 [J]. 土壤通报，2013，44（5）：1134-1139.
[23] 王东，王晓岑，李淑芹，等．硅磷交互作用对土壤酶活力的影响 [J]. 东北农业大学学报，2010，41（3）：70-74.
[24] 杨永，石海春，柯永培，等．几个玉米自交系和杂交种耐低磷能力的研究 [J]. 玉米科学，2007，15（5）：12-16.
[25] 张丽梅，贺立源，李建生，等．不同耐低磷基因型玉米磷营养特性研究 [J]. 中国农业科学，2005，38（1）：116-121.
[26] 米国华，邢建平，陈范骏，等．玉米苗期根系生长与耐低磷的关系 [J]. 植物营养与肥料学报，2004，10（5）：22-26.
[27] 张月玲，王宜伦，谭金芳，等．氮硅配施对夏玉米抗倒性和产量的影响 [J]. 玉米科学，2012，20（4）：128-131.
[28] 徐应星，李军．硅和磷配合施入对镉污染土壤的修复改良 [J]. 生态环境学报，2010，19（2）：94-97.
[29] 葛少彬，刘敏，蔡昆争，等．硅介导稻瘟病抗性的生理机理 [J]. 中国农业科学，2014，47（2）：38-49.
[30] 李清芳，马成仓，尚启亮．干旱胁迫下硅对玉米光合作用和保护酶的影响 [J]. 应用生态学报，2007，18（3）：63-68.

硅肥与磷肥配施对春玉米氮、磷、钾吸收及产量的影响*

朱从桦[1,2]　张嘉莉[1]　郭　翔[3]　王兴龙[1]　姚发玲[1]　孔凡磊[1,2]　袁继超[1,2]

1. 四川农业大学农学院，四川成都　611130

2. 农业部西南作物生理生态与耕作重点实验室，四川成都　611130

3. 四川省农业气象中心，四川成都　610072

摘要：通过2014年和2015年两年田间定位试验，研究低磷棕紫泥土条件下，不同硅、磷肥料组合对土壤速效磷含量、植株氮、磷和钾吸收量和利用率、产量及产量构成的影响。试验采用两因素裂区设计，品种为主区，设2个品种，即正红2号和正红115，肥料组合为副区，设4种硅、磷肥组合，即对照处理，不施用磷肥和硅肥；施硅处理，仅施硅（SiO_2）75 kg/hm²；施磷处理，仅施磷（P_2O_5）60 kg/hm²；和硅、磷配施处理，施磷（P_2O_5）60 kg/hm²，且施硅（SiO_2）75 kg/hm²，分别记为P_0Si_0、P_0Si_{75}、$P_{60}Si_0$和$P_{60}Si_{75}$。在拔节期、吐丝期和收获期测定0～20 cm和20～40 cm土壤速效磷含量、植株氮、磷、钾吸收量、产量及产量构成因素。正红2号和正红115收获期植株氮、磷和钾吸收量均无显著差异，而2014年正红2号籽粒产量明显高于正红115，2015年两品种产量无显著差异。施硅肥、施磷肥以及硅、磷肥配施均能提高0～20 cm和20～40 cm土壤速效磷含量、玉米植株氮、磷、钾吸收量及籽粒产量，其中以硅、磷配施处理的提高效果为最佳。在吐丝期、收获期，植株氮、磷和钾吸收量与土壤速效磷含量呈显著正相关，并且植株氮、磷和钾吸收量之间相互呈显著正相关；此外，籽粒产量与吐丝期和收获期玉米植株氮、磷和钾吸收量之间均呈显著正相关。与单施磷肥相比，硅、磷肥配施处理氮、磷和钾肥的吸收效率和偏生产力（两年平均）分别提高13.30%和10.25%、24.77%和10.25%、8.58%和10.25%，同时两品种2014年和2015年平均产量分别提高8.34%和12.12%。低磷棕紫泥土条件下，硅、磷肥配施能显著改善土壤供磷能力，增加玉米植株对氮、磷和钾养分吸收量，提高氮、磷和钾肥利用效率及籽粒产量。

关键词：春玉米；硅肥；磷肥；棕紫泥土；产量

玉米是重要的粮饲兼用及能源作物，其稳产高产受资源、环境及土壤养分特性的影响。作物三大营养元素氮、磷、钾存在相互影响，如施氮能促进作物吸收和利用土壤中的磷和钾[1-3]；施磷能促进作物吸收和利用土壤中的氮和钾[4-7]；施钾能促进作物吸收和利用土壤中的氮和磷[8,9]，因此玉米生产中氮、磷和钾合理配施至关重要。硅是玉米等作物的有益元素[10-14]，玉米各器官硅含量为4～75 g/kg，含量表现为叶>叶鞘>根>茎>种子，并且各器官氮、磷、钾含量与其硅含量呈一定正相关[15]。施硅能改善作物对硅、氮、磷和钾等养分吸收利用[8,16]，增加作物产量[8,17-19]。硅和磷由于相似的化学性质存在肥效的互促关系[20]，有研究认为硅能缓解玉米的低磷胁迫[10]，硅、磷肥配施能改善土壤养分供应能力[21,22]，但硅、磷配施条件下土壤速效磷含量以及氮、磷、钾的吸收利用是否存在差异鲜见报道。

* **基金项目**：公益性行业（农业）科研专项（20150312705）和国家科技支撑计划项目（2012BAD04B13－2）

本研究以正红 2 号和正红 115 为材料，在低磷土壤条件下进行田间试验，研究硅、磷配施对土壤速效磷含量、玉米氮、磷、钾养分吸收量和产量的影响，以及以上指标间的相互关系，以期为玉米高产高效节本栽培技术体系提供依据。

1 材料与方法

1.1 试验设计

于 2014 和 2015 年在四川省简阳市芦葭镇英明村试验点（30°70′N，103°86′E）进行两年定位试验，试验地土壤为紫色砂泥岩母质发育而成的棕紫泥土，pH 值为 7.68±0.15，有机质含量 15.58 g/kg，碱解氮 34.09 mg/kg、速效磷 4.92 mg/kg、速效钾 124.50 mg/kg、有效硅 210.93 mg/kg，属于低磷、少硅土壤。

品种选用正红 2 号和正红 115，分别于 2014 年 3 月 28 日育苗，4 月 1 日单株移栽，7 月 29 日收获；2014 年 10 月 25 日播种小麦（不施用任何肥料），2015 年 3 月 25 日拔除小麦植株并整地，2015 年 4 月 3 日点播，4 月 21 日定苗（每穴留壮苗 1 株），7 月 26 日收获。两年均采用宽窄行栽培方式，即宽行 1.6 m，窄行 0.4 m，株距 0.2 m，种植密度约为 50000 株/hm^2。试验采用裂区设计，品种为主区，肥料组合为副区，设 4 种硅、磷肥组合，即 P_0Si_0 不施用硅肥和磷肥；P_0Si_{75} 仅施硅（SiO_2）75 kg/hm^2；$P_{60}Si_0$ 仅施磷（P_2O_5）60 kg/hm^2；$P_{60}Si_{75}$ 施磷（P_2O_5）60 kg/hm^2，且施硅（SiO_2）75 kg/hm^2。磷肥为过磷酸钙（P_2O_5≥12%），硅肥为迈乐土壤调理剂（硅≥20%、钙≥16%、钾≥5.0%、镁≥4.0%，山西迈乐肥业有限责任公司提供），设置 3 次重复，共 2×4×3=24 个小区，小区面积为 4.25×4=17 m^2。

2014 年和 2015 年小区分布和试验处理均相同，所有小区纯氮（尿素，含氮量≥46%）180 kg/hm^2，K_2O（氯化钾，含 K_2O≥60%）90 kg/hm^2，施用硅肥带入的钾从钾肥中等量扣除，未施用硅肥处理用氯化钙和氯化镁等量补充钙和镁。氮、磷、钾和硅肥全做底肥，将各小区所施肥料混匀后撒施于窄行上面，然后覆土 5~8 cm，并用水浇透 0~25 cm 土壤，2014 年于起垄覆膜后第 3 d 选择长势一致的壮苗，撬窝单苗带土移栽，2015 年于起垄覆膜后第 2 d 直接播种（每穴 2 粒），其余田间管理措施同当地大面积高产田块。

1.2 测定项目与方法

1.2.1 土壤速效磷含量

于拔节期、吐丝期和收获期，各小区选 3 个代表性点位取 0~20 cm 和 20~40 cm 土样，风干后过 10 目筛，用 0.5 M 碳酸氢钠溶液提取和钼锑抗混合显色剂常温还原，分光光度法进行测定。

1.2.2 植株氮、磷、钾吸收量

于拔节期（2014.5.8 和 2015.5.11）、吐丝期（2014.6.8 和 2015.6.17）和收获期（2014.7.29 和 2015.7.26），各小区选取代表性植株 5 株，按照叶片（含苞叶）、茎鞘（含叶鞘和穗轴）、雄穗和籽粒分开，放入烘箱中，105 ℃杀青 30 min，80 ℃烘干至恒重并称重，将称完干重后的各器官粉碎过 80 目筛，采用浓 $H_2SO_4-H_2O_2$ 消煮，用 BUCHI Distillation Unit K−355+Hanon T860 全自动电位滴定仪测定全氮含量，用 FP6410 型火焰光度计测定钾含量，用钼锑抗吸光光度法测定各部位磷含量，并计算氮、磷和钾素积累量。

1.2.3 考种与计产

于收获期，每个小区选取 20 个代表性果穗，调查穗行数、行粒数、穗粒数、千粒重等产量构成因素，并按田间实收株数计产。

1.2.4 参数计算

氮（磷、钾）素干物质生产效率（NDME，PDME，KDME，kg/kg）=干物质重（kg/hm^2）/植株氮（磷、钾）素吸收量（kg/hm^2）；

氮（磷、钾）素利用效率（NUE，PUE，KUE，kg/kg）=籽粒产量（kg/hm^2）/植株氮（磷、钾）吸收量（kg/hm^2）；

氮（磷、钾）收获指数（NHI，PHI，KHI，%）=籽粒中氮（磷、钾）吸收量（kg/hm^2）/植株氮（磷、钾）素吸收量（kg/hm^2）×100%；

氮（磷、钾）肥吸收效率（NUPE，PUPE，KUPE，kg/kg）=植株氮（磷、钾）素吸收量（kg/hm^2）/施氮（磷 P_2O_5、钾 K_2O）量（kg/hm^2）；

氮（磷、钾）肥偏生产力（NPFP，PPFP，KPFP，kg/kg）=施氮（磷、钾）区产量（kg/hm^2）/施纯氮（磷 P_2O_5、钾 K_2O）量（kg/hm^2）。

1.3 数据分析

用 DPS 7.05 和 SPSS 19.0 软件进行试验数据分析，用最小显著差法 LSD 检验平均数。

2 结果与分析

2.1 硅、磷肥配施对土壤速效磷含量的影响

从表 1 可见，肥料组合对土壤速效磷含量的影响十分显著，0~20 cm 土壤速效磷含量明显比 20~40 cm 土壤高。与对照（P_0Si_0）相比，两个品种 3 个时期平均，在 0~20 cm 土壤中，施硅处理（P_0Si_{75}）、施磷处理（$P_{60}Si_0$）和硅、磷配施处理（$P_{60}Si_{75}$）速效磷含量分别提高 17.12%、59.51%和 96.42%（2014 年）和 19.40%、43.48%和 93.86%（2015 年）；20~40 cm 土壤中，施硅处理（P_0Si_{75}）、施磷处理（$P_{60}Si_0$）和硅、磷配施处理（$P_{60}Si_{75}$）速效磷含量分别提高 28.83%、89.47%和 153.73%（2014 年）和 21.46%、89.34%和 151.42%（2015 年）。2014 年玉米收获后播种小麦（未施用肥料）进一步消耗地力，与 2014 年相比，2015 年玉米生产季各处理同期土壤 0~20 cm 和 20~40 cm 土壤速效磷含量均较低。可见，为获得高产生产中需要适时足量补充磷肥，施硅可以减少土壤对磷的吸附，提高土壤速效磷含量。

表 1　硅、磷肥配施对土壤速效磷含量的影响　　单位：mg/kg

品种	处理	土层（cm）	2014 年			2015 年		
			拔节期	抽穗期	收获期	拔节期	抽穗期	收获期
正红 2 号	P_0Si_0	0~20	3.84c	2.22d	2.15d	2.67b	1.29c	0.90b
		2~40	0.93d	1.16c	0.87d	0.60c	0.45c	0.43c
	P_0Si_{75}	0~20	3.80c	3.04c	2.67c	2.66b	1.51c	0.99b
		2~40	1.88c	1.21bc	1.03c	0.70c	0.51c	0.59b
	$P_{60}Si_0$	0~20	5.62b	3.64b	3.13b	2.79b	1.77b	1.03b
		2~40	2.57b	1.38b	1.39b	1.35b	0.75b	0.61b
	$P_{60}Si_{75}$	0~20	6.72a	4.36a	3.68a	3.21a	2.28a	1.73a
		2~40	4.21a	1.99a	1.58a	2.28a	0.85a	0.74a
平均数		0~20	5.00A	3.31B	2.91A	2.83B	1.73A	1.16A
		2~40	2.39A	1.44A	1.21A	1.23A	0.64A	0.60A
正红 115	P_0Si_0	0~20	4.56c	2.20c	2.35d	2.30c	1.07d	0.68d
		2~40	1.53c	1.02c	0.75b	0.50c	0.37c	0.37b
	P_0Si_{75}	0~20	4.83bc	2.68c	2.70c	2.91b	1.51c	0.83c
		2~40	1.76c	1.14c	0.91b	0.47c	0.42bc	0.57a
	$P_{60}Si_0$	0~20	5.34b	5.06b	3.62b	2.90b	1.99b	1.31b
		2~40	3.97b	1.56b	1.27a	1.81b	0.49b	0.40b
	$P_{60}Si_{75}$	0~20	7.43a	6.54a	4.13a	4.02a	2.43a	1.85a
		2~40	5.01a	2.16a	1.33a	2.27a	0.65a	0.51a

续表

品种	处理	土层 (cm)	2014年 拔节期	2014年 抽穗期	2014年 收获期	2015年 拔节期	2015年 抽穗期	2015年 收获期
平均数		0～20	5.54A	4.12A	3.20A	3.03A	1.75A	1.17A
		2～40	3.07A	1.47A	1.06B	1.26A	0.49B	0.46B
F-值	品种C	0～20	4.53	35.52**	3.68	35.08*	3.44	0.73
		2～40	138.91**	6.89	35.81**	1.95	50.62*	32.92*
	肥料组合FC	0～20	65.33**	62.52**	68.61**	20.90**	61.06**	151.89**
		2～40	231.75**	65.69**	5.77**	243.10**	56.69**	29.71**
	C×FC	0～20	2.95	14.67**	1.44	5.29*	1.96**	10.70**
		2～40	39.96**	2.13ns	0.60	9.96*	4.88*	8.27*

注：同列不同小字母表示同一样期处理间差异达到5%显著水平；同列不同大写字母表示同一样期品种间差异达到5%显著水平；*和**分别表示在0.05和0.01水平上差异显著。下同。

2.2 硅、磷肥配施对玉米产量及其构成的影响

从表2得出，肥料组合显著影响着玉米的产量及产量构成因素。磷肥和硅肥均有一定增产效果，单施磷肥的增产效果远大于硅肥，硅、磷肥配施的增产效果最好，硅肥和磷肥表现出明显的互促和配合效应。与单施磷处理相比，硅、磷配施处理分别增产8.34%（2014年）和12.12%（2015年），比单施硅肥增产更多。2015年各处理的产量均较2014年低，特别是对照，导致施肥处理的增产幅度均较2014年大，原因可能是2014年播种冬小麦（未施用任何肥料），2015年地力更低（见表1），对照2年3季均未施磷肥，导致产量特别低，因此2015年施肥的增产效果特别好。施用磷肥和硅、磷配施增产的主要原因是促进了玉米的生长发育，增加了穗粒数（特别是行粒数），同时也促进了灌浆结实，提高了千粒重，特别是2015年，两年两品种联合分析，玉米产量与穗粒数和千粒重均极显著正相关，相关系数分别为0.958**和0.979**。

表2 硅、磷肥配施对玉米产量及产量构成的影响

品种	处理	2014年 产量(kg/hm²)	2014年 穗粒数	2014年 行数	2014年 行粒数	2014年 千粒重(g)	2015年 产量(kg/hm²)	2015年 穗粒数	2015年 行数	2015年 行粒数	2015年 千粒重(g)
正红2号	P_0Si_0	7198.61c	499.91c	15.83c	31.59b	306.30c	2376.21d	236.78d	13.76c	17.23d	245.69b
	P_0Si_{75}	7240.92c	499.96c	16.03bc	31.18b	307.89c	2974.17c	302.38c	14.91b	20.28c	256.59b
	$P_{60}Si_0$	7972.74b	523.23b	16.70a	31.39b	313.28b	5307.95b	447.45b	16.16a	27.71b	283.32a
	$P_{60}Si_{75}$	8589.24a	557.14a	16.43ab	33.92a	320.56a	6017.03a	502.36a	16.12a	31.16a	287.52a
平均数		7750.38A	520.06A	16.25A	32.02A	312.01A	4168.84A	372.24A	15.24A	24.10B	268.28A
正红115	P_0Si_0	6554.71c	470.51bc	14.67a	32.12b	297.08c	2744.52d	262.41d	13.32b	19.70d	254.14b
	P_0Si_{75}	6640.10c	468.44c	14.43a	32.47b	305.73b	3490.49c	350.50c	12.92b	27.12c	246.77b
	$P_{60}Si_0$	7478.85b	490.68b	14.60a	33.60b	319.54a	5533.51b	451.14b	14.12a	31.94b	294.53a
	$P_{60}Si_{75}$	8150.92a	518.73a	14.17a	36.62a	322.75a	6138.04a	498.77a	14.26a	34.99a	292.83a
平均数		7206.15B	487.09A	14.47B	33.70A	311.27A	4476.64A	390.70A	13.66B	28.44A	272.07A
F-值	品种C	23.25**	7.84	185.39**	2.92	0.02	6.55	11.74	175.15**	165.22**	0.43
	肥料组合FC	44.89**	21.03**	2.28	12.07**	41.14**	200.35**	370.80**	28.93**	280.74**	25.68**
	C×FC	0.20	0.12	3.68*	1.06	5.52*	0.52	3.87*	5.89*	5.56**	1.13

2.3 硅、磷肥配施对玉米氮、磷和钾素吸收量及其收获指数的影响

从表3可见，肥料组合显著影响玉米氮、磷及钾的吸收量及其收获指数。玉米对氮素的吸收量明

显多于磷素和钾素，各施肥处理玉米植株氮、磷和钾吸收量表现出高度同步。施磷不仅促进了玉米各生育时期对磷素的吸收，同时也促进了其对氮和钾的吸收，特别是吐丝前的氮素吸收量及其比例；施硅也在一定程度上促进了玉米植株各生育时期对氮、磷、钾的吸收。在不施磷条件下施硅与不施硅相比，两年2品种3生育时期，氮、磷、钾素吸收量的平均增幅分别为19.06%、30.00%和24.54%；在施磷条件下相应的增幅分别为9.63%、22.42%和10.55%；而硅磷配施处理（$P_{60}Si_{75}$）与对照（P_0Si_0）相比，相应的氮、磷、钾素吸收量的平均增幅分别为83.28%、173.69%和68.82%，远大于单施磷肥和硅肥，硅肥和磷肥表现出明显的协同作用。综上所述，硅、磷肥配施不仅显著促进玉米对磷素的吸收，还能同步促进植株对氮、钾素的吸收，最终改善玉米植株的氮、磷及钾素营养。

表3　硅、磷肥配施对玉米氮、磷、钾吸收量及收获指数的影响　　单位：kg/hm^2

养分	品种	处理	2014年				2015年			
			拔节期	吐丝期	收获期	收获指数HI（%）	拔节期	吐丝期	收获期	收获指数HI（%）
N	正红2号	P_0Si_0	6.91b	72.07c	128.19c	63.30a	9.58d	45.222d	80.17d	60.13b
		P_0Si_{75}	5.71b	99.99b	138.88b	62.03a	13.49c	62.99c	92.19c	60.95b
		$P_{60}Si_0$	10.84a	113.58a	137.83b	62.09a	26.42b	102.00b	123.66b	63.31a
		$P_{60}Si_{75}$	11.30a	94.76b	152.88a	61.89a	31.03a	116.71a	144.22a	64.90a
	平均数		8.69A	95.10A	139.45A	62.33A	20.07A	81.65A	110.34A	62.32A
	正红115	P_0Si_0	5.12b	77.76b	123.13c	60.83a	13.12c	62.11c	78.83b	60.69b
		P_0Si_{75}	7.36a	81.68b	137.35b	55.81c	14.37c	73.93c	90.68b	59.24b
		$P_{60}Si_0$	8.22a	91.41a	132.05b	56.58c	20.98b	108.67b	155.71a	60.55b
		$P_{60}Si_{75}$	8.23a	88.82a	156.95a	58.65b	26.69a	130.76a	163.07a	63.10a
	平均数		7.23A	84.92B	137.37A	57.97B	18.89A	95.00A	122.42A	60.90A
	F—值	C	1.93	35.01*	0.53	176.06**	0.45	16.20	10.88	1.19
		FC	29.65**	50.74**	30.98**	8.16**	130.59**	103.19**	109.09**	8.36**
		C×FC	8.80**	15.71**	1.05	3.33	8.78*	0.47	5.50*	1.31
P	正红2号	P_0Si_0	0.85c	7.51d	18.86d	66.92b	0.59d	3.02d	6.70d	80.61a
		P_0Si_{75}	0.86c	10.61c	23.20c	67.98b	0.85c	4.56c	8.69c	79.39ab
		$P_{60}Si_0$	1.34b	13.91b	31.11b	71.73a	2.38b	10.22b	12.27b	77.12c
		$P_{60}Si_{75}$	1.62a	16.02a	38.99a	72.24a	3.11a	11.95a	16.50a	78.46bc
	平均数		1.17A	13.27A	28.04A	69.72A	1.73A	7.44A	11.04A	78.89A
	正红115	P_0Si_0	0.69c	8.28d	21.17d	67.25b	0.68d	4.17c	6.30c	81.12a
		P_0Si_{75}	0.96b	10.80c	26.59c	71.30a	0.86c	5.45c	7.40c	77.23b
		$P_{60}Si_0$	1.19a	13.21b	31.13b	71.04a	1.79b	10.57b	14.85b	76.39b
		$P_{60}Si_{75}$	1.29a	15.15a	38.31a	72.25a	2.32a	14.05a	17.36a	77.92b
	平均数		1.03A	13.23A	29.30A	70.46A	1.41A	8.54A	11.48A	78.17A
	F—值	C	0.86	0.44	4.41	8.63	10.76	6.54	1.17	1.05
		FC	41.83**	586.01**	671.41**	34.68**	517.08**	143.14**	207.41**	15.14**
		C×FC	3.32	7.77*	9.41**	5.20**	24.93*	1.03	6.25**	1.57
K	正红2号	P_0Si_0	4.76b	74.08b	78.59b	22.25b	6.68d	32.83d	41.88d	29.35b
		P_0Si_{75}	3.67c	92.93a	98.19a	21.77b	9.02c	38.30c	47.72c	30.89b
		$P_{60}Si_0$	6.02a	91.23a	92.28a	23.39b	12.14b	49.97b	61.98b	30.26b
		$P_{60}Si_{75}$	6.24a	93.68a	97.00a	25.06a	15.21a	57.53a	69.84a	34.03a
	平均数		5.17A	87.98A	91.52A	23.11B	10.76A	44.66A	55.35A	31.13A

续表

养分	品种	处理	2014年				2015年			
			拔节期	吐丝期	收获期	收获指数HI（%）	拔节期	吐丝期	收获期	收获指数HI（%）
	正红115	P_0Si_0	3.10b	67.07c	73.12c	26.32a	5.83d	31.50d	35.87d	36.56ab
		P_0Si_{75}	5.46a	80.33b	87.49b	23.79b	8.34c	37.83c	44.01c	36.94a
		$P_{60}Si_0$	4.90a	95.58a	100.15a	25.99a	11.31b	50.51b	62.94b	34.38bc
		$P_{60}Si_{75}$	5.03a	96.12a	105.40a	26.59a	14.08a	60.06a	69.33a	33.89c
	平均数		4.62A	84.77A	91.54A	25.67A	9.89A	44.98A	53.04A	35.44A
	F一值	C	0.72	18.21	0.22	50.07*	1.04	0.05	0.85	11.64
		FC	13.52**	58.28**	40.44**	6.68**	154.87**	77.58**	74.05**	1.88
		C×FC	13.24**	7.51**	7.71**	1.30	0.10	0.37**	0.90	7.78**

2.4 硅、磷肥配施对玉米氮、磷和钾利用的影响

从表4得出，肥料组合显著影响着正红2号和正红115氮、磷和钾肥的利用。与对照（P_0Si_0）相比，两年两品种平均，施硅处理（P_0Si_{75}）的氮肥吸收效率（NUPE）和氮肥偏生产力（NPFP）分别提高11.80%和13.55%，钾肥吸收效率（KUPE）和钾肥偏生产力（KPFP）分别提高20.08%和13.57%；单施磷肥处理（$P_{60}Si_0$）的NUPE和NPFP分别提高41.35%和62.46%，KUPE和KPFP分别提高44.02%和62.48%，硅、磷肥处理（$P_{60}Si_{75}$）的NUPE和NPFP分别提高58.62%和80.13%，KUPE和KPFP分别提高56.76%和80.16%。与单施磷肥相比，两年两品种平均，硅、磷肥配施处理氮肥吸收效率和氮肥偏生产力分别提高13.30%和10.25%，磷肥吸收效率和磷肥偏生产力分别提高24.77%和10.25%，钾肥吸收效率和钾肥偏生产力分别提高8.58%和10.25%。可见，硅、磷肥间互促效应显著，硅、磷肥配施能同步提高玉米对氮、磷和钾肥的利用，因此氮、磷、钾、硅肥应科学配施。

表4　硅、磷肥配施对玉米氮、磷和钾肥利用率的影响　　单位：kg/kg

年份	品种	处理	干物质生产率DME			肥料利用率UE			养分吸收效率UPE			肥料偏生产力PFP		
			N	P	K	N	P	K	N	P	K	N	P	K
2014	正红2号	P_0Si_0	96.6c	661.7a	157.5a	56.3a	385.8a	91.8a	0.7c		0.9b	40.0c		80.0c
		P_0Si_{75}	98.7b	592.4b	139.5b	52.1b	312.3b	73.7b	0.8b		1.1a	40.2c		80.4c
		$P_{60}Si_0$	102.3a	454.6c	153.7a	58.0a	257.4c	86.7a	0.8b	0.5b	1.0a	44.3b	133.0b	88.6b
		$P_{60}Si_{75}$	99.9b	392.3d	158.0a	56.2a	220.5d	88.7a	0.9a	0.6a	1.1a	47.7a	143.2a	95.4a
	平均数		99.4B	525.2A	152.1A	55.6A	294.0A	85.2A	0.8A	0.6A	1.0A	43.1A	138.0A	86.1A
	正红115	P_0Si_0	104.8b	614.1a	176.9a	53.4b	313.3a	90.3a	0.7c		0.8c	36.4c		72.8c
		P_0Si_{75}	106.5b	553.8b	167.2a	48.4c	251.8b	76.0b	0.8b		1.0b	36.9c		73.8c
		$P_{60}Si_0$	113.9a	475.4c	147.5b	57.7a	241.3b	74.7b	0.7bc	0.5b	1.1a	41.6b	124.6b	83.1b
		$P_{60}Si_{75}$	99.0c	406.4d	147.5b	51.9bc	212.9c	77.4b	0.9a	0.6a	1.2a	45.3a	135.8a	90.6a
	平均数		106.1A	512.5A	159.8A	52.7A	254.8B	79.6A	0.8A	0.6A	1.0A	40.0B	130.2A	80.1B
	F一值	C	594.9**	18.4	7.5	3.2	31.4*	16.0	0.7	0.4	0.4	23.2**	5.3	23.2*
		FC	59.4**	162.7**	6.0**	9.7**	59.8**	7.4**	30.7**	342.3**	38.5**	44.9**	14.9*	44.9**
		C×FC	28.7**	4.4*	9.1**	0.8	4.8*	2.1	1.5	1.0	7.6**	0.2	0.1	0.2

续表

年份	品种	处理	干物质生产率 DME			肥料利用率 UE			养分吸收效率 UPE			肥料偏生产力 PFP		
			N	P	K	N	P	K	N	P	K	N	P	K
2015	正红2号	P_0Si_0	90.2a	1077.9a	173.0b	29.7b	355.1b	56.8b	0.4c		0.5d	13.2d		26.4d
		P_0Si_{75}	89.5ab	948.8b	173.1b	32.3b	342.6b	62.5b	0.5c		0.5c	16.5c		33.0c
		$P_{60}Si_0$	86.4bc	919.1b	173.4b	43.1a	433.9a	86.6a	0.7b	0.2b	0.7b	29.5b	88.5b	59.0b
		$P_{60}Si_{75}$	87.6c	792.4c	182.3a	42.2a	371.2b	87.8a	0.8a	0.3a	0.8a	33.4a	100.3a	66.9a
	平均数		88.4A	934.6A	175.4B	36.8A	375.7B	73.4B	0.7A	0.2A	0.6A	23.2A	94.4A	46.3A
	正红115	P_0Si_0	83.2a	1041.4a	182.8c	34.8a	435.7a	76.6a	0.4b		0.4d	15.2d		30.5d
		P_0Si_{75}	83.5a	1024.0a	172.2d	38.4a	470.3a	79.1a	0.5b		0.5c	19.4c		38.8c
		$P_{60}Si_0$	82.0a	853.0b	203.0a	35.6a	373.5b	88.3a	0.8a	0.2b	0.7b	30.7b	92.2b	61.5b
		$P_{60}Si_{75}$	82.36a	765.9c	193.4b	37.7a	353.7b	88.7a	0.9a	0.3a	0.8a	34.1a	102.3a	68.2a
	平均数		82.7B	921.1A	187.9A	36.6A	408.3A	83.2A	0.6A	0.3A	0.6A	24.9A	97.3A	49.7A
	F-值	C	53.9*	1.6	161.5**	0.5	28.0*	118.5**	11.5	15.2	0.8	6.1	10.9	6.1
		FC	3.9*	49.7**	41.3**	6.5**	1.8	13.7**	105.3**	51.8**	75.9**	200.3**	18.7*	200.3**
		C×FC	0.8	3.2	28.2**	5.7*	7.9**	2.6	5.5*	3.9	1.0	0.5	0.1	0.5

3 讨论

四川丘陵旱地，土壤瘠薄，山坡地玉米高产、稳产依赖大量投入氮、磷和钾肥[23,24]。通过筛选适宜品种[25]，优化栽培方式[26]，改进施肥方式[27,28]，优选肥料种类[29]，并结合土壤地力开展配方施肥等提高玉米产量和肥料利用率。缺磷条件下，施用磷能明显改善玉米生长，提高籽粒产量[4-7]；硅作为植物的有益元素，能够提高植株抗生物和非生物胁迫能力[12]，能提高玉米光合速率[11]和籽粒产量[18,19]。本研究结果表明，磷肥的增产效果远远大于硅肥，但是硅、磷肥配施的增产效果比单施磷肥更为显著，2014 年和 2015 年分别增加 1288.57 kg/hm^2 和 1313.61 kg/hm^2，相应的增幅分别为 8.34% 和 12.12%。与 2014 年相比，经过 2014 年播种冬小麦（未施任何肥料）进一步消耗地力（见表 1），导致 2015 年对照、施硅、施磷和硅、磷配施处理分别减产 62.56%、53.18%、29.72% 和 27.32%，其中以硅、磷配施处理减产幅度最小并且籽粒产量最高，更进一步表明硅、磷配施能够增强玉米低磷土壤条件下的耐瘠[10,13]、抗旱能力[30-32]。玉米不同品种对氮、磷和钾的吸收存在差异进而影响其籽粒产量[5,33]。本研究结果表明，正红 2 号和正红 115 收获期氮、磷和钾吸收量和产量无显著差异，但是玉米吐丝期、收获期植株的氮、磷、钾吸收量与籽粒产量呈显著正相关，因此确保植株吸收足量的氮、磷和钾素养分是玉米稳产、高产的重要前提。

氮、磷和钾肥间肥效互促已被证实，其中任何一种养分丰缺都会影响作物对其余两种养分的吸收利用[1-7,9,34]，作物从播种到收获，任何阶段出现氮、磷和钾养分亏缺都将影响作物产量。硅、磷元素化学性质相似，两者具有相互促进肥效的关系[20]，加硅能减少土壤磷的吸附并增加土壤磷的解吸，从而提高土壤磷的活性和生物有效性[21]，氮、硅混施或磷、硅混施能增加作物叶片氮、磷含量[8,16]。本研究结果表明，硅、磷配施能够显著提高土壤速效磷含量及玉米植株氮、磷和钾素吸收量。各生育期氮、磷和钾吸收量间彼此呈显著正相关，其中拔节期氮和磷、氮和钾、磷和钾吸收量相关系数分别为 0.868**、0.977**、0.830**，吐丝期氮和磷、氮和钾、磷和钾吸收量相关系数分别为 0.782**、0.425**、0.795**，收获期氮和磷、氮和钾、磷和钾吸收量相关系数分别为 0.699**、0.760**、0.934**，玉米植株氮、磷和钾营养关系如此密切，因此在生产中氮、磷、钾肥必须要合理配施。此外，磷素吸收量更是与吐丝期和成熟期 0～20 cm、20～40 cm 土壤速效磷含量呈显著正相关，相关系数为0.762**、0.965**和0.729**、0.911**，同期玉米植株氮、钾吸收量也与土壤速效磷含量呈现显著正相关，可见土壤磷供应状况能够影响玉米植株磷氮、磷、钾养分吸收量。就生育期而言，拔节期和吐丝期、吐丝期和成熟期玉米株氮、磷和钾吸收量间也存在显著正相关，表明玉米各生育期氮、磷和钾养分吸收环环相扣，从时间节点联系紧密。硅、磷肥配施能减少土壤对磷的吸附，提高土壤磷素供应水平，提高玉米磷吸收量的同时增强对氮、钾的吸收，改善玉米植株氮、磷和钾三大矿质营养，提高氮、磷和钾肥的利用效率和玉米产量，这是其高产高效的重要机制。

4 结论

在四川丘陵低磷棕紫土壤条件下，通过硅、磷肥配施，能够改善土壤供磷能力，促进玉米对磷素的吸收，直接或间接带动玉米对氮、钾的协同吸收，提高氮、磷和钾肥的利用效率和籽粒产量，但是氮、磷、钾、硅肥的最佳施用比例，以及水肥耦合机制有待进一步的研究。

参考文献

[1] 景立权，赵福成，王德成，等．不同施氮水平对超高产夏玉米氮磷钾积累与分配的影响 [J]. 作物学报，2013，39 (8)：1478－1490.

[2] 刘水，李伏生．不同水氮条件下灌溉方式对玉米干物质量和氮钾利用的影响 [J]. 生态学报，2014，34 (18)：5249－5256.

[3] 纪德智，王端，赵京考，等．不同氮肥形式对玉米氮、磷、钾吸收及氮素平衡的影响 [J]. 水土保持学报，2014，28 (4)：106－111.

[4] 张静，王艳．不同磷水平玉米自交系根系形态及吸收氮、钾差异研究 [J]. 干旱地区农业研究，2005，23 (1)：92-94.

[5] 袁硕，彭正萍，史建霞，等．磷对不同基因型玉米生长及氮磷钾吸收的影响 [J]. 中国土壤与肥料，2010 (1)：29-32，84.

[6] 李绍长，胡昌浩，龚江，等．供磷水平对不同磷效率玉米氮、钾素吸收和分配的影响 [J]. 植物营养与肥料学报，2004，10 (3)：237－240.

[7] 章爱群，贺立源，门玉英，等．磷水平对不同耐低磷玉米基因型幼苗生长和养分吸收的影响 [J]. 应用与环境生物学报，2008，14 (3)：347－350.

[8] 魏朝富，谢德体，杨剑虹，等．氮钾硅肥配施对水稻产量和养分吸收的影响 [J]. 土壤通报，1997，28 (3)：121-123.

[9] 李文娟，何萍，金继运．钾素营养对玉米生育后期干物质和养分积累与转运的影响 [J]. 植物营养与肥料学报，2009，15 (4)：799－807.

[10] Yang Y，Li J W，Shi H C，et al. Alleviation of silicon on low-P stressed maize (*Zea rnay* L.) seedlings under hydroponic culture conditions [J]. World Journal of Agricultural Sciences，2008，4 (2)：168－172.

[11] Xie Z M，Song R，Shao H B，et al. Silicon improves maize photosynthesis in saline-alkaline soils [J]. The Scientific World Journal，2015.

[12] Ma J F. Role of silicon in enhancing the resistance of plants tobiotic and abiotic stresses [J]. Soil Science and Plant Nutrition，2004 (50)：11－18.

[13] Owino-Gerroh C，Gascho G. J. Effect of silicon on low pH soil phosphorus sorption and on uptake and growth of maize [J]. Communications in Soil Science and Plant Analysis，2004，35 (15)：2369－2378.

[14] Ma J F，Yamaji N. Silicon uptake and accumulation in higher plants [J]. Trends in Plant Science，2006，11 (8)：392－397.

[15] 李晓艳，孙立，吴良欢．不同吸硅型植物各器官硅素及氮、磷、钾素分布特征 [J]. 土壤通报，2014，45 (1)：

193－198.

[16] 刘慧霞，郭正刚．不同土壤水分条件下添加硅对紫花苜蓿茎叶和土壤氮磷钾含量的影响 [J]. 应用与环境生物学报，2011，17（6）：347－350.

[17] 陆福勇，江立庚，秦华东，等．不同氮、硅用量对水稻产量和品质的影响 [J]. 植物营养与肥料学报，2005，11（6）：846－850.

[18] 张月玲，王宜伦，谭金芳，等．氮硅配施对夏玉米抗倒性和产量的影响 [J]. 玉米科学，2012，20（4）：122－125.

[19] 周青，潘国庆，施作家，等．玉米施用硅肥的增产效果及其对群体质量的影响 [J]. 玉米科学，2002，10（1）：81－183，94.

[20] 胡克伟，肇雪松，关连珠，等．水稻土中硅磷元素的存在形态及其相互影响研究 [J]. 土壤通报，2002，33（4）：272－274.

[21] 李仁英，邱译萱，刘春艳，等．硅对水稻土磷吸附—解吸行为的影响 [J]. 土壤通报，2013，44（5）：1134－1139.

[22] 王东，王晓岑，李淑芹，等．硅磷交互作用对土壤酶活力的影响 [J]. 东北农业大学学报，2010，41（3）：70－74.

[23] 陈庆瑞，冯文强，涂仕华，等．四川盆中丘陵区不同台位旱坡地土壤养分状况研究 [J]. 西南农业学报，2002，15（1）：74－79.

[24] 许宗林，苟曦，李昆，等．四川省耕地土壤养分分布特征与动态变化趋势探讨 [J]. 西南农业学报，2008，21（3）：718－723.

[25] 李强，马晓君，程秋博，等．氮肥对不同耐低氮性玉米品种干物质及氮素积累与分配的影响 [J]. 浙江大学学报（农业与生命科学版），2015，41（5）：527－536.

[26] 王小春，杨文钰，邓小燕，等．玉米/大豆和玉米/甘薯模式下玉米干质积累与分配差异及氮肥的调控效应 [J]. 植物营养与肥料学报，2015，21（1）：46－57.

[27] 战秀梅，韩晓日，王帅，等．不同施肥对春玉米源库特征及其关系的影响 [J]. 土壤通报，2008，39（4）：887－891.

[28] 王丽梅，李世清，邵明安．水、氮供应对玉米冠层营养器官干物质和氮素累积、分配的影响 [J]. 中国农业科学，2010，43（13）：2697－2705.

[29] 赵斌，董树亭，张吉旺，等．控释肥对夏玉米产量和氮素积累与分配的影响 [J]. 作物学报，2010，36（10）：1760－1768.

[30] 李清芳，马成仓，尚启亮．干旱胁迫下硅对玉米光合作用和保护酶的影响 [J]. 应用生态学报，2007，18（3）：531－536.

[31] 邹春琴，高霄鹏，张福锁．施硅对玉米生长及蒸腾速率的影响 [J]. 中国生态农业学报，2007，15（3）：55－57.

[32] 李清芳，马成仓，季必金．硅对干旱胁迫下玉米水分代谢的影响 [J]. 生态学报，2009，29（8）：4163－4168.

[33] 齐文增，陈晓璐，刘鹏，等．超高产夏玉米干物质与氮、磷、钾养分积累与分配特点 [J]. 植物营养与肥料学报，2013，19（1）：26－36.

[34] 龚金龙，胡雅杰，龙厚元，等．不同时期施硅对超级稻产量和硅素吸收、利用效率的影响 [J]. 中国农业科学，2012，45（8）：1475－1488.

低磷胁迫下加硅对玉米苗期硅、磷营养及叶绿素荧光参数的影响*

朱从桦[1,2] 张 鸿[2] 张嘉莉[1] 袁继超[1] 蒋 艺[1] 王兴龙[1] 孔凡磊[1]

1. 四川农业大学农学院，四川成都 611130

2. 四川省农业科学院植物保护研究所，四川成都 610066

摘要：为研究硅对低磷胁迫下玉米苗期硅、磷吸收积累和叶绿素荧光参数的影响。采用砂培方式模拟低磷胁迫环境，以玉米品种正红 2 号和正红 115 为材料，设置 3 个磷浓度，重度低磷胁迫 P_1（0.01 mmol/L）、中度低磷胁迫 P_2（0.1 mmol/L）和正常磷浓度 P_3（1 mmol/L）；设置 3 个硅浓度，Si_1（0 mmol/L）、Si_2（0.75 mmol/L）和 Si_3（1.5 mmol/L），定苗培养 28 d，测定植株顶部往下第 1 全展叶叶绿素荧光参数、植株干物质重、硅和磷素含量和积累量。结果表明，(1) 磷浓度从 P_3 降低至 P_2 和 P_1，两个玉米品种平均，单株干物质积累量、硅积累量、磷积累量分别下降 34.73%和 39.26%、29.10%和 33.01%、81.81%和 87.63%；同时降低叶片 PSⅡ反应中心开放程度、减弱光能捕和光能转换能力、降低电子传递效率，导致植株叶片热耗散能力明显增强。(2) 硅浓度从 Si_1 增加至 Si_2 和 Si_3，两个玉米品种平均，单株干物质积累量、硅积累量、磷积累量分别提高 21.54%和 36.05%、120.08%和 236.65%、39.81%和 69.17%；同时增加叶片 PSⅡ反应中心开放程度，提高光能捕获和光能转换效率，增加电子传递效率，加速利用过剩激发能。(3) 玉米植株硅积累量和磷积累量显著正相关，并且 Fv/Fm（XE）、Fv′/Fm′（XE′）、Fq′/Fm′（φPSⅡ）、ETR 与植株硅积累量和磷积累量也显著正相关。在 P_3 和 P_2 处理中，与 Si_1 相比，Si_2 和 Si_3 能明显提高正红 2 号和正红 115 植株硅、磷素积累量，提高叶片对光能的捕获、转化和传递效率，提高植株的干物质积累量；在重度低磷胁迫 P_1 处理中施硅对玉米幼苗硅、磷营养和叶绿素荧光参数的改善作用十分微弱。综上所述，在非严重低磷胁迫条件下，外源施硅能增强玉米对硅、磷的吸收和积累，提高叶片光合物质生产能力，加速消耗过剩的激发能，减轻光抑制。

关键词：低磷胁迫；硅；磷；叶绿素荧光参数；干物质

玉米是重要的粮饲兼用及能源作物，在农业生产中占有重要地位。四川丘陵雨养旱坡地，土壤速效磷含量低，缺磷土壤分布较广[1,2]，追求玉米高产的同时需要大量增施磷肥，进一步导致磷肥当季利用率下降[3,4]。磷肥主要从磷矿中获取，磷矿属于不可再生资源，储量有限，磷肥用量增加必定加速我国磷矿资源的消耗[5]。因此，适量减少磷肥施用量、提高玉米耐低磷能力成为缓解以上矛盾的重要途径。磷胁迫条件下，玉米根系干重、总根长、根表面积和平均直径减小[6,7]，植株氮、磷、钾及锌等元素吸收量减少[8,9]，玉米叶片 PSⅡ反应中心关闭程度增加、光能转换和电子传递效率下降，过剩激发

* **基金项目**：国家科技支撑计划项目（2012BAD04B13－2）；公益性行业（农业）科研专项（20150312705）

能增加[10]，严重影响玉米产量。硅在作物抵抗生物和非生物胁迫方面具有诸多益处，在现代农业生产中逐渐被重视[11]，玉米作为喜硅植株会主动吸收硅，其各器官硅含量的变化范围约为 4～75 g/kg，并且与氮、磷、钾含量关系密切[12]。硅和磷有着肥效互作关系已经被证实[13,14]，硅能增强豇豆、芦荟、番茄及黄瓜等植株叶片最大光化学效率（Fv/Fm）和光合电子传递速率（RTR），降低非光化学淬灭系数（NPQ），提高叶片 PSⅡ反应中心的活性[15-18]，改善锰胁迫下玉米植株对磷素的吸收[19,20]，提高盐碱地中玉米的光合速率[21]。低磷胁迫下外源加硅能否改善玉米硅、磷营养以及提高光合物质生产能力的研究却鲜见报道，因此，本研究采用砂培试验，研究硅对低磷胁迫下玉米苗期干物质积累、叶片荧光参数特征、植株硅和磷积累量的影响，从硅、磷营养和光合物质生产的角度分析硅对低磷胁迫下玉米生长的益处。

1 材料与方法

1.1 试验设计

于 2014 年 3～5 月在四川农业大学成都校区温室大棚内进行砂培试验，供试材料为正红 2 号和正红 115（四川农大正红生物技术有限责任公司提供）。试验采用磷浓度×硅浓度二因素完全随机设计。磷浓度设置 3 个水平，即培养液磷浓度分别为 0.01 mmol/L（重度低磷胁迫），0.1 mmol/L（中度低磷胁迫）和 1.0 mmol/L（正常磷浓度），记为 P_1、P_2 和 P_3；硅浓度设置 3 个水平，即培养液硅浓度分别为 0 mmol/L，0.75 mmol/L 和 1.5 mmol/L，记为 Si_1、Si_2 和 Si_3。试验为 3×3=9 个处理，每处理栽种 6 盆，每盆等行距种植 6 株，重复 3 次，两个品种共计 324 盆。

基本营养液成分参考 Hoagland's（霍格兰氏）营养液，即 2.5 mM $Ca(NO_3)_2$、1.0 mM K_2SO_4、0.65 mM $MgSO_4$、5.0 mM $CaCl_2$，1.0 μM H_3BO_4，2.0 μM $MnSO_4$，1.0 μM $ZnSO_4$，0.3 μM $CuSO_4$，0.5 μM $(NH_4)_6Mo_7O_{24}$、200 μM Fe-EDT，磷源为 KH_2PO_4，硅源为 Na_2SiO_3。缺磷培养液用 KCl 补充 K^+，加硅培养液应最后缓慢加入 Na_2SiO_3（务必用盐酸将溶液 pH 值控制在 4.0～5.0 之间，缓慢加入 Na_2SiO_3，同时快速搅拌），完全混匀后用 40%氢氧化钠溶液将培养液 pH 调节至 5.80±0.05，然后再定容。

1.1.1 砂基准备

砂培基质为石英砂，砂粒直径大小为 0.5～2 mm，用 10%盐酸浸泡 3 h，用自来水冲洗 20 min，用蒸馏水洗净后装盆（盆内径为 20 cm，高度为 25 cm，每盆装 7.5 kg）。

1.1.2 培育壮苗

玉米种子用 2%次氯酸钠浸泡消毒 20 min，用蒸馏水洗净并浸泡 4 h，每盆播种 15 粒，播种深度 5 cm，播种后每天上午 9:30 和下午 4:00 每盆浇 200 ml 蒸馏水以保证均匀出苗，待 2 叶 1 心后定苗，每盆保留 6 株长势一致的壮苗。

1.1.3 浇培养液

定苗后每间隔 2 d 于上午 9:30 浇 1 L 培养液，浇培养液前用 2.5 L 蒸馏水淋洗盆中石英砂，避免产生盐害。培养 15 d 后，培养液浇用频率调整为间隔 1 d。定苗后培养 28 d，进行取样测定。

1.2 测定项目与方法

1.2.1 干物质

选取 10 株代表性植株，分为根、茎、叶，于烘箱中 105 ℃杀青 30 min，80 ℃烘至恒重，并称重，重复 3 次。

1.2.2 荧光参数

选取 5 株代表植株，用 CF Imager 叶绿素荧光成像系统（英国 Technologica 公司生产）测定顶部第 1 全展叶。叶片暗适应 30 min 后测定叶片 F_0、F_m，光强 1 000 μmol/（m^2·s）光适应 30 min 后测定 F′、Fm′，计算 PSII 反应中心潜在的激发能捕获效率 Fv/Fm（XE）、非光化学淬灭系数 Fm/Fm′−1（NPQ）、光下开放的 PSII 反应中心的激发能捕获率 Fv′/Fm′（XE′）、光化学淬灭系数 Fq′/Fv′（qP）和 Fq′/Fm′（φPSⅡ）、电子传递效率 ETR，重复 3 次。

1.2.3 植株硅、磷含量和积累量

将 1.2.1 中称完干重后的样品粉碎过 80 目筛，采用浓 $H_2SO_4-H_2O_2$ 消煮，用钼锑抗吸光光度法测定各部位磷含量，采用强碱高温高压消化处理，用硅钼蓝分光光度法测定硅含量，并计算硅、磷积累量。

1.3 数据分析

用 DPS 7.05 和 SPSS 19.0 软件进行试验数据分析，用最小显著差法 LSD 检验平均数。

2 结果与分析

2.1 低磷胁迫下加硅对玉米叶绿素荧光参数的影响

从表 1 得出，低磷胁迫会降低玉米叶片光能捕获效率、光能转换效率和电子传递效率，同时提高叶片的热耗散能力。与正常磷浓度 P_3 相比，中度低磷胁迫 P_2 处理玉米叶片 Fv/Fm（XE）、Fv′/Fm′（XE′）、Fq′/Fm′（φPSⅡ）、ETR 两个品种平均分别降低 14.97%、13.17%、15.44%、15.91%，Fm/Fm′−1（NPQ）增加 15.32%；严重低磷胁迫 P_1 处理玉米叶片 Fv/Fm（XE）、Fv′/Fm′（XE′）、Fq′/Fm′（φPSⅡ）、ETR 分别降低 26.61%、17.40%、27.82%、27.78%，Fm/Fm′−1（NPQ）增加 14.82%。

表 1 低磷胁迫下加硅对玉米叶片荧光参数的影响

磷浓度	硅浓度	正红 2 号						正红 115					
		Fv/Fm (XE)	Fm/Fm′−1 (NPQ)	Fv′/Fm′ (XE′)	Fq′/Fv′ (qP)	Fq′/Fm′ (φPSⅡ)	ETR	Fv/Fm (XE)	Fm/Fm′−1 (NPQ)	Fv′/Fm′ (XE′)	Fq′/Fv′ (qP)	Fq′/Fm′ (φPSⅡ)	ETR
	Si_3	0.801a	2.97b	0.531a	0.298a	0.161a	67.41a	0.791a	2.62c	0.527a	0.305a	0.159a	66.57a
P_3	Si_2	0.800a	2.76c	0.519b	0.266b	0.142b	59.71b	0.806a	2.98b	0.520a	0.282b	0.145b	60.97b
	Si_1	0.798a	3.16a	0.502c	0.283b	0.135c	56.63c	0.793a	3.50a	0.478b	0.281b	0.132c	55.44c
平均数		0.800A	2.96B	0.517A	0.276A	0.146A	61.25A	0.797A	3.03B	0.508A	0.289B	0.145A	60.99A
	Si_3	0.732a	3.00c	0.453a	0.283a	0.119a	49.84a	0.717a	3.48b	0.460a	0.441a	0.141a	58.94a
P_2	Si_2	0.698ab	3.30b	0.450a	0.268a	0.111b	46.62b	0.678a	3.53b	0.435b	0.413b	0.130b	54.39ab
	Si_1	0.667b	3.63a	0.438b	0.216b	0.110b	46.13b	0.582b	3.79a	0.433b	0.348b	0.125b	52.43b
平均数		0.699B	3.31A	0.447B	0.289A	0.114B	47.53B	0.659B	3.60A	0.443B	0.367A	0.132B	55.25B
	Si_3	0.674a	3.27b	0.452a	0.290a	0.105a	44.17a	0.591a	3.47b	0.421a	0.302a	0.124a	52.08a
P_1	Si_2	0.644a	3.15b	0.450a	0.255b	0.098ab	41.16ab	0.565a	3.57b	0.420a	0.213ab	0.102b	42.63b
	Si_1	0.551b	3.47a	0.433b	0.257b	0.097b	40.46b	0.490b	3.71a	0.365b	0.165b	0.106b	44.31b
平均数		0.623C	3.30A	0.445B	0.268A	0.100C	41.93C	0.549C	3.58A	0.402C	0.227C	0.110C	46.34C

注：P_1 磷浓度 0.01 mmol/L；P_2 磷浓度 0.1 mmol/L；P_3 磷浓度 1 mmol/L；Si_1 硅浓度 0 mmol/L；Si_2 硅浓度 0.75 mmol/L；Si_3 硅浓度 1.5 mmol/L；Fv/Fm（XE）是 PSⅡ反应中心潜在的激发能捕获效率；Fm/Fm′−1（NPQ）是非光化学淬灭系数；Fv′/Fm′（XE′）是光开放下的 PSⅡ反应中心的激发能捕获效率；Fq′/Fv′（qP）和 Fq′/Fm′（φPSⅡ）是光合学淬灭系数；ETR 是电子传递效率。同列不同大写字母表示不同磷浓度间 LSD 法检验在 $P=0.05$ 水平上差异显著；同列不同小写字母表示相同磷浓度下不同硅浓度间 LSD 法检验在 $P=0.05$ 水平上差异显著；* 和 ** 分别表示在 0.05 和 0.01 水平上差异显著。下同。

低磷胁迫处理中，加入适量的硅能够增强玉米叶片光能捕获效率、光能转换效率和电子传递效率，降低叶片的热耗散能力。正常磷浓度 P_3 中，Si_2 和 Si_3 处理正红 2 号和正红 115 叶片 Fv/Fm（XE）、Fq′/Fm′（φPSⅡ）、ETR 均显著增加，Fm/Fm′－1（NPQ）值明显降低，其中 Si_2 的增加量或降低量≤Si_3；中度低磷胁迫 P_2 和重度低磷胁迫 P_1 中，Si_3 处理两个品种叶片的 Fv/Fm（XE）、Fv′/Fm′（XE′）、Fq′/Fv′（qP）、Fq′/Fm′（φPSⅡ）、ETR 值显著增加，Fm/Fm′－1（NPQ）值明显降低。可见，低磷胁迫条件下，玉米叶片光能捕获效率、光能转换效率和电子传递效率下降，植株主要通过增强热耗散来消耗过剩的激发能，减少活性氧的生成，从而保护光合系统，低磷胁迫下加硅处理（硅浓度为 1.5 mmol/L）能显著提高玉米叶片光能捕获效率、光能转换效率和电子传递效率，加速利用过剩激发能来避免光合器官受到损害。

2.2 低磷胁迫下加硅对玉米干物质积累及分配的影响

从图 1 可见，低磷胁迫会抑制植株的生长，显著降低植株的干物质积累量，其中茎叶降低的幅度较大，根系降低的幅度相对较小。与正常磷浓度 P_3 处理相比，中度低磷胁迫处理 P_2 处理中，正红 2 号和正红 115 整株干物质积累量分别减少 35.95%和 33.50%；重度低磷胁迫处理 P_1 中，正红 2 号和正红 115 整株干物质积累量分别减少 38.39%和 40.13%。加硅能在一定程度上改善或促进玉米生长，增加干物质积累，但其效果因磷浓度和品种不同而存在差异。在正常磷浓度处理 P_3 中，与不加硅 Si_1 相比，Si_2 和 Si_3 处理能显著提高正红 2 号干物质积累量，Si_3 能显著提高正红 115 干物质积累量，两个品种平均 Si_2 和 Si_3 整株干物质积累量分别提高 62.88%和 82.29%；在中度低磷胁迫处理 P_2 中，与不加硅 Si_1 相比，加硅后正红 2 号干物质积累量不再显著增加，加硅处理 Si_3 依然能显著提高正红 115 的干物质积累量；在重度低磷胁迫处理 P_1 中，加硅对两个玉米品种干物质积累量无显著影响。

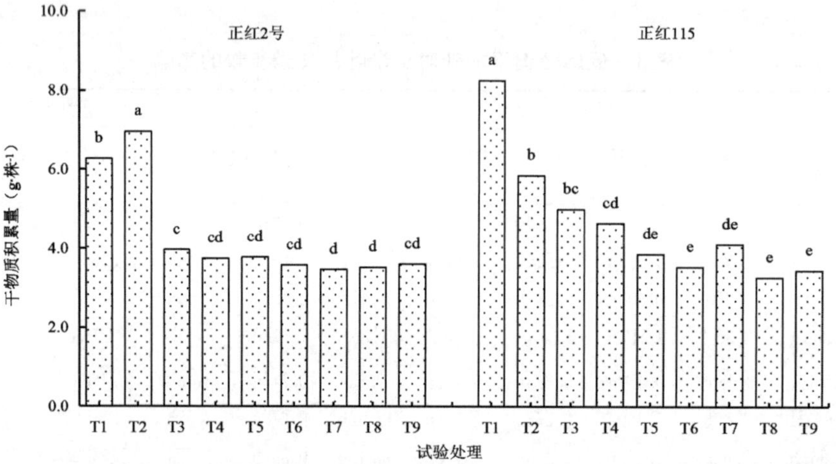

注：T1 培养液，磷浓度 1 mmol/L，硅浓度 1.5 mmol/L；T2 培养液，磷浓度为 1 mmol/L，硅浓度0.75 mmol/L；T3 培养液，磷浓度 1 mmol/L，硅浓度 0 mmol/L；T4 培养液，磷浓度 0.1 mmol/L，硅浓度1.5 mmol/L；T5 培养液，磷浓度 0.1 mmol/L，硅浓度 0.75 mmol/L；T6 培养液，磷浓度 0.1 mmol/L，硅浓度 0 mmol/L；T7 培养液，磷浓度 0.01 mmol/L，硅浓度 1.5 mmol/L；T8 培养液，磷浓度 0.01 mmol/L，硅浓度 0.75 mmol/L；T9 培养液，磷浓度 0.01 mmol/L，硅浓度 0 mmol/L。柱上小写字母表示同一品种不同试验处理间 LSD 法检验在 $P=0.05$ 水平上差异显著，下同。

图 1 低磷胁迫下加硅对玉米干物质积累量的影响

从图 2 可见，培养液中硅、磷浓度显著影响着玉米苗期干物质在根、茎和叶中的分配比例。随着磷浓度降低，正红 2 号和正红 115 根系中干物质分配比例增加，茎叶干物质比例降低。在正常磷浓度处理 P_3 中，与不加硅 Si_1 相比，Si_2 和 Si_3 能显著提高正红 2 号和正红 115 茎叶干物质分配比例，降低其根系干物质分配比例；在中度低磷胁迫 P_2 和重度低磷胁迫 P_1 中，Si_3 能显著提高正红 115 茎叶干物质分配比例，降低根系干物质分配比例，加硅对正红 2 号根、茎和叶干物质分配比例影响较弱。可见，在非严重缺磷和正常磷水平下，外源加硅提高玉米物质积累量的效果更佳，特别是正红 115 尤其明显。

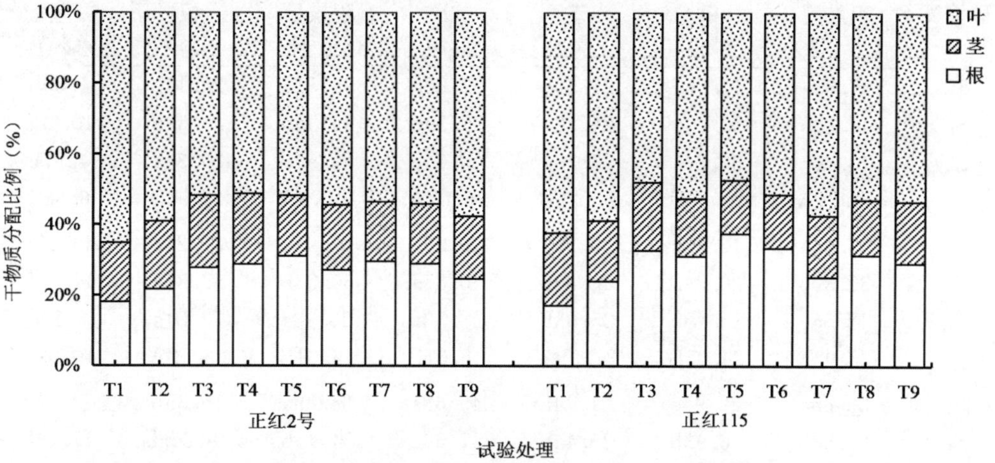

图 2　低磷胁迫下加硅对玉米干物质分配比例的影响

2.3　低磷胁迫下加硅对玉米硅含量、积累量及分配的影响

从表 2 可得，磷浓度、硅浓度显著影响着玉米根、茎、叶的硅含量。随着培养液磷浓度下降，玉米茎中硅含量呈现逐渐增加的趋势，根系和叶片中硅含量呈现差异性变化。在正常磷浓度 P_3、中度低磷胁迫 P_2 和重度低磷胁迫 P_1 处理中，外源加硅处理 Si_2 和 Si_3 均能显著提高玉米根、茎和叶中硅含量，并且茎叶中的增幅大于根系。

从表 3 可得，外源增施硅能够快速增加玉米硅积累量，并且增施的硅被植株吸收以后会大量沉积在叶片。玉米整株硅积累量随着培养液中磷浓度和硅浓度的增加而增加，磷浓度、硅浓度还显著影响着硅在根、茎和叶中的分配比例。培养液磷浓度从 P_1 增加至 P_3，玉米植株硅积累量增加 12.94%～52.24%；培养液硅浓度从 Si_1 增加至 Si_3，玉米植株硅积累量增加 74.86%～398.75%。综上所述，玉米吸收的硅大量分布在叶片中，低磷胁迫不仅会减少玉米硅积累量，而且还会改变硅在玉米各器官的分配比例。

表 2　低磷胁迫下加硅对玉米硅含量的影响　　单位：mg/g

硅浓度	硅浓度	正红 2 号			正红 115		
		根	茎	叶	根	茎	叶
	Si_3	7.32a	13.55a	10.96a	15.40b	2.57b	13.45a
P_3	Si_2	6.35b	7.24b	5.26b	21.37a	5.38a	6.96b
	Si_1	4.69c	3.71c	2.80c	21.38a	1.88c	3.76c
平均数		6.12B	8.17B	6.34A	19.38A	3.28C	8.05B
	Si_3	6.93b	15.92a	9.00a	17.83b	11.21a	12.99a
P_2	Si_2	9.77a	10.47b	6.66b	25.48a	8.40b	7.37b
	Si_1	3.99c	4.68c	2.93c	17.13c	2.37c	2.76c
平均数		6.90B	10.35A	6.19B	20.15A	7.32B	7.71C
	Si_3	9.21a	16.83a	7.69a	12.23a	13.52a	19.20a
P_1	Si_2	8.30b	10.21b	5.92b	7.66b	10.49b	11.67b
	Si_1	6.80c	3.67c	3.11c	4.28c	5.25c	4.91c
平均数		8.10A	10.24A	5.57C	8.06B	9.75A	11.93A

表 3　低磷胁迫下加硅对玉米硅积累量和分配的影响

磷浓度	硅浓度	正红 2 号				正红 115			
		积累量（mg/株）	根（%）	茎（%）	叶（%）	积累量（mg/株）	根（%）	茎（%）	叶（%）
P_3	Si_3	67.83a	10.66c	21.52a	67.82a	94.51a	20.14c	4.69b	75.16a
	Si_2	40.78b	20.09b	24.52a	55.39b	55.85b	44.69b	10.18a	45.13b
	Si_1	13.60c	31.24a	23.76a	45.01c	31.94c	70.34a	4.97b	24.68c
平均数		40.74A	20.66B	23.26B	56.07A	60.76A	45.06B	6.62C	48.32B
P_2	Si_3	37.39a	16.42c	33.99a	49.59a	64.61a	32.26c	14.29a	53.45a
	Si_2	30.82b	30.24a	23.89b	45.87a	50.23b	58.27b	11.19b	30.54b
	Si_1	12.56c	25.49b	25.93b	48.58a	23.18c	70.04a	6.10c	23.86c
平均数		26.92B	24.05B	27.93A	48.01B	46.01B	53.52A	10.53B	35.95C
P_1	Si_3	33.66a	22.94c	31.44a	45.63a	68.89a	15.35b	14.81c	69.84a
	Si_2	25.54b	26.93b	25.44b	47.63a	34.15b	18.65ab	17.14b	64.21b
	Si_1	14.26c	35.02a	17.32c	47.66a	16.69c	21.07a	20.60a	58.33c
平均数		27.82B	28.29A	24.73B	46.97B	39.91B	18.36C	17.52A	64.13A

2.4　低磷胁迫下加硅对玉米磷含量及其积累量的影响

从表 4 得出，低磷胁迫会显著降低玉米根、茎和叶中磷含量，从而抑制玉米植株的生长。与正常磷浓度处理 P_3 相比，中度低磷胁迫处理 P_2 中正红 2 号和正红 115 根、茎、叶磷含量分别降低 58.52%、82.36%、54.90%和 53.66%、72.84%、88.84%；重度低磷胁迫处理 P_1 中正红 2 号和正红 115 根、茎、叶磷含量分别降低 69.77%、76.95%、74.19%和 58.94%、74.69%、92.34%。在正常磷浓度处理 P_3、中度低磷胁迫处理 P_2 和重度低磷胁迫处理 P_3 中，与不加硅处理 Si_1 相比，加硅处理 Si_2 和 Si_3 能够显著提高玉米叶片中磷含量。

表 4　低磷胁迫下加硅对玉米磷含量的影响　　单位：mg/g

磷浓度	硅浓度	正红 2 号			正红 115		
		根	茎	叶	根	茎	叶
P_3	Si_3	2.95b	4.14c	4.62a	2.55b	5.28a	4.81a
	Si_2	3.04b	5.98a	4.05b	2.90a	4.88b	4.48b
	Si_1	3.34a	5.37b	3.30c	1.94c	4.40c	4.40b
平均数		3.11A	5.16A	3.99A	2.46A	4.86A	4.57A
P_2	Si_3	1.41a	0.92a	2.33a	1.28a	1.28b	0.70a
	Si_2	1.32a	0.88a	1.89b	1.10b	1.28b	0.44b
	Si_1	1.14b	0.92a	1.19c	1.06b	1.41a	0.38b
平均数		1.29B	0.91B	1.80B	1.14B	1.32B	0.51B
P_1	Si_3	0.97b	0.97b	1.19a	1.14a	0.97c	0.48a
	Si_2	1.23a	1.28a	1.06b	0.92b	1.19b	0.31ab
	Si_1	0.62c	1.32a	0.84c	0.97b	1.54a	0.26b
平均数		0.94C	1.19B	1.03C	1.01C	1.23B	0.35C

从表 5 得出，低磷胁迫会显著降低玉米植株的磷素积累量，加硅可以提高整株磷素积累量和叶片中磷素分配比例，降低茎中磷素分配比例。低磷胁迫导致玉米整株磷积累量降低 76.55%～90.63%，加硅后玉米植株磷积累量提高 19.56%～151.70%。在正常磷浓度 P_3 和中度低磷胁迫 P_2 处理中，加硅处理 Si_2 和 Si_3 能够显著提高正红 2 号和正红 115 植株磷素积累量和叶片中磷素分配比例，降低茎中磷

素分配比例；在重度低磷胁迫 P_1 处理中，与不加硅处理 Si_1 相比，加硅处理 Si_2 和 Si_3 中两个玉米品种磷素积累量无显著提高。综上所述，低磷胁迫会严重抑制玉米植株磷素吸收和积累，尽管在中度低磷胁迫条件下外源施硅能提高植株磷含量和积累量，但是仍无法完全弥补缺磷带来的负面影响，因此实际生产中，硅肥和磷肥配施对改善玉米硅、磷营养非常有益。

表 5　低磷胁迫下加硅对玉米磷积累量及其分配的影响

磷浓度	硅浓度	正红 2 号				正红 115			
		积累量（mg/株）	根（%）	茎（%）	叶（%）	积累量（mg/株）	根（%）	茎（%）	叶（%）
P_3	Si_3	26.76b	10.88c	16.66c	72.46a	37.73a	8.40b	24.18a	67.42a
	Si_2	29.56a	13.24b	27.97b	58.79b	24.80b	13.76a	20.69b	65.55a
	Si_1	14.94c	20.30a	31.34a	48.37c	14.99c	13.61a	24.81a	61.58b
平均数		23.75A	14.81B	25.32A	59.87B	25.84A	11.92B	23.22C	64.85A
P_2	Si_3	6.79a	18.39b	10.95b	70.66a	4.41a	33.79b	23.82c	42.39a
	Si_2	5.89ab	21.37a	10.50b	68.12a	3.02b	41.73a	28.14b	30.13b
	Si_1	4.03b	22.78a	15.95a	61.27b	2.59b	38.68a	32.22a	29.11b
平均数		5.57B	20.85A	12.47C	66.69A	3.34B	38.06A	28.06B	33.88B
P_1	Si_3	3.79a	21.39b	16.06c	62.55a	2.92a	33.61a	24.92c	41.47a
	Si_2	4.00a	25.52a	20.28b	54.20b	2.01a	38.18a	33.01b	28.81b
	Si_1	3.17a	14.35c	28.01a	57.64b	2.32a	34.23a	43.27a	22.51c
平均数		3.65C	20.42A	21.45B	58.13B	2.42B	35.34A	33.73A	30.93C

3　讨论

硅作为水稻、玉米等喜硅作物的有益元素，已经被广大科研工作者所认可[11,12,25]。硅能提高植株的抗逆性，低磷胁迫下加硅能增加玉米根长、根干重及磷素吸收量，显著提高玉米植株的硅含量和硅积累量[19,20]，铜胁迫下加硅能提高小麦根长和根系活力[26]，盐胁迫下加硅能够保护黄瓜根系中线粒体，提高线粒体的氧化磷酸化及能量代谢，提高线粒体的呼吸作用[27,28]。本研究结果，玉米硅积累量和磷素积累量显著正相关（$r_{0.05,18}=0.569^{*}$），这表明硅能促进玉米植株对磷素的吸收，增强玉米适应低磷胁迫能力。低磷胁迫导致磷素吸收积累量的降低，抑制玉米植株的正常生长，降低干物质积累，但地下部受的影响相对地上部小，因此根冠比提高，这是其适应低磷胁迫的形态机制。在正常磷水平 P_3 和中度磷胁迫 P_2 条件下，加入 1.5～0.75 mmol/L 硅能够明显增加正红 2 号和正红 115 的植株叶片的磷含量和磷积累量，从而改善玉米苗的生长，增加干物质积累；但在重度低磷胁迫 P_1 条件下加硅对玉米硅、磷营养的改善减弱，植株的生长依然被严重抑制，从营养的角度说明充足的磷素营养才能保证玉米正常生长，低磷胁迫下硅虽然能够促进植株吸收和积累更多的磷，但因其无法直接替代磷元素参与生理生化代谢，因此在大田生产实践中，为获得玉米高产和减少磷肥用量，可以将硅肥和磷肥进行合理配施。

磷在光合同化力形成和 Calvin 循环中的作用极为重要，影响同化力的形成、Calvin 循环中关键酶的活性、RuBP 的再生以及同化物的运输[29]。低磷胁迫会导致玉米叶片 PSII 关闭程度增加、光能转换和电子传递效率降低，过剩激发能增加[10]。本研究结果表明，Fv/Fm（XE）、Fv′/Fm′（XE′）、Fq′/Fm′（φPSⅡ）、ETR 与硅积累量显著正相关（$r_{0.01,18}=0.421^{*}$，0.490^{*}，0.724^{**}，0.722^{**}），与叶片磷含量和磷积累量极显著正相关（$r_{0.01,18}=0.874^{**}$，0.899^{**}，0.736^{**}，0.741^{**} 和 $r_{0.01,18}=0.767^{**}$，

0.883**，0.809**，0.811**），这表明通过提高玉米叶片中磷含量和积累量是硅改善低磷胁迫下玉米光合物质生产能力的重要机制之一。低磷胁迫下正红 2 号和正红 115 通过增强叶片热耗散途径加速消耗过剩的激发能以减少超氧阴离子自由基形成，进而降低光抑制的程度，避免光合器官受到破坏，保证其结构的完整性；在低磷胁迫下加硅能够提高玉米叶片光能捕获率，提高电子传递效率，增加对光能的利用，主动增强 PSⅡ反应中心对激发能的转化和能量传递途径来减轻光抑制，增强同化物的合成，可见硅很有可能直接或间接参与了玉米叶片对光能的吸收、转化和传递过程。

4 结论

低磷胁迫会导致正红 2 号和正红 115 叶片光能捕获、转化和传递能力下降，减少干物质积累量，减少硅、磷的吸收和积累，植株通过增强自身热耗散能力，加速消耗过剩的激发能，减少活性氧的产生，避免光合器官受到损伤。

中度低磷胁迫和正常磷浓度下，外源增施硅能显著提高正红 2 号和正红 115 硅和磷积累量，增加叶片 PSⅡ反应中心开放程度、光能捕获、光能转换和电子传递效率，借此加强植株主动利用激发能，减轻光抑制，以正红 115 尤为明显。

本研究结果尽管无法证明硅直接参与玉米叶片光能利用途径，但是加硅能改善低磷胁迫下玉米苗期硅、磷营养，提高玉米苗期物质生产能力，这对指导玉米生产中合理进行硅、磷肥配施具有重要意义。

参考文献

[1] 许宗林，苟曦，李昆，等．四川省耕地土壤养分分布特征与动态变化趋势探讨 [J]．西南农业学报，2008，21 (3)：718－723.

[2] 宋春，徐敏，赵伟，等．不同土地利用方式下紫色土磷有效性及其影响因素研究 [J]．水土保持学报，2015，29 (6)：85－89，95.

[3] 王晓慧，曹玉军，魏雯雯，等．我国北方 40 个高产春玉米品种的磷素利用特性 [J]．植物营养与肥料学报，2015，21 (3)：580－589.

[4] 张福锁，王激清，张卫峰，等．中国主要粮食作物肥料利用率现状与提高途径 [J]．土壤学报，2008，45 (9)：915－924.

[5] 黄高强．我国化肥产业发展特征及可持续性研究 [D]．北京：中国农业大学，2014.

[6] 刘存辉，张可炜，张举仁，等．低磷胁迫下磷高效玉米单交种的形态生理特性 [J]．植物营养与肥料学报，2006，12 (3)：327－333.

[7] 于兆国，张淑香．不同磷效率玉米自交系根系形态与根际特征的差异 [J]．植物营养与肥料学报，2008，14 (6)：1227－1231.

[8] 朱从桦，谢孟林，郭萍，等．硅、磷配施对玉米氮钾养分吸收利用的影响 [J]．土壤通报，2015，46 (6)：1489－1496.

[9] Zoltán，Izsáki. Effects of phosphorus supplies on the nutritional status of maize (*Zea mays* L.) [J]. Communications in Soil Science and Plant Analysis，2014 (45)：516－529.

[10] 张玉斌，曹庆军，张铭，等．施磷水平对春玉米叶绿素荧光特性及品质的影响 [J]．玉米科学，2009，17 (4)：79－81.

[11] 郭兴华，郭正刚，刘慧霞，等．硅对植物的有益作用及其对草坪草研究的启示 [J]．草业科学，2010，27 (3)：55－61.

[12] 李晓艳，孙立，吴良欢．不同吸硅型植物各器官硅素及氮、磷、钾素分布特征 [J]．土壤通报，2014，45 (1)：193－198.

[13] 屠雯雯．硅磷配施对水稻土中不同硅磷形态含量及生物有效性的影响 [D]．杭州：浙江农林大学，2014.

[14] 李仁英，邱译萱，刘春艳，等．硅对水稻土磷吸附—解吸行为的影响 [J]．土壤通报，2013，44 (5)：1134－1139.

[15] 刘缓，李建明，郑刚，等．硅肥浓度对温室黄瓜光合和荧光特性的影响［J］．西北农林科技大学学报（自然科学版），2015，43（4）：73－78.

[16] 曹逼力，李炜蔷，徐坤．干旱胁迫下硅对番茄叶片光合荧光特性的影响［J］．植物营养与肥料学报，2016，22（2）：495－501.

[17] 李国景，刘永华，朱祝军，等．硅和白粉病对长豇豆叶片叶绿素荧光参数和抗病相关酶活性的影响［J］．植物保护学报，2006，33（1）：109－110.

[18] 徐呈祥，刘友良，马艳萍．硅对盐胁迫下库拉索芦荟叶绿素荧光参数和叶绿体超微结构的影响［J］．园艺学报．2007，34（4）：979－984.

[19] Yong Yang，Jingwei Li，Haichun Shi，et al. Alleviation of silicon on low-P stressed maize（*Zea may* L.）seedlings under hydroponic culture conditions［J］．World Journal of Agricultural Sciences，2008，3（6）：168－172.

[20] Ehsan Tavakkoli，Peter English，and Chris N. Guppy. Interaction of silicon and phosphorus mitigate manganese toxicity in rice in a highly weathered soil［J］．Communications in Soil Science and Plant Analysis，2011（42）：503－513.

[21] Zhiming Xie，Ri Song，Hongbo Shao，et al. Silicon improves maize photosynthesis in saline-alkaline soils［J］．The Scientific World Journal，2015.

[22] 张丽梅，郭再华，张琳，等．缺磷对不同耐低磷玉米基因型酸性磷酸酶活性的影响［J］．植物营养与肥料学报，2015，21（4）：898－910.

[23] 袁硕，李春俭，彭正萍，等．磷对不同玉米品种生长、体内磷循环和分配的影响［J］．植物营养与肥料学报，2011，17（2）：310－316.

[24] 章爱群，贺立源，门玉英，等．磷水平对不同耐低磷玉米基因型幼苗生长和养分吸收的影响［J］．应用与环境生物学报，2008，14（3）：347－350.

[25] Heather A. Currie and Carole C. Perry. Silica in Plants：Biological，Biochemical and Chemical Studies［J］．Annals of Botany，2007（100）：1383－1389.

[26] 张黛静，马建辉，杨淑芳，等．硅对铜胁迫下小麦幼根细胞超微结构的影响［J］．应用生态学报，2014，25（8）：2385－2389.

[27] 钱琼秋，朱祝军，何勇．硅对盐胁迫下黄瓜根系线粒体呼吸作用及脂质过氧化的影响［J］．植物营养与肥料学报，2006，12（6）：875－880.

[28] 钱琼秋，宰文姗，何勇，等．外源硅和辅酶 Q10 对盐胁迫下黄瓜根系线粒体的保护作用［J］．中国农业科学，2006，39（6）：1208－1214.

[29] 于海秋，彭新湘，严小龙，等．缺磷对不同磷效率基因型大豆光合日变化的影响［J］．沈阳农业大学学报，2005，36（5）：519－522.

玉米苗期耐低铁能力的综合评价及其预测*

龙文靖[1,2]　万年鑫[1]　辜　涛[1]　孔凡磊[1,2]　袁继超[1,2]

1. 四川农业大学农学院，四川成都　611130

2. 农业部西南作物生理生态与耕作重点实验室，四川成都　611130

摘要：为了筛选和鉴定耐低铁玉米品种应用于生产，本研究以 23 个玉米品种种子为材料，测定低铁胁迫和正常供铁（对照）玉米幼苗的株高、茎粗、可见叶、展叶、叶面积、根长、根体积、干物质、活性铁、含铁量、铁积累量和叶绿素含量等 15 个性状，以各性状的相对值作为衡量指标，利用主成分分析、隶属函数分析和聚类分析对其进行耐低铁能力的综合评价。结果表明，不同玉米品种耐低铁能力存在明显的基因型差异；祁玉 1 号、福康玉 909、正大 619、正红 102、福得 2 号、正红 2 号耐低铁能力较强；展叶数、叶面积、根长、根干重、铁积累量可作为玉米耐低铁品种苗期筛选指标；可利用玉米苗期耐低铁能力的回归模型：$D=(-384.23+2.71X_4+2.50X_5+3.22X_6+1.70X_9+4.86X_{14})\times10^{-3}$对玉米苗期耐低铁能力进行预测。

关键词：玉米；苗期；耐低铁；综合评价；预测

玉米是世界上主要的粮、经、饲、能多用途作物，需求量大。铁是植物叶绿素形成、光合作用、呼吸作用、氮素代谢、生物固氮、细胞解毒以及氮、磷吸收利用中不可缺少的微量元素[1,2]。玉米缺铁时，叶片脉间失绿，呈条纹花叶，心叶症状重；严重时心叶不出，植株生长不良，矮缩，生育延迟，甚至不能抽穗。全世界有 1/3 的土壤是石灰性土壤，约 40%的土壤缺铁。尽管玉米属于机理Ⅱ植物，可以合成和分泌螯合 Fe^{3+} 的高铁载体 PS，吸收土壤中的铁[3]。然而在干旱半干旱的石灰性土壤中，玉米的缺铁问题依然严重[4]。目前利用生物技术手段解决植物缺铁的报道并不多见，而传统的根系输液法、茎干注射法和叶面喷施法，所用材料主要是人工螯合剂及微肥，均费工费时，且治标不治本，不能够从根本上长远解决玉米缺铁黄叶病问题[5-7]。研究表明，不同植物种类或同一植物的不同品种之间耐低铁能力存在显著的基因型差异[8-12]。因此，鉴定不同玉米品种的耐低铁能力，筛选耐低铁玉米品种，对于实现石灰性土壤地区玉米的高产稳产具有重要的现实意义。

耐低铁特性是一个非常复杂的性状，与一些形态和生理性状密切相关，极易受环境条件影响。目前，有关植物的耐低铁能力研究主要集中在低铁胁迫下的生理生化指标变化方面，许多学者也从形态学、生理学等方面提出了相应的鉴定指标。高丽等[13]采用盆栽试验系统研究了石灰性土壤中 16 个花生品种在各个生育时期新叶的黄化度、叶绿素值、活性铁含量的差异及其动态变化。结果表明，在生长前期叶绿素值与黄化度、活性铁及荚果产量之间均呈极显著的相关关系，新叶叶绿素值可作为花生耐低铁品种筛选的一个可靠指标。翟衡等[14]对 14 个葡萄砧木品种进行研究，张凌云

* **基金项目**：国家科技支撑计划项目（2012BAD04B13－2）和公益性行业（农业）科研专项（20150312705）

等[15]对 11 种苹果砧木缺铁胁迫的适应性反应进行研究，初步确定铁吸收动力学、根际 pH 值、根系的铁还原能力可作为评价铁高效砧木的指标。李式军等[16]采用缺铁培养液对 3 个生菜品种进行 2 年的比较营养试验，结果表明，不同生菜品种耐缺铁胁迫能力差异显著，并从中筛选出 2 个耐缺铁胁迫品种。前人研究均集中在机理Ⅰ植物，而机理Ⅱ植物玉米的评价方法和筛选指标尚缺乏研究。根据前人研究结果，本试验采用营养液水培方法，分析 23 个玉米品种在苗期缺铁条件下多项形态和生理指标的变化，利用主成分分析方法对玉米品种的耐低铁能力进行综合评价，并建立重要指标的回归模型，以期筛选出玉米苗期耐低铁能力的主要评价指标和耐低铁能力较强的玉米品种，为进一步研究和生产应用提供科学依据。

1 材料与方法

1.1 供试品种

选用的供试材料为西南地区较大面积推广应用或最新育成的 23 个优良杂交玉米品种。由四川省农科院和四川农业大学征集提供，品种编号及名称见表 1。

表 1 玉米品种编号及名称

编号	名称	编号	名称
1	荣玉 1210	13	雅玉 10 号
2	必胜 6 号	14	珍禾玉 1 号
3	长玉 19	15	正大 619
4	成单 30	16	正红 102
5	川单 189	17	正红 2
6	川单 418	18	正红 212
7	郁玉 1 号	19	正红 311
8	福得 2 号	20	正红 505
9	福康玉 909	21	正红 532
10	汉单 999	22	正田 1 号
11	佳禾 158	23	中单 808
12	先玉 508		

1.2 试验设计

试验为温室大棚内水培试验，玉米种子用清水漂洗数次，除去原有包衣，用 70%酒精消毒 30 s，清洗数次后用蒸馏水浸泡 10 h，再将种子均匀播于粒径为 1～2 mm 的湿润石英砂上，上面再覆盖一层薄石英砂，早晚浇蒸馏水 1 次，种子于 12 000 Lx 光强，14～10 h（26～22 ℃）的光温周期以及 60%相对湿度的人工气候箱内培养。9 d 后将 2 叶 1 心的幼苗除去胚乳分别移至改良 Hoagland 营养液，含 100 μmol/L Fe（Ⅲ）－EDTA 中培养，待幼苗长至 3 叶 1 心时进行低铁胁迫处理，营养液含 10 μmol/L Fe（Ⅲ）－EDTA，以正常 Hoagland 营养液为对照。营养液用 0.1 mol/L NaOH 和 0.1 mol/L HCl 调整至 pH 值 5.8±0.2，并使用通气泵通气，保证培养液通气良好。水培容器为 45 cm×33 cm×20 cm 的白色塑料方盆，上面覆有 20 个孔、2 cm 厚的泡沫板，每孔定植 1 株玉米苗，用海绵包茎以固定植株。每处理重复 3 次，低铁胁迫处理 7 d 后取样测定各指标。

1.3 测定项目和方法

株高，用直尺测量胚芽鞘节至最长叶叶尖的长度；茎粗，用游标卡尺测量玉米幼苗基部离根 1 cm 处的最大直径和最小直径，取其平均值；可见叶数，包括心叶在内的所有可见叶片数；展叶数，叶枕已伸出下一叶叶鞘的叶片数；叶面积，测量每一片绿叶的最大叶长、最大叶宽。若在一片叶中有部分叶是黄的，则同样测量绿叶部分的最大叶长、最大叶宽，长宽系数法计算绿叶面积；根长，用直尺测量各株根系中最长的一条根长度；根体积，采用排水法测定；叶绿素含量，采用 SPAD 仪测定玉米最上一片定型叶的中上部的叶绿素相对含量；干物质和根冠比，取整株玉米苗，将植株分成地上茎叶和地下根两部分，于 105 ℃杀青，80 ℃烘干至恒重，称量茎叶和根干重，再计算出总干物质量和根冠比；活性铁含量[17]，叶片鲜样切碎后用 1 mol/L HCl 按 1∶10 的比例浸提（连续振荡 5 h），过滤后，用原子吸收分光光度计测定浸提液中铁的含量；含铁量[18]，称取 1 000 g 经烘干粉碎玉米植株样品于塑料瓶中，加入 25.0 mL Vc－HCl（0.40 g 维生素 C 溶解后，加入 166.0 mL 浓盐酸定容至 1 L），置于 80 ℃恒温振荡器上振荡 2 h，用蒸馏水补至原重后过滤，用原子吸收分光光度计测定浸提液中铁的含量。铁积累量＝含铁量×植株干物质重。

1.4　数据处理与分析

用 Excel 2007 进行数据整理并计算各处理性状的平均值；用 DPS v6.55 软件进行方差分析、相关性分析、主成分分析、逐步回归分析和聚类分析。

2　结果与分析

2.1　低铁胁迫对不同玉米品种苗期的影响

10 μmol/L 低铁胁迫处理 7 d 后，除根冠比外，其他指标都较对照降低，不同品种降低的幅度不同。各处理株高的测定值范围为 15.9～47.6 cm，茎粗的测定值范围为 2.4～6.4 mm，可见叶的测定值范围为 3～7 片，展叶的测定值范围为 1～5 片，叶面积的测定值范围为 22.2～256.4 cm^2，根长的测定值范围为 10.5～39.2 cm，根体积的测定值范围为 0.4～6.3 cm^3，茎叶干重的测定值范围为 0.06～1.51 g，根干重的测定范围为 0.03～0.56 g，总干重的测定值范围为 0.09～2.07 g，根冠比的测定值范围为 0.22～1.25，活性铁的测定值范围为 6.1～28.2 mg/kg，含铁量的测定值范围为 142.0～920.2 mg/kg，铁积累量的测定值范围为 17.4～509.4 μg，叶绿素含量的测定值范围为 4.9～51.4。为了消除试验材料本身间存在的差异，使用各性状的相对值，低铁胁迫下该性状的测定值与对照的百分比进行分析，较各性状的绝对值来说，能更好地反映不同品种的耐低铁能力。由表 2 可知，株高、茎粗、可见叶、展叶、叶面积、根长、根体积、茎叶干重、根干重、根冠比、总干重、活性铁、含铁量、铁积累量、叶绿素含量的相对值变化范围分别为 60.85％～103.27％、60.61％～98.90％、66.67％～100.00％、50.00％～122.22％、25.93％～103.33％、47.93％～98.37％、27.83％～83.15％、45.44％～89.72％、57.75％～93.06％、75.61％～166.38％、54.12％～90.30％、56.35％～98.80％、25.95％～50.47％、16.45％～35.28％、19.96％～81.16％。其中叶绿素含量、叶面积、铁积累量、根体积和根长变异系数较大，分别为 36.43％、33.67％、25.08％、24.63％和 20.91％。

2.2　低铁胁迫下玉米品种各性状相对值的相关性分析

对低铁胁迫下玉米品种 15 个性状的相对值进行相关性分析，结果见表 3。除活性铁与其他各指标间无显著的相关性外，其余各指标间总存在着显著或极显著的相关性，总干重和茎叶干重、株高和叶面积相关性最高，分别达到了 0.94、0.91，其次是总干重和根体积、叶面积和茎粗、叶面积和可见叶，相关系数分别为 0.78、0.77、0.70。铁积累量与叶绿素含量以及株高、茎粗、叶面积、根长的呈极显著正相关，与含铁量呈显著正相关，而含铁量与茎叶干重、总干重表现为显著负相关。

表 2　不同耐低铁相关指标的相对值

品种	株高 (cm)	茎粗 (cm)	可见叶 (片)	展叶 (片)	叶面积 (cm^2)	单株根长 (cm)	根体积 (cm^3)	茎叶干重 (g)	根干重 (g)	根冠比	总干重 (g)	活性铁 (mg/kg)	含铁量 (mg/kg)	铁积累量 (kg)	叶绿素含量
荣玉 1210	71.79ghi	77.64efg	80.00d	83.33bcd	42.07ijkl	71.23cdefg	53.14def	63.74bcdef	81.91abc	133.43bc	68.17bc	56.35j	49.51ab	28.58bc	51.41cdefg
必胜 6 号	74.29efgh	80.47de	86.67bcd	66.67def	47.36hi	89.35ab	71.31abcd	66.83bcdef	89.90a	133.60bc	73.84abc	89.39abc	30.68jk	19.89fgh	58.56bcde
长玉 19	73.07fgh	71.07gh	86.67bcd	75.00cde	58.69g	60.48efghij	78.84ab	68.62abcde	77.94abcd	119.44cde	70.44abc	78.14cdefg	34.34hij	17.38h	45.22efgh
成单 30	60.85k	60.61k	66.67e	55.56f	25.93m	55.52hij	27.83g	54.24def	57.75e	116.15cdef	54.65c	77.33cdefg	43.94bcde	17.92gh	36.99fghijk
川单 189	65.32ijk	77.91defg	75.56de	50.00f	38.69jkl	47.93j	44.59fg	60.95cdef	73.09bcde	121.28bcde	64.55bc	67.70fghij	36.70fghij	22.99ef	53.81bcdef
川单 418	62.55jk	69.29hij	75.56de	63.89ef	37.23l	73.79cdef	59.23bcdef	50.83ef	72.53bcde	151.07ab	56.72c	64.86ghij	48.60ab	21.22efg	28.50hijk
郁玉 1 号	81bcde	84.73cd	94.44ab	122.22a	67.27ef	98.37a	59.48bcdef	64.94bcdef	71.96bcde	110.17cdef	67.15bc	82.88bcde	44.94abcde	30.29bc	52.88bcdefg
福得 2 号	87.85b	77.47efg	100.00a	100.00b	75.54cd	74.99bcde	58.09cdef	74.00abcd	72.05bcde	96.31efg	73.02abc	63.91ghij	47.57abc	30.82bc	81.16a
福康玉 909	84.32bcd	80.14def	93.33abc	100.00b	73.07cde	98.15a	83.15a	86.28ab	72.88bcde	86.66fg	82.28ab	96.46ab	40.56defgh	28.14c	69.46ab
汉单 999	77.49defg	77.16efg	87.78abcd	91.67bc	65.16fg	56.79ghij	52.42def	61.41cdef	68.53bcde	116.35cdef	63.27bc	80.12cdef	38.63efghi	18.82gh	40.80fghij
佳禾 158	69.59hij	67.5hij	93.33abc	75.00cde	41.63ijkl	54.89ij	75.86abc	79.71abc	66.96cde	75.61g	76.10abc	63.97ghij	40.50defgh	16.50h	49.24defg
先玉 508	74.43efgh	62.81jk	80.00d	100.00b	44.7hijk	78.43bcd	45.21fg	62.77cdef	77.06abcd	127.82bcd	67.22bc	87.47abcd	36.50fghij	17.83gh	23.97jk
雅玉 10 号	75.15efgh	69.92hi	75.56de	66.67def	37.42kl	69.96cdefgh	41.61fg	61.34cdef	58.71e	107.13cdef	59.63c	89.90abc	45.73abcd	18.46gh	27.37ijk
珍禾玉 1 号	86.35bc	78.15def	100.00a	75.00cde	65.72efg	69.67defghi	78.77ab	72.79abcde	68.56bcde	100.98defg	70.94abc	61.27ij	41.34cdefg	19.54fgh	35.25ghijk
正大 619	103.27a	92.67ab	95.24ab	93.33bc	103.33a	84.65abc	83.08a	89.72a	93.06a	104.08cdefg	90.30a	72.43defghi	25.95k	23.83de	65.61abcd
正红 102	80.18cdef	96.19ab	94.44ab	91.67bc	72.69de	95.13a	66.52abcde	64.53bcdef	79.08abcd	123.36bcde	67.84bc	62.02hij	45.01abcde	32.31ab	45.87efgh
正红 2	88.46b	89.87bc	83.33bcd	75.00cde	89.00b	74.96bcde	67.65abcde	65.24bcdef	78.46abcd	121.00bcde	68.39abc	76.35cdefgh	46.12abcd	35.28a	67.51abc
正红 212	71.33ghi	80.47de	81.11cd	75.00cde	50.72h	52.11j	66.86abcde	72.92abcde	72.17bcde	108.13cdef	71.73abc	87.13abcd	35.40ghij	17.98gh	29.18hijk
正红 311	81.95bcde	98.90a	100.00a	91.67bc	80.42c	67.44defghi	45.81fg	52.44def	59.52e	113.85cdef	54.12c	69.01efghij	47.76abc	27.25cd	42.28efghi
正红 505	69.11hij	83.25cde	100.00a	100.00b	62.14fg	59.98fghij	50.00ef	57.88cdef	59.31e	102.38cdefg	58.26c	60.60ij	32.94ij	16.45h	21.24k
正红 532	72.36ghi	73.44fgh	87.78abcd	75.00cde	45.08hij	57.23ghij	45.83fg	55.70def	64.14de	117.00cdef	58.32c	91.22abc	42.02cdef	21.35efg	19.96k
正田 1 号	69.84ghij	63.91ijk	83.33bcd	83.33bcd	43.65hijkl	61.51efghij	60.31bcdef	45.44f	81.10abc	166.38a	57.52c	80.49cdef	50.47a	19.21gh	40.38fghij
中单 808	67.55hijk	81.63de	86.67bcd	88.89bc	45.15hij	72.52cdef	70.12abcde	55.37def	84.54ab	151.17ab	64.75bc	98.80a	36.44fghij	19.61fgh	47.04efg
平均	76.00	78.05	87.28	82.56	57.07	70.66	60.25	64.68	73.10	117.54	66.92	76.43	40.94	22.68	44.94
最大值	103.27	98.90	100.00	122.22	103.33	98.37	83.15	89.72	93.06	166.38	90.30	98.80	50.47	35.28	81.16
最小值	60.85	60.61	66.67	50.00	25.93	47.93	27.83	45.44	57.75	75.61	54.12	56.35	25.95	16.45	19.96
变异系数(%)	12.81	13.04	10.65	20.30	33.67	20.91	24.63	16.92	13.16	17.62	13.29	16.42	15.95	25.08	36.43

注：同一列中相同字母表示 5%水平差异不显著。

表 3　各指标的相关系数矩阵

指标	株高	茎粗	可见叶	展叶	叶面积	根长	根体积	茎叶干重	根干重	根冠比	总干重	活性铁	含铁量	铁积累量
茎粗	0.60**													
可见叶	0.61**	0.59**												
展叶	0.49*	0.38	0.66**											
叶面积	0.91**	0.77**	0.70**	0.55**										
根长	0.53**	0.42*	0.34	0.56**	0.46*									
根体积	0.49*	0.31	0.49*	0.21	0.49*	0.40								
茎叶干重	0.64**	0.25	0.40	0.23	0.51*	0.34	0.67**							
根干重	0.33	0.22	0.03	0.12	0.27	0.44*	0.60**	0.30						
根冠比	−0.40	−0.17	−0.46*	−0.19	−0.35	−0.01	−0.19	−0.71**	0.42*					
总干重	0.65**	0.26	0.36	0.25	0.51*	0.44*	0.78**	0.94**	0.60**	−0.46*				
活性铁	−0.07	−0.19	−0.26	0.06	−0.16	0.16	0.04	−0.02	0.12	0.16	0.04			
含铁量	−0.17	−0.13	−0.14	0.00	−0.18	0.03	−0.35	−0.46*	−0.34	0.22	−0.51*	−0.25		
铁积累量	0.53**	0.62**	0.28	0.36	0.59**	0.58**	0.13	0.17	0.23	−0.06	0.21	−0.21	0.43*	
叶绿素	0.56**	0.37	0.29	0.21	0.53**	0.44*	0.47*	0.55**	0.49*	−0.22	0.63**	−0.08	0.00	0.64**

注：* 和 ** 分别代表各指标相关性达 5%和 1%显著水平。

2.3　低铁胁迫下玉米各性状相对值的主成分分析

主成分分析法就是在尽可能不损失信息或少损信息的情况下，将多个变量减少为少数几个潜在因子，且这几个因子可以高度概括大量数据中的信息，这样既减少了变量的个数，又能再现变量间的内在联系[19]。利用 DPS v6.55 软件对 15 个指标的相对值进行主成分分析（表 4），前 5 个主成分的贡献率分别为 42.278%、15.550%、12.613%、8.306%、6.637%，累积贡献率达 85.386%，可见前 5 个主成分足以证明该数据的变化趋势，故取前 5 个主成分作为数据分析的有效成分。这 5 个主成分与 15 个耐低铁性状的相对值即因子负荷量，反映了它们之间的相关性。由此可计算出各个主成分得分。

2.3.1　第Ⅰ主成分

$C1=0.350X_1+0.267X_2+0.278X_3+0.224X_4+0.346X_5+0.257X_6+0.285X_7+0.308X_8+0.192X_9-0.174X_{10}+0.324X_{11}-0.032X_{12}-0.112X_{13}+0.227X_{14}+0.282X_{15}$（$X_1$、$X_2$、$X_3$、$X_4$、$X_5$、$X_6$、$X_7$、$X_8$、$X_9$、$X_{10}$、$X_{11}$、$X_{12}$、$X_{13}$、$X_{14}$、$X_{15}$分别代表株高、茎粗、可见叶、展叶、叶面积、根长、根体积、茎叶干重、根干重、总干重、根冠比、活性铁、含铁量、铁积累量、叶绿素含量的相对值，下同。）

2.3.2　第Ⅱ主成分

$C2=0.076X_1+0.260X_2+0.149X_3+0.216X_4+0.166X_5+0.132X_6-0.264X_7-0.304X_8-0.213X_9+0.096X_{10}-0.337X_{11}-0.246X_{12}+0.490X_{13}+0.426X_{14}+0.030X_{15}$。

2.3.3　第Ⅲ主成分

$C3=-0.056X_1-0.010X_2-0.285X_3-0.040X_4-0.082X_5+0.301X_6+0.109X_7-0.189X_8+0.536X_9+0.581X_{10}+0.023X_{11}+0.253X_{12}+0.086X_{13}+0.195X_{14}+0.187X_{15}$。

2.3.4　第 IV 主成分

$C4=0.026X_1+0.111X_2+0.266X_3+0.508X_4+0.092X_5+0.198X_6-0.031X_7-0.194X_8-0.0556X_9+0.125X_{10}-0.162X_{11}+0.480X_{12}-0.268X_{13}-0.249X_{14}-0.404X_{15}$。

2.3.5　第 V 主成分

$C5=-0.020X_1-0.360X_2-0.226X_3+0.174X_4-0.177X_5+0.312X_6-0.170X_7+0.209X_8-0.265X_9-0.326X_{10}+0.097X_{11}+0.498X_{12}+0.300X_{13}+0.172X_{14}+0.181X_{15}$。

第Ⅰ主成分可以解释15个耐低铁性状42.278%的变化，其与株高、叶面积、茎叶干重、总干重相关系数最大，都在0.3以上，主要反映的是植株整体的生长状况；第Ⅱ主成分可以解释15个耐低铁性状15.550%的变化，与含铁量、铁积累量具有较大的正相关关系，相关系数均在0.4以上，主要反映玉米铁含量的状况。第Ⅲ主成分可以解释15个耐低铁性状12.613%的变化，其与根长、根干重、根冠比相关系数最大，分别为0.301、0.536、0.581，主要反映玉米根部生长状况；第Ⅳ主成分可以解释15个耐低铁性状8.306%的变化，其与可见叶、展叶、活性铁含量相关系数较大，分别为0.266、0.508、0.480，主要反映玉米叶片的生长状况；第Ⅴ主成分可以解释15个耐低铁性状6.637%的变化，其与根长、活性铁和含铁量相关系数较大。

表4　各综合指标的系数、特征值、贡献率

指标	主成分Ⅰ	主成分Ⅱ	主成分Ⅲ	主成分Ⅳ	主成分Ⅴ
株高	0.350	0.076	−0.056	0.026	0.020
茎粗	0.267	0.260	−0.010	0.111	−0.360
可见叶	0.278	0.149	−0.285	0.266	−0.226
展叶	0.224	0.216	−0.040	0.508	0.174
叶面积	0.346	0.166	−0.082	0.092	−0.177
根长	0.257	0.132	0.301	0.198	0.312
根体积	0.285	−0.264	0.109	−0.031	−0.170
茎叶干重	0.308	−0.304	−0.188	−0.194	0.209
根干重	0.192	−0.213	0.536	−0.056	−0.265
根冠比	−0.174	0.096	0.581	0.125	−0.326
总干重	0.324	−0.337	0.023	−0.162	0.097
活性铁	−0.032	−0.246	0.253	0.480	0.498
含铁量	−0.112	0.490	0.086	−0.268	0.300
铁积累量	0.227	0.426	0.195	−0.249	0.172
叶绿素	0.282	0.030	0.187	−0.404	0.181
特征值	6.342	2.333	1.892	1.246	0.996
贡献率%	42.278	15.550	12.613	8.306	6.637
累积贡献率%	42.278	57.829	70.442	78.748	85.386

2.4　综合评价

2.4.1　隶属函数分析

低铁胁迫后，从各指标的相对值及其相关性来看，不同玉米品种苗期生长特性的响应数据比较离散，利用模糊数学隶属函数法进行分析，可将各品种各主成分得分扩展到［0，1］闭区间上，从而把离散的数据标准化处理，以便对样品的相似性进行明显的评价[20]。隶属函数值 $u(X)=(X-X_{min})/(X_{max}-X_{min})$，式中 X 为各主成分得分值，X_{min}、X_{max} 为所有参试材料某一主成分得分的最小值和最大值。由表5可知，对于同一主成分如C1而言，正大619的u1值最大，为1，表明正大619在C1这一主成分上表现为耐低铁能力最强；成单30的u1值最小，为0，说明成单30在C1这一主成分上表现为最不耐低铁。

2.4.2　权重的确定

根据各主成分贡献率的大小，分别为42.278%、15.550%、12.613%、8.306%、6.637%，计算各主成分的权重 $q=X/\sum X$，式中 X 为各主成分的贡献率，$\sum X$ 为5个主成分贡献率之和。经计算，5个主成分的权重分别为0.495、0.182、0.148、0.097、0.078（表5）。

2.4.3　综合评价

使用公式 $D=\sum_{i=1}^{k(5)}[u(X_i)\times q_i]$，计算各玉米品种耐低铁能力的综合得分 D 值，并对其耐低铁能力进行强弱排序。其中郝玉 1 号的 D 值最大，表明其耐低铁能力最强；其次为福康玉 909；成单 30 的 D 值最小，表明其耐低铁能力最差。采用欧氏最大距离法对 D 值进行聚类分析，可将 23 个基因型划分为 3 类：郝玉 1 号、福康玉 909、正大 619、正红 102、福得 2 号、正红 2 号为一类，属较耐低铁型；正红 311、中单 808、必胜 2 号、先玉 508、荣玉 1210、汉单 999、珍禾玉 1 号、正田 1 号、正红 505、长玉 19 作为一类，属一般耐低铁型；其余的 7 个品种属不耐低铁型。如表 5 所示。

表 5　各品种的综合指标值、权重、U（X）、D 值及综合评价

品种	C1	C2	C3	C4	C5	u（C1）	u（C2）	u（C3）	u（C4）	u（C5）	D	综合评价
荣玉 1210	182.68	35.13	137.53	64.98	−12.52	0.381	0.562	0.709	0.241	0.153	0.431	一般耐低铁
必胜 2 号	199.48	6.57	153.44	80.41	−6.62	0.508	0.065	0.927	0.515	0.274	0.472	一般耐低铁
长玉 19	192.28	6.78	123.90	77.41	−13.63	0.454	0.068	0.522	0.462	0.130	0.369	一般耐低铁
成单 30	132.07	21.86	115.60	64.61	6.92	0.000	0.331	0.408	0.234	0.552	0.186	不耐低铁
川单 189	161.05	16.87	122.60	51.48	−16.11	0.218	0.244	0.504	0.000	0.079	0.233	不耐低铁
川单 418	151.48	30.45	145.74	75.13	−19.97	0.146	0.481	0.822	0.421	0.000	0.322	不耐低铁
郝玉 1 号	220.68	46.19	125.92	107.60	14.33	0.667	0.755	0.550	1.000	0.704	0.701	较耐低铁
福得 2 号	229.68	40.43	108.28	67.55	6.94	0.735	0.655	0.308	0.286	0.552	0.600	较耐低铁
福康玉 909	244.00	15.02	117.91	87.31	28.77	0.843	0.212	0.440	0.638	1.000	0.661	较耐低铁
汉单 999	185.99	28.43	112.78	91.57	−7.88	0.406	0.446	0.370	0.714	0.248	0.426	一般耐低铁
佳禾 158	195.25	2.86	85.83	58.34	3.32	0.476	0.000	0.000	0.122	0.478	0.285	不耐低铁
先玉 508	173.60	20.24	131.78	105.87	6.51	0.313	0.303	0.630	0.969	0.543	0.440	一般耐低铁
雅玉 10 号	158.50	22.10	112.33	83.45	13.73	0.199	0.335	0.363	0.570	0.691	0.322	不耐低铁
珍禾玉 1 号	207.60	20.99	99.83	75.41	−15.58	0.569	0.316	0.192	0.426	0.090	0.416	一般耐低铁
正大 619	264.82	12.27	121.47	80.52	−13.86	1.000	0.164	0.489	0.517	0.125	0.657	较耐低铁
正红 102	217.95	46.59	131.80	86.49	−15.79	0.647	0.762	0.630	0.624	0.086	0.620	较耐低铁
正红 2	219.99	38.51	134.46	68.68	−10.09	0.662	0.621	0.667	0.306	0.203	0.585	较耐低铁
正红 212	182.13	5.48	111.35	83.14	−6.71	0.377	0.046	0.350	0.564	0.272	0.323	不耐低铁
正红 311	197.54	60.26	105.17	94.00	−17.27	0.493	1.000	0.265	0.758	0.055	0.543	一般耐低铁
正红 505	182.20	37.35	88.27	100.85	−19.21	0.378	0.601	0.033	0.880	0.016	0.388	一般耐低铁
正红 532	160.41	25.72	113.50	95.45	−2.23	0.213	0.398	0.379	0.783	0.364	0.339	不耐低铁
正田 1 号	158.25	31.72	158.76	89.85	−19.59	0.197	0.503	1.000	0.684	0.008	0.404	一般耐低铁
中单 808	182.16	18.31	157.86	102.04	−11.29	0.377	0.269	0.988	0.901	0.178	0.483	一般耐低铁
权重						0.495	0.182	0.148	0.097	0.078		

2.5　回归分析

为分析玉米耐低铁鉴定指标与耐低铁能力之间的关系，筛选有效的耐低铁鉴定指标，建立耐低铁能力评价的数学模型，进行耐低铁能力预测，将 23 个玉米品种的 15 个鉴定指标进行了逐步回归分析，以耐低铁综合评价值（D 值）作因变量，各单项指标相对值作自变量建立最优回归方程，得到玉米低铁胁迫的回归方程：$D=(-384.23+2.71X_4+2.50X_5+3.22X_6+1.70X_9+4.86X_{14})\times10^{-3}$。回归方程中，$X_4$、$X_5$、$X_6$、$X_9$、$X_{14}$ 分别代表了玉米低铁胁迫下展叶、叶面积、根长、根干重、铁积累量相关指标的相对值。方程决定系数 $R^2=0.9821$，$F=186.50$，方程极显著。对 23 个品种的耐低铁综合评价值与预测值进行相关分析后发现，二者相关系数 $r=0.9821$，达极显著水平，说明使用此方程预测玉米苗期耐低铁能力可行。由方程可知，15 个指标中，上述 5 个指标对耐低铁能力有显著影响，因此在鉴定中可有选择地测定这些指标，使鉴定工作简单化；同时亦可在相同条件下测定其他品种的上述 5 个指标，利用该方程预测其耐低铁能力。

3 讨论

苗期是玉米缺铁黄化较敏感的时期之一，是决定品种在石灰性土壤中后续能否正常生长的关键。在筛选耐性品种时，为了缩短筛选时间、加快筛选速度，常采用液培法在苗期进行大量的筛选鉴定。用这种方法时首先要确定适宜的筛选浓度，筛选浓度太低，各基因型之间的差异不明显；浓度太高则会加重植株的筛选压力，优良基因型的遗传优势又得不到充分发挥。为此在试验前进行了筛选浓度的预备试验，本试验确定的低铁浓度与石荣丽等[9]采用的一致。

选择（育）耐低铁能力强的品种是缓解玉米低铁胁迫的重要手段，筛选耐低铁玉米材料是玉米耐低铁遗传学研究和品种选育的前提，而选择适宜的鉴定指标是评价玉米品种（材料）耐低铁能力的重要基础。前人对机理Ⅰ植物耐低铁品种筛选指标有一定研究，翟衡等[14]、张凌云[15]的研究将铁的吸收动力学、根际酸化能力、根系还原能力作为评价铁高效砧木的指标。高丽等[13]的研究表明在生长前期叶绿素含量与花生叶片黄化度、活性铁及荚果产量之间均呈极显著的相关关系；夏友霖等[22]研究也表明叶绿素含量与花生单株果重近于呈二次抛物线关系；叶绿素含量可作为花生耐低铁品种筛选的一个可靠指标。邹春琴等[23]的研究表明活性铁含量比全铁含量能更准确地反映植物的铁营养状况，尤其是对于双子叶植物，可作为诊断植物铁营养状况的可行指标。前人对机理Ⅰ植物研究并未取得较一致的结果；叶绿素含量、活性铁、铁的吸收动力学、根际酸化能力、根系还原能力仅仅从单方面对植物耐低铁能力做出评价，铁在植物体内的同化运转涉及复杂的生理生化过程，耐低铁特性又是由多基因控制的复杂性状，因此从单方面评价难免会出现判断上的错误。另外，机理Ⅰ植物和机理Ⅱ植物吸收铁的机理不同[24,25]：机理Ⅰ植物是通过增加 H^+ 等还原物质的分泌或提高根系铁还原系统的活性来增强植物对铁的吸收；机理Ⅱ植物则分泌麦根酸类植物铁载体来适应低铁胁迫，因此评价机理Ⅰ植物耐低铁能力的筛选指标并不完全适用于机理Ⅱ植物。本试验选择了与铁素利用直接相关的叶绿素含量、铁含量相关指标以及部分生长发育相关指标，采用主成分分析法[19,26]综合评价玉米品种耐低铁能力，将原来的 15 个性状综合成为 5 个相互独立的综合指标；然后对 5 个综合指标进行隶属函数分析、对综合得分进行聚类分析，筛选出耐低铁品种；将测定指标相对值做自变量，综合得分 D 值做因变量进行逐步回归分析，利用所建立的回归方程最终筛选出 5 个显著影响玉米耐低铁能力的指标，分别为展叶数、叶面积、根体积、根干重和铁积累量。入选的这些指标对耐低铁综合得分都有显著影响。除根干重外其他 4 个指标的变异系数都超过 20%，韩璐等[21]在其研究中也指出基因型变异程度是衡量筛选指标是否适宜的重要依据，变异程度越大，说明该性状指标越有利于基因型差异的显示。

目前关于全铁含量作为铁营养状况的诊断指标尚存在争议，有研究认为缺铁失绿叶片中全铁含量一般等于或略高于正常叶片，产生“黄化悖论现象”[27]。目前比较公认的观点是，叶片中活性铁含量能较好地反映植株铁营养状况，但由于对活性铁的形态及存在位置缺乏了解，活性铁的测定方法尚存在争议[28]。本研究发现低铁胁迫下，虽然植株的全铁含量和叶片活性铁含量都明显降低，但植株全铁含量和叶片活性铁含量与叶绿素含量相关性均不显著，而铁积累量与叶绿素含量以及株高、茎粗、叶面积、根长的相关性达到极显著水平。铁积累量可能比全铁含量和活性铁含量更能代表植物的铁营养状况，但植物的铁营养状况也因植物本身的特性而有所不同[22]。因此铁积累量在其他植物中是否表现一致还需进一步研究。

参考文献

[1] 任小平，姜慧芳，黄家权，等．水培条件下花生对缺铁的生理反应［J］．植物遗传资源学报，2010，11（4）：491-497.

[2] Hell R，Stephan U W. Iron uptake，trafficking and homeostasis in plants［J］．Planta，2003，216（4）：541-551.

[3] Marschner H，Mheld V R. Strategies of plants for acquisition of iron［J］．Plant Soil，1994，165（2）：261-274.

[4] Urbany C，Benke A，Marsian J，et al. Ups and downs of a transcriptional landscape shape iron deficiency associated chlorosis of the maize inbreds B73 and Mo17［J］．BMC Plant Biol，2013（13）：213.

[5] Chakraborty B，Singh P N，Shukla A，et al. Physiological and biochemical adjustment of iron chlorosis affected low-chill peach cultivars supplied with different iron sources［J］．Physiol Mol Biol Plant，2012，18（2）：141-148.

[6] Lopez-Rayo S，Hernandez D，Lucena J J. Chemical evaluation of HBED/Fe^{3+} and the novel HJB/Fe^{3+} chelates as fertilizers to alleviate iron chlorosis［J］．J Agric Food Chem，2009，57（18）：8504-8513.

[7] 付力成，王人民，孟杰，等．叶面锌、铁配施对水稻产量、品质及锌铁分布的影响及其品种差异［J］．中国农业科学，2010（24）：5009-5018.

[8] 韩振海，王永章，孙文彬．铁高效及低效苹果基因型的铁离子吸收动力学研究［J］．园艺学报，1995（4）：313-317.

[9] 石荣丽，张福锁，邹春琴．不同基因型小麦铁营养效率差异及其可能机制［J］．植物营养与肥料学报，2010（6）：1306-1311.

[10] 高丽，史衍玺．石灰性土壤中花生耐低铁基因型差异的研究［J］．中国油料作物学报，2003，25（4）：89-92.

[11] Clark R B. Internal root control of iron uptake and utilization in maize genotypes［J］．Plant Soi，1974，40（3）：669-677.

[12] Barton L L，Abadia J，Hansen N C，et al. Ironnutrition in plants and rhizospheric microorganisms［M］．Berlin：Springer Netherlands，2006：23-59.

[13] 高丽，史衍玺，周健民．花生缺铁黄化的敏感时期及耐低铁品种的筛选指标［J］．植物营养与肥料学报，2009（4）：917-922.

[14] 翟衡，李佳．抗缺铁葡萄砧木的鉴定及指标筛选［J］．中国农业科学，1999，32（6）：34-39.

[15] 张凌云，翟衡，张宪法，等．苹果砧木铁高效基因型筛选［J］．中国农业科学，2002（1）：68-71.

[16] 李式军，江李平．水培生菜耐缺铁胁迫品种的筛选及其生理特性研究［J］．园艺学报，1995，22（2）：147-152.

[17] Zuo Y，Zhang F，Li X，et al. Studies on the improvement in iron nutrition of peanut by intercropping with maize on a calcareous soil［J］．Plant Soil，2000，220（1-2）：13-25.

[18] 鲁如坤．土壤农业化学分析［M］．北京：中国农业科技出版社，1999：337.

[19] 李丰先，周宇飞，王艺陶，等．高粱品种萌发期耐碱性筛选与综合鉴定［J］．中国农业科学，2013（9）：1762-1771.

[20] 宋江峰，李大婧，刘春泉，等．甜糯玉米软罐头主要挥发性物质主成分分析和聚类分析［J］．中国农业科学，2010，43（10）：2122-2131.

[21] 韩璐，张薇．棉花苗期氮营养高效品种筛选［J］．中国农学通报，2011，27（1）：84-88.

[22] 夏友霖，廖伯寿，毛金雄，等．四川丘陵紫色土花生品种耐缺铁性鉴定与评价［J］．中国油料作物学报，2013，35（3）：326-330.

[23] 邹春琴，陈新平．活性铁作为植物铁营养状况诊断指标的相关研究［J］．植物营养与肥料学报，1998，4（4）：399-406.

[24] 段立红，丁红，李文学，等．机理Ⅰ植物铁吸收与运输的分子机制［J］．植物营养与肥料学报，2007（4）：

739 -744.

[25] 申红芸，熊宏春，郭笑彤，等．植物吸收和转运铁的分子生理机制研究进展 [J]. 植物营养与肥料学报，2011，17 (6)：1522 - 1530.

[26] 殷冬梅，张幸果，王允，等．花生主要品质性状的主成分分析与综合评价 [J]. 植物遗传资源学报，2011，12 (4)：507 - 512.

[27] 刘泽军，赵越，殷文娟，等．果树“铁素黄化悖论”现象探讨 [J]. 北方园艺，2013 (18)：174 - 178.

[28] 白亚君，母树宏，植物对铁的吸收运转及铁与叶绿素的关系 [J]. 河北农业大学学报，1994 (17)：121 - 125.

密度与行距配置对川中丘区玉米物质积累及产量的影响*

陈 伟 李 强 刘晓林 吴雅薇 金 容 袁继超 孔凡磊

四川农业大学农学院/农业部西南作物生理生态与耕作重点实验室，四川成都 611130

摘要：为探究密度与行距配置对川中丘区玉米干物质积累、转运和分配及产量的影响，采用两因素随机区组试验设计，设置2个密度（D1：4.5×10^4株/hm^2、D2：6.75×10^4株/hm^2）和5个行距配置方式（100 cm、80 cm、60 cm等行距和150 cm+50 cm、110 cm+50 cm宽窄行），研究密度与行距配置对玉米物质生产及产量形成的影响。结果表明，密度和行距配置对玉米物质积累和产量影响的互作效应显著。低密度显著提高了玉米花前、花后物质转运量、穗粒数、单株干物质积累量和单株籽粒产量，与D2相比，D1分别提高了24.77%、22.73%、25.13%、26.72%和23.21%，且等行距玉米单株干物质积累量、花前干物质转运量和花后干物质积累量及产量均显著高于宽窄行，玉米产量以60 cm等行距配置时最高。高密度显著提高了玉米群体物质积累量和产量，与D1相比，D2成熟期群体干物质积累量与产量平均提高18.40%和21.74%，且宽窄行显著提高了花后物质积累量和玉米产量，玉米以110 cm+50 cm的宽窄行配置时产量最高。川中丘区4.5×10^4株/hm^2密度下采用等行距配置可以改善玉米植株个体物质积累分配特征，进而促进单株干物质生产提高产量，而6.75×10^4株/hm^2密度下宽窄行配置（110 cm+50 cm）能有效缓解密植个体竞争，提高玉米花后干物质积累，进而获得高产。

关键词：玉米；种植密度；行距配置；物质积累分配；产量

玉米是全世界也是我国种植范围最广、用途最多、总产量最高的作物[1]，西南丘陵地区作为我国玉米第二大主产区，其玉米的高产稳产对于我国粮食安全具有重要意义[2]。干物质积累和器官间的转运及分配是玉米产量形成的物质基础，在一定范围内，干物质积累量与籽粒产量成正比，即干物质积累越多，籽粒产量越高[3]。随种植密度增加，群体干物质积累量和产量均显著增加，而单株干物质积累量和产量均显著降低[4]。行距配置方式对作物的干物质积累、分配、转运及产量的形成均有重要影响[5,6]。作物生产是一个群体过程，作物产量由群体大小和分布共同决定[7]。作物群体大小取决于种植密度，而作物群体分布则由行距配置决定[8]。增加种植密度虽然能一定程度地提升群体效应，但也会加剧个体间的竞争，植株间的相互遮挡，使得透光条件变差，光资源无法到达中下部叶层，田间气体流动阻塞，导致叶片早衰，群体光合能力降低[9-11]，不利于干物质积累与产量形成。大量研究表明，合理的行距配置不仅可以构建良好的群体结构，使作物群体与个体之间协调发展[11]，还可以改善作物群体内部的田间小气候，使群体通风透光条件得到有效改善，更能充分利用不同层次的光资源，提高作物的光能利用率[12-14]，有利于干物质积累转运与分配，最终提高作物产量。前人就行距配置对玉米

* **基金项目**：本研究由国家重点研发计划项目（2016YFD0300307、2016YFD0300209）；公益性行业科研专项（20150312705）；四川省玉米产业技术体系岗位家项目资助

干物质生产和产量的影响做过比较研究，但以不同类型玉米品种和单一密度下行株距变化的研究为主，缺乏不同密度下行距配置对玉米干物质积累、分配、转运及产量影响的相关研究，同时鲜见西南丘陵地区的相关研究。为此，本研究设置 2 个种植密度和 5 个行距配置方式，从玉米物质积累分配转运与产量的相互关系，研究不同密度下适宜行距配置的增产机制，以期为西南丘陵区玉米高产栽培提供理论依据。

1 材料和方法

1.1 试验设计

试验于 2014 年 3 月至 9 月在简阳市芦葭镇英明村进行，试验期间气象数据见图 1，供试土壤为紫色土，pH 值为 8.5，基础肥力（0～20 cm）：有机质 17.41 g/kg，全氮 1.31 g/kg，碱解氮 36.53 mg/kg，速效磷 14.81 mg/kg。选用紧凑型玉米杂交品种正红 6 号，采用两因素随机区组试验设计，设置 2 个密度和 5 个行距配置。2 个密度包括 D1（4.5×10^4株/hm^2）和 D2（6.75×10^4株/hm^2），5 个行距配置方式，3 个等行距和 2 个宽窄行，包括 100 cm+100 cm、150 cm+50 cm、80 cm+80 cm、110 cm+50 cm、60 cm+60 cm。重复 3 次，共 30 个小区。选择平整，地力均匀的地块育苗移栽，玉米 3 月 31 日苗床育苗，4 月 10 日移栽，并于移栽前覆膜，大喇叭口期去膜。底肥 900 kg/hm^2，有效含量 40%，N：P：K=28：6：6 的复合肥；追肥 750 kg/hm^2碳铵（大喇叭口期）。

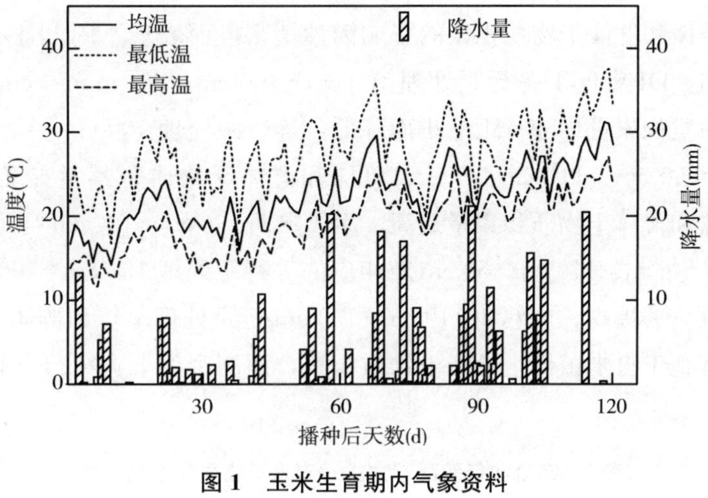

图 1 玉米生育期内气象资料

1.2 测定项目与方法

1.2.1 干物质

分别于玉米拔节期、吐丝期、成熟期取样测定干物质，每小区选取生长一致的 5 株健康植株，将茎鞘、叶片、雄穗、雌穗等器官分开，鲜样 105 ℃杀青 1 h，80 ℃烘干至恒质量，称量。计算各时期各器官干物质转运量、转运率、贡献率及收获指数。

1.2.2 产量及构成因素

玉米成熟期，每小区调查有效穗，取 20 穗室内考种，调查穗长、穗粗、秃尖长、穗行数、行粒数、穗粒数、千粒重等指标，按小区实收计产。

1.3 相关计算

花前干物质转运量（g）=吐丝期营养器官干重－成熟期营养器官干重；

花前干物质转运率（%）=营养器官花前干物质转运量/吐丝期营养器官干重×100%；

花前干物质贡献率（%）=（营养器官花前干物质转运量/成熟期籽粒干重）×100%；

花后干物质转运量（g）=成熟期籽粒干重－花前干物质转运量；

花后干物质转运率（%）=花后干物质转运量/（成熟期干物质积累量－吐丝期干物质积累量）×100%；

花后干物质贡献率（%）=花后干物质转运量/成熟期籽粒干重×100%；

收获指数=籽粒产量/地上部生物量。

1.4 数据处理

采用 Microsoft Excel 2007 处理数据，用 DPS 7.05 软件的 LSD 法进行方差分析、显著性检验。

2 结果与分析

2.1 密度和行距配置对玉米干物质积累的影响

作物籽粒产量由群体干物质积累量决定，而群体干物质积累量取决于单株干物质积累量与种植密度的互作效应。由表 1 可知，密度与行距配置对单株和群体干物质积累影响显著，且密度与行距配置对玉米干物质积累的互作效应达极显著水平。密度增加玉米单株干物质积累量显著降低，而群体干物质积累量显著增加。与 D1 相比，D2 拔节、吐丝和成熟期单株干物质积累量分别降低 2.98%、16.52%、21.08%，而群体干物质积累量分别增加 45.59%、25.16%、18.40%。这表明密度增加玉米植株间竞争加剧，特别是生育后期植株竞争导致单株干物质积累量降低，但群体数量增加弥补了单株干物质积累的不足，最终高密度下显著提高了群体干物质积累量。

行距配置对玉米单株和群体干物质积累的影响因种植密度而表现不同，且不同时期行距配置对玉米物质积累的影响不同。D1 密度下等行距处理 100 cm+100 cm、80 cm+80 cm、60 cm+60 cm 比较，成熟期单株和群体干物质积累量均随行距缩小而降低，等行距处理 100 cm+100 cm、80 cm+80 cm 较相应的宽窄行 150 cm+50 cm、110 cm+50 cm 单株和群体干物质积累量显著提高，拔节和吐丝期 80 cm+80 cm 处理单株和群体干物质积累量最高，而成熟期 100 cm+100 cm 行距处理最高。D2 密度下成熟期宽窄行 150 cm+50 cm、110 cm+50 cm 较相应的等行距处理 100 cm+100 cm、80 cm+80 cm 单株和群体干物质积累量显著提高，成熟期 110 cm+150 cm 行距处理单株和群体干物质积累量最高。可见，低密度下等行距有利于玉米植株生长和干物质积累，而高密度下宽窄行有利于降低植株间竞争提高玉米物质积累量。

表 1　密度和行距配置方式对玉米干物质积累的影响

处理		单株干物质积累（g/株）			群体干物质积累（t/hm²）		
密度	行距（cm）	拔节期	吐丝期	成熟期	拔节期	吐丝期	成熟期
D1	100+100	15.69c	106.92b	249.11a	0.71ef	4.81f	11.21e
	150+50	15.24d	104.40c	235.52c	0.69f	4.70g	10.60g
	80+80	16.19a	109.73a	246.12b	0.73e	4.94e	11.08f
	110+50	15.69c	105.21c	231.76d	0.71ef	4.73g	10.43h
	60+60	12.60f	107.81b	245.25b	0.57g	4.85f	11.04f
	平均值	15.08A	106.81A	241.55A	0.68B	4.81B	10.87B
D2	100+100	13.38e	90.99d	177.64h	0.90c	6.14b	11.99d
	150+50	15.78bc	85.20f	181.76g	1.07a	5.75d	12.27c
	80+80	16.10ab	92.13d	196.15f	1.09a	6.22a	13.24b
	110+50	15.23d	88.95e	202.47e	1.03b	6.00c	13.67a
	60+60	12.67f	88.57e	195.09f	0.86d	5.98c	13.17b
	平均值	14.63A	89.17B	190.62B	0.99A	6.02A	12.87A

续表

处理		单株干物质积累（g/株）			群体干物质积累（t/hm²）		
密度	行距（cm）	拔节期	吐丝期	成熟期	拔节期	吐丝期	成熟期
F 值	密度（D）	0.85	635.32**	57.67**	88.69**	536.20**	25.20**
	行距（R）	6.19	8.41*	0.47	4.64	5.09	0.54
	D×R	36.46**	5.37**	233.02**	38.61**	11.95**	197.74**

注：D1、D2 分别表示种植密度为 4.5×10^4 株/hm² 和 6.75×10^4 株/hm²。同列内小写字母不同表示显著差异（$P<0.05$），* 和 ** 分别表示在 0.05 和 0.01 水平差异显著。下同。

2.2 密度和行距配置对玉米干物质分配的影响

由表 2 可知，随生育进程玉米干物质在叶片的分配比例逐渐降低，干物质在茎鞘的分配比例先升后降，吐丝期达到最高，而吐丝后雌穗物质分配比例逐渐升高，在成熟期达到最高。密度显著影响玉米吐丝和成熟期干物质在器官中的分配，而行距配置对吐丝期茎鞘和雌穗的物质分配比例影响显著。与 D1 相比，D2 吐丝期和成熟期叶片物质分配比例分别提高了 7.37%和 11.57%，茎鞘物质分配比例提高了 2.80%和 6.39%，而雌穗物质分配比例降低了 17.01%和 3.33%。可见，高密度显著降低了干物质向雌穗分配的比例，而低密度更有利于干物质向雌穗分配。从行距配置来看，2 个密度下均表现为 60 cm+60 cm 行距处理吐丝期茎鞘物质分配比例最高，而雌穗物质分配比例最低。与 D1 相比，D2 密度下行距配置对干物质分配影响更为显著。D2 密度下等行距处理吐丝期雌穗分配比例随行距减小而降低，而成熟期雌穗分配比例表现与之相反。等行距处理 100 cm+100 cm、80 cm+80 cm 较相应的宽窄行 150 cm+50 cm、110 cm+50 cm 吐丝期雌穗分配比例更高，而成熟期雌穗分配比例表现为相应的宽窄行大于等行距，说明 D2 密度下宽窄行更利于干物质向雌穗转移，而 D1 密度下行距配置间表现不明显。

表 2 玉米不同生育时期干物质分配比例

处理		叶片（%）			茎鞘（%）			雌穗（%）	
密度	行距（mm）	拔节期	吐丝期	成熟期	拔节期	吐丝期	成熟期	吐丝期	成熟期
D1	100+100	64.64a	30.74de	9.49bc	35.28a	46.53d	19.95def	22.71a	70.55a
	150+50	63.79a	30.28e	9.52bc	36.17a	48.72bc	19.37fg	20.98c	71.10a
	80+80	65.19a	29.45f	9.19c	34.77a	48.76bc	19.76efg	21.76b	71.03a
	110+50	64.37a	30.21ef	9.81b	35.63a	48.64bc	19.31g	21.15bc	70.88a
	60+60	65.42a	31.26cd	9.08c	34.57a	49.56b	20.20cde	19.17d	70.71a
平均值		64.68A	30.39B	9.42B	35.28A	48.44B	19.72B	21.16A	70.85A
D2	100+100	64.83a	32.38b	10.71a	35.13a	48.44c	22.28a	19.17d	66.97c
	150+50	64.01a	33.37a	10.55a	35.96a	49.48bc	20.62bc	17.13ef	68.82b
	80+80	64.39a	33.24a	10.42a	35.50a	49.03bc	21.05b	17.72e	68.50b
	110+50	65.27a	31.97bc	10.42a	34.70a	50.70a	20.55bcd	17.32e	69.02b
	60+60	65.30a	32.19b	10.46a	34.62a	51.34a	20.37cde	16.46f	69.16b
平均值		64.76A	32.63A	10.51A	35.18A	49.80A	20.98A	17.56B	68.49B
F 值	密度（D）	0.09	18.51*	68.92**	0.14	14.63*	13.46*	235.76**	45.59**
	行距（R）	2.87	0.26	1.25	3.19	7.63*	1.51	18.72**	1.76
	D×R	0.13	10.03**	1.09	0.26	2.32	6.69**	2.54	1.50

2.3 密度和行距配置对玉米干物质转运的影响

玉米的产量不仅与花后干物质量的积累和对籽粒的转运有关，而且也与开花前营养器官中贮藏的干物质的重新分配密切相关。从表 3 可以看出，密度显著影响玉米花前花后物质转运量和转运率，同时密度和行距配置对玉米干物质转运影响的互作效应达极显著水平。密度增加显著降低了花前物质转运量、转运率和花后物质转运量，但提高了高密度下花后物质转运率。与D1相比，D2花前物质转运量和转运率分别降低了19.85%和4.02%，花后物质转运率提高了8.83%，说明低密度下有利于花前干物质向籽粒转运，而花前花后物质转运对籽粒产量的贡献率差异不明显。低密度下80 cm+80 cm行距处理花前干物质转运量最高，而60 cm+60 cm行距处理花后物质转运量最高，且等行距处理花后干物质对籽粒产量贡献率均高于宽窄行处理。高密度下110 cm+50 cm行距处理花后物质转运量和对籽粒产量的贡献率最高，显著高于其他行距处理，且宽窄行处理花后物质转运对籽粒产量的贡献率均显著高于等行距处理。

表3 密度和行距配置对玉米干物质转运的影响

处理		花前			花后		
密度	行距（cm）	转运量（g）	转运率（%）	贡献率（%）	转运量（g）	转运率（%）	贡献率（%）
D1	100+100	33.57bc	31.40de	23.65cd	108.37b	76.22f	76.35ab
	150+50	36.35a	34.82abc	26.20ab	102.39c	78.10ef	73.80cd
	80+80	38.46a	35.06abc	26.99ab	104.07c	76.30f	73.01cd
	110+50	37.72a	35.86a	27.08a	101.55c	80.24de	72.92d
	60+60	35.98ab	33.38cd	23.55cd	116.83a	85.01c	76.45ab
平均值		36.42A	34.11A	25.50A	106.64A	79.17B	74.50A
D2	100+100	32.38cd	35.60ab	27.84a	83.92f	96.91a	72.16d
	150+50	28.55ef	33.51bcd	25.03bc	85.52f	88.64b	74.97bc
	80+80	30.38de	32.99cd	26.95ab	82.33f	79.14def	73.05cd
	110+50	26.24f	29.50e	21.97d	93.25d	82.14cd	78.03a
	60+60	28.41ef	32.09d	24.12c	89.43e	83.96c	75.88b
平均值		29.19B	32.74B	25.18A	86.89B	86.16A	74.82A
F值	密度（D）	18.74*	0.66*	0.04	34.83**	3.17*	0.04
	行距（R）	0.27	0.14	0.52	1.11	0.59	0.52
	D×R	9.76**	12.89**	12.77**	20.45**	28.98**	12.77**

2.4 密度和行距配置对玉米产量及其构成的影响

由表4可知，密度对玉米产量构成因素和产量影响显著，行距配置对产量构成和产量的影响不显著，但密度与行距配置对玉米产量构成和产量影响的互作效应达到极显著水平。与D1相比，D2穗粒数降低了20.08%，产量提高21.74%，表明D1密度单株优势主要建立在穗粒数上，玉米具有更大的生长空间，更有利于单株的生长发育，而D2密度优势主要建立在群体数量上，具有更大的群体效应以弥补单株的不足。D1密度下等行距处理100 cm+100 cm、80 cm+80 cm、60 cm+60 cm比较，穗粒数和产量随行距缩小显著增加，等行距处理100 cm+100 cm、80 cm+80 cm较相应的宽窄行150 cm+50 cm、110 cm+50 cm在穗粒数上显著增加，而60 cm+60 cm产量显著高于其他处理，分别高出7.66%（100 cm+100 cm）、10.14%（150 cm+50 cm）、7.21%（80 cm+80 cm）和9.72%（110 cm+50 cm）。D2密度下等行距之间无明显规律性，而等行距处理80 cm+80 cm较相应的宽窄行110 cm+50 cm穗粒数均降低，千粒重和产量显著降低，110 cm+50 cm的配置下产量最高，显著高于150 cm+50 cm和80 cm+80 cm配置，分别高出4.75%和6.01%，而与100 cm+100 cm和60 cm+60 cm配置差异不显著，分别高出2.74%和1.39%。可见，低密度下更有利于各产量构成因素建成，高密度有利用产量的提升，同时，低密度下等行距较相应的宽窄行更有利于穗粒数及产量的建成，并且等行距之间，行距越小越有利用各指标与产量的提升。高密度下，适宜的宽窄行较等行距和其他宽窄行在穗粒数及产量上更优。

表 4　密度和行距配置对玉米产量及其构成的影响

密度	行距（cm）	穗粒数	千粒重（g）	产量（t/hm^2）	收获指数
D1	100+100	542.44c	269.07d	6.39e	0.49f
	150+50	514.99e	272.27bcd	6.24e	0.51de
	80+80	578.76b	256.32f	6.41e	0.50ef
	110+50	526.90d	271.32bcd	6.27e	0.52c
	60+60	589.58a	264.07e	6.88d	0.54b
平均值		550.54A	266.61B	6.44B	0.51B
D2	100+100	451.19f	273.97ab	7.85ab	0.56a
	150+50	423.85h	273.03abc	7.70bc	0.54b
	80+80	440.59g	269.61cd	7.61c	0.49f
	110+50	443.98fg	276.12a	8.07a	0.51cd
	60+60	440.25g	275.77a	7.95a	0.52c
平均值		439.97B	273.70A	7.84A	0.53A
F 值	密度（D）	64.69**	9.15**	125.25**	0.84**
	行距（R）	1.44	2.64	1.57	0.51
	D×R	49.06**	10.20**	7.06**	39.84**

3　讨论与结论

干物质的积累、转运和分配是玉米籽粒产量形成的基础，大量研究表明，适宜的密度和行距配置能显著增加干物质积累并促进干物质向籽粒转移，提升产量[15-20]。合理的密度能显著提升玉米产量，在一定范围内，适度增加种植密度能实现高产，种植密度增加后群体产量和干物质积累量显著增加，单株产量和干物质积累量反之[21]。本试验结果表明，D1 密度下更有利于单株干物质积累，各阶段的干物质积累量与生长速率均大于 D2 密度，同时，D1 密度更有利于干物质向雌穗转移；而 D2 密度虽然在单株指标比不上 D1 密度，但其更有利于群体产量的建成，更有利于产量的提升。群体干物质主要由单株干物质和密度决定，本实验条件下 D1 密度的单株干物质、各阶段的积累量及生长速率均大于高密度，并且干物质向雌穗转运率也高于高密度，结果为 D2 密度的群体干物质大于中密度，说明增加密度群体优势弥补了单株干物质积累量的减少，从而使群体干物质随密度增大而增加。这与前人研究结果一致。

合理的行距配置方式可以提高玉米中下层叶片的光截获量，增大光合面积[22-24]，进一步提高光能利用率，促进植株干物质积累[25,26]，提高物质运输效率和籽粒产量[27]。同时，行距配置可以通过影响玉米吐丝期的光能有效辐射进而影响干物质积累和产量[28]。本实验结果表明，D1 密度下 100 cm+100 cm 配置成熟期干物质积累最高，同比高出平均值 3.13%，D2 密度下 110 cm+50 cm 配置成熟期干物质积累量最高，同比高出平均值 6.22%，说明 D1 密度下 100 cm+100 cm 配置和 D2 密度下 110 cm+50 cm 配置最有利于干物质积累；行距配置对玉米各时期干物质积累量影响随生育期推进逐渐增大[16]。生育前期植株对光照和养分竞争小，不同行距配置下干物质积累差异不大。玉米籽粒干物质积累量主要来源于生育后期叶片光合产物的积累分配，而生育后期竞争加剧，D1 密度时，群体透光率较大，宽窄行种植会导致宽行漏光严重，而窄行透光不足，竞争激烈导致物质积累减少，分配不协调，从而影响干物质积累，而等行距降低了植株个体竞争，促进了干物质向籽粒转运，因此宽窄行的干物质积累量和产量低于等行距种植。D2 密度时，等行距个体之间竞争加剧，不利于干物质积累转运及产量的形成，而合理的宽窄行配置可降低个体竞争，改善田间小气候，使群体在后期保持较高的叶面积指数，衰退缓慢，降低漏光损失，利于改善干物质积累分配，提高产量，因此宽窄行的干物质积累和产量高于等行距，这与王敬亚等研究一致。

前人[29,30]研究表明，在一定范围内，产量总体趋势为随干物质积累量的增加而增加，与干物质积累量呈正相关关系。但产量不仅与干物质积累相关，还必须考虑花前花后转运量、对雌穗的转运率和贡献率等其他因素。前人研究指出，提高花后干物质转运量，也是增加粒重、提高产量的重要途径，但也有学者认为，花前和花后干物质转运量共同影响产量[32]。而本试验研究发现，两个密度下，产量都要受到花前和花后转运的共同影响，其中花前贡献约占 25%，花后约占 75%，花后转运占主导因素，是主要途径。干物质积累量与产量的关系总体上与前人研究一致，但干物质积累量多不完全代表产量高，如 D1 密度下，虽然 100 cm+100 cm 配置的群体干物质积累量大于 60 cm+60 cm，但由于干物质转化率表现相反，花前转运量和花后转运量的和 60 cm+60 cm 配置更高，对籽粒产量的形成贡献更大，最终结果是产量上表现为配置 100 cm+100 cm<60 cm+60 cm，可见，高干物质积累量和花前花后转运量都是高产的基础，二者缺一不可。配置对玉米产量的影响，前人研究不尽一致。杜天庆、马磊磊等认为合理的宽窄行种植方式可以提高玉米的百粒重、穗行数、行粒数等[33,34]，但王宏庭等[35]的研究表明，宽窄行种植的密度要低于等行距，曾苏明等则认为行距对穗粒重、千粒重等产量构成因素的影响不显著。本试验表明，不同密度下宽窄行种植与等行距种植影响不同。D1 密度下，竞争不激烈，宽窄行种植中宽行漏光，窄行透光低，反而不利于产量因素的提升，致使等行距优于宽窄行，其中尤以 60 cm+60 cm 产量最高；D2 密度下，合适的宽窄行 110 cm+50 cm 能有效改善田间小气候，合理利用资源，优于等行距，提高产量，而其他的宽窄行影响不显著。

密度和行距配置对玉米干物质积累和产量影响显著，且密度和行距配置对玉米物质积累和产量影响的互作效应显著，适当增加种植密度并搭配合适的行距配置方式均有利于提高玉米产量，二者合理搭配才能实现玉米产量的提高和稳定。低密度相较于高密度而言，提高了单株干物质的积累，促进干物质向雌穗分配，增加干物质花前花后的转运量，提高穗粒数，达到单株增产的效果，但群体效益较差，不利于群体干物质和产量的形成。而行距配置的影响因密度不同而产生变化，低密度等行距能在一定程度上防止遮光漏光，在干物质积累和产量上优于宽窄行。高密度下，相较于等行距，宽窄行可降低植株个体竞争，改善群体干物质积累分配，最终提高产量。在本试验条件下，笔者认为川中丘陵区以 67 500 株/hm^2，110 cm+50 cm 配置是高产、稳产的最佳种植方式。

参考文献

[1] 赵久然，王荣焕，刘新香．我国玉米产业现状及生物育种发展趋势［J］．生物产业技术，2016（3）：45－52.

[2] 王明田，张玉芳，马均，等．四川省盆地区玉米干旱灾害风险评估及区划［J］．应用生态学报，2012，23（10）：2803－2811.

[3] 黄振喜，王永军，王空军，等．产量 15 000 kg/hm^2 以上夏玉米灌浆期间的光合特性［J］．中国农业科学，2007，40（9）：1898－1906.

[4] Liu W，Zhang J W，Peng L，et al. Effect of plant density on grain yield dry matter accumulation and partitioning in summer maize cultivar denghai 661［J］．Acta Agronomica Sinica，2011，37（7）：1301－1307.

[5] 文熙宸，王小春，邓小燕，等．玉米—大豆套作模式下氮肥运筹对玉米产量及干物质积累与转运的影响［J］．作物

学报，2015，41（3）：448－457.
[6] 余海兵，王金顺，任向东，等．施肥和行距配置对糯玉米群体冠层内微环境及群体干物质积累量的影响［J］．中国生态农业学报，2013，21（5）：544－551.
[7] 赵松岭，李凤民，张大勇，等．作物生产是一个种群过程［J］．生态学报，1997，17（1）：102－106.
[8] 刘铁东．不同种植方式对玉米光截获及光合特性的影响［D］．北京：中国科学院研究生院，2012.
[9] 陈国平，王荣焕，赵久然．玉米高产田的产量结构模式及关键因素分析［J］．玉米科学，2009，17（4）：89－93.
[10] 杨国虎，李新，王承莲，等．种植密度影响玉米产量及部分产量相关性状的研究［J］．西北农业学报，2006，15（5）：57－60.
[11] 杨吉顺，高辉远，刘鹏，等．种植密度和行距配置对超高产夏玉米群体光合特性的影响［J］．作物学报，2010，36（7）：1226－1233.
[12] 田咏梅，许可，周浩亮，等．不同种植方式玉米冠层光利用情况的比较研究［J］．山东农业科学，2013，45（5）：68－70.
[13] 高阳，段爱旺，刘祖贵，等．玉米和大豆条带间作模式下的光环境特性［J］．应用生态学报，2008，19（6）：1248－1254.
[14] 李洪，王斌，李爱军，等．玉米株行距配置的密植增产效果研究［J］．中国农学通报，2011，27（9）：309－313.
[15] 余东海．中高密度下田间配置方式对玉米群体结构和产量构成的影响［D］．成都：四川农业大学，2013.
[16] 蒲甜，张群，陈国鹏，等．行距对玉米—大豆套作体系中玉米产量及干物质积累与分配的影响［J］．浙江农业学报，2016，28（8）：1277－1286.
[17] 杨吉顺．种植密度和行距配置对超高产夏玉米产量形成的影响［D］．青岛：山东农业大学，2010.
[18] 冯尚宗，王世伟，彭美祥，等．不同种植密度对夏玉米产量、叶面积指数和干物质积累的影响［J］．江西农业学报，2015，27（3）：1－5.
[19] 钮笑晓，祁丽婷，李中青．行距配置对玉米干物质积累和产量的影响［J］．安徽农业科学，2016，44（10）：89－91.
[20] Sharifi R S，Namvar A. Plant density and intra-row spacing effects on phenology，dry matter accumulation and leaf area index of maize in second cropping［J］．Biologija，2016，62（1）.
[21] 刘伟，张吉旺，吕鹏，等．种植密度对高产夏玉米登海 661 产量及干物质积累与分配的影响［J］．作物学报，2011，37（7）：1301－1307.
[22] 牛世伟，安景文，刘慧屿，等．大垄双行疏密种植对玉米冠层结构及产量影响的研究［J］．玉米科学，2014，22（5）：98－103.
[23] 范秀玲，李凤海，史振声，等．玉米偏垄宽窄行种植方式的增产作用和生理特性研究［J］．玉米科学，2010，18（1）：108－111.
[24] 李鹏．行距对高产夏玉米冠层气象因子及光合特性的影响［D］．青岛：山东农业大学，2011.
[25] Yang G，D a Q X. Distribution and use efficiency of photosynthetically active radiation in strip intercropping of maize and soybean［J］．Agronomy Journal，2010，102（4）：1149－1157.
[26] 王敬亚，齐华，梁熠，等．种植方式对春玉米光合特性、干物质积累及产量的影响［J］．玉米科学，2009，17（5）：113－115.
[27] Lin P，Qi H，Li C，et al. Optimized tillage practices and row spacing to improve grain yield and matter transport efficiency in intensive spring maize［J］．Field Crops Research，2016（198）：258－268.
[28] Maddonni G A，Cirilo A G and Otegui M E. Row Width and Maize Grain Yield［J］．Agronomy Journal，2006，98（6）：1532－1543.
[29] 陈国平．玉米的干物质生产与分配［J］．玉米科学，1994，14（1）：48－53.
[30] 李济生，董淑琴．玉米地上器官干物质积累运转及其分配的研究［J］．北京农业科学，1985（2）：19－21.
[31] 孙贵荒，刘晓丽，董丽杰，等．高产大豆干物质积累与产量关系的研究［J］．大豆科学，2002，21（3）：

199 -202.

[32] 高庆荣，孙兰珍，刘保申．杂种小麦花后干物质积累转运动态和分配 [J]．作物学报，2000，26 (2)：163 - 170.

[33] 杜天庆，郝建平，马磊磊，等．密度与行距配置对耐密型春玉米农艺性状及产量的影响 [J]．玉米科学，2013，21 (4)：101 - 106.

[34] 马磊磊，杜天庆，郝建平，等．密度和行距配置对耐密型玉米产量及其构成因素的影响 [J]．山西农业科学，2013，41 (1)：52 - 56.

[35] 王宏庭，王斌，赵萍萍，等．种植方式、密度、施肥量对玉米产量和肥料利用率的影响 [J]．玉米科学，2009，17 (5)：104 - 107.

[36] 曾苏明，郭新平，张肖红．不同种植行距对玉米生长发育及产量的影响 [J]．山东农业科学，2012，44 (11)：46 -48.

密度和株行距配置对川中丘区夏玉米群体光分布及雌雄穗分化的影响*

金　容[1,2]　李　钟[2]　杨　云[2]　周　芳[1]　杜伦静[1]　李小龙[1]　孔凡磊[1]　袁继超[1]

1. 四川农业大学农学院/作物生理生态及栽培四川省重点实验室，四川成都　611130
2. 南充市农业科学院，四川南充　637000

摘要：为了便于全程机械化生产，川中部分地区玉米生产已逐渐由套作春播转变为净作夏播。为了明确本区域净作夏玉米高产、宜机的群体结构，采用两因素裂区试验设计，研究了种植密度和株行距配置对夏玉米群体光分布及雌雄穗分化和产量的影响。结果表明，随种植密度增加，玉米有效穗增加，但因空秆和倒伏增加导致有效穗增幅逐渐减少甚至最终有效穗降低；密度增加，玉米叶片茎叶夹角和开张角降低，叶向值增加，群体透光率明显降低，消光系数增大，雌雄穗小穗分化期和小花分化期幼穗长度和中部直径、吐丝期雄穗主轴长度和成对小穗数以及雌穗总小花数、吐丝小花数、受精小花数和单株果穗受精率均降低，而退化小花数、败育花数和花败育率均增加，最终导致玉米秃尖变长，穗粒数和百粒重显著降低，产量则随种植密度增加而先增后降，以 67 500 株/hm² 最高，2 年产量平均，67 500 株/hm² 密度较 45 000 和 90 000 株/hm² 密度分别显著增加 17.00%和 14.03%。此外，2 年在 45 000 和 67 500 株/hm² 密度下，等行距均优于相应宽窄行，60 cm 等行距处理下玉米株型紧凑，能改善群体受光条件，提高玉米单株果穗受精率，降低小花败育率，籽粒产量较高；在 2018 年 90 000 株/hm² 密度下，110 cm+50 cm 宽窄行处理更能改善田间通风透光条件，促进雌雄穗分化，提高玉米籽粒产量。因此，川中丘区夏玉米高产栽培应当适当缩行增密，宜采用 67 500 株/hm² 密度搭配 60 cm 等行距种植。

关键词：密度；株行距配置；玉米；叶型；光合有效辐射；雌雄穗；产量构成

玉米是我国第一大粮食作物，用途较广，需求量较大[1]，提高玉米产量是我国保障粮食安全的重要途径[2]。玉米产量是由单位面积穗数、穗粒数和千粒重三要素构成，适当增密是提高玉米有效穗数的重要措施[3]，但随着种植密度增加，冠层内通风透光不良，削弱了中下部叶片的光照条件[4]，导致玉米雌雄穗发育得不到充足的光合产物[5]，而合理的株行距配置可以使光能在玉米群体冠层内的分布更加合理，充分利用不同层次的光资源[6]，对促进玉米穗部发育及产量的提高具有重要意义，而且也有利于机械化收获[7,8]，这是我国玉米生产发展的必由之路。前人对玉米穗分化与叶龄指数以及植株外部形态的关系研究较多[9-14]，关于密度对玉米雌雄穗分化的影响也有一些报道[15]，但鲜见株行距配置在这方面的研究，尤其是西南地区株行距配置对玉米群体内光分布和雌雄穗分化及其与密度的互作效应方面。川中丘区是西南玉米主产区之一，过去以套作春播为主，为适应机械化生产，近年在一些地

* **基金项目**：公益性行业（农业）科研专项（20150312705），国家重点研发计划（2016YFD0300307，2016YFD0300209）

区逐渐转变为净作夏播，为了探明其适宜群体结构，本文设置了不同密度和株行距配置的田间试验，研究其对玉米株叶型及群体光能分布、雌雄穗分化特性及产量构成的影响，以期为川中丘区净作夏玉米的高产栽培和机械化收获提供理论依据。

1 材料与方法

1.1 试验地概况

试验于2017年5月至2018年9月在四川省德阳市中江县新建村（30°95′N，104°63′E）进行。该地属于亚热带季风气候，无霜期286 d，玉米生育期间气温和降水量见图1。试验田土壤质地为紫色壤土，耕层（0～20 cm）养分含量为有机质21.03 g/kg、全氮1.39 g/kg、碱解氮21.96 mg/kg、速效磷5.83 mg/kg、速效钾112.68 mg/kg，pH值7.60。

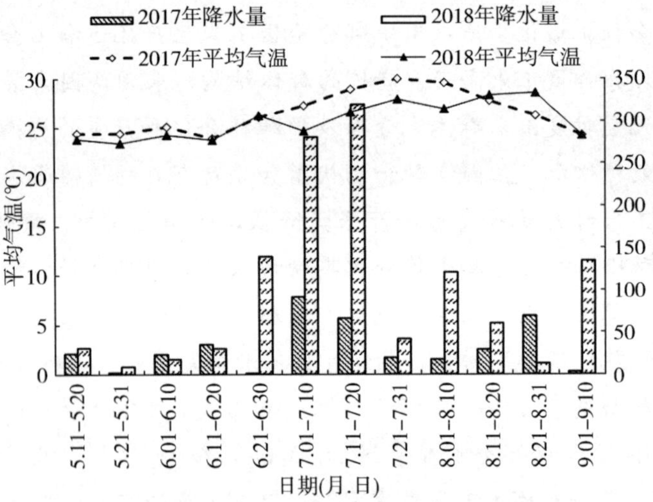

图1 玉米生育期间气温和降水量

1.2 试验设计

供试玉米品种为当前生产上大面积应用的半紧凑型玉米杂交种——正红6号，由四川农大正红生物技术有限责任公司提供。采用两因素裂区试验设计，种植密度为主区，株行距配置为副区，重复3次。具体试验处理为2017年设2个种植密度即45 000株/hm^2（A1）和67 500株/hm^2（A2）；5种行距配置（cm+cm）即60+60（B1）、80+40（B2）、80+80（B3）、110+50（B4）和100+100（B5）。2018年设3个种植密度即45 000株/hm^2（A1）、67 500株/hm^2（A2）和90 000株/hm^2（A3）；4种行距配置（cm+cm）即60+60（B1）、80+40（B2）、80+80（B3）和110+50（B4）。2017年于5月16日播种，9月3日收获，平均小区面积为27.36 m^2，而2018年于5月15日播种，9月5日收获，平均小区面积为23.10 m^2，两年均为6行区，单株留苗。底肥施用复合肥（N∶P_2O_5∶K_2O=15∶6∶8）750 kg/hm^2；追肥（大喇叭口期攻穗肥）施用尿素（含氮量≥46%）112.50 kg/hm^2。其他栽管措施按当地高产要求进行。

1.3 测定项目及方法

1.3.1 叶型

于吐丝期每小区选取有代表性植株连续10株，在田间用米尺测定穗三叶的叶长和叶基至叶片最高点的距离，用量角器测定茎叶夹角（即叶脉与茎秆向上方向的夹角）和开张角（即自然状态下叶枕至叶尖的连线与茎秆的夹角）[16]，并计算叶向值（LOV），

$$LOV = \frac{\sum_{i=1}^{n}(90° - \theta)(Ls/Lt)}{n}$$

式中，θ 为茎叶夹角；Lt 为叶片长度；Ls 为叶基到最高点距离；n 为测定叶片数。

1.3.2 群体光分布

于吐丝期选择晴朗无云天气，用 LI－1400 光量子仪在行间以对角线方式，按离地面 0 cm、50 cm、100 cm、150 cm、200 cm、250 cm 处分层测定冠层内部的光合有效辐射量（I，宽窄行分宽行和窄行分别测定）和冠层顶部入射光合有效辐射量（I_0），计算冠层光合有效辐射透过率（PAR 透过率$=I/I_0$）。

1.3.3 雌雄穗分化进程

雄穗的幼穗分化从 5 片展开叶开始观察，一直到抽雄期，雌穗穗分化从 8 片展开叶开始观察，直到吐丝期结束，每 3 d 观察一次。用解剖针剥取生长锥，放入 FAA 固定液，4℃保存，统一用 OLYMPUS 体视显微镜进行观察、拍照和测量长度。

1.3.4 雌雄穗分化特性

雌穗小花抽丝 7～10 d（吐丝达到最大）后，每处理选取 5 株生长正常的典型植株，测定每株雄穗主轴长度、分枝数、成对小穗数，借助解剖镜和镊子观察每雌穗的小花总数（生长锥上所有分化的小花）、吐丝小花数（花丝伸长的所有小花，即花丝数）、受精小花数（受精后枯萎的所有小花，以花丝基部变褐、萎蔫从子房脱落为准）。

未受精小花数＝吐丝小花数－受精小花数；

退化小花数＝总小花数－吐丝小花数；

小花败育数＝退化小花数＋未受精花数；

单株果穗受精率＝受精小花数/小花总数×100％；

小花败育率＝小花败育数/小花总数×100％。

1.3.5 产量及其构成因素

收获前统计各小区有效穗数、空秆率、双穗率、倒伏率和倒折率。每小区进行实收计产，收获后各小区采用平均穗重法选取 20 个代表性果穗考种，考察穗长、穗粗、秃尖长、穗行数、行粒数、籽粒总重、百粒重，以及含水率等。

1.4 数据统计与分析

采用 Microsoft Excel 2010 和 Graph Pad Prism 5.0 软件进行数据处理和作图，DPS 7.05 软件进行统计分析，LSD 法进行多重比较，不同小写字母表示差异显著（$P<0.05$），图表中数据为平均值±标准误。

2 结果与分析

2.1 密度和株行距配置对玉米叶型的影响

从图 2 可以看出，随叶位上升，叶片叶向值呈下降趋势，茎叶夹角呈先增后降趋势，而开张角则呈增加趋势。随种植密度增加，叶向值增大，茎叶夹角和开张角变小，2017 年 A2 密度较 A1 密度穗三叶平均叶向值增加 10.50％，茎叶夹角和平均开张角分别减小 10.39％和 5.54％；2018 年 A3 密度较 A1、A2 密度穗三叶平均叶向值分别增加 13.53％、6.96％，茎叶夹角和平均开张角分别减小 17.49％、5.59％和 26.37％、23.02％，说明密度增加后植株能在一定程度上自动调节叶片着生角度，株型变紧凑。同一密度下，平均行距增大，穗三叶茎叶夹角和开张角均增加（2017 年 A1B4 穗上叶和

2018 年 A1B4 穗位叶开张角减小），叶向值均减小，说明行距的增大使叶片生长空间相对加大，变得较为舒展。等行距处理较相应宽窄行处理，总体来说穗三叶叶向值呈降低趋势，茎叶夹角和开张角呈增加趋势，但在 A1 和 A2 密度下穗位叶的叶向值和开张角处理间差异不显著。

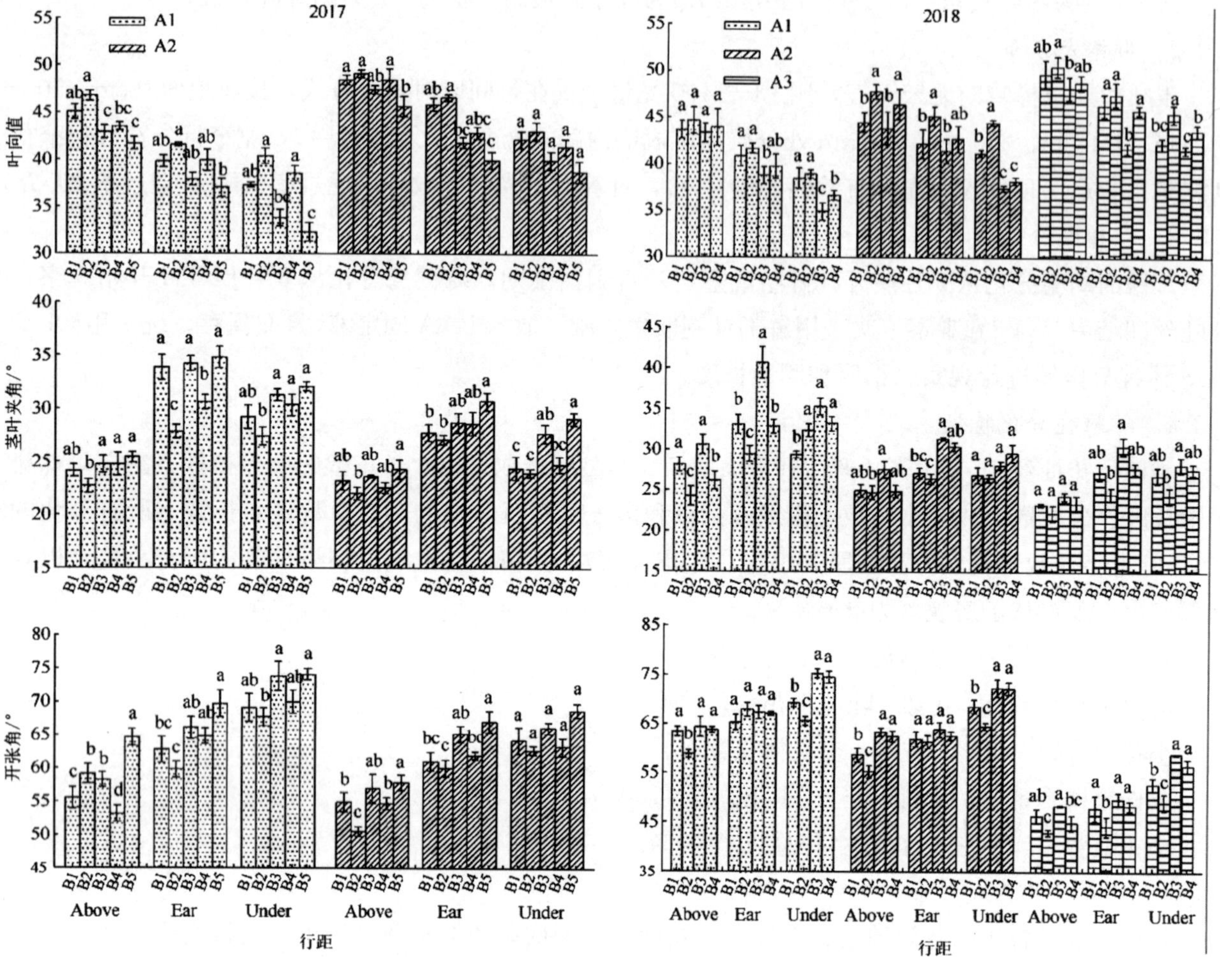

图 2　密度和株行距配置对玉米叶片着生状态的影响

注：柱上不同小写字母表示处理间差异显著（$P<0.05$）；A1、A2 和 A3 分别代表 45 000 株/hm^2、67 500 株/hm^2 和 90 000 株/hm^2；B1、B2、B3、B4 和 B5 分别代表（60+60）cm、（80+40）cm、（80+80）cm、（110+50）cm 和（100+100）cm。Above、Ear 和 Under 分别代表穗上第 1 叶、穗位叶和穗下第 1 叶。下同。

2.2　密度和株行距配置对群体内透光率和消光系数的影响

随测定高度的增加，玉米群体内的透光率逐渐增大（图 3）。密度增加，群体内透光率降低，尽管密度增加植株能在一定程度上通过调节叶片生长角度来改善透光率，但其调节程度远不及密度增加对透光率的影响，因此密度增加群体内透光率仍呈现明显降低的趋势，尤其是中部透光率。2017 年 A2 密度各层次平均透光率较 A1 密度减少 22.49%；2018 年 A3 密度平均透光率较 A1、A2 密度分别减少 40.38%和 21.93%。同一密度下，平均行距增大，群体内透光率均增加，均在 B4-宽行处理下有最大透光率，其次为 B5-等行距处理。宽窄行处理中宽行和窄行的透光率差异较大，表现为宽行>相应等行>窄行透光率。2017 年整体透光率高于 2018 年，主要是因为 2018 年光照整体较弱。

消光系数（K）反映群体冠层光照强度的衰减程度，K 值越大，光照衰减越多，下部叶片受光越少[17]。由表 1 可知，消光系数与群体内透光率表现相反，密度增加，玉米冠层消光系数变大，2017 年 A2 密度平均消光系数较 A1 密度增加 22.86%，2018 年 A3 密度较 A2 和 A1 密度分别增加 46.58%和

28.92%。同一密度下，平均行距增大，等行距和宽窄行处理消光系数均减小，且窄行>相应等行距>宽行。2017 年窄行平均消光系数较相应等行距和宽行分别大 39.60%和 136.36%（A1）、30.73%和 81.40%（A2）；2018 年窄行平均消光系数较相应等行距和宽行分别大 15.54%和 46.15%（A1）、7.83%和 15.48%（A2）、6.60%和 11.88%（A3）。

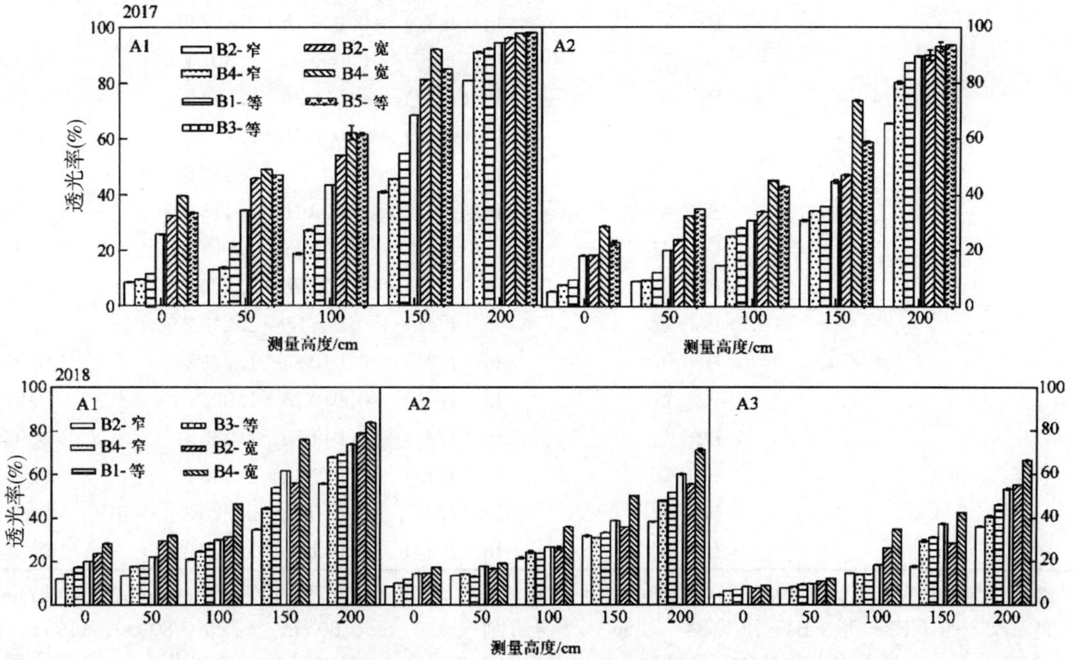

图 3 密度和株行距配置对玉米群体透光率的影响

注：A1、A2 和 A3 分别代表 45 000 株/hm^2、67 500 株/hm^2 和 90 000 株/hm^2；B2－窄、B4－窄、B1－等、B3－等、B2－宽、B4－宽和 B5－等分别代表 40 cm、50 cm、60 cm、80 cm、80 cm、110 cm 和 100 cm 的行距。下同。

回归分析表明，消光系数 K 与种植密度（X_1，株/hm^2）和行距（X_2，cm）呈极显著线性相关，回归方程为 $K=0.0083+7.29\times10^{-8}X_1-62.5\times10^{-5}X_2$（$R^2=0.7871^{**}$，$n=32$），在相同行距下，密度每增加 10 000 株/$hm^2$，$K$ 增加 0.000 729；在相同密度下，行距每增加 10 cm，K 值降低 0.000 625。

表 1 不同密度和配置下玉米群体消光系数方程 ln（I/I_0）=kh+a

年份	密度	行距	消光系数方程	R^2
2017	A1	B1－等	ln（I/I_0）=0.009 0h+2.552 3	0.969 6**
		B2－宽	ln（I/I_0）=0.004 7h+3.554 1	0.953 1**
		B2－窄	ln（I/I_0）=0.010 6h+2.067 1	0.979 1**
		B3－等	ln（I/I_0）=0.005 9h+3.256 5	0.973 5**
		B4－宽	ln（I/I_0）=0.004 1h+3.729 0	0.923 9**
		B4－窄	ln（I/I_0）=0.010 2h+2.240 5	0.976 7**
		B5－等	ln（I/I_0）=0.004 6h+3.614 3	0.938 4**
	A2	B1－等	ln（I/I_0）=0.010 3h+2.172 8	0.967 4**
		B2－宽	ln（I/I_0）=0.007 3h+2.846 7	0.976 3**
		B2－窄	ln（I/I_0）=0.012 2h+1.610 8	0.992 6**
		B3－等	ln（I/I_0）=0.007 6h+2.750 9	0.959 8**
		B4－宽	ln（I/I_0）=0.005 6h+3.308 7	0.957 5**
		B4－窄	ln（I/I_0）=0.011 2h+1.944 6	0.967 4**
		B5－等	ln（I/I_0）=0.006 1h+3.183 9	0.977 5**

续表

年份	密度	行距	消光系数方程	R^2
2018	A1	B1—等	$\ln(I/I_0)=0.0077h+2.6975$	0.9640**
		B2—宽	$\ln(I/I_0)=0.0061h+3.0639$	0.9576**
		B2—窄	$\ln(I/I_0)=0.0088h+2.2892$	0.976**
		B3—等	$\ln(I/I_0)=0.0071h+2.8679$	0.9554**
		B4—宽	$\ln(I/I_0)=0.0056h+3.3071$	0.9567**
		B4—窄	$\ln(I/I_0)=0.0083h+2.5240$	0.9855**
	A2	B5—等	$\ln(I/I_0)=0.0087h+2.2735$	0.9735**
		B1—等	$\ln(I/I_0)=0.0078h+2.5173$	0.9739**
		B2—宽	$\ln(I/I_0)=0.0091h+2.1131$	0.9645**
		B2—窄	$\ln(I/I_0)=0.0079h+2.5433$	0.9878**
		B3—等	$\ln(I/I_0)=0.0077h+2.8264$	0.9424**
		B4—宽	$\ln(I/I_0)=0.0088h+2.2422$	0.9789**
	A3	B1—等	$\ln(I/I_0)=0.0108h+1.7759$	0.9797**
		B2—宽	$\ln(I/I_0)=0.0102h+1.9959$	0.9763**
		B2—窄	$\ln(I/I_0)=0.0116h+1.4354$	0.9661**
		B3—等	$\ln(I/I_0)=0.0104h+1.9499$	0.9817**
		B4—宽	$\ln(I/I_0)=0.0100h+2.2203$	0.9614**
		B4—窄	$\ln(I/I_0)=0.0110h+1.6780$	0.9755**

注：** 表示 0.01 水平上差异显著；A1、A2 和 A3 分别代表 45 000 株/hm^2、67 500 株/hm^2 和 90 000 株/hm^2；B1—等、B2—宽、B2—窄、B3—等、B4—宽、B4—窄和 B5—等分别代表 60 cm、80 cm、40 cm、80 cm、110 cm、50 cm 和 100 cm；I 和 I_0 分别代表冠层内部的光合有效辐射量和冠层顶部入射光合有效辐射量；h 为测定高度；k 为方程中的斜率值即消光系数；a 为常数。

2.3 密度和株行距配置对玉米幼穗分化的影响

2.3.1 对分化进程和形态的影响

由表 2、图 4 和图 5 可知，在不同种植密度和株行距配置下，各处理玉米雌穗和雄穗进入小穗分化期和小花分化期的进度差异不显著，但雄性幼穗进入小穗分化期较雌性幼穗早 9 d 左右。密度增加，玉米雌雄穗幼穗长度和中部直径均降低，由 A1 密度增加到 A2 密度时，两个时期平均，雌穗幼穗长度和中部直径分别降低 25.23%和 4.32%，雄穗幼穗则分别降低 15.86%和 14.00%。不同的株行距配置对玉米雌雄穗幼穗小穗分化期的长度和中部直径影响较小，但对小花分化期幼穗的大小影响较大，尤其是幼穗长度，平均行距增加，雌雄穗幼穗长度总体呈降低趋势，等行距处理幼穗长度均大于相应宽窄行处理，雄穗 A1B3 处理除外。

表 2 密度和株行距配置对玉米雌雄穗幼穗分化的影响 单位：mm

时期	密度	株行距配置	雌穗		雄穗	
			长度	中部直径	长度	中部直径
小穗分化期	A1	B1	6.59	1.66	5.73	1.43
		B2	5.61	1.55	5.68	1.06
		B3	6.26	1.75	5.46	1.32
		B4	5.32	1.98	4.84	0.96
		B5	5.66	1.41	4.56	1.05
		平均值	5.89	1.67	5.25	1.16
	A2	B1	5.41	1.69	4.93	1.18
		B2	5.11	1.46	4.85	1.06

续表

时期	密度	株行距配置	雌穗		雄穗	
			长度	中部直径	长度	中部直径
		B3	5.00	1.59	3.46	0.96
		B4	4.56	1.57	3.32	0.97
		B5	4.21	1.57	3.13	0.93
		平均值	4.86	1.58	3.94	1.02
小花分化期	A1	B1	24.63	4.11	22.58	4.36
		B2	21.08	4.13	21.88	3.72
		B3	22.20	4.26	20.32	3.98
		B4	19.95	4.30	20.39	3.98
		B5	20.01	4.03	20.46	3.49
		平均值	21.57	4.17	21.13	3.91
	A2	B1	18.28	3.83	21.37	3.95
		B2	17.74	4.13	17.69	3.15
		B3	14.49	4.11	17.93	3.49
		B4	14.43	4.08	17.18	3.02
		B5	13.44	3.89	17.12	3.09
		平均值	15.68	4.01	18.26	3.34

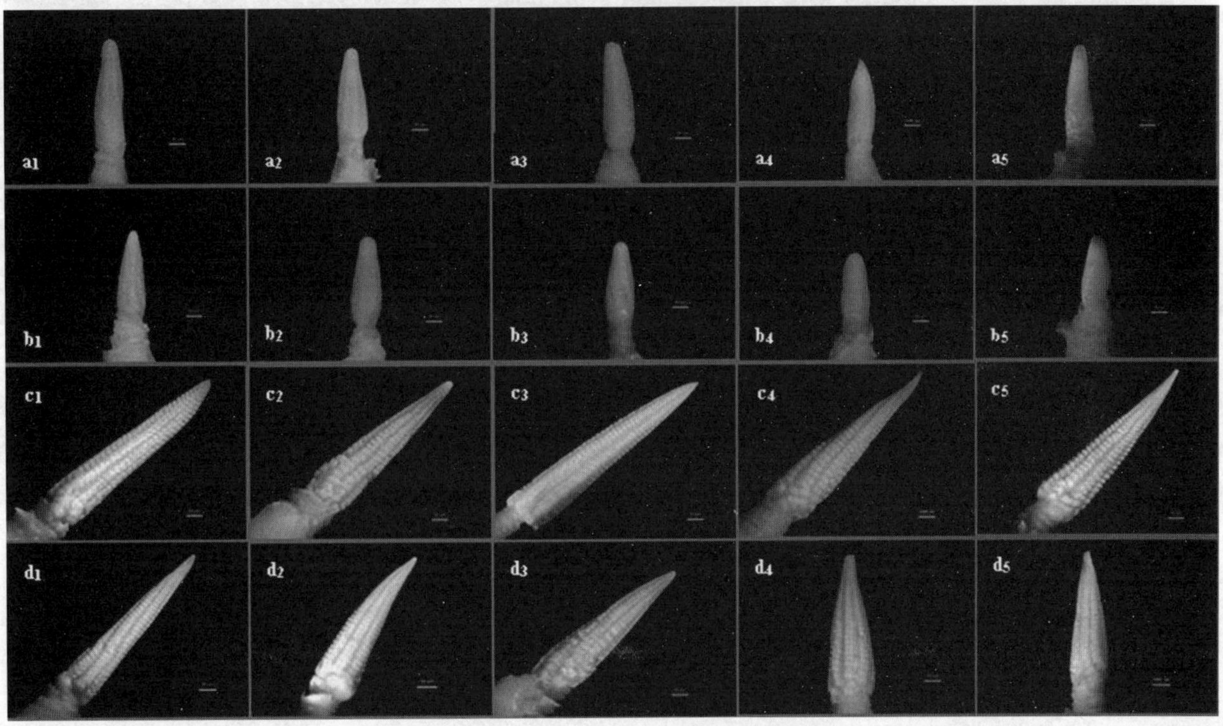

图4　玉米雌穗小穗分化和小花分化期形态特征

注：a_1～a_5分别代表小穗分化期（6月29日）的A1B～A1B5；b_1～b_5分别代表小穗分化期（6月29日）的A2B1～A2B5；c_1～c_5分别代表小花分化期（7月7日）的A1B1～A1B5；d_1～d_5分别代表小花分化期（7月7日）的A2B1～A2B5；处理同图2。

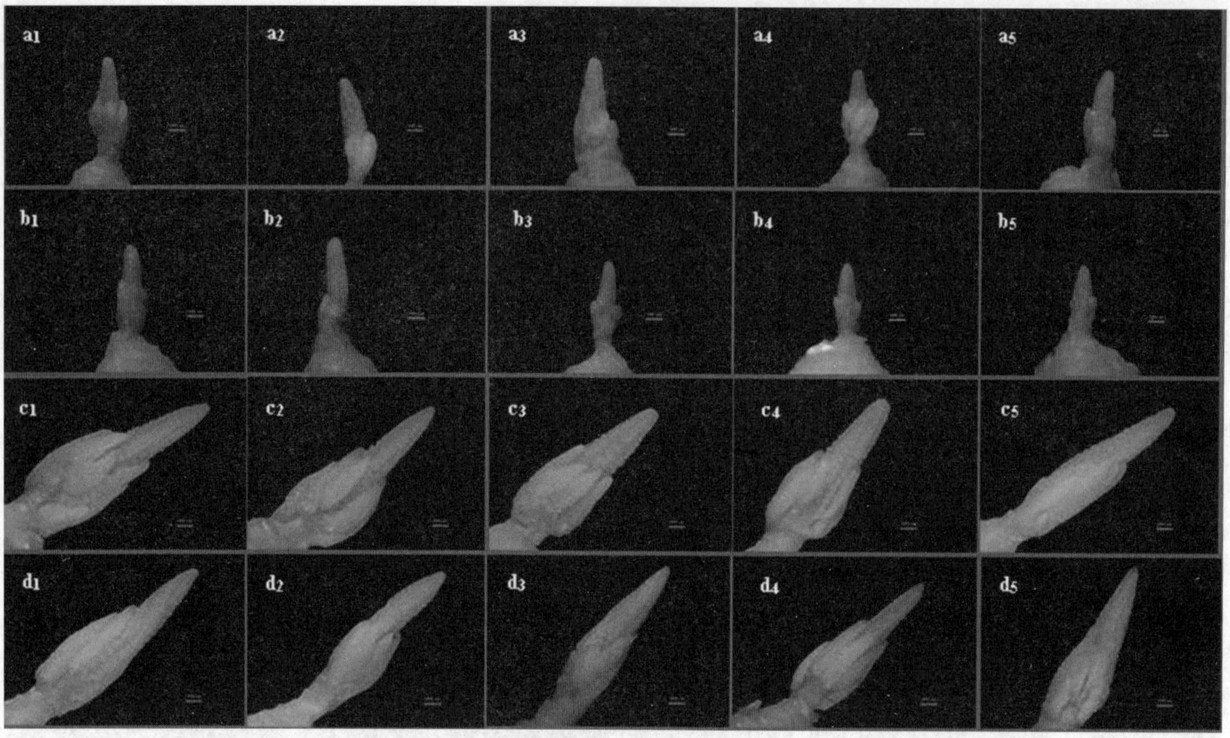

图 5　玉米雄穗小穗分化和小花分化期形态特征

注：a_1～a_5分别代表小穗分化期（6 月 20 日）的 A1B1～A1B5；b_1～b_5分别代表小穗分化期（6 月 20 日）的 A2B1～A2B5；c_1～c_5分别代表小花分化期（6 月 26 日）的 A1B1～A1B5；d_1～d_5分别代表小花分化期（6 月 26 日）的 A2B1～A2B5；处理同图 2。

2.3.2　对分化发育特性的影响

由表 3 可知，密度和株行距配置对玉米雄穗主轴长度和成对小穗数有着显著或极显著影响，密度和株行距配置互作效应对 2018 年主轴长度存在显著影响。密度增加，两年雄穗主轴长度和成对小穗数均降低，其中 2017 年 A2 密度雄穗平均主轴长度和成对小穗数较 A1 密度分别降低 5.86％和 1.02％，2018 年 A3 密度较 A1 密度分别降低 4.73％和 15.83％，较 A2 密度分别降低 2.22％和 9.01％。A1 和 A2 密度下，平均行距增大，雄穗主轴长度和成对小穗数有降低趋势，宽窄行与其相应等行距相比，雄穗主轴长度和成对小穗数也有降低趋势，但在 A3 密度平均行距为 80 cm 时则相反。

表 3　密度和株行距配置对玉米雄穗特性的影响

年份	密度	株行距配置	主轴长度（cm）	分枝数	成对小穗数
2017	A1	B1	46.55a	8.50a	364.13a
		B2	46.25a	8.25a	348.00ab
		B3	45.90a	8.75a	344.00b
		B4	45.45ab	8.25a	342.50b
		B5	44.63b	8.50a	336.25b
		平均值	45.76A	8.45A	346.98A
	A2	B1	44.75a	8.50a	352.50a
		B2	43.45ab	8.00a	350.75a
		B3	43.18b	8.50a	341.75a
		B4	42.00b	8.25a	337.50a
		B5	42.00b	8.00a	335.00a
		平均值	43.08A	8.25A	343.50A

续表

年份	密度	株行距配置	主轴长度（cm）	分枝数	成对小穗数
	F 值	密度（D）	18.55*	3.00	2.71
		行距（R）	5.16**	0.38	3.02*
		密度×行距（D×R）	0.52	0.10	0.27
2018	A1	B1	59.00a	9.40a	355.00a
		B2	58.60a	8.80a	326.40ab
		B3	57.30ab	9.80a	343.60a
		B4	56.00b	9.40a	319.40b
		平均值	57.73A	9.35A	336.10A
	A2	B1	56.70ab	9.20a	315.20a
		B2	58.50a	8.80a	314.60a
		B3	55.30bc	9.20a	312.60a
		B4	54.50c	9.20a	301.20a
		平均值	56.25B	9.10A	310.90B
	A3	B1	55.90a	8.80a	282.80a
		B2	55.50a	8.60a	270.80a
		B3	52.80b	9.00a	289.00a
		B4	55.80a	9.20a	289.00a
		平均值	55.00B	8.90A	282.90C
	F 值	密度（D）	21.09**	0.34	29.29**
		行距（R）	8.08**	0.82	0.87
		密度×行距（D×R）	2.42*	0.11	0.55

注：同列不同小写字母表示处理间差异显著（$P<0.05$），同列不同大写字母表示处理间差异极显著（$P<0.01$）；*，**分别表示0.05和0.01水平上差异显著。处理同表2。下同。

由表4可知，密度和株行距配置对玉米雌穗各分化发育指标均有显著或极显著影响，二者互作效应对2018年正常受精小花数、退化小花数、败育花数、花败育率和单株果穗受精率的影响均达极显著水平。密度增加，雌穗总小花数、吐丝小花数、正常受精小花数和单株果穗受精率均降低，退化小花数、败育花数和小花败育率均增加，其中2017年A2密度较A1密度正常受精小花数和单株果穗受精率分别降低6.89%和2.45%，败育小花数和败育率分别增加23.45%和26.24%；2018年A3密度正常受精小花数和单株果穗受精率较A1密度分别降低13.80%和6.09%，较A2密度分别降低6.52%和1.79%，而败育小花数和败育率较A1密度分别增加31.16%和40.30%，较A2密度分别增加8.70%和12.74%。A1和A2密度下，平均行距增大，退化小花数、败育花数和花败育率总体呈增加趋势，正常受精小花数和单株果穗受精率总体呈降低趋势；2018年A3密度下，平均行距增大，正常受精小花数增加，小花败育率降低，但处理间差异不显著。等行距处理较相应宽窄行处理，A1和A2密度下单株果穗受精率均增加（2018年A2B3降低），而A3密度下B4（宽窄行）较B3（相应等行距）略微增加。可知，密度增加，增加了小花败育率，降低了单株果穗受精率，但搭配适宜株行距配置能够在一定程度上缓解这效应。

表 4　密度和株行距配置对玉米雌穗分化发育特性的影响

年份	密度	行距	分化的小花总数	吐丝小花数	正常受精小花数	退化小花数	败育花数	花败育率（%）	单株果穗受精率（%）
2017	A1	B1	925.67a	877.00a	809.00a	48.67b	116.67b	12.60b	92.24a
		B2	900.33b	839.00b	767.67b	61.33b	132.67b	14.73b	91.54ab
		B3	929.00a	875.00a	805.67a	54.00b	123.33b	13.26b	92.08a
		B4	927.00a	873.00a	795.00a	54.00b	132.00b	14.24b	91.08ab
		B5	930.00a	825.67b	745.00c	104.33a	185.00a	19.89a	90.26b
		平均值	922.40A	857.93A	784.47A	64.47A	137.93A	14.94A	91.44A
	A2	B1	898.00b	832.67ab	762.33a	65.33b	135.67c	15.11c	91.56a
		B2	881.33c	811.67b	741.33a	69.67b	140.00c	15.88c	91.31a
		B3	904.00ab	837.00a	761.00a	67.00b	143.00c	15.81c	90.92a
		B4	901.33ab	822.00ab	714.00b	79.33b	187.33b	20.82b	86.84b
		B5	918.67a	789.00c	673.33c	129.67a	245.33a	26.67a	85.39b
		平均值	900.67A	818.47A	730.40A	82.20A	170.27A	18.86A	89.20A
	F 值	密度（D）	15.64	45.19*	21.88*	54.30*	60.49*	91.34*	1.11
		行距（R）	6.65**	13.68**	21.52**	17.77**	19.54**	18.18**	13.12**
		密度×行距（D×R）	0.47	0.60	2.75	0.41	2.10	2.08	4.62*
2018	A1	B1	910.83a	849.17b	776.67a	61.67a	134.17c	14.73c	91.52a
		B2	878.50c	842.67b	748.00b	35.83c	130.50c	14.84c	88.85b
		B3	919.17a	883.00a	745.67b	36.17c	173.50a	18.83a	84.42c
		B4	893.00b	837.50b	739.00b	55.50b	154.00b	17.19b	88.31b
		平均值	900.38A	853.08A	752.33A	47.29B	148.04B	16.40C	88.28A
	A2	B1	857.83b	825.83ab	715.33a	32.00c	142.50c	16.61c	86.69a
		B2	855.67b	804.33b	687.33b	51.33b	168.33b	19.67b	85.47a
		B3	901.17a	844.00a	702.17ab	57.17a	199.00a	21.97a	83.20b
		B4	874.83b	816.50b	670.17c	58.33a	204.67a	23.40a	82.29b
		平均值	872.38B	822.67B	693.75B	49.71AB	178.63A	20.41B	84.41B
	A3	B1	845.33a	783.50a	650.33a	61.83a	195.00a	23.01a	82.97a
		B2	807.50b	749.00b	617.33b	58.50a	190.17a	23.47a	82.40a
		B3	855.33a	794.83a	659.17a	60.50a	196.17a	22.93a	82.95a
		B4	862.67a	801.33a	667.33a	61.33a	195.33a	22.62a	83.28a
		平均值	842.71C	782.17C	648.54C	60.54A	194.17A	23.01A	82.90B
	F 值	密度（D）	67.38**	75.72**	190.38**	14.84*	39.14**	156.19**	49.98**
		行距（R）	15.87**	9.31**	9.41**	12.28**	17.30**	20.11**	10.30**
		密度×行距（D×R）	2.63	1.92	5.95**	32.37**	5.47**	9.30**	4.65**

2.4　密度和株行距配置对玉米产量及其构成的影响

由表 5 可知，随密度增加，玉米穗长、穗粗、行粒数、穗粒数和百粒重降低，秃尖长增加，果穗性状变劣；有效穗随种植密度增加而增加，但由于空杆和倒伏也较大幅度增加，导致其增幅逐渐降低，甚至使有效穗也降低，尤其是 2018 年降水多、光照弱，行距较窄的 B1 和 B2 处理，最终导致玉米籽粒产量随密度增加而先增后降，以 A2 密度最高，2017 年 A2 密度较 A1 密度籽粒产量平均增加 18.51%，2018 年 A2 密度较 A1 和 A3 密度则分别增加 15.58%和 15.98%。株行距配置对玉米产量及其构成也有一定影响，适宜的田间配置方式有利于改善穗部性状，防止倒伏，增加有效穗数而增产，总体而言，在A1、A2密度下等行距产量高于宽窄行，以60 cm等行距（B1）产量最高，而A3密度下则以（110+50）cm宽窄行（B4）处理产量最大，但仍低于A2B1处理。

表5　密度和株行距配置对玉米产量及其构成的影响

年份	密度	行距	穗长（cm）	秃尖（cm）	穗粗（cm）	空杆率（%）	倒伏率（%）	行粒数	穗粒数	百粒重（g）	有效穗数	产量（kg/hm²）
2017	A1	B1	18.12a	0.97b	4.86a	0.33a	3.72a	43.06a	706.52a	26.47a	45833.34a	7080.28a
		B2	17.63ab	1.23ab	4.54c	0.00a	7.78a	41.17b	647.75b	26.80a	45061.73a	6968.19a
		B3	17.97a	1.20ab	4.69b	0.00a	3.96a	41.94ab	698.76a	26.47a	43865.74a	6889.22ab
		B4	17.50b	1.03b	4.54c	0.00a	4.32a	41.84ab	692.21a	26.16a	42939.82ab	6542.59bc
		B5	18.02a	1.65a	4.63b	0.00a	2.95a	41.90ab	688.73a	26.28a	40277.78b	6494.62c
		平均值	17.85A	1.22A	4.65A	0.07A	4.55B	41.98A	686.80A	26.44A	43595.68B	6794.98A
	A2	B1	16.62ab	1.23b	4.51a	0.07b	5.96b	40.41a	651.69a	23.35a	66203.70a	8617.63a
		B2	16.75a	1.58ab	4.41b	0.68a	13.06a	39.07ab	642.70a	21.95b	67746.92a	8425.19a
		B3	16.80a	1.48ab	4.51a	0.90a	7.73b	39.35ab	650.86a	23.10a	62384.26b	8190.65a
		B4	16.20b	1.52ab	4.40b	0.60a	13.02a	38.27b	621.90a	23.73a	60648.15b	7639.54b
		平均值	17.02a	1.75a	4.46ab	0.00b	6.46b	39.14ab	645.86a	23.03a	56388.89c	7390.68b
		B1	16.68A	1.51A	4.46A	0.45A	9.25A	39.25A	642.60B	23.03A	62674.38A	8052.74A
	*F*值	密度（D）	26.18*	34.59*	16.88	4.47	108.54**	25.25*	169.86**	78.01*	202.51**	49.04*
		行距（R）	3.41*	2.89	15.64**	1.34	3.68*	2.55	2.16	0.92	12.45**	9.57**
		密度×行距（D×R）	0.76	0.29	3.92*	2.80	0.89	0.39	1.68	3.43*	1.82	1.08
2018	A1	B1	17.59b	1.89a	5.07b	3.11a	3.15a	37.39ab	640.73a	29.95a	46969.70a	7475.55a
		B2	18.04a	2.01a	5.13a	3.59a	3.94a	36.60c	623.44b	29.49a	45286.20a	7128.53b
		B3	18.01a	1.91a	5.07b	2.43a	1.64a	37.99a	647.04a	29.66a	44570.71a	7185.98b
		B4	17.98a	2.11a	5.07b	1.86a	1.87a	36.93bc	627.82b	29.92a	45959.60a	7046.00b
		平均值	17.90A	1.98A	5.08A	2.75A	2.65A	37.23A	634.76A	29.75A	45696.55A	7209.02B
	A2	B1	16.81ab	2.11ab	4.96a	2.28a	6.90a	32.96a	561.20a	29.59a	63973.06a	8783.38a
		B2	17.00a	2.35a	4.96a	3.91a	8.38a	31.45b	531.64b	29.04a	61952.86a	8351.56b
		B3	16.62b	1.90bd	5.00a	1.66a	11.92a	32.87a	559.99a	29.41a	57449.49b	7994.91c
		B4	16.71b	2.10bc	4.98a	3.39a	14.41a	32.66a	557.33a	29.11a	60732.32a	8200.29b
		平均值	16.79AB	2.12A	4.97AB	2.81A	10.40A	32.49B	552.54B	29.28AB	61026.94A	8332.54A
	A3	B1	15.73ab	2.36a	4.85ab	18.03a	37.59a	26.67b	451.65bc	28.36a	63131.31b	7090.71b
		B2	15.56b	2.43a	4.83b	18.34a	43.88a	26.65b	449.94c	28.81a	64141.41ab	6888.06b
		B3	15.80ab	2.08b	4.87ab	14.01a	33.94ab	27.57b	468.68b	28.94a	63510.10b	7094.03b
		B4	16.03a	2.28ab	4.89a	7.07b	26.16b	28.97a	492.50a	28.99a	68308.08a	7665.79a
		平均值	15.78B	2.29A	4.86B	14.36A	35.39A	27.46C	465.69C	28.78B	64772.73A	7184.65B
	*F*值	密度（D）	21.30**	8.80*	16.49*	4.71	8.30*	47.18**	48.49**	11.02*	7.78*	61.72**
		行距（R）	2.09	4.35*	0.67	2.41	0.53	5.93**	9.47**	0.46	2.55	7.28**
		密度×行距（D×R）	4.31**	0.96	1.64	1.71	1.39	2.70*	4.08**	1.02	1.72	7.59**

2.5　相关性分析

2.5.1　玉米产量与产量构成因素的关系

相关分析表明，产量与有效穗数关系最为密切，呈极显著正相关（r=0.70**，n=66），而回归分析表明，玉米行粒数（X_1）、穗粒数（X_2）和百粒重（X_3）均与产量呈极显著二次函数关系，回归方

程分别为

$Y=-24\,136.095\,6+1\,933.037\,2X_1-28.806\,9X_1^2$ ($R^2=0.775\,6^{**}$);

$Y=-26\,200.880\,7+122.616\,4X_2-0.109\,103X_2^2$ ($R^2=0.751\,8^{**}$);

$Y=-75\,892.106\,0+6\,616.222\,0X_3-130.087\,8X_3^2$ ($R^2=0.746\,7^{**}$)。

由方程可知玉米产量随各指标的升高而呈抛物线变化，行粒数、穗粒数和百粒重均不是越多越好，在行粒数、穗粒数和百粒重分别为33.55粒、561.9粒和25.53 g时产量最高，因为穗粒数和百粒重受有效穗影响比较大，二者呈极显著负相关，有效穗过低时虽然穗粒数和百粒重高，但产量不高，有效穗过多致穗粒数、百粒重过低，产量也不高。密度增加，显著增加了玉米有效穗数，但过密会导致穗粒数大幅降低而减产，而合理密植利于缓和个体与群体间的矛盾，有利于单位面积有效穗数、穗粒数和粒重的协调发展，使三者乘积达到最大，因此在一定穗数基础上培育大穗，增加单位面积的总粒数，扩大库容量具有重要意义。

2.5.2 *产量性状与雌雄分化特性及光分布的关系*

由表6可知，小穗分化期和小花分化期雌雄穗幼穗长度均与玉米穗长、穗粗、行粒数、穗粒数和百粒重正相关，而与秃尖长负相关，且均达显著或极显著水平，同时两时期雌雄幼穗中部直径均与玉米穗长、行粒数、穗粒数和百粒重呈正相关关系，表明早期雌雄穗幼穗长度的分化状态与玉米穗部性状关系更为密切。吐丝期雌穗小花总数、吐丝小花数、受精小花数和单株果穗受精率分别与穗长、行粒数、穗粒数和穗位层透光率呈显著或极显著正相关关系，而与秃尖长和消光系数呈显著或极显著负相关关系，单株果穗受精率与消光系数相关不显著，雌穗小花败育率表现则相反；雄穗成对小穗数与玉米穗长、行粒数和穗粒数以及穗位层透光率均呈极显著正相关，而与消光系数显著负相关，表明随着生育时期的推进，植株内部竞争增大，雌雄穗分化受光照条件影响差异逐渐显现，因此通过合理密植和适宜株行距配置等措施，适当降低消光系数，增加穗位层透光率，改善田间通风透光条件，有利于促进玉米雌雄穗分化发育，从而增加玉米行粒数和穗粒数，减小秃尖长度。

回归分析表明，玉米的产量（Y）与消光系数（K，宽窄行处理用其宽行和窄行的平均值）呈二次凸函数关系，回归方程为 $Y=850.7+1\,544\,500.4K-85\,979\,565.3K^2$ ($R^2=0.298^{*}$)，在消光系数为0.009左右时产量最高；消光系数过大，田间通风透光变差，果穗分化发育不良，穗粒数少，产量不高；消光系数过小，田间漏光多，不利于增加光合物质积累，也不利于高产。

表6 雌雄穗特性与产量构成因素以及穗位层透光率的关系

指标			穗长	秃尖长	穗粗	行粒数	穗粒数	百粒重	穗位层透光率	消光系数
小穗分化期	雌穗特性	长	0.78**	−0.72*	0.89**	0.88**	0.80**	0.72*	0.16	0
		中部直径	0.15	0.22	−0.73*	0.37	0.43	0.32	0.02	0.07
	雄穗特性	长	0.66*	−0.73*	0.64*	0.78**	0.6	0.64*	0.03	0.18
		中部直径	0.56	−0.62*	0.83**	0.67*	0.63*	0.44	−0.11	0.22
小花分化期	雌穗特性	长	0.82**	−0.75**	0.83**	0.92**	0.79**	0.79**	0.24	−0.01
		中部直径	0.40	−0.46	0.26	0.37	0.44	0.49	0.26	−0.21
	雄穗特性	长	0.69*	−0.77**	0.74**	0.87**	0.65*	0.76**	0.17	0.08
		中部直径	0.65*	−0.90**	0.81**	0.87**	0.78**	0.67*	0.05	0.12

续表

指标			穗长	秃尖长	穗粗	行粒数	穗粒数	百粒重	穗位层透光率	消光系数
吐丝期	雌穗特性	总小花数	0.73**	−0.77**	−0.30	0.89**	0.91**	−0.37	0.83**	−0.75**
		吐丝小花数	0.79**	−0.66**	0.10	0.72**	0.77**	0.02	0.53**	−0.53*
		受精小花数	0.79**	−0.82**	−0.18	0.88**	0.89**	−0.27	0.59**	−0.50*
		小花败育率	−0.64**	0.65**	0.06	−0.66**	−0.67**	0.13	−0.28	0.22
		单株果穗受精率	0.64**	−0.80**	−0.41	0.85**	0.84**	−0.48*	0.52*	−0.39
	雄穗特性	成对小穗数	0.71**	−0.82**	−0.38	0.94**	0.93**	−0.51*	0.58**	−0.51*

注：穗位层透光率为离地 100 cm 和 150 cm 的平均透光率。* 和 ** 分别表示 0.05 和 0.01 水平上差异显著。

3 讨论

合理密植可以增加有效穗数而提高玉米产量，但种植密度过大则会影响玉米的幼穗分化，小花总数、吐丝小花数、受精小花数减少，败育小花和未受精小花数增加，导致穗实粒数降低而减产[15]，本文得到了类似结果，本试验条件下的适宜种植密度为 6.75 万株/hm^2，低于李春奇等[15]和孟佳佳等[18]在北方玉米区的研究结果，这可能与本试验区弱光条件有关。相关分析表明，玉米雌穗的吐丝小花数、受精小花数、单株果穗受精率和雄穗成对小穗数与穗位层透光率呈显著或极显著正相关，与其消光系数显著负相关，表明田间通风透光条件是影响玉米雌雄穗分化的重要因素。玉米种植密度增加，植株虽然能够自动调节叶片生长角度，使叶向值增大，茎叶夹角和开张角变小，从而在一定程度上改善田间透光条件，但其调节程度远不及密度增加对透光率的影响，导致群体透光率降低，消光系数增加，这是高密度降低玉米穗粒数的重要生态机制。密度过大还可能因内部竞争激烈，使植株个体发育不良，导致空秆增加、倒伏加重而降低有效穗数，这在多雨、寡日的 2018 年的 9.00 万株/hm^2 超高密度下表现尤其突出。

种植密度决定群体的大小，而株行距配置方式则决定群体的均匀性[19,20]。改变植株在田间的分布，可以使冠层内光分布更加均匀[21]，从而促进玉米雌雄穗分化，最终提高玉米产量及产量构成。杨吉顺等[22]在山东的研究表明，在 6.75 万株/hm^2 密度下，60 cm 等行距与各宽窄行处理（平均行距为60 cm）的产量差异不显著，但在 9.00 万株/hm^2 和 11.25 万株/hm^2 密度下，(80+40) cm 行距处理能够增加穗位叶层的光合有效辐射，从而提高籽粒产量。本试验结果表明，在 4.5 万株/hm^2 和 6.75 万株/hm^2 密度下，宽窄行 (110+50) cm 中宽行群体透光率增大，存在较多的漏光损失，(80+40) cm 中窄行透光率过小，植株间光能和养分资源竞争加剧，不利于产量的提高，而 60 cm 等行距处理下叶型相对较紧凑，群体内受光较均匀，幼穗分化发育较好，吐丝和受精小花数多、败育小花数和败育率低，因而穗粒数多，籽粒产量最高。但在 2018 年的 9.00 万株/hm^2 超高密度下，(110+50) cm 宽窄行处理的宽行通风透光条件更好，促进了雌雄穗分化发育，进而优化玉米穗部性状，并降低倒伏，增加有效穗而提高玉米籽粒产量。表明在中、高密度（4.5 万株/hm^2 和 6.75 万株/hm^2）条件下适宜 60 cm 等行距栽培，但在超高密植（9.00 万株/hm^2）条件下则应适当扩大行距，(110+50) cm 宽窄行种植，以改善田间通风透光条件。这一结果与杨吉顺等[22]在北方玉米区的研究结果不尽一致，这与本区弱光条件和所用品种不同有关，因此玉米的株行距配置要因种植密度、当地光照等生态条件和品种特性而异。正红 6 号是本区主推品种，株高适中，株型半紧凑，耐密性较强，应用面积大，具有较高的代表性，研究结果对指导本区域的玉米生产有重要参考、实用价值。

消光系数反应作物群体内的光分布状态，消光系数高，群体内光衰减严重，透光条件差，消光系数低，群体内透光条件好，但可能漏光增多[23]。本试验表明，玉米产量与消光系数呈二次凸函数关系，消光系数过高、过低均不利于高产，在本试验条件下消光系数为 0.009 左右时较适宜。适宜种植密度和株行距配置可以通过建立适宜的消光系数，改善田间透光条件而提高玉米产量。

4 结论

适宜密度和株行距配置能够优化株型结构，使群体光分布更加均匀合理，消光系数适宜，从而促进玉米雌雄穗分化发育，提高单株果穗受精率，降低小花败育率，优化玉米穗部性状，协调有效穗数和穗粒数矛盾，从而提高玉米产量。综合两年试验结果，玉米产量随密度增加而先增后降，以 6.75 万株/hm^2产量较高；在 4.5 万株/hm^2 和 6.75 万株/hm^2密度下以 60 cm 等行距、在 9.00 万株/hm^2密度下以（110+50）cm 宽窄行产量较高。建议川中丘区采用 6.75 万株/hm^2密度搭配（60+60）cm 等行距栽培，不仅产量高，而且也比较适合大多数收获机对行收获。

参考文献

[1] 魏珊珊，王祥宇，董树亭．株行距配置对高产夏玉米冠层结构及籽粒灌浆特性的影响 [J]．应用生态学报，2014，25（2）：441－450.

[2] 刘伟，张吉旺，吕鹏，等．种植密度对高产夏玉米“登海 661”产量及干物质积累与分配的影响 [J]．作物学报，2011，37（7）：1301－1307.

[3] 王楷，王克如，王永宏，等．密度对玉米产量（>15 000 kg/hm^2）及其产量构成因子的影响 [J]．中国农业科学，2012，45（16）：3437－3445.

[4] 吕丽华，陶洪斌，夏来坤，等．不同种植密度下的夏玉米冠层结构及光合特性 [J]．作物学报，2008，34（3）：447－455.

[5] 冀华，李宏，张树伟．玉米雌雄穗发育及其与产量的关系 [J]．山西农业科学，2011，39（7）：754－755.

[6] 高英波，陶洪斌，黄收兵，等．密植和行距配置对夏玉米群体光分布及光合特性的影响 [J]．中国农业大学学报，2015，20（6）：9－15.

[7] 苌建峰，张海红，李鸿萍，等．不同行距配置方式对夏玉米冠层结构和群体抗性的影响 [J]．作物学报，2016，42（1）：104－112.

[8] 韩成卫，孔晓民，刘丽，等．不同种植模式对玉米生长发育、产量及机械化收获效率的影响 [J]．玉米科学，2012，20（6）：89－93.

[9] 梁秀兰，张振宏．玉米穗分化与叶龄关系的研究 [J]．华南农业大学学报，1995（3）：83－87.

[10] 李叶蓓，陶洪斌，王若男，等．干旱对玉米穗发育及产量的影响 [J]．中国生态农业学报，2015，23（4）：383－391.

[11] 滕世云．玉米穗分化与叶龄的关系 [J]．山西农业科学，1983（4）：4－5.

[12] 曹彬，张世杰，孙占育，等．玉米叶龄指数与穗分化回归关系的研究初报 [J]．玉米科学，2005，13（1）：86－88.

[13] 张养利，李进仓，张德仓．16 个玉米新品种叶龄指数与穗分化关系的试验初报 [J]．陕西农业科学，2009，55（5）：14－16.

[14] 黄铨，罗守德，武殿林，等．玉米穗分化时期与植株外部形态及叶龄指数相互关系的研究 [J]．山西农业科学，1981（10）：6－8.

[15] 李春奇，郑慧敏，李芸，等．种植密度对夏玉米雌穗发育和产量的影响 [J]．中国农业科学，2010，43（12）：2435－2442.

[16] 徐正进，董克．水稻叶片基角、开张角和披垂度的同时测定方法 [J]．沈阳农业大学学报，1991，22（2）：185－187.

[17] Wang Q，Niu Y. Effects of altered source-sink ratio on canopy，photosynthetic rate and yield of maize (Zea mays) [J]．Photosynthetica，1996，32（2）：271－276.

[18] 孟佳佳，董树亭，石德杨，等．玉米雌穗分化与籽粒发育及败育的关系 [J]．作物学报，2013，39（5）：912－918.

[19] Mohammadi G R，Ghobadi M E，Sheikhehpoor S. Phosphate biofertilizer，row spacing and plant density effects on corn（L.）yield and weed growth [J]. Am J Plant Sci，2012，3（4）：425－429.
[20] 代旭峰，王国强，刘志斋，等. 不同密度下不同行距对玉米光合及产量的影响 [J]. 西南大学学报（自然科学版），2013，35（3）：15－21.
[21] Maddonni G A，Chelle M，Drouet J L，et al. Light interception of contrasting azimuth canopies under square and rectangular plant spatial distributions：simulations and crop measurements [J]. Field Crops Res，2001，70（1）：1－13.
[22] 杨吉顺，高辉远，刘鹏，等. 种植密度和行距配置对超高产夏玉米群体光合特性的影响 [J]. 作物学报，2010，36（7）：1226－1233.
[23] 刘朝巍，张恩和，谢瑞芝，等. 不同施氮方式对宽窄行交替休闲种植玉米产量和光合特性的影响 [J]. 草业学报，2012，21（1）：34－42.

种植密度对川中丘陵夏玉米茎秆性状及产量的影响*

刘晓林[1] 马晓君[1] 豆 攀[1] 黄科程[2] 王兴龙[1] 张 頔[1] 孔凡磊[1] 袁继超[1]

1. 四川农业大学农学院/农业部西南作物生理生态与耕作重点实验室，四川成都 611130
2. 中江县农技站，四川中江 618100

摘要：以玉米品种正红505为材料，设置4.50万株/hm^2、5.25万株/hm^2、6.00万株/hm^2、6.75万株/hm^2、7.50万株/hm^2 5个密度处理，研究种植密度对川中丘陵夏玉米茎秆性状及产量的影响。结果表明，随种植密度的增加，株高、穗位高、节间长、茎节长粗比和穗位高系数逐渐增加，茎粗、茎粗系数、节间干重、单位茎长干物质重、茎秆压碎强度和外皮穿刺强度逐渐减小，除穗位高和穗位高系数外，其余各性状均存在显著性差异；其中，当种植密度增加到7.50万株/hm^{2}时，第1、3、5茎节的外皮穿刺强度分别较4.5万株/hm^{2}显著降低27.10%、22.78%和30.80%。在本试验设置的密度范围内，玉米产量随密度的增加而先增后减，在6.00万株/hm^{2}处获得最大值，与4.50万株/hm^{2}相比，6.00万株/hm^{2}显著增产12.02%。随种植密度增加，玉米穗长、穗粗、成穗率、穗粒数和千粒重显著降低，有效穗数和秃尖长显著增加。相关分析表明，茎秆压碎强度与外皮穿刺强度呈极显著正相关（$r=0.93^{**}$），且茎秆压碎强度和外皮穿刺强度分别与茎粗、茎粗系数、节间粗、节间干重和单位茎长干物质重呈显著或极显著正相关，而与株高、节间长和茎节长粗比呈负相关或极显著负相关。其中，茎秆农艺性状与茎秆压碎强度的相关性更好。单株产量与茎粗、茎粗系数、节间粗、节间干重、单位茎长干物质重、茎秆压碎强度和外皮穿刺强度呈显著或极显著正相关，与节间长和茎节长粗比呈显著负相关。逐步回归分析表明，茎粗系数和单位茎长干物质重对茎秆压碎强度的影响最大。综上所述，种植密度是影响玉米茎秆性状和产量的重要因素，适当增加种植密度可以显著增加玉米群体产量，茎粗系数和单位茎长干物质重可以作为评价玉米茎秆抗倒伏能力的重要农艺指标。

关键词：密度；川中丘陵；夏玉米；茎秆性状；产量

玉米是我国第一大粮食作物，也是川中丘陵重要的粮食作物之一[1,2]。增加种植密度是挖掘玉米高产潜力的主要措施[3-6]，但密度的增加会影响玉米的茎秆性状，如株高和穗位高变高、茎粗变细和茎秆强度降低等，最终导致玉米茎秆抗倒伏能力降低，增加玉米倒伏的概率[7-9]。相关研究指出，玉米倒伏后干物质积累显著降低、穗长显著变短、穗粗显著变细，以及产量显著降低等[10]。据估计，每年因玉米茎秆倒伏而造成的损失在5%～25%，倒伏严重的近乎绝收[11,12]。因此，研究种植密度对玉米茎秆性状的影响，以及探究茎秆性状与产量之间的关系，具有重要的理论价值和实践意义。

前人研究表明，种植密度显著性影响玉米株高、穗位高、节间长等茎秆农艺性状指标，以及茎秆

* 基金项目：国家粮食丰产科技工程（2012BAD04B13）及公益性行业（农业）科研专项（20150312705）资助

压碎强度、外皮穿刺强度等茎秆力学性状指标，株高、穗位高、节间长和茎节长粗比与倒伏率呈显著或极显著正相关关系，节间干重、节间干重百分比、单位茎长干物质重和茎秆力学特征与倒伏率呈显著或极显著负相关关系，且以基部第3节的相关性最好，茎粗、单位茎长干物质重、茎秆力学性状指标等可作为评价茎秆抗倒伏能力的指标[11,13-20]。目前，关于玉米抗倒伏的研究主要集中于北方地区，且主要研究种植密度对茎秆性状的影响、茎秆性状与倒伏率的关系以及抗倒伏率评价指标的筛选等方面[11,13-21]，而关于西南地区玉米的抗倒伏研究，以及玉米茎秆性状与产量之间的关系研究鲜见报道。近年来，随着种植制度和农业种粮大户的发展，小麦－夏玉米新两熟种植模式成为西南丘陵旱地重要的种植模式，目前未见该模式下密度对夏玉米茎秆性状及产量影响的研究。本研究通过设置不同的种植密度，系统地分析种植密度对川中丘陵夏玉米茎秆性状及产量的影响，并探讨种植密度、茎秆性状及产量三者之间的关系，为西南丘陵地区小麦－玉米种植系统下夏玉米高产栽培体系的构建提供理论依据。

1 材料与方法

1.1 试验地概况

试验设在四川省德阳市中江县辑庆镇（30°35′N，104°37′E）惠农粮食专业合作社试验田（丘陵旱地），属亚热带湿润季风气候，年平均气温16.7℃，年降水量883 mm，无霜期286 d，中江2015年的气象数据见图1。供试土壤耕层（0～20 cm）土壤基本理化性状：土壤容重1.40 g/cm^3，全氮1.61 g/kg，有机质14.78 g/kg，碱解氮42.93 mg/kg，有效磷5.9 mg/kg，速效钾104.44 mg/kg，pH值7.80。

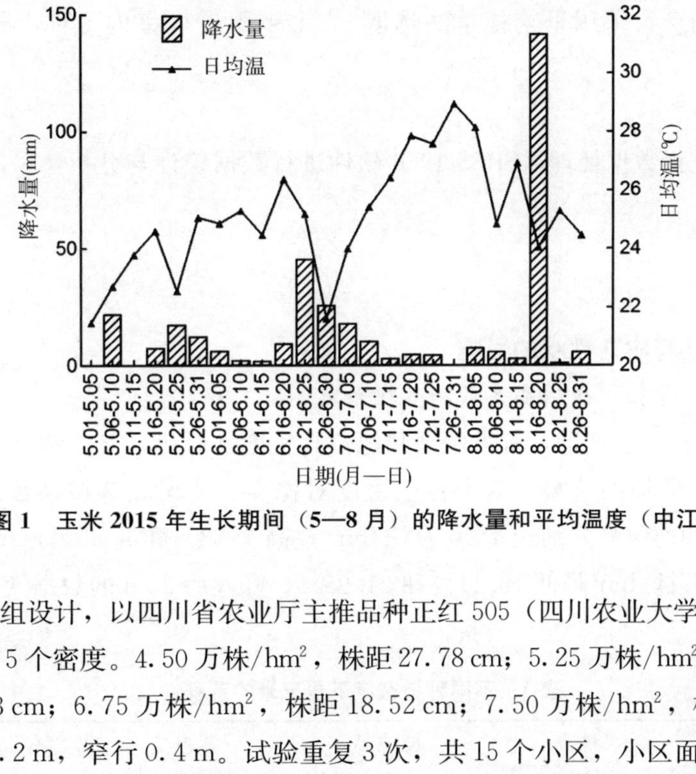

图1 玉米2015年生长期间（5—8月）的降水量和平均温度（中江）

1.2 试验设计

采用单因素随机区组设计，以四川省农业厅主推品种正红505（四川农业大学正红种业有限责任公司提供）为试验材料，设5个密度。4.50万株/hm^2，株距27.78 cm；5.25万株/hm^2，株距23.81 cm；6.00万株/hm^2，株距20.83 cm；6.75万株/hm^2，株距18.52 cm；7.50万株/hm^2，株距16.67 cm。采用宽窄行种植方式，宽行1.2 m，窄行0.4 m。试验重复3次，共15个小区，小区面积为19.2 m^2。于2015年5月14日播种，8月25日收获。播种前统一施用N、P、K配比为25∶7∶8的复合肥作为底肥一次施用，施用量为900 kg/hm^2。

1.3 测定的指标和方法

1.3.1 株高、穗位高、节间长和茎粗

于玉米吐丝后7 d和吐丝后25 d取样，每个小区选取有代表性植株10株，测量株高、穗位高、节

间长（第 1、第 3、第 5 节间）和茎粗（第 1、第 3、第 5 节间），并计算茎节长粗比（节间长/节间粗）、茎粗系数（茎粗系数=茎粗/株高×100%）和穗位高系数（穗位高系数=穗位高/株高×100%）。

1.3.2 外皮穿刺强度

于玉米吐丝后 7 d 和吐丝后 25 d 取样，每个小区选取有代表性植株 3 株，取玉米地上部第 1、第 3、第 5 节间，剥除叶鞘，采用石家庄艾沃士科技有限公司生产的 AWOS−SL04 植物茎秆强度测定仪测定茎秆外皮穿刺强度，将横截面积为 0.01 cm^2 的探测头垂直于茎秆节间中部匀速缓慢插入，读取穿透茎秆表皮的最大值。

1.3.3 茎秆压碎强度

于玉米吐丝后 7 d 和吐丝后 25 d 取样，每个小区选取有代表性植株 3 株，取玉米地上部第 1、第 3、第 5 节间，剥除叶鞘，用石家庄艾沃士科技有限公司生产的 AWOS−SL04 植物茎秆强度测定仪测定茎秆压碎强度，将横截面积为 1 cm^2 的探测头垂直于茎秆节间中部匀速缓慢压下，直到茎秆破裂，读取最大值。

1.3.4 植株节间重

于玉米吐丝后 7 d 和吐丝后 25 d 取样，每个小区选取有代表性植株 3 株，取玉米地上部第 1、第 3、第 5 节间，剥除叶鞘，分别称取玉米茎秆各节间鲜重，然后在 105 ℃下杀青 60 min，再于 80 ℃下烘干至恒重后称重。计算茎秆干重百分比、单位茎长干物质重，其中茎秆节间干重百分比（%）=节间干重/节间鲜重×100%，单位茎长干物质重=节间干重/节间长度（g/cm）。

1.3.5 玉米产量考种

玉米分小区实收测产，采用平均穗重法选取 20 个果穗进行室内考种，测定穗长、穗粗、千粒重等。

1.4 数据分析

采用 Excel 2007 进行数据处理，SPSS 19.0 软件进行数据统计与分析，采用 GraphPad Prism 5.0 绘图软件绘图。

2 结果分析

2.1 种植密度对玉米茎秆农艺性状的影响

2.1.1 株高、穗位高、茎粗、穗位高系数和茎粗系数

由表 1 可知，随种植密度增加，玉米株高和穗位高呈增加趋势，茎粗和茎粗系数逐渐减小，而穗位高系数则呈先降低后增加的趋势，其中种植密度对株高、茎粗和茎粗系数影响显著（$P<0.05$）。6.75 万株/hm^2 的株高和穗位高分别较 4.50 万株/hm^2 提高 9.83%和 9.86%，7.50 万株/hm^2 的茎粗和茎粗系数分别较 4.50 万株/hm^2 降低 16.11%和 21.95%。吐丝后 25 d 的数据变化规律与吐丝后 7 d 基本一致。

表 1 不同种植密度下夏玉米的茎秆性状

测定时期	种植密度（$\times10^4$ 株/hm^2）	株高（cm）	穗位高（cm）	茎粗（cm）	穗位高系数（%）	茎粗系数（%）
吐丝后 7 d	4.5	258.25±1.75c	106.50±8.50a	2.11±0.04a	0.41±0.03a	0.82±0.02a
	5.25	266.32±5.39bc	107.17±8.89a	2.00±0.08b	0.40±0.02a	0.75±0.06ab
	6	273.58±6.00ab	107.75±6.66a	1.98±0.01b	0.39±0.02a	0.72±0.02b
	6.75	283.63±2.87a	110.00±2.69a	1.80±0.05c	0.41±0.01a	0.64±0.02c
	7.5	275.17±5.40ab	114.17±1.28a	1.77±0.04c	0.42±0.01a	0.64±0.03c

续表

测定时期	种植密度（$\times10^4$株/hm^2）	株高（cm）	穗位高（cm）	茎粗（cm）	穗位高系数（%）	茎粗系数（%）
吐丝后 25 d	4.5	253.00±3.61b	106.00±3.91a	2.15±0.06a	0.42±0.02a	0.85±0.04a
	5.25	265.83±8.54ab	107.27±7.40a	1.98±0.04b	0.40±0.02a	0.74±0.05b
	6	270.84±9.58ab	107.76±4.61a	1.88±0.08c	0.40±0.01a	0.70±0.02b
	6.75	282.00±6.24a	109.26±2.05a	1.80±0.12cd	0.42±0.02a	0.64±0.03c
	7.5	272.83±4.18a	112.23±4.58a	1.71±0.04d	0.42±0.03a	0.62±0.00c

注：不同的小写字母表示在 0.05 水平差异显著。下同。

2.1.2 节间长、节间粗和茎节长粗比

由表 2 可知，种植密度对玉米节间长、节间粗和茎节长粗比影响显著（$P<0.05$），随密度的增加，玉米节间长和茎节长粗比呈增加趋势，而节间粗则逐渐减小；随节位的上升，节间逐渐增长变细。吐丝后 7 d，当密度增加到 6.75 万株/hm^2时，第 3 节节间长和长粗比分别较 4.50 万株/hm^2显著增加 31.00%和 51.62%，而 7.50 万株/hm^2的第 1、3、5 节节间粗则分别较 4.50 万株/hm^2显著减小 15.87%、14.90%和 15.26%。吐丝后 25 d 的数据变化规律与吐丝后 7 d 基本一致。

表 2　不同种植密度下夏玉米不同节位的节间长、节间粗和茎节长粗比

测定时期	种植密度（$\times10^4$株/hm^2）	节间长（cm）			节间粗（cm）			长粗比 LTDR
		1	3	5	1	3	5	3
吐丝后 7 d	4.50	6.13±0.28b	11.58±0.58ab	16.33±0.33a	2.08±0.02a	2.08±0.03a	1.90±0.05a	5.56±0.07b
	5.25	6.76±0.24ab	12.10±2.02b	15.02±0.03b	1.97±0.06b	1.97±0.08b	1.84±0.11a	6.13±1.03b
	6.00	6.23±1.12b	12.26±1.08b	16.18±0.29ab	1.90±0.07b	1.96±0.03b	1.79±0.04a	6.25±0.52b
	6.75	7.92±0.45a	15.17±0.84a	16.83±0.58a	1.77±0.07c	1.80±0.05c	1.62±0.05b	8.43±0.68a
	7.50	7.53±0.52a	14.17±0.99ab	16.16±0.32ab	1.75±0.03c	1.77±0.02c	1.61±0.04b	8.00±0.65a
吐丝后 25 d	4.50	7.80±0.37ab	11.73±0.33c	15.87±0.66b	2.15±0.02a	2.07±0.04a	1.84a±0.04	5.67±0.11c
	5.25	7.31±1.34b	12.53±1.80bc	16.10±0.80ab	1.98±0.05b	2.04±0.05a	1.88±0.09a	6.12±0.74c
	6.00	7.79±0.01ab	13.28±0.67abd	7.35±1.12ab	1.89±0.08c	1.85±0.07b	1.72±0.08b	7.19±0.14b
	6.75	7.83±0.63ab	13.69±0.81ab	17.40±0.35ab	1.75±0.11d	1.80±0.08b	1.66±0.08b	7.62±0.64b
	7.50	9.07±0.95a	14.94±0.12a	18.08±0.57a	1.67±0.03d	1.66±0.03c	1.52±0.02c	8.99±0.19a

2.1.3 节间干重、节间干重百分比

表 3 表明，随种植密度的增加，节间干重和节间干重百分比均呈逐渐减小的趋势。吐丝后 7 d，7.50 万株/hm^2的第 1、3、5 节间干重分别较 4.50 万株/hm^2显著降低 22.55%、18.47%和 23.98%，7.50 万株/hm^2的第 1 节间干重百分比分别较 4.50 万、6.00 万株/hm^2显著降低 13.04%和 14.58%。吐丝后 25 d 的数据变化规律与吐丝后 7 d 基本一致，但吐丝后 25 d 的处理间节间干重百分比差异不显著。

由吐丝后 7 d 到吐丝后 25 d，除基部节间外，各节间的干重均出现了不同程度的降低，节位越高下降越明显，这可能与干物质的就近转运和分配有关。节间干重百分比随节位的上升和生育时期的推进而呈增加的趋势，这可能与试验年份较为干旱有关，导致玉米植株含水量较低、干重百分比较高。

表3 不同种植密度下夏玉米不同节位的节间干物质积累

测定时期	种植密度（×10⁴株/hm²）	节间干重（g）			节间干重百分比（%）		
		1	3	5	1	3	5
吐丝后7 d	4.50	3.37±0.25a	5.36±0.39a	5.38±0.32a	18.33±1.25ab	15.59±0.34ab	21.18±1.85a
	5.25	3.16±0.05a	4.94±0.52ab	5.06±0.17ab	17.16±0.38abc	15.49±0.65ab	21.05±0.86a
	6.00	3.04±0.45ab	4.92±0.13ab	4.89±0.09b	18.66±0.12a	16.07±0.42ab	20.96±0.74a
	6.75	2.85±0.36ab	4.84±0.14ab	4.43±0.10c	16.41±2.17bc	16.74±0.45a	20.12±0.45a
	7.50	2.61±0.12b	4.37±0.15b	4.09±0.02c	15.94±0.43c	14.83±1.32b	19.64±0.34a
吐丝后25 d	4.50	4.11±0.36a	5.91±0.03a	4.32±0.32ab	25.41±1.16a	28.94±1.31a	29.87±1.44a
	5.25	3.34±0.25b	4.48±0.57ab	4.53±0.11a	26.03±1.09a	24.65±1.43a	27.52±2.01a
	6.00	3.32±0.32b	4.31±0.38ab	3.92±0.15ab	25.29±1.92a	23.59±1.24a	27.52±0.88a
	6.75	2.81±0.33b	4.21±0.24ab	3.79±0.32b	23.32±1.56a	23.50±1.30a	27.57±1.73a
	7.50	2.92±0.47b	3.70±0.26b	3.03±0.02c	23.91±1.79a	22.32±0.77a	25.67±1.16a

2.1.4 玉米单位茎长干物质重

由图2可知，密度对玉米单位茎长干物质重的影响较大，总体表现为低密度>高密度，第1节>第3节>第5节。吐丝后7 d，6.75万株/hm²密度处理的第1、3、5节的单位茎长干物质重明显降低，较4.50万株/hm²显著降低24.84%、22.21%和25.24%。吐丝后25 d的数据变化规律与吐丝后7 d基本一致。由吐丝后7 d到吐丝后25 d，茎秆的干物质向穗部转移，玉米各节间（除基部节间外）的节间干重均出现不同程度的下降，而节间长又基本保持不变或略有增长，从而导致各密度对应茎节的单位茎长干物质重均有不同程度的下降。

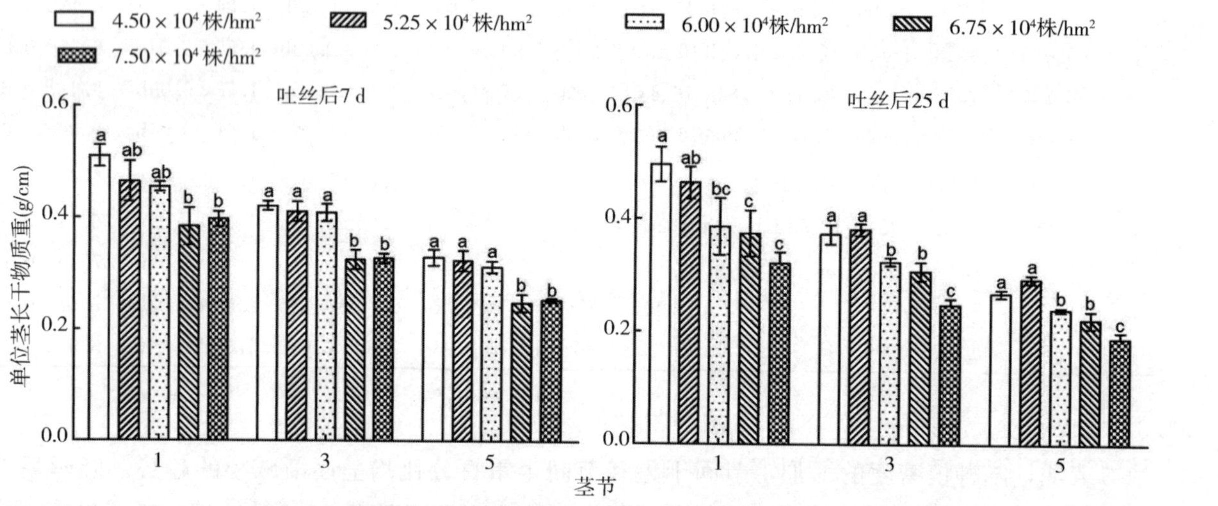

图2 不同种植密度下夏玉米不同节位的单位茎长干物质重

2.2 种植密度对玉米茎秆抗倒力学性状的影响

2.2.1 玉米茎秆压碎强度

由图3可知，随着种植密度的增加和茎节的延伸，茎秆压碎强度呈现逐渐降低的趋势。在吐丝后7 d，当密度增加到6.75万株/hm²时，第3、5节间的压碎强度分别较4.50万株/hm²显著降低14.15%和27.71%。吐丝后25 d的数据变化规律与吐丝后7 d基本一致，从吐丝后7 d到吐丝后25 d，各茎节的压碎强度均有不同程度的降低。

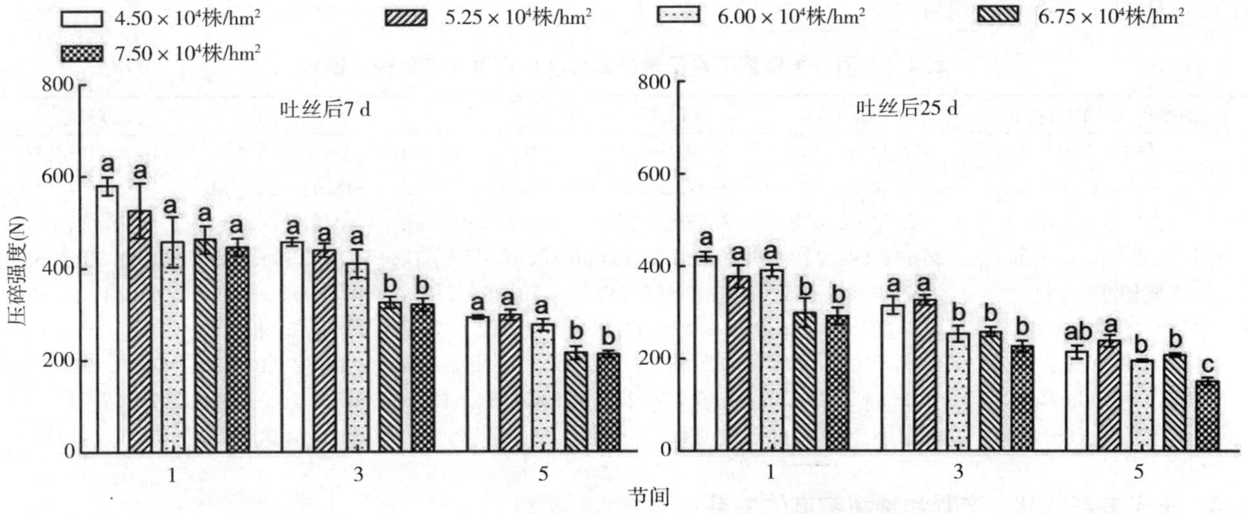

图 3 不同种植密度下夏玉米不同节位的压碎强度

2.2.2 玉米茎秆外皮穿刺强度

由图 4 可知，随种植密度的增加和节间的延伸，茎秆的外皮穿刺强度呈现逐渐降低的趋势。在吐丝后 25 d，当密度增加到 7.50 万株/hm^2时，第 1、3、5 节间外皮穿刺强度分别较 4.50 万株/hm^2显著降低 27.10%、22.78%和 30.80%。吐丝后 7 d 的数据变化规律与吐丝后 25 d 基本一致。

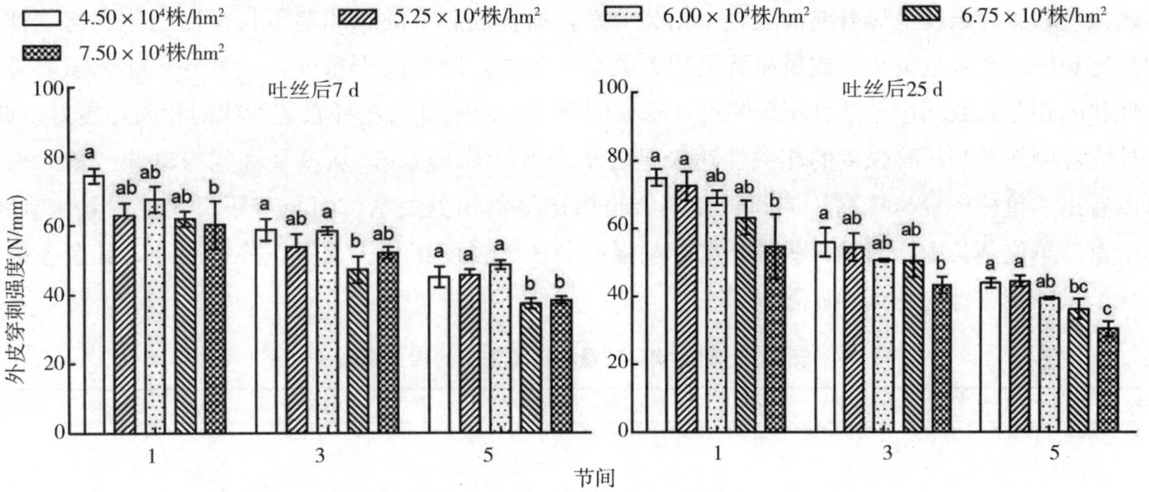

图 4 不同种植密度对夏玉米不同节位的穿刺强度的影响

2.3 种植密度对玉米产量及其构成因素的影响

表 4 表明，种植密度对玉米产量影响显著。其中，群体产量随着密度的增加呈先增加后降低的趋势，密度最大值出现在 6.00 万株/hm^2处，而单株产量则显著性降低。与 4.50 万株/hm^2的种植密度相比，6.00 万株/hm^2显著增产 12.02%，单株产量显著降低 16.35%。此外，种植密度对穗长、穗粗、秃尖长、有效穗数、成穗率、穗粒数和千粒重影响显著（$P<0.05$）。当种植密度增加到 7.50 万株/hm^2时，玉米的穗长、穗粗、成穗率、穗粒数和千粒重分别较 4.50 万株/hm^2显著降低 7.56%、3.88%、14.69%、22.90%和 8.30%；而秃尖长和有效穗数则分别较 4.50 万株/hm^2显著增加 42.18%和 20.15%。由此可知，增加种植密度会损害玉米的穗部性状，导致玉米单株产量降低；而较高密度下玉米显著增产，这说明高密度下的群体生产力弥补了单株生产力的不足，从而使玉米群体产量增加，这也是增加种植密度能丰产的原因之一；但当种植密度超过最适密度时，有效穗数所产生的优势则不复

存在，从而导致群体产量降低。

表 4　不同种植密度下夏玉米穗部性状、产量和产量构成因素

种植密度（$\times 10^4$ 株/hm^2）	4.5	5.25	6	6.75	7.5
穗长（cm）	17.58±0.26a	17.24±0.15a	16.92±0.18ab	16.27±0.48b	16.25±0.63b
穗粗（mm）	49.53±0.92a	49.03±0.78ab	48.62±1.56ab	48.16±2.07ab	47.61±0.61b
秃尖长（cm）	2.73±0.09b	2.88±0.27ab	3.12±0.31ab	3.28±0.05a	3.28±0.43a
有效穗数（panicle/hm^2）	36 631.94±120 3a	42 534.72±1 203b	47 916.67±1 378c	49 305.55±1 591d	52 083.33±1 563e
成穗率（%）	81.40±2.67a	81.02±2.29a	79.86±2.30a	73.05±2.36b	69.44±2.08c
穗粒数	649.90±15.8a	592.81±14.5b	577.12±27.5b	530.16±34.6c	501.07±17.5c
千粒重（g）	197.56±10.44a	195.63±1.56a	190.42±2.51ab	181.82±10.59b	181.15±8.69b
群体产量（kg/hm^2）	4 696.45±49.5c	4 930.32±27.5b	5 261.14±121.0a	4 739.70±88.3c	4 720.79±50.0c
单株产量（kg/株）	0.104±0.001a	0.094±0.000b	0.087±0.002c	0.070±0.001d	0.063±0.001e

2.4　玉米茎秆性状、产量和种植密度的关系

2.4.1　相关性分析

由表 5 可知，种植密度与株高、茎粗等指标的相关性达显著（$P<0.05$）或极显著水平（$P<0.01$），其中，密度与株高、节间长、茎节长粗比呈正相关关系，而与茎粗、茎粗系数、节间粗、节间干重、单位茎长干物质重、穿刺强度、压碎强度和单株产量呈负相关关系。从茎秆农艺性状与茎秆力学性状的相关关系可以看出，茎粗、茎粗系数、节间粗、节间干重和单位茎长干物质重分别与茎秆外皮穿刺强度和压碎强度呈显著或极显著正相关关系，而株高、节间长和茎节长粗比则分别与茎秆外皮穿刺强度和压碎强度呈负相关或极显著负相关关系。其中，除节间干重外，茎秆外皮穿刺强度与茎秆农艺性状的相关系数均小于茎秆压碎强度，这说明茎秆压碎强度与茎秆农艺性状的相关性更好。此外，茎秆外皮穿刺强度与压碎强度的相关性达极显著水平（$r=0.93^{**}$）。从茎秆性状与单株产量的相关关系可以看出，单株产量与株高、节间长和茎节长粗比呈负相关关系，而与茎粗、茎粗系数、节间粗、节间干重、单位茎长干物质重、茎秆外皮穿刺强度和压碎强度正相关关系，除株高外，其余各指标均与单株产量的相关性均达到了显著水平。

表 5　茎秆性状、产量和种植密度的相关系数

性状	x1	x2	x3	x4	x5	x6	x7	x8	x9	x10	x11
x2	0.84^{*}	1									
x3	-0.97^{**}	-0.87^{*}	1								
x4	-0.97^{**}	-0.93^{**}	0.99^{**}	1							
x5	0.85^{*}	0.89^{*}	-0.94^{**}	-0.92^{**}	1						
x6	-0.97^{**}	-0.87^{*}	1.00^{**}	0.99^{**}	-0.93^{**}	1					
x7	0.90^{*}	0.89^{*}	-0.97^{**}	-0.95^{**}	0.99^{**}	-0.97^{**}	1				
x8	-0.93^{**}	−0.66	0.89^{*}	0.87^{*}	−0.67	0.90^{*}	−0.75	1			
x9	-0.90^{*}	−0.8	0.96^{**}	0.92^{**}	-0.97^{**}	0.96^{**}	-0.99^{**}	0.77	1		
x10	-0.97^{**}	−0.73	0.91^{*}	0.89^{*}	−0.77	0.90^{*}	-0.83^{*}	0.90^{*}	0.86^{*}	1	
x11	-0.98^{**}	-0.92^{**}	0.98^{**}	0.99^{**}	-0.93^{**}	0.98^{**}	-0.96^{**}	0.85^{*}	0.94^{**}	0.93^{**}	1
x12	-0.96^{**}	−0.78	0.98^{**}	0.94^{**}	-0.90^{*}	0.98^{**}	-0.94^{**}	0.91^{*}	0.96^{**}	0.93^{**}	0.95^{**}

注：x1—密度；x2—株高；x3—茎粗；x4—茎粗系数；x5—节间长；x6—节间粗；x7—茎节长粗比；x8—节间干重；x9—单位茎长干物质重；x10—穿刺强度；x11—压碎强度；x12—单株产量；* 表示 5%的显著水平（$P<0.05$）；** 表示 1%的极显著水平（$P<0.01$）

2.4.2 多元回归分析

以相关分析的各农艺性状指标为自变量（X），茎秆压碎强度为因变量（Y_1），进行逐步回归分析，剔除不显著的自变量得到最优回归方程式。

$$Y_1 = -103.065 + 549.971 X_3 + 222.068 X_8 \ (P<0.05)$$

从方程式可以看出，茎粗系数（X_3）和单位茎长干物质重（X_8）对茎秆压碎强度的影响最大，二者对茎秆压碎强度的正效应达到了显著水平，可以作为评价玉米茎秆抗倒伏能力的重要农艺指标。

3 讨论

3.1 种植密度对玉米茎秆性状的影响

种植密度显著影响玉米茎秆性状。前人研究表明，随种植密度的增加，株高、穗位高逐渐升高[8,22]，穗位高系数[1,23]和节间长[11,22]逐渐增大，茎粗、茎粗系数[1,19]、节间干重[11,19]、节间干重百分比[11]、单位茎长干物质重[11,24]、压碎强度和穿刺强度[11,23,24]逐渐减小。本试验的研究结果与前人的研究结果基本一致。随种植密度的增加，植株个体间的竞争加剧，植株个体营养缺乏，进而植株个体干重下降、茎秆强度降低，最终导致玉米植株抗倒伏能力下降。本试验还研究了玉米茎秆的节间长粗比，结果表明茎节长粗比与密度呈显著正相关（$r=0.90^*$），这与王娜等[16]的研究结果一致。李霞等[25]研究发现，节间长粗比小、茎粗系数大的玉米植株抗倒伏能力强。这说明随种植密度的增加，茎节长粗比逐渐增大，玉米植株的抗倒伏能力则逐渐变弱。

3.2 种植密度对玉米产量及其构成因素的影响

玉米产量由单位面积有效穗数、穗粒数和千粒重构成，增加种植密度是玉米增产的主要措施。玉米要获得高产，必须要构建合理的群体结构，协调产量构成三因素间的矛盾，使三者的乘积达到最大值[3]。前人研究表明，种植密度显著影响玉米的产量构成性状，随着密度增加，穗长变短，秃尖变长，穗粗变细，行粒数、穗粒数和千粒重变小，导致单株产量降低[26,27]。本试验研究结果与前人的研究结果一致，随着种植密度的增加，玉米的单株产量降低，群体产量先增后减。川中丘陵夏玉米的适宜密度应该综合考虑产量、植株茎秆性状、植株倒伏率甚至植株病虫危害情况。从本试验的结果来看，当种植密度增加到6.00万株/hm^2时，产量达到最大值。但综合考虑产量、抗倒和生产实际等因素，夏玉米的适宜密度应该在5.25万株/hm^2～6.75万株/hm^2的范围之内，后续试验可进一步细化种植密度，以探究川中丘陵区夏玉米种植的最适密度。

3.3 茎秆农艺性状、茎秆抗倒力学性状之间的关系

勾玲等[11]研究表明，茎秆压碎强度和外皮穿刺强度分别与茎秆干重百分比和单位茎长干物质重呈极显著正相关关系，与节间长度呈极显著负相关关系，且茎秆压碎强度与外皮穿刺强度也呈极显著正相关关系。李得孝等[21]研究表明，玉米外皮穿刺强度与株高、穗位高和节间长呈显著或极显著正相关。高鑫等[24]研究表明，单位长度干重即单位茎长干物质重与茎秆力学特征呈极显著正相关。本试验研究结果与前人基本一致。其中，除节间干重外，茎秆农艺性状与茎秆压碎强度的相关系数均大于茎秆外皮穿刺强度，这可能解释了随生育时期的推进，茎秆压碎强度降低幅度大于外皮穿刺强度的现象。进一步分析表明，茎粗系数和单位茎长干物质重对玉米茎秆压碎强度的正向影响最大，可以作为评价玉米茎秆抗倒伏能力的重要指标。由此可见，玉米茎秆性状间关系密切，在实际育种工作中，要注意协调各性状之间的关系，以培育出综合性状好，抗倒能力强的玉米品种。

3.4 茎秆性状与产量之间的关系

茎秆性状的优劣会影响玉米最终的收获产量。李得孝等[21]研究表明，茎粗与籽粒产量呈极显著正相关，株高和节间长与产量呈显著或极显著负相关，而籽粒产量与穗位高呈正相关、与穿刺强度呈负相关但相关性均不显著。黄艳玲等[28]研究表明，水稻各节间粗和单位茎节干重分别与每株有效穗数和每穗总粒数呈负相关。本试验研究结果显示，单株产量与茎粗、茎粗系数、节间粗、节间干重、单位茎长干物质重、压碎强度和穿刺强度呈正相关关系，与株高、节间长和茎节长粗比呈负相关关系，除株高外，其余各指标均与单株产量的相关性均达到了显著水平。由此可见，玉米植株的茎秆性状与单株产量关系密切，茎粗、节间干重、单位茎长干物质重、压碎强度和穿刺强度是影响玉米产量的重要指标。因此，在构建川中丘陵夏玉米高产栽培体系时，要充分把握单株产量与茎秆性状间的关系，协调二者间的矛盾，力争达到高产抗倒的局面。

4 结论

种植密度显著影响玉米的茎秆性状和产量，当种植密度增加到 6.00 万株/hm^2时，群体产量达到最大值，较 4.50 万株/hm^2显著增产 12.02%；随种植密度的增加，玉米的株高、穗位高、节间长、茎节长粗比显著增加，茎粗、茎粗系数、节间干重、单位茎长干物质重、茎秆压碎强度和外皮穿刺强度显著性降低。茎秆农艺性状与茎秆力学性状之间关系密切，茎粗、茎粗系数、节间粗、节间干重和单位茎长干物质重分别与茎秆外皮穿刺强度和压碎强度呈显著和极显著正相关关系，而株高、节间长和茎节长粗比则分别与茎秆外皮穿刺强度和压碎强度呈负相关或极显著负相关关系。其中，茎秆压碎强度与茎秆农艺性状的相关性更好，茎粗系数和单位茎长干物质重对茎秆压碎强度的影响最大。茎秆性状与单株产量之间相关性达显著或极显著水平，产量与节间长和茎节长粗比呈显著负相关关系，而与茎粗、茎粗系数、节间粗、节间干重、单位茎长干物质重、茎秆压碎强度和外皮穿刺强度呈显著或极显著正相关关系。可见，密度是影响玉米茎秆性状和产量的重要因素，适当增加种植密度可以显著提高玉米群体产量，茎粗系数和单位茎长干物质重可以作为评价玉米茎秆抗倒伏能力的重要农艺指标。

参考文献

[1] 刘魏魏，赵会杰，李红旗，等．密度、种植方式对夏玉米茎秆抗倒伏能力的影响［J］．河南农业科学，2011，40（8）：75－78.

[2] 查丽，谢孟林，朱敏，等．垄作与覆膜对川中丘陵春玉米根系分布及产量的影响［J］．应用生态学报，2016（3）：855－862.

[3] 梁书荣，赵会杰，李洪岐，等．密度、种植方式和品种对夏玉米群体发育特征的影响［J］．生态学报，2010（7）：1927－1931.

[4] 刘伟，张吉旺，吕鹏，等．种植密度对高产夏玉米登海 661 产量及干物质积累与分配的影响［J］．作物学报，2011（7）：1301－1307.

[5] Liu W，Tollenaar M. Response of yield heterosis to increasing plant density in maize［J］．Crop Science，2009，49（5）：1807－1816.

[6] 王云奇，李金鹏，王志敏，等．一穴多株种植对夏玉米群体质量和产量的影响［J］．中国生态农业学报，2016，24（2）：173－182.

[7] 黄海，常莹，吴春胜，等．群体密度对玉米茎秆强度及相关生理指标的影响［J］．西北农林科技大学学报（自然科学版），2014（4）：81－87.

[8] 李洪梅，王西芝，蒋明洋，等．不同种植密度对夏玉米农艺性状及产量的影响［J］．山东农业科学，2015，47（7）：

59 - 61.

[9] Roekel R. J. V., Coulter J. A. Agronomic responses of corn to planting date and plant density [J]. Agronomy Journal, 2011, 103 (5): 1414 - 1422.

[10] 李树岩，王宇翔，胡程达，等. 抽雄期前后大风倒伏对夏玉米生长及产量的影响 [J]. 应用生态学报，2015，26 (8): 2405 - 2413.

[11] 勾玲，黄建军，张宾，等. 群体密度对玉米茎秆抗倒力学和农艺性状的影响 [J]. 作物学报，2007 (10): 1688 -1695.

[12] 陈尚洪，陈红琳，沈学善，等. 密度和施氮量对丘陵区机播夏玉米产量及倒伏影响研究 [J]. 西南农业学报，2012，25 (3): 805 - 808.

[13] Zuber M S, Grogan C O. A new technique for measuring stalk strength in corn [J]. Crop Science, 1961, 1 (5): 378 - 380.

[14] Remison S U R D, Akinleye D. Relationship between lodging, morphological characters and yield of varieties of maize (Zea mays L.) [J]. Journal of Agricultural Science, 1978, 91 (3): 633 - 638.

[15] 丰光，景希强，李妍妍，等. 玉米茎秆性状与倒伏性的相关和通径分析 [J]. 华北农学报，2010，25 (z1): 72 -74.

[16] 王娜，李凤海，王志斌，等. 不同耐密型玉米品种茎秆性状对密度的响应及与倒伏的关系 [J]. 作物杂志，2011 (3): 67 - 70.

[17] Ma D, Xie R, Liu X, et al. Lodging-Related Stalk Characteristics of Maize Varieties in China since the 1950s [J]. Crop Science, 2014, 54 (6): 2805 - 2814.

[18] 刘卫星，王晨阳，王强，等. 不同玉米品种茎秆抗倒特性及其与产量的关系 [J]. 河南农业科学，2015 (7): 17 -21.

[19] 程云，王枟刘，杨静，等. 种植密度对夏玉米基部节间性状与倒伏的影响 [J]. 玉米科学，2015 (5): 112 - 116.

[20] 勾玲，黄建军，孙锐，等. 玉米不同耐密植品种茎秆穿刺强度的变化特征 [J]. 农业工程学报，2010 (11): 156 -162.

[21] 李得孝，员海燕，周联东. 玉米抗倒伏性指标及其模拟研究 [J]. 西北农林科技大学学报 (自然科学版)，2004 (5): 53 - 56.

[22] 姚敏娜，施志国，薛军，等. 种植密度对玉米茎秆皮层结构及抗倒伏能力的影响 [J]. 新疆农业科学，2013 (11): 2006 - 2014.

[23] 刘鑫. 不同玉米品种在不同密度下抗倒伏性能的研究 [D]. 保定：河北农业大学，2012.

[24] 高鑫，高聚林，于晓芳，等. 高密植对不同类型玉米品种茎秆抗倒特性及产量的影响 [J]. 玉米科学，2012 (4): 69 - 73.

[25] 李霞，张吉旺，任佰朝，等. 小麦玉米周年生产中耕作对夏玉米产量及抗倒伏能力的影响 [J]. 作物学报，2014，40 (6): 1093 - 1101.

[26] 张洪生，赵明，吴沛波，等. 种植密度对玉米茎秆和穗部性状的影响 [J]. 玉米科学，2009 (5): 130 - 133.

[27] Gobeze Y L, Ceronio G M, Van Rensburg L D. Effect of Row Spacing and Plant Density on Yield and Yield Component of Maize (Zea mays L.) under Irrigation [J]. Journal of Agricultural Science and Technology B, 2012 (2): 263 - 271.

[28] 黄艳玲，石英尧，申广勒，等. 水稻茎秆性状与抗倒伏及产量因子的关系 [J]. 中国农学通报，2008 (4): 203 -206.

群体密度对夏玉米穗下茎秆性状及抗倒伏力学特性的影响*

马晓君[1] 莫太相[2] 路明远[3] 张家豪[1] 刘晓琳[1] 吴雅薇[1] 袁继超[1] 孔凡磊[1*]

1. 农业部西南作物生理生态与耕作重点实验室/四川农业大学农学院，四川成都 611130
2. 中江农业局土肥站，四川德阳 618100
3. 北京顺鑫农科种业科技有限公司，北京海淀 100097

摘要：设置4.50万株/hm^2、5.25万株/hm^2、6.00万株/hm^2、6.75万株/hm^2、7.50万株/hm^2 5个密度处理，于2015和2016年研究种植密度对川中丘区夏玉米穗下茎节性状和抗倒力学特性的影响，为玉米密植抗逆高产栽培提供理论依据。结果表明，随群体密度增加，穗下由基部向上第2～5节节长增长，第3节和5节T5较T1分别增加了19.04%、13.93%（2015）和22.84%、26.76%（2016），第6～8节变化不显著，穗下各节节粗变细。节干重、单位茎长干物质重、穿刺强度和压碎强度均随密度的增加而降低。相关分析结果表明，茎秆倒伏率与茎秆节间直径、茎秆的干重、单位茎长干物质重呈极显著的负相关，而与种植密度、节间长度呈显著正相关；与第3～5节和第8节（穗下第1节）的穿刺强度和压碎强度均呈极显著负相关，茎秆压碎强度和外皮穿刺强度也具有非常密切的相关关系，相关系数为$r=0.96^{**}$。

关键词：夏玉米；群体密度；抗倒力学；农艺性状

种植密度是决定玉米产量的重要因子，适当增加种植密度是提高玉米产量的重要途径之一[1-3]。然而，随种植密度提高，玉米对光、水肥等资源的争夺更加剧烈，导致植株茎秆细弱，增加了倒伏风险[4]。倒伏是影响玉米高产的主要限制因子之一[5]，玉米从拔节期到乳熟期，均有可能由于风雨等因素而诱发倒伏[6]，倒伏率每增加1%，大约减产108 kg/hm^2[7]。倒伏降低玉米产量和品质，并给机械收获带来困难[8]。因此，玉米的稳产、高产与其倒伏抗性密切相关，提高倒伏抗性是玉米稳产、高产及机械化收获的重要保证。

茎秆作为支撑玉米地上部的主体，其形态性状与倒伏抗性密切相关，尤其是玉米穗下节间与倒伏抗性密切相关。研究表明，倒伏率与种植密度间呈显著正相关关系[9]，茎基部各节间的长度、直径、茎粗系数与种植密度变化相关，同时对玉米植株抗倒伏性有不同程度影响[10]。高鑫等[11]研究指出，在高密植条件下，除了株高、穗位高、节间长度与种植密度、倒伏率未达到显著相关外，其他指标与种植密度、倒伏率均呈极显著负相关，倒伏率与种植密度呈极显著正相关。黄海等[12]研究指出，玉米倒伏率与第3、第4节所有指标均呈显著相关，与第5、第6节间单位茎长干物质重、节干重和茎秆抗折

* **基金项目**：国家重点研发计划项目（2016YFD0300307）；公益性行业（农业）科研专项（20150312705）；四川省玉米产业技术体系岗位专家项目

力均呈显著正相关，与株高、穗位高和穗位高系数的相关性因品种而异。勾玲等[13]研究表明，茎秆抗倒力学性状与农艺性状密切相关。玉米茎秆基部节间研究较少，且研究结果不一，缺乏不同密度下茎秆节间特性、倒伏的系统研究。本文通过两年田间试验，研究川中丘区不同密度下夏玉米穗下节间特性、抗倒力学特性变化及其与植株倒伏之间的关系，为密植条件下玉米抗茎倒伏与机收提供理论依据。

1 材料与方法

1.1 试验设计

试验分别于 2015 年和 2016 年 5～9 月在四川省德阳市中江县辑庆镇新建村中江惠农粮食专业合作社试验田（104°26′E，30°31′N，海拔 500～600 m）进行。2015 和 2016 年中江县玉米生育期间降水量分别为 336.5 mm 和 352.4 mm，光照时数分别为 498.1 h 和 595.3 h。土壤为紫色土，pH 值为 7.80，含有机质 14.78 g/kg、全氮 1.61 g/kg、碱解氮 42.93 mg/kg、有效磷 5.90 mg/kg、速效钾 104.44 mg/kg。

供试材料为当地主栽玉米品种正红 505。

试验为单因素随机区组设计，试验设 5 个密度，分别为 4.50 万株/hm^2、5.25 万株/hm^2、6.00 万株/hm^2、6.75 万株/hm^2、7.50 万株/hm^2，3 次重复。采用宽窄行种植，宽行 1.2 m，窄行 0.4 m，行长 7 m，小区面积 33.6 m^2。两年分别于 5 月 13 日和 5 月 17 日进行点播。播前施 N、P_2O_5、K_2O 配比为 25∶7∶8 的复合肥 900 kg/hm^2，玉米生长期间不追肥。其他管理同当地高产玉米田相似。

1.2 测定项目及方法

1.2.1 横向压碎强度（SCS）和茎秆硬皮穿刺强度（RPS）

于灌浆期在每小区取有代表性植株 6 株，穗下各节剥去茎鞘，由下至上依次为第 1 节、第 2 节、第 3 节…第 8 节（分别用 S1、S2、S3…S8 表示），采用石家庄艾沃士科技有限公司生产的 AWOS－SL04 植物茎秆强度测定仪进行测定。将穗下各节由下至上依次放置于载物台上，然后将横截面积为 0.01 cm^2 的针型探测头慢慢地垂直下压，刺穿表皮时的最大压力值即为该茎的硬皮穿刺强度。用截面为 1 cm^2 的圆形探测头重复上述操作使其破裂时的最大的压力值即为该茎的压碎强度。3 次重复，取平均值。

1.2.2 茎秆形态与农艺性状

在玉米灌浆期，每个处理取 6 株有代表性的植株。去其根部，洗净后用布擦干，称量植株鲜重，然后将叶片、叶鞘、茎秆各节间分开，用烘箱在 105 ℃杀青 30 min 后，80 ℃烘干至恒重，称重。用钢尺测量不同节间的长度，游标卡尺量出各节间中部直径（cm）。

单位茎长干物质重＝节间干重/节间长度（g/cm）。

1.2.3 倒伏调查

在成熟期，计数田间的倒伏情况，测定倒伏率。

倒伏率（%）＝小区倒伏植株数/小区总植株数×100%。

2 结果与分析

2.1 玉米群体数量及倒伏率

由表 1 可以看出，随种植密度的增加有效成穗数显著增加，成穗率显著降低，倒伏率增加。2015 年倒伏情况更为严重，这与收获前当地遭遇强暴风雨有关。2015 年 T5 较 T1 的总株数、有效成穗数、倒伏率分别增加了 57.14%、41.96%、7.52%，成穗率降低了 9.60%。2016 年 T5 较 T1 的总株数、有效成穗数、倒伏率分别增加了48.19%、26.23%、30.98%，成穗率降低了15.64%。

表1 不同密度下玉米群体特征和发生倒伏情况

年份	处理	总株数（$\times10^4$/hm²）	有效成穗数（$\times10^4$/hm²）	成穗率（%）	倒伏率（%）
2015	T1	4.90e	3.67e	74.91ab	93.00b
	T2	5.47d	4.26d	77.93a	98.33ab
	T3	6.19c	4.79c	77.40a	100.00a
	T4	6.88b	4.93b	71.74bc	100.00a
	T5	7.70a	5.21a	67.72c	100.00a
2016	T1	4.69e	4.08e	87.32a	31.76b
	T2	5.03d	4.49d	89.16a	35.88ab
	T3	5.84c	4.89c	83.98a	36.60ab
	T4	6.37b	5.11b	80.90ab	41.15a
	T5	6.95a	5.15a	73.66b	41.60a

注：在不同年份中同列标以不同小写字母的值差异达5%显著水平，T1～T5表示种植密度依次为4.50万株/hm²、5.25万株/hm²、6.00万株/hm²、6.75万株/hm²和7.50万株/hm²。

2.2 玉米穗下节间力学特性

2.2.1 茎秆外皮穿刺强度对密度的反应

由图1可以看出，茎秆外皮穿刺强度均表现为随种植密度增加、节位的上升而逐渐下降，2015年和2016年表现基本一致。2015年T5较T1的穗下各节间（S2～S8）由基部向上的穿刺强度依次分别降低了26.48%、29.50%、39.04%、48.60%、31.71%、32.27%、39.58%；2016年T5较T1依次降低了23.98%、14.93%、24.35%、12.14%、29.37%、30.74%、15.53%。

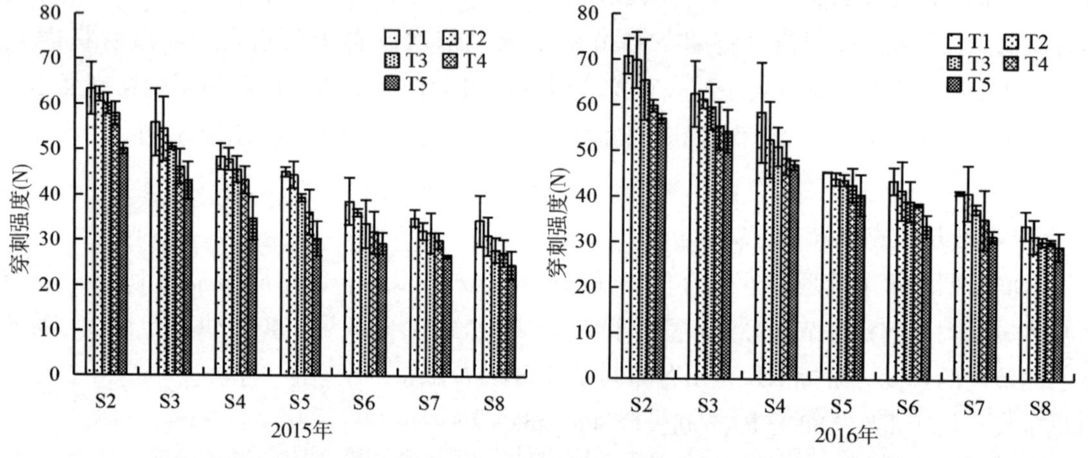

图1 不同密度下玉米穗下各节茎秆穿刺强度的变化（2015年和2016年）

注：T1～T5表示种植密度依次为4.50万株/hm²、5.25万株/hm²、6.00万株/hm²、6.75万株/hm²和7.50万株/hm²，S2～S8表示穗下由下至上依次为第二节、第三节……下同。

2.2.2 茎秆压碎强度对密度的反应

由图2可以看出，随种植密度增加，茎秆压碎强度呈下降趋势（2015年S6～S8除外）；随节位上升，S2～S5的茎秆压碎强度显著降低，而S6～S8节间差异不显著。2015年T5较T1的穗下各节间（S2～S6）由基部向上的茎秆压碎强度依次分别降低了41.09%、29.45%、17.98%、29.24%；2016年T5较T1穗下各节间压碎强度依次降低了21.10%、19.55%、17.55%、15.16%、15.33%、12.61%、9.64%，表明由基部向上降低幅度减小。

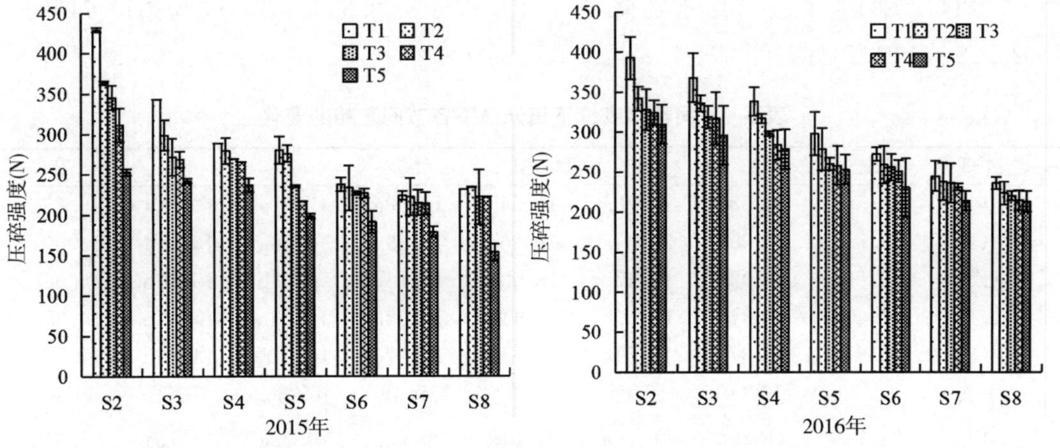

图 2　不同密度下玉米穗下各节压碎强度的变化（2015 年和 2016 年）

2.3　玉米穗下节间农艺性状

2.3.1　穗下节间长度

由表 2 可以看出，节间长度随种植密度的增加而增长，且密度对 2016 年节间长度影响较 2015 年大。随种植密度的增加，地上 S2～S5 节间长度逐渐增加，2015 年 S2～S5 节间长度 T5 较 T1 显著增加了 21.06%、19.04%、10.55%、13.93%，2016 年 S2～S6 节间长度 T5 较 T1 显著增加了 23.29%、22.84%、24.01%、26.76%、16.83%，而第 1 节及 2015 年穗下三节（S6、S7、S8）、2016 年穗下两节（S7、S8）节间长度受密度影响不明显。随节位的上升，2015 年在 S1～S5 逐渐增长，S5 达最长，S6～S8 变化不明显；2016 年 T1、T2 处理在 S1～S7 逐渐增长，S7 达最长，其他处理在 S1～S6 逐渐增长，S6 达最长。

表 2　不同群体密度下玉米穗下各节间长度的变化　　单位：cm

年份	处理	S1	S2	S3	S4	S5	S6	S7	S8	平均
2015	T1	7.80a	9.83c	12.55c	14.98c	15.87b	15.28a	15.25a	15.76a	13.42b
	T2	7.93a	9.91c	13.43bc	15.58bc	16.10b	15.52a	15.29a	15.93a	13.71b
	T3	8.14a	10.44bc	13.56bc	16.14ab	17.40a	15.39a	14.71a	14.69a	13.81ab
	T4	8.47a	11.14ab	14.06ab	16.36ab	17.58a	15.60a	15.73a	15.73a	14.33a
	T5	8.53a	11.90a	14.94a	16.56a	18.08a	14.92a	15.22a	15.49a	14.46a
	平均	8.17	10.64	13.71	15.92	17.01	15.34	15.24	15.52	13.95
2016	T1	7.52a	9.06b	10.64b	12.37b	14.61b	16.82c	18.28a	17.47a	13.35c
	T2	7.74a	9.17b	10.90b	12.88b	14.71b	17.23bc	18.39a	18.14a	13.65c
	T3	7.86a	9.83ab	11.71ab	14.06ab	16.50ab	18.25abc	17.75a	16.78a	14.09b
	T4	7.57a	9.93ab	11.68ab	13.70ab	16.77ab	18.98ab	18.41a	17.15a	14.27b
	T5	8.83a	11.17a	13.07a	15.34a	18.52a	19.65a	19.01a	16.68a	15.28a
	平均	7.90	9.83	11.60	13.67	16.22	18.19	18.37	17.24	14.13

注：T1～T5 表示种植密度依次为 4.50 万株/hm^2、5.25 万株/hm^2、6.00 万株/hm^2、6.75 万株/hm^2 和 7.50 万株/hm^2，S1～S8 表示穗下由下至上依次为第 1 节、第 2 节、第 3 节…8 节，在不同年份中同列标以不同小写字母的值差异达 5% 显著水平。下表同。

2.3.2　穗下节间茎粗

由表 3 可以看出，随节位的上升，2015 年穗下 S2～S8 的节间茎粗逐渐降低，而 2016 年 S1～S6 的节间茎粗变化不明显，S7～S8 茎粗降低。随种植密度的增加，穗下各节间茎粗显著降低，2015 年 S1～S8 各节在 T5 条件下较 T1 分别降低了 22.47%、17.54%、19.76%、18.78%、17.86%、17.55%、

16.46%、21.42%，2016 年较 T1 分别降低了 27.80%、22.35%、21.66%、17.71%、18.63%、18.97%、20.12%、21.74%。

表 3 不同群体密度下玉米穗下各节间茎粗的变化 单位：mm

年份	处理	S1	S2	S3	S4	S5	S6	S7	S8	平均
2015	T1	21.50a	20.58a	20.70a	19.54a	18.53a	17.61a	16.83a	16.25a	18.94a
	T2	19.85b	20.09a	20.44a	19.26a	18.39a	17.46a	16.84a	16.00a	18.54a
	T3	18.89c	19.02b	18.47b	18.03b	17.18b	16.52b	15.86b	14.98b	17.37b
	T4	17.48d	18.34b	18.00b	17.44b	16.58b	15.65c	15.03b	14.38b	16.61c
	T5	16.67d	16.97c	16.61c	15.87c	15.22c	14.52d	14.06c	12.77c	15.34d
	平均	18.88	19.00	18.84	18.03	17.18	16.35	15.72	14.88	17.36
2016	T1	21.73a	21.39a	21.70a	21.01a	20.93a	20.72a	19.78a	18.31a	20.70a
	T2	19.20b	19.99b	19.62b	19.97a	19.85a	19.36b	18.72b	17.10b	19.23b
	T3	18.25bc	17.85bc	18.02c	18.20b	18.04b	17.86c	17.50c	16.24bc	17.75c
	T4	17.29c	16.82cd	17.25c	17.42b	17.39b	16.87c	17.24c	15.72c	17.00d
	T5	15.69d	16.61d	17.00c	17.29b	17.03b	16.79c	15.80d	14.33d	16.32e
	平均	18.43	18.53	18.72	18.78	18.65	18.32	17.81	16.34	18.20

2.3.3 节间干重的变化

由表 4 可以看出，2016 年各节间干重显著较 2015 年高，随种植密度的增加，节间干重显著下降。随节位上升，各处理节间干重呈先增加后降低的变化趋势，2015 年在 S4 节间干重最大（T5 在 S3 最大），而 2016 年在 S6 节间干重最大（T3 在 S5 最大）。各节间干重均随种植密度的增加而降低，2015 年 S1～S8 节间干重 T5 较 T1 分别降低了 33.58%、27.97%、24.64%、28.66%、31.91%、23.76%、30.14%、27.41%，2016 年分别降低了 29.84%、33.28%、29.05%、30.74%、27.32%、28.02%、37.90%、41.34%。

表 4 不同密度下玉米节间干物质累积的变化 单位：g

年份	处理	S1	S2	S3	S4	S5	S6	S7	S8	平均
2015	T1	4.11a	4.72a	4.91a	4.99a	4.45ab	3.83a	3.45a	3.32a	4.22a
	T2	3.34b	4.06ab	4.48ab	4.78ab	4.48a	3.86a	3.33ab	3.32a	3.96a
	T3	3.32b	3.99ab	4.31ab	4.33ab	3.92bc	3.50b	3.09ab	2.86b	3.67ab
	T4	2.81b	3.66b	4.21ab	4.23bc	3.79c	3.21c	2.96b	2.85b	3.47ab
	T5	2.73b	3.40b	3.70b	3.56c	3.03d	2.92d	2.41c	2.41c	3.02b
	平均	3.26	3.97	4.32	4.38	3.93	3.46	3.05	2.95	3.67
2016	T1	5.53a	6.58a	6.85a	7.19a	7.43a	7.78a	7.44a	6.41a	6.90a
	T2	4.88ab	5.41b	5.81ab	6.24ab	6.47ab	6.75b	6.55a	5.52b	5.95ab
	T3	4.32ab	4.80bc	5.30bc	5.83bc	6.11b	5.95bc	5.21b	4.58c	5.26b
	T4	4.00ab	4.56bc	4.98bc	5.13bc	5.74bc	5.86c	4.94bc	4.16cd	4.92bc
	T5	3.88ab	4.39bc	4.86bc	4.98bc	5.40bc	5.60cd	4.62bc	3.76cd	4.69c
	平均	4.52	5.15	5.56	5.87	6.23	6.39	5.75	4.89	5.54

2.3.4 单位茎长干物质重的变化

由图 3 可以看出，2016 年单位茎长干物质重较 2015 年平均提高了 50%，随种植密度的增加，单位茎长干重显著降低，T5 较 T1 降低了 31.25%（2015 年）和 40.00%（2016 年）。随节位的上升，单位茎长干物质重逐渐降低。S1～S8 各节单位茎长干物质重均随种植密度的增加而显著降低，2015 年

T5 较 T1 分别显著降低了 35.09%、36.46%、33.46%、31.60%、34.87%、19.30%、32.07%、26.21%；2016 年 T5 显著较 T1 分别降低了 36.94%、43.61%、41.51%、37.85%、39.38%、38.15%、40.25%、38.55%，且随节位的上升降低幅度变化一致。

表 5　不同密度下玉米穗下各节间单位茎长干物质重的变化　　单位：g

年份	处理	S1	S2	S3	S4	S5	S6	S7	S8	平均
2015	T1	0.49a	0.45a	0.37a	0.32a	0.27a	0.24ab	0.23a	0.21a	0.32a
	T2	0.46ab	0.44a	0.36a	0.31a	0.26a	0.25a	0.23a	0.21a	0.31a
	T3	0.41bc	0.38b	0.32ab	0.28b	0.23b	0.23b	0.21ab	0.20ab	0.28ab
	T4	0.37cd	0.34c	0.31b	0.27b	0.22b	0.21c	0.19bc	0.18b	0.26b
	T5	0.32d	0.29d	0.25c	0.22c	0.18c	0.20c	0.16c	0.16c	0.22c
	平均	0.41	0.38	0.32	0.28	0.23	0.22	0.20	0.19	0.28
2016	T1	0.72a	0.72a	0.64a	0.58a	0.51a	0.46a	0.41a	0.37a	0.55a
	T2	0.63ab	0.59b	0.53b	0.48b	0.44a	0.39b	0.36b	0.30b	0.47b
	T3	0.55bc	0.49c	0.45c	0.40c	0.36b	0.33c	0.29c	0.27c	0.39c
	T4	0.51bc	0.44c	0.39c	0.35c	0.32b	0.29c	0.27c	0.24cd	0.35cd
	T5	0.45c	0.41c	0.37c	0.36c	0.31b	0.28c	0.24c	0.23d	0.33d
	平均	0.57	0.53	0.48	0.43	0.39	0.35	0.31	0.28	0.42

2.4　玉米茎秆抗倒力学性状和植株农艺性状的关系

由表 6 可以看出，茎秆倒伏率与茎秆压碎强度和外皮穿刺强度存在显著的负相关关系（$r=-0.95^{**}$ 和-0.96^{**}），茎秆压碎强度和外皮穿刺强度也显著相关，相关系数为 $r=0.96^{**}$。茎秆倒伏率与茎秆节间直径、茎秆节间干重、单位茎长干物质重呈极显著的负相关，而与种植密度、节间长度呈显著正相关。此外，茎秆压碎强度和外皮穿刺强度与种植密度、节间长度呈极显著负相关（$r=-0.97^{**}$ 和-1.00^{**}，-0.93^{**} 和-0.98^{**}），与茎秆节间直径、干重、单位茎长干重存在极显著正相关关系。密度与节间直径、干重、单位茎长干物质重呈极显著负相关，而与节间长度呈极显著正相关关系。

表 7 是穗下各节的茎秆力学性状与倒伏率的相关系数，可以看出，随着节位的上升，穿刺强度和压碎强度与倒伏率的相关系数先增加后降低，且均达显著或极显著相关。倒伏率与 S3～S5 节间及穗下第 1 节 S8 的穿刺强度和压碎强度均呈极显著负相关关系。

表 6　茎秆力学性状与植株农艺性状的相关系数（2016）

项目	节间长度	节间直径	节间干重	干重/茎长	密度	倒伏率	压碎强度
密度	0.97^{**}	-0.98^{**}	-0.96^{**}	-0.97^{**}	—	—	—
倒伏率	0.89^{*}	-0.96^{**}	-0.96^{**}	-0.96^{**}	0.97^{**}	—	—
压碎强度	-0.93^{**}	0.98^{**}	0.99^{**}	0.98^{**}	-0.97^{**}	-0.95^{**}	—
穿刺强度	-0.98^{**}	0.97^{**}	0.95^{**}	0.95^{**}	-1.00^{**}	-0.96^{**}	0.96^{**}

注：* 表示 5%的显著水平，** 表示 1%的极显著水平。下表同。

表 7　茎秆倒伏率与茎秆节间力学性状的相关系数

性状	倒伏率						
	S2	S3	S4	S5	S6	S7	S8
穿刺强度	-0.94^{**}	-0.97^{**}	-0.97^{**}	-0.92^{**}	-0.90^{*}	-0.89^{*}	-0.92^{**}
压碎强度	-0.92^{*}	-0.93^{**}	-0.97^{**}	-0.92^{**}	-0.90^{*}	-0.87^{*}	-0.97^{**}

3 讨论

增加种植密度是提高玉米产量的主要途径之一，但密度增加使倒伏情况加剧，而玉米灌浆后期发生倒伏是造成玉米减产的主要原因。玉米倒伏可分为根倒和茎倒（折）[14]，其中茎倒（折）主要与玉米的株高、穗位高、基部节间长度、茎粗及茎秆的力学性能等因素有关。有研究表明[15]，随着密度增加玉米抗折力、压碎强度和穿刺强度均呈下降趋势。也有研究表明[12]，节干重、单位茎长干重和茎秆抗折力均随着密度的增加先增加后降低。本试验研究结果表明，随种植密度的增加，植株倒伏率增加，穗下各节间的干重、单位节长干物质重、穿刺强度、压碎强度有不同程度下降。研究显示玉米地上节间的形态性状与倒伏密切相关[16]，其中节间直径和长度是重要指标。本试验结果显示，灌浆期玉米穗下节间直径从基部向上呈现逐渐减小的趋势，随密度增加，节间直径降低。节间长度也表现出对密度增加的响应，其中，第 2 至 5 节随着密度增加，其节间长度的呈现增加趋势，第 6 至 8 节之间差异未达到显著水平，这与刘胜群[10]等的研究不同，可能是品种、地理环境不同的原因。随密度增加穗下节间直径降低，不利于玉米抗倒伏性能的发挥。

勾玲等[13]研究结果表明，茎秆压碎强度和外皮穿刺强度对玉米抗倒伏能力影响最显著。玉米茎秆压碎强度与茎倒伏呈显著负相关[17]，外皮穿刺强度与茎秆倒伏和茎秆压碎强度高度相关[18]。也有人认为，茎秆硬皮穿刺力对倒伏的直接作用最大，而垂直压碎力和穗位高主要通过硬皮穿刺力而间接影响玉米倒伏[19]。本试验研究表明，茎秆倒伏率与茎秆压碎强度和外皮穿刺强度存在着极显著负相关关系，茎秆压碎强度和外皮穿刺强度也具有非常密切的相关关系，相关系数为 $r=0.96^{**}$。穗下各节的穿刺强度、压碎强度与倒伏率均具有显著或极显著负相关关系，其中第 3 至 5 节和第 8 节（穗下第 1 节）的穿刺强度、压碎强度与倒伏率均呈极显著负相关关系，所以第 3 至 5 节和第 8 节（穗下第 1 节）更易发生倒伏。此外，单位茎长干物质重可反映不同品种间茎秆干物质积累的差异，可以作为判断玉米抗倒质量的重要农艺指标[20]。勾玲等[13]研究表明，玉米抽雄前 1 周茎秆第 4 节间以上干重百分比大于 7.5%，单位茎长干物质重高于 0.2 g/cm 时较为抗倒伏。本试验结果表明，2015 年和 2016 年穗下各节间单位茎长干物质重平均为 0.28 g/cm 和 0.42 g/cm，玉米倒伏率与节间直径、干重、单位茎长干物质重呈极显著负相关相关性，而节间直径、干重、单位茎长干物质重均与穿刺强度和压碎强度呈极显著正相关关系，说明节间直径、干重、单位茎长干物质重降低会使外皮穿刺强度和压碎强度进一步下降，增加了倒伏风险。

4 结论

在本试验条件下，增加群体密度，使玉米基部节间强度降低，但在节位和密度上并不完全同步。随种植密度的增加，穗下由基部向上第 2~5 节节长增长，第 6~8 节变化不显著，穗下各节节粗变细。节间干重、单位茎长干物质重、穿刺强度和压碎强度均随密度的增加而降低，进一步增加了倒伏风险。玉米倒伏率与第 3~5 节和第 8 节（穗下第 1 节）的穿刺强度和压碎强度均呈极显著负相关，茎秆压碎强度和外皮穿刺强度具有显著的正相关关系；倒伏率与节间直径、干重、单位茎长干物质重呈极显著负相关关性，而节间直径、干重、单位茎长干物质重均与穿刺强度和压碎强度呈极显著正相关关系。

参考文献

[1] Tollenaar M, Lee E A. Yield potential, yield stability and stress tolerance in maize [J]. Field Crops Research, 2002, 75 (2-3): 161-169.

[2] 苌建峰，张海红，李鸿萍，等．不同行距配置方式对夏玉米冠层结构和群体抗性的影响 [J]. 作物学报，2016，42 (1)：104-112.

[3] 杨吉顺，高辉远，刘鹏，等．种植密度和行距配置对超高产夏玉米群体光合特性的影响 [J]. 作物学报，2010，36 (7)：1226-1233.

[4] 刘战东，肖俊夫，南纪琴，等．倒伏对夏玉米叶面积、产量及其构成因素的影响 [J]. 中国农学通报，2010，26 (18)：107-110.

[5] Kang M. S.，Din A. K.，Zhang Y.，et al. Combining ability for rind-puncture resistance in maize [J]. Crop Science，1999，39 (39)：368-371.

[6] 程云，王枟刘，杨静，等．种植密度对夏玉米基部节间性状与倒伏的影响 [J]. 玉米科学，2015，23 (5)：112-116.

[7] Sangoi L.，Gracietti M. A.，Rampazzo C.，et al. Response of Brazilian maize hybrids from different eras to changes in plant density [J]. Field Crops Research，2002，79 (1)：39-51.

[8] 宋朝玉，张继余，张清霞，等．玉米倒伏的类型、原因及预防、治理措施 [J]. 作物杂志，2006 (1)：36-38.

[9] Thomison P. R.，Jordan D. M. Plant population effects on corn hybrids differing in ear growth habit and prolificacy [J]. Journal of Production Agriculture，1995，8 (3)：394.

[10] 刘胜群，宋凤斌，朱先灿，等．玉米穗下节间与抗倒性相关的某些性状对增加密度的响应 [J]. 土壤与作物，2013 (4)：145-149.

[11] 高鑫，高聚林，于晓芳，等．高密植对不同类型玉米品种茎秆抗倒特性及产量的影响 [J]. 玉米科学，2012，20 (4)：69-73.

[12] 黄海，常莹，胡文河，等．群体密度对玉米茎秆农艺性状及抗倒伏性的影响 [J]. 玉米科学，2014 (4)：94-101.

[13] 勾玲，黄建军，张宾，等．群体密度对玉米茎秆抗倒力学和农艺性状的影响 [J]. 作物学报，2007 (10)：1688-1695.

[14] Beck D. L.，Darrah L. L.，Zuber M. S. Effect of Sink Level on Root and Stalk Quality in Maize [J]. Crop Science，1988，28 (1)：11-18.

[15] 黄璐，乔江方，刘京宝，等．夏玉米不同密植群体抗倒性及机收指标探讨 [J]. 华北农学报，2015 (2)：198-201.

[16] Bruce W.，Desbons P.，Crasta O.，et al. Gene expression profiling of two related maize inbred lines with contrasting root-lodging traits [J]. Journal of Experimental Botany，2001，52 (Spec Issue)：459-468.

[17] Zuber M. S.，Grogan C. O. A New Technique for Measuring Stalk Strength in Corn1 [J]. Crop Science，1961，1 (5)：378-380.

[18] Zuber M. S.，Colbert T. R.，Darrah L. L. Effect of recurrent selection for crushing strength on several stalk components in maize. [J]. Crop Science，1980，20 (6)：711-717.

[19] 杨青华，冉午玲，李蕾蕾，等．玉米茎秆性状与倒伏的相关性及其通径分析 [J]. 河南农业大学学报，2016 (2)：167-170.

[20] 张芳魁，霍仕平，张健，等．玉米茎秆性状与抗折断力的相关和通径分析 [J]. 玉米科学，2006，14 (6)：46-49.

耕作方式与秸秆还田对川中紫土土壤碳库与玉米产量的影响*

朱　敏[1]　王兴龙[1]　张　嶼[1]　孔凡磊[1]　袁继超[1]

四川农业大学农学院，四川成都　611130

摘要：为探明不同耕作方式和小麦秸秆还田对川中丘陵地区紫色土壤碳库和玉米产量的影响，于 2015、2016 年设置了秸秆还田旋耕（RTS）、秸秆还田免耕（NTS）、秸秆不还田旋耕（RT）、秸秆不还田免耕（NT）4 个处理，研究耕作方式与秸秆还田对川中紫土土壤碳库与产量的影响。结果表明，秸秆还田提高了土壤有机碳含量，2016 年玉米成熟期 0～10 cm 和 10～20 cm 有机碳 NTS 较 NT 处理分别提高了 21.9%，1.6%，RTS 较 RT 处理分别提高了 23.1%，15.9%。与秸秆不还田相比，2015 年玉米成熟期秸秆还田 0～10 cm 和 10～20 cm 土壤活性有机碳含量分别提高了 40.5%，17.5%，2016 年则分别提高了 70.0%，16.0%。秸秆还田能提高土壤碳库活度（A）、活度指数（AI）、碳库指数（CPI）和碳库管理指数（CPMI）。免耕处理提高了土壤碳库活度、活度指数和碳库管理指数，与旋耕处理相比，免耕处理 0～10 cm 和 10～20 cm 土层碳库活度指数分别提高了 15.7%，28.9%，碳库管理指数分别提高了 12.5%，46.6%。RTS 较 NT 处理产量提高了 35.3%。

关键词：耕作方式；秸秆还田；土壤碳库；活性有机碳；碳库管理指数

伴随现在土壤中碳循环理论与实证研究的深化，秸秆还田在促进土壤有机质积累方面受到了广泛关注。土壤中的总有机碳对土壤化学与生物性状有长久影响，是土壤的重要组成部分，较小范围的变化都可能影响到土壤 CO_2 向大气的排放[1,2]。土壤活性有机碳对耕作措施和秸秆还田的反应比土壤总有机碳更灵敏[3,4]，并且与土壤的有效养分、物理性状关系密切。因而，活性有机碳可以作为土壤管理措施引起的土壤有机质变化，以及土壤潜在生产力的早期指标[5,6]。土壤有机碳只是土壤全碳的小部分，但对土壤碳素的转化、土壤养分流起着重要作用，与土壤全碳相比更能敏锐地表现土壤微小的变化[7]，并且与土壤的物理性状、土壤有效养分、耕作措施等密切相关[8]。土壤有机碳能在不同程度上反映土壤质量以及有机质的有效性，不同组成和碳库管理指数能反映土壤肥力状况和土壤质量，是评价土壤管理的良好指标。

研究表明，不同土壤耕作措施与秸秆还田的共同作用可增加土壤表层渗透，使土壤团聚体的稳定性变高，加快秸秆的分解速度，增加土壤中有机碳的积累，可以减少温室气体排放的作用[9,10]，并增强土壤固碳功能。有一些研究认为，短时期的秸秆还田并不能提高土壤有机碳[13,14]和作物产量[15]；也有一部分学者认为，短期土壤免耕措施能增加土壤有机碳含量[16]并提高作物产量[17]。蔡太义与张永春等[17]的研究结果说明秸秆还田措施可以增加作物产量，而李录久等[19]则认为秸秆还田措施能导致作物

* **基金项目**：国家粮食丰产科技工程（2012BAD04B13）；公益性行业（农业）科研专项（20150312705）

减产。但此类文献中未见在川中丘陵小麦－玉米两熟下紫色黏土土壤碳库的相关研究。为此，本研究通过设计不同耕作方式和秸秆还田的两因素试验，研究川中丘陵小麦－玉米两熟模式下耕作方式与秸秆还田对农田土壤碳库及玉米产量的影响，为机播夏玉米的生产及土壤培肥制度的建立提供参考。

1 材料和方法

1.1 试验地点

试验于2015—2016年在四川省德阳市中江县合兴乡新建村进行，该地属亚热带季风气候，年降水量882.5 mm，年均气温16.7℃。耕层土壤0～20 cm，基础养分状况为pH值7.55、有机质6.63 g/kg、碱解氮32.89 mg/kg、速效磷3.86 mg/kg、速效钾131.03 mg/kg。种植方式为小麦－玉米轮作。

1.2 试验设计

本试验选用两因素随机区组试验设计，设置秸秆还田旋耕（RTS）、秸秆还田免耕（NTS）、秸秆不还田旋耕（RT）、秸秆不还田免耕（NT）4个处理。各处理操作如下，秸秆还田旋耕（RTS）是将小麦秸秆与土壤一起进行旋耕，使秸秆粉碎拌入土壤中；秸秆还田免耕（NTS）是将不粉碎的小麦秸秆盖留于地表，不做任何耕作处理直接播种；秸秆不还旋耕田（RT）是将处理中小麦秸秆人工割除，进行正常旋耕；秸秆不还田免耕（NT）则将处理中小麦秸秆人工割除，田块不做任何处理，直接播种。

供试品种为正红505（四川农大正红种业有限责任公司），前茬小麦品种为绵麦367（绵阳市农业科学研究所），播种方式为免耕机播，5月10日收获，秸秆还田量为6 000 kg/hm^{2}左右。5月13日进行秸秆还田和耕作方式处理，旋耕深度为15 cm。5月15日采用机播方式播种，每穴2～3粒种子，间苗时每穴留单株，种植密度为6.5×10^4株/hm^2。宽窄行种植，宽行行距90 cm，窄行行距40 cm，穴距23 cm。小区面积为156 m^2（3.9 m×40 m），每小区种植6行，3次重复。试验施肥为N 225 kg/hm^2（尿素，46%），P_2O_5 60 kg/hm^2（过磷酸钙，12%），K_2O 90 kg/hm^2（氯化钾，60%），氮磷钾肥均作底肥一次性施入。

1.3 测定项目及方法

1.3.1 土壤有机碳测定

在拔节期、大口期、吐丝期、成熟期随机取5点采集0～20 cm耕层土壤样品，混合均匀后，风干过筛备用。

土壤有机碳，取过0.25 mm筛的风干土0.1 g，用重铬酸钾－浓硫酸外加热氧化法测定[21]。土壤活性碳，取过0.25 mm筛的风干土4 g，用Blair等[8]提出的方法$KMnO_4$氧化法测定。本研究土壤碳库管理指数计算采用Blair等[8]提出的方法，选取NT处理为参考土壤，具体计算如下：

碳库活度（A）＝活性碳含量/非活性碳含量；

碳库活度指数（AI）＝样品碳库活度/参考土壤碳活度；

碳库指数（CPI）＝样品全碳含量（g/kg）/参考土壤全碳含量（g/kg）；

碳库管理指数（CPMI，%）＝碳库指数×碳库活度指数×100＝CPI×AI×100。

1.3.2 产量测定

收获前调查每个小区的株数、折断株、空秆数数。收获时各小区单独测产，每小区连续取20穗，果穗自然风干后进行室内考种，测定穗长、穗粗、秃尖长度、穗行数、行粒数、穗粒数、千粒质量，并计算收获系数。

1.4 数据处理

采用 Microsoft Excel 2003 进行数据处理，SPSS 19.0 软件进行统计分析。用最小显著差数法进行显著性水平检验（$P<0.05$）。以 3 次重复分析的平均值与标准差作为试验最终结果。

2 结果与分析

2.1 土壤有机碳

由表 1 可知，2016 年各时期 0～10 cm、10～20 cm 土层土壤有机碳含量明显高于 2015 年。且秸秆还田提高了土壤有机碳含量，与秸秆不还田相比，2015 年玉米成熟期秸秆还田 0～10 cm 和 10～20 cm 土壤活性有机碳含量分别提高了 22.9%、5.2%，2016 年则分别提高了 22.7%、8.7%。2016 年玉米成熟期 0～10 cm 和 10～20 cm 有机碳 NTS 较 NT 处理分别提高了 21.9%、1.6%，RTS 较 RT 处理分别提高了 23.1%、15.9%。与免耕处理相比，旋耕处理提高了 2015 年各时期 0～10 cm 土层土壤有机碳含量，2015 年、2016 年玉米成熟期旋耕 0～10 cm 土层有机碳较免耕平均分别提高了 7.6%、21%；10～20 cm 分别提高了 8.6%，5.7%。

表 1　不同处理下土壤有机碳含量的比较

单位：g/kg

年份	处理	0～10 cm				10～20 cm			
		拔节期	大口期	吐丝期	成熟期	拔节期	大口期	吐丝期	成熟期
2015	RTS	8.41a	9.82a	8.95a	10.14a	9.35a	8.54a	6.09a	9.73a
	NTS	8.15ab	9.08ab	8.82a	9.77a	6.98b	6.68b	6.09a	8.40c
	RT	7.88b	8.95ab	8.54a	8.54ab	6.24c	8.95a	5.49a	8.68b
	NT	6.94c	8.14b	6.91b	7.66b	6.58bc	6.08c	5.55a	8.55bc
2016	RTS	9.94a	14.99a	10.75a	13.68a	11.37a	10.26a	9.08a	9.89a
	NTS	8.99b	12.42b	9.76a	11.25b	8.39ab	8.37b	8.14b	8.78b
	RT	7.18b	10.97bc	9.77a	11.11b	8.84b	8.77b	8.73b	8.53b
	NT	7.99b	8.94c	8.09b	9.23c	7.93c	8.76b	8.78b	8.64b

注：RTS—旋耕还田；NTS—免耕还田；RT—旋耕不还田；NT—免耕不还田；不同小写字母表示不同处理在 0.05 水平上差异显著。下表同。

2.2 土壤活性有机碳

由表 2 可得，土壤活性有机碳含量受耕作方式和秸秆还田的影响，0～10 cm 土壤活性有机碳含量明显高于 10～20 cm。2016 年各时期 0～10 cm、10～20 cm 土壤活性有机碳含量显著高于 2015 年，秸秆还田处理成熟期 0～10 cm 土层，2015 年、2016 两年活性有机碳较不还田处理分别提高 40.1%、70.0%；10～20 cm 土层两年分别提高 17.5%、16.0%。免耕有利于各土层土壤活性有机碳的增加，其中玉米成熟期秸秆还田下，免耕 0～10 cm 土壤活性有机碳含量较旋耕两年分别平均提高 10.9%、36.6%、10～20 cm 分别提高 1.6%、11.8%。秸秆不还田条件下，免耕 0～10 cm 土壤活性有机碳含量较旋耕两年分别平均提高 18.6%、24.6%，10～20 cm 分别提高 39.7%、43.6%。

表 2　不同处理下土壤活性碳有机碳含量的比较　　单位：g/kg

年份	处理	0~10 cm				10~20 cm			
		拔节期	大口期	吐丝期	成熟期	拔节期	大口期	吐丝期	成熟期
2015	RTS	3.87ab	3.32a	3.56b	2.57a	2.63b	2.63a	2.66bc	1.83a
	NTS	4.36a	3.62a	4.44a	2.85a	2.89a	2.82a	3.38a	1.86a
	RT	3.17b	2.70b	2.66c	1.77b	2.79b	2.67a	2.45b	1.31b
	NT	3.53ab	2.75ab	3.49b	2.10a	2.83ab	2.85a	3.30a	1.83a
2016	RTS	4.73b	4.14a	5.71ab	6.30ab	4.08ab	3.79a	3.75b	4.99b
	NTS	6.34a	4.19a	6.34a	8.61a	3.32a	3.92a	3.98a	5.58a
	RT	4.99b	3.51a	5.27b	3.86c	3.77b	3.87a	2.89b	3.74c
	NT	5.53ab	4.14a	5.84ab	4.81bc	4.30a	3.97a	3.03b	5.37a

2.3　土壤碳库管理指数

由表 3 可以看出，秸秆还田一定程度上提高了土壤碳活度、碳活度指数、碳库指数和碳库管理指数。与秸秆不还田处理相比，秸秆还田处理 0~10 cm 和 10~20 cm 土壤碳库活度、活度指数、碳库指数和碳库管理指数分别提高了 59.1%、58.6%、37.6%、102.4%和 31.0%、31.4%、30.0%、70.8%。免耕处理提高了土壤碳库活度、活度指数和碳库管理指数，与旋耕处理相比，免耕处理 0~10 cm 和 10~20 cm 土层碳库活度指数分别提高了 15.7%、28.9%，碳库管理指数分别提高了 12.5%、46.6%。

表 3　不同处理对土壤碳库管理指数的影响（2016 年成熟期）

土层（cm）	处理	碳库活度 A	碳库活度指数 AI	碳库指数 CPI	碳库管理指数 CPMI（%）
0~10	RTS	0.85ab	1.37b	1.32a	183.82a
	NTS	0.98a	1.58a	1.28a	202.57a
	RT	0.53b	0.86c	0.89b	87.82b
	NT	0.62b	1.00c	1.00ab	103.07b
10~20	RTS	0.61b	1.02b	1.15b	119.72b
	NTS	0.87a	1.45a	1.29a	188.72a
	RT	0.53b	0.88b	0.88c	78.62c
	NT	0.60b	1.00b	1.00b	102.01b

2.4　不同处理下玉米产量

由表 4 可知，耕作方式与秸秆还田对玉米秃尖长、穗粗、穗粒数、百粒重和产量均有显著影响。秸秆还田对玉米穗长、秃尖长、穗粗、穗粒数、百粒质量和产量的影响达显著（$P<0.05$）或极显著水平（$P<0.01$）；秸秆还田措施与耕作方式对玉米秃尖长、穗粗、穗粒数、百粒质量和产量的影响存在极显著的交互作用。秸秆还田处理显著降低了秃尖长，提高了玉米穗长、穗粗、穗粒数、百粒质量和产量，与不还田处理相比秃尖长平均降低了 0.54 cm，穗长增加 1.19 cm，穗粗增加 4.09 mm，穗粒数增加 11.5%，百粒质量增加 8%，最终产量增加 12.2%。旋耕与免耕相比秃尖长平均降低了 0.61 cm，穗长增加了 0.92 cm，穗粗增加了 4.22 mm，穗粒数增加了 10.6%，百粒质量增加了 6.9%，最终产量增加了 19.2%。旋耕秸秆还田降低了玉米的秃尖长，增加了玉米穗长、穗粗和百粒质量，并使产量增加 35.3%。总体上看，旋耕秸秆还田明显提高了玉米产量，处理间产量表现为 RTS>RT>NTS>NT。

表 4　不同处理对玉米产量构成的影响（2016 年）

处理	穗长（cm）	秃尖长（cm）	穗粗（mm）	有效穗（穗/hm^2）	穗粒数（粒）	百粒重（g）	产量（kg/hm^2）
RTS	20.13a	0.77c	61.65a	38439.42ab	865.92a	25.06a	7681.85a
NTS	19.30ab	1.21b	57.56b	36564.33b	816.33b	22.80b	6939.41bb
RT	19.02ab	1.10b	57.70b	41252.06a	810.32b	22.58b	7357.35a
NT	18.02b	1.87a	53.32c	37501.88ab	698.71c	21.77c	5679.01c
S	7.56*	31.77**	219.98**	2.40	99.52**	29.80**	65.74**
T	0.03	3.43	191.99**	5.40	13.55*	5.13	153.37**
SxT	4.4	48.10**	429.22**	0.60	86.40**	22.90**	22.92**

注：* 为两种因子的相关性达到显著水平（$P<0.05$）；** 为两种因子的相关性达到极显著水平（$P<0.01$）。

3　讨论与结论

本试验结果显示，秸秆还田可以提高土壤有机碳的含量，这与 Li 等[22]、Dou 等[23]的研究结果基本相似。出现这种结果的原因是，农田中的秸秆在土壤微生物的作用下分解，一部分进入土壤，使土壤有机碳含量升高，从而增加土壤碳库[24]。旋耕还田处理总有机碳含量高于免耕还田处理，这主要是由于秸秆还田旋耕处理秸秆与土壤混合更充分，从而提高了土壤总有机碳的含量。土壤活性有机碳能够很好地反映土壤质量，且对土壤管理措施的改变反应敏感[25]。免耕处理避免了土壤的扰动，减缓了土壤有机质的氧化和矿化[26]，减弱了土壤中微生物的保护性物质释放，提高了土壤活性有机碳含量[27,28]。秸秆还田措施为微生物提供了充足的碳源，增加的有机物投入促进微生物生长、繁殖，提高土壤微生物活性。秸秆腐解物的有机物质以及微生物分解是活性碳组分的主要来源，秸秆还田措施有助于提高土壤活性有机碳的含量[29]。

碳库管理指数是为培肥地力、增加土壤活性碳含量提供了量化依据，反映土壤碳素动态变化灵敏而有效的指标。免耕和秸秆还田提高土壤碳库活度（A）、碳库活度指数（AI）、碳库指数（CPI）、碳库管理指数（CPMI），且随土层深度增加而减小，这与唐海明等[11]、蔡太义等[17]的研究结果相似。可能是因为秸秆腐烂分解，一定程度上增加了土壤中微生物的数量，养分进入土壤活性碳库，提高了微生物的活度，有助于土壤活性碳库的积累，且秸秆还田量多时，可在土壤和大气之间形成一层屏障，减少水分蒸发，同时降低了土壤表面风速，使水分和热量交换降低，更有利于养分的矿化和吸收[18]。

机播玉米产量表现为 RTS>RT>NTS>NT，旋耕处理产量均高于免耕处理，旋耕的耕作措施提高了玉米机播的出苗率，提高了有效穗数从而使产量增加。秸秆还田下旋耕处理产量均高于不还田旋耕，这可能是由于秸秆还田向土壤微生物提供了碳源，刺激微生物生长和酶的活性，促进土壤的供养能力，提高作物产量[30]，而免耕减产的原因可能是养分表层富集下耕层贫化和土壤容重增加影响根系下扎。

不同耕作方式与秸秆还田影响土壤碳库组成和玉米的产量构成。秸秆还田能提高各土层土壤有机碳和活性炭，进而提高了土壤碳库活度、活度指数、碳库指数和碳库管理指数。耕作方式对土壤有机碳含量和碳库组成的影响因秸秆还田而异，旋耕秸秆还田提高了土壤总有机碳含量，免耕提高了土壤活性有机碳含量。与免耕不还田相比，旋耕秸秆还田降低了玉米的秃尖长，增加了玉米穗长、穗粗和百粒质量，并使产量增加 35.3%。

参考文献

[1] 黄涛，仇少君，杜娟．碳氮管理措施对冬小麦—夏玉米轮作体系、秸秆腐解、土壤 CO_2 排放的影响 [J]. 中国农业

科学，2013，46（4）：756－768.

［2］Post W M，Emanuel W R，Zinke P J，et al. Soil carbon pools and world life zones［J］. Nature，1982，298（5870）：156－159.

［3］Ghani A，Dexter M，Perrott K W. Hot-water extractable Carbon in soils：a sensitive measurement for determining impacts of fertilisation，grazing and cultivation［J］. Soil Biology & Biochemistry，2003，35（9）：1231－1243.

［4］Haynes R J. Labile organic matter fractions as central components of the quality of agricultural soils：an overview［J］. Advances in Agronomy，2005，85（4）：221－268.

［5］Yan D Z，Wang D J，Yang L Z. Long-term effect of chemical fertilizer，straw，and manure on labile organic matter fractions in a paddy soil［J］. Biology and Fertility of Soils，2007，44（1）：93－101.

［6］Conteh A，Blair G J，Macleod D A，et al. Soil organic Carbon changes in cracking clay soils under cotton production as studied by Carbon fractionation［J］. Australian Journal of Agricultural Research，1997，48（7）：1049－1058.

［7］田慎重，郭洪海，董晓霞，等．耕作方式转变和秸秆还田对土壤活性有机碳的影响［J］. 农业工程学报，2016，32（S2）：39－45.

［8］Blair G J，Rdb L，Lise L. Soil carbon fractions based on their degree of oxidation，and the development of a carbon management index for agricultural systems［J］. Australian Journal of Agricultural Research，1995，46（7）：393－406.

［9］黄涛，仇少君，杜娟．碳氮管理措施对冬小麦/夏玉米轮作体系、秸秆腐解、土壤 CO_2 排放的影响［J］. 中国农业科学，2013，46（4）：756－768.

［10］于建光，李辉信，陈小云，等．秸秆施用及蚯蚓活动对土壤活性有机碳的影响［J］. 应用生态学报，2007，18（4）：818－824.

［11］唐海明，程凯凯，肖小平，等．不同冬季覆盖作物对双季稻田土壤有机碳的影响［J］. 应用生态学报，2017，28（2）：465－473.

［12］李玮，乔玉强，陈欢，等．秸秆还田配施氮肥对砂姜黑土有机质组分与碳库管理指数的影响［J］. 生态与农村环境学报，2014（4）：475－480.

［13］Mccarty G W，Lyssenko N N，Starr J L. Short-term changes in soil Carbon and Nitrogen pools during tillage management transition［J］. Soil Science Society of America Journal，1998，62（6）：1564－1571.

［14］Al-Kaisi M M，Yin X. Tillage and crop residue effects on soil Carbon and Carbon dioxide emission in corn-soybean rotations［J］. Journal of Environmental Quality，2005，34（2）：437－445.

［15］Jat M L，Gathala M K，Ladha J K，et al. Evaluation of precision land leveling and double zero-till systems in the rice-wheat rotation：Water use，productivity，profitability and soil physical properties［J］. Soil & Tillage Research，2009，105（1）：112－121.

［16］Mishra J S，Singh V P. Tillage and weed control effects on productivity of a dry seeded rice-wheat system on a Vertisol in Central India［J］. Soil & Tillage Research，2012，123（123）：11－20.

［17］蔡太义，黄耀威，黄会娟，等．不同年限免耕秸秆覆盖对土壤活性有机碳和碳库管理指数的影响［J］. 生态学杂志，2011，30（9）：1962－1968.

［18］查燕，武雪萍，张会民，等．长期有机无机配施黑土土壤有机碳对农田基础地力提升的影响［J］. 中国农业科学，2015，48（23）：4649－4659.

［19］李录久，杨哲峰，李文高，等．秸秆直接还田对当季作物产量效应［J］. 安徽农业科学，2000，28（4）：450.

［20］Logan T J，Lal R，Dick W A. Tillage systems and soil properties in North America［J］. Soil & Tillage Research，1991，20（2/4）：241－270.

［21］鲍士旦．土壤农化分析［M］. 北京：中国农业出版社，2010：495.

［22］Li C F，Yue L X，Kou Z K，et al. Short-term effects of conservation management practices on soil labile organic Carbon fractions under a rape-rice rotation in central China [J]. Soil & Tillage Research, 2012, 119 (2): 31 - 37.

[23] Dou F, Wright A L, Hons F M. Sensitivity of labile Soil organic Carbon to tillage in Wheat-Based cropping systems [J]. Soil Science Society of America Journal, 2008, 72 (5): 1445 - 1453.

[24] 李成芳，寇志奎，张枝盛，等．秸秆还田对免耕稻田温室气体排放及土壤有机碳固定的影响 [J]. 农业环境科学学报，2011，30 (11)：2362 - 2367.

[25] Chen H Q, Hou R X, Gong Y S, et al. Effects of 11 years of conservation tillage on soil organic matter fractions in wheat monoculture in Loess Plateau of China [J]. Soil & Tillage Research, 2009, 106 (1): 85 - 94.

[26] Jacobs A, Rauber R, Ludwig B. Impact of reduced tillage on Carbon and Nitrogen storage of two Haplic Luvisols after 40 years [J]. Soil & Tillage Research, 2009, 102 (1): 158 - 164.

[27] Roper M M, Gupta V, Murphy D V. Tillage practices altered labile soil organic Carbon and microbial function without affecting crop yields [J]. Australian Journal of Soil Research, 2010, 48 (3): 274 - 285.

[28] 张英英，蔡立群，武均，等．不同耕作措施下陇中黄土高原旱作农田土壤活性有机碳组分及其与酶活性间的关系 [J]. 干旱地区农业研究，2017，35 (1)：1 - 7.

[29] 康轩，黄景，姜建初，等．免耕稻草覆盖种植红薯对稻田土壤碳库及微生物数量的影响 [J]. 南方农业学报，2010，41 (3)：236 - 239.

[30] Xu J B, Feng Y Z, Wang Y M, et al. Soil microbial mechanisms of Stevia rebaudiana (Bertoni) residue returning increasing crop yield and quality [J]. Biology and Fertility of Soils, 2013, 49 (7): 839 - 846.

秸秆还田与旋耕对川中土壤物理性状及玉米机播质量的影响*

朱 敏[1] 石云翔[2] 孙志友[2] 王兴龙[1] 张 頔[1] 孔凡磊[1] 袁继超[1]

1. 四川农业大学农学院，四川成都 611130

2. 北京顺鑫农科种业科技有限公司，北京海淀 100097

摘要：为明确川中丘陵地区紫土小麦－玉米两熟种植模式下机播玉米生产适宜的秸秆还田方式与耕作方式，改善土壤的瘠薄、黏性过大等问题，提高耕层土壤的播种条件、播种质量，达到作物高产的目的，设置秸秆还田旋耕（RTS）、秸秆还田免耕（NTS）、秸秆不还田旋耕（RT）、秸秆不还田免耕（NT）4个处理，研究麦秸还田与旋耕对川中丘区紫色黏土物理性状及机播夏玉米播种质量的影响。结果表明，与秸秆不还田相比，麦秸还田显著增加了拔节期0～10 cm土层土壤毛管孔隙度和免耕处理0～10 cm全生育时期土壤含水量，显著降低出苗率、播种均匀度和幼苗整齐度等。与免耕相比，旋耕处理降低了0～10 cm土壤容重、含水量，增加了毛管孔隙度，出苗率提高9.9%，幼苗株高、茎粗、叶面积和干重显著提高。麦秸还田条件下，旋耕处理较免耕处理0～10 cm土壤容重降低2.0%～12.1%，出苗率、播种均匀度、每穴苗数、幼苗整齐度显著提高，其中出苗率增加17.9%。玉米出苗率与0～10 cm土壤含水量显著正相关，播种均匀度与幼苗整齐度均与0～10 cm土壤容重呈显著负相关。可见，麦秸还田下旋耕处理改善了土壤结构，增加了土壤含水量，更有利于川中丘陵区小麦－夏玉米种植模式机播玉米质量和幼苗素质的提高。

关键词：秸秆还田；播种均匀度；播种质量；幼苗整齐度；土壤物理性状

土壤耕作方式的变化可改变土壤状况，影响作物播种质量和苗期生长，采用合理的耕作方式可以改善土壤结构，提高作物的播种质量[1]，不合理的耕作方式则会降低土壤质量。小麦－玉米两熟种植模式下，合理的耕作方式既可以消化小麦残留秸秆起到蓄水保墒[2-6]，调节土壤温度和改善土壤水分状况[4-7]的作用，同时通过改变土壤的物理性状[8]，改善了耕层土壤的播种条件，提高播种质量，达到提高作物产量的目的[9]。研究表明，耕作方式对小麦－玉米两熟种植模式下后茬作物玉米的机播质量具有重要影响[10-12]。秸秆还田也能够降低土壤紧实度，配合不同耕作方式时可导致播种质量的不同[13]。Yavuzcan等[14-16]研究表明，地表残留植株多，免耕土壤紧实，机播后种子覆土浅，播种质量较差，若配合旋耕，土壤疏松，利于开沟器和播种器通过，出苗率与播种均匀度较好。高英波等[12]研究发现秸秆还田使夏玉米生育前期的株高增加，茎秆变细，叶片变长。随着生育进程推进，夏玉米生长加快，株高、茎粗、叶面积指数和单株生物量增加，生长优势明显。川中丘陵地区雨养农业区常年

* **基金项目**：国家重点研发计划项目（2016YFD0300307）、公益性行业科研专项（20150312705）、四川省科技支撑计划（2014NZ0040）和四川省玉米产业技术体系岗位家项目资助

以传统耕作方式对土壤进行旋耕，作物秸秆大量移出后导致表土暴露和土壤结构被破坏[17]。而夏玉米机播质量受土壤物理性状的影响，是制约玉米产量和机播方式推广应用的关键因素。在川中丘陵地区前期农业生产中因为土地地块小，又以套作为主，并且土壤瘠薄，秸秆还田的利用程度低，经常被随意焚烧。随着现代农业的发展，川中丘陵旱地地区的种粮大户越来越多，冬小麦－夏玉米种植模式的快速发展，土壤瘠薄、麦秸的处理等问题急需被解决。前人研究多侧重于麦茬处理方式对玉米生长发育和土壤化学性质的影响，而关于机播玉米土壤物理性状、播种质量及幼苗素质相关性研究较少，且针对川中丘陵紫色黏土的相关研究鲜见报道。本试验主要以土壤物理性状的改变为基础，针对物理性状的改变对机播玉米播种和前期生长、产量的影响，通过田间试验，研究麦秸还田下耕作方式对川中丘陵地区紫色黏土土壤物理性状和机播玉米播种质量、幼苗素质的影响，以期为川中丘区机播夏玉米提高播种质量提供科学依据。

1 材料与方法

1.1 试验地点

试验于2015年和2016年在四川省德阳市中江县合兴乡新建村（104°63′E，30°95′N）进行，该地属亚热带季风气候，年降水量882.5 mm，年均气温16.7 ℃。试验田播种前0～10 cm土壤容重为1.51 g/cm^3，土壤毛管孔隙度32%，含水量27%；10～20 cm土壤容重为1.54 g/cm^3，土壤毛管孔隙度30%，含水量19%。

1.2 试验设计

试验采用两因素随机区组试验设计，设置秸秆还田旋耕（RTS）、秸秆还田免耕（NTS）、秸秆不还田旋耕（RT）、秸秆不还田免耕（NT）4个处理。秸秆还田旋耕（RTS）将小麦秸秆与土壤一起旋耕，秸秆粉碎拌入土壤中。秸秆还田免耕（NTS）将不粉碎的小麦秸秆盖留于地表，不做任何耕作处理直接播种。秸秆不还田旋耕（RT）将小麦秸秆人工割除，进行正常旋耕。秸秆不还田免耕（NT）将小麦秸秆人工割除，田块不做任何处理，直接播种。

供试玉米品种为正红505（四川农业大学正红种业有限责任公司），前茬小麦品种为绵麦367（绵阳市农业科学研究所），5月10日收获，秸秆还田量为6 000 kg/hm^2。5月13日进行秸秆还田和耕作方式处理，旋耕深度为15 cm。5月15日采用机播方式播种，每穴2～3粒种子，间苗时每穴留单株，种植密度为6.5×10^4株/hm^2。宽窄行种植，宽行行距90 cm，窄行行距40 cm，穴距23 cm。小区面积为156 m^2（3.9 m×40 m），每小区种植6行，3次重复。试验施肥为N，225 kg/hm^2（尿素，46%），P_2O_5，60 kg/hm^2（过磷酸钙12%），K_2O，90 kg/hm^2（氯化钾60%），氮磷钾肥均作底肥一次性施入。

1.3 测定项目及方法

1.3.1 土壤物理性状

土壤毛管孔隙度、容重、土壤含水量测定采用环刀法[18]，含水量采用烘干法[18]。利用五点取样法，在玉米苗期、拔节期、大口期、吐丝期、成熟期从田块四角两条对角线的交驻点，以及交驻点到四个角的中间点等5点取样，测定玉米窄行0～10 cm、10～20 cm土层土壤容重、含水量和毛管孔隙度。每个处理3次重复。

1.3.2 播种质量

玉米出苗后，利用五点取样法，每个处理选5个点，每点调查4 m行长的玉米出苗率、露种率、穴数和每穴苗数，穴与穴之间距离超过30 cm计算为一个断垄数，超过60 cm为两个断垄数，以此类推。每穴苗数做标准偏差，计算播种均匀度。

$$S=\sqrt{\frac{\sum(x_i-\bar{x})^2}{N-1}} \tag{1}$$

式中，S 为标准偏差；$\bar{x}$ 为样本平均值；x_i 为各样本值；N 为样本容量。

1.3.3 幼苗素质

幼苗三展叶时期从各小区取 5 株能代表群体长势的幼苗植株，测定其株高、茎粗、叶面积。分根、茎、叶称鲜重，放入烘箱 105℃杀青 30 min，在 80℃下烘干至恒重称重。叶面积采用长宽系数法测定。

1.3.4 幼苗整齐度

在玉米第 4 叶展期调查生理株高，每个处理随机选取 4 m 行长，每个样点植株全部测定。整齐度采用变异系数的倒数（1/cv）法，表达式为：

$$cv=\frac{s}{\bar{x}}=\sqrt{\frac{\sum x^2-(\sum x)^2/n}{n-1}}/\bar{x} \tag{2}$$

式中，cv 为变异系数；s 为标准差；$\bar{x}$ 为样本平均值；x 为各个样本值；n 为样本容量。

1.4 数据处理

采用 Microsoft Excel 2007 和 DPS 7.05 数据处理系统进行数据处理和分析。

2 结果与分析

2.1 耕作方式对土壤物理性状的影响

2.1.1 土壤容重

表 1 结果表明，2015 年、2016 年旋耕处理显著降低了苗期土壤容重，2016 年旋耕和秸秆还田处理对土壤容重的影响较 2015 年显著。2015 年旋耕秸秆还田降低 0～10 cm 土层和 10～20 cm 土层的土壤容重。相同秸秆还田条件下，旋耕处理各时期 0～10 cm 土层和 10～20 cm 土层土壤容重均显著低于免耕处理。与免耕处理相比，旋耕处理整个生育期容重下降幅度为 3.2%～16.4%。2016 年秸秆还田条件下，旋耕与免耕相比 0～10 cm 土层土壤容重下降 2.0%～12.1%，10～20 cm 土层土壤容重下降 3.1%～6.6%。土壤容重受麦秸还田的影响显著，两种耕作方式下土壤容重表现为秸秆不还田免耕>秸秆还田旋耕。总体上看，0～10 cm 土层和 10～20 cm 土层拔节期土壤容重表现为 NT>NTS>RT>RTS，秸秆还田下旋耕处理土壤容重为最低。

表 1 2015 年和 2016 年不同处理对玉米不同生育期不同土层土壤容重的影响

年份	处理	0～10（cm）				10～20（cm）			
		拔节期	大口期	吐丝期	成熟期	拔节期	大口期	吐丝期	成熟期
2015	RTS	1.26±0.03c	1.33±0.33c	1.53±0.04b	1.46±0.10b	1.40±0.07ab	1.45±0.11b	1.67±0.09b	1.48±0.08b
	NTS	1.53±0.03b	1.47±0.02b	1.62±0.02ab	1.58±0.04a	1.53±0.16a	1.50±0.05a	1.71±0.11a	1.59±0.03a
	RT	1.33±0.02bc	1.41±0.03bc	1.53±0.03b	1.43±0.05b	1.38±0.13b	1.46±0.06ab	1.68±0.09ab	1.49±0.04a
	NT	1.57±0.02a	1.60±0.04a	1.60±0.08a	1.61±0.01a	1.43±0.10ab	1.53±0.06a	1.75±0.05a	1.60±1.11a
2016	RTS	1.16±0.03d	1.21±0.06b	1.41±0.06b	1.27±0.02b	1.54±0b	1.42±0.07b	1.48±0.04b	1.27±0.02b
	NTS	1.32±0.12b	1.34±0.02a	1.44±0.18a	1.36±0.07a	1.59±0.01a	1.52±0.02a	1.57±0.05ab	1.36±0.14a
	RT	1.23±0.02c	1.22±0.13b	1.43±0.07b	1.39±0.01ab	1.58±0.02b	1.47±0.05ab	1.54±0.03ab	1.39±0.09a
	NT	1.40±0.05a	1.36±0.11a	1.63±0.01a	1.46±0.04a	1.59±0.16a	1.53±0a	1.59±0.03a	1.46±0.04a

注：RTS 为旋耕还田，RT 为旋耕不还田，NTS 为免耕还田，NT 为免耕不还田。不同小写字母表示同一年份不同处理在 0.05 水平上差异显著。下同。

2.1.2 土壤毛管孔隙度

如表2所示，2015年和2016年土壤毛管孔隙度各处理变化趋势基本一致，耕作方式对土壤毛管孔隙度影响显著，各时期旋耕处理均高于免耕处理，旋耕处理土壤毛管孔隙度为35.0%～44.2%，免耕处理为31.2%～43.2%，旋耕较免耕增加0.7%～13.2%，二者之间差异达显著水平。2015年麦秸还田对土壤毛管孔隙度影响不明显。2016年，旋耕条件下，秸秆还田处理土壤毛管孔隙度增加2.1%～24.3%；免耕条件下，秸秆还田处理土壤毛管孔隙度增加1.2%～16.8%，二者间差异显著。

表2 2015年和2016年不同处理对玉米不同生育期不同土层土壤毛管孔隙度的影响 单位：%

年份	处理	0～10 (cm)				10～20 (cm)			
		拔节期	大口期	吐丝期	成熟期	拔节期	大口期	吐丝期	成熟期
2015	RTS	36.23±0.66b	35.23±0.31a	39.30±1.05a	35.74±1.65a	39.37±1.44a	36.34±4.73a	35.50±5.97a	36.79±1.39a
	NTS	34.40±0.80ab	31.27±0.85ab	38.50±1.21a	33.10±3.74ab	37.47±3.91a	34.26±1.73a	32.23±6.14a	35.48±0.88a
	RT	34.00±0.37a	34.97±1.82a	38.27±2.04a	34.27±0.66a	39.50±2.62a	35.03±0.47a	33.67±4.64a	35.38±2.10a
	NT	33.31±0.75b	31.10±0.24ab	38.53±1.78a	30.60±9.08b	34.60±1.66a	31.30±1.06a	31.57±2.57a	35.19±1.77a
2016	RTS	41.37±0.35a	41.04±1.41a	44.26±0.36a	43.55±0.87a	44.22±1.69a	38.63±0.23a	43.11±4.19a	48.97±0.72a
	NTS	38.41±1.13b	37.70±1.36c	40.31±0.14b	39.78±0.64b	37.90±6.13a	37.09±0.60ab	37.84±0.77b	42.05±4.48b
	RT	40.52±0.34a	39.36±1.30ac	41.85±2.35ab	40.42±0.58b	41.05±5.46a	36.19±0.45b	41.32±2.96ab	39.39±0.31bc
	NT	34.34±0.21c	36.41±0.32bc	39.85±2.71b	38.45±1.18a	36.57±3.05a	35.63±1.47b	37.03±0.52b	36.01±2.75c

2.1.3 土壤含水率

作物对土壤水分的利用受土壤质量和作物生长状况的共同影响。从表3可以看出，相同秸秆处理方式下，免耕处理0～10 cm土壤含水率均高于旋耕处理，2015年拔节期、大口期、吐丝期和成熟期免耕处理土壤水分较旋耕平均分别增加26.4%、3.4%、3.7%、8.5%，2016年拔节期、大口期、吐丝期和成熟期免耕处理土壤水分较旋耕平均分别增加16.1%、7.5%、0.4%、0.2%。这是由于免耕减少了对土层的扰动，有利于抑制土面的无效蒸发，提高表层水分含量。免耕条件下，0～10 cm土壤含水率秸秆还田处理均高于不还田处理。10～20 cm土壤水分在玉米各时期均差异不显著。总体来看，免耕秸秆还田处理0～10 cm土壤含水率最高。

表3 2015年和2016年不同处理对玉米不同生育期不同土层土壤含水量的影响 单位：%

年份	处理	0～10 (cm)				10～20 (cm)			
		拔节期	大口期	吐丝期	成熟期	拔节期	大口期	吐丝期	成熟期
2015	RTS	17.40±2.26b	30.53±0.99a	15.55±1.95a	33.07±1.02ab	29.20±0.17a	31.97±1.13a	23.41±1.05a	33.09±0.59a
	NTS	24.05±0.55a	31.48±1.63a	16.67±3.24a	34.93±0.68a	27.47±0.49a	32.29±1.03a	21.02±5.28a	33.57±0.71a
	RT	19.07±0.81ab	25.35±0.58b	16.65±1.93a	26.40±0.36c	30.57±3.93a	33.33±0.36a	21.52±2.11a	33.51±1.92a
	NT	22.03±0.52ab	26.32±2.32b	16.61±4.28a	29.58±1.19bc	29.20±3.21a	30.40±3.46a	21.18±3.07a	33.71±0.17a
2016	RTS	22.81±1.99ab	32.33±0.22b	34.41±0.61a	31.37±1.95a	32.48±0.34a	34.51±0.55a	30.32±0.53b	33.27±1.52a
	NTS	25.96±1.48a	34.69±0.21a	35.37±1.71a	32.02±0.46a	37.52±0.33a	37.04±3.13a	34.40±1.31a	34.99±1.01a
	RT	18.32±2.07b	29.26±0.70c	31.39±0.36b	25.73±1.58b	33.04±5.43a	34.57±0.91a	33.41±1.79a	33.49±0.41a
	NT	21.80±4.52ab	31.52±1.65b	30.71±0.83b	25.20±1.07b	34.91±3.89a	32.88±2.04a	34.35±1.41a	34.55±0.39a

2.2 秸秆还田与旋耕对机播夏玉米播种质量的影响

由表4可见，耕作方式对机播夏玉米播种质量影响显著。与免耕处理相比，旋耕处理显著提高了机播玉米播种质量和玉米出苗率，旋耕处理玉米出苗率较免耕2015年、2016年分别提高26.7%和9.9%。从播种质量看，旋耕处理露种率、断垄数、播种均匀度均较免耕处理低，其中露种率旋耕显著低于免耕处理。秸秆还田降低了玉米出苗率，免耕秸秆还田出苗率为 62.0%、78.0%，显著低于秸秆不还田。同时，秸秆还田提高了露种率、断垄数和播种均匀度（播种均匀度越小，表示播种越均匀）。与秸秆不还田相比，还田处理的播种均匀度 2015 年、2016 年分别增加 3.3%、5.7%。总体上看，旋耕处理有利于机播玉米播种质量和出苗率的提高，秸秆还田降低了玉米播种质量和出苗率。

表 4　2015 年和 2016 年不同处理下玉米播种质量的比较

年份	处理	出苗率（%）	露种率（%）	断垄率（%）	缺窝率（%）	每穴苗数	播种均匀度
2015	RTS	93±8.01a	3±2.63c	7.5±7.50b	12.96±7.5ab	2.11±0.32a	0.88±0.01b
	NTS	62±16.51b	34±19.58a	30.0±7.50a	24.07±7.50a	1.69±0.17a	0.99±0.01a
	RT	97±0.20a	0±0c	5.00±4.33b	1.85±4.33b	1.83±0.08a	0.85±0.01b
	NT	88±7.01a	11±1.41b	20.0±4.33a	22.0±4.33a	1.70±0.28a	0.96±0.01a
2016	RTS	92±4.71a	3±2.90a	15.0±7.50bc	14.8±6.42b	1.77±0.23a	0.53±0.00b
	NTS	78±7.10c	14±3.75a	27.5±4.33a	20.1±3.21a	1.50±0.07a	0.59±0.00a
	RT	86±4.40b	0±0c	5.00±2.35c	12.9±6.42b	1.74±0.22a	0.51±0.01b
	NT	84±4.16b	7±3.57b	25.0±4.33ab	27.8±5.56a	1.67±0.18a	0.55±0.05b

2.3　秸秆还田与旋耕对夏玉米幼苗素质的影响

由表 5 可见，耕作方式对机播夏玉米幼苗素质影响显著。与免耕处理相比，旋耕处理显著提高了玉米幼苗素质，其中 2015 年幼苗长度、叶面积、根长、整齐度分别提高 38.9%、76.8%、19.3%、70.8%，茎叶干重和根干重分别提高 116.3%、47.1%；2016 年幼苗长度、叶面积、根长、整齐度分别提高 24.6%、39.1%、1.9%、132.8%，茎叶干重和根干重分别提高 60.9%、0.5%。相同耕作方式下，秸秆不还田处理幼苗长度、叶面积、茎叶干物质均高于秸秆还田。苗期根冠比表现为 NTS>RTS>NT>RT，且处理间差异显著。说明旋耕处理有利于提高夏玉米苗期整体素质，保证苗全、苗齐，而秸秆还田降低了玉米苗期素质和幼苗整齐度。

表 5　2015 年和 2016 年不同处理下夏玉米幼苗素质的比较

年份	处理	苗长（cm）	幼苗整齐度	根长（cm）	叶面积（cm^2）	茎叶干重（g）	根干重（g）
2015	RTS	35.26±2.21b	14.95±4.57b	21.30±1.96a	107.04±6.24b	0.43±0.01b	1.03±0.03a
	NTS	26.06±1.58d	11.46±5.97c	15.89±2.21b	55.66±45.12c	0.19±0.13c	0.68±0.05b
	RT	43.17±1.37a	18.25±3.37a	19.94±1.62ab	169.74±19.61a	0.63±0.06a	0.97±0.01ab
	NT	30.41±2.48c	7.98±3.46d	18.69±1.48ab	100.93±17.21b	0.30±0.02bc	0.68±0.01b
2016	RTS	49.18±5.58a	16.23±1.48b	18.92±0.10c	260.98±30.30c	5.67±0.45b	1.08±0.02a
	NTS	38.77±3.79b	10.65±1.10c	19.22±0.10a	142.43±21.36d	3.33±0.09d	1.08±0.01a
	RT	50.04±2.10a	22.23±2.52a	18.42±0.19b	486.60±19.60a	6.64±0.51a	1.07±0.07a
	NT	40.85±0.69b	5.87±1.18d	17.39±0.10d	395.07±78.03b	4.32±0.54c	1.06±0.05a

2.4　播种质量、幼苗素质影响因素分析

从表 6 可以看出，玉米播种质量和幼苗素质与 0~10 cm 土壤物理性状存在显著的相关关系。其中出苗率与土壤含水量呈显著正相关；露种率与土壤含水量具有极显著负相关性；播种均匀度与容重呈极显著负相关，与毛管孔隙度呈显著正相关；幼苗整齐度与土壤容重具有极显著负相关性。说明土壤物理性状对机械播种均匀度、幼苗整齐度有显著影响，土壤含水量影响出苗率以及露种率。

表 6　播种均匀度及幼苗素质与 0～10 cm 土壤物理性状的相关性（2016 年）

项目	容重	毛管孔隙度	土壤含水量
出苗率	−0.05	−0.04	0.57*
露种率	0.12	−0.11	−0.73**
播种均匀度	−0.72**	0.56*	−0.34
苗长	−0.06	0.20	−0.48
茎叶干物质重	−0.04	0.09	−0.42
幼苗整齐度	−0.70**	0.17	0.28

注：* 表示两种因子的相关性达到显著水平（$P<0.05$），** 表示两种因子的相关性达到极显著水平（$P<0.01$）。

2.5　秸秆还田与旋耕对玉米产量的影响

由表 7 可知，秸秆还田与旋耕对玉米穗部性状和产量均有显著影响。秸秆还田处理显著提高了玉米穗长、穗粗、穗粒数、百粒重和产量，与不还田处理相比 2015 年玉米秃尖长平均降低 0.2 cm，穗长增加 1.2 cm，穗粗增加 1.1 mm，穗粒数增加 9.8%，百粒重增加 11.9%，最终产量增加 7.7%；2016 年秃尖长平均降低 0.5 cm，穗长增加 1.2 cm，穗粗增加 4.1 mm，穗粒数增加 6.1%，百粒重增加 8.7%，最终产量增加 4.2%。旋耕与免耕相比 2015 年秃尖长降低 0.1 cm，穗长增加 0.7 cm，穗粒数增加 2.3%，百粒重增加 6.5%，最终产量增加 2.8%；2016 年秃尖长平均降低 0.3 cm，穗长增加 0.6 cm，穗粗增加 2.6 mm，穗粒数增加 3.6%，百粒重增加 2.2%，最终产量增加 5.6%。总体上看，旋耕秸秆还田处理明显提高了玉米产量。

表 7　秸秆还田与耕作措施对玉米产量及构成因素的影响

年份	处理	穗长（cm）	秃尖长（cm）	穗粗（mm）	穗粒数	百粒重（g）	产量（kg/hm²）
2015	RTS	16.30±0.95a	1.33±0.41a	44.03±1.96a	571.17±1.40a	22.46±2.38b	5 538.11±832.55a
	NTS	15.44±0.94a	1.18±0.14a	44.41±0.58a	555.47±2.25ab	20.88±8.50ab	5 380.01±671.94a
	RT	15.75±0.49a	1.29±0.52a	42.17±2.17a	517.16±0.97b	19.87±4.00ab	5 137.33±70.05a
	NT	15.26±0.25a	1.66±0.18a	44.03±0.05a	508.82±0.92b	18.86±4.61a	5 002.76±126.63a
2016	RTS	20.13±0.69a	0.77±0.03c	61.65±3.04a	665.92±31.52a	22.06±1.43a	7 681.85±1 202.97a
	NTS	19.30±0.46ab	1.21±0.11b	57.56±0.98b	616.33±24.01b	21.80±0.74b	6 939.41±807.07b
	RT	19.02±0.43ab	1.10±0.07b	57.70±1.40b	610.32±47.35b	20.58±0.54b	7 357.35±978.60a
	NT	18.02±1.60b	1.87±0.32a	53.32±1.02c	598.71±47.68c	19.77±0.19c	6 679.01±758.29c

3　讨论

耕作方式对土壤物理性状影响显著，进而影响作物的生长[19,20]。本研究结果表明，不同耕作方式对土壤容重、毛管孔隙度、土壤含水量的影响效果不同，随着土层深度增加逐渐减弱。秸秆还田使土壤变得疏松，前期对毛管孔隙度影响不大，后期秸秆的腐熟显著降低土壤的入渗能力，秸秆经粉碎氨化处理后，较不还田处理显著增加土壤的稳定入渗率和累积入渗量[21]，从而降低土壤容重、增加毛管孔隙度。旋耕秸秆还田土壤孔隙大，导致前期土壤水分蒸发变大，降低了土壤水分含量，后期秸秆发挥蓄水保墒作用从而提高土壤含水量。免耕秸秆还田土壤水分含量高于不还田处理，这主要是由于秸秆覆盖地表，抑制了土壤水分蒸发。这与张丽等[21]及王增丽等[22-24]研究结果一致。旋耕有利于降低土壤容重和增加毛管孔隙度，而免耕处理增加了土壤容重，这主要是由于旋耕土壤经过扰动，土壤疏松，而免耕土壤未被扰动容重显著高于旋耕处理[3]。总体来看，秸秆还田与旋耕处理相互作用不仅能够有效改善土壤物理性状，而且有利于减少水分蒸发、提高生育后期土壤含水率，从而有利于满足夏玉米生长对水分的需求。这主要体现在0～10 cm的表层土壤中，10～20 cm土层表现不明显。

不同耕作方式下地表形态、气候条件及播种方式均会影响到作物的播种质量和幼苗均匀度。本试验从栽培角度研究了秸秆还田对机播夏玉米播种质量及前期生长的影响发现：秸秆还田虽能起到蓄水保墒的作用，但会对玉米出苗产生抑制[25]，导致出苗率较低且株高整齐度较差。综合其幼苗素质、根冠比的各项指标和土壤物理性状分析发现，旋耕处理土壤疏松，利于开沟器和播种器通过，播种质量较好，且会使夏玉米生育前期株高增加，叶片变长，干物质增加[26]，较免耕处理在播种质量和幼苗素质上有明显的优势。免耕土壤紧实，前茬根系和地表植株残留多，机播后种子覆土浅，播种质量相对较差[13]。秸秆还田配合旋耕的耕作方式，能在最大程度上保证机械播种的播种质量，一定程度上弥补秸秆还田对播种质量、幼苗素质造成的损失，克服秸秆还田初期的缺点，有利于提高玉米机播质量，同时兼有更好地保护土壤、抑制土壤水分蒸发等生态效益。成熟期玉米产量表现为RTS>RT>NTS>NT，旋耕处理产量均高于免耕处理，旋耕的耕作措施提高了玉米机播的出苗率，提高了有效穗数从而使处理产量增加。可见，通过农艺措施调节，能减轻过量秸秆的负效应，降低秸秆还田对下茬作物的不良影响，从而提高农作物的产量和品质。

4 结论

麦秸还田能够降低土壤容重，两年连续秸秆还田使0～10 cm土壤毛管孔隙度提高5.6%，免耕条件下秸秆还田较不还田土壤水分提高8.0%～27.1%。麦秸还田条件下，与免耕处理相比，旋耕改善了土壤的物理性状，土壤容重较免耕降低2.0%～12.1%，玉米出苗率提高18.0%，提高机播玉米播种质量和播种均匀度，同时增加夏玉米幼苗株高、叶面积和单株干重，显著提高幼苗素质。不还田条件下，旋耕土壤容重较免耕降低0.6%～14.0%，土壤毛管孔隙度增加1.6%～18.0%，玉米出苗率提高2.4%。与秸秆不还田免耕相比，还田旋耕降低了玉米的秃尖长，增加了玉米穗长、穗粗和百粒重，并使产量增加15.0%。旋耕秸秆还田处理能改善土壤物理性状，提高土壤综合素质，弥补了秸秆还田免耕处理在播种质量和幼苗素质方面的缺陷，利于夏玉米后期的生长，并提高产量。可见，麦秸还田下旋耕处理更有利于川中丘陵区小麦－夏玉米种植模式机播玉米质量和幼苗素质的提高。

参考文献

[1] 傅伯杰，陈利顶，马克明．黄土丘陵区小流域土地利用变化对生态环境的影响——以延安市羊圈沟流域为例［J］．地理学报，1999，54（3）：241－246.

[2] Ji S N，Unger P W. Soil water accumulation under different precipitation，potential evaporation，and straw mulch conditions［J］. Soil Science Society of America Journal，2001，65（2）：442－448.

[3] 付国占，李潮海，王俊忠，等．残茬覆盖与耕作方式对土壤性状及夏玉米水分利用效率的影响［J］．农业工程学报，2005，21（1）：52－56.

[4] 赵亚丽，薛志伟，郭海斌，等．耕作方式与秸秆还田对冬小麦—夏玉米耗水特性和水分利用效率的影响［J］．中国农业科学，2014，47（17）：3359－3371.

[5] 张建军，王勇，樊廷录，等．耕作方式与施肥对陇东旱塬冬小麦—春玉米轮作农田土壤理化性质及产量的影响［J］．应用生态学报，2013，24（4）：1001－1008.

[6] 郑成岩，崔世明，王东，等．土壤耕作方式对小麦干物质生产和水分利用效率的影响［J］．作物学报，2011，37（8）：1432－1440.

[7] 张延，梁爱珍，张晓平，等．不同耕作方式下土壤水分状况对土壤呼吸的初期影响［J］．环境科学，2016，37（3）：1106－1113.

[8] 孙利军，张仁陟，黄高宝．保护性耕作对黄土高原旱地地表土壤理化性状的影响 [J]. 干旱地区农业研究，2007，25 (6)：207－211.
[9] 丁昆仑，Hann M J. 耕作措施对土壤特性及作物产量的影响 [J]. 农业工程学报，2000，16 (3)：28.
[10] 杨春收，赵霞，李潮海，等．麦茬处理方式对机播夏玉米播种质量及其前期生长的影响 [J]. 河南农业科学，2009 (1)：25－27.
[11] 李潮海，赵霞，刘天学，等．麦茬处理方式对机播夏玉米的生态生理效应 [J]. 农业工程学报，2008，24 (1)：162－166.
[12] 高英波，陶洪斌，朱金城，等．麦茬高度对机播夏玉米苗期生长及水分利用的影响 [J]. 中国农业科学，2015，48 (19)：3803－3810.
[13] 李金刚．耕作措施对四川丘陵机播小麦群体和土壤保墒的影响及其应用效果综合评价 [D]. 雅安：四川农业大学，2014.
[14] Yavuzcan H G. Wheel traffic impact on soil conditions as influenced by tillage system in Central Anatolia [J]. Soil and Tillage Research，2000，54 (3/4)：129－138.
[15] McGarry D，Bridge B J，Radford B J. Contrasting soil physical properties after zero and traditional tillage of an alluvial soil in the semi-arid subtropics [J]. Soil and Tillage Research，2000，53 (2)：105－115.
[16] Ozpinar S，Cay A. Effect of different tillage systems on the quality and crop productivity of a clay-loam soil in semi-arid north-western Turkey [J]. Soil and Tillage Research，2006，88 (1/2)：95－106.
[17] Mielke L N，Willhelm W W，Richards K A，et al. Soil physical characteristics of reduced tillage in a wheat-fallow system [J]. Transactions of the ASAE，1984，27 (6)：1724－1728.
[18] 鲍士旦．土壤农化分析 [M]. 北京：中国农业出版社，1980.
[19] Blanco-Canqui H，Lal R. Soil structure and organic carbon relationships following 10 years of wheat straw management in no-till [J]. Soil and Tillage Research，2007，95 (1/2)：240－254.
[20] 劳秀荣，吴子一，高燕春．长期秸秆还田改土培肥效应的研究 [J]. 农业工程学报，2002，18 (2)：49－52.
[21] 张丽，张中东，郭正宇，等．深松耕作和秸秆还田对农田土壤物理特性的影响 [J]. 水土保持通报，2015，35 (1)：102－106.
[22] 王增丽．秸秆不同处理还田方式对土壤理化特性和作物生长效应的影响 [D]. 杨凌：西北农林科技大学，2012.
[23] 吴婕，朱钟麟，郑家国，等．秸秆覆盖还田对土壤理化性质及作物产量的影响 [J]. 西南农业学报，2006，19 (2)：192－195.
[24] 宫亮．秸秆还田对棕壤理化性质和玉米生长发育的影响 [D]. 北京：中国农业科学院，2014：36.
[25] 范颖丹．不同覆盖和秸秆还田方式对旱地小麦土壤水分的影响 [D]. 兰州：甘肃农业大学，2013.
[26] 宫亮，孙文涛，包红静，等．不同耕作方式对土壤水分及玉米生长发育的影响 [J]. 玉米科学，2011，19 (3)：118－120.

基于投影寻踪模型的甘蓝型油菜产量因素评价*

田效琴[1,2]　李　卓[1,2]　李浩杰[1]　柴　靓[1]　张锦芳[1]　陈红琳[2,3]　刘永红[1,2]

1. 四川省农业科学院作物研究所，四川成都　610066
2. 南方丘区节水农业研究四川省重点实验室，四川成都　610066
3. 四川省农业科学院土壤肥料研究所，四川成都　610066

摘要：明确油菜产量因素对产量的贡献，对有目的地选择油菜优良组合具有重要意义，而常用的评价油菜产量因素贡献大小的分析方法限制较多。为此，本研究以正常生长的12份早熟和38份晚熟甘蓝型油菜组合为材料，利用基于加速遗传算法的投影寻踪模型分别定量评价了早、晚熟油菜组合产量因素对产量的贡献，并将其与灰色关联度分析、主成分分析结果进行了对比分析，讨论了各分析方法对产量因素贡献评价的准确性。结果表明，早熟组合产量贡献最大的3项指标依次为主序有效角果数＞有效分枝部位＞二次有效分枝数，贡献率分别达到36.79%、24.02%和11.33%；晚熟组合产量贡献最大的3项指标依次为每角粒数＞千粒重＞有效分枝部位，贡献率分别达到29.81%、17.52%和14.75%。有效分枝部位对不同熟期组合产量均有较大贡献；除此之外，早熟组合产量的形成还较多依赖于生育前期的有效分枝数与有效角果数，晚熟组合产量的形成则较多依赖于生育后期的每角粒数与千粒重。基于投影寻踪模型的油菜产量因素评价能较准确地判断油菜实际产量，并在利用各种分析方法评价油菜产量因素对产量的贡献中发现，灰色关联度分析和主成分分析比投影寻踪模型评价准确性低。从油菜产量因素评价及产量预测综合考虑，基于投影寻踪模型的油菜产量因素评价及产量预测具有最高的准确性，可以优先作为甘蓝型油菜良种选育及产量预测的一种分析方法。

关键词：投影寻踪；油菜产量预测；产量因素；高维数据

油菜是十字花科芸薹属植物，是重要的油料作物之一，也是重要的蛋白质作物、能源作物[1]。培育高产新品种一直是油菜育种的重要目标。有研究指出，油菜群体产量的形成与单株产量有密切关系[2]，而单株产量又是多个产量因素共同作用的结果，各因素对产量的影响大小各不相同[3]。因此，在多个性状中找出其对产量影响的主次关系，在一定的栽培条件下，利于有目的地选育适合当地生产的优良组合。

目前，已有研究证明每角粒数、千粒重、有效角果数、主序有效角果数、有效分枝部位、株高、有效分枝数对油菜产量有较大影响，但将以上诸多因素影响程度大小进行排序时，研究结果却存在较大差异，甚至同种研究方法对相同因素分析的结果都有差异。形成这种差异的原因有很多，其中分析

* **基金项目**：四川省财政创新能力提升工程（2016GYSH－007）、甘蓝型油菜种质资源创新和突破性新品种培育（2016zypz－013）、公益性科研（农业）专项（20150312701）、国家科技支撑计划项目（2014BAD11B03）和现代农业产业技术体系建设专项资金（CARS－13）资助

方法是原因之一。目前，常用的分析方法有相关分析[3]、灰色关联度分析[4]、主成分分析[5]和通径分析等[6]。黄益国等[7]利用相关分析和通径分析研究不同熟期油菜品种农艺性状与产量的关系，结果表明，早熟品种产量与主花序长、主花序角果数、单株有效角果数、千粒质量显著相关，对早熟油菜品种产量直接影响最大的是千粒重，对中熟油菜品种产量直接影响最大的是株高。靳力争等[8]利用灰色系统理论中的关联度分析法对构成白菜型油菜单株产量的5个主要性状进行分析，结果表明产量与相关性状的关联序为，最大叶柄宽>茎基部直径>腰部直径>最大叶长>叶片数。倪正斌等[9]对12个甘蓝型油菜品种的11个农艺性状进行了相关分析和主成分分析，结果表明油菜产量与一次分枝数、二次分枝数、全株角果数均呈显著正相关，第1主成分主要与角果数有关，第2、3主成分主要与角果性状有关。从前人研究可以看出，相关分析只能分析两两关系；灰色关联度分析需要事先对各项指标的最优值进行现行确定；主成分分析和通径分析前提都要求数据结构属于线性关系。本文尝试应用投影寻踪模型方法对油菜产量因素进行定量评价，以期得到更加切合实际的结果。

投影寻踪模型方法是直接由样本数据驱动的探索性数据分析方法，它是对一个 P 维随机向量 X，寻找一个 K（$K<P$）（1～3维）维投影矩阵 A，使定义在某个 K 维分布函数集合 F_k 上的实值函数 Q（投影指标），满足 $Q(Ax_1, Ax_2, \cdots, Ax_k)=Q(Ax)=\mathrm{Max}$，即能反映原高维数据结构或特征，然后根据该投影值分析高维数据的结构特征。从原理上可以看出利用此模型定量评价不需对样本数据作正态假定或其他模型假定，能充分利用高维数据的所有信息，使低维数据结构完全反映原始高维数据结构，也不需人为假定各因子之间的相互关系，是对非线性多指标因素进行定量评价的一种方法，所得结果准确、稳健[10,11]。该模型最早由Kruskal在20世纪70年代初提出并进行试验[12,13]，已在环境[14]、农业[15-20]、大气[21]、地球物理[22]、水利[23]等复杂工程系统的优化、预测及评价过程中得到了成功应用，而在作物农艺性状与产量关系或产量预测方面还鲜见报道。

本文用基于加速遗传算法的投影寻踪模型评价早、晚熟油菜组合产量因素，并对其综合表现效果进行实例验证，以期克服传统方法的条件限制，弥补传统方法对复杂系统分析精确度较低、难以定量分析等的不足，能够更切合实际、定量、准确地分析各产量因素对油菜产量形成的影响，既是油菜产量因素分析的论述，也是该领域分析评价新方法的尝试与补充。本研究可为作物良种选育提供新的思路和方法，对栽培措施优化和产量预测亦具有应用价值。

1 材料与方法

1.1 试验概况

供试材料为油菜新组合（由两个不同油菜品系或品种配制的第1代杂交种），其中早熟组合12份（全生育期200 d）、晚熟组合38份（全生育期215 d）。试验于2015年10月至2016年5在四川省农业科学院简阳基地四川省简阳市玉成乡进行。试验地前作夏玉米，肥力中等，土壤类型为紫色土，土壤的有机质含量为16.1 g/kg，碱解氮为25.42 mg/kg，速效磷为6.76 mg/kg，速效钾为86.63 mg/kg。

1.2 试验设计

以不同组合为处理因素，各组合间采用随机区组设计，3次重复，小区面积3 m×6 m，9行区，密度11.1万株/hm^2。大田播种，试验地周围设4行保护行，于10月初进行人工点播。其他管理措施同常规。

1.3 测定指标与方法

1.3.1 测定指标

测定株高、有效分枝部位、主序长、有效分枝数（一次、二次）、有效角果数（主序、一次、二次）、每果粒数、千粒重和单株产量，油菜成熟时，每小区随机取 10 株进行室内考种。其中，株高为子叶节至全株最高部分长度；有效分枝部位为子叶节至第一个有 1 个以上有效角果的分枝数长度；主序长为最后一个有 1 个以上有效角果的分枝，至最后一个含有 1 粒以上饱满或欠饱满种子的角果长度；有效分枝数为有 1 个以上有效角果的分枝数；有效角果数为含有 1 粒以上饱满或欠饱满种子的角果数；每果粒数为主序随意摘取 10 个正常荚角，一次和二次分枝数上随意摘取 10 个正常荚角，计算平均每角饱满或欠饱满的种子粒数；千粒重为晒干含水量不高于 10%、纯净的种子，用对角线、四分法或分样器等方法取样 3 份，分别称量 1 000 粒种子的重量，取 3 个样本的平均值；单株产量为实称单株产量。

1.3.2 投影寻踪原理及方法

投影寻踪技术原理是将高维数据通过某种组合，投影到低维（1～3 维）子空间上，通过优化投影函数，寻找出能反映原高维数据结构或特征的投影向量，在低维空间上对数据结构进行分析，以达到研究和分析高维数据的目的[24]。评价模型的实现方法见后[25-27]。

1.3.2.1 样本指标值归一化处理

设第 i 个样本的第 j 个指标为 $x^*_{(i,j)}$ $\{x^*_{(i,j)} \mid i=1, 2, \cdots, n; j=1, 2, \cdots, m\}$，其中 n 和 m 分别为样本个数（样本容量）和指标个数。为消除各指标量纲和统一各指标值的变化范围，可采用下式进行极值归一化处理。

正向指标：
$$x_{(i,j)}=[x^*_{(i,j)}-x_{j\min}]/(x_{j\max}-x_{j\min}) \tag{1}$$

逆向指标：
$$x_{(i,j)}=1-[x_{j\max}-x^*_{(i,j)}]/(x_{j\max}-x_{j\min}) \tag{2}$$

式中，$x_{j\max}$和 $x_{j\min}$为第 j 个指标值的最大值和最小值，$x_{(i,j)}$为规范化后的值。

1.3.2.2 构造投影指标函数 $Q(a)$

投影寻踪方法就是把 m 维数据 $\{x_{(i,j)} \mid j=1, 2, \cdots, m\}$ 综合成以 $a=\{a_1, a_2, a_3, \cdots, a_m\}$ 为投影方向的一维投影值 Z_i。

$$Z_i=\sum_{j=1}^{m} a_j x_{i,j}\ (i=1, 2, \cdots, n) \tag{3}$$

式中，a_i为单位长度向量。确定投影特征值 Z_i的关键是找到反映高维数据特征结构的最佳投影方向 a。为了构造投影指标函数，要求投影值 Z_i的散布特征应为局部（样本内）投影点尽可能密集，最好凝聚成若干个点团，而在整体（样本间）上投影点团之间尽可能散开。因此，投影指标函数可以表达成：

$$Q_a=S_a\times D_a \tag{4}$$

式中：S_a为投影值 Z_i的标准差，D_a为投影值 Z_i的局部密度，即，

$$S_a=\sqrt{\frac{\sum_{i=1}^{n}(Z_i-E_z)^2}{n-1}} \tag{5}$$

$$Da=\sum_{i=1}^{n}\sum_{j=1}^{n}[R-r_{(i,j)}]\cdot f[R-r_{(i,j)}] \tag{6}$$

式中，E_z为 n 个 Z_i的平均值；R 为局部密度的窗口半径；$r_{(i,j)}$表示样本之间的距离，$r_{(i,j)}=|Z_i-Z_j|$；$f(t)$ 为一单位阶跃函数，当 $t\geqslant 0$ 时，其值为 1，反之则为 0。

1.3.2.3 优化投影指标函数

S_a越大样本越分散，D_a越大分类越显著。因此构造一个投影指标函数 Q_a，作为优选投影方向的依据，当指标函数达到极值时，即可获得最优投影方向。

$$最大化目标函数（Max）Q_a=S_aD_a \tag{7}$$

约束条件，

$$\sum_{j=1}^{p} a_j^2 = 1 \tag{8}$$

这是一个以 $\{a_j \mid j=1, 2, \cdots, m\}$ 为优化变量的复杂非线性优化问题，运用模拟生物优胜劣汰规则的加速遗传算法[28]来进行优化求解。

把由 1.3.2.3 中求得的最佳投影方向 a^* 带入式（3）中计算各样本的投影值 z^*。本文中以 12 份早熟和 38 份晚熟油菜组合为样本点，计算出的投影值可作为农艺性状综合表现指数，对农艺性状综合表现指数与实际产量进行比较评价模型的优良。

1.4 数据统计

数据处理和灰色关联度分析在 Mcirosoft Excel 中进行，方差分析和主成分分析在 SPSS 17.0 软件中进行，基于加速遗传算法的投影寻踪模型在 Matlab 7.1 中进行。

2 结果与分析

对 12 份早熟和 38 份晚熟油菜组合产量和产量因素分别进行数据整理和方差分析。如表 1 所示，大部分油菜组合产量因素和产量差异显著。从总体上看，不同油菜组合之间都存在单个或多个产量因素差异显著。

2.1 基于投影寻踪模型的油菜产量因素分析

2.1.1 产量因素优化排序

将表 1 中前 10 个常见产量因素指标值按照式（1）和式（2）进行归一化处理，结果如表 2 所示，其中除有效分枝部位为逆向指标外，其余均为正向指标。

采用加速遗传算法分别求解 12 份早熟和 38 份晚熟油菜组合最优投影方向矢量 a，首先根据式(4)－(6) 计算 z_i的标准差 S_a，z_i的局部密度 D_a和投影指标函数 Q_a，对数据建立投影寻踪模型。采用 Matlab 7.1 语言编程实现。优化投影寻踪模型时参数设置如下，选定种群数为 400，交叉概率 $P_c=0.8$，变异率 $P_m=0.1$，$P=0.05$，迭代 3 次，加速循环 10 次。

投影指标用式（7）计算，在满足目标函数（Max）Q_a和约束条件下，经过寻优运算，12 份早熟油菜组合最大指标函数值为 1.6308，10 个产量指标的输出最佳的投影方向向量为，$a^*=$（0.0820，0.5083，0.0221，0.2024，0.2399，0.7786，0.0173，0.0330，0.0928，0.1401）。38 份晚熟油菜组合最大指标函数值为 15.5035，10 个产量指标的输出最佳的投影方向向量为，$a^*=$（0.0373，0.3590，0.1791，0.1601，0.2327，0.2046，0.0789，0.0306，0.7258，0.4266)，反映了各指标在影响油菜产量上所占的比重，如图 1 所示。

投影寻踪模型中，最佳投影方向各分量的大小实质上反映了各评价指标对油菜产量的影响程度，值越大则对应的评价指标对油菜产量的影响程度越大。从图 1 中可以看出，早熟组合产量贡献最大的 3 项指标依次为主序有效角果数>有效分枝部位>二次有效分枝数，贡献率分别为 36.79%、24.02%和 11.33%；晚熟组合产量贡献最大的 3 项指标依次为每角粒数>千粒重>有效分枝部位，贡献率分别为 29.81%、17.52%和 14.75%。说明有效分枝部位对早、晚熟油菜产量均有较大贡献，且早熟组合的产量形成还体现在生育前期决定的有效分枝数与有效角果数上，晚熟组合的产量形成则体现在生育后期决定的每角粒数与千粒重上。可能原因是早熟组合营养生长天数和生殖生长天数均较晚熟组合短，早熟组合只有在营养生长期间先形成足够的有效分枝数和有效角果数，才能在后期生殖生长阶段提供充足的库，以保证籽粒变大、变多，而晚熟组合在营养生长期间已形成了一定量有效分枝数和有效角果数，有足够的库供给生殖生长的籽粒变大、变多，则后期籽粒的数量和质量成了影响产量的重要因子。

表 1　供试早熟(早)和晚熟(晚)油菜组合材料的单株产量及其产量因素

试验材料	株高 (x_1) (cm)	有效分枝部位 (x_2) (cm)	主序长 (x_3) (cm)	有效分枝数 一次 (x_4)	有效分枝数 二次 (x_5)	有效角果数 主序 (x_6)	有效角果数 一次枝 (x_7)	有效角果数 二次枝 (x_8)	每角粒数 (x_9)	千粒重 (x_{10}) (g)	单产 (g)
早 1E1	223.00±3.17 defgh	113.13±2.91 cd	71.27±0.76 defghijklm	7.73±0.31 cdefgh	4.60±0.40 c	93.20±3.08 bcdefg	274.60±3.22 bcdef	39.07±1.14 c	22.40±0.60 a	3.937±0.434 ijklmno	35.44±0.89 a
早 2E2	218.77±2.15 efghij	104.50±1.95 fghijklm	69.67±1.47 efghijklmn	7.33±0.31 cdefgh	1.67±0.23 lmn	81.40±2.31 klmnopqr	219.53±2.23 ijklmnop	9.20±1.06 hijklmno	18.53±0.83 efghij	4.044±0.399 hijklmno	22.82±0.79 nop
早 3E3	222.97±2.67 defgh	111.20±1.56 cdef	71.43±2.05 defghijklm	7.53±0.50 cdefgh	1.47±0.12 mno	98.60±1.91 abc	268.67±13.15 bcdef	5.67±1.40 jklmno	16.80±1.64 hijk	4.309±0.150 fghijkl	29.22±0.68 cdefg
早 4E4	217.33±2.89 ghij	103.40±2.12 ghijklm	68.05±0.94 fghijklmno	7.40±0.53 cdefgh	2.60±0.40 ghijk	86.00±1.04 efghijklmno	278.60±11.09 bcd	14.13±1.90 ghijklm	18.80±0.58 defghi	3.725±0.163 lmnop	26.32±0.83 fghijklmn
早 5E5	223.27±3.06 defgh	112.83±1.96 cde	67.87±1.81 hijklmno	6.87±0.46 efgh	2.33±0.31 hijkl	88.60±2.75 defghijklm	213.87±8.02 klmnop	20.73±2.50 efgh	16.69±0.54 hijk	3.640±0.162 mnop	23.12±1.06 mnop
早 6E6	217.87±6.00 efghij	103.73±1.68 ghijklm	66.47±2.00 klmno	7.67±0.46 cdefgh	2.07±0.12 ijklm	84.40±1.59 ghijklmnop	251.53±12.59 bcdefghi	12.13±1.79 hijklmno	19.28±1.22 cdefghi	3.825±0.236 jklmnop	26.33±0.90 fghijklmn
早 7E7	233.63±2.93 a	105.80±4.34 efghijk	72.70±1.95 cdefghijk	7.07±0.31 efgh	4.07±0.23 cd	86.27±2.41 efghijklmno	260.53±5.56 bcdefg	29.33±4.80 cde	17.87±0.65 fghij	4.281±0.295 fghijkl	29.31±0.83 cdefg
早 8E8	225.47±3.82 cdef	125.57±1.99 a	63.13±2.19 o	6.87±0.50 efgh	2.80±0.20 fghi	88.87±6.47 defghijklm	229.33±9.98 ghijklmno	17.93±3.92 fghi	19.47±1.30 bcdefghi	3.321±0.122 p	19.76±1.55 q
早 9E9	219.87±2.32 efghij	97.53±3.89 mnopq	70.33±0.23 defghijklmn	7.53±0.58 cdefgh	4.53±0.23 c	80.53±0.46 klmnopqr	256.60±10.49 bcdefgh	31.67±5.49 cd	19.97±0.37 bcdefg	3.731±0.153 lmnop	27.52±0.80 efghijk
早 10E10	216.92±1.99 ghijk	91.67±0.83 qr	66.10±1.67 klmno	8.73±0.31 bc	5.60±0.35 b	74.73±1.47 qr	282.73±16.72 b	49.40±5.70 b	17.73±0.31 fghij	3.994±0.141 ijklmno	28.63±0.61 cdefghi
早 11E11	230.87±3.36 abc	107.87±2.83 defghi	73.87±1.40 bcdefgh	7.07±0.42 efgh	1.73±0.31 klmn	89.73±4.28 defghijkl	229.07±4.39 ghijklmno	12.47±4.91 hijklmn	17.51±0.84 fghijk	3.959±0.069 ijklmno	26.42±1.09 fghijklm
早 12E12	221.10±1.91 defghi	108.17±2.29 defghi	70.20±2.07 defghijklmn	7.33±0.31 cdefgh	1.00±0.17 nopq	86.07±4.69 efghijklmno	245.00±17.44 defghijkl	8.53±1.94 ijklmno	19.53±1.03 bcdefgh	3.642±0.246 mnop	23.92±0.45 lmnop
晚 1L1	224.00±3.17 defgh	119.47±2.31 b	65.27±2.30 mno	6.93±0.31 efgh	0.40±0.10 pqr	102.20±4.21 a	250.20±6.88 bcdefghij	1.07±0.70 no	21.00±1.22 abcde	4.436±0.447 efghi	28.41±1.18 cdefghi
晚 2L2	218.33±2.25 efghij	117.73±2.31 bc	67.67±0.83 hijklmno	7.33±0.31 cdefgh	1.87±0.23 jklmn	87.20±7.07 defghijklmno	260.27±14.11 bcdefg	15.33±3.80 ghijk	17.27±1.21 fghijk	4.052±0.055 hijklmno	23.86±1.13 lmnop
晚 3L3	212.57±2.57 jklmn	95.13±3.41 nopqr	73.47±2.08 bcdefgh	6.33±0.42 hi	0.07±0.12r	80.07±0.95 lmnopqr	207.07±7.46 nop	0.13±0.23 o	16.53±0.12 ijk	5.013±0.109 bcd	23.98±1.30 lmnop
晚 4L4	227.67±3.10 bcd	105.43±2.47 fghijkl	75.23±3.15 abcdef	7.20±0.20 defgh	2.73±0.42 fghij	91.93±3.72 cdefghi	262.87±22.44 bcdefg	17.40±2.95 fghij	17.07±0.99 ghijk	3.546±0.14 lop	23.11±1.67 mnop
晚 5L5	213.87±3.30 ijklm	103.57±1.54 ghijklm	71.00±0.20 defghijklm	6.80±0.40 efgh	0.47±0.06 pqr	82.80±0.53 ijklmnopq	245.00±3.98 defghijkl	3.67±0.58 klmno	16.60±0.14 hijk	4.980±0.023 bcd	23.44±1.43 mnop

续表

试验材料	株高 (x_1) (cm)	有效分枝部位 (x_2) (cm)	主序长 (x_3) (cm)	有效分枝数 一次 (x_4)	有效分枝数 二次 (x_5)	有效角果数 主序 (x_6)	有效角果数 一次枝 (x_7)	有效角果数 二次枝 (x_8)	每角粒数 (x_9)	千粒重 (x_{10}) (g)	单产 (g)
晚 6L6	213.53±2.31 ijklm	108.70±6.27 defgh	65.27±3.00 mno	7.80±0.40 cdefgh	0.73±0.23 opqr	100.47±1.14 ab	276.00±19.26 bcdef	5.20±2.11 jklmno	14.93±0.48 k	4.577±0.077 defgh	23.10±0.90 mnop
晚 7L7	213.73±1.86 ijklm	97.47±1.55 mnopq	73.00±1.11 bcdefghi	7.20±0.20 defgh	3.00±0.20 efgh	82.33±2.01 jklmnopq	211.47±7.22 lmnop	32.60±6.88 cd	18.47±0.72 defghi	4.198±0.103 ghijklm	25.30±1.48 ijklmno
晚 8L8	231.80±1.22 ab	113.47±3.93 cd	70.67±1.70 defghijklm	7.20±0.35 defgh	2.47±0.38 ghijkl	89.87±1.21 defghijk	201.20±7.08 op	14.40±2.36 ghijklm	18.40±1.25 fghij	4.289±0.267 fghijkl	24.15±1.28 lmnop
晚 9L9	225.83±3.25 cde	91.63±2.84 qr	76.90±1.10 abcd	8.60±0.40 bcd	3.33±0.12 efg	87.00±0.87 defghijklmno	280.60±12.15 bc	26.67±3.53 def	17.47±1.16 fghijk	4.116±0.220 hijklmn	28.48±1.19 cdefghi
晚 10L10	224.43±0.93 defg	109.73±0.64 defg	70.60±1.22 defghijklm	6.87±0.46 efgh	2.00±0.35 ijklm	87.40±1.44 defghijklmn	198.87±5.61 op	13.73±2.47 ghijklm	21.13±1.29 abcd	4.102±0.070 hijklmno	28.24±0.66 defghi
晚 11L11	202.20±1.59 pqr	79.77±1.54 s	77.90±1.32 abc	5.27±0.50 j	2.67±0.42 fghij	73.33±1.70 r	168.40±11.98 q	17.27±1.55 fghij	16.80±0.53 hijk	5.080±0.131 bc	27.60±1.52 efghij
晚 12L12	205.57±2.50 nopqr	78.87±1.33 s	75.03±1.59 abcdef	7.73±0.23 cdefgh	3.33±0.12 efg	90.93±2.14 cdefghij	280.87±11.92 bc	30.80±3.70 cd	19.93±1.01 bcdefg	3.771±0.032 lmnop	30.14±1.52 cde
晚 13L13	212.20±1.64 jklmn	101.40±2.46 hijklmn	72.23±1.10 cdefghijkl	6.93±0.64 efgh	1.67±0.42 lmn	91.60±0.60 cdefghij	203.73±13.27 op	10.07±4.84 hijklmno	18.27±0.64 fghij	4.378±0.246 fghijk	24.44±1.13 klmno
晚 14L14	213.53±2.32 ijklm	100.77±1.80 ijklmno	69.20±2.75 fghijklmno	6.47±0.42 fghi	0.67±0.12 opqr	80.20±3.90 lmnopqr	216.07±12.41 jklmnop	3.07±1.68 lmno	17.47±0.46 fghijk	4.457±0.087 efghi	23.51±1.49 mnop
晚 15L15	207.60±2.60 mnopq	88.10±2.33 r	74.67±3.33 abcdefg	7.40±0.20 cdefgh	2.40±0.20 hijkl	92.67±2.20 bcdefgh	265.87±16.75 bcdef	11.73±3.93 hijklmno	17.47±0.69 fghijk	4.237±0.123 ghijkl	28.17±1.59 defghi
晚 16L16	208.60±0.20 lmnopq	90.27±2.70 r	71.30±2.87 defghijklm	8.00±0.80 cdef	2.47±0.31 gh	95.20±3.34 abcde	308.40±7.08 a	14.93±4.56 ghijkl	18.07±1.17 fghij	4.224±0.088 ghijkl	28.47±1.34 cdefghi
晚 17L17	217.47±0.99 fghij	92.97±1.50 pqr	72.87±2.30 cdefghij	7.07±0.92 efgh	2.40±0.40 hijkl	94.40±0.87 abcdef	265.53±3.42 bcdef	15.73±1.01 ghijk	21.80±0.53 ab	3.762±0.110 lmnop	31.54±1.12 bcd
晚 18L18	220.70±0.95 defghi	93.50±1.95 pqr	72.40±0.91 cdefghijkl	9.20±0.53 b	4.40±0.80 c	101.27±0.20 a	250.73±17.50 bcdefghij	39.07±8.02 c	19.20±1.25 cdefghi	3.791±0.055 lmnop	30.39±1.15 cde
晚 19L19	222.33±2.44 defgh	113.67±1.21 cd	68.47±3.70 fghijklmno	7.67±0.61 cdefgh	3.67±0.42 de	78.07±1.62 nopqr	225.27±15.28 hijklmnop	32.87±5.43 cd	18.60±0.60 efghi	3.616±0.152 nop	23.23±1.02 mnop
晚 20L20	218.27±2.34 efghij	98.47±1.53 lmnopq	71.10±2.77 defghijklm	7.33±0.31 cdefgh	2.60±0.72 ghijk	88.27±3.72 defghijklm	189.47±16.32 p	20.47±0.42 efgh	18.13±0.31 fghij	4.165±0.059 hijklmn	24.76±1.41 jklmno
晚 21L21	216.13±0.83 hijkl	98.60±0.72 klmnopq	69.60±3.36 efghijklmn	6.67±0.31 efghi	1.47±0.31 mno	80.13±2.02 lmnopqr	230.60±7.80 ghijklmno	14.53±4.61 ghijklm	21.53±1.10 abc	3.970±0.066 ijklmno	28.26±1.09 defghi
晚 22L22	206.50±1.85 mnopq	89.61±4.01 r	71.33±1.22 defghijklm	8.07±0.12 cde	2.33±0.42 hijkl	83.80±3.41 hijklmnopq	277.80±6.07 bcde	17.13±2.72 fghij	16.73±0.76 hijk	4.175±0.105 ghijklmn	24.17±0.74 lmnop

续表

试验材料	株高 (x_1) (cm)	有效分枝部位 (x_2) (cm)	主序长 (x_3) (cm)	有效分枝数		有效角果数			每角粒数 (x_9)	千粒重 (x_{10}) (g)	单产 (g)
				一次 (x_4)	二次 (x_5)	主序 (x_6)	一次枝 (x_7)	二次枝 (x_8)			
晚 23L23	218.93±1.10 efghij	107.60±2.84 defghi	65.73±1.55 lmno	10.73±0.95 a	3.20±0.52 efgh	83.60±1.80 hijklmnopq	242.73±15.25 efghijklm	24.13±3.01 defg	17.93±0.95 fghij	4.129±0.140 hijklmn	25.90±0.96 ghijklmn
晚 24L24	221.27±1.96 defghi	107.90±2.72 defghi	68.57±2.36 fghijklmno	7.53±0.42 cdefgh	1.13±0.12 nop	81.00±2.80 klmnopqr	212.73±13.39 klmnop	8.60±3.49 ijklmno	17.27±0.81 fghijk	4.109±0.126 hijklmno	23.61±1.18 mnop
晚 25L25	216.07±1.80 hijkl	100.73±2.12 ijklmno	73.07±2.32 bcdefghi	6.47±0.46 fghi	1.13±0.06 nop	95.07±4.69 abcde	213.80±18.63 klmnop	5.47±1.63 jklmno	22.27±0.64 a	3.807±0.147 klmnop	29.90±1.14 cde
晚 26L26	215.90±1.14 hijkl	116.53±2.00 bc	63.20±3.08 o	6.60±0.53 efghi	1.00±0.20 nopq	83.47±2.86 hijklmnopq	201.40±11.88 op	7.73±3.67 ijklmno	18.00±1.25 fghij	3.775±0.377 lmnop	20.88±1.30 pq
晚 27L27	209.00±2.27 lmnop	107.33±2.16 defghi	66.53±2.12 jklmno	6.60±0.35 efghi	0.73±0.23 opqr	95.80±3.46 abcd	241.47±10.71 fghijklmn	5.67±1.15 jklmno	16.00±1.22 jk	5.550±0.407 a	24.39±1.51 klmno
晚 28L28	199.73±2.34 r	78.70±3.40 s	70.50±1.73 defghijklm	7.13±0.70 efgh	6.40±0.40 a	79.87±7.05 lmnopqr	220.80±14.84 ijklmnop	57.80±13.42 a	17.93±0.23 fghij	4.803±0.15 1cdef	31.72±1.11 bc
晚 29L29	184.20±2.43s	90.53±1.70 r	73.10±2.69 bcdefghi	5.47±0.31 ij	0.20±0.35 qr	77.80±2.46 opqr	158.67±12.78 q	0.53±0.31 no	17.53±1.33 fghijk	4.581±0.163 defgh	23.41±1.93 mnop
晚 30L30	209.67±1.96 klmno	106.53±5.83 defghij	63.20±2.69 o	7.27±0.46 defgh	2.47±0.12 ghijkl	85.53±1.72 fghijklmno	209.13±11.94 mnop	20.93±5.32 efgh	17.27±1.04 fghijk	4.729±0.223 cdefg	23.50±0.63 mnop
晚 31L31	221.47±1.10 defghi	98.00±2.09 mnopq	80.13±0.81 a	6.40±0.53 ghi	1.87±0.42 jklmn	100.80±4.39ab	224.53±21.62 hijklmnop	5.67±3.06 jklmno	17.60±1.40 fghijk	4.395±0.059 fghij	28.60±1.19 cdefghi
晚 32L32	212.50±3.41 jklmn	101.47±2.89 hijklmn	76.17±3.40 abcde	6.67±0.61 efghi	3.07±0.12 efg	88.27±5.02 defghijklm	200.47±6.90 op	49.20±6.47 b	18.00±0.87 fghij	4.296±0.091 fghijkl	27.09±1.04 efghijkl
晚 33L33	216.20±0.80 hijkl	90.37±2.93 r	78.97±1.56 ab	6.27±0.76 hi	0.80±0.10 opqr	85.20±1.44 fghijklmno	198.27±9.99 op	2.87±1.03 lmno	17.73±0.70 fghij	5.275±0.033 ab	28.89±0.42 cdefgh
晚 34L34	218.07±3.58 efghij	99.60±3.42 jklmnop	71.60±2.09 defghijklm	7.07±0.58 efgh	0.53±0.15 pqr	95.60±2.95 abcd	202.07±3.83 op	2.53±0.99 mno	17.93±0.50 fghij	5.569±0.162 a	29.70±1.10 cdef
晚 35L35	205.13±4.70 opqr	93.67±1.22 opqr	64.07±3.33 no	6.67±0.42 efghi	0.53±0.31 pqr	78.40±2.96 nopqr	216.20±7.08 jklmnop	4.00±2.12 klmno	15.93±0.90 jk	4.515±0.038 defghi	22.33±1.16 op
晚 36L36	201.83±1.31 qr	94.63±1.93 nopqr	66.17±2.58 jklmno	7.00±0.20 efgh	1.73±0.31 klmn	75.53±3.30 pqr	195.80±8.72 op	8.20±2.25 ijklmno	19.20±0.92 cdefghi	4.569±0.093 defgh	25.75±1.54 hijklmno
晚 37L37	203.67±3.41 opqr	80.00±2.55 s	72.73±1.92 cdefghijk	7.93±0.46 cdefg	3.47±0.23 def	80.53±2.01 klmnopqr	247.33±14.13 cdefghijk	36.53±5.94 c	20.00±0.35 bcdef	4.605±0.066 defgh	33.41±1.07 b
晚 38L38	199.40±7.03 r	76.80±1.11 s	78.20±1.93 abc	7.13±0.31 efgh	1.00±0.35 nopq	88.33±2.73 defghijklm	244.07±10.65 defghijklm	5.53±3.06 jklmno	17.67±0.99 fghij	4.917±0.237 bcde	29.16±1.86 cdefgh

注:同列不同小写字母表示不同油菜品种在 0.05 水平差异显著。

表 2　供试早熟（早）和晚熟（晚）油菜组合材料的产量因素归一化处理结果

试验材料	x_1	x_2	x_3	x_4	x_5	x_6	x_7	x_8	x_9	x_{10}
早 1E1	0.364	0.367	0.758	0.464	0.783	0.774	0.882	0.764	1.000	0.623
早 2E2	0.110	0.621	0.609	0.250	0.145	0.279	0.082	0.081	0.318	0.732
早 3E3	0.362	0.424	0.773	0.357	0.101	1.000	0.796	0.000	0.012	1.000
早 4E4	0.025	0.654	0.458	0.286	0.348	0.472	0.940	0.194	0.365	0.409
早 5E5	0.380	0.376	0.441	0.000	0.290	0.581	0.000	0.345	0.000	0.323
早 6E6	0.057	0.644	0.311	0.429	0.232	0.405	0.547	0.148	0.447	0.510
早 7E7	1.000	0.583	0.891	0.107	0.667	0.483	0.678	0.541	0.212	0.972
早 8E8	0.511	0.000	0.000	0.000	0.391	0.592	0.225	0.280	0.482	0.000
早 9E9	0.176	0.827	0.671	0.357	0.768	0.243	0.621	0.595	0.576	0.415
早 10E10	0.000	1.000	0.276	1.000	1.000	0.000	1.000	1.000	0.176	0.681
早 11E11	0.834	0.522	1.000	0.107	0.159	0.628	0.221	0.155	0.129	0.645
早 12E12	0.250	0.513	0.658	0.250	0.000	0.475	0.452	0.066	0.494	0.325
晚 1L1	0.836	0.000	0.122	0.305	0.053	1.000	0.611	0.016	0.827	0.440
晚 2L2	0.717	0.041	0.264	0.378	0.284	0.480	0.679	0.264	0.318	0.250
晚 3L3	0.596	0.570	0.606	0.195	0.000	0.233	0.323	0.000	0.218	0.725
晚 4L4	0.913	0.329	0.711	0.354	0.421	0.644	0.696	0.299	0.291	0.000
晚 5L5	0.623	0.373	0.461	0.280	0.063	0.328	0.577	0.061	0.227	0.709
晚 6L6	0.616	0.252	0.122	0.463	0.105	0.940	0.784	0.088	0.000	0.509
晚 7L7	0.620	0.516	0.579	0.354	0.463	0.312	0.353	0.563	0.482	0.322
晚 8L8	1.000	0.141	0.441	0.354	0.379	0.573	0.284	0.247	0.473	0.367
晚 9L9	0.875	0.652	0.809	0.610	0.516	0.473	0.814	0.460	0.345	0.282
晚 10L10	0.845	0.228	0.437	0.293	0.305	0.487	0.268	0.236	0.845	0.275
晚 11L11	0.378	0.930	0.868	0.000	0.411	0.000	0.065	0.297	0.255	0.758
晚 12L12	0.449	0.952	0.699	0.451	0.516	0.610	0.816	0.532	0.682	0.111
晚 13L13	0.588	0.423	0.533	0.305	0.253	0.633	0.301	0.172	0.455	0.411
晚 14L14	0.616	0.438	0.354	0.220	0.095	0.238	0.383	0.051	0.345	0.450
晚 15L15	0.492	0.735	0.677	0.390	0.368	0.670	0.716	0.201	0.345	0.341
晚 16L16	0.513	0.684	0.478	0.500	0.379	0.758	1.000	0.257	0.427	0.335
晚 17L17	0.699	0.621	0.571	0.329	0.368	0.730	0.714	0.271	0.936	0.107
晚 18L18	0.767	0.609	0.543	0.720	0.684	0.968	0.615	0.675	0.582	0.121
晚 19L19	0.801	0.136	0.311	0.439	0.568	0.164	0.445	0.568	0.500	0.034
晚 20L20	0.716	0.492	0.467	0.378	0.400	0.517	0.206	0.353	0.436	0.306
晚 21L21	0.671	0.489	0.378	0.256	0.221	0.236	0.480	0.250	0.900	0.210
晚 22L22	0.468	0.700	0.480	0.512	0.358	0.363	0.796	0.295	0.245	0.311
晚 23L23	0.730	0.278	0.150	1.000	0.495	0.356	0.561	0.416	0.409	0.288
晚 24L24	0.779	0.271	0.317	0.415	0.168	0.266	0.361	0.147	0.318	0.278
晚 25L25	0.669	0.439	0.583	0.220	0.168	0.753	0.368	0.092	1.000	0.129
晚 26L26	0.666	0.069	0.000	0.244	0.147	0.351	0.285	0.132	0.418	0.113
晚 27L27	0.521	0.284	0.197	0.244	0.105	0.778	0.553	0.096	0.145	0.990
晚 28L28	0.326	0.955	0.431	0.341	1.000	0.226	0.415	1.000	0.409	0.621
晚 29L29	0.000	0.678	0.585	0.037	0.021	0.155	0.000	0.007	0.355	0.512
晚 30L30	0.535	0.303	0.000	0.366	0.379	0.423	0.337	0.361	0.318	0.585
晚 31L31	0.783	0.503	1.000	0.207	0.284	0.952	0.440	0.096	0.364	0.419
晚 32L32	0.595	0.422	0.766	0.256	0.474	0.517	0.279	0.851	0.418	0.371
晚 33L33	0.672	0.682	0.931	0.183	0.116	0.411	0.264	0.047	0.382	0.854
晚 34L34	0.711	0.466	0.496	0.329	0.074	0.771	0.290	0.042	0.409	1.000
晚 35L35	0.440	0.605	0.051	0.256	0.074	0.176	0.384	0.067	0.136	0.479
晚 36L36	0.370	0.582	0.175	0.317	0.263	0.076	0.248	0.140	0.582	0.506
晚 37L37	0.409	0.925	0.563	0.488	0.537	0.249	0.592	0.631	0.691	0.524
晚 38L38	0.319	1.000	0.886	0.341	0.147	0.520	0.570	0.094	0.373	0.678

注：x_1、x_2、x_3、x_4、x_5、x_6、x_7、x_8、x_9和x_{10}分别表示株高、有效分枝部位、主序长、一次有效分枝数、二次有效分枝数、主序有效角果数、一次枝有效角果数、二次枝有效角果数、每角粒数和千粒重。下同。

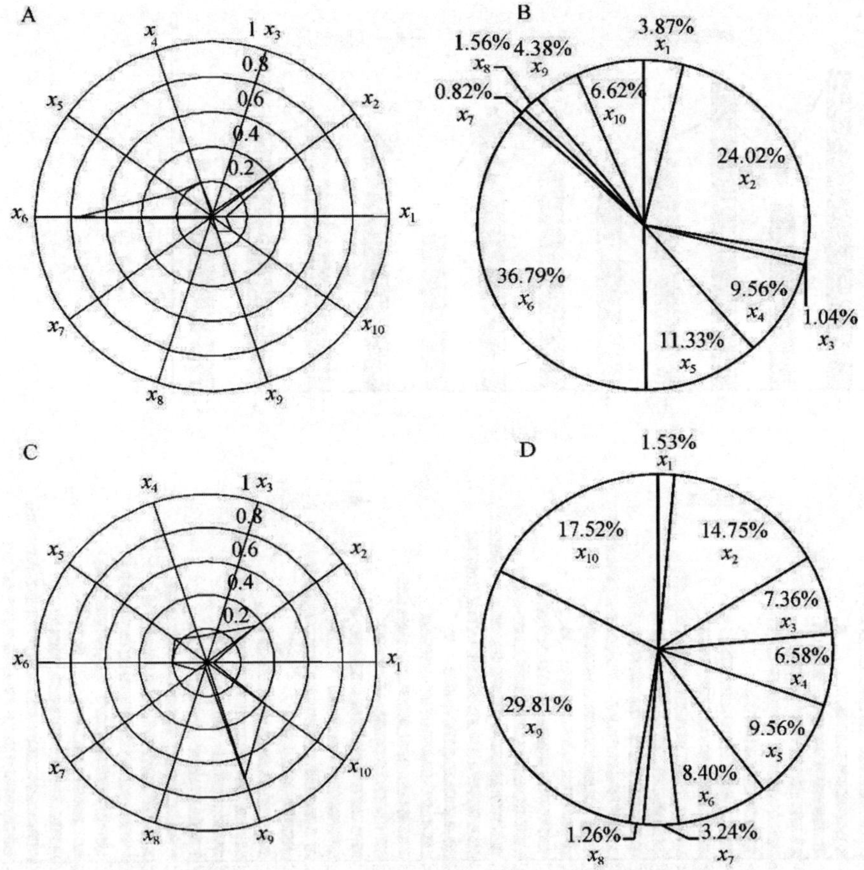

图 1　早熟（A，B）和晚熟（C，D）油菜组合材料产量影响指标的最优投影方向和影响百分比

注：图中 A 和 B 分别为早熟品种的最优投影方向和影响百分比，C 和 D 分别为晚熟品种的最优投影方向和影响百分比。

2.1.2　模型评价结果分析

将最优投影方向 a^* 代入式（3），得到 12 份早熟和 38 份晚熟油菜组合的投影值，分别是 z^* =（1.337 7，0.777 8，1.293 1，0.967 7，0.810 4，0.924 6，1.140 9，0.655 2，1.037 3，1.119 4，1.018 0，0.818 1）和（1.155 6，0.712 8，0.907 8，0.841 1，0.881 0，0.708 3，1.072 5，0.958 6，1.175 5，1.168 6，1.121 5，1.423 6，1.041 0，0.824 4，1.147 8，1.213 5，1.428 9，1.359 9，0.800 6，1.020 8，1.197 2，0.976 7，0.978 8，0.725 6，1.328 1，0.573 0，0.954 1，1.391 3，0.866 4，0.880 0，1.163 5，1.077 7，1.241 0，1.257 9，0.672 4，1.043 7，1.493 1，1.332 3）。投影寻踪方法计算出来的 50 份油菜组合投影值是基于最优目标函数状况下得出的结果，可作为 50 份油菜组合产量表现指数。从图 2 可以看出，应用遗传算法的投影寻踪模型评价油菜农艺性状对产量的表现效果结论比较可靠。

2.2　投影寻踪模型分析结果与灰色关联度分析结果比较

将基于投影寻踪模型计算出的各产量因素投影方向值与灰色关联度[29]计算数据进行了比较。从产量因素影响值来看（表 3），基于投影寻踪模型对早、晚熟产量影响最大的因素分别为主序有效角果数、有效分枝部位、二次有效分枝数和每角粒数、千粒重、有效分枝部位；灰色关联度分析得出对早、晚熟产量影响最大的因素分别为千粒重、一次有效角果数、一次有效分枝数和主序长、主序角果数、每角粒数。两种分析方法计算结果差别较大。从表 1 和表 3 中可以看出，投影寻踪计算出的产量影响因素影响值较灰色关联度能更好地评价油菜产量大小，如早熟品种 1 和 10 的单株产量分别为 35.44 g 和 28.63 g，而对早 1 和早 10 产量影响较大的因素中，早 10 千粒重、一次有效角果数和一次有效分枝

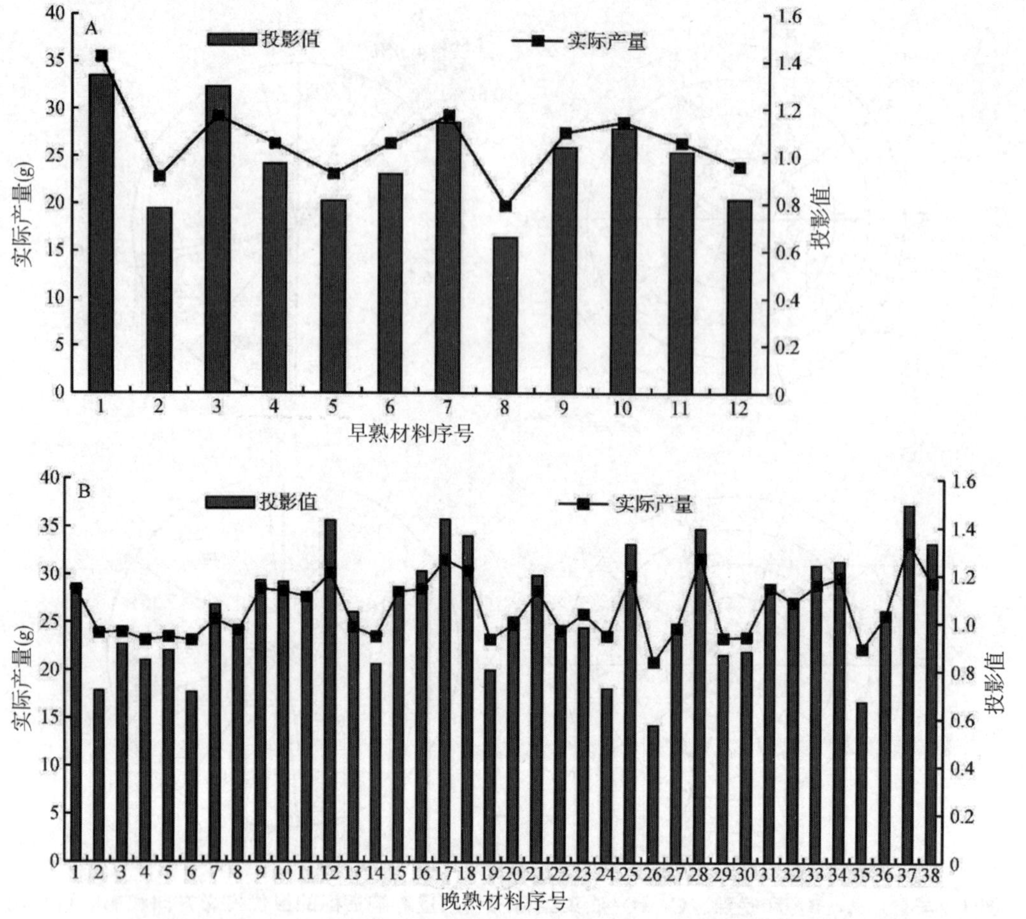

图 2　早熟（a）和晚熟（b）油菜材料投影值及实际单株产量的比较

表 3　早晚熟油菜产量因素分析方法比较

分析方法		材料类型	产量因素影响值									
			x_1	x_2	x_3	x_4	x_5	x_6	x_7	x_8	x_9	x_{10}
投影寻踪		早熟	0.08	0.51	0.02	0.20	0.24	0.78	0.02	0.03	0.09	0.14
		晚熟	0.04	0.34	0.18	0.16	0.23	0.21	0.08	0.03	0.73	0.43
灰色关联度		早熟	3.34	3.19	3.37	3.39	2.35	3.30	3.35	2.11	3.31	3.56
		晚熟	4.88	4.49	5.06	4.73	3.27	5.02	4.71	2.30	5.06	4.74
主成分分析	第 1 主成分	早熟	−0.25	−0.38	−0.09	0.45	0.40	−0.33	0.35	0.40	0.13	0.09
	第 2 主成分		0.36	−0.17	0.58	0.04	0.04	0.22	0.20	0.03	−0.20	0.61
	第 3 主成分		0.35	0.41	0.04	−0.14	0.38	0.3	0.16	0.37	0.52	−0.16
	第 4 主成分		−0.44	0.09	0.05	0.24	−0.30	0.43	0.44	−0.33	0.39	0.09
	第 1 主成分	晚熟	0.27	0.04	0.00	0.45	0.44	0.20	0.35	0.40	0.22	−0.41
	第 2 主成分		0.42	0.58	−0.34	0.05	−0.36	0.30	0.08	−0.37	0.03	−0.12
	第 3 主成分		−0.01	−0.30	0.45	0.06	−0.17	0.56	0.48	−0.25	−0.14	0.22
	第 4 主成分		0.21	−0.04	0.45	−0.40	−0.05	0.13	−0.29	−0.07	0.65	−0.25

注：投影寻踪中产量影响因素值指投影方向值，灰色关联度中指关联度，主成分分析中指主成分；x_1～x_{10} 分别代表株高、有效分枝部位、主序长、一次有效分枝数、二次有效分枝数、主序角果数、一次枝有效角果数、二次枝有效角果数、每角粒数、千粒重。

数均大于早 1，投影寻踪模型中对早熟产量影响较大的二次有效分枝数虽早 1 较早 10 小（4.6 个和 5.6 个），但早 1 的主序角果数和有效分枝部位弥补了二次有效分枝数的不足；晚熟品种 31 和 33 的单株产量分别为 28.60 g 和 28.89 g，在主序长和每角粒数相近的情况下，主序角果数（100.8 个和 85.2 个）相差甚大，而投影寻踪模型中对晚熟产量影响较大的每角粒数相近，千粒重晚 31 较晚 33 小，但晚 31 有效分枝部位较晚 33 大。

2.3　投影寻踪模型分析结果与主成分分析结果比较

在主成分分析[30]获得的 4 个主成分中（表 3），早熟品种第 1 主成分主要与有效分枝数和二次有效角果数有关，第 2 主成分主要与株高、主序长和千粒重有关，第 3 主成分主要与有效分枝部位、二次有效分枝数和每角粒数有关，第 4 主成分主要与角果数和每角粒数有关；晚熟品种第 1 主成分主要与有效分枝数和二次有效角果数有关，第 2 主成分主要与株高、有效分枝部位和主序角果有关，第 3 主成分主要与主序长、主序角果和一次有效角果数有关，第 4 主成分主要与主序长和每角粒数有关。可以看出早、晚熟产量影响因素对产量影响均较大。利用主成分分析计算出早晚熟综合得分 Y 值，分别为 $Y_{早}$ =（1.18，－0.56，－0.03，0.12，－1.10，－0.14，0.50，－1.21，0.66，1.68，－0.55，－0.55）和 $Y_{晚}$ =（1.08，0.42，－0.74，0.86，－0.35，0.36，－0.13，0.54，0.63，0.50，－1.51，0.40，0.01，－0.40，0.14，0.52，0.89，1.07，0.33，0.03，0.19，－0.09，0.48，0.01，0.69，0.02，－0.33，－0.88，－1.55，－0.39，0.51，－0.10，－0.52，－0.15，－0.87，－0.81，－0.34，－0.55），这与基于投影寻踪模型计算出的各产量因素投影方向值和投影值有差异（图 2 和表 3）。将主成分分析得出的 Y 值与表 1 中油菜产量进行比较可以发现，通过 Y 值可以粗略地评价油菜产量大小，但准确性较基于投影寻踪模型计算出的投影值低，如早熟品种 3 和 4 的单株产量分别为 29.22 g 和 26.32 g，而主成分分析中 Y_3 和 Y_4 分别为－0.03 和 0.12，投影寻踪模型中分别为 1.293 1 和 0.967 7；晚熟品种中 19 和 37 的单株产量分别为 23.23 g 和 33.41 g，而 Y_{19} 和 Y_{37} 分别为 0.30 和－0.34，投影寻踪模型中分别为 0.800 6 和 1.493 1。

3　讨论

3.1　产量因素对产量的影响程度分析

目前的报道中，多数研究表明千粒重、每角粒数、主序有效角果数和有效分枝部位等产量因素是影响油菜产量的主要因子。钟丽[4]发现千粒重、一次有效分枝数和有效分枝部位与油菜单株产量关联度最大；宋稀等[31]的研究表明常规密度下对产量直接作用最大的 3 项指标为株高、主序有效角果数和每角粒数；黄益国等[7]认为早熟组合主要受千粒重、主序有效角果数和每果粒数的影响，而中熟组合主要受每果粒数、千粒重和株高的影响。本研究中投影寻踪模型结果表明，早熟油菜组合各性状对产量影响最大的 3 项因子依次为主序有效角果数、有效分枝部位和二次有效分枝数，而晚熟油菜组合各性状对产量影响最大的 3 项因子依次为每角粒数、千粒重和有效分枝部位；灰色关联度分析结果表明早、晚熟产量影响因素较大的为每角粒数、二次有效角果数和一次有效分枝数；主成分分析结果表明产量影响因素对早、晚熟产量均有较大影响。以上研究结果不仅与前人研究有较大差异，且本研究中同数据不同方法结果也差异较大。造成差异的可能原因，一是本文所用油菜组合与黄益国等[7]较为一致，是不同熟期油菜组合试验数据，区别在于本文是早、晚熟数据，而黄益国等用的是早、中熟数据，而钟丽[4]和宋稀等[31]用的是熟期相差不大的品系油菜数据。二是分析方法不同，不同的分析方法可能导致结果有所差别。前人在利用相同的方法，灰色关联度或主成分分析进行产量因素评价时结果也有所差异，如白桂萍等[32]、王毅等[33]、钟丽[4]、邓伟等[34]均利用灰色关联度法分析了每角粒数、单株有效角果数、主序有效角果数、有效分枝部位、千粒重、株高、一次有效分枝数、主序长等农艺性状对油菜产量的影响，但所得结论有差异。白桂萍等[32]认为一次有效分枝数、主序长、单株有效角果数与产量关系最为密切，王毅等[33]则表示单株有效角果数、每角粒数、千粒重对产量影响更大。还有研究者证明对产量影响最大的因素是每角粒数、单株有效角果数、有效分枝部位[4,34]。原因可能是主成分分析是在数据满足线性关系的条件下展开的，而产量因素数据结构非常丰富，很难满足单一的线性结构，因此在使用主成分分析产量因素影响大小时会与实际情况有偏差；灰色关联度分析需要人为确定最优值，主观性太强，对于客观存在事物的评价具有局限性，从而在产量因素评价过程中造成较大差异。而本文采用投影寻踪模型方法论证了影响早熟油菜高产的主要因子为主序有效角果数、二次有效分枝数和有效分枝部位，影响晚熟油菜组合高产的主要因子为有效分枝部位、每角粒数和千粒重，此方法直接以原始数据为基础，通过计算机分析模拟数据，将高维数据投影到低维（1～3 维）子空间上，然后设计软件程序检验，寻找出能反映原高维数据的结构或特征的投影，以达到研究和分析高维数据的目的，既不需要模型假定，也不需要满足正态分布，可以准确、稳健、定量地解决多指标非线性问题，而油菜产量正是由多种因素影响，各因素之间又有着错综复杂的关系，利用此模型进行评价可以真正找到数据的内在规律。毛鸿才等[35]在研究皮棉产量因素试验中也证明了这一点，他将投影寻踪和通径分析的结果进行比较发现，投影寻踪模型得出的结果更接近实际。

3.2 投影寻踪模型评价油菜产量结果分析

由于在利用投影寻踪模型进行油菜产量因素综合评价时，投影值是直接由产量各因素原始数据直接驱动形成的，并未涉及油菜产量数据，这与一般由因变量和自变量构造函数模型，再利用其余数据加以验证模型准确性不同，故此文中现有的产量因素数据足以证明模型的准确性，另取其他样本数据加以验证模型的准确性也是重复性工作，故此文不再赘述，仅通过 2016 年收获的 50 份油菜实际单产数据评价投影寻踪模型的准确性。从图 2 可以看出本研究中投影寻踪模型得出的投影值与收获的 50 份油菜实际单产数据能较好地吻合，其中早、晚熟油菜组合中仍有少量投影值大小与实际油菜单产大小有差异，如早 3 和早 7、早 4 和早 6、晚 17 和晚 28、晚 12 和 18 等，从表 1 可以看出，这些组合之间本身实际产量差异不显著，测产过程中难免存在一些不可避免误差，如人、仪器、环境因素等，导致实际产量大小发生变化，但这些变化是细微的，是在允许范围内的，不会影响利用投影值评判产量的效果。如早 4 和早 6 投影值、单株产量分别为 0.9677、26.32 g 和 0.9246、26.33 g，若按投影值的大小来评估产量，则早 4 产量应高于早 6，而实际上早 4 产量比早 6 低 0.01 g，原因就在于两组合实际产量仅差 0.01 g，差异不显著，实际测产中不可避免因素会造成两组产量大小在允许范围内波动而影响其值大小，但这两组产量相近的组合本身可视为同一产量水平，故不会影响利用投影值评判产量的效果。而在前文结果部分的叙述中可以发现，使用主成分分析评价油菜产量时会与实际值存在差异，这归根于油菜产量因素数据结构很难满足简单的线性关系。同时，灰色关联度分析不能定量评价油菜产量大小。

4 结论

投影寻踪模型结果表明对早、晚熟油菜组合产量影响最大的 3 项指标依次为主序有效角果数、有效分枝部位、二次有效分枝数和每角粒数、千粒重、有效分枝部位。主序有效角果数和每角粒数分别是早、晚熟油菜组合最大的产量影响因素，贡献率分别为 36.79%和 29.81%。同时，将基于投影寻踪模型油菜产量因素综合评价结果与主成分分析和灰色关联度分析进行比较，验证了利用投影寻踪模型评估油菜产量大小准确性较高，具有较好的应用及推广价值。

参考文献

[1] 刘芳，刘睿洋，官春云 . *BnFAD2*、*BnFAD3* 和 *BnFATB* 基因的共干扰对油菜种子脂肪酸组分的影响 [J]. 植物遗传资源学报，2017，18 (2)：290 - 297.

[2] 易斌，陈伟，马朝芝，等 . 甘蓝型油菜产量及相关性状的 QTL 分析 [J]. 作物学报，2006，32 (5)：676 - 682.

[3] 卢坤，申鸽子，梁颖，等 . 适合不同产量的环境下油菜高收获指数的产量构成因素分析 [J]. 作物学报，2017，43 (1)：82 - 96.

[4] 钟丽 . 油菜产量与主要性状的灰色关联度分析 [J]. 南方农业学报，2012，43 (4)：421 - 424.

[5] 白鹏，冉春燕，谢小玉 . 干旱胁迫对油菜蕾薹期生理特性及农艺性状的影响 [J]. 中国农业科学，2014，47 (18)：3566 - 3576.

[6] 郑本川，张锦芳，李浩杰，等 . 甘蓝型油菜生育期天数与产量构成性状的相关分析 [J]. 中国油料作物学报，2013，35 (3)：240 - 245.

[7] 黄益国，张学昆，张毅，等 . 不同熟期油菜品种农艺性状与产量的相关分析 [J]. 作物研究，2017，31 (3)：260 -264.

[8] 靳力争，马洪英 . 白菜型油菜单株产量与相关性状的灰色关联度分析 [J]. 长江蔬菜，2018 (8)：50 - 52.

[9] 倪正斌，王陈燕，孙雪辉，等 . 甘蓝型油菜主要农艺性状相关性及主成分分析 [J]. 江西农业学报，2018，30 (3)：7 - 10.

[10] 王柏，张忠学，李芳花，等 . 基于改进双链量子遗传算法的投影寻踪调亏灌溉综合评价 [J]. 农业工程学报，2012，28 (2)：84 - 89.

[11] 姜秋香，付强，王子龙 . 基于粒子群优化投影寻踪模型的区域土地资源承载力综合评价 [J]. 农业工程学报，2011，27 (11)：319 - 324.

[12] Kruskal J B. Toward a practical method which helps uncover the structure of a set of multivariate observations by finding the linear transformation which optimizes a new index of condensation [M] /MILTONR C，NELDERJ A. Statistical Computation. New York：Academia Press，1969.

[13] Kruskal J B. Linear transformation of multivariate data to reveal clustering [M] /SHEPARDR N. Multidimensional Scaling：Theory and Applications in the Behavioral Science. NewYork and London：Semimar Press，1972.

[14] 汪嘉杨，宋培争，张碧，等 . 社会—经济—自然复合生态系统生态位评价模型——以四川省为例 [J]. 生态学报，2016，36 (20)：6628 - 6635.

[15] 何汝艳，蒋金豹，郭海强，等 . 用投影寻踪降维方法估测冬小麦叶绿素密度 [J]. 麦类作物学报，2014，34 (10)：1447 - 1452.

[16] 原君静，李洪文 . 基于投影寻踪技术的保护性耕作效益评价 [J]. 农业工程学报，2010，26 (4)：175 - 179.

[17] 封志明，郑海霞，刘宝勤 . 基于遗传投影寻踪模型的农业水资源利用效率综合评价 [J]. 农业工程学报，2005，21 (3)：66 - 70.

[18] 赵小勇，付强，刑贞相，等 . 投影寻踪模型的改进及其在生态农业建设综合评价中的应用 [J]. 农业工程学报，2006，22 (5)：222 - 225.

[19] 王斌，张展羽，魏永霞，等 . 基于投影寻踪的农业基本旱情评估 [J]. 农业工程学报，2009，25 (4)：157 - 162.

[20] 徐淑琴，付强，董淑喜，等 . 基于 RAGA 的 PPC 模型评价水分胁迫对寒区水稻生长和产量的影响 [J]. 农业工程学报，2009，25 (S2)：29 - 33.

[21] 李祚泳，徐源蔚，汪嘉杨，等 . 基于投影寻踪回归的规范指标的气象灾情评估 [J]. 应用气象学报，2016，27 (4)：480 - 487.

[22] 杜欣，黄晓霞，李红旮，等 . 基于投影寻踪学习网络算法的植物群落高分遥感分类研究 [J]. 地球信息科学学报，2016，18 (1)：124 - 132.

[23] 饶均辉. GSA-PP 模型在区域水资源承载力评价中的应用 [J]. 水资源与水工程学报，2016，27 (6)：95 - 100.
[24] 付强，赵小勇. 投影寻踪模型原理及其应用 [M]. 北京：科学出版社，2006：46 - 51.
[25] 王顺久，杨志峰. 区域农业生态环境质量综合评价投影寻踪模型研究 [J]. 中国生态农业学报，2006，14 (1)：173 - 175.
[26] 赵西宁，王玉宝，马学明. 基于遗传投影寻踪模型的黑河中游地区农业节水潜力综合评价 [J]. 中国生态农业学报，2014，22 (1)：104 - 110.
[27] 郭倩，汪嘉杨，张碧. 基于 DPSIRM 框架的区域水资源承载力综合评价 [J]. 自然资源学报，2017，32 (3)：484 -493.
[28] 金菊良，丁晶. 遗传算法及其在水科学中的应用 [M]. 成都：四川大学出版社，2000.
[29] 刘冰洋，张小全，张鋆鋆，等. 气象因子对高香气烤烟品种主要香味前体物含量的影响 [J]. 中国生态农业学报，2016，24 (9)：1214 - 1222.
[30] 熊黑钢，付金花，王凯龙. 基于熵权法的新疆奇台绿洲水资源承载力评价研究 [J]. 中国生态农业学报，2012，20 (10)：1382 - 1387.
[31] 宋稀，刘凤兰，郑普英，等. 高密度种植专用油菜重要农艺性状与产量的关系分析 [J]. 中国农业科学，2010，43 (9)：1800 - 1806.
[32] 白桂萍，刘克钊，谭永强，等. 油菜高产群体各农艺性状对产量的影响 [J]. 作物杂志，2015 (6)：33 - 38.
[33] 王毅，庞进平，董云，等. 油菜产量与主要农艺性状的灰色关联度分析 [J]. 种子，2011，30 (7)：99 - 101.
[34] 邓伟，肖华贵. 杂交油菜产量与相关农艺性状的灰色关联度分析 [J]. 安徽农业科学，2009，37 (5)：1961 -1962.
[35] 毛鸿才，杨力行. 黄淮棉区皮棉产量组分的投影寻踪回归 (PPR) 分析及与通径分析的比较 [J]. 新疆农业大学学报，2001，24 (3)：44 - 49.

覆膜时期对油菜生长与产量的影响*

王　丹[1,2]　田效琴[1,2]　李　卓[1,2]　庄文化[2,3]　刘永红[1,2]　敬树忠[1,4]　李浩杰[1]

1. 四川省农业科学院作物研究所，四川成都　610066
2. 四川省农业科学院作物研究所/南方丘区节水农业研究四川省重点实验室，四川成都　610066
3. 四川大学水利水电学院，四川成都　610065
4. 成都大美种业有限责任公司，四川成都　610000

摘要：膜侧沟播种植技术是一项有效的旱作增产技术，可显著改善土壤水温生态条件。以油菜品种川油36号为研究材料，在大田试验条件下，分析了不同时期覆膜（播种期、苗期、抽薹期、初花期、花末期）对膜侧沟播栽培油菜农艺性状、产量及品质的影响。结果表明，膜侧沟播栽培可以有效提高油菜叶绿素和干物质积累量，改善油菜群体茎枝配置，但随覆膜时间的减少，油菜分枝部位、主花序长度和千粒重升高，株高、有效分枝数、有效角果数、每角粒数和单株产量降低。与不覆膜相比，覆膜栽培油菜增产4.40%～26.18%，油菜籽粒中含油量和蛋白质含量增加0.18%～2.48%，芥酸和硫甙含量降低0.21%～12.65%。膜侧沟播栽培不仅能提高油菜产量，改善油菜籽粒品质，而且在生育前期覆膜更有利于形成高产、高品质的油菜植株。

关键词：油菜；膜侧沟播；农艺性状；产量；品质

油菜是世界范围内广泛种植的油料作物之一，也是中国第一大油料作物。西南地区作为油菜主产区之一，其季节性干旱是冬油菜生产中遇到的主要农业气象灾害，2009年秋至2010年春，西南地区遭遇严重秋冬春连旱，造成冬油菜大幅减产，部分地区甚至颗粒无收[1]。四川省作为西南地区重要省份，油菜种植历史悠久，种植面积可达100万 hm^2 以上，该区域光、温、气、热条件优越，降雨充沛，有效地保证了油菜优良品质的形成与生产，但全年降水不均匀，季节性干旱日益严重[2]。与此同时，四川省冬油菜一般10月份播种或移栽，至第2年5月份收获，期间经历了西南地区降水相对较少的秋季、冬季和春季。因此，水分成了制约四川冬油菜生长和发育的重要因素。为了提高四川冬油菜的生产力，保证油菜稳定高产，必须进行合理的水分管理，深入研究和推广油菜的抗旱栽培。

地膜覆盖栽培技术可以有效地聚集自然降水、保蓄土壤水分，从而提高水分利用效率，是一项在我国迅速普及的旱作增产技术[3]。同时，地膜覆盖通过改善土壤物理特性可以刺激土壤微生物活动，提高土壤温度，最大限度地减少氮肥施用，为作物提供良好的生长环境，提高作物产量[4,5]，在小麦、油菜、玉米等作物上均有关于地膜覆盖栽培的大量研究。王静等[6]对冬小麦-油菜轮作的地膜覆盖种植进行研究，表明全膜覆盖种植的冬小麦产量比露地穴播增加了30.44%，油菜产量增加了21.36%；

* **基金项目**：公益性科研（农业）专项经费项目（20150312701），四川省财政创新能力提升工程（2016GYSH－007），甘蓝型油菜种质资源创新和突破性新品种培育（2016zypz－013），四川省重大科技成果转化项目（2017CC0052）资助

孙万仓等[7]研究了地膜覆盖处理对冬油菜越冬率和产量的影响，发现地膜覆盖能够缩短冬油菜生育期，提高越冬率，使油菜增产30%～50%，含油率提高1%。但传统的地膜覆盖费时费力，至今未大面积应用。油菜膜侧沟播技术是在膜侧小麦栽培技术的基础上发展起来的新兴地膜覆盖技术，既能充分发挥膜侧栽培集流、保墒及增温的作用，使降水、土壤、光照等自然资源得到充分利用，又能减轻劳动强度，操作容易，目前已有成套的机械操作。2011年，马兴威等[8]就将膜侧沟播技术应用到油菜生产上，使其增产20%～70%，并认为膜侧沟播技术是提高油菜产量的突破性栽培技术，增产效果明显。但至今关于油菜膜侧沟播技术理论研究相对较少。与此同时，覆膜时期对作物产量有着较大的影响[9]。例如，整个秋季全膜覆盖栽培的玉米，产量相较于只在生育期覆膜栽培增加了838 kg/hm^2，相较于不覆膜栽培增加了5 164 kg/hm^2[10]。同样是秋覆膜栽培的马铃薯，产量相较于早春覆膜、播种期覆膜分别增加了7.90%和12.68%[11]，而覆膜时期对油菜的影响鲜见报道。基于此，为了进一步挖掘膜侧沟播栽培油菜的增产潜力，探讨不同覆膜时期对油菜生长发育、产量与品质的影响，本研究在膜侧沟播技术条件下，对油菜进行不同生育期的膜侧覆盖处理，旨在为进一步完善油菜膜侧沟播种植技术，实现油菜高产稳产提供理论依据。

1　材料与方法

1.1　试验地点与材料

试验于2015年10月上旬在四川省简阳市玉成基地进行。试验地前作为玉米，基础设施、灌溉条件良好，地势平坦，土壤肥力中等、均匀。

供试材料为川油36号油菜，由四川省农业科学研究院作物研究所选育，属甘蓝型半冬性细胞质雄性不育三系中熟杂交种，目前被推荐为四川省的主导油菜品种。供试地膜为聚乙烯吹塑农用微膜，厚度0.008 mm，宽度50 cm。

1.2　试验设计

试验共设6个处理，其中A、B、C、D、E处理分别为播种期（10月7日）、苗期（1月7日）、抽薹期（2月18日）、初花期（3月10日）、花末期（3月30日）覆膜，CK为整个生育期不覆膜。

采用随机区组设计，重复3次，共18个小区，每小区面积32 m^2，区组之间留1 m道路，四周设保护行。2015年10月上旬施氮肥120 kg/hm^2、磷钾肥均为150 kg/hm^2、硼肥15 kg/hm^2；播种在膜两侧沟内播种油菜，每行33窝，密度105 000株/hm^2；不同生育期进行覆膜处理，选用50 cm宽的地膜覆盖，膜两侧挖沟盖土；2016年5月上旬收获，各小区菜籽产量晒干计产。

1.3　项目测定与方法

1.3.1　农艺性状

油菜成熟期时从每个小区中连续取植株10株测定株高、有效分枝高度、有效分枝数（一次分枝数、二次分枝数）、有效角果数（主序角果数、一次角果数、二次角果数）、每角粒数、千粒重、单株产量等指标。

1.3.2　叶绿素及干物重

分别于油菜苗期（1月7日）、抽薹期（2月18日）、花期（3月30日）和角果期（4月中旬）测定叶绿素含量，每株选取同叶龄叶片，用叶绿素仪（CCM－003497，OPTI－SCIENCES）测定叶片的上、中、下部叶绿素SPAD值，然后取平均数。同时，每处理选取有代表性的植株（苗期每处理选取5株，其他时期每处理选取3株），按根、茎、叶、角果分开，称鲜重后在80 ℃恒温条件下烘至恒重

(72 h) 称取各部分干物质重。

1.3.3　产量及品质

取样之后对每个小区人工割晒，后熟几天后分别打收，晒干后分别称重并取样测定籽粒含水量，最后折算油菜籽产量。油菜籽的芥酸、硫甙、含油量、蛋白质则采用 FOSS 近红外品质分析仪（NIRSystem5000，FOSS）测定。

1.4　数据分析

采用 Microsoft Excel 2013 对所测数据进行统计整理；采用 SPSS 17.0 对植株生长及产量状况进行方差分析（ANOVA）、多重比较（LSD 法）和相关性分析。

2　结果与分析

2.1　不同时期覆膜处理下油菜生长的差异

2.1.1　油菜叶绿素含量（SPAD）差异

由图 1 可以看出，不同时期覆膜处理对油菜叶绿素含量的影响趋势总体相同，但同一生育时期处理间具有不同表现。从油菜苗期至抽薹期（11 月初至次年 2 月中旬），各处理叶绿素含量均逐渐上升，并在 3 月中旬达到整个生育期的最高值；从抽薹期到角果期（2 月中旬至 5 月初），各处理叶绿素含量逐渐降低，并且抽薹期—花期的降低幅度明显小于花期—角果期，在角果期获得整个生育期最低值；整个生育期来看，B、C 处理的叶绿素含量总体较高，而 A 处理叶绿素含量的下降幅度最大。

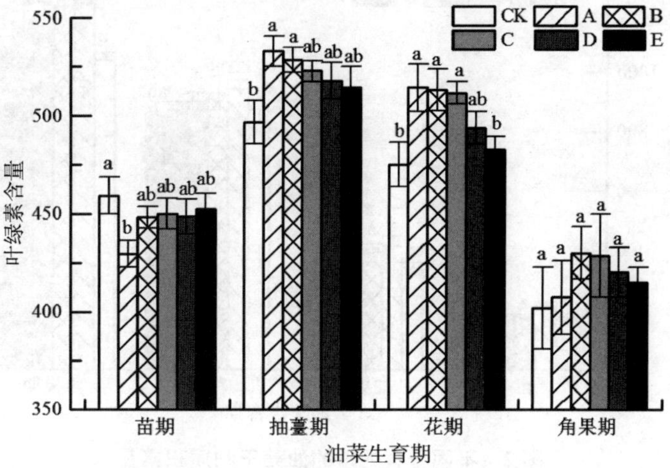

图 1　不同覆膜处理的油菜叶绿素含量

注：不同小写字母表示同一时期不同处理间差异显著（$P<0.05$）。

分析同一生育时期各处理差异：在油菜苗期，已覆膜的 A 处理叶绿素含量均低于还未覆膜的 B、C、D、E 和 CK 处理，且 A 处理显著低于 CK 处理 6.91%，平均每天降低 0.16。而油菜抽薹期时，A 处理叶绿素积累量大幅增加，且显著高于 CK 处理 7.30%；这一时期覆膜的 B 处理叶绿素含量较 CK 处理增加了 31.64，平均每天增加 0.75。油菜花期时，已覆膜的 A、B、C 和 D 处理叶绿素含量均高于未覆膜的 E 和 CK 处理，这一时期覆膜的 C、D 处理分别较 CK 处理增加了 28.95、18.87，其中 C 处理平均每天增加 0.81，D 处理平均每天增加 0.86；并且相邻两个时期叶绿素积累量的差距随覆膜时期的延迟而加大，各处理（A—E）之间分别相差 0.22%、1.83%、2.04%和 2.33%；油菜角果期的叶绿素含量在各处理间差异不显著，但相较于不覆膜处理，五个不同时期覆膜处理积累的叶绿素仍较多。说明覆膜栽培促进了油菜叶绿素积累，且在花期覆膜处理下日均积累量的增长最快。

2.1.2　油菜干物质积累量差异

由图2可以看出，不同时期覆膜处理的油菜干物质积累量随生育期的推进不断增加。从苗期到抽薹期呈小幅上升趋势，而从抽薹期开始，油菜干物质积累量呈大幅上升的趋势，至角果期达到最大值，其中A处理的干物质积累量最大，为1 288.33 g/m²；其次为差异较小的B、C和D处理，分别为1 219.37 g/m²、1 193.38 g/m²和1 173.00 g/m²；E处理和不覆膜处理干物重相对较小，分别为1 083.67 g/m²、1 061.75 g/m²。整个生育期来看，油菜干物质积累随覆膜时期的延迟而降低，表现为A>B>C>D>E>CK。

在油菜同一生育时期，各处理之间具有明显差异。在1月7日苗期时，已覆膜的A处理油菜干物重高于还未覆膜的B、C、D、E和CK处理，且日平均积累量较CK升高了0.21 g/m²；油菜抽薹期时已覆膜的B处理干物重较CK增加了66.58 g/m²，日平均积累量升高了1.59 g/m²；至油菜花期，各处理的干物重均大幅升高，这一时期覆膜的C、D处理分别较CK增加了91.15 g/m²、42.09 g/m²，其中C处理日平均积累量升高2.23 g/m²，D处理日平均积累量升高2.10 g/m²；油菜干物重在角果期时达到最大值，这一时期覆膜的E处理较CK增加了21.92 g/m²，日平均积累量升高了0.73 g/m²。由此可见，覆膜时期从播种期延迟至花末期，油菜干物质积累量较不覆膜处理呈现先升高后降低的趋势，其中抽薹期-初花期覆膜处理的干物质日平均积累量升高得最快，因此，这一时期覆膜对增加油菜干物质积累具有更大的潜力。

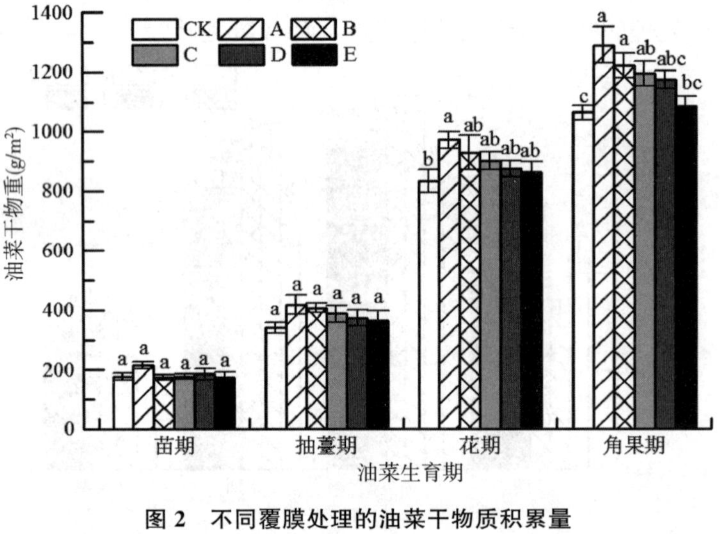

图2　不同覆膜处理的油菜干物质积累量

注：不同小写字母表示同一时期不同处理间差异显著（$P<0.05$）。

2.2　不同时期覆膜处理下油菜农艺性状与产量的差异

2.2.1　油菜农艺性状差异

从表1可见，膜侧覆膜处理的时期不同，对油菜农艺性状的影响程度不一。油菜株高和一次分枝数在不同地膜覆盖条件下无显著差异，但油菜分枝部位、主花序长度、二次分枝数、一次角果数等差异达显著水平。与不覆膜相比，覆膜栽培能够降低油菜分枝部位高度与主花序长度，其中，5个处理的分枝部位高度分别比CK降低7.76%、6.88%、3.65%、3.50%和2.66%，主花序长度分别比CK降低6.69%、17.36%、4.79%、12.89%和0.08%。随着膜侧覆膜时期的延迟，油菜株高呈逐渐降低的趋势，且各覆膜处理分别比CK高出8.60 cm、2.41 cm、0.71 cm、0.21 cm和0.14 cm。油菜单株的一次分枝数随覆膜时期的延迟呈先升高后降低的抛物线变化，各处理均高于CK，但未达到显著水平，说明覆膜栽培对油菜的一次分枝有一定促进作用；油菜单株的二次分枝数总体呈随覆膜时期延迟而降低的趋势，表现为A、B、D处理高于CK，C、E处理低于CK，表明在抽薹期覆膜对油菜的二次分枝有一定的抑制作用。

有效分枝数的多少对有效角果数有着重要影响，当覆膜时期从播种期延迟到花末期，有效角果数（主序、一次、二次）与二次分枝数变化趋势相同，主序、一次角果数表现为A>B>D>E>CK>C，A、B、D、E处理的主序角果数较CK高出11.59%、5.59%、5.44%和3.45%，一次角果数较CK高出23.94%、16.17%、14.72%和9.97%。二次角果数表现为A>B>D>E>C>CK，各处理较CK高出30.08%、16.36%、2.15%、12.11%和4.33%。可以看出，油菜有效角果数在播种期、苗期和初花期覆膜条件下增多，花末期覆膜影响较小，而抽薹期覆膜对有效角果数增长无明显促进作用。油菜角粒数变化范围在18.13～20.80粒之间，各个时期覆膜处理均高于CK。油菜千粒重变化范围在3.94～4.20 g之间，C处理千粒重显著高出CK处理2.8%，CK又显著高出A处理3.6%。油菜单株产量变化区间为30.89～44.76 g，A处理显著高于其他处理，各覆膜处理又高出CK处理33.70%、8.40%、6.26%、3.01%和0.67%，说明覆膜栽培提高了油菜的单株产量。

表1　不同覆膜处理下油菜农艺性状

处理	株高（cm）	有效分枝高度（cm）	主序长度（cm）	一次有效分枝数（个）	二次有效分枝数（个）	主序有效角果数（个）	一次有效角果数（个）	二次有效角果数（个）	每角粒数（粒）	千粒重（g）	单株产量（g）
CK	211.93a	87.67a	82.93a	6.73a	6.55ab	96.67bc	234.80bc	87.42b	18.13b	4.09bc	33.48b
A	220.53a	80.87b	77.73ab	7.31a	9.57a	107.87a	291.00a	113.71a	20.80a	3.94d	44.76a
B	214.07a	81.63ab	70.67b	6.73a	8.11ab	102.07ab	272.77ab	101.71ab	18.79ab	4.02cd	36.29b
C	212.64a	84.47ab	79.14ab	6.86a	5.18b	91.17c	207.00c	89.30b	19.45ab	4.20a	35.57b
D	212.14a	84.6ab	73.47ab	7.40a	7.00ab	101.93ab	269.36ab	98.00ab	18.53b	4.09bc	34.49b
E	212.07a	85.33a	82.87a	7.47a	6.08ab	97.00bc	258.2abc	91.20b	18.23b	4.17ab	33.71b

注：不同小写字母表示同一时期不同处理间差异显著（$P<0.05$）。

2.2.2　油菜产量差异

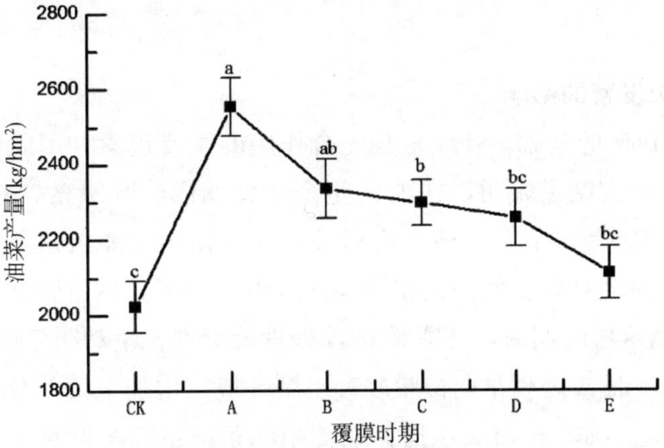

图3　不同覆膜处理油菜籽粒产量

注：不同小写字母表示同一时期不同处理间差异显著（$P<0.05$）。

由图3可以看出，膜侧沟播栽培能明显提高油菜籽粒产量。不同覆膜时期处理下，油菜平均产量分别达到2 553 kg/hm²、2 336 kg/hm²、2 297 kg/hm²、2 258 kg/hm²、2 113 kg/hm²，与不覆膜种植相比，覆膜种植油菜在播种期、苗期和抽薹期覆膜处理下分别显著增产529.69 kg/hm²（26.18%）、312.50 kg/hm²（15.44%）、273.44 kg/hm²（13.51%），在初花期、花末期覆膜处理下分别增产234.90 kg/hm²（11.61%）和89.06 kg/hm²（4.40%）。在膜侧沟播条件下，油菜产量随覆膜时期的延迟而逐渐降低，在播种期覆膜的产量最高，花末期覆膜的产量最低，二者相差20.86%。由此可见，膜侧沟播栽培虽然可以有效提高油菜的单位面积产量，但不同时期覆膜对油菜产量的影响不同，其中播种期覆膜的增幅最为显著。

2.3 不同时期覆膜处理下油菜品质的差异

芥酸、含油量、硫苷和蛋白质含量是评价油菜籽粒品质的重要指标，油菜籽品质分析结果显示（表2），菜籽中芥酸含量在不同覆膜时期的变化无明显规律，但A、B处理中芥酸含量高于CK，分别高出5.81%和3.15%，E处理的芥酸含量最低，与CK相比减少了12.65%。随着覆膜时期的延迟（A—E），油菜籽中含油量逐渐降低，各处理较CK分别高出2.48%、1.59%、1.38%、0.86%和0.50%；蛋白质含量整体呈现升高的变化趋势，各处理较CK分别升高了0.18%、0.29%、0.48%、0.63%和0.82%，但差异均不显著（$P>0.05$）；硫甙含量呈现先降低后升高的变化趋势，各处理硫甙含量较CK分别降低2.02%、3.35%、1.90%、1.46%和0.21%。说明膜侧沟播栽培能够降低油菜籽中硫甙含量，增加菜籽含油量和蛋白质含量，进而一定程度上改善油菜籽品质，且覆膜时期越早，菜籽品质改善越大。但总体而言，菜籽品质的改善程度仍较小，油菜籽粒品质主要还是由品种遗传特性决定，栽培措施只能起到辅助的调控作用。

表2 不同覆膜处理油菜品质

处理	芥酸（%）	含油量（%）	硫甙（μmol/g）	蛋白质（%）
CK	4.87	38.28	38.47	27.05
A	5.15	39.23	37.69	27.10
B	5.02	38.89	37.18	27.12
C	4.30	38.81	37.74	27.18
D	4.40	38.61	37.91	27.22
E	4.25	38.47	38.39	27.27

3 讨论

3.1 覆膜时期对油菜生长发育的影响

光合作用是植物生长代谢的基础，叶绿素是光合作用的主要色素，因此叶绿素含量的多少直接影响油菜的生长发育[12]。本研究结果表明，在油菜整个生育期内，叶绿素含量整体表现为先升高后降低，在生长旺盛的抽薹期和花期达到最大值，之后叶片光合作用功能由角果所取代，叶片的叶绿素含量下降，这与陈秀斌[13]的研究结果相似。在膜侧沟播栽培条件下，各覆膜处理的油菜叶绿素含量均大于CK，但在播种期－苗期这段时期内，已覆膜的A处理叶绿素含量却明显低于CK，这可能与这一时期是根系建成的主要时期，而A处理早期覆膜改善土壤环境，增加土壤养分利用效率，主要用于油菜根系建成，而叶片生长可能不如CK有关：播种期覆膜油菜根系高度发育，主根干质量及侧根质量密度均大于不覆膜，为后期植株生长代谢贮藏养分[14]；因此，A处理在抽薹期和花期叶绿素含量上升至最高。至角果期时，A处理由于前期生长发育大量消耗土壤养分，在未补充养分的情况下，养分供应不足，叶绿素含量大幅下降。整个生育期的叶绿素含量总体最高的是B处理，相较于A处理，B处理覆膜时间减少了182 d（播种期－苗期），在苗期的叶绿素含量高于A处理，在角果期的下降幅度低于A处理，表明苗期覆膜在油菜生育后期更有助于延缓叶片衰老，延长光合时间，是增加叶绿素积累量的最佳覆膜时期。

光合作用是油菜生产的重要过程，油菜生产的实质是干物质的积累[15]。不同时期覆膜栽培的油菜干物质积累量表现为A>B>C>D>E>CK，并且随着生育进程的推进差异变大，表明覆膜栽培可以有效提高油菜的干物质积累量，但增产效果随覆膜时期的推迟而减弱。温度是影响油菜营养器官物质积累的重要因素，土壤的积温对促进油菜干物质积累的作用主要体现在播种期、苗期和抽薹期，这些时期保持土壤温度，有助于油菜干物质的积累[16]。地膜覆盖能有效增加土壤的积温，在作物生育前期的增温效果尤为明显[17,18]，从这一层面上，播种期—抽薹期覆膜比生育后期覆膜、不覆膜更有利于油菜干物质积累。

3.2 覆膜时期对油菜农艺性状及产量的影响

土壤温度和水分是影响油菜生长发育的重要因素，地膜覆盖具有显著的增温、保墒效果，在油菜生产实践中广泛应用。株高是体现油菜生长发育状况的重要指标，本研究中膜侧沟播栽培对油菜株高有一定促进作用，但随着覆膜时期的延迟，促进作用逐渐减弱。因为由播种期、苗期开始覆盖地膜较之生育后期覆膜，不仅能较早地平衡土壤水分，改善土壤温湿状况，促进油菜早生快发，而且保肥增效功能显著，给油菜株高增长提供了充足养分[19]。油菜有效分枝数容易受气候条件、栽培措施的影响而发生变化，在播种期、苗期、初花期和花末期覆膜均明显降低了油菜的有效分枝高度，增加了单株有效分枝数，有助于改善油菜群体茎枝配置，进而提高油菜单位面积产量。有研究表明抽薹期是冬油菜生殖生长、营养生长的关键时期，在这期间保障土壤水分、温度条件良好最能促进冬油菜茎枝生长[20]，但抽薹期覆膜的二次有效分枝数反而低于CK，说明这段时期覆膜对土壤水分、温度条件的调控并不适宜油菜群体茎枝生长。这与研究区降水量较常年同期偏多，油菜在苗后期渍水有关。土壤还未充分排水时进入抽薹期，这时覆盖地膜造成土壤水分过多，渍水条件对油菜二次有效分枝数和主花序长度的影响较大[21]，因此抽薹期覆膜的油菜二次有效分枝数和主花序长度均低于CK。播种期、苗期覆膜是在渍水之前，由于前期的营养物质丰富，抵消了一部分不利影响；初花期、花末期覆膜是在土壤排水完成，植株正常生长后，所受影响也较小。因此，仅在抽薹期覆膜对油菜茎枝生长具有不利影响。

油菜有效角果数（主序、一次、二次）、每角粒数和千粒重是决定产量高低的重要因素。播种期、苗期覆膜的油菜千粒质量低于或显著低于其他处理，因为两个时期覆膜改善土壤环境，导致油菜生长前期生理活动旺盛、吸肥能力强，而本试验在油菜生长后期、籽粒充实时期并没有追施肥料，所以后期可能产生脱肥、根系活力下降等影响[9,22]。但由于油菜产量构成因素之间的协同作用，播种期、苗期覆膜的单株有效角果数和每角粒数高于其他处理，仍显著提高了油菜单株产量，最终提高了油菜单位面积产量。在初花期、花末期覆膜也能提高油菜单株有效角果数、每角粒数和千粒质量，只是增产效果与播种期、苗期覆膜相比稍差。抽薹期覆膜的油菜有效角果数低于露地直播油菜，有效角果数的多少受有效分枝数的影响，抽薹期覆膜抑制了油菜群体的茎枝生长，所以有效角果数较低。但在覆膜条件下，土壤温湿状况慢慢调节，抽薹期覆膜的油菜在生长后期土壤水分、温度状况适宜，养分仅供给较少茎枝上的果实生长。因此单株每角粒数和千粒质量增加，最终使得单位面积产量提高，这有利于衡量不同覆膜时期的增产效果，促进膜侧沟播技术在农业上的推广应用。

3.3 覆膜时期对油菜品质的影响

膜侧沟播栽培条件下，油菜各品质性状指标变化在0.20%～12.65%之间，总体来看，覆膜栽培对油菜品质的影响不显著。不同覆膜时期的各品质性状指标中，菜籽含油量和蛋白质含量均有所增加，其中含油量随覆膜时期的延迟而下降，播种期覆膜的籽粒含油量最高，籽粒产量和干物质积累量也最高。这一长期覆膜处理能有效提高土壤养分利用效率[23]，从而促进油菜中有机物的合成，使得籽粒中积累的养分增多，提高籽粒含油量。蛋白质含量则随覆膜时期的延迟而上升，生育后期覆膜的菜籽中较高，全生育期覆膜和不覆膜较低，正如侯国佐等[24]的研究，油菜籽粒含油量与蛋白质含量呈显著负相关关系。

芥酸是油菜籽粒中积累的特异长链脂肪酸，生育后期覆膜对芥酸的影响较大，芥酸含量明显降低；而播种期、苗期覆膜对芥酸虽然影响较小，但芥酸含量有些许升高，这两个处理促进油菜中有机物合成，增加籽粒含油量，也增加了芥酸含量。硫甙是一种含硫化合物，被人体摄入后，能水解生成有毒物质，膜侧沟播栽培有助于降低籽粒中硫甙含量，且播种期、苗期覆膜相较于生育后期覆膜，降低效果更明显。硫甙的生成受光照、土壤水分和温度等条件影响[25,26]，因此膜侧沟播栽培对土壤温度、水分的调控，对硫甙的生成具有抑制作用。含油量、蛋白质、芥酸和硫甙含量的多少影响油料品质，以提高油菜品质的标准整体来看，膜侧沟播栽培能够降低油菜籽中芥酸和硫甙含量，增加含油量和蛋白质含量，在一定程度上改善了油菜籽品质。并且生育前期覆膜在降低硫甙含量、增加菜籽含油量和蛋白质含量上效果更显著，品质改善程度更大。

参考文献

[1] 韩丽娟，侯英雨，钱拴，等. 2010 年春季气候对农业生产的影响 [J]. 中国农业气象，2010，31 (3)：484－486.

[2] 张树杰，王汉中. 我国油菜生产应对气候变化的对策和措施分析 [J]. 中国油料作物学报，2012，34 (1)：114－122.

[3] Liu X，He B，Yi X，et al. The soil water dynamics and hydraulic processes of crops with plastic film mulching in terraced dryland fields on the Loess Plateau [J]. Environmental Earth Sciences，2016，75 (9)：809.

[4] Feng Y Z，Liu Q，Tan C J，et al. Water and nutrient conservation effects of different tillage treatments in sloping fields [J]. Arid Soil Research & Rehabilitation，2014，28 (1)：14－24.

[5] Du X，Bian X J，Zhang W H，et al. Effects of plastic-film mulching and nitrogen application on forage-oriented maize in the agriculture-animal husbandry ecotone in North China [J]. Frontiers of Agriculture in China，2008，2 (3)：266－273.

[6] 王静，王弋博，呼丽萍，等. 多年覆膜改善冬小麦/油菜轮作地土壤提高产量 [J]. 农业工程学报，2018，34 (6)：121－128.

[7] 孙万仓，牛俊义，滕文惠，等. 覆盖处理对旱寒区冬油菜越冬率和产量的影响 [J]. 中国油料作物学报，2006，28 (3)：315－318.

[8] 马兴威，丁遇阳，鲁鸿卫. 春油菜膜侧栽培丰产技术 [J]. 农业科技与信息，2011 (9)：18.

[9] 王广印，陈碧华，沈军，等. 大白菜杂交制种高产栽培关键技术 [J]. 中国农业信息，2012 (20)：40－44.

[10] Wu Y，Huang F，Jia Z K，et al. Response of soil water，temperature，and maize (Zea may，L.) production to different plastic film mulching patterns in semi-arid areas of northwest China [J]. Soil & Tillage Research，2017 (166)：113－121.

[11] 孙娇，郭鑫年，梁锦秀，等. 不同覆膜时期对宁南山区土壤水热环境及马铃薯产量的影响 [J]. 草业学报，2017，26 (12)：24－34.

[12] 周可金，肖文娜，官春云. 不同油菜品种角果光合特性及叶绿素荧光参数的差异 [J]. 中国油料作物学报，2009，31 (3)：316－321.

[13] 陈秀斌. 不同熟期油菜品种在早晚播下生长发育及产量比较研究 [D]. 武汉：华中农业大学，2013.

[14] 谷晓博，李援农，银敏华，等. 降解膜覆盖对油菜根系、产量和水分利用效率的影响 [J]. 农业机械学报，2015，46 (12)：184－193.

[15] 曹金华，王建平，朱家成，等. 双低杂交油菜丰油 10 号干物质积累及养分吸收规律 [J]. 中国农学通报，2016，33 (34)：32－39.

[16] 刘建霞，郑华斌，孔午圆，等. 移栽时期与栽培方式对油菜干物质积累的影响 [J]. 作物研究，2015 (2)：

132－136.

[17] Kong D Y，Zhi H，Zhang F Q，et al. Dynamic Growth Models Joint with Changes of Accumulated Soil Temperature for Corn Mulched and Unmulched with Plastic Film in Hetao Areas of Inner Mongolian Autonomous Region [J]. Chinese Journal of Agrometeorology，2008，29 (1)：67－70.

[18] 王红丽，张绪成，于显枫，等．黑色地膜覆盖的土壤水热效应及其对马铃薯产量的影响 [J]. 生态学报，2016，36 (16)：5215－5226.

[19] 沈熙，刘军，曹峻，等．油菜覆膜厢作高产高效栽培技术的研究与应用 [J]. 湖北农业科学，2007，46 (4)：541－543.

[20] 白鹏，冉春艳，谢小玉．干旱胁迫对油菜蕾薹期生理特性及农艺性状的影响 [J]. 中国农业科学，2014，47 (18)：3566－3576.

[21] 陈红琳，陈尚洪，王昌桃，等．苗期渍水胁迫对免耕直播油菜产量和品质的影响 [J]. 江苏农业学报，2014，30 (2)：259－263.

[22] 席旭东，李效文，姬丽君．缓控释肥不同施用量和施用方式对旱作区全膜马铃薯生长及产量的影响 [J]. 干旱地区农业研究，2016，34 (5)：193－197.

[23] 刘晓伟，鲁剑巍，李小坤，等．直播冬油菜干物质积累及氮磷钾养分的吸收利用 [J]. 中国农业科学，2011，44 (23)：4823－4832.

[24] 侯国佐，侯剑，侯燕．油研系列杂交油菜高含油量的表现及高含油分高蛋白选育技术研究Ⅱ．油分蛋白质含量的遗传及选择 [J]. 贵州农业科学，2008，36 (1)：7－10.

[25] Ahmad A，Abraham G，Gandotra N，et al. Interactive effect of nitrogen and sulphur on growth and yield of rapeseed-mustard (Brassica juncea L. Czern. and Coss. and Brassica campestris L.) genotypes [J]. Journal of Agronomy & Crop Science，2010，181 (4)：193－199.

[26] 张辉，朱德进，黄卉，等．不同施肥处理对油菜产量及品质的影响 [J]. 土壤，2012，44 (6)：966－971.

施氮量和播种密度对不同熟期油菜干物质量和产量的影响*

田效琴　李　卓　刘永红

四川省农业科学院作物研究所/南方丘区节水农业研究四川省重点实验室，四川成都　610066

摘要：为阐明不同熟期油菜在施氮量和密度互作下的干物质积累、分配、对籽粒贡献与产量效应，以早熟和晚熟各3个品种为材料，于2015—2016年在简阳进行了品种、氮肥与密度3因素多水平的田间试验。结果表明，密度对干物质积累、分配和对籽粒贡献的影响总体均大于施氮量。干物质积累量在密度和氮肥互作效应下的改变量总体上表现为成熟期>花末期>盛花期>初花期>苗期，随施氮量增加显著增加，随密度增大显著减少，且晚熟品种对密度和施氮量的变化更敏感；干物质分配率在花期前、花期、成熟期最大的分别是叶片、茎秆、角果，在相应生育期，叶片分配率随密度增大显著递减，茎秆、角果分配率则显著递增；干物质贡献量随密度增大显著递减，晚熟较早熟品种减幅大，随施氮量增加晚熟品种显著递增，早熟品种花前显著递增，花后呈先增加后下降趋势。产量在低氮（120 kg/hm²）、中氮（240 kg/hm²）下，随密度增大先升后降，高氮（360 kg/hm²）下，随密度增大显著递增；早熟品种在中氮（240 kg/hm²）下最高，平均最高为2 244.75 kg/hm²，晚熟品种在高氮（360 kg/hm²）下最高，平均最高为2 472.15 kg/hm²；早熟品种最佳密肥组合为240 kg/hm²和30万株/hm²～45万株/hm²，晚熟品种最佳密肥组合为360 kg/hm²和30万株/hm²～45万株/hm²。由此可见，氮肥和密度主要通过改变干物质积累量和花后干物质贡献量来影响产量，晚熟品种更易通过调节氮肥和密度等手段实现高产量。该研究将为不同熟期油菜氮肥及密度管理提供重要理论依据。

关键词：油菜；氮肥；密度；干物质；产量

干物质积累总量及其对角果籽粒的分配转运比例直接影响油菜籽粒产量，这也是油菜产量形成的物质基础[1-3]。有研究表明，油菜产量的形成，首先依靠营养器官茎枝、叶的光合产物建造角果皮，再依靠营养器官干物质的分配与转移，以及角果皮的光合产物充实角果籽粒，但最主要取决于干物质积累量及其对角果籽粒的分配[4]，在油菜的各个生育时期，干物质积累量与产量均呈线性相关[5]，而品种[6]、氮素营养[7]和密度[8]是影响农作物干物质积累和产量的3个重要因素[6-8]。何天祥等[9]指出，生长发育前期氮素营养不足，导致干物质积累量过低，影响后期角果物质来源；营养过剩，则植株繁茂，影响后期干物质向籽粒转移。Evans 等[10]认为在一定范围内氮肥用量和密度的增加与干物质的积累量之间呈极显著线性关系，随着施肥量和密度增加，植株地上及地下干物质量均增加，但过高的施肥量和过大的密度反而不利于干物质的积累与分配，影响其在器官间的转运效率。同时大量研究表明，

* **基金项目**：四川省财政创新能力提升工程（2016GYSH－007，2017QNJJ－006），甘蓝型油菜种质资源创新和突破性新品种培育（2016zypz－013），公益性科研（农业）专项（20150312701）

氮肥和密度对干物质累积和产量的影响又因品种不同而有所差异，达到最高产量和品质时的施肥量和密度在不同品种间存在明显差异[11]。李广浩等[12]证明密度对籽粒产量的影响在不同品种间差异显著。臧贺藏等[13]研究表明，不同品种在同一氮肥水平下的干物质积累量和分配比例表现出明显差异。综上所述，干物质积累、分配和转运与氮肥、密度、品种密切相关，且不同品种干物质生产特性和产量对氮肥和密度的响应也不同，在高产高效栽培种需要考虑品种特性。前人对干物质生产和产量效益特性已经进行了很多研究，但上述有关研究多集中在大豆[14]、玉米[15]、小麦[16]和水稻[17]上，对油菜的研究较少，分不同熟期油菜品种进行研究则更少。同时在多个栽培因素研究中，以水肥[18−20]和品种密度[21]研究居多，而对多因素多水平下农作物干物质积累、分配与转运特性和籽粒产量的研究鲜见报道。四川作为种植大省，近年来，生产中的油菜新品种不断涌现，为追求高产和高收益，农民在种植过程中缺乏对品种特性的了解，盲目过量施肥现象十分严重，且均按习惯密度种植，不仅没有增加作物产量，反而带来一系列的环境问题。因此，在明确新品种产量形成和干物质累积、分配与转运规律的基础上，如何降低生产成本和环境风险，同类品种如何充分发挥生物学潜力是当前四川油菜生产中急需研究的重要问题，是实现区域农业可持续发展的重要手段。为此，本文在前人的研究基础上，设置密度和施氮量处理，比较分析了不同熟期油菜品种干物质积累、分配与转运规律以及产量变化，并提出参试品种的适宜密度和施氮量，旨在为不同熟期油菜建立合理的氮肥—密度组合技术、实现高产栽培提供一定的理论依据。

1 材料与方法

1.1 试验概况

供试品种 6 个，详见表 1，其中 3 个早熟、3 个晚熟，分别用 A～F 表示。供试肥料为尿素（N 46%）、过磷酸钙（P_2O_5 12%）、氯化钾（K_2O 60%）、硼砂。试验于 2015—2016 年在简阳市玉成乡街邻村进行。试验地前作夏玉米，肥力中等，土壤类型为紫色土，土壤的有机质含量为 16.3 g/kg，碱解氮为 25.44 mg/kg，速效磷为 6.78 mg/kg，速效钾为 86.64 mg/kg。

表 1 试验品种

代号	品种名称	熟期特性	全生育期天数（d）
A	2013 网−3		
B	宁杂 27 号	早	208
C	中双 6 号		
D	川油 36		
E	宁杂 1818	晚	218
F	华油杂 62		

1.2 试验设计

设置品种、氮肥和密度三因素互作试验，采用完全随机区组设计，重复 3 次，每品种共计 3（氮肥）×3（密度）×3（重复）=27 个小区，6 个品种共计 162 个小区。处理内容如下。

3 个氮肥用量分别为 120、240 和 360 kg/hm²，分别用 N1、N2、N3 表示；3 个密度分别为 15 万株/hm²、30 万株/hm² 和 45 万株/hm²，分别用 D1、D2、D3 表示。

播种期 9 月 29 日，收获期 5 月 5 日。避免因取样时间不同造成产量差异，突出早、晚熟品种自身特性因素差异，统一收获时间。采用直播方式，小区面积 18 m²（2 m×9 m）。试验区四周设宽 1 m 走道，走道外围设置保护行。人工点播，行距 30 cm，株距依据密度调节。各小区磷、钾、硼肥一致，除钾肥 1/2 作基肥，1/2 作薹肥分 2 次施入外，其余均作基肥一次性施入，P_2O_5、K_2O 施用量均为 150 kg/hm²，硼砂用量 15 kg/hm²，氮肥按基、苗、薹肥比例 5∶2∶3 进行施用。具体氮肥用量及密度规格见表 2。播种前按面积称取好肥料之后，经检查无误后撒施于各小区，再进行整地，将肥料全部翻盖入土中，播种待用。

表 2　氮肥、密度处理水平及小区施肥与定苗方案

氮肥处理	N(kg/hm²)			P_2O_5(kg/hm²)	K_2O(kg/hm²)		硼砂(kg/hm²)	密度		
(kg/hm²)	基肥	苗肥	薹肥	基肥	基肥	薹肥	基肥	每公顷株数	株距(cm)	每行株数
120	60	24	36	150	75	75	15	15×10^4	22	9
240	120	48	72	150	75	75	15	30×10^4	11	18
360	180	72	108	150	75	75	15	45×10^4	7	27

1.3　测定项目与方法

1.3.1　植物指标测定

1.3.1.1　干物质指标

于越冬期（2015 年 12 月 23 日）、初花期（2016 年 3 月 14 日）、盛花期（2016 年 3 月 28 日）、花末期（2016 年 4 月 10 日）和成熟期（2016 年 5 月 4 日）分别采集样品。避免因取样时间不同造成干物质积累差异，突出早、晚熟品种自身特性因素差异，取样时间为早、晚熟油菜品种主要生育时期平均值，成熟期取样以晚熟品种成熟为准。从边 2 行开始取样，连续选取 10 株，15 万株/hm² 试验一行不足 10 株，在连续的两行中取，每行连续 5 株。根系取样挖取 20 cm 深度的土壤剖面，整株取出，用自来水冲洗根系，分根、叶、茎枝、角果不同器官分装入袋，放入 105 ℃的恒温箱内杀青 30 min，80 ℃烘至恒质量，冷却后取出迅速测定各器官的干物质质量。

1.3.1.2　产量

油菜成熟时，小区单打单收晒种测定实际籽粒产量。

1.3.2　有关指标计算

1.3.2.1　干物质分配率

指某一时间油菜叶片、茎、根和角果各器官的干物质质量分配量占干物质累积总量的百分率，其计算公式为

干物质分配率=植株器官干物质质量/植株干物质总质量×100%。　　(1)

1.3.2.2　干物质贡献量与贡献率

假定油菜生殖生长期间干物质没有损失，营养器官（茎枝、叶）生物产量减少部分均贡献给籽粒，则营养器官干物质向籽粒贡献指标可根据以下公式计算[22]，其中花后干质量包括营养器官和生殖器官两部分。

花前干质量对籽粒的贡献量（g）=盛花期营养器官干质量－成熟期营养器官干质量；　　(2)

花后干质量对籽粒的贡献量（g）=成熟期籽粒干质量－花前干质量对籽粒的贡献量；　　(3)

花前干质量对籽粒的贡献率（%）=花前同化物贡献量/成熟期籽粒干质量×100%；　　(4)

花后干质量对籽粒的贡献率（%）=花后同化物贡献量/成熟期籽粒干质量×100%。　　(5)

1.4　数据统计

采用 Microsoft Excel 2007 和 SPSS 17.0 进行数据处理和统计分析。

2 结果与分析

2.1 早、晚熟品种在施氮量和密度互作下的干物质积累、分配与对籽粒贡献特征

本研究中同类品种（早熟或晚熟）干物质积累、分配及对籽粒的贡献在施氮量和密度互作效应下的响应差异不大，故以3种早熟品种和3种晚熟品种试验数据的平均值作为同类型品种数据进行分析。

2.1.1 干物质积累

对施氮量和密度互作下的2类油菜品种各时期单株干物质积累量分析可知（图1），在整个生育期内，干物质积累在品种间差异基本不显著，各品种不同处理间差异基本达显著水平。2类品种均随施氮量增加显著递增，随密度增大显著递减，但响应程度存在差异。N1水平下，密度由低到高，早、晚熟品种苗期（12月23日）、初花期（3月14日）、盛花期（3月28日）、花末期（4月10日）、成熟期（5月4日）分别平均减少8.39 g、12.57 g、15.79 g、21.57 g、28.26 g和11.18 g、13.69 g、19.10 g、23.69 g、28.39 g；N2水平下，分别平均减少9.64 g、14.99 g、19.46 g、22.04 g、27.41 g和10.64 g、17.04 g、21.50 g、28.18 g、35.69 g；N3水平下，分别平均减少13.02 g、20.21 g、26.89 g、29.21 g、32.60 g和15.24 g、18.91 g、27.86 g、41.41 g、44.17 g。D1水平下，氮肥由低到高，早、晚熟品种苗期（12月23日）、初花期（3月14日）、盛花期（3月28日）、花末期（4月10日）、成熟期（5月4日）分别平均增加7.05 g、14.41 g、16.82 g、15.17 g、13.65 g和7.09 g、10.72 g、17.16 g、27.48 g、29.38 g；D2水平下，分别平均增加4.71 g、6.77 g、12.47 g、13.66 g、16.51 g和5.24 g、8.56 g、12.49 g、14.58 g、13.73 g；D3水平下，分别平均增加2.42 g、6.76 g、5.72 g、7.53 g、9.31 g和3.03 g、5.50 g、8.40 g、9.76 g、13.61 g。由此看出，密度和氮肥对油菜干物质积累的影响总体上表现为成熟期>花末期>盛花期>初花期>苗期。从整个生育期来看，密度对油菜干物质积累的影响随氮肥增加递增，而氮肥对其的影响随密度增加递减，且密度影响大于施氮量。同时，晚熟品种较早熟品种对氮肥和密度的反应更敏感。

2.1.2 干物质分配

从表3可以看出，在初花期前（3月14日前），各处理间干物质的分配比例始终以叶片中最大，其分配率随密度增大显著减小的规律很明显，N1水平下，密度由低到高，早、晚熟品种叶片所占比例分别平均减少4%和7%，N2水平下，平均减少5%和7%；N3水平下，平均减少3%和4%。从初花期开始到花末期（3月14日~4月10日），干物质分配比例以茎秆最大，盛花期（3月28日）达到最大值，其分配率随密度增大显著增大的规律很明显，N1水平下，密度由低到高，早、晚熟品种茎秆所占比例分别平均增加7%和7%；N2水平下，平均增加4%和9%；N3水平下，平均增加5%和5%。到4月10日花末期时，随密度增大而增大的趋势变小。到成熟期（5月4日）已有50%以上干物质积累在角果中，与盛花期施氮量和密度对茎秆所占比例的影响规律一致，角果分配率随密度增大显著增大的规律也很明显，N1水平下，密度由低到高，早、晚熟品种角果所占比例分别平均增加3%和3%，N2水平下，平均增加2%和6%；N3水平下，平均增加4%和3%。各时期主要器官分配比例在不同氮肥水平间均无明显变化规律，且不同品种间差异基本显著。由此看出，花期前主要器官叶片分配率随密度增大显著减小，花期主要器官茎秆分配率和成熟期主要器官角果分配率均随密度增大显著增大，品种间差异基本显著，且密度影响大于施氮量。

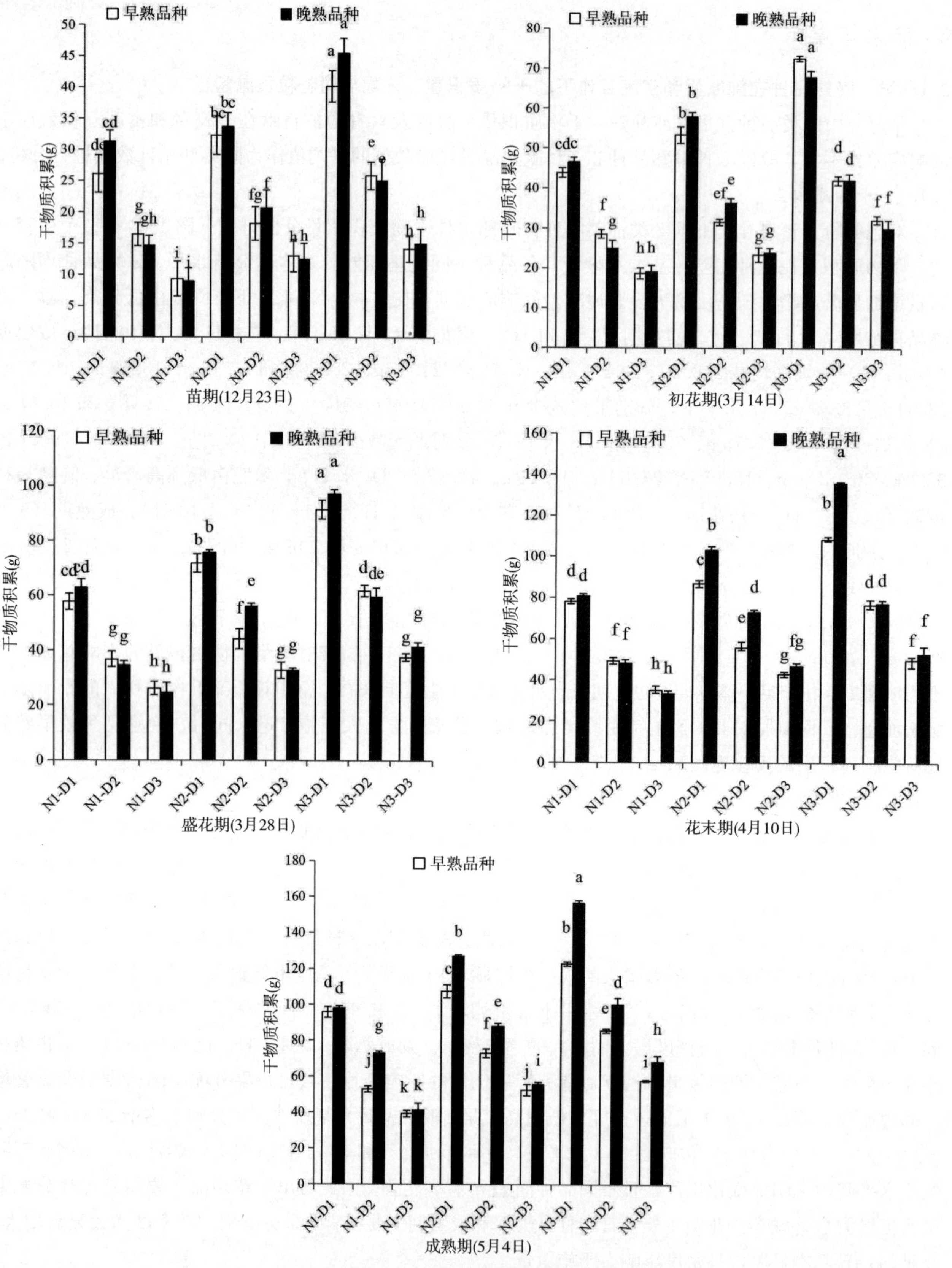

图 1　密度和施氮量对不同熟期油菜品种干物质积累量的影响

注：N1、N2、N3 分别表示施氮 120 kg/hm^2、240 kg/hm^2、360 kg/hm^2；D1、D2、D3 分别表示密度 15 万株/hm^2、30 万株/hm^2、45 万株/hm^2；不同字母表示处理间在 5% 水平上差异显著。下同。

表 3　不同密度和施氮量下不同熟期油菜干物质分配

处理	主要生育期的主要器官干物质分配比例（%）									
	苗期（12 月 23 日）		初花期（3 月 14 日）		花期（3 月 28 日）		花末期（4 月 10 日）		成熟期（5 月 4 日）	
	早熟品种	晚熟品种	早熟品种	晚熟品种	早熟品种	晚熟品种	早熟品种	晚熟品种	早熟品种	晚熟品种
N1—D1	53.4e	63.6a	45.8hi	45.8hi	47.7j	49.0i	38.4g	37.3h	51.5gh	54.9f
N1—D2	51.3f	58.2b	48.8g	54.5cde	55.5gh	58.0ef	43.6bc	43.6bc	57.1cd	58.7c
N1—D3	45.3i	49.7fg	55.1cd	58.9b	61.3bcd	62.3ab	40.8de	46.3a	57.0cd	60.3b
N2—D1	58.6b	62.6a	49.9fg	44.0i	54.3h	45.9k	46.3a	35.7i	55.7e	51.7g
N2—D2	54.2de	56.3c	54.1de	48.5g	56.7fg	54.3h	43.8b	39.9efg	57.7cd	58.1cd
N2—D3	49.2fg	49.4fg	56.3cd	56.5c	62.0abc	63.1a	41.9de	47.1a	58.9c	64.1a
N3—D1	50.5f	54.2d	46.4h	53.0e	49.9i	53.9h	41.3de	39.3fg	52.4gh	49.1h
N3—D2	49.5g	48.2g	50.5f	54.9cde	54.4h	59.7de	40.6ef	44.0b	56.7def	52.3g
N3—D3	45.1i	46.4h	55.7cd	62.5a	60.3cd	63.6a	42.4cd	46.4a	60.1b	55.9ef

注：此表仅列出主要生育期主要器官的干物质分配比例。苗期为叶片，初花期—花末期为茎秆，成熟期为角果。

2.1.3　花前和花后干物质贡献

表 4　施氮量和密度互作下早、晚熟油菜品种花前和花后干物质对籽粒的贡献状况

品种类型	处理	花前花后干物质贡献状况					
		花前干物质			花后干物质		
		贡献量（g/株）	贡献率（%）	r	贡献量（g/株）	贡献率（%）	r
早熟品种	N1—D1	14.54g	27.47l	0.66^{**}	38.04d	72.53b	0.70^{**}
	N1—D2	13.47h	41.03c		19.66l	58.97k	
	N1—D3	10.02j	41.40c		14.44n	58.60k	
	N2—D1	19.81de	35.60e		35.72e	64.40i	
	N2—D2	13.60h	32.91fg		28.84h	67.09g	
	N2—D3	13.90gh	41.31c		19.81l	58.69k	
	N3—D1	28.03a	46.01a		33.04f	53.99m	
	N3—D2	20.29d	43.61b		25.07j	55.39l	
	N3—D3	12.24i	38.23d		19.94l	61.77j	
晚熟品种	N1—D1	21.05c	30.35dij		35.42e	69.65de	
	N1—D2	7.93k	20.22m		32.49fg	79.78a	
	N1—D3	6.89l	29.43jk		16.62m	70.57cd	
	N2—D1	19.52e	29.00k		51.24b	71.00c	
	N2—D2	16.06f	33.73f		32.08g	66.27h	
	N2—D3	9.87j	31.53h		22.86k	68.47f	
	N3—D1	22.62b	29.88j		59.32a	70.12d	
	N3—D2	16.38f	30.43i		40.51c	69.57e	
	N3—D3	12.41i	32.76g		27.04i	67.24g	

注：r 为贡献量与籽粒产量的相关系数，** 表示在 0.01 水平上显著相关。

由表 4 可知，在施氮量和密度互作下，油菜花前、花后干物质贡献量与籽粒产量呈极显著正相关，相关系数 r 分别为 0.66 和 0.70，且花后干物质对籽粒的贡献率大于花前，达 50%以上，但随施氮量和密度的增加均无明显规律。不同品种间花前、花后干物质对籽粒的贡献量差异基本达显著水平，且各品种不同处理间差异显著。早、晚熟品种花前、花后干物质贡献量均随密度增大显著递减。N1 水平下，密度由低到高，早、晚熟品种花前、花后干物质贡献量分别平均减少 2.26 g、11.80 g 和 7.08 g、9.40 g；N2 水平下，分别平均减少 2.96 g、7.96 g 和 4.83 g、14.19 g；N3 水平下，分别平均减少 7.90 g、6.55 g 和 5.12 g、16.14 g。早、晚熟品种花前、花后干物质贡献量随施氮量的增加变化规律不同，两类品种花前干物质贡献量大体均随施氮量增加显著递增。D1 水平下，施氮量从低到高，早、晚熟品种分别平均增加 6.75 g 和 0.79 g；D2 水平下，分别平均增加 3.41 g 和 4.23 g；D3 水平下，分别平均增加 1.11 g 和 2.76 g。而花后干物质贡献量早熟品种随施氮量的增加大体呈先上升后下降的趋势，晚熟品种随施氮量增加显著递增，施氮量从低到高，早熟品种先增加 4.08 g 后减少 2.11 g，晚熟品种平均增加 7.06 g。综上所述，花前花后干物质的贡献量均会影响籽粒产量的形成，以花后影响较大[23]，而花后干物质贡献量又受到施氮量和密度的影响，影响程度明显高于花前，且密度影响总体大于施氮量。同时，通过增施氮肥和调节密度晚熟品种比早熟品种产量提升潜力更大。

2.2 早、晚熟品种在施氮量和密度互作下的籽粒产量

将早、晚熟油菜品种分为低氮组、中氮组、高氮组 3 组，见表 5 所示，各处理籽粒产量差异基本达显著水平。在低氮、中氮水平下，随密度的增加，2 类品种籽粒产量均呈先上升后下降的趋势，在高氮水平下，产量随密度增加显著递增。说明在高密条件下要获得高产必须同时提供能满足相应密度条件下植株所需的营养成分。同一密度下，早熟品种籽粒产量随施氮量的增加呈现先上升后下降的趋势，而晚熟品种随施氮量增加显著递增。早熟品种在低氮水平的平均籽粒产量为 1 812.30 kg/hm²，中氮为 2 092.05 kg/hm²，高氮为 1 851.90 kg/hm²，中、高氮水平分别比低氮水平增产 15.44% 和 2.19%；晚熟品种在低氮水平的平均籽粒产量为 1 980.00 kg/hm²，中氮为 2 059.35 kg/hm²，高氮为 2 365.20 kg/hm²，中、高氮水平分别比低氮水平增产 4.01% 和 15.45%，早、晚熟品种最高籽粒产量与其他产量水平均达显著水平，说明适宜的氮肥投入量可以显著提高油菜的产量，且氮肥对油菜的增产效应在晚熟品种中体现更为明确。

表 5 早、晚熟油菜品种在不同施氮量和种植密度下籽粒产量

处理	品种		不同密度下籽粒产量（kg/hm²）			平均产量（kg/hm²）	较低氮增产率（%）
			D1	D2	D3		
低氮（120 kg/hm²）	早熟品种	A	1 703.05st	1 828.30o	1 759.00qr	1 812.30±143.59c	—
		B	1 789.65pq	1 891.50m	1 776.00pq		
		C	1 870.95mn	1 982.55k	1 710.00st		
	晚熟品种	D	1 941.00l	2 069.10j	1 705.35st	1 980.00±261.56b	—
		E	1 683.15t	1 932.00l	1 621.35u		
		F	2 178.50i	2 524.25d	2 165.15i		
中氮（240 kg/hm²）	早熟品种	A	1 886.55mn	2 069.10j	1 862.55mn	2 092.05±177.4b	15.44
		B	2 056.50j	2 296.80f	2 047.05j		
		C	1 992.15k	2 249.85g	2 368.50e		
	晚熟品种	D	1 990.85k	2 255.20g	1 811.55op	2 059.35±254.29b	4.01
		E	1 704.85st	1 981.35k	1 727.75r		
		F	2 272.40fg	2 540.30d	2 249.75g		
高氮（360 kg/hm²）	早熟品种	A	1 735.95rs	1 794.75p	1 854.00no	1 851.90±113.45c	2.19
		B	1 828.95o	1 859.70n	1 902.30m		
		C	1 857.65n	1 915.50l	1 918.60l		
	晚熟品种	D	2 159.10i	2 289.00f	2 363.40e	2 365.20±277.36a	15.45
		E	2 213.40h	2 276.10fg	1 912.50m		
		F	2 617.65c	2 678.40b	2 776.80a		

注：平均籽粒产量后小写字母表示在 0.05 水平上差异显著，$F=7.799$。

由于油菜熟期和品种不同，最高产量出现的施氮量和密度的组合也存在差异，早熟品种 A、B、C

最高产量分别为 2 069.10 kg/hm^2、2 296.80 kg/hm^2、2 368.50 kg/hm^2，平均为 2 244.75 kg/hm^2，对应处理分别为 N2－D2、N2－D2、N2－D3；晚熟品种 D、E、F 最高产量分别为 2 363.40 kg/hm^2、2 276.10 kg/hm^2、2 776.80 kg/hm^2，平均为 2 472.15 kg/hm^2，对应的施氮量和密度组合分别为 N3－D3、N3－D2、N3－D3。

3　讨论

3.1　施氮量和密度对不同熟期油菜品种干物质积累、分配和对籽粒贡献的影响

品种[24]、密度[25]和氮肥[26,27]是直接或间接影响营养器官和生殖器官之间源库关系的三个重要因素。适量增施氮肥可以促进花后干物质累积，以及营养器官储存干物质向籽粒转运，从而提高籽粒产量。陈远学等[28]研究认为，施氮显著提高了作物地上部干物质积累量和籽粒产量。适宜密度能有效调控油菜群体种植结构，有利于干物质积累及合理分配，从而实现群体高产。刘伟等[29]指出，种植密度增加后群体产量和干物质积累量显著增加。密度和氮肥两因素互作也显著影响干物质积累，王翠翠等[30]和曾宇[31]均在研究过程中发现油菜单株干物质质量随肥力增大递增，随密度增大递减，改变密度对干物质质量的影响大于施肥量。同时，曾宇[31]还发现越冬期前地上部基本只有叶片，整个生育期，叶片随密度增大而减小的规律很明显，越冬后茎秆开始生长，初花期前茎秆所占比例随密度增大而增大规律很明显，之后随密度增大而降低，进入花期后，角果所占比例越来越高，随密度增大递增，改变密度对各器官分配率的影响大于施肥量。也有研究证明氮肥对干物质累积和对籽粒贡献的影响又因品种不同[6－8,12,32,33]。齐文增等[15]在比较 9 种小麦品种干物质累积和转运差异的过程中发现不同小麦品种花前花后干物质累积量、干物质转移量及转移干物质对籽粒的贡献率均存在明显差异，花前干物质转移量及转移干物质对籽粒的贡献率均没有明显优势，花后干物质累积是小麦品种高产的重要原因。且高产品种对养分投入的敏感程度明显高于低产品种。本研究表明，密度对干物质积累、分配及对籽粒的贡献总体均大于氮肥，不同熟期油菜品种干物质积累、分配及对籽粒的贡献在密度和氮肥的互作下响应不同，具体表现为，晚熟品种较早熟品种干物质积累更易随密度增大递减，随氮肥增加递增；晚熟品种花后干物质对籽粒贡献量随氮肥增加显著递增，而早熟品种先递增后减；随密度增大，晚熟品种干物质对籽粒贡献量更易减少。两类品种干物质分配在密度和氮肥互作下响应相同，花期前主要器官叶片分配率随密度增大显著减小，花期主要器官茎秆分配率和成熟期主要器官角果分配率均随密度增大显著增大。这表明晚熟品种较早熟品种更易通过增施氮肥和调控密度来实现干物质生产与对籽粒的贡献，从而实现高产。

3.2　施氮量和密度对不同熟期油菜品种产量的影响

本文研究不同施氮量和密度对不同熟期油菜品种产量的影响过程中发现，在低氮（120 kg/hm^2）、中氮（240 kg/hm^2）水平下，籽粒产量随密度的增加呈先上升后下降的趋势，在高氮（360 kg/hm^2）水平下，随密度增加显著递增，说明油菜产量受氮肥和密度交互作用的影响，前人大多研究也证明了这一点[34－36]。本文研究还发现在相同密度下，早熟品种籽粒产量随施氮量的增加呈先增加后下降的趋势，在中氮（240 kg/hm^2）水平下达到最高产量 2 244.75 kg/hm^2，晚熟品种随施氮量增加显著递增，在高氮（360 kg/hm^2）水平下产量最高，为 2 472.15 kg/hm^2。这与曹兰芹等[37]的研究结果相似，在对比 50 个典型油菜品种对氮吸收效率的差异中发现，不同品种对氮的反应与吸收特性差异很大，最终达到最高产量的施肥量在不同品种间存在明显差异。

4 结论

干物质积累总量和花后干物质对籽粒的贡献量是油菜产量形成的基础，而干物质积累总量和花后干物质对籽粒的贡献量又受到氮肥和密度的影响。同时，不同品种间存在差异。随氮肥和密度的增加，油菜晚熟品种较早熟品种干物质积累总量和花后干物质对籽粒的贡献量显著减少或增加，通过氮肥管理和密度调节更容易改变晚熟品种的干物质积累总量和花后干物质对籽粒的贡献量，从而实现高产。因此，应根据种植地土壤肥力情况，选择适应不同熟期油菜品种的氮肥密度管理措施。在本试验区同等肥力土壤条件下，早熟油菜品种适宜氮肥密度管理措施为施氮量 240 kg/hm^2 和密度 30 万株/hm^2～45 万株/hm^2，晚熟品种适宜氮肥密度管理措施为施氮量 360 kg/hm^2 和密度 30 万株/hm^2～45 万株/hm^2。

参考文献

[1] Jenkins P D，Leitch M H. Effect of sowing date on the growth and yield of winter oil-seed rape（*Brassica napus*）[J]. Journal of Agriculture Science，1986，107（2）：405－420.

[2] Degenhardt D F，Kondra Z P. The influence of seeding date and seeding rates on yield and yield components of five genotypes of Brassica napus [J]. Canadian Journal of Plant Science，1981，61（2）：175－183.

[3] 王国槐，官春云．油菜生态特性的研究Ⅱ．不同类型甘蓝型油菜（B. napus L.）异地异季种植的生态特性研究 [J]. 作物学报，13（1）：77－83.

[4] 廖桂平，官春云．甘蓝型冬油菜（Brassica napus）干物质积累、分配与转移的特性研究 [J]. 作物学报，2002，28（1）：52－58.

[5] 戴敬，徐俊斌，喻义珠，等．冬油菜春后干物质积累与产量的关系 [J]. 扬州大学学报，2005，26（1）：77－80.

[6] 李强，马晓君，程秋博，等．氮肥对不同耐低氮性玉米品种花后物质生产及叶片功能特性的影响 [J]. 中国生态农业学报，2016，24（1）：17－26.

[7] 钱晨晨，王淑彬，杨滨娟，等．紫云烟与氮肥配施对早稻干物质生产及氮素吸收利用的影响 [J]. 中国生态农业学报，2017，25（4）：563－571.

[8] 刘晓林，马晓君，豆攀，等．种植密度对川中丘陵夏玉米茎秆性状及产量的影响 [J]. 中国生态农业学报，2017，25（3）：356－364.

[9] 何天祥，郑传刚，吉牛拉惹，等．攀西地区秋大豆干物质积累与分配规律的研究 [J]. 大豆科学，2001，20（3）：215－220.

[10] Evans J R. Photosynthesis and nitrogen relationships in leaves of C3 plants [J]. Oecologia，1989，78（1）：9－19.

[11] Przulj N，Momcilovic V. Genetic variation for dry matter and nitrogen accumulation and translocation in two-rowed spring barley. Ⅱ. Nitrogen translocation [J]. European Journal of Agronomy，2001b，15（4）：255－265.

[12] 李广浩，刘娟，董树亭，等．密植与氮肥用量对不同耐密型夏玉米品种产量及氮素利用效率的影响 [J]. 中国农业科学，2017，50（12）：2247－2258.

[13] 臧贺藏，王言景，张杰，等．不同氮肥模式下 2 个高产玉米品种物质积累与产量效益特性研究 [J]. 核农学报，2015，29（12）：2402－2409.

[14] 唐江华，苏丽丽，罗家祥，等．不同耕作方式对夏大豆干物质积累及转运特性的影响 [J]. 核农学报，2015，29（10）：2026－2032.

[15] 齐文增，陈晓璐，刘鹏，等．超高产夏玉米干物质与氮、磷、钾养分积累与分配特点 [J]. 植物营养与肥料学报，2013，19（1）：26－36.

[16] 赵丽，杨家蘅，李胜楠，等．不同穗型小麦品种小花发育成粒对氮肥的响应 [J]. 中国生态农业学报，2017，25（11）：1636－1642.

[17] 顾俊荣，董明辉，赵步洪，等．不同水氮管理对水稻干物质积累和茎鞘物质运转及产量的影响 [J]. 核农学报，2016，30 (2)：347 - 354.
[18] 宋明丹，李正鹏，冯浩．不同水氮水平冬小麦干物质积累特征及产量效应 [J]. 农业工程学报，2016，32 (2)：119 - 126.
[19] 张自常，李鸿伟，曹转勤，等．施氮量和灌溉方式的交互作用对水稻产量和品质影响 [J]. 作物学报，2013，39 (1)：84 - 92.
[20] 张鹏，张玉龙，迟道才，等．水钾耦合对花生生理性状及产量的影响 [J]. 中国生态农业学报，2016，24 (11)：1473 - 1481.
[21] 雷逢进，温祥珍，李亚灵，等．种植密度对不同矮生型西葫芦品种冠层源库特征及产量的影响 [J]. 中国生态农业学报，2013，21 (7)：831 - 837.
[22] Dordas C. Dry matter，nitrogen and phosphorus accumulation，partitioning and remobilization as affected by N and P fertilization and source-sink relations [J]. European Journal of Agronomy，2009，30 (2)：129 - 139.
[23] Ercoli L，Lulli L，Mariotti M，et al. Post-anthesis dry matter and nitrogen dynamics in durum wheat as affected by nitrogen supply and soil water availability [J]. European Journal of Agronomy，2008，28 (2)：138 - 147.
[24] 郭保卫，李超，韦还和，等．不同株高类型甬优系列籼粳杂交稻产量差异及其形成机理 [J]. 核农学报，2017，31 (1)：135 - 144.
[25] 吴兵，高玉红，谢亚萍，等．种植密度对一膜两年用胡麻灌浆速率、水分利用效率及产量的影响 [J]. 核农学报，2013，27 (12)：1912 - 1919.
[26] 李灿东，郭泰，王志新，等．叶面不同施氮量对大豆氮素吸收与分配的影响 [J]. 核农学报，2015，29 (3)：557 -562.
[27] 景立权，赵福成，刘萍，等．施氮对超高产夏玉米干物质及光合特性的影响 [J]. 核农学报，2014，28 (2)：317 -326.
[28] 陈远学，陈晓辉，唐义琴，等．不同氮用量下小麦/玉米/大豆周年体系的干物质积累和产量变化 [J]. 草业学报，2014，1 (23)：73 - 83.
[29] 刘伟，张吉旺，吕鹏，等．种植密度对高产夏玉米登海 661 产量及干物质积累与分配的影响 [J]. 作物学报，2011，37 (7)：1301 - 1307.
[30] 王翠翠，陈爱武，王积军，等．湖北双季稻区免耕直播油菜生长及产量的形成 [J]. 作物学报，2011，37 (4)：694 - 702.
[31] 曾宇．不同施肥量、种植密度对油菜生长及产量的影响 [D]. 武汉：华中农业大学，2011.
[32] 周新国，李彩霞，强小嫚，等．喷灌条件下液膜覆盖对玉米干物质积累及水分利用效率的影响 [J]. 农业工程学报，2010，26 (11)：43 - 48.
[33] 齐林，杨国敏，周勋波，等．夏大豆群体内植株分布对干物质积累分配及产量的影响 [J]. 作物学报，2009，35 (9)：1722 - 1728.
[34] 何应荣，向凤玲．播期、种植密度及施氮水平对稻茬免耕直播油菜产量的影响 [J]. 作物研究，2014，28 (7)：787 - 791.
[35] 左青松，曹石，杨士芬，等．不同氮肥和密度对油菜机械收获损失率的影响 [J]. 作物学报，2014，40 (6)：1109 - 1116.
[36] 韩自行，张长生，王积军，等．氮肥运筹对稻茬免耕油菜农艺性状及产量的影响 [J]. 作物学报，2011，37 (12)：2261 - 2268.
[37] 曹兰芹，伍晓明，杨睿，等．不同氮吸收效率品种油菜氮素营养特性的差异 [J]. 作物学报，2012，38 (5)：887 -895.

光合细菌与硅肥对油菜及土壤环境的影响*

符慧娟[1] 李星月[1] 李其勇[1] 朱从桦[2] 向运佳[1] 张 鸿[1]

1. 四川省农业科学院植物保护研究所/农业部西南作物有害生物综合治理重点实验室，四川成都 610066
2. 四川省农业科学院作物研究所，四川成都 610066

摘要：探讨光合菌剂和微量元素配合在油菜土壤改良和油菜病害防治中的作用。以四川的油菜主栽品种川油36号为实验材料，通过研究光合菌剂和硅肥不同施用方法（单独施用/配合施用）对油土壤养分、土壤酶活及油菜根肿病发生率的影响，并采用Illumina高通量测序研究施用后油菜根际土壤细菌群落变化，结合油菜经济性状及产量，分析光合细菌与硅肥在改善油菜土壤微生态环境、提高油菜抗根肿病中的作用。结果表明，光合细菌、硅肥、光合细菌与硅肥共同施用三种处理能够不同程度地改善土壤肥力、增加了土壤酶活性，提高了油菜的30角果粒数、千粒重和小区实测产量，抑制油菜根肿病的发生。光合细菌显著提高了油菜千粒重、小区实测产量，且根肿病发病率最低，相较于空白处理降低了20.75%。此外，光合细菌的施入提高了土壤固氮菌、根际植物促生菌的种群数量和比例，对油菜根际微生态环境有良好的改善效果。本研究结果为光合菌剂和硅肥在油菜健身栽培与绿色生产中的应用提供了理论依据。

关键词：光合细菌；硅肥；油菜；产量；根际土壤

油菜是我国重要的油料作物之一[1]。四川作为我国油菜的主产区和优势区，随着长江中下游地区油菜播种面积的减少，四川油菜种植优势更加凸显。近年来，为追求高产量和高收益，农民在种植过程中盲目过量地施加肥料，造成土壤酸化严重、土传病害加剧，因此，既要保证油菜免遭严重病虫害，还要稳定油菜原有的品质和产量显得尤为重要。光合细菌（*Photosynthetic Bacteria*，PSB）属于原核生物界薄壁菌门中的厌氧光合菌纲，它大量存在于自然水域的厌氧层上部，是一类以光能和低级有机物作为能源来源进行不放氧光合作用的微生物，它可以产生促进生长因子进而提高土壤肥力，加强植物光合作用，并且光合细菌菌体内含有多种维生素、丰富的蛋白质和氨基酸、辅酶Q10等多种生理活性物质，无毒、安全[2,3]。当前，光合细菌的研究主要集中在有机废水的处理、动物饲养领域、光合细菌制氢及光合细菌生产高性价比有机物四方面[4-7]。除此之外，光合细菌对土壤的生物固氮能力有巨大的作用，它与其他固氮菌的共存可大大提高土壤肥力，作为底肥及叶面肥时可改善土壤板结、盐化等问题，帮助植物根系发育[8]。在植物抗性和农药残留、病毒等各种病原物产生有效抗性，可在一定程度上起到植物抗病害作用，另外，它还可以通过氧化或降解残留在土壤中的农药、硫化氢及胺类等

* **基金项目**：农业部公益性行业（农业）科研专项（201503127）；四川省科技计划项目（2018HH0156）；四川省财政创新能力提升工程专项（2016QNJJ－028）；四川省财政创新能力提升工程专（2017YXLW－032）；四川省财政创新能力提升工程专项（2016GYSH－013）

有毒化合物，减少有害物质在土壤中的沉淀累积，对土壤起一定解毒作用，避免或降低农作物中有害物质的积累，保证农副产品的安全[9,10]。硅肥是一种新型肥料，它能够为植物提供其需要的有益元素，对油菜的农艺性状等也存在较大的影响，能显著提高油菜产量和理论产油量[11]。近些年来，领域内各学者对光合细菌持续保持着一定研究热度，而针对硅肥与光合细菌分别及混合施用对作物产量等影响的效果对比研究较少，本研究设置硅肥和光合细菌组合施用，通过比较分析硅肥和光合细菌对油菜的土壤养分、土壤酶活性、油菜植株性状和油菜根肿病发病率的影响，运用Illumina高通量测序技术研究光合细菌处理下油菜根际土壤的真菌群落结构，探讨光合细菌对油菜根际土壤的真菌群落结构的影响，为改善油菜土壤环境、提高油菜品质与产量提供理论依据。

1　材料与方法

1.1　试验概况

供试油菜品种为四川的油菜主栽品种川油36号。供试光合细菌为红假单胞菌属 *Rhodopseudomonas* spp，浓度为≥30亿cfu/ml；供试硅肥为迈乐土壤调理剂（SiO_2≥20%），由山西迈乐肥业有限责任公司提供。试验地前作夏玉米，肥力中等，土壤类型为紫色土，土壤有机质含量为1.63%，碱解氮为25.44 mg/kg，有效磷为6.78 mg/kg，速效钾为86.64 mg/kg。

1.2　试验方法

试验于2017—2018年在四川省广汉市进行，采用裂区试验设计，采用硅肥和光合细菌耦合作为增加油菜抗病抗虫性的土壤调节制剂，设置硅肥施用量为主因素，光合细菌施用量为副因素，3次重复，采用完全随机区组。试验设置3个处理和一个空白对照处理，其中，GB为施用240 L/hm^2光合细菌处理，Si为施用600 kg/hm^2硅肥处理，GB+Si为施用240 L/hm^2光合细菌、600 kg/hm^2硅肥的混合处理，CK为未施用硅肥和光合细菌的空白对照处理，底肥采用15∶15∶15的氮磷钾复合肥一次性施用，平均施用量为750 kg/hm^2。

播种期9月29日，采用直播方式，试验密度为12万株/hm^2，每小区24 m^2（4 m×6 m），小区间隔0.5 m，撬窝点播，行距20 cm，窝距20 cm。试验区四周设宽1 m走道，走道外围设有保护行。

1.3　测定项目与方法

1.3.1　土壤养分测定

油菜播种未施用底肥前，采用五点取样法对试验田耕作层进行取样，测定全氮、碱解氮、硝态氮、铵态氮、有效磷、速效钾、有机质含量。全氮用微量凯氏定氮法；有机质用重铬酸钾容量法；碱解氮用碱解扩散法；铵态氮用2 mol/L KCl浸提－靛酚蓝比色法；硝态氮用酚二磺酸比色法；有效磷用0.5 mol/L $NaHCO_3$浸提－钼锑抗比色法；速效钾用1 mol/L NH_4OAc浸提－火焰光度法。

于油菜成熟期，采用五点取样法对试验区耕作层进行取样，测定土壤pH值、土壤有机质和土壤碱解氮，土壤pH值用PHS－29A型酸度计（上海第二仪器厂生产）测定，水∶土＝2.5∶1。

1.3.2　土壤酶活测定

采用高锰酸钾滴定法测定土壤过氧化氢酶活性、3，5－二硝基水杨酸比色法测定土壤蔗糖酶活性、利用靛酚蓝比色法测定脲酶水解尿素产生的NH_3－N含量确定土壤脲酶活性、酸性磷酸酶采用磷酸苯二钠比色法测定、3，5－二硝基水杨酸比色法测定纤维素酶。

1.3.3　植物指标测定

经济性状及产量：到成熟期时，每小区取5株样进行室内考种，考察项目包括有效分枝高度、株高、茎粗、有效分枝数、单株有效角果数、30角果粒数、千粒重、种子水分；每小区单打单收晒种测定实际籽粒产量。

1.3.4　土壤总DNA的提取及16S rRNA基因的PCR扩增

土壤总DNA基因组采用DNA提取试剂盒进行提取。真菌菌群用ITS序列高通量测定，遵循Illumina测序仪文库构建方法，以ITS3－4为目标DNA区域，采用扩增引物为ITS1：（5′－TCC GTT GGT GAA CCA GCG G－3′），ITS4：（5′－TCC TCC GCT TAT TGA TAT GC－3′）。PCR结束后，PCR产物进行琼脂糖电泳检测。真菌PCR产物和正常扩增片段在400 bp以上的PCR产物，选用0.6倍的磁珠处理，真菌PCR产物和其他扩增片段小于400 bp的PCR产物，选用0.8倍的磁珠处理。利用Qubit3.0 DNA检测试剂盒对回收的DNA精确定量，以方便按照1∶1的等量混合后测序。等量混合时，每个样品DNA量取10 ng，最终上机测序浓度为20 pmol。将样品送至生工生物工程（上海）股份有限公司在Illumina MiSeq平台进行高通量测序。

1.4　数据处理与统计分析

数据处理及相关分析采用Excel 2007软件进行，相关性分析采用SPSS 17.0软件进行。

2　结果与分析

2.1　土壤pH值、碱解氮、有机质含量在光合细菌和硅肥互作下的表现

由图1可以看出，三种处理对油菜土壤pH值均无显著影响，Si、GB+Si两种处理能够轻微提高油菜根系土壤pH值，但与对照组相比没有显著差异；Si处理能够显著提高土壤碱解氮含量，而GB和GB+Si处理对土壤碱解氮含量无显著影响；GB和GB+Si处理显著增加土壤有机质含量。

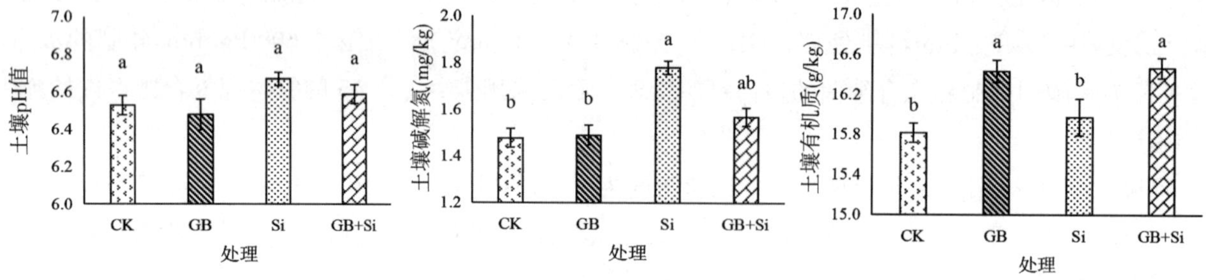

图1　不同处理对土壤养分的影响

注：CK—空白对照，GB—光合细菌240 L/hm²，Si—硅肥600 kg/hm²，GB+Si—光合细菌240 L/hm²＋硅肥600 kg/hm²。

2.2　土壤酶活力在光合细菌和硅肥互作下的表现

如图2所示，过氧化氢酶（S－CAT）、蔗糖酶（S－CS）、脲酶（S－UE）、酸性磷酸酶（S－ACP）和纤维素酶（S－CL）分别在不同处理下产生的效果差异明显，GB、GB+Si处理对S－CAT活力有较优增益效果，Si处理对S－CAT活力的增效不显著；S－SC和S－UE在各处理下，活力均得到提升，在GB+Si处理时，S－SC和S－UE活力得到了明显升高，其中S－UE的活力值范围趋近于760 ug/d/g；S－ACP活力在GB和Si处理时有明显提升，其中GB处理的影响更为显著；Si单独处理下，S－CL活力显著提升，其余处理对S－CL活力的影响不显著。

2.3　油菜根肿病发生率在光合细菌和硅肥互作下的表现

各个处理的油菜根肿病发病率有显著差异，如图3所示，与对照相比，光合细菌单独施用或同硅肥混合施用，都能有效降低油菜的根肿病发病率，而硅肥单独使用，并没有抑制根肿病发病率的作用。光合细菌有抑制根肿病病原菌侵染油菜根系的作用，而硅肥本身不能起到降低根肿病发病率的效果，只能说辅助改善油菜的根际土壤环境，提高植株的生理抗性。

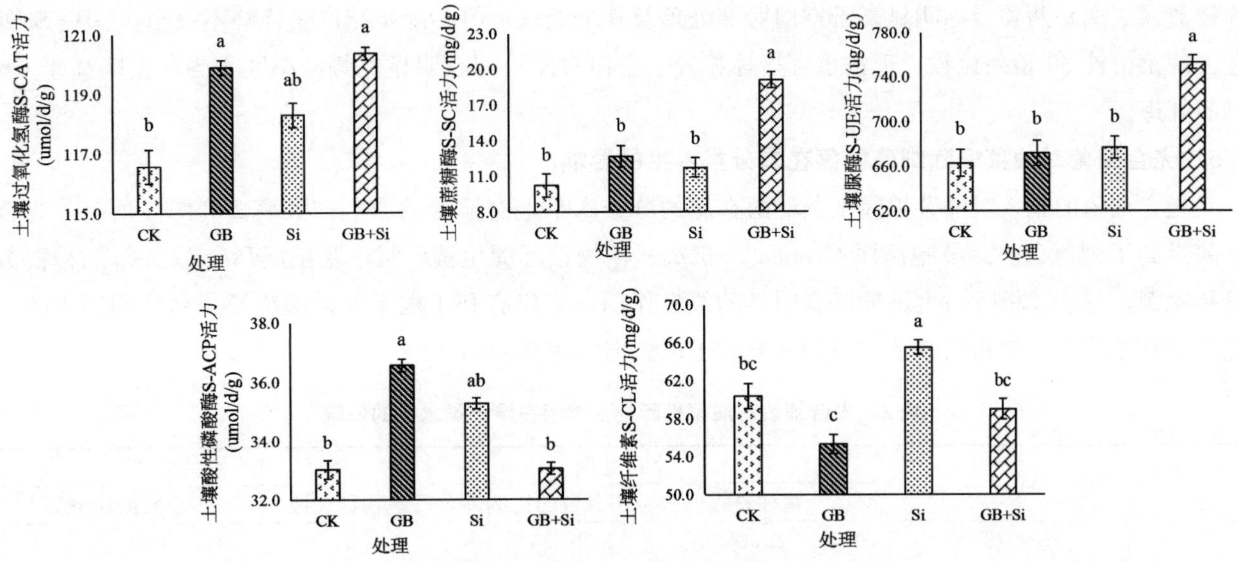

图 2　不同处理对土壤酶活的影响

注：CK—空白对照，GB—光合细菌 240 L/hm²，Si—硅肥 600 kg/hm²，GB+Si—光合细菌 240 L/hm² +硅肥 600 kg/hm²。

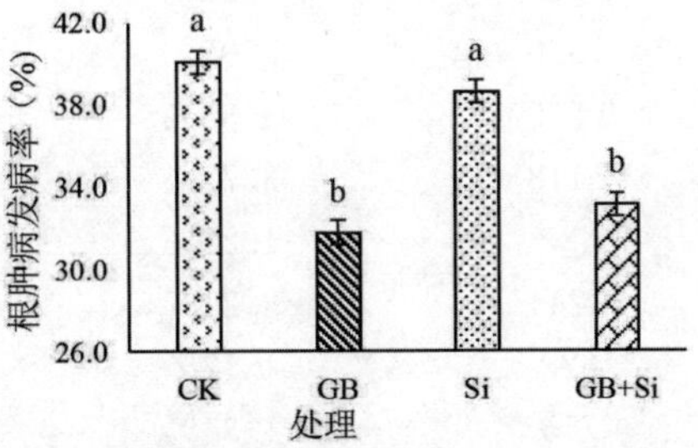

图 3　不同处理对油菜根肿病发生率的影响

注：CK—空白对照，GB—光合细菌 240 L/hm²，Si—硅肥 600 kg/hm²，GB+Si—光合细菌 240 L/hm² +硅肥 600 kg/hm²。

2.4　油菜产量、经济性状在光合细菌和硅肥互作下的表现

本试验共 4 个处理，分别测定了试验区油菜的有效分枝高度、株高、茎粗、有效分枝数（一次）、有效分枝数（二次）、单株有效角果数、30 角果粒数、千粒重、种子水分、小区产量十项指标，如表 1 所示，油菜有效分枝高度、株高、茎粗等指标在各个处理的影响均不显著。在 GB 处理时，油菜植株单株有效角果数、小区实测产量两项指标明显高于空白对照及其他处理；Si 处理下油菜植株株高、有效

表 1　不同处理对油菜植株各指标的影响

处理	有效分枝高度	株高（cm）	茎粗（mm）	有效分枝数（一次）	有效分枝数（二次）
CK	61.03±1.58a	184.27±5.80a	21.28±0.50a	7.00±0.69a	4.80±0.92b
GB	58.90±7.57a	186.83±1.04a	21.66±2.23a	7.40±0.20a	6.62±0.87a
Si	65.76±9.17a	190.29±8.34a	19.75±2.87a	7.30±1.04a	7.15±0.13a
GB+Si	70.13±6.71a	187.22±4.98a	20.64±1.94a	7.33±0.90a	6.80±1.25a
处理	单株有效角果数	30 角果粒数	千粒重（g）	种子水分%	小区实测产量（kg）
CK	437.20±46.42b	641.00±45.62a	3.16±0.10b	8.82±1.18a	5.88±0.70ab
GB	507.13±53.62a	650.78±64.17a	3.73±0.08a	7.30±0.54b	6.32±0.62a
Si	447.67±41.23b	658.13±71.37a	3.33±0.11b	8.28±1.04a	5.89±0.50ab
GB+Si	467.88±55.79ab	709.07±23.86a	3.55±0.24ab	8.00±1.11ab	5.97±0.61ab

注：CK—空白对照，GB—光合细菌 240 L/hm²，Si—硅肥 600 kg/hm²，GB+Si—光合细菌 240 L/hm² +硅肥 600 kg/hm²。

分枝数（二次）两项指标明显高于空白对照处理及其余处理，但小区实测产量优势不突出；GB+Si 处理下油菜植株 30 角果粒数、千粒重等指标相较于空白对照处理有明显优势，小区实测产量略高于 CK 对照处理。

2.5 光合细菌对油菜根际细菌群落在属分类水平的影响

光合细菌的施入对油菜根际细菌群落在属的分类水平上有显著的影响，如表 2 和图 4 所示，光合细菌提高了固氮菌－芽单胞菌属 *Gemmatimonas*、植物根际促生菌－假单胞菌属 *Pseudomona* 的种群数量和比例，对油菜根际微生态环境有明显的改良作用，不仅有利于根系的健康生长，并能利用生防菌优势抑制土壤中的植物病原菌，减少油菜的土传病害发病率。

表 2　光合细菌对油菜根际细菌群落在属分类水平的影响

属	空白处理		光合细菌处理	
	物种总数	占总数的比例%	物种总数	占总数的比例%
unclassified	12 505	22.24%	10 969	19.63%
Gp6	4 173	7.42%	4 621	8.27%
芽单胞菌属 *Gemmatimonas*	2 759	4.91%	3 250	5.82%
Subdivision3 _ genera _ incertae _ sedis	1 325	2.36%	1 467	2.63%
假单胞菌属 *Pseudomonas*	2 820	5.05%	4 304	7.65%
Gp4	1 869	3.32%	2 110	3.78%
鞘脂单胞菌属 *Sphingomonas*	2 118	3.77%	2 589	4.63%
Gp7	682	1.21%	790	1.41%
Latescibacteria _ genera _ incertae _ sedis	1 244	2.21%	768	1.37%
Gp16	628	1.12%	556	0.99%
Kofleria	755	1.34%	627	1.12%
Gaiella	966	1.72%	796	1.42%
Lacibacterium	934	1.66%	694	1.24%
Povalibacter	704	1.25%	616	1.10%
Lysobacter	764	1.36%	918	1.64%
WPS−1 _ genera _ incertae _ sedis	603	1.07%	754	1.35%

注：CK 为空白对照，GB 为光合细菌 240 L/hm²。

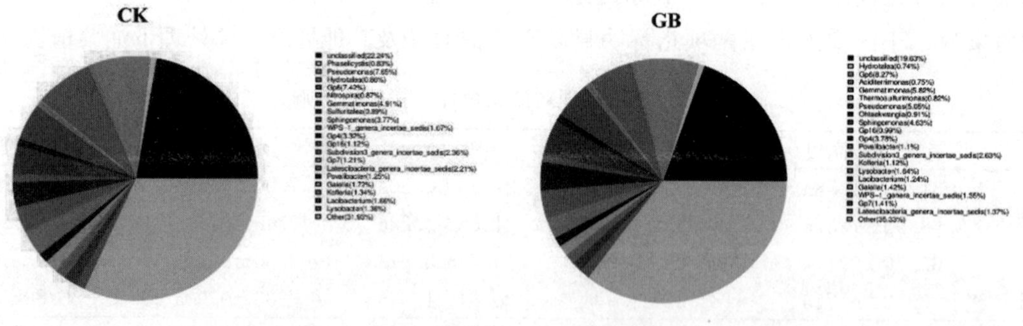

图 4　光合细菌对油菜根际细菌群落在属分类水平的影响

注：CK 为空白对照，GB 为施入光合细菌 240 L/hm²。

3 讨论

3.1 光合细菌和硅肥对油菜土壤肥力和酶活力的影响

光合细菌可以提高土壤肥力，降低土壤酸碱度[12]。本研究结果显示，光合细菌处理下有机质含量得到显著提高，碱解氮含量有微小的提升，但土壤 pH 值降低；硅肥处理下，pH 值、有机质含量得到提高，碱解氮含量显著升高；光合细菌和硅肥分别显著提高了有机质和碱解氮含量，将其混合施用后，pH 值、碱解氮和有机质含量均得到提升，土壤肥力呈现了更综合和全面的提升，说明光合细菌和硅肥搭配使用能够有效促进相互之间作用的发挥。光合细菌还能产生很多有价值的有机物，如单细胞蛋白、类胡萝卜素等[4]。同时，施用适量的光合菌肥数量可以较好地促进酶活，促进植物生长。有研究表明，复合菌剂处理促进了过氧化氢酶、脲酶、酸性磷酸酶、纤维素酶的活性得到升高[13]。本研究结果得出，S-CAT、S-SC、S-UE、S-ACP 四种酶活力在施用光合细菌后都有提升，其中 S-CAT、S-ACP 的酶活力呈现显著增加；S-CAT、S-SC、S-UE、S-ACP、S-CL 的酶活力在硅肥处理下均有所提高，但仅对 S-CL 的酶活力影响达到了显著水平；光合细菌和硅肥混合施用处理下，S-CAT、S-SC、S-UE 的酶活力比分别单独施用光合细菌和硅肥的提升效果更佳，但在对 S-ACP 和 S-CL 的活力影响为负。

3.2 光合细菌和硅肥对油菜产量、经济性状的影响

有研究显示，通过沾根或喷施处理，能够促进水稻生长发育、促进水稻灌浆、增加稻米蛋白质含量、提升水稻品质[14]。在同基础之下，采用光合细菌喷施之后显著提高了蔬菜的产量[15]。本文通过研究光合细菌和硅肥耦合作用下对油菜产量、经济性状的影响，结果显示，GB、Si、GB+Si 处理下油菜千粒重和小区实测产量相较于空白对照处理有显著优势，种子水分含量小于 CK 处理，千粒重、种子水分、小区实测产量对油菜产油量存在影响，千粒重、小区实测产量与油菜产油量正相关，种子水分与油菜产油量负相关，因此 GB 处理下，油菜千粒重、种子水分、小区实测产量相较于其余处理呈显著提高水平，油菜的产量及产油量都具有明显优势。

3.3 光合细菌和硅肥对油菜根肿病发生率的影响

土壤微生物是土壤生态系统的重要组成部分[16]，光合细菌具有明显抑制真菌增殖的作用，它通过提高放线菌数量、抑制真菌增殖，改善土壤环境，使根系活力增强促进其对营养元素的吸收，减少土传病害的发生。有研究表明，PSB 发酵液中含有多种生理活性物质和微生物菌群，这些生理活性物质能够激活植物细胞的活性，提高细胞的光合作用能力，微生物菌群可代谢生成多种酶和有机酸，促进土壤中有益菌的增加及各养分分解、改善土壤结构和土壤理化性质[17-19]。本研究结果显示，光合细菌单独或混合施用情况下，均能够显著降低油菜根肿病发病率，推测其原因，光合细菌通过提高有益菌的数量，调节土壤环境，有效改善油菜根际土壤菌群结构，降低油菜根肿病的发生概率。

4 结论

光合细菌和硅肥对土壤养分、土壤酶活性及油菜的产量、经济性状等都产生了有益的影响，并有效减低了油菜根肿病的发病率，对油菜产量、产油量和根肿病抑制效果的影响由高到低排序为光合细菌>光合细菌+硅肥>硅肥>空白对照，但三种处理对土壤肥力及土壤酶活性的影响并不明显。从土壤微生态角度出发，光合细菌促进了有益菌的生存和繁殖，提高了固氮菌、植物根际促生菌的数量，改善了油菜根际微生态环境、优化了根际土壤真菌群落结构。本试验结果表明光合细菌与硅肥在增强油菜土壤肥力、抑制油菜土传病害方面具有潜力，可以在油菜栽培与绿色生产中的进一步推广应用。

参考文献

[1] 胡时友，马朝红，张舒，等．硅肥的梯度用量对油菜产量和品质的影响试验［J］．农村经济与科技，2018，29（21）：63－64．

[2] 穆金艳，赵兰枝，王振宇．不同浓度光合细菌对水培莜麦菜产量及品质的影响 [J]. 北方园艺，2017（15）：56-60.
[3] 王馥迪，李征，黄秋生，等．光合细菌在植物上的应用现状及展望 [J]. 广东蚕业，2012，46（2）：36-38.
[4] 王占诚，张明，黄雅楠，等．光合细菌应用研究综述 [J]. 安徽农学通报，2017，23（10）：36-48.
[5] 高艳侠，刘变枝，董小林，等．一株光合细菌对养殖水体净化效果的研究 [J]. 水产科技情报，2019，46（2）：91-95.
[6] 沈涛，刘斯开，傅罗琴，等．光合细菌在鱼类养殖上的应用及其作用机理 [J]. 水产科学，2012，31（2）：114-118.
[7] 张桂芝，江澜，景佳佳．一株产氢光合细菌的筛选及培养条件的优化 [J]. 重庆工商大学学报（自然科学版），2018，35（1）：116-122.
[8] 吴向华，杨启银，刘五星，等．光合细菌的研究进展及其应用 [J]. 中国农业科技导报，2004（2）：35-38.
[9] 赵国盛，张德咏，刘勇，等．光合细菌在植物诱导系统抗性中的应用前景 [J]. 贵州农业科学，2018，46（11）：53-56.
[10] 葛红莲，郭宁．复合光合菌剂 PS21 对四环素胁迫下黄瓜幼苗生长及抗氧化酶活性的影响 [J]. 河南农业科学，2017，46（10）：71-75.
[11] 李祯，李倩仪，赵航，等．硅肥对油菜生长发育及产量品质的影响 [J]. 江苏农业科学，2018，46（7）：66-69.
[12] 杨芳，田俊岭，杨盼盼，等．高效光合细菌菌剂对番茄品质、土壤肥力及微生物特性的影响 [J]. 华南农业大学学报，2014，35（1）：49-54.
[13] 曹恩珲，侯宪文，李光义，等．复合菌剂对盆栽番茄土壤理化性质及微生物活性的影响 [J]. 生态环境学报，2011，20（5）：875-880.
[14] 姜辉．光合细菌不同施用时期对水稻产量和品质的影响 [J]. 黑龙江农业科学，2016（3）：35-37.
[15] 谢修志，谢向坚．光合细菌菌剂对蔬菜品质影响的初报 [J]. 广东农业科学，2009（12）：86-87.
[16] 张信娣，曹慧，徐冬青，等．光合细菌和有机肥对土壤主要微生物类群和土壤酶活性的影响 [J]. 土壤，2008（3）：443-447.
[17] 林多，赵磊，陈宁，等．光合菌肥对黄瓜生长和品质的影响 [J]. 北方园艺，2010（3）：9-11.
[18] 陈宁，张珊珊，林多，等．光合菌肥对日光温室黄瓜生长及果实品质的影响 [J]. 辽宁农业科学，2013（5）：5-8.
[19] 吴小平，阮妙春，胡七金．光合细菌在萝卜上的应用研究 [J]. 福建农业科技，2000（2）：11-12.

光合细菌和生物包衣对土壤酶活与油菜产量的影响*

李星月[1]　易　军[1]　符慧娟[1]　李其勇[1]　陆文壹[1]　罗聪聪[1]　张　鸿[2]

1. 四川省农业科学院植物保护研究所/农业部西南作物有害生物综合治理重点实验室，四川成都　610066

2. 四川省农业科学院，四川成都　610066

摘要：为了探究在光合细菌施用下，生物包衣对油菜生长的影响。以四川油菜主栽品种川油36号为试验材料，采用大田试验，研究了生物包衣（内生芽孢杆菌进行种子包衣，播种前施用光合细菌菌液）、化学包衣（10%氰霜唑悬浮剂进行种子包衣）和未包衣处理对油菜根肿病发生、土壤酶活性变化及产量性状等的影响。结果表明，包衣处理后，油菜根肿病发生率均显著下降，且生物包衣处理下发病率最低。生物包衣处理能显著增强土壤过氧化氢酶、蔗糖酶、脲酶和酸性磷酸酶活性，而化学包衣对土壤过氧化氢酶、脲酶和酸性磷酸酶活性有一定抑制作用。此外，生物包衣处理显著提高了油菜的有效分枝高度、株高、根茎粗和一次有效分枝数、千粒重和产量，且产量比化学包衣处理和未包衣处理分别提高了16.97%和22.26%。以上结果说明，通过生物包衣和施用光合细菌对油菜土壤环境有良好的改善作用，能有效降低根肿病对油菜的危害，提高油菜产量，同时减少化学药剂的投入。

关键词：生物包衣；光合细菌；油菜；产量；根肿病；土壤酶

油菜是我国重要的油料作物之一[1]。随着长江中下游地区油菜播种面积减少，四川省作为我国油菜主产区和优势区的重要性更加凸显[2,3]。伴随全球经济的飞速发展和人口的快速膨胀，粮油产品的需求量不断增加，化肥和农药成为农业生产中提高作物产量的重要手段之一[4,5]。然而，长期大量地使用化肥、农药使土壤环境严重污染，造成生态环境破坏，最终影响作物的正常生长和产品品质[6,7]。因此，通过种子包衣减少农药化肥使用，以及使用微生物菌肥等方式防治病虫害、提高作物产量和改良土壤已成为当前作物种植的重要方法之一[8,9]。

种子包衣一般采用高纯度的农药防治病虫害，减少后期用药次数，但在使用过程中也会对田间土壤有益微生物和作物幼苗带来一定伤害，同时带来环境污染等问题，因此大力引用生态型包衣剂有利于减轻环境污染[10,11]。生物包衣以微生物作为主要成分，在调控作物生长发育，提高作物抗性，抵抗病菌侵染，促进作物根系生长，提高作物产量等方面有一定作用[12]。光合细菌有利于改善土壤环境，增强根系活力，减少土传病害发生[13,14]。前期研究[15]也表明，光合细菌施用有利于改善油菜根际微生态环境，增强土壤酶活性，并显著提高油菜产量。然而针对在光合细菌施用下，生物包衣对油菜根际土壤酶活性和植株性状等影响研究较少。本研究通过设置生物包衣和化学包衣处理，通过比较分析在光合细菌施用下，与未包衣处理相比，生物包衣和化学包衣对油菜经济性状、土壤酶活的影响，为改

* **基金项目**：农业部公益性行业（农业）科研专项（201503127）；四川省农业科学院前沿学科研究基金（2019QYXK027）；四川省农业科学院人才基金之青年领军人才研究基金（2020LJRC008）

善油菜根际土壤、减少化学药剂施用及提高油菜产量提供理论依据。

1 材料与方法

1.1 试验概况

试验于2018年9月至2019年5月在四川省德阳市中江县永泰镇（104°68′E，31°03′N）进行，供试油菜品种为川油36号。

1.2 试验处理

试验采用单因素随机区组试验设计，设置2个种子包衣处理和1个CK未包衣处理，3次重复，处理1采用生防菌包衣剂（T1，内生芽孢杆菌 endophytic *Bacillus*，活菌数≥200亿/g，中农绿康广谱型生物菌剂）进行种子包衣，药种比1∶20，喷洒适量清水使种子表面湿润，加入拌种剂使之均匀黏附在种子表面，稍晾干后播种，播种前试验小区施入光合细菌菌液（红假单胞菌属 *Rhodopseudomonas* spp，浓度为≥30亿 cfu/mL）；处理2采用化学包衣剂（T2，10%氰霜唑悬浮剂）进行种子包衣，药种比1∶10，播种前1 d对种子进行处理，拌种处理后，晾干待播；CK空白处理为未经包衣的油菜种子进行播种。

9月29日播种，采用直播方式，试验密度为12万株/hm^2，每小区24 m^2（4 m×6 m），小区间隔0.5 m，撬窝点播，行距20 cm，窝距20 cm。试验区四周设宽1 m走道，走道外围设有保护行。播种前施用15∶15∶15的氮磷钾复合肥作底肥一次性施用，施用量为750 kg/hm^2。

1.3 测定的项目及方法

1.3.1 油菜根肿病调查

于油菜苗期，每小区3点取样调查60株油菜根肿病发生情况，计算发病率。发病率（%）=发病苗数/调查总苗数×100%。

1.3.2 土壤酶活性测定

于油菜苗期，采用五点取样法对试验田耕作层取样，测定土壤pH值、硝态氮含量、过氧化氢酶活性、蔗糖酶活性、脲酶活性和酸性磷酸酶活性。其中，pH值采用PHS−29A型酸度计（上海第二仪器厂生产）测定；硝态氮含量采用酚二磺酸比色法测定；土壤酶活采用关松荫[16]的方法测定；过氧化氢酶活性采用高锰酸钾滴定法；蔗糖酶活性采用3，5−二硝基水杨酸比色法；脲酶活性运用苯酚钠−次氯酸钠比色法；酸性磷酸酶活性运用磷酸苯二钠比色法。

1.3.3 植物指标测定

于油菜成熟期，每小区采样15株样品进行室内考种，调查油菜有效分株高度、株高、根茎粗、有效分枝数、单株有效角果数、每角粒数、千粒重、种子含水量；每小区单独收获晒种测定实际籽粒产量。

1.4 数据分析

采用Microsoft Excel 2010和SPSS 22.0进行数据整理和统计分析。

2 结果与分析

2.1 不同包衣处理对土壤酶活性的影响

从表1可以看出，生防菌包衣和化学包衣对油菜土壤的pH值、硝态氮及土壤酶活性有着不同程度的影响。在生物包衣与光合细菌施用处理下，土壤pH值和硝态氮含量较CK处理显著提高12.9%和30.9%，且显著高于化学包衣处理，而化学包衣处理与CK处理下的土壤pH值和硝态氮含量间没有显著差异。在土壤酶活性方面，生物包衣与光合细菌施用处理对土壤过氧化氢酶、蔗糖酶、脲酶以及酸性磷酸酶活性均产生了显著影响，分别较 CK 处理提高了 30.2%、104.2%、12.9%和 23.2%；而相较于 CK 处理，化学包衣处理表现出对土壤过氧化氢酶、脲酶和酸性磷酸酶活性有一定的抑制作用，其中过氧化氢酶活性表现出显著差异。以上结果表明，通过生物包衣和光合细菌施用更有利于提高土壤酶活性，而化学包衣在一定程度上对土壤酶活性存在抑制作用。

表 1　不同包衣处理对油菜土壤酶活性的影响

处理	pH 值	硝态氮 mg/kg	过氧化氢酶 μmol/（d・g）	蔗糖酶 mg/（d・g）	脲酶 μg/（d・g）	酸性磷酸酶 μmol/（d・g）
T1	7.01±0.04a	31.44±2.03a	6.86±0.07a	43.01±2.61a	522.11±10.41a	10.24±0.35a
T2	6.32±0.12b	26.29±0.91b	4.83±0.12c	24.02±2.45b	447.61±8.39b	7.75±0.19b
CK	6.21±0.26b	24.01±2.57b	5.27±0.24b	21.06±1.92b	462.65±7.77b	8.31±0.31b

2.2　不同包衣处理对油菜根肿病发生的影响

各处理间油菜根肿病发病率存在显著差异，详见图 1 所示。与对照相比，施用光合细菌菌液下生物包衣处理的油菜根肿病发病率最低，较未包衣处理显著降低 58.5%；采用化学包衣处理较未包衣处理也能显著降低油菜根肿病发病率，但抑制根肿病发病的作用显著小于施用光合细菌菌液下的生物包衣处理，表明光合细菌和生防菌更能有效抑制根肿病的病原菌侵染油菜根系。通过表 2 相关性分析表明，根肿病发病率与土壤 pH 值、硝态氮含量和蔗糖酶活性呈显著负相关。

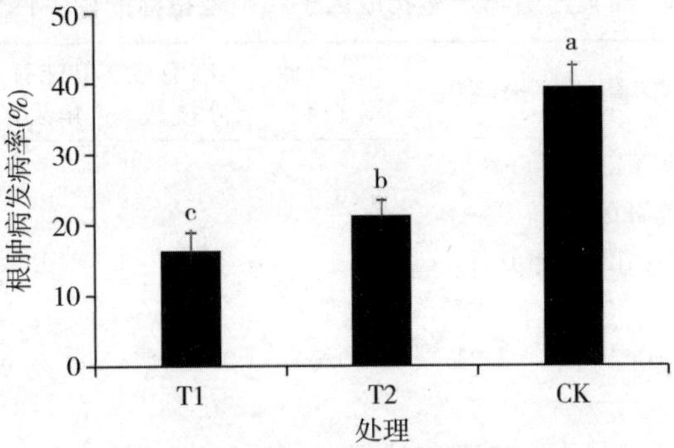

图 1　不同处理对油菜根肿病发生的影响

表 2　油菜根肿病发病率与土壤酶活性的相关性分析

pH	硝态氮	过氧化氢酶	蔗糖酶	脲酶	酸性磷酸酶
−0.729*	−0.757*	−0.464	−0.693*	−0.497	−0.478

注：* 表示在 $P<0.05$ 水平上显著相关，** 表示在 $P<0.01$ 水平上显著相关。下同。

2.3　不同包衣处理对油菜经济产量及性状指标的影响

由表 3 可知，在成熟期植株表型方面，生物包衣和化学包衣处理下的油菜植株株高和根茎粗均显著高于 CK 处理，其中植株株高较 CK 分别高出 7.7% 和 7.6%，根茎粗较 CK 分别高出 14.1% 和 13.3%。在油菜的有效分枝高度和一次有效分枝数方面，生物包衣处理也显著较 CK 处理高 24.8% 和 33.4%，而化学包衣处理与 CK 处理间没有显著差异。在二次有效分枝方面，包衣处理与 CK 均没有显著差异。

在产量和产量构成因素方面如表 4 所示，生物包衣处理在各性状指标均表现最佳，化学包衣处理次之。其中，在产量方面，生物包衣处理较 CK 显著高 22.3%，化学包衣处理较 CK 显著 4.5%。在产量构成因素方面，生物包衣和化学包衣处理下的油菜籽粒千粒重较 CK 分别高 13.6%和 7.6%，而在单株有效角果数和每角粒数方面，各处理间没有显著差异。特别地，生物包衣处理在成熟期时的油菜种子含水量最低，较 CK 处理低 6.9%，而化学包衣处理最高。相关性分析表明如表 5 所示，单株有效角果数与二次有效分枝数呈显著正相关；每角粒数与株高呈极显著正相关；千粒重与有效分枝高度、根茎粗、一次有效分枝数呈显著或极显著正相关；油菜产量和有效分枝高度和千粒重呈极显著正相关。以上结果说明，生物包衣和光合细菌施用有助于油菜植株生长，从而提高油菜产量。

表 3　不同包衣处理对油菜成熟期表型的影响

处理	有效分枝高度（cm）	株高（cm）	根茎粗（mm）	有效分枝数	
				一次	二次
T1	80.20±3.32a	194.00±8.39a	19.17±0.55a	6.67±0.58a	2.00±1.00a
T2	71.30±3.67b	193.87±5.21a	19.03±0.40a	6.33±0.58ab	1.67±2.08a
CK	64.27±4.31b	180.13±2.21b	16.80±1.41b	5.00±1.00b	1.33±0.58a

表 4　不同包衣处理对油菜产量及产量构成因子的影响

处理	单株有效角果数	每角粒数	千粒重（g）	种子含水量（%）	产量（kg/hm^2）
T1	326.33±43.50a	21.84±2.32a	3.42±0.05a	6.73±0.15b	1 867.25±23.67a
T2	320.00±34.02a	21.63±2.67a	3.24±0.03b	8.27±0.06a	1 596.35±34.05b
CK	315.00±19.52a	18.13±2.12a	3.01±0.13c	7.23±0.35c	1 527.25±39.50c

表 5　油菜产量与产量构成因子和表型指标的相关性分析

项目	有效分枝高度	株高	根茎粗	一次有效分枝数	二次有效分枝数	单株有效角果数	每角粒数	千粒重	种子水分
株高	0.717*								
根茎粗	0.61	0.720*							
一次有效分枝数	0.674*	0.52	0.43						
有效分枝数	0.17	0.50	0.27	0.17					
单株有效角果数	0.13	0.52	0.21	−0.04	0.796*				
每角粒数	0.55	0.883**	0.64	0.26	0.56	0.783*			
千粒重	0.917**	0.60	0.736*	0.736*	0.17	0.02	0.42		
种子水分	−0.42	0.07	−0.14	−0.11	−0.15	−0.08	0.05	−0.49	
产量	0.933**	0.63	0.54	0.55	0.22	0.17	0.52	0.800**	−0.44

3　结论与讨论

土壤酶是土壤生态与生物化学过程的主要参与者，土壤酶活对有机质物质循环、土壤污染物降解能力及维持生态环境等过程中具有重要意义，也是反映土壤健康的重要指标之一[17,18]。本研究结果发现，与油菜种子未包衣处理相比，通过生物包衣和光合细菌施用能显著提高土壤硝态氮含量以及过氧化氢酶、蔗糖酶、脲酶和酸性磷酸酶活性，而化学包衣对土壤酶活性有一定的抑制作用；表明采用生物包衣在减少化学药剂对土壤环境污染的同时，能加快土壤养分循环、改善土壤理化性质，从而有利于油菜植株生长。此外，生物包衣和光合细菌施用能够提高土壤 pH 值，降低根肿病发病率，且油菜根肿病的发病率与苗期土壤 pH 值呈显著负相关，这与前人研究表明弱酸性土壤是根肿病发生严重的重要因素之一的结论一致[19,20]。杨芳等[21]研究也表明光合细菌菌剂能有效调节土壤 pH 值，显著提高土壤中细菌和放线菌的数量，并抑制真菌数量，为番茄提供良好的生长环境。生物包衣剂内生芽孢杆菌能通过诱导植物系统抗性和抑制病原物，在生物防治植物病害研究中起着重要作用[22]。因此，采用生物包衣和光合细菌施用可以进一步减少农药用量和改良土壤环境，并降低油菜病害发生，从而降低产量损失。

生物包衣剂使用安全，无环境污染，且能促进作物生长发育，减轻多种病菌危害，提高作物产量，是种衣剂发展的主要方向之一[23,24]。本研究结果表明，施用光合细菌并进行种子生物包衣，有助于增加油菜有效分枝高度、株高、根茎粗和一次有效分枝数，且对产量和产量性状指标的作用显著高于化学包衣和未包衣处理。郑本川等[25]通过分析长江流域甘蓝型油菜品种特性表明，植株株高、有效分枝高度、根茎粗、一次有效分枝数、每角粒数等均与单株产量呈显著或极显著正相关。王学芳等[26]研究表明根茎粗和一次分枝数与倒伏指数呈极显著和显著负相关，可作为油菜抗倒伏性状的主要指标。因此，通过生物包衣和光合细菌施用在一定程度上可以提高油菜植株抗倒伏能力，并显著提高油菜产量。

综上结果表明，采用内生芽孢杆菌作为生物包衣剂并施用光合细菌在提高油菜经济产量、减少病害及增加土壤酶活性、土壤养分等方面具有较好的潜力，同时也有助于减少化学药剂使用，适宜在油菜绿色生产中推广应用。

参考文献

[1] 李利霞，陈碧云，闫贵欣，等．中国油菜种质资源研究利用策略与进展［J］．植物遗传资源学报，2020，21（1）：1－19.

[2] 陈云飞，冯中朝，杜为公．我国冬油菜生产的技术效率地区差异及其影响因素——以四川、湖北等11省市为例［J］．中国农业大学学报，2020，25（9）：166－175.

[3] 刘成，冯中朝，肖唐华，等．我国油菜产业发展现状、潜力及对策［J］．中国油料作物学报，2019，41（4）：485-489.

[4] 刘成，杨雪，周晓时，等．中国化肥投入对油菜成本效率的影响［J］．资源科学，2018，40（12）：2487－2495.

[5] 曹金华，朱家成，王建平，等．地蚜灵不同施用方式对油菜蚜虫的防效及对产量和农药残留的影响［J］．中国油料作物学报，2018，40（4）：566－571.

[6] 陈舜，逯非，王效科．中国主要农作物种植农药施用温室气体排放估算［J］．生态学报，2016，36（9）：2560-2569.

[7] 宋以玲，于建，陈士更，等．化肥减量配施生物有机肥对油菜生长及土壤微生物和酶活性影响［J］．水土保持学报，2018，32（1）：352－360.

[8] 陈坤荣，熊远福，任莉，等．15％氟啶胺包衣悬浮剂防治油菜根肿病研究［J］．中国油料作物学报，2015，37（2）：250－252.

[9] 范丙全．我国生物肥料研究与应用进展［J］植物营养与肥料学报，2017，23（6）：1602－1613.

[10] 刘迎雪，李彩凤，李文华，等．生物种衣剂对玉米氮代谢关键酶和光合速率的影响［J］．东北农业大学学报，2010，41（1）：13－18.

[11] Reetz J E, Schulz W, Seitz W, et al. Uptake of neonicotinoid insecticides by water-foraging honey bees (hymenoptera: apidae) through guttation fluid of winter oilseed rape [J]. Journal of Economic Entomology, 2016, 109 (5): 1－10.

[12] 张静，胡立勇．农作物种子处理方法研究进展［J］．华中农业大学学报，2012，31（2）：258－264.

[13] 张信娣，曹慧，徐冬青，等．光合细菌和有机肥对土壤主要微生物类群和土壤酶活性的影响［J］．土壤，2008，40（3）：443－447.

[14] 张欢，卢海凤，孟涛，等．光合细菌在种植业上的应用研究进展［J］．江苏农业科学，2020，48（8）：18－28.

[15] 符慧娟，李星月，李其勇，等．光合细菌与硅肥对油菜及土壤环境的影响［J］．西南农业学报，2020，33（6）：1209－1214.

[16] 关松荫．土壤酶及其研究法［M］．北京：农业出版社，1986：274－323.

[17] 王理德，王方琳，郭春秀，等．土壤酶学研究进展 [J]. 土壤，2016，48 (1)：12－21.

[18] 石柯，董士刚，申凤敏，等．小麦播量与减氮对潮土微生物量碳氮及土壤酶活性的影响 [J]. 中国农业科学，2019，52 (15)：2646－2663.

[19] 黄云，王靖，彭宇龙，等．根肿病 [M]. 北京：中国农业出版社，2017：151－156.

[20] Pei W H，Li X D，Yang P W，et al. Study on pathogenicity difference of Plasmodiophora brassicae under different temperature and pH conditions [J]. Agricultural Science & Technology，2015，16 (1)：112－115.

[21] 杨芳，田俊岭，杨盼盼，等．高效光合细菌菌剂对番茄品质、土壤肥力及微生物特性的影响 [J]. 华南农业大学学报，2014，35 (1)：49－54.

[22] Hu X，Roberts D P，Maul J E，et al. Formulations of the endophytic bacterium *Bacillus subtilis* Tu－100 suppress Sclerotinia sclerotiorum on oilseed rape and improve plant vigor in field trials conducted at separate locations [J]. Canadian Journal of Microbiology，2011，57 (7)：539－546.

[23] 李琬，刘淼，张必弦，等．植物根际促生菌的研究进展及其应用现状 [J]. 中国农学通报，2014，30 (24)：1-5.

[24] 刘睿，周园园，闫继辰，等．新型复合型生物种衣剂 SN102 田间防效研究 [J]. 大豆科学，2017，36 (3)：435-440.

[25] 郑本川，崔成，李浩杰，等．长江流域甘蓝型油菜育种亲本农艺性状的遗传变异、相关及主成分分析 [J]. 南方农业学报，2019，50 (10)：2196－2204.

[26] 王学芳，郑磊，张智，等．甘蓝型油菜抗倒性及其与株型结构的关系研究 [J]. 江西农业学报，2016，28 (9)：9-13.

西南五省（市、区）马铃薯产业发展现状与对策*

屈会娟[1]　沈学善[2]　王　平[2]　张　鸿[2]　黄静玮[3]　朱　玲[1]

1. 四川省农业科学院生物技术核技术研究所，四川成都　610066

2. 四川省农业科学院，四川成都　610066

3. 成都大学，四川成都　610106

摘要：根据西南五省马铃薯产业的调研情况，着重从主要种植区划、种植模式、主推技术、主要栽培品种等4个方面阐述西南五省马铃薯生产概况。在此基础上，得出品种结构不合理，加工专用型品种缺乏；脱毒种薯扩繁能力不足，普及率低；专用品种优质高效生产技术研究少，推广面积小；连作障碍严重，病虫害防治意识淡薄；机械化水平低等5个生产制约因素。针对这些问题，提出了西南五省马铃薯科技发展途径，加强主粮品种的选育与推广应用；创造利于高产的土壤与营养环境；抗旱栽培，构建高光效群体；加强晚疫病防治技术研究与推广；做好马铃薯生产机械化推广示范工作。

关键词：西南五省；马铃薯；产业；发展现状；对策

四川、云南、贵州、重庆和广西西南五省（市、区）以云贵高原、四川盆地为主体，在全国马铃薯区划中属西南一二季混作区。西南山区海拔1200 m以上的地区占总面积的29.4%，800～1200 m的地区占43.6%，800 m以下的地区占27%。依不同的海拔高度，一、二季作交互出现，一年四季均有马铃薯收获。其中，高原山区种植春马铃薯，平坝丘陵区种植秋马铃薯和冬马铃薯。据中国种植业信息网农作物数据库资料，2015年西南五省马铃薯种植面积250.13万hm^2，总产量4485.45万t，分别占全国马铃薯种植面积和总产量的45.33%、47.28%；马铃薯平均单产17190.75 kg/hm^2，较全国平均单产高4.32%。近年来，以马铃薯主粮化和产业扶贫为契机，西南五省马铃薯产业快速发展，但也存在众多问题。为此，笔者课题组对西南五省马铃薯产业发展现状和存在问题进行了大量调研，探索马铃薯产业发展对策，以期对西南五省马铃薯产业发展提供参考。

表1　2015年西南一二季混作区马铃薯生产情况

省（市、区）	面积（$\times10^4 hm^2$）	总产量（$\times10^4 t$）	单产（kg/hm^2）
四川	79.72	1537.98	19292.25
贵州	70.92	1188.12	16753.50
云南	55.81	852.30	15271.50
重庆	36.37	640.35	17607.00
广西	7.31	151.60	20739.00
西南地区	250.13	4485.45	17932.65
全国	551.82	9486.26	17190.75

* **基金项目**：公益性行业（农业）科研专项（201503127、201503121）；“十三五”四川省农作物及畜禽育种攻关项目（2016NYZ0051）；四川省财政创新能力提升专项（2016GYSH－027）；四川省软科学项目（2017ZR0090）

1　生产概况

1.1　主要种植区划

四川马铃薯主要分布在盆周山区、川西南山地区和部分丘陵地区。2012 年，四川省春、秋、冬马铃薯所占比例分别为 66.2%、17.3%和 16.5%，已形成周年生产供给体系。小春马铃薯在 1 月上旬至 2 月上旬播种，5 月中下旬至 6 月中下旬收获。大春马铃薯在 2 月下旬至 4 月中旬播种，7 月中下旬至 9 月上中旬收获。秋季马铃薯在平坝丘陵区 8 月下旬至 9 月上旬播种，山区为 7 月下旬至 8 月上旬播种，11 月下旬至翌年 1 月收获。冬季马铃薯（早春马铃薯）在 10 月下旬至 12 月中下旬播种，2 月下旬至 5 月上旬收获。

表 2　四川省马铃薯产业周年生产供给体系

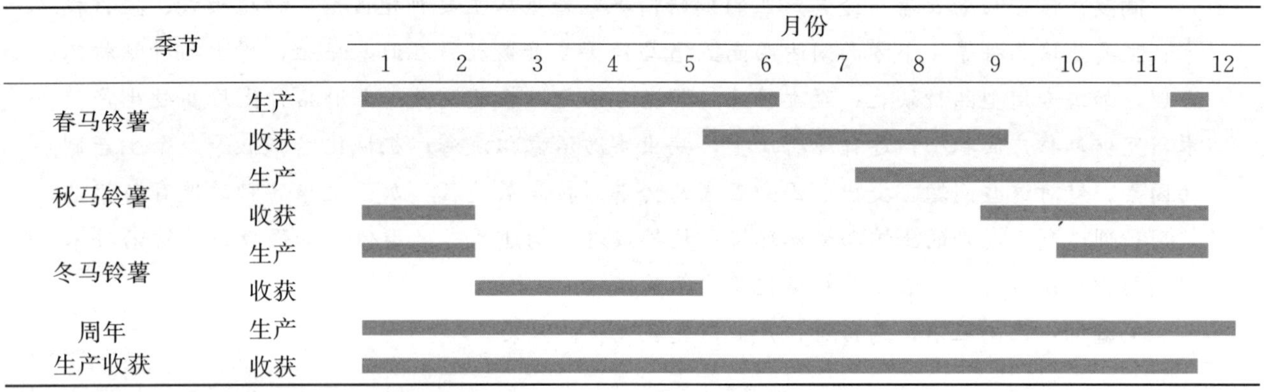

注：粗横线代表该月份有马铃薯生长或收获。

云南省四季均可种植马铃薯。海拔 1 000 m 以上为大春马铃薯产区；滇东北、滇东南为小春马铃薯产区；滇东北为秋马铃薯产区；冬马铃薯主要分布在滇中和滇南海拔 2 200 m 以下范围的地区[1]。从周年分布状态来分析[2]，大春马铃薯主要集中在宣威、会泽等县，小春马铃薯主要集中在陆良、宣威等县，冬季马铃薯主要在巧家、盈江等县，秋作马铃薯主要集中在宣威和陆良，种植面积分别占云南省的 66.1%、18.5%、8.6%、6.8%。

贵州省马铃薯区划[3]主要包括 3 个一级区和 8 个二级区。其中，高原高中山春播一熟区马铃薯在 3~4 月播种，8~9 月收获，为种用薯、淀粉加工型薯、兼用型薯或粮、饲型薯的适宜区。高原丘陵春、秋播二熟区马铃薯春播一般在 2 月播种，5~6 月收获，秋播在 8 月播种，11 月收获，为兼用型品种的适宜区。边缘低山丘陵冬播区马铃薯在 12 月播种，3~4 月收获，为冬季鲜食商品薯的适宜区。

重庆市马铃薯区划[4]包括 7 个不同类型区，一年二到三熟光照较丰区、一年二到三熟光照一般区、一年二熟光照较丰区、一年二熟光照一般区、一年一到二熟光照较丰区、一年一到二熟光照一般区和气候冷凉不适宜区。近年来，秋马铃薯种植面积稳步增长[5]，主要集中在重庆市中西部以及东北部河谷地区。

广西壮族自治区马铃薯区划包括 4 个重点优势产业带[6]。春种优势产业带主要是桂北及部分桂中地区，实行避霜栽培，12 月下旬至次年 1 月下旬播种，五一前后收获。夏种优势产业带主要是高寒山区和特殊气候区，3 月底至 4 月初播种，6 月底至 7 月中旬收获。秋种优势产业带主要是中稻产区，8 月底至 9 月上旬播种，元旦前后收获。冬种优势产业带主要是桂南双季稻产区，10 月下旬至 11 月中下旬播种，次年 2 月中旬至 3 月下旬收获。

1.2 主要种植模式

1.2.1 春马铃薯

1.2.1.1 盆周山区和高原地区[7]

春马铃薯/玉米（大豆）模式，1.5 m 或 2.0 m 开厢，马铃薯和玉米带各占一半，形成“双二五”或“双三O”等模式。

1.2.1.2 平坝丘陵地区

稻田早春马铃薯－水稻－秋菜（或秋马铃薯）模式，地膜覆盖净作早春马铃薯，一般在 12 月中下旬播种，次年 4 月上中旬收获。旱地早春马铃薯/玉米/大豆（或甘薯）＋秋菜（或秋马铃薯）模式，早春马铃薯于 12 月中下旬采用地膜覆盖栽培，次年 3 月下旬至 4 月上中旬在马铃薯行间种玉米。

1.2.2 秋马铃薯

1.2.2.1 稻田

中稻－秋马铃薯/油菜模式，秋马铃薯在 8 月下旬至 9 月上中旬播种，10 月下旬至 11 月上旬套栽油菜，12 月中下旬收获马铃薯。

1.2.2.2 旱地

小麦/玉米/甘薯（大豆）/秋马铃薯模式。

1.2.3 冬马铃薯

1.2.3.1 小麦＋马铃薯/玉米/甘薯（大豆）

在原小麦/玉米/甘薯的基础上，利用改制地预留空行增种一季冬马铃薯，马铃薯收后种植一季迟春玉米或早夏玉米。

1.2.3.2 冬马铃薯－水稻

水稻收后不能蓄水过冬的高塝田、漏筛田，改绿肥（或冬闲）－中稻为冬马铃薯－水稻两熟，冬马铃薯实行净作。

1.2.3.3 果树（林木）＋冬马铃薯

在一些幼龄果园、桑园和苗木地，形成了果树（桑树、林木）＋冬马铃薯等农林结合高效种植模式。

1.3 主推技术

四川主推 4 套集成技术，分别是盆周山区马铃薯“六改”关键栽培技术、马铃薯机械化高产栽培技术、春秋冬马铃薯高产高效栽培技术和脱毒马铃薯垄作高产栽培技术。

云南主推抗旱栽培技术，大春马铃薯生产中，高海拔地区采取地膜覆盖和马铃薯平播后起垄，中海拔地区采用高垄双行侧膜覆盖抗旱栽培，小春马铃薯推广早春马铃薯膜下滴灌抗旱栽培。冬作马铃薯大力推广水旱轮作技术和小型农业机械化栽培。

贵州主推马铃薯综合配套高产高效栽培技术，在冬作马铃薯上主推稻草覆盖免耕栽培、聚垄高厢栽培、病虫害综合防治和测土配方施肥、机械化栽培等新技术。

重庆主推 4 套集成技术，分别为春马铃薯高产高效栽培技术、丘陵山区马铃薯高垄双行覆膜机播机收高效栽培技术、马铃薯晚疫病综合防治技术、西南山区“薯－玉－苕－薯”高垄带植高产高效技术。另外，稻草覆盖秋马铃薯种植技术也是一大亮点。

广西成功摸索出多种栽培技术模式，包括黑地膜覆盖栽培、稻草包芯栽培、稻草覆盖免耕栽培、与果树或甘蔗等作物间套种等。集成了马铃薯免耕栽培技术、脱毒良种高产栽培技术、地膜覆盖栽培技术、“三避”技术、水肥一体化标准生产技术。

1.4 主要栽培品种及脱毒种薯普及率

四川主栽品种有3大来源[8]：本省选育品种，包括川芋系列、川凉薯系列、凉薯系列、达薯系列等；国内外引进品种，包括费乌瑞它、中薯2号、中薯5号、青薯9号、坝薯10号等；紫色薯品种，主要是黑美人和蓉紫芋5号。脱毒种薯普及率约30%。

云南主栽品种为合作88、会-2，丽薯6号、宣薯2号、云薯401、青薯9号，分别占云南省种植面积的36%、33%、16%、7%、2%、1%。脱毒种薯普及率约20%。

贵州主栽品种[9]有费乌瑞它、宣薯2号、威芋5号，分别占全省种植面积的11.02%、6.75%和6.75%。脱毒种薯普及率30%左右。

重庆优先推广鄂马铃薯5号、渝马铃薯1号、中薯3号、费乌瑞它、青薯9号、紫云一号等品种。

广西主栽早熟品种有费乌瑞它、东农303、克新4号、中薯3号等；中熟品种有克新1号、延薯4号、丽薯6号等；晚熟品种有合作88、青薯168、冀张薯8号等。脱毒种薯普及率低于20%。

2 生产制约因素

2.1 品种结构不合理，加工专用型品种缺乏

西南五省（市、区）主要种植以高产、抗病为主要目标的鲜食类菜用品种或饲料品种，优质专用品种如高淀粉型、薯条薯片加工型、紫色鲜食型和色素提取型等种植面积不大，且分布零散，不能适应市场需要。因此要加大薯形好、口感佳的早熟品种和中晚熟品种的大面积种植力度，尽快形成早、中、晚熟搭配，鲜食、加工、种薯齐全的品种结构[10]。

2.2 脱毒种薯扩繁能力不足，普及率低

脱毒种薯生产基地布局分散，规模不大，从原原种到二级良种，扩繁能力都不够。在生产上，因优质种薯价格过高和数量有限，加上各地盲目引种，导致品种混杂、病害严重，马铃薯产量和质量总体上没有显著提高。同时对脱毒种薯质量监管还处于起步阶段，种薯经营渠道混乱、质量无保证。

2.3 专用品种优质高效生产技术研究少，推广面积小

西南五省（市、区）大多数马铃薯产区标准化栽培程度不高，很多地方不起垄；有些地方虽起垄但是垄面过宽，冬作马铃薯基本不封垄，密度过低；有些地方垄高不够，雨季时若雨水过大、排水不及时，薯块被水淹没导致产量受到影响。由于专用马铃薯优质高效生产技术研究及推广较少，良种良法不配套，加上地膜覆盖、起垄栽培、平衡施肥、机械化栽培等高效栽培技术普及率低，广种薄收的现象还没有得到根本扭转[11]。

2.4 连作障碍严重，病虫害防治意识淡薄

随着马铃薯多年种植，老产区病虫害容易积累造成连作障碍，晚疫病、疮痂病和病毒病日趋严重。但是由于主产区以一家一户生产为主，地块轮作的空间有限。同时，西南五省（市、区）内成熟的晚疫病预报预测技术和晚疫病防控技术应用面积较小，部分种植户对晚疫病防治意识不强，待田间发病后才喷药或者根本不喷药防治，导致防治成本增加，或晚疫病高发的年份严重减产。

2.5 机械化水平低

西南五省（市、区）的马铃薯主要分布在丘陵山区，以梯田、坡耕地为主，地块小，种植分散，机械化水平非常低，其中，云南马铃薯耕种收机械化水平只有8.18%，四川马铃薯机械化收获率不到5%。其突出问题是农机农艺不协调、小户生产模式与机械化规模化生产矛盾突出、缺乏适宜机具与大

力提高马铃薯机械化生产水平矛盾突出[12]。

3　马铃薯科技发展途径

3.1　加强主粮品种的选育与推广应用

加强主粮化品种资源的引进、筛选与创新研究。综合利用基因重组、诱变育种、分子生物学、杂交育种等技术，选育具有高产、抗病毒、抗晚疫病、早熟、高淀粉、抗旱、耐贮藏等性状的适合主粮化的马铃薯新品种。建立优良品种脱毒种薯的“原原种、原种、一级种”三级种薯体系，加强标准化脱毒种薯生产基地建设，实行种薯的精选、分级、包装和安全储藏，在播种时种薯已达到生理成熟期。

3.2　创造利于高产的土壤与营养环境

在土壤方面，一是应用全方位深松机，加深耕作土层，犁地深度为 45～55 cm，有效改善土壤原有的耕层结构，有利于马铃薯的生长和发育；二是改窝播平作为沟播垄作，沟内重施有机肥，增加结薯区域土壤的通透性和整个田块的蓄水排水性能。在营养方面，重施有机肥，适量施用复合肥来保证营养的平衡供给，在现蕾初期通过叶面补施磷钾肥来促进植株健壮生长。

3.3　抗旱栽培，构建高光效群体

在抗旱栽培方面，西南五省（市、区）冬、春季节性缺水严重，应建立房屋面集雨解决生活用水、田边集雨解决灌溉的“一户二窖”集雨抗旱体系[13]。冬、春马铃薯前期春旱影响出苗，后期雨季晚疫病严重，若有一个小水窖，在马铃薯播种后滴灌 4 或 5 次，就可让马铃薯提前出苗、正常生长，避开后期晚疫病危害。在群体结构方面[14]，选用株型紧凑、抗倒、抗病的耐密型品种，缩小行距和窝距、增加窝数、减小单窝茎数，创建苗匀、苗齐、苗壮的高产群体。当群体即将封行时，喷施植物生长控制剂，控制分枝徒长，防止荫蔽。

3.4　加强晚疫病防治技术研究与推广

一是提高马铃薯晚疫病防治意识，西南五省（市、区）山区内贫困户缺乏对晚疫病发生特点及防治措施的认识，应利用多种形式开展晚疫病病害识别、病情发生动态和防治技术的宣传。二是选用抗病品种和种植脱毒种薯，深沟高厢排除积水，降低田间湿度，可延缓马铃薯晚疫病的流行。三是科学防治事半功倍，县级植保站可建立马铃薯晚疫病监测预警系统，及时发布预警信息，联合防治。

3.5　做好马铃薯生产机械化推广示范工作

一是重点引进中小型马铃薯种植、植保、收获机械，进行机具选型与配套。二是建立马铃薯机械化生产技术试验点，开展关键环节机械化生产技术试验。三是总结各生产环节机械化作业的技术数据，对机械进行改进定型或调整农艺措施，使农机农艺相融合。四是确定适合当地生产条件的机械化生产模式和机具配套方案。五是做好技术培训工作，大量建立示范点，对种植大户、农机大户做好马铃薯全程机械化技术、机械化深松技术、全膜机械化技术和机械的使用维护知识等技术培训。

参考文献

[1] 梁淑敏，王颖，杨琼芬，等．我国云南山区马铃薯周年生产潜力的时空分布特征 [J]. 中国农业资源与区划，2016，37 (6)：201－207.

[2] 桑月秋，杨琼芬，刘彦和，等．云南省马铃薯种植区域分布和周年生产 [J]. 西南农业学报，2014，27 (3)：1003－1008.

[3] 吴永贵，杨昌达，熊继文，等．贵州马铃薯种植区划 [J]. 贵州农业科学，2008 (3)：18－25.

[4] 杨世琦，高阳华，罗孳孳．重庆地区马铃薯气候适宜性区划研究 [J]. 南方农业，2013，7 (S1)：71－74，89.

[5] 罗孳孳，杨世琦，高阳华，等．重庆秋马铃薯气候影响因子与种植气候区划［J］．西南农业学报，2014，27（1）：374－379.

[6] 刘文奇，徐世宏，马善团，等．广西马铃薯产业发展现状和潜力分析与对策思考［J］．南方农业学报，2013，44（3）：535－539.

[7] 梁南山，郑顺林，卢学兰．四川省马铃薯种植模式的创新与应用［J］．农业科技通讯，2011（3）：120－121.

[8] 沈学善，屈会娟，王晓黎．四川省马铃薯主栽品种特性简介［J］．四川农业与农机，2015（2）：48－49.

[9] 黄俊明．发展马铃薯产业，助推贵州精准脱贫［G］．马铃薯产业与精准扶贫 2017．中国作物学会马铃薯专业委员会，2017：7.

[10] 彭慧元，雷尊国．2012 年贵州省马铃薯产业现状存在问题及发展建议［G］．马铃薯产业与农村区域发展．中国作物学会马铃薯专业委员会，2013：3.

[11] 钟巍然，伍加勇，董政，等．重庆马铃薯产业发展初探［J］．南方农业，2011，5（1）：52－54.

[12] 周玉华，刘汶树，张先锋，等．西南地区马铃薯生产机械化与产业发展战略［J］．农业开发与装备，2017（10）：6.

[13] 郭华春．国家主粮化战略下的云南马铃薯产业发展思考［G］．2016 年中国马铃薯大会论文集．中国作物学会马铃薯专业委员会，2016：3.

[14] 沈学善，屈会娟，黄钢，等．四川省春马铃薯超高产栽培的技术途径与措施［J］．中国马铃薯，2012，26（5）：277－280.

川东北丘陵区马铃薯产业存在的问题与建议*

周全卢[1] 沈学善[2] 丁 凡[3] 刘莉莎[1] 唐明双[1] 张玉娟[1]

1. 南充市农业科学院，四川南充 623300
2. 四川省农业科学院土壤肥料研究所，四川成都 610066
3. 绵阳市农业科学研究院，四川绵阳 621023

摘要：本文针对川东北丘陵区的马铃薯产业实际，从品种、田间管理、病虫害防控、机械投入、效益等各方面对马铃薯产业进行了全面分析，总结了制约该地区马铃薯产业发展的因素，提出了相应的解决措施，对促进川东北地区马铃薯产业健康发展将起到积极的指导作用。

关键词：川东北；马铃薯；产业

川东北丘陵区指四川盆地东北部，嘉陵江中游，介于北纬 30°35′～31°51′、东经 105°27′～106°58′之间，该地区以浅丘和深丘为主，无霜期 290～330 d，年日照 1 200～1 400 h[1]，光热资源丰富，是四川省马铃薯生产的优势区，马铃薯种植面积常年保持在 1.33 万 hm^2 左右[2]。如何充分发挥该地区的光热优势进行冬季和秋季马铃薯种植，顺应马铃薯主食化发展战略，是南充市农业科学院马铃薯课题一直研究和思考的方向。

1 生产中存在的问题

1.1 品种多、乱、杂现象普遍

脱毒薯价格较高，2.6～4.4 元/kg 不等，用种量 3 000 kg/hm^2，仅种薯投入就达到 7 800～13 200 元/hm^2，而市场以次充好的种薯才 1.6～2.4 元/kg，种薯投入只有 4 800～7 200 元/hm^2，加上种植户对脱毒种薯的认识不够，宁愿购买商品薯作种也不愿购买脱毒种薯，导致种植品种的多、乱、杂现象[3]。因为一些种植户对马铃薯的认识不高，甚至引进一些并不适宜于本地区的中晚熟或晚熟品种进行种植，导致产量不高，直接效益不明显，从一定程度上挫伤了种植户的积极性。

1.2 晚疫病发生严重

在本地冬马铃薯生长旺盛的 3～5 月和秋马铃薯生长的 9～11 月雨水较多，且不下雨的间隔时间短，晚疫病发生较严重。加上种植户对晚疫病认识不够，防治不及时，在出现发病中心后使用的治疗型药剂价格较高，效果不明显，最终导致产量低。

1.3 种植技术落后

因为马铃薯的短、平、快特点，很多新型农业经营主体有种植马铃薯的欲望，但他们很多对马铃薯本身的认识不高，常规种、浅耕、平作、稀大窝、乱施肥等现象直接导致了效益低下。

* **基金项目**：农业部川渝薯类与大豆科学观测实验站；公益性行业（农业）科研专项（201503127，201503121）；四川薯类创新团队项目（川农函［2019］472 号）

1.4 机械投入不高

本地区地块小，土壤偏黏，机械的投入主要集中在翻地整地环节上，针对性的播种机、收获机配备较少，只有在嘉陵江沿岸的冲积土上配备有少量单垄双行、双垄四行播种机和收获机。

1.5 施肥技术不配套

一是肥料种类不对路，常将叶菜类蔬菜的肥料作为马铃薯施用，表现在氮肥过多而磷钾不足，导致茎叶生长过旺而薯块产量低。二是施肥量不足，有机肥施用低或不施，化肥施用量不能满足马铃薯生长的需要。三是施肥量与马铃薯生长不匹配，常采用底追一道清，而整个生育期施肥量不足，导致植株在薯块膨大期易出现早衰，生育期相对缩短，产量降低。

2 生产中存在的问题

鉴于本地马铃薯生产中存在的以上问题，本团队提出以下技术措施，解决产业短板，更好地保证马铃薯产业在本地区的健康发展。

2.1 品种选择

本地区霜期在 12 月下旬到 2 月上旬，无霜期长，但夏季温度较高，适宜马铃薯生长的时间是 2 月上旬到 5 月上旬，8 月下旬到 12 月下旬，所以本地的马铃薯特性是早熟或中早熟，淀粉含量低，主要用于菜用。南充市农业科学院马铃薯团队经过多年的新品种引选鉴定，筛选出了费乌瑞它、鄂薯 3 号、川芋 10 号等较适宜本区域的马铃薯品种，这些品种耐肥耐逆性好，产量高，商品性好。

本地区的马铃薯因海拔较低，马铃薯退化严重，不能自行留种，种薯需要从周边达州、广元、绵阳、宜宾，以及四川省外的有脱毒种薯繁育资质的地方购入。

2.2 地块选择

本地区属于平坝丘陵区，地块小，黏性强，但嘉陵江沿岸的冲积土沙性好，透水透气性强，是马铃薯种植的优良区域，适宜于中型或中大型机具操作；其次是砂壤土，该土壤类型所占区域较大，其养分丰富，耕层深厚，马铃薯产量高、品质好，经土地整治后适宜于中型或中小型机具耕种；最后是农户自留地，这些地块多数偏黏，但熟化较好，土层深，有机肥施入较多，可适当推广 10 马力左右田园管理机进行耕种，可大大弥补农村劳动力不足的问题，加上面积小，利于精细管理，稍加指导即可获得高产。

2.3 肥料施用

针对施肥上存在的问题，一方面可采用马铃薯专用肥，提高肥料利用率；二是根据各种土壤类型（养分含量）进行配方施肥，保障马铃薯生长关键期肥料供给的同时达到节肥的目的；三是和养殖场合作加大有机肥的投入，在减少养殖污染的情况下改良土壤，保证土地的可持续发展；四是速效肥和缓释肥配施，长短结合，保障马铃薯生长关键时期肥料的供给，同时底追一道清节约人工成本。

2.4 种植模式

由于本地区熟制多样，种植作物多样，能与马铃薯间套作的作（植）物多样，所以种植模式多样化。首先是净作，利于统防统治等集中管理，易达高产；其次是幼林间作，南充地区仅晚熟柑橘就达到 66.7 万 hm^2，加上其他经济林等面积更大，但林木属于长效产业，在林木生长的前 3～5 年并不能回收成本，必须与短效结合，而马铃薯短、平、快的特点弥补了产业发展短板，保障了林木产业的健康发展；三是与一季作物的间套作，如冬马铃薯/玉米、小麦/冬马铃薯、蔬菜/冬（秋）马铃薯等，充分利用了光热资源和地力优势，实现多个产业的协同健康发展。

2.5 机械选择

针对本地区地块小、土壤偏黏等特性，在共用机械的投入上主要以中型或中小型（25～60 马力）机具进行翻地整地，播种环节可选用 8～10 马力田园管理机进行开沟、人工播种和施肥，然后再用田园管理机进行覆土。在嘉陵江沿岸的冲积土或其他较大的沙壤土块上可配备有单垄双行、双垄四行播种机，兼具施肥、播种、打药、覆膜等环节，可大大节约人工投入。

2.6 病虫害防治

本地区马铃薯生长期雨水较多，控制好晚疫病即马铃薯种植成功了一大半。大面积种植上，种薯用 50 kg 滑石粉+70%农用链霉素 70 g+多菌灵 80 g 进行药剂拌种，薯苗长至 10 cm 左右时施用大生代森锰锌预防，中后期视天气和田间晚疫病发生情况用银法利和增威赢绿交替喷雾进行防治，发现中心病株及时拔除。本地区属平坝丘陵区，海拔相差较小，在马铃薯种植的重点区域安装马铃薯晚疫病预警系统，对晚疫病的发生及防治进行综合防控，不仅能降低盲目用药量，也节约了人工成本，减少了环境污染。

3 效益与未来发展趋势

3.1 产量及效益分析

本地区马铃薯主要是冬作和秋作，生长期短、产量高，效益好，需要早熟及中早熟型品种，一般生育期 65～75 d，产量可达到 37 500 kg/hm^2以上，收获季节冬马铃薯在 4 月底到 5 月下旬、秋马铃薯在 12 月底到春节，刚好错过周边省份的马铃薯供应期，市场零售价在 5.0～6.0 元/kg，地边价一般也在 2.0～2.6 元/kg，按地边价计算效益 75 000～97 500 元/hm^2，经济效益显著。

3.2 新形势下马铃薯产业发展趋势

在马铃薯主食化的引领下，以新品种引进为基础，新模式和新技术示范为引领，以新型农业经营主体为主导，建立试验示范区，扩大示范带动影响力，保证马铃薯产业在本区域持续、快速、健康发展，为本地区及周边成都、重庆等城市提供绿色无污染的菜用马铃薯。

参考文献

[1] 谢从华．马铃薯产业的现状与发展 [J]．华中农业大学学报：社会科学版，2012 (1)：1－4.

[2] 王晓黎，桑友顺，沈学善，等．川东北山区有机马铃薯生产现状及发展建议 [J]．发展研究，2015 (5)：11－12.

[3] 卢学兰，谢开云，梁南山，等．四川省马铃薯生产与种薯需求分析 [J]．种子，2010，29 (7)：82－86.

灌水时期对川中丘陵区旱地紫色马铃薯产量和花青素含量的影响*

王　平[1]　沈学善[2]　屈会娟[3]　王晓黎[1]　黄　钢[1]　王　宏[1]

1. 四川省农业科学院，四川成都　610066
2. 四川省农业科学院土壤肥料研究所，四川成都　610066
3. 四川省农业科学院生物技术核技术研究所，四川成都　610066

摘要：以蓉紫芋5号为材料，在川中丘陵区旱地灌水1次条件下，设不灌水、出苗期灌水、现蕾期灌水、开花期灌水、成熟期灌水等5个处理，研究灌水时期对紫色马铃薯产量和花青素含量的影响。结果表明，与不灌水处理相比，灌水处理提高了紫色马铃薯叶面积系数、单株干物质积累量和块茎干重及鲜薯产量。其中，现蕾期灌水产量较对照提高了22.68%～37.50%，开花期灌水产量较对照提高了26.82%～38.79%，且开花期灌水处理块茎质量分级中<30 g的比例较低，>75 g的比例较高。块茎花青素含量表现为随生育期的推进先降低后升高的趋势。不同年际间，均以出苗期灌水处理块茎花青素含量最高。因此，在仅灌水1次条件下，现蕾期或开花期灌水可获得较高鲜薯产量，而出苗期灌水块茎花青素含量较高。

关键词：紫色马铃薯；川中丘陵区；灌水时期；产量；花青素

2015年初，农业部启动马铃薯主粮化战略[1]。紫色马铃薯是马铃薯栽培种中的一种类型，块茎富含具有抗氧化活性物质——花青素。花青素对人类具有许多生理保健功能，如清除体内自由基[2]、抗癌[3]、抗炎[4]、抑制脂质过氧化和血小板凝集[5]、保护肝脏、预防糖尿病、减肥、保护视力[6-9]等。另外，紫色马铃薯可用于提取天然色素，具有巨大的商业价值[10]，种植紫色马铃薯已成为农民增收的重要途径之一。

川中丘陵区旱地以冬作、春作马铃薯为主[11]，但该区域季节性干旱严重，春旱、夏旱和伏旱发生频率分别为89%、92%和62%。在年降水量分配上，5～10月降水量占年降水量的80%以上，而12月至次年3月的降水量仅占年降水量的10%左右[12]。据本课题组实地观测，在冬马铃薯季，中江县2012年、2013年1～5月中旬，降水量分别为102.6 mm和117.18 mm，简阳市则分别为124.1 mm和83.6 mm，而金堂县2013年1～5月降水量只有61.04 mm。同时，在部分条件较好的丘陵区旱地，在坡顶建设中、小型蓄水池，利用重力驱动灌溉，可保障马铃薯生育内1～2次灌水。由于马铃薯一生可分为出苗、现蕾、开花、成熟等4个关键生育时期，因此，在川中丘陵区旱地季节性干旱严重和灌水次数有限的条件下，什么时期灌水对紫色马铃薯产量最有利成为亟待解决的问题。

国内外研究表明，干旱处理能加快葡萄果皮花色苷的积累[13]，增加很多花色苷生物合成途径中酶

* **基金项目**：四川省财政创新能力提升工程（2014CXSF－031）；公益性行业（农业）科研专项（201503127）；四川省财政创新能力提升专项（2016GYSH－027）；四川省科技支撑计划项目（2015NZ0054）

基因的表达[14]，从而促进甲基化花色苷的积累[15]。而增加土壤水分含量和土壤营养物质会促使果树的长势增强，为葡萄的生长提供良好的微气候环境，对果实的颜色有促进作用[16,17]。但是，有关灌水时期对紫色马铃薯地下部块茎花青素含量影响的研究未见报道。

为此，本研究在川中丘陵区旱地冬作马铃薯灌水 1 次条件下，设置不同的灌水时期，研究其对紫色马铃薯光合生产、产量及花青素含量的影响，以期为丘陵区旱地紫色马铃薯合理灌水提供参考依据。

1 材料与方法

1.1 供试材料

以鲜食型紫色马铃薯品种蓉紫芋 5 号为供试材料。

1.2 试验设计

试验于 2013 年 1 月至 2015 年 5 月在四川省农业科学院金堂县竹篙镇科研示范基地进行。试验地土壤为黄红紫泥土，0～20 cm 土层含有机质 12.8 g/kg，全氮 0.88 g/kg，全磷 0.751 g/kg，全钾 17.4 g/kg，碱解氮 76 mg/kg，有效磷 5.1 mg/kg，速效钾 87 mg/kg，pH 值为 7.39。采用随机区组试验设计，设不灌水、出苗期灌水、现蕾期灌水、开花期灌水、成熟期灌水等 5 个处理，每次灌水量为 300 m^3/hm^2。小区面积 5.0 m×4.0 m，3 次重复。高厢垄作双行错窝播种，80 cm 开厢，每小区种植 5 垄，每垄错窝种植 2 行，行距 20 cm，基肥施在种薯中间，起垄覆土，垄面宽 30 cm，垄高 30 cm。种植密度为 12 万株/hm^2。基施复合肥（N∶P_2O_5∶K_2O=15∶15∶15）1 500 kg/hm^2。2013 年冬作，1 月 16 日播种，5 月 15 日收获。2014 年冬作，1 月 20 日播种，5 月 31 日收获。2015 年冬作，1 月 3 日播种，5 月 15 日收获。其他栽培措施同当地高产田。

1.3 测试项目与方法

1.3.1 叶面积系数（LAI）和干物质积累

2013 年取样时间为 3 月 22 日、4 月 6 日、4 月 20 日。2014 年取样时间为 4 月 4 日、4 月 14 日、4 月 24 日、5 月 4 日、5 月 14 日、5 月 24 日。2015 年取样时间为 3 月 13 日、3 月 28 日、4 月 11 日、4 月 27 日。每次取样每小区取 6 株，分别测量单株绿叶面积，计算 LAI；将植株按地上部和地下部分开在 105 ℃杀青 30 min 后，70 ℃烘干至恒重，称重，计算干物质积累量[18]。

1.3.2 块茎花青素含量

采用柠檬酸－磷酸氢二钠缓冲液提取法测定[19]。

1.3.3 产量性状

成熟期每小区取有代表性的 2 行，挖出全部块茎称重测产后，再按 0～30 g、30～75 g、75～150 g、>150 g 分别称重，测定块茎分级。

1.4 数据统计分析

利用 Excel 2007 和 DPS 14.5 统计软件进行数据统计。

2 结果与分析

2.1 灌水时期对紫色马铃薯 LAI 的影响

从图 1 可以看出，不同灌水时期处理的紫色马铃薯 LAI 随生育期的推进呈先升后降的趋势，在块茎形成期和膨大期 LAI 较高。与不灌水处理相比，灌水处理提高了紫色马铃薯 LAI。2013 年 4 月 6 日测定时，与不灌水处理相比，出苗期、现蕾期、开花期灌水处理的紫色马铃薯 LAI 分别提高了 15.72%、44.85%和 25.05%。2014 年 5 月 4 日，与不灌水处理相比，出苗期、现蕾期、开花期和成熟期灌水处理的紫色马铃薯 LAI 分别提高了 33.65%、24.19%、58.13%和 1.22%。2015 年 4 月 27 日，与不灌水处理相比，出苗期灌水、现蕾期灌水、开花期灌水、成熟期灌水处理的紫色马铃薯 LAI 分别提高了 1.80%、18.90%、23.50%和 5.28%。综上可见，现蕾期和开花期灌水有利于紫色马铃薯 LAI 的提高。

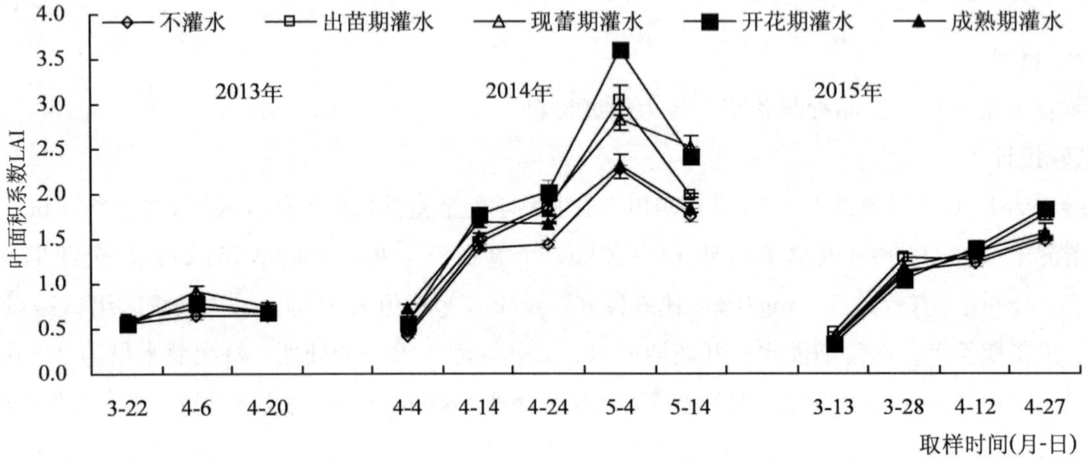

图 1　不同灌水时期对紫色马铃薯 LAI 的影响

2.2　灌水时期对紫色马铃薯单株干物质积累的影响

单株干物质积累量随生育期的推进逐渐升高，如图 2 所示。与不灌水处理相比，灌水处理提高了单株干物质积累量。2013 年 4 月 20 日测定时，与不灌水处理相比，出苗期、现蕾期、开花期灌水处理的单株干物质积累量分别提高了 11.59%、9.49%和 4.92%。2014 年 5 月 24 日，各灌水处理的单株干物质积累量分别较不灌水处理提高了 24.70%、50.44%、87.46%和 56.57%。2015 年 4 月 27 日，与不灌水处理相比，出苗期、现蕾期、开花期、成熟期灌水处理的单株干物质积累量分别提高了 1.40%、15.76%、25.85%和 21.38%。

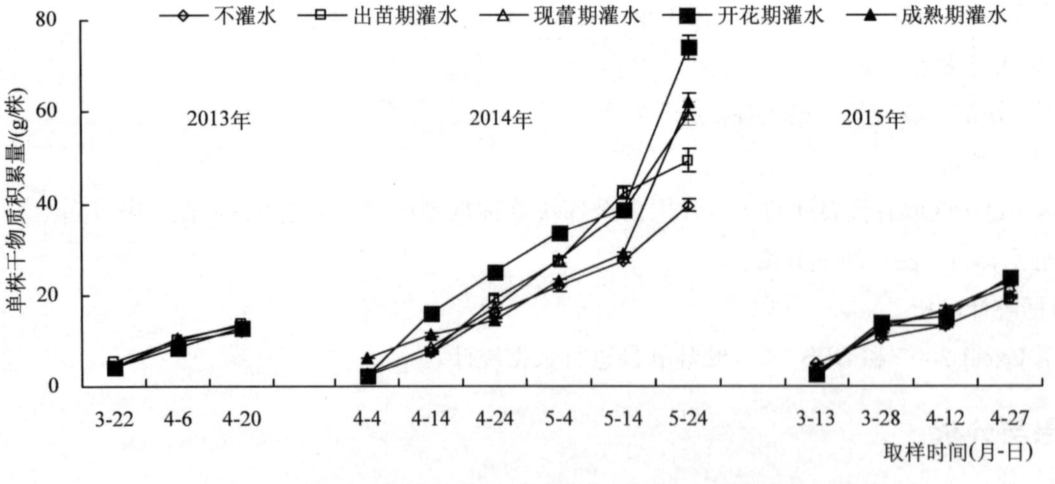

图 2　不同灌水时期对紫色马铃薯单株干物质积累的影响

2.3　灌水时期对紫色马铃薯单株块茎干重的影响

单株块茎干重随生育期的推进逐渐升高，如图 3 所示。与不灌水处理相比，灌水处理提高了单株块茎干重。2013 年 4 月 20 日，与不灌水处理相比，出苗期、现蕾期、开花期灌水处理的单株块茎干重分别提高了 1.60%、16.03%和 13.72%。2014 年 5 月 24 日，各灌水处理的单株块茎干重分别较不灌水处理提高了 31.28%、65.66%、89.24%和 44.33%。2015 年 4 月 27 日，与不灌水处理相比，出苗期、现蕾期、开花期、成熟期灌水处理的单株块茎干重分别提高了 11.70%、37.55%、38.78%和 33.15%。

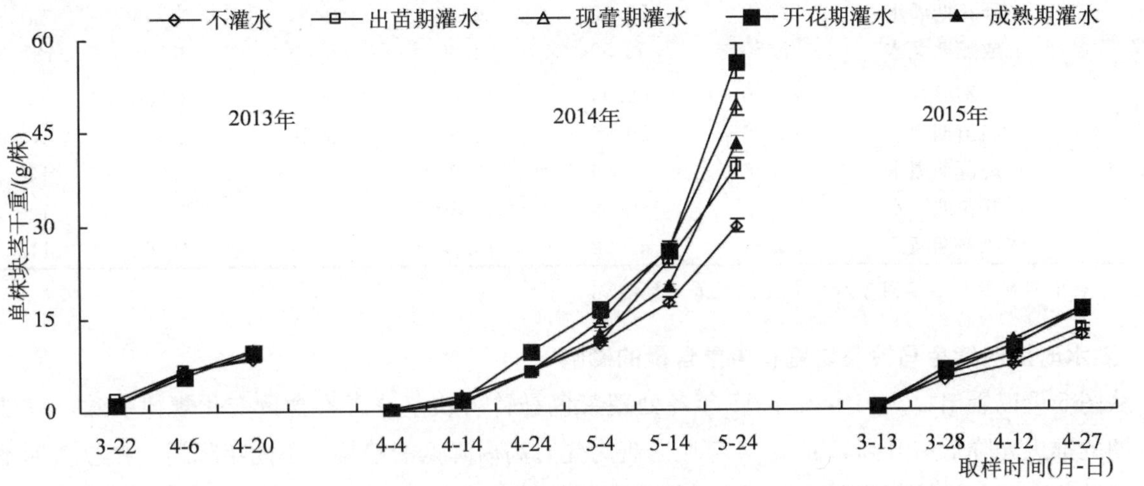

图 3　不同灌水时期对紫色马铃薯单株块茎干重的影响

2.4　不同灌水时期对紫色马铃薯产量性状的影响

由图 4 可以看出，灌水处理提高了紫色马铃薯鲜薯产量，随着灌水时期的推迟，鲜薯产量呈先升后降的趋势。与不灌水处理相比，2013 年出苗期、现蕾期、开花期灌水处理的鲜薯产量分别提高了 21.9%、31.49%和 26.82%。2014 年各灌水处理的鲜薯产量分别较不灌水处理提高了 10.88%、22.68%、37.65%和 18.36%。2015 年与不灌水处理相比，出苗期、现蕾期、开花期、成熟期灌水处理的鲜薯产量分别提高了 9.60%、37.50%、38.79%和 24.11%。

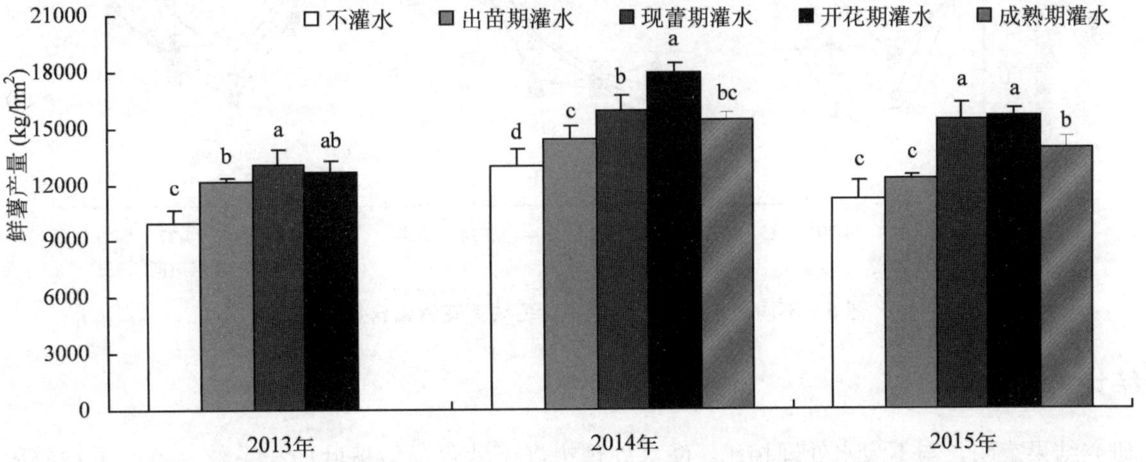

同一年份不同小写字母代表差异显著（$P<0.05$）

图 4　不同灌水时期对紫色马铃薯鲜薯产量的影响

商品薯率是紫色马铃薯产量性状的重要指标之一。2014 年，开花期和成熟期灌水处理块茎质量分级中，<30 g 的比例最低，且>75 g 的比例较高。2015 年，现蕾期和开花期灌水处理块茎质量分级中，<30 g 的比例较低，且>75 g 的比例较高，详见表 1 所示，表明适期灌水可提高紫色马铃薯商品薯率。

表 1　不同灌水时期对紫色马铃薯收获期块茎质量分级的影响

年份	处理	块茎质量分级占比（%）				单株结薯数（个/株）	单株鲜薯重（g/株）
		0～30 g	30～75 g	75～150 g	>150 g		
2014 年	不灌水	30.96	59.81	9.23	0.00	4.67a	108.06d
	出苗期灌水	31.06	60.43	8.51	0.00	4.54a	119.81c
	现蕾期灌水	25.12	65.76	4.92	6.38	4.22b	132.57b
	开花期灌水	22.72	56.89	20.39	0.00	4.74a	148.74a
	成熟期灌水	23.50	52.50	24.00	0.00	3.87c	127.90bc
2015 年	不灌水	27.36	60.84	11.80	0.00	3.30b	93.33c
	出苗期灌水	22.95	59.95	10.82	6.28	2.98c	102.29c
	现蕾期灌水	24.46	45.49	30.05	0.00	4.04a	128.33a
	开花期灌水	19.62	59.08	21.30	0.00	3.94a	129.54a
	成熟期灌水	33.14	47.92	18.94	0.00	4.16a	115.83b

注：表中同列数据后不同字母代表差异显著（$P<0.05$）。

2.5　灌水时期对紫色马铃薯块茎花青素含量的影响

从图 5 可以看出，2013 年和 2015 年各处理紫色马铃薯块茎花青素含量变化规律一致，表现为随生育期的推进先降低后升高，而 2014 年则表现为先升高后降低的趋势。不同年际间，在收获期不同灌水时期处理下紫色马铃薯块茎花青素含量规律有所差异。其中，2013 年 5 月 15 日表现为出苗期>现蕾期>开花期>不灌水处理，2014 年 5 月 24 日表现为出苗期>成熟期>不灌水>现蕾期>开花期，2015 年 5 月 15 日表现为出苗期>不灌水>现蕾期>开花期>成熟期。可见在全生育期灌水 1 次的条件下，出苗期灌水有利于川中丘陵区旱地紫色马铃薯块茎花青素含量的提高。

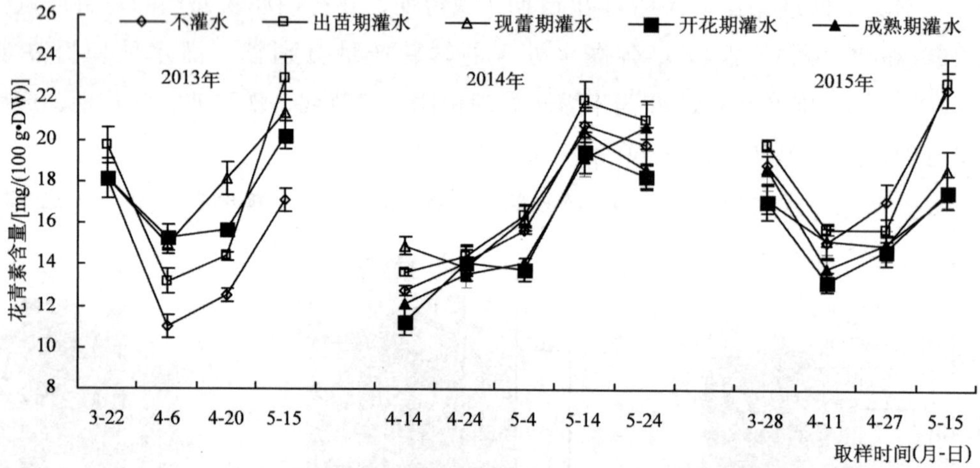

图 5　不同灌水时期对紫色马铃薯块茎花青素含量的影响

3　结论

研究结果表明，与不灌水处理相比，灌水处理提高了紫色马铃薯叶面积系数、单株干物质积累量和块茎干重，在全生育期灌水 1 次条件下，现蕾期和开花期灌水有利于紫色马铃薯 LAI 和单株块茎干重的提高，其中，现蕾期灌水处理单株块茎干重提高了 16.03%～65.66%，开花期灌水处理单株块茎干重提高了 13.72%～89.24%。

与不灌水处理相比，灌水处理提高了紫色马铃薯鲜薯产量，其中，现蕾期灌水产量较对照提高了 22.68%～37.50%，开花期灌水产量较对照提高了 26.82%～38.79%，且开花期灌水处理块茎质量分级中<30 g 的比例较低，>75 g 的比例较高，表明适期灌水可提高紫色马铃薯商品薯率。

2013 年和 2015 年各处理紫色马铃薯块茎花青素含量变化规律一致，表现为随生育期的推进先降低后升高，而 2014 年则表现为先升高后降低的趋势。不同年际间，在收获期不同灌水时期处理下紫色马铃薯块茎花青素含量规律有所差异。其中，2013 年 5 月 15 日表现为出苗期>现蕾期>开花期>不灌水，2014 年 5 月 24 日表现为出苗期>成熟期>不灌水>现蕾期>开花期，2015 年 5 月 15 日表现为出苗期>不灌水>现蕾期>开花期>成熟期。

4 讨论

水分是马铃薯生长发育必不可少的重要生活因子，生产中充分协调好水分供应，是实现马铃薯高产的关键[20]，在干旱、半干旱气候条件下，增加灌水或施磷量都可以增加马铃薯块茎有机质的含量和产量[21,22]。相同氮肥条件下，土壤湿润比 70%处理的马铃薯单株块茎质量、商品薯质量、块茎淀粉含量、块茎维生素 C 含量和块茎蛋白质含量都高于土壤湿润比 40%处理，较高土壤水分条件有利于块茎品质的积累[23]。本研究结果表明，与不灌水处理相比，灌水处理提高了紫色马铃薯叶面积系数、单株干物质积累量和块茎干重及鲜薯产量，这与前人研究结果一致。

当灌水次数为定值时，每次灌水定额在有限范围内与马铃薯的生长量呈正相关关系。当每次灌水定额确定的情况下，灌溉次数对产量影响差异性显著，3 次（播前、现蕾期、花期）灌水处理的产量高于 2 次（现蕾期，花期）和 1 次（现蕾期）灌水处理的产量。同时，灌水定额的大小和灌水次数还直接影响马铃薯的块茎淀粉、干物质、还原糖含量等品质指标[24,25]。马微等[26]研究表明，在块茎膨大期和成熟期，马铃薯块茎对水分亏缺反应最为敏感。夏腾霄等[20]研究表明，马铃薯地上部分干物质均呈“慢—快—慢”增长趋势，表现为块茎膨大期>块茎形成期>淀粉积累期>苗期。笔者研究结果表明，在川中丘陵区旱地仅能保障灌水 1 次条件下，现蕾期和开花期灌水有利于紫色马铃薯叶面积系数、单株干物质积累量和块茎干重及鲜薯产量的提高，这与前人研究结果基本一致，说明现蕾期和开花期马铃薯对水分亏缺反应敏感。

由于现有紫色马铃薯品种的产量一般低于非紫色马铃薯品种，故原有的马铃薯质量分级标准不适用于紫色马铃薯，根据实际需要，本研究设定了一套新的质量分级标准，其合理性和实用性有待于进一步验证。不同灌水处理马铃薯商品率有随灌水量增加而提高的趋势，马铃薯在生育前期其结薯数已经固定，块茎形成期之后增加的灌水量有利于直接促进块茎的膨大生长[20]。本研究表明，2014 年的开花期、成熟期灌水和 2015 年的现蕾期、开花期灌水处理块茎质量分级中，<30 g 的比例较低，且>75 g 的比例较高，表明在灌水 1 次条件下，开花期灌水可提高紫色马铃薯商品薯率。

干旱或灌水处理能显著影响葡萄果皮花青素合成与积累，且灌水处理对马铃薯块茎 SOD、POD 活性、可溶性蛋白、MDA、游离脯氨酸含量等生理指标有显著影响[27]，但灌水处理对紫色马铃薯地下部块茎花青素合成与积累的影响研究较少。本研究中，不同年际间，在收获期不同灌水时期处理下紫色马铃薯块茎花青素含量规律有所差异，但均表现为出苗期灌水块茎花青素含量最高。这可能是由于现蕾与开花期灌水对鲜薯产量的增加速率高于花青素合成积累的速率，导致块茎花青素含量相对降低。

本研究主要探讨在川中丘陵区旱地冬作马铃薯灌水 1 次条件下，不同的灌水时期对紫色马铃薯光合生产、产量及花青素含量的影响，而对紫色马铃薯水分、养分利用及品质影响，以及在不同灌水次数条件下，灌水时期对紫色马铃薯产量和品质的影响则有待于进一步研究。

参考文献

[1] 卢肖平．马铃薯主粮化战略的意义、瓶颈与政策建议［J］．华中农业大学学报：社会科学版，2015（3）：1－7.

[2] 李莉蓉，张名位，刘邻渭，等．三种黑色粮油作物种皮花色苷提取物抗氧化能力的稳定性比较［J］．中国农业科学，2007，40（9）：2045－2052.

[3] Singletary K W，Stansbury M J，Giusti M van Breemen R B，et al. Inhibition of rat mammary tumorigenesis by concord grape juice constituents［J］．Journal of Agricultural and Food Chemistry，2003，51（25）：7280－7286.

[4] Wang J，Sporns P. Analysis of anthocyanins in red wine and fruit juiceusing MALDI-MS［J］．Journal of Agricultural and Food Chemistry，1999，47（5）：2009－2015.

[5] Kay C D，Holub B J. The effect of wild blueberry（*Vaccinium angustifolium*）consumption on postprandial serum antioxidant status in human subjects［J］．British Journal of Nutrition，2002，88（4）：389－398.

[6] Tsuda T，Horio F，Kitoh J，et al. Protective effects of dietary cyanidin 3-*O*-*b*-*D*-glucoside on liver ischemia-reperfusion injury in rats［J］．Archives of Biochemistry and Biophysics，1999，368（2）：361－366.

[7] Kong J M，Chia L S，Goh N K，et al. Analysis and biological activities of anthocyanins［J］．Phytochemistry，2003（64）：923－933.

[8] Tsuda T，Horio F，Uchida K，et al. Dietary cyanidin 3-*o*-dglucoside-rich purple corn color prevents obesity and ameliorates hyperglycemia in mice［J］．The Journal of Nutrition，2003（133）：2125－2130.

[9] Kramer J H，Canter P H. Anthocyanosides of *Vaccinium myrtillus*（bilberry）for night vision-a systematic review of placebo-controlled trials［J］．Survey of Ophthalmology，2004，49（1）：38－50.

[10] 陈海霞，聂先舟，刘明月，等．马铃薯花色素苷及其遗传研究进展［J］．中国农业科学，2010，43（8）：1634－1642.

[11] 黄钢，梁南山，梁远发，等．多熟制下马铃薯周年生产供给体系的构建与种植模式创新［G］．中国农作制度研究进展，2012：297－302.

[12] 姚兴柱．四川丘陵区农业水资源评价研究［D］．雅安：四川农业大学，2005.

[13] Castellarin S D，Matthews M A，Di Gaspero G，et al. Water deficits accelerate ripening and induce changes in gene expression regulating flavonoid biosynthesis in grape berries［J］．Planta，2007，227（1）：101－112.

[14] Castellarin S D，Pfeiffer A，Sivilotti P，et al. Transcriptional regulation of anthocyanin biosynthesis in ripening fruits of grapevine under seasonal water deficit［J］．Plant Cell and Environment，2007，30（11）：1381－1399.

[15] Mattivi F，Guzzon R，Vrhovsek U，et al. Metabolite profiling of grape：flavonols and anthocyanins［J］．Journal of Agriculture and Food Chemistry，2006，54（20）：7692－7702.

[16] Monteiro A，Lopes C M. Influence of cover on water use and performance of vineyard in Mediterranean Portugal［J］．Agriculture，Ecosystems and Environment，2007，121（4）：336－342.

[17] 王利军，陈佰鸿，曹建东，等．不同节水灌溉方式对赤霞珠葡萄生长与果实品质的影响［J］．试验研究，2010（9）：31－34.

[18] 沈学善，黄钢，屈会娟，等．施钾量对南紫薯008干物质生产和硝酸盐积累的影响［J］．南方农业学报，2014，45（2）：235－239.

[19] 杨国才，陈香颖，王季春，等．柠檬酸—磷酸氢二钠缓冲液法提取紫甘薯花青素的工艺研究［J］．南方农业学报，2013，44（4）：653－656.

[20] 夏腾霄，张胜，陈武兵，等．不同灌水量对膜下滴灌马铃薯生长发育及产量的影响［J］．北方农业学报，2016（1）：23－27.

[21] 江俊燕，汪有科．不同灌水量和灌水周期对滴灌马铃薯生长及产量的影响［J］．干旱地区农业研究，2008，26（2）：121－125.

[22] 黄凯，张俊莲，王蒂，等．陇中半干旱区施磷与补水对全膜覆盖马铃薯产量和品质的影响 [J]．甘肃农业大学学报，2014，49 (5)：70－74.
[23] 宋娜，王凤新，杨晨飞，等．水氮耦合对膜下滴灌马铃薯产量、品质及水分利用的影响 [J]．农业工程学报，2013，29 (13)：98－105.
[24] 田爱武，韩学智，张燕，等．不同灌水次数对宁夏中部干旱区马铃薯的影响 [J]．宁夏大学学报：自然科学版，2016，37 (2)：216－222.
[25] 尹娟，刘凡，雒倧豪．不同灌水处理对马铃薯生长和产量的影响 [J]．灌溉排水学报，2015，34 (3)：90－93.
[26] 马微，尹娟．不同灌水处理对马铃薯块茎品质及产量的影响 [J]．宁夏工程技术，2011 (3)：232－235.
[27] 刘瑞芳，杨健，乌日娜，等．有限灌溉对马铃薯生理特性的影响 [J]．北方农业学报，2016，44 (2)：13－17.

川西南山地区马铃薯晚疫病防治中存在的问题及对策*

李洪浩[1]　张　鸿[1]　徐成勇[2]　彭期华[3]　刘波微[1]

1. 四川省农业科学院植物保护研究所，四川成都　610066
2. 四川省凉山彝族自治州西昌农业科学研究所高山作物研究站，四川昭觉　616150
3. 四川省凉山彝族自治州喜德县农牧局，四川喜德　616750

摘要： 川西南山地区地理条件优越、气温冷凉，是四川马铃薯主产区之一，而马铃薯晚疫病的发生极大阻碍本区域马铃薯产业的发展。认清川西南山地区马铃薯晚疫病防治工作中存在的问题，有助于提升本区域马铃薯产业地位，促进马铃薯产业的发展。

关键词： 马铃薯；晚疫病；问题；对策

据中华人民共和国农业部种植业管理司网站数据显示，2015年四川省马铃薯种植面积达797 200 hm^2，川西南山地区是四川马铃薯三大优势区之一，主要包括凉山彝族自治州、雅安的汉源县和石棉县，该区域日照充足、昼夜温差大，年均温13～21℃，年降水量700～1 200 mm。本区域得天独厚的优势和条件，非常适宜马铃薯生长，将马铃薯产业作为农民增收、精准脱贫的支柱产业，进一步推动了四川省马铃薯产业的发展。冷凉的气候同时也适宜马铃薯晚疫病菌的生长，其导致的马铃薯晚疫病常年发生，严重阻碍川西南山地区马铃薯产业的发展，除地理环境和气候因素外，与防治中存在的一些问题有关。

1　常见问题

1.1　自留种造成的种薯带菌

川西南山地区立体气候明显、土地资源丰富，但农民总体收入水平较低，购买马铃薯脱毒种薯的意识薄弱，马铃薯种薯主要是农户自繁自贮，以及靠政府发放。自留种一般是秋季收获的种薯，翌年春季播种，自留种时常会发生由晚疫病菌引起的烂窖，而带菌种薯是川西南山地区晚疫病发生的最主要的初侵染源。前期调查发现，川西南山地区马铃薯晚疫病菌存在不同交配型菌株[1,2]，说明有性生殖在此区域潜在发生，且马铃薯晚疫病菌生理小种复杂、呈复合型生理小种，能克服大多数抗病基因，这对马铃薯产业的发展构成严重威胁。

1.2　防治意识缺乏

川西南山地区雨热同季，马铃薯膨大期正值高温多雨季节，部分种植区极易发生马铃薯晚疫病的侵染和流行。而部分向阳山地光照强、排水通畅，白天气温甚至超过30℃，不利于马铃薯晚疫病菌的生长，侵染中止，往往造成一种防治误区，即本地区气温高，不易发生马铃薯晚疫病，即使发生也无须防治。同时，由于马铃薯种植面积大，药剂防治会造成生产成本的增加，多数农户任由马铃薯晚疫病的发生，或者在出现中心病株后才进行药剂防治，往往由于防治不及时贻误最佳防治时期，难以控

* 基金项目：国家农业产业技术体系四川薯类创新团队项目；国家公益性行业（农业）科技（201503127）；秦巴山区马铃薯减肥减药示范区建设（2018YFD020080805）

制马铃薯晚疫病的流行。缺乏统一的联合防治意识，各家各户防治时期不一致，往往部分田块马铃薯晚疫病得到控制，而部分田块已发展成为中心病团，导致马铃薯晚疫病的流行蔓延。

1.3 防治药剂及装备质量良莠不齐

农资市场马铃薯晚疫病防治药剂繁多，按说明书上的正常用量使用，防治效果差。施药器械主要以手动喷雾器为主，喷雾器不仅用于杀菌剂的喷雾，还用于杀虫剂、除草剂等的喷雾，残留的药液易造成药害。手动喷雾器压力不足，喷头喷雾效果差，导致药剂不能很好地附着于叶片，药液顺叶片流入土中，造成药剂的浪费。

2 对策

2.1 提高马铃薯晚疫病防治意识

马铃薯晚疫病是一种典型的气候型流行性病害，发生范围广、流行速度快、发病程度重、再侵染能力强，发病后10～14 d可蔓延全田或引起大流行。马铃薯晚疫病造成的产量损失一般为20％～50％，收获后的块茎在窖藏期常引起腐烂，窖藏期造成的损失一般在10％～35％。川西南山地区马铃薯多净作，气温回升较快，马铃薯封行后雨水增多，温湿度非常适宜马铃薯晚疫的发生蔓延。该区域内贫困户基本上家家种植马铃薯，缺乏马铃薯晚疫病发生特点及防治措施等方面的认识，充分利用电台、广播、网络、报纸等多种形式，开展马铃薯晚疫病病害识别、病情发生动态和防治技术知识等方面的宣传，提高农户对马铃薯晚疫病的认识，以及马铃薯晚疫病的防治对产量提高的重要性。

2.2 选用抗病品种，良种配良法

川西南山地区立体气候明显，不同海拔高度和山脉走向的光、温、水、肥存在明显差异，应选择中晚熟或晚熟、丰产、抗病抗逆性强的马铃薯品种，如川凉薯系列、青薯9号等。根据品种特性及区域气候和土壤特点，采取相应配套栽培技术，提高植株抗病能力。种植脱毒马铃薯可大幅提高产量，充分体现种薯的优良品种，鉴于川西南山地区农户主要为贫困户，政府部门在种薯供应方面可给予优惠，提高贫困户种植脱毒薯的积极性。

精选种薯，选择无病种薯可减少田间马铃薯晚疫病初侵染发生的概率；适时早播，尽量将薯块膨大期安排在马铃薯晚疫病大发生的6月中下旬之前；深沟高厢排除积水，降低田间湿度，延缓马铃薯晚疫病的流行。

2.3 科学防治事半功倍

马铃薯晚疫病防治药剂施用按国际上通用的药剂喷施顺序施药，内吸剂—内吸剂或与触杀剂混用—触杀剂。药剂的使用次数应在规定的次数范围内，并合理轮换使用，避免加速马铃薯晚疫病菌抗药性的产生。

本着预防为主，综合防治的方针对马铃薯晚疫病进行防治，才能取得良好的防治效果。县级植保站可建立马铃薯晚疫病监测预警系统[3,4]，结合天气预报，及时发布马铃薯晚疫病预警信息，科学指导和组织开展马铃薯晚疫病的联合防治，统一管理、统一喷药。出现马铃薯晚疫病侵染循环后，加强田间调查，抗病品种可在第3代侵染循环中期开始进行药剂防治。同时，淘汰劣质喷雾器，升级施药器械，配合使用杰效利、激健等增效剂，增加药液附着力，提高药效。

参考文献

[1] 刘波微，彭化贤，席亚东，等．四川马铃薯晚疫病菌生理小种鉴定及品种抗病评价［J］．西南农业学报，2010，23（3）：747－751.

[2] 李洪浩，彭化贤，席亚东，等．四川马铃薯晚疫病菌交配型、生理小种、甲霜灵敏感性及 mtDNA 单倍型组成分析 [J]. 中国农业科学，2013，46（4）：728－736.
[3] 谢开云，车兴璧．比利时马铃薯晚疫病预警系统及其在我国的应用 [J]. 中国马铃薯，2001，15（2）：67－71.
[4] 李洪浩，张鸿，李华鹏，等．马铃薯晚疫病 CARAH 预警模型在四川春马铃薯上的应用 [J]. 中国农学通报，2017，33（4）：136－141.

不同杀菌剂对马铃薯晚疫病的防治效果比较*

李洪浩[1] 屈会娟[2] 王克秀[3] 雷 高[4] 文志强[4] 王晓黎[1] 王燕平[1] 刘波微[1]

1. 四川省农业科学院植物保护研究所，四川成都 610066
2. 四川省农业科学院生物技术核技术研究所，四川成都 610066
3. 四川省农业科学院作物研究所，四川成都 610066
4. 四川省甘孜藏族自治州农业科学研究所，四川康定 626000

摘要：为筛选对马铃薯晚疫病有效防治药剂，以马铃薯晚疫病监测预警系统（CARAH模型）为指导，比较了11种杀菌剂对马铃薯晚疫病的田间防治效果和对马铃薯的增产效果。结果表明，试验点马铃薯晚疫病以轻度侵染为主，在马铃薯晚疫病第3代侵染循环6分值时开始进行药剂防治，末次药后10 d，11种杀菌剂对马铃薯晚疫病的平均防治效果为80.08%～96.26%，其中10%氟噻唑吡乙酮OD 150 mL/hm^2施用3次，间隔10 d的平均防治效果最高，为96.26%，较对照增产55.73%。

关键词：马铃薯晚疫病；杀菌剂；防治效果

马铃薯是继水稻、小麦和玉米之后，我国第四大粮食作物，同时也是重要的蔬菜和加工原料。马铃薯晚疫病是一种典型的气候型流行性病害，其发生和流行与空气温度、相对湿度关系密切，严重发生时，植株提前枯死，产量损失高达20%～40%，马铃薯晚疫病在四川省常年发生面积在200万亩左右（注：1亩=0.006 67 hm^2=667 m^2，全书同）[1]。四川省马铃薯主要分布在盆周山区、川西南山地区和部分丘陵地区，一年四季均有马铃薯种植。随着四川省马铃薯周年生产和种植面积的扩大，为马铃薯晚疫病菌的菌量积累创造了较好条件，极易造成马铃薯晚疫病的大爆发和大流行[2]。

马铃薯晚疫病监测预警系统（CARAH模型）基于病原菌和寄主都存在的条件下，结合温度、相对湿度对马铃薯晚疫病的发生进行预测，从而指导马铃薯晚疫病的防治。目前，马铃薯晚疫病的防治主要靠化学药剂，但不同药剂对马铃薯晚疫病的防治效果参差不齐[3-6]。为筛选到马铃薯晚疫病高效防治药剂，减少盲目施药，本试验结合马铃薯晚疫病监测预警系统，分析了11种不同杀菌剂对马铃薯晚疫病的防治效果，旨在为马铃薯晚疫病的监测预警防治提供理论和实践依据，助力四川省马铃薯产业发展。

1 材料与方法

1.1 供试药剂

10%氟噻唑吡乙酮OD，商品名“增威赢绿”，美国杜邦公司生产；

18%吲唑磺菌胺SC，日本日产化学工业株式会社生产；

18.7%烯酰·吡唑酯WDG，商品名“凯特”，巴斯夫欧洲公司生产；

* **基金项目**：国家农业产业技术体系四川薯类创新团队项目；国家公益性行业（农业）科技（201503127）；秦巴山区马铃薯减肥减药示范区建设（2018YFD020080805）

20%氟吗啉 WP，商品名："金福灵"，沈阳科创化学品有限公司生产；

30%肟菌酯 SC，商品名："海欧斯"，杭州宇龙化工有限公司生产；

47%烯酰·唑醚菌 SC，商品名："德劲"，巴斯夫植物保护（江苏）有限公司生产；

50%烯酰吗啉 WP，商品名："阿克白"，巴斯夫欧洲公司生产；

52.5%噁酮·霜脲氰 WDG，商品名："抑快净"，美国杜邦公司生产；

53%烯酰·代森联 WDG，商品名："富多宝"，巴斯夫欧洲公司生产；

60%唑醚·代森联 WDG，商品名："百泰"，巴斯夫欧洲公司生产；

70%烯酰·霜脲氰 WDG，商品名："晶玛"，深圳诺普信农化股份有限公司生产。

1.2 试验地点与供试品种

试验于2018年在四川省甘孜藏族自治州道孚县八美镇马铃薯生产田进行，试验地海拔3 500 m，为马铃薯晚疫病常发地区，土壤肥力中等，有机质含量32.3 g/kg，土壤墒情好。试验品种为青薯9号。马铃薯株距25 cm，行距70 cm，单垄单行种植，设保护行0.8 m。

1.3 试验设计

试验共设12个处理。(1) 10%氟噻唑吡乙酮 OD 150 mL/hm^2；(2) 18%吲唑磺菌胺 SC 375 mL/hm^2；(3) 18.7%烯酰·吡唑酯 WDG 1125 mL/hm^2；(4) 20%氟吗啉 WP 750 mL/hm^2；(5) 30%肟菌酯 SC 525 mL/hm^2；(6) 47%烯酰·唑醚菌 SC 900 mL/hm^2；(7) 50%烯酰吗啉 WP 600 mL/hm^2；(8) 52.5%噁酮·霜脲氰 WDG 450 mL/hm^2；(9) 53%烯酰·代森联 WDG 3 000 mL/hm^2；(10) 60%唑醚·代森联 WDG 300 mL/hm^2；(11) 70%烯酰·霜脲氰 WDG 450 mL/hm^2；(12) 清水对照。每处理3次重复，小区面积20 m^2，完全随机区组排列。

施药时间分别为7月16日、7月26日和8月5日，3次施药，间隔10 d，首次施药时间为马铃薯晚疫病第3代侵染循环6分值时。采用背负式手动喷雾器 Jacto－16L 进行茎叶均匀喷雾，用水量为600 L/hm^2，8月15日进行药效调查，10月9日进行产量测定。

1.4 马铃薯晚疫病侵染监测

无线自动气象站监测田间每小时的气温和相对湿度，无线传输到服务器进行侵染程度分析，并根据 Conce 的方法绘制马铃薯晚疫病侵染循环曲线。根据 Guntz-Divoux 模型计算马铃薯晚疫病的潜在侵染程度[7]。潜在侵染程度与相对湿度大于90%期间的时长（湿润期）和此期间的平均气温相关。湿润期持续的时间越长，在此湿润期内的平均气温越高，则发生马铃薯晚疫病侵染的程度越高。根据 CARAH 模型，每个侵染循环需获得累计7分才能完成从孢子成熟－孢子萌发－新孢子再侵染的过程。采用 Conce 的方法[7]进行计算，侵染循环开始后，将每日得分进行累加，累计7分表明一个侵染循环结束。

1.5 调查与统计

每小区对角线5点取样，每点取2～3株，调查全部叶片。根据分级标准记录调查株的发病情况，计算病情指数、防治效果及测产后计算增产效果。数据采用 Microsoft Excel 2007 进行统计分析，Duncan 氏新复极差法进行差异显著性分析。

分级标准。0级，无病斑；1级，病斑面积占整个叶面积5%以下；3级，病斑面积占整个叶面积6%～10%；5级，病斑面积占整个叶面积11%～20%；7级，病斑面积占整个叶面积21%～50%；9级，病斑面积占整个叶面积50%以上。

病情指数＝$\sum$（各级病叶数×相对级数值）×100/（调查总叶数×9）；

相对防效（%）＝（清水对照区病情指数－药剂处理区病情指数）×100/清水对照区病情指数；

增产效果（%）＝（药剂处理区产量－清水对照区产量）×100/清水对照区病情指数。

2 结果与分析

2.1 马铃薯晚疫病侵染分析

通过田间气象站进行气象数据记录和马铃薯晚疫病侵染循环绘制（图 1），结果表明，该站点马铃薯晚疫病侵染循环始于出苗后 26 d，轻度侵染，品种青薯 9 号马铃薯晚疫病中心病株始见于出苗后 52 d，为马铃薯晚疫病第 4 代侵染循环第 1 次侵染 5 分值时，在整个生育期只出现轻度侵染 20 次和中度侵染 2 次（表 1）。

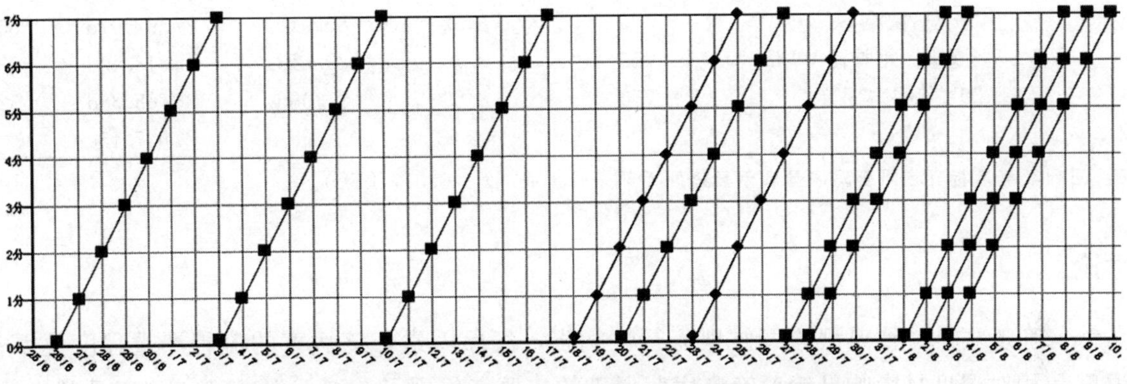

图 1 2018 年甘孜州道孚县八美镇马铃薯晚疫病侵染曲线

表 1 2018 年甘孜州道孚县八美镇马铃薯晚疫病侵染情况

播期	品种	出苗时间	预警模型初侵染			中心病株			生育期侵染统计（次）			
			时间	程度	出苗后天数（d）	时间	所处侵染循环	出苗后天数（d）	轻度	中度	重度	极重度
5 月 8 日	青薯 9 号	6 月 1 日	6 月 26 日	轻	25	7 月 23 日	第 4 代侵染循环第 1 次侵染 5 分值	52	20	2	0	0

2.2 防治效果

在马铃薯晚疫病防治效果方面，利用马铃薯晚疫病监测预警系统指导马铃薯晚疫病防治，11 种杀菌剂对马铃薯晚疫病的平均防治效果为 80.08%～96.26%（表 2），其中 10%氟噻唑吡乙酮 OD 150 mL/hm^2 平均防效最高，为 96.26%，显著高于其他药剂，其次为 50%烯酰吗啉 WP 600 g/hm^2 和 53%烯酰·代森联 WDG 3 000 g/hm^2，分别为 90.88%和 90.45%，二者间不存在显著性差异，而 20%氟吗啉 WP 750 g/hm^2 平均防效最低，为 80.08%。

在增产效果方面，11 种杀菌剂对马铃薯产量增产为 32.99%～55.73%（表 2），10%氟噻唑吡乙酮 OD 150 mL/hm^2 平均产量最高，为 43 054.85 kg/hm^2，增产 55.73%，显著高于其他处理，其次是 18%吲唑磺菌胺 SC 375 mL/hm^2、53%烯酰·代森联 WDG 3 000 g/hm^2、18.7%烯酰·吡唑酯 WDG 1 125 g/hm^2、50%烯酰吗啉 WP 600 g/hm^2、47%烯酰·唑醚菌 SC 900 mL/hm^2 和 70%烯酰·霜脲氰 WDG 450 g/hm^2，平均产量分别为 41 654.15 kg/hm^2、41 570.78 kg/hm^2、41 404.03 kg/hm^2、41 370.68 kg/hm^2、41 320.65 kg/hm^2 和 40 753.70 kg/hm^2，分别增产 50.66%、50.36%、49.76%、49.64%、49.46%和 47.41%，其间不存在显著性差异，而 20%氟吗啉 WP 750 g/hm^2 平均产量供试药剂中最低，为 36 768.38 kg/hm^2，增产 32.99%。

表 2 不同杀菌剂对马铃薯晚疫病的防治效果和增产效果

处理	药剂名称	用量（g・mL/hm²）	病情指数	平均防效（%）	平均产量（kg/hm²）	增产（%）
1	10%氟噻唑吡乙酮 OD	150	1.67	96.26a	43 054.85a	55.73
2	18%吲唑磺菌胺 SC	375	8.52	80.91d	41 654.15b	50.66
3	53%烯酰・代森联 WDG	3 000	4.26	90.45b	41 570.78b	50.36
4	18.7%烯酰・吡唑酯 WDG	1 125	5.37	87.97bc	41 404.03b	49.76
5	50%烯酰吗啉 WP	600	4.07	90.88b	41 370.68b	49.64
6	47%烯酰・唑醚菌 SC	900	7.78	82.57cd	41 320.65b	49.46
7	70%烯酰・霜脲氰 WDG	450	6.30	85.88bcd	40 753.70bc	47.41
8	60%唑醚・代森联 WDG	300	8.15	81.74cd	40 070.03c	44.93
9	30%肟菌酯 SC	525	8.52	80.91d	37 502.07d	35.65
10	52.5%噁酮・霜脲氰 WDG	450	8.70	80.51d	36 818.40d	33.17
11	20%氟吗啉 WP	750	8.89	80.08d	36 768.38d	32.99
12	CK	0	44.63		27 647.15e	

注：同列数据后标有相同小写字母表示数据间无显著性差异（$P>0.05$，LSD）。

3 讨论

马铃薯晚疫病是一种典型的气候型流行性病害，气象因素与该病害的流行严重程度关系密切。空气温度和相对湿度是影响马铃薯晚疫病菌侵染的主要气候因子，而 CARAH 模型正是基于该气候因子，按一定的模型规则预测马铃薯晚疫病菌的侵染和侵染严重度。目前该模型已在重庆、贵州、云南和湖北等地广泛应用，在马铃薯晚疫病的监测预警防控中发挥着重要作用。本试验中，按马铃薯晚疫病监测预计系统进行药剂防治，所有药剂均表现出良好的防治效果，其中，10%氟噻唑吡乙酮 OD 150 mL/hm² 平均防效最高，其次是 50%烯酰吗啉 WP 600 g/hm² 和 53%烯酰・代森联 WDG 3 000 g/hm²。

马铃薯晚疫病菌被杀菌剂抗性行动委员会（FRAC）认定为高抗性风险的病原菌[8]。鉴于马铃薯晚疫病菌对甲霜灵高抗菌株在四川省普遍分布[9]，目前，在马铃薯晚疫病防治药剂使用上，已逐步减少甲霜灵等苯基酰胺类杀菌剂的使用。供试 11 种杀菌剂对马铃薯晚疫病均表现出很好的防治效果和对马铃薯的增产效果，这为四川省马铃薯晚疫病抗药性治理奠定基础，为生产上马铃薯晚疫病防治药剂的轮换使用提供指导。

参考文献

[1] 刘刚．四川省预计 2018 年主要农作物重大病虫害总体偏重发生［J］．农药市场信息，2018（2）：70.

[2] 李洪浩，张鸿，李华鹏，等．马铃薯晚疫病 CARAH 预警模型在四川春马铃薯上的应用［J］．中国农学通报，2017，33（4）：136－141.

[3] 吴承金，李大春，颜学明，等．五种药剂对马铃薯晚疫病的防治效果［J］．湖北农业科学，2014，53（22）：5419－5422.

[4] 吴秀峰，董学志，闵凡祥，等．不同杀菌剂处理对马铃薯晚疫病的防治效果分析［J］．黑龙江农业科学，2016（6）：61－63.

[5] 陈亚兰，张健．不同杀菌剂对马铃薯晚疫病的防治效果［J］．中国马铃薯，2017，31（6）：359－363.

[6] 杨玉珠，段海春，吴桂仙，等．马铃薯晚疫病药剂筛选试验研究［J］．现代农业科技，2018（20）：114－115.

[7] Judelson H S，Blanco F A. The spores of Phytophthora：weapons of the plant destroyer［J］．Nature Reviews Microbi-

ology，2005（3）：47－58.

［8］路粉，赵建江，刘晓芸，等．马铃薯晚疫病菌对甲霜灵的抗性监测及替代药剂防治效果［J］．中国农业科学，2018，51（14）：2700－2710.

［9］李洪浩，彭化贤，席亚东，等．四川马铃薯晚疫病菌交配型、生理小种、甲霜灵敏感性及 mtDNA 单倍型组成分析［J］．中国农业科学，2013，46（4）：728－736.

四川省马铃薯主要病虫草害发生现状与防控对策*

李洪浩[1]　屈会娟[2]　刘波微[1]　雷　高[3]　文志强[3]　王燕平[1]　王晓黎[1]

1. 四川省农业科学院植物保护研究所，四川成都　610066
2. 四川省农业科学院生物技术核技术研究所，四川成都　610066
3. 四川省甘孜藏族自治州农业科学研究所，四川康定　626000

摘要：四川省马铃薯种植面积居全国首位，但马铃薯主要病虫草害的普遍发生制约了四川省马铃薯产业的进一步发展。本文通过分析近年四川省马铃薯主要病虫草害发生现状，总结马铃薯病虫草害防治工作中存在的问题，并提出相应对策，对认清当前马铃薯植保工作形势和提高四川省马铃薯主要病虫草害防治水平有一定促进作用。

关键词：马铃薯；病虫草害；发生现状；防控对策

马铃薯营养丰富、菜粮兼用，是四川省主要粮经作物。自 2015 年中国启动马铃薯主粮化战略，四川省马铃薯产业得到迅猛发展，生产趋势良好，但效率优势相对其他省份尚存在较大提升空间[1]。由于全国大范围调运种薯、大面积种植单一马铃薯品种、马铃薯连作或轮作年限短、马铃薯主要病虫草害综合防控力度不够，以及适宜的发病条件[2]等因素，导致四川省马铃薯病虫草害逐年严重[3]，制约四川省马铃薯产业的进一步发展。本文通过分析当前四川省马铃薯病虫草害发生和危害现状，提出病虫草害综合防治对策，以期提高四川省马铃薯种植效益，促进四川省马铃薯健康发展。

1　马铃薯生产情况概述

四川多丘陵山地，地势复杂，海拔高度变化大，立体气候明显，区域气候差异大，年平均气温高，无霜期长，雨量充沛，一年四季均有马铃薯的栽培。据中华人民共和国国家统计局数据显示（图 1），2012 年至 2016 年，四川省马铃薯播种面积从 74.67 万 hm^2 增加到了 80.70 万 hm^2，年均增长 1.96%，而 2015 年和 2016 年播种面积增长率分别为 1.03%和 1.23%。单位面积产量从 2012 年的 18 415.20 kg/hm^2 提高到 2016 年的 19 969.00 kg/hm^2，年均增长 4.05%。

2016 年全国马铃薯播种面积 480.24 万 hm^2，其中四川省马铃薯播种面积 80.70 万 hm^2，居全国首位，占全国播种面积的 16.81%，四川省马铃薯单位面积产量为 19 969.00 kg/hm^2，高于全国平均水平 17 684.55 kg/hm^2，却低于山东、吉林等省份，居全国第 12 位（图 2）。

2　四川省马铃薯主栽品种情况

据中华人民共和国国家统计局数据显示，2015 年四川省马铃薯播种面积 79.72 万 hm^2。而 2015 年四川省马铃薯主栽品种为米拉、费乌瑞它、凉薯 97、川芋 10 号、会—2，川芋 56 号，青薯 9 号、凉薯

* **基金项目**：国家现代农业产业技术体系四川创新团队项目（川农函［2019］472 号）；国家公益性行业（农业）专项（201503127）

17、川芋早、凉薯 8 号、川芋 117、秦芋 4 和川凉薯 4 号等（图 3），累计播种面积 49.4 万 hm^2，占四川省播种面积的 61.97%[4]。

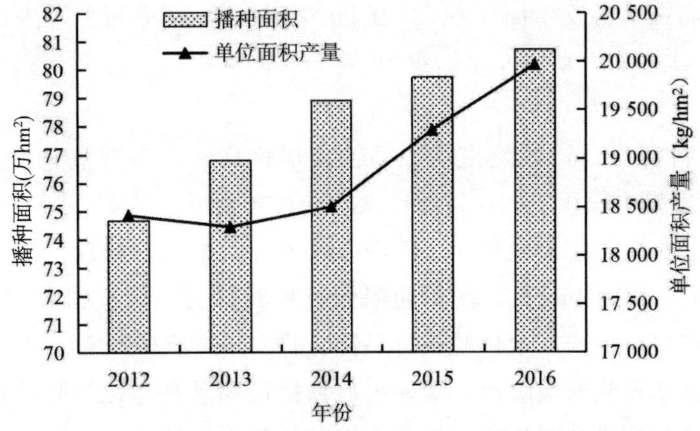

图 1　2012—2016 年四川省马铃薯生产情况

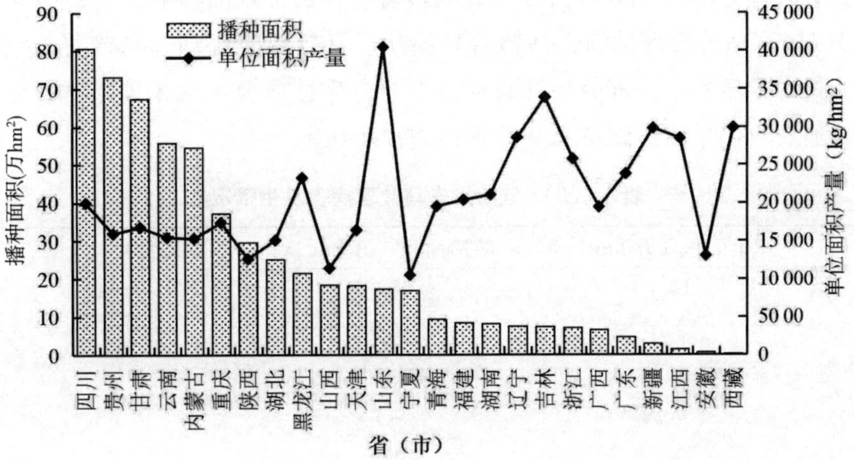

图 2　2016 年中国主要马铃薯产区马铃薯生产情况

为突出优势和重点，四川马铃薯产业划分为川西南山地优势区、盆周山区优势区和平坝丘陵优势区三个优势区域。费乌瑞它作为四川省秋马铃薯和冬马铃薯生产的主栽品种，广泛种植于盆周山区优势区和平坝丘陵优势区[5]。而米拉主要作为春马铃薯生产主栽品种，主要种植于川西南山地优势区。同一马铃薯品种在不同年份和地点，对马铃薯晚疫病的抗性程度存在一定差异。费乌瑞它在所有产区对马铃薯晚疫病均表现为感病，而米拉的抗性程度稍高于费乌瑞它[6]。

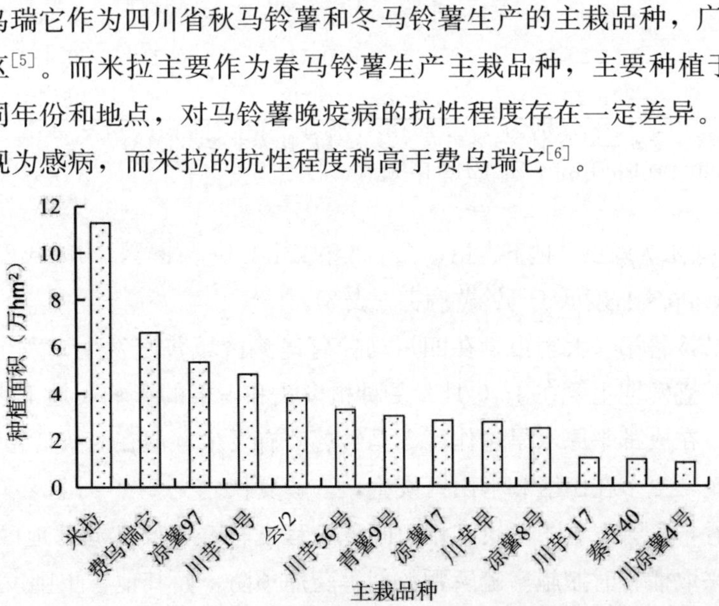

图 3　2015 年四川省马铃薯主栽品种情况

3　马铃薯主要病虫草害发生概况

四川省马铃薯主要病虫草害发生面积在 50 万 hm^2次左右，其中病害发生面积 20 万 hm^2次左右，虫害发生面积 10 万 hm^2次左右，草害发生面积 20 万 hm^2次左右。

3.1　马铃薯病害

四川省马铃薯主要病害为马铃薯晚疫病、马铃薯早疫病和马铃薯病毒病，以及其他土传病害。2017 年四川省马铃薯病害发生面积 19.79 万 hm^2次，造成产量损失 7.81 万 t。首要病害为马铃薯晚疫病，发生面积 14.73 万 hm^2次，防治面积 18.35 万 hm^2次，其次为马铃薯早疫病和病毒病，发生面积分别为 3.07 万 hm^2次和 1.32 万 hm^2次，防治面积分别为 3.57 万 hm^2次和 1.61 万 hm^2次（表 1）。

目前，在马铃薯主产区，主要采取种植脱毒马铃薯的方式防治马铃薯病毒病，产量得到显著提升，病毒病发生程度和流行速率得到有效缓解。主要采取种植抗病品种与化学防治措施预防和控制马铃薯早疫病和晚疫病，马铃薯早疫病和晚疫病的发生危害得到有效遏制[7,8]。而在经济相对欠发达区域，农户普遍不进行马铃薯病害防治，6～8 月份成为春马铃薯晚疫病暴发高峰期，马铃薯晚疫病病株率 80%左右，甚至高达 100%。马铃薯青枯病、马铃薯环腐病、马铃薯黑胫病、马铃薯疮痂病和马铃薯根结线虫病等病害在四川省零星发生，部分马铃薯种植专业合作社或公司会采取精选种薯和药剂拌种等方式进行防治，而普通农户仍采取传统草木灰拌种措施预防病害。

表 1　2017 年四川省马铃薯病害发生情况

病害名称	发生面积（万 hm^2次）	防治面积（万 hm^2次）	挽回损失（万 t）	实际损失（万 t）
马铃薯晚疫病	14.73	18.35	42.54	6.83
马铃薯早疫病	3.07	3.57	4.10	0.63
马铃薯病毒病	1.32	1.61	1.12	0.18
马铃薯青枯病	0.22	0.23	0.25	0.06
马铃薯环腐病	0.06	0.06	0.05	0.01
马铃薯黑胫病	0.03	0.03	0.03	0.01
马铃薯疮痂病	0.01	0.00	0.00	0.00
马铃薯根结线虫病	0.06	0.02	0.01	0.01
马铃薯其他病害	0.29	0.41	0.48	0.09
合计	19.79	24.28	48.58	7.81

注：数据源于《全国植保专业统计资料》（全国农业技术推广服务中心，2018）。

3.2　马铃薯害虫

四川省马铃薯主要害虫为蚜虫、地下害虫、二十八星瓢虫和块茎蛾等，2017 年发生面积 9.73 万 hm^2次，造成产量损失 1.48 万 t，危害程度低于马铃薯病害（表 2）。

蚜虫作为四川省马铃薯第一大害虫，在四川马铃薯优势区域普遍发生，发生程度与当地种植作物种类和气象因素有关，盛发期主要在 4～6 月。受种植模式和习俗的影响，地下害虫在四川马铃薯优势区域普遍发生，其中，在成都平原水旱轮作区冬马铃薯鲜有发生，但在海拔 3 500 m 左右的四川甘孜地区仍有发生。二十八星瓢虫多在山区和半山区发生，一般夏秋之交 8～9 月，会有成虫、幼虫和卵同时出现的情况，世代重叠，危害严重[9]。块茎蛾田间危害程度较轻，仅在局部地区贮藏期发生[10]。对地下害虫常发区，主要采取播种时撒施辛硫磷颗粒剂等药剂预防，而其他害虫则发生后才进行药剂防治。

表 2　2017 年四川省马铃薯害虫发生情况

虫害名称	发生面积（万 hm^2 次）	防治面积（万 hm^2 次）	挽回损失（万 t）	实际损失（万 t）
蚜虫	4.68	5.05	4.22	0.69
地下害虫	2.55	3.11	2.37	0.40
二十八星瓢虫	1.90	2.13	1.96	0.30
块茎蛾	0.01	0.01	0.02	0.00
其他害虫	0.59	0.58	0.35	0.08
合计	9.73	10.88	8.91	1.48

注：数据源于《全国植保专业统计资料》（全国农业技术推广服务中心，2018）。

3.3　马铃薯杂草

2017 年四川省马铃薯田杂草发生面积 21.92 万 hm^2 次，造成产量损失 4.92 万 t，危害程度低于病害，高于害虫（表 3）。四川省马铃薯优势区生态类型多样，种植制度不同，播期不一致，田间杂草发生规律差异大，主要为马唐、牛筋草、狗尾草、猪殃殃、藜等[9,11]。目前主要采取播后覆膜、苗前除草剂封闭和中耕除草等措施防除杂草。

表 3　2017 年四川省马铃薯田杂草发生情况

发生面积（万 hm^2 次）	防治面积（万 hm^2 次）	挽回损失（万 t）	实际损失（万 t）
21.92	19.99	27.31	4.92

注：数据源于《全国植保专业统计资料》（全国农业技术推广服务中心，2018）。

4　存在问题

4.1　马铃薯主要病虫草害监测防控指导力度不够

目前四川省马铃薯主要病虫草害监测防控对象主要为马铃薯晚疫病，而相对于四川省广袤的马铃薯种植面积，马铃薯晚疫病监测站点覆盖面窄，低于临近的贵州省和重庆市。同时，对于其他病虫草害，如马铃薯黑胫病、疮痂病和粉痂病等土传病害、地下害虫以及猪殃殃等恶性杂草监测防控指导力度相对较弱，为四川省马铃薯产业的进一步发展壮大埋下隐患。

4.2　预防意识薄弱

受环境条件、防治习惯、种植效益等因素的影响，部分马铃薯专业合作社和薯农对马铃薯主要病虫草害防治意识薄弱，在偏远山区，甚至不进行任何病虫草害防治，导致马铃薯晚疫病、地下害虫和恶性杂草等病虫草害严重发生，产量损失较大。

4.3　防控水平低

四川省马铃薯优势生产区涉及范围广，经济发展程度不一，马铃薯主要病虫草害综合防治技术应用水平较低。马铃薯种薯自留现象普遍，缺乏优质脱毒马铃薯购买渠道；多数地区主要以马铃薯晚疫病作为防治对象，早疫病和病毒病普遍发生而不防治；药剂选择不当、错过最佳施用时期或者未在叶背面喷雾等现象，导致防治效果不理想；劳动力缺乏、植保器械落后等因素，降低了综合防治技术防控水平。

5　防治对策

5.1　提升马铃薯病虫草害监测预警防控水平

在四川省各马铃薯主产区建设马铃薯晚疫病监测预警防控系统，监测田间马铃薯晚疫病发生情况，指导马铃薯晚疫病预防工作。各地植保部门可与马铃薯种植大户、普通农户建立信息交流联系，监测当地马铃薯其他病虫害的发生情况，主要监测蚜虫、土传病害和新病害的发生。明确各种植区主要草害类型，针对不同栽培模式，因地制宜制定合理杂草防治措施。

5.2 增强马铃薯病虫草害防控意识

充分利用电视、广播、网络、报纸等多种形式，对马铃薯种植户开展马铃薯病虫草害识别和防治技术等知识的普及和宣传，了解主要病虫草害发生条件、传播途径和危害程度，建立以防控为主的正确策略，提高农户对马铃薯病虫害的认识和防控能力。

5.3 加大综合防控技术示范力度

根据市场需求和用途，以及当地生态条件选择适宜品种，优化品种区域布局，优先选择抗病品种。建立马铃薯主要病虫草害综合防治技术示范基地，充分展示农艺措施、物理诱控和生物防治等技术，开展科学用药技术示范，提高马铃薯主要病虫草害综合防控技术示范力度。

5.4 加强病原菌致病力监测

马铃薯晚疫病菌具有较强的遗传变异能力，对杀菌剂具有一定的适应能力，并且可以克服抗病寄主植物，应加强马铃薯晚疫病菌对生产主栽品种致病力跟踪监测和对主要防治药剂的抗药性监测。同时，加强马铃薯检疫性病虫害，如马铃薯内生集壶菌和马铃薯甲虫的检疫工作，防止其传入和传播。

参考文献

[1] 陈春燕，刘强，蔡臣，等．四川省马铃薯生产态势及比较优势分析 [J]. 山西农业科学，2016，44 (1)：80－84.

[2] 荣韧，陈乐．四川省彭州市病虫害发生时期及对春玉米与春马铃薯的影响分析 [J]. 农业灾害研究，2016，6 (3)：4－7.

[3] 王平，王晓黎，李洪浩，等．四川省马铃薯晚疫病绿色防控与生态环境保护 [J]. 农学学报，2018，8 (12)：13－17.

[4] 黄冲，刘万才．中国马铃薯晚疫病监测与防控 [M]. 北京：中国农业出版社，2017.

[5] 卢学兰，冯泊润，秦军红，等．四川省马铃薯周年生产与品种应用 [G]. 马铃薯产业与现代可持续农业 (2015)，2015.

[6] 李洪浩，张鸿，李华鹏，等．马铃薯晚疫病 CARAH 预警模型在四川春马铃薯上的应用 [J]. 中国农学通报，2017，33 (4)：136－141.

[7] 朱仁凡，许艳，等．四川地区马铃薯主要病虫害及防治技术 [J]. 四川农业科技，2015 (4)：48－49.

[8] 王冬梅，余秋林，王泽英，等．盐源县马铃薯晚疫病发生特点与综合防治措施 [J]. 现代农业科技，2015 (3)：131－132.

[9] 卢学兰，梁远发，梁南山，等．马铃薯 [M]. 成都：四川教育出版社，2009.

[10] 朱国庆，李艳，王成华，西昌地区马铃薯块茎蛾危害及防治 [J]. 中国马铃薯，2003，17 (6)：366－367.

[11] 陈庆华，周小刚，郑仕军，等．几种除草剂防除马铃薯田杂草的效果 [J]. 杂草科学，2011，29 (1)：65－67.

四川丘陵农区地表水水质时空变化与污染现状评价*

陈尚洪[1,2] 张晴雯[2] 陈红琳[1] 郑盛华[1] 吴 铭[1] 梅旭荣[2] 刘定辉[1]

1. 四川省农业科学院土壤肥料研究所，四川成都 610066

2. 中国农业科学院农业环境与可持续发展研究所，北京海淀 100081

摘要：为了分析四川丘陵典型农区地表水水质时空变化规律，研究了中江县响滩河 7 个监测断面和封闭小流域内 4 个研究点的地表水的水质季节性变化与空间变化特征，并对地表水水质污染现状进行评价。结果表明，研究区域枯水期主要污染物为 COD_{Cr}、NH_4^+-N 和 TP，丰水期主要污染物为 TN。种养格局影响地表水中 TN、NO_3^--N、NH_4^+-N 和 TP 浓度的空间分布特征，养殖区＞种养混合区＞种植区。规模化养殖显著增加了地表水总污染指数，改变了地表水污染类型。种植区和种养混合区水质均达到劣Ⅴ类水质标准，种植区地表水为轻度污染，养殖区和受养殖业污染影响的种养混合区的地表水均为恶性污染，规模化生猪养殖场废污排放加剧了受纳水体的污染程度。从水体污染治理角度，在种植区开展水土养分流失特别是氮素流失控制的同时，亟须加强区域生猪规模化养殖业粪污的无害化资源化循环利用技术研究与应用，以促进四川丘区生猪养殖业健康发展与长江上游生态环境保护。

关键词：四川丘陵农区；地表水；水质；污染现状

农业面源污染是导致河流、水库、湖泊等水体水质恶化的重要原因。据调查，目前我国农业生产过程中排放的 COD、N、P 等主要污染物的排放量，已远超过工业与生活源，成为污染源之首[1]。水污染的核心问题在于水体的氮、磷富营养化，而引起水体富营养化的主要原因包括氮磷肥料用量大幅增长、农村地区畜禽养殖业密集发展和城乡接合地带城镇建设快速扩展[2-4]。

然而，不同流域农业面源污染的污染源构成存在较大差异。据朱兆良等[5]报道，我国每年进入长江、黄河的氮素 80%以上来自农业，而 50%氮素来自种植业中的化肥氮肥投入。周军等[6]研究表明，牡丹江流域的 TN、TP 污染源主要来自农田化肥，而 COD 最大污染源为畜禽粪便和生活污水。Lei Wu 等对嘉陵江流域面源污染调查表明，尽管畜禽和家禽养殖数量增加导致 TN、TP 污染负荷显著提高，但耕地中水径流排放的 TN、TP 仍是该流域 TN、TP 排放的主要来源[7]。钱晓雍等[8]以乡镇为单元，研究上海市污染物的排放量及其贡献率表明，农业面源污染物中 COD、TN、TP 的最主要污染源为畜禽养殖。张英鹏[9]等对微山岛农业面源污染源解析指出，微山岛的主要污染源来自养殖业，尤其是水产养殖业。因此，针对性开展区域性水质监测与评价，对于因地制宜开展农业面源污染防控与治理具有重要意义[10,11]。

川中丘陵区位于长江上游，东邻三峡库区，是四川盆地粮食生产和生猪养殖的主体区域，也是长江上游的重要生态屏障区[12]。丘陵区紫色土坡耕地比例高，降水量大且集中在夏秋季，从而造成农田

* **基金项目**：国家水体污染控制与治理科技重大专项课题（2012ZX07104－003）；国家科技支撑计划课题（2012BAD14B18）；农业部公益性行业科研专项项目（20150312702）；四川省公益性农业专项（2013NZ0028）

水土及养分流失严重；加之，四川为我国生猪养殖大省，近年来规模化养殖迅速发展，种养分离趋势明显，导致畜禽粪便平均耕地负荷警报值已经达到严重污染环境水平，且养殖场所排放废水和粪便随径流进入地表水，加剧了水环境污染[13,14]。然而该区域现行地表水水质监测工作中，多根据主要河流干支流的断面水质评价河流或水系的整体水质状况，而在江河的上游或流经欠发达地段，布设监测断面数量较少；同时，丘陵农区生猪分散养殖向规模化集中养殖变化过程中，对基于种养格局变化下小流域的地表水质的监测与评价处于空白。为此，本文以四川省典型丘陵农区中江县响滩河小流域为研究对象，采用野外取样调查与室内分析相结合的方法，研究四川丘陵农区基于种养结构变化的地表水水质季节性变化规律与空间变化特征，并对地表水质进行评价，以期为该区域地表水质污染防控与治理提供科学依据。

1 材料与方法

1.1 研究区域基本情况

中江县是四川丘陵地区典型的农业大县，辖区面积为 2 063 km^2，耕地面积约为 103 万亩，总人口约 143 万。县域平均海拔 560 m，属亚热带湿润季风气候，年均气温 16.7 ℃，年平均日照 1 317 h，无霜期 287 d 左右，2007—2015 年平均降水量约 872.22 mm，其中 5～9 月丰水期降水量占 83.93%。响滩河位于中江县南端，发源于中江县元兴乡元兴水库，流经中江县元兴乡和中江县仓山镇。响滩河穿过仓山镇之后流经中江县普兴镇鱼界滩，在中江县三水口出境，流入遂宁市大英县郪江河，并最终汇入长江二级支流涪江。

响滩河小流域监测河段主干道长度为 10.5 km，主要流经元兴乡五合、蒲溪、跳蹬村和仓山镇财源村、偏偏店村、响滩村。该区域以种植业和畜禽养殖业为主，无工矿企业。种植业中，旱地种植制度主要为小麦/玉米/大豆和油菜－夏玉米，稻田种植制度主要为水稻－油菜。响滩河两岸畜禽养殖业以生猪养殖为主，且规模化养殖发展迅速，农户分散养殖比例微乎其微。其中，2009 年由中江仓山温氏畜牧有限公司在元兴乡火花村建成并投产的元兴种猪场规模最大，占地面积约 180 亩，年存栏母猪 3 500 余头，公猪 60 余头，每年可提供 28 d 龄商品猪苗近 3 万头；其余养猪场均小型规模化猪场主要分布在仓山镇财源村、偏偏店村、响滩村，年末存栏数 6 400 头，肥猪出栏数 11 100 余头，仔猪出栏数 4 700 余头。近年来由于规模化养殖发展，导致响滩河水质污染极其严重，且夏秋季节水葫芦遍布河面，造成极大安全隐患。

1.2 监测点布设

根据研究区域内种植业和养殖业空间分布特征，从响滩河源头至河流尾端，设响滩河河水监测点断面 7 个，依次为响滩河源头点（A1）、火花村村委会点（A2）、元兴养猪场下断面点（A3）、元兴场镇结束点（A4）、三新桥点（A5）、响滩村村委会点（A6）、响滩村新农村点（A7）。其中，A1 为元兴水库即响滩河源头，是仓山镇及响滩河沿岸居民饮用水源地，A7 为响滩河尾端；A1、A2 代表种植业区，A3 至 A7 代表种养混合区。

设 B1、B2、B3、B4 研究点 4 个。其中，B1 点为元兴乡规模化种猪场的养殖污水蓄积池，B1 点位于 A2 和 A3 之间，B1 点污水直排进入响滩河，且距离河道不足 100 米。B2、B3、B4 位于中江县仓山镇响滩村 5 社正沟湾封闭小流域；按照地形高低从上到下依次为：正沟湾堰塘点 B2（正沟湾片区的农田补充灌溉、农户生产用水水源地，被农户承包后拓展为垂钓池），正沟湾片区排灌沟渠取样点 B3（位于正沟湾封闭小流域中部，有 1 个年出栏 200 头规模的生猪养殖场位于 B2 和 B3 之间），正沟湾排灌沟渠取样点 B4（位于正沟湾片区封闭小流域尾部）。B4 点的地表水于 A6 点上游约 150 米处进入响滩河。B1 代表规模化养殖区，B2 代表种植业区，B3 代表规模以下生猪养殖区，B4 代表种养混合区。

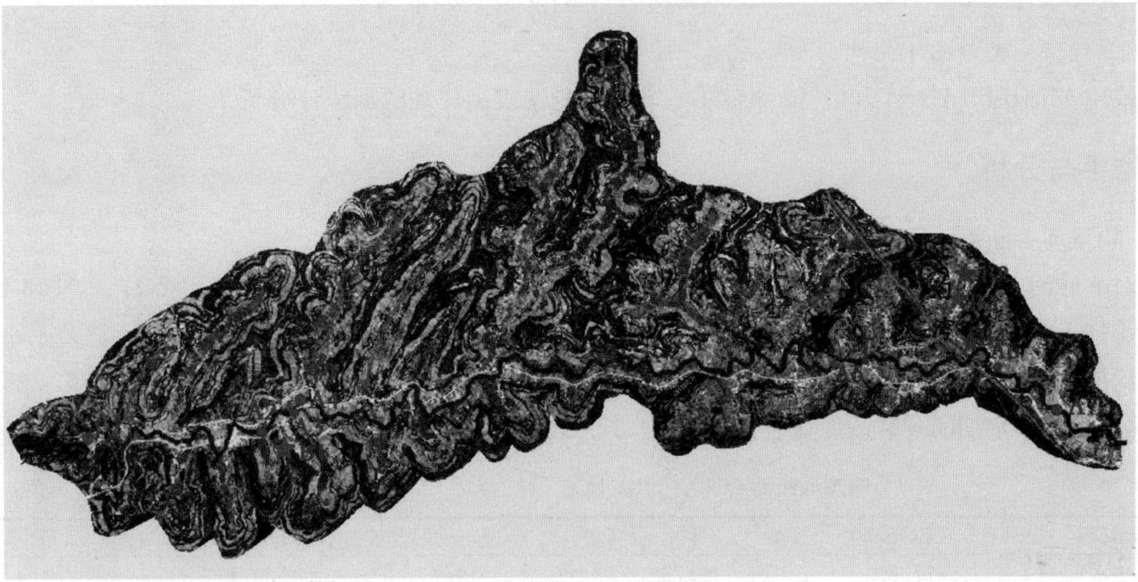

图 1　采样点位示意图

1.3　数据采集与测试

从 2013 年 3 月至 2015 年 2 月，每月 20 日上午，分别对响滩河流域 7 个监测点和 4 个研究点进行样品采集，研究点没有水流则不采样。每监测点均采集 3 个水样，每个 250 mL，样品置于低温保温箱（4 ℃）内带回实验室冷藏保存，按照《地表水环境质量标准》（GB 3838－2002）进行处理。

水样参照《水和废水监测分析方法（第四版）》[15]方法测定 COD_{Cr}、TN、NO_3^-－N、NH_4^+－N 和 TP 含量。其中，COD_{Cr}采用重铬酸盐法测定，TN 采用碱性过硫酸钾消解－紫外分光光度计比色法测定，NH_4^+－N 用靛酚蓝比色法测定，NO_3^-－N 利用紫外分光光度法测定，TP 采用钼酸铵分光光度法测定。

1.4　评价标准和评价方法

1.4.1　评价标准

地表水 COD_{Cr}、TN、NH_4^+－N 和 TP 的水质分级标准，参照《地表水环境质量标准》（GB 3838－2002）。NO_3^-－N 分级指标参照文献[16]分类方法。

1.4.2　评价方法

1.4.2.1　单项水质评价方法

根据项目地表水水域环境功能和保护目标，参照《地表水环境质量标准》（GB 3838－2002）Ⅲ级标准，进行单项水质评价。污染指数 $S_{i,j}=C_{i,j}/C_{sj}$；式中 $S_{i,j}$ 为污染物 i 在监测点 j 的污染指数，$C_{i,j}$ 为污染物 i 在监测点 j 的浓度，C_{sj} 为调查因子 i 的评价标准值。

污染分担率 $K_i = S_{i,j}/\sum_{i=1}^{n} S_{i,j} \times 100\%$,式中 n 为参与评价污染物项数。

1.4.2.2　综合评价指数方法

参照《地表水环境质量标准》（GB3838－2002）Ⅲ级标准，用内梅罗综合污染指数法评价水质综合污染程度[17]。式中，P_j 为监测点综合污染指数，n 为参与评价污染物项数，max 为各项污染物中的最大分指数。

$$P_j = \frac{\sqrt{\left(\frac{1}{n}\sum_{i=1}^{n}\frac{C_{i,j}}{C_{sj}}\right)^2 + \left(\max\frac{C_{i,j}}{C_{sj}}\right)^2}}{2}$$

1.4.3 数据处理与统计分析

采用 Microsoft Excel 2007 和 spss11.0 软件进行图表制作和数据统计分析。

2 结果与分析

2.1 响滩河各断面水质的季节性变化规律

对响滩河 7 个监测断面地表水水质分析表明（表 1），枯水期地表水的 COD_{Cr}、NH_4^+－N 和 TP 浓度显著高于丰水期，TN 浓度显著低于丰水期，而枯水期和丰水期的 NO_3^-－N 差异未达显著水平。与年平均值相比，枯水期地表水的 COD_{Cr}、NH_4^+－N 和 TP 浓度分别提高了 15.37%、59.35% 和 12.94%，而丰水期的 TN 浓度显著提高了 19.27%。

表 1 响滩河断面 COD_{Cr}、TN、NO_3^-－N、NH_4^+－N 和 TP 的季节性变化 单位：mg/L

时期	COD_{Cr}	TN	NO_3^-－N	NH_4^+－N	TP
枯水期	77.80a	10.73c	3.19a	5.37a	2.11a
丰水期	54.80c	15.59a	3.11a	1.20c	1.61b
年平均值	67.26b	13.07b	3.15a	3.37b	1.87ab

注：同一列中不同小写字母表示差异达 5% 显著水平，下同。

2.2 种养格局对地表水水质空间变化特征的影响

由表 2 分析可知，在响滩河流域，不同功能区之间 TN、NO_3^-－N、NH_4^+－N 和 TP 浓度均表现为：养殖区>种养混合区>种植区，且各个功能区之间差异达到显著水平。与种植区相比，受规模化养猪场养殖废污影响的种养混合区的 COD_{Cr}、TN、NO_3^-－N、NH_4^+－N 和 TP 浓度分别提高了 17.79%、198.09%、131.56%、219.94%、564.23%。

在正沟湾监测区，养殖区的地表水的 COD_{Cr}、TN、NO_3^-－N 和 TP 浓度均显著高于种植区和种养混合区。与种植区相比，种养混合区的地表水的 TN 显著提高 98.57%，而 COD_{Cr}、NO_3^-－N、NH_4^+－N 和 TP 浓度无显著差异。可能在于规模以下生猪养殖场废污排放量总体较小，且进入排灌沟渠以后，通过沟渠对污染物的去除效应、农田消纳和下游水体补充，降低了 COD_{Cr}、NO_3^-－N、NH_4^+－N 和 TP 浓度。

表 2 不同功能区地表水水质空间变化特征 单位：mg/L

监测点		COD_{Cr}	TN	NO_3^-－N	NH_4^+－N	TP
响滩河	种植区	59.68d	5.41e	1.62d	1.31de	0.37c
	养殖区	151.14b	100.02a	6.45a	38.21a	6.62a
	种养混合区	70.29cd	16.13c	3.76b	4.19b	2.47b
正沟湾	种植区	77.22c	5.18e	2.56c	1.95cd	0.30c
	养殖区	197.37a	47.44b	3.59b	0.90e	6.15a
	种养混合区	69.72cd	10.28d	2.81c	2.59c	0.91c

进一步对响滩河监测区 7 个河流断面的水质（表 3）分析表明，与种植区 A2 断面相比，B1 点养殖废污进入响滩河后，A3、A4、A5、A6、A7 河流监测断面 COD_{Cr} 浓度增幅为 9.22%～21.55%；距离 B1 点最近的 A3 断面的 TN 显著提高 303.72%，下游 A4、A5、A6、A7 断面的 TN 浓度增幅为

100.86%～164.11%；A4 断面的 NO_3^-－N、NH_4^+－N 和 TP 浓度均达到整个监测断面浓度的最高峰值，与种植区 A2 断面相比，分别显著提高 127.34%、188.33 和 492.63%，下游 A5、A6、A7 断面 3 个断面的 NO_3^-－N、NH_4^+－N 和 TP 浓度均显著高于 A2 断面，且随着河流延伸逐渐降低或趋于稳定。由此表明，规模化养殖场污水排放是造成排污口下游河流断面 A3 和 A4 断面的 TN、NO_3^-－N、TP 和 NH_4^+－N 浓度急剧增加的直接原因，且对下游 A5、A6、A7 断面水质造成持续污染。

表 3　响滩河 7 个监测断面水质空间变化特征　　单位：mg/L

监测点	COD_{Cr}	TN	NO_3^-－N	NH_4^+－N	TP
A1	58.18b	4.80e	1.13f	0.96c	0.29b
A2	61.17b	6.03e	2.12e	1.66c	0.45b
A3	66.81ab	24.33a	3.22cd	4.31ab	2.28a
A4	74.19a	15.91b	4.82a	4.79a	2.69a
A5	68.27ab	14.00c	4.12b	3.94b	2.60a
A6	74.35a	14.32c	3.66bc	3.91b	2.45a
A7	67.86ab	12.10d	2.98d	4.01ab	2.34a

2.3　种养格局对地表水污染指数的影响与污染类型变化

参照《地表水环境质量标准》（GB 3838－2002）Ⅲ级标准，结合图 2 分析可知，在响滩河监测区，不同河流断面之间，各监测指标污染指数表现为 TN＞TP＞COD_{Cr}＞NH_4^+－N，其 TN、TP、COD_{Cr} 和 NH_4^+－N 的指数分别为 10.77、7.11、3.25 和 2.75，NO_3^-－N 污染指数仅为 0.36；不同功能区之间，各监测指标的污染指数均达到显著性差异，且表现为养殖区＞种养混合区＞种植区。在正沟湾监测区，种植区和养殖区各监测指标的平均污染指数表现为 TN＞COD_{Cr}＞TP＞NH_4^+－N，其 TN、COD_{Cr}、TP 和 NH_4^+－N 的平均污染指数分别为 7.73、3.67、3.01 和 2.27，NO_3^-－N 污染指数仅为 0.36；与种植区相比，种养混合区的地表水的 TN 污染指数显著提高，而 COD_{Cr}、NO_3^-－N、NH_4^+－N 和 TP 的污染指数差异不显著。

与正沟湾监测区相比，响滩河监测区种植区总污染指数降低 8.01%，但养殖区和种养混合区的总污染指数分别提高了 100.94% 和 74.49%。由此表明，两个监测区的种植业区之间总污染指数差异较小，而生猪养殖特别是规模化养殖是导致响滩河种养混合区总污染指数提高的主要原因。

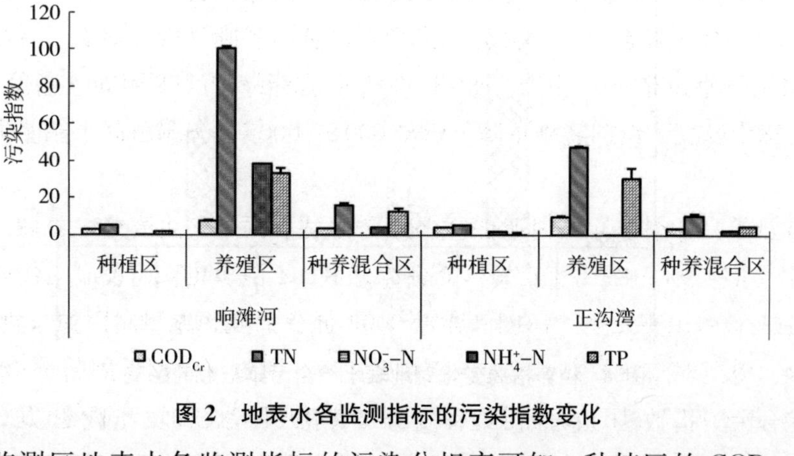

图 2　地表水各监测指标的污染指数变化

根据图 3 两个监测区地表水各监测指标的污染分担率可知，种植区的 COD_{Cr}、TN、NO_3^-－N、NH_4^+－N 和 TP 污染分担率分别为 27.90%、43.23%、2.23%、13.08% 和 13.56%，养殖区分别为 7.64%、54.41%、0.51%、11.13% 和 26.31%，种养混合区分别为 13.08%、45.78%、1.57%、

11.85%和27.73%。按照谈旭初[18]关于地表水污染类型划分方法，种植区地表水污染类型为兼有COD_{Cr}污染的总氮污染型，而养殖区和种养结合区地表水污染类型完全一致，均为兼有总磷污染的总氮污染型。

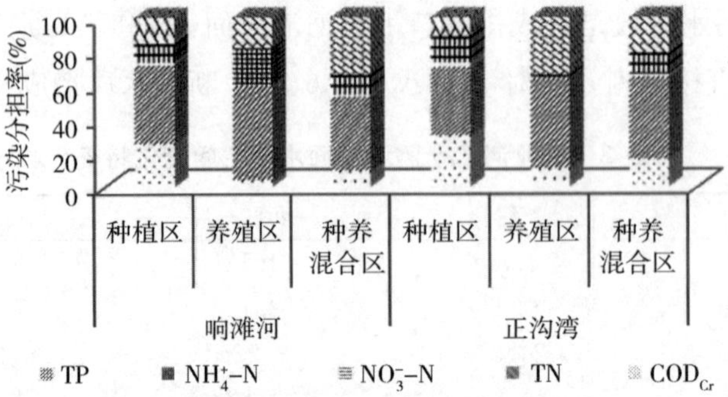

图3　地表水各监测指标的污染分担率（%）

2.4　地表水质等级变化与污染现状评价

由表4分析可知，按照《地表水环境质量标准》（GB3838－2002）单因子水质判别方法，响滩河流域两个监测区的地表水五个监测指标中，除部分监测区的NO_3^-－N和NH_4^+－N水质未达劣Ⅴ类水质标准，其余监测区各个指标皆为劣Ⅴ类水质。以最差的水质类别作为水质综合评价的结果，响滩河流域两个监测区的地表水水质全部为劣Ⅴ类，说明整个响滩河流域地表水水体污染极其严重，亟须及时治理。

表4　各监测点地表水水质等级变化结果

监测点		COD_{Cr}	TN	NO_3^-－N	NH_4^+－N	TP	水质等级
响滩河	种植区	劣Ⅴ类	劣Ⅴ类	Ⅰ	Ⅳ	劣Ⅴ类	劣Ⅴ类
	养殖区	劣Ⅴ类	劣Ⅴ类	Ⅲ	劣Ⅴ类	劣Ⅴ类	劣Ⅴ类
	种养混合区	劣Ⅴ类	劣Ⅴ类	Ⅱ	劣Ⅴ类	劣Ⅴ类	劣Ⅴ类
正沟湾	种植区	劣Ⅴ类	劣Ⅴ类	Ⅰ	Ⅳ	劣Ⅴ类	劣Ⅴ类
	养殖区	劣Ⅴ类	劣Ⅴ类	Ⅱ	Ⅲ	劣Ⅴ类	劣Ⅴ类
	种养混合区	劣Ⅴ类	劣Ⅴ类	Ⅱ	劣Ⅴ类	劣Ⅴ类	劣Ⅴ类

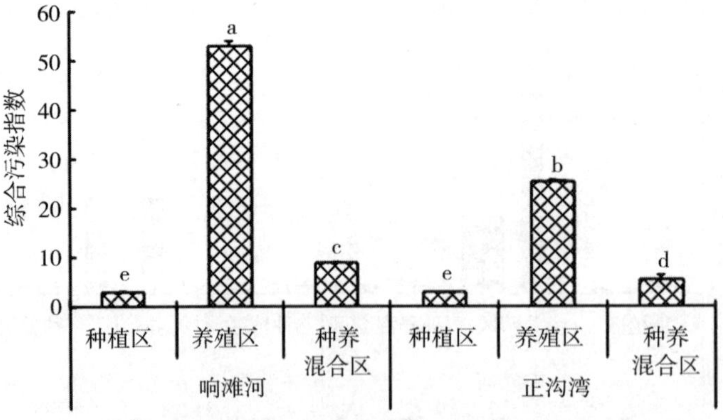

图4　种养格局变化对地表水综合污染指数的影响

采用内梅罗综合污染指数法，参照污染程度分级标准[17]综合污染指数$P<1$，清洁；轻污染$1\leqslant P<2$，轻度污染；$2\leqslant P<3$，污染；$3\leqslant P<5$，重度污染；$P\geqslant 5$，恶性污染分析可知（图4），响滩河监测区和正沟湾监测区，种植区的综合污染指数最低，分别为2.95和2.89，且两者差异不显著，均为轻度污染；响滩河监测区的养殖区和种养混合区的综合污染指数分别为53.14和8.93，正沟湾监测区

分别为 25.35 和 5.56，养殖区和受养殖业污染影响的种养混合区的地表水均为恶性污染。与正沟湾监测区相比，响滩河监测区的养殖区和种养混合区的综合污染指数分别显著提高了 109.60％和 60.58％，由此表明规模化生猪养殖场废污排放加剧了受纳水体的污染程度。

3 讨论

四川丘陵区属亚热带季风性湿润气候，降雨季节性变化特征明显，在本研究区域内 2007—2015 年平均降水量约 872.22 mm，其中 5～9 月丰水期降水量占 83.93％，枯水期降水量不足 20％，区域地表水主要补给来源为降雨补给，而枯水期水流量少，不能有效稀释污染物，同时枯水期河流水体中浮游植物大量死亡，残骸经过细菌分解释放到水体中增加水体中磷素含量[19,20]，进而导致枯水期水体中污染物 COD_{Cr}、NH_4^+-N 和 TP 浓度较高，且分别比年平均值提高 15.37％、59.35％和 12.94％，这与滇池新运粮河[21]和闽江流域[22]地表水质季节性变化趋势一致。地表水中 TN 浓度表现为丰水期大于枯水期，张晟等[23]研究也表明三峡库区 TN 输出与河流流量呈显著正相关。这可能是该区域养殖业夏季排污强度高，以及丰水期因暴雨造成地表径流[24]和因紫色土“蓄满产流”形成的地下径流[25]频发，从而引起农田氮素随径流大量进入水体的共同作用结果。

在点源污染得到有效控制的情况下，非点源污染成为影响河流水质的重要原因之一。已有研究报道中，被监测区域的景观空间格局、土地利用、土地覆被是影响非点源污染的入河污染物的排放量和种类的主导因素，且与气候、水文、陆源污染排放特征直接或间接相关[26,27]。在空间变化上，非断流河流水体向下游流动的过程中，由于支流汇入干流，以及河流水体本身的自净作用，水体水质状况表现为中下游水质优于河流上游[28]；而在沟渠中，由于沟渠对氮磷污染物的截留效应，其水质也表现为干渠优于支渠[29]。本研究中，响滩河流监测区各监测断面的 TN、NO_3^--N、NH_4^+-N 和 TP 浓度在空间变化上，表现为养殖区以上的上游河段监测指标浓度低，而受到规模化养殖区粪污直排影响，其受纳水体暨种养混合区水质呈现先急剧增加后趋于稳定的变化趋势，与养殖区相比，种养混合区的 COD_{Cr}、TN、NO_3^--N、NH_4^+-N 和 TP 浓度分别提高了 17.79％、198.09％、131.56％、219.94％、564.23％。在正沟湾监测区，受规模以下养殖污染影响，与种植区相比，种养混合区的地表水的 TN 显著提高 98.57％，而 COD_{Cr}、NO_3^--N、NH_4^+-N 和 TP 浓度无显著差异。两个监测区研究结果均表明，养殖业粪污直排是造成河流或沟渠中上游暨种养混合区地表水监测指标浓度增加的重要原因，但受养殖规模及养殖废污受纳水体容量大小影响，规模化养殖对下游受纳水体的 COD_{Cr}、NO_3^--N、NH_4^+-N 和 TP 浓度的增加效果明显高于规模以下养殖场，潘丹[30]对全国 5 省份 754 个生猪养殖户的调查也证实了小规模养殖所产生的畜禽污染较低，而中等程度的规模养殖所产生的畜禽污染较高。

世界各国在推进养殖业发展过程中，积极探索了畜禽粪便的管理、资源化利用方式及其对环境的影响[31,32]，并出台了相关的畜禽养殖粪污排放管理办法。日本在 20 世纪 70～80 年代在《防止水污染法》中规定了畜禽场的污水排放标准，加拿大则对畜禽养殖场的选址及建设、畜禽粪便的储存和畜禽粪便的使用均作出了明确要求，美国《联邦水污染法》侧重于畜牧场建场的管理，并对主要畜禽的养殖规模及建场许可进行了规定。我国国家环保局 1999 年的调查结果显示，全国 90％的畜禽养殖场建厂时没有考虑对环境的影响，60％缺乏防治污染设施。2001 年国家环保总局分别发布了《畜禽养殖污染防治管理办法》《畜禽养殖业污染物排放标准》和《畜禽养殖业污染防治技术规范》，对规范畜禽养殖业排污行为和促进畜禽养殖业的污染防治起到了积极作用。本研究中，研究区域养殖场集中修建于 2008 年“5·12”汶川特大地震之后，地震灾后重建资金的资助推动了生猪养殖规模化发展，但新建养殖场多注重圈舍修建，畜禽粪便的储存及处置配套性较差。元兴种猪场污水处理仅配置不到 1 000 m^2 蓄水池一个，干湿分离后的养殖废水蓄满后直接通过沟渠进入河道；分散养殖场虽配置了大小不等的沼气池，但由于容积小且清理周期较长或缺乏清理，养殖粪污实际也是通过沟渠最终进入河道。其中，元兴种猪场养殖废水排污量大，加之排污口距离河道近，从而导致受纳水体中的 TN、TP、COD_{Cr}、NH_4^+-N 的单项指标污染指数和综合污染指数均较上游河段显著增加，表明规模化生猪养殖场废污排放加剧了受纳水体的污染程度。

4 结论

（1）响滩河流域枯水期地表水的主要污染物为 COD_{Cr}、NH_4^+-N 和 TP，且分别比年平均值提高 15.37%、59.35%和 12.94%；而丰水期主要污染物为 TN，比年平均值提高 19.27%。

（2）种养格局显著影响地表水中 TN、NO_3^--N、NH_4^+-N 和 TP 浓度的空间分布特征，表现为养殖区>种养混合区>种植区；与种植区相比，生猪规模化养殖是造成种养混合区地表水污染的根本原因，其 COD_{Cr}、TN、NO_3^--N、NH_4^+-N 和 TP 浓度分别提高了 17.79%、198.09%、131.56%、219.94%、564.23%。

（3）生猪规模化养殖显著提高地表水总污染指数，改变了地表水污染类型。种植区地表水污染类型为兼有 COD_{Cr} 污染的总氮污染型，而养殖区和种养结合区地表水污染类型完全一致，均为兼有总磷污染的总氮污染型。

（4）整个响滩河流域水质污染严重，种植区和种养混合区水质均达到劣Ⅴ类水质标准。种植区地表水为轻度污染，养殖区和受养殖业污染影响的种养混合区的地表水均为恶性污染，规模化生猪养殖场废污排放加剧了受纳水体的污染程度。从水体污染治理角度，在种植区开展水土养分流失特别是氮素流失控制的同时，亟须加强区域生猪规模化养殖业粪污的无害化资源化循环利用技术研究与应用，以促进四川丘陵区生猪养殖业健康发展与长江上游生态环境保护。

参考文献

[1] 杨林章，冯彦房，施卫明，等．我国农业面源污染治理技术研究进展 [J]．中国生态农业学报，2013，21（1）：96 -101.

[2] Daniel J Conley，Hans W Paerl，Robert W Howarth，et al. Controlling Eutrophication：Nitrogen and Phosphorus [J]．Science，2009（323）：1014 - 1015.

[3] Tove Wium-Andersen，Asbjørn H. Nielsen，Thorkild Hvitved-Jacobsen，et al. Modeling the eutrophication of two mature planted storm water ponds for runoff control [J]．Ecological Engineering，2013（61）：601 - 613.

[4] 张维理，武淑霞，冀宏杰，等．中国农业面源污染形势估计及控制对策 I. 21 世纪初期中国农业面源污染的形势估计 [J]. 中国农业科学，2004，37（7）：1008 - 1017.

[5] 朱兆良，孙波，杨林章，等．我国农业面源污染的控制政策和措施 [J]．科技导报，2005，23（4）：47 - 51.

[6] 周军，叶珍，马云，等．牡丹江流域农业面源污染特征及防治对策研究 [J]．环境科学与管理，2011，36（2）：46 -48.

[7] Lei Wu，Tian-yu Long，Xia Liu，et al. Impacts of climate and land-use changes on the migration of non-point source nitrogen and phosphorus during rainfall-runoff in the Jialing River Watershed，China [J]．Journal of Hydrology，2012（475）：26 - 41.

[8] 钱晓雍，沈根祥，郭春霞，等．基于水环境功能区划的农业面源污染源解析及其空间异质性 [J]．农业工程学报，2011，27（2）：103 - 108.

[9] 张英鹏，李彦，孙明，等．微山岛农业面源污染源解析与防控对策［J］．环境与可持续发展，2010（4）：51－55.
[10] 方晓波，骆林平，李松，等．钱塘江兰溪段地表水质季节变化特征及源解析［J］．环境科学学报，2013，33（7）：1980－1988.
[11] 戴仕宝，杨世伦．近50年来长江水资源特征变化分析［J］．自然资源学报，2006，21（4）：501－506.
[12] 潘开文，吴宁，潘开忠，等．关于建设长江上游生态屏障的若干问题的讨论［J］．生态学报，2004，24（3）：617－627.
[13] 杨飞，杨世琦，诸云强，等．中国近30年畜禽养殖量及其耕地氮污染负荷分析［J］．农业工程学报，2013，29（5）：1－11.
[14] 苏杨．我国集约化畜禽养殖场污染问题研究［J］．中国生态农业学报，2006，14（2）：15－18.
[15] 国家环境保护总局．水和废水监测分析方法（第四版）［M］．北京：中国环境科学出版社，2002.
[16] 鲁垠涛，冷佩芳，秦蔚，等．密云水库上游流域地下水中氮素污染特征及影响因素［J］．农业环境科学学报，2016，35（1）：148－156.
[17] 李建军，冯慕华，喻龙．辽东浅水区水环境现状评价［J］．海洋环境科学，2001，20（3）：42－45.
[18] 谈旭初．依据污染分担率划分地表水污染类型的方法［J］．环境科学与管理，2009，34（4）：7－9，12.
[19] 熊汉锋，陈治平，黄世宽，等．梁子湖水体P的季节变化与沉积物P释放初步研究［J］．湿地科学，2006，3（4）：174－177.
[20] Mario Álvarez-Cabria，José Barquín，Francisco J. Peñas. Modelling the spatial and seasonal variability of water quality for entire river networks：Relationships with natural and anthropogenic factors［J］．Science of The Total Environment，2016（545）：152－162.
[21] 王华光，刘碧波，李小平，等．滇池新运粮河水质季节变化及河岸带生态修复的影响［J］．湖泊科学．2012，24（3）：334－340.
[22] 陈涵贞，苏德森，吕新，等．闽江流域地表水质季节性变化特征研究［J］．中国农学通报．2010，26（5）：267－271.
[23] 张晟，郑坚，刘婷婷，等．三峡水库入库支流水体中营养盐季节变化及输出［J］．环境科学．2009，30（1）：58－63.
[24] Zheng Jin-Jun，He Xiu-Bi，D QI Yong-Qing，et al. Assessing soil erosion rates on manually-tilled hillslopes in the Sichuan Hilly Basin using 137 Cs and 210 Pbex measurements［J］．Pedosphere，2007，17（3）：273－283.
[25] Zhu B，Wang T，Kuang F H，et al. Measurements of nitrate leaching from a hill slope cropland in the Central Sichuan Basin，China［J］．Soil Science Society of America Journal，2009（73）：1419－1426.
[26] 吉冬青，文雅，魏建兵，等．流溪河流域景观空间特征与河流水质的关联分析［J］．生态学报，2015，35（2）：246－253.
[27] Lee S W，Hwang S J，Lee S B，et al. Landscape ecological approach to the relationships of land use patterns in watersheds towater quality characteristics［J］．Landscape and Urban Planning，2009，92（2）：80－89.
[28] 于松延，徐宗学，武玮，等．北洛河流域水质空间异质性及其对土地利用结构的响应［J］．环境科学学报，2014，34（5）：1309－1315.
[29] 薛飞，刘文，夏品华，等．贵州草海湿地农田沟渠沉积物氮磷的吸附动力学及影响因素［J］．农业环境科学学报，2012，31（10）：1999－2005.
[30] 潘丹．规模养殖与畜禽污染关系研究——以生猪养殖为例［J］．资源科学，2015，37（11）：2279－2287.
[31] Wiens M J，Entz M H，Wilson C，et al. Energy requirements for transport and surface application of liquid pig manure in Manitoba，Canada［J］．Agricultural Systems，2008，98（2）：74－81.
[32] Bhandral R，Bittman S，Kowalenko G，et al. Enhancing soil infiltration reduces gaseous emissions and improves N uptake from applied dairy slurry［J］．Journal of Environmental Quality，2009. 38（4）：1－11.

四川丘区旱作主要生物灾害防治策略与技术*

符慧娟[1] 李星月[1] 李其勇[1] 易 军[1] 许秉智[3] 陈友华[4] 罗聪聪[1] 张 鸿[2]

1. 四川省农业科学院植物保护研究所/农业部西南作物有害生物综合治理重点实验室，四川成都 610066
2. 四川省农业科学院，四川成都 610066
3. 四川凉山彝族自治州越西县农业农村局，四川越西 616650
4. 四川凉山彝族自治州昭觉县农业农村局，四川昭觉 616150

摘要：四川丘陵区是四川省面积最大、人口分布最集中的区，伴随着农业重心从成都平原转向盆中丘陵，四川丘区农业成为全省经济特别是农业的重要区域。近年，由于异常气候和生态环境恶化，农业生物灾害常年影响丘陵地区农业活动，制约了丘区的农业生产和经济发展，因此，绿色安全地进行农业生产活动尤为重要。文章通过总结和分析，综合阐述了丘区旱作农业主要生物灾害的防治策略和技术，将农业生物灾害监测预警作为治理的前提和基础，综合采取化学、物理和生物等防治措施，加强农业调控措施和植物检疫检验工作，并借助高新技术手段综合监测和诊断丘区病、虫、草、鼠等生物灾害，采取正确方法防治，以期加快丘区农业绿色发展，提升丘区农产品数量和质量。

关键词：农业生物灾害；生物防治；监测；预警；高新技术

四川丘陵地区主要集中分布在四川盆地的底部，西起龙泉山、东至华蓥山，海拔一般不超过 800 m。四川丘区总面积 890×10^4 hm^2，其中耕地面积达到 246×10^4 hm^2，所辖 68 个县（市、区）的耕地面积、总人口和农业增加值均超过四川省半壁江山，是四川省粮油、畜牧等优质农产品的主产区。

在过去 30 年的农作物病虫害监测预警工作中，四川省的监测预警技术手段由最初传统的人工调查到 3S 等信息技术为标志的信息测报技术，发展至今成为以物联网技术为标志的智慧测报技术，为四川省各级农业部门指挥重大病虫害防治、减轻生物灾害发挥了重要作用[1]。针对四川丘陵稻区的病虫害，多采用非化学防治与化学防治相结合的方法防治水稻病虫害，如利用蓄养天敌、选用抗病品种作为防治病害的主要措施，科学采用栽培技术和生物制剂来防治虫害，为保障水稻产量和安全，合理辅以化学农药进行防治[2,3]。四川丘陵地区旱作农业的病、虫、草、鼠灾害发生范围广，危害程度重，本文总结了适用性广、效果佳的多种病虫害防治措施和技术，主要遵循“预防为主，综合防治”的植保方针，以期为丘区生物灾害的防治提供更全面、科学的措施和方法。

1 监测预警

农业生物灾害监测预警是指根据有害生物的发生流行规律，利用灯诱、性诱和田间抽样调查技术，

* **基金项目**：农业部公益性行业（农业）科研专项（201503127）；四川省科技支撑计划（2016NYZ0053）；四川省财政创新能力提升工程专项（2016GYSH－013）；四川省农业科学院人才基金之青年领军人才研究基金项目（2020LJRC008）

3S技术（遥感技术RS、地理信息系统技术GIS和全球定位系统技术GPS），计算机信息技术，人工智能技术，数理统计建模技术，大区域宏观分析技术等，对有害生物的发生、流行和危害进行监测，开展有害生物发生发展趋势的评估、预测和防治决策制定，以指导农业生产防治[4]。

农业生物灾害监测预警是生物灾害治理的基础和前提。采取系统调查与普查相结合、定点观测与定位调查相结合，对主要农作物上的有害生物种类进行全面调查和鉴定。根据病虫害发生情况，结合天气和苗情，综合病虫害发生条件，对病虫害发生、流行、危害做出准确测报，做到防早、防小。通过准确的测报，可以及早做好各项防控准备工作，以便更有效地采用合适的防控技术，提高防控效果和效益。根据预测时期可分为长期预测（下一个作物生长季节或下一年有害生物的发生情况）、中期预测（在一个季节内或数十天后的发生情况）和短期预测（未来几天的发生情况）；根据预测内容可分为发生量预测、发生期预测、发生面积预测、分布范围预测、发生程度和危害损失预测等。

近年来，高新技术不断地应用于农业生物灾害监测预警。在遥感监测方面，将地面高光谱遥感与GPS等技术结合，用于监测作物有害生物发生和危害动态[5]。遥感是一项无损监测技术，在不破坏作物结构的基础上，对作物的生长状况进行实时监测[6]。当作物受到生物灾害危害时，植株出现颜色的改变、外观形态改变等。

总体来看，四川丘陵地区乃至全省的农业生物灾害监测预警研究与应用还处于落后状态。但是，鉴于当前面临的严峻生物灾害形式和农业科技持续发展的重大需求，必须强化这项工作，以促进生物灾害防治社会公益性事业的发展。

2 物理措施

物理防治是指利用各种物理因素，如光、热、电、温度、湿度和放射能、声波等，及利用机械、人力等防治有害生物的措施[7]。物理措施对作物、农产品、环境等安全、无污染，同时，还兼有松土、保墒、培土、追肥等有益作用。

2.1 病害

2.1.1 干热处理法

对种子携带的病毒、细菌和真菌具有较好防治效果。多用于蔬菜种子，如采用72℃干热处理2～3 d之后，可有效钝化葫芦种子上的绿斑驳花叶病毒（CGMMV）[8,9]。不同植物的种子耐热性有差异，处理不当会降低萌发率。

2.1.2 温汤浸种[10,11]

热水处理利用植物与病原物耐热性的差异，合理控制水温和时间可以在不损害植物的同时杀死种子表面和种子内部潜伏的病原物。

2.1.3 人工机械防治

在播种前，可以通过筛选等可以方法汰出带病菌的种子，减少有害生物传播危害[12]。

2.2 虫害

2.2.1 灯光诱杀

利用害虫趋光特性，安装频振杀虫灯诱杀，同时，实行分段开灯，尽量降低杀虫灯对自然天敌的杀伤力。

2.2.2 黄板诱杀

利用害虫趋色特性，悬挂黄板诱杀，对蚜虫类、粉虱类等同翅目害虫成虫进行诱杀，减轻同翅目害虫发生危害。

2.2.3 性诱剂诱杀

诱杀蛾类、桃蛀螟雄性昆虫，使雌蛾失去交配机会，减轻蛾类和桃蛀螟害虫发生危害。

综合性诱剂、色板、频振杀虫灯的“三诱”技术配套使用[13]。席亚东、彭化贤等人与西充、乐至农业局合作于2014年在两地进行了该技术在辣椒上的应用，结果表明，使用黄板示范区，能够减少70%以上的蚜虫量，进而减少病毒病的发生，因此提高了辣椒产量，并能减少农药施药次数2次。使用性诱剂示范区烟青虫虫株率为4.93%，虫果率为5.07%；对照区（未使用性诱）虫株率为19.76%，虫果率为17.71%；防治效果为75.0%（按虫株率计算），71.3%（按虫果率计算）。减少3次用药，节约防治成本（含人工）158元/亩。在麦蚜发生初期，每亩均匀插挂15～30块黄板，高度高出小麦20～30 cm；当黄板上黏虫面积达板表面积的60%以上时更换，悬挂方面以板面向东西方向为宜。

2.2.4 阻隔法

果园果实套袋，可以阻止多种食心虫在果实上产卵。利用适宜孔径的防虫网能够阻隔害虫，并能减少病毒病的发生[12]。

2.2.5 辐射法

利用适当剂量放射性同位素衰变产生的α粒子、β粒子、γ射线、X射线处理昆虫，可以造成昆虫雌性或者雄性不育[12]。

2.3 草害

除草机械包括中耕除草机、除草施药机及用于耕翻兼有除草效果的耕翻机械；人力是通过人工拔除、刈割、锄草等措施来除草；物理方法包括火焰、高温、电力、辐射等[14]。

2.4 鼠害

物理灭鼠技术包括从简单的鼠夹、鼠笼、粘鼠板、地箭到现代的电子捕鼠器和超声波灭鼠仪[15]。大部分捕鼠器械是按照力学原理设计，支起时暂时处于不稳定的平衡状态，鼠在吃诱饵或通过时，触动击发点，借助器械复原的力量，鼠即被捕获或杀死。一般捕鼠器械的制作原料易得、成本低廉、构造简单、经济安全，可就地取材、灵活应用，可供在不同季节、环境、场所灭鼠。但这类方法一般比较费工，用于消灭残余鼠和零星发生的害鼠比较合适。下面介绍两种较先进的物理灭鼠技术。

其一是电子灭鼠[16]。电子灭鼠器俗称电猫，是一种特制的高压电杀鼠工具，其原理是使用变压器把低流量交流电升至1 600～2 000 V的高压，连接于离地的裸露电缆，当鼠体触动电缆时，电缆－鼠－大地形成回路，电流通过鼠体将鼠击昏或击死，捕鼠器同时发出声、光信号，人可及时将鼠取下。这种装置适用于防治粮仓或商品库房鼠害，但必须注意安全。合格的电子捕鼠器应具有下列性能：高压回路限流功能，其短路电流应小于60 mA；延时自动切断电源的功能；高压电输出采用与市电电网绝缘的悬浮输出；机壳与机内带电部位绝缘良好，机壳附有接地接线柱。

其二是超声波驱鼠器[16]。超声波在物理学上指频率大于20 kHz的声波，能引起鼠大脑和视觉神经紊乱，恐惧和瘙痒，食欲不振，眼红发炎，疼痛抽筋，乱闯乱蹦，自相践踏等现象。长时间作用能致使鼠肾激素下降，破坏生殖器官，直至死亡。正在哺乳的母鼠受超声波干扰后，乳汁枯竭，影响幼鼠的成活。对褐家鼠的试验表明，对其行为、进食、体重有一定的影响，但影响时间短暂，随着超声波刺激时间的延长，褐家鼠能够逐渐适应。在试验开始1～2 d内，鼠行为明显异常；第3 d起异常反应越来越不明显；3 d后，其行为基本恢复正常[17]。

3 化学防治

化学防治是利用化学药剂的毒性来防治病虫害的方法，是植物保护最常用的方法，也是综合防治中一项重要措施。农药具有高效、速效、使用方便、经济效益高等优点，但使用不当会对植物产生药害，应当恰当地选择农药种类和剂型，采用适宜的施药方法，合理使用农药[18,19]。农药按防治有害生物的种类可以分为杀菌剂、杀虫剂、除草剂、杀鼠剂、植物生长调节剂和昆虫生长调节剂等。农药的剂型有烟剂（FU）、乳油（EC）、悬浮剂（SC）、粉剂（DP）、可溶性粉剂（SP）、可湿性粉剂（WP）、粒剂（GR）、种衣剂（SD）等。农药通过土壤处理、种子处理和植株处理等使有害生物接触农药而中毒，处理方法有喷雾法、喷粉法、浸渍法、撒施法、毒饵法、熏蒸法、拌种法、包衣法等[12]。

3.1 病害

3.1.1 土壤处理

通过土壤消毒剂如氯化苦、溴甲烷等对土壤进行熏蒸，对如镰刀菌、疫霉菌、轮枝镰胞菌等引起的土传病害有较好的防效。此外，对根结线虫、病原菌、地下害虫和杂草均有很好的防治效果。

3.1.2 种子处理

利用种衣剂进行种子包衣处理。杀死种子携带病原菌。如，防治小麦锈病可用15％粉锈宁可湿性粉剂60～100 g，或12.5％速保利可湿性粉剂每50 kg种子用约60 g拌种[20]。采用种子包衣对玉米种子处理，对防治土传病害丝黑穗病、茎腐病具有较好的效果。用0.25％次氯酸钠溶液或1.0％次氯酸钙溶液进行浸泡或冲洗对马铃薯病毒病具有较好的效果。

3.1.3 喷雾防治

在发病初期及时喷药控制。如对小麦锈病，在病叶率达到5％、严重度在10％以下，每亩用15％粉锈宁可湿性粉剂50 g，或20％粉锈宁乳油每亩40 mL，或25％粉锈宁可湿性粉剂每亩30 g，或12.5％速保利可湿性粉剂每亩用药15～30 g，对水50～70 kg喷雾，或兑水10～15 kg进行低容量喷雾；病叶率为25％以上、严重度超过10％，应加大用药量，视病情严重程度，用以上药量的2～3倍浓度喷雾[20]。对于玉米叶斑病常发区在玉米大喇叭口期（11～12片叶展开）采用内吸性杀菌剂，如阿米西达，主要成分为苯醚甲环唑＋嘧菌酯；丙环唑，叶面喷雾1～2次，相隔15 d，对玉米后期叶斑病的防控效果较好，防效高达73.87％。利用氟硅唑防控黄瓜白粉病。采用高效低毒的内吸性杀菌剂防治，如瑞毒霉，甲霜灵锰锌、克露、银发利等，对马铃薯晚疫病发生进行药剂防治效果较好。用50％抗蚜威可湿性粉剂2 000倍液，或用25％蚜螨清乳油2 000倍液，或用10％吡虫啉可湿性粉剂3 000倍液，或用菊马乳油（氰戊菊酯十马拉硫磷）1 000～2 000倍液等药剂喷雾防治大豆病毒病。

3.2 虫害

对于部分蚜虫、螟虫、介壳虫、飞虱等发生较为严重的地块，可选择的高效低毒农药按无公害农产品施药要求进行防治。如防治蚜虫可用1.5％乐果粉剂，每亩1.5～2.0 kg；喷雾用50％辛硫磷乳油2 000倍，10％吡虫啉，或用抗蚜威可湿性粉剂4 000倍液。防治大豆虫害用50％马拉硫磷、50％敌敌畏、50％辛效磷1 000倍液喷雾防治；或用2％西维因粉剂或3％敌百虫粉剂喷粉。防治玉米螟，不同玉米生育期的防治方式也不同，如玉米喇叭口期，可用Bt乳剂每亩150～200 mL，拌煤渣或细沙3～6 kg制成颗粒剂，向玉米喇叭口内丢施，每株撒施1～2 g；错过喇叭口期的玉米螟防治可采用苏云金杆菌（Bt）悬浮剂2 000 U或8 000 U/微升苏云金杆菌（Bt）粉剂8 000倍＋40％辛硫磷1 500～2 000倍混合喷雾，也可达到防治的目的。

3.3 草害

应根据作物种类和杂草群落发生分布情况，科学合理地使用安全高效低毒低残留的化学除草剂进行化学防治。同时生产中应注意除草剂对作物的安全性，尤其是蔬菜，由于其种类繁多，且栽培方式复杂，各种蔬菜耐受除草剂程度有一定差异，导致化学防治难度加大，因此必须科学合理地选择除草剂，以免发生药害，且应注意除草剂的用量和方法。

各种作物宜选用的除草剂分述如下。

3.3.1 玉米田

二甲戊灵、乙草胺、烟嘧磺隆、氯氟吡氧乙酸、苯唑草酮、唑嘧磺草胺、二甲四氯、莠去津、甲基磺草酮、灭草松等。

3.3.2 小麦田

精噁唑禾草灵、苯磺隆、氯氟吡氧乙酸、唑嘧磺草胺、二甲四氯、甲基二磺隆、绿麦隆、异丙隆等。

3.3.3 油菜田

高效吡氟甲禾灵、精喹禾灵、异丙甲草胺、烯草酮、吡喃草酮、草除灵、二氯吡啶酸等。

3.3.4 马铃薯田

二甲戊灵、乙草胺、砜嘧磺隆、高效氟吡甲禾灵、精喹禾灵、异丙甲草胺、烯草酮、嗪草酮等。

3.3.5 蔬菜田

二甲戊灵、乙草胺、高效吡氟甲禾灵、精喹禾灵、异丙甲草胺、烯草酮等。

3.3.6 果园

草甘膦、百草枯、草铵膦、敌草快等。

3.4 鼠害

化学灭鼠中除选择适当的药剂外，还要选择适当的饵粮。首先要保证饵粮有良好的适口性。据多年实践，粮食中未经加工的生粮，如谷子、大米、小麦及碎玉米等比经磨粉、煮熟或成形后的粮食适口性好。嫩玉米、红苕等虽然适口性好，但制成的毒饵不宜久藏。此外，多数杀鼠剂渗透力都差，药剂多在粮食表面，用黏附法制成的毒饵更是如此。害鼠取食又有剥壳习性，因此，不宜用谷子等有壳粮食作为基饵，否则将造成大量药剂浪费。常用杀鼠剂有以下几种。

3.4.1 磷化锌

应用磷化锌时常用黏附法配制毒饵，毒饵浓度0.5%～2.0%。饵粮可用大米、小麦，也可用马铃薯、红苕。配制毒饵时应站在露天上风，并戴上口罩以防吸入粉尘。磷化锌还能通过油脂从皮肤吸收，因而要禁止用裸手拌饵。磷化锌中毒症状主要是恶心、腹痛、怕冷。如果操作不当引起不适，应立即离开现场。误食毒饵者应立即催吐，用1∶5 000高锰酸钾水溶液洗胃并尽快送医院治疗。

3.4.2 毒鼠磷

毒鼠磷使用时用0.3%的黏附毒饵或醇溶毒饵。由于其经皮肤吸收的毒力和口服毒力很接近，拌药时要特别注意戴橡皮手套和口罩。中毒的主要症状是皮肤颤搐、流涎、流泪、腹泻、呼吸困难。误食中毒者应立即催吐、洗胃。毒物进入眼内者要用流水冲洗。阿托品、解磷定和氯化普罗通可以解毒。

3.4.3 杀鼠灵

市售品为2.5%母粉，使用时按1∶50配制成0.05%黏附毒饵。室内投饵每房间两堆，每堆20 g。农田每5～7 m一堆，每堆20～40 g。杀鼠灵使用时一般要求补充投饵1～2次。加大浓度会影响毒饵的适口性，鼠死最高峰在 5～7 d，浓度低于 0.025%时中毒鼠类存活时间显著延长。

3.4.4 溴敌隆

亦称溴敌鼠，属于第二代香豆素类抗凝血杀鼠剂，已在四川许多农田推广应用。市售有 0.05%毒饵、0.5%和 0.05%母粉及 0.5%的母液。采用母液拌制毒饵尤其方便。溴敌隆适口性特别好，毒饵中不需任何添加剂。田间盗食率 60%以上，大量饵堆被全部吃光。室内实验中，害鼠取食毒饵甚至多于无毒饵粮。和第一代抗凝血杀鼠剂不同，溴敌隆为一次性投饵，具有使用方便、广谱高效的特点，使用得当灭效可达 80%以上。

3.4.5 氯敌鼠

纯品氯敌鼠为无味无臭的黄色粉末，难溶于水，是唯一能溶于植物油的杀鼠剂。市售氯敌鼠有 0.005%毒饵、0.25%母粉和 0.25%油剂。其中 0.25%油剂尤其具有经济方便的优点，特别适用于农村大面积灭鼠选用。使用时将母油一份拌大米或小麦等饵粮 50 份，拌匀即可使用，不需任何添加剂，这是因为植物油本身对害鼠有引诱作用，适口性好。据调查，田间盗食率高于 50%，室内高于 80%。农田农舍的灭鼠效果均可达到 90%以上。

4 生物防治

生物防治是指利用有益生物及其产物控制有害生物的防治措施。随着科学技术的发展，人们已从直接利用活体生物发展到利用生物产物，甚至将生物产物进行人工改造合成类似产物，用来防治有害生物。生物防治的方式主要包括保护利用有益生物、引进有益生物、人工繁殖和释放有益生物、生物产物的开发利用等[12]。生物防治是有害生物绿色防控的重要措施之一，具有人畜安全、农产品安全、环境安全的显著特点，同时，有害生物不易产生抗药性[21,22]。

4.1 病害

生物防治可用于防治土传病害，也用于防治叶部病害和收获后病害。有益微生物已被制成多种类型的生防制剂大量生产和应用，如木霉[23]、芽孢杆菌[24]、苏云金杆菌 Bt[25]、ZSB[26]系列种衣剂等，这些制剂主要以有益微生物及其代谢物为活性成分，通过拮抗作用和竞争作用达到防治病虫害的目的。如哈茨木霉通过寄生立枯丝核菌，用以防治玉米纹枯病[27]。而国内生产的生物型种衣剂（ZBS）对玉米茎腐病和纹枯病苗期和成株期的防治均有一定效果[28—30]。

4.2 虫害

4.2.1 保护害虫天敌以虫治虫控制害虫

常见害虫天敌有捕食性昆虫瓢虫、步甲、食蚜蝇、捕食螨等；寄生性昆虫有姬蜂、茧蜂、小蜂等[31]。如利用赤眼蜂寄生玉米螟卵的方法防治玉米螟[32]，在实践中，将工厂化生产的赤眼蜂卵卡别在玉米叶片下，赤眼蜂孵化后寻找玉米螟卵进行寄生，杀死玉米螟卵，起到防治的作用。释放捕食螨，胡瓜钝绥螨防治柑橘树红蜘蛛和黄蜘蛛等害螨[33]。

4.2.2 二是细菌和真菌以菌治虫控制害虫

细菌中用于防治鳞翅目、双翅目和鞘翅目害虫的苏云金杆菌可以防治土壤中蛴螬的乳状芽孢杆菌[34]；真菌中的白僵菌、绿僵菌、多毛菌等可以防治鳞翅目、同翅目、直翅目和鞘翅目害虫[35]。如白僵菌主要是利用玉米螟在春季解冻滞育后的寻找水源、喝水化蛹等活动习性防治玉米螟；在玉米螟爬出秸秆之前喷施白僵菌菌粉，使玉米螟在活动时接触到白僵菌感染致死，从而消灭玉米螟发生的虫源，降低玉米螟种群基数，减少玉米螟的危害[36]。

4.2.3 三是有益生物产物的利用

主要包括植物次生化合物和信号化合物、微生物抗生素和毒素、昆虫的激素和外激素。如可选用阿维菌素、浏阳霉素、苦参等生物制剂防治蛾类、蚜虫等害虫，以及红黄蜘蛛等害螨类。

4.3 草害

杂草生物防治已有100多年的历史，通常利用不利于杂草生长的生物天敌，如某些昆虫、病原真菌、细菌、病毒、线虫、食草动物或其他高等植物来控制杂草的发生、生长蔓延和危害[37,38]。以虫治草的成功实践有空心莲子草叶甲防治空心莲子草、泽兰实蝇防治紫茎泽兰、尖翅小卷蛾防治莎草科杂草（香附子和扁秆藨草）等[39]；以菌治草的成功实践有鲁保1号防治大豆菟丝子、尖角突脐孢防治稗草、链格孢菌防治紫茎泽兰等[30-42]。杂草生物防治虽研究广泛，但真正成功商品化的生物除草剂屈指可数，杂草生物防治任重而道远。

4.4 鼠害

生物防治是利用鼠类的天敌捕食鼠类或利用有致病力的病原微生物消灭或控制鼠类的方法[43]。目前的主要措施，一是利用天敌灭鼠[44]，鼠类在自然界的天敌很多，它们大多是陆生肉食动物，如黄鼬、猫、蛇、狐类等食肉的小兽；鹰、猫头鹰等鸟类中的猛禽；家养的猫和狗也可以捕食鼠类。二是利用对人、畜无毒而对鼠有致病力的病原微生物灭鼠，如肉毒素、毒饵，不过其安全性较差[12]。三是引入不同基因，使之因不适应环境或丧失种群调节作用而达到灭鼠目的[45]。

5 农艺措施

用各种农业调控措施，压低病原物数量，提高植物抗病性，创造有利于植物生长发育而不利于病害发生的环境条件[46]。因地制宜地选用抗病（虫）品种，如发病早期摘除下部病叶、收获季节清除田间秸秆和深耕灭茬，减少菌源积累；实行轮作、间套作，如辣椒与花生间套作能够显著降低辣椒炭疽病的病情指数；适时播种，合理密植，提高健身栽培管理水平；科学施肥，增施磷钾肥；清理田边地头杂草等。

6 植物检疫

植物检疫又称为法规防治，其目的是利用立法和行政措施防止或延缓有害生物的人为传播[47]。

外来入侵有害生物与本地农业有害生物的防控策略有所不同。考虑到保护本地生态平衡，对本地农业有害生物的治理主要通过控制有害生物的种群在经济危害水平之下即可，而非采取消灭种群的措施。但由于入侵地缺乏有效的生物制约因子，外来入侵有害生物易在入侵地快速建立种群或爆发成灾，因此，对外来入侵物种的防控，采取在入侵物种种群构建环节加以灭绝、在扩张过程中进行限制、在爆发后进行持续控制，防止有害生物的传播和蔓延。

有效的措施包括严格执行过境检验检疫，杜绝有害生物传播；完善早期预警和监控技术，在早期采取根除和灭绝措施；加大力度限制和阻断入侵物种种群的扩散蔓延；综合运用生物、物理、化学及生态等措施阻止入侵生物种群的爆发成灾，控制其损失在经济危害水平之下[48]。

7 高新技术在生物灾害中的应用

7.1 3C、3S等高新技术的应用

3C即计算机（computer）、通信（communication）和控制（control）的简称，3S即遥感（RS）、

地理信息系统（GIS）和全球定位系统（GPS）[49,50]简称。3C、3S等信息高新技术在农业各领域的渗透和交融已成为农业快速、健康、持续发展的新动力和一个世界性的趋势，其在植物保护方面的作用主要体现在提高农药利用率、减少环境污染[51]。

3C、3S等信息高新技术在植保方面主要是应用于不同农作物和病虫害防治各种专用高效施药器械，实现精准喷雾作业。目前，在喷雾机上应用图像识别技术和3S技术，已使自动对靶喷雾技术取得突破性进展。自动对靶喷雾技术主要有基于地理信息技术和实时信息采集与处理两种系统，自动对靶施药机械能够根据靶标的有无和靶标特征的变化有选择性地对靶施药，有效地提高了农药在作物上的附着率，明显地减少了农药在非靶标区域的沉降，减少了农药的使用数量，降低了生产成本和减少农药对环境的污染。实现了低量、精喷量、少污染、高功效、高防效的精准喷雾。3C、3S等信息高新技术还可应用于病虫草鼠害分布判别、监测预报、专家管理咨询系统、抗病虫作物种质管理、作物抗性基因遗传分析等方面[52]。

7.2 生物技术

应用组织培养、分子标记、基因导入、ELISA、PCR、克隆等生物技术，在作物抗病虫机制和作物抗病虫性的室内快速鉴定、抗病虫种质创新、害虫抗药性机制和快速简便的抗药性田间检测、迁飞率野外监测等领域发挥不可替代的作用。应用生物技术开展了对Bt等转基因作物的杀、抗、耐病虫的效果进行全面评价，研究其对人畜及其他有益生物和环境的安全性，以及转基因抗病虫物质在植物体内的定殖特性、代谢途径、检测方法及其与其他生化抗性物质的关系，预测病虫对转基因工程植物的抗性发展并提出治理策略[53]。

8 展望

进入21世纪，农作物病虫害发生种类明显增多，发生危害面积逐渐增加，发生频率加快，作物因灾害而造成的损失逐年加重。加强农作物生物灾害防治，能够保护农业生产安全、保障农产品质量安全，降低防治带来的环境污染、维护人民群众生命安全、促进农业可持续健康发展。农作物生物灾害的防控需要强化农作物生物灾害控防监测预警、实行物理、化学、生物以及现代信息技术相结合的综合防治等多方面共同执行。

参考文献

[1] 万宣伍，封传红，王胜，等．四川省农作物病虫监测预警发展历程回顾及展望［J］．中国植保导刊，2018，38（4）：70－80.

[2] 唐仕姗，王海鹏．浅谈四川丘陵区稻田养鱼模式下水稻栽培技术及病虫害防治［J］．农业与技术，2018，38（12）：101－102.

[3] 淡秀英．水稻高产栽培技术及病虫害防治措施［J］．江西农业，2019（4）：22－23.

[4] 程登发．植物病虫害监测预警学学科发展研究［G］．2012—2013植物保护学学科发展报告．中国植物保护学会，2014：15.

[5] 唐华俊．农业遥感研究进展与展望［J］．农学学报，2018，8（1）：167－171.

[6] 朱洪芬，田永超，姚霞，等．基于遥感的作物生长监测与调控系统研究［J］．麦类作物学报，2008（4）：674－679.

[7] 律凤霞．灰树花栽培过程中病虫害的综合防治［J］．牡丹江师范学院学报（自然科学版），2010（3）：22－23.

[8] 宋顺华，吴萍，郑晓鹰，等．干热处理对蔬菜种子质量的影响及其杀菌效果研究［J］．河南农业科学，2011，40（4）：117－119.

[9] 宋顺华，宫国义，耿丽华，等．干热处理对葫芦科种子质量的影响及对黄瓜绿斑驳花叶病毒的防治效果 [J]. 中国蔬菜，2018 (2)：58-63.
[10] 肖晓华．农作物病虫害综合防治策略与措施 [J]. 现代农业科技，2008 (10)：92-94.
[11] 李廷松．浅谈作物病虫草害的物理防治 [J]. 农技服务，2017，34 (22)：70.
[12] 韩召军．植物保护学通论 [M]. 北京：高等教育出版社，2012.
[13] 文吉辉，黄志农，徐志德，等．三诱技术在辣椒主要害虫防控中的应用 [J]. 辣椒杂志，2010，8 (2)：26-29.
[14] 刘秀培．有机蔬菜病虫草害防治措施 [J]. 江西农业，2018 (24)：25.
[15] 冯今，吴江，程天亮．草原鼠害主要防治方法 [J]. 甘肃畜牧兽医，2016，46 (21)：9-14.
[16] 赵红梅．草原鼠害防控技术探索 [J]. 中国畜禽种业，2017，13 (9)：40
[17] 孟凤霞，刘起勇，宋秀平，等．超声波驱鼠器对鼠活动行为的影响及其应用探讨 [J]. 中国媒介生物学及控制杂志，2007，18 (3)：181-184.
[18] 李宏，冯国杰，李志涛．园林植物病害的发生与防治 [J]. 现代农村科技，2013 (11)：26-27.
[19] 许志刚．普通植物病理学 [M]. 北京：高等教育出版社，2009.
[20] 陈万权．图说小麦病虫草鼠害防治关键技术 [M]. 北京：中国农业出版社，2011.
[21] 李振梅．农作物栽培与病虫害防治技术探讨 [J]. 农业与技术，2019，39 (11)：101-102.
[22] 何树林．农作物栽培与病虫害防治技术 [J]. 中国农业信息，2016 (11)：66-67.
[23] 张婷．木霉菌和绿僵菌复合种衣剂创制与土传病虫害防治初步研究 [G]. 公共植保与绿色防控. 中国植物保护学会，2010：1.
[24] 李凤，刘会涛，田莎，等．复配芽孢杆菌对撑绿杂交竹枯萎病的生物防治效果研究 [J]. 北京林业大学学报，2018，40 (12)：76-84.
[25] 高成华．微生物杀虫剂苏云金芽孢杆菌 (Bt) 的研究现状及应用 [J]. 农业工程技术（温室园艺），2015 (16)：64-66.
[26] 郭建文．生物种衣剂的应用前景 [J]. 种子科技，2002 (5)：11-12.
[27] 张广志，文成敬．木霉对玉米纹枯病的生物防治 [J]. 植物保护学报，2005 (4)：353-356.
[28] 郑俊强，高增贵，庄敬华，等．玉米土传病害生物防治的研究进展 [J]. 玉米科学，2005 (1)：111-118.
[29] 吴晓儒，陈硕闻，杨玉红，等．木霉菌颗粒剂对玉米茎腐病防治的应用 [J]. 植物保护学报，2015，42 (6)：1030-1035.
[30] 毛腾霄，叶华智，秦玉花．枯草芽孢杆菌防治玉米纹枯病的初步研究 [J]. 中国农学通报，2016，32 (5)：44-48.
[31] 黄智华，赵进龙，崔永和，等．云南玉溪烟田害虫及天敌资源调查分析研究 [J]. 西南农业学报，2019，32 (5)：1067-1073.
[32] 王守宝．赤眼蜂对玉米螟卵的寄生作用研究 [G]. 河南省植物病理学会第五次会员代表大会暨学术讨论会论文集. 湖南省昆虫学会，2017：4.
[33] 刘旭，刘虹伶，杨永利，等．四川柑橘树主要病虫害发生危害现状和防控对策 [J]. 四川农业科技，2017 (4)：29-31.
[34] 吴洪生．苏云金杆菌的发现和应用 [J]. 生物学通报，2003 (3)：15-16.
[35] 查玉平，陈京元，夏剑萍．白僵菌防治森林害虫的研究与应用 [J]. 湖北林业科技，2010 (3)：40-42+39.
[36] 刘常辉，李纯伟，王丽艳．浅谈玉米螟绿色防控技术 [J]. 农业开发与装备，2016 (10)：148.
[37] 白勇，王晓燕，胡光，等．非化学方法在农田杂草防治中的应用 [J]. 农业机械学报，2007 (4)：191-196.
[38] 江佳富，王俊，蔡平，等．杂草生物防治研究回顾与展望（综述）[J]. 安徽农业大学学报，2003 (1)：61-65.
[39] 史建伟，薛怀清．杂草防除的生物策略 [J]. 世界农业，2002 (7)：41-43.
[40] 殷录昕．绿色植保技术——生物防治 [J]. 福建农业，2015 (1)：72.
[41] 陈勇，倪汉文，张宏军，等．尖角突脐孢菌与化学除草剂混用防治稻田稗草效果的研究 [J]. 应用生态学报，

2005 (6): 1104-1107.

[42] 崔昌华，李扬，朱朝华．紫茎泽兰入侵机制及防治方法的研究进展 [J]. 安徽农业科学，2009，37 (20): 9532-9534.

[43] 张松林，房妮．甘南草地鼠害现状及防治对策 [J]. 安徽农业科学，2006 (4): 698-699.

[44] 马崇勇，张卓然，单艳敏，等．内蒙古草原鼠害及其绿色防控技术应用现状 [J]. 中国草地学报，2017，39 (5): 108-115.

[45] 范贤洲．作物鼠害综合防治技术 [J]. 植物医生，2014，27 (1): 42-43.

[46] 郭俊彦，李晓蓉．论大豆生产中农业防治方法 [J]. 农村实用科技信息，2009 (7): 42.

[47] 宋娜．浅谈植物病虫害防治的基本方法 [J]. 现代农业，2017 (5): 20-21.

[48] 郭建英．中国生物入侵的现状与预防（下）[J]. 农民科技培训，2012 (7): 22-24.

[49] 姚建松．3S 技术在精细农业中的应用 [J]. 农业装备技术，2009，35 (1): 22-25.

[50] 刘现印，周荣福，谷双喜，等．3S 技术在生态建设中的应用研究 [J]. 安徽农业科学，2007 (29): 9453-9458.

[51] 周龄．3S 技术在赤峰市农业病虫害防治中的应用 [J]. 赤峰学院学报（自然科学版），2015，31 (1): 78-80.

[52] 郑大玮，李茂松，霍治国．农业灾害与减灾对策 [M]. 北京：中国农业大学出版社，2013.

[53] 戴小枫，叶志华，曹雅忠，等．浅析我国农作物病虫草鼠害成灾特点与减灾对策 [J]. 应用生态学报，1999，10 (1): 119-122.

四川丘区旱作农田鼠害与外来入侵生物灾害发生特点与规律*

向运佳[1] 倪建英[1] 符慧娟[1] 李星月[1] 李其勇[1] 王 帅[1] 张 鸿[1,2]

1. 四川省农业科学院植物保护研究所/农业部西南作物有害生物综合治理重点实验室，四川成都 610066
2. 四川省农业科学院，四川成都 610066

摘要：农田鼠害与外来入侵生物灾害都是重要的农业灾害，丘区地区害鼠种类繁多，严重时可使整块农田作物绝收，对农业粮食生产造成很大的危害，而外来入侵生物灾害对环境、生态、经济、健康、农业生产等方面的危害也不容忽视。通过结合四川丘区旱作农田鼠害的类型、特点、规律和危害等方面，以及对全国入侵生物的现状和趋势的大量资料分析研究和讨论，总结出四川丘区旱作农田鼠害的主要种类和其危害情况及四川外来入侵生物的种类、入侵途径、危害及特点等，提出生态防治和人工防治相结合，加大防治力度的治鼠方法，同时，对外来入侵生物采用“防患于未然，扼杀于萌芽，截断其途径，扑灭其形成”的防治策略，为四川农业鼠害治理以及外来入侵生物的监测和防治提供依据和方向。

关键词：农田鼠害；危害情况；入侵生物；入侵途径

四川省位于青藏高原和长江中下游平原的过渡带，地形驳杂，丘区较多，旱地农作物品种多，农田鼠害比较严重，对农业生产十分不利，同时外来入侵生物也对四川农业、经济、生态等产生极大的危害。目前国内外来入侵生物现状和趋势日益严重，必须采取有力措施进行监测和防治[1]。20 世纪末，蒋光藻等[2]对四川农田鼠害发生情况做了科学的调查研究，报道了四川农田鼠害的种类、分布、群落结构和发生规律。四川是我国农业大省，本文通过研究和分析总结四川丘区旱作农业鼠害及外来入侵生物灾害的种类、特点及规律，为四川农田鼠害及外来入侵生物的预防和治理提供建议，降低人力、物力、财力的损失。

1 四川丘陵农田鼠害种类与危害

1.1 主要害鼠种类及发生特点

鼠害是农业生产的重要生物灾害。四川近年来受害面积比 20 世纪 80 年代末期增加 80%，主要害鼠（包含小型兽类）有褐家鼠、大足鼠、黄胸鼠、小家鼠、巢鼠、黑线姬鼠、社鼠、针毛鼠、白腹巨鼠、青毛巨鼠、四川短尾鼩、松鼠，此外还有黄毛鼠、黑线仓鼠、大仓鼠、鼢鼠、沙鼠、达乌尔黄鼠、花鼠、板齿鼠等[3]。

* **基金项目**：农业部公益性行业（农业）科研专项（201503127）；四川省财政创新能力提升工程专项（2016GYSH－013）；2019 年度成都市科技计划项目（2019－GH02－00083－HZ）

1.1.1 褐家鼠

褐家鼠是主要的家栖鼠品种，占家栖鼠总数的16%以上。在田间，尤其是庭院附近为数也多，夹捕优势度可达25%。多做巢于室内，在粮仓饲养房地下较多，也可在阴沟、下水道等做巢，偶尔于田埂上发现其巢穴。据研究褐家鼠为家族性群居鼠，一窝可含不同龄期的鼠达20只之多。在取食上若出现一种新的食源，往往是老年鼠和弱鼠先食，24 h后未发生意外，其他个体才一起取食。因而在防治方法上急性鼠药难以起到完全杀灭的作用，宜用慢性杀鼠剂。根据我们对其日食量的测定，平均日耗干粮约19 g、年耗约7 kg，加上糟蹋的粮食，农业部门测定的标准为年耗粮9 kg。褐家鼠具有很强的耐饥能力，实验室内平均耐饥时间为102 h，最长达219 h，即9 d多。田间褐家鼠一年有两个数量高峰，春峰在6～7月，秋峰在9～11月，秋峰显著高于春峰。褐家鼠的繁殖能力很强，每年可繁殖3～7次，每胎产仔6～9只。在冬季的12月、1月和2月未见孕鼠[4,5]。

1.1.2 大足鼠

大足鼠为农区农田广布种。在川西平原有时达野外鼠总数的50%以上，丘陵区略低。一般不在室内出现。营巢于田埂、沟边、河边等近水而潮湿的环境。食物以粮食占绝对优势，对小鱼及水生甲壳类有明显嗜好。在稻麦轮作区对水稻的危害巨大。浅丘地区主要危害玉米，大发生时可使1 hm^2以上的玉米地整块绝产。水稻收获期可在田间布临时巢。呈集团活动，猖獗危害[6]。大足鼠的繁殖潜力每胎产仔6只以上，多者可达10余只。5月为繁殖盛期，怀孕率可达56%。其季节数量变化为双峰型，4～7月份为春峰，11月为秋峰。若5～7月雨量小于500 mm则呈单峰型。因此，控制大足鼠的关键在于压低春季参加繁殖活动的个体基数，春季灭鼠杀灭大量的越冬体可达此目的[7]。

1.1.3 黄胸鼠

黄胸鼠主要为家栖，可达家栖鼠总数的50%。黄胸鼠为杂食性，尤喜稻谷类有壳粮食及红苕、嫩玉米等含水多、带甜味的食物。据报道，黄胸鼠日食量约9 g，折合年耗粮约3 kg。根据文献报道[8]及实验观察，黄胸鼠是抗药力较强的鼠类。对第一代抗凝血杀鼠剂杀鼠灵的抗药性已早有报道，对第二代抗凝血杀鼠剂溴敌隆也有明显的抗性。在实验室条件下，累计摄食十万分之五毒饵30 g以上而10 d不死的达50%，超过了联合国卫生组织（WHO）所定抗药性生成的指标。由此可见，对黄胸鼠主害区的杀鼠剂选择应特别慎重。黄胸鼠一年有两个数量高峰，春峰在6～7月，秋峰在9～10月，春峰略高于秋峰。终年均可怀孕，但高峰期为3～4月和8～10月。每胎产仔5或6只。黄胸鼠在生存斗争中有较强的竞争力，近年来在农田中的数量也有明显上升的趋势，应作为重点防治研究对象[9,10]。

1.1.4 小家鼠

小家鼠有家栖和野外两种生活型，二者外形有一定差异。20世纪70年代初新疆小家鼠大发生，仅北疆的几个区损失粮食就达1.5亿kg。小家鼠的数量高峰亦为双峰型，4～5月为春峰，10月为秋峰，春峰高于秋峰。与之对应的繁殖高峰也为双峰型，春峰怀孕率达30%，秋峰亦达25%。据调查，小家鼠10年左右有一次大发生。据报道，小家鼠种群数量受垂体内分泌系统产生的自我调节影响十分明显。小家鼠的密度在田间常随作物生育期不同而发生逐食迁移。到冬季有迁往室内越冬的趋势，此时可造成家具、衣物等的破坏[11,12]。

1.1.5 巢鼠

巢鼠是一种小型野外鼠，也进入农舍。分布广但密度不高，一般低于1%。善攀爬，能在植物枝干及小麦等作物茎秆上营巢。麦收后迁入芦苇、杂草中或室内，水稻成熟后迁入田间继续危害。冬季多在草堆越冬，也可在房舍内越冬。巢鼠打洞穴居的相对较少。有贮粮习性，除盗食粮食外，也食野生浆果、草籽及蔬菜。除 1 月和 12 月外终年可繁殖，5 月为孕鼠高峰期。每胎产仔 5～6 只[13]。

1.1.6　黑线姬鼠

四川黑线姬鼠基本上是完全的野生种，在室内没有发现，是四川主要农作区的优势鼠种。田间优势度约占啮齿类的 25%，在稻麦轮作区尤其适合其生存。据观察，黑线姬鼠可随作物的生育期而逐食转移，4～5 月主要在麦地，小春收获后除少数居田坎外多转移到旱地、草堆等处所。水稻晒田后转入稻田危害。黑线姬鼠危害时从稻、麦基部咬断，常对稻、麦穗取食数粒后又咬断其他株，因而其糟蹋的粮更多于其直接的进食量。黑线姬鼠是流行性出血热等多种危险性流行病的传播媒介，对人类危害极大。秋季灭鼠可以压低其在田间的基数，但并不改变其数量变动的规律。春季灭鼠可以完全控制春峰，降低秋峰。与数量高峰相对应，怀孕的高峰也有两个，春峰在 5 月，秋峰在 10 月和 11 月，可见繁殖活动是黑线姬鼠种群密度的决定因素。黑线姬鼠在田间呈聚集分布，农作物因而出现成团被害状，但个体群则呈随机分布，并有高密度时低聚集、低密度时高聚集的特性。春季时田间鼠个体少，聚集度高，投饵到位后能起到高效低耗的作用，是防治黑线姬鼠的最佳时期[14]。黑线姬鼠一年中的数量高峰有两个，春峰从 3 月开始到 6 月时达最高，此期种群呈指数增长，10～11 月形成第二个高峰，即秋峰，春峰高于秋峰[15]。对黑线姬鼠年龄确定的研究较多，多以臼齿磨损程度为指标。据研究，以体重、体长及二者比值适合于在农田应用中推广，采用这一判别式，可为基层研究工作者及黑线姬鼠预报等带来方便[16]。

1.1.7　社鼠

社鼠为丘陵和中低山区的农田优势鼠种之一。主要活动于甘蔗、棉花和红苕地内并以这些作物为主食。食性杂，除取食红苕、棉桃等外也取食野果和昆虫。社鼠对农作物一般不构成大片毁灭性危害，其田间夹日密度很难超过 5%。但其分布范围大，尤其是丘陵地区，总数量多，累计危害仍然严重。社鼠一年当中的数量高峰为双峰型，第 1 高峰在 5 月；第二高峰在 10～12 月。4～11 月均可繁殖，以春末夏初为繁殖盛期。每胎产仔 5 只左右[17,18]。

1.1.8　针毛鼠

针毛鼠和社鼠的分布很相似，生境和习性均有类似之处。在四川数量较少，在川北深丘和中低山林区调查，其优势度可达 20%，夹日率在 1%左右。巢距地面 3～5 m。食性杂，以各种坚果、树籽、草籽为食。也盗食红苕、豆类等作物。春末夏初为主要繁殖期。平均每胎产仔 4～6 只，多者可达 9 只[19]。

1.1.9　白腹巨鼠

白腹巨鼠为山区和深丘地区的主要大型鼠。食性杂，主食各种野果、草根、草籽及菌类，也吃一些昆虫。食量较大，可达体重的四分之一。可对竹林、幼树及林缘作物构成危害，也吃香菇等经济植物。种群数量年变化不显著，相对较稳定。多在春秋季繁殖，每胎产仔 4～6 只[20]。

1.1.10　青毛巨鼠

青毛巨鼠听泡较白腹巨鼠大而突出，主要分布在山区和深丘，喜活动于竹林以及山溪边的灌丛、山腰裂缝及深山老林之中。喜黄昏和清晨活动。杂食性，主要食物有野果、竹笋、草根草籽，也食蚯蚓及昆虫。夏秋季繁殖，每胎产仔 4～6 只[21]。

1.1.11　四川短尾鼩

为食虫目小型兽类。该种虽然眼耳极度退化，但适应能力极强，从海拔 2 500 m 的横断山北至川东条状山区均有其踪迹。在川西平原等主要农业区优势度占田间小兽的 50%左右，随着农田灭鼠工作的开展，该种的田间优势度日渐上升，已成为四川农田最主要害鼠种类。该种也到室内活动，优势度小于15%。本种食性以动物性食物为主，占68%。其中以蚯蚓占绝对优势，所捕食害虫非常有限[22]。其食性随田间作物不同而有明显变化，具有粮多食粮，无粮食虫的特点。在小麦、玉米及各种豆类的播种和出苗期，由于该兽拱食种子和挖掘活动，引起幼苗枯死，导致整块地严重缺窝，个别严重受害的地块可造成整块荒芜，对葡萄，西瓜等水果苗期危害较重。权衡其利弊，应属害兽。四川短尾鼩种群数量发展很快，食性复杂，防治问题尤为突出。四川短尾鼩一年的种群数量动态为双峰型。春峰5～7月，以6月最高；秋峰9～11月。以10月最高。秋峰略高于春峰。从田间空间分布格局分析，四川短尾鼩的聚集性和种群密度有负相关的趋势，即高密度时低聚集，低密度时高聚集。其怀孕率的变化也为双峰型，且怀孕高峰大致在数量高峰之前1～2个月，即4月和7～9月。冬季12～2月没有发现孕鼠，处于繁殖停止时期。每胎以4～7仔为多。四川短尾鼩和其他鼠类一样，也可携带钩体病等病原体[23,24]。

1.1.12　松鼠

松鼠主要营树栖生活，分布于林区，一般情况下不危害农作物。但随着人类对森林开发的加剧，在深丘和低山的农林交接区松鼠破坏农作物的情况时有发生。对人工幼林危害比较严重。从生态学的角度考虑，笔者认为应该更多地扩大退耕还林，不宜针对松鼠采用大规模的化学防控，减少对生境的破坏和非靶动物的二次毒害。四川松鼠主要分布于盆周深丘和山地，以赤腹松鼠为主。在北部低山深丘及川西高原连接区域有岩松鼠分布，部分区域二者分布重叠[25,26]。

1.2　主要农作物受害症状及危害程度

农作物从种子播种到成熟的全过程均会遭到鼠的危害。但不同种类的农作物及同一作物的不同生育期，鼠害程度各异。这里介绍四川丘区几种主要农作物的鼠害危害特点。

1.2.1　玉米

玉米是易遭害鼠危害的农作物之一，特别是早播玉米鼠害特别严重。

播种期，害鼠主要盗食刚播下的种子；常沿着播种行一穴一穴地扒食种子，造成缺窝，严重时完全缺种无苗。幼苗期，害鼠在幼苗基部掘洞，盗食种子致使幼苗失去养分和水分的供给而枯死，形成缺苗断行。幼苗期的鼠害常与小地老虎、蛴螬、蝼蛄等虫害及鸟害等同时发生，但危害症状是有区别的（表1）。灌浆成熟期，害鼠咬食籽粒，撕开苞叶，由上而下啃食籽粒。一般苞头上半部受害重，甚至整个苞籽粒全部啃光，只剩穗轴。特别是倒伏株受害较重[27,28]。

表1　有害动物危害玉米苗症状区别

动物名称	害鼠	小地老虎	蛴螬	蝼蛄	鸟类
危害部位、方式	掘洞盗种	取食根茎	危害地下根茎	取食地下根茎	吸食种子、幼苗
危害症状	种子被盗走，幼苗枯死留下盗食洞	概茎切口整齐，幼苗枯死，一部分死苗被拖入表土	根茎切口整齐，幼苗枯死，种子尚在	根茎切口呈麻丝状，幼苗枯死，很少食种	断茎死苗，有的缺种，没有盗食洞

1.2.2　小麦

小麦从播种到收获的各个生育期，都可能受到害鼠的危害。

播种至出苗期，老鼠扒食种子，咬啃刚露尖的幼苗。一般早播或迟播的麦田受害重；耕作粗放，露籽严重的田块亦较重；靠近沟边、渠边的麦田又重于远离沟渠的麦田。小麦对苗期老鼠危害有一定的补偿修复能力。孕穗至乳熟期，在小麦整个生育期中，此期鼠害最重。一般株害率在5%以上。害鼠咬断茎秆，取食嫩穗，田间出现被害团。成熟期，害鼠咬断植株，取食麦粒，留下麦壳和一摊麦秆节及穗轴，遭蹋成熟的粮食[29]。

1.3 丘陵地区鼠害的区域发生特点

1.3.1 北部低山深丘区

本区农田鼠密度较低，以褐家鼠、黑线姬鼠为主，四川短尾鼩和大足鼠较之盆中丘陵比例极低，岩松鼠等为本区特殊。本区生态环境较优，农田鼠密度低，宜保护天敌和生态环境，结合农舍控鼠降低鼠密度，不用或少用化学防治[30]。

1.3.2 盆地中部典型丘陵区

本区为主要的丘陵粮食产区，也是鼠害损失的重灾区，应该加强农田鼠害的监测和防治。该区常见鼠种有10种左右，褐家鼠占啮齿类的61.16%、社鼠15.27%、大足鼠7.71%、黑线姬鼠8.02%、其他鼠7.82%[31]。食虫类的四川短尾鼩的数量极大，优势度常超过所有啮齿类鼠类之和。

1.3.3 东部平行岭谷丘陵区

本区农田优势鼠种为黑线姬鼠，大林姬鼠、大耳姬鼠等有分布，农田鼠害较重，应加强监测，及时采取防控措施减少老鼠对农作物的危害以及控制鼠传疾病[32]。

1.3.4 南部丘陵低山区

本区农田以褐家鼠为主要优势种，江安、长宁等地竹鼠及白腹巨鼠、青毛巨鼠等为特色种。鼠害控制应在鼠情监测的基础上采用综合防治策略，重害区及农舍化学防治，强化生态控制的作用[33,34]。

2 外来入侵生物种类与危害

外来有害生物是指由于自然因素或者人为有意、无意被引入新的生态环境并对新生态系统、物种及人类健康带来威胁的外来物种，包括微生物、植物和动物。有害生物入侵是指有害生物由原生存地经人为的或自然的途径侵入到另一个新环境，并在自然或人为生态系统中定居、自行繁殖和扩散，对入侵地的生物多样性、农林牧渔业生产、人类健康和食品安全等形成危害，造成经济损失或生态灾难的现象或过程[35,36]。

2.1 四川外来入侵生物的种类

我国是遭受外来生物入侵危害最严重的国家之一，34个省级行政区域和几乎全部类型的生态系统均存在外来有害生物。据统计，目前我国已知的入侵生物至少有750多种，包括130多种入侵微生物，350多种入侵植物和260多种入侵动物[37]。在世界自然保护联盟（IUCN）所列的全球100种最具威胁的入侵生物中，入侵到我国的已达50多种[38]。四川外来入侵且危害严重的微生物、植物、动物的主要种类如下。

2.1.1 微生物

水稻白叶枯黄单胞杆菌，马铃薯癌肿病菌，甘薯长喙壳菌，栗疫病菌，畸形外囊菌，番茄斑点萎凋病毒，甜菜坏死黄脉病毒，烟草环斑病毒，甘蔗指霜霉病菌，油橄榄癌肿假单孢杆菌，桉树焦枯病菌，松疱诱病菌，杨树花叶病毒等[39,40]。

2.1.2 植物

刺花莲子草，白苋，刺苋，反枝苋，尾穗苋，绿穗苋，凹头苋，青葙，梨果仙人掌，白麦瓶草，王不留行，土荆芥，刺苞果，藿香蓟，鬼针草，白花鬼针草，豚草，钻叶紫菀，小蓬草，苏门白酒草，匙叶鼠麹草，秋英，黄秋英，败酱叶菊芹，梁子菜，紫茎泽兰，大麻叶泽兰，牛膝菊，野茼蒿，菊芋，薇甘菊，加拿大一枝黄花，续断菊，苦苣菜，孔雀草，多花百日菊，美洲商陆，土人参，裂叶牵牛，月光花，洋金花，曼陀罗，欧洲菟丝子，喀西茄，假烟叶树，水茄，田芥菜，豆瓣菜，臭荠，北美独行菜，绿独行菜，飞扬草，通奶草，麻风树，蓖麻，泽漆，聚合草，金合欢，黑荆，翅荚决明，槐叶决明，百脉根，木豆，小苜蓿，白车轴草，绛车轴草，白花草木樨，落地生根，棒叶落地生根，小花山桃草，西番莲，北美车前，常春藤婆婆纳，野胡萝卜，野老鹳草，野西瓜苗，赛葵，阔叶丰花草，香膏萼距花，马利筋，大薸，野燕麦，黑麦草，两耳草，象草，普通早熟禾，棕叶狗尾草，假高粱，苏丹草，香根草，刺瓜藤[3]。

2.1.3 动物

革胡子鲶，黄金卢，吉富品系尼罗罗非鱼，牛蛙，越南石龟，褐家鼠，屋顶鼠，波利尼西亚鼠，赤腹松鼠，德国小蠊，美洲大蠊，澳洲大蠊，埃及吹绵虫介，梨根瘤蚜，烟粉虱，银合欢异木虱，咖啡豆象，本双棘长蠹，豌豆象，香豆象，巴西豆象，香蕉根莲象甲，杧果果肉象甲，红圆皮蠹，十二齿小蠹，纵坑切梢小蠹，马铃薯块茎蛾，白粉蝶，地中海粉螟，南美斑潜蝇，美洲斑潜蝇，番石横果实蝇，蜜柑大实蝇，柑橘小实蝇，罗氏沼虾，福寿螺，水稻干尖线虫等[39,40]。

2.2 外来生物入侵途径

目前公认的外来生物入侵的途径主要有三种，自然传播、无意人为引入、有意人为引入[41]。

自然传播是指外来物种凭借自身或自然力量进行迁移传播，如地质历史时期的大陆板块运动、风、河水、动物媒介等，目前自然传播是发生概率比较小的入侵途径。如紫茎泽兰、飞机草是从中缅、中越边境自然扩散进入我国的，薇甘菊可能是种子通过气流从东南亚传入我国广东地区的，稻水象甲也可能是借助气流迁飞到我国的[37]。

无意人为引入是指人类的活动无意识地将某物种从原本的栖息地带入到另一个栖息地，如国际贸易运输、旅游及海洋垃圾的倾倒等因素。随着全球经济一体化的深入发展，外来生物入侵问题越来越严重，无意引入已经变成了生物入侵的主要途径[38]。如我国引进小麦时引入了毒麦，20 世纪 70～80 年代我国从美洲国家进口的粮食中传入了假高粱。

有意人为引入是指人类为了满足在农业、林业、渔业等生产上的需要，以及某些经济利益上的需要，将外来物种专门进行引入，因此而造成外来物种的入侵，如植物的引种、动物的引进等。有意人为引入所带来的生物入侵问题目前在某些管制措施不严的国家中愈演愈烈，甚至已经成为主要的入侵途径[39]。如福寿螺是广东、浙江、福建、广西等中国南方地区被作为特种水产品引进的。

中国 95%以上的入侵物种是由人引进或带入的，它们或作为牧草、工业材料、药用植物、蔬菜、养殖等目的而被有意引进，或是随引进的苗木、花钵、土壤而被无意传入。其中，我国有意引入的外来植物约占 50%，有意引入的外来动物占 25%，由于检疫疏漏随贸易品或运输工具而被无意传入的入侵动物占 76%[39]。随着我国经济的进一步发展，外来生物入侵的程度还将更加严重，国家相关部门应使用更加严格的手段以及采取系统的管理措施，防止新的外来物种入侵[42]。

2.3 外来入侵生物的危害

生物入侵是造成全球生物多样性丧失的第二大因素，仅次于土地利用变化[43]。根据专家估算，每年因外来有害生物入侵给农业造成的损失占粮食产量的 10%～15%，水果蔬菜的 20%～30%[37]

2.3.1 对生物多样性的影响

外来入侵有害生物是影响生物多样性的重要因素[44]。生物多样性分为遗传多样性、物种多样性、景观多样性和生态系统多样性，生物入侵对这四种多样性都产生严重的影响[45]。外来物种入侵成功后，侵占了本地物种的生态位，与本地物种竞争营养、水分、光温等生存资源或者分泌释放化学物质抑制或直接掩杀本地物种，导致当地物种的种类和数量减少，甚至濒临灭绝，基因库缩小，造成物种单一，影响生物多样性，而且与本地物种杂交，污染了本地基因库；紫茎泽兰原产美洲，但在我国西南大部分地区已经遍布山野，在其发生区以密集成片的单优植物群落出现，已造成当地原有的植物群落出现衰退、消失的现象。外来入侵物种破坏了入侵地原有的生态景观，使原始生态景观变得单调，失去了自然景观，最直接的影响就是旅游。外来入侵物种通过对本地物种的压迫和排挤，改变生态系统中物种的组成和结构，从而打破了生态平衡，使得生态系统丧失净化空气、水体以及调节气候等生态功能[39]。

2.3.2 威胁人畜的安全

许多外来入侵生物是人畜的病原或病原的传播媒介，一旦它们入侵成功，很有可能会造成大范围的疾病流行，严重威胁人类的健康和牲畜的生存。红火蚁对人体极为有害，人类被红火蚁叮咬之后，红火蚁把体内的毒素注入到人体内，绝大部分人会出现疼痛、发热，有些过敏体质者还会出现脸红、恶心、大量出汗、呼吸衰竭甚至导致死亡[46]。紫茎泽兰带冠毛的种子和花粉会引起马属动物哮喘病，尤其是牲畜吸入带钩的纤毛种子后，会引起牲畜组织坏死和死亡；用紫茎泽兰的茎叶垫圈或下田作沤肥，可引起牲畜蹄子腐烂、人的手脚皮肤发炎；牲畜误食一定量的紫茎泽兰后，轻则腹泻、走路摇晃，重则四肢痉挛，最后腹胀，窒息而亡[47]。

2.3.3 造成巨大的经济损失

外来入侵物种对农业、林业、畜牧业、水产业、园艺等可造成直接经济危害。一旦外来生物入侵成功，要完全根除是极其困难的。用于控制其危害、防止其蔓延的代价极大，费用极为昂贵[48]。据估算，仅紫茎泽兰、稻水象甲、豚草、松材线虫、美洲斑潜蝇、美国白蛾等 13 种外来入侵生物每年给农业生产带来的损失就达 570 多亿元。豚草、紫茎泽兰、飞机草、薇甘菊、空心莲子草、水葫芦、大米革等的蔓延已经难以控制。如水葫芦已泛滥成灾，每年经济损失近 100 亿元，仅打捞资就达 10 亿元[49,50]。

3 展望

综上所述，四川丘区旱作农业鼠害严重，种类复杂，对玉米小麦等农作物有较大危害，应采取综合措施进行治理，加大防治力度，在防控时机上，必须抓住春季和秋季两个灭鼠关键时期，尽力降低农田害鼠繁殖基数，在防控措施上，增加毒饵站灭鼠技术、TBS 灭鼠技术[51]，改善投放的毒饵，加大害鼠天敌的保护，减少对林区的采伐。对外来入侵生物实施有效监测和防治，在引入前对外来物种进行充分的、科学的评估和预测，对危险性病虫草进行检疫，阻止其进入和传播，是减轻生物入侵问题的重要措施。对已发生入侵生物予以有效控制和治理，做到防患于未然，扼杀于萌芽，截断其途径，扑灭其形成，为广大群众普及其危害，让人人参与其中，为四川生态、环境、经济等建立保障。

参考文献

[1] 胡锦矗．四川省野生动物现状、保护与主要问题 [J]. 四川师范学院学报，2002，23 (3)：225 - 229.
[2] 蒋光藻，谭向红，倪健英．农田鼠害发生规律及防治技术研究 [J]. 西南农业学报，1999，3 (4)：61 - 69.
[3] 施大钊，郭永旺．我国农牧业鼠害发生情况及成因分析 [G]. 植物保护科技创新与发展——中国植物保护学会 2008 年学术年会论文集．北京：中国植物保护学会，2008：215 - 217.
[4] 沈建忠，吴光华．鼠的防治（三）——常见鼠种的形态习性 [J]. 中华卫生杀虫药械，2005，11 (4)：271 - 275.
[5] 戴年华，任本根，秦祖林．褐家鼠的生态学特性及其防治 [J]. 江西饲料，2000 (6)：25 - 26.

[6] 王红愫．大足鼠（*Rattus nitidus*）种群动态和繁殖特性研究［J］．云南大学学报，2008，30（S1）：166－169.
[7] 曾宗永，杨跃敏，罗明澍，等．川西平原大足鼠的种群生态学Ⅲ．繁殖［J］．兽类学报，1999，19（3）：183－195.
[8] 丛林，曹煜，王宇．哈尔滨地区对褐家鼠对第一代抗凝血灭鼠剂杀鼠灵的抗药性试验［J］．中国植保导刊，2008，28（3）：29－44.
[9] 张美文，郭聪，王勇，等．我国黄胸鼠的研究现状［J］．动物学研究，2000，21（6）：487－496.
[10] 胡秋波，吴太平，蒋洪．黄胸鼠生态及防治研究进展［J］．中华卫生杀虫药械，2014，20（2）：180－185.
[11] 潘世昌．小家鼠的种群动态和繁殖特征［J］．山地农业生物学报，2000，19（1）：25－29.
[12] 潘世昌，杨秀群，归贤祥，等．小家鼠种群年龄的研究［J］．西南农业学报，2003，16（3）：83－85.
[13] 黄文几，温业新，黄正一，等．江苏省镇江金沙滩巢鼠的调查研究［J］．动物学杂志，1979：8－11.
[14] 吕国强．黑线姬鼠的发生与防治研究初报［J］．植物保护，1993，19（3）：39－41.
[15] 谭向红，蒋光藻，倪健英．黑线姬鼠种群特征及数量变动规律研究［J］．西南农业学报，1991，4（4）：80－83.
[16] 杨再学，郑元利，胡支先，等．黑线姬鼠种群年龄组划分标准比较研究［J］．西南农业学报，2002，15（1）：112－115.
[17] 彭培英，郭宪国．社鼠的研究现状及进展［J］．四川动物，2014，33（5）：792－800.
[18] 路纪琪，张知彬．围栏条件下社鼠的食物储藏行为［J］．兽类学报，2005，25（3）：248－253.
[19] 黄辉，郭宪国，朱琼蕊．我国针毛鼠的研究进展［J］．医学动物防制，2013，29（10）：1086－1090.
[20] 肖治术，张知彬，王玉山．小泡巨鼠对森林种子选择和贮藏的观察［J］．兽类学报，2003，23（3）：208－213.
[21] 何芳．贵州梵净山小型哺乳动物物种多样性研究［D］．贵阳：贵州师范大学，2015.
[22] 宗浩，冯定胜．四川短尾鼩（*Anourosorex squamipes*）行为生态学的研究［J］．四川师范大学学报，1998，21（4）：449－452.
[23] 彭光旭，张琪，陈顺德．四川短尾鼩研究现状及其进展［J］．中国媒介生物学及控制杂志，2018，29（2）：209－211.
[24] 蒋光藻，倪健英，谭向红等．四川短尾鼩（*Anourosorex squamipes*）种群动态研究［J］．兽类学报，1990，10（4）：294－298.
[25] 马建章，戎可，宗诚．松鼠生态学研究现状与展望［J］．动物学杂志，2008，43（1）：159－164.
[26] 闻丞，彭建生．松鼠家族［J］．森林与人类，2015（8）：12－37.
[27] 边长山．蔬菜保护地鼠害发生与防治［J］．农村实用科技信息，2014（5）：21.
[28] 徐青峰．大棚蔬菜鼠害的防治方法［J］．当代蔬菜，2005（11）：34.
[29] M. E. Haque，L. A. Ficdler.（刘可）译．模拟鼠害对小麦的产量损失［J］．中国鼠类防治杂志，1988，31（4）：335－337.
[30] 杨光．四川农区鼠害进入危害高峰期［J］．病虫预报，2017（27）：67.
[31] 倪健英，蒋光藻．四川农业害鼠区系及区域治理策略研究．第二十四届中国植保信息交流暨农药械交易会论文集［M］．北京：中国农业出版社，2008：370－373.
[32] 严东海，周俗．四川草原鼠害防治情况分析［J］．四川畜牧兽医，2014，41（9）：13－14.
[33] 赵磊，严东海，张绪校，等．四川省草原鼠害现状与防控技术进展［J］．草业与畜牧，2015（4）：3－7.
[34] 王显报，郭永旺，余文海．川西地区农田鼠害发生分布规律及防控对策［J］．农业科技通讯，2016（2）：154－156.
[35] 郑大玮，李茂松，霍治国．农业灾害与减灾对策［M］．北京：中国农业大学出版社，2013.
[36] 潘士华．防范外来有害生物危害刻不容缓［J］．上海人大月刊，2004（11）：31.
[37] 万方浩，侯有明，蒋明星．入侵生物学［M］．北京：科学出版社，2015.
[38] 邢爱芬．防治生物入侵的国际法原则与实施机制［J］．生态经济，2006（12）：26－30，35.
[39] 徐海根，郭建英，黄宗国，等．中国外来入侵物种的分布与传入路径分析［J］．生物多样性，2004，12（6）：

626-638.

[40] 陈万权. 图说小麦病虫草鼠害防治关键技术 [M]. 北京：中国农业出版社，2011.

[41] 杨健. 我国外来生物入侵的现状及管理对策研究 [D]. 荆州：长江大学，2013.

[42] 鞠瑞亭，李慧，石正人，等. 近十年中国生物入侵研究进展 [J]. 生物多样性，2012，20 (5)：581-611.

[43] 丁晖，徐海根，强胜，等. 中国生物入侵的现状与趋势 [J]. 生态与农村环境学报，2011，27 (3)：35-41.

[44] 李伟丰. 外来有害生物对生物多样性的影响 [J]. 安徽农学通报，2007，13 (2)：81-83.

[45] 李凤岚，马小军，赵建成. 生物多样性的评估和保护 [G]. 全国生物多样性保护及外来有害物种防治交流研讨会论文集. 北京：中国环境科学学会，2008.

[46] 刘伟，杨震，晏娟. 生物入侵的危害与防治措施 [J]. 安徽农业科学，2015，43 (26)：104-107.

[47] 高塔，王琪，孙志东，等. 浅析凉山州生物入侵的危害与防治措施 [J]. 四川林勘设计，2012 (1)：65-67.

[48] 杨海菊，凌玲，梁华. 广西外来生物入侵现状及对生态环境的影响 [J]. 广西科学院学报，2013，29 (4)：247-251.

[49] 郭建英. 中国生物入侵的现状与预防（上）[J]. 农民科技培训，2012 (6)：22-24.

[50] 郭建英. 中国生物入侵的现状与预防（下）[J]. 农民科技培训，2012 (7)：22-24.

[51] 杨再学，谈孝凤. 贵州省 TBS 灭鼠技术规范及应用情景 [J]. 农业生物学报，2018，37 (3)：056-061.

四川丘陵区旱作病虫草害发生特点和规律*

向运佳　符慧娟　李其勇　李星月　倪建英　周小刚　李洪浩　张　鸿

四川农业科学院植物保护研究所/农业部西南作物有害生物综合治理重点实验室，四川成都　610066

摘要：四川丘陵区地处成都平原向盆周山区的过渡地带，不同区域受自然生态环境，人类经济活动，耕作习惯等因素影响较大，病、虫、草害的发生特点与规律差异明显。为提供四川丘陵区农作物病、虫、草害的防治重点，提高防治科学性和准确性，论文通过实地调查数据结合四川丘陵区农业经济和农业发展现状、地理区位概况等大量资料，综合分析了小麦、玉米、油菜、蔬菜、马铃薯、大豆等作物主要发生的病虫害种类、危害程度和危害趋势。综合数据表明各类作物病、虫、草害在四川丘陵区各区域均有发生，不同亚区相同作物的病、虫、草害发生种类上差异不大，但其发生时间和危害程度差异明显。文章综述了四川丘陵区主要粮经油料作物的病、虫、草害发生特点及规律，分析了病、虫、草害的发生趋势，提出了四川丘陵区农作物病、虫、草害防治的可行性策略。

关键词：四川丘陵区；病虫害种类；危害程度；危害趋势；粮食安全

农作物病虫害的发生是制约农产品产量的关键因素，也在相当程度上影响了农产品的品质[1]。四川丘陵区病虫草害发生面积广、种类复杂，且危害严重，伴随着气候异常的变化、农业生态环境和生态结构的复杂化，农作物病虫害防治知识浅薄，防治工作面临更艰巨的挑战。2018 年全国重发风险高或危害范围广的病虫害有 14 种，包括水稻“两迁”害虫、小麦赤霉病、棉铃虫、水稻二化螟、纹枯病、小麦蚜虫、玉米螟、黏虫、稻瘟病、小麦条锈病、玉米大斑病、马铃薯晚疫病、飞蝗等[2]。文章对四川丘陵区四个亚区的主要粮食、经济、油料和果树等作物的主要病、虫害的发生情况进行了研究，浅析了丘陵区旱作农业的病、虫、草害的发生现状。通过对多种作物的病、虫、草害发生情况的时空研究，农业发展过程中通过对病、虫、草害的发生规律的了解，以期在未来能够有效地进行丘区作物的病、虫害防治。

1　四川丘陵区不同区域农作物病虫害发生特点与规律

四川丘陵地区属亚热带湿润气候，常年气温较高，日照少，年均温 16～18 ℃以上，无霜期 280～350 d；年降水量 900～1 000 mm，年日照 1 000～1 600 h[3]，生态条件特殊，作物生长季节高温多湿，阴雨寡照，病虫草害种类多，是影响农作物高产稳产和食物安全的第一生物胁迫因素。利用四川盆地各县气象站的气象观测资料，分别统计各县历年气温、年降水量、年日照时数、春旱频率、夏旱频率、伏旱频率、稳定通过 12 ℃初日等 7 个要素的多年平均值，通过归一化处理和聚类分析，将四川丘区 68 个

* **基金项目**：农业部公益性行业（农业）科研专项（201503127）；四川省科技计划项目（2018HH0156）；四川省财政创新能力提升工程专项（2016QNJJ－028）；四川省财政创新能力提升工程专项（2016GYSH－013）；四川省财政创新能力提升工程专项（2017YXLW－032）

县划分为 4 个亚区（见图 1），现四川丘区不同亚区的农作物主要病虫害发生情况概述如下（见表 1）。

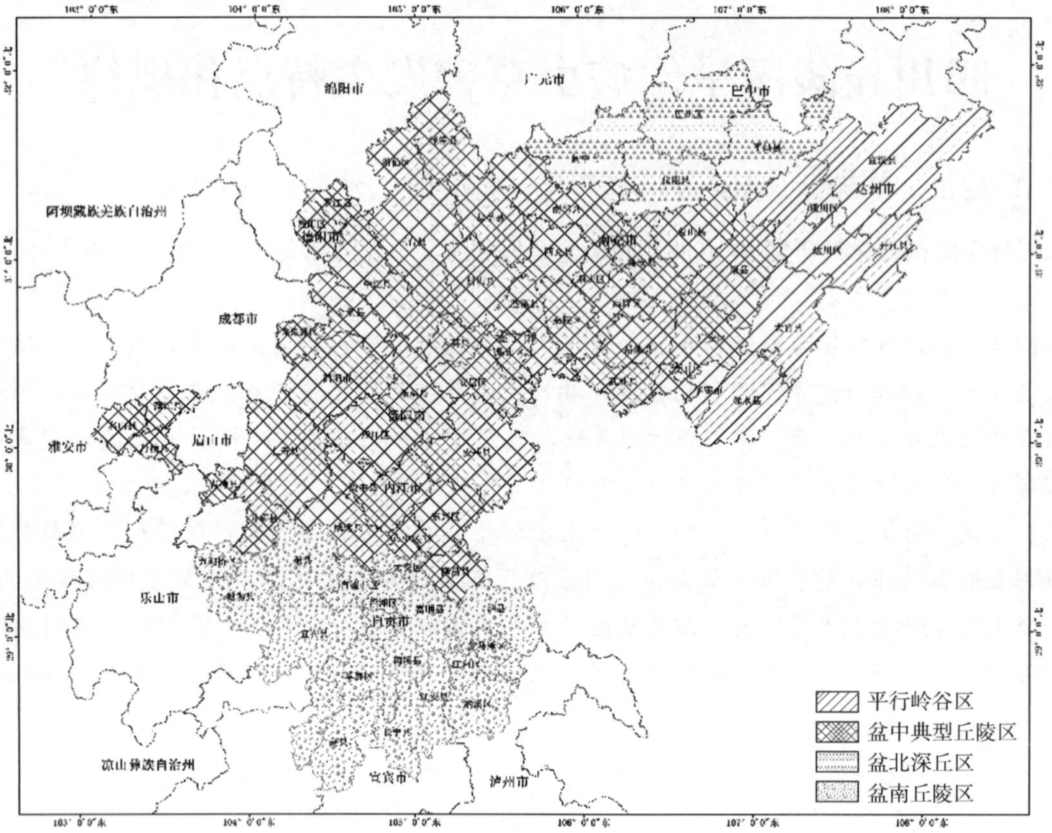

图 1　四川盆地丘陵亚区

表 1　四川盆地丘陵亚区主要粮经作物病虫害种类

丘陵亚区	小麦		玉米		油菜		马铃薯	
	病害	虫害	病害	虫害	病害	虫害	病害	虫害
盆北深丘区	条锈病、白粉病	蚜虫、麦蜘蛛	纹枯病、小斑病	玉米螟	菌核病	—	晚疫病	蝼蛄、蛴螬、金针虫、地老虎
平行岭谷区	条锈病、白粉病、赤霉病	麦蚜	大斑病、纹枯病、灰斑病	玉米螟、桃蛀螟、大螟	菌核病、根肿病	—	晚疫病	蝼蛄、蛴螬、金针虫、地老虎、瓢虫、蚜虫
盆中典型丘陵区	条锈病、白粉病	蚜虫	大斑病、小斑病、纹枯病、穗腐病	小地老虎、螟虫、红蜘蛛、蚜虫、弯刺黑蝽	根肿病、菌核病、霜霉病、根腐病、猝倒病	蚜虫	早疫病、晚疫病	蝼蛄、蛴螬
盆南丘陵区	条锈病、白粉病	麦蚜	大斑病、纹枯病、茎腐病、穗腐病	螟虫	菌核病、根肿病	蚜虫	晚疫病	蝼蛄、蛴螬、金针虫、地老虎、瓢虫、蚜虫

1.1　北部低山深丘亚区

1.1.1　小麦病虫害

该区覆盖面积小，小麦种植面积较小，零星分散种植。生产上主要是两病两虫，即条锈病、白粉病、蚜虫、麦蜘蛛[4]。受地理、气候等因素的影响，近几年其病虫害呈轻度发生。

1.1.2　玉米病虫害

该区玉米纹枯病和小斑病[5]危害较为严重，其他病害零星发生。玉米螟虫在四川丘陵区普遍发生[6]，第二代的危害株率在5%～10%。局部地区梓潼、江油、罗江等县市出现山螺危害玉米严重，50%以上叶片受害，严重的可达70%叶片受害，严重影响产量。

1.1.3 油菜病虫害

该区以油菜菌核病危害较为严重，其他病害零星发生。病虫害发生流行规律与当年气象因子密切相关，应做好气象因子的监测工作，提前做好病虫害防治准备工作[7]。

1.1.4 蔬菜病虫害

该区蔬菜病虫害发生普遍，病毒病、软腐病、疫病、菌核病等病害问题发生普遍[8]；蚜虫、棉铃虫、烟青虫[9]等危害较重。应该加强蔬菜病虫害的监测和防治工作。

1.1.5 马铃薯病虫害

该区以春马铃薯为主，常与玉米、红薯等作物间套作，马铃薯地下害虫发生严重，主要为蝼蛄、蛴螬、金针虫和地老虎等[10]。春马铃薯生长后期降水丰沛，气候温暖，田间相对湿度在70%左右，马铃薯生长中后期流行发生马铃薯晚疫病[11]。

1.1.6 大豆病虫害

该区以大豆与小麦、玉米间套作为主[12]，地下害虫主要是蝼蛄、蛴螬、地老虎和金针虫幼虫等，大豆苗期的豆秆黑潜蝇、蚜虫和花期的豆荚螟、蚜虫等发生较重[13]，害虫的取食容易导致种传或土传病菌侵染胚芽、胚根或幼根、子叶等组织，容易发生猝倒病、立枯病、霜霉病、褐斑病等病害；干旱时大豆花叶病毒病发生较重，大豆生长后期降水量偏大，温度高，田间湿度大，容易发生根腐病、疫霉病[14]、霜霉病和锈病等叶斑类真菌性或细菌性病害；大豆收获期易受大豆食心虫、豆小卷蛾危害。

1.1.7 果树病虫害

该区主要为柑橘粉虱、柑橘全爪螨、锈螨、潜叶蛾等，采取黄板诱杀粉虱，释放胡瓜钝绥螨控制叶螨、秋季性诱剂诱杀潜叶蛾、果园生草保护利用天敌可进行有效防治[15]。如发生害虫暴发时，应采用生物农药或高效、低毒化学农药进行应急科学防控。

1.2 东北部平行岭谷亚区

1.2.1 小麦病虫害

该区小麦主要病虫害为小麦条锈病、白粉病、赤霉病、麦蚜。相对于其他地区，该区病害发生较晚，结合虫害，防治关键时期主要是孕穗-灌浆期，可进行“一喷多防”[16]。

1.2.2 玉米病虫害

该区主要病害有玉米大斑病、纹枯病、灰斑病[17]，在达县、宣汉县发生严重，个别品种发病达7～9级，已严重影响产量。个别地区弯孢菌叶斑病发生严重，螟虫在该区普遍发生，主要种类有玉米螟[18]、桃蛀螟、大螟。

1.2.3 油菜病虫害

该区菌核病和根肿病危害较严重，其他病害零星发生。油菜病虫害发生流行规律与当年气象因子密切相关，应密切关注当地气象条件，做好监测预警工作。

1.2.4 蔬菜病虫害

该区蔬菜病虫害发生严重，各种重要的病虫害发生较普遍，如叶部病害的霜霉病、白粉病等和土传病害的疫病、枯萎病等均有发生；蚜虫、小地老虎、蛴螬等危害较重。应加强蔬菜病虫害的预测和预报，预防外来病原菌的传入，加强蔬菜病虫害的绿色防控[19,20]。

1.2.5 马铃薯病虫害

该区以春秋两季马铃薯为主，常与玉米、红薯等作物间套作，马铃薯地下害虫发生严重，主要为蝼蛄、蛴螬、金针虫和地老虎等。春马铃薯生长前期降水量少，有利于二十八星瓢虫、蚜虫的发生，生长后期降水量增多，田间相对湿度大，此时易发生马铃薯晚疫病。秋冬马铃薯生长期降水量多，田间相对湿度大，易发生马铃薯早疫病、晚疫病等病害[21]，马铃薯早疫病是世界性的马铃薯病害，针对马铃薯早疫病主要采取抗病品种、农业栽培措施和生物药剂等措施进行防治[22]。

1.2.6 大豆病虫害

该区以大豆与小麦、玉米间套作为主，地下害虫主要是蝼蛄、蛴螬、地老虎和金针虫幼虫等。大豆播期较早，花期易遭遇伏旱，蚜虫发生情况较重，大豆花叶病毒病时有发生，大豆生长期易受红蜘蛛、豆灰蝶、大造桥虫、豆小卷蛾和焰夜蛾等害虫危害，生长期高温高湿，有利于各种病害发生，如菌核病、灰斑病、褐纹病、赤霉病和霜霉病等病害，大豆收获期易受大豆食心虫的危害。

1.2.7 果树病虫害

该区主要为柑橘全爪螨、矢尖蚧、柑橘粉虱等，采取释放胡瓜钝绥螨控制叶螨、黄板诱杀粉虱、果园生草保护利用天敌，螺虫乙酯和阿维菌素混用施药技术控制害螨、蚧类[23]。局部果园还有柑橘大实蝇，是柑橘产区中常见的易传播的虫害，它严重影响柑橘的产量和品质，柑橘大实蝇一般一年产生一代，其卵和幼虫藏于果实内，蛹藏于土内，成虫期是防治的最佳时期[24]。

1.3 中部典型丘陵亚区

1.3.1 小麦病虫害

该区为四川主要的丘陵粮食产区。小麦播种期和出苗－越冬期，主要防治对象为条锈病、白粉病，应做好越冬基数的普查和发生趋势的预测和预报工作。针对旱地小麦的条锈病、白粉病、蚜虫等多种病虫危害，通常在 3 月下旬至 4 月上旬采取“一喷多防”，在病虫情监测的基础上采用综合防治策略[25,26]。

1.3.2 玉米病虫害

该区属春夏玉米交错区，玉米播种面积约 800 万亩，占四川玉米播种面积的 40%左右。这些地区年降水量 900 mm 左右，多数年份降雨总量不足 900 mm，春季多干旱，是产量波动较大的区域，玉米平均单产 280～320 kg/亩。玉米大斑病、小斑病、纹枯病发生普遍，是主要病害[27]。一般大田均在 1～5 级，个别品种达 7 级及以上。小斑病普遍发生在 3 级左右，纹枯病在各县普遍发生，一般病级 3 级，少数杂交组合为 5～7 级。穗腐病近几年普遍发生，并有继续上升趋势，重病田发病率高达 72.48%，病穗覆盖率达 100%，该病不仅使玉米产量因果穗腐烂而导致直接减产，严重影响了玉米品质[28]，给人畜的生命健康构成严重威胁。主要害虫小地老虎在各地均普遍发生，螟虫、红蜘蛛、蚜虫零星发生。由于种衣剂的使用和农户大多有防治的习惯而得到较好的控制。弯刺黑蝽在四川丘陵区玉米苗期的危害有加重趋势，造成心叶卷曲，皱缩，畸形，矮化[29]，危害率高达 30%，对产量影响大。玉米螟虫在四川丘陵区普遍发生，第二代的危害株率在 5%～10%。

1.3.3 油菜病虫害

该区常见病害有根肿病、菌核病、霜霉病[28]、根腐病、猝倒病等。其中以根肿病和菌核病危害最为严重。该区常见的虫害以蚜虫[30]为主。该区是四川油菜的主产区，应加强对病虫害的预测预警，实时监测病虫害发生动态，做好病虫害的防治工作。

1.3.4 蔬菜病虫害

该区蔬菜病虫害发生普遍。霜霉病、白粉病、疫病、枯萎病、根肿病、病毒病等病害危害问题比较突出；虫害以蚜虫、烟青虫、菜青虫、小地老虎等危害较普遍[31]。

1.3.5 马铃薯病虫害

该区以秋冬马铃薯为主，常与水稻、玉米等作物轮作，马铃薯地下害虫发生相对较少，主要为蝼蛄、蛴螬等。秋冬马铃薯生长期降水量多，田间相对湿度大，苗期易发生马铃薯早疫病、晚疫病等病害。

1.3.6 大豆病虫害

该区以大豆与玉米、薯类间套作为主，地下害虫主要为蝼蛄、蛴螬和地老虎等，根腐病、豆秆黑潜蝇和豆荚螟等 3 种病虫危害最为严重。根腐病病株率在 10%～20%，豆秆黑潜蝇虫株率为 20%～90%，豆荚螟虫荚率 10%～20%，造成田块不同程度减产，病虫害严重可致绝收[32]。大豆苗期主要受豆秆黑潜蝇成虫，小地老虎、大造桥虫、银纹夜蛾等幼虫的危害，取食刚出土幼嫩枝和叶，易发生猝倒病、立枯病、霜霉病、褐斑病等病害，成株期正值雨季，霜霉病、锈病等叶斑类真菌性或细菌性病害易发生，大豆枝繁叶茂，是各种害虫的幼虫取食、成虫产卵期，大豆食心虫成虫、蓝灰碟、豆灰蝶、大造桥虫、豆卷叶野螟和豆小卷蛾的发生较为严重，大豆生长后期易受大豆食心虫、豆小卷蛾、夜蛾等害虫的危害。

1.3.7 果树病虫害

该区主攻对象为柑橘全爪螨、柑橘粉虱、花蕾蛆等，采取释放胡瓜钝绥螨控制叶螨，黄板诱杀粉虱，果园生草保护利用天敌，地面施药防治花蕾蛆[33]。

1.4 南部丘陵低山亚区

1.4.1 小麦病虫害

该区小麦主要病虫害为小麦条锈病、白粉病、麦蚜。应加强监测和防控指导，重灾区可种植抗性品种并辅以化学药剂，控制病虫害蔓延。

1.4.2 玉米病虫害

该区属春玉米高产区，该区玉米种植面积 400 万亩，约占四川玉米播种面积的 20%。区域内雨水充足、光热资源丰富，伏（秋）旱是主要的农业灾害，年降水量达到 1 200 mm 左右，单产稳定[34]，玉米平均单产 340～380 kg/亩，是四川玉米高产区。主要病害有玉米大斑病、纹枯病、茎腐病、穗腐病[35]。在荣县、渠县、高县大斑病发生严重，南溪和筠连的个别品种上达 7 级。螟虫普遍发生，蚜虫零星发生。

1.4.3 油菜病虫害

该区以菌核病和根肿病发生较为严重，其他病害零星发生，蚜虫的发生与当年温度和降水量有关。

1.4.4 蔬菜病虫害

该区蔬菜病虫害发生普遍。霜霉病、白粉病、蚜虫、白粉虱等发生较重。应加强植保部门病虫害的预测预报，以预防和综合防治为主，采用科学有效的生物和物理防治措施，减少使用化学防治[36]。

1.4.5 马铃薯病虫害

该区以春秋两季马铃薯为主，常净作或与玉米物间套作，马铃薯地下害虫发生严重，主要为蝼蛄、蛴螬、金针虫和地老虎等。生长前期降水量少，春马铃薯易爆发二十八星瓢虫、蚜虫等害虫危害，生长后期降水量多，田间相对湿度大，易发生马铃薯晚疫病[37]。

1.4.6 大豆病虫害

该区以大豆与玉米间套作为主。地下害虫主要为蝼蛄、蛴螬和地老虎等，大豆苗期豆秆黑潜蝇成虫[38]，草地螟、小地老虎、肾毒蛾、银纹夜蛾等幼虫时常发生，苗期猝倒病、霜霉病和褐斑病易发生，成株期锈病、褐纹病和霜霉病等病害发生较重，食叶性害虫危害较重，如大豆卷叶螟和斜纹夜蛾发生较重，大豆收获期的大豆食心虫、豆小卷蛾、夜蛾等时有发生。

1.4.7 果树病虫害

该区主要为柑橘全爪螨、吸果夜蛾，局部果园有实蝇等，采取释放胡瓜钝绥螨控制叶螨、太阳能杀虫灯诱杀吸果夜蛾和树冠喷药和挂瓶药杀等措施防治实蝇[39]。

2 作物草害

杂草是有害于人类活动和生存的一类植物，它严重影响农作物的生长，同时施用大量除草剂还会带来环境和生态问题[40]。从人类进行耕种初始，农田杂草就一直困扰着农业的生产发展，至今已经成为植物保护领域一项严重的农业生物灾害。农田杂草直接影响农作物正常生长，它通过抢夺作物的水分、光照、养分、生长空间等满足自身生长；同时可以寄生农作物上的病菌和害虫，帮助病虫害蔓延与传播，加重危害，严重影响作物的产量与品质[41]。每年全世界因草害导致的经济损失有数百亿美元，造成14%的农作物减产。我国各地均有农作物草害发生，仅2012年发生面积就接近9 400万公顷，占粮食播种面积的84.5%[42]。农田杂草的发生受地域性、土壤条件、栽培方式、气候条件、田间管理措施及轮作等因素的综合影响，不同的作物种类，杂草发生种类及危害不同。

2.1 杂草的类别

有文献报道的农田杂草1 400种，隶属105科，其中双子叶植物杂草72科，930种；单子叶植物杂草440种；蕨类、苔藓和藻类植物杂草30种[43]。我国列入名录的农田杂草有704种，分属87科366属，对农业生产造成危害的重要农田杂草有60多种[42]。据报道，我国水稻、小麦、玉米、大豆及棉花等主要农作物农田杂草有580种，其中稻田129种、旱田427种、水旱田均有24种。稗、野燕麦、看麦娘、藜、蓼、苋、扁秆藤草、眼子菜、马唐、鸭舌草为农田十大害草[44]。

根据杂草的系统演化和亲缘关系，可将杂草按门、纲、目、科、属、种进行分类。根据杂草的形态学，可分为禾本科杂草、阔叶杂草、莎草科杂草[45]和藻类四大类。根据杂草生活史，可分为一年生杂草、二年生杂草和多年生杂草。一年生杂草在一年内完成种子发芽、生长发育到开花结实，如稗、狗尾草、马齿苋、碎米莎草等；二年生杂草在2个生长季节内完成出苗、生长和结实的生活史，如野燕麦、看麦娘、猪殃殃等，它们大都危害夏熟作物；多年生杂草指一次出苗，可在多个生长季节内生长并开花结实，如野慈姑、香附子、刺儿菜等。

2.2 四川丘陵不同田地杂草种类与危害

2.2.1 玉米田

四川丘陵区玉米田主要杂草有牛筋草、马唐、光头稗、反枝苋、狗尾草、凹头苋、铁苋菜[46]、通泉草、碎米莎草等。由于玉米生长期处于高温、高湿季节，玉米田杂草种类多，密度大，危害严重，而苗期危害最大，可造成玉米植株矮小、秆细叶黄等，严重危害玉米产量[47]。据调查，玉米田不除草，可导致玉米减产20%～30%，严重的高于40%[48]。

2.2.2 小麦田

四川丘陵区小麦田主要杂草有看麦娘、棒头草、早熟禾、猪殃殃、大巢菜、碎米荠、扬子毛茛、野油菜[49]等。因前茬作物不同，小麦田杂草发生数量和草相明显不同。而四川丘陵区以稻茬麦为主，因此小麦田杂草多以禾本科杂草为主。在农村劳动力的转移、栽培轻简技术的推广等因素的影响下，稻茬麦种植更加推崇免耕栽培等新型栽培方式，而其中杂草问题历来是免耕所关注的主要问题之一[50]。近年笔者通过不同耕作方式对四川小麦田杂草发生规律的影响研究发现，不同耕作方式下小麦田杂草种类并无明显差异；麦田杂草的发生占据了整个生育期的75%左右，小麦播后2～4周是杂草集中发生时期；播种8周后，受气候和低温的影响，杂草出苗率逐渐趋于平稳并减少；春后受气温上升等影响，杂草极难出苗[51]。

2.2.3 油菜田

四川丘陵区油菜田主要杂草有棒头草、看麦娘、日本看麦娘、早熟禾、繁缕、碎米荠、猪殃殃、扬子毛茛、鼠曲等。因生态条件与栽培条件的不同，各地杂草种类与优势群落存在着较大的差异[52]。由于四川油菜田苗后除草剂多以防除禾本科为主，阔叶杂草有取代禾本科杂草居主要优势杂草的趋势，尤其是扬子毛茛、碎米荠、荠菜等成为油菜田的难防杂草。此外，长期使用某种或某类单一的除草剂导致杂草抗药性的产生，如早熟禾、棒头草等对芳氧苯氧丙酸酯类除草剂，代表品种有精喹禾灵、高效吡氟禾草灵、精恶唑禾草灵等的抗药性逐渐上升。近年来，长江流域冬油菜田的草害面积比以前大幅度上升，不同口径抽样调查，基本都在80%以上，其中中等以上危害达到22.3%。杂草对油菜的危害主要在冬前与早春，直播田比移栽田受害严重。油菜苗期草害常形成瘦苗、弱苗、高脚苗，抽薹后分枝结荚少，结实率下降，有效株数减少。据调查，草害严重的田块，如果不除草，可导致油菜减产50%以上。

2.2.4 马铃薯田

四川丘陵区马铃薯田主要杂草有马唐、牛筋草、棒头草、反枝苋、繁缕、碎米荠、辣子草、铁苋菜、香附子等。随着马铃薯经济价值的提高和主粮化战略的提出，其种植面积也在逐年扩大，而由于各地的气候条件不同，造成杂草种类繁多，在生产中表现越来越突出，严重影响了马铃薯的产量和品质。

2.2.5 蔬菜田

四川丘陵区蔬菜田主要杂草有看麦娘、棒头草、马唐、猪殃殃、繁缕、荠菜、碎米荠、通泉草、鼠曲等，不同蔬菜种类的优势杂草种群有所差异。由于丘陵区蔬菜种类繁多，导致蔬菜田杂草种类较多，单、双子叶杂草混生严重，增加了防治的难度，严重影响蔬菜的产量。

2.2.6 果园

四川丘陵区果园主要杂草有马唐、空心莲子草、辣子草、凹头苋、碎米莎草、铁苋菜、香附子、光头稗、牛筋草、狗尾草、藜、刺儿菜、猪殃殃、看麦娘、棒头草、繁缕、通泉草等，不同果树种类的优势杂草种群有所差异。

2.3 四川杂草发生危害特点

四川杂草群落复杂、种类繁多，严重危害农田作物的生长。四川作物复种指数高、种类众多、种植制度及栽培方式多样，同时由于四川复杂的气候、地形等环境因素，因此形成了四川农田杂草种类多、杂草群落结构复杂，使农作物产量受到严重损失[42]。农田杂草的危害是长期抢夺农作物的养分、水分、光照等，是一类持续性危害的农业有害生物[53]，但大多数种植户认为杂草不会像农作物病、虫、鼠害突然爆发，并且长期使用化学除草剂，对农田杂草的科学防治意识较弱。近年来，农村大量劳动力转移到城市，农村留守人口少，致使农田撂荒，加重农田杂草危害的发生；劳动效率不足，人工除草治理杂草实现困难；农民面对杂草危害意识薄弱，无法做到适时、适量、适药。恶性杂草或抗性杂草在危害初期并非大面积爆发，一旦防治不当将会暴发成灾难以治理。目前四川口岸常见的农田杂草种类48科、138属、196种，其中部分种类是栽培植物，因农户搬迁而遗留的有12种[54]。

外来杂草入侵破坏了生物多样性和生态系统平衡，对农田杂草防控、生态环境和粮食安全造成严重影响。四川省受外来农田杂草入侵严重，主要得力于四川省多样化的气候环境和生态系统，以及特殊的地理位置，加之高速发展的旅游、交通和国内外贸易等产业，为外来入侵农田杂草的迁移与入侵、传播、扩散及生存提供良好的条件[42]。据调查发现，目前四川口岸发现的外来入侵杂草有14科、31属、39种，其中菊科14种，禾本科9种，豆科和苋科各为3种，茄科2种，商陆科、马齿苋科、落葵科、藜科、酢浆草科、大戟科、旋花科、伞形科各1种，外来入侵种类主要集中在菊科和禾本科。外来入侵植物原产地以美洲、欧洲和非洲为主，四川气候温和湿润，降水丰富，无霜期长，环境条件极其适宜来自美洲和非洲的植物生存。四川口岸外来入侵植物中，有5种（空心莲子草、刺苋、落葵薯、土荆芥、银合欢）是国家环保总局与中国科学院联合发布的中国第一批（2003年）、第二批（2010年）外来入侵物种名单中的物种；其中，空心莲子草和土荆芥常生长于农耕地、苗圃及荒地，分布较广，种群较大，具有地下根状茎，难以清除；落葵薯和刺苋通常呈现单株、少量株丛形态，其生长范围相对较小，种群不大，易于清除；银合欢仅发现一株，危害不大。落葵薯、刺苋和银合欢都仅见于宜宾口岸附近，并未造成重大危害，但其潜在危害不容忽视[54]。

杂草抗药性水平增强、群落演替加快、抗药性杂草种群上升。由于除草技术单一、过度依赖化学除草剂等因素，导致农田杂草抗药性增强，耐药性杂草迅速发展，加速了农田杂草群落演替和种群变化。目前，我国已发现44种杂草对38种化学除草剂产生抗性，其中水稻和小麦是抗药性杂草发生最为严重的作物，禾本科和菊科是杂草抗药性发生最为严重的杂草种类[55]。同时，由于敏感性杂草和耐药性杂草的更替，一些次要杂草渐渐上升为主要杂草，恶性杂草发生严重，致使农田杂草治理工作更加困难[42]。

3 展望

四川丘陵地区由于地下资源稀缺，地上大产业少，远离大城市，交通不便利，因此农业是四川丘陵区最基本、最重要的产业。近年，受气候变化、物种更新、农作物与生长环境之间长期形成的平衡关系被人为打破等因素的影响，导致农作物病虫害的发生愈来愈重，因此，做好农作物病虫害防治工作，对保护农业生产、提高作物产量、保障粮食安全至关重要。在农业病虫害管理和防治过程中，要坚持“预防为主，综合治理”的重要思想，从病虫害预测、诊断和治理出发[56]，遵循“植物检疫为前提，农业措施防治为基础，物理措施为支撑，生物措施为重点，化学防治为保障”防治策略。丘区农作物病虫害的防治可以采取以下措施：加强重大病虫害监测预警系统和专业化统防统治体系建设，做好病虫害未来发生和流行趋势预测，提前制定防控预案，提高应急防控能力[57]；加强植物检疫检验工作，建立完善的病虫草害入侵预警和应急机制，避免外来有害生物入侵[54]；减少病虫害的化学防治，优先采取生态、生物和物理等环境友好型的防治方法防治作物病虫害，保护害虫天敌，避免环境污染，提高农产品品质；优先选育和推广抗病虫品种，降低病虫害发生面积，利于病虫害的防治，保障了农作物的产量[58]；加强农技人员、农民、种植户的培训工作，提高病虫害防治意识，加强病虫草害的识别与防治技术。

参考文献

[1] 彭莞云，王志德，杨峰，等．我国农作物病虫害防治措施探析 [J]．现代农业科技，2017（24）：96－97.

[2] 姜玉英，刘万才，黄冲，等．2018全国农作物重大病虫害发生趋势预报 [J]．中国植保导刊，2018，38（2）：26－31.

[3] 邹平．四川丘陵地区现代农业发展模式研究 [J]．绿色科技，2013（3）：23－25.

[4] 魏会廷．绿色高效技术防治小麦病虫 [J]．植物医生，2018，31（3）：19.

[5] 周仕祥，余宽良．四川玉米主要病害及其防治 [J]．四川农业科技，2016（8）：27－29.

[6] 袁书云．四川地区玉米主要病虫害综合防治技术 [J]．北京农业，2015（9）：126.

[7] 张志华，曾贵权．气象条件在农作物病虫害防治中的应用 [J]．农村经济与科技，2017，28（24）：8.

[8] 吴成栋．四川蔬菜病虫的发生特点与防治对策探析 [J]．纳税，2017（23）：187.

[9] 刘虹伶，王小强，蒲德强，等．成都地区辣椒主要害虫及天敌的发生规律 [J]．贵州农业科学，2018，46（10）：58－62.

[10] 张蜀敏．马铃薯虫害绿色防控和药物创新 [G]．2016年中国马铃薯大会论文集．中国作物学会马铃薯专业委员会，2016：4.

[11] 李洪浩，张鸿，李华鹏，等．马铃薯晚疫病CARAH预警模型在四川春马铃薯上的应用 [J]．中国农学通报，2017，33（4）：136－141.

[12] 梁建秋，吴海英，于晓波，等．四川种豆模式的演变、发展与育种对策 [J]．大豆科技，2018（6）：27－30.

[13] 汤忠琴，尚静，张磊，等．不同田间配置对套作大豆主要虫害的种群分布影 [J]．四川农业大学学报，2018，36（3）：297－308.

[14] 陈四维，张婷婷，肖丽，等．四川大豆疫霉毒力鉴定及资源抗性分析 [J]．中国油料作物学报，2016，38（4）：539－542.

[15] 彭昌家，冯礼斌，丁攀，等．四川南充柑橘病虫害绿色防控技术 [J]．中国果树，2015（1）：80－84.

[16] 魏会廷，李俊，李朝苏，等．四川小麦生育后期病虫害防治对策 [J]．四川农业科技，2016（7）：34－35.

[17] 黄淋华，谢正伟，戚兰，等．达州市玉米常见病害的发生及防治措施 [J]．农业开发与装备，2016（8）：140.

[18] 杨萍．宣汉山区玉米高产高效栽培技术 [J]．四川农业科技，2014（8）：17－18.

[19] 席亚东，向运佳，彭化贤，等．四川省蔬菜病虫害发生特点及防控对策 [J]．中国蔬菜，2014（6）：78－81.

[20] 席亚东，向运佳，吴婕，等．间套作对辣椒炭疽病、花生叶斑病的影响 [J]．西南农业学报，2015，28（1）：150－153.

[21] 朱仁凡，许艳．四川地区马铃薯主要病虫害及防治技术 [J]．四川农业科技，2015（4）：48－49.

[22] 杨登路，雷帮星，康冀川，等．马铃薯早疫病拮抗菌株筛选及其抗菌活性 [J]．山地农业生物学报，2016，35（1）：62－66.

[23] 刘旭，刘虹伶，杨永利，等．四川柑橘树主要病虫害发生危害现状和防控对策 [J]．四川农业科技，2017（4）：29－31.

[24] 诸凤丹，杨鸿．柑橘大实蝇交配和产卵习性的研究 [J]．山地农业生物学报，2015，34（3）：72－74.

[25] 全国农业技术推广服务中心．小麦主要病虫害全程综合防治技术指导意见（下）[J]．农村实用技术，2015（1）：5－6.

[26] 全国农业技术推广服务中心．小麦主要病虫害全程综合防治技术指导意见（中）[J]．农村实用技术，2014（12）：5－9.

[27] 秦家友，刘霞，严康，等．四川丘陵地区夏播玉米栽培技术 [J]．现代农业科技，2016（15）：39－41.

[28] 周丹妮，王晓鸣，李丹丹，等．重庆及周边地区玉米穗腐病致病镰孢菌的分离与鉴定 [J]．植物保护学报，2016，43（5）：782－788.

[29] 卢国甫．玉米弯刺黑蝽的危害与防治 [J]．农业开发与装备，2018（11）：185－186.

[30] 王明文，彭昌家，罗东洋．油菜病虫害绿色防控技术 [J]．安徽农学通报，2017，23（6）：106－191.

[31] 魏正升，曾华兰，蒋大根，等．有机蔬菜病虫害的高效生物防治策略与技术 [J]．农业与技术，2017，37（22）：31－32.

[32] 王亮，陈志远．乐至县套作大豆主要病虫害防治技术 [J]．植物医生，2012，25 (6)：23-24.
[33] 刘虹伶，刘旭，高泽怀，等．资中县塔罗科血橙主要病虫害种类调查与防治对策初步研究 [J]．四川农业科技，2015 (10)：32-35.
[34] 刘永红，刘基敏，何文铸．四川玉米供需形势与主产区发展对策 [J]．中国农业资源与区划，2006 (6)：19-21.
[35] 李祥艳，唐海涛，张彪，等．四川丘陵及山地玉米常见病虫害的发生、危害与防治 [J]．农业科技与信息，2014 (19)：16-18.
[36] 周其德，田赛莺．无公害蔬菜质量安全措施探讨 [J]．中国果菜，2017，37 (12)：31-33.
[37] 黄冲，刘万才．近年我国马铃薯病虫害发生特点与监控对策 [J]．中国植保导刊，2016 (6)：48-52.
[38] 冯军，吴海英，于晓波，等．2017 年四川大豆生产技术指导意见 [J]．大豆科技，2017 (3)：43-44.
[39] 胡吉峰，陈文龙，张升，等．柑橘大实蝇诱集食饵配方筛选 [J]．山地农业生物学报，2017，36 (2)：66-69.
[40] 孔垂华．作物化感品种对农田杂草的调控 [J]．植物保护学报，2018，45 (5)：961-970.
[41] 胡向丽，程利玉，周灿变．浅谈农田杂草综合防除技术要点 [J]．农民致富之友，2016 (3)：190-191.
[42] 周小刚，赵浩宇，朱建义，等．四川农田杂草治理及防控对策建议 [J]．四川农业科技，2014 (5)：34-35.
[43] 李香菊．近年我国农田杂草防控中的突出问题与治理对策 [J]．植物保护，2018，44 (5)：77-84.
[44] 郑大玮，李茂松，霍治国．农业灾害与减灾对策 [M]．北京：中国农业大学出版社，2013.
[45] 董二甲，杨林，丁勤之，等．38%噁草酮悬浮剂防除水直播稻田杂草试验 [J]．安徽农学通报，2019，25 (1)：80-145.
[46] 高浩，曾涛，杨丽红．绵阳市玉米地杂草发生情况调查与分析 [J]．安徽农学通报，2014，20 (8)：105-107.
[47] 周小刚，杨堂刚，陈贵明．四川玉米田杂草防除技术 [J]．四川农业与农机，2017 (3)：48-49.
[48] 太一梅，李志敏，刘萍，等．25%硝磺草酮·莠去津悬浮剂及混剂对玉米田杂草的防除效果 [J]．杂草科学，2014，32 (4)：62-65.
[49] 蒲颇，龚雪芹，张亚平，等．55%吡酰·异丙隆悬浮剂防除冬小麦田一年生杂草效果 [J]．植物医生，2018，31 (8)：60-64.
[50] 朱建义，郑仕军，赵浩宇，等．不同耕作方式对小麦田杂草发生规律及产量的影响 [J]．中国农学通报，2018，34 (33)：12-16.
[51] 陈庆华，周小刚，郑仕军，等．四川省小麦田不同耕作方式下杂草的发生规律及防治 [J]．杂草科学，2013，31 (3)：12-15.
[52] 董瑜皎，袁江，吕世华．长期免耕覆膜栽培和氮水平对稻—油轮作田油菜季杂草氮竞争的影响 [J]．西南农业学报，2016，29 (4)：782-786.
[53] 强胜．中国农田草害问题及对策 [G]．第十三届全国杂草科学大会论文摘要集．中国植物保护学会杂草学分会，2017：1.
[54] 孟兴，王静，张蕴涵，等．四川口岸外来杂草的调查与监测 [J]．植物检疫，2015，29 (1)：52-56.
[55] 柏连阳．中国农田杂草抗药性状况与治理技术 [G]．绿色植保与乡村振兴——中国植物保护学会 2018 年学术年会论文集．中国植物保护学会，2018：1.
[56] 张洋．浅议农作物病虫害防治中存在的问题及措施 [J]．农家参谋，2018 (8)：24.
[57] 刘万才，刘振东，黄冲，等．近 10 年农作物主要病虫害发生危害情况的统计和分析 [J]．植物保护，2016，42 (5)：1-9，46.
[58] 刘道才．关于农作物病虫害绿色防控技术的探讨 [J]．农业与技术，2017，37 (9)：122-123.

四川丘区旱作生物灾害发生种类及其危害*

李星月　向运佳　李其勇　符慧娟　倪建英　周小刚　张　鸿

四川省农业科学院植物保护研究所/农业部西南作物有害生物综合治理重点实验室，四川成都　610066

摘要： 农业生物灾害是一类重要的自然灾害，是指有害生物，包括病毒、细菌、菌物、有害植物、有害动物等种群数量大暴发对农业生产、农业生态环境及人类经济活动造成严重威胁或重大危害，主要包括农作物病、虫、草、鼠害等。四川丘区农作物生物灾害种类多、发生范围广、危害程度重，严重影响农产品产量和品质。通过结合四川丘区旱作农业的发展现状，本研究开展了生物灾害的灾害种类、危害情况、危害趋势、危害加重原因等几方面的大量资料分析研究。文章总结了丘区旱作生物灾害发生的种类和其危害情况，提出防治策略"植物检疫为前提，农业措施防治为基础，物理措施为支撑，生物措施为重点，化学防治为保障"。掌握丘区生物灾害的发生种类及危害规律，有利于对其采取针对性的防治方法，并为减少在丘区农业生产过程中的损失提供了方向。

关键词： 生物灾害；危害情况；灾害统计；灾害危害；危害趋势

生物灾害属于自然灾害，是指某种生物种群数量突然增加，少数生物偶然抢占生态位，导致原有生物种群之间的共生、竞争、协同等平衡关系遭到破坏，并超出了该生态系统自我恢复的能力范围，继而导致人员、财产、环境等产生损失。生物灾害具有生物性、周期性、突发性、扩散性、隐蔽性、区域性、社会性、可控制性等特点，但就局部地区而言，生物灾害比旱灾、水灾更为严重，形势更为严峻。我国是世界上农业生物灾害频繁发生的国家之一，每年发生的生物灾害高达2300多种，包括重大生物灾害100多种，而因此造成的农作物产量损失为10%左右，约合人民币600亿元[1]。

四川省是农业大省，四川盆地的年降水量丰沛但时空分布不均，导致四川是农业有害生物的重发区。据研究，危害四川省农作物的有害生物种类超过1000种，常年发生种类超100种。受多方面因素的影响，农作物生物灾害发生日趋严重，全省发生面积上升，年均经济损失超过100亿元。在部分年份、部分区域，甚至大面积成灾。生物灾害的危害损失已超过水灾、旱灾，呈明显加重趋势，防控形势严峻，成为新时期制约四川省农业可持续发展的重要因素，对粮食生产、农业生态和食品质量安全构成了严重威胁[2]。

生物灾害管理是一个有效组织协调可利用的一切资源应对生物灾害事件的过程。其根本目的就是通过对生物灾害进行系统的监测和分析，进一步改善灾害应急管理周期中减灾、准备、响应、重建等方面的措施，以尽最大可能通过有效的组织协调，来保障生态安全，并将人员与经济财产损失降到最低程度[3]。

* **基金项目：** 农业部公益性行业（农业）科研专项（201503127）；四川省科技计划项目（2018HH0156）；四川省财政创新能力提升工程专项（2016QNJJ－028）；四川省财政创新能力提升工程专项（2016GYSH－013）；四川省财政创新能力提升工程专项（2017YXLW－032）

1 农业生物灾害的种类

农业生物灾害具有种类多、突发性、危害大、难防控等特点。我国是世界上农作物病、虫、草、鼠等生物灾害发生最严重的国家之一，据统计，全国农作物有害生物有 2 300 多种，其中病害 750 多种、害虫 850 多种、杂草 700 多种、害鼠 30 多种。可造成严重危害的超过 100 种，其中重大流行性、迁飞性病虫害有 20 多种[4-6]。

1.1 农业生物灾害的类别

农业生物灾害可按有害生物类别、有害生物种类、作物对象、作物部位等进行分类[5]。

(1) 按有害生物的类别，农业生物灾害可分为病害、虫害、草害、鼠害等[7]。

(2) 按有害生物在分类学上的科属进行分类，如玉米病害分为纹枯病、大斑病、茎腐病、细菌性条斑病、丝黑穗病等，玉米虫害分为螟虫、蚜虫、小地老虎等[9,10]。

(3) 按有害生物危害的作物对象，可分为小麦、玉米、油菜、马铃薯、甘薯、大豆、果树、蔬菜、茶叶等生物灾害。

(4) 按作物生育期或发病部位不同再进行细分，如玉米镰刀菌在根部、茎干和穗子分别引起根腐病、茎腐病、穗腐病，小麦锈病分为条锈病、叶锈病、秆锈病[10]。

1.2 四川丘陵旱作主要病虫害种类

1.2.1 小麦

主要病害包括锈病、赤霉病、白粉病、纹枯病等；主要虫害包括麦蚜、吸浆虫、麦蜘蛛等[11]。

1.2.2 玉米

主要病害包括大斑病、小斑病、圆斑病、灰斑病、纹枯病、穗腐病、茎腐病、病毒病、丝黑穗病等[12,13]；主要虫害包括玉米螟、桃蛀螟、蚜虫、小地老虎、黏虫、红蜘蛛等。

1.2.3 油菜

主要病害包括根肿病、菌核病、霜霉病、根腐病、猝倒病和病毒病，其中以根肿病和菌核病对油菜的危害最为严重；主要虫害有菜缢管蚜、桃蚜和甘蓝蚜 3 种，3 种蚜虫均以成蚜和若蚜吸取嫩头和嫩叶的汁液[14]。

1.2.4 薯类

主要病害包括马铃薯晚疫病、马铃薯病毒病、甘薯黑斑病等；主要虫害有二十八星瓢虫、蚜虫、块茎蛾、地老虎、蛴螬、蝼蛄、金针虫等[15,16]。

1.2.5 大豆

主要病害包括有斑枯病、灰斑病、霜霉病、锈病、疫腐病、菌核病、炭疽病、紫斑病、黑点病等；主要虫害包括食心虫、蚜虫等[17]。

1.2.6 蔬菜

主要病害包括有病毒病、根肿病、疫病、霜霉病、枯萎病、青枯病、软腐病，菌核病、白粉病[18]；主要害虫有小菜蛾、甘蓝夜蛾、斜纹夜蛾、甜菜夜蛾、棉铃虫、黏虫、蚜虫、飞虱类、蓟马类、蝽类、蝉类、叶蝇类、蝇类、蚊类、甲虫类、蟋蟀类、蝼蛄类等[19]。

1.2.7 果树

主要病害包括柑橘炭疽病、柑橘疮痂病、桃褐腐病、桃细菌性穿孔病、枇杷炭疽病、枇杷灰斑病、枇杷烟霉病、葡萄霜霉病、葡萄炭疽病、葡萄白粉病、葡萄灰霉病、猕猴桃溃疡病、猕猴桃褐斑病、猕猴桃炭疽病；主要虫害包括柑橘红蜘蛛、柑橘粉虱、柑橘潜叶蛾、梨小食心虫、桃蛀野螟、桃蚜、枇杷黄毛虫、枇杷红蜘蛛、葡萄斑叶蝉、葡萄透翅蛾、铜绿丽金龟子、白盾蚧等[20]。

2 农业生物灾害的危害

2.1 生物灾害给农业生产造成严重损失

农业生物灾害频繁爆发，已成为事关粮食安全、生态安全、经济安全、公共安全和社会稳定的重大问题。据联合国粮农组织（FAO）估计，世界粮食生产因虫害常年损失14%，因病害损失10%，因草害损失11%，因鼠害损失20%；全世界每年因有害生物造成的经济损失高达1 200亿美元[21]。有害生物的危害，造成全球玉米、水稻和马铃薯的产量损失分别为31%、37%和40%，大豆、小麦和棉花的可能产量损失为26%～29%[5]。

四川省自然灾害频繁发生，尤其是农作物病、虫、草、鼠等生物灾害发生范围广、危害程度重，严重影响了农作物产量和品质，如不及时采取防治措施进行灾害防控，将对粮食、果蔬的产量造成不同程度的损失[22]。病、虫、草、鼠害所致的损失率大约在30%，高于发达国家平均值的21.3%，低于发展中国家平均值的37.2%[23]。近年来，我国农业病虫害进入高发期，每年大力防治后仍然存在相当数量的粮食、棉花、油料、水果、牧草的产量损失。全国有2 666.70万hm^2～3 333.30万hm^2面积的农田遭受鼠害，4%～5%的农户贮粮被鼠虫所耗，每年损失贮粮1 600万t以上。在有害生物暴发年份，给农业生产造成了巨大损失。1994年后小麦蚜虫连年大发生，1997年玉米螟大发生，损失粮食100万t，1998年小麦赤霉病和纹枯病大流行，小麦吸浆虫在20世纪60年代得到控制后，20世纪80年代中期以来又严重回升[24]。我国病虫害发生规律受到全球气候变化、耕作制度变革等的影响，一些重大病虫暴发频率增加，一些地域性和偶发性病虫发生范围扩大，危害程度加重，严重制约我国粮食持续丰收。据统计，中国农作物病虫害呈多发重发态势，每年发生面积近4.70亿hm^2次，因防控能力不足每年造成粮食损失近2 500万t、经济作物损失多于1 750万t[5]。

四川丘陵地区包括68个县（市、区），丘区现代农业的发展直接关系到四川省的发展进程。四川丘陵地区属亚热带湿润气候，气温较高，无霜期长，雨量多，日照少，年均温16 ℃以上，无霜期240～300 d；年降水量1 000～1 400 mm，年日照1 000～1 600 h[25]。该区域生态条件特殊，作物生长季节高温多湿，阴雨寡照，病虫害种类多，是影响高产稳产和食物安全的第一生物胁迫因素，如不加以防治，每年可造成农作物产量损失20%～35%，局部地区在60%以上。

田间杂草与作物争光、争水、争肥，影响作物正常生长；很多杂草还是作物病虫害的中间寄主，帮助病虫害蔓延与传播[26]，加重危害，严重影响作物的产量与质量。四川作物草害一般对作物减产10%～15%，严重的可减产30%～50%，甚至绝收。

四川每年鼠害发生面积约200万hm^2，约占粮食播种面积的32.9%，每年损失粮食约150万t。四川丘陵地区占全省耕地、人口的58.7%和60.4%。也是农田鼠害的主要区域。近年由于持续的大面积农田鼠害防治及控制技术的提高，四川粮食作物因老鼠危害成片绝收的情况已极少发生，但据四川省农业厅植物保护站统计，农田鼠害的发生仍然相当严重（见表1)。尤其是丘陵地区，由于农田生境较平坝复杂，在相对低密度时期是害鼠种群的保有区和发生的策源地。同一县域的鼠情监测在低密度时一般是丘陵区高于坝区。因此，丘陵地区农田鼠害控制对于农田大面积防控具有特别的意义。

表 1 四川省近年农田鼠害发生和防控情况

年份	发生面积/万 hm^2	防治面积/万 hm^2	挽回面积/t	实际损失/t
2008	220.54	202.85	431 027.33	193 806.15
2009	210.78	191.66	523 431.62	102 056.88
2010	204.03	140.24	487 550.21	85 383.96
2011	201.18	161.30	495 381.10	88 284.64
2012	182.85	185.25	367 133.92	69 116.05
2013	177.10	174.22	308 779.82	70 690.09
2014	168.15	170.06	290 808.50	59 779.16

2.2 农业生物灾害发生危害的趋势

随着现代植保科技的发展，毁灭性的生物灾害已得到较好的控制，但是，病、虫、草、鼠等有害生物对农业生产的威胁有增无减[28]。农业生物危害的趋势呈现加重态势。

2.2.1 农业病虫害发生种类不断更迭

20 世纪 50 年代小麦病虫以吸浆虫、黏虫、锈病为主；棉花病虫以棉蚜、红铃虫、黄矮病为主[29]。60 年代小麦病虫也发生了很大变化，吸浆虫得到了有效控制，前期黏虫减弱，后期回升，锈病得到一定程度的控制；棉花病虫中棉蚜趋减，红铃虫得到控制。70 年代小麦黏虫大发生频率上升，麦类赤霉病成为重要病害，锈病再度频频流行。80 年代小麦黏虫大发生趋势减弱，麦蚜成为重要害虫，吸浆虫回升，小麦红蜘蛛猖獗，麦类赤霉病、锈病和丛矮病成为三大主要病害；棉花病虫中棉铃虫、棉蚜、红铃虫和红蜘蛛四大害虫严重威胁棉花生产。90 年代以来，小麦吸浆虫、麦蚜、麦红蜘蛛、蝗虫、麦类赤霉病、锈病、白粉病、玉米螟、棉铃虫、棉蚜等成为严重影响我国农业生产的重大病虫害[30]。

2.2.2 大发生种类逐年增加

全国年发生面积在 333.3 万 hm^2 以上的农业有害生物种类，20 世纪 50～70 年代，每年只有 10 余种，80 年代为 14 种，90 年代为 18 种，2000 年以来，每年暴发的有害生物增加到 30 多种[1]。

2.2.3 检疫性有害生物种类大肆侵入

21 世纪以来，随着贸易量的剧增，每年都有新的检疫性有害生物种类发现，并以 1 或 2 种/年的速度增加。近年共发现新的检疫性有害生物 25 种，仅 2006 年就新发现了 5 种[1]。

2.2.4 发生面积逐年增长

从时间序列上看，我国近 20 年的农作物病虫害在发生面积和发生率上都呈现增长趋势，1988—2010 年期间病虫害发生面积以 852.01 万 hm^2 次/年的速度增长，20 年间病虫害发生面积平均值为 2.92×10^4 万 hm^2 次，其中 1988 年病虫害发生面积为 1.83×10^4 万 hm^2 次，2008 年达到 3.68×10^4 万 hm^2 次，2008 年是 1988 年的 2.01 倍；病虫害发生面积率（当年病虫害发生面积/当年农作物种植面积）以每年 0.05%的速度增长[31]。20 世纪 90 年代以来病虫害进入高发期，全国农作物主要病虫害发生面积每年都在 3 亿 hm^2 次以上。

2.3 农业生物灾害危害加重的原因

农业生物灾害危害加重的原因有自然的因素，也有人为的因素[32,33]。

2.3.1 频繁出现灾害性气候条件有利于有害生物猖獗危害

在农业生态系统处于相对平衡和稳定时，有害生物处于常年发生状态。但在人类活动的不断干扰和其他因素干扰的共同作用下，尤其是在异常天气气候条件的影响下，常导致农田生态系统相对平衡和稳定受到破坏，并向不良方向发展，农田常发生有害生物灾变，形成暴发性灾害，给农业生产带来严重经济损失[5]。我国北方多发生旱灾，干旱对东亚飞蝗、棉铃虫、麦蚜等发生危害十分有利，北方气温升高，使甜菜夜蛾等适于南方发生的害虫在北方大发生，南方时旱时涝或旱涝并存，雨涝造成稻、麦、玉米纹枯病、稻瘟病、麦类赤霉病、玉米大小斑病等大流行；异常降水的天气使得越南等国家出现褐飞虱大暴发，大量虫源随季风侵入我国；东亚地区北部长时间异常低温天气，使我国稻瘟病和棉花黄萎病大流行[32]。

2.3.2 农业生态系统生物多样性日趋单一化

在农业生产实践中，往往把单一化作为一项备受人们推崇的农业增产重要措施，诸如农业区域化布局、产业带形成、各类基地、农业科技园区以及专业化、集约化、规模化和设施农业等，并看成是传统农业向现代农业转化的主要标志。但是，现代农业的生产和产业发展更加重视高新技术、先进生产方式和高农业生产力，人们忽视了农业生产单一化所带来生物多样性减少、生态平衡遭破坏、农业环境被污染、农产品质量安全等问题和隐患，农业可持续发展受到空前严重的威胁和挑战[33]。由于为数不多的农作物品种替代了自然生态系统中的多样性，使生态系统结构在很大范围内呈现简单化，如大面积种植的单一水稻田、小麦田、玉米田等，破坏自然植被的单作模式蔓延，导致有害生物的危害日趋严重。有时因为大面积种植了作物感病品种，一旦防护不力就会引发病害的暴发和蔓延。如目前河南省推广的小麦品种几乎没有抗白粉病的品种，有些年份发病面积大于 266.7 万 hm^2，约占麦播面积的 1/2。

2.3.3 轻简化土壤耕作技术的应用

在向农业现代化的推进中，一些轻简化耕作技术得到重视并逐步推广扩大。如机械化高茬收割、少免耕、直播等，大大提高了病虫越冬、越夏的有效虫（病）源，也加重了草害的发生[5]。

2.3.4 不合理的种植制度加重了生物灾害的危害

不同种植制度直接影响农田生物群落结构，使目标作物、有害生物、天敌生物、中性生物等之间的关系发生变化，其相生相克关系发生改变[34]。因此，不合理的种植制度常加重病虫害的发生与危害。如复种指数的提高，则会导致越来越严重的土传病害；早、中、晚稻，单、双季稻混杂种植，为水稻螟虫提供充足的食料，导致其种群不断扩大，水稻受到的危害日趋严重；小麦套作玉米加重了小麦丛矮病、赤霉病的发生[32]；黄淮地区各滨湖蝗区由于退田还湖后未及时种草覆盖，形成撂荒地，加重了东亚飞蝗的发生。

2.3.5 栽培管理方式的改变

栽培管理方式的改变对有害生物的生长、发育、繁殖及其发生、发展、危害提供了有利条件，其结果不仅导致了病、虫、草等有害生物的发生危害加重，而且会出现一些新的病虫害，或者一些次要病虫害上升为主要病虫害[35]。如高产晚熟品种面积扩大，延长了全年病虫灾害发生、危害时间；不合理增加作物种植密度，导致田间荫蔽，为病虫害发生发展创造了条件；高肥水管理，特别是增加氮肥用量，使作物生长嫩绿，往往降低作物的抗性。在设施农业发展形成的高温、高湿、弱光照的特殊小气候环境下，农作物病虫繁殖速度加快、土传病害发生加重，同时还为一些害虫提供了合适的越冬环境；在通风、干燥的环境条件下，蔬菜灰霉病少有发生，而由于设施农业的兴起改变生产环境，灰霉病已成为设施番茄、茄子、辣椒、黄瓜等多种蔬菜作物的主要病害[36]。

2.3.6 长期施用化学农药致使有害生物抗药性增强

目前，我国农业生产的主要减灾手段仍然是化学药剂防治，加大农药施用量来控制日益严重的病虫草害问题，导致越来越多防治对象产生抗药性。现阶段，危害农作物生产的主要病虫草鼠害达到

200种，其中有27种已产生严重抗药性[23]。监测表明，全国各地区均存在对常用农药产生抗性的有害生物，如稻褐飞虱对吡虫啉产生了中高度抗性；赤霉菌菌株对多菌灵产生了抗性；在部分棉区，棉铃虫对Bt棉的抗性等位基因频率产生明显上升[1]。

2.3.7　生物技术的应用带来了病虫害的演替

转基因植物仅仅只是对少数性状进行了定向改良，通常忽略了其他重要性状，因此在生产中常出现新的问题。例如在抗虫棉得到推广后，棉铃虫等钻蛀类害虫被有效地控制，但棉盲蝽等刺吸类的发生却逐年加重，已成为棉花生产上的重要问题之一[37]。

还有，农业贸易、种子调运等也加速了病虫害的传播。

3　四川丘陵旱作不同作物生物灾害发生情况

3.1　小麦

小麦在四川是仅次于水稻的主要粮食作物[38]，自2010年以来其种植面积维持在120万hm^2～130万hm^2（中华粮网数据中心），其中约一半以上分布在丘陵旱地。由于其地形复杂，山地、高原、丘陵和盆地均有，海拔跨度大，种植制度多为麦稻两熟、麦玉苕或麦玉豆。四川省气候温和，水热条件较好，但光照不足。小麦品种多属春性或弱冬性，对光照反应不敏感[39]。近年来，选育和推广的小麦品种缺乏多抗性，以及受近几年来冬季气候变暖、农药抗性增加等诸多因素影响，造成四川近几年来小麦病虫害频发且趋势加重，严重影响了小麦的高产、稳产[40]。当前，四川小麦病害以条锈病、白粉病危害较重，间有赤霉病发生；虫害则以蚜虫、麦蜘蛛为主[41]。因此，进一步搞好小麦病虫害综合防治，是确保四川小麦高产、优质、稳产的主要措施。

3.2　玉米

近年来，四川玉米种植面积在133.30万hm^2以上，总产量超过700万t[42]，播种面积和总产已经超过水稻，成为第一大粮食作物。70%以上的玉米分布在丘陵和山区，四川丘陵地区属亚热带湿润气候，气温较高，无霜期长，雨量多，日照少[25]。该区域玉米产区地理气候条件和种植制度复杂，生态条件特殊，病虫害种类多样，是影响玉米高产稳产和食物安全的第一生物胁迫因素。玉米产量损失10%～15%，严重时达到30%～40%，个别地方或因品种的关系甚至可以达到100%；虫害发生时，常造成30%～50%的植株危害，影响玉米正常生长和产量。我国玉米病虫害有100多种，四川丘陵及山地玉米病虫害占半数以上。叶部病害主要有大斑病、小斑病、灰斑病、圆斑病、病毒病等，穗部病害主要有穗腐病、丝黑穗病等，茎部病害主要有纹枯病、茎腐病等[43]；主要虫害有玉米螟、桃蛀螟、地老虎、红蜘蛛、蚜虫。据统计，2014年玉米病虫害四川省偏重发生（4级），发生面积133.30万hm^2次。其中玉米螟虫预计偏重发生（4级），发生面积40万hm^2次；玉米纹枯病中等发生（3级），发生面积26.70万hm^2；玉米叶斑病主要包括大小斑病、灰斑病中等发生（3级），发生面积26.70万hm^2[44]。

3.3　油菜

油菜是四川主要的油料作物，常年栽培面积在100万hm^2左右[45]。近年来，随着四川农业种植业结构调整，栽培方法发生变化，油菜病虫害的发生也逐年加重。目前，危害油菜的主要病害有根肿病、菌核病、霜霉病、根腐病、猝倒病和病毒病，其中以根肿病和菌核病对油菜的危害最为严重。危害油菜的虫害主要以蚜虫为主。这些病虫害四川大部分地区均有发生，一般年份发病率为5%～30%[46]，严重时超过80%，严重影响油菜的产量和质量。

3.4 薯类

2014年，四川薯类种植面积124.03万hm^2，其中马铃薯75万hm^2。影响产量和品质的主要因素除了品种、种植模式外，还有各种病虫害的影响，如马铃薯晚疫病、马铃薯病毒病、甘薯黑斑病、各种虫害等，其原因主要是病菌广泛存在于各种植区、品种抗病性低、种植方式不合理、病害预防意识弱及气象因素。实践证明，选用抗病耐病品种，运用综合防治措施，可以有效减轻病虫害危害。

四川马铃薯栽培区属全国马铃薯种植区域的西南单双季混作区，周年气候温和，潮湿多雨，适合马铃薯各种病害发展[47]，历来是马铃薯各种主要病害流行区域，以及种薯跨区调运导致多种病害随种薯传播，严重影响马铃薯生产的可持续发展。四川红薯栽培区为长江流域夏薯区，属季风副热带北部的湿润气候，冬季有寒潮侵袭，雨量较多，总辐射量、日照时数和日照百分率属最低值的地带。甘薯黑斑病是本区的主要病害，由于冬季低温期较短，利用窖或山洞贮藏鲜薯，推广高温大窖以控制黑斑病的危害，收到良好效果。

3.5 大豆

四川大豆种植面积约为22.15万hm^2，四川盆地大豆栽培区属中南西部春夏秋大豆生态亚区，一般海拔为600～800 m；四川东北盆周山地属长江中下游二熟春夏大豆生态亚区，历史上有二年三熟制春大豆和一年两熟制夏大豆或春、夏大豆并存，以夏大豆为主；四川西南盆周山地、川西高原属西南高原二熟春夏大豆生态区，一般海拔为1 500 m以上，以春播大豆为主，也有夏播大豆。四川多熟制春夏秋大豆生态区农田生态背景复杂，耕作制度多样，病虫害发生受环境变化和耕作方式影响较大。大豆栽培以间套作为主，通常与玉米等作物间套作，多呈点片条带状分布，生态背景复杂。病虫害发生种类较多，且受小环境条件影响较大。

3.6 蔬菜

四川是全国重要的蔬菜生产大省[48]。据统计资料，2014年蔬菜播种面积达131.55万hm^2，总产量达4 069.3万t，种植面积和总产量分别居全国第六位和第五位。近年来，随着蔬菜产业迅猛发展，蔬菜病害、害虫危害问题日益突出，每年发生面积在100万hm^2以上，已成为限制四川省蔬菜产业可持续发展的重要因子[49]。

我国蔬菜病虫害有2 000余种，常发病虫300多种，四川蔬菜每年必须防治病虫达50多种，重大疑难病虫10余种。根据学者研究四川蔬菜病虫害的危害特点，具体表现为主次病虫害更替变化、土传病虫害日益严重、新型病害发生严重、小型害虫危害加重、生理性病害普遍发生、危害途径和发生场所及方式多样、检疫性病虫害入侵、病虫害发生频繁、蔓延迅速、品种抗性减弱与病虫害抗药性增强等特点。四川丘区蔬菜病虫害的发生特点与上述全省发病特点基本相一致，在不同种类蔬菜中受害最重的是十字花科，其次是茄科、葫芦科、蝶形花科等[49]。

3.7 果树

四川丘区果树种类主要有柑橘、桃、枇杷、葡萄、猕猴桃、草莓、樱桃等，其中柑橘（含柚、柠檬）种植面积最大，已超过33.30万hm^2；桃（含油桃）种植面积近6.70万hm^2；枇杷种植面积3.30余万hm^2；葡萄种植面积4万hm^2；猕猴桃种植面积近2.70万hm^2；这些水果是四川丘区农村经济和果农脱贫致富的重要支柱。据统计，2015四川果树病虫害发生面积超过133.30万hm^2次，其中柑橘病虫害发生面积超过86.70万hm^2次。

通过对生物灾害的灾害种类、灾害危害、危害趋势、危害加重原因、危害情况等方面的了解与分析，对四川农业的生物灾害提供了较为全面的资料，为四川的生物灾害的防治提供了一定的数据依据。

4 展望

四川丘区农作物生物灾害种类多、发生范围广、危害程度重，是导致农产品产量和品质无法得到提高的主要因素，如不加以防治，农作物产量将继续受到制约，农作物品质将难以提升。近年，受异常气候的影响、农业生态环境的变化及有害生物灾变因子的复杂化，防治工作将面临新的挑战，因此，抓好有害生物的防治工作，对保护农业生产至关重要。丘区主要生物灾害的防治遵循预防为主、综合防治的植保工作方针和科学植保、公共植保、绿色植保、效益植保理念，全面开展主要生物灾害的绿色防控，其基本的防治策略是植物检疫为前提，农业措施防治为基础，物理措施为支撑，生物措施为重点，化学防治为保障。

参考文献

[1] 夏敬源．我国重大农业生物灾害暴发现状与防控成效 [J]．中国植保导刊，2008，28 (1)：5－9.

[2] 刘年喜．农作物生物灾害的形势与对策 [J]．中国植保导刊，2007，27 (6)：41－43.

[3] 张国庆．生物灾害管理理论研究与生物灾害精确管理 [J]．现代农业科技，2011 (3)：20－26.

[4] 彭芬．小麦病虫害的发生与防治 [J]．农业与科技，2017，37 (4)：23.

[5] 郑大玮，李茂松，霍治国．农业灾害与减灾对策 [M]．北京：中国农业大学出版社，2013.

[6] 周小刚，赵浩宇，朱建义，等．四川农田杂草治理及防控对策建议 [J]．四川农业科技，2014 (5)：34－35.

[7] 黄庆文．农业生物灾害突发事件应急管理初探 [J]．广西植保，2013，26 (4)：34－36.

[8] 赵鹏．玉米病虫害防治办法浅析 [J]．农业与技术，2017，37 (24)：30.

[9] 张丽英．浅析玉米病虫害防治 [J]．农业开发与装备，2018 (5)：172，179.

[10] 赵建洲．小麦病虫害的发生与防治对策 [J]．农民致富之友，2018 (24)：112.

[11] 焦敏，徐媛媛．小麦病虫害的发生特点及防治措施 [J]．现代农业科技，2018 (22)：92－93.

[12] 袁书云．四川地区玉米主要病虫害综合防治技术 [J]．北京农业，2015 (9)：126.

[13] 李祥艳，唐海涛，张彪，等．四川丘陵及山地玉米常见病虫害的发生、危害与防治 [J]．农业科技与信息，2014 (19)：16－18.

[14] 杨清坡，刘万才，黄冲．近 10 年油菜主要病虫害发生危害情况的统计和分析 [J]．植物保护，2018，44 (3)：24－30.

[15] 朱仁凡，许艳．四川地区马铃薯主要病虫害及防治技术 [J]．四川农业科技，2015 (4)：48－49.

[16] 全国农业技术推广服务中心．2016 年马铃薯重大病虫害防控技术方案 [J]．种子科技，2016，34 (10)：114，117.

[17] 靳亚东．论大豆病虫害防治技术 [J]．农民致富之友，2018 (20)：61.

[18] 段玉萍，魏大江．重庆万州区十字花科蔬菜病虫草害的发生与防治 [J]．科技信息，2011 (11)：385－386.

[19] 刘秀培．无公害蔬菜病虫草害防治措施 [J]．农技服务，2014，31 (4)：86.

[20] 彭昌家，冯礼斌，丁攀等．四川南充柑橘病虫害绿色防控技术 [J]．中国果树，2015 (1)：80－84.

[21] 戴小枫，叶志华，曹雅忠等．浅析我国农作物病虫草鼠害成灾特点与减灾对策 [J]．应用生态学报，1999，10 (1)：119－122.

[22] 李阳，张军辉．强化农药管理是农业安全生产的必由之路 [J]．河南农业，2006 (10)：25.

[23] 刘万才，刘振东，黄冲，等．近 10 年农作物主要病虫害发生危害情况的统计和分析 [J]．植物保护，2016，42 (5)：1－9，46.

[24] 戴小枫．中国植物保护科学技术发展战略研究 [D]．北京：中国农业科学院，2003.

[25] 邹平．四川丘陵地区现代农业发展模式研究 [J]．绿色科技，2013 (3)：23－25.

[26] 高福成．旱田杂草苗后防除技术 [J]．农民致富之友，2018 (1)：86.

[27] 郭永旺．2016年全国农区鼠害发生趋势预报 [J]．中国植保导刊，2016 (2)：43－45.
[28] 韩召军．植物保护学通论（第二版）[M]．北京：高等教育出版社，2012.
[29] 郭建英．中国生物入侵的现状与预防（下）[J]．农民科技培训，2012 (7)：22－24.
[30] 程城远．支持农业虫害自动监测的数据采集与远程控制技术的研究 [D]．杭州：浙江工业大学，2012.
[31] 赵淼，赵闯，孙振中，等．近20年来我国农作物病虫害时空变化特征 [J]．北京大学学报：自然科学版，2015，51 (5)：965－975.
[32] 郭予元．21世纪我国植物保护策略和技术的发展趋势 [J]．安徽科技，2002 (7)：4－7.
[33] 高塔，王琪，孙志东，等．浅析凉山州生物入侵的危害与防治措施 [J]．四川林勘设计，2012 (1)：65－67.
[34] 高东，何霞红，朱书生．利用农业生物多样性持续控制有害生物 [J]．生态学报，2011，31 (24)：7617－7624.
[35] 郑钧，陈天毅．农作物病虫害的综合防治措施 [J]．现代农业科技，2011 (22)：202－204，207.
[36] 赵西华．关于建立江苏省农业重大生物灾害防灾减灾体系的思考 [J]．江苏农业科学，2011 (1)：1－3.
[37] 戚仁德，汪涛，李萍，等．我国植保科技面临的新问题与发展对策 [G]．现代农业理论与实践——安徽现代农业博士科技论坛论文集．安徽省科学技术协会、安徽省农业委员会，2007.
[38] 景雪，廖建胜．三台县2014年小麦锈病的环境气象条件分析 [J]．南方农业，2015，9 (12)：57－58.
[39] 杨超，龚斌，杨坤强等．小麦春季病虫害的防治 [J]．四川农业科技，2012 (3)：43.
[40] 徐显中．小麦病虫草害综合防治技术 [J]．四川农业科技，2013 (11)：44.
[41] 魏会廷，李俊，李朝苏，等．四川小麦生育后期病虫害防治对策 [J]．四川农业科技，2016 (7)：34－35.
[42] 曾晓丹，贺红宇．试论四川玉米深加工 [J]．四川农业科技，2015 (7)：52－53.
[43] 李祥艳，唐海涛，张彪，等．四川丘陵及山地玉米常见病虫害的发生、危害与防治 [J]．农业科技与信息，2014 (19)：16－18.
[44] 刘刚．四川省2014年农作物重大病虫害预计偏重发生 [J]．农药市场信息，2014 (3)：54.
[45] 蒲晓斌，崔成，蒋俊，等．四川油菜的重要产业地位及应加强的主要产业环节 [J]．四川农业科技，2018 (3)：66－67.
[46] 荆凌云．甘蓝型油菜茎杆菌核病抗性和木质素含量、单体比例的相关性及QTL定位研究 [D]．重庆：西南大学，2016.
[47] 淳俊，桑有顺，冯焱，等．四川省马铃薯晚疫病研究进展 [J]．中国农学通报，2018，34 (30)：136－139.
[48] 席亚东，向运佳，彭化贤，等．四川省蔬菜病虫害发生特点及防控对策 [J]．中国蔬菜，2014 (6)：78－81.
[49] 吴成栋．四川蔬菜病虫的发生特点与防治对策探析 [J]．纳税，2017 (23)：187.

基于 Flowmaster 的提灌站稳态和过渡过程运行仿真软件开发*

卢　珍[1]　周小波[1]　李光辉[1]　曾文明[1]　李玉玲[1]
阮红丽[1]　梁　君[1]　赵九洲[1]　陈小明[2]　郭跃生[3]

1. 四川省农业机械研究设计院，四川成都　610066
2. 西华大学能源与动力工程学院，四川成都　610039
3. 宜宾市翠屏区农林畜牧局，四川宜宾　644000

摘要： 提灌站是保障丘陵地区农业灌溉用水的重要基础设施。在提灌站方案设计中，提灌站稳态和过渡过程仿真计算对合理确定设计参数和防止水锤破坏非常重要。文中将专业的流体系统仿真软件 Flowmaster 与可视化编程技术相结合，开发了提灌站稳态和过渡过程运行仿真软件。该软件可以方便地计算提灌站稳态运行下实际运行工况点参数和过渡过程运行下阀门后压力、水泵流量和转速等参数的变化。实际案例计算表明，仿真软件的计算结果与实际测试结果基本吻合，为提灌站工程设计人员提供了一个较为方便快捷、安全可靠的设计方案优化工具。

关键词： 提灌站；稳态和过渡过程；仿真软件开发

提灌站是解决丘陵地区农业灌溉用水的重要基础设施，在确保粮食安全生产方面担负着重要作用。在提灌站方案设计中，泵的选型、管道匹配、阀门类型、阀门关闭规律，以及水锤防护措施等是否合理，依据相关公式进行计算较为复杂。若设计方案不合理，可能导致提灌站抽不上水或者运行工况不满足要求，还可能存在一些安全隐患，甚至导致在实际运行中发生水锤事故，最终造成大量财力、物力和人力的损失[1]。

近年来，随着计算机科学技术的飞速发展，数值模拟仿真技术已广泛应用于各个领域。相比于传统研究方法，数值模拟仿真具有研究周期短、成本低、可预见性及可靠性高等优点，已成为工程设计和科学研究中的一个重要工具[2-5]。

利用计算机仿真技术，结合 Flowmaster 流体系统仿真软件，应用可视化编程技术，开发了一个专门针对提灌站稳态和过渡过程运行仿真软件，为提灌站工程设计人员提供一个较为方便快捷、安全可靠的设计方案优化工具，实现对设计方案的提前预测和修改完善，从而有效降低设计成本和设计风险，提高工程运行可靠性。

1　Flowmaster 软件的介绍

Flowmaster 软件是全球著名的一维流体系统仿真分析软件，具有计算效率高、求解结果精确、建

* **基金项目：** 农业部公益性行业（农业）科技专项（20150312704）；四川省科技计划项目（2016FZ0089）

模方式快捷、软件接口丰富等优点，具备开放而多样的联合仿真接口开发能力，易于实现软件集成与半实物仿真。目前已被汽车、能源动力、航空航天等诸多行业的各种流体系统所采用。该软件提供了丰富多样的元件，可以计算分析流体系统的运行情况，如开启和关闭阀门、改变泵转速时流体系统各节点处运行参数变化。通过对流体系统中各个环节的参数进行精确的计算分析，工程师可以快速地进行流体系统的优化设计[6]。

2 仿真软件的开发

2.1 仿真软件的特点

该仿真软件（Flowmaster）的特点是参数设置方便和计算效率高，登录该软件后，无须再搭建管路模型，只需直接选择需要的管路模型，通过输入水泵、管道、阀门等设备的关键参数以及边界条件和计算条件，通过运行仿真，即可进行设计方案稳态运行情况下实际运行工况点参数的计算确定，过渡过程运行工况下事故停泵后水泵流量变化、水泵转速变化、止回阀后压力变化，以及压力最大值的计算确定，通过稳态和过渡过程的计算结果，即可判定设计方案的合理性，从而有效提高设计方案的可靠性，降低设计风险。

2.2 软件开发思路

采用 Flowmaster 组建提灌站管路系统计算模型，并将其作为计算核心，在后台运行计算。利用 VB. NET 面向对象的可视化编程特点开发软件登录界面、前处理输入界面、计算界面和后处理输出界面等用户交互界面，借助 Flowmaster 开放的联合仿真接口开发功能实现数据的有效传输。仿真软件开发流程如图 1 所示。

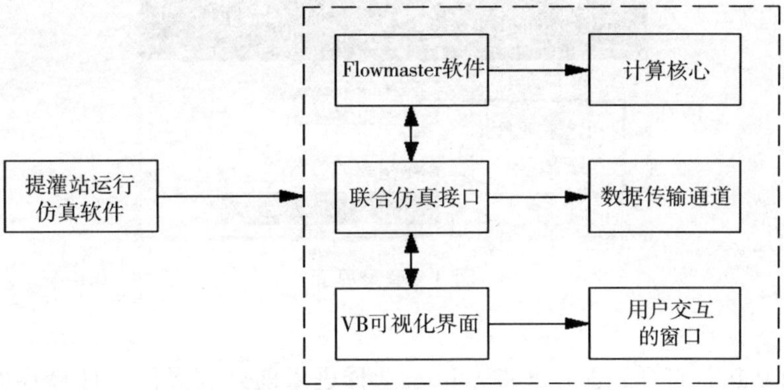

图 1 仿真软件开发流程图

2.3 组建提灌站管路系统模型

提灌站水力系统由进水池、进水钢管、水泵、闸阀、止回阀、出水钢管、出水池等组成。根据实际的提灌站水力系统组成，确定计算类型，在 Flowmaster 中组建提灌站水力系统稳态和过渡过程计算模型，然后将计算模型打包，存放到指定位置，仿真计算过程中再用相关程序调用对应水力模型。

在组建提灌站水力系统稳态和过渡过程计算模型过程中，进水池和出水池采用压力源边界条件代替。提灌站水力系统稳态计算模型和过渡过程计算模型如图 2 所示。稳态计算模型需去掉控制器组件。

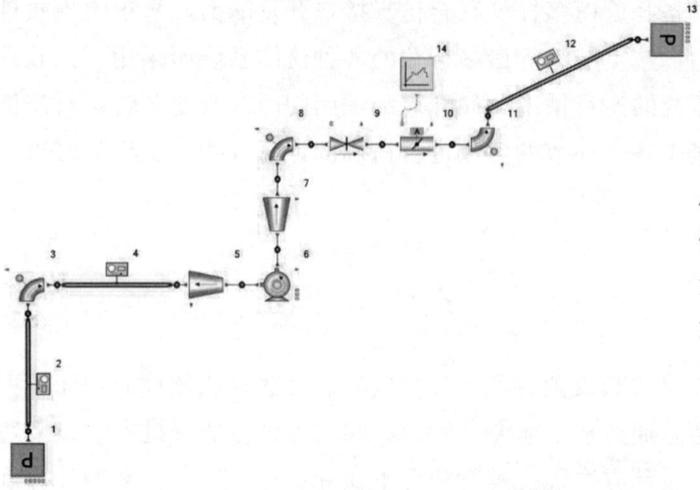

1—压力源；2—钢管；3—弯头
4—钢管；5—大小头；6—水泵
7—大小头；8—弯头；9—闸阀
10—止回阀；11—弯头；12—钢管
13—压力源；14—控制器

图 2　提灌站水力系统计算模型和过渡过程计算模型

2.4　界面设计

采用 VB. NET 进行界面设计，主要包括登录界面、主界面、前处理界面、计算界面和后处理界面。

2.4.1　登录界面

通过在登录界面输入用户名和密码即可登录仿真软件。登录界面如图 3 所示。

图 3　登录界面

2.4.2　主界面

主界面主要具有新建、打开、保存文件，以及选择进入前处理界面、计算界面和后处理界面的功能。主界面如图 4 所示。

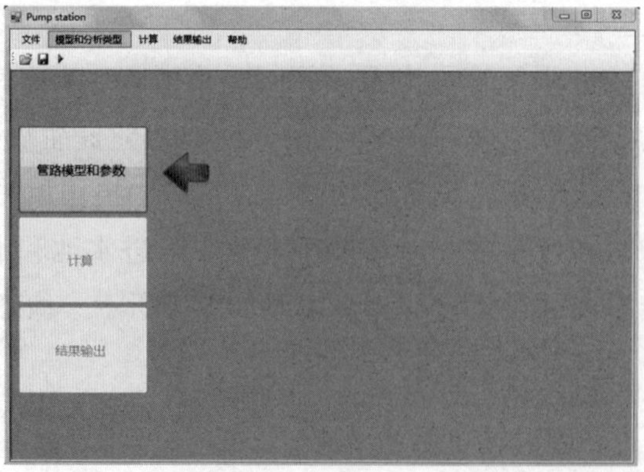

图 4　主界面

2.4.3 前处理界面

前处理界面包括管路模型选择界面和参数输入界面。

管路模型选择界面有 IS 型泵管路模型、S 型泵管路模型和 D 型泵管路模型 3 种，用户可根据实际需求进行选择。管路模型选择界面如图 5 所示。

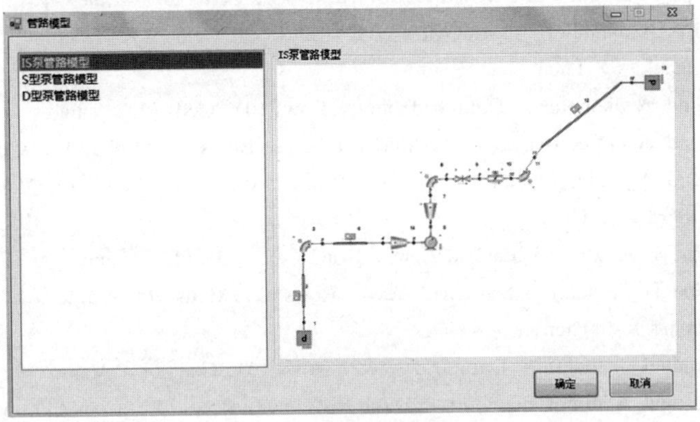

图 5 管路模型选择界面

确定管路模型的代码如下。

```
If ListBoxl. SelectedIndex = 0 Then
    IS_selected = True
    S_selected = False
    D_selected = False
SlseIf ListBoxl. SelectedIndex = 1 Then
    IS_selected = False
    S_selected = True
    D_selected = False
SlseIf ListBoxl. SelectedIndex = 2 Then
    IS_selected = False
    S_selected = False
    D_selected = True
End If
```

参数输入界面包括管路系统计算模型、计算类型选择、元件参数和节点参数输入 3 个区域，其功能可以实现在稳态计算工况下，对管道、阀门、水泵等设备的关键参数输入以及计算条件的设置，也可以实现在瞬态计算工况下，对管道、阀门、水泵等设备的关键参数输入以及阀门关闭规律、计算条件的设置。参数输入界面如图 6 所示。

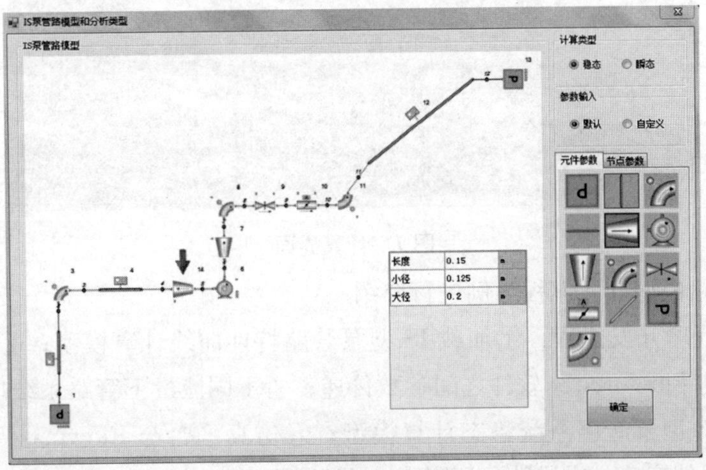

图 6 参数输入界面

参数写入变量代码如下。

```
If mark = 1 Then
    source_A_total_pressure = DataGridView2. Rows (0). Cells (1). Value
ElseIf mark = 2 Then
    pipe_A_length = DataGridView2. Rows (0). Cells (1). Value
    pipe_A_diameter = DataGridView2. Rows (1). Cells (1). Value
ElseIf mark = 3 Then
    bend_A_diameter = DataGridView2. Rows (0). Cells (1). Value
    bend_A_deflection_angle = DataGridView2. Rows (1). Cells (1). Value
    bend_A_radius_diameter = DataGridView2. Rows (2). Cells (1). Value
SlseIf mark = 4 Then
    pipe_B_length = DataGridView2. Rows (0). Cells (1). Value
    pipe_B_diameter = DataGridView2. Rows (1). Cells (1). Value
SlseIf mark = 5 Then
    gradual_A_length = DataGridView2. Rows (0). Cells (1). Value
    gradual_A_minor_diameter = DataGridView2. Rows (1). Cells (1). Value
    gradual_A_major_diameter = DataGridView2. Rows (2). Cells (1). Value
ElseIf mark = 6 Then
    pump_rated_flow = DataGridView2. Rows (0). Cells (1). Value
    pump_rated_head = DataGridView2. Rows (1). Cells (1). Value
    pump_rated_speed = DataGridView2. Rows (2). Cells (1). Value
    pump_rated_power = DataGridView2. Rows (3). Cells (1). Value
    pump_initial_speed = DataGridView2. Rows (4). Cells (1). Value
```

2.4.4 计算界面

点击计算按钮后，计算界面可显示计算进度，计算界面的功能是通过联合仿真接口与 Flowmaster 软件进行参数传输，调用 Flowmaster 软件进行后台运行计算。计算界面如图 7 所示。

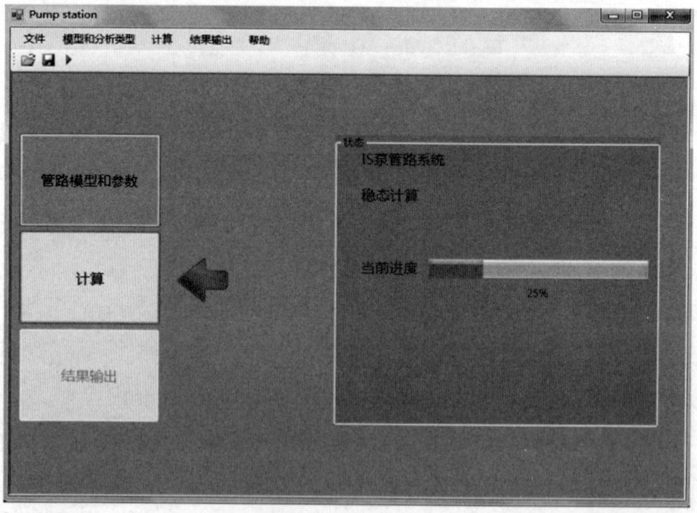

图 7　计算界面

以下以 IS 型泵管路模型开发流程为例进行介绍。

IS 型泵稳态计算程序开发流程：①加载 IS 型泵管路特性曲线计算模型；②创建 Suter-M、Suter-H 曲线；③仿真平台与 Flowmaster 软件之间参数传递；④不同流量下管路系统压降计算，确定管路系统水头特性；⑤加载 IS 型泵管路系统稳态计算模型；⑥仿真平台与 Flowmaster 软件之间参数传递；⑦计算系统流量、各元件流速、雷诺数、压降，确定 IS 泵运行工况。

不同流量下管路系统压降计算代码如下。

```
For i = 0 To 9
    source1= net. Component ("1")
    source1. UseAppUnitSet = True
    source1. SetLineBySearch("", "Mass Flow Rate")
    flowrate(i) = max_flowrate * 998 / 10 + i * max_flowrate * 998 / 10
    source1. SetCLValue (flowrate (i))
    source1. SaveChanges ()

    inde1 = res. Componentlndex (2)
    inde2 = res. Componentlndex (3)
    inde3 = res. Componentlndex (4)
    inde4 = res. Componentlndex (5)
    inde5 = res. Componentlndex (7)
    inde6 = res. Componentlndex (8)
    inde7 = res. Componentlndex (9)
    inde8 = res. Componentlndex (10)
    inde9 = res. Componentlndex (11)
    pressure_drop(0) = res. ComponentValue(indel, 401, 1, 0)
    pressure_drop(1) = res. ComponentValue(inde2, 401, 1, 0)
    pressure_drop(2) = res. ComponentValue(inde3, 401, 1, 0)
    pressure_drop(3) = res. ComponentValue(inde4, 401, 1, 0)
    pressure_drop(4) = res. ComponentUalue(inde5, 401, 1, 0)
    pressure_drop(5) = res. ComponentValue(inde6, 401, 1, 0)
    pressure_drop(6) = res. ComponentValue(inde7, 401, 1, 0)
    pressure_drop(7) = res. ComponentValue(inde8, 401, l, 0)
    pressure_drop(8) = res. ComponentValue(inde9, 401, l, 0)
    For j = 0 To 8
        pressure_drop_sum(i) = pressure_drop_sum(i) + pressure_drop (j)
    Next
```

计算系统流量、各元件流速、雷诺数和压降，确定 IS 型泵运行工况代码如下。

```
res_pipel_pressure_drop = Math. Round(res. ComponentValue (index1, 401, 1, 0), 6)
res_pipel_reynolds_number =Math. Round(res. ComponentArmValue(index1, 2, 91, 0))
res_pipel_velocity = Math. Round(res. ComponentArmValue (index1, 1, 206, 0), 6)

res_pipe2_pressure_drop = Math. Round(res. ComponentValue (index2, 401, 1, 0), 6)
res_pipe2_reynolds_number =Math. Rotund(res. ComponentArmValue(index2, 2, 91, 0))
res_pipe2_velocity =Math. Round(res. ComponentArmValue(index2, 2, 206, 0), 6)

res_pipe3_pressure_drop = Math. Round(res. ComponentValue (index3, 401, 1, 0), 6)
res_pipe3_reynolds_number =Math. Round(res. ComponentArmValue(index3, 2, 91, 0))
res_pipe3_velocity = Math. Round(res. ComponentArmValue (index3, 2, 206, 0), 6)

res_bend1_pressure_drop = Math. Round(res. ComponentValue (index4, 401, 1, 0), 6)
res_bend1_reynolds = Math. Round(res. ComponentArmValue (index4, 2, 91, 0))
res_bend1_velocity = Math. Round(res. ComponentArmValue (index4, 2, 206, 0), 6)
```

IS 型泵瞬态计算程序开发流程：①加载 IS 型泵管路系统瞬态计算模型；②创建 Suter-M、Suter-H 曲线和阀门开度曲线 opening；③仿真平台与 Flowmaster 软件之间参数传递；④瞬态计算时间步长设置；⑤计算阀门关闭后节点压力变化、泵转速和流量变化。

瞬态计算时间步长设置代码如下。

```
gendat = net. GeneralData
gendat. SetLineBySearch ("", "Simulation Start Time")
gendat. SetCLValue (opening_curve (0, 0))
gendat. SaveChanges ()
gendat. SetLineBySearch ("", "Simulation End Time")
gendat. SetCLValue (opening_curve (num_of_openingcurvel - 1, 0))
gendat. SaveChanges ()
gendat. SetLineBySearch("", "Time Step")
gendat. SetCLValue (Time_step)
gendat. SaveChanges ()
```

计算阀门关闭后节点压力变化、泵转速和流量变化代码如下：

```
com_num_of_atr = res. ComponentNumberOfAttribValues (index1, 9)
res_pump_volumeflow_ST = res. ComponentArmTimeHistory(index1, 2, 202)
res_pump_speed_ST = res. ComponentTimeHistory(index1, 9, com_num_of_atr)
res_node_10_pressure = res. NodeTimeHistory(index2, 294)
test = res. ComponentNumberOfAttribValues (index1, 206)
```

2.4.5　后处理界面

后处理界面包括稳态计算结果输出界面和瞬态计算结果输出界面。

稳态计算结果输出界面包括计算结果、特性曲线、管路系统稳态计算模型 3 个区域，其功能可以实现在稳态计算工况下，提灌站管路系统实际运行工况点的流量、功率、效率等关键参数的输出和显示，以及水泵特性曲线和管路特性曲线的显示。稳态计算结果输出界面如图 8 所示。

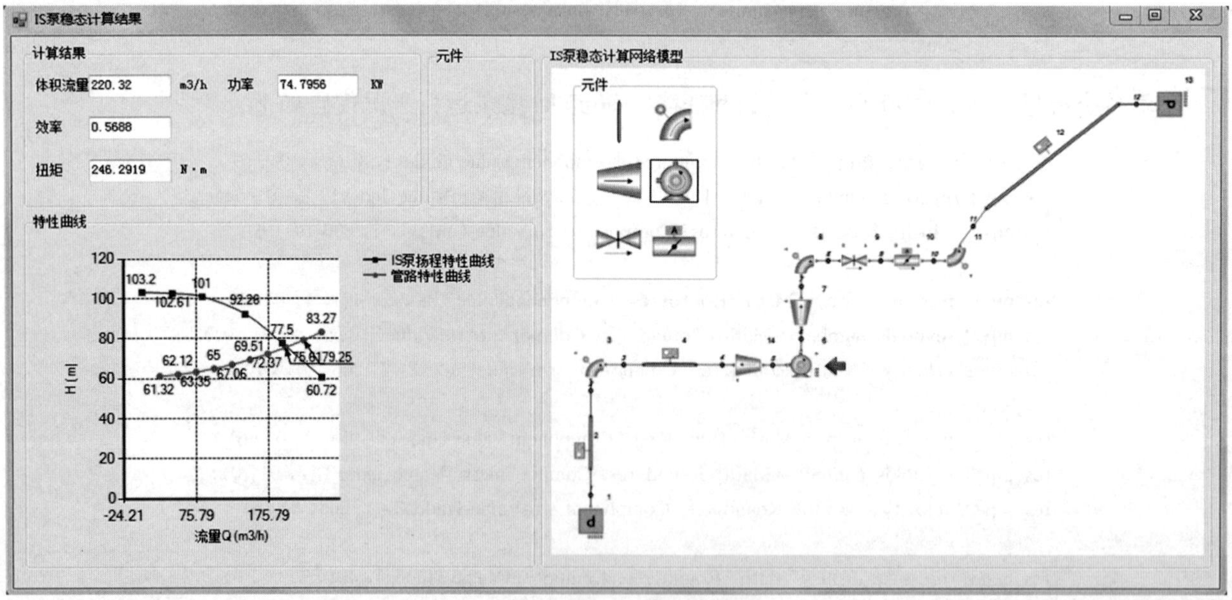

图 8　稳态计算结果输出界面

瞬态计算结果输出界面包括计算结果和管路系统瞬态计算模型 2 个区域，其功能可以实现在瞬态计算工况下，事故停泵后，蝶阀后压力变化曲线以及最大压力值的输出和显示，水泵转速变化曲线、水泵流量变化曲线的输出和显示。瞬态计算结果输出界面如图 9 所示。

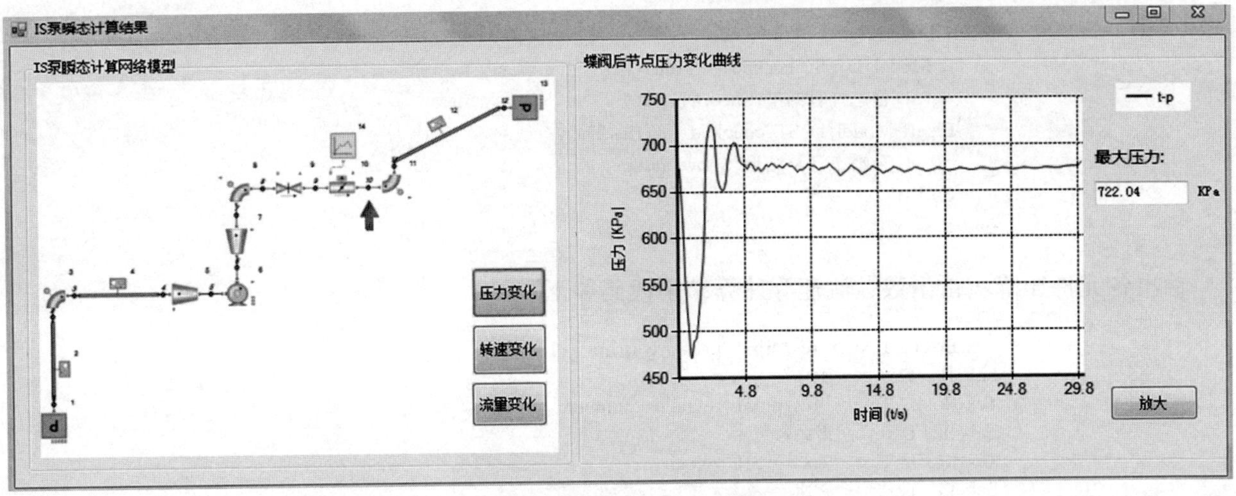

图 9　瞬态计算结果输出界面

后处理界面开发流程如图 10 所示。

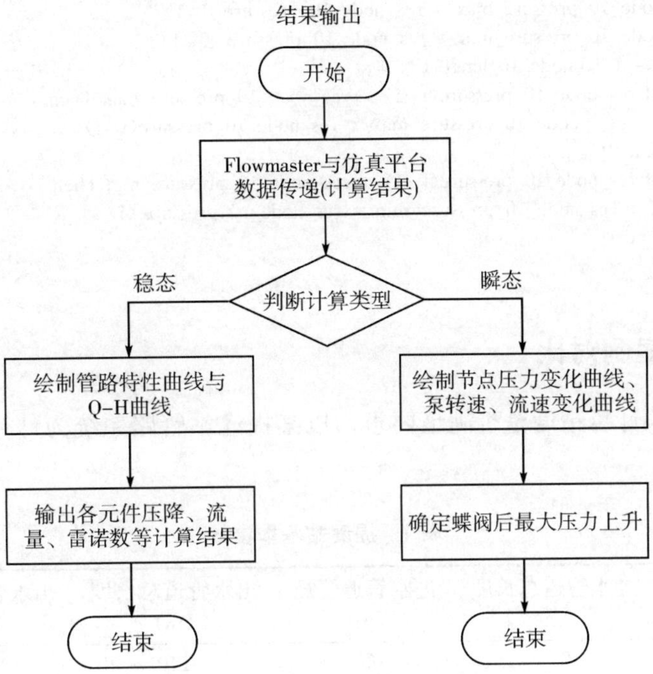

图 10　后处理输出界面开发流程图

判断计算类型代码如下。

```
If IS_selected = True Then
    If Model_IS_SS_checked = True Then
        IS 稳态计算结果.ShowDialog()
    ElseIf Model_IS_ST_checked = True Then
        IS 泵瞬态计算结果.ShowDialog()
    End If
ElseIf S_selected = True Then
    If SModel_IS_SS_checked = True Then
        S 稳态计算结果.ShowDialog()
    ElseIf SModel_IS_ST_checked = True Then
        S 泵瞬态计算结果.ShowDialog()
    End If
```

```
ElseIf D_selected = True Then
    If Model_D_SS_checked = True Then
        D稳态计算结果.ShowDialog()
    ElseIf Model_D_ST_checked = True Then
        D泵瞬态计算结果.ShowDialog()
    End If
End If
```

输出各元件压降、雷诺数、流速等计算结果代码如下。

```
TextBox1. Text = res_pipe1_pressure_drop * 100
Label1. Text = "压降"
TextBox2. Text = res_pipe1_reynolds_number
Label2. Text = "雷诺数"
TextBox3. Text = res_pipe1_velocity
Label3. Text = "流速"
```

确定蝶阀后最大压力代码如下。

```
res_node_10_pressure_max = res_node_10_pressure(0, 1)
res_node_10_pressure_min = res_node_10_pressure (0, 1)
For i = 1 To node_10_length1 - 1
    If res_node_10_pressure(i, 1) > res_node_10_pressure_max Then
        res_node_10_pressure_max = res_node_10_pressure(i, 1)
    End If
    If res_node_10_pressure(i, 1) < res_node_10_pressure_min Then
        res_node_10_pressure_min = res_node_10_pressure (i, 1)
    End If
Next
```

3　现场测试与计算案例对比

为了分析仿真软件的计算精度是否满足要求，以某提灌站管路系统为计算对象。提灌站基本参数见表 1。

表 1　提灌站基本参数

名称	提灌站净扬程（m）	进水管道总长度（m）	进水管道管径（m）	出水管道总长度（m）	出水管道管径（m）	水泵型号
参数	27.5	6.5	0.3	140	0.25	300S58B

首先在提灌站稳态运行情况下，进行现场测试；然后在仿真软件上进行稳态仿真计算；最后将现场测试数据和仿真软件计算数据进行对比。

现场测试数据与仿真软件计算数据对比结果见表 2。

表 2　现场测试数据与仿真软件计算数据对比结果

产品或技术名称	水泵实际工作流量（m^3/h）	水泵实际工作扬程（m）
现场测试数据	682.17	32.48
仿真计算数据	672.84	33.86
仿真计算误差	−1.37%	+4.24%

由表 2 可知，该提灌站管路系统在稳态运行情况下，现场测试的水泵实际工作流量为 682.17 m^3/h，仿真软件计算的水泵实际工作流量为 672.84 m^3/h，仿真软件计算的流量结果比现场测试的流量小了

9.33 m^3/h，仿真计算误差为－1.37％；现场测试的水泵实际工作扬程为 32.48 m，仿真软件计算的水泵实际工作扬程为 33.86 m，仿真软件计算的扬程比现场测试的扬程高了 1.38 m，仿真计算误差为＋4.24％。水泵实际工作流量和实际工作扬程的仿真计算误差较小，仿真计算结果具有实际参考价值。

4 结论

基于 Flowmaster 的提灌站稳态和过渡过程运行仿真软件界面设计简单、友好。该软件专业性强、计算速度快、计算精度高，设计人员仅需输入水泵、管道、阀门等设备的关键参数以及边界条件和计算条件即可进行运行仿真计算，根据计算结果设计人员即可判断设计方案的合理性，若设计方案不合理，便可快速地进一步对设计方案进行修改完善。可作为提灌站工程设计人员在设计选型时的参考。

参考文献

[1] 姚青云，李志敏．事故停泵水锤对压力管道的影响［J］．排灌机械，2006，24（6）：117－120.

[2] 张亚莉，宋世露，陈勇，等．泵站侧向进水前池整流措施数值模拟［J］．中国农村水利水电，2015（5）：117－120.

[3] 谭淋露，冯建刚，陈毓陵，等．泵站虹吸式出水管数值模拟及水力优化［J］．中国农村水利水电，2014（3）：126－129，133.

[4] 卢珍，周小波，李光辉，等．基于 Flowmaster 的高扬程长管道提灌站止回阀关闭规律研究［J］．现代农业科技，2017（1）：173－175.

[5] 许志刚．停泵水锤数值模拟及其可视化技术的研究［D］．长沙：湖南大学，2009.

[6] 北京海基科技发展有限责任公司．Flowmaster 热流体系统设计仿真平台［DB//OL］．http://www.hikeytech.com/index.php?m=Page&a=index&id=40

基于 OneNET 和 Arduino 小型泵站远程监控系统设计*

赵九洲　李玉玲　周小波　曾文明　李光辉　阮红丽　卢　珍　梁　君

四川省农业机械研究设计院，四川成都　610066

摘要：本系统是基于 OneNET 云平台和单片机 Arduino 相关技术的小型泵站远程监控系统，采用 Arduino 单片机与流量、压力、电压、电流、液位等传感器设备采集泵站的数据，并通过 SIM868 通信模块将数据传输到 OneNET 云平台存储，同时利用 OneNET 提供的 SDK 快速搭建客户端应用，使小型泵站得到远程监控。

关键词：OneNET；Arduino；SIM868

当前，我国为解决农业灌溉的问题，在农村建设了大量的小型提灌站，这些小型提灌站由各村社安排人员管护。但是随着我国社会的发展，农村大量人员外出务工，导致本地劳动力不足，大部分提灌站因而没有得到足够管护，很多设备因故障而无法使用。随着物联网技术的发展成熟，通过远程管理使得分布广泛的农村小型提灌站的管理变得简单起来，同时也能节省大量的人力成本。本文基于中国移动提供的物联网云平台 OneNET 和开源 Arduino 硬件等技术进行了农村小型提灌站远程监控系统的设计研究。

1　系统选用技术介绍

1.1　OneNET 云平台

OneNET 是中国移动推出的物联网开放云平台，作为物联网系统中的传输层，它向开发者提供智能硬件开发工具和云服务，各类终端设备可以方便接入网络，实现数据的传输、存储和管理等交互。平台能够帮助开发者轻松地实现设备接入与连接，快速方便地进行产品开发部署，为智能硬件等产品提供完整的物联网解决方案。支持多种物联网行业及主流标准协议的设备接入；同时还提供了 Java、C 语言等多种语言的开发 SDK，能够帮助终端快速接入云平台和快速开发应用。OneNET 作为平台服务层，为软件服务层和设施设备层搭建连接桥梁，分别向上下游提供中间层核心能力。

OneNET 的接入协议包括 EDP、MQTT、TCP 透传等。终端主要通过 TCP 与 OneNET 直连，OneNET 将接收到的数据按照协议解包然后存储，并以 API（应用程序接口）的方式提供给应用层使用，如图 1 所示。

根据上述资源模型以及对接方式，在 OneNET 平台我们按照以下流程进行产品开发，如图 2 所示。

1.2　Arduino 单片机

接入 OneNet 云平台的硬件可以是各种可联网的设备，比如各种单片机、手机等。本设计选择 Ar-

* **基金项目：**公益性行业（农业）科研专项经费项目“西南丘陵旱地粮油作物节水节肥节药综合技术集成与示范”（20150312704）

duino单片机（图3）作为硬件单元。Arduino是一款便捷灵活、方便上手的开源电子原型平台，可以用来开发交互式智能产品，主要包含硬件部分Arduino电路板和Arduino IDE程序开发环境两个主要的部分。Arduino电路板可以连接各种传感器，电路板上的微控制器可以通过Arduino的编程语言来编写程序，编译成二进制文件，烧录进微控制器。

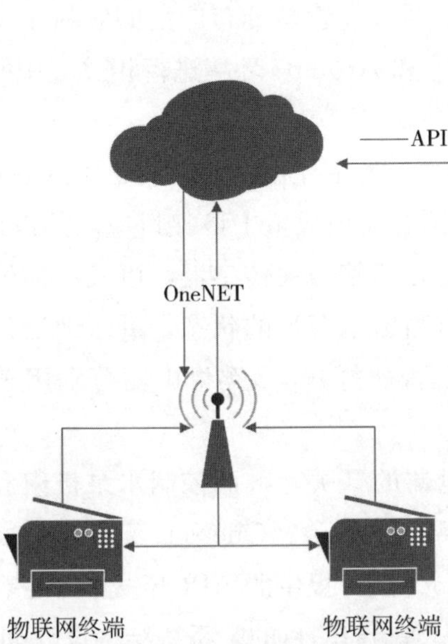

图1　OneNET应用示意图

图2　产品开发流程图

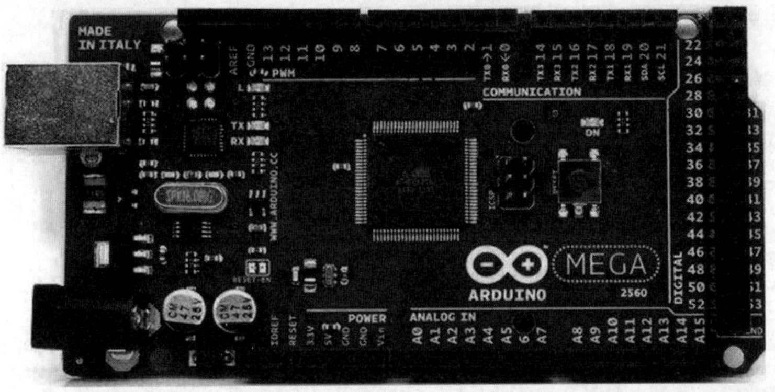

图3　Arduino mega 2560

Arduino编程环境可以完美兼容Macintosh OSX、Windows和Linux等应用系统，同时Arduino控制板价格低廉，既可亲自组装，也可以购买完整的成品。软件是开源的，程序员可以根据需要对其进行扩展。Arduino编程环境也很简易，可以很容易学会并熟练使用。

1.3　SIM868通信模块

SIM868通信模块是SIMCOM公司推出的通信模块，性能优越，体积小巧。该模块实现了完整的四频段GSM/GPRS，同时集成了GPS和蓝牙技术。可以低功耗实现语音、短信、GPRS数据传输、蓝牙数据传输和高性能全球定位系统，支持GPS、北斗和GLONASS三大定位系统。目前免费提供基站定位。

2 系统设计

2.1 系统需求背景

农村小型提灌站逐年增多，大量的小型提灌站需要进行管理，传统的各村社安排人员看护费时费力。随着物联网技术的发展成熟，通过物联网远程管理分布广泛的农村小型提灌站成为可能。本系统基于中国移动提供的物联网云平台 OneNET 和 Arduino 环境进行相关应用的探索与设计。

2.2 系统总体设计

本系统监控终端选用 Arduino mega2560 作为主控板，该主板处理器核心是 ATmega2560，具有 54 路数字输入输出口和 16 路模拟输入，非常适合需要大量 I/O 接口应用的设计。该系统中主板需要接入电流、电压、管道流量、压力、进水池液位和门禁开关传感器，以及 2 路继电器；电流电压传感器用于监测电机的运行状态，流量压力传感器监测出水管道的状态，进水池液位传感器监测进水池水位水量情况，门禁开关检测用于检测泵站的门是否被打开，2 路继电器分别用于水泵管道阀门和水泵机组的开关。

主控板读取分析传感器数据来控制继电器的开关，继而控制水泵机组和电磁阀门的开关，同时通过 SIM868 通信模块将数据传输至 OneNet 云平台。OneNet 云平台作为服务器，通过 GPRS 与 SIM868 通信模块交换信息；同时基于 Onenet 平台提供的 API 开发出跨平台的应用，手机等客户端设备可通过应用实现与 Arduino 通信，从而达到监控的目的。系统结构设计如图 4 所示。

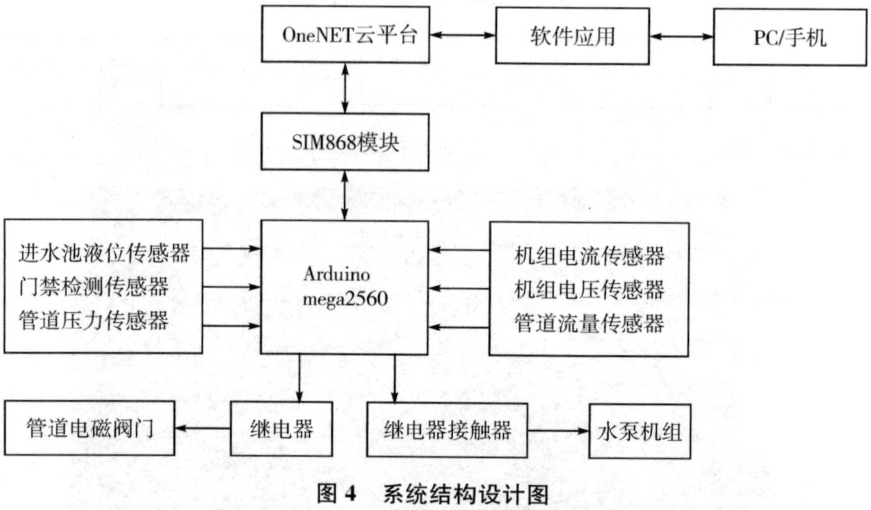

图 4 系统结构设计图

2.3 程序设计

2.3.1 OneNet 云平台服务器设计

首先在 OneNet 云平台通过用户注册，使用其提供的数据模板添加电流、电压、流量、压力、继电器开关和位置的数据参数，用以存储终端设备 Arduino 物理层发送的数据。OneNet 云平台服务器设计如图 5 所示。

图 5　OneNET 云服务器设计

然后利用 OneNet 平台提供的 API 开发简单的客户端应用并发布到平台上，客户可以通过手机、PC 等访问平台，通过平台可以实现远程控制 Arduino 单片机和查看相关的数据。客户端应用系统如图 6 所示。

图 6　客户端应用系统

2.3.2　Arduino 设备端主要程序设计

Arduino 通过 I/O 口与管道流量、压力传感器、进水池液位传感器、水泵机组的电流电压传感器、继电器连接，读取传感器的数据并发送至 OneNet 云平台供客户端应用查看使用，同时接收 OneNet 转发的客户端应用的控制命令，从而控制继电器工作。主程序使用 C 语言在 Arduino IDE 开发环境中完成编写，然后将程序编译烧录到 Arduino mega 2560 主板。

程序的主要功能函数如下。

```
//设备端从 OneNET 获取数据函数
int getDataFromOneNET (char * API_VALUE_temp, char * device_id_temp, char * sensor_id_temp)
{
//连接服务器…
packet.setHostAddress (OneNETServer);
packet.setDevId (device_id_temp);    //device_id
strcat (cmd, OneNETServer);
strcat (cmd," \", 80\r\n");
if (sendCommand (cmd," CONNECT", 10000, 5) ==Success);
…
```

```
//发送数据
memset (cmd, 0, 400); //清空 cmd
if (sendCommand (cmd," >", 3000, 2) ==Success);
…//解析获取的数据
index1 =strstr (gprsRxBuffer," value\":");
index2 =strstr (index1,"}, \"");
memcpy (getDataBuffer, index1+7, index2- (index1+7));
if (strlen (getDataBuffer) ==1 && getDataBuffer [0] =='1')
return 1;
…
}
//设备端向 OneNET 发送数据函数
void postDataToOneNET (char* API_VALUE_temp, char* device_id_temp, char* sensor_id_temp, float data_value)
{
…
//发送数据
if (sendCommand (" AT+CIPSEND\r\n"," >", 3000, 1) ==Success);
…
if (sendCommand (send_buf, send_buf, 3000, 1) ==Success);
else errorLog (9);
…
}
```

3 结语

通过对 Arduino 单片机和 OneNet 云平台的学习研究，快速搭建了小型泵站的远程监控系统，实现了对小型泵站的远程监控与管理。与传统的自建服务器开发上位机接收数据相比，应用云平台能节省大量人力、物力等资源，同时又更加稳定，功能更加丰富，跨平台开发更加方便。将物联网技术运用到传统农业中，运用传感器和软件通过手机移动平台或者电脑 PC 平台对农业生产进行控制，使传统农业生产更加高效便捷。

参考文献

[1] OneNET 平台开发文档[N/OL]. https://open. iot. 10086. cn/doc/art398. html#97.
[2] Arduino 编程参考手册[N/OL]. https://www. arduino. cc/reference/en/.

少耕覆盖与套种对小麦、蚕豆产量效益和肥料偏生产力的影响*

付云章[1] 黄荣松[1] 陆文金[1] 高朝双[3] 陈 华[2] 陈检锋[2] 尹 梅[2*]

1. 云南省文山苗族壮族自治州土壤肥料工作站，云南文山 663000
2. 云南省农业科学院农业环境资源研究所，云南昆明 650205
3. 云南省宣威市板桥街道农业综合服务中心，云南宣威 655413

摘要：采用田间试验方法，研究少耕覆盖水稻秸秆、少耕覆盖玉米秸秆、少耕覆盖水稻秸秆套种蚕豆和少耕覆盖玉米秸秆套种蚕豆处理对小麦、蚕豆产量、肥料偏生产力、产值和净收益的影响。结果表明，少耕覆盖水稻秸秆和玉米秸秆栽培可提高小麦的产量、肥料偏生产力、产值和净收益，套种蚕豆各个处理的产量、肥料偏生产力、产值和净收益比小麦单一种植处理都有大幅度提高。该试验中，少耕覆盖水稻秸秆套种蚕豆的处理是较佳处理，其产量比其他处理提高了19.0～219.8 kg/亩，肥料生产力高1.06～12.22 kg/kg，产值高46.2～539.5元/亩，净收益高46.2～509.5元/亩。

关键词：小麦；蚕豆；少耕覆盖；产量；经济效益；肥料偏生产力

云南省为低纬度高原地区，气候区域差异和垂直变化显著，年温差小，日温差大，降雨分布不均，干湿季节较明显。全年降水量最多的月份为6～9月，降水量约占全年降水量的60%。因为雨量集中，雨季水土流失严重，春冬秋季土壤水分匮乏，干旱往往成为旱季作物生长最重要的制约因子之一[1]。少耕覆盖和套种蚕豆是实现农业可持续发展的重要方法，使用该方法可保持水土，抗旱保墒，土壤温度和湿度提高，防治杂草等，达到增产增收、培肥地力的作用[2-7]。

文山州是云南省耕地面积第二大，旱地面积第四大，小麦种植面积最大的州市。同时，旱季水分的缺乏也严重制约了文山州小麦生产。针对小麦生长在持续干旱或季节性干旱明显的区域，通过研究小麦种植的少耕覆盖和套种蚕豆对产量和经济效益等的影响，为当地小麦的优化养分管理和资源高效利用提供理论依据。

1 材料与方法

1.1 试验材料

研究地位于云南省文山州砚山县。气候属北亚热带气候类型，年均温度为15～16 ℃。当地典型的轮作制度为玉米—小麦或水稻—小麦。试验地土壤养分状况：pH值为6.6，有机质为32.7 g/kg，碱解氮为82.3 mg/kg，有效磷为17.2 mg/kg，速效钾为130.6 mg/kg。供试小麦品种为云麦52。

* **基金项目：**公益性行业（农业）科研专项经费项目（201203013，201503127）；国家科技支撑计划项目（2012BAD40B01）

1.2 试验设计

试验共设 6 个处理。

处理 1，深耕不覆盖（传统种植）；处理 2，深耕不覆盖套种蚕豆；处理 3，少耕覆盖水稻秸秆；处理 4，少耕覆盖水稻秸秆套种蚕豆；处理 5，少耕覆盖玉米秸秆；处理 6，少耕覆盖玉米秸秆套种蚕豆。

各个处理的肥料用量一致，每亩 N、P_2O_5 和 K_2O 均为 10 kg、4 kg 和 4 kg。供试的氮肥为尿素，含氮量 46%，磷肥为 12%P_2O_5 的过磷酸钙，钾肥为 50%K_2O 的硫酸钾。小区面积 24 m^2，3 次重复，随机区组排列。

施肥方法。所有肥料作为底肥施用。播种方式为条播，小麦播种量为 1 kg/亩，蚕豆播种量为 6 kg/亩。

整个试验过程中完全靠自然降雨。

1.3 数据收集和测定方法

试验前采集基础土样 1 个，质量 1 kg 左右，带回室内风干后分析，分析指标主要为碱解氮、有效磷、速效钾、pH 值和有机质。其中有机质分析采用铬酸钾滴定法，pH 值采用玻璃电势法，土壤碱解氮用碱解扩散法，有效磷用 0.5 mol/L $NaHCO_3$ 浸提・钼锑抗比色法，速效钾用乙酸铵溶液浸提・火焰光度计法测定[8,9]。

试验结束时每个小区小麦、蚕豆单独测产。

肥料偏生产力的计算方法如下。

肥料偏生产力 $PFP=Y/F$，Y 为施肥后所获得的作物产量；F 代表化肥的投入量。PFP 指单位投入的肥料氮所能生产的作物籽粒产量[10]。

数据统计采用 SPSS 法和 DPS 法。

2 结果与分析

2.1 不同处理对产量和偏生产力的影响

表 1 为不同处理的产量和肥料偏生产力。结果表明，单一种植小麦的 3 个处理中，少耕覆盖水稻秸秆处理的产量和偏生产力最高，分别为 240.7 kg/亩和 13.37 kg/kg，其次为少耕覆盖玉米秸秆的处理，产量和偏生产力最低的是深耕不覆盖的处理，少耕覆盖水稻秸秆处理的产量比深耕不覆盖的处理产量高 13.38%，少耕覆盖玉米秸秆处理的产量比深耕不覆盖的处理产量高 9.04%。

结果还表明，在套种蚕豆的 3 个处理中，产量和偏生产力变化规律同单一种植小麦的处理，少耕覆盖水稻秸秆套种蚕豆处理的产量和偏生产力最高，小麦和蚕豆的产量分别为 232.3 kg/亩和 199.8 kg/亩，该处理的小麦和蚕豆的产量比深耕不覆盖套种蚕豆处理高了 17.51%，该处理的偏生产力为 24.01 kg/kg。其次为少耕覆盖玉米秸秆套种蚕豆的处理，小麦和蚕豆的产量分别为 229.7 kg/亩和 183.4 kg/亩，该处理的小麦和蚕豆的产量比深耕不覆盖套种蚕豆处理高了 12.35%，该处理的偏生产力为 22.95 kg/kg。产量和偏生产力最低的是深耕不覆盖套种蚕豆的处理，小麦和蚕豆的产量分别为 204.5 kg/亩和 163.2 kg/亩，偏生产力为 20.43 kg/kg。

对比单一种植小麦的处理和小麦套种蚕豆的处理，套种蚕豆的各个处理小麦产量减产较少，但产量增加了 163.2～199.8 kg/亩，故小麦套种蚕豆的处理产量和肥料偏生产力都比较高。

表 1 不同处理的产量和肥料偏生产力

处理	小麦产量（kg/亩）	蚕豆产量（kg/亩）	小麦和蚕豆产量（kg/亩）	与深耕不覆盖传统种植相比（%）	与深耕不覆盖套种蚕豆相比（%）	肥料偏生产力（kg/kg）
深耕不覆盖（传统种植）	212.3	—	212.3	—	−42.26	11.79
深耕不覆盖套种蚕豆	204.5	163.2	367.7	73.20	—	20.43
少耕覆盖水稻秸秆	240.7	—	240.7	13.38	−34.54	13.37
少耕覆盖水稻秸秆套种蚕豆	232.3	199.8	432.1	103.53	17.51	24.01
少耕覆盖玉米秸秆	231.5	—	231.5	9.04	−37.04	12.86
少耕覆盖玉米秸秆套种蚕豆	229.7	183.4	413.1	94.58	12.35	22.95

2.2 不同处理的经济效益分析

表 2 为不同处理的经济效益。结果表明，单一种植小麦的 3 个处理中，少耕覆盖水稻秸秆处理的产值和净收益最高，分别为 481.40 元/亩和 358.60 元/亩，其次为少耕覆盖玉米秸秆的处理，产值和净收益最低的是深耕不覆盖的处理，少耕覆盖水稻秸秆处理的净收益比深耕不覆盖的处理产量高 18.82%，少耕覆盖玉米秸秆处理的净收益比深耕不覆盖的处理产量高 12.72%。

表 2 不同处理的经济效益分析

处理	小麦产值（元/亩）	蚕豆产值（元/亩）	小麦和蚕豆产值（元/亩）	成本（元/亩）	净收益（元/亩）	与深耕不覆盖传统种植相比（%）	与深耕不覆盖套种蚕豆相比（%）
深耕不覆盖（传统种植）	424.60	—	424.60	122.80	301.80	—	−54.56
深耕不覆盖套种蚕豆	409.00	408.00	817.00	152.80	664.20	120.08	—
少耕覆盖水稻秸秆	481.40	—	481.40	122.80	358.60	18.82	−46.01
少耕覆盖水稻秸秆套种蚕豆	464.60	499.50	964.10	152.80	811.30	168.82	22.15
少耕覆盖玉米秸秆	463.00	—	463.00	122.80	340.20	12.72	−48.78
少耕覆盖玉米秸秆套种蚕豆	459.40	458.50	917.90	152.80	765.10	153.51	15.19

注：价格按小麦 2.00 元/kg；蚕豆 2.50 元/kg；尿素 2.00 元/kg；普通过磷酸钙 1.00 元/kg；硫酸钾 4.50 元/kg；小麦种子 10.00 元/kg；蚕豆种子 5.00 元/kg 计算。

在套种蚕豆的 3 个处理中，产值和净收益变化规律同单一种植小麦的处理，少耕覆盖水稻秸秆套种蚕豆处理的产值和净收益最高，小麦和蚕豆的产值分别为 464.60 元/亩和 499.50 元/亩，该处理的净收益为 811.30 元/亩，比深耕不覆盖套种蚕豆处理高了 22.15%。少耕覆盖玉米秸秆套种蚕豆处理的产值和净收益次高，该处理的产值和净收益分别为 917.90 元/亩和 765.10 元/亩，比深耕不覆盖套种蚕豆处理高了 15.19%。深耕不覆盖套种蚕豆处理产值和净收益最低，产值和净收益分别为 817.00 元/亩和 664.20 元/亩。

对比单一种植小麦的处理和小麦套种蚕豆的处理，套种蚕豆的各个处理其小麦产值差异不显著，但增加了蚕豆产值，为 408.00～499.50 元/亩，显著提高了处理的总产值，故小麦套种蚕豆的处理产值和净收益都比较高。

3 讨论

少耕覆盖水稻秸秆和玉米秸秆栽培可提高小麦的产量、肥料偏生产力、产值和净收益。小麦单一种植模式中，深耕不覆盖处理的小麦产量、肥料偏生产力、产值和净收益都是 3 个处理中最差的，而少耕覆盖水稻秸秆处理的小麦产量、肥料偏生产力、产值和净收益都是 3 个处理中最好的。在套种蚕豆的 3 个处理中，少耕覆盖水稻秸秆套种蚕豆处理的产量、肥料偏生产力、产值和净收益都是 3 个处理中数值最高的，深耕不覆盖套种蚕豆处理的产量、肥料偏生产力、产值和净收益最差。

对比单一种植小麦的处理和小麦套种蚕豆的处理，套种蚕豆各个处理的产量、肥料偏生产力、产值和净收益比起小麦单一种植处理都有大幅度的提高。

研究表明，少耕覆盖种植模式有利于单一小麦种植或小麦套种蚕豆种植的产量产值、肥料偏生产力的提高。同时，小麦套种蚕豆种植的模式更优于单一小麦种植，从结果来看，少耕覆盖水稻秸秆套种蚕豆的处理是最佳的处理，是实现农业可持续发展的一种有效模式[7]。

参考文献

[1] 马显莹，白树明，黄英．浅析云南干旱特征及抗旱对策［J］．中国农村水利水电，2012（5）：101－108.

[2] 樊永言，绕本华，叶惠民，等．少耕覆盖耕作法的研究和应用［J］．土壤肥料，1984（1）：7－10.

[3] 绕本华，陶晴，苏帆，等．少耕覆盖耕作法的初步研究和应用［J］．中国水土保持，1983（6）：8－11.

[4] 师江澜，刘建忠，吴发启．保护性耕作研究进展与评述［J］．干旱地区农业研究，2006，24（1）：205－212.

[5] 罗珠珠，黄高宝，Li Guangdi，等．保护性耕作对旱作农田耕层土壤肥力及酶活性的影响［J］．植物营养与肥料学报，2009，15（5）：1085－1092.

[6] 谢瑞芝，李少昆，李小君，等．中国保护性耕作研究分析——保护性耕作与作物生产［J］．中国农业科学，2007，40（9）：1914－1924.

[7] 姜卉，赵平，汤利，等．云南省不同试验区小麦蚕豆间作的产量优势分析与评价［J］．云南农业大学学报，2012，27（5）：646－652.

[8] 鲁如坤．土壤农业化学分析方法［M］．北京：中国农业科技出版社，2000.

[9] 鲍士旦．土壤农化分析（第三版）［M］．北京：中国农业出版社，2005.

[10] 张福锁，王激清，张卫峰，等．中国主要粮食作物肥料利用率现状与提高途径［J］．土壤学报，2008，45（5）：915－924.

免耕覆盖下不同氮、磷、钾配比对旱地小麦产量效益和养分利用的影响*

陈检锋　陈　华　付利波　王志远　洪丽芳　苏　帆　尹　梅*

云南省农业科学院农业环境资源研究所，云南昆明　650205

摘要： 采用田间试验方法，比较相同养分管理下传统耕作和免耕覆盖下小麦生长、土壤温度水分、小麦产量、效益和对氮（N）、磷（P）、钾（K）养分的利用，研究不同氮磷钾配比对免耕覆盖栽培小麦的产量、经济效益和养分利用的影响。结果表明，免耕覆盖 $N_2P_2K_2$ 处理小麦在不同的生育期株高均高于传统耕作 $N_2P_2K_2$（CK）处理，免耕覆盖的小麦种植土壤的含水量和温度均高于传统耕作，免耕覆盖 $N_2P_2K_2$ 处理的小麦产量和净收益分别比传统耕作 $N_2P_2K_2$（CK）处理高 366.9 kg/hm^2（13.14%）和 503.05 元/hm^2（12.80%）；免耕覆盖 $N_2P_2K_2$ 处理的氮、磷、钾肥料利用均高于传统耕作的 $N_2P_2K_2$ 处理。在免耕覆盖的模式下，$N_0P_0K_0$ 处理的小麦产量和经济效益最低，$N_3P_2K_2$ 处理的小麦产量和经济效益最高；免耕覆盖小麦的氮、磷、钾肥料农学效率和氮、磷、钾肥偏生产力均随施肥量增加而降低。该试验中，$N_3P_2K_2$ 处理（纯氮 225.00 kg/hm^2、P_2O_5 为 75.00 kg/hm^2、K_2O 为 75.00 kg/hm^2）的肥料利用效率高和产量效益好，是较佳处理。

关键词： 氮、磷、钾；小麦；免耕覆盖；产量；经济效益；养分利用

云贵高原属于低纬度高原，地形地貌复杂，气候区域差异显著，年温差较小，日温差大，大部分地区的降水量为 800～1 300 mm。一般 5 月到 10 月为雨季，降水量占全年降水量的 85%左右；11 月到次年 4 月为旱季，降水量占全年降水量的 15%[1]。因为干湿季节分明，所以雨季水土流失严重，旱季墒情较差，直接影响作物生长发育。小麦是云南省的四大粮食作物之一，2015 年，种植面积达到 43.3 万 hm^2[2]，小麦在云南属于典型的小春作物，于头年 10 月播种，次年 4 月收获，其生长期是云南降水量全年最少的时期，小麦全生育期的水分全部来源于种植土壤中储藏的水分和自然降水，但太少的降水难于满足小麦的需求，水分一直是制约和影响小麦产量和品质的重要因素之一[3]。

免耕覆盖是一种抗旱保墒的栽培模式，是保护性耕作的主要方式。保护性耕作免耕覆盖研究始于 20 世纪 30 年代，在众多国家相继进行了研究与推广[4]，其中，到 2009 年底，美国的保护性耕作面积约占总耕地面积的 68.3%[5]，拉丁美洲的免耕面积占保护性耕作面积的 95%[6]，亚洲国家也对旱作农业进行了保护性耕作的研究和应用[7]，我国从 20 世纪 70 年代开始了免耕覆盖的研究[8]。各研究表明，免耕覆盖可以调节土壤的温度和湿度[9]，改变土壤酶活性和微生物群落[10-12]，提高土壤养分和有机质含量[13-15]，改善土壤结构[9,16]，减少水土流失[17,18]，对作物的生理特性[19,20]和产量[21-23]也会产生影响，是增强旱地农业可持续发展的重要手段。合理施用氮、磷和钾肥是作物优质高产的基础，可以提

* **基金项目：** 公益性行业（农业）科研专项经费项目（201503127）；国家科技支撑计划项目（2012BAD40B01）

高肥料利用率，减少环境污染[24,25]。我国多年多点的小麦氮、磷、钾试验结果研究表明，每生产 1 t 小麦的籽粒对氮素、磷素和钾素的需求量分别是 15.1～50.5 kg（平均值为 25.8 kg）、2.6～6.8 kg（平均值为 3.7 kg）和 11.5～57.5 kg（平均值为 23.3 kg）[26]，可见不同的区域、不同小麦品种和不同的管理水平下，小麦对氮、磷、钾的需求量差异是非常大的。前人对小麦氮、磷、钾养分的研究多集中于一般耕作条件下[27-29]，而对于免耕覆盖条件下旱地小麦的氮、磷、钾配施效应研究较少，特别是针对云贵高原旱地小麦免耕覆盖下的氮、磷、钾配施效应研究鲜见。为此，针对云贵高原旱地小麦长期生长在持续干旱的地区，开展了比较相同养分管理下传统耕作和免耕覆盖对小麦生长、土壤温度水分、小麦产量、效益和对氮、磷、钾养分利用影响的研究，研究免耕覆盖模式下不同氮、磷、钾配比对小麦产量效益和养分利用的影响，为免耕覆盖小麦的优化养分管理和资源高效利用提供参考依据。

1 材料与方法

1.1 试验材料

研究地位于云南省文山壮族苗族自治州砚山县，海拔为 1 526 m，是云南省典型山原红壤坡耕地。气候属北亚热带气候类型，年均温 15～16 ℃。前茬作物为玉米，产量为 7 875 kg/hm^2。试验地土壤养分状况：pH 值为 5.6，有机质 28.4 g/kg，碱解氮为 111.0 mg/kg，有效磷为 22.5 mg/kg，速效钾为 170.0 mg/kg。

供试小麦品种为云麦 47。

1.2 试验设计

试验共设 12 个处理。试验设计见表 1。

表 1 试验设计

	处理	耕作方式	用肥量		
			N（kg/hm^2）	P_2O_5（kg/hm^2）	K_2O（kg/hm^2）
1	$N_2P_2K_2$	深耕不覆盖	150.00	75.00	75.00
2	$N_0P_0K_0$	免耕覆盖	0	0	0
3	$N_0P_2K_2$	免耕覆盖	0	75.00	75.00
4	$N_1P_2K_2$	免耕覆盖	75.00	75.00	75.00
5	$N_2P_2K_2$	免耕覆盖	150.00	75.00	75.00
6	$N_3P_2K_2$	免耕覆盖	225.00	75.00	75.00
7	$N_2P_0K_2$	免耕覆盖	150.00	0	75.00
8	$N_2P_1K_2$	免耕覆盖	150.00	37.50	75.00
9	$N_2P_3K_2$	免耕覆盖	150.00	112.50	75.00
10	$N_2P_2K_0$	免耕覆盖	150.00	75.00	0
11	$N_2P_2K_1$	免耕覆盖	150.00	75.00	112.50
12	$N_2P_2K_3$	免耕覆盖	150.00	75.00	37.50

供试的氮肥为尿素，含氮量 46%，磷肥为 12%P_2O_5 的过磷酸钙，钾肥为 50%K_2O 的硫酸钾。小区面积 18 m^2，3 次重复，随机区组排列。

施肥方法是 20%氮肥和全部磷钾肥作为底肥施用，80%氮肥分两次视天气状况在苗期和孕穗期作追肥施用。

小麦播种量为 180 kg/hm^2。

除了 $N_2P_2K_2$ 处理是按照当地农户传统深耕不覆盖耕作方式外，其他每个处理都采用免耕的耕作方式并用上季玉米秸秆覆盖，2016 年 10 月 19 日播种，2017 年 4 月 15 日成熟收获。试验各处理除耕作方式和养分用量不同外，其他的管理措施相同，完全靠自然降水，无人工灌溉。

1.3 数据收集和测定方法

试验前采集基础土样1个，质量为1 kg左右，带回室内风干后分析，分析指标主要为碱解氮、有效磷、速效钾、pH值和有机质。其中有机质分析采用铬酸钾滴定法，pH值采用玻璃电势法，土壤碱解氮采用碱解扩散法，有效磷用0.5 mol/L $NaHCO_3$浸提·钼锑抗比色法，速效钾用乙酸铵溶液浸提·火焰光度计法测定[30,31]。

试验结束时每个小区小麦单独测产。

肥料农学效率和偏生产力的计算方法如下。

氮肥农学效率：AEN=（$Y-Y_0$）/F，Y为施肥后所获得的作物产量；Y_0为不施肥条件下作物的产量；F为化肥的投入量。AEN指单位施氮量所增加的作物籽粒产量。

氮肥偏生产力：PFPN=Y/F，Y为施肥后所获得的作物产量；F为化肥的投入量。PFPN指单位投入的肥料氮所能生产的作物籽粒产量。

磷肥和钾肥的农学效率与偏生产力计算方法同上。

数据统计采用SPSS法和DPS法。

2 结果与分析

2.1 深耕不覆盖与免耕覆盖处理在不同生育期的小麦株高和土壤温度与含水量

表2为深耕不覆盖与免耕覆盖方式下，小麦不同生育期株高和种植土壤的温度与含水量的数值。从表2可知，两种种植模式下小麦的株高和种植土壤的水分、地温的数值相差较大。不同的生育期，免耕覆盖种植处理的小麦株高比传统种植深耕不覆盖的小麦株高高2.8～13.9 cm（13.15%～24.56%）；在苗期差异最小，随着小麦的生长，株高差异渐大。在深耕不覆盖种植的土壤中，10 cm和20 cm深度的土壤水分含量差异大于免耕覆盖种植土壤，深耕不覆盖处理两个深度土壤水分含量差异为5.1%～9.7%，而免耕覆盖处理两个深度土壤水分含量差异为2.5%～6.3%。免耕覆盖种植小麦种植地的土壤水分和地温均高于深耕不覆盖。免耕覆盖小麦种植地的土壤水分在10 cm和20 cm深度分别比深耕不覆盖处理的高出4.2%～8.2%和2.5%～4.8%，免耕覆盖种植小麦种植地的土壤温度在10 cm和20 cm深度分别比深耕不覆盖处理的高出0.3～1.6℃和2.5%～4.8%。从以上结果可知，相同的施肥处理下，免耕覆盖种植的小麦长势明显优于传统种植深耕不覆盖，免耕覆盖种植土壤的土壤含水量和土壤温度均高于深耕不覆盖，免耕覆盖种植对土壤的保水性和保温性有影响。

表2 不同生育期深耕不覆盖与免耕覆盖方式旱地小麦株高和种植土壤的温度与含水量

处理	$N_2P_2K_2$（深耕不覆盖）					$N_2P_2K_2$（免耕覆盖）				
测定项目	株高（cm）	水分（%）		地温（℃）		株高（cm）	水分（%）		地温（℃）	
深度		10(cm)	20(cm)	10(cm)	20(cm)		10(cm)	20(cm)	10(cm)	20(cm)
苗期 2016-11-05	21.3	19.0	28.7	18.7	17.5	34.1	27.2	33.5	19.0	18.3
分蘖期 2016-12-12	31.8	17.1	25.5	14.2	14.5	44.8	25.5	29.0	14.8	14.3
拔节期 2017-01-25	47.0	16.6	22.1	11.9	11.8	56.0	22.9	26.7	12.2	12.0
抽雄期 2017-02-17	53.5	16.5	21.6	11.7	11.3	66.5	22.3	25.8	12.0	12.0
扬花期 2017-03-14	56.6	14.6	20.2	14.2	14.5	70.5	20.5	23.0	14.8	14.3
成熟期 2017-04-15	56.6	14.0	19.7	20.7	19.5	70.5	18.2	22.2	22.3	21.3

2.2 不同处理对旱地小麦产量和经济效益的影响

表 3 分析了不同处理的旱地小麦的产量与经济效益。由表 3 可知，深耕不覆盖 $N_2P_2K_2$ 处理和免耕覆盖 $N_2P_2K_2$ 处理的养分用量一样，由于两者的耕作栽培方式不一样，它们产量和净收益的差异显著。免耕覆盖 $N_2P_2K_2$ 处理的小麦产量和净收益分别比深耕不覆盖 $N_2P_2K_2$ 处理高 366.9 kg/hm^2（高 13.14%）和 503.05 元/hm^2（高 12.80%）。说明在该试验地免耕覆盖的耕作方式可以显著提高小麦的产量和经济效益。

在免耕覆盖的模式下，不同的小麦养分管理对小麦的产量和经济效益也有较大的影响。无肥处理（$N_0P_0K_0$）的产量和经济效益是所有处理中最差的，$N_0P_2K_2$ 处理的产量和经济效益也较差。较高养分处理的 $N_3P_2K_2$ 小麦产量最高，经济效益也最高；其次为 $N_2P_1K_2$ 处理、$N_2P_2K_2$ 处理和 $N_2P_2K_3$ 处理的小麦产量和经济效益也较高，三者的经济效益均比 CK 高出 12%以上。

表 3　不同处理的旱地小麦产量和经济效益

处理	产量（kg/hm^2）	产值（元/hm^2）	肥料成本（元/hm^2）	净收益（元/hm^2）	相比 CK（元/hm^2）	相比 CK（%）
$N_2P_2K_2$	2793.00ef	6144.6	1952.17	4192.43	/	/
$N_0P_0K_0$	1329.00i	2923.8	0	2923.80	−1572.76	−40.00
$N_0P_2K_2$	1889.85h	4157.67	1300.00	2857.67	−1638.89	−41.69
$N_1P_2K_2$	2551.35g	5612.97	1626.09	3986.88	−509.68	−12.96
$N_2P_2K_2$	3159.9bc	6951.78	1952.17	4999.61	503.05	12.80
$N_3P_2K_2$	3518.55a	7740.81	2278.26	5462.55	965.99	24.57
$N_2P_0K_2$	2528.70g	5563.14	1327.17	4235.79	−260.59	−6.63
$N_2P_1K_2$	3023.85cd	6652.47	1639.67	5012.80	516.24	13.13
$N_2P_3K_2$	3173.85bc	6982.47	2264.67	4717.80	221.24	5.63
$N_2P_2K_0$	2645.85fg	5820.87	1277.17	4543.70	47.14	1.20
$N_2P_2K_1$	2873.85de	6322.47	1614.67	4707.80	211.24	5.37
$N_2P_2K_3$	3313.20b	7289.04	2289.67	4999.37	502.81	12.79

注：同列标不同小写字表示 5%显著水平差异。价格按小麦 2.20 元/kg；尿素 2.00 元/kg；普通过磷酸钙 1.00 元/kg；硫酸钾 4.50 元/kg 计算。

2.3 不同处理的小麦养分利用

表 4 分析了不同处理小麦的肥料农学效率和肥料偏生产力，肥料农学效率和肥料偏生产力是国际上常用来表述农田肥料利用效率的参数[32]。施肥的量、作物种类和管理都会影响肥料农学效率[33]。试验中，免耕覆盖处理的小麦氮、磷、钾肥料农学效率均随着施肥量增加而降低，氮肥农学效率为 7.20～8.80 kg/kg，磷肥农学效率为 5.73～13.20 kg/kg，钾肥农学效率为 5.93～6.85 kg/kg。化肥偏生产力综合体现土壤基础养分和肥料农学效率，增加基础土壤的肥力和提高肥料农学效率都可提高化肥偏生产力[16]。免耕覆盖 $N_2P_2K_2$ 处理的氮、磷、钾肥料偏生产力均高于深耕不覆盖的 $N_2P_2K_2$ 处理，深耕不覆盖的小麦对氮、磷、钾肥料的利用均低于免耕覆盖处理。在各个免耕覆盖小麦的处理中，与农学效率相同，氮、磷、钾肥偏生产力均随着用肥量增加而降低，$N_1P_2K_2$ 处理氮肥偏生产力最高，为 34.02 kg/kg，$N_2P_1K_2$ 处理的磷肥偏生产力最高，为 80.64 kg/kg，$N_2P_2K_1$ 处理的钾肥偏生产力最高，为 76.64 kg/kg。

表4　不同处理的小麦养分利用　　单位：kg/kg

处理	肥料农学效率 AE			肥料偏生产力 PFP		
	氮肥	磷肥	钾肥	氮肥	磷肥	钾肥
$N_2P_2K_2$	—	—	—	18.62	37.24	37.24
$N_0P_2K_2$	—	—	—	—	25.20	25.20
$N_1P_2K_2$	8.80	—	—	34.02	34.02	34.02
$N_2P_2K_2$	8.50	8.42	6.85	21.07	42.13	42.13
$N_3P_2K_2$	7.20	—	—	15.64	46.91	46.91
$N_2P_0K_2$	—	—	—	16.86	—	33.72
$N_2P_1K_2$	—	13.20	—	20.16	80.64	40.32
$N_2P_3K_2$	—	5.73	—	21.16	28.21	42.32
$N_2P_2K_0$	—	—	—	17.64	35.28	—
$N_2P_2K_1$	—	—	6.08	19.16	38.32	76.64
$N_2P_2K_3$	—	—	5.93	22.09	44.18	29.45

3　讨论

免耕栽培通过轻简化的农艺流程，避免了土壤的翻动，降低田间作业劳动强度，减少机械耕作能源消耗和费用，降低生产成本[34]。免耕覆盖栽培调节土壤的温度和湿度，有利于充分利用光温水等自然资源，改善土壤，减少水土流失，有利于作物生长发育和农业环境可持续发展[35]。大量研究表明，少免耕覆盖栽培可提高小麦的产量、经济和生态效益[35,36]，该试验中，在小麦的不同生育期，免耕覆盖种植土壤的土壤含水量和土壤温度均高于深耕不覆盖，这与前人的研究结果相似[37,38]。免耕覆盖种植 $N_2P_2K_2$ 处理的小麦长势明显优于传统种植深耕不覆盖种植 $N_2P_2K_2$ 处理；免耕覆盖 $N_2P_2K_2$ 处理的小麦产量和净收益分别比深耕不覆盖 $N_2P_2K_2$ 处理高 366.9 kg/hm^2（13.14%）和 503.05 元/hm^2（12.80%）；免耕覆盖 $N_2P_2K_2$ 处理的氮、磷、钾肥料的利用均高于深耕不覆盖的 $N_2P_2K_2$ 处理。这些研究结果与有些研究类同[39]，与有些研究相悖[40]，这应与免耕覆盖作物的产量形成和养分利用因地点不同、土壤养分状况、土壤质地或同一地点的不同年份降水量不同而异。

氮磷钾是植物生长中必需的营养物质，氮磷钾肥对小麦的生长和发育有重要作用，合理施用氮磷钾可节本增效[41,42]在本试验中，免耕覆盖的栽培条件下，较高养分处理的 $N_3P_2K_2$ 小麦产量和经济效益最高；$N_2P_1K_2$ 处理、$N_2P_2K_2$ 处理和 $N_2P_2K_3$ 处理的小麦产量和经济效益也较高，三者的经济效益均比深耕不覆盖的 $N_2P_2K_2$ 处理高出 12%以上。

在旱区，小麦的生长深受水分条件的影响，其生物产量和经济产量均不高，所以小麦的肥料农学效率和肥料偏生产力数值均较低。本试验中，小麦的氮、磷、钾肥农学效率和偏生产力均随着用肥量增加而降低的趋势。综合产量、收益和肥料利用效率，该地免耕覆盖下的 $N_3P_2K_2$ 处理为最佳处理，即在该地试验条件下，最佳氮磷钾经济施肥量分别为纯氮 225.00 kg/hm^2、P_2O_5 75.00 kg/hm^2 和 K_2O 75.00 kg/hm^2。

参考文献

[1] 马显莹，白树明，黄英．浅析云南干旱特征及抗旱对策［J］．中国农村水利水电，2012（5）：101－104，108.

[2] 徐家万，于亚雄，曾江．云南省麦类产业发展现状和问题探析［J］．当代经济，2017（34）：80－82.

[3] 王鹏云，王辉，李万春，等．昆明小麦生长期需水量和缺水状况研究［J］．麦类作物学报，2010，30（1）：111－115.

[4] Willis W O, Larson W E, Kirkham D. Corn growth as affected by soil temperature and mulch [J]. Agronomy Journal, 1957 (49): 323 - 328.
[5] 金攀. 美国保护性耕作发展概况及发展政策 [J]. 农业工程技术：农产品加工业，2010 (11)：23 - 25.
[6] 常春丽，刘丽平，张立峰，等. 保护性耕作的发展研究现状及评述 [J]. 中国农学通报，2008，24 (2)：168.
[7] 邹应斌，李克勤，任泽民. 作物复种的免耕直播栽培研究进展 [J]. 中国农学通报，2004，20 (1)：90 - 95.
[8] 张飞，赵明，张宾. 中国北方保护性耕作发展中的问题 [J]. 中国农业科技导报，2004，6 (3)：36 - 39.
[9] 吴建富，潘晓华，石庆华，等. 水稻连续免耕抛栽对土壤理化和生物学性状的影响 [J]. 土壤学报，2009，46 (6)：1132 - 1139.
[10] 李娟，赵秉强，李秀英，等. 长期有机无机肥料配施对土壤微生物学特性及土壤肥力的影响 [J]. 中国农业科学，2008，41 (1)：144 - 152.
[11] 路怡青，朱安宁，张佳宝，等. 免耕和秸秆还田对土壤酶活性和微生物群落的影响 [J]. 土壤通报，2014 (1)：85 - 90.
[12] 任万军，黄云，吴锦秀，等. 免耕与秸秆高留茬还田对抛秧稻田土壤酶活性的影响 [J]. 应用生态学报，2011，22 (11)：2913 - 2918.
[13] 孙建，刘苗，李立军，等. 免耕与留茬对土壤微生物量 C、N 及酶活性的影响 [J]. 生态学报，2009，29 (10)：5508 - 5515.
[14] 戴晓琴，李运生，欧阳竹. 免耕系统土壤氮素有效性及其管理 [J]. 土壤通报，2009 (3)：691 - 696.
[15] 曹良元，张磊，蒋先军，等. 长期垄作免耕对不同大小土壤团聚体中几种氮素形态分布的影响 [J]. 植物营养与肥料学报，2009，15 (4)：824 - 830.
[16] Lai R. Long-term tillage and maize monoculture effects on atropical AL sol in western Nigeri. I. Crop yield and soil physical properties [J]. Soil and Tillage Research, 1997 (42): 145 - 160.
[17] Bruce R R, Langdale G W, Dillard A L. Tillage and crop rotationeffect on characterstics of a sandy surface soil [J]. Soil Science Society of America Journal, 1990 (6): 1744 - 1747.
[18] Haznmel J E. Long-term tillage and crop rotation effects on winterwheat produciong in Northern Idaho [J]. Agronomy Journal, 1995, 87 (1): 16 - 22.
[19] 刘世平，张洪程，戴其根，等. 免耕套种与秸秆还田对农田生态环境及小麦生长的影响 [J]. 应用生态学报，2005，16 (2)：393 - 396.
[20] 李志勇，王小东. 优化水肥与传统水肥对冬小麦叶片生长、群体光分布及产量的影响 [J]. 河南农业科学，2005，34 (3)：55 - 57.
[21] 刘立晶，高焕文，李洪文. 玉米—小麦一年两熟保护性耕作体系试验研究 [J]. 农业工程学报，2004，20 (3)：70 - 73.
[22] 李素娟，陈继康，陈阜，等. 华北平原免耕冬小麦生长发育特征研究 [J]. 作物学报，2008，34 (2)：290 - 296.
[23] 王缠军，郝明德，折凤霞，等. 黄土区保护性耕作对春玉米产量和土壤肥力的影响 [J]. 干旱地区农业研究，2011，29 (4)：193 - 198.
[24] 张晶. 氮肥底追比对不同小麦品种生长发育及产量的影响 [J]. 农学学报，2015，5 (3)：15 - 19.
[25] 姜东，戴廷波，荆奇，等. 氮磷钾肥长期配合施用对冬小麦籽粒品质的影响 [J]. 中国农业科学，2004，37 (4)：566 - 571.
[26] Liu M Q, Yu Z R, Liu Y H, et al. Fertilizer requirements for wheat and maize in China: the QUEFTS approach [J]. Nutrient Cycling in Agroecosystems, 2006, 74 (3): 245 - 258.
[27] 黄倩楠，王朝辉，黄婷苗，等. 中国主要麦区农户小麦氮磷钾养分需求与产量的关系 [J]. 中国农业科学，2018，51 (14)：2722 - 2734.
[28] 张青松，卢殿君，岳善超，等. 华北地区高产冬小麦氮磷钾养分需求特征 [J]. 中国农业科学，2018，51 (20)：3840 - 3851.
[29] 徐霞，赵亚南，黄玉芳，等. 不同地力水平下的小麦施肥效应 [J]. 中国农业科学，2018，51 (21)：4076 -4086.

[30] 鲁如坤．土壤农业化学分析方法［M］．北京：中国农业科技出版社，2000.
[31] 鲍士旦．土壤农化分析（第三版）［M］．北京：中国农业出版社，2005.
[32] 张福锁，王激清，张卫峰，等．中国主要粮食作物肥料利用率现状与提高途径［J］．土壤学报，2008，45（5）：915－924.
[33] 王激清．我国主要粮食作物施肥增产效应和养分利用效率的分析与评价［D］．北京：中国农业大学，2007.
[34] 唐李军．云南小麦免耕高产栽培技术［J］．农村施用技术，2013（3）：36－37.
[35] 张斯梅，杨四军，顾克军，等．少免耕与秸秆机械全量原位还田对稻茬小麦出苗及产量的影响［J］．农学学报，2015，5（5）：81－84.
[36] 衣明圣，李玉杰，李玉伦，等．不同耕作模式对土壤肥力和小麦产量的影响［J］．山东农业科学，2018，50（7）：72－77.
[37] 毛妍婷，雷宝坤，陈安强，等．不同免耕覆盖栽培模式下耕层土壤水热变化对小麦产量的影响［J］．西南农业学报，2015，28（4）：1553－1558.
[38] 顾旭彪，张晋国，苏磊峰，等．小麦免耕播种土壤水分蒸发量试验［J］．河北农机，2017（8）：28－29.
[39] 屈会峰，赵护兵，刘吉飞，等．不同覆盖措施下旱地冬小麦的氮磷钾需求及其生理效率［J］．植物营养与肥料学报，2017，23（4）：874－882.
[40] 何刚，王朝辉，李富翠，等．地表覆盖对旱地小麦氮磷钾需求及生理效率的影响［J］．中国农业科学，2016，49（9）：1657－1671.
[41] 许晶晶，郝明德，赵云英．黄土高原旱地小麦氮磷钾与有机肥优化配施试验［J］．干旱地区农业研究，2009，27（3）：143－147，153.
[42] 滕树川，杨朝勇，王再勇，等．氮磷钾配比及用量不同对小麦产量的影响［J］．中国农学通报，2004，20（5）：159－161.

云南旱地小麦养分丰缺指标建立及施肥推荐*

陈　华[1]　张勤斌[2]　桂玉莲[3]　陈检锋[1]　王志远[1]　王　伟[1]　刘　俊[4]　付利波[1]　尹　梅[1*]

1. 云南省农业科学院农业环境资源研究所，云南昆明　650205
2. 云南省曲靖市麒麟区土壤肥料工作站，云南曲靖　650000
3. 云南省曲靖市麒麟区农业农村局，云南曲靖　650000
4. 云龙县农业农村局，云南云龙　672700

摘要： 建立云南省旱地小麦的氮（N）、磷（P）、钾（K）养分丰缺指标，为云南省旱地小麦种植推荐合理的施肥量。根据近十年来在云南省开展的旱地小麦肥料试验，分析土壤有效氮磷钾养分含量与小麦相对产量之间的相关性，以缺素区与当地最佳施肥区小麦相对产量>95%、90%～95%、75%～90%、60%～75%和<60%为标准，划分土壤养分的等级，建立云南旱地小麦养分丰缺指标，计算出不同肥力水平下的推荐施肥量。云南旱地小麦种植土壤的碱解氮、有效钾和速效钾平均值分别为 145.3 mg/kg、26.6 mg/kg 和 143.0 mg/kg，三者的变异都比较大。小麦种植土壤碱解氮的丰缺指标>185 mg/kg（极高）、175～185 mg/kg（高）、155～175 mg/kg（中等）、125～155 mg/kg（低）和<125 mg/kg（极低）；有效磷丰缺指标>35 mg/kg（极高）、30～35 mg/kg（高）、15～30 mg/kg（中等）和<15 mg/kg（低）；速效钾丰缺指标>165 mg/kg（极高）、145～165 mg/kg（高）、85～145 mg/kg（中等）和<85 mg/kg（低）。小麦种植土壤碱解氮高、中等、低和极低时推荐施氮量分别为 25～45 kg/hm^2、45～115 kg/hm^2、115～185 kg/hm^2 和 185～210 kg/hm^2；土壤有效磷高、中等和低时推荐施 P_2O_5 量分别为 15～30 kg/hm^2、30～75 kg/hm^2 和 75～110 kg/hm^2；土壤速效钾高中等和低时推荐施 K_2O 量分别为 15～30 kg/hm^2、30～75 kg/hm^2 和 75～110 kg/hm^2。建立了云南旱地小麦氮磷钾养分丰缺指标，并进行了相应的施肥推荐。

关键词： 小麦；旱地；产量；氮；磷；钾；丰缺指标

小麦是重要的粮食作物之一，在全世界广泛种植，也是云南省重要的秋冬粮食作物。近十年来，每年在云南省的常规种植面积约 40 万 hm^2[1]。云南小麦主要种植在山区和半山区的旱地上，地势较高，主要分布在海拔 1 000～2 400 m，种植土壤类型多为红壤，肥力较差，质地黏重，酸性较强[2,3]。土壤养分含量是作物合理施肥的重要依据，也是作物优质高产的基础，在云南省独特的自然生态环境中，建立小麦种植土壤的养分丰缺指标并进行相应的施肥推荐，为评估该地区小麦种植土壤肥力状况和制定肥料配方提供依据。到目前为止，已有不少学者建立不同区域、不同作物的养分丰缺指标，在推荐施肥方面也做了研究。陈新平等[5-11]通过“3414”试验建立测土配方施肥技术指标体系[4]，孙洪仁等[12]建立了我国不同区域的玉米、马铃薯、水稻和小麦氮磷钾丰缺指标，并对适宜的氮磷钾用量进

* **基金项目：** 公益性行业（农业）科研专项经费项目（201503127）；国家科技支撑计划项目（2012BAD40B01）

行了推荐。也有不少研究者针对特定区域建立了作物土壤养分丰缺指标和推荐施肥体系，如孙义祥等对山东省的冬小麦建立了测土配方施肥指标体系，陈子学等[13]对天津冬小麦土壤养分丰缺指标进行了研究；程振勇等[14]研究了丰缺指标施肥对新乡市小麦产量、养分吸收量及利用效率等的影响；付莹莹等[15,16]建立了陕西关中灌区夏玉米和冬小麦土壤养分丰缺指标体系；马志超等[17]建立了关中西部冬小麦氮磷钾养分丰缺指标；戢林等[18]对四川中部丘陵区水稻构建了测土配方施肥指标体系。在云南省的作物丰缺指标中，仅见有尹梅等[19]、熊艳等[20]建立的玉米土壤养分丰缺指标，熊艳等[21]建立的水稻土壤养分丰缺指标，却未有人建立过云南小麦的土壤养分丰缺指标。

本文以多年来在云南开展的小麦肥料试验为基础，建立了云南小麦的土壤养分丰缺指标并针对不同土壤养分推荐施肥量，填补了云南小麦的此项研究空白。为指导云南旱地小麦的科学施肥提供重要理论依据和技术支撑。

1 材料与方法

1.1 试验材料

在云南省小麦主产区布置和获取 2006—2019 年旱地小麦肥料试验共 65 组。试验前在各个试验点取多点耕作层的土壤样品进行混合，每个土样质量约为 2 kg，风干后分析测试，分析土样的碱解氮、有效磷、速效钾、有机质含量和 pH 值。土壤样品的碱解氮含量用碱解扩散法测定，有效磷含量用钼锑抗比色法（0.5 mol/L $NaHCO_3$浸提）测定，速效钾含量用火焰光度计法（乙酸铵溶液浸提）测定，有机质含量采用铬酸钾滴定法分析，pH 值测定采用玻璃电势法[22,23]。

供试的小麦品种均为当地主栽品种，小麦播种量为 150～180 kg/hm^2。

试验用肥料氮肥为普通尿素（46%纯氮），磷肥用普通过磷酸钙（12%P_2O_5），钾肥为氯化钾（60%K_2O）或硫酸钾（50%K_2O）。小麦种植时，氮磷钾肥均一次性底施。

1.2 试验设计

所有试验均为 4 个处理，即氮磷钾处理（NPK）、缺氮处理（PK）、缺磷处理（NK）和缺钾处理（NP）。试验施肥水平均为当地最佳施肥量近似值，各试验点施肥量见表 1。

表 1 各试验点施肥量 单位：kg/hm^2

编号	处理	施肥量		
		纯 N	P_2O_5	K_2O
1	NPK	78～240	30～135	22.5～135
2	PK	0	30～135	22.5～135
3	NK	78～240	0	22.5～135
4	NP	78～240	30～135	0

小麦收获时，分区进行计产。

1.3 试验方法

1.3.1 小麦土壤氮磷钾丰缺指标研究方法

根据试验中的缺素处理相比 NPK 处理获得的数值为相对产量，即可建立云南旱地小麦的土壤氮磷钾丰缺指标[4,11,24]。

计算公式：缺氮相对产量=（PK 处理产量/NPK 处理产量）×100%，缺磷相对产量=（NK 处理产量/NPK 处理产量）×100%，缺钾相对产量=（NP 处理产量/NPK 处理产量）×100%。

以各试验点试验前的土壤品速效养分含量值为自变量，上述方法算出的缺素相对产量（%）作为因变量，用 EXCEL 软件绘制出散点图，采用“对数”回归分析得到缺素相对产量与对应的基础土壤养分含量值之间的关系式，并绘制趋势线。按照农业农村部《测土配方施肥技术规范（2011 年修订版）》，缺素相对产量>95%时对应的土壤养分含量定为极高，缺素相对产量在 90%～95%为高，缺素相对产量在 75%～90%定为中等，缺素相对产量在 60%～75%为低，缺素相对产量<60%定为极低，把上面得到的临界值代入到回归方程中可以得的土壤 NPK 养分分级临界值，依据这些临界值划分土壤氮磷钾养分丰缺指标。

1.3.2　*小麦施肥推荐体系研究方法*

计算旱地小麦的推荐施肥量采用公式：$F=A\times(1-R)/E$，其中 F 为小麦的推荐施肥量；A 为所定小麦目标产量转移出的氮（磷、钾）量；R 为缺氮、缺磷或缺钾处理的相对产量；E 为氮肥、磷肥或钾肥的肥料当季利用率[11]。选各个丰缺指标等级缺氮（磷、钾）处理的相对产量下限为这个等级缺氮（磷、钾）处理的相对产量，分等级对应为>95%（极高）、90%～95%（高）、75%～90%（中等）、60%～75%（低）和<60%（极低）。小麦单位经济产量移出氮量变异范围较大，就云南旱地小麦而言，3.75～4.50 t/hm^{2}为理想的旱地小麦经济产量，云南小麦每百千克籽粒的养分吸收量纯氮、纯磷和纯钾分别为 3.1 kg、0.4 kg 和 2.1 kg[25]。综合全国和云南试验统计数据，本研究设置氮肥、磷肥和钾肥的当季利用率分别为 30%、15%和 40%[26,27]。

2　结果与分析

2.1　云南旱地小麦种植土壤养分分析

云南旱地小麦种植土壤的养分含量和 pH 值见表 2。云南旱地小麦 65 组试验的结果显示，旱地小麦种植土壤的碱解氮、有效磷和速效钾平均值分别是 145.3 mg/kg、26.6 mg/kg 和 143.0 mg/kg，它们的变异系数分别是 30.4%、48.3%和 37.1%，说明云南旱地小麦种植土壤的速效养分变异比较大，特别是有效 P。pH 值平均值为 6.4，变异系数小，为 13.4%。有机质平均值为 33.3 mg/kg，变异系数为 40.5%。

表 2　云南旱地小麦种植土壤的养分状况

项目	平均值（mg/kg）	最大值（mg/kg）	最小值（mg/kg）	标准差（mg/kg）	变异系数（%）
碱解 N	145.3	224.0	70.0	44.2	30.4
有效 P	26.6	61.3	9.9	12.9	48.3
速效 K	143.0	244.0	60.0	53.1	37.1
pH 值	6.4	7.8	4.5	0.9	13.4
有机质	33.3	17.9	60.3	13.5	40.5

2.2　云南旱地小麦土壤氮磷钾的对数回归方程

以各组小麦试验的种植土壤速效养分含量为自变量，因变量是相对产量（%），绘制出散点图，可得到缺素相对产量和与之对应土壤养分含量的对数回归方程。分析表明，旱地小麦种植土壤碱解氮、有效磷和速效钾含量与其对应的缺素区产量之间有较好的相关性。拟合的对数回归方程分别为

碱解氮 $y=24.083\mathrm{Ln}(x)-47.013$，$R^2=0.3547$；

有效磷 $y=10.81\mathrm{Ln}(x)+52.478$，$R^2=0.413$；

速效钾 $y=9.6636\mathrm{Ln}(x)+42.188$，$R^2=0.3015$。

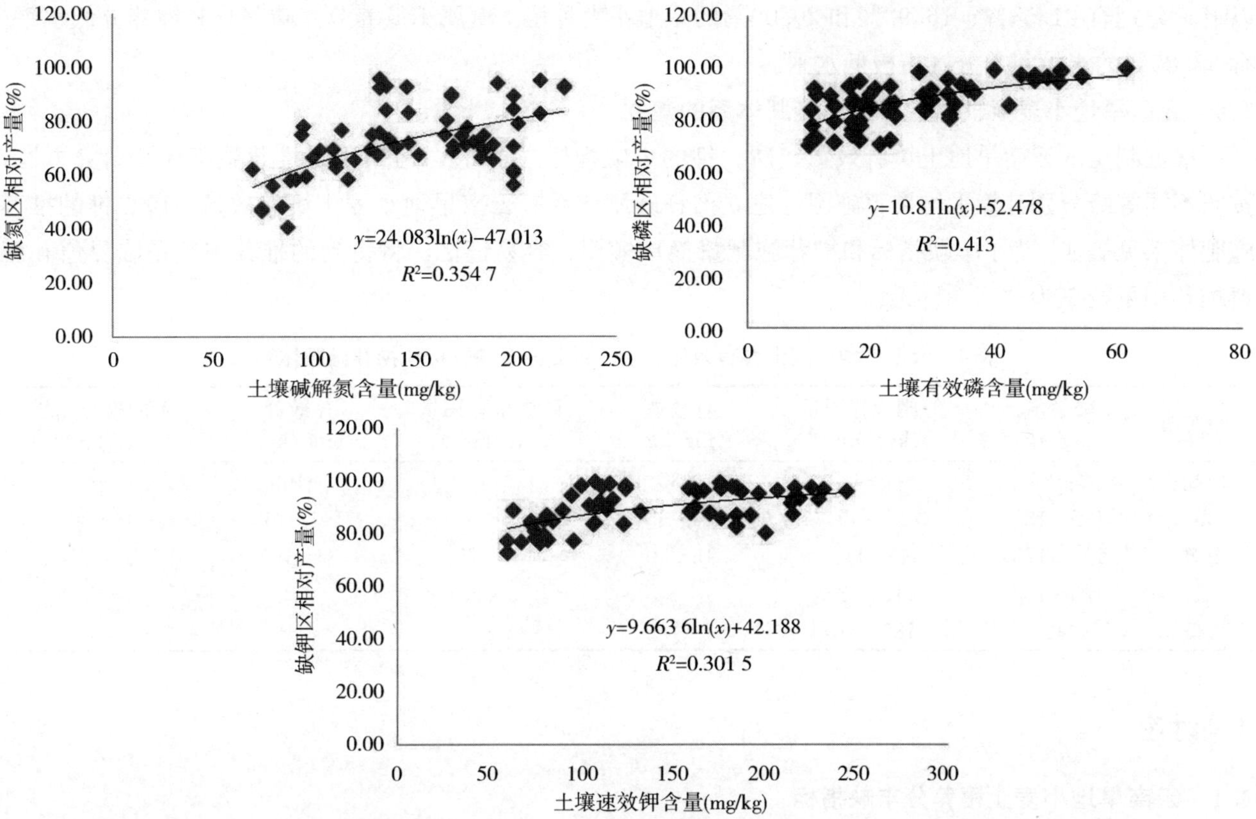

图 1　云南旱地小麦土壤碱解氮、有效磷、速效钾含量与相应的缺氮、缺磷、缺钾区相对产量的关系

2.3　云南旱地小麦土壤氮磷钾丰缺指标体系

相对产量高于 95%时对应的土壤速效养分含量为极高等级，90%～95%为高等级，75%～90%为中等等级，60%～75%为低等级，低于 60%为极低等级，把临界值作为 y 值代入到上述得到的回归方程中，即可计算出氮磷钾养分分级（土壤有效氮、磷、钾养分）的丰缺指标值。云南旱地小麦种植土壤氮磷钾的丰缺指标体系见表 3。

表 3　云南旱地小麦土壤养分丰缺指标体系

丰缺等级	相对产量（%）	碱解氮	占比（%）	有效磷	占比（%）	速效钾	占比（%）
极高	>95	>184	21.54	>35	23.08	>164	40.00
高	90～95	177～184	7.69	30～35	9.23	146～164	10.77
中等	75～90	153～177	15.38	14～30	50.77	85～146	29.23
低	60～75	124～153	21.54	<14	16.92	<85	20.00
极低	<60	<124	33.85	—	—	—	—

表 3 显示，旱地小麦缺氮、缺磷和缺钾的处理相对产量最大值都有超过 95%的实例。缺氮、缺磷和缺钾处理的相对产量最小值分别是 40.69%、70.27%和 72.73%，所以，缺磷和缺钾处理相对产量小于 70%所对应的丰缺指标没有实际意义。试验中，缺氮处理有超过 1/5 的试验相对产量超过了 95%，说明 1/5 的旱地小麦种植土壤氮养分含量达到了极高水平；缺磷处理有 23.08%的试验相对产量超过了 95%，说明超过 1/5 的旱地小麦种植土壤磷养分水平达到了极高含量；缺钾处理 40.00%试验相对产量超过了 95%，说明 2/5 的旱地小麦种植土壤钾养分水平达到了极高含量。分别有 29.23%、32.31%和 50.77%的旱地小麦种植土壤达到氮养分水平高、磷养分水平高和钾养分水平高以上的水平。分别有 44.61%、83.08%和 80.00%的旱地小麦种植土壤达到氮养分、磷养分和钾养分中等水平

以上。分别有 21.54%、16.92%和 20.00%的旱地小麦种植土壤属于氮养分、磷养分和钾养分低水平。有 33.85%的土壤氮养分属于极低水平。

2.4　云南旱地小麦氮、磷、钾推荐施肥体系的建立

根据制定的云南旱地土壤有效氮、磷、钾的丰缺指标（表 3），运用小麦推荐施肥体系研究方法，按照不同等级分别计算平均推荐施肥，建立推荐施肥体系。云南旱地小麦土壤有效氮、磷、钾的推荐施肥体系见表 4。为了丰缺指标和推荐施肥量简单实用、容易记忆，将得到的推荐施肥量临界值和肥料推荐用量校正为“5”的倍数。

表 4　云南旱地小麦土壤有效氮、磷、钾养分丰缺指标和推荐施肥体系

丰缺等级	碱解氮 (mg/kg)	氮肥推荐用量 (kg/hm^2)	有效磷 (mg/kg)	磷肥推荐用量 (kg/hm^2)	速效钾 (mg/kg)	钾肥推荐用量 (kg/hm^2)
极高	>185	—	>35	—	>165	—
高	175～185	25～45	30～35	15～30	145～165	15～30
中等	155～175	45～115	15～30	30～75	85～145	30～75
低	125～155	115～185	<15	75～110	<85	75～110
极低	<125	185～210	—	—	—	—

3　讨论

3.1　云南旱地小麦土壤养分丰缺指标

前人在研究土壤养分丰缺指标划分时，有少量研究采用氮、磷、钾养分丰缺划定等级对应的百分比不同，如熊艳等[21]在划分云南省旱地玉米土壤养分丰缺指标时，氮以 60%、70%、80%和 90%为标准，磷和钾以 85%、90%、95%、100%为标准；大量研究都是采用相同的百分比数来划分氮、磷、钾的丰缺等级[5,9,10,11,15,16]，划分等级的百分比各有所异，如孙洪仁等[5,9,10,11]在马铃薯氮、磷、钾和小麦氮、磷、钾时用相对产量≥100%、90%～100%、80%～90%、70%～80%、60%～70%、50%～60%和<50%将养分等级划分为 1～7 级，付莹莹等[15]将关中地区夏玉米和尹梅等[19]将滇东玉米种植土壤缺氮、磷、钾区相对产量≥95%、90%～95%、75%～90%和 50%～75%将养分等级分别划分为极高、高、中等和低等级，付莹莹等[16]将关中灌区冬小麦缺氮、磷、钾区相对产量≥95%、90%～95%、75%～90%和<75%养分等级分别划分为极高、高、中等和低等级，任亮等[28]研究西北半干旱地区玉米时将≥95%、90%～95%、75%～90%、60%～75%和<60%养分等级分别划分为高、较高、中等、较低和低等级等。

本研究以农业部《测土配方施肥技术规范 2011 年（修订版）》为依据来进行云南旱地小麦养分丰缺指标等级的划分，研究用 65 组试验数据，在土壤氮、磷、钾养分极高、高、中等和低级均有分布，只是在极低水平下，仅有 33.85%的土壤氮养分属于极低水平，而土壤的磷钾水平没有低到极低水平，这样的结果与前人在其他研究区域所得到的结果类似[10,11,16,29]。对比其他研究区域的小麦土壤养分丰缺指标，总体而言，云南旱地小麦的氮养分丰缺指标几乎均高于其他研究区域[9,12,16,29,30]，云南旱地小麦的磷养分丰缺指标和其他研究区域数值相差不大[10,30]或略低[12,29]，云南旱地小麦的钾养分丰缺指标和部分研究区域数值相差不大[16,29]或略高[11,12,30]。这些结果显示，不同区域由于生态环境的不同，土壤养分丰缺的高低对小麦产量高低的影响是有差异的，同时也再次印证了在小麦的种植土壤中，土壤氮养分对小麦产量的影响大于土壤磷、钾养分。

以缺素区相对产量≥90%、75%～90%和<75%来看土壤养分的高、中、低。结果显示，65 组试

验中分别有29.23%、32.31%和50.77%的土壤氮、磷、钾养分属于高水平等级，分别有15.39%、50.77%和29.23%的土壤氮、磷、钾养分属于中等水平等级，分别有55.38%、16.92%和20.00%的土壤氮、磷、钾养分属于低水平等级。在云南长期种植小麦的旱地中也可以找到这样的分布状况，起因是农户重施氮肥，轻施或不施磷钾肥。不施氮肥，有一大半地块的小麦产量不能达到施用氮肥后的中等产量；不施磷肥，仅有16.92%的地块小麦产量不能达到施用磷肥后的中等产量；不施钾肥，有50.77%的地块小麦产量能达到施用钾肥后的高等产量，有80.00%的地块小麦产量能达到施用钾肥后的中等产量以上。

由于本研究结果是通过65组旱地小麦试验数据分析计算出来的，试验数据中没有磷钾指标为极低的等级，所以还可以用更多的旱地小麦试验来完善和修正该小麦土壤氮、磷、钾的丰缺指标体系。

3.2 云南旱地小麦推荐施肥体系的建立

建立了养分丰缺指标后，为了推荐适宜的施肥量，进而需要建立推荐施肥体系。在众多研究中，很多区域的适宜施肥量是通过“3414”试验肥料效应方程分析或计算出来的[12,15,31]，也有通过“养分平衡—地力差减法”确定适宜施肥量的[9,10,11,29]，由于本研究的65组试验中，仅有一部分为“3414”试验，其余为其他的肥料试验，故本研究采用“养分平衡—地力差减法”来确定不同养分等级下的适宜施肥量。

对比本研究所得到的适宜施肥量与其他研究的结果，几乎其他所有区域的小麦适宜推荐施肥量均高于或略高于本研究，这样的结果一是因为不同的区域生态条件不同，小麦对肥料的利用率有差异；二是因为云南旱地小麦本就属于产量不高、化肥投入效率较低的作物，而北方区域的小麦则是产量高，化肥投入效率高[9-12,16,31,32]。

4 结论

通过对云南省旱地小麦的65组肥料试验结果进行分析研究得知，云南旱地小麦种植土壤的碱解氮、有效磷和速效钾平均值为145.3 mg/kg、26.6 mg/kg和143.0 mg/kg，三者的变异都比较大。以缺素区比氮、磷、钾区的相对产量高过95%时对应的土壤速效养分含量为极高等级，90%~95%为高等级，75%~90%为中等等级，60%~75%为低等级，小于60%为极低等级，分析计算出小麦种植土壤碱解氮的丰缺指标>185 mg/kg（极高）、175~185 mg/kg（高）、155~175 mg/kg（中等）、125~155 mg/kg（低）和<125 mg/kg（极低）；有效磷丰缺指标>35 mg/kg（极高）、30~35 mg/kg（高）、15~30 mg/kg（中等）和<15 mg/kg（低）；速效钾丰缺指标>165 mg/kg（极高）、145~165 mg/kg（高）、85~145 mg/kg（中等）和<85 mg/kg（低）。并以此推荐了相应的施肥量，小麦种植土壤碱解氮高、中等、低和极低时推荐施肥量分别为25~45 kg/hm^2、45~115 kg/hm^2、115~185 kg/hm^{2}和185~210 kg/hm^2；土壤有效磷高、中等和低时推荐施肥量分别为15~30 kg/hm^2、30~75 kg/hm^{2}和75~110 kg/hm^2；土壤速效钾高、中等和低时推荐施肥量分别为15~30 kg/hm^2、30~75 kg/hm^{2}和75~110 kg/hm^2。

参考文献

[1] 云南省统计局．云南统计年鉴（2019）[M]．北京：中国统计出版社，2019.

[2] 赵广才．中国小麦区划研究（一）[J]．麦类作物学报，2010，30（5）：886-895.

[3] 鲁永新，张中平，曹利民，等．云南小麦种植气候生态类型区划及评价[J]．浙江农业学报，2013，25（4）：689-695.

[4] 陈新平，张福锁．通过3414试验建立测土配方施肥技术指标体系[J]．中国农技推广，2006，22（4）：36-39.

[5] 孙洪仁，江丽华，张吉萍，等．中国马铃薯土壤氮磷钾丰缺指标与适宜施肥量 [J]. 中国农学通报，2020，36 (5)：78-85.

[6] 孙洪仁，江丽华，张吉萍，等．中国若干区域马铃薯土壤有效磷丰缺指标与适宜施磷量 [J]. 中国土壤与肥料，2018 (3)：67-72.

[7] 孙洪仁，张吉萍，江丽华，等．我国水稻土壤有效磷和速效钾丰缺指标与适宜磷钾施用量研究 [J]. 中国稻米，2018，24 (5)：1-10.

[8] 孙洪仁，张吉萍，江丽华，等．中国五大自然区域玉米土壤速效钾丰缺指标推荐施肥系统 [J]. 北方农业学报，2019，47 (2)：36～45.

[9] 孙洪仁，张吉萍，江丽华，等．中国小麦土壤氮素丰缺指标与适宜施氮量研究 [J]. 北方农业学报，2018，46 (2)：41-46.

[10] 孙洪仁，张吉萍，江丽华，等．中国小麦土壤有效磷丰缺指标与适宜施磷量研究 [J]. 中国农学通报，2019，35 (21)：30-37.

[11] 孙洪仁，张吉萍，江丽华，等．中国小麦土壤速效钾丰缺指标与适宜施钾量研究 [J]. 土壤，2019，51 (5)：895-902.

[12] 孙义祥，郭跃升，于舜章，等．应用“3414”试验建立冬小麦测土配方施肥指标体系 [J]. 植物营养与肥料学报，2009，15 (1)：197-203.

[13] 陈子学，侯正仿，肖波，等．冬小麦土壤养分丰缺指标研究及推荐施肥建议 [J]. 天津农林科技，2012 (5)：1-3.

[14] 程振勇，徐英，可巧燕，等．丰缺指标施肥对新乡市小麦产量、养分吸收量及利用效率的影响 [J]. 河北农业科学，2012，16 (3)：48-50，55.

[15] 付莹莹，同延安，赵佐平，等．陕西关中灌区夏玉米土壤养分丰缺及推荐施肥指标体系的建立 [J]. 干旱地区农业研究，2010，28 (1)：88-93.

[16] 付莹莹，同延安，李文祥，等．陕西关中灌区冬小麦土壤养分丰缺指标体系的建立 [J]. 麦类作物学报，2009，29 (5)：897-900.

[17] 马志超，张明学，周仓军，等．关中西部冬小麦氮磷钾养分丰缺指标及经济最佳施肥量研究 [J]. 中国农学通报，2014，30 (24)：210-216.

[18] 戢林，张锡洲，李廷轩．基于“3414”试验的川中丘陵区水稻测土配方施肥指标体系构建 [J]. 中国农业科学，2011，44 (1)：84-92.

[19] 尹梅，洪丽芳，付利波，等．滇东红壤区不同海拔高度带玉米的土壤养分丰缺指标研究 [J]. 中国土壤与肥料，2012 (3)：35-39.

[20] 熊艳，王平华，何晓滨，等．云南省旱地玉米土壤养分丰缺指标及肥料利用率研究 [J]. 西南农业学报，2013，26 (1)：203-208.

[21] 熊艳，王平华，何晓滨，等．云南省水稻土壤养分丰缺指标及肥料利用率研究 [J]. 西南农业学报，2012，25 (3)：930-934.

[22] 鲁如坤．土壤农业化学分析方法 [M]. 北京：中国农业科技出版社，2000.

[23] 鲍士旦．土壤农化分析 [M]. 北京：中国农业出版社，2000.

[24] 王圣瑞，陈新平，高祥照．等．“3414”肥料试验模型拟合性的探讨 [J]. 植物营养与肥料学报，2002，8 (4)：409-413.

[25] 云南省土壤肥料工作站．云南省主要农作物科学施肥技术 [M]. 昆明：云南科技出版社：2017.

[26] 张福锁，王激清，张卫峰，等．中国主要粮食作物肥料利用率现状与提高途径 [J]. 土壤学报，2008，45 (5)：915-924.

[27] 熊艳竹，测土配方施肥对小麦肥料利用率及其产量的影响 [J]. 云南农业科技，2013 (3)：10-12.

[28] 任亮，任稳江．西北半干旱地区玉米土壤养分丰缺指标研究［J］．中国土壤与肥料，2014（5）：5－10.
[29] 杨朝刚，杨杰．兴平市小麦土壤养分丰缺指标的建立及应用［J］．现代农业科技，2020（8）：35－36.
[30] 田芳，岳利霞，等．新乡市小麦磷钾养分丰缺指标与推荐施肥量研究［J］．安徽农业科学，2013，41（18）：7806－7807.
[31] 马志超，张明学，等．关中西部冬小麦氮磷钾养分丰缺指标及经济最佳施肥量研究［J］．中国农学通报，2013，30（24）：210－216.
[32] 史常亮，朱俊，峰栾．我国小麦化肥投入效率及其影响因素分析——基于全国15个小麦主产省的实证［J］．农业技术经济，2015（11）：69－78.

文山苗族壮族自治州小麦减施化肥综合技术试验*

张　涛[1]　付云章[1]　郜胜涛[1]　胡彦红[1]　黄荣松[1*]　尹　梅[2]

1. 云南省文山苗族壮族自治州土壤肥料工作站，云南文山　663000

2. 云南省农业科学院农业资源环境研究所，云南昆明　650205

摘要： 为充分挖掘单位面积小麦生产潜能，提高小麦生产中的肥料利用效率和水分利用效率，带动提高小麦生产水平，确保粮食安全和节本增效，特实施小麦减施化肥技术试验。结果表明，通过机械粉碎前茬作物秸秆直接还田、机械化种植、增施微生物菌肥，小麦亩产值最高，亩产比对照增 20.21 kg、增 7.59%，土壤保水、保肥性能增强。

关键词： 小麦；节本增效；减施化肥技术

文山苗族壮族自治州位于云贵高原东南部，地形地貌复杂多变，地块破碎面积小，气候干湿季节分明，土壤酸化，冬春季节干旱严重等灾害日趋严重，该地区作物水肥利用效率低下，机械化种植技术严重匮缺，当地劳动力较少，农户种植水平有限，粮食作物产量低等实际生产问题突出。小麦是文山苗族壮族自治州的主要粮食作物之一，为充分挖掘单位面积小麦生产潜能，增加小麦生产中肥料利用效率和水分利用效率，带动提高该地区的小麦生产水平，确保粮食安全和节本增效，在该地区进行小麦田间减施化肥综合技术试验。

1　材料和方法

1.1　试验地基本情况

试验地位于文山苗族壮族自治州砚山县平远镇大新村委会大新村一组，土壤为红壤，中等肥力。供试耕层土壤含有机质 22.9 g/kg、碱解氮 114 mg/kg、有效磷 40.8 mg/kg、速效钾 187 mg/kg、土壤容重 1.12 g/cm^3、pH 值 6.3。该地地势平坦，以红壤旱地为代表，前作玉米，海拔 1 460 m，年平均气温 21.70 ℃，年均降水量 937.70 mm，主要降水集中于雨季。

1.2　试验材料

供试作物品种：云麦 69。

供试肥料为昆明农家乐复合肥有限责任公司生产的农家乐 1 号配方复合肥（N∶P_2O_5∶K_2O=18∶6∶8)；云南春华秋实农业科技有限公司生产微生物菌肥（有效活菌数≥2.0 亿/g)。

1.3　试验设计

试验设 4 个处理，处理如表 1 所示，处理 1 和处理 2 的施用化肥量为习惯的施肥量，处理 3 和处理 4 的施用化肥量为习惯施肥量的 90%。各个处理不设重复，播种量为 10 kg/亩，小区面积 1 亩，施用的配方复合肥和菌肥均为一次性作基肥。

* **基金项目：** 公益性行业（农业）科研专项经费项目（201503127）

表 1　小麦减施化肥综合技术试验处理　单位：kg/亩

处理	播种方式	秸秆还田	菌肥施用	化肥施用量
处理 1	人工条播	无	无	40
处理 2	机耕机播	无	无	40
处理 3	机耕机播	无	40	36
处理 4	机耕机播	机械粉碎秸秆还田	40	36

1.4　测定项目和方法

试验前在试验地块取土样，取土深度为 20 cm，按 S 形法采集 10 个点，混合为一个基础土样。试验结束时分别在各个处理地块取土样，取土深度为 20 cm，按 S 形法采集 10 个点，分别混合为一个处理的土样。土壤样品均测定有机质、pH 值、碱解氮、速效磷、速效钾和容重。采用铬酸钾滴定法测定有机质，玻璃电势法测定 pH 值，碱解扩散法测定碱解氮，0.5 mol/L $NaHCO_3$浸提・钼锑抗比色法测定速效磷，乙酸铵溶液浸提・火焰光度计法测定速效钾，环刀法测定土壤容重[1-3]。

各个生育期使用土壤水分测定仪测定土壤水分含量。

小麦收获时，分小区进行经济性状测定、测产等。

2　结果和分析

2.1　不同处理对小麦生育期的影响

表 2 为不同处理小麦的生育期。表 2 显示，处理 3 和处理 4 小麦的成熟期相同，比处理 1、处理 2 晚熟 5～8 d，其中处理 1 小麦的成熟期最短；各处理对小麦出苗期、分蘖期、拔节期、孕穗期、抽穗期等生长期影响不明显。

表 2　不同处理小麦的生育期比较

处理	播种期（年．月．日）	出苗期（年．月．日）	分蘖期（年．月．日）	拔节期（年．月．日）	孕穗期（年．月．日）	抽穗期（年．月．日）	成熟期（年．月．日）	全生育期（d）
1	2017.11.2	2017.11.9	2017.12.18	2018.1.15	2018.1.29	2018.2.5	2018.4.4	158
2	2017.11.2	2017.11.9	2017.12.18	2018.1.15	2018.1.29	2018.2.5	2018.4.7	161
3	2017.11.2	2017.11.9	2017.12.18	2018.1.15	2018.1.29	2018.2.5	2018.4.12	166
4	2017.11.2	2017.11.9	2017.12.18	2018.1.15	2018.1.29	2018.2.5	2018.4.12	166

2.2　不同处理对产量构成要素的影响

表 3　不同处理对小麦生育性状分析

处理	有效穗（万/亩）	株高（cm）	穗长（cm）	穗实粒数（粒）	千粒重（g）
1	16.13	77.28	11.48	39.04	47.93
2	15.52	77.93	12.3	40.19	48.22
3	15.46	77.36	12.32	40.23	49.01
4	15.56	80.16	12.44	41.64	48.33

由表 3 可以看出，处理 4 株高最高，穗长最长，穗实粒数最多；亩有效穗为处理 1>处理 4>处理 2>处理 3；千粒重为处理 3>处理 4>处理 2>处理 1；综合来看，处理 4 最能促进小麦产量构成要素的发展，其次为处理 3>处理 1>处理 2。

2.3 不同处理对小麦实收产量的影响

表 4 不同处理小麦产量分析比较

处理	经济产量				生物产量			
	产量(kg/亩)	比处理 1 增减(kg/亩)	比处理 1 %	排序	产量(kg/亩)	比处理 1 增产(kg/亩)	比处理 1 %	排序
1	266.24	/	/	三	663.65	/	/	四
2	263.62	−2.62		四	666.99	3.34	0.50	三
3	274.68	8.44	3.17	二	692.77	29.12	4.39	二
4	286.45	20.21	7.59	一	712.31	48.66	7.33	一

由表 4 可见，处理 4 小麦的经济产量最高，其次是处理 3>处理 1>处理 2，处理 4 亩产 296.45 kg，比处理 1 亩增 20.21 kg，增 7.59%；处理 3 亩产 274.68 kg，比处理 4 亩增 8.44 kg，增 3.17%；处理 2 亩产 263.62 kg，比处理 1 亩产 266.24 kg 减 2.62 kg。生物产量依次为处理 4>处理 3>处理 2>处理 1，处理 4 亩产 712.31 kg，比处理 1 亩增 48.66 kg，增 7.33%；处理 2 亩产 666.99 kg，比处理 1 亩增 3.34 kg，增 0.5%；处理 3 亩产 692.77 kg，比处理 1 亩增 29.12 kg，增 4.39%。

2.4 不同处理对小麦产量及产值的影响

由表 5 可以看出，试验小麦亩产值依次为处理 4>处理 3>处理 1>处理 2；试验处理亩投入成本（肥料+机械或人工）处理 1 最高，为 230 元/亩，处理 4 和处理 3 投入成本相等居第二，处理 2 为最低；亩净收益依次为处理 2>处理 4>处理 3>处理 1；亩投净产比是处理 2 最高为 1∶2.87，其次是处理 4、处理 3 和处理 1，分别为 1∶1.94、1∶1.82 和 1∶1.46。

表 5 不同处理对小麦产量及产值分析

处理	产量(kg/亩)	产品单价(元)	亩产值(元)	肥料投入(元/亩)	机械或人工投入(元/亩)	净收益(元/亩)	亩投产比
1	266.24	2.2	585.73	110.0	120	355.73	1∶1.46
2	263.62	2.2	579.96	110.0	40	429.96	1∶2.87
3	274.68	2.2	604.30	174.2	40	390.10	1∶1.82
4	286.45	2.2	630.19	174.2	40	415.99	1∶1.94

注：复合肥 2.75 元/kg，微生物菌肥 1.88 元/kg，机播费 40 元/亩，人工条播费 120 元/亩，翻犁费为同等条件下工作不计成本，秸秆就地翻压不计成本。

2.5 不同处理对小麦试验地土壤含水量的影响

从表 6 可见，处理 4、处理 2、处理 3 小麦机播其土壤含水量高于处理 1 人工条播，其中处理 4 土壤含水量最高，即依次为处理 4>处理 3>处理 2>处理 1。

表 6 不同处理土壤含水量

单位：%

处理	2017 年 12 月 16 日	2018 年 1 月 15 日	2018 年 2 月 8 日	2018 年 3 月 9 日	2018 年 4 月 12 日	平均
1	6.54	7.24	5.56	3.45	3.85	5.33
2	6.72	8.92	6.6	5.37	4.12	6.35
3	7.48	8.34	6.5	5.93	4.13	6.47
4	7.36	9.21	6.77	5.65	4.25	6.65

2.6 不同处理对试验耕地土壤理化性状及养分含量的影响

从表 7 可见，试验处理 4 耕层土壤的土壤有机质、碱解氮、有效磷、速效钾的含量均高于基础土样和其他处理的收获土样，而容重小于基础土样 0.9 g/cm^3，比处理 1 小 2.2 g/cm^3，pH 值更趋于中性。处理 1 的有机质含量、碱解氮、速效钾的含量均为最低；有效磷为处理 2 最低。

表 7　耕地土壤理化性状

	有机质 (mg/kg)	碱解氮 (mg/kg)	有效磷 (mg/kg)	速效钾 (mg/kg)	容重 (g/cm^3)	pH 值
基础土样	22.9	114	40.8	187.1	1.12	6.3
处理 1	20.75	112	41.4	154.8	1.25	6.3
处理 2	24.12	126	38.5	166.4	1.16	6.4
处理 3	25.66	128	40.2	193.2	1.11	6.4
处理 4	29.46	132	41.6	198.3	1.03	6.6

3　结论

试验结果表明，在小麦生产过程中通过机械粉碎前茬作物秸秆直接还田、机械化播种、增施微生物菌肥的技术措施，更能促进小麦的产量构成要素的发展，使土壤理化性状得到改善，土壤保水、保肥性能增强，且收获土壤有机质含量、碱解氮、有效磷、速效钾相应提升，地力培肥效果显著。说明该技术措施可以节省劳力成本、减少灌溉和化肥农药的投入，同时还能提高小麦产量，从而达到节本增效的目的。

参考文献

[1] 鲁如坤．土壤农业化学分析方法 [M]. 北京：中国农业科技出版社，2000.
[2] 鲍士旦．土壤农化分析（第三版）[M]. 北京：中国农业出版社，2005.
[3] 劳家桎．土壤农化分析手册 [M]. 北京：农业出版社，1988.

植物活性蛋白在云南旱地小麦上的应用*

刘　俊[1,4]　孟国忠[2]　万丽花[2]　黄　惠[2]　黄荣松[3]
郜胜涛[3]　周永琼[3]　王　伟[1]　付利波[1]　尹　梅[1*]

1. 云南省农业科学院农业资源环境研究所，云南昆明　650205
2. 曲靖市麒麟区土壤肥料工作站，云南曲靖　655000
3. 文山苗族壮族自治州土壤肥料工作站，云南文山　663000
4. 云龙县农业农村局，云南云龙　672700

摘要： 为提高云南旱地种植小麦的产量和产值，通过在曲靖和文山 4 个试验点不同施肥处理上的小麦开展植物活性蛋白对小麦生长、产量和经济效益的影响试验。结果表明，曲靖越州、文山德厚和文山盘龙的 FP 蛋白处理分别比非蛋白处理产量高 17.13%、9.39%和 7.44%，收益分别比非蛋白处理产量高 19.47%、9.84%和 5.93%；曲靖茨营 ST 蛋白处理比 ST 非蛋白处理产量高 8.34%，收益高 8.72%。由此可见，在适宜的肥料用量基础上使用植物活性蛋白均可增加云南旱地小麦的产量和收益。

关键词： 小麦；植物新型蛋白；农艺性状；产量；经济效益

小麦是云南省的四大粮食作物之一，也是云南省小春种植面积最大的粮食作物，2018 年，云南省小麦种植面积达到 33.92 万 hm^2[1]。由于云南省地处云贵高原，地形地貌复杂，山地较多，云南的小麦主要种植在无灌溉条件的山坡旱地上，并占云南小麦种植面积的 80%以上[2]。旱地小麦生长发育所需的水分全部来自于种植土壤中储藏的水分和自然降水，由于小麦生长发育成熟的时间正是云南省降水量全年最少的时期，所以过少的降水量难于满足小麦的需求，水分成为制约小麦生长发育和影响小麦产量品质的重要因素[3]。为提高小麦生产潜能，增加小麦生产中肥料利用效率和水分利用效率，提高旱地小麦生产水平，本文应用植物活性蛋白制剂在曲靖和文山 2 个州市的小麦上开展了试验研究，以期得到该种植物活性蛋白制剂对云南小麦的影响。

1　材料与方法

1.1　试验地概况

试验于 2018 年 10 月 26 日、10 月 27 日、11 月 7 日和 11 月 9 日分别在云南省曲靖市麒麟区越州镇大梨树村、曲靖市麒麟区茨营镇小河村、文山苗族壮族自治州文山县德厚镇以诺村和文山州砚山县盘龙乡三合村开展，并分别于 2019 年 4 月 18 日、4 月 16 日、4 月 11 日和 4 月 19 日收获。

1.2　供试材料

供试作物品种：靖麦 17 号（曲靖市 2 组试验所用品种）、文麦 14 号（文山州 2 组试验所用品种）。

---

* **基金项目：** 公益性行业（农业）科研专项经费项目（201503127）

供试土壤：试验土壤均为典型的山原红壤，各组试验地土壤养分状况见表1。

表1　试验地耕作层土壤基础养分状况

试验点	有机质(g/kg)	pH值	全氮(%)	全磷(%)	全钾(%)	铵态氮(mg/kg)	硝态氮(mg/kg)	有效磷(mg/kg)	速效钾(mg/kg)
曲靖越州	20.48	4.92	0.202	0.086	0.76	6.16	21.28	54.19	216
曲靖茨营	28.14	7.42	0.117	0.087	0.59	8.46	8.47	11.17	111
文山德厚	21.62	4.69	0.106	0.100	0.40	6.82	13.86	44.44	196
文山盘龙	20.95	5.94	0.098	0.060	1.11	5.04	12.44	29.47	167

1.3　试验设计

每个试验点均为3个施肥处理，CK不施肥料，FP农户习惯施肥，ST测土施肥或当地农技部分推荐施肥。曲靖点2组试验的施肥量相同，文山点2组试验的施肥量略有差异。各组试验的施肥量见表2。各组试验的施肥方式均为一次性底施。每个施肥处理又一分为二，一半使用植物活性蛋白进行处理，一半不使用植物活性蛋白。植物活性蛋白使用方法为，播种前，根据每亩用种量使用1 g植物活性蛋白对种子进行包衣，然后再播种；小麦孕穗期每亩使用1 g植物活性蛋白兑水进行喷施。该试验除了施肥量不一致和是否施用植物活性蛋白不一样外，其他田间管理措施均一样。

表2　植物活性蛋白在云南旱地小麦应用研究施肥设计

序号	处理	施肥量 $N-P_2O_5-K_2O$（kg/hm^2）			
		曲靖越州	曲靖茨营	文山德厚	文山盘龙
1	CK	0—0—0	0—0—0	0—0—0	0—0—0
2	FP	210—49.5—39	210—49.5—39	172.5—120—0	165—90—0
3	ST	156—60—84	156—60—84	180—96—75	195—82.5—69

1.4　取样及样品分析方法

试验前在各个试验地块取土样，取土深度为20 cm，按S形法采集10个点，混合为1个基础土样，带回室内测试分析。分析指标为全氮、全磷、全钾、铵态氮、硝态氮、有效磷、速效钾、pH值和有机质。其中有机质分析采用重铬酸钾容量法，pH值测定采用玻璃电位法，土壤硝态氮用紫外分光光度法，土壤铵态氮用纳氏比色法，有效磷用0.5 mol/L $NaHCO_3$浸提钼锑抗比色法，速效钾用乙酸铵溶液浸提火焰光度计法测定[4-6]。小麦收获时，分小区进行经济性状测定、测产等。

2　结果与分析

2.1　不同处理对小麦有效穗和农艺性状的影响

表3显示了该试验不同处理小麦收获期的有效穗数及农艺性状。由表3可看出，曲靖的2组试验均是ST处理有效穗最多，文山德厚组试验是ST处理有效穗最多，盘龙组试验是FP处理有效穗最多，在这4组试验有效穗最多的处理中，均是有蛋白处理有效穗高于无蛋白处理。4组试验均是CK处理的株高最矮；在曲靖的2组试验中，无蛋白的FP处理和ST处理株高相差不大，而蛋白处理中，FP处理的株高均高于ST处理；在文山的2组试验中，无蛋白的ST处理株高高于FP处理，而蛋白处理中，德厚点为ST处理株高较高，盘龙点是FP处理的株高较高；4组试验中，总体来看，有蛋白的处理大多株高高于无蛋白的处理。曲靖越州组试验的小麦穗长是FP处理最长，曲靖茨营组试验为无蛋白ST处理和有蛋白FP处理穗长最长，在文山的2组试验均是ST处理的穗长最长，4组试验最长的穗长处

理中，均是有蛋白处理高于或等于无蛋白的处理。4 组试验小麦的穗粒数均是 CK 处理的最少，曲靖越州组、文山德厚和盘龙均是有蛋白的 FP 处理穗粒数最高，曲靖茨营组试验为无蛋白的 FP 处理穗粒数较高。在 4 组试验中，同样也是 CK 处理的千粒重较轻，各组试验千粒重最重的处理分别是，曲靖越州有蛋白的 FP 处理，曲靖茨营为无蛋白的 ST 处理，文山德厚有蛋白的 ST 处理，文山盘龙无蛋白的 ST 处理。

表 3　各处理小麦农艺性状

地点	处理	有效穗（万穗/hm^2）		株高（cm）		穗长（cm）		穗粒数（粒/穗）		千粒重（g）	
		无蛋白	蛋白	无蛋白	蛋白	无蛋白	蛋白	无蛋白	蛋白	无蛋白	蛋白
曲靖越州	CK	204.0	187.5	70.0	74.0	6.0	6.6	25.1	29.0	37.2	37.6
	FP	229.5	265.5	74.2	85.4	7.8	8.7	39.4	43.2	39.2	40.3
	ST	238.5	277.5	74.0	77.6	6.8	7.7	40.9	38.0	39.4	39.4
曲靖茨营	CK	219.0	238.5	65.2	63.1	8.7	8.6	35.2	34.5	36.5	38.1
	FP	211.5	220.5	73.7	76.8	9.2	9.4	45.0	43.8	37.5	36.6
	ST	219.0	238.5	73.7	73.1	9.4	8.9	42.6	40.0	38.5	37.4
文山德厚	CK	169.5	177.0	48.0	50.4	4.8	6.0	25.2	27.9	40.3	41.1
	FP	237.0	240.0	65.9	66.2	8.7	9.2	41.3	42.9	42.2	42.3
	ST	241.5	243	69.4	70.0	9.7	10.0	42.2	42.7	42.2	42.7
文山盘龙	CK	217.5	220.5	83.3	80.6	9.9	8.8	43.6	44.1	42.3	42.6
	FP	223.5	234.0	85.6	86.2	9.9	9.6	47.4	51.5	42.7	42.6
	ST	222.0	225.0	87.5	86.0	10.2	11.1	45.5	45.2	43.2	43.1

2.2　不同处理对小麦产量的影响

表 4 显示了该试验不同处理对各个处理小麦产量的影响。结果显示，无论是有蛋白处理还是无蛋白处理，CK 处理的产量均是最低的，在曲靖越州组和文山德厚组试验中，FP 处理和 ST 处理的产量均比 CK 处理的产量有了翻番的增加。在曲靖的无蛋白处理中，均为 FP 处理的产量最高；在文山的无蛋白处理中，是 ST 处理的产量最高。有蛋白的处理中，曲靖越州组和文山盘龙组均是 FP 处理产量最高，曲靖茨营组和文山德厚组是 ST 处理产量最高。在本试验中，除了文山盘龙的 ST 处理，其他的处理组在相同施肥条件下，均是有蛋白处理的小麦产量高于无蛋白的小麦产量。

表 4　各处理小麦的产量分析

地点	处理	无蛋白经济产量（kg/hm^2）	无蛋白各处理对比 CK（kg/hm^2）	无蛋白各处理对比 CK（%）	有蛋白经济产量（kg/hm^2）	有蛋白各处理对比 CK（kg/hm^2）	有蛋白各处理对比 CK（%）	有蛋白对比无蛋白（kg/hm^2）	有蛋白对比无蛋白（%）
曲靖越州	CK	2 070.9	—	—	2 198.25	—	—	127.35	6.15
	FP	4 298.85	2 227.95	107.58	5 035.5	2 837.25	148.35	736.65	17.13
	ST	4 157.1	2 086.2	100.74	4 779.75	2 581.5	134.98	622.65	14.98
曲靖茨营	CK	3 198.3	—	—	3 325.65	—	—	127.35	3.98
	FP	4 034.55	836.25	26.15	4 054.65	729	21.92	20.1	0.50
	ST	3 962.7	764.4	23.90	4 293.15	967.5	29.09	330.45	8.34
文山茨营	CK	1 839.15	—	—	1 992.3	—	—	153.3	8.33
	FP	4 080.45	2 241.3	121.87	4 463.55	2 471.25	124.04	383.1	9.39
	ST	4 291.2	2 452.05	133.33	4 521.15	2 528.85	126.93	229.95	5.36

续表

地点	处理	无蛋白经济产量（kg/hm²）	无蛋白各处理对比 CK（kg/hm²）	无蛋白各处理对比 CK（%）	有蛋白经济产量（kg/hm²）	有蛋白各处理对比 CK（kg/hm²）	有蛋白各处理对比 CK（%）	有蛋白对比无蛋白（kg/hm²）	有蛋白对比无蛋白（%）
文山盘龙	CK	3 984	—	—	4 146.45	—	—	162.45	4.69
	FP	4 383.15	399	10.02	4 666.65	520.2	12.55	283.5	7.44
	ST	4 605.45	621	15.60	4 574.7	428.25	10.33	−30.6	−0.77

2.3 不同处理对小麦经济效益的影响

表 5 显示了该试验不同处理对各个处理的产值、成本和收益的影响。结果显示，各个试验点不同处理的产值同产量相同，均是 CK 处理的产值最低，除了文山盘龙点试验，其他试验点的各个处理均是有蛋白处理产值高于无蛋白处理。扣除成本后，曲靖越州组和文山德厚组的 FP 蛋白处理的收益均是 2 组试验中收益最高的，曲靖茨营组的 ST 蛋白处理收益是最高的，文山盘龙组则是 CK 蛋白处理的收益最高。

表 5　各处理小麦的经济效益分析

地点	处理	产值（元/hm²）		肥料和蛋白成本（元/hm²）		除成本后收益（元/hm²）		收益对比无蛋白	
		无蛋白	蛋白	无蛋白	蛋白	无蛋白	蛋白	（kg/hm²）	（%）
曲靖越州	CK	4 555.5	4 836	0	150	4 555.95	4 686.3	130.2	2.86
	FP	9 457.5	11 077.5	1 904.85	2 054.85	7 552.65	9 023.1	1 470.45	19.47
	ST	9 145.5	10 515	2 103.9	2 253.9	7 041.75	8 261.55	1 219.65	17.32
曲靖茨营	CK	7 036.2	7 316.55	0	150	7 036.2	7 166.55	130.2	1.85
	FP	8 875.95	8 920.2	1 904.85	2 054.85	6 971.1	6 865.35	−105.75	−1.52
	ST	8 717.85	9 444.9	2 103.9	2 253.9	6 614.1	7 191	576.9	8.72
文山德厚	CK	4 045.5	4 383	0	150	4 045.95	4 233.15	187.2	4.63
	FP	8 977.5	9 820.5	1 937.55	2 087.55	7 039.5	7 732.35	692.85	9.84
	ST	9 441	9 946.5	2 453.25	2 603.25	6 987.45	7 343.1	355.8	5.09
文山盘龙	CK	8 764.5	9 121.5	0	150	8 764.65	8 972.1	207.45	2.37
	FP	9 643.5	10 266	1 646.7	1 796.7	7 996.2	8 470.05	473.85	5.93
	ST	10 132.5	10 065	2 368.35	2 518.35	7 763.55	7 546.05	−217.5	−2.80

3　结论

试验结果表明，在小麦生产中通过使用植物活性蛋白，4 组试验的 CK、FP 和 ST 处理，只有文山盘龙组的 ST 蛋白处理产量略低于 ST 无蛋白处理，其他蛋白处理产量均高于无蛋白处理；4 组试验各个处理的收益中，只有曲靖茨营 FP 蛋白处理和文山盘龙 ST 蛋白处理的收益分别比这 2 个无蛋白处理收益低，其他蛋白处理收益均高于无蛋白处理。在试验中，曲靖越州 FP 蛋白处理比 FP 非蛋白处理产量高 17.13%，收益高 19.47%；曲靖茨营 ST 蛋白处理比 ST 非蛋白处理产量高 8.34%，收益高 8.72%；文山德厚 FP 蛋白处理比 FP 非蛋白处理产量高 9.39%，收益高 9.84%；文山盘龙 FP 蛋白处理比 FP 非蛋白处理产量高 7.44%，收益高 5.93%。在各地只要在适宜的肥料用量基础上使用植物活性蛋白均可增加小麦的产量和收益，达到小麦生产的节本增效。

参考文献

[1] 云南省统计局．云南统计年鉴（2019）[M]．北京：中国统计出版社，2019.

[2] 程加省，于亚雄，杨金华，等．云南旱地小麦的抗旱性检测与比较 [J]．西南农业学报，2008，28（1）：57－61.

[3] 王鹏云，王辉，李万春，等．昆明小麦生长期需水量和缺水状况研究 [J]．麦类作物学报，2010，30（1）：111-115.

[4] 鲁如坤．土壤农业化学分析方法 [M]．北京：中国农业科技出版社，2000.

[5] 鲍士旦．土壤农化分析（第三版）[M]．北京：中国农业出版社，2005.

[6] 劳家柽．土壤农化分析手册 [M]．北京：农业出版社，1988.

攀西地区夏玉米品种主要农艺性状主成分分析及聚类分析*

郑崇兰[1]　王友富[1*]　铁万祝[1]　晋一棠[1]　廖莉莉[1]　万　幸[2]　祁正权[2]

1. 四川省凉山彝族自治州亚热带作物研究所，四川西昌　615000

2. 四川省凉山彝族自治州会理县农牧局，四川会理　615100

摘要：为筛选出适宜四川攀西地区栽植的高产玉米品种，选取省内外12个夏玉米品种在本地区进行引试种试验，根据株高、穗位高、穗长、穗粗、穗轴粗、秃尖长、穗行数、行粒数、穗粒数、穗粒重、出籽率、百粒重、籽粒长度及单穗重14个农艺性状进行主成分与聚类分析。试验结果表明，通过主成分分析提取4个主成分，即穗重因子、穗型因子、粒重因子及穗位高因子，以上4个因子提供了92.204%的信息量。利用4个主成分因子进行系统聚类，将12个玉米品种分为4大类，其中第1、2类品种产量较高，适宜在本地区推广种植；第3类品种产量较低；第4类品种产量中等，需要进一步摸索出配套的高产栽培措施。

关键词：攀西地区；夏玉米；主成分分析；聚类分析

玉米作为世界第一大粮食作物，对于保障粮食安全有着举足轻重的作用。根据国家统计数据显示，2015年我国玉米的种植面积约为3812万hm^2，产量约为2.2亿t，占作物栽培总面积的22.91%，作物总产量的36.15%，种植面积及产量均占全国第一。四川省玉米种植面积约为140万hm^2，产量约为765.7万t，是继水稻后第二大粮食作物[1]。四川省攀西地区山地广阔，光热资源丰富，农作物的光能生产潜力和光温生产潜力为四川省之冠[2]。独特的气候资源使得玉米的生长时间长，尤其是灌浆期显著长于其他地区，干湿两季分明，灾害性天气相对较少，有利于玉米干物质的积累和产量的形成[3]，具备发展玉米产业的优越条件。如何筛选出优质、高产的品种是攀西地区玉米产业发展面临的问题。多元统计分析的方法常用来鉴定品种间的遗传差异，聚类分析在花生[4]、小麦[5-7]、水稻[8]、油菜[9]、亚麻[10]、向日葵[11]、黍稷[12]等作物种质资源分类中已有广泛应用。本试验对引进的10个夏玉米品种和2个本地主栽品种的14个农艺性状通过主成分分析的方法进行降维，再通过聚类分析将不同品种归类，评价综合性状好的品种，为攀西地区高产玉米栽培提供理论依据。

1　材料与方法

1.1　供试材料与栽培情况

供试品种选取各地栽种表现较好的10个品种及2个本地品种。供试品种名称及标号见表1。

试验于2016年6月7日至2016年10月17日在会理县河口乡盐河村劳氏农场进行，此试验用地长为114 m，宽为23.5 m，面积为4.0亩，地势平整、地形规整、地力均匀、管理方便。试验地土壤

* **基金项目**：农业部公益性行业（农业）科研专项（201502127）

全氮含量0.1338%，有效氮87 mg/kg，速效磷33 mg/kg，速效钾147 mg/kg，有机质含量2.20%，土壤pH值4.67。

表1 供试品种名称及标号

编号	品种	编号	品种
1	先玉1171	7	屯玉27
2	华农玉998	8	西抗18
3	贵农玉898	9	鄂玉16
4	新中玉801	10	华玉13
5	长城799	11	川单15
6	中玉335	12	凉单4号

1.2 试验设计

试验根据土壤肥力梯度水平方向采用随机区组设计，设3次重复，每个小区长7 m，宽3.9 m，小区面积27.3 m^2，共计36个小区，试验总面积为982.8 m^2，试验采用宽窄行种植，按宽行行距85 cm，窄行行距45 cm，株距50 cm开挖播种穴，亩挖播种穴2050个，每穴播种3粒。试验四周设保护行宽1.0~1.5 m，保护行种植先玉1171。肥水管理按常规进行。

1.3 测定项目及方法

试验于2016年10月17日统一进行人工收获，收获时每小区随机选取长势一致的10株进行测产，在田间使用卷尺测量株高和穗位高，最后按小区将收获的玉米穗放入网袋中以测定小区产量，按种植密度换算为亩产量。室内考种用直尺测量穗长，使用游标卡尺测量穗粗、穗轴粗、秃尖长、籽粒长度、统计穗行数、行粒数及穗粒数，烘干后使用天平称量百粒重、单穗重及籽粒重，计算出籽率（籽粒重/单穗重×100%）。

1.4 统计分析

1.4.1 *描述性统计及方差分析*

首先采用Excel（2007）软件进行数据处理，然后运用SPSS（10.0）软件对数据进行描述性统计及差异显著性分析

1.4.2 *主成分分析*

运用SPSS（10.0）软件分析12个玉米品种的14个农艺性状，即株高、穗位高、穗长、穗粗、穗轴粗、秃尖长、穗行数、行粒数、穗粒数、穗粒重、出籽率、百粒重、籽粒长度及单穗重，并以这些指标构成主成分分析的相关矩阵，对玉米特性进行评价[13]。指标数据进行标准化处理，由SPSS软件自动完成；指标之间相关性分析，用SPSS软件中表“CorrelationMatrix（相关系数矩阵）”判定；选择m个主成分，根据SPSS软件中表“Total Variance Explained（总方差解释）”中方差累计贡献率≥85%，提取主成分[14]。

1.4.3 *聚类分析*

采用SPSS（10.0）软件进行系统聚类分析。利用供试材料的主成分和贡献率权重乘积之和的综合值为指标，依据种质间欧氏距离（Euclidean distance），采用组间平均联接法进行Q型聚类。

2 结果与分析

2.1 玉米农艺性状描述性分析

对12个玉米品种的14个农艺性状数据的差异性分析见表2。由表2中可以看出株高、穗长、穗

粗、穗轴粗、穗行数、行粒数、穗粒数、出籽率和籽粒长度 9 项指标变异系数均小于 10，取值差异较小，其余 3 项指标变异系数较大，特别是秃尖长变异系数达到 63.93%，说明各品种间遗传差异较大，通过改良品种或者改善栽培措施可使秃尖长显著降低。

将 12 个玉米品种的株高、穗位高、穗长、穗粗、秃尖长、穗轴粗、穗行数、行粒数、穗粒数、穗粒重、出籽率、百粒重、籽粒长度和单穗重进行方差分析，在 1%误差范围内各性状均表现出品种间差异显著，数据可以进行主成分分析及聚类分析。

表 2　玉米品种农艺性状统计值

性状	极小值	极大值	均值	标准差	变异系数	*F* 值
株高（cm）	226.67	313.17	275.59	26.39	9.57%	42.82
穗位高（cm）	87.22	146.44	114.52	16.08	14.04%	29.66
穗长（cm）	17.68	20.68	18.70	0.88	4.73%	20.87
穗粗（cm）	4.76	5.54	5.09	0.27	5.27%	30.4
秃尖长（cm）	0.30	3.83	1.93	1.23	63.92%	26.71
穗轴粗（cm）	2.67	3.59	3.19	0.24	7.58%	35.82
穗行数	13.80	18.00	15.73	1.30	8.27%	13.89
行粒数	36.10	44.40	38.93	2.34	6.02%	11.67
穗粒数	526.75	709.50	611.21	58.65	9.60%	10.15
穗粒重（g）	171.15	235.05	203.23	18.34	9.03%	62.8
出籽率（%）	79.95	90.06	86.05	2.96	3.44%	62.38
百粒重（g）	29.98	43.06	33.62	3.56	10.59%	64.13
籽粒长度（cm）	1.13	1.45	1.25	0.09	7.26%	145.71
单穗重（g）	196.05	279.00	236.52	22.43	9.48%	82.3

2.2　玉米农艺性状间相关分析

表 3 相关性分析结果表明，株高与穗位高、穗粒重、籽粒长度、单穗重，穗长与行粒数、穗粒数、穗粒重，穗粗与秃尖长、穗轴粗、穗行数，秃尖长与穗轴粗、穗行数，穗行数与穗粒数，穗粒重与籽粒长度、单穗重，百粒重与籽粒长度，籽粒长度与单穗重呈显著正相关。穗位高与出籽率，穗粗及穗轴粗与行粒数，穗粒数与百粒重呈显著负相关。以上结果说明，品种株高越高，单穗越长，穗粒重越大，而穗粒重大的品种籽粒越长，单穗产量越高；株高较高的品种，穗位也较高，但穗位越高出籽率越低；穗轴随穗增粗而变粗，但穗轴变粗，穗粒数和百粒重均显著下降。

表 3　各品种不同性状间相关系数

性状	株高	穗位高	穗长	穗粗	秃尖长	穗轴粗	穗行数	行粒数	穗粒数	穗粒重	出籽率	百粒重	籽粒长度	单穗重
株高	1.000													
穗位高	0.790	1.000												
穗长	0.323	−0.221	1.000											
穗粗	0.186	0.260	−0.243	1.000										
秃尖长	0.108	0.171	−0.143	0.665	1.000									
穗轴粗	−0.228	0.141	−0.533	0.732	0.650	1.000								
穗行数	0.133	0.040	0.158	0.649	0.673	0.545	1.000							
行粒数	0.155	−0.198	0.762	−0.682	−0.382	−0.778	−0.118	1.000						
穗粒数	0.233	−0.080	0.631	0.116	0.334	−0.039	0.773	0.538	1.000					
穗粒重	0.647	0.241	0.622	0.416	0.076	−0.207	0.341	0.203	0.430	1.000				
出籽率	−0.339	−0.693	0.564	−0.426	−0.225	−0.507	−0.224	0.567	0.173	0.038	1.000			
百粒重	0.358	0.268	−0.017	0.132	−0.411	−0.211	−0.505	−0.294	−0.605	0.417	−0.110	1.000		
籽粒长度	0.708	0.290	0.387	0.315	0.004	−0.320	0.092	0.051	0.129	0.807	0.022	0.600	1.000	
单穗重	0.731	0.486	0.374	0.552	0.153	−0.003	0.398	−0.020	0.335	0.929	−0.334	0.439	0.748	1.000

2.3 玉米农艺性状间主成分分析

根据方差累积率大于85%的标准，提取主成分，从表4中可以看出，前4个主成分方差累计贡献率达92.204%，说明这4个主成分包含了玉米农艺性状绝大部分信息。第1主成分贡献率为32.668%。从表5中可知，第1主成分中，单穗重特征向量值最大，其次是穗粒重，可以看出第1主成分主要是描述玉米单穗产量，因此将第1主成分称为穗重因子，提高第1主成分的值可以增加玉米单穗的籽粒产量。第2主成分贡献率为28.874%，其中特征向量值最大的是穗轴粗（负值），其次是行粒数和穗长，所以将第2主成分称为穗型因子，第3主成分的方差贡献率为21.251%，特征向量值最大的是百粒重（负值），其次是穗粒数，因此第3主成分命名为粒重因子。第4主成分中穗位高特征向量值最大，因此称为穗位高因子，从第4主成分中看出，穗位高和株高越低，玉米出籽率越高。

表4 玉米12个农艺性状相关矩阵的特征根、贡献率及累计贡献率

编号	特征根	贡献率（%）	累积贡献率（%）
1	4.574	32.668	32.668
2	4.042	28.874	61.542
3	2.961	21.151	82.693
4	1.332	9.511	92.204
5	0.519	3.708	95.911
6	0.265	1.890	97.801
7	0.140	1.002	98.804
8	0.125	0.895	99.698
9	0.026	0.183	99.882
10	0.016	0.112	99.994
11	0.001	0.006	100.000
12	3.529×10^{-16}	2.521×10^{-15}	100.000
13	1.064×10^{-16}	7.601×10^{-16}	100.000
14	3.491×10^{-17}	2.494×10^{-16}	100.000

表5 前4个主成分对应的特征向量

性状	成分			
	1	2	3	4
株高（cm）	0.787	0.293	−0.252	−0.414
穗位高（cm）	0.588	−0.196	−0.407	−0.629
穗长（cm）	0.259	0.825	0.377	0.106
穗粗（cm）	0.691	−0.590	0.118	0.365
秃尖长（cm）	0.411	−0.552	0.506	0.024
穗轴粗（cm）	0.190	−0.905	0.224	0.129
穗行数	0.552	−0.300	0.744	0.020
行粒数	−0.158	0.868	0.334	−0.306
穗粒数	0.381	0.307	0.839	−0.180
穗粒重（g）	0.837	0.451	0.018	0.251
出籽率（%）	−0.408	0.622	0.302	0.459
百粒重（g）	0.308	0.177	−0.849	0.364
籽粒长度（cm）	0.736	0.413	−0.281	0.258
单穗重（g）	0.938	0.192	−0.099	0.070

2.4 玉米参试品种的聚类分析

以上述 4 个主成分为综合评价指标，根据种质间欧氏距离（Euclidean distance），采用组间平均联接法对参试的 12 个玉米品种进行 Q 型聚类，从图 1 中可以看出，在组间距离为 15 时，将 12 个玉米品种分为 4 类。

从表 6 可知 4 个类型玉米的 14 个农艺性状和产量的平均值。

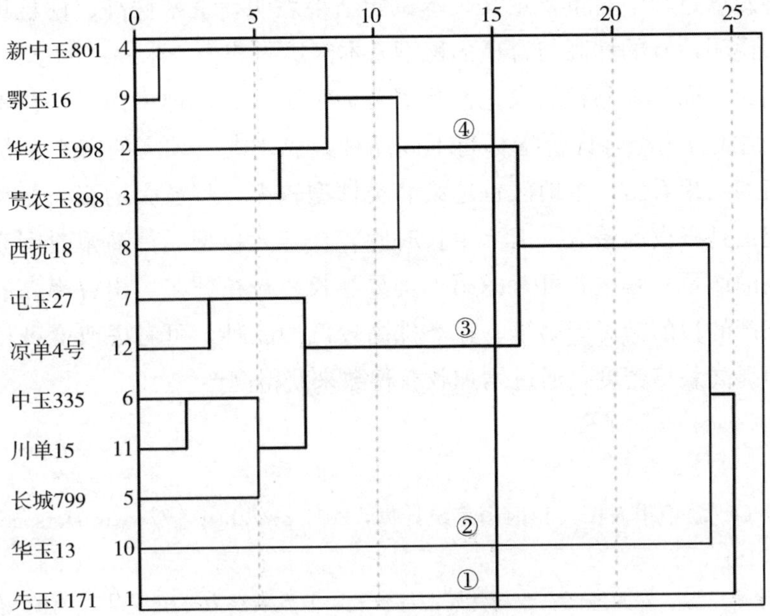

图 1 聚类分析树状图

表 6 4 个类型玉米 14 个农艺性状及产量的平均值

类别	第Ⅰ类	第Ⅱ类	第Ⅲ类	第Ⅳ类
株高（cm）	302.04	313.17	254.54	283.83
穗位高（cm）	106.46	128.63	105.65	122.18
穗长（cm）	20.68	18.70	18.52	18.49
穗粗（cm）	4.84	5.13	4.89	5.34
秃尖长（cm）	1.53	0.30	1.22	3.04
穗轴粗（cm）	2.67	2.95	3.14	3.38
穗行数	16.00	14.00	14.92	16.82
行粒数	44.40	37.60	39.28	37.76
穗粒数	709.50	526.75	585.30	634.35
穗粒重（g）	226.98	221.80	189.13	208.76
出籽率（%）	90.06	86.08	87.132	84.17
百粒重（g）	31.67	43.06	33.11	32.64
籽粒长度（cm）	1.33	1.45	1.18	1.26
单穗重（g）	251.95	257.75	217.49	248.22
产量（kg/hm²）	10 687.50	11 067.90	9 330.00	9 943.65
品种（编号）	1	10	5、6、7、11、12	2、3、4、8、9

3 讨论与结论

四川攀西地区属于西南高海拔玉米生态区，光照充足，太阳辐射量大，立体气候特点突出，是四川省特殊而重要的农业生态区[15]，其特殊的气候环境，造成该区域内玉米主推品种单一，产量水平难以突破，病虫害大发生的风险较高。因此，筛选出适宜本地区栽培的新杂交玉米品种，对于提高产量，降低风险有着积极作用[16,17]。

获得高产是玉米生产重要的目标之一。不同的生态环境条件下，各农艺性状对产量构成的影响程度存在一定差异。各个农艺性状之间相互影响的程度也不尽相同[18,19]。所以，弄清各农艺性状与产量的相关性在玉米育种栽培过程中有重要意义。本试验结果表明，玉米株高、穗粒重和籽粒长度与单穗产量呈极显著相关，说明适宜的株高与合适的穗型是本区域内获得玉米高产的基础。

主成分分析表明，不同玉米品种的农艺性状可分为穗重因子、穗型因子、粒重因子和穗位高因子4个主成分，以4个主成分为综合评价指标将不同品种聚成4类。较高的亩产量是筛选品种重要的考核指标，从聚类分析的结果看出，本地区首选第Ⅱ类株型较大，籽粒大的粗大穗型品种，因为攀西地区气候冷凉，光照充足且昼夜温差大，玉米生长时间较长，大粒型品种灌浆时间充足，籽粒饱满且秃尖较短，可产生较高的产量；其次，可考虑第Ⅰ类果穗长、行粒数多、出籽率高的品种，通过获得较高的穗粒数，达到高产的目的。对于第Ⅲ、Ⅳ类株高较低的品种，可考虑改变种植模式，充分利用攀西地区高光照条件，提高栽培密度，通过增加收获穗数来获得高产。

参考文献

[1] 中国统计年鉴［DB-OL］. 中华人民共和国国家统计局，2017-8-27. http：//www. stats. gov. cn/tjsj/ndsj/2016/indexch. htm.

[2] 刘兴亮，苏春江，徐云，等 . 攀西地区农业自然资源评价及农业发展潜力分析［J］. 中国生态农业学报，2007（5）：185－187.

[3] 何天祥，蔡光泽，宋刚 . 四川省攀西地区玉米的丰产潜力研究［J］. 杂粮作物，2000（6）：21－24.

[4] 殷冬梅，李拴柱，崔党群 . 花生主要农艺性状的相关性及聚类分析［J］. 中国油料作物学报，2010，32（2）：212－216.

[5] 王林海，王晓伟，詹克慧，等 . 黄淮麦区部分小麦种质资源农艺性状的聚类分析［J］. 中国农学通报，2008（4）：186－191.

[6] 周丽艳，郭振清，马玉玲，等 . 春小麦品种农艺性状的主成分分析与聚类分析［J］. 麦类作物学报，2011，31（6）：1057－1062.

[7] 王绘艳，史雨刚，马昊翔，等 . 30份春小麦品系主要农艺性状的聚类分析［J］. 中国农学通报，2014，30（18）：60－64.

[8] 李培富，杨淑琴，马宏伟 . 宁夏水稻主要农艺性状的主成分及聚类分析［J］. 中国农学通报，2006（12）：162－166.

[9] 丁厚栋，张尧锋，余华胜，等 . 甘蓝型油菜种质资源的农艺性状聚类分析［J］. 华北农学报，2009，24（S1）：103－105.

[10] 宋军生，党占海，张建平，等 . 油用亚麻品种资源农艺性状的主成分及聚类分析［J］. 西南农业学报，2015，28（2）：492－497.

[11] 朱东旭，关中波，徐桂真，等 . 油用向日葵品种主要农艺性状的主成分分析和聚类分析［J］. 中国农学通报，2015，31（12）：152－156.

[12] 胡兴雨，陆平，贺建波，等 . 黍稷农艺性状的主成分分析与聚类分析［J］. 植物遗传资源学报，2008，9（4）：492－496.

[13] 曾洁，孙俊良，李光磊，等 . 基于主成分分析和Q型聚类分析的玉米品种特性研究［J］. 沈阳农业大学学报，2009，40（1）：53－57.

[14] 林海明，张文霖 . 主成分分析与因子分析的异同和SPSS软件——兼与刘玉玫、卢纹岱等同志商榷［J］. 统计研究，2005（3）：65－69.

[15] 四川亚热带丘陵山区农业气候资源及开发利用课题组 . 四川亚热带丘陵山区农业气候资源及开发利用［M］. 成都：

四川科学技术出版社，1997.
[16] 郑传刚，蔡光泽，彭亮．四川攀西山区玉米地方种质的改良创新及利用［J］．河北农业科学，2008，12（11）：41-43，47.
[17] 唐保军，王利锋，程泽强，等．河南部分优异玉米地方品种主要农艺性状变异研究［J］．河南农业科学，2009（9）：42-45.
[18] 陈波，张燕，石勇，等．西昌地区玉米杂交种单株产量与主要农艺性状相关性分析［J］．西昌学院学报（自然科学版），2008，22（4）：4-6.
[19] 杜茂林，苟才明，杨荣志，等．高原玉米杂交种主要农艺性状的相关与通径分析［J］．西北农林科技大学学报（自然科学版），2004，32（S1）：15-18.

调亏灌溉对玉米农艺性状及干物质积累的影响*

刘君鹏　蒙熠练　宋　碧　周　晓　张　军　陈秀秀　吴海英

贵州大学农学院，贵州贵阳　550025

摘要：以玉米品种中单808为材料，通过盆栽试验，研究不同调亏叶龄、调亏程度和调亏时间对玉米农艺性状及干物质积累的影响。结果表明，在不同叶龄期对中单808进行调亏灌溉，复水10 d时展4叶和展5叶的株高、茎粗及单株叶面积均较大，到了大喇叭口期和抽雄吐丝期展3叶和展4叶显著高于展5叶处理；调亏程度为55%～65%的株高、茎粗及单株叶面积均显著高于调亏程度为40%～50%的处理；持续12 d的调亏灌溉有助于玉米株高、茎粗、叶面积的生长；植株各部位和整株干物重均以展4叶期+调亏程度55%～65%+调亏持续12 d的处理最大。因此，中单808在展4叶期进行为期12 d的调亏程度为55%～65%（土壤水分占田间最大持水量的55%～65%）的调亏灌溉组合效应较好。可见，在玉米苗期进行适度的调亏灌溉可促进其生长。

关键词：调亏灌溉；玉米；农艺性状；干物质积累

调亏灌溉是20世纪70年代中期在传统的灌溉原理与方法的基础上，提出的一种新的节水灌溉方式[1]。调亏灌溉的理论基础完全不同于充分灌溉与有限灌溉，它是根据作物的遗传和生态特性，从作物生理角度出发，在作物的某些生理生化通道受到遗传特性或生长激素影响时，使其生长发育的某些时期受到一定程度的水分调亏，通过影响光合产物向不同组织器官的分配，从而提高最终产量而舍弃营养器官的生长量和有机合成，达到节水增产，改善农产品品质的目的[2]。康绍忠等[3]于1998年开始研究调亏灌溉对玉米生理指标的影响，随后许多学者对作物的调亏灌溉展开了大量研究，这些研究主要集中在玉米最佳调亏时期、最适调亏程度及调亏对玉米产量和品质的影响[4,5]。实践证明调亏灌溉实现了作物产量、水分利用、品质的全面提高[6]。但鲜见综合调亏叶龄、调亏程度、调亏时间三方面因素对玉米生长发育影响的研究。本试验通过研究玉米品种中单808在不同调亏叶龄、调亏程度、调亏时间处理后农艺性状、干物质积累的变化，探明调亏灌溉对玉米农艺性状和干物质积累的影响，从而为玉米调亏灌溉和抗旱栽培提供理论依据和实践指导。

1　材料与方法

1.1　试验材料

玉米品种为中单808。以蚯蚓粪（吉龙公司生产）、牛粪（吉龙公司生产）、复合肥（N：P_2O_5：K_2O=15：15：15）为基肥，以尿素为追肥。试验盆为高45 cm、直径30 cm的塑料桶，浇水管为长

* **基金项目**：贵州不同生态区玉米农艺节水抗旱技术集成与示范（黔科合NY［2014］3016号）；公益性行业（农业）科研专项（201503127）；国家科技支撑计划课题［2012BAD40B03］；贵州省作物学省级重点学科建设计划项目（黔学位合字ZDXK［2014］8号）

50 cm、直径 3 cm 的塑料管，盆栽用土取自贵州大学教学实验场大田耕层土。

1.2 试验方法与设计

试验于 2014 年在贵阳市花溪区贵州大学教学实验场塑料大棚进行，采用盆栽试验，随机区组设计。有 3 个因素，叶龄（A）、调亏程度（B）、调亏持续时间（C），A 和 C 因素设置 3 个水平，B 因素设置 2 个水平，共 18 个处理，进行 7 次重复，见表 1。

表 1 试验各因素及各水平组合处理

叶龄（A：完全展开叶）	调亏程度（B：持水量占田间最大持水量比例）/%	调亏持续时间（C：d）	处理
A_1（3 叶期）	B_1（55～65）	C_1（12）	$A_1B_1C_1$
		C_2（19）	$A_1B_1C_2$
		C_3（26）	$A_1B_1C_3$
	B_2（40～50）	C_1（12）	$A_1B_2C_1$
		C_2（19）	$A_1B_2C_2$
		C_3（26）	$A_1B_2C_3$
A_2（4 叶期）	B_1（55～65）	C_1（12）	$A_2B_1C_1$
		C_2（19）	$A_2B_1C_2$
		C_3（26）	$A_2B_1C_3$
	B_2（40～0）	C_1（12）	$A_2B_2C_1$
		C_2（19）	$A_2B_2C_2$
		C_3（26）	$A_2B_2C_3$
A_3（5 叶期）	B_1（55～65）	C_1（12）	$A_3B_1C_1$
		C_2（19）	$A_3B_1C_2$
		C_3（26）	$A_3B_1C_3$
	B_2（40～50）	C_1（12）	$A_3B_2C_1$
		C_2（19）	$A_3B_2C_2$
		C_3（26）	$A_3B_2C_3$

1.3 田间管理与水分控制

每盆装风干土 15 kg，土壤装盆时取样测定土壤含水量和基本养分含量，盆土自然沉降 15 d 后取样测定土壤田间持水量，采用称重法进行水分控制。盆中央两侧各插 1 根塑料管，管长的 3/4 埋入土中，管中下部周围打有小孔，水从管上部灌入，通过小孔向土中渗透，以保持土壤灌水均匀。

采用育苗移栽，每盆种 1 株。以有机肥和复合肥做基肥，装盆时与土壤混合均匀，之后一起装进桶里。其中每桶施用蚯蚓粪和牛粪各 60 g，复合肥（15：15：15）40 g。在拔节期和抽雄吐丝期以尿素追肥，每桶追施尿素 43 g。

1.4 测定项目及方法

1.4.1 株高

用卷尺测量茎基部到植株顶部的长度。

1.4.2 茎粗

用游标卡尺测定地上茎第二节中部较宽处。

1.4.3 叶面积

采用长宽积系数法，叶面积=叶长×叶宽×0.75。

1.4.4 干物质积累

整株取样于 105 ℃条件下杀青 30 min，再经 70 ℃烘干至恒重后称重。

2 结果与分析

2.1 调亏灌溉对玉米株高的影响

由表 2 可以看出：在不同叶龄期对中单 808 进行调亏，调亏灌溉结束复水 10 d 时株高 $A_2>A_3>A_1$，A_2 与 A_3 差异不显著但显著高于 A_1；大喇叭口期 $A_1>A_2>A_3$，A_1 与 A_2 差异不显著但两者极显著高于 A_3；抽雄吐丝期 $A_1>A_2>A_3$，A_1 与 A_2 差异不显著，A_1 与 A_3 差异极显著，A_2 与 A_3 差异显著。对中单 808 进行不同水分程度的调亏，调亏灌溉结束复水 10 d 到抽雄吐丝期，株高 B_1 极显著高于 B_2。对中单 808 进行不同时间长度的调亏，调亏灌溉结束 10 d 时，C_3 株高极显著高于 C_1 和 C_2；大喇叭口期和抽雄吐丝期 $C_1>C_2>C_3$，C_1 与 C_2 差异不显著，C_1 与 C_3 差异显著。表明复水 10 d 时，展 4 叶调亏处理的株高最高，显著高于展 3 叶，但与展 5 叶间差异不显著，到了大喇叭口期和抽雄吐丝期展 3 叶处理的株高显著高于展 5 叶处理，与展 4 叶处理间差异不显著；调亏程度为 55%～65%的株高要高于调亏程度为 40%～50%；调亏时间方面，在大喇叭口期和抽雄吐丝期调亏 12 d 处理的株高均超过调亏 19 d 和 26 d 的处理。

表 2 不同调亏叶龄、调亏程度、调亏时间对玉米株高的影响 单位：cm

因素水平	时期		
	复水 10 d	大喇叭口期	抽雄吐丝期
A_1	99.30b A	129.66a A	174.22a A
A_2	109.05a A	128.52a A	170.63a AB
A_3	106.19ab A	107.68b B	150.62b B
B_1	117.24a A	129.61a A	175.28a A
B_2	92.45b B	112.97b B	155.03b B
C_1	96.05b B	129.33a A	175.62a A
C_2	102.78b B	121.39ab AB	163.72ab A
C_3	115.71a A	113.14b B	156.12b A

注：同列数据后不同大写字母表示 1%水平差异极显著，不同小写字母表示 5%水平差异极显著，下同。

2.2 调亏灌溉对玉米茎粗的影响

由表 3 可以看出，在不同叶龄期对中单 808 进行调亏，调亏灌溉结束复水 10 d 时茎粗 $A_3>A_2>A_1$，A_2 与 A_3 差异不显著；大喇叭口期和抽雄吐丝期，由于玉米有一定的补偿生长，A_2 和 A_1 的茎粗显著粗于 A_3。对中单 808 进行不同水分程度的调亏，调亏灌溉结束复水 10 d 到抽雄吐丝期，茎粗 B_1 极显著高于 B_2。中单 808 进行不同时间长度的调亏对茎粗的影响与不同叶龄期的调亏相似。说明复水 10 d 时 5 叶龄调亏的茎粗值最大，随着生育进程的推进，玉米生长表现出一定的补偿效应，在大喇叭口期和抽雄吐丝期，中单 808 的 4 叶龄处理茎粗均值最大。调亏程度为 55%～65%的茎粗要大于调亏程度为 40%～50%。调亏时间方面，各个时期的效应跟不同叶龄调亏的效应相似，到了中后期，调亏 12 d 处理的茎粗超过调亏 19 d 和 26 d 的处理。

表 3 不同调亏叶龄、调亏程度、调亏时间对玉米茎粗的影响 单位：cm

因素水平	时期		
	复水 10 d	大喇叭口期	抽雄吐丝期
A_1	1.62b B	1.84ab AB	2.25a A
A_2	1.88a A	1.91a A	2.35a A
A_3	1.89a A	1.74b B	2.01b B

续表

因素水平	时期		
	复水 10 d	大喇叭口期	抽雄吐丝期
B_1	1.93a A	1.95a A	2.36a A
B_2	1.66b B	1.71b B	2.05b B
C_1	1.62b B	1.93a A	2.31a A
C_2	1.88a A	1.81b AB	2.18ab AB
C_3	1.88a A	1.74b B	2.11b B

2.3 调亏灌溉对玉米叶面积的影响

不同调亏叶龄、调亏程度、调亏时间对中单 808 单株叶面积的影响不同（表 4），在不同叶龄期对中单 808 进行调亏灌溉，调亏结束复水 10 d 时单株叶面积 $A_3>A_2>A_1$，A_2 与 A_3 差异不显著，但两者极显著高于 A_1；大喇叭口期和抽雄吐丝期，$A_2>A_1>A_3$，A_2 与 A_1 之间差异不显著但两者极显著高于 A_3。对中单 808 进行不同水分程度的调亏，调亏灌溉结束复水 10 d 到抽雄吐丝期，B_1 单株叶面积极显著高于 B_2。对中单 808 进行不同时间长度的调亏灌溉，复水 10 d 时，单株叶面积 $C_3>C_2>C_1$；大喇叭口期 $C_1>C_2>C_3$，C_1 与 C_2 差异不显著，但极显著大于 C_3；抽雄吐丝期 C_1 极显著大于 C_2 和 C_3。

综上，调亏结束复水 10 d 时 4 叶龄和 5 叶龄处理的单株叶面积较大，到了大喇叭口期和抽雄吐丝期，3 叶龄和 4 叶龄处理的单株叶面积较大。调亏程度为 55%～65%的处理单株叶面积各时期均大于调亏程度为 40%～50%的处理。对中单 808 进行不同时间长度的调亏灌溉结束后复水 10 d 时，单株叶面积随调亏时间延长增大，大喇叭口期调亏 12 d 和 19 d 的处理单株叶面积高于调亏 26 d 的，抽雄吐丝期调亏 12 d 的单株叶面积最大。

表 4 不同调亏叶龄、调亏程度、调亏时间对玉米叶面积的影响 单位：cm^2/株

因素水平	时期		
	复水 10 d	大喇叭口期	抽雄吐丝期
A_1	1643.49b B	3559.40a A	4542.69a A
A_2	2239.66a A	3591.91a A	4552.60a A
A_3	2455.99a A	2529.00b B	3725.04b B
B_1	2578.81a A	3753.75a A	4591.09a A
B_2	1647.28b B	2699.79b B	3955.79b B
C_1	1467.60c C	3534.60a A	4763.51a A
C_2	2090.15b B	3333.97a AB	4110.96b B
C_3	2781.39a A	2811.75b B	3945.86b B

2.4 调亏灌溉对玉米干物质积累的影响

从 3 叶龄调亏的 6 个处理干物重（图 1）可看出，经过调亏灌溉处理，三叶期重度水分调亏的干物质积累量要高于轻度水分处理的干物质积累，持续 19 d 调亏处理的干物质积累要高于持续 12 d 和 26 d 处理的干物质积累量。

4 叶龄调亏的 6 个处理中（图 2），轻度水分调亏的干物质积累量高于重度水分处理，持续 12 d 调亏处理的干物质积累量高于持续 19 d 和 26 d 处理的干物质积累量。

5 叶龄调亏的 6 个处理（图 3）中轻度水分调亏的干物质积累量高于重度水分处理，在持续调亏时间处理上未表现出明显的规律性。

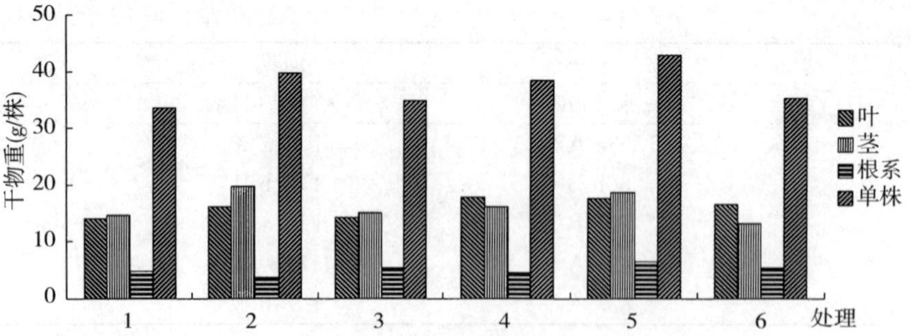

图 1　3 叶龄不同调亏处理植株干物质积累量

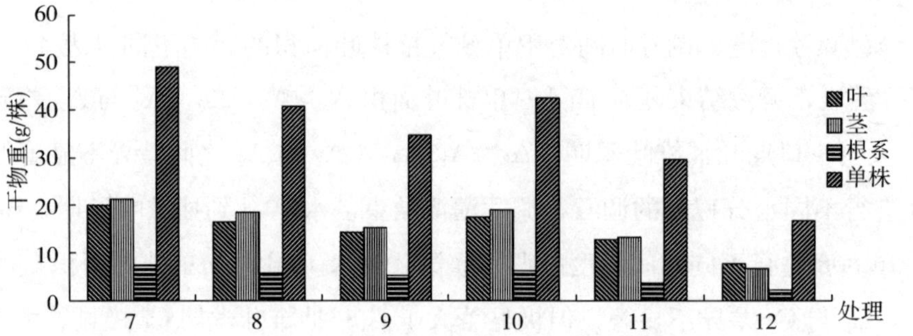

图 2　4 叶龄不同调亏处理植株干物质积累量

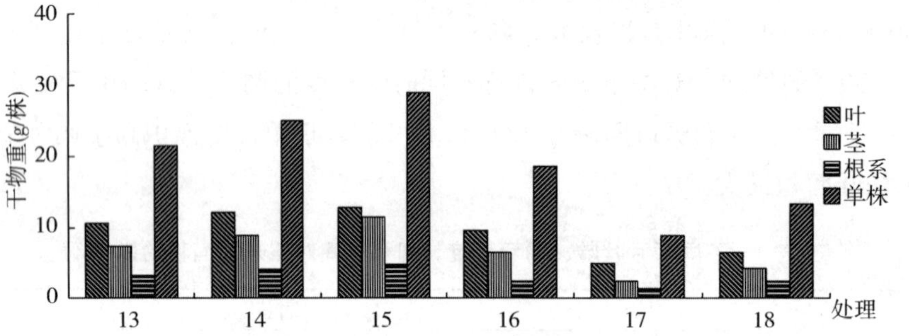

图 3　5 叶龄不同调亏处理植株干物质积累量

总体来看，植株各部位干物重叶片部分处理 7 最大，为 20.12 g，处理 17 的值最小，为 4.96 g。茎秆部分和根系部分同样是处理 7 的值最大，处理 17 最小。单株干物质积累中，处理 7 最大，达到了 49.14 g，处理 17 单株干物质积累最低，只有 8.92 g。表明在四叶龄进行为期 12d 的调亏程度为 55%～65%的组合效应促进玉米植株的干物质积累，优于其他各处理组合对玉米植株的干物质积累。

3　结论与讨论

调亏灌溉是通过控制土壤的水分供应对根系的生长发育进行调控，从而影响地上部分的生长来实现的[7]。在适当的阶段对作物进行水分亏缺处理是调亏灌溉的关键。作物早期耗水量小，进行调亏可使作物提前经受干旱锻炼，促使根系下扎，并对营养生长进行调控，为最终获得较高的经济产量打下基础[8]。本研究分别进行展 3 叶、展 4 叶、展 5 叶调亏灌溉的研究，结果显示，展 5 叶期进行调亏灌溉的植株在复水 10 d 时，植株株高、茎粗、叶面积值都比展 3 叶期和展 4 叶期的处理高，而持续复水到大喇叭口期和抽雄吐丝期，展 4 叶期进行调亏灌溉的植株株高、茎粗、叶面积都明显大于展 3 叶期和展 5 叶期，说明展 4 叶期进行调亏灌溉复水后补偿效应明显。这与郭相平、康绍忠等[9]研究的结果不同，他们认为避免调亏过早，形成弱苗，玉米从 5 叶期开始较为合适。造成此差异的原因可能是选用的玉米品种及生态环境不同。

Turner[10]指出，作物适当阶段的适度缺水有利于作物产量的提高。不同时期作物具有的亏水程度阈值不同，不超过这一阈值作物叶水势、蒸腾及光合、产量所受到的影响不大，但调亏程度掌握不好将导致严重减产[11]。本试验进行调亏程度为55%～65%和40%～50%的研究，结果显示，从复水10 d、大喇叭口期到抽雄吐丝期，调亏程度为55%～65%的植株株高、茎粗、叶面积及干物质积累量均高于调亏程度为40%～50%的植株，与孟兆江、卞新民等的研究结果[12]相同。

以上试验结果是在塑料大棚内盆栽条件下获得，与大田生产条件存在一定差异。具体调亏灌溉技术还需进一步与田间试验相结合进行研究。

在中单808展4叶期进行调亏程度为55%～65%（土壤水分占田间最大持水量的55%～65%）、持续12 d的调亏灌溉有助于植株株高、叶面积、茎粗的生长，有助于植株干物质的积累。因此，中单808在展4叶期进行为期12 d的调亏程度为55%～65%（土壤水分占田间最大持水量的55%～65%）的调亏灌溉组合效应较好。

参考文献

[1] 宋凤斌．调亏灌溉的理论与实践［G］．中国农学会．2004年全国学术年会农业分会场论文专集．中国农学会，2004.

[2] 张修宇，潘建波，李斌．调亏灌溉节水增产效应影响因素的研究进展［J］．华北水利水电学院学报，2006，27（4）：45－48.

[3] 康绍忠，史文娟，胡笑涛，等．调亏灌溉对玉米生理指标及水分利用效率的影响［J］．农业工程学报，1998，14（4）：82－87.

[4] 王密侠，康绍忠，蔡焕杰，等．调亏对玉米生态特性及产量的影响［J］．西北农业大学学报，2000，28（1）：31－36.

[5] 蔡焕杰，康绍忠，张振华，等．作物调亏灌溉的适宜时间与调亏程度的研究［J］．农业工程学报，2000，16（3）：24－27.

[6] 蔡大鑫．调亏灌溉对大豆生理、生态特征及产量品质影响的研究［D］．哈尔滨：东北农业大学，2004.

[7] 郭相平，康绍忠．调亏灌溉—节水灌溉的新思路［J］．西北水资源与水工程，1998，9（4）：22－26.

[8] 蔡焕杰，邵光成，张振华．不同水分处理对膜下滴灌棉花生理指标及产量的影响［J］．西北农林科技大学学报（自然科学版），2002，30（4）：29－32.

[9] 郭相平，康绍忠，索丽生．苗期调亏处理对玉米根系生长影响的试验研究［J］．灌溉排水，2001，20（1）：25－27.

[10] Turner N C. Further progress in crop water relations［J］．Advances in Agronomy，1996（58）：293－338.

[11] 胡笑涛，梁宗锁，康绍忠．模拟调亏灌溉对玉米根系生长及水分利用效率的影响［J］．灌溉排水，1998，17（2）：11－15.

[12] 孟兆江，卞新民，刘安能等．调亏灌溉对夏玉米光合生理特性的影响［J］．水土保持学报，2006，20（3）：182－186.

苗期调亏灌溉对玉米生理生化特性及养分积累的影响*

罗英舰　刘君鹏　蒙懿练　周　晓　宋　碧*　杨锦越

贵州大学农学院，贵州贵阳　550025

摘要： 通过对玉米苗期调亏灌溉的研究，明确最佳的玉米苗期调亏灌溉模式，提高水资源的利用效率，以期为玉米苗期灌溉提供理论和技术支撑。以玉米品种中单 808 为材料进行盆栽试验，探究玉米苗期调亏灌溉对其生理生化特性、养分积累的影响。结果表明，在展 3 叶对玉米中单 808 进行 12 d 的苗期调亏的叶片 SOD 酶活性最高，而不同调亏程度对玉米叶片 SOD 酶活性无显著影响；在展 5 叶对中单 808 进行为期 12 d 的 55%～65%调亏程度的苗期调亏的叶片 POD 酶活性最高；在对中单 808 进行 27 d 的苗期调亏的叶片可溶性蛋白的含量最高，不同调亏叶龄和不同调亏程度对叶片可溶性蛋白含量无显著影响。而在展 3 叶或者展 4 叶对中单 808 进行为期 12 d 的 55%～65%苗期调亏处理氮、钾素的积累量最高；在展 3 叶对中单 808 进行 12 d 的 55%～65%的苗期调亏磷素积累量最高。因此，中单 808 最佳的调亏灌溉模式：在展 4 叶进行为期 12 d、调亏程度为 55%～65%的调亏灌溉。

关键词： 调亏灌溉；玉米；生理生化特性；养分积累

调亏灌溉是 20 世纪 70 年代由澳大利亚持续灌溉农业研究所提出的节水灌溉理论，其主要的理论依据是在作物生长的某一生育阶段，有目的地进行一定程度的调亏控水处理，使得各组织器官的光合同化产物重新进行分配，其较充分灌溉相比，具有提高作物水肥利用效率，改善作物品质的目的[1]。水资源的短缺问题越来越严重，研究苗期调亏灌溉下作物自身生理生化特性及养分积累具有重要的理论和现实意义。前人对玉米调亏灌溉的相关研究较多，康绍忠等[2]于 1998 年开始研究调亏灌溉对玉米生理指标及水分利用效率的影响，许多学者相继对作物的调亏灌溉展开了大量的研究，而这些研究主要是关于玉米最佳亏水时期、最适亏水度及亏水对玉米产量和品质的影响[3,4]。钟顺清[5]的试验结果表明在 50%（对照饱和田间持水量为 100%）灌水水平下，草碳对小白菜的生长反而起抑制作用，降低了其地上部鲜重，随着灌水量的增加，草碳的整体优势得以发挥。谭国波等[6]通过盆栽试验，研究玉米在苗期不同水分亏缺处理下，与对照处理相比，其茎粗、单株叶面积、株高等均比对照低，而根冠比和根长均较对照高，苗期轻度亏水和重度亏水的产量均较对照处理低 1.47%和 6.58%，然而中度亏水高于对照约 1.90%。王密侠等[7]对玉米进行了调亏灌溉试验研究，结果表明，对玉米进行适宜的水分亏缺处理能够提高抗旱能力与水分利用效率，改善作物品质等。Blackman 等[8]早在 1985 年就提出，作物的根系在缺水条件下会形成一种改变作物生理过程的物质，该物质通过根系传送到叶片中，不断地影响着气孔开度，从而使得产量和水利用效率发生变化。Rosenzweig 等人[9]伴随着水资源的不断变化，研究气候的不同变化对作物产量的影响时，得出我国东北地区粮食生产的最主要的限制因素就是

* **基金项目：** 公益性行业（农业）科研专项（201503127）；贵州不同生态区玉米农艺节水抗旱技术集成与示范（黔科合 NY［2014］3016 号）；贵州省生物学一流学科建设项目（GNYL［2017］009）

水分。本研究通过盆栽试验，探究苗期进行调亏灌溉对玉米生理生化特性及养分积累的影响，从而得出玉米苗期最佳的调亏灌溉模式，以期为玉米苗期进行调亏灌溉提供参考依据。

1 材料与方法

1.1 试验地点

试验于 2014 年 4～9 月在贵州省贵阳市花溪区贵州大学教学试验场塑料大棚进行，采用盆栽试验。

1.2 试验材料

供试玉米品种为中单 808。以每桶施用有机肥 120 g（蚯蚓粪 60 g、牛粪 60 g），复合肥（N：P_2O_5：K_2O=15：15：15）40 g 作为基肥，用尿素作为追肥。盆内植株两侧各放置一根长为 45 cm（盆高）、直径 30 cm（盆直径）的水管（PE 管），且在管壁上凿有均匀水孔。

1.3 试验设计

本试验以盆栽的方式，采用随机区组设计。试验共设置 3 个因素，叶龄（A）、调亏程度（B）、调亏持续时间（C），A 和 C 因素设置 3 个水平，B 因素设置 2 个水平，共 18 个处理，7 次重复。试验各因素及各水平组合处理见表 1。

表 1 试验各因素及各水平组合处理

叶龄（A：完全展开叶）	调亏程度（B：土壤相对含水量%）	调亏持续时间（C：d）	处理
A_1（3 叶期）	B_1（55～65）	C_1（12）	$A_1B_1C_1$
		C_2（19）	$A_1B_1C_2$
		C_3（26）	$A_1B_1C_3$
	B_2（40～50）	C_1（12）	$A_1B_2C_1$
		C_2（19）	$A_1B_2C_2$
		C_3（26）	$A_1B_2C_3$
A2（4 叶期）	B_1（55～65）	C_1（12）	$A_2B_1C_1$
		C_2（19）	$A_2B_1C_2$
		C_3（26）	$A_2B_1C_3$
	B_2（40～50）	C_1（12）	$A_2B_2C_1$
		C_2（19）	$A_2B_2C_2$
		C_3（26）	$A_2B_2C_3$
A_3（5 叶期）	B_1（55～65）	C_1（12）	$A_3B_1C_1$
		C_2（19）	$A_3B_1C_2$
		C_3（26）	$A_3B_1C_3$
	B_2（40～50）	C_1（12）	$A_3B_2C_1$
		C_2（19）	$A_3B_2C_2$
		C_3（26）	$A_3B_2C_3$

1.4 田间管理情况

以有机肥和复合肥作为基肥施用，并且在拔节期和抽雄吐丝期以尿素作为追肥，每桶追施尿素 43 g。以育苗盘育苗，在 2 叶期选择长势相近的幼苗移栽，每桶栽 1 株，浇适量定根水。移栽后每天称重，使用水量平衡法确定蒸发蒸腾量，补充失去的水分，使各处理保持设定的土壤相对含水量。为防止土壤表面板结，使浇入土壤中水分分布均匀，在盆内植株两侧各放置一根长为 45 cm、直径 3 cm 的水管（PE 管），管壁上凿有均匀水孔，每次浇水时从水管浇入，方便后期的管理，确保植株的正常生长。

1.5 测定项目与方法

利用消煮液采用凯氏定氮法测定全氮，钼锑抗吸光光度法测全磷，火焰光度法测定全钾[10]。NBT光还原法测定SOD活性，愈创木酚法测定POD活性，考马斯亮蓝法测定可溶性蛋白含量[11]。

2 结果与分析

2.1 苗期调亏灌溉对中单808 SOD酶活性的影响

从表2可以看出，在不同叶龄期对中单808进行调亏，大喇叭口期SOD酶活性依次是$A_2>A_1>A_3$，但各个处理之间的差异不显著；抽雄吐丝期$A_2>A_1>A_3$，A_1处理与A_2处理之间差异不显，但A_1和A_2均与A_3差异达到极显著。对中单808进行不同水分程度的调亏，大喇叭口期和抽雄吐丝期SOD酶活性B_1、B_2处理之间差异均不显著。对中单808进行不同时间长度的调亏，大喇叭口期$C_1>C_2>C_3$，C_1处理的SOD活性显著高于C_2和C_3，C_1与C_3差异达到极显著；抽雄吐丝期$C_1>C_2>C_3$，C_1与C_3差异不显著，C_2与C_3差异极显著。说明在展3叶对中单808进行12 d的苗期调亏的叶片SOD酶活性最高，不同调亏程度对玉米叶片SOD酶活性无显著影响。

表2 调亏灌溉对玉米SOD酶活性的影响

因素水平	大喇叭口期	抽雄吐丝期
A_1	1 305.26a A	1 243.99a A
A_2	1 317.16a A	1 246.35a A
A_3	1 286.72a A	1 038.90b B
B_1	1 315.71a A	1 145.83a A
B_2	1 290.39a A	1 207.00a A
C_1	1 373.08a A	1 223.33a AB
C_2	1 272.57b AB	1 077.62b B
C_3	1 263.50b B	1 228.28a A

2.2 苗期调亏灌溉对中单808 POD酶活性的影响

根据表3可以得出，不同叶龄期对中单808进行调亏，大喇叭口期POD酶活性$A_3>A_2>A_1$，A_3极显著高于A_1和A_2；抽雄吐丝期$A_1>A_2>A_3$，但各处理之间差异不显著。对中单808进行不同水分程度的调亏，大喇叭口期POD酶活性B_1、B_2处理之间差异均不显著；大喇叭口期B_1极显著高于B_2。对中单808进行不同时间长度的调亏，大喇叭口期$C_3>C_2>C_1$，C_3处理POD酶的活性显著高于C_1和C_2；抽雄吐丝期$C_3>C_2>C_1$，C_2与C_3差异不显著，但C_2、C_3均极显著高于C_1。由以上可以总结出在展5叶对中单808进行为期12 d的55%～65%调亏程度的苗期调亏的叶片POD酶活性最高。

表3 调亏灌溉对中单808 POD酶活性的影响

因素水平	大喇叭口期	抽雄吐丝期
A_1	2.00b B	4.39a A
A_2	2.05b B	4.19a A
A_3	3.69a A	4.06a A
B_1	2.25a A	4.63a A
B_2	2.91a A	3.79b B
C_1	1.94b B	3.40b B
C_2	2.53b AB	4.52a A
C_3	3.27a A	4.71a A

2.3　苗期调亏灌溉对中单 808 可溶性蛋白含量的影响

从表 4 可以看出，在不同叶龄期对中单 808 进行调亏，大喇叭口期可溶性蛋白含量依次是 $A_2>A_1>A_3$，3 个处理之间差异不显著；在抽雄吐丝期 $A_2>A_3>A_1$，各处理之间差异不显著。对中单 808 进行不同水分程度的调亏，在大喇叭口期和抽雄吐丝期可溶性蛋白含量 B_1、B_2 处理之间差异均不显著。对中单 808 进行不同时间长度的调亏，可溶性蛋白含量在大喇叭口期 $C_3>C_1>C_2$，各处理之间差异不显著；抽雄吐丝期 $C_3>C_1>C_2$，C_1 与 C_2 差异不显著，C_3 均极显著高于 C_1、C_2。结果表明在对中单 808 进行 27 d 的苗期调亏的叶片可溶性蛋白的含量最高，不同调亏叶龄和不同调亏程度对叶片可溶性蛋白含量无显著影响。

表 4　调亏灌溉对中单 808 可溶性蛋白含量的影响　　单位：mg/g

因素水平	大喇叭口期	抽雄吐丝期
A_1	12.42a A	14.10a A
A_2	12.90a A	15.71a A
A_3	10.46a A	14.53a A
B_1	12.14a A	15.06a A
B_2	11.71a A	14.51a A
C_1	11.65a A	13.00b B
C_2	10.82a A	13.08b B
C_3	13.31a A	18.27a A

2.4　苗期调亏灌溉对玉米养分积累的影响

2.4.1　苗期调亏灌溉对玉米中单 808 大喇叭口期氮素积累的影响

由表 5 可以看出，调亏灌溉对叶片氮素积累情况，调亏叶龄在展 3 叶、展 4 叶处理时均极显著高于展 5 叶处理，而展 3 叶处理和展 4 叶处理之间差异不显著；调亏程度在 55%～65%处理显著高于 40%～50%处理；调亏持续时间 12 d 处理极显著高于 19 d 处理和 26 d 处理。茎部氮素的积累情况、调亏叶龄同样也是调亏叶龄展 3 叶、展 4 叶处理均极显著高于展 5 叶处理，展 3 叶处理和展 4 叶处理之间差异不显著；调亏程度 55%～65%处理显著高于 40%～50%处理；调亏持续时间 12 d 处理和 19 d 处理均极显著高于 26 d 处理，调亏时间在 12 d 处理和 19 d 处理之间差异不显著。而对于全株氮素积累，调亏叶龄在展 3 叶、展 4 叶处理均极显著高于展 5 叶处理，展 3 叶处理和展 4 叶处理之间差异不显著；调亏程度 55%～65%处理显著高于 40%～50%处理；调亏持续时间 12 d 处理极显著高于 19 d 和 26 d 的处理。说明在展 3 叶或者展 4 叶对中单 808 进行为期 12 d 的 55%～65%苗期调亏处理氮素的积累量最高。

表 5　调亏灌溉对玉米中单 808 大喇叭口期氮素积累的影响　　单位：g/株

因素水平	叶片	茎部	全株
A_1	0.454 2a A	0.303 0a A	0.757 2a A
A_2	0.442 1a A	0.319 5a A	0.761 6a A
A_3	0.279 2b B	0.135 4b B	0.414 6b B
B_1	0.417 8a A	0.289 7a A	0.707 5a A
B_2	0.365 9b B	0.215 5b B	0.581 4b B
C_1	0.435 4a A	0.272 1a A	0.707 5a A
C_2	0.385 6b B	0.258 9a A	0.644 5b B
C_3	0.354 5c C	0.226 8b B	0.581 3c C

2.4.2 苗期调亏灌溉对中单 808 大喇叭口期磷素积累的影响

由表 6 可以看出，叶片磷素积累，调亏叶龄展 3 叶、展 4 叶处理均极显著高于展 5 叶处理，展 3 叶处理和展 4 叶处理之间差异不显著；调亏程度 55%～65%处理显著高于 40%～50%处理；调亏持续时间 12 d 处理极显著高于 19 d 处理和 26 d 处理。茎部磷素积累，调亏叶龄同样也是调亏叶龄展 3 叶、展 4 叶处理均极显著高于展 5 叶处理，展 3 叶处理和展 4 叶处理之间差异不显著；调亏程度 55%～65%处理显著高于 40%～50%处理；调亏持续时间 12 d 处理和 19 d 处理均极显著高于 26 d 处理，12 d 处理和 19 d 处理之间差异不显著。全株磷素积累，调亏叶龄展 3 叶、展 4 叶处理均极显著高于展 5 叶处理，展 3 叶处理和展 4 叶处理之间差异不显著；调亏程度 55%～65%处理显著高于 40%～50%处理；调亏持续时间 12 d 处理极显著高于 19 d 和 26 d 的处理。说明在展 3 叶对中单 808 进行 12 d 的 55%～65%的苗期调亏磷素积累量最高。

表 6 调亏灌溉对中单 808 大喇叭口期磷素积累的影响 单位：g/株

因素水平	叶片	茎部	全株
A_1	0.462 0a A	0.387 6a A	0.849 7a A
A_2	0.435 8b A	0.404 6a A	0.840 4a A
A_3	0.250 4c B	0.167 3b B	0.417 7b B
B_1	0.419 5a A	0.372 3a A	0.791 9a A
B_2	0.346 0b B	0.267 4b B	0.613 3b B
C_1	0.430 0a A	0.352 5a A	0.782 5a A
C_2	0.390 4b B	0.336 7a A	0.727 1b B
C_3	0.327 9c C	0.270 4b B	0.598 2c C

2.4.3 苗期调亏灌溉对中单 808 大喇叭口期钾素积累的影响

由表 7 可以看出，对于叶片钾素积累的积累情况，调亏叶龄在展 3 叶均极显著高于展 4 叶处理和展 5 叶处理；调亏程度在 55%～65%处理显著高于 40%～50%处理；调亏持续时间 12 d 处理极显著高于 19 d 处理和 26 d 处理。茎部氮素积累，调亏叶龄展 3 叶、展 4 叶处理均极显著高于展 5 叶处理，展 3 叶处理和展 4 叶处理之间差异不显著；调亏程度 55%～65%处理显著高于 40%～50%处理；调亏持续时间 12 d 处理和 19 d 处理均极显著高于 26 d 处理，12 d 处理和 19 d 处理之间差异不显著。全株氮素积累，调亏叶龄在展 3 叶、展 4 叶处理均极显著高于展 5 叶处理，展 3 叶处理和展 4 叶处理之间差异不显著；调亏程度 55%～65%处理显著高于 40%～50%处理；调亏持续时间 12 d 处理极显著高于 19 d 和 26 d 的处理。由此可以得出在展 3 叶或者展 4 叶对中单 808 为期 12 d 的 55%～65%的苗期调亏钾素积累量最高。

表 7 苗期调亏灌溉对中单 808 大喇叭口期钾素积累的影响 单位：g/株

因素水平	叶片	茎部	全株
A_1	0.473 5a A	0.746 4a A	1.219 9a A
A_2	0.444 3b B	0.755 3a A	1.199 5a A
A_3	0.314 7c C	0.364 2b B	0.678 9b B
B_1	0.447 9a A	0.699 2a A	1.147 1a A
B_2	0.373 8b B	0.544 7b B	0.918 5b B
C_1	0.448 6a A	0.694 4a A	1.143 0a A
C_2	0.410 3b B	0.629 4b A	1.039 7b B
C_3	0.373 6c C	0.542 1c B	0.915 6c C

3 讨论

郭相平等[12]指出，玉米苗期调亏，复水后其需水量在拔节期、抽穗期均低于对照，仅仅在灌浆期高于对照，而总需水量仍较非调亏处理有所下降。王娟等[13]指出，以POD对水分胁迫反应最为敏感，且随水分胁迫的增强下降幅度增大，SOD对水分胁迫表现最不敏感，在中度水分胁迫下仍保持上升的趋势。水分胁迫下作物生理生化响应还受土壤肥力的影响，孙群等[14]研究表明，玉米苗期施用适量的氮肥，可以有效地提高细胞保护酶活性，尤其是SOD活性，这对于保持细胞膜结构的稳定性具有重要作用。张立新等[15]研究表明，在进行水分胁迫时，施用钾肥显著提高2个玉米品种各时期的SOD和POD活性。本研究可以得出在展3叶对玉米中单808进行12 d的苗期调亏的叶片SOD酶活性最高，而不同调亏程度对玉米叶片SOD酶活性无显著影响；在展5叶对中单808进行为期12 d的55%～65%调亏程度的苗期调亏的叶片POD酶活性最高。在对中单808进行27 d的苗期调亏的叶片可溶性蛋白的含量最高，不同调亏叶龄和不同调亏程度对叶片可溶性蛋白含量无显著影响。在展3叶或者展4叶对中单808进行为期12 d的55%～65%苗期调亏处理氮、钾素的积累量最高；在展3叶对中单808进行12 d的55%～65%的苗期调亏磷素积累量最高。

而且调亏灌溉的程度要在一定范围内，如果水分亏缺强度过大，那么将破坏叶片的一些酶结构，降低叶片生活力。通过试验研究说明从大喇叭口期到抽雄吐丝期玉米叶片的SOD、POD酶活性呈升高趋势，但随着水分亏缺程度的增大，可溶性蛋白的含量降低，说明调亏灌溉可以延缓叶片的衰老，使得玉米叶片保持相对较长时间的活性。

4 结论

综合分析可知，中单808最佳的调亏灌溉模式在展4叶进行为期12 d、调亏程度为55%～65%的调亏灌溉。

参考文献

[1] 郭相平，刘才良，邵孝侯，等．调亏灌溉对玉米需水规律和水分生产效率的影响［J］．干旱地区农业研究，1999，17（3）：92－95.

[2] 康绍忠，史文娟，胡笑涛，等．调亏灌溉对于玉米生理指标及水分利用效率的影响［J］．农业工程学报，1998（4）：88－93.

[3] 王密侠，康绍忠，蔡焕杰，等．调亏对玉米生态特性及产量的影响［J］．西北农林科技大学学报（自然科学版），2000（1）：36－41.

[4] 蔡焕杰，康绍忠，张振华，等．作物调亏灌溉的适宜时间与调亏程度的研究［J］．农业工程学报，2000（3）：24－27.

[5] 钟顺清．水肥耦合下草碳对小白菜生长的影响［J］．中国农学通报，2007，23（3）：478－482.

[6] 谭国波，赵立群，张丽华，等．玉米苗期调亏技术的研究［J］．吉林农业科学，2009，34（1）：3－4.

[7] 王密侠，康绍忠，蔡焕杰，等．玉米调亏灌溉节水调控机理研究［J］．西北农林科技大学学报（自然科学版），2004，12（32）：87－90.

[8] Blackman P G，Davies W J. Root to shoot communication in maize plants of the effects of soil drying［J］．J Exp Bot，1985（36）：39－48.

[9] Rosenzweig C，Strzepek K M，Major D C，et al. Water resources for agriculture in a changing climate：International case studies［J］．Global Environmental Change，2004（14）：345－360.

[10] 鲍士旦．土壤农化分析（第三版）[M]．北京：中国农业出版社，2000.
[11] 高俊凤．植物生理学实验指导 [M]．北京：高等教育出版社，2006：210－215.
[12] 郭相平，康绍忠，索丽生．苗期调亏处理对玉米根系生长影响的试验研究 [J]．灌溉排水，2001（1）：25－27.
[13] 王娟，李德全，谷令坤．不同抗旱性玉米幼苗根系抗氧化系统对水分胁迫的反应 [J]．西北植物学报，2002（2）：77－82.
[14] 孙群，梁宗锁，王渭玲，等．氮对水分亏缺下玉米幼苗膜脂过氧化及光合速率的影响 [J]．西北农业学报，2001（1）：7－10.
[15] 张立新，李生秀．氮、钾、甜菜碱对水分胁迫下夏玉米叶片膜脂过氧化和保护酶活性的影响 [J]．作物学报，2007（3）：482－490.

播期及主要气象因子对黔西北春玉米产量及产量构成的影响*

黄　勇[1]　宋　碧[1*]　张荣达[2]　赵庆洪[3]

1. 贵州大学农学院，贵州贵阳　550025

2. 贵州省毕节市农技站，贵州毕节　551700

3. 贵州省威宁县农技站，贵州威宁　553100

摘要： 为探明主要气象因子对黔西北山区春玉米产量及其构成的影响，对该区确定春玉米适宜播期提供指导，在贵州毕节和威宁两地，分别设置不同的播期试验，使玉米生长发育的不同阶段处于不同的气象条件下，考察播期、温度、辐照度和降水量对玉米产量和产量构成的影响。结果表明，产量、穗粒数和千粒重随着播期的推迟，有下降趋势。将生育期均分为四个阶段来考察气象因子对产量及其构成的综合影响，结果显示，第三阶段辐照度对毕节产量影响（正效应）最大，在现有气象条件下，产量可能为 5 788.2～9 070.8 kg/hm^2；第三阶段辐照度和降水量的共同作用对威宁产量的影响（正效应）最大，产量范围为 4 085.6～9 673.5 kg/hm^2。第三、第四阶段的辐照度对毕节穗粒数有较大正效应，第三阶段的有效积温和辐照度对威宁穗粒数有较大正效应。对毕节千粒重直接作用正效应最大的是第四阶段降水量，其次是第三阶段有效积温。对于威宁千粒重，第二和第四阶段降水量、第三阶段辐照度有较大正效应。毕节春玉米的适宜播期在 3 月 29 日左右，威宁在 3 月 19 日左右。

关键词： 春玉米；气象因素；黔西北；产量

播期试验是常见和重要的试验，尤其在贵州这种极少灌溉的玉米产区，掌握好适宜的播种期，对保障和提高收成显得更加重要。现代植物生理学和作物学研究表明，温度、光照和水分对植物的生长发育和形态建成起着决定性的作用。播期主要是通过气象因子影响玉米的各个生长阶段。例如调整播期可使得开花授粉期避开干旱高温季节，以免花粉活力受到高温抑制。佟屏亚等的试验显示，推迟播期，前期有利于植株营养生长阶段的发育，后期可延长有效灌浆时间，从而提高产量。Reed 等的玉米分阶段遮光试验表明，花期和灌浆期光照不足，会导致籽粒产量下降。Sacks 等的研究表明，对某一玉米品种来说，其某一生育阶段所需的有效积温（GDD）值是不变的。Nielsen 等认为，早播使得营养生长期增长，并且很可能灌浆期也增长，因而产量增加。Andresen 等认为，气候变化导致的诸如生育期变长，夏季气温较低和夏季降水较强，可能是美国 20 世纪中期以来玉米持续稳定增产的一个原因。

可见，以往的研究结果不尽一致，有的认为迟播可以增产，而有的认为恰好相反。这与栽培措施

* **基金项目：** 公益性行业（农业）科研专项（201503127）；国家重点研发计划项目（2016YFD03003）；贵州不同生态区玉米农艺节水抗旱技术集成与示范（黔科合 NY［2014］3016 号）；贵州省作物学省级重点学科建设计划项目（黔学位合字 ZDXK［2014］8 号）

和地域有关。黔西北地区是贵州省玉米主产区，具有气温日较差大，辐照强，降水量较大，无霜期短等特点，使得玉米的种植势必有别于其他地区。鲜见气象因素，尤其是逐日气象条件对该区玉米产量影响的相关研究。为此，在该区开展了玉米播期试验，旨在通过播期的不同，来考察主要气象因素对产量及其构成的影响趋势，以期寻找应对不利气象条件的对策，并为该地区的玉米种植者选择适宜播期提供理论依据。

1 材料和方法

1.1 试验地点及材料

试验于 2016 年 3~9 月在贵州省毕节市朱昌镇（27°10′13.30″N，105°17′7.96″E，海拔 1 598 m）、威宁县五里岗办事处（26°56′27.07″N，104°12′49.82″E，海拔 2 191 m）完成。试验地肥力中等。供试品种毕节为贵卓玉 9 号，威宁为保玉 7 号。

1.2 试验设计

采用单因素随机区组设计，设 6 个播期，毕节为①3 月 25 日，②4 月 1 日，③4 月 8 日，④4 月 15 日，⑤4 月 22 日，⑥4 月 29 日；威宁为①3 月 27 日，②4 月 3 日，③4 月 10 日，④4 月 17 日，⑤4 月 24 日，⑥5 月 1 日。3 次重复。小区面积 28.8 m^2（8.0 m×3.6 m）。

1.3 栽培管理

采用宽窄行种植，宽行行距 0.8 m，窄行行距 0.4 m，毕节密度为 52 500 株/hm^2，威宁为 75 000 株/hm^2。

毕节基肥用金正大缓释肥，用量 600 kg/hm^2。威宁基肥施复合肥（N∶P_2O_5∶K_2O=15∶15∶15）600 kg/hm^2 和有机肥（农家肥）3 000 kg/hm^2。追肥为尿素，在大喇叭口期施用 225 kg/hm^2。

1.4 大田测产及室内考种

1.4.1 大田测产

收获时，记录每小区穗数，取代表性 10 穗作为考种样品。称量每小区果穗总鲜重和样品鲜重。

1.4.2 室内考种

风干后测量果穗重、穗长、穗粗、秃顶长、穗粒数、籽粒风干重和千粒重。

1.5 气象资料及数据分析

气象数据来源于国家气象科学数据共享服务平台，毕节和威宁两个站点的数据。其中提供的光照参数是日照时数，辐照度是根据 Angstrom 提出的辐射公式转换而来。公式如下：

$$R_s = R_{max}(a_s + b_s \frac{n}{N}) \tag{1}$$

式中，R_s——日太阳总辐射量，MJ/（m^2·d），

R_{max}——日天文辐射量，即晴天太阳辐射量，MJ/（m^2·d），

a_s、b_s——与大气质量状况有关的经验系数，按 FAO 推荐，取 a_s=0.25，b_s=0.50，

n——逐日日照时数，h，

N——逐日可照时数，即最大时长，h.

数据处理和统计分析使用 Excel 2010，SPSS 19 和 DPS 7.05。

2 结果与分析

2.1 不同播期对玉米产量及产量构成的影响

不同播期的玉米产量及产量构成的差异显著性见表 1。分别对毕节和威宁的玉米产量与播期的关系进行了多项式拟合，见式（2）和式（3），拟合曲线（图 1）皆为开口向下的抛物线，拟合优度都达

到 0.85 以上。

表 1　玉米不同播期的产量　　单位：kg/hm²

播期	1	2	3	4	5	6
毕节	7631.2	8044.3	7297.3	7851.4	5666.1	5097.8
威宁	7879.4	8119.2	7350.9	7557.2	6396.9	5963.2

毕节玉米产量随播期变化的回归方程：

$$y=-0.0039x^2+0.7179x-25.2780 \tag{2}$$

$$R^2=0.8662$$

威宁玉米产量随播期变化的回归方程：

$$y=-0.0018x^2+0.3166x-5.9738 \tag{3}$$

$$R^2=0.9119$$

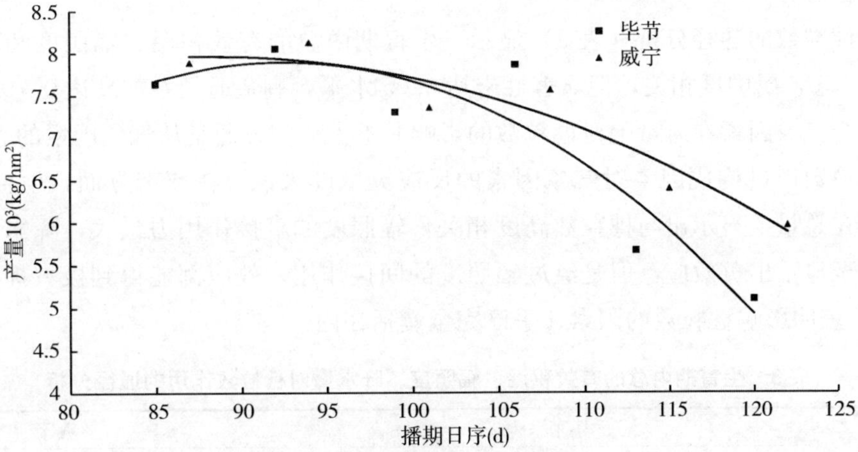

图 1　产量随播期的变化

分别对式（2）和式（3）取一阶导数，得

$$dy/dx=-0.008x+0.718 \tag{4}$$

及

$$dy/dx=-0.004x+0.317 \tag{5}$$

令式（4）和式（5）为 0，分别求得拐点 89.75 和 79.25，表明毕节玉米产量从 3 月 29 日（日序 89）起即开始出现下降，其变化在 3 月 27 日（日序 87）到 4 月 10 日（日序 100）受播期的影响较威宁略小，4 月 10 日后较威宁大，且越来越明显。拟合值毕节在 3 月 29 日（日序 89）达到最大，威宁在 3 月 19 日（日序 79），两者相差 10 d。

对产量及穗粒数和千粒重随播期的不同而产生的差异进行统计分析，见表 2。毕节玉米播期间穗粒数和千粒重达极显著差异，产量达显著差异。对于穗粒数，6 播期极显著低于 2、4 播期，5、6 播期显著低于 2、4 播期，而 1、2、3、4 播期间差异不显著。表明随播期的推迟，1、2、3、4 播期穗粒数所受影响不大，至 5 播期始，状况急剧变差。对于千粒重，随播期的推迟，表现越来越差，1、2 播期间无显著差异，但 1 播期显著高于 3 播期。4 播期显著低于 1、2 播期，5 播期极显著低于 1 播期。产量上，5 播期显著低于 2 播期，而 6 播期比 1、2、3、4 播期都显著降低。总的说来，自 5 播期（4 月 22 日）左右起，毕节玉米产量和产量构成表现明显变差。

威宁穗粒数 6 播期极显著低于 1 播期，显著低于 2、3 播期。千粒重变化情况与毕节类似。

表2 不同播期的玉米产量及产量构成的差异显著性

播期	毕节			威宁		
	穗粒数粒（穗）	千粒重（g）	产量（kg/hm²）	穗粒数粒（穗）	千粒重（g）	产量（kg/hm²）
1	597.4abcAB	305.8aA	7631.2ab	347.1aA	328.6aA	7879.4aAB
2	638.3aA	303.5abAB	8044.3a	337.3aAB	324.5abA	8119.2aA
3	602.1abAB	276.0bcABC	7297.3ab	342.5aAB	310.1abcAB	7350.9abABC
4	647.6aA	264.9cdABC	7851.4ab	331.1abAB	307.4bcAB	7557.2aAB
5	575.1bcAB	261.8cdBC	5666.1bc	316.0abAB	305.1bcAB	6396.9bcBC
6	542.0cB	239.2dC	5097.8c	300.3bB	293.5cB	5963.2cC

2.2 全生育期有效积温、辐照度和降水量对玉米产量和产量构成的影响

穗粒数、千粒重和产量分别作为相对于温度、辐照度和降水量的因变量时，做 Shapiro-Wilk 正态性检验，均服从正态分布。

对毕节玉米穗粒数的通径分析（表3）显示，生育期内总的有效积温、辐照度和降水量与穗粒数的相关系数都近0.6，属中度相关，但显著性未达0.05水平，剩余通径系数高达0.7965，这表明，播期不同造成的3个气象因素在总量上对穗粒数的影响并不大，一方面是从气象因素的总差异程度来说，另一方面是从穗粒数产量构成因素对气象因素的反应灵敏度来说。在威宁方面，生育期内有效积温、辐照度和降水量在总量上显示出与穗粒数高度相关，辐照度的直接作用力最大，降水量的直接作用虽小，有效积温甚至显示出负效应，但是经过辐照度的间接作用，效应都能得到极大提高。剩余通径系数仅为0.0776，表明影响穗粒数的因素几乎已完全囊括在内。

表3 生育期内总的有效积温、辐照度、降水量对穗粒数作用的通径分析

气象因子	毕节					威宁				
	相关系数 r	直通	经由 x_1	经由 x_2	经由 x_3	相关系数 r	直通	经由 x_1	经由 x_2	经由 x_3
有效积温 x_1（℃）	0.5957	0.0093	—	0.2867	0.2998	0.8483*	−2.3376	—	2.7511	0.4348
辐照度 x_2（MJ/m²）	0.5975	0.2906	0.0091	—	0.2977	0.9139*	2.7805	−2.3129	—	0.4463
降水量 x_3（mm）	0.5982	0.3116	0.0089	0.2777	—	0.9483**	0.4596	−2.2117	2.7004	—
剩余通径系数			0.7965					0.0776		

注：表中数字右上角的*表明 $P<0.05$，**表明 $P<0.01$。下同。

对毕节玉米千粒重的通径分析，见表4。生育期内总的有效积温、辐照度和降水量与千粒重的相关系数都在0.95以上，为显著性相关。其中有效积温对千粒重的直接作用效应最大，而通过辐照度起的作用不及通过降水量起的作用大。降水量对千粒重的直接作用效应仅次于有效积温，通过有效积温的间接作用更是有所加强。辐照度对千粒重的直接作用效应相对不大，但是通过有效积温和降水量的间接作用，效应都有所增大。剩余通径系数仅为0.1948，光、温、雨对千粒重的影响效应达80%强。威宁的千粒重亦和毕节类似，气象3个因素都达显著相关性，仍是有效积温的直接作用效应最大，辐照度和降水量的直接作用效应虽不大，但是经过有效积温的间接作用，都有大幅提升。辐照度因通过降水量有较大的间接作用，从而使得相关系数在三者中还达到了最大。剩余通径系数为0.2123。

表 4　生育期内总的有效积温、辐照度、降水量对千粒重作用的通径分析

气象因子	毕节					威宁				
	相关系数 r	直通	经由 x_1	经由 x_2	经由 x_3	相关系数 r	直通	经由 x_1	经由 x_2	经由 x_3
有效积温 x_1（℃）	0.9755**	0.4369	—	0.2182	0.3203	0.9716**	0.5926	—	0.1109	0.2682
辐照度 x_2（MJ/m^2）	0.9704**	0.2212	0.4310	—	0.3181	0.9736**	0.1120	0.5863	—	0.2753
降水量 x_3（mm）	0.9647**	0.3329	0.4204	0.2114	—	0.9529**	0.2835	0.5606	0.1088	—
剩余通径系数			0.1948					0.2123		

表 5　生育期内总的有效积温、辐照度、降水量对产量作用的通径分析

气象因子	毕节					威宁				
	相关系数 r	直通	经由 x_1	经由 x_2	经由 x_3	相关系数 r	直通	经由 x_1	经由 x_2	经由 x_3
有效积温 x_1（℃）	0.8403*	0.0564	—	0.7180	0.0659	0.8552*	−1.1180	—	1.3998	0.5734
辐照度 x_2（MJ/m^2）	0.8489*	0.7279	0.0556	—	0.0654	0.8972*	1.4147	−1.1062	—	0.5886
降水量 x_3（mm）	0.8182*	0.0685	0.0542	0.6955	—	0.9223**	0.6060	−1.0577	1.3740	—
剩余通径系数			0.5279					0.3576		

对毕节玉米产量的通径分析显示，与产量的相关系数都在 0.8 以上，属高度相关。其中辐照度对产量的直接作用效应最大，远高出有效积温和降水量的直接作用效应，以及通过有效积温和降水量的间接作用效应。有效积温和降水量对产量的直接作用效应都不大，但是通过辐照度的间接作用，效应都有极大提升。剩余通径系数较大，达 0.5279。气象因子对威宁产量也呈高度相关性，辐照度的直接作用效应最大，降水量和有效积温直接作用效应不大，有效积温甚至显示出负效应，但是通过辐照度的间接作用，两者效应都有极大提高。剩余通径系数 0.3576，表明除生育期内总的有效积温、辐照度和降水量外，还有其他的因素影响玉米产量。

2.3　生育阶段有效积温、辐照度和降水量与玉米产量及其构成的相关性

气象因素在总量上对产量及产量构成的影响，可能会因为不同阶段的此消彼长，而掩盖了阶段性的累积效应，即便其在总量上已显示出高度相关性，因此需要再做一个阶段性考察[14]。通常会以传统划分方法，如苗期、拔节期、吐丝期等来划分阶段，而事实上气象因素的影响并不会到了某个生育阶段即突然开始，也不会因为这个生育阶段的结束就戛然而止，而是个连续的过程[15]。因此这里仅从累积效应的角度来划分，将不同播期的生育期分别均分为 4 个阶段，若划分时长太短，则随机性太大，累积效应太小。如毕节第一播期生育期共 182 d，以 45 d 来均分，则第四阶段还余 2 d，这 2 d 就加到第四阶段里。

从分阶段的气象因子与产量和产量构成的相关系数（图 2）来看，毕节方面，第一阶段和第三阶段的辐照度对穗粒数的形成较为重要；有效积温在第三阶段对穗粒数的形成有较大影响；而降水量并未表现出与穗粒数形成有多大相关性。

对于千粒重，有效积温和降水量在第三阶段和后期都表现出了极显著相关性，而辐照度一直对千粒重有较大影响，尤其在第二阶段和第四阶段都表现出极显著正相关，在第三阶段也表现出显著正相关。有效积温和降水量在营养生长阶段对千粒重影响不大，在第一阶段还显示出一定的负相关。

辐照度对产量的影响也是一直处于较高水平，在第一阶段和第三阶段都表现出显著正相关。有效积温在生殖生长阶段对产量影响较大，尤其在第三阶段即表现出显著正相关。降水量在生殖生长阶段对产量有较大影响，但不显著。

威宁方面，有效积温对穗粒数在第一阶段表现出极显著负相关，一直到了第三阶段才呈极显著正相关，而在第四阶段也呈显著正相关性。辐照度对穗粒数的影响一直保持在较高水平，第二阶段和第

三阶段更是表现出极显著正相关，第四阶段也有显著相关性。降水量对穗粒数的影响不太大，只是在第三阶段表现出极显著正相关。辐照度对千粒重的影响较明显，在第二阶段和第四阶段极显著正相关，第一阶段和第三阶段显著正相关。有效积温在生殖生长阶段表现出极显著正相关。降水量对千粒重，在营养生长初期表现出显著负相关，到了第二阶段表现出显著正相关，而第三阶段即呈极显著正相关，后期也呈显著正相关。

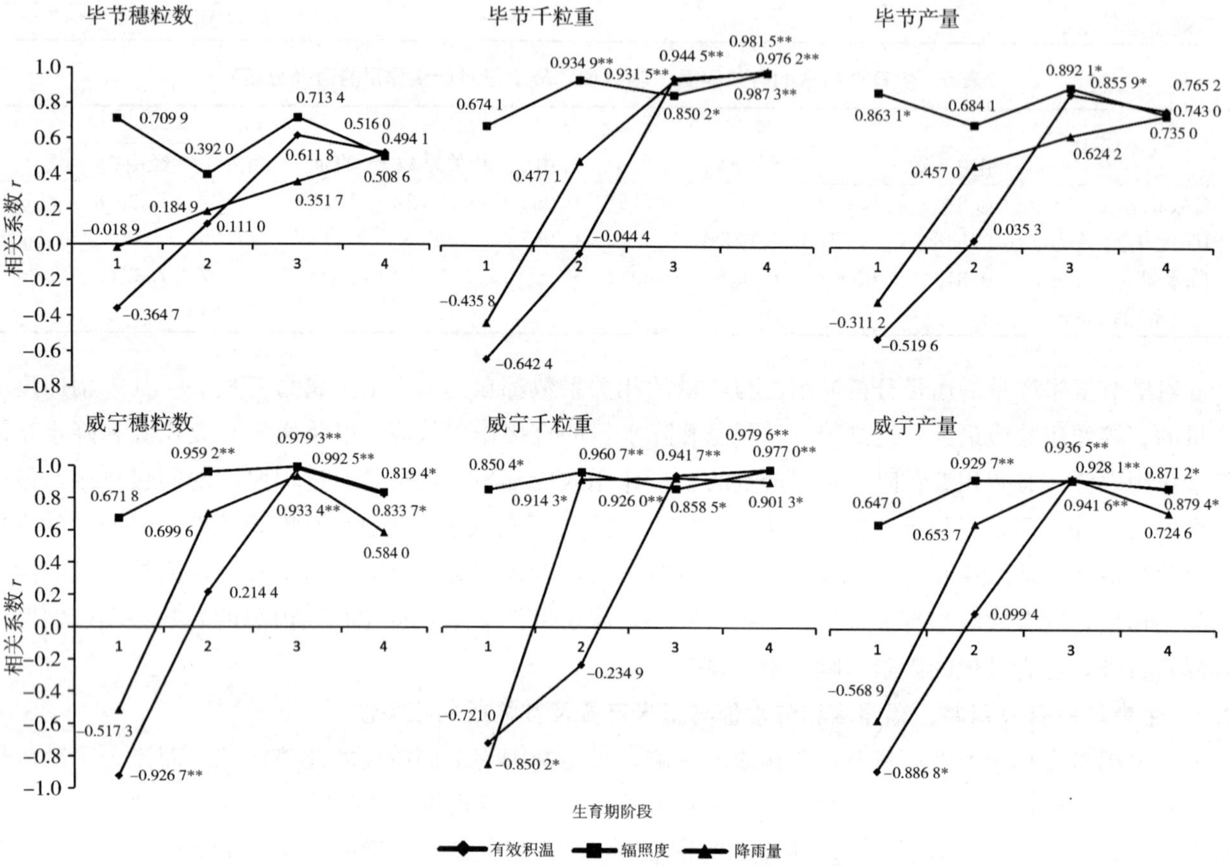

图 2　气象因子与产量及其构成分阶段相关系数

注：数据标记重叠处，数据标签按有效积温—辐照度—降水量的顺序由高到低排列。

有效积温对产量在第三阶段表现出极显著正相关，在后期也有显著正相关性，而在第一阶段却表现出显著负相关。辐照度对产量的影响也一直保持在较高水平，尤其在第二阶段和第三阶段表现出极显著正相关，而在第四阶段也呈显著正相关。降水量在生殖生长阶段对产量的影响较大，尤其在第三阶段，具有极显著正相关性。

2.4　生育阶段有效积温、辐照度和降水量对玉米产量及其构成的综合影响

分别将每个阶段的气象因子视为对产量及其构成的一个影响因素，考察在整个生育期内这些影响因素的综合作用情况。设产量为 Y_1，穗粒数为 Y_2，千粒重为 Y_3，第一阶段至第四阶段的有效积温分别为 X_{11}、X_{12}、X_{13} 和 X_{14}，类似地有辐照度 X_{21}、X_{22}、X_{23} 和 X_{24}，以及降水量：X_{31}、X_{32}、X_{33} 和 X_{34}，以上 X 为产量和产量构成变异来源的一部分，另一部分变异来源为 $X_{11}X_{21}$、$X_{11}X_{31}$、$X_{21}X_{31}$、$X_{12}X_{22}$、$X_{12}X_{32}$、$X_{22}X_{32}$、$X_{13}X_{23}$、$X_{13}X_{33}$、$X_{23}X_{33}$、$X_{14}X_{24}$、$X_{14}X_{34}$、$X_{24}X_{34}$、X_{11}^2、X_{21}^2、X_{31}^2、X_{12}^2、X_{22}^2、X_{32}^2、X_{13}^2、X_{23}^2、X_{33}^2、X_{14}^2、X_{24}^2、X_{34}^2。

2.4.1 阶段气象因子对产量的综合影响

2.4.1.1 毕节产量

利用逐步回归，剔除弱因子，保留以下强因子：第三阶段辐照度 X_{23}，第一阶段辐照度的二次方 $X_{21}{}^2$，第二阶段降水量的二次方 $X_{32}{}^2$，第三阶段辐照度的二次方 $X_{23}{}^2$，以上各项与产量偏相关系数 t 检验均达极显著水平。得回归方程：$Y_1=-164\,651.317\,7+422.741\,8X_{23}+0.031\,9X_{21}{}^2+0.009\,4X_{32}{}^2-0.279\,8X_{23}{}^2$。

方程 F 检验达极显著水平。通径分析 X_{23} 和 $X_{23}{}^2$ 的直接作用效应最大，将 X_{21} 和 X_{32} 分别以第一阶段辐照度的均值和第二阶段降水量的均值替代，得到下面的方程 $Y_1=-0.279\,8X_{23}{}^2+422.741\,8X_{23}-152\,181.898\,3$。

求得当第三阶段辐照度为 755.4 MJ/m^2，方程有极大值。因通径分析显示 $X_{21}{}^2$ 和 $X_{32}{}^2$ 对产量的直接作用都为正效应，此时分别取这两值在各自阶段的最小值和最大值，得到产量范围为 5 788.2～9 070.8 kg/hm^2。

2.4.1.2 威宁产量

方法同毕节，保留以下强因子：第一阶段辐照度 X_{21}，第一阶段降水量 X_{31}，第三阶段辐照度和第三阶段降水量的乘积 $X_{23}X_{33}$，第四阶段降水量的平方 $X_{34}{}^2$，以上各项与产量偏相关系数 t 检验均达极显著水平。得回归方程 $Y_1=-1\,516.713\,4-9.605\,3X_{21}+14.874\,6X_{31}+0.037\,4X_{23}X_{33}+0.500\,6X_{34}{}^2$。

方程 F 检验达极显著水平。由通径分析知，X_{21} 的直接作用（$-0.651\,3$）与 $X_{34}{}^2$ 的直接作用（0.748 5）效力相当，符号相反，且在回归方程中这两项的组合形成次要因素；剩下的两个因素中，$X_{23}X_{33}$ 的直接作用（1.101 1）远大于 X_{31} 的直接作用（0.293 5）。因此可将上述方程改写为：$Y_1=0.037\,4X_{23}X_{33}+C$，其中 $C=-1\,516.713\,4-9.605\,3X_{21}+14.874\,6X_{31}+0.500\,6X_{34}{}^2$。另外，$X_{23}$ 和 X_{33} 的相关系数达到 0.91 极显著水平，在可接受的范围内建立 X_{33} 与 X_{23} 函数关系：$X_{33}=0.621\,5X_{23}-237.240\,6$，因而可将 Y_1 的拟合方程进一步改写为 $Y_1=0.023\,2X_{23}{}^2-8.872\,8X_{23}+C$。

求得 $X_{23}=190.895\,0$ 时有极小值。依本试验气象条件，求得产量范围为 4 085.6～9 673.5 kg/hm^2。

2.4.2 阶段气象因子对产量构成的综合影响

2.4.2.1 毕节穗粒数

考察以下相关系数较大的因子影响，X_{21}、X_{13}、X_{23}、X_{14}、X_{24}、X_{34} 逐步回归得回归方程 $Y_2=309.263\,9-10.715\,8X_{13}+5.985\,0X_{23}+5.115\,7X_{24}-9.890\,4X_{34}$。

各因子偏相关系数均达极显著水平，方程 F 值检验亦达极显著水平。上式表明，第三、第四阶段的辐照度高，第三阶段的有效积温低和第四阶段的降水量小，可使穗粒数增加。

2.4.2.2 威宁穗粒数

考察以下相关系数较大的因子的影响，X_{11}、X_{22}、X_{13}、X_{23}、X_{33}、X_{14}、X_{24} 逐步回归得下列回归方程 $Y_2=63.971\,6+0.091\,3X_{11}+0.914\,5X_{13}+0.148\,7X_{33}-0.413\,3X_{14}$。

各因子偏相关系数均达极显著水平，方程 F 值检验亦达极显著水平。通径分析表明，第三阶段的有效积温直接作用最大。另有与偏相关系数和 F 检验均达极显著的拟合方程 $Y_2=19.059\,0+0.448\,9X_{23}$。

通径分析显示，第三阶段辐照度有极强的直接正效应。

2.4.2.3 毕节千粒重

考察以下相关系数较大的因子的影响，X_{22}、X_{13}、X_{33}、X_{14}、X_{24}、X_{34} 逐步回归得下列回归方程

$Y_3=-124.8808+0.2190X_{13}-0.2794X_{33}-0.2912X_{14}+2.5526X_{34}$。

X_{33}、X_{14}与千粒重的偏相关系数达显著水平，X_{13}、X_{34}与千粒重的偏相关系数达极显著水平，方程F值检验达极显著水平。通径分析表明，对千粒重直接作用正效应最大的是第四阶段降水量，其次是第三阶段有效积温。

2.4.2.4 威宁千粒重

考察以下相关系数较大的因子的影响，X_{22}、X_{32}、X_{13}、X_{23}、X_{14}、X_{24}、X_{34}逐步回归得下列回归方程$Y_3=-1.6580+0.1457X_{32}+0.1426X_{23}+1.2499X_{34}$。

X_{32}与千粒重的偏相关系数达显著水平，X_{23}、X_{34}与千粒重的偏相关系数达极显著水平，方程F值检验达极显著水平。通径分析表明，第二和第四阶段降水量、第三阶段辐照度对千粒重有直接正效应。

3 讨论

本试验结果表明，随着播期的推迟，产量会逐渐降低，与佟屏亚的研究结果并不一致，原因可能是气象条件和品种不同。明博等认为，适宜播期的确定需要综合考虑地区气候特征及玉米生长发育的生理机制，本试验反映出的情况与明博等的主张吻合。

刘明等的研究表明，推迟播期带来的温度升高是影响生育期持续时间变化的主要原因，而降雨是影响华北平原春玉米生长发育和产量形成，主要是影响穗粒数的最重要气象因子。陶志强等认为，华北春玉米灌浆期高温胁迫和阴雨寡照是限制产量的主要气候生态因子。本试验也显示出积温和降水量在生殖生长阶段对千粒重的影响很大。

郑洪建等认为，花后光照不足是产量的主要限制因子。贾士芳等的研究表明，抽雄开花期弱光胁迫使玉米受精结实数降低，导致产量大幅度下降；灌浆初期弱光胁迫使穗粒数和千粒重均显著降低。本试验显示，辐照度对玉米产量及其构成一直有一个较高水平的影响，尤其在生殖生长阶段，与前人研究吻合。

不同地域的播期试验会从表观上显示出不同，但具体到每个阶段后，不同地域的不同气象条件及其组合对产量及产量构成的影响却显示出一定的一致性，这是以后做播期试验需要注意之处。

4 结论

随着播期的推迟，两地产量和产量构成有下降趋势。毕节春玉米的适宜播期在3月29日左右，威宁在3月19日左右。

第三阶段，营养生长末期到生殖生长初期，辐照度对毕节产量有最大正效应。第三阶段辐照度和降水量对威宁产量有最大正效应。第三阶段和第四阶段生殖生长后期，辐照度对毕节穗粒数有大的正效应。第三阶段有效积温对威宁穗粒数有最大正效应。第四阶段降水量对毕节千粒重有最大正效应。第二阶段营养生长后期和第四阶段降水量，以及第三阶段辐照度对威宁千粒重有大的正效应。

参考文献

[1] 官春云．现代作物栽培学［M］．北京：高等教育出版社，2011.

[2] 王忠．植物生理学［M］．北京：中国农业出版社，2009.

[3] 宋志伟，张宝生．植物生产与环境（种植专业）［M］．2版：北京：高等教育出版社，2006.

[4] 李少昆，刘永红，李晓，等．西南玉米田间种植手册［M］．北京：中国农业出版社，2011.

[5] H. 范柯伦，J. 沃尔夫．农业生产模型——气候、土壤和作物［M］．北京：中国农业科技出版社，1990.

[6] 郭庆法，王庆成，汪黎明．中国玉米栽培学［M］．上海：上海科学技术出版社，2004.
[7] 宋利兵，陈上，姚宁，等．基于GLUE和PEST的CERES-Maize模型调参与验证研究［J］．农业机械学报，2015，46（11）：95－111.
[8] 王柳，熊伟，温小乐，等．温度降水等气候因子变化对中国玉米产量的影响［J］．农业工程学报，2014，30（21）：138－146.
[9] 赵可夫．玉米生理［M］．济南：山东科学技术出版社，1982.
[10] 明博，朱金城，陶洪斌，等．黑龙江流域玉米不同生育阶段气象因子对产量性状的影响［J］．作物学报，2013，39（5）：919－927.
[11] 刘明，陶洪斌，王璞，等．播期对春玉米生长发育和产量形成的影响［J］．中国生态农业学报，2009，17（1）：18－23.
[12] 陶志强，陈源泉，李超，等．华北低平原不同播种期春玉米的产量表现及其与气象因子的通径分析［J］．作物学报，2013，39（9）：1628－1634.
[13] 郑洪建，董树亭，王空军，等．生态因素对玉米品种产量影响及调控的研究［J］．作物学报，2001，27（6）：862－869.
[14] 贾士芳，董树亭，王空军，等．弱光胁迫对玉米产量及光合特性的影响［J］．应用生态学报，2007，18（11）：2456－2461.

不同密度下平展型春玉米叶片生长冗余研究*

宋 碧 杜飞鸽 张 军 张 曦 陈显昌 杨 雪 杜 海

贵州大学农学院，贵州贵阳 550025

摘要：以平展型玉米中单808为材料，研究不同密度下不同剪叶处理对其干物质生产、氮磷钾积累及产量变化的影响，探明不同密度下平展型春玉米是否存在叶片生长冗余。结果表明，中单808在低密度（30 000株/hm^2）下不剪叶处理产量显著高于剪叶处理，在中密度（45 000株/hm^2）和高密度（60 000株/hm^2）下产量为不剪叶处理>剪叶1/4处理>剪叶1/2处理，但剪叶1/4处理与不剪叶处理相比产量没有显著降低；中、高密度下剪叶处理茎和穗部干物重与不剪叶处理间差异不显著，剪叶1/4处理群体干物重与不剪叶处理间差异不显著；中、高密度下剪叶1/4未降低其对氮、磷、钾的吸收。说明随着密度增加，适当去除叶片不会影响中单808茎、穗、群体的干物质积累，和对氮、磷、钾的吸收及产量。平展型春玉米中单808在低密度（30 000株/hm^2）下不存在叶片生长冗余，在中密度（45 000株/hm^2）和高密度（60 000株/hm^2）下叶片存在一定的生长冗余，冗余度分别为20.20%和22.34%。

关键词：春玉米；平展型；种植密度；叶片冗余

玉米在全球种植面积、产量居三大粮食作物之首，在我国已成为种植面积最大的粮食作物。因此，如何挖掘生产潜力、加快玉米发展、保持玉米能够基本自给，是确保国家粮食安全的一件大事[1]。密度和生长冗余的调控是提高玉米产量的有效途径[2]。有关密度对玉米产量的调控前人做了大量研究[3-6]。刘铁宁等[7]、郝梦波等[8]对紧凑型、半紧凑型夏玉米的生长冗余进行了研究，而平展型春玉米的生长冗余鲜有研究。生长冗余的概念首次由Donald[9]提出，将农作物利用资源的器官过度生长定义为生长冗余。我国学者盛承发[10]首次提出生长冗余的概念，目前国内对农作物器官生长冗余的研究多集中于小麦、水稻根系及分蘖，果树各器官的冗余[11-18]，在玉米生长冗余方面的研究较少，尤其是在特定的高产条件下，对玉米的生长冗余作出合理的评价，指导玉米高产栽培方面的研究相对薄弱，也缺乏相应的理论依据，值得深入研究和探讨[19]。本试验通过研究平展型春玉米中单808在不同密度下，不同剪叶处理对植株干物质生产，氮磷钾积累及产量变化的影响，探明该品种在不同密度下叶片是否存在生长冗余，以期为平展型春玉米实现高产探索新的技术途径。

1 材料与方法

1.1 试验地点

于2014年在贵州贵阳市花溪区杨中村进行。土壤为黄壤，耕层土壤pH值5.38，有机质13.15 g/kg，

* **基金项目**：国家重点研发计划（2016YFD03003）；贵州省自然科学基金（黔科合J字［2011］2138号）；贵州省农业攻关项目（黔科合NY［2014］3016号）；公益性行业（农业）科研专项（201503127）；贵州省作物学省级重点学科建设计划（黔学位合字ZDXK［2014］8号）；贵州省普通高等学校粮油作物遗传改良与生理生态特色重点实验室项目（黔教合KY字［2015］333）

全氮 1.68 g/kg，碱解氮 91.14 mg/kg，速效磷为 13.26 mg/kg，速效钾为 129.56 mg/kg。

1.2 试验设计

玉米品种为中单 808。采用裂区设计，主区为密度处理，设 3 个水平，30 000 株/hm^2（A1）、45 000 株/hm^2（A2）、60 000 株/hm^2（A3）；副区为剪叶程度，设 3 个水平，不剪叶处理、剪叶 1/2 处理、剪叶 1/4 处理。剪叶在抽雄吐丝期进行，将玉米植株每片叶按要求进行剪叶。3 次重复。主区面积为 40.50 m^2（6.75 m×6.00 m），副区面积为 13.50 m^2（2.25 m×6.00 m）。采用等行距直播种植，行距为 0.75 m，A1、A2 和 A3 密度下株距分别为 0.444 m、0.296 m、0.222 m。2014 年 4 月 14 日播种，9 月 5 日收获。基肥施用复合肥（N：P_2O_5：K_2O=15：15：15）750 kg/hm^2，用尿素作追肥，分别在拔节期（用量 225 kg/hm^2）和大喇叭口期（用量 330 kg/hm^2）施用。其他管理同大田。

1.3 测定项目和方法

1.3.1 地上部干物重

于剪叶后 15 d 在每个小区取样 4 株，分部位（茎、叶和穗）于 105 ℃条件下杀青 30 min，再经 70 ℃烘干至恒重称重。样品粉碎后待测。

1.3.2 氮磷钾积累量

干物重样品烘干粉碎后用来测定其全氮、全磷、全钾含量。称取 0.5 g 样品置于凯氏瓶中用 $H_2SO_4-H_2O_2$进行消煮，利用消煮液测定全氮、全磷和全钾。全氮用凯氏定氮法，全磷用钼锑抗吸光光度法，全钾用火焰光度法[20]。

1.3.3 经济性状和产量

成熟期每小区随机取代表性玉米果穗 10 穗称重，风干后测定穗长、穗粗、秃顶长、穗行数、穗粒数、千粒重和出籽率等。产量测定：每小区实收全部果穗称鲜重，计总穗数，再根据出籽率和小区面积折算产量。

1.3.4 数据处理

采用 DPS7.05 数据处理系统分析试验数据，方程拟合采用 Curve Expert 32。

2 结果与分析

2.1 不同密度下，叶片部分去除处理对平展型春玉米产量及其构成因素的影响

表 1 显示，中单 808 穗数、理论产量和实际产量随种植密度的增加而增大，但 A3 密度时穗粒数和千粒重显著低于 A1 密度和 A2 密度。抽雄吐丝期剪叶后产量显著下降，但对穗粒数影响不大，剪叶 1/4时千粒重与不剪叶之间差异不显著，剪叶 1/2 后千粒重显著降低。

表 1 不同密度下，叶片部分去除对中单 808 产量及产量构成因素的影响

处理		穗数	穗粒数	千粒重 (g)	理论产量 (kg/hm^2)	实际产量 (kg/hm^2)
密度	剪叶					
A1		28 985.68c	642.41a	413.96a	7 739.21b	7 435.34b
A2		40 020.00b	607.10a	392.98a	9 527.07a	8 923.44ab
A3		54 084.64a	543.45b	359.75b	10 591.63a	9 597.84a
	0	41 897.48a	615.22a	404.37a	10 147.00a	9 695.59a
	1/4	41 156.37a	596.07a	392.13a	9 287.89b	8 756.17b
	1/2	40 036.47a	581.66a	370.19b	8 423.02c	7 504.87c

续表

处理		穗数	穗粒数	千粒重 (g)	理论产量 (kg/hm²)	实际产量 (kg/hm²)
密度	剪叶					
A1	0	30138.52a	654.41a	434.30a	8602.60a	8529.91a
	1/4	27668.15a	642.65a	416.03a	7429.11b	6932.88b
	1/2	29150.37a	630.18a	391.57b	7185.90b	6843.22b
A2	0	39525.93a	627.39a	406.98a	10082.88a	9757.24a
	1/4	39278.89a	599.98a	407.36a	9587.69ab	9237.63a
	1/2	41255.19a	599.91a	364.60b	8910.64ab	7775.17b
A3	0	56028.00a	563.87a	371.83a	11755.53a	10799.62a
	1/4	56522.07a	545.59a	353.01a	10846.86a	10098.00a
	1/2	49703.85b	520.89a	371.83a	9172.51b	7895.91b

注：同列数据后不同小写字母表示差异在5%显著水平，大写字母表示差异在1%显著水平。下同。

不同密度下不同剪叶程度对中单808产量及构成因素的影响不同。A1密度时剪叶显著降低了产量，A2和A3密度下，剪叶1/4处理和不剪叶处理的产量显著高于剪叶1/2处理。A1和A2密度下剪叶对穗数的影响较小，但是A3密度时剪叶1/2处理的穗数显著低于不剪叶和剪1/4叶处理。表明中单808在低密度时叶片不存在生长冗余，中密度和高密度下叶片存在一定的生长冗余，部分去除叶片对产量影响不大。

2.2 不同密度下叶片部分去除处理对平展型春玉米干物质积累的影响

由表2可知，中单808剪叶后15 d各部位干物重和群体干物重随着密度的增加而增加。群体和茎部干物重是A3>A2>A1，但A3与A2、A2与A1间差异不显著；A3处理叶部干物重显著高于A1和A2处理；穗部的干物质积累量受密度影响较小，3个密度间差异不显著。

剪叶对中单808各部位干物重影响不同。叶部干物重不剪叶处理>剪叶1/4处理>剪叶1/2处理；茎部和穗部干物重3个处理间差异不显著；群体干物重不剪叶处理显著高于剪叶1/2处理，但与剪叶1/4处理间差异不显著。

各密度下不同程度剪叶对中单808干物质积累影响也不同。A1密度时，茎和群体的干物重剪叶1/2处理显著高于不剪叶处理和剪叶1/4处理；叶干物重不剪叶处理显著高于剪叶1/2处理，与剪叶1/4处理间无显著差异；穗部干物质重3个处理间差异不显著。A2密度时，茎干物重不剪叶处理显著高于剪叶1/2处理和剪叶1/4处理；叶部干物重不剪叶处理>剪叶1/4处理>剪叶1/2处理；穗部剪叶1/4处理最高，与不剪叶处理无显著差异；群体干物重不剪叶与剪叶1/4处理显著高于剪叶1/2处理。A3密度时，叶干重不剪叶与剪叶1/4处理显著高于剪叶1/2处理；茎、穗和群体干物重相似，都是3个处理间差异不显著。表明随着密度增加，适当去除叶片不会影响茎、穗和群体干物质的积累。

表2 不同密度下叶片部分去除后15 d中单808地上部的干物质积累量　　单位：kg/hm²

处理		部位			群体
密度	剪叶	茎	叶	穗	
A1		4327.72b	1135.02c	2383.99a	7846.73b
A2		5079.17ab	1642.33b	2417.61a	9139.11ab
A3		5701.09a	2090.87a	2743.56a	10535.52a
	0	5171.22a	1908.73a	2569.06a	9649.01a
	1/4	4816.85a	1640.92b	2632.56a	9090.33ab
	1/2	5119.90a	1318.57c	2343.54a	8782.01b

续表

处理		部位			群体
密度	剪叶	茎	叶	穗	
A1	0	3 992.13b	1 303.80a	2 305.30a	7 601.23b
	1/4	3 757.78b	1 095.73ab	2 253.59a	7 107.10b
	1/2	5 233.24a	1 005.53b	2 593.07a	8 831.84a
A2	0	5 821.32a	2 040.21a	2 457.43ab	10 318.96a
	1/4	4 996.69b	1 692.85b	2 785.56a	9 475.10a
	1/2	4 419.49b	1 193.94c	2 009.85b	7 623.28b
A3	0	5 700.20a	2 382.18a	2 944.43a	11 026.81a
	1/4	5 696.09a	2 134.18a	2 858.55a	10 688.82a
	1/2	5 706.97a	1 756.25b	2 427.70a	9 890.92a

2.3 不同密度下叶片部分去除处理对平展型春玉米氮、磷、钾积累的影响

2.3.1 对氮素积累的影响

不同密度下中单 808 剪叶后 15 d 各部位氮素的积累量见表 3。总体来看，随密度增加，各部位和群体的氮素积累量增加。不同剪叶处理对茎和穗的氮素积累影响不大，对叶和群体影响较大。

A1 密度时，茎和群体的氮素积累量是不剪叶处理>剪叶 1/4 处理>剪叶 1/2 处理，叶的氮素积累量剪叶 1/2>不剪叶>剪叶 1/4 处理，穗的 3 个剪叶处理间差异不显著。

A2 密度时，茎的氮素积累量不剪叶处理>剪叶 1/4 处理>剪叶 1/2 处理，叶片和群体氮素积累量在 3 个剪叶处理间差异不显著，不剪叶处理和剪叶 1/4 处理穗的氮素积累量显著高于剪叶 1/2 处理。

A3 密度时，茎和群体的氮素积累量不剪叶处理>剪叶 1/4 处理>剪叶 1/2 处理，叶片和穗部氮素积累量在 3 个剪叶处理间差异不显著。

综上所述，中单 808 玉米品种各部位氮素积累量随着密度的增加而增加，这也是在一定范围内种植密度增大可以提高产量的原因；中单 808 在中、高密度下剪叶 1/4 处理时各部位和群体氮的积累均与不剪叶处理差异不显著，说明在中、高密度下适度去除叶片冗余不会影响其氮素吸收和积累，故不会降低产量。

表 3 不同密度下叶片部分去除后 15 d 中单 808 各部位的氮素积累量 单位：kg/hm^2

处理		部位			群体
密度	剪叶	茎	叶	穗	
A1		25.75b	31.40b	31.85a	89.01b
A2		31.67ab	44.53a	31.57a	107.77a
A3		36.24a	53.60a	33.28a	123.13a
0		31.24a	51.57a	33.38a	116.18a
1/4		27.53a	43.53b	31.32a	102.39ab
1/2		34.89a	34.43c	32.00a	101.33b
A1	0	35.63a	30.89ab	88.14a	140.96a
	1/4	31.29ab	26.28b	80.07a	110.24b
	1/2	27.29b	38.38a	98.14a	112.38b
A2	0	56.73a	33.74a	130.00a	179.36a
	1/4	45.77b	33.80a	107.90a	162.04a
	1/2	31.09c	27.19a	85.41b	151.11a
A3	0	62.36a	35.51a	129.74a	251.08a
	1/4	53.54ab	33.89a	119.21a	197.56b
	1/2	44.91b	30.44a	120.21a	176.54b

2.3.2 对磷素积累的影响

不同密度下叶片部分去除 15 d 后，中单 808 各部位磷素积累量见表 4。总体来看，各部位和群体磷素积累量随密度增加而增加，但茎、穗和群体 3 个密度间差异不显著，A2 和 A3 密度叶片磷素积累显著高于 A1。

A1 密度时，穗和群体的磷素积累量 3 个剪叶处理间差异不显著，茎的磷素积累量剪叶 1/2 处理显著高于其他 2 个处理，叶片为不剪叶处理>剪叶 1/4 处理>剪叶 1/2 处理。

A2 密度时，茎、叶和群体的磷素积累量均表现为剪叶 1/4 处理与不剪叶处理之间差异不显著，且两者显著高于剪叶 1/2 处理，不同剪叶处理对穗部磷素积累量影响不大。

A3 密度时，各部位和群体的磷素积累量 3 个不同剪叶处理间差异均不显著。

表 4 不同密度下叶片部分去除后 15 d 中单 808 各部位磷素积累量 单位：kg/hm^2

处理		部位			群体
密度	剪叶	茎	叶	穗	
A1		4.50a	3.79b	6.93a	15.22a
A2		4.53a	5.43a	6.94a	16.90a
A3		4.69a	6.33a	7.30a	18.32a
0		4.44a	5.92a	7.27a	17.63a
1/4		4.48a	5.32a	7.24a	17.04a
1/2		4.80a	4.30b	6.67a	15.76a
A1	0	3.86b	4.37a	6.53a	14.76a
	1/4	4.30b	3.84ab	6.54a	14.68a
	1/2	5.33a	3.15b	7.72a	16.21a
A2	0	6.48a	6.48a	7.52a	18.94a
	1/4	5.71a	5.71a	7.59a	17.71a
	1/2	4.11b	4.11b	5.72a	14.06b
A3	0	4.53a	6.92a	7.76a	19.20a
	1/4	4.72a	6.42a	7.58a	18.73a
	1/2	4.82a	5.65a	6.56a	17.03a

2.3.3 对钾素积累的影响

不同密度下叶片部分去除 15 d 后，中单 808 各部位钾素积累量见表 5。总体来看，各部位和群体钾素积累量基本随密度增加而增加，穗部 3 个密度间差异不显著，茎、叶和群体钾素积累均是 A3 密度显著高于 A2 和 A1。

A1 密度时，穗和群体的钾素积累量 3 个剪叶处理间差异不显著，茎的钾素积累量剪叶 1/2 处理显著高于其他 2 个处理，叶片为不剪叶处理显著高于另外 2 个处理。

A2 密度时，茎、叶和群体的钾素积累量均表现为不剪叶处理>剪叶 1/4 处理>剪叶 1/2 处理，其中群体为剪叶 1/4 与不剪叶处理之间差异不显著，不同剪叶处理对穗部钾素积累量影响不大。

A3 密度时，茎和穗中钾素积累量受剪叶影响不大，剪叶 1/2 处理显著降低叶片中钾素积累量，群体中不剪叶和剪叶 1/4 处理之间差异不显著。

表 5　不同密度下叶片部分去除后 15 d 中单 808 各部位钾素积累量　　单位：kg/hm²

处理		部位			群体
密度	剪叶	茎	叶	穗	
A1		46.07b	25.25b	29.37a	100.68b
A2		44.02b	32.27b	31.72a	108.01b
A3		57.37a	44.35a	38.70a	140.42a
0		51.43a	42.00a	36.60a	130.03a
1/4		45.44a	33.67b	34.05a	113.16ab
1/2		50.58a	26.20c	29.15a	105.93b
A1	0	40.21b	30.30a	27.62a	98.13a
	1/4	40.74b	23.76b	28.12a	92.62a
	1/2	57.25a	21.68b	32.37a	111.30a
A2	0	54.12a	43.43a	32.27a	129.82a
	1/4	37.48b	31.21b	39.19a	107.89ab
	1/2	40.44b	22.16c	23.71a	86.32b
A3	0	59.97a	52.26a	49.91a	162.15a
	1/4	58.09a	46.04a	34.83a	138.96ab
	1/2	54.05a	34.75b	31.37a	120.16b

2.4　不同密度下平展型春玉米叶片生长的冗余度

冗余度（redundangcy）是系统内冗余大小程度的量度，用备用元件与工作元件数之比来表示[21]。韩明春等[22]将水稻茎蘖冗余度定义为：100－100×有效穗数/最高苗数，即无效分蘖率。金良等[12]将水稻分蘖的冗余度定义为：(最高苗数－有效穗）/最高苗数。

通过对玉米在不同密度下进行不同程度剪叶处理对其生长和产量的影响研究后，提出了叶片生长冗余度的定义。

玉米叶片生长冗余度定义为：100－100×有效光合叶面积指数/最大叶面积指数，有效光合叶面积指数是指玉米在一定密度下最高产量对应的最小叶面积指数。

通过将中单 808 抽雄吐丝期不同剪叶处理的叶面积指数与产量之间进行方程拟合并对方程求导，得出不同密度下对应的有效光合叶面积指数（表 6），再进一步根据玉米叶片生长冗余度定义求出中单 808 不同密度下的叶片生长冗余度。中单 808 叶片在 A1 密度时没有生长冗余，A2 和 A3 密度下表现生长冗余，冗余度分别为 20.20%和 22.34%，冗余度随着种植密度的增加而增大。

表 6　中单 808 抽雄吐丝期不同剪叶处理叶面积指数与产量的模拟方程及有效光合叶面积指数

密度	A1	A2	A3
方程	/	$Y_2=-1\,001.25L_2^2+6\,241.50L_2-412.74$ $R_2=0.692$	$Y_3=-832.31L_3^2+7\,053.41L_3-4\,624.46$ $R_3=0.902^{**}$
有效光合叶面积	/	3.12	4.24

注：表中 Y 表示产量，L 表示叶面积指数；下标 1、2、3 分别代表 A1、A2、A3 密度。

3　结论与讨论

本试验结果表明，平展型春玉米中单 808 在低密度（30 000 株/hm²）下不剪叶处理，产量显著高于剪叶处理；在中密度（45 000 株/hm²）和高密度（60 000 株/hm²）下产量为，不剪叶处理>剪叶1/4处理>剪叶1/2处理，但剪叶 1/4 处理与不剪叶处理相比产量没有显著降低。可见平展型春玉米在较低密度下叶片不存在生长冗余，在中、高密度下叶片存在一定的生长冗余。刘铁宁等[7]、郝梦波[19]、杜飞鸽等[23]提出通过适当剪叶去除玉米叶片生长冗余可以提高玉米的产量。本研究结果与之相似。分析原因主要是因为高密度群体中的个体为了增强自身的竞争力，形成了较大的叶面积，从而形成了个体水平的冗余[9]，这会造成营养及能量的浪费，去除这些多余的叶片可使玉米对获取的有限物质和能量进行最合理、最优化的分配，提高现存能量的利用率，获得较高的籽粒产量[10,14,22]。在生产实践中可通过相应的调控措施减少玉米高产群体叶片生长冗余从而实现高产。

本试验条件下，通过对平展型春玉米不同密度不同剪叶处理干物质和氮磷钾积累分析发现，中、高密度下部分剪叶后茎部和穗部干物质积累量与不剪叶处理间差异不显著，剪叶 1/4 处理群体干物质积累量与不剪叶处理间差异不显著；表明随着密度增加，适当去除叶片不会影响茎、穗和群体干物质的积累。中、高密度下适度剪叶未降低平展型春玉米对氮、磷、钾的吸收。这也是去除叶片生长冗余后产量无显著下降的原因之一。

前人多方面的研究表明，适当去除冗余可以提高作物产量[11-13]，但是过度去除反而会降低产量，因此冗余度可以为去除冗余的程度提供一定依据。韩明春[22]、金良等[12]定义和计算了水稻茎蘖冗余度。笔者通过对玉米在不同密度下进行不同程度剪叶处理对其生长和产量的影响研究后，提出了叶片生长冗余度的定义。玉米叶片生长冗余度定义为：100－100×有效光合叶面积指数/最大叶面积指数，有效光合叶面积指数是指玉米在一定密度下最高产量对应的最小叶面积指数。试验结果表明：平展型玉米中单 808 在 45 000 株/hm^{2}和 60 000 株/hm^{2}密度下叶片存在生长冗余，且冗余度分别为 20.20％和 22.34％。可为生产上平展型春玉米去除叶片冗余的程度提供一定依据。

参考文献

[1] 韩长赋．玉米略论［N］．人民日报，2012-05-26（06）．

[2] Sangoi L，Gracietti M A，Rampazzo C，et al. Re-sponse of Brazilian maize hybrids from different erasto changes in plant population［J］．Field Crops Re-search，2002（79）：39-51．

[3] 刘伟，张吉旺，吕鹏，等．种植密度对高产玉米登海 661 产量及干物质积累及分配的影响［J］．作物学报，2011，37（7）：1301-1307．

[4] 薛吉全，马国胜，路海东，等．密度对不同类型玉米源库关系及产量的调控［J］．西北植物学报，2001，21（6）：1162-1168．

[5] 李春奇，郑慧敏，李芸，等．种植密度对夏玉米雌穗发育和产量的影响［J］．中国农业科学，2010，43（12）：2435-2442．

[6] 刘伟，吕鹏，苏凯，等．种植密度对夏玉米产量和源库特性的影响［J］．应用生态学报，2010，21（7）：1737-1743．

[7] 刘铁宁，徐彩龙，谷利敏，等．高密度种植条件下去叶对不同株型夏玉米群体及单叶光合性能的调控［J］．作物学报，2014，40（1）：143-153．

[8] 郝梦波，王空军，董树亭，等．高产玉米叶片冗余及其对产量和光合特性的影响［J］．应用生态学报，2010（21）：344-350．

[9] Donald C M. The breeding of crop ideotype［J］．Euphytica，1968（17）：385-403．

[10] 盛承发．生长的冗余—作物对于虫害超越补偿作用的一种解释［J］．应用生态学报，1990（1）：26-30．

[11] 马守臣，徐炳成，李凤民，等．冬小麦分蘖冗余生态学意义以及减少冗余对水分利用效率的影响［J］．生态学报，2008，28（1）：0321-0326．

[12] 金良，隗溟，董清泉，等．水稻分蘖生长冗余和补偿的研究［J］．西南农业学报，2007，20（5）：895-898．

[13] 吴素琴，杨瑞金，韩建国，等．紫花苜蓿种子生长冗余的研究［G］．宁夏农学会2006年学术年会论文集，2006.
[14] 李话，张大勇．半干旱地区春小麦根系形态特征与生长冗余的初步研究［J］．应用生态学报，1999，10（1）：26－30.
[15] 许宝泉，张荣，张大勇，等．旱农区春小麦根系生长冗余与碳平衡关系的研究［J］．西北植物学报，2003，23（6）：958－963.
[16] 张大勇，姜新华，赵松龄．再论生长的冗余［J］．草业学报，1995，4（3）：17－22.
[17] 汪诗平，王艳芬．不同放牧率下糙隐子草种群补偿性生长的研究［J］．植物学报，2001，43（4）：413－418.
[18] 杜晓东．果树的超补偿作用与冗余现象［J］．河北农业科学，2007，11（1）：34－36.
[19] 郝梦波．高产玉米叶片冗余研究及调控［D］．济南：山东大学，2009.
[20] 鲍士旦．土壤农化分析［M］．北京：中国农业出版社，2000.
[21] 党承林．也谈作物的冗余［J］．生态学杂志，1998，17（4）：70－74.
[22] 韩明春，吴建军，王芬．冗余理论及其在农业生态系统管理中的应用［J］．应用生态学报，2005，16：375－378.
[23] 杜飞鸽，宋碧，张曦，等．不同密度和剪叶量对黔兴201玉米干物质和NPK积累量与产量的影响［J］．贵州农业科学，2015，43（1）：28－30.

云南山原红壤土不同地力条件下玉米平衡施肥技术应用研究*

王志远[1] 尹 梅[1] 陈 华[1] 陈检锋[1] 付利波[1] 王贵宝[2]
张勤斌[2] 黄 惠[2] 任石所[2] 李在凤[3] 苏 帆[1] 洪丽芳[1]

1. 云南省农业科学院农业环境资源研究所，云南昆明 650205
2. 云南省曲靖市麒麟区土肥站．云南曲靖 655000
3. 大理白族自治州南涧县农业局农业技术推广中心，云南大理 675700

摘要：通过在云南省曲靖市选择三个不同肥力的区域开展了基于养分管理专家系统（nutrient expert，NE）原理指导施肥的田间试验，研究了云南山原红壤不同肥力条件下，不同施肥处理对玉米产量、养分利用及经济和环境效益的影响，为云南省不同肥力地区的玉米施肥管理提供理论依据。结果表明：NE原理指导下的平衡施肥处理在肥力较低的东山镇与农民习惯性施肥和当地推荐施肥相比，经济效益和环境效益都较高。在肥力中等的三宝镇，虽然在经济效益上NE原理施肥较推荐施肥低，但在环境效益上体现出一定的优势。在肥力较高的越州镇，不论是经济效益还是环境效益NE原理推荐施肥处理都没表现出优势。说明NE原理指导下的平衡施肥能够提高肥力较低地区肥料的利用率，减少养分损失提高产量的同时减少对环境的污染。在肥力中等和偏高的地区该技术需进一步改善。

关键词：肥力；玉米；nutrient expert；产量；经济效益；环境效益

就玉米产业而言，云南玉米生产在我国排第十位，在西南6省（市、自治区）中仅次于四川而位居第二，玉米已成为云南省种植面积第一、总产量第二的大田作物，云南玉米科技的发展和产业提升不仅关系到云南省粮食安全和粮、经、饲三元种植结构的构建，也关系到全国玉米科技的发展和产业提升[1]。云南玉米生产历史悠久，种植面积自20世纪50年代后大幅度增长，20世纪90年代中期已成为第一大作物。然而玉米单产的提高却十分缓慢，20世纪末以来一直徘徊于4000 kg/hm^{2}左右。资源、市场和生态环境的约束十分突出[2,3]。目前云南玉米作物田间管理措施仍旧缺乏科学的理论指导。

针对云南山原红壤旱地土壤肥力差异明显，以玉米为研究对象，在高产、优质、高效、安全的发展目标下，从玉米的氮、磷、钾养分资源综合管理角度出发，以玉米的氮、磷、钾养分需求规律为根本，通过基于NE原理指导玉米科学养分管理研究及推广，以期促进农民增产增收，提高养分利用率，保护环境，通过养分管理和栽培技术，协调资源高效利用、土壤质量、环境安全与玉米生产之间的良好关系[4-6]。

* **基金项目**：云南省应用基础研究计划项目面上项目（2015FB160）；公益性行业（农业）科研专项经费项目（201203013，201503127）

1 材料与方法

1.1 试验材料

田间试验于2013年5—10月在云南省曲靖市麒麟区越州镇、东山镇和三宝镇3个区域进行，分别代表了土壤肥力高中低的地区。试验点位置、肥力、种植制度和熟制见表1。

表1 试点位置、肥力、种植制度和熟制

不同肥力地区	试点	经纬度	海拔（m）	肥力	种植制度	熟制
东山镇	1	25°09′51.56″E，104°01′43.49″N	1927	低	玉米/烤烟	一年一熟
东山镇	2	25°09′50.61″E，104°01′42.71″N	1927	低	玉米/烤烟	一年一熟
东山镇	3	25°09′49.68″E，104°01′43.08″N	1927	低	玉米/烤烟	一年一熟
三宝镇	4	25°25′59.54″E，103°48′17.66″N	1875	中	稻-豆	一年两熟
三宝镇	5	25°25′56.59″E，103°48′14.04″N	1875	中	稻-豆	一年两熟
三宝镇	6	25°26′02.09″E，103°48′23.09″N	1872	中	稻-豆	一年两熟
越州镇	7	25°17′22.46″E，103°52′13.85″N	1869	高	玉米-麦	一年两熟
越州镇	8	25°17′37.95″E，103°53′13.73″N	1889	高	玉米-麦	一年两熟
越州镇	9	25°17′38.50″E，103°54′58.53″N	1884	高	玉米/烤烟	一年一熟

1.2 试验设计

试验在3个试验区同时进行，每个试验为8个处理，每个试验区设置3组试验即代表3次重复，各试验田处理相同。试验设计见表2。各试点施肥用量见表3。

表2 试验设计

试点	处理编号	试验处理
1	NE-N	NE推荐量不施氮肥
2	NE-P	NE推荐量不施磷肥
3	NE-K	NE推荐量不施钾肥
4	CK	无施肥
5	NE	NE推荐量
6	FP	农民习惯施肥
7	RF	测土配方施肥优化的施肥

表3 各试点施肥用量

不同肥力地区	处理	氮—磷—钾（纯量）		
		试点1	试点2	试点3
东山镇	NE-N	0.00-83.20-118.00	0.00-83.20-118.00	0.00-83.20-118.00
	NE-P	174.80-0.00-118.00	174.80-0.00-118.00	174.80-0.00-118.00
	NE-K	174.80-83.20-0.00	174.80-83.20-0.00	174.80-83.20-0.00
	CK	0.00-0.00-0.00	0.00-0.00-0.00	0.00-0.00-0.00
	NE	174.80-83.20-118.00	174.80-83.20-118.00	174.80-83.20-118.00
	FP	448.50-72.00-0.00	448.50-72.00-0.00	448.50-72.00-0.00
	RF	375.00-120.00-75.00	375.00-120.00-75.00	375.00-120.00-75.00
三宝镇	NE-N	0.00-63.74-95.93	0.00-70.77-124.04	0.00-70.15-120.77
	NE-P	179.51-0.00-95.93	212.31-0.00-124.04	208.77-0.00-120.77
	NE-K	179.51-63.74-0.00	212.31-70.77-0.00	208.77-70.15-0.00
	CK	0.00-0.00-0.00	0.00-0.00-0.00	0.00-0.00-0.00
	NE	179.51-63.74-95.93	212.31-70.77-124.04	208.77-70.15-120.77
	FP	448.50-72.00-0.00	448.50-72.00-0.00	448.50-72.00-0.00
	RF	375.00-120.00-75.00	375.00-120.00-75.00	375.00-120.00-75.00

续表

不同肥力地区	处理	氮—磷—钾（纯量）		
		试点 1	试点 2	试点 3
越州镇	NE−N	0.00−94.40−140.00	0.00−70.15−120.77	0.00−87.52−82.82
	NE−P	225.40−0.00−140.00	203.46−0.00−120.77	207.79−0.00−82.82
	NE−K	225.40−94.40−0.00	203.46−70.15−0.00	207.79−87.52−0.00
	CK	0.00−0.00−0.00	0.00−0.00−0.00	0.00−0.00−0.00
	NE	225.40−94.40−140.00	203.46−70.15−120.77	207.79−87.52−82.82
	FP	448.50−72.00−0.00	448.50−72.00−0.00	448.50−72.00−0.00
	RF	375.00−120.00−75.00	375.00−120.00−75.00	375.00−120.00−75.00

肥料品种，氮肥用普通尿素（纯氮含量为46%），磷肥用普通过磷酸钙（P_2O_5含量为12%），钾肥用硫酸钾（K_2O含量为50%）。种植玉米品种为胜玉808。培养过程中及时做好病、虫、草害的防治工作。

1.3 数据收集和测定方法

播种施肥前和试验玉米收获后分别采集各组试验小区0~30 cm、30~60 cm、60~90 cm土壤样品，每个小区取5钻，混合均匀后保留约250 g有代表性的土壤样品，放到冰箱冷冻保存用于测定NO_3^-−N和NH_4^+−N含量。铵态氮的测定采用纳氏比色法，硝态氮的测定采用酚二磺酸比色法（《土壤分析技术规范　第二版》，全国农技推广中心）。

植株样品采集，在玉米收获期采3~5棵植株，进行风干并制样，进行相关项目测定；收获期，每个小区的玉米单独计产。植物样品测定项目，TN（硫酸−过氧化氢消煮—蒸馏法）、TP（硫酸−过氧化氢消煮—钼蓝比色法）、TK（硫酸−过氧化氢消煮—火焰光度计法）。

肥料农学效率和偏生产力的计算方法如下。

氮肥农学效率，$AE_N=(Y-Y_0)/F$，Y为施肥后所获得的作物产量；Y_0为不施肥条件下作物的产量；F代表化肥的投入量。它是指单位施氮量所增加的作物籽粒产量。

磷肥和钾肥的农学效率计算方法同上。

数据统计采用SPSS和DPS法。

2 结果与分析

2.1 不同施肥方式对不同肥力地区玉米产量的影响

对于肥力较低的东山镇，玉米产量最高的处理是农民习惯施肥处理。中等肥力条件的三宝镇，在测土配方施肥处理下玉米产量最高。肥力条件最高的越州镇，各种施肥处理下，产量都相对较高，最高的处理是在推荐施肥和农民习惯施肥处理。在缺氮试验中，东山镇的产量最低越州的产量较高。在缺磷试验中东山镇的产量也是最低。在缺钾试验中，越州镇产量最高。在空白试验条件下，三宝镇产量最低。在NE推荐处理条件下，东山镇和越州镇的产量都较高，而三宝镇的产量最低。在农民习惯性施肥条件下，三宝镇的产量仍然最低，可能也是因为没有施用钾肥导致养分不平衡。在测土配方条件下，三宝镇产量增加显著，说明养分平衡施用对产量有着重要的影响，肥力较低的东山镇产量较低，说明测土配方施肥对其产量没有明显的影响。

表 4　不同施肥方式对不同肥力地区玉米产量的影响　　单位：kg/hm²

处理	东山镇	三宝镇	越州镇
NE−N	8 790.30±215.70a	9 006.65±1 099.80ab	9 639.60±337.95ab
NE−P	8 993.30±408.15a	9 525.05±1 105.65ab	9 865.05±161.40ab
NE−K	9 379.15±355.50a	9 287.25±799.50ab	9 929.90±85.50ab
CK	8 865.65±472.35a	6 966.60±1 402.20b	9 225.25±314.10b
NE	10 321.55±297.60a	9 247.70±559.95ab	10 323.10±267.00a
FP	10 255.55±792.45a	9 420.70±448.65ab	10 525.40±527.85a
RF	9 971.75±1 060.65a	10 382.45±604.35a	10 410.90±535.80a

注：同列标不同小写字表示 5%显著水平差异。

2.2　不同肥力地区不同施肥处理下玉米经济效益分析

通过对玉米产量及肥料成本差异计算出的经济效益见表 5。东山镇在 NE 指导施肥处理下经济效益最高，在农民习惯施肥条件下的经济效益次之，在缺氮素的试验中经济效益最低。三宝镇在测土配方施肥的处理条件下有最高经济效益，在缺钾素的试验中经济效益次之，在无施肥条件下经济效益最低。越州镇在农民习惯施肥条件下经济效益最高，其次是在测土配方施肥条件下，在缺氮素的试验中经济效益最低。

表 5　不同肥力地区不同施肥处理下玉米经济效益

试验地	处理	产量（kg/hm²）	产值（元/hm²）	成本（元/hm²）	净收益（元/hm²）	±CK（元/hm²）
东山镇	NE−N	8 790.30	17 580.60	929.33	16 651.28	−1 080.03
	NE−P	8 993.30	17 986.60	615.99	17 370.61	−360.69
	NE−K	9 379.15	18 758.30	1 073.33	17 684.98	−46.33
	CK	8 865.65	17 731.30	0.00	17 731.30	0.00
	NE	10 321.55	20 643.10	1 309.32	19 333.78	1 602.48
	FP	10 255.55	20 511.10	1 575.00	18 936.10	1 204.80
	RF	9 971.75	19 943.50	1 965.23	17 978.28	246.98
三宝镇	NE−N	9 006.65	18 013.30	795.67	17 217.64	3 284.44
	NE−P	9 525.05	19 050.10	662.37	18 387.73	4 454.53
	NE−K	9 287.25	18 574.50	1 003.72	17 570.79	3 637.59
	CK	6 966.60	13 933.20	0.00	13 933.20	0.00
	NE	9 247.70	18 495.40	1 230.88	17 264.53	3 331.33
	FP	9 420.70	18 841.40	1 575.00	17 266.40	3 333.20
	RF	10 382.45	20 764.90	1 965.23	18 799.68	4 866.48
越州镇	NE−N	9 639.60	19 279.20	929.27	18 349.93	−100.57
	NE−P	9 865.05	19 730.10	690.41	19 039.70	589.20
	NE−K	9 929.90	19 859.80	1 161.55	18 698.26	247.75
	CK	9 225.25	18 450.50	0.00	18 450.50	0.00
	NE	10 323.10	20 646.20	1 390.61	19 255.59	805.09
	FP	10 525.40	21 050.80	1 575.00	19 475.80	1 025.30
	RF	10 410.90	20 821.80	1 965.23	18 856.58	406.08

注：价格按玉米 2.00 元/kg；尿素 2.50 元/kg；普通过磷酸钙 1.00 元/kg；硫酸钾 3.50 元/kg 计算；人工成本并未计入其中。

2.3 不同肥力地区不同处理条件下玉米种植区环境效益分析

在农民习惯性施肥处理的条件下，肥力中等的三宝镇在铵态氮和硝态氮的减少量都较高；在肥力较低的东山镇铵态氮和硝态氮的减少量都较低；在肥力较高的越州镇硝态氮和铵态氮的减少量相差较大，其中硝态氮的减少量要远远大于铵态氮的减少量。在NE指导施肥处理条件下，肥力中等的三宝镇在铵态氮和硝态氮的减少量上都较高；肥力较低的东山镇减少量最低；肥力较高的越州镇在铵态氮和硝态氮的减少量上差异较大，其中硝态氮的减少量相对铵态氮的减少量较高。在测土配方施肥条件下，肥力中等的三宝镇在铵态氮和硝态氮的减少量较高，肥力较高和肥力较低的东山镇和越州镇的铵态氮和硝态氮的减少量都相对较低。

表6　不同肥力地区不同处理条件下玉米种植区三个土层土壤 NO_3-N 和 NH_4-N 含量前后变化量

单位：mg/kg

不同肥力地区	处理	NO_3-N			NH_4-N		
		0～30 cm	30～60 cm	60～90 cm	0～30 cm	30～60 cm	60～90 cm
东山镇	NE	−20.32	−1.81	1.32	−8.36	−3.95	−8.75
	FP	−16.12	−4.11	4.38	−12.65	−10.67	−7.05
	RF	−17.16	−10.24	−2.19	−1.60	−16.29	−10.26
三宝镇	NE	−41.72	−33.98	−12.55	−32.45	−56.01	−23.19
	FP	−24.96	−25.70	−16.39	−3.51	−28.21	−11.85
	RF	−26.97	−21.37	−10.98	−10.28	−16.14	−9.95
越州镇	NE	−52.79	−18.04	−8.34	−20.32	−1.81	1.32
	FP	−42.52	−6.69	−6.28	−16.12	−4.11	4.38
	RF	−16.70	0.81	−1.88	−17.16	−10.24	−2.19

注：负值代表施肥处理后土壤养分减少量；正值代表施肥处理后土壤养分增加量。

2.4 不同肥力条件下NE原理指导施肥条件下玉米氮、磷、钾养分利用分析

在氮肥的农学效率上，东山镇的最高，其次是三宝镇，越州镇的最低。在磷肥的利用率上，发现在肥力条件较好的越州镇和肥力中等的三宝镇在空白处理条件下籽粒中的磷含量比NE指导施肥条件下的要高。在农学效率上东山镇最高，其次是三宝镇，越州镇最低，建议在三宝镇和越州镇减少磷肥的施用量。在钾肥利用率上肥力最低的东山镇利用率最高，三宝镇利用率最低。在农学效率上越州镇农学效率最低，东山镇最高。建议在三宝镇和越州镇减少钾肥的施用量。

表7　不同肥力地区NE原理指导施肥条件下玉米养分利用　　单位：kg/kg

试验地	肥料农学效率AE		
	氮肥	磷肥	钾肥
东山镇	8.76	15.96	7.99
三宝镇	3.90	7.08	5.05
越州镇	3.28	5.90	3.09

3 讨论

在越州镇试验中，农民习惯施肥处理产量最高，达到10 525 kg/hm²。该处理中没有使用钾肥却可以得到比其他处理都高的产量，可能是由于该区域土壤中钾元素具有较高的含量，而钾肥的成本较高，所以经济效益较NE原理指导下的施肥处理和测土配方施肥较高。NE原理指导施肥处理相对于空白处

理越州镇每公顷可增 1 300 kg，增产率为 14.1%，按照玉米市场价 2 元/kg，可增收 2 600 元/hm^2。东山镇在 NE 施肥处理下产量最高，可增加产量 1 456 kg，增产率为 16.4%，可增收 2 912 元/kg。在当地存在严重的过量施氮的问题，农民习惯性施氮量显著高于 NE 原理指导下的施肥量，约为 157%。而且东山镇土壤酸碱度较高，在偏碱性的酸碱度条件下施加到土壤中的尿素若没有被植物及时吸收很容易转换成氨气挥发，造成肥料的浪费，增加对环境的污染[7,8]。另外农民习惯施肥处理中 NPK 用量非常不均衡，尤其是对于钾肥采用了零施肥量。三宝镇在土壤养分中磷元素的含量相对于其他两个试验区最少，所以施肥时磷素的施加就尤为重要，在 NE 指导施肥处理和农民习惯施肥条件下施用磷肥纯量比测土配方少 50 kg/hm^2，这可能是造成该区域在 NE 指导施肥处理和农民习惯施肥条件下产量较少的主要原因。说明在 NE 指导施肥处理和农民习惯施肥条件下在肥力中等且主要缺乏磷素的三宝镇存在磷肥用量较少，施肥用量不平衡的问题。在对肥料农学效率和利用率上，肥力较低的东山镇玉米对肥料的利用率和农学效率都较高，而肥力较高的越州镇和肥力中等的三宝镇在农学效率上较低，即土壤基础肥力较高，土壤供肥力较强。而在肥料利用率上，由于越州镇在 NE 原理指导施肥处理下到达了氮磷钾肥料的平衡施用，使得其氮素的肥料利用率较高。三宝镇由于在 NE 原理指导施肥处理中缺乏对磷肥的施用导致对氮肥和钾肥的利用率都较低。建议在越州镇减少氮肥施用量，三宝镇增加对磷肥的施用量[6,9]。在云南红壤地区进行的基于 NE 原理指导的施肥试验表明，NE 原理指导下的施肥处理在肥力较低的东山镇与农民习惯性施肥和当地推荐施肥相比，经济效益和环境效益都较高。NE 推荐施肥处理减少了氮养分投入，平衡了磷钾养分投入，实现了与农民习惯施肥及当地推荐施肥相持平的产量，提高了生产效益，降低了过量投入化肥导致的环境风险。在肥力中等的三宝镇，虽然在经济效益上 NE 原理施肥较推荐施肥低，但在环境效益上体现出一定的优势。在肥力较高的越州镇，不论是经济效益还是环境效益，NE 原理推荐施肥处理没表现出一定的优势。说明 NE 原理指导下的平衡施肥能够提高肥力较低地区肥料的利用率，减少养分损失提高产量的同时减少对环境的污染。在肥力中等和偏高的地区该技术需进一步改善。

参考文献

[1] 黄吉美．云南省玉米产业发展对策研究［J］．中国种业，2012（6）：8－13.

[2] 许玲燕，王慧敏，段琪彩，马剑锋．基于 SPEI 的云南省夏玉米生长季干旱时空特征分析［J］．资源科学，2013（5）：1024－1034.

[3] 柴育红，陈亚慧，夏训峰，等．测土配方施肥项目生命周期环境效益评价——以聊城市玉米为例［J］．植物营养与肥料学报，2014（1）：229－236.

[4] 陈防，张过师．农业可持续发展中的“4R”养分管理研究进展［J］．中国农学通报，2015（23）：245－250.

[5] Anonymous. 4R 作物养分管理［J］．中国土壤与肥料，2015（6）：17.

[6] 陈祥，同延安，杨倩．氮磷钾平衡施肥对夏玉米产量及养分吸收和累积的影响［J］．中国土壤与肥料，2008（6）：19－22.

[7] 杨淑莉，朱安宁，张佳宝，等．不同施氮量和施氮方式下田间氨挥发损失及其影响因素［J］．干旱区研究，2010（3）：415－421.

[8] 张惠，王志国，张晴雯，等．抑制剂 NBPT/DCD 不同组合对灌区碱性灌淤土中氨挥发及有效氮积累量的影响［J］．农业环境科学学报，2015（3）：606－612.

[9] 邢月华，韩晓日，汪仁，等．平衡施肥对玉米养分吸收、产量及效益的影响［J］．中国土壤与肥料，2009（2）：27－29.

黏性土壤不同覆盖方式和不同施氮量对玉米产量及氮肥利用的影响*

冯定明[1]　蒋志成[1]　李　鸿[1]　田红琳[1]　肖世会[2]　周茂林[1*]

1. 重庆市农业科学院，重庆　401329
2. 璧山区璧泉街道办事处，重庆璧山　402760

摘要：以地膜覆盖、秸秆覆盖、不覆盖方式配合3个施氮量，研究在黏性土壤下种植玉米，氮肥吸收运转分配及对产量的影响。结果表明，随着施氮水平增加，玉米株高、穗位高、穗长、穗粗、穗粒数、百粒重等性状，叶绿素含量、叶片含氮量、净光合率，产量均呈现增长；地膜覆盖效果最明显，秸秆覆盖略低于地膜，但植株性状、光合性能指标、穗部特征性状、产量差异不大，明显优于露地生产。施肥以氮16 kg/亩综合利用情况好，氮收获指数、干物质生产效率高，氮元素流失相对较少，偏生产力、表观吸收率、氮肥利用率适中；覆盖方式则以全地膜覆盖最好，各项氮运转、利用指标都偏优良，这与产量测定结果吻合。综合推荐施用纯氮12～16 kg/亩+地膜覆盖，土壤肥力高于本试验地力时施肥量可选择至下限。

关键词：黏性土壤；玉米；覆盖方式；施肥量；产量；氮肥利用

重庆丘陵旱地多，地形地貌复杂，气候特殊，玉米生长的土壤环境多黏重，生产季节又面临前期低温倒春寒、中期阴雨寡日、后期高温伏旱诸多不良气象影响，因而，要实现玉米高产，势必需要研发与生产条件相适宜的配套技术措施。本文主要研究在黏性土壤下覆盖与施氮措施对玉米生长、产量形成性状、产量形成生理指标及氮物质运转、氮利用率的影响，以便通过分析优化提出适宜本区域生产的节本高效玉米技术措施。

1　材料与方法

1.1　试验概况

试验地选择在铜梁区侣俸镇，位于北纬29°51′41″、东经105°59′53″，海拔311 m。丘陵地貌，土地较平整，土质黄壤，属国家六级分级中2级土（高肥力）。土壤pH值为7.6，含有机质26.9 g/kg，全氮、全磷和全钾含量分别为1.21 g/kg、0.467 g/kg和3.41 g/kg，碱解氮、有效磷、速效钾含量分别为139.0 mg/kg、27.8 mg/kg和306 mg/kg。

1.2　参试因素

施氮因素，设正常施用量N20、N16、N12共3个水平，每亩纯氮施用量分别为20 kg、16 kg、12 kg。

覆盖因素：设露地不覆盖、地膜全覆盖和秸秆覆盖3个水平。以CK，即不覆盖不施氮为空白对照。

1.3　试验设计及田间管理

玉米品种为渝单30，采用两因素完全实施的随机区组试验设计，包括对照共10个处理，重复3

* **基金项目：**国家行业科技项目（201503127）

次，30 个小区，小区长 8 m，4 行区，小区面积 22.4 m^2。

2018 年 4 月 3 日，按密度 3 200 株/亩播种；氮肥按试验方案进行，底肥、拔节肥、攻苞肥之比为 4∶2∶4；氮肥用尿素，各处理包括空白对照均底施 P_2O_5、K_2O 各 6 kg/亩；4 月 12 日出苗；其他栽管措施同当地大面积生产。

1.4 主要调查测定项目

播前和收获期分小区取样测定 0～20 cm 土层土壤养分、容重和水分，观测生育进程、植株性状、穗部性状、实际产量、茎叶穗重和灌浆期叶片叶绿素含量、含氮量、净光合率等。

2 结果与分析

2.1 不同因素对玉米生育进程、植株性状差异

由表 1 可见，玉米生育进程不同施肥与覆盖方式没有差异。但在植株性状上差异明显，表现为随氮肥施用量增加，穗位、株高、苞叶重、茎秆重、叶重均有增加趋势，N16 与 N12 差异相对较小些，也明显高于不施氮肥处理。覆盖的效果稍好于露地，差异极小，但均与 CK 有极大差异，综合来看地膜覆盖效果最优。

表 1 不同覆盖方式和氮肥处理玉米的植株性状差异

处理		穗位高（cm）	株高（cm）	苞叶重（g）	茎秆重（g）	叶重（g）
施肥	N20	104.0	234.0	150.0	414.2	179.2
	N16	100.33	228.20	138.33	346.67	162.50
	N12	96.67	226.03	125.00	324.17	159.20
	N0	80.5	194.5	85.0	240.0	125.0
覆盖	地膜	100.67	232.60	134.17	358.33	170.83
	秸秆	101.50	228.57	138.33	365.83	157.50
	露地	98.83	227.03	140.83	360.83	172.50
CK	N0+露地	80.5	194.5	85.0	240.0	125.0

2.2 不同处理玉米叶片光合特性差异

从施氮量来看，施肥处理各项指标均高于无肥露地对照处理，叶绿素含量指标、叶片含氮量、净光合率普遍具有随施氮增加而增加趋势[1]，其中以叶绿素含量变化最大，3 个施氮量处理分别比 CK（无肥露地）增长 18.57%、19.54%和 22.00%；N20 处理效果最好，见表 2。

表 2 各处理玉米叶片光合特性等测定值

处理		叶绿素含量 SPAD	含氮量 (mg/g)	净光合率 (mmol/m^2/s)
施肥	N20	59.26	15.99	15.99
	N16	58.06	15.29	15.29
	N12	57.59	15.03	15.03
	N0	48.57	15.11	12.35
覆盖	地膜	58.86	18.20	16.01
	秸秆	59.39	18.36	15.75
	露地	56.65	17.54	14.55
CK	N0+露地	48.57	15.11	12.35

从覆盖方式来看，以净光合率增长最为明显，覆盖方式分别增长 10.03%、8.25%。已有研究表明，叶绿素含量、含氮量、净光合率指标差异大，有一致变化规律性，即地膜覆盖≈秸秆覆盖>露地>>不施肥露地生产[2,3]。

2.3 不同处理因素对玉米产量构成因素的影响

从不同施氮水平来看，随施氮量增加，产量构成因素中穗长、穗粗、百粒重、行粒数均表现增加，其中对穗长、行粒数、百粒重影响大些，这与盛耀辉等[4]的报道结果一致；每亩施纯氮 12～20 kg，显著优于不施氮处理，而施纯氮 12 kg、16 kg、20 kg 之间，以 N16 和 N20 差异较小（表 3）。

从不同覆盖方式来看，地膜覆盖对穗长、穗粗、行粒数、百粒重的效果均比秸秆覆盖、露地好，并都显著优于 CK；秸秆覆盖，仅行粒数与露地没有差异，其余指标约高于露地，不过优势不明显，见表 3。本文结果与汤文光等[2]报道的覆盖效果基本一致。

表 3 不同氮肥处理和覆盖方式玉米的产量构成因素分析

处理		穗长（cm）	穗粗（cm）	行粒数	百粒重（g）
施肥	N20	20.39	5.08	38.28	25.19
	N16	20.54	5.11	37.78	24.60
	N12	19.94	5.08	37.48	23.77
	N0	16.42	4.68	30.57	21.30
覆盖	地膜	20.66	5.18	39.15	25.07
	秸秆	20.18	5.08	36.98	24.57
	露地	20.02	5.00	37.41	23.91
CK	N0+露地	16.42	4.68	30.57	21.30

2.4 不同处理玉米的氮吸收运转情况

2.4.1 氮的器官分配

玉米全株各器官的氮积累量列于表 4。可以看出，以籽粒最多，其次是秸秆，第三是叶片，苞叶和轴积累最少，这与杨大威[5]的研究结果一致。随着施肥量的增加，植株吸收氮素营养呈增加趋势，N12 与 N16 间差异小，与 N20 差异大，各器官则以茎秆差异最大。

表 4 不同氮肥处理和覆盖方式下 N 在玉米植株器官的分配总量　　单位：g/5 株

处理		茎秆	叶片	苞叶和轴	籽粒	全株总量
施肥	N20	4.90	2.91	1.60	11.21	20.62
	N16	3.96	2.75	1.60	10.92	19.23
	N12	4.09	2.84	1.52	10.97	19.38
	N0	2.09	1.91	0.89	6.12	11.01
覆盖	地膜	4.22	2.76	1.42	11.35	19.71
	秸秆	4.52	2.75	1.64	10.61	19.71
	露地	4.21	2.99	1.65	10.95	19.81
CK	N0+露地	2.09	1.91	0.89	6.12	11.01

氮运转情况见表 5。可以看出，以籽粒、茎秆氮存在较多，成熟时，物质向这两个器官运转量较大，特别是籽粒平均占全株 55.84%。从施氮水平来看，运转比例随施肥量增加叶片与苞叶轴器官变化不大，但在茎秆、籽粒尚有差异，表现为籽粒器官随施氮增加虽然吸收增量，但籽粒含氮占比在超过 N16 时呈下降，施肥 N12、N16 处理间没有差异。高氮处理氮运转更多集中在茎秆，即促进生长上。

表 5　不同氮肥处理和覆盖方式下玉米各器官氮占全株的比例　单位：%

处理		茎秆	叶片	苞叶和轴	籽粒
施肥	N20	23.77	14.12	7.76	54.39
	N16	20.59	14.30	8.32	56.79
	N12	21.10	14.65	7.84	56.60
	N0	18.98	17.35	8.08	55.59
覆盖	地膜	21.41	14.00	7.20	57.58
	秸秆	22.93	13.95	8.32	53.83
	露地	21.25	15.09	8.33	55.28
CK	N0＋露地	18.98	17.35	8.08	55.59

覆盖方式对氮吸收差异不大，两种覆盖各器官氮吸收均明显高于 CK，见表 4。从不同覆盖方式来看，各器官含氮占比在叶片、苞叶轴、茎秆上变化不大，而在籽粒含氮占比上差异大，表现为地膜覆盖有利于促进更多氮向生殖器官运转，见表 5，这与杨大威报道的结果一致[5]。

2.4.2　表观吸收率、氮肥利用率

由表 6 可以看出，表观吸收率、氮肥利用率，随着施肥量的减少逐渐增加，其中 N20 与 N16 差异不大，均与 N12 差异大；不同覆盖方式之间几乎没有差异。

表 6　不同氮肥处理和覆盖方式下玉米对氮的利用评价

处理	表观吸收率（%）	偏生产力（kg/kg）	干物质生产效率（%）	氮收获指数	每亩氮吸收量（kg）	每亩氮流失量（kg）	肥料利用率（%）
N20	66.26	23.57	71.72	54.33	6.17	8.17	31.00
N16	77.25	30.03	72.69	57.00	5.28	3.51	33.00
N12	104.03	38.79	69.59	57.00	5.40	1.20	45.00
地膜	81.27	31.93	73.32	58.00	5.61	3.91	35.08
秸秆	82.96	30.13	70.09	55.00	5.59	4.14	34.92
露地	83.30	30.33	70.59	55.00	5.65	4.84	35.31

2.4.3　氮肥料吸收量

每亩氮吸收量，施氮各处理以 N20 最高，N16 与 N12 间差异极小；覆盖方式各处理基本没有差异。

2.4.4　肥料流失量

随施肥量增加肥料流失量增大，高氮处理氮素流失严重，N20 流失量高达 N12 的 6.81 倍，N16 与 N12 差异相对较小；覆盖能有效减少肥料流失，地膜覆盖流失最少，地膜覆盖、秸秆覆盖分别比露地减少流失 19.21%、14.46%。从肥料流失角度考虑，N12、N16 和地膜覆盖效果明显。

2.4.5　干物质生产效率

干物质积累随着施氮量增加而增加，达到一定峰值后，又随着氮的增加而下降；覆盖方式以全膜覆盖最高，秸秆覆盖、露地低且差异小。

2.4.6　偏生产力

偏生产力随着施肥量的减少逐渐增加，覆盖方式之间没有多大差异。

2.4.7　氮收获指数

氮收获指数，施肥处理间 N16、N12 没有差异，均高于 N20 处理；覆盖方式露地、秸秆差异不明显，以全膜覆盖氮收获指数较高。

综合氮运转、利用分析来看，施氮有利于物质运转增加，但在本试验高肥力土壤与施肥水平下，每亩施 N 16 最为有利，既有利于促进物质向生殖生长运转，氮收获指数、干物质生产效率高，又能保持较低肥料流失和适中的偏生产率、氮肥利用率。从覆盖方式来看，地膜覆盖在物质向生殖生长运转，在降低流失量、提高氮收获指数、干物质生产率均有明显优势。

2.5 不同处理因素对玉米产量的影响

不同施肥量和覆盖方式处理的玉米产量见表 7。从表 8 产量方差分析结果可知，施氮与覆盖两因素产量差异均未达 5%显著水平，两因素交互作用也不显著。其中施氮 12～20 kg/亩，产量呈相应增长，但氮肥偏生产力下降；覆盖方式则以地膜覆盖产量最高，露地产量最低。从 10 个处理的多重比较来看，虽然施肥、覆盖各处理间产量差异不显著，但与 CK 相比，差异均达极显著，施氮 12～20 kg/亩的盖膜组合增产效果明显。

表 7　施肥量和覆盖方式各处理玉米产量

处理	小区产量				折合亩产量	比 CK±（%）	位次
	Ⅰ	Ⅱ	Ⅲ	平均			
N20+露地	10.24	8.17	7.21	8.54	508.33**	61.74	3
N20+盖膜	9.59	8.10	8.87	8.85	526.98**	67.68	1
N20+覆秆	7.29	8.17	7.12	7.53	448.02	42.55	8
N16+露地	7.00	9.67	6.56	7.74	460.91*	46.65	7
N16+盖膜	10.19	8.50	7.50	8.73	519.64**	65.34	2
N16+覆秆	7.56	8.12	8.16	7.95	473.02*	50.51	6
N12+露地	6.57	7.39	7.96	7.31	434.92	38.38	9
N12+盖膜	9.00	9.51	6.96	8.49	505.36**	60.80	4
N12+覆秆	8.87	8.39	6.73	8.00	475.99*	51.45	5
无肥+露地（CK）	6.80	4.07	4.97	5.28	314.29		10

表 8　各处理两因素方差分析

变异来源	平方和	自由度	均方	F 值	P 值
区组间	6.1320	2	3.0660	2.86	0.0865
氮肥因素间	0.6374	2	0.3187	0.55	0.6147
覆盖因素间	4.3196	2	2.1598	3.73	0.1217
氮肥×覆盖	2.3137	4	0.5784	0.54	0.7086
误差	17.1366	16	1.0710		
总变异	30.5393	26			

3 小结与建议

在本试验设计范围内，随着施氮水平增加，玉米株高、穗位高、穗长、穗粗、穗粒数、百粒重等性状，叶绿素含量、叶片含氮量、净光合率，产量均呈现增长，其中 N16 与 N20 处理差异较小。覆盖方式，地膜覆盖效果最明显，秸秆覆盖略低于地膜，但植株性状、光合性能指标、穗部特征性状、产量差异不大，明显优于露地生产。

从氮积累利用、运转指标分析看，低氮处理各项指标偏向优良，高氮处理指标偏劣明显。试验各处理中施肥以 N16 综合利用情况好，氮收获指数、干物质生产效率高，氮素流失相对较少，偏生产力、表观吸收率、氮肥利用率适中；覆盖方式则以全地膜覆盖最好，各项氮运转、利用指标都偏优良，这与产量测定结果吻合。

在试验黏性高肥土壤下，随施肥增加玉米总产增加，但不显著，而偏生产力、边际产量均下降，从产量方差分析来看施氮 3 个水平在统计学上没有显著性差异，说明氮 20 kg/亩施肥过量。综合推荐施用纯氮 12～16 kg/亩＋地膜覆盖，土壤肥力高于本试验地力时施肥量可选择至下限。

参考文献

[1] 吴亚男，齐华，盛耀辉，等．密度、氮肥对春玉米光合特性、干物质积累及产量的影响 [J]. 玉米科学，2011，19 (5)：124 - 127.

[2] 汤文光，唐海明，肖小平，等．不同保水措施对南方季节性干旱区春玉米的影响 [J]. 中国农业科技导报，2011，13 (3)：102 - 107.

[3] 李洪勋，吴伯志．地膜覆盖对玉米生理指标的影响研究综述 [J]. 玉米科学，2014，12 (S)：66 - 69.

[4] 盛耀辉，王庆祥，齐华，等．种植密度和氮肥水平对春玉米产量及氮素效率的影响 [J]. 作物杂志，2010 (6)：58 - 61.

[5] 杨大威．地膜覆盖对玉米产量及生理机制影响的研究 [J]. 农业开发与装备，2014 (6)：76.

覆膜方式与施氮量对春玉米产量、干物质和氮素积累与转运的影响*

罗上轲 刘 婕 叶开梅 冯云贵 朱德坤 宋 碧* 张 军

贵州大学农学院，贵州贵阳 550025

摘要： 为探明贵州春玉米适宜的覆膜方式及施氮量，采用裂区设计，连续两年在贵州威宁进行了不同覆膜方式（宽膜、窄膜覆盖）与施氮量（0 kg/hm^2、80 kg/hm^2、160 kg/hm^2、240 kg/hm^2、320 kg/hm^2）对春玉米产量及地上部干物质和氮素积累、转运特性的影响研究。结果表明，不同覆膜方式与施氮量间春玉米产量差异极显著，宽膜覆盖比窄膜覆盖产量提高15.61%。宽膜覆盖显著增加了春玉米地上部干物质积累量、转运量和转运率，提高了干物质转运对籽粒物质积累的贡献率，显著增加了春玉米氮素积累量。在宽膜覆盖条件下，施氮量为240 kg/hm^{2}时，春玉米产量最高，营养器官干物质和氮素转运量最高。宽膜覆盖提高了玉米产量，促进了春玉米干物质、氮素积累与分配，本试验条件下适宜施氮量为240 kg/hm^2。

关键词： 玉米；覆膜方式；施氮量；干物质积累

春玉米是西南区重要的粮食作物之一，该地区生态条件差异较大，旱涝灾害频繁，是典型的雨养农业，水分是限制作物产量的主要因素[1]。由于地膜覆盖在保水保墒、改善土壤水热状况进而促进作物生长发育及提高产量方面作用突出，已被广泛应用于玉米栽培，而合理施用氮肥对提高玉米产量和氮肥利用效率具有重要意义[2-6]。玉米产量是由生育期内干物质及氮素积累、分配和转运特性决定的。前人在施氮量对玉米干物质和氮素积累、转运等方面开展了相关研究。郑伟等[7]指出，增施氮肥提高了玉米营养器官氮素转运量和转运率，但对籽粒氮素的贡献率则保持在50.8%～62.9%；曹国军等[8]报道，超高产玉米籽粒中77.52%的氮素由营养器官转运；Osaki等[9]研究表明过量氮素运转则导致叶片早衰及光合能力下降，不利于提高产量；何萍等[10]研究表明，随着施氮量增加玉米营养器官的氮素转运率呈先增加后降低的趋势；李广浩等[11]发现，在黄淮海地区，施氮量在0～360 kg/hm^{2}时，群体干物质积累量、植株氮素总积累量及花后氮素同化量均随施氮量增加而增加；Liu等[12]研究指出，在黄土旱塬区覆膜栽培条件下，施氮量在0~250 kg/hm^{2}时，春玉米干物质、氮素积累量和花后干物质积累量随施氮量的增加而显著提高；Meng等[13,14]研究指出，高产条件下干物质积累量显著增加，且玉米花后干物质积累比例和氮素积累比例增加显著。可见，不同地区不同种植模式下施氮量对玉米干物质和氮素积累、转运的影响不尽相同。关于覆膜方式与施氮量对玉米产量、干物质和氮素积累与转运方面的研究较少。威宁是贵州粮食生产大县，海拔高积温较低，春玉米需覆膜种植。本研究在贵州威

* **基金项目：** 公益性行业（农业）科研专项（201503127）；国家重点研发计划粮食丰产增效科技创新专项（2016YFD0300307）；贵州省特色粮油作物栽培与生理生态研究科技创新人才团队（黔科合平台人才〔2019〕5613号）；贵州省生物学一流学科建设项目（GNYL〔2017〕009）；贵州省普通高等学校粮油作物遗传改良与生理生态特色重点实验室（黔教合KY字〔2015〕333）；贵州省科技计划项目一黔科合基础〔2016〕1025

宁开展覆膜方式与施氮量对春玉米产量及干物质和氮素积累、转运的影响研究，旨在探明适宜的覆膜方式及施氮量，为该地区和类似生态区春玉米高产栽培及氮肥合理施用提供依据和指导。

1 材料与方法

1.1 试验地点

本试验于2017—2018年在贵州省威宁县（27.42°N，103.96°E）进行，平均海拔2200 m，当地属亚热带季风性湿润气候，年均气温10.5℃，年均降水量950 mm。2017年试验地为黄壤，pH值5.73，有机质46.16 g/kg、全氮2.38 g/kg，全磷1.19 g/kg，全钾14.00 g/kg；2018年试验地为黄壤，pH值6.27，有机质37.96 g/kg、全氮1.61 g/kg，碱解氮46.78 mg/kg，全钾10.93 g/kg、有效磷29.87 mg/kg、速效钾136.8 mg/kg。

1.2 试验设计

供试品种为保玉7号（2017）和盘玉5号（2018）。采用裂区设计，设覆膜方式和施氮量两个因素。主区为覆膜方式（A），分为宽膜覆盖（A1）和窄膜覆盖（A2）。A1用宽1.8 m的地膜覆盖4行玉米，先挖穴施肥播种，再盖膜盖种；A2用宽0.8 m的地膜覆盖2行玉米，先挖穴施肥播种盖种，再盖膜。副区为施氮量（N），设5个水平：0 kg/hm^2（N1）、80 kg/hm^2（N2）、160 kg/hm^2（N3）、240 kg/hm^2（N4）和320 kg/hm^2（N5）。氮肥施用比例为基肥∶拔节肥∶穗肥=4∶2∶4，各处理均基施P_2O_5和K_2O各90 kg/hm^2。采用直播，宽窄行种植，宽行0.8 m，窄行0.4 m，种植密度67500株/hm^2，小区面积为31.2 m^2，设3次重复。2017年4月8日播种，10月15日收获；2018年4月6日播种，10月8日收获，其他田间管理同当地大田生产一致。

1.3 测定项目及方法

1.3.1 干物质和氮素积累量

在玉米吐丝期、成熟期分别取2株代表性植株，分部位（叶片、茎秆、籽粒、其他）后置于105℃烘箱杀青30 min，75℃烘至恒重后称量。烘干样品用粉碎机磨碎后过0.5 mm筛，用凯氏定氮法测定全氮含量[15]。

1.3.2 产量及产量性状

在玉米收获期，各小区选有代表性的果穗10穗，待风干后测定穗长、穗粒数、千粒重等；各小区实测计产。

1.4 计算方法及数据分析

按照Cox等[16,17]的方法，计算吐丝期营养器官干物质和氮素转运对籽粒干物质和氮素积累贡献率。

干物质或氮素转运量（kg/hm^2）=吐丝期营养器官干物质或氮素积累量－成熟期营养器官干物质或氮素积累量。

干物质或氮素转运率（%）=（吐丝期营养器官干物质或氮素积累量－成熟期营养器官干物质或氮素积累量）/吐丝期营养器官干物质或氮素积累量×100%。

营养器官干物质或氮素转运对籽粒干物质或氮素积累贡献率（%）=（吐丝期营养器官干物质或氮素积累量－成熟期营养器官干物质或氮素积累量）/籽粒干物质或氮素积累量×100%。

利用Microsoft Excel 2010进行数据整理，统计分析和差异显著性检验用DPSv7.05版数据处理系统分析，用LSD法进行显著性测验。

2 结果与分析

2.1 覆膜方式和施氮量对春玉米干物质积累、分配与转运的影响

因两年试验结果趋势一致，采用 2018 年数据进行分析。由表 1 可知，除吐丝期其他部位干物重外，不同覆膜方式和施氮量下所有干重差异显著或极显著。覆膜方式和施氮量互作后吐丝期叶片重和成熟期茎秆重差异显著。在成熟期，A1 处理较 A2 处理叶片重、茎秆重、籽粒重、其他重和总干物质重显著增加。在吐丝期，N4 处理较其他施氮量处理的叶片重、茎秆重、其他重和总干物质重也显著增加。成熟期，N4 处理叶片重、茎秆重、籽粒重和总干物质重较其他施氮量处理分别提高了 28.68%～76.82%、21.52%～56.17%、8.70%～44.29%、14.96%～53.19%。处理间比较，吐丝期 A1N4 处理的叶片重、茎秆重、其他重和总干物质重最大；成熟期 A1N4 处理的叶片重、茎秆重、籽粒重、其他重和总干物质重最大。

表 1 2018 年不同覆膜方式与施氮量下春玉米各器官干物质积累量 单位：kg/hm^2

处理	吐丝期				成熟期				
	叶片	茎秆	其他	群体	叶片	茎秆	籽粒	其他	群体
A1N1	2 533.1cC	7 153.6cC	1 883.26bA	11 570.04cC	1 762.3dC	6 115.2cC	9 198.6dC	1 433.4dC	18 509.4cC
A1N2	2 678.3cC	8 484.7bB	2 921.63aA	14 084.65bB	2 061.5cBC	6 236.0cC	9 309.9dC	1 622.0cC	19 229.4cC
A1N3	3 062.0bB	8 721.9bB	2 359.18abA	14 143.01bB	2 371.8bAB	7 181.0bB	10 783.6cB	2 035.0bB	22 371.5bB
A1N4	3 642.9aA	11 146.5aA	2 679.59abA	17 468.97aA	2 722.7aA	8 723.4aA	13 261.6aA	2 564.9aA	27 272.6aA
A1N5	3 296.6bAB	8 837.1bB	2 556.84abA	14 690.61bB	2 364.4bAB	7 015.6bB	11 757.0bAB	2 099.1bB	23 236.2bB
A2N1	1 915.9cC	5 017.2dC	1 355.55bA	8 288.70dC	1 246.1cC	4 501.3dD	7 960.3cB	1 228.5cC	14 936.1dD
A2N2	2 382.4bB	6 087.4cBC	1 574.15abA	10 043.90cBC	1 629.1bB	4 549.5dD	8 462.9bcB	1 370.14cC	16 011.7dD
A2N3	2 441.3bAB	7 284.8bAB	2 427.17aA	12 153.22abAB	1 729.4bB	5 638.8cC	8 964.8bB	1 651.73bB	17 984.7cC
A2N4	2 883.2aA	8 809.5aA	2 127.86abA	13 820.58aA	2 597.0aA	7 856.9aA	11 497.5aA	2 012.12aA	23 963.4aA
A2N5	2 177.4bBC	7 254.8bB	1 930.80abA	11 362.95bcB	1 769.5bB	6 628.7bB	11 021.5aA	1 912.73aAB	21 332.4bB
A1	3 042.6aA	8 868.8aA	2 480.10aA	14 391.46aA	2 256.5aA	7 054.2aA	10 862.1aA	1 950.9aA	22 123.8aA
A2	2 360.0bB	6 890.7bB	1 883.10aA	11 133.87bB	1 794.2bA	5 835.0bB	9 581.4bA	1 635.0bA	18 845.7bB
N1	2 224.5cA	6 085.4cC	1 619.41aA	9 929.37cC	1 504.2cC	5 308.2cC	8 579.4dB	1 330.9cC	16 722.8dD
N2	2 530.3bBC	7 286.0bBC	2 247.89aA	12 064.27bB	1 845.3bB	5 392.7cC	8 886.4dB	1 496.1cC	17 620.5dD
N3	2 751.6bB	8 003.3bB	2 393.17aA	13 148.12bB	2 050.6bB	6 409.9bB	9 874.2cB	1 843.4bB	20 178.1cC
N4	3 263.1aA	9 978.0aA	2 403.73aA	15 644.78aA	2 659.8aA	8 290.1aA	12 379.6aA	2 288.5aA	25 618.0aA
N5	2 737.0bB	8 046.0bB	2 243.82aA	13 026.78bB	2 067.0bB	6 822.2bB	11 389.3bA	2 005.9bB	22 284.3bB
A	**	**	ns	**	*	**	*	*	**
N	**	**	ns	**	**	**	**	**	**
A×N	*	ns	ns	ns	ns	*	ns	ns	ns

注：同一覆膜方式下，施氮量处理间不同小写字母表示差异显著（$P<0.05$）；不同覆膜方式处理或不同施氮量处理同列数据后不同小写字母表示差异显著（$P<0.05$）；ns 表示不显著；* 和 ** 分别表示影响显著（$P<0.05$）或极显著（$P<0.01$）。下表同。

由表 2 可知，覆膜方式显著影响成熟期茎秆分配比例和籽粒分配比例，施氮量则显著影响成熟期叶片分配比例和籽粒分配比例，覆膜方式和施氮量互作显著影响成熟期茎秆分配比例和籽粒分配比例。A1 较 A2 显著提高了茎秆分配比例。N4 处理较其他施氮量处理显著提高了成熟期叶片分配比例、茎秆分配比例和其他分配比例。

表 2　2018 年不同覆膜方式与施氮量下春玉米干物质分配比例　　单位：%

处理	吐丝期			成熟期			
	叶片	茎秆	其他	叶片	茎秆	籽粒	其他
A1N1	22.18aA	61.78aA	16.04aA	9.52acA	33.04aA	49.70abA	7.74bA
A1N2	19.26aA	60.25aA	20.49aA	10.70aA	32.51aA	48.39bA	8.40abA
A1N3	21.67aA	61.72aA	16.61aA	10.61abA	32.10aAB	48.20bA	9.09aA
A1N4	20.98aA	64.02aA	15.00aA	9.98abcA	32.00aAB	48.62abA	9.40aA
A1N5	22.52aA	60.00aA	17.48aA	10.18abcA	30.21bB	50.58aA	9.03aA
A2N1	23.08aA	60.65aA	16.28aA	8.27bB	30.27bAB	53.15aA	8.31aA
A2N2	23.90aA	60.80aA	15.30aA	10.23aA	28.50cB	52.62aA	8.65aA
A2N3	20.15abA	60.07aA	19.77aA	9.59aAB	31.38abA	49.85bBC	9.18aA
A2N4	20.89abA	63.62aA	15.49aA	10.86aA	32.77aA	47.98cC	8.40abA
A2N5	19.12bA	63.91aA	16.97aA	8.26bB	31.14abA	51.62aAB	8.98aA
A1	21.43aA	61.55aA	17.12aA	10.20aA	31.97aA	49.10bA	8.73aA
A2	21.32aA	61.81aA	16.76aA	9.44aA	30.81bA	51.04aA	8.70aA
N1	22.63aA	61.21aA	16.16aA	8.90cB	31.66abA	51.43aA	8.02aA
N2	21.58aA	60.53aA	17.89aA	10.46aA	30.51bA	50.51abABC	8.53aA
N3	20.91aA	60.90aA	18.19aA	10.10abAB	31.74abA	49.02bcBC	9.14aA
N4	20.94aA	63.82aA	15.25aA	10.42aA	32.39aA	48.30cC	8.90aA
N5	20.82aA	61.96aA	17.23aA	9.22bcAB	30.67bA	51.10aAB	9.01aA
A	ns	ns	ns	ns	*	*	ns
N	ns	ns	ns	*	ns	**	ns
A×N	ns	ns	ns	ns	*	*	ns

覆膜方式显著影响干物质转运量、转运率和干物质转运对籽粒干物质积累贡献率，施氮量则显著影响干物质转运率，两因素互作对干物质转运指标影响均不显著（表 3）。A1 较 A2 显著提高了玉米干物质转运量、转运率和干物质转运对籽粒干物质积累贡献率。N2 处理较其他施氮量处理显著提高了干物质转运量、转运率和干物质转运对籽粒干物质积累贡献率。处理间比较，A1N2 处理干物质转运量、转运率和干物质转运对籽粒干物质积累贡献率均最大。

表 3　不同覆膜方式与施氮量下春玉米营养器官干物质转运及对籽粒干物积累的影响

处理	干物质转运量（kg/hm^2）	干物质转运率（%）	干物质转运对籽粒干物质积累贡献率（%）
A1N1	1 809.3cB	18.43aA	19.66aA
A1N2	2 865.6abAB	25.45aA	31.13aA
A1N3	2 231.0bcAB	18.99aA	20.87aA
A1N4	3 343.2aA	17.98aA	20.55aA
A1N5	2 753.7abAB	22.12aA	23.81aA
A2N1	1 185.8cA	17.26bcAB	15.31abAB
A2N2	2 291.1abA	27.10aA	27.83aA
A2N3	2 357.9aA	24.26abA	26.34aAB
A2N4	1 238.9bcA	10.25cB	10.56bAB
A2N5	1 034.0cA	10.93cB	9.39bB
A1	2 600.6aA	20.59aA	23.20aA
A2	1 621.5bA	17.96bA	17.88bB
N1	1 497.5bA	17.85bcAB	17.49bA
N2	2 578.4aA	26.28aA	29.48aA

续表

处理	干物质转运量（kg/hm²）	干物质转运率（%）	干物质转运对籽粒干物质积累贡献率（%）
N3	2 294. 4abA	21. 63abAB	23. 61abA
N4	2 291. 1abA	14. 11cB	15. 56bA
N5	1 893. 8abA	16. 53bcAB	16. 60bA
A	*	*	*
N	ns	*	ns
A×N	ns	ns	ns

2.2 覆膜方式和施氮量对春玉米氮素吸收、运转的影响

因两年试验结果趋势一致，采用 2018 年数据进行分析。由表 4 可知，覆膜方式显著影响春玉米吐丝期叶片、茎秆和群体氮积累量及成熟期茎秆和群体氮积累量，施氮量则显著影响除吐丝期其他氮积累量外的所有指标，两因素对春玉米氮积累指标均未表现出显著的交互作用。A1 较 A2 显著提高了吐丝期叶片、茎秆和群体氮积累量及成熟期茎秆、其他部位和群体氮积累量。成熟期，叶片、茎秆、籽粒和群体氮积累量随着施氮量的增加呈先增加后降低的趋势。处理间比较，A1N4 处理吐丝期叶片、茎秆、群体氮积累量和成熟期叶片、茎秆、籽粒、群体氮积累量均最大。

表 4　2018 年不同覆膜方式与施氮量下春玉米不同器官氮素积累量　　单位：kg/hm²

处理	吐丝期				成熟期				
	叶片	茎秆	其他	群体	叶片	茎秆	籽粒	其他	群体
A1N1	48. 33dC	37. 44cD	8. 47aA	94. 24dD	28. 76bB	24. 06dD	107. 69bB	5. 00cC	165. 51bB
A1N2	72. 96cB	59. 11bC	12. 46aA	144. 52cC	30. 33bB	29. 98cC	118. 29bB	7. 67bBC	186. 26bB
A1N3	88. 86bA	63. 98bBC	12. 24aA	165. 08bBC	43. 25aA	43. 75aA	151. 19aA	5. 44cC	243. 63aA
A1N4	106. 40aA	90. 41aA	9. 19aA	204. 00aA	46. 79aA	45. 10aA	173. 88aA	9. 25abAB	275. 02aA
A1N5	96. 24abA	79. 71aAB	9. 87aA	185. 82aAB	39. 53aA	36. 11bB	160. 61aA	11. 21aA	247. 46aA
A2N1	38. 08cC	25. 87dC	5. 40cA	69. 35dC	18. 56cC	17. 91cD	95. 48cC	2. 71cC	134. 66dC
A2N2	53. 10bBC	35. 87cdBC	5. 81bcA	94. 78cBC	24. 88bBC	21. 44cCD	120. 31bBC	5. 79bB	172. 42cB
A2N3	57. 64bB	53. 49abAB	12. 24aA	123. 37bAB	24. 86bBC	28. 83bB	122. 47bABC	5. 66bB	181. 81bcB
A2N4	81. 23aA	65. 41aA	10. 23abA	156. 87aA	46. 72aA	38. 68aA	158. 69aA	6. 81bAB	250. 90aA
A2N5	57. 41bB	45. 79bcAB	10. 45abA	113. 65bcB	29. 66bB	26. 96bBC	144. 96abAB	10. 06aA	211. 64bAB
A1	82. 56aA	66. 13aA	10. 45aA	158. 73aA	37. 73aA	35. 80aA	142. 33aA	7. 71aA	223. 58aA
A2	57. 49bA	45. 29bA	8. 83aA	111. 60bA	28. 93aA	26. 77bA	128. 38aA	6. 20bA	190. 28bA
N1	43. 21dC	31. 65dC	6. 93bA	81. 79dD	23. 66cC	20. 99eC	101. 59dC	3. 85dC	150. 08dD
N2	63. 03cB	47. 49cBC	9. 13abA	119. 65cC	27. 60cBC	25. 71dC	119. 30cdBC	6. 73bcB	179. 34cCD
N3	73. 25bcB	58. 74bcB	12. 24aA	144. 23bBC	34. 05bB	36. 29bAB	136. 83bcAB	5. 55cdBC	212. 72bBC
N4	93. 82aA	77. 91aA	9. 71abA	180. 43aA	46. 76aA	41. 89aA	166. 28aA	8. 03bAB	262. 96aA
N5	76. 82bB	62. 75bAB	10. 16abA	149. 74bB	34. 59bB	31. 54cB	152. 79abA	10. 63aA	229. 55bAB
A	*	*	ns	*	ns	*	ns	*	*
N	**	**	ns	**	**	**	**	**	**
A×N	ns	ns	ns	ns	ns	ns	ns	ns	ns

由表 5 可知，覆膜方式显著影响春玉米成熟期茎秆氮素分配比例，施氮量则显著影响成熟期茎秆和其他部位氮素分配比例，两因素对春玉米氮积累指标均未表现出显著的交互作用。随着施氮量的增加，吐丝期叶片、茎秆和成熟期叶片、茎秆氮素分配比例呈先增加后降低的趋势。

表 5　2018 年不同覆膜方式与施氮量下春玉米不同器官氮素分配比例　　单位：%

处理	吐丝期			成熟期			
	叶片	茎秆	其他	叶片	茎秆	籽粒	其他
A1N1	51.48aA	39.66aA	8.86aA	17.43aA	14.66bA	64.83aA	3.08bcAB
A1N2	50.23aA	41.19aA	8.57aA	16.28aA	16.13abA	63.46aA	4.14abA
A1N3	53.99aA	38.32aA	7.68abA	17.86aA	18.08aA	61.79aA	2.27cB
A1N4	51.81aA	43.74aA	4.46bA	16.90aA	16.46abA	63.30aA	3.34abcAB
A1N5	51.92aA	42.72aA	5.36abA	16.03aA	14.60bA	64.81aA	4.56aA
A2N1	54.18aAB	37.89aA	7.93abA	13.83bB	13.73abA	70.43aA	2.01bB
A2N2	55.44aA	38.58aA	5.97bA	14.45bAB	12.44bA	69.73aA	3.38abAB
A2N3	46.55bB	43.23aA	10.21aA	13.57bB	15.82aA	67.47aAB	3.14bAB
A2N4	51.85aAB	41.30aA	6.86abA	18.71aA	15.55aA	62.99bB	2.75bB
A2N5	50.12abAB	40.24aA	9.64abA	13.93bB	12.75bA	68.50aA	4.82aA
A1	51.89aA	41.13aA	6.99aA	16.90aA	15.99aA	63.64aA	3.48aA
A2	51.63aA	40.25aA	8.12aA	14.90aA	14.06bB	67.82aA	3.22aA
N1	52.83aA	38.77aA	8.40abA	15.63abA	14.20bcAB	67.63aA	2.54cB
N2	52.84aA	39.89aA	7.27abA	15.36bA	14.28bcAB	66.59aA	3.76abAB
N3	50.27aA	40.78aA	8.95aA	15.71abA	16.95aA	64.63abA	2.70bcB
N4	51.83aA	42.52aA	5.66bA	17.81aA	16.00abAB	63.15bA	3.04bcB
N5	51.02aA	41.48aA	7.50abA	14.98bA	13.67cB	66.65aA	4.69aA
A	ns	ns	ns	ns	**	ns	ns
N	ns	ns	ns	ns	*	ns	**
A×N	ns	ns	ns	ns	ns	ns	ns

由表 6 可知，覆膜方式对氮素转运的所有指标均不显著，施氮量则显著影响氮素转运量和氮素转运对籽粒氮素积累贡献率，覆膜方式和施氮量互作显著影响氮素转运对籽粒氮素积累贡献率。A1 的氮素转运量、转运率和氮素转运对籽粒氮素积累贡献率较 A2 分别提高了 59.64%、10.66%、42.73%。氮素转运量和氮素转运对籽粒氮素积累贡献率，随着施氮量的增加呈先增加后降低的趋势。处理间比较，A1N4 处理氮素转运量最高，A1N5 处理氮素转运率和氮素转运对籽粒氮素积累贡献率最大。

表 6　不同覆膜方式与施氮量下春玉米营养器官氮素转运及其对籽粒氮素积累的贡献

处理	氮素转运量（kg/hm^2）	氮素转运率（%）	氮素转运对籽粒氮素积累贡献率（%）
A1N1	32.95cC	38.14bB	31.45cB
A1N2	71.77bB	53.94aA	60.31aA
A1N3	65.85bB	42.52bAB	43.10bAB
A1N4	104.91aA	53.09aA	60.56aA
A1N5	100.31aA	56.38aA	61.79aA
A2N1	27.49bB	42.07abA	29.01bA
A2N2	42.65abAB	42.88abA	34.37abA
A2N3	57.44aAB	51.47aA	47.15aA
A2N4	61.24aA	40.07bA	37.71abA
A2N5	46.58aAB	44.05abA	31.99bA
A1	75.16aA	48.81aA	51.44aA
A2	47.08aA	44.11aA	36.04aA
N1	30.22cC	40.11bA	30.23bB
N2	57.21bB	48.41abA	47.34aA

续表

处理	氮素转运量（kg/hm²）	氮素转运率（%）	氮素转运对籽粒氮素积累贡献率（%）
N3	61.64bAB	46.99abA	45.13aAB
N4	83.08aA	46.58abA	49.14aA
N5	73.44abAB	50.21aA	46.89aA
A	ns	ns	ns
B	**	ns	*
A×B	ns	ns	*

2.3 覆膜方式和施氮量对春玉米产量、产量构成因素的影响

由表7可知，覆膜方式间玉米穗粒数和产量差异达到显著水平，施氮量间各项指标差异均达到了显著水平，覆膜方式和施氮量互作显著影响玉米产量。A1较A2显著提高了玉米穗粒数和产量，且产量提高了15.61%。穗数、穗粒数和千粒重随着施氮量的增加呈先增加后降低的趋势。处理间比较，A1N4处理穗数、穗粒数和产量最高，A1N3处理千粒重最大。

表7 覆膜方式和施氮量对产量及产量构成因素的影响

年份	处理	穗数（No./hm²）	穗粒数 Per ear	千粒重（g）	产量（kg/hm²）
2017	A1N1	61 248aA	403.9bB	319.9aA	11 411.7aA
	A1N2	64 028aA	408.0bB	319.5aA	12 581.3aA
	A1N3	62 745aA	424.2aA	321.5aA	12 260.0aA
	A1N4	62 638aA	425.3aA	322.7aA	12 527.0aA
	A1N5	62 318aA	399.8bB	339.3aA	12 002.7aA
	A2N1	65 631aA	403.6bA	305.6cB	10 095.7bdA
	A2N2	62 211bcAB	415.3aA	309.3cB	11 365.3abcA
	A2N3	62 959abcAB	405.8abA	331.1abAB	11 433a.0abA
	A2N4	64 134abAB	376.3cB	317.3bcAB	11 018.3abcdA
	A2N5	60 393cB	407.1abA	340.1aA	11 621.0aA
2018	A1N1	54 563bB	303.7cC	216.50bA	9 213.7cB
	A1N2	59 501aAB	324.5bB	224.43abA	10 636.3abA
	A1N3	60 876aA	328.1bB	239.73aA	11 316.3aA
	A1N4	62 976aA	346.1aA	234.97aA	11 327.0aA
	A1N5	62 096aA	328.2bB	224.03abA	10 306.3abAB
	A2N1	52 919bC	296.6cC	205.2cB	7 200.3cB
	A2N2	54 026bBC	309.7bBC	236.43aA	8 922.0bA
	A2N3	59 510aAB	325.1aAB	235.1abA	9 425.0abA
	A2N4	62 933aA	329.1aA	215bcAB	7 579.0cB
	A2N5	60 284aAB	324.1aAB	210.77cAB	10 236.3aA
	覆膜方式 A	ns	*	ns	**
	氮水平 N	**	**	*	**
	A×N	ns	ns	ns	**

2.4 春玉米产量与干物质、氮素积累、分配的相关性

由表8可知，玉米产量与吐丝期叶片重、茎秆重和总干物质重呈极显著性正相关，成熟期茎秆重、籽粒重、其他重和总干物质重与产量之间呈显著性正相关。玉米产量与吐丝期叶片氮积累量、茎秆氮积累量和总氮积累量之间呈显著性正相关，成熟期茎秆氮积累量、籽粒氮积累量、其他氮积累量和总氮积累量与产量之间呈显著性正相关。产量与不同器官干物质相关系数表现是，吐丝期总干物质重>吐丝期茎秆重>吐丝期叶片重>成熟期茎秆重>成熟期总干物质重>成熟期其他重>成熟期籽粒重>成

熟期叶片重；氮素积累为成熟期茎秆氮积累量>吐丝期总氮积累量>吐丝期茎秆氮积累量>成熟期其他氮积累量>吐丝期叶片氮积累量>成熟期总氮积累量>成熟期籽粒氮积累量>成熟期叶片氮积累量。综上所述，春玉米产量与吐丝期叶片、茎秆、总干物重、吐丝期茎秆、总氮积累量、成熟期茎秆氮积累量之间密切相关。

表 8　产量与干物质、氮素积累分配的相关性分析

相关系数	x1	x2	x3	x4	x5	x6	x7	x8	x9	x10	x11	x12	x13	x14	x15	x16	x17
x1	1																
x2	0.85**	1															
x3	0.91**	0.99**	1														
x4	0.84**	0.80**	0.83**	1													
x5	0.80**	0.91**	0.91**	0.84**	1												
x6	0.75**	0.78**	0.80**	0.86**	0.89**	1											
x7	0.78**	0.82**	0.84**	0.81**	0.85**	0.87**	1										
x8	0.82**	0.87**	0.88**	0.90**	0.96**	0.98**	0.91**	1									
x9	0.88**	0.83**	0.87**	0.86**	0.80**	0.84**	0.82**	0.87**	1								
x10	0.85**	0.92**	0.93**	0.75**	0.84**	0.78**	0.85**	0.84**	0.89**	1							
x11	0.89**	0.90**	0.92**	0.83**	0.84**	0.84**	0.86**	0.88**	0.98**	0.97**	1						
x12	0.75**	0.71**	0.74**	0.94**	0.81**	0.84**	0.75**	0.87**	0.80**	0.67**	0.75**	1					
x13	0.82**	0.89**	0.90**	0.83**	0.88**	0.77**	0.80**	0.86**	0.83**	0.85**	0.86**	0.80**	1				
x14	0.74**	0.75**	0.77**	0.77**	0.80**	0.87**	0.80**	0.87**	0.83**	0.82**	0.85**	0.79**	0.79**	1			
x15	0.38*	0.46**	0.46*	0.46**	0.46**	0.58**	0.63**	0.55**	0.46**	0.50**	0.49**	0.44*	0.35	0.50**	1		
x16	0.81**	0.82**	0.84**	0.87**	0.87**	0.91**	0.85**	0.93**	0.88**	0.85**	0.89**	0.89**	0.88**	0.97**	0.53**	1	
x17	0.49**	0.55**	0.55**	0.34	0.45*	0.42*	0.44*	0.44*	0.43*	0.45*	0.45*	0.27	0.54**	0.38*	0.44*	0.42*	1

注：x1，吐丝期叶片重；x2，吐丝期茎秆重；x3，吐丝期地上部干物质重；x4，成熟期叶片重；x5，成熟期茎秆重；x6，成熟期籽粒重；x7，成熟期其他重；x8，成熟期地上部干物质重；x9，吐丝期叶片氮素积累量；x10，吐丝期茎秆氮素积累量；x11，吐丝期地上部氮素积累量；x12，成熟期叶片氮素积累量；x13，成熟期茎秆氮素积累量；x14，成熟期籽粒氮素积累量；x15，成熟期其他氮素积累量；x16，成熟期地上部氮素积累量；x17，产量。

3　讨论

不同的覆盖方式显著影响玉米生长发育及产量形成[18]。本试验中，宽膜覆盖显著提高了春玉米穗粒数和千粒重，进而提高了产量。宽膜覆盖较窄膜覆盖能更好促进植株营养物质向生殖器官转化，加快玉米植株生长后期干物质积累，使籽粒营养物质充实，籽粒变大，秃尖较少，增加玉米穗粒数和千粒重，从而达到增产。在宽膜覆盖条件下，随着施氮量的增加，春玉米产量呈先增加后降低的趋势。施氮量为 240 kg/hm^{2}时，春玉米产量达到最大，这与陈迎迎等[19]研究结果相似。说明在覆膜情况下，一定施氮量范围内，产量随着施氮量的增加而增加，超过一定范围施氮量，产量增加幅度变小或者降低，这是因为覆膜能有效地促进植株根系对养分的充分吸收，使植株在节肥条件下也能达到增产增效的效果。因此，在实际生产中，可采用覆膜种植来减少化学肥料的施用，以期减少投入成本，节约资源。

不同覆膜方式对玉米干物质和氮素积累、转运量、转运率及对籽粒干物质或氮素积累贡献率的影响不同。本研究表明，宽膜覆盖较窄膜覆盖显著增加了春玉米地上部干物质和氮素积累量、转运量、转运率及对籽粒干物质或氮素积累贡献率。原因是宽膜覆盖在春玉米营养生长阶段能增加玉米生长发育所需的土壤有效积温，促进了地上部营养生长，加快了干物质的积累进程，从而提高了营养器官干物质的转运速率，有利于干物质的积累；且宽膜覆盖能大幅度提高土壤降水利用率和水分利用率，降低植株根系因水分胁迫限制对氮素吸收和转运的损失，改善植株生育期对氮肥的有效吸收和利用，促进植株干物质和氮素的积累。这与前人研究结果基本一致[20-23]。覆膜种植和施氮量互作显著提高春玉米氮素吸收和干物质积累，而且对春玉米生育后期氮素和干物质积累的影响更大，原因是地膜覆盖和施氮量互作协调促进了营养器官氮素向生殖器官转移，生殖器官养分供给充足，籽粒干物质积累较多，从而提高春玉米籽粒产量。这与王泽林等[5]研究结果基本一致。

本研究发现，随着施氮量增加，春玉米产量、地上部干物质和氮素积累量呈先增加后降低的趋势。春玉米地上部干物质和氮素积累量变化趋势与吕鹏等[24]和张姗等[25]研究结果有一定差异，这可能与宽膜覆盖保水保墒，土壤中微生物数量和相关酶活性，植株根系生长与分布等因素有关。覆膜方式配氮施肥如何改善土壤特性，提高土壤肥力，以及覆膜方式配氮施肥对玉米根系特性的影响还有待进一步研究。

4 结论

不同覆膜方式与施氮量对春玉米产量、干物质和氮素积累与转运有显著影响。宽膜覆盖春玉米产量比窄膜覆盖提高 15.61%。显著增加了春玉米地上部干物质积累量、转运量、转运率和氮素积累量，提高了植株干物质转运对籽粒物质积累的贡献率。本试验条件下，宽膜覆盖最适宜的施氮量为 240 kg/hm^2。

参考文献

[1] 潘光堂，杨克诚．我国西南地区玉米育种面临的挑战及相应对策探讨 [J]. 作物学报，2012，38 (7)：1141-1147.

[2] Liu C，Jin S，Zhou L，et al. Effects of plastic film mulch and tillage on maize productivity and soil parameters [J]. European Journal of Agronomy，2009，31 (4)：241-249.

[3] Xie，Zhong K，Wang，et al. Effect of plastic mulching on soil water use and spring wheat yield in arid region of northwest China [J]. Agricultural Water Management，2005，75 (1)：71-83.

[4] Wang Y J，Xie Z K，Malhi S S，et al. Effects of rainfall harvesting and mulching technologies on water use efficiency and crop yield in the semi-arid Loess Plateau，China [J]. Agricultural Water Management，2009，96 (3)：374-382.

[5] 王泽林，白炬，李阳，等．氮肥施用和地膜覆盖对旱作春玉米氮素吸收及分配的影响 [J]. 植物营养与肥料学报，2019，25 (1)：74-84.

[6] 高玉红，牛俊义，闫志利，等．不同覆膜栽培方式对玉米干物质积累及产量的影响 [J]. 中国生态农业学报，2012，20 (4)：440-446.

[7] 郑伟，何萍，高强，等．施氮对不同土壤肥力玉米氮素吸收和利用的影响 [J]. 植物营养与肥料学报，2011，17 (2)：301-309.

[8] 曹国军，刘宁，李刚，等．超高产春玉米氮磷钾的吸收与分配 [J]. 水土保持学报，2008 (2)：198-201.

[9] Osaki M，Shinano T，Tadano T. Redistribution of carbon and nitrogen compounds from the shoot to the harvesting organs during maturation in field crops [J]. Soil Science & Plant Nutrition，1991，37 (1)：117-128.

[10] 何萍，金继运，林葆．氮肥用量对春玉米叶片衰老的影响及其机理研究 [J]. 中国农业科学，1998 (3)：66-71.

[11] 李广浩，刘娟，董树亭，等．密植与氮肥用量对不同耐密型夏玉米品种产量及氮素利用效率的影响 [J]. 中国农业科学，2017，50 (12)：2247-2258.

[12] Liu J L，Bu L D，Zhu L，et al. Optimizing plant density and plastic film mulch to increase maize productivity and water-use efficiency in semiarid areas [J]. Agronomy Journal，2014，106 (4)：1138-1146.

[13] Meng Q F，Cui Z L，Yang H S，et al. Chapter three-establishing high-yielding maize system for sustainable intensification in China [J]. Advances in Agronomy，2018 (148)：85-109.

[14] Meng Q F，Yue S C，Hou P，et al. Improving yield and nitrogen use efficiency simultaneously for maize and wheat in

China：A review [J]. Pedosphere，2016，26（2）：137－147.

[15] 鲁如坤．土壤农业化学分析方法 [M]. 北京：中国农业科技出版社，2000.

[16] Cox M C，Qualset C O，Rains D W. Genetic variation for nitrogen assimilation and translocation in wheat. Ⅰ. Dry matter and nitrogen accumulation [J]. Crop Science，1985（25）：430－440.

[17] Cox M C，Qualset C O，Rains D W. Genetic variation for nitrogen assimilation and translocation in wheat. Ⅲ. Nitrogen translocation in relation to grain yield and protein [J]. Crop Science，1986（26）：737－740.

[18] 王秀领，阎旭东，徐玉鹏，等．不同耕作方式对春玉米土壤水分、温度及产量的影响 [J]. 玉米科学，2017，25（3）：87－93.

[19] 陈迎迎，沈玉芳，白翔斌，等．全膜双垄沟覆盖条件下不同施氮量对春玉米氮素吸收利用及分配的影响 [J]. 西北植物学报，2013，33（11）：2278－2285.

[20] 杨长刚，柴守玺，陈恒洪，等．不同覆膜种植方式对旱地冬小麦干物质积累与分配的影响 [J]. 甘肃农业大学学报，2012，47（6）：49－56.

[21] 赵东霞，牛俊义，闫志利，等．不同地表覆盖方式油菜花后干物质积累与分配规律研究 [J]. 干旱地区农业研究，2012，30（3）：31－36.

[22] 徐洪敏，朱琳，刘毅，等．黄土旱塬几种农田水分管理模式下春玉米氮素吸收及分配的差异 [J]. 中国农业科学，2010，43（14）：2905－2912.

[23] 董宛麟，于航，张立祯，等．东北地区沟垄和地膜覆盖对土壤水分分布及利用的影响 [J]. 玉米科学，2019，27（3）：114－121.

[24] 吕鹏，张吉旺，刘伟，等．施氮量对超高产夏玉米产量及氮素吸收利用的影响 [J]. 植物营养与肥料学报，2011，17（4）：852－860.

[25] 张姗，石祖梁，杨四军，等．施氮和秸秆还田对晚播小麦养分平衡和产量的影响 [J]. 应用生态学报，2015，26（9）：2714－2720.

苗期水肥耦合对玉米农艺性状、产量及产量性状的影响*

罗英舰　宋　碧*　刘君鹏　蒙懿练　周　晓

贵州大学农学院，贵州贵阳　550025

摘要：研究苗期水肥耦合对玉米农艺性状、产量及产量性状的影响，探讨最佳的水肥耦合模式。在盆栽条件下，本研究采用 L_9（3^4）四因素三水平正交试验设计，研究不同水肥处理对玉米株高、茎粗和产量等指标的影响。各个时期水肥耦合处理研究表明，处理 7、处理 8、处理 9 的玉米株高、茎粗表现最优且处理之间差异不显著，3 个处理均为调亏程度 70%～80%，说明水分在水肥耦合试验中对玉米的农艺性状起决定的作用。土壤相对含水量 70%～80%、施氮量 150 kg/hm²、施磷量 100 kg/hm²、施钾量 300 kg/hm² 条件下穗长、穗粗、穗行数、行粒数均表现较高，秃尖值最低，获得了较高的单株产量。综合分析认为中单 808 最佳的水肥耦合模式是在土壤相对含水量为 70%～80% 条件下，氮、磷、钾肥分别施用 150 kg/hm²、100 kg/hm²、300 kg/hm²。

关键词：玉米；水肥耦合；农艺性状；产量；产量性状

水肥耦合是指农业生态系统中，水分和肥料二因素或水分与肥料中的氮、磷、钾等因素之间的相互作用对作物生长发育、产量等产生影响及其利用效率[1,2]。适宜的水肥耦合有利于玉米的生长发育，使其高效利用水分和养分，从而达到有效节水节肥并提高产量的目的。相关研究结果表明，水肥配合存在阈值反应，高于阈值范围时，水肥互作增产效应显著[3]。穆兴民[4]认为，在降水量相对较少的地区，平衡养分供应能使作物更有效地利用土壤中的水分，即增加肥料的利用率有助于提高水分的利用效率。邢维芹等[5]对杨凌地区水肥空间耦合的研究表明，在灌溉亏缺的条件下，水分和肥料异区交替灌溉可节约一半的耗水量，同时产量下降幅度较小，使水资源得到了更合理的配置。Benjamin 等[6]研究了隔沟灌溉带状施肥对玉米生长和氮肥吸收的影响后认为，在干旱条件下，氮肥吸收降低了 50%，相对湿润条件下，灌水沟与不灌水沟之间肥料吸收并无差异。尽管水肥耦合对玉米生长发育和产量影响的研究已有报道，且较为多见，但以针对贵州省的特殊地理条件和气候条件来探讨苗期水肥耦合对玉米生长发育和产量影响的研究仍较少。通过试验研究，分析并找出玉米肥料使用量及最优的水肥配合，确立最佳的水肥耦合模式，以期为贵州省的玉米高产、水肥的高效利用提供科学的参考依据。

1　材料与方法

1.1　试验地点概况

试验于 2014 年 4～9 月在贵州省贵阳市花溪区贵州大学教学试验场塑料大棚内进行，采用盆栽试验。

* **基金项目：**公益性行业（农业）科研专项（201503127）；贵州不同生态区玉米农艺节水抗旱技术集成与示范（黔科合 NY［2014］3016 号）；贵州省生物学一流学科建设项目（GNYL［2017］009）

1.2 试验材料

本研究选用由中国农业科学院作物科学研究所选育的半紧凑型玉米品种中单808进行试验。

1.3 试验设计

采用L_9（3^4）四因素三水平正交试验设计，共4个因素，其分别是调亏程度（A）、施氮量（B）、施磷量（C）和施钾量（D）。4个因素各设置3个水平，设置10次重复，磷、钾肥和20%的氮肥作为基肥一次性施入，在拔节期和大喇叭口期以尿素追肥，施氮量各占总施氮量的40%。不同水分处理开始时期均为玉米展4叶，水分持续胁迫时间均为12 d，12 d后复水到田间最大持水量的70%～80%。水分控制采用称重法。如表1、表2所示：

表1 水肥耦合各试验因素水平　　单位：kg/hm^2

因素水平	调亏程度A	氮肥施用量B	磷肥施用量C	钾肥施用量D
1	40%～50%	450	150	300
2	55%～65%	300	100	200
3	70%～80%	150	50	100

表2 L_9（3^4）四因素三水平正交试验设计　　单位：kg/hm^2

因素水平	调亏程度A	氮肥施用量B	磷肥施用量C	钾肥施用量D
1	1（40%～50%）	1（450）	1（150）	1（300）
2	1（40%～50%）	2（300）	2（100）	2（200）
3	1（40%～50%）	3（150）	3（50）	3（100）
4	2（55%～65%）	1（450）	2（100）	3（100）
5	2（55%～65%）	2（300）	3（50）	1（300）
6	2（55%～65%）	3（150）	1（150）	2（200）
7	3（70%～80%）	1（450）	3（50）	2（200）
8	3（70%～80%）	2（300）	1（150）	3（100）
9	3（70%～80%）	3（150）	2（100）	1（300）

1.4 测定项目与方法

1.4.1 形态指标

分别在复水后5 d、10 d、拔节期和抽雄吐丝期测定其农艺性状株高、茎粗，株高用卷尺测量茎基部到植株顶部最长叶的长度，茎粗用游标卡尺测定玉米植株地上第二节中部较宽处。

1.4.2 产量及产量性状

玉米成熟后，采收完晾晒至安全含水量（14%）后计产，并随机选取10穗进行室内考种，考种内容包括穗长、穗粗、秃尖长、穗行数、行粒数、穗重、千粒重等指标。

1.5 数据统计与分析

采用Excel 2010进行数据整理和计算，用DPSv7.05进行数据的统计分析。

2 结果与分析

2.1 水肥耦合对玉米农艺性状的影响

2.1.1 水肥耦合对玉米株高的影响

由表3可以看出，不同的水分含量和氮、磷、钾含量的组合处理对玉米中单808株高的影响不同。调亏灌溉结束复水5 d时株高值处理7株高值最大，处理1株高最小；处理7、处理8、处理9之间差异不显著，处理7、处理8、处理9均与处理1、处理2、处理3、处理4、处理5、处理6之间差异极显著。调亏灌溉结束复水 10 d 时株高值处理 9 最大，处理最低 1；处理 7、处理 8、处理 9 之间差异不显著，但处理 7、处理 8、处理 9 均与处理 1、处理 2、处理 3、处理 4、处理 5、处理 6 之间差异极显著。拔节期的株高，处理 9 值最大，处理 5 最低，处理 7、处理 8、处理 9 之间差异不显著，但处理 7、处理 8、处理 9 均与处理 1、处理 2、处理 3、处理 4、处理 5、处理 6 之间差异极显著。大喇叭口期的株高处理 8 最大，处理 5 最低；处理 7、处理 8、处理 9 之间差异不显著，但这个处理均极显著高于其他处理。抽雄吐丝期的株高处理 7 最大，处理 2 最小；处理 7 与处理 1、处理 2、处理 4、处理 5、处理 6 之间差异极显著；与处理 8、处理 9 之间差异不显著。可见，在各个时期水肥耦合处理 7、处理 8、处理 9 的玉米株高值最大，因为这 3 个处理均为调亏程度为 70%～80%，说明水分在水肥耦合试验中对玉米的株高起决定的作用，在水分亏缺的处理中，处理 2 相对促进玉米株高的生长。

表 3　水肥耦合对玉米株高的影响

单位：cm

处理	复水 5 d	复水 10 d	拔节期	抽雄吐丝期
1	64.00b B	69.87d C	88.2b B	156.30de DE
2	70.2b B	89.13b B	87.13b B	144.23e E
3	70.87b B	74.90cd BC	88.80b B	206.67bc ABC
4	65.50b B	80.07bcd BC	96.60b B	189.67c CD
5	67.77b B	70.10d C	81.57b B	166.67d DE
6	78.77b B	85.07bc BC	87.80b B	200.67c BC
7	117.20a A	127.13a A	141.40a A	225.67a A
8	114.17a A	123.90a A	135.57a A	224.00ab AB
9	115.5a A	136.20a A	142.57a A	224.73a AB

注：同列数据后不同大写字母表示 1%水平差异极显著，不同小写字母表示 5%水平差异极显著。下同。

2.1.2　水肥耦合对玉米茎粗的影响

由表 4 可知，不同的水分含量和氮、磷、钾含量的组合处理对玉米中单 808 茎粗的影响不同。调亏灌溉结束复水 5 d 时茎粗值处理 9 最大，处理 5 最低；处理 7、处理 8、处理 9 之间差异不显著，但这 3 个处理极显著与其他所有的处理。调亏灌溉结束复水 10 d 时茎粗值处理 8 最大，处理 1 最小；处理 7、处理 8、处理 9 之间差异不显著，但这 3 个处理与其他处理均有显著差异。拔节期的茎粗，处理 9 最大，处理 5 最小；处理 9、处理 8、处理 7 极显著大于处理 1、处理 5；处理 9、处理 8、处理 7、处理 2 差异不显著。大喇叭口期的茎粗，处理 7 最大处理 1 最小；处理 7、处理 8、处理 9 之间差异不显著，但处理 7、处理 8、处理 9 均与处理 1、处理 2、处理 3、处理 4、处理 5、处理 6 之间差异显著。抽雄吐丝期的茎粗，处理 7 最大处理最小 1；处理 7、处理 9 之间差异不显著，处理 7、处理 9 和处理 8、处理 6 差异显著，和处理 1、处理 2、处理 3、处理 4、处理 5 差异极显著。可见，在各个时期水肥耦合处理 7、处理 8、处理 9 的玉米茎粗最大，因为这 3 个处理均为调亏程度为 70%～80%，说明水分在水肥耦合试验中对玉米的茎粗起决定的作用，在水分亏缺的处理中，处理 6 相对促进玉米茎粗的增大。

表 4　水肥耦合对玉米茎粗的影响

处理	复水 5 d	复水 10 d	拔节期	大喇叭口期	抽雄吐丝期
1	0.97cd BC	1.27c C	1.41cd B	1.61b D	1.57c C
2	1.31b B	1.56bc C	1.79abc AB	1.66b D	1.74bc BC
3	1.37b B	1.55bc C	1.70bcd AB	1.82b BCD	1.80bc BC
4	1.19bc BC	1.71b C	1.63bcd AB	1.74b CD	1.88b BC

续表

处理	复水 5 d	复水 10 d	拔节期	大喇叭口期	抽雄吐丝期
5	0.78d C	1.28c C	1.24d D	1.71b D	1.73bc BC
6	1.28bc B	1.74b BC	1.69bcd AB	1.84b ABCD	1.92b ABC
7	2.24a A	2.28a AB	2.16ab A	2.38a A	2.29a A
8	2.30a A	2.49a A	2.27a A	2.34a AB	1.99b AB
9	2.57a A	2.36a A	2.28a A	2.27a ABC	2.28a A

2.2 水肥耦合对玉米产量及产量性状的影响

2.2.1 水肥耦合对玉米产量性状的影响

由表 5 可得出，穗行数最多的是处理 9，为 15.3 行，其次是处理 6、处理 7、处理 8，均为 14 行，处理 1 和处理 2 的穗行数最少。其中处理 9 与处理 4、5 差异显著，与处理 1、处理 2 差异达到极显著水平。行粒数由大到小依次是处理 9>处理 8>处理 7>处理 3>处理 5>处理 6>处理 4>处理 1>处理 2，且处理 8、处理 9 和处理 1、处理 2、处理 4 差异达极显著水平。处理 3 穗最长，最短的是处理 5。其中处理 3、8 与处理 2、处理 4、处理 5 差异达极显著，其余处理之间差异不显著。穗粗由大到小依次是处理 8>处理 6>处理 5>处理 9>处理 7>处理 3>处理 1>处理 4>处理 2，处理 8 和处理 2 差异达到极显著。处理 3 的秃尖最长，为 4 cm；秃尖最短的是处理 9，处理 9 和处理 3、处理 2、处理 1 差异极显著；其余处理之间差异不显著。综合分析表明，中单 808 在水肥耦合试验处理 9，土壤相对含水量为 70%～80%、施磷量 100 kg/hm^2、施氮量 150 kg/hm^2、施钾量 300 kg/hm^2 条件下穗长、穗粗、穗行数、行粒数均表现较高，秃尖最短。

表 5　水肥耦合对玉米产量性状的影响

处理	穗长（cm）	穗粗（cm）	穗行数/行	行粒数	秃尖长（cm）
1	15.57bc ABC	4.17bc AB	10.7c B	18.8cd C	3.70ab A
2	14.53c BC	4.00c B	10.7c B	16.4d C	3.87ab A
3	18.97a A	4.33abc AB	13.3ab AB	21.1cd BC	4.00a A
4	14.53c BC	4.17bc AB	12.0bc AB	17.6d C	1.53c AB
5	14.00c C	4.47ab AB	12.0bc AB	23.1cd BC	1.83c AB
6	16.40abc ABC	4.57ab AB	14.0ab AB	26.6bc ABC	2.07bc AB
7	18.43a AB	4.33abc AB	14.0ab AB	32.9ab AB	2.37abc AB
8	18.50a AB	4.63a A	14.0ab AB	37.2a A	2.07bc AB
9	17.70ab ABC	4.47ab AB	15.3a A	35.3ab A	1.13c B

2.2.2 水肥耦合对玉米产量的影响

由表 6 可得出，穗粒数最多的是处理 9，处理 2 最少；处理 3、处理 5、处理 7、处理 8、处理 9 之间差异不显著；处理 1、处理 2 之间处理差异不显著，但处理 1、处理 2 均极显著低于其余处理。处理 9 千粒重最重，处理 2 最小。且穗粒数和千粒重均在处理 9 条件下达到最大值，故而中单 808 在水肥耦合试验处理 9 条件下获得了较高的单株产量，处理 8 的单株产量仅次于处理 9，两者差异不显著。

表 6　水肥耦合对玉米产量的影响

处理	穗粒数	千粒重（g）	单株产量（g）
1	187.8dC	235.83cBC	44.28fEF
2	175.3dC	171.83dC	30.13fF
3	426.0abcAB	298.27bcAB	127.06cdBCD

续表

处理	穗粒数	千粒重（g）	单株产量（g）
4	319.0cBC	337.57abA	107.69deCD
5	416.0abcAB	213.11cBC	88.65eDE
6	371.8bcAB	306.47bAB	113.94cdeCD
7	456.7abAB	321.06bAB	146.62bcBC
8	517.6aA	332.39abA	172.03abAB
9	535.6aA	375.65aA	201.18aA

3 结论与讨论

在一定氮肥、钾肥用量范围内，夏玉米株高、茎粗均随灌水量的增加而有所增加，但灌水过多会影响玉米生长；当灌水量一定的条件下，夏玉米株高、茎粗等也会随着施肥量的增加而增加[7]。本研究表明，在各个时期进行水肥耦合处理7、处理8、处理9的玉米株高、茎粗最优且处理之间差异并不显著，3个处理均为调亏程度为70%～80%，说明水分对玉米的农艺性状具有一定的决定性作用。在土壤相对含水量40%～50%时，氮、磷、钾肥施用量分别为300 kg/hm²、100 kg/hm²、200 kg/hm²有助于促进玉米株高的生长；在土壤相对含水量55%～65%时，氮、磷、钾肥的施用量分别为150 kg/hm²、150 kg/hm²、200 kg/hm²能有效促进玉米茎粗的增大。

刑英英等[8]研究认为作物的水肥管理是农田管理中一个十分重要的理论问题，倘若能协调两者关系达到最优化时，便可能实现低投入、高产出的目标。作物在不同生长条件下和不同生育阶段，喷洒不同的灌溉水量和施用不同的肥料用量都会对产量形成巨大的影响[9]。王聪翔等[10]认为在春玉米生产中，肥料的施用量要依据土壤含水率而定，同理灌水量的多少要以施肥量的高低来确定。合理的肥水配合，才能发挥最佳交互耦合作用，获得最高产量，实现水肥资源的高效利用。刘作新等[11]研究表明，在水分条件较好的情况下增施氮量能大幅度提高作物产量，但在水分胁迫的情况下过多施用氮肥不仅增加生产成本，而且会加重水分胁迫程度，造成作物减产。本研究表明，水肥耦合试验在70%～80%土壤相对含水量、施氮量150 kg/hm²、施磷量100 kg/hm²、施钾量300 kg/hm²条件下，抑或在70%～80%土壤相对含水量、施氮量300 kg/hm²、施磷量150 kg/hm²、施钾量100 kg/hm²条件下能获得较高的单株产量。这与前人的研究结果基本一致[10]。

在玉米各个时期水肥耦合处理7、处理8、处理9的株高、茎粗最优，3个处理均为调亏程度为70%～80%。在土壤相对含水量40%～50%时，氮、磷、钾肥分别施用300 kg/hm²、100 kg/hm²、200 kg/hm²能有效促进玉米株高的生长；在土壤相对含水量55%～65%时，氮、磷、钾肥分别施用为150 kg/hm²、150 kg/hm²、200 kg/hm²能促进玉米茎的增大。70%～80%土壤相对含水量、施氮量150 kg/hm²、施磷量100 kg/hm²、施钾量300 kg/hm²条件下穗长、穗粗、穗行数、行粒数均表现较高，秃尖最短，获得了较高的单株产量。综合分析认为中单808最佳的水肥耦合模式是在土壤相对含水量70%～80%条件下，氮、磷、钾肥施用量分别为150 kg/hm²、100 kg/hm²、300 kg/hm²。

参考文献

[1] 肖自添，蒋卫杰，余宏军．作物水肥耦合效应研究进展［J］．作物杂志，2007，7（6）：18－22.
[2] 冯鹏，王晓娜，王清郦，等．水肥耦合效应对玉米产量及青贮品质的影响［J］．中国农业科学，2012，45（2）：376－384.
[3] 孟兆江，刘安能，吴海卿．商丘试验区夏玉米节水高产水肥耦合数学模型与优化方案［J］．灌溉排水，1997，

16 (4): 20-23.
[4] 穆兴民.水肥耦合效应与协同管理 [M]. 北京：中国林业出版社，1999.
[5] 邢维芹，王林权，李生秀.半干旱区夏玉米的水肥空间耦合效应 [J]. 农业现代化研究，2001，22 (3)：150-153.
[6] Benjamin J G，Porter L K，Duke H R，et al. Corn growth and nitrogen uptake with furrow irrigation and fertilizer bands [J]. Agronomy Journal 1997，89 (4)：609-612.
[7] 温立玉，宋希云，刘树堂.水肥耦合对夏玉米不同生育期叶面指数和生物量的影响 [J]. 中国农学通报，2014，30 (21)：89-94.
[8] 邢英英，张富仓，张燕，等.膜下滴灌水肥耦合促进番茄养分吸收及生长 [J]. 农业工程学报，2014，30 (21)：70-80.
[9] 王殿武，刘树庆，文宏达，等.高寒半干旱区春小麦田施肥及水肥耦合效应研究 [J]. 中国农业科学，1999，32 (5)：62-68.
[10] 王聪翔，孙文涛，孙占祥，等.辽西半干旱区水肥耦合对春玉米产量的影响 [J]. 灌溉排水学报，2008，27 (2)：102-105.
[11] 刘作新，郑昭佩，王建.辽西半干旱区小麦、玉米水肥耦合效应研究 [J]. 应用生态学报，2000，11 (4)：540-544.

穗期水肥耦合对玉米生长及产量的影响*

刘 婕 宋 碧* 张 军 张 燕 杨锦越 罗英舰

贵州大学农学院，贵州贵阳 550025

摘要： 为探明穗期水肥耦合对玉米生长及产量的影响，在盆栽条件下，采用二次饱和 D-416 最优设计，研究不同水肥处理对玉米株高、叶绿素含量、产量等的影响，并通过计算机拟合建立穗期水肥耦合产量模型。结果表明，水分含量和施氮量过高或过低均会导致玉米株高、茎粗、叶绿素含量降低，而磷钾肥对以上指标影响不明显。通过模型解析和优化，各因子对玉米产量的影响效应为水>氮肥>磷肥>钾肥；各因素之间存在互作效应，氮与钾、水分呈正效应；磷、钾和水分呈负效应；钾与水分呈正效应。本试验条件下，当产量大于 7 000 kg/hm^2 时，最佳水肥措施为土壤水分含量 66%~67%，施氮量 144.67~158.00 kg/hm^2，施磷量 66.97~75.02 kg/hm^2，施钾量 101.65~112.83 kg/hm^2。

关键词： 玉米；水肥耦合；生长；产量

研究表明，适宜的水肥耦合有利于作物生长，使作物高效利用水分和养分[1-4]，有效达到节水节肥并提高其产量的目的[5,6]。穗期是玉米由营养生长转向营养生长与生殖生长并进的时期，是决定穗数、穗的大小、可孕花数的关键时期，奠定结实粒数的基础，是玉米一生中生长发育最旺盛的阶段，也是田间管理最关键的时期[7]。大量的研究[8,9]中均表明水氮交互作用显著，且水肥配合存在阈值反应，在阈值范围内，水肥互作增产效应显著。并对玉米、水稻、小麦、西瓜[10-12]等建立关于二或三因子的产量水肥耦合模型，但关于玉米穗期水肥耦合研究较少。采用二次饱和 D-416 最优试验设计对玉米穗期进行不同的水肥处理，探明不同水肥耦合对玉米生长及产量的影响，并建立产量模型，解析各因子对产量的影响及效应。通过产量模型解析和优化，提出玉米穗期最佳水肥耦合措施，为穗期水肥管理提供一定的理论依据，并达到节水节肥，提高玉米产量的目的。

1 材料与方法

1.1 试验概况

本试验采用盆栽试验，2016 年 3~9 月在贵州大学教学实验场防雨棚进行。供试土壤为黄壤，其有机质含量为 18.6 g/kg，全氮 0.030 3%，碱解氮 102.6 mg/kg，速效磷 431.25 g/kg，速效钾 179.707 2 mg/kg。

玉米品种为金贵单 3 号。施用肥料氮肥为尿素（纯氮含量为 46%）、钾肥为硫酸钾（K_2O 含量为 51%）、磷肥为生物活化磷钾肥（P_2O_5 含量为 16%、K_2O 含量为 2%）、有机肥为黄腐酸有机肥（养分含量为 5%）。

* **基金项目：** 公益性行业（农业）科研专项（201503127）；国家重点研发计划项目（2016YFD03003）；贵州不同生态区玉米农艺节水抗旱技术集成与示范（黔科合 NY［2014］3016 号）；贵州省作物学省级重点学科建设计划项目（黔学位合字 ZDXK［2014］8 号）

1.2 试验设计

采用二次饱和 D−416 最优设计。共有 4 个因素，分别是施氮量（A）、施磷量（B）、施钾量（C）、土壤水分含量（D）。每个因素设 5 个水平，共 16 个处理，如表 1 所示。

表 1 试验因素各水平处理编码及处理水肥施用方案

处理	A（X_1）	N (kg/hm^2)	B（X_2）	P (kg/hm^2)	C（X_3）	K (kg/hm^2)	D（X_4）	土壤水分含量（%）
1	0	150	0	75	0	100	1.784	85～80
2	0	150	0	75	0	100	−1.494	55～50
3	−1	60.98	−1	30.49	−1	40.65	0.644	75～70
4	1	239.02	−1	30.49	−1	40.65	0.644	75～70
5	−1	60.98	1	119.51	−1	40.65	0.644	75～70
6	1	239.02	1	119.51	−1	40.65	0.644	75～70
7	−1	60.98	−1	30.49	1	159.39	0.644	75～70
8	1	239.02	−1	30.49	1	159.39	0.644	75～70
9	−1	60.98	1	119.51	1	159.39	0.644	75～70
10	1	239.02	1	119.51	1	159.39	0.644	75～70
11	0	150	1.685（γ）	150	0	100	−0.908	62～57
12	0	150	−1.685（−γ）	0	0	100	−0.908	62～57
13	0	150	0	75	1.685（γ）	200	−0.908	62～57
14	0	150	0	75	−1.685（−γ）	0	−0.908	62～57
15	1.685（γ）	300	0	75	0	100	−0.908	62～57
16	−1.685（−γ）	0	0	75	0	100	−0.908	62～57

每天 8:00 和 18:00 采用称重补水控水，用称重法控制各处理的土壤水分含量。玉米拔节期至抽雄吐丝期进行水分胁迫，胁迫结束后复水到田间最大持水量 70%～80%。

肥料施用：以有机肥、磷钾肥和部分氮肥做基肥，其中每盆施用有机肥 85.7 g、全部磷钾肥和 1/3 的氮肥，装盆时与土壤混匀后装进桶里。2/3 氮肥做追肥，在拔节期施用。

1.3 测定指标及方法

1.3.1 形态指标

在拔节期、抽雄吐丝期和成熟期分别测定一次茎粗、株高。在拔节期和大喇叭口期测定叶绿素含量。

1.3.1.1 株高

用卷尺测量茎基部到植株顶部的长度。

1.3.1.2 茎粗

用茎基宽表示，即地上第二节中部较宽处，用游标卡尺测定。

1.3.1.3 叶绿素含量

酒精浸提[13,14]。

1.3.2 穗部性状及产量指标

玉米成熟后采收，晾晒至安全含水量（14%）后进行室内考种。考查穗长、穗粗（穗周长）、秃尖长、穗行数、行粒数、穗重、千粒重、生物产量等。

1.4 数据分析

运用 DPS 数据处理系统、Microsoft Excel 2007、SPSS 统计分析软件、Matlab 进行数据处理。

2 结果与分析

2.1 水肥耦合对玉米株高的影响

株高是反映玉米生长状况的重要指标之一。从图 1 可以看出，拔节期不同水肥处理对株高影响不大，抽雄吐丝期和成熟期不同处理之间株高的差异较大。在相同施肥水平下（处理 1、处理 2），充分灌溉与受旱限制在 3 个生育时期下株高均有差异，即受旱处理的株高均有所下降，且抽雄吐丝期及成熟期尤为显著。而在相同控水的条件下（处理 3～处理 10 及处理 11～处理 16），随着氮肥增施玉米株高呈现降低的趋势，说明施氮量在超过一定范围时将出现负效应现象，会对玉米的生长发育造成一定的抑制作用；而磷肥对玉米株高影响不大；随着施钾量的增加，株高略有增加。

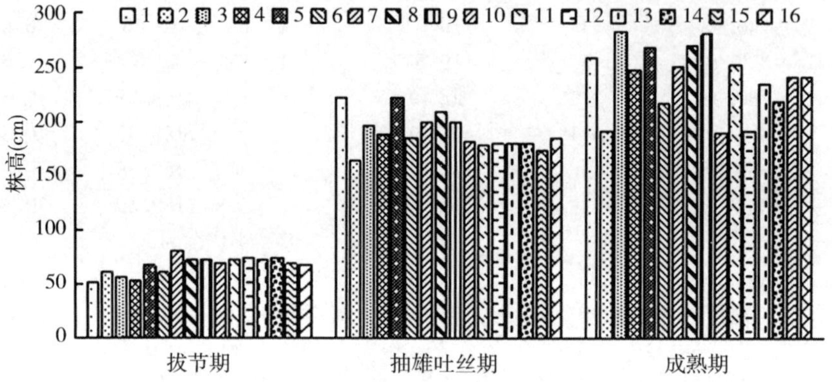

图 1 水肥耦合对株高的影响

2.2 水肥耦合对玉米茎粗的影响

从表 2 看出，玉米茎粗随着玉米生长而增加，到抽雄吐丝期达到最大，抽雄至成熟期茎粗有所下降。不同水肥处理对玉米茎粗有一定影响，但拔节期各处理之间茎粗差异不明显。到抽雄吐丝期处理 3、处理 5～处理 9 的茎粗大于其处理 1、处理 2、处理 11～处理 16，说明水分不管是受限或过多均会使茎粗相对减小。在相同水分条件下，比较不同肥料处理，氮肥过多反而使茎粗减小，磷肥对茎粗基本无影响，钾肥增施对茎粗增加略有促进。

表 2 水肥耦合对玉米茎粗的影响 单位：mm

处理	拔节期	抽雄吐丝期	成熟期
1	12.60	29.28	23.45
2	13.65	24.57	22.50
3	12.57	32.49	25.00
4	9.08	27.98	24.25
5	15.40	32.10	31.65
6	13.27	30.36	23.15
7	16.85	32.51	28.40
8	13.65	30.20	22.65
9	14.53	33.54	25.85
10	16.89	27.33	22.70
11	14.10	27.20	23.25
12	15.30	27.15	25.80
13	15.34	26.97	24.00
14	15.70	28.38	23.70
15	14.90	30.33	24.15
16	13.50	29.04	21.80

2.3 水肥耦合对玉米叶绿素含量的影响

叶绿素含量是玉米叶片光合能力的体现。从图2中可以看出，在玉米拔节期和抽雄吐丝期相同水分处理条件下，氮肥施入量较多的处理其叶绿素含量也较高，且增加效果显著，氮肥施入量在239.02~300 kg/hm^{2}较为适宜；水分也是影响叶绿素含量的重要因素，相同施肥量条件下水分过高过低均会导致其叶绿素含量的降低，土壤水分含量在70%~75%较为适宜。说明叶绿素含量的大小与氮肥施入量和水分均密切相关。

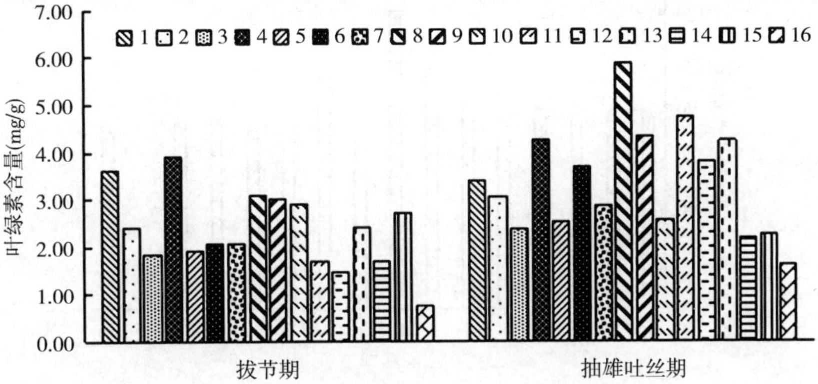

图2 水肥耦合对玉米叶绿素含量的影响

2.4 对玉米产量性状及产量的影响

2.4.1 对玉米产量性状的影响

由表3可以看出，水肥不同处理对玉米穗长有影响，处理15、处理16与其他的处理出现较大差异，其中处理6到处理9穗长均较长，处理9比处理15高41.91%。而水肥不同处理对玉米穗粗、穗行数及秃顶长并没有较大的影响。各个处理之间行粒数进行比较，差别较为明显。其中处理1行粒数达到31.06粒/行，其次是处理8，两者与处理15（17.22粒/行）相比分别高了80.37%和67.25%。

表3 水肥耦合对玉米产量性状的影响

处理	穗长(cm)	穗粗(cm)	秃顶长(cm)	穗行数(行)	行粒数(粒/行)	穗粒数(粒/穗)	千粒重(g)
1	15.69	12.91	3.25	13.25	31.06	365.12	217.0
2	13.83	13.51	2.23	15.43	23.43	363.24	221.8
3	15.69	12.50	2.63	15.33	24.22	365.88	221.9
4	15.79	13.65	2.29	14.75	22.83	341.41	248.0
5	15.38	14.36	2.16	15.88	26.38	418.67	229.8
6	16.33	13.91	2.59	15.14	27.38	407.70	209.0
7	16.16	14.44	4.20	16.00	22.24	356.10	269.9
8	16.78	14.54	2.22	15.60	28.80	448.13	269.3
9	16.83	12.86	3.68	15.25	19.92	301.10	236.4
10	15.16	14.54	2.60	15.20	23.87	361.46	263.7
11	14.91	13.36	1.89	15.71	22.39	313.61	273.9
12	13.42	14.38	2.60	15.20	23.92	294.34	261.9
13	14.46	14.06	1.98	15.75	19.86	283.69	278.2
14	15.05	14.04	1.90	14.00	17.56	244.25	319.8
15	11.86	11.90	2.43	11.43	17.22	117.48	115.2
16	12.63	12.52	2.32	15.33	22.42	241.32	254.5

2.4.2 对玉米产量的影响

从图3可以得出，处理8的产量最高，单株产量达到了121 g。玉米穗期水肥耦合对其产量有显著影响。在相同水分条件下，增施氮肥会提高玉米产量，氮肥在 239.02～300 kg/hm^2 较为适宜；磷肥对玉米产量有提高但效果不明显，磷肥 30.49～75 kg/hm^2 较为适宜；钾肥对玉米产量提高有明显的促进作用，钾肥在 159.39～200 kg/hm^2 较为适宜。在相同施肥条件下，灌溉量的增加会提高玉米产量，但超过一定范围内，含水量的增加则会降低玉米产量，所以穗期合理的施肥灌水对玉米产量提高有很明显的作用。

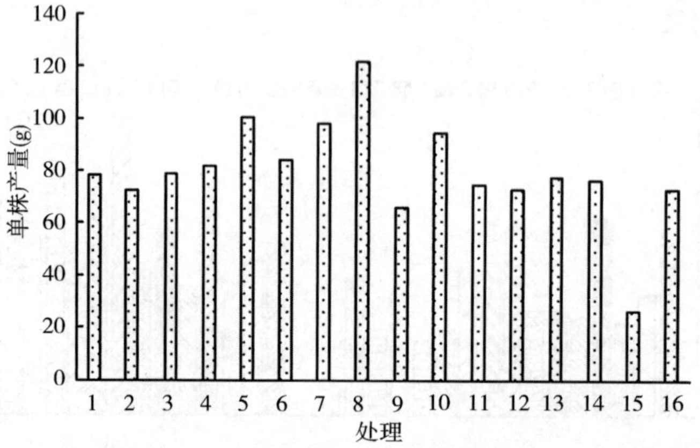

图 3　水肥耦合对玉米产量的影响

2.5　水肥耦合模型建立与解析

2.5.1　水肥耦合模型建立

根据图 3 的产量结果，以产量为目标函数（Y），以氮肥（X_1）、磷肥（X_2）、钾肥（X_3）、土壤含水量（X_4）四因子为控制变量，对数据进行分析处理，得到玉米产量对四因子的回归数学模型。

$$Y=7\,832.22-152.46X_1-125.91X_2+147.09X_3+512.25X_4-1\,249.33X_1^2-803.14X_2^2-744.06X_3^2-1\,455.44X_4^2-96.01X_1X_2+429.25X_1X_3+634.87X_1X_4-543.70X_2X_3-163.89X_2X_4+141.41X_3X_4$$

经显著性检验，$F=5.646$ [$F>F_{0.05(14,1)}=4.60$]，显著水平 $P=0.031\,97$（$P<0.05$），Durbin-Watson 统计量 $d=2.75$，相关系数 $R=0.993\,7$，调整后的相关系数 $R=0.901\,4$，表明此模型拟合良好，可用来进一步分析。

2.5.2　水肥耦合模型效应解析

回归模型本身已经过无量纲形编码代换，其偏回归系数已经标准化，故可以直接从其绝对值的大小来判断各因子对目标函数的相对重要性[15]。从模型来看，四因子对产量的影响程度大小分别是：$X_4>X_1>X_2>X_3$；即水效应>氮肥效应>磷肥效应>钾肥效应。

通过降维法得到四因子与产量的二次函数关系（①、②、③、④式分别表示氮、磷、钾和水），据此做出抛物线图（图 4）。

$$\hat{Y}_{X_1}=7\,832.22-152.46X_1-1\,249.33X_1^2 \quad ①$$

$$\hat{Y}_{X_2}=7\,832.22-125.91X_2-803.14X_2^2 \quad ②$$

$$\hat{Y}_{X_3}=7\,832.22+147.09X_3-744.06X_3^2 \quad ③$$

$$\hat{Y}_{X_4}=7\,832.22+512.25X_4-1\,455.44X_4^2 \quad ④$$

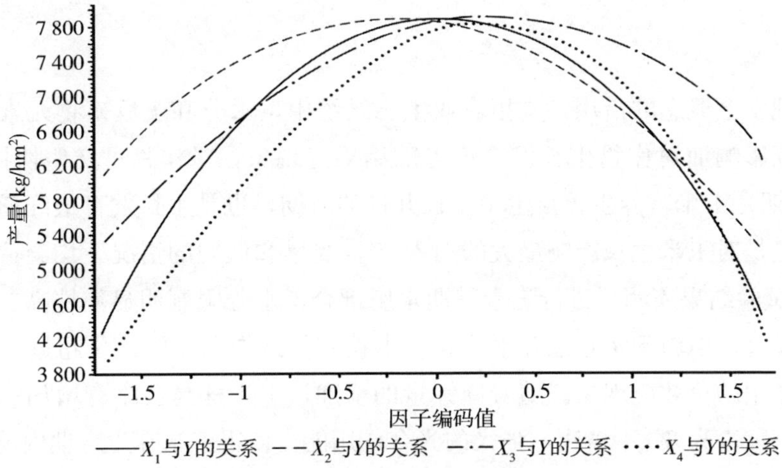

图 4　氮磷钾肥和水的单因素分析

从图 4 可知，水、氮、磷和钾四因子的产量效应均为抛物线，其中，以水和氮的效应曲线比较明显，各抛物线的顶点就是各单因子的最高产量值，与其相对应的便是各因子的最适投入量。

根据上述 4 个偏回归降维模型，分别令 $dY_1/dx_1=0$，$dY_2/dx_2=0$，$dY_3/dx_3=0$，$dY_4/dx_4=0$，求方程偏导数。可知，当 $X_1=-0.016$，即氮肥施入量为 144.57 kg/hm² 时，产量最大 $Y_{max}=7\,836.90$ kg/hm²；$X_2=-0.078$，即磷肥施入量为 71.53 kg/hm² 时，产量最大 $Y_{max}=7\,837.21$ kg/hm²；$X_3=0.098$，即钾肥施入量为 105.87 kg/hm² 时，产量最大 $Y_{max}=7\,839.50$ kg/hm²；$X_4=0.176$，即土壤水分含量为 66% 时，产量最大 $Y_{max}=7\,877.30$ kg/hm²。

试验中四因子之间对产量的影响有明显的交互耦合作用。按薛尔维斯德多元函数极值判别法则[16]，通过对产量模型的解析，分别得到四因子的交互效应。氮肥与钾肥、灌水量呈正交互作用；磷肥与钾肥和灌水量呈负交互作用；钾肥与灌水量呈正交互作用。

2.5.3　模型优化组合与技术推荐指标

根据已建立的玉米穗期水肥耦合优化数学模型，编制计算机程序，在 −1.682～+1.682 之间取 7 个水平（−1.682，−1，−0.5，0，+0.5，+1，+1.682），上机进行不同目标下的最优组合方案模拟，构成 $7^4=2\,401$ 个生产因素组合，通过模拟求得产量在 4 000～5 000 kg/hm² 有 335 个组合，5 000～6 000 kg/hm² 有 301 个组合，6 000～7 000 kg/hm² 有 224 个组合，大于 7 000 kg/hm² 有 70 个组合，并对大于 7 000 kg/hm² 的 70 个组合进行频次分析（表 4）。

从表 4 可以看出，产量大于 7 000 kg/hm² 的方案中最佳水肥耦合措施：土壤水分含量为 66%～67%，施氮量为 144.67～158.00 kg/hm²，磷肥为 66.97～75.02 kg/hm²，钾肥为 101.65～112.83 kg/hm²。

表 4　玉米水肥耦合产量>7 000 kg/hm² 时 70 个方案中各变量取值的频率分布

水平	X_1		X_2		X_3		X_4	
	频数	频率	频数	频率	频数	频率	频数	频率
−1	0	0	9	12.9	13	18.6	0	0
−0.5	17	24.3	21	30	23	32.9	6	8.6
0	32	45.7	26	37.1	23	32.9	33	47.1
0.5	21	30	14	20	11	15.7	31	44.3
平均值	0.028 6		−0.178 6		0.228 6		0.178 6	
标准误	0.044 22		0.056 68		0.058 17		0.038 12	
95%置信区间	−0.066～0.123		−0.300～−0.057		0.104～0.353		0.097～0.260	
最佳农艺措施	144.67～158.00 kg/hm²		66.97～75.02 kg/hm²		101.65～112.83 kg/hm²		0.66%～0.67%	

3 讨论

水肥耦合是物理学上概念的借用，是指农业生态系统中，水分和土壤矿物元素这两个体系融为一体并相互作用，相互影响而对作物生长发育产生的结果或现象，对作物可产生协同效应、叠加效应、拮抗效应[17-19]。穗期是玉米营养生长与生殖生长并进的时期，也是生长发育最旺盛的阶段。很多水肥耦合研究表明，水氮是对玉米生长影响最大的因素[20]，受旱和低肥的情况下均会造成玉米株高，茎粗大幅度降低[21]。本试验结果表明，进行玉米穗期水肥耦合，水分限制明显使株高、茎粗降低，抽雄吐丝期及成熟期尤为显著。但施肥量越大并不代表对生长有促进作用，施氮量超过一定范围时会出现对生长发育造成抑制作用的负效应现象。随着施钾量的增加，玉米株高会略有增加；磷肥对株高、茎粗影响不大。玉米是一种高光效C4植物，强大的光合作用能力使得玉米在生育期内能积累较大的生物产量。故光合能力直接与产量形成正相关。增施氮肥和水分均会对作物光合特性有影响，水氮对其影响仍是最大的[22,23]。本研究结果与上述一致，水氮过高过低均会造成光合能力的下降，氮肥施入量在239.02～300 kg/hm^{2}左右较为适宜；土壤水分含量在70%～75%较为适宜。

水分和养分通过影响玉米形态、光合能力和籽粒形成等进而对产量产生一定的效应。作物水肥耦合，水分和肥料对产量的影响大小是水>肥，且氮>磷，氮>钾；水肥之间存在一定的互作关系，尤其是水氮之间存在显著正相关，水分的盈亏直接影响氮肥效应的发挥，氮的大小也会直接影响水分利用[24,26]。本试验结果表明，玉米穗期水肥耦合对产量有显著影响，四因子对其产量影响大小为水>氮肥>磷肥>钾肥；水肥施用存在一定的阈值范围，超过一定范围内，水肥增加则会降低玉米产量，本试验中，玉米穗期当土壤相对含水量为70%～75%、施肥量为氮239.02 kg/hm^2、磷30.49 kg/hm^2、钾159.35 kg/hm^{2}时玉米产量表现最好；各个因子之间存在互作效应，氮肥与钾肥、灌水量呈正交互作用；磷肥与钾肥和灌水量呈负交互作用；钾肥与灌水量呈正交互作用。

本试验是在盆栽的条件下进行，对玉米根系等生长存在一定的限制，故可能对产量造成一定的影响，导致产量较田间试验低。

4 结论

玉米穗期水肥耦合对产量有影响大小为水>氮>磷>钾；氮肥与钾肥、灌水量呈正交互作用；磷肥与钾肥和灌水量呈负交互作用；钾肥与灌水量呈正交互作用。本试验条件下，玉米产量大于7 000 kg/hm^{2}的方案中最佳水肥措施为土壤水分含量为66%～67%，施氮量为144.67～158.00 kg/hm^2，磷肥为66.97～75.02 kg/hm^2，钾肥为101.65～112.83 kg/hm^2。

参考文献

[1] 张喜英，由懋正，王新元．冬小麦调亏灌溉制度田间试验初报 [J]. 生态农业研究，1999，6 (3)：33-36.

[2] 杜太生，康绍忠，夏桂敏．滴灌条件下不同根区交替湿润对葡萄生长和水分利用的影响 [J]. 农业工程学报，2005，21 (11)：51-56.

[3] 王小燕，于振文．不同施氮量条件下灌溉量对小麦氮素吸收转运和分配的影响 [J]. 中国农业科学，2008 (10)：3015-3024.

[4] 孟战赢，林同保，王育红．水肥效应对夏玉米产量及氮代谢相关指标的影响 [J]. 玉米科学，2009，17 (5)：100-103.

[5] 翟丙年，李生秀．冬小麦产量的水肥耦合模型 [J]. 中国工程科学，2002，4 (9)：69-73.

[6] 贺冬梅，张崇玉，王丹妮，等．玉米拔节期水肥耦合效应研究 [J]. 水土保持研究，2008，15 (3)：164 - 166.
[7] 官春云．现代作物栽培学 [M]. 北京：高等教育出版社，2011.
[8] 田军仓，韩丙芳，李应海，等．膜上灌玉米水肥耦合模型及其最佳组合方案研究 [J]. 沈阳农业大学学报，2004 (Z1):396 - 398.
[9] 尹光华，刘作新，李桂芳，等．辽西半干旱区春小麦氮磷水耦合产量效应研究 [J]. 农业工程学报，2005，21 (1)：41 - 45.
[10] 何进宇，田军仓．膜下滴灌旱作水稻水肥耦合模型及组合方案优化 [J]. 农业工程学报，2015，31 (13)：77 -82.
[11] 孙文涛，孙占祥，王聪翔，等．滴灌施肥条件下玉米水肥耦合效应的研究 [J]. 中国农业科学，2006，39 (3)：563 - 568.
[12] 郭松，刘声峰，于蓉，等．压砂地西瓜水肥耦合模型及优化组合方案 [J]. 北方园艺，2013，13 (17)：8 - 11.
[13] 张志良，瞿卫菁，李小芳．植物生理学实验指导（第四版）[M]. 北京：高等教育出版社，2015.
[14] 高俊凤．植物生理学实验指导 [M]. 北京：高等教育出版社，2011.
[15] 何双红，魏永霞．水肥耦合条件下水稻株高及其与产量关系组成分析 [J]. 灌溉排水学报，2010，29 (4)：127 -132.
[16] 穆兴民．水肥耦合效应与协同管理 [M]. 北京：中国林业出版社，1999.
[17] 康绍忠，史文娟，胡笑涛，等．调亏灌溉对玉米生理生态和水分利用效率的影响 [J]. 农业工程学报，1998，14 (4)：82 - 72.
[18] 肖自添，蒋卫杰，余宏军．作物水肥耦合效应研究进展 [J]. 作物杂志，2007 (6)：18 - 22.
[19] 康绍忠，蔡焕杰．农业水管理 [M]. 北京：中国农业大学出版社，1996.
[20] 徐泰森，孙扬，刘彦萱，等．膜下滴灌水肥耦合对半干旱区玉米生长发育及产量的影响 [J]. 玉米科学，2016，24 (5)：118 - 122.
[21] 彭龙，吕志远，郭克贞，等．毛乌素沙地水肥耦合对玉米的生长发育及产量的影响 [J]. 节水灌溉，2016 (4)：7 -10.
[22] 金剑，刘晓冰，王光华，等．水肥耦合对春小麦群体叶面积及产量的影响 [J]. 吉林农业大学学报，2005，27 (3)：241 - 244，247.
[23] 尹光华，刘作新，陈温福，等．水肥耦合条件下春小麦叶片的光合作用 [J]. 兰州大学学报：自然科学版，2006，42 (1)：40 - 43.
[24] 孟兆江，刘安能，吴海卿．商丘试验区夏玉米节水高产水肥耦合数学模型与优化方案 [J]. 灌溉排水，1997，16 (4)：18 - 21.
[25] 刘秀珍，张阅军，杜慧玲．水肥交互作用对间作玉米、大豆产量的影响研究 [J]. 中国生态农业学报，2004，12 (3)：75 - 77.
[26] 孙占祥，孙文涛．水肥互作对玉米生长发育及产量的影响 [J]. 沈阳农业大学学报，2005，36 (3)：275 - 278.

免耕覆盖下不同氮磷钾配比对玉米产量及养分利用的影响*

陈　华[1]　尹　梅[1]　刘自成[2]　任齐燕[3]　王志远[1]
陈检锋[1]　付利波[1]　洪丽芳[1]　苏　帆[1*]

1. 云南省农业科学院农业环境资源研究所，云南昆明　650205
2. 云南省砚山县农业技术推广中心，云南砚山　663100
3. 云南省砚山县土壤肥料工作站，云南砚山　663100

摘要：采用田间试验方法，研究免耕覆盖下不同氮磷钾配比对玉米的产量、经济效益和养分利用的影响，并比较相同养分管理下增施有机肥和施用控释尿素对玉米产量、效益和养分利用情况。结果表明在免耕覆盖的模式下，氮肥对玉米产量影响较为显著，磷肥和钾肥效果不明显，$N_0P_2K_2$ 处理的产量和经济效益最低，$N_2P_3K_2$、$N_3P_2K_2$ 和 $N_2P_2K_2$（控释尿素）处理的产量和经济效益高；免耕覆盖下玉米的氮肥料农学效率随施肥量增加而降低，氮磷钾肥料偏生产力随施肥量增加而降低。该试验中，结合产投比和省工省时来看，$N_2P_2K_2$（控释尿素）处理的肥料利用效率高和产量效益好，是较佳处理。

关键词：氮磷钾；玉米；免耕覆盖；产量；经济效益；养分利用

在云南省玉米大多分布于山区、半山区，以雨养旱作为主的区域，土地贫瘠和季节性干旱等环境胁迫因子制约着云南玉米生产的发展[1]，同时由于云南干湿季明显，全年降雨集中，在传统耕作模式下水土流失严重[2,3]。免耕覆盖是玉米节水保墒，提高水分利用效率的有效措施，对减少水土流失，提高土壤温度和湿度，改善土壤团粒结构等具有显著作用，既培肥了地力又实现了增产，是农业可持续发展的重要手段[4-7]。

为提高肥料利用率，降低化肥流失对环境造成的不良影响，本文针对玉米在免耕覆盖模式下的不同氮磷钾配比对玉米产量和经济效益的影响进行探讨，为构建抗旱保水耕作栽培管理模式下玉米的抗旱水肥高效利用技术提供理论依据。

1　材料与方法

1.1　试验材料

研究地位于云南省文山苗族壮族自治州砚山县江那镇子马村委会，东经 104°21′41″，北纬 23°35′26″，海拔1 526 m，是云南省典型山原红壤坡耕地。气候属北亚热带气候类型，年均温度 15～16 ℃。试验地土壤养分状况为 pH 值 5.6，有机质 28.4 g/kg，碱解氮 111.0 mg/kg，有效磷 22.5 mg/kg，速效钾为

* **基金项目：**公益性行业（农业）科研专项经费项目（201503127，201203013）；国家科技支撑计划项目（2012BAD40B01）、云南省应用基础研究计划项目面上项目（2015FB160）

170.0 mg/kg。供试玉米品种为云瑞 88。

1.2 试验设计

在免耕小麦秸秆覆盖的抗旱保水耕作栽培管理模式下设置 12 个处理，$N_2P_2K_2$（OPT）、$N_0P_2K_2$（OPT－N）、$N_2P_0K_2$（OPT－P）、$N_2P_2K_0$（OPT－K）、$N_1P_2K_2$、$N_3P_2K_2$、$N_2P_1K_2$、$N_2P_3K_2$、$N_2P_2K_1$、$N_2P_2K_3$、$N_2P_2K_2$＋农家肥、$N_2P_2K_2$（控释尿素）。试验设计见表 1。

表 1 试验设计

处理		N（kg/hm^2）	P_2O_5（kg/hm^2）	K_2O（kg/hm^2）
1	$N_2P_2K_2$	270.0	105.0	105.0
2	$N_0P_2K_2$（OPT－N）	0	105.0	105.0
3	$N_2P_0K_2$（OPT－P）	270.0	0	105.0
4	$N_2P_2K_0$（OPT－K）	270.0	105.0	0
5	$N_1P_2K_2$	135.0	105.0	105.0
6	$N_3P_2K_2$	405.0	105.0	105.0
7	$N_2P_1K_2$	270.0	52.5	105.0
8	$N_2P_3K_2$	270.0	157.5	105.0
9	$N_2P_2K_1$	270.0	105.0	52.5
10	$N_2P_2K_3$	270.0	105.0	157.5
11	$N_2P_2K_2$＋农家肥	270.0	105.0	105.0
12	$N_2P_2K_2$（控释尿素）	269.9	105.0	105.0

供试氮肥用普通尿素（46%），控释尿素用加阳高科控释尿素（44%），磷肥用普通过磷酸钙（12%），钾肥用硫酸钾（50%）。小区面积 24 m^2，3 次重复，随机区组排列。

施肥方法。20%氮肥和全部磷钾肥作为底肥施用，60%氮肥在大喇叭口期作追肥施用，抽雄后施入余下的 20%氮肥，施肥方法为底肥塘施，追肥穴施，其中农家肥处理农家肥施用量为4 500 kg/hm^2，为一次性作为底肥施入。种植密度为 60 000 株/hm^2。

每个处理都采用免耕并用小麦秸秆覆盖，2012 年 5 月 3 日播种，10 月 11 日成熟收获。试验各处理除养分用量不同外，其他的管理措施一样。

1.3 数据收集和测定方法

试验前采集基础土样 1 个，质量为 1 kg 左右，带回室内风干后分析，分析指标主要为碱解氮，有效磷，速效钾，pH 值和有机质。其中有机质分析采用铬酸钾滴定法，pH 值采用玻璃电势法，土壤碱解氮用碱解扩散法，有效磷用 0.5 mol/L $NaHCO_3$ 浸提・钼锑抗比色法，速效钾用乙酸铵溶液浸提・火焰光度计法测定[8,9]。

试验结束时每个小区玉米单独测产，同时对株高、实粒数和千粒重进行实测。

肥料农学效率和偏生产力的计算方法如下[10]。

氮肥农学效率：AEN=（$Y-Y_0$）/F，Y 为施肥后所获得的作物产量；Y_0 为不施肥条件下作物的产量；F 代表化肥的投入量。AEN 指单位施氮量所增加的作物籽粒产量。

氮肥偏生产力：PFPN=Y/F，Y 为施肥后所获得的作物产量；F 代表化肥的投入量。PFPN 是指单位投入的肥料氮所能生产的作物籽粒产量。

磷肥和钾肥的农学效率与偏生产力计算方法同上。

数据统计采用 SPSS 和 DPS 法。

2 结果与分析

2.1 不同处理对玉米产量和经济效益的影响（表 2）

表 2 不同处理的玉米产量和经济效益

处理	株高（cm）	实粒数（粒/包）	千粒重（g）	籽粒产量（kg/hm^2）	净收益（元/hm^2）
$N_2P_2K_2$	269	597	356	8 715abc	19 371.61
$N_0P_2K_2$（OPT－N）	255	467	308	7 020d	16 432.00
$N_2P_0K_2$（OPT－P）	272	587	354	8 625abc	20 012.61
$N_2P_2K_0$（OPT－K）	264	553	347	8 400bc	19 497.61
$N_1P_2K_2$	255	561	323	8 460bc	19 442.3
$N_3P_2K_2$	296	587	352	9 210a	19 924.91
$N_2P_1K_2$	268	537	366	8 625abc	19 575.11
$N_2P_3K_2$	268	582	346	8 520bc	18 427.11
$N_2P_2K_1$	265	559	346	8 310c	18 791.11
$N_2P_2K_3$	266	525	349	8 400bc	18 080.11
$N_2P_2K_2$＋农家肥	258	539	343	8 385bc	18 513.61
$N_2P_2K_2$（控释尿素）	270	576	366	8 955ab	19 254.73

注：同列标不同小写字表示 5%显著水平差异。价格按玉米 2.60 元/kg；尿素 2.50 元/kg；控释尿素 3.60 元/kg；普通过磷酸钙 1.00 元/kg；硫酸钾 4.50 元/kg 计算。

不同的肥料配比，对玉米产量和农艺性状有着重要影响[11－13]，在相同免耕小麦秸秆覆盖模式下，不同氮水平对玉米株高、实粒数、千粒重的影响都较为明显，随着氮用量的不断增加，株高、实粒数、千粒重均为上升趋势，但氮用量增加到 405 kg/hm^2，实粒数、千粒重开始下降；在不同磷水平下，不施磷处理的实粒数和千粒重为最低，增施磷肥后有所上升，继续增施开始下降；不同钾水平对玉米株高没有明显影响，在钾用量为 105 kg/hm^2 实粒数和千粒重达到最高值，增施后开始降低。在氮磷钾用量相同的基础上，增施农家肥后株高、实粒数和千粒重反而比不施农家肥的处理低；普通尿素和控释尿素处理对比，株高和千粒重为控释尿素处理高，实粒数为普通尿素处理高。

从产量上看，增施氮肥能显著提高玉米产量，氮肥用量为 405 kg/hm^2 时产量最高，比不施氮肥处理增产 31.2%；增施磷肥对玉米产量影响不显著，磷肥用量为 105 kg/hm^2，产量达到 8 715 kg/hm^2，仅比不施磷肥处理增产 1.04%，当磷肥用量为 157.5 kg/hm^2 时，产量不升反降，仅为 8 520 kg/hm^2，甚至低于不施磷处理；钾肥施用情况对玉米产量影响与磷肥情况类似，钾肥用量为 105 kg/hm^2 的处理为产量最高处理。施用农家肥处理产量低于不施农家肥处理，在改用控释尿素后，具有明显增产作用。

结合产量和净收益数据分析得出，经济效益较好的几个处理为 $N_2P_2K_2$、$N_3P_2K_2$ 和 $N_2P_2K_2$（控释尿素）3 个处理，净收益分别为 19 371.61 元/hm^2、19 924.91 元/hm^2 和 19 254.73 元/hm^2，从试验数据上看，虽然不施磷肥和钾肥的 2 个处理净收益也较高，但考虑肥料成本因素和不施磷钾对土壤地力的后续影响后，并不推荐。

2.2 不同处理玉米养分利用情况

化肥农学效率和化肥偏生产力是国际上常用来表征农田肥料利用效率的参数。化肥农学效率综合体现施肥增产效应，施肥的量、作物种类和管理都会影响化肥农学效率[14,15]。试验中，免耕覆盖下玉米的氮肥料农学效率有随着施肥量增加而降低的趋势，氮肥农学效率为 10.67～5.41 kg/kg，磷肥和钾肥并未表现出和氮肥相同的趋势，当磷肥和钾肥的施用量为 105 kg/hm^2 时，农学效率分别为 0.86 和

3.0，继续增施农学效率开始下降。化肥偏生产力可以综合体现土壤基础养分和化肥农学效率，增加基础土壤的肥力和提高化肥农学效率可提高化肥偏生产力。在免耕覆盖下 $N_2P_2K_2$（控释尿素）处理氮磷钾肥料偏生产力均高于 $N_2P_2K_2$ 普通尿素处理，$N_2P_2K_2$＋农家肥处理氮磷钾肥料偏生产力低于 $N_2P_2K_2$ 普通尿素处理，3 个处理对氮磷钾肥料利用最高的为 $N_2P_2K_2$（控释尿素）。在各免耕覆盖玉米处理中，氮、磷和钾肥偏生产力有随着用肥量增加而降低的趋势，$N_1P_2K_2$ 处理氮肥偏生产力最高，为 62.67 kg/kg，$N_2P_1K_2$ 处理的磷肥偏生产力最高为 164.29 kg/kg，$N_2P_2K_1$ 处理的钾肥偏生产力最高为 158.29 kg/kg。

表 3　不同处理的玉米养分利用　　单位：kg/kg

处理	肥料农学效率 AE			肥料偏生产力 PFP		
	氮肥	磷肥	钾肥	氮肥	磷肥	钾肥
$N_2P_2K_2$	6.28	0.86	3.00	32.28	83.00	83.00
$N_0P_2K_2$（OPT－N）	—	—	—	—	66.86	66.86
$N_2P_0K_2$（OPT－P）	—	—	—	31.94	—	82.14
$N_2P_2K_0$（OPT－K）	—	—	—	31.11	80.00	—
$N_1P_2K_2$	10.67	—	—	62.67	80.57	80.57
$N_3P_2K_2$	5.41	—	—	22.74	87.71	87.71
$N_2P_1K_2$	—	0.00	—	31.94	164.29	82.14
$N_2P_3K_2$	—	−0.67	—	31.56	54.10	81.14
$N_2P_2K_1$	—	—	−1.71	30.78	79.14	158.29
$N_2P_2K_3$	—	—	0.00	31.11	80.00	53.33
$N_2P_2K_2$＋农家肥	—	—	—	31.06	79.86	79.86
$N_2P_2K_2$（控释尿素）	—	—	—	33.18	85.29	85.29

3　讨论

研究表明，免耕或少耕覆盖后的土壤有机质要高于常规的耕作方式，提高磷钾的有效性[16]，改变土壤养分、酶活性和土壤的物理性状[17,18]，增加作物的产量和品质，在免耕覆盖下优化肥料配比是提高肥料利用率和实现农业可持续发展的一种有效模式。

在本试验中，免耕覆盖模式下，氮肥对玉米株高、实粒数、千粒重等农艺性状，以及产量影响都较为显著，磷肥和钾肥对玉米产量有一定影响，但效果不明显，在相同施肥水平下，用控释尿素代替普通尿素具有明显增产效果。

经济效益较好的几个处理为 $N_2P_2K_2$、$N_3P_2K_2$ 和 $N_2P_2K_2$（控释尿素）3 个处理，净收益分别为 19 371.61 元/hm^2、19 924.91 元/hm^2 和 19 254.73 元/hm^2，但这 3 个处理氮磷钾肥农学效率较低，氮磷钾肥偏生产力比较低；$N_1P_2K_2$、$N_2P_1K_2$ 和 $N_2P_2K_1$ 处理虽然氮磷钾肥偏生产力较高，但是它们的产量和经济收益低；综合肥料利用和产量效益，免覆盖下的 $N_2P_2K_2$（控释尿素）处理为最佳处理，即在该地试验条件下，最佳氮磷钾经济施肥量分别为 270.00 kg/hm^2、105.00 kg/hm^2 和 105.00 kg/hm^2。

综上分析，在免耕小麦秸秆覆盖的玉米抗旱保水耕作栽培管理模式下，养分管理很重要，养分管理直接影响着旱区玉米抗旱保水耕作栽培管理模式下的各项农艺性状和产量。在该试验中，$N_2P_2K_2$（OPT）、$N_3P_2K_2$ 和 $N_2P_2K_2$（控释尿素）是产量最高的 3 个处理，但从产投比和省工省时来看，$N_2P_2K_2$（控释尿素）是最佳的处理。

参考文献

[1] 黄吉美．云南省玉米产业发展对策研究 [J]．中国种业，2012 (6)：8－12.

[2] 段长春，朱勇．云南玉米生长发育与气象条件的关系 [J]. 中国农业气象，2003，24（4）：5-7.
[3] 陶云，郑建萌，等．云南春末夏初干旱的气候特征 [J]. 自然灾害学报，2009，18（1）：124-127.
[4] 姜学兵，李运生，欧阳竹，等．免耕对土壤团聚体特征以及有机碳储量的影响 [J]. 中国生态农业学报，2012，20（3）：270-277.
[5] 罗珠珠，黄高宝，Li Guangdi，et al. 保护性耕作对旱作农田耕层土壤肥力及酶活性的影响 [J]. 植物营养与肥料学报，2009，15（5）：1085-1092.
[6] 谢瑞芝，李少昆，李小君，等．中国保护性耕作研究分析—保护性耕作与作物生产 [J]. 中国农业科学，2007，40（9）：1914-1924.
[7] 黄高宝，李玲玲，张仁陟，等．免耕秸秆覆盖对旱作麦田土壤温度的影响 [J]. 干旱地区农业研究，2006，24（5）：1-4.
[8] 鲁如坤．土壤农业化学分析方法 [M]. 北京：中国农业科技出版社，2000.
[9] 鲍士旦．土壤农化分析 [M]. 3版．北京：中国农业出版社，2005.
[10] 张福锁，王激清，张卫峰，等．中国主要粮食作物肥料利用率现状与提高途径 [J]. 土壤学报，2008，45（5）：915-924.
[11] 罗龙学，吴定志，刘尚培，等．不同施肥比例与玉米产量的关系 [J]. 种子，2004（1）：56-57.
[12] 吴建明，陆国盈，梁和．肥料与密度对高油玉米农艺性状及产量的影响 [J]. 中国农学通报，2005（2）：175-177.
[13] 郑若良，宋荣志．施肥对玉米产量和品质的影响研究 [J]. 杂粮作物，2003（4）：239-241.
[14] 王激清．我国主要粮食作物施肥增产效应和养分利用效率的分析与评价 [D]. 北京：中国农业大学，2007.
[15] 郭李萍，王兴仁，张福锁，等．不同年份施肥对作物增产效应及肥料利用率的影响 [J]. 中国农业气象，1999，20（4）：20-23.
[16] Sims A L. Irrigated corn yield and nitrogen accumulation response in a comparison of no-till and conventional till：tillage and surface rusidue variables [J]. Agron. J.，1998，90（4）：630-637.
[17] Bergstrom D W，Monreal C M，Tomlin A D，et al. Interpretation of soil enzyme activities in a comparison of tillage along a topographic and textural gradient [J]. Can. J. Soil Sci，2000（80）：71-79.
[18] 吴婕，朱钟麟，郑家国，等．秸秆覆盖还田对土壤理化性质及作物产量的影响 [J]. 西南农业学报，2006，19（2）：192-195.

重庆地区多抗玉米品种筛选试验*

石大章[1]　周茂林[2]　张孝群[3]　蒋志成[2]　冯定明[2*]

1. 重庆市渝北区木耳镇农业服务中心，重庆　401127

2. 重庆市农业科学院，重庆　401329

3. 重庆市渝北区古路镇农业服务中心，重庆　401130

摘要： 本研究选择重庆市生产中的主要品种，以渝单8号为对照在高密度、不防治病虫害前提下通过抗病虫性、倒伏率、产量指标综合调查分析，筛选重庆市生态条件下的多抗玉米品种。结果初步表明，长玉18、新玉503和渝单30三个品种综合性状优良，比对照增产3.87%～8.70%，且田间抗纹枯病好、玉米螟发生轻，推荐重庆市生产上使用。而金穗888、巨龙998、绵单1256虽然产量较高，分别增产12.55%、6.5%、2.37%，也可应用于生产，但巨龙998倒伏率大、虫害发病偏高，金穗888、绵单1256则对主要病害纹枯病抗性不强，发病率达到20%，在增产品种中属于高风险性品种，栽培选择上应慎重。

关键词： 玉米；品比试验；纹枯病；玉米螟；倒伏；重庆地区

目前玉米生产上品种多、乱、杂的现象，性状各异，抗性差异大，为了鉴定引进品种多抗性，筛选适宜重庆市域大面积栽培的玉米品种，以期促进重庆市域玉米生产实现节约、绿色、高效，特开展本研究。

1　材料与方法

1.1　试验地点

试验设在铜梁区侣俸镇，位于北纬29°51′41″，东经105°59′53″，海拔311 m。

1.2　参试组合

参试品种14个，均为重庆市市场销售品种，以渝单8号[1]为对照开展试验。

品种名单：渝单8号（ck）、渝单30、天单101、天玉198、连玉15、新玉503、金123、巨龙998、嘉农18、润多22、金穗888、三峡玉5号、绵单1256、田玉335、长玉18。

1.3　试验设计与实施

1.3.1　试验地选择

试验地丘陵地貌，地势平坦，开阔向阳，光照条件好，土地较平整，土质黏性紫色土，肥力中等偏上，pH值7.5，有机质22%，碱解氮147.8 mg/kg，速效磷25.39 mg/kg，速效钾211 mg/kg，全氮15.66%，全磷1.9%，全钾200.2%。

* **基金项目：** 国家行业科技项目（201503127）；国家粮丰工程项目（子课题编号：2016YFD030030703）

1.3.2 试验设计

试验采用随机区组排列，3次重复，小区16 m^2，行宽1.0 m，4行区，四周设不少于2行的保护行。因为生产常规密度2000～3000株/亩左右，高密度易诱发病虫害[1]，故本试验按高密度（每亩植4000株）种植，以增加田间阴闭度和湿度。

1.3.3 试验管理

3月28日播种并一次性施入缓释肥百事达，4月3日出苗，中耕、除草同一般试验，病虫不防治。

1.4 统计方法

统一调查生育期、植株性及穗部状、抗病虫性、倒伏、产量等指标，并对产量进行方差分析，比较品种间差异显著性。

2 结果与分析

2.1 生育期比较

各品种苗势、整齐度和生育期观察结果列于表1。由表1可见，苗势及整齐度均较高，品种一致性好。参试品种生育期为116～127 d，渝单8号（CK）生育期121.0 d，渝单30、巨龙998、润多22与对照生育期一致，三峡玉5号生育期最短，连玉15生育期最长。

表1 15个玉米品种生育进程调查

品种	播期（日/月）	苗势	整齐度	抽雄期（日/月）	吐丝期（日/月）	成熟期（日/月）	生育期（d）
渝单8号（CK）	28/3	上	上	10/6	13/6	27/7	121
渝单30	28/3	上	上	9/6	10/6	27/7	121
天单101	28/3	上	上	12/6	14/6	29/7	123
天玉198	28/3	上	上	8/6	14/6	31/7	125
连玉15	28/3	上	中	8/6	14/6	2/8	127
新玉503	28/3	上	上	9/6	15/6	28/7	122
金123	28/3	上	中	6/6	10/6	23/7	117
巨龙998	28/3	上	中	10/6	15/6	27/7	121
嘉农18	28/3	中	中	11/6	12/6	24/7	118
润多22	28/3	上	上	10/6	12/6	26/7	120
金穗888	28/3	上	上	7/6	13/6	25/7	119
三峡玉5号	28/3	中	上	6/6	12/6	22/7	116
绵单1256	28/3	上	中	12/6	15/6	28/7	122
田玉335	28/3	上	中	8/6	13/6	23/7	117
长玉18	28/3	上	中	6/6	10/6	24/7	118

2.2 品种植株性状比较

参试品种株高256.6～331.5 cm，对照渝单8号株高（279.5 cm）属中等。润多22、新玉503、嘉农18、连玉15四个品种矮于对照，其余均比对照高。穗位高105.5～147.9 cm，对照渝单8号穗位高126.8 cm，有8个品种低于对照，见表2所示。

倒伏是衡量品种产量优势重要指标之一，植株倒伏对玉米产量影响极大[2]。参试品种仅金123、巨龙998表现倒伏外，其余品种均无倒伏发生，结合株高、穗位高分布来看，倒伏与株高、穗位相关性不大。

表 2　15 个玉米品种植株性状的比较

品种	穗高（cm）	株高（cm）	倒伏折率（%）
渝单 8 号（CK）	126.8	279.5	0
渝单 30	132.0	294.0	0
天单 101	147.9	319.5	0
天玉 198	115.8	285.0	0
连玉 15	118.9	274.0	0
新玉 503	117.5	261.0	0
金 123	112.9	285.0	4.17
巨龙 998	138.7	331.5	8.33
嘉农 18	116.4	273.0	0
润多 22	110.2	256.6	0
金穗 888	107.8	281.0	0
三峡玉 5 号	105.5	279.8	0
绵单 1256	132.6	286.9	0
田玉 335	131.7	310.6	0
长玉 18	127.1	283.5	0

2.3　病害抗性情况

在高密度、未防治病虫害情况下，试验整体发病情况较轻，仅有纹枯病发生。纹枯病作为南方高温高湿地区玉米主要病害，随着发病程度不同，对玉米灌浆和籽粒饱满度、千粒重影响较大，产量损失明显[3]。

参试品种对纹枯病有一定田间抗性差异，三峡玉 5 号、绵单 1256、金穗 888、天玉 198 发病率均在 20%以上，连玉 15、润多 22 发病率也较高，以三峡玉 5 号纹枯病发病最重（42.5%），其他品种抗性与渝单 8 号相当，发病率低，见表 3。

表 3　15 个玉米品种田间发病率调查　　单位：%

品种	纹枯病	品种	纹枯病
渝单 8 号（CK）	1.83	嘉农 18	1.83
渝单 30	1.83	润多 22	16.50
天单 101	1.83	金穗 888	25.83
天玉 198	20.17	三峡玉 5 号	42.50
连玉 15	18.33	绵单 1256	27.67
新玉 503	1.83	田玉 335	1.83
金 123	1.83	长玉 18	1.83
巨龙 998	1.83		

2.4　对玉米螟抗性比较

据报道，田间玉米螟危害不是随机发生，而是存在品种遗传抗性差异[4]。

本试验中喇叭口期玉米螟发生均比较轻，成熟期相对较重，每个品种总体螟虫发生率以渝单 30、金穗 888、渝单 8 号（CK）较轻，其次是新玉 503、嘉农 18、绵单 1256，其余品种相对发生率较重，见表 4。

表4 品种间抗虫性差异

品种	喇叭期螟害株数/区					成熟期螟害穗数/区					总体发生率（%）
	Ⅰ	Ⅱ	Ⅲ	平均	螟害率（%）	Ⅰ	Ⅱ	Ⅲ	平均	螟害率（%）	
渝单8号（CK）	0	0	2	0.67	0.93	1	0	3	1.33	1.85	2.78
渝单30	0	1	0	0.33	0.46	0	3	2	1.67	2.31	2.77
天单101	1	2	2	1.67	2.31	2	4	2	2.67	3.70	6.01
天玉198	0	0	2	0.67	0.93	2	3	2	2.33	3.24	4.17
连玉15	1	2	1	1.33	1.85	4	0	3	2.33	3.24	5.09
新玉503	0	0	1	0.33	0.46	2	3	1	2.00	2.78	3.24
金123	4	0	0	1.33	1.85	3	3	0	2.00	2.78	4.63
巨龙998	3	0	0	1.00	1.39	3	2	2	2.33	3.24	4.63
嘉农18	1	0	1	0.67	0.93	1	4	1	2.00	2.78	3.71
润多22	1	0	1	0.67	0.93	2	3	4	3.00	4.17	5.1
金穗888	0	0	1	0.33	0.46	5	0	0	1.67	2.31	2.77
三峡玉5号	2	0	0	0.67	0.93	3	5	1	3.00	4.17	5.1
绵单1256	1	2	0	1.00	1.39	2	2	1	1.67	2.31	3.7
田玉335	1	0	1	0.67	0.93	4	4	3	3.67	5.09	6.02
长玉18	2	0	1	1.00	1.39	4	2	0	2.00	2.78	4.17

2.5 果穗性状比较

从表5可见，参试品种除巨龙998外，其余品种的穗粗、穗行数、百粒重均优于对照渝单8号，穗长（除金穗888外）、行粒数（除巨龙998外）差异不大，但秃尖除巨龙998、渝单30、新玉503、田玉335约大于对照外，其余品种均秃尖明显。

表5 15个玉米品种穗部性状比较

品种	穗粗（cm）	穗长（cm）	秃尖（cm）	穗行数（行）	行粒数（粒）	百粒重（g）	理论亩产量（kg）	粒型	粒色	轴色
渝单8号（CK）	4.7	19.7	0.2	14.8	36.3	33.2	713.5	马	黄	白
渝单30	5.1	18.1	1.8	16.4	36.3	33.6	800.1	马	黄	红
天单101	4.7	18.7	3.3	15.2	39.9	35.1	851.5	马	黄	白
天玉198	5.0	21.1	3.3	16.3	37.0	36.4	878.1	马	黄	红
连玉15	5.2	20.1	4.2	16.9	34.5	34.6	806.9	马	黄	红
新玉503	5.8	19.8	2.2	18.8	39.2	32.9	969.8	硬	黄	白
金123	5.4	19.9	3.8	17.7	34.9	38.5	951.3	马	黄	白
巨龙998	5.4	20.1	1.3	16.9	49.1	29.7	985.8	马	黄	白
嘉农18	5.0	21.3	1.8	13.2	39.6	40.0	836.4	马	黄	红
润多22	5.6	19.1	2.7	18.7	38.0	34.2	972.1	硬	黄	白
金穗888	5.1	22.0	2.5	17.1	37.7	37.6	969.6	硬	黄	红
三峡玉5号	5.3	20.3	2.7	17.2	35.3	35.1	852.5	半硬	黄	红
绵单1256	5.8	20.3	3.3	17.6	40.5	33.4	952.3	硬	黄	白
田玉335	5.4	19.6	2.0	17.6	34.1	34.4	825.8	马	黄	白
长玉18	5.0	20.1	2.7	15.7	34.6	37.9	823.5	马	黄	红

从产量构成性状来看，参试品种理论产量较对照均有明显优势，但结合穗长、穗粗、秃尖性状，认为巨龙998、渝单30、新玉503、长玉18产量构成性状优良，增产潜力大。

2.6 产量比较

在不防治病虫害情况下，参试品种平均每亩产量 385.2～51 993 kg，其中渝单 8 号（CK）461.9 kg，居第 7 位。经测验分析，参试品种间产量差异达极显著水平。有 6 个品种（金穗 888、长玉 18、巨龙 998、新玉 503、渝单 30、绵单 1256）产量超过对照渝单 8 号，但与渝单 8 号未达差异显著水平。连玉 15 产量最低，减产 16.62%，见表 6 所示。

表 6　15 个玉米品种产量的比较

品种	小区产量（kg）				折合亩产量（kg）	差异显著性		比 CK（%）
	重复Ⅰ	重复Ⅱ	重复Ⅲ	平均		0.05	0.01	
金穗 888	4.06	3.79	3.85	3.90	519.90	a	A	12.55
长玉 18	3.88	3.60	3.82	3.77	502.14	ab	A	8.70
巨龙 998	3.76	3.62	3.69	3.69	491.96	ab	A	6.50
新玉 503	3.89	3.37	3.71	3.65	486.97	ab	AB	5.42
渝单 30	3.59	3.59	3.62	3.60	479.81	ab	AB	3.87
绵单 1256	3.53	3.86	3.25	3.55	472.87	abc	ABC	2.37
渝单 8 号（CK）	3.70	3.13	3.57	3.46	461.93	abcd	ABC	0
田玉 335	3.25	3.48	3.56	3.43	457.00	abcd	ABC	−1.07
三峡玉 5 号	3.88	3.32	3.06	3.42	455.80	abcd	ABC	−1.33
金 123	3.54	3.52	3.19	3.41	454.93	abcd	ABC	−1.51
嘉农 18	3.52	3.33	3.35	3.40	452.92	abcd	ABC	−1.95
天玉 198	3.41	3.40	3.17	3.33	443.66	abcd	ABC	−3.96
天单 101	3.26	3.44	3.03	3.25	432.74	bcd	ABC	−6.32
润多 22	3.11	3.00	2.91	3.00	400.58	cd	BC	−13.28
连玉 15	3.06	2.72	2.89	2.89	385.18	d	C	−16.62

3 结论

3.1 对试验结果综合分析

综合对产量影响较大的风险指标（病虫害发生率、倒伏率），结合实收产量分析认为长玉 18、新玉 503、渝单 30 三个品种综合性状优良适合重庆市玉米生产上应用，金穗 888、巨龙 998、绵单 1256 虽然产量较高，也可应用于生产，但巨龙 998 倒伏率大、虫害发病偏高，金穗 888、绵单 1256 则对主要病害纹枯病抗性不强，发病率达到 20%，在增产品种中属于高风险性品种，栽培选择上应慎重。

3.2 推荐适宜重庆地区栽培的优势品种

3.2.1　综合优势品种

根据本试验结果，认为长玉 18、新玉 503、渝单 30 三个品种在重庆地区种植具有综合优势。

3.2.1.1　长玉 18

亩产量 502.14 kg，居第二位。苗期螟害株率中等（1.39%），成熟期螟害株穗率中等（2.78%），纹枯病轻，无其他病害和倒伏。生育期 118 d，比对照短 3 d，株高 283.5 cm。果穗较长、粒重较高，籽粒黄色马齿型。

3.2.1.2　新玉 503

亩产量 486.97 kg，居第四位。苗期螟害株率较少（0.46%），成熟期螟害株穗率较轻（2.78%），纹枯病轻，无其他病害和倒伏。生育期 122 d，比对照长 1 d，株高较矮 261.0 cm。果穗较粗长、行数和行粒数较多，籽粒黄色硬粒型，品质好。

3.2.1.3 渝单 30

亩产量 479.81 kg，居第五位。苗期螟害株率较少（0.46%），成熟期螟害株穗率较轻（2.31%），纹枯病轻，无其他病害和倒伏。生育期 122 d，与对照相当，株高偏高 294.0 cm。果穗较粗、秃尖较少，籽粒黄色马齿型。

3.2.2 风险性高产品种

3.2.2.1 金穗 888

亩产量 519.90 kg，居第一位。苗期螟害株率少（0.46%），成熟期螟害株穗率少（2.31%），纹枯病中偏重，无其他病害和倒伏。生育期 119 d，比对照短 2 d，株高 281.0 cm。果穗较长、粒重较高，籽粒黄色马齿型，纹枯病发病区种植风险大。

3.2.2.2 巨龙 998

亩产量 491.96 kg，居第三位。苗期螟害株率中等（1.39%），成熟期螟害株穗率中偏高（3.24%），纹枯病轻，无其他病害，倒伏 8.33%。生育期 121 d，与对照相当，株高过高（331.5 cm）。果穗较长、秃尖较少、行粒数较多，籽粒黄色马齿型，玉米螟抗虫性差、密植生产风险性大。

3.2.2.3 绵单 1256

亩产量 472.87 kg，居第六位。苗期螟害株率中等（1.39%），成熟期螟害株穗率较轻（2.31%），纹枯病中等，无其他病害和倒伏。生育期 122 d，与对照相当，株高偏高（286.9 cm）。果穗较粗长、秃尖较多，籽粒黄色硬粒型，品质好，纹枯病发病区种植风险大。

参考文献

[1] 周茂林，蒋志成，柯剑鸿，等．重庆市玉米耐密增产试验研究 [J]. 南方农业，2012，6（10）：25－30.
[2] 陈富丽，杜雄，刘梦星，等．玉米倒伏及其对产量影响 [J]. 玉米科学，2011，19（1）：105－108.
[3] 吴大椿，方守国，秦乐业．玉米纹枯病发病规律与防治适期 [J]. 湖南农业科学，1993（5）：23－24，6.
[4] 李正跃，卢美榕，孙跃先，等．室内测定玉米品种对亚洲玉米螟的抗性 [J]. 云南农业大学学报，1992，7（1）：46－49.

西南旱地不同种植模式下土壤呼吸及水热因子对极端低温的响应*

周　泉　邢　毅　马淑敏　张小短　陈　娇　石　超　王龙昌

西南大学农学与生物科技学院，南方山地农业教育部工程研究中心，
三峡库区生态环境教育部重点实验室，重庆　400716

摘要： 极端气候频现是全球气候变化的重要特征之一，其中极端低温不仅影响农业生产，也影响着农业碳排放。土壤呼吸作为农业碳排放的主要途径，缺乏在极端低温环境下的深入研究。本文以我国西南地区旱地为研究对象，通过测定冬季低温环境下的土壤呼吸及其水热因子，分析了土壤呼吸等在极端低温环境下的响应特征，发现秸秆覆盖条件下紫云英与油菜混作的土壤呼吸和根呼吸最大，种植紫云英可显著提高 10 cm 处的土壤温度、土壤含水量和土壤电导率；在极端低温环境下，土壤呼吸和根呼吸显著降低，土壤呼吸的温度敏感性显著提高，Q_{10} 值由 0.31 增加到 1.19，同时改变了土壤呼吸与土壤电导率之间的关系。无秸秆覆盖时紫云英单作、紫云英与油菜混作的根呼吸比重分别提高了 12.07%和 8.15%；而秸秆覆盖下紫云英单作、油菜单作以及紫云英与油菜混作的根呼吸比重分别降低了 28.55%、38.87%和 24.80%。

关键词： 极端气候；碳排放；根呼吸；土壤温度；土壤电导率

目前，全球极端气候频现，自 2008 年我国南方冰雪灾害之后，2016 年 1 月 20～25 日我国西南地区再次出现极端低温天气，最低气温接近历史同期最低值，多地出现有观测记录以来最低温度，植物遭受严重冻害。在全球气候变化的大背景下，极端气候频现已成为限制农业发展的重要因素。

农业碳排放占人为温室气体排放量的 21%～25%[1]，土壤呼吸作为农业碳排放的主要途径[2]，其对温度变化的响应备受瞩目。目前，对农田土壤呼吸的研究缺乏冬季低温环境下的深入探讨[3]，对年土壤呼吸量的估算也大多基于冬季土壤呼吸为零的假设[4]。然而，研究表明冬季土壤呼吸占年土壤呼吸量的 14%～30%[5]，冬季土壤呼吸释放的 CO_2 是区域碳收支非常重要的组成部分[6-10]，并显著影响着生态系统碳平衡[11,12]，土壤呼吸的 Q_{10} 值在寒冷条件下可高达 60～200，而零上温度时 Q_{10} 最大值仅为 9[13]。在土壤温度高于−5 ℃条件下，可以检测到微生物的活力和土壤中自由水的存在，−10 ℃仍能检测到非冻结的土壤水分和土壤呼吸[4,14,15]，甚至在−39 ℃时，土壤仍能释放出 CO_2[16]。因此，低温下土壤呼吸的研究对于精确测定生态系统的碳收支、完善碳循环模型、预测其对温室效应的贡献和对全球变化的响应具有重要意义。

近年来，学者对生态脆弱的西南地区土壤呼吸特征的相关研究发现，该地区农田土壤呼吸年际变化与其他地区不同，呈现双峰模型[17]，以秸秆覆盖、垄作为主的保护性耕作的固碳减排效益显著[18-21]，尤其发现在冬小麦（*Triticum aestivum* L.）生殖生长阶段农田土壤呼吸速率变化较小[22]，

* **基金项目：** 公益性行业（农业）科研专项（201503127）；国家自然科学基金项目（31271673）资助

但对该地区极端低温下的土壤呼吸特征研究尚属空白，这是应对全球极端气候频现亟待探究的学术问题。基于此，本文以西南地区旱地为研究对象，探讨了不同种植模式下土壤呼吸及其水热因子在遭遇极端低温时的响应特征，一方面为精确测定农田碳排放提供现实依据，另一方面为探讨极端低温状态下土壤呼吸与水热因子的关系提供理论基础。

1 材料与方法

1.1 试验地概况

试验开始于2015年9月，在重庆市西南大学教学试验农场进行，试验所用土壤为西南旱地紫色土。当地年平均气温17.5℃，冬季7.9℃，夏季26.4℃，春、秋季分别为17.4℃和18.2℃；平均年降水量1 156.8 mm，其中春、夏、秋、冬降水量分别为全年的25.3%、46.8%、22.5%和5.4%，年蒸发量1 181.1 mm，年日照时数为888.5～1 539.6 h，日照百分率仅为25%～35%，冬季日照仅占全年的10%左右。

1.2 试验设计

采取桶栽试验，桶体积160 L，内径60 cm，高60 cm。在大田环境下随机区组排列，2×3双因素试验设计，3次重复。

1.2.1 设2种覆盖方式

Ⅰ. 无覆盖（T），作物生长期内均不进行秸秆覆盖；Ⅱ. 覆盖（S）：于作物播种期将相当于3750 kg/hm^{2}的水稻秸秆均匀覆盖（0.15 kg/桶）。

1.2.2 设3种种植方式

Ⅰ. 紫云英（*Astragalus sinicus* L.）（A），冬季种植紫云英；Ⅱ. 油菜（*Brassica campestris* L.）（R），冬季种植油菜；Ⅲ. 紫云英混作油菜（AR），冬季种植紫云英与油菜混作。

1.2.3 共6个处理

分别为TA（无覆盖+紫云英）、TR（无覆盖+油菜）、TAR（无覆盖+紫云英混作油菜）、SA（覆盖+紫云英）、SR（覆盖+油菜）、SAR（覆盖+紫云英混作油菜）。

为测定根呼吸，同时设置无覆盖和覆盖条件下的冬闲处理作为对照，分别为CKT和CKS。试验每桶装土50 kg，施氮肥（纯氮）0.10 g/kg，磷肥（P_2O_5）0.10 g/kg，钾肥（K_2O）0.10 g/kg，肥料为三洋牌16−16−16三元素复合肥，所有肥料与土混匀于播种前一次施入，分3行平行摆布，行间距1 m×1 m。紫云英于2015年10月1日撒播0.9 g/桶，油菜于2015年10月1日条播，油菜出苗后每桶各留2株，间距20 cm。

1.3 测定指标与方法

试验期间于冬季常低温日（2016年1月17日）和极端低温日（2016年1月25日）各测定一次土壤呼吸及根呼吸，同时测定土壤温度、水分含量以及电导率等水热因子。本文中极端低温日西南地区局地气温达−8℃，土壤也处于冻土状态，植株遭遇严重冻害，属于我国西南地区在一定时间内出现的历史罕见低温事件，因此可以视之为极端低温。常低温和极端低温测定时间上虽然有一定差异，但是由于环境温度低、相隔时间短，植株的生长发育极为缓慢，可以忽略植株本身生长对土壤呼吸造成的影响。

1.3.1 土壤呼吸

于冬季常低温日和极端低温日各测定一次，测定时间为上午09:00～11:00。测定仪器为LI 6400便携式光合作用系统连接6400−09呼吸室（Li6400−09，LI−COR Inc.，Lincoln，USA），选取桶内中间位置作为测定点，每个点放自制的PVC环，于测定前1 d安置好，以减少对土壤的干扰。每个

PVC 环测定 1 次，3 个循环，每个处理 3 次重复，共 9 个数据，取其平均值作为土壤呼吸值。

1.3.2 根呼吸

采用根排除法估算土壤呼吸中根系呼吸的贡献。根排除法计算原理，带根土壤的二氧化碳通量－无根土壤的二氧化碳通量＝根呼吸。本试验中将处理 CKT 和 CKS 的土壤呼吸分别作为无秸秆覆盖和有秸秆覆盖条件下的无根土壤的二氧化碳通量，无秸秆覆盖处理与 CKT 的土壤呼吸差值即为无秸秆覆盖条件下的根呼吸，秸秆覆盖处理与 CKS 的土壤呼吸差值即为秸秆覆盖条件下的根呼吸。

1.3.3 土壤温度

用地温计测定土层深度 10 cm 处的温度。

1.3.4 土壤水分含量和电导率

用 ProCheck 手持式多功能读表（Decagon 公司）连接的 GS3 传感器测定土层深度 0～5 cm 的体积含水量和电导率。

1.4 统计分析

用 Excel 2010 和 SPSS 17.0 软件进行数据整理、分析，采用 General Linear Model 进行方差分析，多重比较采用 Duncan's 新复极差法。

2 结果与分析

2.1 不同种植模式下的土壤呼吸及根呼吸特征

由图 1 可知，在常低温和极端低温下，不同处理间的土壤呼吸以及根呼吸总体特征发生了变化，在极端低温下土壤呼吸以及根呼吸均迅速降低。在常低温下（图 1a），对于土壤呼吸，处理 SR 和 SAR 均显著高于其他处理，处理 TAR 显著高于处理 TR；对于根呼吸，则是处理 SR 和 SAR 均显著高于处理 TA、TR 和 SA，处理 TAR 和 SA 均显著高于处理 TA 和 TR，根呼吸占土壤呼吸的比例分别为 64.89%、57.81%、68.60%、90.52%、93.16%、93.95%，按 TA、TR、TAR、SA、SR、SAR 排序，下同。在极端低温下（图 1b），对于土壤呼吸，处理 TR 与处理 TA、TAR、SAR 均差异显著；对于根呼吸有相同的差异性特征，根呼吸占土壤呼吸的比例分别为 76.96%、56.96%、76.75%、61.97%、54.29%、69.15%。

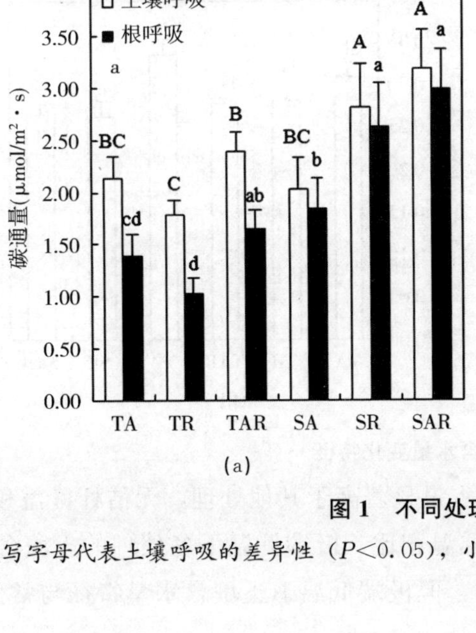

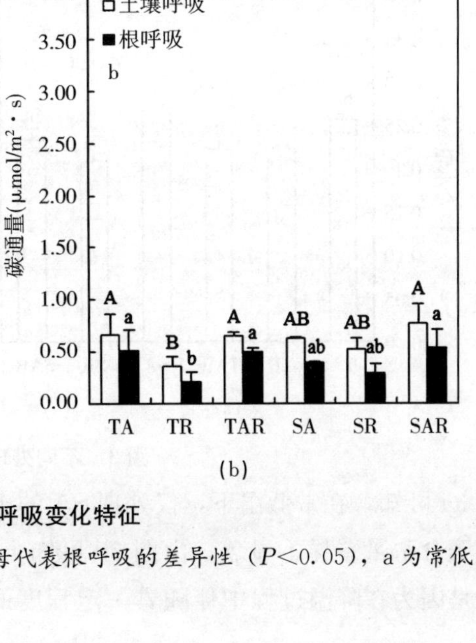

图 1 不同处理土壤呼吸变化特征

注：大写字母代表土壤呼吸的差异性（$P<0.05$），小写字母代表根呼吸的差异性（$P<0.05$），a 为常低温，b 为极端低温。

与常低温相比，极端低温下无秸秆覆盖时，油菜单作的根呼吸比重基本不变，紫云英单作、紫云英与油菜混作的根呼吸比重分别增加了 12.07%和 8.15%；极端低温下有秸秆覆盖时，无论单作或混作，根呼吸比重均明显下降 28.55%、38.87%和 24.80%。可见，土壤呼吸在极端低温条件下迅速降低，不同处理之间的差异性变小，根呼吸占土壤呼吸的比重发生变化，无秸秆覆盖下种植紫云英可提高极端低温环境下的根呼吸比重，而秸秆覆盖下的根呼吸所占比重在极端低温条件下均明显变小。

2.2 不同种植模式下的土壤水热因子分析

2.2.1 土壤温度

由图 2a 可知，在常低温下，处理 TA 在 10 cm 处的土壤温度显著高于其他处理，且无论是否秸秆覆盖，单作紫云英的土壤温度均较高。无秸秆覆盖下，各种植模式的温度范围在 5.70～7.23 ℃，但通过秸秆覆盖减少了各种植模式之间的差异性，各种植模式的温度范围在 5.93～6.07 ℃。由图 2b 可知，在极端低温下，仅处理 TA 在 10 cm 处的土壤温度大于 0 ℃，且与其他处理差异显著，其他处理均处在冻土状态。无秸秆覆盖下，各种植模式的温度范围在 −1.17～1.03 ℃，同样通过秸秆覆盖减少了各种植模式之间的差异性，各种植模式的温度范围在 −1.07～−0.33 ℃。可见，种植紫云英可显著提高 10 cm 处的土壤温度，且秸秆覆盖可提高土壤温度的稳定性。

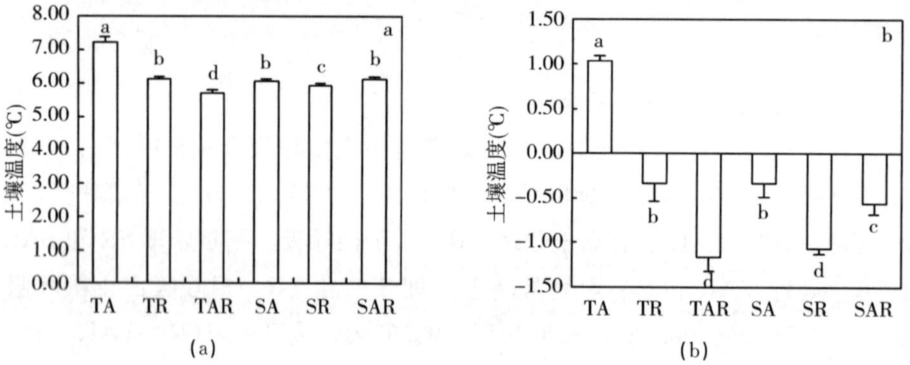

图 2 不同处理土壤温度变化特征

注：不同字母表示在 0.05 水平上差异显著（$P<0.05$），a 为常低温，b 为极端低温，下同。

2.2.2 土壤含水量

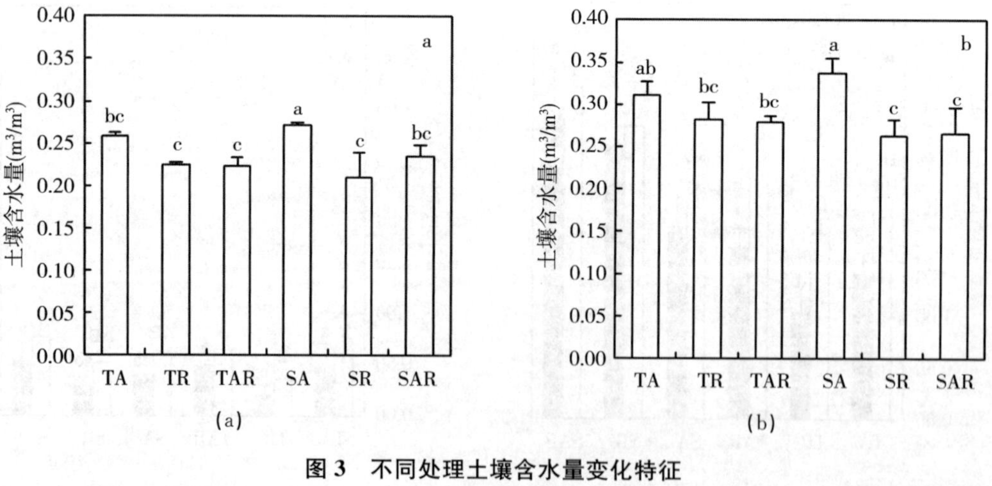

图 3 不同处理土壤含水量变化特征

由图 3a 可知，在常低温下，仅处理 SA 的土壤含水量显著高于其他处理，无秸秆覆盖和秸秆覆盖条件下土壤含水量差异不显著；由图 3b 可知，与常低温相比，极端低温下各处理的土壤含水量均较高，主要是因为在降温过程中伴随着一定程度的降水，但极端低温下土壤含水量特征与常低温相似，处理SA的土壤含水量依然最高，处理TA与处理SR、SAR均差异显著，另外，无秸秆覆盖条件下各种植模式差异不显著，但在秸秆覆盖条件下处理SA与处理SR、SAR均差异显著。说明单作紫云英可以显著提高土壤含水量，且在极端低温条件下更加明显。

2.2.3 土壤电导率

土壤电导率主要用来表征土壤的盐分状况，即土壤的含盐量。由图4a可知，在常低温下，处理SA和TA的土壤电导率显著高于其他处理，除此之外，秸秆覆盖条件下油菜单作和混作的土壤电导率与紫云英单作相比均显著降低；由图4b可知，与常低温相比，极端低温下各处理的土壤电导率均较高，总体特征与常低温下相似，但各处理间的差异性变小，仅处理SA显著高于处理TAR、SR和SAR。无论在常低温还是极端低温下，处理SA和TA的土壤电导率一直处于较高水平，说明单作紫云英可以提高表层土壤的含盐量，而秸秆覆盖与否对土壤电导率影响不大。

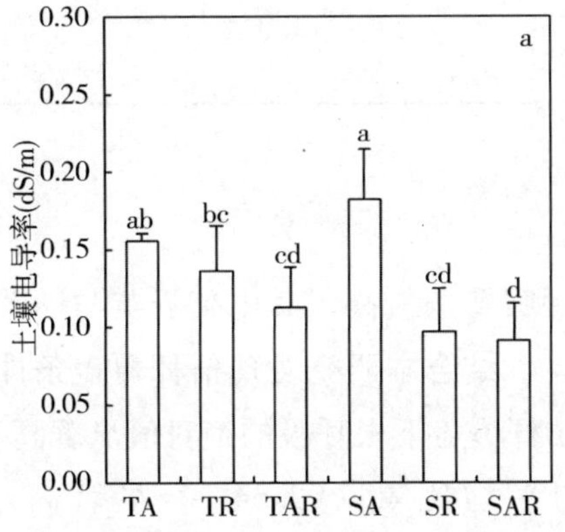

(a)

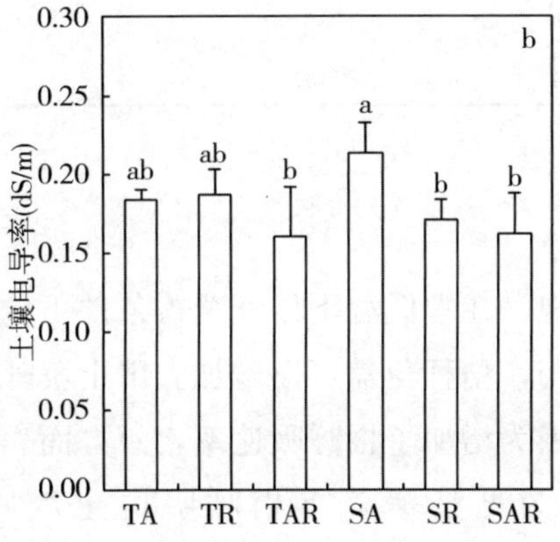

(b)

图4 不同处理土壤电导率变化特征

2.3 土壤呼吸与水热因子的关系

土壤呼吸与土壤温度的关系常采用Q_{10}值表示，即温度每增加10 ℃土壤呼吸增加的倍数，是呼吸速率对温度变化的敏感性指标，通常为1.3~5.6[23]。计算公式[24]为

$$Y=a\times e^{bx}，Q_{10}=e^{10b} \tag{1}$$

式中，Y为土壤呼吸速率，单位为g/（m^2·d），即每天1 m^2土壤排放的CO_2含碳量，x为土壤温度（单位为℃），a和b为模拟计算值。

以此为基础，从常低温状态下观测的数据分析看，土壤呼吸与土壤温度关系的指数方程式为$Y=4.743e^{-0.116x}$，其Q_{10}值为0.31；从极端低温状态下观测的数据分析看，方程式为$Y=0.577e^{0.017x}$，其Q_{10}值为1.19。说明极端低温下土壤呼吸的温度敏感性显著提高。

土壤呼吸与土壤含水量的关系较为复杂，目前还没有统一的定论，同时有关土壤呼吸与土壤电导率关系的研究更为少见。本研究通过偏相关分析控制变量为土壤温度，发现土壤呼吸与土壤含水量及电导率的相关性见表1、表2。在常低温和极端低温下，土壤呼吸与根呼吸之间均存在极显著正相关。在常低温下，土壤呼吸与土壤电导率之间呈显著负相关，土壤含水量与土壤电导率之间呈极显著正相关；而在极端低温下，土壤呼吸与土壤电导率之间的显著性消失，土壤含水量与土壤电导率之间的显著性也消失。这说明极端低温显著影响了土壤呼吸与土壤电导率之间的关系。

表 1 常低温下不同变量之间的偏相关分析

变量	土壤呼吸	根呼吸	土壤含水量	土壤电导率
土壤呼吸	1.000	0.951**	−0.117	−0.545*
根呼吸		1.000	0.010	−0.422
土壤含水量			1.000	0.649**
土壤电导率				1.000

注：* 表示在 0.05 水平上显著相关，** 表示在 0.01 水平上极显著相关。下同。

表 2 极端低温下不同变量之间的偏相关分析

变量	土壤呼吸	根呼吸	土壤含水量	土壤电导率
土壤呼吸	1.000	0.969**	−0.049	−0.351
根呼吸		1.000	−0.098	−0.426
土壤含水量			1.000	0.480
土壤电导率				1.000

3 讨论

本研究发现，在常低温下秸秆覆盖条件下的土壤呼吸普遍较高，其中紫云英与油菜混作最高。目前相关研究表明，秸秆覆盖可以增加农田土壤呼吸[25,26]，结合本研究发现秸秆覆盖条件下土壤呼吸的增加，主要是因为增加了根呼吸速率，一方面表现为秸秆覆盖下根呼吸的绝对值显著高于无秸秆覆盖，另一方面表现为秸秆覆盖下根呼吸占土壤呼吸的平均比重（92.54%）显著高于无秸秆覆盖（63.77%）。对于秸秆覆盖下根呼吸较高的原因，主要是由于秸秆覆盖促进了作物及其根系的生长发育[27,28]。在极端低温下，发现不同土地利用方式下的土壤呼吸速率与常低温相比均显著降低，秸秆覆盖的影响变小，而种植紫云英的土壤呼吸处在相对较高的水平。从数据结果来看，主要是由于种植紫云英下根系呼吸速率较之油菜单作相对较大，说明极端低温对油菜根系的伤害较大，而种植紫云英的保温作用避免了根系受到低温冻害。

与常低温相比，极端低温不仅使总体的土壤呼吸速率显著降低，且改变了不同种植模式下的土壤呼吸特征，各处理间的差异变小。首先，土壤呼吸主要分为微生物呼吸和根系呼吸[29]，在盆栽条件下，土壤呼吸主要受到根系呼吸的影响[30]；其次，由于极端低温，根呼吸占土壤呼吸的比重发生了巨大的变化，主要体现在秸秆覆盖条件下，其根呼吸的比重由 92.54%下降到了 61.80%；第三，由于极端低温，无秸秆覆盖时种植紫云英的根呼吸比重不降反升，较之常低温下平均升高了 10.11%。

研究发现，种植紫云英可显著提高 10 cm 处的土壤温度，秸秆覆盖减小了不同种植模式之间的土壤温度差异，提高了土壤温度的稳定性。单作紫云英还提高了农田土壤含水量，并在秸秆覆盖下保水效应更加明显，这主要是因为紫云英作为一种农田绿色覆盖措施增加了农田地表覆盖率，减少了水分流失。但研究同时发现，当紫云英与油菜混作时反而降低了土壤含水量，这主要是因为紫云英促进了油菜生长，两者共同作用增加了对水分的吸收利用。另外，各处理土壤电导率变化特征与土壤含水量的变化特征基本一致，主要是因为土壤电导率与土壤含水量之间有一定的正相关关系[31]。秸秆覆盖条件下种植紫云英的土壤电导率较高，说明土壤总盐量升高，这主要是由于季节性覆盖（秸秆覆盖、绿色覆盖）改变了土壤自然状态下的水热平衡，土壤得不到雨水充分淋洗，致使盐分在土壤表层上聚集。

研究发现极端低温下土壤呼吸的温度敏感性显著提高，这与目前很多学者研究的低温下温度敏感性提高一致[13]。在极端低温条件下根呼吸占土壤呼吸的比例变小，处理间差异也变小，说明冬季土壤呼吸还受温度以外的其他因素控制。目前，除土壤温度外，土壤含水量也被认为是决定土壤呼吸的最主要因素之一[32-34]。土壤温度和冬季土壤呼吸之间关系非常复杂，也可能没有直接关系，但对于维持一定的土壤呼吸来说，一般有一个土壤温度临界值，低于这个温度则会由于土壤自由水的缺乏而抑制异养微生物的呼吸[15,35]，从而影响土壤呼吸。另外，在常低温下土壤电导率与土壤呼吸之间有一定的相关性，但在极端低温下，由于冰冻对土壤水分有效性的影响，自然状态下的土壤水热平衡被打破，必然会影响到土壤中盐离子的运动，最终土壤电导率与土壤呼吸的关系更为复杂。

4 结论

在不同种植模式下，秸秆覆盖条件下紫云英与油菜混作的土壤呼吸和根呼吸最大，种植紫云英可显著提高 10 cm 处的土壤温度、土壤含水量和土壤电导率。在极端低温条件下，土壤呼吸和根呼吸显著降低，土壤呼吸的温度敏感性显著提高，Q_{10}值由 0.31 增加到 1.19，同时改变了土壤呼吸与土壤电导率之间的关系。无秸秆覆盖时种植紫云英可提高极端低温环境下的根呼吸比重，紫云英单作、紫云英与油菜混作分别提高了 12.07%和 8.15%；而秸秆覆盖下的根呼吸所占比重在极端低温条件下均明显降低，紫云英单作、油菜单作以及紫云英与油菜混作分别降低了 28.55%、38.87%和 24.80%。

参考文献

[1] 林而达，李玉娥，郭李萍，等．中国农业土壤固碳潜力与气候变化［M］．北京：科学出版社，2005.

[2] Raich J W，Tufekcioglu A. Vegetation and soil respiration：correlations and controls ［J］. Biogeochemistry，2000，48（1）：71－90.

[3] 王娓，汪涛，彭书时，等．冬季土壤呼吸：不可忽视的地气 CO_2 交换过程［J］．植物生态学报，2007，31（3）：394－402.

[4] Fahnestock J T，Jones M H，Brooks P D. Winter and early spring CO_2 efflux from tundra communities of northern Alaska ［J］. Journal of Geophysical Research Atmosphere，1998（103）：29023－29027.

[5] Jones H G. The ecology of snow-covered systems：a brief overview of nutrient cycling and life in the cold ［J］. Hydrological Processes，1999（13）：2135－2147.

[6] Mariko S，Nishimura N，Mo W. Winter CO_2 flux from soil and snow surfaces in a cool-temperate deciduous forest ［J］. Japan Ecological Research，2000（15）：363－372.

[7] Welker J M，Fahnestock J T，Jones M H. Annual CO_2 flux in dry and moist Arctic tundra：field responses to increases in summer temperatures and winter snow depth ［J］. Climatic Change，2000（44）：139－150.

[8] Wickland K P，Striegl R G，Mast M A. Carbon gas exchange at a southern Rocky Mountain wetland，1996－1998 ［J］. Global Biogeochemistry Cycles，2001（15）：321－335.

[9] Uchida M，Mo W，Nakatsubo T. Microbial activity and litter decomposition under snow cover in a cool-temperate broadleaved deciduous forest ［J］. Agricultural and Forest Meteorology，2005（134）：102－109.

[10] Schimel J P，Fahnestock J，Michaelson G. Cold-season production of CO_2 in arctic soils：can laboratory and field estimates be reconciled through a simple modeling approach? ［J］. Arctic Antarctic Alpine Research，2006（38）：249－256.

[11] Hubbard R M，Ryan M G，Elder K，et al. Seasonal patterns in soil surface CO_2 flux under snow cover in 50 and 300 year old subalpine forest ［J］. Biogeochemistry，2005（73）：93－107.

[12] Monson R K. Climatic influences on net ecosystem CO_2 exchange during the transition from wintertime carbon source to springtime carbon sink in a high-elevation，subalpine forest ［J］. Oecologia，2005（146）：130－147.

[13] Mikan C，Schimel J，Doyle A. Temperature controls of microbial respiration above and below freezing in Arctic tundra soils ［J］. Soil Biology Biochemistry，2002（34）：1785－1795.

[14] Clein J S，Schimel J P. Microbial activity of tundra and taiga soils at sub-zero temperatures [J]. Soil Biology Biochemistry，1995（27）：1231－1234.

[15] Brooks P D，Schmidt S K，Williams M W. Winter production of CO_2 and N_2O from alpine tundra：environmental controls and relationship to inter-system C and N fluxes [J]. Oecologia，1997（110）：403－413.

[16] Panikov N S，Flanagan P W，Oechel W C. Microbial activity in soils frozen to below －39 ℃ [J]. Soil Biology Biochemistry，2006（38）：785－794.

[17] 江国福，刘畅，李金全，等．中国农田土壤呼吸速率及驱动因子 [J]. 中国科学：生命科学，2014，44（7）：725－735.

[18] 王龙昌，邹聪明，张云兰，等．西南“旱三熟”地区不同保护性耕作措施对农田土壤生态效应及生产效益的影响 [J]. 作物学报，2013，39（10）：1880－1890.

[19] 张赛，王龙昌，黄召存，等．保护性耕作下小麦田土壤呼吸及碳平衡研究 [J]. 环境科学，2014，35（6）：2419－2425.

[20] 张赛，王龙昌，周航飞，等．西南丘陵区不同耕作模式下玉米田土壤呼吸及影响因素 [J]. 生态学报，2014，34（21）：6244－6255.

[21] 周泉，王龙昌，熊瑛，等．绿肥间作和秸秆覆盖对冬季油菜根际土壤有机碳及土壤呼吸的影响 [J]. 环境科学，2016，37（3）：1114－1120.

[22] 张赛，张晓雨，王龙昌，等．西南丘陵区保护性耕作下小麦农田土壤呼吸及影响因素分析 [J]. 环境科学，2013，34（7）：2815－2820.

[23] Simmons J A，Fernandez I J，Briggs R D，et al. Forest floor carbon pools and fluxes along a regional climate gradient in Maine，USA [J]. Forest Ecology and Management，1996，84（1－3）：81－95.

[24] Luo Y Q，Wan S Q，Hui D F，et al. Acclimatization of soil respiration to warming in a tall grass prairie [J]. Nature，2001，413（6856）：622－625.

[25] Bono A，Alvarez R，Buschiazzo D E，et al. Tillage effects on soil carbon balance in a semiarid agroecosystem [J]. Soil Science Society of America Journal，2008，72（4）：1140－1149.

[26] 张庆忠，吴文良，王明新，等．秸秆还田和施氮对农田土壤呼吸的影响 [J]. 生态学报，2005，25（11）：2883－2887.

[27] 张立强，汪有科，员学锋，等．不同水分状况下秸秆覆盖量对玉米根、冠生长的影响 [J]. 干旱地区农业研究，2007，25（5）：46－51.

[28] 吴晓丽，汤永禄，李朝苏，等．秋季玉米秸秆覆盖对丘陵旱地小麦生理特性及水分利用效率的影响 [J]. 作物学报，2015，41（6）：929－937.

[29] Domanski G，Kuzyakov Y，Siniakina S V，et al. Carbon flows in the rhizosphere of ryegrass（*Lolium perenne*）. Journal of Plant Nutrition and Soil Science，2001（164）：381－387.

[30] 杨兰芳，蔡祖聪．不同生长期盆栽大豆的土壤呼吸昼夜变化及其影响因子 [J]. 生态学报，2004，24（12）：2955－2960.

[31] 曹巧红，龚元石．土壤电导率对时域反射仪测定土壤水分的影响 [J]. 土壤学报，2001，38（4）：483－490.

[32] Irvine J，Law B E. Contrasting soil respiration in young and old-growth ponderosa pine forests [J]. Global Change Biology，2002（8）：1183－1194.

[33] Melillo J M，Steudler P A，Aber J D. Soil warming and carbon-cycle feedbacks to the climate system [J]. Science，2002（298）：2173－2176.

[34] Conant R T，Dalla-Betta P，Klopatek C C. Controls on soil respiration in semiarid soils [J]. Soil Biology Biochemistry，2004（36）：945－951.

[35] Schimel J P，Clein J S. Microbial response to freeze-thaw cycles in tundra and taiga soils [J]. Soil Biology Biochemistry，1996（28）：1061－1066.

甘蓝型油菜苗期抗旱性鉴定及综合抗旱指标筛选*

陈　娇　谢小玉*　张小短　邢　毅　马淑敏

西南大学农学与生物科技学院/南方山地农业教育部工程研究中心/
三峡库区生态环境教育部重点实验室，重庆　400716

摘要：为系统评价甘蓝型油菜（*Brassica napus* L.）苗期的抗旱性，筛选出合理的油菜抗旱指标，为区域栽培提供基础材料和理论依据，对10种甘蓝型油菜品种和材料采取持续干旱（控水15 d）和正常浇水两种处理，开展温室控水试验，分析干旱胁迫对材料生理生化、生长发育、根系形态等34个指标的影响，结合综合抗旱系数、因子分析、隶属函数进行综合评价，在此基础上运用聚类分析和灰色关联度分析分别进行抗旱性评价指标体系筛选和供试材料抗旱类型划分。结果表明，CDC值（综合抗旱系数）和加权抗旱系数均与相对产量呈显著相关。根据CDC值，材料抗旱性由强到弱为145027>绵油11>万油27>渝油28>汉油8号>中双11号>德杂油5号>万油25>GH06>GH04/GH02。对CDC值聚类分析，可将10种参试材料抗旱性聚为Ⅲ级，其中145027为Ⅰ级，绵油11、万油27、渝油28、汉油8号、中双11号为Ⅱ级，德杂油5号、万油25、GH06、GH04/GH02为Ⅲ级。关联度分析结果表明，光合参数指标、含水量指标、植株形态和根系性状指标油菜苗期的抗旱性关系密切。

关键词：油菜；苗期；抗旱；抗旱系数；抗旱评价

油菜（*Brassica napus* L.）是中国主要油料作物，2017年播种面积达665.3万 hm^2，占油料作物播种总面积的50.31%[1]，在农业生产中占据重要地位。油菜是需水量较大的作物之一，其产量高低与土壤水分状况关系密切[2]。严重缺水干旱会影响油菜生理功能，阻碍其正常生长发育，是造成减产的主要原因之一[3]。因此，研究油菜品种抗旱性、筛选油菜抗旱指标对不同区域油菜品种的合理布局具有重要意义，是解决干旱减产的有效方法。近年来，国内外学者对作物抗旱性鉴定的方法主要有主成分分析、抗旱系数法、频次分析、隶属函数法、模糊聚类分析、灰色关联度分析、逐步回归分析，并已在油菜、大豆等多种作物抗旱性鉴定研究中得到广泛运用[4-8]。在作物抗旱性指标筛选的研究中，不同研究者有不同的观点。谢小玉等研究认为叶片相对含水量、丙二醛、叶面积可以作为油菜苗期抗旱性鉴定指标；张盼盼等[9]研究认为SOD、POD活性及叶绿素含量能作为抗旱性鉴定的有效指标；也有研究表明[10-13]，植物可以通过增加根长、比根长、比表面积、根系表面积和减小根系直径来维持根系吸收能力，增加自身抗旱性；洪双等[14]在油菜抗旱评价指标筛选中发现地上部鲜重胁迫指数是最有效的耐旱性评价指标。上述研究多侧重于单一生长指标或生理指标，鲜见将生长指标、形态指标与生理生化指标相结合，运用综合评价方法系统鉴定油菜抗旱性和建立抗旱指标体系的报道，也未见将综合抗旱指标与干旱胁迫后复水至成熟期的相对产量进行分析，验证各综合抗旱指标预测干旱胁迫对产

* **基金项目：**公益性行业（农业）科研专项（201503127）；国家自然科学基金项目（31271673，31700364，31871583）

量影响的准确性。本研究通过对10份甘蓝型油菜种质材料的34个综合指标进行频次分析、主成分分析、隶属函数分析、聚类分析、灰色关联度分析，筛选出苗期耐旱性种质材料，并建立抗旱指标体系，在干旱胁迫后进行复水至成熟期，获得产量，验证各综合抗旱指标与干旱胁迫后相对产量的关系，为油菜抗旱育种、栽培提供基础材料和理论依据。

1 材料和方法

1.1 材料

10份甘蓝型油菜，分别由西南大学农学与生物科技学院、四川绵阳市农业科学院、重庆三峡农业科学院、陕西省汉中市农业科学院、中国农业科学院油料作物研究所5个单位选育（表1）。

表1 试验材料

编号	材料	选育单位	编号	材料	选育单位
A	GH04/GH02	西南大学	F	145027	重庆三峡农业科学院
B	绵油11	四川省绵阳市农业科学院	G	渝油28	西南大学
C	万油25	重庆三峡农业科学院	H	GH06	西南大学
D	万油27	重庆三峡农业科学院	I	汉油8号	陕西省汉中市农业科学院
E	德杂油5号	四川省绵阳市农业科学院	J	中双11号	中国农业科学院

1.2 试验处理

试验于2015年9月至2016年5月在西南大学教学实验农场进行。以10个不同品种的甘蓝型油菜为供试材料，挑选籽粒饱满、大小均匀、无病虫的油菜种子于9月22日播种于大田。在自然条件下培养至幼苗四叶一心，于10月29日将其移栽于遮雨人工网室中以营养土和蛭石为基质的栽培槽，基质提前用多菌灵和敌百虫杀菌灭虫，移栽前每株施史丹利氮磷钾复合肥（N：P：K=15：15：15）10 g。槽长20 m，宽80 cm，定植3行，株距20 cm，行距30 cm。实验设计两个水分处理，分别为对照（CK）和干旱（D）。试验为油菜材料（10个材料）和水分处理（两个水分梯度）双因素设计，共20个处理，3次重复。干旱处理在苗期（11月9日）时控制灌溉，干旱胁迫15 d，使植株达到极限干旱（土壤相对含水量为20%～25%）；胁迫结束后恢复供水至成熟；对照组正常供水使土壤相对含水量维持在60%～75%。

1.3 测定项目与方法

在苗期干旱胁迫结束后（11月24日），用LI－6400便携式光合仪（美国，Li－Cor公司）测定植株光合参数，并摘取植株功能叶用于测定以下项目（表2）。

表2 测定项目与方法

	测定项目	测定方法
X1	地上部总含水量ATW	称重法[15]
X2	叶片自由含水量FW	
X3	净光合速率Pn	LI－6400便携式光合仪（美国，Li－Cor公司）
X4	胞间CO_2浓度Ci	
X5	气孔导度Gs	
X6	蒸腾速率Tr	
X7	气孔限制值Ls	Ls=（Ca－Ci）/Ca×100%（Ca为大气CO_2浓度，由光合仪直接读出）
X8	水分利用率WUE	WUE=Pn/Tr

续表

	测定项目	测定方法
X9	总叶绿素 Ch l	丙酮和无水乙醇 2∶1 混合法[16]
X10	叶绿素 a Ch la	
X11	叶绿素 b Ch lb	
X12	Cha/Chlb	
X13	超氧化物歧化酶 SOD	试剂盒（苏州科铭生物技术有限公司）
X14	过氧化物酶 POD	
X15	过氧化氢酶 CAT	
X16	抗坏血酸过氧化物酶 APX	
X17	细胞膜透性 MP	电导率仪法[17]
X18	丙二醛 MDA	硫代巴比妥酸（TBA）法[18]
X19	脯氨酸 Pro	酸性茚三酮法[17]
X20	可溶性糖 SS	蒽酮比色法[17]
X21	可溶性蛋白 SP	考马斯亮蓝 G－250 法[17]
X22	株高 PH	卷尺测量地上茎基部到生长点的距离
X23	茎粗 SD	电子游标卡尺（日本三丰 500－197－30）测量基部节间茎粗
X24	叶片数 NL	完全展开叶的数量
X25	地上部干重 ADW	电子天平（JA2003）
X26	根系总长度 TRL	根系扫描仪（EPSON Perfection V700/V750）及根系分析系统（加拿大，WinRHIZO）
X27	根系总表面积 TRSA	
X28	根尖数 RT	
X29	根系体积 RV	
X30	根系平均直径 RAD	
X31	地下部干重 UDW	电子天平（JA2003）
X32	比根长 SRL	SRL＝TRL（m）/UDW（g）
X33	比表面积 SRSA	SRSA＝TRSA（cm^2）/UDW（g）
X34	根冠比 RSR	RSR＝ADW（g）/UDW（g）
X35	单株产量 YP	电子天平（JA2003）

恢复供水至成熟收获时，将每株油菜籽粒自然风干至恒重，测单株产量（yield per plant，YP）。

1.4 数据处理与分析

应用 Microsoft Excel 2010 软件和 SPSS19.0 软件处理分析数据。

参考谢小玉等[19]、罗俊杰等[7]、祁旭升等[20]的方法，以测定的生理生化指标和农艺性状为基础，计算抗旱系数（DC）、综合抗旱系数（CDC）、隶属函数值［$\mu(x_i)$］、抗旱性量度值（D 值）。根据灰色系统理论，按照式（6）、式（7）计算关联系数和关联度，计算加权抗旱系数（Weighted drought resistance coefficient，WDC）。采用欧氏距离和最大距离法，对综合抗旱指标进行聚类分析，划分抗旱级别。分析中涉及的计算公式如下：

$$各指标抗旱系数\ DC=\frac{x_i}{CK_i}，i=1，2，3，\cdots，n \quad (1)$$

$$综合抗旱系数\ CDC=\frac{1}{n}\sum_{i=1}^{n}DC，i=1，2，3，\cdots，n \quad (2)$$

$$因子权重系数\ \omega_i=P_i\div\sum_{i=1}^{n}P_i，i=1，2，3，\cdots，n \quad (3)$$

$$隶属函数\ \mu(x_i)=\frac{x_i-x_{imin}}{x_{imax}-x_{imin}}，i=1，2，3，\cdots，n \quad (4)$$

$$抗旱性量度值 D=\sum_{i=1}^{n}[\mu(x_i)\times(P_i\div\sum_{i=1}^{n}P_i)],i=1,2,3,\cdots,n \tag{5}$$

$$关联系数 \xi_i(k)=\frac{\min\limits_{i}\min\limits_{k}|X_0(k)-X_i(k)|+\rho\max\limits_{i}\max\limits_{k}|X_0(k)-X_i(k)|}{|X_0(k)-X_i(k)|+\rho\max\limits_{i}\max\limits_{k}|X_0(k)-X_i(k)|}$$

$$k=1,2,3,\cdots,n;i=1,2,3,\cdots,n \tag{6}$$

$$关联度 \gamma_i=\frac{1}{n}\sum_{k=1}^{n}\xi_i(k),k=1,2,3,\cdots,n \tag{7}$$

$$权重系数 \omega_{i(\gamma)}=\frac{1}{n}\sum_{i=1}^{n}\gamma_i,i=1,2,3,\cdots,n \tag{8}$$

$$WDC=\sum_{i=1}^{n}[DC\times\frac{1}{n}\sum_{i=1}^{n}\gamma_i],i=1,2,3,\cdots,n \tag{9}$$

式中，x_i、CK_i分别表示干旱、对照处理的指标测定值；P_i为第 i 个综合指标贡献率，表示第 i 个综合指标在所有指标中的重要程度；x_i、$x_{i\min}$、$x_{i\max}$分别表示第 i 个综合指标及其最小值和最大值；$\min\limits_{i}\min\limits_{k}|X_0(k)-X_i(k)|$为二级最小差，$\max\limits_{i}\max\limits_{k}|X_0(k)-X_i(k)|$为二级最大差，$\rho$ 为分辨系数（取值 0.5）。

在下文分析中，根据式（1）计算出各指标抗旱系数（DC）；运用模糊隶属函数法，按照式（4）得到各公因子隶属函数值（μ），再根据各公因子权重系数（ω），对（μ）赋予相应权重系数，并根据式（5）计算加权隶属函数值（D 值），根据灰色系统理论要求，将 10 个品种（材料）的 34 个单项指标 DC 值看作一个整体，即灰色系统。把 D 值作为参考数列，DC 值作为比较数列，建立灰色系统。按照式（6）和式（7），计算得到各单项指标 DC 值与 D 值间的关联度（γ_i）。

2 结果与分析

2.1 单项指标的抗旱性评价

分析表明，与正常水分处理相比，供试品种（材料）在苗期持续干旱后，所测定的性状均发生了不同的变化。同一性状各品种的 DC 值差异明显（表 3），40 个测定指标 DC 值的变异系数变幅为 3.49%～52.15%，说明本研究选用的油菜材料类型丰富，具有较好的代表性。

表 3　不同品种（材料）各指标抗旱系数

指标		A	B	C	D	E	F	G	H	I	J	平均值	标准差	CV/%
X1	ATW	0.628	0.609	0.714	0.783	0.671	0.634	0.626	0.650	0.696	0.644	0.666	0.053	7.93
X2	FW	0.510	0.740	0.813	0.655	0.640	1.100	0.675	0.598	0.638	0.515	0.688	0.171	24.88
X3	Pn	0.193	0.092	0.265	0.097	0.132	0.135	0.115	0.288	0.188	0.113	0.162	0.069	42.81
X4	Ci	1.767	1.889	0.991	2.060	1.556	1.833	1.654	1.427	1.623	1.993	1.679	0.312	18.56
X5	Gs	0.234	0.187	0.247	0.217	0.159	0.327	0.232	0.296	0.306	0.270	0.248	0.053	21.45
X6	Tr	0.433	0.376	0.444	0.329	0.309	0.566	0.423	0.571	0.561	0.482	0.449	0.096	21.29
X7	Ls	0.716	0.486	1.084	0.361	0.618	0.494	0.558	0.715	0.644	0.473	0.615	0.200	32.52
X8	WUE	0.391	0.212	0.602	0.228	0.298	0.258	0.277	0.486	0.331	0.225	0.331	0.128	38.56
X9	Chl	1.194	1.213	1.341	1.217	1.386	1.426	1.388	1.160	1.281	1.321	1.293	0.093	7.21
X10	Chla	1.204	1.221	1.332	1.223	1.368	1.405	1.377	1.172	1.279	1.318	1.290	0.082	6.34
X11	Chlb	1.167	1.191	1.365	1.201	1.439	1.488	1.418	1.126	1.287	1.331	1.301	0.126	9.71

续表

指标		A	B	C	D	E	F	G	H	I	J	平均值	标准差	CV/%
X12	Cha/Chlb	1.029	1.025	0.979	1.022	0.949	0.946	0.974	1.048	0.996	0.993	0.996	0.035	3.49
X13	SOD	1.837	1.712	2.216	1.499	1.011	2.845	1.306	1.211	2.689	0.920	1.725	0.674	39.07
X14	POD	1.753	1.651	1.400	1.104	1.038	0.997	1.537	1.383	0.989	1.293	1.314	0.278	21.14
X15	CAT	0.611	1.479	1.220	1.559	1.488	0.812	1.537	1.021	1.439	1.400	1.257	0.333	26.50
X16	APX	1.151	1.638	1.466	1.958	1.793	1.955	1.653	1.284	1.271	1.906	1.608	0.301	18.74
X17	MP	1.150	1.450	1.257	1.457	0.870	1.502	0.696	2.113	1.629	1.161	1.329	0.400	30.13
X18	MDA	1.178	3.549	1.329	0.816	1.191	1.390	1.099	1.246	1.165	1.943	1.491	0.777	52.15
X19	Pro	1.703	1.553	2.453	3.248	4.236	3.495	3.319	2.112	2.540	2.811	2.747	0.844	30.72
X20	SS	1.312	1.155	0.981	1.032	1.134	0.937	1.251	0.963	0.830	1.330	1.092	0.170	15.58
X21	SP	1.471	1.124	1.030	1.472	1.163	1.881	1.490	1.368	1.185	1.192	1.338	0.252	18.82
X22	PH	0.997	0.914	0.757	0.817	0.921	0.983	0.853	0.768	0.839	1.052	0.890	0.100	11.22
X23	SD	0.804	0.820	0.819	0.817	0.771	0.837	0.943	0.883	0.794	0.794	0.828	0.050	6.07
X24	NL	0.699	0.707	0.787	0.873	0.789	0.777	0.842	0.716	0.706	0.746	0.764	0.060	7.90
X25	ADW	0.548	0.617	0.579	0.599	0.492	0.621	0.984	0.579	0.475	0.767	0.626	0.149	23.84
X26	TRL	0.787	0.960	0.843	1.185	0.830	0.999	1.305	1.064	1.017	1.017	1.001	0.161	16.07
X27	TRSA	0.646	0.809	0.644	0.864	0.675	0.760	0.912	0.824	0.800	0.772	0.770	0.091	11.82
X28	RT	0.973	1.157	1.028	1.361	1.083	1.042	1.284	1.214	1.237	1.115	1.149	0.124	10.76
X29	RV	0.556	0.702	0.486	0.598	0.534	0.639	0.628	0.606	0.642	0.599	0.599	0.061	10.21
X30	RAD	0.890	0.869	0.804	0.758	0.802	0.797	0.720	0.767	0.814	0.798	0.802	0.050	6.21
X31	UDW	0.821	1.017	0.607	0.625	0.718	0.682	0.884	0.771	0.808	0.934	0.787	0.133	16.94
X32	SRL	1.000	0.939	1.380	1.913	1.156	1.667	1.507	1.445	1.285	1.102	1.339	0.307	22.89
X33	SRSA	0.800	0.789	1.048	1.443	0.940	1.170	1.044	1.097	1.001	0.836	1.017	0.197	19.42
X34	RSR	1.512	1.852	1.050	1.132	1.497	1.101	0.971	1.321	1.793	1.256	1.349	0.307	22.78
	CDC	0.961	1.079	1.011	1.074	1.019	1.132	1.073	1.009	1.052	1.042	1.045	0.048	4.600

注：第二列各指标名称的缩写见表2。下同。

通过对各性状指标DC值的连续变数的次数分布统计分析方法[21]，将DC值按组距0.3分成7个区间组。从表4可看出，同一组区间各性状指标抗旱系数分布次数差异较大，DC值在0≤PI<0.3区间的Pn、Gs、WUE的分布次数分别为10、8和6，其余性状指标DC值在此区间的分布次数为0；Pro、Ci、SOD、APX、MDA、MP、SP、RSR的DC值在区间≥1.8的分布次数分别是8、4、4、3、2、1、1、1，其余性状在此区间的分布次数为0。说明Pn、Gs和WUE对干旱胁迫的反应敏感，Pro、Ci、SOD、APX、MDA对干旱胁迫的响应迟钝，其余性状居于中间情况。说明不同的性状指标对干旱胁迫的响应程度各异。因此，用任何单一指标的DC值对油菜进行抗旱性评价都具有片面性，抗旱性综合评价必须借助多个指标。

表4 测定指标的DC值在不同区间的分布

指标		次数						
		1.8≤DC	1.5≤DC<1.8	1.2≤DC<1.5	0.9≤DC<1.2	0.6≤DC<0.9	0.3≤DC<0.6	0≤DC<0.3
X1	ATW	0	0	0	0	10	0	0
X2	FW	0	0	0	1	6	3	0
X3	Pn	0	0	0	0	0	0	10
X4	Ci	4	4	1	1	0	0	0
X5	Gs	0	0	0	0	0	2	8

续表

指标		次数						
		1.8≤DC	1.5≤DC<1.8	1.2≤DC<1.5	0.9≤DC<1.2	0.6≤DC<0.9	0.3≤DC<0.6	0≤DC<0.3
X6	Tr	0	0	0	0	0	10	0
X7	Ls	0	0	0	1	4	5	0
X8	WUE	0	0	0	0	1	3	6
X9	Chl	0	0	8	2	0	0	0
X10	Chla	0	0	9	1	0	0	0
X11	Chlb	0	0	7	3	0	0	0
X12	Cha/Chlb	0	0	0	10	0	0	0
X13	SOD	4	1	3	2	0	0	0
X14	POD	0	3	3	4	0	0	0
X15	CAT	0	2	5	1	2	0	0
X16	APX	3	3	3	1	0	0	0
X17	MP	1	2	3	2	2	0	0
X18	MDA	2	0	3	4	1	0	0
X19	Pro	8	2	0	0	0	0	0
X20	SS	0	0	3	6	1	0	0
X21	SP	1	0	4	4	1	0	0
X22	PH	0	0	0	10	0	0	0
X23	SD	0	0	0	1	9	0	0
X24	NL	0	0	0	0	10	0	0
X25	ADW	0	0	0	1	3	6	0
X26	TRL	0	0	1	6	3	0	0
X27	TRSA	0	0	0	1	9	0	0
X28	RT	0	0	4	6	0	0	0
X29	RV	0	0	0	0	5	5	0
X30	RAD	0	0	0	0	10	0	0
X31	UDW	0	0	0	2	8	0	0
X32	SRL	1	2	3	4	0	0	0
X33	SRSA	0	0	1	6	3	0	0
X34	RSR	1	2	3	4	0	0	0

2.2 因子分析及权重系数评价

利用 SPSS19.0 对测定的 34 个单项指标的 DC 值进行因子分析（表 5），发现前 6 个综合指标的累计贡献率已达到 92.26%，特征根 $\lambda>2.144$，表明前 6 个综合指标能代表 34 个单项指标的绝大部分信息，可以利用这 6 个公因子对供试品种（材料）的苗期抗旱性评价进行进一步分析。将 34 个初始单项指标转换为 6 个新的相互独立的综合指标，公因子用 F1、F2、F3、F4、F5、F6 表示。由表 4 可以看出，F1 在 APX、Pro、NL、RAD、SRL、SRSA、RSR 上有较高载荷量；F2 在 Pn、Ci、Ls、WUE、MDA、SS、PH、RV、UDW 上有较高载荷量；F3 在 TChl、Chla、Chlb、Chla/Chlb、MP、TRSA、RT 上有较高载荷量；F4 在 FW、Gs、Tr、SOD、SP 上有较高载荷量；F5 在 ATW、POD、SD、ADW 上有较高载荷量；F6 在 CAT 有较高载荷量。在各公因子贡献率的基础上，按照式（3）获得各公因子权重系数（ω）（表 5），以此计算加权隶属函数值，进一步分析评价供试品种（材料）的抗旱性。

表 5　因子载荷矩阵及方差贡献率

指标		因子载荷					
		F1	F2	F3	F4	F5	F6
X1	ATW	0.363	−0.431	0.303	−0.458	−0.530	−0.074
X2	FW	0.415	−0.333	−0.228	0.569	−0.054	0.158
X3	Pn	−0.446	−0.793	0.208	−0.053	0.289	0.036
X4	Ci	0.207	0.761	0.149	0.275	−0.352	−0.377
X5	Gs	0.066	−0.420	0.276	0.728	0.173	−0.037
X6	Tr	−0.140	−0.382	0.246	0.731	0.272	0.104
X7	Ls	−0.419	−0.737	−0.215	−0.255	0.341	0.195
X8	WUE	−0.381	−0.818	0.041	−0.246	0.335	0.053
X9	Chl	0.628	−0.111	−0.694	0.175	0.157	0.229
X10	Chla	0.629	−0.097	−0.691	0.174	0.172	0.229
X11	Chlb	0.626	−0.136	−0.699	0.180	0.122	0.223
X12	Cha/Chlb	−0.575	0.163	0.749	−0.154	0.000	−0.218
X13	SOD	−0.026	−0.483	−0.054	0.641	−0.201	0.145
X14	POD	−0.571	0.327	0.068	−0.202	0.589	−0.173
X15	CAT	0.421	0.382	0.133	−0.481	−0.212	0.603
X16	APX	0.739	0.342	−0.246	0.038	−0.274	−0.074
X17	MP	−0.302	−0.339	0.667	0.396	−0.269	0.048
X18	MDA	−0.425	0.576	−0.091	0.202	−0.057	0.394
X19	Pro	0.819	−0.084	−0.382	−0.127	−0.176	−0.006
X20	SS	−0.154	0.671	−0.340	−0.313	0.383	−0.391
X21	SP	0.454	−0.019	0.102	0.597	0.129	−0.574
X22	PH	−0.107	0.559	−0.559	0.382	−0.081	−0.386
X23	SD	0.342	0.046	0.427	0.088	0.787	0.062
X24	NL	0.875	−0.037	0.017	−0.401	0.019	−0.145
X25	ADW	0.463	0.460	0.037	−0.024	0.728	0.010
X26	TRL	0.667	0.302	0.596	0.040	0.285	0.109
X27	TRSA	0.503	0.438	0.681	0.123	0.162	0.211
X28	RT	0.492	0.258	0.745	−0.210	−0.100	0.237
X29	RV	0.054	0.615	0.411	0.585	−0.073	0.280
X30	RAD	−0.815	0.128	−0.325	0.183	−0.308	−0.126
X31	UDW	−0.383	0.813	0.027	0.177	0.270	0.268
X32	SRL	0.781	−0.372	0.425	0.055	−0.072	−0.210
X33	SRSA	0.705	−0.391	0.477	−0.049	−0.238	−0.201
X34	RSR	−0.667	0.312	0.032	0.128	−0.479	0.345
特征根		9.038	6.933	5.768	4.076	3.407	2.144
贡献率/%		26.582	20.393	16.965	11.988	10.021	6.307
累计贡献率/%		26.582	46.975	63.940	75.928	85.949	92.255
因子权重 ω		0.288	0.221	0.184	0.130	0.109	0.068

2.3　隶属函数分析及综合抗旱性评价

加权隶属函数值，作为评判抗旱性强弱标准的综合抗旱性度量值（D 值），D 值越大，抗旱性越强，越小则越弱。10 个供试品种（材料）的 D 值平均值为 0.447，变幅为 0.313~0.553，变异系数为 15.96%。根据 D 值对供试品种（材料）进行抗旱性排序，由强到弱为渝油 28>145027>万油 27>中双 11 号>汉油 8 号>绵油 11>GH06>万油 25>德杂油 5 号>GH04/GH02。这与基于 CDC 对供试品种（材料）的抗旱性排序结果有些差异，但基本顺序一致。

2.4 各性状指标 DC 值与 *D* 值的灰色关联分析

γ_i 如表 6 所示，按照关联度的大小进行排序，关联度越大，该指标与 *D* 值的关系越密切，排序越靠前。由表 7 可知，在所测定的 34 个指标中，其中 $\gamma_i > 0.900$ 的指标有 Tr、RV、ADW、WUE、Ls、Gs、ATW，说明这 7 个指标与油菜苗期的抗旱性关系极密切，是油菜苗期抗旱性鉴定研究中应优先考虑的鉴定指标；$0.900 > \gamma_i > 0.800$ 的指标有 FW、Pn、NL、TRSA、UDW、RAD、SD、PH 共 8 个，这些指标与油菜苗期的抗旱性关系密切，是油菜苗期抗旱性鉴定研究时应该鉴定的指标。可以看出，在所测定的指标中与抗旱性关系密切的指标主要集中于光合参数指标、含水量指标、植株形态和根系性状指标。

表 6 供试品种（材料）的抗旱性 *D* 值及排序

材料	各因子隶属函数值 μ						*D* 值	排序	WDC 值	排序	CDC 值	排序
	$\mu1$	$\mu2$	$\mu3$	$\mu4$	$\mu5$	$\mu6$						
A	0.063	0.121	0.040	0.050	0.039	0.000	0.313	10	0.907	10	0.961	10
B	0.103	0.128	0.078	0.035	0.039	0.063	0.445	6	1.014	2	1.079	2
C	0.100	0.083	0.076	0.058	0.044	0.044	0.404	8	0.953	8	1.011	8
D	0.209	0.055	0.098	0.039	0.045	0.068	0.514	3	0.995	4	1.074	3
E	0.141	0.076	0.082	0.011	0.012	0.063	0.386	9	0.926	9	1.019	7
F	0.162	0.083	0.110	0.129	0.022	0.014	0.522	2	1.046	1	1.132	1
G	0.147	0.093	0.121	0.049	0.076	0.067	0.553	1	1.003	3	1.073	4
H	0.096	0.099	0.087	0.065	0.044	0.030	0.420	7	0.955	7	1.009	9
I	0.114	0.083	0.099	0.082	0.017	0.060	0.456	5	0.984	5	1.052	5
J	0.113	0.122	0.090	0.040	0.035	0.057	0.457	4	0.972	6	1.042	6

按照式（8）将各性状关联度进行归一化处理，得到各性状指标权重系数 $\omega_{i(\gamma)}$，并基于此按照式（9）计算出 10 个供试品种（材料）的加权抗旱系数（WDC）（表 6）。按照 WDC 值对供试品种（材料）的抗旱性由强到弱排序为：145027>绵油 11>渝油 28>万油 27>汉油 8 号>中双 11 号>GH06>万油 25>德杂油 5 号>GH04/GH02，这与基于 *D* 值对供试品种（材料）的抗旱性排序结果基本顺序一致。

表 7 油菜各指标与综合抗旱指数关联度及关联序

指标	X1 (ATW)	X2 (FW)	X3 (Pn)	X4 (Ci)	X5 (Gs)	X6 (Tr)	X7 (Ls)	X8 (WUE)	X9 (Chl)	X10 (Chl a)
关联度	0.901	0.894	0.875	0.616	0.910	0.956	0.914	0.916	0.698	0.699
关联序	7	8	9	33	6	1	5	4	25	24
指标	X11 (Chl b)	X12 (Ch a/b)	X13 (SOD)	X14 (POD)	X15 (CAT)	X16 (APX)	X17 (MP)	X18 (MDA)	X19 (Pro)	X20 (SS)
关联度	0.697	0.782	0.627	0.700	0.716	0.631	0.703	0.681	0.474	0.756
关联序	26	16	32	23	21	31	22	30	34	19
指标	X21 (SP)	X22 (PH)	X23 (SD)	X24 (NL)	X25 (ADW)	X26 (TRL)	X27 (TRSA)	X28 (RT)	X29 (RV)	X30 (RAD)
关联度	0.691	0.818	0.838	0.862	0.920	0.781	0.859	0.737	0.930	0.849
关联序	29	15	14	10	3	17	11	20	2	13

续表

指标	X1 (ATW)	X2 (FW)	X3 (Pn)	X4 (Ci)	X5 (Gs)	X6 (Tr)	X7 (Ls)	X8 (WUE)	X9 (Chl)	X10 (Chl a)
指标	X31 (UDW)	X32 (SRL)	X33 (SRSA)	X34 (RSR)						
关联度	0.856	0.692	0.778	0.693						
关联序	12	28	18	27						

2.5 不同抗旱性综合评价量度指标的比较

根据 D 值、CDC 值、WDC 值的大小对 10 种供试品种（材料）的抗旱性进行的排序结果都相近。相关分析显示，D 值、CDC 值和 WDC 值两两之间均在 $P=0.001$ 显著水平上呈正相关，但只有 WDC 与 CDC 与复水后成熟期的油菜产量相对值呈显著相关（表 8），表明在研究中，抗旱性指标 CDC 值和 WDC 值更能预测油菜苗期干旱对产量的影响。

表 8 供试材料 D 值、CDC 值、WDC 值与产量相对值相关性分析

量度指标	D	WDC	CDC	Y（DC）
D	1.000			
WDC	0.862*** (0.001)	1.000		
CDC	0.866*** (0.001)	0.966*** (0.000)	1.000	
Y（DC）	0.615 (0.058)	0.696* (0.025)	0.794** (0.006)	1.000

2.6 聚类分析与抗旱等级的划分

运用欧氏距离和最远邻元素法对 CDC 值进行聚类分析。分析结果如图 1a 所示，表明当两者的距离为 10 时，10 种供试材料（品种）可聚为Ⅲ类，其中Ⅰ级抗旱性 1 份，为 145027；Ⅱ级抗旱型 5 份，分别绵油 11、万油 27、渝油 28、汉油 8 号、中双 11 号；Ⅲ级抗旱型 4 份，分别德杂油 5 号、万油 25、GH06、GH04/GH02。其中Ⅰ级抗旱型材料 145027 的相对产量在供试材料中最高。

同样对 WDC 值进行聚类分析可将供试材料（品种）聚为Ⅲ类（图 1b），其中Ⅰ级抗旱性 4 份，分为 145027、绵油 11、渝油 28、万油 27；Ⅱ级抗旱型 4 份，分别汉油 8 号、中双 11 号、GH06、万油 25；Ⅲ级抗旱型 2 份，分别德杂油 5 号、GH04/GH02。

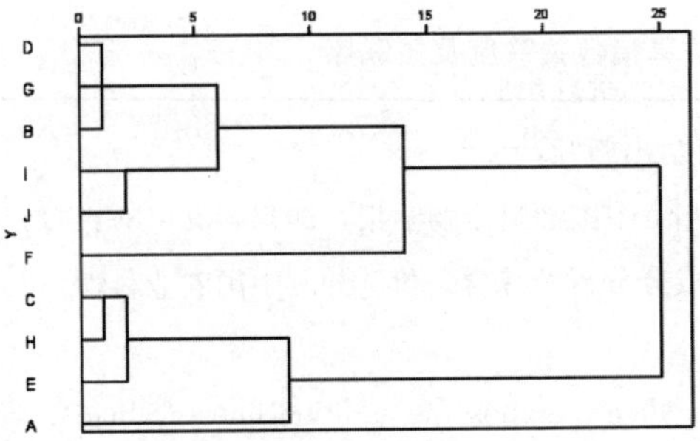

（a）

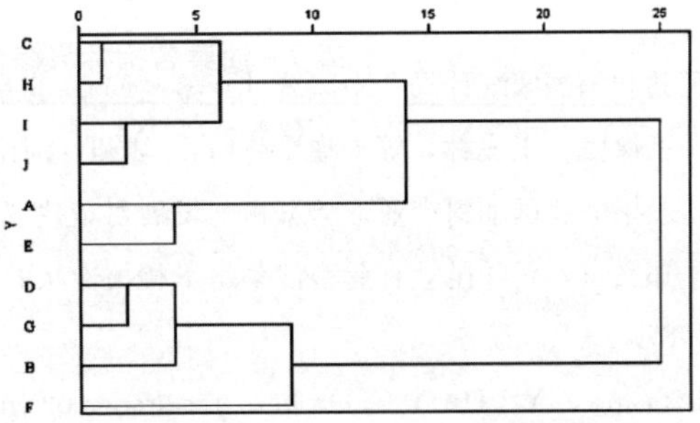

（b）

图 1 基于 CDC 值（a）和基于 WDC 值（b）的供试材料抗旱性系统聚类图

3 讨论与结论

近年来，对作物抗旱性的鉴定大多已采用综合评价方法，这些评价方法在胡麻[8]、大豆[22]、棉

花[23]等不同作物的研究中都得到理想的结果。本研究利用抗旱系数法、主成分分析法、隶属函数法得到 D 值。在 D 值的计算过程中，不仅考虑了指标间的相互关系，也衡量了各指标的权重性，利用 D 值可以较为准确地评判供试品种（材料）的抗旱性[8]。研究在获得 CDC 值、D 值和 WDC 值后，对三者与干旱胁迫复水后的相对产量进行相关分析，结果表明，D 值、CDC 值和 WDC 值两两之间均呈极显著正相关，但只有 WDC 与 CDC 与复水后成熟期的油菜相对产量相对值呈显著相关，表明在本研究中，抗旱性指标 CDC 值和 WDC 值更能预测油菜苗期干旱下的产量。

在植株的抗旱性评价研究中，指标的选择是抗旱性评价是否准确的关键因素。国内外学者在鉴定指标筛选上做了大量研究，主要有生长发育指标、产量指标、生理生化指标[24]。关于油菜抗旱指标的筛选，不同学者的观点不同。谢小玉等[19]认为叶片相对含水量、丙二醛、叶面积可以作为油菜抗旱性鉴定的优选指标。朱宗河等[4]表明单株干重和根系性状是甘蓝型油菜不同种质间耐旱性的重要体现。白鹏等[25]研究认为光合生长和膜脂过氧化-抗氧化调节因子可以作为油菜抗旱性的主要鉴定指标，水分和渗透调节因子-产量结构因子可以作为油菜抗旱性的次要鉴定指标。王道杰等[26]在研究中认为可溶性蛋白含量、SOD、APX、CAT 活性的相对值可作为油菜苗期抗旱性鉴定指标，而脯氨酸含量和 POD 活性与抗旱性相关性小，不适合作为抗旱性鉴定指标。

以上研究多集中于单一系列指标研究，缺乏多性状相结合的综合评价。在前人的研究基础之上，本研究将生理生化指标、生长发育指标、形态指标等 34 个抗旱指标（比较数列）和 D 值（参照数列）作为一个整体，进行灰色关联度分析。结果显示，与 D 值关系最为密切的 7 个指标依次为 Tr、RV、ADW、WUE、Ls、Gs、ATW，而 SOD、POD、CAT 等生理生化指标整体靠后，与 D 值关联较弱，不宜作为油菜苗期抗旱性鉴定的核心指标。因此在油菜苗期抗旱性鉴定中，有针对性地选取与 D 值密切相关的指标，尤其是光合参数指标和根系形态指标，既能简化工作又能使鉴定结果更可靠。

根据 CDC 值，供试材料（品种）抗旱性由强到弱，145027＞绵油 11＞万油 27＞渝油 28＞汉油 8 号＞中双 11 号＞德杂油 5 号＞万油 25＞GH06＞GH04/GH02。对 CDC 值聚类分析，可将 10 种参试品种（材料）抗旱性聚为Ⅲ类，其中 145027 为Ⅰ级，绵油 11、万油 27、渝油 28、汉油 8 号、中双 11 号为Ⅱ级，德杂油 5 号、万油 25、GH06、GH04/GH02 为Ⅲ级。

综上，在油菜苗期抗旱性鉴定研究时，光合参数指标、含水量指标、植株形态和根系性状指标可以作为优选鉴定指标。

参考文献

[1] 中华人民共和国国家统计局．中国统计年鉴［M］．北京：中国统计出版社，2018.

[2] 李宝庆，王保民，王成林，等．油菜［M］．郑州：河南科学出版社，1982.

[3] 王汉中，殷艳．我国油料产业形势分析与发展对策建议［J］．中国油料作物学报，2014，36（3）：414-421.

[4] 朱宗河，郑文寅，张学昆．甘蓝型油菜耐旱相关性状的主成分分析及综合评价［J］．中国农业科学，2011，44（9）：1775-1787.

[5] Liu C Y，Yang Z Y，Hu Y G. Drought resistance of wheat alien chromosome addition lines evaluated by membership function value based on multiple traits and drought resistance index of grain yield［J］．Field Crop Res，2015，179：103-112.

[6] 李龙，王兰芬，武晶，等．普通菜豆品种苗期抗旱性鉴定［J］．作物学报，2015，41（6）：963-971.

[7] 罗俊杰，欧巧明，叶春雷，等．重要胡麻栽培品种的抗旱性综合评价及指标筛选［J］．作物学报，2014，40（7）：1259-1273.

[8] Chen X J, Min D H, Yasir T A, et al. Evaluation of 14 morphological, yield-related and physiological traits as indicators of drought tolerance in Chinese winter bread wheat revealed by analysis of the membership function value of drought tolerance (MFVD) [J]. Field Crop Res, 2012 (137): 195 - 201.

[9] 张盼盼，冯佰利，王鹏科，等 . PEG 胁迫下糜子苗期抗旱指标鉴选研究 [J]. 中国农业大学学报，2012，17 (1)：53 - 59.

[10] Jongrungklang N, Toomsan B, Vorasoot N, et al. Rooting traits of peanut genotypes with different yield responses to pre-flowering drought stress [J]. Field Crop Res, 2011, 120 (2): 262 - 270.

[11] 蔡丽平，吴鹏飞，侯晓龙，等 . 类芦根系对不同强度干旱胁迫的形态学响应 [J]. 中国农学通报，2012，28 (28)：44 - 48.

[12] 韩德梁，王彦荣 . 紫花苜蓿对干旱胁迫适应性的研究进展 [J]. 草业学报，2005，14 (6)：7 - 13.

[13] 耿东梅，单立山，李毅 . 土壤水分胁迫对红砂幼苗细根形态和功能特征的影响 [J]. 水土保持通报，2014，34 (6)：36 - 42.

[14] 洪双，李浩，许鲲，等 . 甘蓝型油菜微核心种质耐旱鉴定与评价指标筛选 [J]. 中国油料作物学报，2018，40 (2)：209 - 217.

[15] 刘向莉，高丽红，刘明池 . 植物组织中自由水和束缚水含量测定方法的改进 [J]. 中国蔬菜，2005 (4)：9 - 11.

[16] 彭运生，刘恩 . 关于提取叶绿素方法的比较研究 [J]. 北京农业大学学报，1992 (3)：247 - 250.

[17] 萧浪涛，王三根 . 植物生理学实验技术 [M]. 北京：中国农业出版社，2005.

[18] 宗学凤，王三根 . 植物生理研究技术 [M]. 重庆：西南师范大学出版社，2011.

[19] 谢小玉，张霞，张兵 . 油菜苗期抗旱性评价及抗旱相关指标变化分析 [J]. 中国农业科学，2013，46 (3)：476 -485.

[20] 祁旭升，刘章雄，关荣霞，等 . 大豆成株期抗旱性鉴定评价方法研究 [J]. 作物学报，2012，38 (4)：665 - 674.

[21] 胡承伟，张学昆，邹锡玲，等 . PEG 模拟干旱胁迫下甘蓝型油菜的根系特性与抗旱性 [J]. 中国油料作物学报，2013，35 (1)：48 - 53.

[22] 王燕平，任海祥，孙晓环，等 . 不同基因型大豆花荚期抗旱性综合评价 [J]. 植物遗传资源学报，2015，16 (1)：37 - 44.

[23] 刘光辉，陈全家，吴鹏昊，等 . 棉花花铃期抗旱性综合评价及指标筛选 [J]. 植物遗传资源学报，2016，17 (1)：53 - 62，69.

[24] 蒲伟凤，纪展波，李桂兰，等 . 作物抗旱性鉴定方法研究进展 [J]. 河北科技师范学院学报，2011，25 (2)：34 -39.

[25] 白鹏，冉春艳，谢小玉 . 干旱胁迫对油菜蕾薹期生理特性及农艺性状的影响 [J]. 中国农业科学，2014，47 (18)：3566 - 3576.

[26] 王道杰，桂月靖，杨翠玲，等 . 油菜抗旱性及鉴定方法与指标Ⅲ. 油菜苗期抗旱性及鉴定指标筛选 [J]. 西北农业学报，2012，21 (5)：108 - 113.

干旱诱导的甘蓝型油菜SSH文库及抗旱相关基因表达的分析*

谢小玉　侯　爽　冉春燕

西南大学农学与生物科技学院，重庆北碚　400715

摘要：为解析甘蓝型油菜抗旱机制提供候选基因和理论依据，对前期构建的干旱诱导的甘蓝型油菜SSH文库中随机挑取的646个阳性克隆进行测序及生物信息学分析；随机选取文库中筛选到的3个基因，利用实时荧光定量PCR进行验证。结果表明，通过测序，获得639条高质量EST序列，186条单一序列（unigenes），其中重叠群89条，单拷贝序列97条。经比对发现，166条单一序列有同源序列。根据分析，乙醛酸和二羧酸代谢、碳代谢、光合中的碳固定、氨基酸的生物合成、氮代谢等在植物抵抗干旱胁迫中发挥着重要的作用。发现了MYB、NAC5、锌指蛋白等转录因子及苹果酸脱氢酶、核酮糖1，5－二磷酸羧化酶/加氧酶、果糖－1，6－二磷酸醛缩酶、磷酸核酮糖激酶等与光合相关基因及其P5CS基因、F-box蛋白等参与油菜干旱胁迫应答。这些单一序列涉及的功能中所占比例最大的分别是细胞（cell）、细胞器（organelle）、细胞绑定（binding）、催化活性（catalytic activity）、细胞过程（cellular process）和代谢过程（metabolic process）。随机选取文库中筛选到的P5CSb、BnSOS2和CAM 3个基因进行实时荧光定量PCR分析，发现其表达水平在干旱胁迫下在叶片中均出现了上调表达。推测这些基因在油菜抵御干旱胁迫中发挥重要作用。

关键词：油菜；干旱胁迫；cDNA文库分析；实时荧光定量PCR

干旱是限制作物产量提高的重要的非生物因子。季节性干旱是油菜生产的主要自然灾害之一，严重影响油菜的生长和产量。据报道，春旱使我国油菜减产20%以上[1]。因此了解油菜抗旱机制，培育油菜抗旱品种非常重要。

前人研究表明，抗旱性是由多基因控制的性状，Zhong等[2]对油菜*BnNAC2*和*BnNAC5*两个基因的表达及功能进行了研究，表明油菜*BnNAC2*和*BnNAC5*参与植物对盐、干旱和ABA的胁迫应答。万乔[3]从甘蓝型油菜中克隆到干旱胁迫相关基因*BnBip*，对其分析表明，该基因的表达受干旱胁迫诱导，超量表达*BnBip*可提高植物对干旱胁迫的耐受力。

抑制消减杂交（SSH）常被用于差异表达基因的分离和cDNA文库构建，分离各种胁迫下诱导表达的抗性相关基因，揭示植物抗逆机制。在抗病基因的筛选和研究上，前人利用SSH技术构建了环形泰勒虫[4]、普通野生稻[5]、黄瓜[6]、青稞[7]等作物的抑制消减文库，筛选出与抗病相关的基因；在非生物胁迫方面，利用抑制性消减杂交技术（SSH），筛选出了与山葡萄抗寒性相关的抗冻蛋白（AFPs）、热休克蛋白（Hsps）、防御素样蛋白、细胞色素P450加单氧酶等多个相关的ESTs，它们可能参

* **基金项目：**国家自然科学基金（31271673）；公益性行业（农业）科研专项（201503127）

与山葡萄的抗寒代谢[8]。在抗旱基因的研究上，前人利用 SSH 技术构建了獐茅[9]、柠条[10]、大豆[11]、棉花[12]、蚕豆[13]等作物的抑制消减文库，筛选出与抗旱相关的基因。

实时荧光定量 PCR（RT−qPCR）与早期定量 PCR 方法相比，增加了定量分析。研究以抗旱甘蓝型油菜 Holiday 为材料，通过对 SSH 技术构建的油菜干旱诱导的 cDNA 文库的测定分析，筛选在干旱胁迫下油菜差异表达基因及参与抗旱的代谢途径，并从该文库中随机筛选 3 个抗旱相关基因进行实时荧光定量 PCR 表达分析，为揭示油菜抗旱的分子机制和克隆油菜抗旱基因奠定基础。

1 材料与方法

1.1 SSH 文库分析

从前期成功构建的 SSH 文库[14]中，以巢式 PCR 引物 Primer 1 和 Primer 2R 进行菌液 PCR 扩增，对阳性克隆进行进一步筛选，挑选有清晰单一条带的 646 个片段较长的阳性克隆对应菌液送宝生物工程（大连）有限公司测序。应用 VecScreen 去除构建文库时所用的载体及巢式引物接头序列，摒弃低质量的序列。利用 Blast 程序在 GenBank 中寻找同源序列，分析基因功能；采用 KOBAS 程序进行基因功能归类和代谢途径分析，寻找与抗旱密切相关的代谢途径，运用 Blast2GO 对功能蛋白进行注释和分类[15]。

1.2 抗旱相关基因的表达分析

以抗旱性强的甘蓝型油菜 Holiday 为材料，种子用 15%的次氯酸钠消毒 20 min，无菌水清洗 4～6 次后播种于口径大小为 30 cm 花盆中，每盆装沙壤土 12 kg，出苗后每盆留苗 3 株，常规管理。油菜长到开花初期（整个植株 4%～5%的花开放），对油菜分别进行干旱处理，在处理的第 1 d、3 d、5 d、7 d，土壤含水量分别为 60%、40%、30%、20%剪取对照（未经干旱处理）和各干旱处理顶部完全展开的第 2 叶，液氮速冻，−80 ℃保存，采用 First Strand cDNA Synthesis Kit（TAKARA）合成 cDNA，所有操作按照试剂盒说明书，测定其纯度和浓度。随机选取文库中筛选到的 3 个与干旱胁迫相关的 P5CSb、BnSOS2 和 CAM 基因，通过引物设计和内参基因筛选[16,17]，进行实时荧光定量 PCR 分析，目的基因相对表达量的计算公式参照 Pfaff[18]的方法。采用 Microsoft Excel2007 和 SAS 统计软件分析数据并作图。

2 结果与分析

2.1 SSH 文库检测结果

对成功构建的 SSH 文库随机挑选 850 个单菌落进行阳性克隆筛选，726 个含有插入片段。其中 48 个单菌落电泳结果如图 1 所示。13、26、8、20、29 号是空质粒或非特异性克隆，阳性克隆率为 43/48，克隆片段长为 250～1 000 bp，平均长度 545 bp。

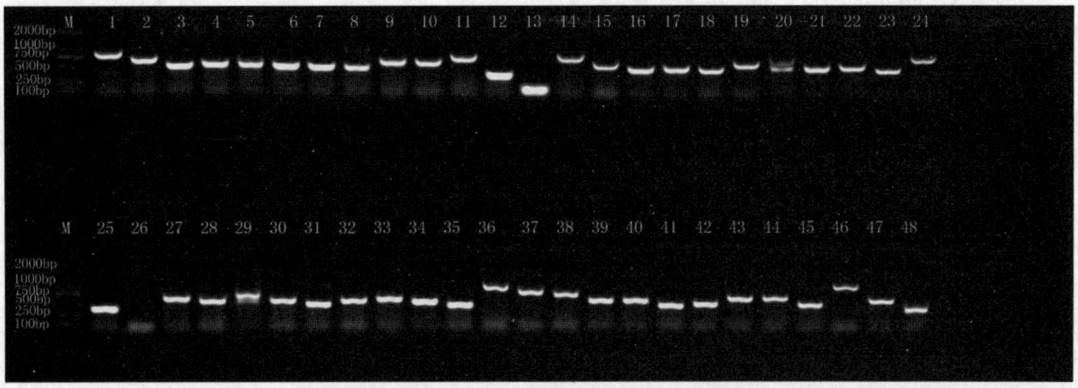

图 1 SSH 文库阳性克隆片段检测

M：2 000 bp DNA Marker 1−48：阳性克隆 PCR 结果 PCR products of positive clons。

2.2 测序结果分析

通过对646个经PCR鉴定的阳性克隆测序，获得639个单一的EST，经过聚类、拼接和去除冗余，获得重叠群（contigs）89条，单拷贝序列（singleton）97条。序列长度介于101～800 bp，其中EST长度介于101～300 bp有11条，301～400 bp有28条，401～500 bp有37条，501～600 bp有34条，601～800 bp有76条。平均长度为531 bp。

2.2.1 EST序列分析

对测序获得的186条unigene进行Blastn和Blastx数据库的序列比对[19]，发现其中166条具有同源基因，其主要来源于拟南芥、甘蓝型油菜、白菜、黄瓜、水稻、大豆、草莓等物种；其余20条没有匹配项。具有同源基因的EST中154条与已知功能的蛋白有同源性，6条与假想蛋白有同源性，4条与推定蛋白有同源性，2条与未命名蛋白有同源性。其中MYB、NAC5、锌指蛋白等转录因子及苹果酸脱氢酶、核酮糖1，5－二磷酸羧化酶/加氧酶、果糖－1，6－二磷酸醛缩酶、磷酸核酮糖激酶等与光合相关基因以及P5CS基因、F-box蛋白等参与油菜干旱胁迫应答。表1列出了部分ESTs及其功能。

表1 油菜叶片干旱胁迫下部分诱导表达的基因

克隆号	EST数量	同源性	物种	一致性（%）	*E*值
信号传导和转录调控					
EST-126		global transcription factor group E4	*Arabidopsis thaliana*	89	1E-102
contig28	3	ethylene-responsive transcription factor 4	*Arabidopsis thaliana*	74	3E-40
contig35	3	myb family transcription factor	*Arabidopsis lyrata subsp. lyrata*	72	3E-30
contig81	2	transcription factor	*Arabidopsis lyrata subsp. lyrata*	78	2E-58
CTE87		C3H4 type zinc finger protein	*Arabidopsis thaliana*	66	7E-20
contig37	6	zinc finger family protein	*Arabidopsis lyrata subsp. lyrata*	71	9E-93
contig39	14	NAC5	*Brassica napus*	91	9E-81
CTE68		F-box protein 2	*Arabidopsis thaliana*	70	2E-61
contig15	6	F-box family protein	*Arabidopsis lyrata subsp. lyrata*	67	6E-96
CTE80		homeobox-leucine zipper protein ATHB-7	*Arabidopsis thaliana*	80	1E-23
contig20	7	probable calcium-binding protein CML20-like	*Cucumis sativus*	82	4E-63
contig46	5	protein phosphatase 2C	*Arabidopsis thaliana*	94	2E-80
contig86	2	phosphoribulokinase	*Arabidopsis thaliana*	83	5E-17
contig27	4	phosphoribulokinase/uridine kinase domain protein	*Arabidopsis thaliana*	98	1E-127
CTE2		somatic embryogenesis receptor-like kinase-like protein	*Arabidopsis thaliana*	97	2E-94
CTE7		serine/threonine-protein kinase ATPK19/ATPK2	*Brassica rapa*	96	2E-58
CTE94		mitogen-activated protein kinase 17	*Arabidopsis thaliana*	99	2E-68
共17条，占154条（已知功能的蛋白有同源性）EST的11.04%					
光合作用					
contig1	11	fructose-bisphosphate aldolase 1	*Arabidopsis thaliana*	92	3E-110
contig4	16	fructose-bisphosphate aldolase	*Arabidopsis thaliana*	92	7E-81
contig6	14	photosystem I reaction center subunit E	*Arabidopsis thaliana*	82	4E-21
contig16	8	malate dehydrogenase	*Brassica oleracea*	100	8E-125
CTE9		peroxisomal NAD-malate dehydrogenase 2	*Arabidopsis thaliana*	96	6E-143
CTE72		gamma carbonic anhydrase like 1	*Arabidopsis thaliana*	99	4E-64
CTE75		cytochrome b6-f complex iron-sulfur subunit	*Arabidopsis thaliana*	80	9E-34
contig68	4	chloroplast thylakoidal processing peptidase	*Arabidopsis lyrata subsp. lyrata*	88	4E-61
contig77	9	Photosystem II CP43 chlorophyll apoprotein	*Medicago truncatula*	94	3E-43
Contig89	7	Ribulose 1，5-bisphosphate carboxylase/oxygenase	*Brassica rapa subsp. chinensis*	100	3E-105
CTE89		chloroplast beta-carbonic anhydrase	*Brassica napus*	99	3E-21
contig42	15	ELIP	*Brassica rapa subsp. pekinensis*	94	1E-61
共12条，占154条（已知功能的蛋白有同源性）EST的7.79%					

续表

克隆号	EST 数量	同源性	物种	一致性(%)	*E* 值
编码保护、防御和胁迫耐受蛋白的基因					
CTE43		cytochrome P450	*Arabidopsis thaliana*	78	2E-33
CTE95		NADPH-cytochrome P450 reductase 1	*Arabidopsis thaliana*	87	2E-130
contig8	8	L-ascorbate oxidase	*Arabidopsis thaliana*	81	4E-100
contig14	16	arogenate dehydratase 2	*Arabidopsis thaliana*	94	5E-148
contig80	2	peroxisomal acyl-coenzyme A oxidase 1	*Arabidopsis thaliana*	91	3E-65
CTE52		alternative oxidase 1	*Arabidopsis thaliana*	93	3E-120
CTE76		peroxisomal membrane protein 11D	*Arabidopsis thaliana*	78	3E-57
contig49	5	disease resistance protein RPP8	*Arabidopsis lyrata subsp. petraea*	62	6E-28
contig69	5	stress responsive protein	*Brassica oleracea var. viridis*	88	6E-83
CTE36		dehydrin	*Eutrema salsugineum*	82	3E-35
contig56	8	dehydrin protein	*Capsella bursa-pastoris*	89	1E-20
contig73	4	chitinase 1	*Brassica rapa subsp. pekinensis*	96	3E-74
CTE14		chitinase	*Brassica rapa subsp. pekinensis*	96	2E-54
contig88	2	delta 1-pyrroline-5-carboxylate synthetase A	*Brassica napus*	99	5E-112
CTE61		universal stress protein family protein	*Arabidopsis lyrata subsp. Lyrata*	78	2E-31
contig13	11	JA-responsive protein 1	*Arabidopsis thaliana*	84	5E-41
contig26	2	epithiospecifier protein	*Brassica oleracea var. italica*	99	1E-59
contig34	4	AGC kinase family protein	*Arabidopsis thaliana*	88	3E-72
共 18 条，占 154 条（已知功能的蛋白有同源性）EST 的 11.69%					
跨膜运输					
EST-245		glutathione S-transferase TAU 10	*Arabidopsis thaliana*	73	4E-102
CTE27		sec-independent protein translocase protein	*Arabidopsis thaliana*	86	1E-49
CTE28		phosphate transporter 4；5	*Arabidopsis thaliana*	90	7E-115
CTE53		glucose-1-phosphate adenylyltransferase large subunit 1	*Arabidopsis thaliana*	96	3E-149
CTE57		mitochondrial phosphate translocator	*Arabidopsis thaliana*	96	5E-66
CTE59		TRAF-like family protein	*Arabidopsis thaliana*	66	2E-32
contig44	3	serine trans hydroxymethyl transferase 1	*Arabidopsis thaliana*	98	6E-156
contig3	11	histidine-containing phosphotransfer protein 3	*Arabidopsis thaliana*	92	6E-79
contig53	3	TRAF-like protein	*Arabidopsis thaliana*	57	4E-12
contig2	19	PREDICTED：solute carrier family 25 member 44-like	*Cucumis sativus*	68	4E-66
CTE35		Multidrug resistance protein ABC transporter family	*Medicago truncatula*	96	1E-143
contig64	9	selenium-binding protein，partial	*Eutrema halophilum*	94	7E-88
contig9	8	glycine-rich protein	*Arabidopsis thaliana*	93	1E-28
contig23	7	glycine-rich protein	*Arabidopsis lyrata subsp. lyrata*	88	3E-91
contig85	2	glycine-rich protein	*Arabidopsis thaliana*	69	5.00E-06
contig21	3	exocyst subunit exo70 family protein H7	*Arabidopsis thaliana*	84	6E-83
共 16 条，占 154 条（已知功能的蛋白有同源性）EST 的 10.39%					
参与结构和功能代谢合成途径中的一些酶					
contig48	2	ubiquitin carrier protein，partial	*Genlisea aurea*	95	5E-29
contig7	9	purple acid phosphatase 2-like	*Glycine max*	83	2E-24
contig59	9	TCP-1/cpn60 chaperonin family protein	*Arabidopsis thaliana*	52	3E-34
CTE66		pseudouridine synthase family protein	*Arabidopsis thaliana*	90	4E-104
能量代谢 Energy metabolism					
contig5	17	beta-glucosidase 3	*Arabidopsis thaliana*	85	1E-95
contig11	2	beta-amylase 1	*Arabidopsis thaliana*	92	5E-29
contig65	2	alpha-galactosidase 1	*Arabidopsis thaliana*	86	1E-89
contig66	7	omega-3 fatty acid desaturase	*Brassica napus*	95	2E-67
contig10	16	aconitase like protein	*Arabidopsis thaliana*	91	2E-108
蛋白质代谢					
contig83	4	cysteine protease	*Brassica rapa var. perviridis*	98	5E-159

续表

克隆号	EST数量	同源性	物种	一致性(%)	*E*值
contig63	4	serine protease	*Arabidopsis thaliana*	78	2E-99
CTE4		tyrosine transaminase like protein	*Arabidopsis thaliana*	69	1E-88
contig19	7	protein disulfide isomerase	*Brassica carinata*	99	3E-100
CTE55		glutamine synthetase cytosolic isozyme 1-3	*Arabidopsis thaliana*	94	3E-144
contig51	5	IAA-amino acid hydrolase 3	*Brassica rapa*	93	1E-73
CTE90		IAA-amino acid hydrolase 6	*Brassica rapa*	99	2E-136
CTE7		serine/threonine-protein kinase ATPK19/ATPK2	*Brassica rapa*	96	2E-58
核酸代谢					
contig62	5	arginine-tRNA protein transferase 2	*Arabidopsis thaliana*	72	7E-68
CTE39		DEAD-box ATP-dependent RNA helicase 38	*Arabidopsis thaliana*	91	2E-134
CTE70		tRNA synthetase class II (D, K and N) family protein	*Arabidopsis thaliana*	74	3E-40
contig22	5	DNA repair protein Rad4 family	*Arabidopsis lyrata subsp. lyrata*	66	4E-34
contig17	13	WD40 domain-containing protein	*Arabidopsis thaliana*	62	2E-101
contig25	14	Anticodon-binding domain-containing protein	*Arabidopsis thaliana*	85	9E-89
contig31	7	PREDICTED: 40S ribosomal protein S15a-1-like	*Fragaria vesca subsp. vesca*	84	3E-30

2.2.2 KEGG 代谢途径分析和基因功能分类

以 *Arabidopsis thaliana* 为参考物种，利用 KEGG 的序列注释分析系统（KOBAS）程序进行代谢途径分析。结果表明，186 条 unigene 中 160 条序列得到匹配，剩余 26 条序列无匹配信号。有 57 条 EST 定位到 70 条代谢途径中，表明这 70 条途径与植物的抗旱性有密切关系，P-Value<0.5 的 48 条代谢途径中有 15 个途径，分别是乙醛酸和二羧酸代谢（glyoxylate and dicarboxylate metabolism）、碳代谢（carbon metabolism）、光合碳固定（carbon fixation in photosynthetic organisms）、泛素－蛋白酶体途径（ubiquitin proteasome pathway）、氨基酸合成代谢（biosynthesis of amino acids）、氮代谢（nitrogen metabolism）、氰基氨基酸代谢（cyanoamino acid metabolism）、蛋白酶体（proteasome）、甘氨酸、丝氨酸和苏氨酸代谢（glycine，serine and threonine metabolism）、三羧酸循环（citrate cycle TCA cycle）、精氨酸和脯氨酸代谢（arginine and proline metabolism）、光合作用（photosynthesis）、过氧化物酶体（peroxisome）、糖酵解/糖异生代谢（glycolysis / gluconeogenesis）、植物激素信号转导（plant hormone signal transduction）它们都有 3 条及 3 条以上 EST 定位其中。其中 P-Value<0.1 的代谢途径如表 2。

表 2　KOBAS 分析的干旱诱导代谢途径

序号	KEGG 代谢途径	单一序列数	百分比（%）	*P* 值
1	乙醛酸和二羧酸代谢	7	3.76	0.0001
2	碳代谢	11	5.91	0.0012
3	光合碳固定	6	3.23	0.0013
4	泛素－蛋白酶体途径	4	2.15	0.0018
5	氨基酸合成代谢	10	5.38	0.0106
6	氮代谢	3	1.61	0.0427
7	氰基氨基酸代谢	3	1.61	0.0597
8	蛋白酶体	3	1.61	0.0765
9	糖酵解	3	1.61	0.0779
10	甘氨酸、丝氨酸和苏氨酸代谢	3	1.61	0.0794
11	三羧酸循环	3	1.61	0.0825
12	α－亚麻酸代谢	2	1.08	0.0998

注：*P* 值大于 0.1 的代谢途径未列出。

根据 P 值推测，乙醛酸和二羧酸代谢、碳代谢、光合器官中的碳固定，泛素—蛋白酶通路（蛋白质降解）、氨基酸生物合成，氮代谢可能在油菜干旱胁迫应答中发挥着重要的作用。

2.2.3 GO 基因注释和功能分类

对 186 条 unigene 进行 GO 功能注释、分类。结果表明，其中 111 条 EST 共同在细胞组分、分子功能、生物学过程三类中执行着功能。141 条 EST 在生物学过程中发挥作用，133 条 EST 在分子功能中发挥作用，144 条 EST 在细胞组分中发挥作用。而细胞组分、分子功能及生物学过程的注释中分布的亚类各不相同（表 3），这些 unigene 涉及的功能中所占比例最大的分别是细胞（cell）、细胞器（organelle）、结合（binding）和催化活性（catalytic activity）、细胞过程（cellular process）（15.54%）、代谢过程（metabolic process）。表明甘蓝型油菜在干旱胁迫下细胞及细胞器有关的组分和元件响应积极，绑定结合和催化活性功能加强，新陈代谢加速，防御机制加强。

表 3　GO 基因注释的功能分类的主要亚类及其比例

细胞组分		分子功能		生物学过程	
亚类	比例（%）	亚类	比例（%）	亚类	比例（%）
细胞	32.38	蛋白绑定	44.23	细胞过程	15.54
细胞器	26.90	催化活性	41.35	代谢过程	14.32
细胞膜	16.67	转运活性	4.33	单一有机体过程	12.3
胞外区组分	6.90	核酸结合转录因子活性	3.85	对刺激的反应	11.62
大分子	5.72	电子载体活性	1.92	生物学调控	7.84
共质体	5.24	分子结构活性	1.92	定位	6.48
细胞连接	5.24	分子转导活性	1.44	组织细胞组成或生物发生	6.35

2.3　3 个抗旱基因表达分析

2.3.1　总 RNA 质量检测及内参基因的引物筛选

对样品的总 RNA 及 mRNA 质量检测结果显示抽取的 RNA 品质和纯度符合反转录和 RT－qPCR 的要求，通过对 *ACT7* 和 *UBC21* 两个候选内参基因的稳定性分析选择 *ACT7* 作为 RT－qPCR 分析中的内参基因[16]。其中目的基因和内参基因的实时荧光定量 PCR 引物见表 4。

表 4　目的基因和候选内参基因的 RT－qPCR 引物

基因名称	正向引物（5’→3’）	反向引物（5’→3’）	GenBank 登录号
P5CSb	CAGAAGCCACAGACTGAACTTG	AAACTGCTATCAGTCACCAGCA	AF314812
BnSOS2	CCAGAGGTACTTAATGGCCAAG	GTGGCCTTGACTGAACAATGTA	AY310413
CAM	ACTTGGGACTGTGATGAGGTCT	CCATCAGGTTTAGGAACTCAGG	AF150059
ACT7	TGGGTTTGCTGGTGACGAT	TGCCTAGGACGACCAACAATACT	

2.3.2　3 个抗旱基因表达量分析

对 3 个抗旱基因的相对表达量（表 5）分析表明，油菜叶片中 *CAM* 和 *BnSOS2* 两个基因在干旱胁迫 1～5 d 表达量均升高。而 *P5CSb* 在干旱胁迫后有轻微下降，但总体呈上升趋势，第 5 d 开始其表达量超过处理前。在干旱胁迫的前期（第 1～5 d），基因的表达量为 *CAM*＞*BnSOS2*＞*P5CSb*，干旱胁迫的后期（第 7 d），基因的表达量为 *CAM*＞*P5CSb*＞*BnSOS2*；在整个干旱胁迫期间 *BnSOS2* 和 *CAM* 基因表达量为先增加后降低。总体看来，*CAM*、*BnSOS2* 和 *P5CSb* 三个基因在干旱胁迫后均出现了上调表达。推测这些基因在油菜抵抗干旱胁迫中发挥重要作用。

表 5　干旱胁迫下三个抗旱基因的表达量

基因名称	干旱 0 d	干旱 1 d	干旱 3 d	干旱 5 d	干旱 7 d
BnSOS2	1.03±0.051cC	1.06±0.059cC	3.52±0.067bB	8.49±0.441aA	0.81±0.149dD
CAM	1.16±0.063dD	1.74±0.105dD	5.10±0.404bB	16.30±1.045aA	2.71±0.176cC
P5CSb	0.82±0.063cC	0.54±0.014dC	0.62±0.054cdC	1.20±0.006bB	1.85±0.094aA

3　结论与讨论

当植物受到干旱胁迫时，引起植物在分子水平做出适应性调节，从而增强其对胁迫的耐受性。本研究根据 cDNA 文库 KOBAS 分析结果表明，乙醛酸和二羧酸代谢、碳代谢、光合器官中的碳固定，泛素—蛋白酶通路（蛋白质降解）、氨基酸生物合成，氮代谢可能在油菜干旱胁迫应答中发挥着重要的作用。本研究中从 186 条 unigenes 基因中发现了与油菜抗旱相关的基因有 MYB、NAC、锌指蛋白等转录因子及泛素类蛋白基因、抗脱水素基因、渗透调节相关基因（甘氨酸蛋白等）、抗氧化胁迫基因及光合作用相关基因等。

转录因子编码的蛋白质是在信号传导途径和对逆境基因表达起调节作用，目前的研究表明，MYB 转录因子在非生物胁迫下会特异表达[20]，转基因植物中过量表达 AtNAC19、AtNAC55 和 RD26 等均能够提高转基因拟南芥的抗旱能力[21]。锌指蛋白在转录调节、病原菌防御及胁迫反应等关键过程中发挥重要作用[22]。研究发现了油菜在干旱胁迫下出现的 MYB 转录因子、NAC5 等转录因子与前人的研究结果一致。

干旱对光合碳同化过程中重要的酶类的活性产生影响。研究表明，在轻度和中度干旱胁迫下，核酮糖－1，5－二磷酸羧化酶/加氧酶的活性以及 1，5－二磷酸核酮糖（RuBP）的含量和活性基本保持稳定；在严重干旱时，二者降低，不抗旱的植物种类或品种降低幅度大[23]。葡萄在干旱胁迫下，磷酸核酮糖激酶等会发挥关键性的作用抵御干旱胁迫[24]。同时，与光合碳同化过程有关的其他一些酶，如蔗糖磷酸合成酶（SPS）、果糖－1，6－二磷酸酯酶、NADP－苹果酸酶（NADP－ME）和 NADP－苹果酸脱氢酶（NADP－MDH）、碳酸酐酶（CA）以及 5－磷酸核酮糖激酶等的活性在干旱胁迫下都受到不同程度的抑制[25]。本研究表明干旱胁迫下油菜光合相关基因苹果酸脱氢酶、核酮糖 1，5－二磷酸羧化酶/加氧酶、果糖－1，6－二磷酸醛缩酶、磷酸核酮糖激酶、碳酸酐酶、顺乌头酸酶等参与光合碳固定过程，为油菜抵御干旱储备能量。

本研究中发现的 Δ^1－吡咯啉－5－羧酸合成酶（*P5CS*）与脯氨酸的合成及罕见的代谢疾病有着密切关系[26]。克隆的 CTE－14 在 PEG 模拟干旱条件下在草莓中大量表达[27]。

P5CS 基因作为谷氨酸途径的限速酶，对谷氨酸含量的积累特别关键。周精华[28]等以耐旱性较强的苎麻品种为材料，研究了它在干旱胁迫下 *P5CS* 基因在根、叶和茎中的表达情况，分析结果表明该基因受干旱胁迫的诱导。*BnSOS2* 基因编码丝氨酸/苏氨酸类蛋白激酶，作为抗盐相关基因研究的较多[29]，本研究中发现 *BnSOS2* 基因在受到干旱胁迫时表达量增加，说明 *BnSOS2* 参与了干旱胁迫的信号转导。*CAM*（钙调蛋白）是 Ca^{2+} 的受体，与 Ca^{2+} 结合后，具有了催化活性的 *CAM* 基因[30]，可以激活许多下游靶细胞，调节靶蛋白的活性，响应干旱胁迫。研究中这三个基因在干旱胁迫下均呈现不同程度的上调，表明本研究中发现的基因参与干旱胁迫的应答。该文库中发现的其他基因的表达模式还有待于进一步研究。

参考文献

[1] 项俊，陈兆波，王沛，等．$CaCl_2$对干旱胁迫下甘蓝型油菜抗旱性相关的生理生化指标变化影响［J］．华中农业大学学报，2007，26（5）：607－611.

[2] Zhong H，Guo Q Q，Chen L，et al. Two *Brassica napus* genes encoding NAC transcription factors are involved in response to high-salinity stress［J］，Plant Cell Reports，2012，31（11）：1991－2003.

[3] 万乔．甘蓝型油菜抗旱相关基因 *BnBip* 的克隆与功能鉴定［D］．武汉：华中农业大学，2013.

[4] 赵洪喜，刘军龙，李有全，等．环形泰勒虫感染细胞抑制性消减文库的构建及ESTs分析［J］．中国农业科学，2015，48（22）：451－456.

[5] 蒋春苗，程在全，孙正文，等．白叶枯病菌胁迫下云南普通野生稻SSH文库的构建及抗病相关基因分析［J］．中国科学：生命科学，2013，43（11）：972－980.

[6] 孙道阳，牛立新，张延龙，等．黄瓜花叶病毒诱导的岷江百合SSH文库的构建及分析［J］．中国观赏园艺研究进展，2017：733－738.

[7] 徐齐君，王玉林，原红军，等．西藏青稞品种“甘农大7号”白粉菌诱导早期应答基因SSH文库的构建及分析［J］.大麦与谷类科学，2017，34（5）：8－12，17.

[8] 米宝琴，毛娟，申鹏，等．山葡萄“通化-3”抗寒相关基因SSH文库的构建及分析［J］．果树学报，2015，32（4）：546－554.

[9] 张改英．干旱胁迫下獐茅SSH文库的构建及耐寒相关基因的筛选［D］．大连：大连理工大学，2015.

[10] 杨杞，张涛，王颖，等．干旱胁迫下柠条锦鸡儿叶片SSH文库构建及CkWRKY1基因克隆［J］．林业科学，2013（7）：62－68.

[11] Clement M，Lambert A，Herouart D，et al. Identification of new up-regulated genes under drought stress in soybean nodules［J］．Gene，2008，426：15－22.

[12] 王德龙，叶武威，王俊娟，等．干旱胁迫下棉花SSH文库构建及其抗旱相关基因分析［J］．作物学报，2010，36（12）：2035－2044.

[13] MEGAHED H A，ALTAF M K，HUSSEIN M M，et al. Faba bean drought responsive gene identification and validation［J］．Saudi Journal of Biological Sciences，2017，24（1）：80－89.

[14] 谢小玉，张兵，张霞，等．干旱胁迫下油菜消减文库的构建及分析［J］．作物学报，2013，39（4）：744－752.

[15] 陶士珩．生物信息学［M］．北京：科学出版社，2007.

[16] 张喆，白鹏，肖通，等．甘蓝型油菜P5CSb和OAT基因在干旱胁迫下的表达分析［J］．西北农业学报，2013，22（9）：65－73.

[17] 张玉芳，赵丽娟，曾幼玲．基因表达研究中内内参基因的选择与应用［J］．植物生理学报，2014，50（8）：1119－1125.

[18] Pfaff M W. A new mathematical model for relative quantification in real-time RT-PCR［J］．Nucleic Acids Research，2001，29（9）：45.

[19] Nguten H T，Leipner J，Stamp P，et al.．Low temperature stress in maize（Zea mays L.）induces genes involved in photosynthesis and signal transduction as studied by suppression subtractive hybridization［J］．Plant Physiol Biochem，2009（47）：116－122.

[20] 刘淑君，万建红，叶青静，等．植物MYB转录因子的研究进展［J］．分子植物育种（网络版），2011（9）：1835－1842.

[21] Singh K，Foley Rc，Onate-Sanchez L. Transcription factors in plant defense and stress response［J］．Curr Opin Plant Biol，2002，5（5）：430－436.

[22] 贾双伟，高英，赵开军．芥菜锌指蛋白转录因子基因 *Bj26* 的克隆与鉴定［J］．作物学报，2014，40（7）：

1174 -1181.

[23] Bota J, Mrdrano H, Flexas J. Photosynthesis limited by Rubisco activity and RuBP content under progressive water stress [J]. New Physiol, 2004, 162 (3): 671 - 681.

[24] Chaves M M, Flexas J, Pinheiro C. Photosynthesis under drought and salt stress: regulation mechanisms from whole plant to cell [J]. Ann Bot, 2009 (103): 551 - 560.

[25] Oula G, Susanne V C, Jann C. The effect of drought on plant water use efficiency of nine NAD-ME and nine NADP-ME Australian C_4 grasses [J]. Functional Plant Biology, 2002, 29 (11) : 1337 - 1348.

[26] Ahmed N U, Park J I, Seo M S, et al. Identification and expression analysis of chitinase genes related to biotic stress resistance in *Brassica* [J]. Mol Biol Rep, 2012 (39): 3649 - 3657.

[27] Rarini-Sarijanz M, Chalavi V. Effects of water stress and constitutive expression of a drought induced chitinase gene on water-use efficiency and carbon isotope composition of strawberry [J]. Journal of Applied Botany and Food Quality, 2011 (84): 90 - 94.

[28] 周精华，邢虎成，揭雨成，等. 苎麻 Δ1-吡咯啉- 5-羧酸合成酶（P5CS）基因的克隆和表达分析 [J]. 作物学报，2012，38 (3)：549 - 555.

[29] Liu J, Shitanii M, Halfter U, et al. The Arabidopsis thaliana SOS2 Gene encodes a protein kinase that is required for salt tolerance [J]. Proc Natl Acad Sci USA, 2000, 97 (7): 3730 - 3734.

[30] Boucle N, Yellin A, Snedden W A, et al. Plant speeific calmodulin binding protein [J]. Annual Review of Plant Biology, 2005 (56): 435 - 466.

甘蓝型油菜 *cyMDH* 基因的克隆及干旱胁迫下的表达与光合特性的关系分析*

侯 爽[1] 何巧丽[1] 马仲炼[1,2] 谢小玉[1]

1. 西南大学农学与生物科技学院，重庆北碚 400715

2. 昭通学院，云南昭通 657000

摘要： 为了解甘蓝型油菜苹果酸脱氢酶（*cyMDH*）的生理特性、结构，同时探究 *cyMDH* 基因对干旱胁迫的响应规律。研究以抗旱性强的甘蓝型油菜 94005 为研究材料，在初花期采用盆栽控水试验，设置了 4 个干旱处理，轻度干旱（LD）、中度干旱（MD）、重度干旱（SD）和极度干旱（ED）。以正常浇水作为对照（CK），测定叶片光合指标、*cyMDH* 酶活性，通过实时荧光定量 PCR（RT－qPCR）分析 *cyMDH* 基因的表达量，采用 3’ RACE 方法克隆 *cyMDH* 基因全长序列，并对测序结果进行生物信息学分析，复水后生长至成熟期测定产量。结果表明，*cyMDH* 基因序列全长 1 440 bp，996 bp 的开放阅读框（ORF）位于207～1 205 区域，编码 332 个氨基酸（Genebank 登录号 MH316130）；softberry 亚细胞定位分析表明该蛋白是亲水细胞质蛋白，无跨膜区域；*cyMDH* 蛋白分子量为 35.69 KDa，等电点 6.11；蛋白的二级结构预测结果表明，*cyMDH* 蛋白由 α－螺旋（44.88%）、无规则卷曲（34.04%）、延伸链（17.17%）以及β－转角（3.92%）组成；甘蓝型油菜 94005 的 *cyMDH* 与拟南芥的 *cyMDH* 同源性最高达到 93%。随着干旱胁迫加剧 *MDH* 基因表达量无显著变化。干旱胁迫下 *cyMDH* 酶活性与甘蓝型油菜 94005 叶片净光合速率、气孔导度、蒸腾速率、胞间 CO_2 浓度、产量成负相关，与水分利用效率成正相关。本研究获得了甘蓝型油菜 *cyMDH* 基因，并对其理化性质、结构等进行了预测与分析，同时对干旱胁迫下 *cyMDH* 酶活性与油菜叶片光合特性进行相关性分析，为进一步研究油菜抗旱分子机制提供科学依据，同时为油菜抗旱品种的选育提供理论支持。

关键词： 甘蓝型油菜；干旱胁迫；苹果酸脱氢酶（*cyMDH*）；基因克隆；光合特性

苹果酸脱氢酶（malatedehydrogenase，*MDH*）在植物呼吸作用与光合作用中有着重要的作用。三羧酸循环中，催化苹果酸和草酰乙酸（OAA）之间的可逆转化；光合作用的 C_4 途径中，催化 OAA 还原为苹果酸，苹果酸转运至维管束鞘细胞中脱羧释放 CO_2，进入卡尔文循环。同时 *MDH* 还参与植物体内乙醛酸循环、氨基酸合成、葡萄糖异生、脂肪酸的氧化等代谢活动的调节和平衡，有效促进细胞质基质与细胞器之间的物质交换。根据辅酶专一性、亚细胞定位和生理功能将 *MDH* 分为四种类型，细胞质苹果酸脱氢酶（*cyMDH*）、线粒体苹果酸脱氢酶（*mMDH*）、质体苹果酸脱氢酶（*pdMDH*）和过氧化酶体苹果酸脱氢酶（*pMDH*）[1]。

* **基金项目：** 国家自然科学基金（31271673）；公益性行业（农业）科研专项（201503127）

细胞质苹果酸脱氢酶是苹果酸代谢的关键酶，在薯类作物块根淀粉合成途径中发挥重要作用[2]。苹果中细胞质苹果酸脱氢酶（*MdcyMDH*）基因的过量表达，显著提高了叶片中叶绿素 a/b 和总叶绿素的含量，显著提高了转基因株系的光合速率，尤其是促进了生根[3]。此外，在非生物胁迫条件下，*cyMDH* 能增强铝胁迫下烟草的抗性以及对冷和盐胁迫的耐受性[4,5]。

质体苹果酸脱氢酶在叶绿体中含有 *NAD-MDH* 和 *NADP-MDH* 两种类型。相关研究表明，缺乏 NADP－苹果酸脱氢酶的拟南芥突变体在强光照射下，过氧化氢酶活性丧失，同时 H_2O_2 水平升高，在调控过氧化氢酶活性和清除 H_2O_2 起重要作用[6]；在拟南芥中 *pdNAD-MDH* 基因的沉默，导致植物的黄化和发育不良，并且引起叶绿体超微结构的改变，叶绿体中类囊体较少，没有淀粉粒，表明 *pdNAD-MDH* 对植物的生长发育起着调控作用[7]。

线粒体苹果酸脱氢酶对植物叶片呼吸和光呼吸起重要调控作用。Tomaz 等[8]研究发现，拟南芥 *mMDH* 缺失突变体 *mMDH*1 和 *mMDH*2 在生长环境适宜的情况下，生长缓慢，植株叶片呼吸增强，并且发现 *mMDH* 在提高光呼吸速率上有着显著的作用。

过氧化酶体苹果酸脱氢酶，促进脂肪酸 β－氧化，进而对幼苗的生长有着重要作用。研究表明，*pMDH* 在种子萌发和幼苗生长期间氧化由脂肪酸 β－氧化产生的 NADH，促进脂肪酸 β 氧化，缺乏 *pMDH* 的拟南芥突变体（*pMDH*1 和 *pMDH*2）在 β－氧化过程中受到严重损伤，同时幼苗的形态建成受到严重的破坏，生长依赖于外源糖的供应[9]。

近年来，多个研究表明 *MDH* 基因在植物逆境胁迫下参与应答。张觅等[10]研究发现，将转基因烟草株系中筛选获得的 3 个 *CjMDH* 基因高表达的株系进行耐铝试验，结果表明在烟草中超量表达 *CjMDH* 可以提高植株对铝毒的耐受能力；张建斌等[11]研究发现 *MaMDH* 基因在香蕉适应衰老、盐、铝、低温胁迫和枯萎病菌侵染等逆境中发挥重要作用；Nunes-nesi 等[12]发现在番茄中反义表达 *MDH* 基因能够增强植株的光合能力。

油菜是中国最主要的油料作物之一，长江流域是主要的油菜种植地区，频发的季节性干旱是造成当地油菜减产的主要原因[13]。已有研究表明，*cyMDH* 具有响应非生物胁迫（铝、盐、冷），提高植物抗性、提高光合速率等功能。但是，*cyMDH* 在干旱胁迫抗性方面的基因表达调控研究甚少，至今未见关于油菜 *cyMDH* 基因在干旱抗性方面的研究报道。本研究利用实时荧光定量 PCR（RT－qPCR）测定不同程度的干旱胁迫下 *cyMDH* 的表达量，分析 *cyMDH* 酶活性、干旱胁迫下甘蓝型油菜净光合速率、产量等之间的关系，同时采用 3’RACE 方法对基因进行全长克隆，并进行基因测序和生物信息学分析，为油菜 *MDH* 基因功能研究及利用 *MDH* 基因改良作物抗旱性提供参考。

1　材料和方法

1.1　试验材料

供试材料为经鉴定抗旱能力较强的甘蓝型油菜 94005（由重庆市油菜工程研究中心提供）。挑选籽粒饱满、大小均一的油菜种子，用 15%的次氯酸钠消毒 20 min，然后用无菌水清洗 4～6 次，播种于室内以蛭石为基质的塑料营养钵中，在室温下培养至幼苗四叶一心时将其移栽到遮雨人工网室内的盆钵中（盆高 40 cm，直径 30 cm），盆中所用基质为草碳土、自然土壤和蛭石按 1∶3∶1 比例混合而成的混合物，基质提前用多菌灵和敌百虫杀菌灭虫，每盆装基质 15.0 kg，使其达 9 成满，施复合肥 30 g，每盆种植 2 株，正常管理。

油菜生长达到初花期，选择长势良好且生长一致的植株进行干旱处理，设置正常供水（CK）、轻度干旱（LD）、中度干旱（MD）、重度干旱（SD）和极度干旱（ED）5 组处理，土壤相对含水量分别为 65%～75%、、50%～55%、40%～45%、20%～30%和 5%～15%，每个处理设 8 个重复，自然干旱直到土壤相对含水量达到设定土壤相对含水量的范围，每天 8:00 和 18:00 采用称重法补水、控水，处理期间保证除试验处理以外的其他因素一致，土壤相对含水量达到各个干旱处理范围时持续 7 d 取样测定，之后对植株进行正常的水分供应，油菜成熟后测定产量。

1.2　光合参数的测定

用美国 LI－COR 公司生产的 LI－6400 光合作用测定仪，在晴天上午 10 点左右，对对照和处理植株的顶部外部向阳完全展开的，长势一致的第 2～3 片叶进行测定，采用 LI－6400－02B 红蓝光光源，设定光强为 1 600 μmol/（m^2/s），设定温度为 25 ℃，大气 CO_2浓度（Ca）为 400 μmol/mol，空气相对湿度为 50%～70%。采用轮回测定的方法，每个处理测定 3 株，取均值。光合参数（净光合速率，胞间 CO_2浓度，气孔导度，蒸腾速率）LI－6400 光合作用测定仪直接读出，计算水分利用效率和气孔限制值。其中水分利用效率（WUE）＝光合速率（*Pn*）/蒸腾速率（*Tr*），气孔限制值 $Ls=1-Ci$（胞间 CO_2浓度）/C_0（外界 CO_2浓度）。

1.3　*MDH* 酶活性的测定

剪取测定完光合参数的叶片－20 ℃保存，用于 *MDH* 酶活性的测定。*MDH* 的活性采用植物苹果酸脱氢酶酶联免疫分析试剂盒，所有操作步骤均按照试剂盒说明书进行。

1.4　*MDH* 基因表达量分析

剪取测定完光合参数的叶片，液氮速冻，－80 ℃保存，采用天根公司的 RNAprep pure 植物总 RNA 提取试剂盒提取油菜总 RNA。提取出的 RNA 进行 1.0%琼脂糖凝胶电泳检测，以验证提取的总 RNA 的完整性，再利用紫外分光光度计测定 OD_{260}/OD_{280}值。使用 TAKARA 公司的 PrimerScript ® RT reagent Kit With gDNA Eraser 试剂盒进行 RNA 的纯化和反转录合成 cDNA，根据 SSH 文库中 MDH 基因的 EST 序列，利用 Vector NTI 软件和 Primer premier 5.0 软件设计引物，其中 MDH 正向引物为 5’－GAGTTGATCGARGCTGCTTTCC－3’，反向引物 5’－GGAAACCACCAACCATAA-CAGC－3’。以 Actin 为内参基因，正向引物 5’－TGGGTTTGCTGGTGACGAT－3’，反向引物 5’－TGCCTAGGACGACCAACAATACT －3’。使用 BIO－RAD 公司生产的 iTaq TM Universal SYBR ® Green Supermix 试剂盒进行 RT－qPCR 扩增。PCR 程序为：95 ℃ 3 min；95 ℃ 10 s，60 ℃ 30 s，72 ℃ 30 s，45 个循环；72 ℃ 10 min。每个样品 3 个重复，采用 2－ΔΔCt 分析结果。

1.5　MDH 基因的全长克隆

MDH 基因的 3’端序列通过 Clontech 公司的 SMARTer™ RACE cDNA Amplification Kit 试剂盒获得。引物序列为 MDH－1：5’－GCACCATCCATCCCTGAGAAGAACAT－3’，MDH－2：5’－CGAGAGGTTGAGCGTGCCAGTGT－3’；在 94 ℃预变性 3 min；94 ℃ 30 s，68 ℃30 s，72 ℃ 3 min，25 循环，72 ℃保温 10 min 程序设定下进行扩增，产物需通过电泳（1%琼脂糖凝胶）检测，检测结果合格后，使用天根生化科技（北京）有限公司生产的普通琼脂糖凝胶 DNA 纯化回收试剂盒进行纯化，纯化后的 PCR 产物送至生工生物工程（上海）股份有限公司测序。

1.6　生物信息学分析

采用 NCBI（http://www.ncbi.nlm.nih.gov/projects/gorf/）网站分析基因的开放阅读框(ORF)，利用 DNAman 软件将基因的 ORF 序列翻译成氨基酸序列，并通过 BLAST（http://blast.ncbi.nlm.nih.gov/Blast.cgi）网站对翻译的氨基酸序列进行比对，用 Mega 5.2.2 软件构建进化

树，ProtScale 预测蛋白亲/疏水性结果，TMHMM Server 2.0 工具进行蛋白跨膜区域预测，在 SOPMA 和 SWISS MODEL 网站上进行蛋白质结构分析。

2 结果与分析

2.1 *MDH* 基因的克隆

所有提取的叶片总 RNA 通过 1.0%琼脂糖凝胶电泳检测后的结果显示，18S 与 28S 的条带清晰、明亮，同时 28S 条带的亮度约为 18S 条带亮度的 2 倍，说明提取的油菜叶片总 RNA 是比较完整的。经核酸蛋白检测仪检测，提取的油菜叶片总 RNA 的 OD_{260}/OD_{280} 值均在 2.0～2.2 之间，达到了反转录和 RT－qPCR 的要求。

已获得的保守区为基础，以 3’ RACE 的 cDNA 为模板，经巢式 PCR 扩增，经 2 轮 PCR 之后扩增出大小约 900 bp 的单一 DNA 片段（图 1）。

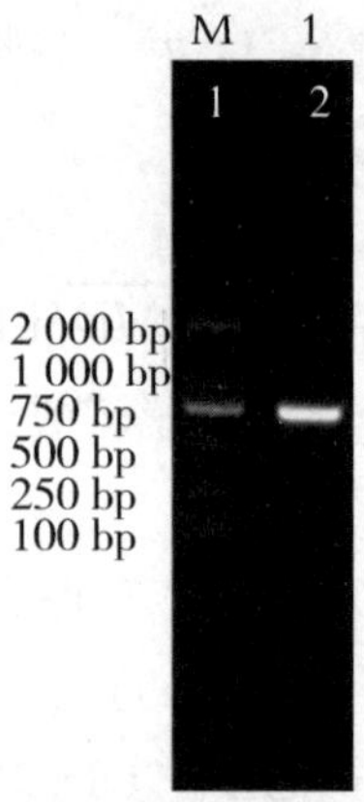

图 1 *cyMDH* 基因的 PCR 扩增产物回收电泳

注：M：DL2000 DNA Marker；1：PCR 扩增回收产物。

将第二轮 PCR 产物进行电泳并对目的条带进行切胶回收纯化后送至上海生工测序。用 DNAMAN V6 将测序结果与已知 *cyMDH* 序列进行拼接，得到 *cyMDH* 全长序列 1 440 bp，预测基因的 ORF（开放阅读框）位于 207～1 203 区域（共 996 bp），编码 332 个氨基酸，GeneBank 登录号 MH316130。

2.2 *cyMDH* 蛋白氨基酸序列分析

根据 ProtParam 软件预测结果（表 1），*cyMDH* 蛋白序列理论分子量为 35.69 kDa，等电点 6.11。带负电荷的酸性氨基酸残基（Asp+Glu）总数为 37 个，占氨基酸残基总数的 11.14%，带正电荷的碱性氨基酸残基（Arg+Lys）总数为 34 个，占氨基酸残基总数的 10.24%。原子总数为 5048，分子式为 $C_{1574}H_{2549}N_{431}O_{477}S_{17}$，半衰期为 30 h，不稳定系数 34.29，标准值 40 以下是稳定蛋白，故油菜 *cyMDH* 是稳定蛋白，脂肪指数为 96.05，总平均疏水性－0.003，是亲水蛋白。较高含量的氨基酸有丙氨酸（Ala，10.8%），缬氨酸（Val，9.9%）、亮氨酸（Leu，8.4%），不含吡咯赖氨酸（Pyl，0.0%）和硒半胱氨酸（Sec，0.0%）。

表 1 *cyMDH* 酶蛋白一级结构分析

蛋白	分子式	分子量（kDa）	理论等电点	天冬氨酸＋谷氨酸	精氨酸＋赖氨酸	不稳定系数	脂肪指数	总平均疏水性
MDH	$C_{1574}H_{2549}N_{431}O_{477}S_{17}$	35.69	6.11	37	34	34.29	96.05	－0.003

2.3　亚细胞定位、亲/疏水性预测、跨膜结构分析

Softberry 亚细胞定位分析结果显示，胞质的积分最高达到 5.43，因此该蛋白定位在胞质中的可能性最大，并且在胞质中发挥功能。ProtScale 预测（图 2）*cyMDH* 多肽链 N 末端有明显的疏水结构域，这在其他物种的 *cyMDH* 中也广泛存在，在此之后疏水氨基酸和亲水氨基酸均匀分布，疏水性最强氨基酸在第 21 位，具有最高的分值（1.933），亲水性最强氨基酸在第 97 位，具有最低的分值（−2.867），总的亲水氨基酸略多余疏水氨基酸，为亲水蛋白。疏水区域形成的疏水性内核对于蛋白质的高级结构的形成和稳定具有重要作用。利用 TMHMM Server 2.0 对 *cyMDH* 蛋白进行跨膜区域预测，从表明该蛋白没有跨膜区域（图 3）。

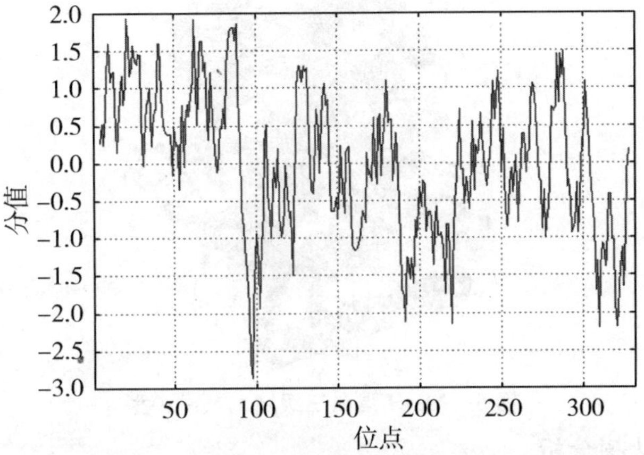

图 2　*cyMDH* 蛋白的氨基酸亲/疏水性预测

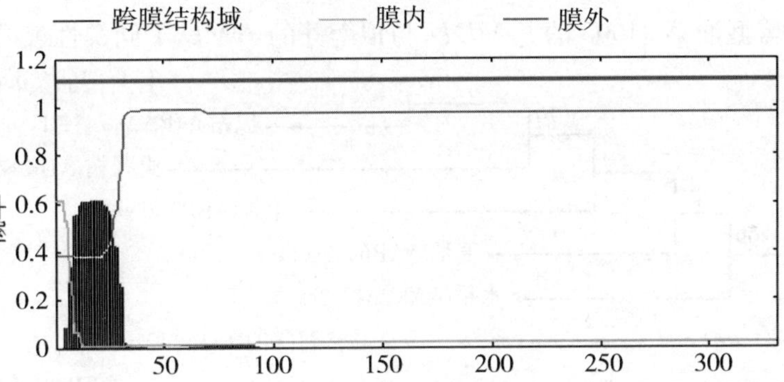

图 3　*cyMDH* 跨膜结构

2.4　*cyMDH* 蛋白质高级结构分析

通过 SOPMA 对 *cyMDH* 蛋白进行二级结构的预测，预测的二级结构中 α−螺旋占 44.88%，β−转角占 3.92%，无规则卷曲占 34.04%，延伸链占 17.17%，N−末端以无规则卷曲形式存在，C−末端以 α−螺旋形式存在（图 4）。二级结构中以 α−螺旋和无规则卷曲为主，两者大量分布在整个蛋白质中，可以在各个方向上进行伸展和卷曲，蛋白二级结构组成显示 *cyMDH* 蛋白质是稳定蛋白。

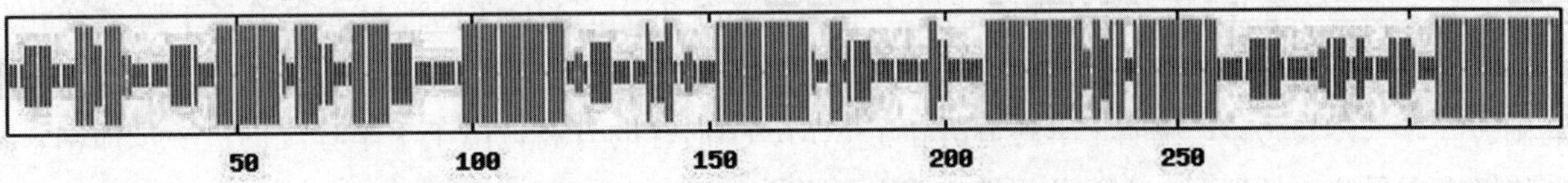

图 4　*MDH* 蛋白二级结构预测

注：为 α 螺旋；为无规则卷曲；为 β 转角；为延伸链。

将 *cyMDH* 蛋白全序列提交到 SWISS MODEL，预测的 *cyMDH* 三级结构可以从 *cyMDH* 蛋白的三维模型中清晰地看到大量的 α-螺旋结构和无规则卷曲结构（图 5）。

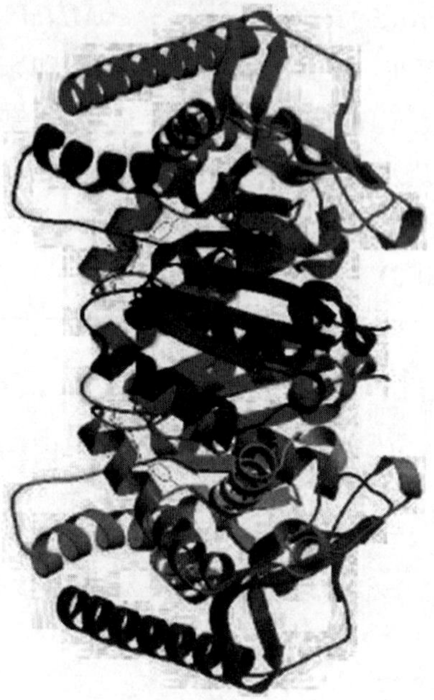

图 5　*MDH* 蛋白三级结构预测模型

2.5　*cyMDH* 蛋白遗传进化树分析

从 NCBI 下载 7 种植物的细胞质 *MDH* 氨基酸序列，利用 MAGA 5.0 构建 *cyMDH* 的系统进化树。由图 6 可知，甘蓝型油菜 94005 的 *cyMDH* 与拟南芥的 *cyMDH* 同源性最高达到 93%。

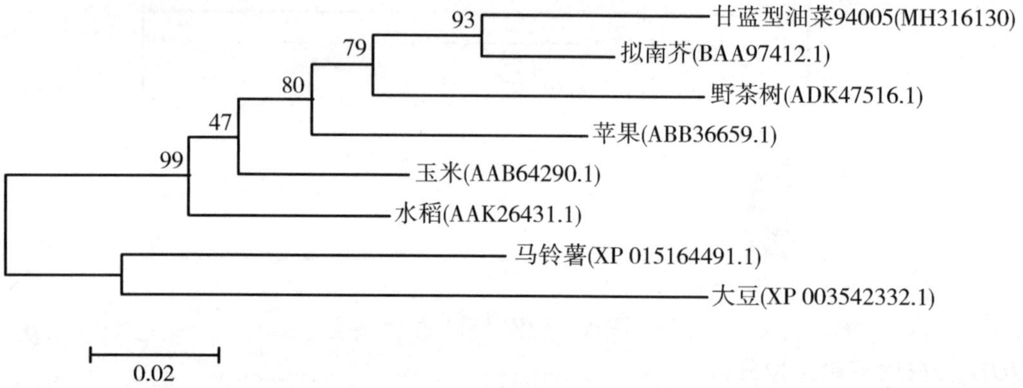

图 6　甘蓝型油菜 94005 *cyMDH* 与其他物种氨基酸序列的同源树

2.6　干旱胁迫对油菜 *cyMDH* 活性及基因表达量的影响

在干旱胁迫的处理下，与对照相比，*cyMDH* 基因的表达量随着干旱胁迫程度的增强呈不同程度的改变，在轻度和中度干旱胁迫下分别比对照下降了 0.5%和 0.6%，在重度和极度干旱胁迫下分别比对照上升了 0.7%和 1.5%，各处理间差异均不显著（图 7）。*cyMDH* 活性呈先上升后下降的变化趋势，中度干旱胁迫处理活性最高。轻度和中度干旱胁迫处理分别比 CK 增加了 9.1%、29.6%，与 CK 呈显著差异（$P<0.05$），说明干旱胁迫诱导了 *cyMDH* 活性的升高，由于干旱程度的进一步加剧，重度和极度干旱胁迫处理下 *cyMDH* 活性比 CK 下降了 9.2%、10.0%（图 8）。

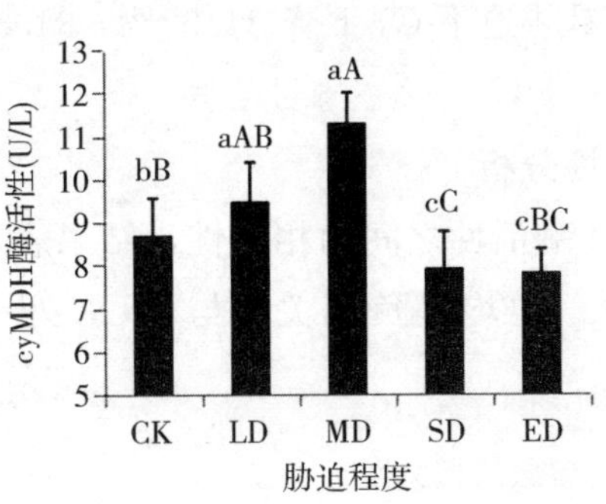

图 7 干旱胁迫下 *cyMDH* 酶活性

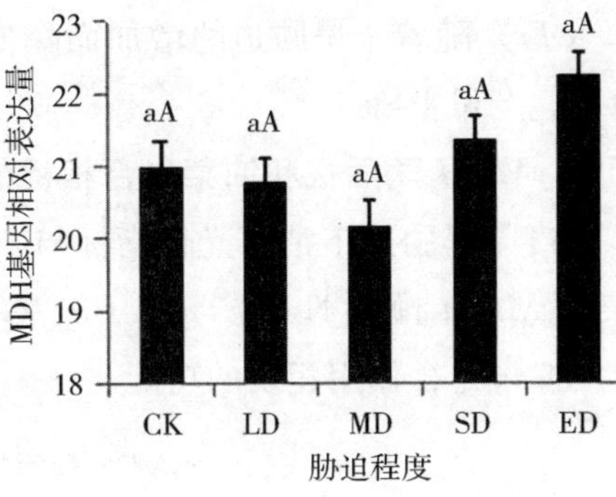

图 8 干旱胁迫下 *cyMDH* 基因的表达

注：不同小写字母表示处理间差异显著（$P<0.05$）；不同大写字母表示处理间差异显著（$P<0.01$）。下同。

2.7 干旱胁迫下油菜光合指标的变化

随着干旱胁迫的加剧（图 9），净光合速率（*Pn*）下降，比对照下降 17.96%~82.71%，干旱胁迫下 *Pn* 与对照呈极显著差异（$P<0.01$）；胞间 CO_2浓度（*Ci*）先下降后上升，重度干旱胁迫下 *Ci* 最小；水分利用率（*WUE*）的变化趋势与 *Ci* 相反，先上升后下降，重度干旱胁迫下达到最大值；气孔导度（*Gs*）、

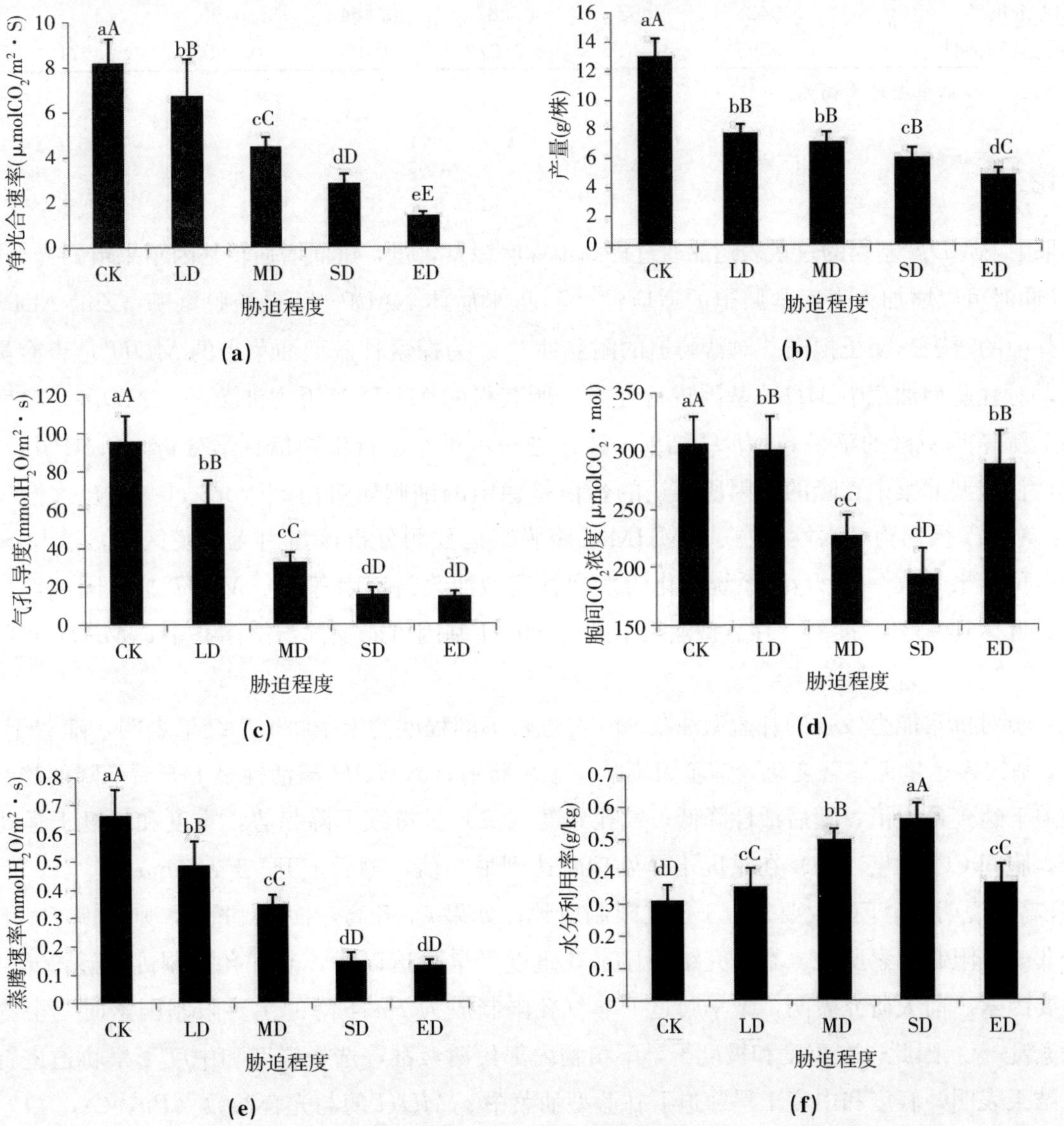

图 9 干旱胁迫对油菜光合特性的影响

产量和蒸腾速率（*Tr*）随着干旱胁迫的增加而降低。干旱胁迫下 *Gs* 下降 34.02%～84.87%，*Tr* 下降 26.55%～80.54%，产量下降 41%～63%。

1.8 干旱胁迫下 *cyMDH* 酶活性和油菜光合指标的相关性分析

选择轻度、重度干旱胁迫下油菜光合指标与 *cyMDH* 酶活性之间的相关性，结果表明（表 2），干旱胁迫下，油菜 *cyMDH* 酶活性与产量、*Pn*、*Gs*、*Tr*、*Ci* 均呈负相关，与 *WUE* 呈正相关，推测 *cyMDH* 酶可能发挥与光合作用相反的功能。

表 2 *cyMDH* 酶活性与光合参数的相关性

指标	净光合速率	产量	气孔导度	蒸腾速率	水分利用率	胞间 CO_2 浓度	苹果酸脱氢酶活性
净光合速率	1						
产量	0.853	1					
气孔导度	0.99	0.917	1				
蒸腾速率	0.983	0.935	0.999*	1			
水分利用率	−0.98	−0.731	−0.943	−0.925	1		
胞间 CO_2 浓度	0.942	0.63	0.887	0.864	−0.99	1	
苹果酸脱氢酶活性	−0.995	−0.798	−0.972	−0.959	0.995	−0.971	1

注：* 在 0.05 水平上显著相关。

3 讨论

苹果中 *cyMDH* 基因的过量表达能通过提高植株叶绿素含量，进而增强转基因苹果苗的光合能力[14]，*cyMDH* 同时可以增加大麦对盐胁迫的适应性[15]。玉米质体 NADP－苹果酸脱氢酶（ZmNADP－MDH）在拟南芥中的过表达赋予拟南芥对盐胁迫的耐受性[16]。为探索甘蓝型油菜中的 *MDH* 是否有类似的作用机制，对甘蓝型油菜中 *MDH* 基因进行克隆，所获得的 *MDH* 基因为油菜的 *cyMDH*，序列分析结果与姚玉新等[14]克隆的苹果 *cyMDH* 结果一致。进一步对其进行生物信息学分析，ProtParam 分析预测表明，甘蓝型油菜中克隆的基因所表达的蛋白是稳定的细胞质蛋白；ProtScale 亲/疏水性预测结果显示，*cyMDH* 蛋白为亲水性蛋白、TMHMM 跨膜结构预测分析该蛋白无跨膜区域，这与 Softberry 亚细胞定位结果一致。*cyMDH* 系统进化树发现甘蓝型油菜与拟南芥的 *cyMDH* 基因同源性最高，亲缘关系最近达到 93%，推测，甘蓝型油菜中的 *cyMDH* 基因可能发挥与拟南芥中 *cyMDH* 基因类似的功能。

进一步对抗旱能力较强的甘蓝型油菜 94005 进行不同程度的干旱胁迫。结果表明，随着干旱加剧，*cyMDH* 基因表达量无显著变化，该基因不响应干旱胁迫；*cyMDH* 酶活性呈上升后下降的趋势，中度干旱胁迫下达到最大值，随后活性降低；气孔导度（*Gs*）呈持续下降趋势，重度和极度干旱胁迫下趋于平稳，胞间 CO_2 浓度（*Ci*）在重度干旱处理时达到最小值，随后上升。Farquhar 等[17]认为 *Ci* 下降而 *Gs* 升高，说明 *Pn* 下降主要是由于气孔限制所致；如果 *Ci* 升高，而 *Gs* 下降，则表明 *Pn* 下降主要是由于非气孔限制因素所致。本研究结果显示在重度干旱胁迫以后，非气孔限制因素逐渐成为 *Pn* 下降的主要因素。前人研究表明，干旱胁迫下非气孔限制成为 *Pn* 下降的主要限制因素时，植物生理生化代谢紊乱[18]。因此，在重度和极度干旱下植物内部代谢紊乱，选择轻度和中度干旱胁迫进行相关性分析。结果表明，轻度和中度干旱胁迫下甘蓝型油菜中 *cyMDH* 酶与光合参数（*Pn*，*Gs*，*Tr*，*Ci*）均呈负相关。油菜中 *cyMDH* 基因不响应干旱胁迫，*cyMDH* 酶主要功能在与光合作用相反的代谢途径中发挥，具体功能有待进一步研究。

本研究采用3’ RACE方法对 *cyMDH* 基因进行全长克隆，初步探索了甘蓝型油菜中 *cyMDH* 基因的表达、蛋白定位以及 *cyMDH* 基因对干旱胁迫的响应，为进一步研究该基因在油菜中的功能奠定基础。

参考文献

[1] Yoshida K，Hisabori T. Adenine nucleotide-dependent and redox-independent control of mitochondrial malate dehydrogenase activity in Arabidopsis thaliana [J]. Biochim. Biophys. Acta.，2016，1857 (6)：810-818.

[2] 尹奇，仝征，贺庭琪，等. 木薯苹果酸脱氢酶基因克隆和表达分析 [J]. 热带作物学报，2013，34 (6)：1082-1089.

[3] 王庆杰，金仲鑫，周李杰，等. 苹果 MdcyMDH 过量表达对光合、激素和生长的影响 [J]. 中国农业科学，2015，48 (14)：2868-2875.

[4] Wang Q F，Zhao Y，Yi Q，et al. Overexpression of malate dehydrogenase in transgenic tobacco leaves：enhanced malate synthesis and augmented Al-resistance [J]. Acta Physiologiae Plantarum，2010 (32)：1209-1220.

[5] Yao Y X，Dong Q L，Zhai H，et al. The functions of an apple cytosolic malate dehydrogenase gene in growth and tolerance to cold and salt stresses [J]. Plant Physiol. Biochem.，2011，49 (3)：257-264.

[6] Heyno E，Innocenti G，Lemaire S D，et al. Putative role of the malate valve enzyme NADP-malate dehydrogenase in H2O2 signalling in Arabidopsis [J]. Philos. Trans. R. Soc. Lond. B. Biol. Sci.，2014，369 (1640)：SI-20130228.

[7] Beeler S，Liu H C，Stadler M，et al. Plastidial NAD-dependent malate dehydrogenase is critical for embryo development and heterotrophic metabolism in Arabidopsis [J]. Plant Physiol.，2014，164 (3)：1175-1190.

[8] Tomaz T，Bagard M，Pracharoenwattana I，et al. Mitochondrial malate dehydrogenase lowers leaf respiration and alters photorespiration and plant growth in Arabidopsis [J]. Plant Physiol.，2010 (154)：1143-1157.

[9] Pracharoenwattana I，Cornah J E，Smith S M. Arabidopsis peroxisomal malate dehydrogenase functions in β - oxidation but not in the glyoxylate cycle [J]. Plant J.，2007，50 (3)：381-390.

[10] 张觅，罗小英，白文钦，等. 香橙苹果酸脱氢酶 CjMDH 基因表达特性及转基因烟草的耐铝性分析 [J]. 园艺学报，2008，35 (12)：1751-1758.

[11] 张建斌，贾彩红，邓秋菊，等. 香蕉苹果酸脱氢酶基因克隆及其逆境胁迫表达 [J]. 西北植物学报，2012，32 (10)：1942-1949.

[12] Nunes-nesi A，Carrari F，Lytovchenko A，et al. Enhanced photosynthetic performance and growth as a consequence of decreasing in itochondrial malate dehydrogenase activity in transgenic tomato plants [J]. Plant Physiol.，2005，137 (2)：611-622.

[13] 王道杰，桂月靖，杨翠玲，等. 油菜抗旱性及鉴定方法与指标Ⅲ油菜苗期抗旱性及鉴定指标筛选 [J]. 西北农业学报，2012，21 (5)：108-113.

[14] 姚玉新，郝玉金，李明，等. 苹果细胞质型苹果酸脱氢酶基因克隆、表达及酶活性分析 [J]. 园艺学报，2008，35 (2)：181-188.

[15] Boustani A，Fatehi F，and Azizinezhad R. The proteome response of "Hordeum marinum" to long-term salinity stress [J]. Cereal Research Communications，2017，45 (3)：401-410.

[16] Kandoi D，Mohanty S，and Tripathy B C. Overexpression of plastidic maize NADP-malate dehydrogenase (ZmNADP-MDH) in Arabidopsis thaliana confers tolerance to salt stress [J]. Protoplasma，2018，255 (2)：547-563.

[17] Farquhar G D，Sharkey T D. Stomatal conductance and photosynthesis [J]. Annu. Rev. Plant Physiol.，1982，33 (3)：317-345.

[18] 姚庆群，谢贵水. 干旱胁迫下光合作用的气孔与非气孔限制 [J]. 热带农业科学，2005，25 (4)：84-89.

油菜 *FBA* 基因的克隆、表达分析及其与抗旱性的关系*

谢小玉* 何巧丽 侯 爽 张小短 马仲炼

西南大学农学与生物科技学院，重庆 400715

摘要：为了解果糖－1，6－二磷酸醛缩酶（*FBA*）在油菜抗旱中的作用，揭示油菜干旱胁迫下 *FBA* 基因表达量、光合指标、产量等之间的关系，为油菜等作物抗旱性鉴定和抗旱性改良提供依据。以抗旱性强的甘蓝型油菜 94005 为材料，在初花期进行干旱胁迫处理，以正常浇水作为对照；测定叶片光合参数和 *FBA* 酶活性，通过实时荧光定量 PCR（RT－qPCR）分析 *FBA* 基因的表达量；采用 RACE 方法对 *FBA* 基因进行全长克隆，并对测序结果进行生物信息学分析；复水后生长至成熟期测定产量，分析产量、光合指标、*FBA* 基因表达量等之间的关系。结果表明，随着干旱的加剧，油菜叶片的净光合速率（*Pn*）、气孔导度（*Gs*）、蒸腾速率（*Tr*）、产量均下降，*FBA* 活性和 *FBA* 基因的表达量上升。在轻度、中度和重度干旱胁迫下，油菜叶片胞间 CO_2 浓度（*Ci*）显著下降，水分利用率（*WUE*）上升；极度胁迫下，*Ci* 上升，*WUE* 下降；油菜产量、净光合速率与 *FBA* 活性和 *FBA* 表达量呈极显著负相关。*FBA* 基因全长序列 1 440 bp，ORF（开放阅读框）位于 60～1 172 区域（共 1 113 bp），编码 370 个氨基酸；蛋白分子量为 38.51 KDa，等电点 6.92；同源性对比显示，甘蓝型油菜 *FBA* 基因与拟南芥 *FBA* 基因的一致性在 87%以上。二级结构预测结果表明 *FBA* 蛋白由 α－螺旋、无规则卷曲、延伸链以及 β－转角组成，4 种二级结构元件所占比例分别为 43.85%、31.28%、17.60%、7.26%。因此，干旱胁迫下油菜的净光合速率下降、产量降低，随着胁迫的加剧，降低幅度增大。*FBA* 基因与干旱胁迫密切相关，干旱胁迫下，*FBA* 基因主要通过抑制光合、降低蒸腾、促进糖酵解和有氧呼吸等途径来提高植物对干旱胁迫的适应性。

关键词：甘蓝型油菜；干旱胁迫；光合；果糖－1，6－二磷酸醛缩酶（*FBA*）；基因克隆；表达分析

季节性干旱是油菜生产的主要自然灾害之一，尤其春旱使我国长江中下游地区的油菜减产 20%以上[1]。研究表明，干旱胁迫下油菜的净光合速率（*Pn*）降低[2]，随干旱胁迫时间的延长，下降幅度不断增加，下降幅度与油菜抗旱性有关[3]。油菜产量与蕾薹期叶片净光合速率抗旱系数呈极显著正相关[4]。要提高油菜的抗旱性，就需提高干旱胁迫下油菜的光合效率。果糖－1，6－二磷酸醛缩酶（*FBA*）既参与了糖酵解和糖异生过程，同时又参与了磷酸戊糖途径和卡尔文循环[5,6]，对细胞生命活动起着至关重要的作用。对油菜的研究发现 *FBA* 基因参与干旱胁迫应答。通过对 *FBA* 基因的克隆、表达分析及干旱胁迫下基因表达量与净光合速率、产量等之间的关系分析，对于揭示 *FBA* 基因在油菜抗旱中的作用及对油菜抗旱性鉴定和抗旱性改良具有重要意义。

前人研究表明，在自然界中存在两类 *FBA*，有不依赖金属离子的第Ⅰ类酶和依赖金属离子的第Ⅱ

* **基金项目**：国家自然科学基金项目（31871583）；公益性行业（农业）科研专项（201503127）

类酶[7]。高等植物中的 *FBA* 均为Ⅰ型，又存在 2 种亚型，即胞质型 *FBA* 和质体型 *FBA*[8]。前者存在于细胞质基质中，参与糖酵解和糖异生途径，催化果糖－1，6－二磷酸的裂解[9,10]；后者分布于叶绿体中，参与卡尔文循环中 1，5－二磷酸核酮糖的再生[11,12]。近几年研究表明，植物的果糖－1，6－二磷酸醛缩酶不仅参与了很多的生理和生化过程[13−15]，还参与了植物对高温[16]、低温[8]、干旱[17]、盐[10,18]、镉[19]、硼[20]等多种胁迫的响应和信号传导过程。Lu 等[8]发现盐胁迫下拟南芥的 *FBA* 基因家族成员中的 *AtFBA*3、*AtFBA*4、*AtFBA*6 和 *AtFBA*8 表达量均上调；Fan 等[10]研究表明海马齿的 *FBA* 基因在盐胁迫后强烈表达，超表达后可以明显提高植株的耐盐性；胡杨细胞质中的果糖－1，6－二磷酸醛缩酶通过促进糖酵解和有氧呼吸途径提高植物对盐胁迫的适应性[21]。Larkindale 等[22]研究表明 37 ℃的高温显著诱导拟南芥 *AtFBA*6 基因的大量积累。孙胜楠等[23]研究表明，*FBA* 活性与基因表达均受高温诱导，诱导效应与温度升高幅度和高温持续时间有关。通过表型分析及基因芯片检测发现，在拟南芥低温致死的突变体中，*FBA* 基因的表达量发生了明显的上调[24]。干旱胁迫下，拟南芥的 *AtFBA*1，6，8 表达量上调 8 倍以上[25]；陈娜等[26]的研究也表明，*FBA* 基因可能参与花生对高盐和干旱胁迫的适应性调控。目前研究者们已克隆出了紫花苜蓿[27]、番茄[16]等多种植物的 *FBA* 基因序列，Uematsu 等[12]通过将拟南芥的质体 *FBA* 基因在烟草中进行异源表达，使转基因烟草的光合速率增加，促进了转基因烟草的生长和生物量的积累。但至今未见关于油菜 *FBA* 基因研究的报道。

本研究通过对前期构建的基于干旱胁迫下甘蓝型油菜 SSH 文库[28]的测序分析，发现 *FBA* 基因参与干旱胁迫应答。在此基础上，采用 RACE 方法对基因进行全长克隆、测序和生物信息学分析；利用实时荧光定量 PCR（RT－qPCR）测定 *FBA* 基因表达量，分析表达量与干旱胁迫下油菜光合指标、酶活性、产量等之间的关系，明确 *FBA* 基因与油菜抗旱性的关系，为油菜 *FBA* 基因功能研究以及利用 *FBA* 基因改良作物抗旱性提供参考。

1　材料和方法

1.1　材料与试验处理

供试材料为经鉴定抗旱能力强的甘蓝型油菜 94005，由重庆市油菜工程研究中心提供。挑选籽粒饱满、大小均一的油菜种子，用 15%的次氯酸钠消毒 20 min，然后用无菌水清洗 5 次，播种于室内以蛭石和草碳（1∶1）为基质的塑料营养钵中，在室温下培养至幼苗四叶一心时将其移栽到遮雨人工网室内的盆钵中。盆高 40 cm，直径 30 cm，盆中所用基质为草碳土、自然土壤和蛭石按 1∶3∶1 比例混合而成的混合物，基质提前用多菌灵和敌百虫杀菌灭虫，每盆装基质 15.0 kg，使其达 9 成满，施氮磷钾复合肥 30 g。每盆定植 2 株，期间进行正常的田间管理。

油菜生长至初花期，选择长势良好且生长一致的植株进行干旱处理，分为 5 组，正常供水（control，CK）、轻度干旱（lightly drought，LD）、中度干旱（moderate drought，MD）、重度干旱（severe drought，SD）和极度干旱（extreme drought，ED），其土壤相对含水量分别为 65%～75%、50%～55%、40%～45%、20%～30%、10%～15%。每个处理种植 8 盆，共 16 株。自然干旱至设定土壤相对含水量标准范围，每天 8:00 和 18:00 采用称重法补水控水，处理期间除盆内土壤含水量差异外其他管理一致，土壤相对含水量达到干旱胁迫条件时持续 7d 取样测定，之后复水使土壤含水量恢复到对照水平，并正常水分管理培养至成熟期测定产量。

1.2　试验方法

1.2.1　抑制消减杂交（SSH）文库构建

对干旱胁迫的植株分别在第 1 d、第 3 d、第 5 d 和第 7 d 9:00～9:30 采集对照和处理顶部完全展开的第1叶混合，液氮速冻，−80 ℃保存。进行 RNA 的提取及 mRNA 的纯化，抑制性消减杂交，SSH−cDNA 文库构建以及差异表达序列测序和生物信息学分析[30]。

1.2.2 光合参数的测定

用美国 LI−COR 公司生产的 LI−6400 光合仪，在干旱胁迫的第 7 d（晴天）10:00 左右，对对照和处理植株的顶部外部向阳完全展开的长势一致的第 2～3 片叶测定净光合速率（*Pn*）、气孔导度（*Gs*）、胞间 CO_2 浓度（*Ci*）、蒸腾速率（*Tr*），采用 LI−6400−02B 红蓝光光源，设定光强为 1 600（μmol/m² · s），温度为 25 ℃，大气 CO_2 浓度（*Ca*）为 400 μmol/mol，空气相对湿度为 50%～70%；计算水分利用率（*WUE*），水分利用率（*WUE*）=光合速率（*Pn*）/蒸腾速率（*Tr*）。采用轮回测定的方法，每个处理测定 3 株。

1.2.3 *FBA* 酶活性的测定

剪取测定完光合参数的叶片，−20 ℃保存，采用上海优选生物科技有限公司的植物果糖−1，6−二磷酸醛缩酶试剂盒（微量法）测定 *FBA* 的活性，所有操作步骤均按照试剂盒说明书进行。

1.2.4 *FBA* 基因表达量的测定

剪取测定完光合参数的叶片，液氮速冻，−80 ℃保存，采用天根公司的 RNA prep pure 植物总 RNA 提取试剂盒提取总 RNA，利用 1.0%琼脂糖凝胶电泳检测提取的总 RNA 的完整性，用紫外分光光度计测定纯度。使用 TAKARA 公司的 PrimerScript ® RT reagent Kit With gDNA Eraser 试剂盒进行 RNA 的纯化和反转录合成 cDNA，根据 SSH 文库中 *FBA* 基因的 EST（表达序列标签，Expressed sequence tag）序列，利用 Vector NTI 软件和 primer premier 5.0 软件设计引物，正向引物为 5’−TACCTGGCATCAAAGTCGACAA−3’，反向引物 5’−TCG TAGTACTTCTTGCAACGCT−3’。以 *ACT*7 和 *UBC*12 为候选内参基因，通过基因表达稳定性的分析[29]，以 *ACT*7 为内参基因，正向引物 TGGGTTTGCTGGTGACGAT，反向引物 TGCCTAGGACGACCAACA ATACT。使用 BIO−RAD 公司的 iTaq TM Universal SYBR ® Green Supermix 试剂盒进行实时荧光定量 PCR（RT−qPCR）扩增。PCR 程序为：95 ℃ 3 min，95 ℃ 10 s，60 ℃ 30 s，72 ℃ 30 s，45 个循环；72 ℃ 10 min。每个样品 4 个重复，采用 $2^{-\Delta\Delta Ct}$ 计算基因表达量[30]。

1.2.5 *FBA* 基因的全长克隆

采用 Clontech 公司的 SMARTer™ RACE cDNA Amplification Kit 试剂盒获得基因的 3’端序列。以 RACE−Ready c DNA 为模板，在试剂盒提供的通用引物 UPM 及基因特异性引物 GSP 引导下，用 Advantage 2 Polymerase Mix 催化合成相关基因的 cDNA 末端。引物序列为，FBA−1：AGGAAG-GAGGAGTCTTACCT GGCATCA；FBA−2：TCGACAAGGGCACCGTTTCTCTACC。第一轮 PCR 扩增，反应条件 94 ℃ 3 min；94 ℃ 30 s，68 ℃ 30 s，72 ℃ 3 min，25 循环；72 ℃ 10 min；再进行第二轮 PCR 扩增，反应条件 94 ℃ 3 min；94 ℃ 30 s，68 ℃ 30 s，72 ℃ 3 min，25 循环；72 ℃ 10 min；PCR 扩增产物经 1%琼脂糖凝胶电泳检测后，按 TIANGEN 普通琼脂糖凝胶 DNA 回收试剂盒说明书进行凝胶回收，回收纯化后的 PCR 产物送上海生工测序。

1.2.6 测序结果的生物信息学分析

采用 NCBI 网站（http：//www. ncbi. nlm. nih. gov/）上的 BLAST 工具对所测得的序列进行基因序列的相似性及同源性查找，并利用这些序列进行基因同源性的比较，用 ORF Finder（http：//www. ncbi. nlm. nih. gov/）在线分析全长序列的开放阅读框（Open reading frame，ORF），利用 DNAMAN 软件将基因的 ORF 序列翻译成氨基酸，利用 Protparam（http：//web. expasy. org/protparam/）预测蛋白的理化性质，利用 PSORT Ⅱ Prediction（http：//psort. hgc. jp/form. html）进行亚细胞定位预测；采用 PredictProtein（http：//www. predictprotein. org/）预测蛋白的二级结构，运

用 SWISS-MODEL 对氨基酸序列进行蛋白质三级结构预测分析，用 Raswin 视图软件得到该蛋白质三维结构。用 Vector NTI Advance11.5 程序进行序列比对分析，用 MEGA5.2.2 软件构建进化树，在 SOPMA 和 SWISS MODEL 网站上进行蛋白质结构分析。

2 结果与分析

2.1 SSH 分析发现 *FBA* 基因与抗旱有关

通过对干旱诱导的 SSH 文库中 646 个经 PCR 鉴定的阳性克隆测序，获得 639 个单一的 EST，经过聚类、拼接和去除冗余，获得重叠群（contigs）89 条，单拷贝序列（singleton）97 条。对测序获得的 186 条 unigene 进行 Blastn 和 Blastx 数据库的序列比对，发现其中 166 条具有同源基因，20 条没有匹配项。具有同源基因的 EST 中 154 条与已知功能的蛋白有同源性，其中果糖-1，6-二磷酸醛缩酶基因 11 条，占具有同源性基因的 6.63%。表 1 列出了部分 ESTs。

表 1 油菜叶片干旱胁迫下诱导表达的部分基因

克隆号	表达序列标签数量（ESTs）	同源性	物种	一致性（%）	期望值（E-value）
CTE87		C3H4 type zinc finger protein	*Arabidopsis thaliana*	66	7E-20
contig37	6	zinc finger family protein	*Arabidopsis lyrata subsp. lyrata*	71	9E-93
contig39	14	NAC5	*Brassica napus*	91	9E-81
CTE68		F-box protein 2	*Arabidopsis thaliana*	70	2E-61
contig15	6	F-box family protein	*Arabidopsis lyrata subsp. lyrata*	67	6E-96
CTE80		homeobox-leucine zipper protein ATHB-7	*Arabidopsis thaliana*	80	1E-23
contig20	7	probable calcium-binding protein CML20-like	*Cucumis sativus*	82	4E-63
contig1	11	fructose-1，6-bisphosphate aldolase	*Arabidopsis thaliana*	92	3E-110
contig6	14	photosystem I reaction center subunit E	*Arabidopsis thaliana*	82	4E-21
contig16	8	malate dehydrogenase	*Brassica oleracea*	100	8E-125
CTE9		peroxisomal NAD-malate dehydrogenase 2	*Arabidopsis thaliana*	96	6E-143
CTE72		gamma carbonic anhydrase like 1	*Arabidopsis thaliana*	99	4E-64
CTE75		cytochrome b6-f complex iron-sulfur subunit	*Arabidopsis thaliana*	80	9E-34
contig68	4	chloroplast thylakoidal processing peptidase	*Arabidopsis lyrata subsp. lyrata*	88	4E-61
contig77	9	Photosystem II CP43 chlorophyll apoprotein	*Medicago truncatula*	94	3E-43
Contig89	7	Ribulose 1，5-bisphosphate carboxylase/oxygenase	*Brassica rapa subsp. chinensis*	100	3E-105
CTE89		chloroplast beta-carbonic anhydrase	*Brassica napus*	99	3E-21
contig42	15	ELIP	*Brassica rapa subsp. pekinensis*	94	1E-61

2.2 *FBA* 基因的克隆与序列分析

2.2.1 *FBA* 基因的 RACE 克隆

在已获得的保守区基础上，以 3’ RACE 的 cDNA 为模板，经 2 轮 PCR 之后扩增出大小约 900 bp 的单一 DNA 片段。将第二轮 PCR 产物进行电泳并对目的条带进行切胶回收纯化测序，测序结果提交 Genebank，命名为 *BnFBA*1，基因登录号为 MH316131。经过软件分析，确认此片段大小为 975 bp，与保守区序列有 368 bp 的重叠片段，是油菜 *FBA* 的 mRNA3’ 端序列。

2.2.2 *FBA* 基因的序列分析

2.2.2.1 油菜 *BnFBA*1 基因编码产物的基本性质分析

用 DNAMAN V6 将测序结果与已知 *FBA* 序列进行拼接，得到 *FBA* 全长序列 1 440 bp，预测基因的 ORF 位于 60～1 170 区域（共 1 107 bp），编码 369 个氨基酸。

经 ProtParam 分析，*FBA* 蛋白序列分子量为 38. 51 KDa，等电点 6. 92，酸性氨基酸残基（Asp+Glu）总数为 70 个，碱性氨基酸残基（Arg＋Lys）总数为 47 个，原子总数为 5 445，分子式为 $C_{1705}H_{2738}N_{466}O_{526}S_{10}$，半衰期为 30 h，稳定系数 29. 51，是稳定蛋白。较高含量的氨基酸有 Ala（丙氨酸，10. 6％），Leu（亮氨酸，10. 1％），不含 Pyl（苯丙氨酸）和 Sec（丝氨酸）。亚细胞定位分析表明该蛋白是细胞质蛋白。

2. 2. 2. 2　油菜 *BnFBA*1 蛋白高级结构的预测

*BnFBA*1 基因编码的蛋白的二级结构预测结果（图 1）表明，该基因编码的氨基酸序列由 43. 85％的 α 螺旋（alpha helix）、31. 28％的无规卷曲（random coil）、17. 60％的延伸链（extended strand）、7. 26％的 β 转角（beta turn）构成。

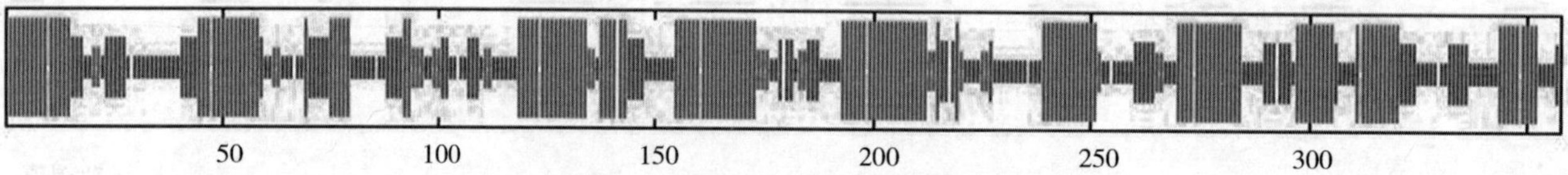

图 1　*BnFBA*1 蛋白二级结构预测

注：为 α 螺旋；为无规则卷曲；为延伸链；为 β 转角。

*BnFBA*1 蛋白的三级结构预测（图 2）模型中清晰地看到 α 螺旋和 β 片层结构，与二级结构预测结果基本一致。

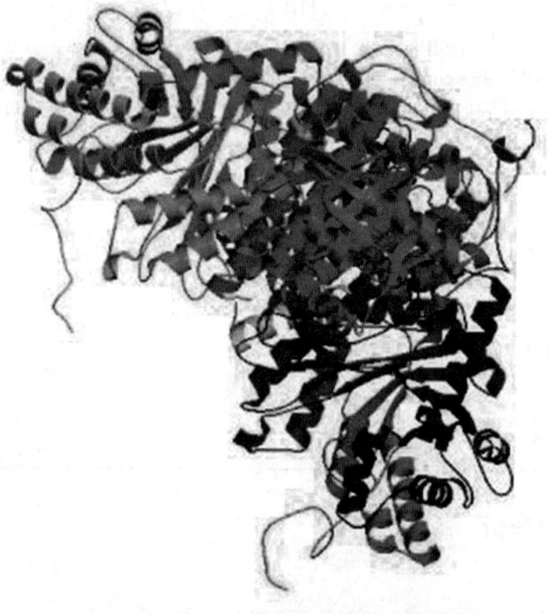

图 2　*BnFBA*1 蛋白三级结构预测模型

2. 2. 2. 3　不同物种间 *BnFBA*1 基因编码蛋白质同源性分析

多重序列比对分析显示甘蓝型油菜 94005 的 *BnFBA*1 与拟南芥、花生、野生大豆、苜蓿等 7 种植物的细胞质 *FBA* 有 69. 8％的总体同源性（图 3）；从构建的系统进化树（图 4）可看出，甘蓝型油菜 94005 的细胞质 *FBA* 与拟南芥的细胞质 *FBA* 同源性最高。

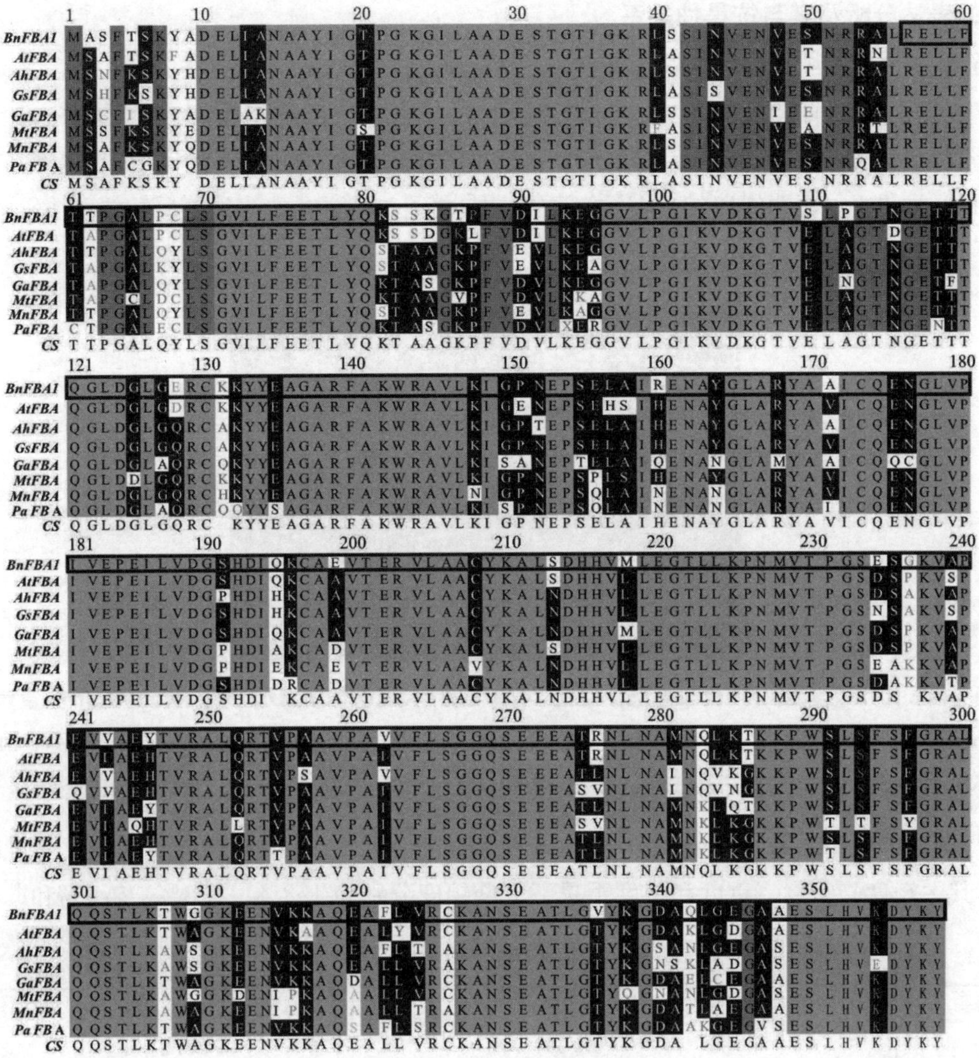

图 3　油菜 *BnFBA1* 与其他植物 *FBA* 多重比对

注：BnFBA1，油菜果糖—1，6—二磷酸醛缩酶基因 *Brassica napus FBA*；AtFBA，拟南芥果糖—1，6—二磷酸醛缩酶基因 *Arabidopsis thaliana FBA*；AhFBA，花生果糖—1，6—二磷酸醛缩酶基因 *Arachis hypogaea FBA*；GsFBA，野生大豆果糖—1，6—二磷酸醛缩酶基因 *Glycine soja FBA*；GaFBA，乔木棉果糖—1，6—二磷酸醛缩酶基因 *Gossypium arborreum FBA*；MtFBA，苜蓿果糖—1，6—二磷酸醛缩酶基因 *Medicago truncatula FBA*；MnFBA，野桑果糖—1，6—二磷酸醛缩酶基因 *Morus notabilis FBA*；PaFBA，油梨果糖—1，6—二磷酸醛缩酶基因 *Persea americana FBA*；CS，共有序列 Consensus sequence。黑色框中为糖酵解结构域。灰色背景表示相似度 100%的氨基酸序列，黑色背景表示相似度 75%的氨基酸序列，无色背景表示相似度 50%的氨基酸序列。下同。

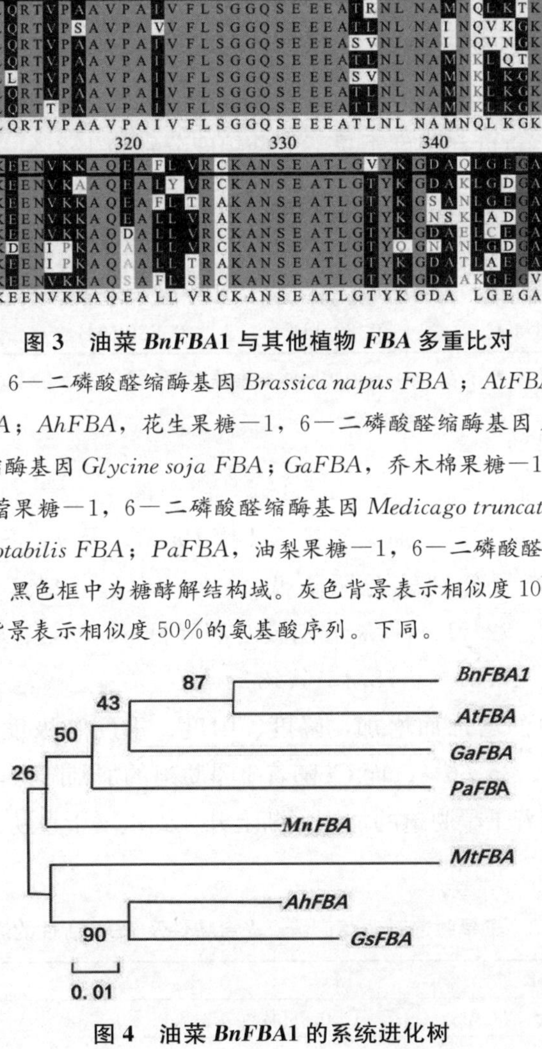

图 4　油菜 *BnFBA1* 的系统进化树

2.3 *FBA* 的表达分析及其与抗旱性关系

2.3.1 干旱对油菜叶片 *FBA* 表达量的影响

所有提取的叶片总 RNA 通过 1.0%琼脂糖凝胶电泳检测后的结果表明 18S 与 28S 条带清晰、明亮，28S 条带比 18S 条带更亮，两者之比大于 1。经核酸蛋白检测仪检测，提取的总 RNA 的 OD_{260}/OD_{280}值均在 2.0～2.2，表明提取的总 RNA 完整、质量高、纯度好，达到了反转录和 RT－qPCR 的要求（图 5）。

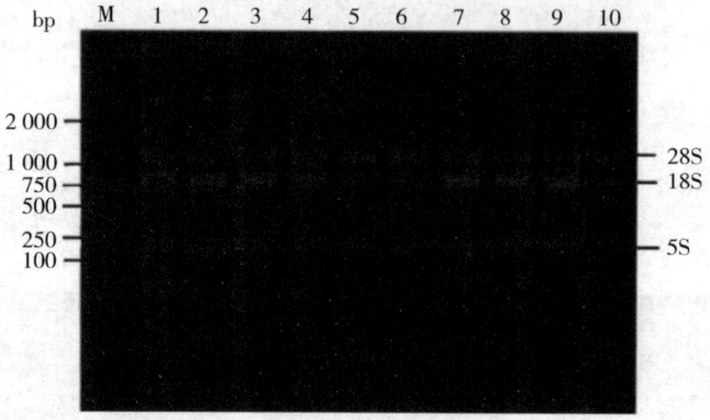

图 5 总 RNA 电泳图（M 代表标记，1/2/3/4/5 代表 CK/LD/MD/SD/ED/，6/7/8/9/10 为重复）

注：CK 为正常供水 Control；LD 为轻度干旱 Llightly drought；MD 为中度干旱 Mmoderate drought；SD 为重度干旱 Severe drought；ED 为极度干旱 Extreme drought。下同。

实时荧光定量 PCR 结果（表 2）表明，在干旱胁迫下，*FBA* 基因的表达量随着干旱胁迫程度的增加而增加，其中轻度、中度、重度和极度干旱下上升幅度分别为 1.8%、3.8%、5.9%和 6.2%。

表 2 干旱胁迫下 *BnFBA*1 基因的表达情况

处理	CK	LD	MD	SD	ED
*BnFBA*1 基因的表达量	24.686±0.371cC	25.114±0.206bBC	25.667±0.229bAB	26.286±0.143aA	26.471±0.229aA

注：表中数据后不同大小写字母表示在 0.01～0.05 水平差异显著。

2.3.2 *FBA* 的表达与抗旱性的关系

2.3.2.1 干旱胁迫下油菜产量、光合特性及 *FBA* 活性的变化

表 3 表明，随着干旱胁迫的加剧，油菜产量、叶片 *Pn*、*Gs* 及 *Tr* 下降幅度加大。在轻度、中度、重度和极度干旱胁迫下，产量分别较对照降低 41%、46%、54%、63%，*Pn* 分别较对照降低 17.96%、45.42%、65.43%、82.71%，*Gs* 分别较对照降低 34.02%、65.98%、83.50%、84.87%，*Tr* 分别较对照降低 26.55%、47.57%、78.13%、80.54%。

FBA 活性随着干旱胁迫的增加而增加，轻度、中度、重度和极度干旱胁迫下，分别比对照高 18.45%、31.69%、32.35%、35.66%。而 *Ci* 随着干旱胁迫的加剧降低，到重度干旱下达到最低，而极度干旱下又上升；*WUE* 随着干旱胁迫的加剧不断上升，到重度干旱胁迫下达到最大，极度干旱胁迫下又下降。

表 3 干旱胁迫对油菜产量、光合特性及 *FBA* 活性的影响

处理	CK	LD	MD	SD	ED
产量（g/株）	13.02±1.23aA	7.71±0.58bB	7.09±0.72bB	6.03±0.69cB	4.83±0.48dC

续表

处理	CK	LD	MD	SD	ED
Pn [μmolCO_2/ (m^2·s)]	8.194±1.056aA	6.722±1.639bB	4.472±0.431cC	2.833±0.411dD	1.417±0.153eE
Ci [μmolCO_2/mol]	306.482±23.6116aA	300.926±28.704bB	227.074±17.593cC	193.519±22.222dD	287.963±28.704bB
Gs [mmolH_2O/ (m^2·s)]	95.4±13.44aA	62.95±12.46bB	32.46±4.92cC	15.743±3.61dD	14.43±2.62dD
Tr [mmolH_2O/ (m^2·s)]	0.663±0.092aA	0.487±0.084bB	0.3476±0.034cC	0.145±0.032dD	0.129±0.021dD
WUE (g/kg)	0.31±0.049dD	0.353±0.058cC	0.498±0.033bB	0.563±0.047aA	0.365±0.057cC
FBA 活性 (U/L)	10.99±0.727bB	13.018±2.000abA	14.473±1.018aA	14.545±1.164aA	14.909±2.218aA

注：表中数据后不同大小写字母表示在 0.01～0.05 水平差异显著。

Pn 为净光合速率 net photosynthetic rate；*Ci* 为胞间二氧化碳浓度 intercellular CO_2 concentration；*Gs* 为气孔导度 stomatal conductance；*Tr* 为蒸腾速率 transpiration rate；*WUE* 为水分利用率 water use efficiency；*FBA* 为果糖—1，6—二磷酸醛缩酶 fructose—1，6—bisphosphate aldolase。

2.3.2.2 干旱胁迫下 *FBA* 基因表达量、酶活性和油菜产量等指标的关系

用 SPSS 17.0 软件分析干旱胁迫处理下油菜 *FBA* 基因的表达量与酶活性、产量、光合参数的相关性（表 4）表明，*FBA* 表达量与 *FBA* 活性呈显著正相关，与 *Pn*、*Gs*、*Tr* 呈极显著负相关，与产量呈显著负相关。*FBA* 活性与干旱胁迫下 *Pn* 呈显著负相关，与产量呈极显著负相关。

表 4 油菜产量、基因表达量、酶活性、净光合速率的相关性

指标	产量	*FBA* 表达量	*FBA* 活性	净光合速率 *Pn*	气孔导度 *Gs*	蒸腾速率 *Tr*	水分利用率 *WUE*	胞间 CO_2 浓度 *Ci*
产量	1							
FBA 表达量	−0.897*	1						
FBA 活性	−0.967**	0.920*	1					
净光合速率 *Pn*	0.897*	−0.995**	−0.923*	1				
气孔导度 *Gs*	0.945*	−0.972**	−0.981**	0.966**	1			
蒸腾速率 *Tr*	0.921*	−0.995**	−0.935**	0.984**	0.983**	1		
水分利用率 *WUE*	−0.528	0.581	0.656	−0.525	−0.687	−0.623	1	
胞间 CO_2 浓度 *Ci*	0.471	−0.569	−0.614	0.513	0.66	0.604	−0.994**	1

注：** 在 0.01 水平（双侧）上显著相关。* 在 0.05 水平（双侧）上显著相关。

3 讨论

3.1 *FBA* 基因与油菜抗旱性密切相关

FBA 作为一类重要的糖代谢酶，处于 6C 糖可逆地转化为 3C 糖的关键部位，越来越多的证据表明这一家族在许多代谢和发育过程中扮演着重要的作用[31]。近年来，*FBA* 相继在拟南芥[8]、番茄[16]、黄瓜[31]等不同的物种中展开了研究，发现 *FBA* 基因除了受光照、温度、盐等非生物因素的胁迫外，还参与了植物的干旱调控[8,17]。研究从干旱胁迫下的 SSH 文库分析发现 *FBA* 参与油菜对干旱胁迫的应答；干旱胁迫下，油菜 *BnFBA*1 基因表达量和酶活性增加，这与拟南芥的研究结果相同[25]。这说明 *FBA* 是干旱胁迫响应基因。

干旱胁迫导致油菜叶片 *Gs*、*Tr*、*Pn* 和产量下降；在轻度（LD）、中度（MD）和重度（SD）胁迫下，*Ci* 下降、*WUE* 提高，而在极度干旱（ED）下，*Ci* 上升、*WUE* 下降，可能是由于干旱胁迫下果糖—1，6—二磷酸醛缩酶参与糖酵解，分解葡萄糖，使细胞内糖分降低，水势升高，气孔关闭；而在极度干旱（ED）下由于气孔关闭时间较长，*Ci* 升高，细胞内 pH 值降低，水势降低，*WUE* 下降，*Pn*

下降，果糖－1，6－二磷酸醛缩酶参与糖酵解并合成甘油来调节细胞内渗透压以提高油菜抗旱性。

3.2 克隆的油菜 *BnFBA1* 基因属于胞质型 *FBA*

干旱处理小麦 7 d 后，包括果糖－1，6－二磷酸醛缩酶在内的一系列参与卡尔文循环的酶基因表达协同下调[32]。研究表明，干旱胁迫下 *BnFBA*1 基因表达上调，*FBA* 基因表达量、*FBA* 酶活性与油菜叶片 *Pn*、产量呈显著负相关。对成功克隆的 *BnFBA*1 同源的氨基酸序列对比显示甘蓝型油菜 94005 的 *FBA* 与拟南芥、花生、大豆、苜蓿等 7 种植物的细胞质 *FBA* 有 69.8%的总体同源性；与拟南芥的细胞质 *FBA* 同源性最高。这表明 *FBA* 在进化过程中保证了足够的遗传稳定性，克隆的 *BnFBA*1 基因属于胞质型 *FBA*，这与亚细胞定位预测结果一致。

3.3 需进一步研究的问题

前人研究表明，*FBA* 基因一方面改变植物糖类物质的代谢，另一方面可调节植物的生殖生长[25]，本研究中干旱胁迫下油菜产量降低是否由于 *FBA* 促进生殖生长提前而导致产量下降，还需进一步研究。同时，后期试验进一步发掘更多的 *FBA* 基因，进一步分析蛋白二级、三级结构与抗旱性的关系，深入研究胞质型 *FBA* 调控糖代谢和生殖生长的过程及该基因家族在油菜干旱胁迫下的调节机制。

4 结论

从油菜中成功克隆获得 1 条 *FBA* 基因，该基因与油菜抗旱性密切相关，属于胞质型 *FBA*。

参考文献

[1] 杨春杰，程勇，邹崇顺，等．模拟干旱胁迫下不同甘蓝型油菜品种发芽能力的配合力与遗传效应分析［J］．作物学报，2008，34（10）：1744－1749.

[2] 宋丰萍，蒙祖庆，次仁德吉，等．干旱胁迫对油菜花期光合特性的影响［J］．西北农业学报，2014，23（8）：99－105.

[3] 宋丰萍，刘振兴，张方凯．干旱及复水对油菜苗期光合及叶绿素荧光特性的影响［J］．中国油料作物学报，2012，34（1）：40－47.

[4] 白鹏，冉春燕，谢小玉．干旱胁迫对油菜蕾薹期生理特性及农艺性状的影响［J］．中国农业科学，2014，47（18）：3566－3576.

[5] 穆建强，梁文洁，张芳松，等．天山雪莲 *sikFBA*1 基因克隆定位及表达分析［J］．西北植物学报，2016，36（11）：2137－2145.

[6] Stracquadanio G，Umeton R，Papini A，et al. Analysis and optimization of C_3 photosynthetic carbon metabolism//Proceedings of 2010 IEEE International Conference on Bioinformatics and Bioengineering［J］. Philadelphia，PA，USA：IEEE，2010：44－51.

[7] Alefounder P R，Baldwin S A，Perham R N，et al. Cloning，sequence analysis and over-expression of the gene for the Class II fructose 1，6-bisphosphate aldolase of *Escherichia coli*［J］. Biochemical Journal，1989，257（2）：529－534.

[8] Lu W，Tang X L，Huo Y Q，et al. Identification and characterization of fructose 1，6-bisphosphate aldolase genes in *Arabidopsis* reveal a gene family with diverse responses to abiotic stresses［J］. Gene，2012，503（1）：65－74.

[9] Konishi H，Yamane H，Maeshima M，et al. Characterization of fructose-bisphosphate aldolase regulated by gibberellin in roots of rice seedling［J］. Plant Molecular Biology，2004，56（6）：839－848.

[10] Fan W，Zhang Z L，Zhang Y L. Cloning and molecular characterization of fructose-1，6-bisphosphate aldolase gene regulated by high-salinity and drought in *Sesuvium portulacastrum*［J］. Plant Cell Reports，2009，28（6）：975－984.

[11] Sonnewald U，Lerchl J，Zrenner R，et al. Manipulation of sink-source relations in transgenic plants［J］. Plant，Cell & Environment，1994，17（5）：649－658.

[12] Uematsu K，Suzuki N，Iwamae T，et al. Increased fructose 1，6-bisphosphate aldolase in plastids enhances growth and photosynthesis of tobacco plants [J]. Journal of Experimental Botany，2012，63 (8)：3001 - 3009.

[13] 曾艳玲 . 油茶种仁糖酵解途径解析及醛缩酶基因家族功能研究 [D]. 长沙：中南林业科技大学，2013.

[14] Zeng Y L，Tan X F，Zhang L，et al. Identification and expression of fructose-1，6-bisphosphate aldolase genes and their relations to oil content in developing seeds of tea oil tree (*Camellia oleifera*) [J]. PLoS One，2014，9 (9)：e107422.

[15] Zhang G X，Liu Y F，Ni Y，et al. Exogenous calcium alleviates low night temperature stress on the photosynthetic apparatus of tomato leaves [J]. PLoS One，2014，9 (5)：e97322.

[16] Cai B B，Li Q，Xu Y C，et al. Genome-wide analysis of the fructose 1，6-bisphosphate aldolase (FBA) gene family and functional characterization of *FBA7* in tomato [J]. Plant Physiology and Biochemistry，2016 (108)：251 - 265.

[17] Khanna S M，Taxak P C，Jain P K，et al. Glycolytic enzyme activities and gene expression in *Cicer arietinum* exposed to water-deficit stress [J]. Applied Biochemistry and Biotechnology，2014，173 (8)：2241 - 2253.

[18] Murad A M，Molinari H B C，Magalhães B S，et al. Physiological and proteomic analyses of *Saccharum* spp [J]. grown under salt stress. PLoS One，2014，9 (6)：e98463.

[19] Sarry J E，Kuhn L，Ducruix C，et al. The early responses of *Arabidopsis thaliana* cells to cadmium exposure explored by protein and metabolite profiling analyses [J]. Proteomics，2006，6 (7)：2180 - 2198.

[20] Chen M，Mishra S，Heckathorn S A，et al. Proteomic analysis of *Arabidopsis thaliana* leaves in response to acute boron deficiency and toxicity reveals effects on photosynthesis，carbohydrate metabolism，and protein synthesis [J]. Journal of Plant Physiology，2014，171 (3/4)：235 - 242.

[21] 胡月，张帆，申泽丹，等 . 胡杨果糖-1，6-二磷酸醛缩酶的定位及功能研究 [J]. 基因组学与应用生物学，2013，32 (6)：743 - 751.

[22] Larkindale J，Vierling E. Core genome responses involved in acclimation to high temperature [J]. Plant Physiology，2008，146 (2)：748 - 761.

[23] 孙胜楠，王强，孙晨晨，等 . 黄瓜幼苗光合作用对高温胁迫的响应与适应 [J]. 应用生态学报，2017，28 (5)：1603 - 1610.

[24] Provart N J，Gil P，Chen W Q，et al. Gene expression phenotypes of Arabidopsis associated with sensitivity to low temperatures [J]. Plant Physiology，2003，132 (2)：893 - 906.

[25] 卢玮 . 拟南芥果糖 1，6-二磷酸醛缩酶家族分析 [D]. 泰安：山东农业大学，2011.

[26] 陈娜，潘丽娟，迟晓元，等 . 花生果糖-1，6-二磷酸醛缩酶基因 *AhFBA1* 的克隆与表达 [J]. 作物学报，2014，40 (5)：934 - 941.

[27] 龙瑞才，杨青川，康俊梅，等 . 紫花苜蓿果糖-1，6-二磷酸醛缩酶基因全长克隆及分析 [J]. 西北植物学报，2010，30 (6)：1075 - 1082.

[28] 谢小玉，张兵，张霞，等 . 干旱胁迫下油菜消减文库的构建及分析 [J]. 作物学报，2013，39 (4)：744 - 752.

[29] 张喆，白鹏，肖通，等 . 甘蓝型油菜 *P5CSb* 和 *OAT* 基因在干旱胁迫下的表达分析 [J]. 西北农业学报，2013，22 (9)：65 - 73.

[30] Pfaffl M W. A new mathematical model for relative quantification in real-time RT-PCR [J]. Nucleic Acids Research，2001，29 (9)：e45.

[31] Du C X，Fan H F，Guo S R，et al. Proteomic analysis of cucumber seedling roots subjected to salt stress [J]. Phytochemistry，2010，71 (13)：1450 - 1459.

[32] Xue G P，McIntyre L C，Glassop D，et al. Use of expression analysis to dissect alterations in carbohydrate metabolism in wheat leaves during drought stress [J]. Plant Molecular Biology，2008，67 (3)：197 - 214.

西南旱地油菜田土壤水分和作物光合特征对覆盖材料和垄沟比的响应*

邢　毅[1,2]　张抗萍[1]　王志远[1]　张小短[1]　武海燕[3]　冉泰霖[3]　向信华[3]　王龙昌[1*]

1. 西南大学农学与生物科技学院，三峡库区生态环境教育部重点实验室，南方山地农业教育部工程研究中心，重庆北碚　400715
2. 中国农业大学资源与环境学院，北京　100193
3. 云阳县农业委员会，重庆云阳　404500

摘要：为了应对西南地区频发的季节性干旱，提高旱作农田水分利用效率和作物光能利用效率，设置大田试验，研究不同覆盖材料（普通白膜、普通黑膜、生物降解膜和不覆膜）和不同垄沟比（40 cm∶40 cm 和 40 cm∶80 cm）对土壤贮水量和油菜光合特性、荧光参数、叶绿素相对含量（SPAD）的影响。结果表明，油菜生育期不同覆盖材料下的土壤贮水量为普通黑膜垄作（BR）≈普通白膜垄作（WR）≈生物降解膜垄作（BDR）＞不覆膜垄作（NR）＞平作（FP）；在同一覆盖材料下，垄沟比对土壤贮水量无显著影响。与平作相比，垄沟集雨处理的净光合速率（P_n）、气孔导度（g_s）、最大荧光（F_m）、可变荧光（F_v）、PSⅡ最大光化学量子产量（F_v/F_m）、PSⅡ的潜在活性（F_v/F_o）、光化学猝灭系数（q_P）和非光化学猝灭系数（q_N）均有所提高；与平作相比，WR、BR、BDR 和 NR 的 SPAD 值分别提高 6.1%、8.6%、8.5%和 3.6%，瞬时水分利用效率分别提高 18.3%、11.4%、16.3%和 10.4%。相比于平作，BR、WR 和 BDR 处理可显著增加油菜产量，NR 处理增产不显著，普通黑膜垄作＋垄沟比 40 cm∶40 cm（BR_{40}）处理的经济效益最高。可见，垄沟集雨种植可以改善西南旱地油菜田土壤水分，增强油菜叶片光合能力，提高油菜产量，增加农民收入。

关键词：垄沟集雨种植；土壤含水量；土壤贮水量；光合特征；荧光参数

我国西南地区包括重庆、四川、贵州、云南和广西，总耕地面积约 2.49×10^7 hm^2，其中旱地占总耕地面积的 55%左右[1]。旱作农田主要分布在丘陵、山地，而且多为坡耕地，土层浅薄，土壤熟化度低，土壤蒸发和失水快，从而导致土壤入渗缓慢，纳水能力差，水土流失严重[2]。由于气候和地貌的影响，该地区季节性干旱频发，干旱类型多，其中春旱、夏旱和伏旱等对农业生产危害极其严重，甚至会出现一年内两旱、三旱相连的现象，加之水利工程建设基础薄弱，水资源开发难度大，使得旱作农田抵抗灾害的能力弱，农业生产稳定性差[3]。另外，由于全球环境变化的影响，近年来我国西南季节性干旱区的气候干暖化趋势十分明显，季节性干旱灾害发生的频率和强度呈规律性加剧态势[4]，水资源短缺和农业干旱成为西南地区农业发展的主要限制因素。

垄沟集雨种植技术通常是指在缓坡地或平地修筑相互平行交替的垄和沟集雨系统，垄通常覆盖地

* **基金项目：**公益性行业（农业）科研专项（201503127）；国家自然科学基金项目（31871583）

膜作为集雨区，沟覆盖或不覆盖作为种植区[5,7]。研究表明，垄沟集雨种植技术能够增加土壤含水量，提高表层土壤温度[8,9]，改变土壤微生物环境[10]，减少氮肥淋溶和根区养分积累[11]，同时，地膜覆盖能够降低水分蒸发，减少水土流失和土壤侵蚀。垄沟集雨种植技术不仅能提高作物产量、品质和水分利用效率[12,13]，还可以减少杂草和虫害[14,15]。

目前，垄沟集雨技术已经在西北黄土高原半干旱区、半湿润偏旱区广泛应用，然而在西南季节性干旱区的研究较为薄弱。该项技术的研究对象大多是小麦[16,17]、玉米[18,20]、谷子[21]和马铃薯[22,25]等作物，对油菜的研究相对较少。因此，本试验以西南丘陵旱地为研究对象，探究不同覆盖材料和垄沟比对农田土壤水分、油菜光合速率和叶绿素荧光动力学参数等的影响，为提高西南丘陵区降水资源利用效率提供理论依据，同时为该地区农业可持续发展奠定基础。

1 研究地区与研究方法

1.1 试验地概况

本试验于 2016 年 10 月至 2018 年 5 月在重庆市云阳县宝坪镇江南村试验地（30°55′N，108°54′E）进行。该试验地属于丘陵山区立体气候，海拔 700 m，常年平均日照时数约 1 500 h，常年平均气温约 18 ℃，常年降水量 1 000～1 400 mm，季节性干旱频发。试验地土壤为丘陵紫色土，坡度较缓，地力相对均匀，土层浅薄。试验区 0～60 cm 土壤平均容重为 1.44 g/cm^3，油菜播种前土壤（0～20 cm）pH 值 6.15，全氮 0.98 g/kg，全磷 0.56 g/kg，全钾 29.15 g/kg，碱解氮 70 mg/kg，速效磷 15.53 mg/kg，速效钾 306.11 mg/kg。试验地前茬作物为高粱。

2016—2017 年油菜生育期总降水量 529.7 mm，占全年总降水量的 50.4%，相比于近 30 年平均值 (289.6 mm)，该年降水量偏多（图 1）。在油菜播种期降水量比较丰富，土壤墒情较好，有利于油菜出苗；但是在油菜的苗后期和蕾薹期（12 月至次年 2 月）降水量较少，仅占全生育期降水量的 10.8%，严重影响油菜生长。2017—2018 年油菜生育期总降水量 321.5 mm，稍高于近 30 年平均值，但 11、12 月的降水量明显低于近 30 年降水量平均值，在油菜苗后期发生季节性干旱。

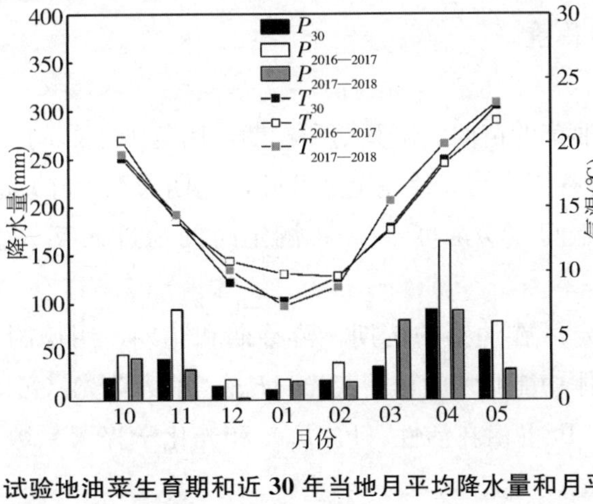

图 1 试验地油菜生育期和近 30 年当地月平均降水量和月平均气温

注：P_{30}，30 年平均降水量；$P_{2016—2017}$，2016—2017 降水量；$P_{2017—2018}$，2017—2018 降水量；T_{30}，30 年平均气温；$T_{2016—2017}$，2016—2017 气温；$T_{2017—2018}$，2017—2018 气温。

1.2 试验设计

试验以油菜品种三峡油 5 号为种植作物，采用田间垄沟覆盖集雨种植技术，垄覆盖不同材料作为集雨区，沟内无覆盖作为种植区，共设 9 个处理，各小区随机排列，重复 3 次。试验处理分别为 FP、

WR_{40}、WR_{80}、BR_{40}、BR_{80}、BDR_{40}、BDR_{80}、NR_{40}、NR_{80}，其中，FP 为平作对照，WR、BR、BDR、NR 分别代表普通白膜垄作、普通黑膜垄作、生物降解膜垄作和不覆膜垄作，40、80 分别代表垄沟比 40 cm∶40 cm 和 40 cm∶80 cm。垄沟种植各处理的垄高约 15 cm。普通白膜、普通黑膜和生物降解膜的厚度均为 0.008 mm，宽度均为 80 cm。

于前茬作物高粱收获后进行机械整地，人工划分小区、起垄和覆膜。每个小区面积为 5.2 m×4 m=20.8 m^2。根据当地施肥经验，将洋丰牌复合肥（N∶P∶K=14∶16∶15）作为基肥，按纯氮量 225 kg/hm^2穴施。分别于 2016 年 10 月 25 日和 2017 年 10 月 20 日播种油菜，采用穴播。对于垄沟集雨种植处理，沟宽 40 cm 的各小区有 7 条垄和 6 条沟，沟内种植 2 行油菜；沟宽 80 cm 的各小区有 5 条垄和 4 条沟，沟内种植 3 行油菜。每个小区种植 12 行油菜，行距为 40 cm，每穴间隔 33 cm。平作处理种植行距和穴距同垄沟集雨处理。油菜出苗后进行间苗，每穴留 2 株。其他管理操作同常规大田，在开花初期统一喷施叶面硼肥。分别于 2017 年 5 月 21 日和 2018 年 5 月 10 日收获。

1.3 测定内容和方法

1.3.1 土壤水分

土壤含水量的测定采用烘干法，分别在油菜播种前、苗期、蕾薹期、花果期和收获后，每个小区取 2 点，每点取 4 层土样，取样层次分别为 0~10 cm、10~20 cm、20~40 cm 和 40~60 cm。

1.3.1.1 土壤重量含水量计算公式[26]

$$w = \frac{w_1 - w_2}{w_2} \times 100\% \tag{1}$$

式中：w 表示土壤重量含水量（%）；w_1为湿土重（g）；w_2为干土重（g）。

1.3.1.2 土壤贮水量计算公式[25]

$$W = D \times H \times w \times 10 \tag{2}$$

式中，W 为土壤贮水量（mm）；D 为土壤容重（g/cm^3）；H 为土层厚度（cm）；w 为土壤重量含水量（%）。

土壤容重的测定采用环刀法，作物收获后在每个小区挖深 60 cm 的土壤剖面，分 4 层用 100 cm^3环刀采集土壤，带回实验室烘干称重。

1.3.2 作物光合特征

1.3.2.1 光合参数测定 在油菜的苗期、蕾薹期和花期，用英国生产的 LCPro-SD 便携式智能光合仪分别测定功能叶片（苗期和蕾薹期为第 3 片完全展开叶，花期为无柄叶）的净光合速率（P_n）、气孔导度（g_s）、蒸腾速率（T_r）和胞间 CO_2浓度（C_i）；测定时间为进入某一生育期后，选取晴朗天气的 9:00~11:00 进行测定。

1.3.2.2 叶绿素荧光参数测定 在油菜的苗期、蕾薹期和花期，用德国 Walz 公司生产的 JUNIOR-PAM 调制荧光仪测定油菜离体功能叶片的初始荧光（F_o）、最大荧光（F_m）、可变荧光（F_v）、PSⅡ最大光化学量子产量（F_v/F_m）、PSⅡ潜在活性（F_v/F_o）和光化学猝灭系数（q_P）。每个处理重复 3 次，测定前在暗环境中适应 30 min。

1.3.2.3 叶绿素相对含量（SPAD）测定 在油菜的苗期、蕾薹期和花期，用日本生产的 SPAD-502 叶绿素仪测定功能叶片的 SPAD 值。每个小区随机选择 3 株油菜进行测定，测定部位选择叶片中部，每片叶子测定 6 个值，取平均值作为该叶片的叶绿素相对含量。

1.3.3 作物产量

作物成熟后，各小区实收测产，自然晾干后称重。本研究作物产量采用两年的数据，其余指标只在试验的第一年测定。

1.4 数据处理

用 Microsoft Excel 2016 进行数据整理，用 SAS 9.2 进行方差分析，采用单因素方差分析，多重比较采用 LSD 法。用 Pearson 法对土壤含水量、油菜生理指标和产量进行相关分析。表中数据为平均值±标准误差。

2 结果与分析

2.1 垄沟集雨种植对土壤水分的影响

2.1.1 土壤含水量

与平作相比，垄沟集雨种植可增加土壤含水量（图 2)。在苗期，各处理和平作的土壤含水量仅在表层（0~20 cm）差异较明显，在较深土层则不明显，而在蕾薹期、花期和成熟期，各处理和平作的土壤含水量在深层土壤（60 cm）的差异比表层土壤更明显，其中以花期差异最明显。就 0~60 cm 土层平均值而言，油菜花期 FP、WR_{40}、WR_{80}、BR_{40}、BR_{80}、BDR_{40}、BDR_{80}、NR_{40} 和 NR_{80} 处理的土壤含水量分别为 14.7%、17.5%、17.3%、17.8%、17.8%、16.9%、17.6%、15.9%和 16.1%。

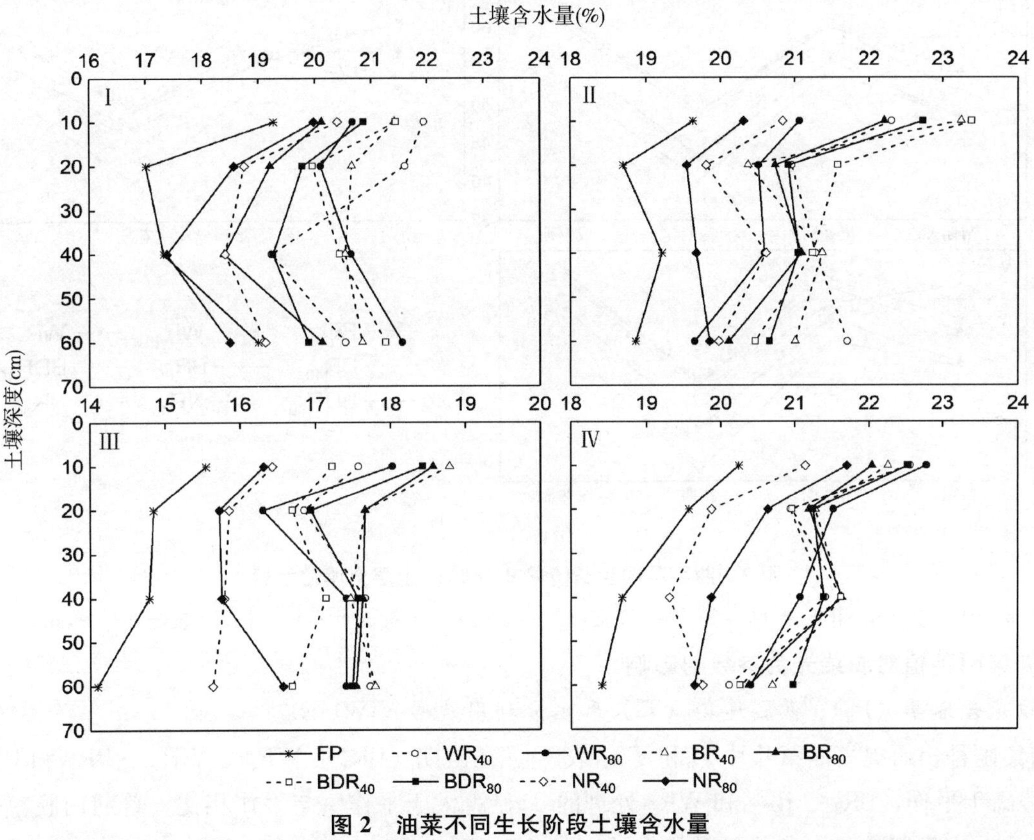

图 2 油菜不同生长阶段土壤含水量

注：FP 表示平作；WR_{40} 表示沟宽 40 cm 普通白膜垄作；WR_{80} 表示沟宽 80 cm 普通白膜垄作；BR_{40} 表示沟宽 40 cm 普通黑膜垄作；BR_{80} 表示沟宽 80 cm 普通黑膜垄作；BDR_{40} 表示沟宽 40 cm 生物降解膜垄作；BDR_{80} 表示沟宽 80 cm 生物降解膜垄作；NR_{40} 表示沟宽 40 cm 不覆膜垄作；NR_{80} 表示沟宽 80 cm 不覆膜垄作；Ⅰ表示苗期；Ⅱ表示蕾薹期；Ⅲ表示花期；Ⅳ表示成熟期。下同。

2.1.2 土壤贮水量

由图 3 可知，垄沟集雨各处理沟内 0~60 cm 土壤贮水量均高于平作，土壤贮水量随降水量的变化明显，同时也受作物生育期的影响。在花期（3 月)，作物生长旺盛，对土壤水分需求量大，再加上该时期降水量偏少，高蒸散和少降雨使得土壤贮水量在全生育期最低。在苗期，WR_{40}、WR_{80}、BR_{40}、BR_{80}、BDR_{40}、BDR_{80}、NR_{40}和NR_{80}处理的 0～60 cm 土壤贮水量比平作分别多 17.4 mm、21.0 mm、20.1 mm、9.4 mm、20.3 mm、12.4 mm、6.4 mm 和 1.2 mm，在蕾薹期分别多 19.0 mm、9.5 mm、17.7 mm、13.6 mm、17.2 mm、15.9 mm、9.4 mm 和 5.7 mm，在花期分别多 22.3 mm、20.7 mm、24.2 mm、23.7 mm、17.4 mm、22.5 mm、9.1 mm 和 11.4 mm，在成熟期分别多 16.2 mm、16.9 mm、18.4 mm、17.2 mm、17.1 mm、18.9 mm、6.8 mm 和 9.4 mm。就同一覆盖材料的平均值而言，土壤贮水量的排列次序为 BR≈WR≈BDR＞NR＞FP；在同一覆盖材料下，垄沟比对土壤贮水量的影响不大。

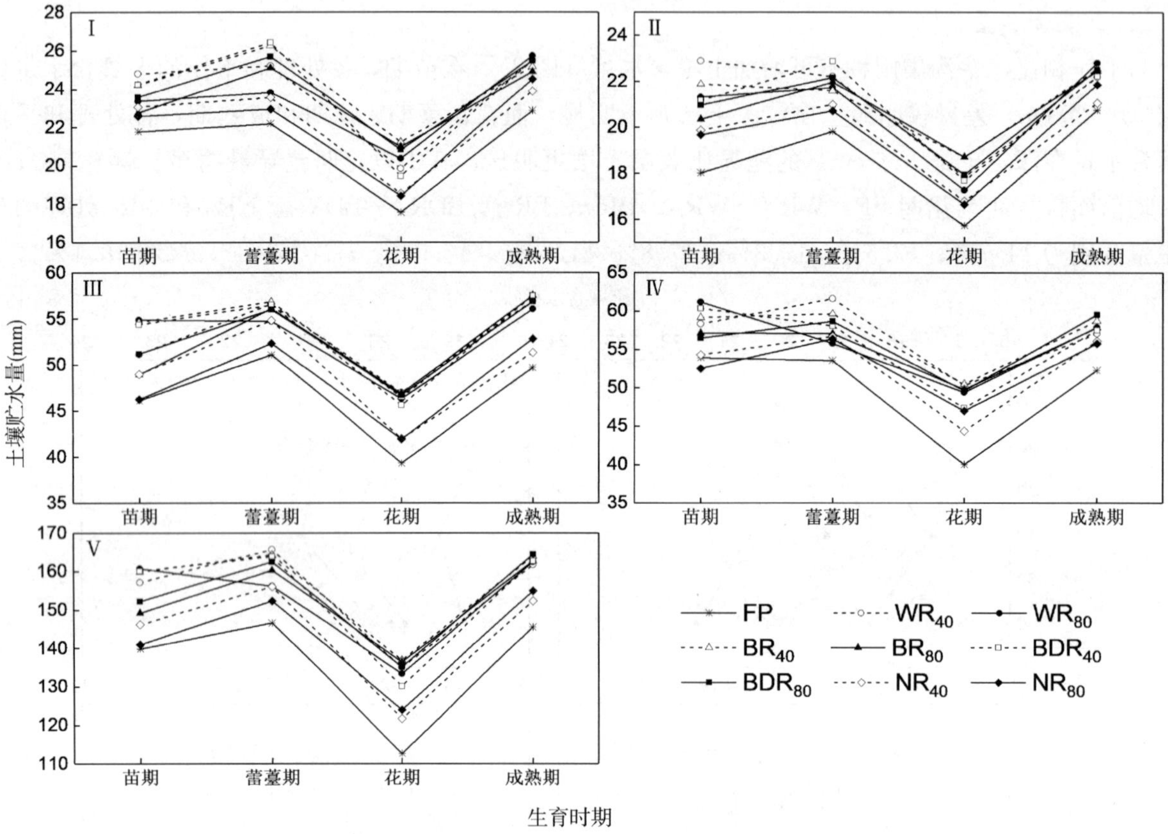

图 3　油菜不同生长阶段 0～60 cm 土层土壤贮水量

注：Ⅰ表示 0～10 cm；Ⅱ表示 10～20 cm；Ⅲ表示 20～40 cm；Ⅳ表示 40～60 cm；Ⅴ表示 0～60 cm。

2.2　垄沟集雨种植对油菜光合参数的影响

2.2.1　净光合速率（P_n）、蒸腾速率（T_r）和水分利用效率（IWUE）

垄沟集雨种植可提高油菜叶片P_n和T_r（表 1）。在苗期，BR_{40}、WR_{80}、WR_{40}、BR_{80}和BDR_{80}处理的P_n显著高于平作，BR_{80}、BR_{40}和WR_{80}处理的T_r显著大于平作。与平作相比，普通白膜垄作、普通黑膜垄作、生物降解膜垄作和不覆膜垄作处理的P_n分别提高 29.5%、35.7%、21.5%和 16.9%，P_n分别提高 15.5%、24.6%、6.4%和 3.6%。在蕾薹期，垄沟集雨各处理的P_n均显著大于平作，WR_{40}、WR_{80}、BR_{40}、BR_{80}、BDR_{40}、BDR_{80}、NR_{40}和NR_{80}处理的P_n较平作分别提高了 46.7%、34.6%、38.1%、40.8%、55.7%、49.4%、20.8%和 33.1%；与平作相比，各处理的T_r都有所增加，WR_{40}、WR_{80}、BR_{40}、BR_{80}、BDR_{40}、BDR_{80}、NR_{40}和NR_{80}处理的T_r较平作分别提高了 15.3%、13.9%、15.3%、33.3%、33.3%、29.2%、20.8%和 16.7%。在花期，垄沟集雨种植对油菜叶片的P_n和T_r无显著影响。

作物瞬时水分利用效率（IWUE）是由 P_n 和 T_r 共同决定的，垄沟集雨种植可提高油菜IWUE（表1）。与平作相比，普通白膜垄作、普通黑膜垄作、生物降解膜垄作和不覆膜垄作处理下油菜苗期IWUE分别增加13.9%、10.7%、16.2%和13.2%，蕾薹期分别增加22.7%、12.1%、16.49%和7.6%。

表1　油菜不同生长阶段叶片净光合速率（P_n），蒸腾速率（T_r）和水分利用效率（IWUE）

处理	苗期			蕾薹期			花期		
	P_n (μmol/s²/m)	T_r (mmol/s²/m)	IWUE (μmol/mol)	P_n (μmol/s²/m)	T_r (mmol/s²/m)	IWUE (μmol/mol)	P_n (μmol/s²/m)	T_r (mmol/s²/m)	IWUE (μmol/mol)
FP	12.14±0.45c	0.55±0.01c	21.95±0.88b	7.85±0.99e	0.77±0.06bc	10.50±1.88c	13.92±0.36a	0.71±0.07abcd	19.8±1.60a
WR_{40}	15.62±0.90b	0.60±0.01bc	26.22±1.77a	12.96±0.40ab	0.90±0.09abc	14.63±1.21ab	11.88±1.60a	0.62±0.09d	19.19±0.34ab
WR_{80}	15.82±0.02ab	0.67±0.02ab	23.77±0.76ab	11.51±0.39cd	0.76±0.06c	15.18±0.67a	12.61±1.79a	0.66±0.07bcd	19.05±1.02ab
BR_{40}	17.81±1.65a	0.67±0.04ab	26.63±1.31a	11.85±0.38bcd	0.88±0.05abc	13.67±1.29ab	11.40±0.07a	0.67±0.08bcd	17.54±2.11ab
BR_{80}	15.15±0.04b	0.70±0.05a	21.97±1.57b	12.83±0.42abc	0.93±0.03ab	13.79±0.85ab	12.55±0.34a	0.64±0.03cd	19.53±0.32ab
BDR_{40}	14.47±0.47b	0.61±0.05abc	23.94±1.37ab	13.44±0.33a	0.98±0.04a	13.74±0.89ab	15.05±0.68a	0.80±0.08ab	19.19±2.38ab
BDR_{80}	15.02±0.54b	0.56±0.03c	27.05±2.10a	13.59±0.38a	0.97±0.07a	14.08±0.87ab	15.01±0.61a	0.74±0.03abcd	20.25±1.13a
NR_{40}	14.35±0.77b	0.58±0.02bc	24.71±0.85ab	10.64±0.04d	0.89±0.06abc	12.06±0.81bc	13.57±1.20a	0.77±0.07abc	17.7±1.76ab
NR_{80}	14.03±0.30bc	0.56±0.02c	24.99±1.28ab	11.67±0.36bcd	0.89±0.08abc	13.35±1.07abc	12.84±2.40a	0.84±0.05a	15.09±2.01b

注：同列不同字母表示差异显著（$P<0.05$），下同。

表2　油菜不同生长阶段叶片气孔导度（g_s）和胞间 CO_2 浓度（C_i）

处理	苗期		蕾薹期		花期	
	g_s (mol/s²/m)	C_i (μmol/mol)	g_s (mol/s²/m)	C_i (μmol/mol)	g_s (mol/s²/m)	C_i (μmol/mol)
FP	0.39±0.03d	377.00±48.77a	0.96±0.04e	368.00±14.11a	0.41±0.05abc	303.00±7.23ab
WR_{40}	0.47±0.02abc	338.67±34.69a	2.15±0.34bc	355.33±6.96abcd	0.34±0.08c	308.00±3.79ab
WR_{80}	0.51±0.02a	322.00±8.66a	1.60±0.11cd	352.00±18.52bcd	0.36±0.02bc	306.00±14.53ab
BR_{40}	0.48±0.03ab	358.67±38.52a	0.98±0.08e	348.33±7.69cd	0.38±0.09bc	307.00±10.02ab
BR_{80}	0.49±0.01a	323.00±20.22a	3.62±0.11a	363.33±10.35ab	0.36±0.02bc	303.67±4.41ab
BDR_{40}	0.47±0.03abc	340.33±24.33a	1.61±0.12cd	346.33±8.84d	0.53±0.09ab	300.33±3.53ab
BDR_{80}	0.40±0.01cd	351.67±30.69a	1.90±0.29bc	361.33±14.44abc	0.41±0.01abc	291.67±2.91b
NR_{40}	0.51±0.01a	341.67±21.79a	1.20±0.18de	357.00±9.87abcd	0.50±0.10abc	317.33±8.67ab
NR_{80}	0.41±0.03bcd	346.67±19.38a	2.25±0.38b	359.33±8.09abcd	0.57±0.05a	322.67±17.23a

2.2.2　气孔导度（g_s）和胞间 CO_2 浓度（C_i）

由表2可知，垄沟集雨各处理的 g_s 均大于平作，而 C_i 则都小于平作。在苗期，除 BDR_{80} 和 NR_{80} 处理外，其余各处理的 g_s 均显著高于平作。在蕾薹期，WR_{40}、BR_{80}、BDR_{80} 和 NR_{80} 处理的 g_s 显著高于平作，BR_{40}、BDR_{40}、NR_{40} 和 WR_{80} 处理的 g_s 与平作差异不显著。不论是在苗期还是蕾薹期，垄沟集雨各处理的 C_i 与平作都无显著差异。说明垄沟集雨处理能使油菜功能叶片的 g_s 增加，但不同处理间的增加程度不同。

2.3　垄沟集雨种植对油菜功能叶荧光参数的影响

2.3.1　初始荧光（F_o）、最大荧光（F_m）和可变荧光（F_v）

在苗期，垄沟集雨各处理的 F_o 均低于平作，说明集雨处理的油菜光化学活性较平作处理有所提高，但仅有 WR_{80}、BDR_{40} 和 NR_{80} 处理与平作差异显著（表3）。垄沟集雨处理的 F_m 均大于平作，除 WR_{80} 和 BR_{80} 外，其余处理与平作差异显著，说明集雨处理油菜叶片PSⅡ反应中心的电子传递较平作处理活跃。垄沟集雨处理的F_v显著高于平作，说明在降水量偏少的情况下，垄沟集雨处理油菜的PSⅡ光化学反应中心受到保护。

在蕾薹期，垄沟集雨处理的F_o显著低于平作，而F_m和F_v显著高于平作（表3）。在花期，垄沟集雨处理的F_o小于平作处理，但只有WR_{80}、BDR_{40}和NR_{80}处理与平作处理差异显著。覆膜垄作处理的F_m和F_v均显著大于平作，不覆膜垄作处理的F_m和F_v与平作差异不显著。在油菜生长的关键时期（蕾薹期和花期）降雨偏少，但油菜生长旺盛，耗水量大，水分不足在一定程度上对油菜的PSⅡ光化学反应中心造成破坏，从而影响油菜生长，而垄沟集雨处理可以很好地缓解这种水分限制。

2.3.2 PSⅡ最大光化学量子产量（F_v/F_m）和PSⅡ潜在活性（F_v/F_o）

垄沟集雨处理的F_v/F_m和F_v/F_o在不同生育期均大于平作（表4）。在苗期，垄沟集雨处理的F_v/F_m均显著大于平作，BDR_{40}、NR_{40}和NR_{80}处理的F_v/F_o显著大于平作，其余处理差异不显著。在蕾薹期，垄沟集雨处理的F_v/F_m和F_v/F_o都显著大于平作。在花期，除不覆膜（NR_{40}和NR_{80}）与平作的差异不显著外，其余处理的F_v/F_m和F_v/F_o均显著大于平作。垄沟集雨处理油菜F_v/F_m和F_v/F_o的提高说明最大PSⅡ光能转换效率、PSⅡ潜在活性和PSⅡ原初反应过程被促进，光能转换效率提高。

2.3.3 光化学猝灭系数（q_P）和非光化学猝灭系数（q_N）

垄沟集雨处理的q_P和q_N在不同生育期均大于平作（表5）。在苗期，生物降解膜垄作处理（BDR_{40}和BDR_{80}）的q_P和q_N显著大于平作。在蕾薹期，BDR_{40}和BDR_{80}处理的q_P显著大于平作，各垄沟集雨处理的q_N均显著大于平作。在花期，WR_{80}和BDR_{80}处理的q_P显著大于平作，各垄沟集雨处理的q_N均显著大于平作。相对于平作处理，垄沟集雨处理油菜较高的q_P和q_N表明其PSⅡ天线色素吸收的光能用于光化学电子传递的份额较平作处理增大，PSⅡ反应中心自我保护机制受损的程度较平作处理有所缓和。

表3 油菜不同生长阶段叶片初始荧光（F_o），最大荧光（F_m）和可变荧光（F_v）

处理	苗期			蕾薹期			花期		
	F_o	F_m	F_v	F_o	F_m	F_v	F_o	F_m	F_v
FP	49.00±3.61a	180±19c	131±15c	65.33±2.89a	149±10d	84±9e	130±8a	633±25c	503±31c
WR_{40}	45.67±5.51ab	233±14ab	188±8ab	33.67±4.04c	196±25b	163±23b	119±5abc	743±40a	624±45a
WR_{80}	39.67±2.52bc	203±17abc	163±18ab	25.33±5.77d	176±13bc	151±12bc	113±5cd	712±63ab	599±65ab
BR_{40}	47.00±2.65ab	234±16ab	187±17ab	22.67±4.62d	224±15a	202±13a	118±10abc	737±19a	619±26a
BR_{80}	42.67±3.21abc	201±15bc	158±13bc	36.00±6.93bc	185±13bc	149±17bcd	119±4abc	727±41a	609±44a
BDR_{40}	30.00±6.00d	224±20ab	194±26a	36.33±4.04bc	179±10bc	142±12bcd	114±14bc	717±45ab	603±47a
BDR_{80}	44.67±3.21ab	235±22a	191±25ab	37.33±2.89bc	177±5bc	140±7bcd	109±4c	702±14abc	593±16ab
NR_{40}	40.67±6.11abc	236±20a	195±15a	36.33±2.89bc	168±12cd	132±11cd	124±1ab	644±25bc	520±26bc
NR_{80}	34.67±6.66cd	224±16ab	189±13ab	42.00±1.73b	167±8cd	125±7d	126±8ab	669±66abc	543±61abc

表4 油菜不同生长阶段叶片PSⅡ最大光化学量子产量（F_v/F_m）和PSⅡ潜在活性（F_v/F_o）

处理	苗期		蕾薹期		花期	
	F_v/F_m	F_v/F_o	F_v/F_m	F_v/F_o	F_v/F_m	F_v/F_o
FP	0.73±0.01d	2.66±0.12d	0.56±0.03e	1.28±0.14e	0.79±0.02c	3.89±0.47c
WR_{40}	0.80±0.01bc	4.13±0.31bcd	0.83±0.02bc	4.86±0.70bc	0.84±0.02ab	5.26±0.62ab
WR_{80}	0.80±0.03bc	4.14±0.61bcd	0.86±0.03ab	6.14±1.32b	0.84±0.02ab	5.33±0.72a
BR_{40}	0.80±0.02c	4.00±0.53bcd	0.90±0.02a	9.11±1.68a	0.84±0.02ab	5.26±0.65ab
BR_{80}	0.79±0.01c	3.71±0.24cd	0.80±0.05c	4.29±1.13cd	0.84±0.01ab	5.14±0.51ab
BDR_{40}	0.86±0.04a	6.77±2.30a	0.80±0.03cd	3.97±0.69cd	0.84±0.02ab	5.35±0.94a
BDR_{80}	0.81±0.03bc	4.31±0.88bcd	0.79±0.02cd	3.76±0.47cd	0.84±0.01a	5.43±0.29a

续表

处理	苗期		蕾薹期		花期	
	F_v/F_m	F_v/F_o	F_v/F_m	F_v/F_o	F_v/F_m	F_v/F_o
NR_{40}	0.83±0.02abc	4.85±0.57bc	0.78±0.02cd	3.64±0.35cd	0.81±0.01c	4.20±0.24bc
NR_{80}	0.85±0.03ab	5.59±1.13ab	0.75±0.01d	2.99±0.17d	0.81±0.02bc	4.33±0.42abc

表 5　油菜不同生长阶段叶片光化学猝灭系数（q_P）和非光化学猝灭系数（q_N）

处理	苗期		蕾薹期		花期	
	q_P	q_N	q_P	q_N	q_P	q_N
FP	0.37±0.02c	0.48±0.04c	0.42±0.02c	0.26±0.00e	0.74±0.02b	0.17±0.00d
WR_{40}	0.37±0.03c	0.52±0.04bc	0.45±0.05bc	0.43±0.06abc	0.79±0.03ab	0.34±0.03ab
WR_{80}	0.40±0.03bc	0.50±0.04c	0.49±0.05bc	0.43±0.04ab	0.84±0.04a	0.32±0.00ab
BR_{40}	0.38±0.01bc	0.52±0.06bc	0.56±0.05ab	0.46±0.04a	0.79±0.03ab	0.36±0.03a
BR_{80}	0.39±0.04bc	0.50±0.04bc	0.48±0.09bc	0.39±0.06bcd	0.76±0.04b	0.30±0.01b
BDR_{40}	0.51±0.04a	0.66±0.03a	0.65±0.12a	0.40±0.04abcd	0.76±0.03b	0.32±0.01ab
BDR_{80}	0.44±0.04b	0.59±0.06ab	0.56±0.02ab	0.40±0.01abcd	0.82±0.01a	0.32±0.03ab
NR_{40}	0.38±0.03bc	0.65±0.07a	0.48±0.07bc	0.35±0.00d	0.76±0.05b	0.21±0.02c
NR_{80}	0.38±0.03bc	0.49±0.05c	0.42±0.01c	0.36±0.01cd	0.76±0.01b	0.24±0.03c

表 6　油菜不同生长阶段叶片 SPAD 值

处理	苗期	蕾薹期	花期
FP	37.62±0.52b	40.70±0.44d	40.97±0.59d
WR_{40}	41.01±0.89a	43.00±0.47bc	43.03±0.67abc
WR_{80}	40.49±0.51a	42.90±0.68bc	42.50±1.56bcd
BR_{40}	39.97±0.98ab	44.60±0.90ab	44.60±1.42a
BR_{80}	40.90±1.43a	44.40±0.61ab	44.57±1.43a
BDR_{40}	41.03±1.14a	44.70±0.76ab	43.67±0.35ab
BDR_{80}	39.94±0.43ab	45.80±1.13a	43.69±1.36ab
NR_{40}	39.28±0.33ab	42.83±0.78bc	41.50±0.96cd
NR_{80}	39.26±0.45ab	42.00±0.15cd	42.33±0.21bcd

2.4　垄沟集雨种植对油菜功能叶 SPAD 值的影响

由表 6 可知，垄沟集雨处理的 SPAD 值在不同生育期均大于平作。在苗期，普通白膜垄作（WR_{40} 和 WR_{80}）和普通黑膜垄作（BR_{40} 和 BR_{80}）处理下，油菜叶绿素含量显著大于平作，生物降解膜垄作和不覆膜垄作处理与平作的差异不显著，普通白膜垄作、普通黑膜垄作、生物降解膜垄作和不覆膜垄作处理的 SPAD 值较平作分别增加 8.3%、7.5%、7.6%和 4.4%。在蕾薹期，普通黑膜垄作和生物降解膜垄作处理下的油菜 SPAD 值显著高于平作，普通白膜垄作和不覆膜垄作处理与平作差异不显著，普通白膜垄作、普通黑膜垄作、生物降解膜垄作和不覆膜垄作处理的 SPAD 值较平作分别增加 5.5%、9.3%、11.2%和 4.2%。在花期，除 NR_{40}、NR_{80} 和 WR_{80} 处理的 SPAD 值与平作差异不显著外，其余处理均显著大于平作，普通白膜垄作、普通黑膜垄作、生物降解膜垄作和不覆膜垄作处理下的 SPAD 值较平作分别增加 4.4%、8.8%、6.6%和 2.3%。以上结果说明垄沟集雨处理能增加油菜功能叶片叶绿素含量，黑膜垄作和生物降解膜垄作的效果更为明显。

2.5　垄沟集雨种植对油菜产量的影响

垄沟集雨种植可增加油菜产量（表 7）。就两年的平均值而言，与平作相比，普通白膜垄作、普通黑膜垄作和生物降解膜垄作可显著增加油菜产量，分别提高 21.0%、54.5%和 51.4%；不覆膜垄作的油菜产量较平作提高 8.1%，但差异不显著。相关分析表明，油菜产量的提高与土壤含水量（$R^2=0.66$，$P<0.001$）、净光合速率（$R^2=0.57$，$P=0.002$）和蒸腾速率（$R^2=0.39$，$P=0.047$）呈显著正相关（表 8）。说明垄沟集雨种植可以改善土壤水分状况，有利于作物吸收水分，提高油菜光合效率，从而增加油菜产量。

表 7　不同处理对油菜产量的影响

处理	产量（t/hm²）	
	2016—2017 年	2017—2018 年
FP	1.83±0.17e	2.00±0.10cd
WR_{40}	2.69±0.24bc	2.09±0.15cd
WR_{80}	2.52±0.07cd	1.96±0.23cd
BR_{40}	3.40±0.27a	2.91±0.33ab
BR_{80}	3.10±0.10ab	2.42±0.19bc
BDR_{40}	2.87±0.09bc	2.58±0.22abc
BDR_{80}	2.96±0.16abc	3.18±0.26a
NR_{40}	2.09±0.17de	1.77±0.10d
NR_{80}	2.07±0.08de	2.34±0.29bcd

表 8　土壤含水量、油菜叶片生理特征与产量的相关系数

指标	SWC	P_n	T_r	g_s	C_i	F_o	F_m	F_v	q_P	q_N	SPAD
P_n	0.626***										
T_r	0.418*	0.546**									
g_s	0.441*	0.537**	0.503**								
C_i	−0.156	0.095	−0.174	−0.159							
F_o	−0.118	0.060	0.044	−0.234	0.114						
F_m	0.310	0.366	−0.013	0.152	0.007	−0.071					
F_v	0.324	0.329	−0.024	0.207	−0.025	−0.340	0.962***				
q_P	0.347	−0.093	−0.086	−0.055	−0.049	−0.511**	0.211	0.338			
q_N	0.206	−0.010	−0.156	0.144	0.096	−0.318	0.425*	0.488**	0.493**		
SPAD	0.521**	0.382*	0.245	0.197	−0.017	−0.223	0.135	0.189	0.263	0.207	
产量	0.658***	0.574**	0.385*	0.222	−0.179	0.019	0.117	0.105	0.292	0.069	0.370

注：* 为 $P<0.05$；** 为 $P<0.01$；*** 为 $P<0.001$；SWC 为土壤含水量。

2.6　垄沟集雨种植对油菜经济效益的影响

在不考虑人工投入的情况下，根据 2017 年的油菜籽市场价格（5.2 元/kg）计算各处理的经济投入、经济产出、经济效益和产投比（表 9）。从表 9 可以看出，普通黑膜垄作和生物降解膜垄作的经济产出最高，平作的经济产出最低，但是由于生物降解膜的价格高，生物降解膜垄作的经济投入最高，不

表 9　不同处理对油菜经济效益和产投比的影响

处理	经济投入				经济产出（元/hm²）	经济效益（元/hm²）	产投比
	种子（元/hm²）	肥料（元/hm²）	地膜（元/hm²）	总投入（元/hm²）			
FP	232	5 143	0	5 375	9 948	4 573	1.85
WR_{40}	232	5 143	975	6 350	12 416	6 066	1.96
WR_{80}	232	5 143	650	6 025	11 666	5 641	1.94

续表

处理	经济投入				经济产出（元/hm²）	经济效益（元/hm²）	产投比
	种子（元/hm²）	肥料（元/hm²）	地膜（元/hm²）	总投入（元/hm²）			
BR_{40}	232	5 143	975	6 350	16 407	10 057	2.58
BR_{80}	232	5 143	650	6 025	14 336	8 311	2.38
BDR_{40}	232	5 143	6 250	11 625	14 154	2 529	1.22
BDR_{80}	232	5 143	4 167	9 542	15 964	6 422	1.67
NR_{40}	232	5 143	0	5 375	10 026	4 651	1.87
NR_{80}	232	5 143	0	5 375	11 482	6 107	2.14

覆膜垄作和平作的经济投入最低。除 BDR_{40} 的经济效益低于平作外，其余处理的经济效益均高于平作。BR_{40} 的经济效益最高，达到 10 057 元/hm²。

产投比指的是经济产出与经济投入的比值。从表 9 可以看出，BDR_{40} 和 BDR_{80} 的产投比较平作分别降低 34.2% 和 9.6%，WR_{40}、WR_{80}、BR_{40}、BR_{80}、SR_{40} 和 SR_{80} 的产投比较平作分别增加 5.7%、4.6%、39.7%、28.6%、0.8%和 15.5%。造成这种差异的主要原因是生物降解膜高昂的价格大大增加了其经济投入。

3 讨论

土壤水分是影响作物生长和发育的重要因素之一，在干旱半干旱地区，土壤水分短缺会明显抑制作物根系生长和地上部生长，从而降低作物的生物量、产量和收获指数[27]。垄沟集雨种植可以将垄上的雨收集到沟中，增加种植区土壤含水量，同时垄上覆膜可以有效抑制土壤水分蒸发[28]，改善种植区土壤水分状况[29]，进而影响作物生长。李儒[30]等研究表明，垄沟集雨种植改变了作物耗水模式，同时可以促进种植区土壤对有限降水的有效蓄积，有效改善土壤的水分状况。李军等[31]研究表明通过沟垄径流集水蓄墒措施，在干旱年份每年可以使作物种植区贮水量增加 57.4～272.7 mm，采用起垄覆膜措施可以使夏熟作物在休闲蓄墒期的土壤贮水量增加 28.6～44.7 mm。本试验表明，垄沟集雨种植可以增加 0～60 cm 土壤贮水量，在油菜蕾薹期和花期，增加效果更为明显。在油菜生长前期，作物耗水量小，集雨作用对作物影响较小。在油菜生长旺盛时期（蕾薹期和花期），植物对水分的需求量大，同时降水量偏少，垄沟集雨能够明显提高土壤贮水量，改善作物根际水分状况。

水分是影响光合作用的一个重要因子，干旱缺水会使作物光合速率降低，抑制光合作用光反应中心原初光能转化、电子传递、光合磷酸化和光合作用暗反应过程，最终降低作物光合作用。殷毓芬等[32]研究表明，水分胁迫造成小麦叶片净光合速率降低是受到气孔阻力和叶绿素含量的限制。垄沟集雨种植可以增加种植区土壤含水量，改善根区土壤水分状况，从而提高作物光合作用。刘晓英等[17]研究表明，垄沟集雨种植可以提高冬小麦的光合强度和蒸腾强度，降低气孔导度。本试验表明，垄沟集雨种植油菜叶片的净光合速率、蒸腾速率和气孔导度均高于平作，胞间 CO_2 浓度则低于平作，这与丁瑞霞等[33]的研究结果相似。造成植物光合作用下降的原因有气孔因素和非气孔因素，如果光合速率和气孔导度的变化与胞间 CO_2 浓度的变化一致，说明是由气孔因素导致光合速率下降；反之，则是由于非气孔因素导致光合速率下降[34-36]。本研究油菜叶片光合速率和气孔导度的变化与胞间 CO_2 浓度的变化相反，说明光合速率的降低是由于非气孔因素造成的。垄沟集雨种植增加了种植区内土壤水分含量，降低了非气孔因素对光合速率的限制。

植物体内发出的荧光信号包含了丰富的光合作用信息，极易随外界环境的变化而变化，除此之外，利用荧光信号可以快速、灵敏以及非破坏地分析外界环境对光合作用的影响[37]，比净光合速率更能反映光合作用的真实行为[20]。本试验表明，与平作相比，垄沟集雨种植能够提高油菜功能叶片最大荧光（F_m）、可变荧光（F_v）、PSⅡ最大光化学量子产量（F_v/F_m）、PSⅡ的潜在活性（F_v/F_o）、光化学猝灭系数（q_P）和非光化学猝灭系数（q_N），与前人研究结果相似[38]。相关研究表明叶绿素荧光强度与土壤水分之间存在着负相关，水分胁迫越强，叶绿素荧光强度越低[39]。但是，本研究的相关分析表明叶绿素荧光强度与土壤水分之间没有明显的关系，可能是由于在集雨处理下，油菜并没有达到干旱胁迫，没有对叶绿素荧光产生显著影响。垄沟集雨种植在一定程度上缓解了作物在降雨偏少时期的水分胁迫，提高了光能转化效率[40]。

合理的栽培技术可以改善土壤水肥状况，利于产量形成。已有大量研究表明，垄沟集雨种植可以提高作物产量[7,8,12]。本研究也表明，垄沟集雨处理可以提高油菜产量。相比于平作，普通白膜垄作、普通黑膜垄作、生物降解膜垄作和不覆膜垄作的油菜产量分别提高了 21.0%、54.5%、51.4%和8.1%。且相关分析表明，油菜产量的增加可能与土壤含水量、油菜叶片净光合速率和蒸腾速率的增加有关。此外，油菜产量的提高也可能与肥料利用率的提高有关。例如，在我国西北旱地采用垄沟集雨技术种植玉米，玉米的氮素利用效率提高 28.6%，氮素收获指数提高 6.1%[41]。覆膜能够增加沟内种植区的土壤水分和养分，减少肥料流失[42]，同时土壤水分条件的改善也能够提高肥料的有效性，促进植物更好地吸收养分，从而提高作物产量[43]。

根据我国农业目前发展现状，农业面源污染严重，农膜残留现象严重，制约农作物产量的提高。生物降解膜由于其较快的分解速率，在自然状态下降解为 CO_2 和 H_2O，能有效解决地膜污染问题[44]。但是，在本研究中，生物降解膜由于较高的经济成本，大大降低了经济效益。因此，大力研发低成本的生物降解膜，以及研发可回收地膜机械，对于旱区农业可持续发展至关重要。

4 结论

垄沟集雨种植可以改善种植区土壤水分，在作物需水高峰期作用更加明显。在油菜生长期，垄沟集雨种植可增加土壤含水量，土壤贮水量的排列次序为普通黑膜垄作≈普通白膜垄作≈生物降解膜垄作>不覆膜垄作>平作。垄沟集雨种植提高了油菜的净光合速率，加大了 PSⅡ反应中心原初光能转化效率，提高叶肉细胞的光合作用能力。同时，普通白膜垄作、普通黑膜垄作和生物降解膜垄作可以显著提高油菜产量，普通黑膜垄作的经济效益最高。可见，垄沟集雨种植可以作为西南紫色土丘陵区旱地油菜生产中应对季节性干旱的有效措施。

参考文献

[1] 国家统计局．中国农村统计年鉴［M］．北京：中国统计出版社，2018.

[2] 陈萌，屈明．高聚物增强紫色土抗旱性能的研究［J］．西南师范大学学报：自然科学版，1993，18（3）：367－371.

[3] 朱钟麟，赵燮京，王昌桃，等．西南地区干旱规律与节水农业发展问题［J］．生态环境学报，2006，15（4）：876－880.

[4] Qin SH，Zhang JL，Dai HL，et al. Effect of ridge-furrow and plastic-mulching planting patterns on yield formation and water movement of potato in a semi-arid area［J］．Agricultural Water Management，2014（131）：87－94.

[5] Wu Y，Jia Z，Ren X，et al. Effects of ridge and furrow rainwater harvesting system combined with irrigation on improving water use efficiency of maize（Zea mays L.）in semi-humid area of China［J］．Agricultural Water Management，2015，158：1－9.

[6] 宋兴阳，王琦，胡广荣，等．垄沟集雨种植对土壤贮水量和紫花苜蓿生长特性的影响［J］．草原与草坪，2017，

37 (3): 60 - 67.

[7] 张玉，韩清芳，成雪峰，等．关中灌区沟垄集雨种植补灌对冬小麦光合特征、产量及水分利用效率的影响 [J]. 应用生态学报，2015，26 (5): 1382 - 1390.

[8] 何峰，王堃，李向林，等．垄沟集雨对干旱半干旱区土壤水热条件及老芒麦产草量的影响 [J]. 农业工程学报，2012，28 (12): 122 - 126.

[9] 赵冀．垄沟集雨种植覆盖比对土壤水温和春玉米光合效率的影响 [D]. 杨凌：西北农林科技大学，2017.

[10] 邓浩亮．旱区垄沟集雨耕作对春玉米水生产力及土壤环境的影响研究 [D]. 兰州：甘肃农业大学，2015.

[11] Li FM, Wang J, Xu JZ, et al. Productivity and soil response to plastic film mulching durations for spring wheat on entisols in the semiarid Loess Plateau of China [J]. Soil and Tillage Research, 2004 (78): 9 - 20.

[12] 胡广荣，王琦，宋兴阳，等．沟覆盖材料对垄沟集雨种植饲草作物青贮品质和产量的影响 [J]. 草原与草坪，2017，37 (2): 75 - 81.

[13] 寇江涛，师尚礼，蔡卓山．垄沟集雨种植对旱作紫花苜蓿生长特性及品质的影响 [J]. 中国农业科学，2010，43 (24): 5028 - 5036.

[14] Doring TF, Brandt M, Hess J, et al. Effects of straw mulch on soil nitrate dynamics, weeds, yield and soil erosion in organically grown potatoes [J]. Field Crops Research, 2005 (94): 238 - 249.

[15] 鱼小军，柴锦隆，徐长林，等．覆膜种植对甘南高寒区苜蓿生长和杂草数量的影响 [J]. 中国农业科学，2016，49 (4): 791 - 801.

[16] 李巧珍，李玉中，郭家选，等．覆膜集雨与限量补灌对土壤水分及冬小麦产量的影响 [J]. 农业工程学报，2010，26 (2): 25 - 30.

[17] 刘晓英，李玉中，李巧珍，等．田间集雨对冬小麦生理、生长和产量的影响 [J]. 农业工程学报，2006，22 (9): 64 - 69.

[18] 任小龙，贾志宽，陈小莉．不同模拟雨量下微集水种植对农田水肥利用效率的影响 [J]. 农业工程学报，2010，26 (3): 75 - 81.

[19] 任小龙，贾志宽，陈小莉，等．半干旱区沟垄集雨对玉米光合特性及产量的影响 [J]. 作物学报，2008，34 (5): 838 - 845.

[20] 任小龙，贾志宽，陈小莉，等．模拟不同雨量下沟垄集雨种植对春玉米生产力的影响 [J]. 生态学报，2008，28 (3): 1006 - 1015.

[21] 王俊鹏，马林，蒋骏，等．宁南半干旱地区谷子微集水种植技术研究．[J] 水土保持通报，2000，20 (3): 41 - 43.

[22] 秦舒浩，张俊莲，王蒂，等．陇中半干旱区马铃薯集雨限灌效应研究 [J]. 作物学报，2011，37 (1): 138 - 145.

[23] 王琦，张恩和，李凤民，等．半干旱地区沟垄微型集雨种植马铃薯最优沟垄比的确定 [J]. 农业工程学报，2005，21 (2): 38 - 41.

[24] 田媛，李凤民，刘效兰．半干旱区不同垄沟集雨种植马铃薯模式对土壤蒸发的影响 [J]. 应用生态学报，2007，18 (4): 795 - 800.

[25] 王晓凌，董普辉，李凤民，等．垄沟覆膜集雨对马铃薯产量及水分和氮肥利用的影响 [J]. 河南农业科学，2007，36 (10): 84 - 87.

[26] 鲍士旦．土壤农化分析．3 版 [M]. 北京：中国农业出版社，2000.

[27] 赵鸿，李凤民，熊友才，等．土壤干旱对作物生长过程和产量影响的研究进展 [J]. 干旱气象，2008，26 (3): 67 - 71.

[28] Ghosh PK, Dayal D, Bandyopadhyay K-K, et al. Evaluation of straw and polythene mulch for enhancing productivity of irrigated summer groundnut [J]. Field Crops Research, 2006 (99): 76 - 86.

[29] Ramakrishna A, Tam HM, Wani SP, et al. Effect of mulch on soil temperature, moisture, weed infestation and yield of groundnut in northern Vietnam [J]. Field Crops Research, 2006 (95): 115 - 125.

[30] 李儒，崔荣美，贾志宽，等．不同沟垄覆盖方式对冬小麦土壤水分及水分利用效率的影响 [J]. 中国农业科学，

2011，44（16）：3312－3322.
[31] 李军，王龙昌，孙小文，等．宁南半干旱偏旱区旱作农田沟垄径流集水蓄墒效果与增产效应研究［J］．干旱地区农业研究，1997，15（1）：16－20.
[32] 殷毓芬，张存良．冬小麦不同品种叶片光合速率与气孔导度等性状之间关系的研究［J］．作物学报，1995，21（5）：561－567.
[33] 丁瑞霞，贾志宽，韩清芳，等．宁南旱区微集水种植条件下谷子边际效应和生理特性的响应［J］．中国农业科学，2006，39（3）：494－501.
[34] Winter K，Schramm M J. Analysis of stomatal and nonstomatal components in the environmental control of CO_2 exchange in leaves of welwitschia mirabilis［J］．Plant Physiology，1986（82）：173－178.
[35] Graham D F，Sharkey T D. Stomatal conductance and chotosynthesis［J］．Annual Reviews of Plant Physiology，1982，33（33）：317－345.
[36] 曹慧，兰彦平，王孝威，等．果树水分胁迫研究进展［J］．果树学报，2001，18（2）：110－114.
[37] 赵丽英，邓西平，山仑．渗透胁迫对小麦幼苗叶绿素荧光参数的影响［J］．应用生态学报，2005，16（7）：1261－1264.
[38] 张超，吴杨，黄方园，等．半干旱区不同秋覆膜方式对土壤水分及春玉米光合特性的影响［J］．干旱地区农业研究，2017，35（2）：39－45.
[39] 罗俊，张木清，林彦铨，等．甘蔗苗期叶绿素荧光参数与抗旱性关系研究［J］．中国农业科学，2004，37（11）：1718－1721.
[40] 张石锐，董大明，郑文刚，等．农田土壤水分含量的激光诱导荧光光谱表征［J］．光谱学与光谱分析，2012，32（10）：2623－2627.
[41] Jia Q，Xu R，Chang S，et al. Planting practices with nutrient strategies to improves productivity of rain-fed corn and resource use efficiency in semi-arid regions［J］．Agricultural Water Management，2020（228）：105879.
[42] Hartmann T E，Yue S C，Schulz R，et al. Nitrogendynamics，apparent mineralization and balance calculations in a maize-wheat doublecropping system of the North China Plain［J］．Field Crops Research，2014（160）：22－30.
[43] Abdelkhalek A A，Darwesh R K，El-Mansoury MAM. Response of some wheatvarieties to irrigation and nitrogen fertilization using ammonia gas in North NileDelta region［J］．Annals of Agricultural Sciences，2015（60）：245－256.
[44] 李仙岳，冷旭，张景俊，等．北方干旱区降解膜覆盖农田玉米生长和氮素利用模拟及优化［J］．农业工程学报，2020，36（5）：113－121.

西南旱地油菜间作紫云英和秸秆覆盖的生产效应*

周　泉[1,2]　王龙昌[1*]　马淑敏[1]　张小短[1]　邢　毅[1]　张　赛[1]

1. 西南大学农学与生物科技学院，三峡库区生态环境教育部重点实验室，
南方山地农业教育部工程研究中心，重庆北碚　400716
2. 江西农业大学生态科学研究中心，
作物生理生态与遗传育种教育部重点实验室，江西南昌　330045

摘要： 我国西南地区旱地的农田生态环境脆弱，绿肥应用匮乏，季节性干旱是限制油菜生产的关键因素。本研究在西南地区旱地引入冬季绿肥作物紫云英与油菜间作，并结合秸秆覆盖，探讨其对油菜光合特征、农艺性状、生物量、根系形态、油菜品质及产量的影响。结果表明，间作紫云英和秸秆覆盖改善了油菜的根颈粗、叶片数、有效分枝数和单株角果数等农艺性状，提高了油菜根系总根长、总根体积、总根表面积和平均根系直径等根系形态及蕾薹期和开花期的根、茎、叶生物量；还提高了油菜苗期光合作用强度，间作和秸秆覆盖处理的水分利用效率比油菜单作分别提高了 31.12%和 39.89%；但对油菜品质的影响较小。间作、秸秆覆盖和秸秆覆盖下间作的油菜群体产量分别比单作提高 10.30%、13.20%和 40.16%。在西南地区旱地，间作紫云英是提高油菜产量的可行途径，而且结合秸秆覆盖的生产效益更明显。

关键词： 绿肥；间作；根系互作；根系形态；油菜产量

油菜是中国重要的油料作物之一，占油料作物种植面积的 53.67%，2015 年全国油菜种植面积达 7 534 khm^2，其中西南地区占全国的 28.4%[1]。目前，西南地区季节性干旱仍然是限制油菜作物发展的重要因素，秸秆覆盖作为一项常规的农艺措施，已成为保障油菜产量的重要途径[2,3]。

我国最早有关紫云英间作油菜的报道出现在 1955 年，蒋声和[4]发表题为“开辟油源的良好途径——绿肥田间作油菜”的文章，指出推广绿肥田间作油菜可以充分利用地力，发挥生产潜力，既可以按照常年产量收获绿肥，又能增加油料生产增加农民受益，且不与粮棉争地。1957 年又有学者相继发表有关油菜与紫云英间混作的经验以及初步试验报告[5,6]，随后在 1963 年，湖北省油料作物学会举行油菜豆科绿肥混种间作学术研讨会[7]，着重讨论了油菜绿肥（苕子、紫云英）混种和油菜蚕豆间作制度的形成和发展原因，混种间作的效益及其理论依据，混种间作的技术关键，混种间作存在的问题及其解决途径等。但除了紫云英油菜间混作的相关生产经验，一直没有更加深入的报道，直到近年来才有学者对其间混作系统的产量、密度效应和生理生态效应做了具体研究[8-10]。总的来看，对绿肥紫云英间作油菜的研究多是经验之谈，对其产量和生理效应的研究也是建立在稻油轮作的基础上。

我国“十三五”规划期间探索实行耕地轮作休耕制度，给西南紫色土区的“旱三熟”种植模式提

* **基金项目：** 本研究由国家公益性行业（农业）科研专项（201503127）和国家自然科学基金项目（31271673）资助

出严峻考验。西南地区旱地农田生态环境脆弱，绿肥应用匮乏，种植绿肥作物作为一项历史悠久的栽培措施，是实现合理用地养地和抑制农田碳排放的重要途径[11-13]，最新研究发现豆科作物与芸薹属作物间作在提高农田生产力方面有很大潜力[14]。本文将冬季绿肥紫云英引入旱作农田，重点研究紫云英油菜间作系统，并与秸秆覆盖相结合，探索西南地区旱地新的种植模式，试图从油菜光合特征、农艺性状、生物量、根系形态、油菜品质及产量等方面探讨其带来的生产效益。

1 材料与方法

1.1 试验地概况

重庆市北碚区西南大学教学试验农场，多年平均降水量 1 156.8 mm，其中春、夏、秋、冬降水量分别为全年的 25.3%、46.8%、22.5%和 5.4%，年蒸发量 1 181.1 mm，年日照时数在 888.5～1 539.6 h之间，日照百分率仅为 25%～35%，冬季日照更少，仅占全年的 10%左右。试验期间，2014 年 9 月至 2015 年 5 月降水量为 470.4 mm，2015 年 9 月至 2016 年 5 月降水量为 768.9 mm，期间无人工灌水。试验所用土壤为西南旱地紫色土，地力相对均匀，试验前土壤 pH 值 6.30，土壤含有机碳 8.61 g/kg，碱解氮 80.38 mg/kg、速效磷 41.08 mg/kg、速效钾 106.20 mg/kg。

1.2 试验设计

于 2014 年至 2016 年共设 2 个试验。其中，2014—2015 年为试验Ⅰ，主要研究了根系互作与秸秆覆盖对油菜生长发育的影响；2015—2016 年为试验Ⅱ，研究间作紫云英与秸秆覆盖对油菜生物量及群体产量的影响。

1.2.1 试验 1

在大田环境下采取桶栽试验，绿肥作物为紫云英，主作物为油菜，于 2014 年 11 月 4 日播种，2015 年 4 月 19 日收获，随机区组排列，3×2 双因素试验设计，3 次重复。

1.2.1.1 设 3 种隔根方式 完全隔根（F），用塑料膜完全隔根，无根系互作，相当于单作；部分隔根（P），用 120 目尼龙网隔根，根系部分互作，养分互通，相当于部分间作；不隔根（N），不隔根，根系完全互作，相当于完全间作。

1.2.1.2 设 2 种覆盖方式 无秸秆覆盖（T），作物生长期内不进行秸秆覆盖。秸秆覆盖（S），于作物播种期用相当于 3 750 kg/hm^2的水稻秸秆均匀覆盖（每桶 0.15 kg）。共 6 个处理，分别为 FT（完全隔根+无秸秆覆盖）、FS（完全隔根+秸秆覆盖）、PT（部分隔根+无秸秆覆盖）、PS（部分隔根+秸秆覆盖）、NT（不隔根+无秸秆覆盖）、NS（不隔根+秸秆覆盖）。用 160 L（高 70 cm，上口径 57 cm，下口径 40 cm）钢化桶，每桶装土 50 kg，施氮肥（N）0.10 g/kg，磷肥（P_2O_5）0.10 g/kg，钾肥（K_2O）0.10 g/kg，肥料为三洋牌 16－16－16 三元素复合肥，于播种前将所有肥料与土混匀装桶，分 3 行平行摆布，行间距 1 m×1 m。每桶播种一行紫云英和一行油菜（行间距 20 cm），其中紫云英播种量为 45 kg/hm^2（每桶 0.15 g），出苗后每桶留 2 株油菜（株距 20 cm），作物生长期间土壤相对含水量控制在 60%左右。

1.2.2 试验Ⅱ

采取大田小区试验，2015 年 10 月 1 日播种，2016 年 4 月 25 日收获，随机区组排列，共设 4 个处理。

1.2.2.1 R 为油菜单作+无秸秆覆盖，采用宽窄行穴播方式，株距 20.0 cm，宽行距 80.0 cm，窄行距 20 cm，作物生长期内不进行秸秆覆盖。

1.2.2.2 AR 为紫云英油菜间作+无秸秆覆盖，将紫云英撒播在宽行内，播种量为 45 kg/hm^2，油菜穴播，作物生长期内不进行秸秆覆盖。

1.2.2.3 SR为油菜单作+秸秆覆盖，采用宽窄行穴播方式，株距20.0 cm，宽行距80.0 cm，窄行距20 cm，于作物播种期用3 750 kg/hm^2水稻秸秆均匀覆盖。

1.2.2.4 SAR为紫云英油菜间作+秸秆覆盖，将紫云英撒播在宽行内，播种量为45 kg/hm^2，油菜穴播，于作物播种期用3 750 kg/hm^2水稻秸秆均匀覆盖。试验为3次重复，小区面积3.5 m×7.8 m，施肥、播种（移栽）等其他田间管理均按丰产栽培要求设计。施氮肥（N）180 kg/hm^2，磷肥（P_2O_5）180 kg/hm^2，钾肥（K_2O）180 kg/hm^2，肥料为三洋牌16－16－16三元素复合肥，所有肥料均于播种前一次施入。将紫云英于开花期收割还田，翻耕于宽行内，此时油菜为角果期。

1.3 测定指标与方法

1.3.1 试验1

油菜开花期（2015年3月19日）测定株高、根颈粗、叶片数、无柄叶数，油菜收获期（2015年4月19日）测定一级有效分枝数、二级有效分枝数、单株角果数、根系形态、单株产量。将油菜全部根系连同土壤一起装入尼龙网，用水冲洗干净后通过根系扫描仪（EPSON V750）小心将完整的根系图像存入计算机，用WinRHIZO根系分析系统软件（Regent Instrument Inc，Canada）对总根长、总根体积、总根表面积、平均根系直径、根尖数、分枝数、交叉数等进行定量分析。油菜籽风干后，分别测定单株籽粒重量。

1.3.2 试验Ⅱ

主要测定油菜苗期光合特征、不同时期各器官生物量、油菜品质及群体产量。油菜苗期、蕾薹期和开花期，在各小区普查50株的株高作为计算的依据，然后用平均法在各小区随机选取有代表性的5株，在苗期晴天8:00～10:00选择作物完全展开并接受阳光充足的叶片，用Li－6400XT便携式光合仪测定净光合速率、气孔导度、胞间CO_2浓度、蒸腾速率以及叶片水分利用效率等。苗期、蕾薹期和开花期将植株完整取回，根、茎、叶分离洗净后在105 ℃下杀青45 min，80 ℃烘干称重。收获后将油菜籽风干称重，测定各小区实际产量。

1.4 统计分析

用Microsoft Excel 2010和SPSS 17.0软件进行数据整理、分析，采用General Linear Model进行单变量双因素方差分析，采用Duncan's新复极差法多重比较。

在相关分析的基础上，进一步对与产量显著或极显著相关的指标进行灰色关联分析。选择油菜的株高、根颈粗、叶片数、无柄叶数、一级有效分枝数、二级有效分枝数、单株角果数、总根表面积、总根体积等9个主要性状为评判内容，并确定性状最优值。对各性状平均值作无量纲化处理，由于各性状越大越好，采用上限效果测度。

$$X_i^k=\frac{x_i^k}{\max\limits_i x_i^k} \tag{1}$$

关联系数

$$\xi_i(k)=\frac{\min\limits_i\min\limits_k|X_0(k)-X_i(k)|+\rho\max\limits_i\max\limits_k|X_0(k)-X_i(k)|}{|X_0(k)-X_i(k)|+\rho\max\limits_i\max\limits_k|X_0(k)-X_i(k)|}$$

$$k=1,2,3,\cdots,n;\ i=1,2,3,\cdots,n \tag{2}$$

关联度 $$\gamma_i=\frac{1}{n}\sum_{k=1}^{n}\xi_i(k),\ k=1,2,3,\cdots,n \tag{3}$$

权重系数 $$\omega_{i(\gamma)}=\frac{1}{n}\sum_{i=1}^{n}\gamma_i,\ i=1,2,3,\cdots,n \tag{4}$$

灰色综合评判值 $$G_i^k=\sum_{i=1}^{n}[\xi_i\times\omega_{i(\gamma)}],\ i=1,2,3,\cdots,n \tag{5}$$

式中，X_i^k 表示第 k 个处理第 i 个性状观察值；$\max\limits_i x_i^k$ 表示第 i 个性状在所有品种中的最大值；$\min\limits_i x_i^k$表示第 i 个性状在所有品种中的最小值。$\min\limits_i\min\limits_k|X_0(k)-X_i(k)|$为二级最小差，$\max\limits_i\max\limits_k|X_0(k)-X_i(k)|$为二级最大差，$\rho$ 为分辨系数（取值 0.5）。

2　结果与分析

2.1　间作紫云英和秸秆覆盖对油菜农艺性状的影响

由图 1 可知，不同处理对油菜根颈粗、叶片数、无柄叶数、一级有效分枝数和二级有效分枝数均有显著影响（$P<0.05$）。在秸秆覆盖条件下间作紫云英显著增加了根颈粗，间作紫云英和秸秆覆盖均可显著增加叶片数和无柄叶数，同时在秸秆覆盖条件下间作紫云英可显著增加有效分枝数。另外，不论是否秸秆覆盖，间作紫云英均可显著增加油菜单株角果数。可见，间作紫云英和秸秆覆盖可改善油菜农艺性状，进而提高油菜单株角果数，使油菜增产。

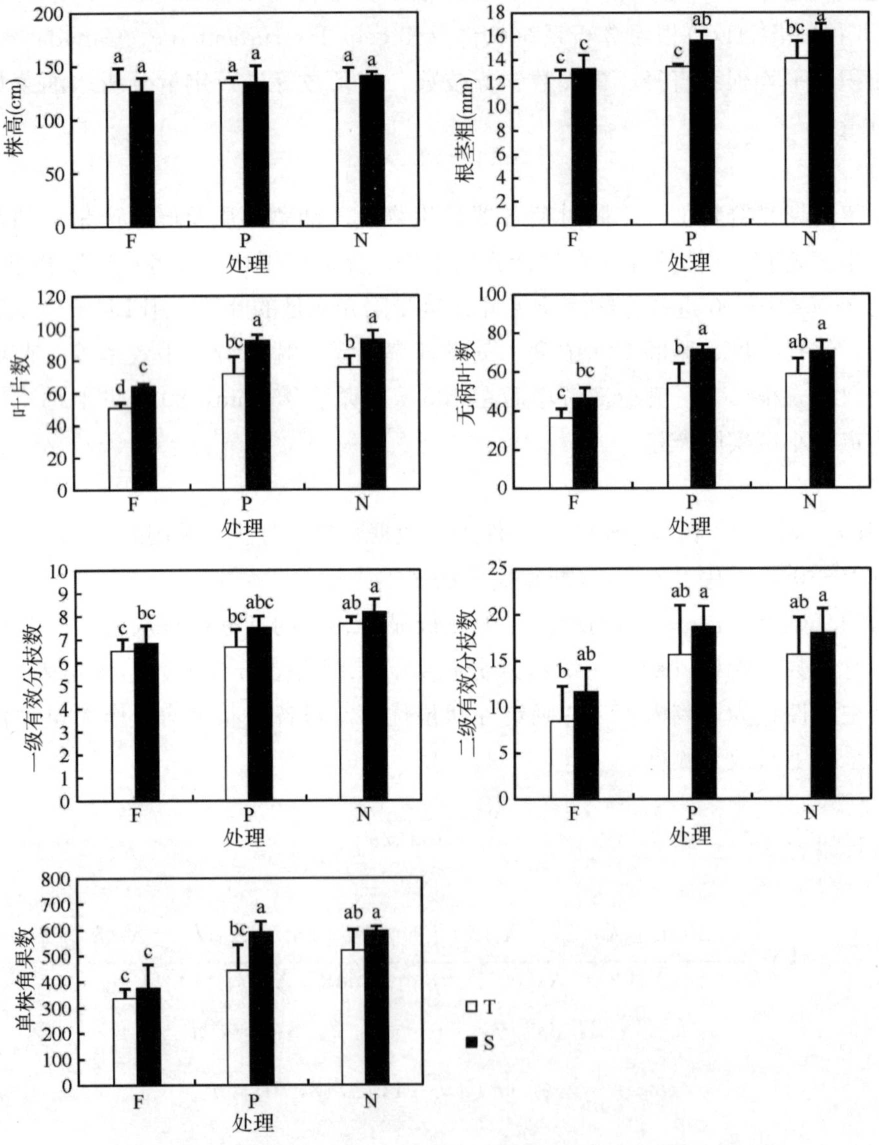

图 1　间作紫云英和秸秆覆盖对油菜农艺性状的影响（2014—2015 年）

注：F，完全隔根；P，部分隔根；N，不隔根；T，无秸秆覆盖；S，秸秆覆盖。图柱上不同字母表示在 0.05 水平上差异显著。下同。

2.2 间作紫云英和秸秆覆盖对油菜根系形态的影响

由图 2 可知，间作紫云英和秸秆覆盖对油菜根系形态影响显著（$P<0.05$），可显著提高油菜的总根体积和总根表面积，秸秆覆盖则可显著提高油菜的平均根系直径，说明间作紫云英和秸秆覆盖均可改善油菜根系形态。另外，无秸秆覆盖时间作紫云英的油菜总根长、根尖数、分枝数和交叉数则显著高于秸秆覆盖时的油菜总根长、根尖数、分枝数和交叉数，说明间作紫云英相比秸秆覆盖更能促进油菜根尖生长及根系发育。

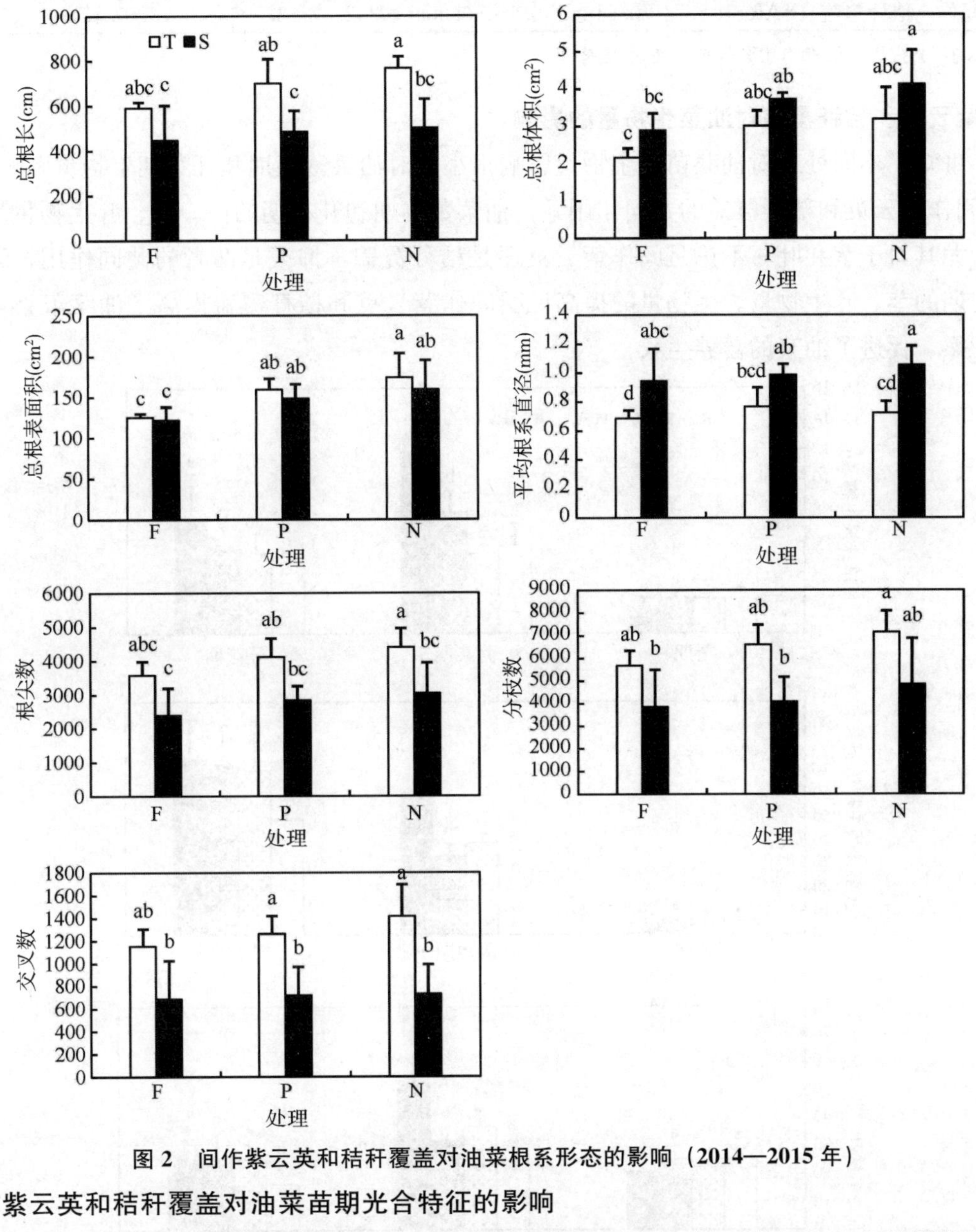

图 2 间作紫云英和秸秆覆盖对油菜根系形态的影响（2014—2015 年）

2.3 间作紫云英和秸秆覆盖对油菜苗期光合特征的影响

由表 1 可知，间作紫云英和秸秆覆盖提高了油菜苗期的光合速率，其中在两者共同作用下的光合速率与单作相比差异显著（$P<0.05$）。另外，不同处理均提高了油菜叶片的气孔导度、胞间 CO_2 浓度和蒸腾速率，其中秸秆覆盖下油菜叶片的气孔导度和蒸腾速率与油菜单作相比差异显著（$P<0.05$）。分析发现，秸秆覆盖不能提高油菜苗期叶片的水分利用效率，而间作紫云英和两者的共同作用均可提高其水分利用效率，相比油菜单作分别提高了 31.12%和 39.89%。

表 1　间作紫云英和秸秆覆盖对油菜苗期光合特征的影响（2015—2016 年）

处理	净光合速率（P_n）[μmol/(m² · s)]	气孔导度（G_s）[mol/(m² · s)]	胞间 CO_2 浓度（C_i）（μmol/mol）	蒸腾速率（T_r）[mmol/(m² · s)]	水分利用效率（WUE）（mmol/mol）
油菜单作+无秸秆覆盖（R）	6.77±0.77b	0.12±0.06b	300.01±70.23a	0.58±0.24b	8.90±1.19a
紫云英油菜间作+无秸秆覆盖（AR）	7.60±0.51ab	0.15±0.06ab	326.96±29.01a	0.69±0.20ab	11.67±3.35a
油菜单作+秸秆覆盖（SR）	8.12±1.33ab	0.26±0.04a	376.22±18.91a	1.06±0.17a	7.89±2.54a
紫云英油菜间作+秸秆覆盖（SAR）	8.74±0.51a	0.15±0.05ab	332.07±32.96a	0.73±0.19ab	12.45±2.78a

注：标以不同字母的值在 0.05 水平上差异显著。

2.4　间作紫云英和秸秆覆盖对油菜生物量的影响

由图 3 可知，不同处理对油菜苗期生物量影响很小，对油菜蕾薹期和开花期生物量影响显著（$P<0.05$）。在间作紫云英和秸秆覆盖的共同作用下，油菜蕾薹期和开花期的根、茎、叶生物量均显著高于油菜单作。尤其对于茎和叶，不论是间作紫云英还是秸秆覆盖，抑或是两者的共同作用，均可显著提高油菜开花期的茎、叶生物量。生物量的提高说明间作紫云英和秸秆覆盖提高了油菜蕾薹期和开花期的干物质积累，促进了油菜的营养生长。

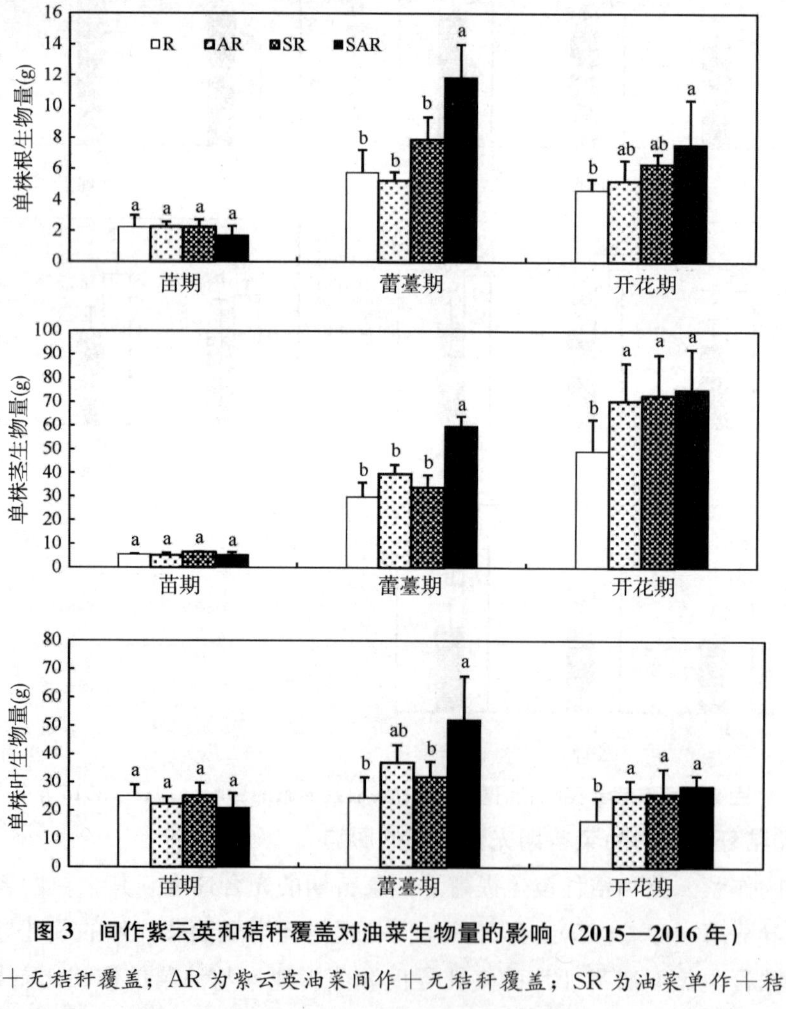

图 3　间作紫云英和秸秆覆盖对油菜生物量的影响（2015—2016 年）

注：R 为油菜单作＋无秸秆覆盖；AR 为紫云英油菜间作＋无秸秆覆盖；SR 为油菜单作＋秸秆覆盖；SAR 为紫云英油菜间作＋秸秆覆盖。图柱上不同字母表示在 0.05 水平上差异显著。下同。

2.5 间作紫云英和秸秆覆盖对油菜品质的影响

由图4可知，间作紫云英和秸秆覆盖对油菜籽含油量、蛋白质含量及硫苷含量均无显著影响（$P<0.05$）。分析油菜籽所含的10种脂肪酸（表2）发现，间作紫云英和秸秆覆盖对低芥酸、高芥酸、高油酸、花生烯酸、芥酸、油酸含量均无显著影响，但对亚麻酸、亚油酸、硬脂酸及棕榈酸影响显著（$P<0.05$）。其中，秸秆覆盖显著降低了油菜籽亚麻酸含量，间作紫云英、秸秆覆盖及二者的共同作用显著降低了油菜籽硬脂酸含量，秸秆覆盖下间作紫云英与单纯的秸秆覆盖相比，显著提高了油菜籽亚油酸含量，秸秆覆盖下间作紫云英还显著提高了油菜籽棕榈酸含量。

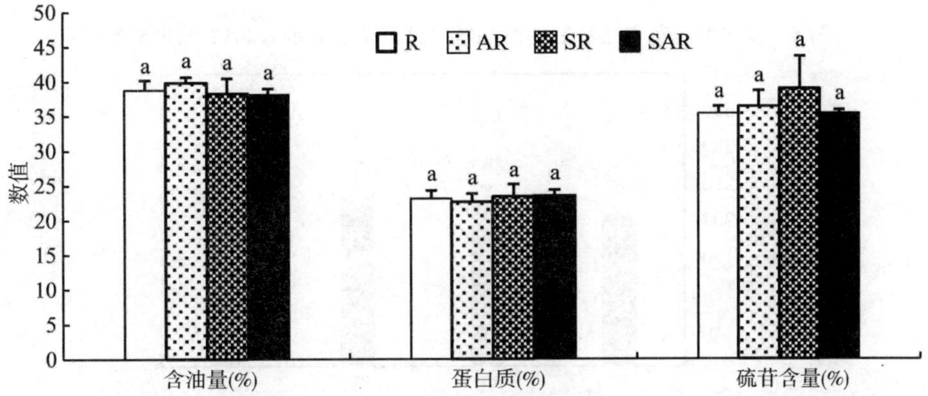

图4 间作紫云英和秸秆覆盖对油菜含油量、蛋白质和硫苷含量的影响（2015—2016年）

表2 间作紫云英和秸秆覆盖对油菜脂肪酸的影响（2015—2016年） 单位：%

脂肪酸	油菜单作+无秸秆覆盖（R）	紫云英油菜间作+无秸秆覆盖（AR）	油菜单作+秸秆覆盖（SR）	紫云英油菜间作+秸秆覆盖（SAR）
低芥酸	0.29±0.28a	0.30±0.23a	0.12±0.09a	0.40±0.14a
高芥酸	9.14±0.16a	6.17±4.50a	5.13±3.73a	8.15±4.08a
高油酸	62.73±0.94a	62.02±0.14a	61.47±1.23a	61.51±0.66a
花生烯酸	3.04±0.60a	3.22±0.66a	3.47±1.37a	3.62±0.47a
芥酸	5.18±0.52a	4.33±1.45a	3.14±1.84a	5.49±2.11a
亚麻酸	9.05±0.32a	8.56±0.28ab	8.49±0.16b	8.88±0.08ab
亚油酸	21.85±0.67ab	21.29±0.62ab	20.76±0.25b	22.32±1.06a
硬脂酸	0.57±0.11a	0.40±0.13b	0.36±0.11b	0.38±0.16b
油酸	55.54±1.20a	58.23±2.83a	59.60±2.06a	55.38±1.84a
棕榈酸	4.66±0.09b	4.78±0.03ab	4.86±0.24ab	4.90±0.08 a

注：标以不同字母的值在0.05水平上差异显著。

2.6 间作紫云英和秸秆覆盖对油菜产量的影响

由图5可知，间作紫云英条件下的油菜单株产量显著高于单作（$P<0.05$），随着间作程度的增加油菜单株产量也随之增加，同时在秸秆覆盖下表现得更为明显。无秸秆覆盖时，部分间作和完全间作的油菜单株产量分别比单作时提高59.13%和49.91%；有秸秆覆盖时，部分间作和完全间作的油菜单株产量分别比单作时提高50.91%和72.06%。

由图6可知，在间作紫云英和秸秆覆盖的共同作用下，油菜群体产量显著高于油菜单作（$P<0.05$）。其中，单作油菜的产量为2 059.65 kg/hm^2，间作紫云英的油菜产量为2 271.75 kg/hm^2，比油菜单作提高了10.30%；秸秆覆盖下油菜产量为2 331.45 kg/hm^2，比油菜单作提高了13.20%；间作紫云英和秸秆覆盖共同作用下油菜产量为2 886.75 kg/hm^2，比油菜单作提高了40.16%。

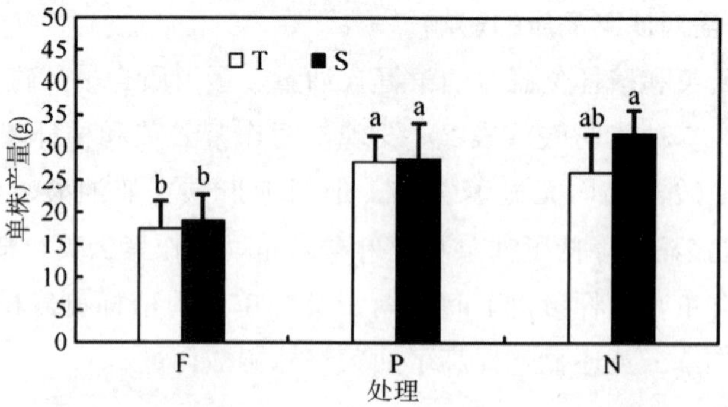

图 5　间作紫云英和秸秆覆盖对油菜单株产量的影响（2014—2015 年）

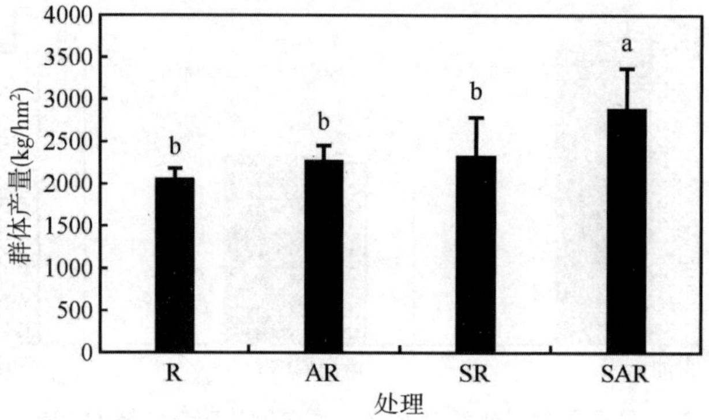

图 6　间作紫云英和秸秆覆盖对油菜群体产量的影响（2015—2016 年）

2.7　油菜产量与农艺性状、根系形态的相关分析

由表 3 可知，油菜单株产量与各农艺性状之间呈正相关，其中与株高呈显著相关（$P<0.05$），与其他农艺性状呈极显著相关（$P<0.01$）。同时，油菜单株产量与总根表面积、平均根系直径、总根体积的正相关性较大，与总根长、根尖数、分枝数和交叉数的相关性较小，其中与总根表面积呈显著相关（$P<0.05$），与总根体积呈极显著相关（$P<0.01$）。

表 3　油菜单株产量与农艺性状、根系形态的相关系数

农艺性状	单株产量	根系形态	单株产量
株高	0.578*	总根长	−0.009
根颈粗	0.827**	总根表面积	0.493*
叶片数	0.770**	平均根系直径	0.426
无柄叶数	0.774**	总根体积	0.659**
一级有效分枝数	0.679**	根尖数	0.089
二级有效分枝数	0.723**	分枝数	0.046
单株角果数	0.880**	交叉数	−0.066

注：* 和 ** 分别表示在 0.05 和 0.01 水平上差异显著。

2.8　油菜各性状的灰色关联评判

由表 4 可知，通过对油菜产量有显著相关或极显著相关的农艺性状和根系形态进行灰色评判分析发现，不同处理间的灰色综合评判值为 NS>PS>NT>PT>FS>FT，总体规律表现为间作优于单作，秸秆覆盖优于无秸秆覆盖。说明间作紫云英和秸秆覆盖的条件下，可以使油菜农艺性状和根系形态更接近最优状态。

表4 不同处理间油菜农艺性状、根系形态的灰色评判分析

处理	关联系数（ξ）									灰色综合评判值 G
	株高（PH）	根颈粗（DRB）	叶片数（LN）	无柄叶数（SLN）	一级有效分枝数（PEBN）	二级有效分枝数（SEBN）	单株角果数（NPP）	总根表面积（TRS）	总根体积（TRV）	
FT	0.807	0.531	0.375	0.357	0.572	0.333	0.386	0.495	0.364	0.483
FS	0.735	0.584	0.468	0.439	0.625	0.421	0.425	0.478	0.477	0.526
PT	0.875	0.598	0.548	0.528	0.597	0.629	0.517	0.765	0.500	0.627
PS	0.875	0.852	0.981	1.000	0.769	1.000	0.979	0.652	0.735	0.870
NT	0.847	0.657	0.597	0.608	0.816	0.629	0.683	1.000	0.544	0.718
NS	1.000	1.000	1.000	0.959	1.000	0.884	1.000	0.762	1.000	0.957
关联度 γ	0.856	0.704	0.662	0.649	0.730	0.649	0.665	0.692	0.603	
权重系数 ω	0.138	0.113	0.107	0.104	0.118	0.105	0.107	0.111	0.097	

注：FT为完全隔根＋无秸秆覆盖；FS为完全隔根＋秸秆覆盖；PT为部分隔根＋无秸秆覆盖；PS为部分隔根＋秸秆覆盖；NT为不隔根＋无秸秆覆盖；NS为不隔根＋秸秆覆盖。

3 讨论

豆科作物与芸薹属作物间作可以提高作物产量的稳定性，增加作物氮素吸收和水分利用效率[15,16]。具体到豆科作物与油菜间作，也的确可以提高其产量，肖靖秀等[17]通过研究蚕豆与油菜的间作系统，发现间作可以提高油菜产量15.6%～44.5%，而且提高了油菜对地表浅层部氮的吸收，同时出现明显的边行效应，这主要是源于油菜对光热资源的竞争优势以及根系互作的促进作用[18]。本研究表明，紫云英与油菜间作明显改善了油菜的生长状况，使油菜增产，这与一些学者的研究结果一致[8,10]。

从紫云英与油菜的间作优势和种间竞争力来看，油菜的竞争力强于紫云英，油菜是优势作物，紫云英处于劣势[10]。间作优势的作物生态基础主要有两个方面，一是地上部光、热资源的充分利用，二是地下部水分和养分资源的充分利用[19,20]。由此，对油菜和紫云英间作来讲，一方面两者生态位互补拓宽了资源和养分利用的空间[21]，油菜的茎直立，地上部高大舒展，相比草本绿肥紫云英更能充分接受光温等资源，同时油菜是直根系，紫云英是须根系，二者结合也能更充分利用土壤养分资源；另一方面根系分泌物等之间的相互作用也可能是间作紫云英促进油菜生长的原因之一[21]。对于油菜间作系统而言，覆盖作物对生化物质（可溶性组分、纤维素、半纤维素、木质素和灰分等）的残留、土壤水分含量或者小气候等因素产生影响[22]，这些因素对矿化作用的控制很重要，也会影响油菜的生长。本研究还发现，在紫云英间作油菜的同时，秸秆覆盖可以进一步提高油菜的增产幅度。目前的研究已经表明秸秆覆盖对油菜的营养生长和生殖生长有显著促进作用，可显著提高油菜的株高，增加分枝数和花序数，进而增加油菜产量[3]。赵小蓉等[2]在成都平原区两熟制稻田（油菜）研究发现，秸秆覆盖措施有利于提高油菜产量，而且免耕覆盖的增产效果更明显，并发现土壤含水率的提高是油菜增产的主要原因。因此，从间作和秸秆覆盖两个因素来看，间作紫云英可能主要通过根系互作产生根系分泌物来促进油菜生长发育[23]，秸秆覆盖则可能主要通过改善土壤水分、调节土壤温度和增加作物水分利用效率来促进油菜生长发育[24,25]。

从本研究油菜生长的角度来看，紫云英和秸秆覆盖促进油菜增产的原因主要是提高了油菜的光合作用强度，提高了油菜的干物质积累，改善了油菜农艺性状；改善了油菜根系形态，尤其是增加了总

根表面积和总根体积。光合作用强度的提高为油菜干物质的积累奠定了基础，最终表现为生殖生长阶段油菜农艺性状的改善；同时，油菜根系形态的改善，尤其是总根表面积和总根体积增加，则直接促进了作物对土壤养分的吸收。

总体来看，本研究主要探讨间作和秸秆覆盖的当季生产效应，而且主要集中在作物的产量性状上，在今后的研究中需要进一步向其他方面深入，比如，间作紫云英产生的何种根系分泌物对油菜生长产生影响，间作紫云英和秸秆覆盖是如何影响油菜对土壤养分的吸收利用的，间作紫云英和秸秆覆盖对后季作物的效应，紫云英是否适合覆盖还田及紫云英覆盖还田的效应，等等。

4 结论

间作紫云英和秸秆覆盖可以改善油菜的根颈粗、叶片数、有效分枝数和单株角果数等农艺性状，并通过提高油菜根系总根长、总根体积、总根表面积和平均根系直径等来改善油菜根系形态。间作紫云英和秸秆覆盖提高了油菜苗期光合作用强度，显著增加了蕾薹期和开花期的根、茎、叶的生物量积累，改善了油菜农艺性状，增加了油菜总根表面积和总根体积，提高了油菜单株产量和群体产量，但对油菜品质的影响较小。在西南地区旱地，间作紫云英是提高油菜产量的可行途径，且结合秸秆覆盖的生产效益更明显。

参考文献

[1] 中华人民共和国国家统计局．中国统计年鉴［M］．北京：中国统计出版社，2016.

[2] 赵小蓉，蒲波，李浩，王昌桃，赵燮京．秸秆覆盖栽培对油菜土壤含水率和产量的影响［J］．西南农业学报，2010，23（2）：354－358.

[3] 薛兰兰，Shakeel Ahmad Aunjum，刘晓建，等．秸秆覆盖对土壤养分和油菜生长发育的影响［J］．农机化研究，2011（2）：110－115.

[4] 蒋声和．开辟油源的良好途径——绿肥田间作油菜［J］．中国农业科学，1955（10）：567－568.

[5] 江西省农业科学院．油菜、紫云英混播试验初步报告［J］．湖北农业科学，1957（5）：310－312.

[6] 李中栋．江西省油菜与紫云英间作、混作的经验［J］．中国农业科学，1957（7）：382－384.

[7] 耿成杰．湖北省油料作物学会举行油菜豆科绿肥混种间作学术讨论会［J］．土壤通报，1963（6）：59.

[8] 周可金，邢君，博毓红，等．油菜与紫云英间混作系统的生理生态效应［J］．应用生态学报，2005，16（8）：1477－1481.

[9] 吴社兰，周可金．油菜与紫云英混作系统的密度效应研究［J］．作物杂志，2008（2）：57－59.

[10] 宋莉，韩上，席莹莹，等．间作对油菜和紫云英生长及产量的影响［J］．中国油料作物学报，2014（36）：231－237.

[11] 曹卫东，黄鸿翔．关于我国恢复和发展绿肥若干问题的思考［J］．中国土壤与肥料，2009（4）：1－3.

[12] Sang Y K，Chang H L，Jessie G，et al. Contribution of winter cover crop amendments on global warming potential in rice paddy soil during cultivation［J］．Plant Soil，2013（366）：273－286.

[13] 周泉，王龙昌，熊瑛，等．绿肥间作和秸秆覆盖对冬季油菜根际土壤有机碳及土壤呼吸的影响［J］．环境科学，2016（37）：1114－1120.

[14] Jeromela A M，Mikić A M，Vujić S，et al. Potential of Legume-Brassica intercrops for forage production and green manure：encouragements from a temperate southeast European environment［J］．Front Plant Sci，2017（8）：312.

[15] Banik P，Sasmal T，Ghosal P K，et al. Evaluation of mustard（Brassica compestris var. Toria）and legume intercropping under 1：1 and 2：1 row replacement series systems［J］．J Agron Crop Sci，2000（185）：9－14.

[16] Devi K N，Shamurailatpam D，Singh T B，et al. Performance of lentil（Lens culinaris M.）and mustard（Brassica juncea L.）intercropping under rainfed conditions［J］．Aust J Crop Sci，2014（8）：284－289.

[17] 肖靖秀，汤利，郑毅．氮肥用量对油菜蚕豆间作系统作物产量及养分吸收的影响［J］．植物营养与肥料学报，2011（17）：1468－1473.

[18] Cadoux S，Sauzet G，Valantin-Morison M，et al. Intercropping frost-sensitive legume crops with winter oilseed rape reduces weed competition，insect damage，and improves nitrogen use efficiency［J］．Oilseeds Fats Crops Lipids，2015，22（3）：D302.

[19] 王秋杰，曹一平，张福锁，等．间套作研究中的统计分析方法［J］．植物营养与肥料学报，1998（4）：176－182.

[20] 廖桂平，官春云．不同播期对不同基因型油菜产量特性的影响［J］．应用生态学报，2001（12）：853－858.

[21] 赵秉强．张福锁，李增嘉．间套作条件下作物根系数量与活性的空间分布及变化规律研究：II. 间作早春玉米根系数量与活性的空间分布及变化规律［J］．作物学报，2001（27）：974－980.

[22] Coppens F，Garnier P，Findeling A，et al. Decomposition of mulched versus incorporated crop residues：modelling with PASTIS clarifies interactions between residue quality and location［J］．Soil Biol Biochem，2007（39）：2339－2350.

[23] Zhang X Q，Huang G Q，Bian X M，et al. Effects of nitrogen fertilization and root interaction on the agronomic traits of intercropped maize，and the quantity of microorganisms and activity of enzymes in the rhizosphere［J］．Plant & Soil，2013（368）：407－417.

[24] 赵聚宝，梅旭荣，薛军红，等．秸秆覆盖对旱地作物水分利用效率的影响［J］．中国农业科学，1996，29（2）：59－66.

[25] 李静静，李从锋，李连禄，等．苗带深松条件下秸秆覆盖对春玉米土壤水温及产量的影响［J］．作物学报，2014（40）：1787－1796.

绿肥间作和秸秆覆盖对冬季油菜根际土壤有机碳及土壤呼吸的影响*

周　泉　王龙昌　熊　瑛　张　赛　杜　娟　赵琳璐

西南大学农学与生物科技学院，南方山地农业教育部工程研究中心，
三峡库区生态环境教育部重点实验室，重庆北碚　400716

摘要： 在全球变暖的大背景下，农田土壤呼吸成为农业碳排放的主要途径，而绿肥对抑制温室气体排放、实现节能减排有巨大潜力。在我国西南紫色土地区，有关绿肥间作条件下的农田土壤呼吸特征尚不明确。通过绿肥紫云英与油菜间作，重点研究了秸秆覆盖条件下紫云英与油菜间作对冬季油菜根际土壤有机碳及土壤呼吸的影响。结果表明，与秸秆覆盖相比，隔根方式成为影响油菜根际土壤有机碳含量的主要因素，绿肥间作使油菜根际土壤有机碳含量显著降低；秸秆覆盖可促进油菜田间土壤呼吸，而绿肥间作抑制了油菜田间土壤呼吸，土壤呼吸受油菜生育阶段影响较大，呈现出先下降后升高再下降的总体特征，且与土壤温度之间表现出回归式抛物线关系，根际呼吸在油菜生长后期成为土壤呼吸的主要成分。

关键词： 根系互作；紫云英；油菜；隔根；碳通量

从18世纪工业革命以来，人类面临着严峻的全球气候变化，如全球变暖、土地退化等。在2014年纽约召开的联合国气候峰会上，科学家们宣布2014年大气中的CO_2水平将达到新高。农业是重要的温室气体排放源，农业源排放的CO_2和CH_4分别占人为温室气体排放量的21%～25%和57%[1]，而农田土壤呼吸也成为农业碳排放的主要途径[2]。但目前对农田土壤呼吸的研究主要集中在春夏秋季[3]，且主要以单作或轮作为主[4-12]，缺乏对冬季低温环境和间作条件下根际土壤有机碳和土壤呼吸的深入探讨。

在全球变化的大背景下，绿肥在为农田提供肥源，减少化肥施用的同时，也可为抑制全球气候变暖做出贡献[13]。绿肥的种植和利用具有提供养分，合理用地养地，部分替代化肥，提供饲草来源，保障粮食安全，改善生态环境，固氮，吸碳及节能减耗等作用[14]，对于应对全球气候变化具有十分重要的意义。然而，自20世纪80年代以来，随着化肥工业的迅猛发展，绿肥生产和应用日益减少。

西南紫色土地区人为活动剧烈，土层浅薄，水土流失严重。近年来的研究表明，该地区以秸秆覆盖、垄作为主的保护性耕作在保土保水，改善土壤肥力，增加固碳潜力，提高作物产量方面的效益显著[15-18]，但对于紫色土丘陵区旱作农田绿肥种植与土壤呼吸特征相结合的研究尚属空白，这也是全球变化背景下亟待探究的学术问题。基于此，本研究以紫云英为主要绿肥作物，通过紫云英与油菜间作，重点研究秸秆覆盖条件下紫云英与油菜间作对冬季旱作农田土壤呼吸特征的影响，一方面为农业高产稳产提供理论依据，另一方面为建立区域农田可持续利用机制和实现清洁生产、节能减排奠定基础。

* **基金项目：** 国家自然科学基金项目（31271673）；公益性行业（农业）科研专项（201503127）

1 材料与方法

1.1 试验地概况

本试验于 2014 年 10 月至 2015 年 4 月在重庆市北碚区西南大学教学试验农场进行。当地多年平均降水量 1 156.8 mm，其中春、夏、秋、冬降水量分别为全年的 25.3%、46.8%、22.5%和 5.4%，年蒸发量 1 181.1 mm，年日照时数在 888.5～1 539.6 h 之间，日照百分率仅为 25%～35%，冬季日照更少，仅占全年的 10%左右。试验所用土壤为旱地紫色土，地力相对均匀。试验前土壤 pH 值 6.47，土壤有机碳 8.40 g/kg，全氮 0.97 g/kg，速效磷 18.13 mg/kg，速效钾 170.13 mg/kg。

1.2 试验设计

采用盆栽试验，绿肥作物为紫云英，主作物为油菜，随机区组排列，2×3 双因素试验设计，3 次重复。

1.2.1 隔根方式

1.2.1.1 完全隔根（F） 用塑料膜完全隔根，相当于单作。

1.2.1.2 尼龙网隔根（P） 用 120 目尼龙网隔根，相当于部分间作。

1.2.1.3 不隔根（N） 不隔根，相当于完全间作。

1.2.2 覆盖方式

1.2.2.1 无覆盖（T） 作物生长期内均不进行秸秆覆盖。

1.2.2.2 覆盖（S） 于作物播种期将相当于 3 750 kg/hm^2 的水稻秸秆均匀覆盖（每盆 0.15 kg）。

1.2.3 共 6 个处理

FT（完全隔根+无覆盖）、FS（完全隔根+覆盖）、PT（尼龙网隔根+无覆盖）、PS（尼龙网隔根+覆盖）、NT（不隔根+无覆盖）、NS（不隔根+无覆盖）。

试验在 160 L 钢化盆内进行，每盆装土 50 kg，施氮肥（N）0.10 g/kg，磷肥（P_2O_5）0.10 g/kg，钾肥（K_2O）0.10 g/kg，肥料为三洋牌 16－16－16 三元素复合肥，所有肥料与土混匀一次施入，分 3 行平行摆布，行间距 1 m×1 m。紫云英和油菜采取条播（间距 20 cm），每盆各播种一行，出苗后每盆各留 2 株油菜（间距 20 cm），作物生长期间土壤相对含水量控制在 60%左右。

1.3 测定指标与方法

1.3.1 土壤有机碳测定

于油菜收获时将植株根系从土壤中挖出（保证根系完整），慢慢抖掉与根系结合比较松散的土壤，然后用经火焰灭菌后的镊子刮取附着在作物根系上的薄层（<10 mm）土壤作为根际土壤，并将取得的土样粉碎混匀，按 4 分法取样，用无菌塑料袋包好，带回实验室后，自然晾干后过 0.25 mm 土筛，用于测定总有机碳。另取 20 g 过 2 mm 土筛的风干土样，按水土比 2∶1 添加蒸馏水，在室温下震荡 30 min（200 r/min），再离心 20 min（4 000 r/min），然后用 0.45 μm 微孔滤膜过滤，滤液用于测定水溶性有机碳。土壤总有机碳和水溶性有机碳采用岛津 TOC 分析仪（TOC－L SSM－5000A and ASI－L，日本 SHIMADZU 公司）测定。经测定试验土壤 pH 值低于 6.5，偏酸性，无机碳含量忽略不计，总碳即为土壤总有机碳含量。

1.3.2 土壤呼吸测定

于油菜苗期、蕾薹期、开花期和角果期各测定一次，测定时间统一为上午 09:00～11:00。测定仪器为 LI6400 便携式光合作用系统连接 6400－09 呼吸室（Li6400－09，LI－COR Inc.，Lincoln,

USA），选取盆内两株油菜之间作为测定点，每个点放自制的 PVC 环，于测定前 1 d 安置好，以减少对土壤的干扰。每个 PVC 环测定 1 次，3 个循环，每个处理 3 次重复，共 9 个数据，取其平均值作为土壤呼吸值。

1.3.3　土壤温度测定

用 LI6400－09 自带的土壤温度探针测定，深度为 10 cm。

1.4　统计分析

用 Excel 2010 和 SPSS 17.0 软件进行数据整理、分析，采用 General Linear Model 进行单变量双因素方差分析，多重比较采用 Duncan's 新复极差法。

2　结果与分析

2.1　油菜根际土壤有机碳

由表 1 可知，隔根方式对油菜根际土壤总有机碳和水溶性有机碳均有极显著影响，而覆盖方式和两因素的交互作用对土壤有机碳的影响不显著。可见，两因素中隔根方式是主效应，对油菜根际土壤有机碳的影响最大。

表 1　两因素间油菜根际土壤有机碳的方差分析（P 值）

因素	总有机碳	水溶性有机碳
隔根方式	0.001**	0.003**
覆盖方式	0.530	0.148
隔根 * 覆盖	0.339	0.944

注：* 表示在 0.05 水平上差异显著（$P<0.05$），** 表示在 0.01 水平上差异显著（$P<0.01$），下同。

由图 1 可知，不同处理对油菜根际土壤总有机碳和水溶性有机碳均有显著影响。对总有机碳，在相同隔根条件下，覆盖与否对总有机碳的影响均不显著；而不论是否覆盖，不隔根条件下的油菜根际土壤总有机碳显著低于完全隔根。对水溶性有机碳，均表现出不覆盖处理>覆盖处理，完全隔根>尼龙网隔根>不隔根，且覆盖与否差异不显著，不隔根条件下的油菜根际土壤水溶性有机碳显著低于完全隔根。说明绿肥间作显著影响了油菜根际的土壤有机碳含量，促进了油菜对碳源的吸收利用效率，而这个结论与本研究土壤呼吸的变化关系密切。

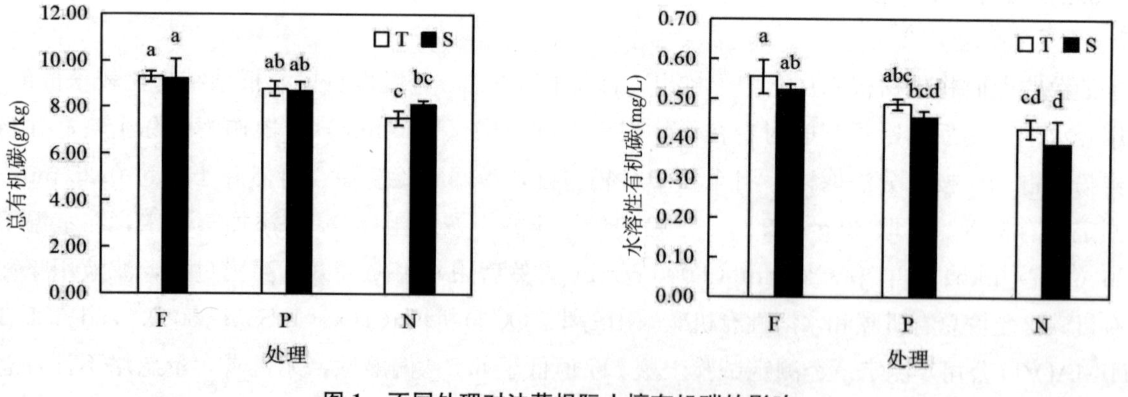

图 1　不同处理对油菜根际土壤有机碳的影响

注：图中不同字母表示对 6 个处理进行多重比较时，在 0.05 水平上差异显著（$P<0.05$）。下同。

2.2 土壤呼吸

由表2可知，隔根和覆盖两个因素在不同生育阶段对土壤呼吸的影响不同，对开花期的影响最大。在苗期，仅隔根方式对土壤温度的影响显著。在蕾薹期，两因素均对土壤碳通量的影响达到显著水平。在开花期，隔根仅对土壤碳通量影响极显著，而覆盖对土壤温度和碳通量均影响极显著，同时两因素对碳通量影响的交互作用也达到显著水平。在角果期，仅覆盖对土壤碳通量的影响达到显著水平。说明覆盖是影响土壤呼吸的主效应，而绿肥间作对土壤呼吸的影响受到作物生长状况的影响较大。

表2　两因素间油菜土壤呼吸的方差分析（*P* 值）

因素		苗期	蕾薹期	开花期	角果期
土壤温度	隔根方式	0.024*	0.195	0.551	0.455
	覆盖方式	0.111	0.050	0.002**	0.203
	隔根*覆盖	0.567	0.765	0.655	0.932
土壤碳通量	隔根方式	0.290	0.017*	0.003**	0.219
	覆盖方式	0.300	0.019*	0.000**	0.000**
	隔根*覆盖	0.893	0.126	0.015*	0.152

2.2.1 土壤温度

通过对各处理之间的多重比较发现（图2），不同生育期各处理之间的土壤温度差异不同。在苗期，覆盖条件下的绿肥间作显著降低了土壤温度。在蕾薹期，绿肥间作和覆盖对土壤温度的影响均不显著。在开花期，在单作或部分间作下覆盖均可显著提高土壤温度。而在角果期，各处理间差异均不显著。由此可见，秸秆覆盖可提高冬季农田土壤温度，而绿肥间作在一定程度上削弱了秸秆覆盖的增温效应。

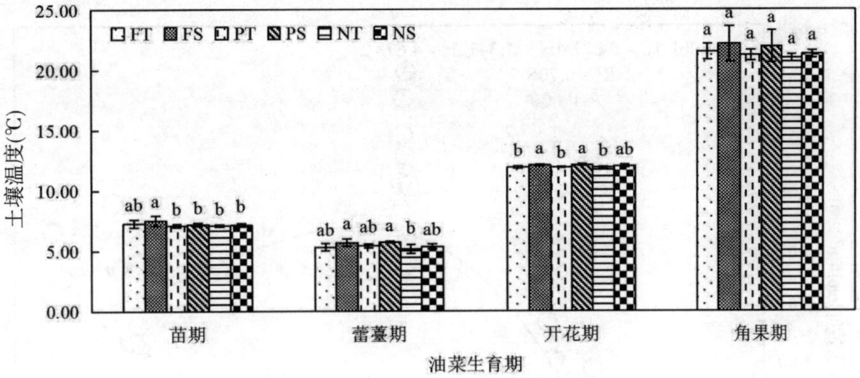

图2　不同处理对土壤温度的影响

2.2.2 土壤碳通量

由图3可知，油菜整个生育期土壤碳通量的表现与土壤温度不同，呈现出先下降后升高再下降的总体趋势，其中蕾薹期最低，开花期最高，且油菜生长期间秸秆覆盖处理的土壤碳通量均高于不覆盖处理。在苗期，各处理间差异均不显著。在蕾薹期，秸秆覆盖条件下单作和部分间作的土壤碳通量显著增大。在开花期，秸秆覆盖条件下单作、部分间作和完全间作的土壤碳通量依次下降，且差异显著。在角果期，各处理间土壤碳通量与开花期规律相似。由此可见，在单作或部分间作条件下秸秆覆盖可显著增加土壤碳通量，而在秸秆覆盖条件下绿肥间作可显著降低土壤碳通量。说明绿肥间作与秸秆覆盖对土壤碳通量的影响相反，绿肥间作可降低土壤碳通量，起到降低碳排放的作用。

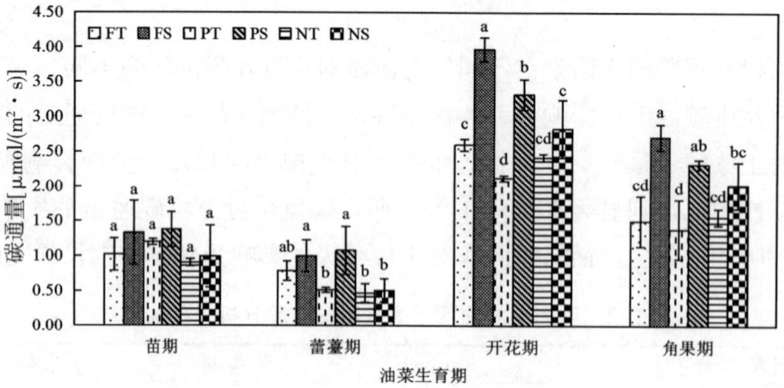

图 3　不同处理对土壤碳通量的影响

2.3　土壤呼吸与土壤温度的关系

本研究测定的是冬季农田油菜生长季的土壤呼吸特征，在整个油菜生长季土壤温度的变化规律是蕾薹期<苗期<开花期<角果期，而土壤碳通量的变化规律是蕾薹期<苗期<角果期<开花期，两者在角果期时的变化规律出现明显不一致。

对此，通过土壤碳通量与土壤温度之间的回归模型模拟发现（图 4），两者之间存在极显著的三次曲线关系（P=0.000）。土壤呼吸主要由微生物呼吸和根系呼吸组成，由于盆栽试验中土壤呼吸受作物根系呼吸的影响较大，这个拟合程度较高（R^2=0.708 2）的回归式抛物线较好地解释了在冬季油菜生长季土壤呼吸先降后升再降的关系。说明在角果期，虽然土壤温度不断升高，但作物临近收获，根系活力的下降导致根系呼吸呈现逐渐下降的态势。

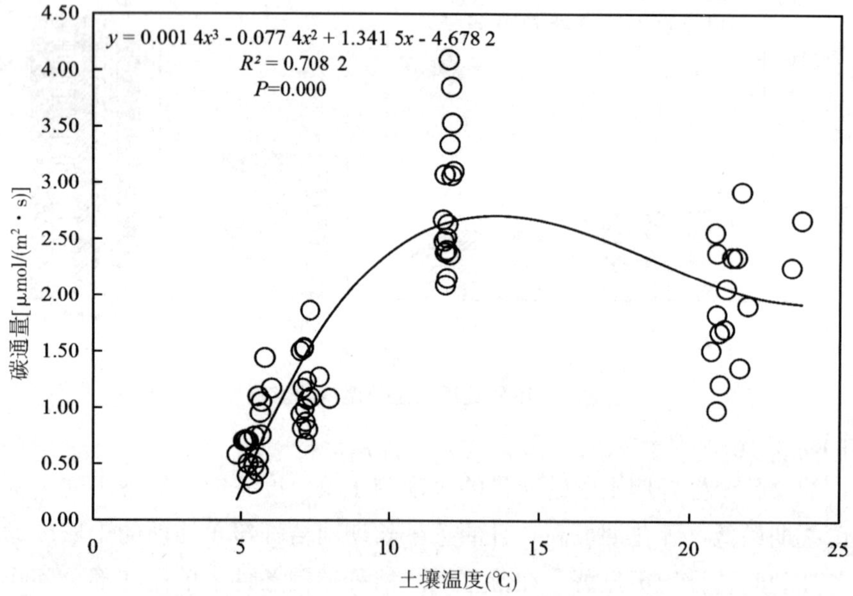

图 4　土壤呼吸与土壤温度的关系

3　讨论

3.1　绿肥间作和秸秆覆盖下的油菜根际土壤有机碳特征

一般来讲，土壤有机碳含量比较稳定，在一个生长季内的变化较小，但本试验研究的是盆栽条件下的根际土壤有机碳，它受根际分泌物及根际微环境，例如微生物等的影响较大，在一个生长季内产生差异是正常的。本研究表明，与秸秆覆盖相比，隔根方式成为影响油菜根际土壤有机碳含量的主要因素，油菜根际土壤有机碳含量的显著降低，说明了绿肥间作促进了油菜对根际碳源的吸收利用。从紫云英与油菜的间作优势和种间竞争力来看，油菜是优势作物，紫云英处于劣势[21]，间作优势的作物生态基础之一就是对养分资源的充分利用[22,23]。由此，对油菜和紫云英间作来讲，紫云英的根系分泌物对油菜生长产生了影响，两者生态位互补拓宽了油菜对养分利用的空间[24]，进而影响了油菜对根际碳源的吸收利用。

另外，本研究中绿肥间作下油菜根际土壤有机碳含量的下降，与油菜田间土壤呼吸的变化密切相关。一方面土壤有机碳为微生物活动提供能源[25]，另一方面土壤有机碳与土壤微生物量一般呈正相关的关系[26]，因此，油菜根际土壤有机碳的降低反映了土壤微生物的状况。同时，由于微生物呼吸又是土壤呼吸的重要组成部分，所以土壤有机碳的降低也会导致土壤呼吸的下降，这与本研究对土壤呼吸特征的研究结果一致。

3.2 绿肥间作和秸秆覆盖下的油菜田间土壤呼吸特征

本研究发现，秸秆覆盖可提高冬季农田土壤温度，而绿肥间作在一定程度上削弱了秸秆覆盖的增温效应。一般来讲，秸秆覆盖在低温下具有保温作用，在高温下具有降温作用[27]。目前，在小麦、棉花、玉米、大豆等作物上发现，秸秆覆盖与无覆盖相比，都会出现前期低温季节增温、后期高温季节降温的双重效应，并能平抑地温在季节间和昼夜间的剧烈变化，这种双重效应被认为是覆盖增产的重要机制[28−37]。本研究得出的秸秆覆盖在冬季低温下可提高土壤温度的结果与一般研究结果一致。另外，目前对果麦、林草等农林间作系统的研究结果表明，间作能够降低土壤温度[38−40]，这与本研究中绿肥间作对土壤增温有削弱作用一致。因此，当绿肥间作与秸秆覆盖相结合，可以平稳地抑制土壤温度在季节间和昼夜间的剧烈变化，增强了土壤温度的稳定性。

本研究还发现，不同处理下油菜根际土壤的呼吸特征表现为先降后升再降的趋势，这与徐志波等[41]对油菜田间土壤呼吸的研究结果一致。目前，对冬季农田土壤呼吸的研究主要集中在冬小麦生长季[42−45]，发现冬小麦生长季的土壤呼吸特征表现为前期与土壤温度的变化一致，在后期出现下降的趋势，与本研究油菜田间土壤呼吸的变化趋势相似。说明在一定范围内土壤呼吸与土壤温度呈正相关，但同时与作物的生长息息相关。因为土壤呼吸主要包括根系呼吸、微生物分解根系来源物质和微生物分解土壤有机质，前两部分合称为根际呼吸，而根际呼吸占土壤呼吸的60%以上[46,47]，尤其是盆栽条件下土壤呼吸则主要受到根际呼吸控制[48]，在作物生长后期作物生命力（根系活力）下降必然导致土壤呼吸的下降。

土壤温度与土壤呼吸的关系常采用Q10值表示，即温度每增加10℃土壤呼吸增加的倍数，是呼吸速率对温度变化的敏感性指标[19]。以往的研究表明，土壤温度与土壤呼吸之间通常为指数关系[20]，但这往往是比较理想的状态下。实际上两者之间的关系具有多样化，目前主要有线性模型、指数模型和乘幂模型等，其中以指数模型最常见[49]，但在冬季低温环境下，简单的指数模型对温度的响应太敏感[50]，有学者就研究发现在低温环境下土壤呼吸与土壤温度存在二次曲线关系[51]，另外，针对我国农田土壤呼吸，有研究表明虽然土壤呼吸与土壤温度呈指数关系，但在西南地区的土壤呼吸年际变化却呈现双峰模型[52]。由此可见，土壤呼吸与土壤温度的关系非常紧密，但也存在很多的不确定性。本研究在探讨油菜田间土壤呼吸与土壤温度的关系时，发现二者间呈三次曲线关系（回归式抛物线），一方面土壤呼吸在冬季油菜生长季出现一个峰值后下降的表现与上述对西南地区的研究结果[52]基本吻合，另一方面由于是盆栽试验，作物根际呼吸的贡献率比大田要高，必然也会对土壤呼吸和温度的关系产生影响，油菜生长后期根系活力下降导致的土壤呼吸的下降也从实际中反映的这种关系。

总的来看，在探讨绿肥间作与秸秆覆盖对油菜根际土壤有机碳和土壤呼吸的影响方面，还有很多问题需要深入研究，如绿肥间作下油菜根系呼吸的动态变化及其对土壤呼吸的贡献；绿肥间作下的土壤微生物及其呼吸特征；绿肥间作下的农田碳平衡特征，等等。

4 结论

与秸秆覆盖相比，隔根方式成为影响油菜根际土壤有机碳含量的主要因素，绿肥间作使油菜根际土壤有机碳含量显著降低；秸秆覆盖可促进油菜田间土壤呼吸，而绿肥间作抑制了油菜田间土壤呼吸，土壤呼吸受油菜生育阶段影响较大，呈现出先下降后升高再下降的总体特征，且与土壤温度之间表现出回归式抛物线关系，根际呼吸在油菜生长后期成为土壤呼吸的主要成分。

参考文献

[1] 林而达，李玉娥，郭李萍，等．中国农业土壤固碳潜力与气候变化［M］．北京：科学出版社，2005.

[2] Raich J W，Tufekcioglu A. Vegetation and soil respiration：correlations and controls［J］．Biogeochemistry，2000，48（1）：71－90.

[3] 王娓，汪涛，彭书时，等．冬季土壤呼吸：不可忽视的地气 CO_2 交换过程［J］．植物生态学报，2007，31（3）：394－402.

[4] 杨兰芳，蔡祖聪．不同生长期盆栽大豆的土壤呼吸昼夜变化及其影响因子［J］．生态学报，2004，24（12）：2955－2960.

[5] 张庆忠，吴文良，王明新，等．秸秆还田和施氮对农田土壤呼吸的影响［J］．生态学报，2005，25（11）：1883－1887.

[6] 乔云发，苗淑杰，王树起，等．不同施肥处理对黑土土壤呼吸的影响［J］．土壤学报，2007，44（6）：1028－1035.

[7] 李建敏，丁维新，蔡祖聪．氮肥对玉米生长季土壤呼吸的影响［J］．应用生态学报，2010，21（8）：2025－2030.

[8] 胡正华，李涵茂，杨燕萍，等．UV-B 辐射增强与秸秆施用对大豆田土壤呼吸的影响［J］．环境科学，2010，31（7）：1638－1642.

[9] 刘爽，严昌荣，何文清，等．不同耕作措施下旱地农田土壤呼吸及其影响因素［J］．生态学报，2010，30（11）：2919－2924.

[10] 张俊丽，Sikander K T，温晓霞，等．不同耕作方式下旱作玉米田土壤呼吸及其影响因素［J］．农业工程学报，2012，28（18）：192－199.

[11] 刘艳，陈书涛，胡正华，等．模拟增温对冬小麦—大豆轮作农田土壤呼吸的影响［J］．环境科学，2012，33（12）：4206－4211.

[12] 任志杰，高兵，黄涛，等．不同轮作和管理措施下根系呼吸对土壤呼吸的贡献［J］．环境科学学报，2014，34（9）：2367－2375.

[13] Sang Y K，Chang H L，Jessie G，et al. Contribution of winter cover crop amendments on global warming potential in rice paddy soil during cultivation［J］．Plant Soil，2013（366）：273－286.

[14] 曹卫东，黄鸿翔．关于我国恢复和发展绿肥若干问题的思考［J］．中国土壤与肥料，2009（4）：1－3.

[15] 黄承建，赵思毅，王龙昌，等．马铃薯/玉米套作对马铃薯品种光合特性及产量的影响［J］．作物学报，2013，39（2）：330－342.

[16] 王龙昌，邹聪明，张云兰，等．西南“旱三熟”地区不同保护性耕作措施对农田土壤生态效应及生产效益的影响［J］．作物学报，2013，39（10）：1880－1890.

[17] 张赛，王龙昌，周航飞，等．西南丘陵区不同耕作模式下玉米田土壤呼吸及影响因素［J］．生态学报，2014，34（21）：6244－6255.

[18] 张赛，王龙昌，黄召存，等．土壤活性有机碳不同组分对保护性耕作的响应［J］．水土保持学报，2015，29（2）：

226-231.

[19] Simmons J A, Fernandez I J, Briggs R D, et al. Forest floor carbon pools and fluxes along a regional climate gradient in Maine, USA [J]. Forest Ecology and Management, 1996, 84 (1-3): 81-95.

[20] Luo Y Q, Wan S Q, Hui D F, et al. Acclimatization of soil respiration to warming in a tall grass prairie [J]. Nature, 2001, 413 (6856): 622-625.

[21] 宋莉，韩上，席莹莹，等．间作对油菜和紫云英生长及产量的影响 [J]. 中国油料作物学报，2014，36 (2)：231-237.

[22] 廖桂平，官春云．不同播期对不同基因型油菜产量特性的影响 [J]. 应用生态学报，2001，12 (6)：853-858.

[23] 王秋杰，曹一平，张福锁，等．间套作研究中的统计分析方法 [J]. 植物营养与肥料学报，1998，4 (2)：176-182.

[24] 赵秉强，张福锁，李增嘉．间套作条件下作物根系数量与活性的空间分布及变化规律研究．Ⅱ．间作早春玉米根系数量与活性的空间分布及变化规律 [J]. 作物学报，2001，27 (6)：974-980.

[25] 贾丙瑞，周广胜，王风玉，等．土壤微生物与根系呼吸作用影响因子分析 [J]. 应用生态学报，2005，16 (8)：1547-1552.

[26] 沈程文，肖润林，徐华勤，等．覆盖与间作对亚热带丘陵区茶园土壤微生物量的影响 [J]. 水土保持学报，2006，20 (3)：141-144.

[27] 刘炜，高亚军，杨君林，等．旱地冬小麦返青前秸秆覆盖的土壤温度效应 [J]. 干旱地区农业研究，2007，25 (4)：197-201.

[28] Gao L N, Chen S Y, Zhang X Y, et al. Effect of mulching on soil temperature and crop growth of winter wheat in plain of North China [J]. Agriculture Research in the Arid Areas, 2009, 27 (1): 107-113.

[29] Gan Y T, Siddique K H M, Turner N C, et al. Chapter Seven-Ridge-Furrow Mulching Systems-An Innovative Technique for Boosting Crop Productivity in Semiarid Rain-Fed Environments [J]. Advances in Agronomy (Book series), 2013, 118: 429-476.

[30] Zhang S L, Lovdahl L, Grip H, et al. Effects of mulching and catch cropping on soil temperature, soil moisture and wheat yield on the Loess Plateau of China [J]. Soil & Till Research, 2009 (102): 78-86.

[31] Hu M F, Tian C Y. The temperature effects of membrane coverage on cultivated soil of cotton field in Xinjiang [J]. Chinese Journal of Eco-Agriculture, 2003, 11 (3): 128-130.

[32] Chen H H, Chai S X, Huang C X, et al. Effect of plastic film mulching on soil temperature of spring wheat in dryland [J]. Journal of Gansu Agriculture University, 2013, 48 (1): 63-67.

[33] Yuan X F, Wu P T, Wang Y K, et al. Soil moisture conserving irrigation under straw mulch with no-tillage [J]. Transactions of the CSAE, 2006, 22 (7): 22-26.

[34] Liu D Q, Xin S G, Zhang S G. Effects of difference mulching on the soil environment and cotton yield of cotton in dryland field [J]. Agricultural Research in the Arid Areas, 2003, 21 (2): 18-21.

[35] Cao J S, Zhou X, Zhang W J, et al. Effects of mulching on soil temperature and moisture in the rainfed farmland of summer corn in the Taihang Mountain of China [J]. Journal of Food Agriculture and Environment, 2012, 10 (1): 519-523.

[36] Dang Z P, Liu WG , Zhou J M, et al. Effects of different mulching models on increasing soil temperature in winter wheat of Weibei dryland [J]. Acta Agriculture Boreali-occidentalis Sinica, 2007, 16 (2): 24-27.

[37] Liu W, Gao Y J, Yang J L, et al. Effect of straw mulching on soil temperature before the greening stage of winter wheat in dryland [J]. Agricultural Research in the Arid Areas, 2007, 25 (4): 197-201.

[38] 黄爱军，乔旭，陈兴武，等．果麦间作系统小气候特征研究 [J]. 中国农业大学学报，2013，18 (6)：88-95.

[39] 彭晚霞，宋同清，肖润林，等．覆盖与间作对亚热带丘陵茶园地温时空变化的影响 [J]. 应用生态学报，2006，17 (5)：778-782.

[40] 宋同清，王克林，彭晚霞，等．亚热带丘陵茶园间作白三叶草的生态效应［J］．生态学报，2006，26（11）：3647-3655.

[41] 徐志波，江长胜，郝庆菊，等．稻一油轮作农田油菜生长季土壤呼吸作用及其影响因素分析［J］．中国生态农业学报，2012，20（12）：1599-1605.

[42] 高会议，郭胜利，刘文兆，等．黄土旱塬区冬小麦不同施肥处理的土壤呼吸及土壤碳动态［J］．生态学报，2009，29（5）：2551-2559.

[43] 张宇，张海林，陈继康，等．耕作方式对冬小麦田土壤呼吸及各组分贡献的影响［J］．中国农业科学，2009，42（9）：3354-3360.

[44] 上官宇先，师日鹏，韩坤，等．垄沟覆膜栽培冬小麦田的土壤呼吸［J］．生态学报，2012，32（18）：5729-5737.

[45] 张赛，王龙昌，黄召存，等．保护性耕作下小麦田土壤呼吸及碳平衡研究［J］．环境科学，2014，35（6）：2419-2425.

[46] Shenglei F，Weixin C，Susfalk R. Rhizosphere respiration varies with plant species and phenology：a greenhouse pot experiment［J］. Plant and Soil，2002，239：133-140.

[47] Domanski G，Kuzyakov Y，Siniakina S V，et al. Carbon flows in the rhizosphere of ryegrass（Lolium perenne）［J］. J. Plant Nutr. Soil Sci.，2001，164：381-387.

[48] 杨兰芳，蔡祖聪．不同生长期盆栽大豆的土壤呼吸昼夜变化及其影响因子［J］．生态学报，2004，24（12）：2955-2960.

[49] 梁贻仓，李佩茹．农田土壤呼吸研究进展［J］．中国人口·资源与环境，2014，24（5）：279-281.

[50] Luo Y Q，Zhou X H. Soil Respiration and the Environment［J］. San Diego：Elsevier Inc，2006：215-230.

[51] 李荣平，周广胜，王宇．中国东北玉米农田生态系统非生长季土壤呼吸作用及其对环境因子的响应［J］．科学通报，2010，55（13）：1247-1254.

[52] 江国福，刘畅，李金全，等．中国农田土壤呼吸速率及驱动因子［J］．中国科学：生命科学，2014，44（7）：725-735.

间作绿肥对油菜根际土壤碳氮及根际微生物的影响*

周　泉　张小短　马淑敏　邢　毅　陈　娇　石　超　王龙昌*

西南大学农学与生物科技学院，三峡库区生态环境教育部重点实验室，
南方山地农业教育部工程研究中心，重庆北碚　400716

摘要： 在我国西南紫色土地区，农田生态环境极为脆弱，绿肥应用也面临严峻问题。为改善农田土壤健康状况，探索绿肥的应用途径，通过紫云英与油菜间作，重点探讨了绿肥紫云英对油菜根际土壤碳氮及其微生物特征的影响，同时与秸秆覆盖的效应作了比较，其创新性在于将绿肥紫云英应用于西南旱地，并且为建立新的油菜种植模式作铺垫。结果表明：与秸秆覆盖相比，间作绿肥紫云英是影响油菜根际土壤环境的主要因素。间作紫云英减少了油菜根际土壤碳、氮含量，改变了油菜根际土壤碳氮比。间作紫云英也减少了油菜根际土壤微生物量，改变了油菜根际土壤微生物群落结构，改善了油菜根际土壤通气状况，抑制了厌氧细菌的生长。

关键词： 紫云英；秸秆覆盖；根系互作；有机碳；微生物

中国是利用绿肥最早的国家，早在公元前1000年就开始利用除掉的杂草来养地，公元前300年就有关于利用栽培作物做绿肥的记载[1]。绿肥具有提供养分，合理用地养地，部分替代化肥，提供饲草来源，保障粮食安全，改善生态环境，固氮，吸碳及节能减耗等作用[2]，也可为抑制全球气候变暖做出贡献[3]。然而，自20世纪80年代以来，随着化肥工业的迅猛发展，绿肥应用面临严峻考验。

研究发现，间作优势产生的主要生态机制是生态位分离，实现资源利用最大化[4,5]，而这种间作效益的产生与土壤环境的改变密不可分[6]。土壤微生物作为评价土壤健康的重要指标之一[7]，作用于土壤物质转化和能量流动，并参与许多重要的生物化学反应[8]。目前，我国北方普遍实施的间作模式是玉米和豆科作物间作，在南方尤其在我国生态环境脆弱的西南紫色土地区，各种间作模式潜力巨大。目前，西南紫色土地区以秸秆覆盖、垄作为主的保护性耕作在保土保水，改善土壤肥力，增加固碳潜力，提高作物产量方面的效益显著[9−11]，但对于农田绿肥尤其是冬季绿肥，与主作物间作的研究尚属空白。基于此，本研究以紫云英为主要绿肥作物，通过紫云英与油菜间作，重点探讨了绿肥紫云英对油菜根际土壤碳氮及其微生物特征的影响，同时与秸秆覆盖的效应作了比较，一方面为油菜高产稳产提供理论支撑，另一方面为建立新的农田可持续利用模式奠定基础。

1　材料与方法

1.1　试验地概况

本试验在中国重庆市北碚区西南大学教学试验农场进行。当地多年平均降水量1 156.8 mm，其中

* **基金项目：** 公益性行业（农业）科研专项（201503127）；国家自然科学基金项目（31271673）

春、夏、秋、冬降水量分别为全年的25.3%、46.8%、22.5%和5.4%，年蒸发量1181.1 mm，年日照时数在888.5～1539.6 h之间，日照百分率仅为25%～35%，冬季日照更少，仅占全年的10%左右。试验所用土壤为旱地紫色土，地力相对均匀。试验前土壤pH值6.47，土壤有机质28.00 g/kg，全氮1.68 g/kg，全磷1.46 g/kg，全钾34.54 g/kg，碱解氮38.23 mg/kg，速效磷18.13 mg/kg，速效钾170.13 mg/kg。

1.2 试验设计

采取桶栽试验，绿肥作物为紫云英，主作物为油菜，于2014年11月4日播种，2015年4月19日收获，随机区组排列，2×3双因素试验设计，3次重复。

1.2.1 隔根方式

1.2.1.1 完全隔根（F） 用塑料膜完全隔根，无根系互作。

1.2.1.2 尼龙网隔根（P） 用120目尼龙网隔根，根系部分互作，养分互通。

1.2.1.3 不隔根（N） 不隔根，根系完全互作。

1.2.2 覆盖方式

1.2.2.1 无覆盖（T） 作物生长期内均不进行秸秆覆盖。

1.2.2.2 覆盖（S） 于作物播种期将相当于3750 kg/hm^{2}的水稻秸秆均匀覆盖（0.15 kg/桶）。

在160 L钢化桶内进行，每桶装土50 kg，施氮肥（N）0.10 g/kg，磷肥（P_2O_5）0.10 g/kg，钾肥（K_2O）0.10 g/kg，肥料为三洋牌16－16－16三元素复合肥，所有肥料与土混匀于播种前一次施入，分3行平行摆布，行间距1 m×1 m。紫云英和油菜采取条播，间距20 cm，每桶各播种一行，出苗后每桶各留2株油菜，间距20 cm。

1.3 测定指标与方法

1.3.1 土壤样品采集

于油菜收获时取根际土壤样品，将植株根系用铁铲从土壤中挖出，保证根系完整，慢慢抖掉与根系结合比较松散的土壤，然后用经火焰灭菌后的镊子刮取附着在作物根系上的薄层（<10 mm）土壤作为根际土壤，并将取得的土样粉碎混匀，按4分法取样，用无菌塑料袋包好，带回实验室。一部分自然晾干用于根际土壤总有机碳、水溶性有机碳和全氮的测定；另一部分迅速过筛，除去杂物后，分别取15～20 g根际土壤保存在4℃冰箱内，用于土壤微生物的测定。

1.3.2 土壤有机碳测定

将自然晾干后的根际土壤过0.25 mm土筛，用于测定总有机碳；另取20 g过2 mm土筛的风干土样，按水土比2∶1添加蒸馏水，在室温下震荡30 min（200 r/min），再离心20 min（4000 r/min），然后用0.45 μm微孔滤膜过滤，滤液用于测定水溶性有机碳。土壤总有机碳和水溶性有机碳采用岛津TOC分析仪（TOC－L SSM－5000A and ASI－L，日本SHIMADZU公司）测定。经测定试验土壤pH值低于6.5，偏酸性，无机碳含量忽略不计，总碳即为土壤总有机碳含量。

1.3.3 土壤全氮测定

采用半微量开氏法，使用全自动凯氏定氮仪（Kjeltec™ 2300，FOSS）进行分析测定。

1.3.4 土壤微生物测定

采用修正的Bligh－Dyer方法，用Agilent 6850气相色谱仪（FID检测器）分析PLFA的成分。色谱条件为HP－5柱（25.0 m×200 μm×0.33 μm）。各成分脂肪酸通过MIDI Sherlock微生物鉴定系统（6.1，MIDI，Inc.，Newark，DE）进行，标准品购于美国MIDI公司的C9－C20的脂肪酸甲酯，PL-

FA 用 C19：0 做内标，换算 PLFA 的绝对含量。在检测到的所有脂肪酸中，代表细菌的脂肪酸有 i15：0，a15：0，i16：0，16：1w9c，i17：0，a17：0，17：0，cy17：0，18：1w7c，cy19：0w8c[12]；代表真菌的脂肪酸有 18：2w6，9c[12]；代表放线菌的脂肪酸有 10Me17：0，10Me18：0[13]；代表革兰阳性菌的脂肪酸用 iso 或 anteiso 进行标记[14]；代表革兰阳性菌的脂肪酸为 cy17：0[14]；代表丛枝菌根的脂肪酸用 16：lw5 进行标记[15]。

1.4 统计分析

用 Excel 和 SPSS 软件进行数据整理、分析，采用 General Linear Model 进行单变量双因素方差分析，多重比较采用 Duncan's 新复极差法。

2 结果与分析

2.1 油菜根际土壤碳氮特征

与秸秆覆盖相比，隔根方式对油菜根际土壤碳、氮均有显著影响。其中，隔根方式对油菜根际土壤总有机碳和水溶性有机碳均有极显著影响（$P<0.01$），对土壤全氮、碳氮比均有显著影响（$P<0.05$），而覆盖方式和两因素的交互作用对土壤碳、氮的影响不显著。可见，两因素中隔根方式是主效应，即间作绿肥紫云英对油菜根际土壤碳、氮均有显著影响（表 1）。

对总有机碳，在相同的隔根条件下，秸秆覆盖与否对总有机碳的影响均不显著；而不论是否秸秆覆盖，无隔根条件下的油菜根际土壤总有机碳显著低于完全隔根。秸秆覆盖与否对水溶性有机碳差异不显著，无隔根条件下的油菜根际土壤水溶性有机碳显著低于完全隔根。对土壤全氮，仅秸秆覆盖条件下的完全隔根处理与无秸秆覆盖条件下的无隔根处理有显著差异。对土壤 C/N 比，无秸秆覆盖完全隔根、秸秆覆盖半隔根处理分别与无秸秆覆盖无隔根处理有显著差异。说明间作绿肥紫云英显著影响了油菜根际的土壤碳氮含量，影响了油菜对根际土壤碳氮的吸收利用（表 1）。

表 1 不同处理对油菜根际土壤碳氮的影响

处理	总有机碳（g/kg）	水溶性有机碳（mg/L）	全氮（g/kg）	碳氮比
FT	9.29±0.23a	0.56±0.04a	1.05±0.06ab	8.85±0.40a
FS	9.21±0.85a	0.52±0.00ab	1.07±0.13a	8.64±0.34ab
PT	8.79±0.31ab	0.49±0.01abc	1.02±0.03ab	8.59±0.42ab
PS	8.69±0.39ab	0.45±0.02bcd	0.99±0.02ab	8.79±0.59a
NT	7.55±0.30c	0.43±0.02cd	0.93±0.04b	8.10±0.04b
NS	8.12±0.16bc	0.39±0.06d	0.97±0.03ab	8.38±0.08ab
隔根方式	0.001**	0.003**	0.035* 0.030*	
覆盖方式	0.530	0.148	0.810	0.563
隔根×覆盖	0.339	0.944	0.602	0.358

注：FT 表示完全隔根＋无覆盖；FS 表示完全隔根＋覆盖；PT 表示尼龙网隔根＋无覆盖；PS 表示尼龙网隔根＋覆盖；NT 表示不隔根＋无覆盖；NS 表示不隔根＋覆盖。表中不同字母表示在 0.05 水平上差异显著（$P<0.05$），* 表示在 0.05 水平上差异显著（$P<0.05$），** 表示在 0.01 水平上差异显著（$P<0.01$）。下同。

2.2 油菜根际土壤微生物量

由图 1 可知，在相同的隔根条件下，是否秸秆覆盖对油菜根际土壤微生物量的影响均不显著，仅在完全隔根条件下的微生物量显著高于无隔根处理，可见隔根方式是主效应，对油菜根际土壤微生物量有显著影响（$P<0.05$），而覆盖方式和两因素的交互作用对土壤微生物量的影响不显著。说明间作紫云英显著影响了油菜根际土壤微生物量，使之明显减少。

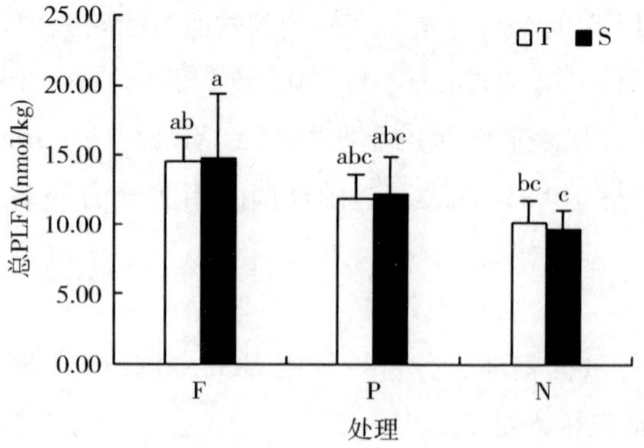

图 1 不同处理对油菜根际土壤总微生物量的影响

注：图中不同字母表示在 0.05 水平上差异显著（$P<0.05$）。

不同处理间油菜根际土壤细菌、真菌、放线菌含量均不同，其中完全隔根处理的根际土壤细菌含量显著高于无隔根处理，秸秆覆盖条件下完全隔根处理的真菌含量显著高于无秸秆覆盖条件下的半隔根和无隔根处理，无秸秆覆盖条件下完全隔根处理的放线菌含量则显著高于秸秆覆盖条件下的无隔根处理。对于 AM 菌根，也是完全隔根处理显著高于无隔根处理。此外，不同处理也改变了油菜根际土壤的真菌细菌比，其中秸秆覆盖条件下半隔根处理的真菌细菌比与无秸秆覆盖条件下的完全隔根和半隔根处理显著不同（表 2）。

另外，对于革兰阳性菌和革兰阴性菌，无秸秆覆盖条件下完全隔根处理的革兰阳性菌含量显著高于秸秆覆盖条件下的无隔根处理，完全隔根处理的革兰阴性菌含量则显著高于无隔根处理。同时，不同处理间革兰阳性菌、革兰阴性菌也发生变化，同样是完全隔根处理与无隔根处理显著不同。

表 2 不同处理对各类微生物含量的影响

处理	细菌/(nmol·g^{-1})	真菌/(nmol·g^{-1})	放线菌/(nmol·g^{-1})	AM 菌根/(nmol·g^{-1})	真菌/细菌	革兰阳性菌/(nmol·g^{-1})	革兰阴性菌/(nmol·g^{-1})	革兰阳性菌/革兰阴性菌
FT	5.64±0.53a	0.20±0.02ab	0.60±0.03a	0.70±0.17a	0.034±0.007b	5.51±0.88a	0.57±0.08a	9.73±0.19c
FS	5.58±1.60a	0.31±0.16a	0.47±0.10ab	0.71±0.29a	0.053±0.014ab	5.27±1.18ab	0.54±0.30ab	10.78±3.71bc
PT	4.79±0.73ab	0.18±0.03b	0.58±0.07ab	0.40±0.09ab	0.038±0.001b	4.88±0.35ab	0.37±0.13abc	13.79±3.11ab
PS	4.79±1.04ab	0.29±0.01ab	0.54±0.11ab	0.42±0.14ab	0.063±0.017a	4.77±0.98ab	0.39±0.18abc	13.32±3.66ab
NT	4.08±0.68b	0.18±0.01b	0.49±0.07ab	0.31±0.05b	0.045±0.003ab	4.30±0.81ab	0.28±0.06c	15.80±0.81a
NS	3.88±0.47b	0.19±0.04ab	0.44±0.06b	0.30±0.09b	0.050±0.012ab	3.84±0.62b	0.30±0.08bc	13.10±2.32ab

2.3 油菜根际土壤微生物群落结构特征

不同处理间微生物群落结构组成有很大差异。通过主成分分析发现（图 2），前三个主成分的解释度达到了 87.71%，其中第一主成分和第二主成分的贡献值分别为 41.95%和 30.47%，第三主成分的贡献值为 15.28%。从图上看，无秸秆覆盖条件下完全隔根处理、秸秆覆盖条件下无隔根处理与其他处理之间的差异最大，前者主要受第一主成分影响，后者主要受第二主成分影响。另外，秸秆覆盖条件下无隔根处理和无秸秆覆盖条件下的半隔根处理与第二主成分的相关性较大，其他处理与第一主成分的相关性较大。结果表明，六个处理的土壤微生物结构可以分为四种类型，第一种类型为秸秆覆盖条件下无隔根处理，与其他处理的差异主要是由于 18:3w6c（6，9，12）和 16:1w9c 引起的；第二种类型为无秸秆覆盖条件下完全隔根处理，与此相关性较大的微生物类群主要是 i12:0 3OH、13:0、17:0和 10Me17:0；第三种类型为无秸秆覆盖条件下的半隔根处理，16:1w11c 和 18:1w7c 等与这一类型有较强的相关性；其余 3 种处理为第四种类型，主要与 12:1at11−12、18:2w9c、20:0 相关。

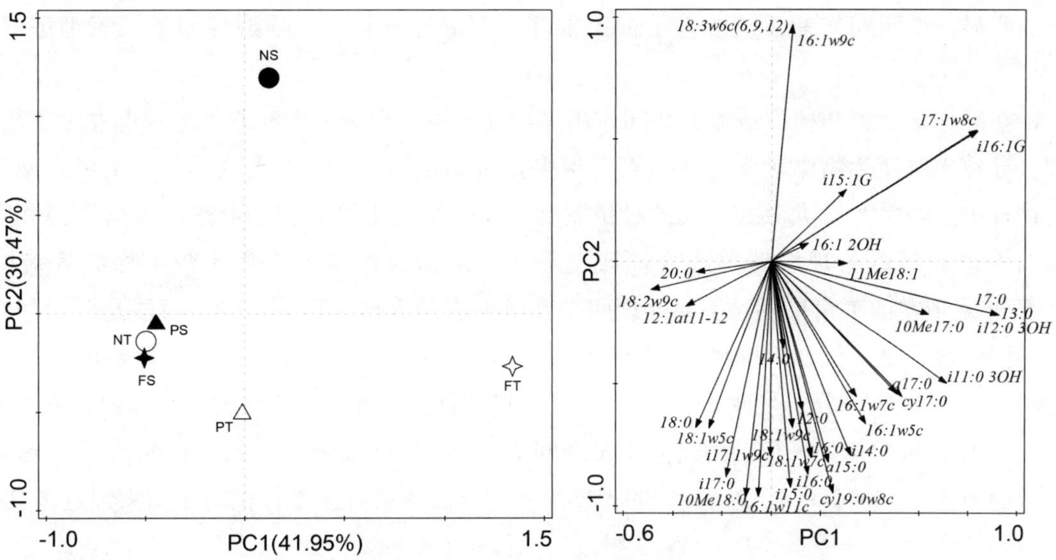

图 2　不同处理的油菜根际土壤微生物群落结构特征的相关分析

3　讨论

3.1　间作绿肥对油菜根际土壤碳氮的影响

本研究发现间作紫云英显著影响了油菜根际的土壤碳氮含量，影响了油菜对根际土壤碳氮的吸收利用，基本特征是间作紫云英降低了油菜根系土壤碳氮含量及碳氮比，说明间作绿肥促进了油菜对根际碳氮的吸收利用。已有的研究表明，间作紫云英可明显改善油菜的生长状况，促进油菜增产[16,17]。间作优势的生态基础之一就是对养分资源的充分利用[18]。对油菜和紫云英间作来讲，油菜是优势作物，紫云英处于劣势，两者生态位互补拓宽了油菜对养分利用的空间[19]，进而促进了油菜对根际碳源和氮源的吸收利用。

需要说明的是，土壤有机碳含量一般比较稳定，但对于桶栽试验，有机碳受根际分泌物及根际微环境，例如微生物等的影响较大，在一个生长季内产生差异是正常的。另外，土壤有机碳与土壤微生物量一般呈正相关的关系[20]，因此，油菜根际土壤有机碳的降低同时反映了土壤微生物的状况。

3.2　间作绿肥对油菜根际土壤微生物的影响

本试验研究结果发现，隔根方式对油菜根际土壤微生物影响显著，也就是说紫云英与油菜间作产生的根系互作效应使得油菜根际土壤微生物量和群落结构都发生了变化，这与目前很多学者对间作的研究结果一致[21-24]。

间作紫云英使油菜根际土壤微生物量，包括 PLFA 总量、细菌、放线菌和 AM 菌根等显著减少。目前有研究显示土壤微生物量与土壤碳含量有强烈的相关性[25,26]，因此油菜根际土壤有机碳含量验证了上述结果的正确性。这个现象说明间作紫云英不仅改变了油菜根际土壤有机碳含量，而且有机碳含量也可能同时决定了根际土壤微生物量。另外，研究发现不同处理间的真菌细菌比具有不确定性，这主要是由于真菌含量的不确定性引起的，因为在间作系统中土壤细菌的变化比真菌的变化更敏感[27]，而且双子叶植物，尤其是豆科作物会向根际产生和分泌很多有机酸[28]，固氮菌接种也会增强有机酸的释放[29]，这也可能是影响细菌群落的重要因素。而由于间作降低了根际土壤碳氮比，不利于真菌对底物的降解[30]，这也是真菌含量不确定性的重要原因。同时，革兰阳性菌与革兰阴性菌的比值在间作条件下显著提高。在间作条件下，虽然革兰阳性菌和革兰阴性菌含量均有所下降，但对革兰阴性菌的抑制作用更加明显，说明间作紫云英改善了油菜根际土壤的通气状况，强烈抑制了厌氧细菌（cy17:0）的生长。

此外，在间作紫云英和秸秆覆盖的共同作用下，油菜根际土壤微生物群落结构也发生了很大变化。一般来讲，导致土壤微生物群落变化的因素有很多，例如土壤 pH 值、土壤养分、土壤类型、土地管理方式及物种类型等[31,32]，尤其在不同的种植制度下，会影响土壤微生物群落。土壤细菌和真菌的丰度和群落结构也会随着管理实践的改变而改变[33,34]，例如间作与单作相比微生物群落结构差异很大[35]。本研究发现在油菜角果期，不同处理间土壤微生物群落结构显著不同，可能是因为间作和覆盖改变了油菜根际微环境，例如土壤温度、土壤水分，同时使根系分泌物或根际凋落物的质量和数量发生了变化[36]。通过主成分分析发现，在间作紫云英和秸秆覆盖条件下，微生物群落与 16:1w9c、18:3w6c（6，9，12）密切相关，目前的研究也发现间作与 16:1w9 表现为强烈的正相关[35]，这与本研究结果一致，而对于 18:3w6c（6，9，12）的表现则可能是因为秸秆覆盖提供的木质素促进了其生长。

4 结论

与秸秆覆盖相比，间作绿肥紫云英是影响油菜根际土壤环境的主要因素。间作紫云英减少了油菜根际土壤碳、氮含量，改变了油菜根际土壤碳氮比。间作紫云英也减少了油菜根际土壤微生物量，改善了油菜根际土壤通气状况，抑制了厌氧细菌的生长。间作紫云英和秸秆覆盖改变了油菜根际土壤微生物群落结构，主要与 16:1w9c、18:3w6c（6，9，12）密切相关。

参考文献

[1] 李子双，廉晓娟，王薇，等．我国绿肥的研究进展［J］．草业科学，2013，30（7）：1135－1140.

[2] 曹卫东，黄鸿翔．关于我国恢复和发展绿肥若干问题的思考［J］．中国土壤与肥料，2009（4）：1－3.

[3] Kim S Y，Lee C H，Gutierrez J，et al. Contribution of winter cover crop amendments on global warming potential in rice paddy soil during cultivation［J］．Plant and Soil，2013，366（1/2）：273－286.

[4] 肖焱波，李隆，张福锁．小麦/蚕豆间作体系中的种间相互作用及氮转移研究［J］．中国农业科学，2005，38（5）：965－973.

[5] 李隆．间作作物种间促进与竞争使用研究［D］．北京：中国农业大学，1999.

[6] Lesoing G W，Francis C A. Strip intercropping effects on yield and yield components of corn，grain sorghum，and soybean［J］．Agronomy Journal，1999，91（5）：807－813.

[7] 姜莉，陈源泉，隋鹏，等．不同间作形式对玉米根际土壤酶活性的影响［J］．中国农学通报，2010，26（9）：326－330.

[8] 孙建，刘苗，李立军，等．免耕与留茬对土壤微生物量 C、N 及酶活性的影响［J］．生态学报，2009，29（10）：5509－5515.

[9] 王龙昌，邹聪明，张云兰，等．西南“旱三熟”地区不同保护性耕作措施对农田土壤生态效应及生产效益的影响［J］．作物学报，2013，39（10）：1880－1890.

[10] 张赛，王龙昌，周航飞，等．西南丘陵区不同耕作模式下玉米田土壤呼吸及影响因素［J］．生态学报，2014，34（21）：6244－6255.

[11] 张赛，王龙昌，黄召存，等．土壤活性有机碳不同组分对保护性耕作的响应［J］．水土保持学报，2015，29（2）：226－231，252－252.

[12] Frostegård A，Bååth E. The use of phospholipid fatty acid analysis to estimate bacterial and fungal biomass in soil［J］．Biology and Fertility of Soils，1996，22（1/2）：59－65.

[13] Klose S，Acosta-Martínez V，Ajwa HA. Microbial community composition and enzyme activities in a sandy loam soil

after fumigation with methyl bromide or alternative biocides [J]. Soil Biology and Biochemistry, 2006, 38 (6): 1243－1254.

[14] Frostegård A, Tunlid A, Bååth E. Phospholipid fatty acid composition, biomass, and activity of microbial communities from two soil types experimentally exposed to different heavy metals [J]. Applied and Environmental Microbiology, 1993, 59 (11): 3605－3617.

[15] Hedlund K. Soil microbial community structure in relation to vegetation management on former agricultural land [J]. Soil Biology & Biochemistry, 2002, 34 (9): 1299－1307.

[16] 周可金，邢君，博毓红，等．油菜与紫云英间混作系统的生理生态效应 [J]. 应用生态学报，2005，16 (8)：1477－1481.

[17] 宋莉，韩上，席莹莹，等．间作对油菜和紫云英生长及产量的影响 [J]. 中国油料作物学报，2014，36 (2)：231－237.

[18] 廖桂平，官春云．不同播期对不同基因型油菜产量特性的影响 [J]. 应用生态学报，2001，12 (6)：853－858.

[19] 赵秉强，张福锁，李增嘉，等．间套作条件下作物根系数量与活性的空间分布及变化规律研究．Ⅱ．间作早春玉米根系数量与活性的空间分布及变化规律 [J]. 作物学报，2001，27 (6)：974－979.

[20] 沈程文，肖润林，徐华勤，等．覆盖与间作对亚热带丘陵区茶园土壤微生物量的影响 [J]. 水土保持学报，2006，20 (3)：141－144.

[21] Song Y N, Zhang F S, Marschner P, et al. Effect of intercropping on crop yield and chemical and microbiological properties in rhizosphere of wheat (Triticum aestivum L.), maize (Zea mays L.), and faba bean (Vicia faba L.) [J]. Biology and Fertility of Soils, 2007, 43 (5): 565－574.

[22] Bainard L D, Koch A M, Gordon A M, et al. Growth response of crops to soil microbial communities from conventional monocropping and tree-based intercropping systems [J]. Plant and Soil, 2013, 363 (1/2): 345－356.

[23] Zhang X H, Lang D Y, Zhang E H, et al. Effect of intercropping of Angelica sinensis with garlic on its growth and rhizosphere microflora [J]. International Journal of Agriculture and Biology, 2015, 17 (3): 554－560.

[24] Zhang N N, Sun Y M, Wang E T, et al. Effects of intercropping and Rhizobial inoculation on the ammonia-oxidizing microorganisms in rhizospheres of maize and faba bean plants [J]. Applied Soil Ecology, 2015 (85): 76－85.

[25] Goyal S, Mishra M M, Dhankar S S, et al. Microbial biomass turnover and enzyme activities following the application of farmyard manure to field soils with and without previous long-term applications [J]. Biology and Fertility of Soils, 1993, 15 (1): 60－64.

[26] Elfstrand S, Hedlund K, Mårtensson A. Soil enzyme activities, microbial community composition and function after 47 years of continuous green manuring [J]. Applied Soil Ecology, 2007, 35 (3): 610－621.

[27] Zhou X G, Yu G B, Wu F Z. Effects of intercropping cucumber with onion or garlic on soil enzyme activities, microbial communities and cucumber yield [J]. European Journal of Soil Biology, 2011, 47 (5): 279－287.

[28] Raghothama K G. Phosphate acquisition [J]. Annual Review of Plant Physiology and Plant Molecular Biology, 1999 (50): 665－693.

[29] Atemkeng M F, Remans R, Michiels J, et al. Inoculation with Rhizobium etli enhances organic acid exudation in common bean (Phaseolus vulgaris L.) subjected to phosphorus deficiency [J]. African Journal of Agricultural Research, 2011, 6 (10): 2235－2242.

[30] Cheshire M V, Bedrock C N, Williams B L, et al. The immobilization of nitrogen by straw decomposing in soil [J]. European Journal of Soil Science, 1999, 50 (2): 329－341.

[31] Marschner P, Neumann G, Kania A, et al. Spatial and temporal dynamics of the microbial community structure in the rhizosphere of cluster roots of white lupin (Lupinus albus L.) [J]. Plant and Soil, 2002, 246 (2): 167－174.

[32] Marschner P, Crowley D, Yang C H. Development of specific rhizosphere bacterial communities in relation to plant species, nutrition and soil type [J]. Plant and Soil, 2004, 261 (1/2): 199－208.

[33] Larkin R P, Honeycutt C W. Effects of different 3-year cropping systems on soil microbial communities and Rhizoctonia diseases of potato [J]. Phytopathology, 2006, 96 (1): 68-79.

[34] Acosta-Martínez V, Burow G, Zobeck T M, et al. Soil microbial communities and function in alternative systems to continuous cotton [J]. Soil Science Society of America Journal, 2010, 74 (4): 1181-1192.

[35] Dai C C, Chen Y, Wang X X, et al. Effects of intercropping of peanut with the medicinal plant *Atractylodes lancea* on soil microecology and peanut yield in subtropical China [J]. Agroforestry Systems, 2013, 87 (2): 417-426.

[36] Xu Y X, Wang G H, Jin J, et al. Bacterial communities in soybean rhizosphere in response to soil type, soybean genotype, and their growth stage [J]. Soil Biology and Biochemistry, 2009, 41 (5): 919-925.

间作紫云英下油菜根际土壤微生物群落功能特征*

周　泉[1,2]　王龙昌[1]　邢　毅[1]　马淑敏[1]　张小短[1]　陈　娇[1]　石　超[1]

1. 西南大学农学与生物科技学院，三峡库区生态环境教育部重点实验室，南方山地农业教育部工程研究中心，重庆北碚　400716

2. 江西农业大学生态科学研究中心，江西南昌　330045

摘要：在我国西南紫色土地区，绿肥应用面临严峻问题。为探索绿肥新的应用途径，本文通过绿肥紫云英与油菜间作，探讨了紫云英对油菜根际土壤微生物功能特征的影响，其创新性在于将绿肥紫云英应用于西南旱地，并为建立新的可持续种植模式提供基础理论试验数据。结果表明，间作紫云英降低了油菜根际土壤微生物的碳源利用率，主要表现为降低了对糖类的利用强度；同时，间作紫云英使油菜根际土壤微生物群落的 Shannon 指数（H）、Simpson 指数（D）及丰富度指数（S）分别降低了 5.9%、1.8%和 19.9%，均匀度指数（E）增加了 1.4%。聚类分析和主成分分析表明，单作与间作之间的微生物群落功能特征存在明显差异，导致微生物群落功能差异的特征碳源为糖类、氨基酸类和羧酸类，其中 D−葡糖胺酸和 1−磷酸葡萄糖是间作紫云英下影响油菜根际微生物群落结构的特征碳源。表明间作紫云英降低了油菜根际土壤微生物群落的功能代谢活性，改变了油菜根际土壤微生物群落结构特征，降低了油菜根际微生物多样性。

关键词：绿肥；隔根根系；互作；碳源；微生物多样性

绿肥具有提供养分和饲草，保障粮食安全，改善生态环境，固氮、吸碳及节能减耗等作用[1]，甚至还可为减缓全球气候变暖做出贡献[2]。我国西南旱地紫色土区的“旱三熟”种植模式面临着土壤退化、水土流失和生态功能下降等严峻考验，本研究试图将绿肥间作应用于西南旱地，探讨绿肥紫云英间作油菜对土壤微生物特征的影响。

间作可以提高作物产量，促进光、热、水、养分等资源的高效利用，控制病虫害的发生，稳定农田生态系统[3−5]。实际上，间作优势产生的主要生态机制是生态位分离，实现资源利用最大化[6−8]，而这种间作效益的产生与土壤环境的改变密不可分[9,10]。土壤微生物作为评价土壤健康的重要指标之一[11]，作用于土壤物质转化和能量流动，并参与许多重要的生物化学反应[12,13]。因此，很多学者将间作研究深入到土壤微生物，并发现间作可以改变土壤微生物特征，尤其是作物根际的土壤微生物结构和功能[14−17]。但以上研究多以禾本科与豆科作物间作为主，缺乏芸薹属与豆科作物间作的研究。基于此，本研究以十字花科芸薹属作物油菜为研究对象，通过油菜与豆科绿肥紫云英间作，重点探讨了绿肥紫云英对油菜根际土壤微生物群落功能特征的影响，为探索西南旱地新的间作种植模式提供一定的基础数据。

* **基金项目：**公益性行业（农业）科研专项（201503127）；国家自然科学基金项目（31271673）

1 研究区域与研究方法

1.1 试验地概况

本试验在重庆市北碚区西南大学教学试验农场进行。当地多年平均降水量 1 156.8 mm，其中春、夏、秋、冬降水量分别为全年的 25.3%、46.8%、22.5%和 5.4%，年蒸发量 1 181.1 mm，年日照时数在 888.5～1 539.6 h，日照百分率为 25%～35%。试验所用土壤为西南旱地紫色土，地力相对均匀。试验前土壤 pH 值为 6.30，土壤总有机碳含量为 8.61 g/kg，土壤全氮含量为 1.68 g/kg。

1.2 试验设计

采取桶栽试验，放置在自然环境下，主作物为油菜，绿肥作物为紫云英，于 2014 年 11 月 4 日播种，2015 年 4 月 19 日收获，随机区组排列，单因素试验设计，设 3 个处理（各 3 次重复）。Ⅰ. 完全隔根（F）：用塑料膜完全隔根，无根系互作，相当于单作。Ⅱ. 尼龙网隔根（P）：用 120 目尼龙网隔根，根系部分互作，养分互通，相当于部分间作。Ⅲ. 不隔根（N）：不隔根，根系完全互作，相当于完全间作。在 160 L 钢化桶（高 70 cm，上直径 57 cm，下直径 40 cm）进行，每桶装土 50 kg，施氮肥（N）0.10 g/kg，磷肥（P_2O_5）0.10 g/kg，钾肥（K_2O）0.10 g/kg，肥料为三洋牌 16－16－16 三元素复合肥，所有肥料与土混匀于播种前一次性施入，试验桶分 3 行平行摆布，行间距 1 m×1 m。油菜和紫云英采取条播（间距 20 cm），每桶各播种 1 行，紫云英播种量为每桶 0.15 g，油菜出苗后每桶定苗 2 株（间距 20 cm），作物生长期间土壤相对含水量控制在 60%左右。

1.3 样品采集与测定

于油菜收获时取根际土壤样品，将植株根系用铁铲从土壤中挖出，保证根系完整，慢慢抖掉与根系结合比较松散的土壤，然后用经火焰灭菌后的镊子刮取附着在作物根系上的薄层（<10 mm）土壤作为根际土壤，并将取得的土样弄碎混匀，按 4 分法取样，用无菌塑料袋包好，带回实验室后迅速过筛，除去杂物后，分别取 15～20 g 根际土壤保存在 4 ℃冰箱内，用于土壤微生物的测定。

采用 ECO 生态板法，将土样放在 25℃条件下活化 24 h，取 10 g（当量干质量）于 100 mL 三角瓶中，加入 100 mL 经灭菌的 NaCl 溶液（0.9 mol/L，下同），以 200 r/min 震荡 30 min，静置 2 min，取一定量上清液并采用 NaCl 溶液稀释至 1 000 倍，制备出接种液。用接种液接种 ECO 生态板，接种量为 150 μL，每样 1 板，每板 3 次重复。接种好的微孔板放入 25 ℃恒温培养箱中培养 240 h，每隔 24 h 使用 Infinite M200 Pro（TECAN 公司）多功能酶标仪测定吸光度。测定波长分别为 590 nm（颜色+浊度）和 750 nm（浊度）。

1.4 数据处理

采用平均颜色变化率（AWCD）描述微生物功能活性，方差分析采用培养 120 h 的数据。同时，采用培养 120 h 的数据进行 Shannon 多样性指数（H）、Simpson 优势度指数（D）、均匀度指数（E）和群落丰富度指数（S）等表征土壤微生物群落多样性的分析。得下列公式。

$$AWCD = \sum (C_i - R_i)/n \tag{1}$$

$$H = -\sum P_i(\ln P_i) \tag{2}$$

$$D = 1 - \sum P_i^2 \tag{3}$$

$$E = H/\ln S \tag{4}$$

式中，C_i为每一个微孔 590～750 nm 的吸光值；R_i为对照孔 590～750 nm 的吸光值；n 为 ECO 板上碳源的种类，n=31；P_i为第 i 孔的相对吸光值与整个平板相对吸光值总和的比率，即 $P_i = (C_i -$

$R_i)/\sum(C_i-R_i)$；S为微生物群落利用碳源种类的数目，即颜色变化孔数。

利用Excel进行数据处理，采用SPSS软件进行方差分析（α=0.05）和聚类分析，采用CANOCO软件进行主成分分析。

2 结果与分析

2.1 油菜根际土壤微生物功能活性的动力学特征

由图1可知，AWCD随培养时间的延长而增大，但各处理在0～24 h期间的AWCD值很小，说明在24 h之内碳源基本未被微生物利用；而在培养24 h之后AWCD值迅速增大，说明微生物对碳源的利用速度逐渐加快。在每个培养时段，各处理均表现为间作的油菜根际土壤微生物活性小于单作，在培养120 h时，间作的AWCD值分别比单作降低了29.6%和19.5%，表明间作紫云英降低了油菜根际土壤微生物群落的代谢活性。

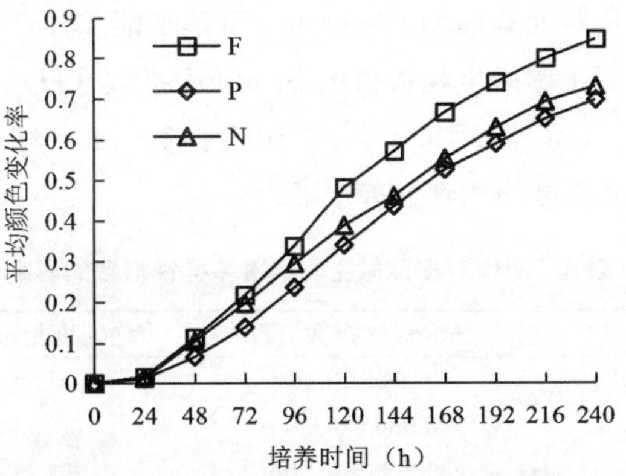

图1 不同处理根际微生物平均颜色变化率随培养时间的变化

注：F表示完全隔根；P表示尼龙网隔根；N表示不隔根。下同。

2.2 油菜根际土壤微生物对不同类型碳源的利用差异

由图2可知，间作紫云英除了影响油菜根际土壤微生物总体活性外，其根际土壤微生物对6类不同碳源的利用情况也出现一定差异。碳源利用强度总体上以氨基酸类和胺类较高，平均为23.8%和20.0%，碳源利用强度最弱的是酚酸类，仅占9.6%。但通过分别对6类碳源利用差异的方差分析发现（图3），除了羧酸类之外，间作均降低了微生物对糖类、氨基酸类、聚合物类、胺类和羧酸类的利用强度，其中糖类表现为显著差异，说明间作紫云英显著降低了油菜根际土壤微生物对糖类的利用强度。

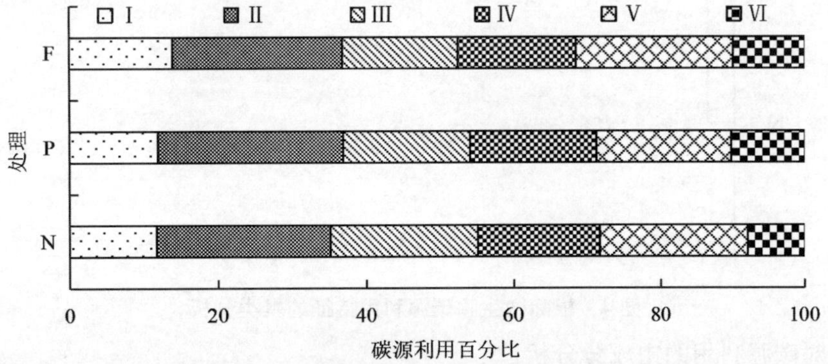

图2 根际微生物对碳源利用百分比

注：Ⅰ表示糖类；Ⅱ表示氨基酸类；Ⅲ表示羧酸类；Ⅳ表示聚合物类；Ⅴ表示胺类；Ⅵ表示酚酸类。下同。

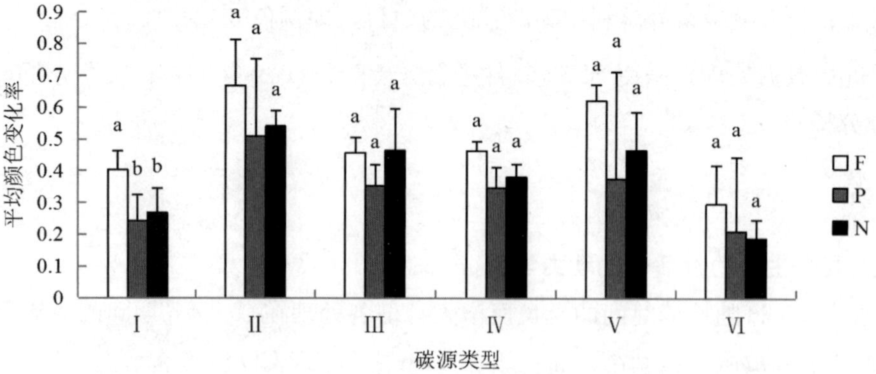

图 3 根际微生物对 6 类碳源的利用强度

注：不同字母表示差异显著（$P<0.05$）。

2.3 油菜根际土壤微生物功能多样性指数

通过进一步分析间作紫云英对油菜根际土壤微生物群落功能多样性指数的影响发现（表 1），与单作相比，间作紫云英时油菜根际土壤微生物群落的 Shannon 指数（H）、Simpson 指数（D）及丰富度指数（S）分别降低了 5.9%、1.8%和 19.9%，均匀度指数（E）增加了 1.4%，且 Simpson 指数（D）和丰富度指数（S）的降低程度均达到显著水平。

表 1 间作对根际微生物群落多样性指数的影响

处理	Shannon 指数（H）	Simpson 指数（D）	均匀度指数（E）	丰富度指数（S）
F	3.008±0.02a	0.943±0.00a	0.951±0.01a	23.667±0.58a
P	2.917±0.10a	0.936±0.01ab	0.975±0.02a	20.000±2.00b
N	2.830±0.05a	0.926±0.00b	0.964±0.03a	19.000±2.83b

注：同列不同字母表示差异显著（$P<0.05$）。

2.4 土壤微生物对碳源利用的聚类分析

通过对培养 120 h 时不同处理的平均碳源利用率（AWCD）进行聚类分析发现（图 4），间作与单作被聚为两类，而且部分间作与完全间作在非常短的距离内就聚为一类，说明与单作相比间作具有完全不同的碳源利用模式，间作紫云英改变了油菜根际土壤微生物对碳源的利用方式，使微生物群落产生差异。

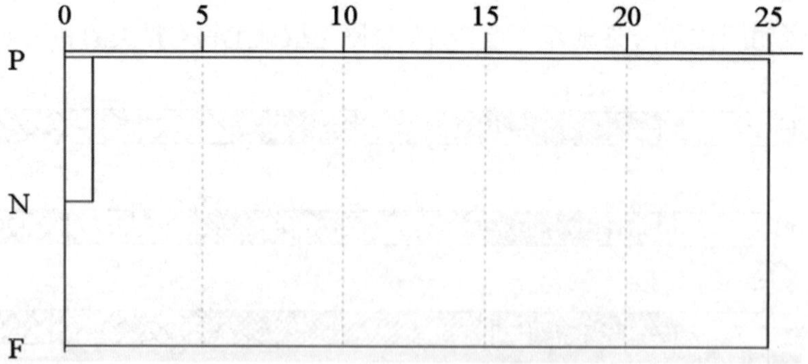

图 4 根际微生物碳源利用特征的聚类分析

2.6 土壤微生物对碳源利用的主成分分析

通过对培养 120 h 时不同处理的平均碳源利用率（AWCD）进行主成分分析发现（图 5），前两个主成分的贡献率较高，累计达到了 58.8%，其中第一主成分（PC1）的贡献率为 34.0%，第二主成分

(PC2)的贡献率为24.8%。总的来看，油菜根际土壤微生物利用能力较强的碳源主要有14种，分别为丙酮酸甲酯、α-环式糊精、肝糖、D-纤维二糖、α-D-乳糖、D-木糖、D-甘露醇、D-葡糖胺酸、1-磷酸葡萄糖、D-半乳糖醛酸、2-羟基苯甲酸、L-精氨酸、L-苯丙氨酸、甘氨酰-L-谷氨酸。同时，油菜根际土壤微生物群落与PC1的关系较为密切，其主要包括了对PC1荷载量较高的10种碳源，分别为糖类3种（D-木糖、i-赤藓糖醇和1-磷酸葡萄糖）、氨基酸类2种（L-苯丙氨酸和L-苏氨酸）和羧酸类5种（丙酮酸甲酯、D-葡糖胺酸、D-半乳糖醛酸、衣康酸和α-丁酮酸）。可见，糖类、氨基酸类和羧酸类是区分单作与间作处理的敏感碳源。

从主成分分析图中可知（图5），单作与完全间作之间有明显的分离，而部分间作则与单作、完全间作均有交集。在PC1上，单作与完全间作之间的分离较大，单作主要分布在正方向上，而完全间作主要分布在负方向上；在PC2上，单作与完全间作之间的分离较小，单作主要分布在负方向上，而完全间作则出现了分布在正方向的情况，且与PC2的相关性减小。另外，对间作紫云英而言，D-葡糖胺酸和1-磷酸葡萄糖是影响油菜根际微生物群落结构的特征碳源。

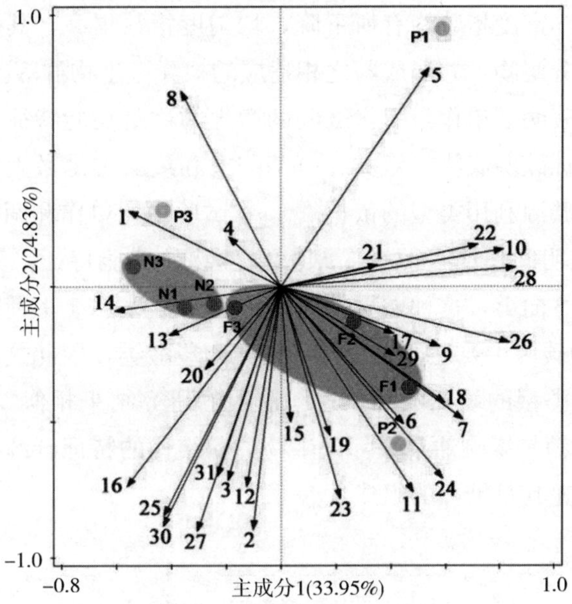

图5 根际微生物碳源利用特征的主成分分析

注：F1、F2、F3表示完全隔根的三个重复；P1、P2、P3表示尼龙网隔根的三个重复；N1、N2、N3表示不隔根的三个重复。数字分别表示1，丙酮酸甲酯；2，吐温40；3，吐温80；4，α—环式糊精；5，肝糖；6，D—纤维二糖；7，α—D—乳糖；8，β—甲基—D—葡萄糖苷；9，D—木糖；10，i—赤藓糖醇；11，D—甘露醇；12，N—乙酰—D葡萄糖氨；13，D—葡糖胺酸；14，1—磷酸葡萄糖；15，D，L—α—磷酸甘油；16，D—半乳糖酸γ—内酯；17，D—半乳糖醛酸；18，2—羟基苯甲酸；19，4—羟基苯甲酸；20，γ—羟丁酸；21，衣康酸；22，α—丁酮酸；23，D—苹果酸；24，L—精氨酸；25，L—天门冬酰胺；26，L—苯丙氨酸；27，L—丝氨酸；28，L—苏氨酸；29，甘氨酰—L—谷氨酸；30，苯乙胺；31，腐胺。

3 讨论

土壤微生物在土壤生态系统中扮演了重要的角色，在一定程度上会影响植物的生长和土壤的代谢功能[18]。很多研究发现合理的间套作可以提高土地利用率，改善土壤根际微环境[19]，增加土壤微生物数量及改善微生物多样性[20]，显著提高土壤微生物碳源利用能力和微生物群落功能多样性指数[21]。但本研究发现，油菜间作紫云英降低了油菜根际土壤微生物碳源利用能力和微生物功能多样性，这可能是油菜的植物类型决定的，因为微生物群落的差异同时受到土壤类型和植物类型的影响[22]，而在土壤类型相同的情况下则主要受到植物类型的影响。目前关于间作的研究多数集中于禾本科与豆科间作，而油菜作为十字花科芸薹属植物，间作紫云英对其根际土壤微生物的影响必然不同于禾本科与豆科间作。

本研究发现，土壤微生物的碳源利用强度以氨基酸类和胺类较高，其中间作紫云英显著降低了油菜根际土壤微生物对糖类的利用强度。在不同种植模式下，土壤微生物对不同碳源的利用强度会有很大差异[23]，同时覃潇敏等的研究也发现间作降低了根际微生物对糖类和氨基酸类的利用[17]，本研究的结果与上述研究结果类似。表明间作条件下产生的根系分泌物使土壤微生物对某些碳源的利用能力产生了抑制作用，同时碳源利用能力的减弱也可能与利用此类碳源的土壤微生物数量的减少有一定关系，因为间作中的作物根系互作存在一定的反馈调节机制[24]，在改变根系分泌物种类的同时，也会增加或减少根系分泌物的含量。

土壤微生物多样性指数、优势度指数、均匀度指数和丰富度指数是表征群落多样性的常用指数，可以揭示土壤微生物种类和功能的差异[25]。本研究表明在间作紫云英的情况下，油菜根际土壤微生物多样性指数、优势度指数和丰富度指数均有所下降，均匀度指数提高，其原因可能是间作系统中不同作物会产生不同的特异根系分泌物，并形成与之相适应的根际微生物群落。

聚类分析和主成分分析表明了单作与间作之间的微生物群落功能特征存在明显差异，并解释了造成微生物群落功能差异的特征碳源底物。糖类、氨基酸类和羧酸类是微生物利用的主要碳源，可作为区分不同种植模式下微生物碳源利用类型的依据[16]。本试验中，单作和间作之间油菜根际土壤微生物特征在 PC1 上分离较大，表明间作明显改变了根际微生物的功能特征，其中单作主要分布在正方向上，完全间作主要分布在负方向上，这种差异主要是由微生物对 PC1 上荷载较高的碳源利用差异引起的，而在 PC1 上荷载较高的碳源主要是糖类、氨基酸类和羧酸类，因此这 3 类碳源可以作为区分间作种植模式下微生物碳源利用类型的敏感碳源，这与前人的研究结果相似。另外，对间作紫云英而言，D-葡糖胺酸和 1-磷酸葡萄糖是影响油菜根际微生物群落结构的特征碳源，表明间作紫云英可能改变了油菜根系分泌物的组成，尤其是糖类的组成。

4 结论

间作紫云英降低了油菜根际土壤微生物群落的功能代谢活性，主要表现为显著降低了对糖类的利用强度。间作紫云英抑制了油菜根际土壤微生物的多样性，表现为稀有物种和优势物种的减少。间作紫云英显著改变了油菜根际土壤微生物群落功能特征，糖类、氨基酸类和羧酸类成为区分间作种植模式下微生物碳源利用类型的敏感碳源。另外，D-葡糖胺酸和 1-磷酸葡萄糖是间作紫云英条件下影响油菜根际微生物群落结构的特征碳源。

参考文献

[1] 曹卫东，黄鸿翔．关于我国恢复和发展绿肥若干问题的思考 [J]. 中国土壤与肥料，2009 (4)：1-3.

[2] Sang YK，Chang HL，Jessie G，et al. Contribution of winter cover crop amendments on global warming potential in rice paddy soil during cultivation [J]. Plant and Soil，2013，366 (1-2)：273-286.

[3] Li L，Li SM，Sun JH，et al. Diversity enhances agricultural productivity via rhizosphere phosphorus facilitation on phosphorus deficient soils [J]. Proceedings of the National Academy of Sciences of the United States of America，2007，104 (27)：11192-11196.

[4] Li CY，He XH，Zhu SS，et al. Crop diversity for yield increase [J]. PLoS one，2009，4 (11)：e8049. doi:

10.1371/journal.pone.0008049.
[5] Henrik HN, Bjarne J, Julia KG, et al. Legume-cereal intercropping: the practical application of diversity, competition and facilitation in arable and organic cropping systems [J]. Renewable Agriculture and Food Systems, 2007, 23 (1): 3-12.
[6] 肖焱波，李隆，张福锁．小麦/蚕豆间作体系中的种间相互作用及氮转移研究 [J]. 中国农业科学，2005 (5): 965-973.
[7] 肖焱波，李隆，张福锁．根瘤菌菌株 NM353 对小麦/蚕豆间作体系中作物生长及养分吸收的影响 [J]. 植物营养与肥料学报，2006 (1): 89-96.
[8] 李隆．间作作物种间促进与竞争使用研究 [D]. 北京：中国农业大学，1999.
[9] 褚贵新，沈其荣，张娟，等．用^{15}N富积标记和稀释法研究旱作水稻/花生间作系统中氮素固定和转移 [J]. 植物营养与肥料学报，2003, 9 (4): 385-389.
[10] Lesoing GW, Francis CA. Strip intercropping effects on yield and yield components of corn, grain sorghum, and soybean [J]. Agronomy Journal, 1999, 91 (5): 807-813.
[11] 姜莉，陈源泉，隋鹏，等．不同间作形式对玉米根际土壤酶活性的影响 [J]. 中国农学通报，2010, 26 (9): 326-330.
[12] 苗琳，王立，黄高宝，等．保护性耕作对旱地麦田土壤酶活性的影响 [J]. 干旱地区农业研究，2009, 27 (1): 6-11.
[13] 孙建，刘苗，李立军，等．免耕与留茬对土壤微生物量 C、N 及酶活性的影响 [J]. 生态学报，2009, 29 (10): 5508-5515.
[14] 马琨，杨桂丽，马玲，等．间作栽培对连作马铃薯根际土壤微生物群落的影响 [J]. 生态学报，2016, 36 (10): 2987-2995.
[15] 苏世鸣，任丽轩，霍振华，等．西瓜与旱作水稻间作改善西瓜连作障碍及对土壤微生物区系的影响 [J]. 中国农业科学，2008, 41 (3): 704-712.
[16] 董艳，董坤，汤利，等．小麦蚕豆间作对蚕豆根际微生物群落功能多样性的影响及其与蚕豆枯萎病发生的关系 [J]. 生态学报，2013, 33 (23): 7445-7454.
[17] 覃潇敏，郑毅，汤利，等．玉米与马铃薯间作对根际微生物群落结构和多样性的影响 [J]. 作物学报，2015, 41 (6): 919-928.
[18] Hagn A, Pritsch K, Schloter M, et al. Fungal diversity in agricultural soil under different farming management systems, with special reference to biocontrol strains of Trichoderma spp [J]. Biology and Fertility of Soils, 2003, 38 (4): 236-244.
[19] Suman A, Lal M, Singh AK, et al. Microbial biomass turnover in Indian subtropical soils under different sugarcane intercropping systems [J]. Agronomy Journal, 2006, 98 (3): 698-704.
[20] 胡举伟，朱文旭，张会慧，等．桑树/大豆间作对植物生长及根际土壤微生物数量和酶活性的影响 [J]. 应用生态学报，2013, 24 (5): 1423-1427.
[21] 能凤娇，吴龙华，刘鸿雁，等．芹菜与伴矿景天间作对污泥农用锌镉污染土壤化学与微生物性质的影响 [J]. 应用生态学报，2013, 24 (5): 1428-1434.
[22] Marschner P, Yang CH, Lieberei R, et al. Soil and plant specific effects on bacterial community composition in the rhizosphere [J]. Soil Biology and Biochemistry, 2001, 33 (11): 1437-1445.
[23] 李鑫，张会慧，岳冰冰，等．桑树—大豆间作对盐碱土碳代谢微生物多样性的影响 [J]. 应用生态学报，2012, 23 (7): 1825-1831.
[24] 马玲，马琨，汤梦洁，等．间作与接种 AMF 对连作土壤微生物群落结构与功能的影响 [J]. 生态环境学报，2013, 22 (8): 1341-1347.
[25] 田春杰，陈家宽，钟扬．微生物系统发育多样性及其保护生物学意义 [J]. 应用生态学报，2003, 14 (4): 609-612.

秸秆覆盖条件下紫云英间作油菜的土壤团聚体及有机碳特征*

周 泉[1,2] 王龙昌[1*] 邢 毅[1] 马淑敏[1] 张小短[1] 陈 娇[1] 石 超[1]

1. 西南大学农学与生物科技学院，三峡库区生态环境教育部重点实验室，南方山地农业教育部工程研究中心，重庆北碚 400716
2. 江西农业大学，作物生理生态与遗传育种教育部/江西省重点实验室，江西南昌 330045

摘要：我国西南旱地紫色土区水土流失严重，土层浅薄，土壤有机质下降，保水保土能力差，已成为农业可持续发展的主要限制因素。通过引入冬季绿肥紫云英，研究秸秆覆盖条件下紫云英间作油菜的土壤团聚体及有机碳特征，为该地区改善农田土壤团聚体结构和提高有机碳含量提供可借鉴的途径。结果表明，间作紫云英增加了油菜根际土壤微团聚体含量，促使其团聚体平均质量直径降低。油菜根际土壤大团聚体含量的变化主要是由5～10 mm和2～5 mm团聚体含量的变化引起，而微团聚体含量的变化主要是由0.053～0.25 mm团聚体含量的变化引起。间作紫云英和秸秆覆盖显著提高了后茬作物玉米季土壤有机碳含量，主要是因为影响了10～20 cm和20～30 cm土层总有机碳的含量。间作紫云英和秸秆覆盖虽然对油菜季总有机碳含量的增加不明显，但对0～10 cm、10～20 cm和20～30 cm土层总有机碳含量的影响却随着油菜生育期的进行逐渐增加，在蕾薹期、开花期和收获期表现出较大差异。可见，间作紫云英改变了油菜根际土壤团聚体特征，秸秆覆盖条件下紫云英间作油菜可提高农田土壤有机碳含量。

关键词：紫色土；绿肥；根系互作；土壤团聚体；土壤有机碳

土壤团聚体的形成与动态变化及团聚体稳定性等是土壤结构研究的重要内容[1]。作为土壤结构的基本单元，土壤团聚体与土壤的物理、化学和生物学特性直接相关，其含量与粒级分布不仅影响作物生长发育，而且对土壤抗蚀性和可持续利用等有重要影响[2,3]。土壤有机碳（SOC）不仅是土壤养分转化的重要参与者，而且是土壤环境质量演变的核心[4]，其数量与质量直接影响土壤各种物理、化学和生物学过程，同时根际土壤有机碳也是碳动态研究的热点问题。

我国西南旱地紫色土区水土流失严重，土层浅薄，土壤有机质下降，保水保土能力差，已成为农业可持续发展的主要限制因素。近年来，对西南紫色土区农田保护性耕作的效应和模式研究证明，以秸秆覆盖、垄作为主的保护性耕作在保土保水，改善土壤肥力，增加固碳潜力，提高作物产量方面有显著效益[5-8]。农田进行绿肥作物覆盖，不仅可以提高土壤养分，为下茬作物提供氮源，其根茬和枯枝落叶残体归还土壤，还可逐渐增加土壤有机碳含量[9,10]。因此，本研究在旱地紫色土区农田引入冬季绿肥紫云英，以探索农田土壤可持续发展途径为主要目标，重点研究秸秆覆盖条件下紫云英间作油菜的土壤团聚体及有机碳特征，以期为该地区改善农田土壤团聚体结构和提高有机碳含量提供可借鉴

* 基金项目：国家自然科学基金项目（31271673，1700364，31871583）；公益性行业（农业）科研专项（201503127）

的途径。

1 研究地区与研究方法

1.1 试验地概况

本试验于 2014 年 10 月至 2016 年 9 月在重庆市北碚区西南大学教学试验农场（N 29°80′64″，E 106°41′28″）进行。当地多年平均降水量 1 156.8 mm，其中春、夏、秋、冬降水量分别为全年的 25.3%、46.8%、22.5%和 5.4%，年蒸发量 1 181.1 mm，年日照时数在 888.5~1 539.6 h，日照百分率仅为 25%~35%，冬季日照更少，仅占全年的 10%左右。试验所用土壤为西南旱地紫色土，地力相对均匀。试验前土壤 pH 值 6.30，有机碳 8.61 g/kg，碱解氮 80.38 mg/kg，速效磷 41.08 mg/kg，速效钾 106.20 mg/kg。

1.2 试验设计

1.2.1 试验一

桶栽试验，放置在大田环境下，绿肥作物为紫云英晚熟品种，主作物为油菜，品系为 94005。于 2014 年 11 月 4 日播种，2015 年 4 月 19 日收获，随机区组排列，3×2 双因素试验设计，3 次重复。

1.2.1.1 隔根方式

（1）完全隔根（F） 用塑料膜完全隔根，无根系互作，相当于单作。

（2）部分隔根（P） 用 120 目尼龙网隔根，根系部分互作，养分互通，相当于部分间作。

（3）不隔根（N） 根系完全互作，相当于完全间作。

1.2.1.2 覆盖方式

（1）无秸秆覆盖（T） 作物生长期内均不进行秸秆覆盖。

（2）秸秆覆盖（S） 于作物播种期将相当于 3 750 kg/hm² 的水稻秸秆均匀覆盖（每桶0.15 kg）。

1.2.1.3 处理

分别为 FT，完全隔根+无秸秆覆盖；FS，完全隔根+秸秆覆盖；PT，部分隔根+无秸秆覆盖；PS，部分隔根+秸秆覆盖；NT，不隔根+无秸秆覆盖；NS，不隔根+秸秆覆盖，详见表 1 所示。

试验在 160 L，高 70 cm，上口径 57 cm，下口径 40 cm 的钢化桶内进行，每桶装土 50 kg，施氮肥（N）0.10 g/kg，磷肥（P_2O_5）0.10 g/kg，钾肥（K_2O）0.10 g/kg，肥料为三洋牌 16−16−16 三元素复合肥，所有肥料与土混匀后于播种前一次性施入，分 3 行平行摆布，行间距 1 m×1 m。紫云英和油菜采取条播，间距 20 cm，每桶各播种一行，其中紫云英播种量为 45 kg/hm²，每桶 0.15 g，出苗后每桶各留 2 株油菜，株距 20 cm。

1.2.2 试验二

大田试验，于 2015 年 9 月开始，2016 年 9 月结束，随机区组排列，2×3 双因素试验设计。

1.2.2.1 覆盖方式 （1）无秸秆覆盖（T），作物生长期内均不进行秸秆覆盖；（2）秸秆覆盖（S），于作物播种期将 3 750 kg/hm² 玉米秸秆均匀覆盖。

1.2.2.2 设 3 种种植方式 （1）油菜单作（R），采用宽窄行穴播方式，株距 20 cm，宽行距 80 cm，窄行距 20 cm。（2）紫云英单作（A），采用撒播方式，播种量为 45 kg/hm²。（3）紫云英间作油菜（AR），紫云英撒播在宽行内，播种量为 45 kg/hm²，油菜穴播。

1.2.2.3 处理 TR，油菜单作+无秸秆覆盖；TA，紫云英单作+无秸秆覆盖；TAR，紫云英油菜间作+无秸秆覆盖；SR，油菜单作+秸秆覆盖；SA，紫云英单作+秸秆覆盖；SAR，紫云英油菜间作+

秸秆覆盖，详见表 1 所示。

大田小区试验为 3 次重复，小区面积 3.5 m×7.8 m，施肥、播种（移栽）等其他田间管理均按丰产栽培要求设计。施氮肥（N）180 kg/hm^2，磷肥（P_2O_5）180 kg/hm^2，钾肥（K_2O）180 kg/hm^2，复合肥为三洋牌 16−16−16 三元素复合肥，所有肥料匀于播种前一次性施入。紫云英于开花期收割还田，翻耕于宽行内，油菜收获后于宽行内种植玉米，玉米穴播。

表 1　试验一和试验二处理描述

试验一		试验二	
代码	处理	代码	处理
FT	完全隔根+无秸秆覆盖	TR	油菜单作+无秸秆覆盖
FS	完全隔根+秸秆覆盖	TA	紫云英单作+无秸秆覆盖
PT	部分隔根+无秸秆覆盖	TAR	紫云英油菜间作+无秸秆覆盖
PS	部分隔根+秸秆覆盖	SR	油菜单作+秸秆覆盖
NT	不隔根+无秸秆覆盖	SA	油菜单作+秸秆覆盖
NS	不隔根+秸秆覆盖	SAR	紫云英油菜间作+秸秆覆盖

1.3　测定指标与方法

试验一主要测定油菜根际土壤团聚体及有机碳，试验二主要测定农田土壤总有机碳。

1.3.1　油菜根际土壤样品采集

于油菜收获时取根际土壤样品，将植株根系用铁铲从土壤中挖出（保证根系完整），慢慢抖掉与根系结合比较松散的土壤，然后用经火焰灭菌的镊子刮取附着在作物根系上的薄层（<10 mm）土壤作为根际土壤，并将取得的土样弄碎混匀，按 4 分法取样，用无菌塑料袋包好，带回实验室后，自然晾干用于根际土壤总有机碳的测定。

1.3.2　农田土壤样品采集

于试验前、油菜苗期、蕾薹期、开花期、成熟期、收获后和玉米收获后分别取大田试验 0～10 cm、10～20 cm 和 20～30 cm 土层土样进行农田土壤总有机碳的测定。

1.3.3　土壤团聚体测定

土壤团聚体粒级分布利用干筛法测定[11]。取 100 g 挑除草根等杂质的风干土样（<25 mm），置于套筛（1.0 mm、5.0 mm、2.0 mm、1.0 mm、0.25 mm、0.053 mm）顶层，将套筛固定在摇床上以 210 r/min 的速度震荡 5 min，收集各筛上样品称量。将不同粒径土壤团聚体研磨过筛，测定各粒径团聚体有机碳含量。利用各粒级团聚体数据，计算干土团聚体平均质量直径（*MWD*）和平均几何直径（*GMD*）。

平均质量直径（*MWD*）和平均几何直径（*GMD*）的计算公式如下：

$$MWD = \sum_{i=1}^{n}(X_i W_i) \tag{1}$$

$$\mathrm{GMD} = \exp\left[\frac{\sum_{i=1}^{n} W_i \lg \overline{X_i}}{\sum_{i=1}^{n} W_i}\right] \tag{2}$$

式中，W_i 为某级土壤团聚体干质量占总干质量的百分含量，即团聚体质量分数；n 为筛子的数目；X_i 为某级团聚体的平均直径。

1.3.4　土壤有机碳测定

将自然晾干后的根际土壤过 0.25 mm 土筛，用于测定总有机碳；另取 20 g 过 2 mm 土筛的风干土样，按水土比 2∶1 添加蒸馏水，在室温下 200 r/min 震荡 30 min，再离心 20 min（4 000 r/min），然后用0.45 μm微孔滤膜过滤，滤液用于测定水溶性有机碳。土壤总有机碳和水溶性有机碳采用岛津TOC分析仪（TOC－L SSM－5000A and ASI－L，日本SHIMADZU公司）测定。经测定试验土壤pH值低于6.5，偏酸性，无机碳含量忽略不计，总碳即为土壤总有机碳含量。

1.4 数据处理

采用Excel 2003和SPSS 18.0软件对数据进行统计分析。采用单因素（one-way ANOVA）和Duncan法进行方差分析和多重比较（$\alpha=0.05$），用Pearson法进行相关分析。利用Excel 2003软件作图。图表中数据为平均值±标准差。

2 结果与分析

2.1 油菜根际土壤团聚体结构特征

由表2可知，间作紫云英和秸秆覆盖对油菜根际土壤大团聚体、微团聚体和平均质量直径均有显著影响（$P<0.05$）。其中，间作紫云英显著降低了油菜根际土壤大团聚体的质量分数，而且在秸秆覆盖下表现更为明显，同时间作紫云英显著提高了油菜根际土壤微团聚体质量分数。另外，间作紫云英还降低了油菜根际土壤平均质量直径。这说明间作紫云英有助于增加油菜根际土壤微团聚体含量，促使其团聚体平均质量直径降低。

通过对油菜根际土壤不同粒径干团聚体质量分数的分析发现（图1），间作紫云英和秸秆覆盖显著影响了5～10 mm、2～5 mm、0.053～0.25 mm的干团聚体含量，这说明油菜根际土壤大团聚体含量的变化主要是由于5～10 mm和2～5 mm团聚体含量的变化引起的，而微团聚体含量的变化主要是由于0.053～0.25 mm团聚体含量的变化引起的。

表2 不同处理下油菜根际土壤团聚体结构特征

处理	大团聚体质量分数（>0.25 mm）（%）	微团聚体质量分数（<0.25 mm）（%）	平均质量直径（mm）	平均几何直径（mm）
FT	91.5±1.7a	4.7±1.6ab	4.8±0.3a	1.8±0.1a
FS	92.2±3.1a	3.8±0.4b	4.8±0.2a	1.8±0.0a
PT	90.1±1.3ab	5.3±1.4ab	4.4±0.4b	1.7±0.1a
PS	83.0±3.4c	3.9±0.5b	4.3±0.2b	1.8±0.1a
NT	89.1±2.4ab	6.0±1.5a	4.5±0.1ab	1.7±0.1a
NS	87.3±0.9b	4.1±0.5ab	4.5±0.2ab	1.8±0.0a

注：处理符号含义详见表1，同列不同字母表示处理间差异显著（$P<0.05$）。

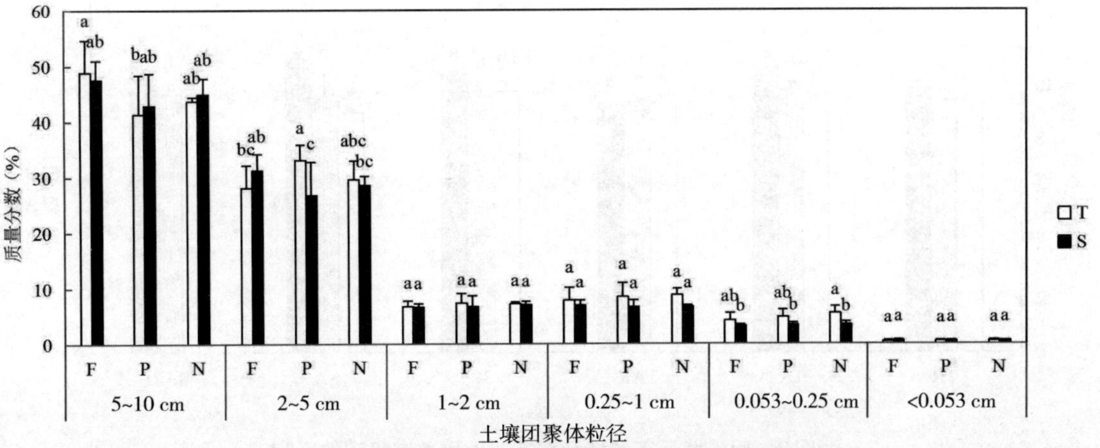

图1 不同处理下油菜根际不同粒径土壤团聚体质量分数

注：处理符号含义详见表1，不同字母表示处理间差异显著（$P<0.05$）。下同。

2.2 油菜根际土壤团聚体有机碳含量

对于油菜根际土壤团聚体有机碳含量，大团聚体呈现出随粒径减小而增大的趋势，微团聚体呈现出随粒径减小而降低的趋势，有机碳含量最高的为0.25～1 mm团聚体，平均含量达到10.25 g/kg，有机碳含量最低的为<0.053 mm团聚体，平均含量仅为8.80 g/kg。

间作紫云英和秸秆覆盖主要对5～10 mm、2～5 mm、0.25～1 mm、0.053～0.25 mm和<0.053 mm团聚体影响显著。其中，间作紫云英显著降低了5～10 mm、2～5 mm、0.25～1 mm和0.053～0.25 mm团聚体有机碳含量，且在无秸秆覆盖时表现更为明显；而对于<0.053 mm团聚体，则主要表现为无紫云英间作时秸秆覆盖增加了其有机碳含量（图2）。

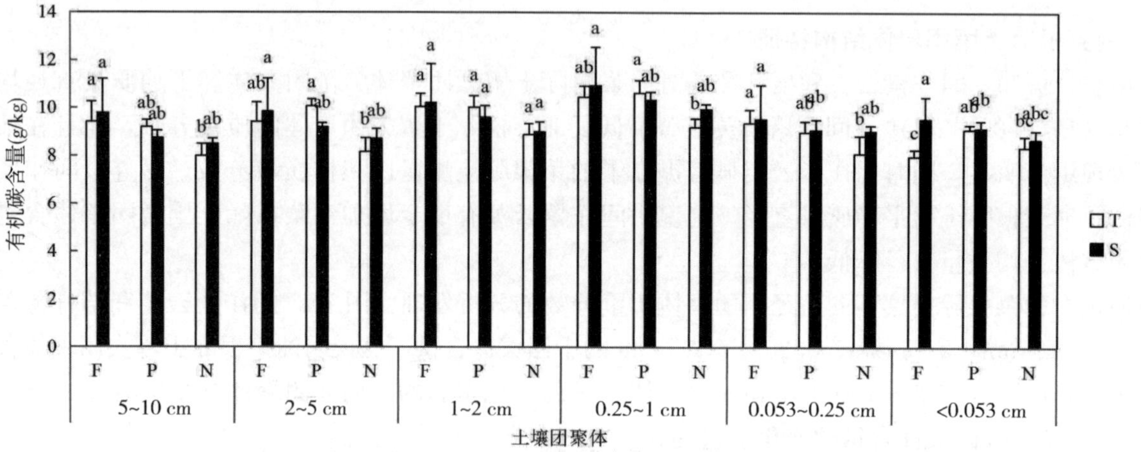

图2　不同处理下油菜根际不同粒径土壤团聚体有机碳含量

2.3 农田土壤总有机碳特征

由图3可知，不同处理对土壤总有机碳的影响不同，其中处理TA、SR、SA、SAR对土壤总有机碳的影响显著。总体来看，在油菜季紫云英和秸秆覆盖处理对土壤总有机碳含量均无显著影响，而在后茬作物玉米季紫云英和秸秆覆盖处理对土壤总有机碳的影响显著，其中紫云英单作、秸秆覆盖下紫云英单作及秸秆覆盖下紫云英与油菜间作均显著提高了土壤总有机碳含量。说明紫云英和秸秆覆盖对总有机碳的效应主要体现在后茬作物上，这主要是因为后茬作物种植前紫云英和秸秆均进行了翻压还田，提高了土壤有机碳含量。

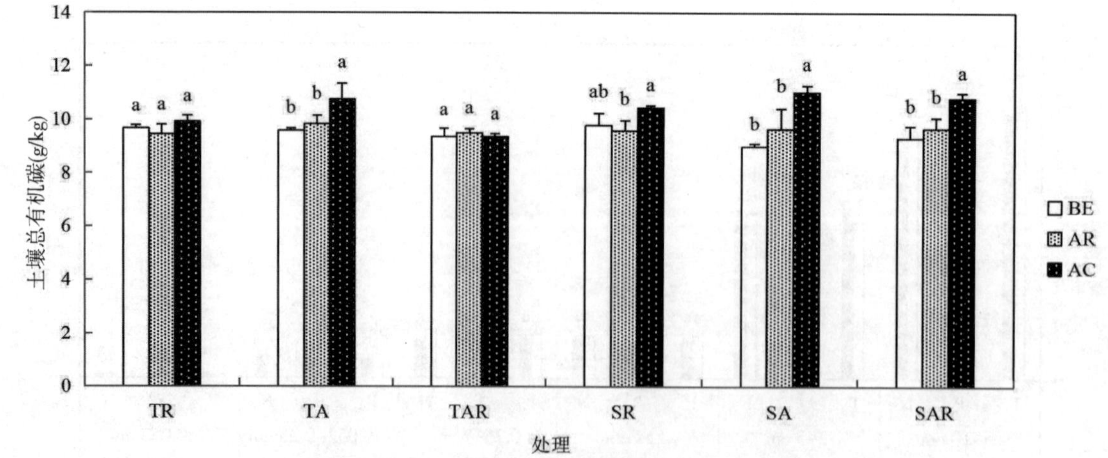

图3　间作紫云英和秸秆覆盖对土壤总有机碳的影响

注：BE，试验前；AR，油菜收获后；AC，玉米收获后。下同。

2.4 农田不同土层总有机碳特征

由图 4 可知，不同处理对试验前、油菜收获期和玉米收获期的不同土层总有机碳的影响不同。总体来看，随着土层不断加深土壤总有机碳含量呈现逐渐降低的趋势。对于不同处理，紫云英和秸秆覆盖对 0～10 cm 土层土壤总有机碳的影响较小，对 10～20 cm 和 20～30 cm 土层土壤总有机碳的影响较大，其中紫云英单作处理对 10～20 cm 和 20～30 cm 土层土壤总有机碳的影响显著，秸秆覆盖下的紫云英与油菜间作处理对 10～20 cm 土层土壤总有机碳的影响显著。这也说明紫云英和秸秆覆盖对土壤总有机碳的影响主要是因为其影响了 10～20 cm 和 20～30 cm 土层土壤总有机碳的含量。

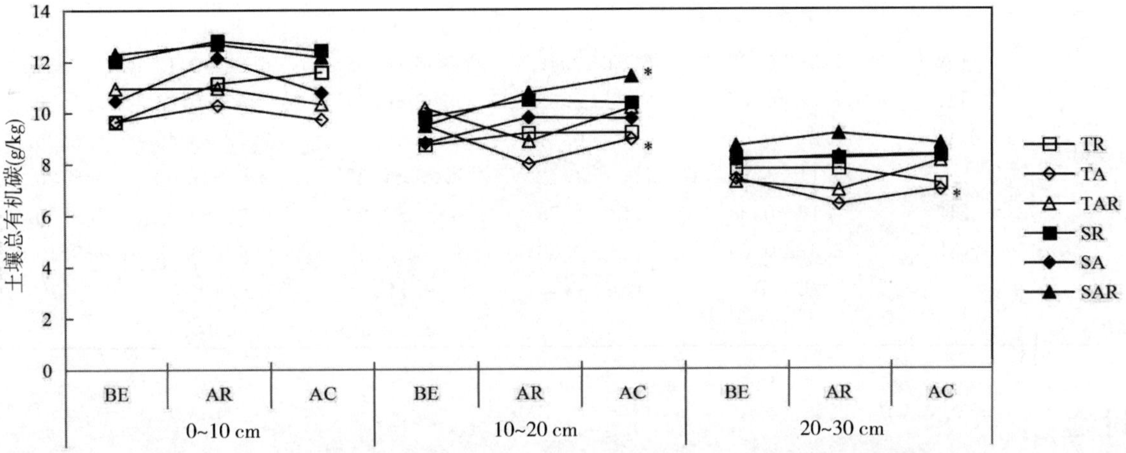

图 4　间作紫云英和秸秆覆盖对不同生长季不同土层土壤总有机碳的影响

注：* $P<0.05$。

通过进一步分析不同处理对油菜生育期内不同土层土壤总有机碳的影响发现（表 3），对 0～10 cm 土层，不同处理之间的土壤总有机碳在试验前和收获期差异显著，在蕾薹期和开花期差异极显著；对 10～20 cm 土层，不同处理之间的土壤总有机碳在蕾薹期差异显著，在开花期和收获期差异极显著；对 20～30 cm 土层，不同处理之间的土壤总有机碳在收获期差异显著，在开花期差异极显著。另外，从 P 值和 F 值的变化来看，从试验前到油菜收获期为止，不同处理之间土壤总有机碳的差异性有逐渐增加的趋势。说明紫云英和秸秆覆盖对 0～10 cm、10～20 cm 和 20～30 cm 土层土壤总有机碳的影响随着油菜生育期的进行逐渐增加，在蕾薹期、开花期和收获期表现出较大差异。

表 3　间作紫云英和秸秆覆盖对油菜生育期内不同土层土壤总有机碳的影响　　单位：g/kg

土层（cm）	处理	试验前	苗期	蕾薹期	开花期	收获期
0～10	TA	9.64±0.09	9.70±0.76	10.12±0.99	9.14±0.76	10.27±0.53
	TR	9.63±0.87	10.06±0.23	10.69±0.12	10.47±0.63	11.14±0.86
	TAR	10.95±1.04	11.00±1.72	11.33±0.99	10.75±0.62	10.95±1.07
	SA	10.46±1.51	10.83±1.21	11.52±0.83	12.73±0.90	12.13±1.13
	SR	12.02±1.43	11.75±0.90	12.71±0.69	12.30±0.34	12.80±0.10
	SAR	12.28±0.82	12.01±0.40	13.36±0.51	12.48±0.09	12.66±0.22
P		0.046*	0.104	0.006**	0.000**	0.018*
F		3.425	2.484	6.636	13.250	4.686

续表

土层（cm）	处理	试验前	苗期	蕾薹期	开花期	收获期
10～20	TA	9.48±0.49	8.10±0.87	8.71±0.58	8.20±0.38	7.98±0.40
	TR	8.71±0.83	8.93±0.72	9.39±1.12	8.64±0.03	9.18±0.72
	TAR	10.15±0.93	9.01±1.28	9.49±0.34	9.97±0.62	8.85±1.03
	SA	8.79±1.57	9.27±0.78	10.89±0.38	9.98±0.53	9.78±0.67
	SR	9.80±0.31	10.18±0.42	10.57±0.31	10.55±0.26	10.47±0.09
	SAR	9.46±0.60	9.51±0.34	10.23±0.27	11.12±1.16	10.76±0.28
P		0.439	0.185	0.011*	0.002**	0.003**
F		1.054	1.878	5.462	8.490	7.622
20～30	TA	7.38±0.28	6.64±0.46	7.60±0.05	6.82±0.12	6.39±0.03
	TR	7.77±0.75	7.92±0.39	8.02±0.54	7.47±0.60	7.79±0.33
	TAR	7.27±0.65	7.91±0.81	7.46±0.49	7.72±0.45	6.95±0.63
	SA	8.11±1.56	7.65±1.12	8.25±1.37	8.08±1.02	8.26±1.94
	SR	8.16±0.38	8.04±0.75	8.71±0.29	8.07±0.27	8.20±0.62
	SAR	8.67±0.69	8.26±0.40	9.05±0.59	9.49±0.43	9.15±0.36
P		0.407	0.153	0.142	0.001**	0.017*
F		1.124	2.070	2.145	9.972	4.772

3 讨论

3.1 油菜根际土壤团聚体及其有机碳特征

平均质量直径值是近年来研究比较多的评价土壤团聚体分布情况和稳定性的指标[12,13]，大团聚体是土壤中较好的结构体，是土壤良好结构特征的表现[14]，平均质量直径值越大，土壤团聚体的分布状况和稳定性越好[15]。目前，对间作系统的研究发现，间作可提高农田土壤团聚体稳定性及其团聚体有机碳含量[16,17]，但却很少有涉及作物根际的土壤团聚体及有机碳。本试验对紫云英油菜间作系统的研究就发现，间作紫云英增加了油菜根际土壤微团聚体含量，促使其团聚体平均质量直径降低，降低了多数粒径的土壤团聚体有机碳含量，这说明间作对农田和作物根际的土壤团聚体及有机碳的影响是不同的。首先，本研究结果中发现间作降低了多数粒径的土壤团聚体有机碳含量，这与前期研究结果中间作紫云英对油菜根际总有机碳含量变化情况的影响一致[18]；其次，本研究采用干筛法测定土壤团聚体，上述研究多采用湿筛法，由于干筛法反映的是原状土壤中非水稳性和水稳性团聚体的总体状况，而湿筛法反映的是水稳性团聚体的分布特征，所以干筛法和湿筛法的分析结果不尽相同，有待在今后研究中进一步探讨；第三，间作由于增加了新鲜有机物质的输入，植物根系、土壤动物、微生物及它们的代谢产物在农田和作物根际之间都存在一定差异，导致土壤中有机胶结物质和载体介质的量不同，从而造成团聚体特征的差异。

3.2 农田土壤总有机碳特征

研究表明，绿肥和秸秆覆盖可以提高土壤有机碳含量[19,20]。付鑫等[21]研究发现秸秆覆盖处理可增加土壤有机碳含量，提高土壤肥力，且覆盖量越大效果越明显；王海霞等[22]发现不同秸秆覆盖量可显著提高土壤有机碳及其土壤结构稳定性；李小刚等[23]在室内条件下发现随着秸秆添加量的增加，土壤中总有机碳含量等极显著增加；孙元宏等[24]发现随秸秆施用量增加，耕层土壤和母质的重组有机碳含量均呈同步增加趋势。对后茬作物玉米季土壤有机碳的研究，再次证明了上述结论。但需要指出的是，这种差异除了是由于油菜季后绿肥和秸秆覆盖还田造成的，还与不同处理对油菜季土壤有机碳的影响有很大关系。本试验研究结果表明，虽然在油菜季不同处置间的增加或减少规律不明显，但是有机碳含量的差异性却随着油菜生育期的进行而不断增加，甚至在蕾薹期、开花期和收获期表现出较大差异，这是后茬作物有机碳含量变化的基础。

4 结论

在我国西南旱地紫色土区，引入冬季绿肥紫云英与油菜间作，并结合秸秆覆盖，通过桶栽和大田试验研究发现，间作紫云英增加了油菜根际土壤微团聚体含量，促使其团聚体平均重量直径降低，同时显著降低了5～10 mm、2～5 mm、0.25～1 mm和0.053～0.25 mm团聚体有机碳含量。油菜根际土壤大团聚体含量的变化主要是由于5～10 mm和2～5 mm团聚体含量的变化引起的，而微团聚体含量的变化主要是由于0.053～0.25 mm团聚体含量的变化引起的。紫云英和秸秆覆盖对农田总有机碳的效应主要体现在后茬作物上，显著提高了玉米季土壤有机碳含量，主要是因为影响了10～20 cm和20～30 cm土层总有机碳的含量。紫云英和秸秆覆盖虽然对油菜季总有机碳的增加不明显，但对0～10 cm、10～20 cm和20～30 cm土层总有机碳的影响却随着油菜生育期的进行逐渐增加，在蕾薹期、开花期和收获期表现出较大差异。

参考文献

[1] Bronick CJ，Lal R. Soil structure and management：A review [J]. Geoderma，2005（124）：3-22.

[2] 周虎，吕贻忠，李保国．土壤结构定量化研究进展 [J]. 土壤学报，2009，46（3）：501-506.

[3] Madari B，Machado PLOA，Torres E，et al. No tillage and crop rotation effects on soil aggregation and organic carbon in a Rhodic Ferralsol from southern Brazil [J]. Soil and Tillage Research，2005（80）：185-200.

[4] Mondini C，Sequi P. Implication of soil C sequestration on sustainable agriculture and environment [J]. Waste Management，2008（28）：678-684.

[5] 唐晓红，邵景安，高明，等．保护性耕作对紫色水稻土团聚体组成和有机碳储量的影响 [J]. 应用生态学报，2007，18（5）：1029-1034.

[6] 张云兰，王龙昌，邹聪明，等．高温伏旱区麦/玉/薯三熟制保护性耕作旱地土壤水分动态及产量效应 [J]. 土壤通报，2011，42（1）：16-21.

[7] 王龙昌，邹聪明，张云兰，等．西南“旱三熟”地区不同保护性耕作措施对农田土壤生态效应及生产效益的影响 [J]. 作物学报，2013，39（10）：1880-1890.

[8] 张赛，王龙昌，黄召存，等．土壤活性有机碳不同组分对保护性耕作的响应 [J]. 水土保持学报，2015，29（2）：226-231+252.

[9] 姚致远，王峥，李婧，等．轮作及绿肥不同利用方式对作物产量和土壤肥力的影响 [J]. 应用生态学报，2015，26（8）：2329-2336.

[10] 杨滨娟，黄国勤，兰延，等．施氮和冬种绿肥对土壤活性有机碳及碳库管理指数的影响 [J]. 应用生态学报，2014，25（10）：2907-2913.

[11] Limon-Ortega A，Govaerts B，Deckers J，et al. Soil aggregate and microbial biomass in a permanent bed wheat-maize planting system after 12 years [J]. Field Crops Research，2006（97）：302-309.

[12] Daraghmeh OA，Jensen JR，Petersen CT. Soil structure stability under conventional and reduced tillage in a sandy loam [J]. Geoderma，2009，150（1）：64-71.

[13] Munkholm LJ. Soil friability：A review of the concept，assessment and effects of soil properties and management [J]. Geoderma，2011（167）：236-246.

[14] Six J，Elliott ET，Paustian K. Soil structure and soil organic matter：II. A normalized stability index and the effect of

mineralogy [J]. Soil Science Society of America Journal. 2000，64：1042－1049.
[15] 刘威，张国英，张静，等.2 种保护性耕作措施对农田土壤团聚体稳定性的影响 [J]. 水土保持学报，2015，29 (3)：117－122.
[16] 王英俊，李同川，张道勇，等. 间作白三叶对苹果/白三叶复合系统土壤团聚体及团聚体碳含量的影响 [J]. 草地学报，2013，21 (3)：485－493.
[17] 王志刚. 灌漠土上连续间作对作物生产力和土壤肥力的影响 [D]. 北京：中国农业大学，2014.
[18] 周泉，王龙昌，熊瑛，等. 绿肥间作和秸秆覆盖对冬季油菜根际土壤有机碳及土壤呼吸的影响 [J]. 环境科学，2016，37 (3)：1114－1120.
[19] Christopher P，Axel D. Carbon sequestration in agricultural soils via cultivation of cover crops-A meta-analysis. Agriculture，Ecosystems and Environment，2015 (200)：33－41.
[20] 卜玉山，苗果园，周乃健，等. 地膜和秸秆覆盖土壤肥力效应分析与比较 [J]. 中国农业科学，2006，39 (5)：1069－1075.
[21] 付鑫，王俊，刘全全，等. 不同覆盖材料及旱作方式土壤团聚体和有机碳含量的变化 [J]. 植物营养与肥料学报，2015，21 (6)：1423－1430.
[22] 王海霞，孙红霞，韩清芳，等. 免耕条件下秸秆覆盖对旱地小麦田土壤团聚体的影响 [J]. 应用生态学报，2012，23 (4)：1025－1030.
[23] 李小刚，崔志军，王玲英. 施用秸秆对土壤有机碳组成和结构稳定性的影响 [J]. 土壤学报，2002，39 (3)：421－428.
[24] 孙元宏，高雪莹，赵兴敏，等. 添加玉米秸秆对白浆土重组有机碳及团聚体组成的影响 [J]. 土壤学报，2017，54 (4)：1009－1017.

秸秆覆盖下油菜间作紫云英的土壤微环境效应*

周　泉[1,2]　陈　娇[1]　石　超[1]　邢　毅[1]　马淑敏[1]　张小短[1]　王龙昌[1*]

1. 西南大学农学与生物科技学院，三峡库区生态环境教育部重点实验室，
南方山地农业教育部工程研究中心，重庆北碚　400716

2. 江西农业大学生态科学研究中心，作物生理生态与遗传育种教育部重点实验室，江西南昌　330045

摘要： 为探索绿肥紫云英在我国西南地区旱地的应用前景，通过秸秆覆盖下种植紫云英，重点探讨其对土壤微环境的影响，以期为西南旱地油菜田种植紫云英的可行性提供理论依据。结果表明，秸秆覆盖可显著提高距地表 10 cm 处的农田土壤温度，在整个生育期内平均可提高 0.11 ℃，而间作紫云英对距地表 10 cm 处的土壤温度影响较小；秸秆覆盖对地表下 0～5 cm 的土壤含水量和土壤电导率的影响较小，紫云英单作显著提高了地表下 0～5 cm 的土壤含水量，其平均土壤含水量为 0.26 m^3/m^3，而紫云英油菜间作则降低了地表下 0～5 cm 的土壤含水量和土壤电导率，其平均土壤含水量和土壤电导率分别为 0.24 m^3/m^3 和 0.16 dS/m。另外，不同种植模式对农田土壤养分的影响主要体现在玉米季，而且种植紫云英对油菜季和玉米季的土壤养分综合评价均较好，秸秆覆盖下紫云英单作评价值最高，其中油菜季为 1.101，玉米季为 1.214。可见，西南旱地秸秆覆盖下种植紫云英可改善农田土壤水热环境，同时有较好的土壤养分综合评价效果。

关键词： 紫云英；油菜；秸秆覆盖；土壤水热因子；土壤养分

土壤是作物生长发育的基础，改善土壤微环境是调控作物生长发育，提高作物产量的重要措施。土壤微环境包括土壤物理性状、养分含量、土壤微生物数量等指标[1]，通过对土壤的水、肥、气、热及其物理、化学和生物学过程等因素的调控，进而影响植物对养分吸收和植株的生长发育，实现作物高产[2,3]。

研究表明，间作可以促进作物利用深层土壤水分，增强土壤保水性，对土壤水分的年际平衡没有负影响，同时还可降低高温期的土壤温度[4,5]，而对于土壤养分，间作则可以改善当季土壤速效养分变化情况及提高植物养分吸收性能[6]。秸秆覆盖条件下土壤温度的季、日变化均趋向缓和，在低温时具有增温效应，而高温时则有低温效应，两种效应在作物不同生育时期，对其生长均十分有利，可有效地减缓地温剧变对作物造成的伤害[7,8]。总体而言，秸秆覆盖的低温效应更受研究者关注。而对土壤水分的影响则主要是促进降水入渗，减少土壤水分蒸发，提高土壤含水率，增加土壤贮水量等。对土壤养分的影响则主要是来自农作物秸秆自身的有机质及营养元素，也是土壤养分及有机质的重要补充来源，同时还会影响作物对土壤养分的吸收利用[9]。

目前，学者对种植紫云英和秸秆覆盖条件下的土壤微生物和土壤呼吸特征已进行了探讨[10,11]，但

* **基金项目：** 公益性行业（农业）科研专项（201503127）；国家自然科学基金项目（31271673）

对影响土壤微生物和土壤呼吸较大的土壤微环境因子的土壤水热因子和土壤养分还未进行深入分析。实际上，土壤微生物受环境影响敏感，土壤营养状况、pH 值、温度、水分等都会对其产生影响，环境变化更会导致土壤微生物多样性及其生态功能的变化[12]；土壤呼吸与土壤微环境的关系同样是土壤呼吸研究的重点，主要集中在温度和水分对土壤呼吸的影响。例如土壤温度与土壤呼吸的关系常采用 Q10 值表示，是呼吸速率对温度变化的敏感性指标[13]。因此，本研究在前期研究的基础上，进一步分析种植紫云英和秸秆覆盖对油菜田间土壤微环境的影响，以期为我国西南旱地种植紫云英的可行性提供理论依据。

1 材料与方法

1.1 试验地概况

本试验于 2015 年 10 月至 2016 年 9 月在重庆市北碚区西南大学教学试验农场进行。当地多年平均降水量 1 156.8 mm，其中春、夏、秋、冬降水量分别为全年的 25.3%、46.8%、22.5%和 5.4%（试验期间降水量如图 1 所示），年蒸发量 1 181.1 mm，年日照时数在 888.5～1 539.6 h 之间，日照百分率仅为 25%～35%，冬季日照更少，仅占全年的 10%左右。试验所用土壤为西南旱地紫色土，地力相对均匀。试验前土壤 pH 值 6.3，土壤有机碳 8.6 g/kg，碱解氮 80.4 mg/kg，速效磷 41.1 mg/kg，速效钾 106.2 mg/kg。

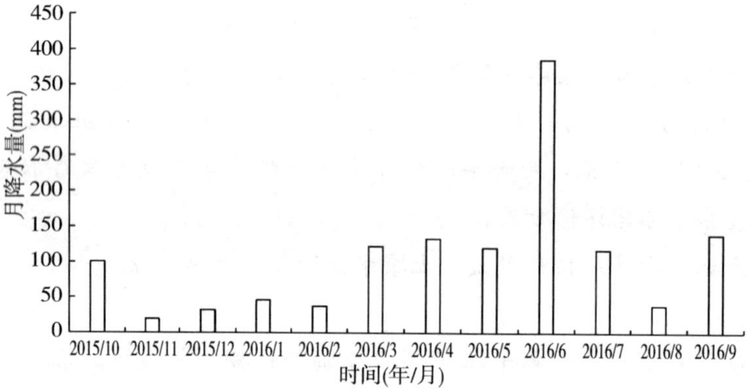

图 1 试验期间降水量概况

1.2 试验设计

采取大田试验，随机区组排列，2×3 双因素试验设计，设 2 种覆盖方式。

1.2.1 覆盖方式

1.2.1.1 无秸秆覆盖（T） 作物生长期内均不进行秸秆覆盖。

1.2.1.2 秸秆覆盖（S） 于作物播种期将 3 750 kg/hm² 玉米秸秆均匀覆盖（11.25 kg/30 m²）。

1.2.2 种植方式

1.2.2.1 油菜单作（R） 油菜单作，采用宽窄行穴播方式，株距 20.0 cm，宽行距 80.0 cm，窄行距 20.0 cm。

1.2.2.2 紫云英单作（A） 紫云英单作，采用撒播方式，播种量为 45 kg/hm²。

1.2.2.3 紫云英间作油菜（AR） 紫云英油菜间作，紫云英撒播在宽行内，播种量为 45 kg/hm²，油菜穴播。

1.2.3 处理

共 6 个处理。TR，油菜单作+无秸秆覆盖；TA，紫云英单作+无秸秆覆盖；TAR，紫云英油菜间作+无秸秆覆盖；SR，油菜单作+秸秆覆盖；SA，紫云英单作+无秸秆覆盖；SAR，紫云英油菜间作+秸秆覆盖。

大田小区试验为3次重复，小区面积3.5 m×7.8 m，施肥、播种（移栽）等其他田间管理均按丰产栽培要求设计。施氮肥（N）180 kg/hm^2，磷肥（P_2O_5）180 kg/hm^2，钾肥（K_2O）180 kg/hm^2，复合肥为三洋牌16－16－16三元素复合肥，所有肥料匀于播种前一次施入。紫云英和油菜播种时间为2015年10月，收获时间为2016年5月；玉米播种时间为2016年5月，收获时间为2016年8月。紫云英于开花期收割还田，翻耕于宽行内，油菜收获后于宽行内种植玉米，玉米穴播。

1.3 测定指标与方法

1.3.1 土壤水热因子的测定

于油菜生育期内从2015年11月1日起，每隔15 d在上午9:00～11:00测定一次。用LI6400－09自带的温度探针测定深度10 cm处的土壤温度，用ProCheck手持式多功能读表（Decagon公司）连接的GS3传感器测定土层深度0～5 cm的体积含水量和电导率，每个处理每个重复均测定5个原始值。

1.3.2 土壤样品采集

于油菜收获季和玉米收获季采用五点法采集耕层土壤样品，并将取得的土样粉碎混匀，按4分法取样，用无菌塑料袋包好，带回实验室后，自然晾干过筛后用于油菜季和玉米季土壤养分的测定。

1.3.3 土壤养分的测定

土壤pH值用pH计测定；土壤全氮用半微量开氏法，使用全自动凯氏定氮仪（Kjeltec^{TM} 2300，FOSS）进行分析测定；土壤全磷用NaOH熔融－钼锑抗比色法测定；土壤全钾用NaOH熔融－原子分光光度法测定；土壤碱解氮用碱解扩散法测定；土壤有效磷用Black法（HCl－NH_4F）测定；土壤速效钾用NH_4Ac浸提－原子分光光度法测定。

土壤养分综合评价值（Nutrient comprehensive evaluation value，NCEV）计算公式如下：

$$\mathrm{NCEV}=\frac{1}{n}\sum_{i=1}^{n}R_{\mathrm{i}}\quad(n=1,2,\cdots 7)\ R_i=A_i/A_{i0} \tag{1}$$

式中，NCEV是土壤有机质、全氮、全磷、全钾、碱解氮、速效磷、速效钾7个指标的综合评价值；R_i是某处理第i个指标的相对值；A_i是某处理第i个指标的测定值；A_{i0}是对照处理第i个指标的测定值。

1.4 统计分析

用Excel 2010和SPSS 17.0软件进行数据整理、分析，采用General Linear Model进行单变量双因素方差分析，多重比较采用Duncan's新复极差法。

2 结果与分析

2.1 土壤水热因子

2.1.1 土壤温度

由表1可知，紫云英和秸秆覆盖对农田土壤温度影响显著，尤其是秸秆覆盖的影响更为明显。在油菜整个生育期，主要表现为秸秆覆盖提高了农田土壤温度。在油菜苗期前期（2015年11月），秸秆覆盖可显著提高深度10 cm处的土壤温度，而在苗期中期（2015年12月）紫云英油菜间作可显著提高土壤温度。在油菜蕾薹期（2016年2月），处于油菜生育期的最低温，仍表现为秸秆覆盖可显著提高深度10 cm处的土壤温度。在油菜开花期（2016年3月），紫云英和秸秆覆盖对深度10 cm处的土壤温度无显著影响。在油菜角果期（2016年4～5月），秸秆覆盖下紫云英油菜间作可显著提高10 cm处的农田土壤温度。总的来看，除油菜花期之外，秸秆覆盖可显著提高其他各生育期 10 cm 处的土壤温度，而紫云英油菜间作对土壤温度的影响较小。

表 1　间作紫云英和秸秆覆盖对土壤温度的影响　　单位：℃

日期	TR	TA	TAR	SR	SA	SAR
2015/11/1	12.52±0.59d	12.50±0.36d	12.64±0.45cd	12.88±0.16bc	13.19±0.39a	13.09±0.31ab
2015/11/15	13.86±0.18c	13.82±0.03c	14.08±0.08ab	14.10±0.11ab	14.02±0.12b	14.21±0.02a
2015/12/1	12.61±0.68a	12.37±0.32a	12.63±0.51a	12.31±0.34a	12.42±0.43a	12.65±0.63a
2015/12/15	6.87±0.42b	7.11±0.10ab	7.32±0.24a	7.36±0.06a	7.21±0.14ab	7.38±0.06a
2016/1/1	11.75±0.44a	11.90±0.19a	12.04±0.17a	11.71±0.06a	11.83±0.15a	11.78±0.26a
2016/1/15	9.55±1.80a	9.52±1.69a	9.62±1.65a	9.65±1.67a	10.48±0.33a	10.38±0.36a
2016/2/1	1.91±0.35abc	1.49±0.38c	1.70±0.57bc	1.83±0.08abc	2.16±0.44ab	2.35±0.70a
2016/2/15	7.36±1.29a	7.23±1.29a	6.88±1.53a	5.98±0.90a	5.77±0.11a	5.77±0.27a
2016/3/1	8.62±0.12b	9.04±0.24ab	9.07±0.62ab	9.13±0.39ab	9.30±0.37a	9.15±0.05b
2016/3/15	11.60±0.27a	11.89±0.19a	11.80±0.10a	11.90±0.35a	11.87±0.15a	11.81±0.05a
2016/4/1	10.47±0.66b	10.54±0.08b	10.55±0.45b	10.72±0.63ab	11.00±0.40ab	11.60±1.17a
2016/4/15	19.08±1.98a	18.00±0.28a	18.08±0.43a	18.09±0.37a	18.24±0.11a	18.59±0.90a
2016/5/1	17.43±0.19ab	17.49±0.06ab	17.38±0.12b	17.54±0.07a	17.58±0.04a	17.55±0.05a

注：TR 为油菜单作＋无秸秆覆盖；TA 为紫云英单作＋无秸秆覆盖；TAR 为紫云英油菜间作＋无秸秆覆盖；SR 为油菜单作＋秸秆覆盖；SA 为油菜单作＋秸秆覆盖；SAR 为紫云英油菜间作＋秸秆覆盖。不同字母表示差异显著($P<0.05$)。下同。

2.1.2　土壤水分

由图 2 可知，油菜生育期内地表下 0～5 cm 土壤水分含量出现四个峰值，其中最高值出现在 2016 年 1 月 1 日，最低值出现在 2015 年 12 月 15 日，不同处理之间的土壤含水量的差异性主要表现在 2015 年 11 月至 2016 年 1 月，集中在油菜苗期。总的来看，紫云英单作处理的土壤水分含量处在较高水平，紫云英油菜间作处理的土壤水分含量处在较低水平。

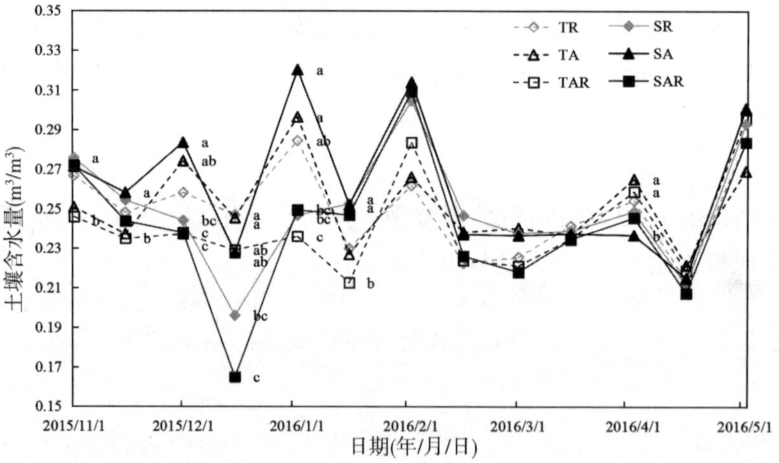

图 2　间作紫云英和秸秆覆盖对土壤水分的影响

2.1.3　土壤电导率

由图 3 可知，不同处理间深度 0～5 cm 土壤电导率的差异主要体现在 2015 年 11 月至 2016 年 1 月，集中在油菜苗期，整个生育期呈现不断下降的趋势，仅在 2016 年 1 月 1 日出现一个峰值。总的来看，单作处理的土壤电导率要显著高于间作处理，同时与土壤水分含量之间呈现出一定的相关性。

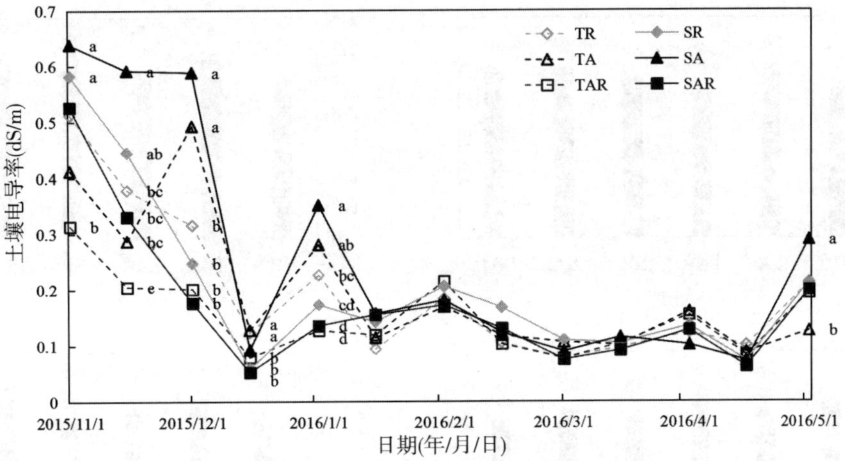

图 3　间作紫云英和秸秆覆盖对土壤电导率的影响

2.2　土壤养分

2.2.1　油菜季土壤养分

由图 4 可知，不同处理对油菜季土壤养分的影响较小，对土壤 pH 值、有机质、全磷、全钾、碱解氮、有效磷和速效钾的影响均不显著，仅对土壤全氮的影响差异显著（$P<0.05$）。对土壤 pH 值，紫云英单作时有所降低，但差异并不显著；对土壤有机质，各处理间也无显著差异；对土壤全氮，紫云英单作显著提高了土壤全氮含量；对土壤全磷，无秸秆覆盖时紫云英单作最低，秸秆覆盖时则最高，但差异也不显著；对土壤全钾、碱解氮和速效钾，则表现为紫云英单作时最高；对土壤有效磷，则是在紫云英油菜间作时表现最低。

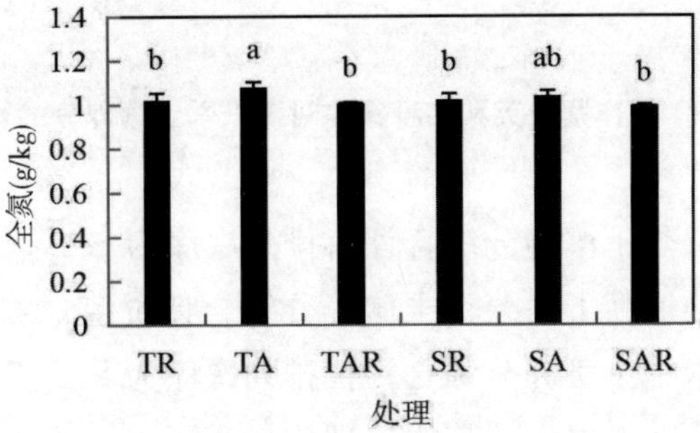

图 4　间作紫云英和秸秆覆盖对油菜季土壤养分的影响

2.2.2　玉米季土壤养分

由图 5 可知，不同处理之间对玉米季土壤养分的影响不同，除了对土壤 pH 值和全钾影响不显著之外，对土壤有机质、全氮、全磷、碱解氮、有效磷和速效钾的影响均达到显著水平（$P<0.05$）。对土壤有机质，秸秆覆盖处理的表现高于无秸秆覆盖，同时紫云英单作表现较高，且差异显著；对土壤全氮，紫云英单作显著提高了土壤全氮含量，而且在无秸秆覆盖时表现更明显；对土壤全磷，则是秸秆覆盖下紫云英油菜间作显著降低了其含量；对土壤碱解氮、有效磷和速效钾，同样是紫云英单作显著提高了其含量。

总的来看，紫云英和秸秆覆盖对土壤养分的影响在油菜季影响较小，其影响在玉米季表现得更为明显。紫云英单作在年内就可显著提高土壤有机质、全氮、碱解氮、有效磷和速效钾的含量，但秸秆覆盖和紫云英油菜间作在年内对土壤养分的影响有限。

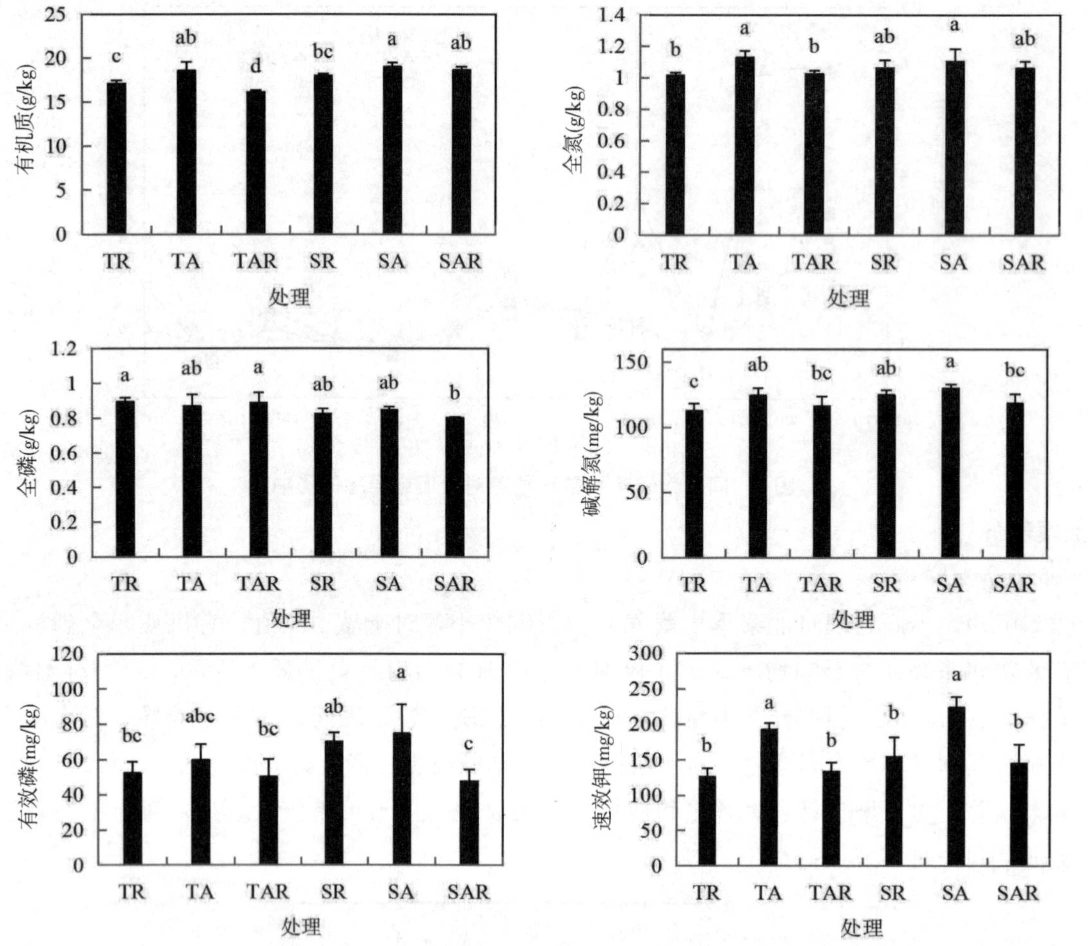

图 5　间作紫云英和秸秆覆盖对玉米季土壤养分的影响

2.2.3　土壤养分综合评价

由表 2 可知，不同处理油菜季土壤养分综合评价排列次序为 SA>TA>SR>SAR>TAR>TR，说明不同处理与油菜单作相比，均提高了油菜季土壤养分综合评价值，综合效果均优于油菜单作，其中紫云英单作最好。不同处理玉米季土壤养分综合评价排列次序为 SA>TA>SR>SAR>TR>TAR，说明除无秸秆覆盖下的紫云英油菜间作之外，其他处理均提高了玉米季土壤养分综合评价值，综合效果均优于油菜单作，同样也是紫云英单作最好。由此可见，从土壤养分综合评价的角度来讲，不同处理对油菜季和玉米季的土壤养分综合评价较好，其中紫云英单作评价值最高，效果最优。

表 2　不同处理的土壤养分综合评价

处理	油菜季（NCEV）	玉米季（NCEV）
TR	1.000	1.000
TA	1.099	1.134
TAR	1.004	0.993
SR	1.067	1.104
SA	1.101	1.214
SAR	1.006	1.017

3　讨论

本研究发现，秸秆覆盖可提高冬季农田土壤温度，而绿肥间作在一定程度上削弱了秸秆覆盖的增温效应。一般来讲，秸秆覆盖在低温下具有保温作用，在高温下具有降温作用[14]，目前，在小麦、棉花、玉米、大豆等作物上发现，秸秆覆盖与无覆盖相比，都会出现前期低温季节增温、后期高温季节降温的双重效应，并能平抑地温在季节间和昼夜间的剧烈变化，这种双重效应被认为是覆盖增产的重要机制[15-18]。本研究得出的秸秆覆盖在冬季低温下可提高土壤温度的结果与一般研究结果一致。另外，目前对果麦、林草等农林间作系统的研究结果表明，间作能够降低土壤温度[19-21]，这与本研究中绿肥间作对土壤增温有削弱作用一致。因此，当绿肥间作与秸秆覆盖相结合，可以平稳地抑制土壤温度在季节间和昼夜间的剧烈变化，增强了土壤温度的稳定性。

单作紫云英还提高了农田土壤含水量，并在秸秆覆盖下保水效应更加明显，这主要是因为紫云英作为一种农田绿色覆盖措施增加了农田地表覆盖率，减少了水分流失。但研究同时发现，当紫云英与油菜混作时反而降低了土壤含水量，这主要是因为紫云英促进了油菜生长，两者共同作用增加了对水分的吸收利用。另外，各处理土壤电导率变化特征与土壤含水量的变化特征基本一致，主要是因为土壤电导率与土壤含水量之间有一定的正相关关系[22]。秸秆覆盖条件下种植紫云英的土壤电导率较高，说明土壤总盐量升高，这主要是由于季节性覆盖（秸秆覆盖、绿色覆盖）改变了土壤自然状态下的水热平衡，土壤得不到雨水充分淋洗，致使盐分在土壤表层上聚集。

目前，对农田绿肥的研究发现，种植绿肥可以提高农田土壤养分[23]，这与本研究中发现种植紫云英可提高玉米季的土壤养分含量一致。之所以没有显著提高油菜季的土壤养分，主要是因为本试验是紫云英与油菜间作，在油菜季并没有进行绿肥还田。总的来看，种植紫云英提高了农田土壤养分的综合评价值。

4 结论

秸秆覆盖可显著提高深度 10 cm 处的土壤温度，而间作紫云英对土壤温度影响较小；秸秆覆盖对深度 0~5 cm 的土壤含水量和土壤电导率的影响较小，紫云英单作提高了土壤含水量，而紫云英油菜间作则降低了土壤含水量和土壤电导率。不同种植模式对农田土壤养分的影响主要体现在玉米季，而且种植紫云英对油菜季和玉米季的土壤养分综合评价均较好，其中紫云英单作评价值最高，效果最优。

参考文献

[1] 刘福德，孔令刚，安树青，等．连作杨树人工林不同生长阶段林地内土壤微生态环境特征［J］．水土保持学报，2008，22（2）：121-125.

[2] Arvidsson J. Nutrient uptake and growth of barley as affected by soil compaction [J]. Plant and Soil，1999，208（1）：9-19.

[3] Buttery B R，Tan C C，Drury C F，et al. The effects soil compaction，soil moisture and soil ty peon growth and nodulation of soy bean and common bean [J]. Canadian Journal of Plant Science，1998（78）：571-576.

[4] 汤文光，肖小平，唐海明，等．不同种植模式对南方丘陵旱地土壤水分利用与作物周年生产力的影响［J］．中国农业科学，2014，47（18）：3606-3617.

[5] 张绪成，王红丽，于显枫，等．半干旱区全膜覆盖垄沟间作种植马铃薯和豆科作物的水热及产量效应［J］．中国农业科学，2016，49（3）：468-481.

[6] 杜青峰，王党军，于翔宇，等．玉米间作夏季绿肥对当季植物养分吸收和土壤养分有效性的影响［J］．草业学报，2016，25（3）：225-233.

[7] 蔡太义，贾志宽，黄耀威，等．中国旱作农区不同量秸秆覆盖综合效应研究进展Ⅰ．不同量秸秆覆盖的农田生态环境效应［J］．干旱地区农业研究，2011，29（5）：63-68.

[8] 毛瑞洪．夏闲地麦糠覆盖增产效果分析 [J]. 中国农业气象，1993，14 (4)：36－38.

[9] 蔡太义．渭北旱塬不同秸秆覆盖量对农田环境和春玉米生理生态的影响 [D]. 杨凌：西北农林科技大学，2011.

[10] 周泉，张小短，马淑敏，等．间作绿肥对油菜根际土壤碳氮及根际微生物的影响 [J]. 生态学报，2017，37 (23)：7965－7971.

[11] 周泉，王龙昌，熊瑛，等．绿肥间作和秸秆覆盖对冬季油菜根际土壤有机碳及土壤呼吸的影响 [J]. 环境科学，2016，37 (3)：1114－1120.

[12] 胡水金，唐建军．土壤微生物对全球变化的响应 [G]. 第三届现代生态学讲座暨国际学术研讨会论文集，2009：155－179.

[13] Simmons J A，Fernandez I J，Briggs R D，et al. Forest floor carbon pools and fluxes along a regional climate gradient in Maine，USA [J]. Forest Ecology and Management，1996，84 (1－3)：81－95.

[14] 刘炜，高亚军，杨君林，等．旱地冬小麦返青前秸秆覆盖的土壤温度效应 [J]. 干旱地区农业研究，2007，25 (4)：197－201.

[15] Cao J S，Zhou X，Zhang W J，et al. Effects of mulching on soil temperature and moisture in the rainfed farmland of summer corn in the Taihang Mountain of China [J]. Journal of Food Agriculture and Environment，2012，10 (1)：519－523.

[16] Gan Y T，Siddique K H M，Turner N C，et al. Chapter Seven-Ridge-Furrow Mulching Systems-An Innovative Technique for Boosting Crop Productivity in Semiarid Rain-Fed Environments [J]. Advances in Agronomy (Book series)，2013 (118)：429－476.

[17] Yuan X F，Wu P T，Wang Y K，et al. Soil moisture conserving irrigation under straw mulch with no-tillage [J]. Transactions of the CSAE，2006，22 (7)：22－26.

[18] Zhang S L，Lovdahl L，Grip H，et al. Effects of mulching and catch cropping on soil temperature，soil moisture and wheat yield on the Loess Plateau of China [J]. Soil & Till Research，2009，102 (1)：78－86.

[19] 黄爱军，乔旭，陈兴武，等．果麦间作系统小气候特征研究 [J]. 中国农业大学学报，2013，18 (6)：88－95.

[20] 彭晚霞，宋同清，肖润林，等．覆盖与间作对亚热带丘陵茶园地温时空变化的影响 [J]. 应用生态学报，2006，17 (5)：778－782.

[21] 宋同清，王克林，彭晚霞，等．亚热带丘陵茶园间作白三叶草的生态效应 [J]. 生态学报，2006，26 (11)：3647－3655.

[22] 曹巧红，龚元石．土壤电导率对时域反射仪测定土壤水分的影响 [J]. 土壤学报，2001，38 (4)：483－490.

[23] 赵秋，高贤彪，宁晓光，等．华北地区春玉米—冬绿肥轮作对碳、氮蓄积和土壤养分以及微生物的影响 [J]. 植物营养与肥料学报，2013，19 (4)：1005－1011.

不同降水年型下覆盖与缓释肥技术对油菜生长及水肥利用效率的调控效应*

冯　军[1,2]　石　超[1]　Linna Cholidah[1]　门胜男[1]　段美春[1]
张　赛[1]　徐绮雯[1]　武海燕[3]　欧　岗[3]　向信华[3]　王龙昌[1*]

1. 西南大学农学与生物科技学院，南方山地农业教育部工程研究中心，三峡库区生态环境教育部重点实验室，重庆北碚　400715
2. 四川省农业科学院水稻高粱研究所，四川德阳　618000
3. 云阳县农业委员会，重庆云阳　404500

摘要：为了探讨覆盖与缓释肥（节水节肥）技术对西南旱地油菜生长及水肥利用效率的影响，设置了由3种栽培模式（传统平作栽培、秸秆覆盖和沟垄集雨节水栽培）和3种施肥模式（习惯施肥、减施缓释肥、不施肥）组成的双因素大田定位试验，比较分析2a不同降水年型下覆盖与缓释肥技术对油菜生长的调控效应。结果表明，双节技术（秸秆覆盖+减施缓释肥、沟垄集雨+减施缓释肥）在苗期降水异常偏多（2016—2017）和偏少（2017—2018）情况下，较习惯栽培（传统平作+习惯施肥）能提高油菜株高、SPAD、干物质并调节根冠比。在不同降水年型下，双节技术分别提高油菜产量7.71%、29.46%，提高含油量4.64%、7.91%，并能更好保持油菜品质的稳定性。同时，减少油菜生育期总耗水量，提高水分利用效率14.84%、28.71%，并显著增加肥料利用效率。综上所述，在降水异常偏多年份，施肥模式调控效应更显著，缓释肥技术能减少肥料淋溶损失，提高肥料利用效率；在季节性干旱年份，栽培模式调控效应更显著，秸秆覆盖和沟垄集雨提高水分利用效率，利于作物获得高产。单一的节水或节肥技术难以满足西南旱地油菜生产面临的复杂环境，通过秸秆覆盖和沟垄集雨与缓释肥集成的双节技术，能适宜不同降水年型下的油菜生产并兼顾环境效应，缓解生育期降水异常对作物生长的影响，实现节本增效的目标。

关键词：油菜；不同降水；节水节肥；秸秆覆盖；沟垄集雨；水肥利用效率

油菜在全球范围内广泛种植，作为食用油的主要来源，菜籽油占中国油料作物产油量的54.6%，但仍无法满足国内需求[1]。西南地区是中国长江上游油菜主产区，降水分布不均多引发季节性干旱和多雨，是典型的雨养农业区。水分是旱作农业发展的限制因子之一[2]，灌溉水源贫乏易造成干旱气候下作物减产。土壤贫瘠是限制旱地农业的另一因子[3]。由施肥不当造成的肥料利用率低下，难以提高产量，并引发面源污染问题[4,5]。因此，发掘旱区农业的潜力需建立水肥协调的高效管理措施，并兼顾环境效应[6]。在节水技术方面，秸秆覆盖作为一项高效节水措施，能调节土壤温度，抑制土壤蒸发，从而提高作物水分利用效率[7,8]。沟垄集雨技术，也因其能将垄上的降雨富集于沟内，改善农田水热状

* **基金项目：**公益性行业（农业）科研专项（201503127）；国家自然科学基金项目（31271673、31700364、31871583）

况，从而促进作物生长[9-11]，在中国北方旱地玉米、小麦、谷子栽培中有较多应用[12,13]。现有旱地研究较多关注节水技术及相关措施，如与秸秆覆盖与沟垄集雨种植相应的节灌技术[14,15]、种植群体优化[16,17]、覆盖材料选配[18,19]等，而对配套的节肥技术研究较少。在节肥措施方面，缓释肥因具有一次性基施、养分供应周期长、肥料利用率高等优点，是一项极具潜力的技术[20-22]，但在旱作栽培中少有应用。一方面，单一节水或节肥技术已无法解决旱地农业面临的复杂环境问题，集成技术亟待发展；另一方面，全球异常气候频发，能适宜不同气候环境的集成技术应用研究更是却鲜有报道。本研究不仅着眼于油菜栽培较少关注的集成技术，比较不同降水条件下双节技术对作物生长的调控效应，在农业农村部提出的“2020 年化肥使用量零增长”和“推进节水农业发展”目标下，为全球气候异常加剧下的西南地区旱地油菜可持续发展提供理论依据。

1 材料与方法

1.1 研究区概况

试验地位于重庆市云阳县宝坪镇，地处 108°54′E，30°55′N，海拔 650.6 m，属半干旱雨养农业区，典型丘陵山区立体气候。年平均气温 18.7℃，年平均降水量 900 mm，年日照 1 500 h，无霜期 304 d。试验地土壤为旱地紫色壤黏土，地下水深 15 m，地势平坦，地力均匀。前茬作物为高粱。播前农田 0～20 cm 土壤理化性质如下：2016—2017 年，pH 值 7.5，有机质含量 9.29 g/kg，全氮、全磷、全钾含量分别为 0.90 g/kg、0.34 g/kg、21.70 g/kg，速效养分氮、磷、钾含量分别为 72.40 mg/kg、4.60 mg/kg、94.00 mg/kg；2017—2018 年，pH 值 7.80，有机质含量 9.78 g/kg，全氮、全磷、全钾含量为分别为 0.83 g/kg、0.34 g/kg、23.50 g/kg，速效养分氮、磷、钾含量分别为 66.40 mg/kg、5.30 mg/kg、89.00 mg/kg。

1.2 试验设计

2016—2018 年进行大田定位试验，参试油菜为当地主推品种三峡油 5 号。设置 3 种栽培模式，即传统平作栽培、秸秆覆盖栽培和沟垄集雨栽培；3 种施肥模式，即农民习惯施肥（常规肥料、习惯施肥量）、减量施肥（专用缓释肥、80%施肥量）和不施肥。秸秆覆盖采用前茬晒干高粱秸秆半量覆盖（3 750 kg/hm^2），收获晾干后人工截成 20 cm 左右，播种后均匀覆盖于小区内；沟垄集雨采用垄上覆膜（宽 60 cm、厚 0.008 mm）、沟内种植方式（图 1）。常规肥料（CF）采用尿素（N，46%）、过磷酸钙（P_2O_5，12%）、氯化钾（KCl，60%）配施，其中氮肥 50%与全部磷钾肥作为基肥，50%作为苔期表施追肥；优化施肥采用宜施壮油菜专用缓释肥（SF）（25－7－8，N、P、K 质量分数分别为 25%、7%、8%），（以下简称缓释肥）由湖北宜施壮农业科技有限公司提供，一次性基施。以不施肥为对照，试验采用双因素随机区组设计，共 9 个处理，3 次重复，27 个小区。播种和施肥采取点播穴施，每小区 16 m^2（4 m×4 m），小区间开沟 30 cm 隔离。小区内行距 40 cm、株距 33.3 cm，1 穴 2 株。2016—2017 年，播种期、苗期、蕾薹期、花期、成熟期、收获时间分别为 2016 年 10 月 23 日、2016 年 12 月 22 日、2017 年 1 月 21 日、2017 年 2 月 20 日、2017 年 5 月 12 日、2017 年 5 月 13 日；2017—2018 年，分别为 2017 年 10 月 20 日、2017 年 12 月 19 日、2018 年 1 月 18 日、2018 年 2 月 17 日、2018 年 5 月 9 日、2018 年 5 月 10 日。试验区无人工灌溉，不同处理的具体措施见表 1，试验期降水量见表 2，田间管理同常规。

表 1　不同处理下的油菜种植方式

处理	栽培模式	肥料类型	施肥量/（kg/hm²）		
			N	P	K
JC	秸秆覆盖 SM	常规肥 CF	225	63	72
J80		缓释肥 SF	180	50	58
CK		不施肥 No fertilizer	0	0	0
MC	沟垄覆膜 RFRH	常规肥 CF	225	63	72
M80		缓释肥 SF	180	50	58
CK		不施肥 No fertilizer	0	0	0
PC	传统平作 CP	常规肥 CF	225	63	72
P80		缓释肥 SF	180	50	58
CK		不施肥 No fertilizer	0	0	0

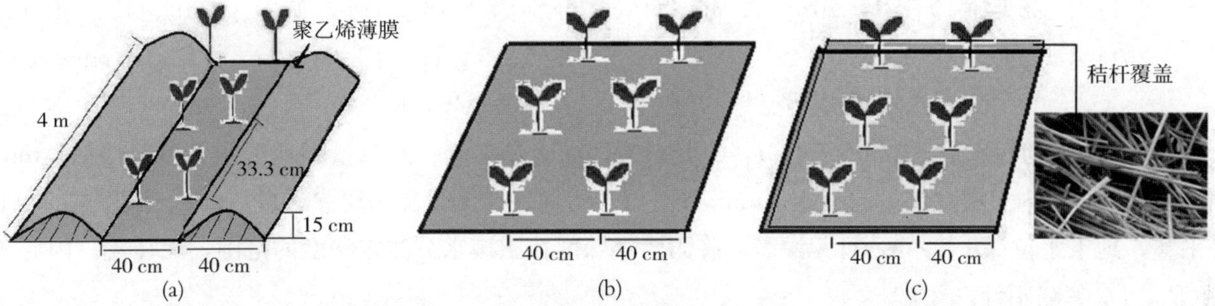

图 1　沟垄集雨（a）、传统平作（b）及秸秆覆盖（c）技术示意图

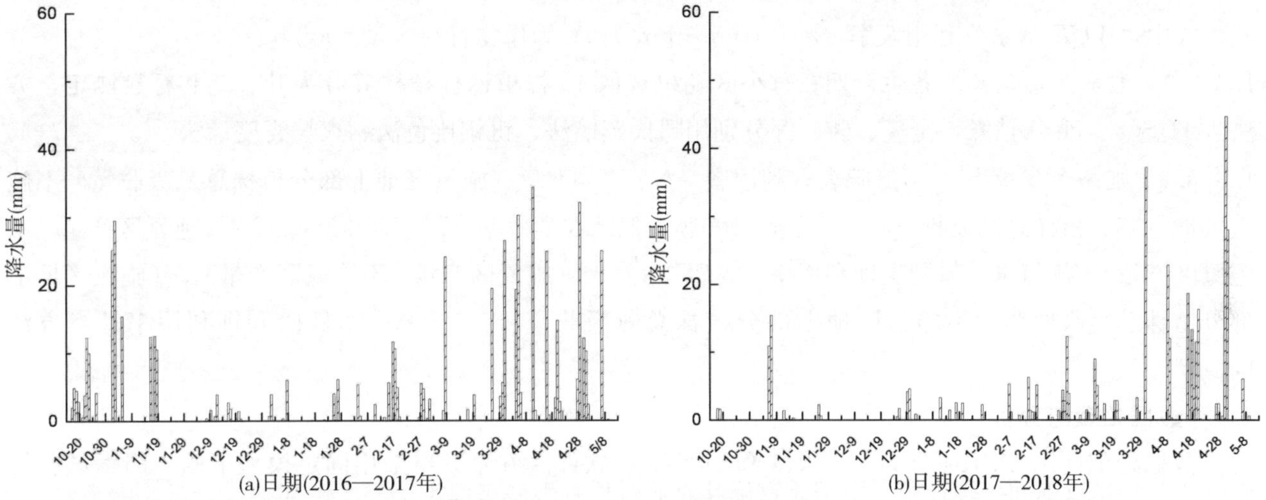

图 2　试验点油菜生育期降水量分布

1.3　测定指标与方法

1.3.1　试验期降水量测定

降水量数据由重庆市云阳县气象局智慧气象服务基地自动气象站测定，自动气象站距试验地小于 100 m。

1.3.2　苗期植株农艺性状及产量测定

1.3.2.1　苗期农艺性状测定　每小区随机选取 10 株植株样，测定株高、叶绿素相对含量 SPAD（日本 MINOLTA 502 叶绿素测定仪），方法参见李岚涛等[23]；植株地上部分与根系同时取样，先用三角锹挖出油菜完整根系，连根带土缓缓移除带回实验室。将根系与植株分离，清洗干净后与地上部分植株在 105 ℃杀青 30 min，60 ℃烘干至恒质量后测定植株干质量并计算根冠比（根冠比=根干质量/植株地上部分干质量）。

1.3.2.2 产量及品质测定 成熟期在每小区取 10 株样品考种，产量按小区实打实收；采用 FOSS 多功能近红外分析仪（瑞典 NIRS DS2500）测定油菜籽粒品质指标，含油量、蛋白质、硫苷、芥酸、油酸、棕榈酸、硬脂酸、亚油酸、亚麻酸。

1.3.3 水肥利用效率的测定及计算

1.3.3.1 土壤水分测定 在油菜各生育期用五点法取土样，平作和秸秆覆盖处理取样点位于油菜行间，沟垄集雨处理在种植沟内沿垄侧和沟内正中点分别取样装入铝盒，采用烘干法测定 0～20 cm、20～40 cm、40～60 cm 土壤含水率，环刀法测量土壤容重[24]。

$$土壤贮水量公式，E=C\times\rho\times H\times 10^{[25]} \quad (1)$$

式中，E 为贮水量，mm；C 为土壤含水率，%；ρ 为土壤容重，g/cm^3；H 为土壤深度，cm。2016—2017 年，ρ 取值 0～20、20～40、40～60 cm 分别为 1.16 g/cm^3、1.21 g/cm^3、1.34 g/cm^3；2017—2018 年，ρ 取值 0～20、20～40、40～60cm 分别为 1.15 g/cm^3、1.23 g/cm^3、1.32 g/cm^3。

$$作物耗水量公式，ET=PR+I+G-\Delta W-R_s-D_p^{[26]} \quad (2)$$

式中，ET 为耗水量，mm；PR，I，G 分别为生育期降水量、灌溉量和地下水上移补给量，mm；ΔW 为计算时段内土壤贮水量的变化，mm。R_s，D_p 为地表径流量和深层渗透量，mm。由于试验点地势平整，地下水位深于 15 m，且无灌溉，降雨渗透深度在土壤水分测定深度的范围，无径流。因此 I、G、R_s、D_p 忽略不计。

$$水分利用效率公式，WUE=Y/ET \quad (3)$$

式中，WUE 为水分利用效率，kg/（mm·hm^2）；Y 为作物籽粒产量，kg/hm^2。

1.3.3.2 植株养分测定 各生育期在每小区随机选取 10 株植株样植株养分为叶、茎和籽粒测定，方法为 $H_2SO_4-H_2O_2$ 消煮，全氮、磷、钾分别用凯氏蒸馏法、钒钼比色法、火焰光度计法[27]。

1.3.3.3 肥料利用效率[28] 氮肥表观利用率（NRE,%）＝（施氮区地上部分植株总氮吸收量－不施氮区地上部分植株总氮吸收量）/施氮量×100%；氮肥农学效率（NAE，kg/kg）＝（施氮区产量－不施氮区产量）/施氮量；氮肥生理利用率（NPE,%）＝（施氮区产量－不施氮区产量）/（施氮区地上部分植株总氮吸收量－不施氮区地上部分植株总氮吸收量）×100%；植株磷和钾利用率计算方法同氮[29]。

1.4 数据处理与分析

数据处理使用 Microsoft Excel 2010 和 DPS7.05 软件。方差分析采用固定模型下的二因素试验统计，最小显著差异法（least significant difference，LSD）进行多重比较，Origin 9.0 软件绘图。

2 结果与分析

2.1 试验区油菜生育期降水量分布特征

两年试验期降水差异显著，如图 2 所示。2016—2017 年油菜生育期降水量 550.9 mm，与同时期多年平均降水量（1981—2010）300.3 mm 相比，降水距平百分率［P_a（%）＝（$P-P_M$）/P_M×100%，P 为计算期内降水量（mm）；P_M 为计算期同时段多年平均降水量］83.4%，根据中国气象局《全国气候影响评价》标准[30]，该生育期降水异常偏多（≥80%）。其中，中雨（>10 mm）以上 29 次，降水量 454.1 mm，占总降雨次数和总降水量的 63.0% 和 82.4%，11 月降水距平百分率高达 118.7%。

2017—2018 年油菜生育期降水量 340.5 mm，比多年平均略多一成，但降水量分布极为不匀。10

月下旬至1月31日，油菜苗期至蕾薹初期降水量为56.8 mm，占生育期总降水量16.7%；降雨次数21次，有效降雨（>5 mm）2次，其中12月降水量仅2.3 mm，降水据平百分率为−83.9%，为异常偏少（≤−80%），根据《气候干旱等级》（GB/T 20481−2006），达到重旱水平（≤−80%）；而从4月1日至5月中旬，花后期至收获期共降雨20次，中雨以上降雨次数9次，降水量210.2 mm，占生育期总降雨次数和总降水量的14.3%和61.7%，降水据平百分率达62.7%，降水显著偏多。总体而言，由于季节性降雨不均，2016—2017年，油菜全生育期都受到多雨天气的影响；而2017—2018年，油菜营养生长阶段发生季节性干旱，生殖生长期间又值降水显著偏多。

2.2 苗期不同降水下油菜农艺性状比较

由表2可知，苗期多雨天气下（2016—2017年），栽培模式对油菜株高、SPAD、干物质和根冠比影响显著（$P<0.05$），施肥对其影响为极显著（$P<0.01$）；季节性干旱（2017—2018年）时，栽培模式与施肥及其交互作用对油菜株高、SPAD、干物质和根冠比的调控均表现为极显著（$P<0.01$）。双节技术（J80、M80）较习惯栽培（P100）在2a试验期分别增加苗期油菜株高、SPAD和干物质3.63%和20.77%、4.59%和8.32%、16.72%和26.90%。2a在同一栽培模式下，施肥处理的株高、SPAD和干物质显著高于不施肥（$P<0.05$），但不同施肥水平间差异不显著。在同一施肥水平下，多雨条件下，沟垄集雨>秸秆覆盖>平作，但差异不显著；而季节性干旱时，沟垄集雨、秸秆覆盖与平作差异显著。

总体而言，苗期降水异常偏多对油菜生长的影响大于季节性干旱，2017—2018年苗期根冠比2016—2017年增加83.55%，说明降水量对根系发育影响较大，并通过根系影响作物生长。通过双节技术调控可以缓解外部因子的负性影响。

表2 不同处理油菜苗期主要农艺性状

年份	栽培模式	施肥模式	株高（cm）	SPAD	干物质（g）	根冠比
2016—2017年	秸秆覆盖 SM	CF	18.50bc	40.60ab	5.11bc	0.0786b
		SF	19.20bc	39.90ab	5.75abc	0.0767b
		CK	15.10d	28.60c	2.92d	0.0703b
	垄沟覆膜 RFRH	CF	23.30a	40.50ab	6.34ab	0.0954a
		SF	22.50a	41.90a	6.85a	0.0936a
		CK	15.60cd	29.60c	2.93d	0.0703b
	传统平作 CP	CF	20.40ab	37.80b	4.39cd	0.0686b
		SF	20.70ab	39.90ab	5.31abc	0.0756b
		CK	15.20d	27.60c	2.89d	0.0703b
2017—2018年	秸秆覆盖 SM	CF	24.80ab	38.20ab	8.24a	0.1516b
		SF	22.70b	36.70ab	7.82a	0.1340bc
		CK	17.20d	32.50c	3.78c	0.1292bc
	垄沟覆膜 RFRH	CF	26.10a	43.30a	7.97a	0.1034c
		SF	25.40a	42.10a	8.74a	0.1108c
		CK	17.40d	32.50c	3.78c	0.1291bc
	传统平作 CP	CF	19.50cd	38.30b	5.74b	0.2213a
		SF	20.60c	35.90b	6.28b	0.1957a
		CK	17.10d	32.50c	3.79c	0.1291bc

注：不同小写字母表示处理间0.05水平差异显著；下同。

2.3 节水节肥技术对油菜产量及构成因素的影响

方差分析表明，2年施肥均极显著影响油菜产量及其构成（$P<0.01$）。栽培模式及互作效应对单株角果数和产量影响极显著（$P<0.01$），对每果粒数和千粒质量影响不显著（$P>0.05$）。由表3可知，双节技术（J80、M80）较习惯栽培（P100）分别提高油菜单株角果数 3.01%、17.78%，提高产量 7.71%、29.46%。2016—2017 年，单株角果数和产量均表现为沟垄集雨>秸秆覆盖>平作，缓释肥>常规肥，各处理间且差异均显著（$P<0.05$）。2017—2018 年，单株角果数表现为沟垄集雨>秸秆覆盖>平作，差异显著；产量在同一施肥水平下沟垄集雨/秸秆覆盖高于平作，仅在常规肥下差异显著；同一栽培模式，不同施肥水平单株角果数和产量差异均不显著。

综上可知，多雨年型（2016—2017 年）下产量及其构成值均低于季节性干旱年型（2017—2018 年）。单一的节水技术在季节性干旱发生时表现的增产效应比降水异常偏多时无明显优势。而双节技术既可在多雨时通过稳定肥效稳产，又可在干旱时获得充足水分，促进肥效发挥从而提高产量。

表 3　不同处理对油菜产量及构成因素的影响

年份	栽培模式	施肥模式	单株角果数 (No./plant)	每果粒数 (No./pod)	千粒重 (g)	产量 (kg/hm²)
2016—2017 年	秸秆覆盖 SM	CF	225.5c	22.0a	3.42a	1 847.25d
		SF	240.0b	22.5a	3.48a	2 078.75c
		CK	86.5f	18.5b	3.15b	450.34g
	垄沟覆膜 RFRH	CF	237.0b	21.0a	3.57a	2 144.54b
		SF	252.5a	22.5a	3.55a	2 290.25a
		CK	85.5f	19.5b	3.17b	452.50g
	传统平作 CP	CF	202.5e	21.0a	3.38a	1 687.65g
		SF	217.0d	21.5a	3.40a	1 804.75e
		CK	80.5f	18.5b	3.14b	445.73g
2017—2018 年	秸秆覆盖 SM	CF	277.5b	24.5a	3.67a	2 593.25a
		SF	271.0c	24.0a	3.49a	2 579.43a
		CK	103.5e	21.0b	2.64b	452.43c
	垄沟覆膜 RFRH	CF	283.5a	25.0a	3.77a	2 592.55a
		SF	285.5a	24.5a	3.72a	2 603.23a
		CK	104.5e	21.5b	2.67b	455.82c
	传统平作 CP	CF	266.5c	23.4a	3.49	2 504.62a
		SF	259.0d	23.2a	3.37	2 480.03a
		CK	102.5e	21.0c	2.53b	447.55c

2.4　节水节肥技术对油菜品质及主要脂肪酸构成的影响

表 4 表明，施肥及其与栽培模式的交互效应对多雨年型（2016—2017 年）下的油菜品质及主要脂肪酸影响极显著（$P<0.01$），季节性干旱年型下（2017—2018 年）栽培与施肥模式及其互作效应的调控均表现为极显著（$P<0.01$）。双节技术（J80、M80）较习惯栽培（P100）提高油菜含油量 6.49%~7.91%，蛋白质变化与之相反；提高脂肪酸含量 1.33%~1.43%。

2016—2017 年，在同一栽培模式下，缓释肥处理含油量高于常规肥，但仅在平作下差异显著（$P<0.05$），蛋白质变化相反。在同一施肥水平下，含油量、亚麻酸为沟垄集雨/秸秆覆盖>平作，亚油酸变化相反，差异显著。2017—2018 年，在同一栽培模式下，缓释肥处理含油量显著高于常规肥（$P<0.05$）。蛋白质、硫苷变化与之相反，差异显著。在同一施肥水平下，沟垄集雨和秸秆覆盖含油量、棕榈酸、硬脂酸和亚麻酸含量高于平作，亚油酸与之相反，差异显著。

综上可知，季节性干旱和降水异常偏多均会影响油菜籽品质，且多雨会进一步降低其含油量及脂肪酸含量；干旱对脂肪酸构成影响更大。双节技术更利于降水异常下保持油菜品质的稳定性。

表 4　不同处理对油菜品质及主要脂肪酸构成的影响

年份	栽培模式	施肥模式	含油量（%）	蛋白质（%）	硫苷（μmol·g⁻¹）	芥酸（%）	油酸（%）	棕榈酸（%）	硬脂酸（%）	亚油酸（%）
2016—2017 年	秸秆覆盖 SM	CF	41.68a	23.69ab	34.87a	0.95a	54.69a	4.34a	1.72a	14.49a
		SF	42.46a	22.45b	33.19ab	0.98a	56.06a	4.29a	1.67a	13.76b
		CK	35.32c	15.22c	21.15c	0.91b	50.32b	3.83b	1.32c	11.78c
	垄沟覆膜 RFRH	CF	41.93a	24.12a	34.55a	1.01a	54.45a	4.38a	1.76a	13.60b
		SF	42.98a	22.27b	34.69a	1.03a	55.75a	4.09a	1.67a	13.04b
		CK	36.78c	15.25c	23.25c	0.92b	50.45b	3.75b	1.28c	12.01c
	传统平作 CP	CF	39.83b	24.28ab	33.06b	1.04a	54.45a	4.51a	1.33b	14.43a
		SF	42.69a	22.27b	33.92ab	0.96a	55.95a	4.17a	1.29b	14.35a
		CK	34.76c	15.04c	22.05c	0.91b	50.12b	3.78b	1.21c	10.97c
2017—2018 年	秸秆覆盖 SM	CF	45.35b	22.11b	34.01c	1.57a	58.36b	3.69a	1.81a	18.81a
		SF	47.14a	19.85c	33.75c	1.53a	59.09a	3.47a	1.96a	18.04b
		CK	36.52e	17.15e	24.15e	1.21a	52.05d	2.98d	1.33c	14.32d
	垄沟覆膜 RFRH	CF	44.54b	23.27a	35.83a	1.63a	55.66c	3.96a	1.83a	18.19b
		SF	47.05a	20.01c	33.02d	1.56a	59.01a	3.80a	1.98a	16.89c
		CK	36.77e	17.45e	24.25e	1.22a	52.40d	3.01d	1.41c	14.21d
	传统平作 CP	CF	42.47d	19.87c	35.41b	1.51a	55.81c	3.49b	1.72b	18.66a
		SF	43.84c	18.91d	35.98a	1.46a	58.37b	3.18c	1.71b	17.45c
		CK	35.89e	17.05e	24.05e	1.20a	52.15d	2.87d	1.28c	13.87d

2.5　节水节肥技术对水分利用效率（*WUE*）的影响

由表 5 可知，2 年栽培及施肥模式对油菜生育前期（播种到蕾薹期）耗水量、总耗水量及水分利用效率影响极显著（$P<0.01$），对生育后期（花期到收获期）耗水量无显著影响。由于不同降水年型下油菜奢侈蒸腾及土壤蒸发量不同，2017—2018 年总耗水量比 2016—2017 年减少 31.43%。苗期到蕾薹期主要为油菜营养生长阶段，耗水形式以土壤蒸发为主，不同施肥水平差异不显著。节水技术通过覆盖和集雨较大地保持了土壤水分，在同一施肥量下，沟垄集雨和秸秆覆盖耗水量显著低于平作（$P<0.05$）。随着生殖生长推进，作物叶面遮盖了土壤表面，耗水形式转变为以作物蒸腾为主，且随施肥量的增大作物耗水量呈增加趋势，不同栽培模式无显著差异。不同栽培模式及施肥水平间 *WUE* 均差异显著，双节技术（*J*80、*M*80）在 2 年不同降水年型下生育期总耗水量较习惯栽培（*P*100）分别减少耗水量 18.3 mm 和 25 mm；提高 *WUE* 28.71%和 19.55%。

表 5　不同处理对油菜耗水量及水分利用效率的影响

年份	栽培模式	施肥模式	耗水量（mm）					水分利用效率 *WUE*（kg/mm·hm²）
			播种～苗期	苗期～蕾薹期	蕾薹期～花期	花期～成熟期	总耗水量	
2016—2017 年	秸秆覆盖 SM	CF	144.12b	61.43b	105.55ab	170.12a	481.21b	3.83d
		SF	143.49b	60.83b	106.21a	173.24a	483.77b	4.29c
		CK	138.34c	55.32e	92.32c	165.67a	451.65e	0.99g
	垄沟覆膜 RFRH	CF	142.28b	60.26c	103.28ab	175.46a	481.28b	4.45b
		SF	140.28b	58.95d	101.63b	170.74a	471.61c	4.85a
		CK	138.67c	55.48e	90.17c	163.46a	447.78f	1.01g
	传统平作 CP	CF	158.74a	61.82a	108.51b	168.71a	497.78a	3.47f
		SF	152.46a	62.41a	108.63b	165.28a	488.78a	3.73e
		CK	151.21c	55.24e	94.33dc	162.12a	462.91d	0.96g

续表

年份	栽培模式	施肥模式	耗水量（mm）					水分利用效率 WUE（kg/mm·hm²）
			播种～苗期	苗期～蕾薹期	蕾薹期～花期	花期～成熟期	总耗水量	
2017—2018 年	秸秆覆盖 SM	CF	150.69b	63.49b	96.07a	27.27ab	337.52c	7.68d
		SF	149.54b	63.13b	94.01ab	26.24abc	332.92d	7.74c
		CK	157.56e	55.21d	83.87c	25.12bc	321.76f	1.40g
	垄沟覆膜 RFRH	CF	148.16c	61.25bc	92.56b	24.76c	326.73e	7.93b
		SF	142.42d	59.01c	90.58b	24.84c	316.85g	8.21a
		CK	157.21e	53.32d	80.79c	25.58abc	316.91g	1.43g
	传统平作 CP	CF	155.61a	68.63a	97.67a	27.71a	349.62a	7.16e
		SF	155.48a	67.96a	98.19a	26.28abc	347.91b	7.12f
		CK	157.98e	54.78d	81.34d	21.03c	315.13h	1.42g

2.6 节水节肥技术对肥料利用效率的影响

由表 6 可知，2 年栽培和施肥模式及其交互效应均会对肥料利用效率产生极显著影响（$P<0.01$）。总体而言，多雨年型（2016—2017 年）下的肥料利用效率低于季节性干旱年型（2017—2018 年），大量降雨造成的淋溶损失是肥料利用率下降的主要原因。在多雨天气下，与习惯栽培比较，节水技术（*J*100，*M*100）分别提高 15.11%、32.85%和 11.21%；节肥技术（*P*80）分别提高氮肥表观利用率、农学效率和生理效率 23.78%、40.63%和 11.35%；双节技术（*J*80，*M*80）分别提高 53.57%、91.12%和 24.37%，磷、钾肥利用率变化与氮肥趋势一致。可见多雨天气下双节技术比单一节水措施优势更明显。在季节性干旱天气下，肥料利用率大小表现为双节技术>单一节水>习惯>节肥，且差异显著（$P<0.05$）。降水量明显减少时，节水技术作用更加明显；双节技术较单一的节肥技术（*P*80）能提供更多水分而有利于提高肥效，因此，双节技术比单一的节水节肥措施更能在不同降水条件下发挥调控作用。

表 6　优化农艺措施对油菜肥料利用效率的影响

年份	栽培模式	施肥模式	氮肥农学效率（kg/kg）	氮肥生理利用率（kg/kg）	磷肥表观利用率（%）	磷肥农学效率（kg/kg）	磷肥生理利用率（kg/kg）	钾肥表观利用率（%）	钾肥农学效率（kg/kg）	钾肥生理利用率（kg/kg）
2016—2017 年	秸秆覆盖 SM	CF	4.87e	15.34e	54.51d	17.40e	31.93e	41.64e	15.23e	36.59e
		SF	7.38b	18.07c	55.45c	26.34b	47.51b	61.62b	23.06b	37.42c
	垄沟覆膜 RFRH	CF	6.19c	19.06b	57.38b	22.12c	38.54c	50.99c	19.36c	37.98d
		SF	8.56a	19.61a	58.82a	30.54a	51.92a	69.39a	26.73a	38.52a
	传统平作 CP	CF	4.16f	15.33e	40.98f	14.87f	36.28d	33.89f	13.01f	36.26f
		SF	5.85d	17.07d	42.32e	20.91d	47.41b	48.08d	18.30d	38.07b
2017—2018 年	秸秆覆盖 SM	CF	6.78c	17.01d	53.14e	24.17c	45.49d	55.05d	21.16c	38.45c
		SF	8.38b	18.18a	60.40b	29.93b	49.56a	65.90a	26.20b	39.76b
	垄沟覆膜 RFRH	CF	6.76c	17.18c	55.37c	24.16c	43.64e	55.59c	21.15c	38.04d
		SF	8.54a	17.96a	62.89a	30.49a	48.49b	65.04b	26.69a	41.04a
	传统平作 CP	CF	6.37d	17.87b	48.06f	22.77d	47.38c	51.71f	19.93d	38.55c
		SF	6.26e	16.75e	54.70d	22.37e	40.91f	52.56e	19.59e	37.27e

3　讨论

研究认为，我国油菜生产年际波动明显，其表现为 55 年来，长江流域单产水平呈下降趋势。引起年际波动的主要原因是气象因素，贡献比例超过 70%，社会因素约 30%。社会因素引起的趋势产量呈逐渐增加的趋势，气象产量表现不连续的剧烈波动[31]。季节性干旱和连续降雨造成的渍害是长江流域油菜生产面临的主要气候问题，频繁发生在油菜苗期，苗期干旱或渍水对油菜生长的抑制，负面效应可能延伸至整个生育阶段，最终导致产量损失[2,32]。因此，研究适宜于不同气候的栽培技术，尤其在油菜生长前期能缓解不良气候的影响，是提高农民种植积极性，降低负面社会因素，减少油菜生产年季波动的有效途径。垄沟集雨和秸秆覆盖是旱地农业研究较多的节水技术，在降水资源不足时，两项技术均能较传统平作更好地保持土壤水分，促进作物生长[33,34]。这与本研究在 2017—2018 年季节性干旱年型下的试验结果是一致的。而对降雨丰沛条件下，节水技术的调控效应以及不同降水下的对比研究较少。本研究发现，在多雨年型下（2016—2017 年），单一节水技术较平作并无明显优势，而施肥对油菜生长的调控效应较栽培模式更为显著，其原因在于多雨条件使营养器官干物质积累转运量增大，高效施肥可以进一步满足作物的需求，达到以水调肥的目的。这与刘波等[35]认为，氮肥运筹可减少油菜渍水危害的结论异曲同工。本文通过对比 2 年不同降水量下油菜苗期表现发现，双节技术（*J*80、*M*80）在面对苗期差异较大的降水条件时具有更好的适应性。

节水技术（沟垄集雨和秸秆覆盖）的增产效果主要体现在生育期降水不足时，随着降水量增加，部分研究认为沟垄种植的增产效应会随降水量的增加而减少，甚至出现较平作减产的趋势[36]。本研究亦发现在多雨年型下油菜产量较季节性干旱年型下（2017—2018 年）减少 18.72%，这是大量降雨造成肥料淋溶并影响作物根系发育引起的。不同的是，在本研究中，降水偏多年型下，节水处理与平作相比仍具有增产效应。其原因可能是减产理论认为沟垄集雨的田间结构较平作损失了种植面积，当雨量丰沛时增产效应小于面积减少产生的损失，体现为减产。本试验沟垄宽与行距一致，不存在因损失种植面积而导致的减产效应；同时，雨量增加也并未达到严重渍害程度，因而较平作仍能提高作物产量。节水技术较平作显著提高了油菜单株有效角果数和产量，这主要是因为覆盖和集雨措施显著改善土壤水肥状况，提高干物质向角果库的转化效率，从而显著提高油菜经济产量。本研究通过集成缓释肥技术，减少了多雨条件下的肥料损失，使双节技术的增产效应得到进一步加强。

节肥技术的研究，与发达国家相比，我国油菜生产的现状是单项技术研究较多，但缺少集成技术体系，使分散的广大农户无所适从[1]，从而降低了种植积极性。肥料在农业生产中的重要作用不言而喻，在追求农业可持续发展的今天，节肥技术不仅是目前较多研究关注的施肥水平问题，更是一项兼顾经济效益和环境保护的综合措施。有研究认为沟垄集雨种植具有聚水聚肥效应，能够将少量的肥料和雨水集中分布于作物根系附近，促进作物对水肥的高效利用，因此施肥量不宜过高[37]；同时，秸秆覆盖也因其节水保墒的功能，使双节技术较习惯栽培（*P*100）在施肥水平降低 20%后仍具有增产潜力具有可能性。本研究还发现，单项的节肥技术（*P*80）虽然在雨量充沛时由于缓释肥保持了肥效稳定而优于习惯栽培（*P*100），但双节技术（*J*80，*M*80）具有更广泛适应性和增长效应。在水分缺乏时，单一的缓释肥技术可能会因为无法得到充足的水分而影响肥效充分发挥[34]。进一步证明以水肥耦合效应为基础的双节集成技术在油菜生长中对抗不良环境因子和提高生产潜力的重要性。

水肥调控对油菜生长有重要作用。前人认为干旱或水渍条件会造成油菜含油量下降、蛋白质，硫苷升高，并影响脂肪酸构成[1]，与本研究观点一致。同时，优化水肥调控措施可提高作物水肥利用效率，也与本试验结果相同。在当今油菜生产进一步提高品质的市场要求下，通过栽培技术调控油菜品质具有一定现实意义。在综上所述，发展多维度的集成栽培技术将是油菜生产发展的新趋势，在本研究的基础上，可进一步集成配套的相关技术，如节药技术、防病虫害技术等，以期完善多变气候下全面可持续发展的油菜栽培技术体系。

4 结论

双节技术（秸秆覆盖+减施缓释肥、沟垄集雨+减施缓释肥）在生育期大量降水和季节性干旱条件下较习惯栽培可提高油菜苗期抗逆性，增加单株有效角果数从而提高油菜产量，并保持油菜品质的稳定性。同时，双节技术较习惯栽培在两种不同降水条件下均可减少油菜耗水量，提高水分利用效率和肥料利用效率。综合本试验研究结果和西南旱地生态条件，油菜大田生产上可采用双节技术（*J*80、*M*80），一次性基施80%缓释肥，即每公顷使用720 kg宜施壮油菜专用缓释肥（25−7−8），并结合直播、穴施等调控措施，能有效缓解异常气候条件对油菜生长发育和产量的不利影响，达到高产高效目的。

参考文献

[1] 官春云．优质油菜生理生态和现代栽培技术［M］．北京：中国农业出版社，2013.

[2] 谢小玉，张霞，张兵．油菜苗期抗旱性评价及抗旱相关指标变化分析［J］．中国农业科学，2013，46（3）：476-485.

[3] 颜晓元，夏龙龙，遆超普．面向作物产量和环境双赢的氮肥施用策略［J］．中国科学院院刊，2018，33（2）：177-183.

[4] 商放泽，杨培岭，李开云等．不同施氮水平对深层包气带土壤氮素淋溶累积的影响［J］．农业工程学报，2012，28（7）：103-110.

[5] 陈国清，肖尧，景立权，等．不同缓释肥水平对超高产夏玉米产量及群体质量的影响［J］．中国农学通报，2014，30（30）：182-187.

[6] 任涛，鲁剑巍．中国冬油菜氮素养分管理策略［J］．中国农业科学，2016，49（18）：3506-3521.

[7] 薛兰兰．秸秆覆盖保护性种植的土壤养分效应和作物生理生化响应机制研究［D］．重庆：西南大学，2011.

[8] Derpsch R. Conservation Tillage，No-tillage and related technologies［M］．Conservation Agriculture. Springer Netherlands，2003.

[9] 莫非，周宏，王建永，等．田间微集雨技术研究及应用［J］．农业工程学报，2013，29（8）：1-17.

[10] 任小龙，贾志宽，陈小莉．不同模拟雨量下微集水种植对农田水肥利用效率的影响［J］．农业工程学报，2010，26（3）：75-81.

[11] Ragab. Integrated Management Tool for Water，Crop，Soil and N-Fertilizers：The Saltmed Model［J］．Irrigation and Drainage，2015，64（1）：1-12.

[12] 韩娟，廖允成，贾志宽，等．半湿润偏旱区沟垄覆盖种植对冬小麦产量及水分利用效率的影响［J］．作物学报，2014，40（1）：101-109.

[13] Ren Xiaolong，Jia Zhikuan，Chen Xiaoli，et al. Effects of a rainwater-harvesting furrow/ridge system on spring corn productivity under simulated rainfalls［J］．Acta Ecologica Sinica，2008，28（3）：1006-1015.

[14] Khan M A，Kim K W，Mingzhi W，et al. Nutrient-impregnated charcoal：an environmentally friendly slow-release fertilizer［J］．Environmentalist，2008，28（3）：231-235.

[15] 胡树云．缓/控释肥料［M］．北京：化学工业出版社，2014.

[16] 闫德智，王德建，林静慧．太湖地区氮肥用量对土壤供氮、水稻吸氮和地下水的影响［J］．土壤学报，2005，42（3）：440-446.

[17] 郑媛媛，王贵彦，张建恒．海河平原秸秆覆盖和春季灌水对小麦玉米产量和水分利用的影响［J］．干旱地区农业研究，2018，36（2）：27-36.

[18] Wu Yang, Jia Zhikuan, Ren Xiaolong, et al. Effects of ridge and furrow rainwater harvesting system combined with irrigation on improving water use efficiency of maize (Zea mays L.) in semi-humid area of China [J]. Agricultural Water Management, 2015 (158): 1-9.

[19] 王晓凌，董普辉．密度对沟垄覆膜集雨冬小麦产量的影响［J］．水土保持研究，2011，18（2）：222-226.

[20] 郑成．秸秆覆盖下群体大小及调控对冬小麦产量和水分利用效率的影响［D］．杨凌：西北农林科技大学，2017.

[21] 胡广荣，王琦，宋兴阳，等．沟覆盖材料对沟垄集雨种植土壤温度、作物产量和水分利用效率的影响［J］．中国生态农业学报，2016，24（5）：590-599.

[22] 闫宗正，陈素英，张喜英，等．秸秆覆盖时间和覆盖量对冬小麦田温度效应及地上地下生长的影响［J］．中国生态农业学报，2017，25（12）：1779-1791.

[23] 李岚涛，刘波，鲁剑巍，等．冬油菜叶片SPAD的时空分布和氮素诊断的叶位选择［J］．中国油料作物学报，2014，36（1）：76.

[24] 龚元石，曹巧红．土壤容重和温度对时域反射仪测定土壤水分的影响［J］．土壤学报，1999，36（2）：145-153.

[25] 李玲玲，黄高宝，张仁陟，等．不同保护性耕作措施对旱作农田土壤水分的影响［J］．生态学报，2005，25（9）：2326-2332.

[26] 王浩，王淑兰，徐宗贵，等．耕作与施肥对旱地玉米田土壤耗水量和水分利用效率的影响［J］．中国生态农业学报，2017，25（6）：856-864.

[27] 鲍士旦．土壤农化分析（第三版）［M］．北京：中国农业出版社，2000.

[28] 邹娟，鲁剑巍，陈防，等．长江流域油菜氮磷钾肥料利用率现状研究［J］．作物学报，2011，37（4）：729-734.

[29] Montemurro F, Maiorana M, Ferri D, et al. Nitrogen indicators, uptake and utilization efficiency in a maize and barley rotation cropped at different levels and sources of N fertilization [J]. Field Crops Research, 2006, 99 (2-3): 1-124.

[30] 中国气象局国家气候中心．全国气候影响评价：2012［M］．北京：气象出版社，2013.

[31] 张智．长江流域冬油菜产量差与养分效率差特征解析［D］．武汉：华中农业大学.

[32] 宋丰萍，胡立勇，周广生，等．渍水时间对油菜生长及产量的影响［J］．作物学报，2010，36（1）：170-176.

[33] Prosdocimi M, Jordán A, Tarolli P, et al. The immediate effectiveness of barley straw mulch in reducing soil erodibility and surface runoff generation in Mediterranean vineyards. [J]. Science of the Total Environment, 2016 (547): 323-330.

[34] Kou J T, Shi S L, Cai Z S. Effects of ridge and furrow rainfall harvesting on growth characteristics and quality of Medicago sativa in dryland. [J]. Scientia Agricultura Sinica, 2010.

[35] 刘波，魏全全，鲁剑巍，等．苗期渍水和氮肥用量对直播冬油菜产量及氮肥利用率的影响［J］．植物营养与肥料学报，2017，23（1）：144-153.

[36] 连延浩，王天露，张旭东，等．氮磷肥配施促进半干旱区沟垄集雨种植谷子节水增产［J］．农业工程学报，2016，32（23）：106-115.

[37] 程冬冬，赵贵哲，刘亚青，等．土壤温度、土壤含水量对高分子缓释肥养分释放及土壤酶活性的影响［J］．水土保持学报，2013，27（6）：216-220.

减氮增密对西南丘陵区旱地直播油菜根系发育及水分利用的影响*

石　超[1]　邢　毅[1]　冯　军[1]　周　泉[1]　王龙昌[1*]　武海燕[2]　冉泰霖[2]　向信华[2]

1. 西南大学农学与生物科技学院，南方山地农业教育部工程研究中心，
三峡库区生态环境教育部重点实验室，重庆北碚　400715
2. 云阳县农业委员会，重庆云阳　404500

摘要：以氮肥施用量N1（108 kg/hm²）、N2（144 kg/hm²）、N3（180 kg/hm²）及种植密度D1（15×10⁴株/hm²）、D2（22.5×10⁴株/hm²）、D3（30×10⁴株/hm²）、D4（37.5×10⁴株/hm²）设置12个处理，以当地传统种植方式（N3D1）为对照，在生态脆弱、水土流失严重的西南丘陵区研究了油菜不同生育期根冠比（R/T）、根系形态、土壤蓄水量及经济产量、水分利用效率、经济收益对不同氮肥施用量及种植密度的响应。结果表明，施氮量极显著影响油菜蕾薹期、角果期及成熟期的R/T与角果期的总根长和根系总表面积，同时显著影响蕾薹期的总根长和根系总体积；种植密度极显著影响蕾薹期R/T及角果期根系总体积，同时显著影响蕾薹期的根系总表面积和根系总体积。角果期为地上部生物量积累速率最大时期，根冠比相较蕾薹期减小55.5%，而苗期的根冠比与经济产量呈显著负相关（$r=-0.673$）。氮肥减施可以有效增加土壤蓄水量和生育期总耗水量，且氮肥减施40%后更为显著，前者表现为N1>N2>N3，后者则为N3>N2>N1；相较N3，N1和N2下的各处理平均总耗水量分别减少5.03%和3.24%。在N2下，经济产量和水分利用效率则随着种植密度的增加而显著增加；经济收益与水分经济收益也表现出显著增长的变化趋势，其中，N2D3和N2D4处理较对照每hm²经济收益增加290.73元和503.37元，水分经济收益提高2.72%和9.93%。由此认为，N2D3或N2D4处理能促进油菜产量、土壤蓄水量及经济收益的增长，并显著提升水分利用效率及水分经济收益，可作为西南丘陵区直播油菜减肥增效优化种植方式。

关键词：施氮量；种植密度；群体调控；根系发育；水分利用效率；油菜

农村劳动力的日益短缺问题，致使传统的以劳动密集型为特征的稀植高肥高产模式已经难以适应高度机械化的生产方式[1]，而探索适宜的油菜直播下的减氮增密种植模式，通过挖掘农作物群体生产力潜能，构建适宜的群体结构，是适应机械化生产要求的一种可行方式。西南丘陵山区多为雨养型旱作农业，区域内水资源相对丰富，却面临土层浅薄，水土流失严重，易突发冬旱、春旱、夏旱等季节性干旱的问题[2]，使水分资源成为这一地区油菜生产的主要限制因素之一。将优化施肥与群体调控相结合，对于应对季节性干旱，实现油菜高产稳产和节肥增效具有重要意义。前人从油菜的株型特征[3]、光合作用特性[4]、干物质积累与消耗特性[5]、群体养分吸收和运输特征[6]，以及源－库－流三者间协

* **基金项目**：国家自然科学基金项目（31271673，31700364，31871583）；公益性行业（农业）科研专项（201503127）

调关系[7]等方面分析了油菜高产形成机制。限水条件下，水是限制氮肥肥效发挥的主要因素，通过改善水分条件可有效地提高氮肥肥效[8]；而低氮条件下，水分不足的限制作用明显，高施氮量一定程度上能弥补水分的限制，促进作物生长[9]。油菜在开花前形成的生物量主要建成植株的茎秆、分枝等营养体，向籽粒产量中转运的很少；开花以后角果的光合产物才是籽粒灌浆物质的主要来源[10]。根系形态可表征作物对水分利用的能力，总根长、根系表面积和根系干物质重与植物整体水分利用效率间具有显著或极显著的相关性[11]，而根重、根体积、根长、根系总吸收面积和活跃吸收面积会随供氮水平的提高而升高[12]；但过高的氮素供给也可能降低根系纵向延伸的能力，从而降低其对深层养分的吸收能力，使根系的生长量相对降低[13]。种植密度除了影响作物的根长、总根体积和根系表面积外，还会影响根系在土壤中的水平与垂直分布[14,15]。以往关于氮肥及密度耦合的研究集中于油菜对氮素的吸收、转运及利用特征，或是对油菜株型、冠层结构建成等方面的分析，而对于油菜地下部发育特征、油菜不同生育期内土壤蓄水量变化以及作物水分经济收益率等影响少见系统报道。因此，本文选定西南丘陵区典型旱作农田，研究直播油菜苗期、蕾薹期、角果期及成熟期地上部与地下部关系、根系发育特征及相应水分利用特征，以及三者与经济产量间的相关关系，旨在为这一地区构建适宜的直播油菜减氮增密优化栽培模式提供理论支撑。

1 材料与方法

1.1 试验地概况

试验于2015年10月初至2016年5月上旬在重庆市云阳县宝坪镇江南村试验田（108°54′E，30°55′N）进行，该试验区属丘陵山区立体气候，海拔约700米，常年平均日照数约1 500 h，常年平均气温约为18 ℃，常年降水量1 000~1 400 mm（试验期间降水及气温变化见图1）。试验地土壤为旱地紫色土，坡度较缓，但土层较薄，之前撂荒多年。试验开展前，于2015年4月中下旬由当地种植户以种子撒播、粗放式管理方式种植过一季高粱，且高粱当季产量约3 000 kg/hm²。油菜播种前土壤理化性质深度0~20 cm土壤容重为1.44 g/cm³，土壤有机质为15.42 g/kg，全氮为0.94 g/kg，碱解氮为107.78 mg/kg，有效磷为16.82 mg/kg，速效钾为73.57 mg/kg，pH值为6.38。

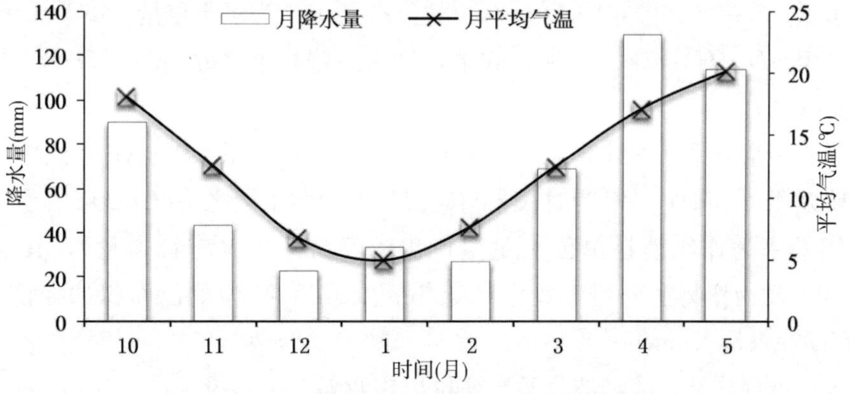

图1 试验期间降水分布和平均气温变化

1.2 试验设计

采用二因素裂区设计。以施氮量（纯氮）作为主处理，种植密度为副处理。总计12个处理，其中，施氮量水平为N1（108 kg/hm²），N2（144 kg/hm²），N3（180 kg/hm²）；种植密度为D1（15×10⁴株/hm²），D2（22.5×10⁴株/hm²），D3（30×10⁴株/hm²），D4（37.5×10⁴株/hm²）。N3D1为当地传统种植方式，作为对照。每小区面积15.6 m²（3.9 m×4.0 m），重复3次。

试验用肥分别选用尿素（含 N 46%）、过磷酸钙（含 P_2O_5 12%）和氯化钾（含 K_2O 60%）。氮肥按照各处理设计的施氮量分 3 次施用，分别按基肥：苗肥：薹肥为 5：2.5：2.5 的比例施用；所有处理的磷、钾肥均作基肥一次性施用，折合 P_2O_5、K_2O 施用量均为 90 kg/hm^2。基肥均匀撒施，后期追肥施于植株根部，以防止肥料对油菜叶片造成损伤。

试验选用的油菜品种为三峡油 5 号。播种时间 10 月 12 日，以 30 cm 行距采用人工开沟直播，观察出苗率，去除丛子苗，在一叶期间苗，四叶期定苗，按各处理设计的种植密度准确控制留苗数。开花期前统一喷施叶面硼肥，其他管理措施同常规。

1.3 指标测定

1.3.1 生物量测定

于油菜不同生育期内在各小区相同行间位置处连续取植株样 10 株，取样方法为地上部用剪刀沿根茎分割部剪断，根部用经清水洗去根系附着的泥土后，用取样袋包裹根部、依次编号后放入便携式保鲜盒中带回实验室。将地上部和根部分别经 105℃杀青 30 分钟，再经 80℃烘干至恒重后用电子天平称取干重，计算根冠比（R/T）。

1.3.2 根系形态指标测定

取回的新鲜根系用根系扫描仪（型号 Epson7500，分辨率为 400 bpi）进行扫描，并借助 winRHIZO 根系分析系统测定每株根系总长、根表面积、根总体积。

1.3.3 土壤含水量测定与水分利用效率计算

土壤质量含水量采用烘干法测定，用直径 40 mm 土钻分别于油菜播种前（2015 年 10 月 8 日）、苗期（2016 年 1 月 21 日）、蕾薹期（2016 年 3 月 5 日）、角果期（2016 年 4 月 12 日）和成熟期（2016 年 5 月 6 日）采集试验土样，取样层次为 0～10 cm、10～20 cm、20～40 cm 和 40～60 cm，每小区内重复取 3 次，同层均匀混合，在 105℃下烘 48 h 至恒重。于播前及收获后用环刀法测定各小区土壤容重。待油菜成熟时于每小区内除边行外连续收获 100 株，经人工脱粒后自然晾干并计算相应产量。试验期间降水量数据由试验地附近小型田间气象站提供。计算土壤蓄水量、生育期阶段耗水量和水分利用效率、经济收益、作物水分经济收益率[16]。

土壤质量含水量：$w=(w_1-w)/w\times100\%$；式中，w_1 为湿土重量，w 为干土重。

土壤蓄水量：$W=D\times H\times w\times10/100$；式中，$D$ 为土壤容重（g/cm^3），H 为土层厚度（cm），w 为土壤质量含水量（%）。

作物耗水量用农田水分平衡法计算，其简化平衡方程式为：$ET=P-\Delta W$；式中，ET 为作物耗水量（mm）；P 为降水量（mm）；ΔW 为时段末与时段初土壤蓄水量之差（mm）。

作物水分利用效率为作物消耗单位水量生产出的经济产量（籽粒产量），其表达式为 $WUE=Y/ET$；式中，WUE 为作物水分利用效率（kg/hm^2/mm）；Y 为单位面积的经济产量（kg/hm^2）；ET 为作物全生育期耗水量（mm）。

因劳动成本难以准确核算，故经济收益=籽粒出售收益－肥料投入支出。按当地市场价格，油菜籽粒价格为 4.8 元/kg，尿素价格为 2.2 元/kg，过磷酸钙价格为 0.6 元/kg，氯化钾价格为 2.3 元/kg。

作物水分经济收益率参考张绪成等[17]的研究结果：$\text{EWUE}=E/ET$。式中，EWUE 为作物水分经济收益率（元/hm^2/t）；E 为不同处理的经济收益（元/hm^2）；ET 为对应的每 hm^2 总耗水量（t）。ET=（播前土壤贮水量－收获后土壤贮水量+生育期内降水量）×10 000/1 000。

1.4 数据分析

用 Microsoft Excel 2016 进行数据整理和图表绘制，采用 SPSS 20 统计软件进行方差分析和相关分析，多重比较采用 Duncan's 新复极差法。

2 结果与分析

2.1 不同处施氮量及种植密度对油菜根冠比的影响

由表 1 可知，施氮量对蕾薹期、角果期及成熟期根冠比影响极显著（$P<0.01$），而种植密度仅对蕾薹期的根冠比影响极显著，说明施氮量与种植密度两因素中，前者对油菜根冠比的影响更大。

就不同生育期根冠比变化幅度来看，苗期根冠比 0.244～0.490，蕾薹期 0.208～0.398，角果期 0.093～0.157，成熟期 0.082～0.153，可发现，随油菜生长发育进程，根冠比整体表现出逐渐变小的趋势。此外，不同处理间苗期油菜根冠比平均值为 0.349，蕾薹期为 0.281，角果期为 0.125，成熟期为 0.127，可见在角果期平均根冠比下降最多，较蕾薹期降低 55.5%，说明蕾薹期到角果期阶段地上部生物量积累与根系生物量积累的差值最大。而在角果期，减施氮肥后除 N1D1、N2D1 及 N2D3 处理与 N3D1 处理（CK）相比没有显著差异外，其余处理根冠比均显著减小。此外，还可看出，在营养生长阶段，减氮的各处理根冠比普遍要大于 N3D1（CK），并且苗期 N1D2 和 N1D4 处理、蕾薹期 N1D1 处理及成熟期 N1D1、N1D2、N2D2 和 N3D2 处理与 N3D1（CK）相比，根冠比增加均达到了显著水平。

表 1　不同施氮量及种植密度处理下油菜根冠比

氮肥	密度	苗期	蕾薹期	角果期	成熟期
N1	D1	0.368±0.056abc	0.398±0.032a	0.117±0.001bcd	0.151±0.009ab
	D2	0.490±0.081a	0.282±0.034bcf	0.111±0.002cd	0.144±0.010abc
	D3	0.365±0.024abc	0.293±0.029bc	0.110±0.007cd	0.129±0.006abcd
	D4	0.435±0.071ab	0.252±0.010bcd	0.107±0.001cd	0.127±0.007abcd
N2	D1	0.405±0.083abc	0.324±0.029b	0.118±0.001bcd	0.126±0.014abcd
	D2	0.250±0.046c	0.295±0.040bc	0.101±0.004d	0.142±0.018abc
	D3	0.366±0.071abc	0.278±0.010bcd	0.151±0.001a	0.082±0.007e
	D4	0.321±0.085abc	0.232±0.017cd	0.093±0.004d	0.116±0.002bcde
N3	D1	0.244±0.038c	0.265±0.023bcd	0.141±0.021ab	0.106±0.007de
	D2	0.291±0.052bc	0.272±0.009bcd	0.136±0.023abc	0.153±0.007a
	D3	0.362±0.022abc	0.272±0.012bcd	0.157±0.025a	0.136±0.015abcd
	D4	0.291±0.048bc	0.208±0.008d	0.154±0.005a	0.112±0.001cde
F_D		0.101	4.448**	4.708*	4.530*
F_N		3.982*	8.669**	21.192**	5.912**
$F_N \times F_D$		1.387	1.562	3.176*	3.362*

注：N1、N2、N3 表示 3 个氮肥水平为 108 kg/hm^2、144 kg/hm^2 和 180 kg/hm^2；D1、D2、D3、D4 表示 15×10^4、22.5×10^4、30×10^{4}和 37.5×10^{4}株/hm^2 4 个密度水平；不同字母表示差异达 0.05 显著水平；F_N、F_D 和 $F_N \times F_D$ 分别表示方差分析中氮肥、密度以及氮肥密度互作的 F 值；* 和 ** 分别表示差异在 0.05 和 0.01 水平。下同。

2.2 不同施氮量及种植密度对油菜根系发育的影响

研究表明，随着生育期的推进，油菜的根系生长加快，油菜的总根长、根表面积和根尖数逐渐增加，在角果期达到最大值，而根体积出现在花期[18]。由表 2 可以看出，不同的施氮量水平显著影响了蕾薹期油菜蕾的总根长和总体积，极显著影响角果期的根系总根长和总表面积；种植密度则显著影响蕾薹期油菜的根系总表面积和总根体积，极显著影响角果期根系总体积；而二者互作则显著影响蕾薹期的根体积。在不同施氮量下，蕾薹期、角果期根系总体积随着种植密度的增加而减小；但在角果期表现出不同的生长差异，即在N2与N3水平下各处理相较蕾薹期根系总体积呈现出减小趋势，但N1水平中，除N1D3处理（CK）外，呈现出增加趋势，这可能是氮肥施用量过低使得油菜的生育期延迟所致。

与N3D1处理（CK）相比，蕾薹期时各处理总根长除N1D1处理外均未表现出显著性差异，而根体积除N2D2处理外，其余处理皆显著低于N3D1处理（CK）；在角果期，与N3D1处理（CK）相比，仅N2D3处理的总根长显著减小，分析这一时期的总体积则发现，N1D3、N1D4、N2D3、N2D4及N3D3、N3D4 6个处理均显著低于对照。此外，根系总表面积变化在蕾薹期及角果期均没有表现出规律性变化趋势。

表2　不同施氮量及种植密度处理下油菜根系总长、总表面积和总体积

氮肥	密度	蕾薹期			角果期		
		总长（cm）	总表面积（cm^2）	总体积（cm^3）	总长（cm）	总表面积（cm^2）	总体积（cm^3）
N1	D1	302.47±4.16a	20.85±0.94a	4.53±1.19bc	304.33±6.89a	19.73±0.25a	5.97±1.53a
	D2	224.70±22.04b	19.10±0.91b	3.37±0.18c	288.28±11.54ab	19.51±0.91a	5.17±1.98ab
	D3	229.08±11.35b	20.60±1.14a	3.58±0.07c	288.17±6.56ab	19.81±0.76a	3.39±1.11c
	D4	243.78±13.81ab	18.42±0.68b	2.54±0.78c	251.68±31.22ab	18.31±1.23ab	2.65±0.34c
N2	D1	227.46±29.53b	21.14±2.30a	4.94±1.15ab	244.78±27.06bc	18.92±2.31ab	4.64±0.26bc
	D2	224.74±21.28b	22.43±2.94a	4.65±1.32bc	249.28±11.43bc	17.27±0.61b	4.33±1.87bc
	D3	211.35±27.08b	18.92±1.62b	4.18±0.20bc	234.12±24.04c	17.42±0.41b	2.77±0.10c
	D4	206.36±16.83b	17.32±2.87b	4.00±0.24bc	242.06±7.42bc	17.45±0.28b	2.92±0.54c
N3	D1	293.45±3.54ab	20.60±0.32a	5.65±1.27a	289.16±17.79ab	19.01±0.03ab	5.44±2.32ab
	D2	274.83±21.32ab	19.38±0.89a	4.58±0.81bc	257.95±26.69abc	18.62±1.04ab	4.13±1.14bc
	D3	230.70±35.95b	17.73±3.74b	4.42±0.22bc	280.02±3.14abc	18.12±0.15ab	3.03±1.54c
	D4	252.07±29.37ab	17.83±2.08b	3.88±0.61c	249.13±7.86bc	17.15±0.30b	2.94±0.14c
F_D		2.072	4.178*	3.679*	1.632	2.633	3.989**
F_N		3.172*	1.620	5.486*	5.865**	5.898**	1.336
$F_N \times F_D$		1.379	0.522	2.971*	0.585	0.258	0.517

2.3　不同施氮量及种植密度对土壤蓄水量的影响

由图1可知，试验期间降雨主要集中在前一年10月和次年的3～5月，气温高于10℃的月份主要集中在前一年的10月、11月和次年的3～5月间，对应的油菜生育期为播种到出苗期以及开花到成熟期，这期间试验地降雨较为丰富，气温也较为适宜。

由图2可知，油菜生育期间0～60 cm土层土壤蓄水量156.11～194.09 mm。而在苗期、蕾薹期、角果期及成熟期，氮肥减施可以有效增加土壤蓄水量，且当氮肥减施40%后更为显著，整体表现为N1>N2>N3。其中，苗期N1、N2水平下，当种植密度由D1增加到D2，土壤含水量显著增加，而由D2增加到D3或D4，土壤含水量基本与D2下持平；N3水平下随种植密度的增加土壤含水量呈先增后减的变化趋势，但处理间不显著。4个时期中，角果期各处理的土壤蓄水量最多，可能是这一时期降雨较多所致。而在成熟期时，N2D3和N2D4处理显著高于N2D1和N2D2处理，同时也显著高于N3水平下的各处理，说明在N2水平下，高密度及超高密度能更好地截留水分于土壤。

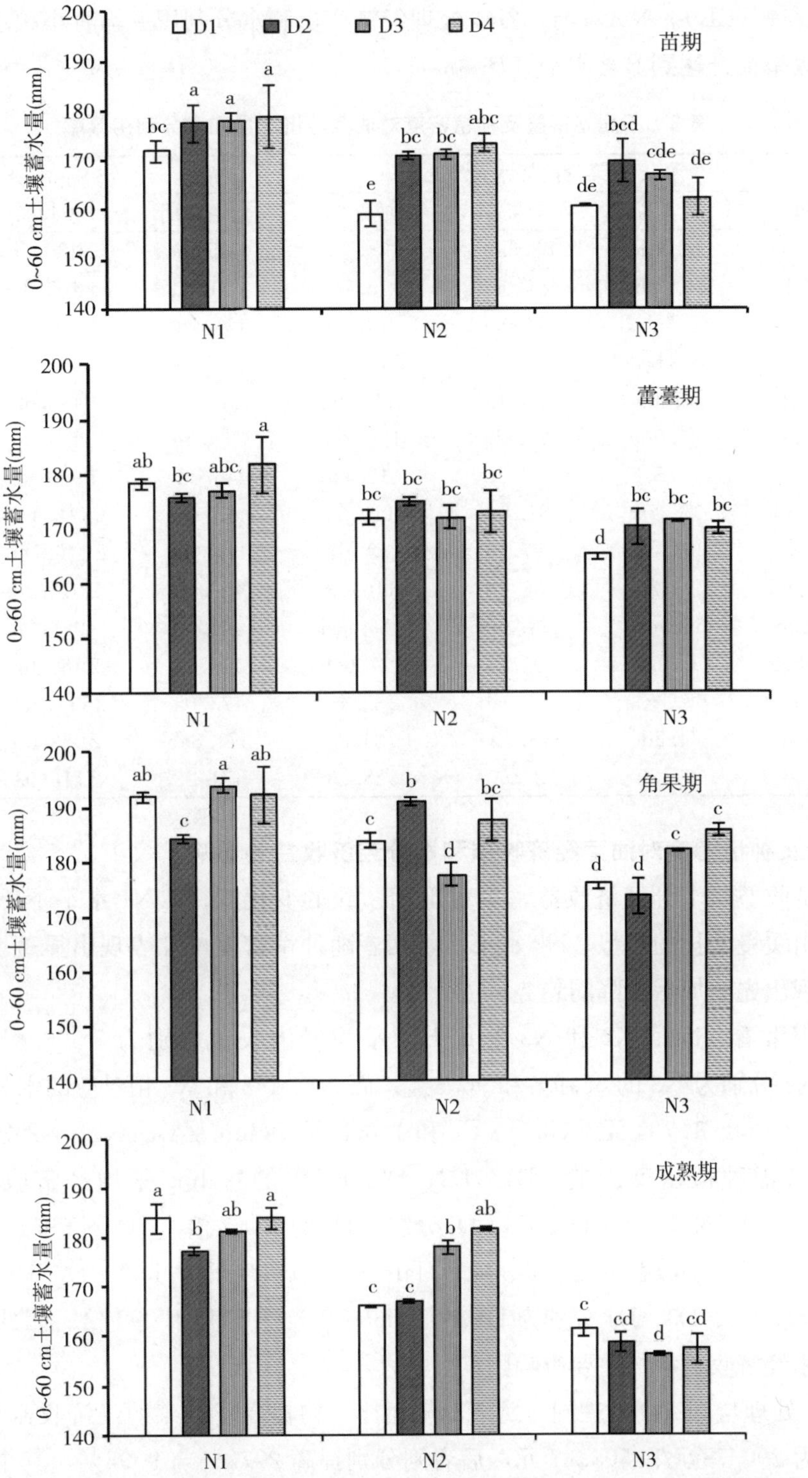

图 2　不同施氮量及种植密度下油菜不同生育期土壤 0~60 cm 土层蓄水量变化

2.4　不同施氮量及种植密度对油菜经济产量和水分利用效率的影响

由表 3 可知，氮肥减施是不同处理耗水量差异的主要影响因素，氮肥减施使得油菜生育期总耗水量减少，表现为 N3>N2>N1；而相较 N3 水平，N1 和 N2 施氮量水平下的各处理平均总耗水量分别减少 23.70 mm 和 15.25 mm，减幅为 5.03%和 3.24%。经济产量和水分利用效率则表现为在 N1 与 N3 水平下，随着种植密度的增加并不能有效提升水分利用效率，但当种植密度由 D1 增加到 D2，能显著提高经济产量；而在 N2 水平下，经济产量和水分利用效率则随着种植密度的增加而显著增加。此外，相较 N3D1 处理（CK），N2D3 与 N2D4 处理经济产量和水分利用率均有小幅增加，其中 N2D4 处理下的水分利用效率提升达到显著水平（$P<0.05$）。

表 3　不同施氮量及种植密度对油菜经济产量和水分利用效率

氮肥	密度	油菜阶段耗水量（mm）					经济产量（kg/hm²）	水分利用效率（kg・hm⁻²・mm⁻¹）
		苗期	蕾薹期	角果期	成熟期	全生育期		
N1	D1	184.3cde	63.4de	83.3abc	114.3de	445.3e	1386.5f	3.11e
	D2	178.7de	75.5abc	84.0ab	113.7de	451.8d	1446.3e	3.20de
	D3	178.4de	72.5abcd	78.0bc	119.0cd	447.9de	1460.4e	3.26de
	D4	177.5de	68.7bcde	84.5ab	114.6de	445.3e	1461.2e	3.28de
	平均	179.73	70.03	82.45	115.40	447.58	1438.60	3.21
N2	D1	197.2a	64.0de	77.8bc	124.2bc	463.1c	1819.5d	3.93c
	D2	176.5e	76.5ab	74.2c	119.1cd	446.3de	1960.6c	4.39b
	D3	192.1abc	78.7a	83.4ab	110.3e	467.3bc	2112.4ab	4.52b
	D4	182.9cde	65.0e	87.5a	112.1de	447.4de	2156.7ab	4.82a
	平均	187.18	70.30	81.48	116.43	456.03	2012.30	4.42
N3	D1	195.6ab	66.9cde	84.3ab	119.0cd	463.9c	2087.7b	4.50b
	D2	186.6bcd	71.1bcde	91.2a	127.6ab	476.4a	2180.6a	4.58b
	D3	189.5abc	67.1cde	84.0ab	132.4a	473.0a	2114.2ab	4.47b
	D4	193.9ab	64.2de	78.9bc	134.8a	471.8ab	2073.6b	4.39b
	平均	191.40	67.33	84.60	128.45	471.28	2114.03	4.49

2.5　不同施氮量及种植密度对油菜经济收益和水分经济收益的影响

图 3 中，经济收益与水分经济收益率表现出相一致的变化规律。N1 水平下，随着种植密度的增加，两者均表现出缓慢增长的趋势；N2 水平下，两者随种植密度增加表现出显著增长趋势；而 N3 水平下，两者则表现出先增加后下降的趋势。

仅从施氮量因素看，N1、N2 和 N3 的每 hm^2 平均经济收益分别为 5 593.8 元、8 175.3 元和 8 491.5 元，N1、N2 分别为 N3 的 65.9%和 96.3%；而 N1、N2 和 N3 相对应的水分利用经济收益分别为 1.250 元/（hm^2・t）、1.794 元/（hm^2・t）和 1.802 元/（hm^2・t），N1、N2 分别为 N3 的 69.4%和 99.6%。若仅考虑种植密度影响，D1、D2、D3 和 D4 的每 hm^2 平均经济收益为：6 986.2 元、7456.3 元、7 615.5 元和 7 622.7 元，D2、D3、D4 分别为 D1 的 1.067 倍、1.090 倍和 1.091 倍；D1、D2、D3 和 D4 相对应的水分利用经济收益率为 1.523 元/（hm^2・t）、1.624 元/（hm^2・t）、1.640 元/（hm^2・t）和 1.674 元/（hm^2・t），D2、D3、D4 分别为 D1 的 1.066、1.077 倍和 1.099 倍。因此，施氮量是影响经济收益和水分利用经济收益率的主要影响因素。

此外，N2D3 处理与 N2D4 处理同对照 N3D1 相比，均提高了油菜的经济收益与水分经济收益率，前者每 hm^2 增收为 290.73 元和 503.37 元，后者则分别提高 2.72%与 9.93%，其中 N2D4 处理的水分经济收益率显著高于 N3D1（CK）。而 N2D2 处理相比对照 N3D1 降低，但差异未达显著水平。结合表 3 可以得出，在减氮 20%之后，将密度增加为原种植密度的 2～2.5 倍，可以兼顾农田环境保护，并获得较高的综合经济效益。

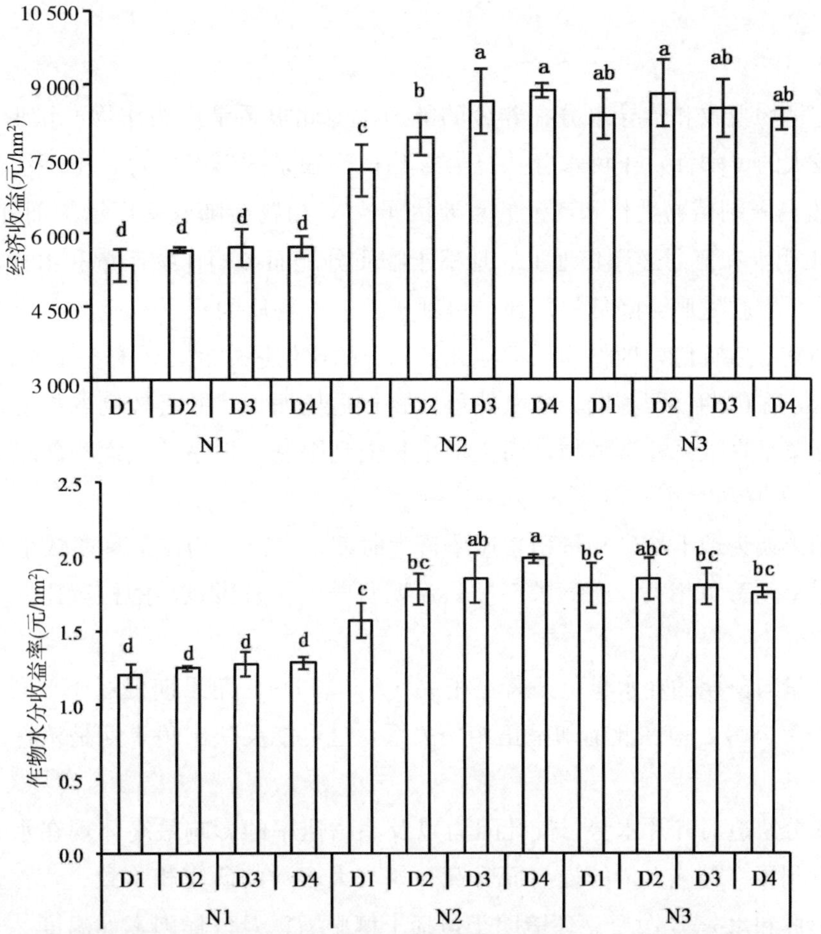

图 3　不同施氮量及种植密度下的油菜经济收益和水分经济收益

2.6　油菜不同生育时期根冠比、土壤蓄水量、阶段耗水量及经济产量的相关关系

由相关性分析（表 4）可知，经济产量除与角果期根冠比为正相关关系外，在其余 3 个时期均表现为负相关，且苗期时达到显著水平（$P<0.05$）；经济产量与土壤蓄水量关系在 4 个时期均为负相关，且在蕾薹期、角果期和成熟期均达到显著水平（$P<0.05$）；经济产量与阶段耗水量表现为正相关关系，且在苗期表现出显著影响（$P<0.05$）。土壤蓄水量在角果期时与根冠比表现出显著负相关（$P<0.05$），在成熟期为负相关关系，而在苗期及蕾薹期为正相关关系。阶段耗水量则在苗期、蕾薹期与根冠比表现为负相关关系，在角果期和成熟期则表现为正相关关系；而与土壤蓄水量在 4 个时期均表现为负相关关系，且在苗期及成熟期均达到极显著水平（$P<0.01$）。

表 4　油菜不同生育期的根冠比、土壤蓄水量、阶段耗水量及经济产量间的相关分析

	苗期			蕾薹期			角果期			成熟期		
	R/T	SWS	CSWC	R/T	SWS	CSWC	R/T	SWS	CSWC	R/T	SWS	CSWC
SWS	0.486			0.340			−0.680*			−0.037		
CSWC	−0.267	−0.889**		−0.004	−0.144		0.060	−0.445		0.202	−0.855**	
EY	−0.673*	−0.574	0.594*	−0.529	−0.799**	0.165	0.500	−0.590*	0.270	−0.406	−0.668*	0.398

注：R/T 为根冠比；SWS 为土壤蓄水量；CSWC 为不同生育期阶段耗水量；EY 为经济产量；*，** 分别表示达到 0.05 和 0.01 显著水平。

3 讨论

根系形态决定植物吸收和传导水分、养分的能力，因此根系是影响作物产量形成的重要器官[19]。根系的生长具有较大的可塑性，土壤水分状况会影响植物根系的形态发育、生理活性和干物质积累及分配[20]。种群密度是限制植物生长和产量的重要因子[21]，植物会随着密度增加而加剧对资源的竞争。王艳哲等[22]研究表明水和氮通过调控地上、地下干物质分配而影响作物产量和水分利用效率，在水分供应受限制条件下，增施氮肥会降低根冠比，更利于地上干物质的积累和经济产量形成。高会议等[23]则认为根冠比达到某一适宜值，即作物的根与地上部分的比例适中时，才有益于作物地上部分的生长。本试验结果也显示，在苗期、蕾薹期，减氮使得植物根冠比增加，并且较高的根冠比并不利于后期经济产量的累积。油菜是直根系经济作物，当主根生长受到限制，根系总表面积的增加来源于侧根等微小根系的生长。

本试验中，角果期为地上部生物量积累速率最大时期，根冠比相较蕾薹期减小 55.5%，而苗期的根冠比与经济产量呈显著负相关（$r=-0.673$），说明营养生长阶段较高的根冠比并不利于后期经济产量的积累。

此外，经济产量与苗期的耗水量呈显著正相关（$r=0.594$）。角果期根冠比与同时期土壤蓄水量呈显著负相关（$r=-0.680$），但在此前却呈正相关关系，这可能反映出角果期是植株对土壤水分吸收利用的敏感时期。

氮素营养和水分胁迫对叶片水势、气孔阻力以及蒸腾速率的影响最终体现在水分利用效率上。本试验表明作物水分利用率随施氮量的提高而升高，这与大多数的研究相一致[22,24,25]。水分利用效率取决于光合产物的形成和水分蒸散[26]。环境因子包括土壤肥力以及气候因素如温度、光照、风力和 CO_2 浓度等，均会影响植物的光合作用、叶片蒸腾以及地表水分蒸发，而植物的呼吸作用以及形态建成与水分利用也有很大关系。本试验表明，施氮量减少 20%后，通过增加种植密度，能有效提高作物水分利用效率。但在传统施氮量及减氮 40%条件下，增加种植密度并不能有效提高油菜水分利用效率。这可能是因为低氮水平下增加种植密度，引起油菜生殖生长期缺少氮素来源，导致收获指数降低，使最终产量显著降低；而常规施氮量下增加密度后，由于对地表的覆盖度增加，虽能有效拦截地表水分蒸发，但同时可能使得种内竞争加剧引起植物体呼吸作用增强，消耗更多水分，从而造成水分利用效率显著下降。

不同土壤含水量会影响团聚体的水分入渗率、遇水崩解的强度、土壤颗粒间的黏聚力、土壤孔隙结构等[27]。而各类有机碳是土壤团聚体最重要的胶结物质，不仅能够增强土粒的团聚性，而且也有利于促进团粒结构的形成[28-30]。李伟等[31]研究认为，减施氮肥有利于有机碳向大团聚体中分配。Ma 等[32]发现 5 种不同含水率的泥质页岩中，水稳性团聚体的平均重量和直径会随含水量增加而显著增大。而氮肥、有机碳、土壤团聚体及土壤含水量间的变化过程极有可能是相互促进的。此外，本试验结果中，相较氮肥减施带来的 0～60 cm 土壤蓄水量变化而言，种植密度的增加引起的变化在不同时期表现不完全一致，这可能由于试验地为山顶多年撂荒缓坡地，油菜苗期及角果期降水量增多，地表径流损失较大；同时，西南丘陵区土壤层较薄，且土壤层厚度分布不均匀，试验田部分小区 60 cm 土层以下时已触及土壤母质层，且表层土壤孔隙度、腐殖质含量也存在差异，在试验数据采集中这部分误差难以避免。故基于西南丘陵区复杂的地理环境，建立符合当地的油菜轻简栽培模式，有效控制这一地区因化肥施用不当引起的农业面源污染问题，同时保障山区农民收益，就变得意义重大。

4 结论

施氮量与种植密度两因素及其互作可通过影响油菜地上部和地下部的生长关系，进而影响油菜对土壤水分和养分的吸收利用，同时水分作为油菜生长中的关键限制因素，又能制约油菜植株对养分的吸收和分配。当施氮量从 180 kg/hm^{2}减少至 108 kg/hm^2，即减氮 40%时，除土壤蓄水量明显增加外，其余指标如经济产量、水分利用效率、经济收益及水分利用经济收益均出现显著降低；但施氮量由 180 kg/hm^{2}减少至 144 kg/hm^2，即减氮 20%，当种植密度提高为 30×10^4～37.5×10^4株/hm^{2}范围内，能促进油菜产量、土壤蓄水量及经济收益的增长，并显著地提升水分利用效率及水分经济收益，可作为西南丘陵区实际的直播油菜减肥增效优化种植方式。

参考文献

[1] 张卫建．对我国玉米绿色增产增效栽培技术的探讨：增密减氮［J］．作物杂志，2015（4）：1－4.

[2] 王龙昌，谢小玉，张臻，等．论西南季节性干旱区节水型农作制度的构建［J］．西南大学学报（自然科学版），2010，32（2）：1－6.

[3] 曾川，刘成家，徐洪志，等．油菜株型育种研究进展［J］．中国农学通报，2014，30（12）：14－18.

[4] Gammelvind L H，Schjoerring J K，Mogensen V O，et al. Photosynthesis in leaves and siliques of winter oilseed rape（*Brassica napus L.*）［J］．Plant and Soil，1996，186（2）：227－236.

[5] Brar G，Thies W. Contribution of leaves，stem，siliques and seeds to dry matter accumulation in ripening seeds of rapeseed，*brassica napus L.*［J］．Zeitschrift Fü Pflanzenphysiologie，1977，82（1）：1－13.

[6] 刘晓伟．冬油菜养分吸收规律及不同养分效率品种特征比较研究［D］．武汉：华中农业大学，2011.

[7] Hu L Y，Shan W Y，Wang W J. Characteristics of seed set and source-sink relation of Brassica napus［J］．Chinese Journal of Oil Crop Scieves，2002，24（2）：37－42.

[8] 吕丽华，董志强，张经廷，等．水氮对冬小麦—夏玉米产量及氮利用效应研究［J］．中国农业科学，2014，47（19）：3839－3849.

[9] 田亚芹，冯利平，邹海平，等．不同水分和氮素处理对寒地水稻生育及产量的影响［J］．生态学报，2014，34（23）：6864－6871.

[10] 冷锁虎，单玉华，周宝梅．氮素营养对油菜成熟期生物产量的调控［J］．中国油料作物学报，2000，22（2）：53－56.

[11] 慕自新，张岁岐，郝文芳，等．玉米根系形态性状和空间分布对水分利用效率的调控［J］．生态学报，2005，25（11）：2895－2900.

[12] Pregitzer K S，King J S，Burton A J，et al. Responses of tree fine roots to temperature.［J］．New Phytologist，2010，147（1）：105－115.

[13] Brinkman M A，Rho Y D. Response of Three oat cultivars to N fertilizer［J］．Crop Science，1984，24（5）：973－977.

[14] 刘镜波，王小林，张岁岐，等．有机肥与种植密度对旱作玉米根系生长及功能的影响［J］．水土保持通报，2011，31（6）：32－36.

[15] 平文超，张永江，刘连涛，等．不同密度对棉花根系生长与分布的影响［J］．棉花学报，2011，23（6）：522－528.

[16] 李儒，崔荣美，贾志宽，等．不同沟垄覆盖方式对冬小麦土壤水分及水分利用效率的影响［J］．中国农业科学，2011，44（16）：3312－3322.

[17] 张绪成，王红丽，于显枫，等．半干旱区全膜覆盖垄沟间作种植马铃薯和豆科作物的水热及产量效应［J］．中国农业科学，2016，49（3）：468－481.

[18] 张萌．不同形态氮肥配施对直播冬油菜生长、根系形态及光合特性的影响 [D]．武汉：华中农业大学，2015.

[19] Costa C，Dwyer L M，Hamilton R I，et al. A sampling method for measurement of large root systems with scanner-based image analysis [J]．Agronomy Journal，2000，92（4）：621－627.

[20] 李文娆，张岁岐，丁圣彦，等．干旱胁迫下紫花苜蓿根系形态变化及与水分利用的关系 [J]．生态学报，2010，30（19）：5140－5150.

[21] Driever S M，Nes E H V，Roijackers R M M. Growth limitation of Lemna minor due to high plant density [J]．Aquatic Botany，2005，81（3）：245－251.

[22] 王艳哲，刘秀位，孙宏勇，等．水氮调控对冬小麦根冠比和水分利用效率的影响研究 [J]．中国生态农业学报，2013，21（3）：282－289.

[23] 高会议，王益权，郭胜利，等．渭北泥炭资源在栽培基质中的应用研究 [J]．干旱地区农业研究，2009，27（1）：26－32.

[24] Buttar G S，Thind H S，Aujla M S. Methods of planting and irrigation at various levels of nitrogen affect the seed yield and water use efficiency in transplanted oilseed rape（Brassica napus L.）[J]．Agricultural Water Management，2006，85（3）：253－260.

[25] Albert B J M，Le Cahérec F L，Niogret M F，et al. Nitrogen availability impacts oilseed rape（Brassica napus L.）plant water status and proline production efficiency under water-limited conditions [J]．Planta，2012，236（2）：659 -676.

[26] 王建林，于贵瑞，房全孝，等．作物水分利用效率的制约因素与调节 [J]．作物杂志，2007（2）：9－11.

[27] 马建辉，叶旭红，韩冰，等．膜下滴灌不同灌水控制下限对设施土壤团聚体分布特征的影响 [J]．中国农业科学，2017，50（18）：3561－3571.

[28] Yoder R E. A direct method of aggregate analysis of soils and a study of the physical nature of erosion losses [J]．Journal of the American Society of Agronomy，1936，28（5）：337－351.

[29] Sollins P，Homnn P，Caldwell B A. Stabilization and destabilization of soil organic matter：Mechanisms and controls [J]．Geoderma，1996，74（1/2）：65－105.

[30] Pulleman M M，Marinissen J C Y. Physical protection of mineralization C in aggregates from long-term pasture and arable soil [J]．Geoderma，2004，120（3/4）：273－282.

[31] 李伟，代镇，张光鑫，等．生物碳和氮肥配施提高土团聚体稳定性及作物产量 [J]．植物营养与肥料学报，2019，25（5）：782－791.

[32] Ma R M，Cai C F，Li Z X，et al. Evaluation of soil aggregate microstructure and stability under wetting and drying cycles in two ultiosols using synchrotron-based X-ray microcomputed tomography [J]．Soil and Tillage Research，2015（149）：1－11.

生物炭与化肥配施对紫色土肥力与微生物特征及油菜产量品质的影响*

徐绮雯　马淑敏　朱　波　张小短　邢　毅　段美春　王龙昌*

西南大学农学与生物科技学院，三峡库区生态环境教育部重点实验室，
南方山地农业教育部工程研究中心，重庆北碚　400716

摘要：研究不同梯度的生物炭与常规施肥、减量施肥相配合对紫色土肥力与微生物特征及油菜产量品质的影响，为实际生产中制定生物炭与化肥的配施方案提供理论参考。依托西南地区特有的紫色土，采用裂区试验设计，试验处理包括：B_0F（不施生物炭＋减量肥）、B_0F_2（不施生物炭＋全量肥）、B_1F_1（低量生物炭＋减量肥）、B_1F_2（低量生物炭＋全量肥）、B_2F_1（高量生物炭＋减量肥）、B_2F_2（高量生物炭＋全量肥）。结果表明：生物炭改良后的土壤全碳、全氮、全钾、阳离子交换量（CEC）、pH 值显著高于 B_0 处理，且 F_1 各土壤肥力指标水平与 F_2 相近。生物炭的输入提升了土壤微生物 Shannon 多样性指数（H）、Simpson 优势度指数（D）、碳源利用丰富度指数（S），促进了根际微生物对糖类、氨基酸类、羧酸类、聚合物类、酚酸类碳源的利用程度。生物炭有效提高了油菜产量，在 F_2 施肥水平下平均增产幅度（12.5%）大于 F_1（11.1%）。在 F_1 水平下，生物炭的施用显著降低籽粒中芥酸、硫苷、亚麻酸的含量，提升了高油酸、油酸、黄籽度水平。冗余分析（RDA）结果显示，对油菜品质指标的重要性排序为：全钾＞全碳＞全氮＞全磷＞CEC＞pH 值。其中，全钾、全碳、全氮、全磷对籽粒品质有显著影响（$P<0.05$）。总之，生物炭与化肥联合施用可显著改善土壤肥力状况，提升土壤微生物活性，促进了微生物对碳源的利用程度。生物炭的施用量以 35 t/hm^2 为宜，可有效弥补化肥减量后的养分亏缺，促进油菜增产和籽粒品质的改良。

关键词：生物炭；减量施肥；土壤微生物；油菜；冗余分析

20 世纪 80 年代以来，我国粮食产量实现了飞跃式增长[1]，但长期过度施用化肥导致土壤生态系统的失衡，加剧了农业面源污染。农业部提出到 2020 年实现化肥零增长的目标[2]。因此，探索切实可行的方式以提高肥料利用效率、减少化肥施用量已成为当前农业的紧要任务[3]。生物炭作为一种有机改良剂与肥料配施，既能改善土壤肥力，又能提升生态系统服务功能，已成为修复环境且提高产量的新型农业技术。如何尽可能发挥生物炭的优势，使其与传统田间管理耦合达到增益效应，比单独施用生物炭来替代化肥更具有实际指导性意义。

生物炭是由农林等废弃物在缺氧环境下制成的一种富碳性物质，具有丰富的孔隙结构与高度的稳定性，在丰盈土壤碳库的同时吸附养分，改善土壤理化性质[4]。同时，生物炭特有的巨大比表面和非挥发性灰分养分，为土壤微生物提供更多的生态位，提升了土壤生态环境下生物群落的丰富度[5,6]。这

* **基金项目**：国家公益性行业（农业）科研专项（201503127）；国家自然科学基金项目（31271673，31871583）

种生物炭对微生物的动态调节过程进一步影响着土壤营养循环[7]或空间结构[8]，改善了土壤的 pH 值、阳离子交换容量及有机质含量[9,10]，间接增强了植物的抗逆能力[11]，最终达到提高作物产量的目的[12,13]。但单独施用生物炭难以取代化肥在作物生长过程中的作用，且高额施用生物炭将抬高农户的生产成本。因此，通过与不同肥料联合施用的途径可以有效弥补生物炭在农业推广过程中的这一缺陷[14]。研究表明，在连续 4 年的定位施肥试验中，生物炭与化肥混合加工制成的炭基肥对耕层土壤总有机碳含量提升效果显著优于投入等量碳素或氮磷钾养分的处理[15]。Zheng 等[14]也发现，与单独施用化肥相比，生物炭与化肥配施使玉米氮素利用效率显著提升了 43.1%，增产 10.7%。在低肥力碱性土壤上连续两年的田间试验发现，将无机肥混合有机肥再配施 10 t/hm^2 生物炭具有最佳的增产效应[16]，并有效改良石灰性土壤的 pH 值[9]。利用 16S rRNA 序列技术也进一步证实，生物炭与化肥配施对土壤细菌群落的改良效果优于单独使用生物炭或化肥[17]。由此可知，生物炭与化肥间的互作效应产生良好的减肥增效的作用[18]，但对于这种效应也存有相悖报道。有研究表明，生物炭的输入对砂浆水稻土 pH 值并没有显著影响[19]，对灰质土壤微生物量及群落多样性存在抑制作用[20]。甚至有不少学者发现，生物炭会在一定程度上降低作物对氮的吸收程度[20,21]。对于这些迥异的结果，大多学者将其归咎于生物炭的结构特异性与制作工艺上的差异，也有人认为这与生物炭的配施量以及施用的土壤类型有关[22]。

目前，研究多集中于对生物炭的单一报道，生物炭的适宜施用范围从 0.5～135 t/hm^2 都已被证实[20]。但对于不同梯度的生物炭与化肥配施产生的互作效应，尤其是生物炭与减量化肥配施是否会改变肥效水平尚不明确。同时，对于生物炭的研究大多集中在土壤修复与产量提高等方面，对作物品质影响的探讨尚不多见。生物炭与化肥配施在发挥增产效益的同时是否会对作物品质产生影响，这值得探究。本研究对比不同梯度的生物炭与化肥配施对西南地区紫色土肥力状况和微生物群落的作用差异，探究生物炭与化肥配施对油菜产量和籽粒品质的影响，以期确立生物炭和化肥最优配比方案，为生物炭的合理应用及紫色土生态环境的修复提供理论依据。

1　材料与方法

1.1　试验区概况

试验于 2016 年 10 月至 2017 年 5 月在重庆市西南大学教学温室（29°49′N，106°25′E）中进行。供试土壤属紫色砂泥岩母质上发育的中性紫色土，采集于 0～20 cm 的土层，将土壤自然风干后过 2 mm 筛混合均匀备用。土壤基本理化性质土壤 pH 值 6.58，土壤全碳 8.14 g/kg，全氮 0.69 g/kg，全磷 0.57 g/kg。供试油菜品种为中双 11 号。供试生物炭由四川美日佳生物质能源有限责任公司生产，原料为玉米秸秆，制备温度为 550 ℃。

1.2　试验设计

试验为裂区试验设计，主因素为化肥施用水平。F_1 减量肥（50% F_2）；F_2 全量肥。全量肥施肥水平：氮肥（N）、磷肥（P_2O_5）和钾肥（K_2O）的施用量分别为 180 kg/hm^2、90 kg/hm^2、120 kg/hm^2；所有处理均施加硼肥，用量为 15 kg/hm^2。副因素为生物炭的配施量，设置 3 个水平，1）B_0 不添加生物炭；2）B_1 添加低量生物炭（35 t/hm^2）；3）B_2 添加高量生物炭（50 t/hm^2）。试验共 6 个处理：B_0F_1 不施生物炭+减量肥、B_0F_2 不施生物炭+全量肥、B_1F_1 低量生物炭+减量肥、B_1F_2 低量生物炭+全量肥、B_2F_1 高量生物炭+减量肥、B_2F_2 高量生物炭+全量肥。采用盆栽试验，每盆装基质 5.0 kg。基质=土壤+氮、磷、钾肥+生物炭，所有肥料和土混合均匀一次性装盆。于 2016 年 9 月中下旬进行油菜大田育苗，在五叶期时，选择长势一致幼苗移栽到装有基质的盆钵中，每盆 1 株，置于遮雨玻璃温室中培养。油菜生长期间水分控制在最大田间持水量的 60%左右。

1.3 试验方法

1.3.1 土壤样品采集

于成熟期油菜收获时，轻轻抖落与根系结合比较松散的土壤，按四分法取样，用于土壤理化指标的测定。随后，用经灭菌的镊子刮取附着在根系表层（<2 mm）土壤作为根际土壤，迅速过 2 mm 筛用自封袋保存于 4 ℃冰箱，用于土壤微生物的测定。

1.3.2 土壤肥力指标测定

土壤 pH 值：采用 pH 计测定（土：水=1.0：2.5）；采用乙酸铵交换法测定 CEC；采用 NaOH 熔融－钼锑抗比色法测定土壤全磷含量；采用 NaOH 熔融－原子分光光度计法测定（岛津 AA6300）土壤全钾含量；采用凯氏定氮法消煮，半自动凯氏定氮仪（SKD-200，上海沛欧）测定土壤全氮含量[23]。

1.3.3 土壤微生物群落功能测定

采用 Biolog-Eco 生态板法测定土壤微生物群落功能。采用培养 120 h 的微生物数据计算 Shannon 多样性指数（H）、Simpson 优势度指数（D）、均匀度指数（E）和丰富度指数（S），表征土壤微生物群落多样性[24]。计算方法如下：

$$H=-\sum P_i \ (\ln P_i)$$ [25]

$$D=1-\sum P_i^2$$ [25]

$$E=H/\ln S$$ [25]

S=被利用碳源的总数[25]

式中：C_i为每个微孔的实际吸光值，R_i为对照孔的吸光值，n 为 ECO 板上碳源的种类（$n=31$）；P_i为第 i 孔的相对吸光值与整个平板相对吸光值总和的比率，即 $P_i=(C_i-R_i)/\sum(C_i-R_i)$；$S$ 为微生物群落利用碳源种类的数目，即 ECO 板上颜色变化孔数，吸光值小于 0.25 视为颜色没有变化[25]。

1.3.4 油菜生物量和产量测定

在油菜成熟期每个处理选取具代表性的植株 3 株，计算其单株生物量，同时将有效角果自然晒干并脱粒，待籽粒自然风干后，测定单株籽粒产量。

1.3.5 油菜籽粒品质测定

采用近红外线品质分析仪（Infratec TM 1241，上海福斯）测定油菜籽粒品质，主要指标有籽粒含油量、蛋白质、油酸、亚油酸、硫苷和芥酸等脂肪酸含量。

1.4 统计分析

用 Excel 2007 软件进行数据整理、作图，用 SPSS 20.0 进行方差分析，采用 Canoco5.0 绘制 RDA 图，采用 General Linear Model 进行单变量双因素方差分析，采用 Duncan's 新复极差法进行多重比较。

2 结果与分析

2.1 生物炭与化肥配施对土壤肥力的改良效果

由表 1 可知，生物炭的施用对土壤总碳、全氮、全钾、CEC 和 pH 值影响显著。除全钾外，各项指标均随生物炭用量的增加而显著上升。添加生物炭处理的土壤总碳、全氮指标分别比空白处理（B_0）平均上升 6.11 与 1.42 倍，改良效果显著。生物炭促使土壤 pH 值由弱酸性（F_1B_0、F_2B_0下分别为 6.60、6.66）转至中性（F_1B_1、F_2B_1、F_1B_2、F_2B_2下分别为 7.00、6.91、7.20、7.13）（$P<0.05$）。

与空白（B_0）相比，CEC也平均增加1个单位（$P<0.05$）。对土壤全钾来说，高量生物炭（B_2）不再具有改良优势，以B_1提升效果最佳（$P<0.05$）。从方差分析结果来看，生物炭用量与各项土壤肥力指标（除全磷外）均显著相关，不同化肥梯度对全氮、全钾含量影响达到显著水平，而两者的交互作用仅显著影响全钾和pH值。

表1 不同处理对土壤肥力的影响

施肥	生物炭	总碳（g/kg）	全氮（g/kg）	全磷（g/kg）	全钾（g/kg）	阳离子交换量	pH值
F_1	B_0	8.32±0.17c	0.70±0.01d	0.51±0.01ab	17.79±0.57c	23.16±0.09e	6.60±0.02c
	B_1	50.60±0.48b	1.65±0.05c	0.49±0.02b	22.53±1.37b	23.81±0.26bc	7.00±0.03b
	B_2	65.77±1.57a	1.91±0.04b	0.50±0.01ab	18.31±0.26c	24.29±0.01a	7.20±0.01a
F_2	B_0	8.10±0.16c	0.83±0.02d	0.51±0.00ab	17.49±1.09c	23.28±0.06de	6.66±0.02c
	B_1	50.69±1.54b	1.74±0.04c	0.49±0.01b	26.90±0.47a	23.58±0.06cd	6.91±0.04b
	B_2	66.43±1.02a	2.10±0.08a	0.54±0.02a	24.45±0.77ab	24.15±0.11ab	7.13±0.02a
生物炭		*	*	NS	*	*	*
化肥		NS	*	NS	*	NS	NS
生物炭×化肥		NS	NS	NS	*	NS	*

注：同列不同小写字母表示Duncan's多重比较不同处理在$P<0.05$水平差异显著，数据表示平均值±标准误差；*表示在0.05水平差异显著；NS表示差异不显著。下同。

2.2 生物炭与化肥配施对微生物多样性的影响

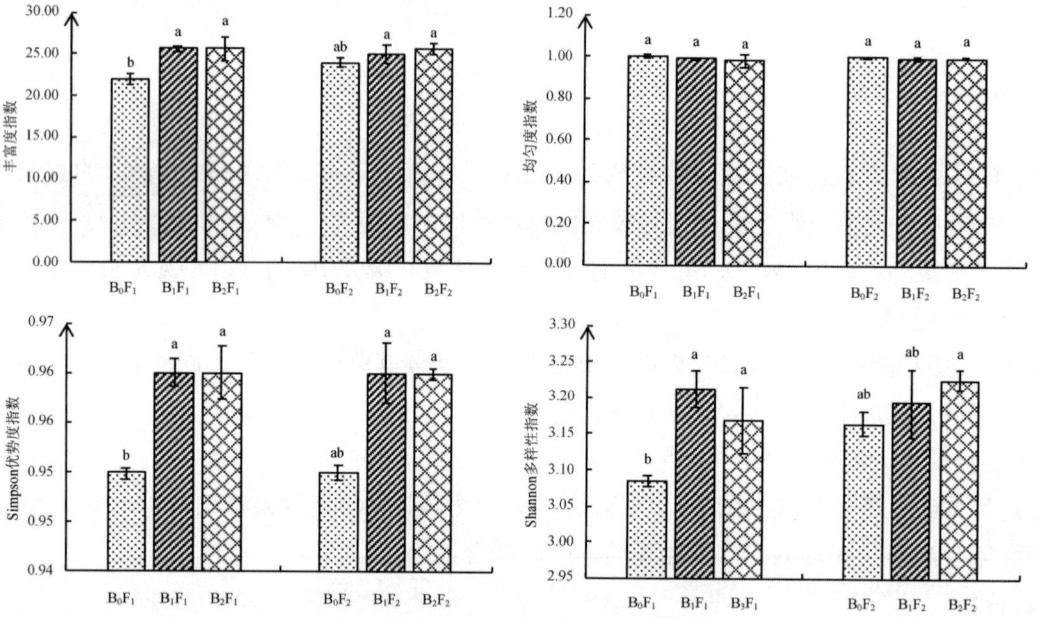

图1 不同处理下土壤微生物多样性指数

注：不同字母表示Duncan's多重比较在0.05的水平差异显著。

生物炭的输入使土壤微生物区系向健康方向转化。由图1可知，除均匀度指数（E）外，生物炭的添加对微生物多样性指标均起到促进作用。在F_1条件下，生物炭输入后的土壤微生物Shannon多样性指数（H）、Simpson优势度指数（D）、丰富度指数（S）均显著大于B_0，说明土壤微生物种类增多；在F_2中，H、D、S均随着生物炭添加量的增多而逐步上升，呈$B_2>B_1>B_0$的趋势，但生物炭的各处理间差异不显著。

2.3 生物炭与化肥配施对微生物碳源利用能力的影响

表 2 不同处理下土壤微生物对 6 类碳源的利用强度

施肥	生物炭	糖类	氨基酸类	羧酸类	聚合物类	胺类	酚酸类
F_1	B_0	0.55±0.07c	0.71±0.06b	0.75±0.02b	0.79±0.08b	0.38±0.67c	0.44±0.60b
	B_1	0.78±0.09ab	0.99±0.04a	1.02±0.10a	0.90±0.07ab	0.67±0.03b	0.75±0.04a
	B_2	0.86±0.09a	0.95±0.10a	1.02±0.07a	1.13±0.05a	0.91±0.10a	0.68±0.06ab
F_2	B_0	0.63±0.04bc	0.72±0.05b	0.89±0.06ab	0.95±0.11ab	0.79±0.03ab	0.46±0.10b
	B_1	0.84±0.06ab	0.96±0.05a	1.01±0.08a	1.11±0.05a	0.63±0.09b	0.55±0.07ab
	B_2	0.91±0.04a	0.90±0.05ab	1.04±0.09a	1.13±0.04a	0.63±0.08b	0.71±0.11a
生物炭		*	*	*	*	*	*
化肥		NS	NS	NS	NS	NS	NS
生物炭+化肥		NS	NS	NS	NS	*	NS

根据土壤微生物对碳源利用能力的差异，可以全面了解生物炭与化肥配施对微生物群落代谢功能的影响。由表 2 可知，土壤微生物群落对聚合物类和羧酸类碳源利用较多，对酚酸类和胺类碳源利用相对较少。生物炭的施用对土壤微生物群落代谢影响显著。除胺类碳源外，生物炭的施用有效提升根际微生物群落对糖类、氨基酸、羧酸类、聚合物类和酚酸类碳源的代谢效率，均显著高于不添加生物炭的空白处理。值得注意的是，在同一施肥水平下，高、低量生物炭之间微生物群落的代谢差异并不显著。生物炭与化肥的互作效应差异体现在对胺类碳源的作用效果上，生物炭促进胺类碳源的代谢功能仅在 F_1 中表现出来（$P<0.05$），在 F_2 下反而有抑制的倾向。

2.4 生物炭与化肥配施对油菜产量和品质的影响

表 3 不同处理对油菜产量和品质的影响

施肥	生物炭	油脂（%）	蛋白质（%）	黄籽度（%）	单株产量（g）	单株生物量（g）
F_1	B_0	30.44±0.74a	28.46±0.57a	45.97±1.09c	6.35±0.31b	44.24±2.57a
	B_1	31.49±2.27a	28.91±0.69a	50.06±1.20b	7.57±0.14a	44.88±3.71a
	B_2	30.21±1.68a	29.64±1.82a	53.79±3.92a	5.60±0.02b	37.16±1.20a
F_2	B_0	29.95±2.28a	28.06±0.62a	34.87±0.32d	3.92±0.47c	34.59±7.47a
	B_1	29.18±1.20a	30.19±3.64a	32.32±0.32d	5.88±0.51b	38.42±1.15a
	B_2	28.02±2.00a	28.04±0.35a	31.68±1.90d	4.41±0.44c	35.68±4.16a
生物炭		NS	NS	NS	*	NS
化肥		NS	NS	*	*	*
生物炭+化肥		NS	NS	*	*	NS

由表 3 可知，生物炭与化肥配合施用对油菜籽中的营养组成（油脂、蛋白质）和单株生物量影响不显著。两种施肥水平下，油菜产量均以 B_1 处理最高，显著高于 B_0 和 B_2 处理。籽粒的黄籽度仅在 F_1 水平下随生物炭输入量的增多呈显著上升趋势，与空白（B_0）相比提升范围在 8.9%～17.0%（$P<0.05$），在 F_2 中并未有显著变化。方差分析结果显示，油菜单株产量受主副因素及其互作效应的共同影响；影响籽粒黄籽度的主要因素为化肥及两者的互作效应，生物炭并未产生显著影响；单株生物量仅受到肥料的显著影响，且在同等生物炭水平下 F_2 的单株生物量低于 F_1，说明高化肥处理对油菜产量有明显的抑制作用。

表 4 不同处理对油菜籽粒脂肪酸组的影响

施肥	生物炭	芥酸	硫苷	亚麻酸	高油酸	油酸	亚油酸	棕榈酸	硬脂酸
F_1	B_0	5.09±0.31b	30.77±0.09a	6.15±0.07b	75.43±1.30b	63.16±0.70c	16.59±0.67a	4.70±0.04a	0.52±0.13a
	B_1	4.43±0.22c	26.59±0.41b	5.50±0.28c	78.36±1.44a	64.65±0.17bc	16.21±0.57a	4.54±0.20a	0.37±0.08a
	B_2	3.32±0.29d	26.25±1.18b	6.08±0.08b	75.63±0.79b	65.54±1.47ab	16.99±1.15a	4.70±0.22a	0.28±0.13a
F_2	B_0	3.21±0.54d	25.89±0.76b	6.19±0.12b	74.75±1.58b	66.44±0.89a	16.87±0.65a	4.75±0.06a	0.40±0.12a
	B_1	6.39±0.14a	30.08±0.85a	6.70±0.09a	75.87±1.03b	60.19±0.31d	16.99±1.59a	4.71±0.10a	0.35±0.08a
	B_2	3.70±0.04d	29.92±1.35a	6.89±0.05a	74.32±1.39b	63.05±0.31c	17.43±1.69a	4.93±0.30a	0.39±0.28a
生物炭		*	NS	*	*	*	NS	NS	NS
肥料		NS	NS	*	*	*	NS	NS	NS
生物炭+肥料		*	*	*	NS	*	NS	NS	NS

生物炭与两种肥料梯度配合对油菜籽粒脂肪酸组分存在不同的作用效果。在 F_1 条件下，生物炭输入后芥酸、硫苷及亚麻酸的含量均呈下调趋势且显著低于空白处理（B_0）。其中，B_1、B_2 下芥酸分别降低了 13.0%与 35.0%，硫苷下调 13.4%与 14.7%，改良效果呈现 $B_2>B_1>B_0$ 的趋势；而对亚麻酸含量，B_1 的改良效果优于 B_2（$P<0.05$）。脂肪酸组中的高油酸、油酸含量表现出上调趋势，B_1 对高油酸促进效果最佳，与空白（B_0）相比显著提升 3.8%；油酸则随着生物炭用量的增多逐步上升，提升幅度在 2.4%～3.8%，且 B_2 与 B_0 间差异显著。然而，不同梯度的生物炭与 F_2 水平的化肥配施却表现出与 F1 相反的作用结果。生物炭的输入使芥酸与硫苷的含量在 B_1 处达到峰值（$P<0.05$），不仅促使亚麻酸的含量逐步上升（$P<0.05$），同时对油酸表现出显著的抑制作用。从方差分析结果来看，各指标所受到的影响因素大不相同。硫苷仅受到生物炭与化肥间互作效应的影响，而高油酸却恰恰相反；生物炭及二者的互作效应对芥酸含量的影响达到显著水平；亚麻酸与油酸的变化同时受到生物炭、化肥及二者交互作用的显著影响（$P<0.05$）。

2.5 油菜品质与土壤肥力指标的冗余分析

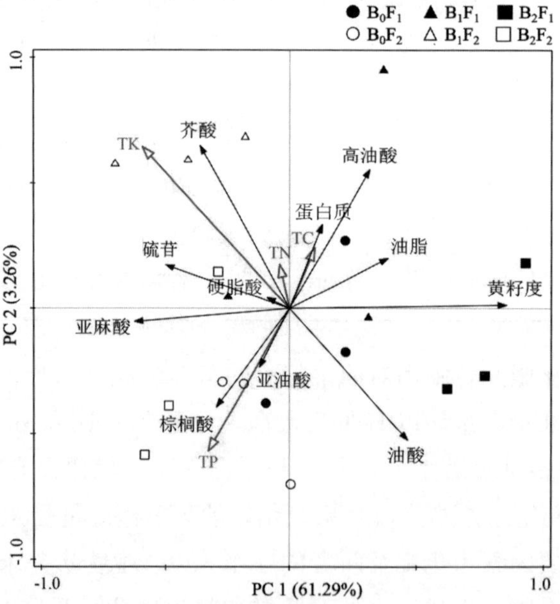

图 2 油菜籽粒品质和土壤肥力指标的冗余分析

注：TC、TN、TP 和 TK 分别代表全土壤全碳、全氮、全磷和全钾。

以油菜籽粒各品质指标为物种因子对不同土壤肥力指标作约束性排序（RDA 分析），利用蒙特卡罗 P 值检验中有显著贡献（$P<0.05$）的环境因子与物种因子作物种-环境双序图。结果显示，轴 1 和

轴 2 解释了籽粒品质指标与土壤理化性质关系总变异的 64.55%，说明排序效果较好。主成分一将 B_1 与 B_0、B_2 处理区分开，主成分二大致将 F_2 和 F_1 两处理区分开。对各品质含量的重要性由大至小排序为全钾、全碳、全氮、全磷、CEC、pH 值。其中，全钾、全碳、全氮、全磷对籽粒品质有显著影响（$P<0.05$），是引起油菜籽粒各品质指标变异的主要因素；油菜籽粒中芥酸和硫苷与全钾的含量呈正相关，而亚麻酸则受到全磷、全钾两者影响较大；籽粒中主要的营养组成成分蛋白质和油脂与土壤中总碳、全氮含量呈现呈正相关；脂肪酸组成中棕榈酸、亚油酸与全磷含量正相关性较强，油酸、高油酸分别与全钾、全磷呈极大负相关；而黄籽度则受土壤中的全钾、全磷含量共同的负调控。

3 讨论

本研究表明，生物炭与土壤肥力指标（除全磷外）均有显著相关，说明生物炭的输入对紫色土的改良起关键作用。在两种肥料梯度下，土壤 CEC 与 pH 值均随着生物炭施用水平的上升而显著增加，以 50 t/hm^2 生物炭改良效果最优。生物炭具有巨大的比表面积，在一定程度上提高了土壤阳离子交换能力[26]，促使生物炭表面碱性阳离子与土壤中负电荷黏土颗粒反应，从而提升土壤 pH 值[5]。同时，生物炭的加入也促进了土壤微生物多样性指数的提高。已有诸多研究发现，生物炭或化肥单独施用效果次于两者联合施用[14,16]，两者的互补结合有效弥补了对方不足[27]：一方面，生物炭多孔性的结构特点既为微生物的生存繁殖提供了更多的庇护所，又使其自身具备良好的吸持能力，有效减缓化肥中养分的释放速率[28]，降低土壤养分的流失；另一方面，化肥与生物炭配施中和了生物炭制备原料及生产过程中所产生的不良挥发性有机物或重金属，如苯、镉等带来的直接毒性[29]，从而减轻对根际微生物的胁迫作用。在本试验中，生物炭的输入对土壤总碳、全氮、全钾的提升效果也十分显著，丰富的土壤养分是微生物生态网络复杂性和稳定性的前提[30]，土壤微生物的活跃反过来又加快了微生物对生物炭或土壤中迟效性养分的分解，使局限在生物残渣中的营养物质得以循环利用，进一步优化了土壤微环境[31]。

土壤微生物多样性指数与 6 类碳源利用程度（除胺类外）仅受单一因素生物炭的显著影响，这进一步佐证了土壤微生物对生物炭输入的敏感性。生物炭对微生物碳源利用程度的影响在两种肥料梯度下表现出相似规律，生物炭的加入大大促进了糖类、氨基酸类、羧酸类、聚合物类和酚酸类 5 类碳源的利用效率，说明土壤环境在添加生物炭后向健康方向转变[32]。在本次试验中，聚合物类与羧酸类是紫色土环境中油菜根际微生物的偏好碳源。有研究表明，聚合物类碳源与土壤中好气性微生物的活动有关，有利于难氧化类有机碳的矿化[32]，而大量生物炭的输入恰好疏松了土壤团聚体间的空间结构，增强了此类好气性微生物的活性。与之不同的是，不同梯度的生物炭对胺类碳源的代谢程度在两种肥料梯度下截然相反，在减量施肥条件下，随着生物炭梯度的上升，根际微生物对胺类碳源的消耗量增加；而在全量施肥下却呈下降趋势。方差分析结果也表明，胺类碳源的影响因素不同于其他 5 类碳源，受到生物炭与化肥梯度间互作效应的极显著影响。

生物炭与化肥间的互作效应产生了良好的减量增产作用。本试验土壤养分数据显示，生物炭所提供的长效碳源及营养组分，在一定程度上支持了其作为肥料补给土壤养分的功能[33]，消除了减量施肥所带来的养分亏缺问题。生物炭表面丰富的官能团和孔隙，吸附土壤养分汇成源，再依据作物生长情况和环境条件按需调整养分的释放速率，为作物生长提供持久稳定的营养供应，达到提高肥料利用效率且减少化肥用量的目的[7]。同时，化肥中氮、磷、钾的按需配比有助于维持土壤碳库的平衡，弥补了生物炭养分种类单一的缺陷。本试验中，在不同的化肥梯度下均以配施 35 t/hm^2 生物炭增产效果最佳。高剂量（50 t/hm^2）的生物炭并没有起到更好的增产作用，可能是由于过剩的碳素养分破坏了土壤 C/N 的平衡，C/N 的增高致使土壤中铵态氮或硝态氮被转化成微生物量氮等形式固定下来[21]，从而降低了植株的氮素利用率[28]。全量施肥处理恰好提供更多的氮源来平衡过量碳源，使得高量生物炭在全量化肥水平下表现出更好的增产潜力，平均增产幅度（12.5%）高于减量施肥水平（11.1%）。但本试验中，全量施肥处理下的单株产量均较低于减量施肥处理，可能是由于本试验的施肥水平参照邹娟[34]基于收获产量和经济效益为评判指标的推荐化肥施用量，但若以土壤养分允许平衡盈亏率作为指标，该水平中氮、磷、钾推荐用量偏高，加之生物炭的助力，使得全量施肥水平下养分过盛，刺激土壤环境中微生物的繁殖与活性，加剧了微生物与作物对养分竞争[21]，在一定程度上抑制了作物对养分的吸收利用。

本研究中，生物炭与减量化肥配合施用具有优化油菜籽粒脂肪酸组成比例、提高种皮透明度的作用。与不添加生物炭相较，生物炭对油菜籽粒中不利于人体健康的脂肪酸成分（芥酸、硫苷与亚麻酸）起到显著的抑制作用。这主要由于碳的积累会显著降低亚麻酸的含量，也在一定程度上影响了硫苷的含量[35]。与之相反的是，籽粒中油酸、高油酸的含量显著上升。大多数芥酸是以 C18 油酸为合成前体，脂肪酸延长酶（fatty acid elongase，FAE）为催化物[36]。随着生物炭施用量的升高，土壤水、气、热等生态因子发生改变，导致 FAE 的表达受到影响[37]，进而芥酸的合成受到抑制且含量显著降低，而作为合成前体物的油酸则被更多积累下来。油菜籽粒中油脂和蛋白质的含量并未受到显著影响，但表达种皮颜色的黄籽度在减量施肥条件下随着生物炭施用量的增加而显著上调。前人的研究表明，氮素施用量的增多会使籽粒黄籽度明显提高[38]，而一定范围内的生物炭又提高作物对氮肥的利用效率[31]。本研究中，黄籽度受到化肥梯度及生物炭与化肥间交互作用的共同调控，说明土壤中的养分变化是影响黄籽度的主要原因之一。但令人意外的是，生物炭在全量施肥下对品质的作用方向与减量施肥水平完全相反。方差分析结果显示，生物炭与肥料的互作效应对各品质指标（芥酸、硫苷、亚麻酸、黄籽度、油酸）的影响均达到显著水平，说明生物炭与两种梯度化肥配施产生的相反结果，可能是由于处理间差异的互作效应导致的。生物炭与化肥间的互作效应主要体现在生物炭自身的养分释放及对土壤养分的吸附与控释效应，改变了原先的养分供应策略，动态调节了土壤供肥状况[28]，并在不同环境下表现出差异。

RDA 分析进一步验证了土壤环境与油菜品质的相关性。结果显示，土壤环境中全钾、全碳、全氮、全磷是影响油菜籽粒化学组成的关键因子。籽粒中芥酸与硫苷的含量随土壤全钾含量的增多呈上调趋势，与前人所得结论相近[39]；高油酸、油酸则随土壤全钾含量的增多而逐步降低，这也进一步佐证了油酸与芥酸在含量上的负相关；黄籽度受到全钾和全磷的共同负调控。生物炭作为长效肥料，弥补了化肥一次性施入后养分短效、淋失等问题。但生物炭长期储存的特性与养分即时需求的功能相矛盾，其储存的矿物质养分分解周期较长[40]，加之钾元素在土壤中较难移动[41]，深层土壤下可获取的钾元素除土壤固有的矿物质元素外绝大部分由化肥直接提供。此时，全量施肥所能提供的钾元素远远高于减量施肥水平，促使该处理下芥酸与硫苷含量的增多。油菜生长后期，根系逐步向地下延伸，生物炭与减量化肥配施所提供的养分多富集于土壤表面[42]，不能满足深层次根系对养分的需求，造成两种施肥水平下土壤养分含量相近但利用效率差异巨大的现象，导致生物炭在两种肥料梯度下对品质作用结果的不同。生物炭与土壤养分的相关性分析表明，生物炭与全钾、全碳、全氮均有显著相关，说明生物炭通过调节土壤特征指标而间接影响油菜品质。同时，施肥管理对油菜籽粒品质的影响与土壤条件、气候环境因素及栽培条件等密不可分。加之，研究所用的油菜品种单一，在不同的环境条件下品种的遗传性质存在差异，使生物炭对油菜籽粒的改良结果存在不稳定性。生物炭对籽粒品质的作用是否随着油菜长期的定点栽培表现出不同的结果，这需要进一步验证。

4 结论

生物炭与化肥配施显著提升紫色土 pH 值、CEC 及总碳、全氮、全钾的水平，有效弥补了化肥减量配施造成的养分亏缺。生物炭的输入提高土壤微生物 Shannon 多样性指数（*H*）、Simpson 优势度指数（*D*）、碳源利用丰富度指数（*S*），促进了根际微生物对糖类、氨基酸类、羧酸类、聚合物类、酚酸类碳源的利用程度。生物炭与全量、减量化肥配施均显著促进油菜增产，且与减量化肥配施可著降低籽粒中芥酸、硫苷和亚麻酸含量，促进油酸含量以及黄籽度水平的升高。综合评判，紫色土中生物炭的施用量以 35 t/hm^2 为宜，适当减少化肥用量，也可保证油菜的产量和品质，实现化肥的减量增效。

参考文献

[1] 张雪．我国提出到 2020 年实现化肥和农药使用量零增长目标——农业减“肥”不会影响粮食安全［J］．农村农业农民，2015（4）：13－14.

[2] 中华人民共和国农业部．到 2020 年化肥使用量零增长行动方案［J］．青海农技推广，2015（2）：3－5，11.

[3] 彭显龙，王伟，周娜，等．基于农户施肥和土壤肥力的黑龙江水稻减肥潜力分析［J］．中国农业科学，2019，52（12）：2092－2100.

[4] 刘玉学，王耀锋，吕豪豪，等．不同稻秆炭和竹炭施用水平对小青菜产量、品质以及土壤理化性质的影响［J］．植物营养与肥料学报，2013（6）：1438－1444.

[5] Sohi S P，Krull E，Lopez-Capel E，et al. A Review of biochar and its use and function in soil［J］．Advances in Agronomy，2010，105（1）：47－82.

[6] Lehmann J，Rillig M C，Thies J，et al. Biochar effects on soil biota - A review［J］．Soil Biology and Biochemistry，2011，43（9）：1812－1836.

[7] Steiner C，Glaser B，Teixeira W G，et al. Nitrogen retention and plant uptake on a highly weathered central Amazonian Ferralsol amended with compost and charcoal［J］．Journal of Plant Nutrition and Soil Science，2008，171（6）：893－899.

[8] Rillig M C，Mummey D L. Mycorrhizas and soil structure［J］．New Phytologist，2006，171（1）：41－53.

[9] Naeem M A，Khalid M，Aon M，*et al*. Combined application of biochar with compost and fertilizer improves soil properties and grain yield of maize［J］．Journal of Plant Nutrition，2018，41（1）：112－122.

[10] Sun L Y，Li L，Chen Z Z，et al. Combined effects of nitrogen deposition and biochar application on emissions of N_2O，CO_2 and NH_3 from agricultural and forest soils［J］．Soil Science and Plant Nutrition，2014，60（2）：254－265.

[11] 李成江，李大肥，周桂夙，等．不同种类生物炭对植烟土壤微生物及根茎病害发生的影响［J］．作物学报，2019，45（2）：289－296.

[12] Kim J，Yoo G，Kim D，et al. Combined application of biochar and slow-release fertilizer reduces methane emission but enhances rice yield by different mechanisms［J］．Applied Soil Ecology，2017（117）：57－62.

[13] Awad Y M，Lee S S，Kim K H，et al. Carbon and nitrogen mineralization and enzyme activities in soil aggregate-size classes：Effects of biochar，oyster shells，and polymers［J］．Chemosphere，2018（198）：40－48.

[14] Zheng J F，Han J M，Liu Z W，et al. Biochar compound fertilizer increases nitrogen productivity and economic benefits but decreases carbon emission of maize production［J］．Agriculture Ecosystems & Environment，2017（241）：70－78.

[15] 高梦雨，江彤，韩晓日，等．施用炭基肥及生物炭对棕壤有机碳组分的影响［J］．中国农业科学，2018，51（11）：

2126－2135.

[16] Arif M, Ilyas M, Riaz M, et al. Biochar improves phosphorus use efficiency of organic-inorganic fertilizers, maize-wheat productivity and soil quality in a low fertility alkaline soil [J]. Field Crops Research, 2017 (214): 25－37.

[17] Blackwell P, Krull E, Butler G, et al. Effect of banded biochar on dryland wheat production and fertiliser use in south-western Australia: an agronomic and economic perspective [J]. Australian Journal of Soil Research, 2010, 48 (6/7): 531－545.

[18] 张伟明，管学超，黄玉威，等．生物炭与化学肥料互作的大豆生物学效应［J］．作物学报，2015，41（1）：109－122.

[19] 张晗芝，黄云，刘钢，等．生物炭对玉米苗期生长、养分吸收及土壤化学性状的影响［J］．生态环境学报，2010，19（11）：2713－2717.

[20] Dempster D N, Gleeson D B, Solaiman Z M, et al. Decreased soil microbial biomass and nitrogen mineralisation with eucalyptus biochar addition to a coarse textured soil [J]. Plant and Soil, 2012, 354 (1/2): 311－324.

[21] 武爱莲，王劲松，董二伟，等．施用生物炭和秸秆对石灰性褐土氮肥去向的影响［J］．土壤学报，2019，56（1）：176－185.

[22] 顾美英，刘洪亮，李志强，等．新疆连作棉田施用生物炭对土壤养分及微生物群落多样性的影响［J］．中国农业科学，2014，47（20）：4128－4138.

[23] 鲍士旦．土壤农化分析（第三版）［M］．北京：中国农业出版社，2000.

[24] Garland J L, Mills A L. Classification and haracterization of heterotrophic microbial communities on the basis of patterns of community-level sole-carbon-source utilization [J]. Applied and Environmental Microbiology, 1991, 57 (8): 2351－2359.

[25] 周泉，张小短，马淑敏，等．间作绿肥对油菜根际土壤碳氮及根际微生物的影响［J］．生态学报，2017，37（23）：7965－7971.

[26] Glaser B, Lehmann J, Zech W. Ameliorating physical and chemical properties of highly weathered soils in the tropics with charcoal—a review [J]. Biology and Fertility of Soils, 2002, 35 (4): 219－230.

[27] Zhou Z D, Gao T, Zhu Q, et al. Increases in bacterial community network complexity induced by biochar-based fertilizer amendments to karst calcareous soil [J]. Geoderma, 2019 (337): 691－700.

[28] Lehmann J, Da Silva J P, Steiner C, et al. Nutrient availability and leaching in an archaeological anthrosol and a ferralsol of the central amazon basin: Fertilizer, manure and charcoal amendments [J]. Plant and Soil, 2003, 249 (2): 343－357.

[29] Li B, Fan C H, Zhang H, et al. Combined effects of nitrogen fertilization and biochar on the net global warming potential, greenhouse gas intensity and net ecosystem economic budget in intensive vegetable agriculture in southeastern China [J]. Atmospheric Environment, 2015 (100): 10－19.

[30] Zhou J Z, Deng Y, Luo F, et al. Functional molecular ecological networks [J]. Mbio, 2010, 1 (4): 1592－1601.

[31] Oladele S O, Adeyemo A J, Awodun M A. Influence of rice husk biochar and inorganic fertilizer on soil nutrients availability and rain-fed rice yield in two contrasting soils [J]. Geoderma, 2019 (336): 1－11.

[32] 王颖，宗宁，何念鹏，等．青藏高原高寒草甸不同海拔梯度下土壤微生物群落碳代谢多样性［J］．生态学报，2018，38（16）：5837－5845.

[33] Huang L L, Hu W J, Tao J, et al. Soil bacterial community structure and extracellular enzyme activities under different land use types in a long-term reclaimed wetland [J]. Journal of Soils and Sediments, 2019, 19 (5): 2543－2557.

[34] 邹娟．冬油菜施肥效果及土壤养分丰缺指标研究［D］．武汉：华中农业大学，2010.

[35] Hogy P, Franzaring J, Schwadorf K, et al. Effects of free-air CO_2 enrichment on energy traits and seed quality of oil-

seed rape [J]. Agriculture Ecosystems & Environment，2010，139 (1/2)：239－244.

[36] 梁骏，郑有飞，麦博儒．酸雨胁迫对双低油菜籽粒品质的影响 [J]. 安徽农业科学，2009，37 (26)：12467－12470.

[37] 梁骏．模拟酸雨对油菜（*Brassica napus L.*）生长、产量及品质的影响 [J]. 生态学报，2008，28 (1)：274－283.

[38] 张子龙．环境对甘蓝型黄籽油菜粒色及其相关品质性状的影响 [D]. 重庆：西南大学，2002.

[39] 鲁剑巍．油菜对钾的反应及钾肥有效施用配套技术的研究 [D]. 北京：中国农业大学，1999.

[40] Steinbeiss S，Gleixner G，Antonietti M. Effect of biochar amendment on soil carbon balance and soil microbial activity [J]. Soil Biology & Biochemistry，2009，41 (6)：1301－1310.

[41] Islam S M M，Gaihre Y K，Biswas J C，et al. Different nitrogen rates and methods of application for dry season rice cultivation with alternate wetting and drying irrigation：Fate of nitrogen and grain yield [J]. Agricultural Water Management，2018 (196)：144－153.

[42] Cheng C H，Lehmann J，Thies J E，et al. Oxidation of black carbon by biotic and abiotic processes [J]. Organic Geochemistry，2006，37 (11)：1477－1488.

不同降雨下旱地油菜节水节肥技术对土壤养分及酶活性的调控效应*

冯　军[1,2]　石　超[1]　门胜男[1]　Hafiz Athar Hussain[1,3]　柯剑鸿[4]
Linna Cholidah[1]　陈锦芬[1]　郭　欣[1]　武海燕[5]　冉泰霖[5]　向信华[5]　王龙昌[1*]

1. 西南大学农学与生物科技学院，南方山地农业教育部工程研究中心，三峡库区生态环境教育部重点实验室，重庆北碚　400715
2. 四川省农业科学院水稻高粱研究所，四川德阳　618000
3. 中国农业科学院农业环境与可持续发展研究所，农业部农业环境重点实验室，北京　100081
4. 重庆市农业科学院，重庆　400064
5. 云阳县农业委员会，重庆云阳　404500

摘要：为探讨垄沟集雨、秸秆覆盖和减量缓释肥节水节肥技术对油菜生产土壤养分及酶活性的调控效应。在大田定位试验条件下，设置农民习惯栽培（平作+常规肥）、节水栽培Ⅰ（秸秆覆盖+常规肥）、节水栽培Ⅱ（沟垄集雨+常规肥）、节肥栽培（平作+减量缓释肥）、双节栽培Ⅰ（秸秆覆盖+减量缓释肥）和双节栽培Ⅱ（沟垄集雨+减量缓释肥）6种水肥措施，比较分析2016—2017年（多雨年份）和2017—2018年（季节性干旱年份）2种不同降水年型下油菜节水节肥技术对土壤养分及酶活性的影响。结果表明，降水异常偏多对油菜生长的影响大于季节性干旱；双节技术在多雨年型下较习惯栽培增产效应显著，在季节性干旱年型下亦能稳产；在不同降水年型下，双节技术较习惯栽培能提高土壤pH值和有机质含量，减少了土壤氮素淋溶损失，保持速效养分稳定释放，同时，能延迟脲酶释放，增加土壤碱性磷酸酶、蔗糖酶、纤维素酶活性，提高作物肥料利用效率及保持土壤肥力，更利于环境保护。综上，单一的节水或节肥技术无法满足西南旱地油菜生产需要。通过秸秆覆盖和沟垄集雨与缓释肥集成的双节技术，能适应不同降水年型下的油菜生产并兼顾环境效应，实现增产与环保的双赢目标。

关键词：降水；油菜；节水节肥；秸秆覆盖；沟垄集雨；土壤养分；土壤酶活性

首届联合国国际水资源大会提出，水资源是人类可持续发展和摆脱贫困的关键因素，而全球都面临淡水紧缺、水污染严重的挑战。同时，联合国政府间气候专门委员会认为全球气候变化造成的极端天气改变了降水模式，加剧了旱地雨养农业水资源不均引发的恶性循环[1,2]。油菜在中国的重要性不言而喻，以丘陵和山地为主的西南地区作为长江上游油菜主产区也面临同样的困境。一方面因降水不均使季节性干旱和渍害频发，造成油菜减产；另一方面土地贫瘠引起的过量施肥使肥料利用率低下并形成污染[3,4]。西南地区是典型的旱作雨养农业区且生产力落后，难于发展水肥一体化技术[5]，亟待开发能适宜于异常气候的集成技术，对西南旱地油菜可持续发展具有重要意义。由于水分是制约旱地农业

* **基金项目：**公益性行业（农业）科研专项（201503127）；国家自然科学基金项目（31271673、31700364、31871583）

的主要因素，前人的研究多集中在节水技术上。如地面覆盖、沟垄集雨及相关配套管理，如覆盖材料、种植群体、垄沟比值优化等[6-10]。通过减少旱地蒸发，增加土壤含水量，提高水分利用效率，从而实现高产。近年来，有学者认为，单一的节水措施无法全面发掘旱区农业潜力，只有水肥协调才能实现可持续发展。部分研究开始关注节水技术下的施肥策略，如施肥方式、肥料运筹、最适施肥水平等[11-15]。在改善农田水分条件的基础上，通过合理施肥，提高肥料利用率，实现旱区农业高效发展。因此，通过优化水肥技术，充分发挥水肥协同效应，成为同步提高旱区作物产量和水肥资源利用效率的重要手段。前人的研究多集中在单一的节水或节肥技术上，关于多因素综合效应，尤其是将耕作方式、肥料运筹等多项措施融合的集成技术对油菜生长的影响报道相对较少；对集成技术应用于大田异常气候下的研究更是鲜有报道。本研究比较了不同降水年型下节水节肥技术对作物和土壤的影响，同时兼顾了产量和环境效应。在农业部提出的“2020 年化肥使用量零增长”和“推进节水农业发展”的目标下[16,17]，为西南地区旱地油菜可持续发展提供理论依据。

1 材料与方法

1.1 试验区概况

本研究于 2016—2017 年和 2017—2018 年连续 2 年采用大田定位试验。试验地位于重庆市云阳县宝坪镇，108°54′E，30°55′N，海拔 650.6 m，属典型丘陵山区立体气候。年平均气温 18.7 ℃，年平均降水量 900 mm，年日照 1 500 h，无霜期 304 d。供试土壤为旱地紫色壤黏土。前茬作物高粱。播前农田 0～20 cm 土壤理化性质见表 1。

表 1 土壤基本理化性状

年份	土层(cm)	pH 值	有机质(g/kg)	全效养分（mg/kg）			速效养分（mg/kg）			容重(g/cm^3)
				N	P	K	N	P	K	
2016—2017 年	0～20	7.50	9.29	0.90	0.34	21.70	72.40	6.60	94.00	1.24
2017—2018 年		7.80	9.79	0.83	0.34	23.50	66.40	7.30	89.00	1.23

1.2 试验设计

试验设置 6 种水肥模式，即农民习惯栽培（CK）、节水栽培 I（秸秆覆盖＋常规肥）、节水栽培 II（沟垄集雨＋常规肥）、节肥栽培（平作＋减量缓释肥）、双节栽培 I（秸秆覆盖＋减量缓释肥）和双节栽培 II（沟垄集雨＋减量缓释肥）。其中，秸秆覆盖采用前茬晒干高粱秸秆半量覆盖（3 750 kg/hm^2），收获晾干后人工截成 20 cm 左右的小段，播种后均匀覆盖于小区内；沟垄集雨采用垄上覆膜（宽 60 cm、厚 0.008 mm）、沟内种植方式（图 1）；常规肥采用尿素（含 N 46%）、过磷酸钙（含 P_2O_5 12%）、氯化钾（含 K_2O 60%）配施，其中氮肥 50%与全部磷钾肥作为基肥，50%氮肥作为薹期表施追肥；油菜专用缓释肥（25-7-8，即含 N 25%、P_2O_5 7%、K_2O 8%，以下简称缓释肥）由湖北宜施壮农业科技有限公司提供，一次性基施。参试油菜为当地主推品种三峡油 5 号。试验采用随机区组设计，3 次重复，共 18 个小区。每小区 16 m^2（4 m×4 m），小区间开沟 30 cm 隔离。播种和施肥采取点播穴施，小区内行距 40 cm，株距 33.3 cm，一穴双株。不同处理的水肥管理见表 2。第 1 年于 2016 年 10 月 23 日播种，2017 年 5 月 13 日收获；第 2 年于 2017 年 10 月 20 日播种，2018 年 5 月 10 日收获。分别在油菜生育期苗期、蕾薹期、花期、成熟期取土样，田间管理措施同常规。

表 2　不同处理下油菜的水肥管理

处理代码	水肥模式	耕作方式	肥料类型	施肥量（kg/hm²）		
				N	P_2O_5	K_2O
J80	双节栽培 I	秸秆覆盖	缓释肥	180	50	58
JC	节水栽培 I		常规肥料	225	63	72
M80	双节栽培 II	垄沟覆膜	缓释肥	180	50	58
MC	节水栽培 II		常规肥料	225	63	72
P80	节肥栽培	传统平作	缓释肥	180	50	58
CK	农民习惯栽培		常规肥料	225	63	72

图 1　沟垄集雨技术示意图

1.3　试验区油菜生育期降水和气温特征

2 年油菜生长期的气象条件差异显著（图 2）。根据中国气象局《全国气候影响评价》标准[20]，以距平百分比评价降水，月平均气温与标准差比值判断气温异常。2016—2017 年油菜生育期降水距平百分比高达 81.3%，为异常偏多（≥80%）。其中，2016 年 11 月—2017 年 1 月降水距平百分比达 90.31%；平均气温与标准差比值为 2.38，为异常偏高（≥2）。2017 年 11—12 月降水距平百分比为−54.8%，其中 12 月为−83.9%，为异常偏少（≤−80%），根据《气候干旱等级》（GB/T 20481—2006），达到重旱水平。2018 年 3 月，降水距平百分比高达 140.8%；平均气温与标准差比值为 1.75，为显著偏高（≥1.5）。总体而言，2016—2017 年整个油菜生育期降水极丰沛，苗期高温多雨；2017—2018 年油菜生育期降水极不均，营养生长阶段发生季节性干旱，生殖生长期间又值高温且降水显著偏多。

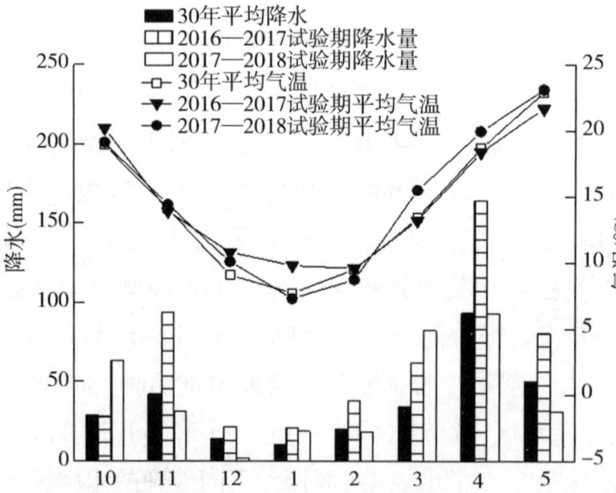

图 2　试验区油菜生育期降水与气温与常年同期对比

注：气象数据由重庆市云阳县气象局智慧气象服务基地自动气象站测定。

1.4　测定指标与方法

1.4.1　植株特性测定

1.4.1.1　植株干物质　各生育期在每小区取 10 株样品，用三角锹挖出油菜完整根系，去除根部土壤并带回实验室。将根系与地上部分离，洗净后均在105℃杀青30 min，60℃烘干至恒质量后测定干重。

1.4.1.2 产量及构成因素测定 收获前每小区随机取10株样品考种，测定单株角果数、每果粒数和千粒重。产量按小区实打实收，籽粒含水率统一折算为12.0%，根据取样面积换算为单位面积籽粒产量（kg/hm^2）。

1.4.2 土壤特性测定

土壤样品在油菜各主要生育期（苗期、蕾薹期、花期及成熟期）采集，采用五点法取样，各小区取0～20 cm耕层土壤，混合风干磨细过筛。土壤速效养分和酶活性在各生育期测定，土壤pH值、有机质及全量养分只在成熟期测定。以上土壤指标均使用过筛风干土样测定。

1.4.2.1 土壤养分测定 土壤pH值采用电极法（1∶2.5）测定；有机质采用重铬酸钾容量法测定；土壤全氮采用凯氏定氮法；全磷采用钼锑抗比色法；全钾采用NaOH熔融法－火焰光度计法；碱解氮采用碱解扩散法；速效磷钼锑抗比色法；有效钾采用火焰光度计法[18]。

1.4.2.2 土壤酶活性测定 均用试剂盒（分光光度法，苏州科铭生物技术有限公司）测定。土壤脲酶活性（soil urease，SUE）以U/g土样表示；土壤碱性磷酸酶活性（soil alkaline phosphatase，SAKP）以μmol/(d·g)土样表示；土壤蔗糖酶活性（soil sucrase，SSC）以mg/(d·g)土样表示；土壤纤维素酶活性（soil cellulase，SCL）以mg/(d·g)土样表示[19]。

1.5 数据处理与分析

Microsoft Excel 2013和DPS 7.05软件进行数据处理和方差分析，采用Duncan's新复极差法多重比较，OriginPro 9.0绘图。

2 结果与分析

2.1 节水节肥技术对油菜干物质积累的影响

由图3可知，油菜干物质积累受降水影响较大。2016—2017年，双节技术II（M80）相对于习惯栽培（CK）在苗期即表现出显著优势（$P>0.05$），并一直保持到成熟期。随着生育期推进，双节技术I（J80）从花期开始显著高于其他处理。最终表现为双节技术>单一节水/节肥>习惯栽培，且差异显著。2017—2018年，干物质积累在同一施肥处理下，沟垄集雨和秸秆覆盖>平作，差异显著；除花期外，同一栽培模式下，常规肥与缓释肥处理间差异不显著。

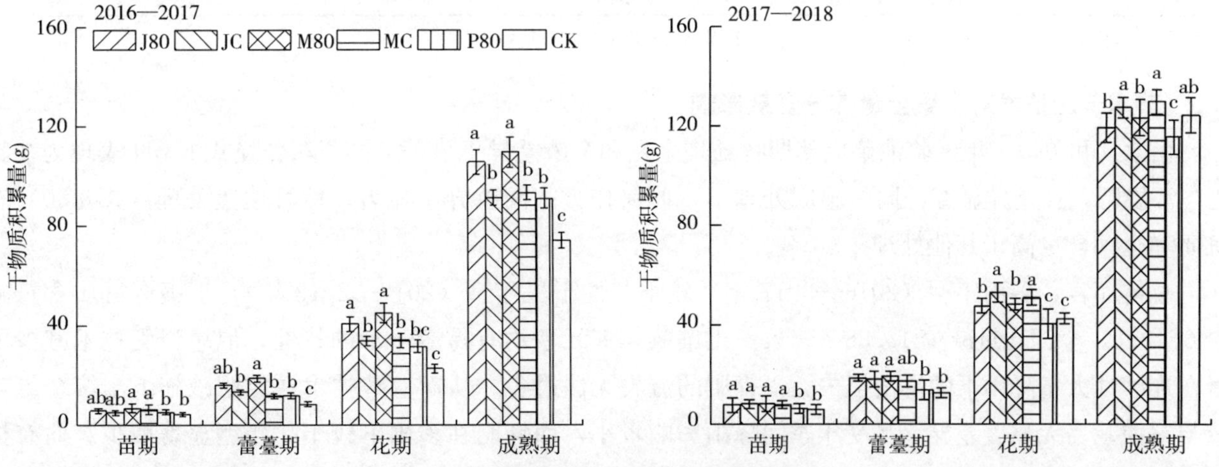

图3 不同处理下油菜干物质积累动态

注：不同小写字母表示处理间0.05水平差异显著，下同。

由此可知，生育期大量降水对干物质积累的负性影响大于季节性干旱。在多雨年型（2016—2017

年）下，油菜干物质积累较季节性干旱年型（2017—2018年）平均减少22.27%。单一的节水技术在多雨年型下优势不及双节技术；单一的节肥技术在季节性干旱发生年份与对照相比亦不能显著增加干物质积累量。

2.2 节水节肥技术对油菜产量及构成因素的影响

由表3可知，2016—2017年，单株角果数和产量大致表现为沟垄集雨>秸秆覆盖>平作（同一施肥处理下），缓释肥>常规肥（同一耕作模式下），各处理间且差异均显著（$P<0.05$）。2017—2018年，单株角果数表现为沟垄集雨与秸秆覆盖>平作，产量在3种耕作模式间差异不显著；在多雨年型下（2016－2017年）油菜产量较季节性干旱年型下（2017—2018年）平均减少22.81%。在多雨年型下的各处理产量均高于对照且处理间差异显著，在干旱年型各处理产量均显著高于单一节肥（P80）。2年收获指数均表现为缓释肥>常规肥（同一耕作模式下），且差异显著；沟垄集雨与秸秆覆盖>平作（同一施肥处理下），且差异显著。

综上，多雨年型下产量及其构成因素值均低于季节性干旱年型。单一的节水或节肥技术在多雨年型下不及双节技术优势明显，在季节性干旱发生时无显著的增产效应。双节技术既可在多雨时稳产，又可在干旱时蓄积充足水分，提高产量。

表3 不同处理对油菜产量及构成因素的影响

年份	处理	单株角果数	每果粒数	千粒重（g）	产量（kg/hm^2）	收获指数（%）
2016—2017年	J80	240.0b	22.5a	3.48a	2078.75c	28.79a
	JC	225.5c	22.0a	3.42a	1947.25d	26.75b
	M80	252.5a	22.5a	3.55a	2290.25a	29.51a
	MC	237.0b	21.0a	3.57a	2144.54b	27.79b
	P80	217.0d	21.5a	3.40a	1804.75e	28.49ab
	CK	202.5e	21.0a	3.38a	1687.65g	24.24c
2017—2018年	J80	271.0c	24.0a	3.49a	2579.43a	29.32a
	JC	277.5b	24.5a	3.67a	2593.25a	25.54b
	M80	285.5a	24.5a	3.72a	2603.23a	29.17a
	MC	283.5a	25.0a	3.77a	2592.55a	25.43bc
	P80	259.0d	23.2a	3.37a	2480.03b	26.21b
	CK	266.5c	23.4a	3.49a	2504.62ab	24.94c

注：不同小写字母表示处理间0.05水平差异显著，下同。

2.3 节水节肥技术对土壤全量养分含量影响

由表4可知，2年试验油菜成熟期各处理全氮和全磷差异不显著。同一耕作模式下pH表现为缓释肥>常规肥，且差异显著；同一施肥处理下不同耕作方式间差异不显著。秸秆覆盖处理（JC/J80）有机质和全钾含量高于其他处理。

总体而言，多雨年型（2016—2017年）较季节性干旱年型（2017—2018年），土壤有机质含量减少6.49%，全钾含量减少13.58%。虽然土壤氮与钾元素均有易溶于水的特性，但缓释肥技术减少了氮在连续性大量降雨下的淋溶损失，而钾肥的流失无法避免。从而双节技术在氮肥减施下土壤全氮含量与习惯栽培无显著差异，且受年季间降雨影响较小，而钾肥在多雨下较干旱年型显著减少。而有机质减少是因为多雨环境使土壤通气性变差，缺氧使微生物对有机质的转化作用减弱。而秸秆覆盖和沟垄集雨有保墒集肥作用，较习惯栽培能利于保持土壤肥力，因此，双节技术能在不同降水年型下保持土壤全氮的稳定性，同时能增加土壤有机质和全钾含量，为作物生长提供养分保障。

表 4　不同处理对土壤全量养分的影响

年份	处理	pH	土壤有机质 SOM（g/kg）	土壤全氮 TC（g/kg）	土壤全磷 TP（g/kg）	土壤全钾 TK（g/kg）
2016—2017 年	J80	8.50a	14.31a	1.19a	0.62a	18.59a
	JC	7.60b	14.11a	1.18a	0.63a	18.05a
	M80	8.40a	13.98a	1.20a	0.61a	18.01a
	MC	6.50c	13.02ab	1.17a	0.64a	17.02b
	P80	8.40a	12.67b	1.16a	0.60a	17.52b
	CK	6.00c	12.16b	1.15a	0.61a	16.44c
2017—2018 年	J80	8.00a	15.29a	1.09a	0.52a	21.90a
	JC	7.60ab	15.30a	1.11a	0.55a	21.04a
	M80	7.90a	14.89ab	1.13a	0.53a	20.51ab
	MC	6.70b	13.71ab	1.12a	0.56a	20.03b
	P80	7.90a	13.24b	1.08a	0.51a	19.69c
	CK	6.20b	13.39ab	1.10a	0.54a	19.14c

2.4　节水节肥技术对土壤速效养分含量影响

由图 4 可知，土壤碱解氮和速效钾在油菜生育期均呈先增加后减少趋势，有效磷释放较平稳。2016—2017 年，土壤碱解氮蕾薹至花期含量最高，速效钾在蕾薹期含量最高。各处理与习惯栽培的土壤速效养分差异显著（$P<0.05$），总体表现为双节技术>单一节水>节肥>习惯栽培。2017—2018 年，土壤速效养分峰值均出现在花期。土壤速效养分在同一耕作方式下表现为普通肥>缓释肥，差异显著；同一施肥模式下不同耕作方式间差异不显著。总体而言，油菜生育期土壤碱解氮和速效钾受降水影响大于有效磷。在多雨条件下，氮肥和钾肥释放峰值较季节性干旱提前，不利于作物干物质和养分积累，且加大了肥料淋溶损失。双节技术有利于异常气候下保持土壤肥力，为作物生长提供充足养分。

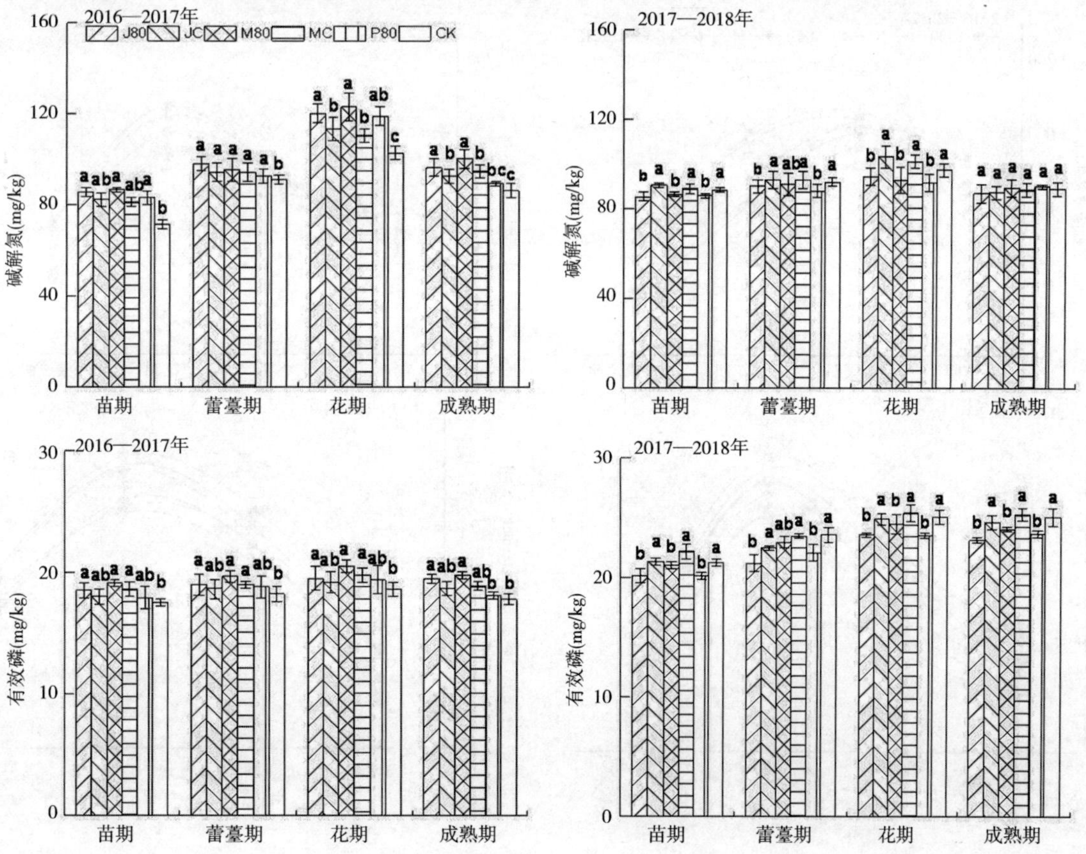

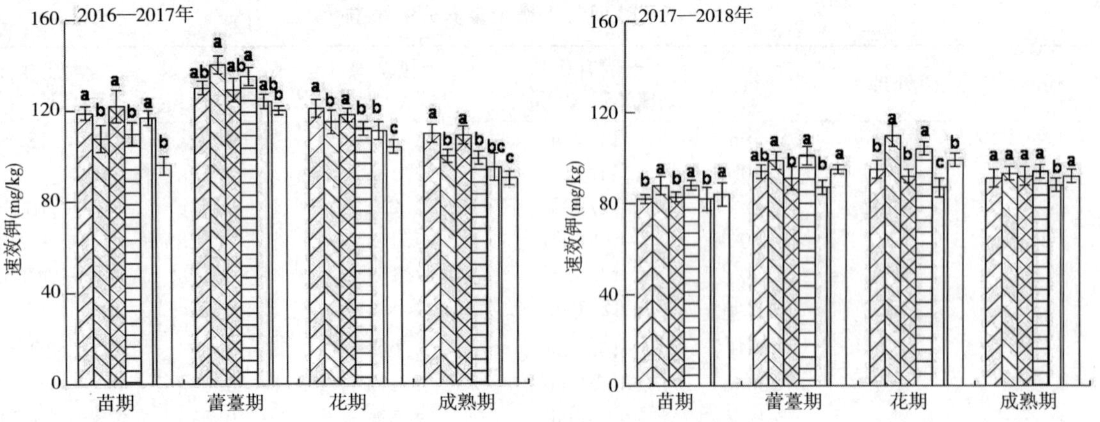

图 4　不同处理对土壤速效养分的影响

2.5　节水节肥技术对土壤酶活性影响

由图 5 可知，油菜生育期土壤酶活性呈先增加后减少趋势。2016—2017 年，土壤主要酶活性大致表现为双节技术＞单一节水＞节肥＞习惯栽培。土壤脲酶及纤维素酶活性峰值出现在蕾薹期至盛花期，碱性磷酸酶及蔗糖酶活性峰值在花期。2017—2018 年，土壤主要酶活性均在花期达到峰值，大致规律为：缓释肥处理的土壤脲酶（生育前期较低）、碱性磷酸酶活性大于普通肥处理；除花期外，土壤纤维素酶变化趋势同脲酶和碱性磷酸酶。随着生育期推进，在成熟期各处理趋于一致水平，差异不显著。2 年各处理的蔗糖酶活性变化趋势一致，不同的是多雨气候下的处理间差异大于季节性干旱年份。

总体而言，季节性干旱下土壤酶活性波动较多雨气候下平缓，缓释肥处理下酶活性变化较普通肥平缓。且多雨气候年份的土壤酶活性较季节性干旱年份有提前大量释放的趋势，从而加大了肥料淋溶风险。双节技术有利于在不同降水条件下延长肥效，提高肥料利用率，发挥作物增产潜力。

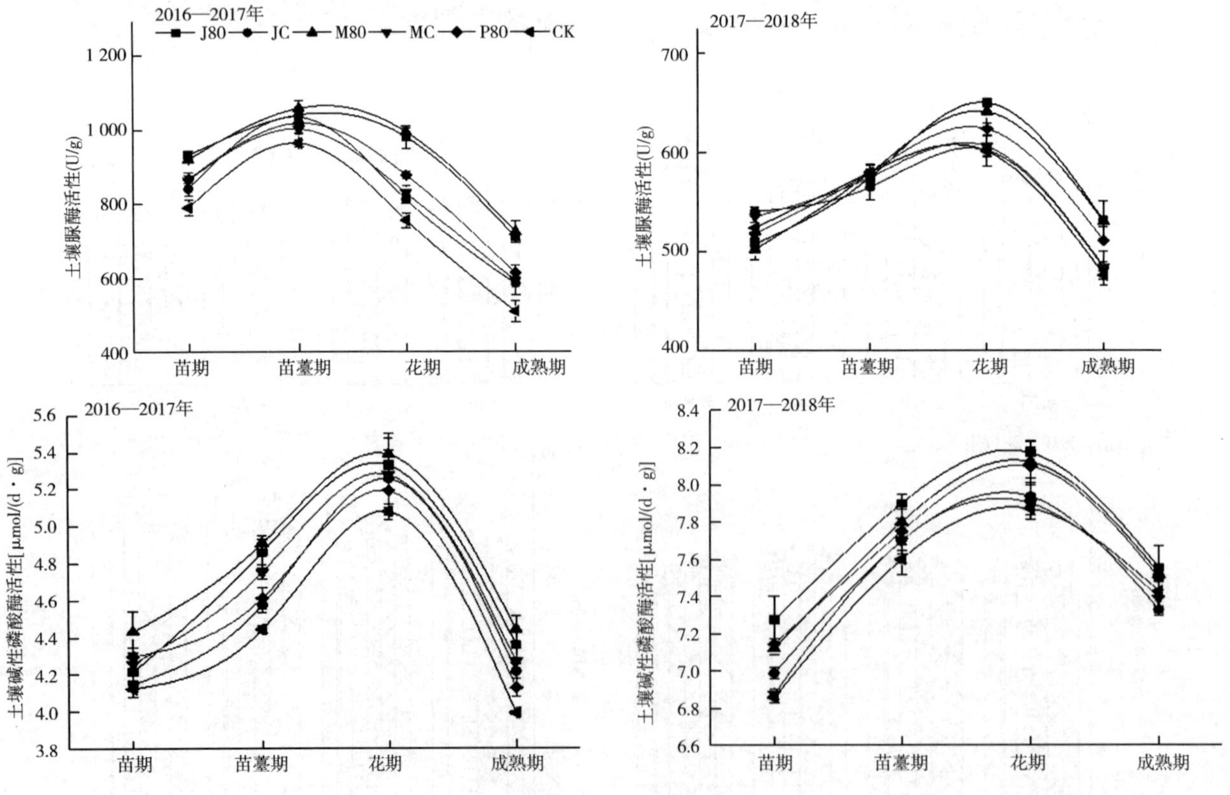

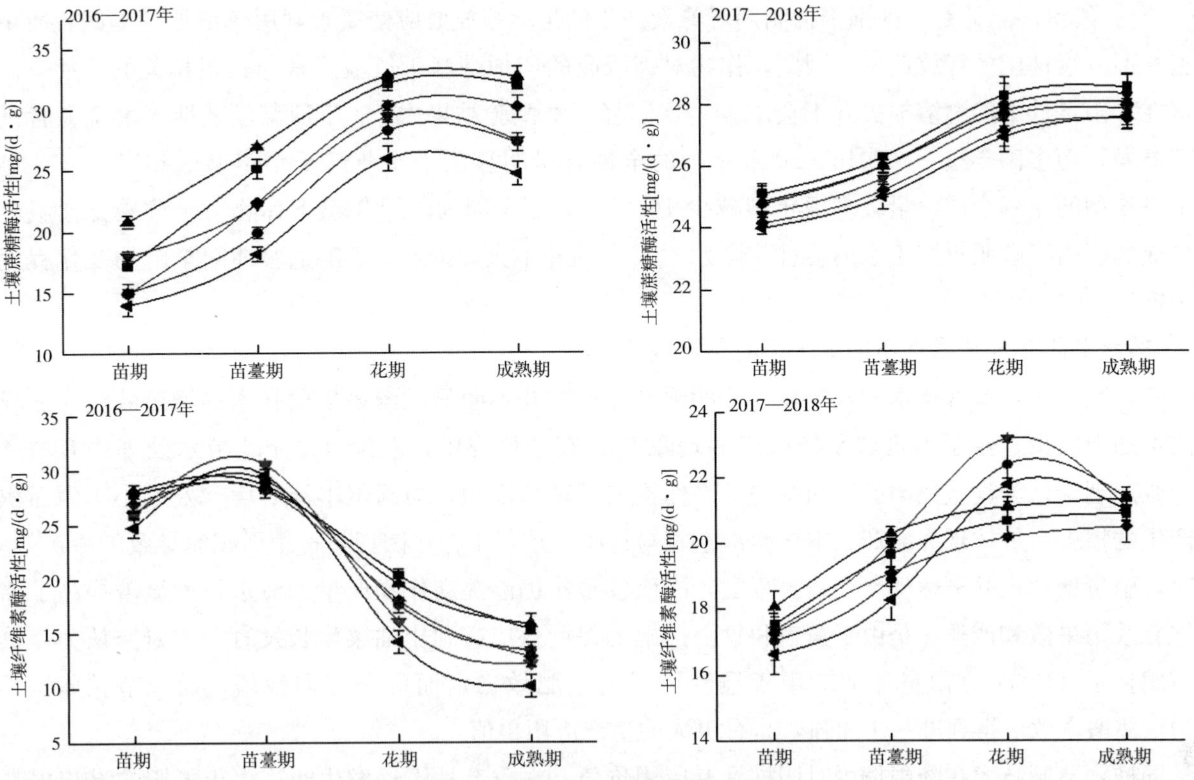

图5　不同处理对土壤酶活性的影响

注：SUE，土壤脲酶；SAKP，土壤碱性磷酸酶；SSC，土壤蔗糖酶；SCL，土壤纤维素酶。

3　讨论

3.1　节水节肥集成技术在不同降水下对土壤特性的影响

有研究表明，近50年以来，长江流域发生季节性干旱的面积整体呈扩大趋势；同时，随着全球气候骤变，部分区域有发生旱涝急转的可能[21]。这预示着要扭转长江流域油菜单产不稳定的局面，克服贡献比例超过70%的气象因素引发的产量年季波动，同时，改善施肥不合理造成的环境问题，亟待开发能适宜不同气候的油菜高效栽培集成技术[6,22,23]。节水技术是旱地农业研究首要关注的领域，有研究表明垄沟集雨和秸秆覆盖技术较传统平作能更好保持土壤水分，促进作物养分吸收从而增加产量[24]。这与本研究在2017—2018年季节性干旱年型下的试验结果是一致的。而对于西南季节性干旱区不同降水年型下沟垄集雨、秸秆覆盖等节水措施的调控效应研究较少。通常研究针对持续降水造成的土壤缺氧，利用排水降湿管理来干预逆境对作物根系的不良影响[25]；也有学者认为，增加施氮量是降低油菜渍水的有效途径，但不排除大量氮肥淋失对环境污染造成的潜在风险[26]。本研究通过将沟垄集雨、覆盖与缓释肥技术集成，试图解决季节性干旱和多雨条件下的水肥高效利用问题。结果表明，在2016—2017多雨条件下，虽然受降水影响，缓释剂功效有所减弱，使生育前期（苗期、薹期）缓释肥与普通肥处理碱解氮差异不显著。但在生殖生长期（花期）多雨环境下，缓释肥较普通肥仍能通过氮素的减速释放延缓碱解氮释放的峰值期，减少氮素淋溶损失，从而较普通肥能显著增加土壤碱解氮含量，为油菜快速生长提供较多的氮素。同时，从植物生理生化角度，由于缓释肥中脲酶抑制剂的作用，使土壤中保持较多的 NH_4^+，被作物吸收时会释放大量 H^+，使作物根际周围变酸，从而促进油菜对磷素的吸收。而从土壤化学角度分析，对整个土体而言，由于硝化抑制剂施用后，土壤中较长时间保持较高的 NH_4^+-N 含量和较低的 NO_3^--N 含量，必然造成土壤pH值的升高，这与前人研究结果一致[27-30]。值得注意的是，区别于抑制剂对氮素产生的延缓释放效应使氮素利用率增加，本试验所用缓释肥并不减缓钾肥的释放速率。因此，作物对钾吸收的增加是基于氮磷元素与其正相关的特性，而钾元素在多雨条件下的淋溶损失并不会减少。这解释了本试验结果中，2 年油菜成熟期土壤全氮含量无显著差异，而多雨年型下（2016—2017 年）的全钾含量明显低于季节性干旱年型（2017—2018 年）。而干旱年型的土壤全磷含量较多雨年型减少 16.20%，则是因为干旱年型下作物对土壤磷元素吸收更多造成的。由于磷肥难溶于水的特性，降水对其影响并不大，因此，2 年试验期间全磷的变化程度小于全钾。

3.2 节水节肥集成技术在不同降水下的增产效应

有研究认为，节水技术的效应在生育期雨量充沛时并不明显，沟垄集雨技术的增产效应会随降水量的增加而减少，甚至出现较平作减产的现象[13]。在本研究中，多雨年型下，节水处理仍有增产效应。减产理论认为沟垄集雨的田间结构较平作损失了种植面积，当雨量丰沛时增产效应小于因面积减少产生的损失，故体现为减产。本试验沟垄宽与行距一致，不存在因损失种植面积而导致的减产效应；同时，雨量增加也并未达到严重渍害程度，因而较平作仍能提高作物产量。节水技术显著提高了油菜单株有效角果数和产量，是由于覆盖和集雨措施的保墒效应有利于油菜生长发育。本研究认为，单项的节肥技术（P80）在雨量充沛时由于缓释肥保持了肥效稳定而优于习惯栽培，而双节技术（J80、M80）使增产效应得到进一步加强，具有更大的生产应用价值。

同样，节肥技术在降雨偏少时同样具有应用价值。在季节性干旱发生时，由于氮肥的淋溶损失较小，单一的缓释肥技术可能会因为无法得到充足的水分而影响肥效充分发挥[31]。将其与节水技术集成的双节技术能充分发挥肥效，达到以水调肥的目的。研究表明，沟垄集雨种植对水肥具有聚集效应，能够将少量的肥料和雨水集中分布于作物根系附近，促进作物对水肥的高效利用，因此施肥量不宜过高[32]；同时，秸秆覆盖也因其节水保墒的功能，使双节技术较习惯栽培在施肥水平降低后仍具有增产潜力。本研究进一步认为，在降水不均引发的季节性干旱条件下，施肥技术对发掘油菜产量潜力具有重要作用。普通肥处理虽然在施肥总量上比缓释肥处理高 20%，且在油菜营养生长阶段缺水条件下淋溶损失极小，但在生殖生长期间遭遇的降水显著偏多同样会使其大量淋溶。在多雨条件下，普通肥通过追肥方式对土壤肥力的补充，使氮素养分在短时间内大量释放，同时因为淋溶损失快速降低，不利于后期产量形成。而缓释肥具有持续稳定的肥效，提高了干物质向油菜角果库的转化效率。这也是本试验结果中，2017—2018 年油菜成熟期缓释肥与习惯栽培处理间干物质积累差异显著而产量差异不显著的原因。

3.3 以缓释肥技术为核心的节肥技术局限性

值得思考的是，单一的缓释肥技术并不代表在所有降水年型下都能一劳永逸。本试验发现，持续的降水缩短了脲酶抑制剂的作用时间，氮素释放较干旱年型提前。试验结果显示，干旱年型下土壤脲酶及纤维素酶活性峰值出现在油菜需肥量最大的盛花期，而多雨年型下其峰值则提前至蕾薹期至盛花期之间。同时，多雨引发的油菜根系发育不良使作物对养分的吸收进一步减少，造成碱解氮大量释放而作物难以吸收的情况，加剧了肥料使用率的降低。因此，缓释肥的功效会随着环境的变化显得不稳定，这也是部分研究对缓释肥增产效应持保守态度的原因[33]。针对缓释剂的上述缺陷，物理薄膜肥料、基质型缓释肥料及低溶解性无机肥料相继成为学者们研究的对象[34]。除了攻克肥料本身的稳定性问题，针对不同作物的专用缓释料的开发，是作物学科与环境学科的交叉应用，需要对作物生长规律充分认识并结合环境因素对作物生长的协同效应。多学科合理地综合利用，这也是集成技术发展的难点之一。

综上所述，随着农业环境的日益复杂：极端暴雨造成农田大量养分负荷；旱季水量减少而导致污染稀释不足；灌溉退水引起土壤盐渍化、水体富营养化和污染物积累等事件频繁发生[1]。与发达国家相比，中国油菜生产的现状是针对单一逆境的技术研究较多，但缺少具有应对复杂环境的集成技术体系，使分散的广大农户无所适从[5]。而通过技术集成，如在节肥节水的基础上，添加节药技术，可以更有效地发挥不同单项技术的优势及其耦合效应，使其有更广泛的适应性，这即是本研究的意义所在。

4 结论

通过2016—2017年（多雨年份）和2017—2018年（季节性干旱年份）连续2年的田间试验表明，多雨年型下油菜产量及其构成因素值均低于季节性干旱年型。双节技术（J80、M80）在生育期多雨条件下较习惯栽培可延迟氮肥释放速率，保持生育期土壤速效养分稳定，减少氮肥淋溶损失，从而提高氮、磷、钾肥的利用效率，促进有机物质在油菜源、库之间的转化，提高产量。同时，双节技术较习惯栽培在2种不同降水条件下均可提高土壤pH值及有机质含量，提高油菜生长期土壤脲酶、碱性磷酸酶、蔗糖酶和纤维素酶的活性，有利于保持土壤肥力环境的可持续性。综合本试验研究结果和西南旱地生态条件，油菜大田生产上可采用双节技术（秸秆覆盖+减施缓释肥、沟垄集雨+减施缓释肥），并结合直播、穴施等调控措施，能有效缓解异常气候条件对油菜生长和土壤肥力的不利影响，达到高产高效目的。

参考文献

[1] 许迪，李益农，龚时宏，等．气候变化对农业水管理的影响及应对策略研究［J］．农业工程学报，2019，35（14）：79-89.

[2] Pachauri K，Meyer A. Climate change，2014：Synthesis report，environmental policy collection［J］．Cambridge，New York：Cambridge University Press，2014.

[3] 冯军，石超，Linna Cholidah，等．不同覆盖类型下减量施肥对油菜产量及水肥利用效率影响［J］．农业工程学报，2019，35（15）：85-93.

[4] Delpla I，Jung A V，Baures E. Impacts of climate change on surface water quality in relation to drinking water production［J］．Environment International，2009，35（8）：1225-1233.

[5] 官春云．优质油菜生理生态和现代栽培技术［M］．北京：中国农业出版社，2013.

[6] Wu Y，Jia Z K，Ren X L. Effects of ridge and furrow rainwater harvesting system combined with irrigation on improving water use efficiency of maize（Zea mays L.）in semi-humid area of China［J］．Agricultural Water Management，2015（158）：1-9.

[7] 郑媛媛，王贵彦，张建恒．海河平原秸秆覆盖和春季灌水对小麦玉米产量和水分利用的影响［J］．干旱地区农业研究，2018，36（2）：27-36.

[8] Zhou L M，Zhang F，Liu C G，et al. Improved yield by harvesting water with ridges and subgrooves using buried and surface plastic mulchs in a semiarid area of China［J］．Soil and Tillage Research，2015（150）：21-29.

[9] 李荣，王敏，贾志宽，等．渭北旱塬区不同沟垄覆盖模式对春玉米土壤温度、水分及产量的影响［J］．农业工程学报，2012，28（2）：106-113.

[10] 任小龙，贾志宽，陈小莉．不同模拟雨量下微集水种植对农田水肥利用效率的影响［J］．农业工程学报，2010，26（3）：75-81.

[11] 任涛，鲁剑巍．中国冬油菜氮素养分管理策略［J］．中国农业科学，2016，49（18）：3506-3521.

[12] Walsh O S，Shafian S，Christiaens R J. Nitrogen fertilizer management in dryland wheat cropping systems [J]. Plants，2018，7 (1)：9－18.

[13] 连延浩，王天露，张旭东，等．氮磷肥配施促进半干旱区沟垄集雨种植谷子节水增产 [J]．农业工程学报，2016，32 (23)：106－115.

[14] 李婷，李世清，占爱，等．地膜覆盖、氮肥与密度及其互作对黄土旱塬春玉米氮素吸收、转运及生产效率的影响 [J]．中国农业科学，2018，51 (8)：128－141.

[15] 代新俊，杨珍平，陆梅，等．不同形态氮肥及其用量对强筋小麦氮素转运、产量和品质的影响 [J]．植物营养与肥料学报，2019，25 (5)：710－720.

[16] Jin S，Zhou F. Zero growth of chemical fertilizer and pesticide use：China's objectives，progress and challenges [J]. Journal of Resources and Ecology，2018，9 (1)：50－58.

[17] Fu Y H，Guo P，Fang S Q，et al. Optimal water resources planning based on interval-parameter two-stage stochastic programming [J]. Transactions of the Chinese Society of Agricultural Engineering，2014，30 (5)：73－81.

[18] 鲁如坤．土壤农业化学分析方法 [M]．北京：中国农业科技出版社，2000.

[19] Cao D，Zong L G，Xiao J，et al. Effects of bio-fertilizer on organically cultured cucumber growth and soil biological characteristics [J]. Chinese Journal of Applied Ecology，2010，21 (10)：2587－2592.

[20] 中国气象局国家气候中心．全国气候影响评价：2012 [M]．北京：气象出版社，2013.

[21] 黄涛，徐力刚，范宏翔，等．长江流域干旱时空变化特征及演变趋势 [J]．环境科学研究，2018，31 (10)：1677－1684.

[22] 张智．长江流域冬油菜产量差与养分效率差特征解析 [D]．武汉：华中农业大学，2014.

[23] 徐华丽．长江流域油菜施肥状况调查及配方施肥效果研究 [D]．武汉：华中农业大学，2012.

[24] Dong Q，Yang Y，Yu K，et al. Effects of straw mulching and plastic film mulching on improving soil organic carbon and nitrogen fractions，crop yield and water use efficiency in the Loess Plateau，China [J]. Agricultural Water Management，2018 (201)：133－143.

[25] 杨威，朱建强，吴启侠，等．油菜对渍涝胁迫的响应及排水指标研究 [J]．灌溉排水学报，2016，35 (10)：27－30.

[26] 刘波，魏全全，鲁剑巍，等．苗期渍水和氮肥用量对直播冬油菜产量及氮肥利用率的影响 [J]．植物营养与肥料学报，2017，23 (1)：144－153.

[27] Rahmatulah，Gill M A，Wissemeier A H，et al. Phosphate availability from phosphate rock as related to nitrogen form and the nitrification inhibitor DMPP [J]. Journal of Plant Nutrition and Soil Science，2006 (169)：675－678.

[28] Chien S H，Prochnow L I，Cantarella H. Recent developments of fertilizer production and use to improve nutrient efficiency and minimize environmental impacts [J]. Advances In Agronomy，2009 (102)：267－322.

[29] Shu S，Tang X，Luo X，et al. Deep mechanized application of super rice special fertilizer increasing soil fertility and yield of super rice [J]. Transactions of the Chinese Society of Agricultural Engineering，2012，29 (23)：9－14.

[30] 孙志梅，武志杰，陈利军，等．硝化抑制剂的施用效果、影响因素及其评价 [J]．应用生态学报，2008，19 (7)：1611－1618.

[31] Kou J T，Shi S L，Cai Z S. Effects of ridge and furrow rainfall harvesting on growth characteristics and quality of Medicago sativa in dryland [J]. Scientia Agricultura Sinica，2010，43 (24)：5028－5026.

[32] 程冬冬，赵贵哲，刘亚青，等．土壤温度、土壤含水量对高分子缓释肥养分释放及土壤酶活性的影响 [J]．水土保持学报，2013，27 (6)：216－220.

[33] Cookson W R，Cornforth I S. Dicyandiamide slows nitrification in dairy cattle urine patches；effects on soil solution composition，soil pH and pasture yield [J]. Soil Biology & Biochemistry，2002，34 (10)：1461－1465.

[34] 胡树文．缓/控释肥料 [M]．北京：化学工业出版社，2014.

干旱胁迫和钾肥对油菜苗期生物量和水分利用特征的影响*

朱　波　徐绮雯　马淑敏　张小短　邢　毅　王龙昌*

西南大学农学与生物科技学院，三峡库区生态环境教育部重点实验室，

南方山地农业教育部工程研究中心，重庆北碚　400716

摘要：以西南地区广泛种植的 8 个油菜品种为材料，研究不同水分和钾肥处理对油菜苗期生长和水分利用特征的影响。结果表明，与正常水分（W2）相比，干旱（W1）处理严重抑制油菜苗期生长，生物量在干旱期和复水期分别降低了 43.7%和 36.3%；干旱胁迫下提高钾肥水平显著促进油菜生物量的提高（$P<0.05$），在干旱和复水期较低钾处理分别提高了 16.1%和 11.9%。与 W2 处理相比，W1 处理的水分利用效率在干旱期和复水期分别下降了 8.0%和 17.8%，差异达显著水平（$P<0.05$）；与低钾水平相比，干旱胁迫下提高钾肥水平可促进水分利用效率的提高，在干旱期和复水期分别提高了 14.3%和 6.4%，在干旱期达显著水平（$P<0.05$）。水分利用效率与蒸腾效率呈极显著正相关，与蒸发/蒸腾比呈极显著负相关（$P<0.01$）。干旱胁迫下，油菜蒸腾效率显著提高（$P<0.05$）。然而，干旱胁迫导致油菜蒸发蒸腾量显著降低，其中蒸腾量在干旱期和复水期分别下降了 60.9%和 35.3%，蒸发/蒸腾比大幅度提高，大部分的水分通过蒸发散失而非植株利用，导致水分利用效率降低。干旱胁迫下钾肥利用效率降低，钾吸收减少；提高钾肥的施用水平，钾肥利用效率降低，但钾吸收量提高。对 W1 处理的各生理指标进行主成分分析，可提取出两个主成分，油研 10、油研 57 和油研 817 具有较高的综合得分，在干旱胁迫下具有较大生物量、水分利用效率、蒸腾量、钾肥利用效率和钾吸收量，表现出较强的抗旱性。

关键词：油菜；干旱；钾肥；水分利用效率；抗旱性

干旱是影响作物生长和产量最主要的非生物胁迫之一[1]。缺水条件下，叶片气孔关闭，蒸腾速率降低从而减少组织水分的散失[2,3]，土壤蒸发消耗的水分减少[4]。因作物通过蒸腾作用消耗的水分是生产性的，而土壤蒸发散失的水分是非生产性的，研究干旱胁迫下蒸腾、蒸发在总耗水量中的分配对生产和水分利用具有重要意义[5,6]。水分利用效率被广泛地用于评估作物在不同水分件下的生长情况，是衡量作物抗旱性的重要指标[7,8]。气候变化、需求量增加以及污染等因素造成水资源日渐短缺，提高作物水分利用效率和抗旱性必要且紧迫[9]。

通过施用外源的物质可降低干旱对作物生长和产量的不利影响，比如肥料和生长调节剂等[10,11]。钾是植物生长最重要的营养元素之一，在缓解植物生物和非生物胁迫中具有重要作用[12]。钾素在植物体内以离子形态存在，参与酶的活化、离子平衡、物质转运和蛋白质的合成等各种生理过程[13,14]。在

* **基金项目**：公益性行业（农业）科研专项（201503127）；国家自然科学基金项目（31271673）

干旱条件下，增施钾肥可以提高作物光合速率，促进生长，提高作物的抗旱性[15,16]。

油菜在我国广泛种植，是植物油和动物饲料的主要来源[17,18]，也是重要的绿肥植物[19—22]。长江流域是我国油菜的主产区，由于全年降水不均匀，秋旱和春旱频繁发生，严重影响油菜的产量和品质[23,24]。油菜具有广泛的遗传多样性，不同品种对干旱胁迫的响应表现出较大差异[25]，为培育抗旱品种提供重要基础[26,27]。本研究以西南地区广泛种植的 8 个油菜品种为材料，研究不同水分和钾肥处理对油菜生长、蒸腾蒸发、水分利用效率的影响及相关关系，并评估筛选水分和钾肥高效利用的抗旱品种，为节水节肥高效栽培和抗旱性育种提供依据。

1 材料与方法

1.1 试验材料

以西南地区广泛种植的 8 个甘蓝型油菜品种为试验材料，供试品种分别为川油 36、川油 46、新德杂油 9 号、渝油 28、油研 10、油研 57、油研 817、中双 11。试验于 2016 年 9—11 月在西南大学教学试验农场玻璃温室中进行。采用盆栽试验，塑料盆内径 28 cm，高 18 cm。盆栽用土过 3 mm 筛子，含 11.6 g/kg 有机质，全氮 0.5 g/kg，碱解氮 37.6 g/kg，速效钾 84 mg/kg，有效磷 17 mg/kg。风干土含水量 2.5%，最大田间持水量为 22.0%。

1.2 试验设计

除品种外，设置不同水分和钾肥处理。设置两个水分梯度，干旱水平（W1），50%最大田间持水量；正常水分（W2），65%最大田间持水量。设置两个钾肥梯度，低钾水平（K1），K_2O 60 kg/hm^2；高钾肥水平（K2），K_2O 180 kg/hm^2。一共包含 W1K1、W1K2、W2K1 和 W2K2 四个处理，每个品种每个处理重复三次。氮肥和磷肥分别按照 180 kg/hm^2 和 90 kg/hm^2 的水平添加。在播种前，每盆加入 2.409 g 尿素（含 46%N），3.957 g 过磷酸钙（含 14% P_2O_5），在 K1 和 K2 处理盆中分别加入 0.585 g KCl 和 1.756 g KCl（含 63% K_2O）。油菜出苗后，每盆留苗 6 株。在播种后第 28 d，每盆收获 2 株苗，同时开始水分处理。采用称重法差别控制 W1 和 W2 处理水分，每天同一时间秤取盆的重量并记录，分别加水到 50%和 65%最大田间持水量。干旱处理 21 d 后，每盆收获 2 株，同时 W1 处理组土壤水分恢复到 65%最大田间持水量水平。在复水 17 d 后，收获盆中剩下两株苗。另外，对 W1 和 W2 两种水分处理分别设置不种油菜的 3 个盆，用于测定不同土壤水分条件下的蒸发量。

1.3 测定指标与方法

1.3.1 生物量

分别在干旱处理前，干旱处理 21 d 和复水 17 d 取样，将植株整株收获，2 株为一个重复，用自来水将根上的泥土清洗干净并装入纸袋，80℃烘干至恒重。

1.3.2 蒸发蒸腾量

蒸发蒸腾量、蒸腾量和蒸发量参考 Khataar 等[8]的方法计算。蒸发蒸腾量（耗水量，g/d）为一个时期内向种植油菜的盆内浇水量的平均值。蒸发量（g/d）为一个时期内向未种植油菜的盆内浇水量的平均值。蒸腾量（g/d）=蒸发蒸腾量−蒸发量。

1.3.3 水分利用效率和蒸腾效率

某一时期水分利用效率和蒸腾效率由公式计算，水分利用效率（g/kg）=生物量增加量/蒸发蒸腾积累量，蒸腾效率（g/kg）=生物量增加量/蒸腾积累量。

1.3.4 钾肥利用效率和钾素积累量

烘干的植株用磨样机磨碎成粉状，准确称取 0.2 克样品，采用硝酸－高氯酸（体积比 4∶2）消解，采用原子吸收分光光度计（岛津 AA－7000）测定钾元素含量。钾吸收量和钾肥利用效率由公式计算，钾吸收量（mg）＝钾元素含量×生物量，钾肥利用效率（g/g）＝生物量/钾吸收量。

1.3.5 主成分分析和综合评价

抽取干旱处理后各指标主成分（特征值>1），选用回归（R）方法计算各主成分的得分，并以方差贡献率为权数计算综合得分[28]。

1.4 统计分析

采用 SPSS 19.0 制图、相关性分析和主成分分析，在 SAS V8 中采用最小显著差异法（LSD，$P<0.05$）对不同水分和钾肥处理进行多重比较。

2 结果与分析

2.1 不同水分和钾肥处理对油菜苗期生物量的影响

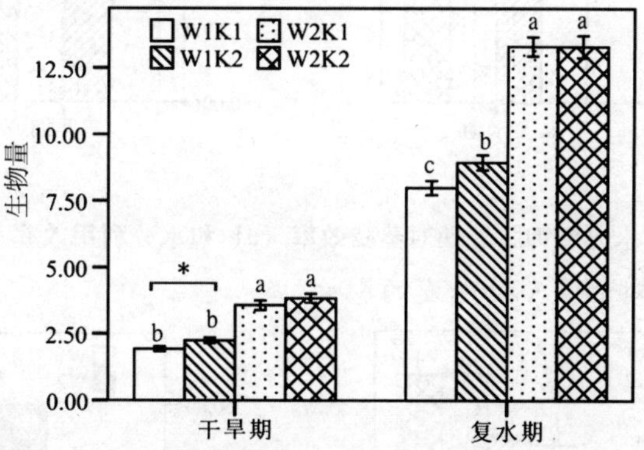

图 1 不同水分和钾肥处理对油菜苗期生物量的影响

注：同一时期不同小写字母表示处理间差异显著，* 表示干旱期仅 W1K1 和 W1K2 两处理比较差异显著（$P<0.05$，最小显著差异法）。下同。

由图 1 可知，油菜苗期生长在干旱胁迫下受到严重抑制。在干旱阶段，8 个品种在 W1 处理的平均生物量为 2.09 g，较 W2 处理降低了 43.7%。复水 17 d 后，W1 和 W2 处理各品种平均生物量分别提高了 3.05 倍和 2.59 倍，分别为 8.47 g 和 13.31 g，W1 处理各品种的平均干物质积累较 W2 水平减少了 36.3%。这表明，干旱胁迫解除后，油菜生长快速恢复。不同水平钾肥的施用对油菜生长的影响因土壤水分的差异而不同。在正常水分条件下，提高钾肥施用对油菜苗期干物质积累影响不显著。然而，W1K2 处理各油菜品种平均生物量显著高于 W1K1 处理，在干旱期和复水后分别提高了 16.1% 和 11.9%。结果表明，干旱胁迫严重阻碍油菜苗期生长，提高钾肥的施用可有效促进油菜苗期的生长。

2.2 不同水分和钾肥处理对油菜水分利用特征的影响

2.2.1 不同水分和钾肥对油菜水分利用效率和蒸腾效率的影响

由图 2A 可知，干旱胁迫对油菜蒸腾效率有显著影响。在干旱期，W1 处理各品种平均蒸腾效率与 W2 处理相比提高 34.1%。各品种在 W1K2 处理下的平均蒸腾效率为 7.86 g/kg，较 W1K1 提高 7.8%。与干旱期相比，W2 处理下各品种的平均蒸腾效率在复水期显著提高，但 W1K1、W1K2、W2K1 和 W2K2 处理间各品种的平均蒸腾效率差异不显著。

从不同土壤水分对油菜苗期水分利用效率的影响来看，干旱期 W1 处理各品种的平均水分利用效率为 2.78 g/kg，比 W2 处理降低了 8.0%。在复水期，W1 处理各品种的平均水分利用效率为 3.52 g/kg，比 W2 处理降低 17.8%，差异达显著水平（$P<0.05$）。从钾肥施用对水分利用效率的影响看，干旱期 W1K2 处理各品种的平均水分利用效率为 2.97 g/kg，比 W1K1 提高 14.3%，复水期 W1K2 各品种的平均水分利用效率为 3.63 g/kg，比 W1K1 提高 6.4%。显著性检验结果显示，干旱期钾肥对水分利用效率的影响达到显著水平（$P<0.05$），复水期钾肥对水分利用效率的影响差异不显著（$P=0.059$，图 2B）。结果表明，干旱胁迫严重影响油菜苗期的水分利用效率，干旱胁迫消除后，遭受干旱胁迫的油菜植株水分利用效率与未遭受干旱胁迫的植株水分利用效率差距变大，提高钾肥的施用水平可以显著提高油菜水分利用效率。

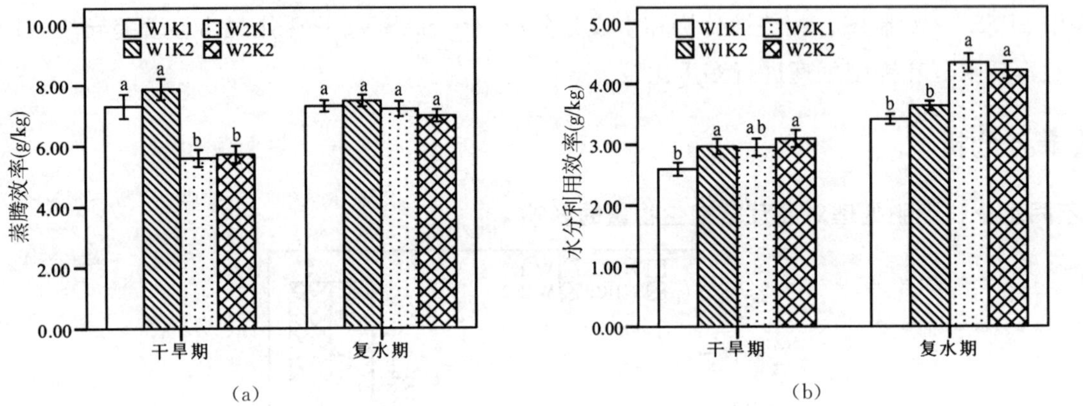

图 2　不同水分和钾肥处理对蒸腾效率（a）和水分利用效率（b）的影响

2.2.2　不同水分和钾肥处理对油菜蒸腾蒸发的影响

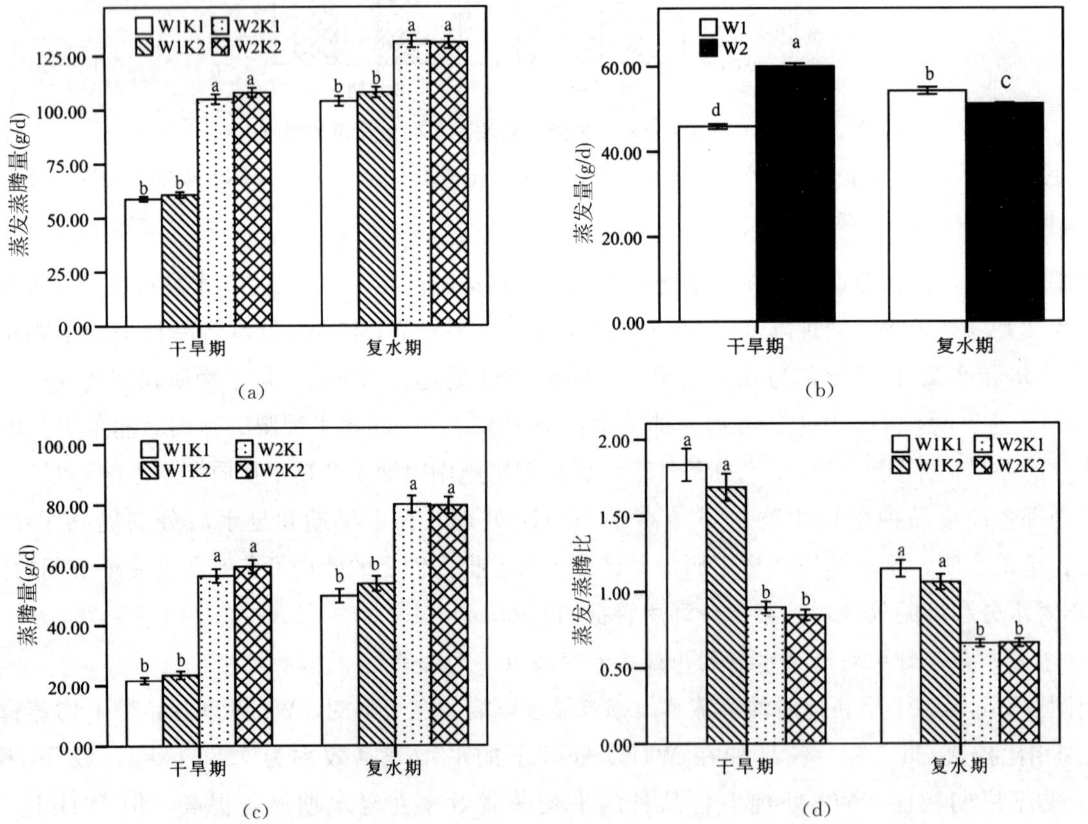

图 3　不同水分和钾肥处理对蒸发蒸腾量（a）、蒸发量（b）、蒸腾量（c）和蒸发/蒸腾比（d）的影响

注：同一时期不同小写字母表示处理间差异显著（$P<0.05$，最小显著差异法）。

由图 3A 可知，水分处理对油菜蒸发蒸腾有显著影响（$P<0.05$）。干旱期，W1 处理下各品种的平均蒸发蒸腾量较 W2 处理的蒸发蒸腾量减少 43.9%。与干旱期相比，复水期 W1 和 W2 处理各品种的平均蒸发蒸腾量分别提高了 77.2%和 23.1%；W1 处理各品种平均蒸发蒸腾量在复水期较 W2 处理减少 19.2%。可见，油菜蒸发蒸腾在干旱胁迫下受严重抑制，复水后，蒸发蒸腾量急剧增加。不同钾肥施用水平对蒸发蒸腾量的影响不显著。

在不同水分条件下，土壤蒸发量差异显著。干旱阶段，与 W2 处理相比，W1 处理的土壤蒸发量减少了 23.5%。在复水期，W1 处理的土壤蒸发量较 W2 增加了 5.9%（图 3B）。干旱对油菜蒸腾量的影响较大，在干旱期和复水期，W1 处理各品种的平均蒸腾量较 W2 处理分别降低 60.9%和 35.3%。与干旱期相比，复水期 W1 和 W2 处理各品种的平均蒸腾量分别提高了 128.5%和 38.0%。提高钾肥的施用促进蒸腾量的提高，W1K2 处理各品种的平均蒸腾量较 W1K1 在干旱期和复水期分别提高了 8.5%和 8.1%（图 3C）。然而，W1 处理各品种的平均蒸发/蒸腾比显著高于 W2 处理（$P<0.5$，图 3D）。在干旱期，各处理的平均蒸发/蒸腾比依次为 W1K1＞W1K2＞W2K1＞W2K2，分别为 1.83，1.69，0.90 和 0.85。在复水期，W1 处理和 W2 处理各品种的平均蒸发/蒸腾比均显著降低。各处理的平均蒸发/蒸腾比依次为 W1K1＞W1K2＞W2K1＞W2K2，分别为 1.15 和 1.06，0.66 和 0.66。结果表明，干旱处理后蒸发、蒸腾量显著降低，且蒸腾量下降幅度较大，蒸发/蒸腾比提高，大部分的水分通过土壤蒸发散失。提高钾肥的施用水平可提高蒸腾量，降低蒸发/蒸腾比。

2.2.3 油菜生物量与水分利用特征的关系

表 1 油菜生物量与水分利用特征间的相关分析

处理	变量	生物量	水分利用效率	蒸腾效率	蒸发蒸腾量	蒸腾量	蒸发/蒸腾比
W1	生物量	1.000	0.727**	−0.058	0.983**	0.948**	−0.758**
	水分利用效率		1.000	0.463**	0.662**	0.663**	−0.621**
	蒸腾效率			1.000	−0.197	−0.250*	0.382**
	蒸发蒸腾量				1.000	0.983**	−0.824**
	蒸腾量					1.000	−0.868**
	蒸发/蒸腾比						1.000
W2	生物量	1.000	0.808**	0.599**	0.830**	0.799**	−0.689**
	水分利用效率		1.000	0.919**	0.600**	0.579**	−0.496**
	蒸腾效率			1.000	0.247*	0.220*	−0.124
	蒸发蒸腾量				1.000	0.998**	−0.946**
	蒸腾量					1.000	−0.953**
	蒸发/蒸腾比						1.000

注：* 表示在 0.05 水平上显著相关，** 表示在 0.01 水平上极显著相关。

由表 1 可知，在 W1 处理下，生物量与水分利用效率、蒸腾蒸发量和蒸腾量呈极显著正相关，与蒸发/蒸腾比呈显著负相关，与蒸腾效率不相关，表明干旱胁迫下油菜干物质积累与蒸腾效率不相关。在正常水分条件下，生物量与水分利用效率、蒸腾效率、蒸腾蒸发量和蒸腾量呈极显著正相关，与蒸发/蒸腾比呈极显著负相关。在 W1 处理和 W2 处理中，水分利用效率均与蒸腾效率、蒸腾蒸发量和蒸腾量呈极显著正相关，同蒸发/蒸腾比呈显著负相关。与 W2 处理相比，W1 处理中水分利用效率与蒸腾效率的相关系数降低，而与蒸腾量和蒸发/蒸腾比的相关系数提高。在 W2 处理中，蒸腾效率与蒸发蒸腾量及蒸腾量呈显著正相关，而在 W1 处理中，蒸腾效率与蒸腾量呈显著负相关，与蒸发/蒸腾比呈极显著正相关，说明在正常水分下，蒸腾效率因植株蒸腾量的增加而增加，而在干旱条件下蒸腾效率因蒸腾量的增加而降低。在 W1 和 W2 处理中，蒸发/蒸腾比均与蒸发蒸腾量和蒸腾量呈极显著负相关。

2.3 不同水分和钾肥处理对油菜钾肥利用效率和钾吸收的影响

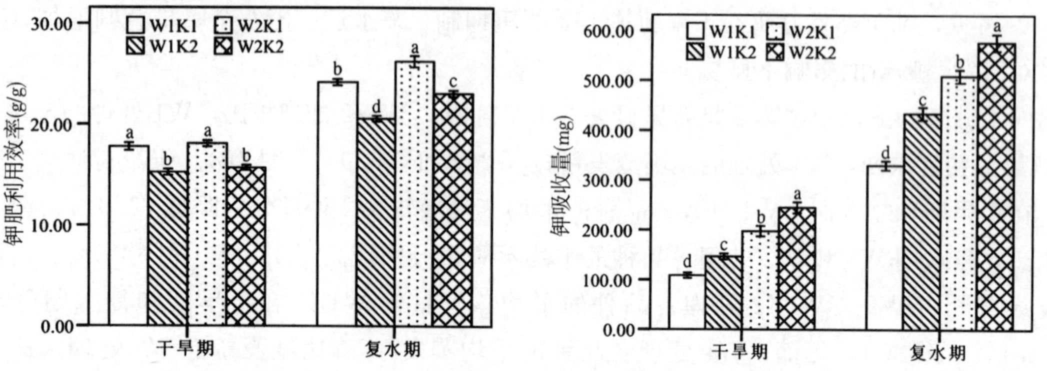

(a)　　　　　　　　(b)

图 4　不同水分和钾肥处理对钾肥利用效率（a）和钾吸收量（b）的影响

由图 4（a）可知，干旱期，不同水分处理对钾肥利用效率影响不显著，相同水分处理下不同钾肥水平对钾肥利用效率影响显著。W1K1 处理各品种的平均钾肥利用效率为 17.81 g/g，较 W1K2 提高 17.1%；W2K1 处理各品种的平均钾肥利用效率为 18.10 g/g，较 W2K2 提高 15.3%。复水期，W2 处理各品种的平均钾肥利用效率显著高于 W1 处理；各处理间钾肥利用效率差异显著（$P<0.05$），依次为 W2K1>W1K1>W2K2>W1K2。另外，水分和钾肥对油菜钾吸收具有较大影响。干旱胁迫下，钾吸收量显著降低，提高钾肥施用水平可促进油菜对钾素的吸收［图 4（b）］。W1K2 处理各品种在干旱期和复水期的平均钾积累量分别为 146.87 mg 和 434.45 mg，分别比 W1K1 处理提高 34.9%和 31.8%。结果表明，干旱胁迫后钾肥的利用效率显著降低；提高钾肥的施用水平，钾肥利用效率降低，但钾吸收量提高。

2.4 干旱处理后各生理指标的主成分分析和不同油菜品种的综合评价

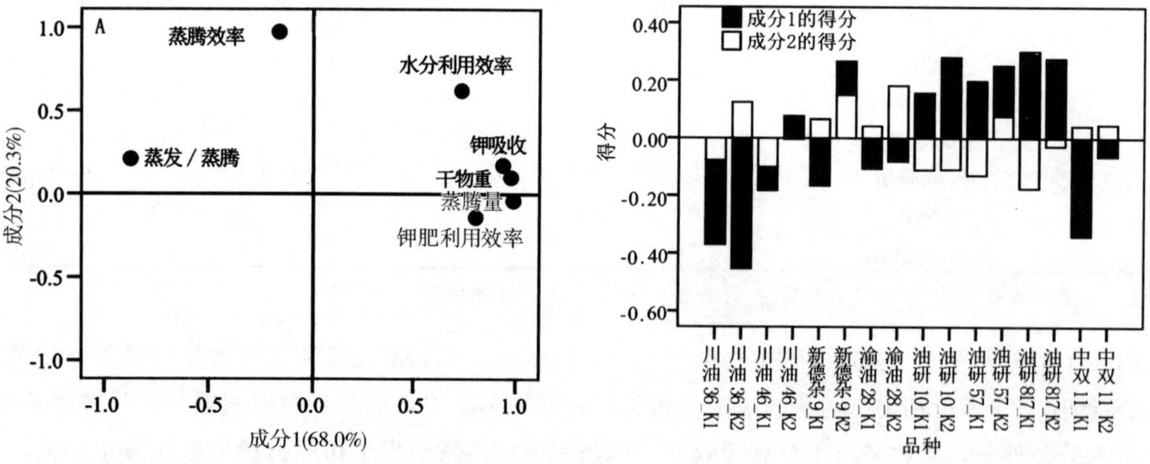

(a)　　　　　　　　(b)

图 5　W1 处理各生理指标的主成分分析（a）和品种间的综合得分（b）

由图 5（a）可知，对 W1 处理的生物量、水分利用特征和钾肥利用特征进行主成分分析，可提取出两个主成分。主成分 1 在生物量、水分利用效率、蒸腾蒸发量、钾肥利用效率和钾吸收上具有较大的载荷，可以解释 68.0%的总变异，主成分 2 在蒸腾效率上具有较大的载荷，可以解释 20.3%的总变异。油研 10、油研 57 和油研 817 在不同钾肥处理下的总得分较高，而川油 36 在不同钾肥处理下的总得分均最低。除川油 36 和油研 817 外，其余各品种在 K2 处理下在主成分 1 上的得分较 K1 处理均有不同程度的提高；除油研 10 和中双 11 外，其余各品种在 K2 处理下在主成分 2 上的得分较 K1 处理均有不同程度的提高［图 5（b）］，表明增加钾肥的施用可提高油菜在干旱胁迫下的综合生产能力。

3 讨论

3.1 干旱胁迫和钾肥的施用对油菜苗期生长的影响

干旱胁迫会造成组织氧化损伤和叶片早衰，严重影响油菜的营养生长，干物质积累降低[29,30]。本研究中，油菜苗期生长在干旱条件下受到严重抑制，在干旱期和复水期生物量分别降低了 43.7%和 36.3%。干旱胁迫下，施用钾肥可以提高植株光合效率，促进光合同化物向根系转运，增加根系吸收能力，进而提高产量[31]。作物在干旱胁迫下对钾素的需求增加，提高钾肥用量可以减少干旱对作物生长造成的影响[32]。本研究中，缺水条件下，高钾处理各品种在干旱期和复水期的平均生物量比低钾处理分别提高了 16.1%和 11.9%，差异达显著水平（$P<0.05$），说明水分是影响油菜苗期生长的主要因素，干旱条件下提高钾肥的施用量可以在一定程度上促进油菜生长。在干旱胁迫下，水分利用效率和蒸腾量与油菜生物量呈极显著正相关，反应油菜在缺水条件下水分利用的能力，是评估油菜抗旱性的重要指标。

3.2 干旱胁迫和钾肥施用对水分利用特征的影响

作物通过蒸腾作用消耗的水分是生产性的，而土壤蒸发直接散失的水分是非生产性的，因此，减少非生产性的土壤蒸发，提高作物蒸腾量在总耗水量中的比重，是农业生产水分运筹的首要目标[5,6]。干旱胁迫下，植株蒸腾作用降低，土壤蒸发在蒸发蒸腾总量的比例增加，且不利影响在生长周期中长期持续，导致水分利用效率降低[33]。本研究中，干旱胁迫下油菜蒸腾量显著降低，蒸发/蒸腾比升高，大部分水分通过蒸发直接散失而未参与油菜蒸腾作用。蒸发蒸腾量、蒸腾量与生物量呈极显著正相关，蒸发/蒸腾比与生物量呈极显著负相关，说明蒸腾量随着生物量的增加而增加，蒸发/蒸腾比随着生物量的增加而降低。因干旱胁迫严重抑制油菜生长，植株生长弱小，即便在复水后，与 W2 处理相比，W1 处理各油菜品种的平均蒸腾量降低 35.3%，蒸发/蒸腾比提高 67.4%，更多的水分通过蒸发散失。结果表明，干旱胁迫引起油菜蒸腾作用降低，水分在蒸腾、蒸发的分配改变，且不利影响在油菜生长周期内长期持续。干旱胁迫下，提高钾肥施用水平可促进油菜蒸腾作用提高，降低蒸发在耗水量中的比例。

作物在缺水条件下通常保持较高的内在水分利用效率，然而在严重的干旱条件下作物的水分利用效率降低[33,34]。水分利用效率=蒸腾效率/（1+蒸发/蒸腾比），由公式可知水分利用效率与蒸腾效率成正比，与蒸发/蒸腾比成反比[35,36]。本研究中，蒸腾效率在干旱胁迫下显著提高，且蒸腾效率与蒸腾量呈显著负相关。通常用于植株必要的生理功能的水分不到根系吸收总水分的 5%，其余 95%以上的水分通过叶片气孔散失[37]。干旱胁迫下叶片气孔导度降低[38]，通过蒸腾散失的水分减少从而促进蒸腾效率提高。W1 处理各品种的平均水分利用效率在干旱期和复水期较 W2 处理降低 8.0%和 17.8%，差异达显著水平（$P<0.05$）；干旱条件下提高钾肥施用水平可以显著提高油菜水分利用效率（$P<0.05$）。不同水分处理下，水分利用效率与蒸腾效率呈极显著正相关，与蒸发/蒸腾比呈极显著负相关。W1 处理各品种的平均蒸腾效率在干旱期和复水期分别提高了 34.1%和 5.0%，然而各品种的平均蒸发/蒸腾比提高了 102.0%和 67.2%，蒸发/蒸腾比增加的幅度高于蒸腾效率增加的幅度，同时水分利

用效率与蒸腾效率的相关性降低，而与蒸腾/蒸发比的相关性提高，表明干旱胁迫下蒸发/蒸腾比的增加是引起水分利用效率降低的主要原因。综上，干旱胁迫下植株生长受到抑制，蒸腾量降低，大部分的水分通过蒸发散失而非油菜直接利用，从而导致水分利用效率降低。钾肥的施用一方面提高了蒸腾效率，同时降低了蒸发/蒸腾比，从而促进油菜水分利用效率的提高。

3.3 不同油菜品种在干旱和不同钾肥水平下的综合评价

不同品种对干旱胁迫和不同钾肥施用表现出较大的差异。通过对干旱处理后油菜生物量和水分利用特征进行主成分分析，可提取出两个主成分，主成分 1 主要反应油菜生物量积累、水分利用、蒸腾、钾肥利用和钾吸收的能力，主成分 2 主要反应干旱胁迫后油菜的蒸腾效率。油研 10、油研 57 和油研 817 在主成分 1 上的得分较高，且在两个主成分上的综合得分较高，表明在干旱胁迫下表现出较大的生物量、蒸腾量、水分利用效率和钾肥的吸收利用能力，为抗旱、钾高效品种。川油 36 的综合得分最低，在干旱胁迫下生长受到严重抑制，水分利用效率和钾肥吸收利用能力较低，为干旱敏感品种。

4 结论

干旱严阻碍油菜苗期的生长，干旱胁迫下油菜的生物量和水分利用效率显著降低，提高钾肥施用水平可显著促进油菜的生长和水分利用效率的提高。水分利用效率与蒸腾效率呈极显著正相关，与蒸发/蒸腾比呈极显著负相关。干旱胁迫下，油菜蒸腾效率显著提高。然而，干旱胁迫导致蒸腾量大幅度降低，总耗水量中土壤蒸发散失的水分比例增加，大部分的水分通过蒸发散失而非油菜直接利用，导致水分利用效率降低。干旱胁迫下钾肥利用效率降低，钾吸收减少；提高钾肥的施用水平，钾肥利用效率降低，但钾吸收量提高。油研 10、油研 57 和油研 817 在干旱胁迫下表现出较大的生物量、蒸腾量、水分利用效率和钾肥的吸收利用能力，为抗旱、钾高效品种。

参考文献

[1] Allen C D, Macalady A K, Chenchouni H, et al. A global overview of drought and heat-induced tree mortality reveals emerging climate change risks for forests [J]. Forest Ecology And Management, 2010 (259): 660 - 684.

[2] McDowell N, Pockman W T, Allen C D, et al. Mechanisms of plant survival and mortality during drought: why do some plants survive while others succumb to drought [J]. New Phytologist, 2008 (178): 719 - 739.

[3] McDowell N G. Mechanisms linking drought, hydraulics, carbon metabolism, and vegetation mortality [J]. Plant Physiology, 2011 (155): 1051 - 1059.

[4] Wang H X, Liu C M. Soil evaporation and its affecting factors under crop canopy [J]. Communications In Soil Science And Plant Analysis, 2007 (38): 259 - 271.

[5] Yimam Y T, Ochsner T E, Kakani V G. Evapotranspiration partitioning and water use efficiency of switchgrass and biomass sorghum managed for biofuel [J]. Agricultural Water Management, 2015 (155): 40 - 47.

[6] Zhou S, Yu B, Zhang Y, et al. Water use efficiency and evapotranspiration partitioning for three typical ecosystems in the Heihe River Basin, northwestern China [J]. Agricultural and Forest Meteorology, 2018 (253): 261 - 273.

[7] Garofalo P, Rinaldi M. Water-use efficiency of irrigated biomass sorghum in a Mediterranean environment [J]. Spanish Journal of Agricultural Research, 2013 (11): 1153 - 1169.

[8] Khataar M, Mohhamadi M H, Shabani F. Soil salinity and matric potential interaction on water use, water use efficiency and yield response factor of bean and wheat [J]. Scientific Reports, 2018 (8): 2679.

[9] Condon A G, Richards R A, Rebetzke G J, et al. Breeding for high water-use efficiency [J]. Journal of Experimental Botany, 2004 (55): 2447 - 2460.

[10] Ashraf M, Akram N A, Arteca R N, et al. The physiological, biochemical and molecular roles of brassinosteroids and salicylic acid in plant processes and salt tolerance [J]. Critical Reviews in Plant Sciences, 2010 (29): 162 -190.

[11] Akram N A, Ashraf M. Regulation in plant stress tolerance by a potential plant growth regulator, 5-aminolevulinic acid [J]. Journal of Plant Growth Regulation, 2013 (32): 663 - 679.

[12] Broadley M R, Bowen H C, Cotterill H L, et al. Phylogenetic variation in the shoot mineral concentration of angiosperms [J]. Journal of Experimental Botany, 2004 (55): 321 - 336.

[13] Amtmann A, Troufflard S, Armengaud P. The effect of potassium nutrition on pest and disease resistance in plants [J]. Physiologia Plantarum, 2008 (133): 682 - 691.

[14] Maathuis F J M. Physiological functions of mineral macronutrients [J]. Current Opinion in Plant Biology, 2009 (12): 250 - 258.

[15] Egilla J N, Davies F T, Drew M C. Effect of potassium on drought resistance of Hibiscus rosa-sinensis cv. Leprechaun: Plant growth, leaf macro-and micronutrient content and root longevity [J]. Plant And Soil, 2001 (229): 213 - 224.

[16] Pervez H, Ashraf M, Makhdum M I. Influence of potassium nutrition on gas exchange characteristics and water relations in cotton (Gossypium hirsutum L.) [J]. Photosynthetica, 2004 (42): 251 - 265.

[17] 刘淑艳，刘忠松，官春云．芥菜型油菜种质资源研究进展 [J]. 植物遗传资源学报，2007，8 (3)：351 - 358.

[18] Abdallah M, Dubousset L, Meuriot F, et al. Effect of mineral sulphur availability on nitrogen and sulphur uptake and remobilization during the vegetative growth of Brassica napus L [J]. Journal of Experimental Botany, 2010 (61): 2635 - 2646.

[19] 高菊生，曹卫东，李冬初，等．长期双季稻绿肥轮作对水稻产量及稻田土壤有机质的影响 [J]. 生态学报，2011 (31)：4542 - 4548.

[20] 高菊生，徐明岗，董春华，等．长期稻—稻—绿肥轮作对水稻产量及土壤肥力的影响 [J]. 作物学报，2013 (39)：343 - 349.

[21] 李红燕，胡铁成，曹群虎，等．旱地不同绿肥品种和种植方式提高土壤肥力的效果 [J]. 植物营养与肥料学报，2016 (22)：1310 - 1318.

[22] 王丹英，彭建，徐春梅，等．油菜作绿肥还田的培肥效应及对水稻生长的影响 [J]. 中国水稻科学，2012 (26)：85 - 91.

[23] 谢小玉，张兵，张霞，等．干旱胁迫下油菜消减文库的构建及分析 [J]. 作物学报，2013 (39)：744 - 752.

[24] 杨春杰，程勇，邹崇顺，等．模拟干旱胁迫下不同甘蓝型油菜品种发芽能力的配合力与遗传效应分析 [J]. 作物学报，2008 (10)：1744 - 1749.

[25] Robertson M J, Holland J F. Production risk of canola in the semi-arid subtropics of Australia [J]. Australian Journal of Agricultural Research, 2004 (55): 525 - 538.

[26] Quijada P A, Udall J A, Polewicz H, et al. Phenotypic effects of introgressing French winter germplasm into hybrid spring canola [J]. Crop Science, 2004 (44): 1982 - 1989.

[27] Udall J A, Quijada P A, Lambert B, et al. Quantitative trait analysis of seed yield and other complex traits in hybrid spring rapeseed (Brassica napus L.): 2. Identification of alleles from unadapted germplasm [J]. Theoretical And Applied Genetics, 2006 (113): 597 - 609.

[28] 张文彤，董伟．SPSS统计分析高级教程 [M]. 北京：高等教育出版社，2004，213 - 233.

[29] Rivero R M, Shulaev V, Blumwald E. Cytokinin-dependent photorespiration and the protection of photosynthesis during water deficit [J]. Plant Physiology, 2009 (150): 1530 - 1540.

[30] Husen A, Iqbal M, Aref I M. Growth, water status, and leaf characteristics of Brassica carinata under drought and rehydration conditions [J]. Brazilian Journal of Botany, 2014 (37): 217 - 227.

[31] Cakmak I. The role of potassium in alleviating detrimental effects of abiotic stresses in plants [J]. Journal of Plant Nutrition and Soil Science-Zeitschrift Fur Pflanzenernahrung Und Bodenkunde, 2005 (168): 521 - 530.

[32] Ma Q, Bell R, Scanlan C, et al. Growth and yield responses in wheat and barley to potassium supply under drought or moderately saline conditions in the south-west of Western Australia [J]. Crop & Pasture Science, 2015 (66): 135 -144.

[33] Dong G, Guo J, Chen J, et al. Effects of spring drought on carbon sequestration, evapotranspiration and water use efficiency in the Songnen Meadow Steppe in Northeast China [J]. Ecohydrology, 2011 (4): 211 - 224.

[34] Reichstein M, Tenhunen J D, Roupsard O, et al. Severe drought effects on ecosystem CO_2 and H_2O fluxes at three Mediterranean evergreen sites: revision of current hypotheses [J]. Global Change Biology, 2002 (8): 999 -1017.

[35] Cooper P J M, Gregory P J, Tully D, et al. Improving water-use efficiency of annual crops in the rain-fed farming systems of west asia and North-Africa [J]. Experimental Agriculture, 1987 (23): 113 - 119.

[36] Kunrath T R, Lemaire G, Sadras V O, et al. Water use efficiency in perennial forage species: Interactions between nitrogen nutrition and water deficit [J]. Field Crops Research, 2018 (222): 1 - 11.

[37] Gollan T, Turner N C, Schulze E D. The responses of stomata and leaf gas-exchange to vapor-pressure deficits and soil-water content in the sclerophyllous woody species nerium-oleander [J]. Oecologia, 1985 (65): 356 - 362.

[38] Edwards C E, Ewers B E, McClung C R, et al. Quantitative variation in water-use efficiency across water regimes and its relationship with circadian, vegetative, reproductive, and leaf gas-exchange traits [J]. Molecular Plant, 2012 (5): 653 - 668.

水氮耦合对油菜生长及氮肥利用效率的影响*

张　赛　王龙昌*　陈　娇　石　超

西南大学农学与生物科技学院，三峡库区生态环境教育部重点实验室，
南方山地农业教育部工程研究中心，重庆北碚　400716

摘要：在油菜种植主产区，定量研究了不同水分管理和氮素施入对油菜生长和氮肥利用的影响，为油菜高产高效生产科学施肥提供理论依据。于2015—2017年度在重庆西南大学日光温室开展油菜水肥耦合效应盆栽试验，比较高水W1（90%田间持水量）、中水W2（70%田间持水量）、低水W3（50%田间持水量）三个水分梯度和高氮N1（150%常规施氮量）、中氮N2（100%常规施氮量）、低氮N3（50%常规施氮量）三个氮肥水平共9个处理对油菜产量、生长性状、氮素吸收和氮肥利用率的影响。结果表明，油菜株高、茎粗、叶片数、有效分枝数对水分因素不敏感，主要受氮素影响。本试验中当土壤含水量达到田间最大持水量的90%，施氮量才对根系形态特征指标、根系干物质量产生影响。水氮因素对土壤的全氮含量影响不显著，主要影响作物的全氮含量，作物氮含量随着施氮量的增加而增加，随着土壤含水量的增加则呈下降趋势；油菜产量在不同施氮水平下差异不显著，随着土壤含水量的增加呈增加趋势。氮肥表观利用率、氮肥偏生产力、氮肥农学效率和氮肥生理利用率均随着施氮量的减少而增加，同一施氮水平下随着土壤含水量的增加而增加。综合考虑，本研究中最优水氮组合为W1N3：灌水水平控制在田间持水量的90%、施氮量为0.12 g/kg（干土）。

关键词：油菜；水氮；生长性状；氮素吸收；氮肥利用率

据统计，全国2013年化肥施用量5 912万t（折纯），农作物亩均化肥用量21.9 kg，而世界平均水平仅仅只有8 kg，中国是美国的2.6倍，是欧盟的2.5倍，当季氮肥利用率只有30%～35%，而美欧可以达到50%～60%。科学施肥是保证作物稳产高产、减少环境污染破坏的重要前提。在化肥使用量零增长行动方案等政策主导下，化肥消费量持续下降，然而由于近年来不合理施用化肥尤其是重氮肥轻磷钾肥、重化肥轻有机肥、重大量元素肥料轻中微量元素肥料的“三重三轻”做法，导致氮肥的利用率普遍不高。氮肥施入农田后的去向基本有3个，被作物吸收即氮肥的当季利用率、残留在土壤中及通过不同机制和途径损失。氮肥施用量的确定应采用宏观控制与微观调节的方式[1]，即宏观控制施氮量与土壤-植株测试推荐施氮量相结合。宏观控制施氮量是指在特定地区、一定的种植制度下，施氮量应该有一个范围，这个范围对目前农户盲目过量施氮具有重要的指导意义，根据文献资料显示，西南地区油菜施氮量在180 kg/hm^{2}时，平均可以达到2 001～2 087 kg/hm^{2}的产量水平，地上部分干重可达7 042～7 422 kg/hm^2[2,3]。实行宏观控制施氮量对油菜生产上大面积将氮肥用量降低到适宜的范围具有重要的现实意义。同时，通过土壤-植株测试进行推荐施氮，在目前的小规模经营体系下由于各

* **资助项目：**公益性行业（农业）科研专项（201503127）；国家自然科学基金项目（31271673，31700364，31871583）；西南大学博士基金项目（SWU116073）

个地块的差异而引起的肥力不同，可实现氮肥的精确调控。水氮耦合是水分和氮肥相互作用、共同影响作物生长发育及氮肥利用效率的现象[4]。国内外学者围绕水肥耦合对作物的生长进行了广泛而深入的研究并最终提出了“以肥调水、以水促肥”的观点[5-8]，但是大多数集中在地上部分[9]，缺乏对地上和地下部分的系统研究，从土壤-作物系统整体出发研究氮素的吸收转移较为鲜见。因此，在当今倡导化肥使用量零增长大的背景下，通过水氮耦合微观控制实验，探讨不同水氮组合下油菜生长及氮素吸收利用规律，为西南地区油菜栽培管理实现氮肥的精确调控提供借鉴。

1 材料与方法

1.1 试验设计

试验采取盆栽方式，供试作物为油菜，供试土壤来源于西南大学教学试验农场 0～20 cm 土层（2015—2016 年度）和 2 号温室水槽内 0～20 cm 土层（2016—2017 年度），土壤类型均属于旱地紫色土，田间持水量为 31%。设置水分梯度 3 个（田间持水量的 90%、70%、50%，分别用 W1、W2、W3 表示），氮肥水平 3 个（正常施氮量的 150%、100%和 50%，分别用 N1、N2、N3 表示），共 9 个处理，分别为 W1N1、W1N2、W1N3、W2N1、W2N2、W2N3、W3N1、W3N2、W3N3、CK（田间持水量的 70%+不施肥），每个处理重复 3 次。在整个试验时期，通过称重法来监测和控制水分含量。试验盆钵由 PVC 管制成，圆柱形，高 20 cm，直径 15 cm，每个盆钵装过 5 mm 筛的风干土样 4 kg，具体施肥方案如表 1，氮磷钾的施用量以干土计算。肥料在油菜移栽之前和土壤混匀后装盆，提前 1 d 浇透水。每盆移栽 1 株油菜，总共 120 盆。

表 1 2015—2017 年油菜盆栽试验土壤基础含氮量及施肥水平

年度	油菜品种	基础土样全氮含量（g/kg）	施 N 量（折纯）g/kg			施 P 量（折纯）g/kg	施 K 量（折纯）g/kg
			高氮水平	中氮水平	低氮水平		
2015—2016 年	94005	1.01	0.25（0.12）	0.16（0.08）	0.08（0.04）	0.12	0.16
2016—2017 年	中双 11	0.595	0.36	0.24	0.12	0.12	0.16

注：括号内的施氮量数据表示蕾薹期追肥量。

1.2 指标测定

在油菜苗期、蕾薹期、角果期和成熟期分别测定其株高、茎粗、地上及地下干物质积累；油菜根系生长动态变化，含根长、根直径、根体积和根表面积等指标；油菜植株各部位和土壤的全 N 含量。在油菜每个关键生育期取植株 3 株，从基部剪断，将全部土壤反复过 2 mm 筛，挑出根系，把挑出的根连同附着于根上的土壤用水浸泡，轻轻振荡，20 min 后过 1 mm 筛，并把筛上的根系冲洗干净。所有根系先用根系扫描仪分析，然后将作物地上部分和根系分别在 105 ℃杀青 30 min，60 ℃下烘干，称干重后缩分研磨，过 0.15 mm 筛备用。土壤风干保存备用。其中植株和土壤全氮含量采用凯氏定氮仪测定。

1.3 数据处理[2,10]

（1）植株氮总累积量 U（kg/hm^2）=［根系生物量（kg/hm^2）×根系氮素含量（%）+茎秆生物量（kg/hm^2）×茎秆氮素含量（%）+角果皮生物量（kg/hm^2）×角果皮氮素含量（%）+籽粒生物量（kg/hm^2）×籽粒氮素含量（%）］

（2）氮素收获指数 NHI（kg/kg）=籽粒吸氮量/植株总吸氮量

（3）收获指数 HI（kg/kg）=籽粒产量/植株总产量

（4）氮肥偏生产力 $PFP_N = Y/F$，指单位投入的肥料氮所能生产的作物籽粒产量。

(5) 氮肥农学效率 AE_N (kg/kg) = ($Y-Y_0$) /F，指单位施氮量所增加的作物籽粒产量。

(6) 氮肥表观利用率 RE_N (%) = ($U-U_0$) /$F\times100$，反映了作物对施入土壤中的肥料氮的回收效率。

(7) 氮肥生理利用率 PE_N (kg/kg) = ($Y-Y_0$) / ($U-U_0$)，是指作物每吸收单位肥料的氮所获得的籽粒产量的增加量。

(8) 氮肥利用率 NUE (%) =植株氮吸收量/ (施氮量+初始土壤含氮量) ×100%

(9) 增产率 (%) = ($Y-Y_0$) /$Y_0\times100$

式中，Y 表示施氮后所获得的籽粒产量（kg/hm^2），Y_0表示不施氮条件下籽粒产量（kg/hm^2），F 代表施氮量（kg/hm^2），U 表示施氮下作物收获期植株总吸氮量（kg/hm^2），U_0表示不施氮条件下的植株总吸氮量（kg/hm^2）。不同处理的油菜生长性状及全氮含量的差异性采用一维方差分析。所有数据处理在 SPSS 17.0 和 Excel 2007 中完成统计分析与制图。

2 结果与分析

2.1 油菜生长性状与产量

2.1.1 不同水氮处理对油菜单株产量的影响

图 1 显示在盆栽试验条件下，油菜单株产量对水氮因素的响应规律在 2 年试验中表现基本一致，即随着土壤水分的增加呈增加趋势，在同一水分梯度下受施氮水平的影响差异不显著，说明水氮处理对油菜产量的影响在年度间具有较好的重演性。第二年的单株产量低于第一年的数据，究其原因可能是因为第一年油菜施肥采取的基肥+追肥方式，第二年采取一次性施肥，施肥总量虽然保持一致，但是由于肥料的有效性有限，导致 2 年的产量不一致。下文主要取 2015—2016 年的数据做进一步分析。

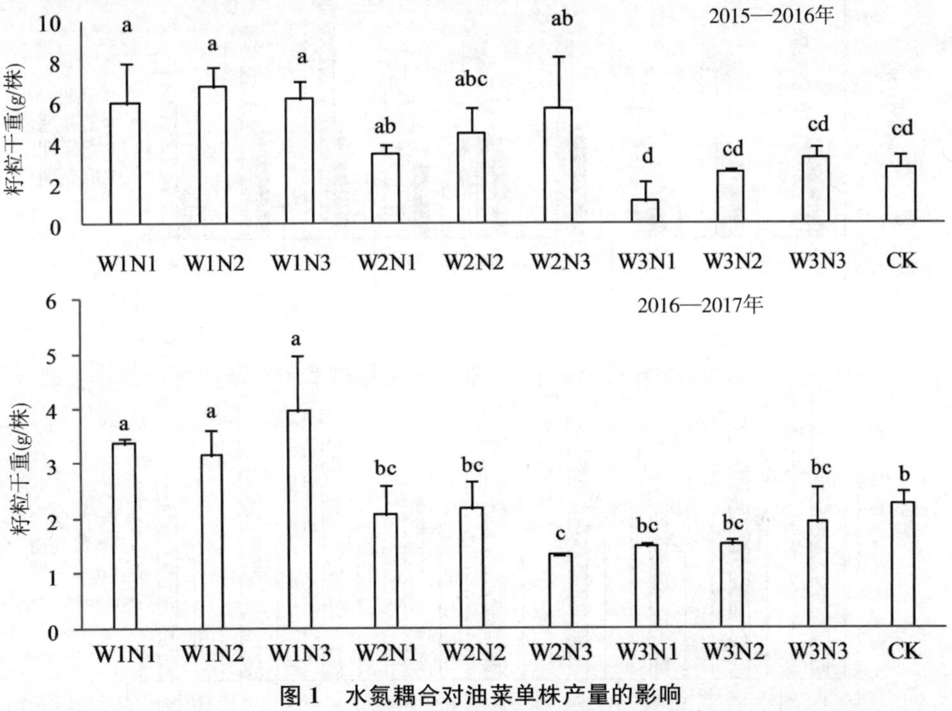

图 1 水氮耦合对油菜单株产量的影响

与对照 CK 相比（表 2），当土壤处于中等水分条件时产量会随着施入氮肥而增加，但是高中低氮水平的差异并不显著，说明此时各处理的氮肥均充足，而土壤水分是油菜增产的限制因素；再增加土壤水分含量时，增产率可以达到 114.43%~144.11%；而减少土壤水分时，高氮条件下显著降低产量

60.82%。收获指数 HI 和氮素收获指数 NHI 随着施氮量的增加呈下降趋势，随土壤含水量增加呈增加趋势。植株氮总累积量与施氮量和土壤含水量均呈正相关关系。因此，施肥过多不仅利用率低，而且易造成营养器官比例加大，生物产量增加，油菜虽然可以获得较大的干物质和氮素累积，但不能适时向生殖器官转移，产量降低。

表 2　不同水氮处理下油菜收获指数及增产率

处理	籽粒产量 (kg/hm²)	收获指数 (kg/kg)	植株氮总累积量 (kg/hm²)	氮素收获指数 (kg/kg)	增产率 (%)
W1N1	1784.01a	0.112	405.82	0.233	114.43
W1N2	2031.00a	0.108	372.90	0.290	144.11
W1N3	1850.01a	0.133	234.55	0.383	122.36
W2N1	1044.99ab	0.091	378.60	0.158	25.60
W2N2	1347.99abc	0.098	375.54	0.213	62.02
W2N3	1712.01ab	0.150	257.31	0.356	105.77
W3N1	326.01d	0.048	277.03	0.069	−60.82
W3N2	765.99cd	0.082	210.79	0.205	−7.93
W3N3	981.99cd	0.107	249.55	0.212	18.03
CK	831.99cd	0.117	82.15	0.445	0.00

注：产量换算按照本区域的常规种植密度 30 万株/hm²[11]。

2.1.2　不同水氮处理下油菜生长性状动态变化

图 2 对油菜苗期、蕾薹期、角果期和成熟期的株高、茎粗进行测定分析发现，在不同生育期株高、茎粗均随着施氮量的增加而增加，而同一施氮水平下株高和茎粗随土壤含水量的增减无显著变化。因此，水氮因素对油菜株高、茎粗的影响主要以氮素为主。

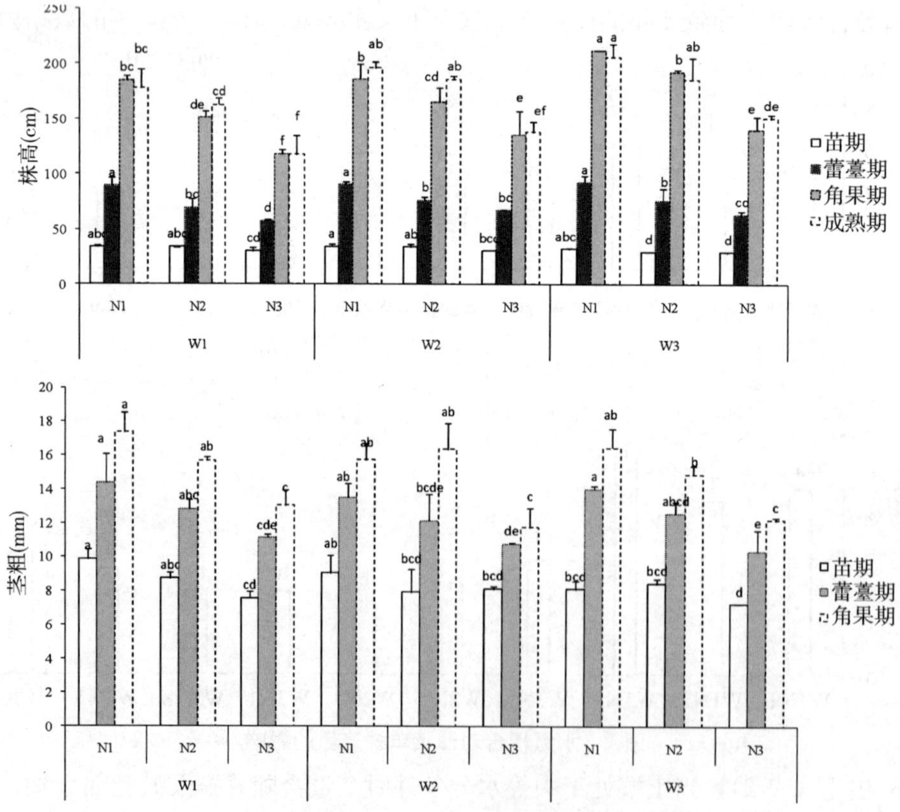

图 2　油菜株高、茎粗对不同水氮的响应

注：不同小写字母表示同一生育期内不同水氮处理下各指标的差异达到显著水平，下同。

表3分析了油菜不同生育期的叶片数与有效分枝数受水氮因素的影响，结果显示随着生育期的推进，水氮对叶片数量的影响程度增强，苗期各处理下叶片数没有显著差异，到了蕾薹期时优先在低水低氮处理显著下降，角果期时同一水分梯度下低氮处理显著低于中、高氮处理。因此，叶片数量在油菜生长后期时容易因施氮不足导致其数量显著减少。有效分枝数随施氮量的减少而减少，二次有效分枝数表现更为显著。

综上所述油菜株高、茎粗、叶片数、有效分枝数对水分因素不敏感，主要受氮素影响。

表3　油菜叶片数、有效分枝数受水氮因素的影响

处理	苗期	蕾薹期	角果期	成熟期	
		叶片数		一次有效分枝数	二次有效分枝数
W1N1	14.33a	24.00ab	52.67ab	9.00a	12.33a
W1N2	13.50a	25.00ab	48.67ab	7.67ab	12.33a
W1N3	15.33a	23.67ab	24.00cd	7.33ab	6.00bc
W2N1	15.00a	25.00ab	55.33a	9.33a	8.00b
W2N2	13.00a	25.67a	44.00ab	7.67ab	5.33bc
W2N3	13.50a	24.00ab	22.33d	7.00ab	2.67c
W3N1	12.67a	25.67a	37.33bc	7.33ab	9.00ab
W3N2	14.00a	23.33ab	41.00ab	6.33b	5.33bc
W3N3	11.50a	21.67b	18.67d	6.00b	3.00c

2.1.3　油菜不同生育期的根系特征

表4，各处理下油菜的根长和根表面积的差异不大，根直径和根体积在油菜的生育后期差异开始显著，表现为随着土壤含水量的下降而下降，随着施氮量的减少而下降。通过对油菜成熟期的根系形态指标进行显著性检验发现，根直径和根体积在高水分管理下随着施氮量的增加而增加；但是中等水分和低水分情况下各施氮量对他们几乎没有影响。因此，当土壤含水量达到较高水平时，本实验中达到田间最大持水量的90%，施氮量才对根系形态特征指标产生影响。

表4　油菜不同生育期根系形态特征对水氮因素的影响

根系形态指标	处理		苗期	蕾薹期	角果期	成熟期
根长（cm）	W1	N1	636.56ab	1021.60b	1607.13bcd	1100.55b
		N2	935.49a	1238.00ab	2059.30ab	1070.60b
		N3	733.42ab	1699.08a	1818.59bcd	1690.32ab
	W2	N1	308.68b	1080.20ab	1314.68d	1414.86ab
		N2	554.61ab	1704.70a	2040.19abc	1711.09ab
		N3	432.66b	1401.12ab	2458.33a	1210.01ab
	W3	N1	411.67b	1484.95ab	1622.94bcd	1663.63ab
		N2	305.26b	1319.70ab	1475.63cd	1461.30ab
		N3	359.89b	1254.06ab	1664.67bcd	2043.94a
根表面积（cm^2）	W1	N1	280.23a	341.34ab	482.33a	448.44ab
		N2	279.37a	304.06ab	423.66ab	492.19a
		N3	237.91ab	388.90a	373.99abc	369.60ab
	W2	N1	123.77bc	340.31ab	311.67bc	422.65ab
		N2	192.72abc	372.00ab	411.94ab	460.78a
		N3	135.28bc	349.99ab	431.45ab	367.80ab
	W3	N1	168.31abc	281.43ab	299.00bc	410.66ab
		N2	101.52c	311.72ab	248.93c	320.76b
		N3	122.94bc	255.80a	316.60bc	418.51ab

续表

根系形态指标	处理		苗期	蕾薹期	角果期	成熟期
根直径（mm）	W1	N1	1.40a	1.10a	0.96a	1.39ab
		N2	1.01a	0.79b	0.66bc	1.56a
		N3	1.01a	0.73bc	0.65bc	0.70c
	W2	N1	1.25a	1.03a	0.75b	1.04abc
		N2	1.23a	0.70bc	0.64bc	0.89abc
		N3	1.06a	0.80b	0.56c	1.03abc
	W3	N1	1.28a	0.60c	0.59c	0.80c
		N2	1.37a	0.78b	0.54c	0.73c
		N3	1.21a	0.65bc	0.60c	0.65c
根体积（cm^3）	W1	N1	9.83a	9.29a	11.52a	16.22ab
		N2	6.94ab	5.98cd	7.07b	18.95a
		N3	6.20ab	7.10bc	6.14bc	6.54cd
	W2	N1	4.13b	8.57ab	5.89bc	11.55bc
		N2	6.02ab	6.47bc	6.63b	10.11bcd
		N3	3.62b	6.99bc	6.03bc	9.20bcd
	W3	N1	5.64ab	4.26d	4.39bc	8.37cd
		N2	3.37b	5.94cd	3.34c	5.78cd
		N3	3.60b	4.16d	5.00bc	6.90cd

2.2 油菜植株与土壤全氮含量变化

图 3 显示，油菜不同器官的含氮量依次为根 10～20 g/kg，茎 20 g/kg，叶 40 g/kg，籽粒 40～60 g/kg，蕾 70 g/kg。苗期，施氮量和土壤水分管理对茎、叶含氮量的影响较大；但是对根的影响不大。蕾薹期：低氮处理下根的氮含量有了明显下降，中高氮差异不明显；水分管理差异不显著。花果期和成熟期：低水分管理下促进了氮素营养的吸收。随着施氮量减少各器官全氮含量呈现减少趋势。

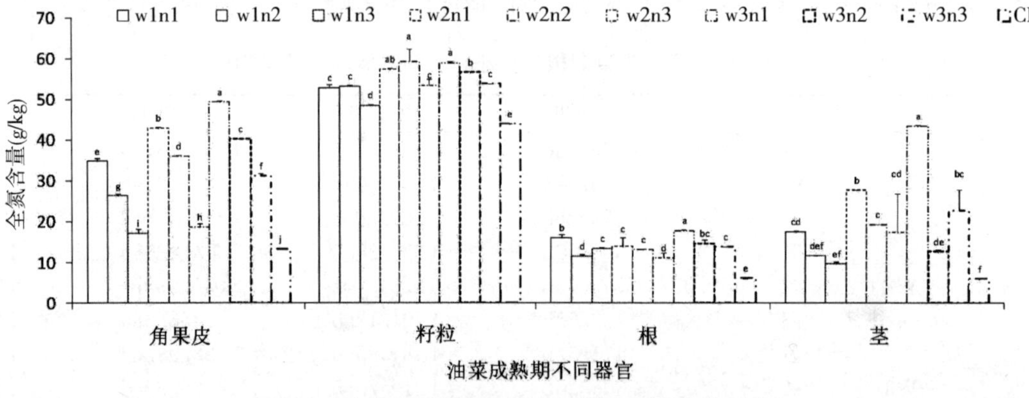

图 3　油菜不同器官全氮含量受水肥因素的影响

图 3 显示不施肥处理（CK）的油菜各部位全氮含量均为最低，而低水分高氮肥处理（W3N1）的均最高。在同一水分管理下，各器官的全氮含量均随着施氮量的增加而增加，尤其在角果皮部位各处理均达到显著水平。在籽粒上，除了低水分下的不同氮肥达到显著水平外，高水分和中水分下高、中氮的处理差异不显著。因此，解除了水分胁迫后，当氮肥达到中等水平后，油菜的籽粒对氮素的吸收趋于饱和，不会随着氮肥的增施而增多。但是角果皮的吸收氮素能力还在增加，却最终并没有转移到籽粒上去。

土壤含氮量的变化规律为苗期不同处理下土壤含氮量差异不大（图 4）。蕾薹期时由于追肥土壤含氮量在不同氮肥梯度下呈现由高到低的趋势。但是土壤水分管理对土壤含氮量的影响不大。花果期时土壤含氮量差异又变得不显著。成熟期时不施肥处理（CK）的土壤含氮量最低，其他处理间土壤含氮量差异不显著。总体来看，各个处理下土壤含氮量的差异不显著，那么可以肯定的是大量的氮肥都被吸收到植株体内了。

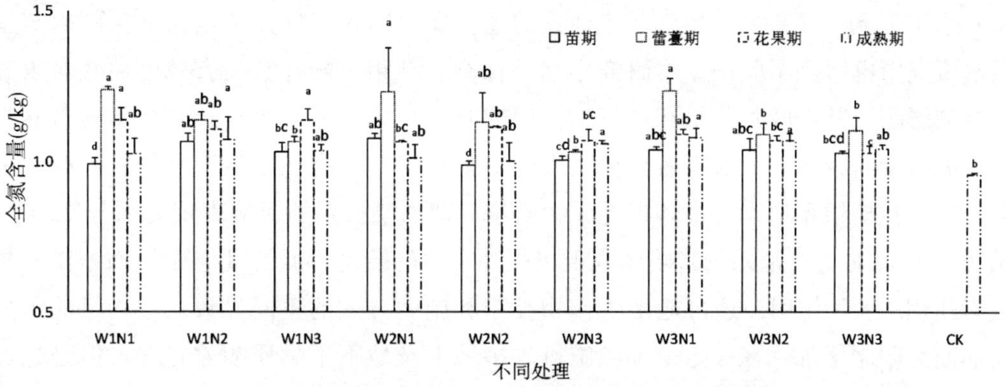

图 4　油菜整个生育期内土壤全氮含量的动态变化

因此，本实验条件下施氮水平对土壤全氮含量的影响不大，结合上图分析可以得出：土壤施氮水平主要影响作物的全氮含量，进而可能影响作物的一系列生理生化指标及品质。

2.3　油菜氮肥利用情况

表 5 可以看出氮肥表观利用率、氮肥偏生产力、氮肥农学效率和氮肥生理利用率均与施氮量呈负相关关系，和土壤含水量呈正相关。W1N3 和 W2N3 表现出较高的氮肥利用效率，其中氮肥表观利用率在 W2N3 处理下最大，氮肥偏生产力、氮肥农学效率和氮肥生理利用率均在 W1N3 处理下最大。因此，从氮肥利用效率角度来看，W1N3 处理最优，W2N3 次之。根据氮肥农学效率、氮肥生理利用率和氮肥表观利用率的计算公示推导，可以得出氮肥表观利用率＝氮肥农学效率/氮肥生理利用率×100％。在计算氮肥生理利用率的时候，大多学者只考虑了地上部分植株的吸氮量，忽略了根系部分的吸氮，而根系作为植株的一部分，在计算氮肥生理利用率的时候应该考虑进去，不然会造成氮肥生理利用率的高估，进而导致氮肥表观利用率偏低。

表 5　油菜氮肥利用效率

处理	氮素利用率（％）	氮肥表观利用率（％）	氮肥偏生产力（kg/kg）	氮肥农学效率（kg/kg）	氮肥生理利用率（kg/kg）
W1N1	52.41	159.05	8.77	4.68	2.94
W1N2	52.78	214.31	14.97	8.84	4.12
W1N3	36.72	224.67	27.27	15.01	6.68
W2N1	48.89	145.68	5.14	1.05	0.72
W2N2	53.15	216.26	9.94	3.80	1.76
W2N3	40.29	258.23	25.24	12.97	5.02
W3N1	35.77	95.76	1.60	−2.49	−2.60
W3N2	29.83	94.82	5.65	−0.49	−0.51
W3N3	39.07	246.79	14.48	2.21	0.90
CK	14.39	—	—	—	—

3 讨论

3.1 油菜生长性状及产量受水氮因素的影响特性

刘波等[12]研究表明油菜叶片数和叶面积在中低氮（0～180 kg/hm^2）水平时显著减少，高氮（240～300 kg/hm^2）水平下无明显差异。也就是说油菜的生长发育性状指标在一定氮素范围内与施氮量呈正相关，这在本研究中也得到了验证。本研究中油菜株高、茎粗、叶片数、有效分枝数对水分因素不敏感，主要受氮素影响。其中叶片数量在油菜生长后期时容易因施氮不足导致其数量显著减少，有效分枝数随施氮量的减少而减少，二次有效分枝数表现更为显著。只有在土壤含水量较高时，施氮量才会对根系产生影响，包括根系形态特征和根系干物质量，即油菜根系的影响表现为水分作用>氮素作用。石小虎[13]在水氮供应对番茄根系的影响研究上也得到类似的结论，但刘世全等[14]对小南瓜根系的研究结果则是氮素作用>水分作用。这可能由于作物类型和施肥方式的不同导致。生物量的积累不是随着施氮量的增加而无限制增加，在一定范围内施氮越多地上及地下干物质积累越多，但是超过某一氮肥用量后则表现为下降。赵国苹等[15]在盆栽油菜苗期的研究中也得出一致的结论，并给出了最优组合为水分含量控制在田间持水量的80％、施氮量为0.24g/kg土。本研究中W1N2处理下地上及根系干物质量积累均达到最大。

吕丽华等[16]研究表明在供水条件较差时，水分是肥效发挥的限制因素，增施氮肥对增产无效甚至引起产量的降低。本研究结果也表明，在低水分条件下增加氮肥投入造成减产7.93％～60.82％，氮肥用量越多减产越多。当土壤含水量达到较高水平时，施氮量才对根系形态特征指标、根系干物质量产生影响；且对地上部分的生物量的影响也是随着土壤含水量的增加而增强。进一步说明了肥效的发挥需要水分作为条件，当水分达到一定程度时才能实现水肥的高效利用。

宋燕燕等[17]在盆栽条件下得出与不施氮相比，施氮显著提高了油菜植株各器官的氮含量，刘波等[12]研究结果指出渍水处理明显抑制了冬油菜氮素养分的吸收，说明土壤含水量增加不利于植株养分的吸收，这跟本文的研究结果一致，即油菜植株氮含量随着施氮量的增加而增加，随着土壤含水量的增加则呈下降趋势。油菜产量随着土壤含水量的增加呈增加趋势，但是在不同施氮水平下差异不显著。以往的研究结论均证明增施氮肥有利于产量的提高，而本研究结论不一致究其原因可能是在温室盆栽条件下，光照不足等原因导致油菜植株吸收的养分没有最终形成产量，收获指数偏低，平均0.11 kg/kg，而田间栽培下重庆地区冬油菜的收获指数通常为0.28 kg/kg[2]。

3.2 不同水氮处理下油菜氮肥利用率

氮肥利用效率随着施氮量的减少而增加，同一施氮水平下随着土壤含水量的增加而增加。这一结论在高娜等[18]的研究中也得到了验证。与以往的研究相比，本研究得出的氮肥利用率（氮肥表观利用率、氮肥偏生产力、氮肥农学效率和氮肥生理利用率）除了氮肥表观利用率外均在正常范围内（表6），但是氮肥生理利用率略微偏低，究其原因一方面是因为其他学者在计算氮肥生理利用率时未考虑根系部分造成该指标一定的高估，另一方面是因为本实验条件为盆栽，与大田相比植株生长受到一定程度的限制，产量与收获指数明显偏低。根据文献资料显示，西南地区油菜施氮量在180 kg/hm^{2}时，平均可以达到2 001～2 087 kg/hm^{2}的产量水平[2,3]，本研究条件下产量普遍低于平均水平。卢杨[19]在盆栽试验下得出的氮肥生理利用率也同样偏低（表6）。氮肥表观利用率是指投入单位氮被作物吸收的情况，主要反映作物对肥料中氮的吸收能力，却不能反映作物吸收的氮与作物经济产量之间的关系。本研究中氮肥表观利用率远远高于其他学者的研究结果，说明在本研究中油菜对肥料氮的吸收能力很强。

表 6　不同试验条件下油菜氮肥利用率比较

区域	氮肥表观利用率（%）	氮肥偏生产力（kg/kg）	氮肥农学效率（kg/kg）	氮肥生理利用率（kg/kg）	数据来源
本研究	94.82～258.23	1.6～27.27	1.05～15.01	0.72～6.68	本文
长江流域	3.9～82.6	6.8～26.3	1.1～15.8	5.5～49.1	[2]
湖北	18.8～46.5	—	2.2～9.6	18.37	[20]
湖北	34.1～54.2	8.4～19.4	7.8～14.4	23.55	[12]
江西	17.2～40.7	—	3.8～10.5	22.51	[21]
四川	34.61～60.22	15.61～18.92	7.34～10.88	20.50	[22]
河北	31.28～62.27	—	1.5～92.48	4.80	[19]

注：斜体字部分表示在 180 kg/hm^2 常规施氮量水平下，根据氮肥表观利用率、氮肥农学效率和氮肥生理利用率三者关系推导得出。

4 结论

（1）油菜生长性状受水肥因素的影响表现为，油菜株高、茎粗、叶片数、有效分枝数对水分因素不敏感，主要受氮素影响。本实验中，当土壤含水量达到田间最大持水量的 90%，施氮量才对根系形态特征指标、根系干物质量产生影响；且对地上部分的生物量的影响也是随着土壤含水量的增加而增强。综合考虑本研究中最优水氮组合为 W1N3，灌水水平控制在田间持水量的 90%、施氮量为 0.12 g/kg（干土）。

（2）油菜土壤作物吸氮量及产量受水氮因素的影响表现为，在盆栽试验条件下水氮因素对土壤的全氮含量影响不显著，主要影响作物的全氮含量。作物氮含量与施氮量呈正相关关系，而与土壤含水量呈负相关；油菜产量在不同施氮水平下差异不显著，随着土壤含水量的增加呈增加趋势。

（3）油菜氮肥利用效率受水氮因素的影响表现为，氮肥表观利用率、氮肥偏生产力、氮肥农学效率和氮肥生理利用率均与施氮量呈负相关，与土壤含水量呈正相关。

参考文献

[1] 巨晓棠，张福锁．关于氮肥利用率的思考［J］．生态环境，2003，12（2）：192－197.

[2] 邹娟，鲁剑巍，陈防，等．冬油菜施氮的增产和养分吸收效应及氮肥利用率研究［J］．中国农业科学，2011，44（4）：745－752.

[3] 王寅，鲁剑巍，李小坤，等．长江流域直播冬油菜氮磷钾硼肥施用效果［J］．作物学报，2013，39（8）：1491－1500.

[4] 姚锋先．不同水氮管理对水稻生长和水氮效率影响的生理机制研究［D］．武汉：华中农业大学，2011.

[5] Begg J E，Turner N C. Crop and water deficits［J］．Advance in Agronomy，1976（28）：161－218.

[6] Prasertsak A，Fuka S. Nitrogen availability and water stress interaction on rice growth and yield［J］．Field Crops Research，1997，52（3）：249－260.

[7] Aqueel M A，Leather S R. Effect of nitrogen fertilizer on the growth and survival of Rhopalosiphum padi（L.）and Sitobion avenae（F.）（Homoptera：Aphididae）on different wheat cultivars［J］．Crop Protection，2011，30（2）：216－221.

[8] Sandhua S S，Mahalb S S，Vashistb K K，et al. Crop and water productivity of bed transplanted rice as influenced by various levels of nitrogen and irrigation in northwest India［J］．Agricultural Water Management，2012，104（2）：32－39.

[9] 徐国伟，王贺正，翟志华，等. 不同水氮耦合对水稻根系形态生理、产量与氮素利用的影响 [J]. 农业工程学报，2015，31 (10)：132-141.

[10] 邢莹莹，张富仓，张燕，等. 滴灌施肥水肥耦合对温室番茄产量、品质和水氮利用的影响 [J]. 中国农业科学，2015，48 (4)：713-7.

[11] 左青松，蒯婕，杨士芬，等. 不同氮肥和密度对直播油菜冠层结构及群体特征的影响 [J]. 作物学报，2015，41 (5)：758-765.

[12] 刘波，魏全全，鲁剑巍，等. 苗期渍水和氮肥用量对直播冬油菜产量及氮肥利用率的影响 [J]. 植物营养与肥料学报，2017，23 (1)：144-153.

[13] 石小虎. 温室膜下滴灌番茄对水氮耦合的响应研究 [D]. 杨凌：西北农林科技大学，2013.

[14] 刘世全，曹红霞，张建青，等. 不同水氮供应对小南瓜根系生长、产量和水氮利用效率的影响 [J]. 中国农业科学，2014，47 (7)：1362-1371.

[15] 赵国苹，虞娜，刘启，等. 水氮配合对油菜生物量影响的研究 [J]. 土壤通报，2006，37 (2)：298-302.

[16] 吕丽华，曹志强，张经廷，等. 水氮对冬小麦—夏玉米产量及氮利用效应研究 [J]. 中国农业科学，2014，47 (19)：3839-3849.

[17] 宋燕燕，赵秀娟，张淑香，等. 水肥一体化配合硝化/脲酶抑制剂实现油菜减氮增效研究 [J]. 植物营养与肥料学报，2017，23 (3)：632-640.

[18] 高娜，张玉龙，刘玉，等. 水氮调控对小油菜养分吸收、水氮利用效率及产量的影响 [J]. 中国生态农业学报，2017，25 (6)：821-828.

[19] 卢杨. 脲酶/硝化双抑制剂配施对油菜生长及控氮效应的影响 [D]. 保定：河北农业大学，2013.

[20] 刘波. 冬油菜氮素营养调控技术及相关机制研究 [D]. 武汉：华中农业大学，2016.

[21] 刘波，鲁剑巍，李小坤，等. 不同栽培模式及施氮方式对油菜产量和氮肥利用率的影响 [J]. 中国农业科学，2016，49 (18)：3551-3560.

[22] 张敬昇，李冰，王昌全，等. 控释掺混尿素对土壤无机氮和油菜产量及氮素利用率的影响 [J]. 土壤，2017，49 (3)：505-511.

攀西地区冬马铃薯栽培干旱和低温冻害防控技术措施*

王友富[1]　铁万祝[1]　晋一棠[1]　郑崇兰[1]　廖莉莉[1]　万　幸[2]

1. 凉山彝族自治州亚热带作物研究所，四川西昌　615000

2. 凉山彝族自治州会理县农业农村局，四川会理　615100

摘要：干旱和低温冻害是攀西地区冬马铃薯栽培的两大主要自然灾害，文章通过栽培试验，总结完善了一套冬马铃薯抗旱栽培及低温冻害的防控技术方案，以指导生产实践。

关键词：攀西地区；冬马铃薯；旱灾；低温冻害

四川攀西地区冬马铃薯种植面积近10万亩，年产量30万t，受季节和气候的影响，干旱和低温冻害是四川攀西地区冬马铃薯栽培的主要自然灾害，采取必要和合理的防害减灾措施是冬马铃薯栽培的重要保障。

1　攀西地区冬马铃薯种植灾害情况

1.1　旱灾

攀西地区降雨为6～10月，降水量占全年的90%以上，冬春季无雨，冬马铃薯种植全部依靠水源灌溉，灌溉水源主要靠河流、水库、蓄水池、山泉水供给。水资源缺少的地区，干旱十分严重，小春作物无法耕种，形成大量的冬闲土地。攀西地区冬马铃薯播种期11～12月，于次年的3～5月成熟收获，冬马铃薯栽培一方面无降水，另一方面灌溉水源缺乏，干旱是攀西地区冬马铃薯种植的主要自然灾害之一。

1.2　低温冻害

攀西地区苗期为1～2月，此期气温较低，且变化无常，通常情况下每年的1～3月每月都有2或3次的倒春寒，对冬马铃薯苗期生长形成巨大威胁。冬马铃薯在播种后、出苗前块茎埋藏于地下，受冻害的影响不大，气温回暖后块茎萌发出苗后，0℃以下时幼苗受冻，表现为叶片迅速萎蔫、塌陷，当气温变暖时，受害部位变成水浸状，死亡后变成褐色[4,5]。在气温回升后会从茎的腋芽部分重新发出茎叶继续生长，块茎芽眼也会重新萌芽出新苗，但受冻害影响冬马铃薯生长，薯块养分损失，植株生长弱化，产量降低。

2　攀西地区冬马铃薯栽培灾害天气与应急防控技术措施

2.1　干旱防控技术措施

2.1.1　种植区域与土地选择

选择有灌溉条件、水资源较丰富的区域土地种植冬马铃薯。

* **基金项目：**农业部公益性行业（农业）科研专项（20150212706）

2.1.2 选用抗旱丰产品种

根据项目试验筛选，适宜攀西地区冬马铃薯种植的抗旱丰产品种有丽薯6号、青薯9号、云薯102、冀张薯12，会-2、毕威1号等[1]。

2.1.3 大薯块或小薯整薯播种

尽量采用较大薯块或小薯整薯（50 g以下）播种，可提高冬马铃薯苗期抗旱能力[2]。

2.1.4 适当增加播种密度

在干旱条件下，播种密度增加至4 000～4 500株/亩，可提高群体抗旱能力。

2.1.5 采用高垄双行膜下滴灌水肥一体化技术

据项目试验研究，攀西地区采用高垄双行膜下滴灌水肥一体化灌溉技术种植冬马铃薯，生育期90～100 d，亩用水量为150 m^3 左右，可大大节省水分灌溉[1]。

2.1.6 山区采用等高线起垄栽培

等高线起垄栽培，可减少灌溉水分流失，提高水分利用率。

2.1.7 多施有机肥和增施钾肥

播种时亩施用1 000～1 500 kg农家肥，能提高土壤的保水能力；同时亩施用10～15 kg硫酸钾复合肥，可增加植株的抗逆性，增强冬马铃薯的抗旱能力[3]。

2.1.8 叶面喷施抗蒸腾剂

在特别干旱的情况下，可喷施抗蒸腾剂，减少叶面水分蒸发，提高水分利用率。如使用快活林抗蒸腾剂，干旱期稀释至300～500倍喷施3次，每隔5～7 d喷施一次。

2.1.9 机械或人工补水

有条件的地方可用运输车辆运水，进行机械或人工补水。

2.2 冻害防控技术方案和措施

2.2.1 适当推迟播种期或首次灌溉时间

攀西地区最冷月为1月，通常情况下极端最低气温出现在1月上中旬或春节前，春节后气温迅速回升，低温冻害天气减少。冬马铃薯种植生产上可将播种期或首次灌溉时间推迟，使冬马铃薯出苗后避开极端低温天气，从而避开冻害。具体措施是低山河谷区域10月中下旬至11月上旬播种，出苗期为12月初。二半山区12月中下旬至1月上旬播种，1月上旬极端低温出现后首次灌溉，1月下旬或春节后出苗，有效避开低温冻害。

2.2.2 采用膜下滴灌水肥一体化栽培或覆盖栽培

地膜覆盖栽培能有效提高土壤湿度，增加群体抗冻害能力。膜下滴灌能精量控制灌溉水量，减小灌溉对降低地温的影响，保持较高的土壤湿度，有效抵御低温冻害。还可采取稻草、秸秆、地膜等进行覆盖提高地温，有条件的地方，还可搭小拱棚以抵御低温冻害，待气温回升后，及时揭除覆盖物或小拱棚，以防止温度过高烧苗和病害发生。

2.2.3 熏烟

如遇寒流，可于夜晚在田间走道上用秸秆、稻草、杂草、木屑等熏烟，设熏烟点60～75个/hm^2。

2.2.4 喷施防冻剂

遇天气变化，低温寒潮来临，可提前喷施植物防冻剂，能显著提高绿色植物抗病、抗低温、抗倒春寒能力，有效地防止早晚霜袭击，避免或减轻受冻害。

2.2.5 及时灌水

寒潮来临前及时灌水，可增加土壤热容量，冻害明显减轻。有条件的地方可安装中喷灌喷头，进行全田喷灌，对防止低温冻害效果极佳。中喷头喷水半径为 10 m，可覆盖面积 200～300 m^2。

2.2.6 喷施蔗糖溶液

马铃薯苗期发生冻害，植株迅速萎蔫，可及时喷施 1%蔗糖溶液，增强叶片细胞渗透压，减小冻害损伤。

2.2.7 增施肥料

冻害解除，应及时补充肥料。轻度受害的田块，可用光合营养膜肥配合磷酸氢钾溶液进行叶面施肥，以增强植株抗性，让植迅速恢复生长；对出苗后中度或较重受害及尚未出苗的田块，追施沼液、粪水或复合肥，以促进植株恢复或块茎种芽萌发。

2.2.8 及时防治病害

受低温冻害后，马铃薯叶片、茎秆受伤，易感染病害，需加强病害药剂防治。防治方法：用 50%多菌灵可湿性粉剂 600～800 倍液+3%广枯灵 600～800 倍液灌根预防黄萎病、立枯病；用 3%中生菌素可湿性粉剂 1500 g/hm^2兑水 900～1200 kg/hm^2或农用链霉素（200 万单位）2000 倍液喷雾，预防青枯病等细菌性病害的发生；用 80%大生可湿性粉剂 600～800 倍液或 25%甲霜灵（瑞毒霉）400～500 倍液预防晚疫病。

参考文献

[1] 万幸，王友富，郑崇兰，等．攀西地区水肥一体化模式下冬马铃薯耐瘠品种筛选试验研究［J］．农业研究与应用，2019，32（1）：27－31.

[2] 邓国强，昭苏．影响马铃薯出苗率的原因及解决措施［J］．农村科技，2009（2）：21－22.

[3] 郑德芬．大关冬马铃薯抗旱栽培技术［J］．中国农业信息，2016（4）：120，122.

[4] 陈新华．贵港市冬马铃薯霜冻发生情况及防御措施［J］．现代农业科技，2012（17）：102，104.

[5] 李飞，鑫黎平．马铃薯冻害及防御措施［J］．贵州农业科学，2007，35（3）：121，127.

四川攀西干旱区冬马铃薯抗旱品种筛选试验研究*

王友富[1*]　郑崇兰[1]　铁万祝[1]　万　幸[2]　晋一棠[1]　廖莉莉[1]

1. 四川省凉山州亚热带作物研究所，四川西昌　615000

2. 四川省凉山州会理县农牧局，四川会理　615100

摘要： 本研究选择近年来各地区种植观察表现产量高、品质较好的云薯102、云薯304、丽薯6号、青薯9号、冀张薯12、大西洋、夏坡蒂、荷兰15，共8个品种在水分亏缺条件下进行了冬马铃薯品种筛选试验。试验结果表明，在攀西干旱区选择丽薯6号、云薯102、青薯9号种植，均可获得较高产量和产值。

关键词： 攀西地区；冬马铃薯；干旱；品种筛选

四川攀西地区，位于四川省西南部，属于亚热带季风气候，其区域内的安宁河流域河谷地带地势平坦，光热资源充足，全年≥0℃积温为6 065～6 705℃，降水量960～1 000 mm，年日照时数2 074～2 431 h，冬春晴天多，光照充足，昼夜温差较大，如此独特的自然资源，是种植冬马铃薯的最佳地区。但由于大气环流的季节转换，造成该流域干湿分明的特点，虽然降水量的年际变化不大，但年内分配极不均匀。夏秋半年（5～10月），受到来自印度洋的西南季风和来自太平洋的东南季风交替影响，降水极为丰富，占全年90%以上，而冬春半年（11～次年4月），流域内受极地大陆气团影响，风高物燥，降水量大多不足全年降水量的10%，再加上冬季寒潮风及春季干热风的影响，蒸发量极大，导致大气干旱，土壤干燥[1]。在攀西地区发展冬马铃薯种植，其全生育期生长于旱季，干旱缺水成为发展冬马铃薯产业的重要限制因素，所以筛选出抗旱性较强，适宜本地区栽植的马铃薯品种，是发展冬马铃薯产业的重要举措。我们在进行调查后，筛选出表现优异的8个品种进行品种比较试验，并对其产量和经济性状进行了分析研究，以期为四川攀西干旱区冬马铃薯高产栽培提供理论依据和技术支持。

1　材料与方法

1.1　供试品种与栽培情况

供试马铃薯品种主要有云薯102、云薯304、丽薯6号、青薯9号、冀张薯12、大西洋、夏坡蒂、荷兰15，共8个品种。剔除畸形有病虫害的种薯，淘汰表面粗糙和不规则的块茎，同时选择壮龄薯做种。切块大小25 g以上，50 g以下的种薯一般不切块，整薯播种；切块过程中使用3‰的高锰酸钾溶液对切刀进行消毒。种薯切块后用2 kg 70%甲基托布津加1 kg 72%的农用链霉素均匀拌入50 kg滑石粉进行拌种。

试验于2015年12月3日至2016年4月22日在会理县河口乡盐河村6组一家庭农场进行，试验区土地平整，地形规整，地力均匀，肥力中等，安装有部分节水灌溉设施，管理方便。试验地土壤全氮含量

* **基金项目：** 农业部公益性行业（农业）科研专项（20150212706）

0.13%，有效氮 87 mg/kg，速效磷 33 mg/kg，速效钾 147 mg/kg，有机质含量 2.20%，土壤 pH 值 4.67。

1.2 试验设计

本试验采用随机区组设计，每个品种共设 3 次重复，每个小区面积 22.5 m^2。采用高垄双行膜下滴灌水肥一体化栽培技术，以 110 cm 间距开播种垄沟，采用双行错窝播种，垄内行距 30 cm，株距 30～35 cm，播种密度为 3 500～4 000 株/亩，全田安装节水灌溉设施，采用膜下滴灌栽培，并安装水表进行水量控制。

根据马铃薯各生育期对水分的需求，在生长关键期进行补水，其他时期不进行灌溉，方法是全生育期灌水 6 次，分别在出苗前期、苗期及薯块膨大期进行滴水灌溉，共滴水量 120 t，较正常栽培模式下灌水量减少 40%，具体灌水量见表 1。试验区域在冬马铃薯生育期内无自然降水。

表 1 马铃薯灌水量分配表

生育时期	出苗前期	苗期		薯块膨大期		
时间（月/日）	1/20	2/10	3/1	3/20	3/30	4/10
滴水量（t）	30	18	18	18	18	18

底肥施用 N∶P∶K=15∶15∶15 的三元素复合肥 60 kg/hm^2，过磷酸钙 60 kg/hm^2。花期追肥一次，每亩于叶面喷施磷酸二氢钾 500 g。苗齐后喷施 80%代森锰锌一次预防早、晚疫病的发生，10 d 后喷施 68%银发利一次进行防治，其他时期视植株生长情况，病虫害发生情况进行防治。现蕾期结合中耕除草进行田间培土一次。其他栽培措施同当地大面积生产，确保小区间和小区内栽培管理技术措施一致。

1.3 测定项目及方法

于 2016 年 4 月 22 日统一进行人工收获，收获时选取长势一致的马铃薯 10 株，记录单株结薯数，测定单株每个薯重，用直尺测量马铃薯根系长度及众数。最后按小区将收获的马铃薯放入网袋中以测定小区产量，按种植密度换算为亩产量。

1.4 数据处理

采用 SigmaPot（10.0）软件作图，同时运用 Excle（2007）软件进行数据处理，运用 SPSS（17.0）软件对数据进行差异显著性分析。

2 结果与分析

2.1 根系长度

图 1 所示，各品种马铃薯最长根长在 14～19 cm 之间，其中丽薯 6 号根系最长，为 18.5 cm，但与云薯 102 和青薯 9 号相比差异不明显；而荷兰 15 根长最短，为 14.25 cm，显著低于其他 7 个品种。还可以看出云薯 102、云薯 304、丽薯 6 号、青薯 9 号、冀张薯 12、夏坡蒂 6 个品种根系长度集中在 11～12 cm，而荷兰 15 根系较短，主要集中在 9～10 cm。

2.2 主要经济性状

从表 2 可以看出，单株产量最高的品种冀张薯 12，单株薯块总重为 514.08 g，显著高于其他品种产量，而冀张薯 12 单株结薯薯数较少，为 5 个左右，可见冀张薯 12 薯块较大，且生长整齐。从商品薯重来看，冀张薯 12 商品薯产量最高，达到每株 488 g 左右，与其他品种表现出显著差异，商品薯率不及大西洋，但两品种间差异并不显著。云薯 102 表现出较高的结薯数和商品薯个数，但薯块较小，单薯重较低，所以并没有产生较高的产量。另外，在所有的品种中，表现最差的是夏坡地和云薯 304，单株产量不足 300 g。

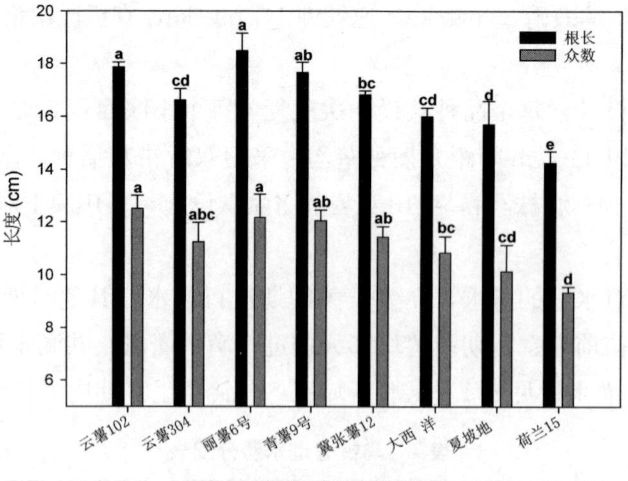

图 1　各品种根系特征

表 2　各品种主要经济性状

品种	单株结薯数（个）	单株薯块重量（g）	商品薯个数（个）	商品薯重量（g）	商品薯率（%）
云薯 102	9.01±0.24a	428.98±40.84b	4.58±0.26a	312.18±51.20bc	73.42±7.55de
云薯 304	4.65±0.14de	287.00±30.62de	2.88±0.63b	234.74±48.01c	72.39±4.36e
丽薯 6 号	5.86±0.80bc	468.38±19.51ab	3.79±0.76a	381.58±86.30b	80.92±8.84cd
青薯 9 号	6.48±0.71b	441.88±22.51b	4.46±0.44a	372.21±74.94b	86.49±4.26bc
冀张薯 12	5.39±0.44cd	514.08±25.07a	4.08±0.56a	488.25±39.69a	91.75±2.41ab
大西洋	3.44±0.39f	333.55±12.68cd	2.87±0.42b	309.11±15.85bc	97.39±0.39a
夏坡地	3.99±0.32ef	257.04±28.87e	2.58±0.07b	225.43±6.45c	89.35±2.54ab
荷兰 15	4.30±0.23ef	341.76±26.35c	2.36±0.38b	217.71±48.88c	62.36±2.42f

2.3　产量及产值

从表 3 中可以看出，丽薯 6 号产量最高，排在第 1 位。亩产达到 1 778.11 kg，显著高于其他 7 个品种。分列 2，3 位的是云薯 102 和青薯 9 号，产量分别为 1 519.69 kg/亩，1 487.84 kg/亩。而冀张薯 12，荷兰 15，云薯 304 及大西洋 4 个品种，排在第 4～7 位，产量在 950～1 100 kg/亩之间，品种间差异不显著。夏坡蒂亩产 702.33 kg/亩，显著低于其他 7 个品种，居参试品种末位。

按当年市场田间收购价格商品薯每千克 2 元、中小薯 1.2 元计算，亩产值达 2 000 元以上的共有 4 个品种，其中丽薯 6 号产值 3 284.87 元/亩，居第 1 位，青薯 9 号产值 2 814.86 元/亩，居第二位，云薯 102 产值 2 716.23 元/亩，居第三位，冀张薯产值 2 089.13 元/亩，居第四位。夏坡蒂产值 1 344.84 元/亩，居参试品种末位。

表 3　各品种产量及产值

品种	产量（kg/亩）	排名	产值（元/亩）	排名
云薯 102	1 519.69±96.04b	2	2 716.23	3
云薯 304	1 047.92±44.63c	6	1 864.40	6
丽薯 6 号	1 778.11±35.91a	1	3 284.87	1
青薯 9 号	1 487.84±45.22b	3	2 814.86	2
冀张薯 12	1 080.22±23.23c	4	2 089.13	4
大西洋	969.1±104.55c	7	1 917.95	5
夏坡地	702.33±14.13d	8	1 344.84	8
荷兰 15	1 066.15±91.76c	5	1 811.25	7

注：产值按商品薯价格 2.0 元/kg，中小薯 1.2 元/kg 计算。

3　讨论与结论

攀西干旱区冬季降水量低，不能满足绝大多数农作物生长需求，耕地抛荒现象较为普遍，冬闲田土地面积较大。但攀西地区冬春季晴天多，光照充足，昼夜温差较大，是种植冬马铃薯的最佳区域。本试验采用膜下滴灌的方式，克服了冬季降水不足的限制条件，利用冬闲田种植冬马铃薯，不仅可增加复种指数，增加粮食总产量，而且可以填补北方马铃薯供应的空档，增加农业生产效益，前景十分广阔[2]。

试验结果表明，丽薯 6 号，青薯 9 号及云薯 102、冀张薯 12 都在本试验地区干旱条件下获得较高产量及产值。值得一提的是，冀张薯 12 在单株性状表现较优异，单株薯块重甚至超过 500 g，且商品薯率较高。可能是该品种对肥水条件要求较高[3]，不适应本地区气候条件，导致出苗率较低，出现大量缺窝的情况，若能进一步探索出本地区与该品种相配套的栽培措施，提高出苗率，必定能更加充分地发挥出冀张薯 12 单株优势，创造出更高的产值。

参考文献

[1] 夏明忠．安宁河流域的光温水资源及生产潜力分析 [J]. 资源开发与保护，1991 (1)：28－32.

[2] 刘明月，何长征，宋勇，等．南方冬闲田马铃薯地膜覆盖栽培技术规程//中国作物学会马铃薯专业委员会．2006 年中国作物学会马铃薯专业委员会年会暨学术研讨会论文集 [C]. 中国作物学会马铃薯专业委员会，2006.

[3] 左庆华，尹江，田国联，等．马铃薯新品种冀张薯 12 号选育 [J]. 中国马铃薯，2012 (2)：127－128.

攀西地区冬马铃薯高垄双行膜下滴灌水肥一体化栽培技术*

王友富[1]　万　幸[2]　铁万祝[1]　晋一棠[1]　廖莉莉[1]　刘克平[2]

1. 四川省凉山州亚热带作物研究所，四川西昌　615000

2. 四川省凉山州会理县农牧局，四川会理　615100

摘要：四川攀西地区气候干湿季节分明，冬春干旱少雨，水资源缺乏，土地闲置率高，发展冬马铃薯产业潜力巨大。应用高垄双行膜下滴灌水肥一体化栽培技术栽培冬马铃薯获得成功，并针对本区域气候特点，在品种筛选、播种期选择、种子处理、播种方式、覆盖方法、水肥一体化管理、灌溉制度、病虫害防控等方面进行了全面探索，总结成配套技术以资借鉴。

关键词：冬马铃薯；膜下滴灌；节水农业；水肥一体化

四川攀西地区，属亚热带季风气候，光热资源丰富，年温差小，昼夜温差大，光合效率高，农经作物生产得天独厚，不仅产量高，且品质好。受西南季风影响，区域内气候干湿季节分明，降水主要集中于6～10月，占全年降水量的90%以上，而11月至次年5月降水量不足全年的10%，通常情况下，每年的10月以后雨季结束，直到次年6月初雨季才缓慢来临，旱季长达8个月，具有冬干、春旱、夏（初夏）烧的气候特点。加之区域内水资源有限，水利灌溉基础设施较差，小春作物播种系数较低，冬闲土地面积大。若充分利用有限的水资源，发展冬马铃薯产业，提高冬闲土地利用率，则生产潜力巨大。据调查，区域内适宜发展冬马铃薯种植的土地面积可达50万亩，且冬马铃薯成熟期在3—5月，该时期马铃薯市场供应相对短缺，市场售价高，经济效益好。在攀西地区发展冬马铃薯种植，其全生育期生长于旱季，须采用节水灌溉技术，而水资源极度缺乏的地区须采用膜下滴灌技术，本项目组与会理县农牧局在会理县干旱区经过3年的种植试验，已取得成功。

1　播种前准备

1.1　气候区域选择

攀西地区适宜冬马铃薯种植分布范围广，区域内金沙江、海拔800～2 000 m的安宁河谷流域、年均气温15～22 ℃的区域内均可种植冬马铃薯，最适宜种植区域为海拔1 800 m以下，年均气温18～20 ℃，无霜期300 d以上，最冷月平均气温5～10 ℃，极端最低气温大于0 ℃，倒春寒活动次数较少的区域。

1.2　土地选择

选择有一定灌溉水源，交通便利，地势平坦的地块种植冬马铃薯，以土壤通透性好、有机质含量高、耕作层疏松透气、pH值5.5～6.0的弱酸性的轻质壤土栽培冬马铃薯为最佳。攀西地区宜种植冬

* **基金项目**：农业部公益性行业（农业）科研专项（201503127）

马铃薯的土地有稻田土和旱地，稻田土可实现水旱轮作，有利于减轻病虫害的发生；旱地前作主要有玉米、花生、烤烟等作物，可实现与冬马铃薯大、小春周年轮作。不同的土质类型，以含沙量高的轻壤土最好、河砂土次之、黏壤土最差。

1.3 整地

1.3.1 深耕保墒

大春作物收获后，及时清除秸秆，待土壤水分适宜耕作时，用旋耕机深耕 30～40 cm，使土壤疏松，细碎、破除土壤毛细管以保墒，平整备用。

1.3.2 开沟施基肥

按照 110 cm 间距开播种垄沟，播种垄沟宽 30～40 cm，沟深 20～25 cm。每亩施入优质腐熟农家肥 1 500～2 000 kg，氮、磷、钾比例为 15：15：15 的三元素复合肥 50 kg，或马铃薯专用复合肥 50 kg，均匀撒施于垄沟内。

1.4 品种选择

抗旱和抗寒是四川攀西地区冬马铃薯种植的两个关键难题，冬末春初常伴有 2～3 次倒春寒，苗期易受冻害，而 3～4 月温度较高，不利于马铃薯块茎膨大。因此，品种上应选择短日照、生长快，结薯早、生育期较短品种，并兼具较强的抗寒性和抗旱性。另外品种的选择还需符合市场和产业发展的需求，不同的用途对马铃薯的薯形、大小、内在品质有不同的要求，区域内普遍种植的冬马铃薯是以蔬菜型用途为主的品种，但就熟期和全国市场而言，生产不同用途的加工型品种的潜力巨大。目前攀西地区冬薯栽培的主要品种有青薯 9 号，丽薯 6 号，克疫，荷兰 15，大西洋，夏波蒂等。

1.5 种子处理

1.5.1 种薯筛选

选择品种纯正、健康、无晚疫病及其他病害的薯块作种薯，最好选用脱毒马铃薯一、二级种薯，要尽可能杜绝使用商品薯做种。区域内用种薯一般来自大春薯或从北方调入，应注意种薯的质量，对种薯的来源要清楚，质量保证，无病虫害。

1.5.2 催芽

马铃薯有多种催芽法，根据处理方式的不同可分为有晒种催芽、药剂催芽、温湿度处理催芽等。攀西地区冬季光照充足，冬马铃薯种薯可采用晒种催芽法和温湿度处理催芽以打破种薯休眠。

1.5.2.1 晒种醒薯催芽法 含水量较高的种薯，将其摊开在 15～20 ℃阳光下晾晒，每 3～5 d 翻动一次，10～15 d，即可长出 0.5～1 cm 粗壮紫色芽，催芽完成。

1.5.2.2 堆垛保温保湿催芽法 催芽前除去烂薯和畸形薯，用透气网袋分装，每袋 25～30 kg，选择适宜催芽的平整场地，铺上 10～15 cm 秸秆，用水充分湿润，秸秆上面整齐堆放种薯袋，一层湿润秸秆一层薯袋码放 3～4 层，顶层和堆垛四周用湿润草苫覆盖，并加盖农膜，四周压严实保温保湿，堆垛在阳光照射下保持温度在 15～20 ℃，湿度保持在 80%左右，7～10 d 可长出 0.5～1.0 cm 的紫色薯芽，即可完成催芽。

1.5.3 浸种

催好芽的种薯需进行药剂浸种，以防种子病虫害。可采用 70%丙森锌＋吡虫啉进行浸种，选择 100～200 L 的塑料容器，配制 70%丙森锌 500 倍、吡虫啉 2 000 倍混合液 50 L，将种薯袋放入药液中浸泡 15 min，取出晾干。

1.5.4 切块

大种薯需要进行切块处理。按每个薯块重 50 g 左右，具 1～2 个芽眼直切，使每个切块上尽量带有顶部芽眼，保持顶芽的生长优势。切块前准备切刀两把，75%酒精或 0.5%高锰酸溶液一盆，将切刀浸入消毒。切块时每把刀切一个种薯后浸入消毒液，换另一把刀切下一个。

1.5.5 拌种

1.5.5.1 草木灰拌种

切好的薯块可直接用草木灰拌种，使切口均匀地沾上草木灰。据报道草木灰拌种具有消毒杀菌作用，避免细菌侵染伤口，可有效防治黑胫病、环腐病、马铃薯疫病等，能提高植株抗病力，并能为植株补充钾素营养，有利于马铃薯生长。

1.5.5.2 药剂拌种

方法一，每 1 000 kg 切好的薯块采用 4.0 kg 70%甲基托布津+1.0 kg 72%的农用链霉素均匀拌入 100 kg 滑石粉拌种。

方法二，每 1 000 kg 切好的薯块采用 2.5 kg 70%甲基托布津+2.5 kg 安泰生均匀拌入 100 kg 滑石粉拌种。

2 播种

2.1 播种时间

攀西地区冬马铃薯种植根据纬度、海拔、气温的不同，播种期从 10 月至 12 月，收获时期为次年 2 月至 5 月。区域内地形地貌复杂多样，立体气候差异显著，播种期的确定需要考虑马铃薯在生长期间避开前期的霜冻和后期结薯时的高温。其基本原则是既要确保冬马铃薯安全高效生产，又不影响下一季作物的正常播种。在无霜或少霜的干热河谷区域，于 10 月中下旬至 11 月上中旬提早播种，避开结薯期及薯块膨大期的高温气候，成熟期也较大提前。在中二半山区，播种期于 11 月中下旬至 12 月上中旬，播种后进行地膜覆盖，霜后出苗，避开霜冻。在纬度、海拔较高的高二半山区，于 12 月下旬至次年 1 月上旬重霜前后播种，轻霜出苗，无霜生长。

2.2 播种与密度

以 110 cm 间距开播种垄沟，采用双行错窝播种，垄内行距 30 cm，株距 30～35 cm，播种密度为 3 500～4 000 株/亩，播种时将薯块按相同株距均匀放置于垄沟两侧，不可与化学肥料接触。

2.3 覆土起垄

采用人工或小型机械覆土起垄，种子覆土深度 15～20 cm，起垄高度 20～25 cm，垄底部宽 60 cm，顶部宽 20～25 cm，垄顶微凹。

2.4 铺滴灌带

滴灌带采用管径为 16 mm、壁厚 0.2 mm、工作压力为 0.02～0.25 MPa、流量为 2～3 L/h 的贴片式滴灌带，每亩用量为 600～650 m。将滴灌带铺设于垄上凹面正中央，注意不能卷曲或靠近垄面一侧，长度大于垄长，一端与主水管道旁通阀相连接，另一端用折叠捆扎。

2.5 覆膜压土

选用宽幅为 100 cm，厚度为 0.006 mm 的地膜进行覆盖，地膜四周用细土盖严实，垄顶膜上压土 5～10 cm，让地膜紧贴垄顶表土和滴灌带。

3 安装滴灌输水系统

根据水源位置的不同可分为自然落差滴灌系统和增压滴灌系统两种模式，自然落差滴灌系统要求水源位置距离灌溉地面海拔高差在 20 m 左右，能够产生 0.02 MPa 的水压。若水源位置较低，则需要安装增压泵（或抽水泵），以增加水压。滴灌输水系统由主输水道管、总控阀门、过滤器、支线控制阀等部件构成，并通过支线输水管道上安装滴灌旁通阀与滴灌带相连，形成完整的滴灌系统。

4 田间管理

4.1 及时查苗

播种完成后视气温情况进行滴灌，10 d 左右开始陆续出苗，采用高垄双行膜下滴灌栽培技术，于地膜上覆土镇压，幼苗可直接破膜而出，无须进行人工破膜引苗，且幼苗出土后基部无空隙，地膜损伤较小，能够更好地锁住水分，更加节约用水。但需要及时田间巡查，防止牲畜践踏或大风破膜，及时处理，保持地膜的完整性。

4.2 水分管理

4.2.1 灌水指标

水分管理需根据马铃薯不同品种、不同生育期需水特性、土壤墒情、植株生长情况进行水分调节。出苗期需保持土壤相对含水量 15%左右，在温度适宜的情况下 15～20 d 出芽率可达到 80%以上；进入苗期管理，需要视土壤温湿度适时进行滴灌，通常情况下苗期需保持土壤相对含水量 15%～16%；至现蕾开花期，马铃薯开始结薯，应加大滴水量，使土壤相对含水量保持在 18%以上；薯块膨大是关键时期，产量的形成需要大量的水分供应，应保持膜内土壤相对含水量达到 20%左右；至收获前一周左右滴水停止。

4.2.2 灌水量

冬马铃薯全生育期灌水次数 12～15 次，每亩总灌水量 180～200 m^3。以生育期为 90～100 d 的品种为例，播种到出苗期，需要滴水 3 次，第一次滴水需使垄内土壤全面湿润，滴水渗透深度 15～20 cm，灌水量为每 20 m^3/亩，每间隔 12～15 d 滴水一次，每次滴水量 10 m^3；齐苗至初花期，需要滴水 3 次，每隔 7～10 d 一次，每次 12 m^3；初花至终花期，需要滴水 4 次，每周滴水一次，每次 15 m^3，终花至叶片枯萎期滴水 3 次，每隔 5～7 d 滴水一次，每次 18 m^3。

4.3 追肥管理

马铃薯喜钾。据报道，每生产 1 000 kg 鲜薯需要吸收氮（N）4.4～5.5 kg，磷（P_2O_5）1.8～2.2 kg，钾（K_2O）7.9～10.2 kg，氮、磷、钾的比例约为 5∶2∶10。因底肥施用充足，出苗期的前 2 次滴灌不需要滴肥，苗齐后需要及时追肥提苗，使植株及早封行，每亩施用尿素 5 kg。现蕾至始花是块茎形成期，养分吸收量增大，每亩施用尿素 5 kg+52%用水溶性硫酸钾 5 kg。花后薯块进入膨大期，每亩施入 52%用水溶性硫酸钾 10 kg，为防止植株早衰，根据植株长势情况，叶面喷施磷酸二氢钾 1～2 次，每次 1 kg/亩。施肥时，将肥料溶解于施肥罐，通过施肥泵注入滴灌系统，前 1～2 h 只滴清水，中间滴带肥料的水溶液，后 0.5～1 h 再滴清水，一方面防止肥料稀释过大渗透流失，另一方面可防止未溶解肥料堵塞滴孔。

4.4 中耕除草

利用大垄双行膜下滴灌水肥一体化栽培，全生育期需要保证全膜覆盖，视田间杂草生长情况，清除田间杂草，并及时在膜上进行培土，以保持水分不流失。

4.5 病虫害防治

4.5.1 早晚疫病防治

在植株齐苗后至封垄之前在叶面喷保护性药剂 1～2 次进行预防，现蕾开花期或发现晚疫病中心病株，喷雾内吸性药剂进行防治，每隔 5～7 d 喷雾一次。保护性药剂有代森锰锌、安泰生、达科宁、阿米西达等，内吸性药剂有凯特、金雷、克露、抑快净、银法利等，几种药剂轮换使用，防止产生抗药性。

4.5.2 虫害防治

四川攀西地区春季气温回升快，虫害种类多，发生重。主要害虫有地下害虫金针虫、小地老虎、拟步甲、蛴螬、蝼蛄等，叶面害虫主要有马铃薯块茎蛾、蚜虫、斑潜蝇等。地下害虫在播种的同时，可施用锌硫磷、甲拌磷颗粒剂防治。马铃薯块茎蛾需加强病虫检疫和种子贮藏管理、避免连任，消除传染源等综合措施进行防治，在成虫盛发期喷雾辛硫磷乳油、杀螟松乳油、溴氰菊酯乳油、氰戊菊酯乳油、功夫菊酯乳油等杀虫剂进行防治，同时可防治蚜虫、斑潜蝇等叶面害虫。

5 收获

当地上大部分茎叶淡黄，基部叶片已枯黄脱落，匍匐茎干缩，即可收获。收获前要提前准备好包装物、运输工具。按薯块大小分类包装存放。

参考文献

[1] 王玉明，张子义，樊明寿．马铃薯膜下滴灌节水及生产效率的初步研究 [J]. 中国马铃薯，2009，23 (3)：148-151.

[2] 张小娟．浅谈滴灌技术发展概况及膜下滴灌马铃薯节水机理 [J]. 甘肃农业，2013 (20)：44-45.

[3] 方明，孔繁梅．马铃薯膜下滴灌节水高产栽培技术 [J]. 辽宁农业科学，2012 (1)：91-92.

[4] 周皓蕾，买自珍，袁丕成．马铃薯膜下滴灌水肥一体化栽培研究 [J]. 宁夏农林科技，2011，52 (10)：1-2.

四川攀西地区不同水肥梯度膜下滴灌冬作青薯 9 号试验研究*

王友富[1]　铁万祝[1]　郑崇兰[1]　晋一棠[1]　廖莉莉[1]　万　幸[2]

1. 四川省凉山州亚热带作物研究所，四川西昌　615000

2. 四川省凉山州会理县农业农村局，四川会理　615100

摘要： 为了探讨攀西地区冬作青薯 9 号节水节肥最佳栽培模式，以每亩膜下滴灌 160 m^3、140 m^3、120 m^3、100 m^3 四个灌水量梯度和基施底肥 100 kg、80 kg、60 kg 三个施肥水平进行试验，研究其在不同水肥梯度下农艺经济性状及生产性能表现。结果表明，青薯 9 号出苗率与灌水量和底肥施用量影响较小；其他性状则表现为水肥条件越充足，生长量越大，产量越高；水分利用效率随灌水量的增加而降低。灌水量为 140 m^3/亩和 160 m^3/亩，底肥施用量 80 kg/亩和 100 kg/亩，为攀西地区青薯 9 号水肥一体化高垄双行膜下滴灌高产栽培模式优选的灌水量和底肥施用量。

关键词： 攀西地区；冬马铃薯；水肥梯度；水肥一体化

四川攀西地区属亚热带季风气候，光热资源丰富，年温差小，昼夜温差大，光合效率高，农经作物生产得天独厚，不仅产量高，而且品质好。受西南季风影响，区域内气候干湿季节分明，冬春干旱少雨，小春作物播种指数较低，冬闲土地面积大，利用冬闲土地种植冬马铃薯生产潜力巨大。而冬马铃薯种植完全依靠灌溉，普通农户种植冬马铃薯一方面受水资源短缺的限制，另一方面施肥不合理，底肥施用量大，造成肥料的巨大浪费，肥料的利用率低。因此膜下滴灌水肥一体化技术是攀西地区冬马铃薯栽培的根本出路，据相关研究表明，膜下滴灌比露地栽培水的利用率和灌水的生产效率有大幅提高[1,2]，但单位面积的灌水量和施肥量依据不足。“攀西地区玉米马铃薯田间节水节肥节药综合技术集成与示范”项目通过高垄双行膜下滴灌对冬作青薯 9 号，设计不同的灌水量和底肥施用量水平梯度，研究其节水节肥栽培技术模式，为攀西地区冬马铃薯种植提供参考。

1　材料与方法

1.1　供试材料

以马铃薯青薯 9 号为供试品种，供试基施肥料为双硫基复合肥（$N-P_2O_5-K_2O$：15－15－15），追肥为普通尿素（含氮量≥46%）。

1.2　试验设计

试验采用膜下滴灌水肥一体化裂区设计，主区为灌水量，设 4 个水平。A1 灌水量 160 m^3/亩、A2 灌水量 140 m^3/亩，A3 灌水量 120 m^3/亩，A4 灌水量 100 m^3/亩。主区两水平之间设两行为水分缓冲

* **基金项目：** 农业部公益性行业（农业）科研专项（20150212706）

区，两行的灌水量分别为相邻两个水平的灌水量；裂区为底肥施用量，设三个水平：B1 施肥量为 100 kg/亩，B2 为 80 kg/亩，B3 为 60 kg/亩。每个主区内的 3 个处理随机进行 3 次重复共 9 个小区，全部四个主区内共 36 个小区。

1.3 试验实施及田间管理

1.3.1 种子处理

选择纯正健康一代青薯 9 号种薯，剔除畸形有病虫害的种薯，淘汰表面粗糙和不规则的块茎，切块大小 30～50 g，50 g 以下薯块以整薯播种。切块过程中使用 3‰的高锰酸钾溶液对切刀进行消毒；种薯切块后用 1 kg 70%的甲基硫菌灵加 1 kg 80%的代森锰锌可湿性粉剂均匀拌入 12 kg 滑石粉进行拌种。

1.3.2 试验布置

试验地总面积 2 000 m^2，土地平整，土质为黏红壤，土壤肥力均匀，四周用水泥浇筑，预留排水沟。试验于 2018 年 1 月 20 日播种，采用高垄双行膜下滴灌栽培，垄内错窝播种，试验以 1.1 m 间距开播种沟，垄内行距 30 cm，株距 30 cm，种植密度 600 株/亩，每小区 4 垄，垄长 3 m，小区面积 13.2 m^2，每小区种植 84 株。播种前垄沟内施用 1.74 kg/亩有效成分 10%的甲拌·辛防治地下害虫，播种后全田安装水肥一体化节水灌溉装置，并安装水表进行水量控制。

1.3.3 田间管理

试验于 2018 年 1 月 30 日第 1 次滴水，2 月 20 日开始出苗，齐苗后和初花期通过膜下滴灌全田追施尿素 2 次，每次追施 3.75 kg/亩，共计 7.5 kg/亩。薯块膨大初期，全田喷施浓度 1.25‰代森锰锌（有效成分 75%）和氟啶胺（500 g/L）预防马铃薯晚疫病；薯块膨大中期，全田喷施浓度 1.67‰银法利（687.5 g/L）和浓度 0.83‰氟啶胺（500 g/L）防治马铃薯晚疫病。试验于 5 月 20 日收获，全生育期 90～100 d。因试验区域内冬季无降水，根据马铃薯各生育期对水分的需求，设计全生育期共计灌水 10 次，灌水量表见表 1。

表 1 灌水量表 单位：m^3/亩

灌水量处理	1	2	3	4	5	6	7	8	9	10	合计
A1	17.5	17.5	17.5	17.5	15.0	15.0	15.0	15.0	15.0	15.0	160.0
A2	17.5	15.0	15.0	15.0	15.0	12.5	12.5	12.5	12.5	12.5	140.0
A3	15.0	15.0	15.0	13.0	12.0	10.0	10.0	10.0	10.0	10.0	120.0
A4	15.0	15.0	12.5	12.5	7.5	7.5	7.5	7.5	7.5	7.5	100.0

1.4 测定项目及方法

齐苗后全田调查统计出苗数，计算出苗率；消苗前统计每小区有效茎数，连续测定 10 株最终株高；收获时，各小区按薯块大小进行分级，分别进行称重、计数，最后计算商品薯率和产量，单薯质量 100 g（含）以上为商品薯；试验播种前采用便携式土壤水分检测仪测定各小区水分含量，收获后按同样方法测定土壤水分，计算水分利用效率。

1.5 试验数据统计分析方法

试验数据参照《试验设计与分析》裂区试验设计统计分析方法进行数据处理和方差分析，并用 LSD 法对各处理数据进行多重比较。

2 试验结果

经对试验各处理出苗数、株高、有效茎数、单薯重、单茎产量及商品率进行全面调查，统计分析结果见表 2、表 3、表 4 所示。

表 2　不同灌水量梯度对青薯 9 号农艺性状及商品率的影响

处理及编号		出苗率（%）	株高（cm）	有效茎数（百株/亩）	单薯重（g）	单茎产量（kg）	商品率（%）
主处理	A1	97.35±1.55a	29.24±2.00a	8.38±0.59c	132.26±8.57a	0.47±0.06a	89.97±1.92ab
	A2	98.21±1.63a	27.43±3.30ab	8.91±0.72b	131.43±16.75a	0.41±0.06b	92.20±1.67a
	A3	98.21±2.04a	25.07±1.65bc	9.47±0.29a	118.45±13.94b	0.38±0.05b	91.56±1.78a
	A4	96.99±1.92a	22.63±1.35c	9.29±0.74a	102.33±4.07c	0.32±0.02c	87.17±1.95b

注：同列数据不同字母表示 0.05 水平上的差异显著性，下同。

表 3　不同底肥施用量对青薯 9 号农艺性状及商品率的影响

处理及编号		出苗率（%）	株高（cm）	有效茎数（百株/亩）	单薯重（g）	单茎产量（kg）	商品率（%）
副处理	B1	98.21±1.70a	26.77±3.31a	8.75±0.65a	126.03±14.47a	0.42±0.07a	90.42±3.41a
	B2	97.72±1.77a	26.46±3.52ab	9.15±0.77a	121.45±19.97a	0.40±0.08ab	89.76±2.24a
	B3	97.15±1.91a	25.04±3.03b	9.13±0.73a	115.88±15.15a	0.37±0.06b	90.49±2.26a

表 4　不同处理组合对青薯 9 号农艺性状及商品率的影响

处理及编号		出苗率（%）	株高（cm）	有效茎数（万株/hm^2）	单薯重（g）	单茎产量（kg）	商品率（%）
组合	A1B1	97.62±1.68ab	28.55±0.06ab	8.26±0.69c	131.22±4.44ab	0.49±0.05a	90.23±1.57abc
	A1B2	96.43±0.00ab	29.97±2.16a	8.26±0.34c	136.21±1.89a	0.49±0.07a	88.88±1.11bcd
	A1B3	98.02±1.48ab	29.19±2.23a	8.61±0.50bc	129.37±12.15ab	0.43±0.01abc	90.78±2.04ab
	A2B1	99.40±0.49a	30.11±1.95a	8.80±0.28bc	134.09±1.62a	0.45±0.04ab	92.64±1.52a
	A2B2	97.62±1.94ab	28.26±2.20abc	8.90±0.37abc	138.64±18.23a	0.41±0.02abcd	91.99±2.09a
	A2B3	97.62±0.97ab	23.91±0.32d	9.02±1.07abc	121.56±16.02abc	0.38±0.06bcd	91.96±0.67a
	A3B1	99.40±0.49a	25.77±1.89bcd	9.49±0.26abc	134.89±7.31a	0.41±0.04abcd	92.73±0.73a
	A3B2	99.40±0.49a	25.18±0.02cd	9.39±0.31abc	110.23±7.20bc	0.39±0.05abcd	90.18±1.94abc
	A3B3	95.83±1.46b	24.25±1.58d	9.51±0.22ab	110.23±2.81bc	0.34±0.00cd	91.76±0.91a
	A4B1	96.43±0.97ab	22.63±0.49d	8.45±0.22bc	103.93±5.76c	0.33±0.02cd	86.08±2.86e
	A4B2	97.42±1.71ab	22.44±1.58d	10.04±0.34a	100.71±2.37c	0.32±0.01d	88.00±0.13cde
	A4B3	97.12±2.34ab	22.82±1.43d	9.39±0.12abc	102.35±0.45c	0.31±0.02d	87.44±0.18de

2.1 出苗率

方差分析结果表明，主处理 4 个水分梯度和 3 个施肥水平对冬马铃薯出苗率影响差异不显著，但组处理组合 A2B1、A3B1、A3B2 与 A3B3 之间差异达到显著水平，其余处理组合之间差异不显著。

2.2 株高

各处理平均株高分析结果，如表 2、表 3、表 4 显示：灌水量越多，基肥施用量越大，冬马铃薯植株生长量越大，株高越高，株高随灌水量和基肥施用量梯度下降而下降。主处理 A1（160 m^3/亩）、A2（140 m^3/亩）与 A4（100 m^3/亩）之间平均株高达到极显著差异水平，A1 与 A2 处理之间差异不显著，与 A3（120 m^3/亩）差异达到显著水平；A2 与 A3、A3 与 A4 之间差异未达到显著差异水平。基肥施用量处理 B1（100 kg/亩）与 B3（60 kg/亩）处理之间平均株高差异达到显著水平，B1 与 B2（80 kg/亩）、B2 与 B3 处理之间差异不显著。各处理组合之间平均株高依次为，A2B1＞A1B2＞A1B3＞A1B1＞A2B2＞A3B1＞A3B2＞A3B3＞A2B3＞A4B3＞A4B1＞A4B2，且表现出不同的差异显著性。

2.3 有效茎数

不同水分和施肥梯度条件下，有效茎数随灌水量增加呈下降趋势，主处理 A3、A4 与 A1、A1 与 A2 差异达到显著水平；副处理基肥施用量对有效茎数的影响差异不显著。组合间也随水分梯度的增加有效茎数呈下降趋势，各组合间表现出不同的差异水平。

2.4 商品率

在灌水量 160 m^3/亩、140 m^3/亩和 120 m^3/亩的情况下，青薯 9 号的商品率之间差异不显著，但灌水量降低到 100 m^3/亩的情况下，与前三者差异达到极显著。基肥施用量的增减对商品率的影响较小，差异不显著。组合间灌水量与底肥施用量组合除 A1、B2 外均未达到显著水平，而灌水量降低至 100 m^3/亩后，商品率下降明显。

2.5 产量

2.5.1 产量表现

经对各小区全部收获测产称重，各处理折合平均产量（见图 1）显示，随灌水量降低、基肥施用量减少，青薯 9 号产量呈下降趋势，产量高低顺序依次是处理 A1B1、A1B2、A3B1、A1B3、A2B2、A3B2、A2B3、A3B3、A4B2、A4B3、A4B1。

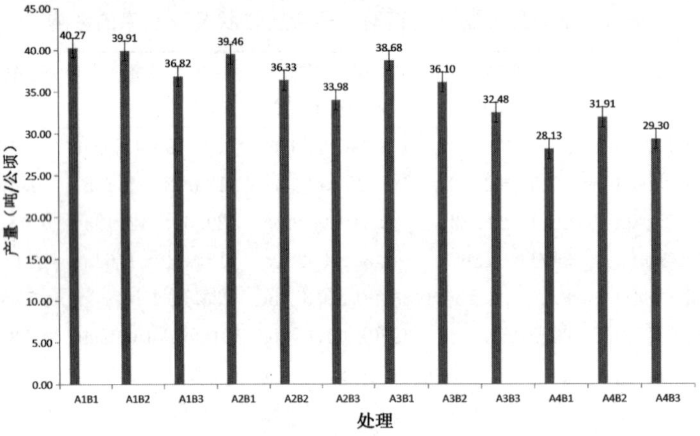

图 1　各处理平均产量柱形图

2.5.2 产量方差分析

对各处理折合平均产量进行方差分析，结果见表 5。分析显示，主处理灌水量梯度 $F>F0.01$，对产量影响效用极显著，副处理基肥施用量梯度 $F<F0.05$，对产量影响差异不显著，区组间及主 * 副互作 $F<F0.05$，对产量影响未达到显著水平。

表 5　产量方差分析表

变异	来源	自由度	Anova 平方和	均方	F 值	F0.05	F0.01
主区	区组	2	1.37	0.69	0.10	5.14	10.9
	主处理	3	414.17	138.06	20.52	4.76	9.78
	误差	6	40.37	6.73			
	总变异	11	455.90				
副区	副处理	2	84.03	42.01	3.10	3.63	6.23
	主×副	6	63.64	10.61	0.78	2.74	4.2
	误差	16	217.02	13.56			
总变异		35	820.60				

2.5.3 不同处理对产量相关性

经对各处理产量相关性分析，结果见表6、表7、表8。结果显示，灌水量差异对青薯9号产量造成显著影响，灌水量水平A1、A2、A3与A4对单产影响达到极显著，A1与A3单产达到显著差异。底肥施用量变化同样对青薯9号的单产造成显著差异，B1与B3之间单产影响达到显著水平；B1与B2、B2与B3之间差异未达到显著水平。不同组合之间A1B1、A1B2、A2B1与A4B1、A4B3之间和A3B1与A4B1之间差异达到极显著；A1B1、A1B2、A1B3、A2B1、A2B2、A2B3、A3B1、A3B2差异不显著，A1B1、A1B2与A3B3、A4B1、A4B2、A4B3之间达到显著水平。

2.6 水肥利用效率

根据周皓雷，买自珍等[2]研究，马铃薯根系密集层为20～30 cm，膜下滴灌土壤中水分浸润深度28～35 cm。播种前利用便捷式手持水分测定仪对各小区30 cm耕作层土壤水分进行快速测定，收获时同样测定土壤水分，计算30 cm表土内土壤含水量和存留量。因攀西地区冬马铃薯生长期处理旱季，全生育期内无有效降雨，每次灌溉量根据冬马铃薯各生长期对水分需求的土壤含水量设定，灌水量基本无渗漏。因此水分利用效率WUE=经济产量/耗水量（kg/m^3）。经方差分析结果见表6、表7、表8。结果显示，随着主处理A灌水量的增加，水分利用效率呈递减趋势，A1＜A2＜A3＜A4，且A1、A2与A3、A4之间达到极显著性水平。随底肥施用量减少，水分利用率呈递减趋势，但处理间差异不显著。处理组合间差异也随灌水量的变化而呈现不同的差异显著性。

表6 不同灌水量梯度对青薯9号产量及水分利用率的影响

处理及编号		产量			水分利用率		
		均值（t/hm^2）	5%差异	1%差异	均值（%）	5%差异	1%差异
主处理	A1	39.00	a	A	18.21	b	B
	A2	36.59	ab	A	19.77	b	B
	A3	35.75	b	A	22.89	a	A
	A4	29.78	c	B	23.30	a	A

表7 不同底肥施用量对青薯9号产量及水分利用率的影响

处理及编号		产量			水分利用率		
		均值（t/hm^2）	5%差异	1%差异	均值（%）	5%差异	1%差异
副处理	B1	36.63	a	A	21.67	a	A
	B2	36.06	ab	A	21.58	a	A
	B3	33.14	b	A	19.88	a	A

表8 不同处理组合对青薯9号产量及水分利用率的影响

处理及编号		产量			水分利用率		
		均值（t/hm^2）	5%差异	1%差异	均值（%）	5%差异	1%差异
组合	A1B1	40.27	a	A	18.71	cd	BC
	A1B2	39.91	a	A	18.64	cd	C
	A1B3	36.82	abc	ABC	17.28	d	C
	A2B1	39.46	ab	A	21.26	abcd	ABC
	A2B2	36.33	abcd	ABC	19.70	bcd	ABC
	A2B3	33.98	abcde	ABC	18.35	cd	C
	A3B1	38.68	abc	AB	24.56	a	AB
	A3B2	36.10	abcd	ABC	23.20	ab	ABC
	A3B3	32.48	bcde	ABC	20.91	abcd	ABC
	A4B1	28.13	e	C	22.14	abc	ABC
	A4B2	31.91	cde	ABC	24.77	a	A
	A4B3	29.30	de	BC	23.00	ab	ABC

3 讨论

冬马铃薯以块茎为种子播种，块茎含水量高达 50%～80%，在适宜的温度和湿度条件下，种子依靠其自身的含水量能够正常萌芽，因此受灌水量和底肥施用量的影响不大但与第 1 次灌水量的多少有关。相关研究表明，马铃薯出苗率主要由品种特性决定，受种子的健康度、种子处理措施及方式[5,6]、播种深度、土壤温度和湿度[7]、地下害虫的防治等因素的影响较大。水分是攀西地区冬马铃薯栽培的关键因素。试验结果显示，不同的灌水量对青薯 9 号除出苗率外的其他农艺经济性状均产生显著性影响，表现为灌水量减少，马铃薯生产性能显著下降。底肥施用量的变化只对株高、单茎产量和公顷产量造成影响，底肥施用量不足，可以通过水肥一体化追肥得到补充。

试验结果显示，随着灌水量的增加，公顷产量增加，水分的利用率呈下降趋势，表明冬马铃薯公顷产量与灌水量并非成正比，在本试验设计的灌水量范围内，随着灌水量的增加，灌水量对产量的贡献率在逐步下降。可以推断，灌水量增加到一定数值后，产量将不再增加，即达到最大产量，此时的水分利用率为最大产量水分利用率；当灌水量减少，水分利用率增大，当灌水量减少到一定程度，产量陡然下降，水分利用率也随之下降，此时的水分利用率为经济产量水分利用率，有关马铃薯水分利用率与产量的关系，文献无相关报道，尚待研究。品种特性是影响水分利用率的重要因素，抗旱耐瘠品种水肥利用效率高；李燕山等[3]发现通常情况下生育期长的品种，灌水量大，水分利用率下降，生育期较短的品种灌水量少，水分利用率高。气候干燥，水分蒸发量大，灌水量增大，土壤渗透力强，水分流失严重，水肥利用效率降低。王耀等[4]认为全膜覆盖双垄种植和配方施肥可大大提高冬马铃薯水肥利用效率。

水和肥是冬马铃薯生产的决定性要素，灌水量和施用量因气候、土壤、栽培技术措施和水平的高低而不同，应因地制宜科学合理应用技术措施，根据马铃薯各生育期需水需肥规律合理进行水肥调控，方能发挥最佳生产潜力。

4 结论

综上分析结果显示，四川攀西地区采用高垄双行膜下滴灌水肥一体化冬作种植青薯 9 号，在试验设计的四个灌水量梯度和三个底肥施肥量水平条件下，通过主处理 A（灌水量）及副处理 B（底肥施用量）相关性分析，以 A1、A2、B1、B2 相互组合公顷产量较高，并与其他组合差异显著，据此判断本试验青薯 9 号水肥一体化高垄双行膜下滴灌高产栽培模式优选为灌水量为 160 m^3/亩和 140 m^3/亩，优选底肥施用量为 100 kg/亩和 80 kg/亩。

参考文献

[1] 王玉明，张子义，樊明寿．马铃薯膜下滴灌节水及生产效率的初步研究 [J]．中国马铃薯，2009，23（3）：148－151.

[2] 周皓蕾，买自珍，袁丕成．马铃薯膜下滴灌水肥一体化栽培研究 [J]．宁夏农林科技，2011，52（10）：1－2.

[3] 李燕山，白建明，许世坤，等．不同灌水量对膜下滴灌冬马铃薯生长及水分利用效率的影响 [J]．干旱地区农业研究，2015，33（6）：8－13.

[4] 王耀，孙小娟．不同种植模式下施肥对马铃薯产量和水肥利用效率的影响 [J]．西北农业学报，2018，27（2）：203－212.

[5] 韩海霞，姚岭柏，邵晓伟．不同浓度赤霉素对休眠马铃薯块茎出苗率及生长的影响 [J]．黑龙江农业科学，2015（3）：25－27.

[6] 王丙锋，钱华．拌种剂对马铃薯出苗率和产量的影响 [J]．黑龙江农业科学，2014（8）：53－55.

[7] 邓国强．影响马铃薯出苗率的原因及解决措施 [J]．农村科技，2009（2）：21－22.

减量分施钾肥对旱地马铃薯产量和钾肥利用率的影响*

尹 梅[1] 曾庆凤[2] 张 琼[2] 侯 俊[2] 张发奎[2] 陈 华[1]
陈检锋[1] 王志远[1] 洪丽芳[1] 付利波[1] 苏 帆[1]*

1. 云南省农业科学院农业环境资源研究所，云南昆明 650205
2. 云南省会泽县土壤肥料工作站，云南会泽 654299

摘要：在云南省会泽县高、低肥力地块上分别开展旱作马铃薯的钾肥减量分施试验，研究100%、90%、70%钾肥一次性施用，90%和70%钾肥不同比例分次施用对马铃薯产量、经济效益、钾肥利用率、钾肥农学效率和钾肥偏生产力的影响。结果显示，钾肥对马铃薯生长影响较大，施钾处理的产量和经济效益高于无钾处理；同一处理的马铃薯产量、效益、钾肥利用率、钾肥农学效率和钾肥偏生产力等在高肥力田块上均优于其在低肥力地块上。无论在高、低肥力地块上，施用钾肥量相同时，钾肥后期多施的90%K（30%+60%）处理和70%K（20%+50%）处理产量高于钾肥分次施用的90%K（40%+50%）处理和70%K（30%+40%）处理，钾肥分次施用的90%K（40%+50%）处理和70%K（30%+40%）处理产量均高于钾肥一次性施用的90%K处理和70%K处理。高肥力地块上，100%K处理马铃薯产量最高，90%K（30%+60%）处理和90%K（40%+50%）处理的产量与100%K处理产量没有显著性的差异，70%K（20%+50%）处理钾肥利用率、钾肥农学效率和钾肥偏生产力较高。低肥力地块上，钾肥施用时期后移的90%K（40%+50%）处理和70%K（20%+50%）处理产量、钾肥利用率、钾肥农学效率和钾肥偏生产力均高于100%K处理。施用K_2O 120～160 kg/hm^2，施用比例为苗期30%、现蕾期70%，可获得云南旱地马铃薯优质高产高效。

关键词：马铃薯；钾肥；减量分施；施用时期；产量；钾肥利用

钾是植物生长发育必需的营养元素，也是肥料三要素之一，作物要获得优质高产需要有充足的钾素营养。钾主要分布于植物体内的细胞液中，参与多项生理生化代谢，对植物的光合作用、生长发育等活动都有重要影响[1-3]，可提高作物的抗逆性和品质[1,4]。

马铃薯是云南省继玉米、水稻后的第三大作物，2015年种植面积达到55.8万hm^2[5]。同其他作物一样，氮、磷、钾肥的合理施用是马铃薯良好生长和优质高产的基础[6-9]。马铃薯是喜钾作物，需较多钾素营养，合理施用钾肥对马铃薯品质和产量影响较大[10-12]。钾素供应不足会引起马铃薯植株较弱，生长缓慢，抗性较差，块茎产量和品质下降[13,14]；钾素过多会引起马铃薯某些品质指标下降[15]，还会增加成本，造成土壤污染[16]。

在云南省马铃薯主产区会泽县开展雨养农业区不同钾肥用量和施用时期对马铃薯的经济性状、产

* **基金项目**：公益性行业（农业）科研专项经费项目（201503127，201203013）

量、经济效益和钾肥利用效率的影响，为云南旱地马铃薯的优质生产选择适当的钾肥施用方案，为节本增效提供理论依据和技术基础。

1 材料与方法

1.1 试验设计

研究地位于云南省曲靖市会泽县五星乡竹箐村，海拔 2 340 m，试验地块为山原红壤坡耕旱地，是云南省典型的雨养农业区。该地年均温 11.3 ℃，年降水量 800 mm。前茬是绿肥，当地种植轮作制度为马铃薯－绿肥。

在该地高肥力和低肥力地块分别开展马铃薯减量分期施用钾肥试验，试验地养分状况见表 1。

表 1 试验地养分状况

试验地	pH 值	有机质 (g/kg)	全 N (g/kg)	碱解 N (mg/kg)	全 P (g/kg)	速效 P (mg/kg)	全 K (g/kg)	速效 K (mg/kg)
高肥力地块	5.2	42.4	1.9	127.0	1.4	27.4	13.2	113.8
低肥力地块	5.0	28.2	1.5	97.3	1.1	18.7	11.7	66.1

两个试验地块处理一致，均为 8 个处理 3 次重复，随机区组排列，每个处理小区面积为 30 m^2。试验处理如表 2。

供试马铃薯品种为当地主栽品种会－2 号。

表 2 各处理施钾肥量 单位：kg/hm^2

代码	处理	施钾肥量	基肥	苗期	现蕾期
CK	无钾肥处理	0	0	0	0
100%K	100%K_2O一次性施用（常规施钾肥）	180	180	0	0
90%K	90%K_2O一次性施用	162	162	0	0
70%K	70%K_2O一次性施用	126	126	0	0
90%K（40%+50%）	90%K_2O分次施用（苗期 40%+现蕾期 50%）	162	0	72	90
70%K（30%+40%）	70%K_2O分次施用（苗期 30%+现蕾期 40%）	126	0	54	72
90%K（30%+60%）	90%K_2O后期多施（苗期 30%+现蕾期 60%）	162	0	54	108
70%K（20%+50%）	70%K_2O后期多施（苗期 20%+现蕾期 50%）	126	0	36	90

纯 N 和 P_2O_5 每公顷用量分别为 180 kg 和 60 kg，氮肥、磷肥全部作底肥一次性施用，钾肥按照表 2 不同处理施用。氮肥为含 N 46%的普通尿素，磷肥为含 P_2O_5 12%的普通过磷酸钙，钾肥为含 K_2O 50%的硫酸钾。

试验于 2014 年 3 月 14 日播种，10 月 11 日收获。种植密度为 54 000 株/hm^2，试验过程中除设计处理差异外，其他均采用同样的管理措施。两组试验均无灌溉措施，完全靠自然降水。

1.2 测定项目与方法

试验前分别在两个试验地块取土，取土深度为 20 cm，按 S 形法采集 10 个点，分别混合为一个基础土样。采用铬酸钾滴定法测定有机质，玻璃电势法测定 pH 值，半微量凯氏法测定全 N，碱解扩散法测定碱解 N，碱熔・钼锑抗比色法测定全 P，0.5 mol/L $NaHCO_3$ 浸提・钼锑抗比色法测定速效 P，碱熔・火焰光度计法测定全 K，乙酸铵溶液浸提・火焰光度计法测定速效 K[17-19]。

马铃薯收获时，分小区进行经济性状测定、测产等。

植株样品采集。在马铃薯收获时取各处理生长中等的 5 棵植株，测定其鲜重，105 ℃杀青后烘干制样，采用烘干称重法测定植株干重，采用硫酸－过氧化氢消煮后火焰光度计法测定植株和薯球样品全K含量[20]。

相关参数计算方法。

施钾效益增加量（元/hm²）＝施钾区产值－不施钾区产值－施钾区钾肥成本；

钾肥利用率（%）＝（施钾区吸钾量－对照区吸钾量）/施钾量×100%；

钾肥农学利用率（kg/kg）＝（施钾区产量－对照区产量）/施钾量；

钾肥偏生产力（kg/kg）＝施钾区产量/钾肥用量；

钾素经济学利用效率（kg/kg）＝经济学产量/植株钾素吸收量；

钾素生物学利用效率（kg/kg）＝生物学产量/植株钾素吸收量。

数据统计分析采用 EXCEL 和 DPS 软件处理。

2 结果与分析

2.1 减量分施钾肥对马铃薯经济性状的影响

表3显示了两种肥力土壤中减量分施钾肥对马铃薯经济性状的影响。

表3 不同处理的马铃薯经济性状

地块	处理	大薯		中薯		小薯		结薯量（个/株）	薯重（kg/株）
		数量（个/株）	所占比例（%）	数量（个/株）	所占比例（%）	数量（个/株）	所占比例（%）		
高肥力	CK	6.33	36.53	5.33	30.76	5.67	32.72	17.33b	0.39c
	100%K	11.33	42.50	8.33	31.25	7.00	26.26	26.67a	0.57a
	90%K	9.00	43.54	7.00	33.87	4.67	22.59	20.67ab	0.53a
	70%K	7.67	40.37	6.00	31.58	5.33	28.05	19.00ab	0.48b
	90%K（40%+50%）	9.33	43.74	7.33	34.36	4.67	21.89	21.33ab	0.56a
	70%K（30%+40%）	9.33	43.74	7.00	32.82	5.00	23.44	21.33ab	0.54a
	90%K（30%+60%）	8.67	37.68	8.67	37.68	5.67	24.64	23.00ab	0.56a
	70%K（20%+50%）	9.67	47.54	6.67	32.79	4.00	19.67	20.33ab	0.55a
低肥力	CK	3.33	22.20	4.00	26.67	7.67	51.13	15.00c	0.23d
	100%K	4.67	21.55	5.33	24.60	11.67	53.85	21.67ab	0.34a
	90%K	4.33	22.01	4.67	23.74	10.67	54.25	19.67ab	0.30bc
	70%K	4.00	22.22	4.67	25.94	9.33	51.83	18.00bc	0.29c
	90%K（40%+50%）	5.00	23.44	6.33	29.68	10.00	46.88	21.33ab	0.34a
	70%K（30%+40%）	4.67	22.96	5.00	24.58	10.67	52.46	20.33ab	0.33ab
	90%K（30%+60%）	4.67	20.60	5.67	25.01	12.33	54.39	22.67a	0.35a
	70%K（20%+50%）	4.33	19.11	6.33	27.93	12.00	52.96	22.67a	0.34a

注：同列不同小写字母代表5%的显著性差异，下同。

在高肥力地块上，CK处理的大薯数、中薯数、结薯量和薯重均是所有处理中最低的，薯重与其他处理有显著差异；100%K处理的经济性状最好，其大薯数、小薯数、结薯量和薯重都是所有处理中最高的。6个减量施钾处理的结薯量和薯重之间有一定差异，但不显著。在低肥力地块上，CK处理的各个经济性状在所有处理中最差，结薯量和薯重与其他处理有显著性差异；90%K（30%+60%）处理和70%K（20%+50%）处理结薯量是所有处理中最高的，90%K（30%+60%）处理薯重较重。

高肥力地块各处理结薯量与低肥力地块略有差异，高肥力地块上各处理大薯数比例较高，数量明显多于低肥力地块，低肥力地块则是小薯数比例高，高肥力地块各处理薯重高于低肥力地块，两个肥力水平地块上决定薯重的主要因素不是结薯量，而是大中小薯比例。

2.2 减量分施钾肥对马铃薯产量的影响

表 4 表明了减量分施钾肥试验各处理马铃薯产量。

高肥力地块中，各处理产量从高到低依次为，100%K、90%K（30%+60%）、90%K（40%+50%）、70%K（20%+50%）、70%K（30%+40%）、90%K、70%K 和 CK；100%K 处理产量最高，与 90%K（30%+60%）处理差异不显著。低肥力地块上，各处理产量从高到低为：90%K（30%+60%）、70%K（20%+50%）、100%K、90%K（40%+50%）、70%K（30%+40%）、90%K、70%K 和 CK；90%K（30%+60%）处理和 70%K（20%+50%）处理均为产量高的处理，甚至高于 100%K 处理。

高、低肥力地块施钾处理的马铃薯产量差异较大，高肥力地块产量为 24 273.61～29 544.44 kg/hm^2，低肥力地块为 14 900.00～17 640.28 kg/hm^2，低肥力地块中最优处理产量也没有高肥力地块 CK 处理产量高。

减量分期施钾处理对高肥力地块的产量影响大于对低肥力地块的影响，在低肥力地块上，减量分期施钾处理的产量可不低于 100%K 处理，但在高肥力地块上，减量分期施钾处理的产量均低于 100%K 处理。

无论在高、低肥力地块，在施用钾肥量相同时，钾肥后期多施的 90%K（30%+60%）处理和 70%K（20%+50%）处理产量高于钾肥分次施用的 90%K（40%+50%）处理和 70%K（30%+40%）处理，钾肥分次施用的 90%K（40%+50%）处理和 70%K（30%+40%）处理产量均高于钾肥一次性施用的 90%K 处理和 70%K 处理。

表 4 不同处理的马铃薯产量

地块	处理	产量	相比 CK		相比 100%K		相比 90%K		相比 70%K	
		(kg/hm^2)	(kg/hm^2)	(%)	(kg/hm^2)	(%)	(kg/hm^2)	(%)	(kg/hm^2)	(%)
高肥力	CK	20 677.78d	—	—	−8 866.66	−30.01	−6 365.28	−23.54	−3 595.83	−14.81
	100%K	29 544.44a	8 866.66	42.88	—	—	2 501.38	9.25	5 270.83	21.71
	90%K	27 043.06b	6 365.28	30.78	−2 501.38	−8.47	—	—	2 769.45	11.41
	70%K	24 273.61c	3 595.83	17.39	−5 270.83	−17.84	−2 769.45	−10.24	—	—
	90%K（40%+50%）	28 611.11ab	7 933.33	38.37	−933.33	−3.16	1 568.05	5.80	4 337.50	17.87
	70%K（30%+40%）	27 137.50b	6 459.72	31.24	−2 406.94	−8.15	94.44	0.35	2 863.89	11.80
	90%K（30%+60%）	28 770.83a	8 093.05	39.14	−773.61	−2.62	1 727.77	6.39	4 497.22	18.53
	70%K（20%+50%）	28 000.00ab	7 322.22	35.41	−1 544.44	−5.23	956.94	3.54	3 726.39	15.35
低肥力	CK	12 597.22e	—	—	−4 494.45	−26.30	−3 238.89	−20.45	−2 302.78	−15.45
	100%K	17 091.67ab	4 494.45	35.68	—	—	1 255.56	7.93	2 191.67	14.71
	90%K	15 836.11c	3 238.89	25.71	−1 255.56	−7.35	—	—	936.11	6.28
	70%K	14 900.00d	2 302.78	18.28	−2 191.67	−12.82	−936.11	−5.91	—	—
	90%K（40%+50%）	17 081.94ab	4 484.72	35.60	−9.73	−0.06	1 245.83	7.87	2 181.94	14.64
	70%K（30%+40%）	16 408.33bc	3 811.11	30.25	−683.34	−4.00	572.22	3.61	1 508.33	10.12
	90%K（30%+60%）	17 640.28a	5 043.06	40.03	548.61	3.21	1 804.17	11.39	2 740.28	18.39
	70%K（20%+50%）	17 404.17a	4 806.95	38.16	312.50	1.83	1 568.06	9.90	2 504.17	16.81

2.3 减量分施钾肥试验马铃薯的经济效益分析

表 5 显示减量分施钾肥试验马铃薯的经济效益。

高肥力地块上，扣除成本后，100%K 处理净收益最高，达到 70 762.85 元/hm^2，其他处理收益比它低 2.50%～29.04%；从净收益和节本增效综合来看，90%K（30%+60%）处理、90%K（40%+50%）处理和 70%K（20%+50%）处理也较优，虽然净收益略低于 100%K 处理，但减少在 5%内。低肥力地块上，扣除成本后，90%K（30%+60%）处理和 70%K（20%+50%）处理净收益较高，分别达到 41 164.43 元/hm^2 和 40 898.16 元/hm^2，比 100%K 处理高 3.87%和 3.20%；90%K（40%+50%）处理产量虽没有 100%K 处理高，但其净收益却高 137.69 元/hm^2。

高、低肥力地块施钾处理的马铃薯净收益差异较大，高肥力地块为 58 071.77～70 762.85 元/hm^2，低肥力地块为 37 250.00～41 164.43 元/hm^2。

表 5　各处理马铃薯的经济效益

地块	处理	产量 (kg/hm^2)	产值 (元/hm^2)	成本 (元/hm^2)	净收益 (元/hm^2)	相比 CK		相比 100%K		钾效益增加量 (元/hm^2)
						(元/hm^2)	(%)	(元/hm^2)	(%)	
高肥力	CK	20 677.78	51 694.44	1 478.26	50 216.18	—	—	−20 546.67	−29.04	—
	100%K	29 544.44	73 861.11	3 098.26	70 762.85	20 546.67	40.92	—	—	20 546.67
	90%K	27 043.06	67 607.64	2 936.26	64 671.38	14 455.20	28.79	−6 091.47	−8.61	14 455.2
	70%K	24 273.61	60 684.03	2 612.26	58 071.77	7 855.59	15.64	−12 691.08	−17.93	7 855.59
	90%K (40%+50%)	28 611.11	71 527.78	2 936.26	68 591.52	18 375.34	36.59	−2 171.33	−3.07	18 375.34
	70%K (30%+40%)	27 137.50	67 843.75	2 612.26	65 231.49	15 015.31	29.90	−5 531.36	−7.82	15 015.31
	90%K (30%+60%)	28 770.83	71 927.08	2 936.26	68 990.82	18 774.64	37.39	−1 772.03	−2.50	18 774.64
	70%K (20%+50%)	28 000.00	70 000.00	2 612.26	67 387.74	17 171.56	34.20	−3 375.11	−4.77	17 171.56
低肥力	CK	12 597.22	31 493.06	1 478.26	30 014.79	—	—	−9 616.12	−24.26	—
	100%K	17 091.67	42 729.17	3 098.26	39 630.91	9 616.12	32.04	—	—	9 616.11
	90%K	15 836.11	39 590.28	2 936.26	36 654.02	6 639.23	22.12	−2 976.89	−7.51	6 639.22
	70%K	14 900.00	37 250.00	2 612.26	34 637.74	4 622.95	15.40	−4 993.17	−12.60	4 622.94
	90%K (40%+50%)	17 081.94	42 704.86	2 936.26	39 768.60	9 753.81	32.50	137.69	0.35	9 753.8
	70%K (30%+40%)	16 408.33	41 020.83	2 612.26	38 408.57	8 393.78	27.97	−1 222.34	−3.08	8 393.77
	90%K (30%+60%)	17 640.28	44 100.69	2 936.26	41 164.43	11 149.64	37.15	1 533.52	3.87	11 149.63
	70%K (20%+50%)	17 404.17	43 510.42	2 612.26	40 898.16	10 883.37	36.26	1 267.25	3.20	10 883.36

注：马铃薯 2.50 元/kg；尿素 2.50 元/kg；普通过磷酸钙 1.00 元/kg；硫酸钾 4.50 元/kg。

2.4　减量分施钾肥对马铃薯钾肥利用效率的影响

表 6 显示在高、低肥力地块上减量分施钾肥对马铃薯钾肥利用率、钾肥农学效率、钾肥偏生产力、钾素经济学利用效率和生物学利用效率的影响。

高肥力地块各处理马铃薯的生物量、K 量、钾肥利用率、钾肥农学效率和钾肥偏生产力与低肥力地块有较大差异，高肥力地块各施钾处理的总 K 量为 132.47～161.71 kg/hm^2，钾肥利用率为 22.18%～36.84%，钾肥农学效率为 28.54～58.11 kg/kg，钾肥偏生产力 164.14～222.22 kg/kg；而低肥力地块各个施钾处理的地上部和地下部总 K 量为 97.01～99.00 kg/hm^2，钾肥利用率为 13.05%～26.57%，钾肥农学效率为 18.28～38.15 kg/kg，钾肥偏生产力 94.95～138.13 kg/kg。

高肥力地块上，100%K 处理地下和地上部分干重是所有处理中最重的，K 量也最高，无钾肥处理的地上、地下干重和 K 量均在所有处理中最低。低肥力地块上，90%K（30%+60%）处理和 70%K（20%+50%）处理的地下部分干重较重，地下部分 K 量也较高；100%K 处理地上部分干重是所有处理中最重的，地上部分 K 量也最高。

无论是高肥力地块还是低肥力地块，钾肥利用率、钾肥农学效率和钾肥偏生产力最高的处理均是

70%K（20%+50%）处理，钾肥利用率和钾肥农学效率最低的处理为70%K处理，钾肥偏生产力最低处理为100%K处理；钾素经济学利用效率和生物学利用效率均是CK处理最高。

表6　不同处理马铃薯的钾肥利用效率

地块	处理	地上部分		地下部分		钾肥利用率（%）	钾肥农学效率（kg/kg）	钾肥偏生产力（kg/kg）	钾素经济学利用效率（kg/kg）	钾素生物学利用效率（kg/kg）
		干重（kg/hm²）	K量（kg/hm²）	干重（kg/hm²）	K量（kg/hm²）					
高肥力	CK	356.28	9.62	5583.00	94.91	—	—	—	53.41	62.58
	100%K	599.67	17.33	7977.00	144.38	31.77	49.26	164.14	49.33	59.40
	90%K	565.06	16.27	7301.63	131.43	26.65	39.29	166.93	49.44	59.85
	70%K	543.28	15.16	6553.88	117.31	22.18	28.54	192.65	49.47	60.50
	90%K（40%+50%）	548.72	15.58	7725.00	139.05	30.93	48.97	176.61	49.96	59.50
	70%K（30%+40%）	546.78	16.13	7327.13	129.69	32.77	51.27	215.38	50.25	60.71
	90%K（30%+60%）	551.83	16.00	7768.13	139.83	31.67	49.96	177.60	49.85	59.50
	70%K（20%+50%）	564.67	16.38	7560.00	134.57	36.84	58.11	222.22	50.08	60.38
低肥力	CK	260.67	5.24	3653.19	60.28	—	—	—	55.76	64.93
	100%K	281.00	6.80	4956.58	90.21	17.49	24.97	94.95	51.09	58.06
	90%K	270.67	6.44	4592.47	82.66	14.56	19.99	97.75	51.54	58.83
	70%K	270.00	6.35	4321.00	75.62	13.05	18.28	118.25	52.71	60.71
	90%K（40%+50%）	274.00	6.52	4953.76	87.68	17.71	27.68	105.44	52.59	59.62
	70%K（30%+40%）	279.00	6.70	4758.42	88.98	23.94	30.25	130.22	49.73	56.61
	90%K（30%+60%）	279.67	6.74	5115.68	91.57	20.24	31.13	108.89	52.04	58.92
	70%K（20%+50%）	278.00	6.64	5047.21	92.36	26.57	38.15	138.13	50.98	57.66

3　讨论

钾是马铃薯生长过程中需要量较大的矿质营养元素，确定合理的钾肥施用量和施用方法是提高马铃薯钾肥利用率、实现节本增效的关键[20]。有研究表明在马铃薯种植中钾肥一次性基施效果较好，追肥效果差，认为早施钾肥能够增强植株抗病力，提高大中薯比例，降低烂薯率，块茎大、商品性好[21,22]；而有研究表明在马铃薯不同生育期追施钾肥增产效果明显[23-25]，追肥时期一般在现蕾初期最佳，此时追肥可提高马铃薯生育后期叶绿素含量、光合强度，延缓衰老，提高块茎产量和淀粉含量，提高块茎商品率[23,24]。

该试验分别在云南省马铃薯主产区同一地方的高、低肥力地块上开展，试验结果显示，无论在高肥力还是低肥力地块上，钾肥对马铃薯生长有重大影响，无钾肥处理马铃薯各方面均是所有处理中最差的，施钾处理均优于无钾处理；高肥力地块和低肥力地块上的相同处理相比，马铃薯产量、经济效益、钾肥利用率、钾肥农学效率和钾肥偏生产力等均有较大差异。

在高、低产田一次性施100%K、90%K和70%K钾肥的三个处理中，100%K处理均是产量和净收益最好的处理。这与该试验的目的是为研究马铃薯种植中钾肥的减量高效，试验设置的肥料用量属于中等偏低的用钾肥量有关，一次施用钾肥处理的产量收益随着用钾肥量的增加而增加。

减量分施钾肥的90%K（40%+50%）、70%K（30%+40%）、90%K（30%+60%）和70%K（20%+50%）四个处理中，在高、低产田中均是90%K（30%+60%）处理产量和收益最高，70%K（20%+50%）处理的钾肥利用率、钾肥农学效率和钾肥偏生产力最高。在施用钾肥量相同时，后期多施钾肥的90%K（30%+60%）处理和70%K（20%+50%）处理的产量、收益和钾肥效益等均分别高于分次施用钾肥的90%K（40%+50%）处理和70%K（30%+40%）处理。

在高肥力地块，100%K处理（常规施钾肥）的马铃薯产量是最高的，这也是当地农户在马铃薯种植中均为一次性基施钾肥的重要原因之一。高产田地的高产是靠高养分供给来支撑，钾肥减量分施处理虽然减少了马铃薯的产量，但90%K（30%+60%）处理和90%K（40%+50%）处理的产量与100%K处理产量并未有显著性的差异，可见在高肥力地块上，如果不一味追求高产，可通过钾肥的减量分施来实现马铃薯生产的经济效益和环境效益优化。

在低肥力地块上，90%K（40%+50%）处理和70%K（20%+50%）处理是产量较高收益较好的两个处理，产量收益均高于100%K处理（常规施钾肥），因此在马铃薯产量并不高的低肥力地块上，合理施用钾肥的方式作用更突出，钾肥减量而后期多施的处理更可以实现优质高产，获得高的经济效益和肥料利用率。

该试验地块为云南省典型雨养农业区的山原红壤坡耕旱地，年降水量800 mm，其中80%以上都集中在雨季（6～9月），此时正好是马铃薯生长的中期和后期，钾素容易流失，虽然流失量不算大，但是这些流失的钾素正是作物可以直接利用的水溶性钾素，来源于施肥和表层土壤中[26-28]。可能钾素流失是导致高低肥力不同地块上的马铃薯有不同的施肥效果的原因之一，在高肥力地块上，其基础肥力水平高，保水保肥能力强，土壤中钾素流失少，在马铃薯大量需要钾肥的中后期仍然可以正常保证钾素的供给，使马铃薯正常生长；在低肥力地块上，基础肥力水平低，保水保肥能力弱，在雨季中土壤钾素流失相对较多，虽然100%K_2O一次性施用处理的钾肥用量最多，但由于其流失多，在马铃薯需要大量钾素的中后期不能保证钾素的供应，而钾肥后期多施的处理虽然用钾量稍低，但其流失较少，其施用时期正好供给马铃薯中后期生长所用，所以在低肥力地块上，钾肥施用时期后移的90%K（40%+50%）处理和70%K（20%+50%）处理产量均高于100%的常规施肥。

4 结论

在该地区，通过试验比较，90%K（30%+60%）处理和70%K（20%+50%）处理的产量、收益和钾肥利用率高，可获得较好的经济效益和环境效益，达到节本增效的目的，所以在云南省当地马铃薯旱地种植中推荐施用K_2O为120～160 kg/hm²，施用方式为钾肥施用时期后移，苗期用总量30%，现蕾期用总量70%。

参考文献

[1] 陆景陵．植物营养学［M］．北京：中国农业大学出版社，2001.

[2] 慕成功．钾素营养及施肥技术［M］．北京：中国农业科技出版社，1995.

[3] R D芒森，著，范钦桢，郑文钦译．农业中的钾［M］．北京：科学出版社，1995.

[4] P M哈里斯．马铃薯改良的科学基础［M］．北京：农业出版社，1984.

[5] 2015年云南省统计年鉴［M］．北京：中国农业出版社，2011.

[6] 孔令郁，彭启双，熊艳，等．平衡施肥对马铃薯产量及品质的影响［J］．土壤肥料，2004（3）：17-19.

[7] 陈洪，张新明，全锋，等．氮、磷、钾不同配比对冬作马铃薯产量、效益和肥料利用率的影响［J］．中国马铃薯，2010，24（4）：224-229.

[8] 王国兴，徐福利，王渭玲，等．氮磷钾及有机肥对马铃薯生长发育和干物质积累的影响［J］．干旱地区农业研究，2013，31（3）：106-111.

[9] 赵欢，芶久兰，何佳芳，等．钾肥对马铃薯干物质积累、钾素吸收及利用效率的影响［J］．西南农业学报，2015，

28 (2)：644 - 649.
[10] 张东昱，王多成，张荣，等．钾肥对鲜食型马铃薯产量及品质的影响 [J]．中国马铃薯，2009，23 (3)：152 -154.
[11] 殷文，孙春明，马晓燕，等．钾肥不同用量对马铃薯产量及品质的效应 [J]．土壤肥料，2005 (4)：44 - 47.
[12] 苟久兰，孙锐锋，袁玲．马铃薯钾素营养研究进展 [J]．贵州农业科学，2009，37 (9)：54 - 56.
[13] 弓钦，樊明寿．马铃薯测土配方施肥技术 [M]．北京：中国农业出版社，2011.
[14] 穆俊祥，曹兴明，弓建国．氮磷钾和有机肥配合施用对马铃薯淀粉含量和产量的影响 [J]．土壤，2009，41 (5)：844 - 848.
[15] Westermann D T，Tindall T A. Potassium diagnostic criteria for potato plants [J]．Better Crop，2000，84 (3)：6 -8.
[16] 康文钦，石晓华，敖孟奇，等．马铃薯的钾素需求及营养诊断 [J]．中国土壤与肥料，2013 (2)：1 - 4.
[17] 鲁如坤．土壤农业化学分析方法 [M]．北京：中国农业科技出版社，2000.
[18] 鲍士旦．土壤农化分析（第三版）[M]．北京：中国农业出版社，2005.
[19] 劳家柽．土壤农化分析手册 [M]．北京：农业出版社，1988.
[20] 刘润梅，范茂攀，付云章，等．云南省马铃薯施肥量与化肥偏生产力的关系研究 [J]．土壤学报，2014，51 (4)：753 - 760.
[21] 段玉，张君，王博，等．钾肥品种和施钾时期对马铃薯产量和品质的影响 [J]．北方农业学报，2016，44 (2)：1 -6.
[22] 蒋富友，杨永泉．不同时期施用钾肥对脱毒马铃薯产量的影响 [J]．中国马铃薯，2006，20 (5)：280 - 281.
[23] 张琼，屠年忠，董云忠．马铃薯不同生育时期追施钾肥增产效果分析 [J]．云南农业，2009 (2)：32 - 33.
[24] 郭志平．马铃薯不同生育期追施钾肥增产效果的研究 [J]．土壤肥料，2002 (3)：15 - 20.
[25] 魏红，孙国梁，李霞，等．钾肥不同施用次数对马铃薯农艺性状及产量的影响 [J]．内蒙古农业科技，2015，43 (6)：41 - 42.
[26] 朱青，王兆骞，陈正刚，等．中国西南地区坡地钾素平衡及管理措施探讨 [J]．中国植物营养与肥料学报，2006，12 (6)：772 - 777.
[27] 袁东海，王兆骞，郭新波，等．红壤小流域不同利用方式土壤钾素流失特征研究 [J]．水土保持通报，2003，23 (3)：16 - 20.
[28] 刘建香，贾秋鸿，田树，等．不同农艺措施对云南红壤坡耕地钾素平衡和流失的影响 [J]．西南农业报，2009，22 (4)：1006 - 1010.

少耕覆盖与不同氮、磷、钾配比对马铃薯产量效益和养分利用的影响*

尹　梅[1]　刘自成[2]　任齐燕[3]　陈　华[1]　陈检锋[1]
付利波[1]　王志远[1]　洪丽芳[1]　苏　帆[1*]

1. 云南省农业科学院农业环境资源研究所，云南昆明　650205
2. 云南省砚山县农业技术推广中心，云南砚山　663100
3. 云南省砚山县土壤肥料工作站，云南砚山　663100

摘要：采用田间试验方法，研究不同氮、磷、钾配比对少耕覆盖马铃薯的产量、经济效益和养分利用的影响，比较相同养分管理下传统耕作和少耕覆盖的马铃薯产量、效益和养分利用。结果表明，相同养分用量的少耕覆盖比传统栽培提高马铃薯产量 65.33%，净收益高 125.63%；在少耕覆盖的模式下，N0P0K0 处理的产量和经济效益最低，N2P3K2、N3P2K2 和 N2P2K3 处理的产量和经济效益高；少耕覆盖马铃薯的 NPK 肥料农学效率和 NPK 肥偏生产力均随施肥量增加而降低。该试验中，N2P2K2 处理的肥料利用效率高和产量效益好，是较佳处理。

关键词：氮、磷、钾；马铃薯；少耕覆盖；产量；经济效益；养分利用

云南属于低纬度高原地区，地形地貌复杂，气候区域差异和垂直变化显著，年温差较小，日温差大，降雨分布不均，有明显干湿季。6～9 月是全年降水量最多的时节，约占全年降水量的 60%[1]。由于雨量集中，红壤耕地坡度较大，耕作又大多在春、秋季土壤水分缺乏时进行，耕作后的土壤松散，会加剧土面水分蒸发和土壤水分丧失，雨季水土流失严重[2,3]。少耕覆盖可以保持水土，抗旱保墒，提高土壤温度和湿度，改变土壤酶活性，防治杂草等，达到既增产又培肥地力，是实现农业可持续发展的重要手段[2-6]。

马铃薯是云南省继玉米、水稻后的第三大作物，2012 年，种植面积达到 70.3 万 km^2，居全国第四[7]。合理施用氮、磷和钾肥是马铃薯良好生长和优质高产的基础[8-11]。本文针对马铃薯生长在持续干旱或季节性干旱明显的区域，通过在少耕覆盖模式下不同氮（N）、磷（P）、钾（K）配比对马铃薯产量和经济效益的影响研究，为马铃薯的优化养分管理和资源高效利用提供理论依据。

1　材料与方法

1.1　试验材料

研究地位于云南省文山州砚山县江那镇子马村委会，104°21′41″E，23°35′26″N，海拔 1 526 m，是云南省典型山原红壤坡耕地。气候属北亚热带气候类型，年均温 15～16 ℃。前茬作物为玉米，产量为

* **基金项目**：公益性行业（农业）科研专项经费项目（201203013，201503127）、国家科技支撑计划项目（2012BAD40B01）、国家水体污染控制与治理科技重大专项滇池项目面源污染防控项目（2012ZX07102－003）

8 250 kg/hm²。试验地土壤养分状况为pH值5.6，有机质为28.4 g/kg，碱解氮111.0 mg/kg，有效磷22.5 mg/kg，速效钾为170.0 mg/kg。供试马铃薯品种为合作88。

1.2 试验设计

试验共设12个处理，见表1。

表1 试验设计

	处理	N（kg/hm²）	P_2O_5（kg/hm²）	K_2O（kg/hm²）
1	N2P2K2（深耕不覆盖）	225.00	120.00	225.00
2	N0P0K0（CK）	0	0	0
3	N0P2K2	0	120.00	225.00
4	N1P2K2	112.50	120.00	225.00
5	N2P2K2	225.00	120.00	225.00
6	N3P2K2	337.50	120.00	225.00
7	N2P0K2	225.00	0	225.00
8	N2P1K2	225.00	60.00	225.00
9	N2P3K2	225.00	180.00	225.00
10	N2P2K0	225.00	120.00	0
11	N2P2K1	225.00	120.00	112.50
12	N2P2K3	225.00	120.00	337.50

供试的氮肥为尿素，含氮量46%，磷肥为12%P_2O_5的过磷酸钙，钾肥为50%K_2O的硫酸钾。小区面积18 m²，3次重复，随机区组排列。

施肥方法，20%氮肥和全部磷、钾、肥作为底肥施用，80%氮肥在块茎形成期前作追肥施用。种植密度为60 000株/hm²。

除了N2P2K2（深耕不覆盖）处理是按照当地农户传统耕作方式外，其他每个处理都采用少耕用玉米秸秆覆盖，2013年1月5日播种，6月1日成熟收获。试验各处理除耕作方式和养分用量不同外，其他的管理措施一样，2013年2月24日、3月16日分别进行一次灌水，其余时间完全靠自然降水。

1.3 数据收集和测定方法

试验前采集基础土样1个，重1 kg左右，带回室内风干后分析，分析指标主要为碱解N，有效P，速效K，pH值和有机质。其中有机质分析采用铬酸钾滴定法，pH采用玻璃电势法，土壤碱解N用碱解扩散法，有效P用0.5 mol/L $NaHCO_3$浸提－钼锑抗比色法，速效K用乙酸铵溶液浸提－火焰光度计法测定[12,13]。

试验结束时每个小区马铃薯单独测产，并区分中大薯（商品薯）和小薯数目。

肥料农学效率和偏生产力的计算方法如下[14]。

氮肥农学效率：AEN=（$Y-Y0$）/F，Y为施肥后所获得的作物产量；$Y0$为不施肥条件下作物的产量；F代表化肥的投入量。它是指单位施氮量所增加的作物籽粒产量。

氮肥偏生产力：PFPN=Y/F，Y为施肥后所获得的作物产量；F代表化肥的投入量。它是指单位投入的肥料氮所能生产的作物籽粒产量。

磷肥和钾肥的农学效率与偏生产力计算方法同上。

数据统计采用SPSS和DPS法。

2 结果与分析

2.1 不同处理对马铃薯产量和经济效益的影响

相同养分管理的N2P2K2（深耕不覆盖）处理和N2P2K2处理因为耕作方式不一样，产量相差较大，N2P2K2 处理商品薯产量比 N2P2K2（深耕不覆盖）处理高了 65.33%，N2P2K2 处理净收益比 N2P2K2（深耕不覆盖）处理高了 125.63%。N2P2K2 处理的中大薯数和小薯数都明显高于 N2P2K2（深耕不覆盖）处理，总薯数比 N2P2K2（深耕不覆盖）处理高了 32.63%。说明在该试验地少耕覆盖的耕作方式可以显著提高马铃薯的产量和经济效益。

在少耕覆盖的模式下，不同的马铃薯养分管理对马铃薯薯数、产量和经济效益有较大的影响。无肥处理（N0P0K0）的总薯数和中大薯数是各处理中最少的，该处理的产量和经济效益最差，此外，N0P2K2 和 N2P2K0 处理的中大薯数较少，产量和经济效益也较差。较高养分处理的 N2P3K2、N3P2K2 和 N2P2K3 的中大薯数较多，产量高和其他处理有显著性差异，经济效益也最高。

表 2　不同处理的马铃薯产量和经济效益

处理	大中薯数（个/小区）	小薯数（个/小区）	总薯数（个/小区）	商品薯产量（kg/hm²）	净收益（元/hm²）
N2P2K2（深耕不覆盖）	101	184	285	7 549.95de	7 852.07
N0P0K0（CK）	97	143	240	6 408.00e	9 816.00
N0P2K2	136	135	271	9 167.10d	12 309.20
N1P2K2	160	216	376	11 445.05bc	16 253.69
N2P2K2	158	219	378	12 482.10ab	17 716.37
N3P2K2	150	233	382	13 019.15a	18 179.06
N2P0K2	130	135	265	10 611.60c	14 975.37
N2P1K2	122	276	398	11 726.50bc	16 705.17
N2P3K2	172	281	453	13 222.95a	18 698.07
N2P2K0	104	224	328	8 778.15d	12 333.47
N2P2K1	107	227	334	11 241.30c	16 247.27
N2P2K3	147	237	384	13 002.40a	17 744.47

注：同列标不同小写字表示 5%显著水平差异。价格按马铃薯 2.00 元/kg；尿素 2.50 元/kg；普通过磷酸钙 1.00 元/kg；硫酸钾 4.50 元/kg 计算。

2.2　不同处理的马铃薯养分利用

化肥农学效率和化肥偏生产力是国际上常用来表征农田肥料利用效率的参数[14]。化肥农学效率综合体现施肥增产效应，施肥的量、作物种类和管理都会影响化肥农学效率[15]。试验中，少耕覆盖马铃薯的氮、磷、钾肥料农学效率有随着施肥量增加而降低的趋势，氮肥农学效率为 11.41～20.25 kg/kg，磷肥农学效率为 14.51～18.58 kg/kg，钾肥农学效率为 12.52～21.89 kg/kg。化肥偏生产力可以综合体现土壤基础养分和化肥农学效率，增加基础土壤的肥力和提高化肥农学效率可提高化肥偏生产力。[15]少耕覆盖马铃薯的 NPK 肥料偏生产力均高于深耕不覆盖的 N2P2K2 处理，深耕不覆盖的马铃薯对 NPK 肥料的利用低于少耕覆盖的。在各少耕覆盖马铃薯处理中，同农学效率一样，氮、磷和钾肥偏生产力有随着用肥量增加而降低的趋势，N1P2K2 处理氮肥偏生产力最高，为 101.73 kg/kg，N2P1K2 处理的磷肥偏生产力最高为 195.44 kg/kg，N2P2K3 处理的钾肥偏生产力最高为 99.92 kg/kg。

表 3　不同处理的马铃薯养分利用　　单位：kg/kg

处理	肥料农学效率			肥料偏生产力		
	氮肥	磷肥	钾肥	氮肥	磷肥	钾肥
N2P2K2（深耕不覆盖）	—	—	—	33.56	62.92	33.56
N0P2K2	—	—	—	—	76.39	40.74
N1P2K2	20.25	—	—	101.73	95.38	50.87

续表

处理	肥料农学效率			肥料偏生产力		
	氮肥	磷肥	钾肥	氮肥	磷肥	钾肥
N2P2K2	14.73	15.59	16.46	55.48	104.02	55.48
N3P2K2	11.41	—	—	38.58	108.49	57.86
N2P0K2	—	—	—	47.16	—	47.16
N2P1K2	—	18.58	—	52.12	195.44	52.12
N2P3K2	—	14.51	—	58.77	73.46	58.77
N2P2K0	—	—	—	39.01	73.15	—
N2P2K1	—	—	21.89	49.96	93.68	99.92
N2P2K3	—	—	12.52	57.79	108.35	38.53

3 讨论

少耕覆盖栽培可提高马铃薯的产量、经济和生态效益[16-18]。试验中，深耕不覆盖 N2P2K2 处理无论是马铃薯的薯数、产量和经济效益远差于少耕覆盖栽培的各个处理，说明少耕覆盖栽培马铃薯可大幅提高马铃薯的产量和经济效益，是值得应用推广的栽培方式。

氮磷钾是植物生长过程中必需的营养物质，氮磷钾肥对马铃薯生长和发育有重要的作用[19,20]，合理施肥可节本增效[21-23]。孔令郁研究表明，在云南省宣威市不覆盖种植的马铃薯合作 88 氮磷钾最佳经济施肥量，分别为 141.15 kg/hm^2、104.55 kg/hm^2 和 198.90 kg/hm^2[8]。在本试验中，少耕覆盖的栽培条件下，N2P3K2、N3P2K2 和 N2P2K3 处理的中大薯数较多、产量和经济效益最高，但这 3 个高肥力的处理氮磷钾肥农学效率较低，NPK 肥偏生产力比较低；低肥力 N1P2K2、N2P1K2 和 N2P2K1 处理虽然 NPK 肥农学效率和 NPK 肥偏生产力较高，但是它们的产量和经济收益低；综合肥料利用和产量效益，少耕覆盖下的 N2P2K2 处理为最佳处理，即在该地试验条件下，最佳氮磷钾经济施肥量分别为 225.00 kg/hm^2、125.00 kg/hm^2 和 225.00 kg/hm^2。

各项研究表明，多年少耕覆盖后的土壤有机质要高于常规的耕作方式，提高磷钾的有效性[5,24]，改变土壤养分、酶活性和土壤的物理性状[25,26]，增加作物的产量和品质，少耕覆盖是实现农业可持续发展的一种有效模式，在少耕覆盖模式下的作物养分管理还需进行研究。

参考文献

[1] 马显莹，白树明，黄英．浅析云南干旱特征及抗旱对策 [J]．中国农村水利水电，2012 (5)：101-108.

[2] 樊永言，绕本华，叶惠民，等．少耕覆盖耕作法的研究和应用 [J]．土壤肥料，1984 (1)：7-10.

[3] 绕本华，陶晴，苏帆，等．少耕覆盖耕作法的初步研究和应用 [J]．中国水土保持，1983 (6)：8-11.

[4] 师江澜，刘建忠，吴发启．保护性耕作研究进展与评述 [J]．干旱地区农业研究，2006，24 (1)：205-212.

[5] 罗珠珠，黄高宝，Li Guangdi，等．保护性耕作对旱作农田耕层土壤肥力及酶活性的影响 [J]．植物营养与肥料学报，2009，15 (5)：1085-1092.

[6] 谢瑞芝，李少昆，李小君，等．中国保护性耕作研究分析—保护性耕作与作物生产 [J]．中国农业科学，2007，40 (9)：1914-1924.

[7] 刘彦和．云南马铃薯产业现状及前景展望 [J]．云南农业，2013 (5)：83.

[8] 孔令郁，彭启双，熊艳，等．平衡施肥对马铃薯产量及品质的影响 [J]．土壤肥料，2004 (3)：17-19.

[9] 陈洪，张新明，全锋，等．氮磷钾不同配比对冬作马铃薯产量、效益和肥料利用率的影响 [J]．中国马铃薯，2010，24 (4)：224-229.

[10] 王国兴，徐福利，王渭玲，等．氮磷钾及有机肥对马铃薯生长发育和干物质积累的影响［J］. 干旱地区农业研究，2013，31（3）：106－111.

[11] 赵欢，芶久兰，何佳芳，等．钾肥对马铃薯干物质积累、钾素吸收及利用效率的影响［J］. 西南农业学报，2015，28（2）：644－649.

[12] 鲁如坤．土壤农业化学分析方法［M］. 北京：中国农业科技出版社，2000.

[13] 鲍士旦．土壤农化分析（第三版）［M］. 北京：中国农业出版社，2005.

[14] 张福锁，王激清，张卫峰，等．中国主要粮食作物肥料利用率现状与提高途径［J］. 土壤学报，2008，45（5）：915－924.

[15] 王激清．我国主要粮食作物施肥增产效应和养分利用效率的分析与评价［D］. 北京：中国农业大学，2007.

[16] 王如平，张军，万靓军，等．栽培方式对马铃薯产量和质量的影响［J］. 中国蔬菜，2008（11）：30－32.

[17] 李柱栋，王小敏，欧有量．马铃薯稻草覆盖免耕栽培技术［J］. 广西农业科学，2006，37（1）：322－331.

[18] 高建莉．云南文山州冬作马铃薯高产栽培技术研究［D］. 北京：中国农业科学院，2010.

[19] 殷文，孙春明，马晓燕，等．钾肥不同用量对马铃薯产量及品质的效应［J］. 土壤肥料，2005（4）：44－47.

[20] Trehan S P，Claassen N. Potassium uptake kinetics of potato. Wheat and sugar beet plants as affected by the K nutritional status ［J］. Indian Journal of Plant Physiology，2001，6（1）：14－18.

[21] 张静，蒙美莲，王颖慧，等．氮磷钾施用量对马铃薯产量及品质的影响［J］. 作物杂志，2012，4：124－127.

[22] 王秋红，龚静，陈应芳，等．不同施用量对稻田免耕稻草全程覆盖种植马铃薯产量的影响［J］. 贵州农业科学，2005，33（1）：79.

[23] 张西露，汤小明，刘明月，等．NPK 对马铃薯生长发育、产量和品质的影响及营养动态［J］. 安徽农业科学，2010，38（18）：9466－9469.

[24] Sims A L. Irrigated corn yield and nitrogen accumulation response in a comparison of no-till and conventional till：tillage and surface rusidue variables ［J］. Agron. J.，1998，90（4）：630－637.

[25] Bergstrom D W，Monreal C M，Tomlin A D，et al. Interpretation of soil enzyme activities in a comparison of tillage along a topographic and textural gradient ［J］. Can. J. Soil Sci，2000（80）：71－79.

[26] 吴婕，朱钟麟，郑家国，等．秸秆覆盖还田对土壤理化性质及作物产量的影响［J］. 西南农业学报，2006，19（2）：192－195.

施肥枪分次追施对贵州春马铃薯产量、结薯性状及土壤肥力的影响*

张　萌[1,2]　徐永康[3]　马智黠[3]　张荣华[3]　苟久兰[1,2]　陈　龙[1,2]　周瑞荣[1,2]　何佳芳[1,2]

1. 贵州省土壤肥料研究所，贵州贵阳　550006
2. 农业部贵州耕地保育与农业环境科学观测实验站，贵州贵阳　550006
3. 威宁县山地特色农业科学研究院，贵州威宁　553100

摘要： 为探究施肥枪施肥技术在贵州春马铃薯生产中的应用效果，采用田间试验方法研究了施肥枪分次施肥对马铃薯产量、结薯性状、养分与品质以及土壤肥力状况的影响。结果表明：与习惯施肥（CK2）相比，采用施肥枪分次施肥可显著提高马铃薯产量0.6%～19.6%，且随着追施比例的增加，马铃薯产量呈递增趋势，以20%基施+80%分次追施（T4）处理的产量最高，达到26 195 kg/hm²；40%基施+60%分次追施（T3）和20%基施+80%分次追施（T4）处理的马铃薯单株产量较习惯施肥（CK2）分别提高18.6%和26.0%，单株结薯数、大中薯数以及大中薯率的增加是马铃薯增产的原因；采用施肥枪分次施肥可以提高马铃薯茎块的含氮、磷、钾量，并改善马铃薯品质，以20%基施+80%分次追施（T4）处理效果最佳，其含氮、磷、钾以及淀粉量较习惯施肥（CK2）分别提高2.7%、22.2%、10.4%和41.2%，但对马铃薯还原糖量影响不大；施肥枪分次施肥可改善土壤肥力状况，尤其是在提高土壤pH值、土壤全钾和速效钾量方面较为明显，此外通过逐步回归分析发现马铃薯产量与马铃薯淀粉量和土壤碱解氮量存在极显著的相关性。综上所述，施肥枪分次施肥可适用于西南丘陵旱地春马铃薯种植栽培，以20%基施+80%分次追施（T4）效果最佳。

关键词： 马铃薯；施肥枪；产量；结薯性状；土壤肥力

马铃薯是仅次于水稻、玉米和小麦的全球第四大粮食作物，我国马铃薯种植范围广，但是产量和品质却远不如其他发达国家，其原因主要是受水资源和农业技术的影响较为严重[1]。贵州作为马铃薯种植大省，种植面积位居全国前三位，现在已经成为我国西南地区重要的马铃薯生产基地[2]。马铃薯对水分条件非常敏感，同时又属于喜肥作物[3]，因此合理的水肥条件是马铃薯获得高产优质的关键[4]。但由于贵州省特殊的地理位置和气候条件，雨水季节性分配不均匀，春马铃薯在栽培种植过程中常常会由于灌溉问题而导致干旱等现象的发生[5]。此外，由于马铃薯生长中后期地上部长势繁茂，需要封行，封行后人工施肥难度加大，因而马铃薯产量很容易受到影响，产量波动较大[6]。因此如何高效合理利用水肥资源，成为当前限制贵州马铃薯发展亟待解决的重要问题之一。

目前，水肥一体化在我国已经成为重要的农业工程技术，并且已被广泛应用于农业生产[7-9]。施

* **基金项目：** 公益性行业（农业）科研专项（201503127）；贵州省农业科学院院专项（黔农科院院专项［2016］025号）

肥枪施肥是水肥一体化技术的一种，该方法是借助施肥枪将固体或液体肥料水溶后通过枪头上的喷水孔直接注射到作物根部的土壤中[10]，从而实现水分和养分的集中供给、精量补充。此种施肥方法不仅能够极大地节省劳动力，降低劳动力成本，还能实现水分和肥料的充分高效利用，进而实现提质增效的目的[11,12]。张林森等[13]研究指出，黄土高原地区采用施肥枪施肥技术可以有效提高果树的氮素利用率，并能降低土壤中的氮素残留。于世欣等[12]研究也表明，在相同施肥量条件下，用施肥枪施肥可以提高土壤中的有效养分含量，同时对桃子产量和品质都有明显的改善作用。尽管当前关于施肥枪施肥在农业生产中的应用已经初见成效，但是关于施肥枪施肥技术在贵州马铃薯生产中的应用鲜见报道。因此，本试验以贵州春马铃薯为研究对象，结合工程节水水窖，研究了施肥枪分次施肥对春马铃薯产量、结薯性状、养分与品质及耕层土壤肥力状况的影响，以期为贵州马铃薯高产栽培、水肥高效施用技术提供理论依据与技术支持。

1 材料与方法

1.1 试验地概况

试验于 2015 年 3～10 月在贵州省威宁县双龙镇（26°52′E，104°17′N，海拔 2 237 m，平均气温 11 ℃，日照时间 2 000 h 左右）进行。2015 年 3～10 月威宁县马铃薯种植季节降水量为 937.8 mm，具体降雨情况如图 1 所示，由图 1 可看出，3～6 月雨水量较少，容易导致苗期马铃薯出现严重的缺水干旱现象，该现象被称为“春旱”或“夏旱”。供试马铃薯品种为威芋 5 号，供试土壤为灰泡土，其表层 0～20 cm 土壤基础酸碱度为 pH 5.6，有机质质量分数为 47.0 g/kg，全氮、全磷、全钾量分别为 2.5 g/kg、1.22 g/kg、14.0 g/kg。

表 1 2015 年 3～10 月威宁县降雨情况

月份	3月	4月	5月	6月	7月	8月	9月	10月
降水量/mm	5.1	34.2	52.1	140.6	176.1	209.6	65.1	126

1.2 试验设计

试验共设 6 个处理，分别为 CK1 不施肥；CK2 习惯施肥，施用西洋复合肥（15－15－15）750 kg/hm²，全部基施；T1 处理施用西洋复合肥 750 kg/hm²，80％基施＋20％分次追施；T2 处理施用西洋复合肥 750 kg/hm²，60％基施＋40％分次追施；T3 处理施用西洋复合肥 750 kg/hm²，40％基施＋60％分次追施；T4 处理施用西洋复合肥 750 kg/hm²，20％基施＋80％分次追施。T1～T4 处理追肥均采用施肥枪分次追施，分别在苗期（地上部开始形成，播种后 30 d，2015 年 3 月 31 日）、开花期（开花初期，播种后 75 d，2015 年 5 月 14 日）和结果期（薯块膨大期，播种后 100 d，2015 年 6 月 8 日）分 3 次等量施用。具体施肥量和施肥时期见表 2。每个处理设 3 次重复，小区面积为 13.5 m²（3 m×4.5 m）。

表 2 各处理施肥量与施肥时期

处理	施肥种类及施肥量	基施（％）	追施		
			苗期（％）	开花期（％）	结果期（％）
CK1	—	—	—	—	—
CK2	施用西洋复合肥（15－15－15）750 kg/hm²	100	—	—	—
T1		80	6.67	6.67	6.67
T2		60	13.33	13.33	13.33
T3		40	20.00	20.00	20.00
T4		20	26.67	26.67	26.67

1.3 样品采集与测定

1.3.1 土壤样品采集与测定

试验前在整个试验田按照“S”形土壤取样法设置15个采样点，采集0~20 cm土层土样，经风干磨细过筛后，测定土壤的基础养分状况[14]。同时，在马铃薯收获后，每个处理按五点法取0~20 cm土层土样进行混合，将采集的混合土样在自然条件下风干，经磨细过筛后，测定土壤基本养分状况[14]，主要包括土壤pH值、有机质、全氮量、碱解氮、全磷、有效磷、全钾和速效钾量。

1.3.2 试验调查与植物样品测定

马铃薯测产前，对每个处理的马铃薯进行调查，调查内容包括单株产量、单株结薯数，以及大、中、小薯数。同时，每个处理随机采集马铃薯块茎，烘干磨碎后测定全氮、全磷和全钾量[14]。同时，另外取一部分新鲜马铃薯样品测定淀粉和还原糖量[15]。马铃薯产量按收获时各小区单打单收的实产计算。

1.4 数据统计

试验数据均采用Excel 2003软件进行计算处理，差异显著分析用LSD法进行分析，显著水平$a=0.05$。

2 结果与分析

2.1 不同施肥处理对马铃薯产量的影响

施肥枪分次追施对马铃薯产量有显著影响（表3）。与CK1相比，其他处理产量提高55.1%~85.5%，表明与不施肥相比，施肥能显著提高马铃薯产量，其中以T4处理产量最高，达到26 195 kg/hm²。与CK2相比，采用施肥枪分次追肥的马铃薯产量增幅为0.6%~19.6%，其中T3处理和T4处理显著高于习惯施肥，增幅分别为9.0%和19.6%，而T1和T2处理与习惯施肥间差异不显著。说明采用施肥枪分次追肥的水肥一体化施用技术有利于促进马铃薯生长，提高马铃薯产量，且以T4处理效果最佳。张林森等[12]分析认为，较传统开沟施肥相比，根际注射施肥之所以能够提高作物产量，主要原因可能是根际注射施肥增加了土壤的含水率，进而扩大了肥料在土壤中的扩散范围，从而促进了根系发育以便更好地吸收养分。由于马铃薯属于需水量较多的作物，而采用施肥枪分次追施恰好可以为马铃薯提供更多的水分，因此土壤含水量增加很可能是导致本研究中马铃薯产量提升的主要原因。

表3 不同施肥处理马铃薯产量

编号	产量（kg/hm²）	较CK1增产/%	较CK2增产/%
CK1	14 118±537d	—	—
CK2	21 900±1 569c	55.1	—
T1	22 030±366bc	56.0	0.6
T2	23 729±638bc	68.1	8.3
T3	23 878±847b	69.1	9.0
T4	26 195±1 619a	85.5	19.6

注：同列不同小写字母表示$P<0.05$差异显著水平。下同。

2.2 不同施肥处理对马铃薯结薯性状的影响

从表4中可以看出，与CK1相比，施肥均显著增加单株产量和平均薯块质量，增幅分别为2.6%~43.3%和1.3%~25.5%，其中以T4处理的单株产量和平均薯块质量均最高，分别为506.0 g/株和

88.6 g/个；而较 CK2 相比，T2、T3 和 T4 处理的单株产量分别提高 15.3%、18.6%和 26.0%，而 T1 处理的单株产量和平均薯质量则均不如 CK2。产生该现象的原因可能是 T1 处理的基施比例下降且后期追施较少，肥料及土壤养分供应不能满足马铃薯生长需求，而 T2～T4 处理虽前期基施比例为 40%～80%，但后期追肥足以满足马铃薯生长发育对氮肥的需求，从而能够弥补前期缺氮的不足。

从大中薯率看，与 CK1 相比，施肥后除 T3 处理的大中薯率有所提高外，其他处理有不同程度的下降；而与 CK2 相比，T1 处理的大中薯率下降了 7.6%，其他 3 个施肥枪追施处理的大中薯率均有所提高，以 T3 处理的大中薯率最高，达到 96.8%。

表 4　不同施肥处理的马铃薯结薯性状

编号	单株产量(g)	平均薯块质量(g/个)	单株结薯数(个)	小薯数(个)	中薯数(个)	大薯数(个)	大中薯率(%)
CK1	353.2±13.2c	70.6±2.6c	5.0±0.2bc	1.4±0.2b	3.2±0.4a	0.4±0.1b	88.1±3.3b
CK2	401.6±26.6b	75.8±5.0bc	5.3±0.4b	1.6±0.2b	3.4±0.2a	0.3±0.2b	86.1±5.7b
T1	362.4±5.9c	71.5±1.2c	4.8±0.1c	2.6±0.1a	2.0±0.3b	0.7±0.3b	78.5±1.3c
T2	462.9±12.8a	75.7±2.1b	5.2±0.1b	1.8±0.2b	2.5±0.3bc	1.3±0.2a	86.4±2.4b
T3	476.2±17.3a	75.9±2.8b	6.7±0.2a	1.4±0.3b	3.4±0.3a	1.4±0.1a	96.8±3.5a
T4	506.0±30.6a	88.6±5.4a	6.7±0.4a	1.4±0.3b	3.6±0.2a	1.3±0.1a	87.1±5.3b

水肥一体化技术作为节水节肥农业工程技术，可根据土壤特性、作物根系特征及需水规律精确调控土壤水分，可实现作物高产和水分资源的高效利用[16]。研究表明，采用水肥一体化技术可使作物产量提高 20%～50%，同时水分利用和肥料利用率均有明显提升[17−19]。本试验结合节水水窖工程，采用施肥枪对马铃薯后期进行分次追肥，结果表明采用施肥枪分次追肥技术可以使马铃薯产量提高 0.6%～19.6%，且随着追施比例的增加，马铃薯产量增幅越大，以 T4 处理效果最佳，这与前人对水肥一体化技术研究的结果相一致。采用施肥枪分次追肥技术能够提高马铃薯产量，一方面是由于马铃薯生长期较长，需要养分的长期供应，而施肥枪分次追施将水分与肥料充分地结合，直接将肥料溶液注射到马铃薯根际周围，在保证作物充足的水分供应条件下，还可以实现对肥料养分的高效吸收利用，从而实现作物增产[20,21]；另一方面，从马铃薯的结薯性状看，施肥枪分次追肥增加了马铃薯的单株结薯数、大中薯数以及大中薯率，尤其是 T3 和 T4 处理较 CK2 有明显提高，这可能是马铃薯产量增加的重要原因。

2.3　不同施肥处理对马铃薯养分与品质的影响

马铃薯块茎的养分与品质是评价马铃薯质量的重要指标，其中薯块养分指标包括氮、磷、钾，而品质指标则主要包括淀粉、还原糖[23,24]。从表 5 马铃薯养分看，采用施肥枪分次追施对马铃薯块茎的含氮量和含钾量影响较为显著，但对含磷量影响无差异。与 CK1 相比，除 T1 处理外，其他施肥处理均能提高马铃薯含氮量，增幅为 6.8%～17.4%，其中以 T2 和 T4 处理增幅最大；而较 CK2，T1 和 T3 处理的马铃薯含氮量分别降低了 13.6%和 6.5%，而 T2 处理和 T4 处理则均提高了 2.7%。与 CK1 相比，施肥均能提高马铃薯的含钾量，增幅为 5.0%～43.0%，其中以 T2 处理增幅最大；而较 CK2，T1 和 T3 处理的马铃薯含钾量分别降低了 16.0%和 0.8%，而 T2 和 T4 处理则分别提高 14.4%和 10.4%。吴小宾等[20]研究指出，施肥枪施肥能够使氮素快速吸收并被转移至各器官，因此可以提高器官内的养分量。由此可见，施肥枪分次追肥在提高植株养分吸收方面有明显效果。

表5 不同施肥处理的马铃薯养分与品质

编号	氮（g/kg）	磷（g/kg）	钾（g/kg）	淀粉（%）	还原糖（%）
CK1	16.1±0.6bc	1.9±0.3a	10.0±0.3c	15.8±0.3cd	0.3±0.0a
CK2	18.4±0.3ab	1.8±0.3a	12.5±0.4b	16.5±0.4c	0.3±0.0a
T1	15.9±0.4c	2.1±0.2a	10.5±0.3c	20.5±1.1b	0.3±0.0a
T2	18.9±0.3a	2.1±0.1a	14.3±0.7a	15.9±0.4cd	0.3±0.0a
T3	17.2±0.2b	2.1±0.2a	12.4±0.2b	14.8±0.5d	0.4±0.0a
T4	18.9±0.3a	2.2±0.2a	13.8±0.7ab	23.3±1.0a	0.3±0.0a

不同施肥处理对马铃薯品质的影响同样存在差异（表5）。与CK1相比，除T3处理的含淀粉量降低6.3%外，其他施肥处理均能明显提高马铃薯的含淀粉量，增幅为0.6%～47.5%，以T4处理增幅最大，而与CK2相比，T2和T3处理的马铃薯含淀粉量有所降低，降幅分别为3.6%和10.3%，而T1和T4处理的马铃薯含淀粉量呈增加趋势，增幅分别为24.2%和41.2%。不同施肥处理对马铃薯含还原糖量影响不显著。

2.4 不同施肥处理对耕层土壤肥力的影响

施肥枪分次追肥影响了马铃薯收获后的土壤肥力状况（表6）。不同施肥处理对马铃薯收获后的耕层土壤pH值、有机质量、全氮和全磷量影响则不显著，但却显著影响了含碱解氮、有效磷、全钾和速效钾量。进一步分析来看，与CK1相比，施肥显著降低了土壤含碱解氮量，降幅为14.8%～22.2%，而且采用施肥枪分次追肥的含碱解氮量相比CK2降低了4.4%～8.7%，以T2和T3处理降幅最大；与CK1相比，施肥使土壤含有效磷量提高了1.0%～47.5%，以CK2增幅最大，而且采用施肥枪分次追肥则较CK2降低了6.5%～31.5%，以T4处理降幅最大；与CK1相比，施肥同样降低了土壤全钾量，降幅为1.6%～12.7%，以CK2降幅最大，但是与CK2相比，采用施肥枪分次追肥的全钾量则提高了1.8%～12.7%；同样，与CK1相比，土壤含速效钾量除T4处理增加10.2%外，其他施肥处理均出现明显降低，降幅为5.5%～19.7%，以CK2降幅最大，但与CK2相比，采用施肥枪分次追肥处理则提高11.8%～37.3%。

表6 不同施肥处理的土壤养分变化

编号	pH值	有机质（g/kg）	全氮（g/kg）	碱解氮（mg/kg）	全磷（g/kg）	有效磷（mg/kg）	全钾（g/kg）	速效钾（mg/kg）
CK1	5.6±0.2a	39.7±3.1a	2.2±0.2a	136.4±12.3a	1.2±0.2a	70.3±6.7b	12.6±0.4a	63.5±5.5ab
CK2	5.3±0.3a	36.9±2.0a	2.1±0.2a	116.2±9.7b	1.4±0.1a	103.7±11.2a	11.0±0.2b	51.0±4.4c
T1	5.6±0.2a	37.0±2.7a	2.1±0.1a	116.2±5.4b	1.1±0.1a	71.0±5.6b	11.8±0.3ab	58.0±2.3bc
T2	5.6±0.2a	40.7±4.3a	2.3±0.2a	106.1±8.9b	1.2±0.1a	71.4±6.4b	12.4±0.5a	60.0±3.7b
T3	5.5±0.1a	35.2±4.1a	2.0±0.3a	106.1±11.2b	1.1±0.2a	74.1±4.3b	11.4±0.3ab	57.0±5.4bc
T4	5.4±0.2a	36.8±1.8a	2.1±0.1a	111.1±10.8b	1.4±0.1a	97.0±7.0ab	11.2±0.4ab	70.0±4.8a

土壤养分状况是评价土壤肥力的重要指标，于世欣等[12]研究了施肥枪施肥对桃树根层土壤养分分布的影响，结果表明在相同施肥量下，施肥枪施肥可以提高土壤NH_4^+－N、NO_3^-－N、速效磷、速效钾量等，本研究结果与其类似。本试验中，与CK2相比，施肥枪分次追肥处理提高了土壤pH值、全钾以及速效钾量，说明施肥枪施肥相对更有利于提高土壤钾素水平，增加K^+移动距离，从而促进马铃薯对钾素的吸收[20]。此外，吕丽霞等[22]研究指出，土壤速效养分可预测施肥枪施肥后的果实产量和品质。因此，本研究通过逐步回归分析将所有影响因子逐个引入回归方程并得到最终的逐步回归方程，结果显示马铃薯产量与马铃薯淀粉量和土壤碱解氮量存在极显著的相关性，逐步回归方程为$Y=$

$28.505X_{淀粉}-21.992X_{碱解氮}+3\,494.404$（$Y$ 为马铃薯产量，$R^2=0.98$），说明在众多的影响因子中，马铃薯含淀粉量与土壤含碱解氮量是影响马铃薯产量的主导因素。

3 结论

与习惯施肥相比，施肥枪分次追施可使贵州春马铃薯产量提高 0.6%～19.6%；改善结薯性状，其中追施 40%～80%的马铃薯单株产量提高 15.3%～26.0%，追施 60%～80%平均薯块重和单株结薯数则分别提高了 1.3%～25.5%和 1.9 个/株；同时，施肥枪分次施肥还可以改善马铃薯含氮、磷、钾及淀粉量，并且对提升土壤肥力状况，尤其是土壤 pH 值、全钾和速效钾量方面具有明显效果。综合来看以 20%基施+80%分次追施效果最佳。

参考文献

[1] 马国成，尹娟，李文证．水肥耦合对马铃薯叶绿素和光合速率的影响 [J]．节水灌溉，2016（6）：35－40.

[2] 张萌，赵欢，陈龙，等．贵州冬作马铃薯专用肥高效施用技术 [J]．西南农业学报，2016，29（1）：109－114.

[3] 窦超银，于国丰，王海兵．压片式微喷带水力特性试验研究 [J]．节水灌溉，2012（5）：29－32.

[4] 万书勤，汪然，康跃虎，等．微咸水滴灌施肥灌溉对马铃薯生长和水肥利用的影响 [J]．灌溉排水学报，2016，35（7）：1－7，15.

[5] 池再香，李贵琼，白慧，等．干季贵州省东西部区域干湿状况差异分析 [J]．中国农业气象，2016，37（3）：361－367.

[6] 黄进明．水肥一体化技术在马铃薯栽培中的应用 [J]．南方农业，2015，9（24）：55－57.

[7] 杨小振，张显，马建祥，等．滴灌施肥对大棚西瓜生长、产量及品质的影响 [J]．农业工程学报，2014，30（7）：109－118.

[8] 王连君，王程翰，乔建磊，等．膜下滴灌水肥耦合对葡萄生长发育、产量和品质的影响 [J]．农业机械学报，2016，47（6）：113－119.

[9] 王连君，王程翰，乔建磊，等．滴灌条件下水肥耦合对青花菜生理特性及产量和品质的影响 [J]．农业机械学报，2016，47（6）：113－119.

[10] 艾立山．注射施肥对红富士苹果叶片营养和果实产量及品质的影响 [D]．杨凌：西北农林科技大学，2014.

[11] 何建，陈克玲，刘建军，等．土壤注射配方液肥对塔罗科血橙果实品质的影响 [J]．西南农业学报，2013，26（1）：299－303.

[12] 于世欣，吴小宾，崔秀敏．施肥枪施肥对桃树根层土壤养分分布的影响 [J]．核农学报，2015，29（8）：1624－1631.

[13] 张林森，李雪薇，王晓琳，等．根际注射施肥对黄土高原苹果氮素吸收利用及产量和品质的影响 [J]．植物营养与肥料学报，2015，21（2）：421－430.

[14] 鲍士旦．土壤农化分析 [M]．北京：中国农业出版社，2000.

[15] 高俊凤．植物生理学实验指导 [M]．北京：高等教育出版社，2006.

[16] 张文英．滴灌条件下不同氮钾用量对马铃薯产量和水肥利用率的影响 [J]．青海大学学报（自然科学版），2015，33（6）：18－22.

[17] 谭华，郑德波，邹成林，等．水肥一体膜下滴灌对玉米产量与氮素利用的影响 [J]．干旱地区农业研究，2015，33（3）：18－23.

[18] 郭丙玉，高慧，唐诚，等．水肥互作对滴灌玉米氮素吸收、水氮利用效率及产量的影响 [J]．应用生态学报，2015，26（12）：3679－3686.

[19] 孔海民，薛晨晨，邵伟强，等．水肥一体精量化施肥对春季设施小黄瓜产量的影响和效益分析 [J]．浙江农业科

学，2016，57（3）：323－325.
[20] 吴小宾，彭福田，崔秀敏，等．施肥枪施肥对桃树氮素吸收分配及产量品质的影响［J］．植物营养与肥料学报，2011，17（3）：680－687.
[21] 王博文．施肥枪减量施肥和 PGA 增效剂在旱地苹果园的应用效果研究［D］．杨凌：西北农林科技大学，2016.
[22] 吕丽霞，张立新，高梅，等．根际注射施肥对渭北苹果园土壤理化特性、土壤酶、果实产量及品质的影响［J］．果树学报，2012，29（5）：782－788.
[23] 赵欢，刘海，何佳芳，等．不同肥料组合对马铃薯产量、生物性状和土壤肥力的影响［J］．贵州农业科学，2013，41（12）：110－114.
[24] 郑若良．氮钾肥比例对马铃薯生长发育、产量及品质的影响［J］．江西农业学报，2004，16（4）：39－42.

贵州高海拔地区不同春马铃薯品种差异性比较*

张　萌[1,2]　马智黠[3]　徐永康[3]　张荣华[3]　芶久兰[1,2]
陈　龙[1,2]　周瑞荣[1,2]　秦　松[1,2]　何佳芳[1,2]*

1. 贵州省农业科学院土壤肥料研究所，贵州贵阳　550006
2. 农业部贵州耕地保育与农业环境科学观测实验站，贵州贵阳　550006
3. 威宁县山地特色农业科学研究院，贵州威宁　553100

摘要：贵州威宁县是我省典型的高海拔马铃薯种植区，为筛选适合该地区种植的优质、高产、抗病马铃薯品种，本文采用田间对比试验研究了不同马铃薯品种产量、植株形态、结薯性状、养分与品质以及土壤肥力状况的差异性。结果表明：在所有马铃薯品种中，以青薯9号产量最高，到达2 086.5 kg/hm^2，其他品种丽薯7号、wy08－002和威芋5号属于“高产”品种，丽薯8号、白粉果、威芋6号和宣薯2号类属于“中产”品种，而威芋3号和丽薯6号则类属于“低产”品种；宣薯2号、丽薯8号和wy08－002病情指数较低，均属于“高抗”品种，丽薯6号、丽薯7号、青薯9号、威芋5号和威芋6号属于“中抗”品种，而威芋3号和白粉果则属于“低抗”品种；此外，与常规品种威芋3号相比，其他引进品种的马铃薯氮、磷、钾、淀粉含量以及收获后的土壤肥力状况均有不同程度的明显提升。综合来看，青薯9号、威芋5号、丽薯7号、宣薯2号和wy08－002表现较好，可在贵州高海拔地区推广种植。

关键词：高海拔地区；马铃薯品种；产量；结薯性状；土壤肥力

马铃薯是贵州旱地主栽作物之一，其常年种植面积在67万hm^2以上，是仅次于玉米的第二大旱地作物[1,2]。近年来，随着马铃薯主粮化趋势的不断发展，我省马铃薯产业发展呈现出逐年加速发展的态势，目前贵州已成为我国马铃薯西南混作区重要的马铃薯生产基地[3-5]。威宁县地处贵州省西北部，平均海拔2 200 m，是我省典型的高海拔马铃薯种植区[6]。然而，由于近年来全球气候变化加剧，加上特殊的地理位置和气候条件，雨水季节性分配不均匀，这使得干旱等自然灾害的发生频率不断增加[7-9]，而且由于高海拔地区相对湿度大，马铃薯晚疫病、青枯病等病害发生的概率和严重程度也相应提高[10]，干旱、病害等均成为限制贵州省高海拔地区马铃薯产业化水平提升的重要限制因子。此外，由于威宁地区发展相对落后，且马铃薯种植品种较为单一、抗性差、产量低，从而导致马铃薯经济效益波动大，农户种植积极性也受到一定影响[11]。因此发展适合贵州高海拔地区种植的优质高产、抗旱、抗病的马铃薯新品种，已成为当前该地区马铃薯生产迫切需要解决的关键问题所在。

目前，在贵州省大面积推广应用的马铃薯品种中，抗寒、抗旱、抗病性等均存在着很大差异，并且不同马铃薯品种受自然条件的影响产量波动也很大[2,6,10]。因此，为解决马铃薯品种单一问题，进一

* **基金项目**：国家公益性行业项目（201503127）；贵州省农业科学院院专项（黔农科院院专项［2016］025号）

步加强对不同抗旱、耐瘠、抗病性马铃薯品种的研究，本文引进了10个马铃薯优良品种，开展春马铃薯抗旱、耐瘠、抗病品种鉴选试验，通过田间试验研究贵州高海拔地区不同马铃薯品种的产量、植株形态特征、结薯性状、养分与品质，以及马铃薯收获后的耕层土壤肥力差异，旨在明确不同马铃薯品种的特征特性，进而鉴定筛选出适合高海拔地区推广种植的马铃薯优质品种，以期丰富贵州省高海拔地区马铃薯品种结构，并为马铃薯“两减”和“三节”综合技术集成提供理论依据与技术支持。

1 材料与方法

1.1 试验地概况

试验于2015年3～10月在贵州省威宁县双龙镇（26°52′E，104°17′N，海拔2 237 m，年降水量954 mm，无霜期250 d左右，年平均气温11℃，日照时数2 000 h左右）进行。供试土壤为灰泡土，其基本理化性状pH值5.59，有机质47.036 g/kg，全氮2.475 g/kg，全磷1.226 g/kg，全钾含量为14.002 g/kg。

1.2 试验设计

该试验为品种筛选试验，共10个马铃薯品种，分别为威芋3号、威芋5号、威芋6号、丽薯6号、丽薯7号、丽薯8号、宣薯2号、青薯9号、白粉果、wy08－002。所有试验处理的肥料均选用西洋复合肥（15－15－15），施肥量均按照为30 kg/亩基肥施用，无追肥，不喷药，不灌水，中期管理去除杂草。马铃薯种植密度为4 000株/亩，每个处理设3次重复，小区面积为13.5 m^2（3 m×4.5 m）。

1.3 样品采集与测定

1.3.1 土壤样品分析

试验前在整个试验田均匀布15个采样点，采集0～20 cm土层土样，经风干磨细过筛后，测定土壤的基础理化性质[12]。同时，在马铃薯收获后，每个处理按五点法取0～20 cm土层土样进行混合，将采集的混合土样在自然条件下风干，经磨细过筛后，测定土壤基本理化性质[12]。土壤的基本理化性质分析方法：土壤pH值按照水土比2.5∶1－pH计法测定；有机质用重铬酸钾容量法；全氮用半微量开氏法－标准酸滴定；碱解氮用碱解扩散法－标准酸滴定；全磷用NaOH熔融－钼锑抗比色法测定；有效磷采用0.5 mol/L $NaHCO_3$浸提－钼锑抗比色法测定；全钾采用NaOH熔融－火焰光度法测定；速效钾采用1.0 mol/L NH_4OAc浸提－火焰光度法测定[12]。

1.3.2 试验调查与植物样品分析

马铃薯生育期内调查其植株形态特征，包括株高、主茎数、主茎色、叶色、花冠色、花繁性、天然结实性、匍匐茎及病害发病指数。马铃薯测产前，对每个处理的马铃薯进行调查，调查内容包括单株产量、单株结薯数以及大、中、小薯数。同时，每个处理随机采集马铃薯块茎，用去离子水冲洗后，用刀子切成薄片后，放入105℃干燥箱中杀青30 min，然后在60℃下烘干至恒重，然后将植物样品磨碎过筛后，采用H_2SO_4－H_2O_2联合消煮－凯氏定氮仪测定全氮含量，钼锑抗比色法测定全磷含量，火焰光度法测定全钾含量[12]。同时，另外取一部分新鲜马铃薯样品用于测定淀粉和还原糖含量[13]。马铃薯产量按收获时各小区单打单收的实产计算。

1.4 数据统计

试验数据均采用Excel 2003软件进行计算处理，采用Origin 8.0软件作图，差异显著分析用LSD法进行分析，显著水平为a=0.05。

2 结果与分析

2.1 不同春马铃薯品种的产量

从不同春马铃薯品种的产量看（图1），不同马铃薯品种产量在9602.5～20862.5 kg/hm^{2}之间，大小依次为青薯9号>威芋5号>丽薯7号>wy08－002>宣薯2号>威芋6号>丽薯8号>白粉果>威芋3号>丽薯6号。与常规品种威芋3号相比，除丽薯6号产量减产6.2%外，其他品种马铃薯均显著增产，增产幅度达到39.71%～103.79%。差异显著性分析结果显示，青薯9号除与威芋5号、丽薯7号、wy08－002差异不显著外，与其他品种均存在显著差异；威芋6号、丽薯8号、宣薯2号和白粉果的马铃薯产量差异不显著，但均显著高于威芋3号和丽薯6号，而威芋3号与丽薯6号差异不显著。从聚类分析结果看（图2），可将马铃薯产量水平分为3类："高产""中产"和"低产"，其中"高产"品种包括丽薯7号、wy08－002、威芋5号和青薯9号，"中产"品种包括丽薯8号、白粉果、威芋6号和宣薯2号，而"低产"品种则包括威芋3号和丽薯6号。

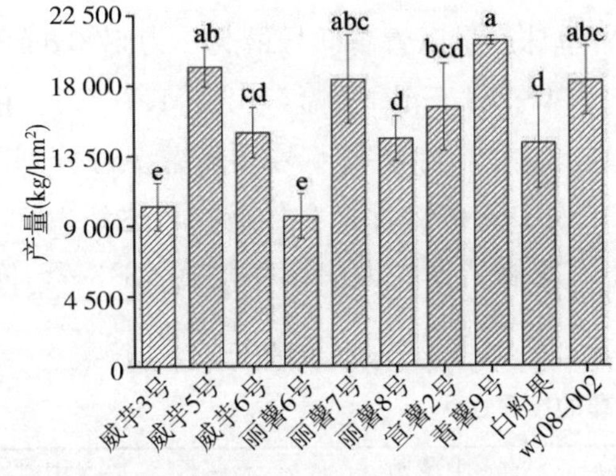

图1 不同品种马铃薯的产量水平

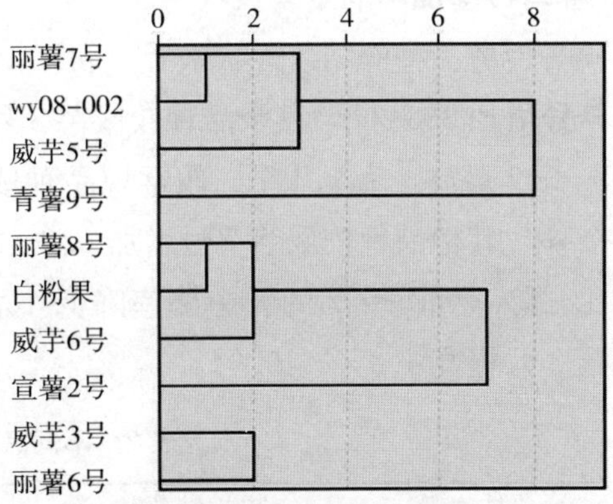

图2 不同马铃薯品种产量的聚类分析

注：不同小写字母表示 $P<0.05$ 差异显著水平。

2.2 不同春马铃薯品种的植株形态特征

从表1可以看出，株高最高的是丽薯7号，为69.0 cm，较常规品种威芋3号相比高了13.6 cm，最矮的是wy08－002，仅为28.2 cm，较常规品种威芋3号相比矮了27.2 cm，丽薯8号和宣薯2号的株高较也威芋3号降低0.4～2.4 cm外，而其他品种则增加5.2～13.6 cm；主茎数最多的是威芋6号和青薯9号，为4.8个，最少的为丽薯6号，仅为1.9个，丽薯6号、丽薯7号、丽薯8号和宣薯2号的主茎数较威芋3号减少了0.8～1.1个，其他品种则增加了0.5～1.3个；丽薯7号、宣薯2号和青薯9号的主茎色为紫绿色，其他品种均为绿色；丽薯7号、宣薯2号和青薯9号的叶色为深绿色，其他品种均为绿色；丽薯7号和青薯9号的花冠色为紫色，而其他品种均为白色；从花繁性看，威芋3号、丽薯6号、丽薯7号、宣薯2号和wy08－002均为繁茂，威芋5号、青薯9号和白粉果则为中等繁茂，而威芋6号和丽薯8号则分别为少蕾少花和少花满蕾；威芋3号、威芋5号、丽薯6号、丽薯7号、白粉果和wy08－002的天然结实率为中等水平，青薯9号的天然结实率较低，其他品种未见结实；所有马铃薯品种的匍匐茎均为短型；从马铃薯病情指数看，以威芋3号最高，为26.4，白粉果次之，为18.6，其他品种的病情指数在1.9～13.6之间，而丽薯8号和宣薯2号未见发病。

表 1　不同品种马铃薯的植株形态特征

品种	株高 (cm)	主茎数	主茎色	叶色	花冠色	花繁性	天然结实性	匍匐茎	病情指数
威芋 3 号	55.4bc	3.5bc	绿色	绿色	白色	繁茂	中	短	26.4a
威芋 5 号	63.0abc	4.0ab	绿色	绿色	白色	中	中	短	11.0bcd
威芋 6 号	60.6abc	4.8a	绿色	绿色	白色	少蕾少花	无	短	7.2 cde
丽薯 6 号	60.8abc	1.9d	绿色	绿色	白色	繁茂	中	短	13.6bc
丽薯 7 号	69.0a	2.5cd	紫绿色	深绿色	紫色	繁茂	中	短	8.9bcde
丽薯 8 号	53.0c	2.7cd	绿色	绿色	白色	少花满蕾	无	短	0.0e
宣薯 2 号	55.0c	2.4cd	紫绿色	深绿色	白色	繁茂	无	短	0.0e
青薯 9 号	66.4ab	4.8a	紫绿色	深绿色	紫色	中	少	短	9.9bcde
白粉果	55.4bc	4.0ab	绿色	绿色	白色	中	中	短	18.6ab
wy08－002	28.2d	4.2ab	绿色	绿色	白色	繁茂	中	短	1.9de

注：同列不同小写字母表示 $P<0.05$ 差异显著水平。

2.3　不同春马铃薯品种的结薯性状

从不同马铃薯品种的结薯性状来看（表 2），马铃薯单株产量以青薯 9 号最高，为 578.8 g，较常规品种威芋 3 号增加 333.3 g，其余品种较威芋 3 号增加 12.4～264.5 g，增幅 5.0%～107.7%；单株结薯数以 wy08－002 最高，为 9.4 个，较常规品种威芋 3 号 5.6 个，除丽薯 6 号和丽薯 7 号分别降低 0.4 个和 0.2 个外，其他品种较威芋 3 号增加 0.2～2.8 个；大中薯率以青薯 9 号最高，达到 100%，与威芋 3 号相比，除 wy08－002 的大中薯率降低 16.2%外，其他品种的大中薯率均在 78.3%～96.6%之间，较威芋 3 号提高 1.0%～19.3%。

表 2　不同品种马铃薯的结薯性状

品种	单株产量 (g)	单株结薯数	小薯数	中薯数	大薯数	大中薯率 (%)
威芋 3 号	245.5	3.8	1.6	2.0	0.2	77.3
威芋 5 号	415.1	4.2	1.0	2.2	1.0	90.8
威芋 6 号	443.7	6.6	2.4	4.0	0.2	83.7
丽薯 6 号	257.9	3.4	0.8	2.6	0.0	96.6
丽薯 7 号	299.6	3.6	1.0	2.4	0.2	86.6
丽薯 8 号	397.1	4.0	1.0	2.4	0.6	84.5
宣薯 2 号	510.0	3.8	0.8	1.8	1.2	96.4
青薯 9 号	578.8	4.4	0.0	2.8	1.6	100.0
白粉果	353.0	5.8	3.2	2.0	0.6	78.3
wy08－002	399.9	9.4	6.4	3.0	0.0	61.1

2.4　不同春马铃薯品种的养分与品质

表 3 显示了不同春马铃薯品种的养分与品质特征。从马铃薯养分特征看，不同马铃薯品种的氮含量为 11.7～19.2 g/kg，较常规品种威芋 3 号相比，除白粉果的氮含量降低 2.7%外，其他品种提高 15.9%～59.9%，以威芋 5 号的氮含量最高，达到 19.2 g/kg；不同马铃薯品种磷含量为 1.8～2.7 g/kg，以‘威芋 3 号和丽薯 6 号含量最高，白粉果含量最低，与常规品种威芋 3 号相比，其他品种的磷含量均明显降低，降幅为 18.3%～34.1%；不同品种马铃薯钾含量为 8.6～12.5 g/kg，以威芋 5 号最高，丽薯 8 号最低，与常规品种威芋 3 号相比，威芋 5 号、丽薯 6 号、丽薯 7 号和 wu08－002 的钾含量均有所增加，增幅为 4.2%～17.5%，其他品种则有所降低，降幅为 0.9%～19.3%。从马铃薯品质看，不同马铃薯品种的淀粉含量为 9.7%～27.0%，以白粉果最高，宣薯 2 号最低，较常规品种威

芋3号相比，威芋5号和青薯9号淀粉含量有所下降，分别降低1.3%和2.5%，而其他品种则相对提高了0.4%～14.8%；不同马铃薯品种的还原糖含量均为0.3%，品种间无差异。

表3 不同品种马铃薯的养分与品质

品种	氮（g/kg）	磷（g/kg）	钾（g/kg）	淀粉（%）	还原糖（%）
威芋3号	12.0c	2.7a	10.6a	12.2b	0.3a
威芋5号	19.2a	2.2ab	12.5a	10.9	0.3a
威芋6号	14.5abc	1.9b	10.5a	14.6b	0.3a
丽薯6号	18.9ab	2.7a	11.2a	12.6b	0.3a
丽薯7号	17.2ab	2.2ab	11.1a	13.4b	0.3a
丽薯8号	13.9abc	2.1ab	8.6a	24.4a	0.3a
宣薯2号	17.8ab	2.1ab	9.7a	20.5a	0.3a
青薯9号	16.0ab	2.0ab	10.2a	9.7c	0.3a
白粉果	11.7c	1.8b	9.8a	27.0a	0.3a
wy08－002	16.4ab	2.1ab	12.4a	19.4a	0.3a

2.5 不同春马铃薯品种收获后的土壤肥力状况

从表4可以看出，与常规品种威芋3号相比，不同马铃薯品种收获后的土壤pH值除威芋5号和wy08－002下降0.2外，其他品种pH值提高0.0～0.3；丽薯8号、宣薯2号、青薯9号和白粉果的有机质含量提高4.4%～10.0%，以丽薯8号最高，其他品种的有机质含量降低1.9%～6.5%；威芋5号、丽薯6号、白粉果和wy08－002的全氮含量较威芋3号有所提高，增幅为5.2%～17.8%，以wy08－002最高，其他品种降低了3.2%～12.7%，以丽薯8号降幅最大；不同马铃薯品种的碱解氮含量均有所提高，增幅为0.1%～16.7%，以威芋6号、丽薯7号、丽薯8号和白粉果最高；不同马铃薯品种的有效磷含量较威芋3号提高了6.2%～35.9%，以宣薯2号增幅最大；威芋5号和丽薯7号的全钾含量提高了1.4%，其他品种降低1.4%～5.7%，以丽薯8号全钾含量最低；不同马铃薯品种的速效钾含量均有不同程度的提高，增幅为12.6%～72.8%，以丽薯8号增幅最大。

表4 不同品种马铃薯收获后的土壤养分状况

品种	pH值	有机质（g/kg）	全氮（g/kg）	碱解氮（mg/kg）	全磷（g/kg）	有效磷（mg/kg）	全钾（g/kg）	速效钾（mg/kg）
威芋3号	5.9a	45.8ab	2.4a	121.2b	1.2a	39.4b	14.0a	51.5c
威芋5号	5.8a	43.0b	2.5a	131.3ab	1.1a	51.8b	14.2a	64.0b
威芋6号	6.1a	43.5ab	2.3a	141.4a	1.1a	52.5b	13.4a	73.0b
丽薯6号	5.9a	44.6ab	2.5a	121.3b	1.1a	45.6bc	13.6a	65.0b
丽薯7号	6.1a	44.9ab	2.2a	141.4a	1.1a	50.0b	14.2a	67.0b
丽薯8号	6.2a	50.4a	2.1a	141.4a	1.2a	55.0b	13.2a	89.0a
宣薯2号	6.0a	49.6a	2.3a	131.3ab	1.3a	75.3a	13.8a	60.0b
青薯9号	6.2a	48.6a	2.3a	126.3b	1.2a	56.2b	13.4a	58.0b
白粉果	6.1a	47.8a	2.6a	141.4a	1.2a	52.6b	13.4a	61.0b
wy08－002	5.7a	42.8b	2.8a	131.3ab	1.2a	46.5bc	14.0a	72.0b

3 结论

马铃薯生长很大程度上受制于当地小气候、土壤肥力状况等因素，气候条件、栽培措施、施肥技术等均会不同程度地影响马铃薯产量与品质[7,14,15]。威宁县地处乌蒙山脉的云贵高原，平均海拔在

2200 m，低纬度，高海拔，日照时间长，年温差小，日温差大，是贵州高产优质马铃薯栽培的重要种植区[6]。但是由于种质资源和品种引进能力的相对落后，导致高产、高抗等优质马铃薯品种相对缺乏。通过马铃薯品种鉴定筛选试验，初步研究了贵州高海拔地区不同春马铃薯品种的生长与土壤养分状况差异。

（1）青薯 9 号产量最高，达到 1390.8 kg/亩，其次为威芋 5 号，为 1279.3 kg/亩，其他品种产量依次为丽薯 7 号（1225.3 kg/亩）＞wy08－002（1218.8 kg/亩）＞宣薯 2 号（1106.8 kg/亩）＞威芋 6 号（999.3 kg/亩）＞丽薯 8 号（973.0 kg/亩）＞白粉果（953.5 kg/亩）＞威芋 3 号（682.5 kg/亩）＞丽薯 6 号（640.2 kg/亩），且聚类分析结果表明丽薯 7 号、wy08－002、威芋 5 号和青薯 9 号类属于“高产”品种，丽薯 8 号、白粉果、威芋 6 号和宣薯 2 号类属于“中产”品种，而威芋 3 号和丽薯 6 号则类属于“低产”品种。

（2）当地多年来常规品种威芋 3 号病情指数为 26.4，感病严重，其余品种除白粉果外，病情指数均与常规品种威芋 3 号差异达到显著性水平，其中宣薯 2 号、丽薯 8 号和 wy08－002 病情指数分别为 0、0 和 1.93，三者均属于“高抗”品种，丽薯 6 号、丽薯 7 号、青薯 9 号、威芋 5 号和威芋 6 号属于“中抗”品种，而威芋 3 号和白粉果则属于“低抗”品种。

（3）从结薯性状看，青薯 9 号大中薯块重比例为 100%，平均薯块重 131.5 g/个，丽薯 7 号大中薯块重比例为 86.6%，宣薯 2 号大中薯块重比例为 96.4%，威芋 5 号大中薯块重比例为 98.8%，wy08－002 大中薯块重比例不高，但是单窝结薯个数高达 9.4 个，而威芋 3 号大中薯块重比例仅为 77.3%。

（4）与常规品种威芋 3 号相比，其余品种均能不同程度地提高马铃薯养分以及淀粉含量，同时对马铃薯收获后土壤肥力状况也有明显的改善作用，尤其是在提高土壤 pH 值、增加碱解氮、有效磷和速效钾含量方面。

综上所述，青薯 9 号、威芋 5 号、丽薯 7 号、宣薯 2 号和 wy08－002 在产量水平、抗病能力等方面均表现出明显优势，适宜在贵州威宁县乃至其他马铃薯高海拔地区种植，但相应的配套技术与管理措施仍需进一步完善，从而为后期示范推广提供理论依据。

参考文献

[25] 王思见，刘彩平，谭绚，等．贵州马铃薯中晚熟新品种比较试验［J］．种子，2014，33（8）：112－115.

[26] 徐彦军，孙能熙，赵小平，等．贵州乌蒙山区菜用马铃薯品种栽培比较试验［J］．种子，2013，32（4）：78－80.

[27] 张萌，赵欢，陈龙，等．贵州冬作马铃薯专用肥高效施用技术［J］．西南农业学报，2016，29（1）：109－114.

[28] 唐兴发，范金华，樊祖立，等．黔中地区马铃薯早熟新品种（系）比较试验［J］．湖南农业科学，2015（10）：15－17.

[29] 江锡瑜，杨力，杨昌达，等．贵州马铃薯品种现状及合理布局研究［J］．种子，2008，27（6）：65－71.

[30] 梁平，胡家敏，汤苾，等．贵州威宁春种马铃薯高产优质的气候资源优势分析［J］．高原山地气象研究，2012，32（4）：65－69.

[31] 池再香，杜正静，杨再禹，等．州西部马铃薯生育期气候因子变化规律及其影响分析［J］．中国农业气象，2012，33（3）：417－423.

[32] 池再香，卢瑶，胡秋舲，等．贵州西部气象因子对马铃薯晚疫病发生流行的影响研究及对策［J］．西南农业学报，2009，22（6）：1599－1604.

[33] 任永峰，赵举，张永平，等．阴山北麓地区马铃薯品种抗旱特性的研究［J］．作物杂志，2011（6）：53－56.

[34] 王清辉，李威，杨松霖，等．贵州低海拔地区主栽马铃薯品种对晚疫病的田间抗性［J］．贵州农业科学，2013，41（11）：67－69.

[35] 顾尚敬，王朝海，陈春燕，等．马铃薯品种抗旱性鉴定及抗旱栽培技术研究［J］．安徽农业科学，2013，41（36）：

13858－13861.
［36］鲍士旦．土壤农化分析［M］．北京：中国农业出版社，2000.
［37］高俊风．植物生理学实验指导［M］．北京：高等教育出版社，2006.
［38］高永刚，那齐海，顾红，等．黑龙江省马铃薯气候生产力特征及区划［J］．中国农业气象，2007，28（3）：275－280.
［39］白美兰，侯琼，郝润全．乌兰察布盟地区马铃薯优良品种气候区划［J］．中国农业气象，2005，26（1）：21－24.

保水剂用量对贵州旱作覆膜马铃薯生长及土壤肥力的影响*

张　萌[1]　魏全全[1]　徐永康[2]　马智黠[2]　张荣华[2]　芶久兰[1]　陈　龙[1]　何佳芳[1*]

1. 贵州省农业科学院土壤肥料研究所，贵州贵阳　550006

2. 威宁县山地特色农业科学研究院，贵州威宁　553100

摘要： 为探明保水剂（SAP）对贵州高海地地区马铃薯生长的影响，为贵州马铃薯高产栽培、水肥高效施用技术提供参考。以马铃薯威芋5号为材料，通过田间试验研究5个保水剂用量（0 kg/hm^2、37.5 kg/hm^2、52.5 kg/hm^2、67.5 kg/hm^{2}和82.5 kg/hm^2）对贵州覆膜马铃薯产量、结薯性状、养分与品质以及土壤肥力的影响。施用保水剂马铃薯出苗率最高可达93.37%，且较对照（不施用保水剂）相比，产量提高7.96%～13.37%，单株结薯数提高6.81%～45.45%，单株产量提高34.92%～83.31%；显著提高马铃薯淀粉含量2.49～5.35百分点，但对马铃薯块茎中氮、磷、钾、水分和还原糖含量无明显影响。从土壤养分变化看，与对照相比，施用保水剂能使土壤有机质、全氮、全磷、有效磷、速效钾含量分别增加了4.61%～27.01%、0～19.01%、7.83%～15.65%、5.73%～22.49%和5.08%～25.42%。在贵州高海地地区栽培马铃薯，推荐施用保水剂52.5～82.5 kg/hm^2，有利于高产和提高土壤肥力。

关键词： 保水剂；马铃薯；产量；品质；土壤肥力

目前，马铃薯主粮化趋势正逐渐凸显，已成为我国第四大粮食作物。马铃薯作为贵州旱地主栽作物之一，据2015年《中国统计年鉴》数据显示，2014年贵州省薯类作物播种面积达94.5万hm^2，产量为289.9万t，是仅次于玉米的第二大旱地作物[1,2]。威宁县地处海拔2200 m左右，是贵州乃至全国高海拔地区重要的马铃薯生产基地，马铃薯已经成为该县的主要经济来源之一。然而，威宁县地处云贵高原边缘，独特的地理位置和气候条件导致雨水季节性分配不均匀，加之马铃薯对水分需求较多且对缺水极为敏感的作物[3]，因而在栽培中常常出现因冬春季干旱，致使春马铃薯播种后出现出苗缓慢、出苗不全、生长发育不良等现象，同时干旱也加剧病虫害的频发，严重影响其产量和品质，已成为制约贵州高海拔地区春马铃薯产业发展的瓶颈[4]。因此，抗旱节水已成为提高威宁高海拔区域马铃薯产量和经济效益的重要技术环节。

保水剂是一种新型高分子材料，具有较好的吸水和保水能力，所持水分的85%～90%是植物可利用的自由水，而且其本身无毒、无害、无污染，对人体无刺激作用，因此被广泛应用于农业生产中以提高水分利用效率和作物产量[5-7]。施用保水剂不仅可以提高土壤蓄水保墒能力，调节季节性降水分配，缓解干旱对作物生长造成的压力[8]，还可以通过改善土壤水分和植物叶片水势状况等调控光合生

* **基金项目：** 公益性行业（农业）科研专项（201503127）；贵州省农业科学院院专项（黔农科院院专项［2016］025号）

理过程，提高光合效率[9,10]，从而实现作物增产和改善品质的目的。李建玲[11]研究表明，施用保水剂可使马铃薯出时间数提前 2～3 d，且出苗率提高 1.1%～3.6%。张扬等[12]研究发现，施用保水剂 60 kg/hm^{2}可极显著提高马铃薯生物量，但淀粉积累期施用量超过 15 kg/hm^{2}会使增产效果下降。穆俊祥等[13]研究保水剂和氮肥配施对马铃薯生长和水肥利用的影响表明，两者合理配施不仅提高肥料养分利用率，而且减少了肥料过度使用，降低环境污染。可见，施用保水剂已成为旱地作物稳产增产的一项重要技术手段。然而，在施用保水剂时，除要考虑当地灌溉条件和气候条件外，还应该针对不同条件确定保水剂的施用方法、用量以及相应的灌溉制度等[14]。因此，笔者针对贵州威宁县高海拔地区马铃薯生产状况，研究覆膜条件下不同保水剂用量对威宁春马铃薯产量、结薯性状、养分与品质以及土壤肥力状况的影响，筛选出适合当地的最佳保水剂用量，以期为贵州马铃薯高产栽培、水肥高效施用技术提供参考。

1 材料与方法

1.1 试验材料

1.1.1 马铃薯、保水剂与肥料

供试马铃薯为威芋 5 号，保水剂为高分子吸水树脂（SAP），肥料为西洋复合肥（N：P_2O_5：K_2O=15：15：15）和尿素（N 为 46%）。

1.1.2 试验地概况

田间小区试验于 2015 年 3～10 月在威宁县进行，试验地海拔 2 290 m 左右，土壤为黄棕壤灰泡泥土，pH 值 5.56，有机质 39.64 g/kg、全氮 2.22 g/kg、碱解氮 136.36 mg/kg、全磷 1.22 g/kg、有效磷 70.25 mg/kg、全钾 12.40 g/kg、速效钾 63.50 mg/kg。

2.2 试验设计

试验设 5 个处理，分别为 T_1习惯施肥（CK）；T_2习惯施肥+保水剂 37.5 kg/hm^2；T_3习惯施肥+保水剂 52.5 kg/hm^2；T_4习惯施肥+保水剂 67.5 kg/hm^2；T_5习惯施肥+保水剂 82.5 kg/hm^2。习惯施肥为基施西洋复合肥 750.0 kg/hm^2，花期追施尿素 112.5 kg/hm^2，保水剂按照设计用量与基肥混合后一次性施用，基肥施用后统一覆膜。每个处理 3 次重复，小区面积 13.5 m^2（4.5 m×3 m），各小区随机排列。马铃薯栽培规格密度为 6.0 万株/hm^2，每行 16 株，每区 5 行，覆膜栽培。其他田间管理措施一致。

1.3 项目测定

1.3.1 土壤理化性质

试验前在整个试验田均匀布 15 个采样点，采集 0～20 cm 土层土样，经风干磨细过筛后测定基础理化性质[15]。马铃薯收获后每个处理按五点法取 0～20 cm 土层土样混合，自然风干，经磨细过筛后测定基本理化性质。其中，土壤 pH 值按照水土比 2.5：1－pH 计法测定，有机质用重铬酸钾容量法测定，全氮用半微量开氏法－标准酸滴定，碱解氮用碱解扩散法－标准酸滴定，全磷用 NaOH 熔融－钼锑抗比色法测定，有效磷采用 0.5 mol/L $NaHCO_3$浸提－钼锑抗比色法测定，全钾用 NaOH 熔融－火焰光度法测定，速效钾用 1.0 mol/L NH_4OAc 浸提－火焰光度法测定。

1.3.2 马铃薯调查与样品分析

测产前对分处理调查单株产量、单株结薯数以及大、中、小薯数。同时，每个处理随机采集马铃薯块茎，去离子水冲洗后切成薄片，放入 105 ℃干燥箱中杀青 30 min，然后在 60 ℃下烘干至恒重，将

植物样品磨碎过筛后采用 $H_2SO_4-H_2O_2$ 联合消煮-凯氏定氮仪测定全氮含量，钼锑抗比色法测定全磷含量，火焰光度法测定全钾含量[15]。同时，取一部分新鲜马铃薯测定淀粉和还原糖含量[16]。收获时各小区单打单收计产。

1.4 数据统计

试验数据均用 Excel 2003 软件进行处理，用软件 SPSS 采用 LSD 法进行差异显著分析。

2 结果与分析

2.1 不同保水剂用量马铃薯的出苗率

从表 1 看出，随着保水剂施用量增加马铃薯出苗率呈增加趋势，T_5 处理的出苗率最高，为 93.37%，显著高于 CK，但与 T_2～T_4 处理间差异不显著。与不施保水剂相比，施用保水剂可提高出苗率 3.5%～7.1%，但是不同保水剂施用量对马铃薯出苗率的影响不明显。

表 1 不同处理马铃薯的出苗率 单位：%

处理	Ⅰ	Ⅱ	Ⅲ	平均
T_1（CK）	84.9	85.6	88.3	86.27b
T_2	88.6	92.5	88.2	89.77ab
T_3	89.6	93.75	92.5	91.95ab
T_4	91.3	94.8	91.9	92.67a
T_5	92.5	100.0	87.6	93.37a

注：不同字母表示处理间差异达 5%显著水平（下同）。

2.2 不同保水剂用量马铃薯的产量

从表 2 可知，与 CK 相比，增施保水剂可显著提高马铃薯产量，增产率为 7.96%～13.37%。马铃薯产量随保水剂施用量增加而增加，但不同保水剂处理间差异不显著。保水剂施用量为 37.5 kg/hm^2（T_2 处理）时，马铃薯增产效果已达显著水平，继续提高保水剂用量产量略有提高，但效果不明显。

表 2 不同处理马铃薯的产量

处理	小区产量（$kg/13.5m^2$）				单产（kg/hm^2）	增产率（%）
	Ⅰ	Ⅱ	Ⅲ	平均		
T_1（CK）	29.80	30.76	31.90	30.82b	22 840.5b	—
T_2	33.72	35.33	30.76	33.27a	24 658.1a	7.96
T_3	36.45	30.42	35.20	34.03a	25 217.3a	10.41
T_4	34.69	33.09	35.60	34.46a	25 538.9a	11.81
T_5	38.99	30.03	35.80	34.94a	25 895.0a	13.37

2.3 不同保水剂用量马铃薯的结薯性状

从表 3 看出，马铃薯单株结薯数随保水剂施用量增加而增加，总结薯数较 CK 增加 6.81%～45.45%，其中 T_4、T_5 处理的大薯数显著增加，小薯数显著降低。马铃薯单株产量变化趋势与单株结薯数一致，保水剂处理的单株产量显著增加，较 CK 增加 34.92%～83.31%，其中大薯产量显著增加 108.49%～120.40%，T_5 处理的中薯产量最高，为 297.84 g/株，T_2、T_4 和 T_5 处理的小薯产量显著降低。与 CK 相比，保水剂处理的大中薯率显著提高，增幅为 10.5～16.4 百分点，但不同保水剂处理对大中薯率的影响不明显。

表 3 不同处理马铃薯的结薯性状

处理	单株结薯数（个/株）				单株产量（g）				大中薯率（%）
	总	大	中	小	总	大	中	小	
T_1（CK）	4.4b	0.6b	1.6b	2.2ab	281.36b	76.36b	128.00b	77.00a	72.6b
T_2	4.7b	0.8b	1.5b	2.4ab	379.60b	159.20a	165.20b	55.20b	85.5a
T_3	6.2a	0.8b	2.4ab	3.0a	440.00a	161.08a	204.48ab	74.44a	83.1a
T_4	6.3a	1.4a	3.3a	1.6b	457.22a	168.30a	228.00ab	60.92b	86.7a
T_5	6.4a	1.8a	2.6ab	2.0b	515.76a	161.16a	297.84a	56.76b	89.0a

2.4 不同保水剂用量马铃薯的养分与品质

从表 4 可知，施用保水剂对马铃薯氮、磷、钾、水分和还原糖含量影响不显著，但显著影响马铃薯的淀粉含量。与 CK 相比，保水剂处理的淀粉含量提高 2.49%～5.35%，其中 T_3～T_5处理的淀粉含量显著高于 T_1 和 T_2 处理。表明，施用保水剂可以显著影响马铃薯淀粉含量，且施用 52.5～82.5 kg/hm^{2}时均有利于淀粉含量的提高。

表 4 不同处理马铃薯的养分与品质

处理	氮（g/kg）	磷（g/kg）	钾（g/kg）	水分（%）	还原糖（%）	淀粉（%）
T_1（CK）	19.47a	1.98a	13.75a	82.74a	0.31a	10.01b
T_2	18.35a	2.12a	12.65a	83.73a	0.28a	12.50b
T_3	18.24a	2.23a	13.90a	82.88a	0.29a	15.36a
T_4	20.58a	2.48a	13.30a	82.91a	0.29a	15.31a
T_5	20.58a	2.35a	13.454	81.43a	0.31a	15.20a

2.5 不同保水剂用量马铃薯耕层土壤的养分

从表 5 看出，与 CK 相比，增施保水剂可以明显提高土壤养分含量，其中有机质增加 4.61%～27.01%，全氮增加 0～19.01%，全磷增加 7.83%～15.65%，有效磷增加 5.73%～22.49%，速效钾增加 5.08%～25.42%；但是土壤 pH 下降 0.18%～5.08%，碱解氮下降 0～7.69%，全钾下降 2.94%～7.35%。有机质含量 T_3、T_4和 T_5处理分别较 CK 提高 19.17%、21.78%和 27.01%，土壤全磷也有显著增加。

表 5 不同处理马铃薯耕层土壤的养分

处理	pH	有机质（g/kg）	全氮（g/kg）	碱解氮（mg/kg）	全磷（g/kg）	有效磷（mg/kg）	全钾（g/kg）	速效钾（mg/kg）
T_1（CK）	5.51a	47.25b	2.63a	131.31a	1.15b	60.25b	13.60a	59.00b
T_2	5.23a	49.43b	2.63a	136.36a	1.30a	73.80a	13.20a	62.00a
T_3	5.47a	56.31a	2.73a	131.31a	1.24a	63.70ab	12.80a	65.00a
T_4	5.44a	57.54a	2.83a	131.31a	1.25a	64.30ab	12.60a	73.00a
T_5	5.50a	60.01a	3.13a	121.21a	1.33a	69.20a	12.80a	74.00a

3 结论与讨论

威宁县地处半干旱的高原地区，提高马铃薯出苗率是提高产量的第一步。有研究表明，施用适量保水剂可以调节土壤中固、液、气相比[17]，改变土壤理化形状，促进团粒结构形成，为种薯提供良好的土壤温度和根土环境，促进发芽[18]。试验结果也验证了该作用，即保水剂对马铃薯出苗率提高明显，出苗率最高达93.37%；保水剂改变土壤理化性状后，可促进土壤微生物活动，提高土壤养分含量，土壤有机质、全氮、全磷、有效磷和速效钾分别提高4.61%～27.01%、0～19.01%、7.83%～15.65%、5.73%～22.49%和5.08%～25.42%，说明保水剂对土壤养分的提升具有明显效果。

保水剂可通过与氮肥的交互作用提高马铃薯的光合速率，延长光合时间，从而强化马铃薯光合能力，增加干物质积累，提高马铃薯的产量[19,20]。试验结果表明，增施保水剂处理较对照增产7.96%～13.37%。保水剂在提高产量的同时，还具有改善马铃薯干物质分配的作用，在适当条件下保水剂能促进马铃薯前期生长并能优化马铃薯根冠比，生长后期有利于块茎和产量形成，提高其品质[17]。增施保水剂能明显提高马铃薯大、中薯块比例、平均薯块重量和淀粉含量。综合马铃薯出苗率、产量、结薯性状和品质等方面的效果，在威宁地区增施保水剂52.5～82.5 kg/hm^{2}时有利于马铃薯高产。

参考文献

[1] 张萌，赵欢，陈龙，等．贵州冬作马铃薯专用肥高效施肥技术［J］．西南农业学报，2016，29（1）：109－114.

[2] 中华人民共和国国家统计局．中国统计年鉴［M］．北京：中国统计出版社，2015.

[3] 赵元霞，贾立国，樊明寿．保水剂在马铃薯种植上的应用研究进展［J］．中国农学通报，2016，32（3）：61－65.

[4] 池再香，李贵琼，白慧，等．干季贵州省东西部区域干湿状况差异分析［J］．中国农业气象，2016，37（3）：361－367.

[5] 黄占斌，万会娥，邓西平，等．保水剂在改良土壤和作物抗旱节水中的效应［J］．土壤侵蚀与水土保持学报，1999，5（4）：52－55.

[6] 谭桂莲．施用保水剂对燕麦产量与品质的影响试验总结［J］．现代农业，2015，10（2）：30－31.

[7] 吕美琴．施用保水剂对秋植大豆生长发育及产量的影响［J］．中国农学通报，2015，31（12）：57－61.

[8] 侯贤清，李荣，何文寿，等．2种保水剂对旱作土壤物理性状及马铃薯产量的影响比较［J］．核农学报，2015，29（12）：2410－2417.

[9] 陈芳泉，邵惠芳，贾国涛，等．保水剂对烟草光合特性和叶绿素荧光参数的影响［J］．中国农业科技导报，2016，18（5）：157－163.

[10] 包开花，蒙美莲，陈有君，等．覆膜方式和保水剂对旱作马铃薯土壤水热效应及出苗的影响［J］．作物杂志，2015（4）：102－108.

[11] 李健玲．多功能保水剂对马铃薯产量和水分利用效率（WUE）影响研究［D］．杨凌：西北农林科技大学，2006.

[12] 张扬，赵世伟，梁向锋，等．保水剂对宁南山区马铃薯产量及土壤水分利用的影响［J］．干旱地区农业研究，20099，27（3）：27－32.

[13] 穆俊祥，曹兴明，刘拴成．保水剂和氮肥配施对马铃薯生长和水肥利用的影响［J］．河南农业科学，2016，45（9）：35－40.

[14] 杜太生．保水剂在节水灌溉中的应用及其对作物生长和水分利用的影响［D］．杨凌：西北农林科技大学，2001.

[15] 鲍士旦．土壤农化分析［M］．北京：中国农业出版社，2000.

[16] 高俊凤．植物生理学实验指导［M］．北京：高等教育出版社，2006.

[17] 赵元霞，贾立国，樊明寿．保水剂在马铃薯种植上的应用研究进展［J］．中国农学通报，2016，32（3）：61－65.

[18] 于茜，姜小堂，盛伟，等．保水剂对生菜穴盘育苗的影响［J］．长江蔬菜，2016，13（2）：26－28.

[19] 卢会文，肖关丽，黄淋华．不同保水剂施用方式对马铃薯生理指标及农艺性状的影响［J］．云南农业大学学报，2012，27（3）：334－339.

[20] 彭菊，王文华，林焕新．施用不同用量保水剂对烟草农艺性状、产量及品质的影响［J］．耕作与栽培，2014，21（2）：4－6.

贵州春马铃薯生物效应及土壤肥力对不同类型缓释肥的响应*

张　萌[1,2]　马智黠[3]　徐永康[3]　张荣华[3]　苟久兰[1,2]
陈　龙[1,2]　周瑞荣[1,2]　柳玲玲[1,2]　何佳芳[1,2]*

1. 贵州省土壤肥料研究所，贵州贵阳　550006
2. 农业部贵州耕地保育与农业环境科学观测实验站，贵州贵阳　550006
3. 威宁县山地特色农业科学研究院，贵州威宁　553100

摘要： 研究不同缓释肥对贵州春马铃薯生物效应及土壤肥力的影响，为贵州省春马铃薯轻简化栽培以及两减、三节综合技术集成提供参考。通过田间试验，选择 7 个不同类型的缓释肥与普通复合肥进行对比，在相同肥料用量（N 240 kg/hm^2、P_2O_5 120 kg/hm^2、K_2O 270 kg/hm^2）条件下研究了不同类型缓释肥对贵州春马铃薯产量、结薯性状以及土壤肥力状况的影响。与习惯施肥（对照）相比，金正大、诺泰克、洋丰和施可丰缓释肥均能显著提高春马铃薯产量（$P<0.01$，下同），增幅为 19.1%～24.6%，单株产量和大中薯率分别提高 2.6%～73.1%和 6.6%～15.1%，以金正大缓释肥效果最佳；而西洋、沃夫特和骅龙缓释肥处理的产量出现显著降低。与对照相比，施用缓释肥处理的春马铃薯耕层土壤 pH 值、有机质、全氮、碱解氮、全钾和速效钾分别平均提高 4.9%、41.2%、25.2%、25.7%、19.5%和 22.1%，而土壤全磷和速效磷含量却分别平均降低了 11.2%和 48.0%。缓释肥在提高贵州春马铃薯产量、改善土壤肥力状况等方面效果明显，但是不同缓释肥的作用效果存在差异。综合来看，以金正大、诺泰克、洋丰和施可丰缓释肥的增产效果最佳，可适当在该地区进行示范推广。

关键词： 马铃薯；缓释肥；产量；结薯性状；土壤肥力

近年来，随着马铃薯主粮化趋势的不断推进，马铃薯已经成为我国第四大粮食作物。贵州是我国马铃薯西南混作区的重要组成部分，其马铃薯常年种植面积保持在 67 万 hm^2 以上，马铃薯现已经成为贵州省农业发展的主导经济作物之一[1,2]。施肥作为重要的栽培技术手段，对马铃薯产量和品质提升的贡献率可占到 50%以上，是马铃薯增产提质的重要保证[3]。但由于贵州省劳动力的相对短缺以及经济发展的相对落后，农民对肥料的选择性仍然以普通尿素或普通复合肥为主，并且缺乏相应的施肥技术指导，从而导致肥料养分利用率偏低，最终导致施肥成本增加、生产效益降低及环境污染加剧等[4,5]。因此，如何既能提高马铃薯产量水平以及肥料利用效率，又能缓解贵州省劳动力短缺的压力，成为当前贵州省马铃薯产业发展亟待解决的关键问题。2015 年国家发布了《“十三五”农业可持续发展规

* **基金项目：** 公益性行业（农业）科研专项（201503127）；贵州省农业科学院院专项（黔农科院院专项［2016］025 号）；贵州省农业科学院院专项（黔农科院院专项［2013］010 号）

划》，并提出《到2020年化肥使用零增长行动方案》，将新型肥料的推广与应用作为重点发展任务[6]。因此，在化肥减施和作物增产提质的双重压力下，新型肥料的筛选与应用推广成为当前肥料领域的研究热点。缓释肥是新型肥料的一种，其主要作用机制是依靠包膜或添加化学抑制剂等方法来控制或延缓肥料中养分释放，使肥料的养分释放模式与作物养分吸收相协调或同步，一次性施用即可满足作物整个生育期的养分需求，在充分节省劳动力成本的同时，更重要的是可以解决肥料施用不当、养分配比不科学等问题，从而达到作物增产、肥料增效的目的[7-10]。目前关于缓释肥的研究已有很多，苟久兰等[5]研究表明，缓释肥一次性施用可以显著提高马铃薯产量，并大幅提高肥料利用效率，在较常规施肥减少20%用肥量的情况下仍可有5.6%的增产效果；范富[11]等研究缓释肥对玉米产量及构成因素、品质的影响，结果表明施用缓释肥可以明显增加玉米籽粒粗蛋白含量，并能显著提高玉米的穗长、百粒重和穗粒数。此外，缓释肥还可以提高土壤肥力水平[12]和土壤生物活性[13]，并能有效降低氨挥发排放[14]和土壤养分流失风险[15,16]。可见，缓释肥在我国农业生产中的增产增效作用已经得到了广泛认证。威宁县是贵州省典型的高海拔马铃薯种植区，且目前已经成为贵州高产优质马铃薯的重要生产基地。但是，随着缓释肥品种的多样化发展，该地区的马铃薯种植仍以普通复合肥为主，缺乏相应的缓释肥品种效果评比研究及技术指导。目前关于不同缓释肥品种对春马铃薯施用效果的研究鲜见。通过田间试验将7个不同缓释肥品种与普通复合肥进行对比，研究贵州春马铃薯产量、结薯性状以及土壤肥力对不同品种缓释肥的响应，旨在筛选出适合该地区马铃薯高产优质栽培的缓释肥品种，为实现缓释肥在贵州省马铃薯生产中的推广应用以及马铃薯两减、三节综合技术集成提供理论依据与技术支撑。

1 材料与方法

1.1 试验材料

供试肥料包括8种，分别为西洋复合肥（N：P_2O_5：K_2O=15：15：15，贵州西洋肥业有限公司生产），金正大缓释肥（高分子树脂包膜硫酸钾型缓释肥，N：P_2O_5：K_2O=18：8：16，金正大诺泰尔化学有限公司生产），西洋缓释肥（纳米网生物包膜，N：P_2O_5：K_2O=20：10：10，贵州西洋肥业有限公司生产），诺泰克缓释肥（肥料中添加硝化抑制剂，N：P_2O_5：K_2O=20：10：10，德国康朴公司生产），洋丰缓释肥（聚肽型缓释增效肥，N：P_2O_5：K_2O=24：8：10，湖北新洋丰肥业股份有限公司生产），沃夫特缓释肥（氨化造粒包衣，N：P_2O_5：K_2O=22：8：12，沃夫特复合肥有限公司生产），施可丰缓释肥（肥料中添加脲酶抑制剂和硝化抑制剂，N：P_2O_5：K_2O=16：8：18，施可丰化工股份有限公司生产），骅龙缓释肥（肥料中添加脲酶抑制剂，N：P_2O_5：K_2O=22：8：10，贵州骅龙肥料有限公司生产）。供试马铃薯品种为当地主推品种威芋5号，由威宁县农业科学研究所选育。

1.2 试验方法

试验于2015年3～10月在贵州省威宁县双龙镇进行，该地区地处26°52′E，104°17′N，海拔2 237 m，年降水量954 mm，无霜期约250 d，年平均气温约11℃，日照时数约2 000 h。供试土壤为灰泡土，pH值5.51，有机质含量45.022 g/kg，全氮含量2.561 g/kg，全磷含量1.321 g/kg，全钾含量13.578 g/kg。

试验设8个处理，分别为（1）对照，西洋复合肥（XY1，CK）；（2）金正大缓释肥（JZD）；（3）西洋缓释肥（XY2）；（4）诺泰克缓释肥（NTK）；（5）洋丰缓释肥（YF）；（6）沃夫特缓释肥（WFT）；（7）施可丰缓释肥（SKF）；（8）骅龙缓释肥（HL）。各处理的氮、磷、钾肥用量相同，肥料用量按照每公顷N 240 kg、P_2O_5 120 kg和K_2O 270 kg施用，肥料不足的用单质肥料尿素（含N 46%）、过磷酸钙（含P_2O_5 12%）和硫酸钾（含K_2O 45%）补充，所有肥料均作基肥一次性施用肥，无追肥，施肥量如表 1 所示。马铃薯种植密度按照 60 000 株/hm^2栽种，每个处理设 3 次重复，小区面积为 13.5 m^2 （3 m×4.5 m），各小区均随机排列。

表 1 不同施肥处理的肥料品种与施肥量

处理	N：P_2O_5：K_2O	肥料用量 (kg/hm^2)	尿素 (kg/hm^2)	过磷酸钙 (kg/hm^2)	硫酸钾 (kg/hm^2)
西洋复合肥（对照）	15：15：15	800.00	260.87	—	333.33
金正大缓释肥 JZD	18：8：16	1 333.33	—	111.11	125.93
西洋缓释肥 XY2	20：10：10	1 200.00	—	—	333.33
诺泰克缓释肥 NTK	20：10：10	1 200.00	—	—	333.33
洋丰缓释肥 YF	24：8：10	1 000.00	—	333.33	377.78
沃夫特缓释肥 WFT	22：8：12	1 090.91	—	272.73	309.09
施可丰缓释肥 SKF	16：8：18	1 500.00	—	—	—
骅龙缓释肥 HL	22：8：10	1 090.91	—	272.73	357.58

1.3 样品采集与测定

1.3.1 土壤样品分析

试验前在整个试验田均匀布 15 个采样点，采集 0～20 cm 土层土样，经风干磨细过筛后，测定土壤的基础理化性质[17]。同时，在马铃薯收获后，每个处理按五点法取 0～20 cm 土层土样进行混合，将采集的混合土样在自然条件下风干，经磨细过筛后，测定土壤基本理化性质。土壤基本理化性质分析方法：pH 按照水土比 2.5：1－pH 计法测定；有机质含量采用重铬酸钾容量法测定；全氮含量采用半微量开氏法－标准酸滴定；碱解氮含量采用碱解扩散法－标准酸滴定；全磷含量采用 NaOH 熔融－钼锑抗比色法测定；有效磷含量采用 0.5 mol/L $NaHCO_3$浸提－钼锑抗比色法测定；全钾含量采用 NaOH 熔融－火焰光度法测定；速效钾含量采用 1.0 mol/L NH_4OAc 浸提－火焰光度法测定[17]。

1.3.2 试验指标测定

马铃薯测产前，对每个处理的马铃薯进行取样测试，测定内容包括：单株产量、单株结薯数以及大、中、小薯数。同时，每个处理随机采集马铃薯块茎，用去离子水冲洗并切成薄片后，放入 105 ℃干燥箱中杀青 30 min，60 ℃下烘干至恒重，然后将植物样品磨碎过筛后，采用 H_2SO_4－H_2O_2联合消煮—凯氏定氮仪测定马铃薯全氮含量、钼锑抗比色法测定全磷含量、火焰光度法测定全钾含量[17]。同时，另取新鲜马铃薯块茎用于测定淀粉和还原糖含量[18]。马铃薯产量按收获时各小区的实产计算。

1.4 统计分析

试验数据均采用 Excel 2003 进行计算处理，采用 Origin 8.0 作图，使用 LSD 法进行显著性分析。

2 结果与分析

2.1 不同缓释肥对马铃薯产量的影响

由图 1 可知，不同施肥处理的马铃薯产量在 14 734.8～27 285.0 kg/hm^2，与 CK 相比，金正大、诺泰克、洋丰和施可丰缓释肥均能显著提高马铃薯产量（$P<0.05$，下同），增幅为 19.1%～24.6%，其中以金正大缓释肥增产最大，产量达到 27 285.0 kg/hm^2，但金正大与诺泰克、洋丰、施可丰缓释施肥处理无显著差异（$P>0.05$，下同）；施用西洋、沃夫特和骅龙缓释肥与 CK 相比均出现显著减产，降幅为 16.4%～32.7%，其中以骅龙缓释肥施用效果最差，仅为 14 734.8 kg/hm^2，且显著低于西洋缓释肥处理。

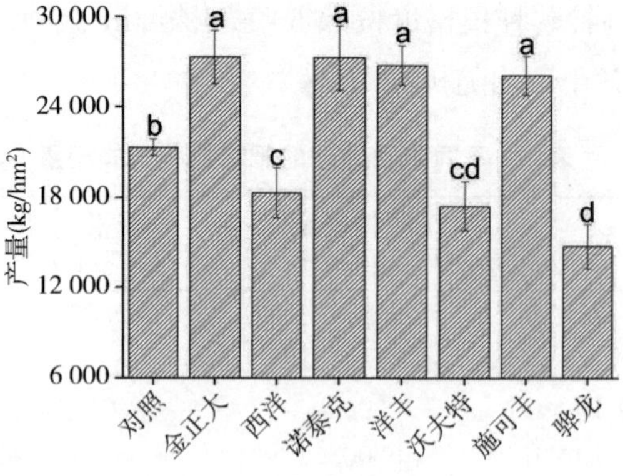

图 1　不同缓释肥处理的马铃薯产量

注：图柱上不同小写字母表示不同处理间差异显著（$P<0.05$）

2.2　不同缓释肥对马铃薯结薯性状的影响

由表 2 可知，与 CK 相比，除沃夫特缓释肥外，施用其他品种缓释肥均可提高马铃薯单株产量，增幅在 2.6%～73.1%，以金正大缓释肥处理增幅最高，显著高于西洋、沃夫特和骅龙缓释肥处理；从单株结薯数看，施用缓释肥处理的单株结薯数与 CK 相比有不同程度的增减，变幅为－35.8%～28.3%，其中金正大、诺泰克和骅龙缓释肥增幅分别为 1.9%、5.7%和 28.3%，而其他品种缓释肥处理降幅为 9.4%～35.8%，以西洋缓释肥处理降幅最大，且显著低于骅龙缓释肥处理，但与其他处理差异不显著；比较不同施肥处理的大中薯率可发现，施用缓释肥处理的大中薯率均有所提高，与 CK 相比提高了 6.6%～15.1%，以金正大缓释肥处理的大中薯率最高，达到 99.1%，显著高于 CK 处理，但与其他处理差异不显著。

表 2　不同缓释肥处理的马铃薯结薯性状

处理	单株产量（g）	单株结薯数	小薯数	中薯数	大薯数	大中薯率（%）
西洋复合肥（对照）	401.6b	5.3ab	1.6ab	3.4ab	0.3b	86.1b
金正大缓释肥 JZD	695.0a	5.4ab	0.4c	3.4ab	1.6ab	99.1a
西洋缓释肥 XY2	412.2b	3.4b	1.0b	1.4d	1.0ab	91.8ab
诺泰克缓释肥 NTK	645.2a	5.6ab	0.6c	3.0ab	2.0a	97.8a
洋丰缓释肥 YF	510.6ab	4.0b	0.2c	2.6c	1.2ab	98.8a
沃夫特缓释肥 WFT	381.6b	4.0b	1.0b	2.4c	0.6b	93.2ab
施可丰缓释肥 SKF	509.0ab	4.8ab	0.6c	2.8ab	1.4ab	98.1a
骅龙缓释肥 HL	415.2b	6.8a	2.4a	4.4a	0.0c	97.6a

注：同列不同小写字母表示不同处理间差异显著（$P<0.05$）。下同。

2.3　不同缓释肥对马铃薯养分与品质的影响

由表 3 可知，与 CK 相比，施用不同类型缓释肥处理的马铃薯氮含量差异均不显著，变幅为－16.8%～17.9%，但是施用沃夫特、施可丰和骅龙缓释肥处理的马铃薯氮含量则显著高于金正大和西洋缓释肥处理，增幅为 21.1%～41.8%，以施可丰缓释肥处理最高；与 CK 相比，骅龙缓释肥处理的马铃薯磷含量降低 16.7%，而施用其他缓释肥则使马铃薯磷含量提高 16.7%～33.3%，其中以西洋缓释肥最高；施用缓释肥也可提高马铃薯钾含量，比 CK 提高 9.6%～23.2%，其中以骅龙缓释肥处理增幅最高，显著高于 CK 处理，但与其他处理差异未达到显著水平。从马铃薯品质来看，不同类型缓释肥对马铃薯水分和还原糖含量无影响，但却显著影响淀粉含量水平。同时，施用金正大、西洋、诺泰克和沃夫特缓释肥均能增加马铃薯淀粉含量，比 CK 分别提高 6.1%～76.4%，其中以西洋缓释肥增幅最高，而洋丰、施可丰和骅龙缓释肥处理则使淀粉含量显著降低了 25.5%～56.4%，以施可丰缓释肥降幅最大。

表 3　不同缓释肥处理的马铃薯养分与品质

处理	氮（g/kg）	磷（g/kg）	钾（g/kg）	水分（%）	淀粉（%）	还原糖（%）
西洋复合肥（对照）	18.4ab	1.8a	12.5b	82.9	16.5bc	0.3
金正大缓释肥 JZD	16.1b	2.1a	13.9ab	80.3	19.9b	0.3
西洋缓释肥 XY2	15.3b	2.4a	13.2ab	79.9	29.1a	0.3
诺泰克缓释肥 NTK	18.4ab	2.1a	13.8ab	82.6	21.0b	0.3
洋丰缓释肥 YF	18.4ab	2.2a	13.6ab	82.8	12.0c	0.3
沃夫特缓释肥 WFT	19.5a	2.1a	14.2a	83.4	17.5bc	0.3
施可丰缓释肥 SKF	21.7a	2.1a	14.2a	84.3	7.2c	0.3
骅龙缓释肥 HL	20.0a	1.5b	14.9a	83.5	12.3c	0.3

2.4　不同施肥处理对马铃薯收获后耕层土壤肥力的影响

由表 4 可知，施用缓释肥能够提高马铃薯收获后的土壤肥力状况。与 CK 相比，施用缓释肥处理的土壤 pH 值提高 3.8%～7.5%，其中以西洋缓释肥处理增幅最大；有机质含量提高 27.1%～59.1%，其中沃夫特、施可丰和骅龙缓释肥处理的有机质含量显著提高，分别提高 50.1%、59.1%和 57.2%；土壤全氮和碱解氮含量分别提高 14.3%～33.3%和 8.7%～47.8%，以骅龙缓释肥处理的氮素提升能力最佳；土壤全磷和有效磷含量分别降低了 7.1%～21.4%和 35.7%～58.0%，均以沃夫特缓释肥处理的降幅最为明显；土壤全钾和有效钾含量分别提高了 7.0%～26.3%和 8.8%～42.1%，其中全钾含量以洋丰缓释肥处理最高，有效钾含量以诺泰克缓释肥处理最高。

表 4　不同缓释肥处理的土壤养分变化

处理	pH 值	有机质（g/kg）	全氮（g/kg）	碱解氮（mg/kg）	全磷（g/kg）	有效磷（mg/kg）	全钾（g/kg）	有效钾（mg/kg）
西洋复合肥（对照）	5.3	36.9b	2.1b	116.2b	1.4	107.7a	11.4b	57.0b
金正大缓释肥 JZD	5.6	47.0ab	2.5ab	126.3b	1.2	52.3b	14.0a	73.0a
西洋缓释肥 XY2	5.7	49.8ab	2.7a	128.8b	1.2	53.9b	14.2a	63.0b
诺泰克缓释肥 NTK	5.5	48.9ab	2.8a	151.5ab	1.4	69.2b	13.8a	81.0a
洋丰缓释肥 YF	5.5	46.9ab	2.5ab	131.3b	1.2	53.1b	14.4a	71.0ab
沃夫特缓释肥 WFT	5.6	55.4a	2.4ab	141.4ab	1.1	45.2b	13.6a	62.0b
施可丰缓释肥 SKF	5.5	58.7a	2.7a	171.7a	1.3	48.6b	13.2a	68.0ab
骅龙缓释肥 HL	5.5	58.0a	2.8a	171.7a	1.3	69.4b	12.2ab	69.0ab

3　讨论

缓释肥作为新型的肥料品种，其在提高作物产量、降低肥料损失、提高肥料利用效率等方面均展现出了巨大优势，已经成为我国农业生产中重要的肥料品种。目前常见的缓释肥类型主要包括掺混型、包膜型、稳定型等，不同类型的缓释肥作用机制不同，例如包膜型缓释肥主要是利用树脂、硫包衣等材料将肥料进行包膜处理，以此来控制养分释放，延缓肥效，而稳定型缓释肥则是通过添加生化抑制剂如脲酶抑制剂、硝化抑制剂等，通过生物化学作用来抑制土壤脲酶或硝化细菌活性，进而减缓养分的快速转化或损失，从而达到缓释的目的[19]。本研究中不同类型缓释肥对马铃薯产量、结薯性状的提高和改善均有不同效果，其中金正大、诺泰克、洋丰和施可丰缓释肥对马铃薯产量提高作用显著，增幅达到 19.1%～24.6%，而其他缓释肥品种则显著降低了马铃薯产量水平。究其原因，一方面可能是因为不同缓释肥的养分释放规律与贵州马铃薯不同生育期的养分需求状况协调不完全一致，从而导致结薯期马铃薯的营养状况不同，最终影响产量的形成[20]；另一方面，从马铃薯的结薯性状看，金正大、诺泰克、洋丰和施可丰缓释肥对马铃薯的结薯性状影响明显，尤其是在提高马铃薯单株产量、大中薯数和大中薯率方面效果显著，这可能是造成其产量提高的关键。此外，韩蔚娟等[14]和胡小凤等[21]研究指出，树脂包膜型缓释肥可以阻隔肥料与土壤脲酶的直接接触；而添加生化抑制剂缓释肥则可以抑制土壤脲酶活性，降低土壤硝化作用，从而减少氨挥发和 N_2O 排放量，提高肥料利用率；聚肽型缓释肥则可以快速分解和吸附土壤中养分，有效促进作物根系发育，加快养分的吸收和转化[22]，因此这可能也是金正大（高分子树脂包膜硫酸钾型缓释肥）、诺泰克（含硝化抑制剂）、洋丰（聚肽型）和施可丰（含脲酶抑制剂和硝化抑制剂）缓释肥使马铃薯高产的原因之一。

淀粉含量是评价马铃薯品质的重要指标。本研究中不同类型缓释肥对马铃薯淀粉含量产生显著影响。其原因可能包括两方面：一方面，由于不同缓释肥的 NPK 养分释放特性存在差异，从而致使马铃薯不同生育期土壤中的 NPK 比例有所不同，而不同的 NPK 比例则会影响马铃薯块茎中的淀粉合成酶活性、直链淀粉以及支链淀粉含量[23,24]；另一方面，硼、铜、锌、钼等微量元素也是影响马铃薯淀粉含量的重要原因[25]，由于不同类型缓释肥的原材料及制造工艺不同，肥料中微量元素也可能存在差异，因此可能会影响马铃薯块茎中的淀粉含量。

土壤养分水平反映了土壤能够提供作物生长所需各种养分的能力大小，是土壤肥力和肥沃程度的重要指标。赵颖等[12]研究发现，膜下滴灌技术配合施用缓释肥对马铃薯关键时期土壤养分运移影响明显，其速效氮和速效磷含量分别较常规施肥提高 15.5%和 11.5%。丁志磊等[15,16]对桃树－大豆间作农田地表径流氮、磷流失及土壤养分进行了研究，结果表明施用缓释肥可以显著降低氮、磷流失量，并提高了土壤中养分含量。本研究结果显示，施用缓释肥使马铃薯收获后的部分耕层土壤养分明显提高，平均增幅为有机质 41.2%、全氮 25.2%、碱解氮 25.7%、全钾 19.5%、速效钾 22.1%，但土壤全磷和速效磷含量却分别平均降低 11.2%和 48.0%，试验结果与赵颖等[12]的研究结果有所差异。其原因可能是：一方面，缓释肥的养分缓慢释放机制主要是控制氮素的释放，包膜或添加生物制剂可使 NH_4^+ 和 NO_3^- 在土壤中长期大量保存，而对磷、钾素缓释作用不明显[26]；另一方面，施用缓释肥后的土壤有机质含量明显增加，而高有机质土壤的固磷作用相对较弱，进而减少了土壤对磷素的吸附，从而增加了土壤磷素的流失风险[27]，最终使耕层土壤全磷和有效磷含量降低。

4 结论

综上所述，缓释肥在提高贵州春马铃薯产量、改善土壤肥力状况等方面效果明显，但是不同缓释肥品种的作用效果存在差异。综合来看，以金正大、诺泰克、洋丰和施可丰缓释肥的增产效果最佳，可适当在该地区进行示范推广，对贵州省马铃薯轻简化栽培模式以及产业发展具有重要意义。

参考文献

[1] 徐彦军，孙能熙，赵小平，等．贵州乌蒙山区菜用马铃薯品种栽培比较试验［J］．种子，2013，32（4）：78－80.
[2] 王思见，刘彩平，谭绚，等．贵州马铃薯中晚熟新品种比较试验［J］．种子，2014，33（8）：112－115.
[3] 张萌，赵欢，陈龙，等．贵州冬作马铃薯专用肥高效施用技术［J］．西南农业学报，2016，29（1）：109－114.
[4] 周瑞荣，孙锐锋，肖厚军，等．缓释肥料在马铃薯上的应用效果［J］．西南农业学报，2010，23（5）：1763－1765.
[5] 苟久兰，何佳芳，周瑞荣，等．缓释肥与有机肥配施对马铃薯产量及养分吸收的影响［J］．贵州农业科学，2011，

39 (12): 151 - 153.

[6] 张萌，肖厚军，赵欢，等．贵州黄壤区辣椒干物质、氮素积累与分配及氮素利用对新型肥料的响应 [J]. 应用生态学报，2016，27 (9)：2983 - 2990.

[7] 韩锦峰，朱大恒，刘华山，等．我国烤烟含钾量低的原因及解决途径 [J]. 河南农业科学，2010 (2)：32 - 36.

[8] 古慧娟，石元亮，于阁杰，等．我国缓/控释肥料的应用效应研究进展 [J]. 土壤通报，2011，42 (1)：220 - 224.

[9] 刘彦伶，来庆，徐旱增，等．不同氮肥类型对黄泥田双季稻产量及氮素利用的影响 [J]. 浙江大学学报（农业与生命科学版），2013，39 (4)：403 - 412.

[10] 王宜伦，卢艳丽，刘举，等．专用缓释肥对夏玉米产量及养分吸收利用的影响 [J]. 中国土壤与肥料，2015 (1)：29 - 32.

[11] 范富，张庆国，侯迷红，等．稳定性长效缓释肥对玉米产量及构成因素、品质的影响 [J]. 内蒙古民族大学学报（自然科学版），2011，26 (6)：675 - 678.

[12] 赵颖，史书强，何志刚，等．不同灌溉模式下新型缓释肥对马铃薯产量与土壤养分运移的影响 [J]. 江苏农业科学，2016，44 (2)：130 - 132.

[13] 董燕．缓/控释复合肥料养分释放特性与生物效应研究 [D]. 重庆：西南大学，2007.

[14] 韩蔚娟，王寅，陈海潇，等．黑土区玉米施用新型肥料的效果和环境效应 [J]. 水土保持学报，2016，30 (2)：307 - 311.

[15] 丁志磊，李元，蒋翔，等．不同缓释肥施用比例对桃树—大豆间作农田地表径流氮、磷流失及土壤养分的影响 [J]. 水土保持学报，2015，29 (3)：301 - 305.

[16] 丁志磊，祖艳群，陈建军，等．施用不同比例缓释肥对农林复合系统地表径流氮磷流失过程的影响 [J]. 云南农业大学学报（自然科学），2016，31 (2)：335 - 340.

[17] 鲍士旦．土壤农化分析 [M]. 北京：中国农业出版社，2000.

[18] 高俊凤．植物生理学实验指导 [M]. 北京：高等教育出版社，2006.

[19] 赵秉强．新型肥料 [M]. 北京：科学出版社，2013.

[20] 安江勇，葛皓，肖厚军，等．施用缓释肥对玉米产量及其性状和品质的影响 [J]. 西南农业学报，2015，28 (5)：2148 - 2153.

[21] 胡小凤，王正银，游媛，等．缓释复合肥在不同土壤水分条件下氨挥发特性研究 [J]. 环境科学，2010，31 (8)：1937 - 1943.

[22] 尚玉洁，曾路生，杨华青，等．盐渍土壤中聚氨酸肥料对普通白菜生长、土壤酶活性及微生物量的影响 [J]. 中国蔬菜，2015 (1)：37 - 41.

[23] 杨德桦．不同施肥量和不同施肥方式对襄阳地区马铃薯产量、养分积累规律和品质的影响 [D]. 武汉：华中农业大学，2012.

[24] 吴晓红，曾路生，李俊良，等．膜下滴灌不同施肥处理对马铃薯产量和品质及肥料利用率的影响 [J]. 华北农学报，2016，31 (5)：193 - 198.

[25] 杜长玉，高明旭，刘全贵．不同微肥在马铃薯上应用效果的研究 [J]. 中国马铃薯，1999，13 (3)：141 - 144.

[26] 杨利军，韩晓日，战秀梅，等．新型缓释尿素对玉米和水稻产量、氮肥利用率及无机氮残留的影响 [J]. 沈阳农业大学学报，2012，43 (2)：184 - 188.

[27] 李渝，刘彦伶，张雅蓉，等．长期施肥条件下西南黄壤旱地有效磷对磷盈亏的响应 [J]. 应用生态学报，2016，27 (7)：2321 - 2328.

不同生物有机肥对贵州高海拔春马铃薯生长及土壤肥力的影响*

张　萌　苟久兰　魏全全　陈　龙　何佳芳

贵州省农业科学院土壤肥料研究所，贵州贵阳　550006

摘要：以贵州春马铃薯威芋 5 号为研究对象，通过大田试验研究了不同生物有机肥对马铃薯产量、结薯性状、养分与品质和土壤肥力的影响，结果表明：与习惯施肥西洋复合肥 750 kg/hm^2＋追施尿素 112.5 kg/hm^2 相比，加施生物有机肥 1 800 kg/hm^2 可使马铃薯出苗率明显增加，马铃薯产量提高 2.10%～26.46%，单株结薯数提高 5.45%～38.18%，单株产量提高 1.35%～47.16%，以加施 RW 促腐剂混合有机肥最佳；加施不同生物有机肥可以明显提高马铃薯磷素含量，增幅为 19.55%～42.46%，同时可使马铃薯淀粉含量提高 2.44%～8.69%，但对马铃薯块茎中的氮素、水分和还原糖含量无明显影响；从土壤养分变化来看，与习惯施肥相比，加施生物有机肥使土壤有机质、全氮、碱解氮、有效磷和速效钾含量分别显著提高 49.31%～91.35%、38.21%～52.36%、10.42%～21.74%、10.92%～68.41%和 10.53%～39.47%。综合来看，RW 促腐剂混合有机肥可作为贵州高海拔地区春马铃薯高产优质栽培的最佳生物有机肥品种。

关键词：生物有机肥；马铃薯；产量；养分与品质；土壤肥力

马铃薯作为贵州第三大粮菜兼用作物，其常年种植面积在 66 万 hm^2 左右，马铃薯年平均产量达到 950 万 t，约占全省粮食总产量的 14%，是贵州省重要的工业原料和饲料作物，也是农民的主要经济收入之一[1]。然而，贵州马铃薯的平均单产仅在 1 000 kg/hm^2 左右，其单产水平低于邻近的云南省和全国水平。此外，由于马铃薯栽培和种植技术较低，加之盲目施肥和多年的连作复种，使得土壤质量逐步降低，严重影响了马铃薯产量和品质的提升，从而影响了马铃薯生产潜力的发挥[2-4]。近年来，随着肥料行业的发展以及化肥零增长行动的提出，增效型肥料逐渐成为肥料生产领域和相关研究领域的焦点。生物有机肥作为新型的增效辅助肥料，含有丰富的营养成分和微生物菌群，不仅可以改善土壤物理性状，提高土壤保水保肥能力，而且能够改善土壤微生物环境，提高土壤酶活性和生物群落结构，可以有效缓解土壤连作障碍和减少病虫害发生[5-7]。目前，关于生物有机肥的研究应用已在小麦[8]、马铃薯[9,10]、水果[11]、蔬菜[12,13]等多种作物上有报道，例如孔涛等[12]研究发现生物有机肥可使盆栽小白菜增产 49.07%～85.06%，并且可有效改善土壤质量（土壤有机质、总氮磷钾和速效氮磷钾含量）、土壤微生物环境（木霉菌、细菌、真菌、放线菌）和土壤酶活性（蔗糖酶、脲酶、磷酸酶和过氧化氢酶）；李春花等[14]对荞麦病害及产量的研究表明，施用生物有机肥可有效降低荞麦褐斑病发病率，并

* **基金项目：**公益性行业（农业）科研专项（201503127）；贵州省农业科学院院专项（黔农科院院专项［2016］025 号）；贵州省农业科学院青年基金（黔农科院青年基金［2018］63 号）

能促进植株生长和干物质的积累，从而显著提高荞麦产量；柳玲玲等[15]提高对连作马铃薯的研究表明，生物有机肥可提高连作区马铃薯的产量和品质，尤其是淀粉、还原性糖以及维生素C含量等品质指标改善明显；巩子毓等[13]通过对设施黄瓜连续施用生物有机肥的结果表明，连续施用含解淀粉芽孢杆菌的生物有机肥可以有效提高设施黄瓜产量和品质，并且可以降低土体和根际土壤中病原菌的数量。由此可见，生物有机肥在实现作物增产提质、改善和培肥土壤等方面均表现出明显的优越性。

本研究针对贵州高海拔地区春马铃薯生产状况，基于当地生物有机肥相关研究较少、无法有效指导实际农业生产等现状，通过选取5种生物有机肥为试验材料，研究了不同生物有机肥对贵州高海拔地区春马铃薯产量、结薯性状、养分与品质以及土壤肥力状况的影响，以期筛选出适合当地马铃薯高产高效栽培的最适生物有机肥品种，从而为贵州马铃薯高产优质栽培提供技术支撑。

1 材料与方法

1.1 试验地概况

田间小区试验于2015年3月～10月在贵州省威宁县双龙镇进行，海拔2 290 m，土壤为黄棕壤灰泡泥土，其基本理化性质为pH值5.56，有机质39.64 g/kg，全氮2.22 g/kg，碱解氮136.36 mg/kg，全磷1.22 g/kg，有效磷70.25 mg/kg，全钾12.40 g/kg，速效钾63.5 mg/kg。供试肥料为尿素（N 46%）、西洋复合肥（N：P_2O_5：K_2O=15：15：15）、RW促腐剂混合有机肥、金葵子生物有机肥、金葵子LPK生物肥、泰谷生物肥、利根生生物有机肥，各生物有机肥N、P、K含量均大于5%。供试马铃薯为威芋5号。

1.2 试验设计

试验共设6个处理，分别为T_1习惯施肥（西洋复合肥+追施尿素）；T_2RW促腐剂混合有机肥+西洋复合肥+追施尿素；T_3金葵子生物有机肥+西洋复合肥+追施尿素；T_4金葵子LPK生物肥+西洋复合肥+追施尿素；T_5泰谷生物肥+西洋复合肥+追施尿素；T_6利根生生物有机肥+西洋复合肥+追施尿素。各处理的有机肥和西洋复合肥均做基肥一次性施用，马铃薯开花期追施尿素，具体施肥量见表1。每个处理设置3次重复，小区面积为13.5 m^2（4.5 m×3 m），各小区随机排列。马铃薯栽培规格密度为6万株/hm^2，每行16株，每区5行。田间管理根据苗情及时中耕除草。

表1 不同施肥处理的肥料品种与施肥量 单位：kg/hm^2

处理		基肥		追肥
		西洋复合肥	有机肥	尿素
T_1	习惯施肥	750	—	112.5
T_2	RW促腐剂混合有机肥	750	1 800	112.5
T_3	金葵子生物有机肥	750	1 800	112.5
T_4	金葵子LPK生物肥	750	1 800	112.5
T_5	泰谷生物肥	750	1 800	112.5
T_6	利根生生物有机肥	750	1 800	112.5

1.3 样品采集与分析

1.3.1 土壤样品分析

播种前在整个田块均匀布点15个，采集耕层土壤样品（0～20 cm），经风干磨细过筛后，测定土壤基本理化性质。同时，在马铃薯收获后，每个处理采集0～20 cm耕层土壤样品分析其土壤基本理化性质。土壤基本理化性质分析方法为：pH值—pH计法；有机质—重铬酸钾容量法；全氮—半微量开氏法；碱解氮—碱解扩散法；全磷和有效磷—钼锑抗比色法测定；全钾和速效钾—火焰光度法[16]。

1.3.2 试验调查与植物样品分析

马铃薯收获前，对每个小区马铃薯进行调查，调查内容包括单株产量、单株结薯数和大、中、小薯数。同时，每个处理随机采集马铃薯块茎，经过冲洗、杀青、干燥、磨碎和过筛后，采用凯氏定氮法测定全氮含量，钼锑抗比色法测定全磷含量，火焰光度法测定全钾含量[16]。同时，另外取一部分新鲜马铃薯样品用于测定淀粉和还原糖含量[17]。马铃薯产量按收获时各小区实际测产计算。

1.4 数据统计

采用 Microsoft Excel 2003 处理数据；DPS 15.10 软件采用单因素方差分析 LSD 法进行差异显著分析，显著水平为 $a=0.05$。

2 结果与分析

2.1 不同生物有机肥对马铃薯出苗率的影响

由表 2 可知，与习惯施肥 T_1 处理相比，加施不同生物有机肥可使马铃薯出苗率提高 1.25～7.92 个百分点，其中以 T_2（RW 促腐剂混合有机肥）处理最高为 94.17%，显著高于 T_1 处理，而其他处理较 T_1 处理均无显著差异。表明除 T_2 处理加施 RW 促腐剂混合有机肥外，其他加施生物有机肥对马铃薯出苗率影响不明显，可能与马铃薯出苗率主要受品种特性影响有关。

表 2 生物有机肥对马铃薯出苗率的影响 单位：%

处理	出苗率			
	Ⅰ	Ⅱ	Ⅲ	均值
T_1	90.00	91.25	88.75	90.00b
T_2	95.00	100.00	98.75	97.92a
T_3	92.50	92.50	95.00	93.33ab
T_4	85.00	97.50	92.50	91.67ab
T_5	88.75	93.75	100.00	94.17ab
T_6	93.75	86.25	93.75	91.25ab

注：不同字母表示处理间差异达 5%显著水平（下同）。

2.2 不同生物有机肥对马铃薯产量的影响

由表 3 可知，加施生物有机肥后可以显著提高马铃薯产量，与习惯施肥 T_1 处理相比，加施生物有机肥的处理产量提高了 2.11%～26.46%。其中，T_2 处理最高，马铃薯产量达到 23 652 kg/hm²，T_5 处理次之，为 22 995 kg/hm²，显著高于其他处理；T_3 处理的马铃薯产量为 20 914 kg/hm²，与 T_6 处理无明显差异，但却显著高于 T_4 处理。说明在加施同等用量生物有机肥条件下，RW 促腐剂混合有机肥和泰谷生物肥对马铃薯增产效果最佳，金葵子生物有机肥和利根生生物有机肥效果次之。

表 3 生物有机肥对马铃薯产量的影响

处理	小区产量（kg/13.5 m²）				单产	增产率
	Ⅰ	Ⅱ	Ⅲ	平均	（kg/hm²）	（%）
T_1	26.40	24.50	24.83	25.24c	18 699c	—
T_2	32.78	31.13	31.88	31.93a	23 652a	26.46
T_3	27.90	29.45	27.35	28.23b	20 914b	11.84
T_4	26.20	26.88	24.25	25.78c	19 094c	2.11
T_5	29.50	33.00	30.63	31.04a	22 995a	22.97
T_6	25.25	28.30	27.63	27.06bc	20 044bc	7.20

2.3 不同生物有机肥对马铃薯结薯性状的影响

表 4 显示了加施不同生物有机肥对马铃薯结薯性状的影响。从马铃薯单株结薯数来看，加施生物有机肥处理的单株结薯数较习惯施肥处理提高了 5.45%～38.18%，其中 T_2 处理和 T_5 处理提高最为显著，增幅分别为 34.55%和 38.18%，且 T_2 和 T_5 处理的大薯数较其他处理也有显著提高。从马铃薯单株产量看，加施生物有机肥后马铃薯单株产量显著增加，与习惯施肥处理相比增幅为 1.35%～47.16%，其中 T_2、T_3、T_5 和 T_6 处理的大薯重显著增加 36.08%～85.77%，T_2～T_6 处理的中薯重显著增加 17.82%～43.90%。此外，加施生物有机肥处理的大中薯率显著提高，增幅为 5.25%～7.95%，但是不同生物有机肥处理间的大中薯率影响无差异。

表 4 生物有机肥对结薯性状的影响

处理	单株结薯数（个/株）				单株产量（g）				大中薯率（%）
	总	大	中	小	总	大	中	小	
T_1	5.5b	1.1c	2.8a	1.6b	423.52c	145.36c	202.00c	76.16a	82.02b
T_2	7.6a	2.4a	3.6a	1.6b	623.24a	270.04a	290.68a	62.52b	89.97a
T_3	6.4ab	1.6b	2.8a	2.0a	511.64b	203.84b	245.28b	62.52b	87.78a
T_4	5.8b	1.2c	3.6a	1.0c	429.49c	121.21d	264.36ab	43.92c	89.77a
T_5	7.4a	2.4a	3.2a	1.8ab	610.72a	261.96a	271.04ab	77.72a	87.27a
T_6	6.5ab	1.7b	3.2a	1.6b	491.4b	197.80b	238.00b	55.60bc	88.69a

2.4 不同生物有机肥对马铃薯养分与品质的影响

由表 5 可知，加施不同生物有机肥对马铃薯养分和品质均有不同程度的影响，其中不同生物有机肥对马铃薯块茎中磷素、钾素和淀粉含量影响显著，但对氮素、水分和还原糖含量影响无明显差异。从马铃薯养分来看，与 T_1 处理相比，T_2～T_6 处理的磷素含量显著提高 19.55%～42.46%，但处理间无明显差异；T_6 处理的钾素含量达到 18.65 g/kg，显著高于其他处理；从马铃薯品质来看，T_2～T_6 处理的淀粉含量较 T_1 处理提高了 2.44%～8.69%，以 T_2 处理最高，淀粉含量达到 16.52%，T_5 和 T_6 处理次之。

表 5 生物有机肥对马铃薯养分和品质的影响

处理	氮（g/kg）	磷（g/kg）	钾（g/kg）	水分（%）	淀粉（%）	还原糖（%）
T_1	19.24a	1.79b	12.45b	82.89a	7.83c	0.31a
T_2	19.35a	2.22a	12.95b	82.75a	16.52a	0.31a
T_3	20.58a	2.31a	12.80b	84.32a	10.49b	0.30a
T_4	19.47a	2.14a	13.55b	82.69a	10.27b	0.29a
T_5	20.02a	2.30a	13.30b	82.18a	13.10ab	0.28a
T_6	21.14a	2.55a	18.65a	86.27a	14.40ab	0.29a

2.5 不同生物有机肥对马铃薯收获后土壤肥力的影响

由表 6 可知，加施不同生物有机肥对马铃薯收获后的土壤肥力状况有一定影响。与 T_1 处理相比，加施生物有机肥处理的土壤 pH 值提高 0.75%～3.01%，但是各处理间差异不明显；除 T_4 处理外，其他处理的有机质含量较 T_1 处理提高 49.31%～91.35%，其中以 T_2 和 T_5 处理增幅较高，增幅分别为 91.35%和 74.84%，T_3 和 T_6 处理次之，增幅分别为 59.12%和 49.31%；土壤全氮和碱解氮分别显著提高了 38.21%～52.36%和 10.42%～21.74%，以 T_2 处理的氮素提升能力最佳；土壤全磷和有效磷分别提高了 3.20%～16.00%和 10.92%～68.41%，其中 T_5 处理的有效磷增幅最为显著，达到 88.70 mg/kg；

土壤全钾和速效钾分别提高了 0.82%～8.25%和 10.53%～39.47%，其中以 T_6 处理的速效钾含量最高，达到 79.5 mg/kg。

表 6　生物有机肥对耕层土壤养分含量的影响

处理	pH	有机质(g/kg)	全氮(g/kg)	碱解氮(mg/kg)	全磷(g/kg)	有效磷(mg/kg)	全钾(g/kg)	速效钾(mg/kg)
T_1	5.31a	36.89c	2.12b	116.16c	1.25a	52.65c	12.24a	57.0b
T_2	5.43a	70.59a	3.23a	141.41a	1.40a	58.40bc	12.28a	70.0ab
T_3	5.35a	58.70b	2.93a	140.24a	1.39a	73.00b	12.58a	71.0ab
T_4	5.43a	34.06c	2.96a	128.26b	1.29a	61.00bc	12.34a	63.0b
T_5	5.40a	64.50ab	3.13a	135.31ab	1.30a	88.70a	13.25a	72.0ab
T_6	5.47a	55.08b	3.08a	133.29ab	1.45a	60.30bc	12.80a	79.5a

3　结论与讨论

有机肥中含有作物生长所需要的氮、磷、钾、钙、镁、硫以及螯合态微量元素，且各元素分配均衡，从而增施有机肥能提高土壤中营养元素的含量，促进作物生长发育[18,19]。本试验也证实了这一点，在加施有机肥的处理中，土壤氮、磷、钾等养分含量均有不同程度的提高，土壤有机质含量提高最为明显，其中加施 RW 促腐剂混合有机肥对土壤有机质含量提高效果最佳，泰谷生物肥次之。马铃薯的出苗率主要由品种特性决定，一般有机肥对其出苗率影响不大。

目前，由于化肥的过量施用以及作物的连续复种导致土壤连作障碍和病虫害发生程度加剧，土壤质量受损严重，马铃薯的产量和品质受到严重影响。由于有机肥能增强土壤保肥保水性、改善土壤团粒结构、减轻土壤污染等作用，可促进作物对多种营养元素的吸收利用，有利于作物生长发育，从而提高作物产量和薯块品质。有研究指出，增施有机肥可以提高作物产量[20]，改善作物品质，如提高块茎干物质量[21]、淀粉[22]、维生素 C 和可溶性糖含量等。本试验也有类似的结果，加施生物有机肥处理的马铃薯产量提高、单株结薯数增加，大中薯率也显著提高；此外，马铃薯块茎的 N、P、K 养分含量也有不同程度的增加，且显著提高了马铃薯的淀粉含量。综合马铃薯产量、结薯性状、养分与品质等各项指标，筛选出 RW 促腐剂混合有机肥为马铃薯威芋 5 号种植的最佳生物有机肥，其次为泰谷生物肥。

参考文献

[1] 孙会忠，高聚林，刘克礼，等．马铃薯源器官建成规律研究 [J]. 中国马铃薯，2003，17 (5)：262 -266.
[2] 李国琴，李秉雄，王顺江．农家肥、氮肥、磷肥配施对马铃薯产量的影响 [J]. 中国马铃薯，2005，19 (5)：262 - 265.
[3] 江华波，铁曼曼，邱亨池，等．生物有机肥的特性及应用 [J]. 现代农业科技，2015，23 (11)：242 - 243.
[4] 施河丽，谭军，秦兴成，等．不同生物有机肥对烤烟生长发育及产品质量的影响 [J]. 中国烟草科学，2014，35 (2)：65 - 68.
[5] 王建湘，周杰良．不同有机肥种类对小白菜品质及产量的影响 [J]. 上海蔬菜，2007，23 (1)：63 - 64.
[6] 蒋春来，李淑芹，王东，等．生物有机肥对春小麦品质产量的影响 [J]. 东北农业大学学报，2004，35 (5)：526 -528.
[7] 李巨，李长喜．生物有机肥对花生生长发育及产量的影响 [J]. 花生学报，2014，43 (3)：52 - 55.
[8] 胡诚，刘东海，乔艳，等．施用生物有机肥对土壤酶活性及作物产量的影响 [J]. 华北农学报，2017，32 (增刊)：308 - 312.

[9] 张丽荣，郭成瑾，沈瑞清，等．不同生物有机肥对马铃薯生长和产量的影响以及防治黑痣病的效果［J］．江苏农业科学，2017，45（14）：66－68.
[10] 刘星，张文明，张春红，等．土壤灭菌—生物有机肥联用对连作马铃薯及土壤真菌群落结构的影响［J］．生态学报，2016，36（20）：6365－6378.
[11] 孙家骏，付青霞，谷洁，等．生物有机肥对猕猴桃土壤酶活性和微生物群落的影响［J］．2016，27（3）：829－837.
[12] 孔涛，马瑜，刘民，等．生物有机肥对土壤养分和土壤微生物的影响［J］．干旱区研究，2016，33（4）：884－891.
[13] 巩子毓，高旭，黄炎，等．连续施用生物有机肥提高设施黄瓜产量和品质的研究［J］．南京农业大学学报，2016，39（5）：777－783.
[14] 李春花，孙道旺，何成兴，等．不同生物有机肥对荞麦病害及产量的影响［J］．中国农学通报，2018，34（19）：1－4.
[15] 柳玲玲，芶久兰，何佳芳，等．生物有机肥对连作马铃薯及土壤生化性状的影响［J］．土壤，2017，49（4）：706－711.
[16] 鲍士旦．土壤农化分析［M］．北京：中国农业出版社，2000.
[17] 高俊凤．植物生理学实验指导［M］．北京：高等教育出版社，2006.
[18] 王文丽，李娟，赵旭．3种生物有机肥对马铃薯生长发育和品质的影响［J］．甘肃农业科技，2014，16（9）：10－12.
[19] 李鸣凤，王清林，鲁明星，等．有机水溶肥料与无机肥料配施对马铃薯产量、养分吸收和品质的影响［J］．中国马铃薯，28（6）：340－347.
[20] 曾晶，荣湘民，刘强，等．酒糟型生物有机肥对豆角产量和品质的影响［J］．湖南农业科学，2007，41（3）：106－109.
[21] 郭赵娟，吴焕章，刘慧超，等．马铃薯栽培有机肥料筛选试验［J］．中国马铃薯，2005，19（4）：218－220.
[22] 李鸣雷，谷洁，高华，等．不同有机肥对大豆植株性状、品质和产量的影响［J］．西北农林科技大学学报，2007，35（9）：66－72.

生物有机肥对连作马铃薯及土壤生化性状的影响*

柳玲玲[1,2,3]　苟久兰[1,2,3]　何佳芳[1,2,3]　范成五[1,2,3]　秦　松[1,2,3*]

1. 贵州省农业科学院土壤肥料研究所，贵州贵阳　550006
2. 贵州省农业资源与环境工程技术研究中心，贵州贵阳　550006
3. 农业部贵州耕地保育与农业环境科学观测实验站，贵州贵阳　550006

摘要： 生物有机肥是一种集有益微生物和有机肥优点为一体的新型肥料，能更好地让有益微生物在土壤中定植和生长。本研究针对马铃薯连作障碍问题，探索几种生物有机肥对马铃薯连作土壤生物性状、产量及品质的影响。试验以威芋5号原种为材料，在同等化肥用量的基础上，增施等量不同品种的生物有机肥，测定其出苗率、农艺性状、产量及品质、土壤生物性状等。结果表明，施用生物有机肥对马铃薯的农艺性状、出苗率、土壤养分及微生物群落结构、产量及薯块品质均有改善作用。其中GZ－Ⅰ处理增产效果最明显，增产率为52.26%，并且GZ－Ⅰ处理可以明显地提高细菌与真菌的比值（B/F），其B/F较对照提高5.67倍。GZ－Ⅲ处理提质效果最明显，马铃薯薯块中淀粉、还原性糖以及维生素C含量最高，分别较对照提高0.68倍、1.64倍、0.41倍。施用不同生物有机肥均可提高马铃薯土壤的养分含量，改善土壤肥力水平，其中GZ－Ⅲ处理的改土效果最明显，可以明显增加土壤中的有效养分含量。因此，生物有机肥可以提高连作区马铃薯的产量和品质，并对土壤有明显的改良作用，其中GZ－Ⅰ处理的增产效果最好，GZ－Ⅲ处理的提质和改土效果最好。

关键词： 马铃薯；生物有机肥；连作；土壤微生物群落

马铃薯是全球重要的粮、菜、饲兼用植物，营养全面，适应性广，也是贵州极具发展潜力的粮食作物。然而，由于种植条件的限制，马铃薯连作现象十分普遍，连作区作物根际土壤微生物环境恶化，镰刀菌等病原真菌富集，土传病害严重，马铃薯减产。连作3年以上的土壤会显著降低根系的吸收能力和范围，从而导致根系生理功能失调[1]，加之目前在马铃薯的施肥方面比较粗放，化肥施用单一或是施用习惯差造成土壤环境恶化，营养失衡，马铃薯产业面临严重的减产降质的困境[2,3]。生物有机肥作为营养丰富，富含有益微生物的新型肥料，不仅能够提供养分，而且对于土壤理化性状和土壤结构都能起到有益影响。国内学者对相关研究均有报道。有结果表明，通过施用生物有机肥可显著促进甘蔗生长和糖分积累、对土壤理化性状有显著的促进作用[4]，且对西瓜、小麦、豆角、玉米等作物均能起到提质增产的作用[5-8]。也有报道表明，生物有机肥对土壤重金属含量的降低也有作用，从而减少对作物的危害，对维持土壤中有益微生物菌群起到重要作用[9]，具有环境友好的特性。基于此，本研究对连作现象十分严重的贵州威宁马铃薯主产区开展了生物有机肥改良土壤的效果试验，研究马铃薯

* **基金项目：** 贵州省农科院院专项（黔农科院院专项［2013］010号）；农业部公益性行业专项（201503127）；院地合作项目（院地农科合字［2015］10号）；剑河县中药材产业科技合作计划项目（剑中药科合专项［2013］4号）

连作下不同生物有机肥对马铃薯的促生作用，以及对土壤微生物种群结构的影响，为马铃薯连作障碍的综合防治提供科学依据。

1 材料与方法

1.1 试验材料

1.1.1 试验地概况

试验于2015年3月至10月在贵州省威宁县卯关村进行，地理位置26°52′19.7″N，104°10′27.3″E，海拔2247 m。该区土壤类型为黄泥土，连作2年马铃薯，土壤基本性状有机质56.84 g/kg、全氮1.54 g/kg、碱解氮98.43 mg/kg、全磷0.815 g/kg、有效磷18.75 mg/kg、全钾10.86 g/kg、速效钾95.52 mg/kg、pH值5.58。

1.1.2 供试品种

威芋5号原种，由贵州省生物技术（马铃薯）研究所提供。

1.1.3 供试肥料

尿素（N含量460 g/kg）、过磷酸钙（P_2O_5含量120 g/kg）、硫酸钾（K_2O含量500 g/kg），均为市售；生物有机肥：GZ－Ⅰ、GZ－Ⅱ、GZ－Ⅲ、GZ－Ⅳ，分别来源于湖南泰谷生物科技有限责任公司、北京世纪阿姆斯生物技术股份有限公司和广东省佛山金葵子科技有限公司，总养分含量分别为97.1 g/kg、61.9 g/kg、91.4 g/kg、180.7 g/kg，有机质含量分别为588 g/kg、526 g/kg、222 g/kg、434 g/kg，主要功能菌群均为芽孢杆菌，含量≥0.2亿个/g。

1.2 试验方法

1.2.1 试验设计

试验设5个处理，3次重复，每个处理小区面积3.3 m×8 m，采用单垄双沟种植，1 m起垄，每垄种植2沟，每个小区种植192株。对照（CK）为当地种植户常规施肥量，其余处理在常规施肥量基础上，增施等量不同品种的生物有机肥，各处理肥料投入见表1。化肥中的1/2的尿素，全部的过磷酸钙、硫酸钾以及生物有机肥作为基肥，播种前穴施。剩余1/2的尿素块茎膨大期追施。

表1 各处理肥料投入表　　单位：kg/hm^2

处理	生物有机肥				N	P	K
	1	2	3	4			
CK	—	—	—	—	240	135	270
GZ－Ⅰ	1800	—	—	—	240	135	270
GZ－Ⅱ	—	1800	—	—	240	135	270
GZ－Ⅲ	—	—	1800	—	240	135	270
GZ－Ⅳ	—	—	—	1800	240	135	270

1.2.2 样品采集与处理

试验于2015年9月上旬取样，每个处理按五点法取0～20 cm土层土样进行混合，将采集的混合土壤样品在自然条件下风干，研磨过0.25 mm尼龙筛备用，测定土壤基本理化性质。每个采样点随机采5株长势均匀植株样品，洗净表面泥土，用去离子水冲洗，放入105 ℃鼓风干燥箱中杀青15 min，60 ℃下烘干，粉碎过0.25 mm尼龙筛备用。

1.2.3 测定项目与方法

采用常规方法测定土壤pH值、有机质、全氮、全磷、全钾、碱解氮、有效磷、速效钾；土壤微生物计数采用平板梯度稀释培养法，细菌培养采用牛肉膏蛋白胨琼脂培养基，放线菌培养采用高氏Ⅰ号培养基，真菌培养采用马丁孟加拉红培养基。用 $H_2SO_4-H_2O_2$ 消化马铃薯干样，常规方法测定全氮、全磷和全钾[10]。马铃薯经济性状调查按农业试验标准设置调查样段，实取样段内马铃薯进行考查、记载，产量按小区实收计算。

1.2.4 统计分析

采用 Excel、DPS 和 SPSS19.0 进行数据处理和统计分析。

2 结果与分析

2.1 生物有机肥对连作马铃薯出苗率及农艺性状的影响

从表2可知，GZ－Ⅰ处理与GZ－Ⅲ处理的株高较CK提高6%～17.6%，尤以GZ－Ⅲ处理效果最好，增量在17.6%，与其他处理差异显著（$P<0.05$），其他各处理间无显著性差异（$P>0.05$）。与株高相同，各生物有机肥处理的茎粗与分枝数较CK均有增加，增幅分别为9.4%～25.7%和23.0%～41.2%，其中，GZ－Ⅲ处理与GZ－Ⅳ处理茎粗无显著性差异（$P>0.05$），但与其他各处理差异显著（$P<0.05$）；在分枝数上，各处理间无显著性差异（$P<0.05$）。

出苗率可以反映不同生物有机肥对作物的促生作用，与CK相比，处GZ－Ⅲ处理出苗率最高，较CK提高5.35%，除了CK和GZ－Ⅱ处理外，其余各处理组出苗率均达到95%以上，说明施用生物有机肥对马铃薯的促生发芽有良好的作用。GZ－Ⅱ处理出苗率最低，根据苗期的调查看，该处理中未出苗的种薯并没有腐烂，而是形成了萌生薯，从而影响了出苗，考虑是该生物有机肥中某些组分造成的，需要进一步试验验证。

表2 不同生物有机肥对连作马铃薯出苗率及农艺性状的影响

处理	株高（cm）	茎粗（mm）	分枝数	出苗率（%）
CK	76.2±5.1b	10.4±1.5b	2.6±1.1a	93.27
GZ－Ⅰ	81.4±12.6ab	12.5±1.5ab	3.6±1.1a	97.36
GZ－Ⅱ	70.2±7.6b	11.4±1.5ab	3.2±1.5a	89.51
GZ－Ⅲ	89.6±5.4a	13.1±1.9a	3.2±1.3a	98.26
GZ－Ⅳ	77.6±9.8b	12.8±1.9a	3.8±1.6a	96.12

注：同列不同小写字母表示处理差异显著（$P<0.05$），下同。

2.2 生物有机肥对马铃薯连作土壤微生物的影响

从目前的研究来看，造成作物连作的原因很多，包括土壤含盐量、碱解氮含量和土壤容重逐年上升，速效磷、速效钾和有机质含量显著下降，土壤中酚酸类化感物质含量，除对羟基苯甲酸外显著增加，关键酶活性显著下降，土壤微生物结构失调等，从而影响作物产量和品质[11,12]。微生物是土壤中最具生命活性的部分，在物质和能量传递、养分循环利用及土壤自我修复过程中起着重要的作用[13]，有研究表明微生物群落结构可以作为评价土壤肥力的重要活性因子，同时土壤中的有益微生物可以对土传病害有很好的拮抗抑制作用[14]。连作体系下最主要的原因是土壤微生物群落结构变化，土壤微生物群落结构失调，导致土传病害严重，进而影响病虫害发生率和作物产量[15－17]。因此，从调整土壤微生物群落结构，改善土壤生物环境的角度出发，通过施入有益微生物，来改善土壤环境是解决连作障碍的途径之一。

从表3中可以看出，与CK相比，施用生物有机肥后土壤中的细菌含量明显增加，其中GZ－Ⅰ处理提高最明显，细菌含量较CK提高1倍；其次GZ－Ⅲ处理；GZ－Ⅱ处理细菌含量和CK相当。各生物有机肥处理真菌含量有所减少，其中最低的是 GZ－Ⅰ处理，较 CK 减少 3.8×10^4 cfu/g；其次是 GZ－Ⅲ处理和 GZ－Ⅳ处理。各生物有机肥处理放线菌含量增加。从土壤中各种微生物的类群变化来看，施用生物有机肥后土壤中各种微生物的类群比例发生了变化，细菌含量增加，说明土壤结构在朝着“细菌型”的健康土壤转变。从细菌与真菌的比例（B/F）来看，GZ－Ⅰ处理的比例最高，其次是 GZ－Ⅲ处理，分别比 CK 提高 5.67 倍和 3.2 倍。土壤中的真菌大多是病原菌，通过施用生物有机肥土壤中的真菌数量明显降低，说明生物有机肥可以降低土壤中病原真菌的比率，减少植物病害的发生，从而促进植物健康生长。同时生物有机肥可以通过改善土壤生态环境，降低自毒物质等途径克服连作障碍[18-21]，使土壤向着细菌型的健康型转变，起到改善土壤微生物群落结构的作用[22,23]。

表 3　不同生物有机肥对连作马铃薯土壤微生物的影响

处理	细菌（×10^6 cfu/g 干土）	真菌（×10^4 cfu/g 干土）	放线菌（×10^5 cfu/g 干土）	细菌/真菌（B/F）	
				绝对值（×10^2）	较 CK 增减（倍）
CK	0.60±0.02c	4.0±0.3a	1.8±0.2c	0.15	—
GZ－Ⅰ	1.20±0.30a	1.2±0.2c	4.4±0.9a	1.00	5.67
GZ－Ⅱ	0.60±0.06c	1.7±0.7b	2.5±0.2b	0.35	1.33
GZ－Ⅲ	1.00±0.04a	1.6±0.7bc	4.6±0.4a	0.63	3.20
GZ－Ⅳ	0.90±0.10b	1.6±0.8bc	3.5±0.5ab	0.56	2.73

2.3　生物有机肥对马铃薯连作土壤养分的影响

生物有机肥可以提高土壤中有效养分，改善土壤结构，有利于块根发育和淀粉积累[24]。另外，研究表明在连作条件下土壤中有机质含量影响作物的产量和品质[25]，土壤中增施有机肥可以提高连作黄瓜的产量和品质[26]，减少连作草莓枯萎病的发生率，改善土壤微生物群落结构[27]，从而克服草莓连作障碍。从本试验生物有机肥对土壤养分含量的影响结果看，生物有机肥对提高土壤速效养分含量有显著的效果，土壤有机质和速效氮、磷、钾含量都明显高于 CK，而施用生物有机肥后的土壤 pH 值的变化没有明显的规律。GZ－Ⅲ处理的增肥效果最明显，速效氮、磷、钾分别比 CK 提高了 10.53%、64.86%和 69.84%，有机质提高了 8.33%。土壤肥力上升与生物有机肥富含有机质和多种有益微生物菌系有关，其不仅能增加土壤有机质，而且其中富含的有益微生物可以促进土壤中的养分转化，有利于速效养分的累积，提高土壤有效养分的含量，所以施用生物有机肥对增加土壤速效养分提高土壤肥力有显著的效果，与前人研究结果一致。

表 4　不同生物有机肥对连作马铃薯土壤养分的影响

处理	全氮（g/kg）	碱解氮（mg/kg）	全磷（g/kg）	有效磷（mg/kg）	全钾（g/kg）	有效钾（mg/kg）	有机质（g/kg）	pH 值
CK	2.0	101.9	0.9	30.6	11.8	195.2	17.6	6.2
GZ－Ⅰ	1.9	107.2	1.1	24.1	12.2	227.3	18.4	6.0
GZ－Ⅱ	2.1	107.2	1.0	31.5	12.2	293.4	20.6	6.9
GZ－Ⅲ	2.1	112.6	1.2	50.4	12.8	331.6	19.1	6.2
GZ－Ⅳ	2.1	107.2	1.1	39.9	12.2	187.0	18.4	6.7

2.4　生物有机肥对马铃薯产量的影响

由表 5 可知，施用生物有机肥可以显著提高马铃薯的产量，较 CK 增产 7.84%～52.26%。其中，GZ－Ⅰ处理增产效果最好，为 25 135 kg/hm^2，较 CK 显著增产 52.26%（$P<0.05$）；其次是 GZ－Ⅳ处理，较 CK 增产 46.82%；再次是 GZ－Ⅲ处理和 GZ－Ⅱ处理。这与前人研究的配施生物有机肥可以显著地提高

连作马铃薯、西红柿、黄瓜等蔬菜的产量，降低病薯率，并有效地克服连作障碍[28-31]的结果一致。

表 5 不同生物有机肥对连作马铃薯产量的影响

处理	产量	
	绝对值（kg/hm²）	较 CK 增减（%）
CK	16 614±151c	—
GZ-Ⅰ	25 120±324a	52.26
GZ-Ⅱ	17 802±243b	7.84
GZ-Ⅲ	18 753±750b	13.60
GZ-Ⅳ	24 237±301a	46.82

2.5 生物有机肥对马铃薯薯块养分和品质的影响

从生物有机肥对马铃薯薯块养分的影响作用来看（表 6），4 种生物有机肥均可以提高薯块中的氮、磷、钾含量，说明生物有机肥可以促进养分的转化吸收。较 CK，各生物有机肥处理对氮的吸收效果分别提高 9.8%～26.4%，大小顺序为 GZ-Ⅱ>GZ-Ⅰ>GZ-Ⅳ>GZ-Ⅲ；磷的含量，各生物有机肥处理分别较 CK 提高 5%～26.3%，最好的是 GZ-II 处理；钾的含量，大小顺序为 GZ-Ⅱ>GZ-Ⅲ>GZ-Ⅰ>GZ-Ⅳ>CK，GZ-Ⅱ处理最高，较 CK 提高 21.4%。与生物有机肥可以显著提高连作中药材产量及品质，降低药材发病率等结果一致[32-37]。

表 6 不同生物有机肥处理对连作马铃薯养分含量的影响

处理	氮		磷		钾	
	含量（mg/kg）	较 CK 增减（%）	含量（mg/kg）	较 CK 增减（%）	含量（mg/kg）	较 CK 增减（%）
CK	16.3	—	1.9	—	22	—
GZ-Ⅰ	20.3	24.54	2.0	5.26	24.6	11.82
GZ-Ⅱ	20.6	26.38	2.4	26.32	26.7	21.36
GZ-Ⅲ	17.9	9.82	2.1	10.53	24.8	12.73
GZ-Ⅳ	18.5	13.50	2.1	10.53	22.2	0.91

从表 7 可以看出，配施生物有机肥较单施化肥的处理薯块的品质提高，其中施用 GZ-Ⅲ处理薯块淀粉、还原性糖以及维生素 C 含量最高，较 CK 分别提高 67.83%、164.00%和 40.50%。GZ-Ⅱ处理的粗蛋白含量最高，比 CK 提高 26.97%，其次是 GZ-Ⅲ处理比 CK 提高 25.00%。GZ-Ⅰ处理和 GZ-Ⅳ处理对维生素 C 含量的影响效果相同，其余 3 个指标对这两种生物有机肥也表现出大体一致的响应，说明 GZ-Ⅰ和 GZ-Ⅳ两种生物有机肥对马铃薯的品质影响一致。总体来看，施用生物有机肥对马铃薯品质有很大的改善作用。

表 7 不同生物有机肥处理对连作马铃薯品质的影响

处理	粗蛋白		淀粉		还原性糖		维生素 C	
	含量（g/kg）	较 CK 增减（%）	含量（g/kg）	较 CK 增减（%）	含量（g/kg）	较 CK 增减（%）	含量（g/kg）	较 CK 增减（%）
CK	101.6	—	92.0	—	2.5	—	120.0	—
GZ-Ⅰ	111.6	9.84	145.0	57.61	3.9	56.00	148.6	23.83
GZ-Ⅱ	129.0	26.97	101.8	10.65	3.0	20.00	137.1	14.25
GZ-Ⅲ	127.0	25.00	154.4	67.83	6.6	164.00	168.6	40.50
GZ-Ⅳ	115.5	13.68	139.6	51.74	4.1	64.00	148.6	23.83

3 结论

本试验条件下，通过配施生物有机肥，土壤中细菌和放线菌数量增加，真菌数量减少，土壤中的细菌/真菌（B/F）较对照提高 1.33～5.67 倍；对土壤的培肥效果明显，GZ－Ⅲ处理对土壤改良作用最好，改善了土壤的微生态结构，培肥地力。从作物的产量和品质来看，施用生物有机肥对产量和品质均有提高和改善作用，但是对各项指标的影响效果不一致，如处理 GZ－Ⅰ对土壤微生物群落结构和作物产量的作用明显，而 GZ－Ⅲ处理对作物品质提高最好。综合对土壤培肥以及作物产量和品质的提高作用，GZ－Ⅲ处理效果最好，在生产中可以推广应用。

参考文献

[1] 孟品品，刘星，邱慧珍，等．连作马铃薯根际土壤真菌种群结构及其生物效应［J］．应用生态学报，2012，23（11）：3079－3086.

[2] Howeler R H . Long-term effect of cassava cult ivation on soil productivity［J］．Field Crops Research，1991，26（1）：1－18.

[3] Cadavid L F，EL-sharkawy M A，et al. Long-term effected of mulch，fertilization and tillage on cassava grow in sandy soil in northern Colombia［J］．Field Crops Research，1998（5）：45－56.

[4] 翁锦周，何炎森．生物有机肥对甘蔗产量及土壤的影响［J］．亚热带农业研究，2005，1（3）：13－15.

[5] 吕卫光，杨新民，沈其荣，等．生物有机肥对连作西瓜土壤酶活性和呼吸强度的影响［J］．上海农业学报，2006，22（3）：45－48.

[6] 蒋春来，李淑芹，王东，等．生物有机肥对春小麦品质产量的影响［J］．东北农业大学学报，2004，35（5）：526－528.

[7] 林志锋，刘勋，谢博．生物有机肥在苦瓜、豆角栽培上的应用研究［J］．广西农业科学，2006，37（4）：408－409.

[8] 高峰，曹林奎，陈国军，等．生物有机肥在糯玉米生产上的应用研究［J］．上海交通大学学报（农业科学版），2003，21（3）：237－241.

[9] 张连忠，路克国，王宏伟，等．重金属和生物有机肥对苹果根区土壤微生物的影响［J］．水土保持学报，2005，19（2）：92－95.

[10] 鲁如坤．土壤农业化学分析方法［M］．北京：中国农业科技出版社，1999：106－489.

[11] 徐雪风，回振龙，李自龙，等．马铃薯连作障碍与土壤环境因子变化相关研究［J］．干旱地区农业研究，2015，33（4）：16－23.

[12] 裴国平，王蒂，张俊莲．马铃薯连作障碍产生的原因与防治措施［J］．广东农业科学，2010，38（6）：30－32.

[13] Kennedy A C，Stubbs T L. Soil microbial communities as indicators of soil health［J］．Annals of Arid Zone，2006，45（3/4）：287－308.

[14] Omirou M，Rousidou C，Bekris F，et al. The impact of biofumigation and chemical fumigation methods on the structure and function of the soil microbial community［J］．Microbial Ecology，2011，61（1）：201－2013.

[15] 董艳，鲁耀，董坤，等．轮作模式对设施土壤微生物区系和酶活性的影响［J］．土壤通报，2010（1）：53－55.

[16] 马琨，张丽，杜茜，等．马铃薯连作栽培对土壤微生物群落的影响［J］．水土保持学报，2010，24（4）：229－233.

[17] 薛超，黄启为，凌宁，等．连作土壤微生物区系分析、调控及高通量研究方法［J］．土壤学报，2011，48（3）：612－618.

[18] 杨兴明，徐阳春，黄启为，等．有机（类）肥料与农业可持续发展和生态环境保护［J］．土壤学报，2008，45（5）：925－932.

[19] 张春兰，吕卫光，袁飞，等．生物有机肥减轻设施栽培黄瓜连作障碍的效果［J］．中国农学通报，1999，15（6）：67－69.
[20] 孙红霞，武琴，郑国祥，等．EM对茄子、黄瓜抗连作障碍和增强土壤生物活性的效果［J］．土壤，2001（5）：264－267.
[21] Fiers M，Edel-Hermann V，Chatot C，et al. Potato soil-borne diseases：A review［J］．Agronomy for Sustainable Development，2012（32）：93－132.
[22] 王丽丽，石俊雄，袁赛飞，等．微生物有机肥结合土壤改良剂防治烟草青枯病［J］．土壤学报，2013，50（1）：150－156.
[23] 刘星，张书乐，刘国锋，等．土壤熏蒸—微生物有机肥联用对连作马铃薯生长和土壤生化性质的影响［J］．草业学报，2015，24（3）：122－133.
[24] 罗兴录，岑忠用，谢和霞，等．生物有机肥对土壤理化、生物性状和木薯生长的影响［J］．西北农业学报，2008，17（1）：167－173.
[25] 田小明，李俊华，王成，等．连续3年施用生物有机肥对土壤养分、微生物生物量及酶活性的影响［J］．土壤，2014，46（3）：481－488.
[26] 杨玉惠，杨思存，王成宝，等．连作条件下不同施肥处理对设施黄瓜产量和品质的影响［J］．土壤，2014，46（1）：83－87.
[27] 陈义群，董元华，王辉，等．施肥模式对连作草莓枯萎病控制效果及土壤微生物群落特征的影响［J］．土壤，2012，44（1）：78－83.
[28] 沈宝云，余斌，王文，等．腐殖酸铵、有机肥、微生物肥配施在克服甘肃干旱地区马铃薯连作障碍上的应用研究［J］．中国土壤与肥料，2011（2）：68－70.
[29] Giotis C，Markelou E，Theodoropoulou A，et al. Effect of soil amendments and biological control agents（BCAs）on soil borne root diseases caused by Pyrenochaetalycopersici and Verticilliumalbo-atrum in organic greenhouse tomato production systems［J］．Eur. J. Plant Pathol.，2009（123）：387－400.
[30] 张树生，杨兴明，黄启为，等．施用氨基酸肥料对连作条件下黄瓜的生物效应及土壤生物性状的影响［J］．土壤学报，2007，44（4）：689－694.
[31] 凌宁，王秋君，杨兴明，等．根际施用微生物有机肥防治连作西瓜枯萎病研究［J］．植物营养与肥料学报，2009，15（5）：1136－1141.
[32] 马田田，蔡枫，丁传雨，等．山药专用生物有机肥的生物效应研究［J］．南京农业大学学报，2013，36（4）：83－90.
[33] 郭春景，关兆红，李玉文，等．生物有机肥料对人参重茬栽培地土壤微生态环境的影响研究［J］．生物技术，2004，14（3）：55－56.
[34] 潘秋祥，潘显能，袁伯新，等．“连作”生物有机肥在白术重茬中的应用效果［J］．河北农业科学，2008，12（5）：57－59.
[35] 丁平，潘超美，徐鸿华．不同生物有机肥料对巴戟天主要有效成分的影响［J］．现代中药研究与实践，2003，17（4）：21－22.
[36] 段卫平．生物有机肥对桑树生长作用浅析［J］．中国蚕业，2007，28（2）：49－50.
[37] 孔祥波，徐坤，尚庆文，等．生物有机肥对生姜生长及产量、品质的影响［J］．中国土壤与肥料，2007（2）：64－67.

贵州冬作马铃薯专用肥高效施肥技术*

张　萌[1,2]　赵　欢[1,2]　陈　龙[1,2]　何佳芳[1,2]　芶久兰[1,2]　肖厚军[1,2]　秦　松[1,2]

1. 贵州省土壤肥料研究所，贵州贵阳　550006

2. 农业部贵州耕地保育与农业环境科学观测实验站，贵州贵阳　550006

摘要：为贵州冬作区马铃薯高产、优质、轻简化栽培提供理论依据与技术支持，采用田间试验方法，研究贵州冬作区马铃薯专用肥施用技术对马铃薯产量、生物形状、品质和土壤肥力的影响。结果表明，与不施肥相比，施肥显著增加马铃薯产量，不同施肥处理较习惯施肥增产 4.28%～17.24%，以 85%专用肥（50%基施）＋有机肥＋追施尿素产量最高，为 28 411 kg/hm^2；与不施肥和习惯施肥相比，各施肥处理株高提高 33.27%～44.81%和 2.31%～8.66%，茎粗增加 30.14%～58.90%和 5.26%～22.11%，增加株高和茎粗有利于马铃薯产量的提升；不同施肥处理与不施肥相比，马铃薯块茎氮、磷、钾养分含量提高，增幅分别为 8.01%～69.02%、15.55%～55.66%和 2.63%～42.69%，但与习惯施肥相比氮含量有所降低；马铃薯专用肥对马铃薯粗蛋白、淀粉、还原性糖和维生素 C 含量等品质均有所改善，以 100%缓释专用肥的综合效果最佳；施用马铃薯专用肥可在一定程度上改善土壤的肥力状况，尤其是土壤全磷、全钾、碱解氮、速效磷和速效钾的含量。

关键词：马铃薯；专用肥；产量；品质；土壤肥力

马铃薯作为重要的粮食兼经济作物，由于其含有丰富的淀粉、蛋白质和糖类等物质，现已经逐步成为仅次于水稻、玉米和小麦的全球第四大粮食作物[1-3]。我国马铃薯作主粮化趋势正不断地推进和加快[4,5]。贵州冬作区是我国马铃薯西南混作区的重要组成部分，由于海拔低、面积大、地势平缓和热量条件丰富等原因，使其成为极具发展潜力的马铃薯种植区[1,6]。施肥作为重要的栽培技术手段，其在作物生产过程中具有重要的增产作用[7-9]。张静等[10]研究表明，施用氮磷钾肥可以显著增加马铃薯产量，改善马铃薯品质；张新明等[11]指出，平衡施肥对冬作马铃薯的综合效应优于常规施肥，其产量、大薯率和经济效益等明显提升。马铃薯专用肥作为马铃薯轻简化施肥技术的重要组成部分，不仅可以提高马铃薯产量和品质，更重要的是提高肥效、节省劳动力和生产成本[12-15]。李卫华等[16]研究表明，施用马铃薯专用肥的薯块产量比普通肥料增产 7.6%，马铃薯的营养品质、商品品质和肥料利用效率均有明显提升；肖焱波[17]指出，马铃薯专用肥可减少施肥次数和施肥量、节约人工、增加产量。较多研究均表明了马铃薯专用肥在增产提质方面的优点，然而在马铃薯种植过程中，由于马铃薯专用肥的多样化及其配套施肥技术的不系统、不完善，使其成为马铃薯产量提升的重要限制因素[18-22]。贵州省土壤肥料研究所通过 6 年的多点研究，提出适合贵州马铃薯生长的中低海拔地区马铃薯专用肥配方，并且研制出多种相应的马

* **基金项目**：科技部农业成果转化项目（2013GB2F200431）；国家公益性行业项目（201503127）；“农业部《贵州省耕地保育与农业环境实验站》黔科平台［2013］4002 号”；贵州省科学技术基金项目“马铃薯对钾素奢侈吸收特性探讨”［黔科合 J 字（2010）2083］

铃薯专用肥，以期推动贵州省马铃薯产业的进一步发展[21,22]。为此，笔者针对不同马铃薯专用肥施用技术，结合目前马铃薯生产现状，并且根据贵州省冬作区的土壤肥力特点、种植环境及冬作区栽培习惯等，于2014年进行了贵州省冬作区不同马铃薯专用肥施用技术与配方熟化研究，旨在为贵州冬作区马铃薯高产、优质、轻简化栽培提供理论依据与技术支持。

1 材料与方法

1.1 试验材料

1.1.1 供试马铃薯

为冬作区主推栽培品种费乌瑞它。

1.1.2 供试肥料

西洋复合肥（N：P_2O_5：K_2O为15：15：15），贵州省黔南布依族苗族自治州（后文简称黔南州）三都县廷牌镇肥料经销商提供；马铃薯专用肥（N：P_2O_5：K_2O为12：10：16），贵州省土壤肥料研究所自主研发生产；缓释专用肥（N：P_2O_5：K_2O为12：10：16），贵州省黔南州三都县廷牌镇肥料经销商提供；莲花牌有机肥（N+P_2O_5+K_2O≥7%），贵州省黔南州三都县廷牌镇肥料经销商提供；腐熟鸡粪（N+P_2O_5+K_2O≥7%），贵州省黔南州三都县廷牌镇肥料经销商提供。

1.2 试验地概况

试验于2014年1～6月在贵州省黔南州三都县廷牌镇（107°45′E，25°37′N，海拔1 200 m，年降水量1 326 mm）进行。供试土壤为水稻土，其基本理化性状pH值5.62，土壤有机质含量32.29 g/kg，全氮、全磷、全钾含量分别为2.64 g/kg、0.61 g/kg和9.50 g/kg，碱解氮、速效磷、速效钾含量分别为153.68 mg/kg、55.46 mg/kg和260.33 mg/kg。

1.3 试验设计

试验共设8个处理（T_1～T_8）。T_1，空白（不施肥）；T_2，习惯施肥+追施尿素；T_3，专用肥（50%基施）+追施尿素；T_4，专用肥（70%基施）+追施尿素；T_5，85%专用肥（50%基施）+有机肥+追施尿素；T_6，100%缓释专用肥；T_7，85%缓释专用肥+有机肥；T_8，70%缓释专用肥+有机肥。肥料种类和用量见表1。每个处理3次重复，小区面积26.4 m^2（4.4 m×6 m）

表1 不同施肥处理的肥料种类及其施用量　　单位：kg/hm^2

处理	基肥				追肥	
	名称	施肥量	有机肥	施肥量	名称	施肥量
T_1	—	—	—	—	—	—
T_2	西洋复合肥（15－15－15）	750	莲花牌	1 500	尿素	225
T_3	专用肥（12－10－16）	1 500	—	—	尿素	195
T_4	专用肥（12－10－16）	1 500	—	—	尿素	117
T_5	专用肥1（12－10－16）	1 275	腐熟鸡粪	1 500	尿素	165
T_6	缓释专用肥（12－10－16）	1 500	—	—	—	—
T_7	缓释专用肥（12－10－16）	1 275	腐熟鸡粪	1 500	—	—
T_8	缓释专用肥（12－10－16）	1 050	腐熟鸡粪	1 500	—	—

1.4 样品采集与测定

1.4.1 土壤样品

试验前在整个试验田均匀布15个采样点，采集0～20 cm土层土样，经风干磨细过筛后，按常规方法测定土壤的基础理化性质[23]。同时，在试验结束后，每个处理按 5 点法取 0~20 cm 土层土样进行混合，将采集的混合土样在自然条件下风干，经磨细过筛后，测定土壤基本理化性质[23]。

1.4.2 植物样品

马铃薯收获前，测定其株高和茎粗。每个采样点随机采 5 棵长势均匀植株样品，用去离子水冲洗后风干，分茎、叶称重，放入 105 ℃干燥箱中杀青 30 min，然后在 60 ℃下烘干至恒重，粉碎后用 $H_2SO_4-H_2O_2$ 消化马铃薯干样，按照常规方法测定 N、P、K 养分含量[23]。同时，另外取一部分样品用于测定粗蛋白、淀粉、还原性糖和维生素 C 含量[24]。马铃薯产量按收获时各小区单打单收的实产计算。

1.5 数据统计

试验数据均采用 Excel 2003 软件进行计算处理，利用 SPSS 软件进行统计分析。

2 结果与分析

2.1 马铃薯专用肥施用技术对马铃薯产量的影响

从表 2 看出，与不施肥（T_1）相比，马铃薯施肥后增产效果显著，不同施肥处理增幅达 157.48%~201.89%；与农民习惯施肥（T_2）相比，其余各施肥处理增幅为 4.28%~17.24%。其中，T_5 产量和增幅最高，达 28 411 kg/hm² 和 17.24%，显著高于其他专用肥组合。说明，贵州省土壤肥料研究所多年成果马铃薯专用肥配方及其施用方法有利马铃薯生长。T_3 和 T_4 尽管其产量明显高于 T_2，增产率分别为 8.15%和 4.28%，但却显著低于 T_5。说明，基施中氮肥过多不利于马铃薯产量的提高，适当的专用肥配施有机肥可起到更好的增产效果。T_6～T_8 马铃薯产量分别较 T_2 提高 12.51%、9.98%和 6.31%。说明，单独施用缓释专用肥或配合施用有机肥可明显提高马铃薯产量，并且缓释专用肥一次性施入可以适当节约追肥成本，但缓释肥用量不宜减量过多，否则会影响产量的提升。

施肥后马铃薯的大薯率显著增加，与不施肥（T_1）相比，大薯率可提高 103.49%~150.16%。与农民习惯施肥（T_2）相比，大薯率明显增加，增幅为 10.45%~22.93%。说明马铃薯专用肥及其配套施用技术可很好地提高马铃薯的商品率和经济效益。进一步分析发现，以 T_5 大薯率最高，为 78.82%；其次为 T_6 和 T_7，而 T_3、T_4 和 T_8 处理效果相对较差。

表 2 不同施肥处理马铃薯的产量

处理	产量			大薯		
	产量（kg/hm²）	较 T_1 增产（±/%）	较 T_2 增产（±/%）	大薯率（%）	较 T_1（±/%）	较 T_2（±/%）
T_1	9 411e	—	—	31.47	—	—
T_2	24 232d	157.48	—	64.05	103.49	—
T_3	26 208bc	178.48	8.15	72.02	128.57	12.32
T_4	25 269cd	168.50	4.28	70.78	124.76	10.45
T_5	28 411a	201.89	17.24	78.82	150.16	22.93
T_6	27 262ab	189.69	12.51	77.25	145.40	20.59
T_7	26 650bc	183.18	9.98	74.58	136.83	16.38
T_8	25 762c	173.74	6.31	71.68	127.62	11.86

注：同列不同小写字母表示 $P<0.05$ 差异显著水平。

2.2 马铃薯专用肥施用技术对马铃薯生物学性状的影响

从表 3 可知，各施肥处理马铃薯与不施肥（T_1）相比，其株高提高 33.27%~44.81%，茎粗增加

30.14%～58.90%；与习惯施肥（T_2）相比，各施肥处理株高提高 2.31%～8.66%，茎粗增加 5.26%～22.11%，尤以 T_5 处理的效果最明显。说明不同马铃薯专用肥施用技术均可明显促进马铃薯地上部的生长，有助于生物量的积累。此外，作物产量的形成与作物生物学性状的关系十分密切。经相关性分析，马铃薯的株高、茎粗均与产量间存在极显著正相关性（表 4）。说明，马铃薯株高、茎粗的增加有利于提高其产量。

表 3　不同施肥处理马铃薯的生物学性状

处理	株高			茎粗		
	株高（cm）	较 T_1（±/%）	较 T_2（±/%）	茎粗（cm）	较 T_1（±/%）	较 T_2（±/%）
T_1	52.0	—	—	0.73	—	—
T_2	69.3	33.27	—	0.95	30.14	—
T_3	72.6	39.62	4.76	1.02	39.73	7.37
T_4	70.9	36.35	2.31	1.00	36.99	5.26
T_5	75.3	44.81	8.66	1.16	58.90	22.11
T_6	74.2	42.69	7.07	1.08	47.95	13.68
T_7	73.6	41.54	6.20	1.01	38.36	6.32
T_8	72.0	38.46	3.90	1.03	41.10	8.42

表 4　马铃薯株高、茎粗（x）与产量（y）的相关性

参数（x）	相关性方程	R^2
株高	$y=0.0185x+40.245$	0.9967**
茎粗	$y=0.0003x+0.5301$	0.8935**

2.3　马铃薯专用肥施用技术对马铃薯养分含量的影响

2.3.1　氮

与不施肥（T_1）相比，不同施肥处理均可提高马铃薯氮的含量，增幅为 8.01%～69.02%（表 5）。以习惯施肥（T_2）处理氮含量增幅最高，高剂量缓释专用肥（T_6 和 T_7）处理次之，T_3、T_4 和 T_8 处理增幅较小，T_5 处理增幅最小。与 T_2 处理相比，不同施肥处理马铃薯氮含量明显降低，降幅为 17.07%～36.09%，这与马铃薯产量呈相反的变化趋势，原因可能与马铃薯产量增加而导致其氮含量产生稀释效应有关。

表 5　不同施肥处理对马铃薯养分的含量

处理	全氮			全磷			全钾		
	含量（g/kg）	较 T_1±（%）	较 T_2±（%）	含量（g/kg）	较 T_1±（%）	比 T_2±（%）	含量（g/kg）	较 T_1±（%）	较 T_2±（%）
T_1	14.94	—	—	1.82	—	—	14.25	—	—
T_2	25.25	69.02	—	2.10	15.55	—	14.63	2.63	—
T_3	19.09	27.80	−24.38	2.73	50.00	30.00	19.17	34.51	31.01
T_4	18.97	26.97	−24.87	2.20	20.88	4.76	20.33	42.69	38.98
T_5	16.14	8.01	−36.09	2.47	35.55	17.48	15.08	5.85	3.10
T_6	20.02	33.98	−20.72	2.26	24.18	7.62	15.42	8.19	5.38
T_7	20.94	40.17	−17.07	2.31	27.09	10.14	15.25	7.02	4.24
T_8	17.25	15.43	−31.70	2.83	55.66	34.90	19.42	36.26	32.72

2.3.2 磷

与不施肥（T_1）相比，不同施肥处理马铃薯磷含量提高15.55%～55.66%（表5）。以T_8处理磷含量最高，T_2处理磷含量最低，其余依次为$T_3>T_5>T_7>T_6>T_4$。与习惯施肥（T_2）相比，不同施肥处理均可提高马铃薯磷的含量，增幅为4.76%～34.90%。

2.3.3 钾

与不施肥（T_1）相比，各施肥处理马铃薯钾含量明显提高，增幅为2.63%～42.69%（表5），T_3、T_4和T_8处理马铃薯钾含量较高，分别为34.51%、42.69%和36.26%。其他施肥处理增幅较小，为2.63%～8.16%。与习惯施肥（T_2）相比，不同施肥处理马铃薯钾含量提高3.10%～38.98%。说明，施用不同的马铃薯专用肥均有利于钾含量的积累。

2.4 马铃薯专用肥施用技术对马铃薯品质的影响

不同施肥处理对马铃薯品质的影响存在差异（表6）。与不施肥（T_1）相比，施肥后马铃薯粗蛋白含量明显提高，增幅为8.03%～69.07%；以习惯施肥（T_2）处理增幅最高；淀粉含量除T_6处理增加6.04%外，其余施肥处理均明显降低，降幅为2.81%～19.49%，以T_3处理淀粉含量降幅最大；马铃薯还原性糖含量也呈不同程度的变化趋势，其中，T_5、T_7和T_8处理有所增加，分别为3.97%、11.26%和9.93%，其他处理均出现降低，降幅为3.97%～22.52%，以习惯施肥（T_2）处理降幅最大；T_4～T_6和T_8（数据已核实，T_5和T_8的维生素C含量确实是一样的）处理维生素C含量与不施肥（T_1）处理均有一定程度的提升，增幅为3.23%～14.52%，以T_5和T_8处理增幅最高，T_2处理降幅最大。

表6 不同施肥处理马铃薯的品质

处理	粗蛋白		淀粉		还原性糖		维生素C	
	含量（%）	比T_1（±/%）	含量（%）	比T_1（±/%）	含量（%）	比T_1（±/%）	含量（mg/100g）	较T_1（±/%）
T_1	9.34	—	17.91	—	0.15	—	30.73	—
T_2	15.78	69.07	16.73	−6.58	0.12	−22.52	26.27	−14.51
T_3	11.93	27.83	14.42	−19.49	0.15	−2.65	29.74	−3.23
T_4	11.86	27.01	16.76	−6.41	0.13	−14.57	34.20	11.29
T_5	10.09	8.03	15.18	−15.22	0.16	3.97	35.19	14.52
T_6	12.51	34.02	18.99	6.04	0.15	−3.97	31.72	3.23
T_7	13.09	40.20	17.21	−3.88	0.17	11.26	28.25	−8.06
T_8	10.78	15.46	17.40	−2.81	0.17	9.93	35.19	14.52

2.5 不同马铃薯专用肥施用技术对土壤肥力的影响

从表7可见，各施肥处理与不施肥（T_1）处理相比，土壤pH值降低6.26%～10.65%，以T_3和T_4处理降幅最大；有机质含量降低8.69%～23.91%，以T_7处理降幅最大；全氮含量也呈明显下降趋势，降幅为1.57%～9.40%，以T_5和T_8处理降幅最大；土壤全磷、全钾、碱解氮和速效磷含量均呈不同程度的上升趋势；全磷含量提高11.28%～47.12%，以T_7处理增幅最大；全钾含量提高1.99%～41.99%，以T_4处理增幅最大；碱解氮含量提高8.00%～72.00%，以T_6处理增幅最大，速效磷含量提高46.73%～224.29%，以T_4处理增幅最大；土壤速效钾含量变幅较大，为−11.77%～130.59%，其中T_2、T_3和T_7处理呈不同程度的降低，降幅分别为30.59%、11.77%和37.65%，以T_6处理增幅最大。

表 7　不同施肥处理土壤养分的变化

处理	pH 值	有机质 (g/kg) OM	全氮 (g/kg) TN	全磷 (g/kg) TP	全钾 (g/kg) TK	碱解氮 (mg/kg) AN	速效磷 (mg/kg) AP	速效钾 (mg/kg) AK
T_1	5.26	32.770	1.788	0.399	10.331	139.657	11.054	87.810
T_2	4.89	27.071	1.676	0.448	10.537	184.347	23.450	60.950
T_3	4.70	29.208	1.760	0.477	14.050	156.415	20.351	77.479
T_4	4.73	29.921	1.732	0.533	14.669	167.588	35.847	141.529
T_5	4.93	27.071	1.620	0.444	11.364	162.002	20.661	139.463
T_6	4.86	26.359	1.676	0.481	12.810	240.209	30.114	202.479
T_7	5.05	24.934	1.732	0.587	11.157	173.174	16.219	54.752
T_8	4.78	28.496	1.620	0.469	13.017	150.829	25.930	123.967

3　结论与讨论

施肥作为重要的栽培与技术手段，其在农业生产中起到至关重要的作用。合理施肥不仅能促进作物的生长发育，更能提高作物的收获产量。近年来，随着马铃薯主粮化趋势的发展，关于马铃薯合理施肥以及马铃薯专用肥的研制成为当前研究的热点[25-27]。大量的研究表明[12-16]，合理施用马铃薯专用肥可显著提高马铃薯产量及其生物学性状，其增产效果达 23%～177%。本次研究结果表明，不同马铃薯专用肥施用技术与不施肥相比产量显著增加，增幅为 157.48%～201.89%；与农民习惯施肥相比，增产达 4.28%～17.24%，以 85%专用肥（50%基施）+有机肥+追施尿素处理效果最佳。此外，马铃薯产量的形成与其生物学性状之间关系密切，通过线性拟合发现，马铃薯株高、茎粗均与产量之间存在极显著的正相关性。说明，提高马铃薯生物学性状有利于提高马铃薯产量。

合理施肥不仅可以促进马铃薯生长发育，提高产量，还能增加马铃薯 N、P、K 养分的含量，改善其品质。赵欢等[21]和吕慧峰等[22]研究发现，施用马铃薯专用肥，可显著提高马铃薯的大量矿质元素、粗蛋白和淀粉等的含量。本次研究结果也表明，马铃薯块茎的氮、磷、钾养分含量也呈上升趋势，增幅为 8.01%～69.02%、15.55%～55.66%和 2.63%～42.69%。但从马铃薯品质来看，不同马铃薯专用肥施用技术对马铃薯品质的变化差异影响较大，以习惯施肥的粗蛋白含量最高、还原性糖含量最低，100%缓释专用肥淀粉含量最高，以 85%专用肥（50%基施）+有机肥+追施尿素处理和 70%缓释专用肥+有机肥处理的维生素 C 含量最高。

马铃薯专用肥在改良土壤理化性状方面也有明显效果。赵欢等[21]研究指出，施用马铃薯专用配方肥并且配施有机肥对提高土壤肥力有明显的作用，还可促进土壤养分平衡；刘玉环等[28]报道，施用马铃薯专用肥可显著增加土壤碱解氮、速效磷和速效钾等速效养分含量，降低土壤 pH 值，本次研究结果与其一致。分析原因，一方面可能与马铃薯专用肥本身黏合剂及其物质组成成分有关；另一方面可能是有机肥投入量不足，从而使土壤有机质、全氮等消耗过多[5,28]。

综上所述，马铃薯专用肥在提高马铃薯产量和生物学性状，增加养分含量，改善马铃薯品质，提高土壤速效养分等方面均有明显的效果，但不同处理之间存在差异。马铃薯专用肥作为马铃薯轻简化施肥技术的重要组成部分，其对我国马铃薯产业尤其是边缘低山丘陵的贵州冬作区马铃薯产业的发展具有重要的现实意义。

参考文献

[1] 谢从华. 马铃薯产业的现状与发展 [J]. 华中农业大学学报：社会科学版，2012，97 (1)：1-4.

[2] 苟久兰，孙锐锋，袁玲．马铃薯钾素营养研究进展［J］．贵州农业科学，2009，37（9）：54－56.
[3] 付兴发．磷钾肥和有机肥对马铃薯品质和产量影响的研究［D］．雅安：四川农业大学，2012：1－2.
[4] 屈冬玉，谢开云，金黎平，等．中国马铃薯产业发展与食物安全［J］．中国农业科学，2005，38（2）：358－362.
[5] 刘向梅．氮磷钾施用量及施用时期对马铃薯干物质和养分积累分配的影响［D］．哈尔滨：东北农业大学，2013：1－2.
[6] 肖厚军，孙锐锋，苟久兰，等．贵州不同海拔地区马铃薯施用氮磷钾肥的效应［J］．贵州农业科学，2011，39（9）：58－60.
[7] 郑若良．氮钾肥比例对马铃薯生长发育、产量及品质的影响［J］．江西农业学报，2004，16（4）：39－42.
[8] 张朝春，江荣风，张福锁，等．氮磷钾肥对马铃薯营养状况及块茎产量的影响［J］．中国农学通报，2005，21（9）：279－283.
[9] 李裕荣，曹文才．马铃薯平衡施肥效益及合理配比试验［J］．贵州农业科学，2000，28（3）：49－51.
[10] 张静，蒙美莲，王颖慧，等．氮磷钾施用量对马铃薯产量及品质的影响［J］．作物杂志，2012（4）：124－127.
[11] 张新明，伍尤国，徐鹏举，等．平衡施肥与常规施肥对冬作马铃薯肥效的比较［J］．华南农业大学学报，2013，34（4）：475－479.
[12] 娄春荣，肖世盛．专用肥对马铃薯产量及效益的影响［J］．中国马铃薯，2002，16（1）：4－6.
[13] 姜秀清．配方专用肥在马铃薯上的应用效果试验［J］．长江蔬菜，2008（14）：39－40.
[14] 樊桩桩，蒋德赏，蒋毅敏．不同配方施肥对马铃薯产量的影响［J］．现代农业科技，2013（11）：89－90.
[15] 陈洪，张新明，全锋，等．氮磷钾不同配比对冬作马铃薯产量、效益和肥料利用率的影响［J］．中国马铃薯，2010，24（4）：224－229.
[16] 李卫华，丁洪，颜明娟，等．新型专用配方肥对马铃薯产量及品质的影响［J］．中国农学通报，2007，23（3）：289－292.
[17] 肖焱波．稳定性长效复合肥恩泰克对马铃薯产量的影响［J］．中国农学通报，2008，24（2）：246－249.
[18] 杨丽辉，蒙美莲，陈有君，等．肥料配施对马铃薯产量和品质的影响［J］．中国农学通报，2013，29（12）：136－140.
[19] 李成军．不同肥料的组配施用对马铃薯产量的影响试验［J］．中国马铃薯，2002，16（5）：294－296.
[20] 李永平，王天宁，刘世新，等．马铃薯专用肥增产效应及水肥生产效率［J］．中国农学通报，2006，22（11）：193－197.
[21] 赵欢，刘海，何佳芳，等．不同肥料组合对马铃薯产量、生物性状和土壤肥力的影响［J］．贵州农业科学，2013，41（12）：110－114.
[22] 吕慧峰，王小晶，赵欢，等．肥料组合对马铃薯产量、品质和土壤肥力的影响［J］．长江蔬菜：学术版，2010（22）：46－48.
[23] 鲍士旦．土壤农化分析［M］．北京：中国农业出版社，2000.
[24] 高俊风．植物生理学实验指导［M］．北京：高等教育出版社，2006.
[25] 文玉能，顾昌萍，王坤．氮、磷、钾肥不同施用量对马铃薯产量的影响［J］．贵州农业科学，2008，36（1）：116－117.
[26] 董亮，张玉凤，刘苹，等．控释肥减量施用对马铃薯产量、品质及土壤硝态氮含量的影响［J］．江西农业学报，2012，24（6）：86－89.
[27] 穆俊祥，曹兴明，弓建国，等．有机肥和氮磷钾肥配施对马铃薯产量和品质的影响［J］．石河子大学学报，2009，27（4）：428－432.
[28] 刘玉环，张春梅，秦嘉海，等．马铃薯多功能专用肥配方筛选及其对土壤理化性质的影响［J］．干旱地区农业研究，2014，32（3）：127－133.

不同钾肥及其施用对贵州一熟区马铃薯生产性状与肥料利用率的影响*

赵　欢[1,2]　苟久兰[1,2]　肖厚军[1,2*]　王正银[3]　李振轮[3]　赵伦学[4]　赵平英[4]　何佳芳[1,2]

1. 贵州省土壤肥料研究所，贵州贵阳　550006
2. 农业部贵州耕地保育与农业环境科学观测实验站，贵州贵阳　550006
3. 西南大学资源环境学院，重庆北碚　400716
4. 黔西县农牧局，贵州黔西　551500

摘要：为探索贵州一熟区马铃薯高产高效栽培和钾肥高效利用技术，在高、低肥力地块上采用田间随机区组试验，研究两种来源钾肥和适当减钾量对马铃薯生长、产量、经济效益及钾肥利用率的影响。结果表明，贵州一熟区马铃薯基施等钾量硫酸钾和氯化钾，马铃薯产量无显著差异；高肥力黄壤上可适当降低10%钾肥用量，硫酸钾宜作马铃薯追肥分期追施，氯化钾宜分期基施和追施；在低肥力黄壤上维持常规钾肥用量（K_2O 150 kg/hm^2），施用氯化钾产投比更高（3.79）；高、低肥力地块上钾肥农学效率、生理效率和当季利用率都较高，分别达到25.98～33.34 kg/kg，46.80～78.85 kg/kg，41.74%～56.70%。

关键词：马铃薯；钾；高效施肥技术；贵州

钾是植物生长发育所必需的营养元素之一，其功能主要是维持细胞膨压、激活酶的活性、促进光合作用及其产物的运输、促进蛋白质和脂肪的合成，增强植物的抗逆性，在粮油作物优质高产栽培中不可或缺。据分析，中国农田土壤的钾素普遍缺乏。2011年，我国南方缺钾耕地面积占全国耕地的42.84%，施用了占全国56.22%的钾肥，生产了占全国44.54%的粮食[1]。近年来，随着作物产量的提高和土壤钾素收支不平衡的加剧，农田缺钾面积有扩大的趋势。现今中国农业生产中面临的一个突出问题是在钾肥资源短缺的形势下，较低的农田土壤钾素及钾肥利用效率限制了作物产量潜力的发挥和产品品质的进一步改善[2]。有关钾肥高效利用的研究日益引起国内外不少学者的重视。多数学者从提高植物钾效率方面进行研究[3-5]；部分学者从改进钾肥产品和施肥技术提高钾肥利用率方面进行研究[6,7]。

贵州地处中国西南部，属南亚热带气候，土壤风化作用强烈、淋溶严重，钾素养分损失大，加之复种指数高，作物生长量大，作物从土壤中带走的养分多，而长期又得不到足够的补充。因而贵州农田土壤缺钾也较普遍，土壤有效钾平均值从1985年的120.9 mg/kg（n=149）下降到1998年的88.6 mg/kg[8]。马铃薯是农业部力推继水稻、小麦、玉米之后的我国第四大主粮作物[9]，是贵州种植面积名列前茅的四大作物之一[10]，是贵州重要的粮、菜、饲兼用作物[11]，其在贵州农业生产中极具发

* **基金项目：**国家公益性行业（农业）专项（201203013-5-2）；贵州省科学技术基金项目［黔科合J字（2010）2083］；农业部公益性行业专项（201503127）；贵州省科技厅项目［黔科条中补地（2012）4003］

展潜力。马铃薯是需钾量较大的作物之一[12,13]，开展贵州一熟区马铃薯钾肥高效利用的研究是为马铃薯高产高效栽培和提高钾肥利用率提供依据。

1 材料与方法

1.1 试验材料

1.1.1 供试土壤

低肥力黄泥土，耕层土壤 pH 值 5.28，有机质 28.02 g/kg，全氮 2.22 g/kg，有效磷 10.0 mg/kg，有效钾 112.0 mg/kg，缓效钾 248.3 mg/kg；高肥力黄泥土，耕层土壤 pH 值 5.69，有机质 38.72 g/kg，全氮 2.28 g/kg，有效磷 24.8 mg/kg，有效钾 221.6 mg/kg，缓效钾 368.9 mg/kg。

1.1.2 供试品种

马铃薯威芋 5 号，由贵州省威宁县马铃薯生产合作社提供。

1.1.3 供试肥料

尿素（含 N 46.5%）；普通过磷酸钙（含 P_2O_5 12.4%）；氯化钾（含 K_2O 60.3%），硫酸钾（含 K_2O 50%）。

1.2 试验地点

黔西县沙井乡，位于黔西县城西南面，距县城 26 km，距贵阳市 110 km。地貌特征系典型的高原丘陵地带，平均海拔 1 285 m，年均温度 15.5 ℃，无霜期 295 d，冬无严寒，夏无酷暑，属亚热带季风湿润气候区。

1.3 试验设计

试验设 7 个处理，3 次重复，随机区组排列。见表 1。

表 1 马铃薯钾肥高效施用技术试验方案 单位：K_2O · kg/hm²

代号	处 理	施肥量	基肥	苗期	现蕾期
CK1	氮磷（无钾）	0	0	0	0
CK2	常规施氯化钾	150	150	0	0
T1	常规施硫酸钾	150	150	0	0
T2	10%减量分期施氯化钾	135	0	90	45
T3	30%减量分期施氯化钾	105	0	75	30
T4	10%减量分期施氯化钾－硫酸钾	135	45（氯化钾）	60（硫酸钾）	30（硫酸钾）
T5	30%减量分期施氯化钾－硫酸钾	105	45（氯化钾）	40（硫酸钾）	20（硫酸钾）
T6	30%减量分期施硫酸钾	105	0	75	30

各小区氮、磷肥用量相同，N 225 kg/hm²、P_2O_5 135 kg/hm²。磷肥、化学钾肥作基肥，氮肥作追肥于 4 月 23 日追施。

小区长 3.0 m，宽 7.0 m，面积为 21m²。栽培密度 7.5 万窝/hm²。两地块 2014 年 3 月 11 日栽种，4 月 13 日出苗，4 月 23 日追肥，7 月 24 日取样和实收小区产量。

1.4 试验研究方法

1.4.1 经济性状调查和产量统计方法

生育期记载和经济性状调查按农业试验记载标准设置调查样段、记载，收获前取样调查单株薯重、单个薯重，大中薯率等；各小区单独称产，计算经济产量，DPS 软件进行方差分析与多重比较。

1.4.2 样品测试方法

土壤样品分析 pH 值、有机质、全氮有效磷、速效钾、缓效钾。植株样品分析全量氮、磷、钾、维生素 C、还原糖、淀粉。

土壤、植株样品按鲁如坤主编《土壤农业化学分析方法》确定方法分析。

2 结果与分析

2.1 不同施钾处理对马铃薯经济性状的影响

取样调查结果（表 2）表明，不同施钾处理在高低肥力黄壤上对马铃薯经济性状的影响趋势相近。在高肥力黄泥土上，钾肥常量基施，硫酸钾比氯化钾处理的单株结薯重、单个商品薯重略高，但单株结薯数和商品薯率略低，理论产量无明显差异；氯化钾减量 10%分期施用，分期追施马铃薯单株结薯重、单个商品薯重比分期基追略有增加，但商品薯率低，理论产量略高；减量 30%时硫酸钾分期追施比氯化钾分期追施的单株结薯重、单个商品薯重略高，但商品薯率略低；减量 10%氯化钾基施硫酸钾追施比减量 10%氯化钾分期追施的单株结薯重、单个商品薯重略低，商品薯率略高，理论产量略低；减量 30%氯化钾基施硫酸钾追施比减量 30%氯化钾分期追施的单株结薯重、商品薯率略低，单个商品薯重略高，理论产量略低。

在低肥力黄泥土上，钾肥常量基施，氯化钾比硫酸钾的单株结薯数、单株结薯重略高，但单个商品薯重和商品薯率略低，理论产量有差异；氯化钾减量 10%分期施用，分期追施马铃薯单株结薯数略高，单株结薯重、单个商品薯重与分期基追相比无差异；减量 30%时，硫酸钾分期追施比氯化钾分期追施的单株结薯重、单个商品薯重、商品薯率和理论产量差异不大；减量 10%氯化钾基施硫酸钾追施，比减量 10%氯化钾分期追施的单株结薯重略高、单个商品薯重略低，商品薯率相近，理论产量相近；减量 30%氯化钾基施硫酸钾追施，比减量 30%氯化钾分期追施的单株结薯重、商品薯率略低，单个商品薯重略高，理论产量相近。

表 2 钾肥高效施用技术马铃薯经济性状调查

处理	单株结薯数		单株结薯重（g）		商品薯重（g/个）		商品薯率（%）		理论产量（kg/hm^2）	
	高肥力	低肥力	高肥力	低肥力	高肥力	低肥力	高肥力	低肥力	高肥力	低肥力
不施钾	6.4	6.0	420.0	306.0	73.8	72.7	74.10	70.10	32500	22950
常规施氯化钾	6.2	6.2	504.8	381.2	109.1	105.7	74.27	74.83	37860	28590
常规施硫酸钾	6.4	5.6	516.6	364.0	112.5	108.1	72.63	79.27	38745	27300
10%减量分期施氯化钾	7.2	6.0	488.8	363.8	100.5	105.7	70.60	73.67	36660	27285
30%减量分期施氯化钾	7.4	5.6	448.2	354.6	81.9	91.3	73.43	80.63	33615	26595
10%减量分期施氯化钾－硫酸钾	7.4	5.4	478.8	366.2	96.9	96.3	75.70	74.93	35910	27465
30%减量分期施氯化钾－硫酸钾	6.6	5.8	429.2	341.4	89.7	101.4	70.70	75.30	32190	25605
30%减量分期施硫酸钾	7.6	5.8	460.2	355.4	88.1	91.8	71.60	78.43	34515	26655

2.2 不同施钾处理对马铃薯产量的影响

从表 3 可知，不同施钾处理对威芋 5 号马铃薯产量的影响较大。在高肥力黄泥土上，钾肥常量基施，施硫酸钾与氯化钾产量差异不显著，钾减量 10%时，氯化钾基施硫酸钾追施与氯化钾分期追施的产量差异不显著；钾减量 30%时，氯化钾基施硫酸钾追施比氯化钾分期追施增产 3.77%，硫酸钾分期追施比氯化钾分期追施增产 4.77%。低肥力黄泥土上，钾肥常量基施，施硫酸钾与氯化钾产量差异不显著；钾减量 10%时，氯化钾分期追施与氯化钾基施硫酸钾追施差异不显著；钾减量 30%时，硫酸钾分期追施比氯化钾分期追施增产 10.44%，减量 30%氯化钾基施硫酸钾追施比减量 30%氯化钾分期追施的增产 7.13%。

表 3 钾肥高效施用技术马铃薯产量统计（鲜重）

处理	小区鲜薯（kg/区）		公顷产量（t/hm²）		各处理较 CK2 的增产率（%）	
	高肥力	低肥力	高肥力	低肥力	高肥力	低肥力
不施钾	63.5±0.50	38.4±1.15	30.2±0.25cC	18.28±0.66cC	−11.20	−21.3
常规施氯化钾	71.50±0.50	48.77±1.63	34.0±0.24aA	23.22±0.77aA	0.00	0.0
常规施硫酸钾	72.60±0.96	48.90±1.54	34.5±0.46aA	23.29±0.73aA	1.53	0.3
10%减量分期施氯化钾	68.77±1.08	44.10±1.15	32.7±0.51bB	21.00±0.55bB	−3.83	−9.6
30%减量分期施氯化钾	65.00±0.50	41.23±1.39	30.9±0.24cC	19.63±0.66cC	−9.10	−15.4
10%减量分期施氯化钾−硫酸钾	68.60±0.53	45.53±1.31	32.7±0.61bB	21.68±0.62bB	−4.06	−6.6
30%减量分期施氯化钾−硫酸钾	67.45±1.53	45.53±1.55	32.1±0.24bB	21.68±0.74bB	−5.65	−6.6
30%减量分期施硫酸钾	68.10±1.15	44.17±0.45	32.4±0.55bB	21.03±0.21bB	−4.76	−9.4

2.3 不同施钾处理马铃薯的经济效益分析

由表 4 知，从不同施钾处理马铃薯增产量看，不同处理高、低肥力相比，低肥力的钾肥增产效果均优于高肥力，同时两种肥力水平均随着施钾量的减少马铃薯增产量呈降低趋势；在钾肥减量施用条件下，硫酸钾部分替代氯化钾进行追施有利于马铃薯产量的提高。从钾肥投入产出综合效益看，高肥力水平下氯化钾作基肥投入为 1 302 元/hm²，产出为 3 897.6 元/hm²，产投比达 2.99，硫酸钾基施产投比为 2.46；而用钾量减 10%分期追施产投比略有下降，为 1.95～2.22；用钾量减 30%分期追施产投比变幅较大，为 0.89～1.99；氯化钾作基肥的产投比最高，硫酸钾次之，用钾量减 10%氯化钾分期追施的产投比为第三，达到 2.22，从减少钾肥投入方面考虑，氯化钾减量分期追施是较优的选择。低肥力水平氯化钾基施投入为 1 302 元/hm²，产出为 4 942.2 元/hm²，产投比达 3.79，硫酸钾基施产投比达 2.78；用钾量减 10%分期追施产投比略有下降，为 2.32～2.64；用钾量减 30%分期追施产投比变幅较大，为 1.50～3.43；氯化钾作基肥的产投比最高，减量 10%氯化钾基施硫酸钾追施的产投比次之，达到 3.43，从减少钾肥投入方面考虑，减量 10%氯化钾基施硫酸钾追施最佳的施用方式。

表 4 钾肥高效施用技术马铃薯经济效益分析

处理	施钾增产量（kg/hm²）		钾肥投入（元/hm²）		钾肥产出（元/hm²）		产投比	
	高肥力	低肥力	高肥力	低肥力	高肥力	低肥力	高肥力	低肥力
常规施氯化钾	3 897.6	4 942.2	1 302.6	1 302.6	3 897.6	4 942.2	2.99	3.79
常规施硫酸钾	4 421.4	5 005.7	1 800.0	1 800.0	4 421.4	5 005.7	2.46	2.78
10%减量分期施氯化钾	2 596.0	2 720.0	1 170.0	1 170.0	2 596.0	2 720.0	2.22	2.32
30%减量分期施氯化钾	802.4	1 354.9	904.8	904.8	802.4	1 354.9	0.89	1.50
10%减量分期施氯化钾−硫酸钾	2 521.0	3 402.5	1 290.0	1 290.0	2 521.0	3 402.5	1.95	2.64
30%减量分期施氯化钾−硫酸钾	1 980.7	3 402.5	993.0	993.0	1 980.7	3 402.5	1.99	3.43
30%减量分期施硫酸钾	2 278.6	2 751.7	1 260.0	1 260.0	2 278.6	2 751.7	1.81	2.18

注：氯化钾 5.20 元/kg，硫酸钾肥 6.00 元/kg，马铃薯 1.0 元/kg。

2.4 不同施钾处理的钾肥利用效率分析

不同施钾处理马铃薯的钾肥效应见表 5，高肥力地块钾偏生产力以钾减 30%分期追施硫酸钾与分期施氯化钾和硫酸钾处理较高，分别达到 308.84 kg/kg 和 305.97 kg/kg，钾农学效率、生理效率和当季利用率以常规施硫酸钾最高，分别达到 29.48 kg/kg、51.99 kg/kg 和 56.70%；低肥力地块钾偏生产力以钾减 30%分期施氯化钾和硫酸钾与分期追施硫酸钾处理较高，分别达到 206.5 kg/kg 和 200.3 kg/kg，钾农学效率以常规施硫酸钾最高，为 33.34 kg/kg，常规施氯化钾与钾减 30%分期施氯化钾和硫酸钾略低，钾生理效率以钾减 30%分期施氯化钾和硫酸钾与分期追施硫酸钾处理较高，分别达到 96.75 kg/kg 和 81.38 kg/kg，钾当季利用率以常规施硫酸钾和氯化钾较高，分别为 44.74%和 41.74%。表 5 也说明钾施用量较低时，高低肥力黄壤的偏生产力都高，钾施用量比较充足时，偏生产力有所下降，但农学效率、生理效率和当季利用率都较高。

表 5　不同施钾处理马铃薯的钾肥效应

处理	偏生产力 PFP（kg/kg）		农学效率 AE（kg/kg）		生理效率 PE（kg/kg）		当季利用率 RE（%）	
	高肥力	低肥力	高肥力	低肥力	高肥力	低肥力	高肥力	低肥力
常规施氯化钾	226.98	154.81	25.98	32.91	46.80	78.85	55.53	41.74
常规施硫酸钾	230.48	155.24	29.48	33.34	51.99	74.52	56.70	44.74
10%减量分期施氯化钾	242.56	155.56	19.23	20.11	38.07	55.96	50.51	35.94
30%减量分期施氯化钾	294.78	187.00	7.64	12.86	17.61	59.71	43.39	21.53
10%减量分期施氯化钾－硫酸钾	241.98	160.61	18.64	25.17	39.35	76.60	47.38	32.86
30%减量分期施氯化钾－硫酸钾	305.97	206.50	18.83	32.36	39.90	96.75	47.18	33.45
30%减量分期施硫酸钾	308.84	200.30	21.70	26.16	42.88	81.38	50.61	32.14

3　结论

不论高肥力或低肥力的黄壤上，等钾量硫酸钾基施的马铃薯产量与氯化钾基施无显著差异。钾减量 10%时，两地块氯化钾基施硫酸钾追施与氯化钾分期追施的产量差异不显著；钾减量 30%时，高肥力地块氯化钾基施硫酸钾追施比氯化钾分期基追效果好，硫酸钾分期追施比氯化钾分期追施效果好，低肥力地块氯化钾基施硫酸钾追施比氯化钾分期基追增产率高，硫酸钾分期基追比氯化钾分期追施增产率高。

两种肥力黄壤上氯化钾基施的产投比高于硫酸钾基施，在高肥力地块钾减 10%氯化钾分期追施处理的产投比较高，而在低肥力地块钾减 10%氯化钾基施硫酸钾追施的产投比较高，钾减 30%氯化钾或硫酸钾分期追施的产投比较低。但从减少钾肥用量考虑，适当降低钾肥用量，分期追施或分期基追仍可行。

两种肥力黄壤上钾施用量较低时偏生产力较高，钾施用量为常规施钾量（K_2O 150 kg/hm^2）时，偏生产力有所下降，但农学效率、生理效率和当季利用率都较高，说明就贵州黄壤种植马铃薯而言，常规施钾量仍不是最高施用量。但从钾肥资源紧缺、长期施用考虑，高肥力黄壤钾用量减 10%，氯化钾基施硫酸钾追施是可行的。

综上所述，高、低肥力黄壤上种植马铃薯，等钾量基施硫酸钾与氯化钾产量无显著差异，这与刘藜等人研究结果一致[14,15]。在高肥力黄壤上适当降低钾肥用量，硫酸钾宜作马铃薯追肥分期追施，氯化钾宜分期基施和追施；在低肥力黄壤上不宜降低钾肥用量，施用氯化钾效益更好。

参考文献

[1] 陈防，张过师．全球及中国的钾肥资源与消费需求展望［G］．中国植物营养与肥料学会 2014 年学术年会论文集，13－17.

[2] 王利，陈防，万开元．植物钾效率及其评价的研究进展与展望［J］．土壤，2010，42（2）：164－170.

[3] 姜存仓，王运华，鲁剑巍，等．不同棉花品种苗期钾效率差异的初步探讨［J］．棉花学报，2004，16（3）：

162 -165.
[4] 刘建祥，杨肖娥，吴良欢，等．低钾胁迫对水稻叶片光合功能的影响及其基因型差异 [J]. 作物学报，2001，27 (6)：1000 - 1006.
[5] 邹春琴，李振声，李继云．钾利用效率不同的小麦品种各生育期钾营养特点 [J]. 中国农业科学，2002，35 (3)：340 - 344.
[6] 齐鑫，韩成，盛学斌，等．钾硅钙微孔矿物肥对褐潮土水稻生长及土壤性状的影响 [J]. 中国生态农业学报，2011，19 (2)：258 - 264.
[7] 陈防，郑圣先．我国南方作物高效施钾技术的研究进展 [J]. 土壤肥料，2004，28 - 32.
[8] 赵雪君，石瑛．施钾量对马铃薯块茎钾素吸收积累的影响 [J]. 贵州农业科学，2015，43 (10)：50 - 54.
[9] 陈旭晖．贵州土壤养分含量的变化与施肥管理 [J]. 植物营养与肥科学报，2001，7 (2)：121 - 128.
[10] 肖厚军，孙锐锋，苟久兰，等．贵州不同海拔地区马铃薯施用氮磷钾肥的效应 [J]. 贵州农业科学，2011，39 (9)：58 - 60.
[11] 赵欢，刘海，何佳芳，等．不同肥料组合对马铃薯产量、生物性状和土壤肥力的影响 [J]. 贵州农业科学，2013，41 (12)：110 - 114.
[12] 赵欢，芶久兰，何佳芳，等．钾肥对马铃薯干物质积累、钾素吸收及利用效率的影响 [J]. 西南农业学报，2015，28 (2)：644 - 649.
[13] 何佳芳，孙芳，孙锐锋，等．不同氮钾水平对马铃薯产量及钾素吸收的影响 [J]. 西南农业学报，2012，25 (2)：562 - 565.
[14] 赵欢，芶久兰，赵伦学，等．贵州旱作耕地钾素状况与钾肥效应 [J]. 植物营养与肥料学报，2016，22 (1)：277 -285.
[15] 刘藜，孙锐锋，肖厚军，等．马铃薯施含氯化肥及不同磷、钾肥效应研究 [J]. 贵州农业科学，2012，30 (5)：64 - 67.

不同农药施用量对贵州春马铃薯病情指数和生物效应的影响*

苟久兰[1]　张　萌[1]　何佳芳[1*]　陈　龙[1]　魏全全[1]　秦　松[1]　徐永康[2]　张荣华[2]

1. 贵州省农业科学院土壤肥料研究所，贵州贵阳　550006

2. 威宁县山地特色农业科学研究院，贵州威宁　553100

摘要：为贵州高海拔地区旱作春马铃薯高效施用农药提供理论和技术支撑。以威芋5号为试验材料，通过田间试验研究农药不同用量，那习惯剂量的100%、80%、60%和40%对贵州威宁春马铃薯病情指数和生物效应的影响。喷施农药后马铃薯的出苗率为89.63%～93.37%，病情指数为2.71%～6.17%，与不喷施（CK）相比，产量、单株结薯数和单株产量分别提高1.55%～22.97%、2.50%～30.00%和12.29%～42.68%，以习惯喷施剂量80%的表现最佳；喷施农药可以显著改善马铃薯还原糖和淀粉的含量，还原糖含量较CK提高0.01%～0.14%，淀粉含量提高0.76%～7.43%，但对马铃薯块茎中氮、磷、钾和水分的含量无明显影响；喷施农药后土壤有机质、速效钾、有效磷和碱解氮的含量分别较CK提高6.96%～15.47%、1.75%～36.84%、3.57%～56.09%和10.00%～14.99%。贵州旱作春马铃薯高产栽培过程中农药施用以习惯喷施剂量的80%为宜。

关键词：农药；施用量；春马铃薯；病情指数；生物效应；威宁；贵州

农药是农业生产中的重要生产资料之一，对于病虫害防治，促进和保障国家粮食安全具有重要意义。目前我国普遍存在化学农药施用过量的现象。据统计，农作物病虫害防治年均用药量2012—2014年较2009—2011年增长9.2%，达31.1万t。化学农药过量施用既增加生产成本，又严重威胁农产品质量安全和生态环境安全，由此引起的环境污染和农产品质量安全等重大问题日益突出[1-6]。2016年农业部发布《“十三五”农业可持续发展规划》提出农药减施增效的基本目标，并制定《到2020年农药使用量零增长行动方案》，提出力争到2020年实现我国农业农药“零增长”的发展目标。实施农药减量控害对保障农业生产安全、农产品质量安全和生态环境安全，实现我国农业可持续发展具有重要意义[7]。春马铃薯不仅是威宁县的第一大粮食作物，而且是当地主要的经济收入来源之一。其常年播种面积在5万hm^2以上，且种植面积呈逐年上升趋势；马铃薯年产量达100万t以上，占贵州省总产量的10%以上，占威宁县农业总产值的27.3%[8]。由于对农药知识了解不够深入，农药效率不高和病虫害防治不科学，成为当前制约威宁马铃薯高产的主要限制因素[9-11]。甲氧基丙烯酸类杀菌剂嘧菌酯悬浮剂的杀菌效果持久、范围广，既有超强的保护、治疗、铲除作用，又有良好的渗透、内活性[12,13]；氟吡菌胺·霜霉威悬浮剂是一种对低等真菌有很好防治效果的杀菌剂[14]。针对贵州威宁县高海拔地区马铃薯生产状况，2015年3～10月选取嘧菌酯悬浮剂+氟吡菌胺·霜霉威悬浮剂作为防治药剂，以威

* **基金项目：**公益性行业（农业）科研专项（201503127）

芋 5 号为试验材料，通过田间试验研究农药减量施用，即习惯剂量的 80%、60%和 40%对威宁春马铃薯病情指数和生物效应的影响，以期为贵州马铃薯农药高效施用技术提供理论和技术支撑。

1 材料与方法

1.1 试验地概况

试验地位于贵州省威宁县双龙镇，海拔 2 290 m 左右，土壤为黄棕壤灰泡泥土，有机质含量为 39.64 g/kg，全氮含量为 2.22 g/kg，碱解氮含量为 136.36 mg/kg，全磷含量为 1.22 g/kg，有效磷含量为 70.25 mg/kg，全钾含量为 12.40 g/kg，速效钾含量为 63.5 mg/kg，pH 值 5.56。

1.2 材料

肥料尿素（N 为 46%）和复合肥（N：P_2O_5：K_2O 为 15：15：15），由威宁县山地特色农业科学研究院提供。马铃薯威芋 5 号，由威宁县山地特色农业科学研究院提供。农药，嘧菌酯悬浮剂和氟吡菌胺·霜霉威悬浮剂，由广西田园生化股份有限公司生产。

1.3 方法

1.3.1 试验设计

施用农药为嘧菌酯悬浮剂与氟吡菌胺－霜霉威悬浮剂的混剂。试验设 5 个处理。CK，不喷施；T_1，习惯喷施剂量；T_2，习惯喷施剂量 80%，减量 20%；T_3，习惯喷施剂量 60%，减量 40%；T_4，习惯喷施剂量 40%，减量 60%。各处理的施药量及方法见表 1。小区面积为 13.5 m^2（4.5 m×3 m），随机区组排列，3 次重复。马铃薯种植密度为 60 000 株/hm^2，每区 5 行，每行 16 株。喷施药剂处理均采用茎叶喷施，各处理基施西洋复合肥 750.0 kg/hm^2，花期追施尿素 112.5 kg/hm^2，根据苗情及时中耕除草。

表 1　药剂施用量及施用方法

处理	药剂浓度/（$g \cdot L^{-1}$）		苗期（L/hm^2）	现蕾期（L/hm^2）
	嘧菌酯悬浮剂	氟吡菌胺·霜霉威悬浮剂	第 1 次喷施	第 2 次喷施
CK	—	—	—	—
T_1	250.0	687.5	15.0	37.5
T_2	200.0	550.0	15.0	37.5
T_3	150.0	412.5	15.0	37.5
T_4	100.0	275.0	15.0	37.5

注：—表示不喷施。

1.3.2 指标测定

1.3.2.1 土壤理化性质　在整个田块均匀布点 15 个，试验前、后分别采集 0～20 cm 耕层的土壤样品装袋；风干磨细过筛后参照文献[14]的方法测定土壤基本理化性质。其中，有机质采用重铬酸钾容量法测定，全氮采用半微量开氏法测定，碱解氮采用碱解扩散法测定，全磷和有效磷采用钼锑抗比色法测定，全钾和速效钾采用火焰光度法测定，pH 值采用 pH 计测定。

1.3.2.2 农艺性状调查　在马铃薯播种 1 个月后每个小区调查 5 m^2的马铃薯出苗率，在马铃薯茎块膨大期每个小区调查 5 m^2马铃薯病情指数，主要包括晚疫病和环腐病等，根据出苗数和发病数计算出苗率和病情指数。同时马铃薯收获前，调查各小区单株的产量、结薯数和大、中、小薯数。马铃薯产量按收获时各小区单打单收的实产计算。

1.3.2.3 样品养分与品质分析　每个处理随机采集马铃薯块茎，经冲洗、杀青、干燥、磨碎和过筛后备用。采用凯氏定氮法测定全氮含量，钼锑抗比色法测定全磷含量，火焰光度法测定全钾含量[15]。参照文献［16］的方法测定淀粉和还原糖含量。

1.4 数据统计与分析

采用 Excel 2003 和 DPS 15.10 进行数据的统计与分析。

2 结果与分析

2.1 农药减量施用马铃薯的出苗率和病情指数

由表 2 可知，随农药喷施量降低马铃薯的出苗率呈逐渐升高趋势，各处理的出苗率较均衡且基本维持在 90%左右。其中，T_4 的出苗率最高，达 93.37%；T_2 次之，为 90.37%，CK 最低，为 88.60%；各处理间差异未达显著水平。马铃薯的病情指数随农药喷施量降低呈逐渐升高趋势，CK 的病情指数最高，为 13.45，显著高于其余处理；喷施药剂后病情指数降至 2.71～6.17，其中，T_1 和 T_2 的病情指数较低，分别为 2.71 和 2.84；T_3 和 T_4 的病情指数分别为 5.93 和 6.17，且显著高于 T_1 和 T_2。因此，综合出苗率和病情指数看，T_2 的综合施用效果最佳。

表 2 农药减量施用马铃薯的出苗率和病情指数

处理	出苗率/%	病情指数
CK	88.60a	13.45a
T_1	89.63a	2.71c
T_2	90.33a	2.84c
T_3	90.03a	5.93b
T_4	93.37a	6.17b

注：不同字母表示处理间差异达 5%显著水平，下同。

2.2 农药减量施用马铃薯的结薯性状与产量

从表 3 看出农药减量喷施对马铃薯结薯性状和产量有明显影响。

表 3 农药减量施用马铃薯的结薯性状与产量

处理	单株结薯数（个/株）				单株产量（g/株）				大中薯率（%）	产量	
	总	大	中	小	总	大	中	小		单产/（kg·hm⁻²）	增产率/%
CK	4.0c	0.6c	2.3ab	1.1a	279.64c	99.13c	149.50b	31.01b	88.91a	21 392.0c	—
T_1	4.6b	1.0b	2.4a	1.0a	381.24a	143.00b	193.82a	44.41a	88.35a	26 666.7ab	21.59
T_2	5.2a	1.6a	2.5a	1.4a	399.00a	185.00a	168.00ab	46.00a	88.47a	26 969.1a	22.97
T_3	4.9ab	1.3ab	2.1b	1.2a	377.00a	151.00b	186.00a	40.00ab	89.39a	24 810.5abc	13.12
T_4	4.1c	1.0b	1.9b	1.2a	314.00b	168.00ab	112.00c	34.00b	89.17a	22 271.6bc	1.55

2.2.1 结薯性状

2.2.1.1 单株结薯数 随着农药喷施量降低，马铃薯单株结薯数呈先增后减趋势，T_1～T_4 较 CK 增幅为 2.50%～30.00%。其中，T_2 的单株结薯数最高，为 5.2 个/株，显著高于 CK、T_1 和 T_4；T_2 的大、中薯数分别为 1.6 个/株和 2.5 个/株，较其余处理明显增加。

2.2.1.2 单株产量 其变化趋势与单株结薯数类似，T_1～T_4 的单株产量较 CK 显著增加，增幅为 12.29%～42.68%。其中，T_2 的单株产量最高，为 399.00 g/株，与 CK 和 T_4 差异显著；T_1～T_4 的大薯产量较 CK 显著增加，增幅为 44.26%～86.62%。但农药减量施用对马铃薯大中薯率的影响不明显，差异均未达显著水平。

2.2.2 产量

农药减量喷施可以明显提高马铃薯产量；随着农药喷施量降低，马铃薯产量呈先增后减趋势，T_1～T_4马铃薯产量较 CK 增产 1.55%～22.97%。其中，T_2的产量最高，T_4的最低，二者差异显著，T_1、T_2与 CK 间差异显著。由此表明，适当降低农药施用量不会显著影响马铃薯产量水平，但如果农药施用量减施过多，则可能显著降低马铃薯产量。

2.3 农药减量施用马铃薯的养分与品质

由表 4 可知，T_1～T_4马铃薯氮、钾和水分的含量与 CK 差异均不显著。磷含量 T_1～T_4较 CK 提高 0.08～0.13 百分点，均显著高于 CK，但相互间差异不显著；T_3的磷含量最高，为 2.19 g/kg。还原糖含量 T_1～T_4较 CK 提高 0.01%～0.14%，其中，T_2的还原糖含量显著高于 CK 和其他处理，其余处理与 CK 间差异不显著。淀粉含量 T_1～T_3较 CK 提高 0.76～7.43 百分点，其中，T_1、T_2和 T_3的淀粉含量显著高于 CK 和 T_4，以 T_1和 T_2最高，分别为 15.68%和 16.58%，且显著高于 T_3。说明农药适量减施有利于提高马铃薯淀粉含量水平，以 T_2效果最佳。

表 4 农药减量施用马铃薯的养分与品质

处理	氮（g/kg）	磷（g/kg）	钾（g/kg）	水分（%）	还原糖（%）	淀粉（%）
CK	19.33a	1.94b	14.40a	84.11a	0.28b	9.15c
T_1	20.58a	2.10a	15.15a	84.71a	0.30b	15.68a
T_2	20.58a	2.14a	16.20a	83.95a	0.42a	16.58a
T_3	19.47a	2.19a	14.15a	83.67a	0.29b	13.15b
T_4	17.24a	2.13a	14.30a	82.81a	0.29b	9.91c

2.4 农药减量施用马铃薯耕层土壤养分的含量

由表 5 看出，农药减量喷施可明显提高土壤有机质、有效磷和速效钾等的含量。其中，T_1～T_4的有机质含量较 CK 增加 6.96%～15.47%，差异显著；T_2～T_4的碱解氮含量较 CK 和 T_1均增加 10.00%～14.99%，差异显著；T_1～T_4的有效磷含量较 CK 增加 3.57%～56.09%，T_1～T_4的速效钾含量较 CK 增加 1.75%～36.84%，T_1～T_3与 CK 和 T_4间差异显著。整体看，农药减量施用对土壤有机质、有效磷和速效钾含量影响较显著，对土壤碱解氮含量的影响相对显著，对土壤速效养分的影响大于土壤全量养分，以 T_2的土壤肥力最佳。

表 5 农药减量施用马铃薯耕层土壤养分的含量

处理	pH	有机质（g/kg）	全氮（g/kg）	碱解氮（mg/kg）	全磷（g/kg）	有效磷（mg/kg）	全钾（g/kg）	速效钾（mg/kg）
CK	5.45a	56.17c	3.08a	151.52b	1.35a	47.60c	14.20a	57.00c
T_1	5.31a	62.47ab	3.18a	151.52b	1.39a	70.75ab	13.60a	75.00a
T_2	5.47a	64.86a	3.03a	174.24a	1.37a	74.30a	13.60a	78.00a
T_3	5.41a	64.50a	3.13a	166.67ab	1.44a	67.60b	14.00a	66.50b
T_4	5.48a	60.08b	3.31a	166.67ab	1.43a	49.30c	14.00a	58.00c

3 结论与讨论

合理科学的用药是保证农产品质量的重要保证。研究表明，我国农药的使用效率仍比较低，真正发挥作用的药量只占喷施药量的 1%左右，因此，节约用药的潜力很大[17,18]。试验结果表明，采用嘧菌酯悬浮剂和氟吡菌胺·霜霉威悬浮剂混合茎叶喷雾的方法，嘧菌酯悬浮剂 200 g/L，氟吡菌胺·霜霉威悬浮剂 550 g/L，第 1 次喷施 15 L/hm²，第 2 次喷施 37.5 L/hm²，不仅马铃薯威芋 5 号的产量较对照提高 22.93%，且对其品质和养分提高均促进作用，使品种的优良性得以最大限度发挥。

参考文献

[1] 邵振润，张帅．提高我国农药利用率的主要措施与对策 [J]．农药，2014，53 (5)：382－385.

[2] 胡新喜，庞万福，金黎平，等．2012 年国外马铃薯栽培领域研究概况 [J]．中国马铃薯，2013，27 (3)：186－190.

[3] 王建华，马玉婷，刘茁，等．农业生产者农药施用行为选择逻辑及其影响因素 [J]．中国人口资源与环境，2015，25 (8)：153－160.

[4] 高媛，韦艳萍，樊明寿，等．马铃薯的养分需求 [J]．中国马铃薯，2011，25 (3)：182－187.

[5] 王佳新，李媛，王秀东，等．中国农药使用现状及展望 [J]．农业展望，2017，13 (2)：56－60.

[6] 闵红．我国农药减量控害技术的现状及展望 [J]．中国植保导刊，2017，37 (6)：83－85.

[7] 仲乃琴，刘宁，赵盼，等．中国马铃薯化肥农药减施的现状与挑战 [J]．科学通报，2018，63 (17)：1693－1702.

[8] 蒋颖，吴石平，陈小均．贵州马铃薯炭疽病的诊断及病原鉴定 [J]．贵州农业科学，2016，44 (7)：33－35.

[9] 姚鹏飞．蔬菜病虫害“节药”型防治技术 [J]．植物土肥，2013，45 (6)：21－25.

[10] 吴炳根．优质稻“节水、节肥、节药”技术 [J]．学习园地，2008，39 (3)：34－36.

[11] 刘见平，徐志德，刘都才，等．水稻病虫防控节药增效技术应用效果 [J]．中国植保导刊，2014，34 (5)：51－54.

[12] 游文字，梁艳东，苏毅，等．250 g/L 嘧菌酯悬浮剂对不同地区马铃薯晚疫病的防治效果分析 [J]．中国马铃薯，2015，29 (3)：167－170.

[13] 向前，刘传清，张锋涛．250 g/L 嘧菌酯悬浮剂防治武陵山区马铃薯及番茄晚疫病的试验研究 [J]．现代农业科技，2011 (24)：173－174.

[14] 吴石平，袁洁，杨学辉，等．687.5 g/L 氟吡菌胺·霜霉威悬浮剂防治马铃薯晚疫病的效果 [J]．农技服务，2008，25 (9)：86－87.

[15] 鲍士旦．土壤农化分析 [M]．北京：中国农业出版社，2000.

[16] 高俊凤．植物生理学实验指导 [M]．北京：高等教育出版社，2006.

[17] 毕士云，毛彦芝，邱广伟，等．4 种杀菌剂防治马铃薯晚疫病药效试验 [J]．中国马铃薯，2006，40 (2)：90－91.

[18] 马晋升．农业生产中的节药技术 [J]．生物技术，2014 (3)：60－63.

云贵高原山地春马铃薯多灾种应急联合调控技术模式*

苟久兰[1]　何佳芳[1]　马智黠[2]　徐永康[2]　陈　龙[1]　周瑞荣[1]

1. 贵州省农业科学院土壤肥料研究所，贵州贵阳　550006

2. 威宁县山地特色农业科学研究院，贵州威宁　553100

摘要：春马铃薯是云贵高原地区威宁县的第一大粮食作物，但因春旱、晚疫病，霜冻严重影响威宁地区马铃薯产量。本文根据2015年至2019年进行的云贵高原山地春马铃薯多灾种应急联合调控技术研究、技术集成以及应用情况，提出了云贵高原山地春马铃薯多灾种应急联合调控技术模式，为提升威宁地区应对马铃薯生产灾害能力，提升威宁地区马铃薯产量，提升马铃薯种植效益提供参考。

关键词：威宁县；马铃薯；旱灾；晚疫病；霜冻

春马铃薯是云贵高原地区威宁县的第一大粮食作物，常年播种面积在5万 hm^2 以上，产量为100万t左右，占贵州省总产量的10.8%，占威宁县农业总产值的27.3%。播种面积和产量均居我国南方各县之首，是贵州省马铃薯种质资源和栽培基地县之一。水资源缺乏、春马铃薯水肥药利用效率不高、抗病高产主导品种和机械化技术缺乏是限制云贵高原地区春马铃薯生产的主要因素。近年来，春马铃薯产业已发展成为威宁县农民脱贫致富的第一大支柱产业，播种面积不断扩大，总产量也大幅度提高，春马铃薯已成为威宁县的主栽作物之一。但常因冬春季干旱，致使春马铃薯播后出苗缓慢，出苗不全，生长发育不良，严重影响了春马铃薯的产量和品质，成为制约云贵高原地区春马铃薯产业发展的瓶颈，尤其是2009—2010年发生了百年不遇的严重旱灾，给春马铃薯的生产带来了严重影响。为进一步提高云贵高原地区春马铃薯产量，对挖掘该地区春马铃薯生产潜力，项目组于2015年至2019年在威宁地区开展了马铃薯多灾种应急联合调控技术研究与集成，并进行了大面积示范。该技术特点与创新点是使用抗旱耐瘠马铃薯品种；采取播期、保水剂、水肥一体化抗旱；使用高效喷药器械结合晚疫病预警、药剂防控结合植株株高控制防控晚疫病。2016年度在威宁县双龙镇开展应急调控核心区示范面积80亩，平均亩产产量2 169.6 kg，比习惯种植增产21.4%。2017年度在威宁县双龙镇开展应急调控核心区示范面积1 000亩，平均亩产产量2 324.86 kg，比习惯种植增产21.5%。2018年在威宁县双龙镇开展应急调控核心示范1 200亩，平均每亩产量2 457.5 kg，比习惯种植增产23.5%。2019年在威宁县双龙镇原种扩繁区开展核心示范1 200亩，示范区平均亩产1 378.0 kg，比习惯种植增产18.2%。取得较好的增产效果，改善春马铃薯品质，防范因灾害天气对马铃薯产量、品质的影响，增加种植户的收入。

1　品种选择与种薯处理

根据在威宁地区3年抗旱耐瘠品种的筛选研究，宜选用抗旱耐瘠品种青薯9号、威芋5号、威芋7

* **基金项目**：公益性行业（农业）科研专项“西南丘陵旱地粮油作物节水节肥节药综合技术集成与示范”（201503127）

号，可以更好地抵御灾害，获得理想产量。

1.1 品种选择

1.1.1 青薯9号

晚熟鲜食品种，生育期115 d左右。薯块长圆形，红皮黄肉，芽眼少而浅，淀粉含量15.1%，干物质含量23.6%，还原糖含量0.19%，粗蛋白含量2.08%，维生素C含量18.6 mg/100 g。抗晚疫病，抗马铃薯Y病毒，中抗马铃薯X病毒。

1.1.2 威芋5号

该品种属中晚熟兼用型品种，由威宁县农业科学研究所选育而成。株型直立，株高80～85 cm。茎叶绿色，长势强，花冠白色。块茎椭圆形，黄皮黄肉，表皮微网纹，芽眼深浅度中等，结薯集中，耐储藏。生育期90～95 d。微感晚疫病，高抗青枯病，高抗癌肿病。一般每亩产2 500～2 600 kg，最高可达3 200 kg。

1.1.3 威芋7号

薯中晚熟品种，由威宁县山地特色农业科学研究院用父本昭绿10号与母本合作88杂交选育而成，品系代号wy08－002，2016年贵州省农作物品种审定委员会审定，审定号黔审薯2016007号。出苗后生育期93 d左右。株型直立，生长势较强，株高103.54 cm左右。茎绿色，叶绿色，单株主茎数3.57个。花冠白色，天然结实少。块茎大小中等整齐，圆形，黄皮黄肉，薯皮略麻，芽眼浅红色。单株结薯数7.48块，平均单薯重61.48 g。商品薯率73.78%，平均亩产量2 800 kg，最高可达3 800 kg。块茎淀粉含量17.42%，维生素C含量32.82 mg/100 g，蛋白质含量2.47%，鲜薯还原糖含量0.163%，干物质含量21.8%。高抗晚疫病、病毒病。

1.2 种薯处理

为减少种薯因切块而导致水分散失，尽量选择30～50 g整薯播种，可提高种薯抗旱能力。大于50 g的种薯进行切块处理，种薯切块不低于30 g，每个切块应有1～2个芽眼，切块后的种薯要进行拌种晾晒处理。

2 霜冻处理

2.1 播期确定

海拔高度与无霜期呈明显的负相关关系，即海拔越高，无霜期越短，初霜期越早，终霜期越晚。另外，马铃薯从播种到出苗的时间，大约为35～60 d，根据我们的观察，从冬末到春初，随着播种期的推后，时间缩短。因此，在毕节东部及中部低海拔区域宜早播，可以在12月中、下旬至次年2月上旬播种；中高海拔及西部高寒冷凉山区，如威宁地区，为预防霜冻，应集中于2月上旬到3月上旬期间播种。在同一山区，加盖地膜实行早熟栽培的可适当提早播期10～15 d。

2.2 霜冻减灾措施

根据当地天气预报，预判寒流，如遇寒流，可于夜晚在田间走道，利用秸秆、木屑、杂草等进行熏烟，每亩4或5个点，如遇特殊寒流，可适当增加熏烟点。

3 抗旱技术

因威宁地区是季节性干旱，对马铃薯威胁最大的就是3～5月春旱，时有发生，发生时会严重影响马铃薯出苗以及苗期生长，导致严重减产。因此，根据各地情况不同，采取相应抗旱措施。

3.1 水肥耦合

根据不同水分条件，灌溉与施肥在时间、数量和方式上合理配合，促进作物根系深扎，扩大根系在土壤中的吸水范围，多利用土壤深层储水，并提高作物的光合强度，减少土壤的无效蒸发，以提高降雨和灌溉水的利用效率，达到以水促肥，以肥调水，增加作物产量和改善品质的目的。可采用机械化灌溉采用节水灌溉＋搅拌罐实现水肥一体化，使用可溶性肥追施，可节水35%，减少肥料用量25%，降低生产成本。也可以采用追肥枪，肥料采用20%基施，80%可溶性水溶肥追施。

3.2 叶面抑蒸剂

喷施叶面抑蒸，通过叶面喷施抑蒸剂，在叶片表面形成一层保护膜，封闭气孔，减缓新陈代谢，减少水分蒸发。

3.3 土壤保水剂

保水剂是一种吸水能力特别强的功能高分子材料，无毒无害，在土壤水分充沛的时候吸水、干旱时释放水分供植物吸收利用。施用方法一般是充分吸水后穴施或条施，之后及时覆土。目前应用较多的有深圳农神公司生产的保水剂，用量每亩3～4 kg，与基肥一同施入土壤中。如有水源，保水剂可吸水50～100倍后于马铃薯播种前施入土壤中。

3.4 地膜覆盖

用塑料薄膜覆盖地表，以减少蒸发，提高地温。根据不同作物，有半覆盖、全覆盖，透明膜覆盖、隔光膜覆盖等。马铃薯可采用透明膜或者黑膜进行全覆盖，可在土壤墒情较好的情况下覆盖，土壤墒情差不能进行地膜覆盖。马铃薯地膜覆盖是要注意采用平垄的方式覆盖，忌高垄覆盖减少水分蒸发。

4 晚疫病防治技术

在威宁地区，马铃薯生长旺盛期处于温度高、湿度大，易发生晚疫病，要注意晚疫病的防治。

4.1 选择电动静电喷雾器

根据种植面积大小使用电动静电喷雾器或者喷雾机，可节约用药30%。静电喷雾是利用高压静电在喷头与喷雾目标之间建立一个静电场，当药液经喷头雾化后，雾滴充上电荷；荷电雾滴在静电场力和其他外力的联合作用下，作定向运动，吸附在目标的各个部位。达到施药目的。它的特点是，雾滴尺寸均匀，穿透性好，沉积覆盖均匀，特别是在目标背面也能沉积；附着性好，使雾滴受风吹雨淋而流失的现象大大减少；漂移损失少，药剂利用率高，环境污染小。

4.2 晚疫病预警与药剂防治

利用预警监测适时施药防治马铃薯晚疫病，威宁地区建有预警系统，采用68.75%银法利60 ml与福帅得药剂30 ml/亩2 000倍交替使用，或者每亩选用50%代森锰锌可湿性粉剂，或选用58%甲霜灵锰锌，或50%锰锌氟吗啉100 g，或选用70%丙森锌200 g。

4.3 增施钾肥与多效唑

增施钾肥控制马铃薯植株旺长，在马铃薯分蘖期喷施磷酸二氢钾与多效唑1000倍液控制马铃薯植株旺长，提高马铃薯抗病力。

参考文献

[1] 雷尊国．贵州冬作马铃薯高产栽培技术［M］．贵阳：贵州科技出版社，2013.

[2] 张萌，徐永康，马智黠，等．施肥枪分次追施对贵州春马铃薯产量、结薯性状及土壤肥力的影响［J］．灌溉排水学报，2017，36（9）：35－40.

[3] 黄进明．水肥一体化技术在马铃薯栽培中的应用 [J]. 南方农业，2015，9 (24)：55 - 57.
[4] 徐彦军，孙能熙，赵小平，等．贵州乌蒙山区菜用马铃薯品种栽培比较试验 [J]. 种子，2013，32 (4)：78 - 80.
[5] 张萌，马智黠，徐永康，等．贵州高海拔地区不同春马铃薯品种差异性比较 [J]. 种子，2017，36 (11)：80 - 84.
[6] 张萌，魏全全，徐永康，等．保水剂用量对贵州旱作覆膜马铃薯生长及土壤肥力的影响 [J]. 西南农业学报，2019，32 (5)：1087 - 1091.
[7] 张萌，赵欢，陈龙，等．贵州冬作马铃薯专用肥高效施肥技术 [J]，西南农业学报，2016，29 (1)：109 - 114.
[8] 张萌，马智黠，徐永康，等．贵州春马铃薯生物效应及土壤肥力对不同类型缓释肥的响应 [J]. 2017，48 (5)：793 -799.
[9] 苟久兰，何佳芳，周瑞荣，等．缓释肥与有机肥配施对马铃薯产量及养分吸收的影响 [J]. 贵州农业科学，2011，39 (12)：151 - 153.
[10] 雷尊国．贵州马铃薯产业技术研究与应用 [M]. 北京：中国科学技术出版社，2009.
[11] 杨桂兰，黄胜先，黄姚英．贵州省冬作马铃薯防寒高产高效栽培技术研究 [J]. 广东农业科学，2012，20：6 - 8.

不同播种方式对玉米播种质量及产量的影响*

吕巨智[1] 钟昌松[1] 石达金[1] 范继征[1] 张 玉[1]
程伟东[1] 闫飞燕[2] 刘永红[3] 王兵伟[1*]

1. 广西农业科学院玉米研究所，广西南宁 530227
2. 广西农业科学院农产品质量安全与检测技术研究所，广西南宁 530227
3. 四川农业科学院作物研究所，四川成都 610066

摘要： 以桂单0810为供试品种，设2种整地方式和3种播种方式，研究不同播种方式对山地玉米播种质量及产量的影响。结果表明，不同播种方式对玉米生育期、株高、穗位高和茎粗等生长指标均无显著影响；整地方式对出苗率、播种效率和播种质量的影响是旋耕优于免耕，双行播种机>单行播种机>人工开沟播种；而机械化播种处理的玉米其穗长、穗粗、秃尖长、穗行数、行粒数、百粒重等产量构成因素均较对照有不同程度的改善。在研究设定的6种不同播种方式中，以旋耕的双行机播种为最优组合。

关键词： 玉米；播种方式；播种质量；产量

玉米是广西壮族自治区仅次于水稻的第二大粮食作物，是广西养殖业的重要原料，常年种植面积55万～58万 hm^2，占广西壮族自治区粮食总播种面积的14%～16%，常年产量250万 t左右[1,2]，85%种植在山坡地、地块小，坡度大，土壤黏重。特殊的地理条件和种植方式是发展机械化生产长年难以突破的瓶颈。目前，广西壮族自治区玉米机播技术一直处于零状态。研究表明，机械化播种可以提高种植密度是玉米增产的有效途径，构建合理的群体结构、协调个体发育是玉米密植高产的基础[3-5]。本试验设2种整地方式、3种播种方式，研究不同播种方式对山地玉米播种质量及产量的影响，为在广西丘陵地区大面积推广和加速玉米机械化步伐提供了理论依据。

1 材料与方法

1.1 试验地概况

试验于2014年在广西农业科学院玉米研究所试验地进行。供试土壤为褐土，土壤的基本化学性状为有机质15.33 g/kg，全氮0.09 g/kg，全磷0.13 g/kg，速效钾30.47 g/kg，pH值为6.33。供试品种为桂单0810。

1.2 试验设计

采用裂区设计，以整地方式为主处理，播种方式为副处理，共6个处理，三次重复，12行区。行长18 m，行距0.7 m，重复间留走道1.0 m，小区行间不留走道。试验田四周设保护行4～6行。种植与管理方式同当地大田生产。试验因素及水平如下。

* **基金项目：** 国家现代农业产业技术体系南宁玉米综合试验站项目（CARS—02—73），公益性行业（农业）科研专项经费（20150312713），广西农业科学院科技发展基金（2015JZ12），广西农业科学基本科研业务专项（2015YT27）

1.2.1　主处理

1.2.1.1　免耕　播前对玉米播种带进行灭茬整理，不耕整。

1.2.1.2　条带旋耕　播前仅对玉米播种带使用微耕机旋耕 1～2 次，标准达到深度不低于 12 cm，耕层内直径大于 4 cm 的土块不超过 5%，表土细碎，地面平整。

1.2.1.3　副处理　2BF 型单行播种机直播，BYM－2 型双行播种机直播，人工开沟直播。

1.3　测定项目与方法

1.3.1　播种效率

单位时间播种面积。

1.3.2　重播率和漏播率

据每穴播种数的调查，以单穴 2 粒、0.27 m 穴距为标准，计算重播个数和漏播个数，与总测定数的比值百分率分别为重播率和漏播率。

田间调查播种效率、重播漏播率和田间出苗率，记载生育期、株高、穗位高。正常成熟后收获，室内考种项目有穗长、穗粗、秃尖长、穗行数、百粒重和出籽率。

1.4　收获测产与考种

灌浆期每个小区选取有代表性的植株 10 株，测定株高、穗位高和茎粗。在玉米达到完全成熟时进行测产，每点测产面积 20 m^2，收获时每小区选取代表性果穗 10 穗进行室内考种，测定穗长、穗粗、秃尖长、穗行数、行粒数和百粒重等农性性状。

2　结果与分析

2.1　不同处理对玉米生育期及出苗的影响

田间调查结果表明，不同整地方式和播种方式下的玉米生育期基本相同（见表 1），总生育天数均为 138～141 d。从播种到出苗所需天数分析，基本在 15 d 出苗，只有免耕处理的玉米受土地板结影响，出苗偏晚且效果不佳。不同处理间在拔节时间也不尽一致，除免耕处理的玉米较晚，机播较人工直播玉米晚 1 d 拔节；在抽雄、吐丝期机播玉米较人工直播玉米晚 1～2 d，成熟期机播玉米较人工直播玉米晚 2～3 d，机播玉米生育期延长，使得后期灌浆结实时间更长，对籽粒形成有直接影响意义。

表 1　不同播种方式对玉米生育期的影响（日期）

整地方式	播种方式	播种期	出苗期	拔节期	抽雄期	吐丝期	成熟期
旋耕	单行播种机	2.26	3.13	4.6	5.19	5.21	7.14
	双行播种机	2.26	3.14	4.6	5.19	5.21	7.15
	人工直播	2.26	3.15	4.7	5.20	5.22	7.13
免耕	单行播种机	2.26	3.14	4.7	5.19	5.21	7.15
	双行播种机	2.26	3.14	4.7	5.19	5.21	7.17
	人工直播	2.26	3.16	4.8	5.21	5.23	7.14

从表 2 可以看出，旋耕的出苗率好于免耕，可见旋耕灭茬处理有利于玉米出苗。经旋耕机播过的处理，平均出苗率高于人工播种，源于播种均匀，深度一致，覆土镇压受力一致均匀，出苗比人工播种健壮整齐，但由于土质板结，免耕之后机播的效果不佳。而免耕人工直播及玉米在机器播种时受人为践踏，加之人易受外界环境影响，对播种质量有一定的影响，造成玉米落种不均匀，偏离行向，有的与肥料落入一堆，形成弱苗，甚至难以出土，造成了缺窝断垄。

表 2　不同播种方式的玉米出苗率

整地方式	播种方式	基本出苗数（株/hm²）	出苗率（%）
旋耕	单行播种机	52 493	88.61
	双行播种机	57 184	86.24
	人工直播	46 726	82.36
免耕	单行播种机	52 324	86.47
	双行播种机	57 036	85.60
	人工直播	46 625	81.27

2.2　不同处理对播种效率和质量的影响

由表 3 可以看出，和传统人工播种方式相比，BYM－2 型双型播种机的播种效率大幅提高，播种用工量明显减少，播种效率是旋耕人工播种的 3.36 倍，是免耕人工播种的 3.10 倍。而人工播种无论效率、用工还是成本都明显高于其他方式。以播种粒数 2 粒为标准，抽样调查机械直播的漏播率。漏播率范围为 3.52%～5.26%。由此可见，当前的播种机械尚较粗糙，漏播率极高，难以满足当前每穴播种粒数 2 粒的保苗需求。同时，当前播种机较高的漏播率也从侧面反映了当前种子企业需要进一步提高种子品质，做到精量播种。

表 3　不同播种方式的播种效率和质量的影响

整地方式	播种方式	播种效率（min/hm²）	重播率（%）	漏播率（%）
旋耕	单行播种机	1 066.95	3.84	3.51
	双行播种机	406.05	3.52	2.93
	人工直播	3 582.45	0.00	0.00
免耕	单行播种机	1 380.9	5.26	4.29
	双行播种机	714.60	3.85	4.13
	人工直播	4 287.00	0.00	0.00

2.3　不同处理对植株农艺性状的影响

玉米抽雄吐丝后，不同整地方式和播种方式对玉米农艺性状的影响逐渐减小，不同处理之间的株高、穗位高和茎粗变化较小。人工开沟直播的株高、穗位和茎粗要高于机械播种，方差分析结果表明，不同处理间的株高、穗位高和茎粗等指标差异均不显著。

表 4　不同播种方式的植株农艺性状

整地方式	播种方式	株高（cm）	穗位（cm）	茎粗（mm）
旋耕	单行播种机	271.59	132.97	26.70
	双行播种机	273.43	129.70	25.55
	人工直播	277.80	133.23	26.42
免耕	单行播种机	273.40	129.73	26.43
	双行播种机	274.33	128.43	24.54
	人工直播	281.50	136.13	26.65

2.4　不同处理对玉米产量及其构成因素的影响

实收测产及考种结果表明（表 5），不同整合播种方式对玉米产量及其构成因素有显著影响。由于 5～6 月份阴雨天偏多，光照不足，不利于玉米授粉和灌浆的顺利进行，从而严重制约了玉米产量的提高。田间实收测产结果显示，不同处理玉米产量为 5 821.40～6 158.25 kg/hm²。其中，旋耕处理大的平均产量为 6 033.67 kg/hm^2，免耕处理的平均产量为 5 938.3 kg/hm^2，较前者减产 1.61%，两者间差异不显著。双行播种机的平均产量为 6 092.15 kg/hm^2，单行播种机的平均产量为 6 016.88 kg/hm^2，人工开沟直播的平均产量为 5 848.92 kg/hm^2，较前两者下降 4.1%和 2.80%，三者间差异显著。在构成因素上，机械化播种处理的玉米其穗长、穗粗、秃尖长、穗行数、行粒数和百粒重等产量构成因素均人工开沟直播有不同程度的改善。旋耕处理的双行播种机的穗长最长，行数和行粒数最多；各处理在穗粗和百粒重等方面均未出现显著差异。

表 5　不同播种方式对玉米产量因素构成的影响

整地方式	播种方式	穗长（cm）	秃尖（cm）	穗粗（mm）	穗行数（行）	行粒数（粒）	百粒重（g）	产量（kg/hm^2）
旋耕	单行播种机	16.23	0.52	45.48	13.87	37.27	31.21	6 066.30
	双行播种机	17.55	0.55	43.21	13.27	35.50	30.12	6 158.25
	人工直播	16.68	1.56	42.31	13.00	29.60	32.90	5 876.45
免耕	单行播种机	17.43	0.72	45.23	13.73	36.33	32.64	5 967.45
	双行播种机	17.47	0.72	44.77	13.67	36.17	32.89	6 026.05
	人工直播	17.24	1.25	43.17	13.13	33.07	30.87	5 821.40

3　结论与讨论

不同播种方式种植模式是协调高密度条件下个体通风受光条件、营养状况并最终作用于产量的因素之一[6-8]。机播玉米播种深浅一致，均匀有序，在苗期易形成壮苗，在其生育期内干物质积累、叶面积指数等指标均高出传统种植的玉米[9-12]。播前机器翻耕一次土地，改变了土壤板结，提高了根系的发生速度，为植株生长打好了基础。机耕机播节省了时间和劳动力，在整个生育期内玉米长势状况优于传统耕作玉米，产量有一定提高。

传统玉米播种技术用工量大，单产和效益偏低，影响了农民的种粮积极性，因此必须对传统的播种技术进行改造升级，以稳定本区玉米种植面积。本研究结果表明，在广西，操作 BYM－2 型双行播种机，可以玉米提高了生产效率和改善玉米的播种质量，对高产、稳产的形成奠定了基础。机耕机播节省了时间和劳动力，在整个生育期内玉米长势状况优于传统耕作玉米，产量有一定提高。加快发展玉米机械化生产是进一步增加玉米产量、提高农业生产效率、减轻农民劳动强度的必然选择。同时，机械化生产代替传统的玉米生产方式，是未来玉米生产的发展方向。

参考文献

[1] 闫飞燕，程伟东．广西蔬菜型玉米无公害栽培技术［M］．南宁：广西科学技术出版社，2007.
[2] 罗培敏．广西玉米生产现状及发展策略［J］．作物杂志，2001（1）：6－8.
[3] 杨利华，张丽华，张全国，等．种植样式对高密度夏玉米产量和株高整齐度的影响［J］．玉米科学，2006，14（6）：122－124.
[4] 张旭．玉米机械化密植增产种植模式试验研究［J］．农业科技与装备，2012（11）：21－22，25.
[5] 李猛，陈现平，不同密度与行距配置对紧凑型玉米产量效应的研究［J］．中国农学通报，2009，25（8）：132－136.
[6] 谭福春．玉米生产全过程实现机械化的调查与分析［J］．农业技术与装备，2008（6）：9－10.
[7] 曹庆利．玉米生产机械化发展前景与展望［J］．农业与技术，2012，32（8）：42－43.
[8] 宋小琴，路战远．关于加快推进玉米生产机械化的认识与思考［J］．科学管理研究，2009，27（6）：119－121.
[9] 姚海杰．合理密植是提高玉米产量的有效措施［J］．农业科技与装备，2010（6）：86－87.

[10] 杨吉顺，高辉远，刘鹏，等．种植密度和行距配置对超高产夏玉米群体光合特性的影响［J］. 作物学报，2010，36（7）：1226－1233.
[11] 于振文．作物栽培学各论［M］. 北京：中国农业出版社，2003.
[12] 王斌，李洪，李爱军，等．普通株型玉米不同密度下种植模式的研究［J］. 中国农学通报，2009，25（14）：122－125.

玉米品种桂单162简易高产栽培技术*

石达金　吕巨智　张　玉　范继征　时成俏　王兵伟　闫飞燕　程伟东　钟昌松　马开彪

广西农业科学院玉米研究所，广西南宁　530007

摘要： 玉米品种桂单162是广西农业科学院玉米所继桂单0810之后选育出的又一个强优势玉米新品种。本研究自2014年起经多造在广西靖西、德保、平果、都安、马山、北海、来宾等市县种植，证明其既适宜简易栽培，也很适合机械化生产。本文对其特征特性及栽培方式方法作简单介绍，以供生产上参考。

关键词： 玉米；桂单162；简易栽培；机械化；栽培技术

桂单162是广西农业科学院玉米研究所品种筛选鉴定研究室于2009年育成，经几年的生产、区试等种植试验均比对照种正大619增产，表现出高产、稳产、多抗的优势。2013年通过品种审定，并于2016年开始作为广西玉米区域试验的对照品种，成为广西玉米品种审定的新标杆。生产上累计推广种植面积已达100多万亩。

1　特征特性

该品种春播生育期125～130 d、秋播100～110 d，需有效积温2 200 ℃～2 400 ℃，品种株型较平展松散，属中大穗型，不耐密植，成株叶片数20～22片，春播与秋播略有差别。雄花发达，花粉量较多，雌花（果穗）着生于13～15叶之间，花丝淡紫色。株高265～280 cm，穗位高度120～140 cm之间，根系较发达，支持根多而显露。果穗筒型，籽粒黄色，半硬粒半马齿型，轴芯白色，芯有明显紫斑条纹。穗长18.7 cm左右，穗粗5.0 cm左右。百粒重34～36 g。

2　高产栽培技术

2.1　精耕整地

无论简易栽培还是机械化播种均要求种植的地块须适当平整，耙碎耙平，由于该品种根系发达，相对地比较耐瘠，对土壤肥瘦均有一定的适应性。但如地势平坦，质地松软，通透性好，排灌条件良好的肥沃地块，更容易获得高产。同时进行过深松或者深耕过（深度25 cm以上）的，或者进行前作秸秆还田、有种植过绿肥或者有机质含量高的地块，更容易达到高产稳产。

2.2　适时播种与合理密植

播种前要精细整地。春季播种，当地的气温要稳定通过10 ℃以上。土壤中的湿度水平为60%左右时即可进行，此时的土壤表现为用手抓可以成团，但撒落在地能松散开来。一般桂东南及左右江河谷为2月中下旬，桂中北地区为2月下旬至3月上中旬。桂北及高寒山区可迟至3月中下旬进行。秋季播种，一般掌握在立秋前后10 d左右为宜，各地可根据雨水情况确定具体播种时间，但最迟不宜超过8月底，否则会引起贪青晚熟，甚至不能成熟。种植密度：瘦地及施肥水平低的适当稀植。一般不超

* **基金项目：** 公益性行业（农业）科研专项经费资助（20150312713）

过3200～3500株/亩，肥力条件好的一般密度3500～3800株/亩。由于该品种枝叶较繁茂，不耐密植，株数超过3800株/亩，空秆率、空苞率明显增高，穗子小，秃顶长，籽粒小，产量明显下降。

2.2.1 简易栽培方法

所谓简易即尽量减少将来的田间管理次数，减少劳动力投入，减轻劳动强度，但玉米产量比传统种植不减产或略减产，但不减收的种植方法。本方法包括使用缓释肥：如恩泰克或史丹利等。一次性使用40～50 kg/亩深施入经深松过的土壤中，肥料与所播种子隔开，不能触碰。在玉米生长至8～10叶在下雨前后亩撒施10～15 kg的尿素，而不进行中耕松土。经都安、天等、平果等县的试验亩产比传统种植略减产，但不明显，具体结果如下。

表1 简化栽培与传统种植产量对照表

年份	都安			天等			平果		
	简化栽培（kg/亩）	传统（kg/亩）	增减百分率（%）	简化栽培（kg/亩）	传统（kg/亩）	增减百分率（%）	简化栽培（kg/亩）	传统（kg/亩）	增减百分率（%）
2015年	545.2	568.4	−4.1	462.3	483.6	−4.4	479.1	493.4	−2.9
2016年	425.6	434.7	−2.1	520.3	537.4	−3.2	500.2	511.8	−2.3

2.2.2 机械化播种

采用双行播种机或三行播种机进行作业。桂单162种籽粒大均匀、发芽顶土力强，机播漏播率低。经多年试验其田间保苗率可稳定通过85%以上，是本地区适宜机播机收的几个品种之一。小地块利用25马力的拖拉机带动双行播种机，大地块利用30～45马力的拖拉机带动三行播种机即可顺利工作。每亩用肥45～50 kg优质复合肥，注意出肥口必须调低于出种口，以利于肥料深施。播种行距65～67 cm（一般已固定好）。株距可调，本品种最适株距为28～30 cm的档位，不同播种机生产厂家设置的不一样，即保持田间3300～3500株/亩为宜，每亩用种1.25～1.5 kg即可。

2.2.3 地膜覆盖栽培

分单行地膜覆盖和双行地膜覆盖，单行覆盖简单易行，行沟按传统70 cm，玉米种子点播，肥料放在种子之间互不接触。亩用40 kg复合肥+25 kg尿素，一次性施入，人工或小型覆膜盖上60 cm宽的地膜，待种子出苗1.5～2.5叶时人工破膜露苗即可。双行地膜覆盖须进行大小行播种，小行距40 cm左右，大行距90 cm左右，种子播在行沟内，种子与肥料也是分穴而置。盖土5～8 cm，利用75～80 cm宽膜覆盖，地膜覆盖具有保肥、保湿、抑制杂草生长，促进玉米苗期早生快发，达到玉米提早成熟，增产稳产的效果。

以上三种播种方法均有其一定的局限性。播种结束后为防止杂草滋生，一般可以采用金都尔药剂进行全田封闭，每亩100 ml，兑水3～4喷壶均匀喷洒于表土上，喷药24 h内勿踩踏。之后对播种时土壤湿度不够的要进行适量浇水，有条件的可喷灌或者滴灌，以利于保证一次性全苗，达到苗匀苗壮。机播比传统种植能增产的最有效途径是保持理想的有效株数，如表2所示。

表2 机播与传统播种产量对照表

年份	本院基地			德保燕洞乡古桃村			都安高岭镇			平果太平镇袍烈村雷宏屯		
	机播（kg/亩）	传统（kg/亩）	增减百分率（%）	机播（kg/亩）	传统（kg/亩）	增减百分率（%）	机播（kg/亩）	传统（kg/亩）	增减百分率（%）	机播（kg/亩）	传统（kg/亩）	增减百分率（%）
2014年	443.2	417.8	6.1	—	—	—	580.9	567.5	2.4	394.2	388.6	1.5
2015年	552.6	560.4	−1.4	487.8	415.6	17.4	625.3	606.8	3.1	454.8	440.3	3.3
2016年	474.3	431.5	5.1	528.4	500.7	5.5	630.5	589.2	7.0	505.6	486.7	−4.4

3 间苗与定苗

田间玉米出苗后，待长到3～4叶时，进行第一次间苗，此时可去弱留强、去杂苗、病虫害苗，留健康苗。如有缺苗可在邻近穴留双株。春播及地下害虫发生严重的地块可在间苗后用毒死蜱喷杀一次，亩用50%的溶剂300 ml全田喷杀，对保苗效果很好。5～6叶须进行田间定苗，本品种不宜密植，一般每穴留单株即可。

4 肥水管理

对于传统种植的地块，在幼苗长至6～8叶时可进行一次中耕施肥，肥料以施氮促苗为主，一般亩用尿素10～15 kg，中耕以盖过肥料为度。待其长至11～12叶时再施一次拔节攻苞肥，每亩用复合肥30～35 kg+尿素5～10 kg，同时进行大培土。

对于采用简易栽培法种植及机播已施足缓控肥的地块，可不进行中耕培土，而根据苗的长势在雨前或雨后撒施适量尿素促苗即可。

水的管理主要是及时排灌，在整个玉米生长发育期间，应结合天气的实际情况进行浇水管理，为玉米发育提供足够的水分，以防因干旱导致减产。特别是在玉米处于大喇叭口至抽雄期，对水分最为敏感，若干旱缺水，往往会造成抽雄吐丝困难，群体授粉不良，容易空秆、空苞、秃顶等严重后果。相反，若因降水过多而造成田间积水，应做好开沟排涝工作。一般玉米的根部浸水超过24 h其活力会迅速下降，叶片发黄，超过48 h，就很难再恢复正常，同时渍水还易引起田间整个植株倒伏，导致减产减收，严重的还会引起失收。

5 病虫害防治

桂单162表现为比较抗大小斑病、纹枯病、锈病和粒腐病等，但因其枝繁叶茂、叶绿质嫩，易受蚜虫、黏虫、螟虫等危害。一般在抽雄期易发，玉米灌浆期较严重。目前比较有效的防治方法是用千克虫1 000倍灌心或500倍制成毒土均匀放置于玉米喇叭口，或用阿维菌素或清除+毒死蚍配成1 200倍液体喷雾。

6 适时收获与秸秆还田

为了合理利用种植地的光热资源，需在玉米籽粒充分成熟、籽粒含水量下降到一定程度才能收获，以利增加产量和品质。一般以玉米籽粒灌浆至乳腺消失为准。表现为籽粒基部剥离层组织变灰黑，即黑层出现则其已成熟。本品种春播需在开花授粉65～70 d、秋播50～55 d，其果穗下部籽粒乳线才消失，籽粒含水量在30%左右，果穗苞叶才变黄或黄白色，此时是其最适收获期。

如前所言该品种较抗倒伏，适宜机械化收获，机收同时可以直接把玉米秸秆粉碎还田，对培肥土壤有非常积极的意义。人工收获后再机器粉碎秸秆是目前较普遍的方法。如果大量的秸秆不及时处理或处理不当，不仅影响下茬作物的整地、播种，易造成田间出苗不齐、缺苗断垄，未粉碎的秸秆易携带病菌和虫卵等，危害下茬作物生长。

7 结束语

通过多年多季的不同种植方式的试验表明，桂单162是具有高产、稳产、优质抗瘠耐旱、抗病力强，后期青枝蜡秆等特性的优良品种，其有着广泛的适应性，简单易栽，能适应不同地区的不同栽种方法，适合本地区大力推广种植。

参考文献

[1] 赵燕．我国玉米高产栽培农艺措施研究进展［J］．现代农业科技．2010，17（23）：46－50，53.
[2] 张永波．玉米高产栽培技术发展策略分析［J］．农业开发与装备，2014（1）：105.
[3] 冯国良，刘福虎．玉米高产创建栽培技术研究进展［J］．山西农业科学，2012，40（12）：1322－1325.
[4] 史振声，张喜华，李凤海，等．不同玉米品种间、混种植栽培的技术探讨［J］．玉米科学，2006，14（4）：111－113.

10 个玉米品种耐密性分析及其对主要性状的影响*

范继征[1] 程伟东[1] 闫飞燕[1] 石达金[1] 吕巨智[1] 张 玉[1] 钟昌松[1] 刘永红[2]

1. 广西农业科学院玉米研究所，广西南宁 530007

2. 四川省农业科学院作物研究所，四川成都 610066

摘要：对 10 个玉米品种进行耐密性及密度对主要农艺性状的影响进行分析。结果表明，不同品种的株高、穗位高、茎粗、穗长、穗粗均随密度的增加而降低，出籽率随密度增加而升高；不同品种的空杆率、秃尖长、穗行数、行粒数、百粒重和产量随密度增加而呈现不同变化。综合分析来看，品种中单 901 适宜密植且产量高，在密度为 69 000 株/hm^{2}时，产量最高可达 10 138.70 kg/hm^2。

关键词：玉米；耐密性；农艺性状；产量

合理密植是提高玉米产量的主要途径，也是当前玉米栽培的发展趋势[1-4]。近年来，针对玉米不同密植条件下对农艺性状、籽粒灌浆、机播产量、产量构成因子、高产稳产性、适应性的影响等相关内容开展的研究报道较多[5-9]。本研究针对当前西南玉米产区大面积生产种植密度较低，销售品种多、乱、杂的问题，选取 10 个品种为研究材料，开展不同玉米品种耐密性试验，研究其对玉米主要农艺性状和产量的影响，以期为广大农户选择生产上安全低风险的玉米品种提供参考依据。

1 材料和方法

1.1 试验概况

试验于 2015 年春在广西壮族自治区农业科学院明阳基地（22°36′34″N，108°14′33″E）进行，试验地土壤为黏土，肥力中等，前作为玉米。供试玉米品种 10 个，分别是会单四号、贵单 8 号、华优 168、青青 515、渝单 8 号、中单 901、桂单 162、桂单 0810、太平洋 98、钻卡巴巴。3 月 2 日播种，7 月 6 日收获。施肥量及管理方式同当地大田生产。

1.2 试验设计

试验采用裂区设计，密度为主处理，设置两种密度，处理 A 为 54 000 株/hm^2，常规密度；处理 B 为 69 000 株/hm^2，相比常规密度，每公顷增加 15 000 株。品种为副处理，共 20 个处理。小区行长 6 m，行距 0.7 m，每小区 6 行，小区面积为 25.2 m^2，3 次重复。

1.3 调查项目

蜡熟期在田间测定株高、穗位高、茎粗等。收获前记载每个小区的空杆率，收中间 2 行脱粒后计产。收获后选取有代表性的 10 穗室内考种，测量穗长、穗粗、秃尖长、穗行数、行粒数、百粒重、出籽率等性状。

* **基金项目**：国家现代玉米产业技术体系南宁综合试验站资助项目（CARS－02－73）；广西农业科学院基本科研业务专项资助项目（桂农科 2015YM37）；公益性行业（农业）科研专项经费资助（20150312713）

1.4 数据处理和统计分析

试验数据的处理分别采用 Microsoft Excel 2013 和 DPS 7.05 统计软件进行分析。

2 结果与分析

2.1 不同品种植株农艺性状对密度的响应分析

2.1.1 不同玉米品种株高、茎粗、穗位高对密度的响应

与常规低密度相比，在高密度条件下，各个品种的株高、茎粗和穗位高均呈降低的趋势（表1）。方差分析表明，株高、穗位高和茎粗在密度间差异依次表现为差异极显著、差异显著和差异不显著，在品种之间差异均达到极显著水平。从单个品种来看，会单四号和钻卡巴巴的株高、穗位高、茎粗受密度影响最大，品种华优168、太平洋98受密度影响最小。多重比较分析表明，株高、穗位高的变化在品种间表现较大差异性，说明株高、穗位高主要受遗传因素控制。但在大范围内与品种比较而言，密度对株高、穗位高的影响更大。

表1 不同品种株高、茎粗和穗位高的多重比较

品种	株高（cm）		茎粗（mm）		穗位高（cm）	
	54000株/hm^2	69000株/hm^2	54000株/hm^2	69000株/hm^2	54000株/hm^2	69000株/hm^2
贵单8号	272.13ABab	245.13Bb	17.06Bbc	16.71BCbc	133.20Aa	118.00Aab
桂单0810	285.53Aa	269.60Aa	16.16Bc	15.70BCbcd	139.93Aa	126.20Aa
桂单165	259.07BCbc	237.00BCbc	18.11ABab	16.43BCcd	131.73Aa	118.07Aab
华优168	245.60Cd	245.33Bb	17.56ABbc	17.79BCbcd	117.33BCbd	116.00Ab
会单四号	228.13De	193.20De	19.05Aa	17.19ABab	89.40Ef	73.20Cd
青青515	252.40Ccd	235.33BCbcd	19.41Aa	19.00ABbc	110.07BCDcde	94.53Bc
太平洋98	245.20Cd	243.33Bb	17.45Bbc	17.21Aa	102.40De	98.53Bc
渝单8号	249.80Ccd	225.93Ccd	17.38Bbc	16.63ABbc	112.60BCDbcd	100.93Bc
中单901	245.67Cd	225.27Cd	16.39Bc	14.98BCbcd	107.13CDde	94.00Bc
钻卡巴巴	267.80Bb	245.33Bb	18.65Aab	16.63Cd	118.47Bb	101.93Bc

注：同列不同小写字母表示差异显著（$P<0.05$），不同大写字母表示差异极显著（$P<0.01$）。表2同。

2.1.2 不同玉米品种空秆率对密度的响应

由图1A可以看出，各个品种在高低密度条件下植株空秆率变化差异明显，除品种青青515外，其余品种空秆率均随着密度的增加而升高。其中，品种青青515的空秆率随着密度的增加而大幅度下降，差异达到了极显著水平；品种渝单8号的空秆率随着密度的增加而急剧升高，增幅最大；品种贵单8号、桂单165和中单901次之，品种会单四号、桂单0810、太平洋98和钻卡巴巴较低，品种华优168的空秆率受密度影响最小。

2.2 不同品种穗部性状对密度的响应分析

2.2.1 不同品种穗长、穗粗和秃尖长对密度的响应

由图1B、1C、1D可以看出，不同品种的穗长、穗粗和秃尖长均受到密度的影响，表现出不同的变化趋势。其中，穗长和穗粗均随着密度的增加而减小，不同品种的秃尖长表现各异。从单个品种表现来看，品种贵单8号穗长受密度影响最大，表现为穗长明显变短，品种桂单0810穗长变化最小，几乎不受密度影响；品种华优168穗粗受密度影响最大，穗粗明显变细，品种桂单0810和青青515穗粗变化最小；品种会单四号和青青515的秃尖长受密度影响最大，前者表现为秃尖长明显减小，后者则相反，秃尖长明显增大，品种钻卡巴巴、桂单0810和渝单8号秃尖长受密度影响较小，秃尖长变化不明显。

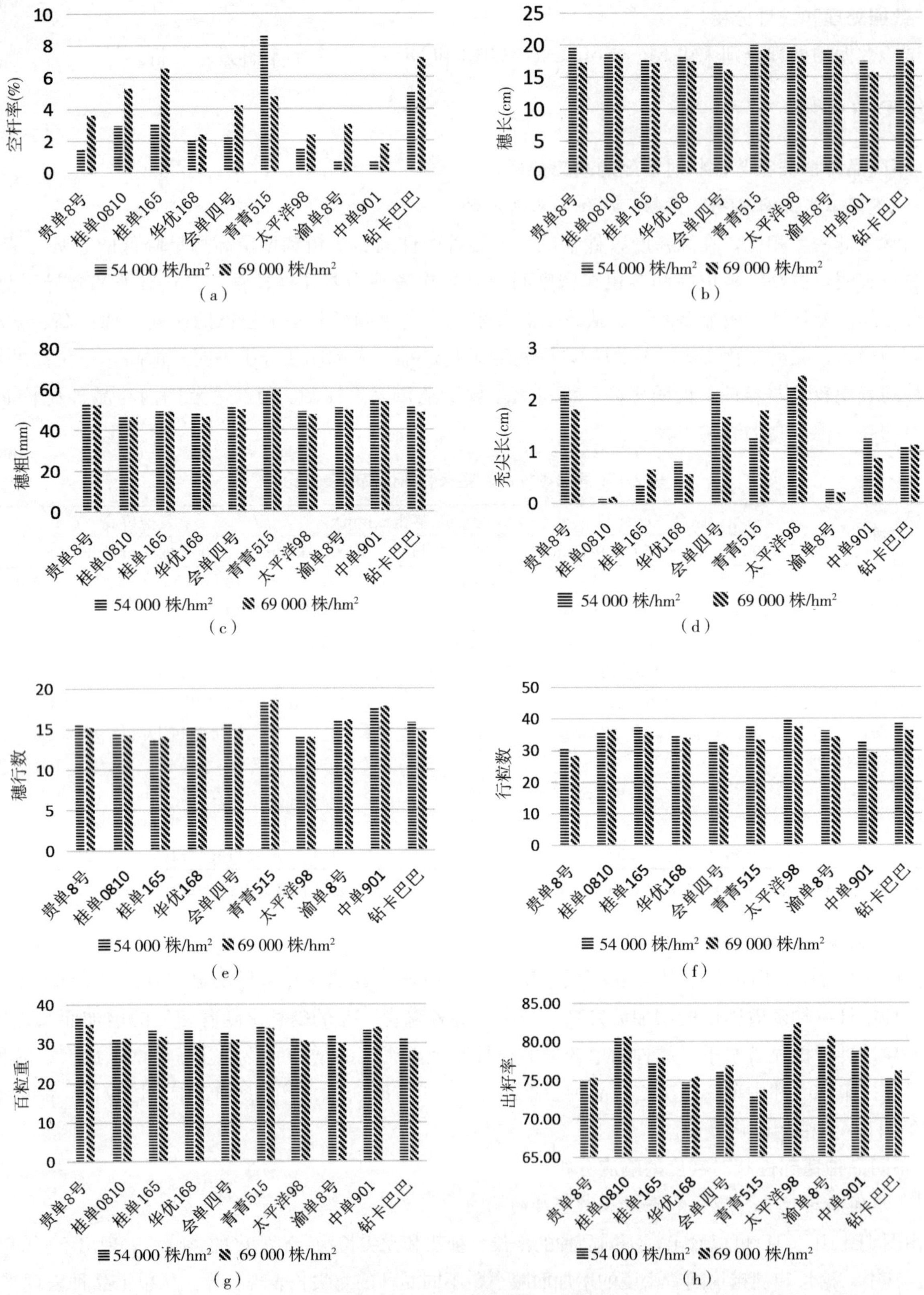

图1　在高低密度条件下的植株主要农艺性状的变化

2.2.2　不同品种穗行数、行粒数、百粒重和出籽率对密度的响应

由图1（f）～1（h）可以看出，不同品种的穗行数、行粒数、百粒重和出籽率均受到密度的影响，表现出不同的变化趋势。其中，不同品种的穗行数随着密度的增加增减程度不一致，品种钻卡巴巴穗

行数降低幅度最大，品种太平洋98的穗行数无变化，其余品种介于两者之间；大多数品种的行粒数和百粒重随着密度的增加而降低，品种青青515的行粒数减少最多，中单901次之，而品种桂单0810的行粒数有小幅度的增加；品种华优168和钻卡巴巴的百粒重降幅最大，而品种中单901和桂单0810均有小幅升高；所有品种的出籽率均随着密度增加而升高，品种太平洋98的增幅最大，而桂单0810的增幅最小。

2.3 不同品种产量对密度的响应分析

由表2可以看出，随着种植密度的增加，大多数品种的产量均表现增产，增产幅度各异。其中，品种桂单165增产幅度最大，差异达到了显著水平，增幅为9.65%；其次，品种华优168、桂单0810和青青515的产量也有大幅度提高，增幅分别为8.69%、8.37%和7.42%；品种渝单8号增幅最小，仅为1.48%。与之相反，品种贵单8号和钻卡88两者表现为减产，前者减产幅度最大，达到了8.60%，后者减产幅度较小，仅为1.51%。从单一密度各品种产量表现来看，品种中单901的产量均最高，在54 000株/hm^{2}和69 000/hm^{2}株密度条件下，产量分别达到了9 652.71 kg/hm^{2}和10 138.70 kg/hm^2。

表2 不同品种产量的多重比较

品种	产量（kg/hm^2）		比低密度增产（±%）
	54 000（株/hm^2）	69 000（株/hm^2）	
贵单8号	8 457.74±491.26CDEcd	7 730.52±187.08De	−8.60^{ns}
桂单0810	8 320.04±234.56DEd	9 016.48±395.18BCcd	8.37^{ns}
桂单165	8 426.51±297.40CDdE	9 239.29±276.10BCbc	9.65*
华优168	8 009.17±197.23EFd	8 704.87±425.45Cd	8.69^{ns}
会单四号	7 427.53±124.55Fe	7 591.44±300.06De	2.21^{ns}
青青515	8 974.90±566.17BCbc	9 641.09±336.80ABb	7.42^{ns}
太平洋98	8 865.54±489.70BCDc	9 311.32±207.58Bbc	5.03^{ns}
渝单8号	9 350.00±348.27ABab	9 488.16±493.14Bbc	1.48^{ns}
中单901	9 652.71±201.18Aa	10 138.70±302.05Aa	5.03^{ns}
钻卡巴巴	7 987.14±794.01EFd	7 866.82±576.11De	−1.51^{ns}

3 结论与讨论

从耐密性角度而言，在当地适宜高密度种植的品种有桂单165、华优168、桂单0810、青青515、太平洋98和中单901，适宜低密度种植的有贵单8号、钻卡巴巴、渝单8号和会单四号；从产量表现来看，优先种植的品种依次为中单901、青青515和渝单8号。综合分析，品种中单901既适宜高密度栽培，且产量最高，表现最好。

不同玉米品种的农艺性状受到密度的影响，响应不同。株高、穗位高、茎粗、穗长、穗粗均随密度的增加而降低，出籽率随密度增加而升高。前人研究结果表明，株高和穗位高随着密度的增加而升高[2,5]，与本研究结果不一致，可能原因是试验地土壤肥力均等情况下，随着密度增加导致单个植株养分不足所致。空秆率、秃尖长、穗行数、行粒数和百粒重随密度增加表现出不同的增减幅度，其中大部分品种的变化趋势与前人研究结果相同[2,10]，部分品种表现不一致，这主要与品种特性以及本研究设置密度有关。

增加密度是当前提高玉米产量的主要途径之一。已有研究结果表明，玉米产量随种植密度的增加而提高，但当密度达一定程度后，产量又随密度的增加而降低[11]。本研究中部分品种的产量随着密度的增加而增加，也有部分品种随着密度增加而减产。因此，不同的品种应选用适宜的种植密度，才能获得较高产量。

参考文献

[1] 范继征，闫飞燕，石达金，等. 不同密度与种植方式对玉米迪卡 008 主要农艺性状和产量的影响 [J]. 南方农业学报，2012，43（6）：759－763.

[2] 张丽宏，李新，罗湘宁，等. 不同类型玉米耐密性分析及对主要性状的影响 [J]. 西北农业学报，2014，23（3）：36－39.

[3] 路海东，薛吉全，郝引川，等. 基于群体产量及相关性状的玉米耐密性评价 [J]. 西北农业学报，2014，23（7）：46－50.

[4] Duvick D N，Cassman K G. Post-green revolution trends in yield potential of temperate maize in the north-central United States [J]. Crop Sci，1999（39）：1622－1630.

[5] 丰光，李妍妍，景希强，等. 玉米不同种植密度对主要农艺性状和产量的影响 [J]. 玉米科学，2011，19（1）：109－111.

[6] 陈尚洪，陈红琳，沈学善，等. 密度和施氮量对丘陵区机播夏玉米产量及倒伏影响研究 [J]. 西南农业学报，2012，25（3）：805－808.

[7] 王晓燕，张洪生，盖伟玲，等. 种植密度对不同玉米品种产量及籽粒灌浆的影响 [J]. 山东农业科学，2011，4：36－38.

[8] 王楷，王克如，王永宏，等. 密度对玉米产量（＞15000 kg/hm^2）及其产量构成因子的影响 [J]. 中国农业科学，2012，45（16）：3437－3445.

[9] 王磊，高杰，渠建洲，等. 两种密度下不同玉米品种的高产稳产及适应性分析 [J]. 玉米科学，2016，24（2）：136－141.

[10] 汤彬，李宏志，曹钟洋，等. 不同种植密度对 13 个玉米品种产量及主要农艺性状的影响 [J]. 湖南农业科学，2013（1）：17－21.

[11] 陈传永，侯玉虹，孙锐，等. 密植对不同玉米品种产量性能的影响及其耐密性分析 [J]. 作物学报，2010，36（7）：1153－1160.

不同种薯规格及施肥量对马铃薯新品种桂农薯1号农艺性状及产品质量的影响*

刘国敏[1] 覃维治[1] 闫飞燕[2] 韦荣昌[1] 石达金[2] 蒙炎成[3] 邓英毅[4] 郑 虚[1]

1. 广西农业科学院经济作物研究所，广西南宁 530007
2. 广西农业科学院玉米研究所，广西南宁 530007
3. 广西农业科学院农业资源与环境研究所，广西南宁 530007
4. 广西大学农学院，广西南宁 530004

摘要：为探究不同种薯规格及施肥量对马铃薯块茎产质量的影响，以马铃薯新品种桂农薯1号为试验材料，设置3个不同种薯规格处理，分别为Y1：10～20 g，Y2：20～30 g，Y3：30～40 g；3个不同施肥量处理，分别为H1（N、P、K相对常规施肥各减施30kg/hm²）：N 187.5 kg/hm²+P_2O_5 187.5 kg/hm²+K_2O 360 kg/hm²，H2常规施肥N 217.5 kg/hm²+P_2O_5 217.5 kg/hm²+K_2O 390 kg/hm²，H3（N、P、K相对常规施肥各增施30 kg/hm²）：N 247.5 kg/hm²+P_2O_5 247.5 kg/hm²+K_2O 420 kg/hm²。并于马铃薯成熟期采集样品进行农艺性状、经济性状及化学成分分析。结果表明，(1) 马铃薯折平均亩产和单株平均结薯数随种薯规格的增加呈现增加趋势；(2) 在Y1、Y2种薯规格处理下，H3增施肥料可显著提高马铃薯块茎淀粉、钙、铁、锌、氮、磷含量，增加马铃薯植株茎粗和平均单株主茎数，H1减施肥料则可以增加马铃薯株高、单株重量及马铃薯商品率；(3) 在Y3种薯规格下，施肥量的增减对块茎淀粉含量无明显影响，H1减施肥料可显著降低马铃薯块茎褐变程度，提高钙含量。综合分析认为，常规施肥、种薯规格为的H2Y3组合，块茎营养成分协调，综合表现较佳，有利于产质量的形成。

关键词：种薯规格；施肥量；马铃薯；桂农薯1号

马铃薯又名土豆、洋芋，是菜粮两用的茄科经济作物，2015年我国将马铃薯列为继小麦、玉米、水稻之后的第四大主粮作物[1]。据统计，近十年来，我国马铃薯播种面积呈增－降－增－降趋势，产量呈增－降－增的趋势，但总体波动不大。2018年，我国马铃薯的播种面积和总产量分别达到4 758.07 khm²和1 798.37万t，均居世界首位，但是单产量只有3 779.62 kg/hm²，并未达到世界平均水平。马铃薯是一种对肥料需求量较大的作物，尤其氮肥的施用对产量的形成起关键性作用[2,3]，氮磷钾肥的合理配施也能明显提高粗蛋白、淀粉、还原糖及干物质含量[4]。广西是典型的马铃薯南方冬作区，马铃薯产业已成为广西农业支柱产业之一[5]。然而广西在马铃薯生产上仍普遍存在肥料滥用且利

* **基金项目**：国家公益性行业（农业）科研专项（201503001－5、20150312713），国家现代农业产业技术体系广西薯类创新团队建设专项资助项目（nycytxgxcxtd－03－11－01），广西农业科学院基本科研业务专项资助项目（2015YT62），广西农业科学院基本科研业务专项资助项目（桂TS201432），广西创新驱动发展专项、广西科技重大专项（桂科AA17204054－2）

用率低，施肥方式、方法等不合理的问题，导致种植成本偏高、土壤盐碱化、土壤养分严重失衡，生物多样性遭到严重损害等[6,7]，这严重影响了马铃薯的产量和品质，制约了广西马铃薯产业的可持续发展。广西地区在马铃薯种植过程中，普遍以切薯播种为主，该方法存在种薯用量大、烂种率高、发病率高、人工切薯成本高、伤口极易感病传病等问题。而整薯播种可有效降低成本、减少病虫害传播，并且与切薯相比出苗时间提前、出苗率提高，出苗整齐，抗逆性强[8,9]。诸多研究表明，马铃薯品种特性、施肥量及种薯规格是影响马铃薯优质高效生产的重要因素[10-12]。因此，针对上述问题，提出不同种薯规格和施肥量处理对马铃薯产质量的形成是否有影响？为此，本研究以不同种薯规格的桂农薯1号脱毒小种薯为试验材料，通过肥料减施、常规施及增施处理来探讨施肥量和种薯规格对马铃薯产质量的影响，以及种薯规格与施肥量之间的平衡关系，旨在为广西马铃薯节肥增效提供理论依据。

1 材料与方法

1.1 试验材料与土壤背景

田间试验于2017年在广西壮族自治区钦州市浦北县进行，供试品种是广西农业科学院经济作物研究所选育的黄皮黄肉早熟马铃薯新品种桂农薯1号，因其抗冻优质高产的特性深受种植户的欢迎[13]。选择当地典型水稻冬闲田，地势相对平坦，肥力中等，有代表性，排灌方便的田块进行试验，前茬作物为水稻，基本土壤肥力指标为pH值5.6，有机质26.3 g/kg，水解性氮114 mg/kg，有效磷73.3 mg/kg，速效钾195 mg/kg。

1.2 试验设计与取样方法

试验设置2个因素，分别为施肥量和种薯规格，施肥量设置3个水平，以常规施肥为对照，H1为肥料减施（N、P、K各减施30 kg/hm^2）：N 187.5 kg/hm^2+P_2O_5 187.5 kg/hm^2+K_2O 360 kg/hm^2；H2为常规施肥N 217.5 kg/hm^2+P_2O_5 217.5 kg/hm^2+K_2O 390 kg/hm^2；H3为肥料增施（N、P、K各增施30 kg/hm^2）：N 247.5 kg/hm^2+P_2O_5 247.5 kg/hm^2+K_2O 420 kg/hm^2；种薯规格设置三个水平，分别为Y1：脱毒原种小整薯10～20 g/个；Y2：脱毒原种小整薯20～30 g/个；Y3：脱毒原种小整薯30～40 g/个。试验共9个处理组合，3个重复，共27个小区，每个小区96株，小区面积为13.2 m^2，行距1.1 m，株距0.25 m，每垄双行种植，采取裂区设计。试验所用氮、磷、钾肥分别为尿素、过磷酸钙、硫酸钾并作为基肥一次性施入。

1.3 测定项目及取样方法

1.3.1 马铃薯不同处理植株农艺性状调查

在马铃薯成熟期分别测定主茎数、株高、茎粗，每个小区随机抽取10株进行测定，然后取平均值。主茎数为由地下或者由种薯直接生长出来的茎的数目；株高为从泥土的表层到主茎的第一个花序分支处的高度；主茎粗为近基部最粗处的直径。

1.3.2 马铃薯结薯性状、产量和薯块经济性状的调查分析

收获时对所有小区产量进行称重，每个小区随机选取10株进行单株结薯数、单株薯重、商品薯率调查测定。

1.3.3 马铃薯块茎品质分析

收获时每小区随机抽取10株的薯块进行分析。

1.3.4 数据分析

用Microsoft Excel 2013输入数据和制作图表，用SPSS 21.0统计软件对不同种薯规格和施肥量的

马铃薯淀粉含量、多酚氧化酶活力、化学成分、农艺性状及经济性状之间是否存在显著差异进行方差分析，随后用 LSD 进行多重比较。为分析不同种薯规格和施肥量处理的马铃薯农艺性状、平均单株重对折平均亩产量、商品薯率的影响，进行了一元回归分析。

2 结果与分析

2.1 不同种薯规格及施肥量处理对马铃薯块茎淀粉含量的影响

从图 1 中可以看出，不同施肥量和种薯规格处理，桂农薯 1 号马铃薯块茎淀粉含量表现为 H3Y2 最高，H1Y1 最低，在 Y1 种薯规格处理下，不同处理马铃薯块茎淀粉含量差异性显著，表现为 H3Y1>H2Y1>H1Y1；在 Y2 种薯规格处理下，增施肥料处理 H3Y2 块茎淀粉含量显著高于 H1Y2、H2Y2；在 Y3 种薯规格处理下，常规施肥处理 H2Y3 的淀粉含量显著高于 H1Y3、H3Y3。在 H1 减施肥料的处理下，不同种薯处理块茎淀粉含量表现为差异不显著；在 H2 常规施肥处理下，不同种薯规格处理块茎淀粉含量呈显著性差异，表现为 H2Y1>H2Y3>H2Y2，在 H3 增施肥料处理下，不同种薯处理块茎淀粉含量 H3Y2、H3Y1 差异不显著，两者与 H3Y3 呈显著性差异，表现为 H3Y2>H3Y1>H3Y3。综上，不同试验处理的马铃薯淀粉含量表现为 H3Y2 最高，H1Y1 最低。

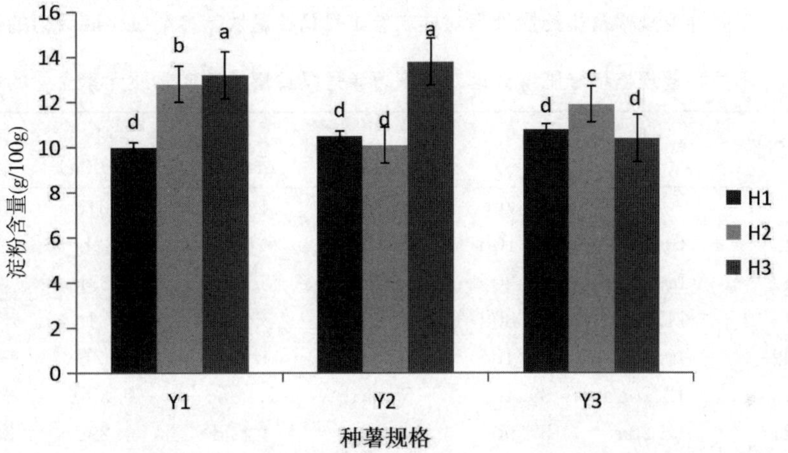

图 1 不同种薯规格及施肥量处理对桂农薯 1 号马铃薯块茎淀粉含量的影响

注：图中字母 H1、H2、H3 代表不同施肥量处理，Y1、Y2、Y3 代表不同种薯规格处理，不同小写字母表示差异显著（$P<0.05$）。数据分析用到了方差分析和 LSD 多重比较。下同。

2.2 不同种薯规格及施肥量处理对马铃薯块茎多酚氧化酶活力的影响

从图 2 中可以看出，同一种薯规格下，不同施肥处理的马铃薯块茎多酚氧化酶活力均呈现显著性差异，分别表现为，H1Y1>H3Y1>H2Y1，H3Y2>H1Y2>H2Y2，H3Y3>H2Y3>H1Y3，其中 Y1、Y2 两种种薯规格下，不同肥料处理的马铃薯块茎多酚氧化酶活力均表现为随施肥量的增加，块茎多酚氧化酶活力先减后增，而 Y3 处理下，则表现为随着施肥量的增加块茎多酚氧化酶的活力递增。

2.3 不同种薯规格及施肥量处理对马铃薯块茎矿物质元素含量的影响

表 1 可以看出，在 Y1 种薯规格处理下，H1 肥料处理的马铃薯块茎钠含量显著低于 H2、H3，H2 与 H3 处理差异不显著；在 Y2 种薯规格下，H3 块茎钠含量显著高于 H1、H2；在 Y3 种薯规格处理下，三种肥料处理的马铃薯块茎钠含量差异性显著，表现为 H1Y3>H2Y3>H3Y3。同一种薯规格处理下，不同肥料处理的马铃薯块茎钙含量均呈现为显著性差异，分别表现为 H3Y1>H2Y1>H1Y1，H3Y2>H2Y2>H1Y1，H1Y3>H3Y3>H2Y3，可以看出，在 Y1、Y2 种薯规格下，不同肥料处理的马铃薯块茎钙含量随着施肥量的增加而增加，Y3 种薯规格下，随着施肥量的增加，含量先减后增。在

同一种薯规格处理下，马铃薯块茎的铁、锌、氮素含量均随着施肥量的增加而增加。在同一种薯规格处理下，不同肥料处理的马铃薯块茎磷含量均表现为 H3 显著高于 H1 和 H2 处理，而 H1 与 H2 差异不显著。不同施肥量和种薯规格处理下，马铃薯块茎钾含量差异均不显著。综合分析得出，不同试验处理的马铃薯块茎除了钠、氮含量外，钙、铁、锌、磷、钾均表现为 H3Y1 最高。

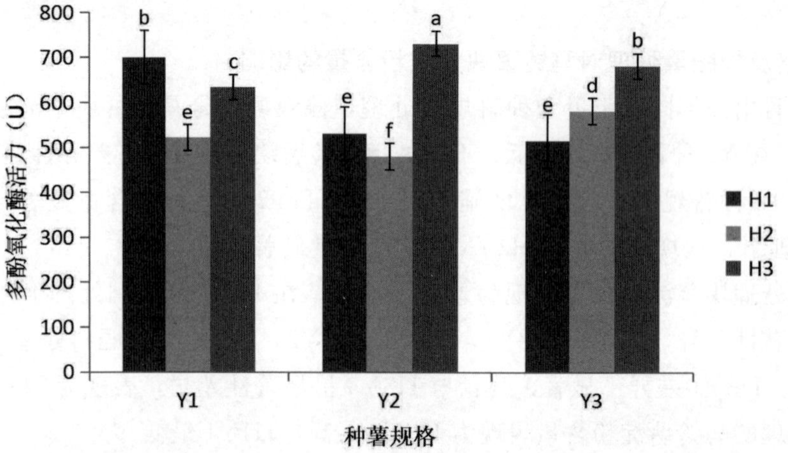

图 2　不同种薯规格及施肥量处理对桂农薯 1 号马铃薯块茎多酚氧化酶活力的影响

表 1　不同种薯规格和施肥量处理对桂农薯 1 号马铃薯块茎矿物质元素含量的影响

种薯规格	施肥量	钠（%）	钙（%）	铁（mg/kg）	锌（mg/kg）	氮（g/100g）	磷（mg/kg）	钾（%）
Y1	H1	8.82c	58.70c	5.62bc	4.81c	0.31c	378.67c	0.41ab
	H2	10.90b	72.10b	5.81b	5.05bc	0.32bc	371.67c	0.41ab
	H3	10.10b	91.20a	6.72a	5.44a	0.33b	418.33a	0.42a
Y2	H1	11.20b	48.80d	4.33f	3.98d	0.31c	368.67d	0.39b
	H2	10.50b	56.10c	4.51f	4.22d	0.32bc	360.67d	0.40ab
	H3	12.70a	89.10a	5.36cd	5.00bc	0.33b	390.33b	0.41ab
Y3	H1	12.20a	57.90c	4.98e	4.19d	0.29d	387.33bc	0.39b
	H2	11.00b	42.20e	5.13de	5.03bc	0.33b	384.67bc	0.41ab
	H3	8.34c	45.80d	5.19de	5.10b	0.35a	404.33ab	0.39b
F	Y	467.15**	393.38**	162.10**	53.66**	0.36	7.07**	4.78
	H	270.77**	301.47**	58.89**	79.66**	27.23**	19.53**	2.05
	Y×H	272.27**	166.11**	9.17**	6.97**	4.66**	1.26	1.71

注：图中字母 H1、H2、H3 代表不同施肥量处理，Y1、Y2、Y3 代表不同种薯规格处理，数据分析用到了方差分析和 LSD 多重比较，均为纵向比较。同列数据后不同小写英文字母表示差异显著（$P<0.05$），* 表示影响显著（$P<0.05$），** 表示影响极显著（$P<0.01$）。下同。

方差分析结果显示，种薯规格、施肥量及两因素互作均对马铃薯块茎钠、钙、铁、锌含量有极显著影响。种薯规格对块茎氮含量无显著影响，施肥量及两因素互作对氮含量有极显著影响。种薯规格和施氮量对马铃薯块茎磷含量有极显著影响，两因素互作对马铃薯磷含量无显著性影响。种薯规格、施肥量及两因素互作对马铃薯块茎钾含量均无显著影响。

2.4　不同种薯规格及施肥量处理对马铃薯农艺性状、经济性状的影响

从表 2 可以看出，不同处理马铃薯折平均亩产表现为 H1Y1 最低，H2Y3 最高，三种不同种薯规格的马铃薯折平均亩产差异性显著，表现为随着种薯规格增加，不同处理折平均亩产量呈现出递增的趋势。H2Y1 单株平均结薯数最低，H1Y3 最高，从整体来看随着种薯规格增加，不同处理单株平均

结薯数也呈现出递增的趋势。不同处理的马铃薯平均株高表现为H2Y2最低，H1Y3最高。不同处理马铃薯植株的平均茎粗表现为H2Y1最低，H2Y3最高。不同处理马铃薯单株主茎数、平均单株重、商品薯率均表现为H3Y1最低，H2Y3最高。

方差分析显示，种薯规格及两因素互作对马铃薯平均亩产有极显著影响，施肥量对马铃薯平均亩产影响不显著。种薯规格、施肥量及两因素互作对平均单株结薯数、单株主茎数、平均单株重均有极显著影响。种薯规格及施肥量对平均株高有极显著影响，两因素互作对平均株高影响不显著。种薯规格对植株平均茎粗有极显著影响，施肥量对植株平均茎粗无显著影响，两因素互作对平均茎粗有显著影响。种薯规格、施肥量及两因素互作对马铃薯商品薯率均无显著影响。

表2 不同种薯规格和施肥量处理对桂农薯1号马铃薯农艺性状、经济性状的影响

处理		折平均亩产量 (kg)	单株平均结薯数（个）	平均株高 (cm)	植株平均茎粗 (mm)	单株主茎数（个）	平均单株重 (kg)	商品薯率 (%)
H1Y1		1353.60e	4.90e	40.00b	7.70e	2.00c	0.40b	85.26a
H2Y1		1428.52e	4.60e	35.60e	7.50e	1.80d	0.30c	86.27a
H3Y1		1408.32e	4.80e	37.60d	8.00d	1.60e	0.30c	81.74b
H1Y2		1836.62c	5.30d	39.20b	8.00d	2.30b	0.50a	87.98a
H2Y2		1685.30d	6.10c	34.20e	7.70e	1.80d	0.40b	85.87a
H3Y2		1729.00d	5.20d	35.80e	8.40c	2.00c	0.40b	83.96b
H1Y3		1832.60c	7.80a	42.40a	8.80b	2.20b	0.50a	87.58a
H2Y3		2041.40a	6.50b	42.10a	9.20a	3.00a	0.50a	88.88a
H3Y3		1951.30b	6.40b	39.10b	8.40c	2.30b	0.50a	84.76ab
F	Y	102.19**	345.04**	41.33**	44.94**	275.77**	381.53**	2.4
	H	7.1	21.01**	22.10**	0.72	34.57**	20.08**	5.5
	Y×H	33.22**	32.67**	5.45	8.22*	88.84**	50.20**	0.45

2.5 不同种薯规格和施肥量处理的马铃薯农艺性状、平均单株重对折平均亩产量、商品薯率的回归分析

回归分析是确定两种或两种以上变量间相互依赖的定量关系的一种统计分析方法。从表3可以看出，各指标对马铃薯折平均亩产量的贡献（R^2值）表现为平均单株重最大，其次是单株主茎数，平均株高最小。各农艺性状指标对马铃薯商品薯率的贡献表现为单株主茎数最大，其次是平均单株重，植株平均茎粗最小。所以生产过程中通过增加单株主茎数和平均单株重可以提高马铃薯的产量和商品薯率。

表3 不同种薯规格和施肥量处理的马铃薯农艺性状、平均单株重对折平均亩产量、商品薯率的回归分析

指标	数值	单株平均结薯数（个）	平均株高 (cm)	植株平均茎粗 (mm)	单株主茎数（个）	平均单株重 (kg)
折平均亩产量（kg）	回归方程	$y=170.301x+719.905$	$y=37.829x+241.993$	$y=350.054x-1170.261$	$y=490.706x+660.360$	$y=2578.480x+607.604$
	R^2	0.513	0.191	0.620	0.655	0.745
	F	7.361	1.655	11.433	13.307	20.472
	Sig	0.030[b]	0.239[b]	0.012[b]	0.008[b]	0.003[b]
商品薯率（%）	回归方程	$y=1.041x+79.845$	$y=0.379x+71.252$	$y=1.537x+73.228$	$y=3.916x+77.543$	$y=17.222x+78.540$
	R^2	0.244	0.244	0.152	0.532	0.424
	F	2.259	2.264	1.258	7.965	5.150
	Sig	0.177[b]	0.178[b]	0.299[b]	0.026[b]	0.058[b]

3 讨论和结论

马铃薯块茎中富含蛋白质、淀粉、维生素等营养成分，它们是衡量马铃薯品质的重要指标，也是衡量马铃薯品种优劣的重要依据。马铃薯淀粉理化性质特殊，品质优异，具有其他植物淀粉不可替代的独特功能[14]。孙建波[15]研究表明，适量施用氮肥可促进马铃薯块茎中淀粉的积累。吉玮蓉[16]认为施用氮肥对马铃薯淀粉含量影响不显著，蛋白质含量随施氮量的增加而增加。李昊骏[17]研究表明，氮磷钾配施可显著增加马铃薯块茎淀粉含量。本研究结果表明，种薯规格为Y1（10～20 g）和Y2（20～30 g）时，增施肥料处理能显著提高马铃薯块茎淀粉含量，种薯规格为Y3（30～40 g）时，常规施肥（H2Y3）的马铃薯块茎淀粉含量最高，这说明在一定的种薯规格范围内，增施肥料可以提高马铃薯块茎的淀粉含量，超过一定的范围增施和减施效果都不明显。

马铃薯在食用和加工过程中容易发生酶促褐变，从而影响外观品质和营养价值[18]，Jimenez等[19,20]研究表明，多酚氧化酶是导致马铃薯等果蔬褐变的重要酶类。付兴发[21]研究表明，马铃薯块茎褐变程度随着有机肥施用量的增加而先减后增，这与本研究中Y1、Y2种薯规格下，马铃薯块茎多酚氧化酶活力变化情况一致，即多酚氧化酶活力随施肥量的增加而先减后增，常规施肥模式下，马铃薯块茎的褐变程度最低。在Y3种薯规格下，马铃薯块茎的多酚氧化酶活力则随施肥量的增加而增加，这说明减施肥料有利于降低块茎褐变程度。

矿物元素对维持人体正常生理健康至关重要，也是人体必需的七大营养素之一[22]。马铃薯块茎含有丰富的钙、磷、铁、钾等矿物质[23]。本研究表明Y1、Y2种薯规格下，马铃薯钙含量随施肥量的增加而增加，Y3种薯规格下，则随施肥量的增加而先减后增并且减施条件下钙含量最高；在同一种薯规格下，马铃薯块茎的铁、锌、氮素含量均随施肥量的增加而增加，这说明施肥量的增加有利于块茎中铁、锌、氮素的积累；同一种薯规格下，增施肥料能显著增加块茎磷含量；种薯规格和施肥水平对块茎钾含量影响不显著，这与秦鱼生等[24]、邢海峰[25]的研究结果相似。综合分析认为增施肥料、种薯规格为（10－20g）的H3Y1处理块茎中矿物质较为丰富。

作物的农艺性状、经济性状是衡量作物生长势和产量的重要指标，陈华[26]研究认为合理的氮磷钾施肥量能够明显改善马铃薯的农艺性状和生理指标。赵怀勇等[27]研究表明，随着种薯的增大，马铃薯单株鲜重、株高、主茎数等都呈现递增趋势。龙国等[28]认为在一定的范围内产量与种薯大小呈正相关。本研究表明，不同种薯规格和施肥量处理的马铃薯除株高和单株平均结薯数表现为H1Y3最高外，折平均亩产、茎粗、单株主茎数、平均单株重及商品薯率均表现为H2Y3最高。通过折平均亩产、商品薯率与单株平均结薯数、株高、茎粗、单株主茎数及平均单株重的回归分析得出不同试验处理的马铃薯株高和单株平均结薯数对产量和商品薯率的贡献与其他指标相比较偏小，由此可以得出，常规施肥、种薯规格为（30～40 g）H2Y3处理的马铃薯整体表现最佳。

本研究通过对马铃薯淀粉、矿物质含量、多酚氧化酶活力、农艺性状、经济性状各指标进行对比分析之后发现，Y1、Y2种薯规格下，较多指标变化趋于一致，而Y3则呈现出不同的结果，具体原因有待下一步研究。综合分析认为，常规施肥、种薯规格为（30～40 g）的H2Y3组合，马铃薯块茎品质指标虽未达最高水平，但各营养成分较均衡，经济性状突出，综合表现较佳，更有利于产质量的形成。本结果为广西马铃薯生产施肥量和种薯规格的选择提供了理论依据，对广西马铃薯产业的可持续发展有重要意义。

参考文献

[1] 高康，何蒲明．马铃薯主粮化战略研究［J］．合作经济与科技，2018（14）：31－33.

[2] Goffart J P，Olivier M，Frankinet M. Potato，crop nitrogen status assessment to improve N fertilization management and efficiency：past-present-future［J］．Potato Research，2008，51（3－4）：355－383.

[3] 于静，熊兴耀，高玉林，等．中国马铃薯不同产区氮肥利用率的比较分析［J］．中国蔬菜，2019（7）：43－50.

[4] 苏小娟，王平，刘淑英，等．施肥对定西地区马铃薯养分吸收动态、产量和品质的影响［J］．西北农业学报，2010，19（1）：86－91.

[5] 李明娟，张雅媛，游向荣，等．广西马铃薯主粮化发展前景［J］．农业科技通讯，2016（12）：11－16.

[6] 陈华，刘孟君，刘如霞．不同施肥水平对菜用马铃薯农艺性状及营养品质的影响［J］．西北农业学报，2016，25（2）：220－226.

[7] 张静，蒙美莲，王颖慧，等．氮磷钾施用量对马铃薯产量及品质的影响［J］．作物杂志，2012（4）：124－127.

[8] 姚志刚．整薯和切块播种对马铃薯干物质积累及分配的影响［J］．广东农业科学，2013，40（21）：24－27.

[9] 徐兴兵，尚世英，赵振，等．马铃薯小整薯播种增产效果研究［J］．中国蔬菜，2005（5）：23－24.

[10] 段玉，张君，李焕春，等．马铃薯氮磷钾养分吸收规律及施肥肥效的研究［J］．土壤，2014，46（2）：212－217.

[11] 姜丽霞．施肥对旱作马铃薯不同品种氮磷钾吸收分配及产品质量的影响［D］．呼和浩特：内蒙古农业大学，2010.

[12] 沈升法，吴列洪，项超，等．种薯大小和穴盘育苗对秋马铃薯生长和产量的影响［J］．种子，2019，38（6）：88－90.

[13] 邓英毅，郑虚，熊军，等．马铃薯新品种桂农薯1号冬种田间耐寒性鉴定［J］．南方农业学报，2017，48（1）：66－71.

[14] 王金明．高淀粉马铃薯淀粉合成相关酶及基因在钾调控下的差异［D］．哈尔滨：东北农业大学，2016.

[15] 孙建波．施氮量对宁夏中部干旱带马铃薯淀粉积累及产量的影响［D］．银川：宁夏大学，2018.

[16] 吉玮蓉．不同施氮钾量对马铃薯养分吸收、产量和品质的影响［D］．大庆：黑龙江八一农垦大学，2014.

[17] 李昊骏．氮磷钾配施对全膜马铃薯干物质积累分配、产量形成及品质的影响［D］．兰州：甘肃农业大学，2018.

[18] 王磊．马铃薯酶促褐变机理研究［D］．南昌：南昌大学，2012.

[19] Jimenez M，Chazarra S，Escribano J，et al. Competitive inhibition of mushroom tyrosinase by 4-substituted benzaldehydes［J］．Agric. Food Chem，2001，49（8）：4060－4063.

[20] Capitani C D，Carvalho A C L，BoteIho P B. Synergism on antioxidant activity between natural compounds optimized by response surface methodology［J］．Eur. J. Lipid Sci. Technol，2009（111）：1100－1110.

[21] 付兴发．磷钾肥和有机肥对马铃薯品质和产量影响的研究［D］．雅安：四川农业大学，2012.

[22] 唐丽．矿物质元素与人体健康［J］．新疆职业大学学报，2002（4）：94－96.

[23] 陈晨．马铃薯不同施肥措施生理指标的研究［D］．西宁：青海大学，2013.

[24] 秦鱼生，涂仕华，冯文强，等．不同钾肥品种及用量对马铃薯产量和品质的影响［J］．西南农业学报，2010，23（6）：1950－1954.

[25] 邢海峰．硒肥、氮磷钾化肥、覆膜对马铃薯硒素吸收分配及产量、品质的影响［D］．呼和浩特：内蒙古农业大学，2005.

[26] 陈华．NPK施肥量对马铃薯产量及品质的影响［D］．杨凌：西北农林科技大学，2015.

[27] 赵怀勇，张红菊，张恩和，等．种薯大小对整薯播种马铃薯生长发育与产量的影响［J］．农业科技通讯，2008（6）：75－79.

[28] 龙国，张绍荣，梅艳．马铃薯脱毒种薯大小与产量关系研究初报［J］．种子，2008（8）：99－101.

喀斯特地貌区冬种马铃薯高产增收关键技术*

石达金　闫飞燕　郑　虚　覃维治　张　玉　吕巨智　范继征

广西农业科学院玉米研究所，广西南宁　530007

摘要：广西马铃薯种植面积逐年扩大，特别是利用冬闲田（地）种植马铃薯近年发展很快，在种植面积扩大的同时，种植技术的提高能够从根本上提升整个种植产业的产量和收益。本文从地块选择、选种、适时播种、田间管理、收获等方面总结喀斯特地貌区冬种马铃薯高产增收关键技术，以期供广大种植户参考。

关键词：马铃薯；栽培技术；喀斯特地区；冬闲田

广西是典型的喀斯特地貌，以丘陵、平原和山区为主，气候类型为亚热带季风气候区，多年平均气温为21℃，秋冬季偏干旱，4～9月份为降水的高峰期，降水占年降水总量的80%左右。多年平均降水量为1 500 mm。经过实践表明，广西地区的自然资源能够满足冬季马铃薯的正常生长，当今的农业发展目标以及市场需求为冬季马铃薯种植提供了良好的发展空间。

1　地块选择

利用晚稻或秋玉米收获后的冬闲田，采用两年五熟的轮作换茬种植方式，即春玉米－晚水稻－冬马铃薯－春玉米－晚水稻或春玉米秋玉米－冬马铃薯－春玉米－秋玉米。适宜选择水源充足、易灌易排的田（地），忌用易涝低洼或高瘠干旱的田（地）种植。冬种马铃薯稻草覆盖或地膜覆盖栽培对土质要求比较宽松，但在有条件的情况下，应尽量选择土壤疏松，富含有机质，肥力中等以上，土层较厚的田（地）。马铃薯是高产喜肥作物，如果土壤过于贫瘠要施足基肥。施肥应提倡农家肥、化肥并重，氮、磷、钾肥合理搭配。马铃薯在生长期中形成大量的茎叶和块茎，因此，需要的营养物质较多。肥料三要素中，以钾的需要量最多，氮次之，磷最少。施足基肥对马铃薯增产起着重要的作用。马铃薯的基肥要占总用肥量的3/5或2/3。基肥以腐熟的堆厩肥和人畜粪等有机肥为主，一般亩施有机肥3 000 kg，起垄前均匀撒在地表。将所用化肥按每亩确定的施用量集中施入大垄中间深约10 cm的浅沟中，一般每亩施尿素30～40 kg、过磷酸钙40～50 kg、硫酸钾20 kg。

2　选用良种

一般选用薯块膨大快、结薯早、生育期短、抗病的马铃薯新品种，如抗多种病毒的费马瑞它为种子，该品种为中早熟品种，生育期80～90 d（出苗至收获）。株形直立，株高60 cm，茎秆粗壮，分枝少，花淡紫色。薯块较大，结薯集中，圆形或长椭圆形，芽眼浅，白皮黄肉，一般亩产量1 500～2 000 kg左右，高产的2 500 kg以上。该品种属出口型，一般售价较高，经济效益十分显著，但它不足

* **基金项目：**公益性行业（农业）科研专项“西南丘陵旱地粮油作物节水节肥节药综合技术集成与示范”(20150312713)

之处是抗病力相对较差，耐旱、耐涝、耐寒、耐贮藏性相对较差，易变绿，而且管理要求十分到位。

3 种薯处理

3.1 种薯选择

选用优质脱毒种薯是高产的关键。

3.2 出库催芽

保证合适的种薯年龄，切种芽长以大部分种薯露白为宜。在散射光下晒种，使芽子呈紫绿色。四周放风，不能受雨淋。

3.3 种薯切块

壮龄期切块，35～50 g 为宜，每个薯块有 1 个或 2 个芽眼，充分利用顶芽优势。

3.4 切口消毒

用 75%酒精 10～30 s 或 0.5%高锰酸钾 5 min，由于酒精易挥发、高锰酸钾易氧化，需每 4 h 更换 1 次。

3.5 药剂拌种

用 70%甲基硫菌灵 4 kg+0.9 kg 链霉素+100 kg 滑石粉，搅匀后拌 10 000 kg 切好的薯块。或用 1 L 适乐时+3 L 水拌种 1.5～2 t 种薯。

3.6 切块保存

在通风良好、相对湿度 90%以上的环境中；观察幼芽生长情况，必要时进行倒垛；如不能播种应立即用遮阳网遮挡，防止阳光曝晒灼伤，影响幼芽生长，切种后 3 d 以内播完。

4 适时播种

冬种马铃薯适宜在 10 月中旬至 11 月中旬播种。播种时，如果是刚收完晚稻的田块，表土仍带湿润，可免淋水；但如果是晚玉米地则一般土面可能已经干燥，必须在播种后先淋湿透表土再进行盖膜，否则会影响出苗速度和出苗率。

开沟分畦，将开沟挖起来的泥土敲碎，用一部分碎泥土铺在畦面上，使畦面平整且略呈龟背形，以利排除畦面积水。播种时将种薯直接摆在畦面，芽眼向下或侧向，薯块切口向上，摆好种薯后稍压，使之与土壤充分接触，然后用备好的农家肥盖种块，不使用农家肥盖种的也应该用碎泥土盖住种块。每亩种植 4 500～5 000 株，大行距 65～75 cm，小行距 25～30 cm，株距 20～25 cm，边行株离沟距 15 cm。具体情况要根据品种特性、地力、施肥水平、气温高低等条件而定。若肥水充足、气温高、垄距和株距可适当加宽，反之则可适当密植。

5 马铃薯地膜覆盖技术

马铃薯地膜覆盖是为了提高地温、蓄水保滴、改善生态环境、改良品质、促进早熟、增加产量、提高经济效益的栽培技术。覆盖质量是地膜覆盖栽培成败的关键。整地起垄后应尽快开沟播种并盖膜，以防止土壤水分蒸发散失。人工覆盖可三人一组，一人在前铺膜，两人随后培土压紧，固定地膜，四周用土封严压实，力求达到紧、平、严的标准。有条件的采取机械盖膜更好，省时省工省力。膜上盖 2～3 cm 厚的细土，便于马铃薯顶土出苗，不必人工破膜。

6 田间管理

播种后管理比较简单，通常不需除草、追肥和灌溉。播种后宜保持土壤湿润，如遇干旱，特别是摆种后土壤干燥，可采用喷洒或沟灌的方法，使厢面潮湿，以利于马铃薯生长。现蕾开花期是需水最多的时期，如遇干旱要及时灌水或浇水湿润土壤。膜下滴灌技术有节水、增产、省工的优势。滴灌设备布局和安装因地形由高到低，分片或分段安装，严格做到墒面同宽，行向一致，播期集中，在马铃薯行间布管，每畦布滴灌带 1 根，滴灌带拉紧拉直。主管打孔方向应与墒面垂直。全生育期滴水 4 次或 5 次，间隔周期 7～10 d 即可，本地区马铃薯生长后期是 2 月下旬，一般很少有大雨出现，偶有阴雨较多年份，如 2016 年 1 月 22～26 日中大雨，应及时清沟排水，防止渍水引起枯苗或烂薯等。如因干旱或雨水过多引起苗情长势差的，可用 0.2%磷酸二氢钾加 1%尿素液进行叶面喷施，对促使其生长发育有一定的效果。马铃薯病虫害主要有晚疫病、蚜虫等，以抓好晚疫病防治为重点，当发现晚疫病中心病株后及时用 50%甲霜铜可湿性粉剂 100 g/亩，或 50%代森锌可湿性粉剂 100 g/亩对水 60 kg/亩喷雾，对重病田、早发田应隔 7 d 继续防治 1 次或 2 次。

7 适时收获

本地区种植的马铃薯一般在 2 月底已进入茎叶枯黄的适收期，应选择在无雨天采收。采收时须尽量保证薯块的完整性，避免机械损伤。采收后的贮藏环境一定要避免光照、阴凉、通风，不可阳光直射，否则马铃薯会很快变绿并降低品质，甚至因发芽不能食用。

8 结束语

广西利用冬闲田种植马铃薯面积逐年扩大，据不完全统计 2015 年已达 100 万亩，大多分布在玉林、贵港、桂平、武鸣、马山、合浦、钦州、永福等县（市）。据测产验收产量在 1 500～2 000 kg/亩，高产的可过 2 500 kg/亩。在种植面积扩大的同时，种植技术的提升能够从根本上提升整个种植产业的产量和收益。全面采用脱毒良种，大力推广使用农家肥，实行小畦双行覆土免耕高产栽培，以老区带动新区，引进老板、资金推动产业规模化发展，形成了处处开花、全面推进的良好发展态势是今后马铃薯发展的必由之路。

参考文献

[1] 张文彬. 冬种马铃薯稻草全程覆盖试验及高产栽培技术 [J]. 福建农业科技，2014，44 (7)：19 - 22.